R. Fluhrer, W. Hampe
Biochemie und Molekularbiologie hoch2

In der Reihe hoch2 sind bis jetzt folgende Titel erschienen

Neurologie hoch2
Pädiatrie hoch2
Physiologie hoch2

Regina Fluhrer, Wolfgang Hampe

Biochemie und Molekularbiologie hoch2

1. Auflage

Mit Beiträgen von
Beate Averbeck, München; Andrea Dankwardt, München;
Michael Duszenko, Tübingen; Anton Eberharter, München;
Cordula Harter, Heidelberg; Sabine Höppner, Augsburg; Stefan Kindler, Hamburg;
Philipp Korber, München; Karim Kouz, Hamburg; Hans-Jürgen Kreienkamp, Hamburg;
Stephanie Neumann, Augsburg; Peter Nielsen, Hamburg;
Daniela Salat, München; Petra Schling, Heidelberg;
Carolin Unterleitner, München; Christine Wild-Bode, München

Studentenspalten von
Carolin Unterleitner und Karim Kouz

Klinische Fallbeispiele von
Christine Wild-Bode

ELSEVIER

Elsevier GmbH, Hackerbrücke 6, 80335 München, Deutschland
Wir freuen uns über Ihr Feedback und Ihre Anregungen an books.cs.muc@elsevier.com

ISBN 978-3-437-43431-0

Alle Rechte vorbehalten
1. Auflage 2020
© Elsevier GmbH, Deutschland

Wichtiger Hinweis für den Benutzer
Ärzte/Praktiker und Forscher müssen sich bei der Bewertung und Anwendung aller hier beschriebenen Informationen, Methoden, Wirkstoffe oder Experimente stets auf ihre eigenen Erfahrungen und Kenntnisse verlassen. Bedingt durch den schnellen Wissenszuwachs insbesondere in den medizinischen Wissenschaften sollte eine unabhängige Überprüfung von Diagnosen und Arzneimitteldosierungen erfolgen. Im größtmöglichen Umfang des Gesetzes wird von Elsevier, den Autoren, Redakteuren oder Beitragenden keinerlei Haftung in Bezug auf jegliche Verletzung und/oder Schäden an Personen oder Eigentum, im Rahmen von Produkthaftung, Fahrlässigkeit oder anderweitig, übernommen. Dies gilt gleichermaßen für jegliche Anwendung oder Bedienung der in diesem Werk aufgeführten Methoden, Produkte, Anweisungen oder Konzepte.

Für die Vollständigkeit und Auswahl der aufgeführten Medikamente übernimmt der Verlag keine Gewähr.
Geschützte Warennamen (Warenzeichen) werden in der Regel besonders kenntlich gemacht (®). Aus dem Fehlen eines solchen Hinweises kann jedoch nicht automatisch geschlossen werden, dass es sich um einen freien Warennamen handelt.

Bibliografische Information der Deutschen Nationalbibliothek
Die Deutsche Nationalbibliothek verzeichnet diese Publikation in der Deutschen Nationalbibliografie; detaillierte bibliografische Daten sind im Internet über http://www.d-nb.de/ abrufbar.

20 21 22 23 24   5 4 3 2 1

Für Copyright in Bezug auf das verwendete Bildmaterial siehe Abbildungsnachweis.

Das Werk einschließlich aller seiner Teile ist urheberrechtlich geschützt. Jede Verwertung außerhalb der engen Grenzen des Urheberrechtsgesetzes ist ohne Zustimmung des Verlages unzulässig und strafbar. Das gilt insbesondere für Vervielfältigungen, Übersetzungen, Mikroverfilmungen und die Einspeicherung und Verarbeitung in elektronischen Systemen.

Um den Textfluss nicht zu stören, wurde bei Patienten und Berufsbezeichnungen die grammatikalisch maskuline Form gewählt. Selbstverständlich sind in diesen Fällen immer alle Geschlechter gemeint.

Planung: Isabelle Rottstegge, Susanne Szczepanek
Lektorat und Projektmanagement: Dr. Andrea Beilmann, Martha Kürzl-Harrison, Cornelia von Saint Paul
Redaktion: Dr. Stefanie Gräfin von Pfeil, Kirchheim/Teck
Bildredaktion: Charlotte Spitz, München; Alexander Dospil, Utting; Dr. Wolfgang Zettlmeier, Barbing
Herstellung: Hildegard Graf, Germering
Satz: abavo GmbH, Buchloe
Druck und Bindung: Dimograf Sp. z o. o., Bielsko-Biała, Polen
Umschlaggestaltung: Hilden Design, München
Titelfotografie: © Masterfile

Aktuelle Informationen finden Sie im Internet unter **www.elsevier.de** und **www.elsevier.com**

Vorwort

Der Biochemieunterricht an den medizinischen Fakultäten hat sich in den letzten Jahren sowohl in Regel- als auch in Modellstudiengängen hin zu einem stärkeren Medizinbezug gewandelt. Dieser Wandel hat Einzug genommen in den Nationalen Kompetenzbasierten Lernzielkatalog (NKLM) und die Entwicklung der neuen Gegenstandskataloge für die medizinischen Staatsprüfungen. Diese Entwicklungen setzen wir um, indem wir in jedem Kapitel Patienten vorstellen, ihre Symptome und Therapiemöglichkeiten immer wieder aufgreifen und in Bezug zu den entsprechenden biochemischen Vorgängen setzen. So beziehen wir z. B. im Immunologiekapitel die Mechanismen der angeborenen, der humoralen und der zellvermittelten Abwehr immer wieder auf das Voranschreiten und Abklingen der Erkältung der kleinen Lina. Wir hoffen, dass es uns so gelingt, die Biochemie systematisch zu vermitteln, gleichzeitig aber auch stets den Bezug zur klinischen Praxis herzustellen und so die Lernmotivation zu steigern.

Das erste Kapitel dieses Buches beleuchtet kurz die wichtigsten Schritte der Evolution ausgehend von den grundlegenden anorganischen Elementen bis zu einer eukaryoten Zelle. Dabei werden die zentralen Moleküle aller biochemischen Prozesse eingeführt und wichtige Begriffe der Chemie kurz erklärt. Die folgenden Kapitel erläutern die molekularbiologischen Vorgänge, welche die Entstehung von Proteinen, die Übertragung von Signalen und die Teilung von Zellen regulieren. Gerade die Molekularbiologie ist ein Feld, das von intensiver Forschungstätigkeit geprägt ist. Uns ist wichtig, diese komplexe und oft vernachlässigte Thematik einfach, aber mit Bezug auf aktuelle Forschungsergebnisse darzustellen und so die Grundlage für das Verstehen der biochemischen Prozesse im gesunden und kranken Menschen zu legen. Im letzten Kapitel werden wissenschaftliche Kompetenzen vermittelt, die einen immer höheren Stellenwert in der Ausbildung aller Ärzte einnehmen, und am Beispiel von Laura die Höhen und Tiefen einer medizinischen Doktorarbeit verdeutlicht.

Die Detailtiefe der einzelnen Kapitel haben wir an die Anforderungen im Zahn- und Humanmedizinstudium angepasst. Alle Abbildungen wurden mit einer einheitlichen Bildsprache gezeichnet, die das visuelle Lernen der komplexen Zusammenhänge erleichtert. Besonders freuen wir uns über die dreidimensionalen Strukturdarstellungen einzelner Proteine, die uns Frau Dr. Sabine Höppner zur Verfügung gestellt hat und die eine plastische Vorstellung von den Vorgängen in einer Zelle vermitteln.

Unser Dank gilt allen Autoren, Zeichnern, Redakteuren, Verlagsmitarbeiterinnen und Kollegen, die bereitwillig die vielen Korrekturzyklen übernommen haben. Besonders bedanken möchten wir uns bei Frau Dr. Heinke Holzkamp für ihre zahlreichen kritischen Kommentare und das Korrekturlesen aller Kapitel. Trotz großer Bemühungen haben wir sicher noch einige Fehler in dieser ersten Auflage übersehen und freuen uns über Rückmeldungen und Verbesserungsvorschläge (E-Mail an books.cs.muc@elsevier.com).

In diesem Sinne wünschen wir allen Lehrenden und Lernenden viel Freude mit diesem Buch und hoffen, dass unsere Begeisterung für dieses spannende Fach ansteckt.

München und Hamburg, im August 2019
Prof. Dr. rer. nat. Regina Fluhrer
Prof. Dr. phil. nat. Wolfgang Hampe

Die Herausgeber

Regina Fluhrer studierte Lebensmittelchemie an der Ludwig-Maximilians-Universität München (LMU) und der Technischen Universität München (TUM). Im Rahmen ihrer Promotion (2000–2003) am Institut von Christian Haass untersuchte sie die katalytischen Spezifitäten der beiden Aspartylproteasen BACE-1 (β-site APP cleaving enzyme), einem Schlüsselfaktor bei der Entstehung der Alzheimererkrankung, und BACE-2. Als Postdoktorandin (2003–2005) begann sie, sich zunehmend für Intramembranproteasen zu interessieren. 2008 schloss sie ihre Habilitationsarbeit ab und leitete eine wissenschaftliche Arbeitsgruppe an der LMU München sowie am Deutschen Zentrum für Neurodegenerative Erkrankungen (DZNE), die sich schwerpunktmäßig mit der Funktion der Signalpeptid-Peptidase-Familie (SPP/SPPL) beschäftigt. Für ihre Forschungsarbeiten erhielt sie den Böhringer-Ingelheim-APOPIS-Preis für Nachwuchswissenschaftler. Von 2015–2019 war sie Professorin für Biochemie an der LMU München und leitete von 2006–2019 hauptverantwortlich die Seminare der Biochemie/Molekularbiologie für Studierende der Human- und Zahnmedizin. Sie engagiert sich in zahlreichen Gremien für die Weiterentwicklung des medizinischen Curriculums und ist als Sachverständige des Instituts für medizinische und pharmazeutische Prüfungsfragen (IMPP) tätig. Seit 2019 ist sie Inhaberin des Lehrstuhls für Biochemie und Molekularbiologie an der neu gegründeten medizinischen Fakultät der Universität Augsburg. In verschiedenen von der Virtuellen Hochschule Bayern (VHB) geförderten Projekten arbeitet sie an der Entwicklung digitaler Lernmaterialien für die Fächer Biochemie und Molekularbiologie. 2012 wurde sie mit dem Preis für gute Lehre des bayerischen Staatsministers ausgezeichnet.

Nach dem Biochemiestudium in Tübingen und in Berlin promovierte **Wolfgang Hampe** bei Hartmut Michel am MPI für Biophysik in Frankfurt über die heterologe Expression des β-adrenergen Rezeptors. Als Postdoc bei Chica Schaller im Zentrum für Molekulare Neurobiologie Hamburg isolierte und charakterisierte er den Rezeptor SorLA, der mit der Entstehung der Alzheimer-Demenz assoziiert ist. Seit 2008 ist er Professor für Biochemie mit Schwerpunkt Lehre am Uniklinikum Hamburg-Eppendorf, wo er intensiv an der Vernetzung vorklinischer und klinischer Inhalte und beim Aufbau der Modellstudiengänge Medizin und Zahnmedizin mitarbeitet. Angeregt durch das berufsbegleitende Studium zum Master of Medical Education baute er das Hamburger Auswahlverfahren für Medizinstudierende auf und koordiniert einen nationalen Forschungsverbund zur Studierendenauswahl. Bei der Entwicklung des Nationalen Kompetenzbasierten Lernzielkatalogs NKLM leitete er die Arbeitsgruppe für das Kapitel „Prinzipien normaler Struktur und Funktion", ist Sachverständiger des Instituts für medizinische und pharmazeutische Prüfungsfragen (IMPP) und an der Weiterentwicklung der Gegenstandskataloge beteiligt. Neben vielen weiteren Lehrpreisen erhielt er 2012 den Ars-Legendi-Fakultätenpreis Medizin des Stifterverbands für die deutsche Wissenschaft und des Medizinischen Fakultätentags.

Die Verfasser der Studentenspalte

Carolin Unterleitner
Als Biochemikerin unterrichte ich seit 2010 Biochemie für Mediziner an der LMU München. Parallel habe ich seit 2012 selbst ein Medizinstudium absolviert, das ich 2018 erfolgreich abgeschlossen habe. Die Möglichkeit, in diesem Buch mit der Studentenspalte und den Teasern beide Fächer verbinden zu können, hat mich sehr gereizt. Ich war schon immer der Meinung, dass die Biochemie eines der schönsten Fächer der Vorklinik ist. Nun kann ich aus Erfahrung sagen, dass sie auch klinisch relevant ist. Die Biochemie besticht durch die Möglichkeit, Prinzipien zu verstehen und diese auf verschiedene Fragestellungen anwenden zu können. Nicht nur die Pharmakologie, auch die Onkologie und sämtliche Stoffwechselerkrankungen, die mittlerweile immer häufiger werden, lassen sich mit der Biochemie verstehen. Ein potenzieller Nachteil ist damit sicherlich, dass man die Biochemie auch verstehen muss, um einen Nutzen daraus zu ziehen. Ich hoffe, ich kann hier einen kleinen Teil beitragen, dass der Funke der Begeisterung auch auf euch überschlägt.

Karim Kouz
Mein Studium der Humanmedizin führte mich von der Trinity School of Medicine auf St. Vincent über die Semmelweis Universität in Budapest schließlich zur Universität Hamburg an das Universitätsklinikum Hamburg-Eppendorf (UKE). Hier promovierte ich bei Frau Professor Dr. rer. nat. Kerstin Kutsche am Institut für Humangenetik zu dem Thema „Genotyp und Phänotyp bei Patienten mit Noonan-Syndrom und einer *RIT1*-Mutation". Aktuell bin ich ärztlicher Mitarbeiter der Klinik und Poliklinik für Anästhesiologie am UKE.

Seit Beginn meines Studiums interessiere ich mich sehr für die Lehrforschung und die Entwicklung neuer, innovativer Unterrichtskonzepte, die einen maximalen Lernerfolg bei gleichzeitig hoher Zufriedenheit und Motivation der Studierenden zum Ziel haben. Einige dieser von mir entwickelten Konzepte sind mittlerweile fester Bestandteil der Lehrentwicklung in verschiedenen Studiengängen.

Mit diesem Lehrbuch erhoffe ich mir, allen Lesern den Zusammenhang zwischen einem naturwissenschaftlichen Grundverständnis und der späteren Relevanz für die Klinik und den Arztberuf näher zu bringen. Gerade in Zeiten der stetigen Verschulung des Studiums und der abnehmenden Gewichtung der Naturwissenschaften im Medizinstudium zeigt dieses Buch einmal mehr, wie wichtig die Biochemie für das nachhaltige Begreifen und Verstehen von Erkrankungen ist.

Ich wünsche allen Lesern viel Spaß bei der Lektüre dieses Buches und viele „Aha-Erlebnisse".

Die Verfasserin der klinischen Inhalte

Christine Wild-Bode
Seit vielen Jahren unterrichte ich mit viel Begeisterung Biochemie in der Vorklinik. Am meisten Spaß macht es mir natürlich, wenn alle motiviert mitmachen, aber leider gilt dieses unglaublich spannende Fach oft als mühsam, trocken und, was noch schlimmer ist: als für die Klinik ziemlich irrelevant. Allerdings ist das Gegenteil der Fall und so habe ich mir angewöhnt, die Themenkomplexe mit kleinen „Schmankerln" aus der Klinik anzureichern – und plötzlich sehe ich leuchtende Augen, es wird neugierig nachgefragt und interessiert diskutiert. Das sind die Momente, die das Unterrichten zu meinem Traumberuf machen. Mein Hintergrund als Ärztin erleichtert mir die Sache sehr und so habe ich in den letzten Jahren fleißig Fallbeispiele geschrieben, die aber auch für klinisch Unerfahrene leicht zugänglich sein sollen. Ich hoffe, dass die „klinischen Kästen" helfen, die Relevanz der Biochemie für die Klinik aufzuzeigen, und Lust machen, sich intensiv mit der wunderbaren Welt der Biochemie auseinanderzusetzen. Ich wünsche allen viel Spaß beim Lesen!

Zu den Fallbeschreibungen

Die Fallbeschreibungen in „Biochemie hoch2" basieren teilweise auf Inhalten der „Biochemischen Übungskurse für Medizinstudierende". Diese und weitere Fälle werden über die Virtuelle Hochschule Bayern (www.vhb.org) angeboten.

Herausgeber

Prof. Dr. rer. nat. Regina Fluhrer
Universität Augsburg
Medizinische Fakultät
Lehrstuhl für Biochemie und
Molekularbiologie
Universitätsstr. 2
86135 Augsburg

Prof. Dr. phil. nat. Wolfgang Hampe
Universitätsklinikum Eppendorf
Institut für Biochemie und Molekulare
Zellbiologie
Zentrum für Experimentelle Medizin
Martinistr. 52
20246 Hamburg

Autoren

Priv.-Doz. Dr. rer. nat. Beate Averbeck
Ludwig-Maximilians-Universität
Biomedizinisches Centrum (BMC)
Lehrstuhl für Zelluläre Physiologie
Großhaderner Str. 9
82152 Planegg-Martinsried

Dr. rer. nat. Andrea Dankwardt
Ludwig-Maximilians-Universität
German Center for Neurodegenerative
Diseases (DZNE)
Feodor-Lynen-Str. 17
81377 München

Prof. Dr. med. Michael Duszenko
Eberhard Karls Universität Tübingen
IFIB – Interfakultäres Institut für
Biochemie
Hoppe-Seyler-Str. 4
72076 Tübingen

Priv.-Doz. Dr. rer. nat. Anton Eberharter
Ludwig-Maximilians-Universität
Biomedizinisches Centrum (BMC)
Lehrstuhl für Physiologische Chemie
Großhaderner Str. 9
82152 Planegg-Martinsried

Priv.-Doz. Dr. sc. nat. Cordula Harter
Ruprecht-Karls-Universität
Biochemie-Zentrum Heidelberg BZH
Im Neuenheimer Feld 328
69120 Heidelberg

Dr. rer. nat. Sabine Höppner
Universität Augsburg
Medizinische Fakultät
Lehrstuhl für Biochemie und
Molekularbiologie
Universitätsstr. 2
86135 Augsburg

Prof. Dr. rer. nat. Stefan Kindler
Universitätsklinikum Hamburg-Eppendorf
Institut für Humangenetik, Campus
Forschung
Martinistr. 52
20246 Hamburg

Priv.-Doz. Dr. rer. nat. Philipp Korber
Ludwig-Maximilians-Universität
Biomedizinisches Centrum (BMC)
Lehrstuhl für Molekularbiologie
Großhaderner Str. 9
82152 Planegg-Martinsried

Dr. med. Karim Kouz
Klinik und Poliklinik für Anästhesiologie
Zentrum für Anästhesiologie und
Intensivmedizin
Universitätsklinikum Hamburg-Eppendorf
Martinistr. 52
20246 Hamburg

Prof. Dr. rer. nat. Hans-Jürgen Kreienkamp
Universitätsklinikum Hamburg-Eppendorf
Institut für Humangenetik, Campus
Forschung
Martinistr. 52
20246 Hamburg

Dr. rer. nat. Stephanie Neumann
Universität Augsburg
Medizinische Fakultät
Lehrstuhl für Biochemie und
Molekularbiologie
Universitätsstr. 2
86135 Augsburg

Prof. Dr. med. Dr. rer. nat. Peter Nielsen
Universitätsklinikum Hamburg-Eppendorf
Institut für Biochemie und Molekulare
Zellbiologie
Martinistr. 52
20246 Hamburg

Dr. rer. nat. Daniela Salat
Ludwig-Maximilians-Universität
Biomedizinisches Centrum (BMC)
Lehrstuhl für Physiologische Chemie
Großhaderner Str. 9
82152 Planegg-Martinsried

Dr. rer. nat. Petra Schling
Ruprecht-Karls-Universität
Biochemie-Zentrum Heidelberg BZH
Im Neuenheimer Feld 328
69120 Heidelberg

Dr. rer. nat. Carolin Unterleitner
Ludwig-Maximilians-Universität
Biomedizinisches Centrum (BMC)
Lehrstuhl für Stoffwechselbiochemie
Feodor-Lynen-Str. 17
81377 München

Dr. med. Christine Wild-Bode
Ludwig-Maximilians-Universität
Biomedizinisches Centrum (BMC)
Lehrstuhl für Stoffwechselbiochemie
Feodor-Lynen-Str. 17
81377 München

Abkürzungsverzeichnis

A	Adenin
A.	Arteria
ACAT	Acyl-Cholesterin-Acyltransferase
ACE	Angiotensin Converting Enzyme
ACTH	adrenocorticotropes Hormon
ADP	Adenosin-Nukleotid-Diphosphat
ALAT	Alanin-Aminotransferase
AMP	Adenosin-Nukleotid-Monophosphat
AMPK	AMP-aktivierte Proteinkinase
ANP	atriales natriuretisches Peptid
ASS	Acetylsalicylsäure
ATP	Adenin-Nukleotid-Triphosphat, Adenosin-Triphosphat, Adenin-Trinukleotid
Bp	Basenpaare
C	Cytosin
Ca	Calcium
cAMP	zyklisches AMP
C-Atom	Kohlenstoffatom
Cl	Chlor
CoA	Coenzym A
COX	Cyclooxygenase
CREB	cAMP Response Element Binding Protein
CRH	Corticotropin-Releasing-Hormon
CT	Computertomografie
d	Tag
Da	Dalton
DAG	Diacylglycerol
DC	dendritische Zellen
DNA	Desoxyribonukleinsäure
ELISA	Enzyme-Linked Immunosorbent Assay
EPO	Erythropoetin
ER	endoplasmatisches Retikulum
ES-Zellen	embryonale Stammzellen
FAD	Flavin-Adenin-Dinukleotid
FAP	familiäre adenomatöse Polyposis
FMN	Flavin-Mononukleotid
FSH	follikelstimulierendes Hormon
G	Guanin
GABA	γ-Aminobutyrat
GAG	Glykosaminoglykane
GALT	gastrointestinaltraktassoziiertes lymphatisches Gewebe
GEF	Guanin-Nukleotid-Austauschfaktor
GH	Growth Hormone
GLUT	Glukosetransporter
GnRH	Gonadotropin-Releasing-Hormon
GPI-Anker	Glykosyl-Phosphatidyl-Inositol-Anker
H-Atom	Wasserstoffatom
HDL	High Density Lipoprotein
HIF	Hypoxie-induzierter Faktor (Hypoxia Inducible Factor)
HIV	humanes Immundefizienzvirus
HLA	humanes Leukozytenantigen
HPV	humanes Papillomavirus
IDL	Intermediate Density Lipoprotein
i.d.R.	in der Regel
IE	Internationale Einheiten
IFN	Interferon
Ig	Immunglobulin
IL	Interleukin
INR	International Normalized Ratio
IP_3	Inositoltrisphosphat
JAK	Janus-Kinase
K_M	Michaelis-Konstante
LCAT	Lecithin-Cholesterin-Acyl-Transferase
LDH	Laktat-Dehydrogenase
LDL	Low Density Lipoprotein
L-DOPA	L-Dihydroxyphenylalanin
LH	luteinisierendes Hormon
LPL	Lipoprotein-Lipase
MALT	mukosaassoziiertes lymphatisches Gewebe
MAO	Monoaminooxidase
MAP-Kinase	maktivierte Protein-Kinase
MHC	Major Histocompatibility Complex
MRT	Magnetresonanztomografie
MSH	Melanozyten-stimulierendes Hormon
N.	Nervus
NAD	Nicotinamid-Adenin-Dinukleotid
NADP	Nicotinamid-Adenin-Dinukleotid-Phosphat
N-Atom	Stickstoffatom
NFκB	Nuclear Factor Kappa Light Chain Enhancer of Activated B-Cells
NO	Stickstoffmonoxid
O-Atom	Sauerstoff-Atom
ORI	Origin of Replication (Replikationsstartpunkt)
PAF	plättchenaktivierender Faktor
PALP	Pyridoxalphosphat
PCR	Polymerase-Kettenreaktion (Polymerase Chain Reaction)
PDE	Phosphodiesterase
PDK	PIP_3-abhängigen Kinase (Phosphoinositide-Dependent Kinase)
PEP	Phosphoenolpyruvat
PET	Positronen-Emissions-Tomografie
PKA	Protein-Kinase A
PFK	Phosphofruktokinase
P_i	anorganisches Phosphat
PI3K	Phosphatidylinositol-3-Kinase
PIP_2	Phosphatidylinositol-4,5-bisphosphat
PIP_3	Phosphatidylinositol-3,4,5-trisphosphat
PLP	Pyridoxalphosphat
PP-1	Phosphoprotein-Phosphatase 1
PTT	partielle Thromboplastinzeit
RAAS	Renin-Angiotensin-Aldosteron-System
RNA	Ribonukleinsäure
RNAi	RNA-Interferenz
ROS	reaktive Sauerstoffspezies (Reactive Oxygen Species)
SAM	S-Adenosyl-Methionin
SDS-PAGE	Sodium Dodecyl Sulfate Polyacrylamide Gel Electrophoresis
SGLT1	Sodium Dependent Glucose Transporter
siRNA	Short Interfering RNA
SNARE	Soluble NSF-Attachment Protein Receptors
SNP	Single Nucleotide Polymorphisms
SUMO	Small Ubiquitin-Related Modifier
T	Thymin
T_3	Triiodthyronin
T_4	Thyroxin
TAG	Triacylglyceride
TGN	trans-Golgi-Netzwerk
TH	T-Helfer-Zellen
THF	Tetrahydrofolat
Treg	regulatorische T-Zellen

TRH	Thyreotropin-Releasing-Hormon	**V.**	Vena
TSH	Thyreoidea-stimulierendes Hormon	**v. a.**	vor allem
TZ	Thrombinzeit	**VLDL**	Very Low Density Lipoprotein
U	Uracil	**z. B.**	zum Beispiel
u. a.	unter anderem	**Zn**	Zink
u. U.	unter Umständen	**ZNS**	zentrales Nervensystem

Abbildungsnachweis

Der Verweis auf die jeweilige Abbildungsquelle befindet sich bei allen Abbildungen im Werk am Ende des Legendentextes in eckigen Klammern.

E397	Ferri, F.F.: Ferri's Color Atlas and Text of Clinical Medicine. Elsevier, Saunders, 2009.
E428	Albert, D.M., Miller, J.W., Azar, D.T., Blodi, B.: Albert & Jakobiec's Principles & Practice of Ophthalmology. Elsevier, Saunders, 3. Aufl. 2008.
E434-004	Bolognia, J., Jorizzo, J., Rapini, R.: Dermatology. Elsevier, Mosby, 4. Aufl. 2018.
E731-002	Kumar, V., et al.: Robbins Basic Pathology. Elsevier, 10. Aufl. 2018.
E1000	Carroni, M., Saibil, H. R.: Cryo electron microscopy to determine the structure of macromolecular complexes. In: Methods. Volume 95, p. 78–85. Elsevier, February 2016.
E1001	Petras, R. E.: Differential Diagnosis in Surgical Pathology. Elsevier, Saunders, 3. Aufl. 2015.
E1002	Grigorieff, N.: Three-dimensional structure of bovine NADH: Ubiquinone oxidoreductase (complex I) at 22 å in ice. In: Journal of Molecular Biology. Volume 277, Issue 5, p. 1033–46. Elsevier, April 1998.
E1003	Garrels, M., Oatis, C. S.: Laboratory Testing for Ambulatory Settings: A Guide for Health Care Professionals. Elsevier, Saunders, 2. Aufl. 2006.
E1004	Pollard, T. D., et al.: Cell Biology. Elsevier, 3. Aufl. 2017.
F346-3	Shetty, P.: Malnutrition and Undernutrition. In: Medicine. Volume 34, Issue 12, p. 524–9. Elsevier, December 2006.
F1022-001	David M. Smith, D. M., et al.: ATP Binding to PAN or the 26S ATPases Causes Association with the 20S Proteasome, Gate Opening, and Translocation of Unfolded Proteins. In: Molecular Cell. Volume 20, Issue 5, p. 687–98. Elsevier, December 2005.
G170	Schartl, M., Gessler, M., von Eckhardstein, A.: Biochemie und Molekularbiologie des Menschen. Elsevier, Urban & Fischer, 1. Aufl. 2009.
G659	Jorde, L. B., Carey, J. C., Bamshad, M. J.: Medical Genetics. Elsevier, Mosby. 4. Aufl. 2009.
G684-002	O'Dowd, G., et al.: Wheater's Pathology: A Text, Atlas, and Review of Histopathology. Elsevier, Churchill Livingstone, 6. Aufl. 2020.
G777	Grotting, J.C., Neligan, P.C.: Plastic Surgery, Volume Five: Breast. Elsevier, Saunders, 3. Aufl. 2013.
G821	Ratner, B.D., et al.: Biomaterials Science. Elsevier, Academic Press, 2013.
G822	Keohane, E., Otto, K., Walenga, J.: Rodak's Hematology Clinical Principles and Applications. Elsevier, Saunders, 6. Aufl. 2020.
G823	Sontheimer, H.: Diseases of the Nervous System. Elsevier, Academic Press, 1. Aufl. 2015.
H093-001	Gordon, L. B., Ullrich N. J.: Hutchinson-Gilford progeria syndrome. In: Handbook of Clinical Neurology. Volume 132, p. 249–64. Elsevier, January 2015.
J140-003	Science Photo Library / CNRI.
J787	Colourbox.com
P414	Dr. Sabine Höppner, Augsburg.
L138	Martha Kosthorst, Borken.
L141	Stefan Elsberger, Planegg.
L252	abavo GmbH, Buchloe.
L253	Dr. Wolfgang Zettlmeier, Barbing.
L271	Matthias Korff, München.
L299	Antonio Galante, München.
L307	Charlotte Spitz, München.
M375	Prof. Dr. Dr. Ulrich Welsch, München.
M513	Prof. Dr. Jürgen Schölmerich, Frankfurt
P602	Prof. Dr. Hans-Jürgen Kreienkamp, Dr. Fatemeh Hassani Nia, Hamburg
R110-20	Rüther, W., Lohmann, C. H.: Orthopädie und Unfallchirurgie. Elsevier, Urban & Fischer, 20. Aufl. 2014.
R236	Classen, M., Diehl, V., Kochsiek, K.: Innere Medizin. Elsevier, Urban & Fischer, 6. Aufl. 2009.
R246	Gruber, G., Hansch, A.: Kompaktatlas Blickdiagnosen in der Inneren Medizin. Elsevier, Urban & Fischer, 2. Aufl. 2009.
R252	Welsch, U.: Sobotta: Atlas Histologie. Urban & Fischer, 7. Aufl. 2005.
R285	Böcker, W., et al.: Pathologie, Elsevier, Urban & Fischer, 5. Aufl. 2012.
S149	Roche Lexikon Medizin, Urban & Schwarzenberg, München, 5. Aufl., 2003.
T409	Fotosammlung des Dr. von Haunerschen Kinderspitals, München.
V856	sifin diagnostics gmbh, Berlin.
V857	Bio-Rad Medical Diagnostics GmbH, Dreieich.

Übersicht der beschriebenen Krankheitsbilder

A
Achondroplasie 250
Adipositas 413, 416, 423, 424, 514, 597, 679, 680, 683, 684
adrenogenitales Syndrom 233
Ahornsirupkrankheit 257
AIDS 337
Alkalose 29
Alkoholabusus 703
Alkoholintoxikation 700, 702
Alzheimer-Krankheit 765, 774
Ammoniumtoxizität 577
amyotrophe Lateralsklerose (ALS) 137
anaphylaktischer Schock 409
α_1-Antitrypsin-Mangel 710
Asthma 555, 558
Aszites 175, 182, 705
Autoimmunthyreoiditis 541
Azidose 29, 489

B
Bauchkrämpfe 473
Beckwith-Wiedemann-Syndrom 315
Beriberi 646
Blähungen 1
Blasenbildung 729, 733, 742
Blasenentzündung 17
Botulismus 145, 146, 149
Brustkrebs 299, 305, 555
Bruton-Syndrom 396
Burkitt-Lymphom 300, 301, 306

C
Caput medusae 705
Carnitinmangel 539, 627
Carnitin-Transporter-Mangel 535, 538
Chinarestaurant-Syndrom 573
Cholelithiasis 519
Cholera 164
Chylomikronämie 522, 525, 527
Colitis ulcerosa 404
Coma diabeticum 688
Creutzfeldt-Jakob-Erkrankung 27, 36, 38, 42
Cushing-Syndrom 220, 221
Cyanidvergiftung 443

D
Darmkrebs 288
Darmpolypen 303
Dekompressionskrankheit 570
Demenz 165, 171, 772
Depression 237, 597
Diabetes mellitus 212, 505, 597, 684, 686, 687, 688, 689, 692, 693
Diphtherie 117, 121
Doping 248
Down-Syndrom 256
Duchenne-Muskeldystrophie 361
Durchfall 1, 464

E
Ehlers-Danlos-Syndrom 735
Elektrolytstörungen 709
Epidermolysis bullosa 733
erektile Dysfunktion 243
Erkältung 363, 366, 372, 389, 400

F
familiäre adenomatöse Polyposis 304
Favismus 504
Fettstühle 520
Fieber 53
Fruktose-Intoleranz 476
Fruktose-Malabsorption 473, 474
Fruktosurie 476

G
Galaktosämie 476
Gallensteinleiden 519
Gerinnungshemmer 159, 160
Gichtanfall 602, 608, 609
Glasknochenkrankheit 735
glutensensitive Enteropathie 660, 665
Glykogenspeicherkrankheit 496
Granulomatose 367
Grippe 325, 332

H
Hämochromatose 664
Hämoglobinopathie 717
Harnstoffzyklusdefekte 582
Hashimoto-Thyreoiditis 224, 541
Herzinfarkt 216, 218, 546
Herzinsuffizienz 242
Heuschnupfen 407, 409, 411
HNPCC 288
Homocysteinämie 590
Hutchinson-Gilford-Syndrom 770
Hyperammonämie 570, 578, 579, 581, 583
Hypercholesterinämie 546, 549, 550, 553
Hyperchylomikronämie 527
Hyperglykämie 484, 505
Hyperthyreose 541
Hypertonie 242
Hypoglykämie 484, 687, 688
Hypothyreose 223, 224

I
IgA-Mangel 405
Ikterus 623, 625, 705
Insulinom 212
Iodmangel 666
I-Zell-Krankheit 149

K
Karies 462
Ketose 544, 545
Kohlenmonoxidvergiftung 712, 714, 716
Kollagendefekte 735
Kolonkarzinom 343, 346, 347, 348, 352, 355, 357

L
Lähmung 145
Laktatazidose 453, 472
Laktoseintoleranz 12, 18, 101
Leberzirrhose 182, 626, 637, 640, 703, 705
Lesch-Nyhan-Syndrom 257, 605
Li-Fraumeni-Syndrom 257
Lungenemphysem 710
lysosomale Speicherkrankheit 172

M
Malaria 23
Mammakarzinom 292, 297, 299, 305, 309, 311, 312, 555
Marfan-Syndrom 87
MCAD-Mangel 540
megaloblastäre Anämie 654
Metastasen 735
Methanolvergiftung 65, 68, 69
Methylmalonacidurie 543
Mitochondriopathie 436, 446
Morbus Addison 226
Morbus Alzheimer 165, 168, 171, 772
Morbus Basedow 224
Morbus Bechterew 380
Morbus Crohn 404
Morbus Gaucher 172
Morbus Hunter 172
Morbus Huntington 776
Morbus Parkinson 169, 262, 265, 600, 761, 783
Morbus Tay-Sachs 564, 565
MRSA 341
Mukoviszidose 144, 572
multiple Sklerose 741, 747, 750
Muskeldystrophie Duchenne 361
Myasthenia gravis 756, 759
Myopathie 436

N
Nebennierenrindeninsuffizienz 226
nichtalkoholische Steatohepatitis 476

O
Organtransplantation 377
Orotacidurie 616
Ösophagusvarizen 705
Osteogenesis imperfecta 735
Osteomalazie 642
Osteoporose 737, 738

P
Pankreasinsuffizienz 49, 57, 58, 59, 73, 572
Pankreastumor 520
Pankreatitis 527
Paracetamol-Intoxikation 629, 634
Phenylketonurie 584, 588
Pilzvergiftung 90, 97, 627, 732
Pneumonie 109, 116, 122
Porphyrie 621, 622
portale Hypertension 705
Progerie 770
Pseudohermaphroditismus femininus 233
pseudomembranöse Kolitis 404
Pseudopubertas praecox 233

R
Rachitis 642
Retinoblastom 302
rheumatoide Arthritis 616
Riboflavin-Mangel 417
Rot-Grün-Blindheit 257, 754

S
Salmonelleninfektion 405
Schlafkrankheit 44
Schlaganfall 727
Schnupfen 366
Schwangerschaftsdiabetes 691
Sepsis 246, 404
Severe Combined Immune Deficiency 616, 618
Sichelzellanämie 40, 717
Sklerenikterus 515
Skorbut 656
Sonnenbrand 283
Spina bifida 652
Steatorrhö 515

T
Tetanus 375
Thalassämie 717
β-Thalassämie 101, 103, 107
Thiaminmangel 646
Thrombophilie 725
Transfusion 153, 155, 157
Trisomie 21 256
Trypanosomiasis 44
Tyrosinämie Typ II 588

V
Vitamin-A-Mangel 637, 640
Vitamin-B_1-Mangel 646
Vitamin-B_{12}-Mangel 652, 654
Vitamin-C-Mangel 656
Von-Gierke-Erkrankung 496
Von-Willebrand-Syndrom 717, 720, 724

W
Weichteilinfektion 267
Wernicke-Korsakow-Syndrom 646
Winterdepression 237
Wundinfektion 337, 340, 341

X
Xeroderma pigmentosum 279, 287

Z
Zellweger-Syndrom 140, 544
Zervixkarzinom 260, 306
Zöliakie 380, 661, 665
zystische Fibrose 144

Inhaltsverzeichnis

1	**Biochemie: Basis aller Lebewesen**	
1.1	**Die chemische Evolution**	1
1.1.1	Elemente des Lebens	1
1.1.2	Wasser als Ursprung des Lebens	2
1.1.3	Abgrenzung von der Umgebung durch Lipidmembranen	5
1.1.4	Kohlenhydrate als Energielieferanten	9
1.1.5	Informationsspeicherung und Katalyse durch RNA	12
1.1.6	Katalyse, Transport und Informationsaustausch: Proteine	14
1.1.7	Verbesserte Informationsspeicherung: DNA	15
1.1.8	Die Urzelle	16
1.2	**Evolution der Prokaryoten**	17
1.2.1	Prokaryoten	17
1.2.2	Bakterien und Archaeen	17
1.2.3	Die Sauerstoffkatastrophe	18
1.3	**Evolution der Eukaryoten**	19
1.3.1	Die Endosymbiontentheorie	19
1.3.2	Kompartimente: Arbeitsteilung und Prozessoptimierung	20
1.3.3	Aufbau der eukaryoten Zelle	20
1.4	**Entwicklung der Arten**	23
1.4.1	Entstehung mehrzelliger Lebewesen	23
1.4.2	Die Evolution einzelner Gene und Proteine	24
2	**Proteine: Arbeiter der Zelle**	
2.1	**Aminosäuren und Peptidbindung**	27
2.1.1	Proteine enthalten Aminosäuren	27
2.1.2	Aminosäuren sind schwache Säuren	28
2.1.3	Die proteinogenen Aminosäuren	29
2.1.4	Peptidbindung	31
2.2	**Proteinstruktur**	33
2.2.1	Primärstruktur	33
2.2.2	Sekundärstruktur	34
2.2.3	Tertiärstruktur	36
2.2.4	Quartärstruktur	39
2.3	**Proteinfaltung**	40
2.3.1	Native Proteine	40
2.3.2	Faltungstrichter	40
2.3.3	Chaperone	41
2.4	**Membranproteine**	43
2.5	**Bindung von Liganden an Proteine**	44
2.5.1	Funktionen von Proteinen	44
2.5.2	Cofaktoren	45
2.5.3	Rezeptoren	45
2.5.4	Transportproteine	46
3	**Enzyme: Katalysatoren des Lebens**	
3.1	**Chemische Reaktionen im Menschen**	49
3.1.1	Richtung chemischer Reaktionen	49
3.1.2	Enthalpie	50
3.1.3	Entropie	50
3.1.4	Freie Enthalpie	51
3.1.5	Konzentrationsabhängigkeit der Reaktionsrichtung	51
3.2	**Enzyme als Biokatalysatoren**	52
3.2.1	Reaktionsgeschwindigkeit	52
3.2.2	Aufbau von Enzymen	53
3.2.3	Enzymatische Katalyse	55
3.2.4	Reaktionsmechanismus der Serinproteasen	57
3.2.5	Enzymklassifizierung	59
3.2.6	Cosubstrate	60
3.3	**Enzymtests**	63
3.3.1	Fotometrie	63
3.3.2	Bestimmung der Konzentration von Stoffen in Blut oder Urin	64
3.3.3	Bestimmung von Enzymen im Blut	64
3.3.4	ELISA	65
3.4	**Enzymkinetik**	65
3.4.1	Geschwindigkeit enzymatischer Reaktionen	65
3.4.2	Michaelis-Menten-Kinetik	65
3.4.3	Enzyminhibitoren	68
3.5	**Isoenzyme**	70
3.6	**Regulation der Enzymaktivität**	70
3.6.1	Regulationsmechanismen	70
3.6.2	Allosterie	71
3.6.3	Kooperativität	71
3.6.4	Phosphorylierung	72
3.6.5	Zymogenaktivierung	72
4	**Von der DNA zur RNA: Speicherung und Auslesen von Information**	
4.1	**Zentrales Dogma der Molekularbiologie**	75
4.2	**Nukleotide und Nukleinsäuren**	76
4.2.1	Nukleotide	76
4.2.2	Nukleinsäuren	78
4.2.3	Informationsfluss zwischen Nukleinsäuren	81
4.3	**Chromatin: die DNA-Verpackung**	82
4.4	**Das menschliche Genom**	84
4.4.1	Aufbau menschlicher Chromosomen	84
4.4.2	Der Gen-Begriff	85
4.4.3	Allele	86
4.4.4	Repetitive DNA-Sequenzen	87
4.5	**Genexpression**	90
4.5.1	Vom Genotyp zum Phänotyp	90
4.5.2	Transkription	91
4.5.3	Regulation der Transkription	98
4.5.4	RNA-Prozessierung	101
5	**Translation: von der RNA zum Protein**	
5.1	**Ablauf der Translation**	109
5.2	**Die tRNA: der Adapter**	111
5.2.1	Struktur der tRNA	111
5.2.2	Aktivierung der Aminosäure	112
5.2.3	Veresterung der tRNA mit der Aminosäure	112
5.3	**Der genetische Code**	114
5.4	**Die Ribosomen: Maschinen der Translation**	115
5.4.1	Einteilung der Ribosomen	115
5.4.2	Aufbau des prokaryotischen Ribosoms	115
5.4.3	Aufbau des eukaryotischen Ribosoms	115
5.5	**Phasen der eukaryotischen Translation**	117
5.5.1	Initiation	117
5.5.2	Elongation	119
5.5.3	Termination	122
5.6	**Die Aminosäure Selenocystein**	123
5.7	**Regulation der Translation**	124
5.7.1	Regulation durch RNA-Interferenz	124

5.7.2	Regulation in der nicht-translatierten Region am 5'-Ende (5'-UTR)	124
5.7.3	Weitere Regulationsmechanismen	125
5.8	**Translation in Prokaryoten**	126

6 Kompartimente, Proteinsortierung und -modifikationen: der richtige Arbeiter am richtigen Platz

6.1	**Lipidzusammensetzung zellulärer Membranen**	127
6.1.1	Membranlipide	127
6.1.2	Glycerophospholipide	128
6.1.3	Sphingophospholipide	129
6.1.4	Glykosphingolipide	130
6.1.5	Cholesterin	130
6.1.6	Asymmetrische Lipidverteilung	130
6.2	**Eigenschaften zellulärer Membranen**	132
6.2.1	Dynamik der Membranlipide	132
6.2.2	Fluidität	132
6.2.3	Mikrodomänen	133
6.3	**Proteinsortierung**	133
6.3.1	Mechanismen des Proteintransports	133
6.3.2	Proteintransport zwischen Zellkern und Zytoplasma	134
6.3.3	Proteintransport in das Mitochondrium	138
6.3.4	Proteintransport in das Peroxisom	140
6.3.5	Proteintransport im sekretorischen Weg	140
6.4	**Kovalente Proteinmodifikationen**	153
6.4.1	Co- und posttranslationale Modifikationen	153
6.4.2	Glykosylierung	154
6.4.3	Phosphorylierung	158
6.4.4	Carboxylierung	159
6.4.5	Hydroxylierung	160
6.4.6	Sulfatierung	160
6.4.7	Limitierte Proteolyse	161
6.4.8	Lipidmodifikationen	162
6.4.9	ADP-Ribosylierung	163

7 Proteinabbau: Entsorgung von defekten und nicht mehr benötigten Proteinen

7.1	**Konzentration und Halbwertszeit von Proteinen**	165
7.2	**Proteasen**	166
7.2.1	Klassifikation	166
7.2.2	Serin-, Threonin- und Cysteinproteasen	166
7.2.3	Aspartatproteasen	167
7.2.4	Metalloproteasen	167
7.2.5	Intramembranproteasen	167
7.3	**Das Proteasom**	168
7.3.1	Aufbau des Proteasoms	168
7.3.2	Das Ubiquitin-System	169
7.3.3	Abbau fehlgefalteter Proteine des ER	170
7.4	**Lysosomaler Abbau**	172
7.5	**Autophagozytose**	172
7.6	**Schutz vor unkontrollierter Proteaseaktivität**	173

8 Analyse von Proteinen: Woher weiß man das alles?

8.1	**Aufklärung von Proteinfunktion und -struktur**	175
8.2	**Chromatografische Trennmethoden**	176
8.2.1	Prinzip der Chromatografie	176
8.2.2	Säulenchromatografie	176
8.2.3	Ionenaustauschchromatografie	177
8.2.4	Hydrophobe Interaktionschromatografie (HIC)	177
8.2.5	Affinitätschromatografie	178
8.2.6	Gelfiltration	179
8.3	**Elektrophorese**	180
8.3.1	Trennung im elektrischen Feld	180
8.3.2	SDS-Polyacrylamid-Gelelektrophorese	180
8.3.3	Serumelektrophorese	182
8.3.4	2-D-Elektrophorese	182
8.4	**ELISA (Enzyme-Linked Immunosorbent Assay)**	182
8.5	**Proteinsequenzierung**	184
8.5.1	Edman-Abbau	184
8.5.2	Massenspektrometrie	184
8.6	**Strukturbestimmung von Proteinen**	186
8.6.1	Strukturbiologische Methoden	186
8.6.2	Röntgenkristallografie	186
8.6.3	Kernresonanzspektroskopie (NMR-Spektroskopie)	188
8.6.4	Kryo-Elektronenmikroskopie	188
8.7	**Proteomik**	189

9 Wirkungsweise von Hormonen: Wie wird das alles kontrolliert?

9.1	**Allgemeine Prinzipien der zellulären Kommunikation**	192
9.1.1	Kommunikation im biologischen System	192
9.1.2	Mechanismen der interzellulären Signalvermittlung	192
9.2	**Hormone und andere Signalmoleküle**	193
9.2.1	Botenstoffgruppen	193
9.2.2	Einteilung der Hormone	194
9.2.3	Einteilung der Zytokine	195
9.2.4	Second Messenger	195
9.3	**Speicherung und Freisetzung von Botenstoffen**	197
9.4	**Regulation der Hormonausschüttung**	197
9.4.1	Regulationsmechanismen	197
9.4.2	Einfache Regelkreise	197
9.4.3	Hierarchische Hormonachsen	197
9.5	**Transport von Hormonen im Blut**	199
9.6	**Rezeptorinitiierte Signalkaskaden**	200
9.6.1	Mechanismen der rezeptorinitiierten Signalvermittlung	200
9.6.2	G-Protein-gekoppelte Rezeptoren	201
9.6.3	Rezeptor-Tyrosin-Kinasen	205
9.6.4	Rezeptorassoziierte Tyrosin-Kinasen	207
9.6.5	Rezeptor-Serin-/-Threonin-Kinasen	208
9.6.6	Ligandenaktivierte Ionenkanäle	208
9.6.7	Kernrezeptoren	209
9.6.8	Guanylat-Cyclasen	209
9.6.9	Modulation der Signaltransduktion	210
9.7	**Hormone**	211
9.7.1	Stoffwechsel und Energiehaushalt	211
9.7.2	Wasser- und Ionenhaushalt	224
9.7.3	Calcium- und Phosphathaushalt	227
9.7.4	Wachstum, Entwicklung und Fortpflanzung	230
9.7.5	Regulation des Schlaf-wach-Rhythmus	237
9.8	**Gewebshormone**	237
9.8.1	Aglanduläre Bildung	237
9.8.2	Eicosanoide	238
9.8.3	Biogene Amine	240
9.8.4	Kinine	241
9.8.5	Stickstoffmonoxid (NO)	242

9.9	**Zytokine**	243
9.9.1	Zytokinrezeptoren	243
9.9.2	Interleukine	245
9.9.3	Chemokine	248
9.9.4	Interferone	249
9.9.5	Wachstumsfaktoren	250

10 Zellzyklus und Apoptose: nicht zu viel und nicht zu wenig

10.1	Der Zellzyklus	253
10.2	M-Phase: Mitose und Zytokinese	254
10.3	Meiose	255
10.3.1	Ablauf	255
10.3.2	Homologe Rekombination	256
10.4	Regulation der Phasenübergänge im Zellzyklus	258
10.4.1	Cycline und Cyclin-abhängige Kinasen	258
10.4.2	Der Übergang von der G1- zur S-Phase	259
10.5	Apoptose: programmierter Zelltod	260
10.5.1	Apoptose versus Nekrose	260
10.5.2	Funktionen der Apoptose	261
10.5.3	Caspasen: zentrale Enzyme der Apoptose	261
10.5.4	Auslöser der Apoptose	262
10.5.5	Das Überleben der Zelle ist ein Balanceakt	265

11 DNA-Replikation und -Reparatur: Informationssicherheit

11.1	Replikation der DNA	267
11.1.1	Prinzip der DNA-Replikation	267
11.1.2	Erkennung der Replikationsstartpunkte	268
11.1.3	Helikase: Trennung der DNA-Doppelhelix in zwei Einzelstränge	269
11.1.4	Topoisomerase: Verminderung der Torsionsspannung	269
11.1.5	Synthese der Primer	272
11.1.6	Synthese der Tochterstränge	272
11.1.7	Genauigkeit der Replikation	274
11.1.8	Entfernen der Primer und Auffüllen der einzelsträngigen DNA-Abschnitte	275
11.1.9	Verknüpfen der Einzelstrangbrüche (Ligation)	276
11.1.10	Telomerase: Erhalt der Chromosomenenden	276
11.1.11	Vergleich von pro- und eukaryotischer Replikation	278
11.2	DNA-Mutationen	279
11.2.1	Mutationsformen	279
11.2.2	Ursachen und Entstehung von Mutationen	280
11.3	DNA-Reparatur	284
11.3.1	Prinzip der DNA-Reparatur	284
11.3.2	Basen-Exzisionsreparatur	285
11.3.3	Nukleotid-Exzisionsreparatur	286
11.3.4	Mismatch-Reparatur	287
11.3.5	Reparatur von DNA-Doppelstrangbrüchen	288
11.3.6	Direkte Reparatur	290

12 Kanzerogenese: eine Zelle gegen den ganzen Menschen

12.1	Tumoren	292
12.2	Kanzerogenese	293
12.2.1	Vielschrittprozess	293
12.2.2	Unabhängigkeit von Wachstumssignalen	293
12.2.3	Umgehen von Wachstumsinhibitoren	294
12.2.4	Vermeidung von Apoptose	295
12.2.5	Umgehen des Immunsystems	295
12.2.6	Unbegrenzte Teilungsfähigkeit	295
12.2.7	Angiogenese und Anpassungen des Stoffwechsels	295
12.2.8	Invasives Wachstum und Metastasierung	295
12.3	Protoonkogene, Onkogene und Tumorsuppressoren	296
12.3.1	Antreiber und Bremsen des Zellzyklus	296
12.3.2	Aus Protoonkogenen werden Onkogene	298
12.3.3	Tumorsuppressoren	301
12.4	Viren und Bakterien als Karzinogene	305
12.4.1	Tumorviren	305
12.4.2	Bakterien als Auslöser von Krebs	307
12.5	Tumordiagnostik	307
12.5.1	Tumormarker: biochemische Früherkennung	307
12.5.2	Bildgebende Verfahren	308
12.5.3	Histologische und molekularbiologische Charakterisierung nach Biopsie und Operation	309
12.6	Tumortherapie	309
12.6.1	Drei Säulen der Krebstherapie	309
12.6.2	Bestrahlung	311
12.6.3	Chemotherapie	311
12.6.4	Zielgerichtete medikamentöse Therapie	312
12.6.5	Personalisierte Medizin	314
12.6.6	Resistenzentwicklungen	314

13 Epigenetik: Information und Vererbung jenseits der DNA

13.1	Molekulare Epigenetik	315
13.1.1	Definitionen	315
13.1.2	DNA-Methylierung: Epigenetik durch DNA-Modifikation	316
13.1.3	Chromatin: die epigenetische Informationsplattform	316
13.1.4	Transkriptionsfaktornetzwerke: Masterregulatoren der Genexpression	320
13.1.5	Monoallelische Expression: X-Chromosom-Inaktivierung	320
13.2	Reversibilität: neue Therapien	321
13.3	Prägung durch Umwelteinflüsse	322

14 Viren und Bakterien: Wie funktionieren Krankheitserreger?

14.1	Mikroorganismen	325
14.2	Viren: Aufbau und Vermehrung	326
14.2.1	Größe und Struktur	326
14.2.2	Erbinformation	326
14.2.3	Aufbau	326
14.2.4	Vermehrungszyklus	327
14.2.5	Influenzaviren	327
14.2.6	Retroviren: humanes Immundefizienzvirus (HIV)	332
14.3	Bakterien	337
14.3.1	Aufbau und Eigenschaften	337
14.3.2	Das Mikrobiom des menschlichen Körpers	338
14.3.3	Bakterien als Krankheitserreger	338
14.3.4	Antibiotika	339
14.3.5	Enterohämorrhagische *Escherichia coli* (EHEC)	341

15 Gentechnologie: individualisierte Therapie

15.1	Gentechnologie in Diagnostik und Therapie	343
15.2	Polymerase-Kettenreaktion (PCR)	344

15.2.1	Ablauf der PCR	344
15.2.2	Amplifikation	344
15.3	**Gelelektrophorese von Nukleinsäuren**	346
15.4	**Sequenzierung von DNA**	347
15.5	**Next Generation Sequencing**	348
15.6	**DNA-Chip-Technologien**	350
15.7	**Der genetische Fingerabdruck**	351
15.8	**Die Ursprünge der Gentechnik**	352
15.8.1	Plasmide	352
15.8.2	Klonierung mit Restriktionsendonukleasen	353
15.8.3	Produktion von Proteinen	355
15.9	**Virale Vektoren**	356
15.10	**Transgene und Knock-out-Mäuse**	358
15.11	**RNA-Interferenz**	359
15.12	**Genome Editing**	360

16 Immunsystem: Abwehr von Bedrohungen

16.1	**Komponenten des Immunsystems**	363
16.2	**Organe und Zellen des Immunsystems**	364
16.3	**Angeborene Immunität**	364
16.3.1	Komponenten der angeborenen Immunität	364
16.3.2	Barrieren: mechanische und chemische Abwehr	365
16.3.3	Proteine und andere lösliche Moleküle: biologische Abwehr	366
16.3.4	Mustererkennung: Was unterscheidet Freund von Feind?	368
16.3.5	Zellen der angeborenen Immunität	369
16.3.6	Entzündung	370
16.3.7	Komplementsystem: vielseitiger Helfer	373
16.4	**Adaptive Immunität: maßgeschneiderte Abwehr**	375
16.4.1	Komponenten der adaptiven Immunität	375
16.4.2	Antigene: vielseitige Provokateure	376
16.4.3	Antigenpräsentation	377
16.4.4	Antigenerkennung durch T-Lymphozyten	380
16.4.5	T-Zell-Antwort	382
16.4.6	Antikörper	389
16.4.7	Antigenerkennung durch B-Lymphozyten	392
16.4.8	B-Zell-Antwort	395
16.4.9	Immunologisches Gedächtnis	400
16.4.10	Monoklonale Antikörper für Diagnostik und Therapie	401
16.5	**Immunsystem des Darms: dauernde Wachsamkeit**	402
16.5.1	Organisation des Immunsystems des Darms	402
16.5.2	Angeborene Immunität des Darms	403
16.5.3	Adaptive Immunität des Darms	404
16.6	**Das überempfindliche Immunsystem: Autoimmunität und Allergien**	406
16.6.1	Autoimmunität: gestörte Toleranz	406
16.6.2	Allergien: Harmlos wird gefährlich	407
16.6.3	Hyposensibilisierung	410
16.7	**Immuntherapie bei Tumorerkrankungen**	411
16.7.1	Tumorescape	411
16.7.2	Unspezifische Immunstimulation	411
16.7.3	Immunisierung	411

17 Prinzipien des Stoffwechsels: Was geht rein und was geht raus?

17.1	**Der menschliche Stoffwechsel**	413
17.2	**Katabolismus**	414
17.3	**Anabolismus**	415
17.4	**Redoxäquivalente: Übertragung von Elektronen**	416
17.4.1	NAD^+/NADH und $NADP^+$/NADPH	416
17.4.2	FAD/$FADH_2$	417
17.5	**Energiereiche Bindungen**	419
17.6	**Grundsätze der Stoffwechselregulation**	420
17.7	**Regulation der Nahrungsaufnahme**	421
17.7.1	Energieumsatz	421
17.7.2	Appetitregulation	422
17.7.3	Peptidhormone des Magen-Darm-Trakts	423

18 Mitochondrien: die Kraftwerke der Zelle

18.1	**Funktion und Aufbau der Mitochondrien**	425
18.2	**Citratzyklus: die zentrale Drehscheibe**	426
18.2.1	Citratzyklus im katabolen und anabolen Stoffwechsel	426
18.2.2	Die Funktion des Citratzyklus im katabolen Stoffwechsel	426
18.2.3	Einzelreaktionen des Citratzyklus	427
18.2.4	Bilanz des Citratzyklus	432
18.2.5	Die Funktion des Citratzyklus im anabolen Stoffwechsel	434
18.3	**Regulation des Citratzyklus**	434
18.3.1	Regulation durch die Energieladung	434
18.3.2	Regulation durch Substratangebot	435
18.3.3	Hormonelle Regulation	435
18.3.4	Produkthemmung	435
18.3.5	Regulation durch Calcium	435
18.4	**Atmungskette: So entsteht nutzbare Energie**	436
18.4.1	Prinzip der Atmungskette	436
18.4.2	Die Redoxsysteme der Atmungskette	438
18.4.3	ATP-Synthase	445
18.5	**Stofftransport zwischen Mitochondrium und Zytoplasma**	446
18.5.1	Carrier und Shuttle	446
18.5.2	ATP/ADP-Translokator und Phosphat-Carrier	447
18.5.3	Transport der Redoxäquivalente	448
18.6	**Energieausbeute der Atmungskette**	450
18.7	**Regulation der Atmungskette**	450
18.7.1	Physiologische Regulation der Atmungskette	450
18.7.2	Kurzschluss: Entkopplung der Atmungskette	451

19 Kohlenhydrate: schnelle Energie und mehr

19.1	**Funktionelle Vielfalt der Kohlenhydrate**	453
19.2	**Strukturelle Vielfalt der Kohlenhydrate**	454
19.2.1	Einteilung der Kohlenhydrate	454
19.2.2	Monosaccharide	454
19.2.3	Disaccharide und Oligosaccharide	460
19.2.4	Polysaccharide	461
19.3	**Aufnahme von Kohlenhydraten aus der Nahrung**	462
19.3.1	Verdauung der Kohlenhydrate im Magen-Darm-Trakt	462
19.3.2	Absorption der Kohlenhydrate aus dem Magen-Darm-Trakt	464
19.4	**Glykolyse: schnelle Energie aus Glukose**	467
19.4.1	Prinzipien der Glykolyse	467
19.4.2	Reaktionen der Glykolyse	467
19.4.3	Regeneration des NAD^+ und das Schicksal des Pyruvats	471

19.4.4	Einschleusung der anderen Monosaccharide in die Glykolyse	473
19.4.5	Regulation der Glykolyse und des Pyruvat-Dehydrogenase-Komplexes	476
19.5	**Aufrechterhaltung der Blutglukosekonzentration**	**483**
19.5.1	Glukose im Blut	483
19.5.2	Glukoneogenese	484
19.5.3	Glykogen	491
19.6	**Glukose als Ausgangspunkt für Synthesen**	**500**
19.6.1	Glykolysezwischenprodukte für Synthesen	500
19.6.2	Pentosephosphatweg	500
19.6.3	Polyolweg	505

20 Lipide: nicht nur Energiespeicher

20.1	**Lipide als Energiespeicher**	**509**
20.1.1	Funktionen und Eigenschaften der Lipide	509
20.1.2	Triacylglyceride als Speicherform der Lipide	510
20.1.3	Verdauung und Absorption der Triacylglyceride	513
20.1.4	Synthese der Triacylglyceride	520
20.1.5	Transport der TAG mittels Lipoproteinen	522
20.1.6	Speicherung von TAG in Adipozyten	529
20.1.7	Fettsäurebiosynthese	530
20.1.8	Mobilisierung der Lipidspeicher	535
20.1.9	Ketonkörper	544
20.2	**Lipide als Signalmoleküle**	**546**
20.2.1	Cholesterin und sein Stoffwechsel	546
20.2.2	Funktion und Synthese der Fettsäurederivate	555
20.3	**Lipide als Bausteine von Membranen**	**559**
20.3.1	Membranbiosynthese	559
20.3.2	Absorption und Abbau von Membranlipiden	563

21 Stickstoffverbindungen: Moleküle mit vielen Funktionen

21.1	**Stickstoff im Menschen: Stickstoffbilanz**	**570**
21.2	**Aminosäurestoffwechsel**	**571**
21.2.1	Proteinverdauung und Aminosäureabsorption	571
21.2.2	Pyridoxalphosphat	574
21.3	**Abbau der Aminosäuren**	**575**
21.3.1	Entsorgung der Aminogruppe	575
21.3.2	Reaktionen des Harnstoffzyklus	579
21.3.3	Ausscheidung von Aminogruppen durch die Niere	583
21.3.4	Abbau der C-Gerüste der Aminosäuren	584
21.4	**Aminosäuresynthese**	**592**
21.4.1	Essenzielle Aminosäuren	592
21.4.2	Bedingt essenzielle Aminosäuren	593
21.4.3	Biosynthese der nicht-essenziellen Aminosäuren	593
21.5	**Organspezifischer Aminosäurestoffwechsel**	**595**
21.5.1	Hormonelle Regulation des Aminosäurestoffwechsels	595
21.5.2	Dünndarm	595
21.5.3	Leber	596
21.5.4	Niere	596
21.5.5	Skelettmuskel	596
21.5.6	Gehirn	597
21.6	**Biogene Amine**	**597**
21.6.1	Bildung und Funktion biogener Amine	597
21.6.2	Katecholamine	597
21.6.3	Tryptamine	598
21.6.4	Histamin	599
21.6.5	Glutamat und GABA	599
21.6.6	Abbau der biogenen Amine	600
21.7	**Nukleotide: mehr als nur Bausteine der Nukleinsäuren**	**602**
21.7.1	Herkunft der Nukleotide	602
21.7.2	Hydrolyse von Nukleinsäuren und Absorption der Bausteine	602
21.7.3	Wiederverwertung	604
21.7.4	Abbau der Nukleotide	605
21.7.5	Neusynthese von Ribonukleotiden	610
21.7.6	Synthese von Desoxyribonukleotiden	616
21.8	**Stoffwechsel der Nitroverbindungen**	**620**
21.9	**Hämstoffwechsel**	**621**
21.9.1	Hämvarianten	621
21.9.2	Hämbiosynthese	621
21.9.3	Hämabbau	623
21.10	**Kreatin**	**626**
21.11	**Weitere wichtige Amine**	**626**
21.11.1	Cholin	626
21.11.2	Betain	627
21.11.3	Carnitin	627

22 Biotransformation: Entgiftung und Giftung

22.1	**Metabolisierung von Eigen- und Fremdstoffen**	**629**
22.2	**Phase-I-Reaktion (Umwandlungsphase)**	**630**
22.2.1	Cytochrom-P450-Enzyme	630
22.2.2	Weitere Beispiele für Phase-I-Enzyme	631
22.3	**Phase-II-Reaktionen (Konjugationsphase)**	**632**
22.3.1	Konjugation mit Glukuronsäure	632
22.3.2	Konjugation mit Glutathion	633
22.3.3	Konjugation mit Sulfatgruppen	634
22.3.4	N-Acetylierung, Methylierung und Konjugation mit Glycin	635
22.4	**Induzierbarkeit von Phase-I- und Phase-II-Enzymen**	**635**

23 Vitamine, Mineralstoffe und Spurenelemente: kleine Mengen mit großer Wirkung

23.1	**Vitamine**	**637**
23.2	**Fettlösliche Vitamine**	**638**
23.2.1	Absorption und Transport	638
23.2.2	Vitamin A: Retinoide	638
23.2.3	Vitamin D: Calciferole	641
23.2.4	Vitamin E: Tocopherol	643
23.2.5	Vitamin K: Phyllochinone	644
23.3	**Wasserlösliche Vitamine**	**644**
23.3.1	Transport	644
23.3.2	Vitamin B_1 (Thiamin)	644
23.3.3	Vitamin B_2 (Riboflavin)	646
23.3.4	Niacin	647
23.3.5	Vitamin B_5 (Pantothensäure)	648
23.3.6	Vitamin B_6 (Pyridoxin)	649
23.3.7	Vitamin B_7 (Biotin)	649
23.3.8	Vitamin B_9 (Folsäure)	650
23.3.9	Vitamin B_{12} (Cobalamin)	652
23.3.10	Vitamin C (Ascorbinsäure)	654
23.4	**Mineralstoffe und Elektrolyte**	**656**
23.4.1	Elektrolyt- und Wasserhaushalt	656
23.4.2	Calcium	657
23.4.3	Phosphor	657
23.4.4	Natrium	658

23.4.5	Kalium	659
23.4.6	Chlor	659
23.4.7	Schwefel	659
23.4.8	Hydrogencarbonat	660
23.4.9	Magnesium	660
23.5	**Spurenelemente**	**660**
23.5.1	Essenzielle und nicht-essenzielle Spurenelemente	660
23.5.2	Eisen	662
23.5.3	Iod	665
23.5.4	Zink	666
23.5.5	Kupfer	667
23.5.6	Selen	667
23.5.7	Cobalt, Mangan, Molybdän	668
24	**Stoffwechselintegration: Wie passt das alles zusammen?**	
24.1	**Energiespeicherung**	**671**
24.2	**Ein metabolischer Tag**	**672**
24.2.1	Speicherung am Tag, Speicherabbau in der Nacht	672
24.2.2	Postabsorptiver Stoffwechsel: Glukose fürs Gehirn, Fettsäuren für die Peripherie	672
24.2.3	Postprandialer Stoffwechsel: Auffüllen der Speicher, Energie aus Glukose	675
24.2.4	Nährstoffe im Blut: ein Tagesprofil	677
24.3	**Überernährung: TAG-Speicherung**	**679**
24.4	**Hungerstoffwechsel: Ketonkörper und Glukose fürs Gehirn, Fettsäuren für Leber und Peripherie**	**680**
24.4.1	Umstellung auf den adaptierten Hungerstoffwechsel	680
24.4.2	Stoffwechsel bei eingeschränkter Kohlenhydrat- oder Lipidzufuhr	683
24.5	**Insulinmangel**	**684**
24.5.1	Diabetes mellitus	684
24.5.2	Diabetes Typ 1: absoluter Insulinmangel	684
24.5.3	Diabetes mellitus Typ 2: Insulinresistenz	689
24.5.4	Langzeitschäden bei Diabetes mellitus	693
24.6	**Muskelaktivität**	**694**
24.6.1	Energiequellen des Muskels	694
24.6.2	100-m-Sprint: Kreatinphosphat	695
24.6.3	400-m-Lauf: anaerobe Glykolyse	696
24.6.4	1000–10 000-m-Lauf: aerobe Glukoseoxidation	697
24.6.5	Ausdauerleistung: aerobe Glukose- und Fettsäureoxidation	698
24.7	**Ethanolstoffwechsel**	**700**
24.7.1	Ethanolabbau	700
24.7.2	Akute Alkoholintoxikation	702
24.7.3	Chronisch erhöhte Alkoholzufuhr	703
25	**Blut: ein ganz besonderer Saft**	
25.1	**Bestandteile des Bluts**	**707**
25.2	**Funktionen des Bluts**	**708**
25.2.1	Puffersystem	708
25.2.2	Transportsystem	708
25.2.3	Immunabwehr	708
25.2.4	Temperaturregulation	708
25.2.5	Hämostase	708
25.3	**Plasma und Plasmaproteine**	**708**
25.3.1	Blutplasma	708
25.3.2	Plasmaproteine	709
25.4	**Zelluläre Bestandteile**	**711**
25.5	**Gastransport im Blut**	**712**
25.5.1	Sauerstofftransport	712
25.5.2	Transport von Kohlendioxid	717
25.6	**Hämostase: Beendigung einer Blutung**	**717**
25.6.1	Phasen der Hämostase	717
25.6.2	Primäre Hämostase	718
25.6.3	Sekundäre Hämostase: Blutgerinnung	720
25.6.4	Fibrinolyse	726
26	**Strukturproteine: Stabilität von Zellen und Geweben**	
26.1	**Zytoskelett und extrazelluläre Matrix**	**729**
26.2	**Zytoskelett: Stabilität in der Zelle**	**729**
26.2.1	Aktinfilamente: Mikrofilamente	730
26.2.2	Mikrotubuli: Makrofilamente	731
26.2.3	Intermediärfilamente	732
26.3	**Extrazelluläre Matrix: Stabilität und Elastizität**	**733**
26.3.1	Komponenten der extrazellulären Matrix	733
26.3.2	Kollagen: Zugstabilität	733
26.3.3	Elastin: Zugelastizität	735
26.3.4	Glykosaminoglykane: Druckelastizität	735
26.3.5	Hydroxylapatit: Druckstabilität	737
26.4	**Zellinteraktionen: Stabilität von Zellverbänden**	**738**
26.4.1	Zell-Zell-Interaktionen	738
26.4.2	Zell-Matrix-Interaktionen	741
26.5	**Blut-Hirn- und Blut-Liquor-Schranke**	**742**
26.5.1	Blut-Hirn-Schranke	742
26.5.2	Blut-Liquor-Schranke	745
27	**Nerven, Sinne, Muskeln: Informationsübertragung**	
27.1	**Nervenreizleitung: schnelle Informationsweiterleitung**	**747**
27.1.1	Afferente und efferente Signalübertragung	747
27.1.2	Nervenzellen (Neurone)	747
27.1.3	Informationsweiterleitung innerhalb einer Nervenzelle	748
27.1.4	Zell-Zell-Kommunikation über Synapsen	750
27.2	**Sehen, Riechen, Schmecken: Wie nehmen wir Umweltreize wahr?**	**752**
27.2.1	Sinnesmodalitäten	752
27.2.2	Sehen	752
27.2.3	Riechen	755
27.2.4	Schmecken	756
27.3	**Muskulatur**	**756**
27.3.1	Aufbau der Muskulatur	756
27.3.2	Kontraktion der Muskulatur	758
27.3.3	Neuromuskuläre Erregungsübertragung an der Skelettmuskulatur	759
28	**Entwicklung und Alter: auf der Suche nach der Unsterblichkeit**	
28.1	**Zelluläre Grundlagen der Entwicklung**	**761**
28.1.1	Grundzüge der Embryonalentwicklung	761
28.1.2	Regulation der Zellproliferation und -differenzierung	764
28.2	**Altern**	**766**
28.2.1	Mechanismen des Alterns	766
28.2.2	Neurodegenerative Erkrankungen	771
28.2.3	Kalorienrestriktion: eine Strategie zur Lebensverlängerung?	777

29	**Wissenschaftliches Arbeiten: Woher kommt Wissen?**		29.2.1 Messen	785
			29.2.2 Gute wissenschaftliche Praxis	789
29.1	**Prinzipien**	781	**29.3 Publizieren**	**790**
29.1.1	Die naturwissenschaftliche Methode	781	29.3.1 Wissenschaftlichkeit durch Publikation	790
29.1.2	Experiment und Beobachtung	782	29.3.2 Peer-Review	790
29.1.3	Korrelation und Kausalität	782	29.3.3 Typischer Aufbau wissenschaftlicher Publikationen	791
29.1.4	Objektivität, Konsistenz und Universalität	783		
29.1.5	Hypothesen, Theorien und Beweise	783	29.3.4 Gute Praxis des wissenschaftlichen Publizierens	792
29.1.6	Paradigmen, Wissenschaftsgemeinschaft und Redlichkeit	784	29.3.5 Glanz und Elend wissenschaftlicher Veröffentlichungen	793
29.1.7	Forschungs- und Lehrbuchwissen	784		
29.1.8	Gesellschaft und Verantwortung	785	**Register**	**795**
29.2	**Praxis**	785		

KAPITEL 1

Biochemie: Basis aller Lebewesen

Wolfgang Hampe, Regina Fluhrer

1.1	Die chemische Evolution	1
1.1.1	Elemente des Lebens	1
1.1.2	Wasser als Ursprung des Lebens	2
1.1.3	Abgrenzung von der Umgebung durch Lipidmembranen	5
1.1.4	Kohlenhydrate als Energielieferanten	9
1.1.5	Informationsspeicherung und Katalyse durch RNA	12
1.1.6	Katalyse, Transport und Informationsaustausch: Proteine	14
1.1.7	Verbesserte Informationsspeicherung: DNA	15
1.1.8	Die Urzelle	16
1.2	Evolution der Prokaryoten	17
1.2.1	Prokaryoten	17
1.2.2	Bakterien und Archaeen	17
1.2.3	Die Sauerstoffkatastrophe	18
1.3	Evolution der Eukaryoten	19
1.3.1	Die Endosymbiontentheorie	19
1.3.2	Kompartimente: Arbeitsteilung und Prozessoptimierung	20
1.3.3	Aufbau der eukaryoten Zelle	20
1.4	Entwicklung der Arten	23
1.4.1	Entstehung mehrzelliger Lebewesen	23
1.4.2	Die Evolution einzelner Gene und Proteine	24

1.1 Die chemische Evolution

1.1.1 Elemente des Lebens

> **FALL**
>
> **Johanna hat Blähungen**
>
> Johanna, eine 24-jährige Studentin, hatte in den letzten Monaten immer mal wieder Bauchschmerzen und starke Blähungen. Beim gestrigen Brunch zur Einweihung des neuen Kaffeeautomaten ihrer Freundin hat sie entdeckt, wie gut ihr Caffè Latte schmeckt. Dazu aß sie selbst gemischtes Müsli, Käsewürfel und zum Nachtisch einen frisch gebackenen Quarkauflauf. Kurz danach wurde ihr übel. Die Bauchschmerzen waren so stark wie nie und sie fürchtete, vor lauter Blähungen zu platzen. Dann musste sie mehrmals wegen Durchfalls auf die Toilette. Danach ging es ihr langsam besser. Jetzt kommt sie zu Ihnen in die Hausarztpraxis und fragt, wie sie diese Bauchschmerzen in Zukunft verhindern kann.
> Wie entstehen Johannas Blähungen und der Durchfall? Wie können Sie Johanna helfen?

Über viele Jahrhunderte entwickelten sich in den verschiedensten Kulturen Mythen über die Entstehung des Menschen. Erst Anfang des 20. Jahrhunderts prägte der Physiker und Theologe Georges Lemaître die Theorie zur Entstehung des Universums aus einem einzigen dichten Ursprung, dem **„Uratom"**. Aus diesem entwickelte sich demnach durch Expansion, den „Urknall", das Universum mit Atomen, Sternen und Planeten, darunter auch die Erde. Wie aber konnte sich auf der Erde Leben entwickeln?
Lebewesen

- sind von ihrer Umwelt abgegrenzte Stoffsysteme,
- haben einen Stoffwechsel,
- können wachsen und
- können sich reproduzieren.

Es ist schwer vorstellbar, wie sich die hohe Komplexität der heutigen Lebewesen entwickelt hat. Möglich war dies nur, weil auf der Erde für unermesslich lange Zeiträume günstige Reaktionsbedingungen zur Verfügung standen.

Aus Studentensicht

„Hormone, alles Gift für den Körper." Diese oder ähnliche Aussagen hast du vielleicht schon gehört. Aber was steckt hinter diesen Aussagen und was sind Hormone überhaupt? Hormone steuern unzählige Prozesse in unserem Körper, Millionen von Menschen nutzen sie zur Verhütung, aus der modernen Krebstherapie sind sie nicht wegzudenken und im Falle eines Ausfalls bestimmter Hormonachsen befindet sich unser Körper schnell in akuter Lebensgefahr. In Prüfungssituationen halten uns Hormone wach und aufmerksam und sorgen dafür, dass unser Gehirn mit ausreichend Glukose versorgt wird. In diesem Kapitel erhältst du einen Überblick über eine Vielzahl an Hormonen, ihre Wirkweise und die mit diesen Hormonen assoziierten Erkrankungen. Ein solides Verständnis für die wichtigsten Hormone ist für jeden Arzt unerlässlich.
Karim Kouz

1.1 Die chemische Evolution

1.1.1 Elemente des Lebens

Der Theorie von G. Lemaître zufolge entwickelte sich das Universum aus einem einzigen **„Uratom"** durch Expansion, den „Urknall". Lebewesen sind von der Umwelt abgegrenzt, haben einen Stoffwechsel, wachsen und reproduzieren sich.

Aus Studentensicht

S. Miller konnte zeigen, dass die wichtigsten in den heutigen Lebewesen vorkommenden Moleküle ursprünglich aus Wasserdampf, Ammoniak, Methan und Wasserstoff (Uratmosphäre) und darauf einwirkenden elektrischen Entladungen (Blitzen) entstanden sein könnten. Zu ihnen gehören:
- Aminosäuren
- Kohlenhydrate
- Lipide
- Nukleotide

Die Anreicherung der gebildeten Moleküle in hydrothermalen Quellen könnte zur Bildung größerer Moleküle geführt haben. Eine Voraussetzung für diesen als **chemische Evolution** bezeichneten Prozess und das Leben an sich ist das Vorhandensein von **Wasser**.

1 BIOCHEMIE: BASIS ALLER LEBEWESEN

Alle Elemente, aus denen Lebewesen bestehen, finden sich in der Erdkruste. Dennoch ist auffällig, dass in Lebewesen überproportional viel Kohlenstoff (C), Wasserstoff (H) und Stickstoff (N) vorkommen. Stanley Miller nahm in den 1950er-Jahren an, dass die Atmosphäre kurz nach der Entstehung der Erde Ammoniak (NH_3), Methan (CH_4) und molekularen Wasserstoff (H_2) enthielt und einen stark reduzierenden Charakter aufwies, was nicht mit menschlichem Leben vereinbar ist. Um herauszufinden, wie die ersten auch heute noch in Lebewesen vorkommenden Moleküle auf der Erde entstanden sein könnten, stellte er diese Bedingungen in einem Versuch nach (> Abb. 1.1). In einer geschlossenen Apparatur erhitzte er Wasser („Urozean"), zum entstehenden Wasserdampf gab er Ammoniak, Methan und Wasserstoff („Uratmosphäre"). Das Gasgemisch setzte er elektrischen Entladungen („Blitzen") aus. Bereits nach einer Woche fand er im Kondensat **Aminosäuren** und durch leichte Veränderung der Versuchsbedingungen später auch **Kohlenhydrate** (Zucker), **Lipide** (Fette) und **Nukleotide**, die vier wichtigsten Molekülklassen in Lebewesen.

Wie diese **chemische Evolution** genau verlief, ist spekulativ. Nicht nur elektrische Entladungen, auch UV- oder ionisierende Strahlung sowie Wärme führten zur Entstehung energiereicher Moleküle. Diese reicherten sich vermutlich in den Poren hydrothermaler Quellen an, in denen am Meeresboden warmes Wasser aus dem Ozeanboden aufstieg. Nach einer anderen Theorie stieg die Konzentration energiereicher Moleküle durch Verdunstung von Wasser in heißen Becken an Land durch viele Nass-trocken-Zyklen lokal an. Die Moleküle konnten durch eine Art Oberflächenkatalyse schneller miteinander reagieren und sich so zu immer größeren Molekülen zusammenlagern. Eine zwingende Voraussetzung für die chemische Evolution ist das Vorhandensein von **Wasser** mit seinen ganz besonderen chemischen Eigenschaften.

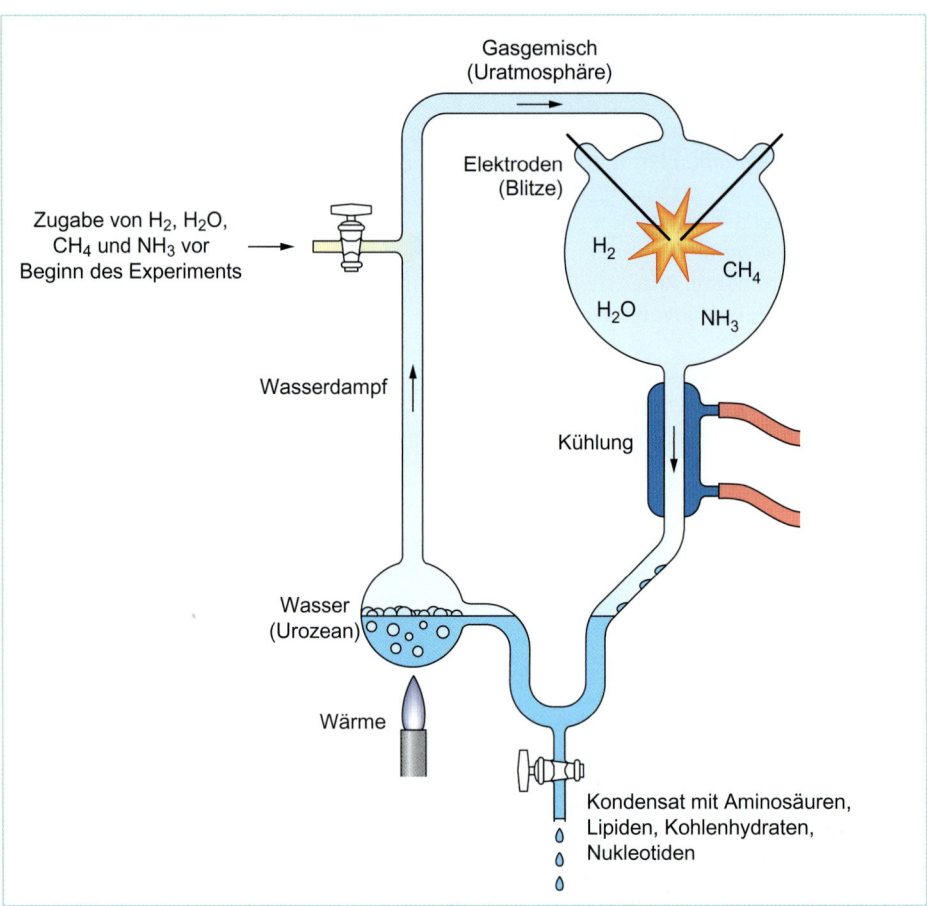

Abb. 1.1 Miller-Versuch zur abiotischen Synthese von organischen Molekülen [L253]

1.1.2 Wasser als Ursprung des Lebens

1.1.2 Wasser als Ursprung des Lebens

Ein **Wassermolekül** besteht aus zwei **kovalent** an ein O-Atom gebundenen H-Atomen. Unter Berücksichtigung der beiden **freien Elektronenpaare** des Sauerstoffs beträgt der Bindungswinkel 104,5°.

Ein **Wassermolekül** (H_2O) besteht aus einem O-Atom, das über **kovalente Bindungen** mit zwei H-Atomen verknüpft ist. Das O-Atom im Wasser besitzt neben den Elektronen der beiden kovalenten Bindungen noch zwei weitere **freie Elektronenpaare**. Diese insgesamt vier Elektronenpaare sind so im Raum angeordnet, dass sie etwa in die Ecken eines Tetraeders gerichtet sind, der Winkel zwischen den beiden kovalenten Bindungen beträgt 104,5° (> Abb. 1.2).

> **Kovalente Bindung**
>
> Kovalente Bindungen (Atom-, Elektronenpaarbindungen) werden durch **zwei Elektronen** gebildet, i. d. R. durch je ein Elektron von den beiden Bindungspartnern. Die beiden an der kovalenten Bindung beteiligten Atome teilen sich die Bindungselektronen. Ihre Elektronegativitäten dürfen sich nicht zu stark unterscheiden, da sonst eine Ionenbindung entstehen würde. Kovalente Bindungen werden durch einen Strich zwischen den beteiligten Atomen dargestellt, der das beteiligte Elektronenpaar symbolisiert. Die **Bindungs-**

energie ist **hoch** und die Bindungspartner sind sehr stark aneinander gebunden. Typischerweise müssen 300–500 kJ/mol aufgebracht werden, um C–C-, C–H- oder O–H-Bindungen zu spalten.
Aufgrund der Anzahl der Elektronen in ihren Schalen bilden unterschiedliche Atome unterschiedlich viele kovalente Bindungen aus: In der Regel sind das bei Wasserstoff eine, bei Sauerstoff und Schwefel zwei, bei Stickstoff drei und bei Kohlenstoff vier Bindungen. Zwischen zwei kovalenten Bindungen an einem Atom kann man einen **Bindungswinkel** angeben (➤ Abb. 1.2).

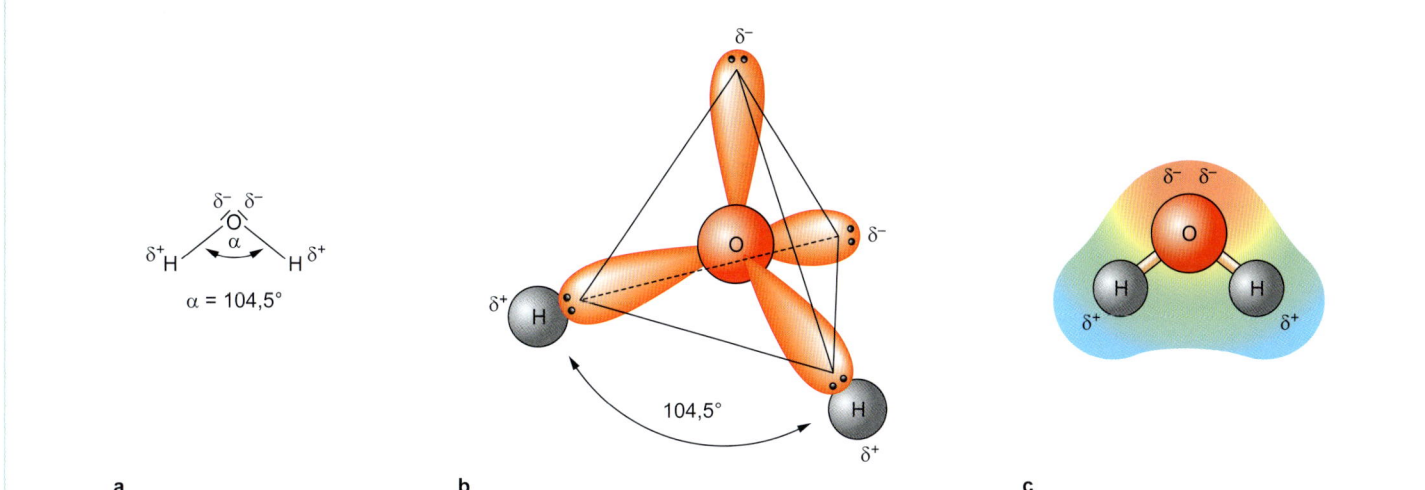

Abb. 1.2 Chemische Struktur des Wassers. **a** Strichformel. **b** Anordnung der Elektronen und daraus resultierende Partialladungen. **c** Elektronendichte (blau: niedrig, rot: hoch). [L253]

Wasserstoff und Sauerstoff unterscheiden sich in ihrer Elektronegativität. Die kovalenten Bindungen im Wassermolekül sind daher **polar** und Wassermoleküle sind **Dipole** mit partial positiv geladenen (δ^+) H-Atomen und partial negativ geladenen (δ^-) O-Atomen.
Die **Elektronegativität** ist ein Maß für die Fähigkeit eines Atoms, die Elektronen einer chemischen Bindung an sich zu ziehen. ➤ Tab. 1.1 zeigt die Elektronegativitäten wichtiger Elemente.

Die unterschiedlichen Elektronegativitätswerte von Wasserstoff und Sauerstoff führen dazu, dass Wasser ein **polares** Molekül **(Dipol)** ist.

Die **Elektronegativität** gibt an, wie stark ein Atom die Elektronen in einer Bindung an sich zieht.

Tab. 1.1 Elektronegativitäten wichtiger Elemente nach Pauling

Element	Elektronegativität
H	2,20
C	2,55
N	3,04
O	3,44
S	2,58
Na	0,93
Cl	3,16

Bilden zwei gleiche Atome (z. B. C-Atome) eine kovalente Bindung (z. B. C–C-Bindung), so sind die zwei Bindungselektronen zwischen den beiden Atomen gleichmäßig verteilt und jedes Atom beansprucht im Mittel eines der beiden Elektronen. Unterscheiden sich die Bindungspartner einer kovalenten Bindung in ihren Elektronegativitäten, befinden sich die Bindungselektronen mit höherer Wahrscheinlichkeit näher an dem elektronegativeren Atom der Bindung, das dadurch eine **negative Partialladung** δ^- trägt. Das weniger elektronegative Atom der Bindung verarmt entsprechend an Elektronen und trägt eine **positive Partialladung** δ^+. Es entsteht ein **Dipol**.
Je größer die Elektronegativitätsdifferenz der an einer Bindung beteiligten Atome ist, desto polarer wird die Bindung. Bei Salzen wie Natriumchlorid (NaCl) ist die Elektronegativitätsdifferenz so hoch, dass die Bindungselektronen praktisch vollständig beim elektronegativeren Cl-Atom vorliegen **(Ionenbindung)**. Aufgrund der dadurch entstehenden gegenläufigen vollständigen Ladungen ziehen sich die beiden Bindungspartner an. Die Bindungsenergie ist abhängig vom Abstand und von der Ladung der Ionen und kann ähnlich hoch wie bei kovalenten Bindungen sein.
Ähnlich wie sich gegensätzlich geladene Ionen anziehen, können auch die partial geladenen Atome des Wasserdipols unter Ausbildung einer **Wasserstoffbrückenbindung (H-Brücke)** interagieren (➤ Abb. 1.3). Das H-Atom des einen Wassermoleküls **(H-Donor)** wird dabei vom O-Atom eines zweiten Wassermoleküls **(H-Akzeptor)** angezogen. Am stabilsten ist eine Wasserstoffbrücke, wenn die beteiligten Atome linear angeordnet sind und das freie Elektronenpaar des H-Akzeptors genau in die Richtung des H-Atoms weist. Die Bindungsenergie liegt mit etwa 10–20 kJ/mol weit unter der von kovalenten oder ionischen Bindungen. Auch andere Moleküle, die durch Bindung an O- oder N-Atome partial positiv geladene H-Atome enthalten, können Wasserstoffbrücken ausbilden.

Bei einer Bindung zwischen zwei gleichen Atomen sind die Elektronen gleichmäßig verteilt, bei unterschiedlichen Bindungspartnern befinden sich die Bindungselektronen mit höherer Wahrscheinlichkeit nahe dem Atom mit höherer Elektronegativität. Dieses trägt dadurch eine **negative Partialladung** δ^-, das weniger elektronegative Atom hingegen eine **positive Partialladung** δ^+.

Je größer die Elektronegativitätsdifferenz der Atome ist, umso polarer ist die Bindung. Bei Salzen ist die Differenz so hoch, dass die Bindungselektronen praktisch vollständig beim elektronegativeren Atom vorliegen **(Ionenbindung)**.

Das partial positiv geladene H-Atom des Wassermoleküls **(H-Donor)** kann mit einem der freien Elektronenpaare des Sauerstoffs eines anderen Wassermoleküls **(H-Akzeptor)** eine **Wasserstoffbrückenbindung (H-Brücke)** ausbilden. Ihre Bindungsenergie ist deutlich geringer als die einer kovalenten oder ionischen Bindung. Auch andere Moleküle mit partial positiv geladenen H-Atomen können Wasserstoffbrücken ausbilden.

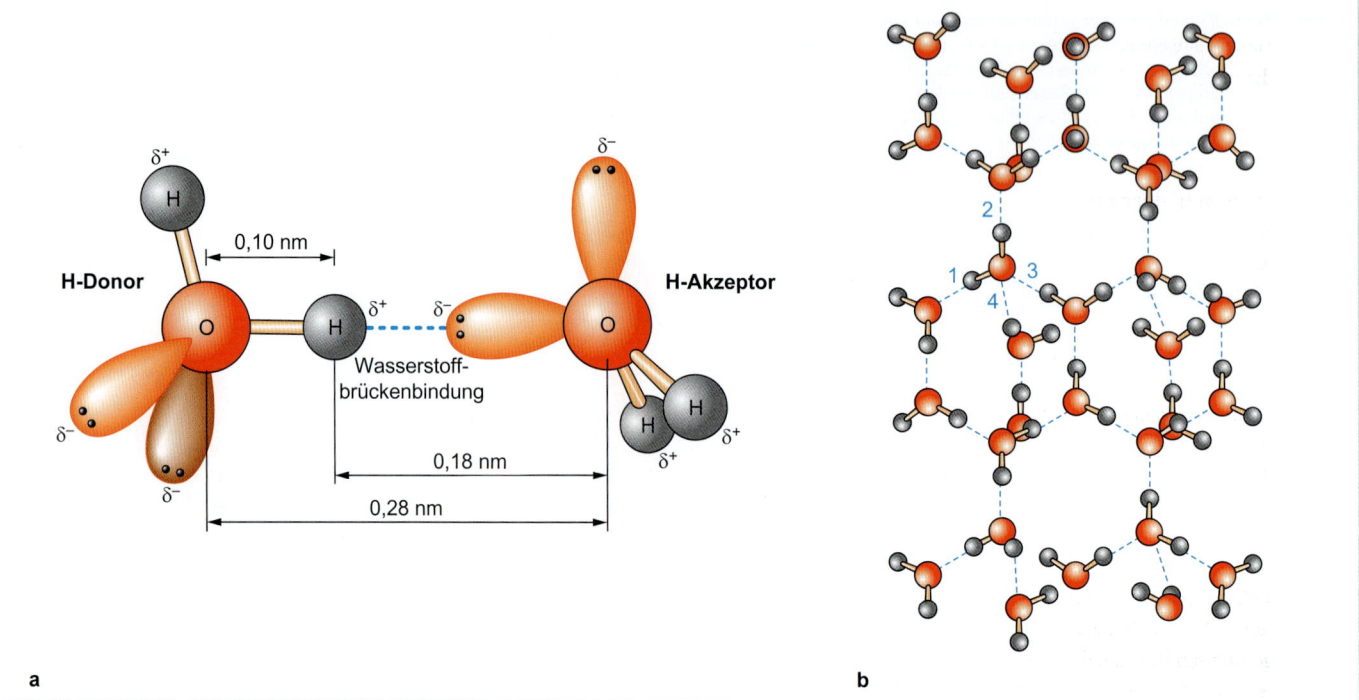

Abb. 1.3 Wasserstoffbrückenbindungen zwischen zwei Wassermolekülen (**a**) und im Eiskristall (**b**). Jedes Wassermolekül kann vier Wasserstoffbrückenbindungen ausbilden (durch arabische Zahlen gekennzeichnet). [L253]

Im flüssigen Wasser zerfallen und bilden sich Wasserstoffbrücken ständig neu.
Flüssiges Wasser hat eine geringere Dichte als Eis, da die Wassermoleküle im Eiskristall eine gitterähnliche Anordnung annehmen, was zur Volumenzunahme führt (**Dichteanomalie des Wassers**).

In flüssigem Wasser fluktuieren die Wasserstoffbrücken sehr schnell und bereits nach weniger als einer Nanosekunde zerfallen sie wieder. Dennoch halten sie die Wassermoleküle zusammen, was den vergleichsweise hohen Siedepunkt des Wassers erklärt. In Eis bildet jedes einzelne Wassermolekül vier Wasserstoffbrücken aus: zwei als H-Akzeptor und zwei als H-Donor. Durch diese regelmäßige gitterähnliche Anordnung der Wassermoleküle im Eis, die zu relativ großen Hohlräumen zwischen den Molekülen führt, steigt das Volumen, weshalb Eis eine geringere Dichte als flüssiges Wasser hat und somit auf diesem schwimmt (**Dichteanomalie des Wassers**).

Polare Stoffe lösen sich gut in Wasser

Wasser mit seinen polaren Eigenschaften ist ein gutes Lösungsmittel für polare oder geladene Stoffe.
Hydrophile (wasserliebende) Stoffe lösen sich gut in Wasser, **hydrophobe** (wasserfürchtende) Stoffe dagegen nicht oder nur sehr schlecht.
Polare Stoffe lösen sich in **polaren Lösungsmitteln**, **unpolare** Stoffe hingegen in **unpolaren Lösungsmitteln**.

Polare Stoffe lösen sich gut in Wasser

Wegen seiner polaren Eigenschaften ist Wasser ein gutes Lösungsmittel für polare oder geladene Stoffe. In einer Lösung lagern sich die negativen Bereiche des Wasserdipols an die positiv geladenen Bereiche eines gelösten Stoffs und umgekehrt. Stoffe, die sich aufgrund ihrer physikalischen Eigenschaften gut in Wasser lösen, sind **hydrophil** (gr. hydor = Wasser, philos = liebend), solche, die sich schlecht oder gar nicht lösen, **hydrophob** (gr. phobos = Furcht).
Einige Stoffe können aufgrund ihrer Molekülstruktur Wasserstoffbrücken zu den Wassermolekülen ausbilden und lösen sich daher besonders gut in Wasser. So lösen sich mehrere Kilogramm Haushaltszucker (Saccharose) in einem Liter heißem Tee. Grundsätzlich gilt: **Polare Stoffe** lösen sich in **polaren Lösungsmitteln, unpolare** Stoffe hingegen in **unpolaren Lösungsmitteln** (lat. similia similibus solvuntur = Ähnliches wird von Ähnlichem gelöst).

Beim Auflösen von ionischen Verbindungen in Wasser **dissoziieren** (zerfallen) diese in ihre Ionen. Dabei werden die vorher im starren Gitter angeordneten Ionen von Wassermolekülen getrennt umgeben (**hydratisiert**) und können sich frei bewegen.
Stoffe, deren wässrige Lösungen den elektrischen Strom besser leiten als reines Wasser, werden als **Elektrolyte** bezeichnet.

Eine Besonderheit ergibt sich beim Auflösen von ionischen Verbindungen wie NaCl (Kochsalz) in Wasser. Im Feststoff, den Salzkristallen, bilden die Na^+- und Cl^--Ionen ein dreidimensionales Gitter, in dem jedes Na^+-Ion von sechs Cl^--Ionen und jedes Cl^--Ion von sechs Na^+-Ionen umgeben ist. Beim Auflösen in Wasser **dissoziiert** (zerfällt) das NaCl; die Na^+- und die Cl^--Ionen werden einzeln von Wassermolekülen umgeben (**hydratisiert**) und sind dadurch frei beweglich. Durch eine gerichtete Bewegung der Ionen in der wässrigen Lösung kann Ladung transportiert werden und es kann ein elektrischer Strom fließen. Solche Substanzen werden **Elektrolyte** genannt.

> **Konzentration**
>
> Im Alltag wird die Menge eines gelösten Stoffs häufig in Prozent (z. B. bei alkoholischen Getränken) oder als Masse pro Volumen (z. B. 1 kg Gelierzucker auf 1 l Fruchtsaft beim Marmeladekochen) angegeben. Diese Angaben sind in der Chemie oft wenig hilfreich, da bei Reaktionen einzelne Moleküle miteinander reagieren, die eine unterschiedliche Masse aufweisen. Der Chemiker „zählt" daher lieber, wie viele Moleküle sich in der Lösung befinden. Um nicht immer sehr große Zahlen verwenden zu müssen, verwendet er dabei die Einheit **Mol** für die **Stoffmenge** (1 mol = $6{,}022 \times 10^{23}$ Teilchen).
> **Konzentrationen** werden in **Mol pro Liter Lösung** angegeben, was auch als „molar" bezeichnet wird. Der Umrechnungsfaktor zwischen der Stoffmenge und der Masse ist die **molare Masse**. Sie gibt an, wie viel Gramm eines Stoffs einem Mol entsprechen. Um 1 l einer 2-molaren Lösung von Saccharose (molare Masse: 342 g/mol) herzustellen, müssen $1\,l \cdot 2\,mol/l \cdot 342\,g/mol = 684\,g$ Saccharose abgewogen und muss so lange Wasser dazugegeben werden, bis 1 l Lösung entstanden ist. In Formeln wird die Konzentration eines Stoffs oft durch eckige Klammern symbolisiert: [Saccharose] ist also die Saccharosekonzentration.

1.1 DIE CHEMISCHE EVOLUTION

Der pH-Wert

Nicht nur ionische Verbindungen, sondern auch Wasser selbst liegt, wenn auch nur zu einem sehr geringen Teil, dissoziiert vor. Man spricht von der **Autoprotolyse** des Wassers (> Formel 1.1):

$$H_2O \rightleftharpoons H^+ + OH^- \qquad | \text{ Formel 1.1}$$

Die entstehenden H$^+$-Ionen (Protonen) liegen hydratisiert als H$_3$O$^+$ (Hydronium-Ion) oder in noch größeren Komplexen vor. In diesem Buch verwenden wir der Einfachheit halber dennoch die Bezeichnung H$^+$. In jeder wässrigen Lösung kommen also immer H$^+$- und OH$^-$-Ionen vor. Der Dissoziationsgrad wird durch das **Ionenprodukt des Wassers** beschrieben (> Formel 1.2):

$$[H^+] \cdot [OH^-] = 10^{-14} \text{ mol}^2/\text{l}^2 \qquad | \text{ Formel 1.2}$$

In reinem Wasser ist daher [H$^+$] = [OH$^-$] = 10^{-7} mol/l. Somit ist weniger als jedes Millionste Wassermolekül dissoziiert. Als einfacheres Maß für die H$^+$-Konzentration verwendet man den **pH-Wert,** der als negativer dekadischer Logarithmus der Protonenkonzentration definiert ist (> Formel 1.3):

$$pH = -\log_{10} [H^+] \qquad | \text{ Formel 1.3}$$

Für reines Wasser ist pH = -log (10^{-7}) = 7 (**neutraler** pH-Wert; > Tab. 1.2). Der pH-Wert sinkt, wenn [H$^+$] steigt. Da der pH-Wert ein logarithmisches Maß ist, entspricht der Abfall des pH-Werts um eine Einheit einer Steigerung von [H$^+$] um den Faktor 10. Das erklärt, warum bereits scheinbar „kleine" Schwankungen des pH-Werts fatale Folgen für den Organismus haben können.

Tab. 1.2 H$^+$-Konzentrationen und zugehörige pH-Werte

[H$^+$] in mol/l	pH-Wert
10^{-1}	1
10^{-6}	6
10^{-7}	7
10^{-8}	8
10^{-13}	13

Werden Säuren oder Basen in Wasser gelöst, verändert sich der pH-Wert. **Säuren** sind **Protonendonatoren**. Sie dissoziieren in Wasser und geben dabei H$^+$-Ionen ab. Beispielsweise dissoziiert Salzsäure beim Lösen in Wasser: HCl $\rightleftharpoons$ H$^+$ + Cl$^-$. Dadurch steigt [H$^+$], entsprechend **sinkt der pH-Wert** und die wässrige Lösung wird **sauer**. Die durch Zugabe der Säure entstandenen H$^+$-Ionen reagieren zum Teil mit den vorhandenen OH$^-$-Ionen zu Wasser, sodass das Ionenprodukt des Wassers konstant bleibt. Bei einem pH-Wert von 1, wie er im Magen vorherrscht, betragen folglich [H$^+$] = 10^{-1} mol/l und [OH$^-$] = 10^{-13} mol/l. Geschmacksknospen auf unserer Zunge messen den pH-Wert (> 27.2.4). Sobald wir in eine Zitrone beißen, signalisieren sie dem Gehirn den durch die Zitronensäure abgesenkten pH-Wert: Es schmeckt sauer.
Basen wie die Natronlauge führen dagegen zur Erhöhung des pH-Werts. Sie sind **Protonenakzeptoren** und setzen bei ihrer Dissoziation OH$^-$-Ionen (Hydroxid-Ionen) frei: NaOH $\rightleftharpoons$ Na$^+$ + OH$^-$. Wieder reagiert ein Teil der OH$^-$-Ionen mit H$^+$-Ionen. Dadurch sinkt [H$^+$], der **pH-Wert steigt,** die Lösung wird **basisch**. Andere Basen wie Ammoniak reagieren mit Wasser unter Bildung von zusätzlichen OH$^-$-Ionen: NH$_3$ + H$_2$O $\rightleftharpoons$ NH$_4^+$ + OH$^-$. Dadurch steigt ebenfalls [OH$^-$] und somit der pH-Wert.

> **KLINIK**
> **Verätzungen**
> Die **Haut** des menschlichen Körpers hat einen physiologischen Säureschutzmantel mit einem pH-Wert von ca. 5,5. Bei Kontakt mit starken **Säuren**, wie Salzsäure, verklumpen die Proteine der Haut ähnlich wie beim Braten eines Spiegeleis. Die Säure kann dadurch nur schlecht in tiefere Gewebeschichten eindringen. Starke **Laugen** verflüssigen dagegen die Haut, sodass Verätzungen hier zu weit ausgedehnteren Schädigungen führen. Als Erstmaßnahme sollte in beiden Fällen der betroffene Bereich lange mit Wasser gespült werden, um die Säure oder Lauge abzuspülen bzw. zu verdünnen und so den pH-Wert in die Nähe des neutralen Bereichs zu bringen. Von Neutralisierungsreaktionen ist in den meisten Fällen abzusehen, da die dabei entstehende Hitze zu weiteren Schäden führen kann.

1.1.3 Abgrenzung von der Umgebung durch Lipidmembranen

Unter den Produkten des Miller-Versuchs (> 1.1.1) befanden sich auch **Lipide** (gr. lipos = Fett). Sie bestehen überwiegend aus **C**- und **H**-Atomen, die aufgrund ihrer ähnlichen Elektronegativität untereinander unpolare Bindungen ausbilden. Da sie somit weder als H-Donor noch als H-Akzeptor wirken können, bilden sie keine Wasserstoffbrücken aus. Lipide sind deshalb weitestgehend **lipophil (= hydrophob)** und haben nur einzelne vergleichsweise kleine polare Bereiche. So wie sich polare Substanzen gut im polaren Wasser lösen, lieben die unpolaren Lipide unpolare Lösungsmittel wie Benzol (C$_6$H$_6$).

Aus Studentensicht

Der pH-Wert

Als **Autoprotolyse** des Wassers bezeichnet man die geringgradig stattfindende Dissoziation des Wassers in Protonen (H$^+$) und Hydroxidionen (OH$^-$):
H$_2$O $\rightleftharpoons$ H$^+$ + OH$^-$
Das **Ionenprodukt des Wassers** beschreibt den Dissoziationsgrad des Wassers:
[H$^+$] · [OH$^-$] = 10^{-14} mol^2/l^2
In reinem Wasser ist also [H$^+$] = [OH$^-$] = 10^{-7} mol/l.
Um mit einfacheren Zahlen zu rechnen, wird statt [H$^+$] der **pH-Wert** angegeben:
pH = -log$_{10}$ [H$^+$]
Reines Wasser hat einen pH-Wert von 7 (**neutraler** pH-Wert).
Eine Steigerung von [H$^+$] um den Faktor 10 entspricht einem Abfall des pH-Werts um eine Einheit und umgekehrt.

Säuren sind **Protonendonatoren** und geben beim Lösen in Wasser H$^+$-Ionen ab. Der **pH-Wert sinkt** und die Lösung wird **sauer**.
Damit das Ionenprodukt des Wassers konstant bleibt, reagieren die H$^+$-Ionen der Säure zum Teil mit OH$^-$-Ionen zu Wasser, wodurch [OH$^-$] sinkt.

Basen sind **Protonenakzeptoren** und geben beim Lösen in Wasser OH$^-$-Ionen ab oder nehmen ein Proton auf, wobei sich OH$^-$-Ionen bilden. Dies führt zur Abnahme von [H$^+$] bzw. Zunahme von [OH$^-$] und somit zu einer **Erhöhung des pH-Werts**. Die Lösung wird **basisch**.

1.1.3 Abgrenzung von der Umgebung durch Lipidmembranen

Lipide (Fette) sind Stoffe, die v. a. aus **C**- und **H-Atomen** bestehen und aufgrund der ähnlichen Elektronegativitäten dieser beiden Atome weitestgehend unpolar und somit **hydrophob** bzw. **lipophil** (fettliebend) sind.

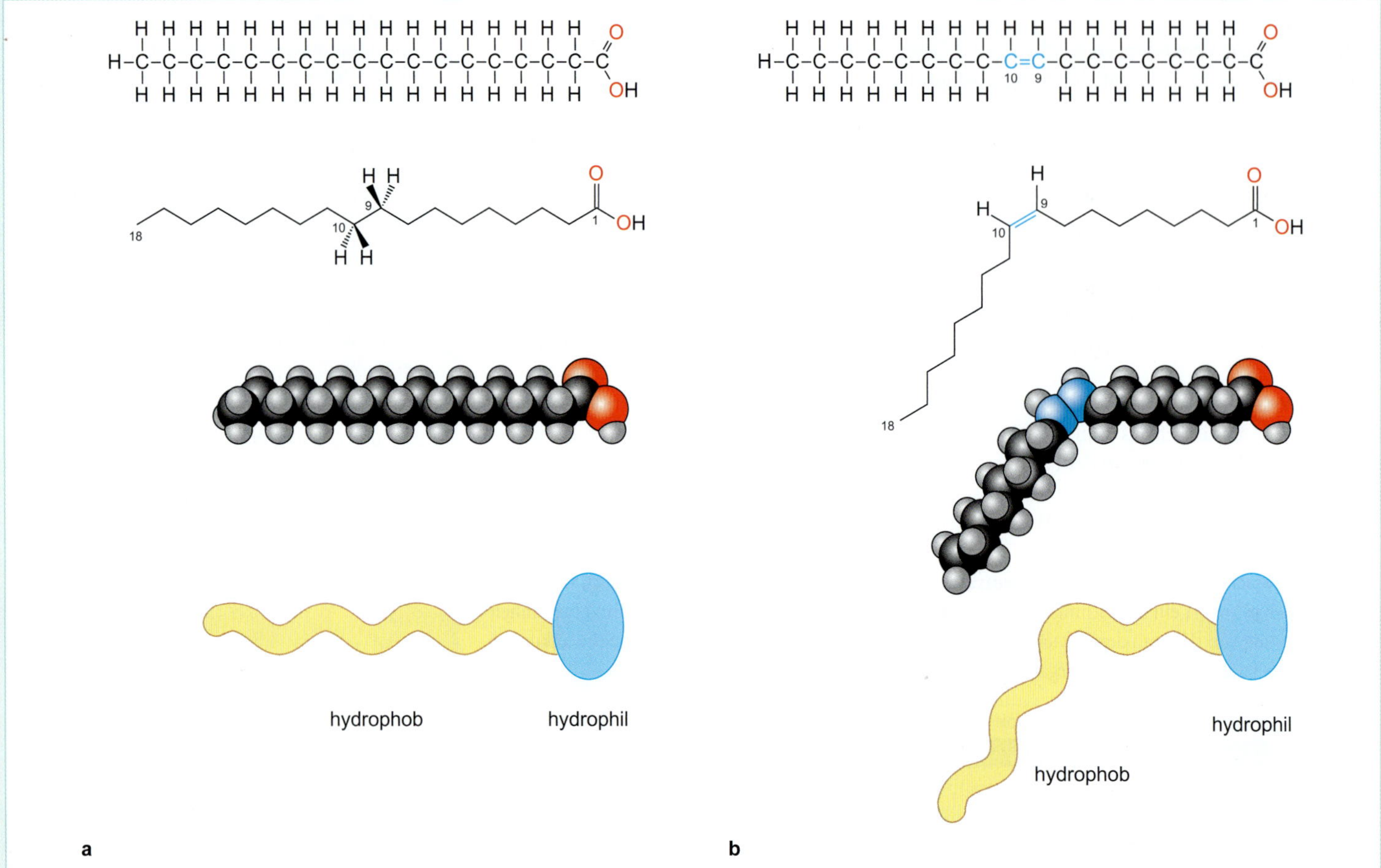

Aus Studentensicht

1 BIOCHEMIE: BASIS ALLER LEBEWESEN

Abb. 1.4 Grundstrukturen der Lipide. **a** Gesättigte Fettsäure (Stearinsäure). **b** Ungesättigte Fettsäure (Ölsäure). [L253]

Die einfachste Form der Lipide sind die **Fettsäuren**: lange unpolare Kohlenwasserstoffketten mit einer polaren endständigen **Carboxylgruppe**.

Gesättigte Fettsäuren enthalten zwischen den C-Atomen lediglich Einfachbindungen, **ungesättigte Fettsäuren** hingegen auch Doppelbildungen.

Eine vermutlich früh entstandene Form der Lipide sind die **Fettsäuren,** langkettige Kohlenwasserstoffketten, die an einem Ende eine **Carboxylgruppe** besitzen (➤ Abb. 1.4). Durch die lange unpolare Kohlenwasserstoffkette sind sie in Wasser praktisch unlöslich.

Gesättigte Fettsäuren enthalten zwischen den C-Atomen nur Einfachbindungen, die frei drehbar sind. Die stabilste, energieärmste Anordnung liegt bei einer lang gestreckten C–C-Kette vor (➤ Abb. 1.4a). Natürlich vorkommende **ungesättigte Fettsäuren** enthalten Doppelbindungen in der cis-Konfiguration, wodurch die C–C-Kette einen dauerhaften Knick bekommt (➤ Abb. 1.4b).

> **Einfach- und Doppelbindungen**
>
> Ein C-Atom kann vier kovalente Bindungen eingehen. Meistens bildet es **Einfachbindungen** zu vier anderen Atomen aus. Dabei zeigen die Einfachbindungen in die Ecken eines Tetraeders. Alle Bindungswinkel betragen dann 109,5°, wodurch die Bindungen jeweils am weitesten voneinander entfernt sind. Einfachbindungen sind **frei drehbar**. Bei langen Ketten von Einfachbindungen ist die energieärmste Anordnung so, dass die C-Atome eine nahezu lineare Zickzackkette bilden (➤ Abb. 1.4a). Bei Energiezufuhr, z. B. durch eine Erhöhung der Temperatur, kann die lineare Anordnung durch Drehung der Bindungen jedoch aufgehoben werden. Zwei C-Atome, die über eine **Doppelbindung** miteinander verbunden sind, weisen eine trigonal planare Anordnung mit Bindungswinkeln von 120° auf. Durch die besondere Anordnung der Elektronen sind Doppelbindungen **nicht frei drehbar**. Eine C=C-Doppelbindung kann daher zwei Anordnungen annehmen: Liegen die beiden H-Atome (= Substituenten) auf derselben Seite der C–C-Doppelbindung (= Referenzebene), so liegt eine **cis-Konfiguration** vor, andernfalls eine **trans-Konfiguration**. Eine cis-Doppelbindung ist nicht ohne Weiteres in eine trans-Doppelbindung überführbar und umgekehrt. Die **cis-/trans-Isomerie** ([Z]-/[E]-Isomerie) ist eine spezielle Form der Konfigurationsisomerie (➤ Abb. 1.8).

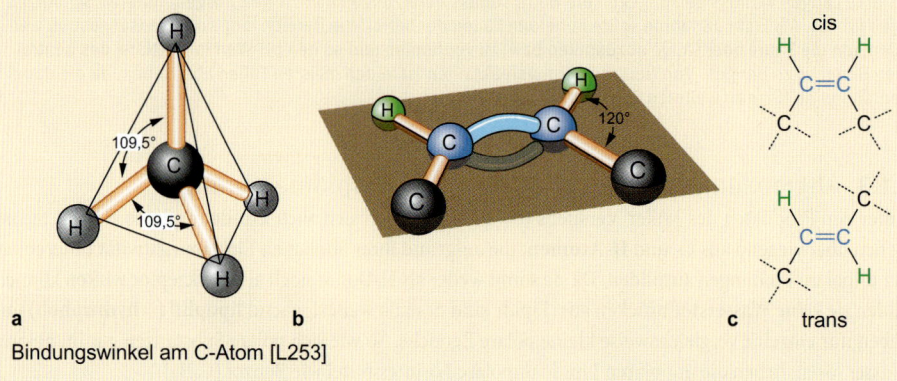

Bindungswinkel am C-Atom [L253]

1.1 DIE CHEMISCHE EVOLUTION

Unter Zufuhr von Energie können Fettsäuren mit Alkoholen zu **Fettsäureestern** reagieren. Dabei bildet sich unter Abspaltung von Wasser (= Kondensation) eine Bindung zwischen der OH-Gruppe des Alkohols und der Carboxylgruppe der Fettsäure.

Glycerin (Glycerol; ➤ Abb. 1.5a) ist ein dreiwertiger Alkohol (Kohlenwasserstoff mit drei OH-Gruppen), der vermutlich bereits in der „Ursuppe" entstanden ist und mit drei Fettsäuren verestert werden kann. Dadurch entstehen **Triacylglyceride** (➤ Abb. 1.5b). Sie sind durch die langen C–H-Ketten (= hydrophobe Reste) und die nur wenigen polaren Bindungen sehr **hydrophob**. Alternativ kann das Glycerin auch nur mit zwei Fettsäuren verestert sein, während die dritte OH-Gruppe an eine Phosphorsäure und einen weiteren Alkohol gebunden ist. Das dabei entstehende Lipid ist ein **Phospholipid** (➤ Abb. 1.5c). Diese **amphiphilen** Moleküle (gr. amphi = auf beiden Seiten, philos = liebend) weisen einen hydrophilen Bereich (= Kopfgruppe) und zwei hydrophobe Fettsäurereste auf.

Aus Studentensicht

Die Carboxylgruppe einer Fettsäure kann mit der OH-Gruppe eines Alkohols zu einem **Fettsäureester** reagieren. Der dreiwertige Alkohol **Glycerin** kann dabei u. a. zu folgenden Stoffklassen reagieren:
- **Hydrophobes Triacylglycerid:** mit drei Fettsäuren verestertes Glycerin
- **Amphiphiles Phospholipid:** mit zwei Fettsäuren verestertes Glycerin (lipophiler Anteil) und Bindung der dritten OH-Gruppe an Phosphorsäure und ggf. einen weiteren Alkohol (hydrophile Kopfgruppe)

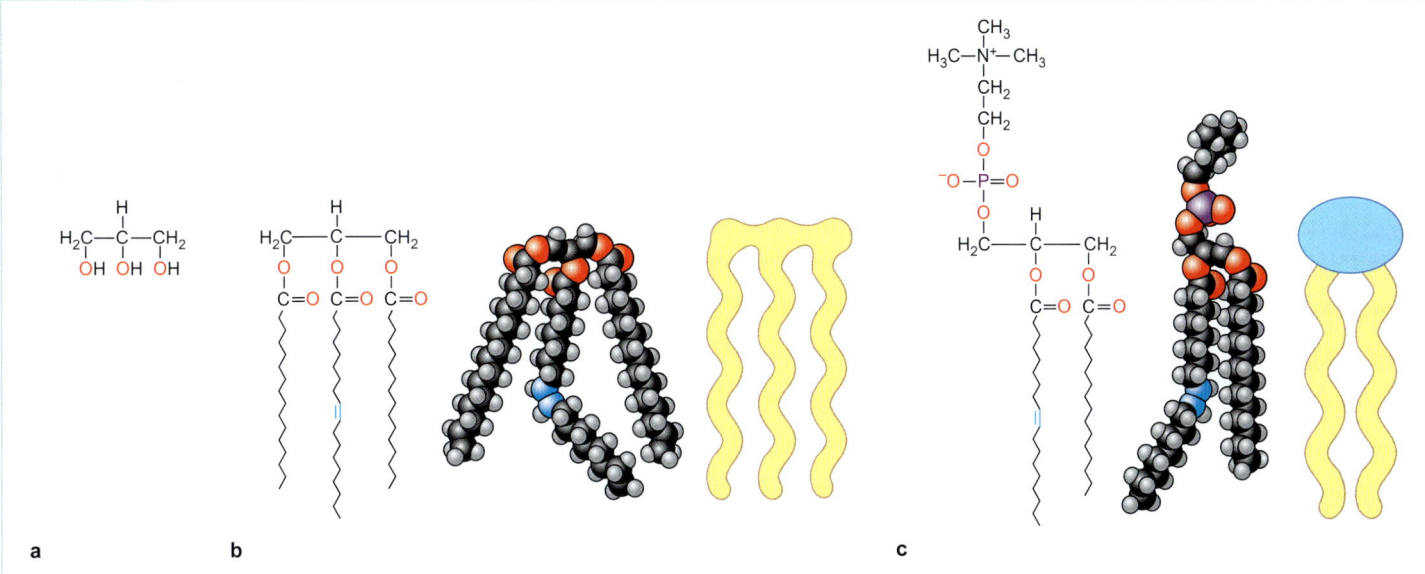

Abb. 1.5 Struktur von Glycerin (**a**), einem Triacylglycerid (**b**) und einem Phospholipid (Phosphatidylcholin; **c**). [L253]

Mizellen

Die in der „Ursuppe" entstandenen Moleküle waren im Wasser gelöst und nur in sehr geringen Konzentrationen vorhanden. Möglicherweise kam es durch thermische Effekte (Thermophorese) in den Poren der hydrothermalen Quellen oder das Austrocknen der Tümpel lokal zu höheren Lipidkonzentrationen. So angereichert konnten sich amphiphile Lipide spontan zu **Mizellen** zusammenlagern (➤ Abb. 1.6a). Das Innere einer Mizelle besteht vollständig aus hydrophoben Molekülanteilen, während die hydrophilen Lipidanteile zur wässrigen Phase nach außen weisen. Die Wassermoleküle bilden eine Art Käfig um die Lipidtropfen, wobei sie eine höhere Ordnung annehmen, als wenn sie von anderen Wassermolekülen umgeben wären. Diese höhere Ordnung ist energetisch ungünstiger als in reinem Wasser. Wenn sich zwei kleine Lipidtropfen zu einem größeren vereinigen, ist die Oberfläche des größeren Lipidtropfens kleiner als die der beiden kleineren zusammen. Der größere Tropfen ist jetzt insgesamt von weniger Wassermolekülen umgeben, sodass einige Wassermoleküle nun wieder weniger stark geordnet vorliegen und Energie frei wird (= **hydrophobe Wechselwirkung**). Innerhalb der Mizellen können die Lipide **Van-der-Waals-Wechselwirkungen** ausbilden. Beispiele für Mizellen im menschlichen Körper sind die im Verdauungstrakt durch Einwirkung der Gallensäuren gebildeten Mizellen (➤ 20.1.2).

Mizellen

Amphiphile Lipide können sich spontan zu **Mizellen** zusammenlagern. Deren Inneres besteht aus hydrophoben Lipidanteilen, die untereinander **Van-der-Waals-Wechselwirkungen** ausüben. Die hydrophilen Lipidanteile zeigen zur wässrigen Phase nach außen.
Mizellen neigen dazu, sich zu größeren Mizellen zu vereinigen, da sich dabei ihre Gesamtoberfläche verkleinert und somit weniger Wasser käfigartig um die Mizellen angeordnet ist: Die Gesamtentropie nimmt zu (**hydrophobe Wechselwirkung**).

Van-der-Waals-Wechselwirkungen

Van-der-Waals-Wechselwirkungen sind sehr **schwache Anziehungskräfte** zwischen Molekülen (2–4 kJ/mol). Sie entstehen, wenn die Elektronen an einem Atom zufälligerweise nicht symmetrisch verteilt sind. Dadurch ist die Seite des Atoms mit der Überzahl an Elektronen für einen kurzen Zeitraum negativ, die entgegengesetzte Seite positiv geladen. Dieser Dipol induziert im benachbarten Atom ebenfalls einen Dipol, da dessen Elektronen von der negativen Ladung abgestoßen werden. Da die zueinander gewandten Seiten der Atome jetzt gegensätzlich geladen sind, ziehen sie sich an. Diese Wechselwirkungen haben nur eine sehr kurze Reichweite. Nennenswerte Auswirkungen haben sie dann, wenn sich größere hydrophobe Moleküle sehr nahe kommen. In diesem Sonderfall der Van-der-Waals-Wechselwirkung spricht man von **London-Kräften**. Ein Beispiel ist die Aneinanderlagerung mehrerer parallel ausgerichteter Fettsäuren. Zwischen den einzelnen Fettsäuremolekülen treten Van-der-Waals-Wechselwirkungen auf. Im Gegensatz zu den Van-der-Waals-Wechselwirkungen entstehen die **hydrophoben Wechselwirkungen** durch die höhere Ordnung polarer Moleküle oder Molekülteile an Grenzflächen zu hydrophoben Bereichen.

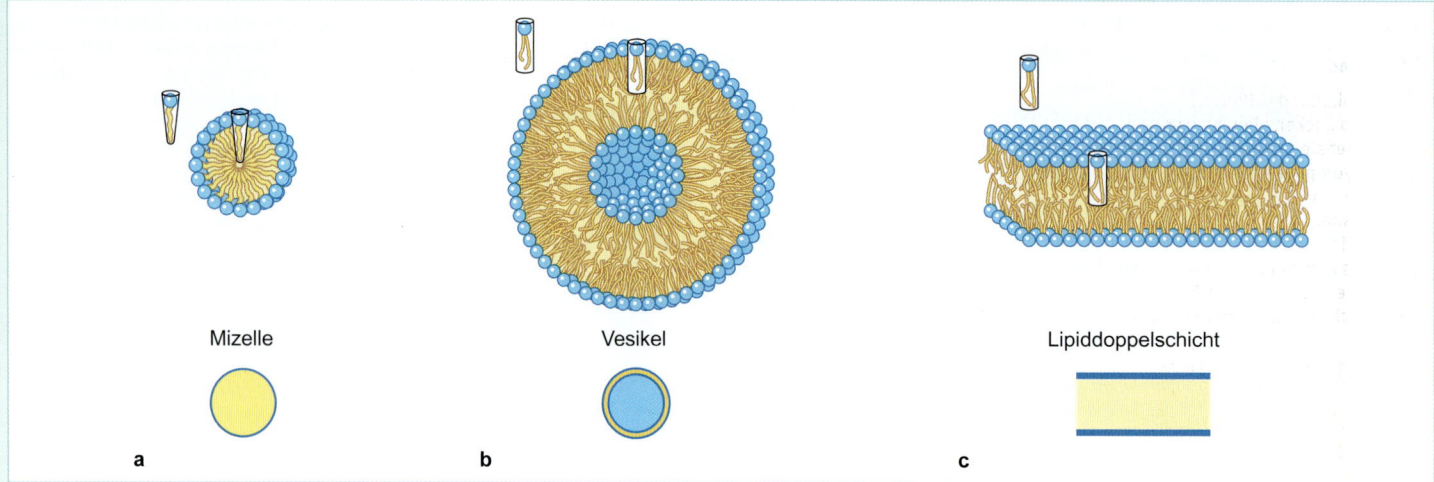

Abb. 1.6 Lipidaggregate in Wasser. a Mizelle. b Vesikel. c Lipiddoppelschicht. [L253]

Vesikel und Membranen

Vesikel sind von einer **Lipiddoppelschicht (Membran)** begrenzte Strukturen und bestehen aus einer **Hülle** und einem abgeschlossenen **wässrigen Innenraum.** Hydrophobe Molekülteile zeigen in die Mitte der Schicht, wohingegen die hydrophilen Kopfgruppen inner- und außerhalb des Vesikels mit Wassermolekülen interagieren.

Die **Lipiddoppelschicht** ist für die meisten polaren Moleküle undurchlässig, wobei Wasser eine Ausnahme darstellt. Je kleiner und unpolarer ein Molekül ist (z. B. Gase), desto einfacher kann es die Lipiddoppelschicht, die auch menschliche Zellen von ihrer Umgebung abgrenzt, durchdringen.

Vesikel und Membranen

Bei den meisten Phospholipiden ist jedoch die hydrophile Kopfgruppe im Vergleich zu den hydrophoben Anteilen nicht groß genug, um die Oberfläche großer, energetisch günstiger Mizellen abzudecken. Daher bilden sie in Wasser spontan **Vesikel** (lat. = Bläschen). Im Gegensatz zu Mizellen (➤ Abb. 1.6a) bestehen Vesikel aus einer **Hülle** und einem **wässrigen Innenraum.** Die Hülle der Vesikel wird von einer 5–10 nm dicken **Lipiddoppelschicht (Membran)** gebildet, bei der sich die hydrophoben Molekülteile in der Mitte der Schicht zusammenlagern, während die hydrophilen Kopfgruppen innen und außen mit den Wassermolekülen interagieren. Das Innere des Vesikels enthält Wasser und ist anders als bei Mizellen hydrophil (➤ Abb. 1.6b). Schon in den hydrothermalen Quellen könnten so aus amphiphilen Molekülen Vesikel entstanden sein, in deren Inneren sich bestimmte Moleküle anreicherten und miteinander reagierten. Ein erstes Merkmal von Lebewesen – die Abgrenzung von Reaktionsräumen zur Umwelt – war entstanden. Die Lipiddoppelschicht (➤ Abb. 1.6c) ist für Ionen und die meisten polaren Moleküle praktisch undurchlässig. Eine Ausnahme ist Wasser, das wohl aufgrund seiner geringen Größe relativ schnell über Membranen diffundieren kann. Ansonsten gilt: Je unpolarer kleine Moleküle sind, desto besser können sie die Membran durchqueren. Besonders gut können Gase wie Sauerstoff oder Kohlendioxid diese passieren. Auch menschliche Zellen sind von ihrer Umgebung durch eine **Lipiddoppelschicht** abgegrenzt, welche die unkontrollierte Aufnahme bzw. Abgabe der meisten Moleküle verhindert.

> **Diffusion und Osmose**
>
> Abhängig von der Temperatur besitzen alle Moleküle thermische Energie, die zur schnellen ungerichteten Bewegung von Molekülen in Flüssigkeiten und noch schnelleren Bewegungen in Gasen führt. Sie wird auch **Brown'sche Molekularbewegung** genannt. Diese Bewegung führt zur gleichmäßigen Ausbreitung gelöster Substanzen **(Diffusion)** und so zum Ausgleich von Konzentrationsunterschieden in einer wässrigen Lösung. Deshalb wird sich bei einem Caffè Latte nach und nach die obere Milchschicht mit dem darunter liegenden Kaffee vermischen. Die Diffusion in Flüssigkeiten ist über Entfernungen von Zentimetern wie beim Caffè Latte relativ langsam, sodass man für ein schnelles Vermischen durch Umrühren nachhelfen muss. Bei Abständen wie in menschlichen Zellen (Mikrometer) oder zwischen Molekülen (Nanometer) erfolgt sie sehr schnell. **Diffusion** führt auch zum Ausgleich von Konzentrationen auf den beiden Seiten einer biologischen **Membran**, wenn diese für die jeweiligen Stoffe **durchlässig** ist. Kann ein Molekül die Membran z. B. aufgrund seiner Größe oder Polarität nur sehr schlecht passieren, erfolgt dieser Konzentrationsausgleich sehr langsam. Zellmembranen sind für Wasser relativ gut, für viele andere Substanzen aber nur schlecht durchlässig; sie sind **semipermeabel.** Wenn die Konzentration eines in Wasser gelösten Stoffs innerhalb einer Zelle höher als außen ist, wird daher Wasser in die Zelle diffundieren, bis die Konzentrationen der gelösten Stoffe ausgeglichen sind. Dieser Vorgang wird als **Osmose** bezeichnet. Die Summe der Konzentrationen der gelösten Teilchen wird auch als **Osmolarität** bezeichnet. Ein Wassereinstrom aufgrund einer erhöhten Osmolarität kann zum Platzen einer Zelle führen. Die intra- und extrazellulären Flüssigkeiten im menschlichen Körper weisen daher eine ähnliche Osmolarität auf. Bakterien- und Pflanzenzellen platzen auch dann nicht, wenn sie in reines Wasser gelegt werden, da sie um die Zellmembran herum eine stabile Zellwand besitzen. **Infusionen** sind meist **isoton**, sie weisen also dieselbe Osmolarität wie das Blut auf. Diese entspricht einer 0,15 mol/l bzw. 0,9%igen Lösung von NaCl, die als isotonische (umgangssprachlich auch „physiologische") Kochsalzlösung bezeichnet wird. Hypertone Infusionen erhöhen die Osmolarität des Bluts, was zum Wasseraustritt aus den Erythrozyten führt. In weniger konzentrierten, hypotonen Lösungen dagegen nehmen Erythrozyten Wasser auf und können letztlich platzen.

1.1 DIE CHEMISCHE EVOLUTION

Aus Studentensicht

KLINIK
Ödeme und Aszites
Die Osmolarität des Bluts hängt von den Konzentrationen der darin gelösten niedermolekularen Stoffe wie Ionen und Zucker, aber auch von der Konzentration der **Plasmaproteine** ab. Diese werden meist von der Leber synthetisiert und dann in das Blut abgegeben. Das mit Abstand häufigste Plasmaprotein ist **Albumin**, das an hydrophoben Stellen seiner Oberfläche Lipide wie Fettsäuren binden und somit transportieren kann. Wenn z. B. durch Mangelernährung wie bei Hungersnöten die Leber nicht mehr ausreichend Albumin herstellen kann, sinkt die Osmolarität des Bluts und damit auch der **kolloidosmotische (onkotische) Druck.** Wasser tritt aus den Gefäßen aus und sammelt sich in Form von Ödemen im Gewebe an. In schweren Fällen kommt es zum Aszites (Bauchwassersucht), einer Ansammlung von Wasser in der Bauchhöhle, die man durch einen vorgewölbten Bauch erkennen kann (Hungerbauch). In Deutschland ist ein Aszites oft Folge einer durch eine Lebererkrankung bedingten Lebersynthesestörung, z. B. einer alkoholbedingten Leberzirrhose.

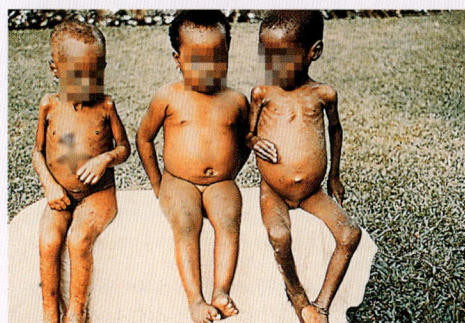

Hungerbauch [F346-3]

KLINIK

1.1.4 Kohlenhydrate als Energielieferanten

Monosaccharide
In den Vesikeln konnten sich Moleküle wie Kohlenhydrate und Nukleotide, die in der „Ursuppe" nur in sehr geringen Konzentrationen auftraten, anreichern. **Kohlenhydrate** liegen oft als ringförmige Moleküle vor und sind durch **Alkoholgruppen** (OH-Gruppen) und eine **Carbonylgruppe** (CO-Gruppe) gekennzeichnet, durch die sie sich sehr gut in Wasser lösen (> Abb. 1.7). Viele der einfachsten Kohlenhydrate, die **Monosaccharide** (Einfachzucker), haben die Summenformel $C_n(H_2O)_n$, sind also „Kohlenstoff-Hydrate". Das mengenmäßig wichtigste Monosaccharid im menschlichen Körper ist die **Glukose** mit sechs C-Atomen, andere wie die Ribose bestehen aus fünf C-Atomen. Die mittleren vier C-Atome der Glukose tragen jeweils vier unterschiedliche Substituenten, sie sind also **chiral**. Es existieren daher zwei **Isomere**, die sich wie Bild und Spiegelbild verhalten (> Abb. 1.8). Im Miller-Versuch (> 1.1.1) entstanden beide Formen in gleicher Menge, in heutigen Lebewesen kommen dagegen fast ausschließlich **D-Zucker** vor (> 9.1.2). Es ist noch nicht endgültig geklärt, ob die ersten Enzyme durch Zufall D-Zucker präferierten oder ob z. B. sehr geringe Energieunterschiede zwischen den Enantiomeren für deren Selektion verantwortlich waren.

Obwohl die Summenformel der Zucker mit $C_n(H_2O)_n$ meist sehr einfach ist, gibt es eine Vielzahl an isomeren Formen mit unterschiedlichen Konfigurationen an jedem einzelnen Chiralitätszentrum, wodurch jeweils ein anderer Zucker mit neuen Eigenschaften entsteht. Von den vielen möglichen Isomeren haben aber nur wenige Zucker besonders wichtige biologische Funktionen.

1.1.4 Kohlenhydrate als Energielieferanten

Monosaccharide
Kohlenhydrate sind oft ringförmig vorliegende Kohlenstoffketten, die durch mehrere **OH-Gruppen** und eine **Carbonylgruppe** gekennzeichnet sind.

Die einfachsten Kohlenhydrate, wie die aus sechs C-Atomen bestehende **Glukose,** werden als **Monosaccharide** (Einfachzucker) bezeichnet.

Nahezu alle Kohlenhydrate enthalten mindestens ein **chirales** C-Atom. Die in heutigen Lebewesen vorkommenden Kohlenhydrate sind fast ausschließlich **D-Zucker.** Von vielen Zuckern gibt es mehrere **Konfigurationsisomere;** bekannte biologische Funktionen haben jedoch nur wenige.

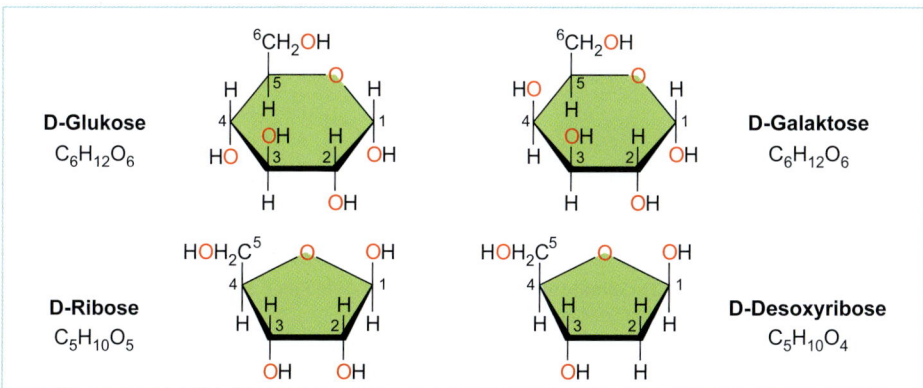

Abb. 1.7 Wichtige Monosaccharide in der Ringform [L253]

Aus Studentensicht

Isomerie und Chiralität

Isomere (> Abb. 1.8) sind Moleküle, die **dieselbe Summenformel** aufweisen, sich aber in der Anordnung der Atome unterscheiden. Es gibt unterschiedliche Arten von Isomerie (gr. isos = gleich, meros = Anteil). **Konstitutionsisomere (Strukturisomere)** unterscheiden sich in der Reihenfolge der verknüpften Atome wie Ethanol (CH_3-CH_2-OH) und Dimethylether (CH_3-O-CH_3) oder Glukose und Fruktose.
Bei **Stereoisomeren** ist hingegen die Reihenfolge der verknüpften Atome identisch, aber ihre räumliche Anordnung unterscheidet sich. Je nach Art der Unterschiede in der räumlichen Anordnung werden Konfigurations- und Konformationsisomere unterschieden.

- **Konfigurationsisomere** können nur ineinander überführt werden, wenn kovalente Bindungen gebrochen und neu geknüpft werden.
    - Eine Form der Konfigurationsisomerie sind **Enantiomere**, die sich wie Bild und Spiegelbild (z. B. rechte und linke Hand) zueinander verhalten. Voraussetzung für ihre Bildung ist das Vorhandensein eines **Chiralitätszentrums** (Stereozentrum, asymmetrisches Atom). Ein C-Atom ist chiral, wenn es vier unterschiedliche Substituenten trägt. Dabei sind zwei spiegelbildliche Anordnungen möglich, die nicht allein durch Drehung des Moleküls ineinander überführt werden können. Enantiomere besitzen die Fähigkeit, die Polarisationsebene von linear polarisiertem Licht in unterschiedliche Richtungen zu drehen, unterscheiden sich in ihren sonstigen chemischen und physikalischen Eigenschaften aber kaum. Sie werden durch die D-/L-Nomenklatur oder die R-/S-Nomenklatur unterschieden (> 19.1.2). Wichtig in der Biochemie ist, dass sie sich in Reaktionen mit anderen chiralen Molekülen unterscheiden. So entsteht z. B. im Muskel bei starker Anstrengung in der anaeroben Glykolyse L-Laktat. Die Laktat-Dehydrogenase in der Leber, selbst ein Protein aus L-Aminosäuren und damit ebenfalls chiral, kann an L-Laktat binden und dieses abbauen, nicht aber an D-Laktat. Sauermilchprodukte wie Joghurt enthalten oft ein **Racemat**, d. h. ein 1:1-Gemisch an L- und D-Laktat. Das D-Laktat kann der menschliche Körper jedoch nur sehr langsam verwerten. Es muss zunächst von Darmbakterien zu anderen Substanzen verstoffwechselt werden, die dann vom Menschen weiter abgebaut werden können. Damit sich zwei Verbindungen wie Bild und Spiegelbild verhalten, müssen sie sich in allen ihren Chiralitätszentren unterscheiden.
    - Wenn Moleküle mehrere Chiralitätszentren enthalten, von denen nicht alle in der entgegengesetzten Form vorliegen, spricht man von **Diastereomeren**. Diese unterscheiden sich in ihren chemischen und physikalischen Eigenschaften. Eine Sonderform der Diastereomere sind **Epimere**. Sie unterschieden sich in der Stellung genau eines Chiralitätszentrums, wie D-Glukose und D-Galaktose.
- Im Gegensatz zu den Konfigurationsisomeren lassen sich **Konformationsisomere** durch Drehung um Einfachbindungen ineinander überführen. Meist reicht die thermische Energie der Moleküle aus, um schon bei Raumtemperatur Konformationsisomere ineinander umzuwandeln. Ein Beispiel hierfür sind die gesättigten Fettsäuren, die in einer lang gestreckten und einer Form mit einem Knick vorliegen können.

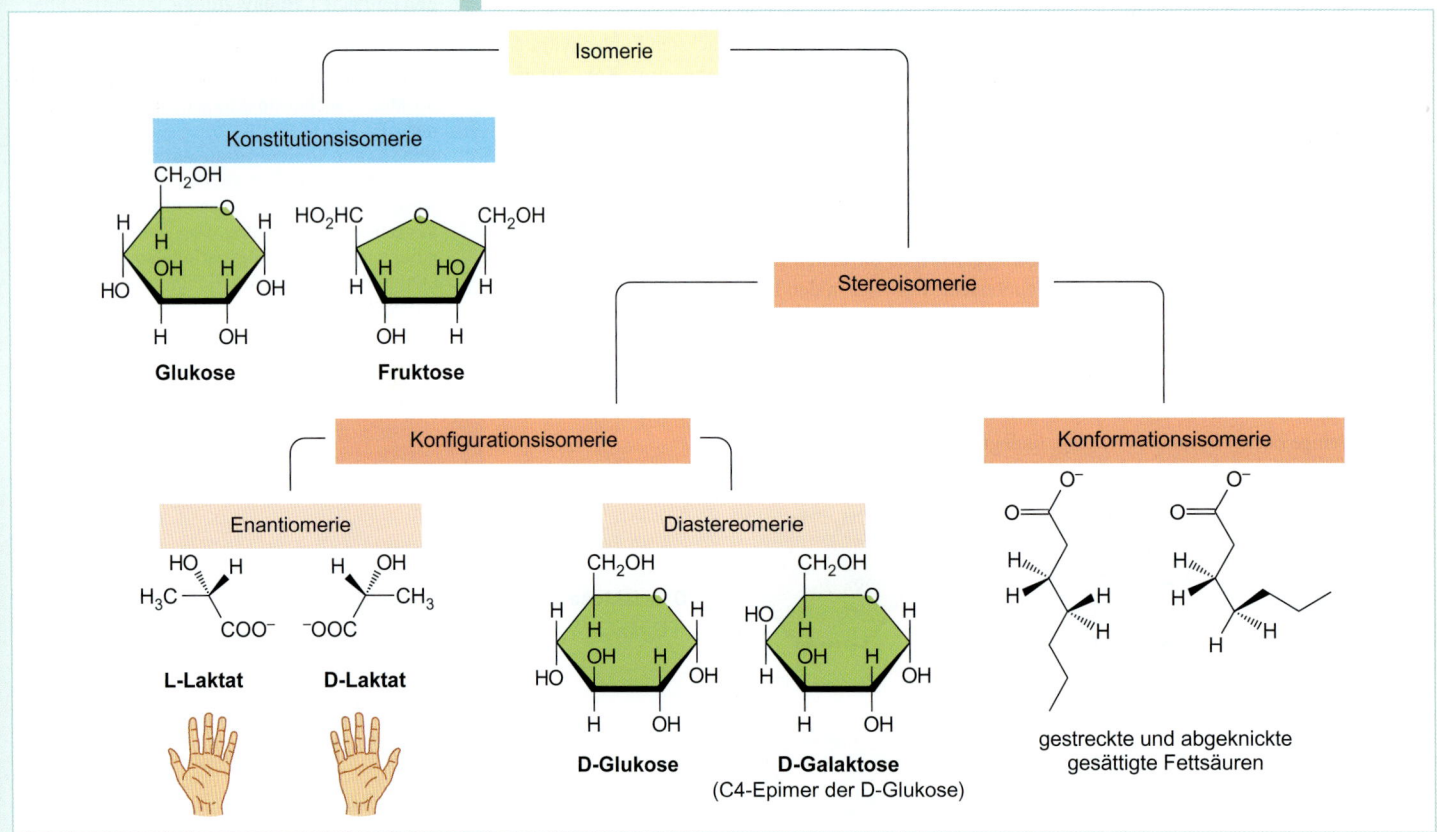

Abb. 1.8 Isomerie [L253]

1.1 DIE CHEMISCHE EVOLUTION

Aus Studentensicht

KLINIK
Contergan

Ende der 1950er-Jahre wurde in Deutschland Contergan, ein neuartiges Schlafmittel, eingeführt. In Tierversuchen zeigten sich keine Nebenwirkungen, weshalb es rezeptfrei verkauft wurde. Da es gegen die in den ersten Schwangerschaftswochen auftretende Übelkeit wirkte, wurde es vielfach auch von Schwangeren eingenommen. In den Folgejahren wurden vermehrt Kinder mit Fehlbildungen der Arme und Beine bis hin zum vollständigen Fehlen der Extremitäten geboren. Zunächst wurde ein Zusammenhang mit der durch Atombombenversuche freigesetzten Radioaktivität vermutet, bis die Einnahme von Contergan als Ursache identifiziert wurde. Der Wirkstoff in Contergan ist **Thalidomid.** Von den zwei Enantiomeren hat (R)-Thalidomid die sedierende Wirkung, wohingegen (S)-Thalidomid bei Einnahme in der Schwangerschaft zu kindlichen Missbildungen führt:

(R)-Enantiomer   (S)-Enantiomer   [L253]

Contergan enthielt ein Racemat. Vermutlich würde reines (R)-Thalidomid als Schlafmittel wirken, ohne die keimschädigende Wirkung aufzuweisen. Da die beiden Enantiomere aber im menschlichen Körper innerhalb weniger Stunden ineinander umgewandelt werden (sie racemisieren), wird Thalidomid heute nicht mehr als Schlafmittel eingesetzt.
In den 1960er-Jahren wurde durch Zufall entdeckt, dass Thalidomid gegen Lepra wirkt. Bis heute wird Thalidomid unter strengen Sicherheitsvorkehrungen beispielsweise bei einigen Formen dieser v. a. in Entwicklungsländern auftretenden Infektionserkrankung verwendet.

Di- und Polysaccharide

Zwei Monosaccharide können unter Abspaltung eines Wassermoleküls zu einem **Disaccharid** kondensieren. Dabei wird eine O-glykosidische Bindung gebildet. Häufig vorkommende Disaccharide sind **Laktose** (Milchzucker), **Maltose** (Malzzucker) und **Saccharose** (Haushaltszucker) (➤ Abb. 1.9).
Durch Hinzufügen weiterer Monosaccharide entstehen **Oligo- und Polysaccharide.** Wenn weitere Glukosemoleküle mit Maltose verknüpft werden, entsteht eine lange Kette aus Glukosemolekülen, die **Amylose,** ein Bestandteil der pflanzlichen Stärke.
Im menschlichen Körper können **Polysaccharide** zu Monosacchariden **hydrolysiert** und weiter **abgebaut** werden. Ähnliche Reaktionen könnten in der chemischen Evolution in den Lipidvesikeln abgelaufen sein. Die dabei **frei werdende Energie** konnte verwendet werden, um Reaktionen, die nicht freiwillig ablaufen, zu ermöglichen (➤ 3.1). Mit diesem Entwicklungsschritt wurde die Weiterentwicklung der entstehenden Lebewesen von zufällig auftretenden Energieentladungen der Atmosphäre unabhängig, da nun die Energie für chemische Reaktionen gezielt aus anderen organischen Verbindungen wie den Mo-

Di- und Polysaccharide
Bei der Kondensation von zwei Monosacchariden entstehen unter Ausbildung einer O-glykosidischen Bindung **Disaccharide** wie **Laktose, Maltose** oder **Saccharose.**
Beim weiteren Anhängen von Zuckereinheiten entstehen **Oligo- und Polysaccharide,** wie die **Amylose.**

Im menschlichen Körper können **Polysaccharide** zu Monosacchariden **hydrolysiert** und weiter **abgebaut** werden, wobei **Energie freigesetzt** wird. Diese kann für Reaktionen genutzt werden, für die Energie benötigt wird.

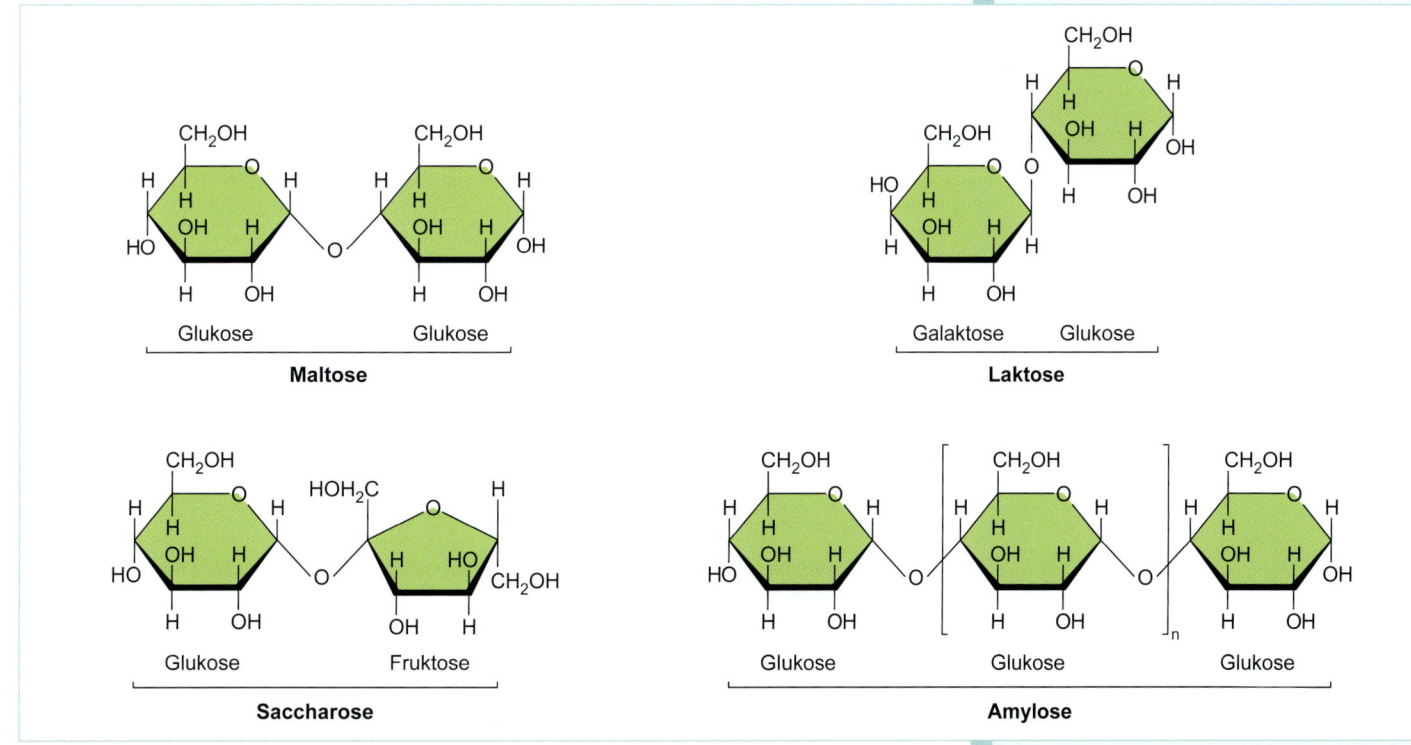

Abb. 1.9 Wichtige Di- und Polysaccharide [L253]

Aus Studentensicht

1.1.5 Informationsspeicherung und Katalyse durch RNA

Nukleotide

Ribonukleotide bestehen aus Ribose, einer Base und 1–3 Phosphatgruppen.
Die Phosphatreste sind mit der 5'-OH-Gruppe des Zuckers über eine **Esterbindung** verbunden. An diese Phosphatreste können ein oder zwei weitere Phosphate über eine **Säureanhydridbindung** unter Wasserabspaltung angehängt werden. Deren **Hydrolyse** liefert viel Energie, weshalb **Nukleotide** wie das ATP als **universelle Energieüberträger** in der Zelle genutzt werden.

ABB. 1.10

---

1 BIOCHEMIE: BASIS ALLER LEBEWESEN

nosacchariden gewonnen werden konnte. Die ersten Reaktionen des heute komplexen Stoffwechsels waren entstanden.

> **FALL**
>
> **Johanna hat Blähungen: Laktoseintoleranz**
>
> Johannas Brunch enthielt viele Milchprodukte. Die Milch der Säugetiere enthält wie auch die Muttermilch viel Laktose. Säuglinge können Laktose mithilfe eines hydrolytischen Verdauungsenzyms, der Laktase, im Dünndarm spalten und die entstehenden Monosaccharide in die Mukosazellen aufnehmen (> 19.2). Bei vielen Erwachsenen wird Laktase nur noch in geringen Mengen hergestellt. Wenn sie mit der Nahrung viel Laktose aufnehmen, kann diese im Dünndarm nicht vollständig gespalten werden. Dadurch steigt die Laktose-Konzentration an und somit auch die Osmolarität des Darminhalts, sodass das Wasser im Dickdarm nicht ausreichend absorbiert werden kann. Es kommt zur **osmotischen Diarrhö**, einem Symptom der **Laktoseintoleranz**.

1.1.5 Informationsspeicherung und Katalyse durch RNA

Nukleotide

Auch die im Miller-Versuch (> 1.1.1) entstandenen **Nukleotide** konnten sich im Inneren der Lipidvesikel anreichern. **Ribonukleotide** (> Abb. 1.10) bestehen aus Ribose, einer Base und mindestens einer Phosphatgruppe (> 21.7).

Die Phosphatreste leiten sich von der Phosphorsäure (H_3PO_4) ab. In den Nukleotiden bildet sie mit der 5'-OH-Gruppe der Ribose einen **Ester**. Insgesamt können Nukleotide bis zu drei Phosphatreste enthalten, die über eine **Säureanhydridbindung** miteinander verknüpft sind. Der Name dieser Bindung geht darauf zurück, dass bei der Verknüpfung von zwei Phosphorsäuremolekülen Wasser abgespalten wird. Bei der **Hydrolyse** der Säureanhydridbindung wird viel Energie frei, weshalb Nukleotide wie ATP als **universelle Energieüberträger** dienen (> 3.2.6). Die im Stoffwechsel aus dem Abbau frei werdende Energie der Nahrung wird für die Synthese von ATP genutzt. Die beim anschließenden Abbau von ATP zu ADP wieder freigesetzte Energie liefert dann die Triebkraft für viele Reaktionen im menschlichen Körper.

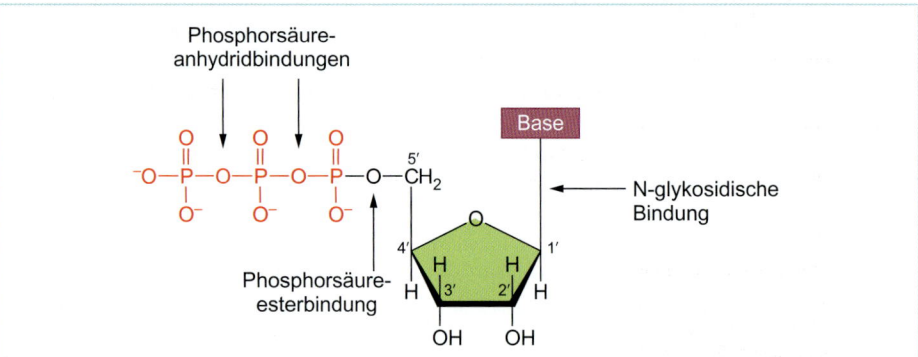

Abb. 1.10 Struktur eines Ribonukleotids [L253]

> **Hydrolyse**
>
> Viele größere Moleküle wie Polysaccharide, Proteine oder Lipide sind aus kleinen Bausteinen zusammengesetzt. Beim Zerlegen in diese Bausteine wird Wasser benötigt, weshalb diese Reaktionen auch als **Hydrolyse** (Spaltung mit Wasser) bezeichnet werden. Ein Beispiel ist die Hydrolyse von ATP, bei der ADP und $H_2PO_4^-$ entstehen.
>
> ATP + H_2O ⇌ P_i + ADP
>
> Die Spaltungen von Estern oder Anhydriden sind ebenfalls Hydrolysen. Die Rückreaktion einer Hydrolyse ist eine **Kondensation** (Zusammenfügen unter Wasserabspaltung). In der Regel wird bei einer Hydrolyse Energie frei, bei der Kondensation muss dagegen Energie zugeführt werden, damit sie abläuft.
> Das bei der Hydrolyse der Nukleotide entstehende „anorganische" Phosphat kann in unterschiedlichen Protonierungsstufen auftreten (> Formel 1.4):
>
> $H_3PO_4 \xrightleftharpoons{pK_S = 2,2} H_2PO_4^- + H^+ \xrightleftharpoons{pK_S = 7,2} HPO_4^{2-} + 2H^+ \xrightleftharpoons{pK_S = 12,3} PO_4^{3-} + 3H^+$ | Formel 1.4

1.1 DIE CHEMISCHE EVOLUTION

Aus Studentensicht

Bei dem im menschlichen Körper vorherrschenden etwa neutralen pH-Wert liegt das Phosphat überwiegend in Form von $H_2PO_4^-$ und HPO_4^{2-} vor. Um diese unterschiedlichen Formen einfacher zu beschreiben, werden sie vereinfacht als **anorganisches Phosphat** bezeichnet und in Reaktionsgleichungen oft als P_i (engl. inorganic) dargestellt. Zur Berechnung der Anzahl von H^+-Ionen in Reaktionsgleichungen wird in diesem Buch P_i als $H_2PO_4^-$ berücksichtigt. Wasser ist an vielen Stoffwechselreaktionen beteiligt. Zur besseren Übersicht wird es – wie auch H^+- und OH^--Ionen – in manchen Reaktionsgleichungen nicht aufgeführt. So wird die oben aufgeführte Reaktion verkürzt dargestellt (➤ Formel 1.5):

$$ATP \rightleftharpoons ADP + P_i$$

| Formel 1.5

Die Basen der Nukleotide sind aromatisch und leiten sich von Purin und Pyrimidin ab (➤ Abb. 1.11). Sie sind glykosidisch am C1-Atom (1'C-Atom) des Zuckers gebunden. Die Bindung wird wegen des von der Base stammenden N-Atoms als **N-glykosidisch** bezeichnet.

Die aromatischen Purin- und Pyrimidinbasen sind in Nukleotiden über eine **N-glykosidische Bindung** mit dem 1'C-Atom des Zuckers verbunden.

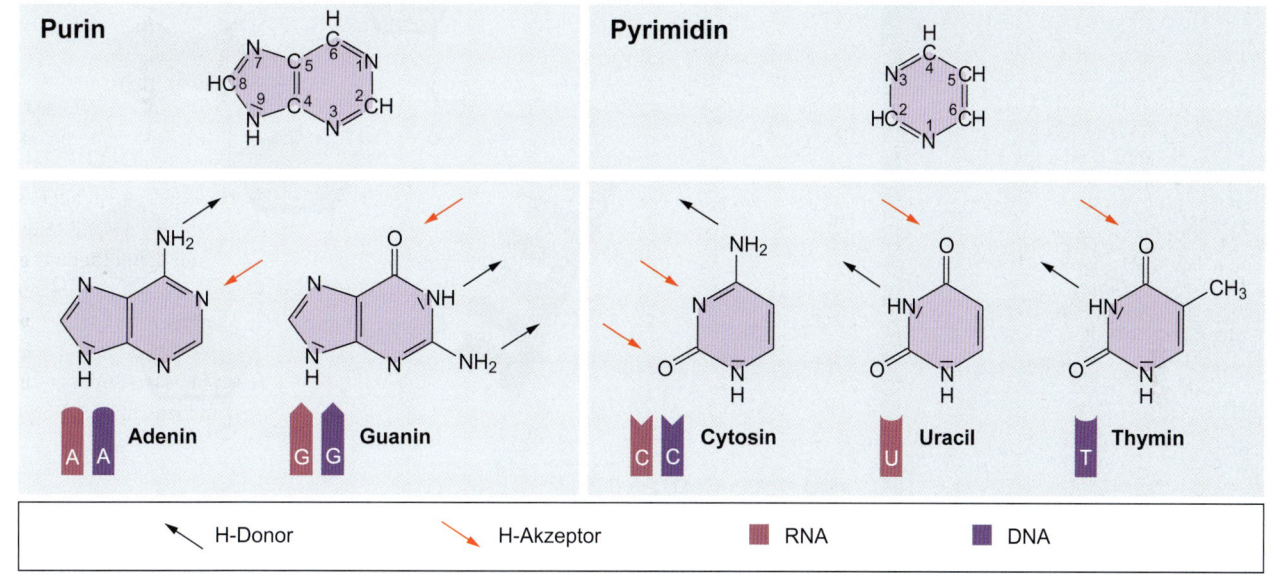

Abb. 1.11 Die Purin- und Pyrimidin-Basen der Nukleotide [L253]

Aromaten und die Nummerierung der Atome

Bei organischen Molekülen werden die Atome nummeriert, um sie eindeutig benennen zu können. Bei linearen Molekülen wird meist an dem Ende der Kette begonnen, an dem sich das am stärksten oxidierte C-Atom befindet. Aus diesem Grund wird bei den Fettsäuren das C-Atom mit der Säuregruppe als C1 bezeichnet. Aromaten sind ringförmige Verbindungen, die meist drei oder fünf Doppelbindungen enthalten. Dies trifft auf Pyrimidin zu, aber auch Purin ist aromatisch, da das Elektronenpaar des wasserstoffgebundenen Stickstoffs eine Doppelbindung ersetzt. Aus diesem Grund sind alle Basen aus ➤ Abb. 1.11 aromatisch. Anders als beispielsweise die nicht aromatischen Zucker sind alle aromatischen Verbindungen planar. Auch die Substituenten am Ring liegen innerhalb dieser Ebene und weisen nach außen. In der Abbildung sind in den Ringen Einzel- und Doppelbindungen eingezeichnet. Tatsächlich sind aber die Elektronen der Doppelbindungen gleichmäßig über alle Atome im Ring verteilt und bilden Elektronenwolken ober- und unterhalb der Ringsysteme. Die Nummerierung der Ringatome in den Basen ist in ➤ Abb. 1.11 angegeben. Anders als nach den offiziellen Regeln der Chemie wird bei der Nummerierung der C-Atome im Zucker der Nukleotide wieder bei 1 begonnen. Um diesen Regelbruch kenntlich und die Bezeichnung eindeutig zu machen, wird bei den Nummern der C-Atome des Zuckers ein „'" hinzugefügt (➤ Abb. 1.10).

Die RNA-Welt

Die energetischen Bedingungen und die Konzentration von Nukleotiden in Vesikeln erlaubten vermutlich schon früh die Kondensation von Nukleotiden zu langen Ketten, den Nukleinsäuren. Bei der Kondensation von Ribonukleotiden entstehen **Ribonukleinsäuren** (RNS, **RNA**; ➤ Abb. 1.12). In menschlichen Zellen können RNA-Moleküle mit einer Länge von bis zu einigen 100 000 linear verknüpften Nukleotiden entstehen. Die Abfolge der Basen stellt einen **Informationsspeicher** dar, ähnlich wie die Buchstaben in einem Text. Einige RNA-Moleküle mit einer spezifischen Basenfolge konnten vermutlich die Kondensation von Nukleotiden zu Nukleinsäuren beschleunigen (katalysieren).
Durch diese katalytische Aktivität könnten einzelne RNAs die Fähigkeit erlangt haben, sich zu **replizieren**, also identische Kopien mit derselben Basenabfolge herzustellen (Autokatalyse). Auf diese Weise könnten von diesen speziellen RNA-Strängen immer neue Kopien entstanden sein (➤ Abb. 1.13). Für das Erzeugen dieser Kopien werden freie Nukleotide benötigt, die in den Vesikeln der „Ursuppe" nur in limitierter Anzahl zur Verfügung standen. Die sich am effizientesten replizierenden RNAs könnten so den Wettkampf um diese freien Nukleotide gewonnen haben (= **Selektion**).

Die RNA-Welt

Bei der Kondensation von Nukleotiden zu einer Kette entstehen Nukleinsäuren, bei Ribonukleotiden werden diese als **Ribonukleinsäuren** (**RNA**, RNS) bezeichnet.
RNA-Moleküle haben vielfältige Aufgaben, wie die **Speicherung von Informationen** oder die Beschleunigung von bestimmten Reaktionen.

Die Herstellung identischer Kopien einer RNA aus freien Nukleotiden wird als **Replikation** bezeichnet. Dieser Vorgang wurde vermutlich zu Beginn der Evolution durch RNA selbst katalysiert und die am effizientesten replizierenden RNAs **selektioniert**.

Aus Studentensicht

ABB. 1.12

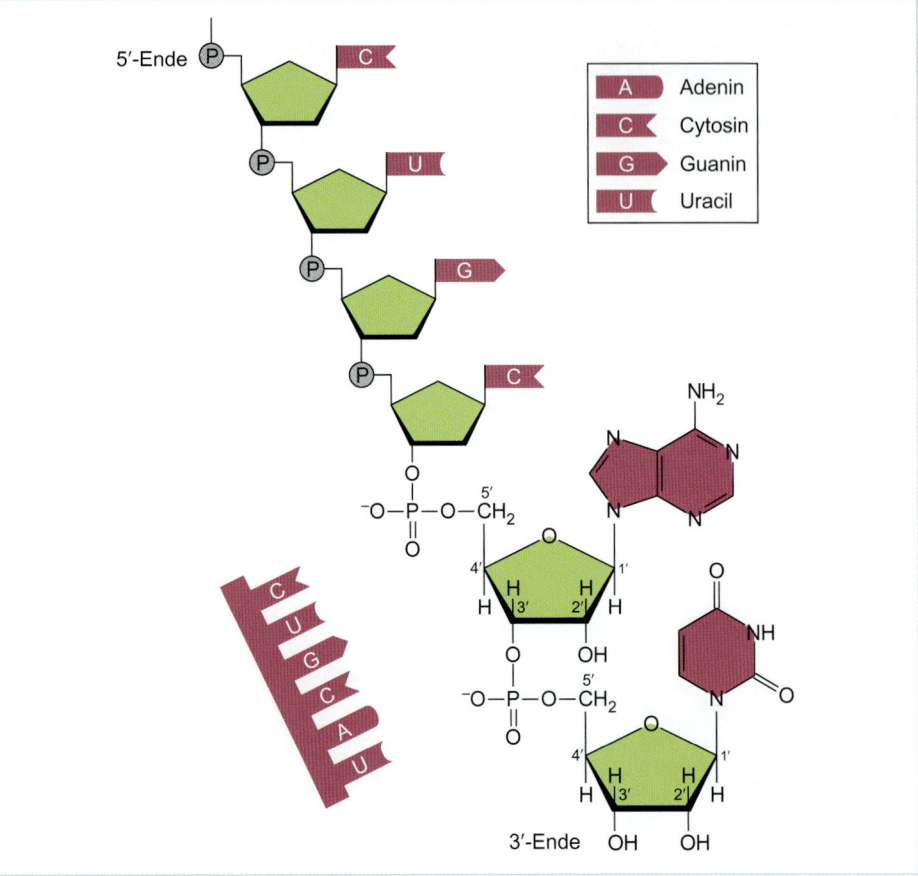

Abb. 1.12 RNA-Einzelstrang [L253]

Bei der Vervielfältigung von RNA auftretende Fehler (**Mutationen**) führten zu veränderten Eigenschaften der RNA, die Einfluss auf ihre weitere Funktion haben könnten.

1.1.6 Katalyse, Transport und Informationsaustausch: Proteine

Vermutlich konnten in der RNA-Welt **Aminosäuren** unter RNA-Katalyse zu Peptiden kondensieren. Aminosäuren bestehen aus einem C-Atom, das eine Carboxylgruppe, eine Aminogruppe, ein H-Atom sowie einen variablen Rest trägt. Sie sind i. d. R. chiral, wobei im menschlichen Stoffwechsel lediglich die L-Form zu finden ist.
Bei physiologischem pH-Wert liegen die Aminosäuren in ihrer **zwitterionischen Form** vor.
Reagiert die Carboxylgruppe einer Aminosäure mit der Aminogruppe einer weiteren Aminosäure, bildet sich unter Ausbildung einer **Peptidbindung** ein **Dipeptid**.
Das weitere Anfügen von Aminosäuren kann zu langen linearen Ketten führen, die man als **Proteine** bezeichnet. Diese können vielfältige Funktionen ausüben.
Reaktionen in unserem Körper werden hauptsächlich durch **Protein-Enzyme,** selten jedoch auch durch RNA-Moleküle (z. B. **Ribosomen,** **tRNA**) katalysiert.

Neben der Enzymfunktion übernahmen Proteine in den Vesikeln auch Funktionen als **Stützstrukturen, Membranproteine** und **Rezeptoren,** die äußere Signale durch Bindung von **Liganden** in das Innere des Vesikels übermittelten.
Die ersten Lebensformen, die **Protobionten,** weisen damit die Grundvoraussetzung des Lebens auf.

1 BIOCHEMIE: BASIS ALLER LEBEWESEN

Die entstehenden RNA-Kopien haben vermutlich immer wieder Fehler durch eine nicht perfekte Replikation enthalten. Diese **Mutationen** können eine RNA mit veränderten Eigenschaften zur Folge gehabt haben. Die Mutationen führten meist zum Verlust, selten aber auch zur Erhöhung der Replikationsfähigkeit. Sehr selten könnten durch Mutationen aber auch neue katalytische Eigenschaften entstanden sein. In dieser RNA-Welt trug die RNA die genetische Information und konnte sich selbst autokatalytisch vermehren (> Abb. 1.13).

1.1.6 Katalyse, Transport und Informationsaustausch: Proteine

Einige der in den Vesikeln der RNA-Welt entstandenen RNAs konnten möglicherweise die Kondensation von Aminosäuren zu Peptiden katalysieren. **Aminosäuren,** die Miller in seinem Experiment (> 1.1.1) bereits nach wenigen Tagen nachwies, tragen eine Säuregruppe (= Carboxylgruppe) und eine Aminogruppe, die zusammen mit einem H-Atom und einer variablen Restgruppe (= Seitenkette) an dasselbe C-Atom gebunden sind (> Abb. 1.14). Die Aminosäuren sind damit i. d. R. chirale Moleküle. Im menschlichen Stoffwechsel ist nur die L-Form von Bedeutung. In den Restgruppen tragen die Aminosäuren unterschiedliche funktionelle Gruppen (> Abb. im hinteren inneren Umschlag). Bei physiologischem pH-Wert liegt die Carboxylgruppe der Aminosäuren meist deprotoniert vor, während die Aminogruppe protoniert ist (= **zwitterionische Form**).
Durch Reaktion der Aminogruppe einer Aminosäure mit der Säuregruppe einer weiteren Aminosäure entsteht unter Ausbildung einer **Peptidbindung** ein **Dipeptid**. Auf diese Weise können lange lineare Ketten aus bis zu mehreren 1 000 Aminosäuren entstehen (**Proteine**). In menschlichen Proteinen kommen im Wesentlichen 20 proteinogene Aminosäuren mit unterschiedlichen Restgruppen vor (> 2.1.3). Aufgrund dieser großen chemischen Vielfalt unterscheiden sich Proteine in ihren Eigenschaften sehr viel stärker als Nukleinsäuren. Die durch die katalytische Aktivität der RNA-Moleküle entstandenen Proteine konnten so viele neue Funktionen ausüben.
Als **Enzyme** konnten sie zusätzliche Reaktionen im Stoffwechsel katalysieren, der so immer effizienter wurde. Menschliche Zellen enthalten Tausende von Protein-Enzymen. Aber auch heute noch werden einige Reaktionen wie die Proteinbiosynthese wesentlich durch RNA-Moleküle, z. B. in **Ribosomen,** oder mithilfe von **tRNAs** katalysiert; wahrscheinlich ist dies ein Relikt der RNA-Welt.
Weiterhin ermöglichte die Entstehung von Proteinen den Ur-Vesikeln die Ausbildung von stabilen **Stützstrukturen.** Damit konnten die Vesikel größer werden. Zudem lagerten sich Proteine auch in die Lipiddoppelschicht ein (= **Membranproteine**). Durch so gebildete Kanäle in der Membran konnten bestimmte Stoffe, für welche die Membran selbst undurchlässig (impermeabel) ist, aus der Umgebung aufgenommen werden. Andere Membranproteine fungierten als **Rezeptoren**. Diese interagierten an der Außenseite des Vesikels mit spezifischen **Liganden,** die genau an ihre Oberfläche passten, und übermittelten diese Information durch eine Konformationsänderung in das Zellinnere. So konnten die Vesikel Umwelt-

1.1 DIE CHEMISCHE EVOLUTION

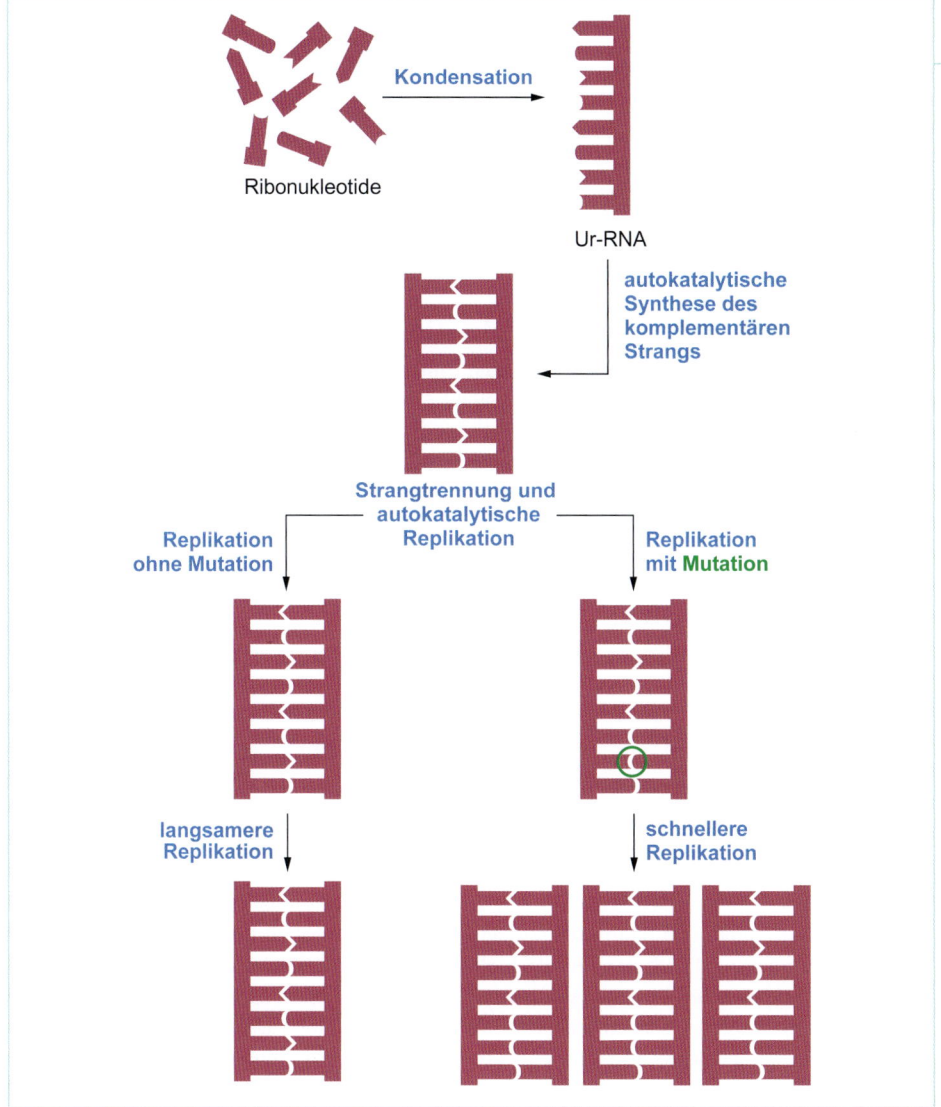

Abb. 1.13 Autokatalyse in der RNA-Welt [L253]

Aus Studentensicht

ABB. 1.13

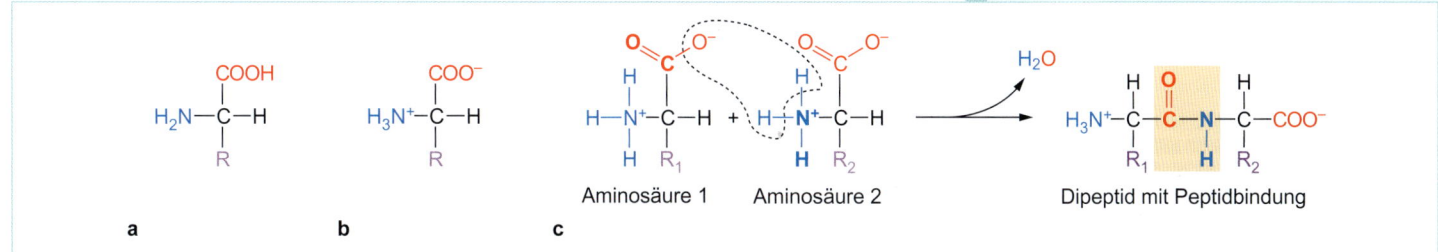

Abb. 1.14 Aminosäuren. **a** Grundstruktur. **b** Zwitterionische Form. **c** Bildung eines Dipeptids. [L253]

reize aufnehmen und verarbeiten. Dieses Prinzip ist auch heute noch in menschlichen Zellen konserviert (= Signaltransduktion). Die so entstandenen ersten Lebensformen, die **Protobionten,** weisen damit die wesentlichen Eigenschaften des Lebens auf (> Abb. 1.15).

1.1.7 Verbesserte Informationsspeicherung: DNA
RNA ist chemisch relativ instabil und daher als langfristiger Informationsspeicher nicht perfekt geeignet. Die ähnlich aufgebaute Desoxyribonukleinsäure (**DNA,** DNS) weist bessere Eigenschaften auf. Bei ihr ist die Ribose durch Desoxyribose (> Abb. 1.7) und die Base Uracil durch Thymin (> Abb. 1.11) ersetzt. Während RNA meist als Einzelstrang vorliegt, bilden DNA-Moleküle meist eine **Doppelhelix.** Dabei weisen die beiden Einzelstränge eine **komplementäre Basensequenz** auf, d. h., dass sich i. d. R. Cytosin und Guanin bzw. Adenin und Thymin gegenüberstehen und **Basenpaare** (bp) bilden, die durch Wasserstoffbrückenbindungen zusammengehalten werden (> Abb. 1.16). Die vollständige Information ist somit in jedem der beiden Einzelstränge enthalten.

1.1.7 Verbesserte Informationsspeicherung: DNA
DNA, ein ähnlich wie RNA aufgebautes Molekül (Desoxyribose statt Ribose, Thymin statt Uracil), ist chemisch stabiler als RNA und daher besser als langfristiger Informationsspeicher geeignet. Die beiden **komplementären** DNA-Einzelstränge einer **Doppelhelix** sind über Wasserstoffbrückenbindungen miteinander verbunden. Meist liegen sich Cytosin und Guanin bzw. Adenin und Thymin gegenüber und bilden **Basenpaare.**

Aus Studentensicht   1 BIOCHEMIE: BASIS ALLER LEBEWESEN

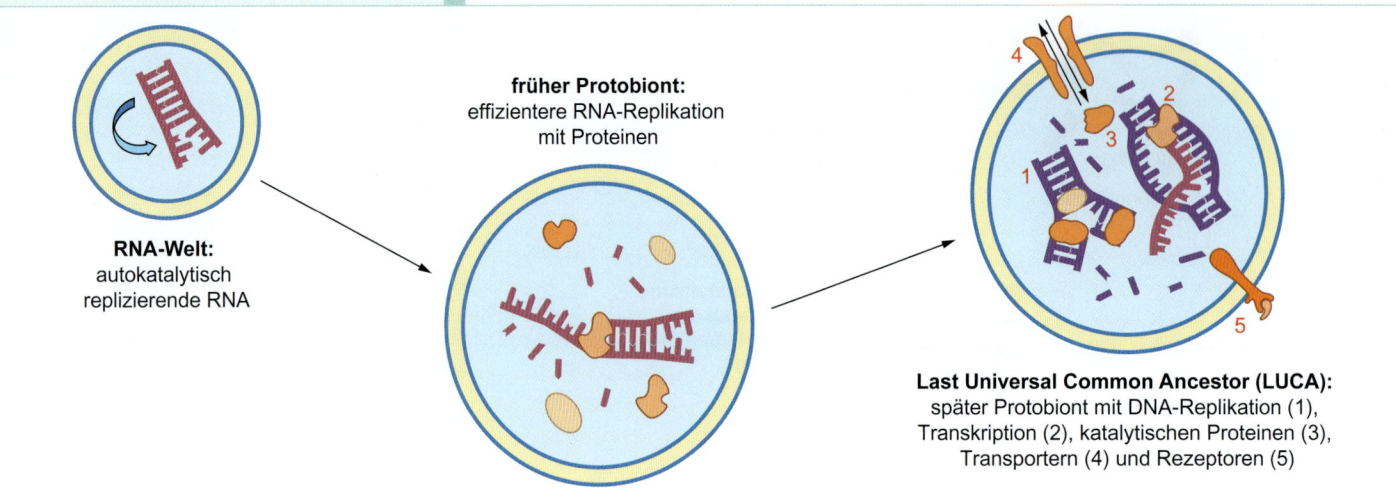

Abb. 1.15 Mögliche Entstehung eines Protobionten [L138]

Das Umschreiben der RNA in eine DNA mit gleicher Information **(reverse Transkription)** während der Evolution hat vermutlich durch einen Selektionsvorteil zur Entstehung der Urzelle geführt.

1.1.8 Die Urzelle

Die in allen heute lebenden Zellen ablaufende Biochemie entspricht weitestgehend der der Urzelle. Diese wird daher auch als **Last Universal Common Ancestor (LUCA)** bezeichnet und ist der Ausgangspunkt der **biologischen Evolution**. In **Chromosomen** verpackte DNA wird vor der Zellteilung verdoppelt **(Replikation)** bzw. kann in RNA umgeschrieben werden **(Transkription)**, die dann am **Ribosom** in Proteine übersetzt wird **(Translation)**.
Der Informationsfluss ausgehend von der DNA über die RNA hin zu einem Protein wird als **molekularbiologisches Dogma** bezeichnet.

Im Laufe der Evolution der Protobionten muss es mindestens einmal zum Umschreiben einer RNA in eine DNA mit derselben Basenfolge gekommen sein (= **reverse Transkription**). Durch die stabilere Informationsspeicherung erwarb die daraus resultierende Urzelle einen Selektionsvorteil, der vermutlich so groß war, dass alle anderen Protobionten heute ausgestorben sind (➤ Abb. 1.15).

1.1.8 Die Urzelle

Die Biochemie aller heute bekannten Lebewesen entspricht in weiten Teilen dieser Urzelle, dem **Last Universal Common Ancestor (LUCA)**. Die Erbinformation ist stabil in der DNA, die in **Chromosomen** verpackt ist, gespeichert. Vor der Zellteilung wird die DNA durch **Replikation** verdoppelt (➤ Abb. 1.15). Ein Teil der Information kann mithilfe von Protein-Enzymen von DNA in RNA umgeschrieben **(transkribiert)** werden. In der Folge wird die RNA mithilfe von **Ribosomen** in ein Protein übersetzt **(translatiert)**. Die vielen so hergestellten Proteine katalysieren Stoffwechselreaktionen, dienen dem Zellaufbau und regulieren den Stoff- und Informationsaustausch. Dieser Informationsfluss von der DNA über die RNA hin zum Protein wird auch als **molekularbiologisches Dogma** bezeichnet (➤ 4.1).

Die Prozesse der chemischen Evolution sind vermutlich nicht so geordnet nacheinander abgelaufen, wie sie hier beschrieben wurden, sondern vielmehr nebeneinander und mit vielen unbekannten Sackgassen und Rückschritten. Dennoch stand am Ende ein Lebewesen, mit dem die **biologische Evolution** begann.

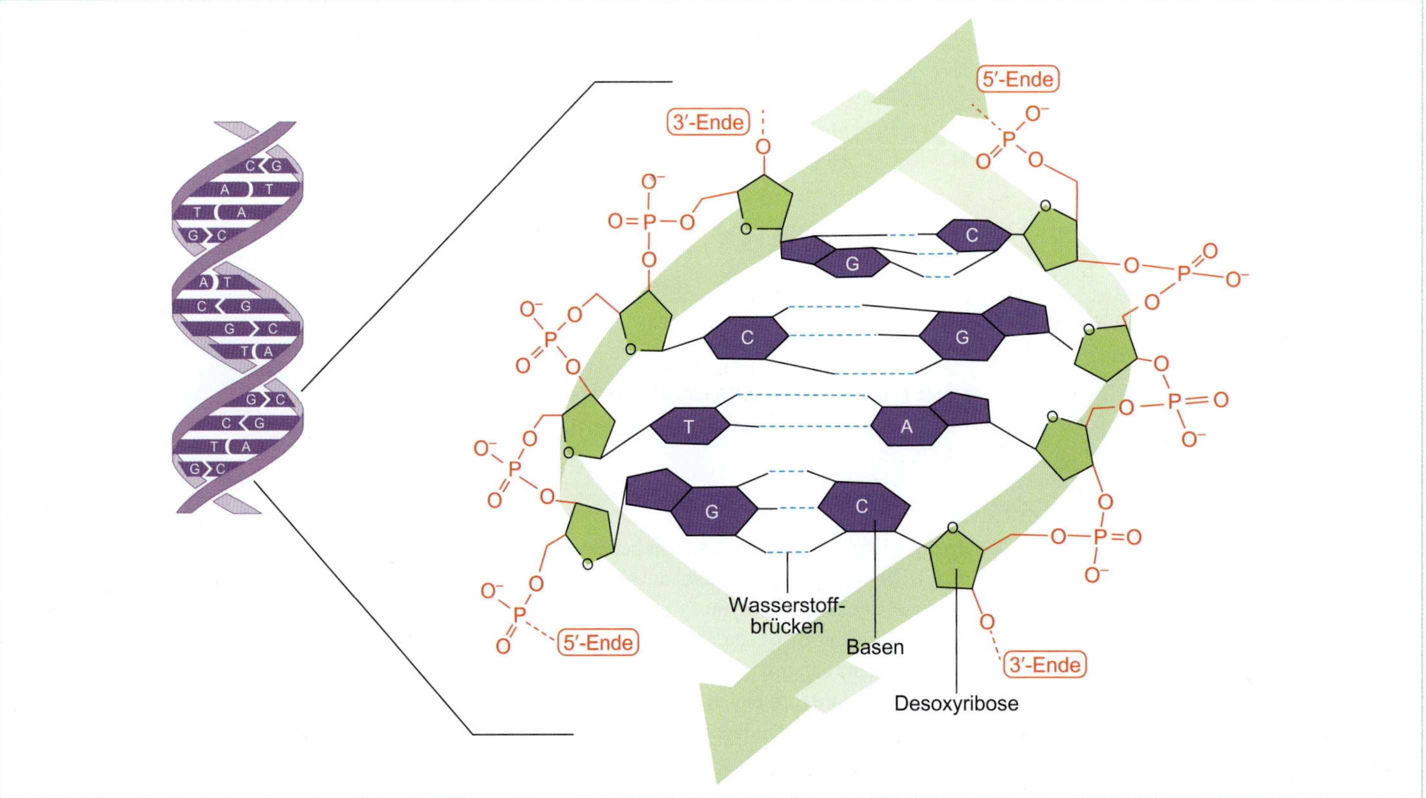

Abb. 1.16 DNA-Doppelhelix [L253, L307]

1.2 Evolution der Prokaryoten

1.2.1 Prokaryoten

Prokaryoten (gr. pro = vor, karyon = Kern) sind **einzellige** Lebewesen **ohne Zellkern** und andere Organellen. Oftmals haben sie einen Durchmesser von etwa 1 μm und sind zusätzlich zur Lipidmembran von einer stabilen Zellwand umgeben (> Abb. 1.17).

Das Zellinnere der Prokaryoten ist ein einziger abgeschlossener Reaktionsraum **(Kompartiment),** der als **Zytoplasma** bezeichnet wird und in dem alle lebensnotwendigen Prozesse ablaufen. Das Zytoplasma steht in einem kontrollierten Stoffaustausch mit seiner Umgebung. Die wässrige Lösung des Zytoplasmas, in der die Ribosomen und das ringförmige (zirkuläre) DNA-Chromosom suspendiert sind, wird als **Zytosol** bezeichnet. Die Konzentration von Molekülen im Zytosol ist weit höher als in der Umgebung. Die einzelnen Moleküle sind dicht gepackt und z. T. nur durch wenige Wassermoleküle getrennt. Große Makromoleküle oder Molekülkomplexe kommen durch Molekularbewegung kaum vom Fleck. Kleine, gut hydratisierte Moleküle bewegen sich durch Diffusion deutlich schneller fort. Bezogen auf seine Packungsdichte ist das Zytoplasma mit einer Schachtel vergleichbar, die mit Wolle und feinem Sand vollgestopft ist. Die Wollfäden bewegen sich kaum, die einzelnen Sandkörner können aber leicht zwischen den Wollfäden hin und her rieseln.

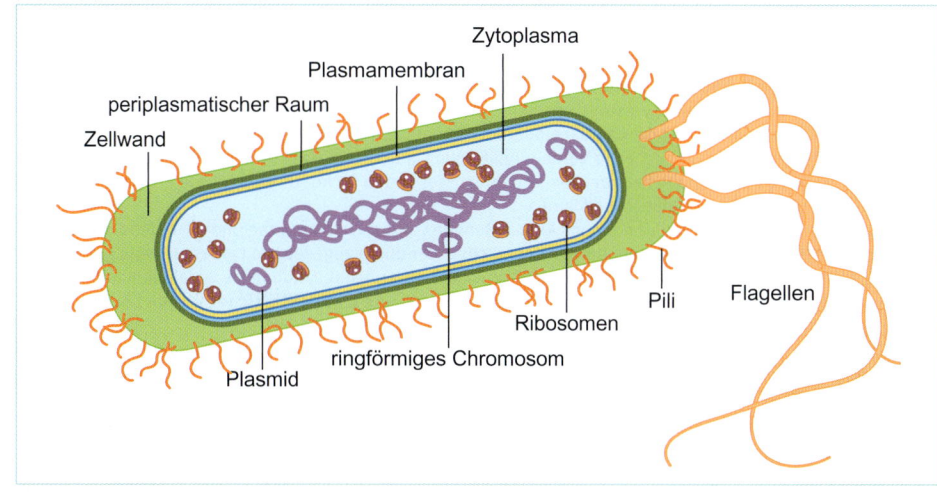

Abb. 1.17 Schematische Darstellung eines Prokaryoten [L138]

1.2.2 Bakterien und Archaeen

Es gibt heute sehr viele Bakterienarten und die meisten sind vermutlich noch unbekannt. Sie sind das Resultat der Evolution, in der sie sich an die unterschiedlichsten Lebensräume angepasst haben. So finden sich Bakterien in 70 km Höhe in der Atmosphäre und in vielen Hundert Meter Tiefe unter der Erdoberfläche. Auch im Menschen leben sie in großer Zahl im **Darm** und auf der **Haut.** Insgesamt ist ein Mensch von mehr Bakterien besiedelt, als er eukaryote Zellen besitzt. Viele Infektionskrankheiten werden durch Bakterien ausgelöst (> 14.3.3).

> **KLINIK**
>
> **Blasenentzündung**
>
> Blasenentzündungen treten wegen des geringen Abstands von Vagina und Analregion und der im Vergleich zu Männern deutlich kürzeren Harnröhre vermehrt bei Frauen auf. Sie werden häufig von Darmbakterien wie *Escherichia coli* ausgelöst. Die Betroffenen leiden unter Schmerzen und Brennen beim Wasserlassen sowie häufigem Harndrang. Neben reichlicher Flüssigkeitszufuhr zum Ausspülen der Bakterien werden Antibiotika zur Therapie eingesetzt. Antibiotika sind Stoffe, die Unterschiede im Stoffwechsel zwischen Pro- und Eukaryoten ausnutzen und möglichst selektiv die Bakterien am Wachstum hindern.
> Auch heute dauert die Evolution noch an: Während des häufigen Einsatzes von Antibiotika wurde die Selektion einzelner resistenter Bakterienstämme gefördert. Diese haben in Gegenwart der Antibiotika einen Selektionsvorteil, sind dadurch schwer bzw. nicht therapiebar und breiten sich zunehmend aus (> 14.3.4).

Prokaryoten werden in zwei Domänen eingeteilt, die **Bakterien** und die **Archaeen** (sprich Ar-chä-en; Archaebakterien), die sich schon früh in der Evolution trennten. Sie unterscheiden sich z. B. im Aufbau ihrer Membranen und Zellwände. Obwohl Archaeen den typischen Aufbau einer prokaryoten Zelle aufweisen, ähnelt der Ablauf einzelner Stoffwechselwege wie der Proteinbiosynthese eher dem eukaryoter Zellen. Viele Archaeen haben sich an extreme Lebensbedingungen angepasst, sodass sie beispielsweise bei hohen Temperaturen in heißen Quellen leben können (= thermophile Archaeen). Um bei diesen extremen Bedingungen bestehen zu können, müssen die Biomoleküle dieser Archaeen besonders stabil sein. Auch im menschlichen Darm finden sich Archaeen. Anders als bei den Bakterien sind aber keine humanpathogenen Arten bekannt.

Aus Studentensicht

1.2 Evolution der Prokaryoten

1.2.1 Prokaryoten

Prokaryoten sind **einzellige, zellkernlose** Lebewesen und besitzen keine Organellen. Sie sind zusätzlich zur Lipidmembran von einer stabilen Zellwand umgeben und etwa 1 μm groß. In ihrem zellinneren **Kompartiment,** dem **Zytoplasma,** finden alle lebensnotwendigen Prozesse statt. Die wässrige Lösung des Zytoplasmas, das **Zytosol,** enthält u. a. Ribosomen, das ringförmige DNA-Chromosom sowie dicht gepackte, größere, sich kaum bewegende Moleküle, die von kleineren, sich bewegenden Molekülen umgeben sind.

ABB. 1.17

1.2.2 Bakterien und Archaeen

Bakterien sind enorm vielfältig und an extreme Bedingungen anpassungsfähig.
Der Mensch ist von mehr Bakterien besiedelt (v. a. **Haut** und **Darm**), als er aus Zellen besteht. Bakterien können Infektionskrankheiten auslösen.

Prokaryoten werden in **Bakterien** und **Archaeen** unterteilt, die sich in ihrem Aufbau unterscheiden.
Auch Archaeen sind stark anpassungsfähig und im menschlichen Darm zu finden, wobei keine humanpathogenen Arten bekannt sind. Ihr Stoffwechsel ähnelt dem eukaryoter Zellen.

Aus Studentensicht

1 BIOCHEMIE: BASIS ALLER LEBEWESEN

> **FALL**
>
> **Johanna hat Blähungen: Laktoseintoleranz**
>
> Die Hitzestabilität der Proteine aus thermophilen Archaeen kann auch Johanna helfen. Mithilfe von hitzestabiler Laktase kann Milch gleichzeitig pasteurisiert und die darin enthaltene Laktose zu Glukose und Galaktose hydrolysiert werden, sodass sie auch für Patienten mit Laktasemangel verträglich ist.

1.2.3 Die Sauerstoffkatastrophe

1.2.3 Die Sauerstoffkatastrophe

Am Anfang der biologischen Evolution herrschten vollständig **anaerobe Bedingungen** auf der Erde. Bedingungen dieser Art sind auch im menschlichen Darm zu finden.

Vermutlich fanden die ersten einzelligen Lebewesen auf der Erde vollständig **anaerobe Bedingungen** vor. Beim Abbau organischer Substanzen setzten sie u. a. Gase wie Methan, Wasserstoff, Schwefelwasserstoff und Kohlendioxid frei. Im menschlichen Darm herrschen ebenfalls weitestgehend anaerobe Bedingungen und auch hier entstehen typische Gase eines anaeroben Stoffwechsels.

> **FALL**
>
> **Johanna hat Blähungen: Laktoseintoleranz**
>
> Bakterien im Dickdarm verstoffwechseln die nicht durch die Laktase hydrolysierte Laktose, um daraus Energie zu gewinnen. Durch die dabei freigesetzten Gase, u. a. Wasserstoff (H_2), kommt es zu den **Blähungen,** die Johanna quälen.
> Um Ihren Verdacht auf eine Laktoseintoleranz zu bestätigen, führen Sie mit Johanna einen H_2-Atemtest durch: Johanna trinkt eine Laktoselösung. Anschließend messen Sie in Johannas Ausatemluft eine deutlich höhere H_2-Konzentration als vor der Laktoseeinnahme. Daraus können Sie schließen, dass die Laktose im Dünndarm nicht durch das menschliche Verdauungsenzym Laktase in die absorbierbaren Monosaccharide Glukose und Galaktose gespalten wurde, sondern unverdaut in den Dickdarm gelangt, wo sie von anaeroben Bakterien u. a. zu H_2 verstoffwechselt wird.
> Sie empfehlen Johanna, in Zukunft nur noch kleine Mengen Laktose zu sich zu nehmen. Für den Caffè Latte soll sie laktosefreie Milch verwenden, bei der der Milchzucker durch zugegebene Laktase bereits gespalten vorliegt. Falls sie schon bei geringen Mengen Milchzucker Probleme habe, könne sie zusammen mit den Milchprodukten auch Laktase in Tablettenform zu sich nehmen, die dann die fehlende eigene Laktase kurzfristig ersetzt.

Cyanobakterien nutzten vermutlich die Sonnenlichtenergie, um energiereiche Moleküle wie Glukose aus CO_2 und Wasser zu synthetisieren **(Fotosynthese).**
Der bei dieser **Redoxreaktion** frei werdende Sauerstoff reagierte zunächst mit anorganischen Substanzen wie Eisen. Als diese verbraucht waren, reicherte sich der Sauerstoff in der Atmosphäre an und tötete viele Anaerobier: die **Sauerstoffkatastrophe.**

Vermutlich erwarben Cyanobakterien vor rund 2,5 Milliarden Jahren die Fähigkeit zur **Fotosynthese.** Sie konnten so die Energie aus dem Sonnenlicht nutzen, um energiereiche Moleküle wie Glukose aufzubauen und somit zu wachsen. Als Kohlenstoffquelle nutzten sie dafür das in der Atmosphäre vorhandene CO_2 (> Formel 1.6):

$$6\ CO_2 + 6\ H_2O \rightleftharpoons C_6H_{12}O_6 + 6\ O_2 \qquad | \text{ Formel 1.6}$$

Bei dieser Reaktion handelt es sich um eine **Redoxreaktion,** bei der das O-Atom des CO_2 oxidiert, das C-Atom dagegen reduziert wird. Das aus dieser Reaktion resultierende O_2 ist ein starkes Oxidationsmittel. Zunächst reagierte es mit anorganischen Substanzen wie Eisen auf der Erdoberfläche. Als diese jedoch etwa 200 Millionen Jahre später verbraucht waren, reicherte sich der Sauerstoff in der Atmosphäre an. Die Anaerobier, die zu dieser Zeit die Erde bevölkerten, wurden durch den reaktiven Sauerstoff größtenteils abgetötet (= **Sauerstoffkatastrophe**).

> **Oxidation und Reduktion**
>
> Eine **Oxidation** beschreibt eine chemische Reaktion, bei der Elektronen (e^-) abgegeben werden. Bei einer **Reduktion** werden hingegen Elektronen aufgenommen. Im physiologischen Kontext sind Oxidation und Reduktion immer gekoppelt (**= Redoxreaktion**). Die Elektronen wandern von einem Atom zu einem anderen. Ein Beispiel für eine Redoxreaktion ist die Bildung von Wasser in der Knallgasreaktion (> Formel 1.7):
>
> $$2\ H_2 + O_2 \rightleftharpoons 2\ H_2O \qquad | \text{ Formel 1.7}$$
>
> Diese Reaktion kann in zwei Teilreaktionen aufgeteilt werden:
> - Oxidation: $2\ H_2 \rightleftharpoons 4\ H^+ + 4\ e^-$
> - Reduktion: $O_2 + 4\ e^- \rightleftharpoons 2\ O^{2-}$
>
> Elektronen werden also vom Wasserstoff an den Sauerstoff abgegeben. Der Sauerstoff wird reduziert, der Wasserstoff oxidiert.

Nicht alle Prokaryoten wurden Opfer der Sauerstoffkatastrophe. Manche passten sich der neuen Umgebung an, z. B. die α-Proteobakterien. Sie können Sauerstoff für den oxidativen Abbau von Nahrungsmolekülen zur Energiegewinnung nutzen **(aerobe Bakterien).**

Einige Prokaryoten schafften es jedoch, sich an die neuen Lebensbedingungen anzupassen und ihren Stoffwechsel so zu verändern, dass sie auch in Gegenwart von Sauerstoff überlebten. Manche unter ihnen, wie die α-Proteobakterien, konnten den Sauerstoff sogar verwenden, um Nahrungsmoleküle wie Kohlenhydrate und Lipide zu oxidieren und so die darin enthaltene Energie effizienter zu nutzen. Diese **aeroben Bakterien** hatten in Gegenwart des Sauerstoffs einen Selektionsvorteil.

KLINIK

Karies

Nur etwa 1% der deutschen Erwachsenen hat keine durch Karies entstandenen „Löcher" in den Zähnen. Verantwortlich für Karies sind Bakterien wie *Streptococcus mutans*, die zur natürlichen bakteriellen Besiedelung der Mundhöhle gehören. Angeregt durch zuckerreiche Nahrung bildet dieser Keim klebrige Polysaccharide (Dextrane), die einen Biofilm auf den Zähnen bilden (= Zahnbelag, Plaque). Dadurch bleiben die Bakterien leichter an den Zähnen haften und können nur schwer durch den Speichel abgespült werden. *S. mutans* ist ein **fakultativer Anaerobier** und kann Nahrungsmoleküle sowohl in Gegenwart als auch in Abwesenheit von Sauerstoff abbauen. Im sauerstoffarmen Milieu des Zahnbelags baut er Zucker zur Energiegewinnung zu Milchsäure ab. Der dadurch hervorgerufene Abfall des pH-Werts wird von *S. mutans* gut toleriert, führt aber gleichzeitig zur **Demineralisierung der Zahnsubstanz,** die dadurch instabil wird. Wenn nur selten Zucker aufgenommen wird, kann der Speichel die Zahnsubstanz remineralisieren, was zusätzlich durch Fluorid unterstützt wird. Das Entfernen der stark haftenden Zahnbeläge durch Zähneputzen und Reinigen der Zahnzwischenräume ist die wichtigste **Kariesprophylaxe.**

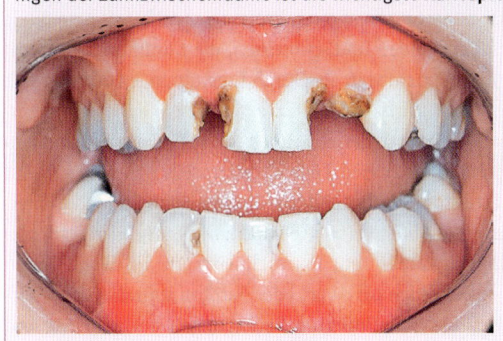

Karies [R190-003]

1.3 Evolution der Eukaryoten

1.3.1 Die Endosymbiontentheorie

Die ersten eukaryoten Einzeller entstanden etwa vor 1,5 Milliarden Jahren. Sie konnten erstmals die Eigenschaften der anaeroben Bakterien, der α-Proteobakterien und z. T. auch die der Cyanobakterien vereinigen. Erklären lässt sich dieses Phänomen durch die **Endosymbiontentheorie** (gr. endo = innen, symbiosis = Zusammenleben).

Ein ursprünglicher Prokaryot, möglicherweise ein Archaeon, hat vermutlich zunächst ein α-Proteobakterium in sein Zytoplasma aufgenommen (= **Phagozytose**; ➤ Abb. 1.18). Dabei stülpte sich die Zellmembran nach innen ein und umschloss das α-Proteobakterium. Schließlich schnürte sich ein Vesikel von der Zellmembran nach innen ab. Dieses Vesikel beinhaltete das α-Proteobakterium. Das aufgenommene α-Proteobakterium wurde dabei nicht verdaut und als Nahrung verwertet, sondern lebte in der Archaeenzelle weiter. Dadurch konnte sich der anaerobe Prokaryot den aeroben Stoffwechsel des α-Proteobakteriums zunutze machen. Gleichzeitig profitierten die Einwanderer vom großen Angebot an energiereichen

Aus Studentensicht

1.3 Evolution der Eukaryoten

1.3.1 Die Endosymbiontentheorie

Die Entstehung der ersten eukaryoten Einzeller vor ca. 1,5 Milliarden Jahren lässt sich mithilfe der **Endosymbiontentheorie** erklären: Ein α-Proteobakterium wurde über **Phagozytose** in das Zytoplasma eines Archaeons aufgenommen und von dessen Zellmembran umschlossen. Dort baute es unter Energiefreisetzung Nährstoffe des Archaeon-Zytoplasmas mit seinem aeroben Stoffwechsel ab. Beide Prokaryoten profitierten von dem Zusammenleben **(Endosymbiose).**

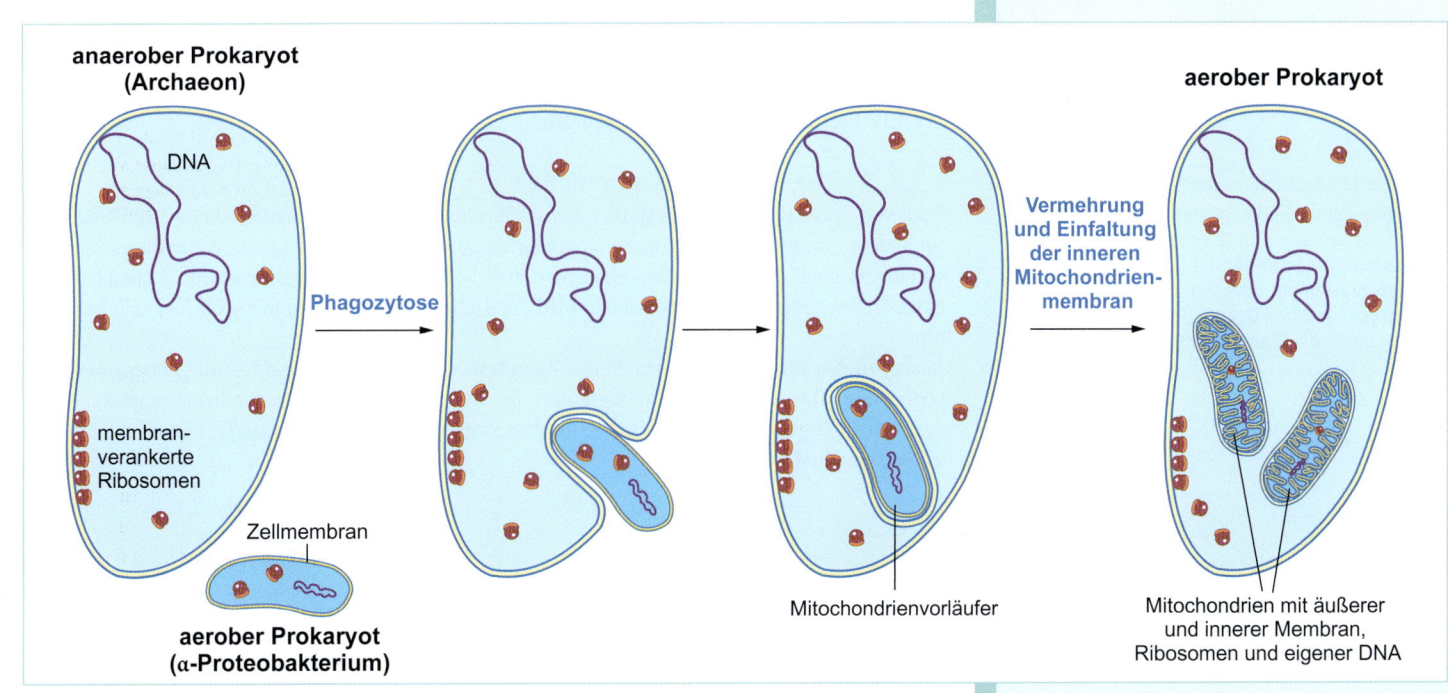

Abb. 1.18 Endosymbiontentheorie [L253]

Aus Studentensicht

Das aufgenommene α-Proteobakterium findet sich heute vermutlich als **Mitochondrium** eukaryoter Zellen wieder.

Die endosymbiontische Aufnahme von fotosynthetisch aktiven Cyanobakterien führte wahrscheinlich zur Entwicklung der **Chloroplasten** in Pflanzen.

1.3.2 Kompartimente: Arbeitsteilung und Prozessoptimierung

Zur Optimierung der in der Zelle ablaufenden Prozesse konzentrierten sich Makromoleküle an bestimmten Stellen der Plasmamembran. Plasmamembraneinstülpungen führten zur Entwicklung von abgegrenzten Räumen **(Kompartimenten)**. Diese dem Extrazellulärraum **topologisch äquivalenten** Räume werden als **Organellen** bezeichnet und weisen spezielle Bedingungen (u. a. Salzkonzentration, pH-Wert) auf.
Der **Zellkern**, der das Charakteristikum der **Eukaryoten** ist, ist ein solches Organell, das die zelluläre DNA umschließt.

Molekülen im Zytoplasma des Ursprungsprokaryoten (= **Endosymbiose**). Im Laufe der Evolution hat sich das α-Proteobakterium vermutlich zum **Mitochondrium** weiterentwickelt, das noch heute zwei Hüllmembranen aufweist, mit einer bakterienähnlichen DNA selbständig Proteine für den aeroben Stoffwechsel herstellt und sich unabhängig von der übrigen Zelle teilt.
Bei der Entstehung der Pflanzen kam es wahrscheinlich zusätzlich zur endosymbiontischen Aufnahme eines fotosynthetischen Cyanobakteriums, das sich zu den **Chloroplasten** der Pflanzen weiterentwickelte, die somit sowohl zur Fotosynthese als auch zum aeroben Stoffwechsel befähigt sind.

1.3.2 Kompartimente: Arbeitsteilung und Prozessoptimierung

Die anfangs zufällig im Zytoplasma verteilten Makromoleküle reicherten sich wahrscheinlich mit zunehmender Zellgröße an bestimmten Stellen an. Möglicherweise konzentrierten sich beispielsweise die für die Synthese von Membranproteinen benötigten Makromoleküle wie die DNA und die RNA an einigen Bereichen der Plasmamembran (> Abb. 1.19), was zu einer effizienteren Proteinbiosynthese führte. Viele verschiedene Prozesse wie die Synthese von Membranlipiden und -proteinen, die Kommunikation mit der Umwelt und der Stofftransport liefen an der Plasmamembran ab. Durch Einstülpungen erhöhte sich die Fläche der Membran deutlich. Dabei gelangten vermutlich extrazelluläre Bereiche in Form von Membranschläuchen in das Innere der Zelle. Anfangs standen diese Bereiche noch mit dem Extrazellulärraum in Kontakt, später schnürten sie sich vollständig ab und schlossen Teile des Extrazellulärraums ein. Auf diese Weise entstanden membranumschlossene Strukturen **(Organellen)**, die innerhalb der Zelle voneinander abgegrenzte Reaktionsräume **(Kompartimente)** bildeten (> Abb. 1.19). Das Lumen (Innere) dieser neuen Kompartimente ist somit **topologisch äquivalent** zum Extrazellulärraum. In diesen neuen Organellen konnten spezielle Bedingungen, z. B. hinsichtlich pH-Wert oder Salzkonzentration, geschaffen werden, um bestimmte Stoffwechselreaktionen unter optimierten Bedingungen hocheffizient und koordiniert ablaufen zu lassen. In einem solchen Organell, dem **Zellkern**, sammelte sich die zelluläre DNA. Die dadurch entstandenen Lebewesen charakterisieren einen neuen Zelltyp: die **Eukaryoten**.

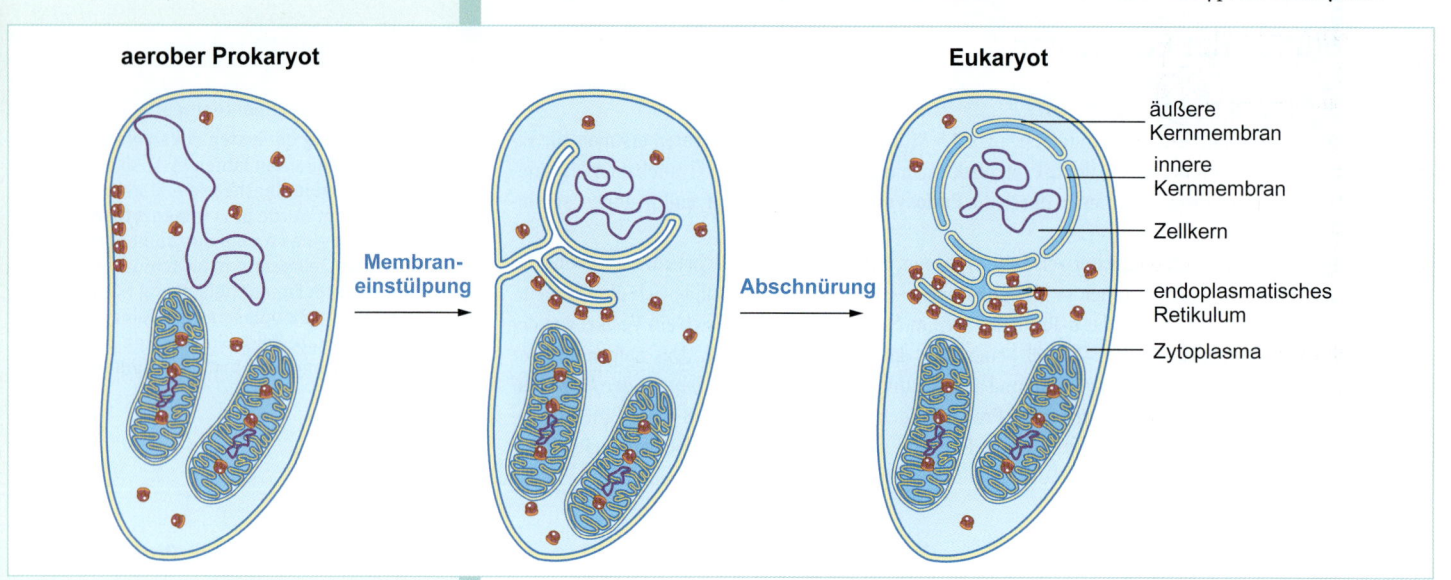

Abb. 1.19 Hypothese zur Evolution der Kompartimente [L253]

1.3.3 Aufbau der eukaryoten Zelle

Eukaryote Zellen sind sehr vielgestaltig, haben einen Durchmesser von 10–30 μm und weisen eine Kompartimentstruktur auf.
Das **Zytoplasma** mit dem sich darin befindenden **Zytosol** und den **Organellen** ist von der Umgebung durch die **Plasmamembran** abgegrenzt.

1.3.3 Aufbau der eukaryoten Zelle

Eukaryote Zellen (gr. eu = echt, karyon = Kern) haben meist einen Durchmesser von 10–30 μm und somit ein hundert- bis tausendfach größeres Volumen als typische Bakterien. Wie die Prokaryoten können sie sehr unterschiedlich aufgebaut sein, eine grundsätzliche Kompartimentstruktur ist jedoch fast allen eukaryoten Zellen gemeinsam. Im Folgenden wird der Aufbau einer typischen menschlichen Zelle beschrieben.
Analog zu den prokaryoten Zellen ist das **Zytoplasma** eukaryoter Zellen durch die **Plasmamembran** (Zellmembran) von der Umgebung abgegrenzt. Das Zytoplasma ist ein eigenständiges Kompartiment, in dem sich die Organellen befinden. Das **Zytosol** ist eine hoch konzentrierte wässrige Lösung von Molekülen und umgibt die **Organellen**.

1.3 EVOLUTION DER EUKARYOTEN

Zellkern

Der **Zellkern (Nukleus)** ist von einer Hülle aus zwei Membranen (**Doppelmembran**) umgeben, die das Lumen (Kernplasma) vom Zytoplasma abtrennt (➤ Abb. 1.20). Zwischen den beiden Membranen befindet sich der **perinukleäre Raum.** Die innere Kernmembran ist an ihrer Innenseite mit der **Kernlamina** verbunden, die der Kernhülle Stabilität verleiht. **Kernporen,** die beide Membranen durchspannen, ermöglichen einen Austausch von Molekülen mit dem Zytoplasma. Im Zellkern befindet sich die zelluläre DNA, die oft etwa tausendmal länger ist als bei Prokaryoten und sich auf mehrere lineare Chromosomen verteilt. Die DNA wird im Zellkern repliziert und transkribiert. Im Kernplasma befinden sich **Nukleoli** (Kernkörperchen), die an der Synthese der Ribosomen beteiligt sind. Sie sind nicht von einer Membran umgeben und daher auch kein eigenständiges Kompartiment. Auch das ca. 1 μm große **Zentrosom,** das sich im Zytoplasma meist mittig in der Nähe des Zellkerns befindet und in tierischen Zellen die Mitosespindel organisiert, ist nicht von einer Membran begrenzt.

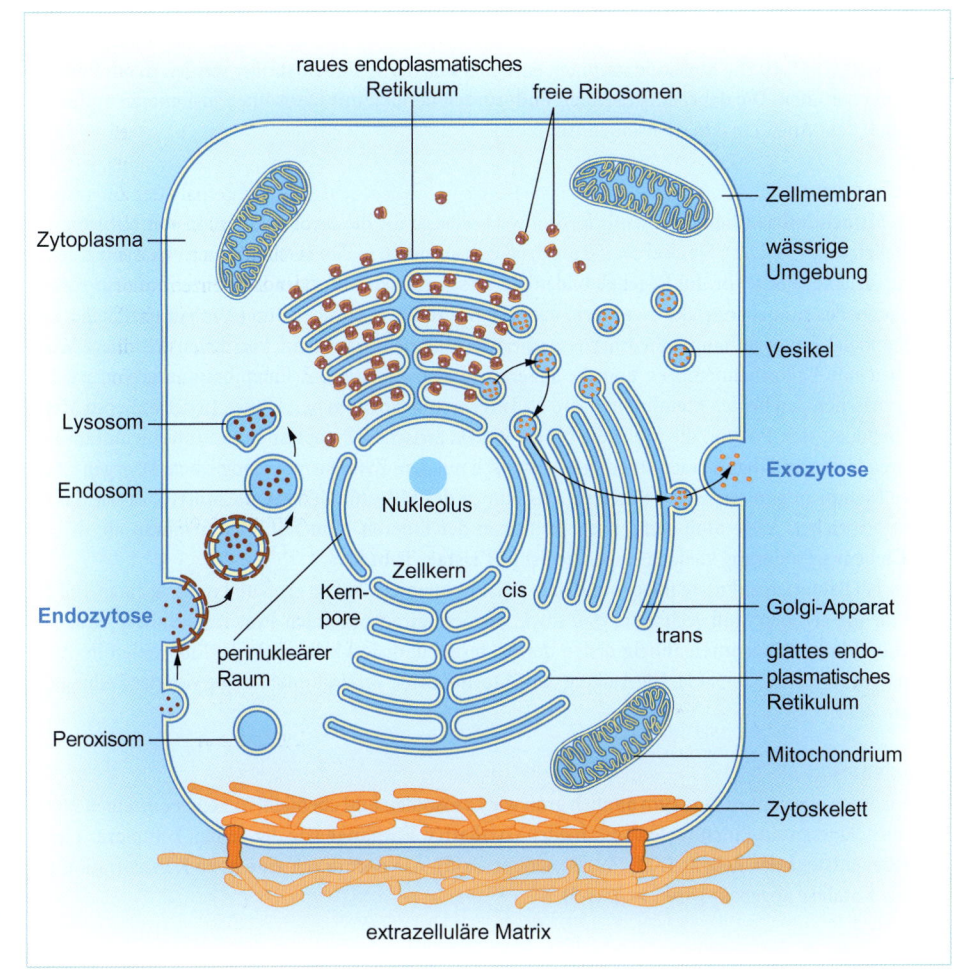

Abb. 1.20 Aufbau einer eukaryoten Zelle [L138]

Endoplasmatisches Retikulum

Die äußere Kernmembran geht in das **endoplasmatische Retikulum** (ER; lat. reticulum = kleines Netz) über, ein ausgedehntes röhrenartiges Membransystem, welches das gesamte Zytoplasma durchzieht. Die Konzentration von Ca^{2+}-Ionen im Lumen des ER ist mehr als tausendfach höher als im Zytosol. Die Funktion als Ca^{2+}-Speicher dient im Muskel, in dem das ER als sarkoplasmatisches Retikulum (= SR) bezeichnet wird, der Kontrolle der Kontraktion (➤ 27.3.2). In weiten Bereichen lagern sich Ribosomen an die zytoplasmatische Seite des ER (**raues ER**, rER) an. Hier werden Proteine synthetisiert und direkt ins rER transportiert. An den ribosomenfreien Bereichen (**glattes ER**, sER) läuft die zelluläre Lipidsynthese ab. Die Organellen sind nicht statisch, sondern in stetigem Umbau begriffen. Gerade vom ER schnüren sich ständig kleine Vesikel ab (sie „knospen") und transportieren Proteine und Lipide zum Golgi-Apparat, indem sie mit dessen Membran verschmelzen. Dieser zielgerichtete **vesikuläre Transport** läuft zwischen vielen unterschiedlichen Organellen ab (➤ 6.3.5).

Aus Studentensicht

Zellkern

Der **Zellkern (Nukleus)** beinhaltet in seinem Kernplasma die zelluläre, auf lineare Chromosomen verteilte DNA. Er ist von der Umgebung durch eine von der **Kernlamina** stabilisierte **Doppelmembran** abgegrenzt. Zwischen den beiden Membranen befindet sich der **perinukleäre Raum. Kernporen** in den Membranen ermöglichen den Stoffaustausch zwischen Zellkern und Zytoplasma. **Nukleoli** im Zellkern sind Orte der Ribosomensynthese.
Das **Zentrosom** ist ein Organell und organisiert die Mitosespindel.

ABB. 1.20

Endoplasmatisches Retikulum

Die äußere Kernmembran geht in das **endoplasmatische Retikulum (ER)**, ein röhrenartiges ausgedehntes Organell, über. Es dient im Muskel als Ca^{2+}-Ionen-Speicher, der die Kontraktionen kontrolliert und dort sarkoplasmatisches Retikulum genannt wird. Das ER ist zudem am **vesikulären Transport** v. a. in Richtung Golgi-Apparat beteiligt.
Am **rauen ER** (rER) sind von außen Ribosomen zur Proteinbiosynthese angelagert. Das **glatte ER** (sER) ist der Ort der zellulären Lipidsynthese.

Aus Studentensicht

Golgi-Apparat
Der **Golgi-Apparat**, ein aus übereinanderliegenden **Zisternen** stapelartig aufgebautes Organell, empfängt die aus dem ER in Vesikeln ankommenden Proteine am **cis-Golgi** („Empfangsseite"). Dort werden sie sortiert und **posttranslational modifiziert**. Am **trans-Golgi** („Sendeseite") werden die Proteine sortiert und in Vesikel verpackt, die dann mit der Plasmamembran oder mit Organellen verschmelzen und ihren Inhalt nach außen (**Exozytose**) bzw. in das Organell entleeren.

Endo-lysosomales Kompartiment
Im endo-lysosomalen Kompartiment dienen **Lysosomen** als Verdauungskompartiment (saurer pH-Wert und Verdauungsenzyme) zum Abbau von **zellulären** oder durch **Endozytose** in **Endosomen** aufgenommenen extrazellulären Molekülen.

Mitochondrien
In den von einer Doppelmembran umgebenen **Mitochondrien** finden viele Stoffwechselwege, u. a. die aerobe Oxidation von Nahrungsbestandteilen, statt.
Die **äußere Membran** weist **Porine** auf, die einen Stoffaustausch zwischen Zytoplasma und **Intermembranraum** ermöglichen. Die **innere Membran** ist eine wirksame Barriere und grenzt das Innere (**Matrix**) ab. Starke Einfaltungen (**Cristae, Tubuli**) dienen der Oberflächenvergrößerung. Die in der Matrix lokalisierte zirkuläre **mitochondriale DNA** umfasst einen Teil der für die Funktion der Mitochondrien notwendigen Gene. Mitochondriale **Ribosomen** sind kleiner als die Ribosomen im Zytoplasma oder am rER. Die Teilung der Mitochondrien verläuft unabhängig von der Zellteilung.

Peroxisomen
Peroxisomen sind membranbegrenzte Organellen und dienen **oxidativen Vorgängen**. Das dabei entstehende Zellgift Wasserstoffperoxid wird durch das Enzym **Katalase** entgiftet.

Zytoskelett
Neben den membranumschlossenen Organellen sind im Zytoplasma **Ribosomen** und das aus Proteinfilamenten bestehende **Zytoskelett** lokalisiert, das der Stabilisierung, dem intrazellulären Transport und der Bewegung der Zelle dient. Extrazelluläre Filamente und Proteoglykane bilden die **extrazelluläre Matrix**, die Geweben und Organen u. a. eine stabile Form verleiht.

1 BIOCHEMIE: BASIS ALLER LEBEWESEN

Golgi-Apparat
Der **Golgi-Apparat** (Golgi) besteht aus einem Stapel von übereinanderliegenden **Zisternen**, in denen die aus dem ER ankommenden Proteine chemisch verändert, d. h. **posttranslational modifiziert**, und sortiert werden. Die ER-Vesikel fusionieren dabei mit den Zisternen am einen Ende des Stapels, dem **cis-Golgi**. Nach ersten Modifikationen werden die Proteine durch vesikulären Transport zu den Zisternen des **medialen Golgi** und schließlich des **trans-Golgi** gebracht. Im trans-Golgi-Netzwerk (TGN) werden die Proteine entsprechend ihren Bestimmungsorten in unterschiedliche Vesikel sortiert, die dann mit der Plasmamembran fusionieren, um Proteine wie z. B. Hormone nach außen abzugeben (= **Exozytose**) oder aber Proteine zu anderen Organellen wie dem Lysosom zu transportieren. Eine Einheit aus Zisternenstapel und umgebenden Vesikeln wird auch als **Diktyosom** bezeichnet.

Endo-lysosomales Kompartiment
Die **Lysosomen** sind die Verdauungskompartimente der Zellen. In ihrem Lumen werden Proteine, Nukleinsäuren, Lipide und Kohlenhydrate bei einem sauren pH-Wert von ca. 5 durch Verdauungsenzyme hydrolysiert (▶ 7.4). Die Moleküle stammen entweder **aus der Zelle selbst** oder werden durch **Endozytose** aufgenommen. Die dabei entstehenden **Endosomen** können mit Lysosomen fusionieren und so ihren Inhalt dem Abbau in den Lysosomen zuführen.

Mitochondrien
In den **Mitochondrien** finden wesentliche Stoffwechselwege für die aerobe Oxidation von Nahrungsbestandteilen statt (▶ 17.2). Sie sind ca. 1–2 μm groß und kommen in den verschiedenen eukaryoten Zellen in sehr variabler Form vor. Im Regelfall bilden die verschiedenen Mitochondrien einer Zelle ein zusammenhängendes mitochondriales Netzwerk, das einem ständigen Auf-, Ab- und Umbau unterliegt. Entsprechend der Endosymbiontentheorie weisen sie zwei Hüllmembranen auf, von denen die innere Membran wie eine Bakterienmembran und die äußere wie eine eukaryote Zellmembran aufgebaut ist. Der Raum zwischen den beiden Membranen wird als **Intermembranraum** bezeichnet. In der **äußeren Membran** befinden sich **Porine**, die Moleküle bis ca. 10 kDa zwischen Zytoplasma und Intermembranraum passieren lassen und damit einen ständigen Austausch mit dem Zytoplasma ermöglichen. Dagegen ist die **innere Membran** eine wirksame **Barriere**. Das Lumen des Mitochondriums, die **Matrix**, ist wie das ER ein Ca^{2+}-Speicher. Viele Stoffwechselwege laufen an der inneren Mitochondrienmembran ab, die zur Oberflächenvergrößerung vielfach eingefaltet ist (= **Cristae, Tubuli**).
Die wie bei Bakterien zirkuläre **mitochondriale DNA** ist knapp 17 000 bp groß und umfasst einen Teil der Gene für die aeroben Stoffwechselenzyme sowie für den mitochondrialen Proteinsyntheseapparat. Die mitochondrialen **Ribosomen** ähneln denen der Bakterien und sind kleiner als die Ribosomen im Zytoplasma oder am rER (▶ 5.4.1). Die Teilung der Mitochondrien verläuft unabhängig von der Teilung der übrigen Zelle.

Peroxisomen
Peroxisomen sind mit ca. 0,1–1 μm ähnlich groß wie Lysosomen und ebenfalls von einer einzelnen Membran umschlossen. In ihnen laufen verschiedene **oxidative Vorgänge** wie der Abbau komplexer Lipide ab. Dabei entsteht das Zellgift H_2O_2 (Wasserstoffperoxid), das dort durch eine hohe Konzentration des Enzyms **Katalase** abgebaut wird (▶ 25.9.3).

Zytoskelett
Innerhalb des Zytoplasmas bilden unterschiedliche Typen von Proteinfilamenten wie die Mikrotubuli das **Zytoskelett**. Da es nicht von einer Lipidmembran umschlossen ist, gehört es wie die Ribosomen nicht zu den Organellen. Die Filamente stabilisieren die Form der Zelle, dienen dem intrazellulären Transport und ermöglichen die Bewegung der ganzen Zelle. Auch außerhalb der Zelle gibt es Filamente wie das Kollagen, die zusammen mit gelbildenden, kohlenhydrathaltigen Proteoglykanen die **extrazelluläre Matrix** bilden. Weitere Proteine verbinden die Filamente und Proteoglykane untereinander und mit der Zelloberfläche, sodass Gewebe und Organe eine stabile Form erhalten können (▶ 26.3).

Unterschiede zwischen Pro- und Eukaryoten

- Eukaryoten enthalten einen Zellkern und Organellen.
- Eukaryote Zellen sind meist größer als prokaryote Zellen.
- Eukaryote tierische Zellen haben nur eine Plasmamembran, Bakterienzellen zusätzlich eine Zellwand.
- Eukaryote Ribosomen sind größer als bakterielle Ribosomen.
- Die größere DNA von Eukaryoten ist auf mehrere lineare Chromosomen verteilt, die kürzere DNA von Prokaryoten ist meist ringförmig.

KLINIK

Malaria

Weit über 100 Millionen Menschen erkranken jährlich v. a. in den Tropen an Malaria, viele Hunderttausend sterben daran. Die Krankheit wird nicht durch Bakterien, sondern durch einzellige Eukaryoten (Protisten), die **Plasmodien,** ausgelöst, die durch den Stich der Anopheles-Mücke übertragen werden. Die Plasmodien befallen Leberzellen und Erythrozyten, in denen sie sich parasitisch vermehren. Durch das synchrone Platzen der Erythrozyten werden die Plasmodien ins Blut freigesetzt und es kann zu einem Fieberschub kommen, der sich bei vielen Malariaformen nach einigen Tagen wiederholt. Da bisher kein Impfstoff zur Verfügung steht, sollten v. a. Insektenstiche vermieden werden. Zur Therapie (und auch zur medikamentösen Prophylaxe) stehen einige Medikamente zur Verfügung, wobei die Resistenzentwicklung auch bei den Plasmodien ein Problem darstellt.

Einige Mutationen in Genen, die für Erythrozytenproteine codieren, schützen heterozygote Träger vor einem schweren Verlauf der Malaria, da sich die Erreger nicht so gut vermehren können (➤ 2.2.4, ➤ 19.5.2). Obwohl homozygote Träger dieser Mutationen wegen einer gestörten Erythrozytenfunktion eine deutlich verringerte Lebenserwartung aufweisen, tragen 8 % der Weltbevölkerung, die fast nur in Malariagebieten leben, eine solche Mutation. Mutationen in Genen für Erythrozytenproteine sind somit die häufigsten Erbkrankheiten, da der negative Selektionsdruck durch die Vorteile während einer Malariainfektion aufgewogen wird.

1.4 Entwicklung der Arten

1.4.1 Entstehung mehrzelliger Lebewesen

Erst vor weniger als 1 Milliarde Jahren lagerten sich eukaryote Einzeller zu **mehrzelligen Lebewesen** zusammen. In den daraus entstandenen Tieren, Pilzen und Pflanzen haben sich einzelne Zellen spezialisiert und so die Überlebens- und Reproduktionsfähigkeit des ganzen Organismus verbessert. Die Ähnlichkeit aller Lebewesen im zellulären Aufbau und im Stoffwechsel belegt die Abstammung von einem gemeinsamen Vorfahren (➤ Abb. 1.21).

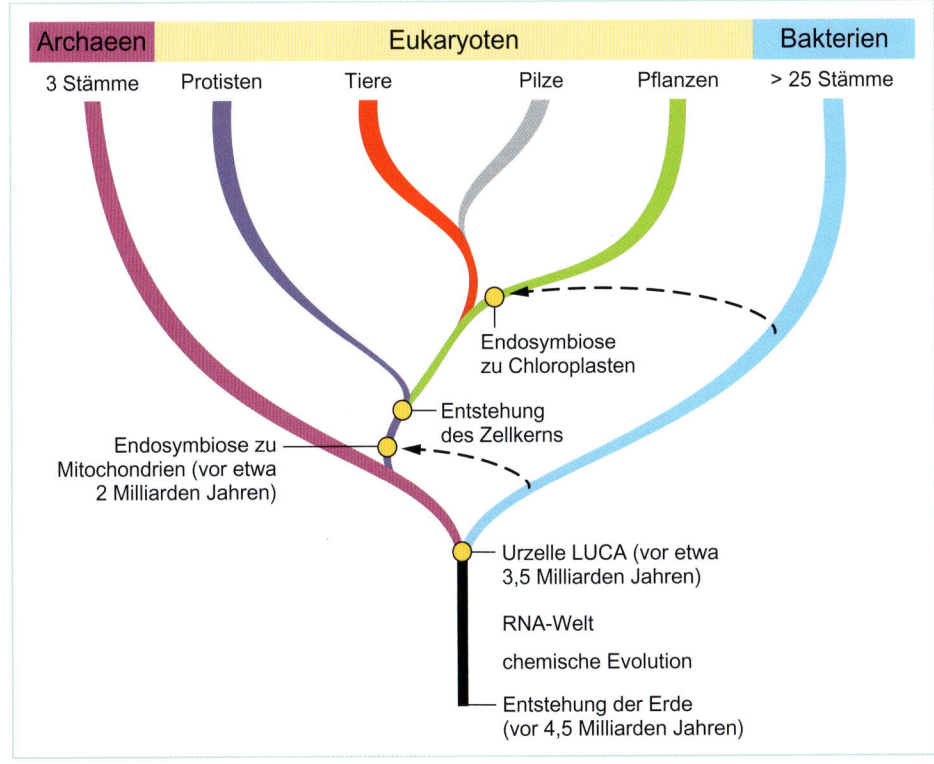

Abb. 1.21 Hypothetischer Stammbaum der Lebewesen [L253]

Der **Phänotyp** eines Lebewesens umfasst seine morphologischen, physiologischen und Verhaltensmerkmale wie Körpergröße und Intelligenz. Er hängt ab vom **Genotyp,** also der gesamten genetischen Information, und wird durch Umwelteinflüsse beeinflusst. Im Rahmen der Fortpflanzung wird die DNA und somit der Genotyp repliziert. Die Verdopplung ist jedoch nicht perfekt, sodass immer wieder einzelne Fehler entstehen. Zudem kann die DNA durch Umwelteinflüsse wie UV-Strahlung oder Chemikalien verändert werden. Es entstehen **Mutationen** (lat. mutare = ändern), die an die Tochterzellen weitergegeben werden können. Auch bei der Entwicklung einzelner menschlicher Individuen breiten sich Mutationen über einen kleineren oder größeren Bereich des Körpers aus. Falls auch die **Keimzellen,** also die Eizellen oder Spermien, von einer Mutation betroffen sind, werden alle Körperzellen eines aus diesen mutierten Keimzellen entstehenden Kindes die Mutation tragen.

Aus Studentensicht

1.4 Entwicklung der Arten

1.4.1 Entstehung mehrzelliger Lebewesen

Eukaryote Zellen vereinigten sich zu **mehrzelligen Lebewesen** (Tieren, Pflanzen, Pilzen). Die Spezialisierung einzelner Zellen führte zur verbesserten Überlebens- und Reproduktionsfähigkeit des gesamten Organismus.

- **Genotyp:** Gesamtheit der Gene
- **Phänotyp:** physische Manifestation der genetischen Information (u. a. Augenfarbe, Körpergröße), abhängig vom Genotyp und von Umwelteinflüssen
- **Mutation:** Veränderung der DNA (z. B. durch Strahlung, Chemikalien, Replikationsfehler), die an Tochterzellen weitergegeben werden kann
- **Keimbahn-Mutation:** Mutation der Eizell- oder Spermien-DNA **(Keimzellen),** die an alle Körperzellen eines aus ihnen entstehenden Kinds weitergegeben wird

Aus Studentensicht

Mutationen führen zu einem veränderten Genotyp, der zu einem veränderten Phänotyp und somit zur **genetischen Variabilität** führen kann. Diese wird durch **Gen-Rekombination** im Rahmen der sexuellen Fortpflanzung noch weiter erhöht.

Die Eigenschaften eines Individuums beeinflussen seinen Fortpflanzungserfolg, sodass bestimmte Eigenschaften und Gene bei Nachkommen häufiger vertreten sind **(natürliche Selektion)**. Ausgehend von den sichtbaren Eigenschaften konnten Stammbäume erstellt werden.

1.4.2 Die Evolution einzelner Gene und Proteine

Sich ähnelnde Gene oder Proteine werden als **homolog** bezeichnet und bilden **Gen- oder Proteinfamilien.**

Proteine, die dieselbe Funktion in unterschiedlichen Organismen ausüben, werden als **Orthologe** bezeichnet.
Anhand der Anzahl der im Laufe der Jahre angehäuften Mutationen kann auf den evolutionären Abstand zwischen zwei Organismen und den **Stammbaum** geschlossen werden.
Bei einer großen Anzahl von Mutationen kann die Homologie von Proteinen evtl. nur noch in der dreidimensionalen Proteinstruktur sichtbar sein.

Paraloge sind homologe Proteine, die in demselben Organismus auftreten, ähnliche Funktionen besitzen und aus einer Genverdopplung eines evolutionären Vorgängers hervorgehen.

1 BIOCHEMIE: BASIS ALLER LEBEWESEN

So verändert sich durch Mutationen der Genotyp der Lebewesen, was in der Folge zu einem anderen Phänotyp, also einem Lebewesen mit veränderten Eigenschaften führen kann. In einer Population von Lebewesen kommt es so zu einer **genetischen Variabilität.** Durch **Rekombination** der Gene im Rahmen der sexuellen Fortpflanzung wird diese Variabilität drastisch erhöht und die Evolution stark beschleunigt. Charles Darwin erkannte, dass sich die Eigenschaften eines Individuums auf seinen Fortpflanzungserfolg auswirken, sodass bestimmte Eigenschaften und Gene bei den Nachkommen häufiger vertreten sind. Er bezeichnete dies als natürliche **Selektion** oder „Survival of the Fittest". Die Evolution läuft somit nicht zielgerichtet (teleologisch) ab. Bei unterschiedlichen Umweltbedingungen konnten aus einer Ursprungsart unterschiedliche Nachkommen selektiert werden und sich die Art somit aufspalten. Andere Arten sind ausgestorben. Schon zu Darwins Zeiten erstellte Ernst Haeckel Stammbäume der Lebewesen, ausgehend von den sichtbaren Eigenschaften. Alle heute existierenden Arten sind das Resultat der Evolution seit der Entstehung der ersten Zelle auf der Erde. Die Evolution ist noch nicht an einem Endpunkt angekommen, wie wir z. B. an der Anpassung der Bakterien an Antibiotika beobachten können. Auch die genetische Ausstattung des Menschen verändert sich, allerdings so langsam, dass wir es meist nicht bemerken.

> **FALL**
>
> **Johanna hat Blähungen: Laktoseintoleranz**
>
> Während Säuglinge Laktose der Muttermilch mit der Laktase im Darm hydrolysieren können, verlieren Säugetiere diese Fähigkeit bald nach dem Abstillen, möglicherweise um zu verhindern, dass sie ihren jüngeren Geschwistern die Muttermilch wegtrinken. Dies trifft auch auf den größten Teil der Menschheit zu, der somit im Erwachsenenalter laktoseintolerant ist.
> Vor etwa 8 000 Jahren begannen die ersten Menschen Vieh zu halten. Dadurch stand ihnen mit der Milch eine neue, sehr nährstoffreiche Nahrungsquelle offen, die sie aber aufgrund ihrer Laktoseunverträglichkeit nicht gut nutzen konnten. Bei einer Familie im Bereich des heutigen Ungarns kam es zu einer Mutation im Bereich des Gens für die Laktase, die zur anhaltenden Laktaseproduktion im Erwachsenenalter führte. Die betroffenen Familienmitglieder konnten jetzt problemlos Milch trinken, ihre Kinder überlebten häufiger. Ihr Selektionsvorteil war so groß, dass sich die Mutation seitdem in Europa weitgehend durchgesetzt hat und heute in Deutschland 85 % der Bevölkerung laktosetolerant sind, während es umgekehrt bei der Weltbevölkerung 75 % sind, die Laktose nicht vertragen. Dies ist ein eindrucksvolles Beispiel für die andauernde Evolution des Menschen.

1.4.2 Die Evolution einzelner Gene und Proteine

Bei der Analyse der Sequenzen von Proteinen und Genen zeigte sich, dass sich einige von ihnen ähneln. Solche **homologen** Proteine oder Gene bilden **Familien,** sie sind im Laufe der Evolution aus demselben Vorläufer hervorgegangen.

Proteine, die dieselbe Funktion in unterschiedlichen Organismen ausüben und denselben evolutionären Ursprung haben, werden als **Orthologe** bezeichnet. Je länger der gemeinsame Vorfahr der Organismen zurückliegt, desto mehr Mutationen haben sich angehäuft, weshalb die Sequenzen weniger identische Aminosäuren aufweisen (> Abb. 1.22a). So kann man den evolutionären Abstand zwischen zwei Organismen bestimmen. Die daraus resultierenden **Stammbäume** haben in vielen Fällen die Stammbäume bestätigt, die zuvor aufgrund der sichtbaren Eigenschaften aufgestellt worden waren. Es gab aber auch neue Erkenntnisse wie die Aufspaltung der Prokaryoten in Bakterien und Archaeen (> Abb. 1.21). Bei wenig verwandten Arten haben sich manchmal so viele Mutationen angehäuft, dass die Homologie aus dem Vergleich von Aminosäuresequenzen nicht mehr ersichtlich ist. Es kann dann helfen, die besser konservierte dreidimensionale Struktur der Proteine zu vergleichen (> Abb. 1.22b).

Die zweite Gruppe von homologen Proteinen sind die **Paraloge,** die in demselben Organismus auftreten. Sie resultieren aus einer Genverdopplung in einem evolutionären Vorgänger. Während das eine Gen weiterhin für das Protein mit der ursprünglichen Funktion codierte, konnte das zweite Gen mutieren, ohne dass ein Funktionsverlust zu negativer Selektion geführt hätte. So entstanden oftmals Proteine mit ähnlicher Funktion. Im menschlichen Genom sind viele solcher Proteinfamilien codiert (> Abb. 1.22b).

> **Neandertalergene**
>
> Die Arbeitsgruppe von Svante Pääbo am Max-Planck-Institut für evolutionäre Anthropologie sequenzierte die DNA aus mehreren Zehntausend Jahre alten Knochen von Neandertalern. Ihr Genom unterscheidet sich nur an sehr wenigen Stellen von unserem. Die Analyse der Genome zeigte, dass die unterschiedlichen Menschengruppen miteinander Nachkommen gezeugt haben müssen. Im Genom eines jeden Europäers finden sich heute etwa 2 % Neandertalergene. Insgesamt hat so etwa ein Fünftel der Neandertalergene im Genom der Europäer überdauert.

1.4 ENTWICKLUNG DER ARTEN

Aus Studentensicht

```
     Kröte MNGTEGPNFYIPMSNKTGVVRSPFEYPQYYLAEPWQYSILCAYMFLLILL
 Goldfisch MNGTEGDMFYVPMSNATGIVRSPYDYPQYYLVAPWAYACLAAYMFFLIIT
      Hund MNGTEGPNFYVPFSNKTGVVRSPFEYPQYYLAEPWQFSMLAAYMFLLIVL
      Rind MNGTEGPNFYVPFSNKTGVVRSPFEAPQYYLAEPWQFSMLAAYMFLLIML
    Mensch MNGTEGPNFYVPFSNATGVVRSPFEYPQYYLAEPWQFSMLAAYMFLLIVL
           ****** **:*:** **:****:: ***** ** :: *.****:**:
```

```
              Mensch
      Hund      Rind

Goldfisch
                Kröte
```

a

```
         G1                    G2
  RASH ------MTEYKLVVVGAGGVGKSALTIQLIQNHFVDEYDPTIEDSY-RKQ
  RASK ------MTEYKLVVVGAGGVGKSALTIQLIQNHFVDEYDPTIEDSY-RKQ
  RHEB ---MPQSKSRKIAILGYRSVGKSSLTIQFVEGQFVDSYDPTIENTF-TKL
  RHOA ----MAAIRKKLVIVGDGACGKTCLLIVFSKDQFPEVYVPTVFENY-VAD
  RAC1 ----MQAI--KCVVVGDGAVGKTCLLISYTTNAFPGEYIPTVFDNY-SAN
 RAB10 MAKKTYDLLFKLLLIGDSGVGKTCVLFRFSDDAFNTTFISTIGIDFKIKT
   RAN AAQGEPQVQFLVLVLDGGTTTFVKRHLTGEEKKYVALGVEVHPLV
          *  ::*   .  **:.    . *    : .*:
```

```
                G3
  RASH VVIDGETCLLDILDTAGQEEYSAMRDQYMRTGEGFLCVFAINNTKSFEDI
  RASK VVIDGETCLLDILDTAGQEEYSAMRDQYMRTGEGFLCVFAINNTKSFEDI
  RHEB ITVNGQEYHLQLVDTAGQDEYSIFPQTYSIDINGYILVYSVTSIKSFEVI
  RHOA IEVDGKQVELALWDTAGQEDYDRLRPLSYPDTDVILMCFSIDSPDSLENI
  RAC1 VMVDGKPVNLGLWDTAGQEDYDRLRPLSYPQTDVFLICFSLVSPASFENV
 RAB10 VELQGKKIKLQIWDTAGQERFHTITTSYYRGAMGIMLVYDITNGKSFENI
   RAN FHTNRGPIKFNVWDTAGQEKFGGLRDGYYIQAQCAIIMFDVTSRVTYKNV
        . :    : :  *****:: :           :   : ::  . :::
```

b

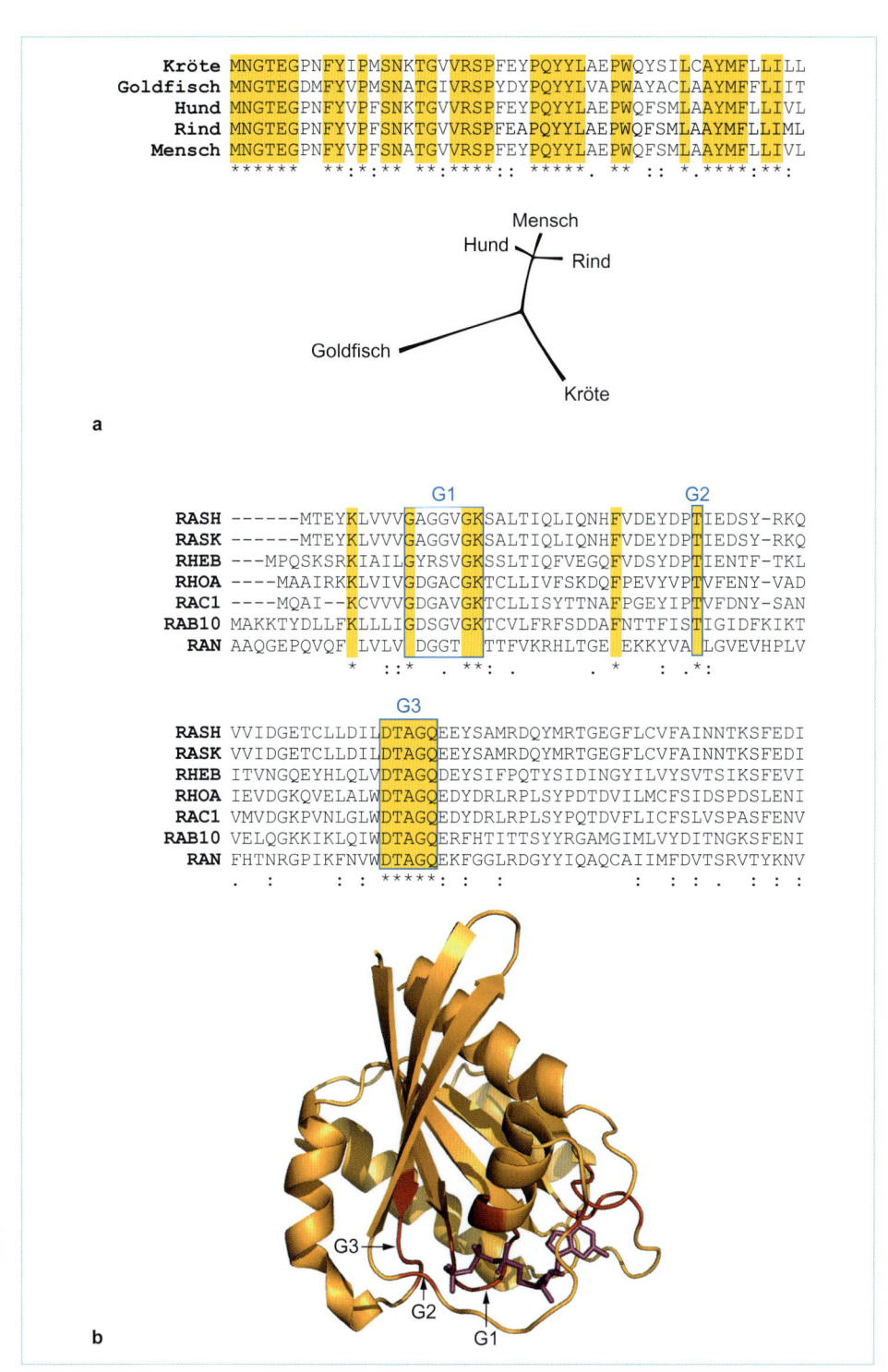

Abb. 1.22 Sequenzvergleich homologer Proteine. **a** Orthologie am Beispiel der ersten 50 Aminosäuren des Sehfarbstoffs Rhodopsin. Je ähnlicher die Aminosäuresequenzen sind, desto näher sind die Proteine im abgebildeten Stammbaum benachbart. [L253] **b** Paralogie am Beispiel von menschlichen Proteinen der Ras-Superfamilie (Aminosäure 1–100). Identische, im Einbuchstabencode angegebene Aminosäuren (> 2.1.3) sind gelb hinterlegt und in der unteren Zeile mit „*" markiert, stark homologe Aminosäuren sind mit „:" und homologe Aminosäuren mit „." gekennzeichnet. Aminosäuren in den Regionen G1–G3 sind am besten konserviert. Die Proteinstruktur zeigt RasH mit gebundenem GTP (violett). G1–G3 bilden zusammen mit weiteren konservierten Regionen die GTP-Bindungstasche, die für die Funktion aller dieser Proteine wichtig ist. [P414]

Aus Studentensicht

PRÜFUNGSSCHWERPUNKTE
IMPP

!! pH-Wert, metabolische Azidose und Ionenverschiebung, Henderson-Hasselbalch-Gleichung

Kompetenzorientierte Lernziele (NKLM)

Die Studierenden können
- den Aufbau der Materie aus Molekülen erklären.
- Prinzipien der Redoxchemie erklären.
- den Aufbau, die Eigenschaften und die Funktion von biologischen Membranen erklären.
- die Bedeutung der Kompartimentierung erklären.
- Organellen und Komponenten des Zytoskeletts identifizieren sowie deren Struktur und Funktion erklären.
- den Aufbau von Bakterien erläutern.
- Prinzipien der Vererbung und Evolution erklären.

ÜBUNGSFRAGEN FÜRS MÜNDLICHE MIT LÖSUNGSHILFEN

1. Erklären Sie, warum sich Glukose gut in Wasser löst, langkettige Fettsäuren aber nur schlecht!

Die Elektronegativitäten von Sauerstoff und Wasserstoff unterscheiden sich deutlich, sodass die Bindung zwischen ihnen polarisiert ist. Wassermoleküle können daher Wasserstoffbrückenbindungen zu den OH-Gruppen der Glukose ausbilden, was deren gute Löslichkeit erklärt. Die langen Kohlenwasserstoffketten der Fettsäuren bestehen dagegen nur aus Kohlenstoff und Wasserstoff, deren Elektronegativitäten ähnlich sind. Somit sind sie unpolar und können nur schlecht mit den polaren Wassermolekülen wechselwirken.

2. Erklären Sie die Bestandteile eines Nukleotids und die Bindungstypen zwischen ihnen!

Nukleotide bestehen aus einer stickstoffhaltigen aromatischen Base, die über eine N-glykosidische Bindung mit dem 1′C-Atom einer (Desoxy-)Ribose verknüpft ist. Am 5′C-Atom ist ein Phosphatrest verestert, der in einer linearen Kette mit 1–2 weiteren Phosphatgruppen Säureanhydridbindungen ausbilden kann.

3. Was ist nach der gängigen Evolutionstheorie der Hauptbestandteil des ursprünglichen Ribosoms?

In der RNA-Welt katalysierten wahrscheinlich mehrere RNAs die Synthese von Proteinen. Auch im daraus entstandenen Proteinbiosyntheseapparat der heutigen Zellen sind RNAs noch immer von entscheidender Bedeutung.

KAPITEL 2

Proteine: Arbeiter der Zelle

Wolfgang Hampe

2.1	Aminosäuren und Peptidbindung	27
2.1.1	Proteine enthalten Aminosäuren	27
2.1.2	Aminosäuren sind schwache Säuren	28
2.1.3	Die proteinogenen Aminosäuren	29
2.1.4	Peptidbindung	31
2.2	Proteinstruktur	33
2.2.1	Primärstruktur	33
2.2.2	Sekundärstruktur	34
2.2.3	Tertiärstruktur	36
2.2.4	Quartärstruktur	39
2.3	Proteinfaltung	40
2.3.1	Native Proteine	40
2.3.2	Faltungstrichter	40
2.3.3	Chaperone	41
2.4	Membranproteine	43
2.5	Bindung von Liganden an Proteine	44
2.5.1	Funktionen von Proteinen	44
2.5.2	Cofaktoren	45
2.5.3	Rezeptoren	45
2.5.4	Transportproteine	46

Aus Studentensicht

Proteine sind eine der wichtigsten Stoffgruppen der Biochemie; ein Leben ohne sie wäre unmöglich. Sie geben unserem Körper enorme Stabilität in Form von Knochen und Nägeln, ermöglichen unsere Fortbewegung durch Muskeln, katalysieren als Enzyme lebensnotwendige biochemische Reaktionen, wehren als Immunglobuline Pathogene ab und vermitteln in Form von Rezeptoren und Hormonen lebenswichtige Signale. Darüber hinaus werden sie als Medikamente in der modernen Medizin eingesetzt und aus der Forschung sind sie nicht mehr wegzudenken. Auch können sie tödlich verlaufende Erkrankungen in Form von Prionen hervorrufen. Aber was sind eigentlich Proteine und wie kann es sein, dass – ausgehend von nur 20 Aminosäuren – scheinbar unendlich viele verschiedene Proteine mit nahezu unbegrenzt vielen verschiedenen Aufgaben synthetisiert werden können?
Karim Kouz

2.1 Aminosäuren und Peptidbindung

2.1.1 Proteine enthalten Aminosäuren

> **FALL**
>
> **Creutzfeldt-Jakob mit 28?**
>
> John, der junge englische Neuropathologe, beugt sich noch einmal über sein Mikroskop und traut seinen Augen nicht. Der Hirnschnitt zeigt einen so massiven Zelluntergang, dass es zu Substanzdefekten kommt; er erscheint regelrecht durchlöchert. Das kennt er nur aus dem Lehrbuch: Spongiforme Enzephalopathie – die unheilbare Creutzfeldt-Jakob-Erkrankung (CJD), die durch Prionen ausgelöst wird. Nur, dass das Alter des Patienten so gar nicht passt. Er ist erst 28, die Erkrankung tritt normalerweise erst mit 60–70 Jahren auf. Verunsichert liest er noch einmal in den Unterlagen: Der Patient Mr. Fox suchte zunächst wegen Müdigkeit einen Arzt auf, später zeigten sich Schwindel, Gangataxien, Lähmungen, schließlich Demenz und ein vollständiger Zerfall aller Hirnfunktionen, die schließlich nach nur 14 Monaten zu seinem Tod geführt haben. Doch, die Symptome passen zu Creutzfeldt-Jakob, aber das ist so selten (1 : 100 000) und dann ist der Patient noch so jung – wieder beugt er sich über sein Mikroskop. Die vielen Ablagerungen sind eigentlich gar nicht typisch, sehen aus wie Plaques bei Alzheimer, aber Prion-Plaques? Er setzt sich an den Computer. Plötzlich wird ihm ganz heiß: Eine Lancet-Veröffentlichung vom Vorjahr beschreibt eine neue Variante: variant Creutzfeldt-Jakob disease (vCJD) mit spongiformer Enzephalopathie und Prion-Plaques. Ein Zusammenhang mit dem Verzehr infizierten Fleisches von an Rinderwahnsinn (BSE) erkrankten Tieren wird nicht ausgeschlossen. Die Symptome ähneln sich: Auch bei den Tieren kommt es zu Bewegungsstörung und Verhaltensauffälligkeiten. Also doch kein von den Medien konstruierter Einzelfall, sondern der Beginn einer Epidemie? An diesem Abend verzichtet John auf sein geliebtes Steak.
>
> Zu einer Epidemie ist es zum Glück nicht gekommen, aber es kam doch in immerhin 200 Fällen zu einer Infektion von Menschen nach dem Verzehr von Fleisch von an BSE erkrankten Tieren, v. a. in Großbritannien – in Deutschland gab es keinen Fall. Wie wird die Erkrankung ausgelöst? Was ist der Zusammenhang zwischen BSE und CJD?

Aus Studentensicht

Proteine haben in biologischen Organismen verschiedene **Aufgaben,** wie
- Enzymkatalyse
- Strukturfunktion
- Signaltransduktion
- Transportfunktion
- Immunabwehr

Proteine bestehen aus linearen Ketten von α-Aminosäuren. Jede Aminosäure enthält ein **zentrales $C_α$-Atom.** An dieses gebunden ist jeweils ein/e:
- **Carboxylgruppe** (Säuregruppe)
- **Aminogruppe**
- **H-Atom**
- **Rest** (Seitenkette)

ABB. 2.1

Das $C_α$-Atom fast aller Aminosäuren ist **chiral.** Die für die Proteinbiosynthese verwendeten Aminosäuren sind **L-α-Aminosäuren,** deren Aminogruppe in der Fischer-Projektion nach links zeigt.

2.1.2 Aminosäuren sind schwache Säuren

Aminosäuren sind **Ampholyte:** Beim Lösen in Wasser nimmt die Aminogruppe ein Proton auf, die Säuregruppe gibt eines ab. Die Aminosäure trägt dadurch zeitgleich eine positive und eine negative Ladung **(Zwitterion).** Die Seitenketten von einigen Aminosäuren können ebenfalls Protonen aufnehmen oder abgeben.

2 PROTEINE: ARBEITER DER ZELLE

Im Laufe der Evolution haben **Proteine** sehr vielfältige Aufgaben übernommen. Als **Enzyme** katalysieren sie chemische Reaktionen, durch Bindung an andere Moleküle können sie diese **transportieren** oder **Signale** weiterleiten und als **Strukturproteine** geben sie Zellen ihre Form. Proteine sind durch ihre vielfältigen Eigenschaften aber auch an Prozessen wie der **Immunabwehr** (z. B. als Antikörper) oder dem Meeresleuchten (Biolumineszenz) beteiligt. Wenn es in der Zelle „etwas zu tun" gibt, sind fast immer Proteine beteiligt.

Proteine sind lineare Ketten von α-Aminosäuren, die schon Stanley Miller in seinen Versuchen zur Nachbildung der Ursuppe fand. An ein **zentrales C-Atom,** das auch als $C_α$-Atom bezeichnet wird, sind eine **Amino-** und eine **Carboxylgruppe** (Säuregruppe) gebunden, daher die Bezeichnung α-Aminosäuren (➤ Abb. 2.1a). Weitere Substituenten sind ein **H-Atom** sowie ein **Rest** (Seitenkette), durch den sich die einzelnen Aminosäuren unterscheiden.

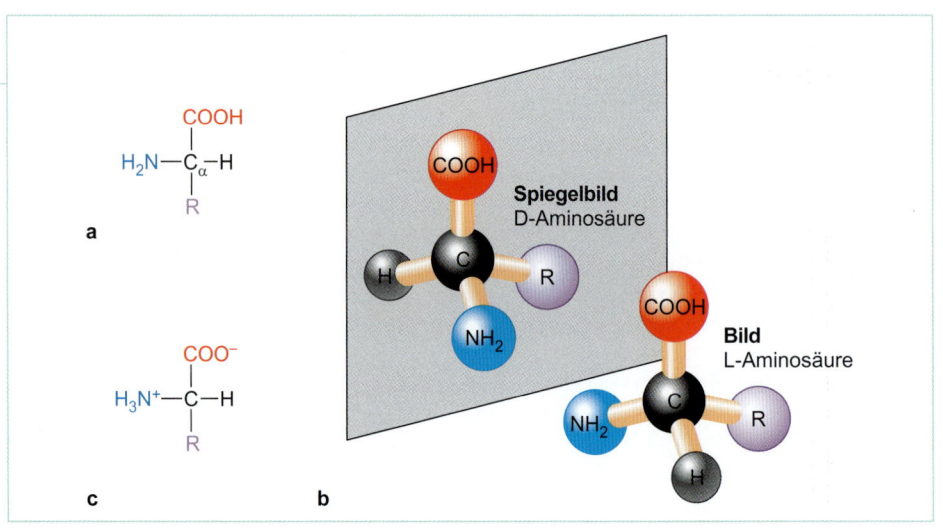

Abb. 2.1 Aminosäuren. **a** Ungeladene Form (R = Rest). **b** Enantiomere Formen. **c** Zwitterionische Form. [L253]

Das $C_α$-Atom fast aller Aminosäuren ist **chiral** (➤ 1.1.4). Chirale Aminosäuren existieren in zwei isomeren Formen, die sich wie Bild und Spiegelbild verhalten (➤ Abb. 2.1b). Im Miller-Versuch entstanden beide Formen in gleicher Menge. In den Proteinen der heutigen Lebewesen kommen dagegen ausschließlich die **L-Enantiomere** vor, bei denen die Aminogruppe in der Fischer-Projektion (➤ 19.1.2) nach links zeigt. Die Ursache für diese evolutionäre Entscheidung ist unklar.

2.1.2 Aminosäuren sind schwache Säuren

In Wasser gelöste Aminosäuren liegen überwiegend als **Zwitterionen** vor: Die Säuregruppe dissoziiert bei neutralem pH-Wert und trägt dadurch eine negative Ladung, wohingegen die basische Aminogruppe ein Proton aufnimmt und damit positiv geladen ist (➤ Abb. 2.1c). Aminosäuren sind somit **Ampholyte,** also sowohl Säuren als auch Basen. Die Amino- oder Säuregruppen in den Resten einiger Aminosäuren verhalten sich ähnlich wie die Gruppen am $C_α$-Atom und können ebenfalls als Säuren oder Basen den pH-Wert von Lösungen verändern.

Schwache Säuren und Basen

Starke Säuren wie die Salzsäure (HCl) dissoziieren in wässriger Lösung vollständig. Carbonsäuren wie die Essigsäure (CH_3-COOH) oder die Aminosäuren sind dagegen schwache Säuren; ihr Dissoziationsgrad ist vom pH-Wert der Lösung abhängig. Ein Maß für die Säurestärke ist der **pK_S-Wert.** Wenn der pH-Wert der Lösung gleich dem pK_S-Wert der gelösten Säure ist, liegt die Hälfte der Säuremoleküle dissoziiert vor. Bei pH > pK_S ist sie zum größten Teil dissoziiert, bei pH < pK_S liegt sie hauptsächlich in der protonierten Form vor. Je kleiner der pK_S-Wert einer Säure ist, desto stärker ist sie. Mithilfe der **Henderson-Hasselbalch-Gleichung** kann das Verhältnis der beiden Formen für jeden pH-Wert berechnet werden (➤ Formel 2.1):

$$pH = pK_S + \log \frac{[\text{Säure deprotoniert}]}{[\text{Säure protoniert}]}$$

| Formel 2.1

Durch Umformen erhält man daraus (➤ Formel 2.2):

$$\frac{[\text{Säure deprotoniert}]}{[\text{Säure protoniert}]} = 10^{pH-pK_S}$$

| Formel 2.2

Beispielsweise hat Essigsäure einen pK_S von 4,75. Bei pH = 7 ist das Verhältnis $[CH_3COO^-]/[CH_3COOH]$ = $10^{7-4,75}$ = 178. Es liegen also 178-mal mehr deprotonierte als protonierte Moleküle vor. Bei pH = 2 ist das Verhältnis $10^{2-4,75}$ = 0,002, also liegen etwa 500-mal mehr protonierte als deprotonierte Moleküle vor. Auch bei den Basen gibt es starke und schwache Basen, deren Dissoziationsgrad sich unterscheidet. Der **pK_B-Wert** beschreibt die Basenstärke. Nach der Aufnahme eines Protons liegt eine Base in Form ihrer konjugierten Säure vor. Daher kann die Basenstärke auch durch Angabe des pK_S-Werts der konjugierten Säure

2.1 AMINOSÄUREN UND PEPTIDBINDUNG

Aus Studentensicht

angegeben werden. Dabei gilt: Je größer der pK$_S$-Wert ist, desto stärker ist die zugehörige konjugierte Base. pK$_S$- und pK$_B$-Wert stehen über folgende Formel (➤ Formel 2.3) in Zusammenhang:

$$pK_S + pK_B = 14 \qquad \text{| Formel 2.3}$$

Der **isoelektrische Punkt pI** einer Aminosäure ist der pH-Wert, an dem das Zwitterion keine Nettoladung mehr trägt, d. h. gleich viele positive und negative Ladungen in einem Molekül vorliegen. Bei pH-Werten oberhalb des pI ist die mittlere Ladung der Aminosäuremoleküle negativ (mehr COO$^-$- als NH$_3^+$-Gruppen), unterhalb des pI ist es genau umgekehrt (➤ Abb. 2.2). Bei Aminosäuren mit ungeladenen Seitenketten entspricht der pI dem Mittelwert der pK$_S$-Werte der COO$^-$- und der NH$_3^+$-Gruppe.

Als **isoelektrischen Punkt pI** bezeichnet man den pH-Wert, bei dem ein Zwitterion keine Nettoladung (also gleich viele positive und negative Ladungen) trägt.

ABB. 2.2

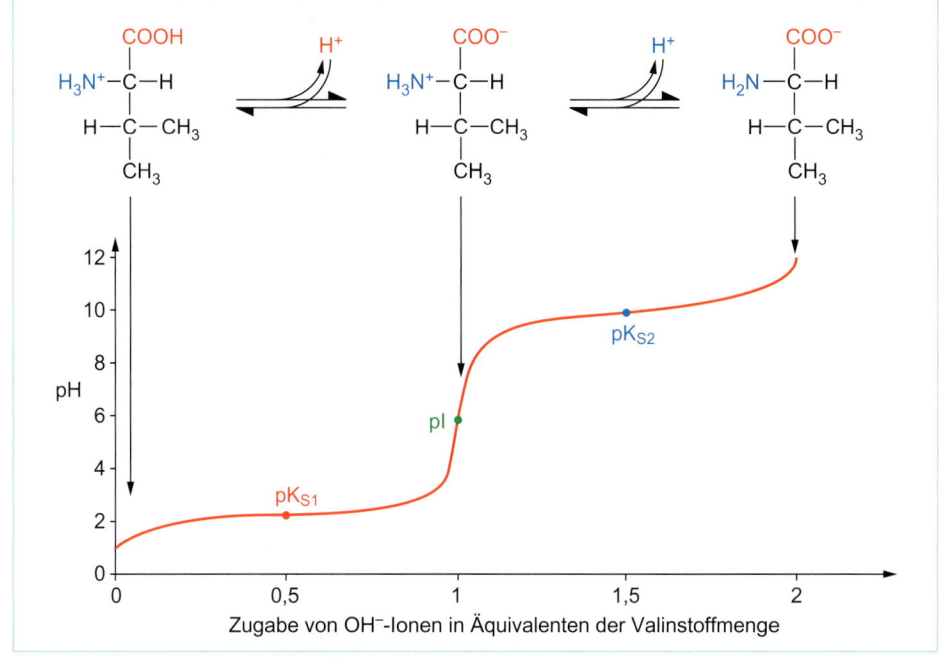

Abb. 2.2 Dissoziationsstufen und Titrationskurve von Valin [L253]

Wenn der pH-Wert einer Aminosäurelösung durch die Zugabe einer Base steigt, geben die Aminosäuren Protonen an die Lösung ab (➤ Abb. 2.2). Dadurch verhindern sie einen sehr schnellen Anstieg des pH-Werts und wirken somit als **Puffer**. Puffer dienen sowohl im menschlichen Körper als auch im Labor zur **Stabilisierung des pH-Werts** in beide Richtungen. Sie funktionieren am besten bei einem pH-Wert in der Nähe ihres pK$_S$-Werts.

Aminosäuren wirken bei Zugabe von Basen oder Säuren der schnellen Veränderung des pH-Werts durch Aufnahme oder Abgabe von Protonen entgegen. Sie wirken somit als **Puffer** und **stabilisieren den pH-Wert**.

KLINIK

Azidose und Alkalose

Bei großer Anstrengung wird im Muskel Milchsäure produziert und in Form von Laktat in das Blut abgegeben. Milchsäure ist eine schwache Säure mit einem pK$_S$-Wert von 3,9 und liegt somit im Blut fast vollständig dissoziiert vor. Die bei der Dissoziation abgegebenen Protonen führen zu einer Ansäuerung des Bluts. Aminosäuren, Proteine und andere im Blut gelöste Puffersubstanzen wirken dem Absinken des pH-Werts entgegen. Ist jedoch die Pufferkapazität erschöpft, können keine weiteren H$^+$-Ionen von den Puffersubstanzen aufgenommen werden und der pH-Wert sinkt schließlich unter 7,35. Es liegt eine **Azidose**, in diesem Fall eine Laktatazidose, vor. Bei zu starkem Absinken des pH-Werts, was v. a. im stark beanspruchten Muskel auftritt, können einige Enzyme nicht mehr arbeiten, sodass der Muskel seine Kraft verliert.
Eine **Alkalose** liegt bei einem Ansteigen des Blut-pH-Werts über 7,45 vor. Sie kann z. B. durch den Verlust von H$^+$-Ionen beim Erbrechen von Magensäure verursacht werden.

KLINIK

2.1.3 Die proteinogenen Aminosäuren

Für die Synthese von Proteinen in menschlichen Zellen werden 20 verschiedene **proteinogene L-Aminosäuren** verwendet. Sie unterscheiden sich in ihren **Resten**, die unterschiedliche funktionelle Gruppen tragen und damit den Proteinen je nach Aminosäurezusammensetzung vielfältige Eigenschaften verleihen. Die Aminosäuren werden mit Trivialnamen bezeichnet, für die zur Abkürzung ein Drei- oder Einbuchstabencode verwendet wird (➤ Abb. im hinteren inneren Umschlag).
Aufgrund der Eigenschaften der Reste werden die Aminosäuren in unterschiedliche Gruppen eingeteilt. Ob eine Aminosäure als polar oder unpolar klassifiziert wird, entscheidet lediglich die Polarität des Rests. Beispielsweise hat Glycin als Rest ein H-Atom und zählt somit zu den unpolaren Aminosäuren. Glycin als Ganzes betrachtet ist jedoch durch die Säure- und die Aminogruppe eine polare Verbindung.

2.1.3 Die proteinogenen Aminosäuren

Die primär für die Proteinbiosynthese verwendeten 20 L-Aminosäuren heißen **proteinogene Aminosäuren**. Sie werden mit Trivialnamen, einem Drei- oder einem Einbuchstabencode bezeichnet.
Die unterschiedlichen **Reste** verleihen Proteinen vielfältige Eigenschaften und lassen eine Einteilung der Aminosäuren in Gruppen zu. Ob eine Aminosäure als polar oder unpolar klassifiziert wird, entscheidet lediglich die Polarität des Rests.

Aus Studentensicht

2 PROTEINE: ARBEITER DER ZELLE

Unpolare Aminosäuren

Unpolare Aminosäuren tragen, mit Ausnahme des Glycins, einen **hydrophoben** aliphatischen Rest. Zu ihnen gehören **Glycin, Alanin**, die verzweigtkettigen Aminosäuren **Valin, Leucin, Isoleucin** und die beiden schwefelhaltigen Aminosäuren **Cystein** und **Methionin**.
Glycin ist die kleinste und einzige achirale Aminosäure, da sie als Rest ein H-Atom trägt. Isoleucin besitzt zwei Chiralitätszentren, jedoch ist nur L-Isoleucin proteinogen.

Unpolare Aminosäuren

Unpolare Aminosäuren tragen **hydrophobe** Reste (➤ Abb. 2.3). Zu ihnen gehört **Glycin**, die kleinste Aminosäure. Sie ist als einzige nicht chiral, da das $C_α$-Atom mit zwei H-Atomen substituiert ist. Die anderen unpolaren Aminosäuren tragen aliphatische Reste, die aus einer Kohlenwasserstoffkette bestehen. **Alanin**, dessen Rest aus einer CH_3-Gruppe besteht, kommt in Proteinen besonders häufig vor. **Valin, Leucin** und **Isoleucin** bilden die Untergruppe der verzweigtkettigen Aminosäuren, die ausgesprochen hydrophob sind. Man findet sie bevorzugt an Stellen in Proteinen, die nicht in Kontakt mit Wasser stehen. Isoleucin hat zwei Chiralitätszentren und kann daher vier Stereoisomere bilden. Nur das abgebildete L-Isoleucin ist proteinogen. **Cystein** und **Methionin** enthalten Schwefel, dessen Elektronegativität ähnlich der des Kohlenstoffs ist, weshalb die C–S- und die S–H-Bindungen ähnlich unpolar wie die C–H-Bindungen sind. Dennoch wird insbesondere das Cystein manchmal auch zu den ungeladenen polaren Aminosäuren gezählt.

Abb. 2.3 Aminosäuren mit hydrophoben Resten (unpolare Aminosäuren) [L253]

Warum stinken verbrannte Haare?
Hauptbestandteil von Haaren ist das Protein Keratin, das viele Cysteinreste enthält. Beim Erhitzen von Keratin entstehen stinkende organische Schwefelverbindungen, die man beispielsweise sofort riecht, wenn Kinder am Lagerfeuer gespielt haben.

Aromatische Aminosäuren

Alle Aminosäuren absorbieren Licht einer Wellenlänge unter 230 nm. Die drei proteinogenen **aromatischen Aminosäuren Phenylalanin, Tryptophan** und **Tyrosin** absorbieren auch Licht einer Wellenlänge von ca. 280 nm.

ABB. 2.4

Aromatische Aminosäuren

Aromatische Aminosäuren haben Reste mit aromatischen Ringsystemen (➤ 1.1.5), die wie die Basen der DNA planar sind (➤ Abb. 2.4). Die Reste von **Phenylalanin** und **Tryptophan** sind hydrophob, **Tyrosin** ist durch die zusätzliche OH-Gruppe hydrophil. Tryptophan ist mit seinem Indolringsystem die komplexeste der proteinogenen Aminosäuren. Sein Einbuchstabencode „W" sieht aus wie der untere Teil des Ringsystems. Alle Aminosäuren absorbieren kurzwelliges UV-Licht mit Wellenlängen unter 230 nm. Die aromatischen Aminosäuren absorbieren zusätzlich auch langwelligeres Licht im nahen UV-Bereich einer Wellenlänge von ca. 280 nm. Eine einfache Methode des Proteinnachweises ist daher die Bestimmung der Absorption bei 280 nm mit einem UV-Detektor (➤ 8.2.2).

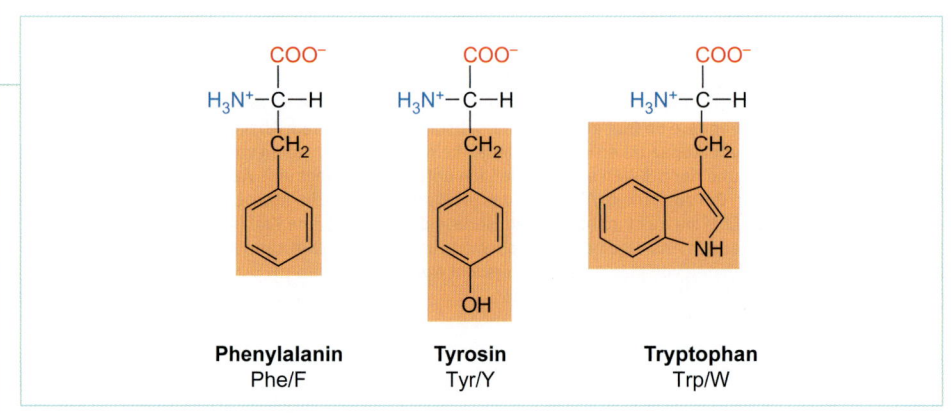

Abb. 2.4 Aromatische Aminosäuren [L253]

Ungeladene polare Aminosäuren

Zu den **ungeladenen polaren Aminosäuren** gehören **Serin** und **Threonin** (OH-Gruppe im Rest), die Säureamide **Asparagin** und **Glutamin** (Stickstoff im Rest) sowie die ringförmige Aminosäure **Prolin**, die ein sekundäres Amin darstellt.

Ungeladene polare Aminosäuren

Die Seitenketten von **Serin** und **Threonin** enthalten Sauerstoff in Form einer OH-Gruppe, die von **Asparagin** und **Glutamin** Stickstoff in Form einer Säureamidgruppe (➤ Abb. 2.5). Sie können daher Wasserstoffbrückenbindungen ausbilden und sind hydrophil. Threonin ist eine weitere proteinogene Aminosäure mit zwei Chiralitätszentren. Bei **Prolin** hat ein Ringschluss zwischen dem Rest und der α-Aminogruppe stattgefunden. Prolin ist somit ein sekundäres (–C–NH–C–) und nicht wie die anderen

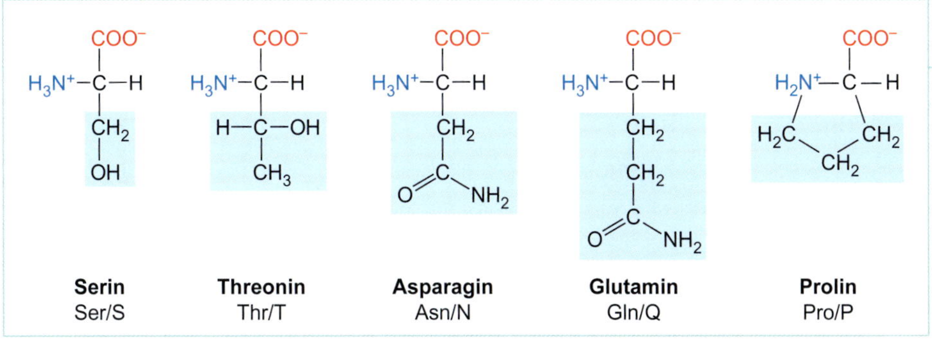

2.1 AMINOSÄUREN UND PEPTIDBINDUNG

Aus Studentensicht

ABB. 2.5

Serin	Threonin	Asparagin	Glutamin	Prolin
Ser/S	Thr/T	Asn/N	Gln/Q	Pro/P

Abb. 2.5 Aminosäuren mit hydrophilen neutralen Resten (ungeladene polare Aminosäuren) [L253]

Aminosäuren ein primäres (–NH$_2$) Amin. Obwohl der Rest nur Kohlenstoff und Wasserstoff enthält, ist Prolin hydrophiler als Serin und Threonin.

Geladene polare Aminosäuren

Geladene polare Aminosäuren tragen hydrophile Reste, die bei neutralem pH-Wert **geladen** sind (➤ Abb. 2.6). **Asparaginsäure** und **Glutaminsäure** haben zusätzlich zur Carboxlgruppe am C$_\alpha$-Atom in ihrem Rest je eine weitere Säuregruppe, deren pK$_s$-Werte etwa 4 betragen und die daher bei neutralem pH-Wert negativ geladen sind. Die Aminosäuren werden in diesem dissoziierten Zustand **Aspartat** und **Glutamat** genannt. Die Reste der basischen Aminosäuren **Lysin** und **Arginin** sind bei physiologischem pH-Wert dagegen protoniert und dadurch positiv geladen, ihre pK$_s$-Werte liegen bei 10,6 bzw. 12,5 (➤ Abb. 2.2). Lysin hat eine lange Seitenkette mit einer Aminogruppe am C$_\varepsilon$-Atom, die Guanidinogruppe des Arginins enthält zwei N-Atome. Der Imidazolring von **Histidin** nimmt mit einem pK$_s$-Wert von 6 eine Sonderstellung ein. Bei einem neutralen pH-Wert von 7 liegen nur 10 % der Moleküle protoniert und damit positiv geladen vor. In Proteinen kann jedoch die Mikroumgebung den lokalen pH-Wert des Imidazolrings beeinflussen, sodass Histidinreste in Proteinen sowohl protoniert als auch deprotoniert vorliegen können.

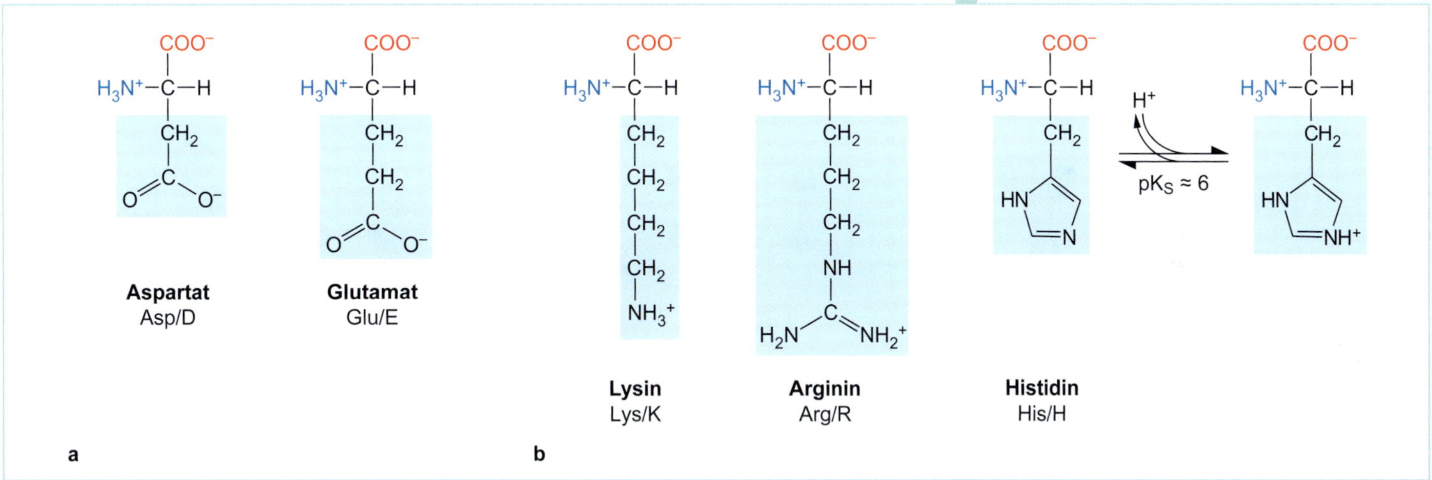

Geladene polare Aminosäuren

Zu den **polaren geladenen Aminosäuren** gehören:
- **Asparagin-, Glutaminsäure:** zusätzliche Carboxylgruppe (negative Ladung), deprotoniert **Aspartat** bzw. **Glutamat** genannt
- **Lysin:** zusätzliche ε-Aminogruppe (positive Ladung) an langer Seitenkette
- **Arginin:** stickstoffhaltige Guanidinogruppe (positive Ladung)
- **Histidin:** stickstoffhaltige Imidazolgruppe, abhängig von der Mikroumgebung protoniert (positive Ladung) oder deprotoniert

Aspartat	Glutamat	Lysin	Arginin	Histidin
Asp/D	Glu/E	Lys/K	Arg/R	His/H

a b

Abb. 2.6 Geladene polare Aminosäuren mit sauren (**a**) und basischen Resten (**b**) [L253]

Weitere Aminosäuren

Eine Sonderstellung nimmt das ungeladene polare **Selenocystein** ein (➤ Abb. 2.7). Seine Struktur entspricht dem Cystein, allerdings ist das S-Atom durch ein Selen-Atom (Se) ersetzt (➤ 21.4.3). In einige menschliche Proteine wird es direkt bei der Translation eingebaut und daher manchmal auch als 21. proteinogene Aminosäure gezählt. In einigen Archaeen wird auch Pyrrolysin direkt in Proteine eingebaut. Daneben können die Aminosäurereste in Proteinen nach der Translation vielfältig modifiziert werden (➤ 6.4). Dadurch entstehen u. a. Phosphoserin-, Phosphothreonin- und Phosphotyrosinreste. Zusätzlich gibt es eine Reihe **nicht proteinogener Aminosäuren,** die als Stoffwechselintermediate wichtige Funktionen übernehmen, wie Citrullin im Harnstoffzyklus. Wichtige Bestandteile der bakteriellen Zellwand sind D-Formen von Alanin und Glutamat (➤ 14.3.4), die aber auch bei Bakterien keine Bausteine für die Translation sind.

Weitere Aminosäuren

Selenocystein wird oft als 21. proteinogene Aminosäure gezählt. Bei ihm ist das S-Atom des Cysteins durch ein Selen-Atom ersetzt. Neben den bei der Translation verwendeten 21 proteinogenen Aminosäuren finden sich viele weitere **nicht proteinogene Aminosäuren** in freier Form oder in Proteinen. Sie entstehen z. B. im Rahmen der posttranslationalen Modifikation oder sind Stoffwechselintermediate.

2.1.4 Peptidbindung

Proteine entstehen durch Kondensation von L-α-Aminosäuren, wobei sich jeweils zwischen der α-Carboxylgruppe einer Aminosäure und der α-Aminogruppe einer zweiten Aminosäure eine **Peptidbindung** (Säureamidbindung) ausbildet (➤ Abb. 2.8a). Für diese Reaktion ist bei der Proteinbiosynthese im Menschen ein komplexer Syntheseapparat nötig (➤ 5.5.2).

2.1.4 Peptidbindung

Die **Peptidbindung** ist das charakteristische Merkmal der Proteine. Sie entsteht durch Kondensation der α-Carboxylgruppe einer Aminosäure mit der α-Aminogruppe einer zweiten L-α-Aminosäure.

Aus Studentensicht

2 PROTEINE: ARBEITER DER ZELLE

Selenocystein Sec/U **Pyrrolysin** Pyl/O **Phosphoserin** **Phosphothreonin** **Phosphotyrosin** **Citrullin**

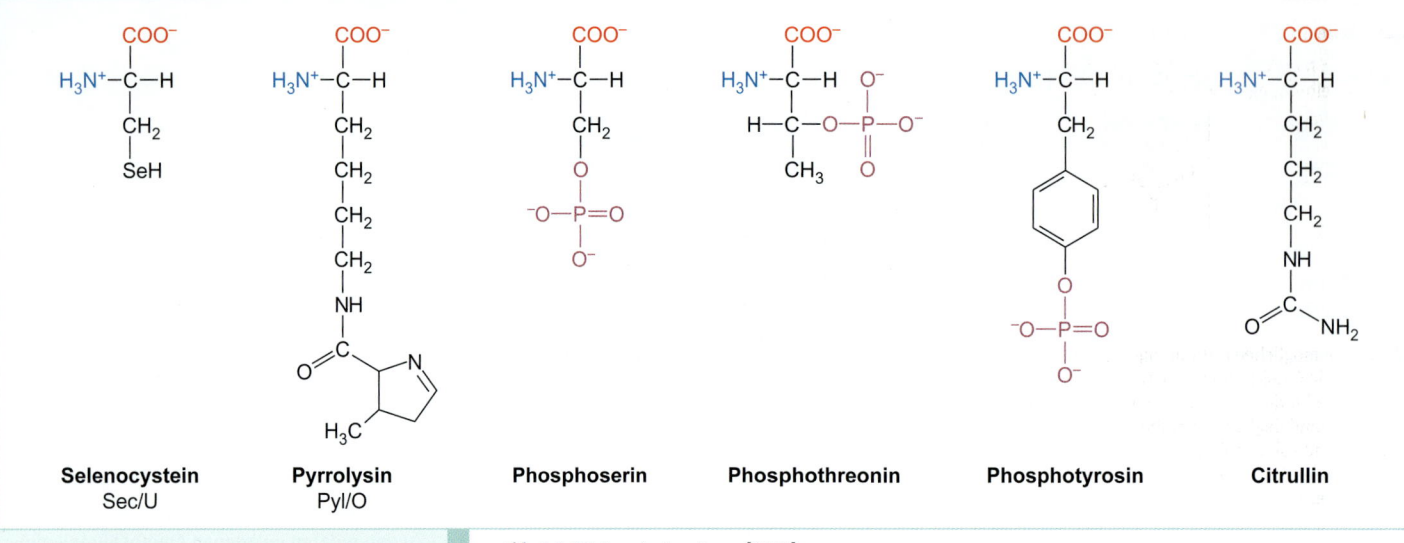

Abb. 2.7 Weitere Aminosäuren [L253]

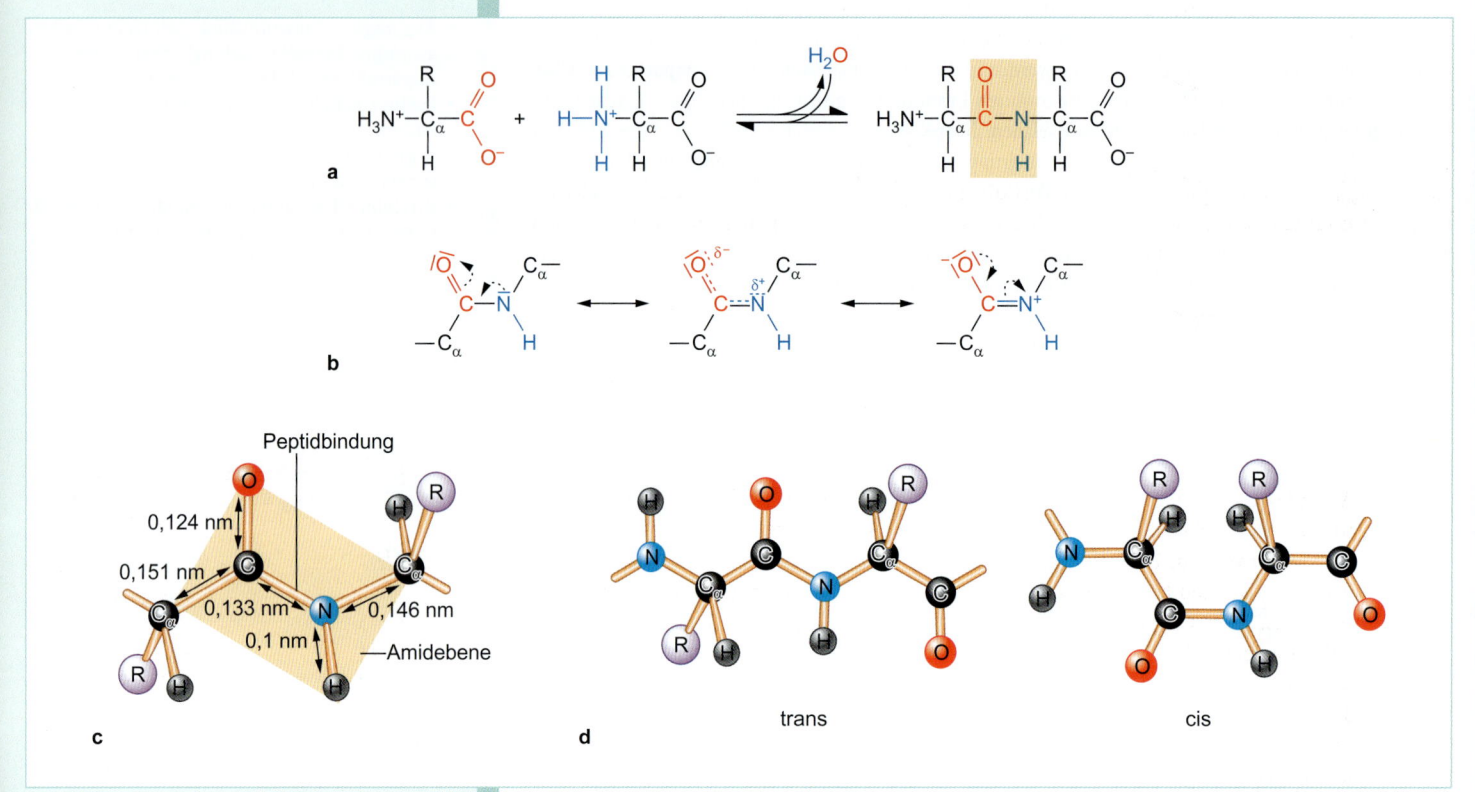

Abb. 2.8 Peptidbindung. a Bildung eines Dipeptids. b Partielle Doppelbindung durch Mesomeriestabilisierung. c Planarer Charakter. d Cis- und trans-Konfiguration. [L253]

Die Peptidbindung hat **partiellen Doppelbindungscharakter,** sodass sie, wie Doppelbindungen, planar und nicht frei drehbar ist. Daher ist sowohl eine cis- als auch eine **trans-Konfiguration** möglich. In Proteinen überwiegt die energetisch günstigere trans-Form. Eine Ausnahme davon bilden Peptidbindungen mit Prolin, die in beiden Konfigurationen vorliegen können.

Die Verteilung der Elektronen in einer Peptidbindung kann mit zwei unterschiedlichen mesomeren Grenzstrukturen beschrieben werden (> Abb. 2.8b). Tatsächlich liegt die Verteilung der Elektronen zwischen diesen beiden Grenzstrukturen, sodass die Peptidbindung einen **partiellen Doppelbindungscharakter** hat. Genau wie vollständige Doppelbindungen ist auch sie planar und nicht frei drehbar (> Abb. 2.8c). Die Substituenten können daher sowohl in der cis- als auch in der **trans-Konfiguration** vorliegen (> Abb. 2.8d). In Proteinen kommt fast ausschließlich die energetisch günstigere trans-Form vor, in der die Reste am weitesten voneinander entfernt liegen. Eine Ausnahme bilden Peptidbindungen, die Prolin enthalten, die sowohl in der cis- als auch in der trans-Konfiguration vorliegen können.

2.2 PROTEINSTRUKTUR

Aus Studentensicht

Mesomerie und Tautomerie

Bei einigen Molekülen kann die Verteilung der Elektronen durch die in den Strichformeln angegebenen Einfach- und Doppelbindungen nicht gut beschrieben werden. Dies betrifft z. B. das aromatische Benzol (➤ Formel 2.4).

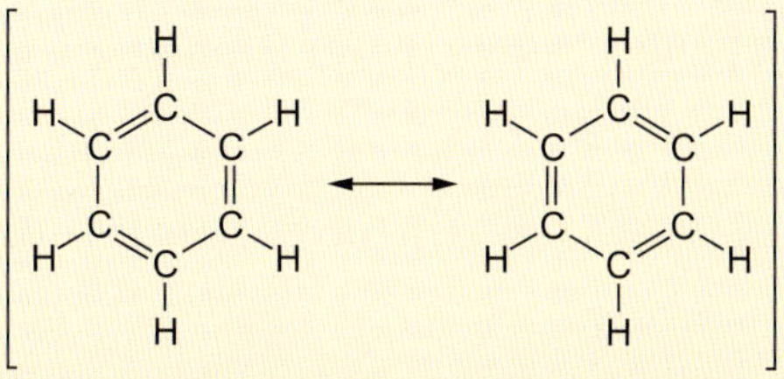

| Formel 2.4

Die beiden möglichen Anordnungen der Elektronen werden als **mesomere Grenzstrukturen** bezeichnet, tatsächlich sind alle C-C-Bindungen im Benzol gleichwertig und gleich lang mit einer Länge zwischen der von Einfach- oder Doppelbindungen. Die an einer mesomeriestabilisierten Bindung beteiligten Elektronen sind delokalisiert. Dieser Zustand liegt also zwischen den Grenzstrukturen und wird als **mesomerer Zustand** bezeichnet, der energieärmer und somit stabiler als die einzelnen Grenzstrukturen ist. Voraussetzung für eine Mesomeriestabilisierung ist, dass die Atome, auf die sich die delokalisierten Elektronen verteilen, in einer Ebene liegen. Mesomeriestabilisierte (resonanzstabilisierte) Verbindungen werden häufig wie folgt gezeichnet (➤ Formel 2.5):

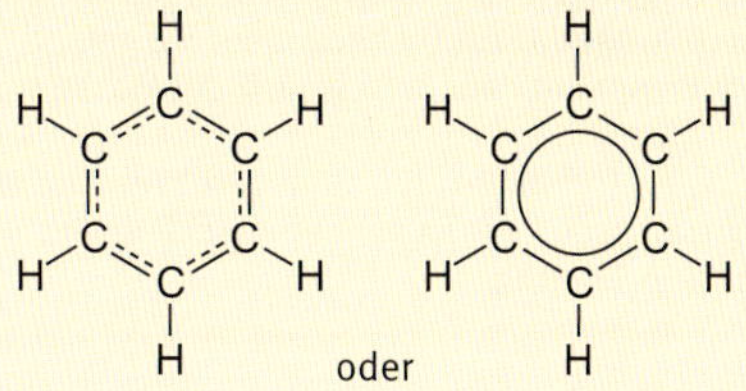

| Formel 2.5

Anders als die Mesomerie ist die **Tautomerie** ein Typ der Isomerie. Bei der Keto-Enol-Tautomerie existieren beispielsweise nebeneinander zwei unterschiedliche Isomere, die in einer Gleichgewichtsreaktion ineinander umgewandelt werden können, wobei eine Form energetisch günstiger ist als die andere (➤ Formel 2.6):

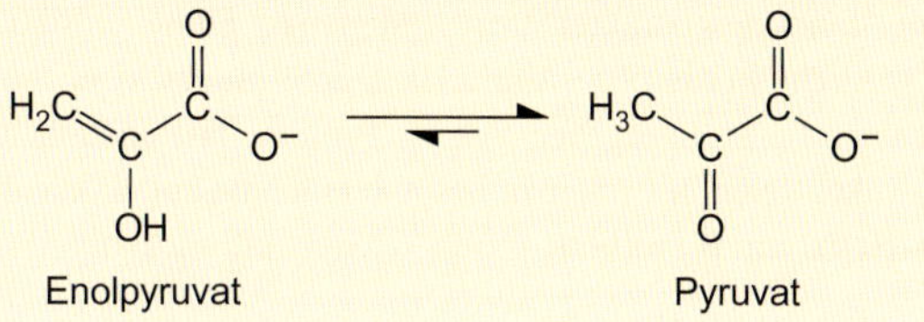

Enolpyruvat   Pyruvat

| Formel 2.6

Durch das Verknüpfen einzelner Aminosäuren über Peptidbindungen entstehen lange lineare Ketten (➤ Abb. 2.9). Bis zu einer Länge von ca. 20 Aminosäuren spricht man von **Peptiden**, darüber hinaus von **Polypeptiden** oder **Proteinen**. Das Ende mit der freien Aminogruppe wird auch als Aminoterminus (N-Terminus) bezeichnet und bildet den Anfang eines Proteins, am Ende steht der Carboxyterminus (C-Terminus) mit der freien Carboxylgruppe. Wie die Nukleinsäuren haben auch die Proteine ein **Rückgrat**. Es hat die Atomfolge $[-N-C_\alpha-C-]_n$ und wird von den Peptidbindungen und den C_α-Atomen gebildet. Von den C_α-Atomen des Rückgrats gehen die Seitenketten der einzelnen Aminosäuren ab. Die vier Einfachbindungen am C_α-Atom sind auch in Proteinen frei drehbar.

Die **Peptidbindung** ist äußerst **stabil,** da die Aktivierungsenergie für ihre exergone Hydrolyse hoch ist. Unter physiologischen Bedingungen beträgt die Halbwertszeit für die Hydrolyse der Peptidbindung mehrere Jahre, wenn sie nicht durch Katalysatoren wie Proteasen dramatisch beschleunigt wird.

Aus der Verknüpfung von Aminosäuren zu linearen Ketten resultieren **Peptide**, die ab ca. 20 Aminosäuren **Polypeptide** oder **Proteine** genannt werden.

Den Anfang einer solchen Kette bildet die freie Aminogruppe der ersten Aminosäure (N-Terminus), das Ende die freie Carboxylgruppe der letzten Aminosäure (C-Terminus). Das **Protein-Rückgrat** bilden die Peptidbindungen und die C_α-Atome.

Die **Peptidbindung** ist äußerst **stabil.** Unter physiologischen Bedingungen beträgt die Halbwertszeit für die Hydrolyse der Peptidbindung mehrere Jahre.

ABB. 2.9

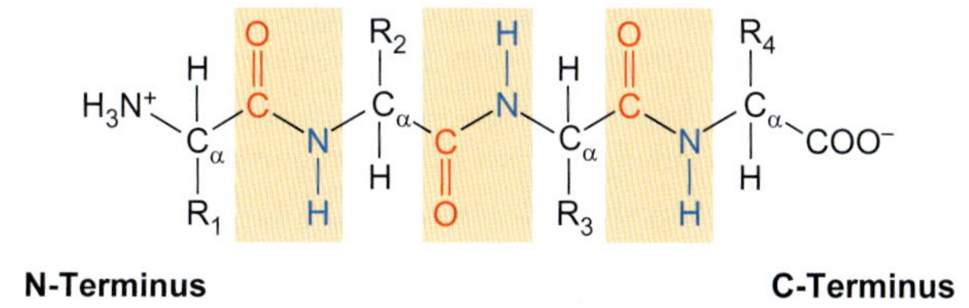

N-Terminus   **C-Terminus**

Abb. 2.9 Polypeptid. Die planaren Peptidbindungen sind orange hinterlegt. [L253]

2.2 Proteinstruktur

2.2.1 Primärstruktur

Die erste Hierarchieebene zur Beschreibung des Proteinaufbaus ist die **Primärstruktur.** Sie beruht auf der **Sequenz**, also der Abfolge **der einzelnen Aminosäuren** und definiert so die **Konstitution** (➤ 1.1.4) des Proteins. Die meisten Proteine umfassen ca. 100–300 Aminosäuren wie das Myoglobin mit 154 Aminosäuren (➤ Abb. 2.10). Proteine sind somit Makromoleküle. Ihre Molekülmasse kann man gut abschätzen, indem man die Anzahl der Aminosäuren mit 110 Da multipliziert. Das größte bekannte Protein, das

2.2 Proteinstruktur

2.2.1 Primärstruktur

Die **Abfolge der Aminosäuren** (Aminosäuresequenz) in einem Protein wird als **Primärstruktur** bezeichnet. Sie definiert die **Konstitution** des Proteins.

Proteine zählen aufgrund ihrer Größe (meist 100–300 Aminosäuren) zu den Makromolekülen.

Aus Studentensicht

ABB. 2.10

2 PROTEINE: ARBEITER DER ZELLE

```
  1
MGLSDGEWQL  VLNVWGKVEA  DIPGHGQEVL  IRLFKGHPET  LEKFDKFKHL
KSEDEMKASE  DLKKHGATVL  TALGGILKKK  GHHEAEIKPL  AQSHATKHKI
PVKYLEFISE  CIIQVLQSKH  PGDFGADAQG  AMNKALELFR  KDMASNYKEL
   154
GFQG
```

Abb. 2.10 Primärstruktur des humanen Myoglobins (M = 17 184 Da). Die Aminosäuren sind im Einbuchstabencode angegeben. [L271]

Titin, besteht aus über 34 000 Aminosäuren und hat eine Molekülmasse von mehr als 3 600 000 Da = 3,6 MDa.

> **Molare Masse**
>
> Chemiker verwenden als Einheit der Atom- oder Molekülmasse das u, das ungefähr der Masse eines Protons oder eines Neutrons entspricht. In der Biochemie wird dieselbe Einheit meist mit Da (Dalton) bezeichnet. Um dies auf messbare Stoffmengen zu beziehen, wird nicht die Masse eines einzelnen Moleküls, sondern die von $6{,}022 \times 10^{23}$ Molekülen (= Avogadro-Zahl) angegeben. Sie entspricht genau 1 Mol. Die Masse von 1 Mol einer Verbindung in Gramm entspricht dem Betrag nach der Masse eines einzelnen Moleküls dieser Verbindung in Da.
> Ein Beispiel: 1 Mol Titin entspricht $6{,}022 \times 10^{23}$ Molekülen Titin. 1 Mol Titin hat eine Masse von 3 600 000 g, ein Molekül Titin 3 600 000 Da. Molare Massen können sehr unterschiedlich sein: Während ein Mol Wasser nur 18 g wiegt, sind es bei einem Mol Titin 3 600 kg.

2.2.2 Sekundärstruktur

Bedingt durch den partiellen Doppelbindungscharakter der Peptidbindung können nur die C_α-Atome gegeneinander verdreht werden. Dadurch entstehen unterschiedliche **Rückgrat-Konformationen (Sekundärstrukturen)**. Besonders häufig sind die **α-Helix** und das **β-Faltblatt**, die durch Wasserstoffbrücken stabilisiert sind.

2.2.2 Sekundärstruktur

Die **Sekundärstruktur** beschreibt die **Konformation des Proteinrückgrats.** Da die Peptidbindungen durch ihren partiellen Doppelbindungscharakter starre und planare Einheiten sind, können lediglich die C_α-Atome gegeneinander verdreht werden (> Abb. 2.11). Durch unterschiedliche Drehwinkel Φ (Phi) und ψ (Psi) an jedem einzelnen C_α-Atom ergeben sich für Proteine fast unendlich viele mögliche Konformationen. Einige Drehwinkel treten in Proteinen besonders häufig auf, da die dadurch entstehenden Sekundärstrukturen wie **α-Helix** und **β-Faltblatt** durch Wasserstoffbrückenbindungen stabilisiert werden.

ABB. 2.11

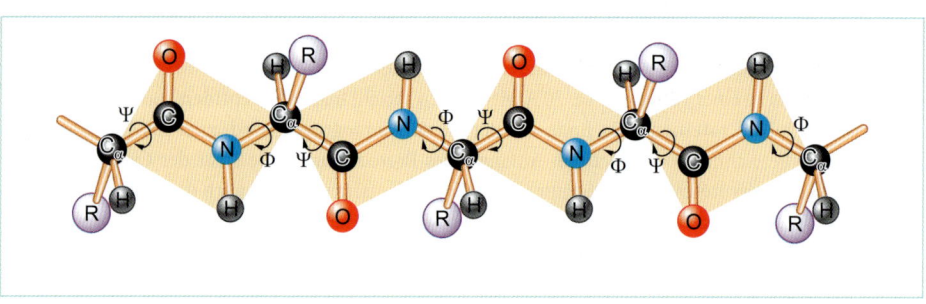

Abb. 2.11 Sekundärstruktur. Konformation des Peptidrückgrats durch Verdrehung der Peptidebenen am C_α-Atom. Φ und ψ bezeichnen die Drehwinkel. [L253]

α-Helix

Die **α-Helix** ist eine rechtsgängige helikale Struktur mit 3,6 Aminosäuren pro Windung. Die Seitenketten der Aminosäuren zeigen nach außen, das Rückgrat bildet den Kern. Stabilisierend wirken **Wasserstoffbrücken**, die jeweils zwischen dem H-Atom der Aminogruppe und dem O-Atom der Carboxylgruppe der viertnächsten Aminosäure ausgebildet werden. Je nach Seitenketten ist die Helix hydrophob, hydrophil oder amphiphil.
α-Helices werden in Abbildungen als **helikales Band** dargestellt.

α-Helix

Bei der **α-Helix** handelt es sich um eine regelmäßige Anordnung der Aminosäuren in Form einer rechtsgängigen („im Uhrzeigersinn") Wendeltreppe (> Abb. 2.12a). Dabei bildet das H-Atom der N-H-Gruppe jeder Aminosäure mit dem O-Atom der C=O-Gruppe der viertnächsten Aminosäure eine **Wasserstoffbrückenbindung.** Eine komplette Windung umfasst ca. 3,6 Aminosäuren. Das Innere der α-Helix wird von den Rückgratatomen vollständig ausgefüllt, die miteinander Van-der-Waals-Wechselwirkungen ausbilden. In den Abbildungen werden die Atome jedoch meist verkleinert dargestellt, um eine bessere Übersicht zu ermöglichen.

Die Seitenketten der Aminosäuren zeigen nach außen vom Kern der Helix weg. Je nach ihrer Beschaffenheit entstehen so hydrophile, hydrophobe oder amphiphile Helices, die auf der einen Seite hydrophil, auf der anderen Seite hydrophob sind. Der Durchmesser der Helix ohne die Seitenketten beträgt 0,5 nm, mit den Seitenketten im Mittel 1,4 nm. In einem Protein können mehrere α-Helices unabhängig voneinander auftreten. Ihre Länge variiert stark. Oftmals sind die helikalen Abschnitte sehr kurz und umfassen nur ca. 10 Aminosäuren, die Helix ist dann etwa so breit wie lang. In Extremfällen wie dem Muskelprotein Myosin kann aber auch eine Helix aus mehr als 1 000 Aminosäuren gebildet werden. Bei der Darstellung in Proteinen wird für die α-Helix meist ein **helikales Band,** das das Proteinrückgrat symbolisiert, verwendet (> Abb. 2.12c).

2.2 PROTEINSTRUKTUR

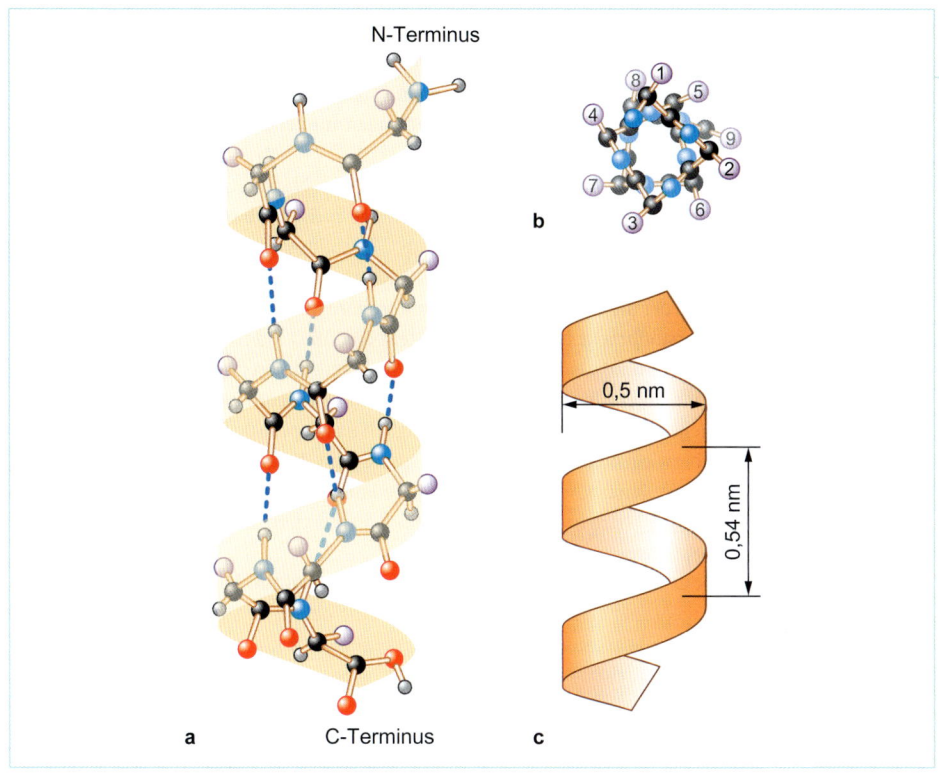

Abb. 2.12 α-Helix. **a** Seitenansicht. Die Seitenketten sind als lila Ball verkleinert, die Wasserstoffbrückenbindungen gestrichelt dargestellt. **b** Aufsicht. **c** Bänderdarstellung des Proteinrückgrats. [L253]

Die Aminosäure **Prolin** hat großen Einfluss auf die Ausbildung von α-Helices. Seine zyklische Seitenkette bildet mit dem Stickstoff der Peptidbindung einen Ring, sodass dieser kein H-Atom trägt und dadurch keine Wasserstoffbrückenbindung ausbilden kann. Zudem passt Prolin aufgrund des Ringsystems schlecht in die α-Helix und wirkt daher als **Helixdestabilisator**. Prolin wird jedoch relativ häufig am Beginn einer α-Helix gefunden, da erst ab der vierten Aminosäure der α-Helix eine Amidgruppe für eine Wasserstoffbrücke zur Verfügung stehen muss. Neben Prolin wirkt auch die Aminosäure **Glycin** in α-Helices destabilisierend.

Linksgängige α-Helices wären genauso stabil wie rechtsgängige, wenn sie D- anstelle von L-Aminosäuren enthielten. Da diese jedoch in menschlichen Zellen praktisch nicht vorkommen, findet man auch keine gespiegelten α-Helices.

β-Faltblatt

Andere Drehwinkel am C_α-Atom führen zum **β-Strang**. Dabei bildet das Peptidrückgrat eine Zickzacklinie, von der jeweils an den Spitzen die Aminosäureseitenketten wegragen (> Abb. 2.13). Das „β" im Namen weist darauf hin, dass diese Sekundärstruktur nach der α-Helix identifiziert wurde.

β-Stränge innerhalb eines Proteins oder von unterschiedlichen Peptidketten können sich nebeneinanderlegen und eine fächer- oder ziehharmonikaartig aufgefaltete **β-Faltblatt-Struktur** bilden, die durch Was-

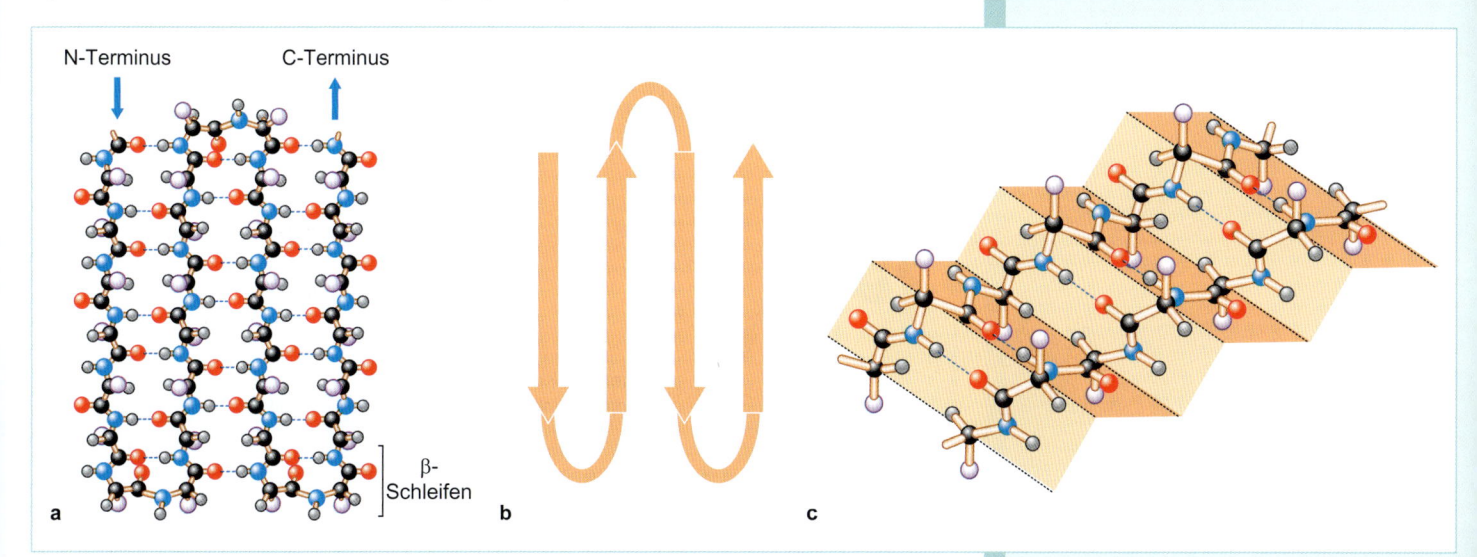

Abb. 2.13 Antiparalleles β-Faltblatt. **a** Aufsicht auf ein antiparalleles β-Faltblatt mit gestrichelt dargestellten Wasserstoffbrücken. Die Stränge sind durch β-Schleifen verbunden. **b** Banddarstellung. **c** Dreidimensionale Anordnung. [L253]

Aus Studentensicht

ABB. 2.12

Prolin destabilisiert α-Helices aufgrund seiner ringförmigen Struktur und der nicht vorhandenen Möglichkeit, Wasserstoff für die Wasserstoffbrücke zur Verfügung zu stellen. Wie **Glycin** wirkt es daher **helixdestabilisierend**.

Linksgängige α-Helices wären genauso stabil wie rechtsgängige, wenn sie aus D-Aminosäuren aufgebaut wären.

β-Faltblatt

Der **β-Strang** ist eine weitere Sekundärstruktur, bei der das Peptidrückgrat eine Zickzacklinie bildet. β-Stränge eines Proteins bzw. unterschiedlicher Proteine können sich aneinanderlegen und **β-Faltblätter** bilden. Sie werden durch Wasserstoffbrücken stabilisiert.

Aus Studentensicht

Die Seitenketten ragen dabei abwechselnd nach oben und unten aus der Ebene hinaus. Je nach Orientierung der einzelnen β-Stränge zueinander können sie **parallel** oder **antiparallel** angeordnet sein.
In Abbildungen werden β-Stränge häufig als **bandförmige Pfeile** dargestellt.

Die **β-Schleife** kann zwei antiparallele β-Stränge miteinander verbinden. Sie besteht meist aus vier Aminosäuren, wobei die erste mit der vierten Aminosäure eine Wasserstoffbrücke ausbildet, sodass eine 180°-Wende entsteht.

In Proteinen können verschiedene **Sekundärstrukturelemente nebeneinander** auftreten. α-helikale Proteine sind z.B. Myoglobin und das Keratin der Haare. Reich an β-Faltblättern sind Seide und Antikörper.
Bereiche, die **keinem Sekundärstukturelement zuzuordnen** sind, können dennoch eine definierte Struktur haben. Sie sind von den z.B. während der Proteinfaltung zufällig auftretenden Strukturen (Random Coils) abzugrenzen.

2 PROTEINE: ARBEITER DER ZELLE

serstoffbrücken zwischen den N-H- und den C=O-Gruppen des Peptidrückgrats stabilisiert wird. Im Unterschied zur α-Helix bilden sich die Wasserstoffbrücken aber nicht zwischen nahe benachbarten Peptidbindungen, sondern zwischen benachbarten β-Strängen. Meist lagern sich 4–5 Stränge zu einem β-Faltblatt zusammen. Die Seitenketten der Aminosäuren ragen immer abwechselnd nach oben und unten aus der gefalteten Ebene heraus.

Die einzelnen β-Stränge können entsprechend ihrer Ausrichtung vom N- zum C-Terminus **parallel** oder **antiparallel** angeordnet sein. In Abbildungen werden β-Stränge meist als **bandförmige Pfeile** dargestellt, wobei der Pfeil die Richtung des Stranges vom N- zum C-Terminus angibt.

Ein weiteres Sekundärstrukturelement ist die **β-Schleife** (β-Kehre, Haarnadelkehre), die meist aus vier Aminosäuren besteht und bei der die C=O-Gruppe einer Aminosäure mit der N-H-Gruppe der drittnächsten Aminosäure eine Wasserstoffbrücke bildet. Dabei entsteht eine 180°-Kehrtwendung des Peptidrückgrats. Die β-Schleife kann die β-Stränge eines antiparallelen β-Faltblatts direkt miteinander verbinden.

In einem Protein können die unterschiedlichen **Sekundärstrukturelemente nebeneinander** auftreten. Um sie übersichtlich darstellen zu können, wird häufig lediglich das Peptidrückgrat als Band gezeichnet (> Abb. 2.14). Typische überwiegend α-helikale Proteine sind Cyclin A, Myoglobin und das Keratin der Haare. Seide, Antikörper, viele Kanäle in Membranen wie die Porine oder das viel im Labor eingesetzte Green-Fluorescent-Protein (GFP) bestehen überwiegend aus β-Faltblättern. Viele andere Proteine kombinieren wie die Carboxypeptidase beide Elemente.

In fast allen Proteinen gibt es auch Bereiche, die **keinem Sekundärstrukturelement zuzuordnen** sind. Auch wenn sie dadurch ungeordnet erscheinen, haben sie oft eine definierte Struktur und sollten nicht mit den flexiblen ungeordneten Strukturen während der Proteinfaltung, die auch als Random Coils bezeichnet werden, verwechselt werden.

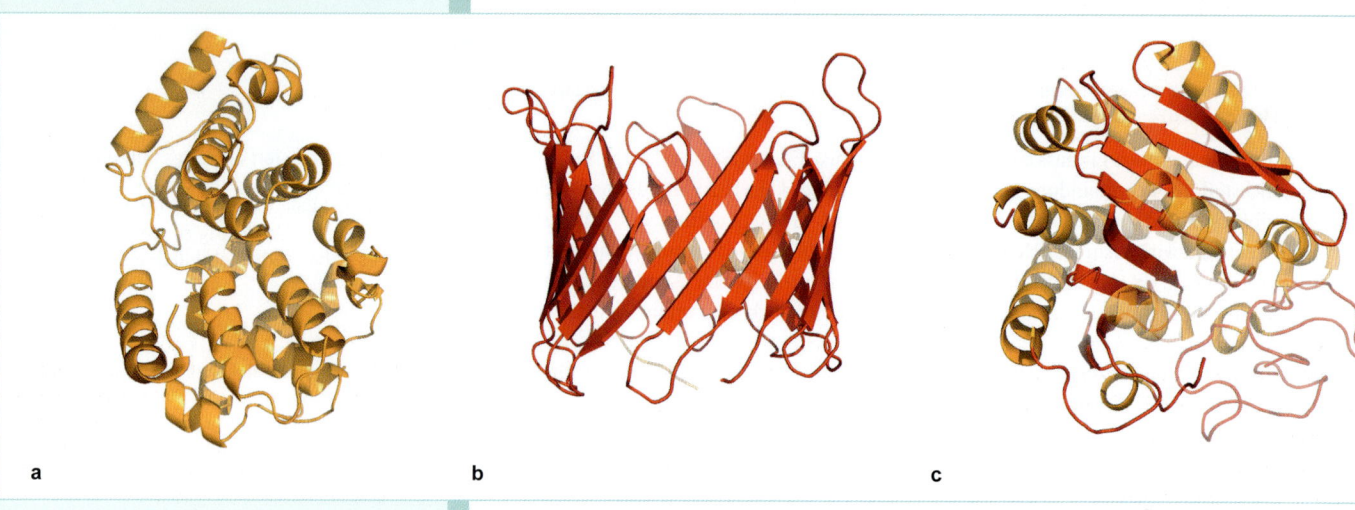

Abb. 2.14 Sekundärstrukturelemente in Proteinen. **a** Cyclin A. **b** Porin. **c** Carboxypeptidase. [P414, L307]

FALL

Creutzfeldt-Jakob mit 28?

Das Prionprotein, das sich im Gehirn von Mr. Fox ablagert, findet sich auch bei gesunden Menschen überall im Körper. Bei physiologischer Faltung bilden seine 253 Aminosäuren zum großen Teil α-Helices und kaum β-Faltblatt-Strukturen. Das in den Plaques von Mr. Fox gefundene pathologisch gefaltete Prionprotein wies dagegen in weit größerem Umfang β-Faltblatt-Strukturen auf. Viele dieser Prionproteine mit hohem β-Faltblatt-Anteil können sich in regelmäßiger Form aneinanderlagern. So bilden sich – anders als bei gesunden Menschen – Aggregate.

α-helikale Konformation des Prionproteins im gesunden Menschen [P414]

2.2.3 Tertiärstruktur

Die **Tertiärstruktur** beschreibt die komplette **Konformation** des Proteins inklusive der Seitenketten und der räumlichen Anordnung der Sekundärstrukturelemente zueinander. Dabei lagern sich insbesondere die einzelnen Sekundärstrukturelemente löslicher Proteine meist zu einer **kompakten globulären Form**

2.2 PROTEINSTRUKTUR

zusammen. Das **Innere** des Proteins ist dabei durch Atome des Peptidrückgrats und der Seitenketten ausgefüllt. Dort lagern sich überwiegend **hydrophobe Aminosäuren** wie Leucin und Valin zusammen, deren Seitenketten Van-der-Waals-Wechselwirkungen ausbilden können. Stabilisierende Kraft für diese Anordnung ist die hydrophobe Wechselwirkung. Die große Anzahl unterschiedlicher Aminosäuren ermöglicht ein praktisch vollständiges Ausfüllen der Zwischenräume, sodass kein Platz für Wassermoleküle vorhanden ist. Aminosäuren mit **polaren Seitenketten** befinden sich meist an der **Oberfläche**. Sie können mit den Wassermolekülen wechselwirken und so das Protein wasserlöslich machen.

Ähnlich den Lipidmizellen sind Proteine somit **innen bevorzugt hydrophob**, an der wasserzugewandten Seite können ihre polaren Gruppen mit den Wassermolekülen wechselwirken. Um dies zu erreichen, sind die α-Helices und β-Faltblätter an der Oberfläche oft amphiphil. Nach außen ordnen sich dann die polaren und nach innen die hydrophoben Aminosäureseitenketten an. Beispiele für solche globulären wasserlöslichen Proteine sind Myoglobin (> Abb. 2.15) und die α-Untereinheit des Hämoglobins. Sie haben einen Durchmesser von etwa 4 nm und eine hydrophobe Tasche, in der der Cofaktor Häm gebunden ist. Während es in der Bänderdarstellung des Myoglobins fälschlicherweise so aussieht, als sei das Molekül ziemlich „luftig", deutet das Kalottenmodell mit allen Atomen des Myoglobins die kompakte Fülle im Inneren der Proteine an.

Aus Studentensicht

Die räumliche Anordnung der Seitenketten und der Sekundärstrukturelemente zueinander definiert die **Tertiärstruktur** eines Proteins und somit dessen komplette **Konformation**.
Bei **globulären Proteinen** (z. B. Myoglobin) handelt es sich meist um **kompakte,** kugelförmige, wasserlösliche Moleküle, deren **Inneres** überwiegend durch **hydrophobe Aminosäuren** gefüllt ist, sodass Wasser ausgeschlossen wird. An der **Oberfläche** finden sich überwiegend **hydrophile** Aminosäuren, die zur Wasserlöslichkeit beitragen.

ABB. 2.15

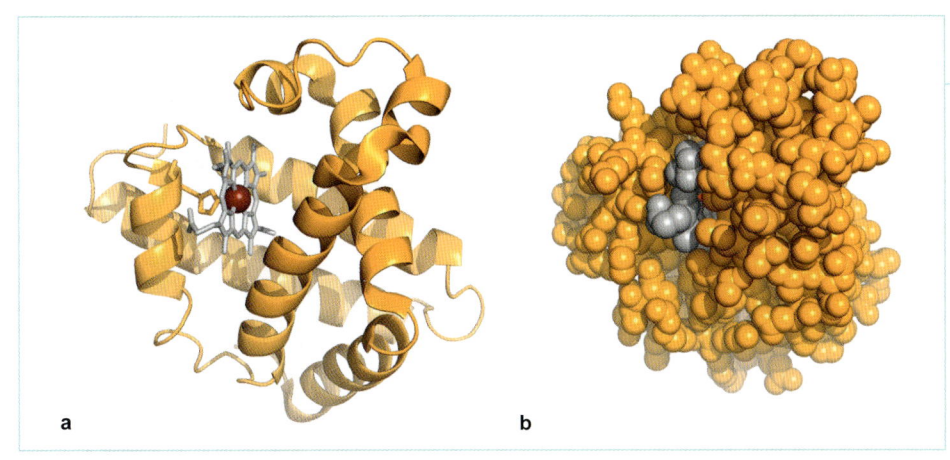

Abb. 2.15 Schleifen- (**a**) und Kalottenmodell (**b**) des Myoglobins. Der Cofaktor Häm ist grau, das darin enthaltene Eisenion rot dargestellt. [P414, L307]

Die Tertiärstruktur wird durch die Van-der-Waals- und hydrophoben Wechselwirkungen, aber auch durch Wasserstoffbrückenbindungen und ionische Bindungen zwischen den Atomen der Aminosäureseitenketten stabilisiert (> Abb. 2.16a). Zusätzlich bilden sich in einigen Proteinen auch kovalente Bindungen zwischen jeweils zwei Cysteinseitenketten aus, die meist in der Primärstruktur nicht benachbart sind (= **Disulfidbrücken,** S–S-Brücken). Durch posttranslationale Oxidation der beiden SH-Gruppen entsteht dabei das im Protein gebundene **Cystin** (> Abb. 2.16b). Disulfidbrücken bilden sich meist im stark oxidativen Milieu des ER. Im reduzierenden Milieu des Zytoplasmas kommen sie hingegen nur selten vor und finden sich somit hauptsächlich in Proteinen des ER, Golgi-Apparats und vesikulärer Kompartimente sowie in sezernierten Proteinen, eher selten jedoch in zytoplasmatischen Proteinen. Die an der Disulfidbrücke beteiligten Cysteinreste können auf einer (= intramolekular) oder auf unterschiedlichen Peptidketten (= intermolekular) liegen. Durch die kovalente Verknüpfung stabilisieren Disulfidbrücken die Lage der einzelnen Sekundärstrukturelemente zueinander und somit die Tertiärstruktur stärker als nicht-kovalente Wechselwirkungen. Einige Proteine wie Insulin bestehen aus mehreren durch Disulfidbrücken verbundenen Peptidketten (> Abb. 2.16c; > 9.7.1). Werden sie gespalten, verlieren die Proteine oft ihre Tertiärstruktur und damit ihre Funktion.

Evolutionär verwandte, homologe Proteine weisen i. d. R. eine ähnliche Tertiärstruktur und Anordnung von Disulfidbrücken auf. Selbst wenn ihre Aminosäuresequenzen sich durch Mutationen so stark verändert haben, dass die Verwandtschaft in der Primärstruktur nicht mehr erkennbar ist, kann die Ähnlichkeit in der Tertiärstruktur auf eine gemeinsame Herkunft hindeuten.

Die **Tertiärstruktur** eines Proteins wird durch hydrophobe und Van-der-Waals-Wechselwirkungen, ionische Bindungen sowie Wasserstoffbrücken stabilisiert. Zusätzlich können einige Proteine wie Insulin kovalente Bindungen zwischen zwei Cysteinseitenketten, sogenannte **Disulfidbrücken,** ausbilden. Sie werden durch posttranslationale Oxidation meist im oxidativen Milieu des ER gebildet und finden sich daher hauptsächlich in Proteinen des ER, Golgi-Apparats und vesikulärer Kompartimente sowie in sezernierten Proteinen.
Durch Oxidation von zwei Cysteinen entsteht durch Ausbildung einer Disulfidbrücke ein **Cystin.**

Evolutionär verwandte Proteine haben häufig große **Übereinstimmungen** in ihrer **Tertiärstruktur,** auch wenn die Verwandtschaft in ihrer Aminosäuresequenz oft nicht mehr erkennbar ist.

Proteinchemie auf dem Kopf

Der Hauptbestandteil menschlicher **Haare** ist das Protein **α-Keratin.** Es besteht aus zwei umeinandergeschlungenen α-Helices, die über hydrophobe Wechselwirkungen und Disulfidbrücken miteinander vernetzt sind. In feuchter Wärme kann ein Haar gedehnt werden; wenn es wieder trocknet, kehrt es wegen der Quervernetzungen über die Disulfidbrücken wieder in seine ursprüngliche Form zurück. Wenn der Friseur eine Dauerwelle formen möchte, muss er zunächst mit einem Reduktionsmittel die Disulfidbrücken zu SH-Gruppen reduzieren. Anschließend bringt er das Haar mit Lockenwicklern in die gewünschte Form, wobei er die α-Helices gegeneinander verschiebt. Danach gibt er ein Oxidationsmittel auf die Haare, das zur Ausbildung neuer Disulfidbrücken führt. Dabei reagieren SH-Gruppen miteinander, die in der aufgewickelten Form benachbart sind, also andere als zuvor. Auch nach dem Entfernen von Lockenwicklern, Chemikalien und nach dem Trocknen halten die neuen Disulfidbrücken das Haar in der veränderten Form.
Auch beim Blondieren führt der Friseur eine Redoxreaktion durch. Mit einem Oxidationsmittel wie Wasserstoffperoxid (H_2O_2) wird der Farbstoff Melanin zerstört, wodurch die Haare ihre dunkle Farbe verlieren.

2 PROTEINE: ARBEITER DER ZELLE

Aus Studentensicht

ABB. 2.16

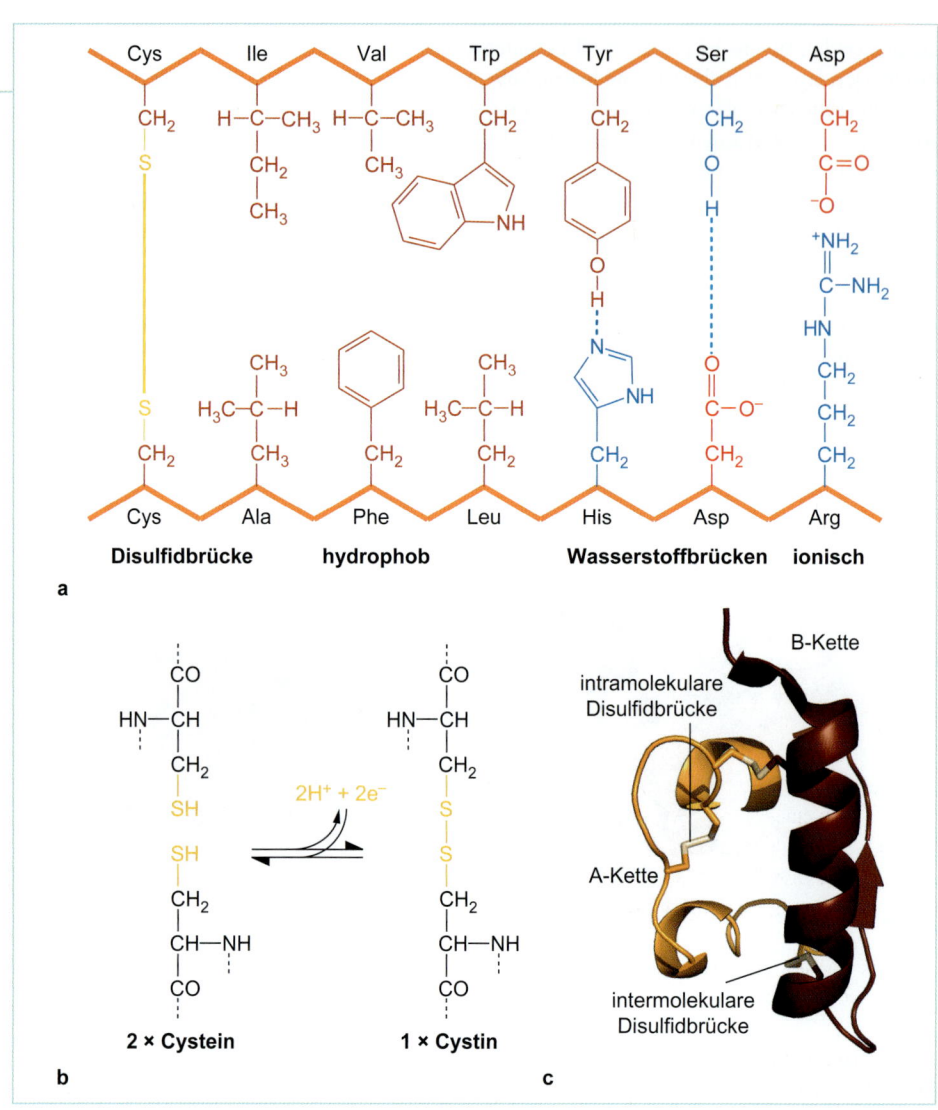

Abb. 2.16 **a** Wechselwirkungen in der Tertiärstruktur. **b** Disulfidbrückenbildung. **c** Insulin mit einer intra- und zwei intermolekularen Disulfidbrücken. [L253]

Proteine besitzen i. d. R. eine definierte **native Tertiärstruktur,** in der sie ihre Funktion ausüben können. Viele Proteine können jedoch reversibel mehrere unterschiedliche native Tertiärstrukturen einnehmen, wodurch sie „abgestellt" oder in ihrer Funktionsweise beeinflusst werden. Dies geschieht beispielsweise durch Bindung von Liganden oder kovalente Modifikationen von Aminosäureseitenketten, meist Phosphorylierungen (➤ 3.6.4). Dadurch können sich neue nicht-kovalente Wechselwirkungen zu den Liganden oder Phosphatgruppen ausbilden, welche die Wechselwirkungen innerhalb des Proteins beeinflussen und so zur Umfaltung des Proteins führen.

Die funktionsfähige Struktur eines Proteins wird **native Tertiärstruktur** genannt. Ligandenbindung oder kovalente Protein-Modifikationen können zu einer meist reversiblen Veränderung dieses Zustands und zu einer anderen definierten Raumstruktur führen. Dies kann die Funktionsweise des Proteins beeinflussen.

> **FALL**
>
> **Creutzfeldt-Jakob mit 28?**
>
> Anders als viele andere Proteine kann das Prionprotein zwei stabile Strukturen ausbilden. Die aggregierte pathogene Form ist im Gegensatz zur nativen Konformation ungewöhnlich stabil und kann nur sehr schlecht durch körpereigene Proteasen oder durch übliche Sterilisationsverfahren abgebaut werden.
> Schon in der Mitte des letzten Jahrhunderts fand man, dass spongiforme Enzephalopathien wie CJD von einem Menschen auf den anderen übertragen werden konnten. So kam es auf Papua-Neuguinea zur CJD-ähnlichen Kuru-Epidemie, an der innerhalb von wenigen Jahren viele Mitglieder des Fore-Volks starben. Zurückzuführen war dies auf ihren Bestattungsritus, bei dem zur Ehrung der Toten das Gehirn von den Angehörigen gegessen wurde. Auch in der hochtechnisierten westlichen Welt führte die Wiederverwendung von bei CJD-Erkrankten verwendeten chirurgischen Instrumenten zur Infektion von nachfolgend Behandelten.
> Bei der Suche nach dem Krankheitserreger gab es viele Hinweise darauf, dass es sich dabei um ein Protein handelt, das gegenüber üblichen Inaktivierungsmethoden wesentlich stabiler als Bakterien oder Viren ist.

Supersekundärstrukturen

Die Anordnung von Sekundärstrukturelementen in einer charakteristischen Abfolge wird als **Supersekundärstruktur** bzw. Motiv bezeichnet, ein Beispiel ist das Helix-Schleife-Helix-Motiv.

Supersekundärstrukturen

Die Anordnung von Sekundärstrukturelementen in einer charakteristischen Abfolge wird als **Supersekundärstruktur** bzw. Motiv bezeichnet. Beispiele dafür sind das Zinkfingermotiv, das die Bindung von Transkriptionsfaktoren an spezifische DNA-Sequenzen vermittelt, oder die EF-Hand, bei der die Bindung von Ca^{2+}-Ionen an ein Helix-Schleife-Helix-Motiv zu einer Konformationsänderung führt (➤ Abb. 2.17).

2.2 PROTEINSTRUKTUR

Aus Studentensicht

ABB. 2.17

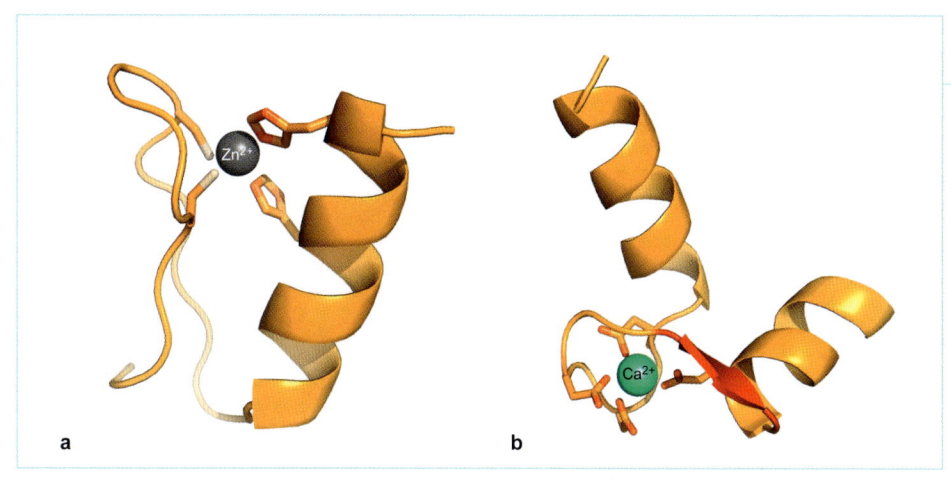

Abb. 2.17 Supersekundärstrukturen. **a** Zinkfingermotiv mit gebundenem Zn^{2+}-Ion. **b** EF-Hand mit gebundenem Ca^{2+}-Ion. [P414, L307]

Auch in vielen Faserproteinen der extrazellulären Matrix oder des Zytoskeletts finden sich wiederkehrende Strukturmotive.

Proteindomänen

Viele eukaryote Proteine sind modular aus einzelnen **Proteindomänen** aufgebaut. Dieses sind meist zusammenhängende, 40–400 Aminosäuren lange Abschnitte einer Peptidkette, die sich nahezu unabhängig vom Rest der Kette in eine **kompakte Tertiärstruktur** falten. Die Domänen eines Proteins sind ähnlich wie Perlen in einer Kette aneinandergereiht. Oftmals haben die Domänen **spezifische Funktionen.** Viele Proteine, die an der Signaltransduktion der Tyrosin-Kinase-Rezeptoren (➤ 9.6.3) beteiligt sind, enthalten z. B. SH2-Domänen, welche die Bindung an Phosphotyrosinreste anderer Proteine vermitteln, oder SH3-Domänen zur Bindung an prolinreiche Motive (➤ Abb. 2.18).

Proteindomänen
Proteinabschnitte, die sich nahezu unabhängig von dem restlichen Protein zu einer **kompakten Tertiärstruktur** falten, werden **Proteindomänen** genannt. Diese haben oft **spezifische Funktionen,** wie die Bindung an bestimmte Aminosäurereste von Proteinen einer Signalkette.

ABB. 2.18

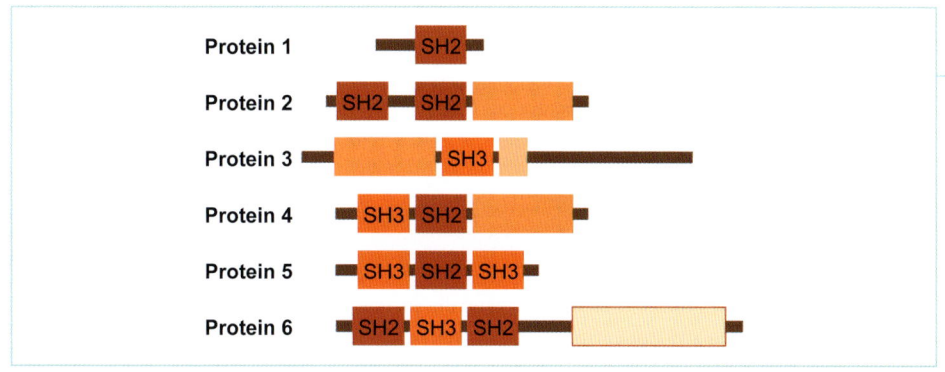

Abb. 2.18 Proteine mit verwandten Domänen. Während der Evolution wurden Exons für die Domänen dupliziert und die Duplikate mit anderen Exons neu kombiniert. [L253]

Die **Grenzen** zwischen den **Proteindomänen** korrelieren oft mit den Intron-Exon-Grenzen der zugehörigen Genabschnitte (➤ 4.5.4). Daher konnten sie im Verlauf der Evolution leicht mit anderen Domänen zu Proteinen mit neuen Funktionen kombiniert werden.

Die **Proteindomänengrenzen** stimmen oft mit den Intron-Exon-Grenzen der jeweiligen Genabschnitte überein. So konnten Domänen in der Evolution neu kombiniert werden.

2.2.4 Quartärstruktur

Die **Quartärstruktur** beschreibt die **Zusammenlagerung mehrerer Polypeptide** zu einem Protein. Die so entstehenden Di-, Tri-, Tetra- oder höheren Multimere können aus identischen (homomeren) und unterschiedlichen (heteromeren) **Untereinheiten** aufgebaut sein. Die Bindung der Untereinheiten aneinander wird durch nicht-kovalente oder kovalente Wechselwirkungen vermittelt.
Hämoglobin ist ein heteromeres Tetramer aus zwei α- und zwei β-Untereinheiten (➤ Abb. 2.19). Nur durch diesen Aufbau und die Wechselwirkung (Kooperation) der Untereinheiten miteinander kann das Hämoglobin effektiv den Sauerstoff im Körper transportieren (➤ 25.5.1). Auch Antikörper weisen eine Quartärstruktur auf, sie bestehen aus zwei schweren und zwei leichten Ketten, die durch intermolekulare Disulfidbrücken miteinander verbunden sind. Diese Kombination ermöglicht z. B. eine starke Bindung an zwei Viruspartikel gleichzeitig, was zu deren Bekämpfung im Rahmen der Immunantwort beiträgt. Proteinuntereinheiten können sich auch zu langen Faserproteinen wie den Aktinfilamenten oder der Proteinhülle von Viren zusammenlagern.

2.2.4 Quartärstruktur
Als **Quartärstruktur** bezeichnet man die **Zusammenlagerung mehrerer Polypeptide** zu einem Protein. Dabei können sich gleiche (homomer) oder unterschiedliche (heteromer) Polypeptide **(Untereinheiten)** zusammenlagern. Die Quartärstruktur halten die gleichen Kräfte wie bei der Tertiärstruktur zusammen.
Beispiele für Proteine mit Quartärstruktur sind: Hämoglobin, Antikörper, Muskelfilamente und Hüllproteine von Viren.

Aus Studentensicht

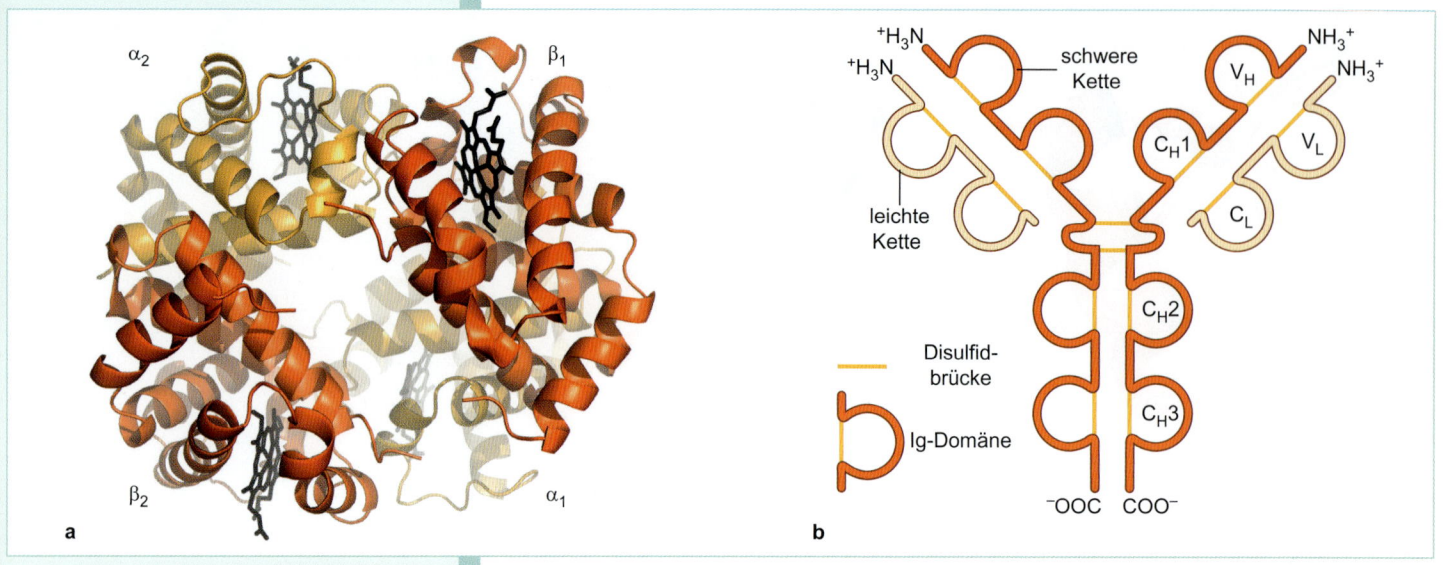

2 PROTEINE: ARBEITER DER ZELLE

Abb. 2.19 a Quartärstruktur von Hämoglobin. [P414] **b** Quartärstruktur von einem Immunglobulin. [L253]

KLINIK

Sichelzellanämie

Durch eine Punktmutation an Position 6 der β-Untereinheit des Hämoglobins kommt es zum Austausch von Glutaminsäure zu Valin. Dadurch wird an der Oberfläche des Hämoglobins eine geladene Aminosäure gegen eine hydrophobe Aminosäure getauscht. Der neu entstandene hydrophobe Bereich kann mit den hydrophoben Bereichen anderer Hämoglobinmoleküle wechselwirken, sodass sich in einer veränderten Quartärstruktur lange Hämoglobinketten bilden. Diese führen zu einer sichelartigen Verformung der roten Blutkörperchen, die zum einen die Kapillaren verstopfen und zum anderen schneller abgebaut werden. Daher leiden homozygote Träger der Mutation unter Durchblutungsstörungen und Anämie (= verringerte Hämoglobinkonzentration im Blut). Trotz der schweren Folgen dieser genetischen Erkrankung sind bis zu 40 % der Bevölkerung in Malariagebieten Äquatorialafrikas heterozygote Träger der Sichelzellmutation. Da sie auch normales Hämoglobin bilden, kommt es bei ihnen kaum zur Sichelzellbildung und damit einhergehenden Symptomen. Ein evolutionärer Vorteil erwächst ihnen aber, weil sich die malariaverursachenden Plasmodien in ihren Erythrozyten nicht gut vermehren können. So sterben die Träger seltener an der Haupttodesursache in diesen Gebieten, der Malaria. Dieser Vorteil wiegt den evolutionären Nachteil der homozygoten Nachkommen, die an starken Beschwerden leiden, auf.

2.3 Proteinfaltung

2.3.1 Native Proteine

Proteine nehmen i. d. R. die energieärmste Konformation an, die meist der nativen Struktur entspricht. Unter Einwirkung von z. B. Hitze oder Chemikalien **denaturieren** sie zu einer undefinierten Struktur (Random Coil). Einige Proteine aggregieren dabei irreversibel, andere können nach Entfernung der Einwirkung spontan in die native Struktur renaturieren. Die Faltungsinformation steckt in der Aminosäuresequenz.

2.3.2 Faltungstrichter

Zum Erreichen ihrer nativen Struktur falten sich Proteine in weniger als einer Sekunde in einem gerichteten Prozess, dessen treibende Kraft die Abnahme ihrer Energie ist. Der Faltungsvorgang kann mithilfe des **Faltungstrichters** veranschaulicht werden.
Das am Trichterrand startende Protein verliert bei der Ausbildung von **lokalen Sekundärstrukturelementen** Energie und fällt stückweise in den Trichter. Die v. a. durch hydrophobe Wechselwirkungen angetriebene Kompaktierung des Proteins führt zunächst zu einer noch instabilen Struktur (**Molten Globule**). Durch die weitere Ausbildung von schwachen und kovalenten Wechselwirkungen endet der Faltungsvorgang schließlich in der Spitze des Trichters. Das Protein hat den Zustand niedrigster freier Enthalpie erreicht.

2.3 Proteinfaltung

2.3.1 Native Proteine

Proteine nehmen wie alle Moleküle nach Möglichkeit die energieärmste Konformation an, die meist der nativen, funktionsfähigen Struktur entspricht. Durch starke Erwärmung oder Chemikalien wie Harnstoff in hohen Konzentrationen **denaturieren** Proteine. Dabei werden die intramolekularen Wechselwirkungen zerstört, sodass sich das Protein zu einer undefinierten, zufälligen Struktur entfaltet (= Random Coil). Einige Proteine können nach Abkühlung oder Chemikalienentfernung wieder spontan ihre native Konformation einnehmen (= renaturieren). Das zeigt, dass die für die Proteinfaltung notwendige Information in der Primärstruktur, der Aminosäuresequenz, liegt. Andere denaturierte Proteine verklumpen zu Aggregaten, die sich nur schwer wieder auflösen.

2.3.2 Faltungstrichter

Die meisten Proteine falten sich in weniger als einer Sekunde vom Random Coil in die native Konformation. Dies überrascht, da allein die Zahl der möglichen Anordnungen des Peptidrückgrats extrem hoch ist, sodass ein wahlloses Ausprobieren von einer Konformation nach der anderen länger dauern würde, als das Universum alt ist. Tatsächlich falten sich Proteine in einem gerichteten Prozess, bei dem es aber entsprechend der vielen möglichen Ausgangskonformationen nicht nur einen einzigen Weg gibt. Der zielführende Antrieb dabei ist die Reduktion der Energie des Proteins, der freien Enthalpie (➤ 3.1.4). Dies kann man durch einen **Faltungstrichter** symbolisieren (➤ Abb. 2.20b), auf dessen senkrechter Achse die Energie aufgetragen ist. Zunächst bilden sich schon innerhalb von Mikrosekunden **lokale Sekundärstrukturelemente** wie α-Helices aus (➤ Abb. 2.20a). Dabei wird die Bindungsenergie der neu gebildeten Wasserstoffbrücken frei, wodurch sich die Energie des Proteins reduziert und es ein Stück in den Trichter hineinfällt. In der Folge bilden sich Supersekundärstrukturen aus, die sich dann zu einer kompakten Struktur, dem **Molten Globule,** zusammenlagern (hydrophober Kollaps). Antreibendes Element dabei sind die hydrophoben Wechselwirkungen zwischen den Aminosäureseitenketten im Inneren des Proteins. Durch die weitere Ausbildung von schwachen Wechselwirkungen oder kovalenten Bindungen wie Disulfidbrücken zwischen den Seitenketten wird die native Konformation in der Spitze des Trichters erreicht.

2.3 PROTEINFALTUNG

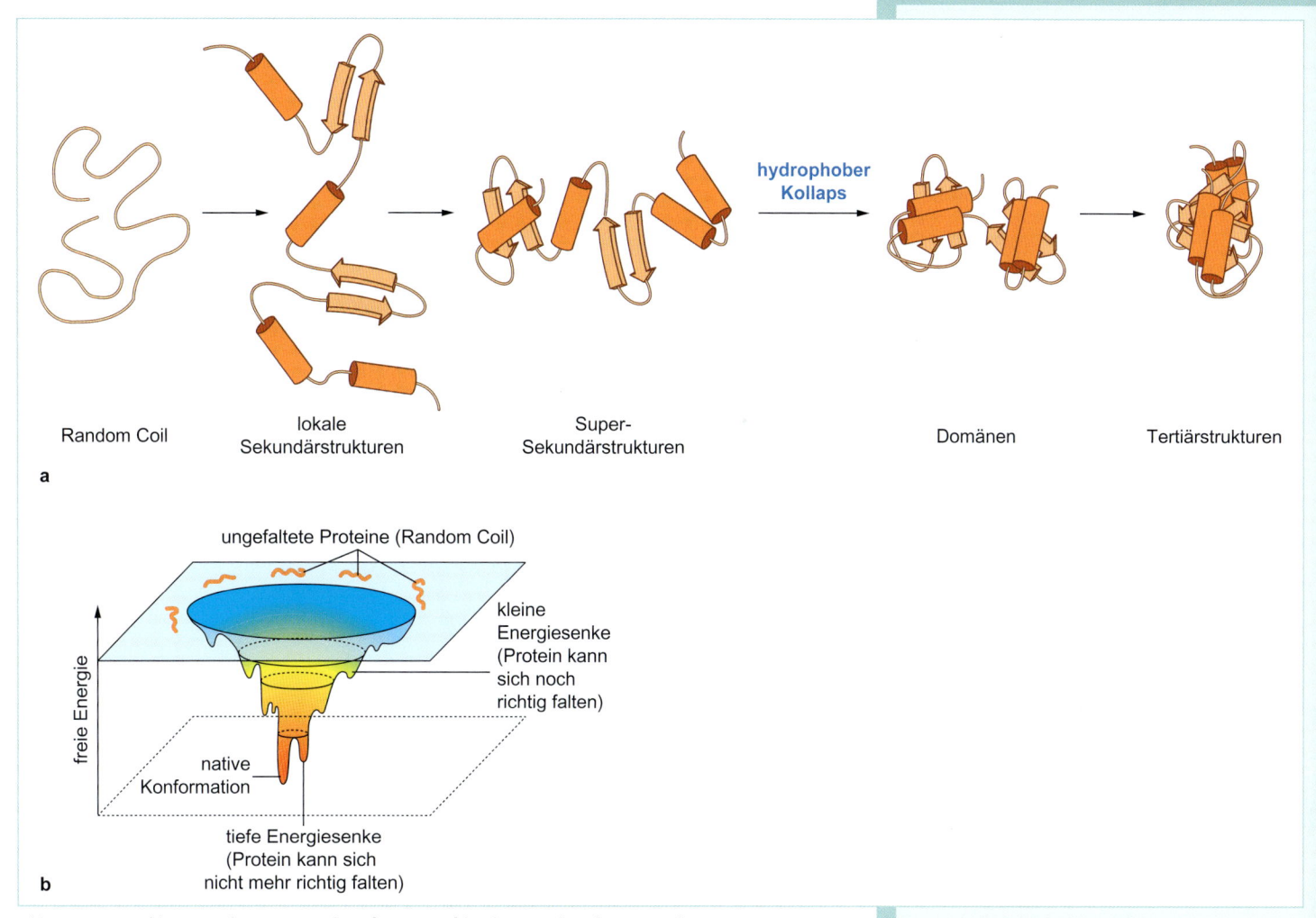

Aus Studentensicht

Abb. 2.20 Proteinfaltung. **a** Faltungsintermediate. [L307, L253] **b** Faltungstrichter. [L141, L307]

Es gibt sehr viele mögliche **Faltungswege,** je nachdem von welcher Stelle am Rand des Trichters ausgegangen wird. Auf einigen Wegen gibt es **lokale Energieminima** (kleine Senken am Rand des Trichters), aus denen sich die Zwischenprodukte nur durch Energiezufuhr (z. B. thermische Energie) befreien können. Bei einigen Proteinen sind diese Energieminima so tief, dass die Zwischenprodukte nicht mehr herauskommen. Solche nicht nativ gefalteten Proteine werden dann abgebaut, ohne je ihre Funktion ausgeübt zu haben. In der Evolution gab es eine Selektion zugunsten von Proteinen mit einem sicheren Faltungsweg. Insgesamt ist die Energie, die bei der Proteinfaltung frei wird, relativ gering, der Trichter ist also eher flach, da sich die Ordnung des Proteins während der Faltung stetig erhöht. Damit sinkt seine Entropie, was zur Verringerung der freigesetzten Energie führt (> 3.1.4).

2.3.3 Chaperone

Bei der Proteinsynthese wird eine Aminosäure nach der anderen zusammengefügt (> 5.5.2). So verlässt zunächst nur der aminoterminale Teil des Proteins mit den ersten Aminosäuren das Ribosom. Dieser Teil kann sich noch nicht in die native Konformation falten, da seine Bindungspartner noch gar nicht existieren. Problematisch ist das v. a. für hydrophobe Aminosäuren, da diese leicht mit den hydrophoben Seitenketten anderer im Entstehen begriffener Proteine aggregieren. Um dies zu verhindern, gibt es in der Zelle besondere Proteine, die **Chaperone** (engl. = Anstandsdamen). So wie die Anstandsdamen zu enge Kontakte zwischen heranwachsenden Menschen verhindern sollten, lagern sich Chaperone der hsp70-Familie an die **hydrophoben Bereiche** der im Entstehen begriffenen (naszierenden) Proteine und verhindern deren Aggregation (> Abb. 2.21a). Nach der vollständigen Synthese einer Domäne lösen sich die Chaperone unter ATP-Hydrolyse von dem naszierenden Protein, sodass sich die Domäne falten kann. Da Proteine bei Hitze denaturieren, bilden Zellen bei erhöhter Temperatur vermehrt Chaperone, die daher auch als Hitzeschockproteine (hsp) bezeichnet werden. Die Chaperone der hsp70-Familie (Hitzeschockproteine einer Masse von etwa 70 kDa) können dann auch die Aggregation von kompletten, aber hitzedenaturierten Proteinen verhindern.

Chaperone der hsp60-Familie bilden eine tonnenartige Struktur, in deren Inneren sich Proteine abgegrenzt von hydrophoben Molekülen in ihrer Umgebung falten können. Die Chaperone sind somit Faltungshelfer für viele andere Proteine. Sie geben den Proteinen keine Form vor, sondern verhindern in erster Linie die Bildung von stabilen Zwischenprodukten, die sich nicht mehr zur nativen Konformation falten können. Sobald die neu gebildeten Proteine in ihrer nativen Konformation keine hydrophoben Oberflächen mehr aufweisen, endet die Interaktion mit den Chaperonen (> 6.3.5).

Während des Faltungsprozesses gibt es sehr viele **Faltungswege.** Zudem können **lokale Energieminima** (Senken am Trichterrand) auftreten, aus denen die Proteine nur durch Energiezufuhr herauskommen können. Ist die dafür nötige Energie zu hoch, verbleibt das Protein in diesem fehlgefalteten Zustand und wird abgebaut. Die bei der Faltung frei werdende Energie ist insgesamt eher gering, da sich die Ordnung des Proteins während der Faltung erhöht.

2.3.3 Chaperone

Am Ribosom synthetisierte Proteine werden sukzessive aus diesem freigesetzt und beginnen sich zu falten. Bereiche mit vielen hydrophoben Aminosäuren können dabei leicht mit anderen Molekülen aggregieren und sich fehlfalten.

Spezielle Proteine **(Chaperone)** dienen als Faltungshelfer und wirken dem entgegen. Sie lagern sich an die **hydrophoben Bereiche** des entstehenden (naszierenden) Proteins und bedecken dieses. Sobald eine Proteindomäne fertig synthetisiert ist, lösen sich die Chaperone unter ATP-Hydrolyse von dem Protein und die Domäne kann sich falten. Um die Aggregation denaturierter Proteine bei Hitze zu vehindern, werden verstärkt Chaperone (Hitzeschockproteine, hsp) exprimiert. Tonnenförmige Chaperone ermöglichen in ihrem Inneren eine von der Umgebung abgegrenzte Faltung von Proteinen.

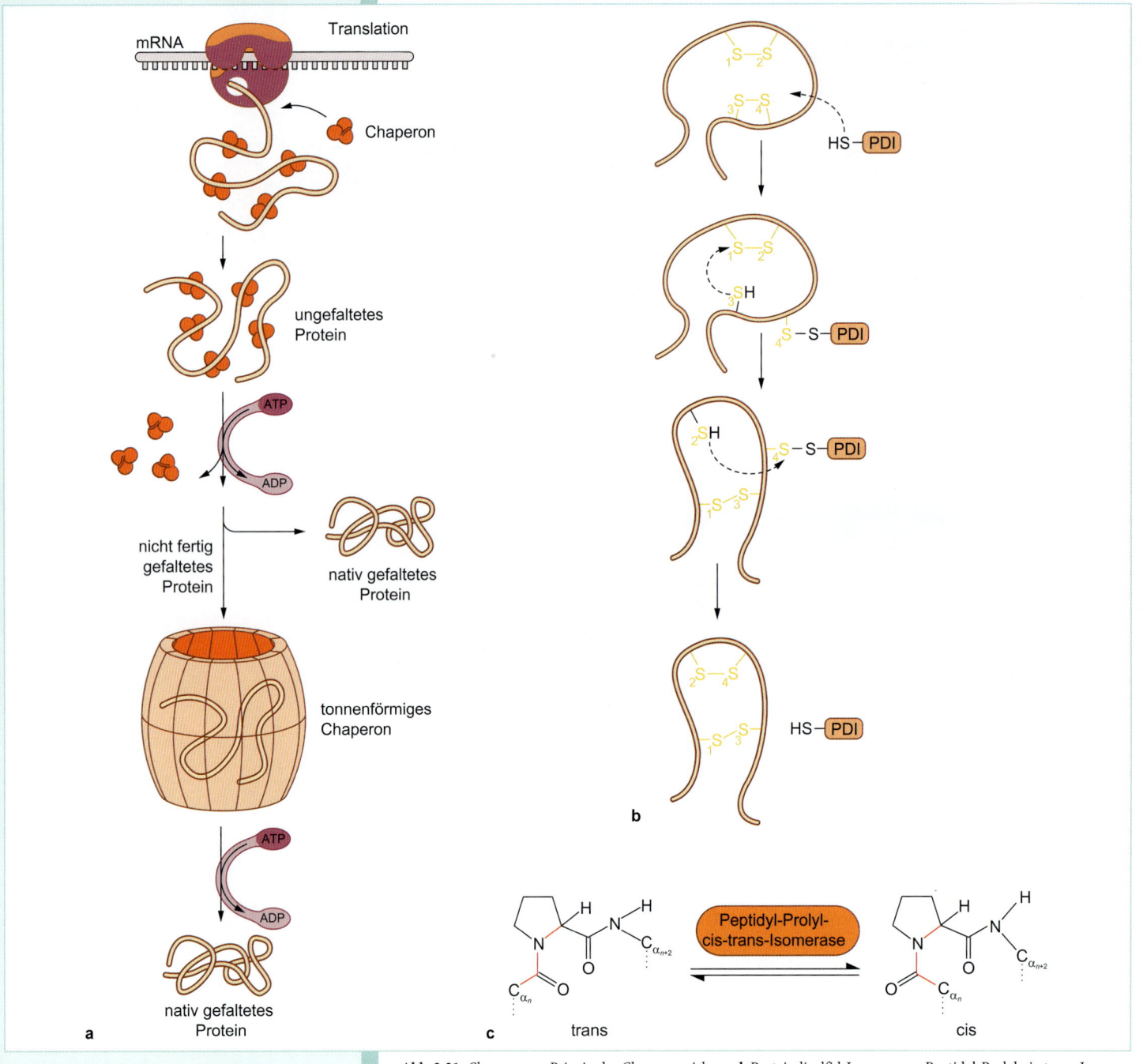

Aus Studentensicht　　2 PROTEINE: ARBEITER DER ZELLE

Abb. 2.21 Chaperone. **a** Prinzip der Chaperonwirkung. **b** Proteindisulfid-Isomerase. **c** Peptidyl-Prolyl-cis-trans-Isomerase. [L253]

Proteindisulfid-Isomerasen reduzieren spontan entstandene bzw. unerwünschte Disulfidbrücken und stellen anschließend die korrekten, energetisch günstigsten Disulfidbrücken her.
Die **Peptidyl-Prolyl-cis-trans-Isomerase** katalysiert die Isomerisierung der cis- und trans-Peptidbindung zwischen einer Aminosäure und Prolin.

Zwei weitere Chaperone erfüllen eine besondere Funktion im Rahmen der Proteinfaltung. Die **Proteindisulfid-Isomerasen** reduzieren im endoplasmatischen Retikulum Disulfidbrücken und verknüpfen anschließend andere Cysteinreste miteinander. So werden mögliche Kombinationen von Disulfidbrücken getestet, bis ein Energieminimum erreicht ist.
Die Peptidbindung zwischen einer Aminosäure und Prolin kann sowohl in der cis- als auch in der trans-Konfiguration vorliegen. Um die Umwandlung der beiden Formen bei der Proteinfaltung zu beschleunigen, gibt es die **Peptidyl-Prolyl-cis-trans-Isomerase** (> Abb. 2.21).

> **FALL**
>
> **Creutzfeldt-Jakob mit 28?**
>
> Das Prionprotein faltet sich in den Zellen eines gesunden Menschen in die native Form und kommt in vielen Spezies vor, was auf eine wichtige Funktion hindeutet, die aber noch nicht endgültig geklärt ist.
> Wenn sich pathogenes Prionprotein, das mehr β-Faltblätter aufweist, an natives Prionprotein anlagert, wird dieses ebenfalls in die pathogene Form umgefaltet. Die native Konformation muss in einem tiefen lokalen Energieminimum liegen, aus dem fast nie die stabilere pathogene Form erreicht werden kann. Wenn jedoch ein pathogener „Starter" vorhanden ist, erleichtert dieser die Umwandlung autokatalytisch oder in Zusammenarbeit mit Chaperonen. Auf diese Weise entsteht ein **in**fektiöses **Pro**tein, ein Prion. Als Pathomechanismus werden eine Toxizität der pathogenen Prionproteinform sowie lokale Entzündungsreaktionen auf die

Ablagerungen diskutiert, die schließlich zum massiven Untergang der Neurone und somit zu den Creutzfeldt-Jakob-Symptomen und schließlich zum Tod des Patienten führen.

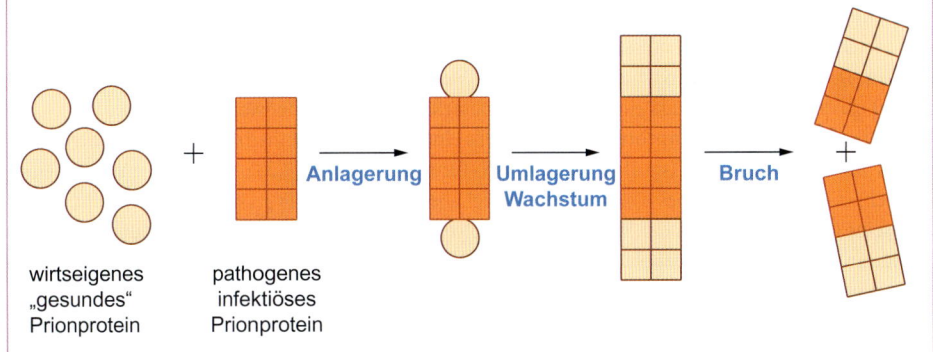

Modell für die autokatalytische Umwandlung des Prionproteins in die pathogene Konformation [L138]

Bei der Übertragung der spongiformen Enzephalopathien stammt der Starter aus bereits erkrankten Lebewesen, z. B. aus Proteinresten an chirurgischen Instrumenten oder mit der Nahrung aufgenommenem Prionprotein von erkrankten Menschen (Kuru) oder Rindern (Mr. Fox). Wie aber kommt es zur Erkrankung, wenn keine Infektion vorliegt? In einigen Fällen führt eine Mutation im Priongen dazu, dass die Wahrscheinlichkeit zur Faltung in die pathogene Konformation erhöht ist. Die betroffenen Menschen erkranken schon relativ früh, um das 50. Lebensjahr, an Creutzfeldt-Jakob. In den meisten Fällen tritt die Erkrankung aber sporadisch, ohne erkennbare Ursache auf. Wahrscheinlich kam es hier in einer Körperzelle zur Umfaltung der nativen in die pathogene Form, möglicherweise ausgelöst durch eine somatische Mutation im Priongen nur in der betroffenen Zelle. Da der Prozess der Umfaltung der Prionproteine in der Zelle und im umgebenden Gewebe des Gehirns, ausgehend von einer sehr geringen Menge des pathogenen Prionproteins, viel Zeit benötigt, erkranken die Betroffenen meist erst im Alter von 70 Jahren.

Die BSE-Epidemie in Großbritannien wurde wahrscheinlich durch unzureichend sterilisiertes Tiermehl im Kraftfutter ausgelöst, das möglicherweise infektiöse Prionen von erkrankten Tieren enthielt. Durch das Verbot von Tiermehleinsatz sowie das Töten und Verbrennen von Millionen von Rindern in Großbritannien konnte die Epidemie eingedämmt werden. In Deutschland wurden nur wenige hundert BSE-infizierte Kühe gefunden, seit 2010 gibt es nur noch sehr seltene Einzelfälle.

Prionen einer Spezies lösen die Krankheit jedoch nicht zwingend in einer anderen Spezies aus (= Speziesbarriere). So sind Mausprionen für Hamster kaum infektiös, während andere Mäuse durch sie leicht infiziert werden. Für die Speziesbarriere sind vermutlich Unterschiede zwischen Wirts- und Spenderorganismus in der Primär- und Sekundärstruktur des Prionproteins verantwortlich. Obwohl der Unterschied zwischen menschlichem und bovinem Prionprotein auf den ersten Blick größer ist als der zwischen Maus und Hamster, kann die Speziesbarriere zwischen Mensch und Kuh wahrscheinlich durchbrochen werden, da die Unterschiede in Proteinbereichen zu finden sind, die für die Aufrechterhaltung der Speziesbarriere zweitrangig sind.

2.4 Membranproteine

Viele Proteine haben eine hydrophile Oberfläche und lösen sich gut im Zytosol. Etwa ⅓ der Proteingene codiert jedoch für Membranproteine, die in die Plasma- oder die Organellenmembranen eingelagert sind und an einigen Bereichen ihrer Oberfläche mit den lipophilen Bereichen der Lipidmembran interagieren.

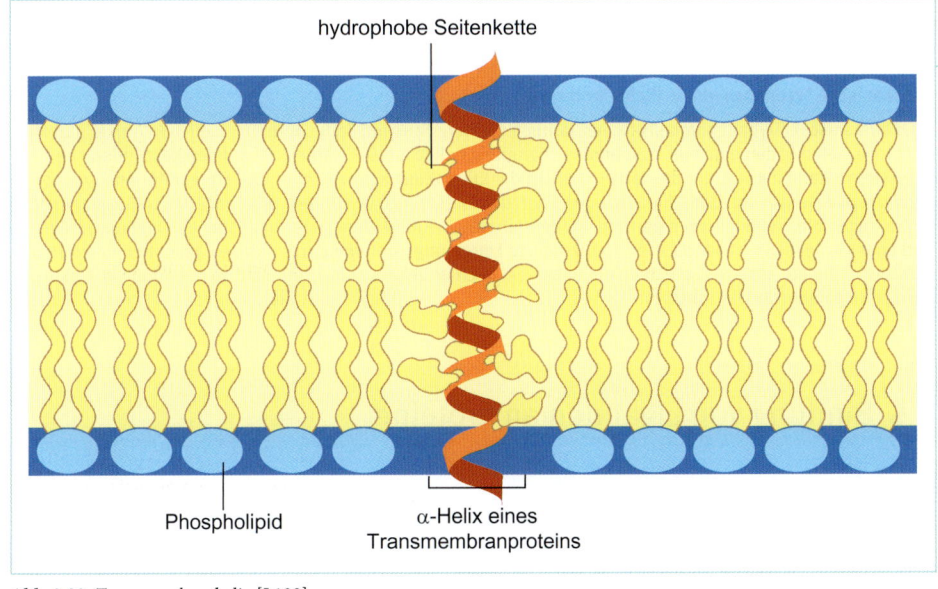

Abb. 2.22 Transmembranhelix [L138]

Aus Studentensicht

2.4 Membranproteine

Proteine, die in Lipidmembranen eingelagert sind, bilden häufig an den Kontaktstellen mit der Membran α-Helices aus. Durchspannen diese die Membran vollständig, werden sie **Transmembranhelices** genannt.

ABB. 2.22

2 PROTEINE: ARBEITER DER ZELLE

Aus Studentensicht

Die mit der Membran im Kontakt stehende α-Helix besteht überwiegend aus **hydrophoben** Aminosäuren, die mit dem hydrophoben Anteil der Membran interagieren.

In diesen Bereichen bilden die Membranproteine häufig α-Helices, welche die Membran als **Transmembranhelices** (Transmembrandomänen) vollständig durchspannen (➤ Abb. 2.22).
Da die vom Zentrum der Helix nach außen ragenden Aminosäureseitenketten Kontakt zu den hydrophoben Membranlipiden haben, müssen sie ebenfalls **hydrophob** sein, um mit ihnen gut wechselwirken zu können. Der hydrophobe Bereich der biologischen Membranen ist ungefähr 3,5–5 nm dick. Um diesen Bereich zu durchspannen, muss eine Transmembranhelix ca. 20–30 Aminosäuren lang sein.

Typ-I- und Typ-II-Membranproteine enthalten jeweils eine Transmembranhelix. Bei Typ I liegt der C-Terminus, bei Typ II der N-Terminus im Zytoplasma. **Typ III** durchspannt die Membran mehrfach, **Typ IV** besteht aus mehreren zusammengelagerten Membranproteinen.

Typ-I- und **Typ-II-Membranproteine** haben jeweils eine Transmembranhelix. Bei Typ I liegt der C-Terminus im Zytoplasma, bei Typ II dagegen der N-Terminus (➤ Abb. 2.23). Beide Typen kommen in menschlichen Zellen vor, jedes einzelne Protein liegt aber entweder als Typ I oder Typ II vor und verändert seine Orientierung nach der Synthese nicht. Polytope Membranproteine **(Typ III)** durchqueren die Membran mit mehreren hydrophoben Bereichen, die sich dreidimensional in der Membran anordnen und so beispielsweise Poren bilden können. Wenn sich mehrere Membranproteine zu einer Quartärstruktur zusammenlagern, zählen sie zum **Typ IV**.

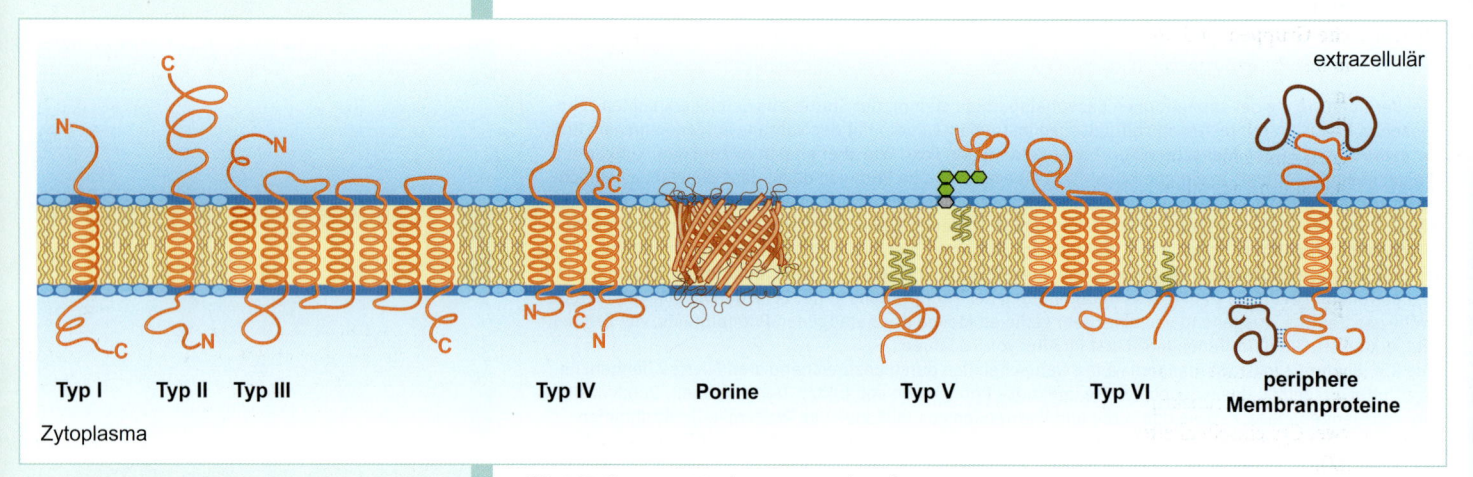

Abb. 2.23 Typen von Membranproteinen [L138]

Proteine mit fassartig angeordneten β-Faltblatt-Strukturen können in die Membran eingelagert sein. Ein Beispiel dafür sind **Porine**, die wassergefüllte Poren in der Membran bilden.

Proteine können auch mit einer fassartig angeordneten β-Faltblatt-Struktur in die Membran eingelagert sein. Ein Beispiel dafür sind die **Porine** (➤ Abb. 2.14), die z. B. große wassergefüllte Poren in der äußeren Mitochondrienmembran bilden, durch die Moleküle bis zu einer Größe von 5 000 Da diffundieren können. In den β-Strängen wechseln sich hydrophile und hydrophobe Seitenketten ab, die hydrophilen weisen nach innen zur wassergefüllten Pore, die hydrophoben zu den Lipiden der Membran.

Integrale Membranproteine sind in die Membran eingelagert, **periphere Membranproteine** sind an die Membranoberfläche angelagert. **Lipidverankerte Membranproteine** sind über ein kovalent gebundenes Lipid allein **(Typ V)** oder zusammen mit Transmembranhelices **(Typ VI)** in der Membran verankert.

Neben diesen **integralen Membranproteinen** gibt es auch **periphere Membranproteine**, die an die Oberfläche der Membran angelagert sind. Sie binden durch nicht-kovalente Bindungen entweder an Transmembranproteine oder an die hydrophilen Kopfgruppen der Membranlipide. Bei **lipidverankerten Membranproteinen** werden Lipide, die sich dann in die Membran einlagern, durch posttranslationale Modifikation kovalent mit dem Protein verknüpft (➤ 6.4). Diese Lipide können allein die Membranverankerung bewirken **(Typ V)** oder zusätzlich zur Interaktion mit der Membran durch Transmembranhelices vorliegen **(Typ VI)**.

KLINIK

Afrikanische Trypanosomiasis (Schlafkrankheit)

Die afrikanische Trypanosomiasis fordert jährlich mehrere Tausend Todesopfer im südlichen Afrika, obwohl heute in vielen Fällen eine medikamentöse Therapie möglich ist. Der Name geht auf den kontinuierlichen Dämmerzustand zurück, der das letzte Stadium der Erkrankung kennzeichnet. Die Erreger der Art *Trypanosoma brucei* sind Protozoen, die durch den Stich der Tsetsefliege übertragen werden. Auf der Plasmamembran tragen die Trypanosomen periphere Membranproteine mit einem Lipidanker, die vom Immunsystem erkannt werden. Die Trypanosomen können diese Erkennungsproteine durch Lipasen abspalten und durch andere Varianten ersetzen, die dem Immunsystem noch unbekannt sind, und sich so temporär vor Zerstörung durch Immunzellen schützen.

2.5 Bindung von Liganden an Proteine

2.5.1 Funktionen von Proteinen

Aufgrund ihrer vielfältigen Struktur können Proteine unterschiedlichste Moleküle als **Liganden** binden, z. B. körpereigene Proteine oder körperfremde Stoffe wie Medikamente.

Durch die Vielfalt ihrer Strukturen können Proteine unterschiedlichste Moleküle als **Liganden** an ihre Oberfläche binden. Diese Liganden können körpereigene Substanzen, z. B. andere Proteine, aber auch körperfremde Stoffe wie Medikamente sein. Sie binden meist über dieselben nicht-kovalenten Wechselwirkungen an Proteine, die auch bei der Proteinfaltung eine Rolle spielen.

2.5 BINDUNG VON LIGANDEN AN PROTEINE

Aus Studentensicht

Cofaktoren binden an Proteine und erweitern deren Funktionsspektrum. Als **Rezeptoren** binden Proteine z. B. Hormone. **Transportproteine** können die an sie gebundenen Liganden im Blut oder über Membranen hinweg transportieren. Als **Enzyme** katalysieren Proteine Stoffwechselreaktionen, bei denen die gebundenen Liganden (= **Substrate**) in einer chemischen Reaktion verändert werden. **Strukturproteine** binden aneinander und bilden lange Fasern innerhalb (Zytoskelett) und außerhalb (extrazelluläre Matrix) von Zellen, die wiederum über die Bindung an andere Strukturproteine ein stabiles Netzwerk bilden.

Proteine können z. B. als **Rezeptoren, Enzyme** oder **Strukturproteine** fungieren. Die von Enzymen gebundenen Liganden werden auch **Substrate** genannt.
Cofaktoren binden an Proteine und erweitern deren Funktionsspektrum.

2.5.2 Cofaktoren

Für einige Proteinfunktionen reicht die Vielfalt der chemischen Eigenschaften der Aminosäureseitenketten nicht aus. Hier unterstützen Moleküle mit anderen Eigenschaften, die an das Protein binden (**Cofaktoren**). Der Peptidanteil wird dann als **Apoprotein** bezeichnet, der zusammen mit dem Cofaktor das **Holoprotein** bildet. Die Cofaktoren werden nach ihrer Struktur und Funktion eingeteilt.

2.5.2 Cofaktoren

Die Funktion von Proteinen kann durch nicht-proteinartige Moleküle (**Cofaktoren**) erweitert werden. Der Proteinanteil wird als **Apoprotein** bezeichnet, Protein und Cofaktor zusammen als **Holoprotein**.

Prosthetische Gruppen

Prosthetische Gruppen sind organische Moleküle, die über kovalente oder nicht-kovalente Bindungen dauerhaft an das Protein gebunden sind. Oft sind sie wie das Häm im Myoglobin (➤ Abb. 2.15) oder im Hämoglobin in eine hydrophobe Tasche des Proteins eingelagert. Einige prosthetische Gruppen können im menschlichen Stoffwechsel synthetisiert werden. Andere werden aus Vitaminen gebildet, die wir mit der Nahrung zu uns nehmen müssen. **Cosubstrate** binden nur phasenweise an Proteine. Sie werden zusammen mit den prosthetischen Gruppen zu den **Coenzymen** gezählt (➤ 3.2.6).

Prosthetische Gruppen

Prosthetische Gruppen sind organische Moleküle, die dauerhaft über kovalente oder nicht-kovalente Bindungen an das Protein gebunden sind (z. B. Häm des Hämoglobins). **Cosubstrate** sind phasenweise an das Protein gebunden und gehören mit den prosthetischen Gruppen zu den **Coenzymen**.

Metall-Ionen

Metall-Ionen sind fest mit bestimmten Proteinen verknüpft (Metalloproteine). Oft werden sie durch **koordinative Bindungen** festgehalten und bilden **Metallkomplexe**. Meist tragen die Eigenschaften der Metall-Ionen zur Funktion der Enzyme bei. So kann z. B. Eisen in unterschiedlichen Oxidationsstufen vorliegen und somit Elektronen „speichern" (➤ 18.4.2).
In den Zinkfingern von Transkriptionsfaktoren bilden Zn^{2+}-Ionen koordinative Bindungen mit zwei Histidin- und zwei Cysteinseitenketten der DNA-bindenden Domäne und stabilisieren deren Konformation (➤ Abb. 2.17).

Metall-Ionen

Metall-Ionen sind Bestandteile von Metalloproteinen, in denen sie meist durch **koordinative Bindungen** einen **Metallkomplex** bilden. Mit ihren Eigenschaften verleihen sie Proteinen spezielle Funktionen, z. B. das Speichern von Elektronen in der Atmungskette.

Koordinative Bindung, Metallkomplexe

Eine koordinative Bindung ist eine kovalente Bindung, bei der beide Bindungselektronen von einem der beiden beteiligten Atome stammen. Ein Beispiel dafür ist die Protonierung von Wasser, bei der beide Bindungselektronen vom Sauerstoff stammen (➤ Formel 2.7):

$$H-\underline{\underline{O}}-H + H^+ \rightleftharpoons \left[H-\overset{H}{\underset{H}{O^+}} \right] \quad [L253] \qquad | \text{ Formel 2.7}$$

Ein Metall-Ion kann oftmals mehrere koordinative Bindungen eingehen; es entsteht ein Metallkomplex. Ein Beispiel dafür ist das Fe-Ion im Myoglobin oder im Hämoglobin. Es bildet einen Komplex mit sechs Liganden: vier N-Atomen der Häm-Gruppe, einem N-Atom eines Histidinrestes sowie dem gebundenen O_2-Molekül. Andere Metall-Ionen wie Zn^{2+}-Ionen binden vier Liganden in Form eines Tetraeders.
Die Stabilität eines Komplexes ist abhängig von den Bindungspartnern. So sind z. B. Kohlenmonoxid und Cyanid-Ionen sehr viel bessere Komplexliganden für das Eisen-Ion im Häm als Sauerstoff (➤ 25.5.1). Die Stabilität erhöht sich, wenn ein Ligand mehrere koordinative Bindungen zu einem Zentral-Ion eingeht (mehrzähniger Ligand) und ein **Chelatkomplex** (gr. chele = Krebsschere) wie im Hämoglobin entsteht.

2.5.3 Rezeptoren

Hormone wie Adrenalin binden als Liganden an membranständige **Rezeptoren** auf der Zelloberfläche (➤ Abb. 2.24; 9.6.1). Die adrenergen Rezeptoren haben eine **Bindungstasche**, in die Adrenalin aufgrund seiner chemischen Struktur hineinpasst. Sobald Adrenalin in die Bindungstasche hineindiffundiert, wird es durch schwache Wechselwirkungen festgehalten. Andere Moleküle, die auch in die Bindungstasche diffundieren können, werden nicht so stark festgehalten und verlassen sie daher wieder schnell.
Die **Affinität** (Bindungskraft) der Rezeptoren zu unterschiedlichen Liganden unterscheidet sich. So gibt es für die meisten Hormone einen spezifischen Rezeptor mit einer hohen Affinität, der andere Hormone nicht oder nur schlecht bindet. Als Maß für die Affinität eines Liganden zu einem Protein wurde die **Dissoziationskonstante K_D** eingeführt. Sie entspricht der Ligandenkonzentration, bei der die Hälfte der Proteinmoleküle einen Liganden gebunden hat, und liegt meist im milli- bis nanomolaren Bereich. Die Liganden können auch wieder aus der Bindungstasche herausdiffundieren. Je stärker aber die nicht-kovalenten Bindungen sind, desto höher ist die Affinität und desto langsamer findet die Ablösung statt.
Durch die Bindung des Hormons kommt es zu einer Konformationsänderung des Rezeptors. So wird das extrazelluläre Signal „erhöhte Hormonkonzentration" in ein intrazelluläres Signal „veränderte Proteinkonformation" umgewandelt (➤ 9.6.1).

2.5.3 Rezeptoren

Hormone fungieren als Liganden von **Rezeptoren**. Die Bindung des Hormons in die **Bindungstasche** des Rezeptors durch schwache Wechselwirkungen kann zu einer Konformationsänderung des Rezeptors führen und das Weiterleiten des Signals einleiten.
Rezeptoren unterscheiden sich u. a. in ihrer **Affinität** für Liganden. Die **Dissoziationskonstante K_D** gibt dabei die Ligandenkonzentration an, bei der die Hälfte der Rezeptoren einen Liganden gebunden hat.

Aus Studentensicht

ABB. 2.24

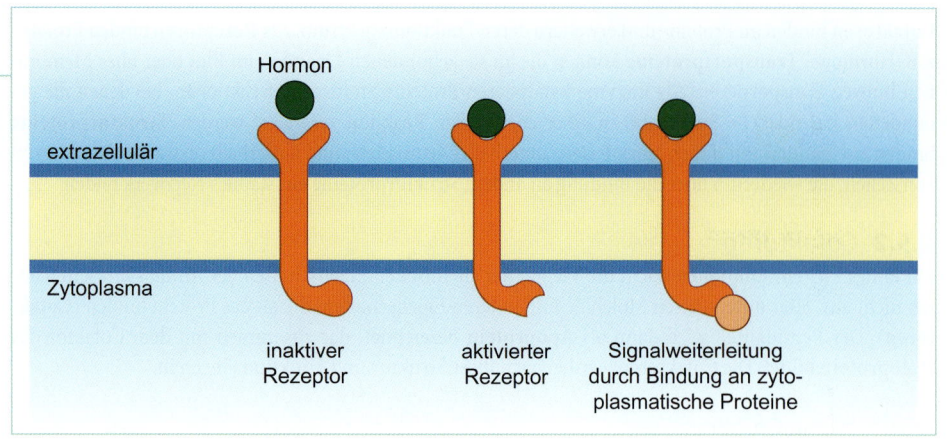

Abb. 2.24 Signaltransduktion durch Transmembranrezeptoren [L138]

2.5.4 Transportproteine
Proteine können u. a. als **Speicher** (Ferritin als Eisenspeicher) oder **Transporter** (Hämoglobin als Sauerstofftransporter) fungieren.

Kanäle sind porenförmige Membranproteine, die einen selektiven, schnellen **passiven Stofftransport** (erleichterte Diffusion) über Membranen ermöglichen. Ihr Öffnungszustand ist unterschiedlich reguliert; so öffnen z. B. bestimmte Na$^+$-Kanäle nach einem elektrischen Impuls.

Ionenpumpen sind Membranproteine, die unter direktem ATP-Verbrauch und somit auch gegen Konzentrationsgradienten Ionen transportieren können **(aktiver Transport).**
Die Na$^+$/K$^+$-ATPase, ein **Antiporter,** transportiert unter ATP-Hydrolyse drei Na$^+$-Ionen aus der Zelle heraus und zwei K$^+$-Ionen in die Zelle hinein.

Ein Transport, der die Energie eines durch ATP aufgebauten Konzentrationsgradienten nutzt, wird **sekundär aktiver Transport** genannt. Glukose wird z. B. zusammen mit Na$^+$-Ionen **(Symport)** in Darmzellen transportiert, wobei Na$^+$-Ionen zuvor unter ATP-Verbrauch aus der Darmzelle herausgepumpt wurden.

2.5.4 Transportproteine
Durch die reversible Bindung an Liganden können Proteine deren **Speicherung** und **Transport** vermitteln. So dient Ferritin als Eisenspeicher und Hämoglobin als Transporter von Sauerstoff, den es in der Lunge bindet und in anderen Geweben wieder abgibt. Andere Transportproteine befinden sich in den Zellmembranen. Beispiele dafür sind Ionenkanäle und -pumpen.

Kanäle sind Membranproteine mit einer wassergefüllten Pore, durch die meist selektiv nur bestimmte Stoffe über die Membran diffundieren können (Uniport). So lassen Natriumkanäle Na$^+$-Ionen schnell, aber K$^+$- oder Cl$^-$-Ionen sehr viel langsamer passieren (➤ Abb. 2.25a). Ein Nettotransport findet hierbei nur von der Membranseite mit der höheren Na$^+$-Konzentration zur Seite mit der niedrigeren Konzentration statt (= **passiver Transport;** erleichterte Diffusion). Kanäle stellen keine starren, kontinuierlich geöffneten Poren dar. So führt z. B. bei der Erregungsleitung am Nerven ein elektrischer Impuls zur kurzzeitigen Öffnung von ansonsten geschlossenen Na$^+$-Kanälen. Andere Ionenkanäle werden durch die Bindung von Liganden gesteuert. So öffnen sich Ionenkanäle nach extrazellulärer Bindung von Neurotransmittern an postsynaptischen Nervenzellen oder nach zytoplasmatischer Bindung von cGMP beim Sehvorgang in der Retina (➤ 27.2.2).

Ionenpumpen können dagegen Konzentrationsgradienten erzeugen. Sie benötigen dafür Energie in Form von ATP, weshalb man diesen Prozess auch als **aktiven Transport** bezeichnet. Ein Beispiel dafür ist die Na$^+$/K$^+$-ATPase, bei der die frei werdende Energie aus der Hydrolyse eines ATP-Moleküls zu einer Reihe von Konformationsänderungen führt (➤ Abb. 2.25b). Dadurch werden drei Na$^+$-Ionen aus der Zelle hinaus- und im Gegenzug zwei K$^+$-Ionen hineintransportiert. Wegen der entgegengesetzten Transportrichtung der Ionen spricht man hier von einem **Antiporter.** Die Na$^+$/K$^+$-ATPase führt bei praktisch allen menschlichen Zellen intrazellulär zu einer hohen K$^+$- und einer niedrigen Na$^+$-Konzentration. Ionenpumpen transportieren einige Tausend Moleküle pro Sekunde über die Membran und sind damit etwa tausendfach langsamer als Kanäle.

Beim **sekundär aktiven Transport** wird nicht direkt die Hydrolyse von ATP, sondern die in dem Konzentrationsgradienten eines Stoffes steckende Energie verwendet, um einen anderen Stoff entgegen seinem Konzentrationsgradienten zu transportieren. So erfolgt die Aufnahme von Glukose aus dem Darmlumen in die Enterozyten im **Symport** (Transport in dieselbe Richtung) mit Na$^+$-Ionen. Zwei „freiwillig" in die Zelle hineindiffundierende Na$^+$-Ionen müssen dabei ein Glukosemolekül mitnehmen (➤ Abb. 2.25c). Anschließend müssen die Na$^+$-Ionen unter ATP-Verbrauch durch die Na$^+$/K$^+$-ATPase wieder aus der Zelle gepumpt werden. Beim tertiär aktiven Transport wird ein durch sekundären Transport aufgebauter Ionengradient für die Transport eines anderen Stoffs genutzt.

2.5 BINDUNG VON LIGANDEN AN PROTEINE

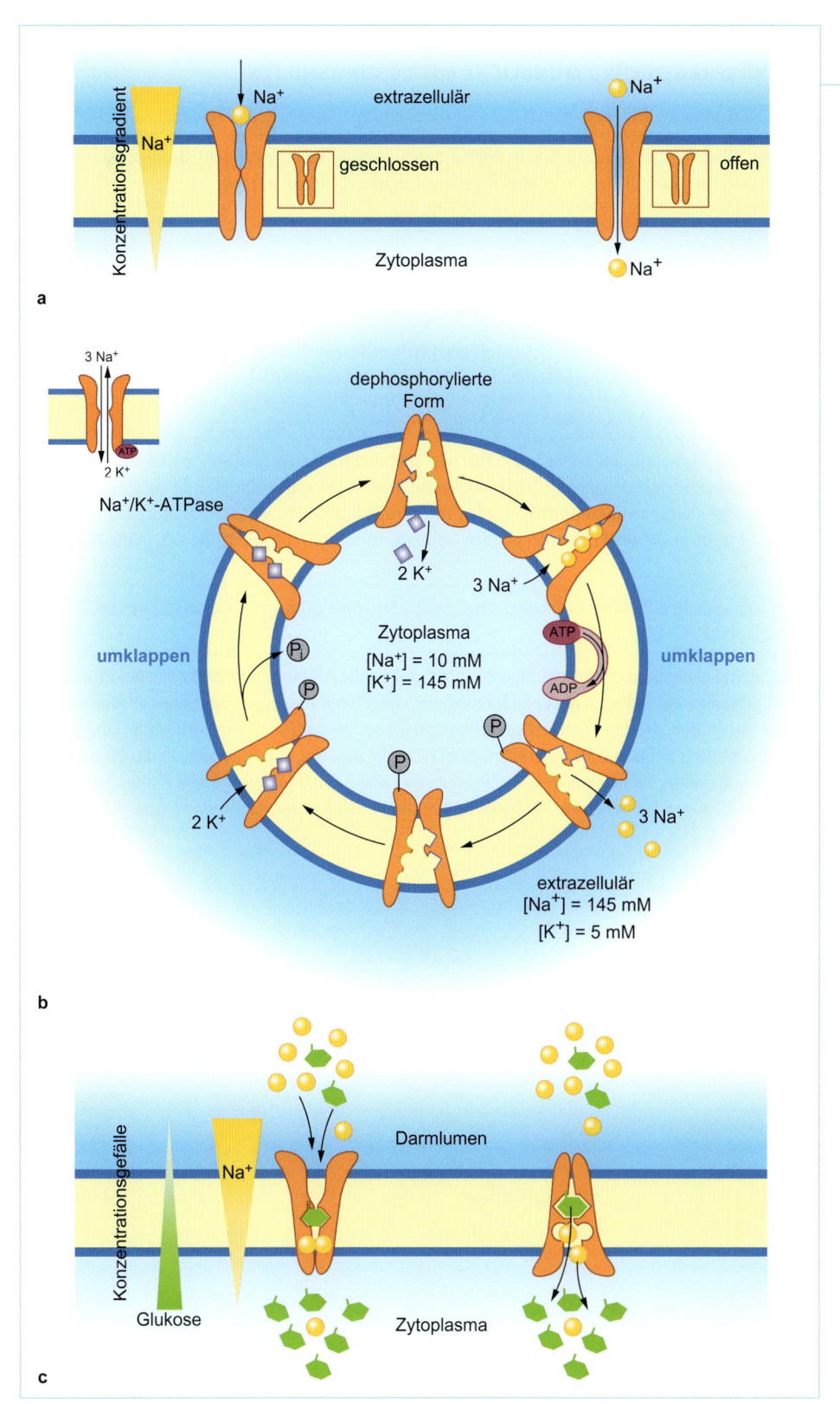

Abb. 2.25 Beispiele für Transportproteine. **a** Na$^+$-Kanal. **b** Na$^+$/K$^+$-ATPase. **c** Na$^+$-Glukose-Cotransport. [L138]

Aus Studentensicht

PRÜFUNGSSCHWERPUNKTE
IMPP
!!! Strukturgebende Elemente von Proteinen (Stabilisierung von α-Helix und β-Faltblatt durch Wasserstoffbrücken, Hydroxylgruppen, Peptidbindungen)

Kompetenzorientierte Lernziele (NKLM)
Die Studierenden können
- den Aufbau und die Funktion von Proteinen inklusive Modifikationen, Faltung und Denaturierung beschreiben und daraus wesentliche Eigenschaften ableiten.
- grundlegende Reaktionstypen bei Säuren und Basen erklären.

2 PROTEINE: ARBEITER DER ZELLE

ÜBUNGSFRAGEN FÜRS MÜNDLICHE MIT LÖSUNGSHILFEN

1. Zeichnen Sie ein Dipeptid und erklären Sie die Konformation der Peptidbindung!

➤ Abb. 2.8. Aufgrund des partiellen Doppelbindungscharakters ist die Peptidbindung planar. Im Peptidrückgrat sind lediglich die beiden Bindungen an den C_α-Atomen frei drehbar.

2. Warum treten α-Helix und β-Faltblatt so häufig in Proteinen auf?

Beide Strukturen enthalten viele Wasserstoffbrückenbindungen, die sie stabilisieren.

3. Welche Wechselwirkungen stabilisieren die Tertiärstruktur?

Sowohl kovalente (z. B. Disulfidbrücken) als auch viele nicht-kovalente (z. B. hydrophobe Wechselwirkungen, Wasserstoffbrückenbindungen, Ionenbindungen) Wechselwirkungen wirken stabilisierend.

4. Wie werden Membranproteine an die Membran gebunden?

Integrale Membranproteine haben meist eine oder mehrere transmembrane α-Helices mit zu den Lipiden hin zeigenden hydrophoben Aminosäureresten, selten wie die Porine eine fassartige β-Faltblatt-Struktur. Periphere Membranproteine binden an hydrophile Bereiche von Membranbestandteilen oder sind posttranslational mit hydrophoben Lipidankern verknüpft worden, die sich in die Membran einlagern.

5. Wozu enthalten Proteine Cofaktoren? Nennen Sie Beispiele für prosthetische Gruppen und Metalloproteine!

Cofaktoren haben meist chemische Eigenschaften, welche die Aminosäureseitenketten der Proteine selbst nicht aufweisen. Durch die Cofaktoren können die Proteine so neue Funktionen ausüben. Organische Cofaktoren, die dauerhaft fest an das Protein gebunden sind, werden prosthetische Gruppen genannt, ein Beispiel ist das Häm im Hämoglobin, das die Bindung von Sauerstoff an das Protein ermöglicht. Metalloproteine enthalten Metall-Ionen als Cofaktoren. Ein Beispiel sind Zinkfinger-Transkriptionsfaktoren, bei denen ein Zn^{2+}-Ion die DNA-bindende Konformation stabilisiert.

KAPITEL 3

Enzyme: Katalysatoren des Lebens
Wolfgang Hampe

3.1	Chemische Reaktionen im Menschen	49
3.1.1	Richtung chemischer Reaktionen	49
3.1.2	Enthalpie	50
3.1.3	Entropie	50
3.1.4	Freie Enthalpie	51
3.1.5	Konzentrationsabhängigkeit der Reaktionsrichtung	51
3.2	Enzyme als Biokatalysatoren	52
3.2.1	Reaktionsgeschwindigkeit	52
3.2.2	Aufbau von Enzymen	53
3.2.3	Enzymatische Katalyse	55
3.2.4	Reaktionsmechanismus der Serinproteasen	57
3.2.5	Enzymklassifizierung	59
3.2.6	Cosubstrate	60
3.3	Enzymtests	63
3.3.1	Fotometrie	63
3.3.2	Bestimmung der Konzentration von Stoffen in Blut oder Urin	64
3.3.3	Bestimmung von Enzymen im Blut	64
3.3.4	ELISA	65
3.4	Enzymkinetik	65
3.4.1	Geschwindigkeit enzymatischer Reaktionen	65
3.4.2	Michaelis-Menten-Kinetik	65
3.4.3	Enzyminhibitoren	68
3.5	Isoenzyme	70
3.6	Regulation der Enzymaktivität	70
3.6.1	Regulationsmechanismen	70
3.6.2	Allosterie	71
3.6.3	Kooperativität	71
3.6.4	Phosphorylierung	72
3.6.5	Zymogenaktivierung	72

3.1 Chemische Reaktionen im Menschen

3.1.1 Richtung chemischer Reaktionen

> **FALL**
>
> **Herr Kohl hat Bauchschmerzen**
>
> Herr Kohl, 40 Jahre alt, sucht Sie wegen starker Bauchschmerzen in Ihrer Hausarztpraxis auf. Sie behandeln ihn schon seit zwei Jahren wegen seiner chronischen Pankreatitis mit Schmerzmitteln, konnten ihn aber nicht dazu bewegen, seinen Alkohol- und Zigarettenkonsum einzuschränken. Herr Kohl berichtet jetzt vom Weihnachtsessen seines Gesangsvereins mit Grünkohl, Kassler und Würsten am Vortag. In der Nacht fingen dann die Bauchschmerzen, begleitet von Durchfall und starken Blähungen, an. Auf Nachfrage erzählt er, dass er in den letzten Wochen 3 kg abgenommen habe, obwohl er an seinen Ernährungsgewohnheiten nichts verändert habe. Da die aufgenommenen Nährstoffe offensichtlich weniger gut verwertet werden, vermuten Sie eine exokrine Pankreasinsuffizienz, d. h. einen Mangel an vom Pankreas ausgeschütteten Verdauungsenzymen. Bei der Ultraschalluntersuchung stellen Sie eine starke Verkalkung des Pankreas fest, zudem ergibt eine Stuhluntersuchung deutlich erniedrigte Elastasewerte.
> Wie entstehen die Symptome von Herrn Kohl? Wie können Sie seine Beschwerden behandeln?

Aus Studentensicht

Enzyme spielen eine wichtige Rolle im Berufsalltag eines Arztes und jede Fachrichtung hat mit ihnen zu tun. Sie werden in Labortests gemessen, um beispielsweise die Funktion und den Zustand von Herz und Leber zu überprüfen und als Medikamente z. B. bei einem Mangel an Pankreasenzymen eingesetzt. Zahlreiche Medikamente sind spezifische Hemmstoffe von Enzymen, wie z. B. Aspirin®. Auch werden sie tagtäglich in der Forschung eingesetzt, beispielsweise bei der Vervielfältigung von DNA. Aber was genau sind Enzyme und wie funktionieren sie? In diesem Kapitel wirst du, nach einem kurzen Exkurs in die Thermodynamik, Antworten auf diese und viele weitere Fragen finden.
Karim Kouz

3.1 Chemische Reaktionen im Menschen

3.1.1 Richtung chemischer Reaktionen

Aus Studentensicht

Im Körper ablaufende Reaktionen folgen den allgemeinen Gesetzen der Chemie.
Viele Reaktionen werden durch **Katalysatoren** – in der Biochemie als **Enzyme** bezeichnet – beschleunigt. Ein Beispiel dafür ist die Spaltung von Nahrungsproteinen in Aminosäuren bzw. kleinere Peptide durch **Proteasen** im Darm.

Der **1. Hauptsatz** der **Thermodynamik** besagt, dass **Energie weder erzeugt noch vernichtet** werden kann. Sie kann jedoch von einer **Energieform in eine andere Form umgewandelt** werden. So nutzt der Körper einen Großteil der chemischen Energie aus der Nahrung, um **ATP** (chemische Energie) zu synthetisieren, das er dann z. B. für die Bewegung von Muskeln nutzt (mechanische Energie).

3.1.2 Enthalpie
Die **Enthalpie H** gibt den Energiegehalt der an einer Reaktion beteiligten Substanzen an. Bei **exothermen** Reaktionen wird Energie (z. B. Wärmeenergie) freigesetzt, bei **endothermen** Reaktionen wird Energie aufgenommen.

KLINIK

3.1.3 Entropie
Die **Entropie (S)** ist ein Maß der **Unordnung**. Der **2. Hauptsatz** der Thermodynamik besagt, dass bei chemischen Reaktionen die **Gesamtentropie** ($S_{System} + S_{Umgebung}$) immer **zunimmt**.
Man unterscheidet drei Systemtypen:
- Offene Systeme: sowohl Stoff- als auch Energieaustausch mit der Umgebung
- Geschlossene Systeme: nur Energieaustausch mit der Umgebung
- Abgeschlossene Systeme: weder Energie- noch Stoffaustausch

Der **menschliche Körper** stellt ein **offenes System** dar.

3 ENZYME: KATALYSATOREN DES LEBENS

Lange Zeit dachte man, dass die aus der anorganischen Chemie bekannten Gesetze auf organische Stoffe nicht anwendbar sind. Angestoßen von der Synthese des ersten organischen Stoffs (Harnstoff) aus anorganischen Grundsubstanzen im Jahr 1828 wurde jedoch die Lehre des „Vitalismus", die eine Lebenskraft als Grundlage des Lebendigen annahm, verworfen. Heute wissen wir, dass auch die Reaktionen im menschlichen Körper den allgemeinen Gesetzen der Chemie gehorchen. **Enzyme** ermöglichen Reaktionen, die außerhalb von Lebewesen nicht oder nur sehr langsam ablaufen, und können als **Katalysatoren** einzelne Reaktionen beschleunigen. Ein Beispiel sind **Proteasen** wie die Elastase, die als Verdauungsenzym vom Pankreas in den Darm abgegeben wird und dort die Spaltung von Peptidbindungen in Proteinen bewirkt. Die entstehenden Aminosäuren und Peptide können im Gegensatz zu den großen Nahrungsproteinen über die Darmwand aufgenommen werden und stehen so dem Stoffwechsel zur Verfügung.

Die Richtung, in die eine chemische Reaktion abläuft, wird von den Gesetzen der **Thermodynamik** bestimmt, die auf mehreren Hauptsätzen aufbaut. Der **1. Hauptsatz** besagt, dass die **Energiemenge in einem geschlossenen System konstant** bleibt (Energieerhaltung). Allerdings können unterschiedliche Formen der Energie ineinander umgewandelt werden, z. B. chemische Energie in Wärmeenergie bei einer Verbrennung oder Bewegungsenergie in Wärmeenergie durch Reibung. Der Körper nutzt einen Großteil der chemischen Energie aus der Nahrung, um **ATP** herzustellen. Die beim Abbau des ATP frei werdende chemische Energie kann dann z. B. im Muskel in mechanische Energie umgewandelt werden. Es ist daher falsch zu sagen, dass im Körper Energie produziert wird, vielmehr werden **Energieformen ineinander umgewandelt**.

3.1.2 Enthalpie
Der 1. Hauptsatz allein gibt jedoch keinen Hinweis darauf, in welche Richtung Reaktionen ablaufen. Ein erster Hinweis auf die Reaktionsrichtung ist, dass bei Reaktionen die Menge an chemischer Energie (= **Enthalpie H**) der beteiligten Substanzen sinkt, also chemische Energie z. B. in Wärmeenergie umgewandelt und freigesetzt wird (= **exotherme** Reaktionen). Allerdings trifft dies nicht immer zu. Beispielsweise beim Auflösen von Harnstoff in Wasser kühlt die Lösung ab (= **endotherme** Reaktion), aber trotzdem findet diese Reaktion statt.

> **KLINIK**
>
> **Eisspray und Kältepack**
>
> Endotherme Reaktionen werden in der Medizin z. B. genutzt, um Kälte zu erzeugen. So verwendet der Zahnarzt Eisspray (Kältespray) für die **Sensibilitätsprüfung eines Zahns.** Er sprüht dafür ein unter hohem Druck stehendes Flüssiggas aus einer Sprühdose auf einen Wattebausch. Durch die Druckminderung und das Verdampfen wird der Watte Wärmeenergie entzogen. Wenn der Patient den kalten Wattebausch spürt, lebt der Zahn.
> In der **Sportmedizin** werden z. B. bei Zerrungen oder Prellungen Kältepacks verwendet, die – anders als Kälteakkus – ohne Vorkühlung Kälte erzeugen. Dabei handelt es sich um einen Beutel, die in ihrem Inneren zwei Kammern besitzen. Eine dieser Kammern ist mit Wasser gefüllt, die andere z. B. mit Harnstoff. Wird die Trennwand der beiden Kammern durch Druck auf den Beutel zerstört, vermischen sich die Inhalte. Da das Lösen von Harnstoff eine endotherme Reaktion ist, kühlt der Beutel innerhalb weniger Sekunden ab.

3.1.3 Entropie
Eine allgemeingültige Antwort auf die Frage nach der Reaktionsrichtung gibt der **2. Hauptsatz** der Thermodynamik. Die **Entropie** in einem **abgeschlossenen System,** in dem weder Stoff- noch Energieaustausch möglich ist, muss bei einer Reaktion **zunehmen**. Die Entropie S ist ein „Maß der Unordnung". Bei chemischen Reaktionen steigt die **Unordnung** immer an. So steigt die Entropie bei der Spaltung eines großen in zwei kleinere Moleküle, da sich diese auf vielfältigere Art und Weise im Raum verteilen und orientieren können. Dies scheint den Reaktionen bei uns im Körper zu widersprechen, werden doch z. B. beim Wachstum große Moleküle wie Proteine und hoch geordnete Strukturen aufgebaut. Dies ist nur möglich, weil der **Körper kein abgeschlossenes System** darstellt, da er Stoffe (z. B. Nahrung und Ausscheidungsprodukte) und Energie (z. B. Wärme) mit der Umgebung austauscht. In solch einem **offenen System** kann die Entropie des Systems sinken, wenn dafür die Entropie der Umgebung in noch größerem Umfang steigt, die Gesamtentropie also ebenfalls zunimmt.

> **Warum gefriert Wasser?**
>
> Beim Gefrieren nimmt die Entropie des Wassers ab. Dies liegt daran, dass sich die Wassermoleküle beim Übergang in die kristalline Eisform exakter anordnen, als sie es vorher in der Flüssigkeit getan haben, und somit ihre Ordnung zunimmt. Wasser gefriert trotzdem in der Natur und auch bei uns zu Hause im Gefrierfach. Die Energie, die das flüssige Wasser vor dem Gefrieren besitzt, wird an die Umgebung abgegeben und versetzt dabei Luftmoleküle in Bewegung und dadurch in größere Unordnung. Da die Zunahme der Unordnung der Luft die Zunahme der Ordnung des Wassers deutlich übersteigt und somit die Gesamtentropie zunimmt, ist das Frieren von Wasser ein spontaner Prozess.

3.1 CHEMISCHE REAKTIONEN IM MENSCHEN

3.1.4 Freie Enthalpie

Die entscheidende Größe für die Reaktionsrichtung in offenen Systemen wie dem menschlichen Körper ist die **freie Enthalpie G** (Gibbs-Energie; nach dem US-Physiker Josiah Willard Gibbs), in die neben der Temperatur T sowohl die Enthalpie H als auch die Entropie S eingehen (➤ Formel 3.1):

$$G = H - T \cdot S \qquad | \text{ Formel 3.1}$$

Reaktionen finden dann statt, wenn die freie Enthalpie der Produkte geringer ist als die der Edukte (➤ Abb. 3.1a). Häufig betrachtet man daher nur den Unterschied Δ der Größen nach und vor der Reaktion (➤ Formel 3.2).

$$\Delta G = \Delta H - T \cdot \Delta S \qquad | \text{ Formel 3.2}$$

Eine Reaktion kann also immer dann ablaufen, wenn sie **exergon (ΔG < 0)** ist. **Endergone** Reaktionen (ΔG > 0) finden auch im menschlichen Körper nicht statt, sofern sie nicht an andere, exergone Reaktionen gekoppelt sind.

Viele exergone Reaktionen sind gleichzeitig **exotherm**, wie der Verdau der Nahrungsmoleküle im Darm. Aber auch **endotherme** Reaktionen können ablaufen, wenn das Produkt T · ΔS größer ist als die Zunahme der Enthalpie ΔH. Dies erklärt die Abkühlung beim Auflösen von Harnstoff. Der menschliche Körper nutzt ein ähnliches Phänomen bei der Abkühlung durch Schwitzen. Beim Verdunsten des Schweißes steigt die Entropie des Wassers und damit das Produkt T · ΔS. Diese Zunahme ist größer als die durch den Körper abgegebene Wärmeenergie ΔH.

Aus Studentensicht

3.1.4 Freie Enthalpie
Für die Reaktionsrichtung entscheidend ist die **Änderung der freien Enthalpie: ΔG = ΔH – T · ΔS**. Alle freiwillig ablaufenden Reaktionen sind **exergon (ΔG < 0)**, die Größe von ΔG sagt aber nichts über die Reaktionsgeschwindigkeit aus. Im menschlichen Körper laufen keine **endergonen** Reaktionen **(ΔG > 0)** ab, sofern sie nicht an andere, exergone Reaktionen gekoppelt sind. Exergone Reaktionen können sowohl **exotherm** als auch **endotherm** verlaufen. Entscheidend ist lediglich, dass ΔG < 0 ist.

ABB. 3.1

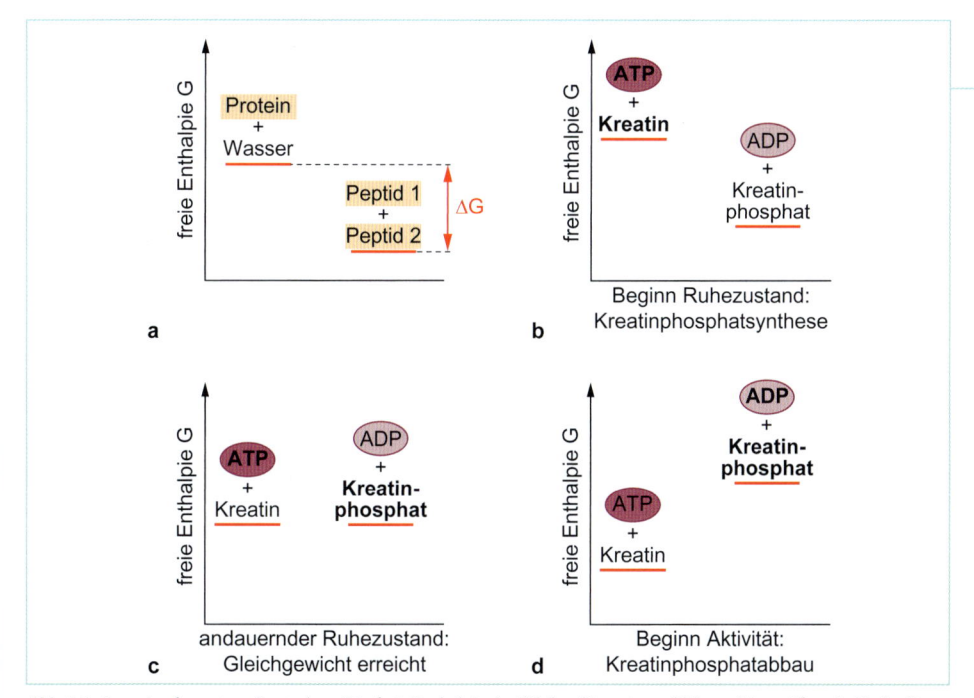

Abb. 3.1 Energieschemata. **a** Proteolyse. Die freie Enthalpie der Edukte (Protein und Wasser) ist größer als die der Produkte. Die Anzahl der Edukte und Produkte variiert bei unterschiedlichen Reaktionen. **b–d** Synthese und Abbau von Kreatinphosphat in der Muskelzelle. Fettdruck symbolisiert eine erhöhte Konzentration in der Zelle. [L253]

3.1.5 Konzentrationsabhängigkeit der Reaktionsrichtung

In menschlichen Zellen kann eine Reaktion in bestimmten Stoffwechselsituationen in eine Richtung, in anderen Situationen aber in die Rückrichtung ablaufen, weil ΔG auch von den **Konzentrationen** der einzelnen Reaktanden abhängig ist. Wenn durch die Reaktion die Konzentration der Edukte sinkt und die der Produkte steigt, nähert sich ΔG dem Nullwert, der schließlich im **Gleichgewicht** bei einem bestimmten Reaktionsverhältnis erreicht ist.

3.1.5 Konzentrationsabhängigkeit der Reaktionsrichtung
Reaktionen können, abhängig von den **Konzentrationsverhältnissen** der Produkte und Edukte, sowohl in Hin- als auch in Rückrichtung ablaufen. Im **Gleichgewicht** ist ΔG = 0.

> **Chemisches Gleichgewicht**
> Die Reaktion A + B ⇌ C + D wird in die Richtung (also Hin- oder Rückreaktion) ablaufen, für die ΔG < 0 ist. Allerdings ist das ΔG der Reaktion abhängig von der Konzentration der Edukte (hier A und B) und der Produkte (hier C und D). Wenn die Konzentration von A (auch abgekürzt als [A]) steigt, sinkt das ΔG der Hinreaktion. Bei einer ausreichend hohen [A] wird die Hinreaktion exergon und läuft somit ab. Allerdings sinken dann durch die Reaktion [A] und [B], dafür steigen [C] und [D], wodurch die Hinreaktion im Verlauf der Reaktion weniger stark exergon wird. Bei einem bestimmten Konzentrationsverhältnis der Reaktanden ist ΔG = 0. Jetzt laufen die Hin- und die Rückreaktion mit derselben Geschwindigkeit ab: Das chemische Gleichgewicht

3 ENZYME: KATALYSATOREN DES LEBENS

Aus Studentensicht

ist erreicht. Dieses Konzentrationsverhältnis wird durch die Gleichgewichtskonstante K beschrieben, die für jede Reaktion charakteristisch ist (> Formel 3.3).

$$K = \frac{[C] \times [D]}{[A] \times [B]} \qquad | \text{ Formel 3.3}$$

Um die Energie, die bei einer Reaktion frei wird, auch dann abschätzen zu können, wenn die tatsächliche Konzentration der Reaktanden nicht bekannt ist, wurde die **freie Standardenthalpie ΔG°** eingeführt. ΔG° ist der ΔG-Wert einer Reaktion unter Standardbedingungen. Als Standard wurden dabei eine Temperatur von 25 °C, der normale Luftdruck (101,3 kPa) und eine Konzentration von 1 mol/l für jeden Reaktanden definiert. In der Biochemie hat sich dabei eine Modifikation gegenüber der Chemie durchgesetzt. Da bei Reaktionen unter Beteiligung von H$^+$ eine Konzentration von 1 mol/l einen pH = 0 bedeutet, der weit vom physiologischen pH-Wert entfernt ist, verwendet man hier **ΔG°'**, das für pH = 7 gilt. ΔG°' ermöglicht so einen groben Vergleich der bei unterschiedlichen Reaktionen freigesetzten Energie, ohne die tatsächlichen Konzentrationen der beteiligten Stoffe zu berücksichtigen.

Kreatinphosphat dient dem Muskel als kurzzeitiger Energiespeicher: (Kreatinphosphat + ADP ⇌ Kreatin + ATP).
Ist der Muskel aktiv und dadurch [ATP] niedrig, wird Kreatinphosphat genutzt, um ATP zu regenerieren. In der Erholungsphase des Muskels ist [ATP] hoch, sodass nun die Rückreaktion zur Regenerierung der Kreatinphosphatspeicher abläuft.
Je nach Energiezustand des Muskels läuft also entweder die Hin- oder die Rückreaktion vermehrt ab. Die **Entfernung eines Stoffes „aus dem Gleichgewicht"** kann die Reaktionsrichtung beeinflussen.

Ein Beispiel für eine Reaktion, die durch Konzentrationsänderungen der Reaktanden in verschiedene Richtungen ablaufen kann, ist das Kreatin-/Kreatinphosphat-System. In Muskelzellen dient Kreatinphosphat als Energiespeicher, der im Gleichgewicht mit ATP steht (> Formel 3.4).

$$\text{Kreatin} + \text{ATP} \rightleftharpoons \text{Kreatinphosphat} + \text{ADP} \qquad | \text{ Formel 3.4}$$

Bei Eintritt in den Ruhezustand nach Muskelaktivität überwiegt die Synthese von ATP den Verbrauch, entsprechend ist [ATP] hoch und [ADP] niedrig, die freie Enthalpie von ATP + Kreatin ist höher als die von ADP + Kreatinphosphat (> Abb. 3.1b). Kreatin wird jetzt zum größten Teil zu Kreatinphosphat umgewandelt, bis sich ein Gleichgewicht einstellt (> Abb. 3.1c). Wenn der Muskel aktiv wird, wird bei der Kontraktion ATP verbraucht, also in ADP und Phosphat umgewandelt (> Abb. 3.1d). Folglich ist jetzt [ATP] niedriger und [ADP] höher als im Ruhezustand, man sagt auch: ATP wurde **aus dem Gleichgewicht entfernt.** Die Konzentrationsveränderungen führen dazu, dass jetzt die freie Enthalpie von ADP + Kreatinphosphat höher ist als die von ATP + Kreatin und somit die Rückreaktion exergon ist. Kreatinphosphat wird abgebaut und neues ATP gebildet, das dem Muskel in den ersten Sekunden nach Aktivitätsbeginn eine stärkere Kontraktion ermöglicht (> 24.6.2).

3.2 Enzyme als Biokatalysatoren

3.2.1 Reaktionsgeschwindigkeit

3.2.1 Reaktionsgeschwindigkeit

Vor einer Reaktion muss das umzusetzende Edukt eine **andere Konformation** annehmen, um einen energiereicheren **Übergangszustand** zu erreichen. Dafür benötigt es Energie: die **Aktivierungsenergie ΔG*.**
Der Betrag dieser Energie bestimmt die **Geschwindigkeit der Reaktion (Kinetik),** wohingegen die freie Reaktionsenthalpie die Reaktionsrichtung definiert. Je kleiner ΔG* ist, desto schneller läuft die Reaktion ab.

Die freie Enthalpie ΔG und die Gleichgewichtskonstante definieren die Reaktionsrichtung, nicht aber die Geschwindigkeit, mit der die Reaktion abläuft. Entsprechend den beschriebenen Gesetzen der Thermodynamik werden Proteine zu Aminosäuren hydrolysiert (mit Wasser gespalten). Diese Reaktion ist stark exergon, dennoch findet sie zum Glück nur sehr langsam statt, sonst könnte man Fleisch nicht aufbewahren und Lebewesen wären nicht stabil.

Eine andere Teildisziplin der Chemie, die **Kinetik,** beschreibt die Reaktionsgeschwindigkeit. Wichtig ist hierbei, nicht nur Edukte und Produkte zu betrachten, sondern auch die Substanzen, die im Verlauf der Reaktion auf dem Reaktionsweg entstehen. Stabile Moleküle wie die Proteine müssen dabei eine **andere Konformation** annehmen. Beispielsweise verändern sich die Bindungswinkel an einem vierbindigen C-Atom, während es für einen kurzen Moment eine zusätzliche Bindung zu einem fünften Substituenten eingeht. Dieser sog. **Übergangszustand** ist energiereicher als das Edukt, da das „Verbiegen" Energie benötigt, die dann im Molekül gespeichert ist (> Abb. 3.2a). Diese **Aktivierungsenergie ΔG*** beeinflusst die **Reaktionsgeschwindigkeit.** Je kleiner die Aktivierungsenergie ist, desto schneller läuft die Reaktion ab.

ABB. 3.2

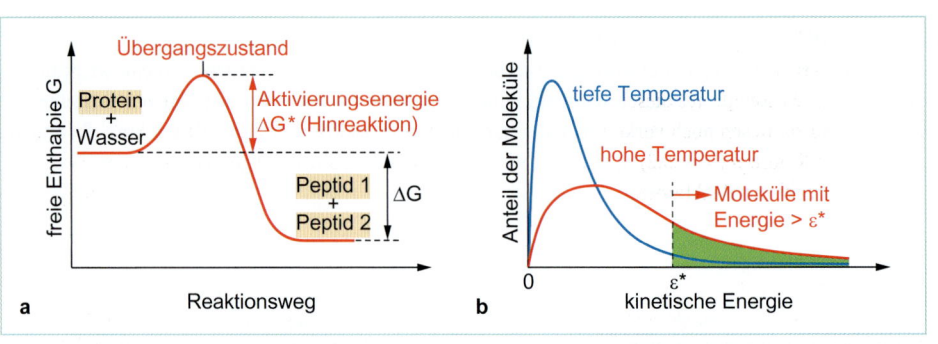

Abb. 3.2 a Aktivierungsenergie bei der Hydrolyse eines Proteins. **b** Verteilung der kinetischen Energie der Moleküle in einem Gas bei unterschiedlichen Temperaturen. ε* = Schwellenenergie, oberhalb derer die Moleküle die Aktivierungsenergie überwinden können. [L253]

3.2 ENZYME ALS BIOKATALYSATOREN

Bei einer bestimmten Temperatur besitzen die Moleküle (in ➤ Abb. 3.2b gezeigt für ein Gas) eine bestimmte kinetische Energie. Diese ist aber bei den einzelnen Molekülen nicht gleich groß, in einem Gas bewegen sich z. B. einige Moleküle schneller als andere. Nur die Moleküle, deren thermische Energie ausreicht, um die Aktivierungsenergie zu überwinden (grüner Bereich), können reagieren. Um mehr Moleküle auf ein ausreichend hohes Energieniveau zu heben und damit die Reaktion zu beschleunigen, kann die **Temperatur erhöht** werden. Hierdurch weisen mehr Moleküle eine ausreichend hohe thermische Energie auf. Die **RGT-Regel** (Reaktionsgeschwindigkeit-Temperatur-Regel) besagt, dass sich die Reaktionsgeschwindigkeit bei den meisten biochemischen Reaktionen durch eine Temperaturerhöhung von 10 °C um etwa den Faktor 2 erhöht.

> **KLINIK**
> **Fieber als Reaktionsbeschleuniger**
> Bei Infektionen nutzt auch der menschliche Körper die Möglichkeit, chemische Reaktionen durch Temperaturerhöhung zu beschleunigen. Durch Fieber kann der Körper Krankheitserreger besser bekämpfen; man nimmt an, dass z. B. den Immunzellen der Eintritt ins lymphatische Gewebe durch verstärkte Durchblutung bei höherer Temperatur erleichtert wird. Die Temperaturerhöhung bewirkt jedoch auch eine Denaturierung lebensnotwendiger Proteine, daher steigt die Körpertemperatur nur selten über 41°C.

Katalyse

Die Körpertemperatur des Menschen ist so niedrig, dass die meisten Stoffwechselreaktionen wegen ihrer zu hohen Aktivierungsenergie nicht ablaufen können. Beispielsweise ist die Aktivierungsenergie für die hydrolytische Spaltung von Proteinen sehr hoch. Das ist von Vorteil, da wir so heiß duschen können, ohne dass die Proteine unserer Haut gespalten werden. Andererseits kann aber auch die Hydrolyse von Proteinen aus der Nahrung im Verdauungstrakt nicht mit ausreichender Geschwindigkeit ablaufen. Die Lösung des Problems liegt im Einsatz von **Katalysatoren**, die Reaktionen beschleunigen, indem sie den Reaktionsweg zwischen Edukt und Produkt so verändern, dass die Aktivierungsenergie geringer ist. Proteasen, die der Mensch als Verdauungsenzyme in den Verdauungstrakt abgibt, sind Katalysatoren für die hydrolytische Spaltung von Proteinen. Sie **senken die Aktivierungsenergie ΔG*** spezifisch für diese Reaktion so weit ab, dass bei Körpertemperatur die thermische Energie der an der Reaktion beteiligten Moleküle ausreicht, um die Proteine während der Verweilzeit im Magen-Darm-Trakt zu spalten (➤ Abb. 3.3). Katalysatoren beeinflussen lediglich den Übergangszustand und somit den Reaktionsweg, nicht aber Edukte und Produkte oder deren Energie. Daher **verändern** sie auch **nicht die Reaktionsrichtung** oder die Gleichgewichtskonstante. Katalysatoren werden nur in geringen Konzentrationen benötigt, da sie nur kurz an den Übergangszustand binden, **nach der Reaktion** wieder **unverändert** vorliegen und anschließend direkt weitere Eduktmoleküle umwandeln können.

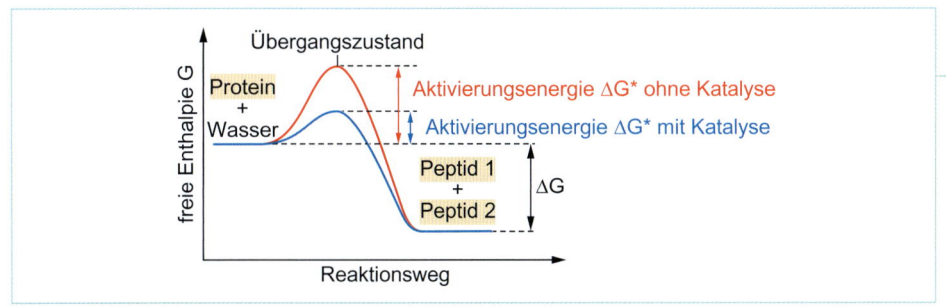

Abb. 3.3 Reaktionsdiagramm für die Katalyse der Proteinspaltung [L253]

3.2.2 Aufbau von Enzymen

In der **RNA-Welt** zu Beginn der Evolution haben spezifische RNA-Moleküle chemische Reaktionen katalysiert (➤ 1.1.5). Relikte aus dieser Zeit sind die **Ribozyme**, aus RNAs bestehende Katalysatoren, die auch in heutigen Lebewesen noch vorkommen. So katalysiert beispielsweise die rRNA die Bildung der Peptidbindung am Ribosom (➤ 5.5.2) und im Spleißosom entfernen RNA die Introns (➤ 4.5.4). Die überwiegende Mehrzahl der Reaktionen im menschlichen Körper wird aber durch **Proteine**, die **Enzyme**, beschleunigt.

Aktives Zentrum und Substratbindung

Die meisten Enzyme sind globuläre Proteine mit einer hydrophilen Oberfläche und einem hydrophoben Inneren. Die Katalyse erfolgt an einem speziellen Ort auf der Oberfläche (= **aktives Zentrum**). Oft befindet sich das aktive Zentrum in einer Spalte oder Höhle des Enzyms. Dort können die Edukte, die bei enzymatischen Reaktionen **Substrate** genannt werden, an mehreren Seiten mit der Enzymoberfläche interagieren. Oft liegen die das aktive Zentrum bildenden Aminosäuren in der Primärstruktur des Enzyms weit voneinander entfernt und gelangen erst durch dessen Faltung in räumliche Nähe zueinander.

Aus Studentensicht

Eine Möglichkeit, den Übergangzustand schneller zu erreichen, ist die **Erhöhung der Temperatur**, bei der die Reaktion abläuft. Bei den meisten biochemischen Reaktion gilt die **RGT-Regel**: eine Temperaturerhöhung um 10 °C erhöht die Reaktionsgeschwindigkeit etwa um den Faktor 2.

KLINIK

Katalyse
Katalysatoren
- beschleunigen Reaktionen und somit die Einstellung des Gleichgewichts durch **Erniedrigung der Aktivierungsenergie (ΔG*)**.
- **verändern nicht die Lage des Gleichgewichts oder die Reaktionsrichtung**.
- verändern nicht die freie Reaktionsenthalpie (ΔG).
- nehmen an chemischen Reaktion teil, werden aber **nach der Reaktion unverändert** wieder freigesetzt und somit nicht verbraucht.

ABB. 3.3

3.2.2 Aufbau von Enzymen
In der **RNA-Welt** zu Beginn der Evolution haben RNA-Moleküle chemische Reaktionen katalysiert. Sie finden sich in heutigen Lebewesen als Relikte in Form von **Ribozymen**.
Die im menschlichen Körper heute vorkommenden Katalysatoren sind zum größten Teil **Proteine** und werden **Enzyme** genannt.

Aktives Zentrum und Substratbindung
Enzyme sind meist globuläre Proteine. Die Katalyse erfolgt an einem speziellen Ort auf der Oberfläche des Enzyms, dem **aktiven Zentrum**. Die Edukte enzymatischer Reaktionen werden **Substrate** genannt.

Aus Studentensicht

Die **primäre Bindung** von Substraten im aktiven Zentrum erfolgt durch nicht-kovalente Wechselwirkungen: ionische, hydrophobe und Van-der-Waals-Wechselwirkungen sowie Wasserstoffbrücken.
Die Bindung des Substrats in das aktive Zentrum ist **exergon**. Je mehr Energie frei wird, desto stärker bindet das Enzym sein Substrat und umso höher ist seine **Affinität** für das Substrat. Im Verlauf der chemischen Reaktion kann das Substrat auch zeitweise kovalent an das aktive Zentrum binden.

ABB. 3.4

Enzyme sind hoch **substratspezifisch** und binden somit nur sehr wenige unterschiedliche Stoffe mit hoher Affinität. So können einige Enzyme Stereoisomere unterscheiden und binden z. B. nur D-Glukose, L-Glukose hingegen nicht.

Das **aktive Zentrum** bestimmter Enzyme kann durch einen speziellen Aufbau Reaktionen unter **Ausschluss von Wasser** katalysieren.
Prosthetische Gruppen im aktiven Zentrum vieler Enzyme erweitern deren Bindungs- und Reaktionseigenschaften.

Schlüssel-Schloss-Prinzip und Induced Fit
Schlüssel-Schloss-Prinzip: Das Substrat passt genau in das aktive Zentrum des Enzyms (wie ein Schlüssel in sein Schloss).
Induced Fit: Erst durch die Bindung des Substrats an das aktive Zentrum des Enzyms verändert dieses seine Konformation und kann das Substrat optimal fassen.

3 ENZYME: KATALYSATOREN DES LEBENS

Die **primäre Bindung** der Substrate im aktiven Zentrum (> Abb. 3.4a) erfolgt durch nicht-kovalente Wechselwirkungen, die auch bei der Faltung von Proteinen eine Rolle spielen: ionische, hydrophobe und Van-der-Waals-Wechselwirkungen sowie Wasserstoffbrückenbindungen. Bei der Bindung des Substrats an das aktive Zentrum des Enzyms wird Bindungsenergie frei; sie ist größer als die Abnahme der Entropie. Damit ist die Bindung des Substrats an das Enzym **exergon** und läuft freiwillig ab. Je mehr Energie frei wird, desto mehr Substrat wird vom freien in den Enzym-gebundenen Zustand übergehen (= Gleichgewichtsreaktion). Die Stärke, mit der das Enzym das Substrat bindet, wird als **Affinität** bezeichnet. Bei der auf die primäre Substratbindung folgenden chemischen Reaktion kann das Substrat auch zeitweise kovalent an das aktive Zentrum binden (> 3.2.3).

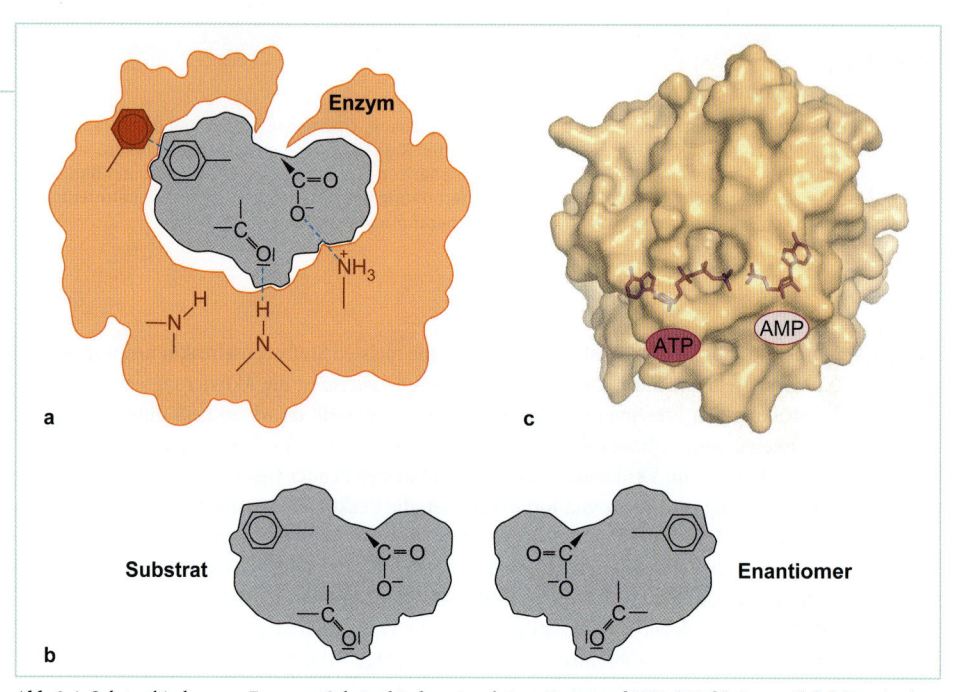

Abb. 3.4 Substratbindung am Enzym. **a** Substratbindung im aktiven Zentrum. [L138, L307] **b** Stereoselektivität. Auch durch Drehung passt das Enantiomer nicht in das aktive Zentrum, da sich dann z. B. die hier eingezeichneten chemischen Gruppen auf der Rückseite und nicht wie beim Substrat auf der Vorderseite befinden. [L138, L307] **c** Räumliche Anordnung der Substrate ATP und AMP im aktiven Zentrum der Nukleotid-Kinase (für die Strukturanalyse wurde ATP durch ein stabiles Strukturanalogon ersetzt). [L253, L307]

Die spezifische Struktur des aktiven Zentrums und die Anordnung von spezifischen chemischen Gruppen an seiner Oberfläche führen dazu, dass nur wenige unterschiedliche Stoffe mit hoher Affinität in das aktive Zentrum binden. Enzyme sind somit im Gegensatz zu den meisten Katalysatoren der chemischen Industrie hoch **substratspezifisch.** Dies kann so weit gehen, dass bestimmte Enzyme aufgrund der asymmetrischen Form ihres aktiven Zentrums nur ein Stereoisomer binden, z. B. nur D-Glukose, aber keine L-Glukose (> Abb. 3.4b). Auf diese Weise bildet das aktive Zentrum eine Mikroumgebung, in der Substrate immobilisiert und so angeordnet werden, dass ihre reagierenden chemischen Gruppen nahe beieinander und in der richtigen Orientierung zueinander liegen (> Abb. 3.4c).

Bei einigen Reaktionen werden die Substrate im **aktiven Zentrum** so eng gebunden, dass keine zusätzlichen Wassermoleküle mehr Platz finden. Dieser **Wasserausschluss** ermöglicht Reaktionen wie z. B. Dehydrierungen (Dehydrogenierungen), bei denen Zwischenprodukte leicht eine unerwünschte Nebenreaktion mit Wasser eingehen würden. **Prosthetische Gruppen,** die einige Enzyme für die Katalyse benötigen, sind ebenfalls im aktiven Zentrum gebunden.

Schlüssel-Schloss-Prinzip und Induced Fit
Bei einigen Enzymen passen die Substrate in das Enzym wie ein **Schlüssel in sein Schloss** (> Abb. 3.5a). Freies Substrat und Enzym sind in diesem Fall komplementär zueinander. Bei anderen Enzymen führt jedoch die Ausbildung der schwachen Wechselwirkungen mit dem Substrat zu einer **Konformationsänderung.** Erst durch diese Konformationsänderung sind Enzym und Substrat komplementär und passen genau zusammen (= **Induced Fit** = induzierte Passform; > Abb. 3.5b, c). Ein Teil der bei der Anlagerung des Substrats frei werdenden Bindungsenergie wird dabei für die Konformationsänderung des Enzyms verwendet.

3.2 ENZYME ALS BIOKATALYSATOREN

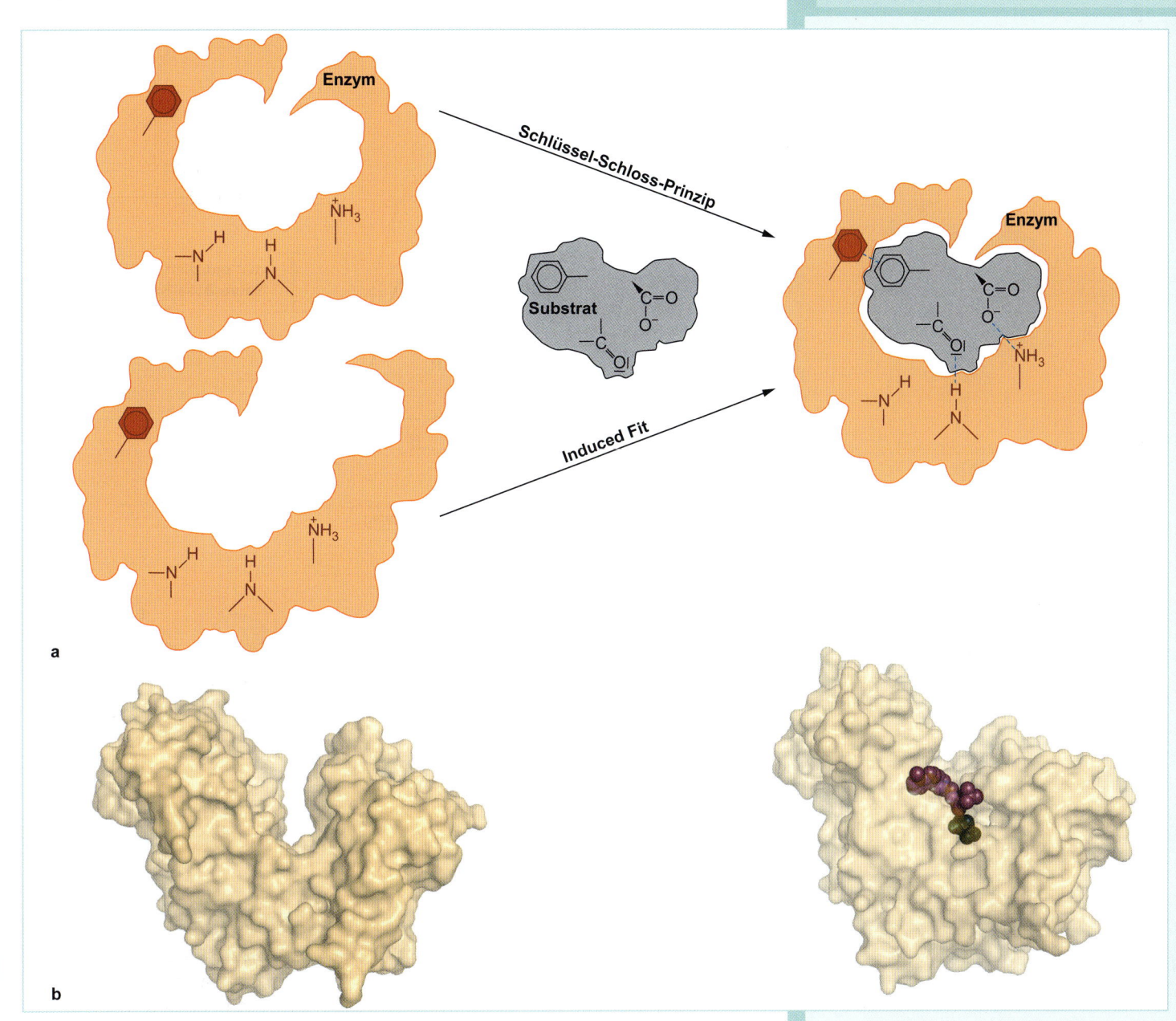

Aus Studentensicht

Abb. 3.5 Substratbindung am Enzym. **a** Schlüssel-Schloss-Prinzip und Induced Fit. [L138, L307] **b** Induced Fit bei der Hexokinase. [L253, L307]

Warum sind Enzyme so groß?

Die aktiven Zentren sind nur ein kleiner Bereich auf der Oberfläche der Enzyme, die oft aus über 100 Aminosäuren bestehen. Die nicht im aktiven Zentrum liegenden Bereiche bilden ein Gerüst, an dem die in das aktive Zentrum des Enzyms reichenden Aminosäuren befestigt und genau ausgerichtet werden können. Daneben können sie die Enzyme in Membranen verankern oder ihre Wasserlöslichkeit erhöhen. Zudem können weitere Substanzen an anderen Stellen des Enzyms binden und es somit an- oder abstellen (➤ 3.6.2). So sind Enzyme regulierbar und weitaus spezifischer als die typischerweise sehr viel kleineren chemischen Katalysatoren.

3.2.3 Enzymatische Katalyse

Wie kann das Enzym die Aktivierungsenergie senken? Entscheidend ist dabei, dass die **Energie des Übergangszustands gesenkt** wird. Man unterscheidet dabei drei grundlegende **Katalysemechanismen**: Säure-Base-, Metall-Ionen-Katalyse und Katalyse durch zusätzliche Bindungen zwischen aktivem Zentrum und Übergangszustand.

Säure-Base-Katalyse

Der Ablauf der Hydrolyse einer Peptidbindung, z. B. beim Verdauen von Proteinen, ist in ➤ Abb. 3.6a gezeigt. Zunächst greift ein Elektronenpaar des partial negativ geladenen O-Atoms aus dem Wasser das C-Atom der Peptidbindung an. Dabei entsteht in Abwesenheit eines Katalysators ein Übergangszustand, dessen hohe Energie aus der besonderen Konformation am C-Atom und aus der positiven Partialladung am elektronegativen O-Atom des Wassers resultiert. Eine Möglichkeit, das O-Atom zur Abgabe der Elek-

3.2.3 Enzymatische Katalyse

Enzyme beschleunigen Reaktionen durch **Absenkung der Aktivierungsenergie,** indem sie bestimmte **Katalysemechanismen** anwenden.

Säure-Base-Katalyse

Aus Studentensicht

ABB. 3.6

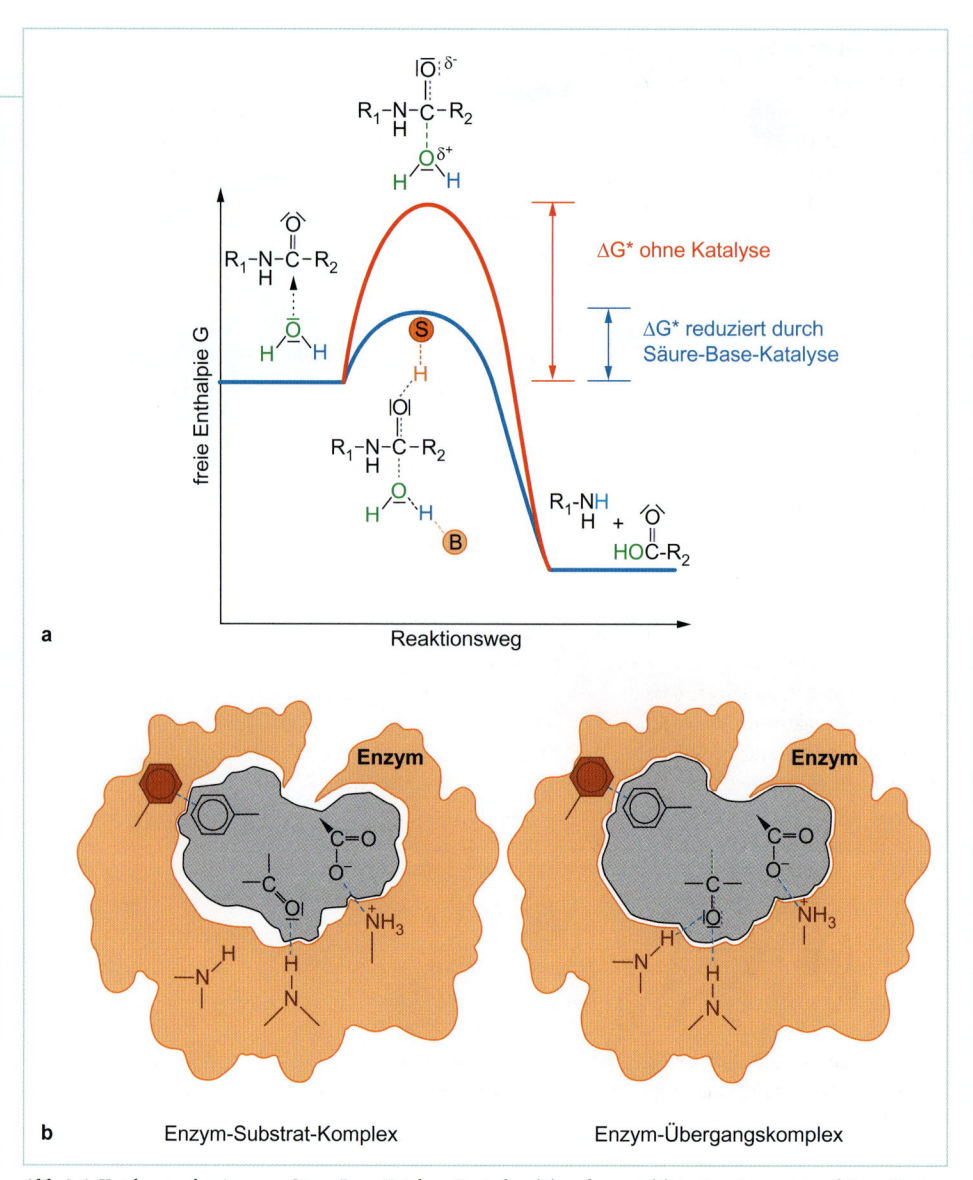

Abb. 3.6 Katalysemechanismen. **a** Säure-Base-Katalyse. Basischer (B) und saurer (S) Aminosäurerest im aktiven Zentrum des Enzyms. **b** Zusätzliche Bindungen zwischen aktivem Zentrum und Übergangszustand. [L138]

Bei der **Säure-Base-Katalyse** fungieren Seitenketten von Aminosäuren im aktiven Zentrum oder Cofaktoren als Säure oder Base und „täuschen" so dem Substrat einen anderen pH-Wert vor, wodurch die Energie des Übergangszustands gesenkt wird. Reaktionen dieser Art können dadurch ohne Veränderung des lokalen pH-Werts stattfinden.

Katalyse durch Metall-Ionen
Metalloenzyme wie die Carboxypeptidase A haben ein Metall-Ion in ihrem aktiven Zentrum, das aktiv an der Katalyse der Reaktion teilnimmt.

Zusätzliche Bindungen zwischen aktivem Zentrum und Übergangszustand
Die frei werdende Bindungsenergie bei der Substratbindung muss groß genug sein, um eine ausreichend hohe Affinität und Substratspezifität zu gewährleisten.

tronen zu bewegen, ist, den pH-Wert zu erhöhen. So entstehen OH^--Ionen, die leichter Elektronen abgeben. Diese Basenkatalyse ist im Menschen jedoch meist nicht möglich, da viele Reaktionen von einem konstanten pH-Wert abhängen und daher der zelluläre pH-Wert weitgehend konstant bleiben muss.
Einige Proteasen haben im aktiven Zentrum in unmittelbarer Nachbarschaft des angreifenden Wassermoleküls jedoch eine Aminosäure mit einer basischen Seitenkette (➤ Abb. 3.6a). Zusätzlich kann sich im aktiven Zentrum benachbart zum partial negativ geladenen Carbonylsauerstoff eine saure Aminosäure befinden, die ihn im Übergangszustand protoniert und dadurch stabilisiert. Durch diese **kombinierte Säure-Base-Katalyse** entsteht gegenüber der nicht katalysierten Reaktion ein veränderter Übergangszustand, in dem die Base ein Proton und somit die positive Ladung vom Wassermolekül abzieht und damit dazu beiträgt, dass die Energie dieses Übergangszustandes deutlich gesenkt ist, ohne dass der zelluläre pH-Wert verändert wird.

Katalyse durch Metall-Ionen
Metalloenzyme haben in ihrem aktiven Zentrum ein Metall-Ion gebunden. Ein Beispiel hierfür ist das Verdauungsenzym Carboxypeptidase A (➤ 7.2.4). Hier bewirkt ein Zn^{2+}-Ion im aktiven Zentrum die Deprotonierung eines Wassermoleküls, sodass dieses effizient die Carbonylgruppe der Peptidbindung angreifen kann.

Zusätzliche Bindungen zwischen aktivem Zentrum und Übergangszustand
Ist die Form des aktiven Zentrums stärker komplementär zum Übergangszustand der Reaktion als zum Substrat, passt der Übergangszustand der Reaktion besser in das aktive Zentrum des Enzyms als das Substrat. So kann die Energie des Übergangszustands ebenfalls gesenkt werden. Auf dem Reaktionsweg zum Übergangszustand werden **zusätzliche Bindungen** zum aktiven Zentrum gebildet, deren Bindungsenergien die Energie des Übergangszustands reduzieren (➤ Abb. 3.6b).

3.2 ENZYME ALS BIOKATALYSATOREN

Dies scheint dem Schlüssel-Schloss- und dem Induced-Fit-Konzept zu widersprechen, da das Substrat selbst nicht perfekt in das aktive Zentrum passt. Entscheidend bei der primären Substratbindung ist jedoch lediglich, dass die frei werdende Bindungsenergie groß genug ist, um zum einen eine ausreichend hohe Affinität zu gewährleisten, damit bei physiologischen Konzentrationen das Substrat an das Enzym bindet, und um zum anderen eine ausreichende Substratspezifität zu erreichen. Die perfekte Passung wird dann erst im Übergangszustand erreicht und dadurch die Aktivierungsenergie gesenkt. Die Bindungen des Übergangszustands an das Enzym können auch kovalent sein (= **kovalente Katalyse**).

Reaktionsspezifität
Einige Substrate können im Stoffwechsel unterschiedliche Reaktionen eingehen, die von unterschiedlichen Enzymen katalysiert werden. Die Übergangszustände unterscheiden sich von Reaktion zu Reaktion. Auch die aktiven Zentren der die Reaktionen katalysierenden Enzyme sind unterschiedlich. So passt jedes aktive Zentrum nur zu einem der Übergangszustände. Enzyme sind somit nicht nur substrat-, sondern auch **reaktionsspezifisch**.
Die Stabilisierung des Übergangszustands bei der enzymatischen Katalyse betrifft sowohl die Hin- als auch die Rückreaktion, die dadurch beide um denselben Faktor beschleunigt werden. Enzyme verändern daher **nicht** die **Gleichgewichtslage** und auch **nicht** die **Reaktionsrichtung**.

Temperatur- und pH-Optimum
Auch bei der durch das Enzym verringerten Aktivierungsenergie können nur Substratmoleküle mit einer ausreichend hohen Energie reagieren. Deren Anteil wächst mit steigender **Temperatur**. Allerdings darf diese nicht so weit ansteigen, dass die Proteine denaturieren, da dann die aktiven Zentren nicht mehr in der katalytisch aktiven Konformation vorliegen.
Neben der Temperatur beeinflusst auch der **pH-Wert** die Reaktionsgeschwindigkeit. Bei zu niedrigem oder zu hohem pH-Wert werden Aminosäureseitenketten protoniert bzw. deprotoniert und können nicht mehr die für die native Konformation des Enzyms notwendigen Wechselwirkungen ausbilden. Das Enzym denaturiert und wird somit inaktiv. Die meisten Enzyme im menschlichen Körper haben daher ihr **pH-Optimum** im etwa neutralen pH-Bereich, sodass sie unter physiologischen Bedingungen in den Zellen aktiv sind. Wenn an der Katalyse im aktiven Zentrum Histidinreste oder andere chemische Gruppen beteiligt sind, deren pK_s-Werte im neutralen Bereich liegen und die nur in protonierter bzw. deprotonierter Form katalytisch aktiv sind, kann die Reaktionsgeschwindigkeit bei einer Veränderung des pH-Werts rasch sinken. Dies trifft z. B. auf die Protease Trypsin zu, die Nahrungsproteine im Dünndarm bei etwa neutralem pH-Wert spaltet (➤ Abb. 3.7). Pepsin, eine Protease im Magen, die bei sehr niedrigem pH-Wert aktiv ist, hat hingegen eine Struktur, bei der sich die schwachen Wechselwirkungen zur Stabilisierung der Tertiärstruktur nur unter diesen Bedingungen ausbilden; sie ist im neutralen Milieu des Dünndarms kaum aktiv.

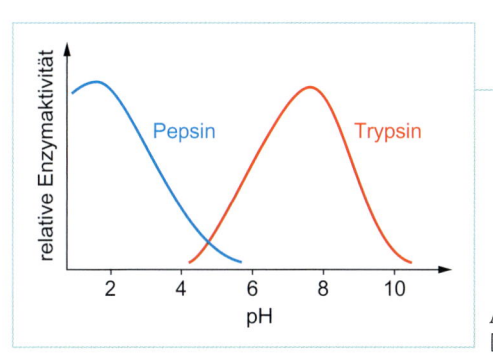

Abb. 3.7 pH-Abhängigkeit von Pepsin und Trypsin [L253]

FALL
Herr Kohl hat Bauchschmerzen: Pankreasinsuffizienz

Obwohl die Sekretion von Pepsin im Magen von Herrn Kohl normal funktioniert, kann die Funktion der fehlenden Pankreasenzyme, Elastase und Trypsin, nicht kompensiert werden. Ein Grund dafür ist das unterschiedliche pH-Optimum der verschiedenen Proteasen.

3.2.4 Reaktionsmechanismus der Serinproteasen
Am Beispiel des **Trypsins** lässt sich das Prinzip der enzymatischen Katalyse verdeutlichen. Dieses Verdauungsenzym wird vom gesunden Pankreas abgegeben, um Proteine aus der Nahrung in einzelne Peptide zu spalten, die dann von der Darmschleimhaut aufgenommen werden können. Trypsin ist eine **Endoprotease**, spaltet also Peptidbindungen im Inneren von Proteinen. **Exoproteasen** wie die Carboxypeptidase A spalten endständige Aminosäurereste ab.

Aus Studentensicht

Meist ist das aktive Zentrum komplementär zum Übergangszustand. Bei der Bildung **zusätzlicher Bindungen** an den Übergangszustand wird Energie frei. Dies erleichtert das Erreichen des Übergangszustands.
Während der Enzymkatalyse können temporär kovalente Bindungen zwischen Enzym und Substrat ausgebildet werden: **kovalente Katalyse**.

Reaktionsspezifität
Enzyme
- sind substrat- und **reaktionsspezifisch**.
- beschleunigen sowohl die Hin- als auch die Rückreaktion.
- verändern **nicht** die **Gleichgewichtslage**.
- verändern **nicht** die **Reaktionsrichtung**.

Temperatur- und pH-Optimum
Enzyme besitzen sowohl ein **Temperatur-** als auch ein **pH-Optimum**. Der optimale Arbeitsbereich des Enzyms entspricht meist seiner Funktion und seinem lokalen Vorkommen. Eine zu starke Veränderung dieser Parameter führt zur Inaktivierung der Enzyme – sie denaturieren. Pepsin, eine Protease im Magen (pH = 1), hat z. B. ein anderes pH-Optimum als Trypsin, das eine im Dünndarm (pH ≈ 7) aktive Protease ist.

ABB. 3.7

3.2.4 Reaktionsmechanismus der Serinproteasen
Endoproteasen wie **Trypsin** spalten Peptidbindungen im Inneren von Proteinen, sodass zwei kleinere Peptide entstehen.
Exoproteasen spalten endständige Aminosäurereste von einem Protein, sodass nach der Spaltung ein Peptid und eine Aminosäure zurückbleiben.

Aus Studentensicht

3 ENZYME: KATALYSATOREN DES LEBENS

> **FALL**
>
> **Herr Kohl hat Bauchschmerzen: Pankreasinsuffizienz**
>
> Bei Herrn Kohl findet die Hydrolyse von Nahrungsproteinen aufgrund des durch die Pankreasinsuffizienz bedingten Mangels an Verdauungsenzymen wie Trypsin nicht ausreichend statt. Durch die fehlende Aufspaltung der Nahrung kommt es daher trotz ausreichender Ernährung zu Nährstoffmangel und Gewichtsverlust.

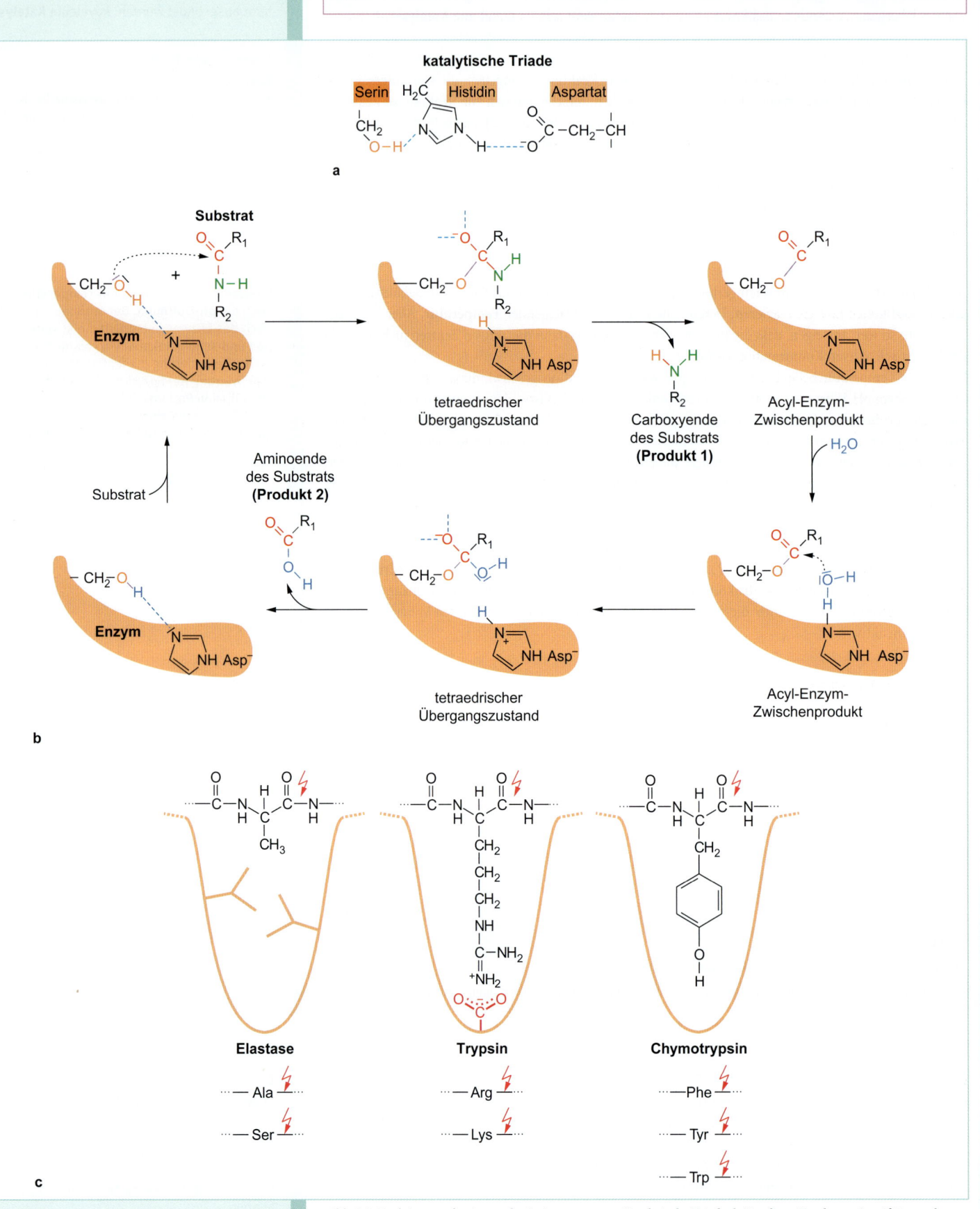

Abb. 3.8 Reaktionsmechanismus der Serinproteasen. **a** Katalytische Triade. **b** Kovalente Katalyse. **c** Spezifitätstaschen. Die Blitze kennzeichnen die zu spaltende Peptidbindung. [L253]

3.2 ENZYME ALS BIOKATALYSATOREN

Trypsin ist eine **Serinprotease.** Der Name deutet auf einen Serinrest im aktiven Zentrum hin, dessen hohe Reaktivität auf die besondere Anordnung von drei Aminosäuren zurückzuführen ist (= **katalytische Triade;** > Abb. 3.8a). Der Serinrest bildet dabei eine Wasserstoffbrückenbindung zu einem Histidinrest, der eine weitere Wasserstoffbrückenbindung zu einem Aspartatrest aufweist. Diese drei Aminosäuren liegen in der Primärstruktur weit voneinander entfernt (Ser195, His57, Asp102), sind aber im aktiven Zentrum räumlich benachbart. Dadurch kann der Serinrest ein Proton an das Histidin abgeben, das dann selbst wieder durch das Aspartat stabilisiert wird. Das Histidin hat hier also die Funktion eines **Basenkatalysators.** So kann der negativ geladene Sauerstoff des Serins das teilweise positiv geladene C-Atom der zu spaltenden Peptidbindung angreifen (> Abb. 3.8b). Im Gegensatz zur planaren Peptidbindung liegt der Übergangszustand in einer tetraedrischen Konformation vor, die besser zur Form des aktiven Zentrums passt als die Peptidbindung. Zusätzlich können im tetraedrischen Übergangszustand zwei **neue Wasserstoffbrückenbindungen** zwischen dem negativ geladenen Carbonylsauerstoff des Substrats und dem Trypsin ausgebildet werden. Die zusätzliche Bindungsenergie führt zur Senkung der Aktivierungsenergie.

Im zweiten Reaktionsschritt wird das am Histidin „zwischengelagerte" Proton auf den Stickstoff des zu spaltenden Proteins übertragen. Hier hat das Histidin die Funktion eines **Säurekatalysators.** Dadurch wird das Carboxyende des Proteins freigesetzt. Anschließend diffundiert Wasser an die Stelle des Aminoendes und greift den Carbonylkohlenstoff an. Wieder wird ein Proton, diesmal stammt es vom Wasser, am Histidin „gespeichert", wieder wird der tetraedrische Übergangszustand stabilisiert. Letztendlich wird das Proton vom Histidin auf den Serinrest übertragen und auch das Aminoende des Proteins freigesetzt. So liegt das Enzym wieder im Ausgangszustand vor, auch wenn es während der Katalyse kurzzeitig eine kovalente Bindung zum Substrat ausgebildet hat (= **kovalente Katalyse).**

Evolution der Serinproteasen

Die katalytische Triade der Serinproteasen funktioniert so gut, dass sie mehrfach unabhängig in Bakterien (z. B. Subtilisin) und Eukaryoten entstanden ist (= konvergente Evolution). Bei Eukaryoten kam es im Laufe der Evolution mehrfach zu Duplikationen von Serinprotease-Genen. Die daraus hervorgehenden Serinproteasen weisen benachbart zur katalytischen Triade eine Bindungstasche für die Seitenkette der Aminosäure vor der zu spaltenden Peptidbindung (= **Spezifitätstasche**) auf. Mutationen in den einzelnen Genen führten dazu, dass diese Spezifitätstasche durch Aminosäureaustausche verändert wurde (> Abb. 3.8c). Trypsin mit einer negativen Ladung in der Spezifitätstasche spaltet Peptidbindungen hinter den positiv geladenen basischen Aminosäuren Arginin und Lysin. Chymotrypsin hat eine große Spezifitätstasche und spaltet hinter den großen aromatischen Aminosäuren Phenylalanin, Tyrosin und Tryptophan, wohingegen Elastase mit einer kleinen Tasche hinter den kleinen Aminosäuren Alanin und Serin spaltet. So hat divergente Evolution dazu geführt, dass sich Verdauungsproteasen mit **unterschiedlichen Substratspezifitäten** entwickelten. Auf ähnliche Weise entstanden auch die Proteasen der Blutgerinnungskaskade und des Komplementsystems.

FALL

Herr Kohl hat Bauchschmerzen: Pankreasinsuffizienz

Die erniedrigte Elastasekonzentration im Stuhl von Herrn Kohl deutet auf eine **exokrine Pankreasinsuffizienz** hin. Als Folge der chronischen Pankreatitis kann das Pankreas nur noch sehr wenig Trypsin, Chymotrypsin, Elastase und andere Enzyme zur Verdauung von Proteinen produzieren und in den Dünndarm abgeben. Gleichzeitig fehlen Pankreas-Lipasen für die Fettverdauung und die Pankreas-Amylase, die Kohlenhydrate abbaut. Die unverdauten Nährstoffe können daher nicht aufgenommen werden, was zum Gewichtsverlust führt. Bei sehr schwer verdaulichen, d. h. sehr fett- und proteinreichen Mahlzeiten wie dem Weihnachtsessen, kommt es zu Blähungen, da Darmbakterien die im Darm zurückbleibenden Nährstoffe unter Bildung von Gasen verstoffwechseln. Zusätzlich verursacht die osmotische Aktivität unverdauter Nahrungsbestandteile Durchfall (Diarrhö).

Durch eine **Enzymersatztherapie,** bei der aus Schweinepankreas isolierte Proteasen, Lipasen und Amylasen während der Mahlzeit eingenommen werden, verringern sich die Beschwerden von Herrn Kohl. Nach einigen Wochen hat er auch seinen Gewichtsverlust wieder ausgeglichen. Angetrieben durch die Erinnerung an die starken Schmerzen, folgt er endlich dem Rat, nicht mehr zu trinken und zu rauchen, um die chronische Pankreatitis nicht noch weiter zu verschlimmern.

3.2.5 Enzymklassifizierung

Oft haben Forscher Enzymen bei der Entdeckung mehr oder weniger leicht nachvollziehbare Trivialnamen gegeben. Ein Beispiel ist die Protease Trypsin, die schon vor über 100 Jahren beim Zerreiben der Bauchspeicheldrüse gefunden wurde. Der Name leitet sich von griechisch „*try*ein" = reiben und der Endsilbe von „Pe*psin*" = Verdauung ab.

Die meisten Enzyme werden durch die **Endung „-ase"** gekennzeichnet. Bei vielen Trivialnamen kann man die katalysierte Reaktion gut erkennen. So katalysiert die Glukose-6-Phosphatase die Spaltung von Glukose-6-phosphat in Glukose und Phosphat.

Vielfach wurden Enzyme aber auch von mehreren Forschern unabhängig entdeckt und unterschiedlich benannt. Seit den 1960er-Jahren werden Enzyme daher von der „Enzyme Commission of the International Union of Biochemistry and Molecular Biology" klassifiziert. Dabei werden die Enzyme zunächst nach der Art der katalysierten Reaktion in eine von **sechs Hauptklassen** eingeteilt, die dann in drei weiteren Schritten noch

---

Aus Studentensicht

Trypsin ist eine aus dem Pankreas in den Dünndarm sezernierte **Serinprotease.** Das aktive Zentrum von Serinproteasen beinhaltet die **katalytische Triade:** Serin-, Histidin- und Aspartatrest. Katalyseablauf:
- Übernahme des Serinprotons vom Histidin (Histidin als **Basenkatalysator**)
- Kovalente Bindung des negativ geladenen Serin-Sauerstoffs an den Carbonylkohlenstoff des Proteins (**kovalente Katalyse**)
- Protonierung des Protein-Stickstoffs durch das Histidinproton (Histidin als **Säurekatalysator**) und Abspaltung des Aminoendes des Proteins
- Abspaltung des kovalent gebundenen Peptids vom Serinrest mittels Wasser
- Protonierung des Serinrests zur Regenerierung des Enzyms
- Zusätzliche **neue Wasserstoffbrücken** zwischen Übergangszustand und Enzym führen zur Senkung der Aktivierungsenergie.

Evolution der Serinproteasen

Durch die der katalytischen Triade benachbart liegenden Bindungstaschen werden die **Serinproteasen** zu spezifisch wirkenden Enzymen (**Substratspezifität durch Spezifitätstasche**):
- Trypsin spaltet hinter Arginin und Lysin.
- Chymotrypsin spaltet hinter Phenylalanin, Tyrosin und Tryptophan.
- Elastase spaltet hinter Alanin und Serin.

Serinproteasen spielen u. a. bei Verdauungsenzymen, dem Komplementsystem, aber auch der Blutgerinnung eine große Rolle.

3.2.5 Enzymklassifizierung

Enzyme haben meistens Trivialnamen, anhand derer man oft ihre Funktion ablesen kann. Die meisten Enzyme tragen die **Endung „-ase".** Zudem besitzt jedes Enzym eine EC-Nummer, bestehend aus vier einzelnen Zahlen. Dabei gibt die erste Zahl an, in welche der **sechs Hauptklassen** das Enzym eingeordnet wird.

Aus Studentensicht

3 ENZYME: KATALYSATOREN DES LEBENS

Hauptklasse	Funktion	Reaktion	Enzymbeispiel
1 Oxidoreduktasen	katalysieren Redoxreaktionen		Alkohol-Dehydrogenase EC 1.1.1.1
2 Transferasen	übertragen funktionelle Gruppen		Hexokinase EC 2.7.1.1
3 Hydrolasen	spalten Bindungen mit Wasser		Trypsin EC 3.4.21.4
4 Lyasen	spalten Bindungen durch nicht-hydrolytische Addition oder Eliminierung von Molekülgruppen		Adenylat-Cyclase EC 4.6.1.1
5 Isomerasen	wandeln Isomere ineinander um		Peptidyl-Prolyl-Isomerase EC 5.2.1.8
6 Ligasen	knüpfen Bindungen unter NTP-Hydrolyse		DNA-Ligase EC 6.5.1.1

Abb. 3.9 Hauptklassen der Enzyme [L253]

Da **Enzyme** sowohl die Hin- als auch die Rückreaktion katalysieren, passt die zugeordnete **Hauptklasse** nicht immer zum Trivialnamen des Enzyms (z. B. ATP-Synthase eingeteilt in die Gruppe der Hydrolasen).

Synthasen katalysieren Synthesen von Stoffen (keine einheitliche Hauptklasse).
Synthetasen katalysieren Synthesen unter ATP-Verbrauch (gehören zur 6. Hauptklasse).

3.2.6 Cosubstrate
- **Apoenzym** = Proteinteil des Enzyms
- **Holoenzym** = Apoenzym + Cofaktor
- **Cofaktoren** = Metall-Ionen und Coenzyme. Sie werden nur in kleinen Mengen benötigt, viele müssen dem Körper mit der Nahrung in Form von Vitaminen oder Spurenelementen zugeführt werden.
- **Coenzyme** = organische, nicht-proteinartige Moleküle = prosthetische Gruppen + Cosubstrate.
- **Prosthetische Gruppen** sind dauerhaft an das Enzym gebunden. Sie werden während der Reaktion verändert und am selben Enzym regeneriert.
- **Cosubstrate** sind nicht fest an das Enzym gebunden und werden während der Reaktion verändert. Sie dienen als Transporter für chemische Gruppen und Elektronen und werden an einem anderen Enzym regeneriert.

ATP als Energieüberträger

genauer unterteilt werden (> Abb. 3.9; > Abb. im hinteren inneren Umschlag). So trägt Trypsin die Nummer EC 3.4.21.4 (3 = Hydrolase; 4 = Peptidase; 21 = Serinendopeptidase; Trypsin ist dann die Nummer 4). Bei manchen Enzymen entspricht die katalysierte Reaktion scheinbar nicht der zugeordneten Hauptklasse. So zählt die ATP-Synthase, welche die Verknüpfung von ADP und Phosphat unter Wasserabspaltung zu ATP katalysiert, zu den Hydrolasen (EC 3.6.3.14). Diese Kondensationsreaktion ist jedoch die Rückreaktion der Hydrolyse. Da Enzyme prinzipiell sowohl die Hin- als auch die Rückreaktion katalysieren, ist die Zuordnung zu den Hydrolasen korrekt.

Als **Synthasen** werden viele Enzyme bezeichnet, die die Synthese eines Stoffs katalysieren. Sie können zu unterschiedlichen Hauptklassen gehören. Die **Synthetasen** sind dagegen Enzyme, die während der Synthese ATP oder andere Nukleotide hydrolysieren, und gehören zur 6. Hauptklasse, den Ligasen.

3.2.6 Cosubstrate

Viele Enzyme bestehen nicht nur aus Proteinen, sondern benötigen Cofaktoren wie Metall-Ionen oder prosthetische Gruppen, um aktiv zu sein (> Abb. 3.10). Der Proteinteil des Enzyms wird als **Apoenzym** bezeichnet, der Komplex aus Enzymprotein und Cofaktor als **Holoenzym.**

Einige dieser **Cofaktoren** kann der Mensch nicht selbst herstellen und muss sie daher in Form von Vitaminen oder Spurenelementen dem Körper zuführen. Zu den Cofaktoren gehören **Metall-Ionen** und die **Coenzyme** (= organische, nicht-proteinartige Moleküle). Der Begriff Coenzym umfasst prosthetische Gruppen und Cosubstrate. **Prosthetische Gruppen** binden fest an das aktive Zentrum des Enzyms. Sie können während der Katalyse chemisch modifiziert werden, werden jedoch durch eine unmittelbar gekoppelte Reaktion wieder regeneriert, um das Enzym in seinen Ausgangszustand zurückzuführen. Sie sind somit fester Bestandteil des Katalysators bzw. des Enzyms selbst. **Cosubstrate** sind organische Moleküle, die nur während der Reaktion an das aktive Zentrum des Enzyms binden und durch die Reaktion verändert werden, aber frei beweglich sind. Sie unterscheiden sich von anderen Substraten dadurch, dass sie quasi als Transporter für chemische Gruppen oder Elektronen zwischen unterschiedlichen Enzymen dienen. Sie nehmen das Transportgut dabei am ersten Enzym auf und werden an einem anderen Enzym recycelt, indem sie das Transportgut dort wieder abgeben. Durch dieses Recycling benötigt der Körper diese Substanzen ähnlich wie die prosthetischen Gruppen nur in relativ geringen Mengen. Viele Cosubstrate haben sehr allgemeine Funktionen und binden an viele unterschiedliche Enzyme. Zum Teil sind sie Nukleotide, die ihre Funktionen bereits zu Zeiten der RNA-Welt ausgeübt haben (> Tab. 3.1).

ATP als Energieüberträger

ATP wird im Körper durch Oxidation der Nahrungsbestandteile gebildet und dient als Energielieferant für Hunderte von Enzymen. Der Körper stellt ATP her, damit nicht für jede energieverbrauchende Reak-

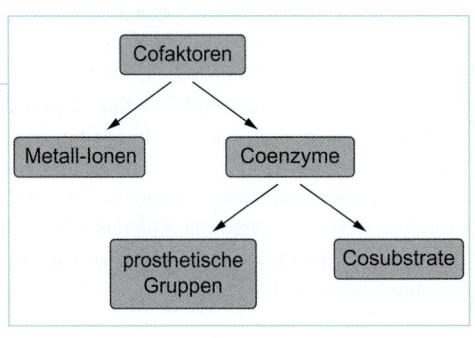

Abb. 3.10 Cofaktoren [L253]

3.2 ENZYME ALS BIOKATALYSATOREN

Tab. 3.1 Übersicht über die wichtigsten Coenzyme

Coenzym	Typ	Kapitel
ATP, GTP, CTP, UTP	Cosubstrat	> 3.2.6
NADH, NADPH	Cosubstrat	> 3.2.6, > 17.4.1
$FADH_2$, FMN	Prosthetische Gruppe	> 17.4.2
CoA	Cosubstrat	> 17.5
Tetrahydrofolat	Cosubstrat	> 23.2.7
S-Adenosylmethionin	Cosubstrat	> 21.3.4
Biotin	Prosthetische Gruppe	> 23.3.7
Pyridoxalphosphat	Prosthetische Gruppe	> 21.2.2
Thiaminpyrophosphat (TPP)	Prosthetische Gruppe	> 18.2.3
Liponsäure	Prosthetische Gruppe	> 18.2.3
Cobalamin	Prosthetische Gruppe	> 23.3.9
Häm	Prosthetische Gruppe	> 18.4.2, > 21.6
Ubichinon	Cosubstrat	> 18.4.2

tion gleichzeitig an einem Enzym Nahrungsmoleküle abgebaut werden müssen. ATP dient somit als **kurzzeitiger Zwischenspeicher für die Energie** aus den Nährstoffen. Es liegt im Menschen nur in relativ geringer Menge vor (ca. 50 g), wird aber so schnell ab- und wieder aufgebaut, dass pro Tag etwa so viel ATP hergestellt wird, wie der Mensch wiegt, durchschnittlich 70 kg.

Viele Reaktionen im menschlichen Körper sollen je nach Stoffwechselsituation in die Hin- oder die Rückrichtung ablaufen. Bei Reaktionen mit nur leicht negativem ΔG kann die Reaktionsrichtung durch Erhöhung der Produkt- bzw. Verringerung der Eduktkonzentrationen umgedreht werden (> 3.1.5). Bei **stark exergonen Reaktionen** wie der Hydrolyse einer Peptidbindung ist das nicht möglich, da hier im Gleichgewicht oft mehr als 99,99 % der Reaktanden als Produkt vorliegen und eine darüber hinausgehende Konzentrationserhöhung nicht möglich ist. Solche Reaktionen sind **irreversibel.** Auch Enzyme können hier nicht weiterhelfen, da sie die Lage des Gleichgewichts nicht verändern können. Die Umkehrung der exergonen Proteolyse, die endergone Synthese einer Peptidbindung nur aus Aminosäuren, kann somit auch im menschlichen Körper nicht ablaufen. Um solche Rückreaktionen von an sich irreversiblen Reaktionen durchzuführen, werden sie daher in der Zelle an andere stark exergone Reaktionen, meist die Spaltung von ATP oder anderen Trinukleotidphopshaten (> Abb. 3.11), gekoppelt. Aus der Summe der Reaktionen entsteht so eine neue Reaktion, bei der sowohl die Reaktanden als auch die ΔG-Werte summiert werden.

Aus Studentensicht

TAB. 3.1

ATP ist die Energiewährung der Zellen und wird im Körper durch Oxidation der Nahrungsbestandteile gebildet. Es dient als **Energiezwischenspeicher** für energieverbrauchende Reaktionen.

Bei Reaktionen mit leicht negativem ΔG kann die Rückreaktion durch Konzentrationsveränderungen der Reaktanden erreicht werden. **Stark exergone (irreversible) Reaktionen** können nur in die Rückrichtung ablaufen, wenn die Rückreaktion an eine andere stark exergone Reaktion gekoppelt wird, z. B. die Spaltung von ATP.

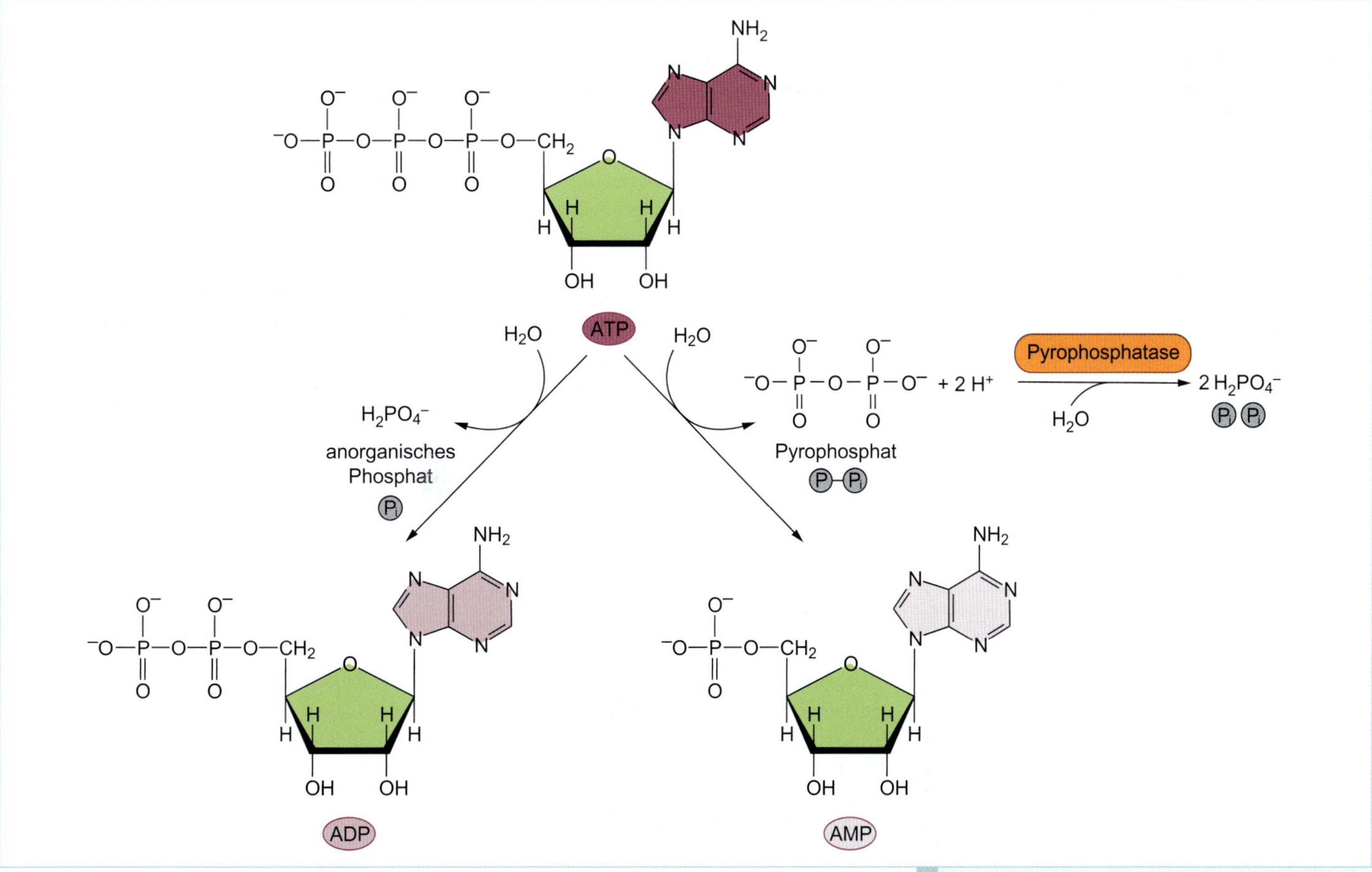

Abb. 3.11 Hydrolyse von ATP [L253]

Aus Studentensicht

Unter **Kopplung** versteht man das gleichzeitige Ablaufen einer endergonen (z. B. Synthese eines Dipeptids) und einer stark exergonen Reaktion (i. d. R. Spaltung von ATP).
Die bei der Hydrolyse von ATP in ADP und P_i frei werdende Energie ist auf die Spaltung der energiereichen **Phosphorsäureanhydridbindung** und die dabei gleichzeitige **Entropieerhöhung,** bessere **Mesomeriestabilisierung** der Produkte und die **negative Ladung der Produkte** zurückzuführen.

Bei einigen irreversiblen Reaktionen werden bei der Hydrolyse von ATP zwei miteinander verbundene Phosphate **(Pyrophosphat)** abgespalten. **Pyrophosphatasen** hydrolysieren dieses Pyrophosphat in einer ebenfalls exergonen Reaktion. Dadurch wird das Gleichgewicht noch stärker in Richtung der Produkte verschoben und die gekoppelte endergone Reaktion verläuft noch effizienter **(= Pyrophosphatantrieb).**

Mg^{2+}**-Ionen** sind für ATP-abhängige Reaktionen essenziell.
Neben ATP können auch andere Nukleotide als Cosubstrate Energie liefern, z. B. **GTP, UTP** und **CTP.**

NADH als Elektronenüberträger
Elektronenüberträger wie **Nikotinamid-Adenin-Dinukleotid (NAD⁺)** fungieren als Cofaktoren von Enzymen und dienen als Überträger von **Elektronen,** die bei Oxidationsreaktionen frei werden. Die zwischengespeicherten Elektronen (Redoxäquivalente) können von einem anderen Enzym in einer Reduktionsreaktion verwendet werden.

Die Nikotinamidgruppe des **NAD⁺** nimmt aus einer Oxidationsreaktion **zwei Elektronen** und **ein Proton** auf und wird dabei zu NADH reduziert. Das bei vielen Reaktionen zusätzlich freigesetzte zweite Proton bindet nicht an NADH, sondern wird an die umgebende wässrige Lösung abgegeben.

3 ENZYME: KATALYSATOREN DES LEBENS

Kopplung bedeutet dabei, dass die beteiligten Enzyme ATP nur dann spalten, wenn gleichzeitig die ansonsten endergone Reaktion, hier die Knüpfung der Peptidbindung, abläuft. ATP wirkt somit als Energieüberträger. Bei seiner Hydrolyse wird Energie frei, die die Enzyme verwenden, um eine an sich endergone Reaktion insgesamt exergon zu machen (➤ Formel 3.5).

$$\text{Aminosäure 1 + Aminosäure 2} \rightleftharpoons \text{Dipeptid} \quad \Delta G^{\circ\prime} = 21 \text{ kJ/mol}$$
$$\text{ATP} \rightleftharpoons \text{ADP} + P_i \quad \Delta G^{\circ\prime} = 31 \text{ kJ/mol}$$
$$\text{Aminosäure 1 + Aminosäure 2 + ATP} \rightleftharpoons \text{Dipeptid + ADP} + P_i \quad \Delta G^{\circ\prime} = 10 \text{ kJ/mol} \quad \text{| Formel 3.5}$$

Die hohe Energiefreisetzung bei der Hydrolyse der **Phosphorsäureanhydridbindungen** im ATP kann durch die **Entropieerhöhung** und die bessere **Mesomeriestabilisierung der Produkte** sowie die auf die zwei Produkte verteilte **negative Ladung** erklärt werden. Bei der ATP-Synthese muss zunächst Energie aufgewendet werden, um die Abstoßungskräfte zwischen ADP^{3-} und $Phosphat^{2-}$ zu überwinden. Diese Energie wird bei der stark exergonen Hydrolyse wieder frei.
Bei einigen irreversiblen Reaktionen, letztendlich auch bei der Proteinbiosynthese, wird das Gleichgewicht noch stärker in Richtung der Produkte verschoben, also ein noch höherer Energiebetrag zugeführt. Dazu wird vom ATP nicht ein einzelner Phosphatrest, sondern zwei miteinander verbundene Phosphate als **Pyrophosphat** (PP_i) abgespalten (➤ Formel 3.6; ➤ Abb. 3.11):

$$\text{ATP} \rightleftharpoons \text{AMP} + PP_i \quad \Delta G^{\circ\prime} = -46 \text{ kJ/mol} \quad \text{| Formel 3.6}$$

Ein zusätzliches Enzym, die **Pyrophosphatase,** spaltet Pyrophosphat schnell in zwei Phosphatreste und entfernt es aus dem Gleichgewicht (➤ Formel 3.7):

$$\text{ATP} \rightleftharpoons \text{AMP} + PP_i \rightleftharpoons \text{AMP} + 2 P_i \quad \Delta G^{\circ\prime} = -65 \text{ kJ/mol} \quad \text{| Formel 3.7}$$

Somit steht für die Synthese der Peptidbindung ein noch größerer Energiebetrag zur Verfügung (**Pyrophosphatantrieb**) (➤ Formel 3.8).

$$\text{Aminosäure 1 + Aminosäure 2} \rightleftharpoons \text{Dipeptid} \quad \Delta G^{\circ\prime} = +21 \text{ kJ/mol}$$
$$\text{ATP} \rightleftharpoons \text{AMP} + 2 P_i \quad \Delta G^{\circ\prime} = -65 \text{ kJ/mol}$$
$$\text{Aminosäure 1 + Aminosäure 2 + ATP} \rightleftharpoons \text{Dipeptid + AMP} + 2 P_i \quad \Delta G^{\circ\prime} = -44 \text{ kJ/mol} \quad \text{| Formel 3.8}$$

Bei diesen Berechnungen wurden die $\Delta G^{\circ\prime}$-Werte betrachtet. Entscheidend sind aber die ΔG-Werte selbst, die von den in der Zelle vorliegenden Konzentrationen der einzelnen Reaktionspartner abhängen. Da die Konzentration von ATP in der Zelle höher ist als die von ADP, liegt beispielsweise das ΔG bei der Reaktion von ATP zu ADP meist etwa bei -55 kJ/mol, also deutlich negativer als das $\Delta G^{\circ\prime}$ von -31 kJ/mol.
Die meisten Enzyme verwenden ATP als Cosubstrat nur in einem Komplex mit einem **Magnesium-Ion** (Mg^{2+}-Ion), das an die beiden endständigen Phosphatreste bindet (➤ Abb. 3.4c). Mg^{2+}-Ionen sind hier nicht dauerhaft an die jeweiligen Proteine gebunden, sondern nur kurzfristig zusammen mit dem ATP.
Bei den meisten energieabhängigen Reaktionen ist **ATP** das energieliefernde Cosubstrat, aber auch andere Nukleotide können diese Funktion übernehmen. So spielt **GTP** als Cosubstrat von G-Proteinen bei Signaltransduktionsprozessen oder der Translation, **UTP** bei der Aktivierung von Zuckern und **CTP** bei der Synthese von Phospholipiden eine Rolle.

NADH als Elektronenüberträger
Viele Enzyme katalysieren Redoxreaktionen, bei denen **Elektronen** von einer Substanz auf eine andere übertragen werden. Wie das ATP als Speicher von Energie dient, fungieren **Elektronenüberträger** als Speicher von Elektronen. Die von ihnen übertragenen energiereichen Elektronen werden auch als Redoxäquivalente bezeichnet. So werden Elektronen bei einer Oxidationsreaktion an einem Enzym an einen Elektronenakzeptor gebunden und dort gespeichert, bis sie von einem zweiten Enzym für eine Reduktionsreaktion verwendet werden. Ein Beispiel für einen Elektronenüberträger ist das **Nikotinamid-Adenin-Dinukleotid (NAD⁺)**. Neben dem Adenin trägt dieses Dinukleotid die Pyrimidinbase Nikotinamid (➤ Abb. 3.12). Die Nikotinamidgruppe als reaktiver Teil ist positiv geladen, weshalb das ganze Molekül mit NAD⁺ abgekürzt wird, obwohl es durch die Phosphatgruppen insgesamt negativ geladen ist.
Die Nikotinamidgruppe kann **zwei Elektronen** aus einer Oxidationsreaktion zusammen mit einem Proton aufnehmen und wird so zum NADH reduziert (➤ Abb. 3.12). Meist wird dabei ein weiteres Proton freigesetzt. Dieses bindet nicht an NADH, obwohl es oftmals in Formeln als NADH/H⁺ bezeichnet wird, sondern wird in die wässrige Lösung abgegeben und trägt zur Ansäuerung der Umgebung bei. Die aufgenommenen Elektronen können bei einer von einem anderen Enzym katalysierten Reduktion wieder abgegeben werden.

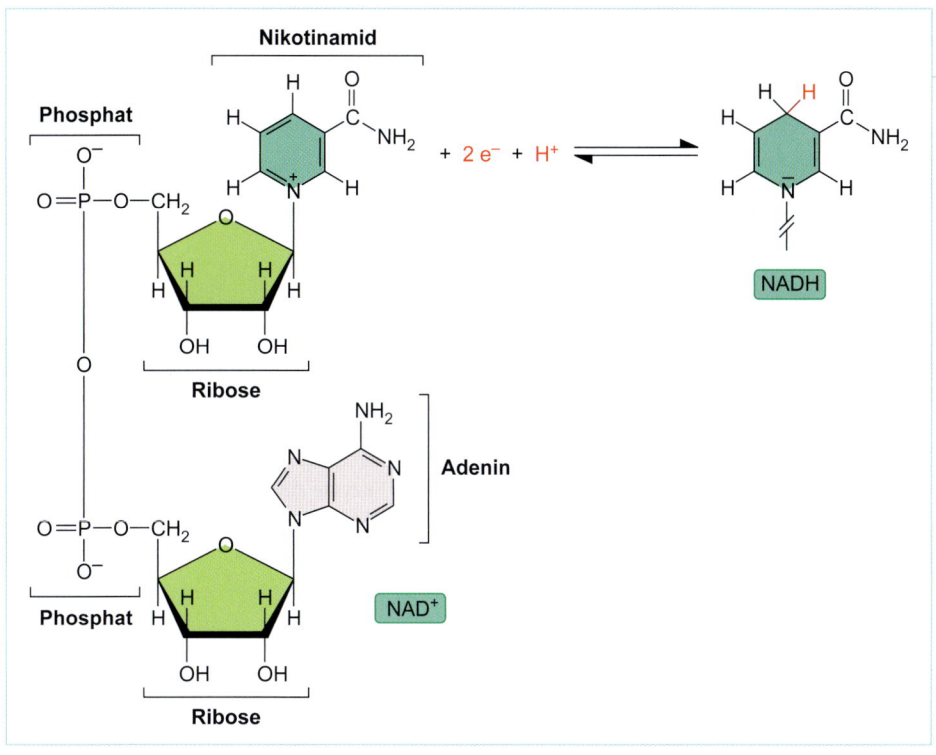

Abb. 3.12 Struktur und Reaktion des Nikotinamid-Adenin-Dinukleotids (NAD⁺) [L253]

3.3 Enzymtests

3.3.1 Fotometrie

Im Labor werden **Enzymtests** auf unterschiedliche Weise in der Diagnostik eingesetzt. Substanzen wie Glukose, die mithilfe von Enzymtests bestimmt werden, können i. d. R. nicht direkt gemessen werden. Durch ein Enzym werden sie in eine Substanz umgewandelt, die Licht einer bestimmten Wellenlänge absorbiert, sodass ihre Konzentration fotometrisch bestimmt werden kann. In einem **Fotometer** wird zunächst aus dem Licht einer Lampe mit einem Monochromator nur Licht einer bestimmten Wellenlänge ausgewählt und durchgelassen (➤ Abb. 3.13). Dieser monochromatische Lichtstrahl mit der Ausgangsintensität I_0 wird durch die Probe geschickt, die sich meist als wässrige Lösung in einer **Küvette** (Gefäß mit genau definierter Kantenlänge d) befindet. Ein Teil des Lichts wird in der Probe von den zu untersuchenden Substanzen **absorbiert.** Je höher die Konzentration der Substanz ist, desto weniger Licht tritt wieder aus der Küvette aus. Die Intensität I des austretenden Lichts wird von einem Detektor gemessen.

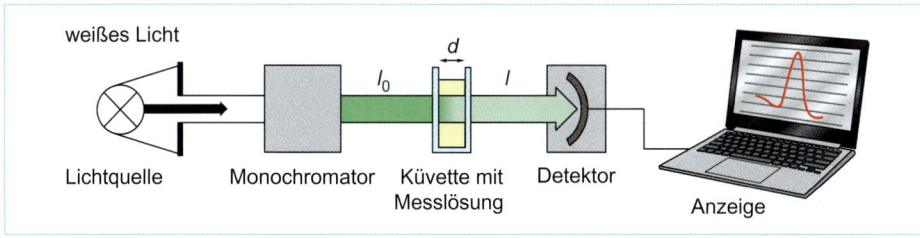

Abb. 3.13 Aufbau eines Fotometers [L253]

Das **Lambert-Beer-Gesetz** beschreibt die Abhängigkeit der Extinktion (Abschwächung der Lichtintensität) von der Konzentration der untersuchten Substanz (➤ Formel 3.9):

$$E = A = OD = \log \frac{I_0}{I} = \varepsilon \cdot c \cdot d \qquad \text{| Formel 3.9}$$

Die vom Fotometer angezeigte **Extinktion E** (Absorption A, optische Dichte OD) ist **proportional zur Konzentration** c der Substanz und zur Schichtdicke d der Küvette. ε ist eine Konstante, der Proportionalitätsfaktor (Extinktionskoeffizient). Er beschreibt, wie hoch die Extinktion eines Stoffs bei einer bestimmten Wellenlänge ist. I_0 ist die Intensität des einfallenden, I die Intensität des Lichts hinter der Küvette. Nach Messung der Extinktion im Fotometer kann bei bekanntem ε und d die Stoffkonzentration berechnet werden. Bei einer Extinktion von E = 0 ist I = I_0, bei E = 1 tritt nur ein Zehntel des eingestrahlten Lichts wieder aus der Küvette aus, bei E = 2 ein Hundertstel usw. Die Messwellenlänge wird so ge-

Aus Studentensicht

Das Lambert-Beer-Gesetz gilt nur für „dünne" Lösungen, also Lösungen mit niedriger Konzentration. **Proben** werden daher vor der Messung i. d. R. **verdünnt.**

3.3.2 Bestimmung der Konzentration von Stoffen in Blut oder Urin

Enzymtests nutzen die **Substratspezifität** von **Enzymen,** um ähnliche Substanzen voneinander zu unterscheiden. Dabei reagiert das Enzym spezifisch mit der zu bestimmenden Substanz zu einem im **Fotometer messbaren Produkt.** Einige Testverfahren erfordern mehrere hintereinander ablaufende Reaktionen, da nicht für jede Substanz ein passendes Enzym mit messbarem Produkt verfügbar ist.
Ein häufig benutzter Cofaktor ist NAD$^+$, das zu NADH reagiert. NADH absorbiert im Gegensatz zu NAD$^+$ Licht mit einer Wellenlänge von 340 nm.

ABB. 3.14

Eine Anwendung ist die Bestimmung des **Blutzuckerspiegels.** Pro Glukose-Molekül entsteht, durch zwei Enzyme katalysiert, ein NADH-Molekül. Die fotometrische Bestimmung der NADH-Konzentration entspricht daher der Glukose-Konzentration.

3.3.3 Bestimmung von Enzymen im Blut

Beim Untergang von Zellen werden u. a. Enzyme (z. B. **Transaminasen** bei einer **Leberschädigung**) in das Blut freigesetzt, die auf eine Zell- bzw. Organschädigung schließen lassen. Deren Nachweis gelingt, indem der Probe passende Substrate zugesetzt werden und die Umwandlung in ein spezifisches Produkt fotometrisch quantifiziert und in Form der **Enzymaktivität** angegeben wird.

---

3 ENZYME: KATALYSATOREN DES LEBENS

wählt, dass der Extinktionsunterschied zwischen Substraten und Produkten möglichst groß ist, also die zu messende Substanz möglichst stark absorbiert.

Das Lambert-Beer-Gesetz und somit der Rückschluss auf die Konzentration anhand einer gemessenen Extinktion gilt nur für sogenannte „dünne" Lösungen. Haben die Lösungen eine zu hohe Konzentration, überlappen sich die zu messenden Teilchen und eine Zunahme der Konzentration der Lösung steht nicht mehr in einem linearen Zusammenhang mit der Extinktion. Zusätzlich ist bei Extinktionen > 2 der Messfehler hoch, da nur geringe Lichtintensitäten auf den Detektor fallen. Um solche Fehler zu vermeiden, werden **Proben** vor ihrer Messung **verdünnt.**

3.3.2 Bestimmung der Konzentration von Stoffen in Blut oder Urin

Viele Substanzen wie Glukose kommen in Körperflüssigkeiten in **millimolaren Konzentrationen** vor. Die Bestimmung der genauen Konzentration kann zur Diagnose von Krankheiten wie Diabetes mellitus beitragen. Allerdings muss die zu bestimmende Substanz oftmals von sehr ähnlichen Molekülen unterschieden werden. Bei der Glukose absorbieren beispielsweise andere Zucker wie Mannose oder Galaktose Licht derselben Wellenlänge und zeigen sehr ähnliche chemische Reaktionen. Für den spezifischen Nachweis werden im klinischen Labor daher **substratspezifische Enzyme** eingesetzt, welche die nachzuweisende Substanz so umsetzen, dass das dabei entstehende **Produkt eine veränderte Absorption** aufweist. Da nicht für jede Substanz ein passendes Enzym verfügbar ist, werden oftmals mehrere Reaktionen miteinander verknüpft wie beim Nachweis von Glukose (➤ Formel 3.10).

$$\text{Glukose} + \text{ATP} \xrightleftharpoons{\text{Hexokinase}} \text{Glukose-6-phosphat} + \text{ADP}$$

$$\text{Glukose-6-phosphat} + \text{NAD}^+ \xrightleftharpoons{\text{Glukose-6-phosphat-Dehydrogenase}} \text{6-Phosphoglukonolakton} + \text{NADH}$$

| Formel 3.10

Im Gegensatz zu NAD$^+$ absorbiert NADH UV-Licht einer Wellenlänge von 340 nm und kann somit im Fotometer bei dieser Wellenlänge quantifiziert werden (➤ Abb. 3.14). In ähnlicher Weise wird auch der Elektronenüberträger NADPH verwendet.

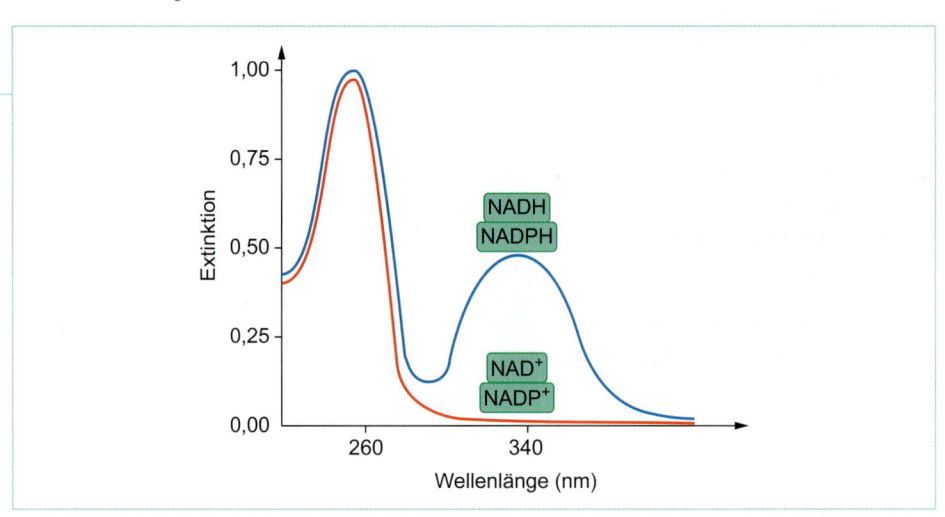

Abb. 3.14 Absorptionsspektren von Nikotinamid-Dinukleotiden. NAD(P)$^+$ und NAD(P)H sind farblos, absorbieren also kein sichtbares Licht. Im nahen UV-Bereich unterscheidet sich jedoch die Absorption stark: $\varepsilon_{340\,nm,\,NAD(P)H} = 6220\,l/(mol \times cm)$; $\varepsilon_{340\,nm,\,NAD(P)} \approx 0$. [L253]

Für die Messung der **Blutzuckerkonzentration** werden in diesem Fall die Enzyme Hexokinase und Glukose-6-phosphat-Dehydrogenase sowie die weiteren Substrate ATP und NAD$^+$ zur Blutprobe zugegeben. Für jedes im Blut enthaltene Glukosemolekül entsteht ein Molekül NADH. Aus der Erhöhung der Absorption bei 340 nm kann dann die NADH-Konzentration bestimmt werden. Da das Verhältnis des Umsatzes Glukose ⇌ NADH 1 : 1 ist, entspricht die NADH-Konzentration der Glukosekonzentration.

3.3.3 Bestimmung von Enzymen im Blut

Neben der Verwendung von Enzymen zur Bestimmung der Konzentration von Stoffen kann auch die Konzentration der Enzyme selbst gemessen werden. Bei der Zerstörung von Zellen gelangen intrazelluläre Enzyme in das Blut. Ein Beispiel dafür ist die Freisetzung von **Transaminasen** bei einer **Leberschädigung.** Bei der Bestimmung der freigesetzten Enzyme macht man sich ihre Aktivität zunutze, indem der Blutprobe Substrate des zu untersuchenden Enzyms zugegeben werden. Gegebenenfalls wird die Reaktion mit weiteren Reaktionen verknüpft, bei denen eine absorbierende Substanz wie NADH entsteht, die im Fotometer bestimmt wird. So kann man die **Enzymaktivität** aus der Zunahme der Absorption pro Zeit berechnen.

3.4 ENZYMKINETIK

> **Enzymaktivität**
> Die **Einheit** der Enzymaktivität ist **Unit** und wird in µmol umgesetztes Substrat pro Minute bei Substratsättigung und unter optimalen Bedingungen bestimmt. Die SI-Einheit **catal** (= mol umgesetztes Substrat pro Sekunde) wird nur selten verwendet.

3.3.4 ELISA

Der **Enzyme-Linked Immunosorbent Assay (ELISA)** wird eingesetzt, um Stoffe wie Hormone zu quantifizieren, die nur in sehr geringen Konzentrationen vorkommen. Dabei werden **Antikörper** mit sehr hoher Affinität verwendet, die an den zu bestimmenden Stoff binden und dann in Abhängigkeit von der Stoffkonzentration über ein kovalent verknüpftes Enzym farbige Moleküle bilden (> 8.4).

3.4 Enzymkinetik

3.4.1 Geschwindigkeit enzymatischer Reaktionen

> **FALL**
> **Die Klassenfahrt**
> Die vier Klassenkameraden hatten den vorletzten Abend der Klassenfahrt im türkischen Ferienort Kemer perfekt geplant. Beim Schlendern über den Markt hatte es Dennis geschafft, unbemerkt vom Lehrer günstigen lokal gebrannten Schnaps zu kaufen. Am Abend im Hotelzimmer wanderte die Flasche reihum – bis die Flasche leer war und alle im Alkoholrausch einschliefen. Der nächste Tag war zur freien Verfügung und so fiel erst am übernächsten Morgen bei der Abfahrt auf, dass die vier am Vortag gar nicht aufgetaucht waren. Nach vergeblichem Klopfen lässt sich der Lehrer von einem Zimmermädchen die Tür aufschließen und findet ein Bild des Grauens vor. Der unfachmännisch gebrannte Schnaps hatte Methanol enthalten – der Alkoholrausch war unbemerkt in Bewusstlosigkeit und Koma durch Methanolvergiftung übergegangen. Bei einem der vier Jugendlichen konnte der Notarzt nur noch den Tod feststellen, die anderen wurden ins Krankenhaus gebracht, wo diese therapeutisch Ethanol verabreicht bekamen. Nach einigen Tagen konnten sie wieder entlassen werden und auch die zunächst durch die Methanolvergiftung verursachten Sehstörungen bildeten sich zurück.
> Was passiert bei einer Methanolvergiftung? Warum haben die Ärzte zur Therapie Ethanol verabreicht?

Die **Geschwindigkeit**, mit der enzymkatalysierte Reaktionen ablaufen, wird durch die **Wechselzahl k_{kat}** beschrieben, die angibt, wie viele Substratmoleküle von einem Enzymmolekül pro Sekunde bei Substratsättigung maximal umgewandelt werden können. Einige Enzyme wie die Carboanhydrase setzen bis zu 1 000 000 Substratmoleküle pro Sekunde um. Die Geschwindigkeit wird nur dadurch begrenzt, dass neue Substratmoleküle in das aktive Zentrum diffundieren müssen (**diffusionskontrollierte** Reaktionen). Die **Kinetik** betrachtet den zeitlichen Ablauf chemischer Reaktionen. Wesentlich für diesen Ablauf und damit die Reaktionsgeschwindigkeit ist neben den genannten Faktoren die **Substratkonzentration.**

3.4.2 Michaelis-Menten-Kinetik

Die Alkohol-Dehydrogenase eignet sich gut, um experimentell den Zusammenhang zwischen Reaktionsgeschwindigkeit und Substratkonzentration zu bestimmen, da eines ihrer Produkte das im Fotometer messbare NADH ist (> Formel 3.11).

$$CH_3CH_2OH \text{ (Ethanol)} + NAD^+ \rightleftharpoons CH_3CHO \text{ (Acetaldehyd)} + NADH + H^+ \qquad | \text{ Formel 3.11}$$

In verschiedene Küvetten werden jeweils dieselben Mengen Enzym (hier: Alkohol-Dehydrogenase) und NAD^+, aber unterschiedliche Mengen an Substrat (hier: Ethanol) gegeben. Anschließend wird die Reaktionsgeschwindigkeit bestimmt, indem für jede Substratkonzentration die Veränderung der Extinktion mit der Zeit gemessen wird. Mithilfe des Extinktionskoeffizienten von NADH und des Lambert-Beer-Gesetzes kann berechnet werden, wie viel NADH pro Zeit entstanden ist.
In einem Koordinatensystem aufgetragen ergeben sich Kurven (> Abb. 3.15a). Bei der höchsten Substratkonzentration (hier: $[S_4]$) steigt die NADH-Konzentration zunächst schnell an, nach einigen Minuten flacht die Kurve jedoch ab, da durch die Umwandlung von Ethanol in Acetaldehyd die Konzentration des Ethanols in der Küvette langsam sinkt. Die Reaktionsgeschwindigkeit für die Ausgangskonzentration ergibt sich daher aus der Steigung der Tangente im Zeitpunkt null (**Anfangsgeschwindigkeit v_0**). Trägt man die v_0-Werte gegen die Substratkonzentration auf, ergibt sich ein **hyperbolischer Kurvenverlauf** (> Abb. 3.15b). Bei kleinen Substratkonzentrationen steigt die Reaktionsgeschwindigkeit etwa linear an, da immer mehr Enzymmoleküle Substrat binden und umsetzen. Bei höheren Substratkonzentrationen steigt die Geschwindigkeit jedoch kaum noch, da die meisten Enzymmoleküle mit Substrat gesättigt sind. Sie nähert sich asymptotisch der **Maximalgeschwindigkeit v_{max}** für die gegebene Enzymkonzentration, bei der praktisch alle Enzymmoleküle andauernd Substrate umsetzen.

Aus Studentensicht

3.3.4 ELISA

Enzyme-Linked Immunosorbent Assay (ELISA) ist ein Verfahren zur Quantifizierung von Stoffen mit geringer Konzentration (z. B. Hormonen). Es basiert auf der Verwendung von **Antikörpern,** an die ein **Enzym gebunden** ist.

3.4 Enzymkinetik

3.4.1 Geschwindigkeit enzymatischer Reaktionen

Die Anzahl der von einem Enzym pro Sekunde maximal umgesetzten Substratmoleküle bei Substratsättigung wird **Wechselzahl (k_{kat})** genannt. Wird die **Geschwindigkeit** des Enzyms nur durch das Nachliefern von Substrat in das aktive Zentrum begrenzt, ist die Reaktion **diffusionskontrolliert.** Beide Faktoren beeinflussen neben der **Substratkonzentration** den zeitlichen Ablauf der Reaktion **(Kinetik).**

3.4.2 Michaelis-Menten-Kinetik

Die Reaktionsgeschwindigkeit zum Zeitpunkt null wird **Anfangsgeschwindigkeit v_0** genannt. Sie flacht nach einer gewissen Zeit ab, da die Substratkonzentration langsam sinkt. Trägt man die v_0-Werte gegen die Substratkonzentration auf, ergibt sich ein **hyperbolischer Kurvenverlauf.** Mit zunehmender Substratkonzentration steigt die Reaktionsgeschwindigkeit zunächst etwa linear an. Ab einer bestimmten Substratkonzentration sind jedoch alle Enzyme gesättigt, die Reaktionsgeschwindigkeit kann durch Erhöhung der Substratkonzentration nicht mehr gesteigert werden und die **Maximalgeschwindigkeit v_{max}** ist erreicht.

Aus Studentensicht

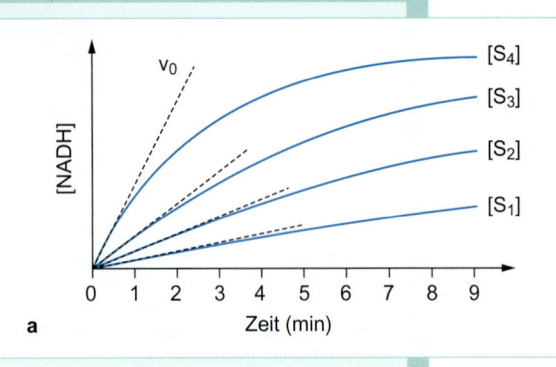

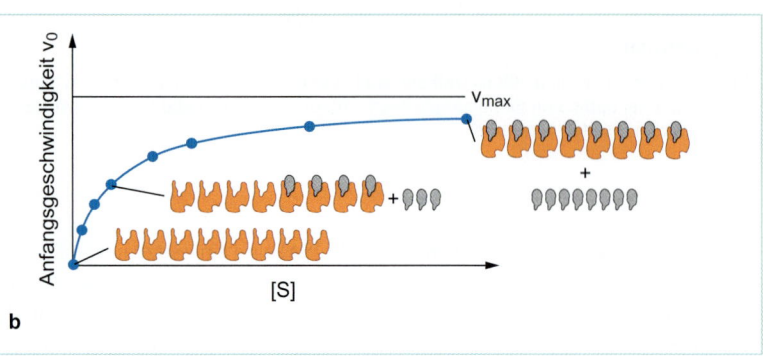

Abb. 3.15 Anfangsgeschwindigkeit v_0 enzymatischer Reaktionen. **a** Bestimmung von v_0 bei unterschiedlichen Substratkonzentrationen. **b** Enzymsättigung bei hohen Substratkonzentrationen. [L253]

Michaelis-Menten-Gleichung

Michaelis-Menten-Gleichung

Die **Michaelis-Menten-Gleichung** beschreibt die Abhängigkeit der Reaktionsgeschwindigkeit v von der Substratkonzentration [S]:

$$v = \frac{v_{max} \cdot [S]}{K_M + [S]}$$

Grundlage der Gleichung ist die Annahme, dass Enzym und Substrat einen **Enzym-Substrat-Komplex (ES)** bilden, bevor das Substrat zum Produkt umgesetzt wird. Im **Fließgleichgewicht** ist die Konzentration von ES praktisch konstant, da die Bildung von ES und die Reaktion zum Produkt gleich schnell erfolgen.

Leonor Michaelis und Maud Menten entwickelten ein Modell zur Kinetik enzymatischer Reaktionen, dessen Kernstück die heute in der Enzymkinetik maßgebliche **Michaelis-Menten-Gleichung** ist. Zur Herleitung dieser Theorie geht man von einer einfachen Isomerisierungsreaktion S ⇌ P aus, sie findet aber auch Anwendung bei vielen komplizierteren Reaktionen. Während der Reaktion bildet das Substrat S zunächst mit dem Enzym E den **Enzym-Substrat-Komplex (ES)**, bevor das Produkt P freigesetzt wird (➤ Formel 3.12).

$$E + S \rightleftharpoons ES \rightleftharpoons E + P \qquad \text{| Formel 3.12}$$

Nach dem Beginn der Reaktion kommt es zur Ausbildung eines **Fließgleichgewichts** (Steady State). Die Konzentration des ES bleibt in diesem Zustand praktisch konstant, da die Entstehung des ES aus dem Substrat und die Reaktion zum Produkt gleich schnell erfolgen. Mit dieser und weiteren Annahmen leiteten Michaelis und Menten die Abhängigkeit der Reaktionsgeschwindigkeit v von der Substratkonzentration [S] her (Michaelis-Menten-Gleichung; ➤ Formel 3.13):

$$v = \frac{v_{max} \cdot [S]}{K_M + [S]} \qquad \text{| Formel 3.13}$$

Die **Michaelis-Konstante (K_M)** ist die Konzentration, bei der die Reaktionsgeschwindigkeit genau ½ v_{max} ist. Sie ist ein **Maß für die Affinität** des Enzyms zu seinem Substrat. Ist K_M hoch, ist die Affinität für das Substrat ist niedrig. Ist K_M niedrig, ist die Affinität für das Substrat hoch.

Auf dieser Gleichung beruhen die in ➤ Abb. 3.15 gezeigten hyperbolischen Kurven. K_M ist eine für ein Enzym charakteristische Konstante (**Michaelis-Konstante**) und hat die Einheit einer Konzentration. Ist die Substratkonzentration gleich dem K_M-Wert, ergibt sich (➤ Formel 3.14):

$$v = \frac{v_{max} \cdot K_M}{K_M + K_M} = v_{max} \cdot \frac{K_M}{2K_M} = \frac{1}{2}v_{max} \qquad \text{| Formel 3.14}$$

Das heißt, der K_M-Wert ist die Substratkonzentration, bei der die Reaktionsgeschwindigkeit genau ½ v_{max}, also halbmaximal, ist. Dieser Zusammenhang kann verwendet werden, um K_M aus der Sättigungskurve zu bestimmen (➤ Abb. 3.16a). Bei hoher Substratkonzentration kann v_{max} abgelesen und daraus ½ v_{max} berechnet werden. Wenn man nun an der Kurve die Substratkonzentration abliest, bei der die halbe Maximalgeschwindigkeit erreicht wird, entspricht diese dem K_M-Wert. Der K_M-Wert ist damit ein reziprokes **Maß für die Affinität** des Enzyms zu einem bestimmten Substrat. Je höher der K_M-Wert ist, desto höher muss die Substratkonzentration sein, damit das Enzym mit halbmaximaler Geschwindigkeit arbeitet, und desto niedriger ist die Affinität des Enzyms für das Substrat.

Dissoziationskonstante

Die Dissoziationskonstante K_D beschreibt in der Biochemie die Gleichgewichtskonstante der Dissoziation eines Liganden von einem Protein wie einem Rezeptor (➤ Formel 3.15).

$$\text{Rezeptor-Liganden-Komplex (RL)} \rightleftharpoons \text{Rezeptor (R) + Ligand (L)}$$

$$K_D = \frac{[R] \cdot [L]}{[RL]} \qquad \text{| Formel 3.15}$$

Sie ist somit ein reziprokes Maß für die Affinität (Bindungsstärke) eines Proteins für einen Liganden. Eine hohe Affinität entspricht einem niedrigen K_D (z. B. im Bereich nmol/l) und eine niedrige Affinität einem hohen K_D (z. B. mmol/l). Die Einheit der Dissoziationskonstante ist wie beim K_M-Wert eine Konzentration. Bei einer Ligandenkonzentration, die dem K_D-Wert entspricht, haben 50 % der Proteinmoleküle den Liganden gebunden; es liegt also eine halbmaximale Sättigung vor.

In gewisser Weise ähnelt die Bindung eines Liganden an einen Rezeptor der Bindung eines Substrats an ein Enzym. Unter bestimmten Voraussetzungen entspricht der K_M-Wert der Dissoziationskonstante K_D für den Enzym-Substrat-Komplex. Dies ist auch der Grund dafür, dass die Sättigungskurve der Enzymkinetik der Sauerstoffbindungskurve am Myoglobin ähnelt (➤ 25.5.1).

3.4 ENZYMKINETIK

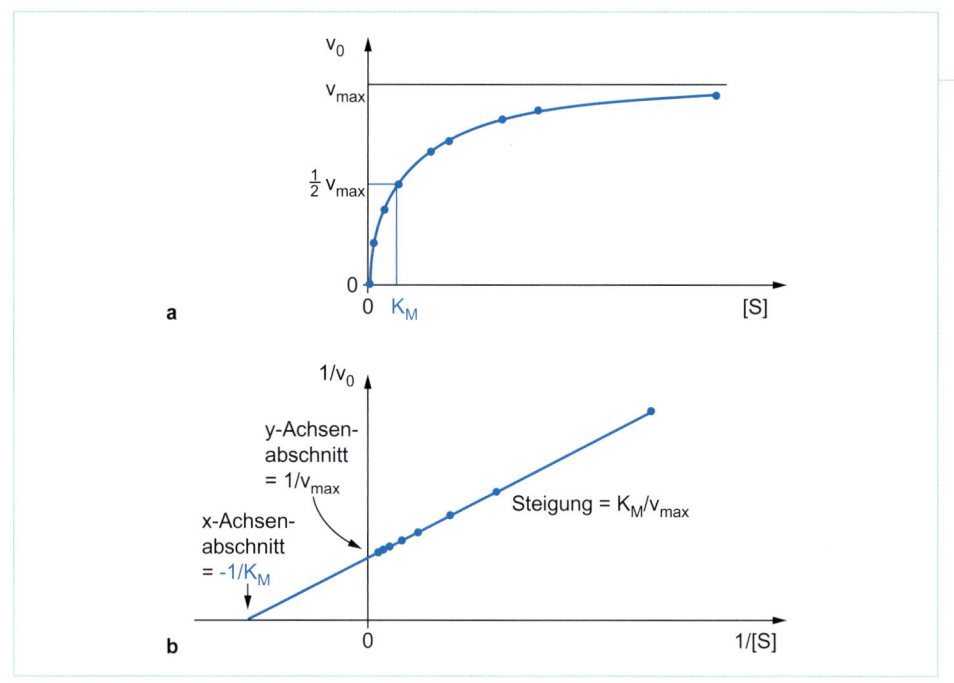

Abb. 3.16 Michaelis-Menten-Kinetik. **a** Bestimmung von K_M aus dem Sättigungsdiagramm. **b** Lineweaver-Burk-Diagramm. [L253]

Lineweaver-Burk-Diagramm

Für die Bestimmung des K_M-Wertes aus dem Sättigungsdiagramm muss zunächst v_{max} abgelesen werden. Bei manchen Enzymen wie der Alkohol-Dehydrogenase ist das nur schwer möglich, da hohe Ethanolkonzentrationen zur Denaturierung des Enzyms führen und somit v_{max} in der Messung nicht erreicht wird. Ein Ausweg ist es, die Kurve durch mathematische Umformungen in eine Gerade umzuwandeln. Dazu wird der Kehrwert der Michaelis-Menten-Gleichung gebildet (➤ Formel 3.16).

$$\frac{1}{v} = \frac{K_M}{v_{max}} \cdot \frac{1}{[S]} + \frac{1}{v_{max}}$$

| Formel 3.16

Wird 1/v gegen 1/[S] aufgetragen (= **Lineweaver-Burk-Diagramm**), ergibt sich eine Gerade, welche die y-Achse bei $1/v_{max}$ schneidet und die Steigung K_M/v_{max} besitzt sowie die x-Achse bei $-1/K_M$ schneidet (➤ Abb. 3.16b). Selbst wenn die Substratsättigung im Versuch nicht erreicht werden kann, können so durch Verlängerung der Geraden K_M und v_{max} näherungsweise bestimmt werden.

Katalytische Effizienz

Die Wechselzahl k_{kat} gibt die maximale Anzahl der Substratmoleküle an, die von einem Enzymmolekül bei Substratsättigung pro Sekunde umgesetzt werden kann. Interessanter ist allerdings, welche Geschwindigkeit bei geringen Substratkonzentrationen erreicht wird, ob das Enzym also auch einen niedrigen K_M-Wert und somit eine hohe Affinität für das Substrat hat. Der Quotient aus Wechselzahl und K_M-Wert ($k_{kat} \div K_M$) wird daher als **katalytische Effizienz** eines Enzyms bezeichnet (➤ Tab. 3.2). Während die Katalase einen der höchsten Werte für k_{kat} besitzt, ist die katalytische Effizienz bei der Acetylcholinesterase oder der Carboanhydrase am höchsten. Bei katalytisch perfekten Enzymen wie diesen führt im Prinzip jedes Zusammentreffen von Substrat und Enzym zur Produktbildung. Wechselzahlen und K_M-Werte einzelner Enzyme können sich für unterschiedliche Enzym-Substrat-Kombinationen erheblich unterscheiden.

Aus Studentensicht

ABB. 3.16

Lineweaver-Burk-Diagramm

Die **Bestimmung von v_{max} und K_M** aus dem Sättigungsdiagramm ist oft schwierig bzw. nicht möglich. Mithilfe mathematischer Umformungen (der Kehrwertbildung der Michaelis-Menten-Gleichung) ist die Bestimmung dennoch möglich:

$$\frac{1}{v} = \frac{K_M}{v_{max}} \cdot \frac{1}{[S]} + \frac{1}{v_{max}}$$

Durch Auftragung von 1/v gegen 1/[S] (**Lineweaver-Burk-Diagramm**) erhält man eine Gerade, deren Achsenschnittpunkte die Bestimmung von K_M und v_{max} ermöglichen:
- Schnittpunkt mit der x-Achse: $-1/K_M$
- Schnittpunkt mit der y-Achse: $1/v_{max}$

Katalytische Effizienz

Die **katalytische Effizienz** eines Enzyms ist ein Maß dafür, wie schnell ein Enzym unter Berücksichtigung seiner Substrataffinität arbeitet: katalytische Effizienz = $k_{kat} \div K_M$.

TAB. 3.2

Tab. 3.2 Beispiele für die katalytische Effizienz einiger Enzyme

Enzym	Substrat	K_M (mol/l)	Wechselzahl k_{kat} (s^{-1})	Katalytische Effizienz (s^{-1} l/mol^{-1})
Katalase	H_2O_2	1,1	$4 \cdot 10^7$	$4 \cdot 10^7$
Carboanhydrase	CO_2	$1 \cdot 10^{-2}$	$1 \cdot 10^6$	$8 \cdot 10^7$
Acetylcholinesterase	Acetylcholin	$9 \cdot 10^{-5}$	$1,4 \cdot 10^4$	$1,6 \cdot 10^8$
Pepsin	Protein	$3 \cdot 10^{-4}$	0,5	$2 \cdot 10^3$
Alkohol-Dehydrogenase	Ethanol	$2 \cdot 10^{-3}$	3	$2 \cdot 10^3$
	Methanol	$2 \cdot 10^{-2}$	0,2	$1 \cdot 10^1$

Aus Studentensicht

3 ENZYME: KATALYSATOREN DES LEBENS

> **FALL**
>
> **Die Klassenfahrt: Methanolvergiftung**
>
> Warum hilft Ethanol bei einer Methanolvergiftung? Methanol wird genauso wie Ethanol von der Alkohol-Dehydrogenase oxidiert (> Formel 3.17, > Abb. 3.19):
>
> $$CH_3OH \text{ (Methanol)} + NAD^+ \rightleftharpoons CH_2O \text{ (Formaldehyd)} + NADH + H^+ \qquad | \text{ Formel 3.17}$$
>
> Toxisch ist nicht Methanol selbst, sondern der von der Alkohol-Dehydrogenase erzeugte Formaldehyd, der z. B. Netzhautproteine denaturiert, was ohne rasche Therapie zur Erblindung führen kann. Formaldehyd wirkt nicht nur am Auge lokal organschädigend, sondern auch auf ZNS, Leber und Herz, was schließlich durch Organversagen zum Tod führen kann. Die Alkohol-Dehydrogenase hat einen niedrigeren K_M-Wert für Ethanol als für Methanol und damit eine höhere Affinität zu Ethanol (> Tab. 3.2). Bei Gabe von Ethanol wird somit durch die Alkohol-Dehydrogenase überwiegend Ethanol und nur wenig Methanol umsetzt. So entsteht weniger toxischer Formaldehyd. Das nicht umgesetzte Methanol kann von der Niere ausgeschieden werden, bevor es seine toxische Wirkung in Form des Formaldehyds entfaltet. So konnte hier eine Ethanoltherapie durch Kompetition die gravierendsten Folgen der Methanolvergiftung der Klassenkameraden abwenden.

3.4.3 Enzyminhibitoren

Inhibitoren sind Substanzen, die mit dem Enzym interagieren, die Enzymkinetik verändern und dadurch die Reaktionsgeschwindigkeit vermindern. Man unterscheidet kompetitive von anderen Inhibitoren.

Kompetitive Hemmung

Kompetitive Inhibitoren konkurrieren mit dem Substrat um das **aktive Zentrum**. Das Enzym bindet neben dem Substrat auch den Inhibitor **reversibel**.
Inhibitor und Substrat haben oft ähnliche Strukturen, sodass ähnliche Arten von Wechselwirkungen mit dem aktiven Zentrum ausgebildet werden.

Bei sehr **hohen Substratkonzentrationen** verdrängt das Substrat den Inhibitor aus dem aktiven Zentrum: v_{max} bleibt **unverändert**.
Bei **niedrigeren Substratkonzentrationen** bindet das Enzym neben dem Substrat auch den Inhibitor. Die Affinität für das Substrat scheint abzunehmen: K_M steigt (= **apparenter K_M-Wert, K_M'**).
Lineweaver-Burk-Diagramm:
- Schnittpunkt mit y-Achse: bleibt gleich
- Schnittpunkt mit x-Achse: größerer Wert (da die negativen Kehrwerte aufgetragen sind)

3.4.3 Enzyminhibitoren

Nicht nur Substrate können an Enzyme binden, sondern auch andere Substanzen können im aktiven Zentrum oder an einer anderen Stelle mit dem Enzym interagieren. Dadurch können sie die Enzymkinetik verändern und als **Inhibitoren** die Reaktionsgeschwindigkeit vermindern. Je nach Veränderung der kinetischen Parameter unterscheidet man zwischen kompetitiven und anderen Inhibitoren.

Kompetitive Hemmung

Kompetitive Inhibitoren binden im **aktiven Zentrum**, sodass es zum „Wettkampf" zwischen Substrat und Inhibitor kommt, die dort nicht gleichzeitig binden können (> Abb. 3.17a). Während der Inhibitor gebunden ist, kann das Enzym kein Substrat umsetzen. Die Bindungen sind allerdings **reversibel**, sodass Substrat oder Inhibitor das aktive Zentrum des Enzyms immer wieder verlassen und erneut binden können. Ein Enzymmolekül kann also nacheinander Inhibitor und Substrat binden. Oft haben kompetitive Inhibitoren eine ähnliche Struktur wie das zugehörige Substrat. So passt ihre Konformation zu der des aktiven Zentrums und sie können ähnliche Arten von Wechselwirkungen ausbilden, was zu einer hohen Affinität der Inhibitoren führt.

Bei **sehr hohen Substratkonzentrationen** gewinnt das Substrat den Wettkampf um das aktive Zentrum. Der Inhibitor hat neben der Überzahl an Substraten praktisch keine Möglichkeit mehr, an das Enzym zu binden. Daher ist die **Maximalgeschwindigkeit unverändert**.

Anders verhält es sich jedoch bei **niedrigeren Substratkonzentrationen.** Jetzt bindet ein Teil der Enzymmoleküle den Inhibitor, sodass die Reaktionsgeschwindigkeit sinkt. Scheinbar steigt in Gegenwart des Inhibitors der K_M-Wert (= **apparenter K_M-Wert, K_M'**) und die Substratsättigungskurve wird flacher (> Abb. 3.17b). Im Lineweaver-Burk-Diagramm schneiden die Geraden für die gehemmte und die ungehemmte Reaktion die y-Achse in demselben Punkt, da hier der unveränderte v_{max}-Wert abgebildet ist (> Abb. 3.17c). Die scheinbar verringerte Affinität des Enzyms lässt sich am veränderten K_M-Wert auf der x-Achse ablesen.

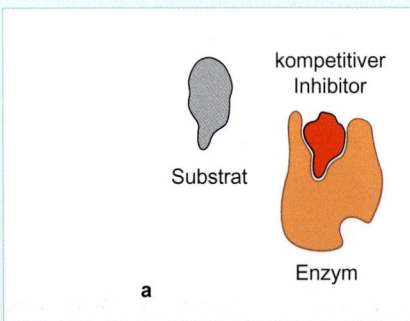

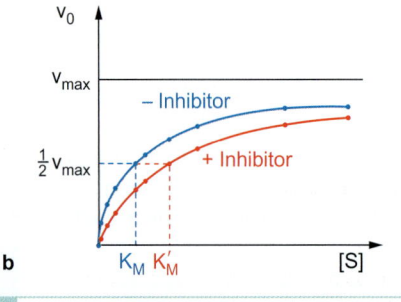

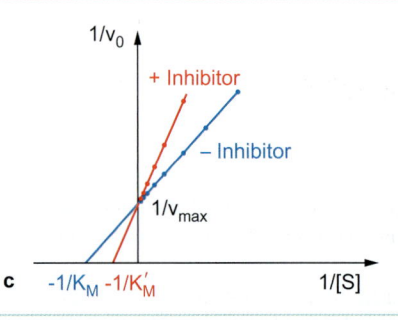

Abb. 3.17 Kompetitive Inhibition. **a** Bindung des Inhibitors im aktiven Zentrum. **b** Sättigungsdiagramm. **c** Lineweaver-Burk-Diagramm. [L253]

Kompetitive Inhibitoren kommen in natürlicher und ggf. in **medikamentös** zugeführter Form im menschlichen Körper vor.

Je höher die Affinität eines Inhibitors zum Enzym ist, desto geringere Mengen müssen für die gleiche Hemmwirkung eingesetzt werden.

Kompetitive Inhibitoren können vom menschlichen Körper selbst zur Regulation von Stoffwechselwegen produziert werden. Daneben sind zahlreiche **Pharmaka** spezifische kompetitive Inhibitoren für ein Enzym. Viele dieser Pharmaka ähneln chemisch den Substraten (**Substratanaloga**), können aber nicht umgesetzt werden. Ein Beispiel dafür sind die Statine, die sehr viele Patienten in der westlichen Welt zur Reduktion der Cholesterinkonzentration im Blut einnehmen (> 20.2.1).

Je affiner ein Inhibitor an das Enzym bindet, desto geringere Mengen müssen dem menschlichen Körper bei einer Therapie zugeführt werden, was oft auch zu geringeren Nebenwirkungen führt. Ein Kennwert, um die Affinität unterschiedlicher Inhibitoren eines Enzyms zu vergleichen, ist die **Inhibitorkonstante**

K_i. Sie entspricht der **Dissoziationskonstante des Enzym-Inhibitor-Komplexes** und kann aus dem K_M-Wert sowie dem apparenten K_M-Wert bei einer definierten Inhibitorkonzentration berechnet werden.
In der Pharmakologie wird häufig die **mittlere inhibitorische Konzentration IC_{50}** als ein alternatives Maß für die Affinität eines Inhibitors verwendet. Diese entspricht der Inhibitorkonzentration, bei der die Reaktionsgeschwindigkeit auf 50 % reduziert ist. Die IC_{50} ist jedoch von der bei der Messung eingesetzten Enzym- und Substratkonzentration abhängig, sodass die Werte für unterschiedliche Inhibitoren nur bei identischen Versuchsbedingungen direkt verglichen werden können.

Viele Medikamente werden vom Körper verstoffwechselt oder direkt ausgeschieden, sodass ihre Konzentration im Körper mehr oder weniger schnell sinkt. Auch reversibel an Enzyme gebundene Inhibitormoleküle lösen sich nach einiger Zeit vom Enzym und werden ausgeschieden. Um die Wirkstoffkonzentration im Körper über einem bestimmten Wert zu halten und Enzyme dauerhaft zu hemmen, müssen die Inhibitoren daher in regelmäßigen Abständen immer wieder eingenommen werden.

> **FALL**
> **Die Klassenfahrt: Methanolvergiftung**
> Hätte den methanolvergifteten Klassenkameraden auch durch eine Alternative zur Ethanoltherapie geholfen werden können? Seit einigen Jahren ist Fomepizol, ein kompetitiver Inhibitor mit einer weit höheren Affinität zur Alkohol-Dehydrogenase als Ethanol oder Methanol, verfügbar. Daher kann durch intravenöse Gabe von geringen Mengen Fomepizol die Aktivität der Alkohol-Dehydrogenase deutlich gesenkt werden. Dadurch wird Methanol ausgeschieden, ohne zu Formaldehyd verstoffwechselt zu werden. Anders als in den USA ist Fomepizol in Deutschland bisher nur bei Vergiftungen mit Ethylenglykol (z. B. in Frostschutzmitteln) zugelassen, das ebenfalls durch die Alkohol-Dehydrogenase zum toxischen Glykolaldehyd umgesetzt wird.

Nicht-kompetitive Hemmung

Bei einigen Inhibitoren findet man im Gegensatz zur kompetitiven Hemmung eine Verringerung der maximalen Reaktionsgeschwindigkeit bei **konstantem K_M-Wert** (> Abb. 3.18b). Meist tritt dies bei Enzymen mit mehr als einem Substrat auf (> Abb. 3.18a). Beide Substrate werden dabei in demselben aktiven Zentrum umgesetzt, binden aber an unterschiedlichen Stellen an das Enzym. Der Inhibitor kann dabei sowohl an das freie Enzym als auch an den ES-Komplex mit Substrat 2 binden, da er im aktiven Zentrum an die Bindungsstelle für Substrat 1 bindet. So verändert sich die Affinität für Substrat 2 nicht, da seine Bindestelle weiterhin frei ist, es kann aber dennoch nicht umgesetzt werden, da das aktive Zentrum blockiert ist. Je nach Inhibitorkonzentration wird so der Teil der Enzymmoleküle, die den Inhibitor gebunden haben, aus dem Verkehr gezogen. Zugabe von weiterem Substrat 2 kann den Inhibitor nicht verdrängen, da er an einer anderen Stelle im aktiven Zentrum bindet. Daher ist v_{max} für das Substrat 2 **reduziert**. Dieser Typ von reversiblem Inhibitor wird als **nicht-kompetitiv** bezeichnet. Im Lineweaver-Burk-Diagramm für das Substrat 2 schneiden sich die Geraden auf der x-Achse an derselben Stelle (gleicher K_M-Wert). Sie haben jedoch verschiedene v_{max}-Werte und damit y-Achsen-Schnittpunkte (> Abb. 3.18c). In Bezug auf Substrat 1 verhält sich der Inhibitor kompetitiv.

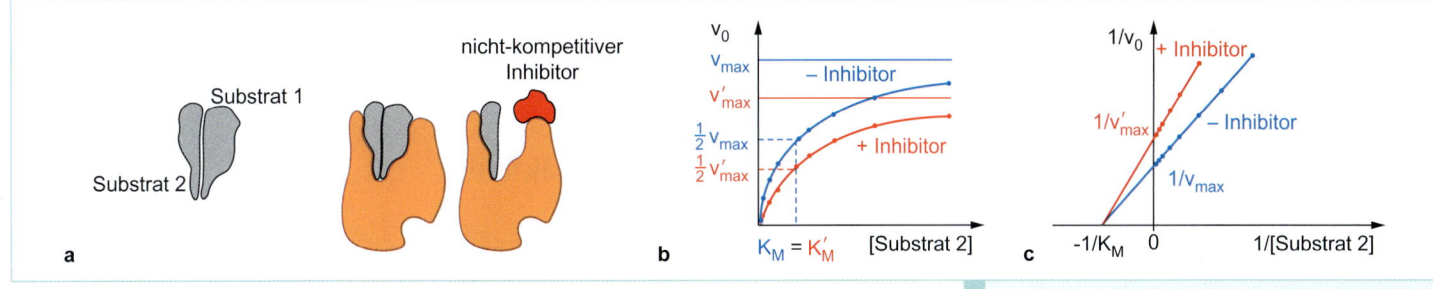

Abb. 3.18 Nicht-kompetitive Inhibition. **a** Bindung des Inhibitors. **b** Sättigungsdiagramm für Substrat 2. **c** Lineweaver-Burk-Diagramm für Substrat 2. [L253]

Nicht-kompetitive Inhibitoren können auch außerhalb des aktiven Zentrums binden und eine Konformationsänderung des Enzyms bewirken, die eine verminderte Reaktionsgeschwindigkeit bei unveränderter Substrataffinität bewirkt. Bei vielen solcher **allosterischen Inhibitoren** (gr. allos = der andere, steros = am anderen Ort, räumlich ausgedehnt) kommt es jedoch zu einer Konformationsänderung im aktiven Zentrum, die zur Verringerung sowohl der Maximalgeschwindigkeit als auch der Affinität führt (= **gemischte Inhibition**).

Unkompetitive Hemmung

Unkompetitive Inhibitoren können nur an den Enzym-Substrat-Komplex (ES) binden und nicht an das freie Enzym. Dies führt neben einer Verminderung von v_{max} zu einer Erniedrigung des K_M-Wertes um denselben Faktor. Das Enzym bindet das Substrat besser, die Reaktion läuft jedoch langsamer ab. Einige Medikamente wie das Antidepressivum Lithiumchlorid wirken als unkompetitive Inhibitoren.

Aus Studentensicht

Die **Enzymaffinität** für einen **Inhibitor** lässt sich beschreiben mit der:
- **Inhibitorkonstante K_i:** Dissoziationskonstante des Enzym-Inhibitor-Komplexes
- **mittleren inhibitorischen Konzentration IC_{50}:** Inhibitorkonzentration, bei der die Reaktionsgeschwindigkeit auf 50 % reduziert ist

Auch reversibel an Enzyme gebundene **Medikamente** werden vom Körper kontinuierlich **verstoffwechselt** und ausgeschieden. Für eine dauerhafte Wirkung müssen sie daher in regelmäßigen Abständen zugeführt werden.

Nicht-kompetitive Hemmung

Die Bindung eines Inhibitors an eine der Substratbindungsstellen eines Enzyms mit zwei Substraten führt zur **nicht-kompetitiven Hemmung** für eines der Substrate. Dieses kann nicht mehr umgesetzt werden: v_{max} **sinkt**. Die Affinität für dieses Substrat aber bleibt unbeeinflusst: K_M **bleibt gleich**.
Eine Erhöhung der Substratkonzentration hebt die Inhibition nicht auf, da Substrat und Inhibitor nicht um dieselbe Bindungsstelle konkurrieren.
Lineweaver-Burk-Diagramm:
- Schnittpunkt mit y-Achse: größerer Wert (da Kehrwerte aufgetragen sind)
- Schnittpunkt mit x-Achse: bleibt gleich

Die Bindung nicht-kompetitiver Inhibitoren kann auch außerhalb des aktiven Zentrums erfolgen, was eine Konformationsänderung des Enzyms bewirkt **(allosterische Inhibition)**. Kommt es dabei zu einer Konformationsänderung im aktiven Zentrum, spricht man von **gemischter Inhibition:** v_{max} sinkt, K_M steigt.

Unkompetitive Hemmung

Bei der **unkompetitiven Hemmung** bindet der Inhibitor nur an den Enzym-Substrat-Komplex und erniedrigt dadurch sowohl v_{max} als auch K_M.

Aus Studentensicht

Suizidinhibitoren

Suizidinhibitoren sind Substanzen, die vom Enzym umgesetzt werden und dabei eine **kovalente Bindung** mit diesem eingehen (z. B. Aspirin®). Jedes Inhibitor-Molekül kann somit lediglich genau ein Enzym-Molekül hemmen und ist danach verbraucht. Dadurch wird das Enzym-Molekül **irreversibel** gehemmt, sodass nur durch Neusynthese des Enzyms der Verlust kompensiert werden kann.

3.5 Isoenzyme

Enzyme, welche **dieselbe Reaktion mit demselben Substrat katalysieren,** sich jedoch in ihren K_M-Werten, ihrer Regulation und/oder ihrer Expression in einzelnen Organen bzw. Organellen unterscheiden, werden als **Isoenzyme** bezeichnet.

ABB. 3.19

Viele Japaner und Chinesen vertragen Alkohol schlechter als Europäer. Ihre mitochondriale **ALDH-Isoform** (niedriger K_M-Wert) ist durch eine Mutation inaktiv. Dadurch wird der beim Abbau von Ethanol entstehende toxische Acetaldehyd über die zytoplasmatische Isoform (hoher K_M-Wert) abgebaut, wodurch vermehrt Acetaldehyd akkumuliert und größere Schäden hervorruft.

3.6 Regulation der Enzymaktivität

3.6.1 Regulationsmechanismen

Die **langfristige Regulation** von Enzymen erfolgt durch deren **Abbau bzw. Neusynthese,** dauert jedoch Stunden bis Tage. Eine Regulation innerhalb von Sekunden (An- oder Abschalten) erfolgt über schnelle Regulationsmechanismen:
- Allosterie (heterotrope Regulation)
- Kooperativität (homotrope Regulation)
- Phosphorylierung (Interkonvertierung)
- Zymogenaktivierung (limitierte Proteolyse)

3 ENZYME: KATALYSATOREN DES LEBENS

Suizidinhibitoren

Die bisher besprochenen kompetitiven, nicht-kompetitiven und unkompetitiven Inhibitoren binden durch schwache Wechselwirkungen an das Enzym. Diese Bindung ist reversibel und nach dem Ablösen des Inhibitors wird das Enzym wieder aktiv. Es gibt jedoch auch Inhibitoren, die eine **kovalente Bindung** zu dem Enzym ausbilden und es somit **irreversibel** inhibieren, wobei v_{max} gesenkt wird. Der Inhibitor wird dabei durch das Enzym chemisch modifiziert und bindet dadurch kovalent an das Enzym, das jetzt nicht mehr katalytisch aktiv ist. Ihre Wirkung ist damit auf genau ein Enzymmolekül beschränkt. Sie werden deshalb **Suizidinhibitoren (Selbstmordinhibitoren)** genannt. Das Enzym wird unwiderruflich gehemmt. Reversibel bindende Inhibitoren werden nach einiger Zeit vom Körper abgebaut oder ausgeschieden und verlieren somit ihre Wirkung. Dagegen müssen von Selbstmordinhibitoren modifizierte Enzyme erst abgebaut und durch Transkription und Translation nachgebildet werden, bevor die Enzymaktivität wieder ansteigt. Ein Beispiel für eine solche Selbstmordinhibition ist die Hemmung der Cyclooxygenase durch Acetylsalicylsäure (z. B. Aspirin®; ➤ 20.2.2).

3.5 Isoenzyme

Für die Katalyse einiger chemischer Reaktionen hat der Mensch nicht nur ein, sondern mehrere Enzyme (= Isoenzyme) mit unterschiedlicher Primärstruktur. Sie **katalysieren dieselbe Reaktion mit demselben Substrat,** unterscheiden sich aber in den K_M-Werten, in der Regulation ihrer Aktivität und/oder ihrer Expression in einzelnen Organen oder Organellen. Ein Beispiel dafür ist die Aldehyd-Dehydrogenase, die in der Leber beim Ethanolabbau den von der Alkohol-Dehydrogenase hergestellten Acetaldehyd weiter zu Essigsäure oxidiert (➤ Abb. 3.19).

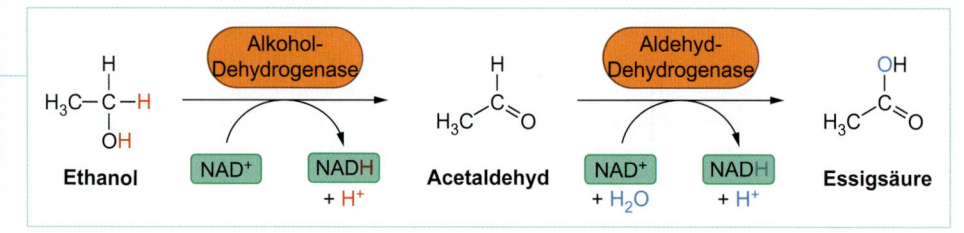

Abb. 3.19 Ethanolabbau [L253]

Ein Teil der negativen Auswirkungen des Alkoholkonsums ist nicht auf den Ethanol selbst, sondern auf den toxischen Acetaldehyd zurückzuführen, der von unterschiedlichen **Aldehyd-Dehydrogenase-Isoenzymen** in der Leber abgebaut wird. Bei den meisten Europäern ist die mitochondriale ALDH2 die wichtigste Isoform für den Abbau des Acetaldehyds. Sie hat einen niedrigen K_M-Wert und wird somit bereits bei relativ geringen Acetaldehydkonzentrationen aktiv. Bei vielen Japanern und Chinesen ist das mitochondriale ALDH2-Gen mutiert, sodass der Acetaldehydabbau von zytoplasmatischen ALDH-Isoenzymen mit einem höheren K_M-Wert übernommen werden muss. Da diese erst bei höheren Acetaldehydkonzentrationen aktiv werden, sind die Acetaldehydspiegel und die dadurch hervorgerufenen Schäden im Körper größer. Die betroffenen Menschen vertragen Alkohol daher schlechter (➤ 24.7).

3.6 Regulation der Enzymaktivität

3.6.1 Regulationsmechanismen

Die Aktivierungsenergie der meisten chemischen Reaktionen im menschlichen Körper ist so hoch, dass sie nur in Gegenwart von Enzymen in relevanten Geschwindigkeiten ablaufen. Im Körper sollen jedoch nicht alle Reaktionen gleichzeitig mit gleich hoher Geschwindigkeit ablaufen. **Langfristig** wird daher die **Enzymmenge,** also die Geschwindigkeit von Synthese und Abbau der einzelnen Enzyme, reguliert. Diese Art der Regulation, die Stunden bis Tage dauert, eignet sich jedoch nicht für ein schnelles An- und Abschalten einzelner Reaktionen. Daher kann die Aktivität von Enzymen, die für einzelne Reaktionswege spezifisch sind, zusätzlich innerhalb von Sekunden reguliert werden. So kann der Körper erreichen, dass Reaktionen nur dann ablaufen, wenn ausreichend Ausgangssubstrat vorhanden ist und das Endprodukt benötigt wird. Grundsätzlich können Enzyme durch die folgenden Mechanismen schnell reguliert werden:
- Allosterie
- Kooperativität
- Interkonvertierung (Phosphorylierung)
- Zymogenaktivierung (limitierte Proteolyse)

3.6 REGULATION DER ENZYMAKTIVITÄT

3.6.2 Allosterie

Die Aktivität von Enzymen kann durch Bindung von Regulatormolekülen, die nicht gleichzeitig Substrate sind, gesenkt oder erhöht werden. Diese **heterotropen** Regulatoren können außerhalb des aktiven Zentrums **allosterisch** an monomere Enzyme oder an regulatorische Untereinheiten multimerer Enzyme binden, die dadurch aktiviert oder inaktiviert werden. So kann der Körper aus mehreren Reaktionsmöglichkeiten für ein Substrat eine auswählen und z. B. verschiedene Enzyme, die um dasselbe Substrat konkurrieren, gegensätzlich regulieren.

Viele Stoffwechselwege umfassen mehrere chemische Reaktionen, die jeweils von spezifischen Enzymen katalysiert werden, um ein benötigtes Endprodukt herzustellen (➤ Abb. 3.20). Um Stoffwechselwege dieser Art regulieren und steuern zu können, gibt es oft ein oder mehrere **Schlüsselenzyme,** an denen unterschiedliche Arten der Regulation ansetzen (➤ 17.6). Schlüsselenzyme katalysieren meist **spezifische, stark exergone** und damit **irreversible** Reaktionen und können Bestandteil verschiedener Stoffwechselwege sein. Sie können oftmals mehrere Regulatoren binden und zusätzlich auch durch Phosphorylierung reguliert werden. So integrieren sie die Signale der Zelle und beeinflussen maßgeblich, wie stark ein Stoffwechselweg zu jedem Moment abläuft. Die Geschwindigkeit einiger Stoffwechselwege wird jedoch maßgeblich durch ein einziges Schlüsselenzym, das **Schrittmacherenzym,** bestimmt. Es katalysiert meist die erste für diesen Stoffwechselweg spezifische irreversible Reaktion.

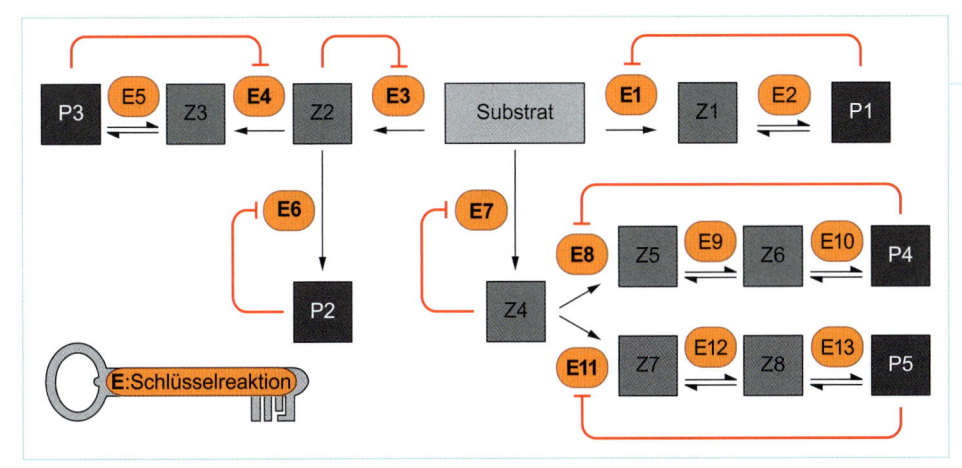

Abb. 3.20 Endprodukthemmung hypothetischer Stoffwechselwege. E = Enzyme (fett: Schlüsselenzyme), P = Endprodukte, Z = Zwischenprodukte. [L253]

Eine häufige Form der Regulation von Stoffwechselwegen ist die **Produkthemmung** (Feedbackhemmung, negative Rückkopplung). Produkte des jeweiligen Stoffwechselwegs können allosterisch an ein Schlüsselenzym binden und eine **Konformationsänderung** des aktiven Zentrums hin zu einem inaktiven Zustand bewirken. Wenn in einem verzweigten Stoffwechselweg aus einem Zwischenprodukt mehrere Produkte hergestellt werden können, so hemmen oftmals die einzelnen Produkte die für ihre Synthese spezifischen Schlüsselenzyme (➤ Abb. 3.20). So wird sichergestellt, dass jedes einzelne Produkt in ausreichender, aber nicht überschüssiger Menge hergestellt wird.

Bei dieser Art der Regulation kann jedes einzelne Enzymmonomer nur an- oder abgestellt werden. Jedes Schlüsselenzymmolekül bindet aber individuell die unterschiedlichen Aktivatoren und Inhibitoren, sodass abhängig von deren Konzentration ein unterschiedlicher Anteil der Enzym-Moleküle aktiv ist und somit der Stoffwechselweg auch graduell reguliert werden kann.

3.6.3 Kooperativität

Bei multimeren Enzymen kann die Aktivität durch die **Substratkonzentration** homotrop **reguliert** werden. Dies führt dazu, dass das Enzym erst oberhalb einer bestimmten Substratkonzentration, der **Schwellenkonzentration,** aktiv wird. Auf diese Weise wird eine Reaktion oder ein ganzer Stoffwechselweg nur dann aktiviert, wenn ausreichend Substrat vorhanden ist. Anders als bei Enzymen, die der Michaelis-Menten-Kinetik gehorchen, ist die Aktivität nicht mit einer hyperbolischen Funktion von der Substratkonzentration abhängig, sondern mit einer S-förmigen, **sigmoiden Kurve.**

Ein Beispiel für ein homotrop reguliertes Enzym ist die bakterielle Aspartat-Transcarbamoylase, das Schlüsselenzym der Pyrimidinnukleotid-Biosynthese. Der Enzymkomplex enthält mehrere katalytische Untereinheiten, die jeweils ein aktives Zentrum besitzen und Substrat umsetzen können. Bei geringen Konzentrationen des Substrats Aspartat hat das Enzym nur eine geringe Aktivität (➤ Abb. 3.21). In dem in der Abbildung orange markierten Schwellenbereich bewirkt jedoch eine vergleichsweise geringe Erhöhung der Substratkonzentration eine starke Aktivitätserhöhung. Dies wird dadurch erreicht, dass die Bindung eines Substratmoleküls an eine Untereinheit eine Konformationsänderung auch in den anderen Untereinheiten bewirkt; die Untereinheiten kooperieren miteinander. Dadurch erhöht sich in allen Untereinheiten die Affinität für das Substrat, sodass es zu einem Alles-oder-nichts-Effekt kommt. Wenn eine Untereinheit aktiv wird, werden auch die anderen Untereinheiten aktiviert, was dazu führt, dass die

---

Aus Studentensicht

3.6.2 Allosterie

Allosterie: Regulatorische Moleküle, die nicht Substrat sind (heterotrope Regulatoren), können Enzyme durch Bindung an einem anderen Ort als dem aktiven Zentrum an- oder abschalten.

Schlüsselenzyme katalysieren **irreversible** Reaktionen und können Bestandteil mehrerer Stoffwechselwege sein. Meist werden diese Enzyme vielfältig reguliert.
Schrittmacherenzyme katalysieren in vielen Stoffwechselwegen den für den Stoffwechselweg ersten **spezifischen** und **stark exergonen** Reaktionsschritt und regulieren damit maßgeblich, wie aktiv der jeweilige Stoffwechselweg ist.

ABB. 3.20

Unter **Produkthemmung** versteht man die allosterische Inhibition von Schlüsselenzymen durch ein Produkt des jeweiligen Stoffwechselwegs, hervorgerufen durch eine **Konformationsänderung** des Enzyms. Allosterische Aktivatoren führen hingegen zur Aktivierung des Enzyms. Je nach Konzentration der allosterischen Regulatoren ist ein unterschiedlicher Anteil an Enzym-Molekülen aktiv, wodurch Stoffwechselwege auch graduell reguliert werden können.

3.6.3 Kooperativität

Multimere Enzyme können durch die **Substratkonzentration** homotrop **reguliert** werden. Erst ab einer bestimmten Konzentration, der **Schwellenkonzentration,** ist das Enzym aktiv. Innerhalb des Schwellenbereichs führt die Bindung eines Substratmoleküls in das aktive Zentrum einer der Enzym-Untereinheiten zur Konformationsänderung des gesamten Enzyms, wodurch die Substrat-Affinität der anderen Untereinheiten zunimmt (die Untereinheiten kooperieren miteinander): die Enzymaktivität steigt drastisch an.
Die Abhängigkeit der Aktivität von der Substratkonzentration folgt nicht der Michaelis-Menten-Kinetik, sondern einer S-förmigen, **sigmoiden Kurve.** Ähnliche Effekte können auch multimere Proteine wie Hämoglobin zeigen.

Aus Studentensicht

ABB. 3.21

Die Aktivität von kooperativen Enzymen kann zusätzlich durch **heterotrope** Regulatoren beeinflusst werden. Sie verschieben dabei die sigmoide Kurve nach rechts (Aktivität ↓) oder links (Aktivität ↑).

3.6.4 Phosphorylierung

Enzyme können über **kovalente Modifikation** reguliert werden. **Hormone** aktivieren dabei **Signalkaskaden,** welche die Regulation von **Protein-Kinasen** und **-Phosphatasen** bewirken. Erstere übertragen Phosphatreste von ATP auf **interkonvertierbare** Enzyme, letztere spalten diese wieder ab.

Die **reversible Phosphorylierung** von Enzymen ruft eine Ladungs- und Konformationsänderung des Enzyms hervor, die zur Aktivierung oder Inaktivierung des Enzyms führen kann. Die Dephosphorylierung des Enzyms erfolgt hydrolytisch und ist nicht die Rückreaktion der Phosphorylierung.
Enzymmodifikationen dieser Art werden als **Interkonvertierung** bezeichnet. Sie passen den Stoffwechsel der einzelnen Zellen an die Bedürfnisse des gesamten Körpers an.
Unterschiedliche Hormone steuern so einzelne Enzyme, die z. T. auch an mehreren Stellen phosphoryliert werden können. Auch die Kinasen selbst werden teilweise von anderen Kinasen reguliert **(Kinasekaskaden).**

3.6.5 Zymogenaktivierung

Enzyme können auch **irreversibel reguliert** werden. Dabei wird zunächst eine **inaktive Vorstufe des Enzyms (Proenzym, Zymogen)** hergestellt, die im passenden Moment irreversibel an einer definierten Stelle hydrolytisch gespalten **(limitierte Proteolyse)** und dadurch aktiviert wird. Dieser Mechanismus schützt z. B. das Pankreas vor dem Selbstverdau, da die dort produzierten Proteasen wie Trypsin und Elastase erst im Darmlumen aktiviert werden.

3 ENZYME: KATALYSATOREN DES LEBENS

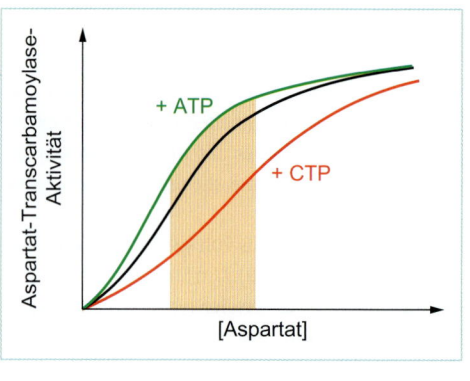

Abb. 3.21 Regulation der Aspartat-Transcarbamoylase [L253]

Kurve im Bereich der Schwellenkonzentration steil verläuft. Eine kleine Erhöhung der Substratkonzentration im Schwellenbereich führt damit praktisch zu einem Anschalten des Enzyms. Bei hohen Substratkonzentrationen kommt es wie bei der Michelis-Menten-Kinetik zu einer Sättigung.
Durch die sigmoide Abhängigkeit wird erreicht, dass das Produkt nur dann hergestellt wird, wenn ausreichend Substrat vorhanden ist.
Zusätzlich wird die Aspartat-Transcarbamoylase auch **heterotrop** reguliert. Das Endprodukt des Stoffwechselwegs, CTP, bindet an zusätzliche regulatorische Untereinheiten im Enzymkomplex, was eine Stabilisierung der inaktiven Konformation der katalytischen Untereinheiten bewirkt. Dies führt zu einer Rechtsverschiebung der sigmoiden Kurve, das Enzym ist bei gleicher Substratkonzentration weniger aktiv. Im Gegensatz dazu führt die Bindung von ATP an die regulatorische Untereinheit zu einer Aktivierung des Enzyms und somit zu einer Linksverschiebung der Kurve. Ähnliche homotrope und heterotrope Effekte können auch bei multimeren Proteinen wie dem Hämoglobin beobachtet werden, die keine enzymatische, sondern eine Transportfunktion haben (➤ 25.5.1).

3.6.4 Phosphorylierung

Bei der allosterischen Regulation wird die Aktivität von Schlüsselenzymen durch die zellulären Konzentrationen von Metaboliten so beeinflusst, dass sie den Erfordernissen des zellulären Stoffwechsels angepasst werden. Zusätzlich werden viele Schlüsselenzyme durch **kovalente Modifikationen** reguliert, um ihre Aktivität an die Erfordernisse des gesamten Organismus anzupassen. Oft binden dafür **Hormone,** die in einem bestimmten Zustand des Gesamtorganismus ausgeschüttet werden, an Rezeptoren einer Zelle. Durch die Hormonbindung werden **Signalkaskaden** ausgelöst, die z. B. die Regulation von **Protein-Kinasen** und **-Phosphatasen** im Inneren der Zelle bewirken (➤ 9.6.3). Protein-Kinasen übertragen den terminalen Phosphatrest von ATP auf eine OH-Gruppe der Aminosäuren Serin, Threonin oder Tyrosin (➤ Abb. 2.7) von einem **interkonvertierbaren** Enzym.
Durch die **Phosphorylierung** kommt es zu einer Ladungsveränderung im Protein, die eine Konformationsänderung zur Folge hat. Betrifft diese das aktive Zentrum, kann das zu einer Aktivierung oder Inaktivierung des Enzyms führen. Die Gegenspieler der Kinasen sind die Phosphatasen. Sie spalten den Phosphatrest hydrolytisch vom Enzym ab. Bezogen auf das Enzym ist die Phosphorylierung somit eine **reversible** Reaktion. Allerdings sind sowohl die Kinase- als auch die Phosphatasereaktion irreversibel, da während eines Reaktionszyklus ATP zu ADP und Phosphat gespalten wird. Die Dephosphorylierung ist somit nicht die Rückreaktion der Phosphorylierung. In der Zelle finden sich zahlreiche Beispiele für Schlüsselenzyme, die durch eine solche **Interkonvertierung** (Interkonversion) reguliert werden. So wird der Stoffwechsel der einzelnen Zelle an die Bedürfnisse des gesamten Körpers angepasst.
Einige Substrate von Kinasen sind selbst auch wieder Kinasen, sodass es zu **Kinasekaskaden** kommen kann, bei denen die Bindung eines Hormons an seinen Rezeptor zur Aktivierung vieler Kinasen in einer Zelle führt. Auch gibt es viele Enzyme, die an mehreren Stellen phosphoryliert werden können. Jede einzelne Phosphorylierung kann die Wahrscheinlichkeit, dass das Enzym in seine aktive oder inaktive Form übergeht, erhöhen oder erniedrigen. So können unterschiedliche Hormone einzelne Enzyme koordiniert regulieren (➤ 9.6.2).

3.6.5 Zymogenaktivierung

Neben der reversiblen Regulation der Enzymaktivität durch Phosphorylierung oder allosterische Effektoren gibt es auch eine Form der **irreversiblen Regulation.** Dabei werden Enzyme zunächst als **inaktive Vorstufen (Proenzyme, Zymogene)** hergestellt. Die Aktivierung erfolgt durch die hydrolytische Spaltung einzelner Peptidbindungen (= **limitierte Proteolyse).** Dadurch kommt es zu einer Konformationsänderung des aktiven Zentrums. Wie eine Mausefalle stehen die Proenzyme unter Spannung. Erst nach der Hydrolyse der Peptidbindung können sich die neu gebildeten Enden so anordnen, dass das aktive Zentrum seine funktionelle Form ausbildet. Die Aktivierung durch limitierte Proteolyse ist irreversibel, da die Peptidbindungen nicht wiederhergestellt werden können. Solch eine Synthese von Enzymen als inaktive Vorform und einmalige Aktivierung findet bei einigen Proteasen (z. B. Trypsin, Chymotrypsin, Elastase) des exokrinen Pankreas statt. Der Mechanismus dient dem Schutz der pankreaseigenen Pro-

3.6 REGULATION DER ENZYMAKTIVITÄT

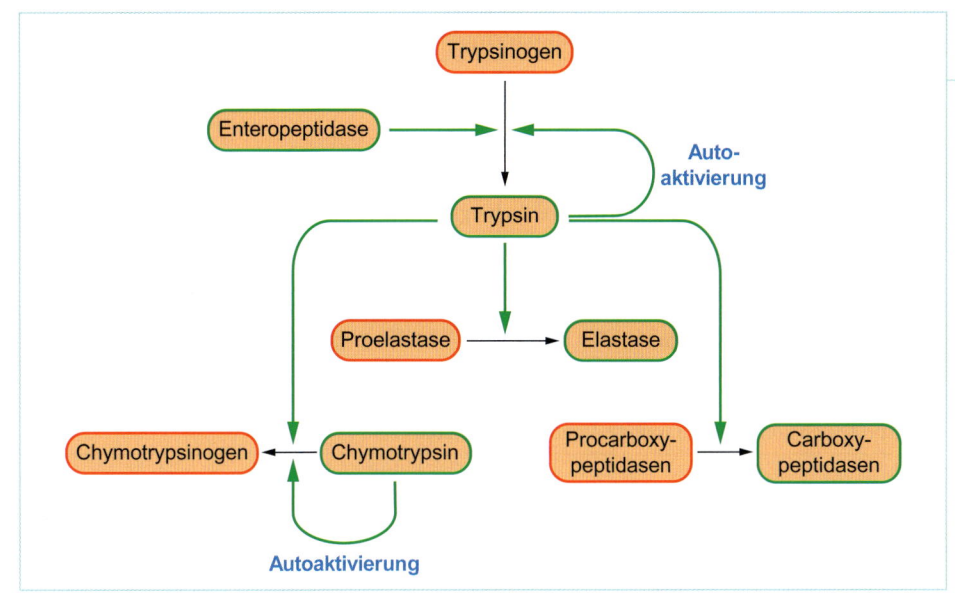

Abb. 3.22 Zymogenaktivierung von Pankreasproteasen [L253]

teine. Kommt es bereits im Pankreas zur Aktivierung der Proteasen, verdaut sich dieses selbst, was zur Entzündung der Bauchspeicheldrüse, einer Pankreatitis, führt.

Die Aktivierung der Pankreasproteasen erfolgt am Bürstensaum des Duodenums durch eine membranständige Endoprotease, die Enteropeptidase, die spezifisch Trypsinogen aktiviert (> Abb. 3.22). Das so gebildete aktive Trypsin kann dann weitere Trypsinogenmoleküle (= **Autoaktivierung,** Autolyse) und andere Zymogene wie Chymotrypsinogen, Proelastase und Procarboxypeptidasen spalten. Diese Aktivierung ist ein Beispiel für eine **positive Rückkopplung,** bei der einzelne aktive Trypsinmoleküle zur lawinenartigen Aktivierung weiterer Proteasen führen.

Auch die Serinproteasen in **Komplementsystem** und der **Blutgerinnungskaskade** liegen zunächst als inaktive Vorformen vor. Die inaktiven Gerinnungsfaktoren aus dem Blut werden durch Kontakt mit nicht-endothelialen Oberflächen aktiviert. Auch hier aktivieren die Gerinnungsfaktoren sich lawinenartig gegenseitig, was letztendlich zur Blutgerinnung führt (> 25.6.3). Anders als die Verdauungsenzyme sind die Gerinnungsfaktoren sehr substratspezifisch, sodass keine anderen Proteine im Blut gespalten werden.

FALL
Herr Kohl hat Bauchschmerzen: Pankreasinsuffizienz

Erinnern wir uns an die Therapie der exokrinen Pankreasinsuffizienz von Herrn Kohl mit aus Schweinen gewonnenen Pankreasenzymen. Damit die Enzyme nicht durch den sauren pH-Wert des Magens denaturieren, werden sie mit einer Schutzschicht überzogen als Mikropellets verabreicht, die sich erst im Dünndarm auflösen. Hier können die als Zymogene gegebenen Pankreasenzyme durch die Enteropeptidase der Darmmukosa aktiviert werden.

ÜBUNGSFRAGEN FÜRS MÜNDLICHE MIT LÖSUNGSHILFEN

1. Erklären Sie, wie ein Katalysator funktioniert!

Beschleunigung chemischer Reaktionen durch Stabilisierung des Übergangszustands. Dadurch wird die Aktivierungsenergie gesenkt, deren Größe die Reaktionsgeschwindigkeit bestimmt.

2. Erklären Sie die primäre Bindung von Substraten an Enzyme!

Substrate diffundieren in das aktive Zentrum eines Enzyms und werden dort durch nicht-kovalente Bindungen (Wasserstoffbrücken, ionische oder hydrophobe Wechselwirkungen) gebunden. Dabei kann sich die Konformation des Enzyms verändern (Induced Fit).

3. Wieso können im Körper einige Reaktionen sowohl in der Hin- als auch in der Rückreaktion ablaufen?

Bei nur leicht exergonen Reaktionen kann die Richtung umgekehrt werden, indem die Konzentration der Substrate erniedrigt („aus dem Gleichgewicht entfernen") oder die der Produkte erhöht wird. Die Konzentrationsveränderung führt dazu, dass unter den ursprünglichen Bedingungen die Hinreaktion, unter den veränderten Bedingungen aber die Rückreaktion exergon ist.

Aus Studentensicht

ABB. 3.22

Pankreasproteasen werden im Darmlumen durch eine membranständige Endoprotease, die Enteropeptidase, gespalten und aktiviert. Aktivierte Proteasen können z. T. ihre eigenen inaktiven Vorstufen (**Autoaktivierung**) und andere Proteasen spalten und so in Form einer **positiven Rückkopplung** lawinenartig viele weitere Proteasen aktivieren.

Inaktive Vorformen von Proteasen spielen auch eine Rolle im **Komplement-** und **Blutgerinnungssystem.** Durch bestimmte Auslöser werden einzelne Proteasen aktiviert und aktivieren sich dann lawinenartig gegenseitig.

PRÜFUNGSSCHWERPUNKTE
IMPP

- !!! Michaelis-Menten-Konstante
- !! Anwendung und Deutung von Gleichungen und Diagrammen enzymatischer Reaktionen, Aldolasen
- ! Lineweaver-Burk-Diagramm, Pufferfähigkeit, Zymogene, Isoenzyme

Kompetenzorientierte Lernziele (NKLM)

Die Studierenden können
- die thermodynamischen und kinetischen Prinzipien chemischer Reaktionen erklären.
- die Funktion von Kreatinphosphat erklären.
- die Struktur und Funktionsweise von Enzymen erklären.
- die Funktion von Nukleotiden beschreiben.
- die Inhibition eines Enzyms erklären und diese anhand kinetischer Parameter unterscheiden.
- die Regulation von Enzymen durch allosterische Regulatoren und limitierte Proteolyse erklären.

Aus Studentensicht

3 ENZYME: KATALYSATOREN DES LEBENS

4. Was ist die Funktion von ATP bei Stoffwechselreaktionen?
Die Hydrolyse von ATP ist stark exergon. Durch die Kopplung mit der ATP-Hydrolyse werden ansonsten endergone Reaktionen exergon, können also ablaufen.
5. Erklären Sie die Endprodukthemmung!
Dabei binden die Endprodukte eines Stoffwechselwegs allosterisch an dessen Schlüsselenzym, das dadurch abgeschaltet wird.
6. Warum zerstören die Pankreasproteasen nicht das Pankreas?
Die Pankreasproteasen werden zunächst als inaktive Vorstufen (Zymogene) hergestellt. Erst nach der Ausschüttung in den Dünndarm werden einzelne ihrer Peptidbindungen durch eine von der Mukosa produzierte Protease, die Enteropeptidase, gespalten, was zu ihrer Aktivierung führt. Die aktiven Pankreasproteasen können dann weitere Zymogene aktivieren.

KAPITEL 4

Von der DNA zur RNA: Speicherung und Auslesen von Information

Philipp Korber

4.1	Zentrales Dogma der Molekularbiologie	75
4.2	Nukleotide und Nukleinsäuren	76
4.2.1	Nukleotide	76
4.2.2	Nukleinsäuren	78
4.2.3	Informationsfluss zwischen Nukleinsäuren	81
4.3	Chromatin: die DNA-Verpackung	82
4.4	Das menschliche Genom	84
4.4.1	Aufbau menschlicher Chromosomen	84
4.4.2	Der Gen-Begriff	85
4.4.3	Allele	86
4.4.4	Repetitive DNA-Sequenzen	87
4.5	Genexpression	90
4.5.1	Vom Genotyp zum Phänotyp	90
4.5.2	Transkription	91
4.5.3	Regulation der Transkription	98
4.5.4	RNA-Prozessierung	101

Aus Studentensicht

Die Transkription, also die Abschrift von DNA zur RNA, ist ein wesentlicher Teil der Proteinexpression. Da die DNA in allen Körperzellen, vom Adipozyten bis zur Zahnpulpa, identisch ist, bestimmen sich Identität und Stoffwechsellage der Zelle alleine durch das Vorhandensein oder Fehlen von Transkriptionsfaktoren. Das wertvolle Erbgut, die DNA, wird dabei nicht „angefasst". Nur die kopierte RNA der jeweils benötigten Abschnitte wird z. T. modifiziert und aus dem Zellkern ins Zytoplasma exportiert. Dort wird die RNA entweder zu Proteinen translatiert oder ist selbst bereits funktional. Da dieses Thema sehr prüfungsrelevant ist und wichtige klinische Bezüge im Zusammenhang mit Stoffwechselregulation, Zellteilung und Kanzerogenese hat, lohnt es sich besonders, sich gut damit auseinanderzusetzen.
Carolin Unterleitner

4.1 Zentrales Dogma der Molekularbiologie

Kennzeichen von Lebewesen, letztlich von Zellen, ist die Fähigkeit, sich zu organisieren, Stoffwechsel zu betreiben, sich zu reproduzieren, mit der Umwelt zu interagieren und sich evolutiv weiterzuentwickeln. Zellen sind keine statischen Strukturen, sondern dynamische Systeme, die kontinuierlich auf-, ab- und umgebaut werden (= Turnover). Anders als ein Computer, der aus- und wieder eingeschaltet werden kann, sind Zellen auf eine **ununterbrochene Energiezufuhr** angewiesen, damit dieser **Turnover** aufrechterhalten werden kann.
Die „Maschinen" für die Funktionen der Zelle sind in erster Linie **Proteine,** insbesondere Enzyme, aber auch **RNA-Moleküle.** Der zugrunde liegende „Plan", die **Information,** ist in Form der Gene in der **DNA** gespeichert und wird von einer Zellgeneration an die nächste vererbt. Im Genom (= Summe der genetischen Information) ist codiert, wie Auf- und Abbau der RNA und der Proteine erfolgen. Diese Aspekte der Molekularbiologie werden auch unter dem Begriff **Molekulargenetik** zusammengefasst.
Grundprinzip der Molekulargenetik ist das „zentrale Dogma der Molekularbiologie" (> Abb. 4.1). Es besagt, welche der grundsätzlich denkbaren Übertragungen von Information zwischen DNA, RNA und Protein tatsächlich in Zellen stattfinden. Der **Informationsfluss** in der Zelle geht von einer Nukleinsäure (DNA oder RNA) entweder zu einer Nukleinsäure oder zu einem Protein, aber vom Protein nicht mehr zurück zur Nukleinsäure. Es gibt auch keine direkte Übertragung zwischen DNA und Protein, sondern RNA hat die zentrale Vermittlerrolle.
Ähnlich wie die Information von Büchern in einer Bibliothek wird die genetische Information der DNA erst wirksam, wenn sie gelesen und umgesetzt wird. Das erfolgt in den meisten Fällen durch **Transkription** (Umschreiben in RNA). Die durch die Transkription erzeugte **RNA** wird meist noch zurechtgeschnitten und modifiziert (= RNA-Prozessierung). Sie kann entweder als mRNA (messenger RNA, Boten-RNA) den Bauplan zur **Synthese von Proteinen** codieren (= **Translation**) oder in Form von **untranslatierter, nicht codierender RNA** selbst Funktionen übernehmen. Die **reverse Transkription** (Informationsübertragung von RNA zu DNA) kommt nur in besonderen Zusammenhängen wie bei Retroviren oder der Telomerase vor.
Der **horizontal abgebildete Teil des zentralen Dogmas** (> Abb. 4.1), in dem die Information der Gene in funktionelle Moleküle umgesetzt wird, wird unter dem Begriff **Genexpression** zusammengefasst. Bei Transkription und Translation kommt es durch die daran beteiligten Enzyme zu einem **Verstärkungseffekt.** Basierend auf einer einzigen DNA-Vorlage können viele RNAs und Proteine synthetisiert werden.

4.1 Zentrales Dogma der Molekularbiologie

Lebewesen und Zellen können sich organisieren, reproduzieren und mit der Umwelt interagieren.
Zellen unterliegen einem **Turnover.** Auf-, Ab- und Umbau benötigen kontinuierlich **Energie.**
Proteine und **RNA** realisieren die zellulären Funktionen. Die Information für ihren Turnover ist in der **DNA** codiert und wird an Tochterzellen weitervererbt.

Das zentrale Dogma der Molekularbiologie beschreibt die **Informationsübertragung** zwischen DNA, RNA und Protein.
RNA wird durch **Transkription,** basierend auf der DNA-Sequenz erzeugt und anschließend modifiziert. Die **Messenger-RNA** (mRNA) dient während der **Translation** als Bauplan für Proteine.
Untranslatierte RNA ist selbst funktionell.
Ein Protein kann nicht mehr in Nukleinsäuren umgeschrieben werden.
Genexpression ist die Umsetzung der genetischen Information in funktionelle Moleküle.
Reverse Transkription von RNA zu DNA kommt nur in besonderen Zusammenhängen vor.

Aus Studentensicht

4 VON DER DNA ZUR RNA: SPEICHERUNG UND AUSLESEN VON INFORMATION

ABB. 4.1

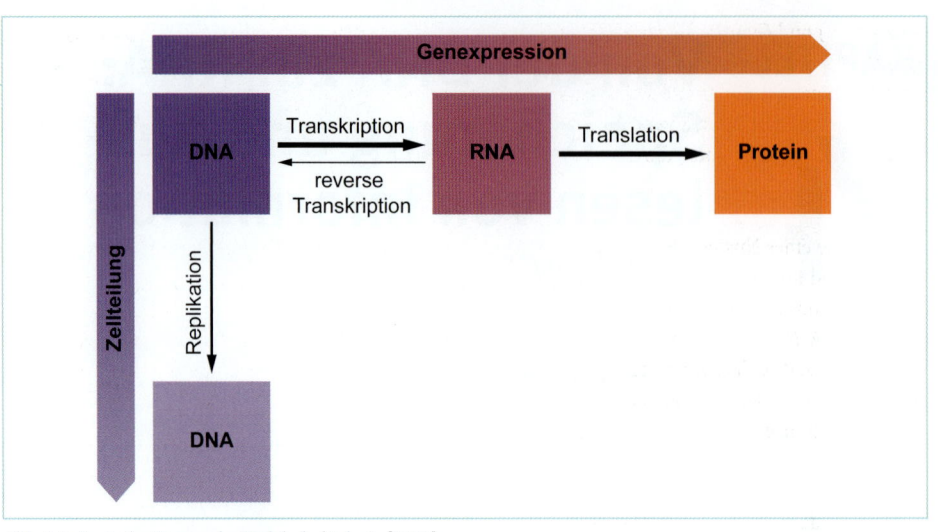

Abb. 4.1 Zentrales Dogma der Molekularbiologie [L271]

Die **DNA-Replikation** ermöglicht die Informationsweitergabe von DNA zu DNA und ist Voraussetzung für die Vererbung. Sie findet i. d. R. in sich teilenden Zellen statt. Genexpression gibt es hingegen in allen kernhaltigen Zellen. Das zentrale Dogma der Molekularbiologie ist Grundlage für die Mendel'sche Vererbung und für die Evolutionstheorie. Es beschreibt den **Informationsfluss.**

Der **senkrecht abgebildete Teil des zentralen Dogmas** beschreibt die Weitergabe der Information von DNA zu DNA, die **DNA-Replikation.** Sie ist die Grundvoraussetzung für die Vererbung. Da im erwachsenen menschlichen Körper die meisten Zellen postmitotisch sind, sich also nicht mehr teilen, findet in ihnen i. d. R. keine Replikation der gesamten DNA mehr statt. Die Genexpression hingegen läuft immer in allen kernhaltigen Zellen ab und ist Grundlage des zellulären Turnovers.

Das zentrale Dogma der Molekularbiologie gilt für alle Zellen, ist fundamental für das biologische Weltbild und bildet z. B. die molekulare Grundlage der Mendel'schen Vererbungsgesetze und der Darwin'schen Evolutionstheorie. Der ursprünglich theologische Begriff „Dogma" ist unglücklich gewählt, da er eine von Gott offenbarte Wahrheit bezeichnet, die von der Kirche als unfehlbar verkündet wird. Diese Art zu denken ist den Naturwissenschaften fremd, die ihre Erkenntnisse aus Experimenten und nicht aus Offenbarungen herleiten und grundsätzlich keine letztgültigen Wahrheiten feststellen, sondern Wahrscheinlichkeitsaussagen treffen (➤ 29.1). Aus historischen Gründen wird der Begriff „zentrales Dogma der Molekularbiologie" dennoch weiterverwendet.

4.2 Nukleotide und Nukleinsäuren

4.2.1 Nukleotide

Nukleinsäuren sind aus Nukleotiden aufgebaut. Ein **Nukleotid** besteht aus einer Base, einem Zucker und Phosphatgruppen. **Nukleosiden** fehlen die Phosphatgruppen.

4.2.1 Nukleotide

Während Proteine aus Aminosäuren aufgebaut sind, bestehen Nukleinsäuren aus Nukleotiden. Nukleinsäuren tragen ihren Namen, weil sie als saure Moleküle im Zellkern vorkommen.

Ein **Nukleotid** besteht aus einer **Base,** einem **Zucker,** der Pentose, und einer oder mehreren **Phosphatgruppen** (➤ Abb. 4.2). **Nukleoside** enthalten im Gegensatz dazu nur eine Base und die Pentose, aber keine Phosphatgruppen.

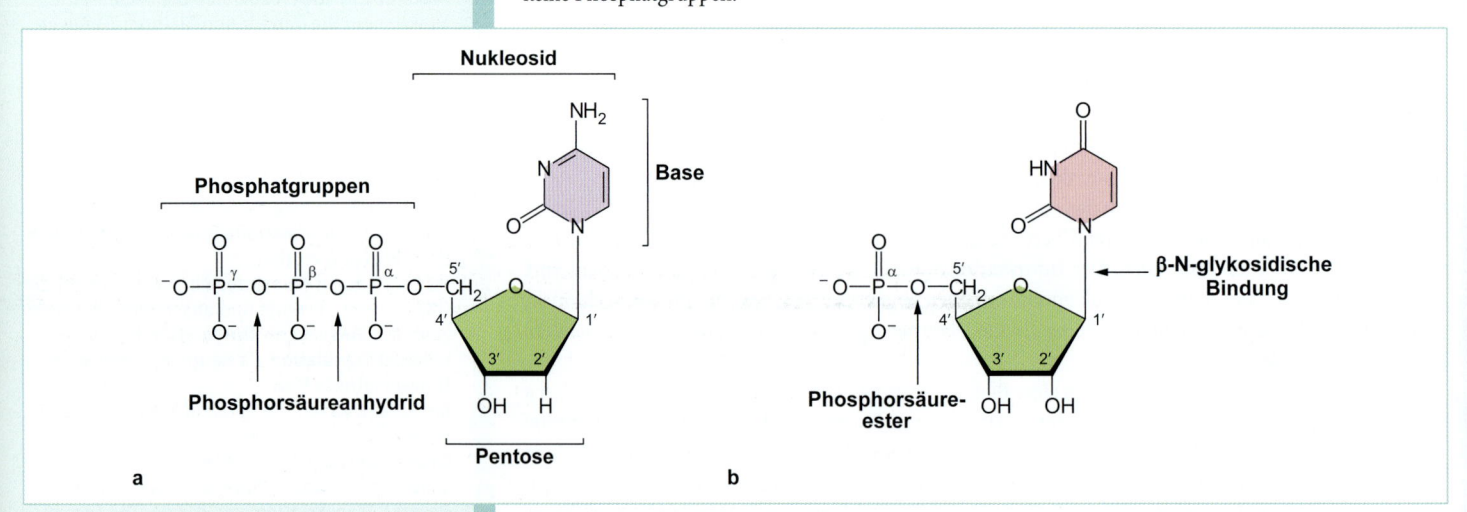

Abb. 4.2 Nukleotide. **a** Desoxycytidintriphosphat (dCTP). **b** Uridinmonophosphat (UMP). [L253]

Basen

Die **Basen der Nukleotide,** auch **Nukleobasen** genannt, sind aromatische **Heterozyklen** mit C- und N-Atomen im Ringgerüst und haben leicht basischen Charakter.

Basen

Die Basen der Nukleotide sind **heterozyklische Aromaten,** die neben C- und H-Atomen im Ringgerüst N-Atome enthalten und leicht basischen Charakter haben. Der Begriff „Basen" bezeichnet in der Chemie Gegenstücke zu Säuren. In der Molekularbiologie werden darunter hingegen v. a. die heterozyklischen Basen der Nukleotide verstanden. Um eindeutig zu sein, werden sie auch **Nukleobasen** genannt.

4.2 NUKLEOTIDE UND NUKLEINSÄUREN

Adenin (A) und Guanin (G) sind Purinbasen. Cytosin (C), Uracil (U) und Thymin (T) sind Pyrimidinderivate (> Abb. 1.11). Thymin ist ein Uracil mit einer zusätzlichen CH$_3$-Gruppe. Die beiden Basen entsprechen einander in der molekulargenetischen Information. **Uracil** kommt i. d. R. in der **RNA**, **Thymin** hingegen in der **DNA** vor. Sowohl in der RNA als auch in geringerem Ausmaß in der DNA können **modifizierte Basen** vorkommen, die chemisch verändert sind, z. B. durch zusätzliche CH$_3$-Gruppen.

Zucker

Die Pentose eines Nukleotids ist in der DNA eine **Desoxyribose** und in der RNA eine **Ribose**. Base und Pentose sind über eine **N-glykosidische Bindung** verknüpft und bilden gemeinsam ein **Nukleosid**. Um Nukleotide unmissverständlich abzukürzen, muss für DNA-Bausteine ein „d" vorangestellt werden (z. B. dATP). RNA-Nukleotide werden meist ohne Präfix oder aber sehr selten auch mit vorangestelltem „r" bezeichnet (z. B. UTP oder rUTP). Die Nummerierung der C-Atome in den Pentosen wird mit einem Strich „'"an der entsprechenden Zahl, z. B. 2' oder 3', gekennzeichnet, um sie von der der C-Atome in den Basen abzugrenzen.

Phosphat

Werden an das 5'-C-Atom der Pentose eine oder mehrere **Phosphatgruppen** gebunden, entsteht aus dem Nukleosid ein **Nukleotid** (> Abb. 4.2). Je nachdem, wie viele Phosphate enthalten sind, wird es als Nukleosidmonophosphat (NMP), -diphosphat (NDP) oder -triphosphat (NTP) bezeichnet. N steht dabei für ein Nukleosid mit beliebiger Base.

Die erste Phosphatgruppe ist mit der Pentose über eine **Phosphorsäureesterbindung** verknüpft, die weiteren Phosphatreste sind durch **Phosphorsäureanhydridbindungen** aneinander gebunden. Die Phosphatgruppen am 5'-C-Atom der Pentosen werden – ausgehend von der Pentose – als α-, β- und γ-Phosphat bezeichnet.

Phosphate sind Salze der Phosphorsäure, die den basischen Charakter der Nukleobasen überwiegt. Deshalb sind Nukleotide und Nukleinsäuren insgesamt **Säuren**. Die Phosphorsäure liegt bei physiologischem pH-Wert **deprotoniert** vor, weshalb Nukleotide und Nukleinsäuren **negative Ladungen** tragen.

> **Calciumsignale**
> Phosphate bilden mit Ca^{2+}-Ionen schwer wasserlösliche Salze. Die Präzipitation der Nukleotide und Nukleinsäuren wird durch eine sehr niedrige Ca^{2+}-Konzentration in der Zelle verhindert. Ein **Anstieg** der intrazellulären Ca^{2+}-Konzentration ist deshalb „alarmierend" und gehört vermutlich zu den evolutionär ältesten (Stress-)**Signalen**. In menschlichen Zellen ist ein vorübergehender Konzentrationsanstieg auch ein wichtiges Signal bei Vorgängen wie Muskelkontraktion, Befruchtung der Eizelle, Apoptose oder Insulinsekretion (= Calcium Signaling).

Aus Studentensicht

Adenin (A) und Guanin (G) gehören zu den Purinbasen, Cytosin (C), Uracil (U) und Thymin (T) zu den Pyrimidinbasen. Uracil kommt in RNA, Thymin in DNA vor. Sowohl DNA als auch RNA können modifizierte Basen enthalten.

Zucker

In DNA ist der **Zucker** (die Pentose) eine **Desoxyribose,** in RNA eine **Ribose**. Die Base ist mit der Pentose über eine N-glykosidische Bindung verbunden. Beide zusammen bilden ein **Nukleosid**. Die Nummerierung der C-Atome der Pentosen wird mit einem Strich „'" erweitert.

Phosphat

Die Bindung eines oder mehrerer **Phosphatreste** an das 5'-C der Pentose macht aus dem Nukleosid ein **Nukleotid**. Je nach Anzahl der Phosphate werden Nukleosidmono-, -di- oder -triphosphate unterschieden.

Die erste Phosphatgruppe ist mit der Pentose über eine **Phosphorsäureesterbindung** verknüpft, die weiteren untereinander über **Phosphorsäureanhydridbindungen**.

Die Phosphate werden – ausgehend von der Pentose – mit α, β und γ bezeichnet.

Durch die Phosphatreste sind Nukleotide **Säuren** und verleihen Nukleinsäuren bei physiologischem pH-Wert ihre **negative Ladung**.

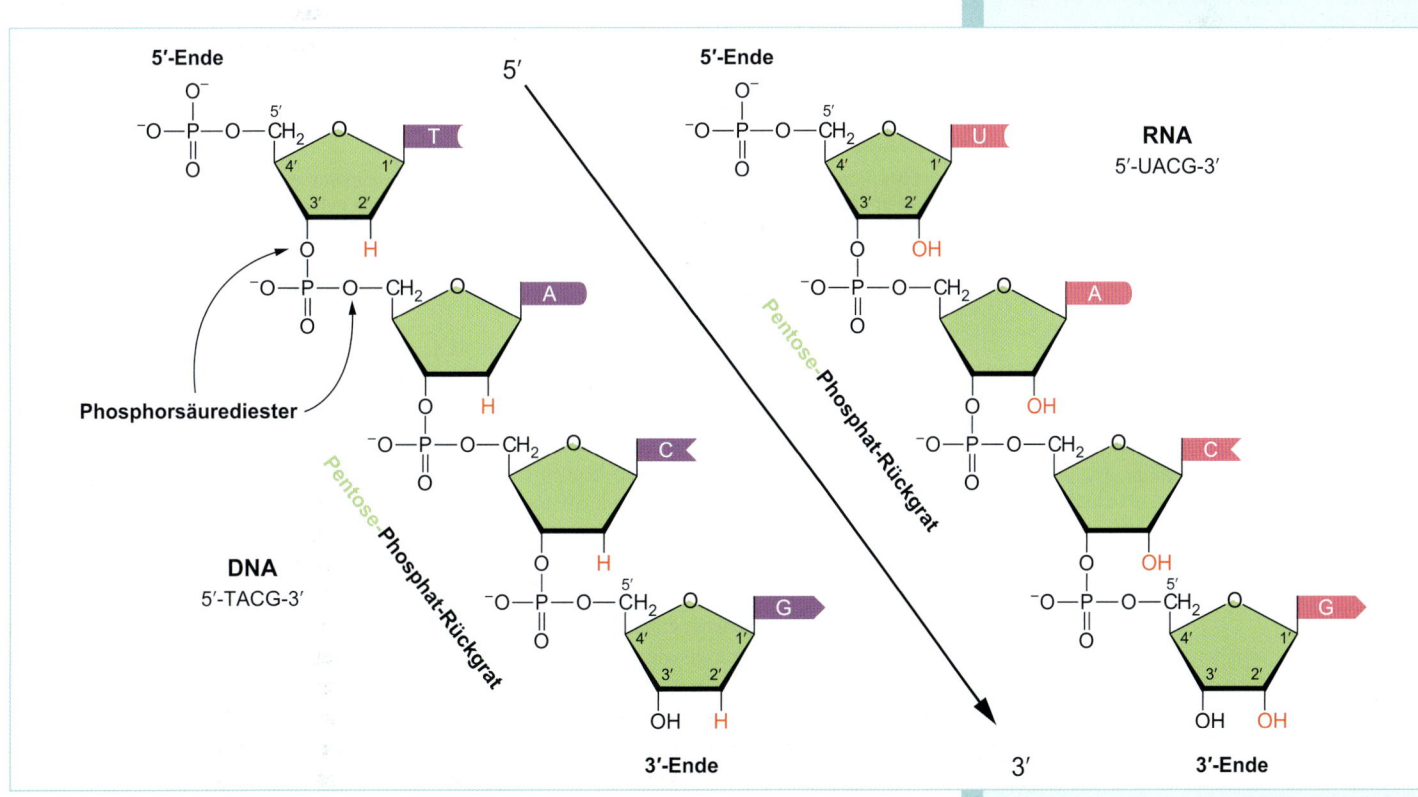

Abb. 4.3 Verknüpfung der Nukleotide in DNA und RNA [L253]

Aus Studentensicht

4.2.2 Nukleinsäuren
In Nukleinsäuren sind die Nukleotide durch **Phosphorsäureesterbindungen** zwischen der 3'- und der 5'-OH-Gruppe zweier Pentosen verbunden.

Nukleinsäuren sind **asymmetrische Moleküle** mit eindeutiger Richtung. Schreibt man eine Nukleinsäuresequenz ohne weitere Zahlenangaben auf, steht definitionsgemäß das 5'-Ende eines Einzelstrangs oder das 5'-Ende des oberen Strangs eines Doppelstrangs links.

Nukleinsäure-Doppelhelixx
Komplementäre Nukleinsäuren können miteinander über **Wasserstoffbrücken** stabile Doppelstränge in Form einer **Doppelhelix** ausbilden, in der das Pentose-Phosphat-Rückgrat antiparallel außen und die Basenpaare innen liegen. Bei komplementären Strängen liegt jedem C ein G und jedem A ein T gegenüber, sodass 3 bzw. 2 Wasserstoffbrücken ausgebildet werden (= komplementäre Basenpaarung).

Die komplementäre Basenpaarung erklärt die Chargaff-Regeln, nach denen in einem doppelsträngigen DNA-Molekül die molare Menge von A immer der von T und die von G immer der von C entspricht.

Da sich immer eine Purin- mit einer Pyrimidinbase paart, hat die Doppelhelix einen **einheitlichen Durchmesser**.
Die DNA-Doppelhelix besitzt physiologisch eine rechtsgängige **B-Form** mit ca. 2 nm Durchmesser und ca. 10 Basenpaaren pro Windung, die asymmetrisch ist und eine **große** und eine **kleine Furche** aufweist.

Strangtrennung

---

4 VON DER DNA ZUR RNA: SPEICHERUNG UND AUSLESEN VON INFORMATION

4.2.2 Nukleinsäuren

In Nukleinsäuren sind **Nukleotide** durch **Phosphorsäureesterbindungen** miteinander verbunden (➤ Abb. 4.3). Auch wenn es mehrere Möglichkeiten dieser Verbindungen gibt, wird in zellulären Nukleinsäuren fast nur die **3'**-OH-Gruppe einer Pentose mit der **5'**-OH-Gruppe der nächsten Pentose über ein Phosphat miteinander verknüpft. Diese Phosphatreste sind jeweils über zwei Esterbindungen mit ihren Nachbarpentosen verbunden und bilden **Phosphorsäurediester.**

Nukleinsäuren sind **asymmetrische Makromoleküle.** Ihre **Richtung** wird durch die endständigen 5'- und 3'-C-Atome der Pentosen angegeben (➤ Abb. 4.3). Dabei wird die Sequenz einer Nukleinsäure i. d. R. vom **5'-Ende** zum **3'-Ende** aufgeschrieben. Die Schreibweise AGGCG entspricht 5'-AGGCG-3'. Bei der Angabe der Sequenz einer doppelsträngigen Nukleinsäure befindet sich das 5'-Ende des oberen Doppelstrangs links: AGGCG entspricht

$$\begin{array}{c} 5'\text{-AGGCG-}3' \\ |\;|\;|\;|\;| \\ 3'\text{-TCCGC-}5' \end{array}$$

Diese Regeln gelten, solange keine andere Beschriftung explizit angegeben ist. 5'-TACGC-3' und TACGC bezeichnen folglich das gleiche, aber 3'-TACGC-5' ein anderes DNA-Molekül.
Die an den Enden gebundenen Gruppen werden manchmal explizit z. B. als 5'-Phosphat oder 3'-OH benannt.

Nukleinsäure-Doppelhelix

Komplementäre Nukleinsäurestränge bilden unter physiologischen Bedingungen Doppelstränge in Form einer stabilen **Doppelhelix,** die durch **Wasserstoffbrückenbindungen** zwischen den Basen zusammengehalten werden (➤ Abb. 4.4a). Die Stränge binden dabei **antiparallel** aneinander, sodass das 5'-Ende des einen Strangs dem 3'-Ende des anderen gegenüberliegt. Die Pentose-Phosphat-Rückgrate der beiden Stränge liegen außen. Die **Basenpaare** mit ihren planaren Ringebenen liegen **innen** und ungefähr senkrecht zur Helixachse. Bei komplementären Nukleinsäuresträngen liegen sich jeweils die Basen G und C oder A und T (bzw. U bei RNA) gegenüber. Die Basen G und C sind durch **drei** und die Basen A und T bzw. U durch **zwei Wasserstoffbrückenbindungen** miteinander verbunden. Diese Bedingung muss für eine fortlaufende Basensequenz erfüllt sein und nicht nur für einzelne Nukleotide in größeren Abständen. Die gegenüberliegenden Basen eines Doppelstrangs werden als **komplementäre** (= kanonische oder Watson-Crick-) **Basenpaare** bezeichnet.

Die aromatischen Ringsysteme der Basen sind ähnlich wie Stufen einer Wendeltreppe teilweise überlappend übereinander angeordnet. Die dabei entstehenden hydrophoben **Stapelkräfte** zwischen den Basen tragen wesentlich zur Stabilität der Doppelhelix bei (➤ Abb. 4.4b).

Die komplementäre Basenpaarung ist die Erklärung für die **Chargaff-Regeln,** die Erwin Chargaff vor Aufklärung der Doppelhelixstruktur aus chemischer Analyse von zellulärer DNA ableitete, aber nicht deuten konnte. Sie besagen, dass in **doppelsträngigen DNA-Molekülen** die molare Menge (Molekülanzahl, nicht Masse) von Adenin immer der von Thymin (**A = T**) und die von Guanin immer der von Cytosin (**G = C**) entspricht bzw. dass die molare Menge der Purine (A + G) gleich der der Pyrimidine (C + T) ist (**A + G = C + T**).

> **Interkalieren**
> Viele aromatische Moleküle können sich unter Nutzung hydrophober Stapelkräfte **zwischen** die **Basen** einlagern (interkalieren). Sie verbiegen dabei die DNA-Doppelhelix und behindern sowohl Replikation als auch Transkription. Daher wirken sie oft **mutagen**. Die Wirkung mancher **Zytostatika** und **Antibiotika** wie von Actinomycin, Anthrazyklin oder Epirubicin beruht wesentlich auf diesem Prinzip. Im Labor werden interkalierende Moleküle wie **Ethidiumbromid** zum Nachweis von DNA benutzt (➤ 15.3).

Die komplementären Basenpaare bestehen immer aus der Kombination einer Purin- und einer Pyrimidinbase. Deshalb haben die Nukleotidpaare in der Doppelhelix alle etwa den gleichen Raumbedarf und die Doppelhelix hat über ihre Länge einen näherungsweise **einheitlichen Durchmesser**. Eine Nukleinsäuredoppelhelix liegt meist in A- oder B-Form vor, die sich in ihren Abmessungen leicht unterscheiden. Unter physiologischen Bedingungen liegt eine **DNA-Doppelhelix** meist in **B-Form** und eine RNA-Doppelhelix oder eine DNA-RNA-Hybridhelix meist in A-Form vor. Beide Formen sind **rechtsgängig.** Entlang der Helixachse verläuft ihre Drehung somit im Uhrzeigersinn vom Betrachter weg. Eine **Windung** der B-Helix ist etwa 3,4 nm lang und umfasst ca. **10 Basenpaare** bei einem Durchmesser von ca. 2 nm. Die Doppelhelix ist asymmetrisch mit einer **großen** und einer **kleinen Furche** (➤ Abb. 4.4b). Proteine, die spezifische DNA-Sequenzen erkennen, binden oft in der großen Furche. Daneben gibt es noch seltenere Helixformen wie die linksgängige Z-Form.

Strangtrennung

Das Ausbilden einer Doppelhelix ist für komplementäre Nukleinsäuren unter physiologischen Bedingungen energetisch sehr günstig und passiert daher spontan. Umgekehrt kostet das **Auftrennen der Doppelstränge** in die Einzelstränge Energie. In der Zelle katalysieren **Helikasen** das Auftrennen unter **ATP-Ver-**

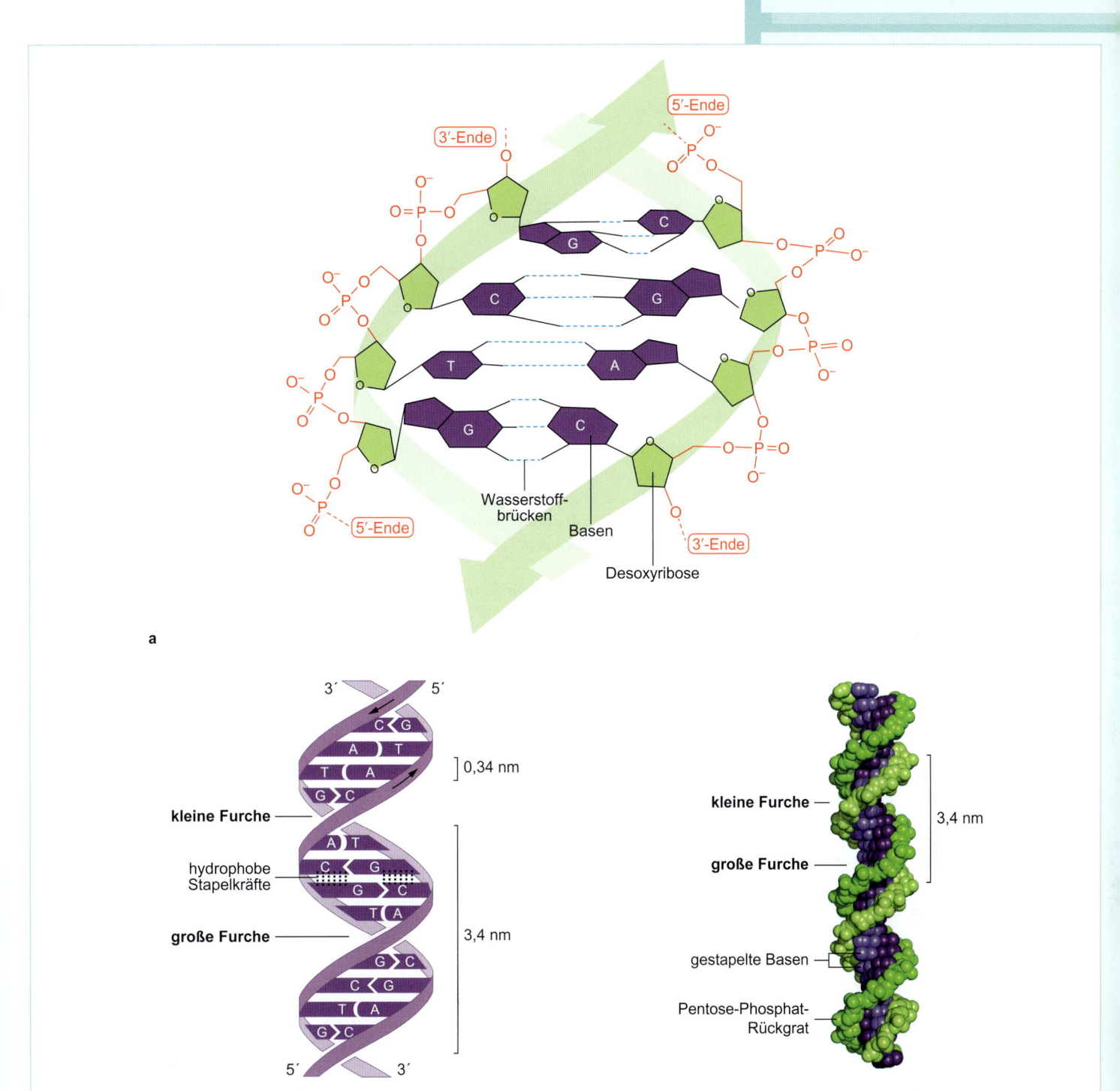

Abb. 4.4 B-Form der DNA-Doppelhelix. **a** Komplementäre Basenpaarung. [L299, L307] **b** Antiparallele Anordnung der Stränge und hydrophobe Stapelkräfte. [L299] **c** Kugelmodell. [P414]

brauch. Die beiden Stränge der Doppelhelix können auch durch **Erhitzen** auf über 90 °C oder bei **alkalischem pH-Wert** voneinander getrennt werden. In Analogie zur Entfaltung von Proteinen spricht man von Denaturieren oder speziell beim Erhitzen von Aufschmelzen.

Der Übergang von der Doppelhelix zu Einzelsträngen kann anhand der dabei ansteigenden UV-Absorption bei 260 nm fotometrisch verfolgt und als **Schmelzkurve** grafisch dargestellt werden (➤ Abb. 4.5). Die Temperatur, bei der 50 % der Nukleinsäuren einzelsträngig vorliegen, ist die **Schmelztemperatur** T_m. Da A-T-Basenpaarungen nur durch zwei, G-C-Paarungen aber durch drei Wasserstoffbrücken miteinander verbunden sind, lassen sich AT-reiche Sequenzen bei geringeren Temperaturen aufschmelzen als GC-reiche. Die Schmelztemperatur ist deshalb auch ein Maß für den **GC-Gehalt** von DNA-Molekülen. Der GC-Gehalt ist eine artspezifische Größe für Genome. Das Genom des Darmbakteriums *E. coli* hat einen GC-Gehalt von 51 %, während das menschliche Genom im Mittel zu ca. 40 % aus G und C besteht, wobei der GC-Gehalt einzelner Regionen zwischen ca. 35 % und 60 % stark schwankt.

Das spontane **Wiederzusammenlagern** der Einzelstränge, z. B. nach dem Abkühlen bzw. Neutralisieren, wird Renaturierung oder **Hybridisierung** (engl. annealing) genannt.

Aus Studentensicht

Die **Trennung der Doppelhelix** in Einzelstränge wird in Zellen von **Helikasen** katalysiert, die die benötigte Energie aus ATP-Hydrolyse beziehen. Die Doppelhelix kann auch durch Erhitzen oder bei alkalischen pH-Werten aufgetrennt werden (**= Denaturierung**).

Der Übergang von der Doppelhelix zu Einzelsträngen kann grafisch als **Schmelzkurve** dargestellt werden. Die Temperatur, bei der 50 % der Nukleinsäuren einzelsträngig vorliegen, heißt Schmelztemperatur. Sie hängt vom GC-Gehalt der DNA-Sequenz ab.

Das **Wiederzusammenlagern** der Einzelstränge wird als **Hybridisierung** bezeichnet.

Aus Studentensicht

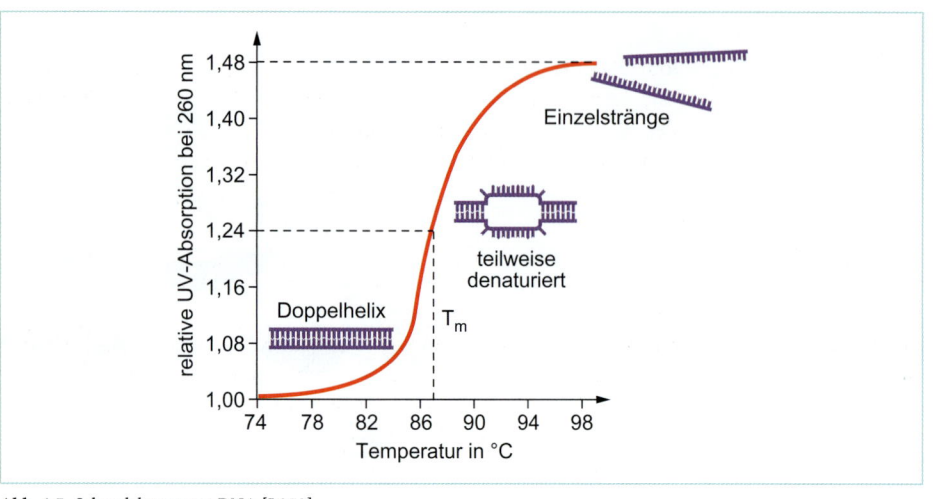

4 VON DER DNA ZUR RNA: SPEICHERUNG UND AUSLESEN VON INFORMATION

Abb. 4.5 Schmelzkurve von DNA [L253]

Struktur der RNA

Struktur der RNA

Zelluläre **RNA** ist i. d. R. **einzelsträngig,** kann jedoch intramolekular teils komplexe **3-D-Strukturen** ausbilden. Dabei kommen auch nicht kanonische (= nicht komplementäre) Basenpaarungen vor.

Im Gegensatz zur zellulären DNA, die als Doppelhelix aus zwei komplementären Strängen vorliegt, ist zelluläre **RNA** i. d. R. **einzelsträngig** (➤ Tab. 4.1). RNAs wie die rRNA des Ribosoms oder die tRNA bilden meist **komplexe dreidimensionale Strukturen.** Dabei sind oft Mg^{2+}-Ionen beteiligt und es werden auch **nicht kanonische** (nicht komplementäre) **Basenpaarungen** ausgebildet, bei denen sich beispielsweise G mit U oder A paart (➤ Abb. 4.6). RNA hat zudem mehr Möglichkeiten der Strukturbildung, da die 2'-OH-Gruppen der Ribosen als zusätzliche Wasserstoffbrückendonoren zur Verfügung stehen. Zueinander komplementäre Abschnitte innerhalb eines Einzelstrangs können **lokale Doppelhelices** ausbilden, durch die sich häufig sog. **Haarnadelschleifen** (Hairpins, Stem Loops) bilden (➤ Abb. 4.6). Analog zu den Proteinen werden solche lokal stabilisierten Teilbereiche als Sekundär- und die 3-D-Form des Gesamtmoleküls als Tertiärstruktur bezeichnet. Sekundärstrukturelemente werden oft in Grafiken verdeutlicht, die v. a. die Basenpaarungen, aber nicht die tatsächliche 3-D-Struktur zeigen.

ABB. 4.6

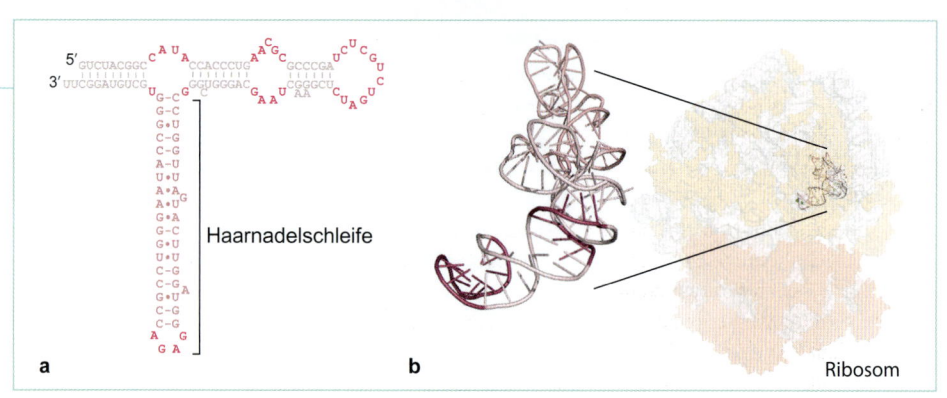

Abb. 4.6 Struktur des 5S-rRNA-Einzelstrangs. **a** Sekundärstruktur. Kanonische Basenpaare sind durch Striche, nicht kanonische durch Punkte markiert. [L307] **b** Tertiärstruktur im Kontext des Ribosoms. Farblich markierte Strangabschnitte in **a** und **b** entsprechen einander. [P414]

TAB. 4.1

Tab. 4.1 Unterschiede zwischen DNA und RNA

	DNA	RNA
Pentose	2-Desoxyribose	Ribose
Pyrimidine	Thymin und Cytosin	Uracil und Cytosin
Modifikationen	Selten, v. a. 5-Methyl-Cytosin	Häufig und vielfältig, z. B. Methylierungen an Adenin, Guanin oder 2'-OH
Physiologische Struktur	Doppelhelix aus zwei Einzelsträngen	Meist einzelsträngig, komplex gefaltet, lokal auch Doppelhelices
Überwiegendes Vorkommen	Kern, Mitochondrium	Zytoplasma, Kern, Mitochondrium

Dreidimensional gefaltete RNAs können **vielfältige Funktionen** erfüllen und auch alleine oder in Komplexen mit Proteinen enzymatisch aktiv sein.
Bei **Ribozymen** wie Ribosomen oder dem Spleißosom besteht das **aktive Zentrum** hauptsächlich aus RNA.

Ähnlich den Proteinen können dreidimensional gefaltete RNAs vielfältige Funktionen ausüben, zusammen mit Proteinen Komplexe bilden (= **Ribonukleoproteine,** RNP) und sogar enzymatische Aktivität haben. Wenn ein katalytisch aktives Zentrum mehrheitlich aus RNA und nicht aus Protein besteht, spricht man von einem **Ribozym.** Beispiele für Ribozyme sind das **Ribosom** und das **Spleißosom.** Die Telomerase und das Signal Recognition Particle sind auch Ribonukleoproteine, aber keine Ribozyme, weil das aktive Zentrum entweder nicht von RNA gebildet wird oder nicht vorhanden ist.

4.2.3 Informationsfluss zwischen Nukleinsäuren

Die Aufklärung der **DNA-Doppelhelixstruktur** beruhte wesentlich auf röntgenkristallografischen Aufnahmen von Rosalind Franklin. Aber es waren **James Watson** und **Francis Crick,** die in der Helix nicht nur die Struktur sahen, sondern darüber hinaus erkannten, dass hier der lang gesuchte molekulare Mechanismus für die Weitergabe **genetischer Information** sichtbar wurde. Ein Satz am Ende ihrer Veröffentlichung von 1953 lautet übersetzt: „Es ist uns nicht entgangen, dass die spezifische Paarung [gemeint ist die komplementäre Basenpaarung], die wir postulieren, sofort einen möglichen Kopiermechanismus für das genetische Material vorschlägt." Die Doppelhelix mit den **komplementären Basenpaarungen** erklärt also den Informationsfluss, den **Kopiermechanismus** der genetischen Information. Die **genetische Information** selbst besteht aber in der **Basensequenz**.

Gemäß den **komplementären Basenpaarungen** bestimmt die Sequenz (Abfolge der Bausteine) eines Nukleinsäurestrangs die Sequenz eines zweiten, zu ihm komplementären Strangs (Gegenstrang) eindeutig und vollständig. Das erklärt, wie ein Nukleinsäurestrang als **Matrize** (Vorlage) für die Neusynthese des komplementären Strangs dienen kann (➤ Abb. 4.7). Die Erbinformation der Zelle ist in einem linearen, also eindimensionalen Informationsspeicher hinterlegt und diese Linearität ermöglicht **matrizengesteuerte Polymerisationen.**

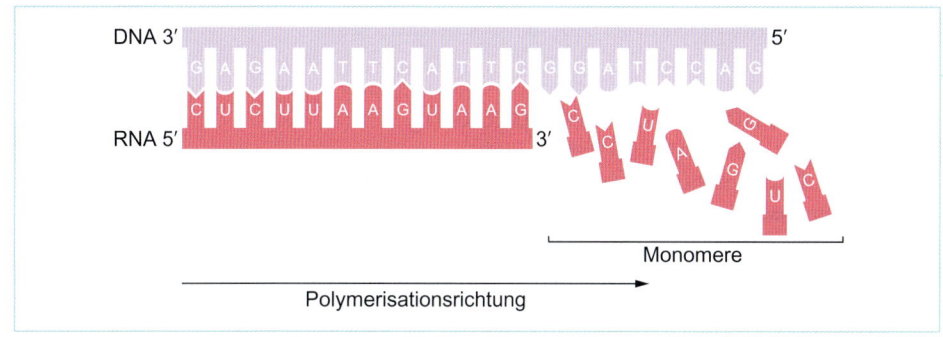

Abb. 4.7 Transkription als Beispiel für matrizengesteuerte Polymerisation [L253]

Biologisch kommen alle vier Möglichkeiten des Informationsflusses zwischen Nukleinsäuren vor: von DNA zu DNA oder RNA und von RNA zu DNA oder RNA (➤ Abb. 4.1). In menschlichen Zellen sind jedoch nur die ersten beiden häufig. Die beiden letzteren gibt es beispielsweise bei Viren mit einem RNA-Genom (➤ 14.2.5).

Polymerasen

Die **Neusynthese von Nukleinsäuresträngen** aus Nukleotid-Bausteinen anhand von Nukleinsäure-Matrizen wird durch Polymerasen katalysiert. Die Polymerasen werden sowohl nach der benutzten Matrize als auch nach dem synthetisierten Produkt benannt. So verwendet die DNA-abhängige RNA-Polymerase DNA als Matrize für die Synthese eines komplementären RNA-Strangs. In der häufiger benutzten Kurzform wird nur das Produkt genannt und der Kontext muss ergeben, was die Matrize war. Dabei ist DNA die Matrize für die RNA-Synthese durch die **RNA-Polymerasen** und gleichzeitig auch für die DNA-Synthese durch die **DNA-Polymerasen**. Eindeutig sind immer die alternativen Namen **Transkriptase, Replikase** und **reverse Transkriptase,** da sie den jeweiligen Vorgang benennen, an dem die Polymerase beteiligt ist (➤ Tab. 4.2).

Tab. 4.2 Nomenklatur der Polymerasen

Matrize	Produkt	Ausführlicher Name	Kurzform	Alternativer Name
DNA	DNA	DNA-abhängige DNA-Polymerase	DNA-Polymerase	Replikase
DNA	RNA	DNA-abhängige RNA-Polymerase	RNA-Polymerase	Transkriptase
RNA	DNA	RNA-abhängige DNA-Polymerase		Reverse Transkriptase
RNA	RNA	RNA-abhängige RNA-Polymerase		

Auch wenn der Informationsfluss vom Strang zum Gegenstrang verläuft, ist der neue komplementäre Strang nicht identisch mit dem Matrizenstrang. Erst wenn der neu synthetisierte komplementäre Nukleinsäurestrang wieder als Matrize dient, entsteht wieder ein Strang mit der Sequenz des ursprünglich ersten Strangs. Liegt aber bereits von Anfang an ein Doppelstrang vor, der für die Neusynthese in die beiden Einzelstränge getrennt wird, und werden beide Stränge als Matrize benutzt, entstehen sofort zwei **identische Kopien** des ursprünglichen Doppelstrangs (➤ Abb. 4.8).

Eine **Nukleinsäure-Doppelhelix** ist ein effizienter, aber auch ein **redundanter Speicher** genetischer Information, da die gesamte Information in jedem der beiden Stränge enthalten ist. In der Tat haben viele Viren einzelsträngige DNA- oder RNA-Genome. Zellen benutzen jedoch immer doppelsträngige DNA als genetischen Informationsspeicher. So können **Fehler** in einem Strang anhand des Gegenstrangs ohne Informationsverlust **repariert** werden (➤ 11.3.1).

Aus Studentensicht

4.2.3 Informationsfluss zwischen Nukleinsäuren

Die **genetische Information** liegt in der **Basensequenz**. Ihre **Weitergabe** zwischen Nukleinsäuren beruht auf der komplementären **Basenpaarung**. Dadurch kann ein Nukleinsäurestrang als Matrize für einen neuen Strang dienen. In menschlichen Zellen wird die Information durch **matrizengesteuerte Polymerisation** hauptsächlich von DNA zu DNA oder RNA weitergegeben.

ABB. 4.7

Polymerase

DNA- und **RNA-Polymerasen** katalysieren die Synthese von komplementären Nukleinsäuresträngen.

TAB. 4.2

Werden beide Einzelstränge eines Doppelstrangs gleichzeitig als Matrize genutzt, entsteht durch die Komplementarität eine **identische Kopie** des Doppelstrangs.

Da die gesamte Information in einem Strang enthalten ist, stellt ein **Doppelstrang** eine **redundante,** aber effiziente Speicherform dar. **Fehler** können so leichter **erkannt** und repariert werden. DNA ist **chemisch stabiler** als RNA.

Aus Studentensicht

ABB. 4.8

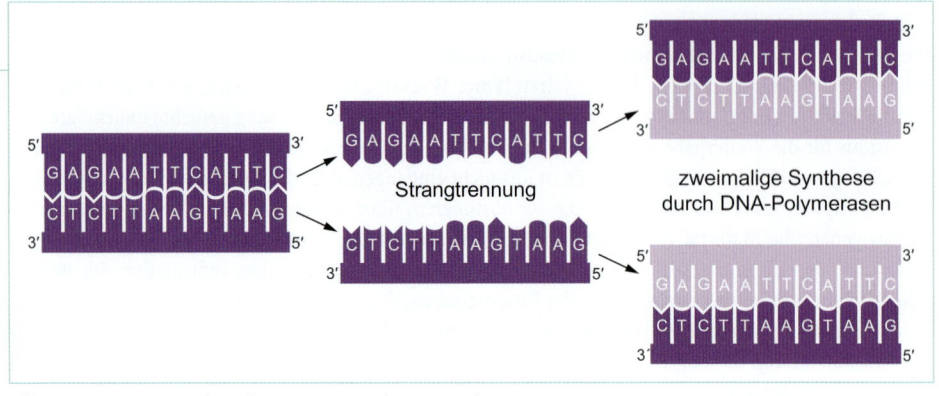

Abb. 4.8 Kopieren einer doppelsträngigen DNA [L271, L307]

DNA ist zudem **chemisch stabiler als RNA,** da ihre Pentosen keine 2'-OH-Gruppen enthalten. Diese können in der RNA die Phosphorsäureesterbindung des Zucker-Phosphat-Rückgrats intramolekular angreifen und dadurch Strangbrüche verursachen. Im Labor wird diese unterschiedliche Stabilität, v. a. bei alkalischem pH-Wert, ausgenutzt, um DNA von RNA zu unterscheiden.

4.3 Chromatin: die DNA-Verpackung

4.3 Chromatin: die DNA-Verpackung

DNA wird in eukaryotischen Zellen in Form von **Chromatin** verpackt. Die **Kombination mit Proteinen** erlaubt eine dichtere Packung der negativ geladenen DNA und ermöglicht trotzdem die Zugänglichkeit bei Transkription und Replikation.

DNA liegt im Zellkern nicht als bloße Doppelhelix vor, sondern ist als **Chromatin** „verpackt". Die Bezeichnung Chromatin (griech. chroma = Farbe) spiegelt wider, dass Teile der verpackten DNA im Zellkern **angefärbt** werden können. Heute wird Chromatin als Überbegriff für die mit Proteinen und RNA verpackte Form der nukleären DNA verwendet. Notwendig ist die **Verpackung** der DNA, da die Gesamtlänge der DNA-Doppelstränge einer menschlichen diploiden Zelle ca. 2 m beträgt, der Durchmesser des Zellkerns aber nur ca. 5–10 μm. Das entspricht der Verpackung von 8,5 km Bindfaden mit 0,1 mm Durchmesser in einem Fußball mit 22 cm Durchmesser. Da die **DNA** zwar sehr lang, aber mit ca. 2 nm Durchmesser gleichzeitig sehr dünn ist, nimmt sie nur wenige Prozent des Kernvolumens ein. Problematisch ist aber, dass sie aufgrund der Phosphatreste im Rückgrat **stark negativ geladen** ist und sich die negativen Ladungen gegenseitig abstoßen. Es ist also energetisch sehr ungünstig, DNA in enger Nachbarschaft mit sich selbst zu lagern. Außerdem muss die DNA im Kern organisiert werden, sodass sie für die Genexpression und Replikation ablesbar bleibt und sich nicht verheddert.

Nukleosomen bestehen aus 147 Basenpaar langen DNA-Abschnitten, die auf **Histon-Oktamere** gewickelt sind. Diese bestehen aus je zwei H2A-, H2B-, H3- und H4-Histonen. Zwischen den Nukleosomen befindet sich die unaufgewickelte **Linker-DNA,** die von H1-Histonen gebunden sein kann.
Histone sind reich an **basischen Aminosäuren** und kompensieren mit ihrer positiven Ladung negative Ladungen der DNA.
Funktionell wichtige **regulatorische DNA Sequenzen** befinden sich oft leicht zugänglich in **nukleosomenfreien Regionen.**

Die erste Verpackungsebene des Chromatins bilden die **Nukleosomen.** Darin sind 147 Basenpaar lange Abschnitte der DNA-Doppelhelix 1,7-mal um einen Komplex aus Histonen gewickelt, ähnlich wie Haare um einen Lockenwickler (➤ Abb. 4.9a, b). **Histone** sind mit ca. 11–15 kDa relativ kleine Proteine, die reich an den **basischen Aminosäuren** Lysin und Arginin und damit stark **positiv geladen** sind. Je zwei Histone des Typs H2A, H2B, H3 und H4 bilden zusammen als **Histon-Oktamer** (= Komplex aus acht Untereinheiten) den Kern der Nukleosomen, um den die DNA gewunden ist.
Zwischen den so umwickelten Oktameren liegt die **Linker-DNA.** Die durchschnittliche Länge der Linker-DNA ist je nach Zelltyp unterschiedlich, aber innerhalb einer Zelle weitgehend konstant, sodass eine DNA-Organisation entsteht, die im Elektronenmikroskop wie **Perlen auf einer Schnur** aussieht (➤ Abb. 4.9c). Menschliche Zellen haben einen mittleren Nukleosomenabstand (Spacing; Nucleosome Repeat Length) von ca. 200 bp und damit eine mittlere Linker-Länge von ca. 50 bp. Die Linker-DNA kann von Histonen des Typs H1 gebunden sein. Es gibt verschiedene Untertypen der H1-Histone, die wahrscheinlich die Linker-DNA und Chromatinüberstrukturen mit organisieren, aber nicht zum eigentlichen Nukleosom gehören. Die vielen positiven Ladungen der Histone kompensieren zusammen mit K^+- und Mg^{2+}-Ionen die negativen Ladungen des DNA-Rückgrats. Außerdem helfen sie, die an sich relativ steife DNA-Doppelhelix zu biegen.
Eukaryotische DNA ist im Wesentlichen durchgängig in Nukleosomen verpackt. Es gibt aber auch **nukleosomenfreie Regionen,** in denen meist 1–2 Nukleosomen fehlen. Dort befinden sich beispielsweise funktionell wichtige regulatorische DNA-Sequenzen. Die Bildung der vielfach beschriebenen 30-nm-Chromatinfaser gilt in Zellen inzwischen als unwahrscheinlich. Wie die nächste Ebene der Verpackung jenseits der Nukleosomen aussieht, wie die DNA insgesamt im Zellkern geordnet und wie sie während der Zellteilung in die extrem kompakte Form der mitotischen Chromosomen organisiert wird, ist weitgehend unverstanden.

Die **Chromatinstruktur** ermöglicht nicht nur eine kompakte Verpackung der DNA, sondern reguliert auch ihre **Zugänglichkeit.**
Durch weniger zugängliche Chromatinstrukturen **reprimierte** Abschnitte werden **Heterochromatin** genannt.

Die Chromatinstruktur organisiert nicht nur die DNA, sodass sie in den Zellkern passt, sondern reguliert auch ihre **Zugänglichkeit.** Die Nukleosomenstruktur, aber auch die übergeordneten noch wenig verstandenen Strukturen verpacken die DNA und machen sie dadurch weniger zugänglich. Bevor DNA transkribiert, repliziert, repariert oder rekombiniert werden kann, muss sie durch Öffnung der Chromatinstruktur entpackt werden. Umgekehrt kann die Genexpression ganzer Abschnitte des Genoms mithilfe repressiver Chromatinstrukturen stillgelegt werden. Diese repressiven Abschnitte werden **Heterochromatin** genannt und erscheinen im Elektronenmikroskop bei entsprechender Anfärbung dunkel, während das

4.3 CHROMATIN: DIE DNA-VERPACKUNG

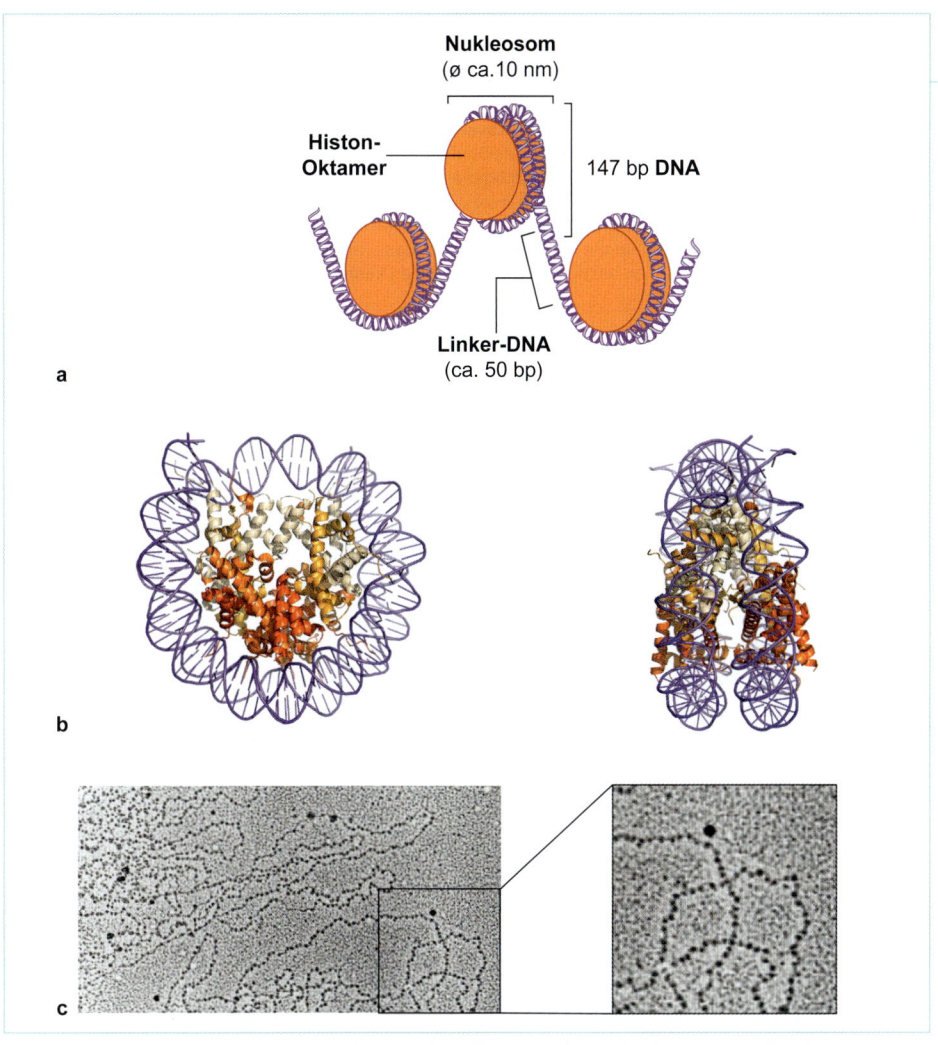

Abb. 4.9 Verpackung der DNA. **a** Schematische Darstellung. [L138, L307] **b** Hochauflösende Kristallstruktur eines Nukleosoms. Die Histone H2A, H2B, H3 und H4 sind in unterschiedlichen Brauntönen dargestellt. [P414, L307] **c** Elektronenmikroskopische Aufnahme von in Nukleosomen verpackter DNA („Perlenschnüre"). [E1004]

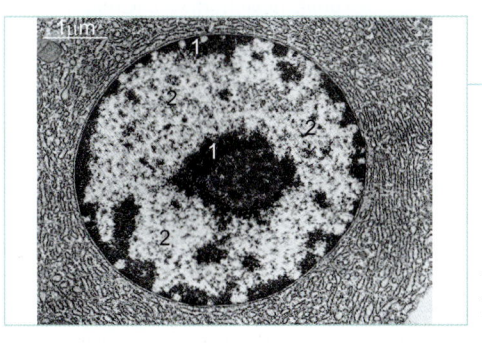

Abb. 4.10 Heterochromatin (1) und Euchromatin (2) im Zellkern (elektronenmikroskopische Aufnahme nach Färbung mit Schwermetallen) [R252, L271]

Euchromatin mit tendenziell aktiven Genen hell erscheint (➤ Abb. 4.10). Diese Einteilung wird im Detail aber unscharf, da es auch aktive Gene in heterochromatischen und reprimierte Gene in euchromatischen Regionen gibt.

Anhand der molekularen Eigenschaften der Nukleosomen und anderer Faktoren können Chromatinstrukturen noch sehr viel genauer unterschieden werden. Vor allem an den **N-terminalen Extensionen** der Histone (engl. histone tails), die aus dem Nukleosom herausragen, werden Histone vielfältig durch **posttranslationale Modifikationen** wie Acetylierung, Methylierung oder Phosphorylierung verändert. Je nach Modifikationsstatus können andere Faktoren wie ATP-abhängige **Remodeler** (engl. remodel = umgestalten) die Nukleosomen verschieben, ab- oder umbauen und dadurch Chromatinstrukturen verändern. Durch die Vielfalt dieser Modifikationen und andere Strukturbestandteile bietet die Chromatinorganisation des Genoms eine weitere **Informationsebene,** die in Abgrenzung zur genetischen Information der reinen DNA-Basensequenz als **epigenetisch** (griech. epi = auf [der genetischen Information]) bezeichnet wird (➤ 13.1). Die epigenetische Information beinhaltet keine Baupläne für funktionelle Moleküle wie RNAs und Proteine, sondern trägt zur **Regulation** von Prozessen wie der Genexpression bei.

Aus Studentensicht

ABB. 4.9

ABB. 4.10

Bevor DNA transkribiert, repariert oder repliziert wird, muss sie **entpackt** werden. Solche zugänglichen Abschnitte enthalten tendenziell aktive Gene und werden **Euchromatin** genannt.
Durch **posttranslationale Modifikationen** der Histone wie Methylierung oder Acetylierung können Faktoren binden, welche die Chromatinstruktur verändern (Remodeler).
Die Chromatinstruktur bildet eine zusätzliche Informationsebene, mit der sich die **Epigenetik** beschäftigt.

Aus Studentensicht

4 VON DER DNA ZUR RNA: SPEICHERUNG UND AUSLESEN VON INFORMATION

> **Enzyme und Faktoren**
>
> Enzyme bzw. Ribozyme sind **katalytisch** aktiv. Sie katalysieren das Knüpfen oder Lösen von kovalenten Bindungen, sodass neue Moleküle entstehen.
> Proteine oder RNAs, deren Funktion v. a. in **nicht-kovalenter Bindung** an andere (Makro-)Moleküle besteht, werden **Faktoren** oder Rezeptoren genannt. Dieses Binden wird durch Strukturen v. a. von **Oberflächen** vermittelt, die durch Form, Ladung, Hydrophobizität oder andere physikalisch-biochemische Eigenschaften einander entsprechen. Dadurch wird die Bindung mehr oder minder **spezifisch.** Meist führt die Wechselwirkung der Bindungspartner zu **Konformationsänderungen,** welche die jeweiligen Funktionen und Aktivitäten beeinflussen. Es ist fundamental für die Molekularbiologie, dass Faktoren durch gegenseitige Bindung einander erkennen, **regulieren** und an bestimmte Orte **rekrutieren** können.

4.4 Das menschliche Genom

4.4.1 Aufbau menschlicher Chromosomen

4.4 Das menschliche Genom

4.4.1 Aufbau menschlicher Chromosomen

Das **Genom** ist die Gesamtheit der DNA einer Zelle. Die **Sequenzinformationen** können analysiert und verglichen werden. Diese sind auch Grundlage für gentechnologische Methoden. Aus der bloßen DNA-Sequenz lässt sich jedoch meist nicht vollständig die zur Information eines DNA-Abschnitts gehörende Funktion ableiten. Besonders die Zuordnung von regulatorischen Regionen und die Vorhersage von RNA-Prozessierungen sind schwer.

Eukaryotische Genome bestehen aus mehreren **Chromosomen** mit **linearer** DNA. Chromosomenenden heißen **Telomere.**
Das menschliche Genom umfasst **24 Chromosomen:** 22 Autosomen und 2 Geschlechtschromosomen.
Diploide Zellen enthalten einen doppelten Chromosomensatz mit homologen Chromosomen von Mutter und Vater.
Haploide Zellen wie Keimzellen enthalten nur einen einfachen, **polyploide** Zellen wie Hepatozyten einen mehr als zweifachen Chromosomensatz.

Vor Verteilung auf die Tochterzellen während der Zellteilung werden Chromosomen verdoppelt (**Chromatiden**) und in ihrer Chromatinstruktur zum **mitotischen Chromosom** verdichtet. Außerhalb der Mitose liegen die Chromosomen lose strukturiert vor.
Ein **Zentromer** teilt jedes Chromosom in einen kurzen **p-** und einen langen **q-Arm.**
Die typische **Bandenstruktur** kondensierter Chromosomen lässt sich durch Giemsa-Färbung darstellen.
Der Genort auf einem Chromosom hat nichts mit der Funktion, aber viel mit der Regulation des Gens zu tun.

Das **Genom** ist die **Gesamtheit der DNA** einer Zelle und besteht in diploiden Zellen des Menschen aus etwa sechs Milliarden Basenpaaren, also aus doppelsträngiger DNA. Seit Beginn des Jahrtausends ist die DNA-Sequenz der Genome vieler biologischer Arten, darunter die des Menschen, mehr oder minder vollständig entschlüsselt. Das gibt dem molekularbiologischen Verständnis von Zellfunktionen und ihrer Evolution einen enormen Schub, weil die **Sequenzinformation** nun **analysiert** und zwischen verschiedenen Genomen **verglichen** und für gentechnische Methoden genutzt werden kann.

Aus der DNA-Sequenz allein lässt sich aber nur manchmal die Funktion der einzelnen Genombereiche ableiten (= **Genom-Annotation).** Während Bereiche, die für Aminosäuresequenzen codieren, vergleichsweise gut erkannt werden können, stellen die Zuordnung der regulatorischen Elemente und die Vorhersage der RNA-Prozessierung nach wie vor Herausforderungen dar. Auch die Funktion einzelner Proteine und RNAs und ihre Einbettung in die funktionellen Netzwerke der Zelle können oft nicht aus der DNA-Sequenz heraus erkannt, sondern müssen durch funktionelle Tests erforscht werden. Die Annotation des menschlichen Genoms ist bei Weitem noch **nicht abgeschlossen** und viele zugehörige Zahlenangaben sind vorläufig.

Im Gegensatz zu Prokaryoten, deren Genom aus einem einzigen großen zirkulären Chromosom und eventuell einer variablen Anzahl an kleinen zirkulären DNA-Molekülen besteht, bestehen eukaryotische Genome aus mehreren linearen DNA-Molekülen, den **Chromosomen.** Die Enden der linearen Chromosomen werden als **Telomere** bezeichnet. Die Zahl der Chromosomen korreliert nicht mit der Größe des Genoms oder der Komplexität des Organismus. Das menschliche Genom ist in **24 Chromosomen** unterteilt: die **zwei Geschlechtschromosomen** X und Y und **22 Autosomen** (Nicht-Geschlechtschromosomen). Die Autosomen werden nach absteigender Länge nummeriert. Chromosom 1 ist damit das längste und Chromosom 22 das kürzeste Autosom (➤ Abb. 4.11a).

Die meisten menschlichen Zellen sind **diploid.** Sie enthalten einen doppelten Chromosomensatz, je einen von der Mutter und einen vom Vater. Die einander entsprechenden mütterlichen und väterlichen Chromosomen werden **homologe Chromosomen** genannt. Der diploide **Chromosomensatz** einer menschlichen Zelle besteht damit aus **46 Chromosomen,** je zwei von jedem Autosom und zwei Geschlechtschromosomen, entweder zwei X-Chromosomen für weibliche oder einem X- und einem Y-Chromosom für männliche Zellen.

Im Gegensatz zu diploiden Zellen tragen **haploide** Zellen wie die Keimzellen nur jeweils ein Chromosom von jeder Sorte und **polyploide** Zellen wie Hepatozyten deutlich mehr als zwei homologe Chromosomen. Bei Krebszellen kann die Kopienzahl einzelner oder mehrerer Chromosomen oder Chromosomenabschnitte unphysiologisch hoch oder niedrig sein (= **Aneuploidie).**

Während der **Zellteilung (Mitose)** (➤ 10.2) müssen die einzelnen Chromosomen auf die Tochterzellen verteilt werden. Davor werden die Chromosomen verdoppelt, sodass die Zellen vorübergehend tetraploid sind. Durch noch wenig verstandene Chromatinänderungen entsteht für jedes Chromosom einzeln die **verdichtete Struktur** eines **mitotischen Chromosoms,** in welcher der lange „DNA-Doppelhelix-Faden" des Chromosoms zweimal als „(**Schwester-)Chromatiden"** vorliegt. Anfangs hängen die beiden Doppelhelices der Chromatiden über die gesamte Chromosomenlänge durch Proteine zusammen. Kurz vor Trennung der Chromatiden in der Metaphase der Mitose werden sie aber nur noch am **Zentromer** zusammengehalten. Dieser Zustand entspricht der typischen Darstellung von X-förmigen Chromosomen. Da früher nur die verdichteten mitotischen Chromosomen mikroskopisch gut darstellbar waren (➤ Abb. 4.11a), beziehen sich viele Beschreibungen auf diesen Zustand und oft wird er mit dem Begriff „Chromosom" gleichgesetzt. Molekularbiologisch entspricht ein Chromosom aber der einzelnen DNA-Doppelhelix und das „mitotische Chromosom" einem (ver)doppelten Chromosom. In dieser kondensierten Form findet nur wenig Transkription statt. Außerhalb der Mitose liegen die Chromosomen relativ lose strukturiert in eigenen Bereichen (engl. chromosome territories) im Zellkern vor.

Das Zentromer unterteilt jedes Chromosom, auch außerhalb der Mitose, in einen **kurzen p-Arm** (franz. petit = klein) und einen **langen q-Arm** (der folgende Buchstabe im Alphabet). Der Strang der Doppelhelix, der sein 5'-Ende im p-Arm hat, wird als **Watson-Strang** (W-Strang) und der andere als **Crick-Strang** (C-Strang) bezeichnet. So kann die Lage jedes einzelnen Nukleotids auf dem entsprechenden Chromosom

4.4 DAS MENSCHLICHE GENOM

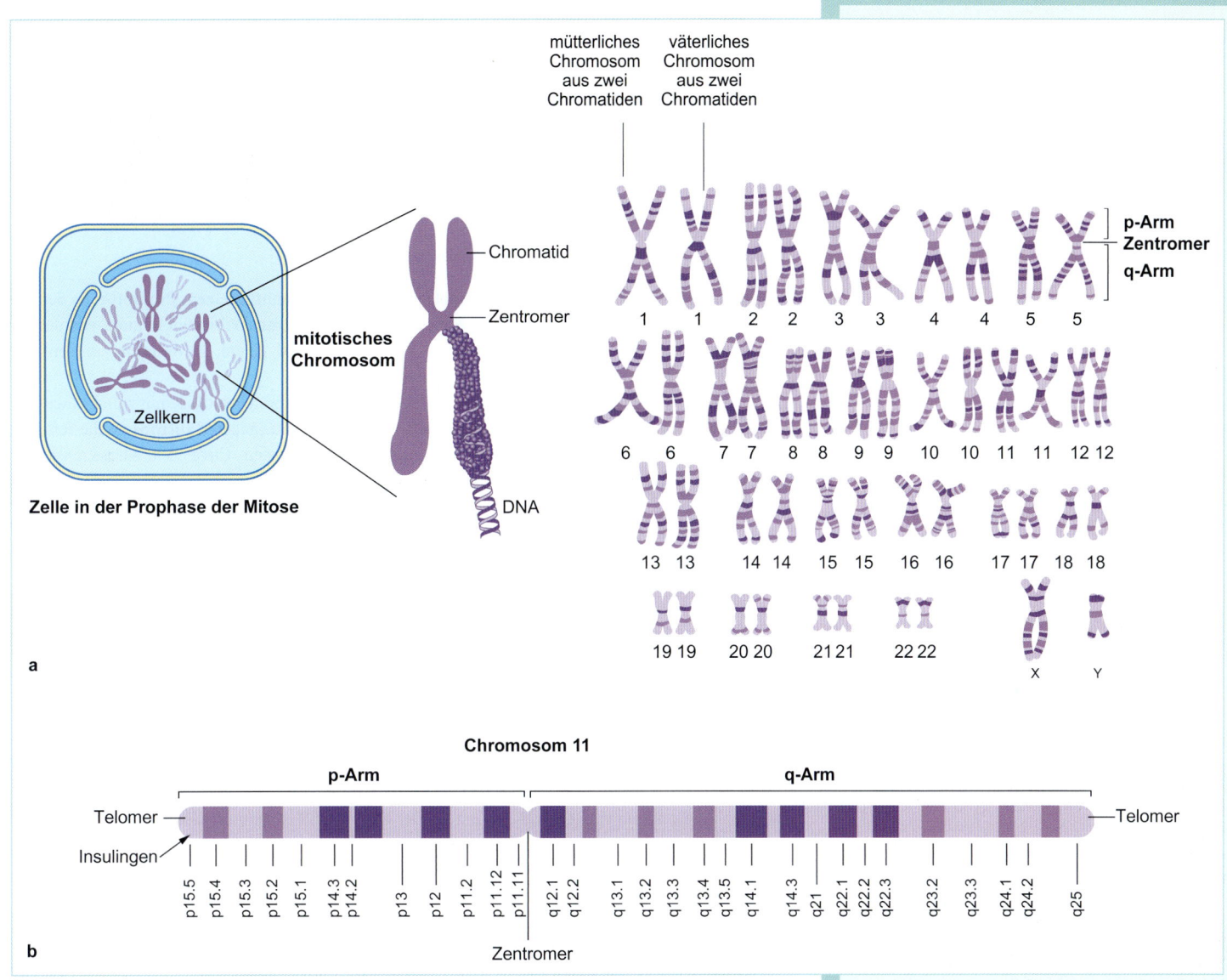

Aus Studentensicht

Abb. 4.11 Humane Chromosomen. **a** Schema eines mitotischen Chromosoms kurz vor Trennung der Chromatiden und schematisierte Darstellung der mitotischen Chromosomen eines diploiden männlichen Karyotyps. [L299, L307] **b** Giemsa-Banden-Einteilung von Chromosom 11. [L299]

eindeutig angegeben werden. Das erste Nukleotid des codierenden Strangs der Transkriptvariante 4 des Insulin-Gens entspricht der Position 2.159.779 auf dem Crick-Strang des Chromosoms 11 (> Abb. 4.11b). Aus der Zeit vor der Sequenzierung des Humangenoms stammt die Angabe eines **Gen-Locus** (Gen-Orts) mithilfe der zytologischen **Giemsa-Färbung**. Dabei lassen sich für jedes mitotische Chromosom typische **helle** und **dunkle Banden** erkennen, die für jeden Chromosomenarm ausgehend vom Zentromer durchnummeriert werden. Das Insulin-Gen liegt am zytologischen Ort 11p15.5 (> Abb. 4.11b).

Der codierende oder **Sense-Strang** eines transkribierten Abschnitts kann sowohl auf dem Watson- als auch auf dem Crick-Strang eines Chromosoms liegen, überlapt aber i. d. R. nicht mit einem anderen codierenden Abschnitt, außer bei Virengenomen. In der Regel gibt es **keinen Zusammenhang** zwischen der **Funktion** eines Gens und dessen **genomischem Ort**. Die **Regulation** der Expression eines Gens ist aber oft stark **ortsabhängig**.

4.4.2 Der Gen-Begriff

Die klassische molekulargenetische Definition eines Gens beschreibt eine DNA-Sequenz, die für die **Aminosäuresequenz** eines Proteins codiert. Die entsprechenden Genomabschnitte heißen **codierende Bereiche** (Coding Regions). Auch heute noch wird diese Gen-Definition vielfach verwendet. Danach codiert das Humangenom für ca. **20 000 Gene**, die ca. **2 % der genomischen DNA** ausmachen. Der Großteil des Humangenoms besteht also aus Sequenzen, die nicht vom klassischen Gen-Begriff erfasst werden, und die Zahl der Gene im Vergleich zu vermeintlich „niederen Organismen" erschien unerwartet gering. Diese Gen-Definition anhand von proteincodierenden Abschnitten reicht aber nicht aus, um alle Aspekte der genetischen Information und Genomorganisation zu beschreiben. Auch viele andere Genomabschnitte werden von der RNA-Polymerase in RNA umgeschrieben (transkribiert) und als Gene bezeichnet. Sie spezifizieren Sequenzen für zwar untranslatierte, aber funktionell wichtige **nicht codierende ncRNAs** wie rRNAs oder tRNAs.

4.4.2 Der Gen-Begriff

Klassischerweise werden DNA-Sequenzen, die für Aminosäuresequenzen codieren, als **Gen** bezeichnet. Demnach enthält das menschliche Genom **20 000 Gene**, die 2 % des Genoms ausmachen. Da aber aus einem Gen-Locus unterschiedliche Produkte entstehen können und untranslatierte RNAs sowie regulatorische und architektonische Elemente hinzukommen, wird der Gen-Begriff letztlich unscharf.

Aus Studentensicht

ABB. 4.12

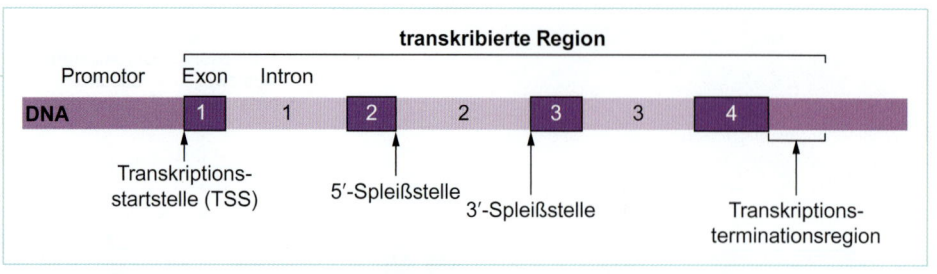

Abb. 4.12 Vereinfachte Darstellung eines proteincodierenden Gen-Locus [L271]

Vereinfacht besteht ein Gen-Locus meist aus folgenden DNA-Abschnitten: einem **Promotor,** an den die RNA-Polymerase bindet und die DNA-Doppelhelix auftrennt, der **transkribierten Region,** von der die RNA-Polymerase eine RNA-Kopie (Transkript) synthetisiert, und einem **Terminator,** an dem die RNA-Polymerase die DNA wieder verlässt (➤ Abb. 4.12).

Selbst auf diese Weise sind „Gene" schwierig zu zählen. **Transkripte** bestehen i. d. R. nur zum kleinen Teil aus **Exons** (= beibehaltene RNA-Abschnitte), während die meist viel längeren **Introns** (= die restliche RNA) nach der Transkription durch **Spleißen** ausgeschnitten werden. Circa 95 % aller Transkripte menschlicher Zellen werden durch **alternatives Spleißen** (➤ 4.5.4) prozessiert, wobei zum Teil sehr unterschiedliche Produkte aus ein und demselben Gen-Locus entstehen können.

Hinzu kommen die **regulatorischen Elemente** wie Enhancer, Silencer und Isolatoren sowie die **architektonischen Elemente** wie Zentromere und Telomere. Sie werden im klassischen Sinn nicht exprimiert und wirken in **cis** (lat. = diesseits) nur für das Chromosom, auf dem sie sich befinden. Im Gegensatz dazu können exprimierte Genprodukte auch in **trans** (lat. = jenseits) an anderen Orten in und auch außerhalb der Zelle ihre Funktion ausüben. Cis-Elemente sind essenzielle Teile der genetischen Information, werden aber meist nicht zu den Genen gezählt. Für viele der neu entdeckten ncRNAs mit unbekannter Funktion ist unklar, ob sie zu den Cis- oder den Trans-Elementen zählen.

Die genetische Information des Genoms lässt sich also in organisatorische, funktionelle, exprimierte, evolutiv konservierte und andere Einheiten unterteilen. Was aber ein „Gen" ausmacht, ist nicht mehr klar definiert. Ähnlich wie die Physiker, die den Atomkern erforschen, teilweise unterschiedlich definieren müssen, was ein „Teilchen" ist, können sich die Molekularbiologen kaum mehr allgemein, sondern nur kontextabhängig darauf einigen, was ein Gen ist. Der **Gen-Begriff** ist zum **unscharfen** Begriff geworden und das Zählen von Genen definitionsabhängig.

4.4.3 Allele

4.4.3 Allele

Die Genome von Individuen unterscheiden sich. Einander entsprechende Abschnitte auf den einzelnen Chromosomen werden als **homolog** bezeichnet. Gene in homologen Positionen mit unterschiedlichen DNA-Sequenzen nennt man **Allele.** Das Vorhandensein verschiedener Allele heißt **Polymorphismus.**
Im diploiden Chromosomensatz existiert jeder Gen-Ort zweimal und kann unterschiedliche Allele tragen. In der Regel reicht eine Kopie eines intakten Gens aus, um ausreichend funktionelles Protein herzustellen.
Daher existieren neben Blutgruppe A und B auch AB und 0, wobei Allel 0 ein **rezessives** Allel ist und die Allele A und B **codominant** sind.

Die Genome einzelner menschlicher Individuen unterscheiden sich. Nur eineiige Zwillinge sind genetisch identisch. Auch wenn von *dem* Humangenom gesprochen wird, gibt es fast so viele verschiedene menschliche Genome, wie es Menschen gibt (= **menschlicher Gen-Pool**). Dennoch sind menschliche Genome zueinander immer ähnlicher als zu den Genomen anderer biologischer Arten und zeigen immer denselben grundsätzlichen Aufbau. Deshalb gibt es im Vergleich von menschlichen Genomen immer **homologe** (einander entsprechende) **Stellen**. An einigen dieser Stellen haben alle Menschen exakt dieselbe DNA-Sequenz, beispielsweise dort, wo das aktive Zentrum der RNA-Polymerase II codiert wird. An anderen homologen Gen-Loci gibt es unterschiedliche Sequenzen. Diese **Sequenzvarianten von Genen (von homologen Gen-Loci)** werden als **Allele** bezeichnet.

Das Vorhandensein von verschiedenen Allelen heißt **Polymorphismus**. Der entsprechende Gen-Locus ist polymorph (gr. = vielgestaltig), und zwar umso stärker, je mehr verschiedene Allele es in einer Population gibt. Im Gegensatz zur **Stärke** eines Polymorphismus gibt die **Häufigkeit** eines Polymorphismus an, ob viele Individuen einer Population am betreffenden Gen-Ort unterschiedliche Allele oder mehrheitlich dasselbe Allel tragen. Die **β-Thalassämie** (➤ 4.5.4) beruht auf einem starken, aber seltenen Polymorphismus, d. h., sie beruht auf über 200 unterschiedlichen Allelen des β-Globin-Gens, die alle zu einem Defekt bei der Bildung von β-Globin führen, aber sehr selten auftreten. Weltweit tragen also die meisten Menschen dasselbe Allel des β-Globin-Locus.

Das **AB0-Blutgruppensystem** beruht auf drei Allelen. An einem bestimmten homologen Genort können zwei unterschiedliche funktionsfähige Glykosyltransferasen (Allel A oder B) die Zelloberflächenstrukturen z. B. der Erythrozyten verändern oder kann eine defekte Glykosyltransferase (Allel 0) codiert sein. Im diploiden Chromosomensatz trägt jeder Mensch zwei dieser Allele und somit einen der Genotypen AB, AA, A0, BB, B0 oder 00. Schon eine Kopie der intakten Gene (Allel A oder B) reicht aus, dass als **Phänotyp** die entsprechende Zelloberflächenstruktur, also die Blutgruppe A oder B, entsteht. Die Allele A und B sind daher **dominant** über das **rezessive** Allel 0 und Menschen mit Genotyp A0 oder AA haben Blutgruppe A, mit B0 oder BB entsprechend B. Nur der Genotyp 00 führt zur Blutgruppe 0. Beim AB0-Blutgruppensystem sind die Allele A und B **codominant,** sodass es beim Genotyp AB zur Blutgruppe AB kommt, die einer Mischung der entsprechenden Oberflächenstrukturen entspricht.

> **KLINIK**
>
> **Das Marfan-Syndrom**
>
> Wie beim AB0-System ist es häufig funktionell ausreichend, wenn das Produkt von nur einem Gen-Locus (= halbe Gendosis) synthetisiert wird, sodass erst der homozygote Ausfall phänotypische Folgen hat. Es gibt aber auch Gene, bei denen bereits das Fehlen einer Kopie phänotypisch relevant ist. In so einem Fall spricht man von **Haploinsuffizienz,** d. h., das verbleibende Allel (= halbe Gendosis) ist nicht ausreichend, um eine normale Funktion zu gewährleisten.
> Beim Marfan-Syndrom führt bereits eine defekte Kopie des Gens, das für ein Glykoprotein der extrazellulären Matrix (Fibrillin-1) codiert, zu einem Phänotyp. Fibrillin ist essenziell für die Bildung der Mikrofibrillen, die das Grundgerüst der elastischen Fasern bilden. Die Störung der elastischen Fasern führt zu Veränderungen im Bindegewebe vieler Organe. Die Symptome sind entsprechend vielschichtig und reichen von überlangen Gliedmaßen, schmalem Körperbau, Skoliose und Trichterbrust bis hin zur Netzhautablösung am Auge. Besonders gefährlich sind die kardiovaskulären Veränderungen wie Herzklappenveränderungen oder Aortenaneurysmen. Das Marfan-Syndrom kann unerkannt zum plötzlichen Tod, z. B. durch eine Aortendissektion (Zerreißen der Aortenwand), führen. Weil eine Vielzahl von unterschiedlichen Organsystemen betroffen ist, für die jeweils ein anderer Facharzt zuständig ist, wird die Störung in der klinischen Routine oft übersehen. Als Indiz für die Erkrankung galt früher das Handzeichen: Dabei überlappt beim Umgreifen des eigenen Handgelenks der Daumen den Nagel des kleinen Fingers.

Allele, die zu phänotypischen Variationen wie Augenfarbe oder Haarfarbe führen, betreffen v. a. die codierenden oder regulatorischen Regionen des Humangenoms. Der größte Teil der genetischen Variationen befindet sich aber in dem Teil des Genoms, in dem keine bekannten Funktionen codiert sind, schon deshalb, weil dieser viel größer ist und wahrscheinlich einem niedrigeren evolutiven Selektionsdruck unterliegt.

Die häufigsten Unterschiede zwischen den Genomen menschlicher Individuen betreffen einzelne Nukleotide und werden als **SNPs** (sprich: Snipps; Single Nucleotide Polymorphisms) bezeichnet. Im Mittel unterscheiden sich zwei nicht verwandte Individuen **alle 1 000 Basen** durch einen SNP. SNPs unterscheiden daher Humangenome mit hoher Auflösung und werden in der klinischen Forschung in **genomweiten Assoziierungsstudien** (Genome Wide Association Studies, GWAS) verwendet. Dabei werden Genome oder Genom-Abschnitte von Patienten mit einer bestimmten Krankheit mit denen einer gesunden Kontrollgruppe verglichen, um herauszufinden, ob die Krankheit mit genetischen Unterschieden gekoppelt ist (**= Kopplungsstudien**). Erfolgreiche Kopplungsstudien haben z. B. ein Allel am **BRCA1-Locus** (sprich Bracka 1; engl. breast carcinoma 1) als Ursache für eine stark erhöhte Wahrscheinlichkeit, an Brustkrebs zu erkranken (= familiärer Brustkrebs), identifiziert (> 12.3.3). Für viele andere Krankheiten wie multiple Sklerose, die familiäre Häufungen aufweisen und deshalb wahrscheinlich auch genetisch (mit)bedingt sind, wurden jedoch noch keine entsprechend aussagekräftigen Gen-Loci gefunden.

SNPs sind zwar die häufigsten, aber nicht die am stärksten polymorphen Stellen im Humangenom. Pro SNP gibt es i. d. R. zwei Allele (= biallelisch). Sehr viel stärker polymorph sind menschliche Genome im Bereich der repetitiven DNA-Sequenzen.

4.4.4 Repetitive DNA-Sequenzen

Ungefähr die Hälfte des Humangenoms besteht aus sich wiederholenden Sequenzelementen, den **repetitiven** oder nicht einmaligen (engl. not unique) **Sequenzen.** Die Typen repetitiver DNA werden unterschieden, je nachdem ob sie sich direkt hintereinander wiederholt (= Tandem Repeats) oder in vereinzelten Kopien an verschiedenen Stellen im Genom vorkommt (engl. interspersed repeats = verstreute Wiederholungen) und wie lang die wiederholte Sequenz ist.

Tandem Repeats

Satelliten-DNA ist ein Sammelbegriff für **tandemartig wiederholte DNA-Sequenzen** unterschiedlicher Länge, die ca. 3 % des Humangenoms ausmachen und sich über Bereiche von mehreren 100 000 bp erstrecken können. Je nach Sequenz der Wiederholungseinheit haben sie im Vergleich zum übrigen Genom einen besonders hohen oder niedrigen GC-Gehalt. Da GC-Basenpaare schwerer als AT-Paare sind, erscheinen solche Satelliten-DNA-Fragmente wegen des **abweichenden GC-Gehalts** nach einer Auftrennung von Genomfragmenten mittels Cäsiumchlorid-Dichtegradienten-Ultrazentrifugation als separate Bande (Begleiter = Satellit) abseits der restlichen genomischen DNA.

Manche Satelliten-DNA kommt an nur wenigen Stellen im Genom vor. Klassisch sind die Satelliten, welche die **Zentromere** flankieren, wie die **α-Satelliten** mit einer Wiederholungseinheit von 171 bp und einer Gesamtlänge bis zu ca. 8 000 000 bp (> Abb. 4.13). Diese Satelliten sind wichtig für die Ausbildung der besonderen perizentrischen Heterochromatinstruktur, die während der Mitose die Zentromer-Funktion bei der **Chromosomen-Segregation** unterstützt.

Häufiger sind Tandem Repeats mit kurzen Wiederholungseinheiten (= Short Tandem Repeats, STR; Simple Sequence Repeats, SSR) wie GT oder TAA, die sich bis zu 100-mal am Stück wiederholen und überall im Genom verstreut vorkommen. Je nach Länge der Wiederholungseinheiten spricht man von **Mikrosatelliten** (meist < 10 bp) bzw. **Minisatelliten** (ca. 10–100 bp). Die Minisatelliten kommen gehäuft in der Nähe der Telomere vor. Die Telomere selbst bestehen auch aus Tandem Repeats, werden aber nicht zu den Satelliten gezählt.

Aus Studentensicht

KLINIK

Die Genome zweier nicht verwandter Individuen unterscheiden sich durchschnittlich alle 1000 bp durch ein einzelnes Nukleotid. Diese **Single Nucleotide Polymorphisms** (SNPs) werden für genomweite **Assoziierungsstudien** herangezogen. Dabei wird das Auftreten einer Krankheit mit einem bestimmten Allel korreliert.

4.4.4 Repetitive DNA-Sequenzen
Etwa die Hälfte des Humangenoms besteht aus sich wiederholenden, **repetitiven** Sequenzelementen.

Tandem Repeats
Sich tandemartig, hintereinander wiederholende DNA-Sequenzen werden **Satelliten-DNA** genannt. Sie können sich über mehrere 100 000 bp erstrecken.

α-Satelliten flankieren z. B. die **Zentromere** und unterstützen die Chromosomen-Segregation. Die häufigste Art von Satelliten-DNA sind die **Tandem Repeats** mit kurzen Wiederholungseinheiten, die überall im Genom vorkommen. Je nach Länge der Einheit spricht man von **Mikro- oder Minisatelliten.** Telomere enthalten zwar auch Tandem Repeats, werden jedoch nicht zur Satelliten-DNA gezählt.
Die genaue Anzahl der Wiederholungen unterscheidet sich und kann zur **Identifizierung von Individuen** genutzt werden.

Aus Studentensicht

ABB. 4.13

Interspersed Repeats
Interspersed Repeats sind verstreute **wiederholte DNA-Segmente,** die häufig von Transposons abstammen.
Transposons sind DNA-Elemente, die mithilfe der durch sie codierten Enzyme Transposase oder Integrase ihren Ort innerhalb des Genoms ändern können.
Retrotransposons werden zunächst in RNA transkribiert und dann in DNA umgeschrieben, bevor die neue DNA-Kopie an anderer Stelle wieder ins Genom integriert wird.

Retrotransposons machen heute ca. 45% des Humangenoms aus und werden u. a. in **LINE** (Long Interspearsed Nuclear Elements) und **SINE** (Short Interspearsed Nuclear Elements) unterteilt. Die häufigste Untergruppe der SINE-Elemente sind die **Alu-Sequenzen,** die eine Schnittstelle für das Restriktionsenzym AluI enthalten.

Retrotransposons erklären das Vorhandensein von **prozessierten Pseudogenen** ohne Introns. Wegen fehlender Promotor- und Enhancer-Sequenzen werden diese jedoch kaum exprimiert.

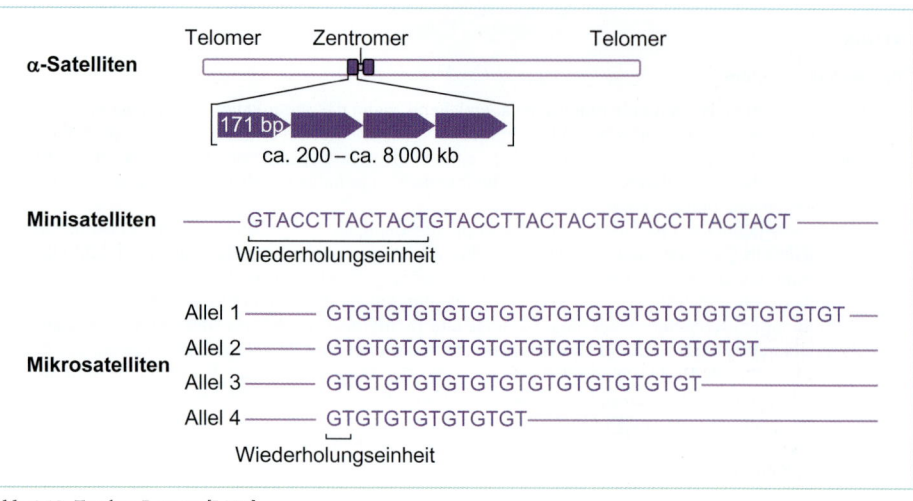

4 VON DER DNA ZUR RNA: SPEICHERUNG UND AUSLESEN VON INFORMATION

Abb. 4.13 Tandem Repeats [L271]

Auch wenn die Sequenz der Wiederholungseinheit zwischen verschiedenen Individuen i. d. R. gleich ist, entspricht die **Anzahl der Wiederholungen** einem starken und häufigen **Polymorphismus** (= Variable Number of Tandem Repeats, VNTR). Deshalb eignet sich Satelliten-DNA, insbesondere die Mikrosatelliten-DNA, zur Identifizierung von Personen durch den **genetischen Fingerabdruck** (> 15.7).

Interspersed Repeats

Die meisten repetitiven DNA-Elemente im menschlichen Genom sind Interspersed Repeats und stammen von sog. mobilen genetischen Elementen, entweder von (DNA-)Transposons oder von RNA-basierten Retrotransposons ab. Teile von **DNA-Transposons** codieren für bestimmte Enzyme wie die **Transposase** oder **Integrase,** die das Transposon aus der DNA ausschneiden und an einer anderen Stelle im Genom wieder einfügen können (engl. cut-and-paste mechanism). Oft sind Transposons im Lauf der Evolution durch Mutationen inaktiviert geworden, können aber anhand ihrer Sequenz immer noch als solche erkannt werden. Etwa **3% des Humangenoms,** also ähnlich viel wie die klassischen Gene, bestehen aus Überresten von DNA-Transposons.

Retrotransposons codieren eine Endonuklease, eine **reverse Transkriptase,** eine **Integrase** und zum Teil auch noch andere Proteine. Sie enthalten auch regulatorische DNA-Elemente wie Promotoren und sind oft von einer bestimmten Sequenz flankiert (engl. terminal repeat = Wiederholungen am Ende). Die zelluläre RNA-Polymerase II transkribiert das Retrotransposon in eine RNA-Kopie und deren proteincodierende Regionen werden translatiert. Die dadurch gebildete reverse Transkriptase schreibt die RNA-Kopie in eine DNA-Kopie um, die mithilfe der Endonuklease und Integrase an einer neuen Stelle im Genom wieder integriert werden kann (> Abb. 4.14). Da die ursprüngliche Retrotransposon-Kopie im Genom verbleibt und die neue Kopie an anderer Stelle eingefügt wird, kommt es durch diesen **Replikationsmechanismus** (Retrotransposition) zu einer Vermehrung der Kopienzahl (engl. copy-and-paste mechanism).

Das erklärt, warum das Genom im evolutiven Zeitmaßstab mit Retrotransposons immer mehr „zugemüllt" wird und diese heute **ca. 45% des Humangenoms** ausmachen (> Abb. 4.15). Retrotransposons können in mehrere Gruppen wie die LTR-Retrotransposons (engl. long terminal repeat), die LINE (engl. long interspersed nuclear elements) und SINE (engl. short interspersed nuclear elements) unterteilt werden. **LINE** wie die L1-Retrotransposons sind ursprünglich **autonome Retrotransposons** von ca. 6 000 bp Länge, die Gene codieren, die für ihre Retrotransposition nötig sind. Die meisten von ihnen sind aber durch Mutationen inaktiviert und auf bis zu 500 bp verkürzt. **SINE** sind die häufigsten Interspersed Repeats im Humangenom und kommen im Mittel alle 3 000 bp vor. Sie sind ca. 100–300 bp lang und nicht autonom, da sie auf die Genprodukte der LINE für ihre Retrotransposition angewiesen sind. Die häufigste Untergruppe der SINE und damit das häufigste repetitive Element im Humangenom sind die **Alu-Elemente,** die nach einer in ihnen enthaltenen Erkennungssequenz für das Restriktionsenzym AluI benannt und wahrscheinlich mit der 7SL-scRNA verwandt sind.

Retrotransposons entsprechen im Prinzip einem **Retrovirus,** das die Zelle nicht verlassen kann. Es ist unklar, ob Retrotransposons „gestrandete Retroviren" sind oder Retroviren aus Retrotransposons entstanden, die gelernt haben, die Zelle zu verlassen und in andere Zellen einzudringen.

Mithilfe der durch Retrotransposons erzeugten reversen Transkriptase lässt sich auch die Entstehung von **prozessierten Pseudogenen** erklären. Sie entsprechen proteincodierenden Regionen **ohne Introns.** Wenn eine reverse Transkriptase eine mRNA in DNA umschreibt und diese ins Genom integriert wird, entsteht ein DNA-Abschnitt ohne Introns, der für dasselbe Protein wie das ursprüngliche Gen codiert. Allerdings **fehlen Promotor- und Enhancer-Sequenzen,** sodass die Pseudogene meist nicht oder kaum exprimiert werden und deren Sequenzen sich schneller evolutionär verändern als die ursprünglichen proteincodierenden Gene. Im Humangenom gibt es ca. 15 000 Pseudogene.

4.4 DAS MENSCHLICHE GENOM

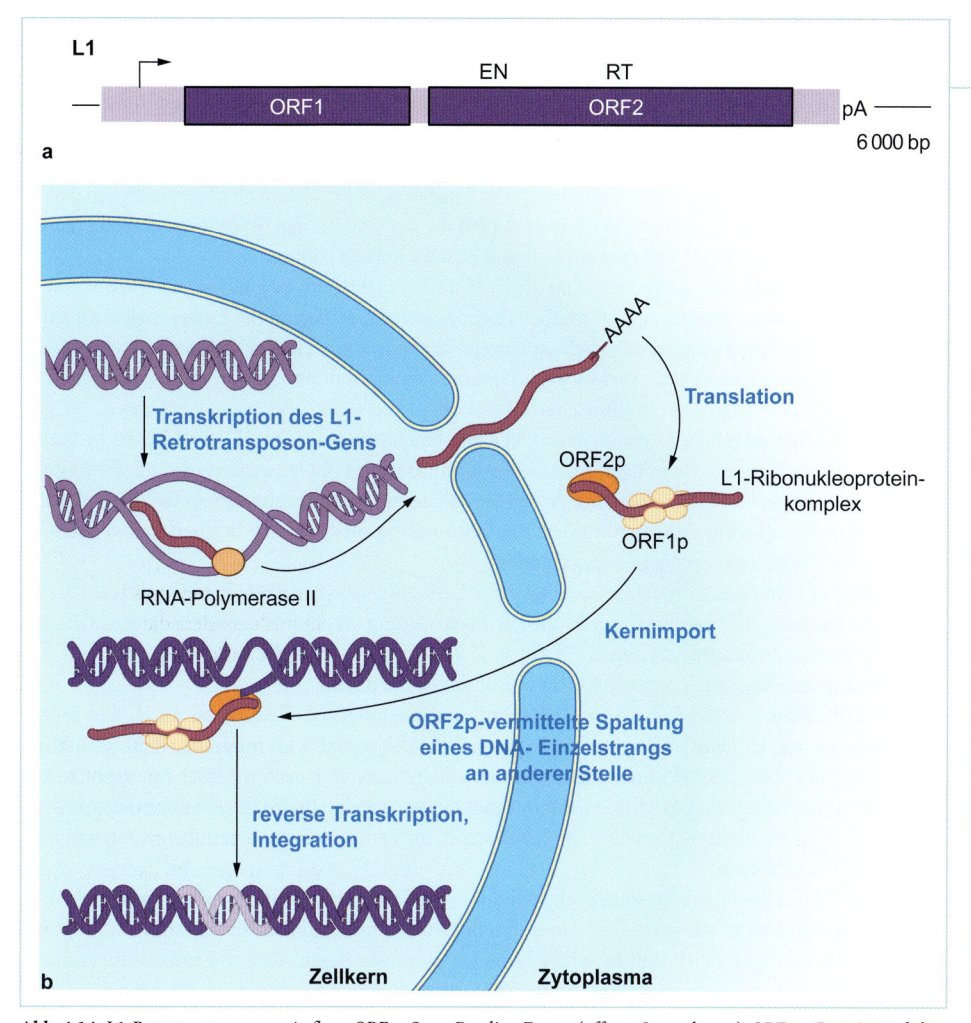

Abb. 4.14 L1-Retrotransposons. **a** Aufbau. ORF = Open Reading Frame (offener Leserahmen), ORFp = Proteinprodukt des ORF, EN = Endonuklease, RT = reverse Transkriptase, pA = Poly-A-Ende. **b** Replikationszyklus. [L138]

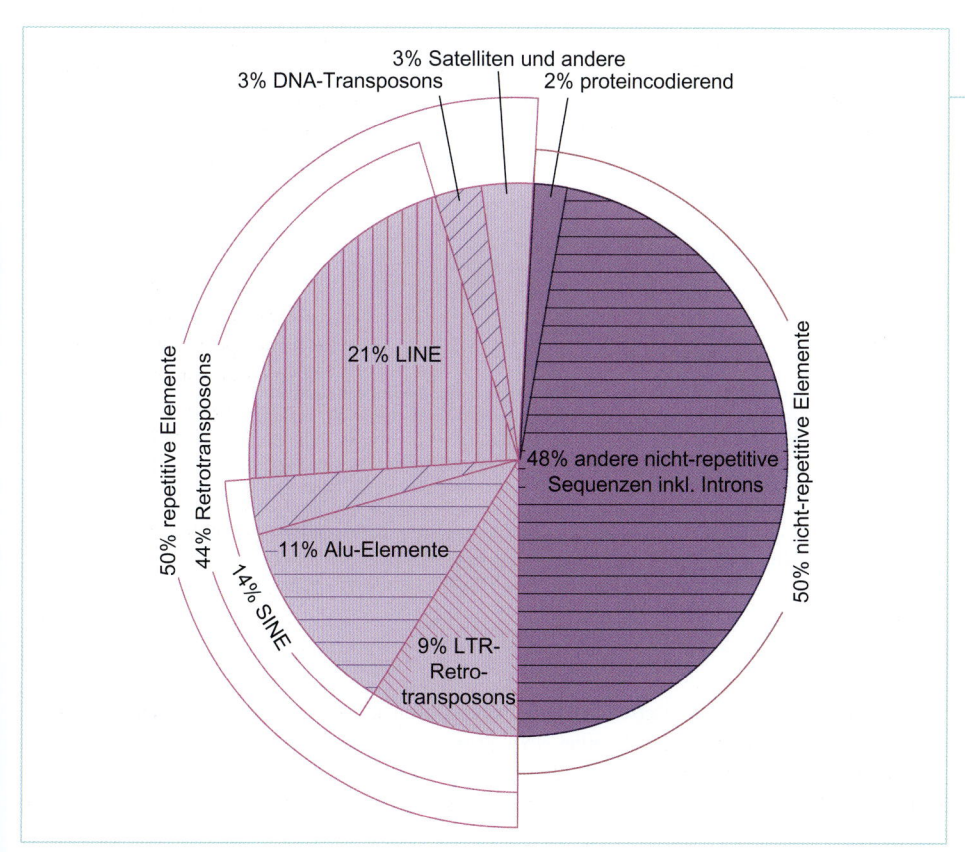

Abb. 4.15 Bestandteile des humanen Genoms [L138]

4 VON DER DNA ZUR RNA: SPEICHERUNG UND AUSLESEN VON INFORMATION

Evolutionäre Bedeutung repetitiver Elemente

Aus Studentensicht

Evolutionäre Bedeutung repetitiver Elemente
Die meisten transponierbaren Elemente sind durch Mutation **inaktiviert.** Es gibt aber auch noch Elemente, die insbesondere während der Embryonalentwicklung mobil sind. Möglicherweise tragen sie zur Durchmischung des Genoms im Rahmen der **Evolution** bei.
Die Bildung von Heterochromatin, RNAi und RNA-Editing wird als **Verteidigungsmechanismen** gegen zu viele Retrotransposons diskutiert, die das Genom destabilisieren würden.

Das gehäufte Vorkommen von Retrotransposons, anderen repetitiven Elementen und nicht-codierenden Abschnitten in eukaryotischen Genomen führt zu der Frage nach ihrer **Funktion.** In diesem Zusammenhang wurde der Begriff der Junk-DNA (engl. junk = Schrott, Trödel) geprägt. Im Gegensatz zu Trash (engl. = Müll) bezeichnet Junk etwas, das sich mit der Zeit auf dem Dachboden oder in der Garage angesammelt hat und vielleicht noch gebraucht wird oder wozu es noch keine Zeit oder Notwendigkeit gab, es endgültig wegzuwerfen. Diese Metapher beschreibt gut die Bedeutung eines Teils des nicht-codierenden Genoms, das durchaus funktionell relevant war oder ist oder werden könnte.

Die meisten transponierbaren Elemente sind durch Mutation inaktiviert. Es gibt aber nach wie vor auch **funktionelle Retrotransposons,** die vermutlich in der Keimbahn zu Beginn der Embryonalentwicklung oder während der Zelldifferenzierung noch „springen" können. Wie oft das im Zeitmaßstab eines Menschenlebens geschieht, ist unklar. Aber im evolutionären Zeitmaßstab sind Retrotransposons hoch aktiv und können ihr **Wirts-Genom durchmischen.** Da auf diese Weise schneller mehr Variation im Genom entsteht, an der die natürliche Selektion angreifen kann, beschleunigen sie möglicherweise die Evolution des menschlichen Genoms. So bringen manche Retrotransposons beispielsweise eigene Regulationselemente wie Enhancer oder Promotoren mit. Wenn ein solches Retrotransposon vor ein Gen springt, kann dieses Gen anders als vorher reguliert werden. Ein Retrotransposon kann auch in einen codierenden Bereich springen und diesen zerstören oder verändern.

Zu viele Retrotransposons würden die Stabilität eines Genoms gefährden, weshalb vermutlich auf Mutationen und Mechanismen selektiert wurde, die zur Inaktivierung der Retrotransposons führten. Die Bildung von **Heterochromatin,** aber auch RNAi (➤ 15.11) und RNA-Editing (➤ 4.5.4) könnte daher als **Verteidigungsmechanismen** gegen Retrotransposons entstanden sein.

Durch **repetitive Elemente** entstehen Rekombinationsmöglichkeiten, die einerseits die **Evolution** ermöglichen, andererseits aber auch Auslöser für **Krankheiten** sein können.
Dazu passt, dass viele intrazelluläre Moleküle einen **modularen Aufbau** aus Domänen haben, der sich für homologe Rekombination und Variation eignet.

Repetitive Elemente erhöhen außerdem die **Rekombinationsmöglichkeiten,** da sie durch ihre immer gleichen Sequenzen an vielen Stellen im Genom potenzielle Ansatzpunkte für **homologe Rekombination** bieten und damit einerseits **Evolution** ermöglichen, andererseits aber auch Auslöser für **Krankheiten** sein können. Die Allele einer ganzen Reihe von Krankheiten, wie der Tay-Sachs-Krankheit, Muskeldystrophie Duchenne, α-Thalassämie oder Hypercholesterinämie, entstanden wohl durch Rekombinationen zwischen **Alu-Elementen.**

Diese zahlreichen Rekombinationsmöglichkeiten durch im Genom verstreute repetitive Elemente erklären wahrscheinlich auch, warum die auf den ersten Blick umständliche Exon-Intron-Organisation eukaryotischer Gene erfolgreich ist. Falls repetitive Elemente in Introns liegen, können **Exons** als funktionelle **Module** im Genom „herumgereicht" und zu neuen Proteinsequenzen zusammengesetzt werden (= Exon Shuffling) (➤ 10.3.2). Vermutlich zeigen deshalb die Moleküle und Prozesse in der Zelle einen ausgeprägten **modularen Aufbau.** So sind z. B. Proteine aus funktionellen Modulen, den **Domänen,** aufgebaut. Auch Stoffwechselwege sind aus immer wiederkehrenden funktionellen Modulen, wie Kinasen, Dehydrogenasen oder Isomerasen, in jeweils neuem Kontext zusammengesetzt. Die genetische Information, die diesen modularen Aufbau codiert, ist dementsprechend auch modular aufgebaut und im Laufe der Evolution werden die Module **variiert** und **neu kombiniert.**

4.5 Genexpression

4.5.1 Vom Genotyp zum Phänotyp

4.5 Genexpression

4.5.1 Vom Genotyp zum Phänotyp

> **FALL**
>
> **Herr Karg und die Stockschwämmchen**
>
> Sie haben Dienst in der Notaufnahme, als Herr Karg von seiner Frau gebracht wird. Er muss heftigst erbrechen und hat Durchfall. Sie vermuten zunächst eine Noro-Virus-Infektion, von der Sie in diesem Winter schon einige hatten. Am nächsten Tag geht es Herrn Karg schon besser. Beim Blutabnehmen kommen Sie mit ihm ins Gespräch und er erzählt, dass er ein leidenschaftlicher Pilzsammler ist und sich am Abend vor der Einlieferung noch die im Herbst eingefrorenen Pilze gegönnt habe. „Könnten darunter Knollenblätterpilze gewesen sein und Ihr Erbrechen beruht auf einer Pilzvergiftung?", fragen Sie. Herr Karg beruhigt Sie, er sammle seit Jahren Pilze und verwechsle nun wirklich niemals einen Champignon mit einem Knollenblätterpilz. Außerdem habe er nur Stockschwämmchen gegessen. Um zwischen einem Magen-Darm-Infekt und einer Pilzvergiftung unterscheiden zu können, lassen Sie die Leberwerte im Blut von Herrn Karg bestimmen und nehmen eine Urinprobe.
> Wie führt eine Pilzvergiftung zu einer Leberschädigung?

Die **Genexpression** umfasst Transkription, RNA-Prozessierung, Translation, posttranslationale Modifikation, Zielsteuerung und Abbau der Genprodukte. Die Konzentration der funktionellen RNAs und Proteine in der Zelle wird durch den resultierenden **Turnover** bestimmt.
Viele RNA-Moleküle werden nicht weiter translatiert, sondern haben als **untranslatierte RNA** selbst eine Funktion.
DNA-Replikation und -Reparatur zählen nicht zur Genexpression.

Die **Genexpression** ist das Umsetzen der genetischen Information in einen Phänotyp. Dabei wird die **Information der DNA** durch Transkription, RNA-Prozessierung, Translation, posttranslationale Prozessierung und Zielsteuerung für die Synthese von **funktionellen Genprodukten** wie Proteinen und RNAs genutzt (➤ Abb. 4.16). Genexpression ist also nicht immer gleichbedeutend mit Proteinsynthese, auch deshalb, weil viele RNAs nie in Protein übersetzt werden, sondern ihre Funktion als **untranslatierte, nicht codierende RNAs** (ncRNAs) ausüben. Die Menge der RNAs und Proteine in einer Zelle wird nicht nur durch den Auf-, sondern auch durch den Abbau der Genprodukte bestimmt. Deshalb gehören auch

4.5 GENEXPRESSION

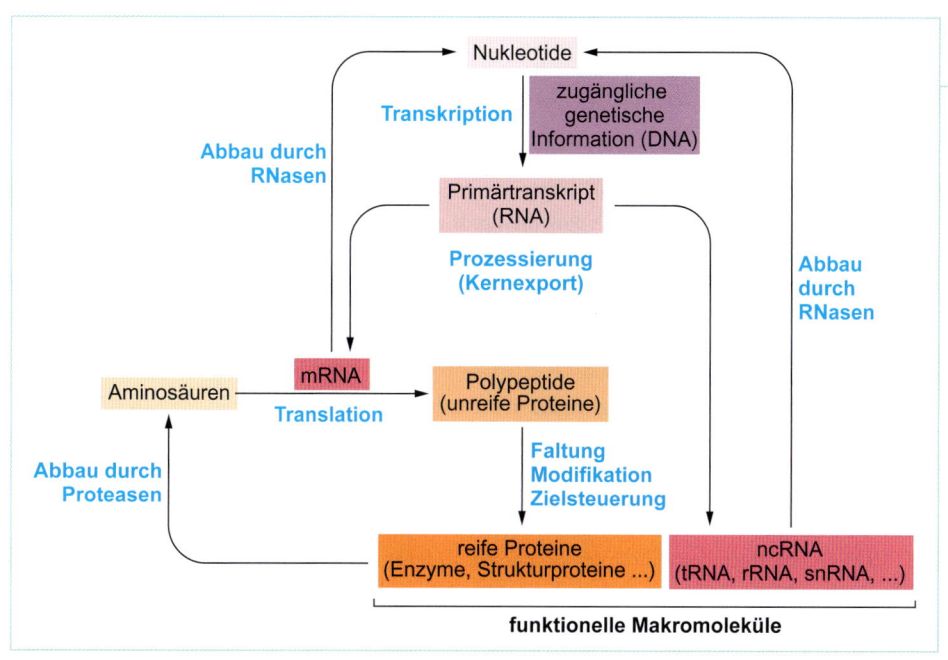

Abb. 4.16 Genexpression [L253]

der **Abbau** von RNA-Molekülen durch RNA-spezifische **Nukleasen** (RNasen) und der Proteinabbau durch **Proteasen** zur Genexpression. Selbst einer konstanten Konzentration von Genprodukten der Zelle liegt ein stetiger **Turnover** der Genprodukte zugrunde. Nicht zur Genexpression zählen die Synthese von **DNA** durch Replikation und die DNA-Reparatur.

> **Assimilation**
> Zellen verwenden Makromoleküle aus der Nahrung wie DNA, RNA oder Proteine nicht direkt, sondern bauen sie zu den monomeren Bausteinen ab. Im Zuge der Genexpression werden aus den dadurch gewonnenen oder aus selbst synthetisierten Bausteinen **zelleigene** Makromoleküle **aufgebaut**. Dieser Umbau von fremden in eigene Moleküle heißt **Assimilation** und ist ein Charakteristikum von Lebewesen. Auch Stoffwechselprozesse sind an der Assimilation beteiligt. So wird CO_2 durch pflanzliche Fotosynthese in Zuckermolekülen fixiert oder Glukose aus Stärke wird in der Leber zur Synthese von Glykogen verwendet.

Alle Schritte der Genexpression können reguliert werden und entscheiden darüber, wann wie viele RNA- und Protein-Moleküle am richtigen Einsatzort für zelluläre Prozesse zur Verfügung stehen. Das **Zusammenspiel** von **genetischer Information** der DNA, **epigenetischer Information** wie der Chromatinstruktur und **externen Signalen** wie Hormonen oder Umwelteinflüssen bedingt die regulierte Genexpression, also den Zeitpunkt, wann welche Genprodukte in einer Zelle gebildet oder abgebaut werden. Die DNA bestimmt die biologische Art und das Individuum, zu dem eine Zelle gehört. Epigenetische Unterschiede und Umwelteinflüsse führen zur Entstehung unterschiedlicher Zelltypen wie Leber- oder Nervenzellen in einem Individuum und auch zur Anpassung einer Zelle an die aktuelle Situation, also z. B. ob sie sich gerade teilt oder Glukose aufnimmt. Somit ist die Genexpression die Grundlage für die **Identität** und die **Eigenschaften,** also den **Phänotyp** einer **Zelle.** Umgekehrt beeinflussen Zellidentität und -eigenschaften aber auch die Genexpression, sodass **rückgekoppelte** Regelsysteme entstehen, die Signale verstärken oder Zustände stabilisieren (= Homöostase).

4.5.2 Transkription

Transkription ist die **Neusynthese einer RNA** komplementär zu einer **DNA-Matrize.** Sie wird von DNA-abhängigen RNA-Polymerasen (**RNA-Polymerase;** Transkriptase > Tab. 4.2) katalysiert und findet im **Zellkern** und in **Mitochondrien** statt. Im menschlichen Zellkern gibt es drei RNA-Polymerase-Typen, die durch die römischen Ziffern I, II und III unterschieden werden. Die Transkription der mitochondrialen DNA wird durch eine eigene mitochondriale RNA-Polymerase katalysiert, die eng mit der prokaryotischen RNA-Polymerase verwandt ist.

Tab. 4.3 RNA-Polymerasen und von ihnen transkribierte RNAs

RNA-Polymerase-Typ	RNA-Typen
RNA-Polymerase I	rRNA
RNA-Polymerase II	mRNA, snRNA, snoRNA, miRNA, lncRNA
RNA-Polymerase III	tRNA, rRNA, snRNA, snoRNA

Aus Studentensicht

ABB. 4.16

Zellidentität und **-eigenschaften** ergeben sich aus der regulierten Genexpression im **Zusammenspiel** von genetischer Information (DNA), epigenetischer Information (Chromatin und andere Faktoren) und Umwelteinflüssen.

4.5.2 Transkription

Transkription ist die Neusynthese von RNA komplementär zu einer DNA-Matrize. Sie wird im Zellkern und in den Mitochondrien durch DNA-abhängige **RNA-Polymerasen** katalysiert.

TAB. 4.3

Aus Studentensicht

RNA-Typen

Unterschieden werden **translatierte RNA,** die als Matrize für Proteine dient, und **untranslatierte RNA,** die selbst funktionell ist.
- Die Primärtranskripte der **mRNA** (Messenger-RNA) werden von der RNA-Polymerase II zelltypspezifisch synthetisiert und codieren für Proteine.
- **rRNA** (ribosomale RNA) stellt den größten Anteil der zellulären RNA und ist Teil der Ribosomen. Die 28S-, 18S- und 5,8S-rRNAs werden im Nukleolus durch die RNA-Polymerase I synthetisiert.
- **tRNA** (Transfer-RNA) wird durch die RNA-Polymerase III synthetisiert und vermittelt die Übersetzung der mRNA- in die Aminosäuresequenz während der Proteinsynthese.
- **snRNAs** (Small Nuclear RNAs) sind Teil des Spleißosoms.
- **scRNA** (Small Cytosolic RNA) ist z. B. im Signal Recognition Particle am ER-Import von Proteinen beteiligt.
- **snoRNA** (Small Nucleolar RNA) ist an der snRNA- und rRNA-Prozessierung beteiligt.

Es gibt noch eine Vielzahl weiterer ncRNAs (nicht-codierender RNA), deren Funktionen oft noch unklar sind.

4 VON DER DNA ZUR RNA: SPEICHERUNG UND AUSLESEN VON INFORMATION

RNA-Typen

RNAs (> Tab. 4.3) werden danach unterteilt, ob sie translatiert werden, also für Proteine bzw. Peptide **codieren** (= **mRNAs**), oder nicht (= untranslatierte bzw. **nicht-codierende RNA,** ncRNA).

Messenger-RNA (mRNA)

Die Primärtranskripte, aus denen durch RNA-Prozessierung die mRNAs entstehen (= **Prä-mRNAs),** werden **zelltypspezifisch** von der **RNA-Polymerase II** synthetisiert. mRNAs bilden die Matrizen für die Translation. In der Zelle werden mRNAs für viele unterschiedliche Gene gebildet, liegen aber jeweils meist nur in geringer Kopienzahl vor. Die **Länge** der Prä-mRNAs **variiert** sehr stark, bewegt sich aber im Mittel in der Größenordnung von mehreren 10 000 Nukleotiden.

Ribosomale RNA (rRNA)

75–80 % der zellulären RNA-Masse stellen die ribosomalen RNAs (rRNAs). Es gibt vier rRNA-Typen, die 28S-, 18S-, 5,8S- und 5S-rRNA mit einer Länge von ca. 120–5 000 Nukleotiden. Die meisten rRNAs werden **konstitutiv** (= immer) und **ubiquitär** (= in praktisch allen Zellen) im **Nukleolus** (Kernkörperchen) von der **RNA-Polymerase I** synthetisiert. Nur die 5S-rRNA wird außerhalb des Nukleolus von der RNA-Polymerase III transkribiert.

Die rRNAs sind die Hauptbestandteile der Ribosomen, an denen die Proteine der Zelle synthetisiert werden. Da die Proteinsynthese zentrale Bedeutung für den gesamten zellulären Turnover hat, muss sehr viel rRNA produziert werden. Die DNA-Matrize für die rRNA, die **rDNA,** liegt deshalb im Genom in **hoher Kopienzahl** vor, sodass viele rRNA-Moleküle gleichzeitig synthetisiert werden können. Der Nukleolus bildet im Zellkern eine eigene, bei geeigneter Färbung schon im Lichtmikroskop sichtbare Struktur mit den höchsten Transkriptionsraten und der höchsten Dichte an Transkriptionsfaktoren, RNA-Polymerasen und RNAs.

Transfer-RNA (tRNA)

Der mit ca. 15 % der zellulären RNA-Masse zweithäufigste RNA-Typ ist die Transfer-RNA **(tRNA),** die ebenfalls an der Proteinsynthese beteiligt ist (> 5.2.1). Es gibt in menschlichen Zellen 49 verschiedene tRNA-Typen, die durch die **RNA-Polymerase III** auch von jeweils mehreren Genkopien **ubiquitär** und **konstitutiv** synthetisiert werden, sowie weitere tRNAs in den Mitochondrien. tRNAs sind mit 74–95 Nukleotiden relativ **kurz.**

Small Nuclear RNA (snRNA)

Circa fünf Haupt- und etliche Subtypen der snRNAs mit Längen zwischen ca. 150 und 1 200 Nukleotiden bilden das **Spleißosom.** Sie werden von den RNA-Polymerasen II oder III zum Teil ubiquitär und zum Teil zelltypspezifisch exprimiert.

Small Cytosolic RNA (scRNA)

scRNAs, wie die ca. 300 Nukleotide lange 7SL-RNA, die Teil des Signal Recognition Particle (SRP) ist, das am Proteinimport in das endoplasmatische Retikulum mitwirkt, sind im Zytoplasma aktiv.

Small Nucleolar RNA (snoRNA)

Die snoRNAs in menschlichen Zellen sind ca. 60–170 Nukleotide lang, RNA-Polymerase-II-Produkte und regulieren v. a. die kovalenten RNA-Modifikationen im Rahmen der **snRNA und rRNA-Prozessierung.**

Neue Vielfalt der nicht-codierenden RNAs

Eine große Überraschung der letzten Jahre ist die Entdeckung weiterer nicht-codierender RNAs, die in erster Linie Transkripte der RNA-Polymerase II sind. Es scheint, als ob fast jede Stelle im Genom irgendwann in irgendeiner Zelle transkribiert wird. Die **Funktionen** dieser ncRNAs sind häufig noch **unklar.**

In erster Linie **regulatorisch** sind die Mikro-RNAs **(miRNAs),** die wenig mehr als 20 Nukleotide lang und oft komplementär zu mRNA-Abschnitten sind. Durch Bindung an diese mRNAs können sie deren Translation regulieren. Ebenfalls regulatorisch wirken zumindest manche der mehr als 200 und oft mehrere 1000 Nukleotide langen Long Non-Coding RNAs (lange nicht-codierende RNAs, **lncRNAs**). Die Xist-RNA, die wesentlich daran beteiligt ist, in weiblichen Zellen das zweite X-Chromosom stillzulegen, ist eine lncRNA (> 13.1.3). Die meisten von ca. 16 000 lncRNAs sind aber noch unverstanden.

Viele der neu entdeckten ncRNAs werden in der **Antisense-Richtung** zu klassischen Transkripten synthetisiert und deshalb als **Antisense-RNA (asRNA)** zusammengefasst. Manche von ihnen haben eventuell ebenfalls regulatorische Funktion, zum Teil allein dadurch, dass ihre Transkription die Transkription in der anderen Richtung stört (= Transcriptional Interference). Generell ist vielleicht bei vielen ncRNAs nicht das RNA-Produkt, sondern der **Transkriptionsprozess an sich** wichtig, der zusammen mit der RNA-Polymerase viele Co-Faktoren zur entsprechenden Genomregion bringt und dadurch z. B. die Chromatinstruktur verändert. Ein Beispiel dafür könnten die **Enhancer-RNAs (eRNAs)** sein, die aus der Transkription von Enhancer-Regionen entstehen. Viele ncRNAs könnten aber auch als nicht funktionelle Nebenprodukte entstehen, wenn Genomregionen mit potenziellen Promotorsequenzen eine zugängliche Chromatinstruktur haben. Es ist insgesamt noch unklar, welche der neu entdeckten ncRNAs funktionell sind und welche eher einem „Rauschen im System" entsprechen.

4.5 GENEXPRESSION

Ablauf der Transkription
Der Ablauf der Transkription wird unterteilt in:
1. **Initiation:** Binden der RNA-Polymerase, Öffnen der DNA-Doppelhelix und Festlegen des Transkriptionsstarts
2. **Elongation:** Synthese der RNA
3. **Termination:** Beendigung der Transkription

Initiation
Lange Regionen von mitunter über 100 000 zusammenhängenden DNA-Basenpaaren werden in RNA umgeschrieben. Zu jeder dieser transkribierten Regionen gehört ein regulatorischer DNA-Abschnitt, der **Promotor**, der überwiegend vor dem Transkriptionsstart liegt, an den die RNA-Polymerase bindet und der für die Regulation der Transkription wichtig ist (> Abb. 4.17).

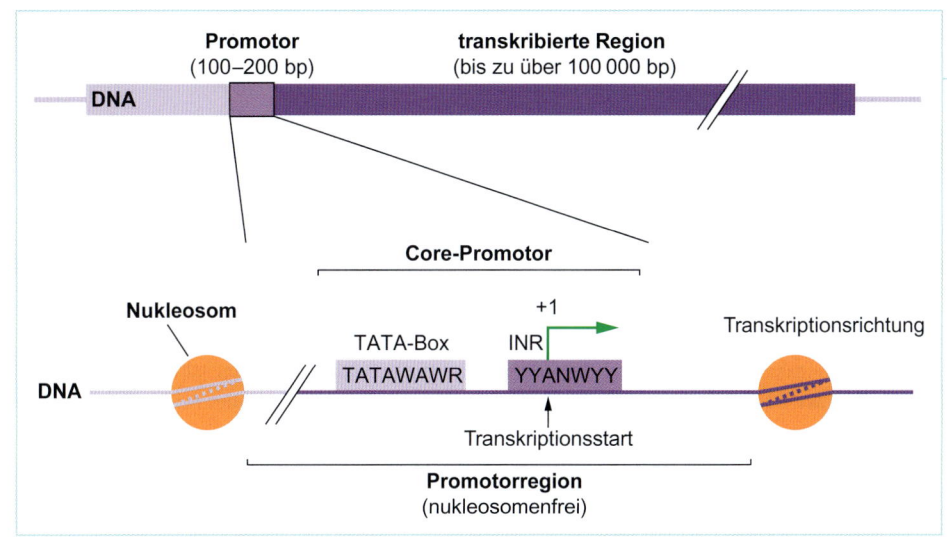

Abb. 4.17 Promotor [L299]

Promotoren: Lande- und Startplätze für RNA-Polymerasen
Promotoren sind **DNA-Abschnitte** von ca. 100–200 Basenpaaren Länge. Ihre DNA-Sequenz enthält die Information, dass hier Transkription beginnen kann, d.h., sie bilden **Landeplätze** für die **RNA-Polymerasen**. Die RNA-Polymerasen allein binden nur schlecht oder gar nicht an die Promotoren. Die **allgemeinen Transkriptionsfaktoren** (generelle Transkriptionsfaktoren) erkennen einen Teil des Promotors, den Core-Promotor (engl. = Kern-Promotor, „Herzstück des Promotors") und rekrutieren die RNA-Polymerasen dorthin. Allgemeine Transkriptionsfaktoren kommen in allen kernhaltigen Zellen vor und werden immer für die Transkription benötigt. Jeder RNA-Polymerase-Typ benötigt **eigene allgemeine Transkriptionsfaktoren**, manche Faktoren werden aber auch von mehreren RNA-Polymerase-Typen benutzt. Zur Unterscheidung werden die allgemeinen Transkriptionsfaktoren durch Nachstellen der römischen RNA-Polymerase-Nummer und eines Buchstabens bezeichnet. So steht die Abkürzung **TFIID** für „allgemeiner **T**ranskriptions**f**aktor der RNA-Polymerase **II** mit der Bezeichnung **D**". Im Gegensatz zur RNA-Polymerase, die jede DNA-Sequenz transkribieren kann, also sequenzunspezifisch an DNA bindet, erkennen allgemeine Transkriptionsfaktoren die Core-Promotoren durch **spezifische Bindung** an bestimmte **Sequenzmotive**.
Ein Beispiel für ein Sequenzmotiv in einem Core-Promotor ist die **TATA-Box** mit der Konsensus-Sequenz TATAWAWR, wobei „W" für „A" oder „T" (engl. weak = schwach, nur zwei Wasserstoffbrücken) und „R" für „A" oder „G" (Pu**r**ine) steht. Sequenzen, die immer wieder gleich oder ähnlich an verschiedenen Stellen, aber im gleichen funktionellen Kontext vorkommen, heißen **Konsensus-Sequenzen** und werden oft als Kästen dargestellt. Daher die Bezeichnung „Box". Konsensus-Sequenzen können je nach Gen-Locus exakt gleich oder, wie bei der TATA-Box, mit Variationen auftreten. Nur ca. 10% der menschlichen Core-Promotoren haben eine TATA-Box, aber bei etwa 45% kommen andere Sequenzmotive vor, wie das Initiator-Element (INR) mit der Konsensus-Sequenz YYANWYY (Y = T oder C [P**y**rimidine], N = A, T, G oder C). Die Bedeutung von weitere Sequenzmotiven, die zunächst v.a. in anderen Organismen wie der Taufliege *Drosophila melanogaster* identifiziert wurden, ist für menschliche Promotoren noch unklar.

Präinitiationskomplex und Bildung der Transkriptionsblase
Die Initiation der Transkription ist am besten für die RNA-Polymerase II untersucht, verläuft aber für die beiden anderen RNA-Polymerasen im Zellkern vermutlich ähnlich. Wahrscheinlich wird die doppelsträngige Core-Promotor-DNA als Erstes durch den allgemeinen Transkriptionsfaktor **TFIID** erkannt und gebunden (> Abb. 4.18). TFIID ist ein Komplex aus vielen Proteinuntereinheiten, der auch das **TATA-Box-Bindeprotein** (TBP) enthält, das sequenzspezifisch an die TATA-Box bindet. Core-Promotoren mit anderen Sequenzen werden eventuell anders erkannt.

Aus Studentensicht

Ablauf der Transkription
Die **Transkription** wird unterteilt in:
- Initiation
- Elongation
- Termination

Initiation

ABB. 4.17

Promotoren sind regulatorische DNA-Abschnitte für die **Positionierung der RNA-Polymerasen** beim Transkriptionsstart.
Dabei binden **allgemeine Transkriptionsfaktoren** spezifisch an Core-Promotor-Sequenzen und rekrutieren anschließend die Polymerase. Diese werden immer für die Transkription benötigt und kommen in allen kernhaltigen Zellen vor.
Eine klassische Konsensus-Sequenz, die in ähnlicher Basenabfolge in Core-Promotoren vorkommt, ist die **TATA-Box**.

Für die **RNA-Polymerase II** bindet zunächst **TFIID** an den Core-Promotor. TFIID ist ein Komplex, der das **TATA-Box-Bindeprotein** enthält und darüber sequenzspezifisch an die TATA Box bindet. Zusammen mit TFIIA und TFIIB wird die Polymerase rekrutiert. Nach Binden von TFIIF, E und H ist der Präinitiationskomplex komplett an den meist noch der Mediatorkomplex bindet.

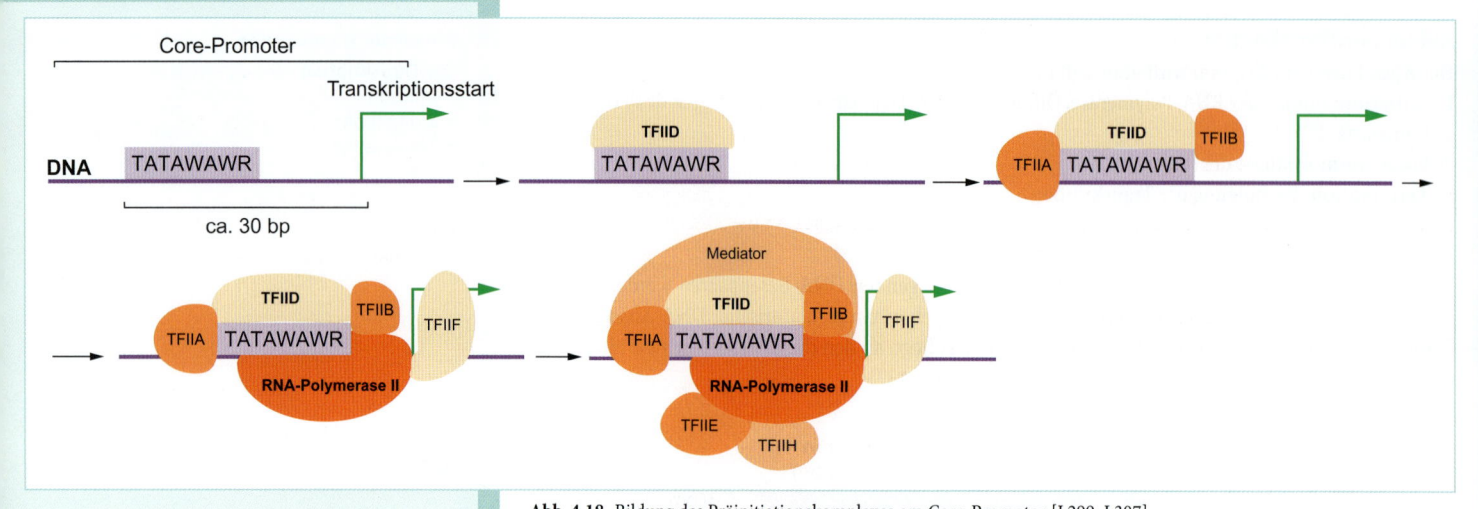

Aus Studentensicht

Abb. 4.18 Bildung des Präinitiationskomplexes am Core-Promotor [L299, L307]

Anschließend lagern sich **TFIIA** und **TFIIB** an die durch TFIID markierte Stelle im Core-Promotor an. Alle drei allgemeinen Transkriptionsfaktoren rekrutieren gemeinsam die **RNA-Polymerase II,** wobei TFIIB vermutlich den größten Beitrag leistet. Die RNA-Polymerase II ist, wie auch die anderen RNA-Polymerasen, eine große molekulare Maschine aus vielen Untereinheiten (= RNA-Polymerase-Holoenzym). Zusätzlich an den **TFIIF, TFIIE** und **TFIIH,** sodass der **Präinitiationskomplex** entsteht. An diesen bindet meist noch der sog. **Mediatorkomplex.** Insgesamt sind über 75 Proteine an der Präinitiation der Transkription beteiligt.

Im Präinitiationskomplex wird die RNA-Polymerase am Core-Promotor festgehalten und durch die Asymmetrie der DNA-Sequenz so **positioniert,** dass bestimmt wird, welcher der beiden DNA-Stränge der **Matrizenstrang** sein wird. Da die neue RNA gemäß komplementärer Basenpaarung entlang der DNA-Matrize synthetisiert wird, muss die DNA-Matrize im aktiven Zentrum der RNA-Polymerase **einzelsträngig** vorliegen. Deshalb wird die DNA-Doppelhelix über eine Länge von 10–12 Nukleotiden in ihre Einzelstränge aufgetrennt und es kommt zur Bildung der **Transkriptionsblase,** in welcher der Matrizen-

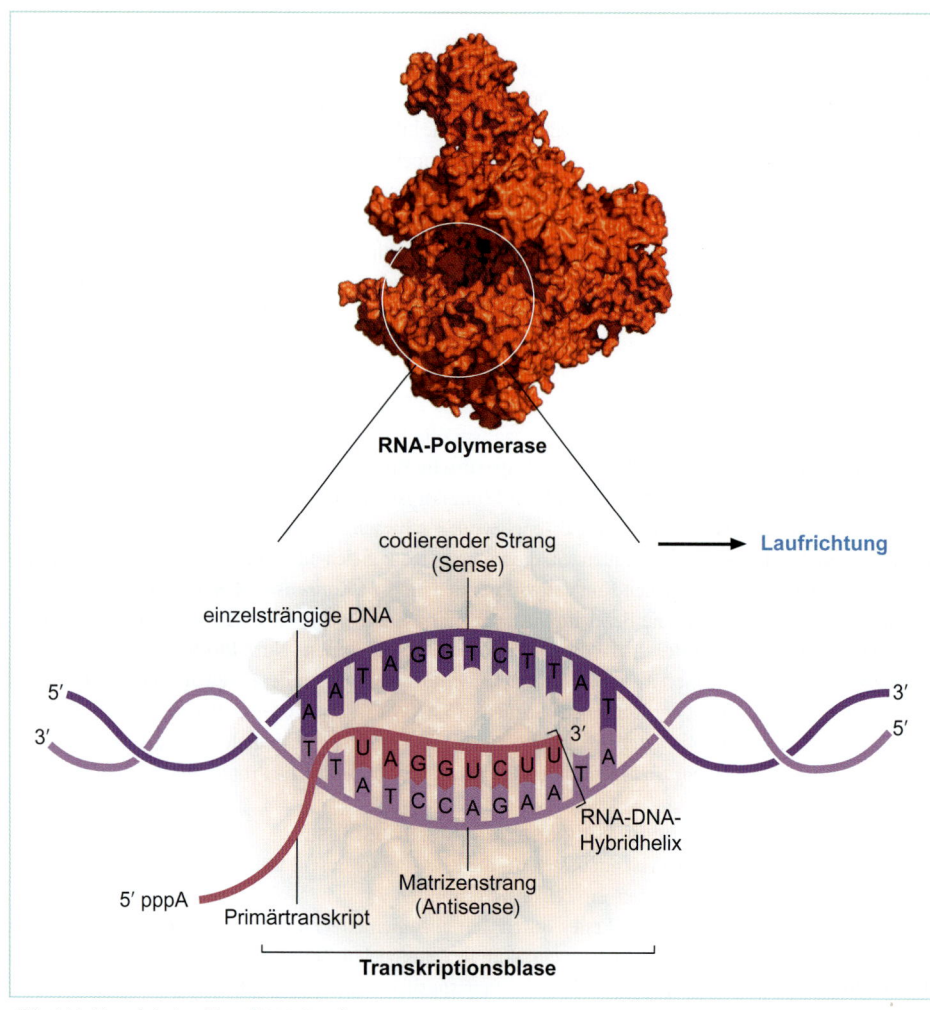

Im **Präinitiationskomplex** wird die RNA-Polymerase so am Core-Promotor positioniert, dass der **Matrizenstrang** definiert wird. Der für die komplementäre Synthese der RNA notwendige **Einzelstrang** entsteht durch die Trennung der Wasserstoffbrücken innerhalb der Transkriptionsblase durch die RNA-Polymerase und eine **Helikase.**

Abb. 4.19 Transkriptionsblase [L299, P414]

4.5 GENEXPRESSION

strang in das aktive Zentrum der RNA-Polymerase gelegt wird, während der andere Strang außen vor bleibt (➤ Abb. 4.19). Zur dafür notwendigen **Helikase-Aktivität** tragen sowohl die Bindung der RNA-Polymerase als auch der ATP-abhängige Transkriptionsfaktor TFIIH bei.

Die Position auf der DNA, an der die RNA-Polymerase mittels komplementärer Basenpaarung das erste Ribonukleotid an den DNA-Matrizenstrang ansetzt, ist die **Transkriptionsstartstelle** (TSS) oder die „+1-Position". Die Transkriptionsstartstelle wird wahrscheinlich durch das Zusammenspiel von TFIIB, der RNA-Polymerase und der DNA-Sequenz in 3'-Richtung des Core-Promotors bestimmt und liegt in menschlichen Zellen relativ einheitlich ca. 30 Nukleotide in 3'-Richtung von der TATA-Box, wenn eine vorhanden ist (➤ Abb. 4.18). RNA-Polymerasen benötigen zwar allgemeine Transkriptionsfaktoren für die Initiation, aber keine Nukleinsäure-Primer. Start- und Stopp-Codon haben Bedeutung bei der Translation, nicht aber bei der Transkription. Insgesamt trägt die DNA-Sequenz am **Core-Promotor** mehrere **Informationen,** die durch die Ausbildung des Präinitiationskomplexes ausgelesen und umgesetzt werden. So wird festgelegt, **wo** und **in welcher Richtung** Transkription stattfindet und **welcher RNA-Polymerase-Typ** zuständig ist. Durch Bindung der jeweils für einen RNA-Polymerase-Typ zuständigen allgemeinen Transkriptionsfaktoren sind Core-Promotoren spezifisch für die RNA-Polymerase I, II oder III. Außerdem bestimmt die Promotor-Sequenz mit, wie leicht oder **oft** sich der Präinitiationskomplex bildet und damit die Transkription stattfindet (= **Promotor-Stärke**). In diesem Zusammenhang spielt die **Chromatinstruktur** eine wesentliche Rolle. Denn nur wenn die DNA auch **zugänglich** und nicht in Nukleosomen verpackt ist, können die allgemeinen Transkriptionsfaktoren die Promotoren binden. Aktiv genutzte Promotoren sind daher i. d. R. **nukleosomenfreie Regionen** (➤ Abb. 4.17), während die Promotoren stillgelegter (reprimierter) Gene in (Hetero-)Chromatin verpackt sind.

Seit Kurzem ist klar, dass die Transkription von Promotoren i. d. R. in beide Richtungen erfolgt (= **bidirektionale Transkription**). Promotorregionen enthalten meist zwei Core-Promotoren, einen für jede Richtung. An jedem Core-Promotor kann ein Präinitiationskomplex assembliert werden, der die jeweilige Transkriptionsrichtung bestimmt. Dennoch gibt es meist ein **bevorzugtes** stabiles **Transkript**, während das Transkript der Gegenrichtung zwar synthetisiert, aber auch sehr schnell wieder abgebaut wird. Faktoren, die sequenzspezifisch an die frisch transkribierte RNA und die RNA-Polymerase binden, vermitteln entweder die RNA-Prozessierung und -Stabilisierung oder den RNA-Abbau und eventuell eine frühe Transkriptionstermination.

Elongation

Beim Übergang von der Initiation zur Elongation bleiben die meisten allgemeinen Transkriptionsfaktoren zurück, Elongationsfaktoren kommen neu hinzu und die RNA-Polymerase wird an bestimmten Stellen phosphoryliert. Dadurch werden das Ablösen der Initiationsfaktoren und Anlagern der Elongationsfaktoren sowie die Bindung von weiteren für die RNA-Prozessierung nötigen Proteinen ermöglicht. Ausgehend von der Transkriptionsstartstelle wandert die RNA-Polymerase in 3' → 5'-Richtung am Matrizenstrang entlang (= Leserichtung) und synthetisiert die RNA durch Einbau der zum Matrizenstrang komplementären Nukleotide in **5' → 3'-Richtung (= Syntheserichtung).** Beim Einbau der Nukleotide wird Energie frei, wodurch die Synthesereaktion **irreversibel** ist und die Bewegung der Polymerase angetrieben wird.

Das weitere Öffnen der DNA-Doppelhelix ist energetisch neutral, da für jedes vor der Polymerase geöffnete DNA-Basenpaar hinter der Polymerase wieder eines geschlossen wird. Die RNA-Polymerase wandert daher in einer **Transkriptionsblase von konstanter Größe** entlang der DNA. Transkribierte Genomregionen bleiben insgesamt in **Nukleosomen** verpackt. Durch einen noch unverstandenen Mechanismus müssen Nukleosomen unmittelbar vor der Transkriptionsblase aber entfernt oder verändert und hinter ihr wieder assembliert werden.

Mechanismus der RNA-Synthese

Die **Bestandteile** der RNA sind die **Ribonukleosidmonophosphate** AMP, GMP, CMP und UMP, die über Phosphorsäurediesterbindungen verknüpft sind (➤ Abb. 4.3). Substrate der RNA-Polymerasen sind – wie bei vielen Biosynthesen – die chemisch aktivierten Bausteine, in diesem Fall die Ribonukleosidtriphosphate ATP, GTP, CTP und UTP (= NTPs). Das aktive Zentrum der RNA-Polymerase katalysiert den nukleophilen Angriff der 3'OH-Gruppe der Ribose der wachsenden RNA auf das α-Phosphor-Atom des neu einzubauenden NTP (➤ Abb. 4.20). Dadurch wird eine energiereiche **Phosphorsäureanhydridbindung gespalten, Pyrophosphat freigesetzt** und eine neue, energieärmere **Phosphorsäureesterbindung geknüpft**. Zusätzlich wird das freigesetzte Pyrophosphat durch die ubiquitär vorhandene Pyrophosphatase hydrolysiert und dem Gleichgewicht entzogen (Pyrophosphatantrieb). Insgesamt werden damit beide energiereichen Phosphorsäureanhydridbindungen des NTP für den Einbau eines Nukleotids in den neu entstehenden RNA-Strang aufgewendet. Die dabei frei werdende Energie treibt die **RNA-Synthese** an und macht sie **irreversibel**. Dieser Reaktionsmechanismus bedingt die **Syntheserichtung** der RNA. In dieser Hinsicht haben alle RNA- und DNA-Polymerasen denselben Reaktionsmechanismus. Alle neuen Nukleinsäurestränge werden grundsätzlich in 5' → 3'-Richtung synthetisiert.

Matrizenstrang und codierender Strang

Die RNA-Polymerase verknüpft RNA-Bausteine gemäß der Vorgabe der einzelsträngigen DNA-Matrize. Dabei ist die neu synthetisierte RNA komplementär und damit antiparallel zur DNA-Matrize. Für ca.

Aus Studentensicht

Die **Transkriptionsstartstelle** ist die Position, an der die RNA-Polymerase am Matrizenstrang ansetzt (= +1-Position).
(Core-)Promotoren bestimmen durch ihre Sequenz
- **wo** Transkription beginnen kann,
- welcher RNA-Polymerase-Typ transkribiert,
- **in welche Richtung** transkribiert wird (= welcher Strang der **Matrizenstrang** ist),
- **wie oft** transkribiert wird (= Promotor-Stärke).

Aktive Promotoren befinden sich bezüglich der Chromatinstruktur in **zugänglichen,** nukleosomenfreien Regionen.
RNA-Polymerasen benötigen **keine Primer**.

Von einem Promotor ausgehend wird i. d. R. **bidirektional** transkribiert. Es gibt jedoch eine Richtung, die ein **bevorzugtes,** stabiles Transkript erzeugt.

Elongation
Bei der Elongation liest die RNA-Polymerase den Matrizenstrang ausgehend vom Transskriptionsstart in 3' → 5'-Richtung und **synthetisiert** dabei das RNA-Transkript in **5' → 3'-Richtung.**
Die **Nukleosomen** bleiben in transkribierten Genomabschnitten und werden auf unbekannte Weise von der Polymerase überquert.

Die **RNA** besteht aus über Phosphosäurediesterbindungen miteinander verbundenen **Ribonukleosidmonophosphaten.** Als Substrate der RNA-Polymerase dienen ATP, GTP, CTP und UTP. Die **Spaltung** der energiereichen **Säureanhydridbindung** der NTPs liefert Energie für die **Knüpfung** der **Esterbindung**. Das frei werdende **Pyrophosphat** wird durch die Pyrophosphatase gespalten und verschiebt dadurch das Reaktionsgleichgewicht auf die Seite der Produkte. Der Reaktionsmechanismus der Polymerasen bedingt die 5' → 3'-Syntheserichtung.

Aus Studentensicht

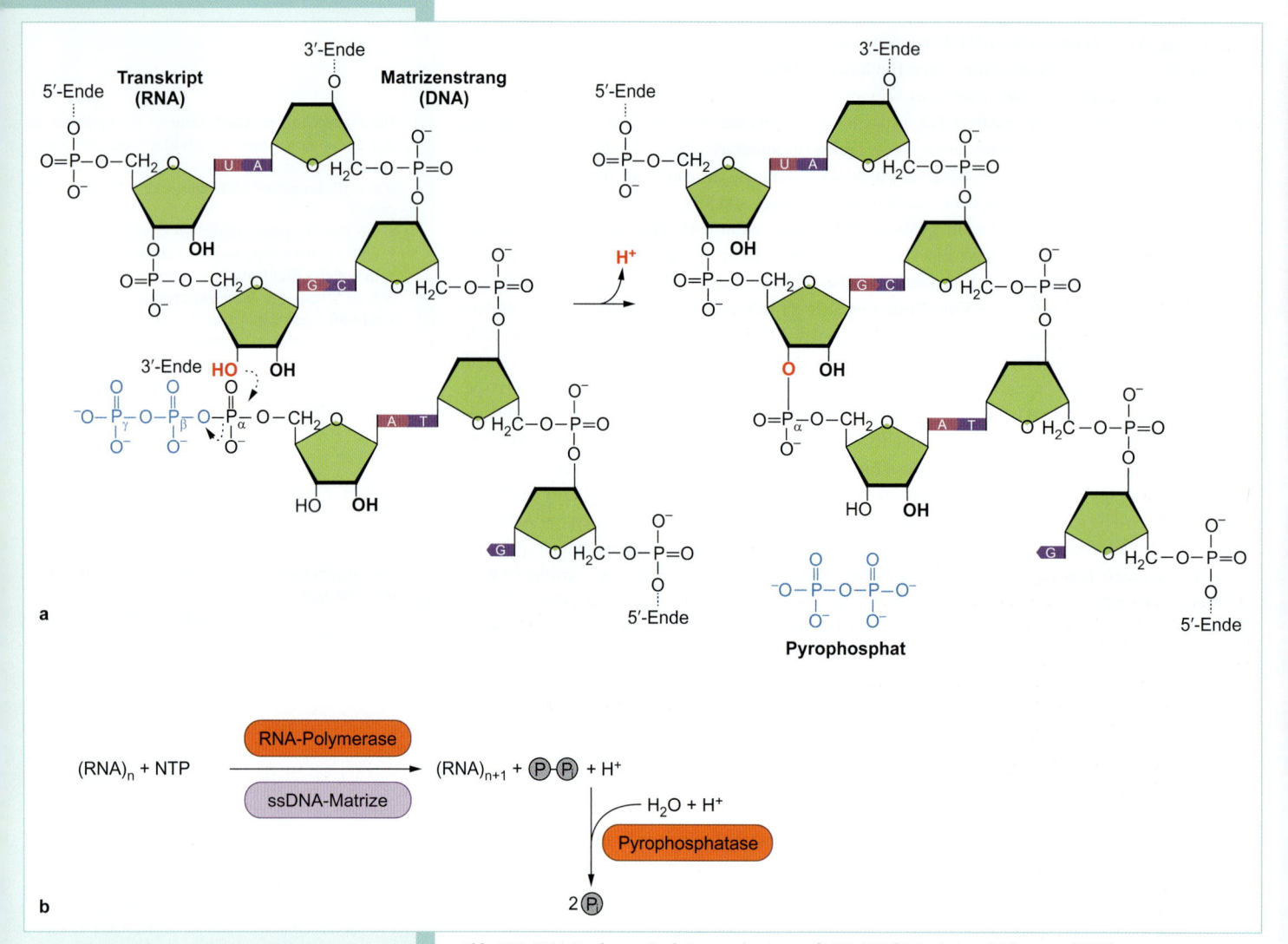

4 VON DER DNA ZUR RNA: SPEICHERUNG UND AUSLESEN VON INFORMATION

Abb. 4.20 RNA-Synthese. a Reaktionsmechanismus. [L299, L307] b Reaktionsgleichungen. [L299]

Innerhalb der Transkriptionsblase bildet sich eine kurze **RNA-DNA-Hybridhelix**.
Da die synthetisierte RNA ebenso komplementär zum Matrizenstrang ist wie der zweite DNA-Strang, haben beide die gleiche **Sequenz** (bis auf U versus T). Daher wird der zweite, nicht abgelesene DNA-Strang auch **codierender Strang** genannt. Den Matrizenstrang nennt man auch **codogenen Strang**.
RNA-Polymerasen haben weniger Mechanismen zur **Fehlerkorrektur** als DNA-Polymerasen.

8–9 Basenpaare bildet sich im aktiven Zentrum der RNA-Polymerase eine **RNA-DNA-Hybridhelix** (> Abb. 4.19). Vor dem Austreten der RNA aus der Polymerase wird diese Hybridhelix getrennt, sodass die neu synthetisierte RNA einzelsträngig vorliegt.
Der nicht als Matrize benutzte zweite DNA-Strang ist ebenfalls komplementär zum Matrizenstrang und hat deshalb dieselbe Sequenz wie der neu synthetisierte RNA-Strang, wobei er aber immer anstelle der Base Uracil die Base Thymin enthält. Aufgrund dieser Sequenzgleichheit wird dieser **DNA-Strang** auch **codierender Strang** genannt. Alternativ kann der codierende Strang auch als Sense-Strang oder „+"-Strang und der Matrizenstrang als Antisense- oder „–"-Strang bezeichnet werden. Streng genommen bezieht sich „codierend" nur auf „proteincodierend" und gilt nicht für Genomabschnitte, die zu einer untranslatierten RNA transkribiert werden. Manchmal wird der **Matrizenstrang** auch **codogener Strang** genannt und darf dann nicht mit dem codierenden Strang verwechselt werden. Diese Strangbezeichnungen im Rahmen der Transkription haben nichts mit der Unterscheidung von Leit- versus Folgestrang bei der Replikation zu tun.
Ob RNA-Polymerasen ähnlich wie DNA-Polymerasen (> 11.1.7) während der Elongation Mechanismen zur **Fehlerkorrektur** (Proofreading) haben, ist noch unklar, ebenso die tatsächliche Rate von falsch eingebauten Nukleotiden. Im Gegensatz zu Fehlern der DNA-Polymerase bei der Replikation werden Fehler der RNA-Polymerase nicht vererbt und fehlerhafte RNAs bzw. daraus resultierende fehlerhafte Proteine können wieder abgebaut werden. Solange die „DNA-Masterkopie" der genetischen Information fehlerfrei ist, können immer wieder die richtigen funktionellen Genprodukte synthetisiert werden. Deshalb können höhere Fehlerraten bei der RNA- als bei der DNA-Synthese toleriert werden.

Termination

Die **Termination** erfolgt nach Transkription eines **Polyadenylierungssignals**. Danach wird die RNA durch eine **Endonuklease** gespalten und freigesetzt.
Die RNA-Polymerase transkribiert zunächst noch weiter, bis sie von einer 5' → 3'-Exonuklease eingeholt und verdrängt wird.

Termination

Für die Termination der Transkription durch die RNA-Polymerase II ist ein in der DNA-Sequenz spezifiziertes **Polyadenylierungssignal** wichtig. Nach der Transkription dieses Signals wird die RNA an dieser Sequenz durch eine **Endonuklease** gespalten. Dadurch wird die bis dahin produzierte RNA freigesetzt und kann in der Zelle verwendet werden. Die RNA-Polymerase synthetisiert jedoch auch hinter dem Polyadenylierungssignal weiter. Das durch die Endonuklease neu gebildete 5'-Ende dieser RNA wird von einer **5' → 3'-Exonuklease** erkannt und vom 5'-Ende her abgebaut, bis die Exonuklease die RNA-Polymerase einholt. Letztlich verdrängt die Exonuklease dadurch die RNA-Polymerase von der DNA und führt

4.5 GENEXPRESSION

Aus Studentensicht

so zur Termination der Transkription (= **Torpedo-Modell**). Da diese Termination auf einem „Wettlauf" zwischen Exonuklease und Polymerase beruht (= kinetische Kompetition), gibt es, anders als beim Transkriptionsstart, keine scharf bestimmte Terminationsstelle, sondern eher eine Terminationsregion, die bei menschlichen Zellen ca. 100–1000 Basenpaare 3' des Polyadenylierungssignals liegt.

Bei stark transkribierten Genen wie den rRNA-Genen können sich mehrere RNA-Polymerasen auf einmal im Gen befinden. Es kann also eine erneute Initiation erfolgen, bevor eine vorauslaufende Polymerase terminiert wurde.

FALL

Herr Karg und die Stockschwämmchen: Pilzvergiftung mit α-Amanitin

In Herrn Kargs Blut zeigen sich erhöhte GOT- und GPT-Werte. Diese zytoplasmatischen Transaminasen werden in Leberzellen exprimiert, gelangen aber bei einer Schädigung des Organs ins Blut. Auch die Konzentrationen von Ammoniak und Bilirubin sind erhöht, die der Gerinnungsfaktoren ist dagegen erniedrigt. Auch diese Werte deuten auf eine **Leberstörung** hin, da die Leber für die Entgiftung von Ammoniak und Bilirubin sowie für die Bildung der Gerinnungsfaktoren verantwortlich ist (> 21.3.1). Zusätzlich wird in Herrn Kargs Urin **α-Amanitin** nachgewiesen.

Tatsächlich hat Herr Karg eine Pilzvergiftung, die im ersten Stadium nicht von einem z. B. durch einen Norovirus ausgelösten Magen-Darm-Infekt zu unterscheiden ist. Die Anamnese ist daher in diesem Zusammenhang von großer Bedeutung. Das Pilzgift α-Amanitin kommt nicht nur in Knollenblätterpilzen, *Amanita phalloides*, vor, sondern auch in anderen Pilzen wie Schirmlingen oder Gifthäublingen. Letztere sehen Stockschwämmchen so ähnlich, dass man sie zum Teil nur mikroskopisch unterscheiden kann.

α-Amanitin hemmt spezifisch die Elongation durch die RNA-Polymerase II. Da das Gift nach Aufnahme in den Darm über die Pfortader direkt zur Leber gelangt, wird dieses Organ primär geschädigt. Durch die Hemmung der mRNA-Synthese kann die Leber ihre Funktionen nicht mehr wahrnehmen und Leberzellen gehen vermehrt zugrunde. Durch die Schädigung gelangen Leberenzyme wie GOT und GPT ins Blut. Ihre erhöhten Konzentrationen korrelieren mit dem Grad der Schädigung.

Herr Karg bekommt sofort Silibinin, ein Antidot aus der Mariendistel. Dieses hemmt die Aufnahme von α-Amanitin in die Hepatozyten und dessen enterohepatischen Kreislauf. So hat es einen leberschützenden Effekt. Weiterhin bekommt Herr Karg Aktivkohle zu trinken, die das Gift im Darmlumen bindet und so die Wiederaufnahme im Darm unterbindet und die Ausscheidung fördert.

Zum Glück haben Sie rechtzeitig an die Pilzvergiftung gedacht und bei Herrn Karg früh genug interveniert. Seine Werte stabilisieren sich. Wäre die Behandlung zu spät gekommen, wäre vermutlich eine Lebertransplantation erforderlich gewesen. Trotz Behandlung verlaufen immer noch etwa 10 % der α-Amanitin-Vergiftungen tödlich.

Für die Forschung ist α-Amanitin nützlich, um die Transkription durch die RNA-Polymerase II zu hemmen und von der Transkription der RNA-Polymerase I und III zu unterscheiden. Geringe Konzentrationen hemmen bereits die RNA-Polymerase II, hohe auch die RNA-Polymerase III, während die RNA-Polymerase I gar nicht durch α-Amanitin hemmbar ist.

Ein weiterer Hemmstoff, der spezifisch die prokaryotische RNA-Polymerase hemmt, ist **Rifampicin.** Es wird als Antibiotikum zur Behandlung von Infektionen mit Mykobakterien, wie Tuberkulose, Lepra oder resistenten Staphylokokken-Stämmen, eingesetzt und wirkt zudem gegen Enterokokken und Legionellen.

a Knollenblätterpilz
(*Amanita phalloides*) [J787]

b Gifthäubling
(*Galerina marginata*) [J787]

c Stockschwämmchen
(*Kuehneromyces*) [J787]

d Strukturformel von α-Amanitin [L271]

Aus Studentensicht

4.5.3 Regulation der Transkription
Die **Transkriptionsinitiation** und frühe Elongation spielen eine besondere Rolle bei der **Regulation** der Transkription.

Spezifische Transkriptionsfaktoren
Für eine verstärkte Transkription binden **spezifische Transkriptionsfaktoren** an **Enhancer**. Durch Bindung von spezifischen Transkriptionsfaktoren an **Silencer** kann die Expression verringert werden. Enhancer und Silencer sind durch ihre Sequenz definierte **DNA-Abschnitte**. Die Transkriptionsfaktoren, die als Aktivatoren oder Repressoren wirken, sind **Proteine**. Enhancer befinden sich nicht an einer definierten Stelle im Verhältnis zum regulierten Gen, sondern können auch weit entfernt auf demselben Chromosomenarm liegen.
Nach einem gängigen Modell binden ein oder mehrere spezifische Transkriptionsfaktoren an einen Enhancer und interagieren von dort über ihre **Aktivierungsdomäne** und den **Mediator** mit dem Präinitiationskomplex. Durch die Dreidimensionalität können auch linear weit entfernte Regionen miteinander interagieren.
Spezifische Transkriptionsfaktoren sind somit die **Hauptregulatoren** für die Expressionsstärke eines Gens.

ABB. 4.21

4.5.3 Regulation der Transkription
Letztlich werden alle Schritte der Genexpression reguliert (> Abb. 4.16). Der **Regulation** der Transkription, insbesondere ihrer **Initiation** und frühen Elongation, kommt aber eine **besondere Bedeutung** zu, da v. a. hier entschieden wird, in welchen Zellen welcher Teil der DNA wann und wie oft transkribiert und damit wirksam wird.

Spezifische Transkriptionsfaktoren
Das Zusammenspiel von Promotor, allgemeinen Transkriptionsfaktoren, RNA-Polymerase und Chromatinstruktur ist die Grundlage für die Initiation der Transkription, reicht oft aber nur für eine basale Transkriptionsrate. In der Regel werden daher zusätzlich **Enhancer** (engl. Verstärker) benötigt, die eine stärkere Transkription ermöglichen (> Abb. 4.21). Enhancer sind **DNA-Sequenzen,** an die **spezifische Transkriptionsfaktoren** binden. Diese sind in dreifacher Hinsicht spezifisch. Erstens binden sie an bestimmte DNA-Sequenzen, zweitens sind sie nur für bestimmte Gene zuständig und drittens nur in bestimmten Zelltypen an der Transkription beteiligt. Alle drei Aspekte bedingen sich gegenseitig, da die Expression bestimmter Gene den Zelltyp bestimmt und dadurch reguliert wird, dass bestimmte DNA-Sequenzen diesen Genen zugeordnet sind. Anders als für die allgemeinen Transkriptionsfaktoren gibt es für die spezifischen Transkriptionsfaktoren keine systematische Nomenklatur, sondern individuelle Bezeichnungen, wie MYC, CREB oder Glukocorticoidrezeptor.

Im Gegensatz zu Promotoren, die sich immer in 5'-Richtung nahe dem Transkriptionsstart befinden, können **Enhancer** auch mehrere 100 000 bp vom Transkriptionsstart entfernt sein, müssen aber auf demselben Chromosom liegen, auf dem sich auch der ihnen zugeordnete Promotor befindet. Enhancer können damit vor, hinter und auch in transkribierten Regionen liegen. In menschlichen Zellen sind Enhancer meist weniger als 10 000 bp von der Transkriptionsstartstelle entfernt. Während die Core-Promotorfunktion richtungsabhängig ist, können Enhancersequenzen umgedreht werden, ohne dass sie ihre Funktion verlieren.

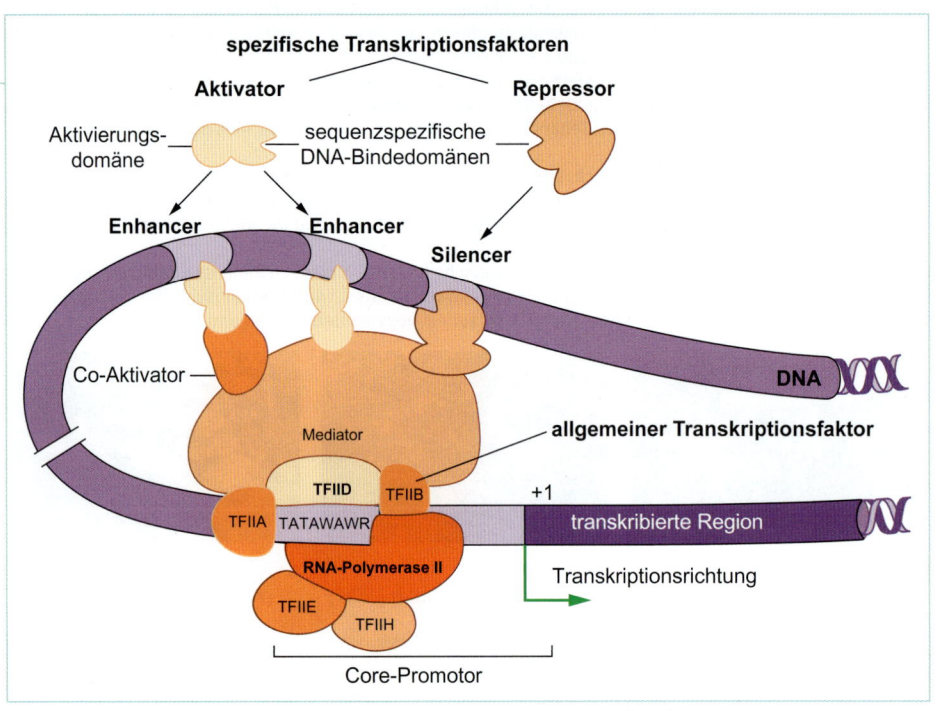

Abb. 4.21 Regulation der Transkriptionsinitiation durch Enhancer und Silencer [L138]

Wie Enhancer funktionieren, ist nur in Ansätzen verstanden. Nach einem gängigen Modell binden ein oder mehrere **spezifische Transkriptionsfaktoren** sequenzspezifisch an einen Enhancer und **interagieren** von dort mit dem **Präinitiationskomplex** am Core-Promotor. Diese Wechselwirkung wird von einer Aktivierungsdomäne des spezifischen Transkriptionsfaktors und dem Mediator-Komplex vermittelt und hilft, dass die RNA-Polymerase tatsächlich den Promotor verlässt und von der Initiations- in die Elongationsphase übertritt. Es ist unklar, wie bestimmt wird, an welchen Promotoren welcher Enhancer wirkt. Wahrscheinlich hat es mit der räumlichen Anordnung der Chromosomen zu tun. Die langen DNA-Moleküle der Chromosomen biegen sich in dreidimensionale Überstrukturen und erzeugen so Kontakte zwischen DNA-Bereichen, die in der linearen Sequenz weit voneinander entfernt liegen. Umgekehrt gibt es auch Insulators (engl. Isolatoren), die wahrscheinlich diese Chromosomenfaltung beeinflussen und verhindern, dass Enhancer mit Promotoren wechselwirken.

Das Gegenstück zu Enhancern sind **Silencer** (engl. zum Schweigen bringen). Silencer sind ebenfalls DNA-Sequenzen, an die spezifische Transkriptionsfaktoren binden. Anders als Enhancer wirken sie aber inhibierend auf die Transkription. Entsprechend unterscheidet man in der Gruppe der spezifischen Transkriptionsfaktoren **Repressoren,** die an Silencer binden, und **Aktivatoren,** die an Enhancer binden.

4.5 GENEXPRESSION

Letztlich entscheiden also v. a. die spezifischen Transkriptionsfaktoren durch ihre Bindung an Enhancer und Silencer, manchmal auch an Bindungsstellen im Promotor, darüber, ob und wie viel von einem Promotor ausgehend transkribiert wird. Am Promotor wird der gesamte Einfluss von Aktivatoren und Repressoren zu einer Nettowirkung auf die Transkriptionsinitiation integriert. Die spezifischen Transkriptionsfaktoren sind damit die **Hauptregulatoren** der Genexpression.

Zelltypspezifische Genexpression
Aus der befruchteten menschlichen Eizelle, der Zygote, entwickeln sich während der **Embryonalentwicklung** ca. 200 **verschiedene Zelltypen,** wie Neurone, Hepatozyten, Adipozyten oder Makrophagen (= Zelldifferenzierung). Da diese Zellen letztlich alle durch Mitosen aus dieser einen Zygote hervorgehen, enthalten sie alle im Wesentlichen **dasselbe Genom** und somit auch dieselben Gene. Damit sind sowohl die Sequenzen, die für funktionelle RNAs und Proteine codieren, als auch die regulatorischen Sequenzen der Promotoren, Enhancer und Silencer identisch. Dennoch ist die **Genexpression je nach Zelltyp** sehr unterschiedlich. Jede Zelle exprimiert weniger als 10% des codierenden Genoms. Die molekulare Grundlage für die Differenzierung in verschiedene Zelltypen bei gleichem Genom liegt folglich in der **differenziellen** (regulierten, zelltypspezifischen) **Genexpression.**

Neben den zelltypspezifisch exprimierten Genen gibt es auch Gene, welche die Information für grundlegende Funktionen aller Zellen enthalten (= **Housekeeping-Gene,** engl. haushaltführende Gene), wie Gene für RNA-Polymerasen, rRNA, Enzyme der Membranlipidsynthese oder die Na^+/K^+-ATPase. Sie sind deshalb in praktisch allen Zellen mit Zellkern **konstitutiv** exprimiert.

Differenzielle Genexpression
Die **differenzielle Genexpression** beruht wesentlich auf dem unterschiedlichen Vorhandensein spezifischer Transkriptionsfaktoren. Ein Hepatozyt exprimiert einen anderen Satz spezifischer Transkriptionsfaktoren als ein Neuron oder ein Makrophage und aktiviert bzw. reprimiert damit einen anderen Satz Gene (➤ Abb. 4.22). Oft binden mehrere spezifische Transkriptionsfaktoren an einen Enhancer oder Silencer und mehrere Enhancer oder Silencer sind einem einzelnen Promotor zugeordnet. So kann am Promotor der Grad der Genexpression durch eine reichhaltige **Kombinatorik** vieler spezifischer **Transkriptionsfaktoren** sehr fein abgestimmt werden. Im Humangenom sind ca. 1500 spezifische Transkriptionsfaktoren codiert, von denen aber in jeder Zelle nur ein kleiner Teil exprimiert wird.

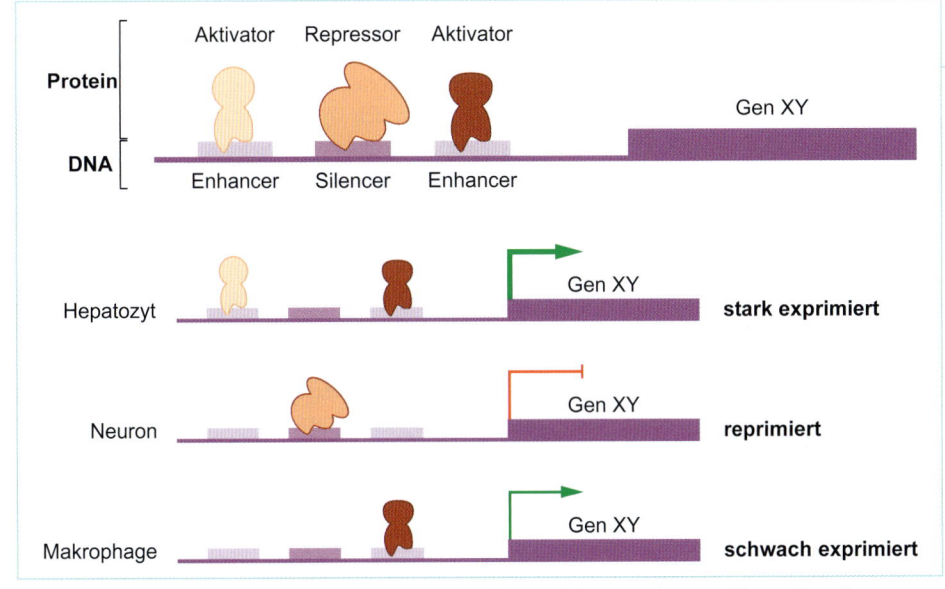

Abb. 4.22 Differenzielle Genregulation durch Kombinatorik der spezifischen Transkriptionsfaktoren [L253]

Die Regulation, die zur differenziellen Genexpression führt, heißt auch **epigenetische Regulation** und wird wesentlich durch das Zusammenspiel der unterschiedlichen Kombinationen von spezifischen Transkriptionsfaktoren, aber auch durch Chromatinstruktur und DNA-Methylierung ermöglicht (➤ 13.1).

Regulation der spezifischen Transkriptionsfaktoren
Ob ein **spezifischer Transkriptionsfaktor** in einer Zelle vorhanden und ob er aktiv ist, wird oft wesentlich durch ein extrazelluläres Signal bestimmt, das über Rezeptoren und nachgeschaltete Signalwege seine Wirkung in der Zelle ausübt (= Signaltransduktion) (➤ 9.6) (➤ Abb. 4.23). So kann ein in der Zelle vorhandener spezifischer Transkriptionsfaktor beispielsweise durch Modifikationen wie **Phosphorylierung** oder durch **Ligandenbindung** aktiviert oder inaktiviert werden. Der spezifische Transkriptionsfaktor CREB (cAMP Response Element Binding Protein) muss z. B. durch die infolge eines Hormonsignals aktivierte Protein-Kinase A zunächst phosphoryliert werden, bevor er an Enhancer bindet, und die Rezeptoren der

---

Aus Studentensicht

Zelltypspezifische Genexpression
Während der **Embryonalentwicklung** entstehen aus einer Eizelle ca. 200 verschiedene Zelltypen, die alle dasselbe **Genom** enthalten, im fertigen Organismus jedoch sehr spezialisiert sind. Sie unterscheiden sich nicht in ihren Genen, sondern in ihrer **Genexpression.**

Grundlegende Gene, die in allen Zellen konstitutiv exprimiert werden, heißen **Housekeeping-Gene.**

Die **differenzielle,** also zelltypspezifische **Genexpression** beruht wesentlich auf dem unterschiedlichen Vorhandensein von spezifischen Transkriptionsfaktoren, deren **Kombinatorik** eine feine Abstimmung der Genexpression ermöglicht. Zu dieser **epigenetischen Regulation** tragen auch die Chromatinstruktur und DNA-Methylierung bei.

ABB. 4.22

Das **Vorhandensein** oder die **Aktivierung** von **Transkriptionsfaktoren** wird oft durch **Signaltransduktion** bestimmt. Spezifische Transkriptionsfaktoren können z. B. wie CREB durch **Phosphorylierung** oder wie Steroidhormonrezeptoren durch **Ligandenbindung** aktiviert werden. Auch die zelluläre **Lokalisation** und die **Expression** tragen zu ihrer Regulation bei. Insgesamt regulieren so komplexe **Transkriptionsfaktor-Netzwerke** die Genexpression.

Aus Studentensicht

ABB. 4.23

Enhancer oder Silencer, die durch Signaltransduktion regulierte Transkriptionsfaktoren binden, werden auch **Response-Elemente** genannt. Beispiele sind Glukocorticoid-Response-Elements (GRE) oder cAMP-Response-Elements (CRE).

Sequenzspezifische DNA-bindende Domänen

Transkriptionsfaktoren müssen mit hoher Spezifität an ihre regulatorische **DNA-Sequenz binden**. Dazu müssen sie in ihrer Proteinstruktur Elemente besitzen, die ihnen diese Bindung, v. a. in der **großen Furche,** ermöglichen. Bekannte Motive sind:
- Helix-Loop-Helix
- Helix-Turn-Helix
- Zinkfinger (oft mehrere)
- Leucin-Zipper

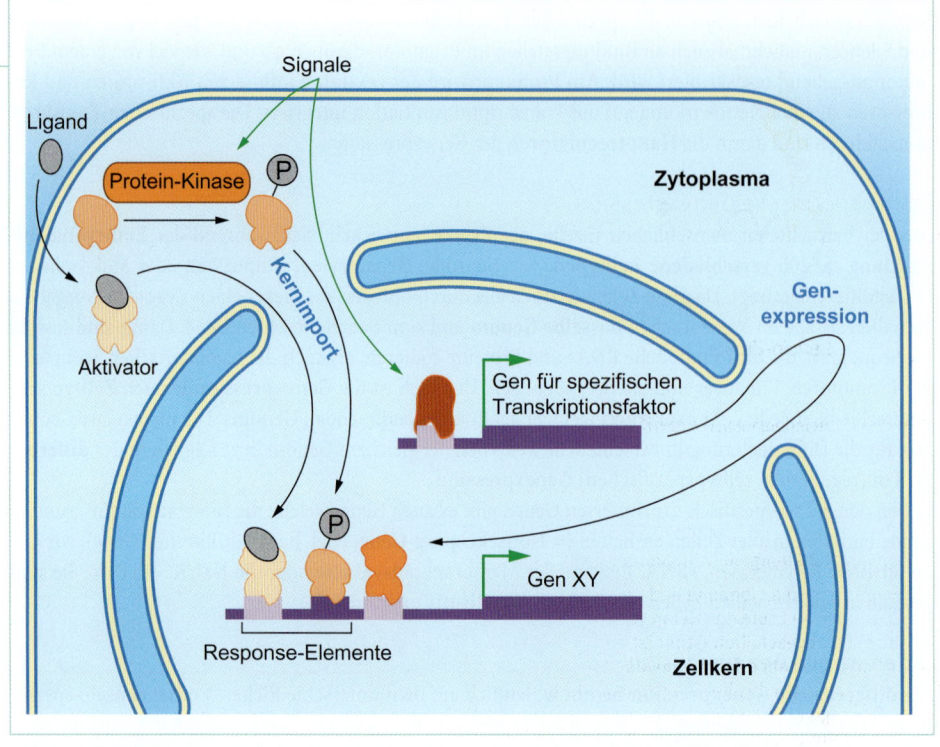

Abb. 4.23 Regulation von spezifischen Transkriptionsfaktoren durch Ligandenbindung, Phosphorylierung, Transport oder Genexpression [L138]

Steroidhormone sind spezifische Transkriptionsfaktoren, die inaktiv sind, solange sie nicht das entsprechende Hormon gebunden haben. Bei diesen als Kernhormonrezeptoren bezeichneten spezifischen Transkriptionsfaktoren kann auch der **Transport** vom Zytoplasma in den Zellkern reguliert werden.
Diese **Regulation durch Lokalisation** kommt auch bei anderen spezifischen Transkriptionsfaktoren vor, z. B. bei SREBP-2 (Sterol Response Element-Binding Protein 2), das an der Regulation der Cholesterinbiosynthese beteiligt ist (> 20.2.1). Da spezifische Transkriptionsfaktoren selbst Proteine sind, kann ihre Konzentration auch durch die **Expression** des entsprechenden Gens reguliert werden. Da daran wiederum spezifische Transkriptionsfaktoren beteiligt sind, bilden sich komplexe, miteinander verschränkte und oft rückgekoppelte **Transkriptionsfaktor-Netzwerke** an regulatorischen Beziehungen.
Falls Enhancer oder Silencer DNA-Elemente sind, an die durch **Signaltransduktion** regulierte spezifische Transkriptionsfaktoren binden, werden sie auch **Response-Elemente** (responsive element, RE, engl. Antwortelement) genannt. Zur Spezifikation wird meist noch der regulierende Botenstoff vorangestellt. So steht das Glukocorticoid-Response-Element (GRE) für den Enhancer, der vom Glukocorticoid-Rezeptor, einem spezifischen Transkriptionsfaktor, gebunden und dessen Aktivität durch die Glukocorticoid-Konzentration reguliert wird. cAMP-Response-Element (CRE) steht für den Enhancer, der durch das cAMP-Response-Element-Bindeprotein (CREB, CREBP) gebunden wird, das wiederum durch den cAMP-Spiegel reguliert wird. Voraussetzung für die veränderte Genexpression als zelluläre Antwort auf bestimmte **Signale** ist die Anwesenheit der entsprechenden spezifischen Transkriptionsfaktoren. So benutzt eine Zelle ohne Glukocorticoid-Rezeptor die entsprechenden Response-Elements nicht und reagiert dementsprechend nicht auf Glukocorticoide.

Sequenzspezifische DNA-bindende Domänen

Die Information für die Genregulation durch Transkriptionsfaktoren steckt letztlich in den DNA-Sequenzen von Promotoren, Enhancern und Silencern. Deshalb müssen Transkriptionsfaktoren mit **hoher Spezifität** an **bestimmte DNA-Sequenzen** binden, sodass diese unterschieden werden können.
Die sequenzspezifische DNA-Bindung der Transkriptionsfaktoren wird durch wenige spezielle Proteinmodule (= Supersekundärstrukturen) wie **Helix-Turn-Helix, Helix-Loop-Helix, Leucin-Zipper** und **Zinkfinger** vermittelt, die meist nach Strukturmerkmalen benannt sind. Der Zinkfinger ist nach einer durch Zn^{2+}-Ionen stabilisierten α-Helix (= Erkennungshelix) benannt, die in der **großen Furche der DNA** binden (> Abb. 4.4) und bestimmte Basenfolgen erkennen kann. Die große Furche bietet mehr Platz als die kleine Furche und nur hier ergeben die in sie hineinragenden chemischen Gruppen der Basen für alle möglichen Basenpaar-Kombinationen unterschiedliche Muster, weshalb hier die meisten Transkriptionsfaktoren binden (> Abb. 4.24).
Zinkfinger-Proteine sind die in menschlichen Zellen am häufigsten vorkommenden DNA-Bindeproteine. Ein einzelnes Zinkfinger-Motiv bindet spezifisch an nur ca. drei Basenpaare. Häufig sind aber viele Zinkfinger-Motive in einem Protein aneinandergereiht, sodass durch **Kombinatorik** prinzipiell für jeden Abschnitt im Humangenom eine spezifisch bindende Proteindomäne erzeugt werden kann.

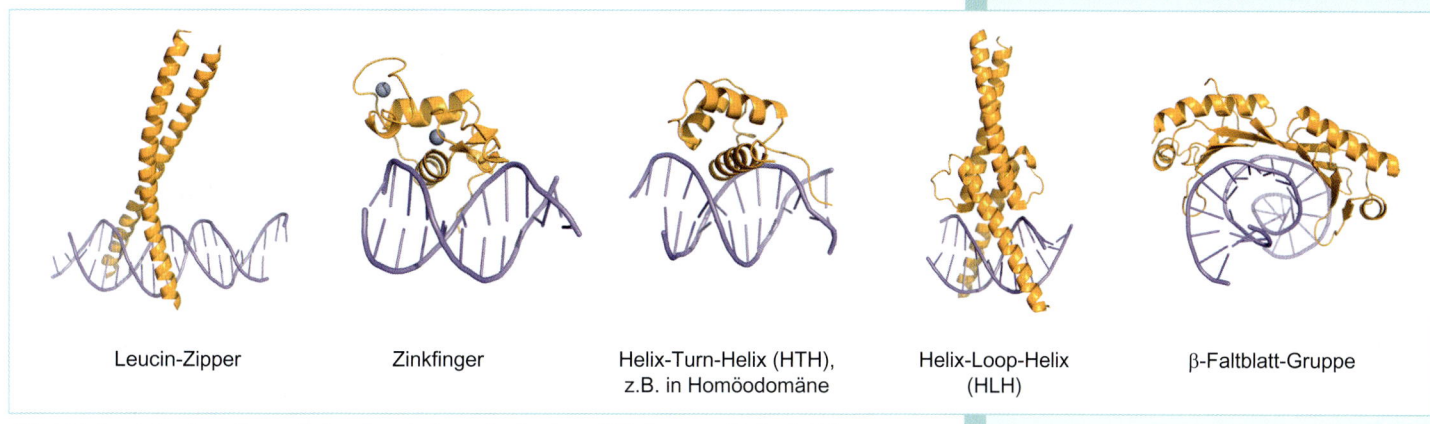

4.5 GENEXPRESSION   Aus Studentensicht

| Leucin-Zipper | Zinkfinger | Helix-Turn-Helix (HTH), z.B. in Homöodomäne | Helix-Loop-Helix (HLH) | β-Faltblatt-Gruppe |

Abb. 4.24 Proteindomänen, die spezifisch und v. a. in der großen Furche an DNA-Sequenzen binden [P414]

FALL

Johanna hat Blähungen: Laktoseintoleranz

Erinnern Sie sich an Johanna und ihre Probleme mit der Laktose (> 1.1)? Bei Säuglingen ist das Laktase-Gen aktiv. Im Laufe des Heranwachsens wird es bei den meisten Menschen, so auch bei Johanna, weitestgehend abgeschaltet. Damit ist eine Laktoseintoleranz eigentlich der Normalzustand. In Europa sorgt allerdings eine sehr erfolgreiche Mutation für eine Laktose-Toleranz, die den Verzehr von Milch bei den meisten Menschen bis ins Erwachsenenalter erlaubt. Diese Mutation liegt in einem Enhancer, der das Laktase-Gen reguliert und in der mutierten Form die Expression dauerhaft aufrechterhält. Dieser Enhancer liegt in einem Intron des Nachbargens. Das zeigt zum einen, dass Enhancer nicht in direkter Nachbarschaft zum davon regulierten Gen liegen müssen, und zum anderen, dass Introns nicht nur „nutzlose" Sequenzen sind.

4.5.4 RNA-Prozessierung

FALL

Baby Nika ist so blass

In Ihre Kinderarztpraxis kommt die kleine Nika mit 11 Monaten zur U6. Ihre griechische Mutter ist normalerweise ansteckend fröhlich und auch die kleine Nika war mit 6 Monaten ein kleines strahlendes Energiebündel. Ganz anders ist es diesmal: Frau Passadakis ist voller Sorge: „Irgendwas stimmt nicht mit Nika. Obwohl sie mit 6 Monaten schon krabbeln konnte und den anderen Kindern voraus war, macht sie jetzt immer noch keine Anstalten, sich hochzuziehen und zu stehen. Sie ist immer müde, schläft viel und liegt nur auf ihrer Krabbeldecke, wenn sie wach ist." Tatsächlich ist Nika auffällig blass und schlapp, ihr strahlendes Lächeln zeigt sie diesmal nicht.

Nikas Blutwerte zeigen einen erschreckend niedrigen Hämoglobinwert von 5,1 mg/dl (altersentsprechende Norm 10,2–12,7 mg/dl). Das erklärt die Blässe von Nika, denn die rote Farbe des Bluts und damit die Rosigkeit der Haut beruht auf der roten Farbe des sauerstoffbeladenen Hämoglobins. Weil das Blut bei Nika zu wenig Sauerstoff transportiert, werden alle Gewebe unterversorgt und leiden dementsprechend unter Energiemangel. Nika ist müde und schlapp. Insbesondere das sich rapide entwickelnde Gehirn hat einen enormen Sauerstoffbedarf; so kommt es zur Entwicklungsverzögerung.

Meistens beruht ein solch extremer Hämoglobinmangel auf einem Eisenmangel, da für die Synthese des Häm-Anteils des Hämoglobins Eisen benötigt wird. Dieser Wert ist bei Nika aber normal. In einem Spezialzentrum wird eine Hämoglobinelektrophorese angefertigt. Daraus kann geschlossen werden, dass bei Nika ein Problem bei der Synthese des Hämoglobin-Proteinanteils besteht. Adultes Hämoglobin A ist ein Tetramer aus zwei α- und zwei β-Globin-Untereinheiten und ersetzt in den ersten Lebensmonaten das fetale Hämoglobin F, das aus zwei α- und zwei γ-Globinketten besteht. Bei Nika ist die Synthese der β-Globine gestört. Daher sind die Symptome erst nach 6 Monaten aufgetreten, da für die Synthese des fetalen Hämoglobins noch keine β-Globine benötigt wurden.

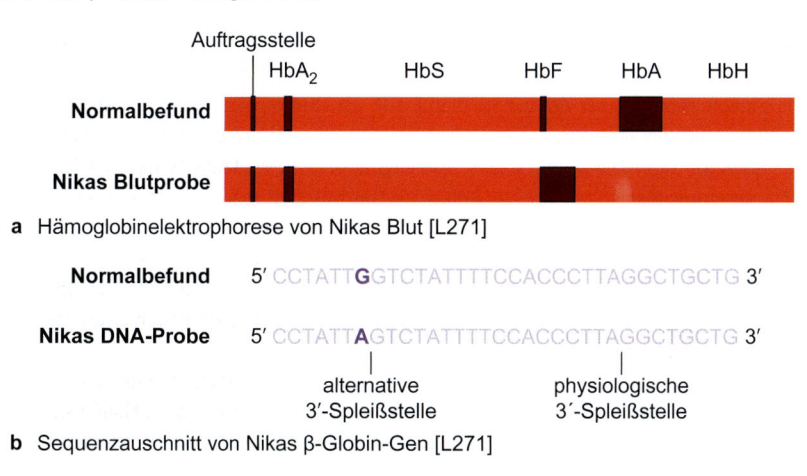

a Hämoglobinelektrophorese von Nikas Blut [L271]

Normalbefund 5′ CCTATT**G**GTCTATTTTCCACCCTTAGGCTGCTG 3′

Nikas DNA-Probe 5′ CCTATT**A**GTCTATTTTCCACCCTTAGGCTGCTG 3′

alternative 3′-Spleißstelle — physiologische 3′-Spleißstelle

b Sequenzauschnitt von Nikas β-Globin-Gen [L271]

Aus Studentensicht

4 VON DER DNA ZUR RNA: SPEICHERUNG UND AUSLESEN VON INFORMATION

> Nika hat eine β-Thalassaemia major. Diese schwere Anämie (Verminderung der Hämoglobin-Konzentration im Blut) ist nach ihrem häufigen Auftreten in Mittelmeerländern benannt. Sie ist jedoch auch in Afrika und Asien verbreitet und tritt durch die Migrationsbewegungen inzwischen überall auf. Es gibt mehr als 200 unterschiedliche DNA-Mutationen (Allele), die ursächlich sein können. Bei Nika ergibt die DNA-Sequenzierung eine Mutation im 1. Intron der β-Globin-DNA.
> Wie kann eine Mutation in einem Intron für eine gestörte Proteinsynthese verantwortlich sein?

Das Primärtranskript muss co- oder posttranskriptional noch zur reifen, funktionellen mRNA **prozessiert** werden.
Dazu gehören das Capping des 5'-Endes, die Polyadenylierung am 3'-Ende, das Spleißen der Exons, Modifikationen und Faltung.

Das von einer eukaryotischen RNA-Polymerase synthetisierte **Primärtranskript** muss zur Bildung einer funktionellen RNA i. d. R. **prozessiert** werden (= Reifung). Diese Prozessierung kann schon **cotranskriptional** (während der Transkription) im Kern oder **posttranskriptional** im Kern oder Zytoplasma stattfinden und besteht sowohl aus kovalenten als auch aus nicht-kovalenten Veränderungen.
Kovalent sind das Anhängen der **Cap-Struktur** an das **5'**-Ende, das Verkürzen und die anschließende **Polyadenylierung** des **3'**-Endes sowie das **Spleißen** (Herausschneiden und wieder Zusammenfügen) von RNA-Abschnitten (➤ Abb. 4.25). Einzelne Basen oder Ribosen der RNAs können, z. B. durch Methylierung oder Desaminierung, kovalent modifiziert werden. **Nicht-kovalent** ist v. a. die dreidimensionale **Faltung** der RNA.

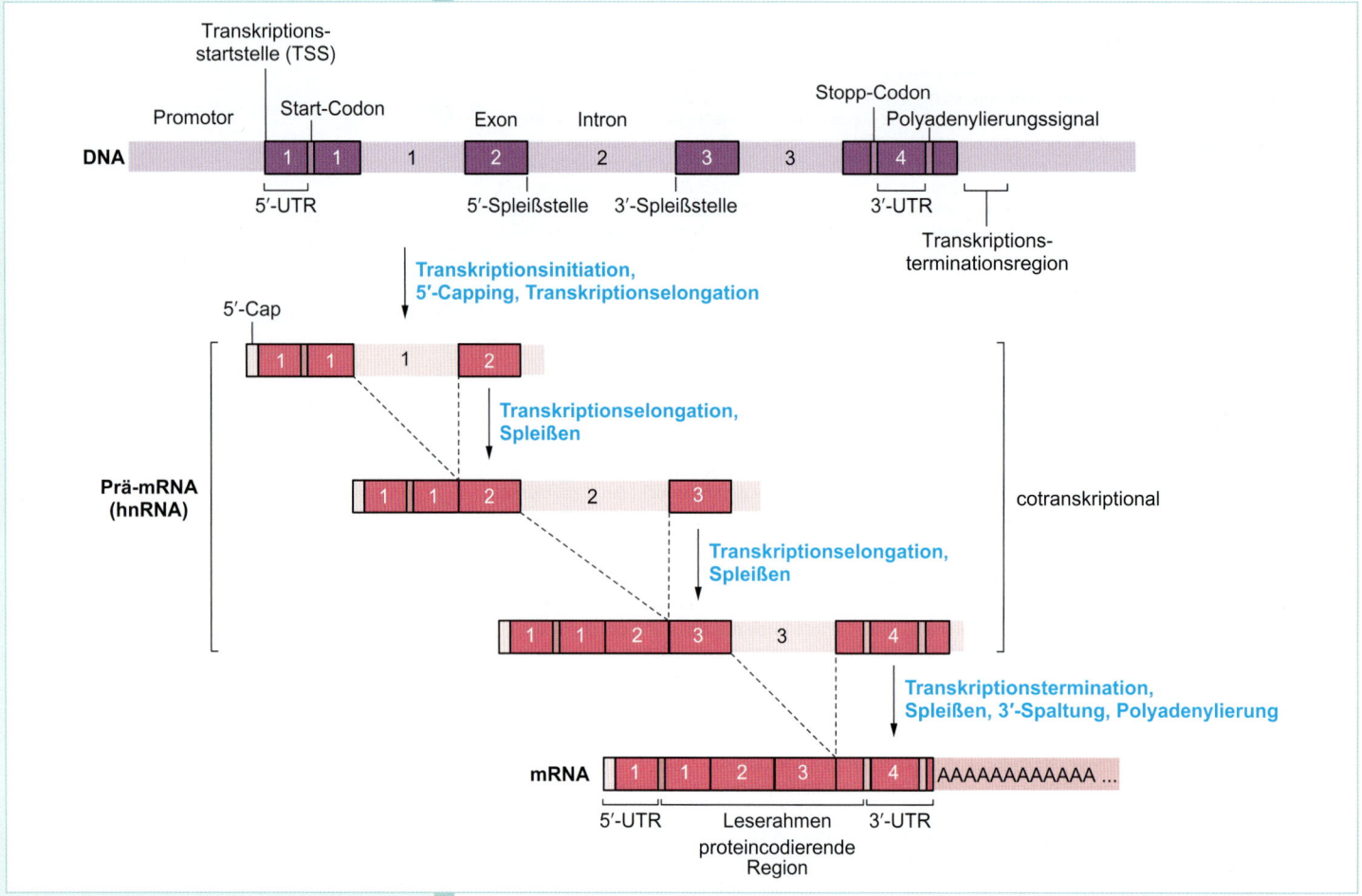

Abb. 4.25 mRNA-Synthese (UTR: untranslatierte Region) [L253]

Spleißen

Primärtranskripte eukaryotischer Zellen enthalten fast immer **Introns,** die **entfernt** werden müssen. Dabei werden die codierenden Exonsequenzen zusammengefügt.
Dieser Vorgang des **Spleißens** findet im Zellkern statt und wird von einem Komplex aus Protein und RNA, dem **Spleißosom,** katalysiert. Die Uracil-reichen, zum Teil katalytisch aktiven snRNAs bilden mit den Proteinanteilen die snRNPs (Small Nuclear Ribonucleoproteins).

Spleißen

Primärtranskripte menschlicher Zellen enthalten i. d. R. Abschnitte, die für die Funktion der reifen RNA nicht benötigt und daher herausgeschnitten werden. Diese Abschnitte heißen **Introns** (von engl. intervening sequences) im Gegensatz zu den Exons (von engl. expressed sequences), die übrig bleiben und zur reifen RNA zusammengefügt werden (➤ Abb. 4.26). Introns sind meistens sehr viel länger als Exons. Historisch wurde die Mischung von mehr oder minder gespleißten und deshalb sehr unterschiedlich langen mRNA-Vorläufern als hnRNA (von engl. heterogeneous nuclear RNA) bezeichnet. Dieser Begriff wird aber nur noch selten benutzt und durch **Prä-mRNA** ersetzt. Das Herausschneiden der Introns und Aneinanderfügen der Exons wird ausschließlich im Zellkern durch das **Spleißosom** katalysiert. Dieses ist wie das Ribosom ein Komplex aus RNA und Proteinen (= Ribonukleoprotein). Die aktiven Zentren werden durch **snRNAs** gebildet. Damit ist das Spleißosom ein **Ribozym** und wahrscheinlich sehr früh in der Evolution entstanden (➤ 1.1.5). Die wichtigsten snRNA-Typen heißen wegen ihrer Uracil-reichen Sequenzen U1, U2, U4, U5 und U6 und bilden mit vielen Proteinuntereinheiten in wechselnden Zusammensetzungen die **snRNPs** (sprich: „Snörps"; Small Nuclear Ribonucleoproteins).

4.5 GENEXPRESSION

ABB. 4.26

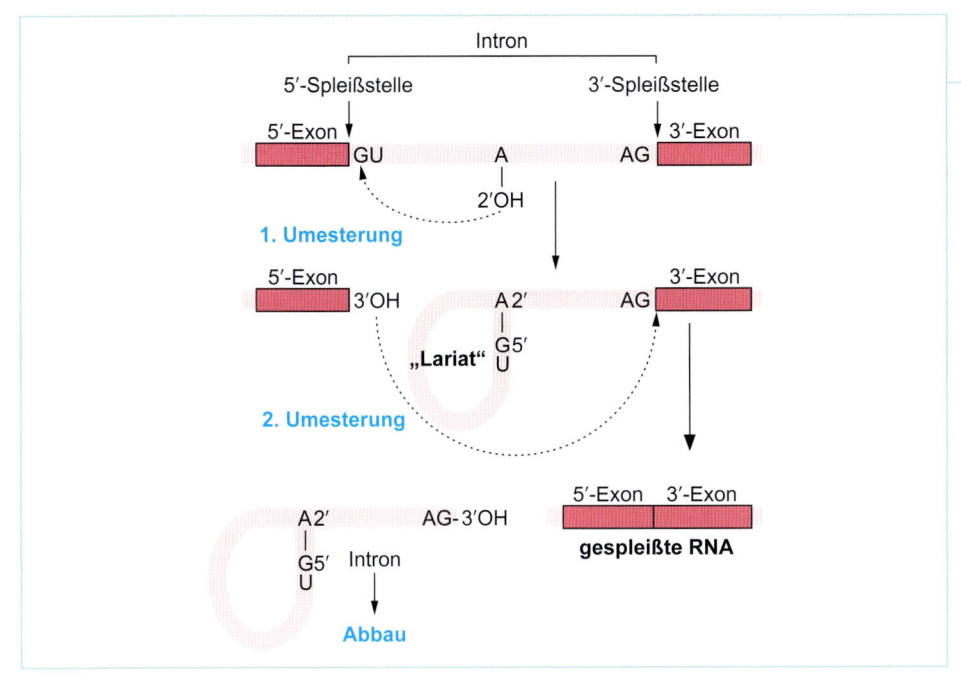

Abb. 4.26 Mechanismus des Spleißens [L253]

Der Übergang von Exon zu Intron (= 5'-Spleißstelle) und von Intron zu Exon (= 3'-Spleißstelle) ist in der Basensequenz des Primärtranskripts spezifiziert und wird u. a. von den U1- und U2-snRNAs durch komplementäre Basenpaarung erkannt. Das Spleißen ist ein hochdynamischer **Mehrschrittprozess,** in dem die Teile des Spleißosoms miteinander und mit der zu spleißenden RNA verschiedene Wechselwirkungen eingehen, sodass verschiedene RNA-RNA-Komplexe entstehen und wieder getrennt werden. Daran sind auch mehrere **ATP-abhängige RNA-Helikasen** beteiligt.

Die Übergänge zwischen Exon und Intron sind durch spezifische **Sequenzen** gekennzeichnet, die in einem Mehrschrittprozess erkannt und geschnitten werden. Am Spleißvorgang sind auch ATP-abhängige **RNA-Helikasen** beteiligt.

Mechanismus

Das Spleißen beginnt **cotranskriptional.** In einer ersten **Umesterung** greift die 2'-OH-Gruppe eines bestimmten Adenin-Nukleotids innerhalb des Introns die 5'-Spleißstelle an, sodass sie mit dem 5'-Ende des Introns eine ansonsten in RNAs nicht übliche **2'-5'-Phosphorsäureesterbindung** bildet (> Abb. 4.26). In einer zweiten Umesterung greift die nun frei gewordene 3'-OH-Gruppe des 5'-Exons die 3'-Spleißstelle an, sodass die beiden Exons durch eine 3'-5'-Phosphorsäureesterbindung verknüpft werden und das 3'-Ende des Introns freigesetzt wird. Das Intron erinnert nun an ein **Lasso** (engl. = lariat) und wird abgebaut. Chemisch gesehen werden zwei Phosphorsäureesterbindungen getrennt und zwei andere gebildet, sodass die RNA-Umesterung **energetisch neutral** ist. Allerdings benötigen die RNA-Helikasen und damit der Spleißvorgang insgesamt ATP.
Entscheidend für das Spleißen ist die **Präzision.** Sehr häufig befinden sich Spleißstellen mitten in proteincodierenden Regionen. Wenn hier der Spleißübergang um nur ein Nukleotid verschoben würde, käme es zu einer Leserasterverschiebung und die Proteincodierung wäre zerstört (> 5.5.1).

Das Spleißen beginnt **cotranskriptional** mit einer ersten energieneutralen **Umesterung** zwischen einem Adenin im Intron und der 5'-Spleißstelle. Dabei entsteht eine 2'-5'-Phosphorsäurediesterbindung zusätzlich zur bestehenden 3'-5'-Phosphorsäurediesterbindung und damit eine **Lasso-ähnliche Struktur (Lariat).** Das nun freie 3'-OH des Exons greift die 3'-Speißstelle an und die Exons werden durch die zweite Umesterung verbunden.
Entscheidend ist die **Präzision** des Spleißens, da ein Fehler zu einer Leserasterverschiebung führen kann.

Alternatives Spleißen

Spleißstellen können ausgewählt oder ausgelassen werden (> Abb. 4.27). Circa **95 %** der **Prä-RNAs** in menschlichen Zellen werden je nach Zelltyp **unterschiedlich gespleißt.** Dieses alternative Spleißen kann darin bestehen, dass **alternative 5'- oder 3'-Spleißstellen** gewählt oder **Spleißübergänge** ganz **ausgelassen** werden. So können in der fertig gespleißten (m)RNA bestimmte Exons auch noch Teile von Introns enthalten oder ganz ausgelassen werden (= Exon Skipping). Die Wahl alternativer Spleißstellen kann auch mit der Wahl alternativer Transkriptionsstart- oder -terminationsstellen kombiniert werden. Die **zelltypspezifisch**e Zusammensetzung des Spleißosoms und anderer RNA-bindender Faktoren entscheidet darüber, wie ein Primärtranskript gespleißt wird, und trägt wesentlich zur **differenziellen Genexpression** bei. Das alternative Spleißen ist einer der Hauptgründe dafür, dass die Zahl der Genprodukte bei Eukaryoten nicht direkt aus der Genomsequenz abgelesen werden kann.

Ein Vorteil des Spleißens sind die **Kombinationsmöglichkeiten,** mit denen aus einem Gen gewebespezifisch verschiedene Proteine wie **Isoenzyme** gebildet werden können (= alternatives Spleißen).

FALL

Baby Nika ist so blass: β-Thalassämie durch Spleißdefekt

Durch die Punktmutation von G zu A im 1. Intron von Nikas β-Globin-Gen wird die Sequenz AG als 3'-Ende eines Introns erkannt, obwohl das eigentliche AG-Signal erst weiter 3' liegt. Dadurch werden beim Spleißen zu wenige Nukleotide herausgeschnitten, die nun bei Nika in der fertigen mRNA auftauchen. Da diese zusätzlichen Tripletts ein Stopp-Signal enthalten, stoppt die Translation des β-Globin-Proteins schon nach etwa 40 Aminosäuren, sodass kein funktionales Protein entsteht. Ohne β-Globine kann Nika aber keine funktionsfähigen Hämoglobine bilden; die Folge sind die schweren Anämiesymptome.

Aus Studentensicht

4 VON DER DNA ZUR RNA: SPEICHERUNG UND AUSLESEN VON INFORMATION

> Nika bekommt von nun an in regelmäßigen Abständen Bluttransfusionen, zeigt schon bald wieder ihr strahlendes Lächeln und entwickelt sich normal. Diese Bluttransfusionen sind ein Segen, führen aber langfristig durch Eisenüberladung zu Organschäden. Therapie der Wahl für Nika ist eine Stammzelltransplantation von einem geeigneten Spender.

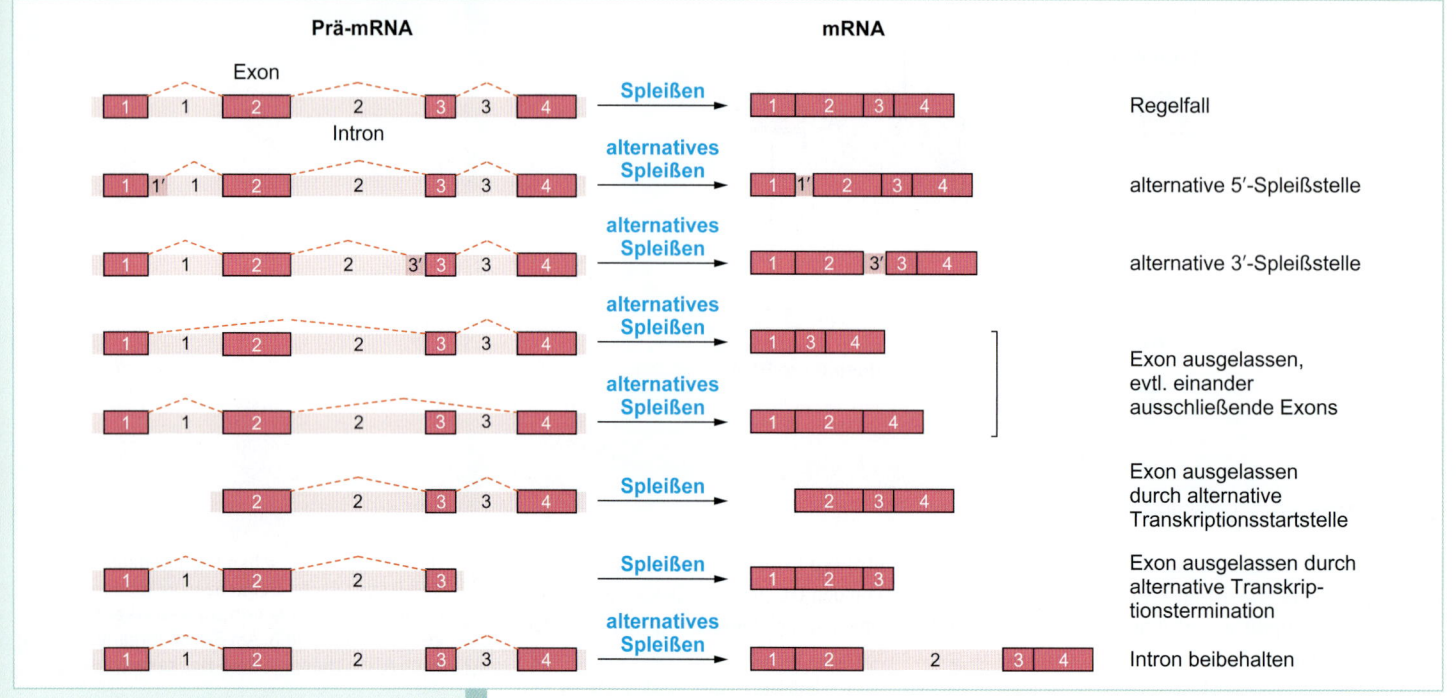

Abb. 4.27 Alternatives Spleißen [L253]

5'-Cap und 3'-Poly-A-Ende

mRNA erhält am 5'-Ende eine **Cap-Struktur** und am 3'-Ende eine **Polyadenylierung,** die den Kernexport unterstützen, vor Abbau schützen und für die Translationsinitiation am Ribosom notwendig sind.

5'-Cap und 3'-Poly-A-Ende

Während in menschlichen Zellen die meisten RNAs gespleißt werden, erhalten in erster Linie die **mRNAs** am 5'-Ende eine Cap-Struktur (engl. cap = Kappe) und am 3'-Ende eine Abfolge von Adenin-Nukleotiden (= Poly-A-Ende). Diese Markierungen der mRNA-Enden durch **5'-Capping** und **3'-Polyadenylierung** haben mehrere Funktionen:

- Sie helfen beim **Export** der mRNAs aus dem Kern.
- Sie **schützen** die mRNA-Enden **vor Abbau** durch 5' → 3'- oder 3' → 5'-Exonukleasen.
- Das **Ribosom** akzeptiert nur RNAs, die sowohl eine 5'-Cap-Struktur als auch ein 3'-Poly-A-Ende tragen. Das gleichzeitige Vorhandensein dieser beiden Markierungen garantiert, dass die mRNA vollständig ist und nicht durchtrennt wurde. Außerdem **unterscheidet** das Ribosom anhand dieser für die RNA-Polymerase II spezifischen End-Markierungen zwischen den translatierten mRNAs und den untranslatierten ncRNAs.

5'-Capping

Das **5'-Capping** geschieht cotranskriptional. Es wird ein 7-Methyl-Guanosin in einer 5'-5'-Bindung an das endständige Nukleotid gebunden.

Cotranskriptional, kurz nachdem das 5'-Ende eines Primärtranskripts aus der RNA-Polymerase II austritt, wird das ursprüngliche 5'-Triphosphat-Ende von mehreren **Capping-Enzymen** chemisch modifiziert (> Abb. 4.28). Ein **Guanin-Nukleotid** wird über eine **5'-5'-Triphosphat-Bindung** an das 5'-Ende der Prä-mRNA gebunden und am 7-N-Atom der Guanin-Base methyliert. Je nachdem, ob 2'-OH-Gruppen von weiteren Nukleotiden auch methyliert werden, entstehen unterschiedliche Cap-Strukturen.
Bei der Transkriptionstermination entsteht durch die Spaltung der RNA am Polyadenylierungssignal ein neues 5'-Ende ohne Cap-Struktur. Deshalb ist das neue Ende nicht vor Abbau geschützt und kann durch die 5' → 3'-Exonuklease abgebaut werden.

3'-Polyadenylierung

Eine Endonuklease erkennt das Polyadenylierungssignal auf der RNA und schneidet dort. An das neue 3'-OH fügt die **Poly-A-Polymerase matrizenunabhängig** unterschiedlich viele **AMP-Reste** an. Die Anzahl der angefügten AMP-Reste reguliert die Halbwertszeit der mRNA im Zytoplasma.

Wenn das **Polyadenylierungssignal,** beispielsweise die Sequenz AAUAAA, aus der RNA-Polymerase II austritt, wird es von einer Reihe von Proteinfaktoren, den Cleavage and Polyadenylation Factors, erkannt. Diese führen ein Stück weiter 3' zum endonukleolytischen Schnitt der RNA und leiten die Termination ein (> 4.5.2). Gleichzeitig generieren sie ein **neues, freies 3' OH-Ende** an der gebildeten RNA. Daran hängt die **Poly-A-Polymerase** mit ATP als Substrat eine unterschiedlich große Anzahl von **AMP-Nukleotiden** (> Abb. 4.29). Die Poly-A-Polymerase ist die einzige bekannte RNA-Polymerase, die **matrizenunabhängig** arbeitet. Nicht die Sequenz, sondern die **Länge des Poly-A-Endes** ist funktionell von Bedeutung. Sie bestimmt, wie schnell eine mRNA wieder abgebaut wird, und damit ihre Lebensdauer (**Halbwertszeit).** Wie diese Regulation im Einzelnen funktioniert, ist noch unverstanden.

4.5 GENEXPRESSION

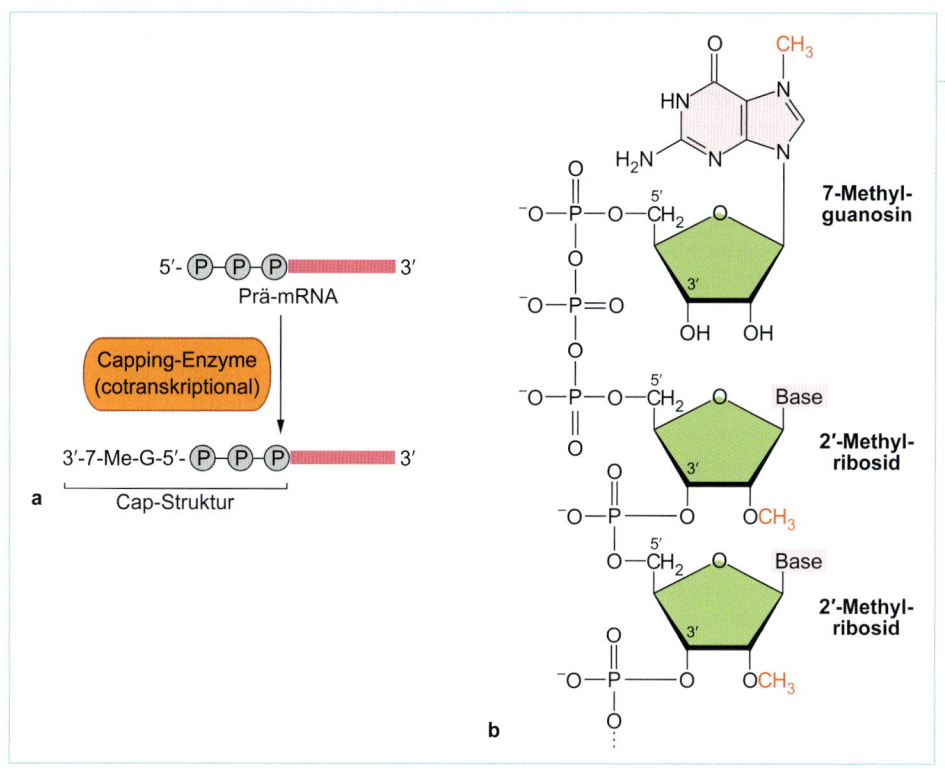

Abb. 4.28 5′-Capping von mRNAs mit 7-Methyl-Guanosin. **a** Übersicht. **b** Cap-Struktur. [L253]

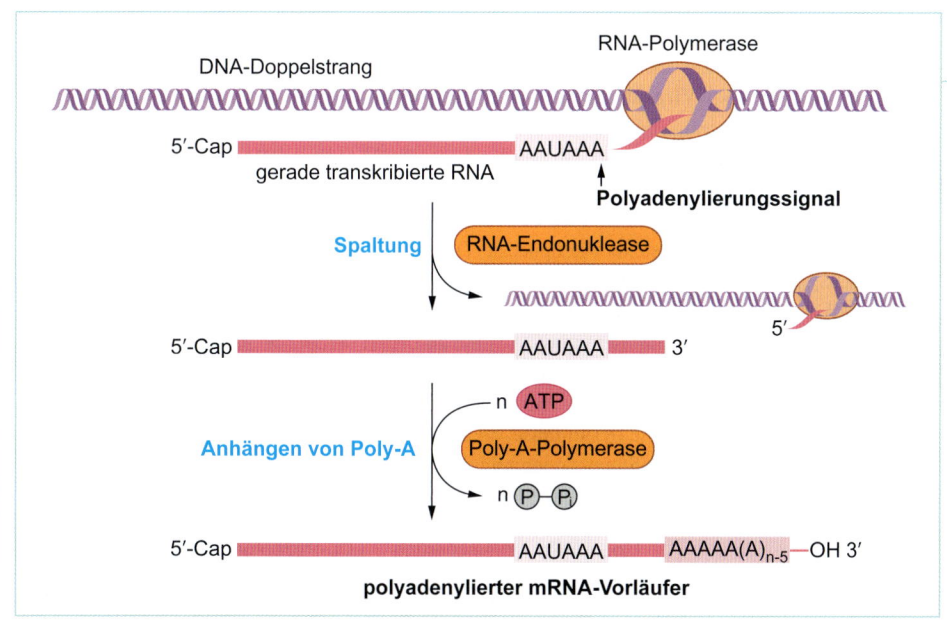

Abb. 4.29 Polyadenylierung am 3′-Ende von mRNAs [L253]

Kern-Export der RNA

mRNAs, aber auch einige ncRNAs müssen aus dem Kern ins Zytoplasma transportiert werden. Ähnlich wie beim Kernexport und -import der Proteine geschieht das durch die **Kernporen** mithilfe von **Proteinfaktoren,** die an die RNAs binden und den **Transport regulieren.** Es gibt Faktoren, die Introns erkennen und verhindern, dass noch nicht fertig gespleißte RNAs ins Zytoplasma gelangen. Umgekehrt markieren andere Faktoren die fertige RNA nach einem vollständigen Spleißvorgang und begünstigen den Export. Manche RNA-Typen, wie die snoRNAs, haben ihre Funktion im Zellkern und werden am Export gehindert.

RNA-Faltung und -Modifikation

Für die korrekte Funktion der meisten RNA-Moleküle ist eine definierte dreidimensionale Struktur essenziell. Die RNA-Faltung wird durch **nicht-kovalente intramolekulare Bindungen** wie Wasserstoffbrücken-, Ionenbindungen oder hydrophobe Wechselwirkungen bestimmt. Die Faltung der RNA-Moleküle ist oft nicht ganz so autonom wie die Proteinfaltung, bei der in erster Linie die Aminosäuresequenz für die Bestimmung der 3-D-Struktur ausreicht. RNAs benötigen oft weitere Faktoren wie **Mg^{2+}-Ionen** und **zusätzliche Proteine.** So erfordert die Bildung der funktionellen 3-D-Struktur der rRNA im Ribosom die ribosomalen Proteine.

Aus Studentensicht

ABB. 4.28

ABB. 4.29

Kern-Export der RNA
RNA verlässt den Zellkern proteingebunden über die **Kernporen.** Proteinfaktoren regulieren den Transport.

RNA-Faltung und -Modifikation
Die meisten RNA-Moleküle benötigen für ihre Funktion eine **dreidimensionale Struktur,** die stets durch nicht-kovalente, intramolekulare Bindungen, oft durch Mg^{2+}-Ionen und manchmal durch zusätzliche Proteine stabilisiert wird.

Aus Studentensicht

Kurze **RNA-RNA-Doppelhelices** bilden sich oft schon während der Transkription und werden von Proteinfaktoren spezifisch erkannt. Die korrekte 3-D-Struktur ist insbesondere für untranslatierte RNA essenziell. Zu ihrer Bildung tragen auch weitere RNA-**Modifikationen** wie Methylierungen bei.
Da RNA-RNA-Helices sehr stabil sind, werden für ihre Auflösung **RNA-Helikasen** benötigt.

RNA-Editing

Ein weiterer Mechanismus zur Erhöhung der Proteinvielfalt ist das **RNA-Editing.** Dabei werden einzelne Basen der RNA chemisch so verändert, dass es zu einer **Sequenzänderung** der RNA kommt.
Die häufigste Form ist die Desaminierung von **Adenosin zu Inosin** (A-zu-I-Editing). Da Inosin nicht mit Thymin, sondern mit Cytosin paart, entspricht dies einer Code-Änderung. Meistens findet ein A-zu-I-Editing allerdings außerhalb von codierenden Regionen statt. Serotonin- oder Glutaminrezeptor-mRNAs können so jedoch editiert werden.
Daneben gibt es noch das seltene und sehr spezifische C-zu-U-Editing, bei dem **Cytosin zu Uracil** desaminiert wird. Ein Beispiel ist die mRNA für das Apolipoprotein B_{100}, das in Enterozyten so editiert wird, dass ein Stopp-Codon entsteht und die Translation nach 48 % der ursprünglichen Länge endet. Es entsteht ApoB_{48}.

4 VON DER DNA ZUR RNA: SPEICHERUNG UND AUSLESEN VON INFORMATION

Oft bilden sich schon während der Transkription erste dreidimensionale Strukturen wie Hair Pins oder Stem Loops (= kurze intramolekulare Abschnitte von RNA-RNA-Doppelhelices; ➤ Abb. 4.6) aus, die von Proteinfaktoren **spezifisch erkannt** werden und zur Regulation des Spleißens, des Kernexports oder der mRNA-Translation beitragen können. Während bei mRNAs oft nur lokale Strukturen regulatorisch wichtig sind, muss besonders für die untranslatierten RNAs die gesamte RNA richtig strukturiert sein und wie beim Spleißosom auch zwischen verschiedenen Konformationen hin und her gefaltet werden. Vermutlich wegen dieser strukturellen Anforderungen ist die Erweiterung des chemischen Repertoires der RNA durch kovalente **Modifikationen** wie Methylierungen von Ribosen oder Basen wichtig. Zum Beispiel werden tRNAs und auch rRNAs, die das hochkomplexe Ribosom aufbauen, extensiv modifiziert. snoRNAs führen die Enzyme, die diese Modifikationen katalysieren, an die richtigen Stellen der rRNA-Vorläufer.

Für die Ausbildung lokaler RNA-RNA-Doppelhelices gibt es oft verschiedene Kombinationsmöglichkeiten. Da RNA-RNA-Helices deutlich stabiler als DNA-DNA-Helices sind, würde das Auflösen nicht passender lokaler Doppelhelices bzw. das Durchprobieren alternativer Strukturen sehr lange dauern. Deshalb sind hier **ATP-abhängige RNA-Helikasen** beteiligt, von denen es eine große Vielfalt gibt. Da sie die RNA-Faltung unterstützen, sind sie mit den Chaperonen der Proteinfaltung vergleichbar (➤ 2.3.3).

RNA-Editing

Durch RNA-Editing werden **Basen** an einzelnen Stellen einer RNA chemisch so **verändert,** dass die resultierende Sequenz nicht mehr mit der Sequenz des codierenden DNA-Strangs übereinstimmt. RNA-Editing kann z. B. Spleißstellen, codierende Sequenzen oder Basenpaarungen in RNA-Strukturen beeinflussen. Damit ist es ein weiterer Mechanismus zur Erhöhung der RNA- und Proteinvielfalt.

Die häufigste Form des RNA-Editings in menschlichen Zellen (an ca. 3 Mio. RNA-Stellen) ist die hydrolytische **Desaminierung** von **Adenosin** zu Inosin (➤ Abb. 4.30). Das Editing wird deshalb **A-zu-I-Editing** oder auch **A-zu-G-Editing** genannt, da sich Inosin in einer Doppelhelix mit Cytidin paart, also bezüglich der Basenpaarung einem Austausch von A zu G entspricht. Die überwiegende Mehrheit dieses RNA-Editings findet in den repetitiven Alu-Elementen statt und hat keine Auswirkung auf die Proteine oder funktionellen RNAs der Zelle. Da Alu-Elemente möglicherweise von Retroviren abstammen und RNA-Editing auch bei in die Wirtszelle eingeschleuster viraler RNA beobachtet wird, könnte RNA-Editing ursprünglich ein **RNA-Virenabwehrsystem** der Zelle ähnlich dem RNAi-System sein (➤ 15.11).

Es gibt aber auch einige wenige Beispiele, in denen ein A-zu-I-Editing die Regulation oder Struktur eines funktionellen **Genprodukts verändert.** So werden beispielsweise die mRNAs der Rezeptoren für die Neurotransmitter Glutamat oder Serotonin durch A-zu-I-Editing modifiziert. RNA-Editing ist in Zellen des **Gehirns** deutlich häufiger als in anderen Geweben und pathologisch verändertes RNA-Editing wurde mit **Krankheiten** des Nervensystems wie Epilepsie, Depression, Schlaganfall und amyotropher Lateralsklerose (ALS), aber auch mit verschiedenen Tumorerkrankungen **assoziiert.**

Neben dem A-zu-I-Editing gibt es in extrem seltenen und hochspezifischen Fällen auch ein C-zu-U-Editing, das auf der hydrolytischen Desaminierung von Cytidin zu Uridin beruht (➤ Abb. 4.30). Ein Beispiel dafür ist die Prä-mRNA, die für das Apolipoprotein B_{100} codiert (➤ 20.1.4). Während Leberzellen die daraus prozessierte mRNA unverändert translatieren und ApoB_{100} synthetisieren, exprimieren Enterozyten spezifische Faktoren, darunter eine **Desaminase,** die die ApoB-Prä-mRNA an einer bestimmten Cytosin-Base desaminiert. So entsteht ein Stopp-Codon und die Translation der mRNA in den Enterozyten wird

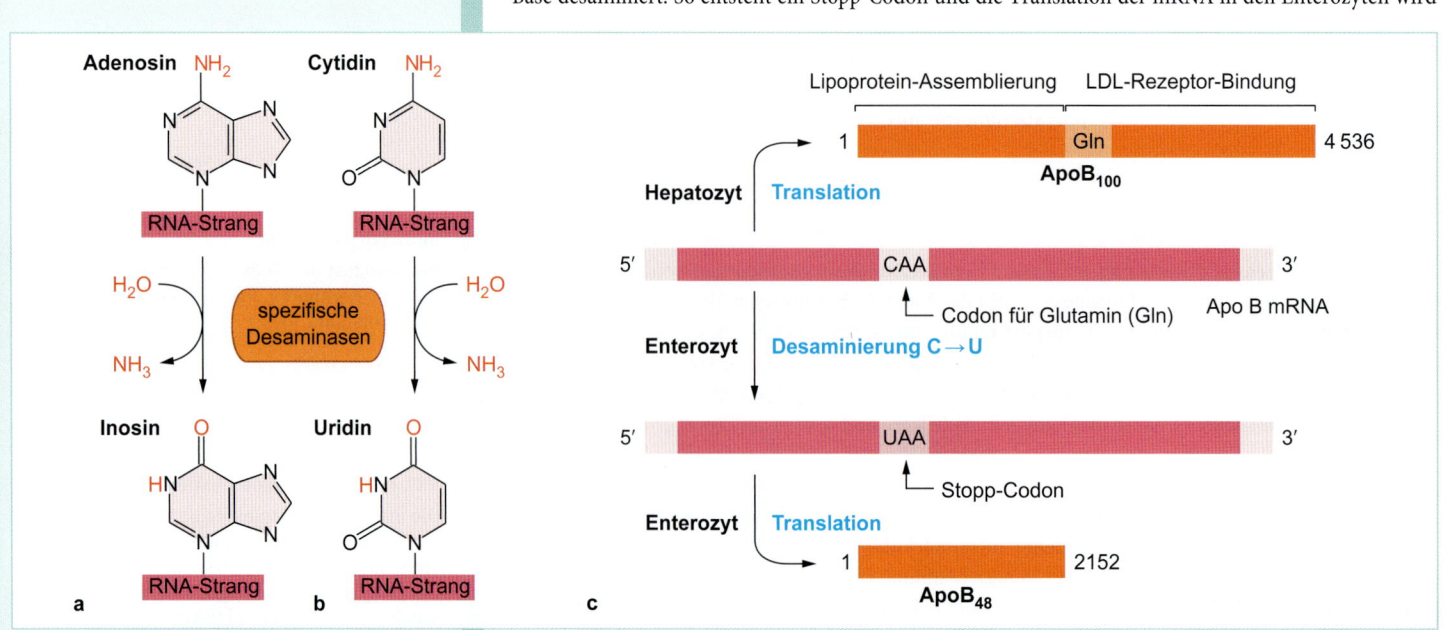

Abb. 4.30 RNA-Editing. **a** Desaminierung von Adenosin zu Inosin. **b** Desaminierung von Cytidin zu Uridin. **c** Prä-mRNA für Apolipoprotein B_{100} bzw. B_{48}. [L253]

4.5 GENEXPRESSION

vorzeitig beendet. Es entsteht ein kürzeres Apolipoprotein mit 48 % der ursprünglichen Größe, das deshalb **ApoB$_{48}$** heißt und noch die Lipoprotein-Assemblierung, aber nicht mehr die Bindung an den LDL-Rezeptor vermitteln kann.

Ähnlich wie beim alternativen Spleißen können durch RNA-Editing aus ein und derselben DNA-Sequenz zwei unterschiedliche Proteine entstehen. Im Gegensatz zum alternativen Spleißen, bei dem die verschiedenen Spleißübergänge im Wesentlichen aus der DNA-Sequenz vorhergesagt werden können, ist das **RNA-Editing kaum vorhersagbar** und erschwert daher Genom-Annotationen, kann aber durch RNA- oder Protein-Sequenzierung nachgewiesen werden.

FALL
Baby Nika ist so blass: β-Thalassämie

Der Mangel an funktionellem β-Globin, der die Symptome der β-Thalassämie bedingt, beruht nicht immer wie bei Nika auf einem Spleißdefekt der zugehörigen Prä-mRNA. Insgesamt sind mehr als 200 verschiedene Mutationen bekannt, die auf verschiedenen Ebenen die β-Globin-Genexpression stören. So kann die Regulation der Genexpression durch Mutationen in Enhancern oder im Promotor gestört werden. Mutationen im Bereich des Polyadenylierungssignals können die Stabilität der mRNA vermindern. Andere Mutationen führen zu Fehlern in der Translation, z. B. durch Leserasterverschiebungen oder verfrühte Stopp-Codons. Auch sind Mutationen bekannt, welche die Faltung des β-Globins beeinträchtigen oder seine dreidimensionale Struktur destabilisieren und so seinen Abbau beschleunigen. All diese im Prinzip verschiedenen Ursachen führen aber zu einem mehr oder weniger stark ausgeprägten β-Globin-Mangel und damit zu Symptomen wie bei Nika.

ÜBUNGSFRAGEN FÜRS MÜNDLICHE MIT LÖSUNGSHILFEN

1. In unten stehendem DNA-Abschnitt ist die markierte Base komplementär zur ersten Base eines Primärtranskripts. In welche Richtung wandert die RNA-Polymerase?
   5'-ATTTGGCGTTAGTAATACC**T**AGCTCCTTAGTTC-3'
   3'-TAAACCGCAATCATTATGGATCGAGGAATCAAG-5'

Die RNA-Polymerase wandert von rechts nach links bzw. in 3'→ 5'-Richtung den oberen Strang entlang. Wenn die markierte Base komplementär zur neu synthetisierten RNA ist, dann ist der untere Strang der codierende und der obere der Matrizenstrang. Da die Syntheserichtung **aller** Polymerasen von 5' → 3' ist und das Ablesen der Matrize den Regeln der komplementären Basenpaarung entspricht, muss die Wanderungsrichtung der Polymerasen am Matrizenstrang antiparallel von 3' → 5' sein.

2. Skizzieren Sie die wichtigsten DNA-Elemente, die für die Expression eines humanen proteincodierenden Gens notwendig sind!

Es sollten die Elemente Promotor, Transkriptionsstartstelle, Exon, Intron, Start- und Stopp-Codon, Polyadenylierungssignal sowie Enhancer und Silencer vorkommen und in richtiger Lage relativ zueinander liegen. Allein die Lage von Enhancer und Silencer kann beliebig sein (s. auch ➤ Abb. 4.21, ➤ Abb. 4.25).

Aus Studentensicht

PRÜFUNGSSCHWERPUNKTE
IMPP
- !!! Salvage Pathway (für Wiederverwertung freier Purinbasen), DNA-Replikation (Synthese in 5' → 3'-Richtung, reverse Transkriptase, Übersetzung des Matrizenstrangs in mRNA, Palindrome, Pseudouridin), Histone
- !! Spleißen (snRNA)
- ! N10-Formyl-Tetrahydrofolat (für Neusynthese von Purinen)

Kompetenzorientierte Lernziele (NKLM)

Die Studierenden können
- den Aufbau und die Funktion von Nukleotiden und Nukleinsäuren beschreiben und daraus wesentliche Eigenschaften ableiten.
- den Aufbau von Chromosomen und des Genoms erklären.
- die Speicherung von Information in Nukleinsäuren und den Aufbau von Genen erklären.
- Transkription, RNA-Modifikation und deren Regulation erklären.
- die Vervielfältigung genetischer Information erklären.
- die molekularen Grundlagen der Zelldifferenzierung erklären.

KAPITEL 5

Translation: von der RNA zum Protein

Anton Eberharter, Regina Fluhrer

5.1 Ablauf der Translation 109

5.2 Die tRNA: der Adapter 111
5.2.1 Struktur der tRNA 111
5.2.2 Aktivierung der Aminosäure 112
5.2.3 Veresterung der tRNA mit der Aminosäure 112

5.3 Der genetische Code 114

5.4 Die Ribosomen: Maschinen der Translation 115
5.4.1 Einteilung der Ribosomen 115
5.4.2 Aufbau des prokaryotischen Ribosoms 115
5.4.3 Aufbau des eukaryotischen Ribosoms 115

5.5 Phasen der eukaryotischen Translation 117
5.5.1 Initiation 117
5.5.2 Elongation 119
5.5.3 Termination 122

5.6 Die Aminosäure Selenocystein 123

5.7 Regulation der Translation 124
5.7.1 Regulation durch RNA-Interferenz 124
5.7.2 Regulation in der nicht-translatierten Region am 5'-Ende (5'-UTR) 124
5.7.3 Weitere Regulationsmechanismen 125

5.8 Translation in Prokaryoten 126

Aus Studentensicht

Wer einmal einen Patienten mit Diphtherie gesehen hat, wird dieses Bild kaum wieder vergessen: eine fulminante Rachenentzündung mit grauen Belägen aus abgestorbenen Zellen. Unter optimaler Therapie beträgt die Letalität immer noch ca. 10 %. Aber warum ist Diphtherie eigentlich so gefährlich? Das Toxin der Diphtherie-Bakterien hemmt die Translation, also die Proteinsynthese, in unseren Zellen. Ohne Proteine kann aber eine Zelle ihren Stoffwechsel nicht aufrechterhalten und stirbt ab. Ironischerweise werden zur Therapie der Diphtherie neben Antitoxinen auch Antibiotika eingesetzt, die spezifisch die bakterielle Translation hemmen. Da sich eukaryotische und prokaryotische Ribosomen voneinander unterscheiden, ist dies ein guter Ansatzpunkt für eine gezielte antimikrobielle Therapie.
Carolin Unterleitner

5.1 Ablauf der Translation

> **FALL**
>
> **Herr Berggruen hat Husten und Fieber**
>
> Der 35-jährige Herr Berggruen schleppt sich in das Sprechzimmer. Er ist fast nicht zu sehen hinter dem dicken Schal, den er trägt. Seinen Mantel hat er auch noch an, obwohl es in der Praxis mit 24 °C eher warm ist. Er berichtet: „Gestern habe ich noch normal gearbeitet, gegen Abend fühlte ich mich dann schon so schlapp, ich habe mich gleich ins Bett gelegt, aber mir wurde trotz zwei Decken nicht warm. Jetzt habe ich auch noch Kopf- und Gliederschmerzen. Ich hab es kaum zu Ihnen geschafft." Ein Hustenanfall schüttelt ihn.
> Ein Blick in die Akte zeigt Ihnen, dass Herr Berggruen keinerlei Vorerkrankungen hat, lediglich eine Penicillin-Allergie ist eingetragen. Bei der körperlichen Untersuchung fällt Ihnen eine erhöhte Atemfrequenz auf, auch glüht er regelrecht. Er hat Fieber, Sie messen 40,2 °C. Beim Abhören der Lunge fallen feuchte, kleinblasige Rasselgeräusche sowie ein gedämpfter Klopfschall rechts auf. Im Röntgenbild zeigt sich eine Verschattung des rechten unteren Lungenlappens. Die Laboruntersuchung ergibt einen erhöhten Leukozytenwert (Leukozytose) von 15 000/μl (Normalwert Erwachsene: 4 400–11 300/μl).
> Was hat Herr Berggruen und welche Therapie kann ihm helfen?

Durch die Translation wird die Nukleotidsequenz der fertig prozessierten **Messenger-RNA** (mRNA) an Ribosomen im **Zytoplasma** in eine **Aminosäuresequenz** übersetzt. Dabei werden Peptidbindungen (Säureamidbindungen) zwischen den Aminosäuren geknüpft. Der Ablauf der Translation in Pro- und Eukaryoten ist sehr ähnlich und wird in drei Phasen eingeteilt: **Initiation, Elongation** und **Termination. Mitochondrien** haben einen **eigenen** Translationsapparat, der dem der Prokaryoten ähnelt; ein weiterer Hinweis auf ihren Ursprung als Endosymbionten (➤ 1.3.1).

5.1 Ablauf der Translation

Die **Translation** wird in die Phasen Initiation, Elongation und Termination unterteilt. Sie dient der Übersetzung der **mRNA-** in eine **Aminosäuresequenz** an Ribosomen. Dabei werden Peptidbindungen zwischen den Aminosäuren ausgebildet.

Aus Studentensicht

RNA-Moleküle spielen eine wichtige Rolle bei der Translation. In ihren Aufgaben werden sie von Proteinen unterstützt.
Die wichtigsten **Akteure der Translation** sind:
- **Messenger-RNA** (mRNA): Matrize, auf der drei aufeinander folgende Nukleotide ein Codon bilden. Es gibt Codons für Aminosäuren, ein Start-Codon und drei Stopp-Codons.
- **Transfer-RNA** (tRNA): Adaptermolekül mit Anticodon, das eine Aminosäure bindet und die Codons der mRNA in eine Aminosäuresequenz übersetzt. Die Aminosäure wird von hochspezifischen Aminoacyl-tRNA-Synthetasen auf die passende tRNA übertragen.
- **Ribosomale RNA** (rRNA): struktureller Bestandteil der Ribosomen mit katalytischer Aktivität zur Knüpfung der Peptidbindung zwischen den Aminosäuren.
- **Aminoacyl-tRNA-Synthetasen.**
- **Hilfsproteine:** Initiations-, Elongations- und Terminationsfaktoren sind oft kleine G-Proteine.

ABB. 5.1

5 TRANSLATION: VON DER RNA ZUM PROTEIN

RNA-Moleküle waren vermutlich schon früh in der Evolution katalytisch aktiv und konnten in den Urzellen zunächst die Kondensation von Nukleotiden und später auch die von Aminosäuren beschleunigen (> 1.1.5). Diese Hypothese wird u. a. dadurch gestützt, dass RNA-Moleküle auch heute noch eine wichtige Rolle im Rahmen der Translation spielen. In den modernen Zellen bilden sie dazu teils Komplexe mit Proteinen bzw. werden von einer Vielzahl von Proteinen unterstützt. Die wichtigsten **Akteure** der Translation sind:
- Messenger-RNA (mRNA)
- Ribosomen, bestehend aus ribosomaler RNA (rRNA) und ribosomalen Proteinen
- Transfer-RNA (tRNA)
- Aminoacyl-tRNA-Synthetasen
- Hilfsproteine

Die **mRNA** dient als Matrize für die Translation (> Abb. 5.1). Jeweils drei aufeinander folgende Nukleotide bilden ein **Codon**, das für eine Aminosäure codiert. Weiterhin gibt es **ein Start-Codon** mit der Sequenz AUG sowie die **drei Stopp-Codons** UAA, UAG und UGA.

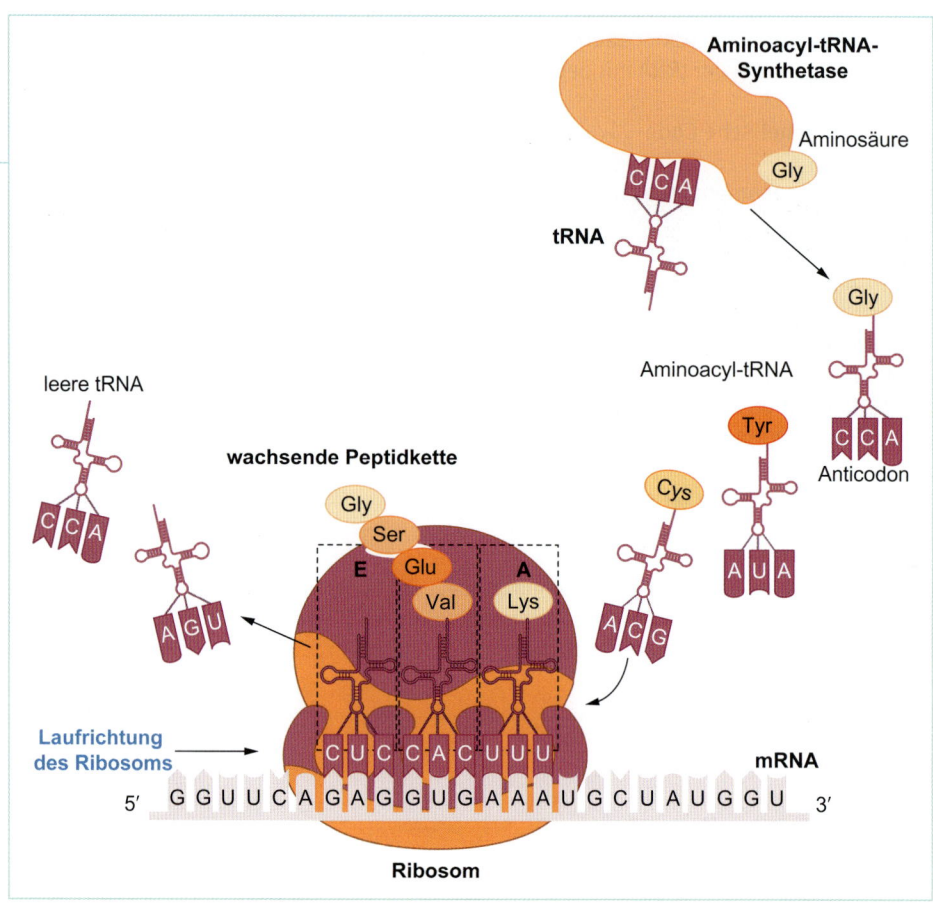

Abb. 5.1 Ablauf der Translation [L138]

Die **tRNA** ist das **Adapter-Molekül** zwischen mRNA und Aminosäure. Auf der tRNA befindet sich u. a. das **Anticodon,** eine Sequenzfolge aus ebenfalls drei Nukleotiden, über welche die tRNA komplementär mit dem passenden Codon der mRNA interagieren kann. Mit dem terminalen Adenosin am 3'-OH-Ende der tRNA ist die jeweils passende Aminosäure verestert. Die Bindung der korrekten Aminosäure an die zugehörige tRNA wird von mindestens 20 **spezifischen Aminoacyl-tRNA-Synthetasen** katalysiert.

Die ribosomalen RNA-Moleküle **(rRNA)** sind fundamentaler Bestandteil der **Ribosomen,** dem eigentlichen „Ort" der Translation im Zytoplasma. Die rRNA ist nicht nur Hauptstrukturbestandteil der Ribosomen, sondern im Fall der 28S-rRNA, die das **Knüpfen der Peptidbindung** zwischen zwei Aminosäuren am Ribosom katalysiert, auch **enzymatisch aktiv.**

Die unterschiedlichen RNA-Moleküle werden im Zellkern transkribiert und prozessiert (= Reifung). Die fertig prozessierten mRNA- und tRNA-Moleküle werden anschließend über die Kernporen in das Zytoplasma transportiert (> 4.5.4). Reife rRNA-Moleküle werden im Nukleolus mit den ribosomalen Proteinen zu fertigen Ribosomen zusammengebaut und anschließend ins Zytoplasma exportiert.

Für nahezu jeden Teilschritt der Translation sind Hilfsproteine nötig, die entsprechend den Translationsphasen in **Initiations-, Elongations- und Terminationsfaktoren** eingeteilt werden. Einige von ihnen sind kleine, ca. 20–30 kDa große, monomere **G-Proteine,** die in der GTP-gebundenen Form aktiv und im GDP-gebundenen Zustand inaktiv sind (> Abb. 5.2).

5.2 DIE tRNA: DER ADAPTER

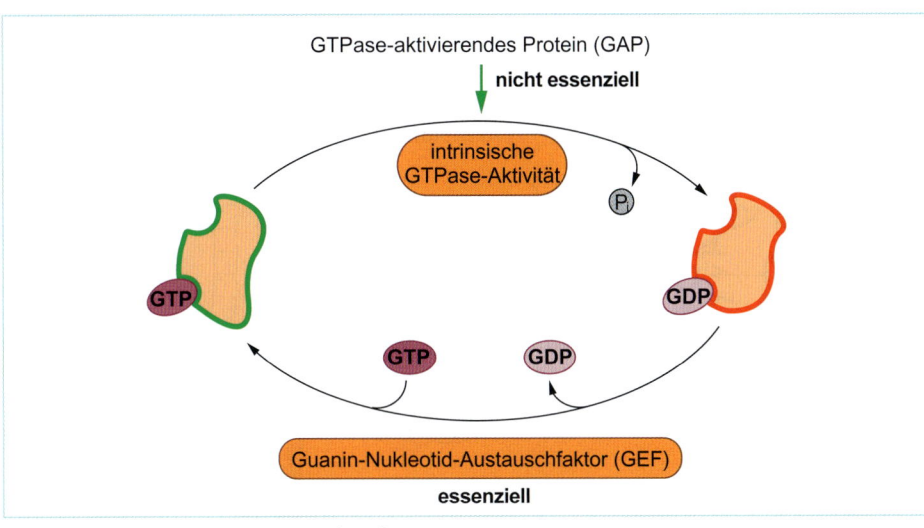

Abb. 5.2 Funktionsweise von G-Proteinen [L253]

> **G-Proteine**
>
> G-Proteine haben im aktiven Zustand ein **GTP-Molekül** gebunden. Eine intrinsische GTPase-Aktivität hydrolysiert GTP zu **GDP und Phosphat,** wodurch sich das G-Protein nach einiger Zeit selbst inaktiviert. In vielen Fällen wird die intrinsische GTPase-Aktivität durch ein **GTPase aktivierendes Protein** (GAP, GTPase-Activating Protein) verstärkt und die Inaktivierung des G-Proteins dadurch beschleunigt. Die erneute Aktivierung des G-Proteins kann nur mithilfe eines **Guanin-Nukleotid-Austauschfaktors** (GEF, Guanin Nucleotide Exchange Factor) erfolgen, der den Austausch von GDP gegen GTP katalysiert. Das G-Protein kann sich nicht eigenständig reaktivieren, da es keine intrinsische Kinase-Aktivität besitzt und selbst auch GDP nicht gegen GTP austauschen kann.
> G-Proteine treten in unterschiedlichen Varianten auf. Sie können als kleine monomere Proteine auftreten oder auch trimere Komplexe bilden. Der grundsätzliche Mechanismus der Aktivierung und Inaktivierung ist aber allen G-Proteinen gemeinsam.

Die Translation beginnt mit der **Initiation,** bei der die mRNA, das Ribosom und die Initiator-tRNA schrittweise zusammengefügt werden. Unterstützt wird diese koordinierte Assemblierung durch zahlreiche **Initiationsfaktoren.** Die Initiator-tRNA ist mit Methionin beladen und trägt das zum Start-Codon AUG komplementäre Anti-Codon CAU. Durch das **AUG-Start-Codon** wird das Leseraster für die Polypeptidsynthese festgelegt. Durch die **Elongation** erfolgt die eigentliche Synthese des Proteins, bei der die Aminosäuren tRNA-vermittelt nacheinander verknüpft werden. Die Codon-Abfolge der mRNA-Matrize wird dabei in 5' → 3'-**Richtung** abgelesen und die wachsende Polypeptidkette vom **N-Terminus zum C-Terminus** synthetisiert. Die **Termination** erfolgt durch eines der drei Stopp-Codons und führt zur hydrolytischen Freisetzung des neu synthetisierten Polypeptids.

5.2 Die tRNA: der Adapter

5.2.1 Struktur der tRNA

Für jede der unterschiedlichen proteinogenen Aminosäuren gibt es mindestens eine spezifische tRNA. Alle tRNAs nehmen eine Struktur an, die schematisch zweidimensional wie ein **Kleeblatt** darstellt werden kann (> Abb. 5.3). Diese gängige Darstellung der Sekundärstruktur ist jedoch nur eine grafische Abstraktion. Tatsächlich sehen die tRNAs in ihrer räumlichen Faltung wie ein „L" aus. Diese Struktur ergibt sich durch die Ausbildung mehrerer intramolekularer Wasserstoffbrücken zwischen komplementären Basen. Dadurch entstehen doppelsträngige helikale Abschnitte im sonst einzelsträngigen RNA-Molekül. tRNA-Moleküle enthalten häufig **außergewöhnliche Basen,** wie Inosin, Dihydrouridin oder Pseudouridin.

Über drei Basen der Anticodonschleife interagiert die tRNA komplementär mit den passenden drei Basen des Codons der mRNA unter Ausbildung einer kurzen, durch Wasserstoffbrückenbindungen stabilisierten RNA-Doppelhelix. Die Beladung eines tRNA-Moleküls mit der richtigen Aminosäure erfolgt am **3'-Ende der tRNA** im **Akzeptorarm.** Die Nukleotidsequenz dort ist bei allen tRNA-Molekülen **5'-CCA-3'.** Am terminalen Adenosin wird die entsprechende Aminosäure über ihre **Carboxylgruppe** an die tRNA gebunden, indem sie entweder mit der **2'-OH-** oder der **3'-OH-Gruppe** der Ribose des Adenosins eine **Esterbindung** eingeht.

Aus Studentensicht

ABB. 5.2

In der **Initiationsphase** assemblieren mRNA, Ribosom und die mit Methionin beladene Initiator-tRNA. In der **Elongationsphase** entsteht die vollständige Peptidkette, die in der **Terminationsphase** hydrolytisch freigesetzt wird.

5.2 Die tRNA: der Adapter

5.2.1 Struktur der tRNA
Durch die Ausbildung von doppelsträngigen Abschnitten nimmt die tRNA eine **Kleeblatt-ähnliche Struktur** an. Oft sind **außergewöhnliche Basen** wie Inosin, Dihydrouridin oder Pseudouridin enthalten.

Die drei Basen des Anticodons sind komplementär zu den jeweiligen drei Basen des Codons.
Das **3'-Ende** aller **tRNAs** endet auf 5'-CCA-3' und ist der **Akzeptor** für die Aminosäuren. Die zum Anticodon passende Aminosäure wird über eine **Esterbindung** an die Ribose des endständigen Adenosins gebunden.

Aus Studentensicht

ABB. 5.3

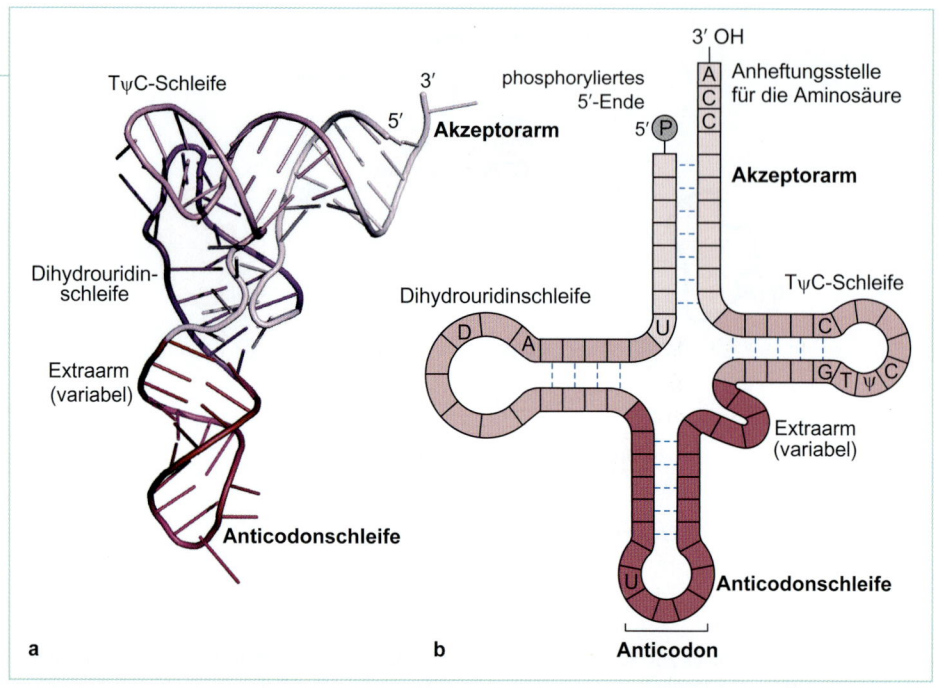

Abb. 5.3 tRNA (D = Dihydrouridin; ψ [Psi] = Pseudouridin). **a** Räumliche Darstellung. [P414] **b** Schematische Darstellung. [L253]

5.2.2 Aktivierung der Aminosäure

Die Kopplung der Aminosäure an die tRNA ist ein zweistufiger Prozess und wird von **Aminoacyl-tRNA-Synthetasen** katalysiert.
Die notwendige **Aktivierung** der Aminosäure erfolgt über die Spaltung von **ATP**. Dabei wird AMP unter Bildung einer energiereichen gemischten **Säureanhydridbindung** auf die Aminosäure übertragen und es entsteht ein **Aminoacyl-Adenylat**. Die Spaltung des frei werdenden **Pyrophosphats** verschiebt das Reaktionsgleichgewicht auf die Seite der Produkte.
Die aktivierte Aminosäure bleibt im aktiven Zentrum der Aminoacyl-tRNA-Synthetase gebunden.

5.2.3 Veresterung der tRNA mit der Aminosäure

Durch Spaltung der Säureanhydridbindung und Übertragung der Aminosäure auf das 3'-OH der endständigen Ribose der tRNA entsteht die **Aminoacyl-tRNA** (= beladene tRNA).

Aminoacyl-tRNA-Synthetasen stellen sicher, dass nur die jeweilige, zum Anticodon passende Aminosäure mit der tRNA verknüpft wird. Strukturell **richtige Aminosäuren** werden mit hoher Affinität im aktiven Zentrum gebunden, falsche Aminosäuren werden wieder entfernt. Mithilfe einer **Korrekturstelle** können falsch an die tRNA gebundene Aminosäuren wieder hydrolytisch abgespalten werden. So wird eine **niedrige Fehlerrate** gewährleistet.

5 TRANSLATION: VON DER RNA ZUM PROTEIN

5.2.2 Aktivierung der Aminosäure

Das Anheften der proteinogenen Aminosäuren wird durch eine jeweils spezifische **Aminoacyl-tRNA-Synthetase** katalysiert. Diese Kopplungsreaktion ist ein **zweistufiger Prozess,** bei dem die Aminosäure zunächst aktiviert und anschließend mit der tRNA verestert wird. Beide Teilreaktionen werden durch die Aminoacyl-tRNA-Synthetase katalysiert (> Abb. 5.4).

Die reaktionsträge Carboxylgruppe der Aminosäure reagiert dabei zunächst mit dem α-ständigen Phosphat des ATP (> Abb. 5.4). So entstehen **Aminoacyl-Adenylat** (Aminoacyl-AMP) und **Pyrophosphat** (PP_i). Das Gleichgewicht dieser Reaktion liegt auf der Seite der Edukte. PP_i wird jedoch durch die **Pyrophosphatase** hydrolysiert und dem Reaktionsgleichgewicht entzogen (= Pyrophosphatantrieb) (> 3.2.6). Dadurch verschiebt sich das Gleichgewicht dieser Teilreaktion auf die Seite des Aminoacyl-AMP, das eine energiereiche **gemischte Säureanhydridbindung** (Carbonsäure-Phosphorsäure-Anhydridbindung) enthält. Insgesamt werden so zwei Phosphorsäureanhydridbindungen gespalten, für deren Regeneration zwei ATP zu ADP abgebaut werden müssen. Die Aminosäure ist nun aktiviert und noch über nichtkovalente Wechselwirkungen fest an das aktive Zentrum der Aminoacyl-tRNA-Synthetase gebunden.

> **Aktivierung von Carbonsäuren**
>
> Carbonsäuren sind grundsätzlich reaktionsträge und müssen immer aktiviert werden, bevor sie Reaktionen im Stoffwechsel eingehen. Neben den Aminosäuren müssen daher auch Fettsäuren vor der Reaktion aktiviert werden. Der Mechanismus zur Aktivierung von Carbonsäuren verläuft i. d. R. über ein Acyl-Adenylat (> 20.1.3).

5.2.3 Veresterung der tRNA mit der Aminosäure

Im zweiten Teilschritt verknüpft die Aminoacyl-tRNA-Synthetase die Carboxylgruppe der aktivierten Aminosäure mit der OH-Gruppe der Ribose am terminalen Adenosin der tRNA unter Spaltung der gemischten Säureanhydridbindung (> Abb. 5.4). Dabei entstehen eine **Aminoacyl-tRNA** (= mit Aminosäure beladene tRNA) und **AMP**. Erfolgt die Reaktion zunächst am 2'-OH der Ribose, liegt eine **Klasse-1-Aminoacyl-tRNA-Synthetase** vor. In diesem Fall erfolgt anschließend eine Umesterung auf die 3'-OH-Gruppe der Ribose. **Klasse-2-Aminoacyl-tRNA-Synthetasen** katalysieren direkt die Verknüpfung der Aminosäure mit dem 3'-OH der Ribose.

Die für jede Aminosäure spezifischen Aminoacyl-tRNA-Synthetasen erfüllen eine wichtige **Kontrollfunktion** für die Translation. Sie stellen sicher, dass immer nur die zum jeweiligen Anticodon passende Aminosäure mit der tRNA verknüpft wird. Aminoacyl-tRNA-Synthetasen besitzen die Fähigkeit, im Synthesezentrum über spezifische Bindungsstellen mit **hoher Affinität** sowohl spezifisch nur die **richtige Aminosäure** als auch die zugehörige tRNA zu binden (> Abb. 5.5). Strukturähnliche Aminosäuren können zwar vorübergehend, jedoch nur mit geringer Affinität in dieses aktive Zentrum binden. Falls es zur Bildung eines Acyladenylats kommt, kann das Enzym die falsche Aminosäure direkt wieder hydrolytisch abspalten und dadurch entfernen, bevor sie mit der tRNA verknüpft wird (= Prätransfer-Korrektur).

5.2 DIE tNRA: DER ADAPTER — Aus Studentensicht

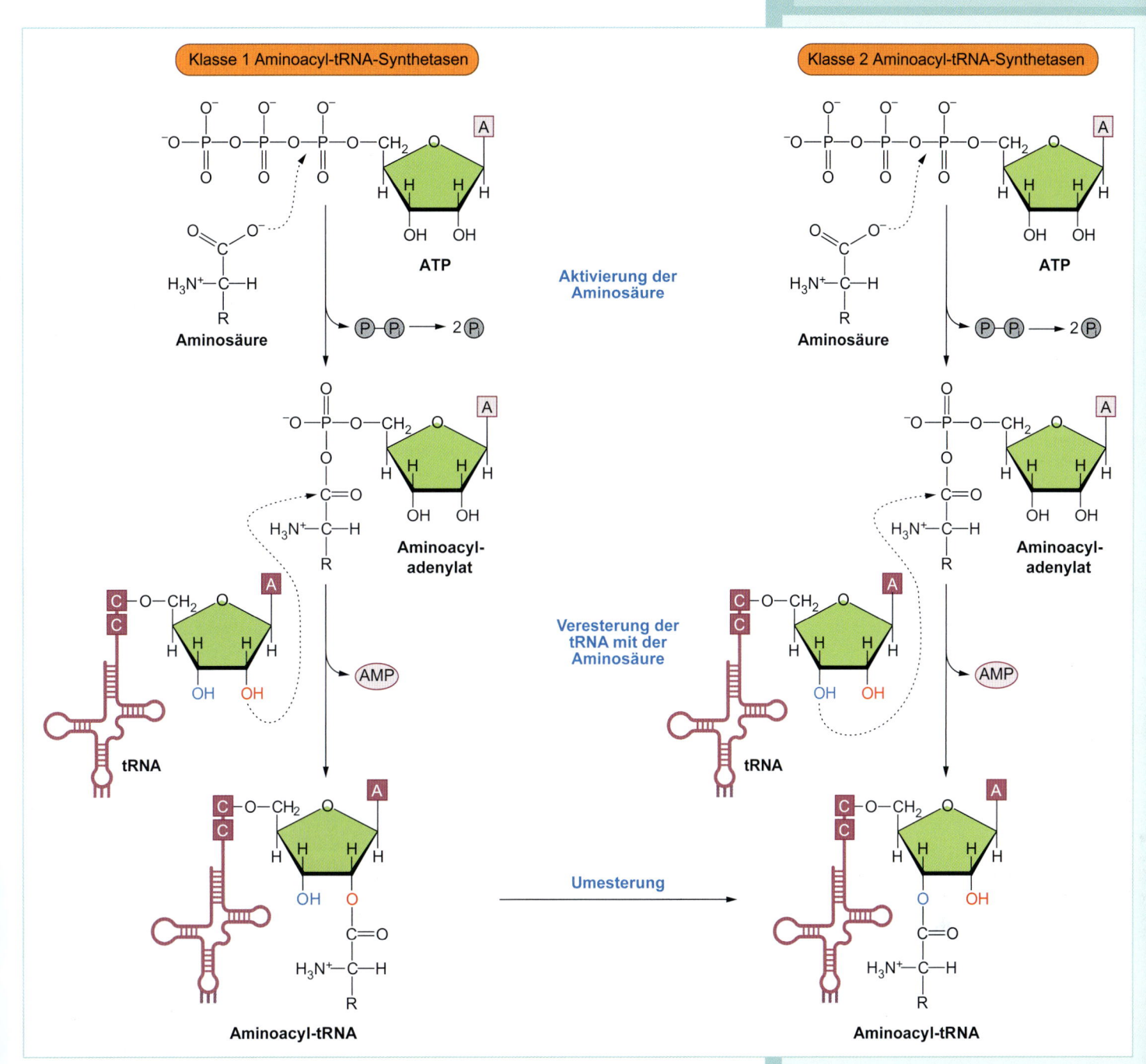

Abb. 5.4 Aktivierung der Aminosäuren und Veresterung mit der tRNA [L253]

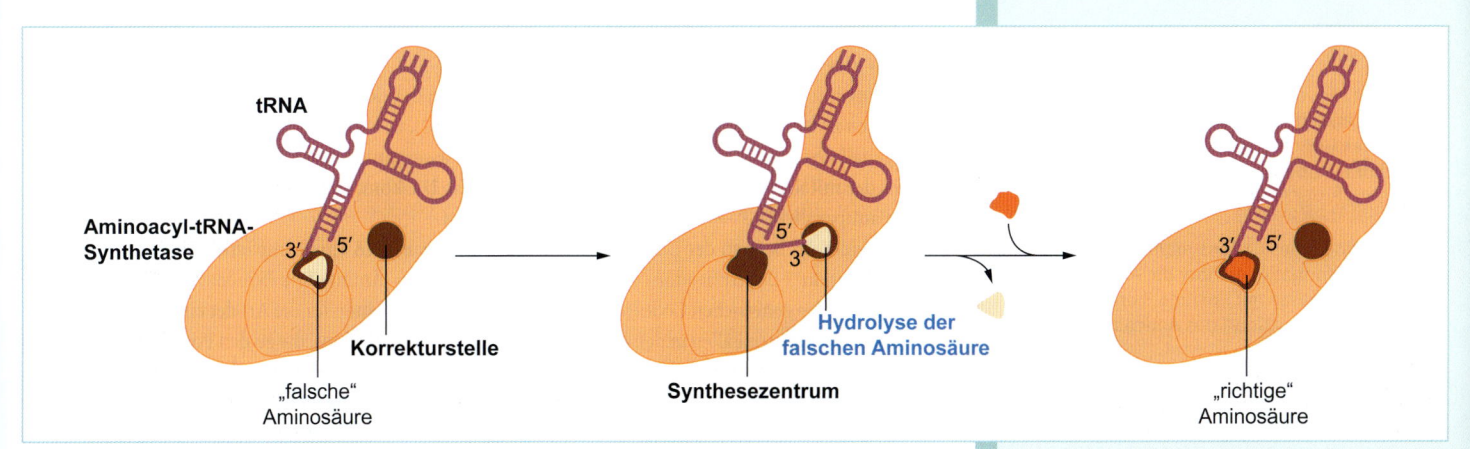

Abb. 5.5 Fehlerkorrektur (Posttransfer-Korrektur) durch die Aminoacyl-tRNA-Synthetasen [L138]

Falls ein „falsches" Aminoacyladenylat diesem Qualitätssicherungsschritt entkommt und es zur Bildung einer „falschen" Aminoacyl-tRNA kommt, kann dies ebenfalls durch die Aminoacyl-tRNA-Synthetase erkannt und repariert werden (= Posttransfer-Korrektur). Im Zuge dieser Korrektur schwenkt der flexible

3'-Akzeptorarm der tRNA in Richtung einer Korrekturstelle, die sich ebenfalls im aktiven Zentrum der Aminoacyl-tRNA-Synthetase befindet. Eine richtig gepaarte Aminosäure wird dort nicht aufgenommen und bleibt mit der tRNA verestert. Eine falsch verknüpfte Aminosäure tritt ins Korrekturzentrum der Aminoacyl-tRNA-Synthetase ein und wird hydrolytisch abgespalten. Nach Zurückschwenken des 3'-Akzeptorarms wird die tRNA erneut mit einer Aminosäure verknüpft. Diese beiden Korrekturmechanismen der Aminoacyl-tRNA-Synthetasen garantieren bereits beim Beladen der tRNA eine niedrige Fehlerrate.

5.3 Der genetische Code

Die Reihenfolge der zu verknüpfenden Aminosäuren ist durch die Reihenfolge der **Codons** auf der mRNA vorgegeben. Damit gibt es 64 verschiedene Codons für 20 proteinogene Aminosäuren und die drei Stopp-Codons. Für **Methionin** und **Tryptophan** gibt es genau ein Codon. Da aber einige der Aminosäuren durch mehr als ein Codon codiert werden, ist der genetische Code **degeneriert** (redundant).
Andererseits ist der genetische Code **universell,** da er von den meisten Organismen benutzt wird. **Mitochondrien** besitzen einen eigenen Translationsapparat und nutzen einen leicht veränderten genetischen Code.

ABB. 5.6

5.3 Der genetische Code

Die Information für die Abfolge der Aminosäuren in einem Protein wird durch die Reihenfolge der Codons in der mRNA vorgegeben. In der RNA wird die Information für 20 verschiedene proteinogene Aminosäuren durch nur 4 verschiedene Basen codiert (➤ Abb. 5.6). Um eine ausreichende Anzahl an unterschiedlichen Codons für alle Aminosäuren zu haben, müssen daher wenigstens 3 Basen **(Basentriplett)** ein **Codon** bilden. Somit gibt es 4^3 = **64** verschiedene Codons in der mRNA. Die meisten Aminosäuren werden von mehreren Codons codiert. Nur ein Codon gibt es für die Aminosäuren Methionin und Tryptophan. Die drei Stopp-Codons UAA, UAG und UGA codieren nicht für Aminosäuren. Da es 61 codierende Tripletts für 20 Aminosäuren gibt, ist der genetische Code **degeneriert** (redundant). In den meisten Fällen unterscheiden sich die verschiedenen Codons, die für dieselbe Aminosäure codieren, nur in der 3. Position.

1. Position 5'	2. Position U	2. Position C	2. Position A	2. Position G	3. Position 3'
U	UUU Phe	UCU Ser	UAU Tyr	UGU Cys	U
U	UUC Phe	UCC Ser	UAC Tyr	UGC Cys	C
U	UUA Leu	UCA Ser	UAA STOP	UGA STOP	A
U	UUG Leu	UCG Ser	UAG STOP	UGG Trp	G
C	CUU Leu	CCU Pro	CAU His	CGU Arg	U
C	CUC Leu	CCC Pro	CAC His	CGC Arg	C
C	CUA Leu	CCA Pro	CAA Gln	CGA Arg	A
C	CUG Leu	CCG Pro	CAG Gln	CGG Arg	G
A	AUU Ile	ACU Thr	AAU Asn	AGU Ser	U
A	AUC Ile	ACC Thr	AAC Asn	AGC Ser	C
A	AUA Ile	ACA Thr	AAA Lys	AGA Arg	A
A	**AUG Met**	ACG Thr	AAG Lys	AGG Arg	G
G	GUU Val	GCU Ala	GAU Asp	GGU Gly	U
G	GUC Val	GCC Ala	GAC Asp	GGC Gly	C
G	GUA Val	GCA Ala	GAA Glu	GGA Gly	A
G	GUG Val	GCG Ala	GAG Glu	GGG Gly	G

Abb. 5.6 Genetischer Code [L253]

Die Codons liegen auf der mRNA direkt benachbart und werden nicht durch spezielle Strukturen getrennt. Der Beginn eines Codons ist nicht markiert, sondern ergibt sich aus dem auf das Ende des vorhergehenden Codons folgende Nukleotid.
Der genetische Code wird zudem von fast allen Organismen benutzt und ist daher **universell.** Die Mitochondrien besitzen einen eigenen Translationsapparat und zeigen auch einige Abweichungen zum universellen genetischen Code.

Das Codon bindet das Anticodon antiparallel über **Wasserstoffbrücken.** Guanin und Cytosin interagieren über drei Wasserstoffbrücken, Adenin und Uracil über zwei.

Die Interaktion des Codons der mRNA mit dem Anticodon der tRNA erfolgt durch **Wasserstoffbrückenbindungen** zwischen den komplementären Basen (➤ 4.2.2). Die Basen Guanin und Cytosin interagieren im Regelfall über drei, Adenin und Uracil über zwei Wasserstoffbrückenbindungen (➤ Abb. 5.7a). Die Codons der mRNA werden in 5' → 3'-Richtung abgelesen. Die komplementären Anticodons auf der tRNA binden antiparallel in 3' → 5'-Orientierung an die Codons.

Position 1 und 2 des Codons enthalten die wesentlichen Informationen über die Art der Aminosäure und paaren mit Position 3 und 2 des Anticodons. An Position 1 des Anticodons ist häufig **Inosin** zu finden.
Inosin kann flexibel mit Uracil, Cytosin und Adenin interagieren (= Beispiele für **Wobble-Basenpaarungen**). So kann eine tRNA mehrere Codons erkennen und es gibt weniger verschiedene tRNAs als Codons.

Folglich bildet die Base an der 1. Position des Codons auf der mRNA eine komplementäre Paarung mit der Base an Position 3 des Anticodons in der **Aminoacyl-tRNA** (= Aminosäure-beladenen tRNA). Durch die Degeneration des genetischen Codes steckt die wesentliche Information für die Art der einzubauenden Aminosäure in den meisten Fällen in den ersten beiden Positionen des Codons, die zu den Positionen 2 und 3 des Anticodons komplementär sind. Sie sind wesentlich verantwortlich für den korrekten Einbau der Aminosäure. An der Position 1 des Anticodons können auch **Wobble-Basenpaarungen** (engl. = wackelnd) auftreten, die weniger stabil sind. So kann sich hier beispielsweise Guanin nicht nur mit Cytosin, sondern auch mit Uracil paaren. In der tRNA kommt in der Wobble-Position häufig die Base **Inosin** vor, die mit Uracil, Cytosin und Adenin der mRNA interagieren kann (➤ Abb. 5.7b, c). Durch die Wobble-Basenpaarungen kann eine tRNA unterschiedliche Codons derselben Aminosäure erkennen. Daher benötigen Zellen nicht für jedes der 61 für Aminosäuren codierenden Codons eine eigene tRNA. Bakterien können mit 31 unterschiedlichen tRNAs auskommen, der Mensch hat über 500 tRNA-Gene mit 49 unterschiedlichen Anticodons.

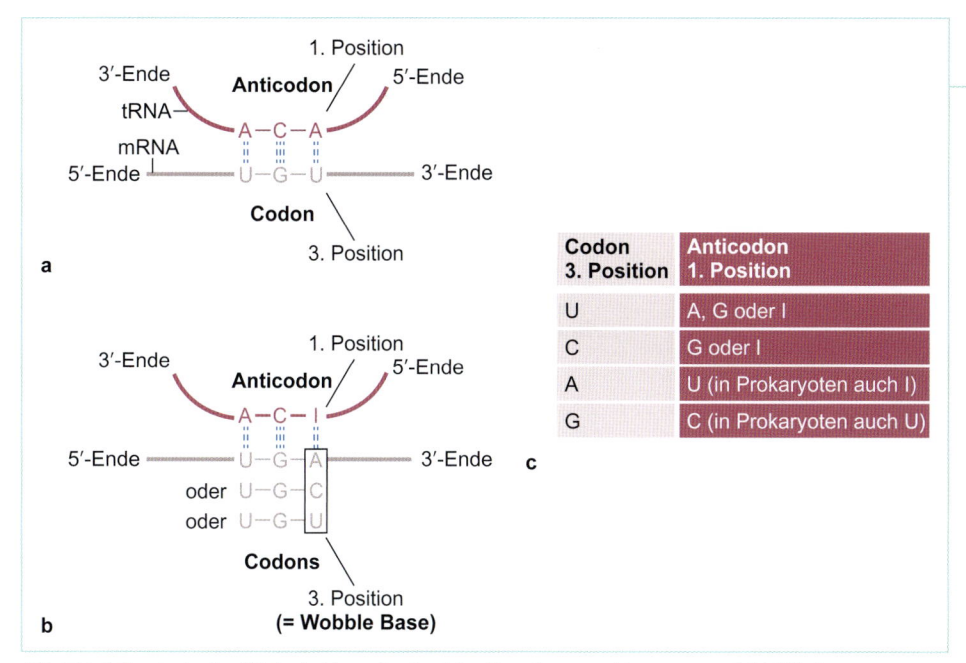

Abb. 5.7 Codon-Anticodon-Wechselwirkung (I = Inosin). **a** Komplementäre Basenpaarung. **b** Wobble-Basenpaarung mit der Base Inosin. **c** Mögliche Wobble-Basenpaarungen. [L253]

Codon 3. Position	Anticodon 1. Position
U	A, G oder I
C	G oder I
A	U (in Prokaryoten auch I)
G	C (in Prokaryoten auch U)

5.4 Die Ribosomen: Maschinen der Translation

5.4.1 Einteilung der Ribosomen

Die Ribosomen sind die zentrale Maschinerie der Proteinbiosynthese. An ihnen erfolgt der **koordinierte Ablauf** der Translation. Die Ribosomen der Prokaryoten und Eukaryoten sind grundsätzlich ähnlich aufgebaut und bestehen aus einer kleinen und einer großen Untereinheit.

Ribosomen sind **Ribonukleoproteine** aus zahlreichen **Proteinen** und **ribosomaler RNA** (rRNA). Die rRNA-Moleküle umfassen mehr als 60 % der Gesamtmasse des Ribosoms und sind funktionell von großer Bedeutung.

Die Ribosomen und ihre Untereinheiten werden nach dem Sedimentationsverhalten während der Zentrifugation in einem Dichtegradienten benannt. Der Sedimentationskoeffizient (Svedberg-Einheit S) gibt an, mit welcher Geschwindigkeit sich Moleküle während der Zentrifugation bewegen, und hängt von Größe und Form der Moleküle ab. Prokaryotische Ribosomen sind 70S-Ribosomen, die größeren eukaryotischen hingegen 80S-Ribosomen. Mitochondrien besitzen eigene 55S-Ribosomen, die ebenfalls aus einer großen und einer kleinen Untereinheit bestehen.

5.4.2 Aufbau des prokaryotischen Ribosoms

Die kleine Untereinheit des prokaryotischen 70S-Ribosoms sedimentiert als isolierte Einheit mit 30S, während die große Untereinheit einen Sedimentationskoeffizienten von 50S zeigt.

Die kleine 30S-Untereinheit umfasst ca. 21 Proteine und ein 16S-rRNA-Molekül. Die 50S-Untereinheit besteht aus etwa 34 Proteinen und einer 23S- und einer 5S-rRNA. Die Anzahl der Proteine kann zwischen den Arten leicht variieren.

5.4.3 Aufbau des eukaryotischen Ribosoms

Eukaryotische Ribosomen kommen sowohl **frei im Zytoplasma** als auch an die Membran des endoplasmatischen Retikulums gebunden vor (= **raues ER**). Eukaryotische Ribosomen sedimentieren mit 80S.

Die **kleine 40S-Untereinheit** der eukaryotischen Ribosomen besteht je nach Organismus aus einem **18S-rRNA-Molekül** und, bei Säugern, aus 33 Proteinen (> Abb. 5.8). Für ihre korrekte räumliche Anordnung ist die dreidimensionale Struktur der 18S-rRNA wesentlich. Diese Struktur wird ähnlich wie bei der tRNA durch zahlreiche doppelsträngige Bereiche mit **intramolekularen Wasserstoffbrückenbindungen** zwischen komplementären Basen gebildet. Die ribosomalen Proteine übernehmen eine stabilisierende Funktion und führen so zur globulären Struktur der Untereinheit. Die 40S-Untereinheit spielt während der Initiationsphase der Translation eine wichtige koordinierende Rolle und kann die mRNA sowie ein Methionin-beladenes tRNA-Molekül binden.

Die **große 60S-Untereinheit** besteht aus ca. 50 Proteinen und den **28S-, 5,8S- und 5S-rRNA-Molekülen**, die wie in der kleinen Untereinheit die Struktur des Komplexes mitbestimmen. Ein Abschnitt der 28S-rRNA ist während der Elongation **katalytisch aktiv**. Diese Peptidyltransferase-Aktivität katalysiert das **Knüpfen der Peptidbindung** zwischen der Amino- und der Carboxylgruppe zweier Aminosäuren.

Aus Studentensicht

ABB. 5.7

5.4 Die Ribosomen: Maschinen der Translation

5.4.1 Einteilung der Ribosomen

Ribosomen koordinieren den Ablauf der Translation und sind die zentrale Maschinerie der **Proteinbiosynthese**.
Ribosomen sind **Ribonukleoproteine**, bestehen also aus **rRNA** und **Proteinen**. Diese lagern sich zu einer großen und einer kleinen Untereinheit zusammen. Eukaryoten besitzen ein **80S-**, Prokaryoten ein **70S**-Ribosom. Das „S" steht für **Svedberg** und bezeichnet den Sedimentationskoeffizienten.
Mitochondrien besitzen ein 55S-Ribosom, das aus dem 70S-Ribosom entstanden ist.

5.4.2 Aufbau des prokaryotischen Ribosoms

Die kleine 30S-Untereinheit der Prokaryoten enthält ca. 21 Proteine und eine 16S-rRNA.
Die große 50S-Untereinheit besteht aus ca. 34 Proteinen, einer 23S- und einer 5S-rRNA.

5.4.3 Aufbau des eukaryotischen Ribosoms

Eukaryotische Ribosomen kommen frei im **Zytoplasma** oder an die **ER-Membran** gebunden vor.

Ihre kleine **40S-Untereinheit** besteht aus der 18S-rRNA, die über intramolekulare Wasserstoffbrücken maßgeblich die Struktur bestimmt, und ca. 33 Proteinen, welche die Struktur stabilisieren. Die 40S-Untereinheit enthält u. a. die **mRNA-Bindestelle** und kann eine Methionin-beladene **Aminoacyl-tRNA** binden.

Die große **60S-Untereinheit** besteht aus ca. 50 Proteinen und 28S-, 5,8S- und 5S-rRNA. Die 28S-rRNA besitzt die katalytische Aktivität der **Peptidyltransferase** und ist damit für die Ausbildung der Peptidbindungen zwischen den Aminosäuren verantwortlich.

Aus Studentensicht

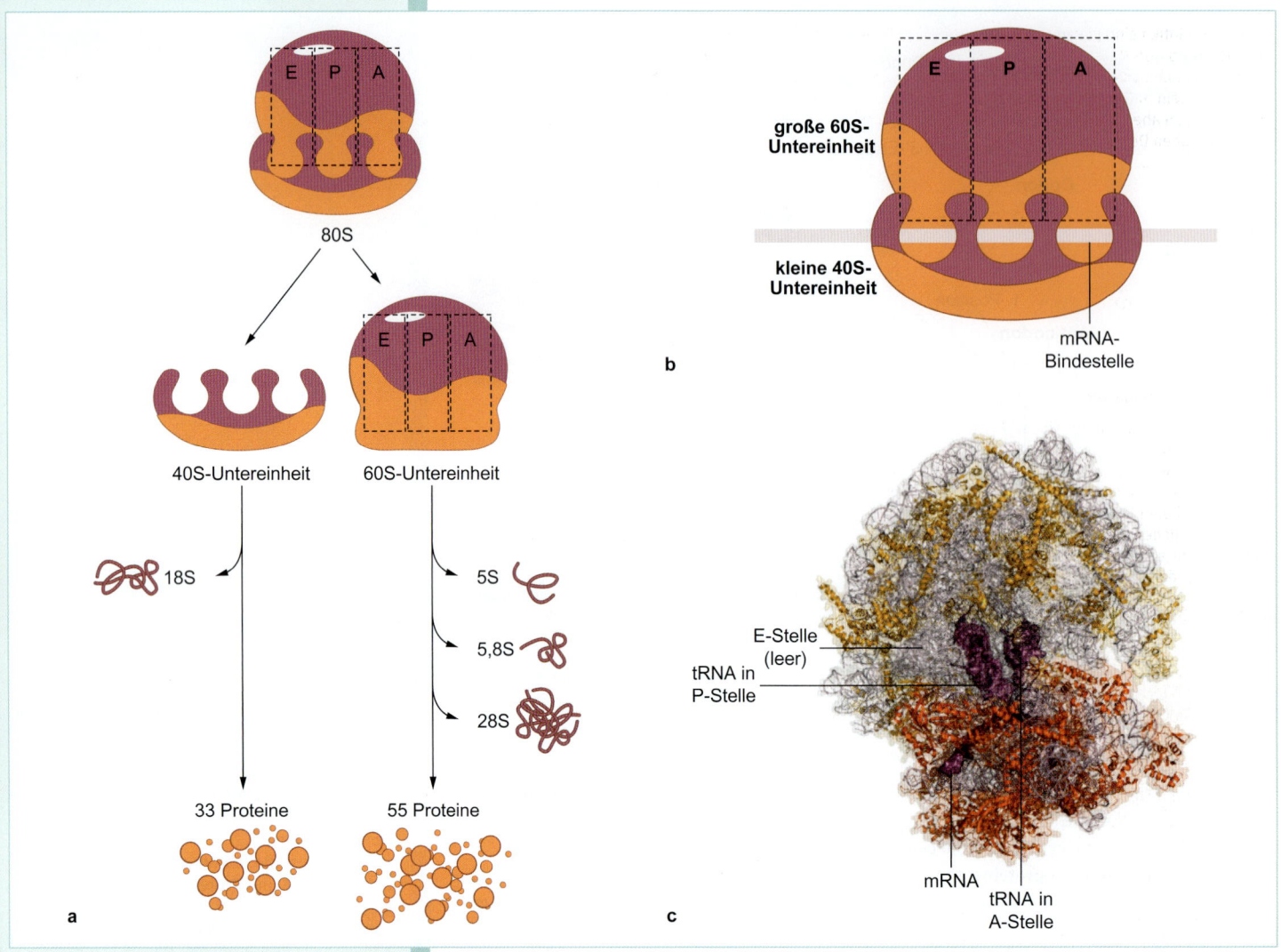

5 TRANSLATION: VON DER RNA ZUM PROTEIN

Abb. 5.8 Eukaryotisches Ribosom. **a** Bestandteile. [L299] **b** Schematische Darstellung. [L299] **c** Struktur. [P414]

Das Ribosom enthält eine:
- **Aminoacyl-Stelle** (A-Stelle)
- **Peptidyl-Stelle** (P-Stelle)
- **Exit-Stelle** (E-Stelle)

Die Ribosomen werden im Nukleolus des Zellkerns assembliert, bevor sie ins Zytoplasma exportiert werden.
Mitochondriale 55S-Ribosomen besitzen einen größeren Proteinanteil.

40S- und 60S-Untereinheit ergeben zusammen das 80S-Ribosom der Eukaryoten. Es enthält die Bindungsstellen für die wachsende Polypeptidkette (= **Peptidyl-Stelle, P-Stelle**), für die neu eintreffende Aminosäure-beladene tRNA (= **Aminoacyl-Stelle, A-Stelle**) und für den Austritt der leeren tRNA (= **Exit-Stelle, E-Stelle**) nach Knüpfung der Peptidbindung.

Beide Untereinheiten der eukaryotischen Ribosomen werden im Nukleolus des Zellkerns assembliert. Dazu gelangen die ribosomalen Proteine nach ihrer Synthese im Zytoplasma in den Kern (> 6.3.2) und lagern sich dort mit den neu transkribierten und modifizierten rRNAs zusammen. Die fertigen Untereinheiten werden ins Zytoplasma exportiert und bilden während der Translation das 80S-Ribosom.

Mitochondriale 55S-Ribosomen bestehen nur zu ca. 30 % aus rRNA und ihre Struktur wird stärker durch die ribosomalen Proteine geprägt als bei den pro- oder eukaryotischen Ribosomen. Das humane mitochondriale Ribosom besteht aus der großen 39S-Untereinheit mit 50 Proteinen, einem 16S-rRNA-Molekül und der mitochondrialen tRNA für Valin (tRNA^{Val}). Die kleine 28S-Untereinheit setzt sich aus 30 Proteinen und einem 12S-rRNA-Molekül zusammen. Ein mitochondriales Äquivalent zur 5S-rRNA existiert nicht. In den letzten Jahren wurden Gendefekte im mitochondrialen Ribosom mit der hypertrophen Kardiomyopathie in Verbindung gebracht.

FALL

Herr Berggruen hat Fieber und Husten: Pneumonie

Der plötzliche Krankheitsbeginn mit Schüttelfrost, Fieber und Husten sind typische Symptome einer Pneumonie (Lungenentzündung). Auch die feuchten Rasselgeräusche und die Klopfschalldämpfung passen und bestätigt wird die Diagnose durch ein Röntgenbild des Thorax. Die erhöhte Leukozytenzahl lässt auf eine bakterielle Ursache schließen.

Um die Bakterien zu bekämpfen, verschreiben Sie Herrn Berggruen ein Antibiotikum. Aufgrund der Penicillinallergie können Sie Herrn Berggruen kein Amoxicillin (z. B. Amoxibeta®, Amoxilan® oder Amoxypen®) verschreiben, ein β-Lactam-Antibiotikum, das die Synthese der Bakterienwand hemmt (> 14.3.4) und hier Mittel der ersten Wahl wäre. Sie verordnen Herrn Berggruen daher Azithromycin (z. B. Azyter® oder Zithromax®), das durch Bindung an die 50S-Ribosomenuntereinheit der Bakterien die Proteinsynthese und damit das Bakterienwachstum hemmt.

Viele Antibiotika sind gegen bakterielle 30S- und 50S-Untereinheiten der Ribosomen gerichtet, die zellulären 40S- und 60S-Untereinheiten der Ribosomen werden von ihnen nicht oder nur in sehr geringem Umfang beeinflusst. Menschliche Mitochondrien besitzen aber Ribosomen, die den bakteriellen Vorläufern noch stärker ähneln und die durch einige Antibiotika beeinträchtigt werden können. Da die innere Mitochondrienmembran aber für die entsprechenden Verbindungen nahezu undurchlässig ist, kommt es i. d. R. erst bei sehr hohen Dosen zu einer Toxizität.

5.5 Phasen der eukaryotischen Translation

5.5.1 Initiation

FALL

Irina hat Halsschmerzen

Sie haben Notdienst in der Kinderklinik, als die kleine Irina von ihren Eltern hereingetragen wird. Die Kommunikation mit den Eltern ist schwierig, bis Sie eine russisch sprechende Krankenschwester finden, die übersetzt. Die Familie ist eigentlich auf dem Rückweg nach Lettland, sie war nur saisonal hier, aber jetzt hat Irina Fieber und Halsschmerzen und das Atmen fällt ihr zunehmend schwer. Ihnen fällt gleich Irinas stark angeschwollener Hals auf. Beim Einatmen ist ein Atemgeräusch zu hören. Der Blick in den Rachen zeigt starke weißliche Beläge, die Sie so noch nie gesehen haben. Als Sie einen Abstrich machen, um auf Streptokokken untersuchen zu lassen, blutet die Stelle. Da regt sich eine Erinnerung an das Krankheitsbild der Diphtherie, das Ihnen allerdings bisher immer nur theoretisch begegnet ist.

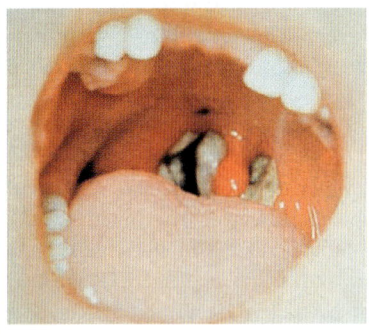

Rachenbefund bei Diphtherie [E397]

Welcher Erreger ist für Irinas Diphtherie verantwortlich? Wie können Sie Diphtherie therapieren? Warum kommt die Krankheit in Deutschland so gut wie nicht mehr vor?

Die Translation lässt sich in die Phasen **Initiation, Elongation** und **Termination** unterteilen. Dieser Ablauf ist in Pro- und Eukaryoten ähnlich und unterscheidet sich im Wesentlichen in der Art der Cofaktoren.
Während der Initiationsphase assemblieren die ribosomalen Untereinheiten zum vollständigen 80S-Ribosom und das **Start-Codon AUG**, das die Synthese eines vollständigen und funktionsfähigen Proteins zulässt, wird festgelegt. Damit wird sichergestellt, dass das Protein im richtigen **Leseraster** translatiert wird. Würde das Leseraster nicht richtig bestimmt werden, der Translationsstart also z. B. um ein einziges Nukleotid verschoben sein, entstünde ein falsches Protein mit einer völlig anderen Aminosäuresequenz und anderer Größe. AUG-Codons, die nach dem AUG-Start-Codon abgelesen werden, codieren für Methionin als Bestandteil der wachsenden Proteinkette, solange die Proteinsynthese nicht durch ein Stopp-Codon beendet wurde. In vielen Fällen ist die Initiationsphase der Translation ein wichtiger geschwindigkeitsbestimmender Schritt für die Proteinsynthese und kann beispielsweise durch Strukturelemente in den 5'- und 3'-Enden der mRNA oder durch Proteinfaktoren, die an die mRNA binden, reguliert werden.
Die **Initiationsphase** kann in vier Teilschritte untergliedert werden:
1. Bildung des 43S-Präinitiationskomplexes
2. Bildung des 48S-Präinitiationskomplexes
3. Scannen der mRNA in 5' → 3'-Richtung
4. Bildung des vollständigen 80S-Ribosoms

Bildung des 43S-Präinitiationskomplexes
Zunächst interagiert die kleine **40S-Untereinheit** des Ribosoms mit bestimmten Hilfsproteinen, den eukaryotischen Initiationsfaktoren (eIF). **eIF1** bindet an der 40S-Untereinheit in der Nähe der späteren P-Stelle, während **eIF1A** nahe der späteren A-Stelle bindet (> Abb. 5.9). Zusammen mit **eIF3** bindet der Komplex aus 40S-Untereinheit, eIF1 und eIF1A an den **ternären Komplex**. Dieser besteht aus der **Initiator-tRNA** (tRNA^{Met}), **eIF2** und **GTP** und vervollständigt die Bildung des 43S-Präinitiationskomplexes.
Die Initiator-tRNA ist immer mit der Aminosäure Methionin beladen und ihr Anticodon CAU ist komplementär zum Start-Codon AUG. Aus diesem Grund beginnen alle neusynthetisierten Proteine zunächst

---

Aus Studentensicht

5.5 Phasen der eukaryotischen Translation

5.5.1 Initiation

Die Translation wird in **Initiation, Elongation** und **Termination** unterteilt.
Während der Initiation wird das 80S-Ribosom assembliert und das **Start-Codon** festgelegt. Mit dem ersten Basentriplett wird auch das **Leseraster** definiert. Bei der häufig geschwindigkeitsbestimmenden richtigen Positionierung helfen u. a. Strukturelemente im 5'- und 3'-Ende der mRNA sowie verschiedene Proteinfaktoren.
Die Initiation wird in **vier Teilschritte** untergliedert:
1. Bildung des 43S-Präinitiationskomplexes
2. Bildung des 48S-Präinitiationskomplexes
3. Scannen der mRNA in 5' → 3'-Richtung
4. Bildung des vollständigen 80S-Ribosoms

Bildung des 43S-Präinitiationskomplexes
Die kleine 40S-Untereinheit des Ribosoms interagiert mit verschiedenen eukaryotischen **Initiationsfaktoren** (eIF) und bindet zusammen mit diesen an die **Initiator-tRNA**. Diese ist eine spezielle, mit Methionin beladene tRNA, die an die kleine Untereinheit binden kann und sich dadurch von den restlichen Methionin-beladenen tRNAs unterscheidet.

Aus Studentensicht

5 TRANSLATION: VON DER RNA ZUM PROTEIN

ABB. 5.9

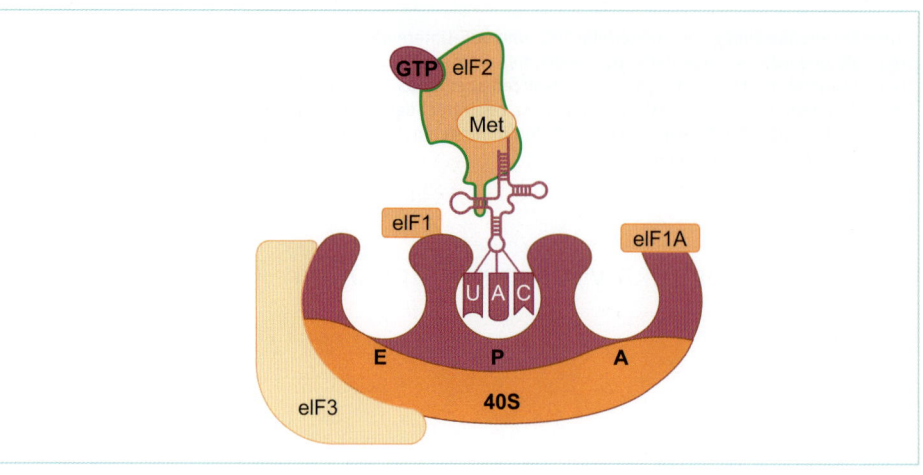

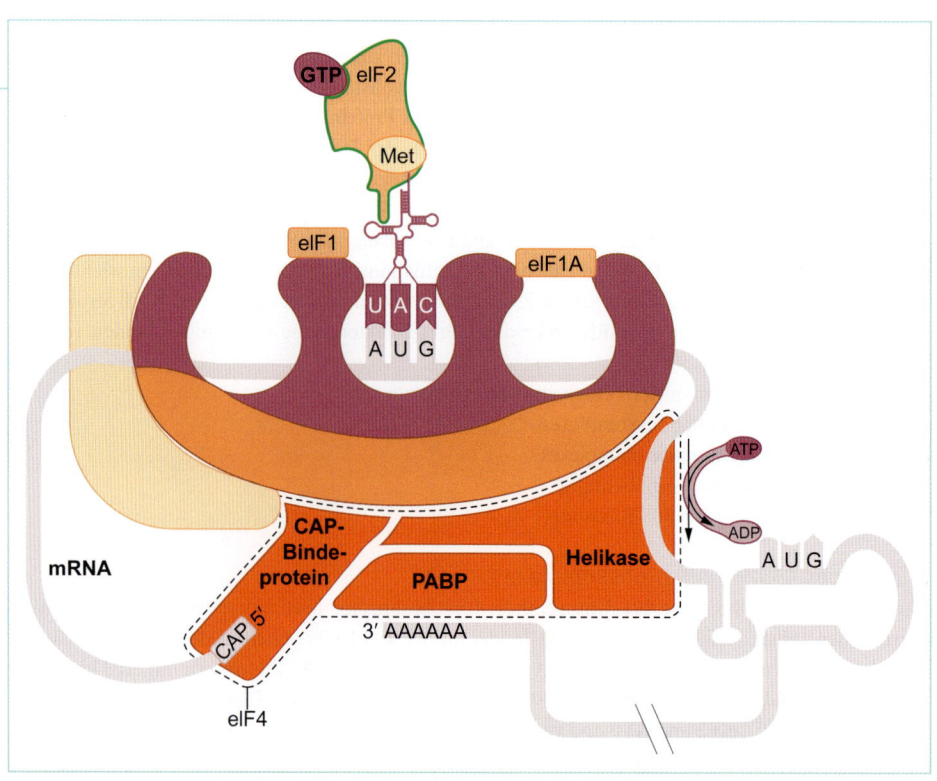

Abb. 5.9 43S-Präinitiationskomplex [L138]

Die Initiator-tRNA wird in einem **ternären Komplex,** zusammen mit dem **kleinen G-Protein** eIF2 und **GTP** ans Ribosom transportiert. Der **Guanosin-Austauschfaktor** (GEF) eIF2-B sorgt für einen Austausch von GDP gegen GTP und aktiviert so eIF2 für die Bindung an die Initiator-tRNA.

mit einem Methionin, das allerdings während der Proteinreifung häufig enzymatisch abgespalten wird (➤ 6.4.7). Die Initiator-tRNA ist eine eigenständige tRNA, die anders als alle anderen tRNAs an die kleine ribosomale Untereinheit binden kann, bevor das Ribosom durch Bindung der großen Untereinheit vervollständigt wurde. Methionin, das interner Bestandteil eines Proteins ist, wird nicht durch die Initiator-tRNA, sondern durch eine „normale" Methionin-beladene tRNA in die wachsende Kette eingebaut. Die beladene Initiator-tRNA bindet an eIF2, ein kleines G-Protein. Aktiviert wird eIF2 vorab durch eIF2-B, einen **Guanin-Nukleotid-Austauschfaktors** (GEF), der das GDP des inaktiven eIF2 entfernt und durch ein GTP ersetzt und so die Bindung an die Initiator-tRNA ermöglicht.

Bildung des 48S-Präinitiationskomplexes

Mithilfe von **eIF4,** der aus drei Protein-Untereinheiten besteht, wird die **mRNA** erkannt und gebunden. eIF4 bindet nur als trimerer Komplex effizient an den 43S-Präinitiationskomplex. Eine Untereinheit des trimeren Komplexes ist das **Cap-Bindeprotein,** das die 5'-CAP-Struktur der mRNA erkennt und bindet (➤ 4.5.2) (➤ Abb. 5.10). Die zweite Untereinheit ist katalytisch aktiv und besitzt eine ATP-abhängige **Helikase-Aktivität,** die hinderliche Sekundärstrukturen der mRNA auflöst. Die dritte Untereinheit ist das Poly-A-Bindeprotein **(PABP),** welches das polyadenylierte 3'-Ende (Poly-A-Ende) der mRNA bindet (➤ 4.5.2). Gleichzeitig wirkt es als **Bindepartner** für die an eIF4 gebundene mRNA und das mit der 40S-Untereinheit verbundene eIF3. Damit ist es ausschlaggebend für die Bildung des 48S-Präinitiationskomplexes. Die aktive Beteiligung des Poly-A-Endes der mRNA ist damit zusammen mit der Cap-Struktur am 5'-Ende wichtig für die Effizienz der Initiation.

Bildung des 48S-Präinitiationskomplexes
eIF4 bindet die mRNA über das **CAP-bindende Protein** und **PABP** (poly(A)-Bindeprotein). Eine dritte Untereinheit von eIF4 hat **Helikase-Aktivität,** die störende Sekundärstrukturen der mRNA auflösen kann.

ABB. 5.10

Abb. 5.10 48S-Präinitiationskomplex [L138]

5.5 PHASEN DER EUKARYOTISCHEN TRANSLATION

Scannen der mRNA in 5' → 3'-Richtung
Der 48S-Präinitiationskomplex bewegt sich vom 5'-Ende aus an der mRNA entlang. Das Start-Codon ist meist das erste AUG-Codon hinter dem 5'-Ende der mRNA, das innerhalb einer **spezifischen Erkennungssequenz** (= Kozak-Sequenz) liegt, welche die Konsensussequenz GCC(A/G)CC-AUG-G hat. Das Start-AUG muss damit nicht zwingend das erste AUG in der mRNA sein. Erreicht die im 48S-Präinitiationskomplex gebundene Initiator-tRNA das Start-Codon AUG, kommt es zu einer stabilen komplementären Basenpaarung mit dem Anticodon. Dadurch wird **eIF2-GTP** mit Unterstützung durch eIF5, ein GTPase-aktivierendes Protein, zu **eIF2-GDP** hydrolysiert und dissoziiert zusammen mit anderen Initiationsfaktoren vom 48S-Präinitiationskomplex ab.

Mit dem Erkennen des Start-Codons durch die Initiator-tRNA wird das **Leseraster** (Leserahmen) für die folgende Proteinsynthese und damit die Sequenz des entstehenden Proteins festgesetzt. Start- und Stopp-Codon sowie das Leseraster sind essenziell für die Bildung funktioneller Proteine, sind aber für die vorausgehende Transkription und die RNA-Prozessierung irrelevant. Das Leseraster muss zwar komplett auf den Exons liegen, aber nicht zwingend im ersten Exon beginnen und im letzten aufhören. Deshalb können in den Exons sehr unterschiedlich lange untranslatierte Regionen zwischen 5'-Cap und Start-Codon (= 5'-untranslatierte Region, 5'-UTR) sowie zwischen Stopp-Codon und 3'-Poly-A-Ende (= 3'-UTR) liegen und sich auch über mehrere Exons verteilen. Beide UTRs können aufgrund ihrer Sekundärstruktur zur Regulation der Translation beitragen.

Insbesondere in eukaryotischen mRNAs kommt es vor, dass 5' vom „eigentlichen" AUG-Start-Codon weitere AUG-Tripletts vorhanden sind. Beim Scannen der mRNA werden auch diese zunächst von der Initiator-tRNA gebunden. Wenn die umgebende Sequenz jedoch stark von der Kozak-Sequenz abweicht, setzt der 48S-Präinitiationskomplex den Scanvorgang fort, bis das Start-Codon in einer passenden Kozak-Sequenz gefunden wird. In Einzelfällen kommt es jedoch zur Synthese alternativer funktioneller Proteine, beispielsweise mit oder ohne Signalsequenz (> 6.3.5). In Viren können solche alternativen Start-Codons für die Produktion verschiedener Proteine von einer mRNA genutzt werden.

Bildung des vollständigen 80S-Ribosoms
Im letzten Schritt der Initiation bindet die 60S-Untereinheit unter Mitwirkung von **eIF5B-GTP** an den 48S-Präinitiationskomplex und vervollständigt den Initiationskomplex. Nach erfolgter Bindung wird eIF5B-GTP zu **eIF5B-GDP** hydrolysiert und die noch verbleibenden Initiationsfaktoren diffundieren ab. Die Initiator-tRNA ist an die P-Stelle des Ribosoms gebunden, während A- und E-Stelle frei sind (> Abb. 5.11). Der Translationsapparat ist bereit für die eigentliche Proteinsynthese, die Elongation.

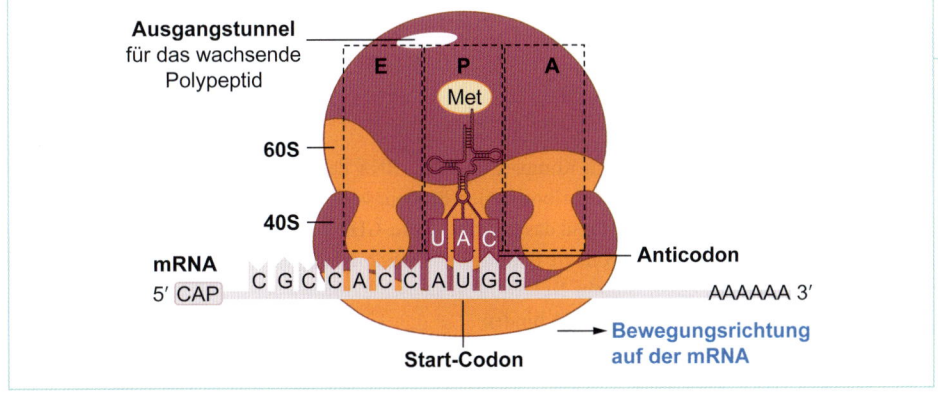

Abb. 5.11 Initiationskomplex [L138]

5.5.2 Elongation
Für die Synthese des Proteins werden nacheinander die passenden t-RNAs an der A-Stelle des Ribosoms gebunden und die aktivierten Aminosäuren unter Ausbildung einer Peptidbindung auf die wachsende Peptidkette an der P-Stelle übertragen. Dazu wiederholen sich für das Einfügen jeder Aminosäure jeweils drei Schritte in einer zyklischen Abfolge:
1. Bindung der Aminoacyl-tRNA
2. Bildung der Peptidbindung
3. Translokation des Ribosoms

Beim ersten und dritten Teilschritt sind GTP-gebundene eukaryotische Elongationsfaktoren (eEFs) notwendig, der zweite Teilschritt wird durch die 28S-rRNA katalysiert.

Bindung der Aminoacyl-tRNA
Der Elongationsfaktor **eEF1α** bildet mit **GTP** und einer **Aminoacyl-tRNA** einen **ternären Komplex,** der an die freie A-Stelle am Ribosom bindet (> Abb. 5.12). Diese Bindung erfolgt über komplementäre Basenpaarung zwischen dem Anticodon der tRNA und dem Codon der mRNA. Gleichzeitig bindet eEF1α-GTP an die 40S-Untereinheit des Ribosoms. Eine korrekte Basenpaarung in Verbindung mit weiteren

---

Aus Studentensicht

Scannen der mRNA in 5' → 3'-Richtung
Der 48S-Präinitiationskomplex bewegt sich innerhalb der **5'-UTR** (5'-untranslatierte Region) der mRNA, bis er eine spezifische **Erkennungssequenz** (= Kozak-Sequenz) erreicht, die auch das Start-Codon enthält. Durch Interaktion der Initiator-tRNA im 48S-Präinitiationskomplex mit dem Start-Codon entsteht eine **stabile Bindung** und das GTP des ternären Komplexes wird hydrolysiert. Danach dissoziiert eIF2-GDP ab.

Bildung des vollständigen 80S-Ribosoms
Im letzten Schritt bindet die 60S-Untereinheit mithilfe eines weiteren eIF an den 48S-Präinitiationskomplex. Dabei gelangt die Initiator-tRNA in die **P-Stelle** des Ribosoms.

ABB. 5.11

5.5.2 Elongation
Während der **Elongation** werden nacheinander die passenden Aminoacyl-tRNAs gebunden und die Aminosäuren verknüpft. Die Elongation erfolgt in drei sich wiederholenden Schritten:
1. Bindung einer Aminoacyl-tRNA
2. Bildung der Peptidbindung
3. Translokation des Ribosoms

Bindung der Aminoacyl-tRNA
Die **Aminoacyl-tRNAs binden** im **ternären Komplex** mit dem Elongationsfaktor **eEF1α,** der im aktiven Zustand GTP gebunden hat, an die **A-Stelle** des Ribosoms.

Aus Studentensicht

5 TRANSLATION: VON DER RNA ZUM PROTEIN

Abb. 5.12 Elongation [L138]

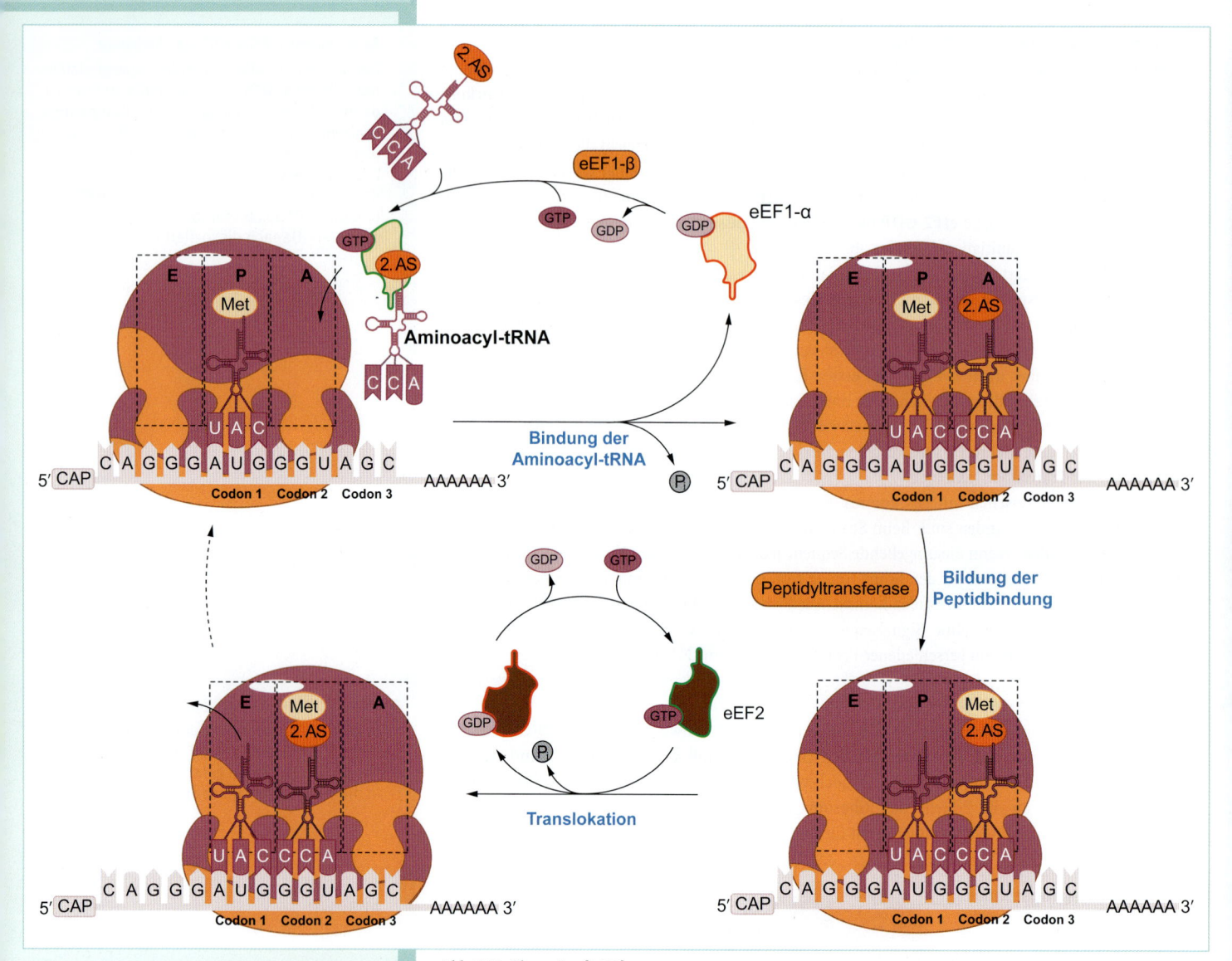

Bei korrekter Paarung bildet sich eine stabile **Basenpaarung** zwischen Codon und Anticodon, das GTP wird hydrolysiert und eEF1α-GDP diffundiert ab. eEF1α wird durch **eEF1β,** ein GEF, wieder aktiviert und kann eine neue Aminoacyl-tRNA binden.
Bei inkorrekter Paarung mit einer nicht komplementären tRNA wird das GTP nicht hydrolysiert und eEF1α verhindert sterisch die Ausbildung der Peptidbindung.

Wechselwirkungen zwischen ternärem Komplex und der rRNA der kleinen ribosomalen Untereinheit führt zu Konformationsänderungen der ribosomalen Bindungsstelle für eEF1α. Dadurch wird das GTP des eEF1α zu GDP und P_i hydrolysiert und das inaktive **eEF1α-GDP** löst sich vom Ribosom. Erst dadurch wird der nächste Schritt der Elongation, die Bildung der Peptidbindung, ermöglicht. eEF1α-GDP wird im Zytoplasma durch **eEF1β**, einen Guanin-Nukleotid-Austauschfaktor, wieder in seine aktive Form überführt und kann eine neue Aminoacyl-tRNA binden.

Der Einbau einer falschen Aminosäure könnte nicht mehr korrigiert werden, daher ist die **Kontrollfunktion** des eEF1α von entscheidender Bedeutung. Bindet eine Aminoacyl-tRNA, deren Anticodon nicht komplementär zum Codon an der A-Stelle ist, dissoziiert die Aminoacyl-tRNA wieder von A-Stelle ab, bevor das GTP des eEF1α hydrolysiert und die Peptidbindung gebildet wurde.

Erst nach dieser Kontrolle erfolgt der zweite Teilschritt der Elongation, die Bildung der Peptidbindung. Jede neu eintreffende Aminoacyl-tRNA bindet mit ihrem Anticodon immer an die A-Stelle des Ribosoms. Zu diesem Zeitpunkt befindet sich die wachsende Polypeptidkette in der P-Stelle.

Bildung der Peptidbindung

Die **28S-rRNA** ist ein **Ribozym**, das die **Ausbildung der Peptidbindungen** katalysiert. Durch die **Peptidyltransferase-Aktivität** der 28S-rRNA kann die Aminosäure in der A-Stelle mit ihrer Aminogruppe das Carbonyl-C-Atom der Aminosäure in der P-Stelle angreifen. Die Esterbindung zur tRNA wird bei der Ausbildung der Peptidbindung gespalten. Die wachsende Peptidkette ist jetzt in der A-Stelle gebunden. Die Syntheserichtung ist damit immer **vom N- zum C-Terminus.** Die leere tRNA befindet sich nun in der P-Stelle.

Bildung der Peptidbindung

Die 28S-rRNA der 60S-Untereinheit ist ein **Ribozym** und katalysiert die Knüpfung der Peptidbindung. Durch ihre **Peptidyltransferase-Aktivität** erleichtert sie den nukleophilen Angriff der **α-Aminogruppe** der in der A-Stelle gebundenen Aminoacyl-tRNA auf die durch Bindung an die tRNA aktivierte **Carbonylgruppe** der Aminosäure in der P-Stelle (➤ Abb. 5.13). Die Esterbindung zwischen der wachsenden Peptidkette und der tRNA in der P-Stelle wird gelöst und die gesamte Peptidkette wird unter Bildung einer neuen Peptidbindung auf die A-Stelle übertragen. Die Peptidkette ist nun an ihrem C-Terminus um eine Aminosäure verlängert und die Syntheserichtung von Peptiden verläuft damit immer **vom N-Terminus zum C-Terminus.**

Am Ende des zweiten Teilschritts sitzt in der **P-Stelle** des Ribosoms eine **deacylierte tRNA**, die keine Aminosäure mehr gebunden hat. Die um eine Aminosäure verlängerte Polypeptidkette befindet sich in der **A-Stelle.**

5.5 PHASEN DER EUKARYOTISCHEN TRANSLATION

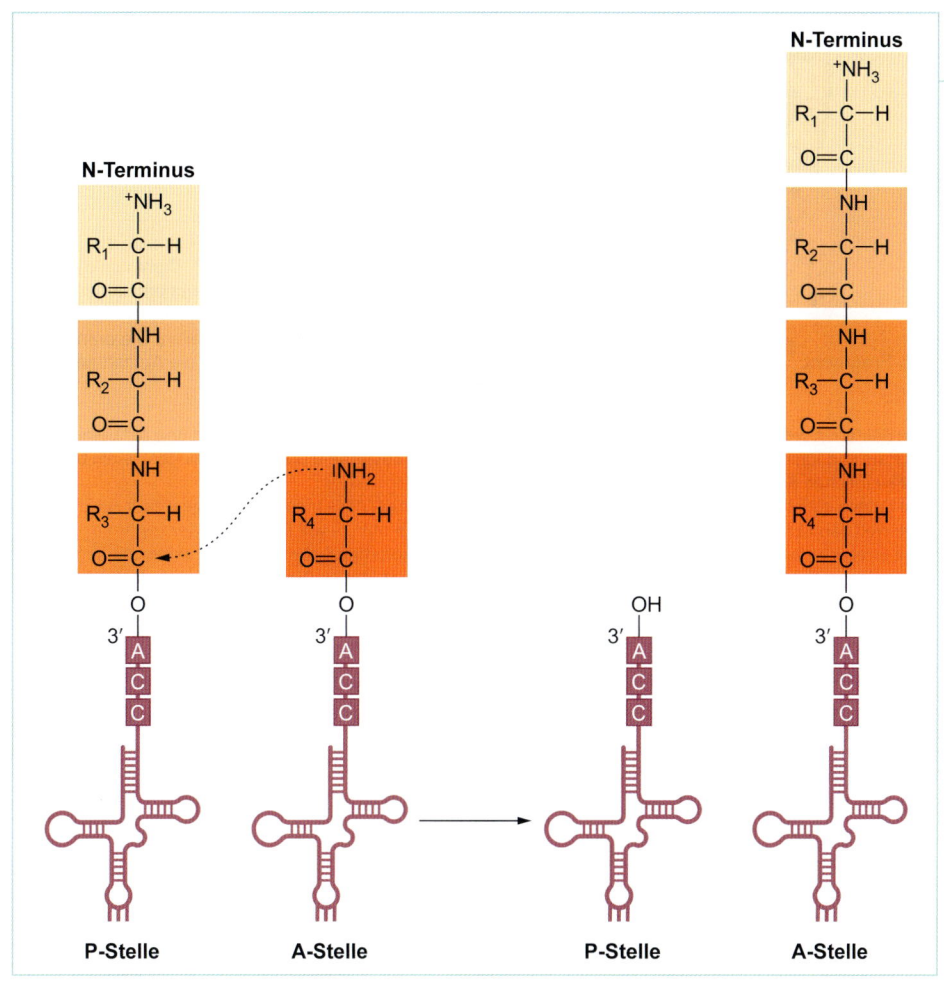

Abb. 5.13 Bildung der Peptidbindung [L307, L253]

Translokation des Ribosoms

Damit die Peptidsynthese weiterlaufen kann, muss die A-Stelle wieder für die Bindung einer neuen Aminoacyl-tRNA freigemacht werden und das Ribosom ein Codon (= drei Nukleotide) weiterrutschen. Diese Translokation des Ribosoms wird durch den Elongationsfaktor **eEF2** (= Translokase) katalysiert (➤ Abb. 5.13). eEF2 ist ein G-Protein, das durch Hydrolyse seines GTP die Vorwärtsbewegung antreibt. Nach dem Translokationsschritt dissoziiert eEF2-GDP vom Ribosom ab. Reguliert wird eEF2 durch die spezifische eEF2-Kinase, die eine reversible Phosphorylierung katalysiert. Die Phosphorylierung von eEF2 bewirkt eine Inhibition der Translokation und somit der Translation.

Nach der Translokation befindet sich die **deacylierte tRNA** in der **E-Stelle** und dissoziiert vom Ribosom ab. Die **wachsende Polypeptidkette** sitzt in der **P-Stelle**. Ihre C-terminale Carboxylgruppe ist mit der 3'-OH-Gruppe des terminalen Adenosins der tRNA verestert. Ihr N-Terminus liegt frei vor und verlässt mit zunehmender Länge das Ribosom durch einen Tunnel, der von der P-Stelle durch die 60S-Untereinheit nach außen führt (Ausgangstunnel). Die **A-Stelle** ist unbesetzt und frei für die nächste Aminoacyl-tRNA.

Die drei Schritte der Elongation wiederholen sich so lange, bis ein Stopp-Codon an die A-Stelle des Ribosoms gelangt.

FALL

Irina hat Halsschmerzen: Diphtherie

Der Erreger, welcher der kleinen Irina das Atmen schwer macht, ist das *Corynebacterium diphtheriae*. Sie leidet an Diphtherie, die in Deutschland nur noch in Einzelfällen vorkommt, da es wirksame Impfstoffe gibt. Allerdings lässt die Impfmoral nach und laut Robert Koch-Institut haben heute nur noch 56 % der Erwachsenen einen ausreichenden Impfschutz. In anderen Ländern wie Lettland besteht aber ein noch deutlich höheres epidemisches Risiko.

Es sind allerdings nicht die Bakterien selbst, die das Diphtherietoxin produzieren, sondern Viren (= Bakteriophagen), welche die Bakterien infizieren. Das Toxin ist ein Enzym und inaktiviert bereits in geringster Menge eine Vielzahl von eEF2-Molekülen durch ADP-Ribosylierung eines Histidin-Rests (➤ 6.4.9). Dadurch wird die Vorwärtsbewegung der Ribosomen und damit die Translation in den infizierten Zellen gehemmt. Das modifizierte Histidin hat wegen seiner Bedeutung für die Krankheitsentstehung den Namen Diphthamid bekommen.

Aus Studentensicht

ABB. 5.13

Translokation des Ribosoms
Um eine weitere Aminoacyl-tRNA binden zu können, muss das ganze Ribosom um ein Codon entlang der mRNA weiter in 3'-Richtung bewegt werden. Diese Aufgabe erfüllt **eEF2**, ein G-Protein, das die Vorwärtsbewegung mit der Energie aus der GTP-Hydrolyse antreibt.
Nach der **Translokation** ist die A-Stelle frei, die P-Stelle enthält die wachsende Peptidkette und die leere tRNA befindet sich in der E-Stelle, von wo aus sie abdiffundieren kann.
Die Elongation wird fortgeführt, bis ein Stopp-Codon an die A-Stelle gelangt.

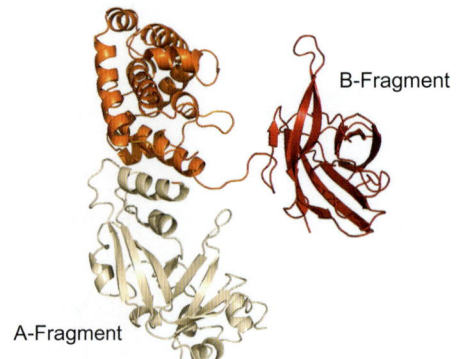

Aus Studentensicht

Struktur des Diphtherietoxins.
Das A-Fragment (hellbraun) beinhaltet die katalytische Aktivität der NAD^+-Diphthamid ADP-Ribosyltransferase. Das B-Fragment bindet mit einer Domäne (rot) an einen Rezeptor auf der Oberfläche der Schleimhautzellen. Die orange Domäne ist verantwortlich für die Aufnahme des Toxins in die Zellen. [P414]

Die Bakterien werden in erster Linie durch Tröpfchen- oder Schmierinfektion übertragen und befallen Zellen im Hals und Rachenraum, die durch die blockierte Translation absterben. Die abgestorbenen Zellen bilden die weißlichen Beläge im Hals.
Sie fangen gleich mit der Therapie an, denn Sie wollen vermeiden, dass Irinas Atemwege weiter zuschwellen, weil dann Erstickungsgefahr bestünde. Sie geben ein Antibiotikum wie Penicillin oder Erythromycin, um den Erreger zu bekämpfen. Entscheidend ist jedoch auch die sofortige Gabe eines Antitoxins, um noch freies Toxin unschädlich zu machen. Das Antitoxin ist ein Antikörper, der an Diphtherietoxin bindet und durch dessen Neutralisierung die Bindung an weitere Zellen verhindert.

Vor allem in Prokaryoten kann eine mRNA von mehreren Ribosomen gleichzeitig translatiert werden (**= Polysom**).

Eukaryotische Ribosomen verlängern eine Peptidkette um ca. 2 Aminosäuren pro Sekunde. Zudem arbeiten sie mit einer Fehlerrate von weniger als 0,01 % sehr genau. Wie auch beim Spleißvorgang sind Präzision und Effizienz in erster Linie den beteiligten RNA-Molekülen zu verdanken.
Prokaryotische Ribosomen sind mit einer Geschwindigkeit von ca. 20 Aminosäuren pro Sekunde sogar noch leistungsfähiger. Weit häufiger als in Eukaryoten ist in Prokaryoten eine mRNA von **mehreren Ribosomen gleichzeitig besetzt** und wird so gleichzeitig für die Translation mehrerer Proteine verwendet (= **Polysom**). Die Synthesegeschwindigkeit wird so weiter gesteigert.

5.5.3 Termination

Kommt eines der drei **Stopp-Codons** UAA, UAG oder UGA in die A-Stelle, stoppt die Translation. Der Terminationsfaktor **eRF1** ist ein Protein, hat aber eine ähnliche Struktur wie eine tRNA und bindet in die A-Stelle. Dabei wird er durch das Protein **eRF3** unterstützt. Durch die Bindung von eRF1 überträgt die Peptidyltransferase ein Wassermolekül auf das Ende der Peptidkette und hydrolysiert so die **Esterbindung** zwischen dem Ende der Peptidkette und der tRNA. Die Peptidkette wird freigesetzt und der Translationsapparat zerfällt in seine Bestandteile.

5.5.3 Termination

Sobald eines der drei **Stopp-Codons** UAA, UAG oder UGA in die A-Stelle des Ribosoms gelangt, wird die Translation beendet. Für die Stopp-Codons gibt es **keine passenden tRNAs.** Für die Termination und das daraus resultierende Ablösen der fertigen Polypeptidkette vom Ribosom werden zwei **Proteine,** die **Terminationsfaktoren,** benötigt. eRF1 (eukaryotischer Release Factor) hat eine ähnliche räumliche Struktur wie ein tRNA-Molekül und kann daher sowohl **an die A-Stelle** im Ribosom binden als auch mit dem Peptidyltransferasezentrum der 60S-Untereinheit interagieren (➤ Abb. 5.14). Unterstützt wird die Bindung des eRF1 durch das G-Protein **eRF3**. Da eRF1 keine Aminosäure gebunden hat, gelangt mit seiner Bindung an das Stopp-Codon ein Wassermolekül in das Ribosom. Dadurch kommt es zur gezielten **Hydrolyse** der Esterbindung zwischen dem C-Terminus des neu synthetisierten Proteins und der tRNA an der P-Stelle. Das Protein löst sich ab und wird freigesetzt. Der Translationsprozess ist damit beendet und der ribosomale Translationsapparat zerfällt in seine Bestandteile.

Reguliert wird die hydrolytische Abspaltung der Polypeptidkette durch den Terminationsfaktor eRF3. Erst die Spaltung von **eRF3-GTP** zu **eRF3-GDP** und P_i ermöglicht die eRF1-vermittelte Hydrolyse der wachsenden Polypeptidkette vom Ribosom.

Damit die Peptidsynthese überhaupt möglich ist, müssen die einzelnen Teilschritte der Translation in möglichst wasserfreier Umgebung ablaufen. Nur so kann eine unerwünschte, vorzeitige hydrolytische Abspaltung der wachsenden Polypeptidkette verhindert und die Synthese eines verkürzten Polypeptids unterbunden werden.

FALL

Herr Berggruen hat Fieber und Husten: Pneumonie

Schon nach wenigen Tagen kommt Herr Berggruen erneut in Ihre Praxis. Seine Haut ist fleckig gerötet und juckt. Offensichtlich verträgt er Azithromycin schlecht. Solch eine Überempfindlichkeitsreaktion mit Hautexanthem fordert den sofortigen Wechsel des Antibiotikums. Sie verschreiben ihm Doxycyclin (z. B. Doxyhexal®), das ebenfalls zu den Translationshemmstoffen gehört.
Welche Antibiotika, die als Translationshemmstoffe wirken, gibt es?

- Azithromycin ist ein Antibiotikum aus der Klasse der **Makrolide,** die durch Bindung an die 50S-Ribosomenuntereinheit der Bakterien die Vorwärtsbewegung des Ribosoms an der mRNA (= Translokation) hemmen.
- Doxycyclin (z. B. Doxakne®, Doxyderma® oder DoxyHexal®) aus der Klasse der **Tetrazykline.** Tetrazykline sind Breitbandantibiotika, die auch bei Atemwegsinfekten gegeben werden. Sie binden an die A-Stelle der bakteriellen 70S-Ribosomen und verhindern, dass eine neue tRNA binden kann.
- Streptomycin (z. B. Strepto-Fatol®), ein **Aminoglykosid,** das beispielsweise bei Tuberkulose zur Anwendung kommt. Es bindet an die 30S-Untereinheit des bakteriellen Ribosoms und hemmt so die Bildung des Initiationskomplexes.
- Fusidinsäure (z. B. Fucidine® oder Fucithalmic®), ein **Steroid-Antibiotikum,** das in antibiotischen Salben vorkommt. Es hemmt die bakterielle Proteinsynthese durch Bindung an einen Elongationsfaktor.

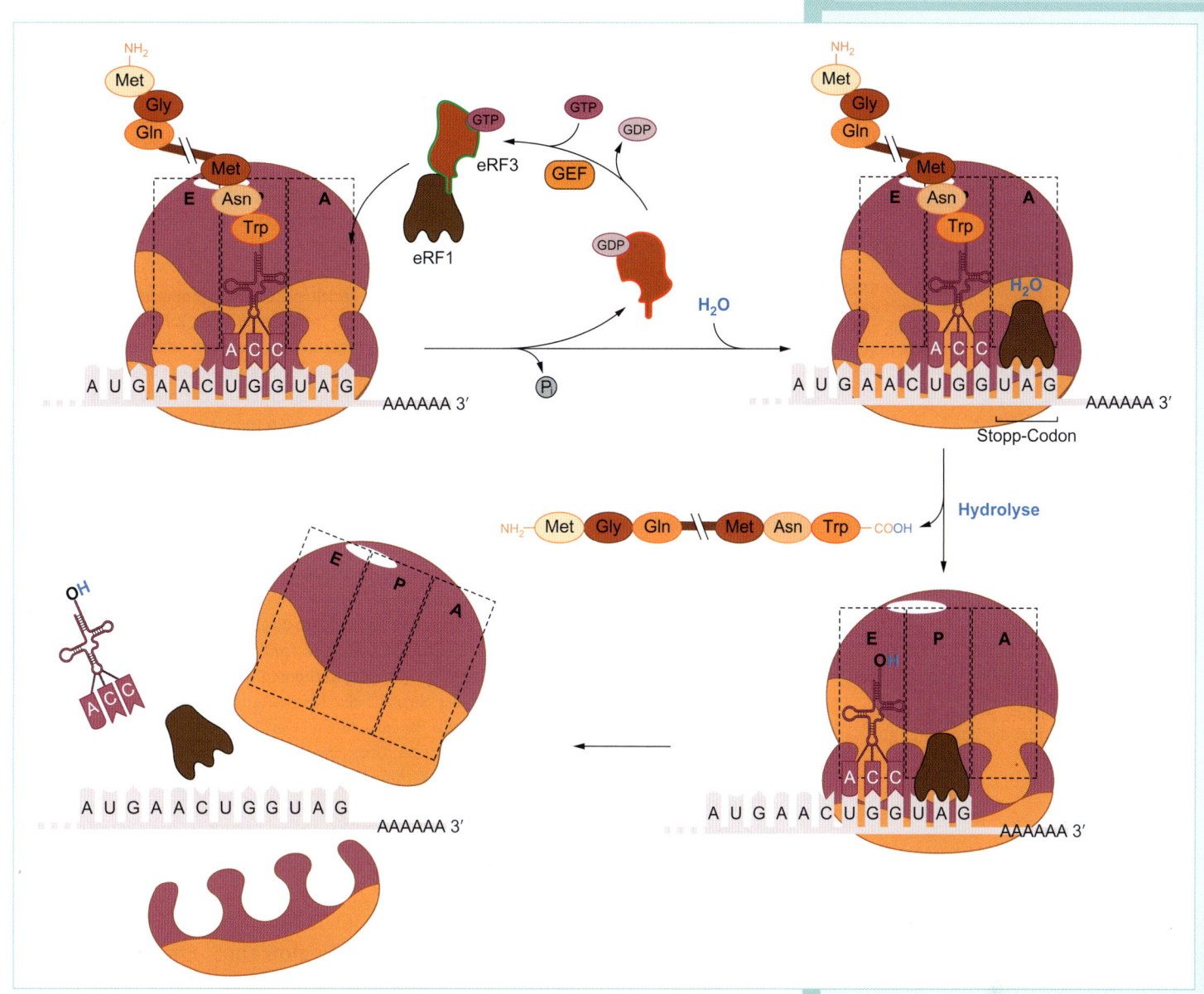

Abb. 5.14 Translationstermination (GEF = Guanin-Nukleotid-Austauschfaktor) [L307, L253]

5.6 Die Aminosäure Selenocystein

In den letzten Jahren wurden einige humane Proteine identifiziert, die Selenocystein (> 2.1.3) enthalten, z. B.:
- **Glutathion-Peroxidasen,** die Hydroperoxide reduzieren und als Antioxidanzien wirken
- **Thioredoxin-Reduktasen,** die Thiolgruppen oxidieren
- **Iodothyronin-Deiodasen,** die im Stoffwechsel der Schilddrüsenhormone eine wichtige Rolle spielen (> 9.7.1)

Der Einbau von **Selenocystein** (Sec) in Proteine erfolgt durch einen außergewöhnlichen Mechanismus. Ausgangspunkt für den Einbau des Selenocystein in die Polypeptidkette ist die Bindung der **Selenocystein-spezifischen tRNA** (Sec-tRNA) an das Stopp-Codon UGA. Die komplementäre Bindung findet jedoch nur statt, wenn sich in 3'-Richtung des Codons ein zusätzlicher charakteristischer Nukleotidbereich (= Selenocystein Insertion Sequence, Secis) befindet. Fehlt dieser Nukleotidbereich, fungiert UGA als Stopp-Codon. An diesen Nukleotidbereich binden Proteine, die durch den spezifischen **Elongationsfaktor eEF-Sec,** ein G-Protein, erkannt werden. Dadurch wird eine Schleifenbildung der mRNA induziert, die Sec-tRNA wird mithilfe des eEF-Sec und weiterer Bindeproteine an das Ribosom transportiert und an das Stopp-Codon UGA gebunden. Zu diesem Zeitpunkt ist die Sec-tRNA noch mit Serin beladen, das, ausgelöst durch die Schleifenbildung der mRNA, in Selenocystein umgewandelt wird. Dazu wird das O-Atom der OH-Gruppe des Serins enzymatisch durch ein Selen-Atom ausgetauscht (> 21.4.3). Anschließend läuft die Translation normal weiter und Selenocystein wird in die wachsende Polypeptidkette eingebaut.

5.6 Die Aminosäure Selenocystein

Selenocystein ist z. B. in Glutathion-Peroxidasen, Thioredoxin-Reduktasen oder Deiodasen enthalten.
Befindet sich auf der mRNA ein UGA-Stopp-Codon innerhalb einer **charakteristischen Sequenz** (= Selenocystein Insertion Sequence), bindet statt des eRF1 die spezifische **Selenocystein-tRNA** in die A-Stelle. Die tRNA ist zu diesem Zeitpunkt noch mit Serin beladen und wird erst nach der Bindung an die mRNA enzymatisch in Selenocystein umgewandelt.

5.7 Regulation der Translation

5.7.1 Regulation durch RNA-Interferenz

Wie der Translationsprozess selbst sind auch die Regulationsmechanismen der Translation sehr komplex. Einige dieser Regulationsmechanismen konnten erst in den letzten Jahren biochemisch und auf molekularer Ebene im Detail beschrieben werden.

Kurze, ca. **20–25 Nukleotide lange RNA-Moleküle** spielen bei der Regulation der Genexpression in der eukaryotischen Zelle eine wichtige Rolle. Sie lagern sich **komplementär** an die mRNA an und verhindern dadurch deren Translation. Durch diese **RNA-Interferenz** kann die Synthese bestimmter Proteine **gezielt unterdrückt** werden.

siRNA-Moleküle (Short Interfering RNAs) fördern den gezielten Abbau der komplementären mRNA. Vermutlich ist ihre Bildung eine Reaktion auf die Aufnahme von längerer RNA, z. B aus Viren. Der Einsatz von siRNA für therapeutische Anwendungen gegen bestimmte Tumoren oder virale Infektionen wird seit Jahren intensiv getestet und ist bereits heute von großer Bedeutung in der Forschung (➤ 15.11).

miRNA-Moleküle (microRNAs) führen hingegen zu einer Destabilisierung der mRNA und somit zur Hemmung der Translation. Sie sind an der Regulation der Expression von bis zu 60 % aller Proteine und damit an der Kontrolle der **Zellproliferation** und **-differenzierung** sowie der **Apoptose** beteiligt.

Bildung der miRNA

Die Gene für miRNAs liegen sowohl in Introns proteincodierender Gene, wo sie von der **RNA-Polymerase II** transkribiert werden, als auch außerhalb von proteincodierenden Genen, wo andere RNA-Polymerasen für die Transkription verantwortlich sind (➤ 4.5.2). Dabei entsteht zunächst eine **primäre miRNA** (pri-miRNA), die zahlreiche doppelsträngige Schleifen bildet (➤ Abb. 5.15). Durch einen nukleären Proteinkomplex aus **Pasha**, einem RNA-bindenden Protein, und **Drosha**, einer RNase, wird die pri-miRNA in ein ca. 70 Nukleotide langes doppelsträngiges RNA-Molekül (**prä-miRNA**) umgewandelt. Die prä-miRNA wird mithilfe von Exportin 5/Ran-GTP durch die Kernporen in das Zytoplasma transportiert. Dort schneidet der Enzymkomplex **Dicer**, der ebenfalls eine RNase-Aktivität enthält, die Schleifen und weitere Nukleotide aus der prä-miRNA heraus. Es entsteht ein etwa 25 Nukleotide langer **miRNA-Duplex**, ein doppelsträngiges RNA-Molekül mit kurzen Überhängen an den beiden 3'-Enden. RISC, ein Ribonukleoproteinkomplex, der u. a. eine Helikase-Aktivität enthält, bindet diesen miRNA-Duplex und entwindet die miRNA in zwei Einzelstränge. Einer der beiden Einzelstränge lagert sich komplementär an die Zielsequenz im 3'-nicht-translatierten Bereich der mRNA an und hemmt so direkt ihre Translation oder induziert Decapping und Deadenylierung und somit den Abbau der mRNA. miRNAs sind nicht zwingend spezifisch für einzelne wenige mRNAs, sondern können eine sehr unspezifische Wirkung haben und die Translation von bis zu 200 mRNAs regulieren.

5.7.2 Regulation in der nicht-translatierten Region am 5'-Ende (5'-UTR)

Die meisten mRNAs enthalten an ihrem 5'-Ende hinter der CAP-Struktur einen nicht translatierten Bereich (5'-UTR) mit variabler Länge. In diesen Abschnitten kommt es sehr häufig zur Bildung von mRNA-Sekundärstrukturen. Dazu zählen z. B. **helikale Haarnadelschleifen,** die aus Wasserstoffbrückenbindungen zwischen einigen wenigen komplementären Basen der mRNA entstehen, und **G-Quadruplex-Strukturen,** die sich v. a. in Guanin-reichen Nukleotidsequenz-Bereichen bilden. Letztere bilden eine quadratische Anordnung von Guaninmolekülen, die durch Wasserstoffbrückenbindungen und meist auch K^+-Ionen stabilisiert wird. Ursprünglich wurden sie in DNA beschrieben, wo sie eine wichtige Rolle bei der Regulation der Transkription und im Bereich der Telomere spielen.

Diese Sekundärstrukturen stellen ein mechanisches Hindernis beim Scanvorgang des 48S-Präinitiationskomplexes dar. Sie müssen daher für ein effizientes Fortschreiten der Translation überwunden werden. Gelöst werden können sie durch die Helikase-Aktivität des eIF4, welche die Wasserstoffbrückenbindungen spaltet.

Besonders anschaulich wird die Bedeutung von sekundären Haarnadelschleifen bei der Regulation des Eisenstoffwechsels. Bei einem Mangel an Eisen binden die Eisen-regulierenden Proteine (Iron Response Proteins, IRP) an Haarnadelschleifen in der 5'-UTR der mRNA für das Eisen-Speicherprotein Ferritin. Diese spezifischen Strukturen werden als Eisen-abhängige Elemente (Iron-Responsive Elements, IRE) bezeichnet. Durch das Binden der IRP wird die Translation von Ferritin gehemmt, sodass mehr freies Eisen zur Verfügung steht. Auch für andere Enzyme im Eisenstoffwechsel konnten IREs identifiziert werden (➤ 23.5.2).

Bei einigen mRNAs liegt das erste AUG-Triplett hinter der 5'-Cap nicht in einer perfekten Kozak-Sequenz vor. Es wird beim Scannen aber dennoch von einem Teil der Ribosomen erkannt und die Translation beginnt. In dem dadurch definierten Leserahmen folgt jedoch meist bald ein Stopp-Codon, sodass nur kurze Peptide entstehen, die meist schnell wieder abgebaut werden. Dies führt zur Reduktion der Translation des eigentlichen Proteins, die beim weiter 3' liegenden AUG beginnt.

Aus Studentensicht

5.7 Regulation der Translation

5.7.1 Regulation durch RNA-Interferenz

20–25 Nukleotide lange RNA-Moleküle können über **RNA-Interferenz** die Genexpression regulieren.

Die Synthese bestimmter Proteine kann gezielt mit komplementären RNA-Molekülen unterdrückt werden.

siRNA Moleküle (Short Interfering RNA) fördern den gezielten Abbau komplementärer RNA, **miRNA-Moleküle** (microRNA) destabilisieren die mRNA und hemmen die Translation. Damit werden u. a. **Zellproliferation, Differenzierung** und **Apoptose** gesteuert. Die Gene für miRNA liegen oft in Introns oder außerhalb von proteincodierenden Genen.

Bildung der miRNA

RNA-Polymerasen bilden im Zellkern eine **primäre miRNA,** die in eine ca. 70 Nukleotide lange, doppelsträngige **prä-miRNA** umgewandelt und ins Zytoplasma exportiert wird. Dort schneidet **Dicer** die fertige, ca. 25 Nukleotide lange, doppelsträngige **miRNA** heraus.

Durch den Proteinkomplex **RISC** werden die Stränge entwunden und können als Einzelstränge an ihre komplementäre Zielsequenz in den 3'-UTRs der mRNA binden. So wird der Abbau der mRNA gefördert oder die Translation gehemmt.

5.7.2 Regulation in der nicht-translatierten Region am 5'-Ende (5'-UTR)

In vielen mRNAs finden sich innerhalb der 5'-UTR **Sekundärstrukturen** wie helikale Haarnadelschleifen oder G-Quadruplex-Strukturen. Diese bilden ein mechanisches Hindernis während der Initiation der Translation. Gelöst werden sie durch die **Helikase**-Aktivität von eIF4.

Beispielsweise binden Eisen-regulierende Proteine (Iron Response Proteins, **IRP**) bei Eisenmangel an Haarnadelschleifen in der 5'-UTR der Ferritin-mRNA. Durch die dadurch bedingte Hemmung der Ferritin-Translation steht mehr freies Eisen zur Verfügung.

Wird fälschlicherweise ein anderes AUG als Start-Codon erkannt, stoppt die Translation bald und das produzierte Peptid wird abgebaut.

5.7 REGULATION DER TRANSLATION

Aus Studentensicht

ABB. 5.15

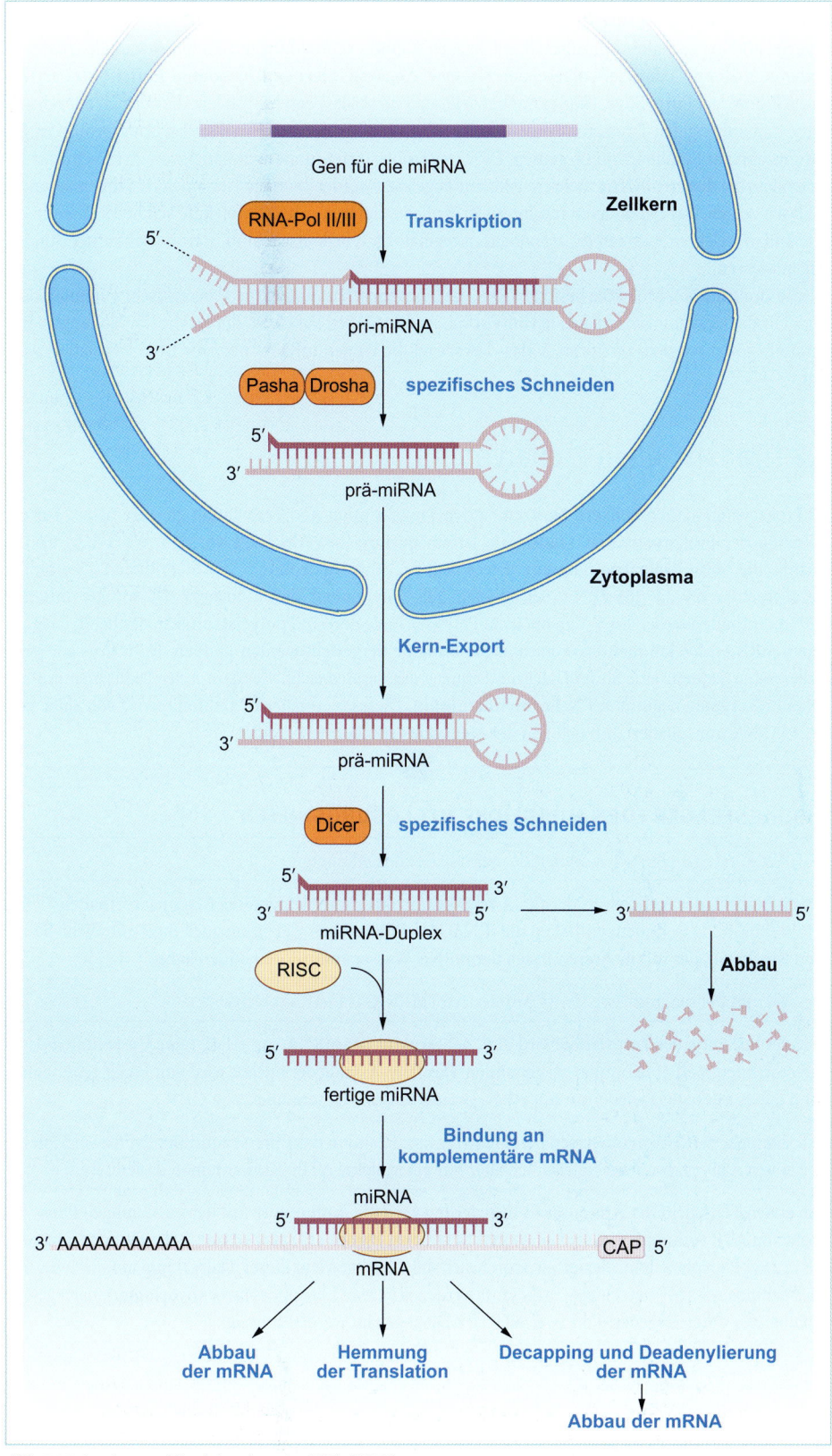

Abb. 5.15 Synthese und Funktion der microRNA [L253]

5.7.3 Weitere Regulationsmechanismen

Sequenzabschnitte in der 3'-UTR

Auch in den nicht-translatierten Bereichen am 3'-Ende der mRNA (3'-UTR) können sich Sekundärstrukturen bilden. Bei geringer Eisenkonzentration binden beispielsweise Eisen-regulierende Proteine (IRP) an Haarnadelschleifen (IREs) im 3'-UTR Bereich der mRNA für den Transferrin-Rezeptor. Dies führt zu einer Stabilisierung der mRNA und somit zu einer vermehrten Expression des Transferrin-Rezeptors (> 23.5.2). Bei einer hohen Eisenkonzentration entfällt dieser Stabilisierungsmechanismus, da IRP dann ubiquitinyliert und im Proteasom abgebaut werden.

5.7.3 Weitere Regulationsmechanismen

Sequenzabschnitte in der 3'-UTR

Auch in der **3'-UTR** der mRNA können sich Sekundärstrukturen bilden, die in diesem Fall eine Stabilisierung der mRNA und damit verstärkte Translation bewirken.

Aus Studentensicht

Interne Ribosomen-Eintrittsstellen
Die **internen Ribosomen-Eintrittsstellen** (Internal Ribosomal Entry Sites, **IRES**) sind Abschnitte innerhalb der mRNA, an die Ribosomen 5'-Cap-unabhängig binden. Auf diese Weise können von einer mRNA zwei Proteine unabhängig voneinander translatiert werden.
Etliche virale mRNA-Moleküle besitzen IRES, die eine bevorzugte Translation bedingen.

5.8 Translation in Prokaryoten
Prokaryoten haben **polycistronische** mRNAs, die für mehrere Proteine codieren. Die Initiation erfolgt an **Shine-Dalgarno-Sequenzen,** die vor den Start-Codons liegen. Die Initiator-tRNA ist mit **N-Formylmethionin** beladen.

PRÜFUNGSSCHWERPUNKTE
IMPP
- !! Signal Recognition Particle (SRP), Translation (Beteiligung der Zellorganellen an den einzelnen Schritten), Bau der tRNA
- ! Chaperone

Kompetenzorientierte Lernziele (NKLM)
Die Studierenden können die Translation und deren Regulation erklären.

5 TRANSLATION: VON DER RNA ZUM PROTEIN

Interne Ribosomen-Eintrittsstellen
Manche mRNAs enthalten spezifisch durch Wasserstoffbrückenbindungen gefaltete Sekundärstrukturen hinter dem Stopp-Codon der codierenden Sequenz. An diese **internen Ribosomen-Eintrittsstellen** (Internal Ribosomal Entry Sites, IRES) können viele, aber nicht alle Proteine binden, die auch an der normalen 5'-Cap-abhängigen Translationsinitiation beteiligt sind. Auch hier führen sie zur Anlagerung des Ribosoms und zur Synthese von Proteinen. Die Translation startet somit unabhängig von der 5'-Cap-Struktur, sodass bei diesen mRNAs mehrere Proteine abgelesen werden können. Genomweite Sequenzierungsanalysen zeigen, dass in Säugetieren bis zu 10 % aller zellulären mRNA-Moleküle solche IRES besitzen. Wie und in welchem Ausmaß diese Sequenzen regulatorisch bedeutsam sind, werden zukünftige Studien zeigen müssen.

Etliche virale mRNA-Moleküle besitzen IRES, die biochemisch und strukturell bereits sehr gut untersucht sind. Für die viralen mRNAs sind sie von Vorteil, da diese Viren Faktoren, die für die Cap-abhängige Initiation benötigt werden, zerstören, sodass bevorzugt die viralen mRNAs über die IRES translatiert werden.

5.8 Translation in Prokaryoten

Da Prokaryoten keinen Zellkern besitzen, laufen Transkription und Translation gleichzeitig ab. Für die Initiation der prokaryotischen Translation ist ein purinreicher Abschnitt vor dem AUG-Start-Codon wichtig, die **Shine-Dalgarno-Sequenz.** Diese liegt ca. zehn Nukleotide 5' des Start-Codons. Sie bindet komplementär an die 16S-rRNA der kleinen 30S-Untereinheit des Ribosoms. Die prokaryotischen mRNAs enthalten weder ein 5'-Cap noch ein Poly-(A)-Ende und sind **polycistronisch,** das heißt, dass aus einem mRNA-Molekül mehrere verschiedene Proteine hergestellt werden können. Dazu liegt vor jeder codierenden Sequenz eine Shine-Dalgarno-Sequenz mit daran anschließendem AUG. Die Proteinsynthese bei Prokaryoten beginnt mit **N-Formylmethionin.** Dieses modifizierte Methionin wird von einer speziellen tRNA transportiert, die sich von der Methionin-tRNA unterscheidet.

ÜBUNGSFRAGEN FÜRS MÜNDLICHE MIT LÖSUNGSHILFEN
1. Wie können einige tRNA-Moleküle mehrere Codons erkennen?
Die 1. Position des Anticodons der tRNA zeigt kein striktes komplementäres Basenpaarverhalten (= Wobble-Effekt). Zudem enthalten die tRNA-Moleküle an dieser Position auch ungewöhnliche Basen wie Inosin, das mit mehreren Basen der mRNA Wasserstoffbrücken bilden kann.
2. Warum können nur reife (fertig prozessierte) mRNAs translatiert werden?
Bei der Initiation der Translation wird die CAP-Struktur der mRNA von eIF4E (eine Untereinheit des heterotrimeren eIF4F-Komplexes) gebunden. Das Poly-A-Ende der mRNA wird von PABP gebunden und dieses interagiert wiederum mit eIF4G (wiederum eine Untereinheit von eIF4F).
3. Aminoacyl-tRNA-Synthetasen benötigen für ihre Reaktion das Energieäquivalent von zwei Molekülen ATP, verbrauchen tatsächlich aber nur ein Molekül ATP. Wie kann man das erklären?
Im ersten Teilschritt der Aminosäure-Aktivierung wird die Aminosäure mit dem α-ständigen Phosphat von ATP verknüpft und Pyrophosphat freigesetzt. Pyrophosphat wird durch die Pyrophosphatase in zwei Phosphate hydrolysiert, wodurch sich das Gleichgewicht dieser Teilreaktion auf die Seite des Aminoacyl-AMP verschiebt. Insgesamt werden also zwei Phosphorsäureanhydridbindungen gespalten, für deren Regeneration zwei ATP zu ADP abgebaut werden müssen.

KAPITEL 6

Kompartimente, Proteinsortierung und -modifikationen: der richtige Arbeiter am richtigen Platz

Regina Fluhrer

6.1	Lipidzusammensetzung zellulärer Membranen	127
6.1.1	Membranlipide	127
6.1.2	Glycerophospholipide	128
6.1.3	Sphingophospholipide	129
6.1.4	Glykosphingolipide	130
6.1.5	Cholesterin	130
6.1.6	Asymmetrische Lipidverteilung	130
6.2	Eigenschaften zellulärer Membranen	132
6.2.1	Dynamik der Membranlipide	132
6.2.2	Fluidität	132
6.2.3	Mikrodomänen	133
6.3	Proteinsortierung	133
6.3.1	Mechanismen des Proteintransports	133
6.3.2	Proteintransport zwischen Zellkern und Zytoplasma	134
6.3.3	Proteintransport in das Mitochondrium	138
6.3.4	Proteintransport in das Peroxisom	140
6.3.5	Proteintransport im sekretorischen Weg	140
6.4	Kovalente Proteinmodifikationen	153
6.4.1	Co- und posttranslationale Modifikationen	153
6.4.2	Glykosylierung	154
6.4.3	Phosphorylierung	158
6.4.4	Carboxylierung	159
6.4.5	Hydroxylierung	160
6.4.6	Sulfatierung	160
6.4.7	Limitierte Proteolyse	161
6.4.8	Lipidmodifikationen	162
6.4.9	ADP-Ribosylierung	163

Aus Studentensicht

Alle lebenden Zellen sind von mindestens einer Biomembran umgeben, die das Innere der Zelle von der Umgebung abgrenzt. Diese Biomembran stellt daher eine unverzichtbare Grundstruktur einer jeden lebenden Zelle dar. Neben dieser äußeren Membran besitzen viele Zellen zusätzlich intrazelluläre Reaktionsräume, die ebenfalls von Biomembranen abgegrenzt sind. Zwischen den einzelnen Reaktionsräumen findet ein reger und stark kontrollierter Stoffaustausch statt. Viele Erkrankungen, die diesen Transport stören, wie Tetanus, Botulismus oder auch Cholera, können schnell lebensbedrohliche Ausmaße annehmen. In diesem Kapitel lernst du, wie Biomembranen aufgebaut sind, wie Moleküle zu ihren Zielorten in der Zelle transportiert werden und wie Proteine auf vielfältige Weise modifiziert werden können.
Karim Kouz

6.1 Lipidzusammensetzung zellulärer Membranen

6.1.1 Membranlipide

Voraussetzung für die Entwicklung hochkomplexer arbeitsteiliger Organismen ist die Bildung von **Zellkompartimenten,** die sich beispielsweise in pH-Wert oder Salzkonzentration unterscheiden (➤ 1.3.2). Zur Abgrenzung ihrer wässrigen Reaktionsräume bilden aus unterschiedlichen Lipiden aufgebaute **Membranen** eine hydrophobe Barriere. Die spezifischen Proteine der Kompartimente und ihrer Membranen müssen zielgerichtet translatiert und an ihren Bestimmungsort transportiert werden. Viele dieser Proteine werden posttranslational modifiziert, um ihre volle Funktionsfähigkeit zu erlangen.
Biologische Membranen bestehen zu einem großen Teil aus **amphiphilen Lipiden,** die sich zu einer 5–8 nm dicken **Doppelschicht** aus zwei Membranblättern zusammenlagern (➤ 1.1.3). Durch die Kombination verschiedener hydrophiler Gruppen mit unterschiedlichen hydrophoben Fettsäureresten werden in einer Zelle im Mittel ca. 1000 verschiedene Membranlipide gebildet. In die Lipiddoppelschicht sind **Proteine** integriert, die für den **Stoffaustausch** durch und die **Kommunikation** über die Plasma- und Organellmembranen verantwortlich sind. Die Lipidzusammensetzung der Membranen kann sich zwischen unterschiedlichen Zellen und Organellen stark unterscheiden. Die mengenmäßig wichtigsten Lipidbausteine der menschlichen Biomembranen sind **Phospholipide, Sphingolipide** und **Cholesterin.** Daneben findet sich eine Vielzahl von **Glykolipiden,** deren Funktion zum Teil noch nicht vollständig geklärt ist.

6.1 Lipidzusammensetzung zellulärer Membranen

6.1.1 Membranlipide
Voraussetzung für die Existenz komplexer Organismen ist die Abgrenzung von **Zellkompartimenten** durch **Membranen**. Spezifische Proteine müssen an ihrem Bestimmungsort lokalisiert sein.

Biologische Membranen sind 5–8 nm dicke, aus **amphiphilen Lipiden** aufgebaute **Doppelschichten. Membranproteine** sind für den **Stoffaustausch** und die **Kommunikation** mit der Umgebung und innerhalb der Zelle nötig. Wichtige Lipidbausteine sind v. a. **Phospholipide, Sphingolipide, Cholesterin** und **Glykolipide**.

Aus Studentensicht

Phospholipide besitzen im hydrophilen Molekülanteil einen **Phosphorsäurerest**. Das in **Sphingolipiden** vorkommende hydrophobe **Ceramid** besteht aus Sphingosin und einer kovalent gebundenen Fettsäure. Den hydrophilen Teil der **Glykolipide**, die ausschließlich im nichtzytoplasmatischen Membranblatt lokalisiert sind, bilden Mono- oder Oligosaccharide.

6 KOMPARTIMENTE, PROTEINSORTIERUNG UND -MODIFIKATIONEN

Das gemeinsame Merkmal der **Phospholipide** ist ein **Phosphorsäurerest** im hydrophilen Teil des Moleküls. Alle **Sphingolipide** enthalten in ihrem hydrophoben Molekülanteil einen **Ceramid-Baustein** (➤ Abb. 6.1), der aus einem Sphingosin-Molekül und einer Fettsäure, die über eine Säureamidbindung verknüpft sind, besteht. Den hydrophilen Anteil der **Glykolipide** bilden Mono- oder Oligosaccharide. Glykolipide machen ca. 5 % der Lipidmoleküle in menschlichen Zellmembranen aus und kommen in allen Geweben vor, allerdings ausschließlich im nichtzytoplasmatischen Membranblatt der Lipiddoppelschicht. Wie auch einigen Sphingolipiden werden ihnen wichtige Funktionen bei der Regulation von Zellwachstum und -differenzierung zugeschrieben.

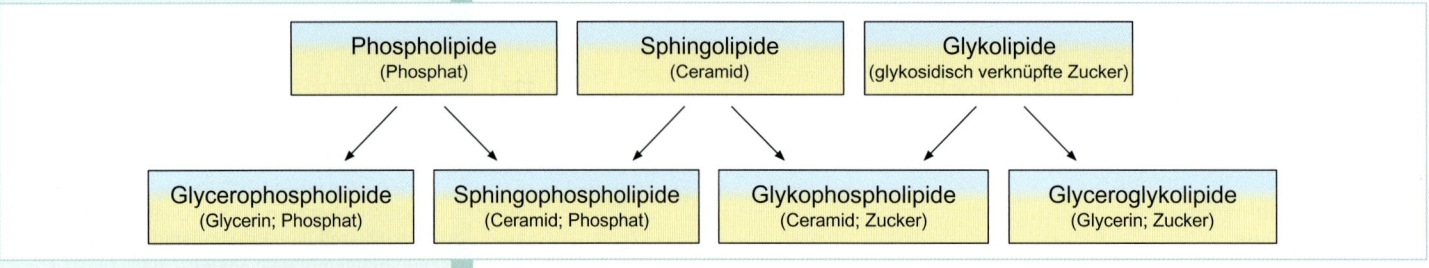

Abb. 6.1 Einteilung der Membranlipide. Die Begriffe in Klammern geben die gemeinsamen Bausteine an. Glyceroglykolipide spielen im menschlichen Stoffwechsel wahrscheinlich nur eine untergeordnete Rolle. [L253]

6.1.2 Glycerophospholipide

Glycerophospholipide sind mengenmäßig die wichtigsten Lipidbestandteile der Biomembranen. Sie bestehen aus **Glycerin**, das zweifach mit einer Fettsäure und an der C3-OH-Gruppe mit einem **Phosphorsäuremolekül** verestert ist.

6.1.2 Glycerophospholipide

Glycerophospholipide (Phosphoglyceride, Glycerophosphatide) sind mengenmäßig die wichtigsten Lipidbestandteile biologischer Membranen. Das **Phosphorsäuremolekül** dieser Phospholipide ist mit einer endständigen OH-Gruppe (= OH-Gruppe an C3) eines **Glycerinmoleküls** verestert und bildet die Grundstruktur für den hydrophilen Molekülanteil (➤ Abb. 6.2). Die beiden übrigen OH-Gruppen an C1 und C2 gehen Esterbindungen mit je einem Fettsäuremolekül ein und bilden den hydrophoben Anteil der Glycerophospholipide. Das C2-Atom ist häufig mit einer ungesättigten Fettsäure besetzt.

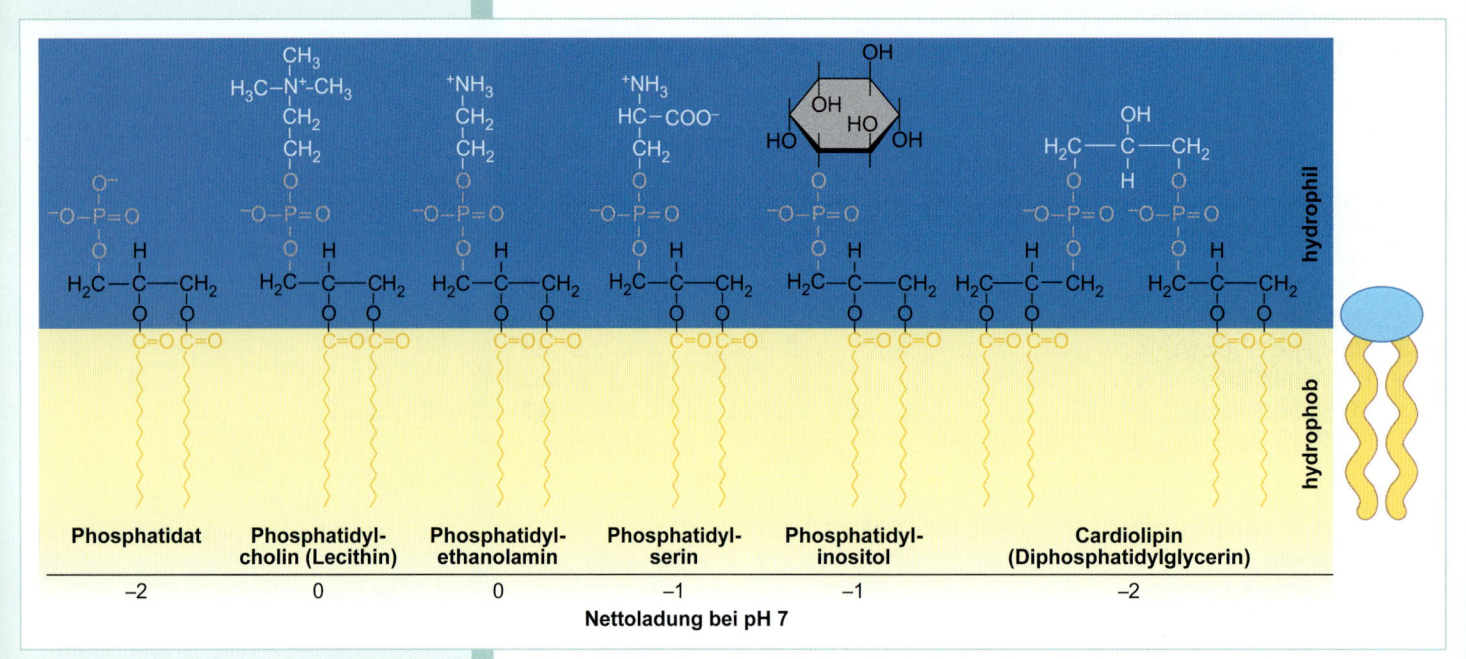

Abb. 6.2 Wichtige Glycerophospholipide in biologischen Membranen [L253, L307]

Mit der Phosphorsäuregruppe dieses **Phosphatidats** bilden i. d. R. weitere polare Moleküle wie Cholin, Ethanolamin, Serin oder Inositol Phosphorsäurediester. Die zugehörigen Phospholipide werden **Phosphatidylcholin** (Lecithin), **Phosphatidylethanolamin**, **Phosphatidylserin** und **Phosphatidylinositol** genannt.
Unter physiologischen Bedingungen werden über den Phosphorsäurerest und die polaren Moleküle negative und positive Teilladungen in die Glycerophospholipide eingebracht, die u. a. eine wichtige Rolle für Signal- und Transportprozesse spielen.
Phosphatidylinositol spielt eine wichtige Rolle bei der Bildung des Second Messenger Inositoltrisphosphat (IP₃).

Sind keine weiteren Bestandteile im Molekül vorhanden, liegt der einfachste Vertreter der Glycerophospholipide vor, das **Phosphatidat** (Salz der Phosphatidsäure) (➤ Abb. 6.2). Phosphatidat kommt in biologischen Membranen nur in geringer Konzentration vor. Meistens bildet die Phosphorsäure mit den Alkoholgruppen weiterer polarer Moleküle einen Phosphorsäurediester, wodurch der hydrophile Anteil des Moleküls vergrößert wird. Die wichtigsten Moleküle sind Cholin, Ethanolamin, Serin und Inositol. Die zugehörigen Phospholipide werden **Phosphatidylcholin** (Lecithin), **Phosphatidylethanolamin**, **Phosphatidylserin** und **Phosphatidylinositol** genannt.
Der Phosphorsäurerest und die polaren Moleküle bringen unter physiologischen Bedingungen negative und positive Teilladungen in die Glycerophospholipide ein. In einigen Molekülen entstehen so negative Nettoladungen, die bei entsprechender Konzentration einzelner Glycerophospholipide zu negativ geladenen Membranbereichen führen. Diese spielen insbesondere in der Plasmamembran, im endosomalen Kompartiment und im trans-Golgi-Netzwerk eine wichtige Rolle für den intrazellulären Transport und die Signalübertragung.

Phosphatidylethanolamin und **Phosphatidylserin** sind mengenmäßig die häufigsten Membranlipide im menschlichen Körper. **Phosphatidylinositol** findet man überwiegend im zytoplasmatischen Membranblatt. Es spielt durch Bildung des Second Messenger Inositoltrisphosphat (IP$_3$) eine wichtige Rolle bei der Übertragung von extrazellulären Signalen in das Innere der Zelle (➤ 9.6.2) und ist entscheidend an der Bildung und Zielsteuerung von Vesikeln beteiligt.

> **Inositol ist kein Zucker**
> Zucker enthalten in der offenkettigen Form neben Alkoholgruppen eine Keto- oder Aldehydgruppe, die dem Inositol fehlt. Auch ist in den ringförmigen Zuckern aufgrund der Halbacetalbildung ein O-Atom Bestandteil des Rings, wohingegen der Inositolring aus sechs C-Atomen besteht. Inositol ist die reduzierte Form eines Zuckers, ein **Zuckeralkohol**.
> Nicht verwechselt werden dürfen Inositol und Inosin. **Inosin** ist das **Nukleosid** des Hypoxanthins und gehört zur großen Gruppe der Nukleotide (➤ 21.7.4).

Dipalmitoylphosphatidylcholin (DPPC) ist ein Lecithin, das an Position 1 und 2 des Glycerins jeweils einen Palmitoylrest trägt und mit 80–90 % Gewichtsanteil der wichtigste Bestandteil des **Lungen-Surfactants** ist, der sich auf der Oberfläche der Alveolen befindet. Die hydrophoben Palmitoylreste sind dicht gepackt und ragen in den Luftraum, während der hydrophile Anteil des DPPC zu den Alveolarzellen weist. So verhindert DPPC das Kollabieren des Alveolarraums.

Cardiolipin (Diphosphatidylglycerin) ist ein spezielles Glycerophospholipid, das typischerweise in der bakteriellen Plasmamembran, aber auch in menschlichen Zellen vorkommt. Entsprechend der Endosymbiontentheorie (➤ 1.3.1) findet es sich dort hauptsächlich in der **inneren Mitochondrienmembran**. Der Grundbestandteil des Cardiolipins ist wiederum ein Glycerinmolekül, das an C1 und C3 jeweils mit Phosphatidsäure verestert ist. Isoliert wurde es erstmals aus Herzgewebe, daher sein Name.

6.1.3 Sphingophospholipide

Sphingophospholipide (Sphingophosphatide) sind an der endständigen Alkoholgruppe des Ceramids mit einer Phosphorsäure verestert und zählen daher sowohl zu den Phospholipiden als auch zu den Sphingolipiden (➤ Abb. 6.1, ➤ Abb. 6.3). Die beiden häufigsten Vertreter, die **Sphingomyeline**, bilden einen Phosphodiester mit Cholin oder Ethanolamin. Sie machen üblicherweise 10–20 % der Lipide in der Plasmamembran aus. Ihr Name stammt von ihrer besonders hohen Konzentration in den Myelinscheiden, welche die Axone bestimmter Nervenfasern umgeben.

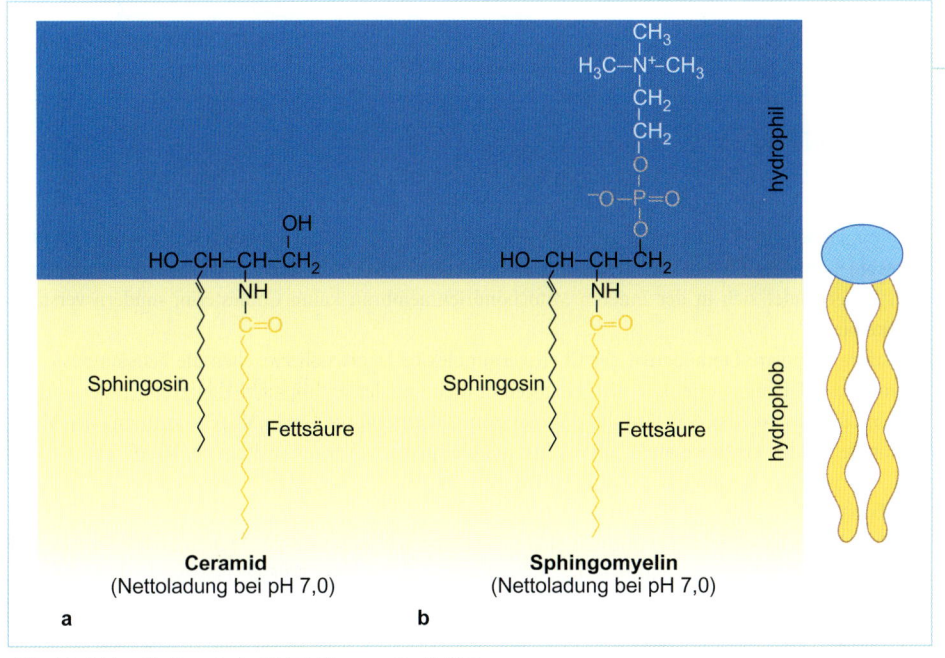

Abb. 6.3 Sphingolipide. **a** Ceramid. **b** Sphingomyelin. [L253]

> **Sphingosin ist keine Fettsäure**
> Auch wenn **Sphingosin** auf den ersten Blick wie eine ungesättigte Fettsäure aussieht und durchaus auch vergleichbare physikalische Eigenschaften hat, enthält es keine Carboxylgruppe, sondern zwei Alkoholgruppen und eine Aminogruppe. Folglich handelt es sich um einen **Aminoalkohol** mit 18 C-Atomen.

Aus Studentensicht

Dipalmitoylphosphatidylcholin (DPPC), ein zwei Palmitinsäure-Moleküle beinhaltendes Lecithin, macht den Hauptbestandteil des **Lungen-Surfactants** aus.

Cardiolipin besteht aus einem Glycerinmolekül, das an C1 und C3 jeweils eine Phosphatidsäure gebunden hat. Es findet sich v. a. in der **inneren Mitochondrienmembran** von Herzmuskelzellen und in bakteriellen Zellmembranen.

6.1.3 Sphingophospholipide

Sphingophospholipide enthalten ein an der OH-Gruppe des Sphingosins phosphoryliertes Ceramid. Bildet diese Phosphatgruppe einen Diester mit Cholin oder Ethanolamin, entstehen **Sphingomyeline**. Sie kommen u. a. in der Plasmamembran und in Myelinscheiden vor.

ABB. 6.3

Aus Studentensicht

6.1.4 Glykosphingolipide
Binden Zucker glykosidisch an die endständige Ceramid-OH-Gruppe, so entstehen **Glykosphingolipide**. Bei **Cerebrosiden** sind dies meist **Galaktose** (Galaktocerebroside) oder **Glukose** (Glukocerebroside). Erstere kommen meist in neuronalem Gewebe, letztere in nichtneuronalem Gewebe vor.
Sulfatide sind Cerebroside, die an den OH-Gruppen ihrer Zucker mit Sulfatgruppen verestert sind.
Ganglioside sind Cerebroside, die statt Monosacchariden Oligosaccharide und Sialinsäurereste gebunden haben. Sie sind u. a. Bestandteil der **Glykokalyx**.

6.1.5 Cholesterin
Der Anteil an **Cholesterin**, das nur in **tierischen Membranen** Bestandteil der Lipidfraktion ist, variiert je nach Membran erheblich. Das unpolare Sterangerüst lagert sich zwischen die Fettsäurereste, die OH-Gruppe orientiert sich in Richtung der hydrophilen Kopfgruppen der Membranlipide. Cholesterin stört dadurch die regelmäßige Anordnung der Membranlipide und hat einen Einfluss auf die physikalischen Membraneigenschaften.
Pflanzen lagern **Phytosterole** statt Cholesterin in ihre Membran ein.

6.1.6 Asymmetrische Lipidverteilung
Membranlipide sind **asymmetrisch** auf die beiden Membranblätter **verteilt**, d. h., im äußeren Blatt finden sich andere Lipide als im inneren Blatt. Eine Veränderung dieser Verteilung ist z. B. Voraussetzung für die Thrombozytenaktivierung oder kann zur Auslösung der Apoptose führen. Zudem führt die unterschiedliche Lipidzusammensetzung der zellulären Membranen zu den charakteristischen Eigenschaften der verschiedenen Organellen.

6 KOMPARTIMENTE, PROTEINSORTIERUNG UND -MODIFIKATIONEN

6.1.4 Glykosphingolipide
Der hydrophile Anteil der **Glykosphingolipide** (Sphingoglykolipide, Glykosylceramide) wird durch Zuckerreste gebildet, die mit der endständigen Alkoholgruppe des Ceramids eine glykosidische Bindung bilden (➤ Abb. 6.4). In **Cerebrosiden** besteht dieser Zuckerrest aus einem Monosaccharid, meist **Galaktose** oder **Glukose**. Galaktocerebroside kommen oft in Membranen neuronaler Gewebe vor, während Glukocerebroside in nichtneuronalen Geweben vorkommen. **Sulfatide,** in denen die OH-Gruppe des Zuckerrests mit einer Sulfatgruppe verestert ist, findet man in der weißen Substanz des Gehirns.
Glykosphingolipide mit komplexen Oligosacchariden und einem oder mehreren Sialinsäureresten (N-Acetylneuraminsäureresten) werden als **Ganglioside** bezeichnet. Die höchste Gangliosid-Konzentration findet sich in der grauen Substanz des Gehirns, in der sie 6 % aller Lipide ausmachen. Sie dienen u. a. als Rezeptoren für Glykoproteinhormone in der Hypophyse. Zusammen mit anderen Glykoproteinen der Membran bilden sie die **Glykokalyx** der Zelle.

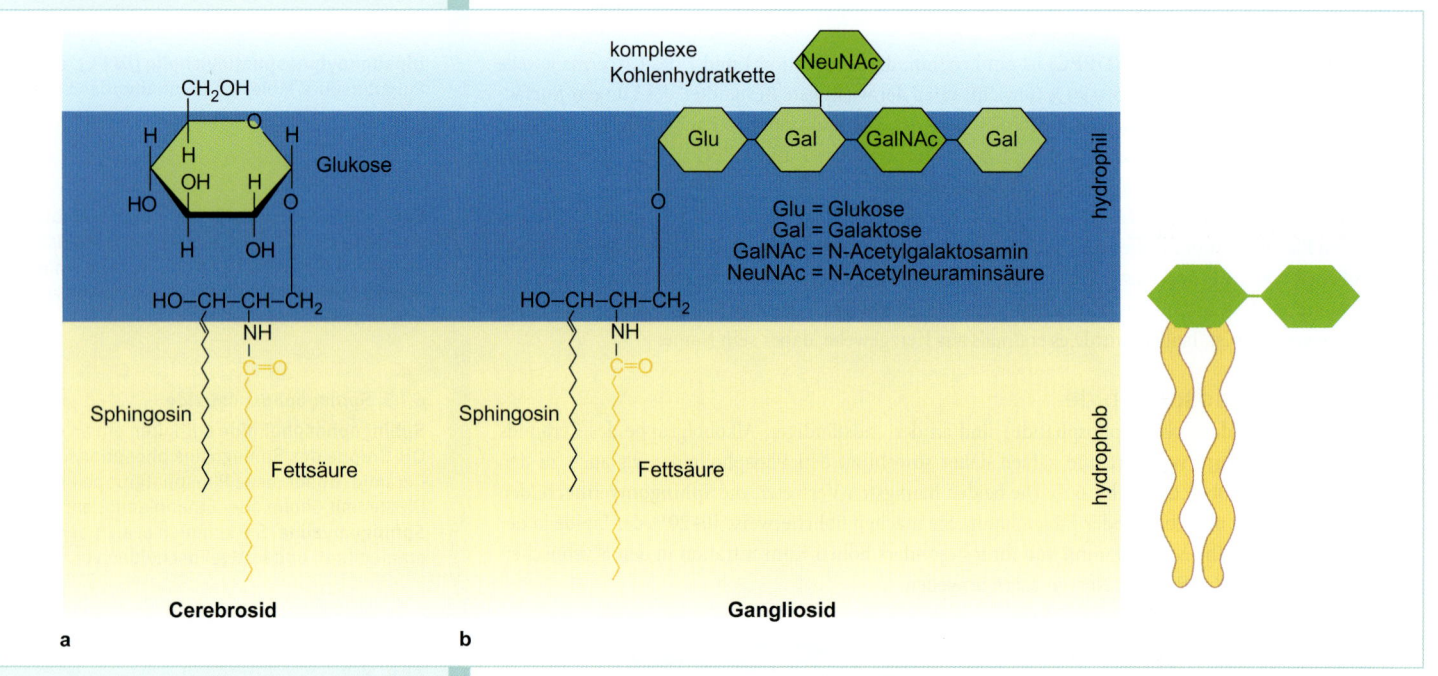

Abb. 6.4 Glykosphingolipide. **a** Cerebrosid. **b** Gangliosid GM1. [L253]

6.1.5 Cholesterin
Cholesterin (Cholesterol) ist nur in **tierischen Membranen** Bestandteil der Lipidfraktion. Je nach Art und Funktion der Membran kann der Cholesterinanteil erheblich variieren. In menschlichen Plasmamembranen beträgt er bis zu 50 % der gesamten Lipidmenge. Während **Pflanzen** statt Cholesterin **Phytosterole** in ihre Membranen einlagern, enthalten Bakterien weder Cholesterin noch entsprechende Analoga. Daher findet sich in der inneren Mitochondrienmembran kaum Cholesterin, sondern verstärkt Cardiolipin.
Das starre, unpolare Sterangerüst der Cholesterinmoleküle lagert sich zwischen die Fettsäurereste, die hydrophile OH-Gruppe orientiert sich hingegen in Richtung der hydrophilen Kopfgruppen der übrigen Membranlipide (➤ Abb. 6.5). Auf diese Weise stört Cholesterin die regelmäßige Anordnung der Membranlipide und hat einen wesentlichen Einfluss auf physikalischen Eigenschaften der Membran.

6.1.6 Asymmetrische Lipidverteilung
Die **Verteilung** der einzelnen Membranlipide auf die beiden Lipidschichten (Membranblätter) einer einzelnen Doppelmembran ist **asymmetrisch.** Beispielsweise befinden sich in der Plasmamembran der Erythrozyten Phosphatidylethanolamin, Phosphatidylserin und Phosphatidylinositol fast ausschließlich im zytoplasmatischen Membranblatt, während Phosphatidylcholin und Sphingomyelin in deutlich höherer Konzentration im extrazellulären Membranblatt vorkommen. Aufgrund dieser asymmetrischen Verteilung ist das zytoplasmatische Membranblatt stärker negativ geladen als das extrazelluläre (➤ Abb. 6.6). Der Zusammenbruch der asymmetrischen Membranlipidverteilung kann in Abhängigkeit vom Zelltyp zur Auslösung der Apoptose (➤ 10.5) führen. Aber auch bei der Aktivierung von Thrombozyten (➤ 25.6.2) oder der Substraterkennung durch Makrophagen (➤ 16.3.5) spielt dieses Prinzip eine wichtige Rolle. Die Lipidzusammensetzung unterscheidet sich nicht nur zwischen den Membranblättern einer Membran, sondern auch zwischen den verschiedenen zellulären Membranen und trägt so ganz wesentlich zu den charakteristischen Eigenschaften der verschiedenen Organellen bei.

6.1 LIPIDZUSAMMENSETZUNG ZELLULÄRER MEMBRANEN

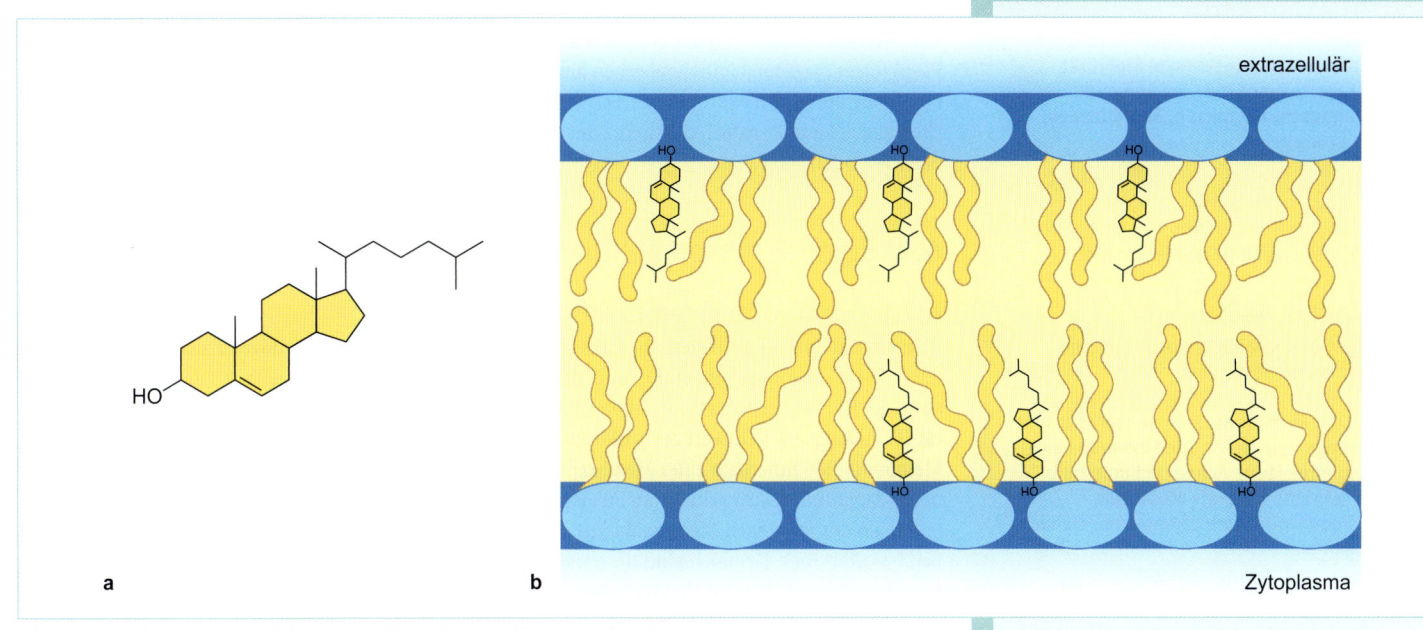

Aus Studentensicht

Abb. 6.5 a Strukturformel von Cholesterin. b Zellmembran mit Cholesterin. [L253]

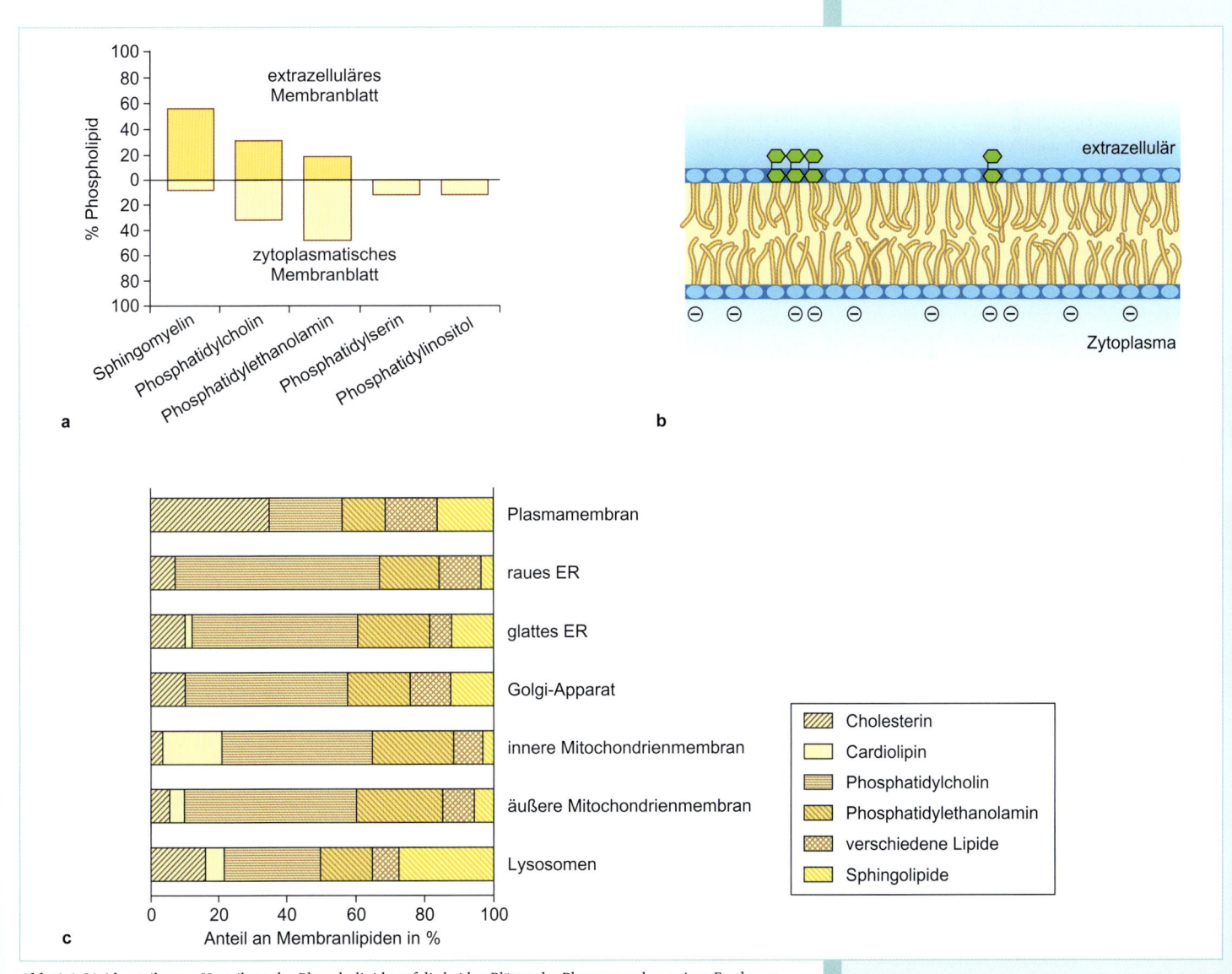

Abb. 6.6 Lipidverteilung. a Verteilung der Phospholipide auf die beiden Blätter der Plasmamembran eines Erythrozyten. b Ladungsverteilung in der Erythrozytenmembran. c Lipidzusammensetzung unterschiedlicher zellulärer Membranen am Beispiel von Ratten-Hepatozyten. [L253]

Aus Studentensicht

Der Wechsel von Lipiden zwischen den beiden Membranblättern (**= transversale Mobilität, Flip-Flop**) kann in menschlichen Zellen durch Enzyme (**Flippasen, Floppasen, Scramblasen**) beschleunigt werden.

6.2 Eigenschaften zellulärer Membranen

6.2.1 Dynamik der Membranlipide

Die einzelnen Membranlipide besitzen eine Eigendynamik und bestimmen dadurch die **Fluidität** (Fließfähigkeit) der Membran. Sie ist abhängig von der Membranzusammensetzung und der Umgebungstemperatur. Die Moleküle bewegen sich um ihre eigene Achse und innerhalb des Membranblatts **(laterale Mobilität)**. **Mikrodomänen** sind Membranbereiche, die sich in ihrer Zusammensetzung und ihren physikalischen Eigenschaften unterscheiden.

6.2.2 Fluidität

Die energetisch günstige Anordnung der C-Atome in gesättigten Fettsäuren ist die lang gestreckte **Zickzackform**. Moleküle in dieser Konformation können sich perfekt aneinanderlagern und bilden unter Ausbildung von **Van-der-Waals-Wechselwirkungen** relativ starre Anordnungen.
Die laterale Mobilität wird durch die Einlagerung von ungesättigten Fettsäuren in die Membran erhöht, da ihre cis-Konformation einen Knick aufweist, der die regelmäßige Anordnung stört.
Mit steigender **Temperatur** erhält die lang gestreckte Zickzackform durch Rotation um C-C-Einfachbindungen ebenfalls Knicke, was zu einer steigenden Membranfluidität führt.

6 KOMPARTIMENTE, PROTEINSORTIERUNG UND -MODIFIKATIONEN

Der Wechsel einzelner Lipide zwischen den beiden Membranblättern (= **transversale Mobilität, Flip-Flop**) findet in reinen Lipidmembranen nur sehr langsam statt, da dabei die polare Kopfgruppe der Membranlipide durch den hydrophoben Teil der Membran hindurchtreten muss (➤ Abb. 6.7a). In menschlichen Zellen kann er jedoch durch Enzyme (**Flippasen, Floppasen** und **Scramblasen**) beschleunigt werden (➤ 20.3.1).

6.2 Eigenschaften zellulärer Membranen

6.2.1 Dynamik der Membranlipide

Biomembranen sind nicht statisch, sondern besitzen eine bemerkenswerte Eigendynamik, die zum einen durch die Umgebungstemperatur und zum anderen durch die Zusammensetzung der Membran bestimmt wird. Sie beeinflussen die molekulare Eigenbewegung der Membranlipide und damit die **Fluidität** (Fließfähigkeit, Kehrwert der Viskosität) der Membran. So können sich die einzelnen Fettsäuren der Membranlipide innerhalb eines Membranblatts bewegen (= Flexion). Die einzelnen Membranlipide rotieren dabei zudem sehr schnell um ihre eigene Achse und besitzen zum Teil eine hohe **laterale Mobilität** innerhalb des jeweiligen Membranblatts, sodass sie ganze Zellen in wenigen Sekunden umrunden können (➤ Abb. 6.7). Dennoch sind die verschiedenen Lipide innerhalb der Membran nicht gleichmäßig verteilt, sondern bilden lokale **Mikrodomänen**, die sich in ihren physikalischen Eigenschaften erheblich unterscheiden.

6.2.2 Fluidität

In der energetisch günstigsten Anordnung bilden die C-Atome in gesättigten Fettsäureresten lang gestreckte **Zickzackketten**, die sich unter Ausbildung von **Van-der-Waals-Wechselwirkungen** in Membranen nebeneinander anlagern (➤ 1.1.3). Diese Anordnung ist relativ starr und führt dazu, dass Fette mit überwiegend gesättigten und langkettigen Fettsäuren, wie Kokosfett, bei Raumtemperatur fest sind. Die hohe laterale Mobilität in biologischen Membranen resultiert aus der Einlagerung von ungesättigten Fettsäureresten zwischen die gesättigten Fettsäurereste. Sie weisen aufgrund ihrer cis-Konformation einen Knick in der Zickzackkette auf. Dieser Knick stört die regelmäßige Anordnung der langen gesättigten Fettsäurereste (➤ Abb. 6.5). Daher sind Fette mit vielen ungesättigten Fettsäureresten, wie Olivenöl, bei Raumtemperatur flüssig.
Der Aggregatzustand einer Membran (= fester oder flüssiger Zustand) wird auch von der **Temperatur** beeinflusst. Bei hohen Temperaturen verlassen die gesättigten Fettsäuren die energetisch günstigste lang gestreckte Zickzackkette und bilden durch Rotation um C-C-Einfachbindungen ebenfalls Knicke aus. Daher schmilzt das Kokosfett in der Friteuse und Membranen werden bei steigenden Temperaturen fluider (➤ Abb. 6.7).

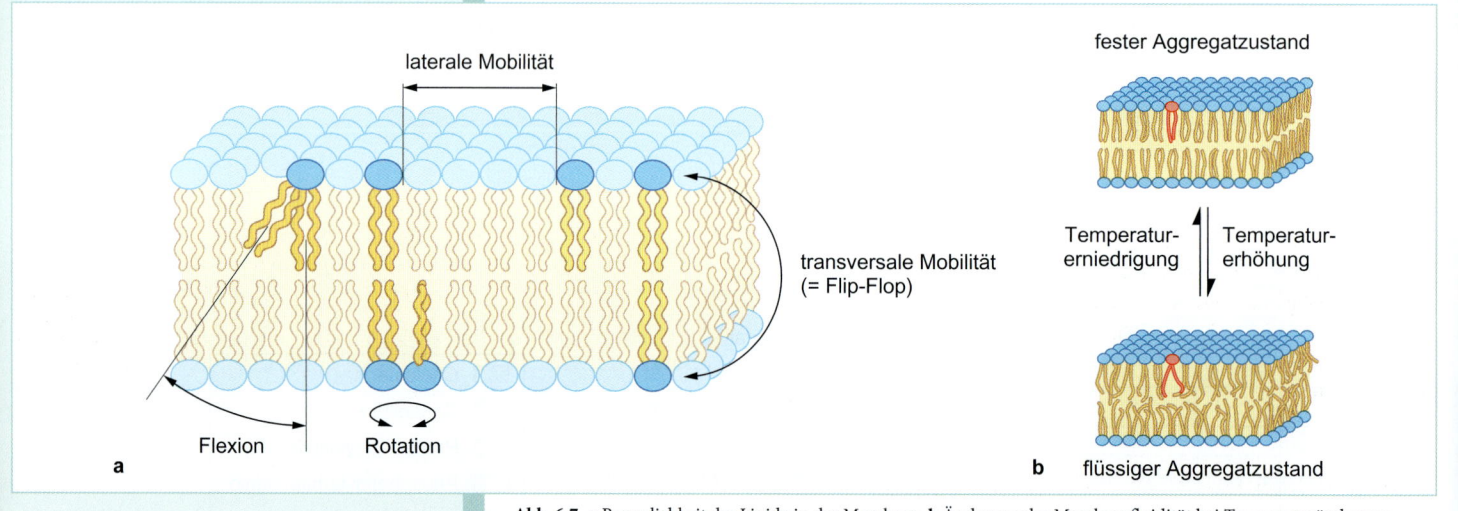

Abb. 6.7 a Beweglichkeit der Lipide in der Membran. b Änderung der Membranfluidität bei Temperaturänderung. [L253]

Auch die Einlagerung von **Cholesterin** beeinflusst die Membranfluidität. In Membranbereichen mit kurzen ungesättigten Fettsäuren senkt Cholesterin die Fluidität, in Membranbereichen mit langen gesättigten Fettsäuren erhöht es hingegen die Fluidität. Tierische Organismen regulieren u. a. durch Anpassung des Cholesterinanteils ihre Membranfluidität.

Nicht nur Sättigungsgrad, Länge der Fettsäurereste und Temperatur haben einen Einfluss auf die Membranfluidität, sondern auch die Einlagerung von **Cholesterin** kann sie beeinflussen. In Membranen, die einen hohen Anteil an ungesättigten und kurzen Fettsäureresten aufweisen, bewirkt Cholesterin eine Verringerung der Fluidität, da das starre Ringsystem des Cholesterins der unregelmäßigen Struktur dieser Fettsäuren eine regelmäßigere Anordnung aufzwingt. Die Membran gewinnt dadurch an Festigkeit. Umgekehrt bewirkt Cholesterin in Membranen mit hohem Anteil an gesättigten, langkettigen Fettsäureresten eine Verflüssigung, da es die regelmäßige Anordnung der Fettsäuren durch sein geknicktes Sterangerüst stört.

6.3 PROTEINSORTIERUNG

Lebewesen steuern die Zusammensetzung der Membranlipide, um eine passende Membranfluidität zu erreichen. So findet man deutliche Unterschiede zwischen Lebewesen, die in heißen Quellen oder in eiskaltem Wasser leben. Tierische Organismen regulieren die Fluidität ihrer Membranen meist durch Anpassung des Cholesterinanteils.

6.2.3 Mikrodomänen

Lange Zeit wurde angenommen, dass die Verteilung der Lipide und Proteine innerhalb eines Membranblatts aufgrund der schnellen lateralen Diffusion homogen sei (**Fluid-Mosaic-Modell**). Erst in jüngster Zeit ergaben sich erste Anhaltpunkte für die Bildung lokaler **Mikrodomänen**, in denen sich bestimmte Membranlipide und -proteine lokal konzentrieren.

Lipid Rafts

Ein Beispiel für eine solche Mikrodomäne ist das **Lipid Raft** (Lipid-Floß) (> Abb. 6.8). Durch die Zusammenlagerung von **Cholesterin und Sphingolipiden** entsteht ein kleiner, etwas dickerer Bereich mit verringerter Fluidität, der in der Membran quasi wie ein Floß umhertreibt. Innerhalb dieser Lipid Rafts konzentrieren sich zahlreiche Membranproteine. So können z. B. miteinander interagierende Proteine einer Signalkaskade für eine bestimmte Zeit in räumliche Nähe gebracht werden. Der Zelle stehen damit vermutlich zusätzliche Regulationsmechanismen zur Verfügung. Bildung und Auflösung von Lipid Rafts werden wahrscheinlich durch die Menge des in der Membran vorhandenen Cholesterins gesteuert und sind hoch dynamisch. Da der direkte Nachweis sehr schwierig ist, werden Existenz und Bedeutung der Lipid Rafts kontrovers diskutiert.

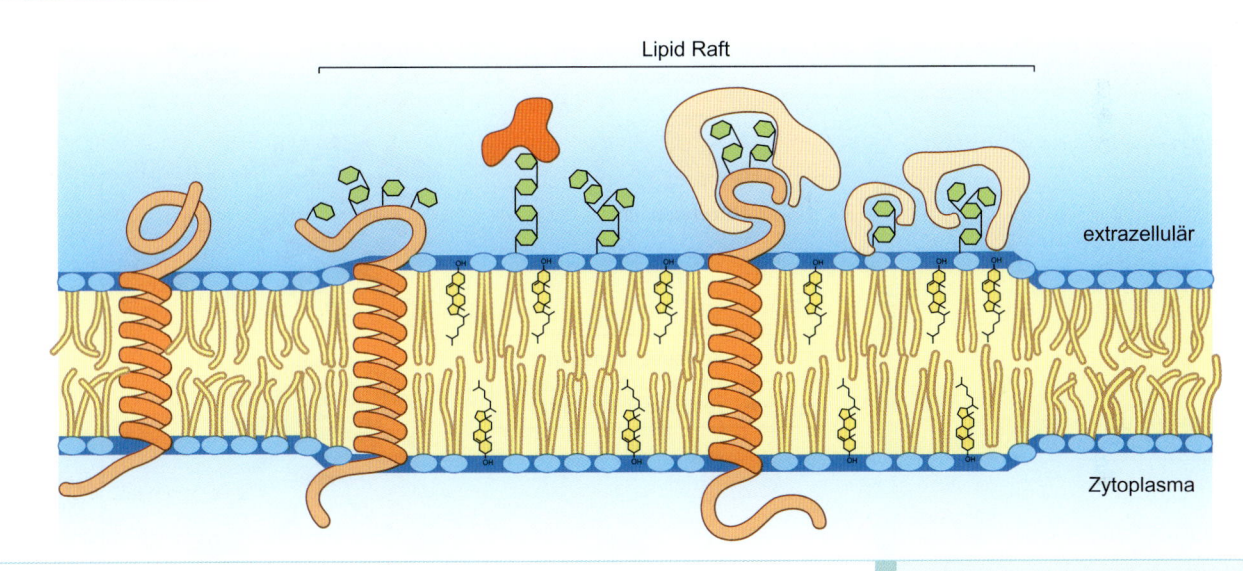

Abb. 6.8 Schematische Darstellung eines Lipid Raft [L253]

Caveolae

Mikrodomänen, die neben einer erhöhten Cholesterinkonzentration auch eine hohe Konzentration des Proteins **Caveolin** enthalten, werden als Caveolae bezeichnet. Caveolin bindet an Cholesterin und bewirkt durch Oligomerisierung mit anderen Caveolinmolekülen eine **Krümmung der Membran**. Diese Membraneinstülpungen haben vielfältige Funktionen, u. a. für den Fettsäure- und Cholesterintransport sowie die Signaltransduktion. Caveolae können beim vesikulären Transport von Proteinen auch als Vesikel abgeschnürt werden (> 6.3.5).

6.3 Proteinsortierung

6.3.1 Mechanismen des Proteintransports

Nachdem in der Evolution eukaryote Organismen mit membranumschlossenen Zellkompartimenten entstanden waren, musste sichergestellt werden, dass die Proteine der Zelle genau dorthin transportiert werden, wo sie benötigt werden. Zudem musste die Kompartimentstruktur an die **Folgegeneration** weitergeben werden. Denn anders als für die Primärstruktur der Proteine existiert für die Grundstruktur der Kompartimente kein genetischer Code, der die korrekte Weitergabe an die Folgegeneration sicherstellt. Die Ribosomen für die Translation befinden sich auch in der eukaryoten Zelle im Zytoplasma, in dem die Synthese fast aller Proteine beginnt. Lediglich die wenigen mitochondrial codierten Proteine werden an mitochondrialen Ribosomen gebildet. Damit Proteine in andere Kompartimente gelangen können, enthalten sie spezifische **Sortiersignale**, die durch Bindung an passende **Rezeptoren** die Aufnahme in das

---

Aus Studentensicht

6.2.3 Mikrodomänen

Das **Fluid-Mosaic-Modell** nimmt an, dass die Zusammensetzung der Zellmembran aufgrund der lateralen Diffusion homogen ist. Die Entdeckung von **Mikrodomänen** ergänzt es jedoch.

Lipid Rafts

Lipid Rafts sind Mikrodomänen geringerer Fluidität, die durch Zusammenlagerung von **Cholesterin und Sphingolipiden** entstehen und wie ein Floß in der Membran umherschwimmen. Innerhalb dieser Lipid Rafts finden sich zahlreiche Membranproteine, die z. B. an Signaltransduktionsvorgängen beteiligt sind.

Caveolae

Caveolae sind Mikrodomänen, die neben einer erhöhten Cholesterinkonzentration das Protein **Caveolin** enthalten. Dieses bindet an Cholesterin-Moleküle der zytoplasmatischen Membranseite und bewirkt eine **Krümmung der Membran**. Dies spielt z. B. beim vesikulären Transport eine Rolle.

6.3 Proteinsortierung

6.3.1 Mechanismen des Proteintransports

Da eukaryote Organismen membranumschlossene Zellkompartimente enthalten, muss sichergestellt werden, dass alle Proteine an die richtigen Stellen transportiert werden und die Kompartimentstruktur bei der Weitergabe an die **Folgegeneration** erhalten bleibt.

Aus Studentensicht

Die an den zytoplasmatischen Ribosomen gebildeten Proteine weisen, sofern sie nicht im Zytoplasma verbleiben sollen, **Sortiersignale** auf, die durch Bindung an passende **Rezeptoren** die Aufnahme des Proteins in das jeweilige Kompartiment ermöglichen.
Sortiersignale sind meist kurze Aminosäureabschnitte **(Signalsequenzen).** Sie können aber auch aus mehreren Abschnitten bestehen, die sich erst nach Faltung des Proteins aneinanderlagern und funktionell werden. Maskierte Signale liegen versteckt im Inneren eines Proteins und werden erst nach Konformationsänderung des Proteins wirksam.
Für den Transport über Membranen existieren verschiedene Mechanismen: **Schleusen-, Transmembran-** und **vesikulärer Transport.**

ABB. 6.9

6 KOMPARTIMENTE, PROTEINSORTIERUNG UND -MODIFIKATIONEN

Zielkompartiment ermöglichen. Meist handelt es sich bei diesen Sortiersignalen um kurze Aminosäureabfolgen **(Signalsequenzen),** die eine charakteristische Eigenschaft aufweisen. Es sind aber auch Sortiersignale bekannt, die aus Aminosäuren bestehen, die in der Primärstruktur weit voneinander entfernt sind, sich aber in der Tertiärstruktur zusammenlagern. Sortiersignale können auch im Inneren eines Proteins versteckt (maskiert) sein und erst wirksam werden, wenn das Protein seine Konformation ändert. Ohne funktionelle Signalsequenz werden Proteine nicht transportiert, verbleiben also am Ort ihrer Synthese im Zytoplasma.

Für die Aufnahme der Proteine in ein Kompartiment müssen eine oder teilweise sogar zwei Membranen durchquert werden, die prinzipiell darauf ausgelegt sind, nur einen kontrollierten Stoffaustausch zuzulassen. Kompartimente, die so miteinander verbunden sind, dass Moleküle zwischen ihnen ausgetauscht werden können, ohne dass sie eine Membran überwinden müssen, werden als **topologisch äquivalent** bezeichnet.

Gegenwärtig sind drei verschiedene Proteintransportmechanismen bekannt (➤ Abb. 6.9):

1. **Schleusentransport:** Aktiver, gerichteter Transport von **nativen Proteinen** durch Membranporen zwischen zwei Kompartimenten, die topologisch äquivalent sind.
2. **Transmembrantransport:** Transport von **ungefalteten Proteinen** zwischen zwei topologisch verschiedenen Kompartimenten mithilfe eines Translokatorkanals.
3. **Vesikulärer Transport:** Transport vieler **nativer Proteine** in einem Vesikel zwischen zwei topologisch äquivalenten Kompartimenten.

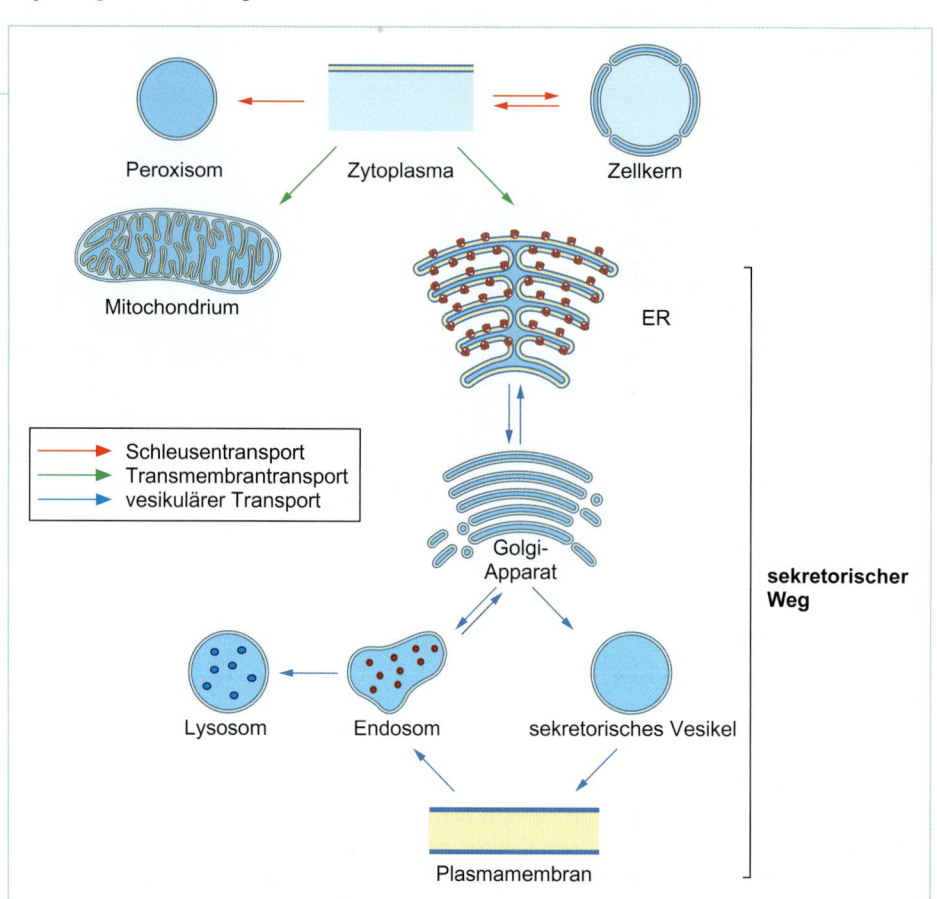

Abb. 6.9 Zelluläre Proteintransportmechanismen [L253]

6.3.2 Proteintransport zwischen Zellkern und Zytoplasma

Zwischen Zellkern und Zytoplasma findet über **Kernporen** ein reger Stoffaustausch, u. a. von Proteinen und RNA, statt. Kleine Moleküle können zwischen Zellkern und Zytoplasma frei diffundieren. Die beiden Kompartimente sind **topologisch äquivalent.**
Die äußere Kernmembran setzt sich in der ER-Membran fort, sodass das ER-Lumen und der perinukleäre Raum topologisch äquivalent sind.

6.3.2 Proteintransport zwischen Zellkern und Zytoplasma

Zwischen Zellkern und Zytoplasma findet ein steter beidseitiger Austausch von Proteinen und RNA statt. Proteine, die im Zellkern benötigt werden (z. B. RNA-Polymerasen, Histone, Transkriptionsfaktoren) müssen nach ihrer Synthese aus dem Zytoplasma in den Kern importiert werden. Umgekehrt wird beispielsweise die fertig prozessierte mRNA aus dem Kern in das Zytoplasma exportiert. Das Lumen des Zellkerns und das Zytoplasma sind über **Kernporen** miteinander verbunden und kleine Moleküle können zwischen Zellkern und Zytoplasma frei diffundieren. Zytoplasma und Kernlumen sind daher **topologisch äquivalent,** auch wenn ihre Funktionen grundlegend verschieden und hoch spezialisiert sind. Die äußere Membran des Zellkerns setzt sich in der ER-Membran fort. Der perinukleäre Raum (Raum zwischen äußerer und innerer Kernmembran) ist damit topologisch äquivalent zum Lumen des ER und darin enthaltene Proteine können sich in diesen beiden Räumen hin- und herbewegen.

6.3 PROTEINSORTIERUNG

Aufbau der Kernpore

Vermittelt wird der Austausch zwischen Zellkern und Zytoplasma durch ca. 3 000–4 000 **Kernporenkomplexe** (Nuclear Pore Complex, NPC), welche die beiden Kernmembranen durchspannen und **wassergefüllte Kanäle** zwischen den beiden Kompartimenten bilden. Der Kernporenkomplex ist einer der größten Proteinkomplexe in der menschlichen Zelle und besteht aus ca. 30 verschiedenen Proteinen (Nukleoporine), die teilweise mehrfach in einer Kernpore vorkommen. Insgesamt werden mehr als 100 Proteinmoleküle benötigt, um die achtfache Symmetrie der Kernpore aufzubauen. Strukturell lässt sich der Kernporenkomplex in drei Teilbereiche gliedern, die jeweils durch einen stabilisierenden Ring gekennzeichnet sind (➤ Abb. 6.10):

- **Zytoplasmatischer Bereich:** Der zytoplasmatische Kernporenring verankert die Kernpore in der äußeren Kernmembran und ist mit acht Filamenten verbunden, die in das Zytoplasma ragen.
- **Transmembranbereich:** Zwischen äußerer und innerer Kernmembran befindet sich eine die beiden Kernmembranen durchspannende Säulenstruktur aus Proteinen, die durch Transmembranproteine in der Kernmembran verankert und im Inneren durch einen zentralen Ring verbunden sind. Sie bilden den zentralen Kanal.
- **Karyoplasmatischer Bereich:** In der inneren Kernmembran wird der Kernporenkomplex durch einen nukleären Ring verankert, der acht Kernfilamente trägt, die sich wiederum zu einer korbartigen Struktur verbinden, und durch den distalen Ring abgeschlossen wird.

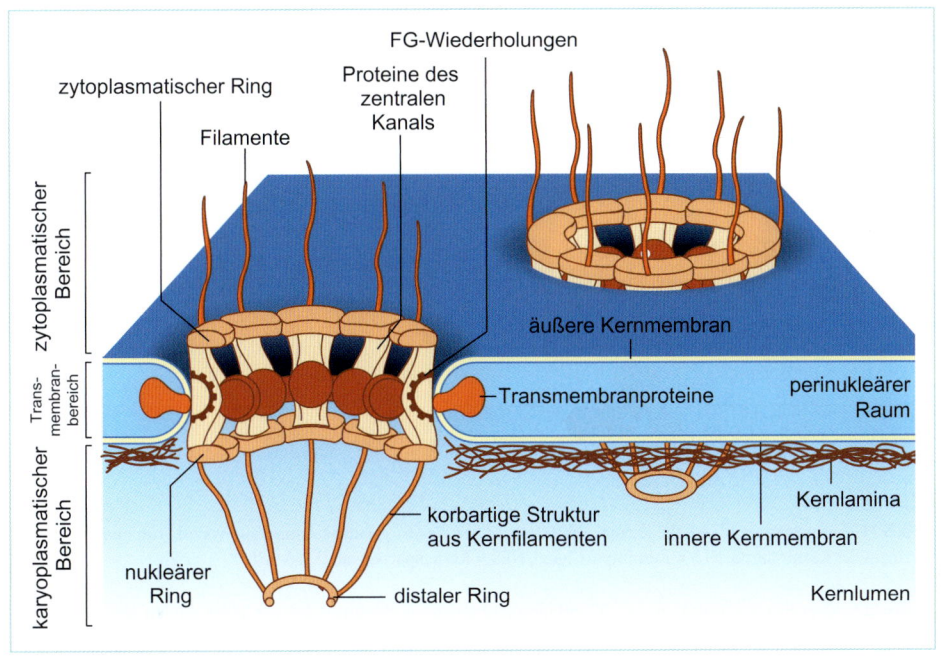

Abb. 6.10 Kernporenkomplex. FG-Wiederholungen = wiederholende Abfolgen von Phenylalanin und Glycin. [L253]

Transport durch die Kernporen

Kernporen arbeiten nach dem Prinzip des **Schleusentransports** und sind wahre Hochleistungsmaschinen. Sie können bis zu 500 Makromoleküle in der Sekunde gleichzeitig in beide Richtungen transportieren. Ionen oder Nukleotide können die Kernporen durch passive Diffusion frei passieren. Wasserlösliche Moleküle bis zu einer Größe von 40–60 kDa können ebenfalls hindurchdiffundieren, wobei die Geschwindigkeit, mit der ein Molekül die Kernpore passiert, mit steigender Molekülmasse abnimmt. Dieser **Größenausschluss** beruht vermutlich auf der Struktur der Proteine im Transmembranbereich der Kernpore.

Kernimport

Proteine, die in den Kern importiert werden sollen, werden vollständig im Zytoplasma translatiert und nehmen dort bereits ihre finale dreidimensionale Struktur an. Proteine, deren Größe den Größenausschluss der Kernpore überschreitet, werden aktiv transportiert, wenn sie ein **Kernimportsignal** (Nuclear Localisation Signal, NLS) bzw. ein Kernexportsignal (Nuclear Export Signal, NES) enthalten. Da sich der Zellkern während der Mitose auflöst und anschließend alle Proteine erneut importiert werden müssen, dürfen Kernlokalisationssignale nicht proteolytisch aus dem fertigen Protein entfernt werden. Die Lage des Kernlokalisationssignals innerhalb der Aminosäuresequenz eines Proteins kann sehr stark variieren. Das klassische Kernimportsignal besteht aus ein bis zwei Signalsequenzen, die gehäuft die **positiv geladenen Aminosäuren** Lysin oder Arginin enthalten (➤ Abb. 6.11a). Neben diesen klassischen Kernimportsignalen sind heute jedoch auch zahlreiche nicht-klassische Kernimportsignale bekannt.

Aus Studentensicht

Aufbau der Kernpore

Der permanente Stoffaustausch zwischen Zytoplasma und Zellkern wird durch **Kernporenkomplexe,** die **wassergefüllte Kanäle** darstellen, gewährleistet.
Eine einzelne Kernpore, die aus Hunderten Proteinen besteht, lässt sich in drei Teilbereiche gliedern, die jeweils einen stabilisierenden Ring besitzen: **zytoplasmatischer, Transmembran-** und **karyoplasmatischer** Bereich.

Transport durch die Kernporen

Kernporen transportieren nach dem **Schleusentransport-Prinzip**. Kleinere wasserlösliche Moleküle wie Ionen oder Nukleotide können die Kernpore durch passive Diffusion passieren. Mit steigender Molekülmasse nimmt die Transportgeschwindigkeit jedoch ab **(Größenausschluss).**

Kernimport

Im Zytoplasma translatierte und gefaltete Proteine werden ab einer bestimmten Größe aktiv zwischen Zellkern und Zytoplasma transportiert, sofern sie ein **Kernimportsignal** (NLS) bzw. Kernexportsignal (NES) tragen. Diese Signale werden nicht proteolytisch abgespalten, da sich der Zellkern bei der Mitose auflöst und anschließend alle Proteine neu importiert werden müssen.
Kernimportsignale bestehen meist aus ein bis zwei Signalsequenzen, die gehäuft **positiv geladene Aminosäuren** wie Lysin oder Arginin beinhalten.

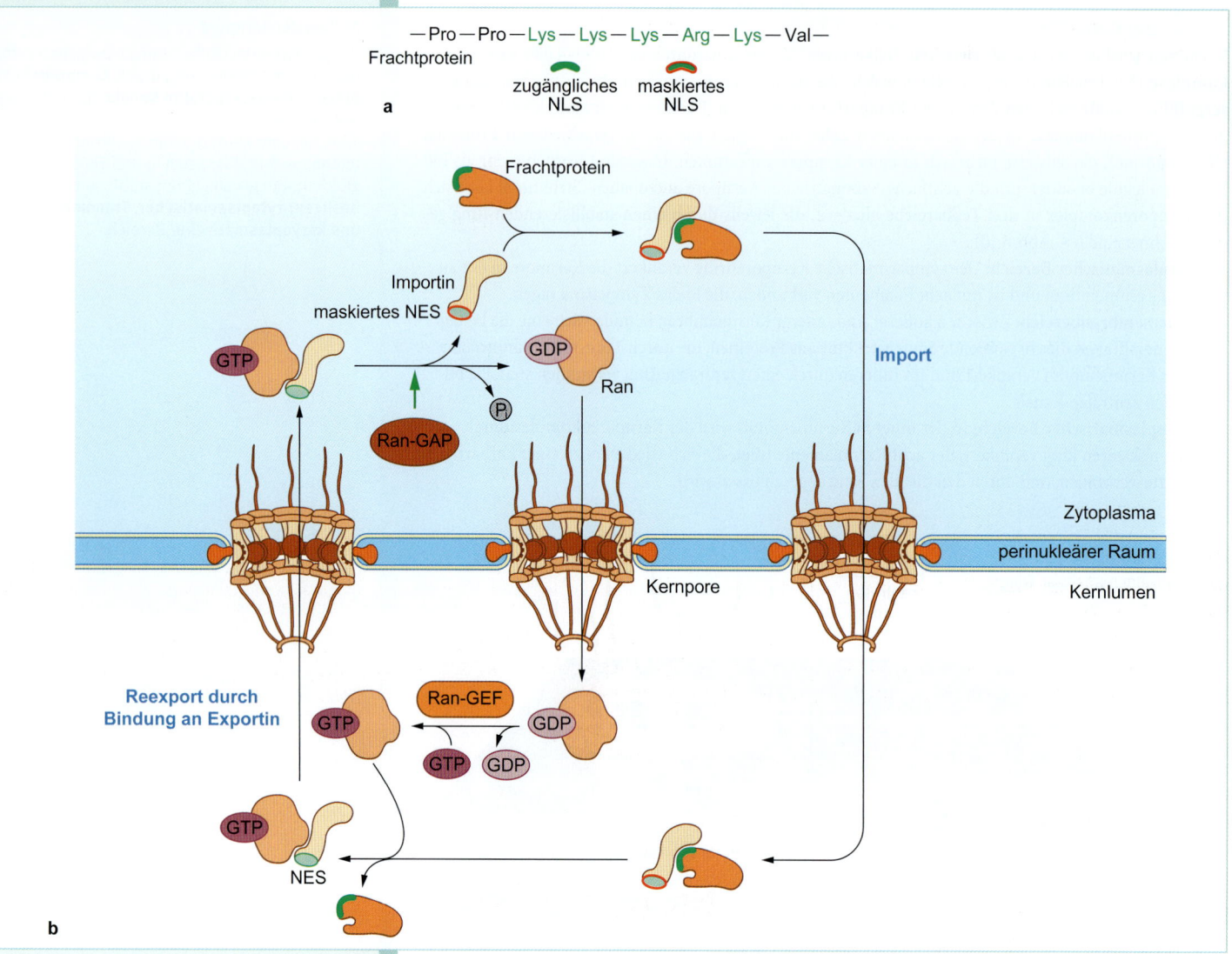

Aus Studentensicht 6 KOMPARTIMENTE, PROTEINSORTIERUNG UND -MODIFIKATIONEN

Abb. 6.11 Kernimport. **a** Klassische Kernlokalisationssequenz. Positiv geladene Aminosäuren sind grün markiert. **b** Prinzip des Kernimports. NLS = Kernimportsignal, NES = Kernexportsignal. [L253, L307]

Ist das Importsignal des Proteins (= Fracht) für den aus Proteinen bestehenden **Kernimportrezeptor (Importin)** zugänglich, bindet dieser die Fracht. Mit einer weiteren Bindungsstelle für Kernporenproteine wird der Transport in den Zellkern vermittelt.

Die Energie für den Import stammt aus der Hydrolyse von GTP am monomeren **G-Protein Ran**. Das im **Zytoplasma** lokalisierte **Ran-GAP** stimuliert die Hydrolyse des GTP zu GDP (Inaktivierung von Ran), der im **Zellkern** lokalisierte **Ran-GEF** führt zum Austausch des GDP zu GTP und damit zur Aktivierung von Ran.

Beim Kernimport bindet Ran-GTP im Zellkern an den Importin-Fracht-Komplex, wodurch die Fracht freigesetzt und ein zuvor maskiertes Kernexportsignal des Importins zugänglich wird. Der Importin-Ran-GTP-Komplex wandert danach zurück in das Zytoplasma. Nach der Hydrolyse von Ran-GTP zu Ran-GDP löst sich dieses von Importin und der Importvorgang ist beendet. Ran-GDP wird über Kernporen in den Zellkern transportiert und dort wieder in Ran-GTP umgewandelt.

Wenn das Kernimportsignal an der Oberfläche des Proteins zugänglich ist, bindet das zu importierende Protein (= Fracht) an einen **Kernimportrezeptor (Importin)**. Importine sind lösliche Proteine, die Bindungsstellen für das Kernimportsignal und für die Proteine der Kernpore enthalten (> Abb. 6.11b). In der Aminosäuresequenz vieler Kernporenproteine sind sich wiederholende Abfolgen von Phenylalanin und Glycin (= FG-Wiederholungen) enthalten. Durch ständiges Binden an und wieder Ablösen von diesen FG-Wiederholungen wird das mit dem Frachtprotein beladene Importin wie auf einer „Zahnradbahn" durch die Kernpore in den Kern transportiert.

Die Energie für den Transport stammt aus der Hydrolyse von GTP am monomeren **G-Protein Ran**. Wie alle G-Proteine liegt Ran in zwei Zuständen vor: GTP-gebunden (aktiv) und GDP-gebunden (inaktiv). Im **Zytoplasma** befindet sich das **GTPase aktivierende Protein Ran-GAP** (Ran-GTPase Activating Protein), das die intrinsische GTPase-Aktivität von Ran stimuliert, sodass das gebundene GTP zu GDP hydrolysiert wird. Der im **Zellkern** lokalisierte **Guanin-Nukleotid-Austauschfaktor Ran-GEF** (Ran-Guanin Nucleotide Exchange Factor) führt dagegen zum Austausch des GDP zu GTP. Durch die strikte räumliche Trennung von Ran-GAP und Ran-GEF liegt auf der zytoplasmatischen Seite fast ausschließlich inaktives Ran-GDP und im Kern aktives Ran-GTP vor. Ran-GTP hat eine höhere Affinität zu Importin als die Fracht und bewirkt dadurch das Ablösen der Fracht von Importin im Kern. Da die Konzentration an Ran-GTP ausschließlich im Zellkern ausreichend hoch ist, wird die Fracht auch nur im Zellkern freigesetzt und nicht bereits auf der zytoplasmatischen Seite. Die Bindung von Ran-GTP macht gleichzeitig ein bisher im Importin maskiertes Kernexport-Signal zugänglich. Dadurch werden Ran-GTP und Importin durch die Kernpore in das Zytoplasma transportiert. Dort wird Ran-GTP mit Hilfe von Ran-GAP schnell zu Ran-GDP hydrolysiert und setzt dabei das Importin frei, das nun wieder in seiner ursprünglichen Konformation vorliegt und für den Import der nächsten Fracht bereit ist. Ran-GDP wird über die Kernpore in den Zellkern transportiert und dort durch Ran-GEF schnell in Ran-GTP umgewandelt. Ran-GTP steht damit wieder für den Export von Importinen zur Verfügung.

6.3 PROTEINSORTIERUNG

Die Familie der Importine ist vielfältig und teilweise wird die Bindung der Fracht durch zusätzliche Adapterproteine vermittelt. So kann die Zelle eine Vielzahl von Proteinen mit verschiedenen Kernimportsequenzen mit demselben Mechanismus transportieren.

> **KLINIK**
>
> **Amyotrophe Lateralsklerose (ALS)**
>
> Das Protein FUS (Fused in Sarcoma) enthält ein nicht-klassisches Kernlokalisationssignal, das in Patienten, die an familiärer amyotropher Lateralsklerose erkranken, mutiert ist. Durch die Mutation kommt es zu einer Fehllokalisation des FUS-Proteins im Zytoplasma. Insbesondere bei zellulärem Stress (> 28.2.1) führt dies zur Bildung von Aggregaten und zur Schädigung von Motoneuronen in Rückenmark und Kortex. Dadurch kommt es zu verschiedensten motorischen Ausfallerscheinungen, wie dem gleichzeitigen Vorliegen schlaffer und spastischer Lähmungen, die für diese schwere neurodegenerative Erkrankung typisch sind. In den meisten Fällen sterben die Patienten nach wenigen Jahren durch Lähmung der Atemmuskulatur. Der bekannteste Patient war der Physiker Stephen Hawking. Er hatte jedoch nicht die typische, sondern eine chronisch juvenile Form der ALS, die sehr langsam fortschreitet.

Kernexport

Klassische Kernexportsignale (NES) enthalten drei bis fünf hydrophobe Aminosäuren (> Abb. 6.12a). Mithilfe dieser Signalsequenz bindet das zu exportierende Protein an einen **Kernexportrezeptor (Exportin)** und wird dabei durch das im Zellkern vorhandene Ran-GTP unterstützt. Gleichzeitig macht Ran-GTP die Bindung des Fracht-Exportin-Komplexes an die FG-Wiederholungen der Kernpore möglich und der trimere Komplex gelangt durch die Kernpore in das Zytoplasma, wo Ran-GTP mithilfe von Ran-GAP schnell zu Ran-GDP hydrolysiert wird (> Abb. 6.12b). Daraufhin zerfällt der Komplex, die Fracht bleibt im Zytoplasma und Exportin sowie Ran-GDP kehren mithilfe der nun zugänglichen Kernimportsignale in den Kern zurück. Durch das dort vorhandene Ran-GEF wird das GDP des Ran gegen GTP ausgetauscht und sowohl Exportin als auch Ran-GTP stehen für einen neuen Export zur Verfügung.

Aus Studentensicht

> **KLINIK**

Kernexport

Die meist aus 3–5 hydrophoben Aminosäuren bestehenden Kernexportsignale binden an einen **Kernexportrezeptor (Exportin).** Dies wird durch die Bindung von Ran-GTP an den Komplex unterstützt. Dieser trimere Komplex gelangt durch die Kernpore in das Zytoplasma, wo Ran-GTP stimuliert durch Ran-GAP zu Ran-GDP hydrolysiert wird. Der Komplex zerfällt und die Fracht wird freigesetzt. Exportin und Ran-GDP kehren einzeln zurück in den Zellkern, wo Ran-GDP zu Ran-GTP reaktiviert wird.

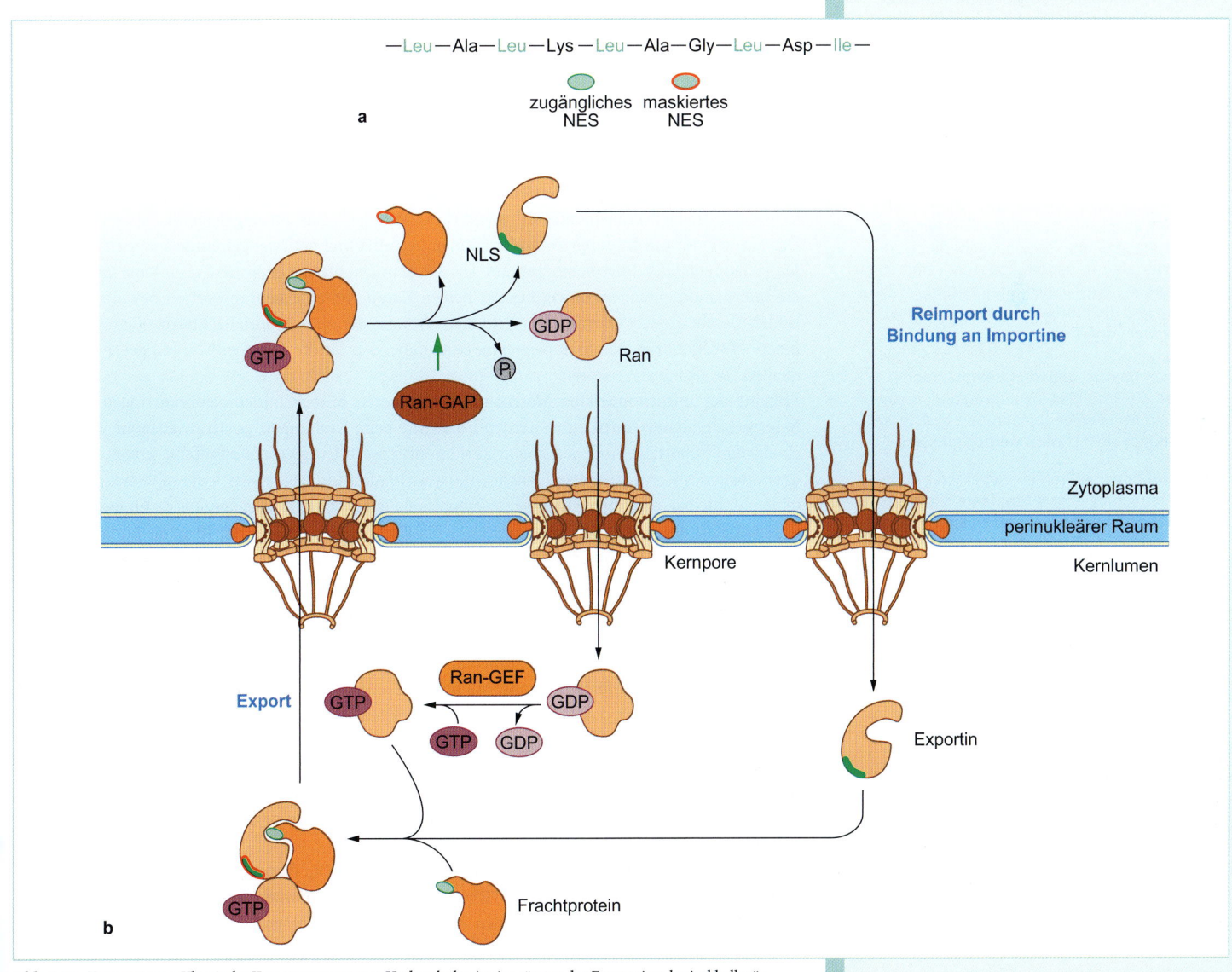

Abb. 6.12 Kernexport. **a** Klassische Kernexportsequenz. Hydrophobe Aminosäuren des Exportsignals sind hellgrün markiert. **b** Prinzip des Kernexports. [L253, L307]

Aus Studentensicht

Die Richtung des Transports beim Im- und Export wird durch den Gradienten von Ran-GTP zwischen Zellkern und Zytoplasma bestimmt, der durch die unterschiedliche Lokalisation von Ran-GAP und Ran-GEF hervorgerufen wird.

Pendelproteine

Proteine, die ständig zwischen Zytoplasma und Zellkern pendeln, werden Pendelproteine genannt. Sie besitzen sowohl ein **Import-** als auch ein **Exportsignal**.
Durch Veränderung der Transportraten oder der **Phosphorylierung** der Transportsignale kann die Zelle den Transport einzelner Proteine streng regulieren.

Wiederherstellung des Zellkerns nach der Mitose

Durch die Auflösung der Kernhülle während der Mitose verteilen sich alle **Proteine des Zellkerns** und Kernporenproteine im **Zytoplasma, Membranproteine** der äußeren Kernhülle verbleiben innerhalb der **ER-Membran.**
In der Telophase bildet sich eine neue innere Kernhülle um die Chromosomen. Die äußere Kernhülle bildet sich aus Membranen des ER. Proteine der Kernporen beginnen sich einzulagern und Kernproteine werden importiert, wodurch sich der Kern ausdehnt.

6.3.3 Proteintransport in das Mitochondrium

Mitochondrien eukaryoter Zellen sind topologisch von den anderen Organellen isoliert. Die überwiegend im Zytoplasma translatierten mitochondrialen Proteine werden über einen **Transmembrantransport** in das Mitochondrium eingeschleust. Da gefaltete Proteine nicht durch die mitochondrialen Transporter passen, verhindern **Chaperone** wie Hsp70 die Proteinfaltung im Zytoplasma und die Proteine werden i. d. R. **posttranslational** importiert.
Da Mitochondrien zwei getrennte Kompartimente besitzen (Matrix- und Intermembranraum), enthalten die Proteine eine Information, in welches Kompartiment sie transportiert bzw. in welche Membran sie integriert werden müssen.

Matrixproteine und Proteine der inneren Membran tragen häufig eine **N-terminale Signalsequenz** mit einer positiv geladenen amphiphilen α-helikalen Sekundärstruktur.
Diese Proteinsignalsequenzen werden von Multiproteinkomplexen in der Mitochondrienmembran (**Translokatoren**) erkannt, die den Transport durch die äußere (**TOM-Komplex**) und die innere Membran (**TIM-Komplex**) ermöglichen.
N-terminale Signalsequenzen werden nach dem Import durch eine mitochondriale **Signal-Peptidase** abgespalten.
Die für den Proteintransport nötige **Energie** stammt zum einen aus **ATP,** welches das Abstreifen der Chaperone vom Protein ermöglicht und Substrat für mitochondriales Hsp70 ist, das zusammen mit Proteinen wie PAM als eine Art Motor das Protein durch die Translokatoren zieht. Zum anderen wirkt das Membranpotenzial der inneren Membran als Triebkraft für den Transport.

---

6 KOMPARTIMENTE, PROTEINSORTIERUNG UND -MODIFIKATIONEN

Exportine sind strukturell mit den Importinen verwandt und bilden ebenfalls eine ganze Proteinfamilie, deren Vertreter sehr unterschiedliche Größen haben können.
Die Richtung des Transports beim Kernimport und -export wird durch die unterschiedlichen Konzentrationen von Ran-GTP und Ran-GDP in Zytoplasma und Kernlumen gewährleistet. Die bei der GTP-Hydrolyse frei werdende Energie wird für den gerichteten Transport eingesetzt.

Pendelproteine

Neben der fertig prozessierten mRNA, die nur exportiert wird, und Proteinen wie Transkriptionsfaktoren oder RNA-Polymerasen, die nur importiert werden, gibt es auch eine ganze Reihe von Proteinen, die ständig zwischen Zytoplasma und Kern hin- und herpendeln. Solche Pendelproteine besitzen sowohl ein **Kernimportsignal** als auch ein **Kernexportsignal.** Wo sich diese Proteine im Mittel am meisten aufhalten, hängt von den entsprechenden Import- und Exportraten ab. Übersteigt beispielsweise die Kernimportrate die entsprechende Exportrate, wird das Protein mehrheitlich im Kern vorliegen und umgekehrt. Neben der Veränderung der Transportraten kann die Zelle auch z. B. durch **Phosphorylierung** Kernimport- oder Kernexportsignale an- bzw. abschalten und so den Kerntransport einzelner Proteine streng regulieren und nur dann zulassen, wenn die entsprechenden Proteine auch im Kern benötigt werden.

Wiederherstellung des Zellkerns nach der Mitose

Während der Mitose (➤ 10.2) zerfällt die Kernhülle und alle **Proteine des Zellkerns** inklusive der Kernporenproteine verteilen sich im **Zytoplasma.** Die **Membranproteine** der Kernhülle verteilen sich innerhalb der **ER-Membran.**
In der Telophase am Ende der Mitose beginnt sich an der Oberfläche der Chromosomen durch einen noch nicht vollständig verstandenen Mechanismus eine neue innere Kernmembran aufzubauen. Gleichzeitig bildet sich aus den Membranen des ER die äußere Kernmembran. Dabei lagern sich auch die Proteine der Kernpore wieder in die beiden Kernmembranen ein. Die auf diese Weise neu entstandene Kernhülle liegt so nahe an den Chromosomen an, dass praktisch keine großen zytoplasmatischen Proteine mit eingeschlossen werden. Durch die Kernimportsequenz werden in der Folge alle Kernproteine erneut in das Kerninnere transportiert und die beiden Tochterkerne erlangen ihre ursprüngliche Größe und Funktionsfähigkeit.

6.3.3 Proteintransport in das Mitochondrium

Die Mitochondrien eukaryoter Zellen sind topologisch von den anderen Organellen isoliert und weisen Merkmale prokaryoter Zellen auf (➤ 1.3.1). Nur ein geringer Teil der mitochondrialen Proteine entsteht im Mitochondrium selbst. Die meisten Proteine sind im Zellkern codiert, werden im Zytoplasma translatiert und über einen **Transmembrantransport** in das Mitochondrium eingeschleust.
Das Mitochondrium ist durch zwei Membranen begrenzt und hat zwei getrennte Kompartimente, den Matrixraum und den Intermembranraum. Die aus dem Zytoplasma importierten Proteine müssen daher die Information enthalten, in welches der beiden Kompartimente sie transportiert bzw. in welche der beiden Membranen sie integriert werden sollen. Proteine der mitochondrialen Matrix müssen zudem die innere Mitochondrienmembran passieren, ohne dabei den für die ATP-Synthese nötigen Protonengradienten (➤ 18.4.3) zu zerstören.
Proteine der **mitochondrialen Matrix** und der inneren Mitochondrienmembran tragen meist eine **N-terminale Signalsequenz** und werden i. d. R. wie beim Kernimport **posttranslational** in das Mitochondrium importiert. Anders als beim Kernimport passen fertig gefaltete Proteine jedoch nicht durch die mitochondrialen Transporter. Folglich muss verhindert werden, dass sich die mitochondrialen Proteine unmittelbar nach ihrer Synthese im Zytoplasma falten. Dazu binden spezifische **Chaperone** an die Signalsequenz und gleichzeitig auch zahlreiche klassische Chaperone wie Hsp70 an die übrigen Bereiche des Proteins (➤ 2.3.3). Typische mitochondriale Signalsequenzen für Matrixproteine bilden eine amphiphile **α-helikale Sekundärstruktur,** die auf der einen Seite positiv geladene und auf der anderen hydrophobe Aminosäuren trägt (➤ Abb. 6.13a). Diese charakteristischen Sekundärstrukturen werden von Multiproteinkomplexen in der Mitochondrienmembran, den **Translokatoren,** erkannt.
Für den Transport durch die äußere Mitochondrienmembran ist der **TOM-Komplex** (Translocase of the Outer Membrane) und für den Transport über die innere Mitochondrienmembran die Familie der **TIM-Komplexe** (Translocase of the Inner Membrane) verantwortlich. Mitochondriale Proteine mit einer N-terminalen Signalsequenz durchqueren zunächst mithilfe des TOM-Komplexes die äußere Membran und werden direkt an den TIM-Komplex weitergereicht und durch diesen entweder in die Matrix transportiert oder in die innere Mitochondrienmembran integriert (➤ Abb. 6.13b). Die N-terminale Signalsequenz wird unmittelbar nach dem Import durch eine mitochondriale **Signal-Peptidase** in der Matrix abgespalten.
Der Proteinimport in das Mitochondrium erfordert **Energie.** Um die zytoplasmatischen Chaperone unmittelbar vor dem Transport durch den TOM-Komplex abzulösen, wird **ATP** hydrolysiert. Der Transport durch den TIM-Komplex wird zum einen durch das Membranpotenzial der inneren Mitochondrienmembran angetrieben, zum anderen wirken Proteine wie PAM oder mitochondriales Hsp70, die mit dem TIM-Komplex assoziiert sind, wie eine Art Motor und ziehen das Protein in die Matrix. Für das Lösen des

6.3 PROTEINSORTIERUNG

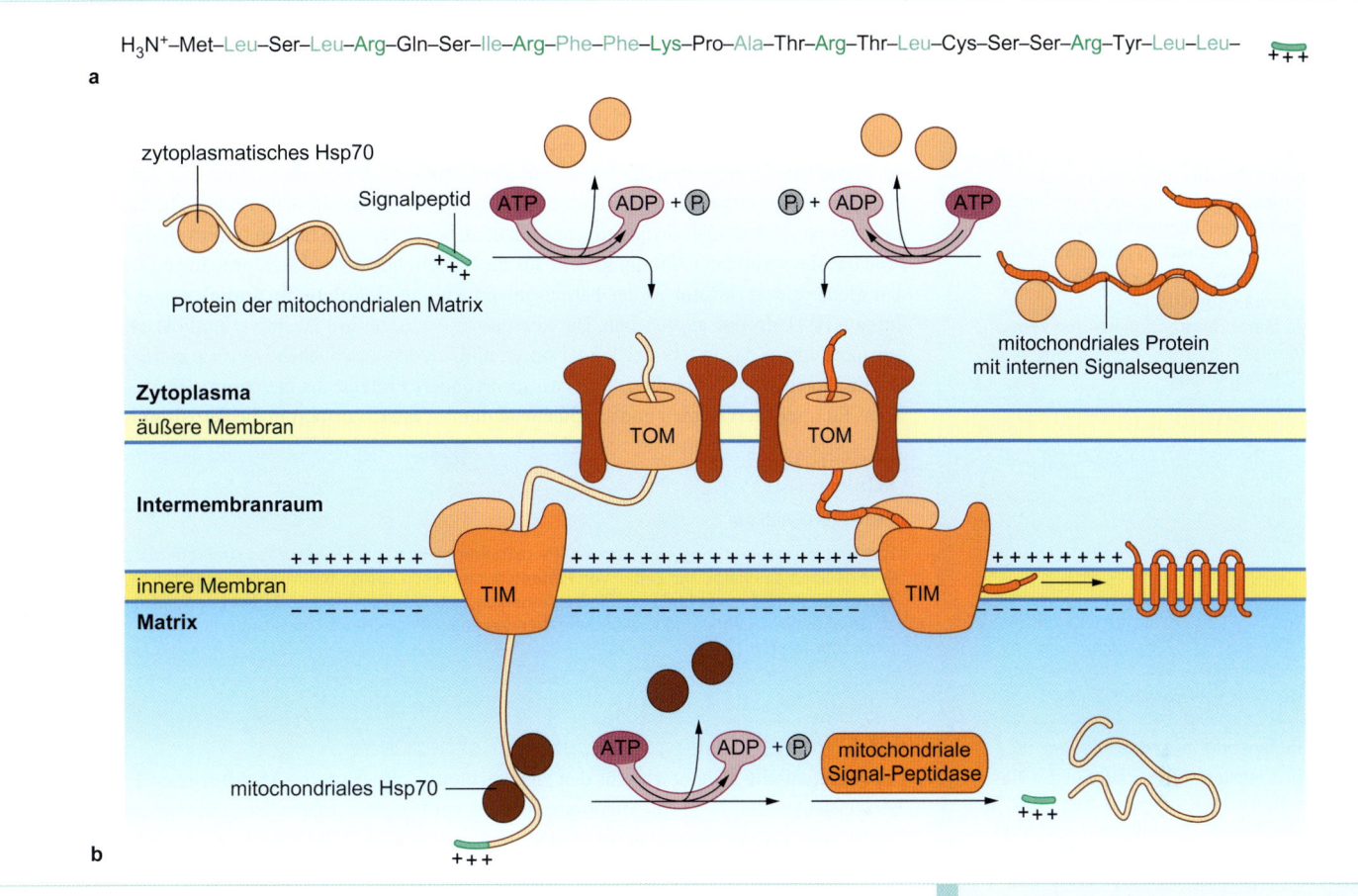

Aus Studentensicht

a H₃N⁺–Met–Leu–Ser–Leu–Arg–Gln–Ser–Ile–Arg–Phe–Phe–Lys–Pro–Ala–Thr–Arg–Thr–Leu–Cys–Ser–Ser–Arg–Tyr–Leu–Leu–

Abb. 6.13 Proteinimport ins Mitochondrium. **a** N-terminale Signalsequenz für den Import in die mitochondriale Matrix mit positiv geladenen (dunkelgrün) und hydrophoben (hellgrün) Aminosäuren. **b** Prinzip des Imports. [L253]

importierten Proteins von den TIM-Komplex-assoziierten Proteinen wird erneut ATP hydrolysiert. Mithilfe weiterer mitochondrialer Chaperone faltet sich das Protein schließlich. Lösen sich PAM und andere Hilfsproteine vom TIM-Komplex, werden die Proteine in die innere Mitochondrienmembran integriert. Nicht alle Proteine der innere Mitochondrienmembran haben eine N-terminale Signalsequenz. Einige werden nur aufgrund ihrer hydrophoben Domänen als Membranproteine der inneren Membran erkannt und nach Transport durch den TOM-Komplex durch einen anderen TIM-Komplex in die Membran eingebaut. Die hydrophoben Domänen werden nicht abgespalten und bilden im fertigen Protein Transmembrandomänen.

Proteine, die im **Intermembranraum** verbleiben sollen, enthalten häufig Cystein-reiche Abschnitte als Signal. Sie werden durch eine Untereinheit des TOM-Komplexes durch die äußere Membran transportiert und durch MIA, einen kleinen Komplex der inneren Mitochondrienmembran mit Disulfid-Isomerase-Aktivität, gefaltet und so im Intermembranraum gehalten. Die Cystein-reichen Abschnitte sind Bestandteil des fertigen Proteins und werden nicht herausgeschnitten. Für die Integration von Proteinen in die **äußere mitochondriale Membran** arbeitet der TOM-Komplex mit dem **SAM-Komplex**, der ebenfalls in der äußeren Mitochondrienmembran lokalisiert ist, zusammen. Dadurch werden insbesondere Proteine, die eine β-Barrel-Struktur ausbilden können, erkannt und in die äußere Mitochondrienmembran eingebaut. Proteine der äußeren Mitochondrienmembran, die anstelle der β-Barrel-Struktur α-helikale Domänen zur Membranverankerung besitzen, benötigen für ihre Integration meist zusätzlich die Hilfe des MIM-Komplexes. Die Integration der Proteine, die durch das mitochondriale Genom codiert werden, in die **innere Mitochondrienmembran** erfolgt schließlich durch den **OXA-Komplex.**

Die verschiedenen am Import mitochondrialer Proteine beteiligten Komplexe befinden sich vermutlich in enger räumliche Nähe und interagieren auch miteinander. Dadurch kommt es sowohl zu engen Bindungen zwischen der äußeren und der inneren Mitochondrienmembran als auch zwischen der äußeren Mitochondrienmembran und der ER-Membran. Importmechanismen, die dem mitochondrialen Import ähneln, werden von verschiedenen Bakterien benutzt, um Proteine in die Plasmamembran zu integrieren: ein weiterer Beleg für die Endosymbiontentheorie (➤ 1.3.1).

Die Mitochondrien lösen sich bei ihrer Teilung nicht vollständig auf, sodass importierte Proteine aus der Matrix und der inneren Mitochondrienmembran nicht mehr in das Zytoplasma freigesetzt werden. Anders als bei den Kernproteinen werden daher die N-terminalen Signalsequenzen nach dem Import entfernt.

Einige Proteine der inneren Mitochondrienmembran besitzen keine N-terminale Signalsequenz. Sie werden aufgrund bestimmter hydrophober Domänen als Membranproteine erkannt und nach dem Transport durch den TOM-Komplex über einen TIM-Komplex in die Membran integriert.

Proteine des **Intermembranraums** enthalten oft Cystein-reiche Signalabschnitte. Sie werden über den TOM-Komplex importiert und anschließend durch einen kleinen Komplex der inneren Membran (MIA) gefaltet. Signale dieser Art werden nicht herausgeschnitten.
Proteine der **äußeren mitochondrialen Membran** werden mithilfe des TOM- und SAM-Komplexes, die beide in der äußeren Membran lokalisiert sind, in diese integriert. Bestimmte Proteine benötigen hierfür noch zusätzliche Hilfe des MIM-Komplexes.
Mitochondrial codierte Proteine der inneren Membran werden in diese durch den **OXA-Komplex** integriert.
Die N-terminalen Signalsequenzen werden nach dem Import entfernt.

Aus Studentensicht

6.3.4 Proteintransport in das Peroxisom
Proteine der Peroxisomen tragen meist ein C-terminales **Signal** mit der Aminosäureabfolge **Ser-Lys-Leu** und werden vermutlich **posttranslational** mittels Schleusentransport importiert. Als Importrezeptoren dienen zytoplasmatische Proteine, die an den Membrantranslokator, den **Peroxin-Komplex**, binden können. ATP dient dabei als Energielieferant für den Transport. Die Rezeptoren werden vermutlich zusammen mit ihrer Fracht importiert und anschließend zurück in das Zytoplasma gebracht.
Peroxisomale Membranproteine werden vermutlich in das ER importiert und anschließend durch Vesikel transportiert.

KLINIK

6.3.5 Proteintransport im sekretorischen Weg
Proteine, die sezerniert werden oder in der Plasmamembran verbleiben sollen, werden i. d. R. in das **ER** translatiert und anschließend über **Vesikel** zum **Golgi-Apparat** und dann zur **Plasmamembran** transportiert (= sekretorischer Weg). Die genannten Kompartimente bilden dabei ein geschlossenes System (= **Endomembransystem**).
Proteine, die in den Kompartimenten des sekretorischen Wegs bleiben sollen, werden in diesen importiert und zu ihrem Zielort transportiert.

Proteinimport in das ER
Sekretorische und Membranproteine werden an zytoplasmatischen Ribosomen translatiert. Der Transmembrantransport **in das ER** erfolgt i. d. R. **cotranslational**.

Sekretorische Proteine oder Proteine, die für den Aufenthalt im Lumen eines der Kompartimente im sekretorischen Weg bestimmt sind, tragen meist eine **N-terminale** ER-Importsequenz (**Signalpeptid**) mit **hydrophoben Aminosäuren**.
Nach der Synthese des Signalpeptids am Ribosom wird dieses durch das zytoplasmatische, aus sechs **Proteinuntereinheiten** und einer doppelsträngigen **Small Cytoplasmatic RNA** bestehende **Signalerkennungspartikel** (SRP) erkannt und die weitere Translation des Proteins unterbrochen (**Translationsarrest**).

Der SRP-Ribosom-Komplex diffundiert zur ER-Membran und interagiert dort über das SRP mit dem **SRP-Rezeptor**, wodurch dieser an den **Translokator-Komplex (Translokon)** der ER-Membran bindet. Dieser stellt eine verschlossene, wassergefüllte Pore dar, auf deren Öffnung das Ribosom aufgesetzt wird. ER-Bereiche mit angelagerten Ribosomen werden als **raues ER** bezeichnet.

6 KOMPARTIMENTE, PROTEINSORTIERUNG UND -MODIFIKATIONEN

6.3.4 Proteintransport in das Peroxisom
Sowohl die Biogenese der Peroxisomen als auch der Proteinimport in die Peroxisomen ist bis heute nicht vollumfänglich verstanden. Proteine aus dem Zytoplasma werden vermutlich **posttranslational** gefaltet in das Peroxisom importiert. Die Transportform kann daher mit einem Schleusentransport verglichen werden, auch wenn die topologische Äquivalenz von Peroxisom und Zytoplasma noch diskutiert wird. Als **Signal** für den Import in das Peroxisom dient häufig die Aminosäureabfolge **Ser-Lys-Leu** am C-Terminus des zu importierenden Proteins. Es sind jedoch auch peroxisomale Proteine beschrieben, die eine andersartige, N-terminale Signalsequenz enthalten. Die Rezeptoren für den Import sind zytoplasmatische Proteine, die sowohl eine Bindungsstelle für die Signalsequenz des Frachtproteins besitzen als auch für den Membrantranslokator in der Peroxisomenmembran, den **Peroxin-Komplex.** Der Transport wird durch ATP-Hydrolyse angetrieben. Die Rezeptoren begleiten ihre Fracht vermutlich, analog zum Kerntransport, bis in das Innere der Peroxisomen und werden anschließend zurück in das Zytoplasma gebracht. Daneben wird auch diskutiert, dass insbesondere Proteine der peroxisomalen Membran zunächst in das ER importiert werden und anschließend durch Vesikeltransport in die Peroxisomen gelangen.

> **KLINIK**
>
> **Zellweger-Syndrom**
>
> Das Fehlen einzelner Untereinheiten der Peroxin-Komplexe hat zur Folge, dass ein Proteinimport in die Peroxisomen ausbleibt. Die Zellen von Patienten mit diesen autosomal-rezessiv vererbten Mutationen haben quasi „leere", nicht funktionsfähige Peroxisomen und leiden am sog. **Zellweger-Syndrom,** das durch schwere Gehirn-, Leber- und Nierenanomalien gekennzeichnet ist und meist innerhalb des ersten Lebensjahrs zum Tod führt.

6.3.5 Proteintransport im sekretorischen Weg
Der **sekretorische Weg** beschreibt den zielgerichteten Transport von sekretorischen Proteinen in den extrazellulären Raum und von Membranproteinen zur Plasmamembran. Fast alle Proteine, die sezerniert werden oder Teil der Plasmamembran sind, müssen zunächst in das **ER** integriert werden, gelangen anschließend zum **Golgi-Apparat** und schließlich zur **Plasmamembran**. Der Transport zwischen den einzelnen Kompartimenten erfolgt durch **Vesikel**, die sich jeweils vom Donorkompartiment abschnüren und mit dem Zielkompartiment verschmelzen. Auf diese Weise bilden die genannten Kompartimente ein geschlossenes System (= **Endomembransystem**), in dem neben Proteinen auch Membranlipide ausgetauscht werden können. Proteine, die in den Kompartimenten des sekretorischen Wegs bleiben sollen, werden analog den sekretorischen und Plasmamembranproteinen in den sekretorischen Weg importiert und dann auf vergleichbare Weise zwischen den Kompartimenten transportiert, bis sie ihren Zielort erreicht haben.

Proteinimport in das ER
Auch die Translation von sekretorischen Proteinen, Plasmamembranproteinen und Proteinen der Kompartimente des sekretorischen Weges beginnt an Ribosomen im **Zytoplasma**. Im Gegensatz zum Import in die bereits beschriebenen Kompartimente erfolgt der **Transmembrantransport** in das ER im Regelfall **cotranslational**.

ER-Import löslicher Proteine
Proteine, die sezerniert werden sollen oder für den Aufenthalt im Lumen eines der Kompartimente im sekretorischen Weg bestimmt sind, tragen meist an ihrem **N-Terminus** eine etwa 20 Aminosäuren lange ER-Importsequenz (**Signalpeptid**), die eine Abfolge von ca. acht **hydrophoben Aminosäuren** enthält (> Abb. 6.14a). Unmittelbar nachdem das Signalpeptid am Ribosom synthetisiert wurde, bindet ein im Zytoplasma lokalisiertes **Signalerkennungspartikel** (SRP) an die aus dem Ribosom austretende Peptidkette, blockiert die Elongationsfaktor-Bindungsstelle des Ribosoms und bewirkt so eine Unterbrechung der Translation (**Translationsarrest**) (> Abb. 6.14b). Dadurch wird verhindert, dass die Peptidkette weiter gebildet wird und sich faltet. Anders als beim Import in das Mitochondrium sind daher keine Chaperone nötig, die das Protein im ungefalteten Zustand halten. Auf diese Weise wird zum einen die für die Entfaltung des Proteins benötigte Energie eingespart und zum anderen verhindert, dass Proteine, die nicht für das Zytoplasma bestimmt sind, dort freigesetzt werden und unter Umständen Schaden anrichten.

Das menschliche SRP besteht aus sechs **Proteinuntereinheiten** und einer doppelsträngigen **Small Cytoplasmatic RNA** (scRNA) (> 4.5.2). Eine der Proteinuntereinheiten ist ein G-Protein, das bei Bindung an die entstehende Peptidkette in der aktiven, GTP-gebundenen Form vorliegt. Der im Translationsarrest befindliche Komplex aus SRP und Ribosom diffundiert zur ER-Membran und bindet über eine spezifische Bindestelle im SRP an der zytoplasmatischen Seite an den **SRP-Rezeptor**, ein Transmembranprotein der ER-Membran. Dadurch kann der SRP-Rezeptor an den **Translokator-Komplex** (Translokon; Sec61-Komplex) in der ER-Membran binden. Der Komplex bildet eine wassergefüllte Pore in der ER-Membran, ist aber im inaktiven Zustand durch eine Art „Stöpsel" verschlossen. Mit Bindung des SRP-Rezeptors

6.3 PROTEINSORTIERUNG

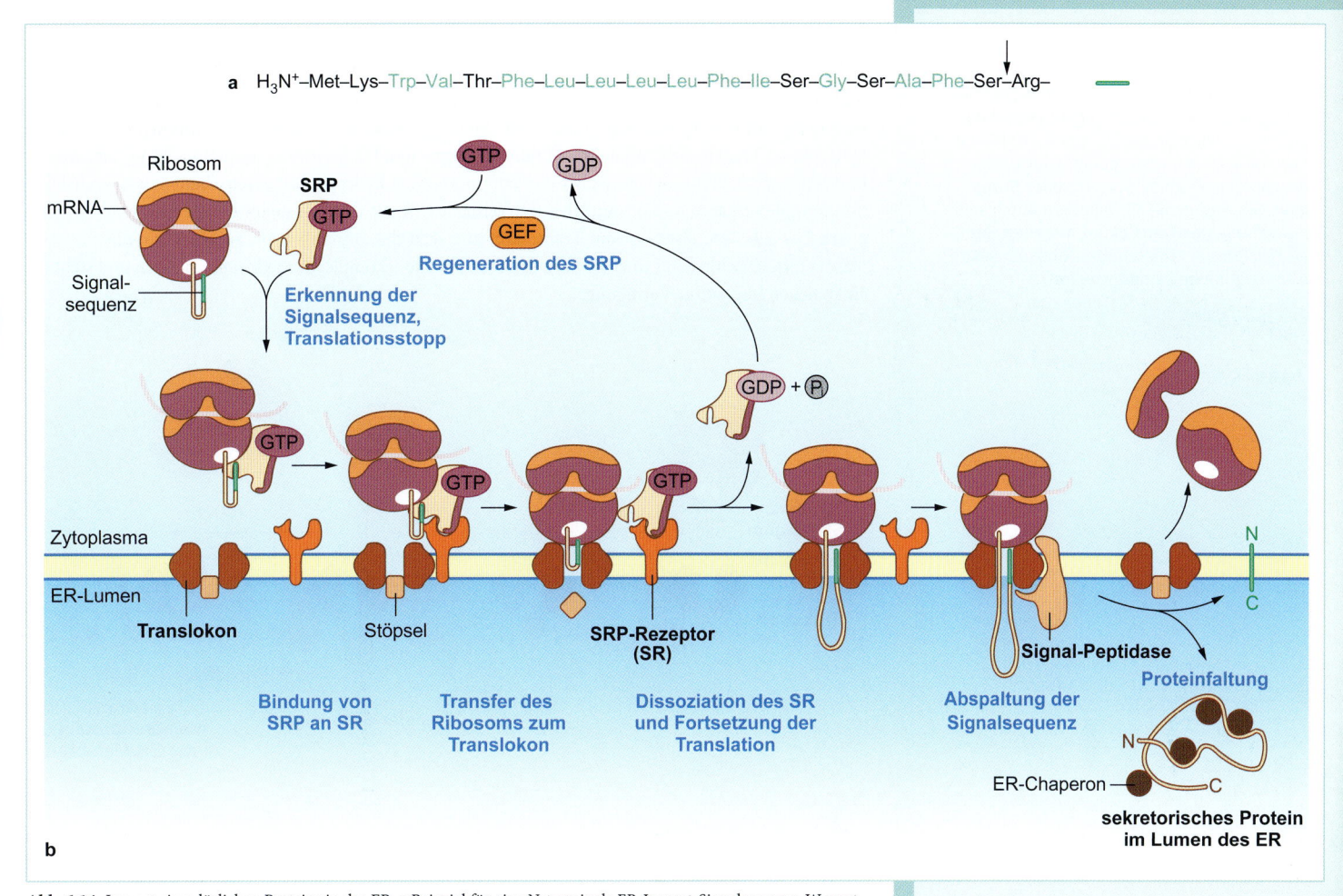

Aus Studentensicht

Abb. 6.14 Import eines löslichen Proteins in das ER. **a** Beispiel für eine N-terminale ER-Import-Signalsequenz. Wesentliche hydrophobe Aminosäuren im zentralen Bereich des Signalpeptids sind grün markiert; der Pfeil symbolisiert die Spaltstelle der Signal-Peptidase. **b** Prinzip des Imports. SRP = Signalerkennungspartikel. [L253]

wird das Ribosom von der zytoplasmatischen Seite auf die Öffnung des Translokator-Komplexes aufgesetzt und so am ER verankert. Die ER-Bereiche mit angelagerten Ribosomen werden als **raues ER** bezeichnet.
Anschließend lösen sich SRP und SRP-Rezeptor durch **Hydrolyse des GTP** vom Komplex ab und der Translokationskanal öffnet sich durch Bindung an das Signalpeptid. Das Ribosom bindet i. d. R. so eng an den Translokationskanal, dass kein Leck zwischen Zytoplasma und ER-Lumen entsteht. Noch während der Translation wird das Signalpeptid durch die **Signal-Peptidase**, eine Protease in der ER-Membran, deren aktives Zentrum auf die luminale Seite des ER zeigt, abgespalten. Das hydrophobe Signalpeptid wird durch eine seitliche Öffnung des Translokons in die ER-Membran integriert und interagiert mit den Membranlipiden. Das Ribosom setzt die Translation fort und die neu gebildete Peptidkette wird durch das Translokon in das Lumen des ER translatiert (> Abb. 6.14b). Das Protein liegt jetzt frei im ER-Lumen vor und faltet sich mithilfe von ER-Chaperonen. Das Ribosom löst sich am Ende des Translationsvorgangs wieder vom Translokon ab, zerfällt in seine Untereinheiten und steht wieder für einen neuen Translationsvorgang im Zytoplasma zur Verfügung.
Damit die ER-Membran nicht durch akkumulierende Signalpeptide „verstopft", gibt es Proteasen, welche die Fähigkeit besitzen, andere Proteine in der hydrophoben Umgebung zellulärer Membranen zu spalten (**Intramembranproteasen**) (> 7.2.5). In der ER-Membran ist die **Signalpeptid-Peptidase** (SPP) lokalisiert, die einen Teil der zurückgelassenen Signalpeptide spalten und so aus der ER-Membran entfernen kann. Der Abbau der Signalpeptide, die nicht durch SPP gespalten werden können, ist bisher nicht geklärt.

Proteinimport in die ER-Membran
Der Import der meisten Membranproteine des Endomembransystems in das ER verläuft analog zum Import löslicher Proteine **cotranslational** mithilfe des SRP am Translokon. Die meisten integralen Membranproteine besitzen **hydrophobe Aminosäuresequenzabschnitte (= Transmembrandomänen)**, die selbst als Signal fungieren oder zusätzlich zu einem N-terminalen Signalpeptid vorhanden sind. Im Gegensatz zu den N-terminalen Signalpeptiden werden Transmembrandomänen **nicht abgespalten**, sondern verankern die Proteine dauerhaft in der Membran.

Eine SRP-Proteinuntereinheit ist ein G-Protein, das bei Bindung an die entstehende Polypeptidkette in der aktiven GTP-gebundenen Form vorliegt. Die **Hydrolyse des GTP** führt zum Lösen des SRP und SRP-Rezeptors vom Ribosom und zur Öffnung des Translokationskanals. Die Translation wird durch das Translokon in das ER-Lumen fortgesetzt und das mit Membranlipiden interagierende Signalpeptid durch die **Signal-Peptidase** abgespalten. Im Lumen faltet sich das Protein mithilfe von ER-Chaperonen. Das Ribosom löst sich am Ende des Translationsvorgangs vom Translokon und zerfällt in seine Untereinheiten.

Ein Teil der in der ER-Membran zurückbleibenden Signalpeptide wird durch eine **Intramembranprotease**, die **Signalpeptid-Peptidase**, gespalten und so aus der ER-Membran entfernt.

Proteine des Endomembransystems werden **cotranslational** über SRP und Translokon in das ER importiert. **Hydrophobe Aminosäuresequenzabschnitte (= Transmembrandomänen)** verankern die Proteine in der Membran und fungieren zusätzlich als Signalsequenzen, die jedoch **nicht abgespalten** werden.

Aus Studentensicht

Typ-I-Transmembranproteine werden über SRP und ein **N-terminales** Signalpeptid (**= Transfer-Startsignal**), das durch die **Signal-Peptidase** abgespalten wird, in das ER importiert. Die hydrophobe Transmembrandomäne fungiert nach Verlassen des Ribosoms als **Transfer-Stoppsignal**. Sie wird in die ER-Membran durch seitliche Öffnung des Translokons integriert und bleibt im Protein erhalten. Das Ribosom setzt die Translation im Zytoplasma fort.

ABB. 6.15

Typ-II-Transmembranproteine besitzen selten ein N-terminales Signal. Ihre Translation beginnt wie bei zytoplasmatischen Proteinen. Nach Austritt der Transmembrandomäne aus dem Ribosom wird das Protein analog zu löslichen Proteinen importiert (**= Transfer-Startsignal**). Der C-Terminus wird in das ER-Lumen translatiert, der N-Terminus verbleibt im Zytoplasma. Positiv geladene Aminosäuren an bestimmten Stellen im Protein dienen der richtigen Orientierung des Proteins in der Membran (**= Positive Inside Rule**).

Polytope Transmembranproteine werden, abhängig von der Lage des N-Terminus, analog zu Typ-I- oder Typ-II-Transmembranproteinen importiert. Weitere Transmembrandomänen wirken abwechselnd als Transfer-Stopp- und -Startsignale. Auf der zytoplasmatischen Seite dieser Transmembrandomänen finden sich häufig positiv, auf der luminalen Seite meist negativ geladene Aminosäuren (Positive Inside Rule), die zusammen mit Chaperonen die Ausrichtung der Domänen unterstützen.

Typ-I-Transmembranproteine

Die meisten Typ-I-Transmembranproteine enthalten ein **N-terminales** Signalpeptid (**Transfer-Startsignal**), das durch SRP erkannt wird und den Import des N-Terminus in das ER vermittelt. Das Signalpeptid wird noch während der Translation durch die **Signal-Peptidase** abgespalten (➤ Abb. 6.15a). Sobald die hydrophobe Transmembrandomäne (**Transfer-Stoppsignal**), das zweite Signal im Typ-I-Transmembranprotein, das Ribosom verlässt, wird es aufgrund seiner hydrophoben Eigenschaften vom Translokationskomplex erkannt und vermutlich durch seitliche Öffnung des Translokons in die ER-Membran integriert. Das Ribosom löst sich vom Translokon und setzt die Translation bis zum C-Terminus im Zytoplasma fort. Anschließend wird die Pore des Translokationskomplexes wieder verschlossen und steht für einen neuen Import zur Verfügung.

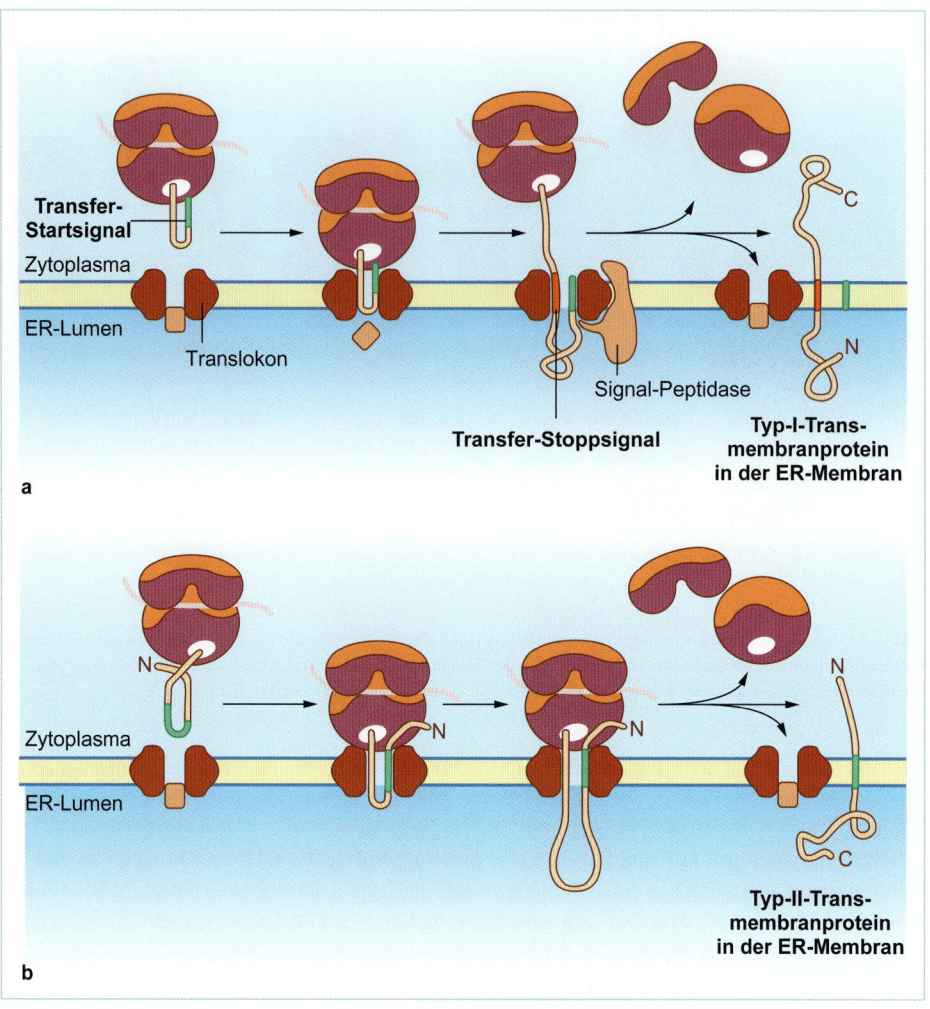

Abb. 6.15 Import von Typ-I- (**a**) und Typ-II-Transmembranproteinen (**b**) in die ER-Membran [L253]

Typ-II-Transmembranproteine

Typ-II-Transmembranproteine besitzen selten ein N-terminales Signalpeptid. Ihre Translation beginnt daher wie bei zytoplasmatischen Proteinen, bis die Transmembrandomäne aus dem Ribosom austritt. Aufgrund ihres hydrophoben Charakters wird sie durch das SRP erkannt. Die weiteren Schritte verlaufen analog zum Import eines löslichen Proteins. Die Transmembrandomäne dient in diesem Fall als **Transfer-Startsignal** und öffnet das Translokon (➤ Abb. 6.15b). Der auf der zytoplasmatischen Seite an die Transmembrandomäne angrenzende Bereich (= zytoplasmatische Juxtamembrandomäne) enthält positiv geladene Aminosäuren, die dazu beitragen, das Protein in der richtigen Orientierung in der Membran zu verankern (**= Positive Inside Rule**). Der C-Terminus des Proteins wird in das ER-Lumen translatiert. Der N-Terminus verbleibt im Zytoplasma.

Polytope Transmembranproteine

Der Import polytoper Transmembranproteine beginnt analog dem Import von Typ-I- oder Typ-II-Transmembranproteinen, je nachdem, ob der N-Terminus in das Lumen des ER integriert werden oder im Zytoplasma verbleiben soll. Alle weiteren Transmembrandomänen wirken abwechselnd als Transfer-Stopp- und Transfer-Startsignale. Auf diese Weise wird die Membran abwechselnd in die jeweils entgegengesetzte Richtung durchspannt.

Auf der zytoplasmatischen Seite der meisten Transmembrandomänen befinden sich häufig positiv, auf der luminalen Seite zum Teil negativ geladene Aminosäuren (= Positive Inside Rule). Man nimmt an,

6.3 PROTEINSORTIERUNG

dass diese Ladungen zur Ausrichtung der Domänen in der ER-Membran beitragen. Weiterhin sind verschiedene Chaperone beschrieben, die mit dem Translokationskomplex interagieren können und den ER-Import der Proteine unterstützen.

Import von GPI-verankerten Proteinen in das ER

Einige Proteine werden durch Anker an Membranen gebunden. Ein Beispiel ist der **Glykosyl-Phosphatidyl-Inositol-Anker** (GPI-Anker). Der GPI-Anker ist eine definierte Abfolge von Lipid- und Zuckermolekülen (> Abb. 6.16a). Anders als die Aminosäuresequenz von Proteinen kann die Abfolge von Lipiden und Kohlenhydrateinheiten nicht in der DNA codiert werden, sondern wird von Enzymen mit spezifischen Aktivitäten zusammengesetzt.

Aus Studentensicht

Der **Glykosyl-Phosphatidyl-Inositol-Anker** (GPI-Anker) ist ein zuckerhaltiges Phospholipid, das kovalent an Proteine gebunden werden kann, um sie in der Zellmembran zu verankern. Solche Proteine werden zunächst fast vollständig im Zytoplasma synthetisiert und dann **ATP-abhängig** in das ER transportiert.

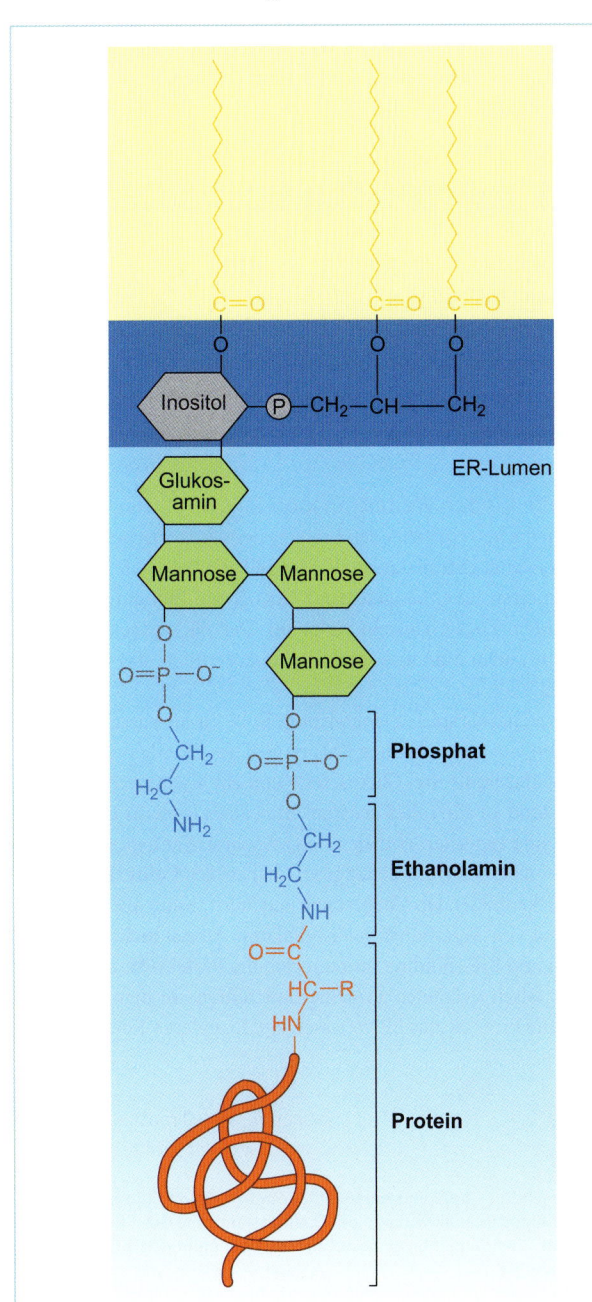

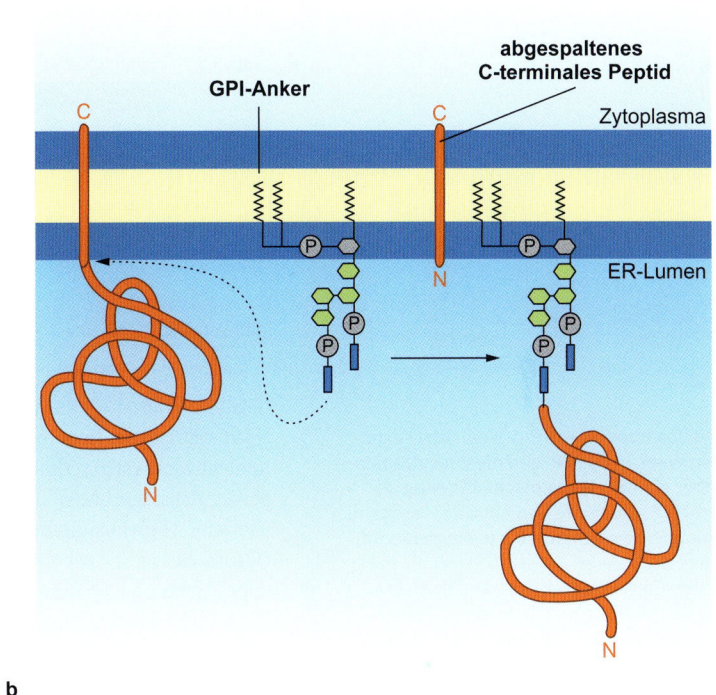

Abb. 6.16 GPI-Anker. **a** Beispiel für die Struktur. **b** Übertragung. [L253]

Proteine, die einen GPI-Anker erhalten sollen, tragen eine **C-terminale Signalsequenz** aus hydrophoben Aminosäuren. Da sie sich am C-Terminus befindet, ist cotranslationaler ER-Import nicht möglich. Die Proteine werden im Zytoplasma fast vollständig translatiert, falten sich und werden anschließend **ATP-abhängig** durch ein von SRP und Translokon unabhängiges System in das ER transportiert. Das Protein selbst befindet sich dann im ER-Lumen und bleibt über die C-terminale Signalsequenz in der Membran verankert (> Abb. 6.16b). In der Folge wird das Signalpeptid durch eine Transpeptidase (Transamidase) abgespalten und die dabei gebildete Carboxylgruppe kovalent mit der Aminogruppe des Ethanolamins im GPI-Anker verknüpft. Das Protein ist damit auf der luminalen Seite der ER-Membran

Eine **C-terminale Signalsequenz** aus hydrophoben Aminosäuren dient als Transportsignal und nach Import als Verankerung in der ER-Membran. Sie wird anschließend abgespalten und das Protein wird kovalent mit der Aminogruppe des Ethanolamins des GPI-Ankers verknüpft. Das nun auf der luminalen Seite verankerte Protein ist nach dem Transport zur Zellmembran, bei dem der GPI-Anker modifiziert wird, zur extrazellulären Seite orientiert.

Aus Studentensicht

6 KOMPARTIMENTE, PROTEINSORTIERUNG UND -MODIFIKATIONEN

verankert und nach dem Transport zur Zelloberfläche extrazellulär orientiert. Auf dem Weg vom ER zur Membranoberfläche maturiert der GPI-Anker, dabei wird die Anzahl der Fettsäuren des GPI-Ankers verändert und die Zuckerreste werden modifiziert.

Durch GPI-Verankerung wird die Beweglichkeit der extrazellulären Domäne von Proteinen im Vergleich zu Proteinen mit Transmembrandomäne i. d. R. erhöht. Einige GPI-verankerte Proteine können auch durch spezifische Enzyme **irreversibel** von ihrem GPI-Anker abgespalten und dadurch bei Bedarf sezerniert werden. Für die Verankerung von Proteinen auf der zytoplasmatischen Seite werden einfache Lipidanker verwendet, die anders als GPI-Anker keine komplexen Kohlenhydratstrukturen aufweisen (➤ 6.4.2).

Im Gegensatz zur Kernhülle löst sich das Endomembransystem der Zelle während der Zellteilung nicht auf, sondern vergrößert sich vor und während der Zellteilung und wird auf die beiden Tochterzellen verteilt. Daher werden die Proteine, die einmal in den sekretorischen Weg integriert wurden, nicht wieder freigesetzt. Alle Signalsequenzen, die im fertigen Protein keine Funktion übernehmen, werden während der Translation oder unmittelbar danach abgespalten (➤ Tab. 6.1).

> GPI-verankerte Proteine weisen eine höhere Beweglichkeit innerhalb der Membran auf als Proteine mit Transmembrandomäne. Einige GPI-verankerte Proteine können durch spezifische Enzyme **irreversibel** von ihrem GPI-Anker abgespalten und dadurch sezerniert werden.
>
> Da sich das Endomembransystem während der Zellteilung nicht auflöst, werden Proteine des Membransystems nicht wieder freigesetzt. Einige Signalsequenzen können daher während oder nach der Translation abgespalten werden.
>
> **TAB. 6.1**

Tab. 6.1 Übersicht über die Signalsequenzen für den Proteinimport in das ER

Protein-Typ	Signalsequenz	Im reifen Protein vorhanden
Lösliche und sekretorische Proteine	Signalpeptid am N-Terminus	Nein
Typ-I-Transmembranproteine	Signalpeptid am N-Terminus	Nein
	Transmembrandomäne	Ja
Typ-II-Transmembranproteine	Transmembrandomäne	Ja
Polytope Transmembranproteine	Transmembrandomänen	Ja
	Eventuell Signalpeptid am N-Terminus	Nein
GPI-verankerte Proteine	Signalsequenz am C-Terminus	Nein

N-Glykosylierung als Qualitätskontrolle für den Weitertransport im sekretorischen Weg

Noch während des Imports in das ER werden die neu entstehenden Proteine des sekretorischen Wegs mit Kohlenhydratresten verknüpft (➤ 6.4.2). Bei dieser **cotranslationalen** Modifikation wird die Amidgruppe von Asparaginresten, die von einer definierten Erkennungssequenz (Asn-X-Ser/Thr) umgeben sind, über eine **N-glykosidische Bindung** mit einem Zuckerbaustein verknüpft. Der Zuckerbaustein ist ein Oligosaccharid aus zwei N-Acetylglukosamin-, neun Mannose- und drei Glukoseresten, das immer dieselbe Struktur hat (= **Core-Oligosaccharid**).

Die N-glykosidisch gebundenen Core-Oligosaccharide spielen eine wichtige Rolle für die korrekte Faltung der Proteine im ER. Die Zuckerketten werden von verschiedenen Chaperonen des ER erkannt. Im Laufe des Faltungsprozesses werden durch **Glykosidasen** die drei Glukosereste und ein Mannoserest aus dem Core-Oligosaccharid entfernt. Ist dieser Zustand an allen Zuckerseitenketten eines Proteins erreicht, erkennt das ER das Protein als korrekt gefaltet und exportiert es in den Golgi-Apparat. Kann dieser Zustand nicht erreicht werden, werden die Proteine von den Calcium-abhängigen Chaperonen **Calnexin** und **Calreticulin** erkannt und weiteren, disulfidbrückenbildenden Chaperonen zugeführt. Kann auch dann die korrekte Faltung des Proteins, z. B. aufgrund von Mutationen oder zellulärem Stress, nicht hergestellt werden, verhindern die Chaperone Calnexin und **BiP** (Binding Immunoglobulin Protein) zusammen mit anderen Chaperonen die Aggregation der falsch gefalteten Proteine und führen sie dem Abbau zu (➤ 7.3.3). So wird verhindert, dass fehlerhafte Proteine das ER verlassen und in anderen Kompartimenten Schaden anrichten.

> Während des Imports von Proteinen des sekretorischen Wegs in das ER wird diesen **cotranslational** über eine **N-glykosidische Bindung** an bestimmten Asparaginresten ein Oligosaccharid mit immer gleicher Struktur (**Core-Oligosaccharid**) angefügt.
>
> Gebundene Core-Oligosaccharide dienen u. a. der korrekten Faltung im ER, da sie von Chaperonen erkannt werden. Während der Faltung werden drei Glukose- und ein Mannoserest der Core-Oligosaccharide durch **Glykosidasen** entfernt und die auf diese Weise modifizierten Proteine in den Golgi-Apparat exportiert. Andernfalls werden sie von den Chaperonen **Calnexin** und **Calreticulin** erkannt und weiteren Chaperonen zugeführt. Unterbleibt auch dann die korrekte Faltung, verhindern die Chaperone Calnexin und **BiP** die Aggregation der falsch gefalteten Proteine und führen sie dem Abbau zu.
>
> **KLINIK**

KLINIK

Zystische Fibrose (Mukoviszidose)

Die Qualitätskontrolle des ER ist sehr strikt. So gibt es beispielsweise Mutationen in einem Chloridkanal, die seine Struktur geringfügig verändern. Der Chloridkanal wird von der Qualitätskontrolle des ER als falsch gefaltet erkannt, abgebaut und erreicht nie die Plasmamembran, obwohl er trotz der geringfügig falschen Struktur seine Funktion dort korrekt erfüllen könnte.

Patienten, die eine derartige Mutation tragen, leiden an zystischer Fibrose, der häufigsten vererbten Stoffwechselkrankheit in Deutschland. Die Patienten haben durch die fehlende osmotische Aktivität des Chlorids zu wenig Wasser in den Drüsensekreten. Dies führt zu großen Problemen insbesondere im zähflüssigen Bronchial- und Pankreassekret. Die Patienten müssen mehrmals täglich konsequent inhalieren, um Lungenentzündungen vorzubeugen. Auch die Verdauung von Nahrung ist oft unzureichend und die Patienten müssen z. B. ergänzend Verdauungsenzyme und Vitamine einnehmen. Die Lebenserwartung ist trotz intensiver symptomatischer Therapie deutlich verkürzt.

6.3 PROTEINSORTIERUNG

Vesikeltransport

> **FALL**
>
> **Gift oder Wundermittel?**
>
> Sie sind in der Neurologischen Klinik und arbeiten in der Dystonie-Ambulanz. Sie sehen verschiedenste Patienten mit Verkrampfungen und Fehlhaltungen wie einem Schiefhals (Torticollis spasmodicus). Eine Ihrer heutigen Patienten, Frau Friedrich, klagt über ständiges unwillkürliches Blinzeln und Lidzucken. Nach eingehender Untersuchung und Beratung geben Sie ihr zwei subkutane Injektionen in das Ober- und Unterlid und erklären ihr den Verlauf: „Nach zwei Tagen sollten die Zuckungen deutlich weniger werden und nach etwa drei Wochen sollte der maximale Effekt erreicht sein." Beglückt kommt sie nach drei Wochen mit einem großen Blumenstrauß in die Ambulanz. „Sie haben mir ein Wundermittel gespritzt. Nicht nur mein Zucken ist weg, sondern ich sehe auch 10 Jahre jünger aus – alle Falten sind verschwunden!"
> Das „Wundermittel" in der Injektion, das hier in Mikrodosen die Muskeln lähmt, ist eigentlich ein tödliches Gift. Es führte vor Einführung strenger Sterilisationsvorschriften öfter zu gefürchteten Lebensmittelvergiftungen durch Wurstkonserven, die eine Lähmung der Atemmuskulatur auslösen und tödlich enden können. Produziert wird das Botulinumtoxin durch das Bakterium *Clostridium botulinum*. Seit den 1990er-Jahren wird es sehr erfolgreich bei Dystonien eingesetzt und inzwischen ist es dank seines faltenglättenden Nebeneffekts zu einem Renner in der ästhetischen Medizin geworden.
> Wie löst das Botulinumtoxin eine schlaffe Lähmung der mimischen Augenmuskulatur von Frau Friedrich aus?

Aus Studentensicht

Vesikeltransport

Vesikel sind membranbegrenzte Strukturen mit einem definierten Lumen und bilden daher ebenfalls ein eigenes **Kompartiment,** das Teil des sekretorischen Wegs ist. Vesikel können sowohl lösliche als auch Membranproteine zwischen Kompartimenten transportieren, ohne dass die Proteine eine Membran überqueren müssen. Das Lumen eines Vesikels ist damit topologisch äquivalent zum Lumen des Kompartiments, von dem es abstammt (= Donor-Kompartiment), zum Lumen des Kompartiments, mit dem es verschmilzt, und zum Extrazellulärraum. Vesikel ermöglichen auch den Austausch von Lipiden zwischen verschiedenen Kompartimenten.

Vesikel sind membranbegrenzte **Kompartimente** und Teil des sekretorischen Wegs. Sie transportieren lösliche und Membranproteine sowie Lipide zwischen den Kompartimenten.

> **Topologie von Membranproteinen**
>
> Ein Membranprotein erhält mit Import in das ER seine **charakteristische Orientierung.** Diese wird während des gesamten Transports in der Zelle beibehalten und kann nicht verändert werden. Proteinbereiche im Lumen des ER bleiben folglich auch in anderen Kompartimenten im Lumen lokalisiert bzw. zeigen nach Transport zur Plasmamembran nach außen.

Vesikelabschnürung

Zur Vesikelbildung muss sich die Membran an der betreffenden Stelle krümmen. Dieser Vorgang läuft gegen den Widerstand der gespannten Membran ab und erfordert daher einen Kraftaufwand. Dazu lagern sich **Hüllproteine (Coat-Proteine)** an bestimmte Membranbereiche an, die durch hohe Konzentrationen an Phosphatidylinositol bzw. dessen phosphorylierte Derivate (Phosphatidylinositolphosphate, PIPs) gekennzeichnet sind (> Abb. 6.17). Die **zytoplasmatischen** Coat-Proteine können polymerisieren und dabei eine **korbähnliche Struktur** bilden, die wie ein Fußball aus Fünf- und Sechsecken besteht. Häufig wird ihre Anlagerung durch G-Proteine unterstützt. So bildet sich eine von einer Hülle umgebene Membranausstülpung **(Coated Pit). Adapterproteine** lagern sich zwischen den Coat-Proteinen und der Lipidschicht an und binden an Membranproteine (= Frachtrezeptoren), welche die zu transportierenden Proteine in das Vesikel rekrutieren. Zusätzlich werden v-SNARES in das Vesikel integriert und es lagern sich Rab-Proteine an, die neben anderen Proteinen als „Adressaufkleber" bestimmen, an welche Zielmembran das Vesikel andockt.
Das Abschnüren des Vesikels wird durch G-Proteine wie **Dynamin** katalysiert, die sich um den „Hals" des entstehenden Vesikels legen und durch GTP-Hydrolyse die Energie für den Abschnürvorgang bereitstellen. Nach dem Abschnüren kann sich das Vesikel meist entlang des Zytoskeletts im Zytoplasma bewegen und die Hülle wird mithilfe verschiedener ATPasen abgelöst.

Bei der Vesikelbildung lagern sich **zytoplasmatische Hüllproteine (Coat-Proteine)** an Phosphatidylinositol-reiche Membranbereiche an und polymerisieren zu einer **korbähnlichen Struktur.** Dabei bildet sich mit Unterstützung durch G-Proteine eine von einer Proteinhülle umgebene Membranausstülpung **(Coated Pit). Adapterproteine** vermitteln dabei den Kontakt zwischen Coat- und Membranproteinen (= Frachtrezeptoren) des Vesikels. Rab-Proteine und v-SNAREs an den Vesikelmembranen dienen als „Adressaufkleber".
Das Abschnüren des Vesikels von der Membran wird durch G-Proteine wie **Dynamin** katalysiert, die sich um den Vesikelhals legen und zusammenziehen.

Fusion der Vesikel mit der Zielmembran

Das Endomembransystem der Zellen gleicht einem Dschungeldickicht aus vielen unterschiedlichen Kompartimenten. Die Vesikel finden ihr Ziel u. a. durch die **Rab-Proteine.** Es gibt mehr als 60 dieser kleinen G-Proteine, die spezifisch für die Organellen bzw. die von ihnen abstammenden Transportvesikel sind. Sie binden an spezifische Rezeptoren in der Zielmembran (= Rab-Effektorproteine), sodass das Vesikel in die richtige Richtung transportiert und am Ziel festgehalten wird. Rab-Proteine erfüllen neben ihrer Funktion im vesikulären Transport auch andere Funktionen, beispielsweise bei der Signalübertragung oder der Autophagozytose.
Damit die Membran des Transportvesikels mit der Zielmembran verschmelzen kann, müssen beide Membranen in unmittelbare Nähe gebracht werden. Diese Aufgabe erledigen **SNARE-Proteine** (Soluble NSF-Attachment Protein Receptors). SNARE-Proteine bilden ebenfalls eine sehr diverse Proteinfamilie und sind spezifisch mit den einzelnen Organellen assoziiert. **v-SNAREs** (vesikuläre SNAREs) in der Vesikelmembran interagieren mit passenden **t-SNAREs** (Target Membrane SNAREs) in der Zielmembran.

Kleine G-Proteine der **Rab-Familie** helfen neben anderen Proteinen den Vesikeln, ihr richtiges Ziel zu finden. Ihre Bindung an spezifische Rezeptoren der Zielmembran sorgt für die richtige Transportrichtung und ein Festhalten am Zielort. Das Verschmelzen des Vesikels mit der Zielmembran wird durch **SNARE-Proteine** gewährleistet. **v-SNAREs** der Vesikelmembran interagieren mit passenden **t-SNAREs** in der Zielmembran. Durch Verdrillung der SNARE-Proteine nähern sich die beiden Membranen einander und fusionieren schließlich.
Nach der Fusion muss der stabile SNARE-Komplex unter ATP-Verbrauch durch die zytoplasmatische **ATPase NSF** wieder aufgelöst werden.

Aus Studentensicht

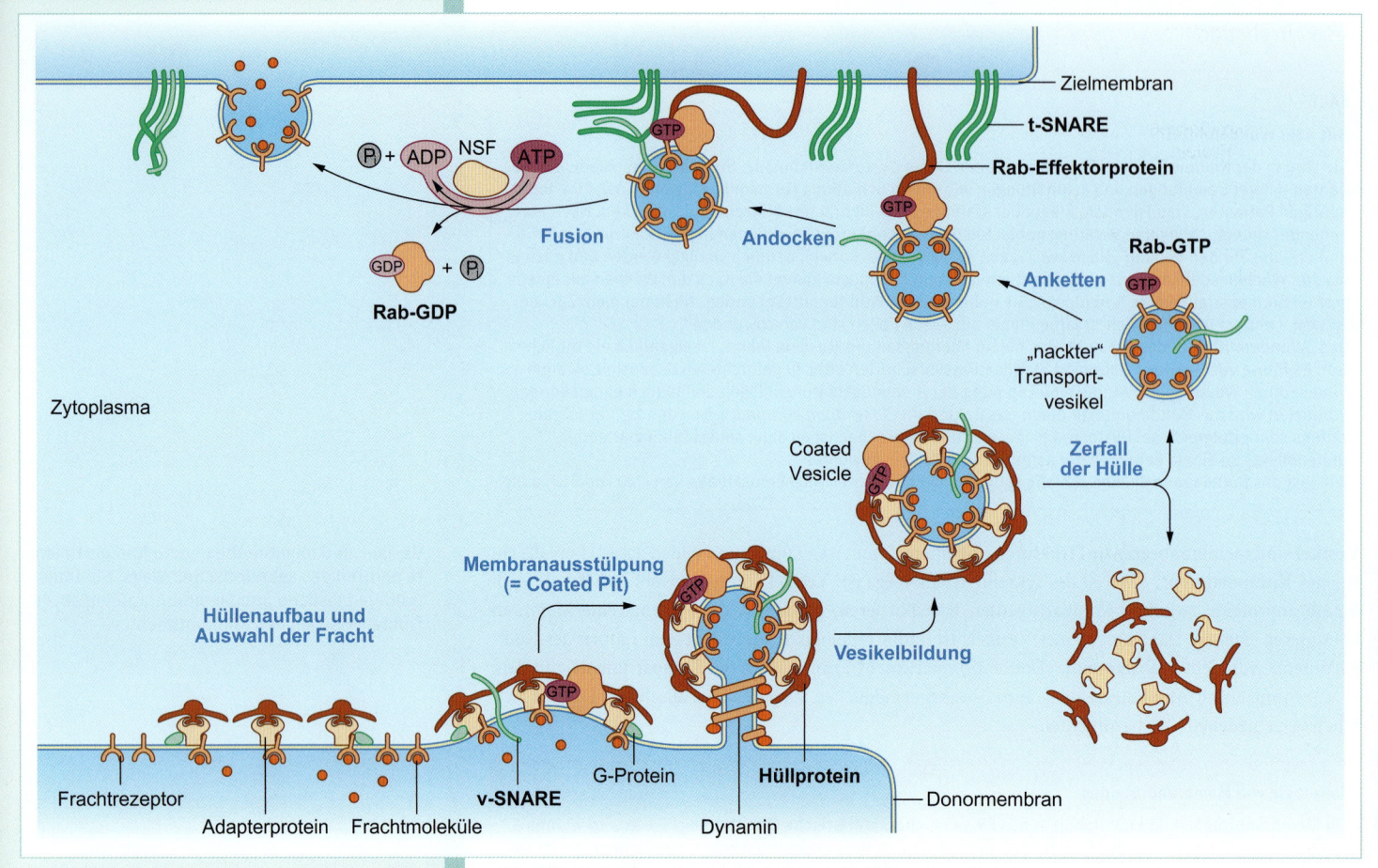

6 KOMPARTIMENTE, PROTEINSORTIERUNG UND -MODIFIKATIONEN

Abb. 6.17 Vesikelabschnürung und -fusion mit der Zielmembran [L253]

Unmittelbar nach Bildung des SNARE-Komplexes beginnen sich die SNARE-Proteine miteinander zu verdrillen und ziehen so die Membranen zueinander, bis das dazwischen befindliche Wasser ausgeschlossen ist und die Membranen fusionieren. Nach der Fusion stellt die zytoplasmatische **ATPase NSF** (N-Ethylmaleimide Sensitive Factor) die Energie für die Auflösung des sehr stabilen SNARE-Komplexes bereit.

> **FALL**
>
> **Gift und Wundermittel: Botulinumtoxin**
>
> Ein schönes Beispiel für den Satz „Die Dosis macht das Gift" ist das tödliche Gift Botulinumtoxin, das in Mikrodosen zu Frau Friedrichs Wundermittel wird. Es ist eine Protease, die einen Teil der spezifischen v-SNAREs abspaltet und so bestimmte Transportprozesse in der Zelle behindert.
> Welche Transportprozesse werden behindert?

Transport zwischen ER und Golgi-Apparat

Korrekt gefaltete Proteine des ER werden für den Transport **zum Golgi-Apparat** in **COPII**-ummantelte Transportvesikel verpackt. **Sar1,** ein kleines G-Protein, vermittelt dabei die Bindung von COPII an die ER-Membran. Viele Proteine des ER werden auf diese Weise transportiert, hoch effizient jedoch nur solche, die das ER verlassen sollen.

Membranproteine interagieren vermutlich direkt mit Hüll- und Adapterproteinen, lösliche Proteine binden an membranständige Frachtrezeptoren, um in das Vesikellumen zu gelangen.
Die Hydrolyse des GTP von Sar1 führt zum Verlust der COPII-Hülle, sodass die Vesikel durch SNARE-Proteine miteinander verschmelzen und tubuläre Cluster zwischen ER und Golgi (**= ERGIC**) bilden können. Proteine des ER können so zum Golgi-Apparat transportiert werden. Proteine, die im ER bleiben sollen, werden ebenfalls in Richtung cis-Golgi transportiert. Sie besitzen jedoch **ER-Rückholsignale**, die einen Rücktransport (**retrograder Transport**) ermöglichen.

Transport zwischen ER und Golgi-Apparat

Proteine, die die Qualitätskontrolle des ER passiert haben, werden für den Transport zum Golgi-Apparat an definierten Stellen des glatten ER in Transportvesikel verpackt (> Abb. 6.18). Coat-Protein dieser Vesikel ist häufig **COPII** (Coatamer Protein II). Zu seiner Rekrutierung an die ER-Membran trägt das kleine G-Protein **Sar1** bei. Vermutlich können alle korrekt gefalteten Proteine des ER in COPII-Vesikel verpackt und standardmäßig in den Golgi transportiert werden. Für Proteine, die eigentlich nicht dazu bestimmt sind, das ER zu verlassen, geschieht das jedoch nur mit sehr geringer Effizienz und vergleichbar langsam. Für Proteine, die im sekretorischen Weg transportiert werden, verläuft dieser Vorgang hoch effizient und auch sehr schnell. Es wird daher vermutet, dass in Proteinen, die zur Plasmamembran gelangen, sekretiert werden oder zum Verbleib in anderen Kompartimenten des sekretorischen Weges bestimmt sind, zusätzliche, teilweise noch nicht genau beschriebene Signalsequenzen existieren.

Membranproteine wie Zelloberflächenrezeptoren können wahrscheinlich mit ihrer zytoplasmatischen Domäne direkt mit den Hüll- oder Adapterproteinen interagieren und so effizient in der Membran der COPII-Vesikel angereichert werden. Lösliche Proteine können an membranständige Frachtrezeptoren binden und quasi „Huckepack" in das Lumen der COPII-Vesikel gelangen.

Die Hydrolyse von GTP zu GDP durch Sar1 führt zum Verlust der COPII-Hülle. Die Vesikel verschmelzen nach Verlust der Hülle unter Einwirkung von SNARE-Proteinen miteinander und können tubuläre Cluster bilden, die sich wie Autobahnen zwischen ER und Golgi-Apparat spannen (**= ERGIC,** ER-Golgi Intermediate Compartment). Diese Cluster haben eine relativ kurze Lebensdauer. Sie werden an Mikrotubuli zur cis-Seite des Golgi-Apparats transportiert und fusionieren dort mithilfe von Rab- und SNARE-Pro-

6.3 PROTEINSORTIERUNG

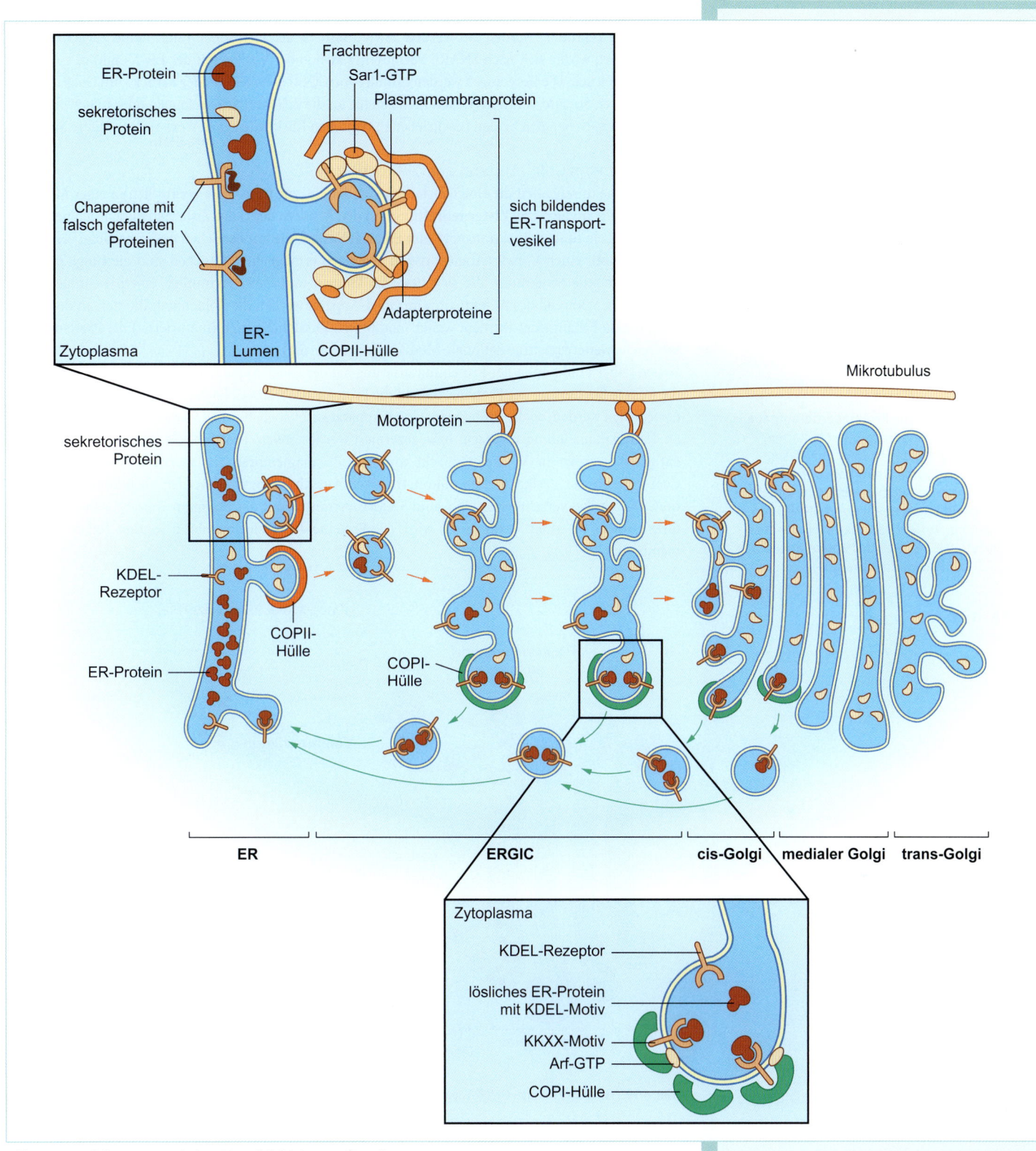

Abb. 6.18 Vesikeltransport zwischen ER und Golgi-Apparat [L253]

teinen. So gelangen die Proteine aus dem Lumen bzw. der Membran des ER in das Lumen bzw. die Membran des Golgi-Apparats.

Auch Proteine, die im ER bleiben sollen, werden langsam in Richtung Golgi-Apparat transportiert. Sie besitzen jedoch **ER-Rückholsignale** (ER-Rückhaltesignale), die einen gezielten Rücktransport zum ER ermöglichen (= **retrograder Transport**). **Membranproteine** des ER wie die Signal-Peptidase besitzen dazu oft am C-Terminus ihrer zytoplasmatischen Domäne zwei Lysinreste, auf die zwei beliebige Aminosäuren folgen (= **KKXX-Motiv**). **Lösliche Proteine** wie das Chaperon BiP enthalten meist die Aminosäureabfolge Lys-Asp-Glu-Leu (= **KDEL-Signal**). Teilweise beginnt der Rücktransport schon bei der Bildung der ERGIC-Cluster, spätestens jedoch nach Erreichen des cis-Golgi. Die beim retrograden Transport entstehenden Vesikel tragen das Hüllprotein **COPI** (Coatamer Protein I), das bei der Vesikelbildung vom G-Protein Arf unterstützt wird. COPI kann direkt an die KKXX-Motive der Membranproteine binden, wohingegen die löslichen Proteine über einen Frachtrezeptor, den transmembranen KDEL-Rezeptor, in

Aus Studentensicht

Membranproteine enthalten dabei meist C-terminal zwei Lysinreste, auf die zwei beliebige Aminosäuren folgen (**KKXX-Motiv**), **lösliche Proteine** hingegen meist die Aminosäureabfolge Lys-Asp-Glu-Leu (**KDEL-Signal**). Die Vesikel des retrograden Transports tragen das Hüllprotein **COPI**, das bei Membranproteinen an KKXX-Motive bindet. Lösliche Proteine werden über einen Frachtrezeptor, der an das KDEL-Signal bindet, an COPI gebunden. Die Vesikelbildung wird in beiden Fällen von dem G-Protein Arf unterstützt. Nach Fusion der Vesikel mit dem ER und Freisetzung der Fracht werden die Rezeptoren durch COPII-Vesikel wieder zurück zum Golgi-Apparat transportiert.

Aus Studentensicht

Transport vom Golgi-Apparat zur Zelloberfläche (Exozytose)

Proteine durchlaufen die Golgi-Zisternen von der cis- zur trans-Seite durch **Vesikeltransport** und **Zisternenreifung**. An den Zisternenrändern bilden sich COPI-Vesikel für den Rücktransport zum ER sowie Vesikel, die mit trans-Golgi-Bereichen verschmelzen und einen Vorwärtstransport ermöglichen.
Im Golgi-Apparat werden die Kohlenhydratketten der Proteine weiter modifiziert und weitere posttranslationale Modifikationen vorgenommen. Neben der Proteinreifung (Maturierung) hat der Golgi-Apparat auch eine **Proteinsortieraufgabe.** Proteine, die den trans-Golgi erreicht haben, werden entweder sezerniert bzw. zur Plasmamembran oder zu Lysosomen transportiert. Proteine ohne spezielle Signale werden im **konstitutiven Ausscheidungsweg** Rab- und SNARE-vermittelt aus dem Vesikel nach extrazellulär sezerniert **(exozytiert)**. Proteine der Vesikelmembran werden Teil der Plasmamembran.

ABB. 6.19

Einige Proteine wie Insulin unterliegen einem **regulierten Transport**. Die reifen Vesikel können erst durch spezifische Signale (z. B. Anstieg der intrazellulären Ca^{2+}-Konzentration) SNARE-vermittelt mit der Plasmamembran verschmelzen und ihren Inhalt sezernieren.

---

6 KOMPARTIMENTE, PROTEINSORTIERUNG UND -MODIFIKATIONEN

die Vesikel rekrutiert werden. So werden sowohl lösliche als auch Membranproteine zurück zum ER transportiert, wo sie sich nach SNARE-vermittelter Fusion der Vesikel mit der ER-Membran von ihrem Rezeptor ablösen. Die Rezeptoren werden mithilfe von COPII-Vesikeln wieder zurück zum Golgi-Apparat transportiert. So wird verhindert, dass ER-Proteine an die Zelloberfläche gelangen oder ungewollt sezerniert werden. Neben den beiden beschriebenen typischen Rückhaltesignalen existieren weitere Signale.

Transport vom Golgi-Apparat zur Zelloberfläche (Exozytose)

Die Proteine durchlaufen die Golgi-Zisternen von der cis- zur trans-Seite vermutlich in einer Mischung aus **Vesikeltransport** und **Zisternenreifung.** An den Rändern der Golgi-Zisternen bilden sich neben den COPI-Vesikeln für den Rücktransport zum ER auch Vesikel, die mit Bereichen des trans-Golgi verschmelzen und somit einen Vorwärtstransport von Proteinen ermöglichen. Daneben sind die Golgi-Zisternen hochdynamische Strukturen, die sich bewegen können und dabei vermutlich einem Reifungsprozess unterliegen. Während des Aufenthaltes im Golgi-Apparat werden die Kohlenhydratketten an den Proteinen, die im ER angefügt wurden, weiter modifiziert. Zusätzlich reifen (maturieren) die Proteine durch zahlreiche weitere posttranslationale Modifikationen (> 6.4).

Neben seiner Funktion in der Proteinmaturierung hat der Golgi-Apparat auch eine wichtige Aufgabe für die weitere **Sortierung** der Proteine. Sobald die Proteine das trans-Golgi-Netzwerk erreicht haben, muss entschieden werden, ob die Proteine im Golgi-Apparat verbleiben, für die Lysosomen bestimmt sind oder an die Plasmamembran verbracht bzw. sezerniert werden sollen. Proteine, die keine speziellen Signale enthalten, werden in Vesikel verpackt und zur Plasmamembran transportiert (> Abb. 6.19). Die Coat-Proteine der Vesikel in diesem **konstitutiven Ausscheidungsweg** werden noch kontrovers diskutiert. Die Vesikel verschmelzen Rab- und SNARE-vermittelt mit der Plasmamembran, wobei der Inhalt ihres Lumens sezerniert **(exozytiert)** wird. Die Proteine der Vesikelmembran werden Teil der Plasmamembran.

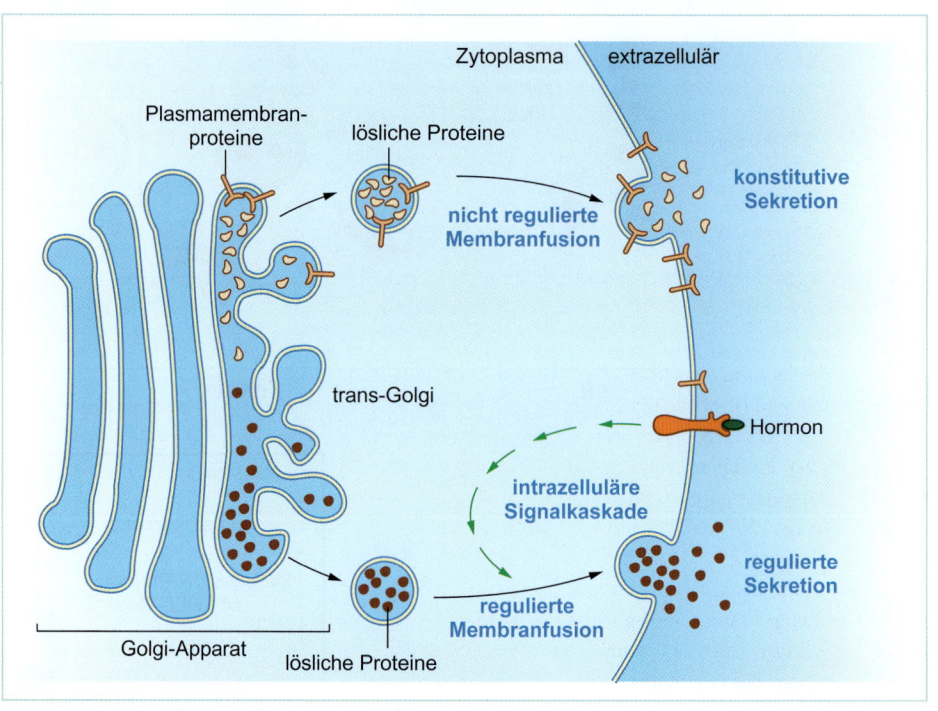

Abb. 6.19 Transport zwischen Golgi-Apparat und Plasmamembran [L253]

Einige Proteine wie Peptidhormone werden erst auf bestimmte Signale hin sekretiert. Sie enthalten vermutlich zusätzliche Signalsequenzen, die sie in spezifische Vesikel für den **regulierten Transport** lenken. Zusätzlich werden Proteine, die nicht für den regulierten Transport bestimmt sind, aus diesen Vesikeln wieder zurück zum Golgi-Apparat gebracht. Auf diese Weise werden die Frachtproteine in ihren Transportvesikeln konzentriert. Die reifen Vesikel werden in die Nähe der Plasmamembran gebracht. Die Verwindung der SNARE-Proteine und damit die Fusion der Membranen ist aber blockiert. Erst durch ein spezifisches Signal wie das Ansteigen der intrazellulären Calcium-Ionen-Konzentration wird die Fusion der Membranen ausgelöst. Nach diesem Mechanismus wird z. B. Insulin aus den B-Zellen (β-Zellen) des Pankreas sezerniert (> 9.7.1). Insulin reift wie einige andere Proteine während des Aufenthalts in den Vesikeln durch posttranslationale Modifikationen.

6.3 PROTEINSORTIERUNG

Aus Studentensicht

FALL
Gift und Wundermittel: Botulinumtoxin

Die Transportprozesse, die vom Botulinumtoxin gestört werden, laufen in der Präsynapse der motorischen Endplatte ab. Die Sekretion von Acetylcholin in der motorischen Endplatte entspricht einem **regulierten Transport** zur Plasmamembran. Vesikel, die eine hohe Konzentration an Acetylcholin enthalten, werden am trans-Golgi gebildet und zur Plasmamembran transportiert. Die Membranfusion durch Verdrillen der SNARE-Proteine erfolgt jedoch erst bei einem Anstieg der intrazellulären Calciumkonzentration. Das **v-SNARE** in der motorischen Endplatte ist das **Synaptobrevin.** Es ist das Ziel von Botulinumtoxin, einer **Metallo-Endoprotease.** Wegen der Zerstörung des Synaptobrevins kann es nicht zur Fusion der acetylcholinbeladenen Vesikel mit der präsynaptischen Membran kommen; es wird trotz Erregung der Nerven kein Transmitter ausgeschüttet und der Muskel wird nicht erregt. Die Injektion von geringsten Mengen Botulinumtoxin bei Frau Friedrich in den für die Zuckungen verantwortlichen mimischen Muskeln rund um das Auge verhindert so weitere Kontraktionen: die Zuckungen hören auf. Da Falten auch durch Kontraktion der mimischen Muskulatur entstehen, verschwinden auch diese rund um das Auge.

Das **Tetanustoxin** von *Clostridium tetani* hat eine ganz ähnliche Wirkung. Durch Endozytose gelangt es in Neurone und wird in Vesikeln entlang der motorischen und vegetativen Nervenbahnen zum Rückenmark transportiert. Auch das Tetanus-Toxin ist eine Metalloprotease, die Synaptobrevin spaltet. Dadurch wird die Exozytose der inhibitorischen Neurotransmitter Glycin und GABA in den Synapsen des Rückenmarks blockiert und es kommt zu spastischen Lähmungen, dem charakteristischen Bild des Wundstarrkrampfs.

In polarisierten Zellen wie Nerven- oder Epithelzellen muss im Golgi-Apparat zusätzlich entschieden werden, ob die Proteine zur apikalen oder zur basolateralen Membran transportiert werden sollen. Auch hierfür enthalten die Proteine Signalsequenzen, die sie in die passenden Vesikel lenken.

Im Golgi-Apparat wird zusätzlich entschieden, ob Proteine zur apikalen oder basolateralen Membran einer polarisierten Zelle transportiert werden.

Proteintransport zwischen Golgi-Apparat und Lysosom

Proteintransport zwischen Golgi-Apparat und Lysosom

FALL
Was hat Olivia?

Auf der neonatologischen Station, auf der Sie arbeiten, liegt seit Kurzem die kleine Olivia – ein rätselhafter Fall. Zusätzlich zu den beidseitigen Klumpfüßen und den vergröberten Gesichtszügen fielen bei der Ultraschalluntersuchung auch eine vergrößerte Leber und Milz auf. Vergrößerte Organe und Skelettdeformationen lassen eine Speicherkrankheit vermuten. Daher untersuchen Sie zunächst den Urin der kleinen Olivia: Tatsächlich weist er stark erhöhte Mengen an Oligosacchariden auf, die anscheinend nicht abgebaut werden können. Nach diesem ersten Hinweis auf einen Mangel an abbauenden Enzymen veranlassen Sie eine gezielte Diagnostik im Plasma. Es stellt sich heraus, dass die Werte aller untersuchten sauren Hydrolasen bis zu 20-fach erhöht sind.
Wo kommen saure Hydrolasen normalerweise vor? Wie kann es zu so hohen Werten im Plasma kommen und wie kann gleichzeitig der Abbau u. a. der Oligosaccharide gestört sein?

Im Lumen der Lysosomen befinden sich **saure Hydrolasen,** die bei niedrigem pH-Wert Proteine, Lipide, Kohlenhydrate und Nukleinsäuren hydrolytisch spalten. Das saure Milieu wird durch membranständige H^+-**ATPasen** (= V-Typ-ATPasen) erzeugt, die H^+-Ionen aus dem Zytoplasma in das Lumen pumpen. Die spezifischen Proteine der Lysosomen werden ins ER translatiert, erhalten dort die charakteristische Core-N-Glykosylierung und werden dann zum Golgi-Apparat transportiert. Im cis-Golgi erhält ein Teil der löslichen lysosomalen Proteine, insbesondere die sauren Hydrolasen, einen Phosphatrest, der auf einen endständigen Mannoserest des Core-Oligosaccharids übertragen wird (▶ Abb. 6.20). Die so gebildete **Mannose-6-phosphat-Markierung** wird im Lumen des trans-Golgi-Netzwerks von spezifischen membranständigen **Mannose-6-phosphat-Rezeptoren** erkannt. Die Bindung der Fracht an den Rezeptor löst die Rekrutierung von **Clathrin-Hüllproteinen** und passenden Adapterproteinen an die zytoplasmatische Domäne des Rezeptors aus. Es schnüren sich Clathrin-beschichtete Vesikel ab, in denen lysosomale Proteine angereichert sind. Nach Verlust der Clathrinhülle verschmelzen die Vesikel mit Endosomen. Durch den niedrigeren pH-Wert im Lumen der Endosomen wird der Phosphatrest der Mannose-6-phosphat-Markierung hydrolytisch abgespalten und die Fracht löst sich vom Rezeptor. An den Endosomen bildet sich in der Folge ein **Retromer-Transportvesikel,** das die unbeladenen Rezeptoren wieder zum trans-Golgi-Netzwerk zurücktransportiert. Auf diese Weise wird der Mannose-6-phosphat-Rezeptor recycelt und steht im Golgi-Apparat für einen neuen Transport zum Lysosom zur Verfügung.

Saure Hydrolasen im Lumen der Lysosomen spalten Proteine, Lipide, Kohlenhydrate und Nukleinsäuren bei niedrigem pH-Wert, der durch H^+-**ATPasen** erzeugt wird.
Im ER werden diese Hydrolasen mit einer charakteristischen Core-N-Glykosylierung synthetisiert und zum Golgi-Apparat transportiert. Durch Phosphorylierung eines Mannoserests des Core-Saccharids zu **Mannose-6-phoshat** im cis-Golgi können transmembranäre **Mannose-6-phosphat-Rezeptoren** im trans-Golgi-Netzwerk die Bildung von Clathrin-beschichteten Vesikeln initiieren.
Nach Verlust der Clathrin-Hülle verschmelzen die Vesikel mit Endosomen, in denen der Phosphatrest abgespalten wird, was zur Freisetzung der Fracht vom Rezeptor führt. Über **Retromer-Transportvesikel** werden die leeren Rezeptoren zurück zum trans-Golgi-Netzwerk transportiert und wiederverwendet.

FALL
Was Olivia hat: I-Zell-Krankheit

Die sauren Hydrolasen kommen normalerweise im Lysosom vor und sind für den Abbau von Lipiden, Zuckern, Nukleinsäuren und Proteinen zuständig. Bei der kleinen Olivia liegt wie vermutet eine lysosomale Speicherkrankheit vor, allerdings hat sie keine Mutation in einer der Lipasen, die dann z. B. zu einer Lipidspeicherkrankheit führt, sondern alle lysosomalen Enzyme werden statt in das Lysosom zur Plasmamembran transportiert und sezerniert. Durch die fehlenden abbauenden Enzyme blähen sich die Lysosomen zu riesigen Einschlusskörpern, den Inclusion-Bodies, auf. Sie geben der I-Zell-Krankheit ihren Namen.

Aus Studentensicht

6 KOMPARTIMENTE, PROTEINSORTIERUNG UND -MODIFIKATIONEN

Verantwortlich dafür ist eine Mutation in der Phosphotransferase, die im Golgi-Apparat den Mannose-6-phosphat-Rest erzeugt. Die löslichen lysosomalen Proteine werden daher im trans-Golgi-Netzwerk nicht durch ihren Rezeptor erkannt. Wie die übrigen Proteine, die keine spezifischen Sortiersignale enthalten, werden sie konstitutiv sezerniert und sind daher im Plasma von Olivia nachweisbar.
Durch den fehlenden Abbau von beispielsweise Sphingolipiden und Mukopolysacchariden kommt es zu Ablagerungen und so zu Skelettdeformationen. Ab einem Alter von etwa zwei Jahren werden eine psychomotorische Rückentwicklung und ein Wachstumsstillstand beobachtet. Olivia erlebt wahrscheinlich ihren 10. Geburtstag nicht mehr. Umso mehr hoffen Sie auf die Weiterentwicklung von Enzymersatztherapien, die bei anderen monoenzymatischen lysosomalen Speicherkrankheiten schon eingesetzt werden, auch für I-Zell-Patienten.

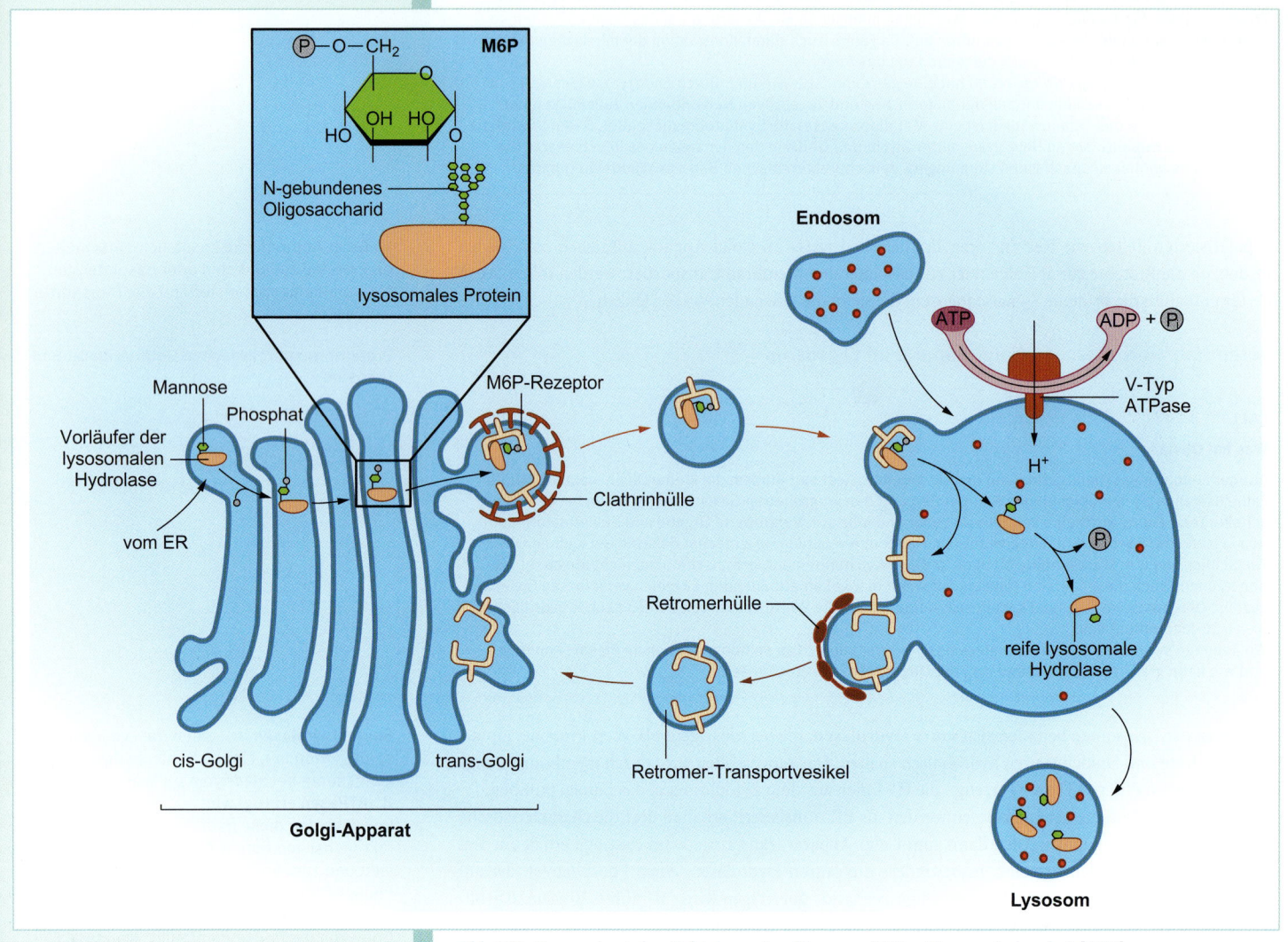

Abb. 6.20 Transport zwischen Golgi-Apparat und Lysosom (M6P = Mannose-6-phosphat) [L253]

Lysosomale Membranproteine wie H$^+$-ATPasen enthalten wahrscheinlich Signalsequenzen, die ebenfalls die Bildung von Clathrin-beschichteten Vesikeln initiieren. Die Ansäuerung der Endosomen resultiert schließlich in der Bildung von Lysosomen.

Die Membranproteine des Lysosoms wie die H$^+$-ATPasen enthalten kein Mannose-6-phosphat-Signal, sondern wahrscheinlich spezifische Signalsequenzen in ihren zytoplasmatischen Domänen, die ebenfalls die Bildung Clathrin-beschichteter Vesikel auslösen, die sie zu den Endosomen transportieren. Dort nehmen die H$^+$-ATPasen ihre Arbeit auf und säuern die Endosomen an, die schließlich zu Lysosomen werden. Es ist davon auszugehen, dass noch nicht alle Signale, die einen lysosomalen Transport auslösen, bekannt sind. Vermutlich gibt es unterschiedliche Mechanismen in Abhängigkeit vom Zelltyp.

Endozytose: Aufnahme aus dem Extrazellulärraum

Die Aufnahme von Material aus der Umgebung (**Endozytose**) steht im Gleichgewicht mit der Exozytose, sodass sich die Zellmembran nicht übermäßig vergrößert.
Man unterscheidet vier Formen der Endozytose: **rezeptorvermittelte Endozytose, Pinozytose, Phagozytose** und **Transzytose**.

Endozytose: Aufnahme aus dem Extrazellulärraum

Würde die Zelle ständig Vesikel an die Zelloberfläche bringen (= exozytieren), würde sich die Plasmamembran mit jeder Fusion durch die aufgenommenen Vesikelmembranen vergrößern. Damit das nicht oder nur im Rahmen des Zellwachstums erfolgt, stehen die Exozytose-Vorgänge mit der Aufnahme von Material aus der Umgebung (= **Endozytose**) im Gleichgewicht.
Grundsätzlich werden folgende **Formen der Endozytose** unterschieden (➤ Abb. 6.21):
- **Rezeptorvermittelte Endozytose:** spezifische Aufnahme von löslichen Stoffen
- **Pinozytose:** unspezifische Aufnahme von kleinen, löslichen Stoffen
- **Phagozytose:** Aufnahme von großen Partikeln
- **Transzytose:** Aufnahme von Stoffen auf der einen Seite der Zelle und Abgabe derselben Stoffe auf der anderen Seite durch Exozytose

6.3 PROTEINSORTIERUNG | Aus Studentensicht

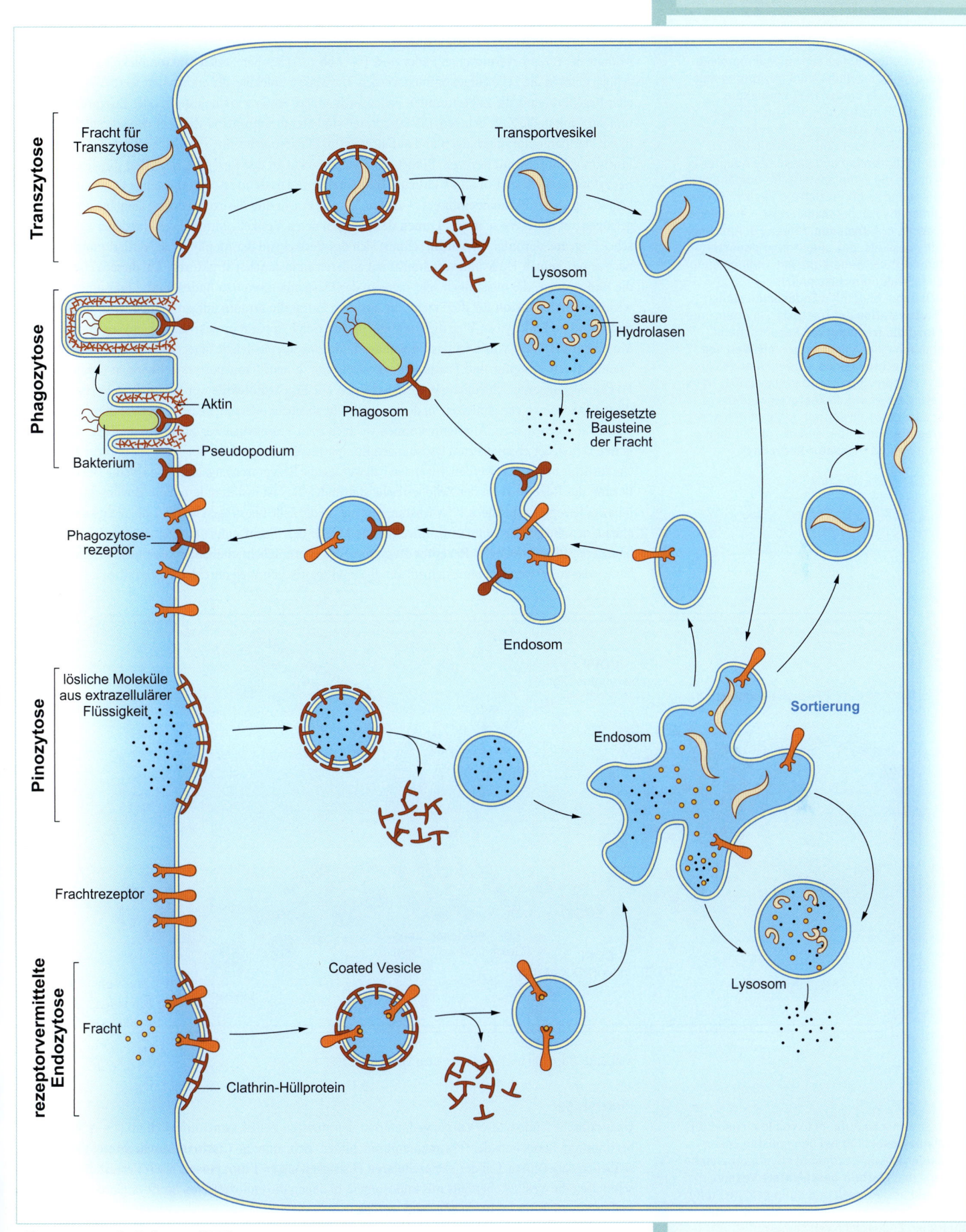

Abb. 6.21 Formen der Endozytose [L253]

Aus Studentensicht

Bei der gezielten Aufnahme von Makromolekülen aus dem Extrazellulärraum (rezeptorvermittelte Endozytose) binden Makromoleküle (Fracht), die in manchen Fällen auch andere Stoffe gebunden haben (z. B. Eisen-Ionen), an Rezeptoren der Membran. Daraufhin binden **Clathrin-Hüllproteine** und passende Adaptermoleküle an die zytoplasmatische Domäne des Rezeptors und es bildet sich ein Vesikel, in dessen **Lumen** die Fracht lokalisiert ist. Verschiedene Proteine, u. a. **Dynamin**, führen zur Abschnürung des Vesikels, das unmittelbar danach seine Clathrin-Hülle verliert und mit anderen endosomalen Strukturen verschmilzt.
Die sich dabei bildenden **Endosomen** stellen eine **Sortierstation** der Fracht dar. In ihrem Inneren erfolgt die Trennung von Rezeptor und Fracht durch einen leicht sauren **pH-Wert von ca. 6**. Die **Frachtmoleküle** werden über Vesikel zu den Lysosomen transportiert bzw. dem Transzytoseweg zugeführt. **Rezeptoren** werden entweder zum Lysosom sortiert und dadurch **herunterreguliert** oder aber zurück zur Zelloberfläche transportiert **(Rezeptor-Recycling)**.

6 KOMPARTIMENTE, PROTEINSORTIERUNG UND -MODIFIKATIONEN

Rezeptorvermittelte Endozytose

Mithilfe der rezeptorvermittelten Endozytose (> Abb. 6.21) können gezielt Makromoleküle aus dem Extrazellulärraum in die Zelle aufgenommen werden. Die Makromoleküle, die endozytiert werden sollen, sind in aller Regel Proteine, die in bestimmten Fällen auch andere Stoffe wie Cholesterin oder Eisen-Ionen binden und diese mit in die Zelle bringen. Die Rezeptoren sind Membranproteine, die über den sekretorischen Weg in die Plasmamembran gelangen und auf ihrer extrazellulären Seite eine spezifische Bindungsstelle für das Frachtmolekül (Ligand) besitzen. Bindet das Frachtmolekül an den Rezeptor, rekrutiert dieser mithilfe seiner zytoplasmatischen Domäne **Clathrin-Hüllproteine** und passende Adapterproteine. Es kommt zur Vesikelbildung an der Plasmamembran (> Abb. 6.22). Die Fracht und die extrazelluläre Domäne des Rezeptors gelangen auf diese Weise in das **Lumen** des neu gebildeten Vesikels. Mithilfe verschiedener zytoplasmatischer Proteine, darunter **Dynamin**, schnürt sich das Vesikel von der Membran ab, verliert unmittelbar danach seine Clathrin-Hülle und verschmilzt mit anderen endosomalen Strukturen. Auf diese Weise entstehen die **Endosomen**, die meist noch sehr nahe an der Plasmamembran zu finden sind. Endosomen sind eine wichtige **Sortierstation** für die Fracht, die aus dem Extrazellulärraum aufgenommen wird, und übernehmen damit im Endozytose-Weg die Funktion, die der Golgi-Apparat im sekretorischen Weg übernimmt.

Mit einem **pH-Wert von 6** ist das Lumen des Endosoms bereits leicht sauer und ermöglicht dadurch die Trennung von Rezeptor und Fracht. Durch Sortierung in neue Transportvesikel können Rezeptoren und Frachtmoleküle unterschiedliche Wege einschlagen. Die **Frachtmoleküle** werden i. d. R. in Vesikel verpackt, die mit Lysosomen verschmelzen, in denen die Fracht abgebaut oder zur weiteren Verwendung an das Zytoplasma abgegeben wird. Alternativ können sie auch dem Transzytoseweg zugeführt werden. **Rezeptoren** können entweder ebenfalls zum lysosomalen Kompartiment sortiert oder aber recycelt und zur Zelloberfläche zurücktransportiert werden. Im ersten Fall werden die Rezeptoren abgebaut, sodass eine **Herunterregulierung des Rezeptors** an der Zelloberfläche stattfindet. Das ist insbesondere dann gewünscht, wenn mithilfe des Rezeptors Signale, z. B. Wachstumssignale, an die Zelle übertragen wurden, die nicht kontinuierlich andauern sollen, oder wenn eine ausreichende Menge der Fracht aufgenommen wurde. Der vermutlich häufigere Fall ist jedoch das **Rezeptor-Recycling,** das es ermöglicht, dieselben Rezeptormoleküle unmittelbar wieder zu verwenden, ohne den aufwendigen sekretorischen Weg durchlaufen zu müssen.

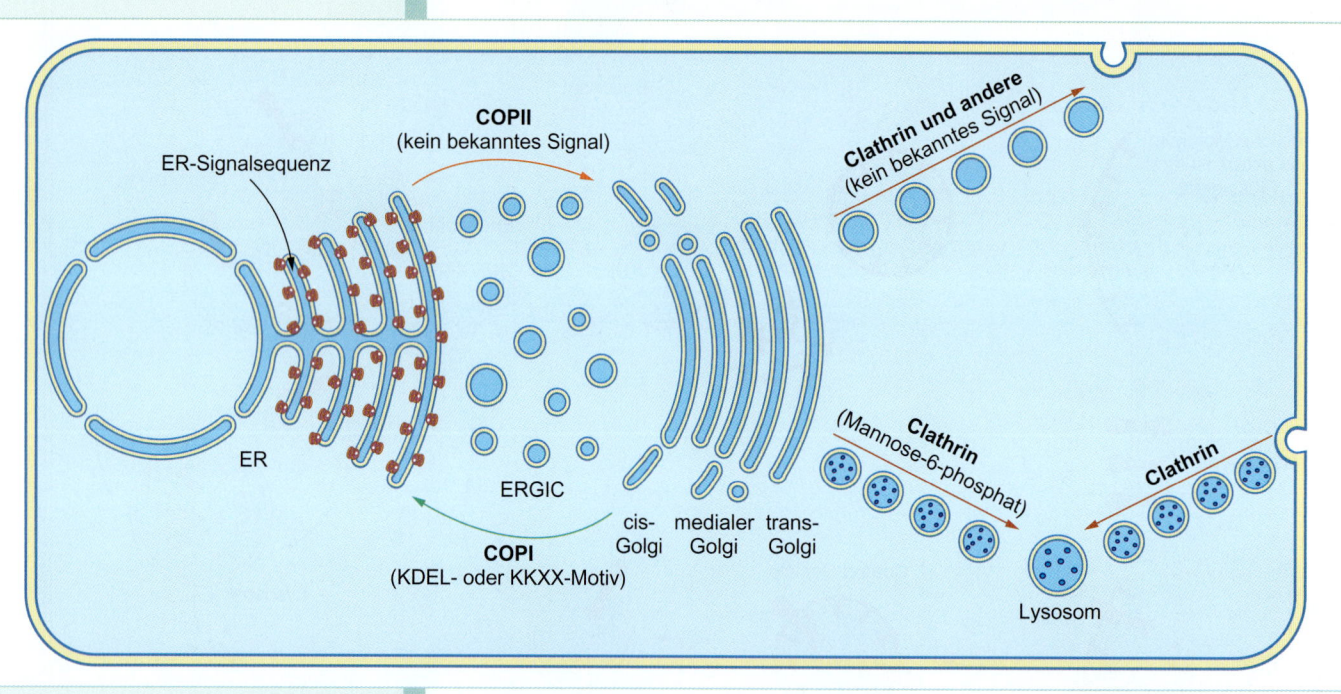

Abb. 6.22 Übersicht über den vesikulären Transport [L253]

Pinozytose

Unspezifische Endozytose-Vorgänge laufen in den meisten Zellen **kontinuierlich** ab (> Abb. 6.21). An bestimmten Bereichen der Plasmamembran bilden sich ständig **Clathrin-beschichtete Vesikel** und schließen dabei einen Teil der extrazellulären Flüssigkeit ein (= **Pinozytose**). Nach Verlust der Hülle verschmelzen die Vesikel ebenfalls mit Endosomen, in denen die endozytierten Stoffe entsprechend sortiert und größtenteils im Lysosom abgebaut werden.

Neben den Clathrin-beschichteten Endozytose-Vesikeln finden sich in einigen Zellen auch Vesikel, die **Caveolin** in ihren Membranen tragen. Caveolin ist kein typisches Hüllprotein, sondern ein Membranprotein, das die vesikelartige Einstülpung bestimmter Mikrodomänen in der Membran bewirkt (> 6.2.3). Anders als die übrigen Hüllproteine bleibt das Caveolin in der Vesikelmembran enthalten und wird nicht abgeworfen. Caveolin-haltige Vesikel verschmelzen auch nicht mit Endosomen, sondern bilden unabhängige Strukturen oder verschmelzen an anderer Stelle wieder mit der Plasmamembran.

Die unspezifische Aufnahme von löslichen Stoffen **(Pinozytose)** läuft bei den meisten Zellen **kontinuierlich** ab. Bestimmte Membranbereiche bilden dabei **Clathrin-beschichtete Vesikel,** die Extrazellulärflüssigkeit und darin gelöste Stoffe enthalten und nach Verlust der Clathrin-Hülle mit frühen Endosomen verschmelzen.
Einige Zellen bilden Caveolin-umhüllte Vesikel, die das Caveolin nicht abwerfen und nicht mit frühen Endosomen verschmelzen. Sie bilden unabhängige Strukturen bzw. verschmelzen mit der Plasmamembran.

Phagozytose

Makrophagen und **neutrophile Granulozyten** betreiben im menschlichen Organismus in großem Umfang Phagozytose (➤ Abb. 6.21). Beide Zelltypen können Reste abgestorbener Zellen oder ganze Mikroorganismen aufnehmen. Die Phagozytose-Vorgänge in diesen Zellen laufen ebenfalls **rezeptorermittelt** ab. Mithilfe verschiedener Oberflächenrezeptoren (➤ 16.3.5) erkennt die phagozytierende Zelle die Fracht und es kommt, angetrieben durch die Umformung des **Aktinnetzwerks** (➤ 26.2.1), zur Bildung von fühlerartigen Fortsätzen (= Pseudopodien), welche die Fracht umschließen. Die Abschnürung des so gebildeten **Phagosoms** und sein Transport in das Zellinnere werden ganz wesentlich durch das Membranlipid **Phophatidylinositol** und dessen Derivate gesteuert. In der Folge verschmilzt das Phagosom mit Lysosomen und es kommt zum vollständigen Abbau der Fracht.

Transzytose

Die Transzytose spielt insbesondere in **polarisierten Zellen** eine wichtige Rolle (➤ Abb. 6.21). Bei diesem Vorgang werden lösliche Stoffe, meist Proteine, an einer Stelle der Plasmamembran in Vesikel aufgenommen, unverändert durch die Zelle transportiert und an einer anderen Stelle der Plasmamembran wieder exozytiert. Transzytotische Vesikel können auch mit Vesikeln des Endosoms verschmelzen und so Teile der Fracht aus anderen Endozytose-Vesikeln erhalten oder bestimmte Proteine wieder zurück zur Ursprungsmembran schicken.

6.4 Kovalente Proteinmodifikationen

6.4.1 Co- und posttranslationale Modifikationen

> **FALL**
>
> **Frau Batal braucht Blut**
>
> Bei Ihrer Famulatur auf der Gynäkologie haben Sie gerade Ihre erste Geburt miterlebt. Frau Batal hat eine kleine Tochter bekommen, aber während der Geburt viel Blut verloren und benötigt nun eine Bluttransfusion. Herr Kai, der Assistenzarzt, erklärt Ihnen, dass vor jeder Bluttransfusion unbedingt ein Bedside-Test durchgeführt werden muss, um jede Verwechslung auszuschließen. Frau Batal hat laut Krankenakte Blutgruppe B und das Erythrozytenkonzentrat B hängt schon bereit.
> Für den Bedside-Test nehmen Sie Frau Batal ein wenig Blut ab und geben je einen Tropfen in jedes Testfeld. Die Testfelder sind mit blutgruppenspezifischen Antikörpern beschichtet: das erste mit Anti-A, das zweite mit Anti-B und das dritte Feld mit Anti-D. Sie mischen jedes Testfeld einzeln, unter Herrn Kais kritischem Blick. „Aha! Agglutination bei A und D, also A, Rhesus positiv." Sie stutzen, haben Sie etwas falsch gemacht? Der sonst so ruhige Herr Kai wird plötzlich nervös, holt noch einen Bedside-Test, aber das Ergebnis ist wieder Blutgruppe A. „Mein Gott, wenn wir jetzt nicht diesen Test gemacht hätten, hätte Frau Batal das falsche Erythrozytenkonzentrat bekommen und das kann tödlich enden."
>
> Bedside-Test [V856, V857]
>
> Was passiert, wenn ein Patient mit Blutgruppe A Erythrozyten der Blutgruppe B bekommt?

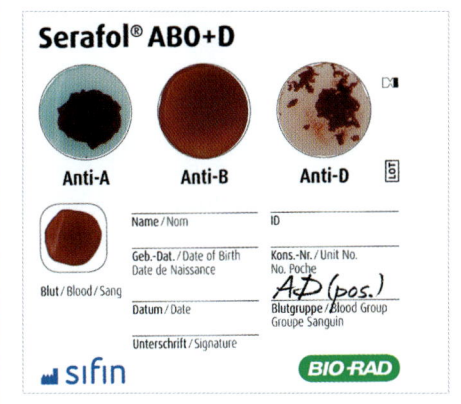

Im Laufe ihrer Reifung (**Maturierung**) erhalten Proteine ihre korrekte Tertiärstruktur und werden häufig durch verschiedene kovalente Modifikationen verändert, die essenziell für ihre jeweilige Funktion sind (➤ Tab. 6.2). Einige dieser Modifikationen erfolgen bereits **cotranslational** während der Proteinsynthese, andere erst **posttranslational** nach Abschluss der Proteinsynthese. Viele Proteinmodifikationen sind **reversibel** und erlauben dadurch eine schnelle Regulation bestimmter Proteinfunktionen (= **Interkonversion**, Interkonvertierung), andere sind **irreversibel**.

Aus Studentensicht

Bei der Phagozytose werden **rezeptorvermittelt** große Moleküle v. a. von **Makrophagen** und **neutrophilen Granulozyten** über verschiedene Oberflächenrezeptoren aufgenommen. Dabei umschließen Pseudopodien durch Umformung des **Aktinnetzwerks** die Fracht, was zur Bildung eines **Phagosoms** führt. Dabei spielen das Membranlipid **Phosphatidylinositol** und seine Derivate eine große Rolle. Das Phagosom verschmilzt anschließend mit Lysosomen und es kommt zum Abbau der Fracht.

In **polarisierten Zellen** spielt die Transzytose eine wichtige Rolle. Lösliche Stoffe (meist Proteine) werden dabei rezeptorvermittelt endozytiert und unverändert an einer anderen Stelle der Plasmamembran wieder exozytiert.

6.4 Kovalente Proteinmodifikationen

6.4.1 Co- und posttranslationale Modifikationen

Während der Reifung (**Maturierung**) werden Proteine häufig kovalent modifiziert. Modifikationen können während (**cotranslational**) oder nach (**posttranslational**) der Proteinsynthese erfolgen und sowohl reversibel (Interkonversion) als auch irreversibel sein.

Aus Studentensicht

TAB. 6.2

Tab. 6.2 Kovalente Proteinmodifikationen

Bezeichnung	Kompartiment, in dem die Modifikation bevorzugt auftritt	Reversibilität
Acetylierung (> 13.1.3)	Kern, Zytoplasma	Reversibel
Acylierung (> 6.4.8)	Zytoplasma	Reversibel
ADP-Ribosylierung (> 6.4.9)	Kern, Zytoplasma	Reversibel
Bindung prosthetischer Gruppen (> 2.5.2)	Ubiquitär	Reversibel oder irreversibel
Carboxylierung (> 6.4.4, > 23.2.5)	ER, Golgi-Apparat	Irreversibel
Disulfidbrücken-Bildung (> 2.2.3)	ER	Reversibel
GPI-Verankerung (> 6.3.5)	ER	Irreversibel
Hydroxylierung (> 6.4.5, > 26.3.2)	ER	Irreversibel
Limitierte Proteolyse (> 6.4.7, > 3.6.5)	Ubiquitär	Irreversibel
Methylierung (> 13.1.2)	Kern, Zytoplasma	Reversibel
N-Glykosylierung (> 6.4.2)	ER, Golgi-Apparat	Irreversibel (einzelne Zuckerreste reversibel)
O-Glykosylierung (> 6.4.2)	Golgi-Apparat	Irreversibel (einzelne Zuckerreste reversibel)
Phosphorylierung (> 3.6.4, > 6.4.3)	Ubiquitär	Reversibel
Prenylierung (> 6.4.8)	Zytoplasma	Reversibel
Sulfatierung (> 6.4.6)	Golgi-Apparat	Irreversibel
Sumoylierung (> 7.3.2)	Kern, Zytoplasma	Reversibel oder irreversibel
Ubiquitinylierung (> 7.3.2)	Kern, Zytoplasma	Reversibel oder irreversibel
Assemblierung von Proteinuntereinheiten (> 2.2.4)	Ubiquitär	Reversibel

6.4.2 Glykosylierung

Durch enzymatisch katalysierte Glykosylierung werden Proteine des **sekretorischen Wegs** mit komplexen Kohlenhydratketten versehen. Auch Membranlipide können auf der luminalen Seite glykosyliert werden.

6.4.2 Glykosylierung

Die Glykosylierung ist ein enzymatisch katalysierter Prozess, bei dem i. d. R. komplexe Kohlenhydratketten im **sekretorischen Weg** (> 6.3.5) mit den Proteinen verknüpft werden. Neben Proteinen werden auch Membranlipide auf der luminalen Seite glykosyliert (> 20.3.1). Proteine des Zytoplasmas tragen keine komplexen Kohlenhydratketten, sondern werden nur durch Anfügen einzelner Zuckerbausteine modifiziert. Diese können hydrolytisch leicht wieder abgespalten werden und haben regulatorische Funktionen.

> **Glykierung**
>
> Während die **Glykosylierung** von Proteinen ein **enzymatisch** regulierter Vorgang ist, ist die **Glykierung** (Glykation) ein **spontan** ablaufender chemischer Prozess, bei dem Monosaccharide wie Fruktose, Galaktose und Glukose v. a. im Blut mit Proteinen, Nukleinsäuren oder Lipiden reagieren. In der Diabetesdiagnostik macht man sich diesen Vorgang bei der Messung des HbA_{1c}-Werts zunutze (> 24.5).

Durch die kovalente Bindung von Kohlenhydraten an Proteine entstehen **Glykoproteine**. Die Synthese der Kohlenhydratketten erfolgt schrittweise durch **Glykosyltransferasen,** die aufgrund ihrer unterschiedlichen Spezifität und zellulären Lokalisation verschiedene Kohlenhydratketten synthetisieren. Diese sind für die korrekte **Faltung**, die **Stabilität** und häufig auch für die **Funktion** der Glykoproteine essenziell. Glykoproteine spielen z. B. eine wichtige Rolle bei Zell-Zell-Kontakten, regulatorischen Aufgaben oder auch bei der Lymphozytenwanderung, die durch an spezifische Kohlenhydratketten bindende Proteine, die **Lektine,** ermöglicht wird.

Durch die kovalente Bindung von oft stark verzweigten Kohlenhydratketten an bestimmte Aminosäuren entstehen **Glykoproteine**. Anders als die Primärstruktur von Proteinen sind die Strukturen der Kohlenhydratketten nicht auf der DNA codiert. Ihre Synthese erfolgt durch **Glykosyltransferasen,** welche die Kohlenhydratketten schrittweise synthetisieren. Dabei erkennen unterschiedliche Glykosyltransferasen jeweils bestimmte Strukturen und erweitern diese in aufeinanderfolgenden Reaktionen um einzelne Zuckerbausteine. Der Bauplan der Kohlenhydratketten ergibt sich somit zum einen aus der Spezifität der Glykosyltransferasen und zum anderen aus ihrer Anordnung in den Kompartimenten.

Die Kohlenhydratketten sind essenziell für die korrekte **Faltung** von Glykoproteinen, für ihre **Stabilität** und häufig auch für ihre **Funktion.** So spielen Glykoproteine beispielsweise eine wichtige Rolle für die Ausbildung von Zell-Zell-Kontakten, können wichtige regulatorische Aufgaben übernehmen und sind besser gegen Aggregation und den Angriff von Proteasen geschützt als nicht glykosylierte Proteine. **Lektine** sind Proteine, die an spezifische Kohlenhydratketten binden und z. B. bei der Lymphozytenwanderung mitwirken (> 16.4.5). Da die Glykosylierung die Oberflächenstruktur beeinflusst, trägt sie zur Antigenizität vieler Glykoproteine und Glykolipide bei. Antikörper erkennen in diesem Fall auch die angehängten Kohlenhydrate und nicht nur die Aminosäurekette.

6.4 KOVALENTE PROTEINMODIFIKATIONEN

Aus Studentensicht

FALL
Frau Batal braucht Blut: sas AB0-System

Besonders deutlich wird das Phänomen der Antigenizität von Glykoproteinen und -lipiden bei der Ausbildung der verschiedenen **Blutgruppen** (> 4.4.3). Wie sich herausstellt hat Frau Batal eine Cousine gleichen Vor- und Nachnamens, die gerade an der Schilddrüse operiert wurde. Dabei muss es im Labor zu einer Verwechslung gekommen sein.

Je nach Blutgruppe tragen die Oberflächenproteine und -lipide der Erythrozyten und anderer Körperzellen unterschiedliche **Kohlenhydratketten (Antigene)**, gegen die andere Individuen der gleichen Spezies Antikörper **(Allo-Antikörper)** ausbilden können. Frau Batal hat Blutgruppe A, d. h. A-Antigene. Ihr Immunsystem hat daher Anti-A-Antikörper aussortiert (> 16.4.7), ihr Serum ist aber reich an Anti-B-Antikörpern. Umgekehrt ist das bei ihrer Cousine und allen anderen Menschen mit Blutgruppe B.

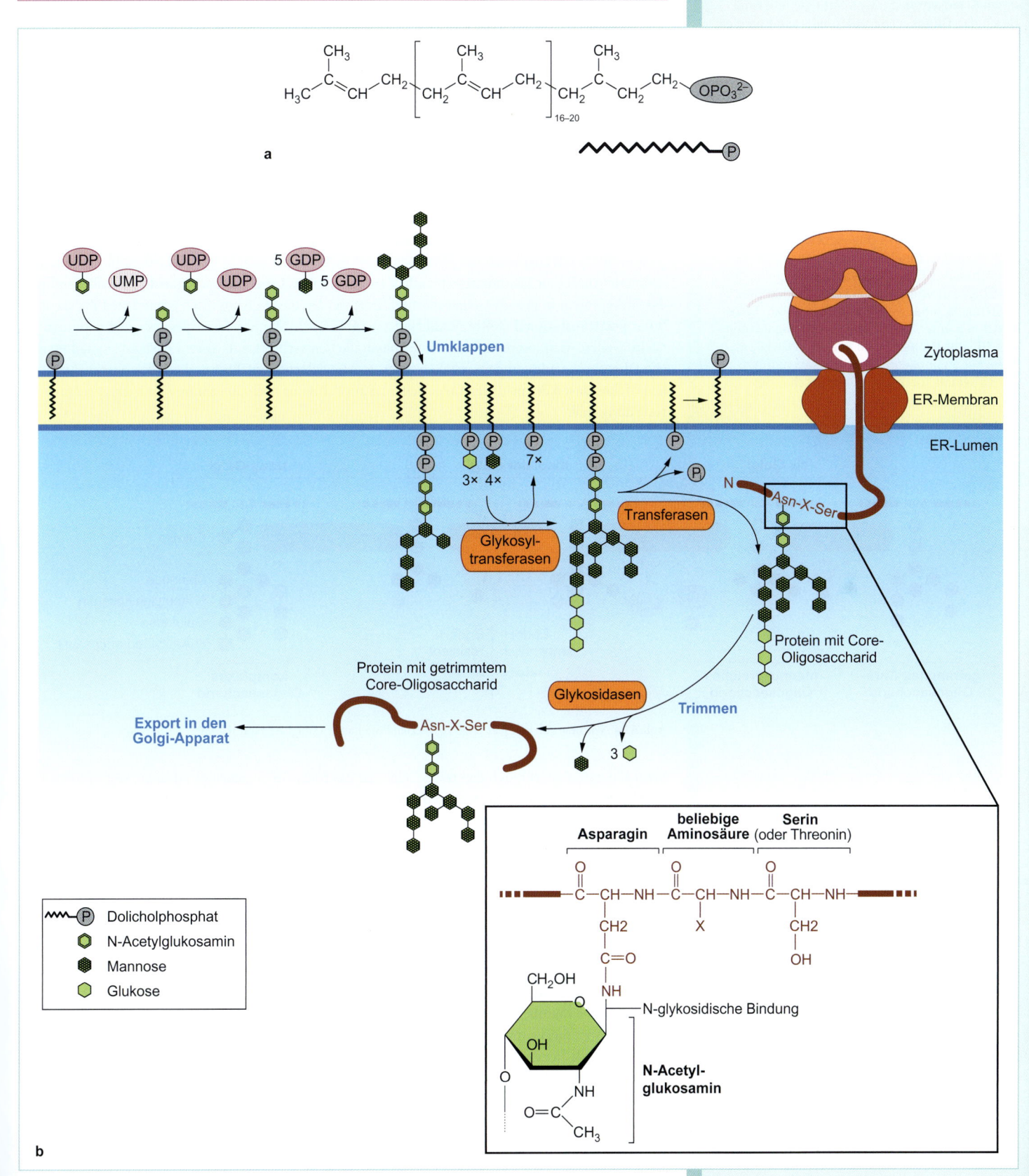

Abb. 6.23 a Dolicholphosphat. b Cotranslationale N-Glykosylierung im ER. [L253]

Aus Studentensicht

N-Glykosylierung

Die **N-Glykosylierung** beginnt **cotranslational** im **ER** mit der Übertragung eines **Core-Oligosaccharids** (2 N-Acetylglucosamin-, 9 Mannose-, 3 Glukosereste) auf bestimmte **Asparaginreste**. Dabei wird mithilfe von **Dolicholphosphat**, einem **Isoprenlipid**, auf dem zytoplasmatischen ER-Membran-Anteil ein Teil des Oligosaccharids aus mit Nukleotiden aktivierten Zuckern synthetisiert. Zusammen mit dem kovalent gebundenen Zuckerrest klappt Dolicholphosphat auf die luminale Seite des ER, wo das Oligosaccharid durch Glykosyltransferasen fertiggestellt wird. Durch den **Oligosaccharyl-Transferase-Komplex** wird dieses dann auf den passenden Asparaginrest des durch den Translokations-Komplex tretenden Proteins übertragen.
Bedingt durch die luminale Lage des Transferase-Komplexes, tragen nur luminale und sekretorische Proteine derartige N-glykosidische Strukturen.

Nach Übertragung des Oligosaccharids auf das Protein wird es durch **Glykosidasen** verkürzt (= getrimmtes Core-Oligosaccharid) und in den cis-Golgi exportiert, wo der Oligosaccharidteil **posttranslational** weiter modifiziert wird. Dabei entstehen unter Einwirkung von Mannosidasen und **Glykosyltransferasen** entweder Glykoproteine mit mannosereichen Oligosacchariden oder aber mit komplexen Oligosacchariden.

Im trans-Golgi werden schließlich Sialinsäuremoleküle durch spezifische Transferasen angefügt, die zusammen mit sulfatierten OH-Gruppen der Zuckermoleküle dem Glykoprotein eine negative Ladung verleihen, die essenziell für ihre Funktion ist.

6 KOMPARTIMENTE, PROTEINSORTIERUNG UND -MODIFIKATIONEN

N-Glykosylierung

Beim größten Teil (ca. 90 %) aller Glykoproteine ist der Proteinanteil über eine **N-glykosidische Bindung** mit dem Kohlenhydrat verknüpft. Die N-Glykosylierung beginnt **cotranslational** im **ER** mit der Übertragung eines **Core-Oligosaccharids** aus zwei N-Acetylglucosamin-, neun Mannose- und drei Glukoseresten auf **Asparaginreste,** die von einer Erkennungssequenz (Asn-X-Ser/Thr) umgeben sind (➤ Abb. 6.23).

Das Core-Oligosaccharid wird von Glykosyltransferasen aus Zuckerbausteinen aufgebaut, die mit Nukleotiden aktiviert sind. Die Synthese beginnt auf der zytoplasmatischen Seite der ER-Membran. Dabei wird das entstehende Oligosaccharid kovalent an **Dolicholphosphat** gebunden. Dolichol ist ein **Isoprenlipid** (➤ 20.2.1) der ER-Membran. Nachdem ca. die Hälfte des Oligosaccharids synthetisiert ist, klappt Dolicholphosphat vermutlich mithilfe von Transportproteinen auf die luminale Seite der ER-Membran und überführt somit das entstehende Oligosaccharid ebenfalls auf die luminale Seite. Das Core-Oligosaccharid wird durch Glykosyltransferasen des ER-Lumens, die einzelne an Dolicholphosphat gebundene Zuckerreste übertragen, fertiggestellt. Anschließend wird das Core-Oligosaccharid durch den **Oligosaccharyl-Transferase-Komplex,** der unmittelbar mit dem Translokationskomplex assoziiert ist, in einem einzigen Schritt auf einen passenden Asparaginrest des naszierenden Proteins übertragen. Die Energie dafür stammt aus der Hydrolyse einer Pyrophosphatbindung zwischen Dolicholphosphat und dem Core-Oligosaccharid. Dolicholphosphat dient als Überträger für die Synthese des Core-Oligosaccharids und klappt nach Hydrolyse der Pyrophosphorsäureanhydridbindung zurück in das zytoplasmatische Membranblatt. Da sich der Oligosaccharyl-Transferase-Komplex an der luminalen Seite der ER-Membran befindet, enthalten nur luminale und sekretorische Proteine derartige N-glykosidische Strukturen. Zytoplasmatische Proteine sind nicht glykosyliert oder enthalten lediglich einzelne Zuckerreste.

Nachdem das Core-Oligosaccharid seine Funktion für die Faltung der ER-Proteine erfüllt hat (➤ 6.3.5), wird es durch **Glykosidasen** des ER verkürzt, bis es nur noch zwei N-Acetylglucosaminreste und eine definierte Anzahl an Mannoseresten enthält (= **getrimmtes Core-Oligosaccharid**). Anschließend wird das Glykoprotein in den cis-Golgi exportiert. Dort werden die N-glykosidisch gebundenen Zuckerstrukturen **posttranslational** weiter modifiziert (➤ Abb. 6.24). Mannosidasen des cis-Golgi entfernen zunächst weitere Mannosereste. Einige Kohlenhydratketten verbleiben in diesem Zustand (= **mannosereiche Oligosaccharide**), andere erhalten einen N-Acetylglucosamin-Rest und werden anschließend von den **Glykosidasen** des medialen Golgi weiter verkürzt, bis nur noch drei der im ER angefügten Mannosereste übrig sind.

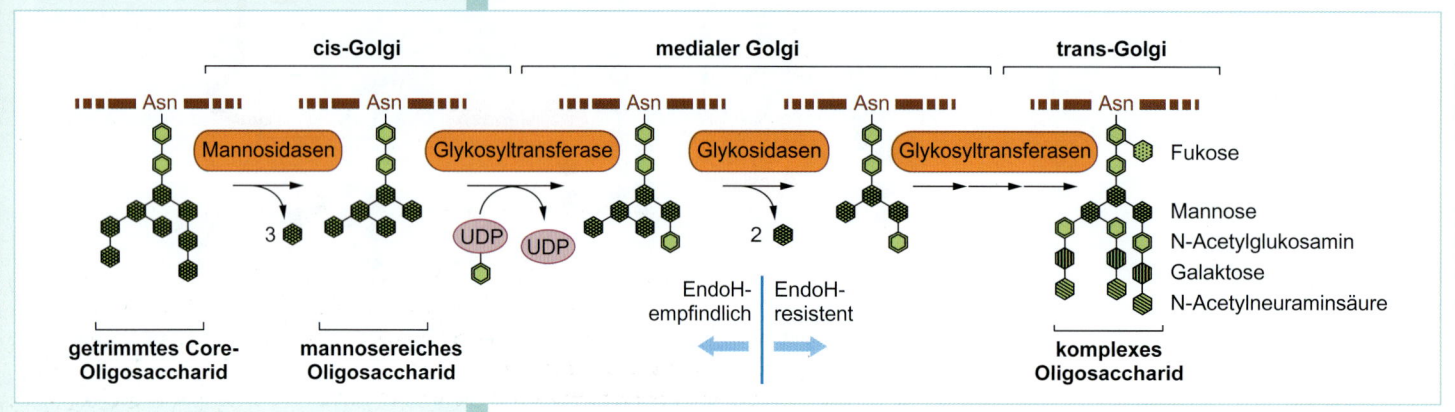

Abb. 6.24 Synthese von komplex N-glykosylierten Proteinen im Golgi-Apparat [L253]

Beim Weitertransport durch den trans-Golgi und das trans-Golgi-Netzwerk addieren verschiedene **Glykosyltransferasen** zahlreiche weitere Zuckerbausteine wie N-Acetylglukosamin, Galaktose und Fukose an die Kohlenhydratkette. Man kennt Hunderte verschiedene Glykosyltransferasen des Golgi-Apparats, die alle Membranproteine mit einer Transmembrandomäne sind und häufig zelltypspezifisch exprimiert werden. Dadurch entstehen vielfältige, drei- bis vierfach verzweigte Kohlenhydratketten (**komplexe Oligosaccharide).**

Eine der letzten Modifikationen an der Kohlenhydratkette im trans-Golgi ist das Anfügen von Sialinsäuremolekülen durch spezifische Sialinsäure-Transferasen. Die einzige im Menschen vorkommende Sialinsäure ist die N-Acetylneuraminsäure (NeuNAc). Durch sie erhalten die Glykoproteine eine charakteristische negative Ladung, die für ihre Funktion beispielsweise in schleimbildenden Zellen essenziell ist. Verstärkt wird diese negative Ladung durch Sulfatierung einzelner OH-Gruppen der Zuckermoleküle (➤ 6.4.6). Die räumliche Anordnung der Glykosyltransferasen im ER und in den einzelnen Abschnitten des Golgi-Apparats ist mit einem Fließband vergleichbar.

In der Analytik dienen Glykosyltransferasen daher häufig als Markerproteine für die einzelnen Kompartimentstrukturen. Weiterhin kann mithilfe bakterieller Glykosidasen bestimmt werden, ob Proteine komplexe oder nur mannosereiche Oligosaccharide enthalten. Die Endoglykosidase H (= EndoH) aus *Streptomyces griseus* spaltet beispielsweise nur mannosereiche Oligosaccharide von Proteinen ab, nicht aber komplexe und lässt so eine experimentelle Unterscheidung der Glykosylierungsformen zu.

6.4 KOVALENTE PROTEINMODIFIKATIONEN

Aus Studentensicht

FALL

Frau Batal braucht Blut: das AB0-System

Hätte Frau Batal Erythrozyten mit B-Antigenen bekommen, hätten ihre Antikörper gegen das B-Antigen (Anti-B-Antikörper) die Spendererythrozyten agglutiniert (verklumpt) und es wäre zur Hämolyse (Zerstörung der Erythrozyten) gekommen. Durch Aktivierung des Komplementsystems wäre zusätzlich eine Schocksymptomatik entstanden. So ein Transfusionszwischenfall ist lebensbedrohlich.

Das **AB0-System** (ABH-System) unterscheidet vier Blutgruppen, basierend auf drei verschiedenen Oberflächenantigenen. Alle vier Blutgruppen tragen als Grundstruktur das sog. **H-Antigen** (0-Antigen). Bei Trägern der **Blutgruppe 0** wird es nicht weiter modifiziert. Träger der **Blutgruppe A** exprimieren die Glykosyltransferase A, die einen N-Acetyl-Galaktosaminrest auf das H-Antigen überträgt. Träger der **Blutgruppe B** hingegen exprimieren die Glykosyltransferase B, die einen Galaktoserest auf das H-Antigen überträgt. Individuen, die beide Glykosyltransferasen exprimieren, tragen eine Mischung der beiden Antigene auf der Zelloberfläche und somit die **Blutgruppe AB**. Diese Kohlenhydratketten sind in der Evolution konserviert und werden auch auf der Oberfläche verschiedener Bakterien (z. B. *Escherichia coli*) und Viren exprimiert. Folglich bilden Menschen bereits in einem sehr frühen Lebensalter (ca. 3–6 Monate) Antikörper gegen jeweils das Antigen, das nicht auf der Oberfläche der eigenen Zellen exprimiert wird. Treffen bei einer Bluttransfusion Antigene der Spendererythrozyten auf Antikörper des gleichen Typs, kommt es zur Agglutination und somit zu einer lebensbedrohlichen Situation. Daher ist vor jeder Transfusion die Durchführung des Bedside-Tests unerlässlich. Das hat Frau Batal vor Schlimmerem bewahrt.

AB0-Blutgruppen-System

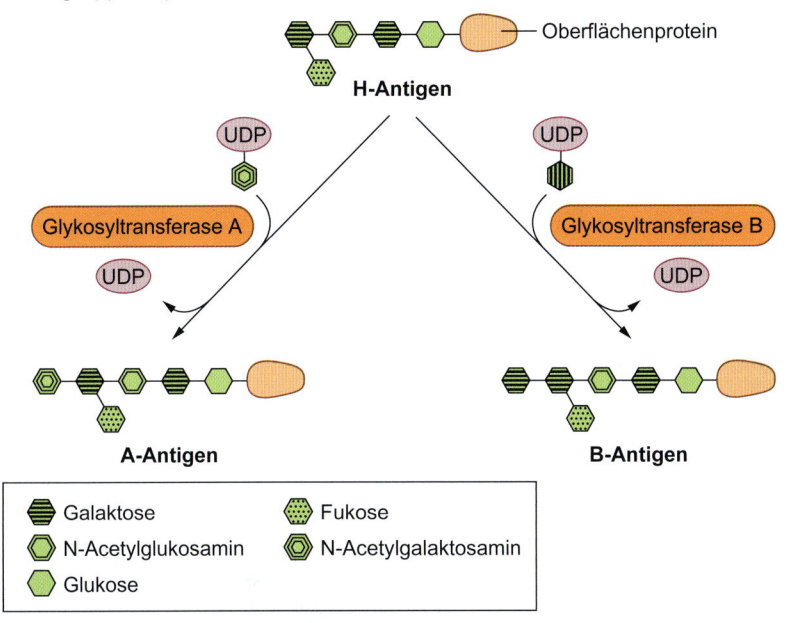

a Schematische Darstellung der Antigen-Strukturen auf der Oberfläche der Erythrozyten [L253]

Blutgruppe	Antigene auf Erythrozyten	Spezifische Antikörper im Plasma	Erythrozyten folgender Blutgruppen können empfangen werden
A	A	Anti-B	A und 0
B	B	Anti-A	B und 0
AB	A und B	keine	alle
0	H	Anti-A und Anti-B	0

b Blutgruppenverträglichkeit [L253]

„Bluttransfusionen" sind heute oft Übertragungen von Erythrozytenkonzentraten, die keine Antikörper des Spenders mehr enthalten. Bei der Übertragung von Vollblut gelangen hingegen auch die Antikörper des Spenders in das Blut des Empfängers und können dort, wenn auch mit geringerer Intensität, zu einer Agglutination führen. Bei Vollblutübertragungen müssen daher nach Möglichkeit die Blutgruppen von Spender und Empfänger übereinstimmen.

In besonderen Fällen, wie einer Blutungsneigung, kann eine Plasmaübertragung erforderlich sein. In diesem Fall enthält das Spenderpräparat keine Erythrozyten, aber Antikörper gegen die Blutgruppenproteine. Für die Kompatibilität von Spender und Empfänger gelten dann die umgekehrten Regeln der Erythrozytenübertragung. Auch das **Rhesus-System** kann zu Transfusionszwischenfällen führen. Hier hat allerdings ein Rhesus-negativer Empfänger erst bei der zweiten Transfusion Probleme, da Rhesus-Antikörper erst nach dem ersten Kontakt und nicht wie beim AB0-System automatisch im frühen Lebensalter gebildet werden. Probleme können auftreten, wenn eine Rhesus-negative Mutter ein Rhesus-positives Kind bekommt. Während der Schwangerschaft oder bei der Geburt kann es zum Kontakt zwischen mütterlichem und kindlichem Blut kommen. Die Rhesus-negative Mutter bildet dabei Antikörper gegen den Rhesusfaktor im kindlichen Blut. Bei einer zweiten Schwangerschaft mit einem Rhesus-positiven Kind können diese Antikörper in den kindlichen Kreislauf übertreten und zur Hämolyse führen, die das Kind schädigt oder sogar zu einer Fehlgeburt führt. Um dies zu verhindern, werden Rhesus-negativen Müttern im letzten Drittel jeder Schwangerschaft Rhesusantikörper gespritzt, welche die Rhesus-positiven Erythrozyten des Kindes bei einem möglichem Eintritt in den mütterlichen Blutkreislauf gleich besetzen, sodass diese für das mütterliche Immunsystem unsichtbar bleiben und keine Rhesus-Antikörper gebildet werden.

Aus Studentensicht

O-Glykosylierung
Bei der im **Golgi-Apparat** stattfindenden O-Glykosylierung werden mit Nukleotiden aktivierte Kohlenhydrate durch Glykosyltransferasen **posttranslational** kovalent an die OH-Gruppen bestimmter **Serin- oder Threoninreste** gebunden. Stark O-glykosylierte Proteine sind **Mucine** und **Proteoglykane**, die wichtige Bestandteile der extrazellulären Matrix sind.

ABB. 6.25

6.4.3 Phosphorylierung
Proteine können durch **Protein-Kinasen** an den OH-Gruppen von **Serin-, Threonin- und Tyrosinresten** ATP-abhängig **reversibel** phosphoryliert werden. Dabei bildet sich eine Esterbindung zwischen OH-Gruppe und Phosphatrest. Durch die zusätzliche negative Ladung kann dies eine Konformations- und Funktionsänderung des Proteins bewirken. Die Phosphatgruppen können durch **Phosphatasen** wieder abgespalten werden.

Über Proteinphosphorylierungen können z. B. enzymatische Aktivitäten oder Signaltransduktionskaskaden reguliert werden. Auch in den Lumina von Zellkompartimenten des sekretorischen Wegs und im Extrazellulärraum finden Proteinphosphorylierungen statt.

6 KOMPARTIMENTE, PROTEINSORTIERUNG UND -MODIFIKATIONEN

O-Glykosylierung
Die O-glykosidische Bindung von Kohlenhydraten an Proteine erfolgt meist an den OH-Gruppen bestimmter **Serin- oder Threoninreste** (➤ Abb. 6.25a). Anders als die N-Glykosylierung findet die O-Glykosylierung vollständig **posttranslational** und ausschließlich im **Golgi-Apparat** statt. Die O-glykosidischen Oligosaccharide werden von Beginn an am Protein durch in Reihe geschaltete Glykosyltransferasen aufgebaut. Die mit Nukleotiden aktivierten Zuckerbausteine werden dazu durch Transportproteine der Golgi-Membran aus dem Zytoplasma in das Lumen des Golgi-Apparats transportiert. Im Gegenzug werden die bei der Synthese wieder freigesetzten Nukleotide durch denselben Transporter zurück ins Zytoplasma gebracht (= Antiport). Die am stärksten O-glykosylierten Proteine sind **Mucine** in Schleimabsonderungen und **Proteoglykane**, die einen wichtigen Bestandteil der extrazellulären Matrix bilden (➤ 26.3.4).

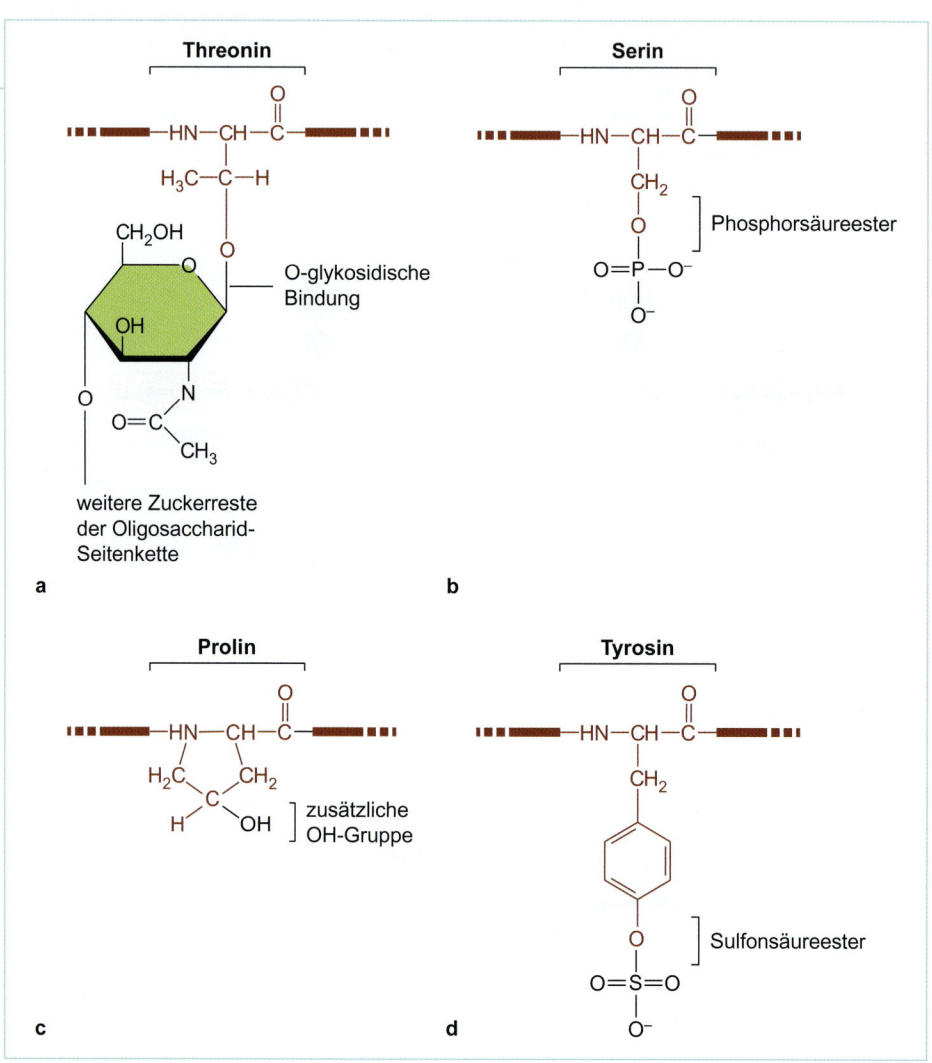

Abb. 6.25 Proteine mit O-Glykosylierung (**a**), Phosphorylierung (**b**), Hydroxylierung (**c**) und Sulfatierung (**d**) [L253]

6.4.3 Phosphorylierung
Serin-, Threonin- und Tyrosinreste, die von passenden Konsensussequenzen umgeben sind, können durch **Protein-Kinasen** phosphoryliert werden (➤ Tab. 6.3). Der Phosphatrest stammt i. d. R. aus **ATP** und wird durch eine Esterbindung mit der OH-Gruppe der Aminosäure verknüpft (➤ Abb. 6.25b). Durch die Phosphorylierung erhält das Protein zusätzliche negative Ladungen, die Konformations- und damit Funktionsänderungen des Proteins bewirken können (➤ 3.6.4). Die Phosphatgruppen können durch **Phosphatasen** wieder hydrolytisch abgespalten werden, die Phosphorylierung ist daher in Bezug auf das Protein **reversibel**.

Die Proteinphosphorylierung ist ein wichtiger Regulationsmechanismus z. B. für enzymatische Aktivitäten (➤ 3.6.4) oder Signaltransduktionskaskaden (➤ 9.6.3), der es der Zelle ermöglicht, schnell auf veränderte Bedingungen zu reagieren. Verglichen mit dem Zytoplasma, dem Kern und den Mitochondrien ist die ATP-Konzentration in den Lumina der Kompartimente des sekretorischen Wegs und im Extrazellulärraum niedrig. Dennoch findet auch hier Proteinphosphorylierung statt. Allerdings dienen unter Umständen andere Donatoren als Quelle für das Phosphat.

6.4 KOVALENTE PROTEINMODIFIKATIONEN

Tab. 6.3 Phosphorylierung von Aminosäureresten in Proteinen

Aminosäure	Seitenkette	Phosphoester
Serin	$-CH_2-OH$	$-CH_2-O-P(=O)(O^-)-O^-$
Threonin	$-CHOH-CH_3$	$-CH(CH_3)-O-P(=O)(O^-)-O^-$
Tyrosin	$-CH_2-C_6H_4-OH$	$-CH_2-C_6H_4-O-P(=O)(O^-)-O^-$

6.4.4 Carboxylierung

FALL

Herr Seifert und die gesunde Ernährung

Herr Seifert hat seit einem Jahr Vorhofflimmern und nimmt deswegen den Gerinnungshemmer Marcumar® ein, um eine Gerinnselbildung im Vorhof zu verhindern. Die Tabletteneinstellung war nicht ganz einfach. Er war zunächst in der Klinik, um alle zwei Tage seinen INR-Wert (International Normalized Ratio = standardisiertes Maß der extrinsischen Blutgerinnung; > 25.6.3) kontrollieren zu lassen. Nach einer Woche wurde er entlassen und inzwischen reicht es, wenn er alle vier Wochen zu Ihnen zur Kontrolle kommt. Bisher waren Sie immer zufrieden, die Werte waren immer zwischen 2 und 3, d. h., die Gerinnung war wie gewünscht auf die zwei- bis dreifache Zeit verlängert.
Als Herr Seifert im Juni zur Kontrolle kommt, erzählt er von der Diabetesdiagnose seiner Frau und dass dies zu einem radikalen Lebenswandel der beiden geführt habe. Es gebe jetzt ständig Salat, Gemüse, Obst und immer frische Kräuter – so gesund habe er sich schon lange nicht mehr ernährt. Er fühle sich auch schon viel fitter. Tatsächlich wirkt Herr Seifert sehr aktiv. Die Kontrolle seines INR-Werts zeigt aber, dass die Gerinnungshemmung von Marcumar® momentan nicht ausreichend ist, denn der INR-Wert liegt nur noch bei 1,6. Warum könnte die Gerinnungszeit bei Herrn Seifert trotz regelmäßiger Marcumar®-Einnahme zu niedrig sein?

Glutamatreste können carboxyliert werden. Dabei erhalten sie an ihrem γ-C-Atom eine zusätzliche Carboxylgruppe, sodass dort anschließend zwei Carboxylgruppen vorliegen. Für diese Reaktion muss ein Proton vom γ-C-Atom des Glutamatrests entfernt werden. Die dazu nötige starke Base wird vom Chinon-Ringsystem des **Vitamins K** gebildet, das als Cofaktor der im **ER** und Golgi-Apparat lokalisierten γ-Glutamyl-Carboxylase wirkt. In seiner aktiven Form liegt Vitamin K als reduziertes Hydrochinon vor (> Abb. 6.26). Während des Reaktionszyklus am aktiven Zentrum der γ-Glutamyl-Carboxylase wird es zunächst mit Sauerstoff oxidiert und dient in Form des K-Alkoxids als Cofaktor für die Carboxylierungsreaktion. Das durch die Reaktion entstehende K-Epoxid wird durch die Vitamin-K-Oxidoreduktase wieder zum Hydrochinon regeneriert. Als Reduktionsmittel dienen zwei Cysteinreste im aktiven Zentrum der Vitamin-K-Oxidoreduktase, die zum Disulfid oxidiert werden und durch Thioredoxin, ein kleines Redoxprotein, wieder regeneriert werden. Für die Regeneration des Thioredoxins und damit für einen kompletten Zyklus wird zusätzlich ein NADPH verbraucht.
Ein ähnliches Prinzip findet sich bei der Bildung von Desoxynukleotiden durch die Ribonukleotid-Reduktase (> 21.7.6). Am Ende der Reaktion liegen das Vitamin K sowie die beteiligten Enzyme wieder in ihrer ursprünglichen Form vor. Das γ-C-Atom des Glutamatrests und das NADPH wurden oxidiert und der Sauerstoff zu Wasser reduziert.
Neben einigen anderen Proteinen werden insbesondere die Gerinnungsfaktoren II, VII, IX und X sowie Protein C und S durch γ-Carboxylierung in ihre funktionellen Formen überführt. Durch die zusätzliche negative Ladung der zweiten Carboxylgruppe können die aktivierten Gerinnungsfaktoren in Gegenwart von Calcium an Phospholipidmembranen binden und so ihre Funktion erfüllen (> 25.6.3).

Aus Studentensicht

TAB. 6.3

6.4.4 Carboxylierung

Glutamatreste können im **ER** oder Golgi-Apparat an ihrem γ-C-Atom carboxyliert werden. Dabei dient **Vitamin K** als Cofaktor der Carboxylierungsreaktion.
In der aktiven Form liegt Vitamin K als Vitamin-K-Hydrochinon vor. Mithilfe von Sauerstoff wird dieses zum K-Alkoxid oxidiert, das als Cofaktor der γ-Glutamylcarboxylase die Anlagerung von CO_2 an das C-Atom des zu carboxylierenden Glutamatrests ermöglicht. Dabei entsteht das K-Epoxid, das durch die Vitamin-K-Oxidoreduktase wieder zum Vitamin-K-Hydrochinon regeneriert wird. Dafür dienen zwei Cysteinreste im aktiven Zentrum der Oxidoreduktase, die zum Disulfid oxidiert und durch Thioredoxin wieder regeneriert werden.

Die γ-Carboxylierung spielt u. a. eine wichtige Rolle bei der Aktivierung von einigen Gerinnungsfaktoren. Die zusätzliche negative Ladung der zweiten Carboxylgruppe ermöglicht den Gerinnungsfaktoren, mittels Calcium an Membranen zu binden.

Aus Studentensicht

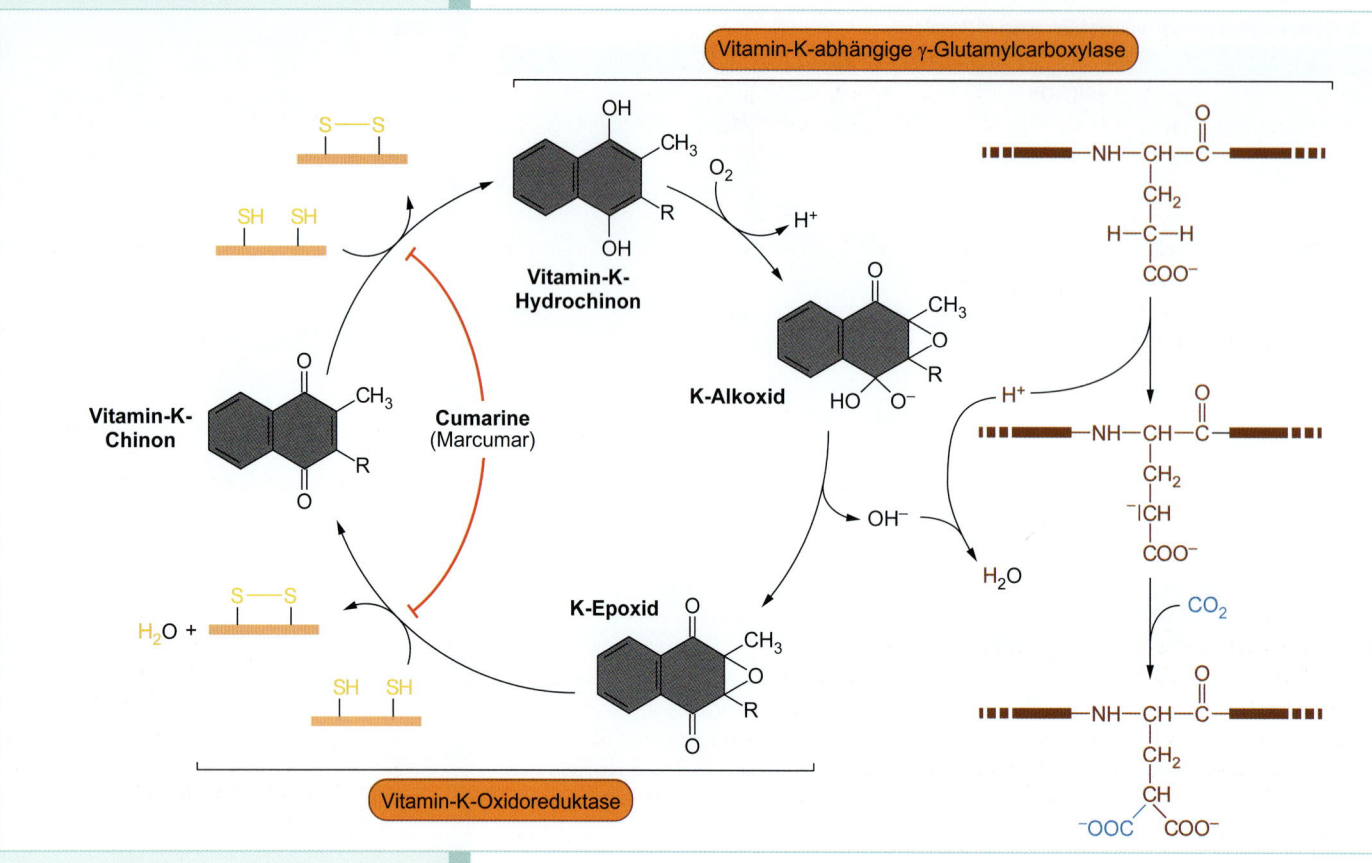

6 KOMPARTIMENTE, PROTEINSORTIERUNG UND -MODIFIKATIONEN

Abb. 6.26 Vitamin-K-abhängige Bildung von γ-Carboxyglutamat [L253]

FALL

Herr Seifert und die gesunde Ernährung: Marcumar® und Vitamin K

Cumarinderivate wie Marcumar® wirken als Vitamin-K-Antagonisten, indem sie die Vitamin-K-Oxidoreduktase hemmen. Dadurch kann das Vitamin-K-Hydrochinon nicht regeneriert werden, sodass die Gerinnungsfaktoren nicht γ-carboxyliert werden. Bei seinem Klinikaufenthalt wurde bei Herrn Seifert die Marcumar-Dosis so eingestellt, dass der Oxidoreduktase nicht ausreichend Cosubstrat zur Verfügung stand und ein Teil der Gerinnungsfaktoren in der nicht-carboxylierten inaktiven Form vorlag. Das führt zu verlängerten Gerinnungszeiten, was bei Patienten wie Herrn Seifert mit Vorhofflimmern, aber auch bei Thrombosepatienten oder Patienten mit künstlichen Herzklappen gewünscht ist.
Sie erklären ihm, dass eine radikale Umstellung des Speiseplans bei Marcumar-Einnahme gefährlich sei. Aufgrund der plötzlich erhöhten Vitamin-K-Zufuhr durch die vielen Vitamin-K-reichen Lebensmittel, die wohl vorher nicht auf dem Speiseplan standen, wurde die Wirkung von Marcumar® zum Teil antagonisiert. Durch die erhöhte Vitamin-K-Zufuhr carboxylierte die Oxidoreduktase wieder vermehrt Gerinnungsfaktoren. Die erforderliche Gerinnungshemmung ist dann nicht mehr gewährleistet. Sie erklären Herrn Seifert, dass bei einer dauerhaften Ernährungsumstellung auch die Marcumar-Dosis entsprechend erhöht werden muss. Gleichzeitig darf er dann aber nicht plötzlich aufhören, viel Salat und Gemüse zu essen, denn dann wäre die Marcumar-Dosis wieder zu hoch und es bestünde das Risiko einer Blutung. „Ach ja, jetzt erinnere ich mich, das hatten wir eigentlich in der Schulung damals gelernt, aber es lief alles so glatt mit den INR-Werten, dass ich da gar nicht mehr dran gedacht hatte …"
Sie erhöhen also Herrn Seiferts Marcumar®-Dosis und bestellen ihn eine Zeitlang wöchentlich zur Kontrolle. Schließlich sind Herrn Seiferts INR-Werte wieder so hoch wie vorher, nur seine Cholesterinwerte sind dank seiner gesunden Ernährung erfreulicherweise nicht mehr auf dem alten hohen Niveau.

6.4.5 Hydroxylierung

Prolin- und Lysinreste können im **ER** durch Hydroxylasen modifiziert werden, wobei **Fe^{2+}-Ionen** und **Vitamin C** als Co-Faktoren benötigt werden. Diese Hydroxylierungen spielen eine wichtige Rolle für die Stabilität des **Kollagen-Moleküls**. Ein Mangel an Vitamin C führt daher zu einer Bindegewebsschwäche **(Skorbut)**.

6.4.6 Sulfatierung

Die Sulfatierung von **Tyrosinresten** erfolgt im **Golgi-Apparat** durch **Sulfotransferasen,** die Phosphoadenosin-5'-Phosphosulfat (PAPS) als Donor für die Sulfatgruppe nutzen.

6.4.5 Hydroxylierung

Prolin- und Lysinreste können im **ER** durch Hydroxylierung modifiziert werden (➤ Abb. 6.25c). Diese Oxidation wird von Hydroxylasen katalysiert, die **Fe^{2+}-Ionen** und **Vitamin C** als Co-Faktoren benötigen. Die Hydroxylierung von Prolin- und Lysinresten spielt eine wichtige Rolle für die Stabilität und Quervernetzung des **Kollagen-Moleküls** (➤ 26.2.3). Ein Mangel an Vitamin C kann daher eine Bindegewebsschwäche **(Skorbut)** hervorrufen (➤ 23.3.10). Hydroxylysin trägt eine zusätzliche OH-Gruppe an C5 und dient in einigen Glykoproteinen wie Adiponektin auch als Ansatzpunkt für eine Sonderform der O-glykosidischen Verknüpfung von Kohlenhydrateinheiten.

6.4.6 Sulfatierung

Blutgerinnungsfaktoren, Chemokinrezeptoren und einige Proteine, die Zell-Zell-Kontakte vermitteln, können an **Tyrosinresten** durch Übertragung eines Sulfatrestes modifiziert werden (➤ Abb. 6.25d). Die Modifikation erfolgt im **Golgi-Apparat** durch **Sulfotransferasen,** die eine als Phosphoadenosin-5'-Phosphosulfat (PAPS) aktivierte Sulfatgruppe auf die OH-Gruppe des Tyrosinrests übertragen. Dabei entsteht

eine Sulfonsäureesterbindung und es werden wie bei der Phosphorylierung zusätzliche negative Ladungen eingeführt.
Neben Tyrosin-Sulfatierungen findet man in den Kohlenhydratketten von Glykoproteinen, insbesondere von Proteoglykanen, und Glykolipiden häufig Sulfatierungen an den OH-Gruppen der Zuckermoleküle. Die Übertragung dieser Sulfatreste erfolgt analog der Tyrosin-Sulfatierung.

> Auch OH-Gruppen von Zuckern, z. B. in Glykolipiden oder Proteoglykanen, können sulfatiert werden.

6.4.7 Limitierte Proteolyse
Limitierte Proteolyse beschreibt die **gezielte Abspaltung** bestimmter Peptidfragmente aus einem großen Vorläuferprotein. Die Modifikation von Proteinen durch proteolytische Spaltung führt zu einer **irreversiblen** Veränderung und kann in **allen Kompartimenten** der Zelle sowohl **cotranslational** als auch **posttranslational** und auch extrazellulär erfolgen.

> **6.4.7 Limitierte Proteolyse**
> Die **gezielte, irreversible Abspaltung** bestimmter Peptidfragmente (limitierte Proteolyse) von einem Vorläuferprotein kann in **allen Zellkompartimenten co- und posttranslational** erfolgen.

Abspaltung von Präsequenzen
Präsequenzen sind **N-terminale Signalsequenzen,** die meist für den Import der entsprechenden Proteine in das ER oder das Mitochondrium nötig sind und **co-** oder **posttranslational** vom Vorläuferprotein abgetrennt werden (➤ 6.3.2). Im physiologischen Kontext kommen daher die vollständigen Translationsprodukte (Präproteine) nicht oder nur in sehr geringer Menge vor.

> **Abspaltung von Präsequenzen**
> Präsequenzen sind **N-terminale Signalsequenzen,** die meist als Importsignale für das ER bzw. Mitochondrium nötig sind. Sie werden **co-** oder **posttranslational** vom Vorläuferprotein abgespalten.

Abspaltung von Prosequenzen
Prosequenzen sind zunächst im vollständig translatierten Protein enthalten und versetzen das entsprechende Protein in ein **inaktives Vorläuferstadium (Proprotein).** Prosequenzen sind häufig am N-Terminus des Proteins lokalisiert, können aber auch im Inneren der Proteinsequenz liegen. Die Größe der Prosequenzen variiert ganz erheblich. In vielen Fällen geht die Abspaltung der Prosequenz mit einer Konformationsänderung des entsprechenden Proteins einher, das dadurch in seinen aktiven Zustand überführt wird.
Ein Beispiel für diesen Mechanismus ist die Synthese von Hormonen wie Insulin (➤ Abb. 6.27). Noch während der Translation in das ER wird aus Präproinsulin die N-terminale Signalsequenz durch die Signal-Peptidase abgespalten. Anschließend entfernen Proprotein-Konvertasen aus dem **Proinsulin** das Propeptid, das bei Insulin als C-Peptid bezeichnet wird. Das aktive Insulin besteht aus der A- und der B-Kette, die durch Disulfidbrücken verbunden bleiben. Proprotein-Konvertasen schneiden häufig vor Erkennungssequenzen aus zwei basischen Aminosäureresten wie Arginin oder Lysin, die anschließend durch Carboxypeptidasen abgespalten werden können. Derartige Modifikationen erfolgen häufig im Golgi-Apparat oder in sekretorischen Vesikeln und können mehrere Spaltprodukte desselben Vorläuferproteins erzeugen (➤ 9.7.1).

> **Abspaltung von Prosequenzen**
> Prosequenzen dienen dazu, Proteine in einem **inaktiven Vorläuferstadium (Proprotein)** zu halten. Meist geht die Abspaltung der Prosequenz mit einer Konformationsänderung und damit einer Aktivierung des Proteins einher.
> Ein Beispiel dafür ist Insulin, das durch limitierte Proteolyse aus dem Vorläuferprotein (Prohormon, **Proinsulin**) freigesetzt wird.

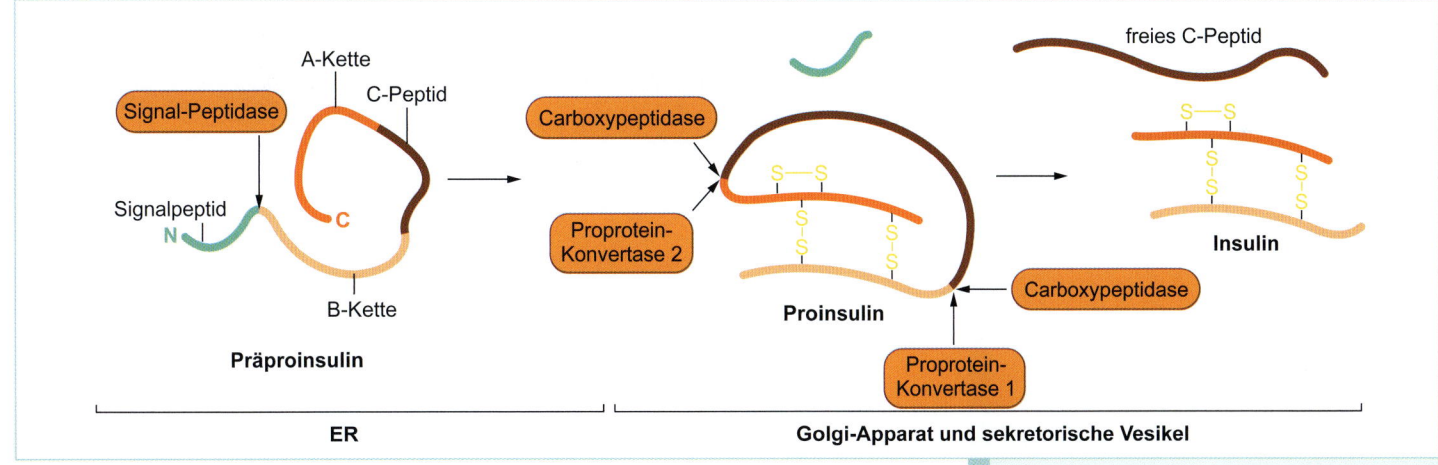

Abb. 6.27 Limitierte Proteolyse des Präproinsulins [L253]

Auch bei der Aktivierung von Zymogenen, inaktiven Proenzymen, werden einzelne Peptidbindungen gespalten (➤ 3.6.5). Dieser Mechanismus findet sich insbesondere bei den Verdauungsenzymen. In einigen Fällen bleiben die Spaltprodukte aneinander gebunden und bilden in veränderter Konformation gemeinsam das aktive Protein.

> Die Aktivierung von Zymogenen, z. B. bei Verdauungsenzymen, erfolgt über den Mechanismus der limitierten Proteolyse.

Abspaltung einzelner N-terminaler Aminosäuren
Methioninaminopeptidasen (Methionylaminopeptidasen) spalten meist **cotranslational** das Start-Methionin vieler **zytoplasmatischer Proteine** ab. Der Grund für diese Modifikation ist noch nicht vollständig verstanden. Es kann aber beobachtet werden, dass die Effizienz der Methioninabspaltung ganz erheblich von den darauffolgenden Aminosäuren beeinflusst wird. Je größer die folgende Aminosäure ist, desto weniger effizient verläuft die Abspaltung. In der Folge werden die so gebildeten neuen N-terminalen Aminosäuren zytoplasmatischer Proteine häufig acetyliert. In einigen Fällen werden neben dem Start-Methionin auch weitere Aminosäuren abgespalten, sodass beispielsweise eine passende Sequenz für eine Lipidmodifikation entsteht oder die Stabilität des Proteins beeinflusst wird.

> **Abspaltung einzelner N-terminaler Aminosäuren**
> Von vielen **zytoplasmatischen Proteinen** wird meist **cotranslational** das N-terminale Methionin durch die **Methioninaminopeptidasen** abgespalten. In einigen Fällen werden weitere N-terminale Aminosäuren abgespalten, um passende Sequenzen für Lipidmodifikationen zu erreichen oder die Stabilität des Proteins zu beeinflussen.

Aus Studentensicht

6.4.8 Lipidmodifikation

Lipidmodifikationen sind meist **reversible**, i. d. R. im **Zytoplasma** ablaufende Modifikationen, die Proteinen die Verankerung über das kovalent gebundene Lipid auf der zytoplasmatischen Seite von Membranen ermöglichen.

Acylierung

Acylierung beschreibt die kovalente Bindung der Carboxylgruppe einer Fettsäure an einen Aminosäurerest einer Proteinkette.
Bei der **Myristoylierung** wird ein **Myristoylrest** über eine Säureamidbindung an die α-Aminogruppe eines **N-terminalen Glycinrests** gebunden. Der Glycinrest wird meist durch die vorherige Abspaltung eines N-terminalen Methionins freigelegt. Die durch die Myristoyltransferase katalysierte Reaktion ist **irreversibel**.

ABB. 6.28

Die **reversible** Übertragung von Palmitinsäureresten auf Cysteinreste von Proteinen **(Palmitoylierung)** unter Ausbildung einer Thioesterbindung dient z. B. der Einbringung dieser Proteine in Mikrodomänen von Membranen oder der Verstärkung der Membranverankerung von bereits zuvor myristoylierten Proteinen.
Die **Acetylierung**, ein Spezialfall der Acylierung, ist eine reversible Modifikation durch einen Acetylrest, die z. B. bei Histonmodifikationen zu beobachten ist.

6 KOMPARTIMENTE, PROTEINSORTIERUNG UND -MODIFIKATIONEN

6.4.8 Lipidmodifikationen

Kovalent gebundene Lipide können Proteine aufgrund ihrer hydrophoben Eigenschaften in Membranen verankern. Lipidmodifikationen erfolgen i. d. R. im **Zytoplasma**. Die modifizierten Proteine werden daher anders als bei der GPI-Verankerung (➤ 6.3.5) auf der zytoplasmatischen Seite verankert. Lipidmodifikationen sind meist **reversibel**, sodass zytoplasmatische Proteine bei Bedarf an die Membran transloziert oder von ihr abgelöst werden können. So werden beispielsweise einige G-Proteine, die für die Bildung von Vesikeln benötigt werden (➤ 6.3.5), temporär mithilfe von Lipidankern zu den sich neu bildenden Vesikeln gelenkt.

Acylierung

Acylierung beschreibt die kovalente Bindung der Carboxylgruppe einer Fettsäure an einen Aminosäurerest der Proteinkette. Die häufigsten Formen sind die Myristoylierung und die Palmitoylierung.
Bei der **N-Myristoylierung** (Myristoylierung) wird ein **Myristoylrest** (C14) über eine Säureamidbindung co- oder posttranslational an die α-Aminogruppe eines **N-terminalen Glycinrests** gebunden (➤ Abb. 6.28a). Der N-terminale Glycinrest entsteht, nachdem das Start-Methionin oder, in Einzelfällen, auch eine längere Peptidsequenz am ursprünglichen N-Terminus des Proteins durch limitierte Proteolyse abgespalten wurde. Im Gegensatz zu den anderen Lipidmodifikationen ist die durch eine Myristoyltransferase katalysierte Modifikation **irreversibel**. Die Verankerung in der Membran ist jedoch vergleichsweise schwach, sodass sich myristoylierte Proteine auch ohne Abspaltung des Myristoylrests von der Membran ablösen und wieder an sie anlagern können. Beispiele sind die Vertreter der Src-Kinase-Familie und α-Untereinheiten einiger heterotrimerer G-Proteine (➤ 9.6.2).

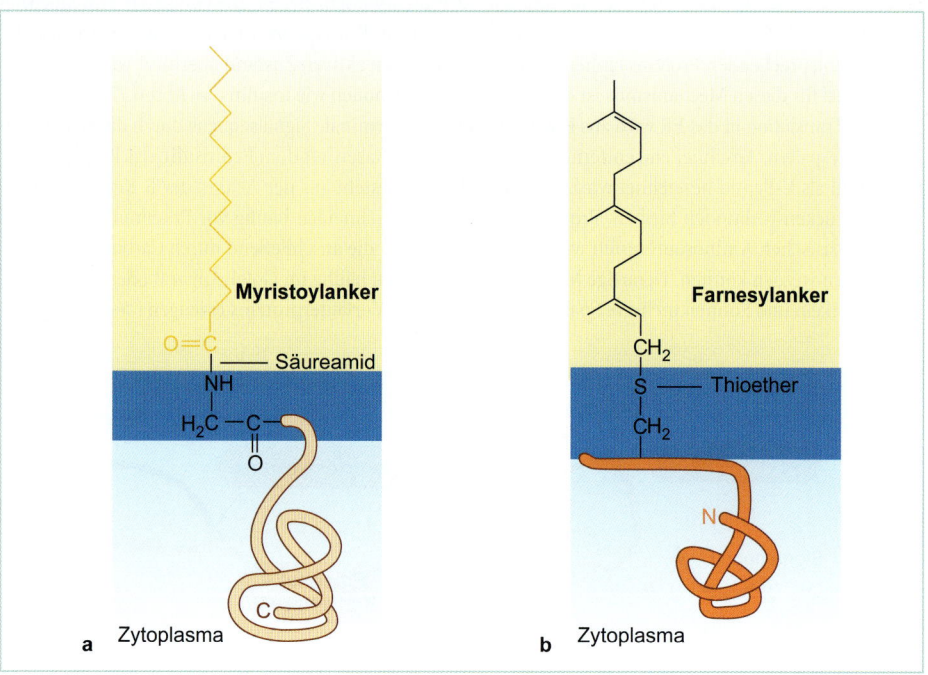

Abb. 6.28 Lipidmodifikationen. **a** Myristoylierung. **b** Farnesylierung. [L253]

Palmitinsäurereste (C16) können bei der **Palmitoylierung** (Palmitoylierung) durch eine membrangebundene Palmitoylacyltransferase auf Cysteinreste übertragen werden. Dabei entsteht ein Thioester. Häufig werden membrannahe zytoplasmatische Cysteinreste in Transmembranproteinen palmitoyliert und das Protein dadurch in besondere Mikrodomänen der Membran gebracht. Auch myristoylierte Proteine tragen oft zusätzlich einen Palmitinsäurerest, um ihre Verankerung in der Membran zu verstärken bzw. zu regulieren. Die Palmitoylierung ist **reversibel** und kann durch Acylprotein-Thioesterasen gelöst werden. Beispiele für palmitoylierte Proteine sind Ras oder der $β_2$-adrenerge Rezeptor.
Eine **Acetylierung** ist eine Modifikation durch einen Acetylrest (C2) und somit ein Spezialfall einer Acylierung. Acetylreste sind aber nicht ausreichend hydrophob, um ein Protein in der Membran zu verankern. Acetylierungen sind reversibel und von besonderer Bedeutung im Zusammenhang mit Histonmodifikationen (➤ 13.1.3).

Prenylierung

Prenylierung (Isoprenylierung) beschreibt die kovalente Bindung von Isoprenderivaten (> 20.2.1) an die SH-Gruppe von **Cysteinen**, die sich in einer C-terminalen Erkennungssequenz von zytoplasmatischen Proteinen befinden und nach Prenylierung oft noch modifiziert werden (> Abb. 6.28b). Dabei entsteht eine **Thioetherbindung** zwischen dem Isoprenderivat und dem Cysteinrest. Die häufigsten Formen der Prenylierung sind das Anheften von **Farnesyl-** und **Geranylankern**. So tragen beispielsweise das ras-Protein (> 9.6.3) einen Farnesylanker und die γ-Untereinheiten einiger heterotrimerer G-Proteine einen Geranylanker. Wie die Myristoylierung ist auch die Prenylierung **irreversibel** und führt zu keiner besonders stabilen Membranverankerung, die jedoch häufig durch eine zusätzliche Palmitoylierung erreicht wird.

6.4.9 ADP-Ribosylierung

Die Übertragung von ADP-Ribose-Resten kann die katalytische Aktivität von Enzymen beispielsweise im Rahmen der Apoptose, der Genregulation, der DNA-Reparatur und des Proteinabbaus beeinflussen. Der ADP-Ribose-Rest stammt dabei i. d. R. aus **NAD$^+$**. Einzelne ADP-Ribose-Reste (= **Mono-ADP-Ribosylierung**) werden durch **ADP-Ribosyltransferasen** auf **Argininreste** in einer bestimmten Erkennungssequenz übertragen. Dabei entsteht eine N-glykosidische Bindung zwischen der Aminogruppe des Arginins und der Ribose (> Abb. 6.29). ADP-Ribosylhydrolasen können diese Bindung wieder aufheben und die Modifikation rückgängig machen. Insbesondere im Zellkern werden durch Poly-(ADP-Ribose)-Polymerasen (PARP) weitere ADP-Ribose-Reste auf einen bereits vorhandenen ADP-Ribose-Rest übertragen (= **Poly-ADP-Ribosylierung**). Dabei entstehen O-glykosidische Bindungen zwischen den Ribosemolekülen.

Aus Studentensicht

Prenylierung

Die kovalente Bindung von Isoprenderivaten an die SH-Gruppe von C-terminalen **Cysteinen** unter Ausbildung einer **Thioetherbindung** wird Prenylierung genannt. Häufig werden dabei **Farnesyl-** oder **Geranylanker** angeheftet. Prenylierungen sind **irreversibel** und gewährleisten ähnlich wie Myristoylanker keine sehr stabile Membranverankerung, die oft erst durch zusätzliche Palmitoylierungen erreicht wird.

6.4.9 ADP-Ribosylierung

Die reversible Übertragung von ADP-Ribose-Resten kann die Aktivität von verschiedensten Enzymen beeinflussen. Der ADP-Ribose-Rest stammt meist aus einem **NAD$^+$**-Molekül und wird durch **ADP-Ribosyltransferasen** auf bestimmte **Argininreste** übertragen (**Mono-ADP-Ribosylierung**). Vor allem im Zellkern werden oft weitere ADP-Ribose-Reste auf einen vorhandenen ADP-Ribose-Rest übertragen (**Poly-ADP-Ribosylierung**).

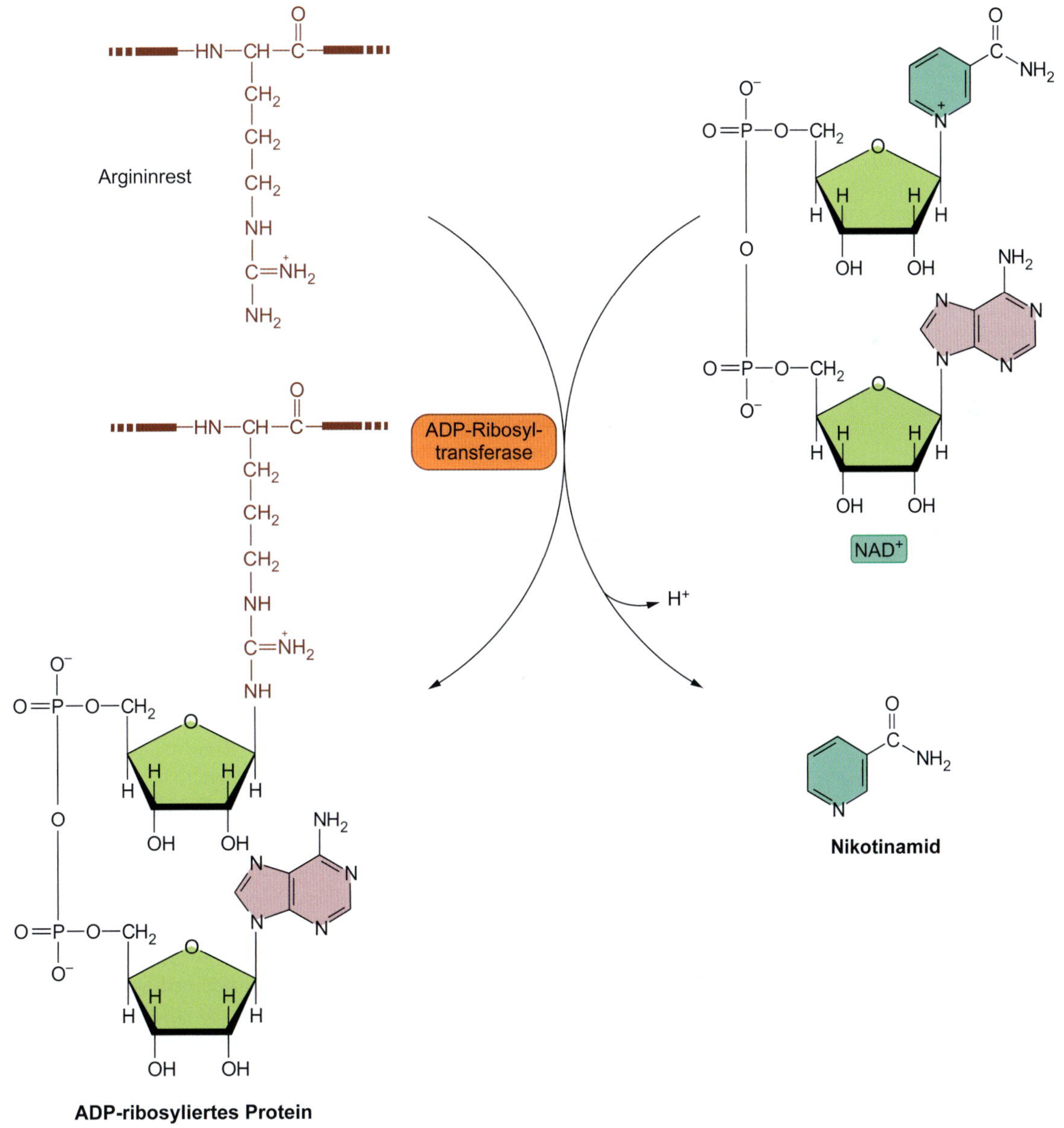

Abb. 6.29 ADP-Ribosylierung [L253]

Aus Studentensicht

6 KOMPARTIMENTE, PROTEINSORTIERUNG UND -MODIFIKATIONEN

KLINIK

KLINIK

Cholera

Die Cholera, eine schwere Durchfallerkrankung, wird durch das **Choleratoxin**, ein Exotoxin des Cholerabakteriums *Vibrio cholerae*, ausgelöst. Die Infektion erfolgt meist über verunreinigtes Trinkwasser und verläuft unbehandelt in bis zu 70 % der Fälle tödlich. Das Choleratoxin ist ein **Protein** und gehört zu den **AB-Toxinen**, die aus einer a- und einer b-Untereinheit bestehen. Die b-Untereinheit vermittelt die spezifische Bindung an die Plasmamembran der Enterozyten und ermöglicht der a-Untereinheit das Eindringen in die Zelle. Dort hemmt sie die GTPase-Aktivität des heterotrimeren G_S-Proteins, das die Adenylatzyklase reguliert (➤ 9.6.2), durch Übertragung eines **ADP-Ribose-Rests.** Dadurch bleibt das G-Protein ständig aktiv und die Adenylatzyklase wird hyperaktiviert. Aufgrund der dadurch bedingten Akkumulation von cAMP werden verstärkt Chloridkanäle in die Enterozytenmembran eingebaut und Na^+/H^+-Austauscher werden gehemmt. In der Folge kommt es zu einer verstärkten Chloridsekretion sowie zu einer verminderten Natriumreabsorption im Darm und damit zu Dehydratisierung und Elektrolytmangel durch den Verlust von NaCl und H_2O. Insbesondere in Entwicklungsländern mit schlechter Infrastruktur macht man sich bei der Therapie den Glukose-Natrium-Symport im Darm zunutze und verabreicht eine orale Rehydratationslösung mit Glukose und Kochsalz. Na^+-Ionen werden im Symport mit Glukose in die Enterozyten aufgenommen, Wasser strömt nach und der Patient wird wieder rehydriert.

Weitere Beispiele für bakterielle Toxine, die sich den Mechanismus der ADP-Ribosylierung zunutze machen, sind das Diphtherietoxin und das Pertussistoxin. Das **Diphtherietoxin** von *Corynebacterium diphtheriae* überträgt einen ADP-Ribose-Rest auf den Elongationsfaktor EF2 und blockiert damit die Translation (➤ 5.5.2). Das **Pertussistoxin** von *Bordetella pertussis*, dem Auslöser des Keuchhustens, wird durch Endozytose an den Schleimhäuten der Atemwege aufgenommen, aktiviert und durch retrograden Transport zum ER transportiert. Dort inaktiviert es ein inhibitorisches G_i-Protein durch ADP-Ribosylierung. Wie beim Choleratoxin kommt es dadurch zu einer dauerhaften Stimulation der Adenylatzyklase und einem erhöhten cAMP-Spiegel. Die Folge ist ein über Wochen andauernder schwerer Husten mit starker Schleimbildung, der besonders für Säuglinge bedrohlich sein kann.

PRÜFUNGSSCHWERPUNKTE

IMPP

! Modifikation (Ribosylierung, Glykierung), Transport (Ran-Protein, Phospholipidtranslokatoren = Scramblasen), Exozytose und Synaptotagmin, Adressierung von Proteinen (Modifikation von Mannose-6-phosphat)

Kompetenzorientierte Lernziele (NKLM)

Die Studierenden können
- erklären, durch welche Mechanismen Proteine an ihren Bestimmungsort transportiert werden.
- den Aufbau von Proteinen inklusive Modifikationen beschreiben und daraus wesentliche Eigenschaften ableiten.

ÜBUNGSFRAGEN FÜRS MÜNDLICHE MIT LÖSUNGSHILFEN

1. Warum ist es sinnvoll, dass die Signalsequenz von Kernproteinen im fertigen Protein enthalten bleibt, während sie bei Proteinen des ER abgespalten wird?

Die Kernmembran löst sich während der Zellteilung auf und die Kernproteine gelangen in das Zytoplasma. Nur wenn die Kernlokalisierungssequenz in diesen Proteinen noch vorhanden ist, kann sichergestellt werden, dass die Proteine auch wieder korrekt in den neuen Kern importiert werden. Die Kompartimente des sekretorischen Wegs bleiben auch während der Zellteilung erhalten. Proteine, die einmal in das Endomembransystem integriert wurden, werden nur zum Abbau wieder freigesetzt. Die Signalsequenzen werden daher nicht mehr gebraucht und können entfernt werden. Dadurch wird auch verhindert, dass diese hydrophoben Sequenzabschnitte ggf. Schaden anrichten.

2. Wie wird sichergestellt, dass die unterschiedlichen Vesikel ihren korrekten Zielort finden?

Das Zytoskelett, die kleinen G-Proteine der Rab-Familie und die SNARE-Proteine legen die Transportrichtung der Vesikel fest. Die Verschmelzung der Vesikel mit der passenden Zielmembran wird durch den SNARE-Komplex vermittelt. Dabei interagieren v-SNAREs auf der Oberfläche der Vesikel mit t-SNAREs auf der Zielmembran. Die Energie zur Auflösung des SNARE-Komplexes und damit für den Abschluss der Membranfusion, wird durch eine ATPase bereitgestellt.

3. Welche Eigenschaften haben Proteine, die im ER verbleiben sollen?

Sie enthalten Signalsequenzen, KDEL für lösliche Proteine und KKXX für Membranproteine. Mithilfe dieser Sequenz können sie an Rezeptoren binden, die sie in COPI-Vesikel rekrutieren und so wieder in das ER zurücktransportieren (= retrograder Transport), wenn sie in den cis-Golgi transportiert wurden.

4. Um was für eine Art von Toxin handelt es sich beim Botulinumtoxin?

Es ist eine Metalloprotease, die Synaptobrevin spaltet und damit die Ausschüttung von Acetylcholin in den synaptischen Spalt der motorischen Endplatte blockiert.

5. Vergleichen Sie N- und O-Glykosylierung!

Bei der N-Glykosylierung werden Asparaginreste modifiziert. Sie beginnt cotranslational im ER und wird posttranslational im Golgi-Apparat weiter fortgeführt. Dabei wird die Zuckerkette über eine N-glykosidische Bindung verknüpft. Das Core-Oligosaccharid wird in einem Schritt auf das Protein übertragen und die weiteren Modifikationen erfolgen schrittweise durch einzelne Glukosidasen und Glykosyltransferasen.
Bei der O-Glykosylierung werden Serin- und Threoninreste modifiziert. Sie erfolgt ausschließlich posttranslational im Golgi-Apparat. Dabei wird die Zuckerkette über eine O-glykosidische Bindung verknüpft und Zuckerreste werden nacheinander durch einzelne Glykosyltransferasen übertragen.

6. Welchen Erkrankungen liegt eine veränderte ADP-Ribosylierung zugrunde?

Cholera, Diphtherie und Pertussis.

KAPITEL 7

Proteinabbau: Entsorgung von defekten und nicht mehr benötigten Proteinen

Regina Fluhrer

7.1 Konzentration und Halbwertszeit von Proteinen 165

7.2 Proteasen 166
7.2.1 Klassifikation 166
7.2.2 Serin-, Threonin- und Cysteinproteasen 166
7.2.3 Aspartatproteasen 167
7.2.4 Metalloproteasen 167
7.2.5 Intramembranproteasen 167

7.3 Das Proteasom 168
7.3.1 Aufbau des Proteasoms 168
7.3.2 Das Ubiquitin-System 169
7.3.3 Abbau fehlgefalteter Proteine des ER 170

7.4 Lysosomaler Abbau 172

7.5 Autophagozytose 172

7.6 Schutz vor unkontrollierter Proteaseaktivität 173

Aus Studentensicht

Täglich werden in unserem Körper Proteine abgebaut und neu gebildet. Was sich belanglos und trocken anhört, spielt für die tägliche medizinische Praxis eine enorme Rolle. Die Entstehung der Alzheimer-Demenz und bestimmten Parkinson-Erkrankungen sowie die Therapie einer HIV-Infektion lassen sich nur mit Kenntnis der Proteinabbaumechanismen verstehen. Pankreasenzyme werden erst durch limitierten Abbau aktiviert und neuere blutgerinnungshemmende Medikamente wirken, indem sie proteolytisch aktive Faktoren im Blut hemmen. Aber neben diesen schon etwas „spezielleren" Beispielen hemmt auch die meistverordnete Gruppe von Antihypertensiva (Blutdrucksenker) ein proteinabbauendes Enzym. Weißt du, von welcher Medikamentengruppe die Rede ist?
Karim Kouz

7.1 Konzentration und Halbwertszeit von Proteinen

FALL

Die Patientenvorstellung

Ihr Psychiatrieprofessor hat heute eine ganz besondere Patientenvorstellung vorbereitet. Zunächst wird Frau Silber, eine 73-jährige Alzheimerpatientin, vorgestellt. Sie kommt gemeinsam mit ihrem Mann und überlässt diesem auch hauptsächlich das Reden aus Angst, etwas Falsches zu sagen. Dann wird sie aufgefordert, drei Wörter nachzusprechen: „Zitrone, Schlüssel, Ball". Anschließend soll sie von 100 fortlaufend 7 abziehen. Das Rechnen gelingt nicht gut und nach dieser Aufgabe erinnert sie sich auch nicht mehr an die drei Wörter.
Der nächste Patient, Herr Holt, ist deutlich jünger. Er ist 42 Jahre alt und begrüßt lautstark die Studenten: „Was seid ihr denn für ein langweiliger Haufen, soll ich euch mal was vorsingen, um ein bisschen Stimmung zu machen?" Fröhlich schmettert er ein Lied in die Runde. Außerdem erfahren Sie, dass es ihm prächtig gehe und er eigentlich auch nicht wisse, warum er hier untersucht werde. Ihm wird dieselbe Aufgabe wie Frau Silber gestellt, die er mit nur geringfügigen Problemen bewältigt.
Bei beiden Patienten sind Neurone im Gehirn abgestorben. Welche Hirnregionen sind bei Frau Silber, welche bei Herrn Holt primär betroffen? Wie kommt es zum Absterben der Neurone in diesen Regionen?

Die Proteine in menschlichen Zellen unterliegen einem ständigen Kreislauf von Neusynthese und Hydrolyse. Aus den Synthese- und Abbauraten resultieren sowohl die **Konzentration** als auch die **Halbwertszeit** eines Proteins. Die Halbwertszeiten unterschiedlicher Proteine variieren stark, von wenigen Minuten bis hin zu mehreren Monaten, bei einigen Proteinen sogar Jahren, und können in Abhängigkeit von der Zellzyklusphase, den Wachstumsbedingungen und anderen Signalen reguliert werden. Die zelluläre Konzentration von Proteinen kann durch Regulation der Transkription, der Translation und des Proteinabbaus beeinflusst werden. Insbesondere die Regulation des Proteinabbaus gibt der Zelle eine wirksame Möglichkeit, schnell auf veränderte Umweltbedingungen zu reagieren. Neben dem regelmäßigen Umsatz, dem die Proteine unterliegen, müssen zum Schutz der Zelle auch zahlreiche fehlgefaltete Proteine entsorgt werden, die durch Ungenauigkeiten der RNA-Polymerasen oder zellulären Stress, wie Hitzeschock oder oxidativen Stress (> 28.2.1), entstehen.

7.1 Konzentration und Halbwertszeit von Proteinen

Die **Konzentration** und **Halbwertszeit** von Proteinen im Organismus resultieren aus den Synthese- und Abbauraten der Proteine und variieren stark.
Die Halbwertszeiten werden von internen (z. B. Zellzyklusphase) und externen (z. B. Wachstumsbedingungen) Signalen beeinflusst und können durch Proteinabbau sowie durch Regulation der Transkription und Translation reguliert werden. Neben dem regelmäßigen Umsatz, dem die Proteine unterliegen, müssen auch fehlgefaltete Proteine zum Schutz der Zellen entsorgt werden.

Aus Studentensicht

7.2 Proteasen

7.2.1 Klassifikation

Proteasen sind Enzyme, welche die **Hydrolyse** von Peptidbindungen katalysieren. Sie sind ubiquitär, sowohl **intra-** als auch **extrazellulär**, im Organismus zu finden.

Exopeptidasen spalten einzelne Aminosäuren vom N-Terminus (Aminopeptidasen) oder C-Terminus (Carboxypeptidasen), **Endopeptidasen** spalten innerhalb von Proteinen.
Man unterscheidet **Serin-**, **Threonin-**, **Cystein-**, **Aspartat-** und **Metalloproteasen**.

7.2.2 Serin-, Threonin- und Cysteinproteasen

Im aktiven Zentrum von **Serinproteasen** befinden sich neben dem **Serin-** auch ein **Histidin-** und häufig zusätzlich ein **Aspartatrest (katalytische Triade)**. Serinproteasen nutzen sowohl die Säure-Base- als auch die kovalente Katalyse. Vertreter dieser Proteasen sind z. B. **Trypsin**, **Chymotrypsin** und **Elastase** sowie **Plasmin** und **Thrombin**.

Cysteinproteasen enthalten in ihrem aktiven Zentrum einen **Cysteinrest** sowie einen Histidinrest. Während der Katalyse bildet sich eine Thioesterbindung, die hydrolytisch gespalten wird. Vertreter dieser Proteasen sind viele lysosomale **Kathepsine** und die an der Apoptose beteiligten **Caspasen**.

Threoninproteasen bilden die katalytische Untereinheit des **Proteasoms**. Ein N-terminaler **Threoninrest** bestimmt dabei mit seiner freien α-Aminogruppe und der OH-Gruppe die katalytische Aktivität dieser Proteasen.

7 PROTEINABBAU: ENTSORGUNG VON DEFEKTEN UND NICHT MEHR BENÖTIGTEN PROTEINEN

7.2 Proteasen

7.2.1 Klassifikation

Beim Abbau eines Proteins werden die in der Translation gebildeten Peptidbindungen **hydrolytisch** gespalten. Die Hydrolyse der Peptidbindung verläuft exergon. Aufgrund der Mesomeriestabilisierung (Resonanzstabilisierung) der Peptidbindung muss jedoch eine sehr hohe Aktivierungsenergie überwunden werden, weshalb die Hydrolyse unter physiologischen Bedingung durch **Proteasen** (Peptidasen, Proteinasen, proteolytische Enzyme) katalysiert wird. Proteasen kommen ubiquitär sowohl **intrazellulär** als auch z. B. im Darmlumen oder Blut **extrazellulär** vor.

Während **Exopeptidasen** einzelne Aminosäuren vom N-Terminus (= **Aminopeptidasen**) oder vom C-Terminus (= **Carboxypeptidasen**) abspalten, hydrolysieren **Endopeptidasen** häufig an bestimmten Erkennungssequenzen innerhalb von Proteinen. Im Laufe der Evolution haben sich drei verschiedene Katalysemechanismen entwickelt. Der erste erfordert im katalytischen Zentrum einen **Serin-, Threonin-** oder **Cysteinrest**, der zweite zwei **Aspartatreste** (Asparaginsäurereste) und der dritte ein aktiviertes **Metall-Ion**.

7.2.2 Serin-, Threonin- und Cysteinproteasen

Im aktiven Zentrum von **Serinproteasen** befindet sich neben dem **Serin-** ein **Histidinrest** (= katalytische Diade) und häufig zusätzlich ein **Asparaginsäurerest** (= **katalytische Triade**). Die Aminosäuren der katalytischen Triade müssen dabei in der Primärsequenz nicht zwingend benachbart sein; es ist nur entscheidend, dass sie in der dreidimensionalen Struktur des Enzyms in räumlicher Nähe zueinander stehen. Serinproteasen nutzen eine Mischung aus Säure-Base-Katalyse und kovalenter Katalyse (➤ 3.2.4). Vertreter sind u. a. die Verdauungsenzyme des Pankreas **Trypsin, Chymotrypsin** und **Elastase** und die an der Blutgerinnung beteiligten Proteasen **Plasmin** und **Thrombin** (➤ 25.6.3).

Cysteinproteasen enthalten in ihrem aktiven Zentrum anstelle des Serin-Rests einen **Cysteinrest**, der mit einem Histidin-Rest eine katalytische Diade bildet. Der Asparaginsäurerest fehlt meist. Ansonsten nutzen sie aber den fast identischen Katalysemechanismus wie die Serinproteasen. Da der nukleophile Angriff auf das C-Atom der Peptidbindung durch ein S-Atom erfolgt, entsteht im kovalenten Übergangszustand eine Thioesterbindung, die in der Folge durch Wasser hydrolysiert wird. Wichtige Vertreter der Cysteinproteasen sind viele **Kathepsine** der Lysosomen und die an der Apoptose beteiligten **Caspasen** (➤ 10.5.3).

Im Vergleich zu Serin- und Cysteinproteasen gibt es nur wenige verschiedene **Threoninproteasen**. Sie bilden die katalytische Untereinheit des **Proteasoms** (➤ 7.3.1). Ihre katalytische Aktivität wird durch einen **Threoninrest** am N-Terminus der Proteinkette bestimmt, dessen freie α-Aminogruppe als Base wirkt. Dadurch wird die OH-Gruppe des Threonins deprotoniert und greift das C-Atom der Peptidbindung nukleophil an. Die folgenden Reaktionsschritte verlaufen analog zur Spaltung durch Serin-Proteasen, ohne dass eine katalytische Diade oder Triade vorliegt.

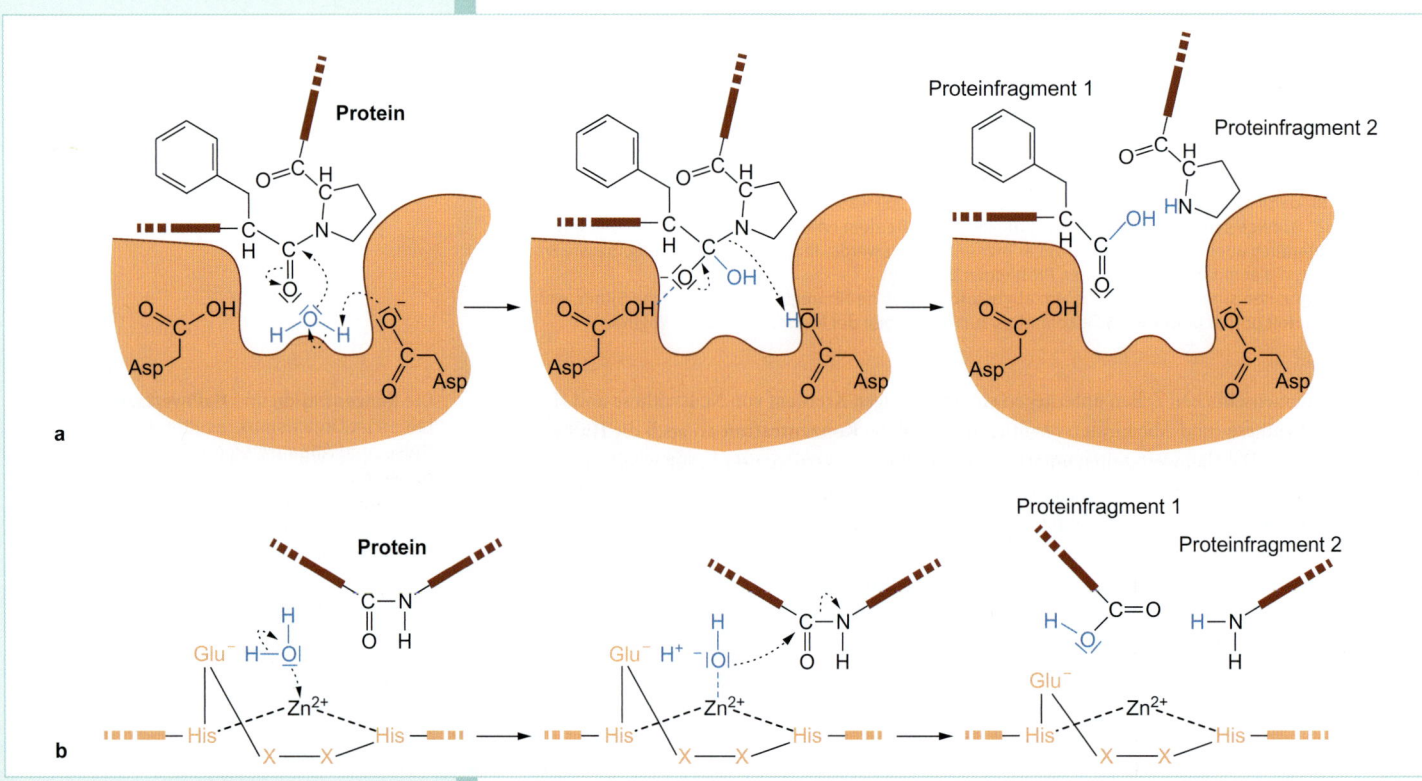

Abb. 7.1 Katalysemechanismus der Aspartatproteasen (**a**) und der Metalloproteasen (**b**) [L253]

7.2.3 Aspartatproteasen

Im aktiven Zentrum von **Aspartatproteasen** befinden sich zwei **Asparaginsäurereste** (> Abb. 7.1a). Wahrscheinlich wird in einer **Säure-Basen-Katalyse** (> 3.2.3) zunächst ein Wassermolekül durch einen der beiden Aspartatreste deprotoniert. Das so entstandene OH⁻-Ion greift das C-Atom der Peptidbindung nukleophil an und initiiert dadurch die Spaltung. Ein Prototyp der Aspartatproteasen ist das im Magen wirksame **Pepsin,** aber auch **Renin** im Blut, das **Kathepsin D** des Lysosoms oder die **HIV-1-Protease** (> 14.2.6) gehören zu dieser Protease-Familie.

7.2.4 Metalloproteasen

Auch die **Metalloproteasen** nutzen für die Hydrolyse der Peptidbindungen eine **Säure-Base-Katalyse.** Dabei polarisiert ein zweiwertiges Metall-Ion, i. d. R. ein **Zn^{2+}-Ion,** im aktiven Zentrum der Protease ein Wassermolekül so stark, dass es wie bei den Aspartatproteasen deprotoniert wird und das OH⁻-Ion die Peptidbindung angreift (> Abb. 7.1b). In den meisten Metalloproteasen wird das Zn^{2+}-Ion durch die Aminosäuren eines **HEXXH-Motivs** (= Histidin, Glutamat, zwei beliebige Aminosäuren, Histidin) koordiniert. Daneben können aber auch verschiedene andere Aminosäurereste an der Katalyse mitwirken. Zur Familie der Metalloproteasen gehören die **Carboxypeptidase A** des Pankreas, das **Angiotensin-konvertierende Enzym** (ACE), das eine wichtige Rolle für die Regulation des Blutdrucks sowie des Wasser- und Elektrolythaushalts spielt, sowie die große Gruppe der **Matrix-Metalloproteasen** (MMP), die im Extrazellulärraum für den Abbau von Matrixproteinen und die Vermittlung von Zell-Zell-Kontakten verantwortlich sind (> 25.2.2).

7.2.5 Intramembranproteasen

Eine besondere Herausforderung ist die Hydrolyse von Peptidbindungen in Transmembrandomänen. Diese werden zum überwiegenden Teil aus hydrophoben Aminosäuren gebildet und nehmen vorzugsweise eine α-helikale Struktur an. Bei der Proteolyse muss das aktive Zentrum der Protease an die Peptidbindung in der hydrophoben Lipidumgebung binden und gleichzeitig Wasser für die hydrolytische Spaltung zuführen (> Abb. 7.2a). **Intramembranproteasen** sind **polytope Transmembranproteine.** Die Aminosäuren ihres aktiven Zentrums befinden sich innerhalb der Transmembrandomänen, die sich meist ringförmig in der Membran anordnen. Damit das Substrat in das Innere des Rings gelangen kann, bildet die Protease vermutlich eine seitliche Öffnung und nimmt die Transmembrandomäne des Substrats auf. Aufgrund der porenähnlichen Struktur können Wassermoleküle in das aktive Zentrum gelangen und den Proteolysevorgang in der hydrophoben Umgebung der Membran ermöglichen.

Aus Studentensicht

7.2.3 Aspartatproteasen
Im aktiven Zentrum der **Aspartatproteasen** befinden sich zwei **Asparaginsäurereste,** die vermutlich über eine **Säure-Basen-Katalyse** die Proteinspaltung bewerkstelligen. Vertreter dieser Proteasen sind **Pepsin, Renin, Kathepsin D** oder die **HIV-1 Protease.**

7.2.4 Metalloprotease
Metalloproteasen hydrolysieren Peptidbindungen mittels **Säure-Base-Katalyse.** In ihrem aktiven Zentrum sitzt meist ein durch ein **HEXXH-Motiv** koordiniertes **Zn^{2+}-Ion,** das ein Wasser-Molekül deprotonieren kann. Das zurückbleibende OH⁻-Ion greift dann die Peptidbindung an.
Vertreter der Metalloproteasen sind die **Carboxypeptidase A,** das **Angiotensin-konvertierende Enzym** (ACE) sowie die Gruppe der **Matrix-Metalloproteasen** (MMP).

7.2.5 Intramembranproteasen
Intramembranproteasen sind **polytope Transmembranproteine,** die Peptidbindungen von Transmembrandomänen in der hydrophoben Lipidumgebung spalten können. Ihre porenähnliche Struktur ermöglicht ihnen zum einen den Zugang zum Substrat, zum anderen die Zufuhr von Wasser in das aktive Zentrum.

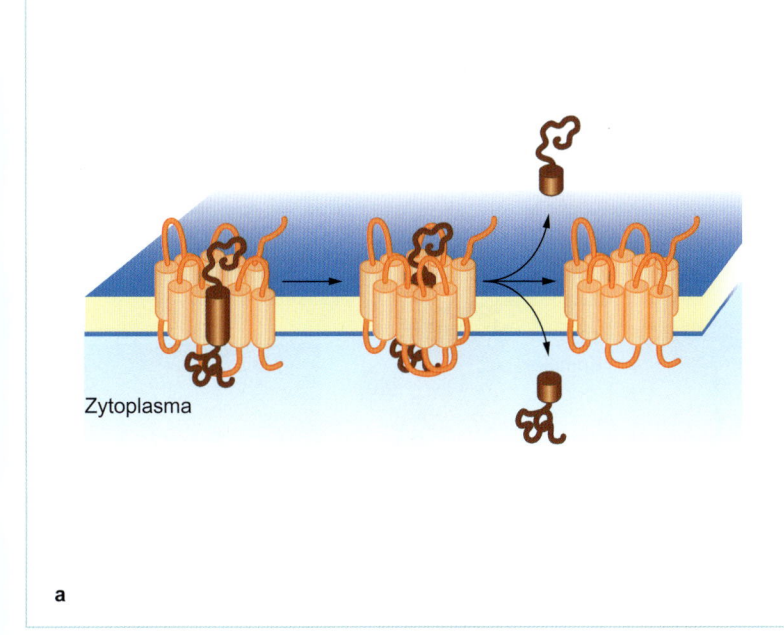

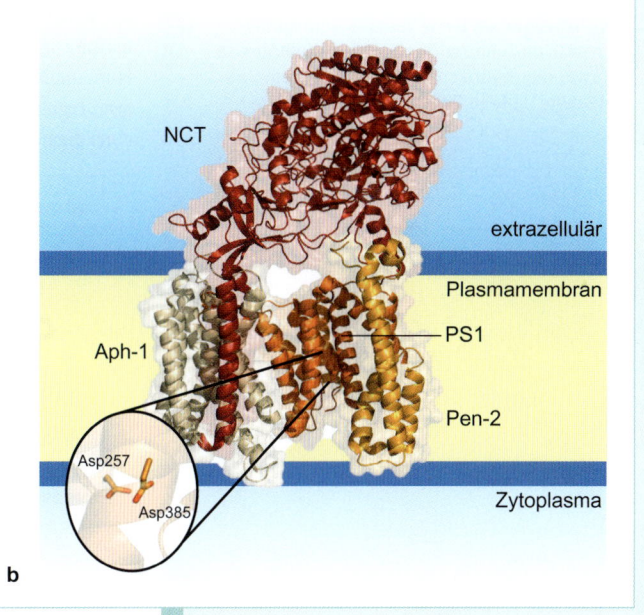

Abb. 7.2 **a** Intramembranproteolyse. [L138, L307] **b** γ-Sekretase-Komplex. NCT = Nicastrin, PS1 = Presenilin 1, Aph-1 = Anterior Pharynx-Defective 1, Pen-2 = Presenilin-Enhancer 2. [P414, L307]

Die katalytisch aktiven Aminosäuren der Intramembranproteasen sind die gleichen wie die der löslichen Proteasen. So ist die **Site-2-Protease** (S2P), die eine wichtige Rolle bei der Regulation des Cholesterinstoffwechsels spielt (> 20.2.1), eine **Intramembran-Metalloprotease** mit einem HEXXH-Motiv, das wahrscheinlich ein Zn^{2+}-Ion im aktiven Zentrum koordiniert. **Rhomboidproteasen** sind **Intramembran-Serinproteasen** mit einer katalytischen Diade aus Serin und Histidin, die z. B. Liganden für EGF-Rezeptoren (= Rezeptoren für epidermale Wachstumsfaktoren) freisetzen (> 9.9.5). Die **Signalpeptid-Peptidase** (SPP), eine **Intramembran-Aspartatprotease,** ist für den Abbau von Signalpeptiden in der ER-Membran verantwortlich (> 6.3.5). **SPP-homologe Proteasen** (SPPL-Proteasen) spielen eine

Intramembranproteasen katalysieren die Hydrolyse von Peptidbindungen nach denselben Prinzipien wie die löslichen Proteasen.
- Die **Site-2-Protease,** eine **Intramembran-Metalloprotease,** spielt eine wichtige Rolle im Cholesterinstoffwechsel.
- **Rhomboidproteasen** sind **Intramembran-Serin-Proteasen,** die z. B. Liganden für EGF-Rezeptoren freisetzen.

Aus Studentensicht

- Die **Signalpeptid-Peptidase** (SPP), eine **Intramembran-Aspartatprotease,** spaltet Signalpeptide in der ER-Membran ab.
- **Preseniline** sind Intramembran-Aspartatproteasen, die u. a. eine Schlüsselrolle bei der Entstehung der Alzheimer-Erkrankung spielen.

Rolle bei der Differenzierung von B-Zellen und bei der Regulation der Glykosylierungsprozesse im Golgi-Apparat. Auch **Preseniline** gehören zu den Intramembran-Aspartatproteasen. Anders als die SPP/SPPL-Proteasen brauchen sie für ihre katalytische Aktivität weitere Proteine (= Nicastrin, Pen2 und Aph-1), mit denen sie einen hochmolekularen Komplex (= γ-Sekretase-Komplex) bilden (> Abb. 7.2b). Neben zahlreichen anderen Substraten schneiden Preseniline das β-Amyloid-Vorläuferprotein (APP) und spielen damit eine Schlüsselrolle bei der Entstehung der Alzheimer-Krankheit (> 28.3.2). Intramembran-Cystein- und Intramembran-Threoninproteasen sind bisher nicht bekannt, aber eine Intramembran-Glutamat-Protease wurde vor Kurzem entdeckt.

> **FALL**
>
> **Die Patientenvorstellung: Alzheimer-Erkrankung**
>
> Bei vielen neurodegenerativen Erkrankungen bilden sich Ablagerungen in bestimmten Gehirnregionen. Bei der Alzheimerpatientin Frau Silber ist insbesondere der Hippokampus betroffen, aber auch Teile des Neokortex. Die Plaques, eine Form der Ablagerungen, die bei der Alzheimer-Erkrankung nachweisbar sind, enthalten **Amyloid-β-Peptide** (Aβ-Peptide). Sie entstehen durch proteolytische Prozessierung des β-Amyloid-Vorläuferproteins (β-Amyloid-Precursor Protein, βAPP), eines Typ-I-Transmembranproteins. Nachdem die Ektodomäne des APP durch andere Proteasen abgespalten wurde, spaltet Presenilin im γ-Sekretase-Komplex das APP in seiner Transmembrandomäne (> 28.3.2).
> Bei den meisten Alzheimerpatienten treten Symptome erst in hohem Alter auf. Für diese Form der Erkrankung kann bisher keine genetische Ursache nachgewiesen werden (= sporadische Form der Alzheimer-Erkrankung). Sehr wahrscheinlich bilden sich die Ablagerungen aber schon in weit früheren Lebensphasen aus und führen zum Untergang der Neurone. Unser Gehirn kann das scheinbar sehr lange kompensieren und Symptome lassen sich daher erst sehr spät klinisch diagnostizieren.
> Die Bedeutung der γ-Sekretase für die Pathogenese wird an seltenen vererbten Formen, der familiären Alzheimer-Krankheit, deutlich. Hier führen Mutationen, z.B. im Presenilin-Gen, zur Bildung längerer Aβ-Peptide, die schneller aggregieren können und die Plaque-Bildung beschleunigen. Die Patienten zeigen dadurch schon in jüngeren Jahren, teilweise schon im Alter zwischen 30 und 40 Jahren, klinische Symptome.

7.3 Das Proteasom

7.3.1 Aufbau des Proteasoms

Fehlgefaltete, nicht mehr benötigte oder gealterte Proteine werden im **Proteasom** abgebaut. Ein schneller Abbau verhindert, dass solche Proteine in der Zelle Schaden anrichten, z. B. durch Aggregation. Das Proteasom ist ein Proteinkomplex, der in allen Zellen im **Zytoplasma** und **Zellkern** vorkommt und mit ca. 2,5 MDa im Größenbereich des Ribosoms liegt. Analog zu den Ribosomen wird auch die Größe des Proteasoms in Svedberg-Einheiten angegeben (> 5.4.1).

Humane **26S-Proteasomen** bestehen aus einem zylinderförmigen, katalytisch aktiven **20S-Komplex** und zwei regulatorischen **19S-Komplexen** (> Abb. 7.3). Das Proteasom ist **kein Organell**, da es nicht von einer eigenen Membran begrenzt ist.

7.3 Das Proteasom

7.3.1 Aufbau des Proteasoms

Das **Proteasom**, ein Proteinkomplex, der in allen Zellen in **Zytoplasma** und **Zellkern** zu finden ist, dient dem Abbau von fehlgefalteten, nicht mehr benötigten oder gealterten Proteinen. Humane **26S-Proteasomen** bestehen aus dem katalytisch aktiven zylinderförmigen **20S-Komplex** sowie zwei regulatorischen **19S-Komplexen**. Das Proteasom ist **kein Organell**.

ABB. 7.3

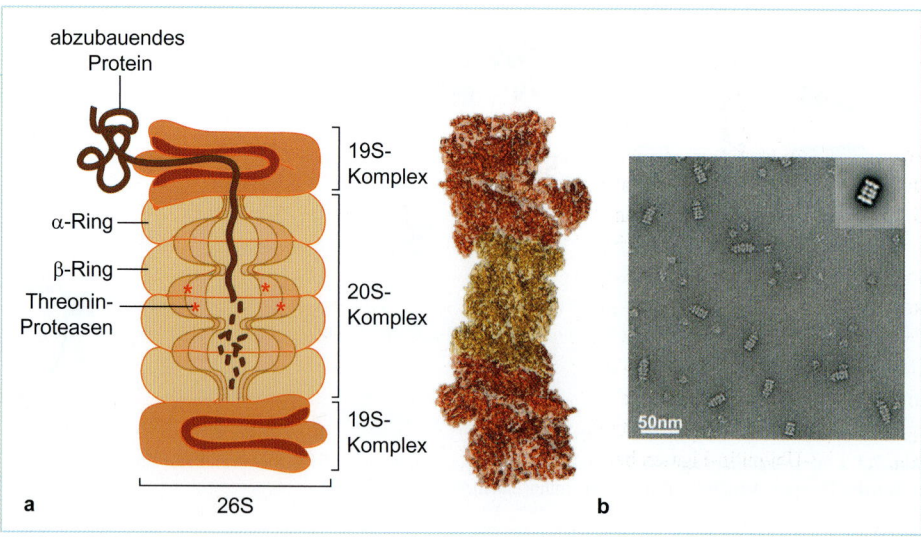

Abb. 7.3 Proteasom. **a** Aufbau. [L138, P414] **b** Elektronenmikroskopische Aufnahme. [F1022-001]

Der 20S-Komplex besteht aus zwei äußeren α- und zwei zentralen β-Ringen. Letztere tragen **Threoninproteasen** mit unterschiedlichen Sequenzspezifitäten. Substratproteine werden im Zylinderinneren zu Peptidfragmenten und Aminosäuren gespalten, die in das Zytoplasma abgegeben werden.

Der Zylinder des 20S-Komplexes besteht aus zwei äußeren α- und zwei zentralen β-Ringen, die jeweils aus sieben Proteinuntereinheiten bestehen. In den β-Ringen sind **Threoninproteasen** mit unterschiedlichen Sequenzspezifitäten für häufig vorkommende Aminosäuremotive in Reihe angeordnet. Die Substratproteine werden im Inneren des Zylinders zu kleinen Peptidfragmenten oder Aminosäuren abgebaut und anschließend in das Zytoplasma abgegeben, wo sie erneut für die Translation verwendet oder dem Stoffwechsel zugeführt werden. Die α-Ringe dichten den Zylinder gegen das Zytoplasma ab. Die Öffnung der α-Ringe wird durch die wie ein Deckel auf den Zylinderenden liegenden 19S-Komplexe reguliert. Einzelne Untereinheiten der 19S-Komplexe erkennen die abzubauenden Substratproteine, andere enthalten eine **ATPase-Aktivität**, welche die Energie für die **Entfaltung der Proteine** und die **Öffnung der α-Ringe** liefert. Auf diese Weise werden die Proteasen im Inneren der β-Ringe gegen das Zytoplasma abgeriegelt, damit nicht wahllos zytoplasmatische Proteine abgebaut werden. Vermutlich liegen 20S-Komplexe und 19S-Komplexe konstitutiv in der Zelle vor und erst durch ihre Assoziation erfolgt die Aktivierung des Proteasoms. Neben den 19S-Komplexen können die 20S-Komplexe in Abhängigkeit vom zellulären Kontext auch andere regulatorische Proteine binden. Im Zuge der Immunantwort kann zudem die Zusammensetzung des 20S-Komplexes verändert werden. Das so gebildete **Immunproteasom** ist beispielsweise an einer stärkeren Präsentation von Antigenen über MHC-Klasse I beteiligt (➤ 16.4.3).

Aus Studentensicht

Die α-Ringe dichten den Zylinder gegen das Zytoplasma ab. Untereinheiten des 19S-Komplexes, die eine **ATPase-Aktivität** besitzen, liefern die Energie für die **Öffnung der α-Ringe** sowie die **Entfaltung der Proteine.** Zudem erkennen Teile des 19S-Komplexes die abzubauenden Proteine.
Im Rahmen der Immunantwort kann sich die Zusammensetzung des 20S-Komplexes verändern und so das **Immunproteasom** gebildet werden.

7.3.2 Das Ubiquitin-System

Die 19S-Komplexe des Proteasoms erkennen abzubauende Proteine an einer Markierung durch **Ubiquitin**, einem 8,5 kDa kleinen und sehr stabilen Protein, das in Eukaryoten hoch konserviert ist. Es besteht aus 76 Aminosäuren und kann mit seinem C-Terminus eine kovalente **Isopeptidbindung** mit bestimmten **Lysinresten** im abzubauenden Protein ausbilden (➤ Abb. 7.4). Zusammen mit der Abschirmung der katalytischen Zentren im Inneren des Proteasom-Komplexes wird durch diese Markierung sichergestellt, dass nur für den Abbau bestimmte Proteine durch das Proteasom gespalten werden.

7.3.2 Das Ubiquitin-System

Das aus 76 Aminosäuren bestehende Protein **Ubiquitin** dient als Abbausignal, das vom 19S-Komplex des Proteasoms erkannt wird. Über eine kovalente **Isopeptidbindung** wird es an bestimmte **Lysinreste** abzubauender Proteine gebunden und markiert sie somit für den Abbau.

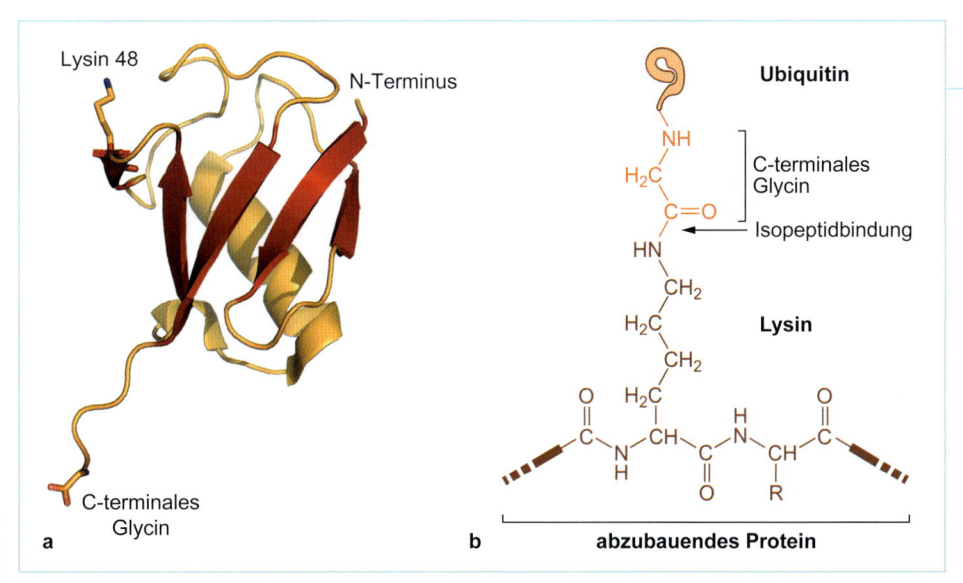

Abb. 7.4 Ubiquitin. **a** Bändermodell. [P414, L307] **b** Isopeptidbindung zwischen dem C-terminalen Glycin des Ubiquitins und dem abzubauenden Protein. [L253, L307]

ABB. 7.4

Für die Markierung eines Proteins wird Ubiquitin zunächst aktiviert, indem es unter Hydrolyse von ATP zu AMP und PP$_i$ eine Thioester-Bindung zu einem **E1-Ubiquitin-aktivierenden Enzym** ausbildet (➤ Abb. 7.5). Im folgenden Schritt wird das Ubiquitin auf die SH-Gruppe eines **E2-Ubiquitin-konjugierenden Enzyms** übertragen, das mit einer **E3-Ubiquitin-Ligase** einen Komplex ausbildet, der schließlich das aktivierte Ubiquitin auf das abzubauende Protein überträgt. Die E3-Ubiquitin-Ligasen bestimmen damit letztendlich, welches Protein abgebaut werden soll. Proteine, die nur einen Ubiquitinylrest tragen, werden vom Proteasom meist noch nicht erkannt, sondern sind an anderen Prozessen der Zelle, wie Histonregulation, Endozytose und Zellzyklus beteiligt. Für den Proteinabbau werden weitere Ubiquitinmoleküle in Form einer Kette jeweils auf den Lysinrest 48 des bereits angehefteten Ubiquitins übertragen (= **Polyubiquitinylierung**). Dazu werden weitere Ubiquitin-Moleküle aktiviert und durch E3-Ubiquitin-Ligasen, in manchen Fällen aber auch durch spezielle E4-Ubiquitin-Ketten-Verlängerungsenzyme angehängt. Während nur einzelne E1-Ubiquitin-aktivierende Enzyme und ca. 100 verschiedene E2-Ubiquitin-konjugierende Enzyme bekannt sind, wurden in eukaryotischen Zellen bereits mehr als 800 verschiedene E3-Ubiquitin-Ligasen beschrieben, die viele unterschiedliche Substratproteine erkennen.

Für die Proteinmarkierung wird Ubiquitin ATP-abhängig aktiviert, indem es eine Thioester-Bindung zu einem **E1-Ubiquitin-aktivierenden Enzym** ausbildet. Anschließend wird es auf ein katalytisches Cystein eines **E2-Ubiquitin-konjugierenden Enzyms** übertragen. Die **E3-Ubiquitin-Ligase** überträgt schließlich das Ubiquitin auf das abzubauende Protein.
Damit Proteine vom Proteasom erkannt werden, müssen meist mehrere Ubiquitinmoleküle in Form einer Kette angeheftet werden (= **Polyubiquitinylierung**). Dies geschieht entweder durch E3-Ubiquitin-Ligasen oder durch spezielle E4-Ubiquitin-Ketten-Verlängerungsenzyme.

> **KLINIK**
>
> **Parkinson durch ein defektes Ubiquitin-System**
> Bei einigen Patienten, die an einer erblichen Form der Parkinson-Erkrankung leiden, ist die E3-Ubiquitin-Ligase **PINK** mutiert. So kommt es in dopaminergen Neuronen der Substantia nigra, die Teil der Motorik-modulierenden Basalganglienschleife ist, zu einer Aggregation des Proteins **α-Synuclein**, das nicht mehr von PINK erkannt und für den Abbau markiert wird. Diese α-Synuclein-Aggregate bilden die mikroskopisch sichtbaren **Lewy-Körperchen** in Neuronen. Die betroffenen Neurone synthetisieren im Laufe der Zeit immer weniger **Dopamin.** Durch den Mangel kommt es zu Störungen der Motorik, den ersten Parkinson-Symptomen. Schließlich gehen die Neuronen nach und nach ganz zugrunde und die Krankheit schreitet fort.

KLINIK

Aus Studentensicht

Abb. 7.5 Ubiquitinierung [L253]

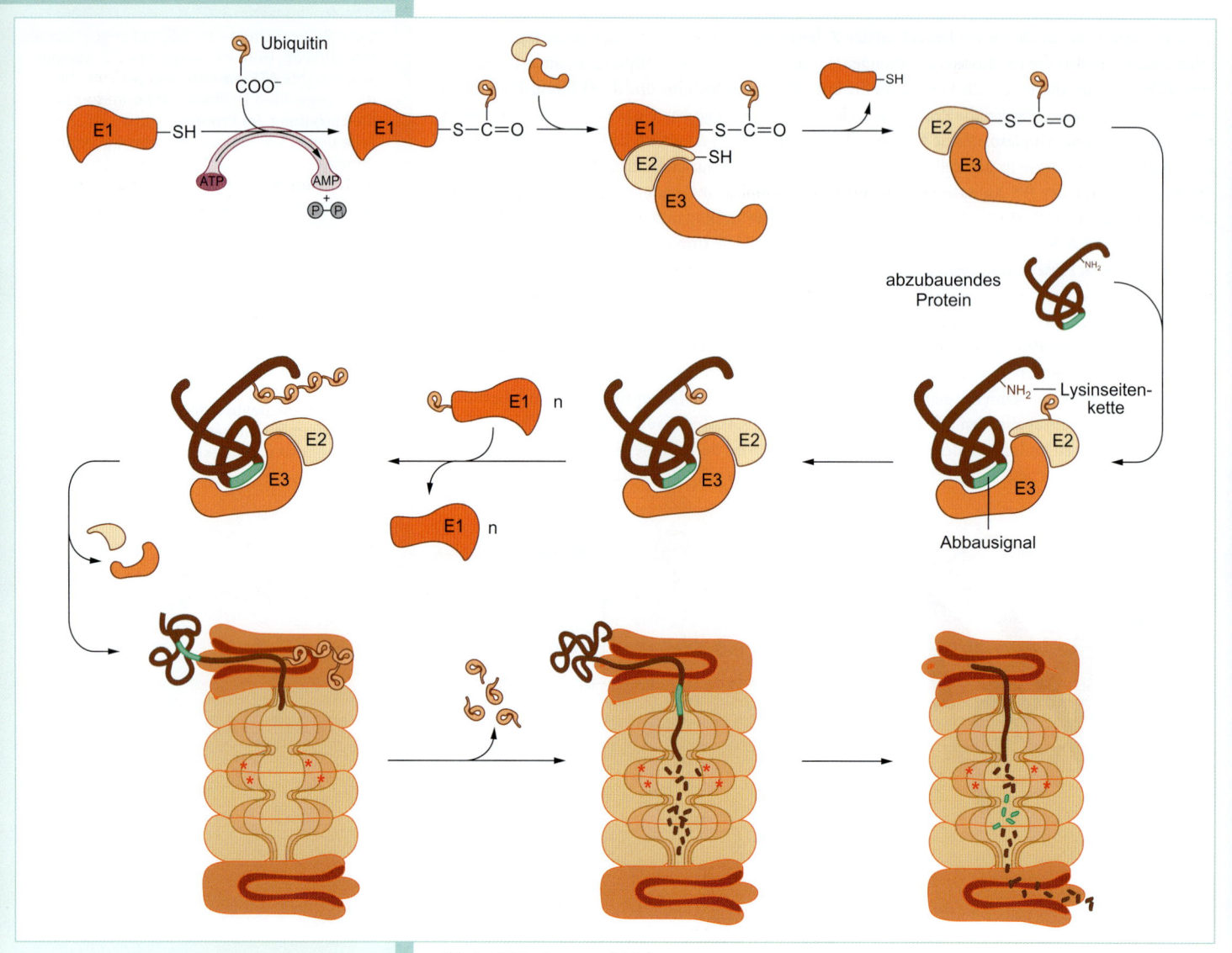

Fehlgefaltete oder gealterte Proteine zeigen häufig **hydrophobe Sequenzmotive** oder oxidative Veränderungen an ihrer Oberfläche (= Degrons), die von E3-Ubiquitin-Ligasen erkannt werden. Die **N-terminale Aminosäure** eines Proteins hat zudem Einfluss auf dessen Stabilität (N-End-Rule). Destabilisierende Aminosäuren wie Lysin oder Leucin werden von speziellen E3-Ubiquitin-Ligasen erkannt und das entsprechende Protein wird schneller abgebaut. Meist entstehen destabilisierende N-Termini durch endoproteolytische Spaltung oder posttranslationale Modifikation der N-terminalen Aminosäure.

Fehlgefaltete oder gealterte Proteine zeigen im Gegensatz zu funktionellen Proteinen häufig **hydrophobe Sequenzmotive** oder oxidative Veränderungen an ihrer Oberfläche. Die E3-Ubiquitin-Ligasen erkennen diese Strukturmerkmale (= Degrons) und führen die Proteine dem Abbau durch das Proteasom zu.

In einigen Fällen wird der Abbau eines Proteins reguliert, indem z. B. durch eine Phosphorylierung eine Konformationsänderung ausgelöst und dadurch zuvor verborgene Abbausignale an seiner Oberfläche für E3-Ubiquitin-Ligasen zugänglich werden. Manche E3-Ubiquitin-Ligasen werden selbst reguliert und bauen z. B. erst nach Abschluss einer Zellzyklusphase Cycline ab (➤ 10.4.1). Außerdem hat die **N-terminale Aminosäure** Einfluss auf die Stabilität eines Proteins (= N-End-Rule). Spezielle E3-Ubiquitin-Ligasen erkennen destabilisierende Aminosäuren wie Lysin oder Leucin am N-Terminus von Proteinen, die daher eine kurze Halbwertszeit aufweisen. Nach der Translation tragen zunächst alle Proteine N-terminal einen stabilisierenden Methioninrest. Folgt darauf eine andere stabilisierende Aminosäure, wird das Methionin oft von der Methioninaminopeptidase abgespalten. Destabilisierende N-Termini entstehen meist durch endoproteolytische Spaltung von Proteinen oder posttranslationale Modifikation der N-terminalen Aminosäure.

Auch die Ubiquitin-homologen Proteine **SUMO** (Small Ubiquitin-Related Modifier, kleiner Ubiquitin-verwandter Modifikator) und **NEDD8** können ähnlich wie Ubiquitin Proteine für zelluläre Prozesse markieren, werden aber nicht vom Proteasom erkannt.

7.3.3 Abbau fehlgefalteter Proteine des ER

Da das ER kein eigenes Proteasom besitzt, müssen im ER fehlgefaltete Proteine dem **Proteasom** im Zytoplasma zugeführt werden. Das ER nutzt dafür das **ERAD-System,** das fehlgefaltete Proteine erkennt, in das Zytoplasma ausschleust, ubiquitinyliert und zum Proteasom leitet.

7.3.3 Abbau fehlgefalteter Proteine des ER

Im rauen ER werden alle Proteine synthetisiert und gefaltet, die sekretiert oder im Endomembransystem transportiert werden (➤ 6.3.5). Folglich wird auch hier ein Mechanismus für den Abbau defekter Proteine benötigt. Im ER selbst gibt es kein Proteasom und auch keine vergleichbaren Proteasen, welche die großen Mengen an fehlgefalteten Proteinen abbauen könnten. Fehlgefaltete Proteine werden stattdessen durch das **ERAD-System** (ER-Associated-Degradation-System) erkannt, aus dem ER in das Zytoplasma exportiert und dort durch das **Proteasom** abgebaut.

7.3 DAS PROTEASOM

Die Zuckerbausteine von ER-Proteinen, die sich mithilfe der im ER vorhandenen Chaperone nicht korrekt falten lassen, werden durch Glykosidasen verkürzt, bis sie eine bestimmte Zusammensetzung haben, die verhindert, dass die Proteine in den Golgi-Apparat exportiert werden (> Abb. 7.6). Zudem bleiben die falsch gefalteten Proteine an die Chaperone des ER gebunden, damit sie nicht aggregieren. **Proteindisulfid-Isomerasen** und das Chaperon **BiP** leiten anschließend die vollständige Entfaltung des Proteins ein. Dadurch werden hydrophobe Bereiche der Proteine freigelegt, die zusammen mit den charakteristisch veränderten Zuckerketten durch den **Retrotranslokationskomplex** erkannt werden. Dieser ist vermutlich das in entgegengesetzte Richtung genutzte Translokon, das die Proteine ATP-abhängig in das Zytoplasma transportiert. Bereits während der **Retrotranslokation** wird das Protein durch eine E3-Ubiquitin-Ligase im Retrotranslokationskomplex ubiquitinyliert. Im Zytoplasma wird das Protein vollständig **deglykosyliert**, weiter mit Ubiquitin markiert und mithilfe von Chaperonen zum **Proteasom** transportiert. Kommt es zu einer besonders starken Anhäufung von fehlgefalteten Proteinen im ER, werden vermehrt ER-Chaperone und Bestandteile des ERAD-Systems gebildet. Diese **Unfolded Protein Response** ist vergleichbar der gesteigerten Expression von zytoplasmatischen Chaperonen als Reaktion auf einen Hitzeschock.

Aus Studentensicht

Zunächst werden die Kohlenhydratketten der fehlgefalteten Proteine durch Glykosidasen verkürzt. **Proteindisulfid-Isomerasen** und **BiP** entfalten anschließend das Protein vollständig, das dadurch vom **Retrotranslokationskomplex** erkannt und unter ATP-Verbrauch in das Zytoplasma exportiert wird. Während der **Retrotranslokation** wird das Protein durch eine E3-Ubiquitin-Ligase ubiquitinyliert. Im Zytoplasma wird es dann vollständig **deglykosyliert** und mithilfe von Chaperonen dem **Proteasom** zugeführt. Häufen sich fehlgefaltete Proteine im ER an, werden vermehrt ER-Chaperone und ERAD-Systembestandteile gebildet (**Unfolded Protein Response**).

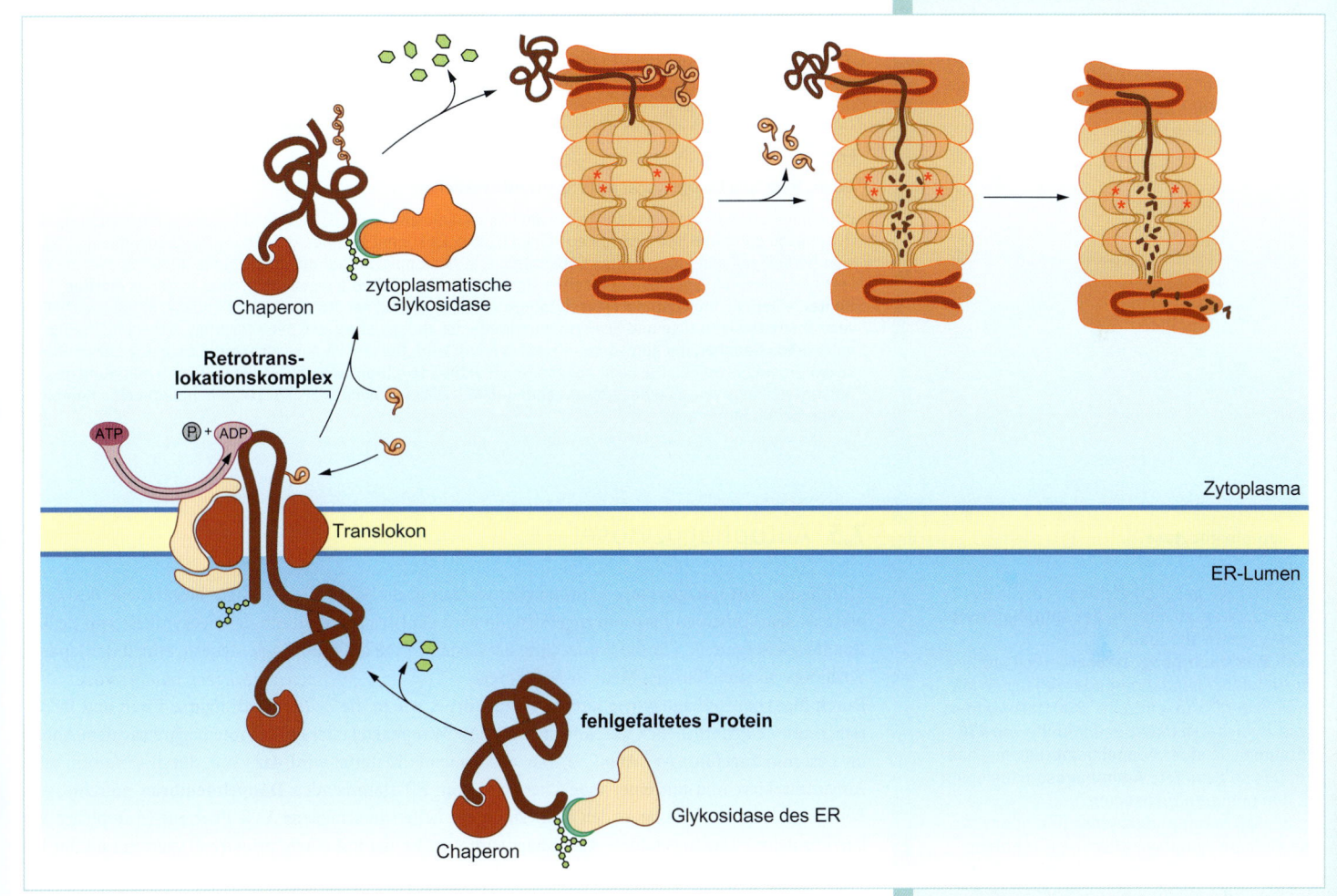

Abb. 7.6 Export falsch gefalteter Proteine aus dem ER [L253]

FALL

Die Patientenvorstellung: Aggregation hat viele Gesichter

Wenn falsch gefaltete Proteine mit an der Oberfläche exponierten hydrophoben Sequenzabschnitten nicht abgebaut werden, können sie aggregieren und dadurch schwerwiegende Krankheitsbilder wie neurodegenerative Erkrankungen auslösen. So auch die beiden Demenzformen in der Patientenvorstellung. Bei Frau Silber ist die Persönlichkeit unverändert, sie weiß um ihre Schwächen und hat daher ihren Mann mitgebracht. Das Kurzzeitgedächtnis ist aber sehr beeinträchtigt. Genau das ist die Aufgabe des bei Alzheimer zunächst betroffenen Hippocampus.
Anders bei Herrn Holt, der keine Krankheitseinsicht hat, relativ enthemmt auftritt und kaum Gedächtnisstörungen zeigt. Hier sind v. a. der Frontal- und Temporallappen betroffen. Dem Frontallappen wird der Sitz der Persönlichkeit zugeordnet, die hier deutlich verändert ist. Die betroffenen Regionen sind namensgebend für die frontotemporale Demenz, an der Herr Holt leidet.
Bei beiden Demenzformen aggregiert u. a. das Tau-Protein intrazellulär und führt dadurch zum Untergang von Neuronen. Je nach Lokalisation kommt es zu einer ganz unterschiedlichen Symptomatik. Bei Alzheimer kommt zusätzlich zu diesen Tau-Ablagerungen (Tau-Tangles) noch eine extrazelluläre Proteinaggregation des Amyloid-β-Peptids hinzu (> 28.3.2).

Auch Mr. Fox (▶ 2.1.1), der schon mit 28 Jahren an Creutzfeldt-Jakob erkrankte, verstarb durch den massiven Zelluntergang nach Aggregation von Prionproteinen, die bei dieser speziellen neuen Variante sogar als Plaques im Präparat sichtbar werden.
Manchmal wird nur eine falsche Aminosäure zum Auslöser einer verhängnisvollen Aggregation, wie bei der Sichelzellanämie. Durch eine falsche hydrophobe Aminosäure im Hämoglobin kommt es zu einer massiven intrazellulären Verklumpung, welche die Erythrozyten sichelförmig verformt und so zur vermehrten Hämolyse führt (▶ 2.2.4).

7.4 Lysosomaler Abbau

Aus Studentensicht – 7.4 Lysosomaler Abbau

Lysosomen dienen dem Abbau von endo- und phagozytierten Protein(aggregat)en sowie Kohlenhydraten, Lipiden und Nukleinsäuren. Dafür enthalten sie zahlreiche **saure Hydrolasen**, u. a. **Kathepsine**, Lipasen, Glykosidasen und Nukleasen.
Aufgrund der topologischen Äquivalenz zu den Lumina anderer Zellkompartimente können sie auch Material des sekretorischen Wegs abbauen.

Im **Lysosom** werden endozytierte und phagozytierte Proteine und Proteinaggregate, aber auch Kohlenhydrate, Lipide und Nukleinsäuren hydrolysiert. Dafür enthält es Proteasen wie die **Kathepsine**, Lipasen, Glykosidasen, Nukleasen und viele weitere **saure Hydrolasen**, deren Aktivitätsoptimum an den sauren pH-Wert des Lysosoms angepasst ist. Das Lysosom ist ein Kompartiment des zellulären Endomembransystems. Sein Lumen ist damit topologisch äquivalent zu den Lumina der anderen Zellkompartimente im sekretorischen Weg und dem Extrazellulärraum. Daher können in Lysosomen auch gealterte Proteine, Lipide und Kohlenhydrate des sekretorischen Wegs abgebaut werden.

> **FALL**
>
> **Olivia, Hans und Georg: lysosomale Speicherkrankheiten**
>
> Wir erinnern uns an die kleine Olivia mit der I-Zell-Krankheit (▶ 6.3.5). Aufgrund fehlender Adressierung der Hydrolasen enthalten ihre Lysosomen keine Enzyme. Es kommt zu einer Aufblähung der Lysosomen (Inclusion Bodies) mit nicht abgebauten Substraten, z. B. Mukopolysacchariden und Lipiden. In der Spezialambulanz für lysosomale Speicherkrankheiten sind auch Hans und Georg regelmäßig. Hans leidet an **Morbus Hunter,** einem X-chromosomal rezessiv vererbten Enzymdefekt der Mukopolysaccharidase. Er hat wie Olivia vergröberte Gesichtszüge und Skelettdeformitäten, ist aber geistig kaum beeinträchtigt. Anders bei Georg mit **Morbus Gaucher,** der autosomal-rezessiv vererbt wird. Bei ihm ist das glykolipidabbauende Enzym Glukozerebrosidase defekt. Die nicht abgebauten Glykolipide führen zu einer schweren Beeinträchtigung des Nervensystems sowie zu einer großen Leber und Milz. Olivias Symptomenspektrum beinhaltet eine Kombination beider Störungen.

7.5 Autophagozytose

Aus Studentensicht – 7.5 Autophagozytose

Gealterte bzw. geschädigte Bestandteile des Zytoplasmas werden mithilfe der **Autophagozytose** im Lysosom abgebaut.
Durch **Makroautophagozytose** werden größere intrazelluläre Fremdkörper oder zelleigene Materialien dem Lysosom zugeführt. Dazu werden diese zunächst markiert und mithilfe von **ATG-Proteinen** von einer **Doppelmembran** umschlossen. Das so gebildete **Autophagosom** fusioniert mit den primären Lysosomen.
Bei der **Mikroautophagozytose** nimmt das Lysosom kleinere zytoplasmatische Bestandteile durch Einstülpungen der Membran auf. Dadurch wird die durch Makroautophagozytose vergrößerte Membranfläche wieder reduziert.
Bei der **chaperonvermittelten Autophagozytose** werden bestimmte zytoplasmatische Proteine dem Lysosom durch Chaperone zugeführt.

Mithilfe der **Autophagozytose** (Autophagie) werden gealterte oder geschädigte Bestandteile des Zytoplasmas dem Abbau im Lysosom zugeführt. So wird ein Gleichgewicht mit der Neusynthese von Zellbestandteilen hergestellt. Für die Entdeckung der Gene, welche die Autophagie steuern, erhielt der Japaner Yoshinori Ohsumi 2016 den Medizin-Nobelpreis.
Durch **Makroautophagozytose** werden Fremdkörper wie in die Zelle eingedrungene Viren und Bakterien, gealterte Zellorganellen wie Mitochondrien (= Mitophagie) oder große Proteinaggregate dem Abbau im Lysosom zugeführt (▶ Abb. 7.7). Das abzubauende Material wird dazu u. a. durch Ubiquitin zum Abbau markiert und mit einer möglicherweise vom ER stammenden **Doppelmembran** umschlossen. Beim Einschluss der abzubauenden Zellbestandteile helfen verschiedene **ATG-Proteine** (Autophagy-Related Proteins). Das so gebildete **Autophagosom** verschmilzt mit einem primären Lysosom und der Inhalt sowie die innere Membran werden hydrolysiert.
Durch **Mikroautophagozytose** können viele kleinere zytoplasmatische Bestandteile in das Lysosom gelangen. Dazu stülpt sich die Lysosomenmembran ein und umschließt zytoplasmatische Bestandteile. Diese werden zusammen mit der Vesikelmembran verdaut, sodass auch die durch Makroautophagozytose vergrößerte Membranfläche wieder reduziert wird. Dadurch können z. B. im Hungerzustand schnell Substrate aus nicht essenziellen Zellbestandteilen für den Stoffwechsel bereitgestellt werden.
Mithilfe von Chaperonen werden zytoplasmatische Proteine, die spezielle Erkennungssequenzen enthalten, spezifisch dem lysosomalen Abbau zugeführt (**chaperonvermittelte Autophagozytose**).

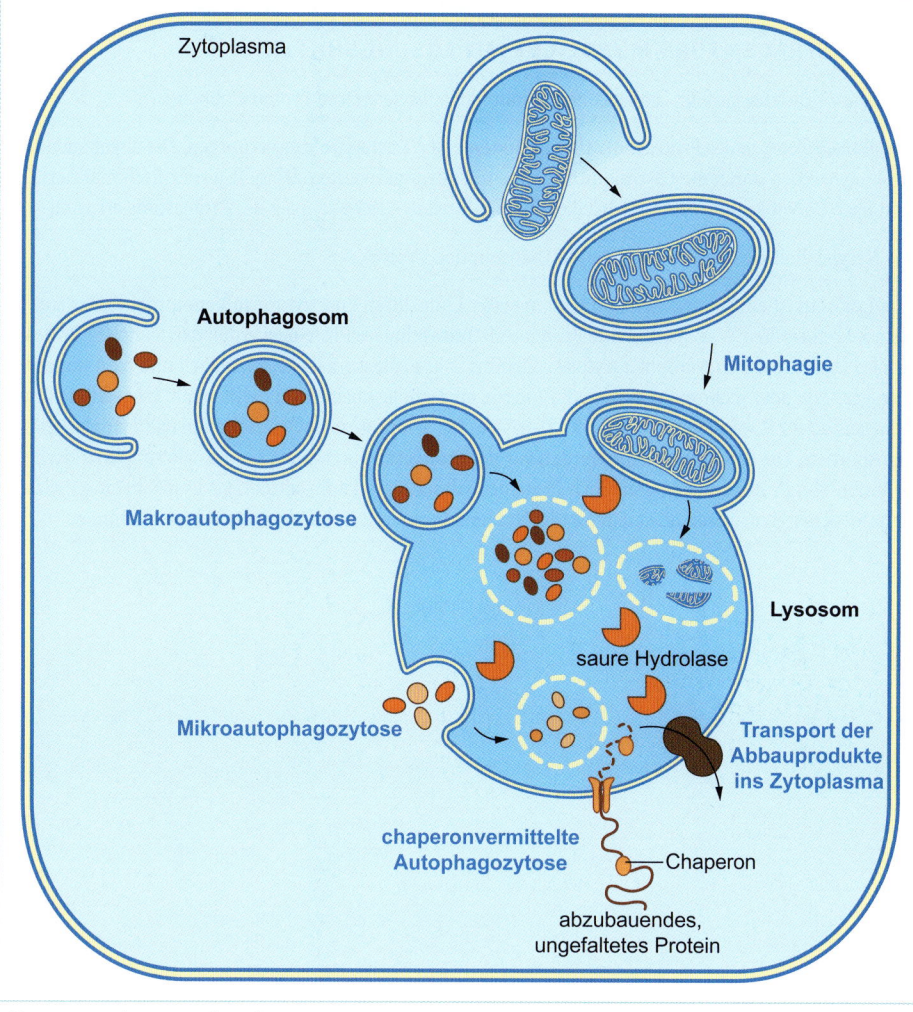

Abb. 7.7 Autophagozytose [L138]

7.6 Schutz vor unkontrollierter Proteaseaktivität

Um einen Abbau noch benötigter Proteine zu verhindern, wird die Aktivität der Proteasen durch unterschiedliche Mechanismen kontrolliert:
- Bildung von inaktiven Proteasevorstufen (= Zymogene) (➤ 3.6.5)
- Markierung der Substratproteine (➤ 7.3.2)
- Abschirmung der katalytischen Zentren im Inneren der Tertiärstruktur (➤ 7.3.2)
- Beschränkung der proteolytischen Aktivität auf bestimmte Zellkompartimente (➤ 7.4) und Organe wie den Magen
- Inaktivierung durch natürliche Proteaseinhibitoren

Natürliche Proteaseinhibitoren sind meist selbst Peptide oder Proteine, die Proteasen kompetitiv oder allosterisch hemmen. Beispiele sind **Antithrombin,** ein von der Leber sezerniertes Glykoprotein, das die Serinproteasen der Blutgerinnungskaskade hemmt und so eine Thrombusbildung verhindert, oder α_1-**Antitrypsin,** ein Akute-Phase-Protein, das von der Leber bei Entzündungsprozessen ausgeschüttet wird und die körpereigenen Proteine vor aktivierten Enzymen im Blut schützt (➤ 25.6.3).

KLINIK

Proteaseinhibitoren als Medikamente

Proteaseinhibitoren werden zur Therapie unterschiedlichster Erkrankungen genutzt. Inhibitoren des Angiotensin-konvertierenden Enzyms (ACE) wie Captopril, welche die Synthese von Angiotensin II hemmen, werden zur Senkung des Blutdrucks eingesetzt (➤ 9.8.4). Zur Hemmung der Blutgerinnung findet der Thrombininhibitor Dabigatran (Pradaxa®) Anwendung (➤ 25.6.3). Durch den Einsatz von Proteaseinhibitoren wurden zudem beachtliche Erfolge in der HIV-Therapie erzielt. Peptidbasierte Inhibitoren der HIV-1-Protease wie Nelfinavir (z. B. Viracept®) verhindern die Proteolyse des viralen Polypeptids, die essenziell für die Vermehrung des Virus ist (➤ 14.2.6). Auch die Wirkung von Insekten- und Reptiliengiften kann auf der Inhibition von Proteasen beruhen.
Neben Proteaseinhibitoren werden auch Proteasen selbst als Medikamente eingesetzt. Ein Beispiel dafür ist das Botulinumtoxin zur Behandlung spastischer Lähmungen (➤ 6.3.5).

Aus Studentensicht

ABB. 7.7

7.6 Schutz vor unkontrollierter Proteaseaktivität

Um einen unkontrollierten Proteinabbau zu vermeiden, gibt es Schutzmechanismen, z. B. Zymogenbildung, Substratproteinmarkierungen, Abschirmung des Proteasom-Inneren, örtliche Beschränkung des Proteinabbaus und Proteaseinhibitoren.
Natürliche Proteaseinhibitoren sind meist Peptide bzw. Proteine, die Proteasen hemmen, wie **Antithrombin,** das die Blutgerinnungskaskade hemmt, oder α_1-**Antitrypsin,** das dem unkontrollierten Abbau körpereigener Proteine während einer Entzündungsreaktion vorbeugt.

KLINIK

Aus Studentensicht

PRÜFUNGSSCHWERPUNKTE
IMPP
!!! Ubiquitin
! Saure Phosphatase (Leitenzym von Lysosomen)

Kompetenzorientierte Lernziele (NKLM)
Die Studierenden können den Abbau von Proteinen erläutern.

ÜBUNGSFRAGEN FÜRS MÜNDLICHE MIT LÖSUNGSHILFEN

1. Wie wird sichergestellt, dass das Proteasom nicht alle zellulären Proteine abbaut?

Die aktiven Zentren des Proteasoms sind im Inneren der Tertiärstruktur verborgen. Die abzubauenden Proteine werden durch die E3-Ubiquitin-Ligase mit zuvor aktiviertem Ubiquitin spezifisch markiert. Erst nach Polyubiquitinylierung wird das Protein durch den 19S-Komplex des Proteasoms erkannt.

2. Vergleichen Sie den Proteinabbau in Lysosom und Proteasom!

Das Lysosom ist ein Zellorganell und baut in erster Linie durch Endozytose aufgenommene oder aus dem sekretorischen Weg stammende Proteine ab. Intrazelluläre Proteine werden den löslichen Proteasen im Lysosom durch Autophagozytose zugeführt. Das Proteasom ist kein Organell und baut ungefaltete, gealterte oder nicht mehr benötigte Proteine im Zytoplasma oder im Zellkern ab. Ungefaltete Proteine aus dem ER werden durch das ERAD-System für den proteasomalen Abbau in das Zytoplasma transportiert. Die Substratproteine werden vor der Proteolyse durch Polyubiquitinylierung markiert. Während das Proteasom ausschließlich Proteine hydrolysieren kann, enthält das Lysosom eine Vielzahl verschiedener Hydrolasen, die auch Lipide, Nukleinsäuren und Kohlenhydrate abbauen können.

KAPITEL 8

Analyse von Proteinen: Woher weiß man das alles?

Sabine Höppner

Aus Studentensicht

8.1	Aufklärung von Proteinfunktion und -struktur 175
8.2	Chromatografische Trennmethoden 176
8.2.1	Prinzip der Chromatografie.. 176
8.2.2	Säulenchromatografie 176
8.2.3	Ionenaustauschchromatografie 177
8.2.4	Hydrophobe Interaktionschromatografie (HIC) 177
8.2.5	Affinitätschromatografie 178
8.2.6	Gelfiltration 179
8.3	Elektrophorese 180
8.3.1	Trennung im elektrischen Feld.. 180
8.3.2	SDS-Polyacrylamid-Gelelektrophorese 180
8.3.3	Serumelektrophorese 182
8.3.4	2-D-Elektrophorese 182
8.4	ELISA (Enzyme-Linked Immunosorbent Assay) 182
8.5	Proteinsequenzierung 184
8.5.1	Edman-Abbau 184
8.5.2	Massenspektrometrie 184
8.6	Strukturbestimmung von Proteinen 186
8.6.1	Strukturbiologische Methoden 186
8.6.2	Röntgenkristallografie 186
8.6.3	Kernresonanzspektroskopie (NMR-Spektroskopie) 188
8.6.4	Kryo-Elektronenmikroskopie 188
8.7	Proteomik 189

Die Funktion von Proteinen wird maßgeblich durch ihre Struktur bestimmt. Daher wird es immer wichtiger, die Struktur von bisher unbekannten Proteinen zu untersuchen und so ihre Funktion im Detail zu verstehen. Auch kommen immer mehr Medikamente auf den Markt, deren wirksamer Bestandteil Proteine sind. Diese müssen rekombinant hergestellt und anschließend aufgereinigt werden. Im klinischen Alltag spielt die Analyse von Proteinen ebenfalls eine wichtige Rolle. Viele Bedside-Tests weisen in kürzester Zeit das Vorhandensein bestimmter Proteine nach und auch Schwangerschaftstests funktionieren nach diesem Prinzip. Hier erfährst du, was im Teststäbchen passiert.
Carolin Unterleitner

8.1 Aufklärung von Proteinfunktion und -struktur

8.1 Aufklärung von Proteinfunktion und -struktur

> **FALL**
>
> **Herr Stern und der Wasserbauch**
>
> Sie kennen Herrn Stern in Ihrer Praxis seit Jahren. Der früher sehr erfolgreiche Unternehmer ist seit der Insolvenz seiner Firma nur noch ein Schatten seiner selbst. Nachdem ihn nun vor zwei Jahren auch noch seine Frau mit den Kindern verlassen hat, scheint die Willenskraft, seine Alkoholabhängigkeit zu bekämpfen, endgültig verschwunden. Heute sucht er Sie auf, da er wieder einmal eine Halsentzündung hat. Bei der körperlichen Untersuchung fällt auf, dass er völlig abgemagert ist, sich sein Bauch aber stark vorwölbt. Wie entsteht dieser Wasserbauch (Aszites) bei einer Leberschädigung? Wie kann eine Serumproteinelektrophorese bei der Beurteilung der Leberfunktion helfen?

Im Jahr 2001 wurde die Fertigstellung der **Sequenzierung des menschlichen Genoms** in der Zeitschrift Nature verkündet. Da bekannt ist, wie Promotorelemente aussehen, kann z. B. anhand der Anzahl spezifischer RNA-Polymerase-II-Promotoren mithilfe der Bioinformatik ermittelt werden, wie viele proteincodierende Gene es ungefähr gibt. Auch die Anzahl der tRNA-Gene bzw. der rRNA-Gene kann über die Anzahl der RNA-Polymerase-III-spezifischen bzw. RNA-Polymerase-I-spezifischen Promotoren ermittelt werden. Da der genetische Code weitgehend universell ist, können die proteincodierenden **DNA-Sequenzen** mithilfe computergestützter Analytik (= in silico) in **Aminosäuresequenzen** übersetzt werden.

Seitdem das **menschliche Genom** sequenziert wurde, kann man die **Anzahl der Gene** anhand der bekannten **Promotorsequenzen** abschätzen.

Aus Studentensicht

Um mehr Informationen über die **Zusammenhänge** zwischen den Genprodukten zu bekommen, reicht die Kenntnis der Sequenz nicht aus. **Methoden der Proteinanalytik** können hier weiterhelfen.

8.2 Chromatografische Trennmethoden

8.2.1 Prinzip der Chromatografie
Proteine lassen sich mithilfe der **Chromatografie** anhand folgender **Eigenschaften** auftrennen:
- Ladung
- Größe
- Oberflächeneigenschaften

Dabei bewegen sich die Proteine in Flüssigkeit gelöst (= mobile Phase) über eine Matrix (= stationäre Phase), mit der sie entsprechend ihren Eigenschaften mehr oder weniger interagieren.

8.2.2 Säulenchromatografie
Für eine Säulenchromatografie werden die **nativen, gefalteten Proteine** gemeinsam aufgetragen und **trennen** sich dann abhängig von ihren Eigenschaften während des Durchlaufens der stationären Phase immer weiter auf.
Mithilfe eines UV-Detektors können Proteine allgemein nachgewiesen, aber nicht identifiziert werden.
Je nach ihrer **Durchlaufzeit** werden die Proteine am Ende in **Fraktionen** gesammelt. Proteine mit unterschiedlichen Eigenschaften landen in verschiedenen Fraktionen, solche, die gleich schnell wandern, in derselben Fraktion.

8 ANALYSE VON PROTEINEN: WOHER WEISS MAN DAS ALLES?

Fragen zur Funktion eines Proteins, zu den Signalwegen, an denen es beteiligt ist, oder zu den Zellen, in denen es exprimiert wird, zu Modifikationen, Faltung oder den Komplexen, die es mit anderen Proteinen bildet, können mit den Informationen aus der Genomsequenzierung aber nicht beantwortet werden. Dazu benötigt man die **Methoden der Proteinanalytik.**

8.2 Chromatografische Trennmethoden

8.2.1 Prinzip der Chromatografie
Um Proteine analysieren zu können, müssen sie für vielfältige Folgeexperimente zuerst aus einem Gemisch von vielen verschiedenen Proteinen aufgereinigt werden. Dabei macht man sich entweder ihre natürlichen Eigenschaften zunutze oder fügt künstliche hinzu. Solche künstlichen Eigenschaften kommen beispielsweise durch Anhängen zusätzlicher Aminosäuren (= **Tag**, Markierung) zustande, die aus Modifikationen der proteincodierenden Gensequenz resultieren (➤ 8.2.5).
Chromatografie bezeichnet ein Trennverfahren, bei dem ein Stoffgemisch (hier das Proteingemisch), das als **mobile Phase** vorliegt, anhand seiner Wechselwirkung mit einer **stationären Phase** (= Matrix) aufgetrennt wird. Die Bezeichnung basiert auf dem ursprünglichen Einsatz der Methode zum Auftrennen von Farbpigmenten (griech. chroma = Farbe) aus grünen Blättern. Mit chromatografischen Methoden lassen sich Proteine anhand ihrer **Ladung**, ihrer **Größe** und ihren **Oberflächeneigenschaften** trennen.

8.2.2 Säulenchromatografie
Bei chromatografischen Reinigungsmethoden lässt man meist **native Proteine,** gelöst in einem Puffer (= **mobile Phase**), durch eine **Säule** laufen, die je nach Methode mit verschiedenen **stationären Phasen** befüllt ist. Die Proteine interagieren mit dem Säulenmaterial und werden basierend auf ihren physikalisch-chemischen Eigenschaften entweder vollständig zurückgehalten, verlangsamt oder weitgehend ungehindert durch die Säule gespült.
Hinter der Säule fließt die Probe oft durch einen **UV-Detektor.** Proteine absorbieren UV-Licht bei einer Wellenlänge von 280 nm und können daher bei dieser Wellenlänge nachgewiesen werden (➤ 3.3.1). Nach der Detektion wird das **Eluat** der Säule in Fraktionen gesammelt. Dadurch werden die unterschiedlichen Proteine des Ausgangsgemischs getrennt und enden je nach Eigenschaft in verschiedenen Fraktionen (➤ Abb. 8.1).

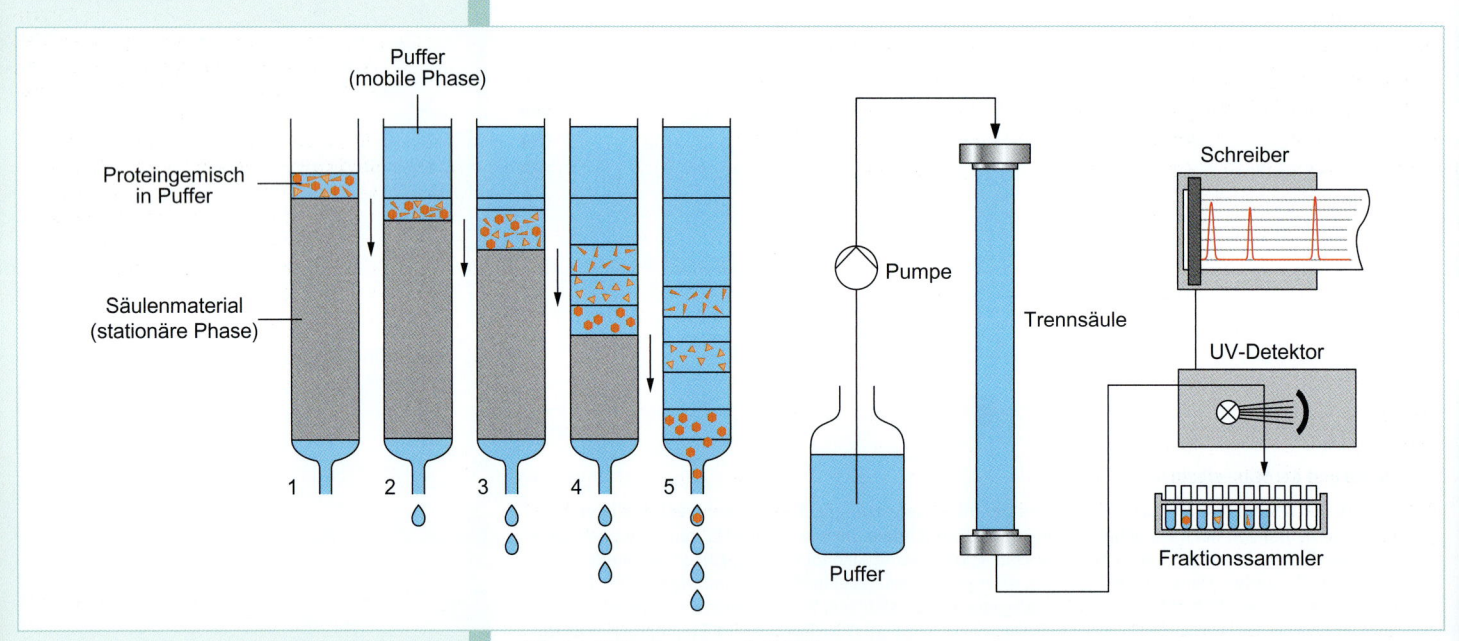

Abb. 8.1 Säulenchromatografie [L253]

Mit der UV-Messung kann nur geklärt werden, ob und wie viel Gesamtprotein in einer bestimmten Fraktion vorhanden ist. Zur eindeutigen Identifizierung eines bestimmten Proteins in einer Fraktion müssen weitere spezifische Analyseverfahren wie SDS-PAGE oder Western-Blot angewandt werden. Die Proteinlösung kann allein aufgrund der Wirkung der Schwerkraft durch die Säule fließen. In der Praxis wird insbesondere bei der präparativen Aufreinigung von Proteinen meist ein leichter Druck von ca. 0,15 bis 4 MPa (1,5–40 bar) angelegt (**Fast Protein Liquid Chromatography, FPLC**). Für die Analyse von sehr kleinen Proteinmengen wird meist **High Performance Liquid Chromatogaphy (HPLC)** mit wesentlich höherem Druck (50–350 bar) verwendet.

8.2 CHROMATOGRAFISCHE TRENNMETHODEN

Probenvorbereitung

Es bedarf einiger Vorbereitung, bevor eine Probe aus ganzen Zellen oder Geweben auf einer Chromatografiesäule analysiert werden kann. Zunächst müssen die Zellen aufgeschlossen werden, um natürliche oder rekombinante Proteine freizusetzen. Dafür steht eine Auswahl von Methoden wie der enzymatische **Aufschluss** mit Lysozym (nur für Bakterienzellen), Ultraschall oder das Aufbrechen unter Hochdruck (= French Press) zur Verfügung.

Das Gemisch aus Zellbestandteilen kann anschließend durch **Zentrifugation** in unlösliche (z. B. Membranen, Zellwände und Organellen) und lösliche Bestandteile (z. B. Zytosol, Lumen des ER) getrennt werden (> Abb. 8.2). Dabei wird das Gemisch wie in einer Wäscheschleuder in schnelle Rotation versetzt, sodass sich die unlöslichen Bestandteile mit hoher Dichte in einem Pellet am Gefäßboden ablagern (sedimentieren). Die weniger dichten, löslichen Bestandteile verbleiben im Überstand. Durch schrittweise Erhöhung der Zentrifugationsgeschwindigkeit und damit der Zentrifugalbeschleunigung (Relative Centrifugal Force) oder durch Verwendung von übereinandergeschichteten Lösungen mit unterschiedlicher Dichte (Dichtegradientenzentrifugation) ist auch die **Fraktionierung einzelner Zellkompartimente** möglich, sodass beispielsweise Mitochondrien isoliert werden können. Integrale Membranproteine werden vor ihrer chromatografischen Auftrennung durch Zusatz von Detergenzien in Lösung überführt.

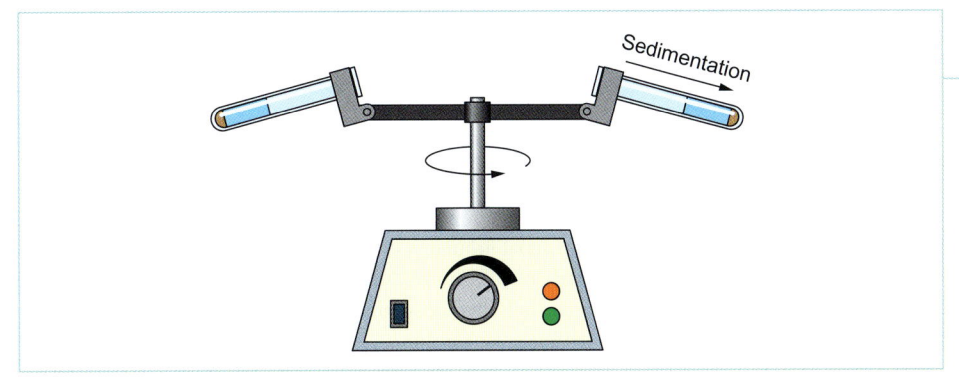

Abb. 8.2 Prinzip der Zentrifugation [L253]

8.2.3 Ionenaustauschchromatografie

Abhängig von der Aminosäurezusammensetzung und dem pH-Wert tragen Proteine unterschiedliche Nettoladungen und können andere Ionen, die an einem Säulenmaterial gebunden sind, verdrängen (= **Ionentauscher**). Negativ geladene Proteine können Anionen an sog. Anionentauschern verdrängen und eine Bindung mit dem positiv geladenen Säulenmaterial eingehen. Es hält negativ geladene Proteine **über ionische Wechselwirkung** zurück, während positiv geladene hindurchfließen. Umgekehrt binden positiv geladene Ionen an Kationentauscher. Als stationäre Phase von Kationentauschern werden z. B. poröse Kunststoffkügelchen verwendet, die über sog. Linker kovalent an negativ geladene Sulfatgruppen gebunden sind. Die Sulfatgruppen binden im Ursprungszustand z. B. positiv geladene Na^+-Ionen, die während der Chromatografie durch die positiv geladenen Proteine in der mobilen Phase verdrängt werden. Damit binden die positiv geladenen Proteine einer Mischung an das Säulenmaterial, die negativ geladenen werden hindurchgespült (> Abb. 8.3a). Anionentauscher tragen statt der Sulfatgruppe z. B. eine positiv geladene quartäre Stickstoffgruppe in der stationären Phase.

Zur **Elution** (Ablösung) der Proteine kann der **Ionengehalt** des Puffers **in einem Gradienten erhöht werden.** Je nach ihrer Nettoladung werden die gebundenen Proteine dabei früher oder später durch die Ionen des Puffers wieder von der Säule verdrängt. Über kontinuierliche UV-Messung bei 280 nm werden die Fraktionen identifiziert, in denen sich Proteine befinden (> Abb. 8.3b). Auf diese Weise ist es sogar möglich, verschiedene Phosphorylierungsstufen desselben Proteins voneinander aufgrund des Ladungsunterschieds zu trennen.

8.2.4 Hydrophobe Interaktionschromatografie (HIC)

Bei der **hydrophoben Interaktionschromatografie** (HIC) binden Proteine mit hydrophoben Bereichen ihrer Oberfläche an **hydrophobes Säulenmaterial,** das z. B. Phenyl- oder Alkylreste enthält. Die hydrophoben Bereiche der nativen Proteine werden zugänglich, wenn das Protein durch Zugabe von viel Salz im Puffer teilweise von seiner Hydrathülle getrennt wird, da die Ionen des Puffers mit dem Protein um die Wassermoleküle konkurrieren. Durch Absenken des Ionengehalts können die gebundenen Proteine anschließend eluiert werden, da sie ihre Hydrathülle zurückgewinnen. Genau entgegengesetzt zur Ionenaustauschchromatografie werden bei der hydrophoben Interaktionschromatografie die Proteine in einem Puffer mit **hoher Salzkonzentration** an die Säule **gebunden** und mit niedriger Salzkonzentration eluiert. Der Salzgradient verläuft also genau umgekehrt.

Aus Studentensicht

Probenvorbereitung

Um die **Probe** für die Säulenchromatografie **vorzubereiten,** werden die Zellen zunächst aufgeschlossen, um die löslichen Bestandteile im Inneren freizusetzen. Methoden zum **Aufschließen** sind z. B.:
- Enzymatisch (mit Lysozym)
- Ultraschall
- Hochdruck

Durch **Zentrifugation** werden die unlöslichen Bestandteile, wie **Membranen,** von den löslichen Bestandteilen, wie dem **Zytosol,** getrennt. Die löslichen Teile befinden sich danach im Überstand.
Durch Verwendung von **Gradienten** können auch einzelne Zellkompartimente voneinander getrennt werden.

ABB. 8.2

8.2.3 Ionenaustauschchromatografie

Proteine sind abhängig von ihrer Aminosäurezusammensetzung und dem pH-Wert **geladen.** Bei der **Ionenaustauschchromatografie** binden die Proteine an die Säule, wobei sie dort bereits gebundene Ionen verdrängen. Die Proteine können von der Säule wieder **eluiert** (abgelöst) werden, indem der Salzgehalt des Puffers erhöht wird. Positiv geladene Proteine binden an negativ geladenes Säulenmaterial (= **Kationentauscher**) und umgekehrt (= **Anionentauscher**). Je stärker ein Protein geladen ist, desto fester bindet es an das Säulenmaterial und desto später eluiert es in einem Salzgradienten.

8.2.4 Hydrophobe Interaktionschromatografie (HIC)

Proteine mit **hydrophoben Bereichen auf der** Oberfläche können über die **hydrophobe Interaktionschromatografie** aufgetrennt werden. Diese Proteine binden an die hydrophobe Matrix und werden dann eluiert.

Aus Studentensicht

8 ANALYSE VON PROTEINEN: WOHER WEISS MAN DAS ALLES?

ABB. 8.3

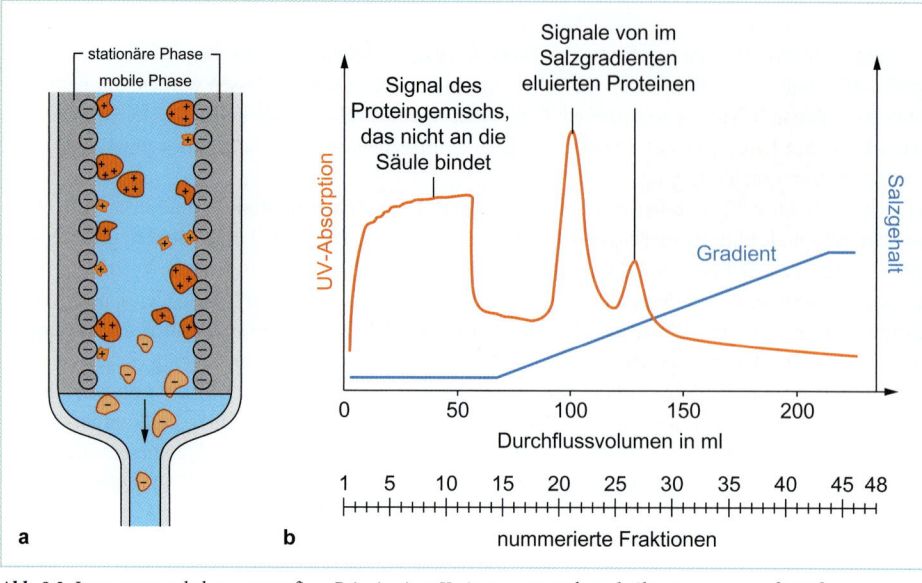

Abb. 8.3 Ionenaustauschchromatografie. **a** Prinzip eines Kationenaustauschers. **b** Chromatogramm. [L253]

8.2.5 Affinitätschromatografie

Die **Affinitätschromatografie** ist eine besonders effiziente Methode, um einzelne Proteine zu isolieren. Dabei werden spezifische **Liganden** des Proteins an das Säulenmaterial gebunden. Beim Durchlaufen der Säule bleiben nur diejenigen Proteine haften, die an den Liganden binden. Die gebundenen Proteine können durch Zugabe von einem freien Liganden eluiert und so isoliert werden.

KLINIK

8.2.5 Affinitätschromatografie

Die **Affinitätschromatografie** ist eine besonders effiziente Art der Proteinreinigung und nutzt die einzigartige Eigenschaft einiger Proteine aus, mit hohen Affinitäten an spezifische Partner (= **Liganden**) zu binden. Diese werden fest an das Säulenmaterial gebunden und halten das zu reinigende Protein fest, während andere Proteine ungehindert mit dem Puffer durch die Säule fließen. Durch Zugabe von freiem Liganden im Überschuss oder eines anderen Stoffs, der die spezifische Bindung löst, kann das gewünschte Protein eluiert werden.

> **KLINIK**
>
> **Antikörper für Impfungen**
>
> Bei passiven Impfungen werden dem Patienten spezifische Antikörper injiziert, die ihn direkt vor Krankheitserregern schützen. Dafür benötigte **IgG-Antikörper** können über ihre Affinität zu **Protein A** gereinigt werden, das dazu auf dem Säulenmaterial immobilisiert wird. Der gereinigte Antikörper kann durch Senkung des pH-Werts eluiert werden.
> **Protein A** ist ein Rezeptor auf der Zelloberfläche von *Staphylococcus aureus*, der spezifisch den Fc-Teil von IgG-Antikörpern bindet (> 16.4.6). Er dient dem Bakterium dazu, sich mit Antikörpern „zu maskieren" und so der menschlichen Immunabwehr zu entgehen.

Affinitätstags

Für eine spezifische Bindung an einen Liganden werden oft **künstliche Markierungen (Tags)** eingesetzt. Bekannte Tags sind:
- His-Tag
- GST-Tag
- FLAG-Tag

Nachdem nur das Zielprotein vorher gentechnisch mit dem Tag versehen wurde, kann es so leicht aus dem Gemisch isoliert werden.

Affinitätstags

Proteine, die keine hohe Affinität zu einem geeigneten Bindungspartner haben, werden im Labor häufig durch gentechnische Methoden mit einem **Tag (Markierung)** versehen. Dieser bindet mit hoher Affinität an einen spezifischen **Liganden** und kommt in den anderen Proteinen der Probe nicht vor. Beispiele sind His-Tag, GST-Tag oder FLAG-Tag.

Beim **His-Tag** wird an das Gen des rekombinant exprimierten Proteins eine DNA-Sequenz angefügt, die typischerweise für sechs oder mehr Histidinreste codiert. Bei der Translation werden die Histidine Teil des exprimierten Proteins. Die stationäre Phase, z. B. Agarose, wird zunächst mit **Nitrilotriessigsäure (NTA)** verknüpft. Durch diese werden Ni^{2+}-**Ionen** koordiniert, mit denen wiederum die Histidine des Zielproteins mit hoher Affinität interagieren können (> Abb. 8.4a). Die Elution der gebundenen Proteine erfolgt mit **Imidazol** (> Abb. 8.4b), das mit den Imidazol-Ringen der Histidine um die Bindung an die Ni^{2+}-Ionen konkurriert. Der His-Tag ist relativ klein und stört selten die Funktion des Zielproteins, wenn er am N- oder C-Terminus angebracht ist. Allerdings können auch andere histidinhaltige Proteine relativ unspezifisch an das Säulenmaterial binden, sodass je nach Anwendung weitere Reinigungsschritte benötigt werden.

Ein weiteres Beispiel für Affinitätschromatografie ist die Reinigung mithilfe des **GST-Tag**. Hier wird das Gen für ein ganzes Protein, die **Glutathion-S-Transferase** (GST; > 22.3.2), gentechnisch so mit dem Gen des zu reinigenden Proteins verbunden, dass daraus ein **Fusionsprotein** translatiert wird. Bei der Aufreinigung wird die Bindung der GST an Glutathion, das mit der stationären Phase gekoppelt ist, ausgenutzt. Die Elution des Fusionsproteins erfolgt durch Zugabe eines Überschusses an freiem Glutathion im Puffer.

Proteine, an die durch gentechnische Methoden ein anderes Protein, wie z. B. die Glutathion-S-Transferase angefügt wurde, werden als **Fusionsproteine** bezeichnet.

8.2 CHROMATOGRAFISCHE TRENNMETHODEN

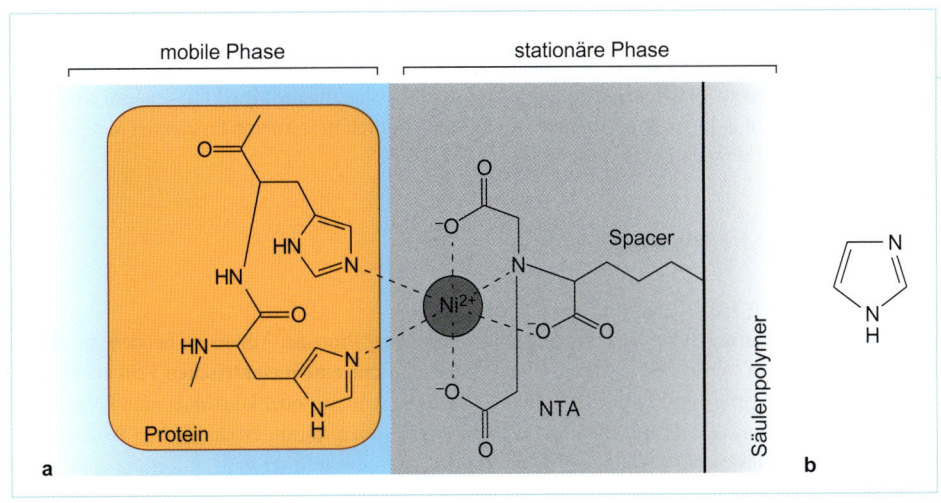

Abb. 8.4 a Wechselwirkung zweier Histidinseitenketten mit Ni^{2+}-Ionen an einer Ni-NTA-Säule. b Imidazol. [L253]

Reinigung im Batch-Verfahren und Pulldown-Assay

Die Materialien der stationären Phase der Affinitätschromatografie werden nicht immer in Säulen gefüllt, sondern können auch direkt zum gelösten Proteingemisch gegeben werden. Nach einer gewissen Inkubationszeit wird das Material mit Puffer gespült und mit dem passenden Reagenz eluiert. Dieses **Batch-Verfahren** eignet sich besonders gut für die Aufreinigung von Kleinstmengen an Protein.
Es kann aber auch verwendet werden, um **Interaktionspartner** eines gereinigten Proteins, das z. B. über die Bindung an Glutathion an der stationären Phase fixiert ist, aus dem löslichen zellulären Überstand „herauszuziehen", um sie anschließend zu identifizieren (= **Pulldown-Assay**). Bei der **Immunpräzipitation (IP)** werden spezifische Antikörper über Protein A immobilisiert, um das Zielprotein, gegen das der Antikörper gerichtet ist (= Antigen), aus einem Proteingemisch zu isolieren.

8.2.6 Gelfiltration

Bei der Gelfiltration (Größenausschlusschromatografie, Size Exclusion Chromatography, SEC) werden **native Proteine** nach ihrer **Größe** getrennt. Bei mehrstufigen Reinigungen zum Erreichen hoher Reinheiten ist sie normalerweise der letzte Schritt einer Proteinreinigung, da die Säulen der Gelfiltration sehr druck- und verschmutzungsempfindlich sind. Sie eignen sich daher nicht für eine Grobtrennung der Proteine zu Beginn einer Reinigung. Als stationäre Phase dienen poröse Kügelchen, z. B. aus Agarose oder Dextran. Durch Spülen mit Pufferlösung wandern die Proteine in der Säule nach unten. Je kleiner die Proteine sind, desto leichter können sie in die Poren der Kügelchen hineindiffundieren und dadurch zurückgehalten werden (➤ Abb. 8.5). Bei der Gelfiltration wandern kleine Proteinmoleküle langsamer durch die Säule als große, voluminöse Proteine. Daher werden große Moleküle vor kleinen eluiert. Auch die Form der Proteine hat einen gewissen Einfluss. Durch Gelfiltration lassen sich auch multimere Komplexe desselben Proteins, die unterschiedliche Anzahlen von Untereinheiten enthalten, unterscheiden, was durch die oben aufgeführten Methoden nicht möglich ist.

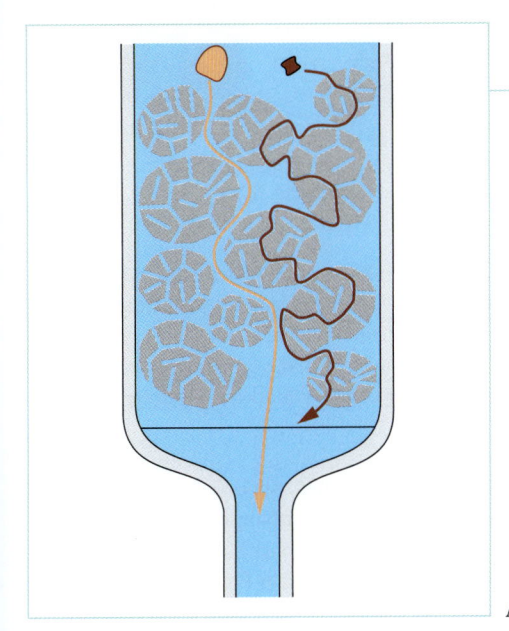

Abb. 8.5 Prinzip der Gelfiltration [L253]

Aus Studentensicht

ABB. 8.4

Reinigung im Batch-Verfahren und Pulldown-Assay

Die Säulenmaterialien können auch direkt zur Proteinlösung gegeben werden (= **Batch-Verfahren**).
Bei einem **Pulldown-Assay** werden Interaktionspartner eines bekannten Proteins gefunden. Wird für den Pulldown ein immobilisierter Antikörper verwendet, spricht man von **Immunpräzipitation**.

8.2.6 Gelfiltration

Die **Gelfiltration** trennt native Proteine anhand ihrer **Größe** auf. Als stationäre Phase wird oft Agarose oder Dextran verwendet.

ABB. 8.5

Aus Studentensicht

Um die **Größe der Proteine** abschätzen zu können, werden die Gelfiltrationssäulen mit einem bekannten Proteingemisch **kalibriert.**

8.3 Elektrophorese

8.3.1 Trennung im elektrischen Feld

Bei der **Elektrophorese** werden Proteine durch ein **elektrisches Feld** getrennt. Abhängig von Größe und Ladung wandern sie unterschiedlich schnell zum entgegengesetzten Pol. Die Elektrophorese ist i. d. R. ein **Analyseverfahren.**

8.3.2 SDS-Polyacrylamid-Gelelektrophorese

Um Proteine in der Gelelektrophorese nur nach ihrer **Größe** zu trennen, müssen sie **denaturiert** werden. Zur Entfaltung wird **SDS** (= Natriumdodecylsulfat) verwendet. Es sorgt dafür, dass die Proteine **proportional** zu ihrer **Größe negativ geladen** sind. Die ursprüngliche eigene Ladung spielt dann keine Rolle mehr.

---

8 ANALYSE VON PROTEINEN: WOHER WEISS MAN DAS ALLES?

Gelfiltrationssäulen werden mit einem Standardgemisch von Proteinen bekannter Größe kalibriert. So kann die Größe eines Proteins oder Proteinkomplexes grob abgeschätzt werden.
Die Methode wird zu analytischen Zwecken im kleinsten Maßstab, häufig als HPLC, genauso eingesetzt wie zur Reinigung im industriellen Großmaßstab mit Säulendurchmessern von bis zu zwei Metern, etwa bei der Herstellung therapeutischer Antikörper.

8.3 Elektrophorese

8.3.1 Trennung im elektrischen Feld

Auch die **Elektrophorese** dient der Trennung unterschiedlicher Proteine. Anders als bei den chromatografischen Methoden werden die zu trennenden Proteingemische **einem elektrischen Feld ausgesetzt.** Abhängig von ihrer Größe und Ladung wandern die Proteine schneller oder langsamer zum Pol mit entgegengesetzter Ladung. Als **Träger** werden Gele oder Membranen mit unterschiedlichen Porengrößen genutzt (= **Trägerelektrophorese**). Die Proteine können entweder in ihrer nativen Faltung oder durch einen Denaturierungsschritt entfaltet vorliegen. Die Elektrophorese wird meist nicht zur präparativen Aufreinigung von Proteinen verwendet, sondern zu **Analysezwecken.**

8.3.2 SDS-Polyacrylamid-Gelelektrophorese

Um Proteine ausschließlich nach ihrer **Größe** in einem Gel zu trennen und sichtbar zu machen, werden sie in dem nach seinem Erfinder benannten Lämmli-Puffer durch Detergenzien entfaltet. Die Nutzung und Verbreitung der Methode in Forschung und Medizin ist so zentral, dass der Originaltext zu dieser Methode aus dem Jahre 1970 die am zweithäufigsten zitierte wissenschaftliche Publikation wurde.
Zur **Denaturierung** der Proteine wird **Natriumdodecylsulfat** (**SDS,** Sodium Dodecyl Sulfate, Natriumlaurylsulfat) verwendet (> Abb. 8.6). Da sich Moleküle dieses Detergens beim Entfaltungsprozess zahlenmäßig **proportional zur Länge** des Proteins anlagern und jeweils eine negative Ladung mitbringen, werden die natürlichen Ladungen des Proteins verdeckt und im Verhältnis zur Gesamtladung vernachlässigbar klein. Durch die Wahl des Puffers mit einem pH-Wert im basischen Bereich sind die Seitenketten der meisten Aminosäuren zudem entweder nicht oder negativ geladen. Daraus ergibt sich, dass das Verhältnis von Masse zu Ladung bei allen Proteinen gleich wird und die Proteine ausschließlich nach ihrer Größe getrennt werden.

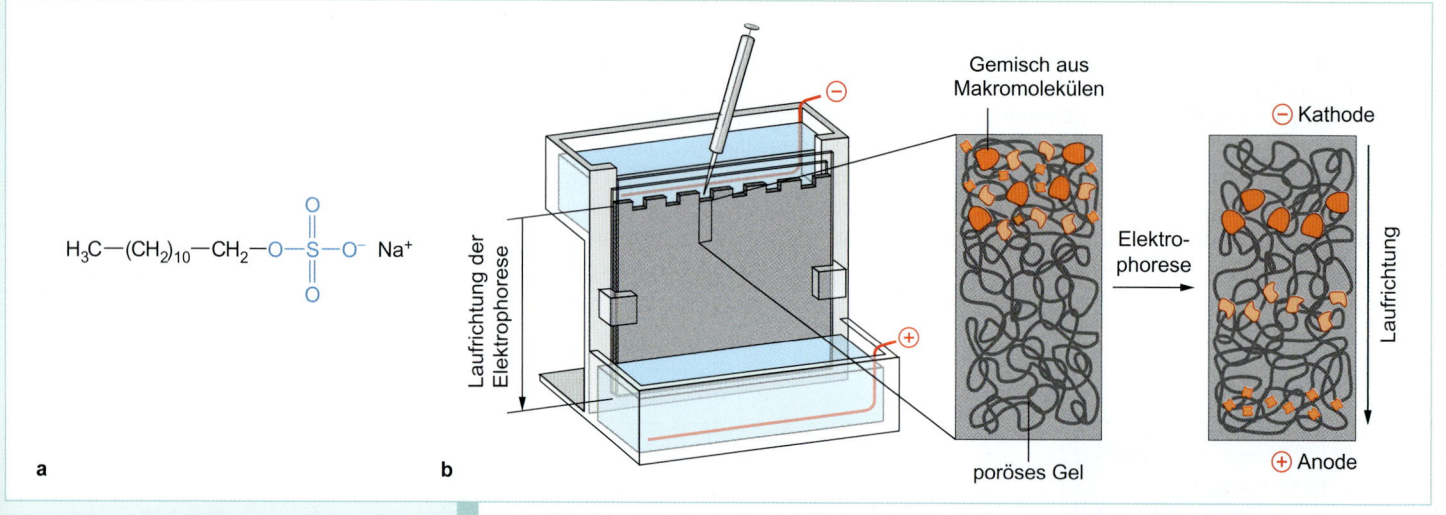

Abb. 8.6 a Natriumdodecylsulfat. **b** SDS-Polyacrylamid-Gelelektrophorese (SDS-PAGE). [L253]

Proteinfärbungen

Nach der Auftrennung im Gel werden die Proteine durch **Coomassie-Farbstoff** sichtbar gemacht. Noch sensitiver und damit für kleinere Proteinmengen geeignet ist die **Silberfärbung.**

Als Trägersubstanz wird ein **Polyacrylamidgel** verwendet, dessen Maschengröße abhängig von der verwendeten Konzentration unterschiedlich groß sein kann.
Je kleiner die Proteine sind, desto schneller wandern sie **zum Pluspol (Anode).**

Als Träger dient ein dünnes Gel aus **Polyacrylamid,** das je nach Konzentration des Polyacrylamids eine Netzstruktur mit unterschiedlichen Maschengrößen ausbildet. Nach Anlegen eines elektrischen Felds wandern die Proteine in diesem Gel **zum Pluspol (Anode).** Kleine Proteine können auch durch kleine Maschen hindurch, weshalb sie schneller wandern als große Proteine. Um die Größe zu bestimmen, werden neben der Proteinprobe Gemische von Proteinen bekannter Größe (= Marker) aufgetragen.

Proteinfärbungen

Um die Proteine im Anschluss an die Trennung im Gel sichtbar zu machen, gibt es verschiedene Möglichkeiten der Färbung. Die einfachste und schnellste Methode ist die direkte Färbung des Gels mit dem Farbstoff **Coomassie Brilliant Blue** (> Abb. 8.7a). So werden alle Proteine ab einer Menge von etwa 10 ng als blaue Banden sichtbar. Diese Färbung wird oft zur Prüfung der Reinheit eines Proteins nach einer chromatografischen Aufreinigung eingesetzt. Ist ein sensitiverer Nachweis nötig, werden die Proteine im Gel meist mit **Silber-Ionen** angefärbt.

8.3 ELEKTROPHORESE

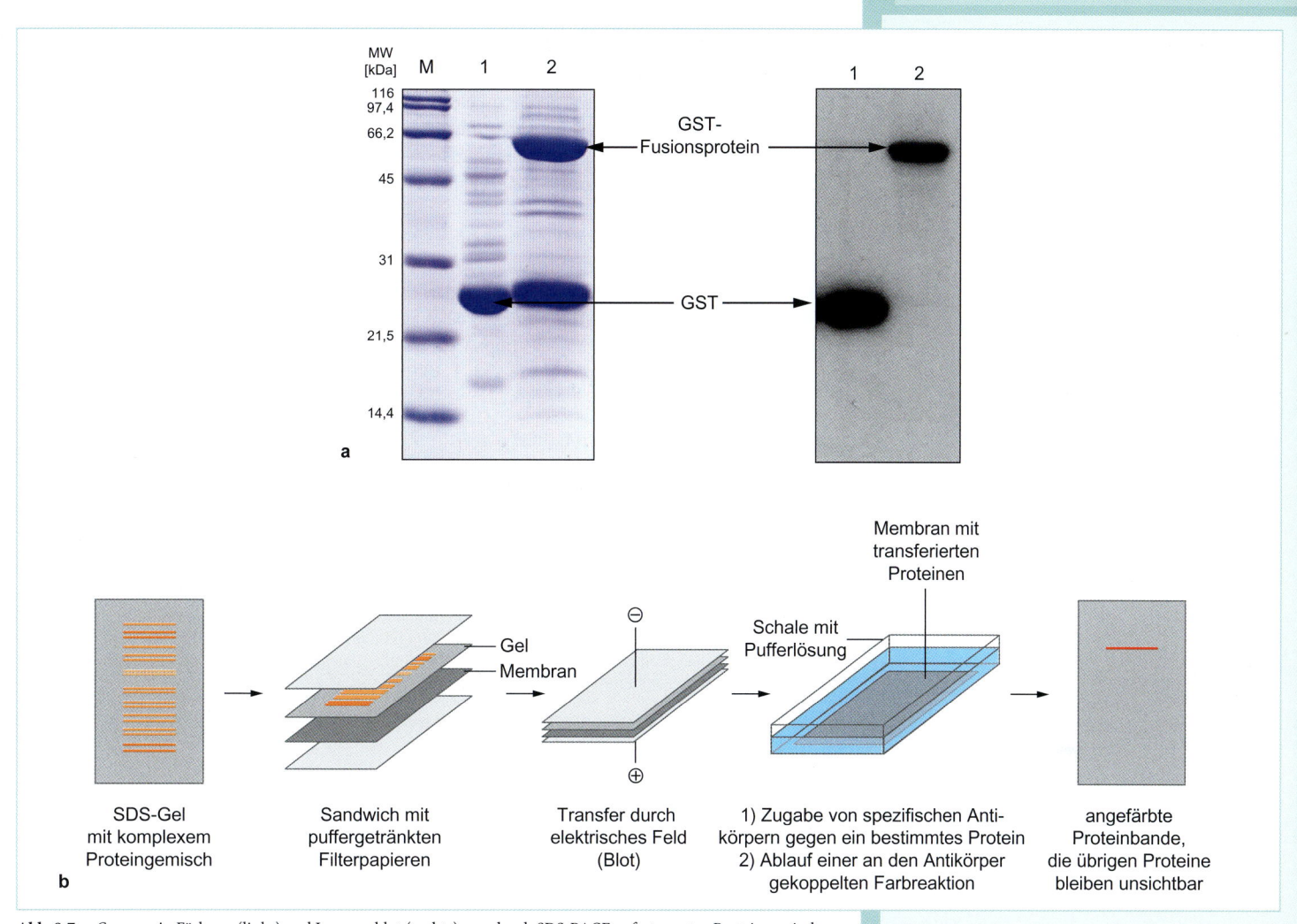

Aus Studentensicht

Abb. 8.7 a Coomassie-Färbung (links) und Immunoblot (rechts) von durch SDS-PAGE aufgetrennten Proteingemischen aus Bakterien, die GST (1) oder ein GST-Fusionsprotein (2) exprimieren. Alle übrigen in der Coomassie-Färbung sichtbaren Banden sind Proteine, die keinen GST-Tag enthalten und daher nicht im Immunoblot sichtbar sind, da im Immunoblot Antikörper gegen Glutathion-S-Transferase (GST) eingesetzt wurden. M = Markerproteine mit bekannter Masse. [P414, L252] **b** Western-Blot. [L271, L307]

Western-Blot

Oftmals ist es aber das analytische Ziel, **ein bestimmtes Protein** in einem Gemisch von Tausenden sichtbar zu machen oder die Identität eines Proteins nachzuweisen. In diesem Fall können die durch SDS-PAGE aufgetrennten Proteine über einen Western-Blot auf eine **Membran** aus Materialien wie Nitrozellulose, Nylon oder Polyvinylidenfluorid (PVDF) übertragen werden. Dazu wird das Gel auf die Membran gelegt (> Abb. 8.7b). Hinzu kommen Lagen aus puffergetränktem Zellstoff auf beiden Seiten. Wird nun ein elektrisches Feld senkrecht zur Gelfläche mit der Anode (Pluspol) auf der Membranseite angelegt, wandern die negativ geladenen Proteine in Richtung der Membran und werden von ihr gebunden. Dadurch wird das Proteinmuster vom Gel auf die Membran übertragen und bleibt dort für die nachfolgenden Schritte fixiert. Prinzipiell würde der Western-Blot auch ohne elektrisches Feld funktionieren, wenn der Aufbau so gestaltet wird, dass die Proteine über Kapillarkräfte in die Membran gezogen werden. Zur Beschleunigung wird in der Praxis jedoch fast immer ein elektrisches Feld genutzt. Das Blot-Verfahren im eigentlichen Sinne ist mit dem Transfer der Proteine auf die Membran abgeschlossen, oft wird jedoch das im Anschluss häufig durchgeführte Nachweisverfahren auch zum Western-Blot hinzugerechnet.

Das häufigste Nachweisverfahren ist die Detektion eines bestimmten Proteins mithilfe von **Antikörpern** (> 16.4.6) und einer Farb- oder Lichtreaktion (= **Immunoblot**) (> Abb. 8.7). Dabei binden die Antikörper entweder das Zielprotein selbst oder einen Tag (> 8.2.5). Die **Farb- oder Lichtreaktion** erfolgt über Enzyme, die an die Antikörper **gekoppelt** wurden und Substrate in farbige oder leuchtende Produkte umsetzen. Zum Nachweis von leuchtenden Produkten wird in der Dunkelkammer ein Film oder ein Detektionsgerät verwendet. Die Enzyme können entweder direkt an den spezifischen Antikörper (**primärer Antikörper**) gekoppelt sein oder an einen zweiten Antikörper (**sekundären Antikörper**) gebunden werden, der spezifisch den Fc-Teil des primären Antikörpers erkennt. Das gleiche Prinzip wird auch beim ELISA angewendet (> Abb. 8.8). Durch die hohe Spezifität und Affinität der Antikörper können so auch Proteine, die nur in sehr geringen Mengen in Gemischen mit vielen anderen Proteinen vorliegen, detektiert werden.

Western-Blot

Um spezifisch ein **einzelnes Protein** nachzuweisen, ist der **Western-Blot** die Methode der Wahl. Nach dem Auftrennen des Proteingemischs über SDS-PAGE werden die Proteine aus dem Gel auf eine **Membranoberfläche** übertragen (geblottet).

Nachdem die Proteine auf der **Oberfläche** der Membran fixiert sind, können sie mit anderen Molekülen interagieren und so nachgewiesen werden. Am häufigsten werden zum spezifischen Nachweis **Antikörper** verwendet, die nur mit dem Zielprotein interagieren. Die Antikörper sind **gekoppelt** und können mit einer **Farb- oder Lichtreaktion** sichtbar gemacht werden.

Aus Studentensicht

8.3.3 Serumelektrophorese
Bei der Serumelektrophorese werden **native Proteine** im elektrischen Feld nach ihrer **Ladung und Größe** auf einem Träger getrennt.

Mithilfe der Serumelektrophorese (Serumproteinelektrophorese) können die Proteine des menschlichen Blutserums in fünf charakteristische Banden aufgetrennt werden. Diese 5 Banden, **Albumin, α_1-, α_2-, β- und γ-Globuline,** enthalten jeweils verschiedene Proteine und Lipoproteine.

8.3.4 2-D-Elektrophorese
Bei der **2-D-Elektrophorese** werden die nativen Proteine in der ersten Dimension nach ihrem **isoelektrischen Punkt** im **pH-Gradienten** aufgetrennt, danach wird im 90°-Winkel eine Auftrennung nach **Größe** durch **SDS-PAGE** durchgeführt.

8.4 ELISA (Enzyme-Linked Immunosorbent Assay)

---

8 ANALYSE VON PROTEINEN: WOHER WEISS MAN DAS ALLES?

8.3.3 Serumelektrophorese

Eine weitere Form der Trägerelektrophorese wird in der medizinischen Diagnostik für die Analyse von Körperflüssigkeiten verwendet. Bei der **Serumelektrophorese** (Serumproteinelektrophorese) werden die Proteine des Serums, analog anderer Körperflüssigkeiten wie Urin oder Liquor, in ihrer **nativen** Form analysiert. Dazu wird als Träger entweder ein Agarosegel oder eine Membran aus Cellulose-Acetat verwendet. Die Proteine und andere Makromoleküle wandern im elektrischen Feld abhängig von ihrer **Ladung** und **Größe.**

Unterzieht man das menschliche Blutserum einer solchen Elektrophorese, werden nach unspezifischer Proteinfärbung fünf charakteristische Banden, **Albumin, α_1-, α_2-, β- und γ-Globuline,** sichtbar. Sie sind unscharf, denn sie stellen keine Einzelproteine dar, sondern beinhalten jeweils eine Vielzahl verschiedenster Proteine und **Lipoproteine.** Namensgebend für die entsprechenden Globuline war ihr Auftreten in der jeweiligen Fraktion der Serumelektrophorese (> 25.3).

> **FALL**
>
> **Herr Stern und der Wasserbauch (Aszites)**
>
> Bei chronischem Alkoholismus wie bei Herrn Stern kommt es zu einer Leberzirrhose, die schließlich in eine Leberinsuffizienz mündet. Die Leber kann ihrer Funktion nicht mehr gerecht werden. Die verminderte Synthese von Albumin führt zu einer Erniedrigung des kolloidosmotischen Drucks im Blut. So kann ein Übertritt von Flüssigkeit aus den Blutgefäßen in den Peritonealraum erfolgen (= Aszites). Der „Hungerbauch" bei Mangelernährung hat dieselbe Ursache (> 1.1.3).
>
> Untersucht man das Serum von Herrn Stern in einer Serumelektrophorese, fällt die Erniedrigung der Albuminkonzentration auf. Außerdem erkennt man, dass auch die Synthese von Akute-Phase-Proteinen wie α_1-Antitrypsin, die für die akute Bekämpfung von Infektionen wichtig und in der α_1-Fraktion zu finden sind, vermindert ist. Dies ist der Grund, warum es bei Herrn Stern häufiger zu Infektionen kommt. Die γ-Fraktion, in der die von B-Zellen produzierten Antikörper enthalten sind, ist hingegen erhöht, da die Leberzirrhose zu einer Aktivierung des Immunsystems führt.

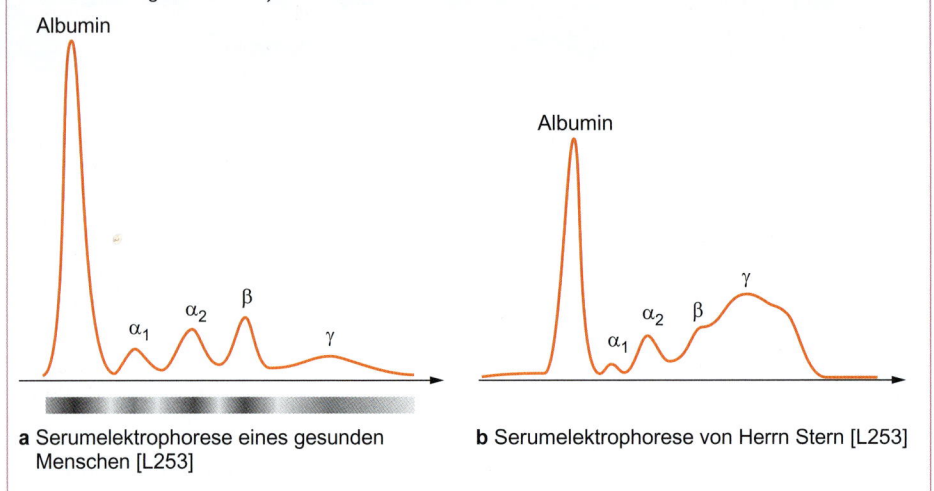

a Serumelektrophorese eines gesunden Menschen [L253]

b Serumelektrophorese von Herrn Stern [L253]

8.3.4 2-D-Elektrophorese

Bei der 2-D-Elektrophorese (zweidimensionalen Elektrophorese) werden zwei verschiedene Elektrophoresen nacheinander durchgeführt, um komplexe Proteingemische aufzutrennen. Zunächst laufen die nativ gefalteten Proteine in einem Gelstreifen, in dem ein pH-Gradient vorliegt. Dadurch wandern die Proteine genau bis zu dem Punkt, an dem der pH-Wert ihrem isoelektrischen Punkt (> 2.1.2) entspricht. Dort beträgt ihre Nettoladung 0, sodass sie nicht weiterwandern. Diese erste Dimension der Trennung wird daher auch als **isoelektrische Fokussierung** bezeichnet. In der zweiten Dimension werden die Proteine im 90°-Winkel zur ersten Trennrichtung einer zweiten Elektrophorese, diesmal in Anwesenheit von SDS, unterzogen und so zusätzlich innerhalb der einzelnen pH-Bereiche nach ihrer Größe getrennt. Auf diese Weise kann man viele Hundert Proteine einer Probe voneinander trennen.

8.4 ELISA (Enzyme-Linked Immunosorbent Assay)

> **FALL**
>
> **Schwanger?**
>
> Sarah, eine 26-jährige Studentin, hat schon immer einen höchst unregelmäßigen Monatszyklus. Doch dieses Mal lässt ihre Regelblutung besonders lange auf sich warten. Nach zehn Tagen beschließt sie, lieber alle Möglichkeiten in Betracht zu ziehen, und besorgt sich einen Schwangerschaftstest. Nachdem sie das Teststäbchen in den Urinstrahl gehalten hat, wartet sie gespannt auf das Ergebnis: Ein Streifen oder zwei? Wie funktioniert ein Schwangerschaftstest? Was wird nachgewiesen?

8.4 ELISA (ENZYME-LINKED IMMUNOSORBENT ASSAY)

Das Auftrennen eines Proteingemischs mithilfe eines Gels und der anschließende Nachweis sind sehr zeitaufwendig. In der Routinediagnostik wird daher häufig der **ELISA** (Enzyme-Linked Immunosorbent Assay) für den direkten Nachweis einzelner Proteine verwendet. Der ELISA funktioniert ähnlich wie der Proteinnachweis beim Immunoblot. Da jedoch auf die elektrophoretische Proteinauftrennung verzichtet wird, darf der verwendete Antikörper keine Kreuzreaktionen mit anderen Proteinen der Probe aufweisen. Beim **klassischen ELISA** werden **spezifische Antikörper** z. B. im Blut eines Patienten nachgewiesen. Dazu wird das **Antigen** (Protein, gegen das der Antikörper gerichtet ist) auf dem Boden des Reaktionsgefäßes, z. B. einer Mikrotiterplatte, durch unspezifische Bindung an den Kunststoff **immobilisiert** (➤ Abb. 8.8a). Anschließend wird die zu untersuchende Probe zugegeben. Darin enthaltene spezifische Antikörper binden an das immobilisierte Antigen und werden so ebenfalls an der Platte zurückgehalten. Gegen andere Antigene gerichtete Antikörper werden dagegen durch Waschen von der Platte abgespült. Anschließend wird ein **sekundärer Antikörper** zugegeben, der spezifisch den Fc-Teil der immobilisierten Antikörper erkennt und kovalent mit einem Enzym gekoppelt ist. Das Enzym wird nach Zugabe von Substrat aktiv und das Produkt kann durch fotometrische Detektion direkt in der Mikrotiterplatte nachgewiesen und quantifiziert werden. So kann die Menge des gesuchten Antikörpers in der Probe berechnet werden.

Aus Studentensicht

Beim **ELISA** (Enzyme-Linked Immunosorbent Assay) werden mit spezifischen Antikörpern einzelne Proteine in komplexen Gemischen ohne vorherige Auftrennung nachgewiesen.

Der **klassische ELISA** weist spezifische **Antikörper** in einem Gemisch, wie z. B. Blut, nach. Diese binden an immobilisiertes Antigen. Durch Zugabe von enzymgekoppelten sekundären Antikörpern können durch eine Farb- oder Lichtreaktion die spezifischen Antikörper quantifiziert werden.

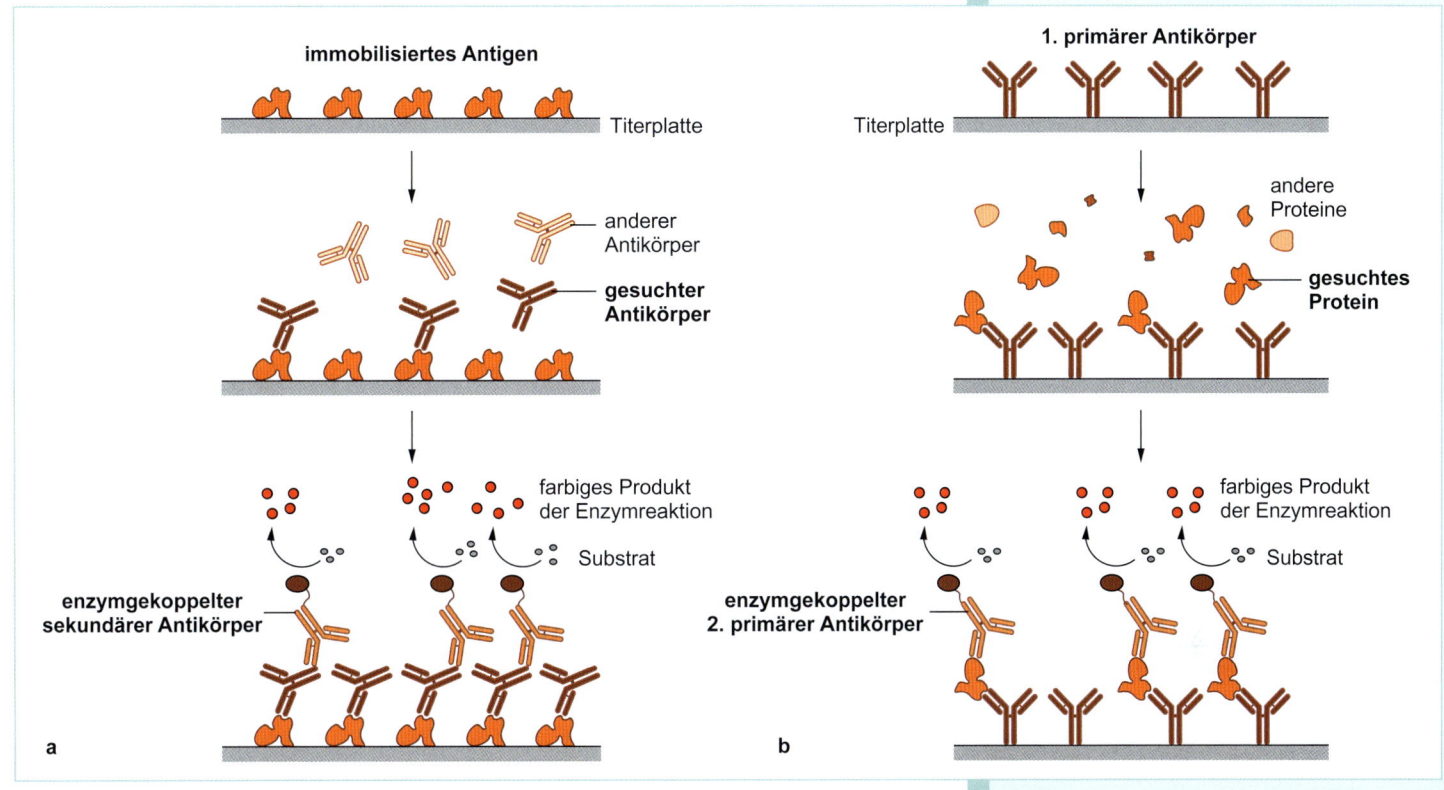

Abb. 8.8 **a** Klassischer ELISA. **b** Sandwich-ELISA. [L253]

Umgekehrt kann mit dem **ELISA-Verfahren** auch das **Antigen**, oft ein Protein, nachgewiesen werden. Dazu werden **zwei verschiedene primäre Antikörper**, die das gesuchte Protein an unterschiedlichen Stellen spezifisch erkennen, verwendet (= **Sandwich-ELISA**). Der erste primäre Antikörper wird an der Mikrotiterplatte immobilisiert, der zweite wird nach Bindung des Proteinantigens zugegeben. Das Antigen wird so wie in einem Sandwich von den beiden Antikörpern umschlossen. Der zweite primäre Antikörper ist kovalent an ein Enzym gekoppelt, das nach Zugabe eines Substrats eine quantifizierbare **Farb- oder Lichtreaktion** katalysiert (➤ Abb. 8.8b). Der ELISA ist sehr sensitiv und es ist ausreichend, wenn die nachzuweisenden Substanzen in piko- bis nanomolarer Konzentration vorliegen.

Mit einem **ELISA** kann man auch **Antigene**, meist Proteine, nachweisen. Man immobilisiert einen **spezifischen Antikörper** gegen das gesuchte Protein, gibt das Gemisch dazu und fügt einen zweiten, markierten Antikörper hinzu. War das gesuchte Protein im Gemisch, hat es gebunden und es kommt zur **Farbreaktion.**

FALL

Schwanger? ELISA-Test

Der Schwangerschaftstest beruht auf dem Sandwich-ELISA. Das gesuchte Antigen ist das Proteinhormon HCG (humanes Choriongonadotropin), das bei 95 % der Schwangerschaften schon am ersten Tag der ausbleibenden Regel im Urin nachgewiesen werden kann. Sofern im Urin HCG enthalten ist, bindet es an enzymgekoppelte Anti-HCG-Antikörper im Teststreifen. Dieser HCG-Antikörper-Komplex diffundiert dann im Teststreifen, bis er durch den zweiten Anti-HCG-Antikörper gebunden wird, der in einem strichförmigen Bereich des Teststreifens immobilisiert ist. Dort entsteht durch die enzymatische Reaktion ein farbiger Strich (schwanger). Um sicher zu sein, dass der Test funktioniert hat und tatsächlich farbstoffgekoppelte Antikörper durch den Teststreifen diffundieren, gibt es einen zweiten Strich, den Kontrollstrich. Hier sind keine Anti-HCG-Antikörper, sondern Antikörper gegen den Fc-Teil der enzymgekoppelten Antikörper immobilisiert. Dadurch färbt sich der zweite Strich immer an, wenn der Test funktioniert.

Aus Studentensicht

8 ANALYSE VON PROTEINEN: WOHER WEISS MAN DAS ALLES?

Schwangerschaftstest [J787, L252]

Sarah atmet auf. Bei ihr färbt sich nur der zweite Streifen, in ihrem Urin war also kein HCG. Prompt bekommt sie auch am Abend ihre Regel.

8.5 Proteinsequenzierung

8.5.1 Edman-Abbau

Der **Edman-Abbau** ermöglicht die Sequenzbestimmung von Proteinen. Dabei wird durch Phenylisothiocyanat zielgerichtet die **N-terminale Aminosäure** abgespalten. Wiederholt man den Vorgang und analysiert, welche Aminosäure jeweils abgespalten wurde, erhält man die **Aminosäuresequenz** des Proteins.

8.5 Proteinsequenzierung

8.5.1 Edman-Abbau

Mit den Methoden der Chromatografie und Elektrophorese lässt sich durch Verwenden von Größenmarkern in etwa die molekulare Masse eines Proteins, aber nicht die Abfolge der Aminosäuren bestimmen. Zur Sequenzbestimmung wird traditionell der **Edman-Abbau** verwendet.

Die Methode wurde in den vierziger Jahren des letzten Jahrhunderts von Pehr Edman entwickelt. Dabei wird **Phenylisothiocyanat** zu dem Protein gegeben, dessen Sequenz analysiert werden soll. Bei passender Konzentration reagiert es ausschließlich mit der **N-terminalen Aminosäure** zu einem Derivat, das im nächsten Schritt abgespalten werden kann, ohne dass das übrige Protein zerstört wird (➤ Abb. 8.9). Nach Abtrennung vom Protein kann das Aminosäurederivat **chromatografisch identifiziert** werden. Auf diese Weise können nacheinander bis zu etwa 20 Aminosäuren eines Proteins vom N-Terminus her sequenziert werden. Dieses Verfahren ist sehr viel aufwendiger als z. B. die DNA-Sequenzierung oder die Massenspektrometrie. Heute wird der Edman-Abbau z. B. eingesetzt, um Protease-zugängliche Bereiche in einem Protein zu identifizieren und so einzelne Domänen zu charakterisieren. Dafür werden die durch den Verdau mit der Protease entstandenen Fragmente durch SDS-Gelelektrophorese isoliert und per Edman-Abbau ansequenziert. Nachteilig ist dabei, dass die Sequenzierung nur vom N-Terminus, nicht aber vom C-Terminus her möglich ist.

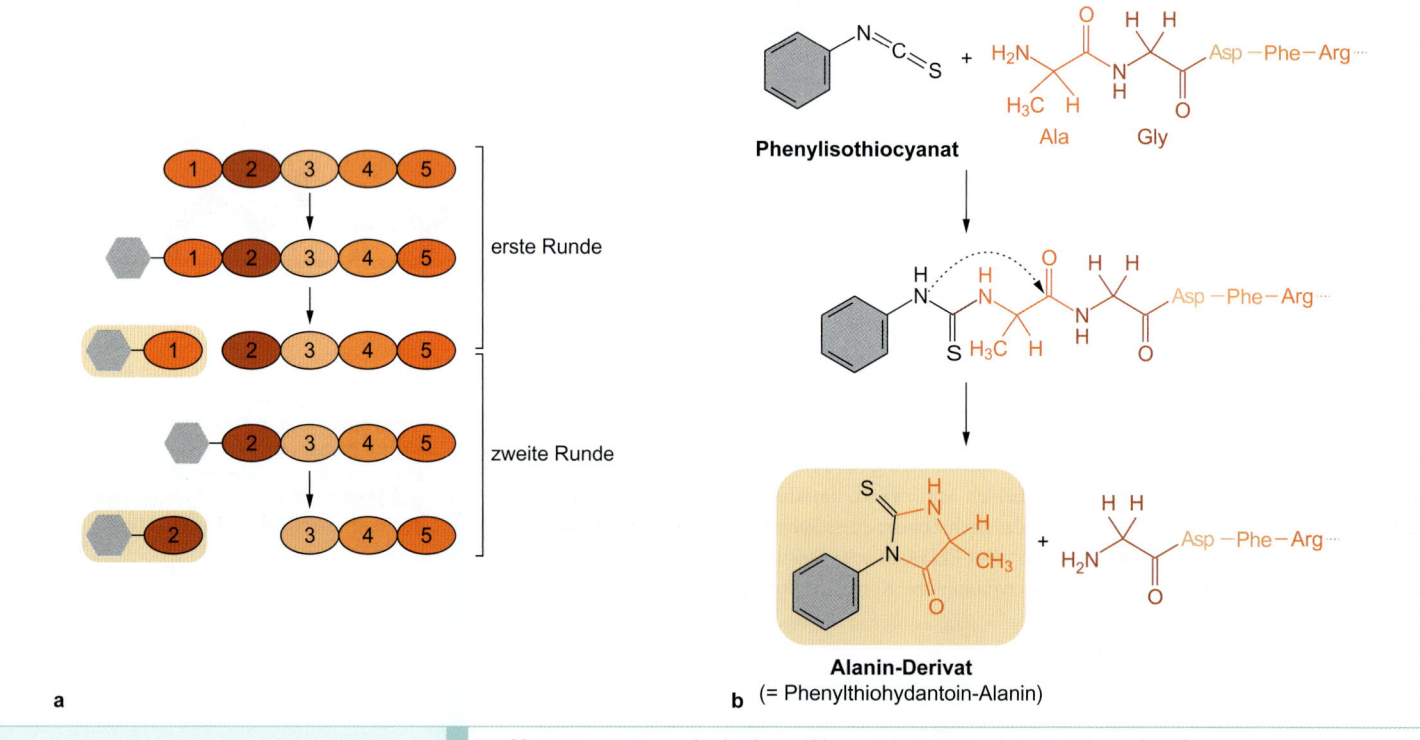

Abb. 8.9 Sequenzierung durch Edman-Abbau. **a** Prinzip. **b** Chemische Reaktionen. [L253]

8.5.2 Massenspektrometrie

Mit der **Massenspektrometrie** können auch die exakte Masse eines Proteins und posttranslationale Modifikationen analysiert werden.

8.5.2 Massenspektrometrie

Die exakte Masse eines Proteins kann mithilfe der **Massenspektrometrie** ermittelt werden, die heutzutage auch die Möglichkeit bietet, posttranslationale Modifikationen zu analysieren und die Aminosäuresequenz zu ermitteln. Das Prinzip der Massenspektrometrie besteht in der Analyse des **Verhältnisses von Masse zu Ladung** (= m/z) eines **ionisierten Moleküls** (➤ Abb. 8.10). In einem elektrischen Feld

8.5 PROTEINSEQUENZIERUNG

werden Ionen entsprechend diesem Verhältnis beschleunigt. Moleküle mit unterschiedlichen m/z-Werten passieren eine Röhre daher mit unterschiedlichen Geschwindigkeiten, sodass sich ihre Flugzeiten (Time of Flight, **TOF**) durch die Röhre unterscheiden. Für die Ionisierung der Probenmoleküle stehen eine ganze Reihe verschiedener Verfahren zur Verfügung, wobei sich bei Proteinen und Peptiden im Wesentlichen **MALDI** (Matrix-Assisted Laser Desorption Ionisation) und **ESI** (Elektrospray-Ionisierung) eignen. Bei MALDI wird die Probe in einer Matrix aus einer aromatischen Verbindung mithilfe eines Lasers in die Gasphase überführt und dabei ionisiert. Bei ESI gelangt die Probe durch eine elektrisch geladene Düse in eine Unterdruckkammer, ionisiert sich dabei und geht in die Gasphase über.

Aus Studentensicht

Sie beruht auf der Analyse des **Verhältnisses von Masse zur Ladung** eines ionisierten Moleküls. Dieses Verhältnis kann z. B. über die Flugzeit des Moleküls in einer Röhre bestimmt werden (= Time of Flight, **TOF**). Proteine können durch **MALDI** (Matrix-Assisted Laser Desorption Ionisation) ionisiert werden.

ABB. 8.10

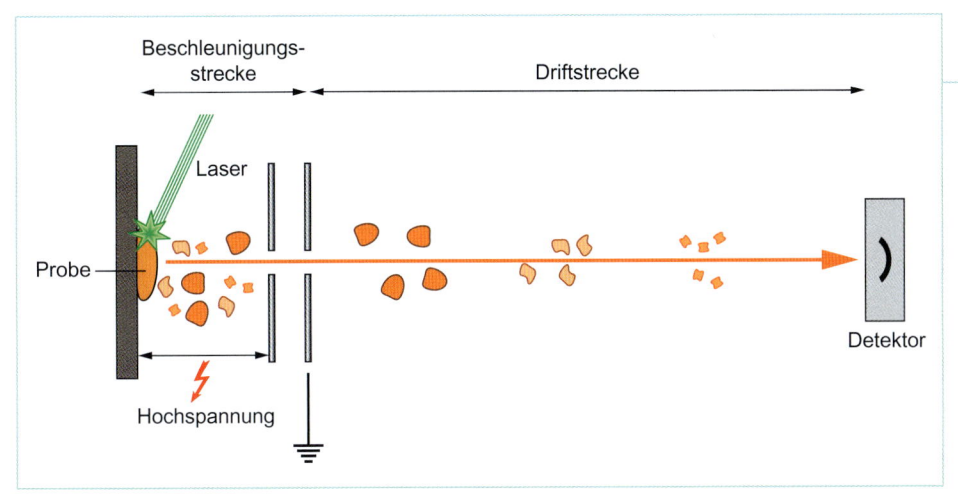

Abb. 8.10 Massenspektrometrie nach der MALDI-TOF-Methode [L253]

Die Massenspektrometrie hat eine Vielzahl von Anwendungen in der Biochemie. Im einfachsten Fall lässt sie sich verwenden, um die Identität eines Proteins zu bestätigen, indem die gemessene mit der berechneten Masse verglichen wird. Die Genauigkeit der Massenspektrometrie ist so hoch, dass Massenunterschiede Hinweise auf **posttranslationale Modifikationen** geben können. So sprechen Abweichungen im Umfang der Masse einer Phosphatgruppe für eine Phosphorylierung. Durch proteolytischen Verdau des Proteins und Analyse der sich ergebenden Peptide können Phosphorylierungen einzelnen Aminosäuren zugeordnet werden (= Phospho-Mapping).

Der Nachweis von **posttranslationalen Modifikationen** gibt Hinweise auf die Funktionalität des Moleküls. So werden z. B. viele Enzyme durch Phosphorylierung reguliert. Weist man ein bestimmtes Enzym im phosphorylierten Zustand nach, kann rückgeschlossen werden, ob der zugehörige Signalweg gerade aktiv oder inaktiv ist.

Proteinidentifizierung

Zur Identifizierung von Proteinen mit bekannter Sequenz werden die Proteine zunächst meist mit Trypsin spezifisch hinter Lysin- und Argininresten gespalten. Dann werden die Fragmente durch Massenspektrometrie analysiert. Die gemessenen **Peptidmassen** werden mit denen einer **Datenbank aus theoretischen Peptiden** aller bekannten Proteine verglichen, die in silico (mithilfe von Computerprogrammen) berechnet wurden. Stimmen die Massen der Peptide mit den Peptidmassen eines Proteins aus der Datenbank exakt überein, so ist das Protein identifiziert. Mit der Kenntnis der DNA-Sequenz des menschlichen Genoms können theoretisch durch In-silico-Translation die Aminosäuresequenzen aller menschlichen Proteine bestimmt werden. Allerdings entstehen durch alternatives Spleißen und RNA-Editing sowie posttranslationale Modifikationen tatsächlich weit mehr Proteine, sodass nicht alle tatsächlich existierenden Proteine mit diesem Verfahren identifiziert werden können.

Proteinidentifizierung

Um **Proteine** mit bekannter Sequenz zu **identifizieren**, werden sie proteolytisch **gespalten**, die Fragmente mit Massenspektrometrie analysiert und die Fragmentmassen mit einer Datenbank verglichen.

Proteinsequenzierung

Noch sind längst nicht die Genome aller Spezies sequenziert, sodass ihre Proteine nicht identifiziert werden können. Mithilfe der Massenspektrometrie lassen sich aber auch **unbekannte Proteine** sequenzieren (**De-novo-Sequenzierung**). Dazu werden die durch Proteolyse entstandenen Peptide eines Proteins nach der ersten Massenbestimmung im Massenspektrometer beispielsweise durch Kollision mit Inertgasen weiter **fragmentiert**. Dabei entstehen viele unterschiedliche Peptidfragmente des Ursprungspeptids, deren Massen in einer zweiten Bestimmung ermittelt werden. Aus den Massendifferenzen im sich ergebenden Spektrum lässt sich die Sequenz der Aminosäuren des Peptids bestimmen (➤ Abb. 8.11). Durch überlappende Peptide kann so die ganze Proteinsequenz bestimmt werden.
Da hier je zwei massenspektrometrische Experimente hintereinander durchgeführt werden, nennt man diese Methode auch **Tandem-Massenspektrometrie.** Nachteilig gegenüber dem Edman-Abbau ist, dass aufgrund der identischen Masse nicht zwischen Leucin und Isoleucin unterschieden werden kann. Zudem lassen sich nicht alle Peptide eines Proteins gleich gut ionisieren, sodass manche Proteinabschnitte nicht gut bestimmt werden können.

Proteinsequenzierung

Unbekannte Proteine, die noch nicht in einer Datenbank erfasst sind, können mithilfe der **Tandem-Massenspektrometrie sequenziert** werden.

Aus Studentensicht

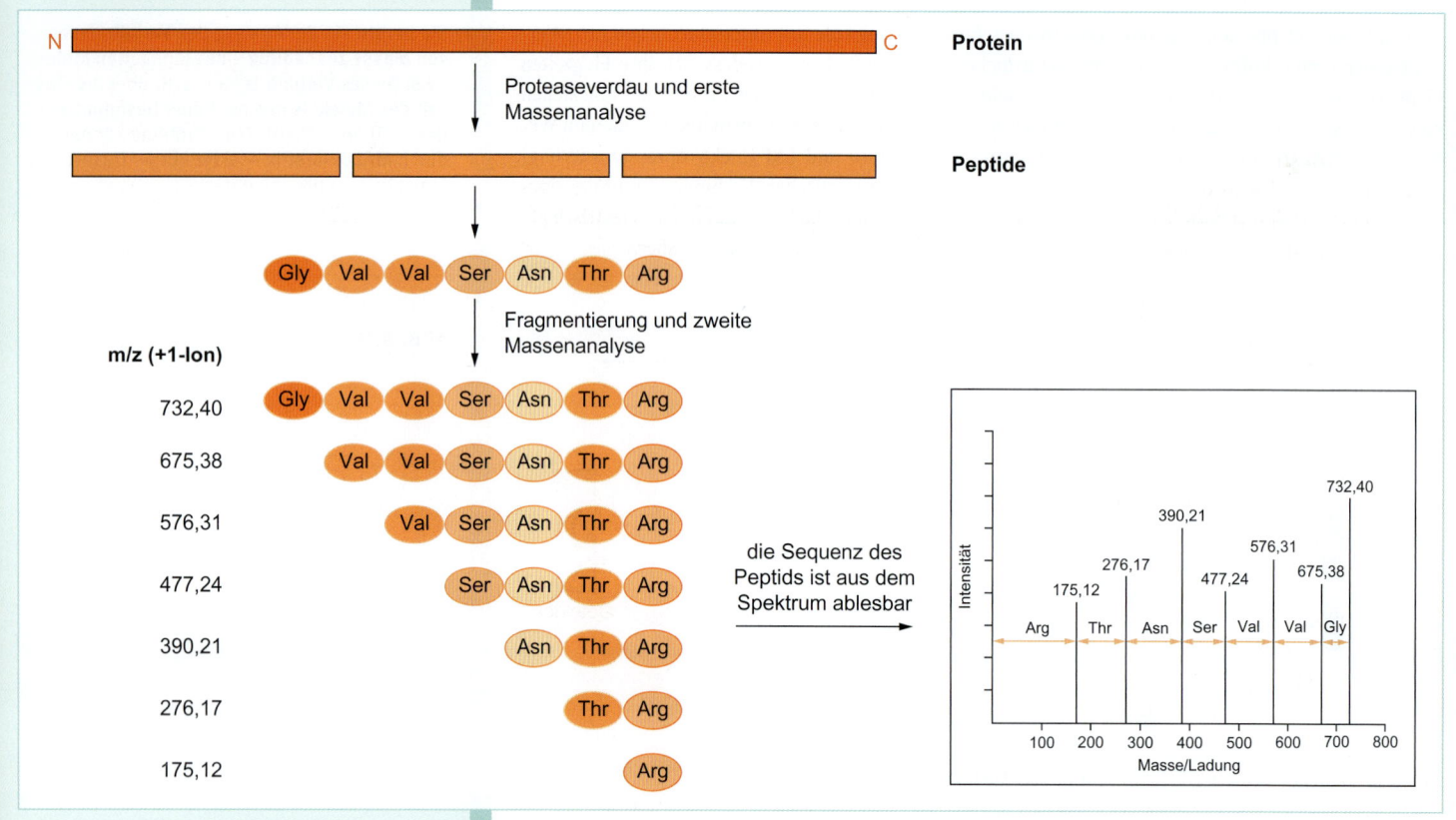

8 ANALYSE VON PROTEINEN: WOHER WEISS MAN DAS ALLES?

Abb. 8.11 De-novo-Proteinsequenzierung mit Tandem-Massenspektrometrie [L252]

8.6 Strukturbestimmung von Proteine

8.6.1 Strukturbiologische Methoden

Die **Sekundärstruktur** von Proteinen lässt sich aus der Primärstruktur in silico vorhersagen. Für die Tertiärstruktur ist dies bisher nicht möglich. Da die **dreidimensionale Struktur** die **Funktion** eines Proteins bestimmt, ist sie von großem Interesse. Sie kann durch **strukturbiologische Methoden** aufgeklärt werden:
- Röntgenkristallografie
- NMR
- Kryo-EM

8.6.2 Röntgenkristallografie

Die **Röntgenkristallografie** ermöglicht eine Auflösung bis in den **atomaren Bereich.** Dies liegt an der Wellenlänge der verwendeten Röntgenstrahlen im Pikometerbereich.
Die Proteine müssen für die Strukturbestimmung zunächst kristallisiert werden. Das am Kristallgitter gebeugte Licht erzeugt Diffraktionsbilder (Beugungsbilder), aus denen die Proteinstruktur errechnet werden kann.

8.6 Strukturbestimmung von Proteinen

8.6.1 Strukturbiologische Methoden

Aus der Aminosäuresequenz (**Primärstruktur**) eines Proteins, die durch Edman-Abbau oder Massenspektrometrie bestimmt wurde, kann die **Sekundärstruktur** mit einer Reihe von Algorithmen mit relativ hoher Genauigkeit in silico vorhergesagt werden. Es gibt jedoch bislang keine Möglichkeit, die Tertiärstruktur oder gar die Quartärstruktur eines Proteins anhand seiner Sequenz vorherzusagen, auch wenn sie in dieser begründet liegt. Selbst der Vergleich einer Aminosäuresequenz mit der von bereits aufgeklärten dreidimensionalen Faltungen lässt nur begrenzte Vorhersagen über die Struktur zu.
Um die **dreidimensionale Struktur** eines Proteins, die seine **Funktion** bestimmt, zu ermitteln, stehen drei **strukturbiologische Methoden** zur Verfügung:
- Röntgenkristallografie (Röntgenstrukturanalyse)
- Kernresonanzspektroskopie (NMR, Nuclear Magnetic Resonance)
- Elektronenmikroskopie gefrorener Proteinproben (= Kryo-EM)

Die dreidimensionalen Koordinaten bereits aufgeklärter Proteinstrukturen sammeln Wissenschaftler in einer öffentlich zugänglichen Datenbank mit mehr als 100 000 Einträgen (www.rcsb.org).

8.6.2 Röntgenkristallografie

Jeder kennt Lupen, Lichtmikroskope und vielleicht auch Elektronenmikroskope als Werkzeuge, um sehr kleine Objekte vergrößert betrachten zu können. Das Licht wird vom Objekt gebeugt und das **Beugungsbild (Diffraktionsbild)** wird von einer Linse wieder gebündelt, um das vergrößerte Bild direkt sichtbar zu machen. Die mögliche Vergrößerung hängt u. a. von der Wellenlänge der verwendeten Strahlung ab. Klassische Lichtmikroskopie ist daher auf Auflösungen bis ca. 200 nm beschränkt.
Bei der Röntgenkristallografie werden Röntgenstrahlen mit sehr viel kürzeren Wellenlängen, bis in den Pikometerbereich, verwendet, sodass eine **Auflösung im atomaren Bereich** möglich wird. Die Länge einer C–C Bindung liegt bei 154 pm. Röntgenstrahlen werden von den Elektronen der Atome und Moleküle **gebeugt.** Ein Nachteil dieser Methode ist allerdings, dass **keine Linse** für Röntgenstrahlen zur Verfügung steht, an der sie, analog zur Lichtmikroskopie, wieder gebündelt werden könnten, um ein sichtbares Bild zu erzeugen. Daher muss das Bild letztlich **rechnerisch** aus den Beugungsbildern bestimmt werden.
Für ein „Röntgenmikroskop" bräuchte man prinzipiell eigentlich gar keine Proteinkristalle. Aber die Beugung von Röntgenstrahlen an einem einzelnen Proteinmolekül ist zu schwach, als dass man sie messen könnte. Im Kristall ordnen sich jeweils Tausende identische und gleich orientierte Einheiten (= Elementarzellen) dreidimensional periodisch an (= **Kristallgitter),** wobei diese Elementarzellen meist aus wenigen Proteinmolekülen gebildet werden. Dadurch wirkt der Kristall als Signalverstärker.

8.6 STRUKTURBESTIMMUNG VON PROTEINEN

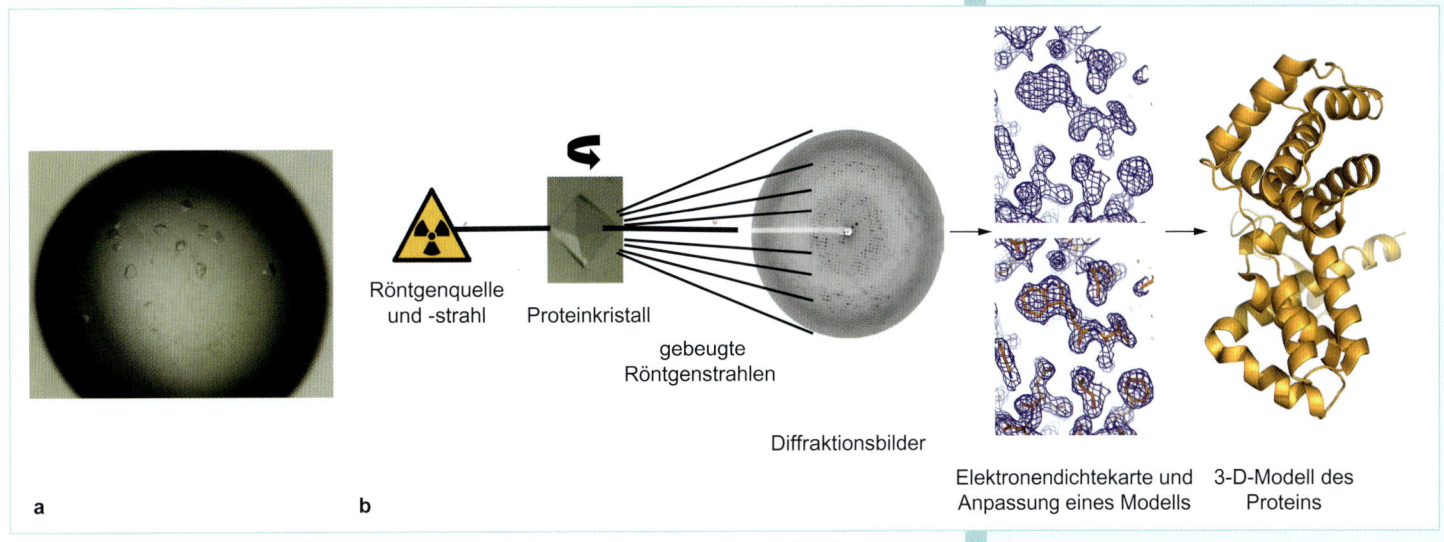

Aus Studentensicht

Abb. 8.12 Röntgenkristallografie von Proteinen. **a** Proteinkristalle. **b** Prinzip der Röntgenstrukturanalyse. [P414]

Zur Kristallisation benötigt man hochkonzentriertes Protein von hoher Reinheit, das heutzutage meist gentechnisch hergestellt wird. Als um die Mitte des 20. Jahrhunderts die Proteinstrukturen von Myoglobin und Hämoglobin bis auf die atomare Ebene aufgeklärt wurden, musste man diese Proteine noch aus großen Mengen Pferdemuskeln und Walblut reinigen. Gelöste reine Proteine können sich ähnlich wie die Na^+- und Cl^--Ionen im Kochsalzkristall sehr regelmäßig aneinanderlagern. Dabei bilden ihre Oberflächen Kontakte durch schwache Wechselwirkungen aus. Zwischen den Proteinmolekülen lagern sich auch im Kristall Ionen, Wasser- und andere Moleküle an. Die genaue chemische Zusammensetzung der Lösung, in der ein Protein kristallisiert, kann nur experimentell durch Hunderte oder sogar Tausende von mehr oder weniger zufälligen Tests ermittelt werden. Heutzutage unterstützen dabei Pipettierroboter.
➤ Abb. 8.12a zeigt einen 1-μl-Tropfen einer Proteinlösung, in dem sich Kristalle gebildet haben.
Der Proteinkristall wird in einem **Röntgenstrahl** positioniert und kontinuierlich gedreht. Die auf einem Detektor akkumulierten Beugungsintensitäten werden jeweils nach Zehntelgrad-Drehungen ausgelesen. Anhand des Beugungsmusters, das für einen dreidimensionalen Kristall aus räumlich diskreten Reflexen besteht, kann das Kristallgitter bestimmt werden, also Form und Größe der dreidimensional aneinandergestapelten Elementarzellen. Aufgrund von Interferenzen der gebeugten Röntgenstrahlen enthält die Intensität der einzelnen Reflexe die Information über die Verteilung der Elektronen innerhalb dieser Elementarzellen. In die so berechenbare dreidimensionale **Elektronendichtekarte** wird unter Verwendung von Grafikprogrammen ein **Modell aller Atome** des Proteins gelegt (➤ Abb. 8.12b).

KLINIK

Strukturbasierte Medikamentenentwicklung

Die Aufklärung der 3-D-Strukturen von Proteinen hat bei der Entwicklung neuer Medikamente einen praktischen Nutzen. So können beispielsweise Inhibitoren mit dem entsprechenden Enzym zusammen kristallisiert werden. Im Proteinmodell werden dann ihre Bindungen an das aktive Zentrum analysiert. Am Modell können die Inhibitoren so angepasst werden, dass sie mit höherer Affinität und Spezifität in das aktive Zentrum passen und so möglicherweise geringere Nebenwirkungen aufweisen. Diese neuen Wirkstoffe können von Chemikern synthetisiert und anschließend in Studien getestet werden. Auf diese Weise wurden z. B. Inhibitoren der Abl-Kinase zur Therapie der chronischen myeloischen Leukämie entwickelt.

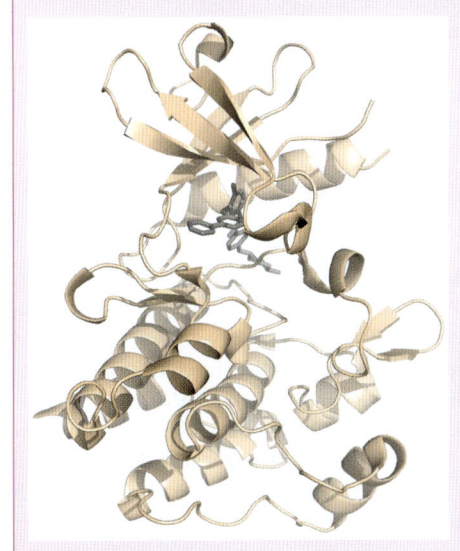

Struktur der Abl-Kinase im Komplex mit einem Inhibitor [P414]

Aus Studentensicht

8 ANALYSE VON PROTEINEN: WOHER WEISS MAN DAS ALLES?

> Während über die Struktur löslicher Proteine schon eine ganze Menge bekannt ist, gibt es relativ wenige Daten zu Membranproteinen. Für die Entwicklung neuer Medikamente verspricht man sich viel von der Aufklärung ihrer Strukturen, z. B. der G-Protein-gekoppelten Rezeptoren und Ionenkanäle. Aufgrund ihrer hydrophoben Eigenschaften sind sie aber bislang noch schwer aufzureinigen und damit nur eingeschränkt für die Strukturaufklärung zugänglich.

8.6.3 Kernresonanzspektroskopie (NMR-Spektroskopie)

NMR ist eine Methode, die auch mit **nicht kristallisierten Proteinen** funktioniert. Dabei wird ausgenutzt, dass manche Atomkerne ein **magnetisches Moment** besitzen.
Im Hochmagnetfeld wird das Protein einer bestimmten Frequenz ausgesetzt, bis der Atomkern in einen anderen **Spinzustand** wechselt. Dieser Spinwechsel ist abhängig von der **Umgebung** des Atomkerns, sodass man auf die umgebenden **chemischen Gruppen** zurückschließen kann.

8.6.3 Kernresonanzspektroskopie (NMR-Spektroskopie)

Die Proteinkristallografie ist eine exzellente Methode, um die dreidimensionalen Strukturen von kleinen wie großen Proteinen und ganzen Multiproteinkomplexen zu ermitteln. Sie hat aber den Nachteil, dass sich die Proteine kristallisieren lassen müssen. Proteine mit sehr flexiblen Domänen eignen sich oft schlecht für diese Methode. Auch bei Membranproteinen ist es aufgrund ihrer hydrophoben Eigenschaften schwer, geeignete Kristallisationsbedingungen zu finden.

Methoden zur Strukturaufklärung, die **ohne kristallisiertes Protein** arbeiten, bieten hier Vorteile. Eine davon ist die **Kernresonanzspektroskopie** (NMR-Analyse, Nuclear Magnetic Resonance). Dabei wird ausgenutzt, dass bestimmte Atomkerne einen **Kernspin ungleich 0** und damit ein **magnetisches Moment** aufweisen. In der Praxis werden entweder die natürlich vorhandenen Atomkerne mit diesen Eigenschaften verwendet (z. B. ^{1}H-Atome) oder künstlich Isotope wie ^{15}N in das Protein eingebracht, die diese Eigenschaft aufweisen (➤ Abb. 8.13a). In einem **starken Magnetfeld** wird das Protein hochfrequenten elektromagnetischen Pulsen ganz bestimmter Frequenz und damit Energie ausgesetzt. Bei der **Resonanzfrequenz** reicht die Energie genau aus, um den Atomkern von einem in einen anderen **Spinzustand** zu überführen, weshalb die Strahlung absorbiert wird. Die Frequenz ist dabei von der Umgebung des Atomkerns abhängig (= **chemische Verschiebung**). Die Resonanzfrequenz eines Wasserstoffatomkerns ist also verschieden, je nachdem, ob er Teil einer CH$_3$-Gruppe oder einer OH-Gruppe ist. Je stärker das Magnetfeld ist, desto besser ist die Auflösung, weshalb Chemiker und Radiologen mit neuen Geräten stetig bessere Ergebnisse erzielen.

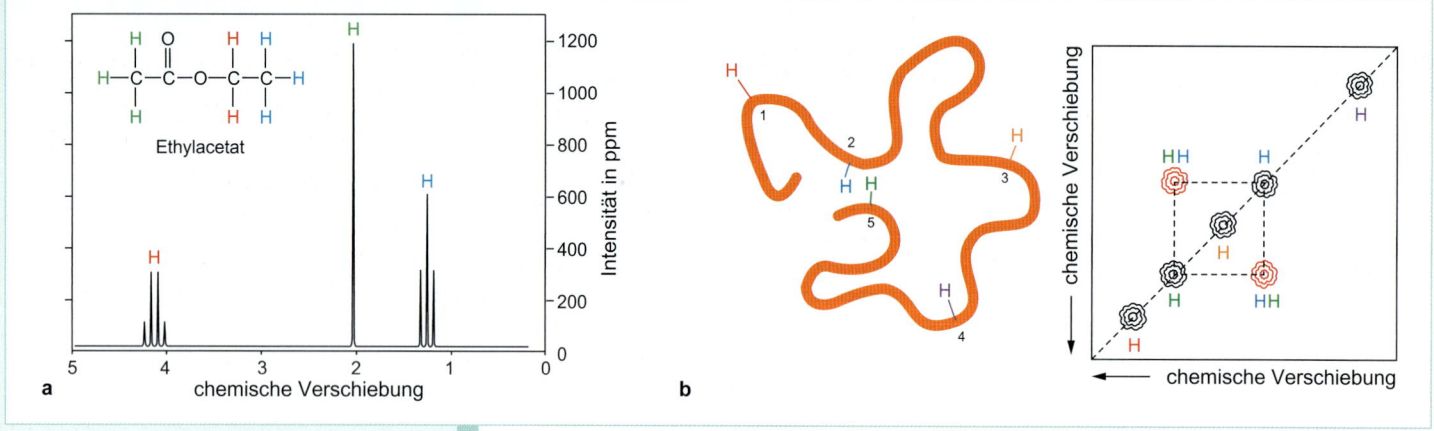

Abb. 8.13 Kernresonanzspektroskopie. **a** Eindimensionales ^{1}H-NMR-Spektrum. **b** Zweidimensionales Spektrum zur Detektion des Kern-Overhauser-Effekts. Durch die räumliche Nähe der grün und blau beschrifteten H-Atome erscheinen im zweidimensionalen Spektrum die außerhalb der Diagonalen liegenden Signale. [L253]

Die durch einen Hochfrequenzpuls erzeugte Magnetisierung von einem Kern hat einen Einfluss auf die Resonanzfrequenz räumlich benachbarter Atomkerne (= **Kern-Overhauser-Effekt**). Durch zweidimensionale Spektren kann so die **Anordnung** von Atomen **innerhalb von Makromolekülen** wie Proteinen ermittelt werden.

Ein zweiter Effekt erlaubt die **Entschlüsselung der räumlichen Anordnung** der Atome in Proteinen. Wird ein Atom durch einen Hochfrequenzpuls mit seiner Resonanzfrequenz in einen definierten Spinzustand gebracht, so hat diese **Magnetisierung** einen Einfluss auf die danach gemessene Resonanzenergie von nahe benachbarten Atomkernen (= **Kern-Overhauser-Effekt**). Die zweidimensionalen Spektren, die sich bei diesem Versuch ergeben, erlauben die paarweise Zuordnung von Atomkernen, die im Protein durch die Faltung in räumlicher Nähe liegen (➤ Abb. 8.13b). Die Berechnung und Entschlüsselung der Struktur aus diesen Daten ist sehr kompliziert und stark von der Größe des Proteins abhängig. Durch Erhöhung der Computerleistung und methodische Weiterentwicklungen können jedoch Strukturen von immer größeren Proteinen aufgeklärt werden.

8.6.4 Kryo-Elektronenmikroskopie

Mit der **Kryo-Elektronenmikroskopie** können aufgrund der verwendeten geringen Wellenlänge Auflösungen im **atomaren Bereich** erreicht werden. Dabei werden **native** Proteine schockgefroren und aus unterschiedlichen Richtungen aufgenommen. Im Computer wird aus allen Bildern die **dreidimensionale Struktur** errechnet.

8.6.4 Kryo-Elektronenmikroskopie

Im Jahr 2015 wurde mit der **Kryo-Elektronenmikroskopie** (Kryo-EM) erstmals eine Auflösung von 3 Å (1 Å = 100 pm) unterschritten und somit eine atomare Auflösung erreicht. Um Schäden der Proteinstruktur durch die intensive Elektronenstrahlung zu minimieren, wird dafür das nativ gereinigte und konzentrierte Protein in flüssigem Ethan so schnell **eingefroren**, dass die Struktur der **einzelnen Proteinmoleküle** nicht durch Eisbildung zerstört wird und auch im für die Elektronenmikroskopie notwendigen Vakuum erhalten bleibt. Anschließend werden aus den kontrastarmen Aufnahmen die einzelnen Proteinmoleküle nach ihrer Orientierung **sortiert** und für jede Orientierung ein **Mittelwert** aus allen verfügbaren Daten errechnet (➤ Abb. 8.14). Durch Aufnahmen der Probe aus unterschiedlichen Richtungen lässt sich im Computer die **dreidimensionale Struktur** des Proteins errechnen.

8.7 PROTEOMIK

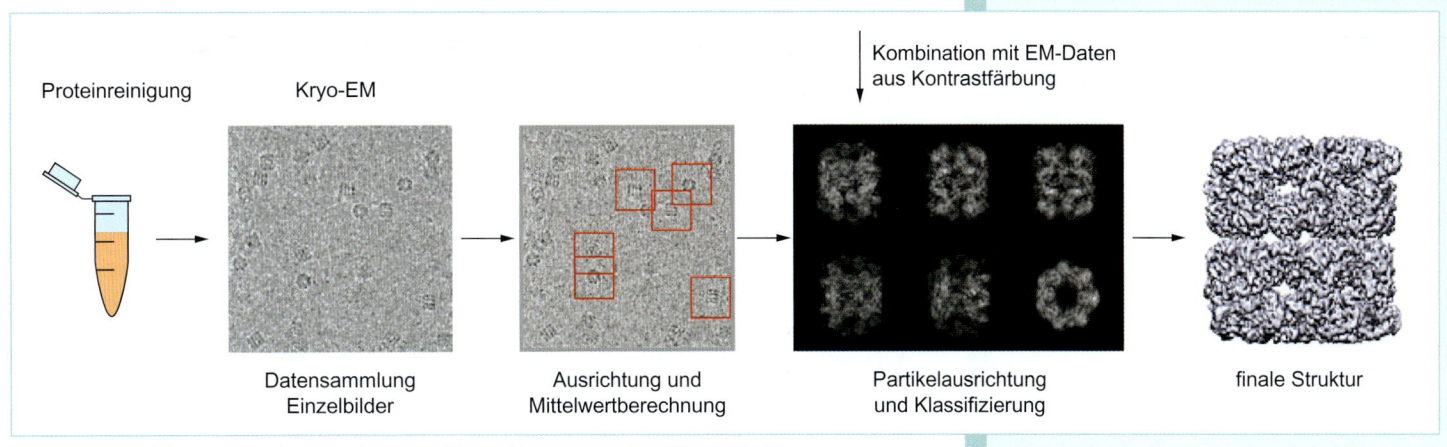

Aus Studentensicht

Abb. 8.14 Kryo-Elektronenmikroskopie zur Strukturaufklärung bis ins atomare Detail [L271, E1000]

Durch das Unterschreiten der 3-Å-Auflösungsgrenze hat diese Technologie entscheidende Vorteile. Die Größe des Proteins ist nicht wie beim NMR limitiert und die Proteine müssen nicht wie bei der Röntgenkristallografie kristallisiert werden. Auch wenn die Proteine für die Kryo-EM in extremer Reinheit benötigt werden und ihre Struktur nur im Vakuum bestimmt werden kann, eröffnen sich neue Perspektiven für die Aufklärung bisher unbekannter Proteinstrukturen. Die Entwickler der Methode, Jacques Dubochet, Joachim Frank und Richard Henderson, wurden 2017 für ihre Arbeit mit dem Nobelpreis für Chemie ausgezeichnet.

Die Elektronenmikroskopie hat Vorteile hinsichtlich der Größe und der Kristallisierbarkeit der zu untersuchenden Proteine.

8.7 Proteomik

Als **Proteom** wird die **Gesamtheit** aller in einer Spezies exprimierten **Proteine** bezeichnet. Aus der vollständigen Sequenzierung des menschlichen Genoms im Rahmen des Humangenomprojekts (HUGO, 1990–2003) haben wir Kenntnis von etwa 20 000 proteincodierenden Genen. Aus diesen können durch RNA-Prozessierung und posttranslationale Modifizierungen eine unbekannte Zahl von Proteinvarianten gebildet werden. Ihre Expressionsmuster, also in welchen Zelltypen zu welchem Zeitpunkt welche Proteine vorhanden sind, lassen sich aus der DNA-Sequenz genauso wenig ablesen wie das Netzwerk der Interaktionen und Komplexbildung zwischen den Proteinen.

Die Aufgabe, das Proteom des Menschen zu charakterisieren, ist also ungleich komplexer als die Sequenzierung der DNA. Der Forschungszweig, der sich damit beschäftigt, wird als **Proteomik** bezeichnet und nutzt v. a. Methoden mit hohem Durchsatz. Beispielsweise können die Proteine aus einem Gewebe durch 2-D-Elektrophorese aufgetrennt und anschließend mittels Massenspektrometrie identifiziert werden. Die Expressionsmuster der Proteine können durch über **DNA-Mikroarrays** ermittelte mRNA-Expressionsmuster ergänzt werden (> 15.6). Auch auf Proteinebene werden vergleichbare Arrayverfahren dazu genutzt, um Netzwerke von Bindungspartnern zu entschlüsseln.

Genau wie beim HUGO-Projekt wird es aber entscheidend für den Erfolg sein, dass die weltweit gesammelten Ergebnisse in internationalen Datenbanken gesammelt und allgemein zur Verfügung gestellt werden. Die Human Proteome Organization (HUPO) hat sich diesem Problem seit 2001 angenommen (www.hupo.org).

8.7 Proteomik

Die **Gesamtheit** aller in einer Spezies exprimierten Proteine wird als **Proteom** bezeichnet. Es ändert sich jedoch je nach Situation. Daher ist die Analyse des Proteoms im Rahmen der **Proteomik** sehr komplex.
Eingesetzte **Methoden** sind z. B.
- Massenspektrometrie
- 2-D-SDS-PAGE
- DNA-Microarray
- Protein-Mikroarray

PRÜFUNGSSCHWERPUNKTE
IMPP
! Western-Blot (Nachweis von Proteinen)

Kompetenzorientierte Lernziele (NKLM)
Die Studierenden können
- medizinisch wichtige bioanalytische Trennverfahren und deren Grundprinzipien erklären.
- die Wechselwirkung von elektromagnetischer Strahlung und Materie erklären und wichtige Anwendungen in der Medizin benennen.

ÜBUNGSFRAGEN FÜRS MÜNDLICHE MIT LÖSUNGSHILFEN

1. Eine SDS-PAGE kann unter reduzierenden und unter nicht reduzierenden Bedingungen durchgeführt werden. Was verrät es Ihnen über ein Protein, wenn Sie beobachten, dass unter reduzierenden Bedingungen zwei Banden sichtbar werden, unter nicht reduzierenden nur eine?

Im SDS-Gel werden Proteine nach ihrer Größe aufgetrennt. Unter reduzierenden Bedingungen werden Disulfidbrücken reduziert und damit gelöst, unter nicht reduzierenden Bedingungen bleiben sie intakt. Unter reduzierenden Bedingungen entstehen daher zwei Banden, wenn das Protein aus zwei verschiedenen Untereinheiten besteht, die über Disulfidbrücken verbunden waren. Unter nicht reduzierenden Bedingungen bleiben die Untereinheiten kovalent verknüpft und werden daher als nur eine Bande sichtbar.

2. Welchen Zweck kann es haben, bei einer Affinitätschromatografie mit Ni^{2+}-Agarose bereits beim Beladen der Probe und im Waschpuffer geringe Mengen des Elutions-Agens Imidazol hinzuzugeben?

Indem das Elutions-Agens hinzugegeben wird, kann ein unspezifisches Binden von anderen zellulären Proteinen an die Säule reduziert werden.

Aus Studentensicht

8 ANALYSE VON PROTEINEN: WOHER WEISS MAN DAS ALLES?

3. Das Protein, für das Sie sich im Rahmen einer Forschungsarbeit interessieren, soll über einen Ionentauscher aufgereinigt werden. Sie verwenden dazu einen salzhaltigen Puffer bei pH 7,5. Ihr Protein fließt, ohne zu binden, durch einen Anionentauscher. Schlagen Sie drei mögliche Veränderungen des Experiments vor, um doch noch eine Bindung an einen Ionentauscher zu erreichen!

Mögliche Veränderungen des Experiments:
- pH-Änderung: Eine Verschiebung ins Basische (z. B. pH 8) führt zu eher negativ geladenen Proteinen.
- Erniedrigung der Salzkonzentration: Das Protein konkurriert mit den in der Lösung vorhandenen Ionen um die Bindeplätze auf der Säule. Eine Erniedrigung des Salzgehalts im Puffer kann zu einer stärkeren Bindung an den Anionentauscher führen.
- Verwendung eines Kationentauschers: Möglicherweise ist die Nettoladung des Proteins bei gegebenem pH positiv.

KAPITEL 9 Wirkungsweise von Hormonen: Wie wird das alles kontrolliert?

Daniela Salat, Carolin Unterleitner

9.1	Allgemeine Prinzipien der zellulären Kommunikation	192
9.1.1	Kommunikation im biologischen System	192
9.1.2	Mechanismen der interzellulären Signalvermittlung	192
9.2	Hormone und andere Signalmoleküle	193
9.2.1	Botenstoffgruppen	193
9.2.2	Einteilung der Hormone	194
9.2.3	Einteilung der Zytokine	195
9.2.4	Second Messenger	195
9.3	Speicherung und Freisetzung von Botenstoffen	197
9.4	Regulation der Hormonausschüttung	197
9.4.1	Regulationsmechanismen	197
9.4.2	Einfache Regelkreise	197
9.4.3	Hierarchische Hormonachsen	197
9.5	Transport von Hormonen im Blut	199
9.6	Rezeptorinitiierte Signalkaskaden	200
9.6.1	Mechanismen der rezeptorinitiierten Signalvermittlung	200
9.6.2	G-Protein-gekoppelte Rezeptoren	201
9.6.3	Rezeptor-Tyrosin-Kinasen	205
9.6.4	Rezeptorassoziierte Tyrosin-Kinasen	207
9.6.5	Rezeptor-Serin-/-Threonin-Kinasen	208
9.6.6	Ligandenaktivierte Ionenkanäle	208
9.6.7	Kernrezeptoren	209
9.6.8	Guanylat-Cyclasen	209
9.6.9	Modulation der Signaltransduktion	210
9.7	Hormone	211
9.7.1	Stoffwechsel und Energiehaushalt	211
9.7.2	Wasser- und Ionenhaushalt	224
9.7.3	Calcium- und Phosphathaushalt	227
9.7.4	Wachstum, Entwicklung und Fortpflanzung	230
9.7.5	Regulation des Schlaf-wach-Rhythmus	237
9.8	Gewebshormone	237
9.8.1	Aglanduläre Bildung	237
9.8.2	Eicosanoide	238
9.8.3	Biogene Amine	240
9.8.4	Kinine	241
9.8.5	Stickstoffmonoxid (NO)	242
9.9	Zytokine	243
9.9.1	Zytokinrezeptoren	243
9.9.2	Interleukine	245
9.9.3	Chemokine	248
9.9.4	Interferone	249
9.9.5	Wachstumsfaktoren	250

Aus Studentensicht

„Hormone, alles Gift für den Körper." Diese oder ähnliche Aussagen hast du vielleicht schon gehört. Aber was steckt hinter diesen Aussagen und was sind Hormone überhaupt? Hormone steuern unzählige Prozesse in unserem Körper, Millionen von Menschen nutzen sie zur Verhütung, aus der modernen Krebstherapie sind sie nicht wegzudenken und im Falle eines Ausfalls bestimmter Hormonachsen befindet sich unser Körper schnell in akuter Lebensgefahr. In Prüfungssituationen halten uns Hormone wach und aufmerksam und sorgen dafür, dass unser Gehirn mit ausreichend Glukose versorgt wird. In diesem Kapitel erhältst du einen Überblick über eine Vielzahl an Hormonen, ihre Wirkweise und die mit diesen Hormonen assoziierten Erkrankungen. Ein solides Verständnis für die wichtigsten Hormone ist für jeden Arzt unerlässlich.
Karim Kouz

Aus Studentensicht

9.1 Allgemeine Prinzipien der zellulären Kommunikation

9.1.1 Kommunikation im biologischen System

Vielzellige Organismen müssen äußere Reize weiterleiten und verarbeiten und interne Signale produzieren, registrieren und interpretieren können. Dazu nutzen sie zwei Kommunikationswege: das **Nervensystem,** das elektrische Signale aussendet und empfängt, und das **Hormonsystem,** das chemische Botenstoffe als Kommunikationsmittel nutzt.
Das **Hormonsystem** lässt sich anhand des **Orts,** an denen die Botenstoffe produziert werden, und der **Botenstoffe** selbst charakterisieren. Dies sind **Hormone, Zytokine** und **Neurotransmitter,** mit denen gezielt z. B. die Umstellung des Stoffwechsels oder der Genexpression bewirkt werden kann. Zellen müssen dafür das Signal des Botenstoffs während der **Signalübertragung (Signaltransduktion)** in eine entsprechende Reaktion der Zielzelle(n) umwandeln.

Kommunikation beruht auf Signalen, die weitergeleitet, verarbeitet und wieder abgeschaltet werden.

TAB. 9.1

Exogene Signale wie Licht, Temperatur und Duftstoffe werden von **endogenen Signalen** wie Hormonen und Zytokinen unterschieden.

9.1.2 Mechanismen der interzellulären Signalvermittlung

Gap Junctions ermöglichen die interzelluläre Kommunikation zwischen benachbarten Zellen über eine elektrische und chemische Kopplung. Über die **Sekretion** von Botenstoffen können neben benachbarten Zellen auch weiter entfernte Zielorte erreicht werden. Der Botenstoff wirkt dabei als **Ligand** und bindet spezifisch an seinen **Rezeptor.**

192

---

9 WIRKUNGSWEISE VON HORMONEN: WIE WIRD DAS ALLES KONTROLLIERT?

9.1 Allgemeine Prinzipien der zellulären Kommunikation

9.1.1 Kommunikation im biologischen System

> **FALL**
>
> **Marie wird groß**
>
> Die kleine Marie kommt schon seit der U3 in ihrer 4. Lebenswoche zu Ihnen in die Praxis. Sie war immer ein fröhlicher, entspannter Säugling und auch als Kleinkind machte sie keine Probleme. Inzwischen ist sie 13 Jahre alt und kommt heute zur ersten Jugenduntersuchung, der J1. Missmutig stapft sie Kaugummi kauend ins Sprechzimmer, Kopfhörer auf den Ohren, und setzt sich wortlos. Als Sie die Mutter hinausschicken, bessert sich die Laune schon etwas und sie fängt an, mit dem kleinen Hampelmann auf Ihrem Schreibtisch zu spielen, wie sie es immer schon gemacht hat. „Also, ich hab der Mami schon gesagt, ich hab nix, ich brauch hier nicht hin, Sie können sich den Termin sparen, immer diese Überfürsorge. Das nervt dermaßen!"
> Kein Zweifel, die kleine Marie wird groß und ist in der Pubertät angekommen, einer Zeit, die – mit dem Beginn der Entwicklung der sekundären Geschlechtsmerkmale wie Brustwachstum (Thelarche), Schambehaarung (Pubarche), erster Menstruation (Menarche) – nicht nur körperlich, sondern auch psychisch von großen Veränderungen geprägt ist und nicht nur für die Betroffenen, sondern auch für die Umgebung eine Herausforderung darstellt.
> Wie kommt es zu diesen Veränderungen bei Marie?

Im Gegensatz zu einem Einzeller steht ein vielzelliger Organismus vor der Herausforderung, die Aufgaben von einzelnen Zellen und Zellverbänden miteinander zu koordinieren und ihre Aktivitäten neuen Situationen anzupassen. Dabei müssen nicht nur äußere Reize entsprechend weitergeleitet und verarbeitet werden, sondern auch interne Signale produziert und am richtigen Organ registriert und interpretiert werden. Um diese Aufgabe zu meistern, entstanden zwei biologische Kommunikationswege, die Informationen auf unterschiedliche Art weiterleiten:
1. Das **Nervensystem,** das elektrische Signale aussenden und empfangen kann (➤ 27.1).
2. Das **Hormonsystem,** das chemische Botenstoffe als Kommunikationsmittel nutzt.

Das **Hormonsystem** lässt sich zum einen durch die **Orte** wie endokrine Drüsen oder bestimmte Körperzellen, an denen seine Botenstoffe produziert werden, und zum anderen durch seine **Botenstoffe** (First Messenger, primäre Botenstoffe) selbst charakterisieren. Die Botenstoffe sind i. d. R. Moleküle mit Fernwirkung und umfassen **Hormone, Zytokine** und **Neurotransmitter.**
Über diese Botenstoffe ist der Körper z. B. in der Lage, auf Veränderungen der Umweltbedingungen mit gezielten Umstellungen des Stoffwechsels und der Genexpression einzelner Zellen bzw. Organe zu reagieren. Des Weiteren werden durch sie auch Wachstum, Entwicklung und Fortpflanzung reguliert. Damit Zellen auf extrazelluläre Botenstoffe adäquat reagieren können, wird durch **Signalübertragung (Signaltransduktion)** ein extrazelluläres Signal in eine metabolische bzw. physiologische Reaktion der Zielzelle umgewandelt.
Kommunikation beruht grundsätzlich auf dem Senden eines Signals, das weitergeleitet, empfangen, verarbeitet und schließlich wieder abgeschaltet wird. Diese Schritte lassen sich auch auf ein biologisches System am Beispiel des Hormonsystems übertragen (➤ Tab. 9.1).

Tab. 9.1 Prinzipien der Kommunikation im Hormonsystem

Allgemein	Hormonsystem
Signalerzeugung	Biosynthese und Ausschüttung von Botenstoffen
Signalweiterleitung	Transport der Botenstoffe im Blut oder Gewebe
Signalempfang	Erkennung der Botenstoffe an der Zielzelle
Signalverarbeitung	Umwandlung des extrazellulären Signals in ein intrazelluläres Signal
Signalantwort	Metabolische und/oder physiologische Reaktion der Zielzelle, Veränderung der Genexpression
Signalabschaltung	Abbau oder Hemmung der Ausschüttung des Botenstoffs

Je nach Art der Signalvermittlung werden im Allgemeinen **exogene Signale** wie Licht, Duftstoffe, Pheromone, Geschmacksstoffe, akustische Reize, Temperatur oder Antigene von **endogenen Signalen** wie Hormonen, Zytokinen oder elektrischen Impulsen unterschieden.

9.1.2 Mechanismen der interzellulären Signalvermittlung

Eine Möglichkeit der interzellulären Kommunikation besteht in der direkten Signalübertragung zwischen benachbarten Zellen, wie sie sehr häufig in festen Geweberbänden stattfindet. Durch **Gap Junctions** wird eine direkte elektrische und chemische Kopplung zwischen Zellen erzeugt (➤ 26.4.2, ➤ 27.1.4).
Eine andere Möglichkeit ist die **Sekretion** von Botenstoffen in den extrazellulären Raum. Diese gelangen per Diffusion im Gewebe oder durch Transport über die Blutbahn zu ihrem mehr oder weniger weit entfernten Zielort. Dort wirken diese Botenstoffe als **Liganden** und binden an spezifisch für sie bereitgestellte Empfängermoleküle (**Rezeptoren**) (➤ Abb. 9.1). Je nach Reichweite werden folgende Mechanismen unterschieden:

- **Endokrine Signalvermittlung:** Der Botenstoff wird in die Blutbahn sezerniert und über diese transportiert. Die meisten klassischen Hormone wie Insulin oder Cortisol wirken auf diese Weise. Im Gegensatz dazu dient die exokrine Sekretion i. d. R. nicht der Signalvermittlung, sondern der Stoffabgabe an Körperoberflächen wie der Haut oder dem Darmlumen.
- **Parakrine Signalvermittlung:** Der Botenstoff gelangt per Diffusion an benachbarte Zellen. Seine Wirkung ist somit lokal begrenzt. Typischerweise wirken so Gewebshormone. Einen Spezialfall der parakrinen Signalübertragung stellt die **neuronale** Signalvermittlung über Neurotransmitter dar, bei der Signale von einer prä- an eine postsynaptische Zelle übermittelt werden.
- **Autokrine Signalvermittlung:** Eine Zelle kann sich auch selbst ein Signal übermitteln. Dabei besitzt die sezernierende Zelle auch gleichzeitig den Rezeptor für den Botenstoff. Diese Art der Signalvermittlung kann als eine Art Feedback-Kontrolle für die sezernierende Zelle dienen, damit sie weder zu viele noch zu wenige Signale aussendet. Darüber hinaus werden Wachstums- und Differenzierungsvorgänge über diesen Mechanismus gesteuert. Viele Zytokine wirken auf diese Weise.
- **Juxtakrine Signalvermittlung:** In diesem Fall sind sowohl der extrazelluläre Botenstoff als auch der zuständige Rezeptor membrangebunden und die kommunizierenden Zellen liegen in direkter Nachbarschaft zueinander. Die Zellen haben also wie bei den Gap-Junctions eine physische Verbindung. Für Hormone ist diese Art der Kommunikation allerdings nicht üblich, sie ist aber bei vielen Zellen des Immunsystems zu finden.

Aus Studentensicht

- Bei der **endokrinen Signalvermittlung** wird der Botenstoff in die Blutbahn sezerniert und über diese transportiert. Die meisten klassischen Hormone wie Insulin wirken auf diese Weise.
- Gelangt der Botenstoff per Diffusion zu benachbarten Zellen **(parakrine Signalvermittlung)**, ist seine Wirkung lokal begrenzt. Die **neuronale** Signalvermittlung an Synapsen ist ein Spezialfall davon.
- Besitzt eine Zelle den Rezeptor zu dem von ihr sezernierten Botenstoff, kann sie sich selbst ein Signal übermitteln **(autokrine Signalvermittlung)**. Viele Zytokine wirken auf diese Weise.
- Bei der **juxtakrinen Signalvermittlung** sind sowohl der extrazelluläre Botenstoff als auch der passende Rezeptor membrangebunden. Die kommunizierenden Zellen liegen in unmittelbarer Nähe zueinander. Viele Zellen des Immunsystems kommunizieren auf diese Weise.

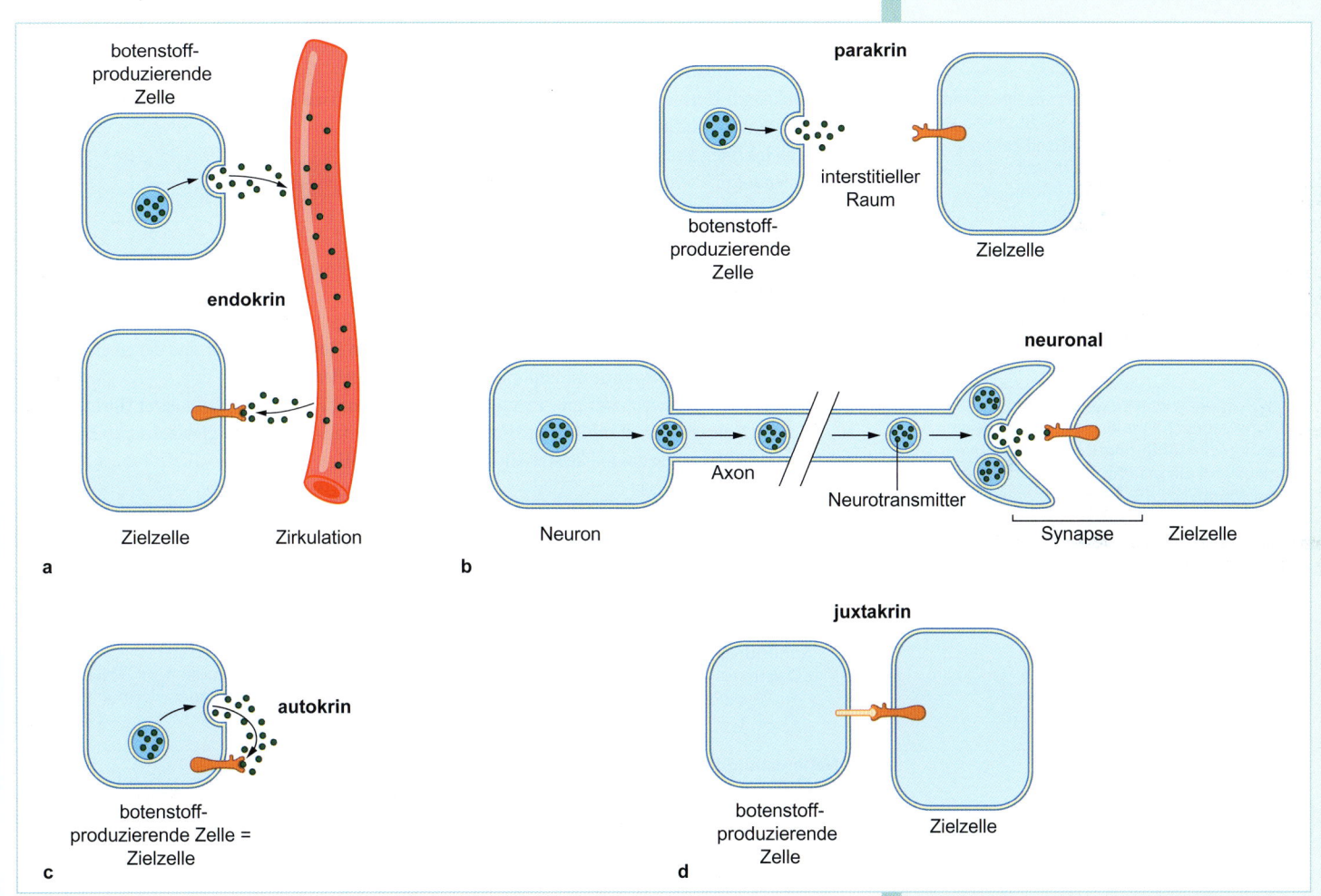

Abb. 9.1 Signalvermittlung durch extrazelluläre Botenstoffe: endokrin (**a**), parakrin (oben) und neuronal (unten) (**b**), autokrin (**c**), juxtakrin (**d**). [L138]

9.2 Hormone und andere Signalmoleküle

9.2.1 Botenstoffgruppen

Abhängig von ihren Wirkungsschwerpunkten werden folgende Gruppen von Botenstoffen unterschieden:

- **Hormone:** Regulation von Stoffwechsel und Sexualverhalten, Anpassung des Organismus an die Umwelt, Koordination von Wachstumsprozessen
- **Zytokine:** Regulation von Zellwachstum, -proliferation, -differenzierung, Koordination von Immunreaktionen
- **Neurotransmitter:** Übertragung von Signalen chemischer Synapsen im Nervensystem

9.2 Hormone und andere Signalmoleküle

9.2.1 Botenstoffgruppen

Botenstoffe werden in drei nur teilweise trennbare Gruppen unterteilt:
- **Hormone** regulieren z. B. Stoffwechsel und Wachstum.
- **Zytokine** regulieren z. B. Zellproliferation und -differenzierung.
- **Neurotransmitter** wirken an chemischen Synapsen.

Aus Studentensicht

9 WIRKUNGSWEISE VON HORMONEN: WIE WIRD DAS ALLES KONTROLLIERT?

Nicht bei allen Botenstoffen ist die Einteilung in eine jeweilige Gruppe eindeutig und es kann zu Überschneidungen kommen.

> **FALL**
>
> **Marie wird groß: Sexualhormone**
>
> Die große Zeit der Veränderung wird bei Marie durch Sexualhormone ausgelöst, die ihre Entwicklung zur Geschlechtsreife koordinieren.
> Aber welche Hormone sind nun genau dafür zuständig und wie werden sie ausgeschüttet?

9.2.2 Einteilung der Hormone

Der Begriff „Hormon" (griech. horman = anregen, antreiben) wurde Anfang des 20. Jahrhunderts von William Bayliss und Ernest Starling geprägt. Starling definierte Hormone als Stoffe, die in spezialisierten Geweben gebildet werden, über das Blut transportiert werden und spezifisch die Aktivität ihrer Zielzellen regulieren.

Heutzutage wird der Hormonbegriff etwas weiter gefasst und die Gruppe der Hormone umfasst neben den **glandulären** Hormonen, die in spezialisierten Geweben gebildet werden, auch die **aglandulären Hormone,** die in einzelnen Zellen bestimmter Gewebe gebildet werden.

Glanduläre Hormone

Die glandulären Hormone werden in speziellen **endokrinen Drüsen** gebildet, in die Blutbahn sezerniert und ihre Signalvermittlung erfolgt endokrin (➤ Abb. 9.2).

Zu den endokrinen Drüsen zählen:
- Neuroendokrine Drüsen (Hypothalamus, Hypophyse und Epiphyse)
- Nebenschilddrüse
- Schilddrüse
- Pankreas
- Nebenniere (Rinde und Mark)
- Gonaden (Ovarien und Hoden)

Anhand ihrer chemischen Struktur lassen sich die glandulären Hormone der verschiedenen endokrinen Drüsen in **hydrophile Hormone** und **lipophile Hormone** einteilen.

Eine gesonderte Peptidhormongruppe reguliert die Synthese und Freisetzung glandulärer Hormone. Dazu zählen die **Releasing- und Inhibiting-Hormone** des Hypothalamus und die **glandotropen Hormone** der Adenohypophyse wie das follikelstimulierende Hormon FSH.

9.2.2 Einteilung der Hormone
Ernest Starling definierte Hormone als Stoffe, die in spezialisierten Geweben gebildet, über das Blut transportiert werden und spezifisch die Aktivtität ihrer Zielzellen regulieren.
Hormone werden in **glanduläre** und **aglanduläre** Hormone unterteilt.

Glanduläre Hormone
Glanduläre Hormone werden in speziellen **endokrinen Drüsen** gebildet und in die Blutbahn sezerniert. Zu den endokrinen Drüsen gehören neuroendokrine Drüsen (Hypothalamus, Hypophyse und Epiphyse), Nebenschilddrüse, Schilddrüse, Pankreas, Nebenniere (Rinde und Mark) und Gonaden (Ovarien und Hoden). Anhand der chemischen Struktur werden glanduläre Hormone in **hydrophile** und **lipophile** Hormone eingeteilt.

Einige Peptidhormone regulieren die Synthese und Freisetzung glandulärer Hormone wie die **Releasing- und Inhibiting-Hormone** des Hypothalamus und die **glandotropen Hormone** der Adenohypophyse (z. B. FSH).

ABB. 9.2

Epiphyse:
- Melatonin

Hypothalamus:
- Releasing-Hormone
- Inhibiting-Hormone

Adenohypophyse:
- follikelstimulierendes Hormon (FSH)
- Thyreoidea-stimulierendes Hormon (TSH)
- luteinisierendes Hormon (LH)
- adrenocorticotropes Hormon (ACTH)
- Melanozyten-stimulierendes Hormon (MSH)
- Somatotropin**
- Prolaktin**

Schilddrüse:
- Calcitonin
- Tri-/Tetraiodthyronin (T_3/T_4)

Nebenschilddrüse:
- Parathormon

Neurohypophyse:
- Oxytocin*
- antidiuretisches Hormon (ADH)*

Nebennierenrinde:
- Mineralcorticoide
- Glukocorticoide
- Androgene
- Östrogene

endokrines Pankreas:
- Insulin
- Glukagon
- Somatostatin

Nebennierenmark:
- Adrenalin

Ovarien (Frau):
- Gestagene
- Östrogene

Hoden (Mann):
- Androgene
- Östrogene

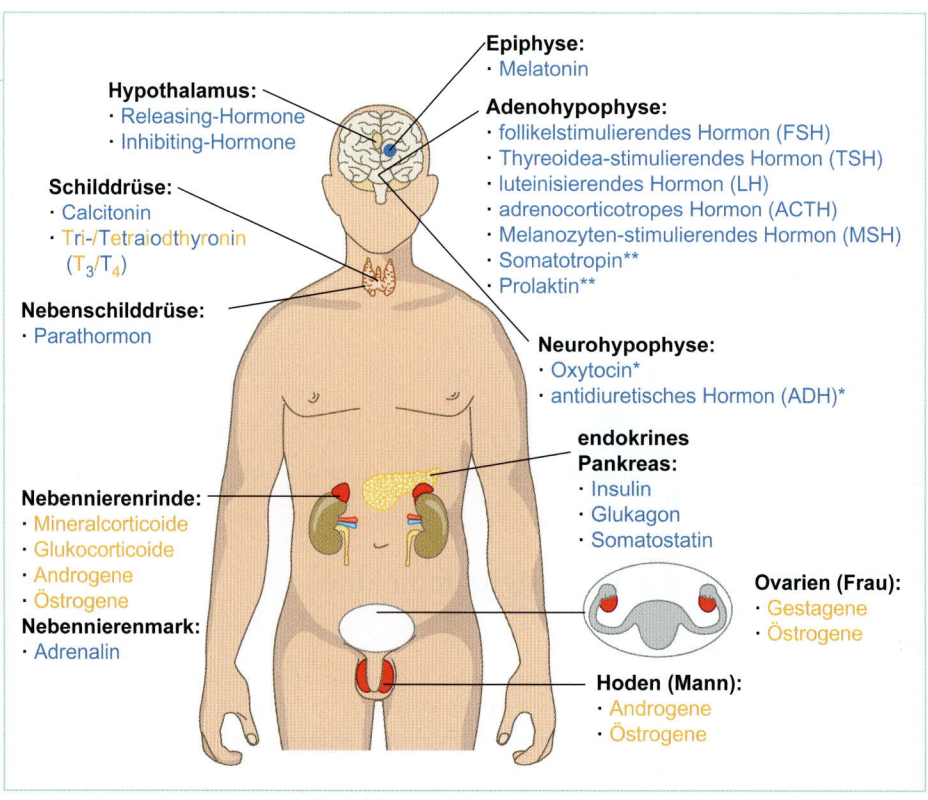

Abb. 9.2 Endokrine Drüsen und von ihnen ausgeschüttete Hormone (gelbe Schrift = lipophile Hormone, blaue Schrift = hydrophile Hormone, gelbblaue Schrift = amphiphile Hormone, * = im Hypothalamus gebildet und in der Neurohypophyse gespeichert, ** = auch den Zytokinen zugeordnet) [L138]

9.2 HORMONE UND ANDERE SIGNALMOLEKÜLE

Aus Studentensicht

> **FALL**
>
> **Marie wird groß: Gonadotropine, Östrogene und Androgene**
>
> Mit Einsetzen der Pubertät kommt es in Maries Hypothalamus zur Produktion der Gonadotropin-Releasing-Hormone, welche die Ausschüttung der Gonadotropine in der Hypophyse auslösen. Die Gonadotropine FSH und LH bewirken die gesteigerte Produktion von Östrogenen in Maries Ovarien, die den Beginn der Brustentwicklung (Thelarche) und den Reifungsbeginn von Uterus, Vagina und Vulva auslösen. Östrogene sind auch für die Ausbildung weiblicher Proportionen und die einsetzende Regelblutung (Menarche) verantwortlich. Für die Ausbildung der Scham- und Achselhaare sind hingegen die Androgene aus der Nebenniere verantwortlich. Die Hormone lösen auch einen Reifungsprozess im Gehirn aus, der die psychischen Veränderungen der Jugendlichen mitverursacht. Nervenzellen werden abgebaut, dafür nimmt die Anzahl der Verbindungen zwischen den einzelnen Nervenzellen zu. Teilweise ist das emotionale Ungleichgewicht der Pubertierenden auch auf verschiedene Reifungsgeschwindigkeiten der Hirnareale zurückzuführen. Das für Emotionen verantwortliche limbische System entwickelt sich zunächst sehr viel stärker als der frontale Kortex, der für die Regulation dieser Emotionen bedeutsam ist und erst mit Anfang 20 ganz ausgereift ist.

Aglanduläre Hormone

Die aglandulären Hormone werden nicht in speziellen Drüsen gebildet, sondern in verstreut liegenden **Zellen oder Zellgruppen** verschiedenster Gewebe. Sie können parakrin, autokrin oder auch endokrin wirken. Zu den aglandulären Hormonen zählen:
- Peptidhormone des Magen-Darm-Trakts (➤ 17.7.2)
- Leptin: Peptidhormon des Fettgewebes (➤ 17.7.2)
- Atriales natriuretisches Hormon (ANP): Peptidhormon des Herzens (➤ 9.7.2)
- Hepcidin: Peptidhormon der Leber (➤ 23.5.2)
- Erythropoetin: Glykoprotein der Niere (➤ 9.9.2)
- Cholecalciferole (➤ 23.2.3)
- **Gewebshormone** (Mediatoren)
  - Fettsäurederivate, z. B. Eikosanoide (➤ 20.2.2)
  - Aminosäurederivate, z. B. biogene Amine (➤ 21.6)
  - Peptide, z. B. Kinine (➤ 9.8.4)
  - Gase, z. B. Stickstoffmonoxid (NO) (➤ 9.8.5)

Aglanduläre Hormone

Aglanduläre Hormone werden nicht in speziellen Drüsen gebildet, sondern in verstreut liegenden **Zellen oder Zellgruppen.** Sie können parakrin, autokrin oder endokrin wirken.
Zu den aglandulären Hormonen zählen die Hormone des Magen-Darm-Trakts, Fettgewebes, Herzens, der Leber und Niere sowie **Gewebshormone** und die Cholecalciferole.

9.2.3 Einteilung der Zytokine

Zytokine sind eine sehr heterogene Gruppe an Botenstoffen. Sie können nach ihrer biologischen Funktion und ihren Rezeptoren in **Interleukine, Interferone, Chemokine** und **Wachstumsfaktoren** unterteilt werden. Es handelt sich dabei in allen Fällen um **Peptide bzw. Proteine**. Ihre Signalvermittlung ist bis auf wenige Ausnahmen parakrin oder autokrin. Aufgrund der Heterogenität ist die Zuordnung einzelner Zytokine nicht immer ganz eindeutig. Bezogen auf die jeweiligen Hauptfunktionen können jedoch folgende Gruppen gebildet werden:
- **Interleukine:** u. a. beteiligt an Hämatopoese, Apoptose, Entzündungen und Immunabwehr
- **Chemokine:** u. a. beteiligt an Chemotaxis und Zellmigration
- **Interferone:** u. a. beteiligt an Virus- und Immunabwehr sowie Apoptose
- **Wachstumsfaktoren:** u. a. beteiligt an Zellproliferation, -differenzierung und -wachstum sowie Apoptose

9.2.3 Einteilung der Zytokine

Zu der heterogenen Gruppe der aus **Peptiden bzw. Proteinen** bestehenden Zytokine zählen **Interleukine, Interferone, Chemokine** und **Wachstumsfaktoren.** Sie wirken meist parakrin oder autokrin.

9.2.4 Second Messenger

Second Messenger (sekundäre Botenstoffe) sind niedermolekulare Substanzen, die für die **intrazelluläre Signalweiterleitung** vieler hydrophiler Hormone zuständig sind und sich häufig frei in der Zelle verteilen können. Während es sehr viele verschiedene Hormone (First Messenger, primäre Botenstoffe) gibt, ist die Anzahl der Second Messenger überschaubar.
Bereits die Aktivierung einzelner Rezeptormoleküle führt zur Aktivierung von Enzymen oder Ionenkanälen, welche die Synthese oder den Einstrom sehr vieler Second-Messenger-Moleküle bewirken. Die Second Messenger aktivieren dann weitere Proteine in der Zelle, sodass trotz geringer Konzentration an primären Botenstoffen eine starke Reaktion in einer Zelle ausgelöst wird (= **Signalverstärkung**). Durch Nutzung derselben Second Messenger für unterschiedliche Hormone kommt es zum **Crosstalk** zwischen verschiedenen Signalwegen, durch den eine Feinabstimmung und gegenseitige Kontrolle verschiedener Signalwege erreicht werden kann.
Der bekannteste Vertreter der Second Messenger ist das **zyklische AMP (cAMP)**, das über die **Adenylat-Cyclase** aus ATP gebildet wird (➤ Abb. 9.3). In gleicher Weise entsteht **zyklisches GMP (cGMP)** aus GTP durch die **Guanylat-Cyclase.**
Mithilfe des Enzyms **Phospholipase C** werden aus dem Membranlipid Phosphatidylinositol-4,5-bisphosphat (PIP_2) (➤ 20.3.1) die Second Messenger **Diacylglycerol (DAG)** und **Inositoltrisphosphat (IP_3)** freigesetzt.
Ein weiterer wichtiger Second Messenger sind **Ca^{2+}-Ionen.** Die zytoplasmatische Konzentration von Ca^{2+}-Ionen erhöht sich durch Einstrom aus dem Extrazellulärraum oder aus Organellen. So kommt es durch die Aktivierung von IP_3-abhängigen Calcium-Kanälen zur Freisetzung von Ca^{2+}-Ionen aus dem endoplasmatischen Retikulum.

9.2.4 Second Messenger

Second Messenger sind niedermolekulare Substanzen, die der **Weiterleitung intrazellulärer Signale** dienen. Geringe Konzentrationen an primären Botenstoffen führen zur Erzeugung oder Freisetzung vieler Second-Messenger-Moleküle **(Signalverstärkung).** Verschiedene Signalwege können dabei denselben Second Messenger nutzen und dadurch parallel abgestimmt und kontrolliert werden **(Crosstalk).**
Wichtige **Second Messenger** sind:
- Zyklisches AMP (cAMP)
- Zyklisches GMP (cGMP)
- Diacylglycerol (DAG)
- Inositoltrisphosphat (IP_3)
- Ca^{2+}-Ionen

Aus Studentensicht

ABB. 9.3

Second Messenger können z. B. **Protein-Kinasen** aktivieren, **Ionenkanäle** regulieren oder die Aktivität von **Transkriptionsfaktoren** modulieren.

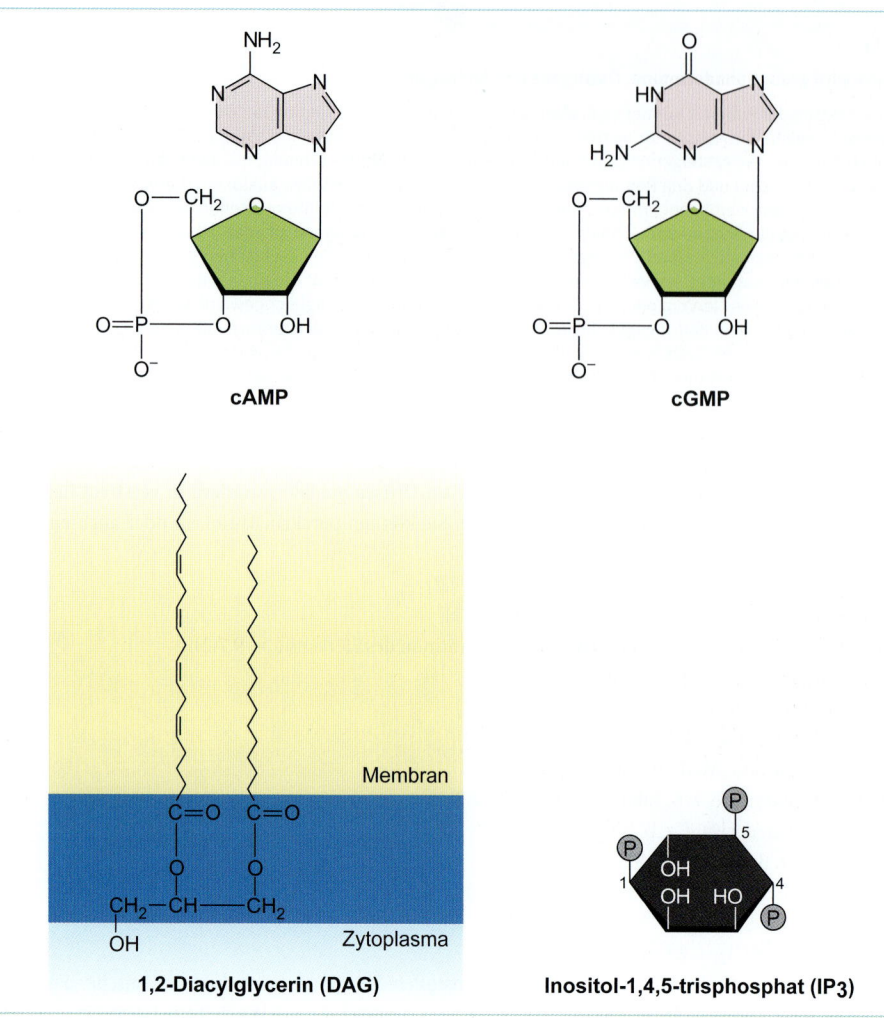

9 WIRKUNGSWEISE VON HORMONEN: WIE WIRD DAS ALLES KONTROLLIERT?

Abb. 9.3 Struktur wichtiger Second Messenger. [L299]

Mithilfe von Second Messengern werden z. B. **Protein-Kinasen** aktiviert, **Ionenkanäle** reguliert oder die Aktivität von **Transkriptionsfaktoren** moduliert. So wird die Protein-Kinase A durch cAMP und die Protein-Kinase C durch Ca^{2+}-Ionen und DAG aktiviert.

Protein-Kinasen als Effektoren der Signaltransduktion

Kinasen spielen bei der Signaltransduktion sowohl auf der Ebene der Rezeptoren als auch bei der weiteren Signalübertragung und -verstärkung eine zentrale Rolle. Als Effektor-Protein-Kinasen verstärken sie das Rezeptorsignal (> Abb. 9.6) und regulieren verschiedene zelluläre Prozesse durch Phosphorylierung. Wie die meisten Kinasen verwenden sie **ATP** als Substrat.

Die **Protein-Kinase A** (PKA) wird durch **cAMP** aktiviert. Sie ist u. a. an der Regulation des Kohlenhydrat- und Lipidstoffwechsels beteiligt und aktiviert den Transkriptionsfaktor CREB (cAMP Responsive Element-Binding Protein), der die Transkription von Zielgenen ermöglicht, die in ihrem Promotor ein CRE (cAMP Responsive Element) enthalten.

Die Vertreter der **Protein-Kinase B-Familie** (PKB, AKT) werden u. a. durch Phosphatidylinositol-3,4,5-trisphosphat (**PIP3**) aktiviert. Sie regulieren verschiedene zelluläre Prozesse wie Wachstum, Zellproliferation, Zellzyklus und verschiedene Stoffwechselwege. Aufgrund ihrer zellproliferativen Wirkung sind sie in Tumorzellen oft überexprimiert und gehören zu den Protoonkogenen.

Die **Protein-Kinase C** (PKC) wird durch Ca^{2+}-Ionen und Diacylglycerin (**DAG**) an der Zellmembran aktiviert. Auch sie reguliert die Zellproliferation sowie die Bildung von extrazellulärer Matrix und Zytokinen. Eine Fehlregulation ist ebenfalls mit der Entstehung von Tumoren assoziiert.

Die **Protein-Kinase G** (PKG) wird durch **cGMP** aktiviert. Sie reguliert u. a. die Relaxation der glatten Gefäßmuskulatur, die Zellteilung, die Nukleinsäurebiosynthese, die Spermienbildung und die Thrombozytenfunktion.

Die **Protein-Kinase R** (PKR) wird u. a. durch **virale doppelsträngige RNA** oder **Heparin** aktiviert. Sie inhibiert die Translation, wirkt pro-apoptotisch, aktiviert die Expression von Interferonen und reguliert den Zellzyklus. Sie ist weiterhin an der zellulären Antwort auf verschiedene Stresssignale beteiligt.

Die **AMP-aktivierte Protein-Kinase** (AMPK) wird u. a. durch die AMP- und ATP-Spiegel der Zelle und damit in Abhängigkeit von der Energieladung der Zelle reguliert. Sie reguliert u. a. energieaufwendige Biosynthesen sowie den Kohlenhydrat- und Lipidstoffwechsel. Darüber hinaus hat sie Einfluss auf Autophagie, die Biosynthese von Mitochondrien und reguliert die Abwehrmechanismen bei oxidativem Stress.

9.3 Speicherung und Freisetzung von Botenstoffen

So vielseitig Hormone und andere Botenstoffe sind, so vielseitig sind auch die Strategien ihrer Bildung, Speicherung und Freisetzung. Während z. B. Gewebshormone wie Prostaglandine und einige Zytokine nach Bedarf **de novo synthetisiert** werden, werden andere Botenstoffe in großen Mengen **auf Vorrat gebildet** und wie Insulin in Vesikeln oder wie die Schilddrüsenhormone auch in extrazellulären Kolloiden **gespeichert**. Peptidhormone werden häufig als **inaktive Vorstufen** synthetisiert, aus denen die aktive Substanz durch proteolytische Spaltung freigesetzt werden kann. Ein Beispiel dafür ist die Freisetzung des adrenocorticotropen Hormons (ACTH) aus Proopiomelanocortin (POMC).

Die Freisetzung von Hormonen erfolgt oft durch einen **spezifischen Reiz**. Dieser kann **endogen** wie ein veränderter Blutzuckerspiegel oder **exogen** wie veränderte Lichtbedingungen sein. Die Sekretion von in Vesikeln gespeicherten Hormonen erfolgt meistens durch eine Erhöhung der intrazellulären Ca^{2+}-Ionen-Konzentration.

Der Rhythmus von Synthese und Freisetzung kann **pulsativ** wie bei den Releasing-Hormonen des Hypothalamus, **circadian** wie bei Melatonin oder über **länger andauernde Zeiträume kontinuierlich** wie bei den Sexualhormonen erfolgen.

FALL

Marie wird groß: die Pille

Bei der zweiten Jugenduntersuchung – der J2 – kommt die 16-jährige Marie alleine zum Termin. Die Umbrüche der Pubertät scheint sie schon hinter sich gelassen zu haben, sie haben eine junge Frau vor sich und sie hat auch ein ganz konkretes Anliegen: „Können Sie mir nicht die Pille verschreiben, ich trau mich nicht zum Frauenarzt. Ich habe irgendwie einen Horror vor dieser Untersuchung." Sie leisten Überzeugungsarbeit, empfehlen eine einfühlsame Kollegin und Marie bekommt von ihr ein Medikament zur Empfängnisverhütung, die „Pille", die durch eine Kombination aus Östrogen und Gestagen den Eisprung verhindert und so vor einer Schwangerschaft schützt. Dies ist ein Beispiel dafür, dass auch von außen als Medikamente zugeführte Hormone Signale im menschlichen Körper vermitteln. Diese Hormone werden wie viele andere (z. B. Insulin, Schilddrüsenhormone) biotechnologisch hergestellt.

9.4 Regulation der Hormonausschüttung

9.4.1 Regulationsmechanismen

Eine verminderte Hormonproduktion oder -wirkung bis hin zu einem kompletten Ausfall führt ebenso zu Störungen wie eine Überfunktion. Daher sind strenge Regulationsmechanismen notwendig, um eine stabile Gleichgewichtslage aufrechtzuerhalten.

Die Ausschüttung von Hormonen, welche die Konzentration eines bestimmten Metaboliten im Blut konstant halten, wird oft von diesem selbst reguliert. Dies erfolgt über **einfache Regelkreise** und **Rückkopplungsmechanismen (Feedback)** und ist oft unabhängig vom ZNS. Darüber hinaus existieren auch sehr komplexe Regelkreise in Form spezifischer **Hierarchiesysteme,** die über das ZNS als übergeordnetes Organ beeinflusst und gesteuert werden.

9.4.2 Einfache Regelkreise

In einfachen Regelkreisen kommt es zu **direkten Rückkopplungsreaktionen** zwischen dem hormonproduzierenden Organ und dem zu regulierenden Metaboliten oder der zu regulierenden physiologischen Reaktion ohne übergeordnete Beteiligung des ZNS. Dies zeigt sich z. B. am Zusammenspiel zwischen dem Blutzuckerspiegel und der Ausschüttung von Insulin bzw. Glukagon.

Rückkopplungen können sowohl positiver als auch negativer Natur sein. **Positive Rückkopplungen** sind eher selten. Sie wirken signalverstärkend und führen i. d. R. zu einer schnellen Erhöhung der entsprechenden Hormonkonzentration. Aufgrund des Verstärkungseffekts können solche Mechanismen bei längerem Andauern destabilisierend wirken und müssen daher zeitlich begrenzt sein. Ein Beispiel für eine positive Rückkopplung ist die Follikelreifung. Reift ein neuer Follikel, steigt die Östrogenproduktion in der ersten Hälfte des Zyklus langsam an. Ab einer bestimmten Konzentration verstärkt Östrogen die GnRH- und somit die FSH- bzw. LH-Ausschüttung, was wiederum die Follikelreifung bis zum Eisprung beschleunigt. **Negative Rückkopplungsmechanismen** wirken signalhemmend, dienen dem Sollwertabgleich und wirken stabilisierend, da sie Überreaktionen verhindern. So kommt es nach der Ovulation rasch zu negativen Rückkopplungen, u. a. durch ansteigendes Progesteron.

9.4.3 Hierarchische Hormonachsen

Das **Hypothalamus-Hypophysen-System** bildet die höchste Instanz bei der Regulation und Anpassung der Aktivität einiger endokriner Drüsen (> Abb. 9.4). Hier finden sich die komplexesten Formen von hormonellen Regelkreisen, in denen das ZNS zur Steuerung der Zielorgane neuronale und humorale Signale verarbeitet. Die wichtigsten Achsen sind die Hypothalamus-Hypophysen-Schilddrüsen-, die Hypothalamus-Hypophysen-Nebennieren(rinden)- und die Hypothalamus-Hypophysen-Gonaden-Achse.

Aus Studentensicht

9.3 Speicherung und Freisetzung von Botenstoffen

Einige Gewebshormone (z. B. Prostaglandine) und Zytokine werden bei Bedarf **de novo synthetisiert,** andere Botenstoffe (z. B. Insulin) hingegen in großen Mengen **auf Vorrat** gebildet und **gespeichert.**
Peptidhormone werden häufig als **inaktive Vorstufen** gebildet, aus denen die aktive Substanz erst proteolytisch freigesetzt werden muss.

Hormone werden durch spezifische endogene oder exogene Reize **pulsativ, circadian** oder über länger andauernde Zeiträume **kontinuierlich** freigesetzt. Die Sekretion von in Vesikeln gespeicherten Hormonen erfolgt i. d. R. durch eine Erhöhung der intrazellulären Ca^{2+}-Ionen-Konzentration.

9.4 Regulation der Hormonausschüttung

9.4.1 Regulationsmechanismen

Einer verminderten oder übersteigerten Hormonproduktion und -wirkung wird durch strenge Regulationsmechanismen entgegengewirkt. Hormone werden sowohl über **einfache Regelkreise** und **Rückkopplungsmechanismen (Feedback)** als auch über komplexe Regelkreise in Form spezifischer **Hierarchiesysteme,** in die das ZNS involviert ist, gesteuert.

9.4.2 Einfache Regelkreise

In einfachen Regelkreisen kommt es zur **direkten Rückkopplung** zwischen dem hormonproduzierenden Organ und dem Effektor.
Man unterscheidet zwischen **positiver** und **negativer Rückkopplung.** Erstere wirkt signalverstärkend, jedoch destabilisierend und muss daher zeitlich begrenzt sein (z. B. Milchproduktion, Geburtsvorgang). Letztere wirkt signalhemmend, dient dem Sollwertabgleich und wirkt stabilisierend.

9.4.3 Hierarchische Hormonachsen

Das **Hypothalamus-Hypophysen-System** bildet die höchste regulierende Instanz einiger endokriner Drüsen. Die wichtigsten Achsen sind:
- Hypothalamus-Hypophysen-Schilddrüsen-Achse
- Hypothalamus-Hypophysen-Nebennieren(rinden)-Achse
- Hypothalamus-Hypophysen-Gonaden-Achse

Aus Studentensicht

9 WIRKUNGSWEISE VON HORMONEN: WIE WIRD DAS ALLES KONTROLLIERT?

ABB. 9.4

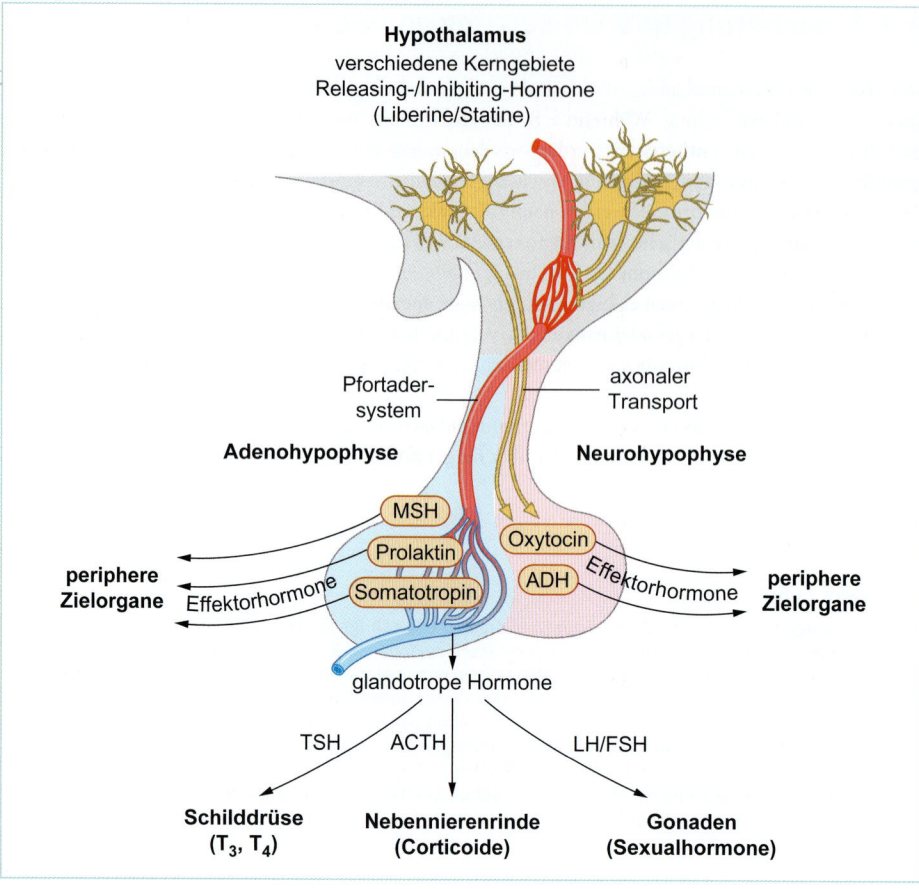

Abb. 9.4 Das Hypothalamus-Hypophysen-System und seine Zielorgane [L138]

Hypothalamus

Der **Hypothalamus** verknüpft das ZNS mit dem endokrinen System (**neuroendokrines System**). Eingehende Signale werden in **neurosekretorischen Zellen** über die Produktion und Freisetzung spezifischer Hormone verarbeitet.
Die hypothalamischen **Effektorhormone ADH** und **Oxytocin** werden über axoplasmatischen Transport in die Neurohypophyse transportiert und dort gespeichert.
Zusätzlich bildet der Hypothalamus **Releasing- und Inhibiting-Hormone** (**Liberine** und **Statine**):
- Corticotropin-Releasing-Hormon (**CRH**)
- Thyreotropin-Releasing-Hormon (**TRH**)
- Gonadotropin-Releasing-Hormon (**GnRH**)
- Somatoliberin (Growth-Hormone-Releasing-Hormon (**GHRH**)
- Somatostatin (**SIH, GHIH**)

Diese Peptidhormone werden über das Pfortadersystem zur Adenohypophyse transportiert und regulieren dort die Bildung und Freisetzung glandotroper Hormone.

Hypophyse

In der **Neurohypophyse** werden die Hormone **ADH** (antidiuretisches Hormon, Vasopressin, Adiuretin) und **Oxytocin** gespeichert und freigesetzt. In der **Adenohypophyse** werden die **glandotropen Hormone (FSH, TSH, LH und ACTH)** sowie die **nicht glandotropen Hormone MSH, Prolaktin** und **Somatotropin** durch Regulation von Releasing- und Inhibiting-Hormonen gebildet und freigesetzt.

Hypothalamus

Der **Hypothalamus** verknüpft das ZNS mit dem endokrinen System (**neuroendokrines System**). Zusammen mit der Hypophyse bildet er eine zentrale Steuereinheit zur Aufrechterhaltung der Körperhomöostase. Er zeichnet sich durch sog. Kernbereiche aus, in denen sich Ansammlungen spezifischer **neurosekretorischer Zellen** finden. Die Kerne sind mit vielen übergeordneten Bereichen des Gehirns (z. B. Kortex) verbunden und erhalten von dort Informationen. Zusätzlich gehen hier über Feedbackmechanismen peripherer Zielorgane Rückmeldungen ein. Die Verarbeitung und Weiterleitung der eingehenden Signale erfolgt anschließend u. a. über die Produktion und Freisetzung spezifischer Hormone.

Zum einen werden in den neurosekretorischen Kernen die Hormone **ADH** (antidiuretisches Hormon, Vasopressin, Adiuretin) und **Oxytocin** gebildet. Da diese Hormone direkt auf ihre jeweiligen peripheren Zielgewebe wirken, werden sie auch als **Effektorhormone** bezeichnet. Beide Hormone werden über einen axoplasmatischen Transport (= Transport durch das Zytoplasma des Axons) in die Neurohypophyse transportiert und dort gespeichert.

Zum anderen werden im Hypothalamus die **Releasing- und Inhibiting-Hormone**, die auch **Liberine** bzw. **Statine** genannt werden, synthetisiert. Hierbei handelt es sich um kleine Peptidhormone wie:
- Corticotropin-Releasing-Hormon (**CRH**)
- Thyreotropin-Releasing-Hormon (**TRH**)
- Gonadotropin-Releasing-Hormon (**GnRH**)
- Somatoliberin (**GHRH**; Growth-Hormone-Releasing-Hormon)
- Somatostatin (**SIH, GHIH**)

Diese Hormone werden z. T. in einem pulsatilen oder circardianen Rhythmus direkt an das Blut abgegeben und über ein Pfortadersystem zur Adenohypophyse transportiert, wo sie die Bildung und Freisetzung glandotroper Hormone regulieren.

Hypophyse

Die **Hypophyse** besteht aus unterschiedlichen Bereichen. In der **Neurohypophyse** werden die Hormone **ADH** und **Oxytocin** gespeichert und bei Bedarf freigesetzt. In der **Adenohypophyse** werden, reguliert durch die Releasing- und Inhibiting-Hormone, **glandotrope Hormone** gebildet und freigesetzt. Diese wirken letztendlich regulierend auf endokrine Drüsen außerhalb des ZNS. Zu den glandotropen Hormonen zählen:
- Follikelstimulierendes Hormon (**FSH**)
- Luteinisierendes Hormon (**LH**)
- Thyreoidea-stimulierendes Hormon (**TSH**)
- Adrenocorticotropes Hormon (**ACTH**)

Des Weiteren werden in der Adenohypophyse die **nicht glandotropen Hormone** Melanozyten-stimulierendes Hormon **(MSH)**, **Prolaktin** und **Somatotropin** gebildet. Auch sie werden zu den Effektorhormonen gezählt. Die Synthese und Freisetzung von Prolaktin und Somatotropin finden unter dem Einfluss spezifischer Releasing- und Inhibiting-Hormone statt.

Regulation

Die Regulation des Zusammenspiels zwischen den Organen der Hormonachsen erfolgt u. a. durch eine Reihe von Rückkopplungsmechanismen (> Abb. 9.5). **Short Feedback Loops** sorgen zwischen Hypophyse und Hypothalamus für hemmende Rückmeldungen, indem z. B. das in der Hypophyse gebildete TSH die Synthese von TRH im Hypothalamus unterdrückt. Über **Long Feedback Loops** melden die Zielorgane über ihre Hormone den Istzustand zurück an das ZNS (Hypothalamus und Hypophyse). So hemmt z. B. Cortisol die Freisetzung von CRH und ACTH. Auch Stoffwechselantworten in Form von Metaboliten können direkt auf das ZNS regulierend rückwirken.

Eine weitere Möglichkeit einer Feedback-Wirkung auf das ZNS ist die Bildung von **Inhibinen** oder **Aktivinen** durch die Achsenzielorgane wie die Gonaden. Anders als Releasing- und Inhibiting-Hormone werden Inhibine und Aktivine nicht direkt im ZNS gebildet. Durch diese Mechanismen wird eine Anpassung an einen bestehenden Sollwert gewährleistet. Für eine Anpassung an veränderte physiologische Zustände sind Sollwertverstellungen durch übergeschaltete Zentren des ZNS möglich.

Aus Studentensicht

Regulation

Die Regulation der Hormonachsen erfolgt u. a. durch Rückkopplungsmechanismen. **Short Feedback Loops** sind (hemmende) Rückmeldungen von der Hypophyse zum Hypothalamus. **Long Feedback Loops** sind Rückmeldungen der Zielorgane zum ZNS.
Zusätzlich können **Inhibine** und **Aktivine** der Zielorgane Feedback-Wirkungen auf das ZNS ausüben. Sollwertverstellungen geschehen i. d. R. durch übergeordnete ZNS-Zentren.

ABB. 9.5

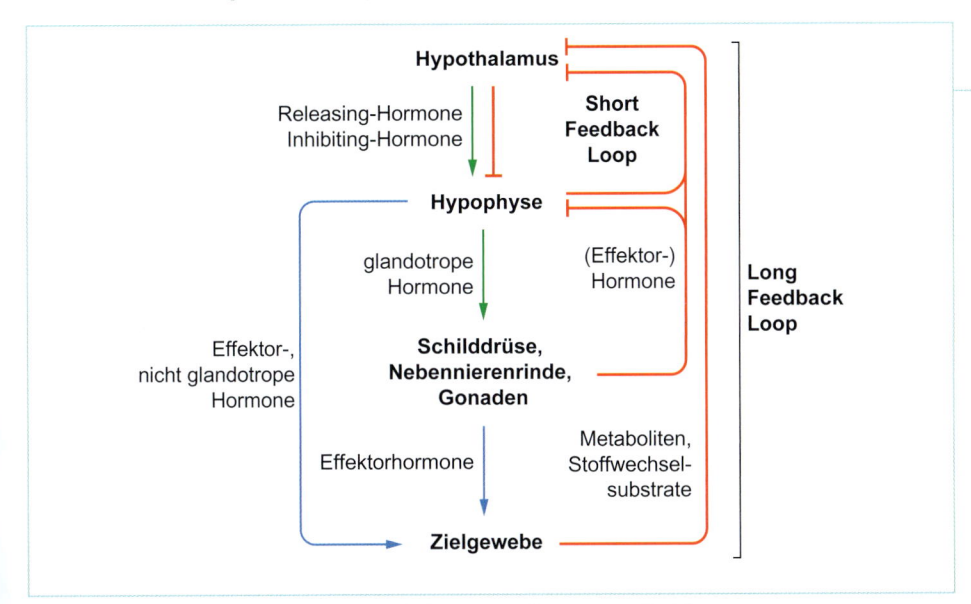

Abb. 9.5 Rückkopplungsmechanismen im Hypothalamus-Hypophysen-System [L138]

9.5 Transport von Hormonen im Blut

Hydrophile Hormone können frei im Blut transportiert werden. **Lipophile Hormone** und die amphiphilen Schilddrüsenhormone benötigen dagegen ein wasserlösliches Transportmittel. Das Plasmaprotein **Albumin** dient dabei als **unspezifischer Transporter** für verschiedene Hormone. In vielen Fällen existieren aber auch **spezifische Transportproteine** wie das Transcortin für Cortisol, die mit hoher Affinität an ein bestimmtes Hormon binden.

Durch die hohe Affinität zwischen Hormon und Transportprotein liegen nur wenige lipophile Hormone in freier und damit biologisch aktiver Form vor. Im Allgemeinen unterliegen die Konzentrationen von Hormonen im Blut natürlichen und individuellen Schwankungen, die von Alter, Geschlecht und verschiedenen anderen Faktoren abhängig sind. Auch die Regulation der Hormonsynthese und die Abbaurate spielen dabei eine Rolle. Für den Regelfall lässt sich aber festhalten, dass **Hormone** nur in **sehr geringen Konzentrationen** (10^{-12}–10^{-6} mol/l) **im Blut** auftreten.

In manchen Fällen ist das Transportprotein nicht nur für den Transport zuständig, sondern aufgrund der Bindung an den Botenstoff auch für die Regulation seiner Stabilität und Halbwertszeit. Die **Halbwertszeiten** einzelner Botenstoffe variieren stark. So beträgt sie beispielsweise für Steroidhormone Stunden, für Schilddrüsenhormone dagegen bis zu mehreren Tagen. Die Halbwertszeit von Peptidhormonen kann zwischen wenigen Minuten, wie bei Insulin, und einigen Stunden, wie bei FSH, liegen. Als Faustregel gilt, dass Hormone, die eher schnelle Reaktionen vermitteln, kurze Halbwertszeiten haben, während Hormone, die längerfristig wirken, stabiler sind.

Seit einiger Zeit wird vermutet, dass bestimmte Transportproteine nicht nur für den passiven Transport der Hormone im Blut verantwortlich sind, sondern auch mit Membranrezeptoren interagieren und somit selbst Signaltransduktionsprozesse in Gang setzen können.

9.5 Transport von Hormonen im Blut

Hydrophile Hormone werden frei im Blut transportiert. **Lipophile Hormone** und die amphiphilen Schilddrüsenhormone benötigen hingegen **spezifische Transportproteine** wie Transcortin oder **unspezifische Transporter** wie Albumin. Durch die hohe Affinität zwischen Transportprotein und Hormon ist die **Konzentration** freier, biologisch **aktiver Hormone im Blut sehr gering**. Transportproteine dienen zudem der Stabilisierung des Hormons und der Regulation seiner Halbwertszeit. Im Allgemeinen gilt: Hormone, die schnelle Wirkungen vermitteln, haben kurze, Hormone, die längerfristige Wirkungen vermitteln, längere **Halbwertszeiten**.
Transportproteine scheinen zudem selbst Signaltransduktionsprozesse initiieren zu können. Für diagnostische Zwecke werden Hormone z. B. im Blut oder im Urin mittels **immuntechnologischer Verfahren** wie dem ELISA nachgewiesen.

Aus Studentensicht

9 WIRKUNGSWEISE VON HORMONEN: WIE WIRD DAS ALLES KONTROLLIERT?

Üblicherweise werden Hormone für diagnostische Zwecke im Blutserum oder im Urin eines Patienten nachgewiesen. Da Hormone allerdings nur in äußerst geringen Konzentrationen im Körper vorliegen, erfolgt der Nachweis meist mit sensitiven **immuntechnologischen Verfahren** wie dem ELISA (➤ 8.4).

9.6 Rezeptorinitiierte Signalkaskaden

9.6.1 Mechanismen der rezeptorinitiierten Signalvermittlung

9.6 Rezeptorinitiierte Signalkaskaden

9.6.1 Mechanismen der rezeptorinitiierten Signalvermittlung

Für die Umwandlung des durch einen Botenstoff vermittelten extrazellulären Signals in ein intrazelluläres werden **Rezeptoren** benötigt. Rezeptoren sind die Empfängermoleküle der Zelle, die durch Bindung von **Liganden** (= spezifisch bindendes Molekül) aktiviert werden. Dabei bildet sich ein relativ stabiler **Ligand-Rezeptor-Komplex,** dessen Aktivierung in einigen Fällen zusätzlich mit einer Di- oder Oligomerisierung des Rezeptors einhergeht. Die meist **sehr spezifische** hochaffine Interaktion zwischen Ligand und Rezeptor ist mit dem Prinzip der Enzym-Substrat-Bindung vergleichbar und unterliegt einer **Sättigungskinetik.** Durch die Modulation der Rezeptorkonzentration kann daher die Stärke der Zellantwort kontrolliert werden.

Extrazelluläre Signale werden durch Bindung eines Botenstoffs **(Ligand)** an seinen **Rezeptor** unter Ausbildung eines stabilen **Ligand-Rezeptor-Komplexes** in intrazelluläre umgewandelt. Die meist **sehr spezifische** Interaktion zwischen Ligand und Rezeptor unterliegt einer **Sättigungskinetik.**
Durch die Rezeptoraktivierung werden intrazelluläre **Effektoren** wie Enzyme oder G-Proteine aktiviert, die u. a. die Synthese von Second Messengern katalysieren.
Hydrophile Botenstoffe verbleiben außerhalb der Zelle und nutzen **Membranrezeptoren.** Lipophile Botenstoffe können die Zellmembran überwinden und an **intrazelluläre Rezeptoren** binden.

Der Liganden-Rezeptor-Komplex aktiviert intrazelluläre **Effektoren** wie Enzyme oder G-Proteine, die u. a. die Synthese der Second Messenger katalysieren. Obwohl häufig dieselben Signaltransduktionswege ausgelöst werden, kommt es abhängig von der Ausstattung der Zielzellen mit unterschiedlichen Effektorproteinen zu sehr unterschiedlichen Folgereaktionen.

Sehr viele Botenstoffe sind hydrophil und verbleiben außerhalb der Zelle. Für die Umwandlung dieses extrazellulären in ein intrazelluläres Signal werden **Membranrezeptoren** benötigt. Einige lipophile Botenstoffe gelangen durch Diffusion über Transporter oder die Plasmamembran selbst ins Zytoplasma der Zielzellen und binden an **intrazelluläre Rezeptoren.**

Signaltransduktion über Membranrezeptoren

Signaltransduktion über Membranrezeptoren

Membranrezeptoren leiten extrazelluläre Signale z. B. durch die Aktivierung von **G-Proteinen** oder durch **Kinase-vermittelte Phosphorylierungen** in die Zelle weiter.
Enzymatisch organisierte Signalkaskaden haben den Vorteil der **Signalverstärkung** (Signalamplifikation). Ein einzelner aktivierter Rezeptor kann eine Vielzahl an nachgeschalteten Signalmolekülen erzeugen oder aktivieren, die wiederum viele weitere Signalmoleküle erzeugen oder aktivieren können.

Membranrezeptoren sind fest in der Membran verankerte Transmembranproteine. Nach der Bindung eines Botenstoffs an die extrazelluläre Domäne kann die Signalweiterleitung auf der zytoplasmatischen Seite durch die Aktivierung von Schalterproteinen in Form von **G-Proteinen** oder durch **Kinase-vermittelte Phosphorylierungen** eingeleitet werden. Das Signal wird meist durch eine Kaskade, bei der nacheinander intrazelluläre Signalmoleküle modifiziert und aktiviert werden, in der Zelle weitergeleitet. Oft laufen enzymatisch organisierte Phosphorylierungskaskaden ab.

Ein Vorteil einer Beteiligung von Enzymen an der Signalweiterleitung liegt in der **Signalverstärkung** (Signalamplifikation) durch ihre katalytische Aktivität (➤ Abb. 9.6). Dabei kann durch die Aktivierung eines einzelnen Rezeptors eine Vielzahl an nachgeschalteten Signalmolekülen aktiviert werden, die ihrerseits wiederum viele Signalmoleküle aktivieren. Bei solchen Signalkaskaden nimmt die Anzahl an signalweiterleitenden Molekülen bei jedem Schritt zu und selbst sehr schwache Signale können effektiv verarbeitet werden. Membrangekoppelte Rezeptoren bedienen sich häufig dieses Mechanismus.

ABB. 9.6

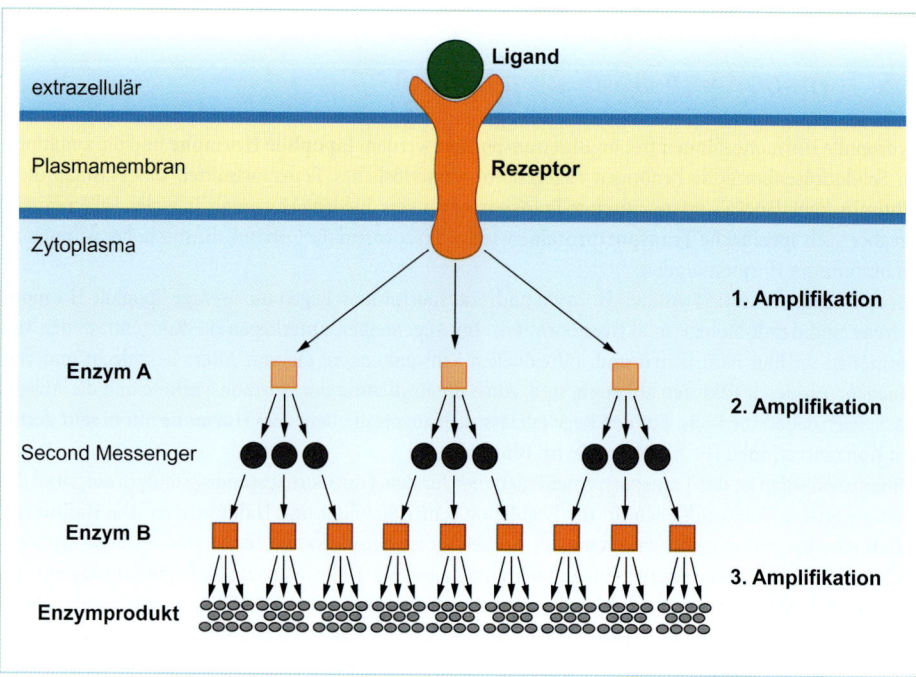

Abb. 9.6 Mechanismus der Signalamplifikation [L299]

9.6 REZEPTORINITIIERTE SIGNALKASKADEN

Je nach Art der Signalweiterleitung werden folgende **Typen von Membranrezeptoren** unterschieden:
- G-Protein-gekoppelte Rezeptoren (➤ 9.6.2)
- Rezeptoren mit intrinsischer oder assoziierter Enzymaktivität (➤ 6.3, ➤ 9.6.3, ➤ 9.6.4, ➤ 9.6.5)
- Ligandenaktivierte Ionenkanäle (➤ 9.6.6)

Die Signaltransduktion über membranständige Rezeptoren hat **unmittelbare Wirkungen** im Sekunden- bis Minutenbereich, die sich in Form von veränderter Proteinphosphorylierung oder Veränderung der Leitfähigkeit von Ionenkanälen bemerkbar machen. Daneben werden aber auch **langsamere Reaktionen** durch Veränderungen der Genexpressionsrate, deren Wirkung bis zu mehreren Stunden später eintreten kann, ausgelöst.

Signaltransduktion über intrazelluläre Rezeptoren

Intrazelluläre Rezeptoren liegen i. d. R. als lösliche Proteine im Zytoplasma oder DNA-gebunden im Zellkern vor und leiten als ligandenaktivierbare Einheiten selbst das Signal weiter. Im Fall eines zytoplasmatischen Rezeptors wird der Ligand-Rezeptor-Komplex nach Bindung des Liganden in den Zellkern transportiert, wo er die Transkription von Zielgenen reguliert (➤ Abb. 9.7). Ein DNA-gebundener Rezeptor liegt bereits an der Zielstruktur vor und muss nur noch durch ein Hormon aktiviert werden. Der Rezeptor selbst fungiert somit als **ligandenabhängiger spezifischer Transkriptionsfaktor,** daher auch der Name **Kernrezeptor** (nukleärer Rezeptor). Im Gegensatz zu den Signalkaskaden der Membranrezeptoren kommt es zu keiner nennenswerten Signalverstärkung und die Wirkung tritt mit einer Verzögerung von ca. 1–2 Stunden ein, hält dafür aber auch länger an (➤ 9.6.7).

Ein Spezialfall der intrazellulären Rezeptoren sind die **löslichen Guanylat-Cyclasen,** die als Rezeptoren für das membrangängige Gas Stickstoffmonoxid (NO) dienen. Sie wirken nicht als Transkriptionsfaktoren, sondern leiten das Signal über den Second Messenger cGMP weiter (➤ 9.6.8).

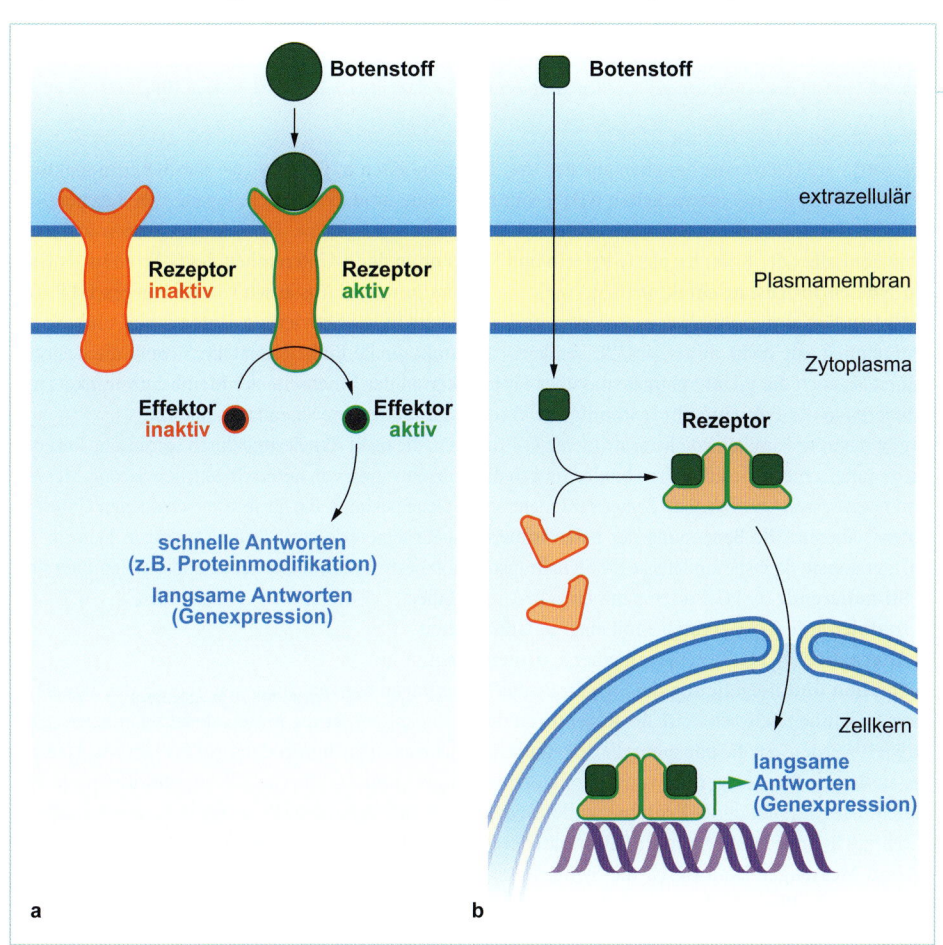

Abb. 9.7 Signaltransduktion über membranständige (a) und intrazelluläre Rezeptoren (b) [L299]

9.6.2 G-Protein-gekoppelte Rezeptoren

Die G-Protein-gekoppelten Rezeptoren (GPCR) sind die häufigste membranständige Rezeptorart im menschlichen Körper und haben vielfältige Wirkungsweisen. Sie enthalten **sieben Transmembranhelices** (Transmembrandomänen), die durch jeweils drei intra- und extrazelluläre Schleifen verbunden sind (➤ Abb. 9.8). Extrazellulär oder zwischen den Transmembranhelices besitzen die Rezeptoren eine **Ligandenbindungsdomäne** und intrazellulär eine Bindestelle für ein **heterotrimeres G-Protein (großes G-Protein).**

Aus Studentensicht

Man unterscheidet folgende **Typen von Membranrezeptoren:**
- G-Protein-gekoppelte Rezeptoren
- Rezeptoren mit intrinsischer oder assoziierter Enzymaktivität
- Ligandenaktivierte Ionenkanäle

Membranrezeptoren vermitteln sowohl **unmittelbare Wirkungen** (z. B. veränderte Proteinphosphorylierungen) als auch **langsame Reaktionen,** z. B. durch Veränderungen der Genexpression.

Signaltransduktion über intrazelluläre Rezeptoren

Intrazelluläre Rezeptoren liegen meist löslich im Zytoplasma oder DNA-gebunden im Zellkern vor. Im Zytoplasma vorliegende Rezeptoren werden nach Ligandenbindung in den Zellkern transportiert.
Nach Ligandenbindung wirken intrazelluläre Rezeptoren als **ligandenabhängige spezifische Transkriptionsfaktoren** und werden daher auch **Kernrezeptoren** genannt. Ihre Wirkung tritt verzögert, aber länger anhaltend ein.
Ein Spezialfall sind **lösliche Guanylat-Cyclasen,** die als intrazelluläre Rezeptoren für das Gas NO dienen und das Signal über cGMP weiterleiten.

ABB. 9.7

9.6.2 G-Protein-gekoppelte Rezeptoren

G-Protein-gekoppelte Rezeptoren enthalten **sieben Transmembrandomänen.** Sie besitzen extrazellulär bzw. zwischen den Transmembrandomänen eine **Ligandenbindungsdomäne** sowie intrazellulär eine Bindestelle für ein **heterotrimeres G-Protein (großes G-Protein).**

Aus Studentensicht

9 WIRKUNGSWEISE VON HORMONEN: WIE WIRD DAS ALLES KONTROLLIERT?

ABB. 9.8

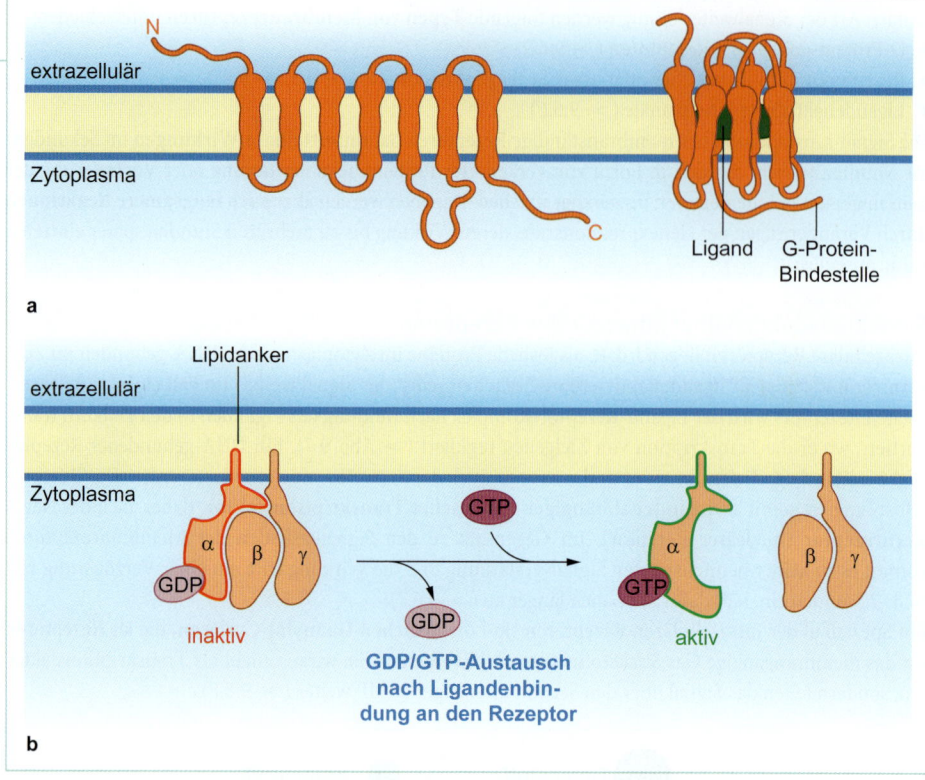

Abb. 9.8 Aufbau eines G-Protein-gekoppelten Rezeptors (**a**) und eines heterotrimeren G-Proteins (**b**) [L138]

Heterotrimere G-Proteine

Heterotrimere G-Proteine bestehen aus den drei Untereinheiten α, β und γ (> Abb. 9.8). Im inaktiven Zustand haben die α-Untereinheiten **GDP** gebunden. Bindet und aktiviert ein Ligand den Rezeptor, ändert sich dessen Konformation auch in der zytoplasmatischen Domäne. Diese Konformationsänderung führt dazu, dass der Komplex aus G-Protein und Rezeptor an der α-Untereinheit des G-Proteins als **Guanin-Nukleotid-Austauschfaktor** (GEF) wirkt, und es kommt zum Austausch von GDP gegen GTP. Das G-Protein löst sich dadurch vom Rezeptor und dissoziiert in die aktivierte α-Untereinheit und die βγ-Untereinheit, die nicht weiter zerfällt, sondern eine funktionelle Einheit darstellt. Sowohl die α-Untereinheit als auch die γ-Untereinheit sind über **Lipidanker** an der Innenseite der Membran verankert und aktivieren in der Folge **membranständige Effektoren** für die weitere Signaltransduktion.

Es gibt mehrere Familien von heterotrimeren G-Proteinen, die nach Aktivierung durch spezifische Rezeptoren an unterschiedliche Effektoren binden und so die Konzentration von unterschiedlichen Second Messengern beeinflussen (> Tab. 9.2). Bisher sind mehr als 30 Gene bekannt, die für ihre verschiedenen Untereinheiten codieren. Die Benennung der heterotrimeren G-Proteine erfolgt nach der jeweiligen Isoform der α-Untereinheit, da insbesondere sie die Signaltransduktion bestimmt. Die drei bedeutendsten Familien sind:

- **Stimulierende** (G_s) G-Proteine mit einer $α_s$-Untereinheit
- **Inhibierende** (G_i) G-Proteine mit einer $α_i$-Untereinheit
- **Alternative** (G_q) G-Proteine mit einer $α_q$-Untereinheit

Regulation und Beendigung der Signaltransduktion erfolgen auf verschiedenen Ebenen der Signalkaskade. So können beispielsweise die **Rezeptoren** durch Phosphorylierung mittels spezifischer Kinasen inaktiviert werden. An die phosphorylierte zytoplasmatische Domäne bindet dann ein Protein wie Arrestin, das zusätzlich die Anlagerung von G-Proteinen verhindert und die Internalisierung des Rezeptors vermittelt. Die Aktivität der **G-Proteine** wird z. B. durch ihre intrinsische GTPase-Aktivität reguliert, die oft durch zusätzliche Faktoren mit ATPase-aktivierender Funktion gesteuert wird. Die Konzentration der **Second Messenger** kann durch die Synthese- und Abbauraten reguliert werden. So inaktivieren beispielsweise die **Phosphodiesterasen** hydrolytisch **cAMP zu AMP** und cGMP zu GMP. Bisher sind 11 Isoformen der Phosphodiesterasen bekannt, die in unterschiedlichen Geweben exprimiert werden. Sie können durch verschiedene Arzneimittel spezifisch oder unspezifisch gehemmt werden. Ein weitverbreiteter nicht-selektiver Phosphodiesterase-Hemmer ist das Koffein.

Heterotrimere G-Proteine

Heterotrimere G-Proteine bestehen aus drei Untereinheiten: **α, β und γ**. Im inaktiven Zustand hat die α-Untereinheit **GDP** gebunden. Wird der Rezeptor aktiviert, wirkt der Rezeptor-Liganden-Komplex als **Guanin-Nukleotid-Austauschfaktor** (GEF), wodurch GDP gegen **GTP** ausgetauscht wird und sich die α-Untereinheit von der βγ-Untereinheit trennt. Beide in der Membran durch **Lipidanker** verankerte Untereinheiten können nun **membranständige Effektoren** aktivieren. Die wichtigsten G-Protein-Familien sind **stimulierende** (G_s), **inhibierende** (G_i) und **alternative** (G_q) G-Proteine.
Die Regulation der Signaltransduktion erfolgt auf verschiedenen Ebenen der Signalkaskade. **Rezeptoren** werden u. a. durch Phosphorylierung, **G-Proteine** durch ihr GTPase-Aktivität und **Second Messenger** durch Auf- und Abbau reguliert.
Phosphodiesterasen hydrolysieren **cAMP zu AMP** und cGMP zu GMP und inaktivieren dadurch diese Second Messenger.

TAB. 9.2

Tab. 9.2 Wichtige G-Proteine und Effektoren

G-Protein	Effektor	Second Messenger
Stimulierendes (G_s)	Adenylat-Cyclase ↑	cAMP ↑
Inhibierendes (G_i)	Adenylat-Cyclase ↓	cAMP ↓
Alternatives (G_q)	Phospholipase Cβ ↑	DAG, IP_3, Ca^{2+}-Ionen ↑
Transducin (G_t)	Phosphodiesterase ↑	cGMP ↓

9.6 REZEPTORINITIIERTE SIGNALKASKADEN

G_s- und G_i-Proteine

Ein wichtiges **Effektormolekül** der α_s- und α_i-Untereinheiten ist die **Adenylat-Cyclase**. Dieses Enzym bildet aus ATP den Second Messenger **cAMP,** der wiederum die **Protein-Kinase A** aktiviert (> Abb. 9.9). Während G_s-Proteine die Adenylat-Cyclase aktivieren und die cAMP-Konzentration in der Zelle erhöhen, hemmen G_i-Proteine die Adenylat-Cyclase. In der Folge sinken die cAMP-Konzentration und die Aktivität der Protein-Kinase A. Beispiele für G_s-gekoppelte Rezeptoren sind der Glukagonrezeptor in der Leber oder der β_2-adrenerge Rezeptor im peripheren Gewebe. Ein Beispiel für einen G_i-gekoppelten Rezeptor ist der α_2-adrenerge Rezeptor.

Aus Studentensicht

G_s- und G_i-Proteine

Ein **Effektormolekül** der α_s- und α_i-Untereinheit ist die **Adenylat-Cyclase,** die aus ATP den Second Messenger **cAMP** bildet, der die **Protein-Kinase A** aktiviert.
G_s-gekoppelte Rezeptoren aktivieren die Adenylat-Cyclase, G_i-gekoppelte Rezeptoren hemmen sie.

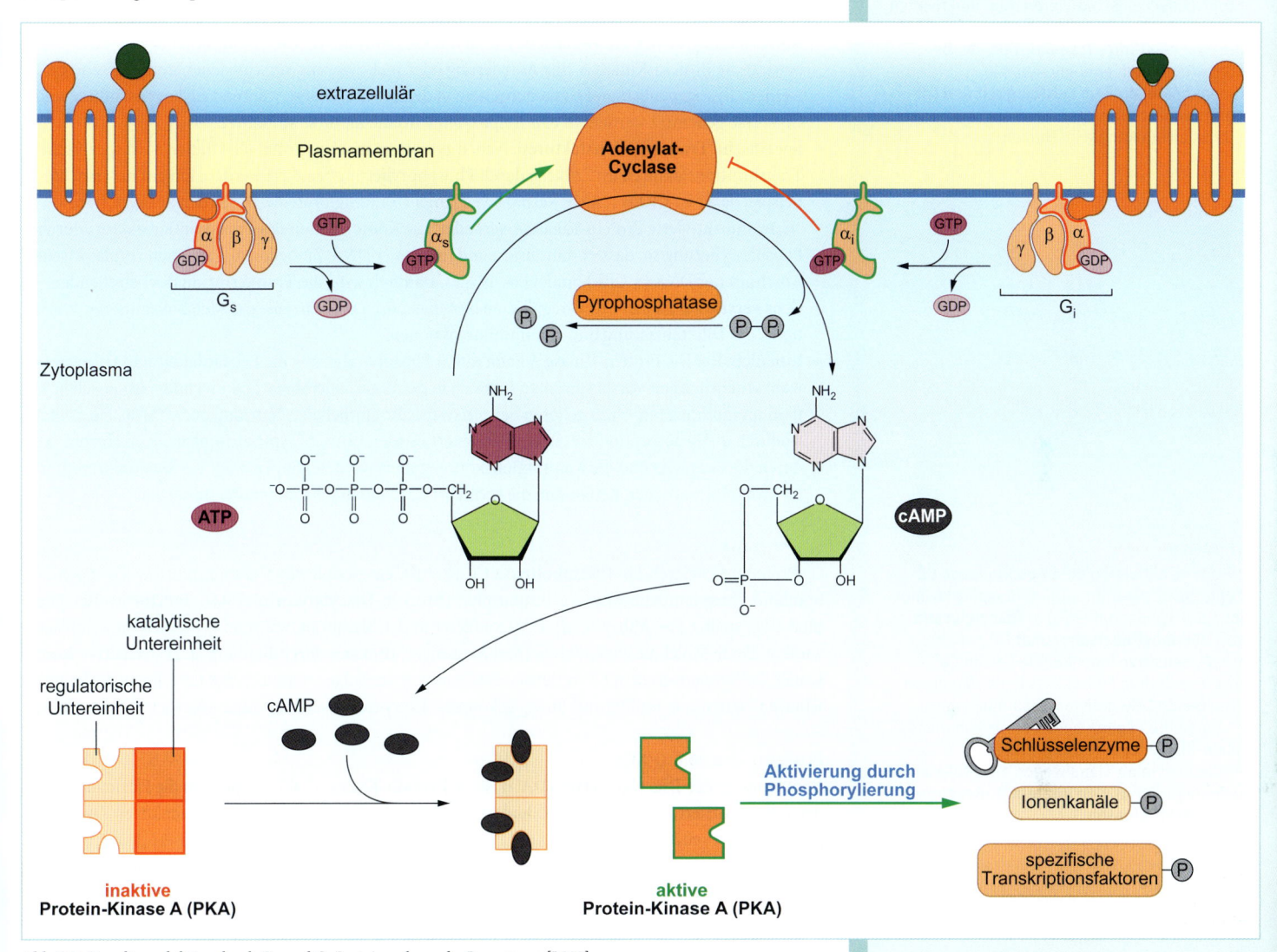

Abb. 9.9 Signaltransduktion durch G_s- und G_i-Protein-gekoppelte Rezeptoren [L299]

Adenylat-Cyclasen

Adenylat-Cyclasen sind eine Familie von enzymatisch aktiven **Transmembranproteinen** der Plasmamembran. Es sind mehrere Isoenzyme bekannt, die durch die α_s-Untereinheit eines G_s-Proteins aktiviert oder durch die α_i-Untereinheit eines G_i-Proteins inhibiert werden. Zusätzlich können bestimmte Isoformen der Adenylat-Cyclase durch Ca^{2+}-Ionen, Protein-Kinase C oder $\beta\gamma$-Untereinheiten von G-Proteinen aktiviert oder inaktiviert werden. Zur Bildung von cAMP spalten die Adenylat-Cyclasen Pyrophosphat (PP_i) von ATP ab und bilden eine intramolekulare **Phosphodiesterbindung** zwischen dem 5'- und dem 3'-Kohlenstoff des verbleibenden AMP-Moleküls, wodurch **zyklisches AMP (cAMP,** cyclic AMP) entsteht (> Abb. 9.9). Die anschließende Hydrolyse des Pyrophosphats durch eine Pyrophosphatase treibt die Reaktion an. Da eine aktive Adenylat-Cyclase die Synthese mehrerer cAMP-Moleküle katalysieren kann, findet hier eine Amplifikation des Signals statt.
Ein wichtiger Effektor von cAMP ist die cAMP-abhängige **Protein-Kinase A.** Daneben werden CNG-Kanäle (Cyclic Nucleotide-Gated) direkt durch cAMP oder cGMP reguliert. Dazu gehören u. a. Kationenkanäle der **Riechschleimhaut,** die sich durch einen erhöhten cAMP-Spiegel nach Aktivierung eines G-Protein-gekoppelten Rezeptors öffnen und die Depolarisation der Zelle bewirken, oder die **Funny Channels** im Sinusknoten des kardialen Reizleitungssystems, die sich durch Bindung von cAMP vermehrt öffnen und durch das schnellere Erreichen des Schwellenpotentials eine Erhöhung der Herzfrequenz ermöglichen. Außerdem kann cAMP auch direkt die Aktivität von kleinen G-Proteinen aus der Ras-Familie beeinflussen.

Adenylat-Cyclasen sind enzymatisch aktive **Transmembranproteine,** die durch die α_s-Untereinheit eines G-Protein-gekoppelten Rezeptors aktiviert werden können. Sie bilden **zyklisches AMP (cAMP)** durch Abspaltung von Pyrophosphat aus ATP und Bildung einer intramolekularen **Phosphodiesterbindung**. Die Hydrolyse des entstehenden Pyrophosphats durch Pyrophosphatasen treibt die Reaktion an.

Ein wichtiger cAMP-Effektor ist die **Protein-Kinase A.**
Zudem werden auch CNG-Kanäle direkt durch cAMP bzw. cGMP reguliert. So führt ein erhöhter cAMP-Spiegel z. B. im Sinusknoten zu einer Zunahme der Herzfrequenz oder in der **Riechschleimhaut** zur Zelldepolarisation.
cAMP kann auch direkt die Aktivität von kleinen G-Proteinen der Ras-Familie beeinflussen.

9 WIRKUNGSWEISE VON HORMONEN: WIE WIRD DAS ALLES KONTROLLIERT?

Aus Studentensicht

Die Protein-Kinase A ist eine heterotetramere **Serin-/Threonin-Kinase**. Binden je zwei Moleküle **cAMP** an die beiden regulatorischen Untereinheiten, werden die beiden katalytischen Untereinheiten als **aktive Monomere** freigesetzt und können verschiedene Zielstrukturen **phosphorylieren**, z. B.
- **Schlüsselenzyme des Stoffwechsels,** die Stoffwechselwege aktivieren oder inaktivieren
- **Spezifische Transkriptionsfaktoren** wie **CREB**, die eine **verstärkte Transkription** von bestimmten Genen ermöglichen
- **Ionenkanäle,** die ihre **Leitfähigkeit und Öffnungswahrscheinlichkeit** ändern, wie L-Typ-Calciumkanäle im Herzen

G_q-Proteine

G_q-Proteine aktivieren die **Phospholipase Cβ** (PLCβ), die das Membranlipid Phosphatidylinositol-4,5-bisphosphat (PIP$_2$) in **Diacylglycerin** (DAG) und **Inositoltrisphosphat** (IP$_3$) spaltet. Über **IP$_3$-sensitive Ionenkanäle** setzen **Ca^{2+}-Ionen** IP$_3$ aus dem ER frei. Das in der Membran verbleibende DAG aktiviert zusammen mit Ca^{2+}-Ionen die in allen Geweben vorkommende **Protein-Kinase C,** eine Serin-/Threonin-Kinase. Sie spielt in vielen Signalwegen eine Rolle und phosphoryliert z. B. den **Vitamin D$_3$-Rezeptor** oder die **MAP-Kinasen.**

Die Hauptfunktion von **IP$_3$** ist die Freisetzung von **Ca^{2+}-Ionen** aus intrazellulären Speichern in das Zytoplasma über den ligandengesteuerten **IP$_3$-Rezeptor,** der einen Calciumkanal darstellt. Zytoplasmatische Calciumsensorproteine wie **Calmodulin** ändern nach Bindung von Ca^{2+}-Ionen ihre Konformation und können z. B. **calmodulinabhängige Protein-Kinasen** (CaM-Kinasen) aktivieren. Diese werden in spezialisierte und multifunktionelle Kinasen unterteilt.

Protein-Kinase A (PKA)

Die cAMP-abhängige Protein-Kinase A liegt in der inaktiven Form als Heterotetramer aus zwei regulatorischen und zwei katalytischen Untereinheiten vor (➤ Abb. 9.9). Jede regulatorische Untereinheit besitzt zwei **Bindungsstellen für cAMP.** Die Bindung von insgesamt vier Molekülen cAMP an die regulatorischen Untereinheiten führt zur Dissoziation des Komplexes, wodurch die katalytischen Untereinheiten als **aktive Monomere** freigesetzt werden.

Die Protein-Kinase A ist eine **Serin-/Threonin-Kinase** und katalysiert die **Phosphorylierung** von Serin- und Threoninresten in verschiedenen Zielproteinen, die in der Folge vielfältige Prozesse im menschlichen Körper regulieren:

- **Schlüsselenzyme des Stoffwechsels:** Durch direkte Phosphorylierung bestimmter Schlüsselenzyme bewirkt die Protein-Kinase A eine Aktivierung oder Inaktivierung verschiedener Stoffwechselwege. So werden Glykogenabbau und Gluconeogenese in der Leber aktiviert, während Glykogensynthese und Glykolyse gehemmt werden. In den Adipozyten wird die Lipolyse stimuliert.
- **Spezifische Transkriptionsfaktoren:** Neben zytoplasmatischen Proteinen können auch spezifische Transkriptionsfaktoren im Zellkern durch Phosphorylierung reguliert werden. Ein gut untersuchtes Beispiel dafür ist **CREB** (cAMP Responsive Element-Binding Protein). Die in den Zellkern translozierte und aktivierte Protein-Kinase A verändert die Konformation des Transkriptionsfaktors durch Phosphorylierung so, dass er dimerisiert und mit seiner DNA-Bindedomäne an einen regulatorischen Abschnitt der DNA (= CRE) bindet (➤ 19.4.2). Dadurch wird die **Transkription** des betreffenden Gens **verstärkt.** Zu den CREB-regulierten Genen gehören u. a. Enzyme des Metabolismus, des Wachstums, der Differenzierung und von Immunreaktionen.
- **Ionenkanäle:** Die Protein-Kinase A kann durch Phosphorylierung die **Leitfähigkeit** und **Öffnungswahrscheinlichkeit** von bestimmten Kanälen in der Plasmamembran und im endoplasmatischen Retikulum modifizieren. Dazu gehören beispielsweise die epithelialen Natriumkanäle (ENaC) der Niere, wodurch die Reabsorption von Wasser gesteuert werden kann, L-Typ-Calciumkanäle im Herzen, wodurch die Frequenz und die Kontraktionskraft reguliert werden können, oder die Ryanodinrezeptoren im sarkoplasmatischen Retikulum, die vermehrt Ca^{2+}-Ionen ins Zytoplasma freisetzen.

G_q-Proteine

G_q-Proteine aktivieren die **Phospholipase Cβ** (PLCβ), ein peripheres Membranprotein, das das Membranlipid Phosphatidylinositol-4,5-bisphosphat (PIP$_2$) in **Diacylglycerin** (DAG) und **Inositoltrisphosphat** (IP$_3$) spaltet (➤ Abb. 9.3c, d). DAG verbleibt in der Membran, während IP$_3$ löslich im Zytoplasma vorliegt. Beide Moleküle wirken als Second Messenger. IP$_3$ kann durch Bindung an **IP$_3$-sensitive Ionenkanäle** Ca^{2+}-Ionen aus dem ER freisetzen. DAG kann in der Folge zusammen mit Ca^{2+}-Ionen die **Protein-Kinase C** aktivieren. Ein Beispiel für G_q-gekoppelte Rezeptoren ist der α$_1$-adrenerge Rezeptor.

Protein-Kinase C (PKC)

Haupteffektor des **Diacylglycerins** (DAG) ist die **Protein-Kinase C**, die peripher an die Plasmamembran der Zelle assoziiert, jedoch nur nach Bindung an DAG aktiv ist (➤ Abb. 9.10). Im inaktiven Zustand lagert sich eine Pseudosubstratsequenz der Protein-Kinase C mit positiv geladenen Aminosäuren ins aktive Zentrum ein, das dadurch blockiert ist. Membranständiges DAG bindet an die Pseudosubstratsequenz und legt so das aktive Zentrum frei. **Ca^{2+}-Ionen** ermöglichen die Bindung von DAG an die Protein-Kinase C. Diese Serin-/Threonin-Kinase kommt in allen Geweben vor und ist an vielen Signaltransduktionswegen beteiligt. So hat sie als Substrat z. B. den **Vitamin-D$_3$-Rezeptor** (VDR) oder **Kinasen der MAP-Kinase-Kaskade,** die sie aktivieren kann.

Calciumsignale

Ca^{2+}-Ionen werden im Wesentlichen über den **IP$_3$-Rezeptor,** einen ligandengesteuerten Calciumkanal, aus dem endoplasmatischen Retikulum freigesetzt, das als intrazellulärer Speicher dient. Da die Calciumkonzentration im Zytoplasma ca. 1 000-fach niedriger ist als im ER, strömen Ca^{2+}-Ionen entsprechend dem Konzentrationsgradienten in das Zytoplasma.

Zytoplasmatische Calciumsensorproteine wie **Calmodulin** binden im Zytoplasma Ca^{2+}-Ionen und ändern dadurch ihre Konformation. Ein Molekül Calmodulin besitzt vier Bindestellen für Ca^{2+}-Ionen. Sind diese besetzt, kann Calmodulin z. B. die **calmodulinabhängigen Protein-Kinasen** (CaM-Kinasen) aktivieren (➤ Abb. 9.10).

CaM-Kinasen sind Serin-/Threonin-Kinasen, die sich in spezialisierte und multifunktionelle Kinasen unterteilen lassen. Eine wichtige spezialisierte CaM-Kinase ist die Myosin-Leichtketten-Kinase (MLC-Kinase), die die Kontraktion von glatten Muskelzellen reguliert. Multifunktionelle CaM-Kinasen kommen in allen Geweben vor, besonders häufig jedoch im Gehirn, wo sie über Veränderungen der Zytoskelettstruktur einen wichtigen Einfluss auf die neuronale Plastizität haben, zu der auch die Long-Term Potentiation (LTP) gehört.

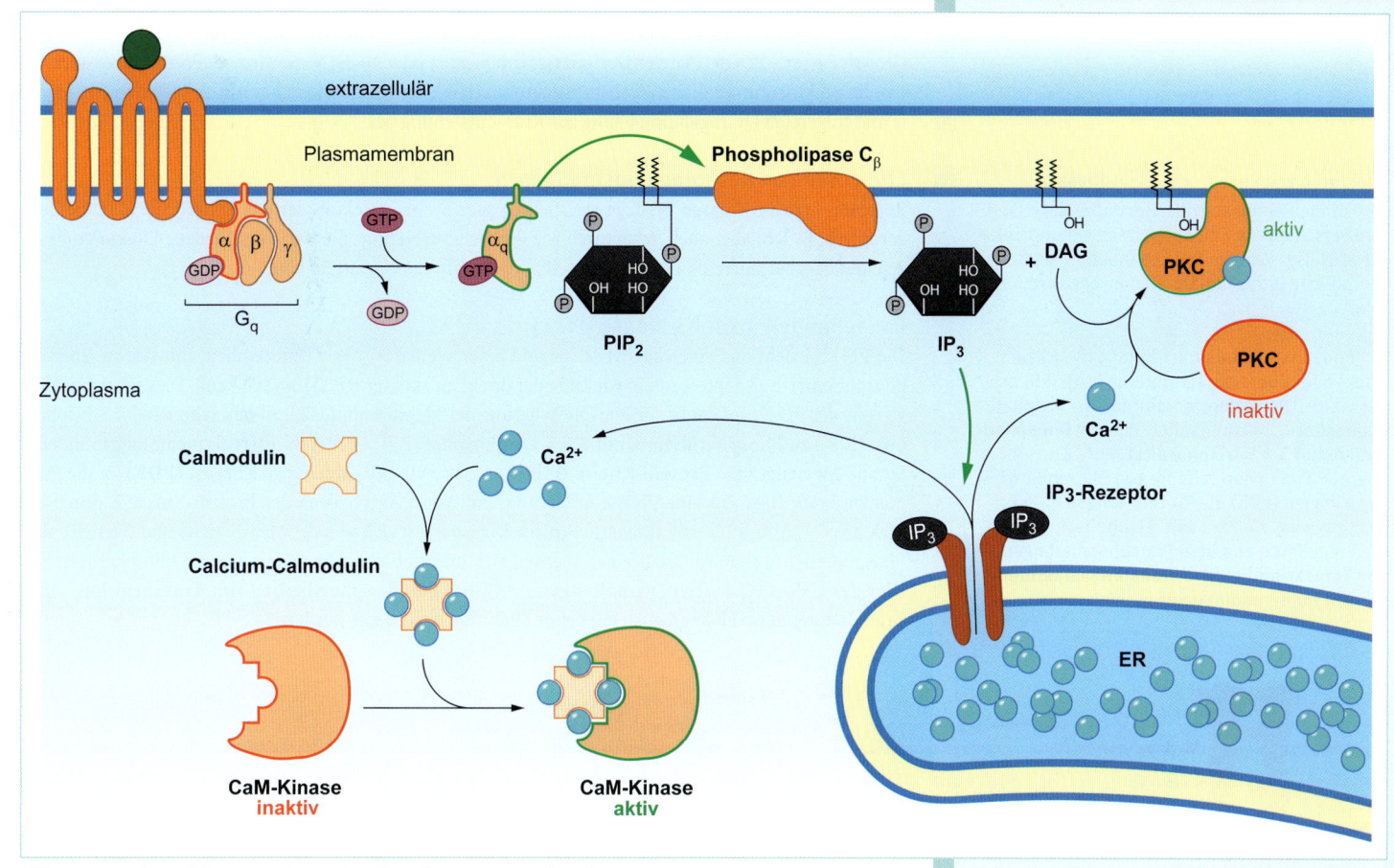

Abb. 9.10 Signaltransduktion von G_q-Protein-gekoppelten Rezeptoren [L299]

9.6.3 Rezeptor-Tyrosin-Kinasen

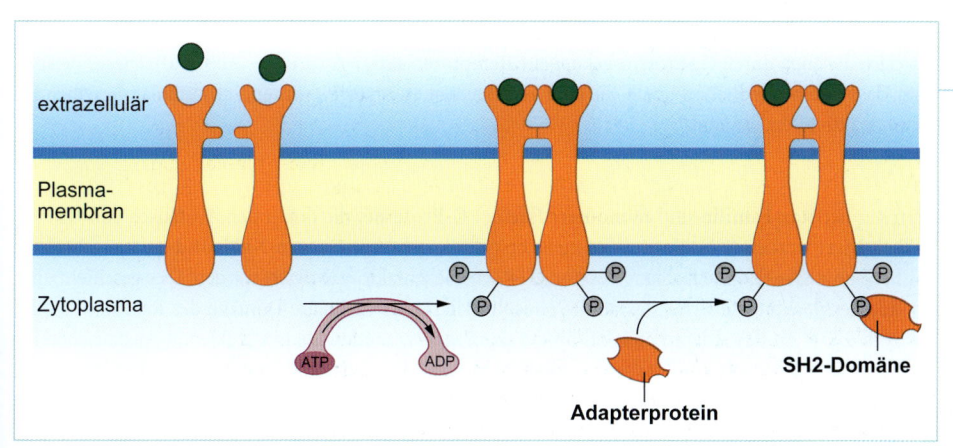

Aktivierung von Rezeptor-Tyrosin-Kinasen

Rezeptor-Tyrosin-Kinasen (RTK) sind Transmembranproteine, die über ihre **extrazelluläre Domäne** spezifisch mit ihrem **Liganden** interagieren können, was eine Konformationsänderung zur Folge hat. Bei den meisten Rezeptoren kommt es dabei auch zu einer Dimerisierung, andere liegen bereits als Dimer vor (➤ Abb. 9.11). Dadurch gelangen die zytoplasmatischen Domänen, die eine **Tyrosin-Kinase-Aktivität** enthalten, in unmittelbare Nachbarschaft und phosphorylieren sich gegenseitig an bestimmten Tyrosinresten. Der in diesem Zusammenhang häufig verwendete Begriff Autophosphorylierung ist nicht ganz korrekt, weil nicht die eigene, sondern die gegenüberliegende Rezeptor-Domäne phosphoryliert wird (= trans-Phosphorylierung).
Der phosphorylierte zytoplasmatische Teil des Rezeptors bildet in der Folge eine **Bindestelle für Adapterproteine,** die abhängig vom Zelltyp und von der Art des Rezeptors unterschiedliche Signalkaskaden anstoßen können. Adapterproteine besitzen i. d. R. eine **SH2- oder PTB-Domäne,** die eine hohe **Affinität für bestimmte Phosphotyrosine** hat. Die Spezifität für den jeweiligen Rezeptor entsteht durch die Umgebung der Phosphotyrosine, die von den jeweiligen Adapterproteinen mit erkannt wird. Beispiele für solche Adapterproteine sind Grb2 und das Insulinrezeptorsubstrat (IRS).

9.6.3 Rezeptor-Tyrosin-Kinasen

Aktivierung von Rezeptor-Tyrosin-Kinasen
Rezeptor-Tyrosin-Kinasen (RTK) sind Transmembranproteine, die über ihre **extrazelluläre Domäne** mit ihrem **Liganden** interagieren. Dies bewirkt eine Konformationsänderung und meist eine Dimerisierung des Rezeptors.
Die intrazellulären Domänen besitzen eine **Tyrosin-Kinase-Aktivität** und können sich dadurch gegenseitig an bestimmten Tyrosinresten phosphorylieren. Die Phosphotyrosine dienen als **Bindestelle für Adapterproteine** wie Grb2, die über eine **SH2- oder PTB-Domäne** an die Phosphotyrosinreste der Rezeptoren binden und dann unterschiedliche Signalkaskaden aktivieren.
RTK sind typische Rezeptoren für **Wachstumsfaktoren,** aber auch für Insulin und tragen bei Fehlregulation häufig zur Krebsentstehung bei.

ABB. 9.11

Abb. 9.11 Aktivierung von Rezeptor-Tyrosin-Kinasen [L299]

Aus Studentensicht

9 WIRKUNGSWEISE VON HORMONEN: WIE WIRD DAS ALLES KONTROLLIERT?

Rezeptor-Tyrosin-Kinasen sind die typischen Rezeptoren für **Wachstumsfaktoren,** wie EGF (Epidermal Growth Factor), PDGF (Platelet-Derived Growth Factor) oder NGF (Nerve Growth Factor), aber auch für Insulin und Insulin-ähnliche Wachstumsfaktoren (IGF). Sie vermitteln daher u. a. zellproliferative Signale und tragen bei Dysregulation häufig zur Krebsentstehung bei.

Effektoren von Rezeptor-Tyrosin-Kinasen

RTK können einen spezifischen, aber auch mehrere verschiedene Effektoren besitzen und auf diese Weise – wie im Fall des Insulins – unterschiedliche intrazelluläre Signalwege vermitteln.

Die Phosphatidylinositol-3-Kinase (PI3K) kann direkt oder über Adapterproteine (z. B. IRS) an aktivierte RTK binden, woraufhin sie Phosphatidylinositol-4,5-bisphosphat (PIP$_2$) zu **Phosphatidylinositol-3,4,5-trisphosphat** (PIP$_3$) phosphoryliert. PIP$_3$ aktiviert mithilfe von PIP$_3$-abhängigen Kinasen **(PDK)** die **Protein-Kinase B** (PKB = Akt), die eine Vielzahl von metabolischen Enzymen regulieren und über Phosphorylierungen von **Transkriptions- und Translationsfaktoren** die Zellproliferation beeinflussen kann.

Effektoren von Rezeptor-Tyrosin-Kinasen

Rezeptor-Tyrosin-Kinasen besitzen meist einen spezifischen Effektor, der das weitere Signal in die Zelle vermittelt. Es gibt aber auch Rezeptoren wie den Insulinrezeptor, die zwei verschiedene Effektoren besitzen und darüber unterschiedliche intrazelluläre Signalwege vermitteln können.

Phosphatidylinositol-3-Kinase (PI3K)

Die PI3K besteht aus einer katalytischen und einer regulatorischen Untereinheit, mit der sie über ein phosphoryliertes Adapterprotein wie IRS oder direkt an aktivierte RTK binden kann. Dies führt zur Aktivierung der PI3K und damit zur Phosphorylierung des Membranlipids Phosphatidylinositol-4,5-bisphosphat (PIP$_2$) zu **Phosphatidylinositol-3,4,5-trisphosphat** (PIP$_3$). PIP$_3$ rekrutiert als membrangebundener Second Messenger die **Protein-Kinase B** (PKB, Akt) sowie PIP$_3$-abhängige Kinasen **(PDK)** an die Plasmamembran. Dies löst eine Phosphorylierung und damit Aktivierung der Protein-Kinase B durch die PDK aus (> Abb. 9.12). Die aktivierte Protein-Kinase B löst sich von der Membran ab und reguliert über Phosphorylierung die Aktivität einer Vielzahl von metabolischen Enzymen wie der Phosphodiesterase oder der GSK-3 (Glykogen-Synthase-Kinase 3). Über die Phosphorylierung von **Transkriptions- und Translationsfaktoren** kann auch die Zellproliferation beeinflusst werden.

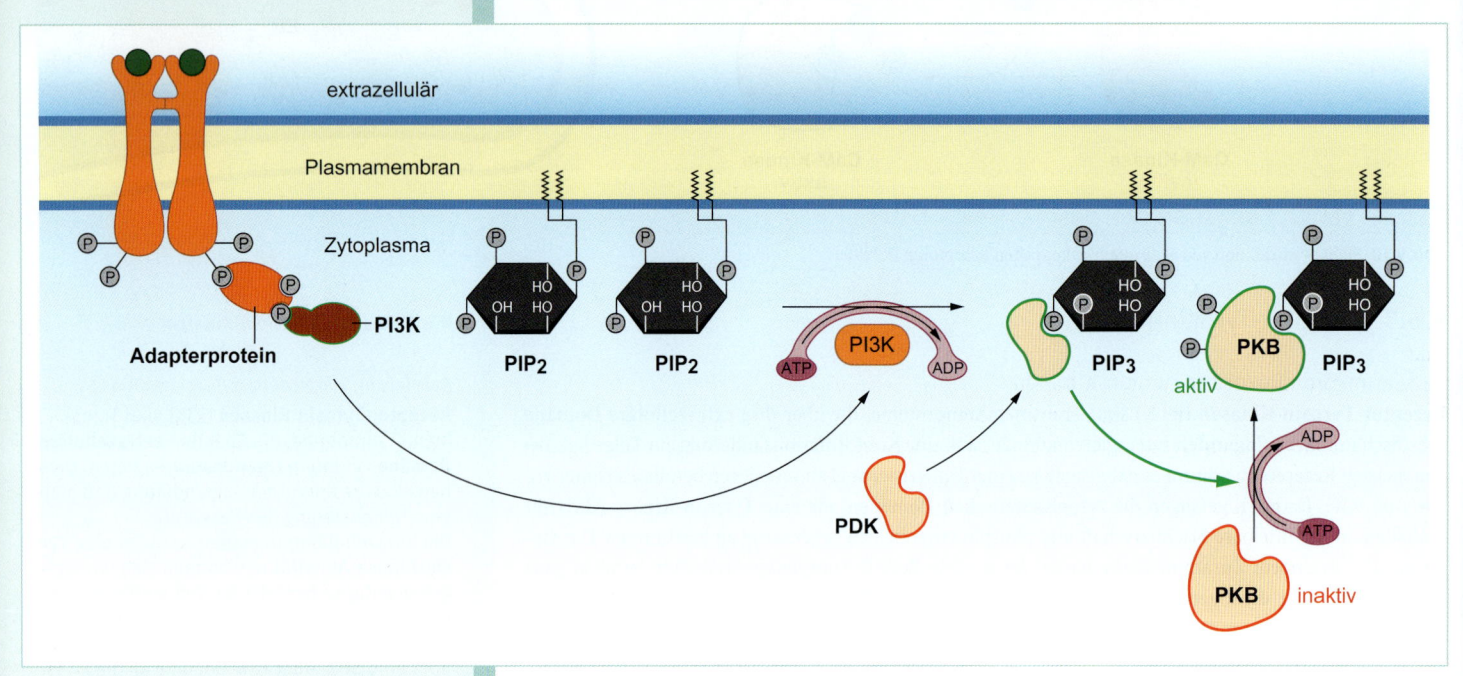

Abb. 9.12 Aktivierung der Protein-Kinase B [L299]

Phospholipase Cγ

PIP$_2$ ist nicht nur Substrat der PI3K, sondern auch der **Phospholipase Cγ.** Dieses Enzym bindet an bestimmte aktivierte RTK und wird von ihnen durch Phosphorylierung selbst aktiviert. Wie die Phospholipase Cβ hydrolysiert sie PIP$_2$ zu **DAG** und **IP$_3$.** IP$_3$ setzt **Ca^{2+}-Ionen** aus intrazellulären Speichern frei und DAG aktiviert zusammen mit Ca^{2+}-Ionen die **Protein-Kinase C.** Damit wird die gleiche Effektor-Kinase aktiviert, die auch durch G$_q$-Protein-gekoppelte Rezeptoren aktiviert wird (> Abb. 9.10). Dieses Beispiel zeigt, dass unterschiedliche Signale, die über verschiedene Rezeptoren wirken, intrazellulär dieselben Effektoren aktivieren können.

PIP$_2$ ist auch Substrat der **Phospholipase Cγ,** die es zu **DAG** und freiem **IP$_3$** hydrolysiert. DAG und durch IP$_3$ freigesetzte **Ca^{2+}-Ionen** aktivieren zusammen die **Protein-Kinase C.**

Ras

Vertreter der **Ras-Familie** sind **monomere** (kleine) **G-Proteine,** die durch den Austausch von GDP zu GTP aktiviert werden (5.1). Dazu muss meist erst der zugehörige **Guanin-Nukleotid-Austauschfaktor** (**GEF,** Guanine Nucleotide Exchange Factor, GTP-Austauschfaktor) aktiviert werden. Dies geschieht über ein Adaptermolekül wie Grb2, das an die phosphorylierte intrazelluläre Domäne des Rezeptors bindet (> Abb. 9.13). An das Adaptermolekül bindet dann ein passender Guanin-Nukleotid-Austauschfaktor wie SOS, der konstitutiv im Zytoplasma exprimiert wird, im ungebundenen Zustand aber inaktiv ist. Nachdem dieser durch die Bindung aktiviert wird, kann am Ras-Protein GDP gegen GTP ausgetauscht werden und Ras kann verschiedene Signaltransduktionswege wie die **MAP-Kinase-Kaskade** anschalten. Ras stimuliert so u. a. die Zellteilung und das Zellwachstum und ist daher Produkt eines **Protoonkogens.**

Ras, ein **monomeres** (kleines) **G-Protein,** wird über das SH2-Adapterprotein Grb2 und den **Guanin-Nukleotid-Austauschfaktor** (GEF) SOS an die aktivierte RTK gebunden. SOS katalysiert den GDP/GTP-Austausch an Ras, das dadurch aktiviert wird und verschiedene Signaltransduktionswege wie die **MAP-Kinase-Kaskade** anschalten kann.
Da Ras u. a. die Zellteilung und das -wachstum stimuliert, zählt es zu den **Protoonkogenen.**

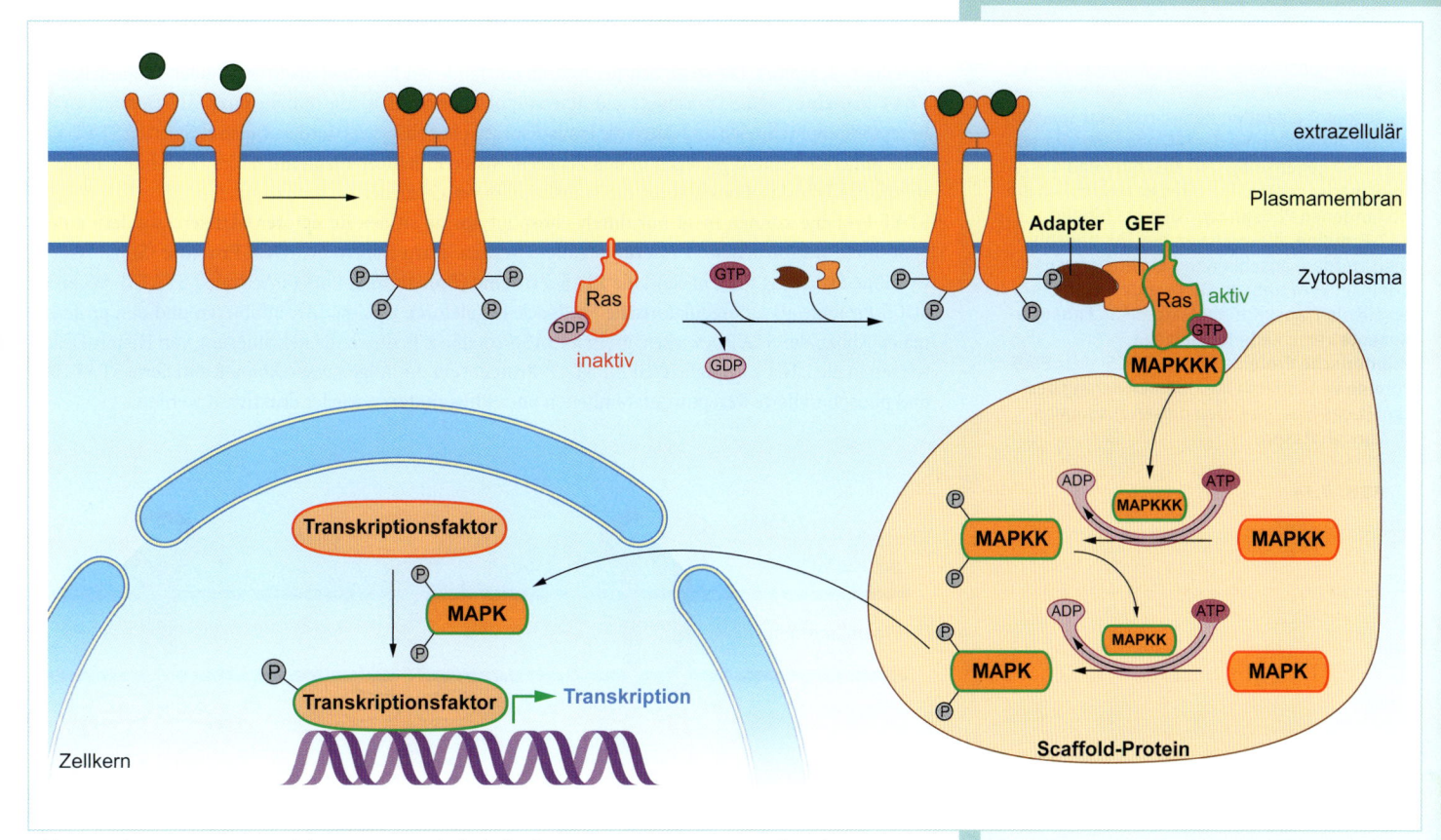

Abb. 9.13 Aktivierung von Ras und der MAP-Kinase-Kaskade durch eine Rezeptor-Tyrosin-Kinase [L299]

MAP-Kinase-Kaskade

Die MAP-Kinase-Kaskade (Mitogen-aktivierte Protein-Kinase-Kaskade) ist ein Signalweg, bei dem sich **mehrere Kinasen** wie bei einem Schneeballsystem **in Folge aktivieren,** sodass in kurzer Zeit eine große Anzahl an aktiven Effektor-Kinasen zur Verfügung steht. Die räumliche Nähe der Kinasen wird über ein Scaffold-Protein (Gerüst-Protein) gewährleistet (> Abb. 9.13). Dabei wird zunächst eine **MAP-Kinase-Kinase-Kinase** (MAPKKK) durch eine Rezeptor-Ligand-Interaktion, z.B. an Rezeptor-Tyrosin-Kinasen, aktiviert und kann nun ihrerseits eine **MAP-Kinase-Kinase** (MAPKK) durch Phosphorylierung aktivieren. Diese phosphoryliert letztendlich eine **MAP-Kinase** (MAPK; Mitogen-Activated Protein Kinase), die eine Kernlokalisationssequenz besitzt und damit im Zellkern **Transkriptionsfaktoren phosphorylieren** und regulieren kann. Von jeder Kinase gibt es verschiedene Vertreter, sodass die Zelle auf unterschiedliche Stimuli entsprechend reagieren kann. So wird bei Embryogenese, Zelldifferenzierung oder -wachstum jeweils eine MAP-Kinase-Kaskade ausgelöst, an deren Ende unterschiedliche Kinasen die Transkription von bestimmten Zielgenen regulieren.

Wachstumshormone bewirken eine Aktivierung der Serin-/Threonin-MAPKKK Raf-1 durch Ras, die ihrerseits die Threonin-/Tyrosin-MAPKK MEK aktiviert. Final wird die MAP-Kinase Erk1/2, eine Serin-/Threonin-Kinase aktiviert, die u. a. über die Phosphorylierung von Transkriptionsfaktoren das **Zellwachstum** moduliert.

Da eine aktivierte Kinase innerhalb dieser Kaskade mehrere Substratmoleküle umsetzt, kommt es zu einer **Amplifikation** des Signals. Ein durch die Bindung eines Liganden aktiviertes Ras-Protein führt zu einem Vielfachen an aktiven MAP-Kinasen, wodurch das Signal sehr effizient vermittelt werden kann.

Die **Abschaltung** der MAP-Kinase-Kaskade kann auf verschiedenen Ebenen erfolgen. Bereits auf **Rezeptorebene** wird z.B. durch die Affinität des entsprechenden Rezeptors zu seinem Liganden bestimmt, wie lange der Rezeptor und somit die Kaskade aktiv ist. Das G-Protein Ras kann sich, oftmals unterstützt durch die Interaktion mit spezifischen **GTPase-aktivierenden Proteinen** (GAP), durch die Hydrolyse des gebundenen GTP selbst abschalten. Ein gut untersuchtes Beispiel ist Neurofibromin 1, das als GAP für Ras fungiert. Die MAP-Kinasen werden durch Protein-Phosphatasen deaktiviert.

9.6.4 Rezeptorassoziierte Tyrosin-Kinasen

Rezeptorassoziierte Tyrosin-Kinasen sind mit Transmembranrezeptoren ohne intrinsische (= eigene) Kinase-Domäne assoziiert. Ihre Liganden sind Zytokine, insbesondere Interleukine und Interferone. Die Rezeptoren liegen im inaktiven Zustand meist als Monomere in der Membran vor. Die Bindung eines spezifischen Liganden führt zur Aktivierung und Dimerisierung bzw. Multimerisierung der Rezeptoruntereinheiten.

An die zytoplasmatischen Rezeptoruntereinheiten sind eigenständige Tyrosin-Kinasen, die **Janus-Kinasen** (JAK), assoziiert, die durch die Bildung des Rezeptor-Liganden-Komplexes aktiviert werden (> Abb. 9.14). In Säugetieren sind vier Vertreter der Janus-Kinasen bekannt: JAK1, JAK2, JAK3 und TYK2. Sie phosphory-

---

Aus Studentensicht

MAP-Kinase-Kaskade

Die Mitogen-aktivierte Protein-Kinase-Kaskade ist ein Signalweg **mehrerer** hintereinandergeschalteter **Kinasen,** die sich **in Folge aktivieren.** Die Kaskade kann u. a. von Rezeptor-Tyrosin-Kinasen aktiviert werden. So kann die **MAP-Kinase-Kinase-Kinase** (MAPKKK) Raf-1 durch Ras aktiviert werden und ihrerseits wieder die **MAP-Kinase-Kinase** (MAPKK) MEK aktivieren. Diese phosphoryliert final die **MAP-Kinase** (MAPK) Erk1/2, die u. a. **Transkriptionsfaktoren phosphoryliert** und dadurch das **Zellwachstum** moduliert. Während der Signaltransduktion kommt es zur **Amplifikation** des Signals.
Die **Abschaltung** der MAP-Kinase-Kaskade geschieht auf **Rezeptorebene**, über Dephosphorylierungen durch Protein-Phosphatasen und über die eigenständige bzw. durch **GTPase aktivierende Proteine** (GAP) unterstützte Hydrolyse des von Ras gebundenen GTP.

9.6.4 Rezeptorassoziierte Tyrosin-Kinasen

Rezeptorassoziierte Tyrosin-Kinasen sind mit Transmembranrezeptoren ohne intrinsische Kinase-Domäne assoziiert, deren Liganden Zytokine, v.a. Interleukine und Interferone, sind. Die Rezeptoren liegen im inaktiven Zustand meist als Monomere vor, die nach Aktivierung dimerisieren bzw. multimerisieren.

Aus Studentensicht

An die zytoplasmatischen Rezeptoruntereinheiten sind eigenständige Tyrosin-Kinasen, die **Janus-Kinasen** (JAK), assoziiert, die durch Bildung des Rezeptor-Liganden-Komplexes aktiviert werden. Nach Aktivierung der JAK phosphorylieren sich diese gegenseitig und anschließend die zytoplasmatische Domäne ihres Rezeptors. An die entstandenen Phosphotyrosinreste binden **STAT-Proteine**, die auch von den JAK phosphoryliert werden, anschließend dimerisieren und in den Zellkern transportiert werden. Dort binden sie als Transkriptionsfaktoren an **Enhancer-Elemente** verschiedener Zielgene. **Inhibitorische Proteine** wie die **SOCS-** oder **PIAS-Proteine** verhindern eine Überaktivierung des Signalwegs bzw. beenden diesen zusammen mit **Phosphatasen**.

ABB. 9.14

9.6.5 Rezeptor-Serin-/-Threonin-Kinasen

Die Liganden der Rezeptor-Serin-/-Threonin-Kinasen sind Zytokine der **TGFβ-Familie**. Die für die Signalweiterleitung nötigen **Effektormoleküle** gehören zur **Smad-Familie** und wirken als Transkriptionsfaktoren.

9.6.6 Ligandenaktivierte Ionenkanäle

Ligandenaktivierte Ionenkanäle sind Membranproteine, die den selektiven Transport von Ionen durch Membranen ermöglichen und durch Ligandenbindung ihre Öffnungswahrscheinlichkeit ändern.

TAB. 9.3

9 WIRKUNGSWEISE VON HORMONEN: WIE WIRD DAS ALLES KONTROLLIERT?

lieren sich nach Aktivierung zunächst gegenseitig (= in trans) und dann die zytoplasmatische Domäne ihres jeweiligen Rezeptors. Die so an den Rezeptoren entstandenen Phosphotyrosinreste bilden Bindestellen für **STAT-Proteine** (Signal Transducer and Activator of Transcription), die mithilfe ihrer SH2-Domäne an den Rezeptorkomplex binden und durch die Janus-Kinasen phosphoryliert werden. Die so aktivierten STAT-Proteine dimerisieren und gelangen in den Zellkern, wo sie **Enhancer-Elemente** in der DNA binden und als spezifische Transkriptionsfaktoren die Transkription verschiedener Zielgene regulieren.

STAT-Proteine können nicht nur durch Phosphotyrosine an den Rezeptoren aktiviert, sondern außerdem durch **inhibitorische Proteine** reguliert werden. Dazu zählen die **SOCS-Proteine** (Suppressor of Cytokine Signalling Protein) und die **PIAS-Proteine** (Protein Inhibitors of Activated STATS). Während SOCS-Proteine als autoregulatorische Feedback-Regulatoren z. B. die JAK inhibieren und den proteasomalen Abbau der STAT bewirken, greifen PIAS-Proteine z. B. durch die Rekrutierung von Histon-Deacetylasen in die DNA-Zugänglichkeit für STAT-Proteine ein. Im Allgemeinen können aktivierte STAT, JAK und phosphorylierte Rezeptoruntereinheiten über **Phosphatasen** wieder deaktiviert werden.

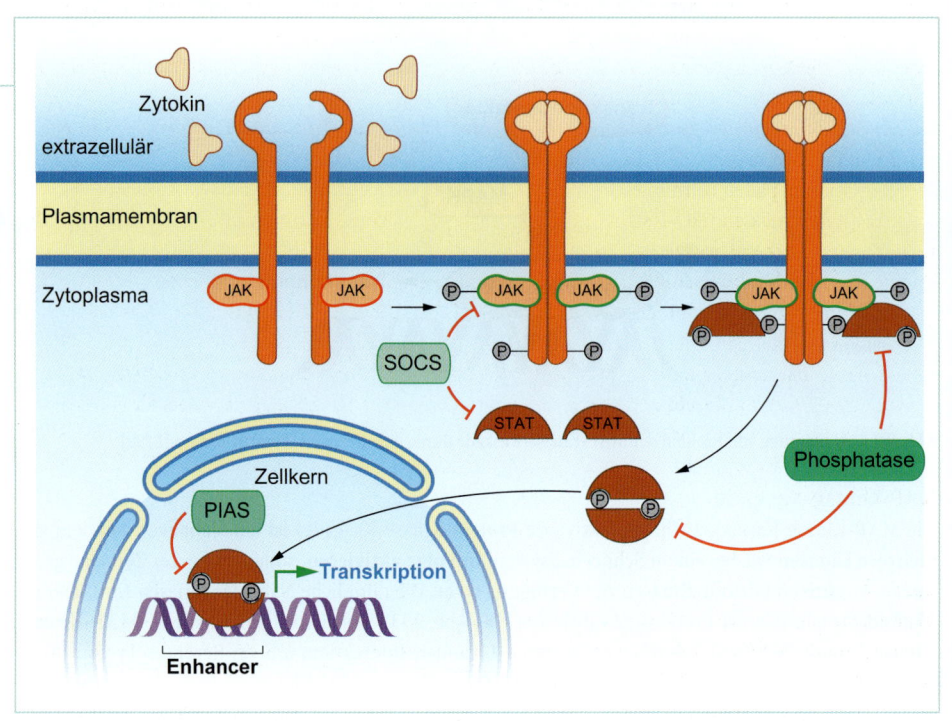

Abb. 9.14 JAK/STAT-Signalweg [L299]

9.6.5 Rezeptor-Serin-/-Threonin-Kinasen

Rezeptor-Serin-/-Threonin-Kinasen werden vergleichbar den Rezeptor-Tyrosin-Kinasen nach Aktivierung und Multimerisierung durch die Ligandenbindung intrazellulär phosphoryliert, jedoch an Serin- und Threoninresten. Ihre Liganden wie z. B. BMP (Bone Morphogenetic Proteins) sind **Zytokine der TGFβ-Familie**. Die für die Signalweiterleitung verantwortlichen **Effektormoleküle** gehören zur **Smad-Familie** und wirken als Transkriptionsfaktoren (> 9.9.5).

9.6.6 Ligandenaktivierte Ionenkanäle

Ligandenaktivierte Ionenkanäle (= ionotrope Rezeptoren; > Tab. 9.3) sind Membranproteine, die für den selektiven Transport von Ionen durch die Membran verantwortlich sind. Durch die Ligandenbindung ändern sie ihre Öffnungswahrscheinlichkeit. Die Liganden können intra- oder extrazellulär binden.

Tab. 9.3 Beispiele für ligandenaktivierte Ionenkanäle

Rezeptor (Kanal)	Ligand	Ionenselektivität
Extrazellulär aktivierte Ionenkanäle		
AMPA-Rezeptor	Glutamat	Na^+, K^+, (Ca^{2+})
NMDA-Rezeptor	Glutamat	Na^+, K^+, Ca^{2+}
$GABA_A$-Rezeptor	GABA	Cl^-
Nikotinischer Acetylcholinrezeptor	Acetylcholin, Nikotin	Na^+, K^+, Ca^{2+}
Glycinrezeptor	Glycin	Cl^-
Serotoninrezeptor ($5-HT_3$)	Serotonin	Na^+, K^+
Intrazellulär aktivierte Ionenkanäle		
IP_3-abhängiger Calcium-Kanal	IP_3	Ca^{2+}
Ryanodinrezeptor	Ca^{2+}	Ca^{2+}

9.6 REZEPTORINITIIERTE SIGNALKASKADEN

Die spezifische Antwort des Rezeptors, das Öffnen oder Schließen, erfolgt unmittelbar nach Ligandenbindung. Die ligandengesteuerten Ionenkanäle vermitteln daher die schnellsten bekannten zellulären Reaktionen auf Botenstoffe.

9.6.7 Kernrezeptoren
Kernrezeptoren sind ligandenaktivierte **Transkriptionsfaktoren,** die intrazellulär zum Teil zunächst im Zytoplasma vorliegen und nicht dauerhaft mit einer zellulären Membran assoziiert sind. Ihre Liganden müssen über die Plasmamembran diffundieren, um mit dem Rezeptor zu interagieren. Die bekanntesten Liganden für Kernrezeptoren sind Steroidhormone, Schilddrüsenhormone, Vitamin D_3, Retinsäure und einige Prostaglandine. Der Transport über die Membran ist variabel. Die lipophilen Steroidhormone gelangen durch Diffusion durch die Plasmamembran in die Zellen, während Schilddrüsenhormone spezielle Transportproteine benötigen.

Der Ligand-Rezeptor-Komplex bildet je nach Typ ein Homo- oder Heterodimer mit einem gleich- oder andersartigen hormonbeladenen Rezeptor. Das Dimer bindet im Zellkern sequenzspezifisch an distale regulatorische Promotorelemente auf der DNA, die **Hormone-Responsive Elements (HRE).** Durch Interaktion mit Co-Aktivatoren und Mediatoren wird die Verbindung zum basalen Transkriptions-Initiations-Komplex hergestellt und die Transkription des Zielgens gesteigert oder gehemmt (➤ Abb. 9.7b). Da Kernrezeptoren überwiegend auf transkriptioneller Ebene regulieren, setzt die Hormonwirkung erst mit einer Verzögerung von 1–2 Stunden ein. Neuere Studien zeigen jedoch, dass es auch eine schnelle Wirkung von lipophilen Hormonen gibt, deren Mechanismus jedoch noch nicht vollkommen geklärt ist. Kernrezeptoren müssen mit verschiedenen Strukturen interagieren, um ihre Funktion erfüllen zu können. Dementsprechend besitzen sie
- eine **Ligandenbindungsdomäne,** an die der Ligand spezifisch bindet.
- eine **Transaktivierungsdomäne,** die mit den Co-Aktivatoren interagiert und so die Verbindung zum basalen Promotor herstellt.
- eine **Dimerisierungsdomäne,** über die die aktiven Homo- oder Heterodimere gebildet werden.
- eine **DNA-Bindungsdomäne,** über die das Rezeptor-Dimer sequenzspezifisch an distale, regulatorische Promotorelemente binden kann.
- **Spacer-Sequenzen,** welche die funktionellen Domänen in einen optimal zueinander liegenden Abstand bringen.

Steroidhormonrezeptoren
Steroidhormonrezeptoren (➤ Abb. 9.7, ➤ Abb. 9.15a) liegen im inaktiven Zustand im Zytoplasma als **Monomere** vor, die meist an Proteine gebunden sind. Eines dieser Proteine ist **Hsp90,** ein Hitzeschockprotein, das die DNA-Bindedomäne und die Kernlokalisationssequenz des Rezeptors blockiert und die Rezeptormoleküle als inaktive Monomere stabilisiert.

Durch Bindung des Steroidhormons ändert sich die Konformation des Rezeptors und Hsp90 dissoziiert ab. Dadurch wird u. a. die Dimerisierungsdomäne frei zugänglich und zwei Rezeptormonomere verbinden sich zu einem **Homodimer.** Jedes Monomer enthält eine Kernlokalisationssequenz, die nach Ligandenbindung und Wegfall der Hsp90-Blockierung funktionell wird. Das Rezeptordimer kann dadurch in den **Kern** gelangen, wo es mit seiner DNA-Bindedomäne an **palindromische DNA-Sequenzen** in Enhancern bindet und als spezifischer Transkriptionsfaktor die Expression von Zielgenen reguliert (➤ Abb. 9.15c).

Rezeptoren für Schilddrüsenhormone, Vitamin D_3 und Retinsäure
Die Rezeptoren für Schilddrüsenhormone, Vitamin D_3 und Retinsäure (➤ Abb. 9.15b) liegen meist von vornherein als **Dimere** im Zellkern vor. Sie sind bereits über Response Elements (= direkte Wiederholungen eines Sequenzmotivs) der jeweiligen Gene mit der DNA assoziiert und bewirken i. d. R. eine Repression.

Die Hormone diffundieren durch das Zytoplasma in den Zellkern und binden dort an ihren Rezeptor. Durch die Ligand-Rezeptor-Interaktion ändert sich die Konformation des Rezeptors. Die Repression wird aufgehoben und es kann zu einer Transkriptionsstimulation kommen. Dieser duale Mechanismus von **Repression und Stimulation** ermöglicht vielfältige und komplexe Genregulationen.

9.6.8 Guanylat-Cyclasen
Guanylat-Cyclasen (➤ Abb. 9.16) können sowohl als lösliche Proteine im Zytoplasma als auch als Transmembranproteine vorkommen. Analog den Adenylat-Cyclasen bilden sie aus GTP den Second Messenger **cGMP** (zyklisches Guanosinmonophosphat). Die Regulation der **löslichen Guanylat-Cyclasen** erfolgt durch **Stickstoffmonoxid (NO),** das eine wichtige Rolle bei der Relaxation von glatten Muskelzellen spielt.

Membranständige Guanylat-Cyclasen werden durch **Peptidhormone** wie das atriale natriuretische Peptid (ANP), die an die extrazelluläre Domäne der Guanylat-Cyclasen binden, reguliert. Intrazellulär hat cGMP regulatorische Effekte auf **Phosphodiesterasen, Protein-Kinasen** und **Ionenkanäle.**

Aus Studentensicht

Sie vermitteln die schnellsten bekannten zellulären Reaktionen auf Botenstoffe.

9.6.7 Kernrezeptoren
Kernrezeptoren sind intrazellulär lokalisierte, ligandenaktivierte **Transkriptionsfaktoren,** deren Liganden wie Steroid-, Schilddrüsenhormone, Vitamin D_3 oder Retinsäure über die Plasmamembran diffundieren, um mit ihnen zu interagieren. Nach Ligandenbindung bilden die Rezeptoren Homo- oder Heterodimere, die im Zellkern spezifisch an regulatorische Promotorelemente auf der DNA, die **Hormone-Responsive Elements (HRE),** binden und die Transkription von Zielgenen steigern oder hemmen. Die Hormonwirkung setzt i. d. R. erst nach 1–2 Stunden ein.
Kernrezeptoren besitzen entsprechend ihrer Funktion bestimmte **Domänen:**
- Ligandenbindungsdomäne
- Transaktivierungsdomäne
- Dimerisierungsdomäne
- DNA-Bindungsdomäne
- Spacer-Sequenzen

Steroidhormonrezeptoren
Steroidhormonrezeptoren liegen im Zytoplasma als inaktive **Monomere** vor, die u. a. an das Hitzeschockprotein **Hsp90** binden, das die DNA-Bindedomäne und die Kernlokalisationssequenz des Rezeptors blockiert und außerdem die Dimerisierung verhindert. Nach Ligandenbindung dissoziiert Hsp90 ab und zwei Rezeptormonomere bilden ein **Homodimer,** das in den **Zellkern** transloziert und als spezifischer Transkriptionsfaktor an **palindromische DNA-Sequenzen** bindet.

Rezeptoren für Schilddrüsenhormone, Vitamin D_3 und Retinsäure
Rezeptoren für Schilddrüsenhormone, Vitamin D_3 und Retinsäure liegen i. d. R. DNA-gebunden als **Dimere** im Zellkern vor und fungieren als Genrepressoren. Durch Bindung der Hormone an ihren Rezeptor wird die **Repression** aufgehoben und es kann zusätzlich zu einer **Transkriptionsstimulation** kommen.

9.6.8 Guanylat-Cyclasen
Guanylat-Cyclasen liegen sowohl löslich im Zytoplasma als auch als Transmembranproteine vor und bilden aus GTP den Second Messenger **cGMP.**
Lösliche Guanylat-Cyclasen werden durch **Stickstoffmonoxid (NO)** aktiviert, membranständige Guanylat-Cyclasen werden durch **Peptidhormone** wie ANP reguliert. Intrazelluläres cGMP kann **Phosphodiesterasen, Protein-Kinasen** und **Ionenkanäle** regulieren.

Aus Studentensicht

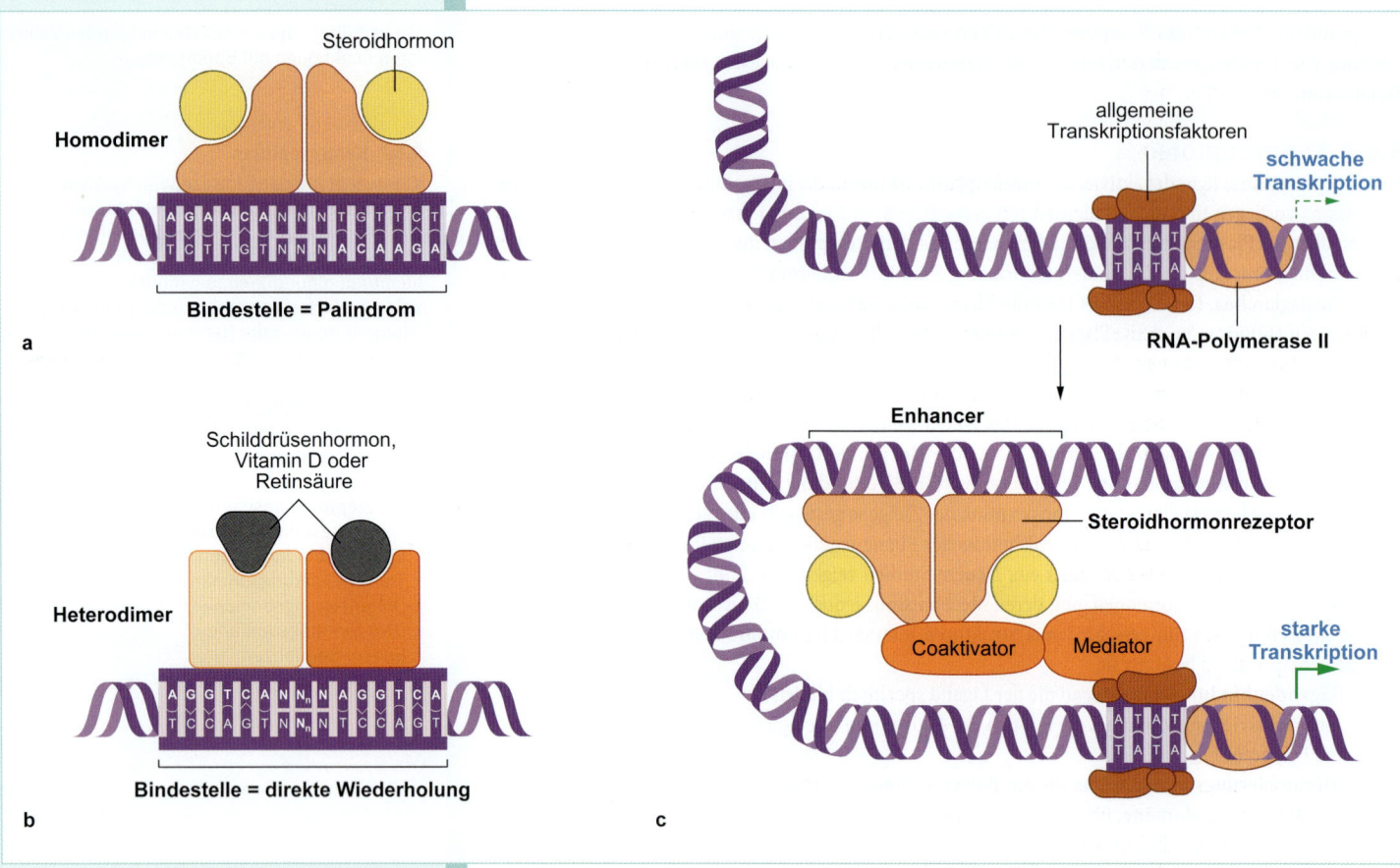

9 WIRKUNGSWEISE VON HORMONEN: WIE WIRD DAS ALLES KONTROLLIERT?

Abb. 9.15 Regulation der Transkription durch Kernrezeptoren. **a** Steroidhormonrezeptoren. **b** Rezeptoren für Schilddrüsenhormone, Vitamin D_3 und Retinsäure. **c** Wirkung eines Steroidhormonrezeptors als spezifischer Transkriptionsfaktor. [L299]

ABB. 9.16

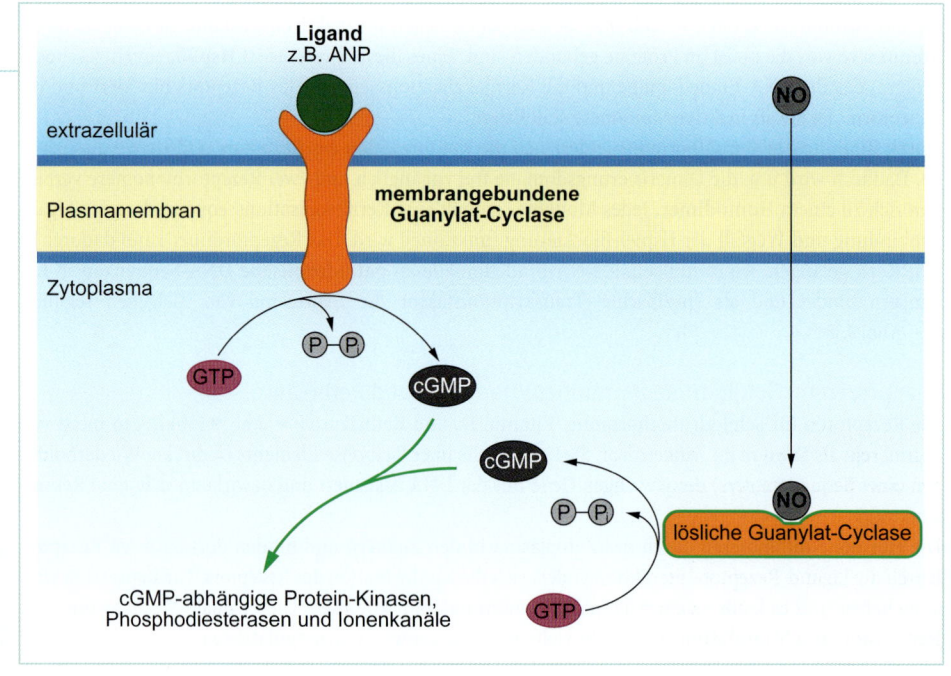

Abb. 9.16 Membrangebundene und lösliche Guanylat-Cyclasen [L299]

9.6.9 Modulation der Signaltransduktion

Durch eine Modulation der Signaltransduktion kann z. B. die Signalstärke oder -dauer und somit die Reaktion der Zielzelle auf ein Signal beeinflusst werden. Auf diese Weise werden schwache Signale verstärkt und effektiv verarbeitet.

9.6.9 Modulation der Signaltransduktion

Die Wirkung eines Botenstoffs an bzw. in seiner Zielzelle kann sehr unterschiedlich ausfallen. Dies hängt u. a. von der jeweiligen Ausstattung der Zielzelle mit Rezeptoren, Signal- und Effektormolekülen ab. Um die Antwort der Zielzelle auf ein Signal genau anpassen zu können, sind Modulationen der Signaltransduktionskette, der Signalstärke und -dauer wichtige regulatorische Werkzeuge.

Signaladaptation

Zellen sind in der Lage, sich durch unterschiedliche Mechanismen an ein Signal anzupassen oder eine Signalkaskade abzuschalten und eine überschießende Reaktion der Zelle zu verhindern (➤ Abb. 9.17). Diese Mechanismen werden unter dem Begriff Signaladaption zusammengefasst:
- **Rezeptorsequestrierung:** Nach Ligandenbindung wird der Rezeptor über Endozytose aufgenommen und eingelagert und so die Anzahl der Rezeptormoleküle auf der Zelloberfläche reduziert. Die Zelle wird für das entsprechende Signal **desensibilisiert**. Bei Bedarf besteht jedoch die Möglichkeit, den Rezeptor zu recyceln und erneut in die Zellmembran einzubauen.
- **Rezeptordegradierung:** Herabregulation der Rezeptoranzahl über intrazellulären Abbau.
- **Inaktivierung des Rezeptors.**
- **Abbau oder Inaktivierung des Botenstoffs:** Liganden können durch spezifische Enzyme extrazellulär abgebaut werden. Für einige Botenstoffe wie die Zytokine existieren lösliche Varianten ihrer membranständigen Rezeptoren, die den Liganden binden und somit seine Bindung an die membranständigen Rezeptoren verhindern. Angepasst an den Bedarf ist dieser Vorgang reversibel.
- **Inaktivierung eines intrazellulären Signalvermittlers** z. B. durch Abbau.
- Produktion und Bindung eines **inhibitorischen Proteins** an den Rezeptor oder an ein signalübermittelndes intrazelluläres Protein zur Unterdrückung von deren Aktivität.

Auch Phosphatasen, die den aktiven Rezeptor selbst oder signalweiterleitende Moleküle dephosphorylieren, führen zum Abschalten von Signalkaskaden.

Aus Studentensicht

Signaladaptation

Zellen sind in der Lage, sich mithilfe unterschiedlicher Mechanismen an ein Signal anzupassen oder es abzuschalten und dadurch eine überschießende Reaktion zu verhindern **(Signaladaption)**:
- **Rezeptorsequestrierung:** reversible Einlagerung des Rezeptors über Endozytose
- **Degradierung:** Internalisierung und Abbau des Rezeptors
- **Inaktivierung des Rezeptors**
- **Abbau oder Inaktivierung eines Botenstoffs** z. B. durch enzymatischen Abbau der Liganden oder Bindung von Zytokinen an lösliche Varianten ihrer membranständigen Rezeptoren
- **Inaktivierung eines intrazellulären Signalvermittlers**
- Produktion und Bindung **inhibitorischer Proteine** an den Rezeptor oder signalübermittelnde Moleküle

Phosphatasen können aktive Rezeptoren oder signalweiterleitende Moleküle dephosphorylieren und die Signalkaskade dadurch abschalten.

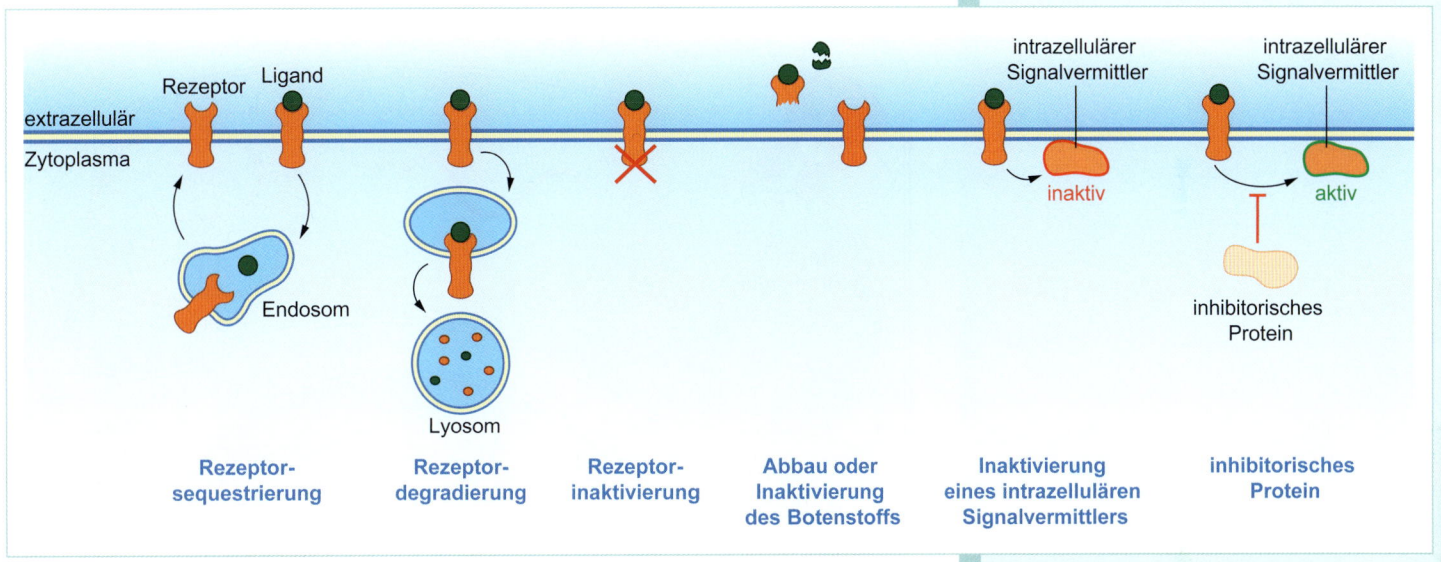

Abb. 9.17 Signaladaptation [L138]

Signaldivergenz

Ein Botenstoff kann durch Übertragung des Signals auf mehr als ein nachgeschaltetes Molekül **verschiedene Reaktionen** in einer oder unterschiedliche Zielzellen auslösen und so verschiedene Signalwege aktivieren.

Signalkombination

Signalwege stehen normalerweise nicht für sich allein, sondern interagieren miteinander und modulieren sich auf diese Weise gegenseitig. Solche Signalintegrationen können positiver Natur sein und **additiv** oder **synergistisch** (kooperativ, mehr als additiv verstärkt) wirken. Sie können aber auch **antagonistisch** (gegensätzlich) und damit negativer Natur sein, sodass sich die Signale gegenseitig hemmen. Solche Signale wirken oft kompetitiv. Teilweise werden auch verschiedene extrazelluläre Signale über eine gemeinsame Komponente der Signaltransduktion zusammengeführt (= **Signalkonvergenz**).

Signaldivergenz

Ein Botenstoff kann ein Signal auf mehr als ein Molekül übertragen und dadurch **verschiedene Reaktionen** in Zielzellen auslösen.

Signalkombination

Verschiedene Signale können miteinander interagieren und dabei **additiv** (verstärkend) oder **synergistisch** (ergänzend) wirken oder sich gegenseitig hemmen **(antagonistisch)**. Über gemeinsame Signaltransduktionskomponenten können verschiedene Signale zusammengeführt werden **(Signalkonvergenz)**.

9.7 Hormone

9.7.1 Stoffwechsel und Energiehaushalt

Die Regulation des Blutzuckerspiegels erfolgt im Wesentlichen durch das Zusammenspiel der Hormone **Glukagon** und **Insulin**. **Katecholamine** und **Glukocorticoide** wirken insbesondere unter Stress auf den Stoffwechsel und entfalten darüber hinaus vielfältige Wirkungen auf die verschiedenen Organsysteme. Unterschiedliche **Peptidhormone** regulieren das **Hungergefühl** und damit die Menge der Nahrungszufuhr (➤ 17.7.2). Schließlich spielen die **Schilddrüsenhormone** eine zentrale Rolle bei der Regulation des Grundumsatzes.

9.7 Hormone

9.7.1 Stoffwechsel und Energiehaushalt

Stoffwechsel und Energiehaushalt regulierende Hormone sind u. a. **Glukagon, Insulin, Katecholamine** und **Glukocorticoide**. Verschiedene **Peptidhormone** regulieren das **Hungergefühl**, **Schilddrüsenhormone** spielen eine zentrale Rolle bei der Regulation des Grundumsatzes.

Aus Studentensicht

Insulin
Das in den β-Zellen der Langerhans-Inseln des Pankreas gebildete **Peptidhormon** Insulin senkt den Blutzuckerspiegel.

Insulin wird am rauen ER als **Prä-Proinsulin** synthetisiert, von dem cotranslational das Signalpeptid durch die **Signal-Peptidase** abgespalten wird. Anschließend **faltet** es sich unter Ausbildung von drei **Disulfidbindungen** zu **Proinsulin**. Während des Transports über den Golgi-Apparat zur Plasmamembran entsteht reifes Insulin, indem der mittlere Teil der Peptidkette **(C-Peptid)** abgespalten wird, sodass eine A- und eine B-Kette übrig bleiben, die über zwei Disulfidbrücken verbunden sind. **Reifes Insulin** liegt in durch Zn^{2+}-Ionen stabilisierten **hexameren Komplexen** in sekretorischen Vesikeln vor und wird zusammen mit dem C-Peptid gespeichert und bei Bedarf in das Blut freigesetzt.

ABB. 9.18

KLINIK

9 WIRKUNGSWEISE VON HORMONEN: WIE WIRD DAS ALLES KONTROLLIERT?

Insulin
Insulin ist ein **Peptidhormon**, das in den β-**Zellen der Langerhans-Inseln des Pankreas** gebildet wird. Es sorgt u. a. dafür, dass postprandial (nach der Nahrungsaufnahme) der Blutzuckerspiegel gesenkt und Glukose in die Gewebe aufgenommen und abgebaut oder gespeichert wird.

Synthese, Freisetzung und Abbau
Wie bei allen sezernierten Peptiden erfolgt die Synthese von Insulin am rauen endoplasmatischen Retikulum (➤ Abb. 9.18). Hier entsteht zunächst eine einzelne Peptidkette (= **Prä-Proinsulin**), deren Signalpeptid cotranslational durch die **Signal-Peptidase** abgespalten wird. Das Peptid **faltet** sich unter Ausbildung von drei **Disulfidbindungen** zu **Proinsulin**.

Der Weitertransport Richtung Plasmamembran erfolgt über Vesikel des sekretorischen Weges. Während des Transports wird das **C-Peptid**, der mittlere Teil der Peptidkette, herausgeschnitten, sodass nur die A-Kette mit 21 Aminosäuren und die B-Kette mit 30 Aminosäuren, die über zwei Disulfidbrücken verbunden sind, übrig bleiben. Die dritte Disulfidbrücke befindet sich innerhalb der A-Kette.

Das nach Abspaltung des C-Peptids und weiterer Prozessierung entstandene Produkt ist das **reife Insulin**, das in Form von **hexameren Komplexen** zusammen mit dem abgespaltenen C-Peptid in sekretorischen, membrannahen Vesikeln gespeichert wird, aus denen es bei steigendem Blutzuckerspiegel sehr schnell freigesetzt werden kann. Dabei gelangt auch das C-Peptid in das Blut, wo es mit diagnostischen Methoden nachgewiesen werden kann.

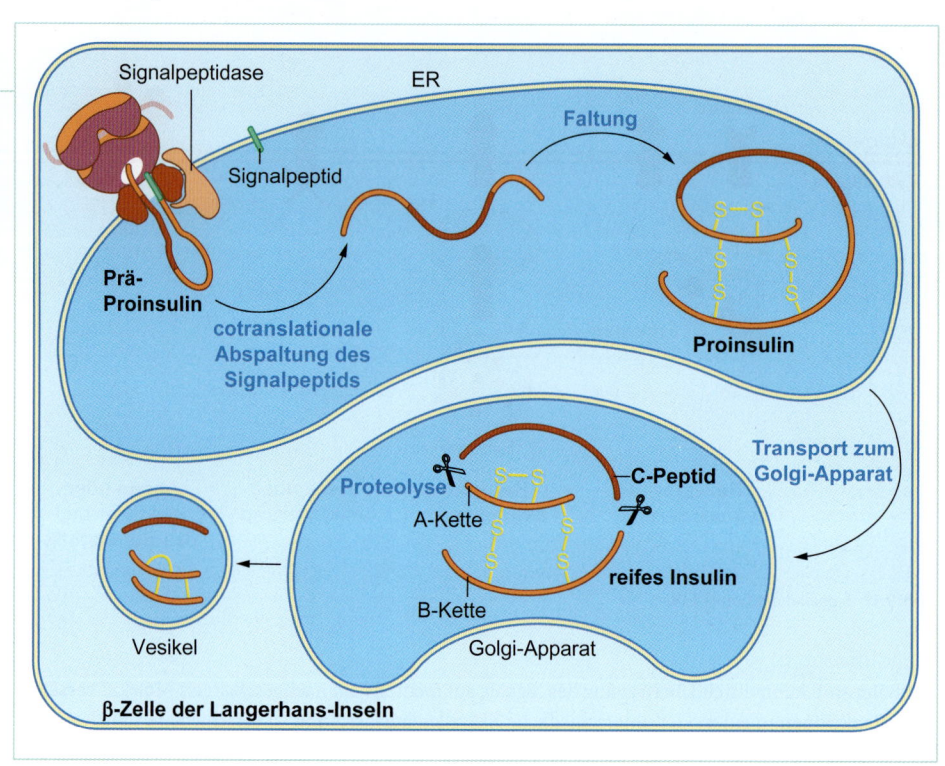

Abb. 9.18 Synthese von Insulin [L138]

Nur monomeres Insulin kann seinen Rezeptor aktivieren. Die durch Zn^{2+}-Ionen stabilisierten Hexamere müssen dafür zunächst dissoziieren. Lang wirkende Insulinpräparate enthalten deshalb hohe Zn^{2+}-Konzentrationen.

KLINIK

Die diagnostische Bedeutung des C-Peptids

Das C-Peptid wird zusammen mit dem fertigen Insulinmolekül in Vesikeln gespeichert und in das Blut sezerniert. Wegen seiner ca. 10-mal höheren Halbwertszeit ist es für Laboruntersuchungen leichter zugänglich als das kurzlebige Insulin und wird daher zur Differenzialdiagnostik eines Diabetes mellitus herangezogen. Der Nachweis erfolgt mit enzymatischen Immunassays. Da Insulin und das C-Peptid aus derselben Peptidkette entstehen, werden sie äquimolar ausgeschüttet. Aus der C-Peptid-Konzentration können so Rückschlüsse auf die (Rest-)Aktivität der körpereigenen Insulinsynthese und somit über die Funktionstüchtigkeit der Langerhans-Inseln des Pankreas gezogen werden.

Ein deutlich erniedrigter basaler Wert von < 0,5 ng/ml (Norm 1,5–4 ng/ml) spricht für einen Diabetes mellitus Typ 1, bei dem ein absoluter Insulinmangel herrscht. Auch nach Glukosegabe ändert sich dieser Wert nicht, da das Pankreas (fast) kein Insulin produzieren kann. Beim Diabetes mellitus Typ 2 sind die basalen Werte nicht erniedrigt, sondern normal. Nach der Gabe von Glukose steigen die Werte deutlich über das Dreifache des Normwertes, was für eine Insulinresistenz der Peripherie spricht, da das Pankreas verstärkt Insulin ausschütten muss, um den Blutzuckerspiegel zu senken. Sind massiv erhöhte Werte ohne klaren Zusammenhang zur Glukosegabe messbar, kann dies ein Hinweis auf einen Insulin-produzierenden Tumor (Insulinom) sein.

9.7 HORMONE

Aus Studentensicht

> Das C-Peptid ist nur bei endogen produziertem Insulin nachweisbar. So kann man zwischen endogen produziertem und medikamentös verabreichtem Insulin unterscheiden. In Spätstadien des Diabetes mellitus Typ 2, in denen die Patienten bereits Insulin spritzen müssen, kann so durch Bestimmung des C-Peptids die Restaktivität des Pankreas bestimmt werden.
> Inzwischen vermutet man aber auch eigene Effekte des C-Peptids im Stoffwechsel. Möglicherweise spielt das Fehlen des C-Peptids bei Diabetikern eine Rolle bei der Entstehung der Organschäden.

Auch im nüchternen Zustand wird durch die im Blut befindliche Glukose eine geringe Menge Insulin aus den β-Zellen des Pankreas freigesetzt (= basale Insulinsekretion). Steigt der Blutzuckerspiegel, wird vermehrt Glukose über den **GLUT1-Transporter** in die β-Zellen des Pankreas aufgenommen (> Abb. 9.19). Durch Abbau der Glukose bei Glykolyse, Citratzyklus und Atmungskette entsteht **ATP**. Da in Pankreaszellen statt der Hexokinase die Glukokinase, die einen hohen K_M Wert besitzt und nicht von Glukose-6-phosphat gehemmt wird, exprimiert ist, besteht eine Abhängigkeit zwischen der aufgenommenen Glukose und der entstandenen Menge ATP. Die Pankreaszellen können so den Blutglukosespiegel „messen". Das entstandene ATP bindet intrazellulär an **ATP-abhängige Kaliumkanäle,** die sich durch die Bindung von ATP schließen, was zu einer Depolarisation der Zelle führt. Auf die Depolarisation reagieren **spannungsabhängige Calciumkanäle** mit einer erhöhten Öffnungswahrscheinlichkeit, wodurch es zum Einstrom von Ca^{2+}-Ionen in das Zytoplasma kommt. Ca^{2+}-Ionen binden an den SNARE-Komplex, mit dem die Insulin-haltigen Speichervesikel an die Membran assoziiert sind, und führen über eine Konformationsänderung zu einer **Verschmelzung der Vesikel** mit der Membran. Das enthaltene Insulin wird zusammen mit dem C-Peptid in die Blutbahn sezerniert.

Neben der basalen Insulinsekretion wird Insulin vom Pankreas abhängig vom Blutzuckerspiegel sezerniert. Steigt der Blutzuckerspiegel, wird Glukose vermehrt über **GLUT1-Transporter** in die β-Zellen aufgenommen, durch die Glukokinase phosphoryliert und weiter zu u. a. **ATP** verstoffwechselt. In den β-Zellen besteht daher eine direkte Abhängigkeit zwischen aufgenommener Glukose und entstandener Menge ATP. Die β-Zellen nutzen dies als Blutglukose-Sensor. ATP bindet intrazellulär an **ATP-abhängige Kaliumkanäle,** die dadurch schließen. Die Zelle depolarisiert, **spannungsabhängige Calciumkanäle** öffnen sich und die in das Zytoplasma einströmenden Ca^{2+}-Ionen vermitteln die **Verschmelzung insulinhaltiger Speichervesikel** mit der Membran. Es kommt zur Freisetzung von Insulin und C-Peptid in die Blutbahn.

ABB. 9.19

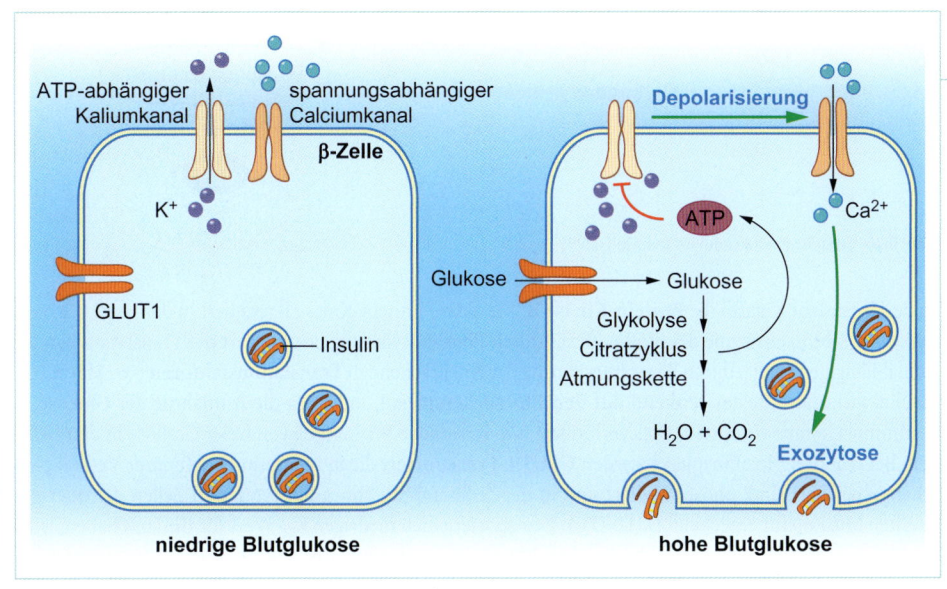

Abb. 9.19 Glukoseinduzierte Insulinfreisetzung [L138]

Das überwiegend als freies Monomer im Blut vorliegende Insulin hat eine **Halbwertszeit von ca. 5 Minuten.** Es wird v. a. in die **Leber** und in die **Nieren** aufgenommen, wo die Disulfidbrücken zwischen der A- und der B-Kette durch die **Insulinase** (Glutathion-Insulin-Transhydrogenase) gespalten und das Hormon so inaktiviert wird. Die beiden Ketten werden anschließend proteasomal abgebaut. Insulin, das bereits an seinen Rezeptor gebunden vorliegt, wird mit diesem internalisiert und über lysosomale Proteasen abgebaut.

Insulin hat im Blut eine **Halbwertszeit von ca. 5 Minuten.** Es wird v. a. von **Leber** und **Niere** aufgenommen, von der **Insulinase** inaktiviert und über die **Nieren** ausgeschieden. An Rezeptoren gebundenes Insulin wird zusammen mit dem Rezeptor internalisiert und lysosomal abgebaut.

Rezeptor und Signaltransduktion

Der Insulinrezeptor gehört zur Familie der **Rezeptor-Tyrosin-Kinasen,** liegt aber anders als die meisten Vertreter dieser Familie nicht als Monomer, sondern als **Tetramer** in der Membran fast aller Gewebe vor (> Abb. 9.20).
Die Bindung von Insulin an den Rezeptor führt zu einer Aktivierung der Kinase-Domänen und damit zu einer trans-Phosphorylierung der intrazellulären Rezeptordomänen. Das wichtigste Adapterprotein für den Insulinrezeptor ist das **Insulinrezeptorsubstrat** (IRS). IRS bindet über seine SH2-Domäne an die Phosphotyrosinreste und wird ebenfalls von dem aktivierten Rezeptor phosphoryliert. Die Phosphotyrosinreste des IRS dienen als Bindestelle für weitere Proteine wie die Phosphatidylinositol-3-Kinase **(PI3 K)** und **Grb2.**

Der **tetramere** Insulinrezeptor, der zu den **Rezeptor-Tyrosin-Kinasen** gehört, ist in der Membran fast aller Gewebe zu finden. Die Bindung von Insulin führt zur Aktivierung und trans-Phosphorylierung des Rezeptors.
Wichtige Adapterproteine sind die SH2-Domänen tragenden **Insulinrezeptorsubstrate** (IRS), die vom Rezeptor phosphoryliert werden und dann als Bindestelle für z. B. **PI3 K** und **Grb2** dienen.

Schnelle metabolische Wirkung

Das **Insulinrezeptorsubstrat (IRS)** rekrutiert unter anderem die **PI3 K** an den Rezeptor und aktiviert sie. Die PI3 K phosphoryliert das Membranlipid PIP_2 zu PIP_3 und aktiviert dadurch über die PDK (Phosphoino-

Aus Studentensicht

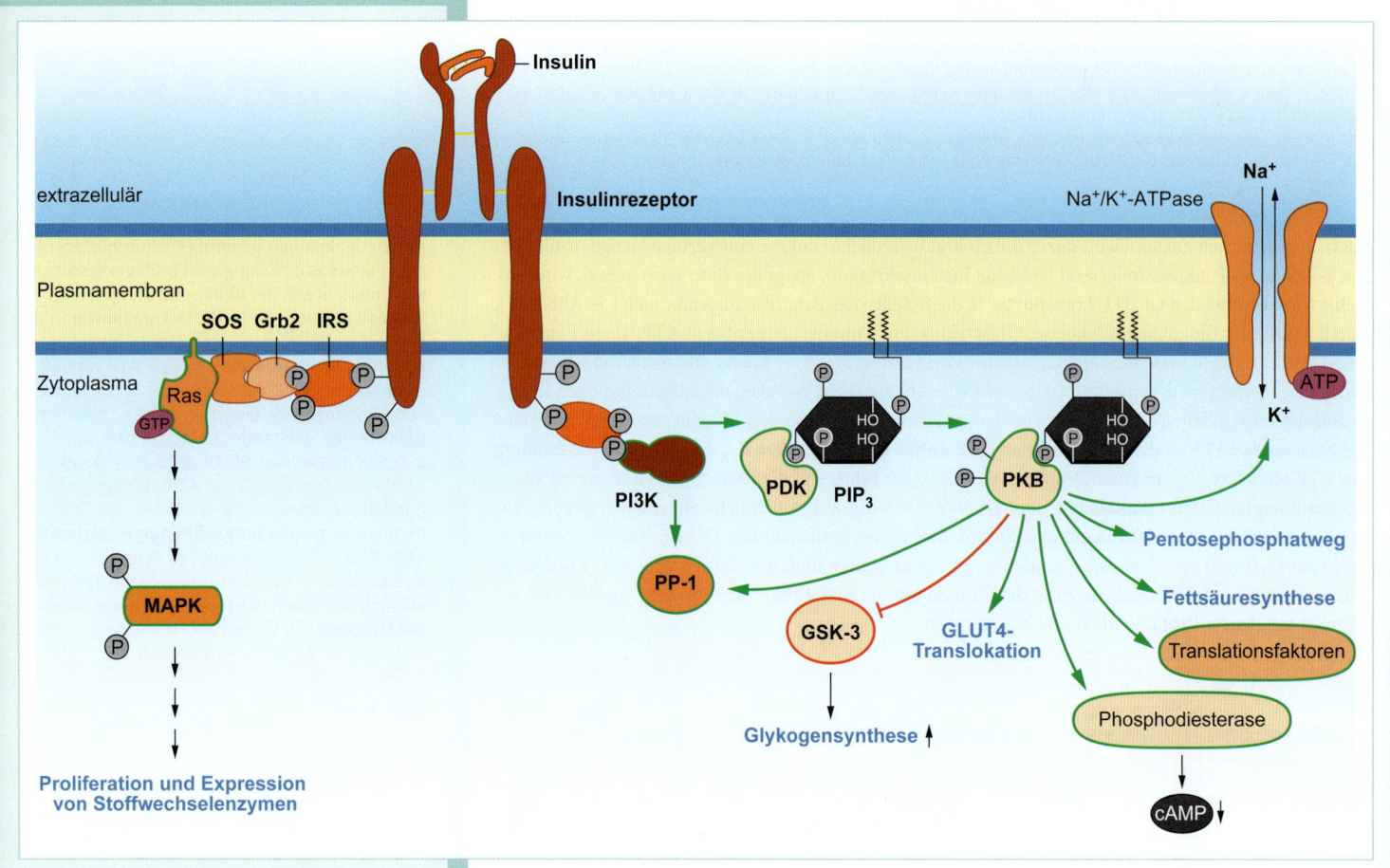

9 WIRKUNGSWEISE VON HORMONEN: WIE WIRD DAS ALLES KONTROLLIERT?

Abb. 9.20 Signaltransduktion von Insulin [L299]

Das **Insulinrezeptorsubstrat (IRS)** dient u. a. als Bindestelle für die **PI3 K,** die PIP$_2$ zu PIP$_3$ phosphoryliert. Die dadurch aktivierte PDK aktiviert die **Protein-Kinase B,** die verschiedene Enzyme des Stoffwechsels reguliert und durch Phosphorylierung von **Translationsfaktoren** die Translation insulinabhängiger Gene steigert.
Insulin wirkt **senkend auf den Blutzuckerspiegel,** indem es den Einbau von **GLUT4** in die Zellmembran von Adipozyten und quergestreifter Muskulatur bewirkt, die Glukose schnell und effektiv aus dem Blut aufnehmen.
Die Protein-Kinase B aktiviert die Phosphodiesterase, wodurch die intrazelluläre cAMP-Konzentration sinkt. Dies führt zur Hemmung der Protein-Kinase A und damit u. a. zur Hemmung des Glykogenabbaus und zur Stimulierung von Glykogensynthese und Glykolyse. Über die Aktivierung der **Phosphoprotein-Phosphatase 1** (PP1) werden diese Wirkungen verstärkt, sodass Insulin eine **rasche Verstoffwechslung** und **Speicherung** der Glukose v. a. in **Leber, quer gestreifter Muskulatur** und **Fettgewebe** bewirkt.
Durch Induktion von Enzymen der Fettsäuresynthese und des Pentosephosphatwegs sowie durch Aktivierung der Lipoprotein-Lipase **senkt** Insulin zusätzlich den **Blutfettspiegel.**
Insulin steigert die Aufnahme von **Aminosäuren** aus dem Blut und stimuliert die **Na$^+$/K$^+$-ATPase,** was klinisch zur temporären Senkung eines erhöhten extrazellulären Kaliumspiegels genutzt wird.

sitide-Dependent Kinase) die **Protein-Kinase B.** Die aktive Protein-Kinase B reguliert in der Folge u. a. verschiedene Schlüsselenzyme des Stoffwechsels durch Phosphorylierung und steigert die Translation von insulinabhängigen Genen durch Phosphorylierung der entsprechenden **Translationsfaktoren** (> Abb. 9.20). Insulin wirkt unmittelbar **senkend auf den Blutzuckerspiegel,** indem es die Aufnahme der Glukose in bestimmte Gewebe vermittelt. Dies verhindert u. a. schädliche Wirkungen von freier Glukose in den Gefäßen. Bei erhöhtem Insulinspiegel werden **GLUT4-Transporter,** die in Membranen zellulärer Vesikel zwischengespeichert sind, phosphoryliert und in die Zellmembran von Adipozyten und Zellen der quer gestreiften Muskulatur eingebaut. Da GLUT4-Transporter einen niedrigen K$_M$-Wert für Glukose haben, wird die Glukose sehr schnell und effektiv aus dem Blutplasma in das entsprechende Gewebe aufgenommen.
Um eine **rasche Verstoffwechslung** und ggf. **Speicherung** der Glukose zu induzieren, reguliert Insulin die Schlüsselenzyme des Kohlenhydratstoffwechsels. Dazu stimuliert die Protein-Kinase B die **Phosphodiesterase,** wodurch der cAMP-Spiegel in der Zelle sinkt (> Abb. 9.20). Damit werden alle Stoffwechselwege gedrosselt, die durch die Protein-Kinase A stimuliert werden, wie beispielsweise der Glykogenabbau in Muskel und Leber. Andererseits werden die durch die Protein-Kinase A inhibierten Stoffwechselwege wie die Glykogensynthese nun aktiviert. In der Leber steigt zusätzlich die Aktivität der Glykolyse und des Pyruvatabbaus. Weiterhin aktiviert Insulin die **Phosphoprotein-Phosphatase 1** (PP-1), eine Phosphatase, die der Protein-Kinase A entgegenwirkt, indem sie Phosphatgruppen an Proteinen entfernt, die von der Protein-Kinase A phosphoryliert wurden. Sie aktiviert dadurch beispielsweise das Schrittmacherenzym der Glykogensynthese (19.4.3).
Zusätzlich induziert Insulin auch über eine langsame transkriptionelle Wirkung die Enzyme der Fettsäuresynthese in Fettgewebe und Leber und des Pentosephosphatwegs, um das für Biosynthesen nötige NADPH bereitzustellen. Gleichzeitig werden die Freisetzung von Fettsäuren aus Adipozyten und der Fettsäureabbau gehemmt und durch Aktivierung der Lipoprotein-Lipase (LPL) auf den Endothelzellen der Blutgefäße die Aufnahme von TAG aus Lipoproteinen in das periphere Gewebe erleichtert. Damit wird nicht nur der Blutzuckerspiegel, sondern auch der **Blutfettspiegel** durch Insulin **gesenkt.**
Die **Aufnahme von Aminosäuren** aus dem Blut in die Zellen des peripheren Gewebes, insbesondere der Skelettmuskulatur, wird ebenso **gesteigert** wie die Aufnahme von extrazellulären K$^+$-Ionen durch Stimulation der **Na$^+$/K$^+$-ATPase.** Letzteres macht man sich bei einer Hyperkaliämie zunutze, indem Insulin in Kombination mit Glukose infundiert wird und dadurch kurzfristig der extrazelluläre Kaliumspiegel sinkt. Da die Zellen im Gegenzug Protonen ausschleusen, bezahlt man diese kurzfristige, aber ggf. lebensrettende Kompensation mit einer Azidose.
Obwohl Insulinrezeptoren ubiquitär vorkommen, sind **Leber, Muskel** und **Fettgewebe** die wichtigsten Organe, die als Reaktion auf Insulin den Blutzuckerspiegel regulieren.

9.7 HORMONE

Langsame transkriptionelle Wirkung

Durch die Aktivierung von Ras am Insulinrezeptor wird die **MAP-Kinase-Kaskade** aktiviert (➤ 9.6.3). Wie bei den Wachstumsfaktoren wird zunächst die MAPKKK Raf-1 durch Interaktion mit Ras aktiviert, danach die MAPKK MEK und schließlich die MAP-Kinasen Erk1/2. Am Ende der Kaskade phosphorylieren MAP-Kinasen im Zellkern bestimmte **Transkriptionsfaktoren,** die in der Folge spezifisch Gene mit **insulinsensitiven Response-Elementen** in der Promotorregion aktivieren (➤ Tab. 9.4). So werden die Gene der Enzyme beispielsweise für die Fettsäuresynthese oder die Glykolyse in der Leber sowie Gene für zellproliferative Faktoren verstärkt exprimiert (➤ Abb. 9.20). Insulin wirkt damit über die Stimulation der MAP-Kaskade, aber auch über weitere Signalkaskaden der Protein-Kinase B **wachstumsfördernd.** Entsprechend führt ein Insulinmangel zu einer Verlangsamung des Wachstums.

Aus Studentensicht

Durch die Aktivierung von Ras und der **MAP-Kinase-Kaskade,** an deren Ende die Kinasen Erk1/2 stehen, werden **Transkriptionsfaktoren** im Zellkern phosphoryliert, die Gene mit **insulinsensitiven Elementen** aktivieren können. So wird die langsame Wirkung des Insulins vermittelt. Über die MAPK-Kaskade und Protein-Kinase B wirkt Insulin **wachstumsfördernd** und verstärkend auf die Expression von Enzymen bestimmter Stoffwechselwege.

TAB. 9.4

Tab. 9.4 Beispiele für insulinregulierte Stoffwechselwirkungen

Leber	Skelettmuskel	Fettgewebe
• Glykolyse ↑	• Glukoseaufnahme ↑	• Glukoseaufnahme ↑
• Glukoneogenese ↓	• Glykogensynthese ↑	• Glykolyse ↑
• Glykogensynthese ↑	• Aminosäureaufnahme ↑	• Lipogenese ↑
• Glykogenolyse ↓	• Proteinbiosynthese ↑	• Lipolyse ↓
• Lipogenese ↑		

Glukagon

Glukagon ist ein **Peptidhormon,** das in den **α-Zellen des Pankreas** synthetisiert wird, dessen Gen aber auch in Enterozyten und Neuronen exprimiert wird. Es wirkt besonders auf die Leber und führt u. a. zu einer Erhöhung des Blutzuckerspiegels.

Glukagon

Das in den **α-Zellen des Pankreas** synthetisierte **Peptidhormon** Glukagon bewirkt u. a. eine Blutzuckerspiegelerhöhung.

Synthese, Freisetzung und Abbau

Wie viele Peptidhormone wird Glukagon als Teil eines größeren Vorläuferpeptids synthetisiert. Das **Prä-Proglukagon** wird am rauen ER cotranslational in das ER-Lumen transportiert, wo das Signalpeptid durch die Signal-Peptidase abgespalten wird (➤ Abb. 9.21). Dadurch entsteht zunächst **Proglukagon,** das neben der Aminosäuresequenz des Glukagons noch die Aminosäuresequenz von zwei **glukagonähnlichen Peptiden** (= GLP-1 und GLP-2) enthält. Prohormon-Konvertasen, die gewebespezifisch vorkommen, spalten das Proglukagon im Darm und im ZNS zu **GLP-1** bzw. **GLP-2.** In den α-Zellen des Pankreas entsteht **Glukagon,** das aus 29 Aminosäuren besteht und keine Disulfidbrücken enthält. Wie Insulin wird es in besonderen sekretorischen Vesikeln gespeichert und kann bei Bedarf schnell freigesetzt werden.

Glukagon wird als **Prä-Proglukagon** synthetisiert und cotranslational in das ER-Lumen transportiert. Durch Abspaltung des Signalpeptids entsteht **Proglukagon,** das auch die Aminosäuresequenz von zwei **glukagonähnlichen Peptiden** (GLP-1, GLP-2) enthält. Gewebsspezifische Prohormon-Konvertasen spalten Proglukagon im Darm und ZNS zu **GLP-1** und GLP-2, im Pankreas zu in Vesikeln gespeichertem **Glukagon.**

ABB. 9.21

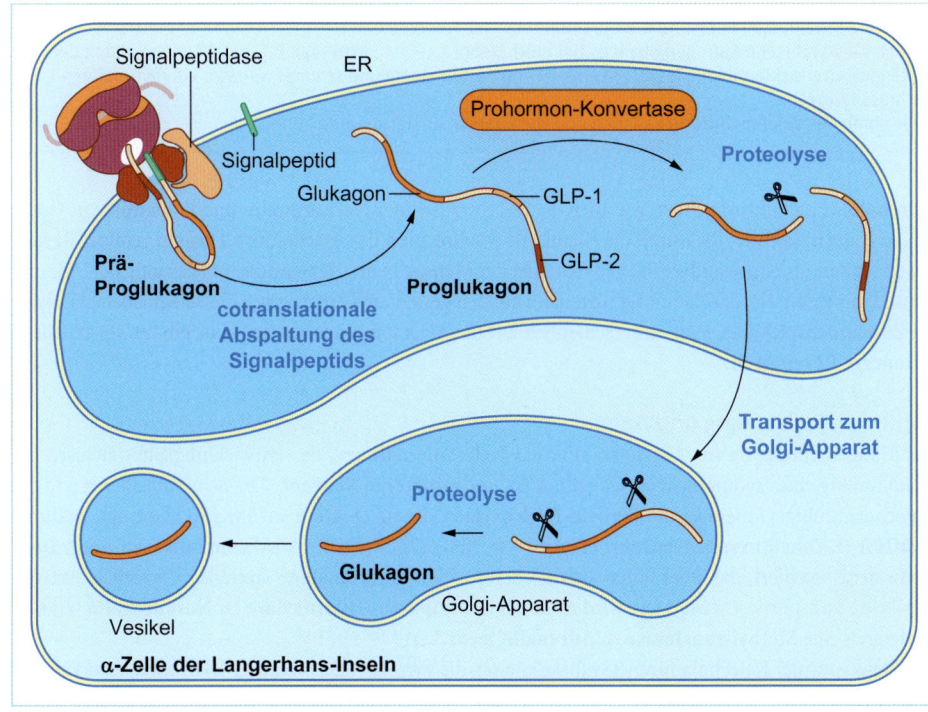

Abb. 9.21 Synthese von Glukagon [L138]

Die **Glukagonfreisetzung** erfolgt im Regelfall nach Nahrungskarenz bei **sinkendem Blutzuckerspiegel.** Allerdings bewirkt auch eine **proteinreiche Mahlzeit** zusätzlich zu einem Anstieg der Insulinsekretion eine verstärkte Glukagonsekretion. Dies dient vermutlich der Vermeidung einer kurzfristigen Hypoglykämie, da die Insulinausschüttung ohne Glukoseaufnahme den Blutzuckerspiegel zu stark absinken lassen würde. Auch eine **β-adrenerge Stimulation** führt zu einer vermehrten Glukagonfreisetzung.

Glukagon wird bei **sinkendem Blutzuckerspiegel freigesetzt,** um diesen anzuheben. **Proteinreiche Mahlzeiten** bewirken ebenfalls eine Glukagonsekretion, um einer kurzfristigen, durch Insulinausschüttung bedingten Hypoglykämie vorzubeugen. Auch eine **β-adrenerge Stimulation** führt zu einer vermehrten Glukagonfreisetzung.

Aus Studentensicht

Erhöhte Spiegel von **Fettsäuren**, **Insulin** und **Somatostatin hemmen** die Glukagonfreisetzung. Erhöhte Blutzuckerspiegel fördern die Insulin- und hemmen die Glukagonsekretion und umgekehrt. Auf diese Weise kann der Blutzuckerspiegel über einen **einfachen Regelkreis** relativ lange konstant gehalten werden.

Glukagon hat eine **Halbwertszeit** von **wenigen Minuten** und wird großenteils proteolytisch in der Leber abgebaut.

Wichtigstes Zielorgan von Glukagon ist die **Leber**. Über ein G_S-**Protein** wird – vermittelt durch einen steigenden **cAMP-Spiegel** – die **Protein-Kinase A** aktiviert, die u. a. Schlüsselenzyme der **Glukoneogenese** und **Glykogenolyse** in der **Leber** aktiviert und so für einen **stabilen Blutzuckerspiegel** im **nüchternen Zustand** sorgt (schnelle metabolische Wirkung).
Zusätzlich aktiviert die Protein-Kinase A den Transkriptionsfaktor **CREB** und verstärkt so die Expression von Enzymen der Glukoneogenese und Glykogenolyse (langsame transkriptionelle Wirkung).

Adrenalin

Adrenalin, Noradrenalin und **Dopamin** sind **Katecholamine** und leiten sich von der Aminosäure **Tyrosin** ab.
Adrenalin entfaltet über verschiedene **adrenerge Rezeptoren** unterschiedlichste Wirkungen im gesamten Körper.

Hauptsyntheseorte für Adrenalin sind das **Nebennierenmark** und adrenerge Neurone.
Das Schrittmacherenzym der Katecholaminbiosynthese ist die **Tyrosin-Hydroxylase**, die Tyrosin zu **L-DOPA** (Dihydroxyphenylalanin) oxidiert. L-DOPA wird zum biogenen Amin **Dopamin** decarboxyliert. Über einen Carrier wird Dopamin in die chromaffinen Granula der Zelle transportiert und durch die **Dopamin-Hydroxylase** zu **Noradrenalin** oxidiert. Dieses wird durch eine **Methyltransferase** zu **Adrenalin** methyliert.
Die Katecholaminbiosynthese kann **nerval** und durch **Glukocorticoide** stimuliert werden. Katecholamine selbst hemmen ihre eigene Produktion (Produkthemmung) und die Insulinausschüttung.

9 WIRKUNGSWEISE VON HORMONEN: WIE WIRD DAS ALLES KONTROLLIERT?

Gehemmt wird die Glukagonfreisetzung durch erhöhte Spiegel von **Fettsäuren**, **Insulin** und **Somatostatin**. Ein **einfacher Regelkreis** kontrolliert das Zusammenspiel zwischen Insulin, Glukagon und dem Blutzuckerspiegel. Sobald der Blutzuckerspiegel steigt, kommt es zur Ausschüttung von Insulin aus dem Pankreas. Die Glukagonausschüttung wird dagegen gehemmt. Durch das Insulin wird die Aufnahme der Glukose in GLUT4-abhängige periphere Organe stimuliert und der Blutglukosespiegel sinkt wieder. Dies wiederum führt dazu, dass die Insulinausschüttung gehemmt und die Glukagonausschüttung aktiviert wird. Auf diese Weise lässt sich der Blutzuckerspiegel über einen langen Zeitraum hinweg konstant halten.
Glukagon hat wie Insulin eine sehr kurze **Halbwertszeit** von nur **wenigen Minuten**. Der größte Teil wird in der Leber durch Proteolyse abgebaut, ein kleiner Teil wird auch renal ausgeschieden.

Rezeptor und Signaltransduktion

Das wichtigste Zielorgan für Glukagon ist die **Leber**. Glukagonrezeptoren kommen auch extrahepatisch vor, spielen dort jedoch eine untergeordnete Rolle. Der Glukagonrezeptor ist ein G_s-**Protein**-gekoppelter Rezeptor (> Abb. 9.9). Nach Glukagonbindung (= Ligandenbindung) steigt der **cAMP-Spiegel** und die **Protein-Kinase A** wird aktiviert.

- Schnelle metabolische Wirkung: Die Protein-Kinase A aktiviert durch Phosphorylierung die Schlüsselenzyme der **Glukoneogenese** und **Glykogenolyse** in der **Leber** und sorgt so für einen **stabilen Blutzuckerspiegel** im **nüchternen Zustand.** Gleichzeitig werden die Schlüsselenzyme der Glykogensynthese und der Glykolyse in der Leber gehemmt.
- Langsame transkriptionelle Wirkung: Zusätzlich aktiviert die Protein-Kinase A bei länger andauernder Nahrungskarenz auch den spezifischen Transkriptionsfaktor **CREB** durch Phosphorylierung (> Abb. 9.9) und verstärkt so u. a. die Expression von Enzymen der Glukoneogenese und des Glykogenabbaus, die der Glykolyse und Glykogensynthese werden hingegen gehemmt.

Adrenalin

> **FALL**
>
> **Herr Georg und der Herzinfarkt**
>
> Herr Georg ist ein erfolgreicher, immer unter Stress stehender Unternehmensberater. Als ihm ein wichtiger Auftrag durch die Lappen geht, regt er sich fürchterlich auf. Alle sind bei diesem Gebrüll in Schockstarre, da wird Herr Georg plötzlich still, greift sich an die Brust, krümmt sich, reißt sich die Krawatte vom Hals und ringt nach Luft. Der kalte Schweiß steht ihm auf der Stirn.
> Die Sekretärin ruft den Notarzt und er wird mit Verdacht auf einen Herzinfarkt in die Klinik eingeliefert. Im Herzkatheterlabor zeigt sich tatsächlich ein Verschluss der linken Koronararterie durch einen Thrombus. Der Thrombus wird mittels Kathetertechnik zerkleinert und abgesaugt. Durch diese Thrombektomie wird die Koronararterie durchgängig und die Durchblutung wiederhergestellt.
> Durch die psychische Aufregung kam es bei Herrn Georg zu einem extremen Blutdruckanstieg, durch den sich eine arteriosklerotische Plaque in einer Koronararterie löste und stromabwärts zu einem Gefäßverschluss führte.
> Wie kommt es zu dem Blutdruckanstieg und wie können Sie Herrn Georg helfen?

Adrenalin (Epinephrin) gehört, wie auch die Neurotransmitter **Noradrenalin** und **Dopamin,** zur Gruppe der **Katecholamine,** die durch die chemische Modifikation der Aminosäure **Tyrosin** gebildet werden (21.6). Anders als einige andere Säugetiere bildet der Mensch in der Nebenniere im Wesentlichen Adrenalin und nur wenig Noradrenalin. Da Adrenalin auf den gesamten Körper wirkt, die verschiedenen Organe im Zusammenspiel aber ganz unterschiedlich auf das Hormon reagieren müssen, gibt es verschiedene **adrenerge Rezeptoren.**

Synthese, Freisetzung und Abbau

Der Hauptsyntheseorte für Adrenalin sind das **Nebennierenmark**, das entwicklungsphysiologisch ein Abkömmling eines sympathischen Ganglions ist, und **adrenerge Neurone.** Das Schrittmacherenzym der Katecholaminbiosynthese ist die **Tyrosin-Hydroxylase**, die ein O-Atom auf Tyrosin überträgt, wodurch **L-DOPA** (L-Dihydroxyphenylalanin) entsteht (> Abb. 9.22). L-DOPA wird zum biogenen Amin **Dopamin** decarboxyliert, das über einen spezifischen Carrier in chromaffine Granula (= spezielle Art von Vesikeln) transportiert wird. Dort wird es durch die **Dopamin-Hydroxylase** zu **Noradrenalin** oxidiert und durch eine **Methyltransferase** zu **Adrenalin** methyliert (> 21.6).
Zur Steigerung der Katecholaminbiosynthese können die Tyrosin- und Dopamin-Hydroxylase **nerval** über nikotinische Acetylcholinrezeptoren aktiviert werden. Zusätzlich induzieren **Glukocorticoide** die Methyltransferase und in geringem Ausmaß auch die Tyrosin-Hydroxylase. Adrenalin und Noradrenalin inhibieren die Tyrosin-Hydroxylase und die Methyltransferase (= Produkthemmung) (> Abb. 9.22). Zur Verstärkung von Hormoneffekten werden häufig auch die Gegenspieler aktiv unterdrückt. So wird die Insulinausschüttung im Pankreas durch Katecholaminstimulation der $α_2$-Rezeptoren aktiv unterdrückt.
Katecholamine werden in postganglionären **sympathischen Präsynapsen** und im **Nebennierenmark** in **chromaffinen Granula** gespeichert. Durch ein von einem nervalen Reiz ausgelöstes Aktionspotential öffnen spannungsabhängige Calciumkanäle und die Granula verschmelzen mit der Zellmembran. Dabei

9.7 HORMONE

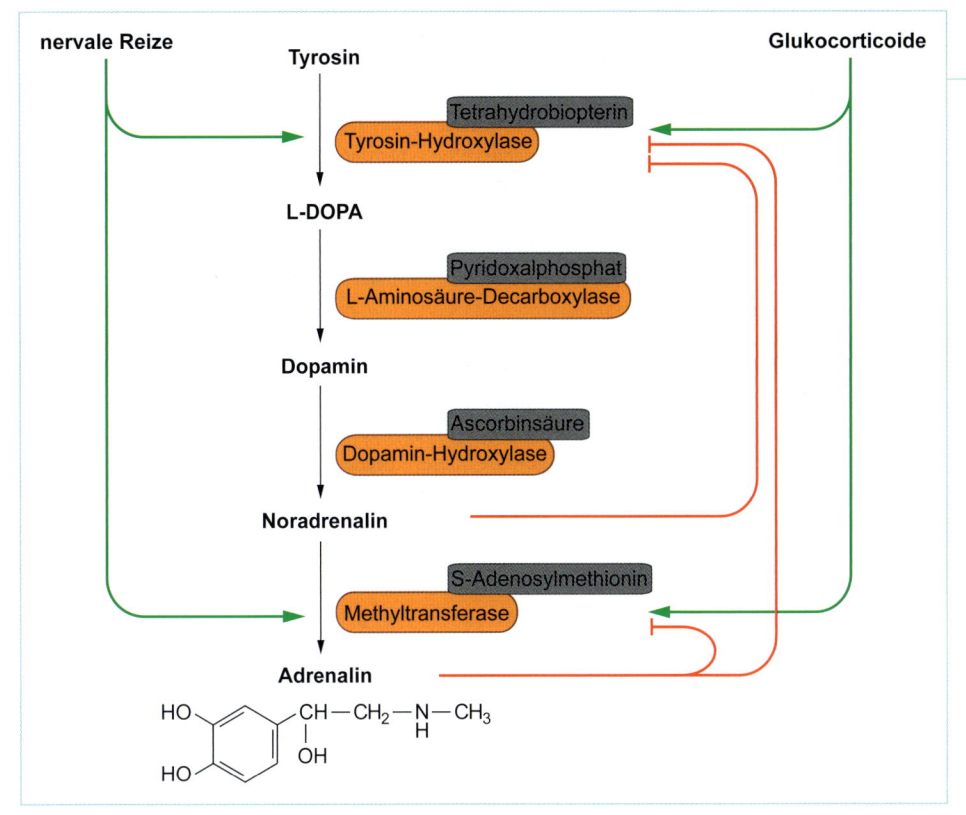

Abb. 9.22 Regulation der Katecholaminbiosynthese [L299]

wird das Hormon in den synaptischen Spalt bzw. das Blut freigesetzt. Auf diese Weise kann die Information zur Adrenalinausschüttung schneller als durch hierarchische Hormonachsen an die Nebennieren übermittelt werden.

Adrenalin und Noradrenalin werden v. a. in **Leber, Darm** und **Niere** zu **Vanillinmandelsäure** abgebaut (> 21.6). Alle Enzyme, die am Abbau beteiligt sind, sind **intrazellulär** lokalisiert. Dahr müssen Adrenalin und Noradrenalin aus dem Blut über Transporter in die Zelle aufgenommen werden.

Signaltransduktion
Adrenalin wirkt auf die adrenergen Rezeptoren, eine Gruppe von **G-Protein-gekoppelten Rezeptoren**. Unterschieden werden α- und β-adrenerge Rezeptoren (> Tab. 9.5), wobei **Adrenalin** eine höhere Affinität zu den **β-adrenergen** Rezeptoren ($β_1$-, $β_2$- und $β_3$-Rezeptoren) besitzt. Die **α-adrenergen** Rezeptoren ($α_1$- und $α_2$-Rezeptoren) reagieren dafür sensitiver auf **Noradrenalin**.

An alle β-Rezeptoren ist ein stimulatorisches G_s-Protein gekoppelt, das die Adenylat-Cyclase aktiviert. Der $α_1$-Rezeptor stimuliert ein G_q-Protein, wodurch die Second Messenger DAG und IP_3 freigesetzt werden. An den $α_2$-Rezeptor ist ein G_i-Protein gekoppelt, das zu einer Senkung des intrazellulären cAMP-Spiegels führt (> 9.6.2).

Adrenalin wirkt ähnlich wie Glukagon auf den **Stoffwechsel** und führt zur Mobilisierung der Energiespeicher. Daneben wirkt es u. a. stimulierend auf das **Herz-Kreislauf-System** und je nach Organ unterschiedlich auf die **glatte Muskulatur**.

Tab. 9.5 Funktion und Mechanismus adrenerger Rezeptoren

Rezeptor	G-Protein	Effektor	Second Messenger	Wirkung
$α_1$	G_q	Phospholipase Cβ	DAG, IP_3	• Steigerung der Glykogenolyse • Vor allem Vasokonstriktion
$α_2$	G_i	Adenylat-Cyclase ↓	cAMP ↓	• Hemmung der Lipolyse • Hemmung der Insulinfreisetzung
$β_1$	G_s	Adenylat-Cyclase ↑	cAMP ↑	• Positiv inotrop, chronotrop, dromotrop, lusitrop und bathmotrop • Vermehrte Reninausschüttung
$β_2$	G_s	Adenylat-Cyclase ↑	cAMP ↑	• Steigerung der Lipolyse in Adipozyten • Steigerung der Glykogenolyse und Gluko-neogenese in der Leber • Bronchodilatation • Vasodilatation • Relaxation der Muskulatur innerer Organe
$β_3$	G_s	Adenylat-Cyclase ↑	cAMP ↑	• Steigerung der Lipolyse und Thermogenese in braunem Fettgewebe

---

Aus Studentensicht

ABB. 9.22

Katecholamine sind in postganglionären **sympathischen Präsynapsen** und in **chromaffinen Granula** des **Nebennierenmarks** gespeichert und werden bei Bedarf in den synaptischen Spalt bzw. das Blut freigesetzt.
Adrenalin und Noradrenalin werden **intrazellulär** v. a. in **Leber, Darm** und **Niere** zu **Vanillinmandelsäure** abgebaut.

Adrenalin und Noradrenalin wirken über **G-Protein-gekoppelte Rezeptoren**. Man unterscheidet α- und β-adrenerge Rezeptoren, wobei **β-Rezeptoren** ($β_1$, $β_2$ und $β_3$) eine höhere Affinität für **Adrenalin** besitzen. Sie sind mit einem stimulatorischen G_s-Protein gekoppelt. **α-adrenerge Rezeptoren** reagieren sensitiver auf **Noradrenalin**. Sie sind mit einem G_q-Protein ($α_1$-Rezeptor) oder einem G_i-Protein ($α_2$-Rezeptor) assoziiert.
Adrenalin wirkt mobilisierend auf **Stoffwechselenergiespeicher**, stimulierend auf das **Herz-Kreislauf-System** und je nach Organ unterschiedlich auf **glatte Muskulatur**.

TAB. 9.5

Aus Studentensicht

Adrenalin wirkt als Stresshormon im Stoffwechsel über β_2-Rezeptoren mobilisierend auf Energiespeicher, v. a. **Glykogenspeicher**. Die aus der Leber freigesetzte Glukose dient dem gesamten Organismus, die Glukose aus dem Muskelglykogen nutzt der Muskel selbst zur ATP-Gewinnung. In der Leber hemmt Adrenalin die Glykolyse, im Herz hingegen wird sie stimuliert, um ATP für den Herzmuskel bereitzustellen.
Über β_2-Rezeptoren steigert Adrenalin im **weißen Fettgewebe** die Lipolyse und damit die Freisetzung von Fettsäuren. **Gynoide Adipozyten**, die viele α_2-Rezeptoren besitzen, sind hingegen gegenüber Adrenalin unempfindlich. In **braunem Fettgewebe** stimuliert Adrenalin über β_3-Rezeptoren die Lipolyse und damit die **Thermogenese**.

Über β_1-Rezeptoren wirkt Adrenalin **stimulierend** auf das Herz im Sinne einer erhöhten Kontraktionskraft, Reizleitungs- und Relaxationsgeschwindigkeit, Herzfrequenz und Erregbarkeit. In vielen **peripheren Gefäßen** führt die Aktivierung von α_1-Rezeptoren zur **Vasokonstriktion** und so zu einer Blutdruckerhöhung.

KLINIK

In den Bronchien bewirkt Adrenalin über β_2-Rezeptoren eine **Bronchodilatation**. Zudem wird die glatte Muskulatur von Darm und Harnblase relaxiert und über α_1-Rezeptoren der **Schließmuskel kontrahiert**.

9 WIRKUNGSWEISE VON HORMONEN: WIE WIRD DAS ALLES KONTROLLIERT?

Stoffwechselwirkungen

Als akutes Stresshormon **mobilisiert** Adrenalin v. a. die **Glykogenspeicher** und setzt Fettsäuren aus Adipozyten frei. In Leber und Skelettmuskel bewirkt Adrenalin über β_2-**Rezeptoren** eine Steigerung des cAMP-Spiegels und eine Aktivierung der Protein-Kinase A, welche die Schlüsselenzyme des Glykogenabbaus aktiviert und gleichzeitig die der Glykogensynthese hemmt. Dadurch wird Glukose mobilisiert, deren Abgabe durch die Leber an das Blut gefördert wird und für einen konstanten Blutzuckerspiegel sorgt, während der Muskel die Glukose zur ATP-Gewinnung in der Glykolyse abbaut. Um einen unmittelbaren Abbau der Glukose in der Leber zu verhindern, hemmt Adrenalin dort die Glykolyse. Im Herzmuskel dagegen liegt ein Isoenzym vor, das durch Adrenalin stimuliert wird. Auf die Glykolyse des Skelettmuskels hat Adrenalin keinen Einfluss.

Über β_2-**Rezeptoren** steigert Adrenalin im **weißen Fettgewebe** die Lipolyse. Sogenannte **gynoide Adipozyten**, die in typisch weiblichen Fettgewebszonen vorkommen, enthalten besonders viele α_2-**Rezeptoren**, wodurch sie unempfindlich für eine adrenalininduzierte Lipolyse sind (➤ Tab. 9.5). Während des Stillens nimmt die Anzahl der α_2-Rezeptoren ab und die gespeicherten Lipide können für die Synthese der Milchfette genutzt werden. In **braunem Fettgewebe** bindet Adrenalin an β_3-**Rezeptoren** und vermittelt dort eine Steigerung der Lipolyse. Sie sind damit für die **Thermogenese** verantwortlich. Insbesondere Säuglinge gewinnen so zitterfrei Wärme (➤ 18.7.2, ➤ 20.1.7).

Wirkungen auf das Herz-Kreislauf-System

β_1-**Rezeptoren** im Herz vermitteln die **stimulatorische Wirkung** des Adrenalins auf die Kontraktionskraft (positiv inotrop), die Reizleitungsgeschwindigkeit (positiv dromotrop), die Herzfrequenz (positiv chronotrop), die Relaxationsgeschwindigkeit (positiv lusitrop) und die Erregbarkeit (positiv bathmotrop) (➤ Tab. 9.5).

Periphere Gefäße besitzen meist eine hohe Dichte an α_1-**Rezeptoren**, die eine **Vasokonstriktion** der glatten Gefäßmuskulatur vermitteln. Dies geschieht über die Regulation der Myosin-leichte-Ketten-Kinase (MLC-Kinase; 27.3.2). So kann über eine Vasokonstriktion der Blutdruck erhöht und im Falle eines Schocks der Kreislauf zentralisiert werden.

KLINIK

Adrenalin und Noradrenalin in der Notfallmedizin

Adrenalin ist in der Notfallmedizin das wichtigste Medikament bei der Behandlung der Anaphylaxie, der potenziell lebensbedrohlichen systemischen allergischen Reaktion. Durch die Aktivierung von α- und β-adrenergen Rezeptoren wirkt es u. a. gefäßverengend, bronchodilatatorisch, erniedrigt die Gefäßpermeabilität und steigert die Kontraktionskraft des Herzens. Auch bei allen anderen Formen des Kreislaufstillstands ist Adrenalin bei der kardiopulmonalen Reanimation Mittel der Wahl. Es zeigt einen schnellen Wirkungseintritt, ist aber auch nur kurz wirksam und muss daher alle 3–5 Minuten nachgespritzt werden. Adrenalin wird auch lokal zur Gefäßverengung bei Blutungen eingesetzt.
Noradrenalin kommt beim septischen Schock zur Anwendung, wenn durch alleinige Volumentherapie keine Kreislaufstabilisierung erreicht werden kann. Es ist hier die gefäßverengende und damit blutdrucksteigernde Substanz der ersten Wahl. Noradrenalin fungiert physiologisch meist als Neurotransmitter. Es wird aber auch als Hormon vom Nebennierenmark ausgeschüttet und hat systemische Wirkung, die in der Notfallmedizin ausgenutzt wird.

Wirkungen auf die glatte Muskulatur anderer Organe

Bei einer Fluchtreaktion muss eine ausreichende Sauerstoffversorgung des Organismus gewährleistet sein. Dafür besitzt die glatte Muskulatur der Bronchien β_2-**Rezeptoren**, die nach Adrenalinbindung eine **Bronchodilatation** bewirken. Gleichzeitig relaxiert Adrenalin über α_2- und β_2-Rezeptoren die glatte Muskulatur von Darm und Harnblase und bewirkt über α_1-Rezeptoren eine **Kontraktion der Schließmuskeln**.

FALL

Herr Georg und der Herzinfarkt: Betablocker

Die Stresshormone Adrenalin und Noradrenalin sind für den Blutdruckanstieg bei psychischem und physischem Stress verantwortlich. Diese Sympathikusaktivierung ist für Fight-or-Flight-Reaktionen überlebensnotwendig. Sie führt zu einem Anstieg des Blutdrucks, einer erhöhten Herzfrequenz und einer Leistungssteigerung am Herzen.
Genau diese Wirkungen tragen jedoch durch den hohen Blutdruck bei Dauerstress zur Gefäßschädigung und arteriosklerotischen Plaquebildung bei. Außerdem ist durch die erhöhte Herzleistung der Sauerstoffbedarf im Herzmuskel erhöht. Gleichzeitig ist die Durchblutung des Herzens, die nur in der Diastole stattfindet, durch die erhöhte Frequenz vermindert. Diese Wirkungen werden v. a. durch die β_1-Rezeptoren am Herzen vermittelt.
Herr Georg erhält daher nun Betablocker, die antagonistisch an die β-adrenergen Rezeptoren binden und so das Herz vor den verstärkten Wirkungen des Sympathikus und der Stresshormone Adrenalin und Noradrenalin abschirmen: Das Herz ist im „Schongang".
Die erste Generation der Betablocker wie Propranolol (z. B. Dociton®) hemmte unspezifisch alle β-Rezeptoren, wodurch es zu unerwünschten Nebenwirkungen wie einer Bronchokonstriktion mit der Gefahr eines Asthmaanfalls durch Hemmung der β_2-Rezeptoren kam. Inzwischen gibt es selektive β_1-Rezeptor-Blocker wie Metoprolol (z. B. Beloc®) oder Bisoprolol (z. B. Concor®), die ganz überwiegend am Herzen wirken.

Glukocorticoide

Die **Glukocorticoide** gehören wie die Mineralocorticoide und die Sexualhormone zu den Steroidhormonen und werden in der mittleren Schicht der Nebennierenrinde, der Zona fasciculata, synthetisiert (> 20.2.1). Alle Glukocorticoide bestehen aus 21 C-Atomen und sind an Position 17 hydroxyliert (> Abb. 9.23). Zu ihnen zählen **Cortisol** und Corticosteron mit einem Anteil von 95 % bzw. 5 %. Daneben gibt es von den Glukocorticoiden abgeleitete künstliche Corticoide mit glukocorticoider Wirkung. Glukocorticoide **mobilisieren die Energiespeicher** und wirken anders als die Mineralocorticoide in erster Linie auf den Glukosestoffwechsel. Sie stimulieren die Glukoneogenese und die Versorgung des Organismus mit freier Glukose.

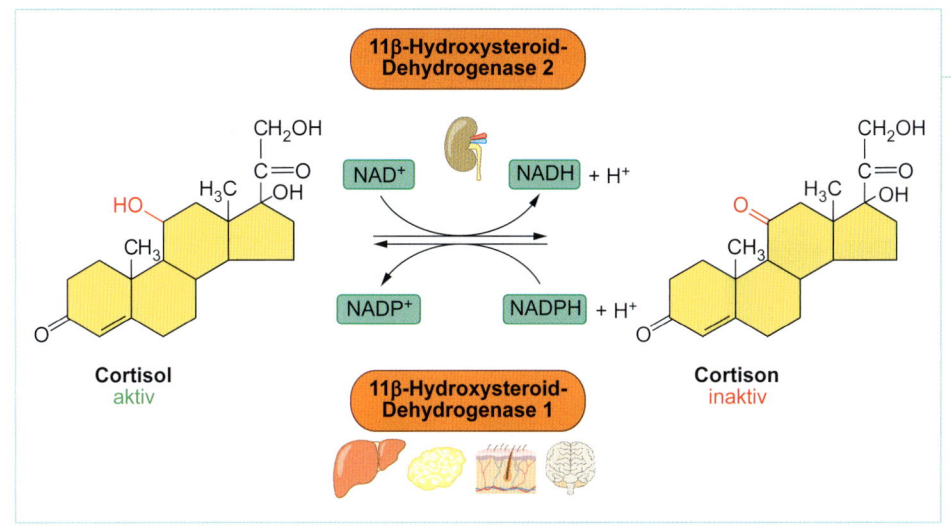

Abb. 9.23 Umwandlung von Cortisol zu Cortison [L299]

Synthese, Freisetzung und Abbau

Steroidhormone sind Cholesterinderivate und können aufgrund ihrer Lipophilie über Membranen diffundieren. Eine Speicherung in zellulären Vesikeln ist daher nicht möglich, sodass die Hormone bei Bedarf synthetisiert und direkt freigesetzt werden müssen. Die Vorläufermoleküle des Cortisols sind **Pregnenolon** und **Progesteron**, die durch die 17-α-Hydroxylase im Zytoplasma der Nebennierenrindenzellen der Zona fasciculata zu **17-Hydroxysteroiden** hydroxyliert werden und schließlich in den Mitochondrien in Cortisol umgewandelt werden (> 20.2.1).

Synthese und Freisetzung der Glukocorticoide werden durch die **Hypothalamus-Hypophysen-Nebennieren-Achse** (HHNA) reguliert. Im Nucleus paraventricularis des Hypothalamus wird **CRH** gebildet und zur Hypophyse transportiert. Dort regt es die Produktion und Sekretion von **ACTH** an. ACTH zirkuliert im Blut und bewirkt in der Nebennierenrinde die Synthese und Freisetzung von Glukocorticoiden. Es bindet an einen G-Protein-gekoppelten Rezeptor an der Zelloberfläche der steroidhormonproduzierenden Zellen und aktiviert die Adenylat-Cyclase, wodurch der cAMP-Spiegel steigt und die Protein-Kinase A aktiviert wird. Die **Protein-Kinase A** aktiviert in der Nebennierenrinde u. a. die dort exprimierten Schlüsselenzyme der Steroidhormonbiosynthese durch direkte Phosphorylierung und bewirkt zudem eine Steigerung der Proteinexpression aller für die Steroidhormonsynthese nötigen Enzyme.

Ein hoher Glukocorticoidspiegel wirkt über einen negativen Rückkopplungsmechanismus auf die CRH- und ACTH-Bildung und deren Freisetzung (= Feedback-Hemmung), sodass sich die Cortisolsynthese selbst limitiert. Außerdem beeinflussen Schlafrhythmus, Stress, Angst und Schmerz die freie Cortisolkonzentration. Cortisol unterliegt dem **circadianen Rhythmus** und wird in mehreren Pulsen v. a. in den frühen Morgenstunden sezerniert.

Im Blut wird Cortisol zu 95 % gebunden an Transcortin (CBG; cortisolbindendes Globulin) transportiert. Cortisol kann durch die **11β-Hydroxysteroid-Dehydrogenase 2** (11β-HSD2) in das **inaktive Cortison** umgewandelt werden (> Abb. 9.23). Dies geschieht v. a. im Nierengewebe, wo die unerwünschte Aktivierung des Mineralocorticoidrezeptors durch Cortisol verhindert werden soll. Die Zielgewebe, v. a. Leber, Fettgewebe, Haut und das ZNS, exprimieren das Enzym **11β-Hydroxysteroid-Dehydrogenase 1** (11β-HSD1), das Cortison wieder in aktives Cortisol umwandelt. Der Abbau und damit die Inaktivierung des Cortisols erfolgt durch Enzyme der Hepatozyten und ist den Reaktionen der Biotransformation vergleichbar. Die Ausscheidung der entsprechenden Konjugate erfolgt über die Niere. Die Metabolisierung des Cortisols in der Leber hat zur Folge, dass bei oraler Gabe ein großer Teil direkt nach der Absorption in der Leber abgebaut wird und nicht in den Körperkreislauf gelangt (First-Pass-Effekt).

Aus Studentensicht

Glukocorticoide

Glukocorticoide sind Steroidhormone und werden in der Zona fasciculata der Nebennierenrinde synthetisiert. Der Hauptvertreter ist **Cortisol**. Ihre Hauptfunktionen sind die **Mobilisierung von Energiespeichern** und die Versorgung des Organismus mit freier Glukose.

ABB. 9.23

Steroidhormone werden bei Bedarf synthetisiert und freigesetzt. Cortisol wird aus **Pregnenolon** und **Progesteron** gebildet, die durch die **17-α-Hydroxylase** in Nebennierenrindenzellen der Zona fasciculata hydroxyliert und weiter in **Cortisol** umgewandelt werden.

Synthese und Sekretion der Glukocorticoide werden über die **Hypothalamus-Hypophysen-Nebennieren-Achse** reguliert. CRH des Hypothalamus bewirkt an der Hypophyse die Produktion und Sekretion von **ACTH**, das in der Nebennierenrinde über die **Protein-Kinase A** zu einer gesteigerten Synthese und Sekretion von Glukocorticoiden führt.
Hohe Glukocorticoidspiegel hemmen über einen negativen Rückkopplungsmechanismus die CRH- und ACTH-Bildung und Freisetzung.
Der Cortisolspiegel im Blut variiert abhängig von Schlafrhythmus, Stress, Angst und Schmerz sowie dem **circadianen Rhythmus**.

Im Blut wird Cortisol zu 95 % mittels Transcortin transportiert.
Die **11β-Hydroxysteroid-Dehydrogenase 2** (11β-HSD-2) überführt v. a. in der Niere Cortisol in **inaktives Cortison**. Die **11β-HSD-1** hingegen überführt Cortison in aktives Cortisol. Sie findet sich v. a. in den Zielgeweben Leber, Fettgewebe, Haut und ZNS.
Ein Großteil des oral aufgenommenen Cortisols gelangt nicht in den Körperkreislauf, da es in der Leber abgebaut wird (First-Pass-Effekt).

Aus Studentensicht

9 WIRKUNGSWEISE VON HORMONEN: WIE WIRD DAS ALLES KONTROLLIERT?

Signaltransduktion und Wirkung

> **FALL**
>
> **Frau Müller hat ein Vollmondgesicht**
>
> Frau Müller wird wegen eines Glioblastoms, eines bösartigen Hirntumors, bei Ihnen auf der neuroonkologischen Station behandelt. Nach der operativen Tumorentfernung vor vier Monaten ist sie nun bei Ihnen zum 3. Zyklus der Chemotherapie. Schon vor der Operation war eine Behandlung mit hohen Dosen Dexamethason begonnen worden, um ein lebensbedrohliches Hirnödem (Hirnschwellung) zu vermeiden. Das Dexamethason konnte bis heute nicht ganz ausgeschlichen werden, da Frau Müller bei dem Versuch wieder Hirndruckzeichen bekam. Daher nimmt sie das Präparat nun bereits seit einigen Monaten. Dexamethason hat eine im Vergleich zu Cortisol etwa 30-fach stärkere glukocorticoide, aber keine mineralocorticoide Wirkung. Bei der Untersuchung stellen Sie bei Frau Müller Fettablagerungen an atypischen Stellen fest: Sie zeigt ein rundes Vollmondgesicht, einen Stiernacken und viel abdominales Fett, während Arme und Beine eher dünn sind (= Stammfettsucht). Am Abdomen fallen Ihnen rote Dehnungsstreifen (Striae rubrae) auf. Die Muskeln am Schultergürtel sind atrophiert. 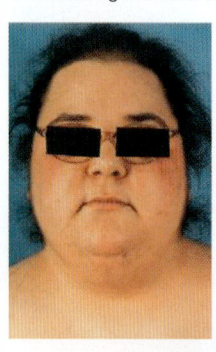
>
> Vollmondgesicht [T409] 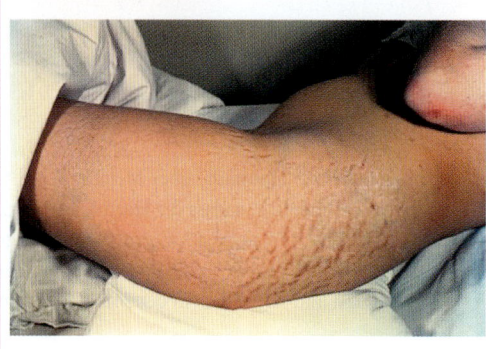
>
> Striae rubrae [R236]
>
> Wie führt Dexamethason zu den Symptomen von Frau Müller?

Glukocorticoide binden an monomere, im Zytoplasma lokalisierte **Kernrezeptoren**, die nach Ligandenbindung homodimerisieren, in den Zellkern wandern und dort als **Transkriptionsfaktoren** die Genexpression regulieren.
Neben dieser **zeitversetzten** Wirkung haben sie kurzfristige Einflüsse auf den Stoffwechsel.

Glukocorticoide binden an **Kernrezeptoren**, die als Monomere im Zytoplasma vorliegen. Nach Bindung des Liganden homodimerisieren sie und wandern in den Zellkern, wo sie als **Transkriptionsfaktoren** funktionieren und die Expression von Genen regulieren. Die Wirkung der Glukocorticoide setzt dadurch **zeitversetzt** nach Stunden bis Wochen ein. Zusätzlich haben Glukocorticoide eine nicht-transkriptionelle Wirkung, die innerhalb von Minuten einen Einfluss auf den Stoffwechsel zeigen kann, deren molekulare Mechanismen aber noch weitgehend unverstanden sind.

Stoffwechselwirkungen

Glukocorticoide sind **Stresshormone**. Sie mobilisieren **Energiereserven**, stellen jedoch langfristig sicher, dass die Energiereserven nicht dauerhaft erschöpfen. Sie stimulieren daher sowohl die **Glukoneogenese** als auch die **Glykogensynthese**. Zusätzlich **fördern** sie den **Protein- und Lipidabbau** und hemmen die **Proteinbiosynthese**.

Glukocorticoide sind wie auch die Katecholamine **Stresshormone**, deren Hauptwirkung die **Mobilisierung von Energiereserven** ist. Anders als Adrenalin ist Cortisol jedoch ein Hormon, das bei längerfristigem Stress ausgeschüttet wird und sicherstellt, dass die Energiereserven des Körpers, insbesondere die Glykogenspeicher, nicht dauerhaft erschöpfen. Glukocorticoide stimulieren daher wie auch Adrenalin und Glukagon die Transkription von Schlüsselenzymen der **Glukoneogenese,** anders als diese aber auch die der **Glykogensynthese**. So wird einerseits ein Absinken des Blutzuckerspiegels bei Stress verhindert, andererseits werden aber auch die Reserven geschont. Auch das nächtliche Absinken des Blutzuckerspiegels wird teilweise durch Cortisol kompensiert. Um genügend Substrate für die Glukoneogenese bereitzustellen, fördert Cortisol den **Proteinabbau** und hemmt die **Proteinbiosynthese**. Glukocorticoide sensibilisieren außerdem das Gewebe für Katecholamine und fördern den **Abbau von Lipidspeichern.**

Systemische Wirkungen

Glukocorticoide wirken **immunmodulierend** und verhindern i. d. R. ein Überschießen der Immunreaktion bei Infektionen. Ihre **immunsuppressive Wirkung** kann z. B. bei der Behandlung von Autoimmunerkrankungen genutzt werden.

Glukocorticoide wirken außerdem **immunmodulierend** und verhindern normalerweise ein Überschießen der Immunreaktion bei Infektionen. Durch Hemmung der Interleukin-Biosynthese wird die Immunantwort begrenzt (> 9.9.2). Therapeutisch können hohe Dosen von Glukocorticoiden daher eine **immunsuppressive Wirkung** vermitteln, die man sich bei der Behandlung von Autoimmunkrankheiten wie der Colitis ulcerosa oder Neurodermitis zunutze macht.

Über eine **Hemmung der Prostaglandinsynthese** stimulieren Glucocorticoide die Sekretion von Magensaft, während die Synthese des Hydrogencarbonats und der schützenden Muzine gehemmt wird. Deswegen „schlägt" Stress langfristig auf den Magen und erhöht das Risiko für die Entstehung eines Magenulkus. Über die Hemmung der Prostaglandinsynthese wirken Glucocorticoide aber auch **entzündungshemmend**, **schmerzlindernd** und hemmen die Histaminfreisetzung. Dementsprechend wird Cortisol bei entzündlichen Erkrankungen v. a. der Haut als Therapeutikum eingesetzt.

Da Glucocorticoide lipophil sind, können sie die Blut-Hirn-Schranke passieren und binden im **ZNS** an Rezeptoren von Nervenzellen. Sie verstärken das Hungergefühl und bei mäßiger Cortisolkonzentration bewirken sie eine gesteigerte Lernbereitschaft und Aufmerksamkeit. Bei hoher Konzentration kann es jedoch zu Stimmungsverschlechterung und Depressionen kommen. Cortisol erhöht außerdem die Kontraktionskraft des Herzens (positiv inotrop) und **steigert den Blutdruck** durch Sensibilisierung der Gewebe für Katecholamine.

> **Aus Studentensicht**
>
> Glucocorticoide **hemmen** die **Prostaglandinsynthese**, wodurch sie **entzündungshemmend** und **schmerzlindernd** wirken, aber auch zur Magenulkusentstehung beitragen, indem sie die Magensaftsekretion stimulieren und die Magenschleimproduktion hemmen.
> Glucocorticoide können zudem die Blut-Hirn-Schranke passieren und zentralnervöse Wirkungen über die Bindung an Rezeptoren im **ZNS** auslösen, wie eine gesteigerte Lernbereitschaft, aber auch Depressionen.
> Auf das Herz-Kreislauf-System haben sie u. a. einen **blutdrucksteigernden Effekt**.

> **FALL**
>
> **Frau Müller hat ein Vollmondgesicht: Cushing-Syndrom**
>
> Bei Frau Müller wird Dexamethason eingesetzt, da die entzündungshemmenden Eigenschaften der Glucocorticoide der Entstehung eines Hirnödems vorbeugen. Trotz der Nebenwirkungen ist bei ihr ein komplettes Ausschleichen nicht möglich, da sonst das Hirnödem wieder lebensgefährliche Einklemmungen des Gehirns verursachen würde. Eine Reduktion der Dosis konnte allerdings durch die zusätzliche Gabe von H15 (= Boswellia aus dem Weihrauch), das ebenfalls eine entzündungshemmende Wirkung hat, erreicht werden. Die Cushing-Schwelle, ab der die bei Frau Müller beobachteten Symptome auftreten, liegt für Dexamethason bereits bei 1,5 mg/d. Frau Müller musste jedoch aufgrund der besonderen Schwere ihrer Erkrankung zunächst 16 mg/d nehmen und ein Ausschleichen unter 6 mg/d war bisher nicht möglich.
> Bei Cortison liegt die Cushing-Schwelle erst bei 40 mg/d. Die meisten Applikationen bei nicht-chronischen Erkrankungen erfolgen topisch auf der Haut oder inhalativ, wodurch das Risiko für ein Cushing-Syndrom noch einmal gesenkt wird.
> Durch die lipolytischen Wirkungen kommt es zu einem Abbau der klassischen Depotfette z. B. an den Oberschenkeln und einem Anstieg der Lipide im Blut, die dann in Körperregionen wie Gesicht, Nacken und Körperstamm abgelagert werden, die nicht der hormonellen Regulation unterliegen. Die proteolytische Wirkung der Glucocorticoide führt zur Muskelatrophie. Daher sind Frau Müllers Arme und Beine dünn. Außerdem wird durch den Proteinabbau die Haut dünn und verletzungsanfällig. Durch die Gewichtszunahme bilden sich daher rote Dehnungsstreifen am Abdomen.
> Durch die gesteigerte Glukoneogenese kann es zu Hyperglykämien kommen, die kaum auf Insulinausschüttung reagieren. Dieser Steroiddiabetes zeigt bei chronischer Glucocorticoidgabe auch typische diabetische Symptome (> 24.5). Eine dauerhafte Gabe von Glucocorticoiden kann weiterhin zu einer depressiven Symptomatik führen.
> Im Gegensatz zum iatrogenen (durch ärztliche Maßnahmen ausgelösten) Cushing-Syndrom von Frau Müller kommt es beim Morbus Cushing zu einer verstärkten endogenen Cortisolausschüttung z. B. durch einen Tumor der Nebennierenrinde. In diesem Fall treten zusätzlich mineralocorticoide Wirkungen wie eine durch Natrium- und Wasserretention verursachte Ödembildung im Bindegewebe und Bluthochdruck auf.

Schilddrüsenhormone

Die iodhaltigen Schilddrüsenhormone **Thyroxin (T_4)** und **Triiodthyronin (T_3)** werden in der Schilddrüse aus der Aminosäure **Tyrosin** gebildet und wirken v. a. auf **Wachstum, Entwicklung** und Zelldifferenzierung sowie die Regulation des **Energie-** und **Wärmehaushalts**.

Synthese, Freisetzung und Abbau

Die Synthese der Schilddrüsenhormone findet im Extrazellulärraum, dem **Kolloidlumen der Schilddrüsenfollikel**, statt und wird von den Epithelzellen der Schilddrüse (Thyreozyten) katalysiert (> Abb. 9.24). Die Hormone werden aus **Tyrosinresten** des Proteins **Thyreoglobulin** synthetisiert, das von den Thyreozyten produziert und über den sekretorischen Weg in das Follikellumen abgegeben wird. Durch die proteingebundene Form ist es möglich, die Schilddrüsenhormone zu speichern und bei Bedarf freizusetzen. Die Synthese der Schilddrüsenhormone erfolgt in mehreren Schritten: Iodid wird basolateral aktiv über einen **Na^+/I^--Symporter** (NIS) in die Epithelzelle aufgenommen und luminal über **Pendrin**, einen Ionenkanal, in das Follikellumen abgegeben.

Gleichzeitig werden in den Thyreozyten die Enzyme **Thyreooxidase** (duale Oxidase, ThOx), eine NADPH-Oxidase, und **Thyreoperoxidase** (TPO) synthetisiert und über den sekretorischen Weg in die zum Follikellumen gerichtete Membran eingebaut. Die Thyreooxidase synthetisiert mit zytoplasmatischem NADPH und O_2 im Follikellumen H_2O_2, das von der Thyreoperoxidase für die Oxidation von Iodid (I^-) zu einem **Iod-Kation** (I^+) und die Iodierung spezifischer Tyrosinreste des Thyreoglobulins zu Monoiodtyrosin (MIT) oder Diiodtyrosin (DIT) genutzt wird. Anschließend katalysiert die Thyreoperoxidase auch die H_2O_2-abhängige Kopplung von iodierten Tyrosinresten.

Die Kondensation von Monoiodtyrosin und Diiodtyrosin führt zur Bildung von T_3 (Triiodthyronin) und die Verknüpfung von zwei Diiodtyrosinen zu T_4 (Thyroxin), die jeweils noch kovalent an Thyreoglobulin gebunden sind. Überschüssiges H_2O_2 wird extrazellulär von einer Glutathion-Peroxidase abgebaut, die als Cofaktor Selen benötigt.

Die Regulation von Synthese und Freisetzung erfolgt über die **Hypothalamus-Hypophysen-Schilddrüsen-Achse**. Thyreotropin Releasing Hormon (**TRH**) des Hypothalamus stimuliert die Synthese und Freisetzung des hypophysären **TSH**. TSH stimuliert in den Epithelzellen der Schilddrüse die Synthese und

> **Schilddrüsenhormone**
>
> Die Schilddrüsenhormone **Thyroxin (T_4)** und **Triiodthyronin (T_3)** werden aus der Aminosäure **Tyrosin** gebildet und wirken u. a. auf **Wachstum, Entwicklung**, Differenzierung sowie den **Energie-** und **Wärmehaushalt**.
>
> Die proteingebundenen Schilddrüsenhormone werden im **Kolloidlumen der Schilddrüsenfollikel** aus **Tyrosinresten** des **Thyreoglobulins**, das von Epithelzellen der Schilddrüse gebildet wird, synthetisiert.
> Iodid wird basolateral über einen **Na^+/I^--Symporter** in die Epithelzelle aufgenommen und über den Ionenkanal **Pendrin** in das Lumen abgegeben.
> Die auf der luminalen Membran sitzende **Thyreooxidase** bildet im Follikellumen H_2O_2, das von der ebenfalls membranständigen **Thyreoperoxidase** u. a. zur Oxidation des Iodids zu einem **Iodkation** (I^+) genutzt wird, mit dem sie dann spezifisch Tyrosinreste des Thyreoglobulins zu Monoiodtyrosin oder Diiodtyrosin iodiert. Zudem katalysiert sie die H_2O_2-abhängige Kopplung der iodierten Tyrosinreste. Überschüssiges H_2O_2 wird extrazellulär von der Glutathion-Peroxidase 3 abgebaut, die als Cofaktor Selen benötigt.
>
> Die **Hypothalamus-Hypophysen-Schilddrüsen-Achse** reguliert Synthese und Freisetzung von T_3 und T_4. **TRH** des Hypothalamus stimuliert über **TSH** aus der Hypophyse die Produktion von

Aus Studentensicht

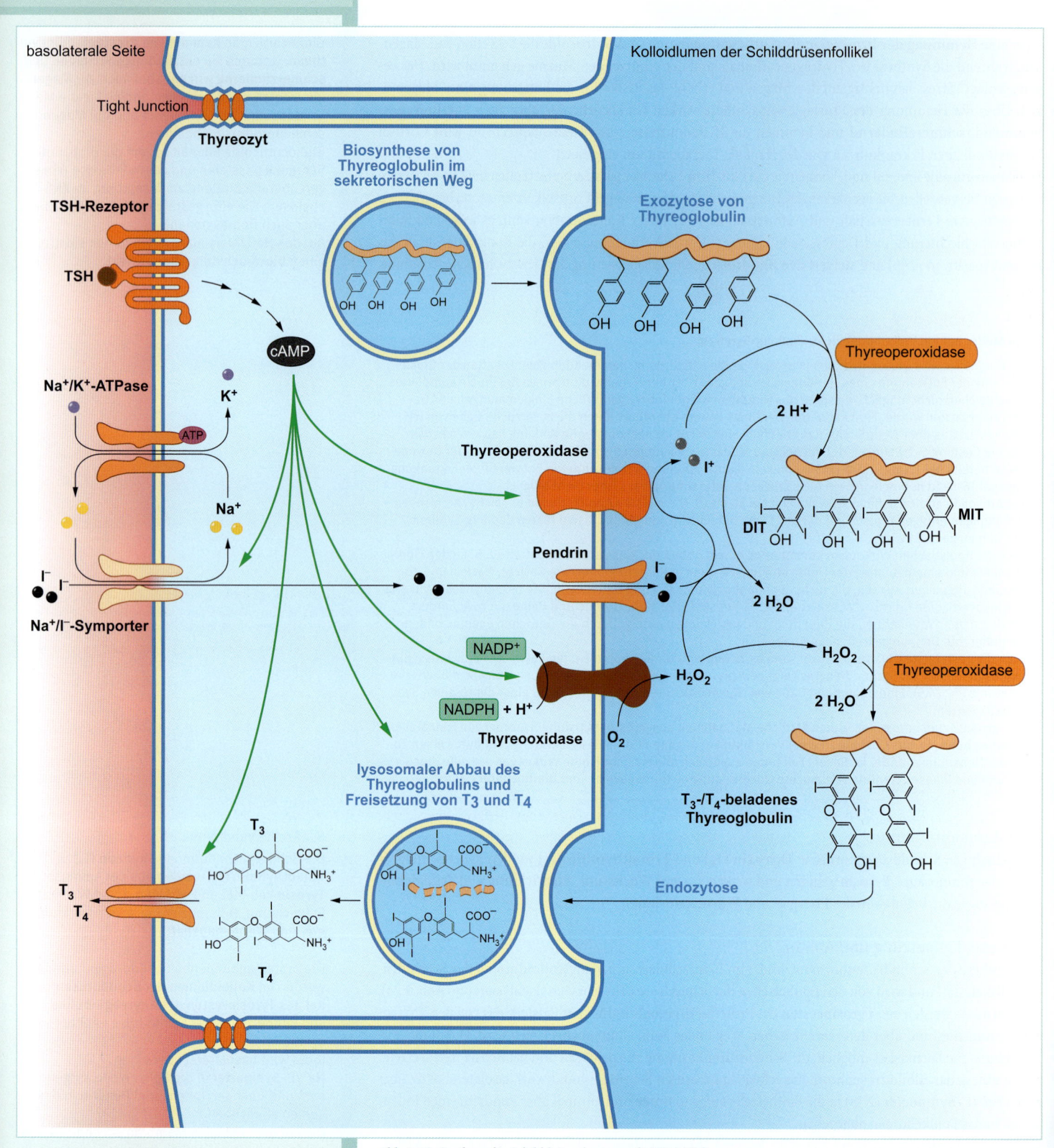

9 WIRKUNGSWEISE VON HORMONEN: WIE WIRD DAS ALLES KONTROLLIERT?

Abb. 9.24 Synthese der Schilddrüsenhormone [L299, L307]

Thyreoglobulin in den Thyreozyten. TSH bindet dafür an den G-Protein-gekoppelten TSH-Rezeptor, was zu einem Anstieg der intrazellulären cAMP-Konzentration führt.
Modifiziertes Thyreoglobulin wird aus dem Follikellumen **pinozytiert** und in Lysosomen **proteolytisch** u. a. zu T_3 und T_4 abgebaut. Über Transporter gelangen T_3 (20 %) und T_4 (80 %) ins Blut, wo sie großenteils mit **Trägerproteinen** (TBG, TBPA und Albumin) transportiert werden. Biologisch wirksam sind jedoch nur die freien Formen fT_3 und fT_4.

Sekretion von Thyreoglobulin, die Synthese der Transporter, die Synthese der Schlüsselenzyme der Schilddrüsenhormonsynthese und die Proliferation. Der G_s-Protein-gekoppelte TSH-Rezeptor vermittelt seine Effekte über eine Erhöhung der intrazellulären cAMP-Konzentration.
Nach TSH-Bindung wird das Thyreoglobulin mit den darin enthaltenen T_3- und T_4-Resten durch **Pinozytose** aus dem Kolloidlumen der Schilddrüsenfollikel in die Epithelzellen aufgenommen und dort in Lysosomen **proteolytisch** abgebaut. Dadurch werden die Schilddrüsenhormone T_3 (20 %) und T_4 (80 %) vom Rest des Globulins abgespalten. Der Transport der Hormone aus den Zellen ins Blut erfolgt vermutlich über erleichterte Diffusion vermittelt durch Transporter. In diesem Zusammenhang werden aber auch Exozytosevorgänge diskutiert.
99 % der Schilddrüsenhormone werden im Blut gebunden an **Trägerproteine** wie TBG (Thyroxin-bindendes Globulin), TBPA (Thyroxin-bindendes Präalbumin) oder Albumin transportiert. Biologisch wirksam und daher auch klinisch relevant sind jedoch nur die freien Formen fT_3 und fT_4.

9.7 HORMONE

T_3 ist um ein Vielfaches aktiver als T_4. In der Peripherie wird daher ein großer Teil des T_4 durch **Deiodasen,** die Selen als Cofaktor benötigen, in T_3 umgewandelt, wobei das Iod-Atom am C5-Atom des äußeren Benzolrings entfernt wird. Durch andere Deiodasen wird das Iod-Atom am C5-Atom des inneren Benzolrings abgespalten, das resultierende reverse T_3 (rT_3) ist inaktiv und während der Embryonalzeit und im Hungerstoffwechsel erhöht.

Die Halbwertszeit von T_3 beträgt ca. einen Tag, die von T_4 ca. eine Woche. Der Abbau erfolgt über Glukuronidierung und Sulfatierung in der Leber (> 22.3). Die Abbauprodukte werden über die Galle an den Darm abgegeben und ausgeschieden.

Signaltransduktion

> **FALL**
>
> **Marie wird nicht schwanger**
>
> Marie ist inzwischen Anfang 30 und hat den Mann ihres Lebens gefunden. Die Pille hat sie abgesetzt. Sie sind Maries Hausarzt und hören sich eine ganze Reihe Beschwerden von ihr an: „Wissen Sie, ich war doch immer voller Energie. In letzter Zeit bin ich jetzt immer so schlapp und antriebslos, fast depressiv, habe auch wenig Appetit, trotzdem wiege ich mehr als sonst. Meine Haut ist so trocken, ich habe Haarausfall, ich nehme schon alle möglichen Vitamincocktails, aber nichts hilft. Außerdem werde ich einfach nicht schwanger, obwohl wir schon seit einem Jahr nicht mehr verhüten. Checken Sie mich doch bitte mal richtig durch!" Bei der körperlichen Untersuchung hat Marie tatsächlich eine sehr trockene, raue Haut, außerdem wirkt ihr Gesicht ein wenig aufgedunsen. Auch die Hände und Füße sind etwas dicker und auffallend kalt. Obwohl ihre Schilddrüse nicht vergrößert ist, vermuten Sie eine Störung der Schilddrüsenhormone. Die Blutuntersuchung zeigt einen erhöhten TSH-Wert, erniedrigte Werte der freien Schilddrüsenhormone fT_3 und fT_4, keine TSH-Rezeptor-Antikörper, aber erhöhte Antikörper gegen die Schilddrüsen-Peroxidase TPO.
> Was ist der Grund für Maries Beschwerden und wie helfen Sie ihr?

Schilddrüsenhormone gelangen durch transportervermittelte erleichterte Diffusion über die Zellmembran der Zielzellen und binden an **Kernrezeptoren,** die als Transkriptionsfaktoren wirken. Die Rezeptoren sind bereits im Zellkern lokalisiert und bilden i. d. R. Heterodimere mit dem Retinoatrezeptor (RXR), die nach Bindung ihres Liganden die **Genexpression** regulieren. Die Hormonwirkung erfolgt dementsprechend **zeitverzögert.**

Wie bei den Glukocorticoiden sind auch bei den Schilddrüsenhormonen **nicht-transkriptionelle Wirkungen** beschrieben, die innerhalb von Minuten zu beobachten sind. Dazu gehören die Regulation von Kationenkanälen, Aktivierung von Protein-Kinasen und die Aktivierung von MAP-Kinasen.

Stoffwechselwirkungen

Schilddrüsenhormone fördern sowohl **katabole** als auch **anabole Stoffwechselwege** und haben damit einen wichtigen Einfluss auf die Regulation des **Grundumsatzes.** Die katabolen Stoffwechselwege liefern Energie, während die anabolen Stoffwechselwege dafür sorgen, dass die Energiereserven nicht vollständig aufgebraucht werden. So steigern Schilddrüsenhormone die Transkription der Enzyme für die **Fettsäuresynthese,** gleichzeitig aber auch die der **Lipolyse** (> 20.1.7). Auch wird bei einem Mangel an T_3 ein Anstieg des Plasmacholesterinspiegels beobachtet. Der Kohlenhydratstoffwechsel wird durch verstärkte **Glukoneogenese** und **Glykogenolyse** angeregt (> 19.4.2, > 19.4.3).

Über die verstärkte Synthese von Ribosomen und Translationsfaktoren wird die **Proteinbiosynthese** gesteigert, während gleichzeitig auch die Aktivität des Ubiquitin-Proteasom-Systems und damit der **Proteinabbau** gefördert werden. Auf den Grundumsatz wirken die Schilddrüsenhormone insbesondere auch über eine erhöhte Expression der **Na$^+$/K$^+$-ATPase** und führen damit zu einer Steigerung des Sauerstoffverbrauchs. Durch den gleichzeitigen Ab- und Aufbau von Stoffen wird Energie in Form von **Wärme** frei, was sich z. B. durch Hitzewallungen bei einer Hyperthyreose äußert. **Kältereize** wirken als starke Stimulatoren der Schilddrüsenhormonausschüttung.

Systemische Wirkungen

Schilddrüsenhormone vermindern den **Gefäßwiderstand** und steigern **Frequenz** und **Kontraktionskraft** des Herzens, u. a. durch eine verstärkte Expression von β-adrenergen Rezeptoren. Die Expression von α-adrenergen Rezeptoren wird gehemmt. Das **Atemzentrum** wird stimuliert, um eine effiziente Sauerstoffversorgung zu gewährleisten. Im Skelettmuskel kommt es zu einer **Modulation der Muskelzusammensetzung,** indem langsame Myosin-Unterformen durch schnelle Myosin-Unterformen ersetzt werden, sodass die Kontraktionsgeschwindigkeit gesteigert wird.

Darüber hinaus regulieren Schilddrüsenhormone Synthese und Freisetzung von **Somatotropin** (Growth Hormone, GH, Wachstumshormon) und damit u. a. die Wachstumsprozesse in der Embryonalentwicklung. So kann ein durch Iodmangel oder eine Schilddrüsenfunktionsstörung bedingter Mangel an Schilddrüsenhormonen zu Fehlbildungen und Frühaborten führen. Auch die **Entwicklung des Gehirns** und der inneren Organe ist abhängig von Schilddrüsenhormonen. Zudem wirken sie direkt auf die Differenzierung von Chondrozyten, Osteoblasten und Osteoklasten und haben so Einfluss auf das **Knochenwachstum.**

Aus Studentensicht

Das weniger aktive T_4 wird in der Peripherie größtenteils durch **Deiodasen** in deutlich aktiveres T_3 und inaktives reverses T_3 (rT_3) umgewandelt.

Der Abbau der Hormone erfolgt u. a. in der Leber. Die Abbauprodukte werden über Galle und Darm ausgeschieden.

T_3 und T_4 gelangen über transportervermittelte erleichterte Diffusion in ihre Zielzellen und binden im Zellkern an **Kernrezeptoren,** die als Transkriptionsfaktoren die **Genexpression** regulieren. Neben dieser **zeitverzögerten** Wirkung sind auch **nicht-transkriptionelle** schnelle Wirkungen beschrieben.

Schilddrüsenhormone fördern sowohl **katabole** als auch **anabole Stoffwechselwege** und spielen dadurch eine wichtige Rolle bei der Regulation des **Grundumsatzes.** So werden z. B. gleichzeitig Enzyme der **Fettsäuresynthese, Lipolyse, Glukoneogenese** und **Glykogenolyse** vermehrt exprimiert. Eine verstärkte Synthese von Ribosomen und Translationsfaktoren steigert die **Proteinbiosynthese,** während gleichzeitig der **Proteinabbau** gefördert wird.
Schilddrüsenhormone wirken v. a. durch die Steigerung der **Na$^+$/K$^+$-ATPase-Aktivität** auf den Grundumsatz.
Durch den gleichzeitigen Auf- und Abbau von Stoffen wird Energie in Form von **Wärme** frei. **Kältereize** wirken als Stimulatoren der Schilddrüsenhormonausschüttung.

Systemische Wirkungen der Schilddrüsenhormone:
- Vermindern den **Gefäßwiderstand**
- Steigern **Frequenz** und **Kontraktionsfähigkeit** des Herzens
- Stimulieren das **Atemzentrum**
- Modulieren die **Muskelzusammensetzung**
- Regulieren Synthese und Freisetzung von **Somatotropin (GH),** sodass ein Iodmangel bzw. eine Schilddrüsenfunktionsstörung zu Fehlbildungen bzw. Frühaborten führen kann
- Beteiligt an der **Entwicklung des Gehirns,** der inneren Organe und am **Knochenwachstum**

Aus Studentensicht

9 WIRKUNGSWEISE VON HORMONEN: WIE WIRD DAS ALLES KONTROLLIERT?

> **FALL**
>
> **Marie wird nicht schwanger: Hypothyreose**
>
> Maries erhöhter TSH-Wert beruht auf der Unterfunktion der Schilddrüse (Hypothyreose), die auch zu Maries Beschwerden passt. Die verringerte Rückkopplung durch die fehlenden Schilddrüsenhormone auf Hypothalamus und Hypophyse bewirkt eine vermehrte TSH-Ausschüttung.
> Die Erhöhung der TPO-Antikörper spricht für eine Autoimmunthyreoiditis, die nach dem japanischen Erstbeschreiber auch **Hashimoto-Thyreoiditis** genannt wird. Hier bilden sich Antikörper gegen das jodaufbereitende Enzym Thyreoperoxidase (TPO) und manchmal auch gegen das Thyreoglobulin (TG). Im Laufe der schubhaften Erkrankung atrophiert die Schilddrüse und es entsteht ein Mangel an Schilddrüsenhormonen mit hypothyreoten Symptomen wie bei Marie. Eine Größenzunahme der Schilddrüse wird nicht beobachtet, sondern eher eine Involution. Im ersten Stadium der Erkrankung kann es durch rasch zugrunde gehende Zellen und Freisetzung der darin enthaltenen Enzyme vorübergehend auch zu einer Hyperthyreose kommen. Die Hashimoto-Thyreoiditis ist typischerweise häufiger in Ländern mit sehr hoher Jodversorgung wie Japan. Auch in Deutschland nimmt die Häufigkeit zu, seit Jodid Salz und Nahrungsmitteln vermehrt zugesetzt wird, vermutlich weil Autoimmunreaktionen gegen Thyreoglobuline zunehmen, wenn sie sehr viel Jod gebunden haben.
> Beim **Morbus Basedow** kommt es hingegen zu einer Hyperthyreose durch aktivierende Autoantikörper (TRAK), die an den TSH-Rezeptor binden und unabhängig von TSH die Ausschüttung von Schilddrüsenhormonen stimulieren. Klinisch imponiert der Morbus Basedow mit einer Schilddrüsenvergrößerung (Struma), einem Exophthalmus (Hervortreten des Augapfels aus der Augenhöhle, Glubschaugen) und einer Tachykardie (anhaltend beschleunigter Puls, Herzrasen), die zusammen als Merseburger Trias bezeichnet werden.
>
> Struma [S149]
>
> Eine Vergrößerung der Schilddrüse kann auch auf einem Jodmangel beruhen. Da nicht ausreichend Schilddrüsenhormone gebildet werden können, wird vermehrt TSH ausgeschüttet, was zu einer Hypertrophie der Schilddrüse führt. Jahrelang kam es in Regionen mit mangelnder Jodversorgung bei einem Großteil der Bevölkerung zur Ausbildung einer Struma. Jede Schilddrüsenvergrößerung sollte mit einer Ultraschall- und Blutuntersuchung abgeklärt werden. Häufig bilden sich in zunehmendem Alter Knoten, die für eine Hyperthyreose verantwortlich, aber auch Hinweis auf ein Karzinom sein können. Hier kann differenzialdiagnostisch auch eine Szintigrafie mit jodhaltigen radioaktiven Tracersubstanzen hilfreich sein, um einen autonomen heißen Knoten nachzuweisen. Heiße Knoten produzieren unabhängig von TSH Schilddrüsenhormone und sind meist gutartig. Sie treten gehäuft bei älteren Frauen auf. Die hyperthyreoten Symptome wie Schweißausbrüche, Herzrasen, Schlaflosigkeit und Nervosität werden dann oft den Wechseljahren zugeschrieben und zunächst verkannt. Im Gegensatz dazu nehmen „kalte" Knoten nur wenig jodhaltige Tracersubstanz auf und können durch Zysten, Karzinome und andere Gewebeveränderungen bedingt sein.
> Sie verschreiben Marie Levothyroxin, das dem körpereigenen Schilddrüsenhormon Thyroxin (T_4) entspricht. Marie fühlt sich nach einigen Monaten wie ausgewechselt und wird schließlich auch schwanger. Eine Hypothyreose wie bei Marie, aber auch Hyperthyreosen sind nicht selten Ursache von Infertilität und Fehlgeburten. Als Sie von der Schwangerschaft erfahren, verschreiben Sie Marie eine höhere Dosierung von Levthyroxin, da der Bedarf in der Schwangerschaft erhöht ist.

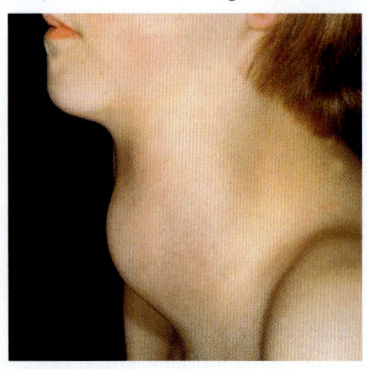

9.7.2 Wasser- und Ionenhaushalt

Die Regulation der Ionenkonzentration und die des Wasserhaushalts sind eng miteinander verknüpft und von großer Bedeutung. So muss für die korrekte Funktion zahlreicher Zellen wie der Herzmuskelzellen das Verhältnis zwischen intra- und extrazellulären Ionenkonzentrationen exakt geregelt sein. Ohne die richtige Einstellung des osmotischen Gleichgewichts würden unsere Zellen entweder schrumpfen oder anschwellen und es wäre kein ausreichendes Blutvolumen für eine optimale Versorgung der Zellen gewährleistet.

Antidiuretisches Hormon (ADH)

Das antidiuretische Hormon (**ADH**, Adiuretin, Vasopressin, Arginin-Vasopressin, AVP) ist ein **Peptidhormon**, das im Hypothalamus synthetisiert und im Hypophysenhinterlappen gespeichert wird. ADH reguliert u. a. den **Wasserhaushalt** über vermehrte Reabsorption von Natrium und Wasser.

> **Absorption und Reabsorption**
>
> **Absorption** (lat. absorbere = aufsaugen) bezeichnet die Aufnahme von Stoffen in biologische Systeme. Ein Beispiel ist die Aufnahme von Nahrungsbestandteilen vom Darmlumen in die Darmzellen. In einigen anderen Büchern wird dieser Prozess **Resorption** genannt.
> **Reabsorption** (Rückresorption) ist die erneute Aufnahme von Stoffen, die z. B. in der Niere zunächst ausgeschieden und anschließend wieder in den Körper zurückgeholt werden.

9.7.2 Wasser- und Ionenhaushalt
Die Regulation der Ionenkonzentration und des Wasserhaushalts unterliegt zahlreichen Mechanismen, um das osmotische Gleichgewicht und die Funktion der Körperzellen jederzeit zu gewährleisten.

Antidiuretisches Hormon (ADH)
Das **Peptidhormon ADH** (antidiuretisches Hormon, Adiuretin, Vasopressin) reguliert u. a. den **Wasserhaushalt** des Körpers.

9.7 HORMONE

Synthese und Freisetzung

ADH wird als 164 Aminosäuren langes **Vorläuferpeptid** am rauen endoplasmatischen Retikulum der Zellen des Nucleus supraopticus und Nucleus paraventricularis im **Hypothalamus** synthetisiert. Der weitere Transport erfolgt zunächst über den Golgi-Apparat und dann über Vesikel entlang der Axone in den **Hypophysenhinterlappen.** Während des Transports entsteht durch proteolytische Prozessierung des Vorläufermoleküls das **aktive ADH,** das aus neun Aminosäuren besteht und eine Disulfidbrücke enthält. Die Freisetzung erfolgt durch Verschmelzung der ADH-gefüllten Vesikel mit der Plasmamembran nach Anstieg der intrazellulären Calciumkonzentration immer dann, wenn der Wasserhaushalt des Körpers nicht ausgeglichen ist. Folgende Mechanismen zeigen das an:

- **Erhöhung der Plasmaosmolarität:** Der Normwert der Plasmaosmolarität beträgt ca. 290 mosmol/l. Bereits wenn die Osmolarität um weniger als 1 % nach oben abweicht, wird dies von zirkumventrikulären Organen des Gehirns (= Regionen des Gehirns, die über keine Blut-Hirn-Schranke verfügen) registriert. Die Signaltransduktion erfolgt über **Osmorezeptoren (mechanosensitive Kationenkanäle)** im Organum vasculosum laminae terminalis (OVLT) des Hypothalamus. Schrumpfen die Zellen aufgrund eines vermehrten Ausstroms von Wasser aus der Zelle, um die dort höhere Osmolarität zu kompensieren, so reagieren die Kanäle mit einer erhöhten Öffnungswahrscheinlichkeit. Die Zelle depolarisiert, was zur Öffnung von spannungsgesteuerten Calciumkanälen und einer vermehrten Ausschüttung von ADH aus Vesikeln führt. Dies ist der **sensitivste Stimulus** für die Freisetzung von ADH.
- **Sinkendes Blutvolumen:** Sinkt das Blutvolumen des Körpers um mindestens 15–20 % ab, wird dies von Barorezeptoren in den Herzvorhöfen und im Glomus caroticum registriert. Über Bahnen des N. vagus wird die Hypophyse zur Ausschüttung von ADH angeregt.
- **Sinkender Blutdruck:** Sinkt der Blutdruck um ca. 20 %, senden Pressorezeptoren im Carotissinus und im Aortenbogen das Signal über den N. glossopharyngeus und den Hirnstamm an die Hypophyse und regen sie zur Ausschüttung von ADH an.

Signaltransduktion und Wirkung

ADH bindet im Sammelrohr der Niere auf der extrazellulären Seite an membranständige **G_s-Proteingekoppelte V2-Rezeptoren** (Vasopressin 2-Rezeptoren). Da die Affinität des Rezeptors sehr hoch ist, reichen für die Wirkung bereits sehr niedrige ADH-Konzentrationen aus. In der Folge steigt der intrazelluläre **cAMP-Spiegel,** die **Protein-Kinase A** wird aktiviert und stimuliert folgende Prozesse (> Abb. 9.25):

- **Einbau von Aquaporinen:** Durch Phosphorylierung werden in Vesikeln gespeicherte Aquaporine (AQP2) vermehrt in die luminale Membran der Sammelrohrzellen eingebaut. Dadurch wird der Wassertransport aus dem Tubulussystem zurück in den Körper verstärkt.

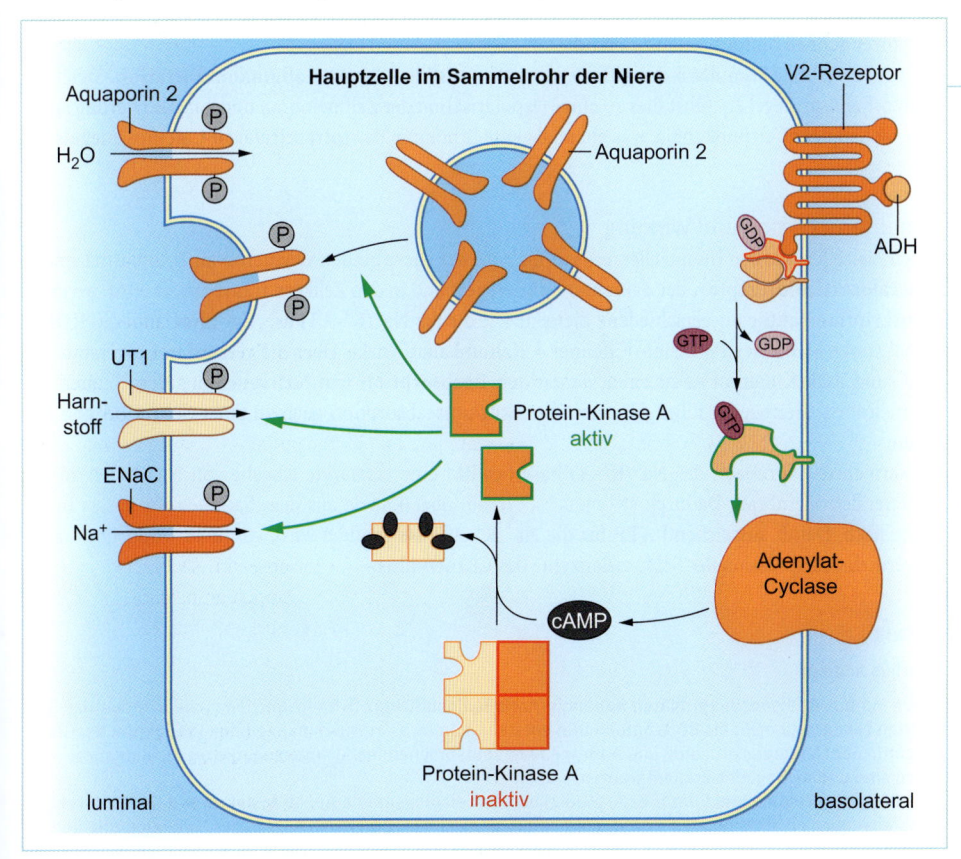

Abb. 9.25 Wirkung von ADH auf die Sammelrohre der Niere [L138]

Aus Studentensicht

Das aus neun Aminosäuren bestehende ADH wird im **Hypothalamus** als **Vorläuferpeptid** am rER gebildet, proteolytisch zu **aktivem ADH** prozessiert und über axonalen Transport in den **Hypophysenhinterlappen** transportiert.

Die Regulation der ADH-Freisetzung erfolgt durch verschiedene Stimuli:
- **Erhöhung der Plasmaosmolarität,** die über **Osmorezeptoren (mechanosensitive Kationenkanäle)** im Organum vasculosum laminae terminalis (OVLT) des Hypothalamus detektiert wird **(sensitivster Stimulus)**
- **Sinkendes Blutvolumen** über Barorezeptoren in den Herzvorhöfen und Glomus caroticum
- **Sinkender Blutdruck** über Pressorezeptoren im Carotissinus und Aortenbogen

ADH entfaltet an der Niere durch den **G_s-Protein-gekoppelten V2-Rezeptor** über **cAMP** und **Protein-Kinase A** seine Wirkung:
- Einbau von Aquaporinen (AQP2) in die luminale Sammelrohrzellmembran, was den Wasserrücktransport in den Körper verstärkt.

ABB. 9.25

Aus Studentensicht

- **Einbau von Harnstofftransportern (UT1)** in die Sammelrohrzellmembran, die osmotisch aktiven **Harnstoff** aus dem Sammelrohr Richtung Nierenmark transportieren. Dadurch steigt die Osmolarität im Nierenmark, wohin das Wasser folgen und vom Gefäßsystem aufgenommen werden kann.
- **Aktivierung von Natriumkanälen** durch Phosphorylierung von **ENaC** (epitheliale Natriumkanäle), was eine **Erhöhung ihrer Öffnungswahrscheinlichkeit** und damit eine gesteigerte Natrium- und Wasserreabsorption bewirkt.

ADH bewirkt über **V1-Rezeptoren** eine **Vasokonstriktion,** wodurch es bei einem Blutdruckabfall kurzfristig den Blutdruck stabilisiert. Im ZNS bewirkt ADH neben dem Hauptregulator Angiotensin II eine **Steigerung des Durstgefühls.**

Mineralocorticoide

Das **Mineralocorticoid Aldosteron** führt u. a. zu einer vermehrten **Reabsorption von Na⁺-Ionen** in der Niere.

Mineralocorticoide werden bei Bedarf in der Zona glomerulosa der **Nebennierenrinde** aus **Cholesterin** synthetisiert.
Aldosteron ist das letzte Glied des Renin-Angiotensin-Aldosteron-Systems. Seine Synthese wird durch **Angiotensin II,** das an den G_q-gekoppelten AT1-Rezeptor bindet, sowie eine ansteigende **Plasma-Kaliumkonzentration** stimuliert. Beide Stimuli führen zu einer Erhöhung des **intrazellulären Calciumspiegels** und damit zur Steigerung der Aldosteronsynthese und -freisetzung.

Bindet Aldosteron an den zytoplasmatischen **Mineralocorticoidrezeptor,** homodimerisiert dieser und steigert als Transkriptionsfaktor u. a. die Expression der **Na⁺/K⁺-ATPase**, des **ENaC** und des **ROMK** (Kaliumkanal). Dadurch wird die **Reabsorption von Na⁺-Ionen** aus dem Sammelrohr erhöht, im Gegenzug werden **K⁺-Ionen** vermehrt sezerniert.
Die verstärkt exprimierte **Na⁺/K⁺-ATPase** pumpt die einströmenden Na⁺-Ionen basolateral aus der Zelle. Das für die Pumpe nötige **ATP** liefert u. a. der **Citratzyklus,** dessen Schlüsselenzyme ebenfalls durch Aldosteron verstärkt exprimiert werden.

KLINIK

---

9 WIRKUNGSWEISE VON HORMONEN: WIE WIRD DAS ALLES KONTROLLIERT?

- **Einbau von Harnstofftransportern:** Da Wasser nur passiv über Membranen transportiert werden kann, müssen für einen vermehrten Wassertransport ins Blut zunächst osmotisch wirksame Moleküle aus dem Sammelrohr ins Blut transportiert werden. Das mengenmäßig wichtigste osmotisch wirksame Molekül im Nierenmark ist **Harnstoff,** der über einen Harnstofftransporter (= **UT1,** Urea Transport 1) aus dem Sammelrohr austreten kann. Phosphorylierung des UT1 bewirkt einen vermehrten Einbau von UT1 in die Membran der Sammelrohrzellen und somit eine erhöhte Osmolarität im Nierenmark, wohin das Wasser folgen und vom Gefäßsystem des Körpers wieder aufgenommen werden kann.
- **Aktivierung von Natriumkanälen:** Na⁺-Ionen werden im Sammelrohr über **ENaC** (epitheliale Natriumkanäle) aus dem Lumen in das Nierenmark transportiert. Eine Phosphorylierung der ENaC bewirkt eine **Erhöhung ihrer Öffnungswahrscheinlichkeit** und damit ebenfalls eine erhöhte Osmolarität des Nierenmarks und eine gesteigerte Wasserreabsorption.

Weitere Wirkungen von ADH sind:

- **Vasokonstriktion:** In hohen Konzentrationen wirkt ADH über den weniger affinen **V1-Rezeptor** auch vasokonstriktorisch auf die peripheren Gefäße des Blutkreislaufs. Dadurch kann bei starkem Blutdruckabfall oder Volumenverlust der Kreislauf vorübergehend stabilisiert werden.
- **Steigerung des Durstgefühls:** Zusätzlich zum Hauptregulator Angiotensin II bewirkt ADH im ZNS eine Steigerung des Durstgefühls, um einen Volumenmangel langfristig wieder auszugleichen.

Mineralocorticoide

Mineralocorticoide gehören wie die Glukocorticoide und die Sexualhormone zu den Steroidhormonen. Ihr wichtigster Vertreter ist das **Aldosteron,** das über eine vermehrte **Reabsorption von Na⁺-Ionen** in der Niere den Wasser- und Elektrolythaushalt reguliert.

Synthese und Freisetzung

Die Synthese der Mineralocorticoide erfolgt in der äußeren Schicht der **Nebennierenrinde**, der Zona glomerulosa, ausgehend von **Cholesterin**. Aldosteron entsteht über mehrere Zwischenschritte aus **Pregnenolon,** dem gemeinsamen Vorläufer der Steroidhormone (➤ 20.2.1).

Aufgrund seiner lipophilen Eigenschaften kann auch Aldosteron nicht in den Zellen der Nebennierenrinde gespeichert werden und wird daher bei Bedarf synthetisiert und direkt in das Blut abgegeben. Aldosteron ist das letzte Glied des Renin-Angiotensin-Aldosteron-Systems (RAAS), das eine wichtige Rolle bei der Flüssigkeitshomöostase spielt. Die Niere setzt bei Flüssigkeitsmangel oder erhöhter Natriumkonzentration die Peptidase **Renin** frei, die das von der Leber produzierte Peptidhormon Angiotensin I in aktives Angiotensin II spaltet. **Angiotensin II** bindet an den G_q-gekoppelten Rezeptor AT1, wodurch der **intrazelluläre Calciumspiegel** steigt und die Aldosteronsynthese stimuliert wird. Angiotensin II wirkt über die Aktivierung der Aldosteronsynthese langfristig auf den Flüssigkeitshaushalt und zudem über Gefäßrezeptoren schnell blutdruckstabilisierend.

Der zweite wichtige Stimulator der Aldosteronsynthese ist die **Plasma-Kaliumkonzentration.** Steigt der Plasma-Kaliumspiegel an, führt dies zu einer Depolarisation der Zellmembran und zur Aktivierung spannungsabhängiger Calciumkanäle, was ebenfalls eine Erhöhung des **intrazellulären Calciumspiegels** bewirkt.

Signaltransduktion und Wirkung

In den Zielzellen wie den Hauptzellen im Sammelrohr der Niere bindet Aldosteron im Zytoplasma an den **Mineralocorticoidrezeptor,** der dann homodimerisiert und in den Zellkern transportiert wird, wo er als **Transkriptionsfaktor** für verschiedene Zielgene wie die der **Na⁺/K⁺-ATPase**, des **ENaC** und des **ROMK** (Renal Outer Medullary Potassium Channel = Kaliumkanal) wirkt. Über die verstärkte Expression von ENaC und ROMK kommt es zu einer verstärkten **Reabsorption von Na⁺-Ionen** aus dem Lumen des Sammelrohrs. Gleichzeitig führt die verstärkte Natriumreabsorption auch zu einer **Sekretion von K⁺-Ionen**.

Die vermehrte Expression der **Na⁺/K⁺-ATPase** bewirkt eine verstärkte Abgabe von Na⁺-Ionen an der basolateralen Membran. Dadurch strömen Na⁺-Ionen über Kanäle aus dem Sammelrohr passiv in die Zellen nach. Damit ausreichend ATP für die Na⁺/K⁺-ATPase gebildet wird, stimuliert Aldosteron auch die vermehrte Expression der Schlüsselenzyme des **Citratzyklus**.

KLINIK

Morbus Addison

Beim Morbus Addison, der **primären Nebennierenrindeninsuffizienz** (NNR-Insuffizienz), die in industrialisierten Ländern zu mehr als 80 % autoimmun entsteht, kommt es zu einer mangelnden Produktion der Glukocorticoide, Mineralocorticoide und Androgene mit entsprechenden Symptomen, die oft recht unspezifisch sind und nicht gleich erkannt werden.
Der **Glukocorticoidmangel** führt u. a. zu Müdigkeit und Leistungsabfall, Appetitlosigkeit und Gewichtsverlust, aber auch zu abdominalen Symptomen und Hypoglykämie. Durch den Ausfall der Mineralocorticoide kommt es zu Hypotension, Hyponatriämie, Hyperkaliämie und Salzhunger. Der Androgenmangel macht sich

bei Frauen durch einen Verlust der Achsel- und Schambehaarung, trockene Haut und Libidoverlust bemerkbar. Aufgrund der fehlenden Rückkopplung kommt es zur **vermehrten Produktion von CRH**, das wiederum die Spaltung von ACTH aus dem Vorläuferhormon POMC stimuliert. Bei dieser Spaltung entsteht auch MSH, das die Melaninsynthese stimuliert und so eine Hyperpigmentierung hervorruft. Die Therapie besteht in einer lebenslangen Substitution von Glukocorticoiden und Mineralocorticoiden, bei Bedarf auch Androgenen.

Der Morbus Addison ist zum Glück sehr selten, häufiger ist eine sekundäre oder tertiäre NNR-Insuffizienz. Bei der **sekundären NNR-Insuffizienz** liegt die Störung der Glukocorticoidsynthese in der Hypophyse oder im Hypothalamus. Die **tertiäre NNR-Insuffizienz** ist Folge einer chronischen Glukocorticoidtherapie und ist die weitaus häufigste Form eines fehlregulierten Glukocorticoidstoffwechsels. Bei Infektionen, Operationen oder Stress besteht bei den Patienten ein erhöhter Bedarf an Glukocorticoiden. Wird dieser Bedarf nicht durch eine adäquate Dosiserhöhung der Glukocorticoide gedeckt, kann es bei allen drei Formen zu einer lebensgefährlichen Addison-Krise mit Bewusstseinstrübung, Blutdruckabfall und Fieber kommen, die unverzüglich mit Hydrocortison (Cortisol) zu behandeln ist, da sie sonst tödlich enden kann. Die Patienten sollten daher immer einen Notfallausweis bei sich tragen.

Atriales natriuretisches Peptid (ANP)

Das atriale natriuretische Peptid (ANP) gehört zusammen mit BNP (B-Typ) und CNP (C-Typ) zur Gruppe der **natriuretischen Peptide**. Die Funktion der natriuretischen Peptide besteht u. a. in der verstärkten **Natriurese** (verstärkten Ausscheidung von Natrium mit dem Harn) und **Vasodilatation** und damit der Absenkung von Blutvolumen und Blutdruck.

Synthese und Freisetzung

ANP wird in Zellen des **rechten Vorhofs** des Herzens aus dem Vorläufermolekül **Prä-Pro-ANP** gebildet. Nach Abspaltung des Signalpeptids im endoplasmatischen Retikulum entsteht **Pro-ANP**, das über den Golgi-Apparat transportiert und in sekretorischen Vesikeln gespeichert wird.

Kommt es durch eine Volumenüberlastung zur **Dehnung der Herzvorhöfe**, werden **mechanosensitive Kationenkanäle** aktiviert, deren Öffnung zur Depolarisierung der Zelle führt. Die Depolarisation wiederum bewirkt die Öffnung von spannungsgesteuerten Calciumkanälen und damit einen Anstieg der intrazellulären Calciumkonzentration und die Verschmelzung der Vesikel mit der Plasmamembran. Erst bei der Freisetzung des Pro-ANP aus den Vesikeln ins Plasma entsteht das **aktive ANP** durch proteolytische Spaltung durch die Protease Corin. Aktives ANP besteht aus 28 Aminosäuren und bildet eine **Ringstruktur**, die über eine Disulfidbrücke stabilisiert wird.

Signaltransduktion und Wirkung

ANP wirkt auf **membrangebundene Guanylat-Cyclasen**, die auf verschiedenen Geweben wie Niere, Gefäßmuskulatur oder Endothelzellen exprimiert werden. Nach ANP-Bindung an die extrazelluläre Domäne der Guanylat-Cyclasen werden diese aktiviert und der intrazelluläre **cGMP-Spiegel** steigt an (> 9.6.8). In der Niere hemmt cGMP über weitere Schritte die ENaC im Sammelrohr und damit die Natriumreabsorption. Zusätzlich kommt es zu einer **Vasodilatation** besonders in der afferenten Nierenarteriole und damit zu einer gesteigerten Durchblutung und Filtrationsrate der Niere. Durch diese beiden Effekte steigt die Wasserausscheidung (Diurese).

Gleichzeitig wird die Renin-, Angiotensin- und Aldosteronfreisetzung gehemmt und es kommt zur Vasodilatation der peripheren Gefäße, wodurch Gefäßwiderstand und Blutdruck sinken. Zusätzlich hemmt ANP die Weiterleitung des Durstsignals.

9.7.3 Calcium- und Phosphathaushalt

Calcium und Phosphat spielen bei vielen zellulären Vorgängen eine wichtige Rolle (> 23.4.2, > 23.4.3). So ist Calcium beispielsweise an der Blutgerinnung, der Stabilisierung des Membranpotenzials, der Verschmelzung von Vesikeln und der Muskelkontraktion beteiligt. Phosphat ist u. a. Bestandteil von Zwischenprodukten des Kohlenhydratstoffwechsels, Nukleotiden, Phosphoproteinen und Phospholipiden und reguliert oft im Rahmen der Interkonvertierung die Aktivität von Schlüsselenzymen. Calcium und Phosphat spielen eine wichtige Rolle bei der Knochenmineralisierung und bilden zusammen den anorganischen Anteil in Knochen oder dem Dentin der Zähne (> 26.3.5). 99 % des Körpercalciums befinden sich in den Knochen. Davon kann ca. 1 % bei Calciummangel mobilisiert werden.

Im **Blut** muss die Konzentration von Calcium und Phosphat **streng reguliert** werden, da bei zu hohen Konzentrationen die Löslichkeitsgrenze überschritten wird und Calciumphosphatkristalle entstehen, die zu Gefäßverletzungen und Durchblutungsstörungen führen können. Die wichtigsten Hormone für die Regulation des Calcium- und Phosphathaushalts sind **Parathormon, Calcitonin** und **Vitamin D₃**. Die Calcium- und Phosphathomöostase wird einerseits über die **Absorption** in **Darm** und **Niere** und andererseits über die Freisetzung und Speicherung in den **Knochen** reguliert.

Parathormon

Parathormon (PTH) ist ein **Peptidhormon**, das aus 84 Aminosäuren besteht und den **Calciumspiegel** im Blutplasma **erhöht** und den **Phosphatspiegel absenkt.**

Aus Studentensicht

Atriales natriuretisches Peptid (ANP)

Das **atriale natriuretische Peptid** (ANP) führt u. a. zur verstärkten **Natriurese** und **Vasodilatation** und damit zur Blutvolumen- und Blutdrucksenkung.

ANP wird in Zellen des **rechten Vorhofs** des Herzens als **Prä-Pro-ANP** gebildet, das im ER in **Pro-ANP** überführt und anschließend in sekretorische Vesikel verpackt wird.

Eine Volumenüberlastung führt zur **Vorhofdehnung**, wodurch **mechanosensitive Kationenkanäle** öffnen, die Zellen depolarisieren und spannungsgesteuerte Calciumkanäle öffnen. Der intrazelluläre Calciumanstieg führt zur Freisetzung des Pro-ANP in das Blut, wo es proteolytisch in das **ringförmige aktive ANP** überführt wird.

ANP aktiviert **membrangebundene Guanylat-Cyclasen**, die den intrazellulären **cGMP-Spiegel** erhöhen, was u. a. zu folgenden Wirkungen führt:
- Hemmung der **ENaC** im Sammelrohr
- **Vasodilatation**
- Hemmung der Renin-, Angiotensin- und Aldosteronfreisetzung
- Unterdrückung des Durstgefühls

ANP hat damit eine diuretische, blutdruck- und volumensenkende Wirkung.

9.7.3 Calcium- und Phosphathaushalt

Calcium spielt bei vielen Vorgängen eine wichtige Rolle, z. B.:
- Blutgerinnung
- Stabilisierung des Membranpotenzials
- Vesikelverschmelzung
- Muskelkontraktion

Phosphat ist u. a. Bestandteil von Stoffwechselintermediaten, Nukleotiden, Phosphoproteinen und Phospholipiden.

Calcium und Phosphat bilden den anorganischen Teil in Knochen und Dentin. 99 % des Körpercalciums befinden sich im Knochen.

Im Blut wird ihre Konzentration streng reguliert. Die Hormone **Parathormon** (PTH), **Calcitonin** und **Vitamin D₃** steuern die **Absorption** von Calcium und Phosphat in **Darm** und **Niere** und ihre Freisetzung aus dem bzw. Speicherung im **Knochen**.

Parathormon

Parathormon ist ein **Peptidhormon**. Es erhöht den Calciumspiegel und senkt den Phosphatspiegel im Blut.

Aus Studentensicht

Parathormon wird am ER der **Nebenschilddrüse** in Form von Prä-Pro-PTH gebildet, das proteolytisch weiter zu aktivem PTH prozessiert und in sekretorischen Vesikeln gespeichert wird. **Erniedrigte Calciumspiegel** oder **erhöhte Phosphatspiegel** führen zu einer vermehrten PTH-Sekretion über G-Protein-gekoppelte **calciumsensitive Rezeptoren**.

PTH aktiviert über den **G-Protein-gekoppelten PTH-Rezeptor** (PTHR1) sowohl die Protein-Kinase C (G_q) als auch die Protein-Kinase A (G_s). In der **Niere** wird dadurch mehr **Calcium reabsorbiert** und die Reabsorption von **Phosphat reduziert**.

ABB. 9.26

9 WIRKUNGSWEISE VON HORMONEN: WIE WIRD DAS ALLES KONTROLLIERT?

Synthese und Freisetzung

Parathormon wird am endoplasmatischen Retikulum in Zellen der **Nebenschilddrüse** als Prä-Pro-Parathormon synthetisiert. Nach Abspaltung des Signalpeptids entsteht Pro-Parathormon, das weiter in den Golgi-Apparat transportiert wird, wo das aktive Parathormon durch Proteolyse gebildet und anschließend in sekretorischen Vesikeln gespeichert wird.

Die Freisetzung von Parathormon wird u. a. durch **erniedrigte Calciumspiegel** oder erhöhte Phosphatspiegel ausgelöst und bei hohen Calciumkonzentrationen gehemmt. Gemessen wird die freie Calciumkonzentration über G-Protein gekoppelte **calciumsensitive Rezeptoren** (CasR).

Signaltransduktion, Wirkung und Abbau

Der **G-Protein-gekoppelte** Parathormonrezeptor (PTHR1) kann vermutlich sowohl mit einem G_s- als auch mit einem G_q-Protein assoziieren. Durch Bindung des Parathormons können daher sowohl die Phospholipase Cβ als auch die Adenylat-Cyclase und damit die Protein-Kinase C bzw. Protein-Kinase A aktiviert werden.

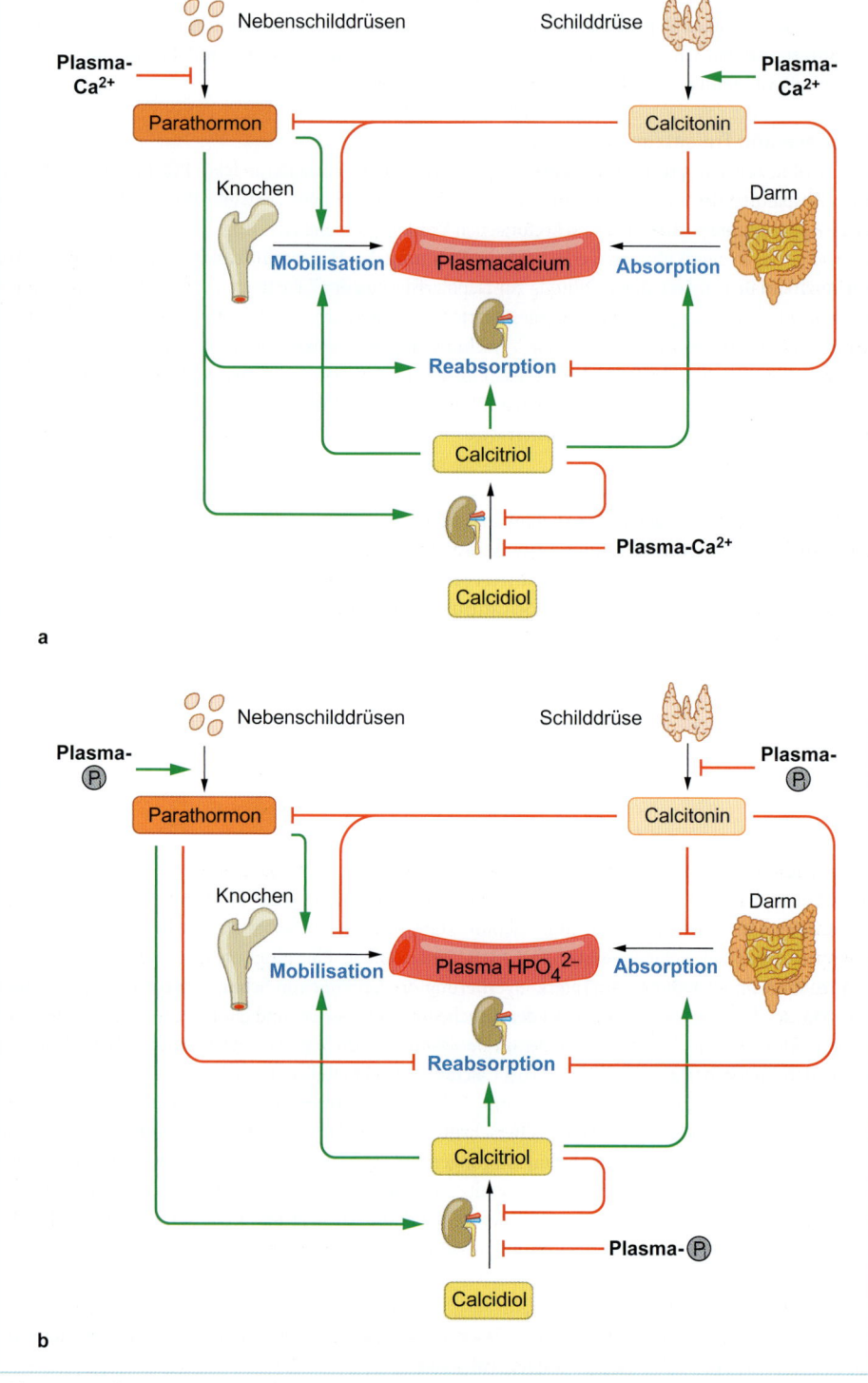

Abb. 9.26 Regulation des Calcium- (**a**) und Phosphathaushalts (**b**) [L138]

9.7 HORMONE

Der Parathormonrezeptor wird v. a. in **Niere** und **Knochen** exprimiert. In der Niere wird die tubuläre Reabsorption von **Calcium** durch erhöhte Expression eines Calciumkanals verstärkt und gleichzeitig durch Hemmung eines Phosphattransporters die Reabsorption von **Phosphat** reduziert (➤ Abb. 9.26). Durch **Aktivierung der Calcitriolsynthese** (➤ 23.2.3) in der Niere wirkt Parathormon außerdem indirekt auf die Reabsorption von Calcium aus der Niere und dem Duodenum. Im Knochen bewirkt Parathormon über RANKL (Receptor Activator of Nuclear Factor κB-Ligand) eine **Aktivierung von Osteoklasten** und dadurch eine erhöhte Freisetzung von Calcium aus den Knochen ins Blutplasma. Auch Phosphat wird verstärkt freigesetzt, über die Niere jedoch direkt wieder ausgeschieden.
Parathormon hat eine Halbwertszeit von wenigen Minuten und wird in der Nebenschilddrüse, der Leber und den Nieren durch Proteolyse abgebaut.

Calcitonin
Calcitonin ist der Gegenspieler des Parathormons und **senkt** den **Plasma-Calciumspiegel**. Es ist insbesondere für die Feinregulation des Calciumhaushalts zuständig.

Synthese und Freisetzung
Calcitonin wird in den **C-Zellen der Schilddrüse** gebildet und ist ebenfalls ein **Peptidhormon**. Das Calcitonin-Vorläufermolekül wird im endoplasmatischen Retikulum und im Golgi-Apparat prozessiert und als aktives Calcitonin in **sekretorischen Vesikeln** gespeichert.
Die Freisetzung von Calcitonin erfolgt als Reaktion auf einen erhöhten extrazellulären Calciumspiegel über einen G-Protein-gekoppelten **Calciumrezeptor**.

Signaltransduktion und Wirkung
Calcitonin vermittelt seine Wirkung über einen **G-Protein-gekoppelten Calcitoninrezeptor**, an den ein G_s- oder ein G_q-Protein gekoppelt sein kann. Die Aktivierung der Adenylat-Cyclase führt zur Erhöhung des cAMP-Spiegels, die Phospholipase Cβ bewirkt die Freisetzung von Calcium aus intrazellulären Speichern. Im **Knochen** stimuliert Calcitonin den Knochenaufbau, senkt die Aktivität der Osteoklasten und inhibiert zusätzlich die Wirkung des PTH (➤ Abb. 9.26). Dadurch werden der Knochenabbau und die Freisetzung von Calcium und Phosphat gehemmt. Calcitonin stimuliert in der **Niere** über Aktivierung eines Calciumkanals die Ausscheidung von Calcium und hemmt einen für die Phosphatreabsorption verantwortlichen Phosphattransporter, sodass Phosphat vermehrt ausgeschieden wird. Im **Darm** wird die Calciumabsorption gehemmt.

Calcitriol
Calcitriol (1,25-Dihydroxycholecalciferol, 1,25-Dihydroxy-Vitamin D_3) fördert den Knochenabbau und bewirkt so u. a. eine Erhöhung des Calcium- und Phosphatspiegels im Blutplasma. Gleichzeitig wird die Calciumabsorption in Niere und Darm verstärkt, sodass es anschließend wieder zu einer Knochenmineralisierung kommt.

Synthese und Freisetzung
Calcitriol kann de novo aus 7-Dehydrocholesterin oder aus mit der **Nahrung** aufgenommenem Vitamin D (Cholecalciferol) hergestellt werden (➤ 23.2.3). In den letzten beiden Syntheseschritten wird **Cholecalciferol** zunächst in der Leber am C 25-Atom zu Calcidiol und dann in der **Niere** durch das Schrittmacherenzym 1α-Hydroxylase am C 1-Atom zum aktiven Calcitriol hydroxyliert.
Als **lipophiles Hormon** kann Calcitriol nicht intrazellulär gespeichert werden und wird daher unmittelbar bei Bedarf synthetisiert und freigesetzt. Die Regulation der Synthese erfolgt im Wesentlichen über die Regulation der 1α-Hydroxylase der Niere, deren Transkription über folgende Mechanismen beeinflusst werden kann (➤ Abb. 9.26):
- **Parathormon**, das bei niedrigen Plasma-Calciumkonzentrationen ausgeschüttet wird, aktiviert die Adenylat-Cyclase. Der steigende **cAMP**-Spiegel induziert die Genexpression der 1α-Hydroxylase.
- Über einen calciumsensitiven Rezeptor wird bei hohen **Plasma-Calciumkonzentrationen** die Adenylat-Cyclase direkt gehemmt und der cAMP-Spiegel sinkt. Außerdem wird Parathormon in dieser Situation vermindert freigesetzt.
- **Phosphat** hemmt ebenfalls die Transkription der 1α-Hydroxylase.
- **Calcitriol** führt zu einer negativen Rückkopplung.

Signaltransduktion und Wirkung
Calcitriol bindet an den intrazellulären Vitamin-D-Rezeptor, der im Zellkern als Heterodimer mit RXR an die DNA bindet und als **Transkriptionsfaktor** beispielsweise für Calciumtransporter-Gene wirkt (➤ 23.2.3). Im **Darm** führt eine verstärkte Expression der basolateralen Ca^{2+}-ATPase, des Transportmoleküls Calbindin und des luminalen Calciumkanals zu einer verstärkten Calciumaufnahme. In der **Niere** wird die transzelluläre Calciumreabsorption im distalen Tubulus über einen vermehrten Einbau von Calciumkanälen in der luminalen Membran erhöht. Gleichzeitig steigt auch die Expression eines Na^+-Phosphat-Cotransporters in Niere und Darm und damit die Absorption von Phosphat (➤ Abb. 9.26).

Aus Studentensicht

Zusätzlich wirkt PTH über die **Aktivierung der Vitamin D_3-Synthese** in der Niere indirekt auf die Reabsorption von Calcium in der Niere und dem Duodenum.
Im **Knochen** bewirkt PTH über RANKL eine **Aktivierung von Osteoklasten,** was zu einer erhöhten Freisetzung von Calcium und Phosphat aus dem Knochen in das Blut führt.
PTH hat eine Halbwertszeit von wenigen Minuten und wird proteolytisch abgebaut.

Calcitonin
Calcitonin **senkt** den **Plasma-Calciumspiegel.**

Das Peptidhormon **Calcitonin** wird in den **C-Zellen der Schilddrüse** aus dem Vorläufermolekül **Prä-Pro-Calcitonin** gebildet und in **sekretorischen Vesikeln** gespeichert. Erhöhte Calciumspiegel fördern die Calcitoninfreisetzung über einen G-Protein-gekoppelten **Calciumrezeptor.**

Calcitonin führt über seinen **G-Protein-gekoppelten Calcitoninrezeptor** zu einem cAMP-Anstieg (G_S) und zur Calciumfreisetzung aus intrazellulären Speichern (G_q).
Im **Knochen** stimuliert es den Knochenaufbau, senkt die Osteoklastenaktivität und inhibiert die PTH-Wirkung. Dies hemmt die weitere Calcium- und Phosphatfreisetzung aus den Knochen.
In der **Niere** stimuliert es die Ausscheidung von Calcium und Phosphat, im **Darm** hemmt es die Calciumabsorption.

Calcitriol
Calcitriol bewirkt u. a. eine Erhöhung des Calcium- und Phosphatspiegels im Blut und bewirkt eine Knochenmineralisierung.

Calcitriol kann ausgehend von aus der **Nahrung** augenommenem Cholecalciferol oder **de novo** aus 7-Dehydrocholesterin synthetisiert werden. Das dabei entstehende **Cholecalciferol** wird in der Leber am C 25-Atom und anschließend in der **Niere** am C 1-Atom durch das Schrittmacherenzym 1α-Hydroxylase zu aktivem Calcitriol hydroxyliert.

Calcitriol ist ein **lipophiles Hormon,** das bei Bedarf synthetisiert und freigesetzt wird.
Die Synthese wird über die 1α-Hydroxylase auf transkriptioneller Ebene reguliert:
- **Parathormon** induziert die Expression über steigende **cAMP**-Spiegel
- Hohe **Plasma-Calciumkonzentrationen** senken den cAMP-Spiegel und hemmen zusammen mit **Phosphat** die Expression der 1α-Hydroxylase

Vitamin-D_3-Rezeptoren sind intrazelluläre Rezeptoren, die als **Transkriptionsfaktoren** wirken. Calcitriol steigert die Absorption von Calcium und Phosphat im **Darm,** in der **Niere** werden Calcium und Phosphat vermehrt reabsorbiert.

| Aus Studentensicht | 9 WIRKUNGSWEISE VON HORMONEN: WIE WIRD DAS ALLES KONTROLLIERT? |

Aus Studentensicht

Im **Knochen** bewirkt Calictriol eine Calciummobilisierung. Indirekt fördert es aber die Knochenbildung über die Erhöhung des Blut-Calciumspiegels.
Bei Kindern kann ein massiver Vitamin-D-Mangel zur Rachitis führen.

Im **Knochen** bewirkt Calcitriol eine Mobilisation von Calcium. Durch die Erhöhung der Calciumabsorption im Darm und damit des Plasma-Calciumspiegels kommt es jedoch indirekt letztlich auch zum Aufbau und zur Kalzifizierung des Knochens. Bei niedrigem Plasma-Calciumspiegel werden Osteoklasten, die keine Vitamin-D-Rezeptoren besitzen, wahrscheinlich über eine Interaktion mit Parathormon aktiviert und bewirken eine Demineralisierung.

Trotz dieser gegensätzlichen Wirkung überwiegt insgesamt jedoch die indirekte knochenbildende Wirkung des Calcitriols. Deutlich wird das bei einem Vitamin-D-Mangel, der neben anderen Symptomen bei Kindern zum Krankheitsbild der Rachitis (Knochenerweichung) führt (> 23.2.3).

9.7.4 Wachstum, Entwicklung und Fortpflanzung

9.7.4 Wachstum, Entwicklung und Fortpflanzung

Sowohl **Steroidhormone** als auch die Peptidhormone **Prolaktin, Oxytocin** und **Somatotropin** sind maßgeblich an der Steuerung und Koordination der Entwicklung, des Wachstums und der Fortpflanzung eines Individuums beteiligt.

Hormone spielen eine große Rolle bei der Steuerung und Koordination der Entwicklung eines Individuums. Sie beeinflussen in jedem Lebensabschnitt Wachstum, Sexualität und zwischenmenschliche Beziehungen. Dafür sind neben der umfangreichen Gruppe der **Steroidhormone** auch die kleinen Peptidhormone **Prolaktin, Oxytocin** und **Somatotropin** maßgeblich verantwortlich.

Sexualhormone

Sexualhormone spielen u. a. bei der Entwicklung der **Geschlechtsreife** und dem Erhalt der **Reproduktionsfähigkeit** eine wichtige Rolle. Man unterscheidet drei Gruppen von Steroiden:
- **Gestagene** wie **Progesteron** (21 C-Atome)
- **Östrogene** wie **Östradiol** (18 C-Atome)
- **Androgene** wie **Testosteron** (19 C-Atome)

Die Sexualhormone haben ein vielfältiges Wirkspektrum und spielen u. a. eine wichtige Rolle für die Entwicklung der **Geschlechtsreife** und den Erhalt der **Reproduktionsfähigkeit.** Je nach Struktur und Wirkprofil werden drei Gruppen von Sexualhormonen unterschieden:
- **Gestagene:** Steroide mit 21 C-Atomen, die schwangerschaftserhaltend wirken. Der Hauptvertreter ist das **Progesteron.**
- **Östrogene:** Steroide mit 18 C-Atomen und aromatischem Ring, die eine wichtige Funktion für den weiblichen Zyklus haben. Der Hauptvertreter ist **Östradiol.**
- **Androgene:** Steroide mit 19 C-Atomen, die männliche Merkmale fördern. Der Hauptvertreter ist das **Testosteron.**

Androgene werden in der Zona reticularis der **Nebennierenrinde** und den Gonaden, die anderen Sexualhormone überwiegend in den **Gonaden** synthetisiert. Die Synthese wird über die **Hypothalamus-Hypophysen-Gonaden-Achse** reguliert. **GnRH** des **Hypothalamus** wird abhängig von Faktoren wie Alter, Metabolismus oder Zyklusphase der Frau pulsatil ausgeschüttet und stimuliert in der **Hypophyse** die Freisetzung von **LH** und **FSH**. Beim Mann stimuliert LH die Androgenproduktion in den **Leydig-Zellen** des Hodens und bei der Frau in den **Thekazellen** des Follikels die **Ovulation** und die anschließende Progesteronsynthese.
FSH stimuliert bei der Frau u. a. die **Follikelreifung** und die Umwandlung von Androgenen in Östrogene in den **Granulosazellen**, beim Mann die **Spermatogenese**.

Die Synthese der Androgene findet in der Zona reticularis der **Nebennierenrinde** und z. T. in den Gonaden statt, die der anderen Sexualhormone vorwiegend in spezialisierten Zellen der **Gonaden** (> 20.2.1). Ausgehend von Cholesterin entsteht zunächst Pregnenolon und dann Dehydroepiandrosteron (DHEA), die wichtigste Transportform der Sexualhormone. Reguliert wird die Sexualhormonsynthese über die **Hypothalamus-Hypophysen-Gonaden-Achse.** Der **Hypothalamus** schüttet pulsatil Gonadotropin-Releasing-Hormon (**GnRH**) aus, wobei Frequenz und Amplitude abhängig von diversen Faktoren wie Alter, Metabolismus oder Zyklusphase der Frau variieren. Die **Hypophyse** besitzt G-Protein-gekoppelte GnRH-Rezeptoren und setzt luteinisierendes Hormon (**LH**) und follikelstimulierendes Hormon (**FSH**) frei. Mit zunehmender Frequenz der GnRH-Pulse wird der LH-Anteil erhöht.

Die **Leydig-Zellen** in den Hoden und die **Thekazellen,** welche die innere Follikelzellschicht in den Ovarien bilden, verfügen über G-Protein-gekoppelte LH- und FSH-Rezeptoren und reagieren auf steigende LH-Spiegel mit vermehrter Androgenproduktion. Bei Frauen wird außerdem die **Ovulation** durch einen steilen LH-Anstieg ausgelöst und anschließend die Progesteronsynthese der Lutealzellen im Gelbkörper stimuliert. FSH stimuliert bei der Frau u. a. die **Follikelreifung** und die Umwandlung der gebildeten Androgene in Östrogene in den **Granulosazellen,** welche die äußere Follikelzellschicht bilden. Beim Mann stimuliert FSH die **Spermatogenese** durch die Sertoli-Zellen.

Die meisten lipophilen Sexualhormone werden im Blut gebunden an **sexualhormonbindendes Globulin** (SHBG) transportiert. Sie binden an intrazelluläre Rezeptoren, die nach Ligandenbindung dimerisieren und dann als Transkriptionsfaktoren wirken.
Progesteron und Östrogene **hemmen** die GnRH-Freisetzung. Ab einem Schwellenwert wirken hohe Östradiolspiegel über eine positive Rückkopplung jedoch stimulierend und führen zum die Ovulation auslösenden LH-Peak.

Die lipophilen Sexualhormone werden nicht gespeichert, sondern bei Bedarf synthetisiert und direkt ins Blut abgegeben. Im Blut werden sie meist an **sexualhormonbindendes Globulin** (SHBG) gebunden und zum Zielgewebe transportiert, wo sie an ihre intrazellulären Rezeptoren binden. Diese dimerisieren nach Ligandenbindung, wandern in den Zellkern und wirken dort als Transkriptionsfaktoren für verschiedene Zielgene.

Progesteron und Östrogene wirken im Allgemeinen **hemmend** auf die GnRH-Freisetzung (= negative Rückkopplung). In der Zyklusmitte führen Östradiolspiegel oberhalb eines Schwellenwerts vorübergehend zu einer positiven Rückkopplung. Dadurch entsteht ein LH-Peak, der den Eisprung (Ovulation) auslöst. Durch die Einnahme von entsprechenden synthetischen Hormonen kann der ovarielle Zyklus gehemmt werden (orale Kontrazeptiva = „Pille").

KLINIK

KLINIK

Orale Kontrazeptiva

Neben der klassischen **Pille,** die durch eine Kombination aus Östrogen und Gestagen die Ausschüttung der Gonadotropine FSH und LH in der Hypophyse hemmt und so die Ovulation verhindert, gibt es auch die sogenannte **Mini-Pille,** die nur Gestagen enthält. Die Vorteile sind geringere Nebenwirkungen wie Gewichtszunahme, allerdings bietet sie nur einen ausreichenden Empfängnisschutz, wenn die Einnahme jeden Tag zur selben Zeit erfolgt. Die Wirkung beruht auf der Unterdrückung der Ovulation und zusätzlich auf der Veränderung des Zervixschleims, der für Spermien undurchlässig wird.
Die „**Pille danach**" enthält hoch dosiert Gestagene und verschiebt damit die Ovulation für einige Tage, in denen die Spermien noch befruchtungsfähig im Eileiter verbleiben. Im Gegensatz dazu enthält die **Abtreibungspille** eine hohe Dosis eines Progesteron-Antagonisten, sodass der Progesteronrezeptor spezifisch inaktiviert wird. Dadurch stirbt die Blastozyste ab und die Uterusschleimhaut wird abgestoßen.

9.7 HORMONE

Progesteron

Durch Progesteron wird der weibliche Körper in jedem Zyklus auf eine mögliche Schwangerschaft vorbereitet. Nach der Ovulation differenzieren Theka-Zellen und Granulosazellen des Follikels zu **Lutealzellen**, die in Abhängigkeit von LH große Mengen Progesteron produzieren und den **Gelbkörper** (Corpus luteum) bilden (> Abb. 9.27). Die hohen Progesteronkonzentrationen hemmen die Freisetzung von LH und FSH aus dem Hypothalamus, was zu einer negativen Rückkopplung und sinkenden Progesteronspiegeln führt. Die Abnahme der Progesteronkonzentration führt zur Rückbildung des Corpus luteum. Durch Vasokonstriktion kommt es zur Ablösung der aufgebauten Endometriumschleimhaut und die Menstruationsblutung setzt ein.

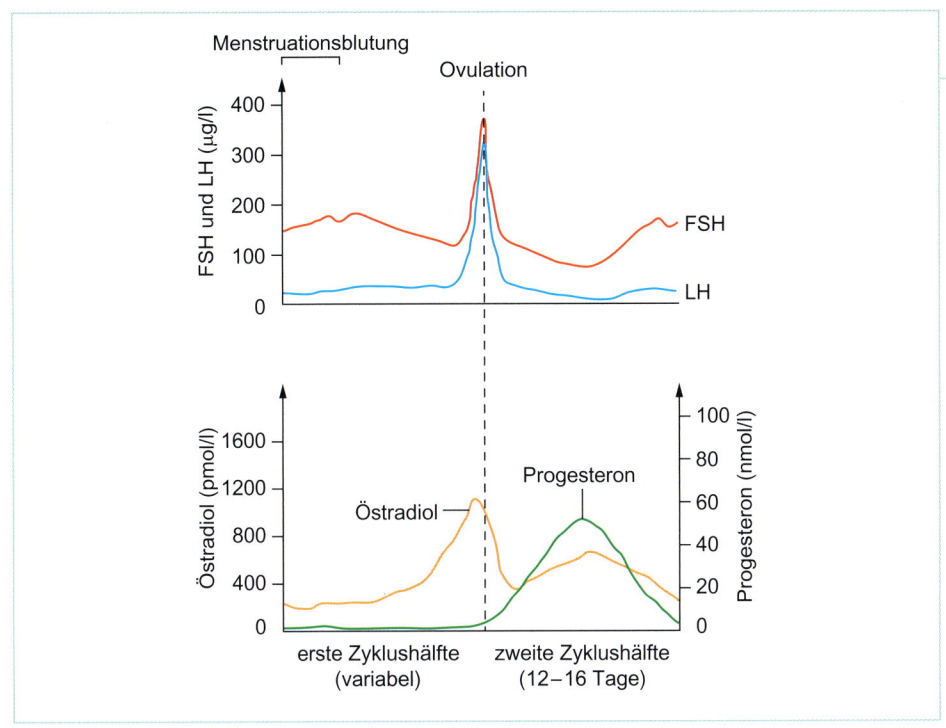

Abb. 9.27 Hormonelle Veränderungen während des weiblichen Zyklus [L271]

Die Progesteronsynthese erfolgt in nur **zwei Schritten** aus Cholesterin. Die ausreichende Versorgung der Lutealzellen mit Cholesterin wird über eine **starke Vaskularisierung** des Corpus luteum gewährleistet. Über den **Progesteronrezeptor** wirkt Progesteron auf seine Zielgewebe.
Im **Uterus** bewirkt Progesteron eine Umwandlung des Endometriums. Die Durchblutung wird gesteigert, das Drüsenwachstum wird angeregt und der Zervixschleim wird zäher. So wird im Falle einer Befruchtung die Einnistung der Blastozyste ermöglicht, während der Muttermund durch den festeren Zervixschleim verschlossen wird. Die durch diese **sekretorische Transformation** entstehenden Dezidualzellen bilden später den mütterlichen Teil der **Plazenta.**
Die Muskulatur des **Uterus** und des **Darms** wird relaxiert, die **Eileitermotilität** wird eingeschränkt und im **Gehirn** wirkt Progesteron dämpfend und damit entspannend. Außerdem **steigt die Körpertemperatur** um ca. 0,3 °C an.
Tritt eine Schwangerschaft ein, bilden **Chorionzellen**, welche die frühe Form des kindlichen Anteils der Plazenta darstellen, βhCG (humanes Choriongonadotropin), das wie LH den LH-Rezeptor aktiviert. So wird der Gelbkörper dazu stimuliert, große Mengen an Progesteron (und Östrogenen) freizusetzen, wodurch die Schwangerschaft aufrechterhalten wird. Etwa ab der 12. Schwangerschaftswoche ist die **Plazenta** in der Lage, diese Hormone anstelle des Gelbkörpers selbst in ausreichender Menge zu synthetisieren.

FALL

Marie ist schwanger: Progesteron

Marie ist überglücklich, endlich schwanger zu sein. Das Progesteron ist für viele Symptome verantwortlich, die Marie an sich nun feststellt. Ihre Verdauung ist plötzlich träger als sonst, eine Folge der relaxierenden Wirkung auf den Darm. Aufgrund der dämpfenden neuronalen Wirkung des Progesterons ist sie auch insgesamt entspannter. Zusammen mit den Östrogenen sorgt Progesteron für die Ausreifung der Brust, die Vorbereitung für das Stillen. Über die Progesteronrezeptoren, die viele Immunzellen tragen, trägt Progesteron dazu bei, die Abstoßung des halbfremden Fetus zu verhindern.
Maries Haut ist strahlend, vielleicht ein Effekt des Epidermal Growth Factor (EGF), dessen Produktion durch Progesteron aktiviert wird. Die Hauptfunktionen des Progesterons sind aber der Erhalt der Schwangerschaft und der wehenhemmende Effekt. Da Stresshormone den Progesteronspiegel senken, versucht Marie, Stress – so gut es geht – zu vermeiden.

Aus Studentensicht

Progesteron bereitet den weiblichen Körper auf eine mögliche Schwangerschaft vor.
Theka- und Granulosazellen differenzieren sich nach der Ovulation zu **Lutealzellen,** die LH-abhängig Progesteron produzieren und den stark vaskularisierten **Gelbkörper** bilden. Hohe Progesteronspiegel führen über eine negative Rückkopplung zu einem Abfall der Progesteronkonzentration und zur Rückbildung des Gelbkörpers: Die Menstruationsblutung setzt ein.

ABB. 9.27

Progesteron wird in **zwei Schritten** aus Cholesterin gebildet, das durch die **starke Vaskularisierung** der Luteal-Zellen ausreichend zur Verfügung steht.
Über den **Progesteronrezeptor** entfaltet Progesteron seine Wirkungen wie:
- **Sekretorische Transformation** des Endometriums im **Uterus;** Erhöhung der Viskosität des Zervixschleims; Bildung der Dezidua (mütterlicher Teil der Plazenta)
- Relaxierende Wirkung auf **Uterus, Darm** und **Eileiter**
- Dämpfend im **Gehirn**
- **Anstieg** der **Körpertemperatur** um ca. 0,3 °C

Bei Schwangerschaftseintritt bilden **Chorionzellen** βhCG (humanes Choriongonadotropin), das den Gelbkörper zur Progesteron- und Östrogensynthese stimuliert. Etwa ab der 12. Schwangerschaftswoche wird die Hormonproduktion von der **Plazenta** übernommen.

Aus Studentensicht

9 WIRKUNGSWEISE VON HORMONEN: WIE WIRD DAS ALLES KONTROLLIERT?

Östradiol

Östrogene bewirken bei der Frau die Ausbildung der sekundären **Geschlechtsmerkmale** und das Einsetzen des **weiblichen Zyklus.**
Ab der **Pubertät** bis zur Menopause erfolgt die Östrogensynthese hauptsächlich im **Ovar** in einem **zyklischen Rhythmus.** Die **Östradiolsynthese** erfolgt dabei v. a. im **dominanten Follikel,** dessen Theca-interna-Zellen Androstendion produzieren. Dieses gelangt in die **Granulosazellen,** wo es durch die **Aromatase** zu **Östradiol** umgesetzt wird.

Bei der Frau sind Menge und Lokalisation der Östrogensynthese abhängig von der jeweiligen Lebensphase. In der **Pubertät** werden Östrogen- und auch Gestagenproduktion zunehmend stimuliert. Östrogene mit ihrem Hauptvertreter Östradiol bewirken die Ausbildung der sekundären **Geschlechtsmerkmale** und das Einsetzen des **weiblichen Zyklus.**

Mit Erreichen der Geschlechtsreife bis zur Menopause erfolgt die Synthese der Östrogene hauptsächlich im **Ovar** und entwickelt einen zyklischen Rhythmus zwischen 23 und 42 Tagen (➤ Abb. 9.27). Dabei wird die erste Zyklushälfte von Östrogenen dominiert. Die Synthese von **Östradiol** erfolgt während des Eisprungs hauptsächlich im **dominanten Follikel,** der aus mehreren Primordialfollikeln in Abhängigkeit von der LH- und FSH-Rezeptor-Dichte selektiert wird. Die in der Randschicht des Follikels vorkommenden **Theca-interna-Zellen** produzieren aus Cholesterin den Östradiolvorläufer **Androstendion** und geben ihn über Diffusion an die **Granulosazellen** weiter (➤ 20.2.1). Die Granulosazellen exprimieren die **Aromatase,** das Schrittmacherenzym der Östrogensynthese, und synthetisieren schließlich **Östradiol.** Kurz vor der Ovulation stammen mehr als 95 % des zirkulierenden Östradiols aus dem dominanten Follikel (jetzt Graaf-Follikel).

Nach der Ovulation sinkt der Östradiolspiegel, steigt dann jedoch durch die Östradiolproduktion des Gelbkörpers wieder an. Östradiol bewirkt eine Proliferation der **Endometriumdrüsen** und die Ausbildung von **Spiralarterien.** Zusätzlich bewirkt es eine **Zervixkanalerweiterung** und eine Abnahme der Zervixschleim-Viskosität. Die **Kontraktilität der Eileiter** wird erhöht. Tritt keine Schwangerschaft ein, degeneriert der Gelbkörper, die Progesteron- und Östradiolspiegel fallen ab und es kommt zur **Menstruationsblutung.** Kurzfristig kann ein Östradiolüberschuss in dieser Phase zu **Muskelkrämpfen** im Uterus und damit verbundenen Schmerzen führen. Im **ZNS** fördert Östradiol die **weibliche Libido.**

Nach der Ovulation sinkt der Östradiolspiegel zunächst, steigt dann jedoch noch einmal etwas an, da der Gelbkörper neben Progesteron auch Östradiol produziert. Östradiol bewirkt eine Proliferation der **Endometriumdrüsen** und die Transformation von kleineren Arterien zu großen **Spiralarterien** und ist damit neben Progesteron wichtig für die sekretorische Transformation, welche die Einnistung einer befruchteten Eizelle ermöglicht.

Unter dem Östrogeneinfluss weitet sich der **Zervixkanal** in der Zyklusmitte und die Sekretbildung wird gesteigert. Zum Eisprung hin wird die Konsistenz des Zervixschleims deutlich flüssiger, sodass die Spermien in Uterus und Eileiter gelangen können. Die **Kontraktilität der Eileiter** wird durch Östradiol erhöht und ermöglicht so den Transport der Eizelle in Richtung Uterus.

Wenn keine Schwangerschaft eintritt und das Corpus luteum zugrunde geht, sinken die Östradiol- und Progesteronkonzentration sehr rasch ab und die **Menstruationsblutung** wird eingeleitet. Da Östradiol die Kontraktilität des Uterus fördert, kann es in dieser Phase zu **Muskelkrämpfen** kommen, wenn der Progesteronspiegel schneller als der Östradiolspiegel fällt und es vorübergehend zu einem Östradiolüberschuss kommt. Im **ZNS** fördert Östradiol die **weibliche Libido.**

Tritt eine **Schwangerschaft** ein, übernimmt die **Plazenta** die Östrogensynthese.
Nach der **Menopause** ruft ein damit verbundener Östrogenmangel typische Beschwerden hervor, z. B. Hitzewallungen, Schweißausbrüche, Schlafmangel, **vaginale Trockenheit** und **Osteoporose.** Postmenopausal wird Östradiol mithilfe der Aromatase im Fettgewebe gebildet.

Während der **Schwangerschaft** findet auch in der **Plazenta** eine ausgeprägte Östrogensynthese statt. Da die Gesamtöstrogenkonzentration im Körper unter diesen Bedingungen sehr hoch ist und Östradiol die Permeabilität von Blutgefäßen erhöht, kann es zu ausgeprägten Ödemen kommen.

Nach der **Menopause** ergeben sich durch den Östrogenmangel verschiedene Beschwerden in unterschiedlichem Ausmaß (= Wechseljahre). Typisch sind Hitzewallungen, Schweißausbrüche und Schlafmangel, wobei die Pathomechanismen noch nicht geklärt sind. Durch die verminderte Sekretbildung kommt es zu **vaginaler Trockenheit** und allgemein zur Schleimhautatrophie. Da Östrogene den Knochenabbau durch Osteoklasten hemmen, wird bei Östrogenmangel die Entstehung einer **Osteoporose** begünstigt. Das postmenopausal verbleibende Östradiol wird im Fettgewebe gebildet, das die Aromatase exprimiert.

> **FALL**
>
> **Marie ist schwanger: Östrogen**
>
> Die Schwangerschaft nähert sich dem Ende und Marie bemerkt, dass ihre Ringe nicht mehr passen und die Schuhe abends drücken. Sie hat geschwollene Hände und Füße. Das von der Plazenta in hohen Konzentrationen produzierte Östrogen erhöht die Durchlässigkeit der Gefäße und es bilden sich Ödeme. Zusammen mit dem Progesteron sorgen die Östrogene außerdem u. a. für die in der Schwangerschaft beobachtete Brustvergrößerung sowie die meist positiven Effekte auf die Haut.

Auch bei Männern wird die **Aromatase** im Fettgewebe exprimiert. Das dort gebildete **Östradiol** hat wichtige Einflüsse auf die **Knochendichte** und die ZNS-Entwicklung.

Auch bei Männern wird die **Aromatase** in geringen Mengen im Fettgewebe und im Hoden exprimiert. Aus Testosteron kann so **Östradiol** gebildet werden, das auch bei Männern einen wichtigen Einfluss auf die **Knochendichte** und auf das Wachstum bestimmter Hirnareale hat.

Testosteron

Testosteron wird v. a. in den Leydig-Zellen des **Hodens** und zu einem geringen Teil in der **Nebennierenrinde** gebildet. In den Zielgeweben wird Testosteron zum Teil durch die 5α-Reduktase in das wirksamere **Dihydrotestosteron (DHT)** umgewandelt.
Mit Beginn der Pubertät steigt der Testosteronspiegel und bewirkt u. a. die **Ausbildung der sekundären Geschlechtsmerkmale,** die Initiation der **Spermatogenese,** den Schluss der **Epiphysenfugen,** einen anabolen Stoffwechsel v. a. der **Muskeln** und die Stimulation der **Erythropoese.**

Beim Mann ist das Hauptprodukt der Sexualhormon-Biosynthese **Testosteron.** 95 % des Testosterons werden in den Leydig-Zellen der **Hoden** unter dem Einfluss von LH produziert, die verbleibenden 5 % in der **Nebennierenrinde.** Im Zielgewebe wird ein Teil des Testosterons durch die 5α-Reduktase in das noch wirksamere **Dihydrotestosteron** (DHT) umgewandelt (➤ 20.2.1).

Der Testosteronspiegel bleibt bei Männern bis zur Pubertät niedrig und steigt dann sprunghaft an. In der Pubertät bewirkt Testosteron die **Ausbildung der sekundären Geschlechtsmerkmale** und die Initiation der **Spermatogenese.** Die **Epiphysenfugen** schließen durch Testosteron und das Längenwachstum wird beendet. Nach der Pubertät pendelt sich der Testosteronspiegel auf einem konstanten Level ein, unterliegt aber tageszeitlichen Schwankungen. Beim erwachsenen Mann wirkt Testosteron auf die Spermatogenese und stimuliert den anabolen Stoffwechsel der **Muskeln** und die **Erythropoese.** Im ZNS wirkt es libidosteigernd, angstlösend und kann aggressives Verhalten auslösen. Ab dem 40.–50. Lebensjahr kommt es zu einem Abfall der Testosteronproduktion, der individuell ausfällt und nur selten klinische Symptome auftreten lässt. Der Testosteronspiegel kann jedoch beispielsweise durch Hormonstörungen pathologisch erhöht oder erniedrigt sein. Auch durch exogene Zufuhr des Hormons, z. B. durch Doping, kommt es zu pathologisch erhöhten Werten, während Wechselwirkungen mit anderen Medikamenten einen Abfall der Testosteronspiegel bewirken können.

Bei der **Frau** werden Androgene zum Großteil in der **Nebennierenrinde** und in geringerem Umfang in den **Ovarien** produziert, anschließend jedoch durch die Aromatase überwiegend zu Östrogenen umgewandelt. Ein erhöhter Testosteronspiegel führt bei Frauen zur **Virilisierung** (Vermännlichung), die u. a. mit einer vermehrten Körperbehaarung (Hirsutismus) und Zyklusstörungen mit fehlender Ovulation einhergehen kann.

Weitere wichtige **Androgene** neben Testosteron sind Androstendion und **Dehydroepiandrosteron** (DHEA, Prasteron), die Vorstufe der Androgene und Östrogene (> 20.2.1).

> **KLINIK**
>
> **Adrenogenitales Syndrom**
>
> Beim angeborenen **adrenogenitalen Syndrom** liegt ein Defekt eines Enzyms der Cortisolsynthese, der 21α-Hydroxylase (> 20.2.1), vor. Dadurch entsteht ein **Cortisolmangel** im Körper. Die Hypophyse versucht, den Mangel zu kompensieren, und schüttet vermehrt **ACTH** aus, was die Synthese der Nebennierenrindenhormone stark stimuliert. Da die gebildeten Hormonvorstufen wegen des Enzymdefekts aber nicht zu Cortisol oder Aldosteron umgewandelt werden können, werden stattdessen **Androgene** gebildet, deren Konzentration stark ansteigt.
>
> Je nach Restaktivität des Enzyms können die Symptome unterschiedlich schwer ausgeprägt sein. Bei geringster oder keiner Restaktivität fallen die Patienten schon nach der Geburt auf. Bei Mädchen kommt es zum **Pseudohermaphroditismus femininus**. Obwohl der Genotyp XX ist, haben die Mädchen ein vermännlichtes äußeres Genital. Auch Zwischenformen können auftreten (Intersexualität). Bei Jungen kommt es zu einem **vergrößerten Penis**. Mildere Formen fallen später in der Kindheit mit einer verfrüht einsetzenden Pubertät auf (**= Pseudopubertas praecox**). Durch das frühzeitige Schließen der Epiphysenfugen bleiben die Kinder **kleinwüchsig**. Wenn die Störung erst in der Pubertät auffällt, kommt es bei Mädchen zu Akne, männlichem Behaarungsmuster (Hirsutismus) und Menstruationsstörungen. Jungen zeigen einen großen Penis bei kindlich bleibenden Hoden und einer Störung der Spermienproduktion. Bei schweren Formen kann die Störung auch mit einem Mineralocorticoidmangel einhergehen, der unbehandelt bei den Neugeborenen zu einem lebensbedrohlichen Salzverlust führt.
>
> Die **Therapie** besteht in einer lebenslangen **Substitution** von **Hydrocortison** (Cortisol). In einigen Fällen wird auch Fludrocortison verabreicht, das eine starke mineralocorticoide Wirkung aufweist und so den ACTH-Spiegel normalisiert und die Androgenproduktion auf ein physiologisches Maß beschränkt.

Oxytocin

Synthese und Freisetzung

Oxytocin ist ein kleines **Peptidhormon**, das von magnozellulären Zellen im Nucleus paraventricularis und supraopticus des **Hypothalamus** gebildet wird. Strukturell ist es mit ADH verwandt. Es wird wie ADH als inaktives Vorläuferpeptid gebildet und durch Proteolyse mithilfe der Proprotein-Konvertase 1 noch im Hypothalamus in seine aktive Form überführt. Anschließend wird es in Vesikel verpackt, über Axonverbindungen in die **Neurohypophyse** transportiert und dort gespeichert. Bei Bedarf wird es von dort direkt in die Blutbahn sezerniert und wirkt als endokrines Effektorhormon auf seine Zielgewebe.

Signaltransduktion und Wirkung

Der Rezeptor für Oxytocin gehört zu den **G-Protein-gekoppelten Rezeptoren**. Besonders hohe Konzentrationen dieses Rezeptors finden sich im Gehirn, v. a. in der Amygdala, und gegen Ende der Schwangerschaft in den Myoepithelzellen der Milchdrüsen und in der glatten Uterusmuskulatur, dem Myometrium. Sehr gut untersucht sind die Signalweiterleitungen, die zu einer Kontraktion der glatten Muskulatur führen (> Abb. 9.28). Dies wird über die Kopplung des Rezeptors mit einem G_q-Protein, das die **Phospholipase Cβ** aktiviert, vermittelt. Das in der Folge gebildete IP_3 führt zu einer Erhöhung der zytoplasmatischen Ca^{2+}-Ionen-Konzentration mittels IP_3-sensitiver Calciumkanäle. Die freien Ca^{2+}-Ionen binden an Calmodulin und steigern die Aktivität der **Myosin-leichte-Ketten-Kinase** (MLC), die Myosin phosphoryliert. Zusätzlich wird durch das Zusammenwirken von Diacylglycerin und Ca^{2+}-Ionen die **Protein-Kinase C** aktiviert. Die Protein-Kinase C wie auch der Rezeptor selbst können zusätzlich die **MAP-Kinase-Kaskade** und die **Phospholipase A_2** aktivieren. Beides führt u. a. zu einer Erhöhung der **Prostaglandinsynthese** (> 20.2.2). Schließlich kann es vermittelt durch das kleine G-Protein Rho A zu einer Aktivierung der Rho-Kinase durch den Rezeptor kommen, die ebenfalls Myosin phosphoryliert. Der Calciumeinstrom, die Phosphorylierung von Myosin und die Prostaglandinsynthese bewirken eine **Kontraktion** der glatten Muskulatur bzw. von Myoepithelzellen.

Auch die Oxytocinrezeptoren im Gehirn nutzen die Signalweiterleitung über ein G_q-Protein. Zusätzlich sind auch Kopplungen von Oxytocin-Rezeptoren mit G_s- und G_i-**Proteinen** beschrieben. Im allgemeinen Sprachgebrauch wird Oxytocin auch als „Kuschelhormon" bezeichnet, da es sowohl bei der Frau als auch beim Mann u. a. **Paarbildung** und **soziale Kontakte stimuliert**. Zum Beispiel erfolgt bei beiden Geschlechtern eine hohe Oxytocinausschüttung beim Orgasmus, was die Partnerbindung unterstützt. Dar-

Aus Studentensicht

9 WIRKUNGSWEISE VON HORMONEN: WIE WIRD DAS ALLES KONTROLLIERT?

Abb. 9.28 Kontraktion der glatten Muskulatur durch Signaltransduktion des Oxytocin-Rezeptors [L299, L307]

über hinaus wird die **mütterliche Fürsorge** für das Neugeborene stimuliert. Auch Angstzustände werden durch Oxytocin reduziert.

Die am besten untersuchte Wirkung des Oxytocins ist die **Stimulation** der Kontraktion **der glatten Muskulatur** des **Uterus** und der **Myoepithelien** der **Milchgänge**. Bei der Geburt bewirkt es die Kontraktionen des Endometriums und ruft somit die Wehen hervor. Beim Stillen führt es zur Kontraktion der Milchgänge und damit in Zusammenwirkung mit Prolaktin zu einer gesteigerten Milchsekretion. Die vom Oxytocin ausgelösten Wehen beim Geburtsvorgang bzw. das Saugen des Säuglings an den Brustwarzen führen zur Aktivierung von Dehnungsrezeptoren im Uterus und in der Vagina bzw. in den Milchgängen. Diese Dehnungsimpulse stimulieren wiederum in Form eines positiven Feedbacks eine weitere Oxytocinsekretion aus dem Hypothalamus (= **neuroendokriner Reflexbogen**).

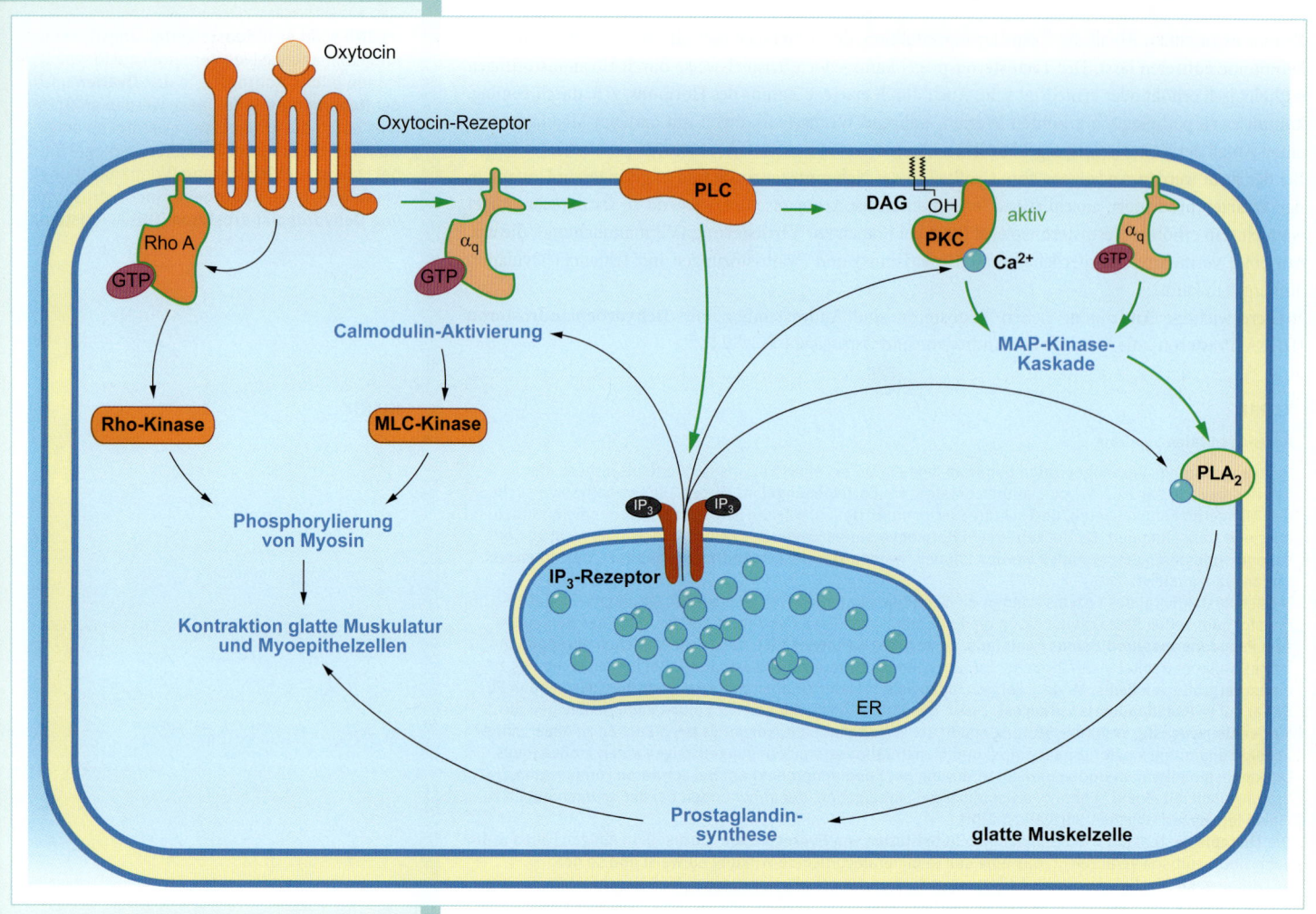

Über die **kontraktionsfördernde Wirkung** auf die **glatte Uterusmuskulatur** und die **Myoepithelien** ruft es Wehen sowie die Milchsekretion aus den **Milchgängen** hervor. Die Aktivierung von Dehnungsrezeptoren in Uterus, Vagina und Brustgewebe führt durch ein positives Feedback zur verstärkten Oxytocinausschüttung (**neuroendokriner Reflexbogen**).

> **FALL**
>
> **Maries Baby kommt zur Welt: Oxytocin**
>
> Der Geburtstermin ist da und geht vorüber, ohne dass etwas passiert. Als auch eine Woche später noch keine natürlichen Wehen einsetzen, wird Marie in der Klinik eine wehenstimulierende Oxytocininfusion gegeben. Die Wehen setzen durch die kontraktionsfördernde Wirkung des Oxytocins ein und 10 Stunden später ist das Baby geboren. Marie bekommt es gleich auf den Bauch gelegt und eine halbe Stunde später saugt es das erste Mal an der Brust. Auch hier ist Oxytocin im Spiel, es unterstützt die Kontraktion der Milchgänge, um die Milch fließen zu lassen, aber auch die Gebärmutter zieht sich wieder zusammen. In den nächsten Tagen merkt Marie dies jedes Mal beim Stillen als Nachwehen. Dadurch wird die Rückbildung der Gebärmutter gefördert. Gleichzeitig dient Oxytocin der verstärkten Bindung an das Kind.

Prolaktin

Das **Peptidhormon** Prolaktin wird in laktotropen Zellen der **Adenohypophyse** gebildet und in einem **circadianen** Rhythmus in die Blutbahn sezerniert. **Östrogene** und **TRH** induzieren die Prolaktinbildung und seine Freisetzung, wohingegen Prolaktin selbst über eine **negative Feedbackschleife** seine Synthese und Sekretion dopaminvermittelt hemmt.

Prolaktin

Synthese und Freisetzung

Prolaktin ist ein kleines **Peptidhormon** und strukturell mit Somatotropin verwandt. Es wird in laktotropen Zellen der **Adenohypophyse** synthetisiert. Nach der Freisetzung erfolgt ein endokriner Transport zu den jeweiligen Zielzellen. Im Allgemeinen folgt die Freisetzung in einem **circardianen** Rhythmus mit den höchsten Werten in der Nacht. Ein eigenes hypothalamisches Releasing-Hormon ist noch nicht eindeutig nachgewiesen. **Östrogene** und **TRH** können aber die Prolaktinsynthese und -freisetzung induzieren.

Prolaktin hemmt seine eigene Synthese und Sekretion über eine **negative Feedbackschleife,** indem es im Hypothalamus die Synthese und Sekretion von **Dopamin** stimuliert. Dopamin ist der eigentliche Hemmstoff der Prolaktinsynthese und wird daher auch als **Prolaktin (Release) Inhibiting Hormone** (PIH) bezeichnet.

Signaltransduktion und Wirkung

An den Zielzellen bindet Prolaktin an **Prolaktinrezeptoren** (PRLR), die weitgehend ubiquitär exprimiert sind. Es handelt sich dabei um membranständige Rezeptoren, die entweder als **Rezeptor-Tyrosin-Kinasen** oder mit **assoziierten Tyrosin-Kinasen** vorkommen, und aufgrund ihrer Struktur zur Gruppe der Typ-I-Zytokin-Rezeptoren gezählt werden. Die Bindung von Prolaktin an Prolaktinrezeptoren löst eine Rezeptordimerisierung aus, welche die Bindung von spezifischen Tyrosin-Kinasen, den **Janus-Kinasen 2** (JAK2), zur Folge hat. Diese Kinasen phosphorylieren die intrazelluläre Domäne des Prolaktinrezeptors an spezifischen Tyrosinresten, wodurch Bindestellen für den **Transkriptionsfaktor STAT5** entstehen. Nach Bindung an den Rezeptor wird STAT5 von JAK2 phosphoryliert, dissoziiert wieder ab und bildet Dimere aus. In dimerer Form wird STAT5 in den Zellkern transportiert und steuert dort als Transkriptionsfaktor die Expression seiner Zielgene. Weitere Signalkaskaden, die über Prolaktin aktiviert werden können, sind z. B. die Ras/Raf/MAP-Kinase-Kaskade und der PI3K-PKB (AKT) Signalweg, die auch über Rezeptor-Tyrosin-Kinasen aktiviert werden (➤ 9.6.3).

Für Prolaktin konnten u. a. Wirkungen auf den **Wasser-** und **Ionenhaushalt,** auf **Wachstum** und **Entwicklung,** das **Immunsystem** und die **Myelinisierung** im ZNS nachgewiesen werden. Die vielfältige Wirkung des Prolaktins ist u. a. auf dessen Zusammenspiel mit anderen Hormonen wie Östrogenen, Progesteron, Somatotropin, Glukocorticoiden und Schilddrüsenhormonen zurückzuführen.

Am besten untersucht sind die regulierenden Einflüsse des Prolaktins auf die **Reproduktionsprozesse** insbesondere bei der Frau. Normale Prolaktinspiegel unterstützen die Gonadenfunktion. In hohen Konzentrationen **hemmt** Prolaktin die **Ovulation.** Bei Schwangeren induziert es die Differenzierung der Brustdrüse zur Milchdrüse (= **Mammogenese**). Außerdem regt es die Epithelzellen der Milchdrüsen zur Synthese von Milchproteinen (z. B. Kasein und Laktalbumin), Laktose und Milchfetten an (= **Laktogenese**). Zusammen mit Oxytocin hält Prolaktin die Milchsekretion (= **Galaktopoese**) während der Stillphase aufrecht. Damit beim Stillen durch Prolaktin die Milchsekretion stimuliert werden kann, wird die Dopaminfreisetzung, welche die Prolaktionausschüttung hemmen würde, durch den Dehnungsreiz an der Brustwarze über Afferenzen in den Hypothalamus gehemmt.

FALL

Marie stillt: Prolaktin

Neben Oxytocin ist Prolaktin für das Stillen essenziell. Schon in den letzten Wochen der Schwangerschaft kam es bei Marie durch den hohen Prolaktinspiegel, der die Brust auf das Stillen vorbereitet, zur Sekretion von einigen Tröpfchen Vormilch. Durch den Saugreiz von Maries Baby wird die Prolaktinausschüttung nun stark gesteigert und werden sowohl die Milchproduktion als auch die Milchsekretion angeregt.
Ein Nebeneffekt ist, dass Marie während der Stillzeit keine Regelblutung bekommt, da die hohen Prolaktinspiegel die Ovulation hemmen. Im Normalfall wird sie so während der kräftezehrenden Stillzeit nicht wieder schwanger. Diese natürliche Verhütung während der Stillzeit ist aber nicht absolut und so verhütet Marie sicherheitshalber noch zusätzlich.
Prolaktin wird auch nach dem Orgasmus ausgeschüttet, ist hier verantwortlich für Gefühle der Befriedigung, die in abgeschwächter Form auch beim Stillen ausgelöst werden und wiederum die Bindung an das Kind fördern. Prolaktin löst außerdem ein Brutpflegeverhalten aus, sogar bei männlichen Lebensgefährten der Schwangeren kommt es kurz vor der Geburt zu geringfügig erhöhten Prolaktinspiegeln, die mit denen der Partnerin korrelieren und wahrscheinlich durch Kommunikation, möglicherweise aber auch olfaktorische Signale ausgelöst werden. Die Hypophyse ist über den Hypothalamus auch eng mit dem limbischen System verknüpft; so können psychische Faktoren direkt auf den Hormonspiegel Einfluss nehmen. Evolutionär ist die Auslösung eines paternalen Brutpflegeverhaltens bei Säugetieren von Vorteil gewesen.

Somatotropin

Synthese und Freisetzung

Das Peptidhormon **Somatotropin** (Wachstumshormon, Growth Hormone, GH, somatotropes Hormon, STH) wird in somatotropen Zellen der **Adenohypophyse** gebildet und gelangt auf endokrinem Weg zu seinen Zielzellen. Der Transport im Blut erfolgt i. d. R. durch Bindung an eine lösliche Form des Somatotropinrezeptors.

Die Synthese und Freisetzung des Somatotropins wird wesentlich durch das Releasing-Hormon **Somatoliberin** (GHRH) gefördert und durch das Inhibiting-Hormon **Somatostatin** (Somatotropin-Inhibitory Hormone, SIH, GHIH) gehemmt. Beide Hormone werden hauptsächlich im **Hypothalamus** gebildet, Somatostatin auch im Pankreas und Gastrointestinaltrakt. Die Synthese von Somatoliberin und Somatotropin ist **altersabhängig** und **pulsativ.** Über den Tag verteilt kommt es zu ca. 4–8 Sekretionspulsen, wobei die stärkste Ausschüttung während des Schlafs erfolgt. Die höchsten Konzentrationen werden rund um die Geburt und die Pubertät gemessen. Zusätzlich wird die Somatoliberinsynthese durch β-adrenerge Stimuli gehemmt und durch dopaminerge, serotonerge und α-adrenerge Stimuli gesteigert.

Aus Studentensicht

Prolaktin bindet an spezifische **Prolaktinrezeptoren,** wodurch es zur Rezeptordimerisierung kommt. Die Signalweiterleitung erfolgt über **rezeptorassoziierte Tyrosin-Kinasen,** die **Janus-Kinasen 2,** die an den Rezeptor binden und diesen phosphorylieren. Dadurch entstehen Bindungsstellen für den **Transkriptionsfaktor STAT5,** der ebenfalls phosphoryliert wird, Dimere bildet und in den Zellkern transportiert wird. Zusätzlich kann Prolaktin weitere Signalkaskaden wie die Ras/Raf/MAP-Kinase-Kaskade aktivieren.

Prolaktin reguliert u. a. den **Wasser-** und **Ionenhaushalt, Wachstum** und **Entwicklung,** das **Immunsystem** und die **Myelinisierung** im ZNS. Zudem hat es direkte Einflüsse auf **Reproduktionsprozesse.** Es unterstützt die Gonadenfunktion und **hemmt** in hohen Konzentrationen die **Ovulation.** Bei Schwangeren induziert es Wachstum und Ausbildung der Milchdrüse (**Mammogenese**), stimuliert die Milchdrüse zur Muttermilchsynthese (**Laktogenese**) und hält zusammen mit Oxytocin die Milchsekretion (**Galaktopoese**) während der Stillphase aufrecht.

Somatotropin

Das Peptidhormon **Somatotropin** (Wachstumshormon, GH) wird in somatotropen Zellen der **Adenohypophyse** gebildet.
Somatoliberin (GHRH) fördert die Synthese und Freisetzung von Somatotropin, **Somatostatin** (SIH) hemmt sie. Beide werden v. a. im **Hypothalamus** gebildet. Ihre Synthese ist **altersabhängig** und **pulsativ.** Die stärkste Ausschüttung erfolgt während des Schlafs, in der Pubertät sowie um die Geburt herum.
Zahlreiche Einflüsse wie andere Hormone, metabolischer Status, körperliche Aktivität und Schlafphasen beeinflussen die Bildung und Sekretion von Somatoliberin und Somatostatin.

Aus Studentensicht

Über eine **negative Feedbackschleife** hemmt Somatotropin die Ausschüttung von Somatoliberin und stimuliert die Ausschüttung von Somatostatin.

Zielorgane von Somatotropin sind u. a. Knochen, Muskeln, Leber und Fettgewebe. Ein Großteil seiner Wirkungen wird indirekt über **insulinähnliche Wachstumsfaktoren** (IGF) vermittelt. IGF wirken endokrin, parakrin und autokrin und werden im Blut als Komplexe mit IGF-bindenden Proteinen transportiert.

Als **anaboles Hormon** wirkt sich Somatotropin fördernd auf **Wachstum** und **Stoffwechsel** aus. Über einen Membranrezeptor mit **rezeptorassoziierter Tyrosin-Kinase** wird das Signal sowohl über den **JAK/STAT-Weg** als auch über die **Ras/Raf/MAP-Kinase-Kaskade** weitergeleitet und u. a. die Biosynthese von IGF-1 und -2 induziert. Zusätzlich werden die **PI3 K** und dadurch die **Protein-Kinase B** aktiviert.

ABB. 9.29

Somatotropin reguliert über IGF-1 das **Längenwachstum von Knochen**, die **Zunahme der Muskelmasse**, das **Wachstum der inneren Organe** sowie die **Gewebehomöostase** und **Regenerationsprozesse**.

9 WIRKUNGSWEISE VON HORMONEN: WIE WIRD DAS ALLES KONTROLLIERT?

Somatostatin hemmt neben der Somatotropinausschüttung auch die Freisetzung von TSH. Fördernd auf Bildung und Sekretion von Somatotropin wirken neben Somatoliberin auch Ghrelin, Schilddrüsenhormone, Östrogene und Testosteron sowie Aminosäuren, Blutzuckerabnahme, körperliche Aktivität und Tiefschlafphasen. Hemmend wirken dagegen auch ein langfristig erhöhter Cortisolspiegel, Leptin und unveresterte Fettsäuren im Blut. Steigt die Somatotropinkonzentration an, hemmt es über eine **negative Feedbackschleife** im Hypothalamus die Ausschüttung von Somatoliberin und stimuliert die Ausschüttung von Somatostatin.

Signaltransduktion und Wirkung

Die wichtigsten Zielorgane und -gewebe des Somatotropins sind Knochen, Muskeln, Leber und Fettgewebe. Bis auf wenige Ausnahmen wird der Großteil der von Somatotropin hervorgerufenen Wirkungen indirekt über **insulinähnliche Wachstumsfaktoren** (Insulin-Like Growth Factor, IGF, Somatomedine) vermittelt. Die über IGF-1 vermittelten Wirkungen sind am besten untersucht. IGF sind strukturell mit Insulin verwandt, ihr C-Peptid wird jedoch nicht posttranslational herausgeschnitten. Angeregt durch Somatotropin werden sie in der Leber synthetisiert und endokrin an ihre Zielorgane geleitet. Der Transport im Blut wird von spezifischen IGF-Bindeproteinen übernommen. Dadurch kann sich ihre Halbwertszeit im Blut von wenigen Minuten auf mehrere Stunden verlängern. Daneben sind auch parakrine und autokrine Wirkungen z. B. für IGF-1 in der Wachstumszone von Knochen beschrieben. Pränatal werden IGF weitgehend unabhängig von Somatotropin synthetisiert. Erst nach der Geburt ergibt sich eine Abhängigkeit von Somatotropin.

Somatotropin ist ein **anaboles Hormon,** das sich fördernd auf **Wachstum** und **Stoffwechsel** auswirkt. An den Zielzellen bindet Somatotropin an einen Membranrezeptor mit einer **rezeptorassoziierten Tyrosin-Kinase,** die mit den Prolaktinrezeptoren verwandt ist und die Signale auf gleiche Weise sowohl über den **JAK/STAT-Weg** als auch über die **Ras/Raf/MAP-Kinase-Kaskade** weiterleitet. In der Folge wird u. a. die Biosynthese von IGF-1 und -2 induziert. Diese wiederum wirken über einen IGF-1-Rezeptor, der zu den Rezeptor-Tyrosin-Kinasen zählt und die Signale in ähnlicher Weise wie der Insulinrezeptor intrazellulär weiterleitet. Die metabolischen Wirkungen werden sowohl IGF-1-abhängig als auch unabhängig über die Aktivierung der **Phosphatidylinositol-3-Kinase** (PI3 K), die wiederum die **Protein-Kinase B** aktiviert, vermittelt (> Abb. 9.29).

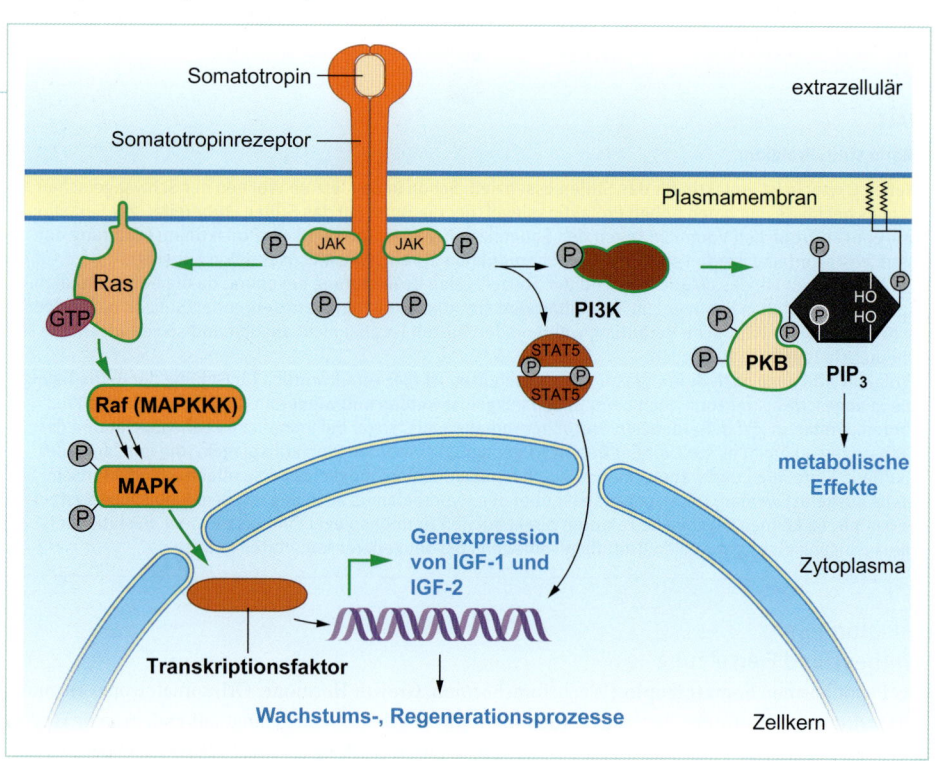

Abb. 9.29 Signaltransduktion durch Somatotropin [L138]

In der postnatalen Phase bis hin zur Pubertät wirkt Somatotropin indirekt über IGF-1 durch Stimulation der Proliferation und Reifung von Chondrozyten positiv auf das **Längenwachstum von Knochen**. Im Erwachsenenalter werden Osteoblasten und Osteoklasten durch Somatotropin-induziertes IGF-1 weiter stimuliert, um die Zusammensetzung der Knochen veränderten Bedingungen anzupassen. Über IGF-1 fördert Somatotropin auch die **Zunahme der Muskelmasse** und das **Wachstum der inneren Organe**. Darüber hinaus ist es an der Regulation der **Gewebehomöostase** und an **Regenerationsprozessen** beteiligt.

Um diese anabolen Wachstumsprozesse zu befördern, müssen Stoffwechsel und Energiehaushalt der Zellen entsprechend angepasst werden. Dazu wirkt Somatotropin direkt ohne IGF-Vermittlung und antagonistisch zu Insulin auf den Lipid- und Kohlenhydratstoffwechsel. Es **stimuliert** den **Glykogenabbau** und die **Glukosefreisetzung** aus der Leber, die **Lipolyse** im Fettgewebe und den **Fettsäureabbau**. Dadurch wird die allgemeine Energieversorgung durch die Bereitstellung von Glukose und Fettsäuren gewährleistet. Insbesondere in der Skelettmuskulatur **hemmt** Somatotropin die **Glukoseaufnahme** und **-verwertung** und unterstützt die Umstellung von der Glukose- auf die Lipidoxidation. Zusätzlich **fördert** es die **Aufnahme von Aminosäuren** und steigert die **Proteinbiosynthese**, was zu einer Zunahme der Muskelmasse führt. Zusammengenommen überwiegen angeregt durch Somatotropin anabole Prozesse, das Verhältnis zwischen Fett- und Muskelmasse wird zugunsten letzterer veschoben und die Leistungsfähigkeit des Körpers steigt.

9.7.5 Regulation des Schlaf-wach-Rhythmus

Melatonin
Synthese und Freisetzung
Das am besten untersuchte Hormon zur Regulation des Schlaf-wach-Rhythmus ist **Melatonin**, das v. a. in der **Epiphyse** (Glandula pinealis) und in der Retina gebildet wird. Ausgangsstoff für seine Synthese ist **Tryptophan**, das über Serotonin zu Melatonin umgewandelt wird (> 21.6). Die Synthese unterliegt einem **24-Stunden-Rhythmus**. Zwischen Mitternacht und den frühen Morgenstunden ist die Plasmakonzentration am höchsten, am Nachmittag hingegen am niedrigsten. Die Melatoninsekretion wird durch Tageslicht (= exogener Reiz) gehemmt.

Signaltransduktion und Wirkung
Melatonin wirkt beim Menschen über die Melatoninrezeptoren MT1 und MT2, die in hoher Konzentration im ZNS und dort insbesondere in der Retina vorkommen. Diese gehören zu den **G-Protein-gekoppelten Rezeptoren** und sind hauptsächlich mit inhibitorischen G_i-**Proteinen** gekoppelt, die nach Aktivierung einen Abfall der intrazellulären cAMP-Konzentration bewirken. In Abhängigkeit vom Zelltyp können aber auch G_q-**Proteine** aktiviert werden.
Melatonin reguliert den circadianen Rhythmus. Es kontrolliert den **Schlaf-wach-Rhythmus**, indem es die **Tiefschlafphasen** induziert. Darüber hinaus stimuliert es die **Ausschüttung von Somatotropin** und wirkt als **Antioxidans**. Im kardiovaskulären System ist Melatonin vermutlich an der **Blutdruckregulation** beteiligt und kann nachweislich sowohl eine Vasodilatation als auch eine Vasokonstriktion induzieren.

> **KLINIK**
> **Winterdepression**
> Der Zusammenhang zwischen Licht und Melatoninproduktion wird am deutlichsten bei Patienten, die durch die kürzer werdenden Tage im Herbst saisonal an depressiven Symptomen leiden, die auch als saisonal affektive Störung (SAD) oder Winterdepression bezeichnet werden. Weitere Symptome sind z. B. ein vermehrtes Schlafbedürfnis und ein verstärkter Appetit auf Süßigkeiten. Im Sommer verschwinden die Symptome wieder. Je weiter nördlich des Äquators man sich befindet, desto weniger Tageslicht steht zur Verfügung und desto ausgeprägter sind die Symptome.
> Die fehlende Hemmung der Melatoninsekretion durch Tageslicht im Herbst und Winter hat eine stark erhöhte Melatoninbildung und -ausschüttung zur Folge. Da Melatonin aus Serotonin gebildet wird, ist die Konzentration des stimmungsaufhellend wirkenden Serotonins entsprechend vermindert. Bei Patienten mit Winterdepression ist dieser Effekt zusätzlich durch eine verminderte Lichtempfindlichkeit der Sehzellen verstärkt. Als ursächliche Therapie wird den Patienten eine Lichttherapie mit einer Tageslichtlampe empfohlen, welche die Melatoninproduktion hemmt und das Gleichgewicht wieder zugunsten des Serotonins verschiebt. Die Lichttherapie wird über einen längeren Zeitraum täglich jeweils ca. 1 Stunde vor Sonnenaufgang und nach Sonnenuntergang mit einer Lampe mit ca. 2500 Lux durchgeführt.

9.8 Gewebshormone

9.8.1 Aglanduläre Bildung
Gewebshormone sind eine sehr heterogene Gruppe aglandulärer Hormone. Sie wirken vorwiegend **autokrin** oder **parakrin** und entstehen in verstreut liegenden Zellen im Gewebe, die nicht zu endokrinen Drüsen organisiert sind. In der Regel sind sie nicht im Blut zu finden und eine systemische Wirkung tritt nur bei übermäßiger Synthese auf. Zu ihnen werden Eicosanoide, biogene Amine, Kinine und das Gas Stickstoffmonoxid (NO) gezählt.

Aus Studentensicht

9.8.2 Eicosanoide

Eicosanoide sind Lipide, die aus mehrfach ungesättigten Fettsäuren mit 20 C-Atomen, insbesondere aus der **Arachidonsäure**, synthetisiert werden. Sie werden eingeteilt in:
- Prostanoide
  - Prostaglandine
  - Thromboxane
- Leukotriene
- Lipoxine
- Protektine, Resolvine
- Endocannabinoide

Prostanoide können von fast **allen Geweben** gebildet werden, wobei die Synthese einzelner Prostanoide auf **spezifische Zellen** beschränkt ist. Leukotriene werden hauptsächlich von Mastzellen, Granulozyten und Makrophagen gebildet. Lipoxine, Protektine und Resolvine werden oft im Zusammenspiel von zwei Zelltypen gebildet. Endocannabinoide entstehen insbesondere in Nerven- und Immunzellen. Eicosanoide können aufgrund ihres **lipophilen Charakters** nicht gut gespeichert werden und werden daher bei Bedarf de novo aus **Arachidonsäure** synthetisiert. Ihre **Halbwertszeit** ist **sehr kurz** und beträgt nur wenige Sekunden bis Minuten. Eicosanoide wirken i. d. R. über **G-Protein-gekoppelte Rezeptoren**. Sie zeigen sehr vielseitige und z. T. antagonistische Wirkungen.

Prostanoide

Prostanoide wirken über **Prostanoidrezeptoren**. Abhängig vom gekoppelten G-Protein können sie stimulatorisch oder inhibitorisch auf die Adenylat-Cyclase wirken und die PLCβ aktivieren, was zu einem Anstieg von IP_3 und Ca^{2+}-Ionen in der Zielzelle führt.

Prostanoide haben vielfältige Aufgaben. PGE_2 und PGI_2 erhöhen als **Entzündungsmediatoren** u. a. die Kapillarpermeabilität. Als **Fiebermediator** führt PGE_2 zur Erhöhung der **Körpertemperatur**. PGE_2 und PGI_2 verstärken die **Schmerzempfindlichkeit (Nozizeption)**, indem sie direkt im Gehirn die Erregbarkeit von Neuronen steigern und periphere Schmerzrezeptoren sensibilisieren, wodurch sie die Schmerzweiterleitung stimulieren. Weitere Funktionen sind die Regulation von:
- **Blutgerinnung**
- **Blutdruck**
- **Atmung**
- **Darmperistaltik**
- **Uteruskontraktilität**

PGE_2 hat darüber hinaus eine **protektive Wirkung** auf die **Magenschleimhaut** und reguliert die **Reninfreisetzung**.

Leukotriene

Leukotriene wirken über G-Protein-gekoppelte Rezeptoren wie **BLT1/2** und **CysLT1/2**. Sie zählen zu den stärksten **Konstriktoren der Bronchialmuskulatur**. Zudem wirken sie **proinflammatorisch**, erhöhen die **Kapillarpermeabilität** und tragen dadurch zur **Ödembildung** bei. Vor allem LTB_4 ist auch **chemotaktisch** aktiv.

---

9 WIRKUNGSWEISE VON HORMONEN: WIE WIRD DAS ALLES KONTROLLIERT?

9.8.2 Eicosanoide

Eicosanoide (griech. eicosi = zwanzig) sind Lipide, die aus mehrfach ungesättigten C_{20}-Fettsäuren, insbesondere der **Arachidonsäure**, gebildet werden. Sie werden wie folgt eingeteilt:
- **Prostanoide:**
  - **Prostaglandine** (PG): PGD_2, PGE_2, PGE_1, PGF_2 und PGI_2 (= Prostacyclin)
  - **Thromboxane** (Tx): TxA2
- **Leukotriene** (LT): LTB_4 und Cysteinylleukotriene (LTC_4, LTD_4 und LTE_4)
- **Lipoxine** (LX): LXA_4 und LXB_4
- **Protektine, Resolvine**
- **Endocannabinoide** (z. B. Arachidonylethanolamid und Arachidonylglycerin)

Prostanoide können von nahezu **allen Geweben** gebildet werden. Die Bildung einzelner Prostanoide ist allerdings auf **spezifische Zelltypen** beschränkt. PGI_2 wird beispielsweise v. a. in Endothelzellen gebildet. Sein Gegenspieler TxA_2 ist dagegen ein wichtiges Signalmolekül in und für Thrombozyten. PGE_2 wird in Makrophagen, Granulosazellen, Neuronen, Nierenepithelzellen, Belegzellen des Magens, glatter Muskulatur und Endothelzellen synthetisiert. Leukotriene werden dagegen hauptsächlich von Mastzellen, Granulozyten und Makrophagen gebildet.

Die Synthese von Lipoxinen, Protektinen und Resolvinen erfordert oft das Zusammenspiel von zwei Zelltypen. So werden Lipoxine durch Thrombozyten mit Unterstützung von neutrophilen Granulozyten gebildet. Endocannabinoide werden insbesondere von Nerven- und Immunzellen gebildet.

Im Allgemeinen können Eicosanoide aufgrund ihres **lipophilen Charakters** nicht gut gespeichert werden und werden bei Bedarf de novo hauptsächlich aus **Arachidonsäure** synthetisiert (➤ 20.2.2) und anschließend freigesetzt. Sie besitzen nur eine **sehr kurze Halbwertszeit** von wenigen Sekunden bis Minuten. Eicosanoide vermitteln ihr Signal i. d. R. über **G-Protein-gekoppelte Rezeptoren** (GPCR). Sie zeigen sehr vielseitige und zum Teil auch antagonistische Wirkungen (➤ Tab. 9.6).

Prostanoide

Die Signalweiterleitung der verschiedenen **Prostanoidrezeptoren** (➤ Tab. 9.6) hängt vom jeweils gekoppelten G-Protein ab. Sie können sowohl stimulatorisch als auch inhibitorisch auf die Adenylat-Cyclase wirken. Daneben kann auch die Phospholipase Cβ und damit ein Anstieg von IP_3 und Ca^{2+}-Ionen in der Zielzelle induziert werden. Eine Sonderstellung nehmen die Rezeptoren EP3, IP und TP ein, die abhängig vom Zelltyp jeweils an unterschiedliche G-Proteine gekoppelt sein können.

Ausnahmen bilden PGI_2 und ein Abbauprodukt von PGD_2, die neben membranständigen Rezeptoren zusätzlich auch an intrazelluläre Rezeptoren wie PPARγ (Peroxisom-Proliferator-aktivierter Rezeptor γ) oder PPARδ binden können und damit die Genexpression direkt beeinflussen.

Prostanoide sind wichtige **Entzündungsmediatoren**. PGE_2 und PGI_2 erhöhen beispielsweise im Rahmen einer Entzündungsreaktion zusammen mit anderen Mediatoren wie Histamin und Bradykinin die Kapillarpermeabilität was u. a. zu Gewebeschwellungen führen kann. Zytokine wie IL-1β und TNFα induzieren vermutlich im Organum vasculosum laminae terminalis des Hypothalamus die Synthese von PGE_2, das in der Folge Mechanismen zur Erhöhung der **Körpertemperatur** in Gang setzt und so als **Fiebermediator** wirkt.

Darüber hinaus regulieren PGE_2 und PGI_2 die **Schmerzempfindlichkeit (Nozizeption)**, indem sie die Blut-Hirn-Schranke überwinden und direkt im Gehirn die Erregbarkeit von Neuronen und somit das Schmerzempfinden steigern. Außerdem sensibilisieren sie periphere Schmerzrezeptoren und stimulieren die Schmerzreizweiterleitung in Gehirn und Rückenmark.

Weitere Funktionen der Prostanoide sind die Regulation
- der **Blutgerinnung**, die ein fein abgestimmtes Gleichgewicht zwischen TxA_2 und PGI_2 voraussetzt,
- des **Blutdrucks** durch Vasodilatation und Vasokonstriktion,
- der **Atmung** durch Bronchodilatation und Bronchokonstriktion sowie
- der **Darmperistaltik** und der **Kontraktion des Uterus** bei der Geburt.

PGE_2 hat darüber hinaus eine **protektive Wirkung** auf die **Schleimhaut des Magens**, da es die Schleimsekretion anregt und die Säureproduktion hemmt. In der Niere wird außerdem die **Freisetzung von Renin** insbesondere durch PGE_2 und PGI_2 reguliert.

Leukotriene

Für Leukotriene wurden bisher vier Rezeptoren identifiziert. **BLT1** und **BLT2** sind für die Signaltransduktion von LTB_4 verantwortlich. Beide inhibieren die Adenylat-Cyclase und aktivieren die Phospholipase Cβ. **CysLT1** und **CysLT2** übertragen über ein G_q-Protein die Signale der Cysteinylleukotriene LTC_4, LTD_4 und LTE_4.

Die Leukotriene LTC_4, LTD_4 und LTE_4 zählen zu den stärksten **Konstriktoren der Bronchialmuskulatur**. Sie sind 100–1 000-mal wirksamer als Histamin. Hemmstoffe für Leukotrienrezeptoren werden daher gegen Asthma bronchiale eingesetzt. Darüber hinaus wirken Leukotriene wie auch die Prostaglandine **proinflammatorisch**. Sie können die **Kapillarpermeabilität erhöhen** und dadurch unter Umständen **Ödembildung** induzieren. Insbesondere LTB_4 ist auch **chemotaktisch** aktiv.

9.8 GEWEBSHORMONE

Tab. 9.6 Signaltransduktion und Wirkung der Eicosanoide

Eicosanoid	Rezeptor	Funktion
Prostaglandine		
PGE_2, PGE_1	EP1–4 • Subtyp 1: G_q • Subtyp 2,4: G_s • Subtyp 3: $G_{i/q}$	• Vasodilatation, Blutdrucksenkung, Förderung der Diurese • Regulation der Reninfreisetzung • Bronchodilatation • Hemmung der Cl^--Sekretion im Magen, Steigerung der Schleim- und Hydrogencarbonatsekretion • Förderung von Fieber und Entzündungsschmerz (Sensibilisierung peripherer Schmerzrezeptoren, Stimulation der Schmerzweiterleitung) • Hemmung der Lipolyse • Kontraktion der glatten Darmmuskulatur • Regulation der Uteruskontraktion, Ovulation, Befruchtung, Implantation • Knochenumbau
PGD_2	DP1–2 • Subtyp 1: G_s • Subtyp 2: G_i	• Vasodilatation • Bronchokonstriktion • Schlafregulation • Regulation der Körpertemperatur
PGF_2	FP (G_q)	• Vasokonstriktion • Bronchokonstriktion • Kontraktion der glatten Darm- und Uterusmuskulatur
PGI_2 (Prostacyclin)	IP ($G_{s/q}$)	• Vasodilatation, Blutdrucksenkung, Zunahme von Gefäßpermeabilität und Diurese • Bronchorelaxation • Regulation der Reninfreisetzung • Hemmung der Thrombozytenaggregation • Hemmung der Cl^--Sekretion im Magen, Steigerung der Schleim- und Hydrogencarbonatsekretion • Relaxation der glatten Uterusmuskulatur, Ovulation, Befruchtung, Implantation • Sensibilisierung peripherer Schmerzrezeptoren, Stimulation der Schmerzweiterleitung
Thromboxan		
TxA_2	TP ($G_{i/s/q}$)	• Vasokonstriktion • Bronchokonstriktion • Förderung der Thrombozytenaggregation • Kontraktion der glatten Uterusmuskulatur
Leukotriene		
LTB_4	BLT1 und -2 ($G_{i/q}$)	• Chemotaxis von Leukozyten und Anheftung an Endothelzellen • Entzündungsschmerz
LTC_4	CysLT1 und -2 (G_q)	• Vasokonstriktion und Steigerung der Kapillarpermeabilität • Bronchokonstriktion
LTD_4		• Hemmung der Vasokonstriktion und Steigerung der Kapillarpermeabilität • Bronchokonstriktion
LTE_4		• Steigerung der Kapillarpermeabilität • Bronchokonstriktion
Lipoxine		
LXA_4	ALX (G_q)	• Vasodilatation und Verminderung der vaskulären Permeabilität • Beendet Chemotaxis von Leukozyten • Hemmung von Schmerz und Fieberreaktion
LXB_4	-	• Hemmung der Vasodilatation • Beendet Chemotaxis von Leukozyten
Endocannabinoide		
Endocannabinoide	CysLT1 und -2 (G_q)	• Antiinflammatorisch • Krampflindernd • Euphorisierend und appetitanregend

Lipoxine

Der Rezeptor für **LXA$_4$** wird **ALX** genannt. An ihn ist ein **G$_q$-Protein** gekoppelt. Über die Aktivierung der Phospholipase Cβ sorgt er für die Bildung von IP$_3$ und damit ebenfalls für eine Erhöhung der intrazellulären Calciumkonzentration. Ein Rezeptor für LXB$_4$ ist noch nicht bekannt.

Lipoxine wirken wie Resolvine und Protektine **antiinflammatorisch.** Sie begrenzen Entzündungsreaktionen durch Hemmung der Leukozyteninfiltration des Gewebes und durch die Stimulation von Makrophagen zur Phagozytose von u. a. apoptotischen Granulozyten. Des Weiteren wirken sie als sehr effektive Cysteinylleukotrien-Rezeptor-Antagonisten.

Aus Studentensicht

TAB. 9.6

Lipoxine

Das Lipoxin **LXA$_4$** bindet an den **ALX-Rezeptor,** der an ein **G$_q$-Protein** gekoppelt ist. Lipoxine wirken wie auch Resolvine und Protektine **antiinflammatorisch,** indem sie u. a. die Leukozyteninfiltration in Gewebe hemmen und Makrophagen stimulieren, apoptotische Granulozyten zu phagozytieren.

Aus Studentensicht

Endocannabinoide

Endocannabinoide wirken u. a. über **G$_i$-Protein-gekoppelte Cannabinoid-Rezeptoren**. Sie wirken sowohl zentral als auch peripher und haben u. a. **euphorisierende, appetitanregende, antikonvulsive** und **antiinflammatorische** Wirkungen.

9.8.3 Biogene Amine

Biogene Amine wie Histamin oder Adrenalin werden durch enzymatische Decarboxylierung aus **Aminosäuren** gebildet. Sie wirken z. B. als Neurotransmitter, Cofaktoren oder Hormone.

Histamin

Histamin entsteht aus der Aminosäure **Histidin** und findet sich vorwiegend in Mastzellen, basophilen Granulozyten, Zellen der Epidermis, spezialisierten Schleimhautzellen und Nervenzellen. In diesen Zellen wird es in **Vesikeln** gespeichert und über unterschiedliche Signale (**IgE-vermittelt**, durch **Komplementfaktoren**, Hormone oder Medikamente) freigesetzt.

Histamin wirkt über vier **G-Protein-gekoppelte Rezeptoren** (H1–H4).

TAB. 9.7

Histamin wirkt sowohl **parakrin** als auch **autokrin**. Es ist an **Abwehr-** und **allergischen Reaktionen** beteiligt, vermittelt **Juckreiz** und **Schmerzreaktionen** und zeigt eine **chemotaktische** Wirkung auf bestimmte Immunzellen. Zudem erhöht es die **Kapillarpermeabilität**, wirkt an kleinen Gefäßen **vasodilatatorisch**, an größeren hingegen **vasokonstriktiv**. Ebenso wirkt es **bronchokonstriktiv**.
Im **Magen** steigert Histamin die **Salzsäureproduktion**. Es ist außerdem an der Kontrolle des **Schlaf-wach-Rhythmus** und des **Appetits** sowie am **Lernen** und an der **Gedächtnisbildung** beteiligt.

---

9 WIRKUNGSWEISE VON HORMONEN: WIE WIRD DAS ALLES KONTROLLIERT?

Endocannabinoide

Endocannabinoide binden u. a. an die **Cannabinoidrezeptoren** CB1 und CB2, an die ein **inhibitorisches G-Protein** (G$_i$) gebunden ist, das die Adenylat-Cyclase inhibiert. Beide Rezeptoren vermitteln auch die Wirkung des Rauschgifts Cannabis (Haschisch, Marihuana). Während CB1 insbesondere auf Basalganglien und im Hypothalamus exprimiert wird und für die euphorisierende und appetitanregende Wirkung verantwortlich ist, findet man CB2 in hoher Konzentration auf Zellen des Immunsystems. Endocannabinoide wirken somit **euphorisierend, appetitanregend, antikonvulsiv** (krampflindernd) und **antiinflammatorisch**.

9.8.3 Biogene Amine

Biogene Amine entstehen durch enzymatische Decarboxylierung aus **Aminosäuren** (➤ 21.6). Sie wirken als Neurotransmitter (z. B. Dopamin, Serotonin, Noradrenalin), Cofaktoren für Enzyme (z. B. β-Alanin in Coenzym A) oder Hormone. Biogene Amine mit Hormonwirkung sind z. B. Adrenalin, ein glanduläres Hormon, und Histamin, ein Gewebshormon.

Histamin

Synthese und Freisetzung

Histamin entsteht aus der Aminosäure **Histidin** durch enzymatische Decarboxylierung (➤ 21.6). Es wird insbesondere in Mastzellen, basophilen Granulozyten, Zellen der Epidermis, in spezialisierten Zellen von Schleimhäuten (z. B. ECL-Zellen [Enterochromaffin-like Cells] der Magenschleimhaut) und in Nervenzellen gebildet. Dort kann es auch an Heparin gebunden in **Vesikeln** gespeichert werden. Die Freisetzung aus diesen Vesikeln erfolgt über **IgE-vermittelte Signale** bei allergischen Reaktionen oder durch **Komplementfaktoren** (➤ 16.6.2). Aus den ECL-Zellen wird es durch andere Hormone wie z. B. Gastrin freigesetzt. Zudem können einige Medikamente wie Opiate oder Röntgenkontrastmittel eine schlagartige Histaminfreisetzung bewirken.

Signaltransduktion und Wirkung

Für Histamin sind vier **G-Protein-gekoppelte Rezeptoren** (H1–H4) bekannt. Sie zeigen eine spezifische Gewebeverteilung (➤ Tab. 9.7).

Tab. 9.7 Signaltransduktion und Wirkung der Histaminrezeptoren

Rezeptor	Signaltransduktion	Lokalisation	Wirkung
H1	G$_q$ → PLCβ → Ca^{2+} ↑	Viele Zelltypen, z. B. glatte Muskel-, Nerven- und Endothelzellen	Vasodilatation (in Kombination mit NO) und -konstriktion, Gefäßpermeabilität ↑, Bronchokonstriktion, Regulation der Neurotransmitterfreisetzung, Lernen und Gedächtnisbildung, Schlaf-wach-Rhythmus, Appetitregulation, Schmerz
H2	G$_s$ → Adenylat-Cyclase → cAMP ↑ → PKA ↑	Viele Zelltypen, z. B. ECL-Zellen, glatte Muskel- und Nervenzellen	HCl-Sekretion, Gefäßpermeabilität ↑, Vasodilatation, Bronchodilatation, Lernen und Gedächtnisbildung
H3	G$_i$ → Hemmung Adenylat-Cyclase → cAMP ↓ → PKA ↓	Histaminerge Neurone	Regulation der Neurotransmitterfreisetzung, Lernen und Gedächtnisbildung, Appetitregulation, Schmerz
H4		Blutzellen, z. B. Mastzellen, eosinophile Granulozyten	Chemotaxis

Histamin wirkt sowohl **parakrin** als auch **autokrin**. Je nach Bildungsort fällt seine zelluläre Wirkung sehr unterschiedlich aus. Es ist an **Abwehr-** und **allergischen Reaktionen** beteiligt und führt bei Entzündungen u. a. auch in Zusammenwirkung mit Prostaglandinen zu **Juckreiz** und **Schmerzreaktionen**. Außerdem zeigt es eine, den Chemokinen vergleichbare, **chemotaktische** Wirkung auf Granulozyten und T-Zellen.

Darüber hinaus erhöht es die **Kapillarpermeabilität** und kann dadurch die für die Urtikaria (Nesselsucht) typischen Quaddeln und Erytheme (Hautrötungen) auslösen. Bei kleineren Blutgefäßen führt Histamin zu einer **Gefäßdilatation**, was durch Hautrötungen sichtbar wird. Bei größeren Gefäßen (> 80 μm) wirkt es dagegen **vasokonstriktiv**. Auf die Atemwege wirkt es **bronchokonstriktiv**.

Im Magen steigert Histamin die **Bildung der Magensäure**. Zusätzlich kann Histamin auch als Neurotransmitter wirken und ist im ZNS an der Steuerung des **Schlaf-wach-Rhythmus**, des **Lernens** und der **Gedächtnisbildung** sowie der **Appetitkontrolle** beteiligt.

9.8 GEWEBSHORMONE

9.8.4 Kinine
Kinine sind Teil des **Kallikrein-Kinin-Systems.** Zu ihnen zählen die Peptide **Bradykinin** und **Kallidin.**

Synthese, Freisetzung und Abbau
Kinine werden v. a. in der Leber als **inaktive Vorstufen (= Kininogene)** synthetisiert und in das Blut abgegeben. Es wird zwischen **hochmolekularen** und **niedermolekularen Kininogenen** unterschieden, die durch gewebsspezifisches alternatives Spleißen entstehen. Im Blut binden die Kininogene an ebenfalls inaktive Serinproteasen (= **Präkallikreine**). Man unterscheidet hier **Plasmakallikrein,** das in der Leber synthetisiert wird, und **Gewebskallikrein,** das von unterschiedlichen Geweben gebildet wird.
Zur Aktivierung und Freisetzung (➤ Abb. 9.30) der Kinine muss der Kininogen-Präkallikrein-Komplex an Endothelzellen binden. Dort wird Präkallikrein durch Proteasen, darunter der **Gerinnungsfaktor XIIa,** in das aktive Kallikrein umgewandelt. Plasmakallikrein spaltet aus hochmolekularen Kininogenen Bradykinin ab, während Gewebskallikrein aus hoch- und niedermolekularen Kininogenen Kallidin abspaltet. Kallidin ist um ein N-terminales Lysin länger als Bradykinin. Durch eine Carboxypeptidase kann von beiden Kininen zusätzlich das C-terminale Arginin abgespalten werden. Die so verkürzten Varianten besitzen ebenfalls signalgebende Eigenschaften. Die Kinin-Aktivierung erfolgt bis zu einem gewissen Grad konstitutiv, sodass ständig neue Kinine nachgebildet werden.
Der Abbau der aktiven Kinine erfolgt durch Exo- und Endopeptidasen. Eine zentrale Rolle spielt dabei die **Kininase II** (Angiotensin Converting Enzyme, **ACE**), eine Peptidase. Dadurch entsteht eine Kopplung zwischen dem Renin-Angiotensin-System und dem Kallikrein-Kinin-System. Die Halbwertszeit der Kinine beträgt weniger als eine Minute.

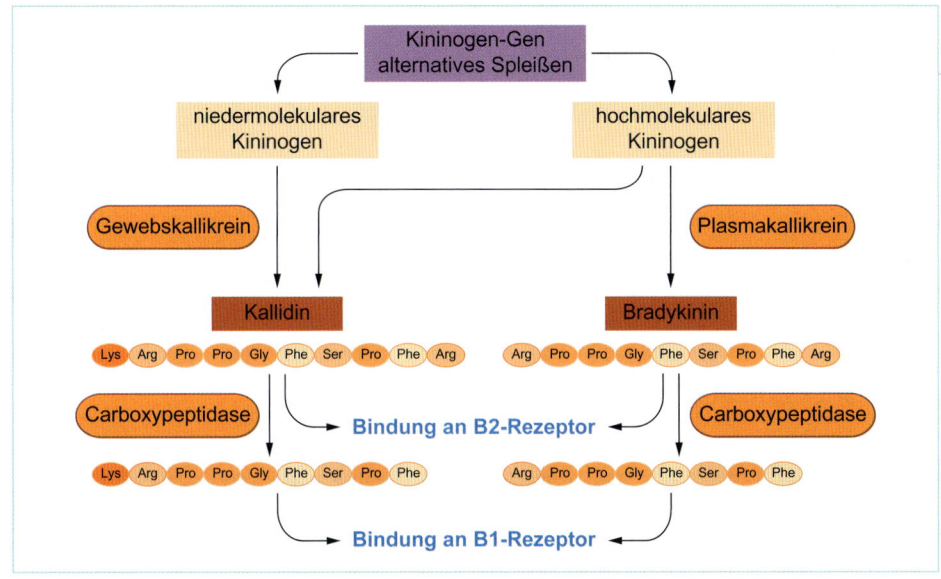

Abb. 9.30 Synthese der Oligopeptide Bradykinin und Kallidin [L271]

Signaltransduktion und Wirkung
Kinine vermitteln ihr Signal **parakrin** über die **G-Protein-gekoppelten Rezeptoren** B1 und B2 (➤ Abb. 9.31). Der **B1-Rezeptor** wird in der Folge von Entzündungs- und Schmerzreaktionen verstärkt exprimiert. An den B1-Rezeptor binden Kinine ohne C-terminales Arginin mit besonders hoher Affinität. Der **B2-Rezeptor** wird konstitutiv exprimiert und kommt besonders auf Endothelzellen vor. Er ist für die meisten Wirkungen der Kinine verantwortlich. Die Signalweiterleitung erfolgt in beiden Fällen über ein **G$_q$-Protein.** Der über IP$_3$ vermittelte intrazelluläre Calciumanstieg bewirkt zum einen eine Aktivierung der **Phospholipase A$_2$,** was zur Synthese von Prostaglandinen führt. Zum anderen wird die Synthese von **NO** durch die calciumabhängige endotheliale NO-Synthase angeregt. Außerdem kann durch die Aktivierung der calciumabhängigen **Protein-Kinase C** auch die **MAP-Kinase-Kaskade** aktiviert werden. Dies führt wiederum zu einer verstärkten Expression der Phospholipase A$_2$.
Durch die Induktion der Bildung von NO und Prostaglandinen wie PGI$_2$ spielen Kinine eine wichtige Rolle bei der **Regulation der Blutgerinnung,** des **Blutdrucks** und der **Diurese** (Harnausscheidung der Niere). Durch ihre ständige Neubildung am Gefäßendothel hemmen sie die **Thrombozytenaggregation** und beugen durch ihr Zusammenspiel mit PGI$_2$ einer Thrombosebildung vor. Zusätzlich aktivieren sie den Plasminogenaktivator t-PA und bewirken dadurch die Auflösung von Fibringerinnseln (➤ 25.6.3). Bei Verletzungen begrenzen sie die Blutgerinnung auf das verletzte Gefäß. Durch das Zusammenspiel mit NO und PGI$_2$ kommt es zur **Vasodilatation.** Gleichzeitig wird eine überschießende Wirkung von Angiotensin II, das vasokonstriktiv wirkt, verhindert. Darüber hinaus erhöhen sie die **Gefäßpermeabilität,** stimulieren die **Leukozytenmigration** und vermitteln **Entzündungs-** und **Schmerzreaktionen.**

Aus Studentensicht

9.8.4 Kinine

Kinine wie die Oligopeptide **Bradykinin** und **Kallidin** sind Teil des **Kallikrein-Kinin-Systems.** Sie werden als **inaktive Vorstufen (Kininogene)** synthetisiert und in das Blut abgegeben. Man unterscheidet **hoch-** und **niedermolekulare Kininogene.** Im Blut bilden sie Komplexe mit unterschiedlichen inaktiven Serinproteasen (**Präkallikreinen**), wobei **Plasmakallikrein** von **Gewebskallikrein** unterschieden wird.
Durch Bindung an Endothelzellen und Interaktion mit z. B. **Gerinnungsfaktor XIIa** werden die Präkallikreine zu Kallikreinen aktiviert. Diese spalten Bradykinin und Kallidin aus den Kininogenen ab. C-terminal verkürzte, ebenfalls signalgebende Formen entstehen über Carboxypeptidasen.

Aktive Kinine haben eine Halbwertszeit von weniger als einer Minute und werden durch Exo- und Endopeptidasen, z. B. die **Kininase II (ACE),** abgebaut.

ABB. 9.30

Die **parakrin** wirkenden Kinine vermitteln ihre Wirkung über die beiden **G$_q$-Protein-gekoppelten Rezeptoren** B1 und B2. Der **B1-Rezeptor** wird als Folge von Entzündungs- und Schmerzreaktionen exprimiert, der **B2-Rezeptor** hingegen konstitutiv v. a. auf Endothelzellen exprimiert.
Eine Rezeptoraktivierung führt zur Aktivierung der **Phospholipase A$_2$** und dadurch zur gesteigerten Prostglandin- und NO-Synthese und Aktivierung der **Protein-Kinase C** sowie der **MAP-Kinase-Kaskade.**

Kinine spielen eine wichtige Rolle bei der **Regulation der Blutgerinnung,** des **Blutdrucks** und der **Diurese.** Zudem hemmen sie die **Thrombozytenaggregation** und wirken **vasodilatatorisch.** Sie erhöhen die **Gefäßpermeabilität,** stimulieren die **Leukozytenmigration** und vermitteln **Entzündungs-** und **Schmerzreaktionen.**

Aus Studentensicht

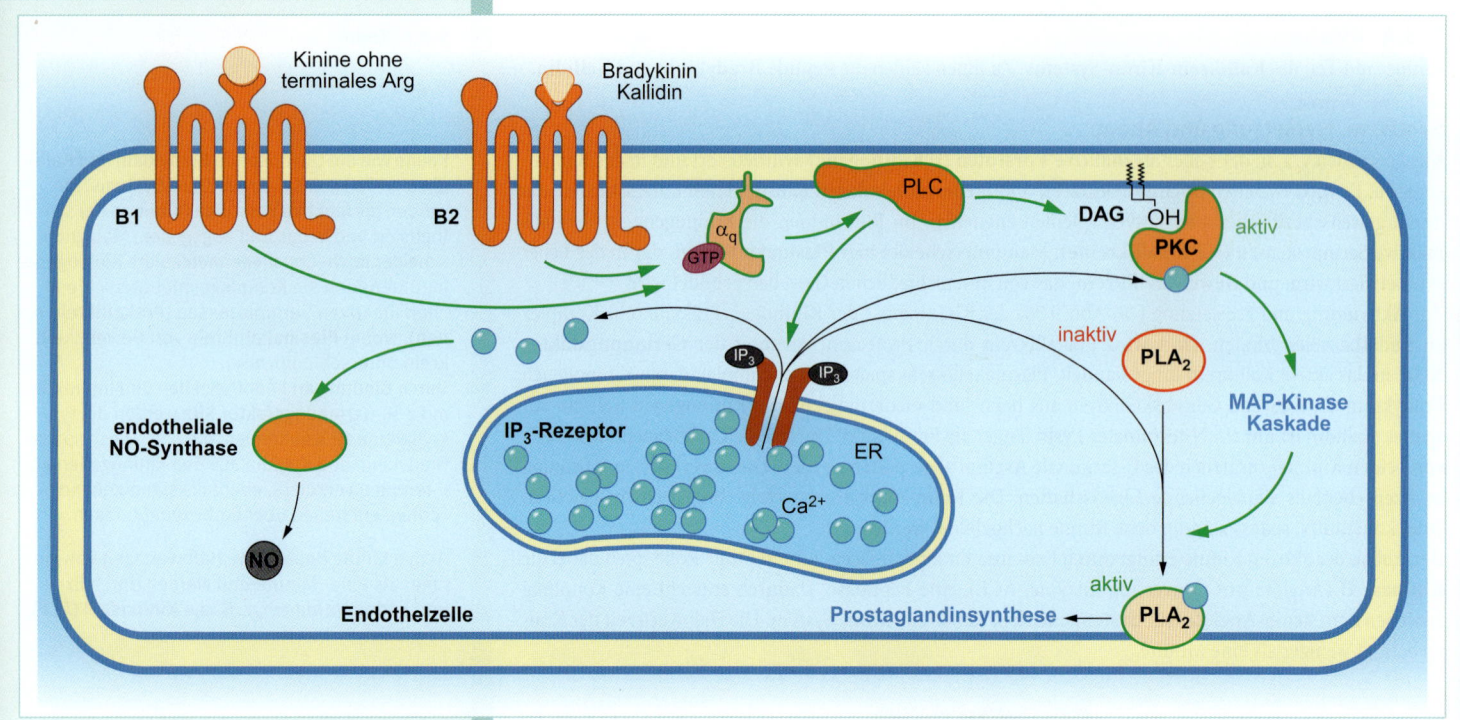

9 WIRKUNGSWEISE VON HORMONEN: WIE WIRD DAS ALLES KONTROLLIERT?

Abb. 9.31 Signaltransduktion der Kinine und Zusammenspiel mit NO und Prostaglandinen [L307]

KLINIK

ACE-Hemmer

ACE-Hemmer, die z. B. zur Therapie von Bluthochdruck und chronischer Herzinsuffizienz eingesetzt werden, hemmen die Kininase II (Angiotensin Converting Enzyme, **ACE**). Dadurch greifen sie nicht nur in das Renin-Angiotensin-System ein, sondern hemmen auch den Abbau der Kinine und insbesondere des Bradykinins. Auf diese Weise erklären sich die Nebenwirkungen (z. B. trockener Husten, Nesselsucht) der ACE-Hemmer. ACE-Hemmstoffe wurden erstmals in Schlangengiften, z. B. der Jararaca-Lanzenotter, entdeckt.

KLINIK

9.8.5 Stickstoffmonoxid (NO)

Stickstoffmonoxid (NO) ist ein sehr kurzlebiges Radikal mit Signalfunktion, das hauptsächlich im ZNS, in Endothelzellen der Blutgefäße und Makrophagen durch NO-Synthasen aus Arginin und Sauerstoff gebildet wird.

NO entfaltet **parakrin** u. a. über **lösliche zytoplasmatische Guanylat-Cyclasen** seine Wirkung. Diese bilden **cGMP**, das Serin- und Threonin-Kinasen, Ionenkanäle und Phosphodiesterasen aktiviert bzw. reguliert.

NO bewirkt über cGMP eine **Relaxation der glatten Gefäßmuskulatur.** cGMP aktiviert die **Protein-Kinase G** und hemmt die **Phosphodiesterase 3,** wodurch die **Protein-Kinase A** aktiviert wird. Dies führt zu einer Hemmung von IP$_3$-regulierten Calciumkanälen und so zu einer Reduktion der zytoplasmatischen Calciumkonzentration.
NO **hemmt die Thrombozytenaggregation.**

An Synapsen kann NO die Exozytose von Neurotransmittern steigern, was zu einer verstärkten Synapsentätigkeit und **Gedächtnisbildung** führt. Zusätzlich hat NO Neurotransmitterfunktionen.
NO hat eine wichtige Funktion im Rahmen der **Immunabwehr von Mikroorganismen:** Makrophagen nutzen das reaktive und toxische NO zur Abtötung von phagozytierten Bakterien.

9.8.5 Stickstoffmonoxid (NO)

Synthese

Stickstoffmonoxid (NO) ist ein wasserlösliches Gas mit Signalfunktion und wird hauptsächlich im **ZNS,** in **Endothelzellen der Blutgefäße** und in **Makrophagen** durch spezifische **NO-Synthasen** aus Arginin und Sauerstoff gebildet (➤ 21.8). NO ist ein Radikal und damit sehr reaktiv. Es wird innerhalb von Sekunden über die Reaktion mit Sauerstoff und H$_2$O zu Nitrit und Nitrat inaktiviert und muss daher in der Nähe des jeweiligen Wirkorts gebildet werden.

Signaltransduktion und Wirkung

NO liegt im Körper in wässriger Lösung vor und kann vom Syntheseort aus frei in das umliegende Gewebe diffundieren und dort seine **parakrine** Wirkung entfalten. In der Zielzelle bindet es u. a. an **lösliche zytoplasmatische Guanylat-Cyclasen,** die bei Aktivierung den Second Messenger **cGMP** bilden. Effektoren von cGMP sind **Serin- und Threonin-Kinasen,** v. a. Protein-Kinase G (PKG), **Ionenkanäle** und **Phosphodiesterasen** (➤ Abb. 9.32).

Unter Aktivierung cGMP-abhängiger Signalwege bewirkt NO eine **Relaxation der glatten Gefäßmuskulatur.** Dabei wird über cGMP die cAMP-spezifische **Phosphodiesterase 3** (PDE 3) gehemmt. Der verminderte cAMP-Abbau bei andauernder Aktivität der Adenylat-Cyclase führt zum Anstieg der cAMP-Konzentration, wodurch die **Protein-Kinase A** aktiviert wird. Zudem aktiviert cGMP die **Protein-Kinase G.** Mittels dieser Kinasen wird durch die Hemmung von IP$_3$-regulierten Calciumkanälen die zytoplasmatische Calciumkonzentration reduziert und Elemente des Zytoskeletts werden reguliert, was letzten Endes zu einer Relaxation der Gefäßmuskulatur führt (➤ 27.3.2). Über ähnlich ablaufende Signalwege **hemmt** NO cGMP-abhängig die **Thrombozytenaggregation.**

Postsynaptisch gebildetes NO diffundiert vermutlich retrograd in die Präsynapse. Dort löst es die Bildung von cGMP aus, was durch Aktivierung der Protein-Kinase G zu einer Steigerung der Exozytose von Neurotransmittern und somit zu einer verstärkten Synapsentätigkeit und **Gedächtnisbildung** führt. Im Nervensystem hat NO darüber hinaus auch Neurotransmitterfunktionen.

Da NO hoch reaktiv und toxisch wirkt, wird es von Makrophagen zur Abtötung von phagozytierten Bakterien genutzt und spielt damit eine wichtige Rolle im Rahmen der **Immunabwehr von Mikroorganismen** (➤ 16.3.5).

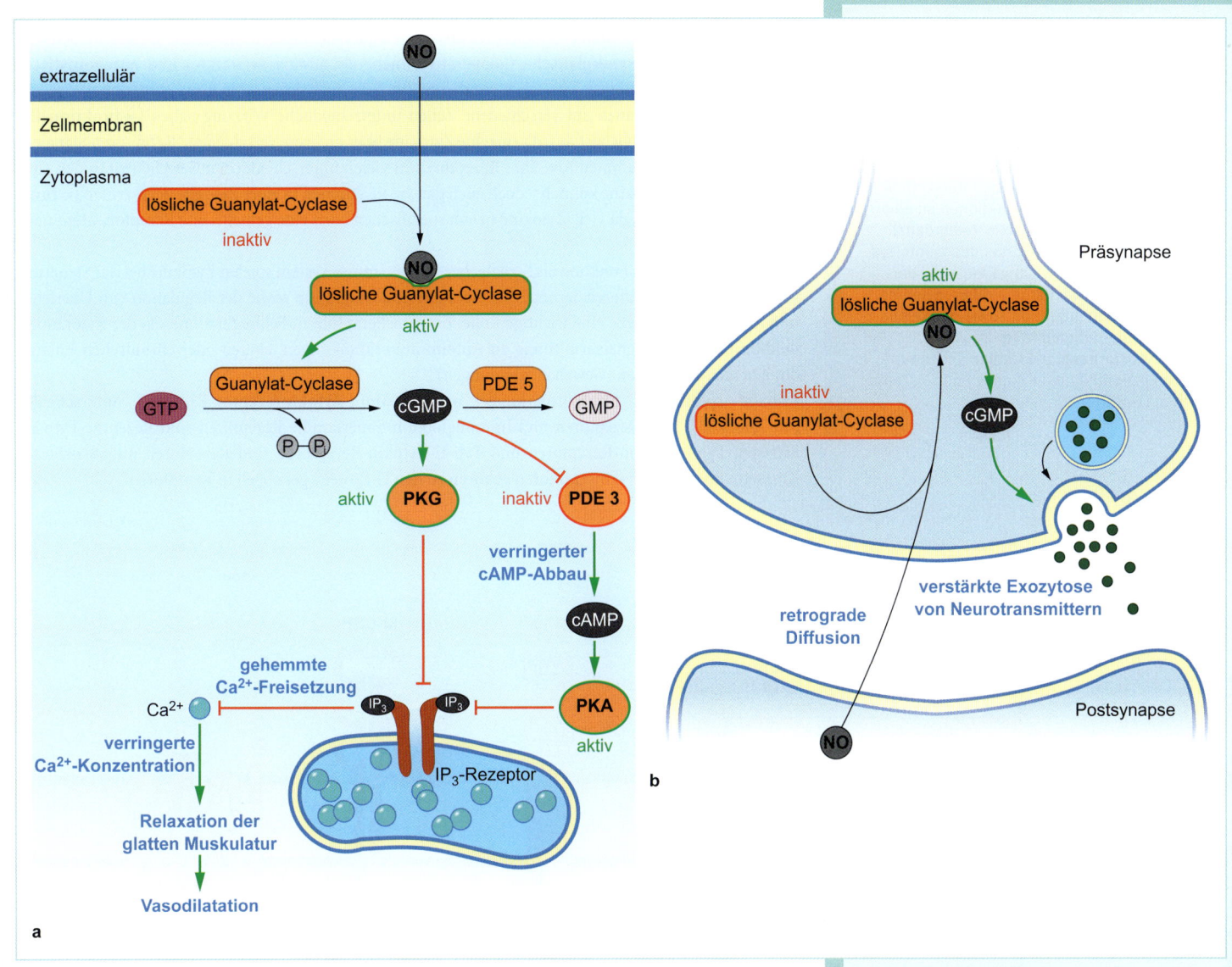

Abb. 9.32 cGMP-abhängige Signaltransduktion von NO. **a** Glatte Gefäßmuskulatur. **b** Synapse. [L299]

KLINIK

Viagra®

Sildenafil (z. B. Viagra®) wurde ursprünglich als Medikament gegen Bluthochdruck entwickelt. In klinischen Studien war es jedoch wenig wirksam, allerdings berichteten männliche Probanden von einer potenzsteigernden Wirkung. Heute kommt es daher hauptsächlich bei **erektiler Dysfunktion** zum Einsatz. Bei sexueller Erregung kommt es zur Bildung von NO im Corpus cavernosum penis, einem arteriellen Schwellkörper. Durch Entspannung der glatten Gefäßmuskulatur des Schwellkörpers füllt sich dieser mit Blut und es kommt zu einer Erektion. Der Wirkstoff Sildenafil hemmt spezifisch die Phosphodiesterase des Typs 5, die normalerweise das durch NO gebildete cGMP wieder abbaut. Dadurch kommt es zu einer verlängerten Wirkung von cGMP und somit zu einer verlängerten Erektion. Ohne sexuelle Erregung wirkt Viagra allerdings nicht. Lebensbedrohlich kann Viagra werden, wenn gleichzeitig nitrat- oder nitrithaltige Medikamente oder NO-Donatoren wie Nitroglycerin gegen Bluthochdruck oder Angina-pectoris-Beschwerden eingenommen werden. Durch die verlängerte relaxierende Wirkung von Viagra auf die glatte Gefäßmuskulatur und das gleichzeitige Überangebot an NO kann es zu einem akuten Blutdruckabfall kommen. Dies hat bei Verdacht auf einen Herzinfarkt auch besondere Relevanz in der Notfallmedikation. Die Patienten müssen vor der Verabreichung von Nitrospray unbedingt auf die Einnahme von Viagra angesprochen werden. Außerdem kann bei älteren Patienten nach Einnahme von Viagra die ungewohnte Anstrengung beim Geschlechtsverkehr ein Auslöser für Herzinfarktsymptome sein.

9.9 Zytokine

9.9.1 Zytokinrezeptoren

Zytokine sind kleine **Proteine** mit einem Molekulargewicht zwischen 15 und 35 kDa. Zu ihnen zählen Interleukine, Chemokine, Interferone und Wachstumsfaktoren. Sie werden i. d. R. bei Bedarf de novo synthetisiert. Synthese und Sekretion erfolgen auf spezifische Reize hin. Eine Speicherung kommt hingegen eher selten vor.

Aus Studentensicht

9.9 Zytokine

9.9.1 Zytokinrezeptoren

Zytokine sind kleine **Proteine** und umfassen Interleukine, Chemokine, Interferone und Wachstumsfaktoren.

Aus Studentensicht

Sie werden meist auf spezifische Reize de novo synthetisiert und sezerniert und wirken meist nicht allein, sondern im Zusammenspiel **additiv, synergistisch** oder **antagonistisch**.

Ein Zytokin kann an verschiedenen Zellen unterschiedliche Wirkungen hervorrufen **(funktioneller Pleiotropismus)**. Durch gemeinsam benutzte Rezeptoruntereinheiten können unterschiedliche Zytokine auch gleiche Reaktionen an einer Zielzelle bewirken **(funktionelle Redundanz)**.

Zytokine dienen als Signalgeber des Immunsystems und spielen eine wichtige Rolle bei der Steuerung von Zellwachstum, -differenzierung, -proliferation und -migration sowie der Regulation von Zellüberleben und Apoptose.

Die fünf **Zytokinrezeptor-Familien** sind hauptsächlich Rezeptor-Tyrosin-Kinasen und Rezeptoren mit assoziierten Kinasen.

9 WIRKUNGSWEISE VON HORMONEN: WIE WIRD DAS ALLES KONTROLLIERT?

In der Regel wirken sie durch ein komplexes Zusammenspiel mit anderen Zytokinen. Unterschieden werden dabei **additive, synergistische** (kooperative, mehr als additiv verstärkte) und **antagonistische** (gegensätzliche) Wirkungen. Zusätzlich regulieren Zytokine auch gegenseitig ihre Expression.

Einzelne Zytokine können auf verschiedene Zellen unterschiedliche Wirkung haben (= **funktioneller Pleiotropismus**). Möglich ist das, da einzelne Zytokine über mehrere verschiedene Rezeptoren Signale in die Zelle übermitteln können bzw. ihre Rezeptoren in vielen unterschiedlichen Geweben zu finden sind. Unterschiedliche Zytokine können jedoch auch gleiche Reaktionen in einer Zielzelle hervorrufen (= **funktionelle Redundanz**), da viele Zytokine neben spezifischen auch eine gemeinsame Rezeptoruntereinheit nutzen.

Neben ihrer wichtigen Funktion als Signalgeber für das Immunsystem spielen Zytokine bei der Steuerung von Zellwachstum, -differenzierung, -proliferation und -migration sowie der Regulation von Überleben und Apoptose einer Zelle eine wichtige Rolle. Entsprechend führen Fehlregulationen in der Zytokinproduktion oder ihrer Signalvermittlung zu Autoimmunerkrankungen, akuten oder chronischen Entzündungen oder Neoplasien (Gewebeneubildungen).

Anhand spezifischer Strukturmerkmale werden fünf **Zytokinrezeptor-Familien** unterschieden (➤ Abb. 9.33). TNF-Rezeptoren und Immunglobulin-Superfamilie-Rezeptoren sind Rezeptor-Tyrosin-Kinasen, Typ-I-Zytokin-Rezeptoren und Typ-II-Zytokin-Rezeptoren sind Rezeptoren mit assoziierten Kinasen und die Chemokinrezeptoren gehören zu den G-Protein-gekoppelten Rezeptoren.

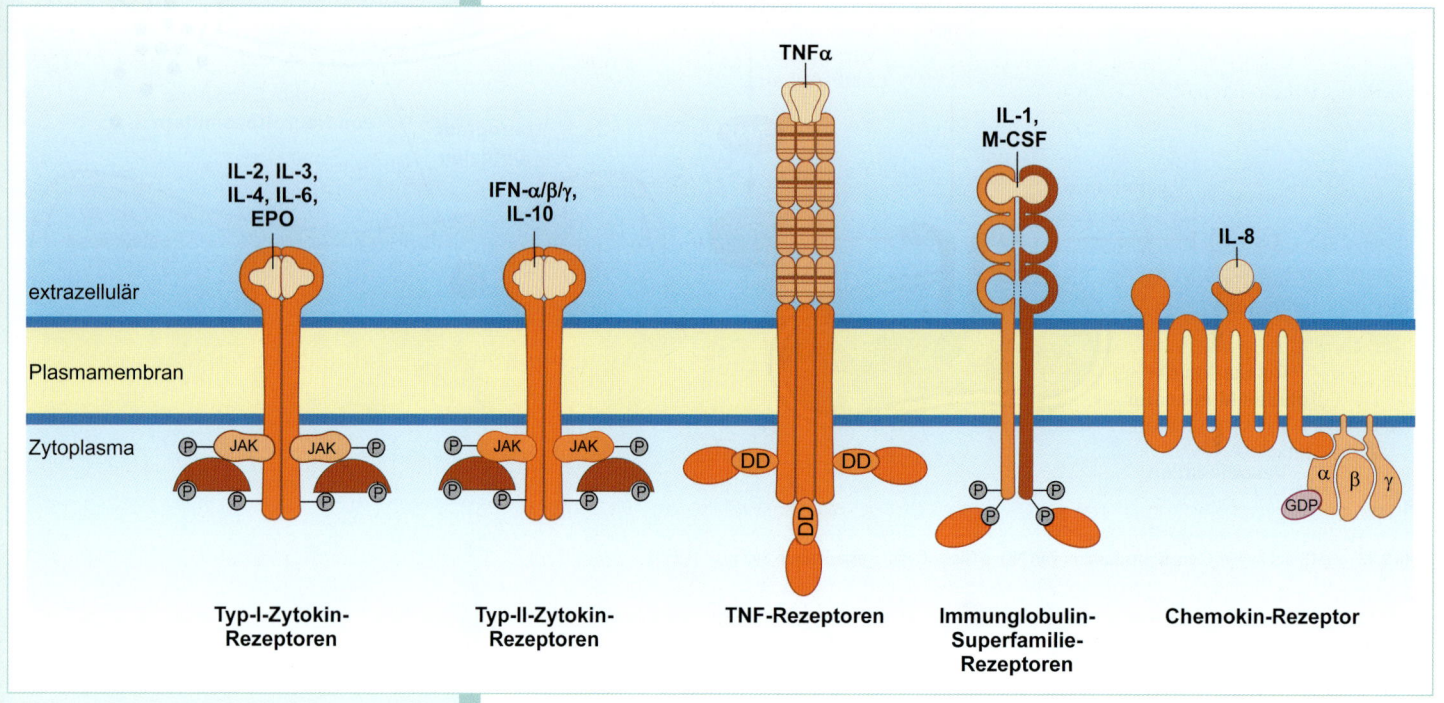

Abb. 9.33 Zytokinrezeptor-Familien [L299]

Für die Signalweiterleitung von Zytokinen spielen folgende Signalkaskaden eine wichtige Rolle:
- Ras/Raf/MAP-Kinase-Kaskade
- PI3 K-PKB(AKT)-Signalweg
- PLCγ-DAG/IP$_3$-Signalweg
- JAK/STAT-Signalweg

Für einige Zytokine existieren **lösliche Rezeptoren**, die meist als Inhibitoren oder Regulatoren wirken. Für die Signaltransduktion sind neben den **Janus-Kinasen** und **STAT-Transkriptionsfaktoren** auch **Smad-Proteine** und der **Transkriptionsfaktor NFκB** von Bedeutung.

NFκB reguliert u. a. Immunantworten, Zellproliferation und Apoptose. Im Zellkern bindet er an spezifische DNA-Sequenzen (κB-Motive) und induziert die Transkription bestimmter Zielgene.

Die Signalweiterleitung der Zytokine wird meist durch die Ras/Raf/MAP-Kinase-Kaskade, den PI3 K-PKB-(AKT)-Signalweg, den PLCγ-DAG/IP$_3$-Signalweg oder den JAK/STAT-Signalweg vermittelt (➤ 9.6).

Für einige Zytokine existieren extrazellulär **lösliche Rezeptoren**. Diese wirken bis auf Ausnahmen als Inhibitoren und Regulatoren, indem sie überschüssige Zytokine binden und so die freie Zytokinmenge konstant halten und dadurch überschießende Reaktionen verhindern. Da diese Bindung häufig reversibel ist, haben solche Rezeptoren auch eine Depotfunktion und geben das Zytokin bei Bedarf wieder ab.

Für die Signaltransduktion der Zytokine ist neben den **Janus-Kinasen, STAT** und den **Smad-Proteinen** auch der **Transkriptionsfaktor NFκB** (Nuclear Factor Kappa Light Chain Enhancer of Activated B-Cells) von zentraler Bedeutung. NFκB ist ein Proteinkomplex aus 5 oder 7 Proteinen, der als **Transkriptionsfaktor** u. a. die Immunantwort, Zellproliferation und Apoptose reguliert. Im Zellkern bindet er an eine spezifische DNA-Sequenz (= κB-Motiv) und induziert die Transkription von Zielgenen.

9.9.2 Interleukine

Interleukine wirken sowohl **parakrin** als auch **autokrin**. Sie vermitteln die **Kommunikation** zwischen den Zellen des **Immunsystems** und sind an der Immunabwehr, Entzündungsreaktionen und Apoptosevorgängen beteiligt. Darüber hinaus beeinflussen sie die **Hämatopoese**.

Viele Interleukine wirken **redundant**. Sie nutzen über **rezeptorassoziierte Kinasen** z. B. den JAK/STAT-Signalweg. Ausnahmen bilden die proinflammatorischen Interleukine IL-1 und TNFα, die NFκB aktivieren.

Signaltransduktion über NFκB

Interleukin-1 (IL-1)
IL-1 wird als inaktives Vorläuferprotein vornehmlich in Makrophagen synthetisiert und kommt in zwei Isoformen, IL-1α und IL-1β, die sich in ihrer Wirkung kaum unterscheiden, vor. Um aktiviert zu werden, muss es durch die Caspase-1 (Interleukin-1 Converting Enzyme, ICE) aktiviert werden.
Der **IL-1-Rezeptor** gehört zur Immunglobulin-Superfamilie, ist ein Rezeptor mit einer assoziierten Tyrosin-Kinase und setzt sich aus zwei Untereinheiten zusammen, die durch IL-1-Bindung **dimerisieren** und das **Adapterprotein** MyD88 (Myeloid Differentiation 88) rekrutieren (> Abb. 9.34a). Über eine spezielle Interaktionsdomäne, die Death Domain (DD), rekrutiert MyD88 die Kinasen **IRAK1** und **IRAK4** (IL-1-Rezeptor-assoziierte Kinasen). Über mehrere Zwischenschritte wird daraufhin ein **IκB-Kinase-Komplex** (IKK) aktiviert. Dieser phosphoryliert den Inhibitor **IκB**, der darauf polyubiquitiniert und über das Proteasom abgebaut wird. Das durch die Ablösung von IκB aktivierte **NFκB** wirkt als Transkriptionsfaktor und fördert z. B. die Genexpression von IL-8, IL-6, IFNγ und der Cyclooxygenase 2. Über diese Mediatoren werden Granulozyten chemotaktisch zu Entzündungsherden gelockt und wird die **proinflammatorische** Wirkung von IL-1 ausgelöst.

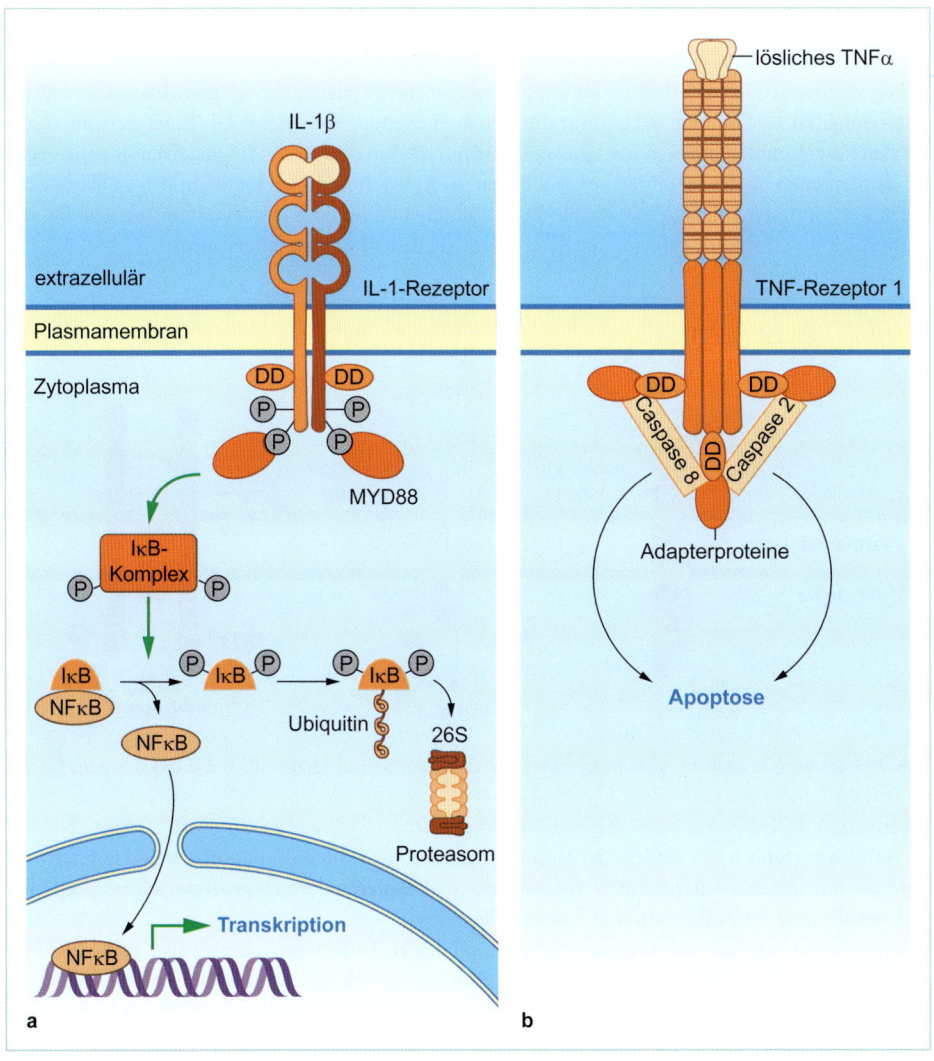

Abb. 9.34 Signaltransduktion von IL-1 (a) und TNFα (b) [L138]

Tumornekrosefaktor (TNFα)

Der meist trimere TNFα wird primär von Makrophagen und Monozyten als Typ-II-Transmembranprotein gebildet, das zur Zelloberfläche gelangt und dort mit Rezeptoren der Nachbarzellen interagieren kann. An der Zelloberfläche entsteht durch Proteolyse auch eine lösliche Form, die an Rezeptoren auf weiter entfernten Zielzellen binden kann.

Aus Studentensicht

9.9.2 Interleukine

Interleukine wirken **para-** und **autokrin**. Sie vermitteln u. a. die **Kommunikation** zwischen Immunzellen und beeinflussen die **Hämatopoese**.

Viele Interleukine wirken **redundant** und nutzen **rezeptorassoziierte Kinasen**. Ausnahmen davon sind IL-1 und TNFα.

Signaltransduktion über NFκB

IL-1 wird als inaktives Vorläuferprotein v. a. in Makrophagen synthetisiert und von der Caspase-1 aktiviert.
Der **IL-1-Rezeptor** setzt sich aus zwei Untereinheiten zusammen. Die IL-1-Bindung löst die **Rezeptordimerisierung** und die Rekrutierung des **Adapterproteins** MyD88 und der Kinasen **IRAK1** und **IRAK4** aus. Die Signalweiterleitung verläuft über mehrere Zwischenschritte, u. a. den **IκB-Kinase-Komplex,** und endet in der Aktivierung von **NFκB,** das in den Zellkern transloziert und als Transkriptionsfaktor die Expression bestimmter Mediatoren bewirkt, die Granulozyten chemotaktisch anlocken und die **proinflammatorische** Wirkung von IL-1 auslösen.

ABB. 9.34

TNFα wird hauptsächlich von Makrophagen und Monozyten als membrangebundene Form gebildet und kann durch Proteolyse in eine lösliche Form überführt werden. Beide Formen liegen überwiegend als Trimere vor.

9 WIRKUNGSWEISE VON HORMONEN: WIE WIRD DAS ALLES KONTROLLIERT?

Die lösliche Form von TNFα bindet ausschließlich den **TNF-Rezeptor 1** (TNF-R1), die membrangebundene Form auch an den **TNF-Rezeptor 2**. Beide Rezeptoren besitzen eine Death-Domäne (DD), aktivieren über assoziierte Kinasen **NFκB** und setzen somit ähnlich wie IL-1 **Entzündungsreaktionen** in Gang. Außerdem kann TNFα durch Bindung an TNF-R1 **Apoptose** (programmierter Zelltod) induzieren (➤ Abb. 9.34b). Dabei werden nach Bindung des Liganden an den Rezeptor verschiedene Adapterproteine an den Rezeptor rekrutiert, die die **Procaspasen 2 und 8** aktivieren und damit die Apoptose-Kaskade auslösen.

Daneben wirkt TNFα auch fieberauslösend und wird nach Stimulierung durch bakterielle Endotoxine in großen Mengen freigesetzt. Es kann daher u. U. auch an der Auslösung eines **septischen Schocks** beteiligt sein.

> **KLINIK**
>
> **Rolle von TNFα bei der Sepsis**
>
> Die Sepsis ist eine systemische Reaktion auf eine Infektion, bei der es zu einer überschießenden Entzündungsreaktion kommt, welche die körpereigenen Organe angreift und lebensbedrohlich ist. Manche Patienten entwickeln einen septischen Schock (= nicht kontrollierbares Absinken des Blutdrucks), der in ca. 60 % der Fälle letal ist. Bei der Sepsis selbst beträgt die Letalität durch multiples Organversagen etwa 25 %. Entgegen der allgemein verbreiteten Auffassung zur Entstehung einer „Blutvergiftung" ist der Übertritt der Erreger in den Blutstrom nicht zwingende Voraussetzung für die Entwicklung einer Sepsis.
> Ursache für den drastischen Blutdruckabfall beim septischen Schock und das spätere Organversagen ist eine, z. B. durch Endotoxine wie das Lipopolysaccharid (LPS) gramnegativer Bakterien hervorgerufene, systemweite Entzündungsreaktion, die u. a. durch eine massive Synthese und Freisetzung von TNFα, aber auch anderer proinflammatorischer Zytokine wie Interferon γ hervorgerufen wird. Während die Plasmaspiegel von TNFα bei lokalen Entzündungen nicht erhöht sind, haben die meisten Sepsispatienten hohe TNFα-Werte. Bei intravenöser Gabe verursacht TNFα Fieber, Tachykardie und ein Absinken des Blutdrucks, bei Versuchstieren führen höhere Gaben zu Schock und Tod.

Signaltransduktion über gemeinsam genutzte Rezeptoruntereinheiten

Neben spezifischen Rezeptoruntereinheiten nutzen manche Interleukine auch **gemeinsame Rezeptoruntereinheiten** (= Common-Ketten) für die Signalweiterleitung (➤ Abb. 9.35). Diese gemeinsam benutzten Rezeptoruntereinheiten besitzen keine intrinsische Kinaseaktivität. Im inaktiven Zustand liegen sie als Monomere in der Membran vor und bilden bei Aktivierung Heteromere mit den zytokinspezifischen Rezeptoruntereinheiten aus, die für die Erkennung und Bindung des jeweiligen Interleukins verantwortlich sind. Folgende gemeinsame Rezeptoruntereinheiten werden unterschieden:

- Common β-Kette
- Common γ-Kette
- Glykoprotein 130 (gp130)

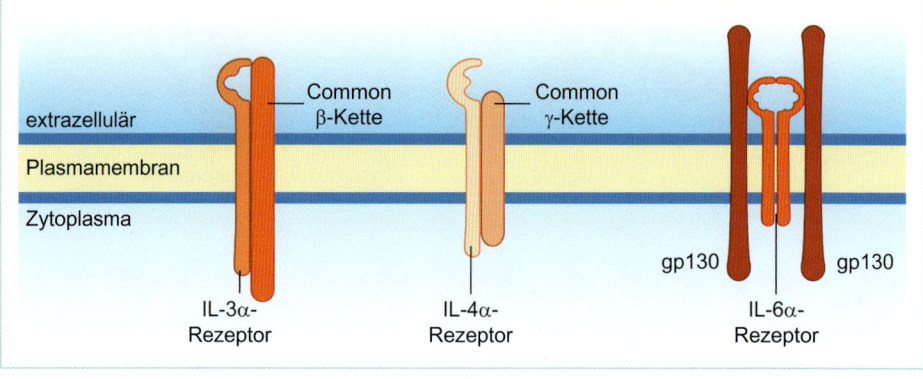

Abb. 9.35 Gemeinsam genutzte Zytokin-Rezeptoruntereinheiten am Beispiel des IL3-, IL-4- und IL-6-Rezeptors [L138]

Interleukin 3 (IL-3)

IL-3 wird vornehmlich in T-Zellen und Mastzellen gebildet. Es wirkt **antiapoptotisch** und induziert zusammen mit anderen Interleukinen **Wachstums- und Differenzierungsprozesse** hämatopoetischer Stammzellen und die **Proliferation** myeloider Zellen.

Das IL-3-Signal wird über die **Common β-Kette** und den **IL-3α-Rezeptor,** der als spezifische IL-3 bindende Rezeptoruntereinheit dient, vermittelt (➤ Abb. 9.35). Nach Ligandenbindung und Heterodimerisierung der Rezeptoruntereinheiten können nun verschiedene Signalkaskaden aktiviert werden:

- Der **JAK/STAT-Signalweg** (➤ Abb. 9.14), der zur Expression von an der **Zellproliferation** beteiligten Transkriptionsfaktoren wie **Myc, c-fos** und **c-jun** führt (➤ 12.3).
- Die **Ras/Raf/MAP-Kinase-Kaskade** (➤ Abb. 9.13) über die Adaptoren **Shc, Grb2** und **SOS.** Diese Kaskade beeinflusst **Wachstums- und Differenzierungsvorgänge** durch verstärkte Expression der Transkriptionsfaktoren **Myc, c-fos** und **c-jun** (➤ 12.3).
- Der **Phosphatidylinositol-3-Kinase-Signalweg,** an dessen Ende die **Protein-Kinase B** (PKB; Akt) aktiviert wird (➤ Abb. 9.12). Die Protein-Kinase B wirkt durch Inhibition von proapoptotischen Faktoren wie Bad und Bax **antiapoptotisch** (➤ 10.5).

Aus Studentensicht

Die lösliche Form bindet an den **TNF-Rezeptor 1 (TNF-R1),** die membrangebundene Form auch an den **TNF-R2**. Beide Rezeptoren setzen durch **NFκB-Aktivierung Entzündungsreaktionen** in Gang. Die Aktivierung von TNF-R1 kann über verschiedene Adapterproteine und die **Procaspasen 2 und 8** die **Apoptose** induzieren.
TNFα wirkt fieberauslösend und wird getriggert durch bakterielle Endotoxine freigesetzt. Es ist an der Auslösung eines **septischen Schocks** beteiligt.

● **KLINIK**

Signaltransduktion über gemeinsam genutzte Rezeptoruntereinheiten

Verschiedene Interleukine können gleiche zelluläre Signale über **gemeinsame Rezeptoruntereinheiten** (Common-Ketten) auslösen, die keine intrinsische Kinaseaktivität besitzen und Heteromere mit aktivierten spezifischen Rezeptoruntereinheiten bilden. Man unterscheidet zwischen:
- Common β-Kette
- Common γ-Kette
- Glykoprotein 130 (gp130)

ABB. 9.35

Das u. a. in T-Zellen gebildete IL-3 wirkt **antiapoptotisch** und induziert **Wachstum** und **Differenzierungsprozesse** hämatopoetischer Stammzellen sowie die **Proliferation** myeloider Zellen.
Das IL-3-Signal wird über die **Common β-Kette** und die spezifische **IL-3α-Rezeptoruntereinheit** vermittelt.
Der heterodimerisierte Rezeptor kann verschiedene Signalkaskaden (**JAK/STAT-Signalweg, Ras/Raf/MAP-Kinase-Kaskade** und **PI3 K-Signalweg**) aktivieren und wirkt dadurch **zellproliferativ,** stimulierend auf **Wachstums- und Differenzierungsvorgänge** und **antiapoptotisch.**

Interleukin 6 (IL-6)

Interleukin 6 (IL-6) wird u. a. von T-Lymphozyten und Makrophagen gebildet. Zur Signaltransduktion bindet IL-6 an zwei Moleküle des spezifischen **IL-6α-Rezeptors** und zwei Moleküle der gemeinsamen Rezeptoruntereinheit **gp130** (➤ Abb. 9.35). Der IL-6α-Rezeptor ist nur für die spezifische Bindung von IL-6 verantwortlich und hat keine signalweiterleitende Funktion. Nach Ligandenbindung führt die Assemblierung des Rezeptor-Tetramers zu einer Aktivierung der an gp130 gebundenen **Janus-Kinasen** JAK1, -2 und TYK2 (rezeptorassoziierte Kinasen). Diese phosphorylieren gp130 an Tyrosinresten und ermöglichen so die Bindung von **STAT-Proteinen** und der **Tyrosin-Phosphatase SHP2**. Die STAT-Proteine werden phosphoryliert, dimerisieren und beeinflussen durch Bindung an Enhancer die **Transkription** verschiedener Zielgene. SHP2 rekrutiert die Adapterproteine **Grb2** und **SOS** und führt über die **Ras/Raf/MAP-Kinase-Kaskade** ebenfalls zur Transkription von Zielgenen (➤ Abb. 9.13).
IL-6 induziert die **Reifung von B-Zellen**, die **Aktivierung von T-Zellen** und die Einleitung der **Akute-Phase-Reaktion** (➤ 16.3.6) und ist an der **Hämatopoese** und der **neuronalen Differenzierung** beteiligt.

Signaltransduktion über Rezeptorhomodimere
Erythropoetin (EPO)

EPO ist ein hochglykosyliertes Protein, das hauptsächlich in der Niere gebildet wird. Die Stärke der Synthese und Freisetzung von EPO ist von der Sauerstoffversorgung abhängig. Kommt es infolge z. B. einer Anämie oder eines Aufenthalts in großer Höhe zu einer verminderten Sauerstoffversorgung der Niere, können die Synthese und Freisetzung von EPO bis zu 10 000-fach gesteigert werden. Als Sauerstoffsensor dient dabei der nahezu ubiquitär vorhandene **HIF** (Hypoxia Inducible Factor), der aus einer α- und einer β-Untereinheit besteht (➤ Abb. 9.36a). Bei hohem Partialdruck bindet Sauerstoff an HIF-α, das dadurch ubiquitiniert und im Proteasom abgebaut wird. Nur bei geringem Sauerstoffpartialdruck ist HIF-α stabil und bindet an HIF-β. Das Dimer HIF-αβ bindet dann an einen Enhancer im 3'-Bereich des EPO-Gens (hypoxiesensitives Element) und steigert so dessen Transkription. EPO führt zur **Proliferation** und **Differenzierung** von erythroiden Vorläuferzellen (➤ 25.4) und somit zur Erhöhung der Erythrozytenanzahl im Blut, sodass vermehrt Sauerstoff transportiert werden kann.

Aus Studentensicht

Das u. a. von T-Lymphozyten und Makrophagen produzierte IL-6 bindet an einen Rezeptorkomplex aus zwei spezifischen **IL-6α-** und zwei gemeinsamen **gp130-Rezeptoruntereinheiten**. Erstere dienen der Ligandenbindung, letztere der Signalweiterleitung. Nach Assemblierung des Rezeptor-Tetramers werden an gp130 assoziierte **Janus-Kinasen** aktiviert, was die Bindung von **STAT-Proteinen** und der **Tyrosin-Phosphatase SHP2** ermöglicht. Die STAT-Proteine fungieren als **Transkriptionsfaktoren**. SHP2 aktiviert über **Grb2** und **SOS** die **Ras/Raf/MAP-Kinase-Kaskade**.
IL-6 ist u. a. an der **Reifung von B-Zellen**, der **Aktivierung von T-Zellen** und der **Akute-Phase-Reaktion** beteiligt.

Signaltransduktion über Rezeptorhomodimere

Das hochglykosylierte Erythropoetin (EPO) ist ein v. a. in der Niere gebildetes Protein, das vermehrt bei einer fallenden Sauerstoffsättigung gebildet wird. Als Sauerstoffsensor dient **HIF** (Hypoxia Inducible Factor), der bei einem geringen Sauerstoffpartialdruck als Dimer die Transkription des EPO-Gens und damit dessen Synthese und Freisetzung steigert.
EPO kontrolliert u. a. die **Proliferation** und **Differenzierung** von erythroiden Vorläufern und damit die Erythrozytenanzahl im Blut.

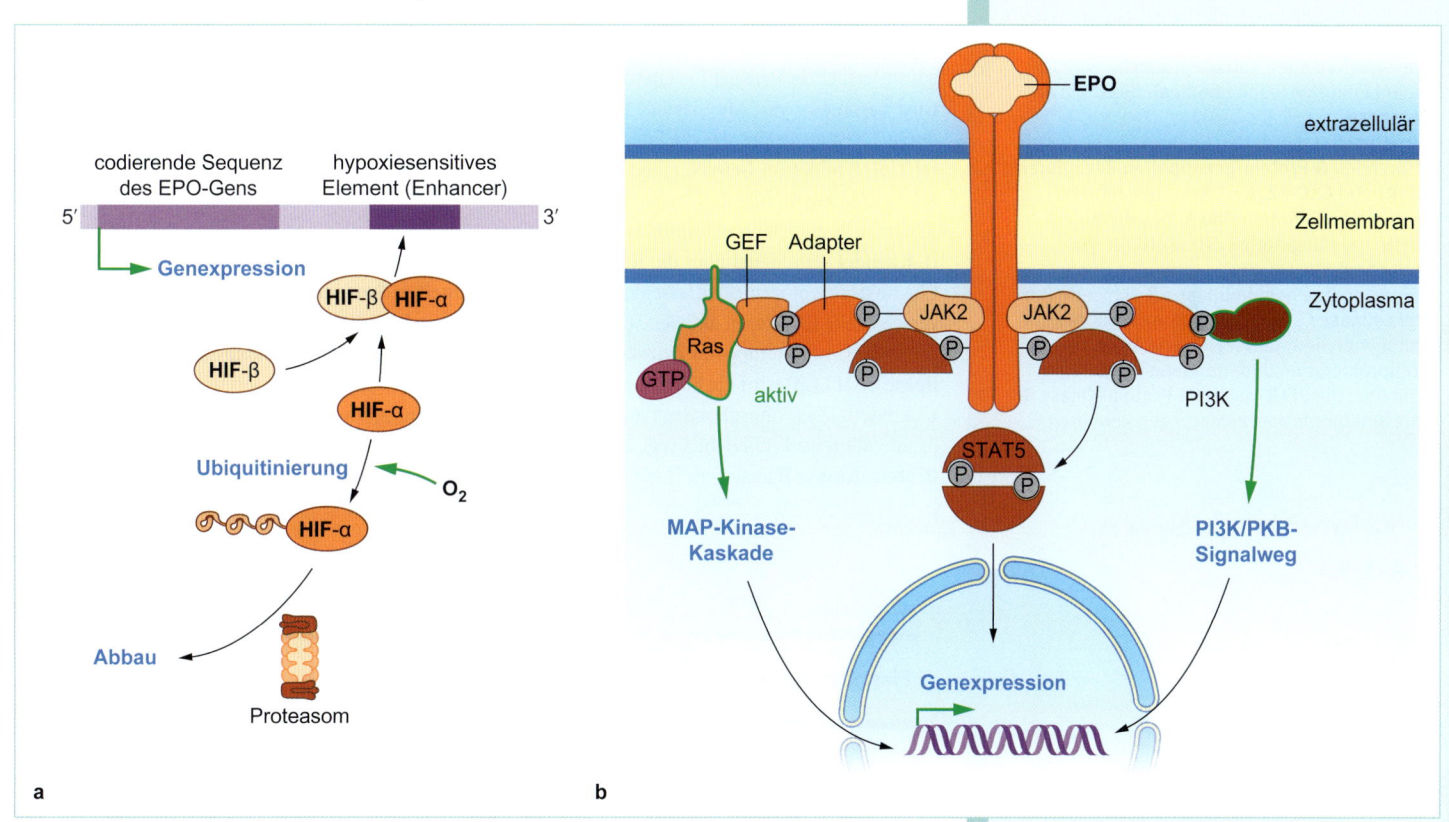

Abb. 9.36 a Regulation der Synthese von EPO. b Signaltransduktion von EPO. [L271, L307]

Auf molekularer Ebene wirkt EPO synergistisch mit z. B. IL-3. Der Rezeptor für EPO bildet im Gegensatz zu den bisher beschriebenen Interleukinrezeptoren keine Hetero-, sondern **Homodimere** und aktiviert die rezeptorassoziierten Kinasen des **JAK/STAT-Signalwegs** (➤ Abb. 9.36b). Außerdem können durch JAK2 die **Ras/Raf-MAPK-Kaskade** und der **PI3 K/PKB-Signalweg** aktiviert werden.

Der EPO-Rezeptor bildet **Homodimere** und aktiviert den **JAK/STAT-Signalweg**. Zudem können durch JAK2 die **Ras/Raf-MAPK-Kaskade** und der **PI3 K/PKB-Signalweg** aktiviert werden.

Aus Studentensicht

9 WIRKUNGSWEISE VON HORMONEN: WIE WIRD DAS ALLES KONTROLLIERT?

KLINIK

KLINIK

EPO-Doping

Die positive Wirkung von EPO auf die Neubildung der für den Sauerstofftransport wichtigen Erythrozyten ist auch Ausdauersportlern wie Radfahrern nicht verborgen geblieben. Durch die Erhöhung ihrer Erythrozytenzahl erhoffen sie sich, ihre Leistungs- und Ausdauerfähigkeit erheblich zu verbessern.

Legal kann dies durch Höhentraining erreicht werden. Der Aufenthalt in großen Höhen kann in begrenztem Ausmaß die Erythropoese steigern. Verboten ist es jedoch, wenn sich Sportler das mit Erythrozyten angereicherte Blut anschließend entnehmen und kurz vor einem Wettkampf in Form von Erythrozytenkonzentraten wieder verabreichen lassen (= Eigenblutdoping).

Wesentlich einfacher und effizienter ist das direkte, aber ebenfalls illegale Doping mit gentechnisch hergestelltem EPO. Dieser drastische Eingriff in das blutbildende System ist allerdings auch mit hohen gesundheitlichen Risiken verbunden. Durch die verstärkte Erythrozytenbildung erhöht sich die Viskosität des Blutes und so das Thrombose- und Herzinfarktrisiko. Außerdem besteht die Gefahr, dass durch die verminderte Strömungsgeschwindigkeit der Netto-Sauerstofftransport trotz erhöhten Hämoglobingehalts sogar wieder sinkt.

Bis vor einigen Jahren war der direkte Nachweis von EPO-Doping praktisch nicht möglich, da es keine Möglichkeit gab, das gentechnisch hergestellte EPO vom körpereigenen zu unterscheiden. Man nutzte daher vorwiegend indirekte Methoden, wie die Messung des Hämatokritwerts (= Verhältnis Blutzellen zu Blutplasma), der bei Männern einen Wert von 52 % bzw. bei Frauen von 48 % nicht übersteigen darf. Durch die Steigerung der Anzahl der roten Blutkörperchen steigt auch der Hämatokrit nachweisbar. Seit einigen Jahren ist es möglich, künstliches und körpereigenes EPO aufgrund ihrer unterschiedlichen Glykosylierung zu unterscheiden und somit EPO-Doping direkt nachzuweisen.

9.9.3 Chemokine

Chemokine sind **para-** und **autokrin** wirkende Signalmoleküle, die **chemotaktisch** auf Immunzellen wirken. Anhand spezifischer N-terminaler Cysteinreste werden Chemokine in CXC- und CC-Chemokine unterteilt.

IL-8, ein CXC-Chemokin, das v. a. von Monozyten, Fibroblasten und Endothelzellen synthetisiert wird, hat neben seinen **chemotaktischen** Eigenschaften auch **antiapoptotische** Wirkungen auf Endothelzellen und beeinflusst die **Angiogenese.**

IL-8 wirkt über die zu den Chemokinrezeptoren gehörenden **G-Protein-gekoppelten Rezeptoren CXC-R1** und **CXC-R2**. Als Effektoren dienen:
- Das kleine G-Protein **Rho A,** das die für die Zellwanderung nötige Zytoskelettumgestaltung beeinflusst
- Die über die **Phospholipase Cβ** aktivierte **Protein-Kinase C,** die Transkriptionsfaktoren phosphoryliert, deren Zielgene Angiogenese, Zellproliferation und -überleben regulieren
- Die über die **PI3 K** aktivierte **Protein-Kinase B,** die antiapoptotische Wirkungen vermittelt

ABB. 9.37

9.9.3 Chemokine

Zusammen mit Leukotrienen und Histamin führen Chemokine die in unserem Körper patrouillierenden Immunzellen bei Bedarf an den richtigen Zielort (= **Chemotaxis**). Dabei bewegen sich die Immunzellen entlang eines Konzentrationsgradienten der Chemokine. Diese Bewegung erfordert eine Umgestaltung des Aktin-Zytoskeletts und Polarisierung der Immunzellen. Entsprechend ihrer Aufgabe wirken Chemokine auf **parakrinem** und **autokrinem** Weg. Ihr Wirkspektrum überlappt mit dem der Interleukine.

Anhand spezifischer N-terminaler Cysteinreste werden die Chemokine in zwei Hauptklassen, die CXC- und CC-Chemokine, unterteilt. X steht dabei für eine beliebige Aminosäure zwischen den Cysteinen. Ein gut untersuchtes Beispiel für ein Chemokin ist **Interleukin 8** (IL-8, CXCL-8), ein CXC-Chemokin. IL-8 wird besonders von Monozyten, Fibroblasten und Endothelzellen synthetisiert. Seine Synthese wird durch TNFα ausgelöst, das die Freisetzung von IL-1β induziert, das schließlich die IL-8-Synthese in Gang setzt. IL-8 bildet im Gewebe einen Konzentrationsgradienten aus, an dem sich eine Reihe von Immunzellen wie neutrophile und basophile Granulozyten orientieren. Neben seiner **chemotaktischen** Eigenschaft hat es auch eine **antiapoptotische** Wirkung auf Endothelzellen und beeinflusst die **Angiogenese**. IL-8 sendet sein Signal über die Rezeptoren **CXC-R1** und **CXC-R2** (> Abb. 9.37). Sie gehören wie alle Chemokinrezeptoren zur Klasse der **G-Protein-gekoppelten Rezeptoren.** G-Protein-vermittelt werden verschiedene Effektoren aktiviert. Durch **Rho A,** ein kleines G-Protein, das die Aktinpolymerisation und somit die Umgestaltung des Zytoskeletts beeinflusst, wird die Zellmigration kontrolliert. Über **Phospholipase Cβ** (PLCβ) wird die Bildung der Second Messenger IP_3 und DAG induziert und die **Protein-Kinase C** aktiviert. Diese phosphoryliert und aktiviert Transkriptionsfaktoren, deren Zielgene Angiogenese, Zellproliferation und -überleben regulieren. Die **Phosphatidylinositol-3-Kinase** (PI3 K) vermittelt über die **Protein-Kinase B** analog zu IL-3 eine antiapoptotische Wirkung.

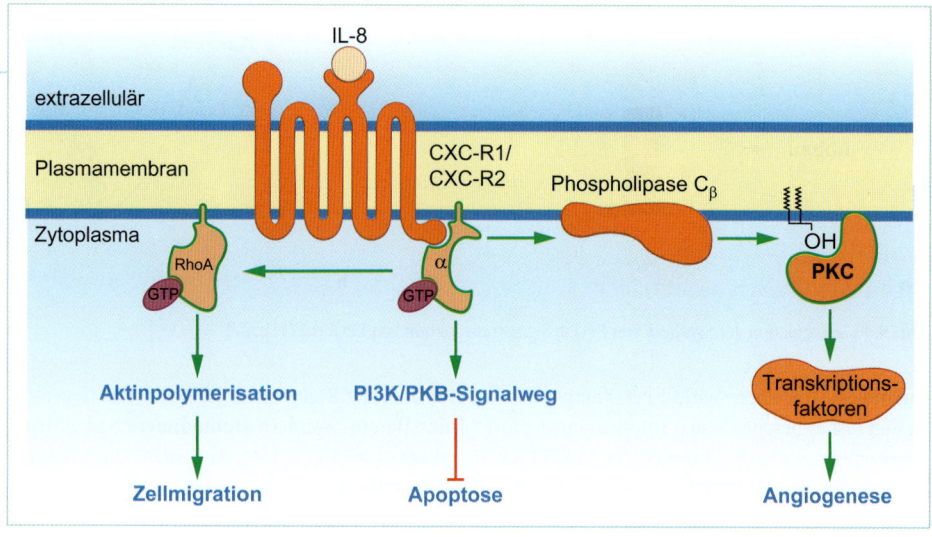

Abb. 9.37 Signaltransduktion von IL-8 [L138]

9.9.4 Interferone

Interferone (IFN) spielen eine wichtige Rolle bei der Virus- und Tumorbekämpfung. Zu den Interferonen zählen die **Typ-I-Interferone**, deren Hauptvertreter IFN-α und β sind, und das **Typ-II-Interferon** IFN-γ. Daneben wurde eine Reihe interferonähnlicher Interleukine wie z. B. IL-10 identifiziert. Interferone zeichnen sich durch eine **parakrine** wie auch **autokrine** Signalvermittlung aus. Die Synthese von Interferonen wird allgemein durch Viren und Bakterien stimuliert und zusätzlich durch IL-1, IL-2 und TNFα beeinflusst. Das Signal der Interferone wird über **rezeptorassoziierte Tyrosin-Kinasen** übertragen, die zu den Typ-II-Zytokinrezeptoren zählen.

Aus Studentensicht

9.9.4 Interferone

Interferone (IFN) spielen eine wichtige Rolle bei der Bekämpfung von Viren und Tumoren. Sie werden in **Typ-I-** und **Typ-II-Interferone** eingeteilt und vermitteln ihre **parakrine** und **autokrine** Wirkung über **rezeptorassoziierte Tyrosin-Kinasen**. Ihre Synthese wird u. a. durch Viren und Bakterien stimuliert.

ABB. 9.38

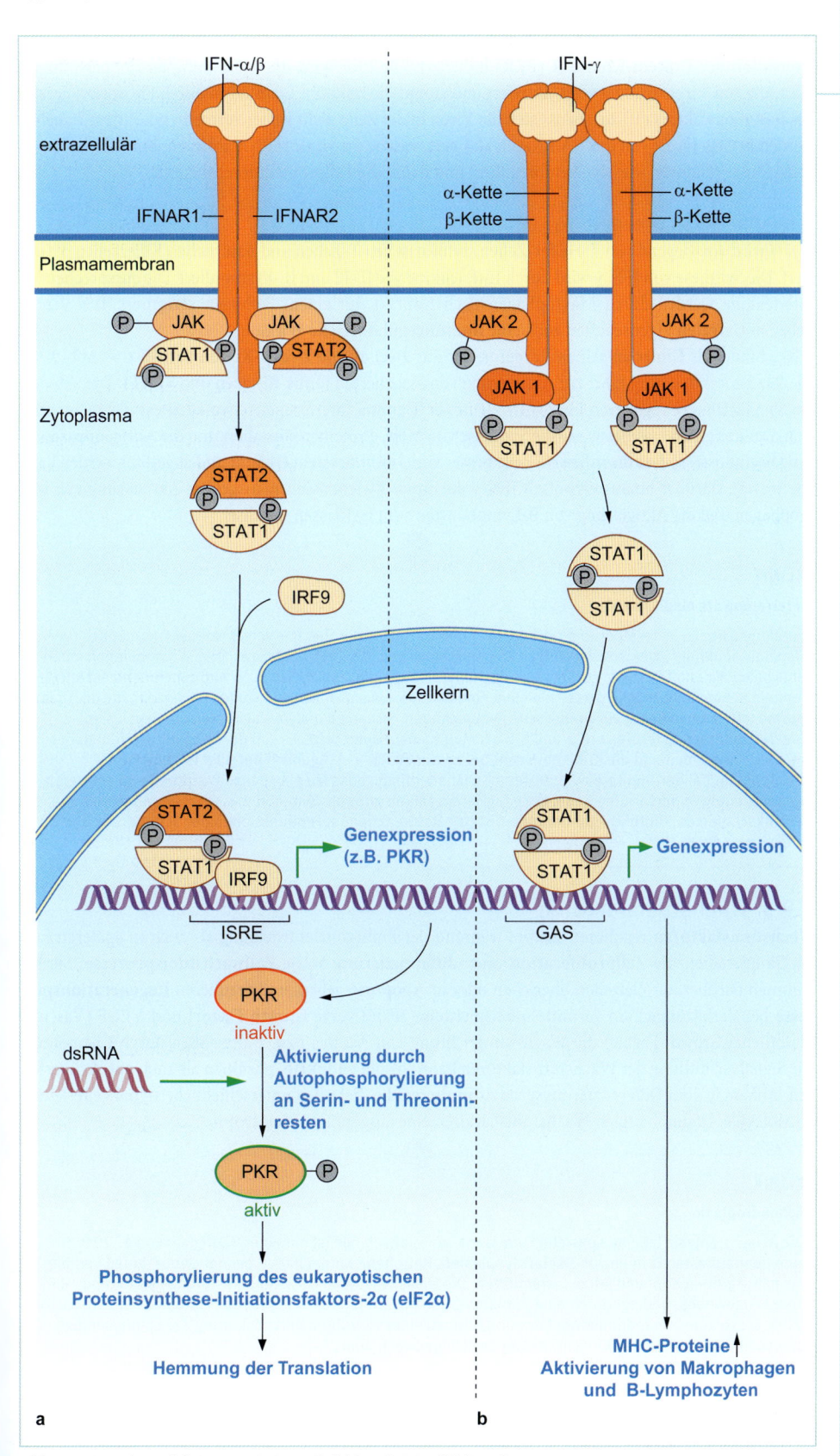

Abb. 9.38 Signaltransduktion von IFN-α und -β (a) und IFN-γ (b) [L138]

Typ-I-Interferone (Interferon-α und -β)

IFN-α und IFN-β werden z. B. nach der Detektion doppelsträngiger viraler RNA freigesetzt. IFN-α wird vornehmlich in Lymphozyten, Monozyten und Makrophagen synthetisiert. IFN-β kann in nahezu allen differenzierten Zellen hergestellt werden. Typ-I-Interferone sind entscheidend für die **Virusabwehr** und zeigen eine **antiproliferierende** Wirkung.

Sie senden ihr Signal über ein **Rezeptorheterodimer**, das sich nach Bindung des Liganden bildet und aus dem **Interferon-α/β-Rezeptor 1** (IFNAR1) und dem **Interferon-α/β-Rezeptor 2** (IFNAR2) besteht (> Abb. 9.38). Über assoziierte Janus-Kinasen werden STAT-Proteine aktiviert, die den Transkriptionsfaktor **IRF9** (Interferone-Regulated Factor 9) binden und über das **Enhancer-Element ISRE** (Interferone-Stimulated Regulatory Element) die Expression spezifischer Zielgene aktivieren. Dadurch wird u. a. die Expression der **Protein-Kinase R** (PKR) induziert. Die PKR wird durch Bindung an doppelsträngige RNA, die von Viren gebildet wird, aktiviert und stoppt die zelluläre Translation durch Phosphorylierung des Initiationsfaktors eIF-2α, sodass sich die Viren in der Zelle nicht weiter vermehren können. Daneben werden in Gegenwart von dsRNA RNasen aktiviert, welche die virale mRNA abbauen. Zusätzlich werden Zellzyklusregulatoren wie Myc herabreguliert und damit die Zellproliferation gehemmt.

Typ-II-Interferon (Interferon-γ)

IFN-γ wird vorwiegend von T-Helfer-Zellen, zytotoxischen T-Zellen und natürlichen Killerzellen produziert. Die Synthese von IFN-γ wird durch Interleukine wie IL-12 und IL-18 stimuliert. Die entsprechenden Interleukine werden durch Makrophagen nach Kontakt mit einem Pathogen sezerniert. IFN-γ zeigt neben **antiviralen** Eigenschaften auch eine **immunregulatorische** Wirkung.

IFN-γ bindet als Dimer an seinen Rezeptor, der aus **zwei α-** und **zwei β-Ketten** besteht (> Abb. 9.38). Die Rezeptoraktivierung führt zur Aktivierung von assoziierten **Janus-Kinasen** und **STAT1**. Die aktivierten STAT1-Dimere regulieren über GAS-Elemente (Gamma Interferone-Activated Sites) die Genexpression. Dadurch wird beispielsweise die Synthese von MHC-Proteinen stimuliert und die Antigenprozessierung beeinflusst, sodass die infizierte Zelle besser vom Immunsystem erkannt und abgetötet werden kann (> 16.4.3). Darüber hinaus vermittelt IFN-γ die durch T-Helfer-Zellen ausgelöste Aktivierung von Makrophagen und die Aktivierung von B-Lymphozyten zum Ig-Klassen-Wechsel.

KLINIK
Interferone als Medikamente

Interferone finden in der Medizin schon seit längerem Einsatz in der Therapie verschiedener Erkrankungen wie Hepatitis, multipler Sklerose oder einigen Krebserkrankungen. Bis 2014 wurde v. a. IFN-α in Kombination mit dem antiviralen Wirkstoff Ribavirin zur Therapie der Hepatitis Typ C eingesetzt. Seit 2014 wird zunehmend auf interferonfreie Behandlungsmöglichkeiten mit einer Kombination aus antiviralen Wirkstoffen umgestellt, die der Therapie mit Interferon in Bezug auf virologische Ansprechraten, Sicherheit und Verträglichkeit überlegen sind.
Bei der multiplen Sklerose wird u. a. IFN-β als Medikament eingesetzt. Es soll die Entzündungsreaktionen im ZNS eindämmen und die Krankheitsschübe, an denen IFN-γ maßgeblich beteiligt ist, blockieren.
Das Problem bei der Therapie mit Interferonen ist allerdings, dass sie eine ganze Bandbreite an schweren Nebenwirkungen hervorrufen kann. Unter anderem zählen grippale Symptome wie Fieber, Müdigkeit und Gelenkschmerzen, Blutbildveränderungen, starke Hautreaktionen, Fehlfunktionen der Schilddrüse und Depressionen dazu.

9.9.5 Wachstumsfaktoren

Wachstumsfaktoren regulieren sowohl während der Embryonalentwicklung als auch in späteren Entwicklungsstadien die **Zellproliferation** und **-differenzierung** sowie **Zellwachstumsprozesse**. Sie bestimmen darüber, ob Zielzellen überleben oder in **Apoptose** gehen, und regulieren **Regenerationsprozesse** bei Verletzungen. So vermitteln beispielsweise NGF (Nerve Growth Factor) und VEGF (Vascular Endothelial Growth Factor) die Wachstumsrichtung von Axonen bzw. Blutgefäßen durch Chemotaxis. Die Signalvermittlung der Wachstumsfaktoren kann sowohl **endokrin, parakrin** als auch **autokrin** erfolgen. Abhängig vom Differenzierungsgrad exprimieren die Zielzellen unterschiedliche signalweiterleitende Moleküle. Dadurch zeigen Wachstumsfaktoren eine ausgeprägte **Pleiotropie**.

KLINIK
Achondroplasie

Die Achondroplasie ist eine spezielle Form des Kleinwuchses. Sie ist mit einer Häufigkeit von 1 : 20 000 eine der häufigsten Formen von **Skelettdysplasien**. Betroffene Kinder haben bei der Geburt einen verhältnismäßig großen Kopf und kurze Extremitäten. Die Ursache ist eine Entwicklungsstörung des Knorpel- und Knochengewebes, bedingt durch eine Punktmutation im Gen für den Rezeptor des Fibroblast Growth Factor (FGF). Diese autosomal-dominante Mutation führt zu einer verfrühten Verknöcherung der Epiphysenfuge und somit zu einer starken Einschränkung des Längenwachstums.

Zur Signaltransduktion nutzen Wachstumsfaktoren überwiegend **Rezeptor-Tyrosin-Kinasen**. Eine Ausnahme bilden die Mitglieder der TGFβ- und BMP-Familie sowie die Aktivine, die ihre Signale über **Rezeptor-Serin-/Threonin-Kinasen** vermitteln. Die intrazelluläre Signalweiterleitung erfolgt meistens über die **Ras/Raf/MAPK-Kaskade**.

9.9 ZYTOKINE

Epidermal Growth Factor (EGF)

Die EGF-Familie umfasst mehrere Mitglieder und kann von einer Vielzahl von Zellen synthetisiert und sezerniert werden. EGF ist das namensgebende Protein der Familie. EGF-Proteine können **autokrin** und **parakrin** wirken. Aus Studien an Knock-out-Mäusen geht hervor, dass EGF selbst im Verlauf der **Embryonalentwicklung** die Ausbildung einer Vielzahl von Organen beeinflusst, darunter Lunge, Herz, ZNS und Brustdrüsen. Außerdem ist es an der **Wundheilung** beteiligt und stimuliert die **Zellproliferation** im Epithelgewebe.

Die Familie der EGF-Rezeptoren (ErbB; HER) umfasst vier Mitglieder, die alle **Rezeptor-Tyrosin-Kinasen** sind (➤ 9.6.3). Neben dem **EGF-Rezeptor EGFR** (ErbB1, HER1) zählen **ErbB2** (HER2), **ErbB3** (HER3) und **ErbB4** (HER4) dazu. Die Rezeptoren zeigen eine unterschiedliche Affinität zu den verschiedenen EGF-Proteinen. Die Bindung von EGF an den Rezeptor löst die für Rezeptor-Tyrosin-Kinasen typischen Prozesse aus und stimuliert über die Adaptoren Grb2, Shc und SOS die **Ras/Raf/MAPK-Kaskade** (➤ Abb. 9.13), über die **Phospholipase Cγ** (PLCγ) die Protein-Kinase C, den **PI3 K/PKB-Signalweg** (➤ Abb. 9.12) und eine Reihe von **STAT-Proteinen** (➤ Abb. 9.14). Die Aktivierung der STAT-Proteine findet in diesem Fall direkt über den Rezeptor statt und wird nicht über eine rezeptorassoziierte Kinase vermittelt. Abhängig von der jeweiligen Kombination an Rezeptor-Typ und Ligand können nur einzelne oder auch mehrere der angeführten Signalwege aktiviert werden.

EGF-Rezeptoren können außerdem auch durch **Rezeptor-Transaktivierung** aktiviert werden. So kann z. B. das durch Prolaktin oder Somatotropin aktivierte JAK2 Tyrosinreste der EGF-Rezeptoren phosphorylieren und eine Signaltransduktion auslösen, ohne dass EGF an den extrazellulären Teil des Rezeptors gebunden ist. Außerdem ist auch eine spezielle Kinase, die **Src-Kinase**, in der Lage, den EGFR zu phosphorylieren, was zu einer verstärkten Signaltransduktion führt.

Mutationen in den Genen für EGF-Rezeptoren oder für Proteine ihrer Signalkaskaden können zu überaktiven Genprodukten und somit zu übermäßiger Proliferation führen. Tatsächlich zeigen 50–70 % aller Lungen-, Darm- und Brusttumoren eine hohe Expression von Vertretern der EGFR-Familie (➤ 12.3.2).

Transforming Growth Factor (TGFβ)

Der Transforming Growth Factor (TGFβ) wird v. a. von T-Zellen, Monozyten und dendritischen Zellen produziert und sezerniert.

Für TGFβ existieren zwei Rezeptoren, der **TGFβ-Typ-I-Rezeptor** (TGFβRI) und **TGFβ-Typ-II-Rezeptor** (TGFβRII). Beide liegen als Homodimer vor und zählen zu den **Rezeptor-Serin-/Threonin-Kinasen**. Zur Aktivierung der Signalweiterleitung bindet TGFβ zunächst als Dimer an den TGFβ-Typ-II-Rezeptor, der daraufhin ein Dimer aus **TGFβ-Typ-I-Rezeptoren** rekrutiert und phosphoryliert (➤ Abb. 9.39). Der TGFβ-Typ-I-Rezeptor leitet das Signal nun zu den R-Smad-Proteinen **Smad 2 und 3** weiter, die über das membranverankerte Adapterprotein **SARA** (Smad Anchor for Receptor Activation) an den Rezeptor rekrutiert werden und in der Folge vom TGFβ-Typ-I-Rezeptor phosphoryliert werden. Dadurch kommt es zur Dimerisierung der Smad-Proteine und deren Bindung an das Co-Smad-Protein **Smad 4**. Dieses Trimer wird in den Zellkern transportiert, agiert dort als **Transkriptionsfaktor** und reguliert die Genexpression spezifischer Zielgene. Das I-Smad-Protein (Inhibitory Smad) Smad 7 sorgt als regulatorisches Protein für eine Feedback-Hemmung und stoppt die Signaltransduktion.

TGFβ wirkt hemmend auf die T-Zell-Proliferation und die Aktivierung von Makrophagen und zeigt somit eine **immunsuppressive** Wirkung. Darüber hinaus inhibiert er die **Proliferation** mesenchymaler und epithelialer Zellen und stimuliert die Bildung der **extrazellulären Matrix** und von **Antikörpern**, insbesondere IgA.

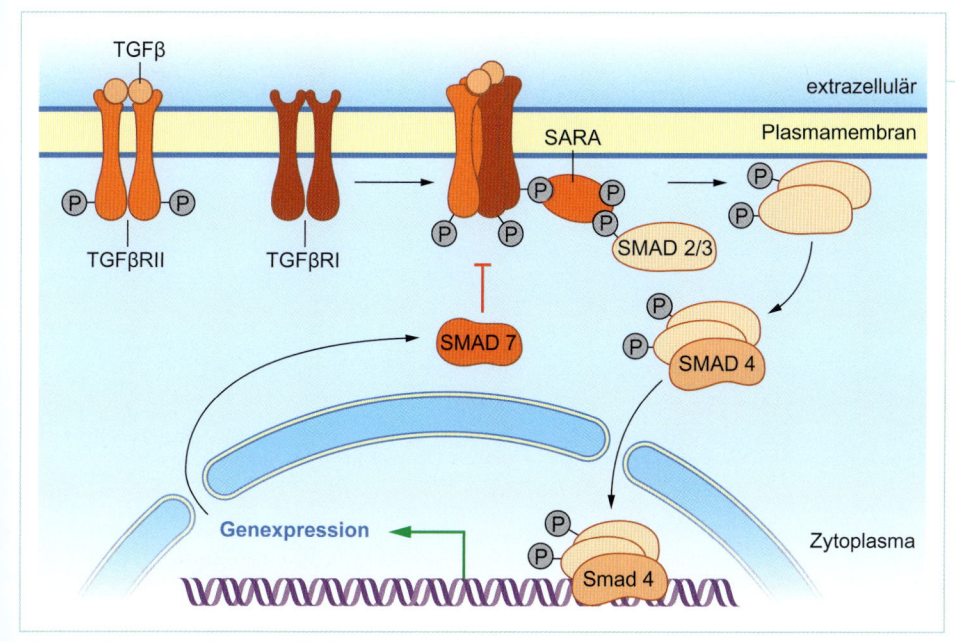

Abb. 9.39 Signaltransduktion von TGFβ [L138]

Aus Studentensicht

Epidermal Growth Factor (EGF)

Wachstumsfaktoren der EGF-Familie umfassen mehrere Mitglieder, u. a. den EGF. EGF-Proteine wirken **autokrin** und **parakrin** und spielen u. a. in der **Embryonalentwicklung**, der **Wundheilung** und der **Zellproliferation** im Epithelgewebe eine Rolle.
Sie signalisieren über **Rezeptor-Tyrosin-Kinasen**. Dabei wird zwischen **EGF-Rezeptor EGFR** (ErbB1, HER1), **ErbB2** (HER2), **ErbB3** (HER3) und **ErbB4** (HER4) unterschieden. Die Bindung von EGF an den Rezeptor führt zur typischen Aktivierung dieser Rezeptorklasse mit folgenden Signalwegen bzw. -molekülen:
- **Ras/Raf/MAPK-Kaskade**
- **Phospholipase Cγ**
- **PI3 K/PKB-Signalweg**
- **STAT-Proteine,** die direkt über den Rezeptor aktiviert werden

EGF-Rezeptoren können auch durch **Rezeptor-Transaktivierung** über aktivierte JAK2 oder die **Src-Kinase** aktiviert werden, ohne dass EGF an seinen Rezeptor bindet.
Mutationen in den Genen für EGF-Rezeptoren oder für Proteine ihrer Signalkaskaden finden sich gehäuft in Tumoren, wie Lungen-, Darm- und Brusttumoren.

Transforming Growth Factor (TGFβ)

TGFβ wird v. a. von T-Zellen, Monozyten und dendritischen Zellen produziert und sezerniert. TGFβ bindet als Dimer an den als Homodimer vorliegenden **TGFβ-Typ-II-Rezeptor**, wodurch ein Homodimer aus **TGFβ-Typ-I-Rezeptoren** rekrutiert und phosphoryliert wird. Beide Rezeptoren sind **Rezeptor-Serin-/Threonin-Kinasen**. Die von dem Adapterprotein **SARA** an den Typ-I-Rezeptor rekrutierten R-Smad-Proteine **Smad 2 und 3** werden von diesem phosphoryliert, dimerisieren und binden an das Co-Smad-Protein **Smad 4**. Das entstandene Trimer wird in den Zellkern transportiert und wirkt dort als **Transkriptionsfaktor**. Das I-Smad-Protein Smad 7 dient als regulatorisches Protein und stoppt die Signaltransduktion.

TGFβ hat eine **immunsuppressive** Wirkung, inhibiert die **Proliferation** mesenchymaler und epithelialer Zellen und stimuliert die Bildung von **extrazellulärer Matrix** und **Antikörpern**.

ABB. 9.39

Aus Studentensicht

PRÜFUNGSSCHWERPUNKTE
IMPP
!!! Signaltransduktion (G-Proteine, cAMP), adrenogenitales Syndrom (verminderte Synthese von Cortisol durch 21-Hydroxylase-Mangel), Steroidhormone (Strukurformeln), TRH, Abfolgen von Syntheseschritten (Cholesterin, Steroidhormone, Eicosanoide, Katecholamine, Insulin)
!! Eicosanoide
! Steroidhormone (Biosynthese), Schilddrüsenhormone (Biosynthese)

Kompetenzorientierte Lernziele (NKLM)
Die Studierenden können
- die Struktur, Synthese, Wirkmechanismen und den Abbau unterschiedlicher Klassen von Hormonen, Zytokinen und Wachstumsfaktoren erklären.
- die Funktion, Freisetzung, Rhythmizität und Regulation unterschiedlicher Klassen von Hormonen, Zytokinen und Wachstumsfaktoren erklären.
- unterschiedliche Wirkmechanismen von Botenstoffen in Abhängigkeit von der Wirkdauer erklären.
- Struktur, Vorkommen, Eigenschaften und Funktion wichtiger Rezeptoren erklären.
- wichtige Rezeptoren mit Aktivierungs- und Wirkmechanismen erläutern und sie Hormonen bzw. Transmittern zuordnen.
- Signalkaskaden, Second Messenger, Effektormechanismen und Signalbeendigung G-Protein-gekoppelter Rezeptoren erklären.
- die Hypothalamus-Hypophyse-Gonaden-Achse zur Regulation der Geschlechtsorgane erklären.
- den ovariellen und menstruellen Zyklus mit Auswirkungen auf andere Reproduktionsorgane erläutern.

ÜBUNGSFRAGEN FÜRS MÜNDLICHE MIT LÖSUNGSHILFEN

1. Welche Gemeinsamkeiten und Unterschiede gibt es bei der Wirkung von Glukagon und Cortisol?

Beides sind katabole Hormone, die Energie aus Speichern freisetzen und den Blutzuckerspiegel erhöhen. Glukagon wirkt jedoch fast ausschließlich auf die Leber, Cortisol auf alle Körperzellen. Glukagon reguliert den Blutzuckerspiegel kurzfristig und hemmt daher die Glykogensynthese, während Cortisol als langfristiges Stresshormon die Glykogensynthese stimuliert. Glukagon ist ein Peptidhormon und wirkt über einen G-Protein-gekoppelten Rezeptor direkt auf die Aktivität der Schlüsselenzyme und auf die Transkription. Cortisol ist ein Steroidhormon und wirkt über einen intrazellulären Rezeptor in erster Linie auf die Transkription der Schlüsselenzyme.

2. Wozu ist es gut, dass Schilddrüsenhormone während der Synthese an Thyreoglobulin gebunden sind und dass ihre Synthese im Extrazellulärraum stattfindet?

Schilddrüsenhormone sind amphiphil und würden durch die Membran diffundieren. Deswegen sind sie während der Synthese an ein Protein gebunden und werden bei Bedarf freigesetzt. Da während der Synthese giftiges Wasserstoffperoxid entsteht, findet sie zum Schutz der Zellen im Extrazellulärraum statt.

3. Warum kann ein Hormon unterschiedliche Wirkungen in unterschiedlichen Zielzellen auslösen?

Zielzellen unterschiedlicher Gewebe unterscheiden sich in ihrer Proteinausstattung. Sie können daher unterschiedliche Rezeptoren für das Hormon exprimieren, die unterschiedliche Signalwege aktivieren. Selbst wenn zwei Zellen denselben Rezeptor aufweisen, können sie sich in ihren Stoffwechselenzymen oder Transkriptionsfaktoren unterscheiden, sodass der Signalweg zu unterschiedlichen Effekten führt.

4. Cortisonsalben enthalten oft die inaktive Form des Cortisols, das Cortison. Warum sind diese Salben dennoch wirksam?

In den Zielzellen der Glukocorticoide erfolgt die Umwandlung von Cortison in aktives Cortisol durch die 11β-Hydroxysteroid-Dehydrogenase 1. Dieses Enzym wandelt auch das in den Salben enthaltene Cortison in die aktive Form um.

KAPITEL 10

Zellzyklus und Apoptose: nicht zu viel und nicht zu wenig

Sabine Höppner

10.1	Der Zellzyklus	253
10.2	M-Phase: Mitose und Zytokinese	254
10.3	Meiose	255
10.3.1	Ablauf	255
10.3.2	Homologe Rekombination	256
10.4	Regulation der Phasenübergänge im Zellzyklus	258
10.4.1	Cycline und Cyclin-abhängige Kinasen	258
10.4.2	Der Übergang von der G1- zur S-Phase	259
10.5	Apoptose: programmierter Zelltod	260
10.5.1	Apoptose versus Nekrose	260
10.5.2	Funktionen der Apoptose	261
10.5.3	Caspasen: zentrale Enzyme der Apoptose	261
10.5.4	Auslöser der Apoptose	262
10.5.5	Das Überleben der Zelle ist ein Balanceakt	265

Aus Studentensicht

In einem vielzelligen Organismus können und dürfen sich einzelne Zellen nicht nach Lust und Laune teilen, da sonst Tumoren entstehen. Daher wird der Zellzyklus streng reguliert und die Gesamtzahl der Zellen im Erwachsenen über kontrollierte Teilung und kontrollierten Zelltod, die Apoptose, konstant gehalten. Der Zellzyklus wird dabei in erster Linie durch äußere Signale angetrieben. Die Apoptose ist einerseits erforderlich, um beschädigte Zellen aus dem Kollektiv zu entfernen, andererseits spielt sie eine wichtige Rolle in der Embryonalentwicklung. Sonst würden wir beispielsweise alle mit Schwimmhäuten zwischen Fingern und Zehen herumlaufen.
Carolin Unterleitner

10.1 Der Zellzyklus

> **FALL**
>
> **Schwanger mit 40**
>
> Sie famulieren in der auf Pränataldiagnostik spezialisierten Frauenarztpraxis von Frau Dr. Schubert. Gerade kommt Frau Walter, die in der 12. Woche schwanger ist, zum Ersttrimesterscreening. Sie ist schon 40 Jahre alt und überglücklich, endlich schwanger geworden zu sein. Gespannt blickt sie mit auf das Ultraschallbild, in dem Frau Dr. Schubert die Scheitel-Steiß-Länge des Fetus ausmisst. Genau 6 cm ist das kleine Würmchen groß. Als Nächstes wird die „Nackenfalte" ausgemessen, die normalerweise zwischen 1 und 2,5 mm dick ist. Frau Dr. Schubert wird plötzlich ernst, misst mehrmals nach, aber es bleibt bei 6 mm, einem stark erhöhten Wert. Die Ärztin erklärt Frau Walter, dass dieser Wert alleine nicht aussagekräftig sei und letztendlich nur eine Fruchtwasseruntersuchung endgültige Sicherheit liefern könne. Frau Walter entscheidet sich dafür und vereinbart einen Termin für kommenden Montag.
> Welches ist die häufigste Chromosomenaberration, nach der im Ersttrimesterscreening hauptsächlich gefahndet wird und für die der erhöhte Wert ein Hinweis sein kann?

Der Zellzyklus ist ein Ablauf von Ereignissen in einer Zelle, die zur Entstehung von zwei Tochterzellen führen. Die Zellen aller Lebewesen durchlaufen dabei nach einer Phase des Wachstums zunächst eine Verdopplung ihres Genoms (= **Replikation**), gefolgt von der Teilung der Zellen in zwei Tochterzellen (= **Mitose und Zellteilung**), an die sich die nächste Wachstumsphase anschließt.
Bei Eukaryoten wird der Zellzyklus in **vier Phasen** unterteilt, wobei die **ersten drei Phasen** auch als **Interphase** (zwischen zwei Mitosen) zusammengefasst werden (➤ Abb. 10.1):

- **G1-Phase (Gap 1):** Das Genom liegt in der Zelle in einfacher Kopie vor. Diese Phase stellt die Lücke (engl. gap) zwischen der Kernteilung und der erneuten Verdopplung des Genoms dar. Für die spätere Verdopplung benötigte Bausteine werden synthetisiert und die Zelle wächst.
- **S-Phase (Synthesephase):** Das Genom wird durch Replikation verdoppelt (➤ 11.1). Dabei entsteht aus jedem Ein-Chromatid-Chromosom ein Zwei-Chromatid-Chromosom.
- **G2-Phase (Gap 2):** Nach Abschluss der Replikation liegen Zwei-Chromatid-Chromosomen vor. Die Zelle kontrolliert, ob die Replikation korrekt verlaufen ist, und bereitet sich auf die Mitose vor.
- **M-Phase (Mitose und Zytokinese):** Die Mitose ist der Prozess der Kernteilung, bei dem das Genom für zwei erbgleiche Tochterzellen aufgeteilt wird. Im Anschluss an die Kernteilung erfolgt meist die Teilung der Zelle (Zytokinese), bei der unter Aufteilung des Zytoplasmas zwei Tochterzellen entstehen. Mitose und Zytokinese werden als M-Phase zusammengefasst.

10.1 Der Zellzyklus

Im **Zellzyklus** wird das Genom einer Zelle verdoppelt und auf **zwei Tochterzellen** verteilt.
Die **4 Phasen** des Zellzyklus sind:
- **G1:** Vorbereitung, Wachstum
- **S:** DNA-Replikation
- **G2:** Kontrolle
- **M:** Mitose, Zellteilung

Aus Studentensicht

ABB. 10.1

Bei höheren Eukaryoten dauert ein Zellzyklus unter optimalen Wachstumsbedingungen ca. **24 Stunden**. Phasenübergänge werden durch **Kontrollpunkte (Checkpoints)** reguliert.
Die **G0-Phase** ist ein Zustand, in dem sich die Zelle nicht (mehr) teilt.
Keimzellen entstehen durch **Meiose**.

10.2 M-Phase: Mitose und Zytokinese

Die **fünf Teilabschnitte** der **Mitose** sind:
- **Prophase:** Kondensation der Chromosomen, Ausbildung des Spindelapparats
- **Prometaphase:** Auflösung der Kernmembran, Anheftung der Chromosomen an den Spindelapparat
- **Metaphase:** Ausrichtung der angehefteten Chromosomen in Äquatorialebene
- **Anaphase:** Trennung der Chromosomen in Schwesterchromatiden, Transport der Schwesterchromatiden zu den Polen
- **Telophase:** Wiederausbildung der Kernmembran

Die eigentliche Teilung der Zelle wird als **Zytokinese** bezeichnet.

---

10 ZELLZYKLUS UND APOPTOSE: NICHT ZU VIEL UND NICHT ZU WENIG

Restriktionspunkt:
- Zellgröße
- DNA-Integrität
- Verfügbarkeit von Substraten

Metaphase-Kontrollpunkt:
- Korrekte Ausbildung des Spindelapparats
- Korrekte Anheftung der Chromosomen

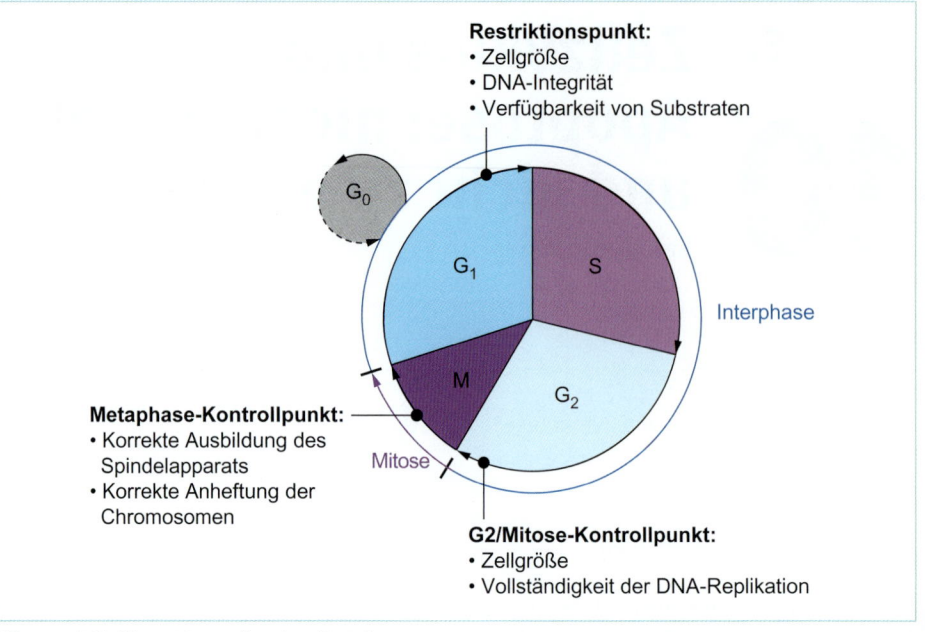

G2/Mitose-Kontrollpunkt:
- Zellgröße
- Vollständigkeit der DNA-Replikation

Abb. 10.1 Zellzyklus mit Kontrollpunkten [L252]

Dauer und Länge der einzelnen Phasen unterscheiden sich von Lebewesen zu Lebewesen und reichen unter optimalen Wachstumsbedingungen von ca. 20 Minuten bei Bakterien bis zu ca. 24 Stunden bei höheren Eukaryoten. Der Übergang zwischen den einzelnen Zellzyklusphasen wird an **Kontrollpunkten (Checkpoints)** kontrolliert. Der wichtigste Kontrollpunkt liegt in der späten G1-Phase und heißt auch **Restriktionspunkt**. Hier wird entschieden, ob die Zelle in die S-Phase übergehen wird. Zellen, die sich nicht mehr teilen, verharren bei Säugetieren in einem Stadium mit einfachem Genom (= **G0-Phase**). Dies kann eine vorübergehende Pause sein, weil beispielsweise die nötige Zelldichte in einem Gewebe erreicht ist, oder aber ein dauerhafter Zustand. Die meisten menschlichen Zellen sind ausdifferenziert und befinden sich in der G0-Phase. Eine weitere Form der Kernteilung ist die **Meiose** (Reifeteilung), bei der **Keimzellen** mit einem verkleinerten Genom gebildet werden.

10.2 M-Phase: Mitose und Zytokinese

Die **Mitose (Kernteilung)** ist die kürzeste Phase des Zellzyklus. Sie dauert bei schnell proliferierenden Zellen etwa 0,5–1 h und wird in fünf Teilabschnitte unterteilt (➤ Abb. 10.2):

- **Prophase:** Verantwortlich für die spätere Aufteilung der Chromosomen ist der **Spindelapparat**. Entscheidend für die Ausbildung des Spindelapparats ist die vorausgegangene Verdopplung des **Zentrosoms**, einer großen zytoplasmatischen Struktur aus zwei rechtwinklig zueinander angeordneten Multiproteinkomplexen (Zentriolen) und einer umgebenden Matrix aus weiteren Proteinen. Je eine Zentriole dient bereits in der S-Phase als Basis für die Assemblierung einer neuen Zentriole. Die entstandenen zwei Zentriolenpaare und ihre Matrix sind in der Prophase die Organisationszentren (MTOC, Microtubule Organizing Center) der Mikrotubuli (➤ 26.2.2), die zu einem sternförmigen Spindelapparat auswachsen. Die beiden Zentriolenpaare wandern zu den entgegengesetzten Polen der Zelle, sodass zwei sternförmige Strukturen (Aster) entstehen. Neben der Ausbildung des Spindelapparats beginnen die Chromosomen zu kondensieren.
- **Prometaphase:** Die Kernmembran löst sich auf. Die Chromosomen binden über eine als **Kinetochor** bezeichnete Struktur an die Mikrotubuli (= Kinetochor-Mikrotubuli).
- **Metaphase:** Die Chromosomen richten sich mithilfe der Kinetochor-Mikrotubuli in der Äquatorialebene senkrecht zur Spindel aus. Die korrekte Anheftung aller Chromosomen ist ein wichtiger Kontrollpunkt im Zellzyklus.
- **Anaphase:** Die Chromosomen werden in die Schwesterchromatiden getrennt. Die Chromatiden werden mit den Kinetochoren voran durch Verkürzung der Kinetochor-Mikrotubuli zu den entgegengesetzten Polen gezogen. Indem sich die polaren Mikrotubuli verlängern, werden die Pole auseinandergedrückt.
- **Telophase:** Je eine neue Kernmembran bildet sich um die an den Polen getrennt vorliegenden Chromatiden aus.

In den meisten Fällen findet im Anschluss an die Mitose eine **Zellteilung (Zytokinese)** statt. Die Vorbereitung dazu beginnt meist bereits in der Anaphase, indem die Plasmamembran durch einen Ring aus Aktin- und Myosinfilamenten eingeschnürt wird und sich so zwei getrennte Tochterzellen bilden. In diesen finden sich nun 46 Ein-Chromatid-Chromosomen (= diploider Chromosomensatz).

Ablauf von Mitose und Zytokinese

Ende der Interphase
- Zentrosomen (mit Zentriolen)
- Kernhülle
- Chromatin

Prophase
- Zentriolenpaar
- Zentromer
- Mitosespindel
- Zwei-Chromatid-Chromsosom

Prometaphase
- Spindelapparat
- Kinetochor
- Reste der Kernhülle
- Kinetochor-Mikrotubuli
- polare Mikrotubuli
- Spindelpol

Metaphase
- Zwei-Chromatid-Chromosom
- Äquatorialebene

Anaphase
- Tochterchromosom (Ein-Chromatid-Chromosom)

Telophase mit beginnender Zytokinese
- entstehender Nukleolus
- Teilungsfurche
- entstehende Kernhülle
- Ein-Chromatid-Chromosom

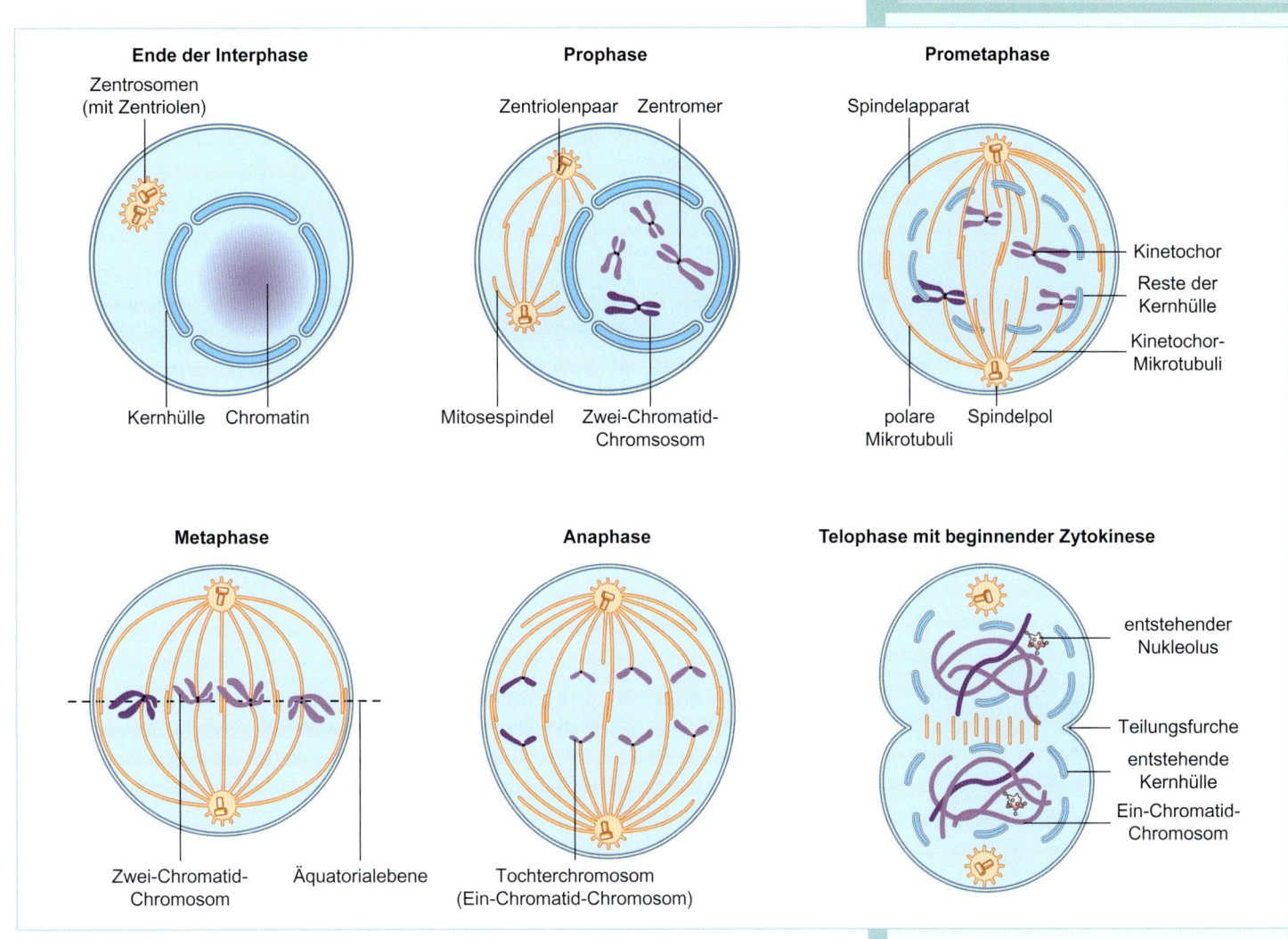

Abb. 10.2 Ablauf von Mitose und Zytokinese [L253]

10.3 Meiose

10.3.1 Ablauf

Anders als bei der Mitose entstehen bei der **Meiose (Reifeteilung)** aus einer diploiden Zelle, deren Genom durch Replikation verdoppelt wurde, nicht zwei erbgleiche diploide, sondern **vier nicht erbgleiche, haploide** Zellen (= Gonen; Gameten) mit **Ein-Chromatid-Chromosomen,** die aus nur einem DNA-Doppelstrang bestehen. Während der Meiose wird zudem das Erbgut durch intra- und interchromosomale **Rekombination** durchmischt.

Die Meiose beinhaltet zwei nacheinander ablaufende Teilungen (> Abb. 10.3). In der ersten meiotischen Teilung (Meiose I, **Reduktionsteilung**) lagern sich jeweils die **homologen Chromosomen** aneinander. Dabei kommt es zum Austausch einzelner Abschnitte (= **intrachromosomale Rekombination, homologe Rekombination**) zwischen den homologen Chromatiden des väterlichen und mütterlichen Chro-

Aus Studentensicht

10.3 Meiose

10.3.1 Ablauf

Bei der Meiose entstehen aus einer diploiden Zelle **vier haploide Zellen** mit **Ein-Chromatid-Chromosomen.** Im Laufe der Meiose findet die für die Evolution sehr wichtige **Rekombination** der Gene statt.

Während der **Meiose** finden **zwei Teilungen** statt:
1. **Reduktionsteilung:** Die homologen Chromosomen lagern sich zusammen, einzelne Abschnitte werden über Crossing-over rekombiniert und je eines der homologen Chromosomen wird zufällig auf eine Tochterzelle verteilt.

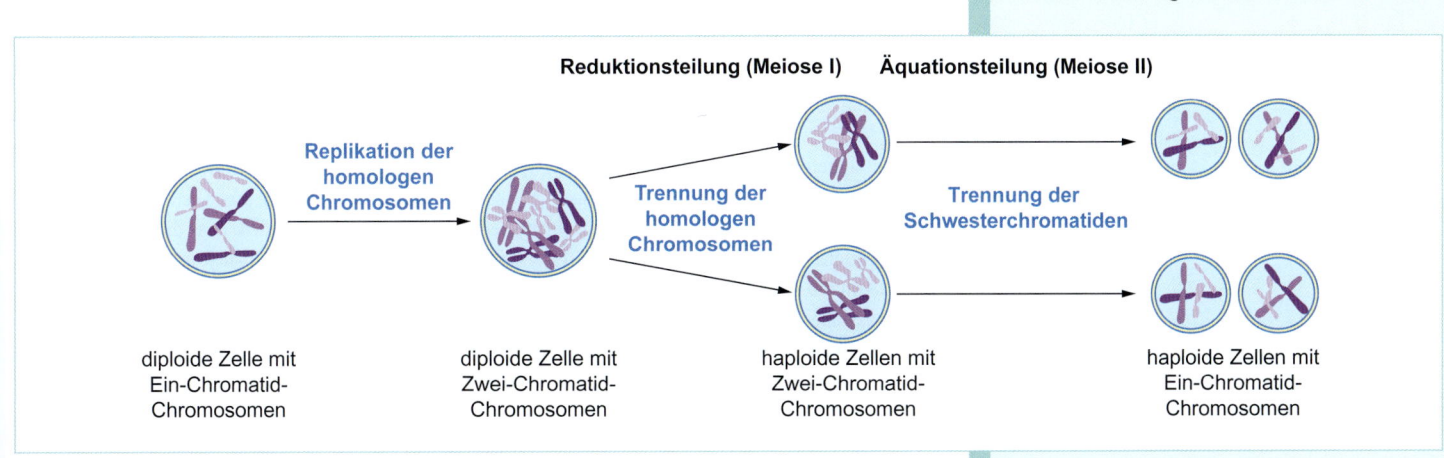

Reduktionsteilung (Meiose I) — **Äquationsteilung (Meiose II)**

- diploide Zelle mit Ein-Chromatid-Chromosomen
- → **Replikation der homologen Chromosomen**
- diploide Zelle mit Zwei-Chromatid-Chromosomen
- → **Trennung der homologen Chromosomen**
- haploide Zellen mit Zwei-Chromatid-Chromosomen
- → **Trennung der Schwesterchromatiden**
- haploide Zellen mit Ein-Chromatid-Chromosomen

Abb. 10.3 Meiose [L253]

Aus Studentensicht

2. **Äquationsteilung:** Diese läuft analog zur Mitose ab, es werden aber nur 23 Schwesterchromatidenpaare voneinander getrennt.

mosoms durch **Crossing-over**. Im weiteren Verlauf werden die Chromosomen eines jeden Paares zufällig auf die Tochterzellen verteilt (= **interchromosomale Rekombination**).

Die zweite meiotische Teilung (Meiose II, **Äquationsteilung**) läuft im Wesentlichen analog der Mitose ab mit dem Unterschied, dass nicht 46 (= diploider Chromosomensatz), sondern nur noch 23 (= haploider Chromosomensatz) Schwesterchromatidenpaare voneinander getrennt werden.

> **FALL**
>
> **Schwanger mit 40: Trisomie 21**
>
> Bei der Fruchtwasseruntersuchung von Frau Walter stellt sich heraus, dass jede Zelle ihres Fetus ein drittes Chromosom 21 hat (= Trisomie 21, Down-Syndrom). Ursache ist meist eine fehlende Aufteilung der beiden Chromosomen 21 während der Reduktionsteilung der Meiose. Die Prophase der ersten meiotischen Teilung ist bei der menschlichen Oozytenreifung stark verlängert. Die Chromosomen verharren bereits vor der Geburt eines Mädchens bis kurz vor dem jeweiligen Eisprung im gepaarten Zustand, also Jahrzehnte lang. Je älter die Oozyten sind, umso häufiger gibt es Probleme bei der Anheftung der Chromosomenpaare an den Spindelapparat, die dann zu einer fehlenden Aufteilung und so zu zwei statt einem Chromosom 21 in einer reifen Eizelle führen. Nach der Befruchtung durch den Spermatozyt kommt das väterliche Chromosom 21 hinzu, sodass es schließlich drei Chromosomen sind. Die Trisomie 21 ist die häufigste Chromosomenaberration, seltener treten eine Trisomie 18 und 13 auf. Alle anderen Trisomien führen zu frühen Fehlgeburten, da die Embryonen nicht lebensfähig sind. Kinder mit Trisomie 21 haben typische körperliche Merkmale, wie die verdickte Nackenfalte in der Embryonalentwicklung oder auch Herzfehler und sind mehr oder weniger kognitiv beeinträchtigt.
>
> Frau Walter entscheidet sich für das Kind und gegen eine Abtreibung. „Es gibt heutzutage wunderbare Fördermöglichkeiten, außerdem war es wichtig für mich zu wissen, dass ich dem Kind kein unerträgliches Schicksal zumute. Laut einer Harvard-Studie bezeichnen sich 99 % aller Befragten mit Down-Syndrom als glücklich und das hat für mich den Ausschlag gegeben."

10.3.2 Homologe Rekombination

10.3.2 Homologe Rekombination

Die **homologe Rekombination** ermöglicht den Austausch von DNA-Sequenzen zwischen zwei homologen (sequenzähnlichen) Abschnitten. Dies kann zur Rekombination im Rahmen der **genetischen Diversität** oder zur **DNA-Reparatur** verwendet werden.

Die homologe Rekombination spielt in allen Lebewesen eine zentrale Rolle für die Balance zwischen Stabilität und Diversität des Genoms. Eine Vielzahl von Proteinen bewirkt zunächst die Aneinanderlagerung homologer Sequenzen und schließlich den Strangaustausch. Je nach Anzahl und Position solcher Crossing-over-Ereignisse entstehen unterschiedliche Mosaike aus den ursprünglichen DNA-Abschnitten (> Abb. 10.4). Während die homologe Rekombination in der Meiose zwischen den homologen mütterlichen und väterlichen Chromosomen zur intrachromosomalen Durchmischung des Erbguts und damit zur genetischen Diversität beiträgt, kann sie während der S-Phase des Zellzyklus für die **homologe Rekombinationsreparatur** zwischen Schwesterchromatiden eingesetzt werden (> 11.3.5).

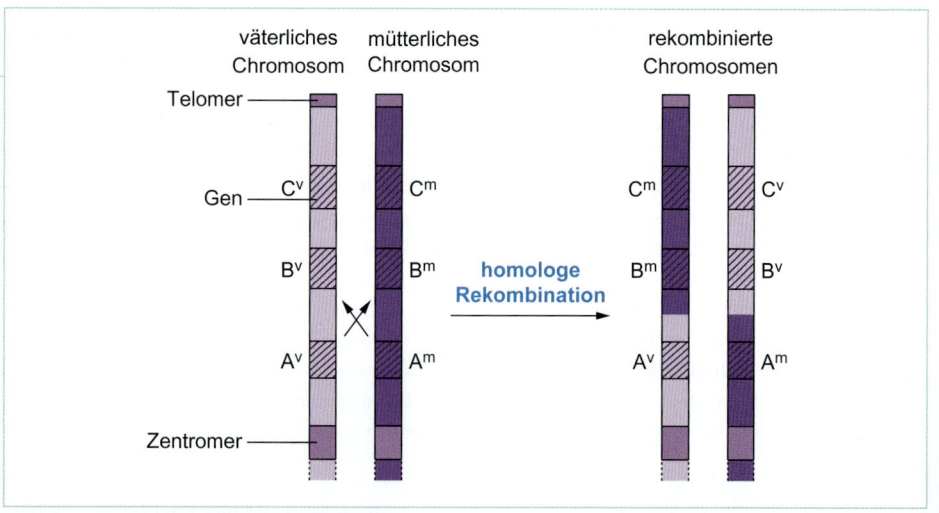

ABB. 10.4

Abb. 10.4 Homologe Rekombination. Das hochgestellte „v" kennzeichnet väterliche, das hochgestellte „m" mütterliche Gene. [L253]

Bei homologem Crossing-over lagern sich DNA-Doppelstränge mit mehr oder minder gleichen DNA-Sequenzen aneinander und tauschen gegenseitig ihre komplementären Stränge aus. Die dabei entstehende Holliday-Junction (Holliday-Verknüpfung) kann entweder so aufgelöst werden, dass die ursprünglichen DNA-Sequenzen wiederhergestellt wird oder dass es zu neuen Verknüpfungen (Rekombination) kommt. Auch wenn die DNA-Sequenzen von mütterlichem und väterlichem Chromosom an der direkten Rekombinationsstelle weitgehend identisch sind, so können die dazwischen liegenden Abschnitte unterschiedlich sein. So entsteht ein neuer DNA-Abschnitt, der in seiner exakten DNA-Sequenz vorher nicht vorhanden war. Durch die Kombination zweier Genome in diploiden Zellen und die Rekombination erhöht sich die Evolvierbarkeit eines Genoms stark. Das ist wahrscheinlich der Grund für die Entwicklung von sexueller Fortpflanzung in Lebewesen.

10.3 MEIOSE

Bei einem ungleichen Crossing-over durch Paarung homologer Sequenzen, beispielsweise innerhalb von Genfamilien, oder durch Rekombination zwischen kurzen repetitiven Sequenzen (= **illegitime Rekombination, nicht-homologe Rekombination**) kann es zu Genverdopplungen oder Deletionen kommen (➤ Abb. 10.5a). Repetitive Sequenzen finden sich überall im Genom. Manche sind Überreste vormals mobiler **Transposons,** andere sind auch heute noch mobil und nutzen repetitive Sequenzen zur Integration ins Genom und zum „Herausspringen" (➤ 4.4.4). Auf diese Weise entstehen neben verkürzten Chromatiden verlängerte Chromatiden mit Genduplikationen, die weitervererbt werden können. Eines der Duplikate kann sich im Verlauf der Evolution durch Mutation verändern, da die ursprüngliche Funktion weiterhin vom Partner gewährleistet wird. Genfamilien wie die der G-Protein-gekoppelten-Rezeptoren mit mehreren Hundert Mitgliedern im menschlichen Genom sind wohl auf diese Weise entstanden.

Aus Studentensicht

Die Rekombination zwischen repetitiven Sequenzen oder ähnlichen DNA-Abschnitten kann zur **Genverdopplung** oder **Deletion** führen. Mutiert ein Duplikat, können im positiven Fall **Isoformen** von Proteinen oder sogar Proteine mit neuer Funktion entstehen.

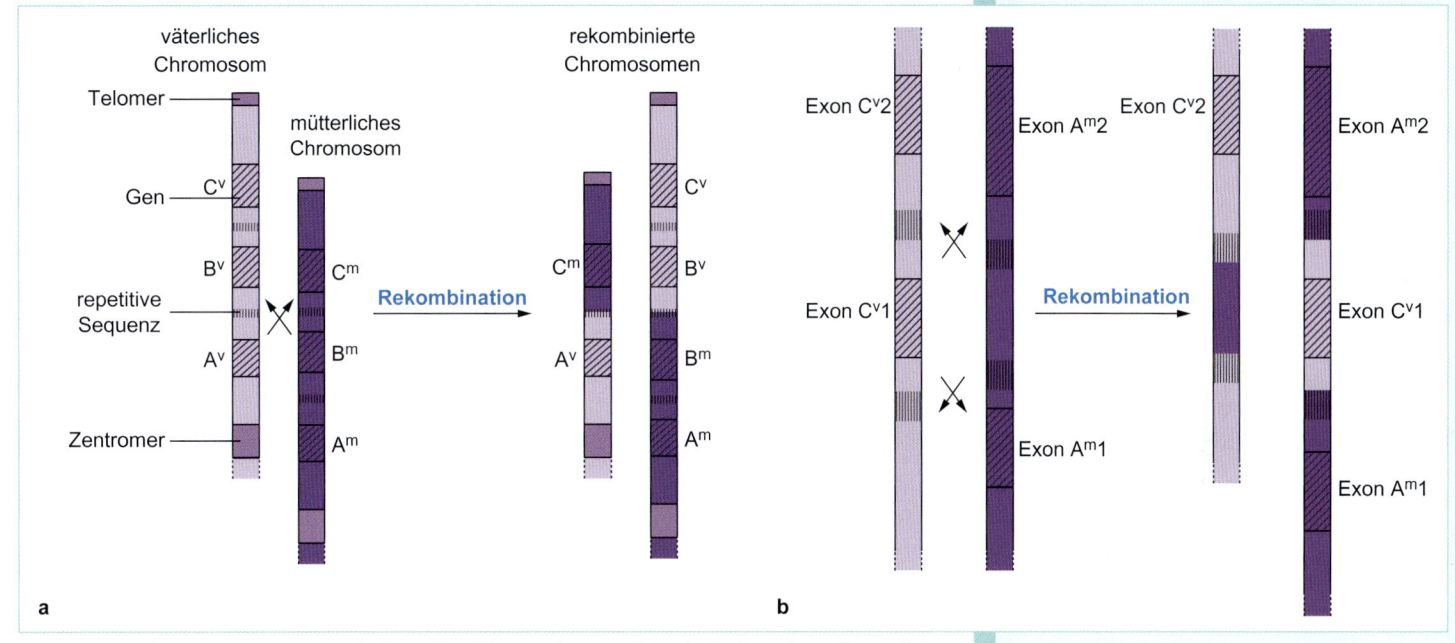

Abb. 10.5 a Ungleiches Crossing-over. Das hochgestellte „v" kennzeichnet väterliche, das hochgestellte „m" mütterliche Gene. [L253] **b** Exon Shuffling durch illegitime Rekombination in Introns. [L307]

Einzelne Domänen von Proteinen sind oft auf unabhängigen Exons codiert. Durch illegitime Rekombinationsereignisse (➤ 11.3.5) sind so immer neue Kombinationen von Multidomänenproteinen entstanden (= **Exon Shuffling**) (➤ Abb. 10.5b). Da die einzelnen Domänen kleine funktionelle Faltungseinheiten sind (z. B. Kinasedomänen, DNA-Bindedomänen, Aktivierungsdomänen) würde ein Austausch mitten in solchen Domänen mit hoher Wahrscheinlichkeit zum Verlust der korrekten Faltung und damit der Funktion führen. Auch Leserasterverschiebungen (➤ 11.2) sind dabei eine potenzielle Gefahr. Durch die Gliederung eukaryotischer Gene in Introns und Exons werden die codierenden Bereiche für die Proteindomänen voneinander abgetrennt und die Wahrscheinlichkeit steigt, dass die Exons von unterschiedlichen Genen durch Rekombination zwischen repetitiven Sequenzen in Introns neu kombiniert werden und so ein funktionell neues Protein entsteht. Rekombinationen innerhalb von Introns haben normalerweise keine Auswirkung auf die Sequenz der späteren Proteindomänen, wenn sie nicht zufällig die Spleiß- oder Verzweigungsstellen betreffen (➤ 4.5.4).

Oft codieren einzelne **Exons** für Proteindomänen, die eine spezifische Funktion ausüben und sich eigenständig falten können. Durch Kombination verschiedener Exons (= **Exon Shuffling**) können Proteine mit neuen Funktionen entstehen.

KLINIK

Erbkrankheiten durch Crossing-over

Erbkrankheiten können auf Insertionen oder Deletionen beruhen, die durch illegitime Rekombination zwischen repetitiven Sequenzen entstanden sind. Dazu gehören die Rot-Grün-Blindheit, das Lesch-Nyhan-Syndrom, die Ahornsirupkrankheit und das Li-Fraumeni-Syndrom. Bei einem ungleichen Crossing-over (➤ Abb. 10.5) kann es zum Verlust mehr oder weniger großer Genabschnitte auf einem der Chromosomen und Verdopplung auf dem anderen kommen. Die heutigen Möglichkeiten der Chromosomenanalyse und der Gensequenzierung offenbaren immer wieder solche Deletionen und Duplikationen in der menschlichen Population. Die Auswirkungen reichen vom Tod des Embryos über starke Einschränkungen, wie z. B. die oben genannten Erkrankungen, bis hin zu kaum merklichen Veränderungen, die ohne Sequenzierung nie entdeckt worden wären. Krankheiten, die so entstehen, haben häufig keine Namen oder sind nach der entsprechenden Deletion benannt (z. B. 9p Deletion Syndrome). Datenbanken und Internetvernetzung helfen betroffenen Eltern.

KLINIK

Aus Studentensicht

10.4 Regulation der Phasenübergänge im Zellzyklus
10.4.1 Cycline und Cyclin-abhängige Kinasen

Der **Zellzyklus** muss sehr genau **kontrolliert** werden, da eine unkontrollierte Teilung zu tumorösem Wachstum führt.
Auch muss sichergestellt werden, dass sich nur **korrekt replizierte** Zellen teilen, da sonst **DNA-Schäden** an die nächste Zellgeneration weitergegeben werden.
Die Steuerung des Zellzyklus erfolgt immer wieder an **Kontrollpunkten. Cyclin-abhängige Kinasen** (CDK) geben durch **Phosphorylierung** von Zielproteinen das Signal, Kontrollpunkte zu passieren. CDK sind i. d. R. nur aktiv, wenn sie ein passendes **Cyclin** gebunden haben.

Bestimmte **Cyclin-CDK-Komplexe** ermöglichen die Überwindung von Kontrollpunkten und den **Übergang** in die nächste Zellzyklusphase.
Weitere Mechanismen, welche die **Aktivität** der Cyclin-CDK-Komplexe steuern, sind:
- Aktivierende Phosphorylierungen
- Inaktivierende Phosphorylierungen
- Cyclin-Kinase-Inhibitoren (Cip- und INK4-Familie)

10.4 Regulation der Phasenübergänge im Zellzyklus

10.4.1 Cycline und Cyclin-abhängige Kinasen

> **FALL**
>
> **Krebs mit 28?**
>
> Ihre Famulatur in der Frauenarztpraxis neigt sich dem Ende zu und Sie dürfen heute an einer Vorsorgeuntersuchung bei der 28-jährigen Anne Gassner teilnehmen. Sie hatte beim letzten Abstrich einen „PapIIID", das heißt mittelschwere Zellveränderungen am Gebärmuttermund mit Dysplasien (Abweichung der Gewebestruktur). Daraufhin wurde in einem Test eine Infektion mit humanem Papillomavirus (HPV) nachgewiesen. Wegen dieses Befunds und des deswegen erhöhten Risikos der bösartigen Tumorentwicklung wird sie nun engmaschig alle drei Monate kontrolliert. „Vielleicht bekommt Ihr Immunsystem die Sache in den Griff und es ist schon wieder ein PapII? Wir geben Ihnen Bescheid, wenn die Ergebnisse da sind." Leider zeigt der Laborbefund, dass sich die Zellveränderungen inzwischen zu einem PapIVa weiterentwickelt haben, sodass ein Verdacht auf eine Präkanzerose (Krebs im Frühstadium) vorliegt.
> Wie hat das HP-Virus die Zervixzellen zu unkontrolliertem Wachstum bewegt?

Die engmaschige Kontrolle des Zellzyklus ist eine wesentliche Voraussetzung für das Funktionieren komplexer Organismen. Zum einen muss sichergestellt sein, dass die Zellen sich nur vermehren, wenn neue Zellen tatsächlich benötigt werden. Zum anderen muss innerhalb des Fortschreitens des Zellzyklus kontrolliert werden, ob alle Voraussetzungen für das Weiterschreiten erfüllt sind und keine Fehler begangen wurden. Unkontrolliertes Teilen der Zellen ist ein Merkmal der Tumorgenese (➤ 12.2.6). Im Verlauf des Zellzyklus gibt es mehrere Kontrollpunkte (Checkpoints), an denen entschieden wird, ob der Eintritt in die nächste Phase erfolgen kann (➤ Abb. 10.1).

Cyclin-abhängige Kinasen (= **CDK**; Cyclin-Dependent Kinase) geben im Verlauf des Zellzyklus wichtige Signale, um das Passieren dieser Kontrollpunkte zu erlauben (➤ Abb. 10.6). Die Substrate der CDK sind verschiedene zelluläre **Zielproteine,** die durch die Phosphorylierung aktiviert oder deaktiviert werden. Ob eine CDK zu einem bestimmten Zeitpunkt aktiv ist, entscheidet das Vorhandensein eines passenden **Cyclins.** Cycline sind kleine **Proteine** mit Domänen, die eine typische dreidimensionale Struktur annehmen (= Cyclin-Box). Cycline besitzen selbst keine enzymatische Aktivität, sondern binden an die CDK, deren Konformation sich dadurch in den aktiven Zustand umwandelt (➤ Abb. 10.7).

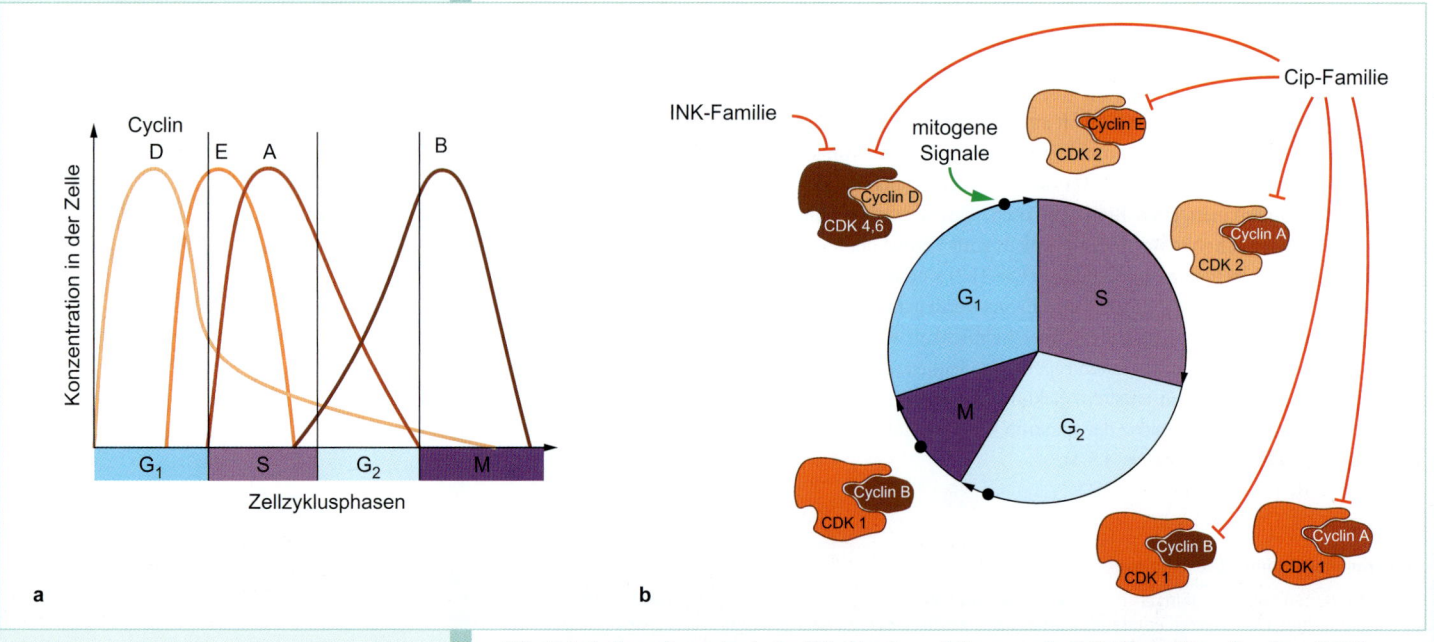

Abb. 10.6 Cycline. **a** Expression in den Zellzyklusphasen. **b** Steuerung des Zellzyklus an Kontrollpunkten. [L253]

Die absoluten Mengen einiger Cycline schwanken zyklisch in den unterschiedlichen Phasen des Zellzyklus. Diese Entdeckung führte zur ihrer Namensgebung. Bei diesen Cyclinen greifen die Kontrolle der Expression durch spezifische Transkriptionsfaktoren und der Abbau durch Ubiquitinylierung und anschließende Proteolyse so ineinander, dass unterschiedliche Cycline zu verschiedenen Zeitpunkten im Zellzyklus vorhanden sind und passende CDK aktivieren. Einige steuern auf diese Weise an den Kontrollpunkten den Übergang in die nächste Zellzyklusphase sowie weitere Vorgänge innerhalb der Phasen (➤ Abb. 10.6).
Die Aktivität der Komplexe aus CDK und Cyclin kann zusätzlich über weitere Mechanismen gesteuert werden:
- **Aktivierende Phosphorylierungen:** Bei einigen CDK ist die Bindung des Cyclins hinreichend für deren Aktivität, bei anderen werden zusätzlich aktivierende Phosphorylierungen für die volle Funktionalität benötigt.

10.4 REGULATION DER PHASENÜBERGÄNGE IM ZELLZYKLUS

- **Inaktivierende Phosphorylierungen:** Die Phosphorylierung von CDK an anderen Positionen kann Konformationsänderungen auslösen, welche die CDK-Aktivität hemmen.
- **Cyclin-Kinase-Inhibitoren** (= CKI): Wie die Bindung der Cycline bewirkt auch die CKI-Bindung eine Konformationsänderung der CDK, allerdings eine, die zu reduzierter Aktivität führt. Die Expression eines CKI gibt der Zelle so die Möglichkeit, eine aktive CDK an einem Kontrollpunkt des Zellzyklus gezielt zu inaktivieren (> Abb. 10.7). Anhand von Wirkmechanismus und Spezifität werden zwei Familien von CKIs, die **Cip-Familie** und die **INK4-Familie**, unterschieden.

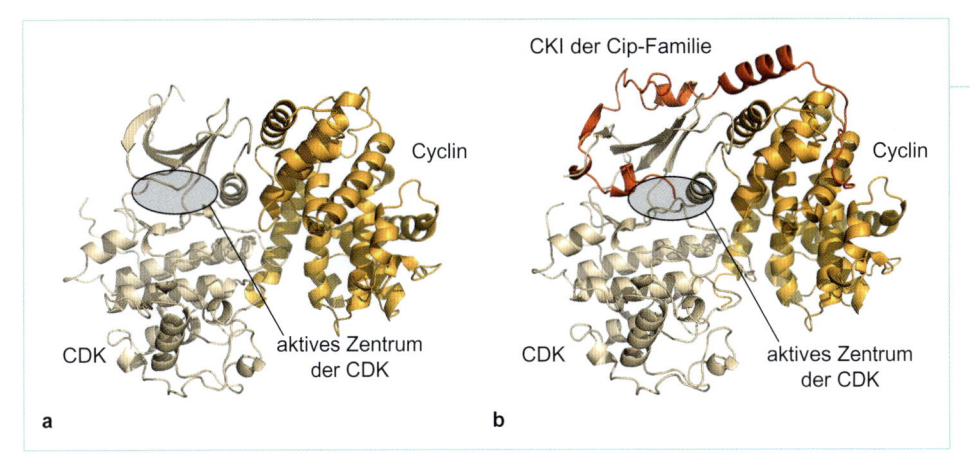

Abb. 10.7 Aktiver (a) und durch Bindung von CKI inaktivierter (b) CDK-Cyclin-Komplex [P414]

Bis heute wurden mehr als 20 verschiedene CDK und ca. 30 verschiedene Cycline identifiziert, die in teilweise überlappenden Paarungen agieren. Dabei wurden neben der Funktion bei der Steuerung des Zellzyklus weitere wichtige Aufgaben der CDK und Cycline entdeckt. So steuern sie beispielsweise die basale Transkriptionsmaschinerie der RNA-Polymerase II (> 4.5.2) und haben auch ohne Bindung an ihre Komplexpartner viele verschiedene Funktionen, die längst nicht alle bekannt sind. Entsprechend dieser vielfältigen Aufgaben verwundert es nicht, dass es trotz des Namens auch Cycline gibt, deren Expression **konstitutiv** ist und die keiner zyklischen Schwankung unterliegen.

10.4.2 Der Übergang von der G1- zur S-Phase

Wie CDK-/Cyclin-Komplexe die Übergänge an den Kontrollpunkten steuern können, lässt sich exemplarisch am vergleichsweise gut untersuchten G1-S-Übergang verdeutlichen. Wachstumsfaktoren und mitogene Signale (z. B. Zytokine, Integrine) binden an der Zelloberfläche an passende Rezeptoren und signalisieren so günstige Bedingungen für eine Zellteilung. Das Signal wird über eine Kaskade in den Zellkern übertragen und bewirkt eine verstärkte Transkription des Cyclin-D-Gens. **Cyclin D** aktiviert CDK4 und CDK6, welche das **Rb-Protein** (Retinoblastomprotein) im Zellkern phosphorylieren. Dadurch wird die Bindung des Rb-Proteins an den **Transkriptionsfaktor E2F** gelöst und dieser aktiviert. E2F kontrolliert die Expression von Genen, deren Produkte in der S-Phase z. B. für die DNA-Replikation benötigt werden (> Abb. 10.8). Außerdem wird auch **Cyclin E** exprimiert, das im Verbund mit CDK2 für weitere Phosphorylierung des Rb-Proteins sorgt, wodurch Konformationsänderungen des RB-Proteins und damit durch eine positive Feedback-Regulation die Expression weiterer S-Phase-Gene ausgelöst wird.

Rb inhibiert also bis zum Eintreffen von entsprechenden Wachstumssignalen das Fortschreiten im Zellzyklus am Übergang zwischen G1- und S-Phase und trägt so dazu bei, unkontrollierte Zellteilungen zu verhindern. Rb ist daher ein wichtiger Tumorsuppressor (> 12.3.3).

Neben anderen Ursachen können **DNA-Schäden** ein wichtiger Grund sein, den Übergang in die S-Phase zu verhindern. In diesem Fall muss die Aktivität der CDK trotz günstiger Wachstumsbedingungen durch die Expression von CKI gehemmt werden. Liegen DNA-Schäden vor, kommt es zur Aktivierung verschiedener Kinasen, wie z. B. der ATM-Kinase (Ataxia-Teleangiectasia-Mutated-Kinase), die den homotetrameren Transkriptionsfaktor **p53** phosphorylieren. Zu den Zielgenen von phosphoryliertem p53 gehört u. a. **p21**, ein CDK-Inhibitor aus der Cip-Familie. Wird CKI p21 exprimiert, blockiert es die Aktivität der Komplexe aus CDK4/Cyclin D bzw. CDK6/Cyclin D und somit das Überschreiten des G1-S-Kontrollpunkts. Das gibt der Zelle Zeit, um die Schäden im Genom zu reparieren (> 11.3). Sollte der Schaden jedoch fortbestehen, aktiviert p53 auch die Expression proapoptotischer Gene, die für Bax, Bak und andere Proteine codieren und die Zelle zum Schutz des Organismus in die Apoptose führen (> 10.5).

Neben seiner Funktion bei der Steuerung des G1-S-Übergangs hat p53 zahlreiche weitere Funktionen und steuert viele Zielgene. In intakten, ungestressten Zellen gibt es verhältnismäßig wenig p53, da es durch die E3-Ubiquitin-Ligase Mdm2 ubiquitiniert und durch das Proteasom abgebaut wird. Eine Fülle von verschiedenen Signalen aber führt zur Aufhebung des Abbaus und p53 kann die Transkription von vermutlich mehreren Hundert Zielgenen aktivieren. p53 wird daher auch als „Wächter des Genoms" bezeichnet und ist eines der wichtigsten Tumorsuppressorproteine (> 12.3.3).

Aus Studentensicht

ABB. 10.7

Neben der Kontrolle des Zellzyklus spielen Cycline auch eine Rolle bei der Regulation der **Transkription**. Weitere Funktionen werden vermutet. Nicht alle Cycline werden zyklisch auf- und abgebaut.

10.4.2 Der Übergang von der G1-zur S-Phase
Übergang von der G1- in die S-Phase:
- Wachstumsfaktoren und mitogene Signale führen zu vermehrter **Cyclin-D-Expression**
- Cyclin D aktiviert **CDK4/6**
- Der CDK4/6-Cyclin-D-Komplex phosphoryliert das **Rb-Protein**
- Das Rb-Protein löst sich nach Phosphorylierung vom **Transkriptionsfaktor E2F**
- E2F wird zugänglich und bewirkt die **Expression von S-Phase-Proteinen** (z. B. DNA-Polymerase)
- Die zusätzliche Expression von Cyclin E bewirkt eine positive Feedback-Regulation

Liegen **DNA-Schäden** vor, wird der Zellzyklus zunächst gestoppt, um **Reparaturen** zu ermöglichen. Kinasen phosphorylieren den Transkriptionsfaktor **p53** und verhindern dadurch seinen Abbau. Zu den Zielgenen von p53 gehört der **CKI p21**, der den Zellzyklus anhält.
Bleibt der Schaden weiter bestehen, aktiviert p53 **proapoptotische Faktoren**.

p53 ist eines der wichtigsten **Tumorsuppressorproteine** und wird auch „Wächter des Genoms" genannt.

Aus Studentensicht

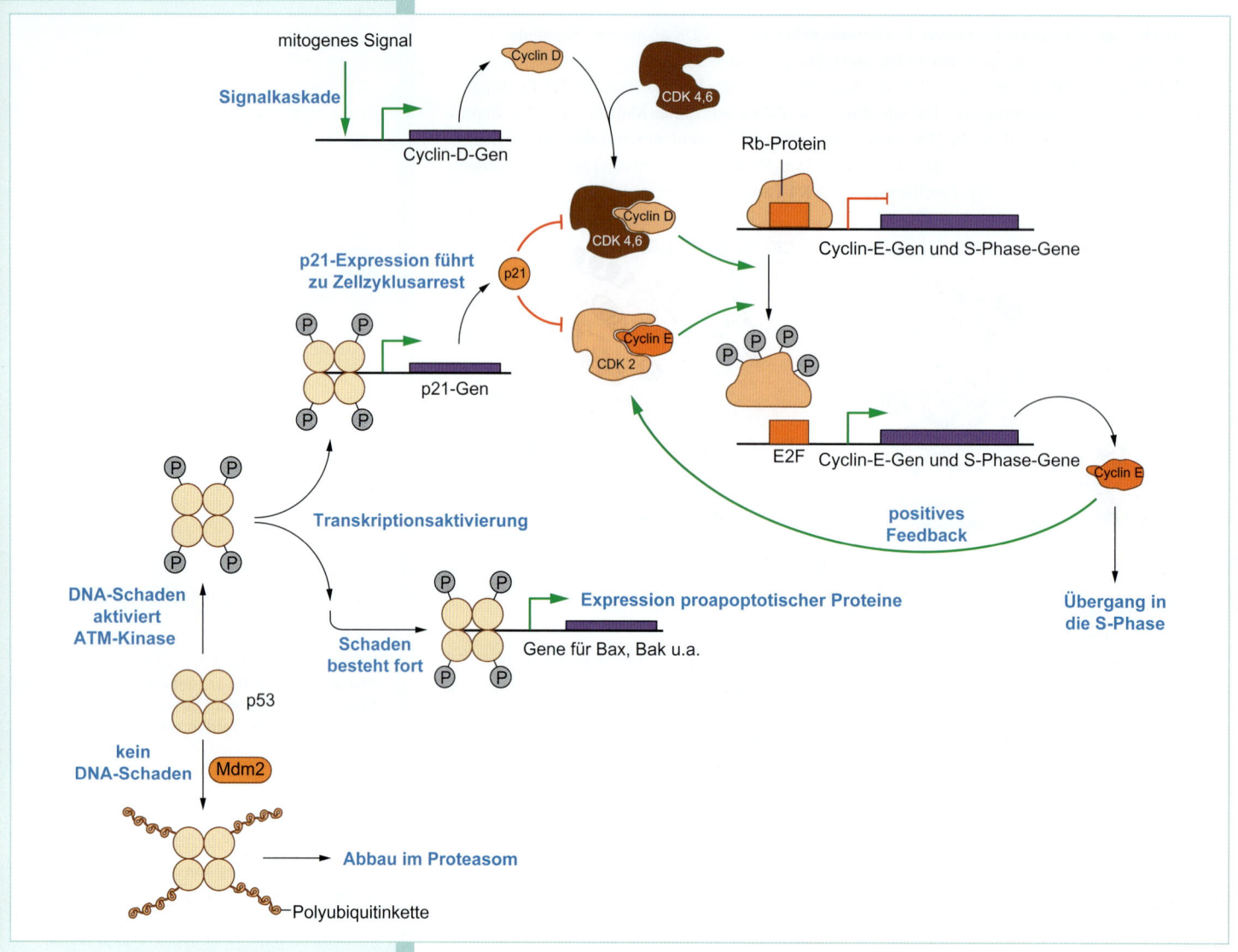

10 ZELLZYKLUS UND APOPTOSE: NICHT ZU VIEL UND NICHT ZU WENIG

Abb. 10.8 Rolle von p53 und Rb bei der Steuerung des G1-S-Kontrollpunkts [L253]

> **FALL**
>
> **Krebs mit 28: Zervixkarzinom**
>
> Die äußerst rasche Entwicklung von normalem Gewebe zur Präkanzerose fördert das Papillomavirus durch die Produktion zweier Proteine, die Zellzyklus und Apoptose beeinflussen. E7 hemmt Rb und hebt dessen bremsende Wirkung auf den Zellzyklus auf. E6 fördert den Abbau von p53 und verhindert dadurch einen Zellzyklusarrest oder eine Apoptose bei Mutationen. Der Vorteil für das HP-Virus liegt in der permanenten Replikation der Zelle, was seine Vermehrung begünstigt. Anne Gassner hat inzwischen eine kegelförmige Gewebsentfernung im Muttermund (Konisation) hinter sich. Der anschließende HPV-Test ist nun negativ und auch einem späteren Kinderwunsch steht nach Entfernung der Präkanzerose nichts im Wege. Inzwischen gibt es eine Impfung gegen manche HPV-Typen, die vor dem ersten Geschlechtsverkehr durchgeführt werden sollte.

10.5 Apoptose: programmierter Zelltod

10.5.1 Apoptose versus Nekrose

Der Untergang von Zellen im Organismus kann planmäßig oder unplanmäßig erfolgen. Durch **Nekrose** sterben Zellen **unkontrolliert** ab (➤ Abb. 10.9). Die Zellmembran verliert an Integrität und der Inhalt der Zelle entleert sich in den Extrazellulärraum. Dadurch werden die umliegenden Zellen beeinflusst und es kommt zu **Entzündungsreaktionen.** Auslöser für eine Nekrose sind z. B. Zellschädigungen durch Gifte, Infektionen oder Verbrennungen.

Im Gegensatz dazu führt der **programmierte Zelltod (Apoptose)** zur Selbstzerstörung von Zellen nach einem festen Schema. Dabei werden gezielt einzelne Zellen getötet, während die umliegenden Zellen unbeeinflusst bleiben. Auf mikroskopischer Ebene kann zunächst ein Schrumpfen der Zelle, begleitet von der Kondensation des Chromatins und der Fragmentierung des Kerns, beobachtet werden. Im Anschluss schnüren sich apoptotische Partikel ab (= Blebbing), die von Phagozyten aufgenommen werden. Die Apoptose wird gezielt entweder von außen durch ein Signal **(extrinsischer Weg)** oder porenbildende Proteine **(Granzym-, Perforin-Weg)** oder aber durch Signale aus dem Zellinneren **(intrinsischer Weg)** ausgelöst.

10.5 Apoptose: programmierter Zelltod

10.5.1 Apoptose versus Nekrose

Nekrose ist der **unkontrollierte Zelluntergang** mit einer **Entzündungsreaktion.**
Apoptose ist ein **kontrollierter, programmierter Zelltod** ohne Beeinflussung des umliegenden Gewebes. Sie kann über einen **intrinsischen** oder einen **extrinsischen** Weg oder aber auch durch porenbildende Proteine **(= Granzym-, Perforin-Weg)** ausgelöst werden.

10.5 APOPTOSE: PROGRAMMIERTER ZELLTOD

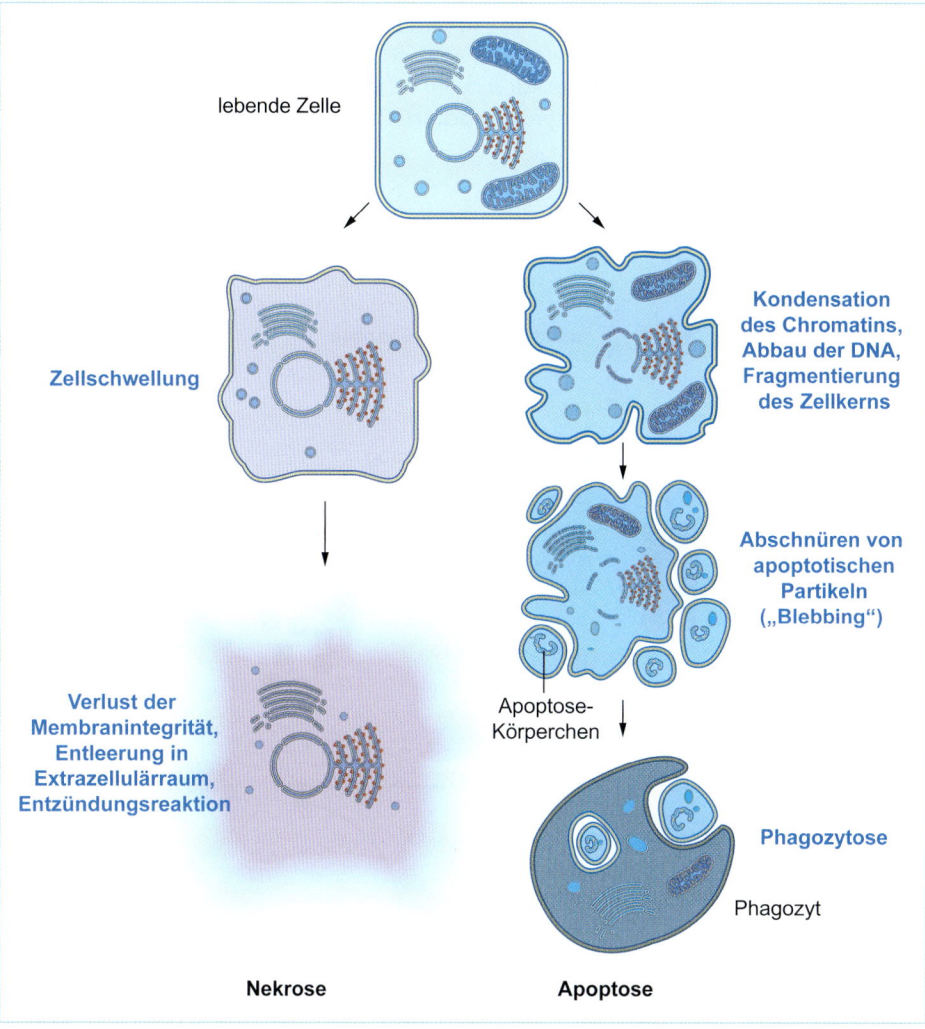

Abb. 10.9 Apoptose und Nekrose [L138]

10.5.2 Funktionen der Apoptose

Die Apoptose hat im vielzelligen **adulten Organismus** wichtige Funktionen:
- **Homöostase der Zellzahl:** Viele Zellen im Organismus, wie Epithelzellen der Darmschleimhaut oder Knochenmark, werden kontinuierlich erneuert. Dabei teilen sich Vorläuferzellen (Stammzellen) und einige Tochterzellen differenzieren sich. Soll die Zellzahl konstant bleiben, müssen alte Zellen weichen, daher stammt die Bezeichnung Apoptose (griech. = Abfallen).
- **Immunfunktion:** Wenn in einer Zelle z. B. die DNA geschädigt oder die Zelle von einem Krankheitserreger infiziert ist, wird die Apoptose ausgelöst. Dadurch soll verhindert werden, dass sich eine Zelle mit DNA-Schaden zu einem Tumor weiterentwickelt oder sich die Krankheitserreger in der Zelle vermehren und so der Gesamtorganismus geschädigt wird. Die Zellen der Immunabwehr lösen auf verschiedenen Wegen eine Apoptose aus (➤ 16.4.5).

Daneben erfüllt die Apoptose auch zentrale Aufgaben während der **Entwicklung:**
- **Reifung der T-Lymphozyten** im Thymus bei der Entwicklung der Immuntoleranz. Unreife T-Zellen, welche die MHC-Proteine nicht binden oder sich gegen körpereigene Peptide richten, werden durch Apoptose abgetötet (➤ 16.4.4).
- **Angleichung der Neuronenzahl** an die Zahl der Zielzellen: Bei der Reifung des Nervensystems werden zunächst mehr Neuronen gebildet als notwendig. Später gehen wenig aktive Neuronen oder Effektorneuronen, die keine Zielzelle haben, in die Apoptose.
- **Rückbildung entwicklungsgeschichtlicher Zwischenstufen:** Im Rahmen der Embryogenese werden einige Entwicklungsschritte der Evolution wiederholt. Strukturen wie die Schwanzanlage oder Schwimmhäute werden zunächst gebildet und anschließend durch Apoptose wieder abgebaut.

10.5.3 Caspasen: zentrale Enzyme der Apoptose

Die Signale, die Apoptose auslösen, aktivieren eine Kaskade aus nacheinander aktivierten Proteasen (= **Caspase-Kaskade**). Diese **Caspasen** aktivieren dabei proteolytisch zunächst weitere Caspasen, bevor im weiteren Verlauf der Kaskade sowohl andere abbauende Enzyme aktiviert als auch zelluläre Proteine abgebaut werden (➤ Abb. 10.10). Das Ausgangssignal wird mit jeder Stufe der Kaskade verstärkt, da eine Caspase aufgrund ihrer enzymatischen Natur viele weitere Proteinmoleküle spaltet. Caspasen sind **Cystein-Proteasen,** die ihr Substrat spezifisch C-terminal von einem Aspartatrest hydrolysieren. Sie werden

---

Aus Studentensicht

ABB. 10.9

10.5.2 Funktionen der Apoptose

Funktionen der Apoptose:
- **Homöostase der Zellzahl:** viele Gewebe wie Schleimhäute oder Knochenmark werden regelmäßig erneuert
- **Immunfunktion:** infizierte oder geschädigte Zellen sterben zum Schutz des Organismus
- **Reifung der T-Lymphozyten** bei der Selektion im Thymus
- **Angleichung der Neuronenzahl** bei der Reifung des Gehirns
- **Rückbildung** entwicklungsgeschichtlicher Zwischenstufen

10.5.3 Caspasen: zentrale Enzyme der Apoptose

Signale, die in die Apoptose führen, werden über die **Caspase-Kaskade** verstärkt. **Caspasen** sind **Cystein-Proteasen,** die als inaktive Vorläufer in der Zelle vorhanden sind und durch **limitierte Proteolyse** aktiviert werden.

Aus Studentensicht

ABB. 10.10

als inaktive **Pro-Caspasen** translatiert, d.h., sie enthalten noch einen Proteinabschnitt, der im Gen der Caspasen codiert ist, aber im aktiven Protein nicht mehr enthalten ist (= **Prodomäne**). Bei der Zymogenaktivierung wird die Prodomäne proteolytisch entfernt, sodass es zu einer Konformationsänderung im aktiven Zentrum kommt und die Caspase proteolytisch aktiv wird.

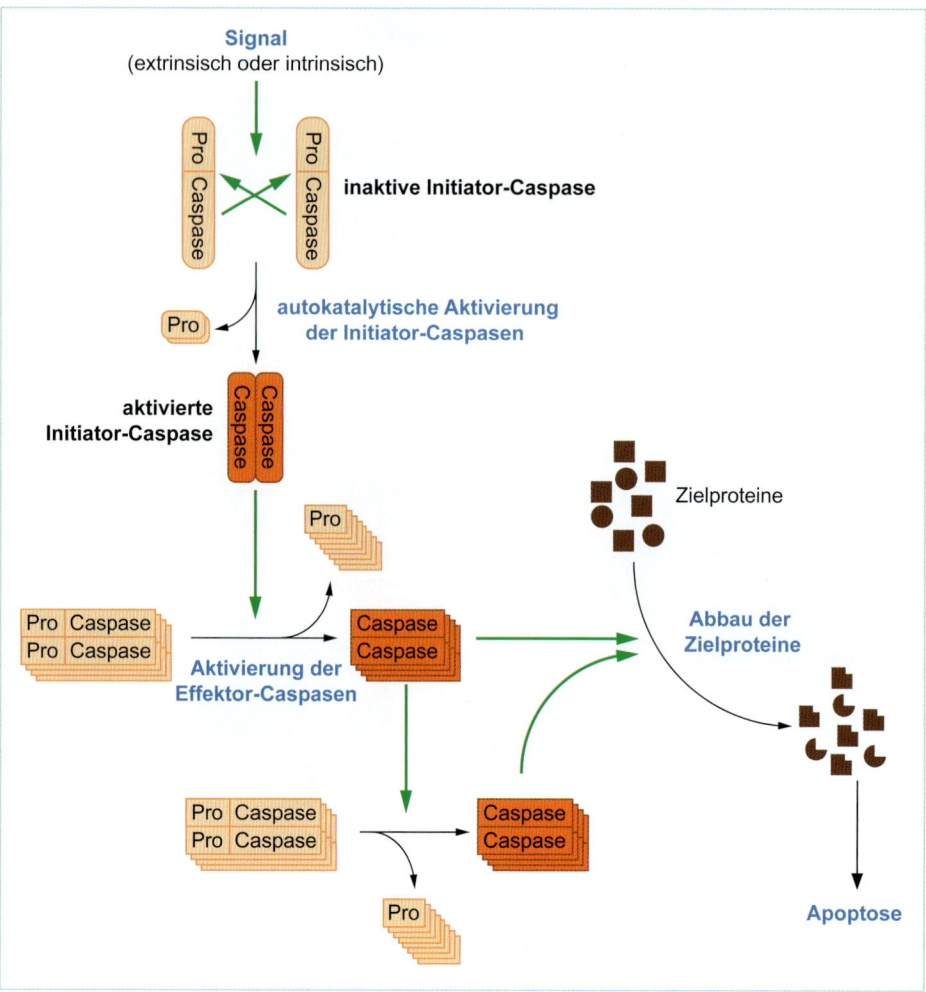

Abb. 10.10 Caspase-Kaskade [L138]

Man unterscheidet **Initiator-Caspasen,** welche die Kaskade in Gang setzen, indem sie **Effektor-Caspasen** aktivieren und so den Abbau der Zelle einleiten.

Geschieht dies durch Autokatalyse, indem die aktiven Zentren zweier gleicher Caspasen über Adapterproteine in räumliche Nähe gebracht werden, so spricht man von **Initiator-Caspasen.** Vertreter sind die Caspasen 2, 8, 9, und 10 (➢ Abb. 10.10). Anschließend aktivieren die Initiator-Caspasen die **Effektor-Caspasen** wie Caspase 3, 6 und 7 durch limitierte Proteolyse. Die Prodomänen der Initiator-Caspasen unterscheiden sich strukturell von denen der Effektor-Caspasen.

Nach ihrer Aktivierung schneiden die Effektor-Caspasen weitere Effektor-Caspasen, zelluläre Proteine, wie Kernlaminin, Aktin und Vimentin und viele mehr. So wird der Abbau der Zelle ausgeführt. Die Aktivierung einer DNase (= CAD, Caspase-Activated DNase) durch Spaltung ihres Inhibitors (= ICAD, Inhibitor of CAD) führt zu Fragmentierung der DNA. Analysiert man die DNA der Zelle zu einem frühen Zeitpunkt der Apoptose, so werden typische DNA-Fragmente mit Längen von ca. 200 bp und Vielfachen davon sichtbar.

10.5.4 Auslöser der Apoptose

10.5.4 Auslöser der Apoptose

FALL

Der zitternde DJ Paul

Sie machen PJ in der Neurologie und sehen fast täglich Parkinsonpatienten; die Symptomentrias Tremor (Zittern), Rigor (Muskelsteife) und Hypokinese (verkleinerte, verlangsamte Bewegungen) kennen Sie schon im Schlaf. Am Wochenende gehen Sie feiern, Ihr Lieblings-DJ Paul legt auf, die Neurologie ist ganz weit weg. Allerdings haben Sie wohl schon die „Neurobrille" auf, denn als Sie später gemeinsam rauchend vor der Tür stehen, bilden Sie sich ein, dass die Hand vom DJ zittert. Sie machen einen Scherz, dass er sich mal in der Neurologie vorstellen solle, da schreit Paul Sie an, darüber mache man keine Scherze. Er erzählt, dass sein Onkel schon mit 35 Jahren an Parkinson erkrankt sei und er sich nun wegen seines Zitterns echt Sorgen mache. Sie überreden ihn, dies abklären zu lassen, und tatsächlich taucht Paul einige Zeit später in der Parkinson-Ambulanz auf.

Welche Zellen gehen bei Parkinson zugrunde und warum? Wieso zittert Paul?

10.5 APOPTOSE: PROGRAMMIERTER ZELLTOD

Intrinsischer Weg

In der Zelle gibt es sowohl Proteine, die eine Apoptose auslösen können (**proapoptotisch**), als auch solche, die ihr entgegenwirken (**antiapoptotisch**). Beispiele für proapoptische Proteine sind Bax und Bak, für antiapoptische Bcl-2. Alle drei werden aufgrund ihrer Verwandtschaft in der Familie der **Bcl-2-Proteine** zusammengefasst. Sie befinden sich in der Zelle normalerweise im Gleichgewicht und binden einander so, dass die proapoptotischen Proteine in Schach gehalten werden.

Auslöser für den intrinsischen Apoptoseweg können DNA-Schäden sein. Sie führen zur Aktivierung von p53 und somit zu einer verstärkten Expression von Bax und Bak (➤ Abb. 10.11). Es entsteht ein Ungleichgewicht zwischen pro- und antiapoptotischen Proteinen. Bax und Bak lagern sich in die äußere Mitochondrienmembran ein und bilden dort destabilisierende Poren (MOMP, Mitochondrial Outer Membrane Permeabilization). Durch die Poren in der äußeren Mitochondrienmembran diffundieren die eigentlichen Apoptoseauslöser wie Cytochrom c und SMAC (Diablo) aus dem Mitochondrium in das Zytoplasma.

Andere Schäden der Zelle wie oxidativer Stress oder Schäden am Zytoskelett können ebenfalls in eine Apoptose münden. Dabei wird Bim freigesetzt, seine Expression aktiviert oder sein Abbau verhindert. Bim interagiert mit Bcl-2 und Bcl-XL und inhibiert deren antiapoptotische Wirkung.

Aus Studentensicht

Intrinsischer Weg

In der gesunden Zelle halten sich **proapoptotische** Faktoren wie Bax, Bad und Bid die Waage mit **antiapoptotischen** Faktoren wie Bcl-2. Gewinnen die proapoptotischen Faktoren die Oberhand, bilden sich **Poren** in der äußeren **Mitochondrienmembran,** wodurch **Cytochrom c** ins Zytoplasma gelangt und dort die Caspase-Kaskade aktiviert.

ABB. 10.11

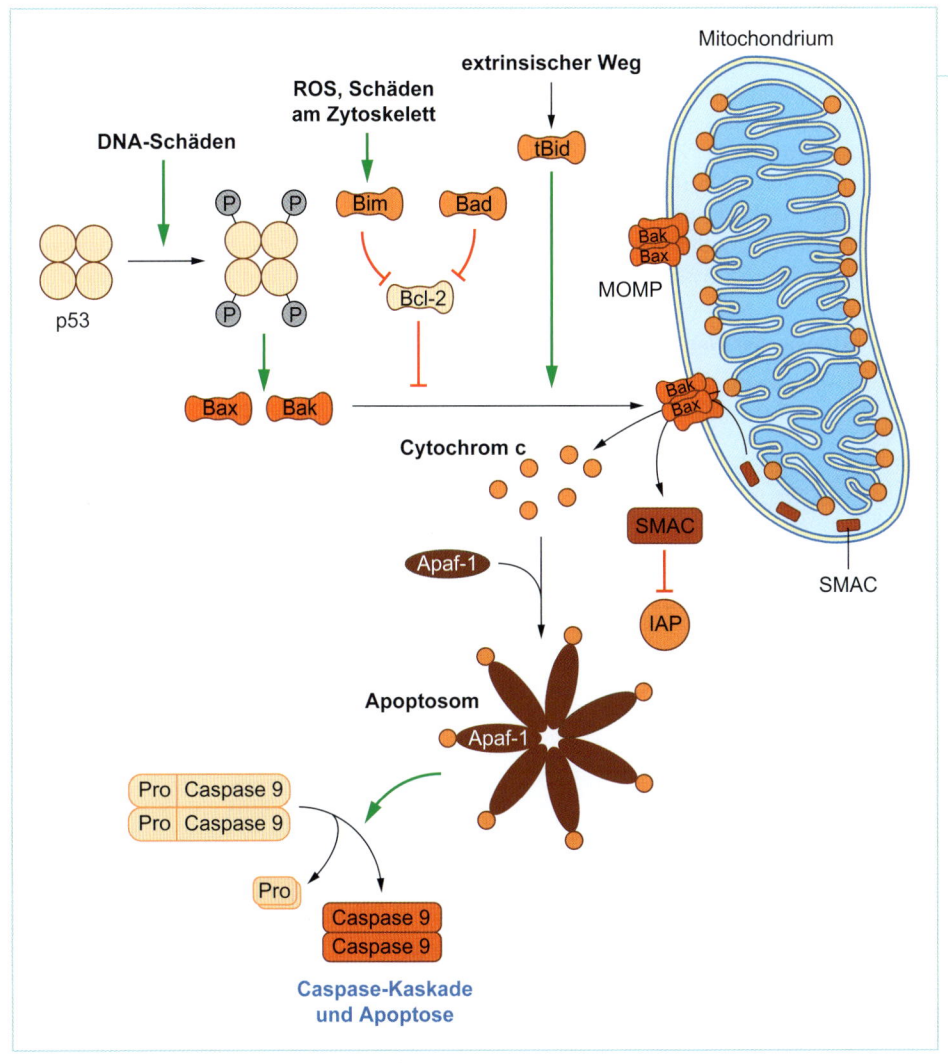

Abb. 10.11 Intrinsischer Signalweg der Apoptose [L253]

> **Bcl-2 Familie**
>
> Die Proteine der Bcl-2 Familie sind strukturell verwandt. Sie weisen solche mit **antiapoptotischer Funktion** (Bcl-2, als namensgebenden Vertreter der Familie, Bcl-XL u. a.) und solche mit **proapoptotischer Funktion** auf. Bei den proapoptotischen unterscheidet man die, die direkt die äußere Mitochondrienmembran permeabilisieren (Bax, Bak u. a.), und solche mit regulatorischer Funktion (Bad, Bid, Noxa und viele mehr). Das Gleichgewicht in der Zelle bestimmt darüber, ob die Apoptose ausgelöst wird oder nicht.

Aus Studentensicht

Cytochrom c bildet einen Komplex mit Apaf-1, der die **Pro-Caspase 9** aktiviert.

SMAC verstärkt die Apoptose, indem es Apoptoseinhibitoren **(IAPs)** hemmt.

Extrinsischer Weg

Der **extrinsische Weg** wird durch lösliche oder membrangebundene **Liganden** von außen ausgelöst. Durch Bindung an sog. **Todesrezeptoren** wird in der Zelle eine Signalkaskade ausgelöst, die zur Apoptose führt.

Der **Fas-Rezeptor** trimerisiert nach Ligandenbindung und wird dadurch aktiviert. Auf der zytoplasmatischen Seite können dann **Adapterproteine** binden, welche die **Caspasen 8 und 10** rekrutieren und aktivieren.
Ein weiterer bekannter Todesrezeptor ist **TNFα**, der jedoch auch das Überleben einer Zelle fördern kann.

ABB. 10.12

10 ZELLZYKLUS UND APOPTOSE: NICHT ZU VIEL UND NICHT ZU WENIG

Cytochrom c

Das kleine Häm-Protein Cytochrom c hat eine zentrale Funktion in der Atmungskette der Mitochondrien (> 18.4.2). Gelangt es jedoch in das Zytoplasma, bildet es einen heptameren Komplex mit Apaf-1 (Apoptotic Peptidase Activating Factor 1). Dieses **Apoptosom** rekrutiert zwei Pro-Caspase-9-Moleküle, die durch diese Bindung bereits in der Proform aktiv werden und sich autokatalytisch aktivieren. Als Initiator-Caspase löst die Caspase 9 im Anschluss die Caspase-Kaskade aus.

SMAC (Diablo)

Sobald SMAC, ebenfalls ein Protein des mitochondrialen Intermembranraums, in das Zytoplasma gelangt, bindet und **inaktiviert** es Vertreter der Proteinklasse der IAPs (**Inhibitors of Apoptosis**). Dadurch können diese die Caspasen nicht mehr inhibieren und das Apoptose-Signal wird verstärkt.

Extrinsischer Weg

Der extrinsische Weg in die Apoptose wird durch Signalproteine ausgelöst, die entweder in löslicher Form oder als Membranproteine in der Zellmembran von anderen Zellen vorliegen können. Diese Liganden binden an **Todesrezeptoren** auf der Zelloberfläche der Zielzelle. Todesrezeptoren enthalten meist eine Transmembrandomäne, auf der extrazellulären Seite eine Bindedomäne für den Liganden und intrazellulär eine Todesdomäne. Die am besten untersuchten Todesrezeptoren gehören der Familie der Tumornekrosefaktor-Rezeptoren (**TNF-Rezeptoren**) an und sind wie ihre Liganden Homotrimere. Auch die Liganden sind strukturell miteinander verwandt und werden in der Familie der TNF-Liganden zusammengefasst.

Ein gut untersuchtes Beispiel für einen Todesrezeptor ist der **Fas-Rezeptor.** Fas-Rezeptoren befinden sich auf der Oberfläche der Zielzelle und sind so lange inaktiv, bis sie durch Bindung des Fas-Liganden (FasL), der z. B. auf der Oberfläche von zytotoxischen T-Lymphozyten exprimiert wird, aktiviert werden (> Abb. 10.12). Dadurch trimerisiert der Fas-Rezeptor, was auf der zytoplasmatischen Seite die sog. Todesdomänen (DD, Death Domain) in räumliche Nähe bringt und zur Rekrutierung von **Adapterproteinen** wie FADD (Fas-Associated Death-Domain-Containing Protein) und Initiator-Caspasen (Pro-

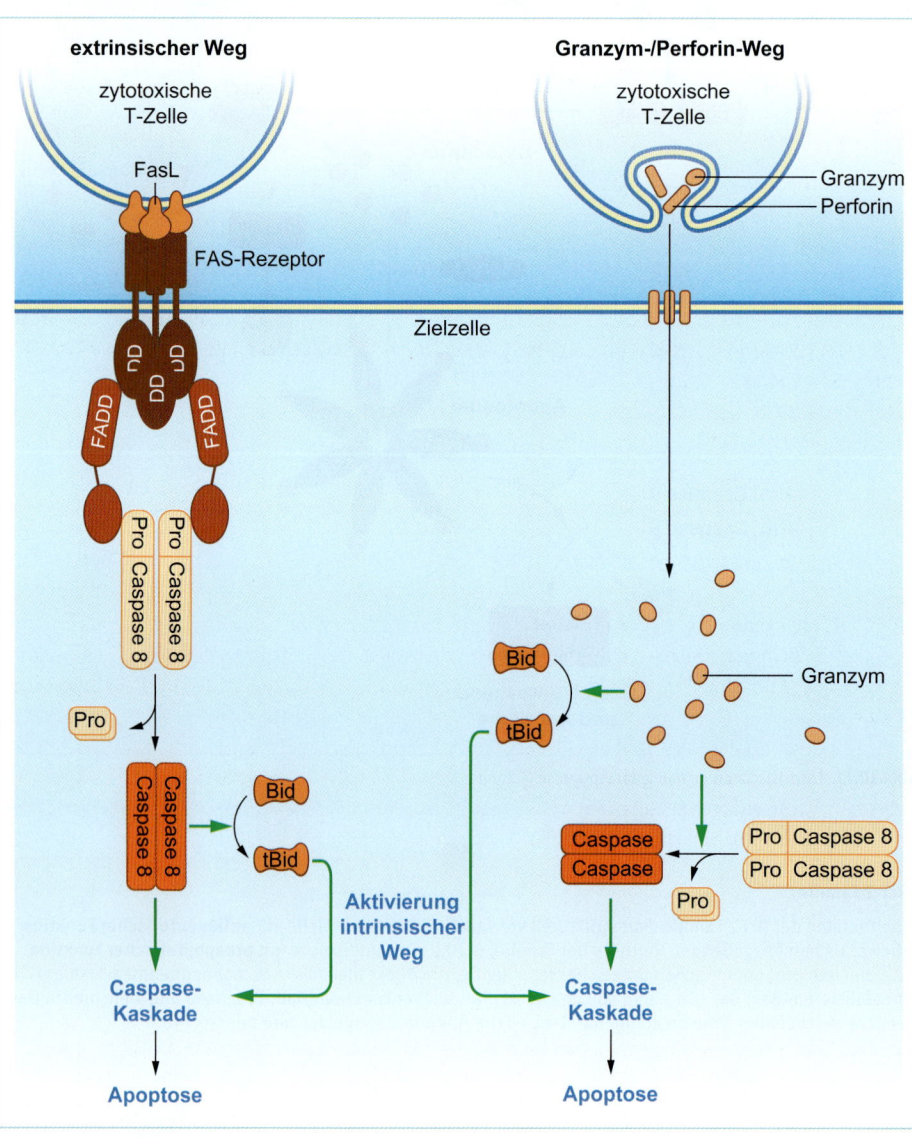

Abb. 10.12 Auslösung der Apoptose durch äußere Faktoren [L253]

10.5 APOPTOSE: PROGRAMMIERTER ZELLTOD

caspase 8 und 10) führt. In diesem todinduzierenden Signalkomplex (DISC, Death-Inducing Signaling Complex) aktivieren sich die Pro-Caspasen gegenseitig und in der Folge Effektor-Caspasen. Die Zelle geht in Apoptose.

Ein anderes Beispiel für einen Todesrezeptor ist der TNFα-Rezeptor, der durch seinen Liganden **TNFα** aktiviert wird. Anders als der Fas-Rezeptor kann durch Aktivierung des TNFα-Rezeptors aber auch eine Kaskade ausgelöst werden, die das Überleben der Zelle fördert. Welcher Weg überwiegt, hängt vom Zelltyp und vom Kontext ab, in dem sich die Zelle befindet.

In manchen Zelltypen ist diese Aktivierung des extrinsischen Wegs für das Auslösen der Apoptose ausreichend. In vielen anderen aber muss der intrinsische Weg zusätzlich aktiviert werden. Caspase 8 spaltet das Protein **Bid** zu tBid (Truncated Bid). tBid verdrängt die antiapoptotischen Proteine von den proapoptotischen, sodass die äußere Mitochondrienmembran destabilisiert wird.

Granzym- bzw. Perforin-Weg

Neben dem extrinsischen Weg existiert eine weitere Möglichkeit, die Apoptose von außerhalb einer Zelle auszulösen (> Abb. 10.12). Aktivierte zytotoxische T-Zellen und natürliche Killerzellen können nach Erkennen ihrer Zielzelle durch Exozytose **Perforin** und **Granzym** freisetzen (> 16.4.5). Perforin lagert sich in Membranen ein, formt durch Oligomerisierung Poren und erleichtert in der Folge über einen mehrstufigen Prozess die Aufnahme von Granzym in das Zytoplasma der Zielzelle. Die Serinprotease Granzym spaltet zum einen verschiedene Pro-Caspasen und zum anderen das Protein Bid zum proapoptotischen tBid. So wird die Caspase-Kaskade direkt aktiviert und zusätzlich durch die Destabilisierung der Mitochondrienmembran verstärkt.

> **FALL**
>
> **Der zitternde DJ Paul: Morbus Parkinson**
>
> Bei Parkinson gehen spezifisch die dopaminergen Neurone in der Substantia nigra apoptotisch zugrunde. Diese sind Teil des extrapyramidalen Systems, das für die Motorik eine wichtige Rolle spielt. Bei einem Dopaminmangel kommt es zu der typischen Trias: Rigor, Akinese und charakteristisches Zittern (Tremor), das, wie bei Paul, oft das erste Symptom ist. Aufgrund der familiären Belastung und des jungen Alters des 35-jährigen Paul wird bei der Diagnostik auch nach bekannten Mutationen gesucht, welche die Parkinsonkrankheit auslösen können. Leider wird man fündig – ausgerechnet ein Gen mit dem Namen DJ-1 ist mutiert. Dadurch entfällt seine Schutzfunktion vor oxidativem Stress, und die dopaminergen Neuronen, die durch die Dopaminsynthese (> 21.6) besonders hohem oxidativem Stress ausgesetzt sind, sind bei Paul schon zum Teil apoptotisch zugrunde gegangen. Auslöser für die Apoptose ist das durch oxidativen Stress aktivierte Bim, welches das antiapoptotische Bcl-2 im intrinsischen Weg deaktiviert.

10.5.5 Das Überleben der Zelle ist ein Balanceakt

Die Kontrolle darüber, welche Zellen überleben und welche absterben sollen, ist von immenser Wichtigkeit für einen vielzelligen Organismus. Am Gleichgewicht zwischen Überleben und Apoptose ist eine Fülle von Signalproteinen beteiligt.

Überlebenssignale, die von außen auf die Zelle wirken, können die Apoptose unterdrücken. Ein Beispiel dafür ist das Interleukin IL-3. Interleukine sind kleine sekretierte Proteine, die zu den Zytokinen gehören (> 9.9.2). IL-3 bindet an der Zelloberfläche an einen Rezeptor und löst eine Signalkaskade aus, an deren Ende Protein-Kinase B (PKB) aktiviert wird. PKB phosphoryliert Bad, das sich dadurch von seiner Bindung an das antiapoptotische Bcl-2 löst. Freies Bcl-2 trägt nun zur Unterdrückung der Apoptose bei. Nicht phosphoryliertes Bad liegt im Komplex mit Bcl-2 vor und vermindert dessen antiapoptotische Wirkung.

Entartete Zellen verhindern häufig die Apoptose, indem sie verstärkt Gene exprimieren, deren Produkte die Apoptose hemmen. Dadurch können sie ungehindert wachsen. Ein Beispiel ist Survivin, ein weiterer Vertreter der IAP-Proteinklasse (= **Inhibitor der Apoptose**), das auch eine Rolle in der Embryonalentwicklung spielt.

Wie sehr es sich bei der Regulation der Apoptose um einen Balanceakt zwischen pro- und antiapoptotischen Signalen handeln muss, zeigen neuere Forschungsergebnisse, die eine Beteiligung der aktivierten Caspasen auch an anderen zellulären Funktionen zeigen. Ohne eine genaue Steuerung dieser Caspase-Aktivität könnte die Zelle versehentlich Selbstmord begehen.

> **KLINIK**
>
> **Erythropoese und Eryptose**
>
> Die Wichtigkeit der Homöostase der Zellzahl wird am Beispiel des Bluts besonders deutlich. Erythrozyten sind starkem oxidativem Stress ausgesetzt und müssen daher ständig erneuert werden. Ausgelöst durch das Zytokin Erythropoetin (Epo), das bei Sauerstoffmangel in der Niere gebildet wird, entwickeln sich im Knochenmark in jeder Minute über 100 Millionen neue Erythrozyten. Nach 120 Tagen im Blut werden die ausgedienten Erythrozyten in der Milz abgebaut. Dieses kontrollierte Sterben, die Eryptose, weist Gemeinsamkeiten und Unterschiede zur Apoptose auf. Auf mikroskopischer Ebene sind ebenfalls ein Schrumpfen der Zelle und Abschnüren von Vesikeln zu beobachten, die von Makrophagen aufgenommen werden. Da Erythrozyten keine Mitochondrien haben, muss die Eryptose ohne MOMP auskommen. Die Beteiligung von

---

Aus Studentensicht

Häufig bewirkt die extrinsisch ausgelöste Apoptose zur Signalverstärkung eine **Mitaktivierung des intrinsischen Wegs**.

Granzym- bzw. Perforin-Weg
Zytotoxische T-Zellen und NK-Zellen können **Perforin** freisetzen, wodurch die Zielzelle **Granzym** aufnimmt, das die Caspasen-Kaskade aktiviert.

10.5.5 Das Überleben der Zelle ist ein Balanceakt
Alle Zellen sind einem komplexen **Gemisch von pro- und antiapoptotischen Signalen** ausgesetzt. Entfallen diese Faktoren, geht die Zelle in die Apoptose.
Zu den wichtigsten antiapoptotischen Signalen gehören die **Überlebensfaktoren** (extrinsisch) und die **Inhibitoren der Apoptose,** IAP (intrinsisch). Andererseits können entartete Zellen IAP überexprimieren und sich so der Apoptose entziehen.

KLINIK

Aus Studentensicht

PRÜFUNGSSCHWERPUNKTE

IMPP

! Intrinsische Auslösung der Apoptose

Kompetenzorientierte Lernziele (NKLM)

Die Studierenden können
- die molekularen Vorgänge in den Zellzyklusphasen sowie deren Kontrolle erklären.
- den Ablauf von Mitose und Meiose erklären.
- Mechanismus und Regulation der Apoptose erklären.

Caspasen ist noch nicht vollständig geklärt. Eine zentrale Rolle beim Auslösen der Eryptose spielen Ionenkanäle. Der Ca^{2+}-Einstrom sorgt u. a. für das Schrumpfen der Zelle und die Aufhebung der asymmetrischen Verteilung von Phosphatidylserin in der Membran (> 6.1.6). Erythrozyten, die Phosphatidylserin auf der Außenseite der Plasmamembran präsentieren, werden über Rezeptoren aus dem Blutstrom entfernt und abgebaut. Bei Krankheiten wie Sepsis, Malaria, Sichelzellanämie, β-Thalassämie, Glucose-6-Phosphatase-Mangel und Eisenmangel wird eine verstärkte Eryptose beobachtet.

ÜBUNGSFRAGEN FÜRS MÜNDLICHE MIT LÖSUNGSHILFEN

1. Über welchen Mechanismus aktivieren Cycline die Cyclin-abhängigen Kinasen?
Cycline aktivieren CDKs über eine Konformationsänderung, die sie durch Bindung in der CDK auslösen. Das aktive Zentrum der CDK wird dadurch funktionell. Cycline haben selbst keine enzymatische Aktivität. Ihr Vorhandensein regelt die Aktivität der CDK. Zusätzlich erfolgt eine Feinsteuerung mithilfe anderer Kinasen und Phosphatasen.
2. Welche menschliche DNA unterliegt nicht der homologen Rekombination während der Meiose?
Mitochondriale DNA. Die Mitochondrien vermehren sich durch Teilungen, die unabhängig von Meiose oder Mitose der restlichen Zelle verlaufen.
3. Wieso entstehen zu Beginn der Aktivierung der Caspase-aktivierten DNase zunächst Fragmente, deren Länge ein Vielfaches von ca. 200 bp ist?
200 bp ist ungefähr die Länge des DNA-Segments, das ein Histon-Oktamer umschlingt, zuzüglich Linker-DNA. Die DNA im Linker-Bereich zwischen den Nukleosomen ist empfindlicher gegenüber der Hydrolyse durch die DNase, sodass zunächst Vielfache von 200 bp entstehen.
4. Auf welche Weise aktiviert p53 die proapoptotischen Gene Bax und Bak?
p53 ist ein spezifischer Transkriptionsfaktor, der die Expression von Bax und Bak aktiviert.
5. Ziehen Sie Parallelen zwischen dem extrinsischen Weg der Apoptose-Initiierung und der Auslösung der Ras-/Raf-Map-Kinase-Kaskade durch Wachstumssignale!
In beiden Fällen wird ein Rezeptor mit einer extrazellulären, einer Transmembran- und einer intrazellulären Domäne durch Bindung eines Proteinliganden (FasL – Apoptose oder EGF – Wachstumskaskade) von außen aktiviert. Durch eine Konformationsänderung kommt es daraufhin im Zellinneren zu einer Autoaktivierung durch die induzierte räumliche Nähe. Im Fall der Tyrosin-Kinasen erfolgt daraufhin eine gegenseitige Phosphorylierung, die als Signal für die nächsten Schritte dient, im Fall der Todesrezeptoren ist es eine Autoproteolyse der Caspasen.

KAPITEL 11

DNA-Replikation und -Reparatur: Informationssicherheit

Regina Fluhrer, Anton Eberharter

11.1 Replikation der DNA 267
11.1.1 Prinzip der DNA-Replikation 267
11.1.2 Erkennung der Replikationsstartpunkte 268
11.1.3 Helikase: Trennung der DNA-Doppelhelix in zwei Einzelstränge 269
11.1.4 Topoisomerase: Verminderung der Torsionsspannung 269
11.1.5 Synthese der Primer 272
11.1.6 Synthese der Tochterstränge 272
11.1.7 Genauigkeit der Replikation 274
11.1.8 Entfernen der Primer und Auffüllen der einzelsträngigen DNA-Abschnitte 275
11.1.9 Verknüpfen der Einzelstrangbrüche (Ligation) 276
11.1.10 Telomerase: Erhalt der Chromosomenenden 276
11.1.11 Vergleich von pro- und eukaryotischer Replikation 278

11.2 DNA-Mutationen 279
11.2.1 Mutationsformen 279
11.2.2 Ursachen und Entstehung von Mutationen 280

11.3 DNA-Reparatur 284
11.3.1 Prinzip der DNA-Reparatur 284
11.3.2 Basen-Exzisionsreparatur 285
11.3.3 Nukleotid-Exzisionsreparatur 286
11.3.4 Mismatch-Reparatur 287
11.3.5 Reparatur von DNA-Doppelstrangbrüchen 288
11.3.6 Direkte Reparatur 290

Aus Studentensicht

Vor jeder Zellteilung steht die Verdopplung der DNA durch die Replikation. Dafür synthetisiert die Zelle in der S-Phase des Zellzyklus große Mengen von Polymerasen. Diese sind echte Arbeitstiere und replizieren unser komplettes Genom innerhalb von 8–12 Stunden. Nach der abgeschlossenen Replikation wird die DNA sorgfältig überprüft, um vor der Verteilung auf die Tochterzelle eventuelle Fehler zu finden und zu reparieren. Auch für Spontanmutationen außerhalb der Replikation gibt es Reparaturmechanismen. Sind diese defekt, kann es zu spezifischen Krebserkrankungen kommen. Fehlt beispielsweise der Mechanismus, um durch UV-Strahlung verursachte DNA-Schäden zu reparieren, entwickeln die Betroffenen bereits durch kurze Aufenthalte in der Sonne großflächig Hautkrebs. Die sog. Mondscheinkinder dürfen daher keinem Tageslicht ausgesetzt werden.
Carolin Unterleitner

11.1 Replikation der DNA

11.1.1 Prinzip der DNA-Replikation

FALL

Kochen mit Folgen

Frau Sylvius kommt am Montagnachmittag zu Ihnen in die Praxis. Vor ein paar Tagen hat sie sich beim Kochen ziemlich tief in die Hand geschnitten. Heute geht es ihr gar nicht gut. „Die Hand tut höllisch weh, sie hat die ganze Nacht gepocht und heute fühle ich mich irgendwie ganz fiebrig", meint sie. Bei der Untersuchung zeigt sich die Schnittwunde vereitert, die Hand ist rot, überwärmt, geschwollen und bei Berührung extrem schmerzhaft. Außerdem hat Frau Sylvius eine erhöhte Temperatur von 38,8 °C. Die klassischen Entzündungszeichen Dolor (Schmerz), Calor (Wärme), Tumor (Schwellung) und Rubor (Rötung) sowie die Vereiterung der Wunde deuten auf einen bakteriellen Weichteilinfekt hin. Um herauszufinden, welche Antibiotika gegen die Bakterien in Frau Sylvius Wunde wirken, wird ein Abstrich gemacht. Die Behandlung muss aber sofort beginnen. Um ein möglichst breites Erregerspektrum abzudecken, sind dafür Fluorchinolone Mittel der Wahl. So bekommt Frau Sylvius das auch sehr gut gegen gramnegative Keime wirksame Ciprofloxacin (z. B. Ciprobay®).
Wie wirkt Ciprofloxacin und wie kann es die Ausbreitung der Bakterien verhindern?

Bevor sich eine Zelle durch Mitose teilen kann, muss ihre komplette Erbinformation identisch verdoppelt werden (**Replikation**). Dieser Prozess der DNA-Verdopplung ist streng **reguliert** und findet in der **S-Phase** des Zellzyklus statt (> 10.1). Fehler während der Replikation können gravierende Folgen für die Tochterzellen haben, da sich fatale **Mutationen** in der DNA manifestieren können. Präzise **Kontroll- und Reparaturmechanismen** während und nach Abschluss der Replikation sind daher für das Überleben einer Zellpopulation zwingend erforderlich. Zudem kann es beim Versagen dieser Mechanismen zur Weitergabe von Mutationen und damit zu unkontrolliertem Zellwachstum kommen (> 11.2).

11.1 Replikation der DNA

11.1.1 Prinzip der DNA-Replikation

Vor der Zellteilung wird die DNA in der **S-Phase** des Zellzyklus verdoppelt. Die **Replikation** ist streng kontrolliert und erfolgt **semikonservativ**. Ein Strang bleibt erhalten, der andere wird neu synthetisiert.

Aus Studentensicht

Die korrekte Verdopplung des haploiden, ca. **3,2 Milliarden Basenpaare** großen menschlichen Genoms dauert ca. 8 Stunden. Dazu muss auch die Zugänglichkeit der auf **Histonen** verpackten DNA gewährleistet sein.

Replikationsschritte:
- **Erkennung der Replikationsstartpunkte (ORI)** für die bidirektionale DNA-Replikation.
- **Trennung des DNA-Doppelstrangs in zwei Einzelstränge** durch eine **Helikase** und Stabilisierung der Einzelstränge durch **Einzelstrangbindeproteine**. Durch die Trennung entstandene Torsionsspannungen werden durch **Topoisomerasen** verringert.
- **Synthese der Primer** durch die Primase.
- **Synthese der Tochterstränge** in 5' → 3' -Richtung durch die DNA-Polymerase. Die Matrize wird dabei in 3' → 5' -Richtung gelesen. Der Leitstrang wird **kontinuierlich** repliziert, der Folgestrang **diskontinuierlich** in **Okazaki-Fragmenten**. Falsch eingebaute Nukleotide können korrigiert werden.
- **Entfernen der Primer** durch RNasen **und Auffüllen der Lücken** durch eine DNA-Polymerase.
- **Ligation** durch **Ligasen**, die 5'-Phosphat- und 3'-OH-Enden benachbarter DNA-Fragmente verknüpfen.
- Nachträgliche **Fehlerkorrektur** durch Reparaturmechanismen.

ABB. 11.1

11.1.2 Erkennung der Replikationsstartpunkte
Die an der Replikation beteiligten Enzyme sind in **Multiproteinkomplexen (Replisom)** zusammengefasst.

Für das ringförmige Genom von Prokaryoten und Mitochondrien ist ein **ORI (Origin of Replication)** ausreichend. Eukaryoten besitzen für ihr großes, in mehreren linearen Chromosomen organisiertes Genom ca. **30 000 ORI**, die in einer S-Phase jeweils genau einmal verwendet werden.

11 DNA-REPLIKATION UND -REPARATUR: INFORMATIONSSICHERHEIT

Das haploide menschliche Genom umfasst ca. $3{,}2 \cdot 10^9$ **Basenpaare.** Damit diese enorme Menge an Information in den ca. **8 Stunden** der S-Phase exakt und **nur einmal** verdoppelt wird, bedarf es einer strengen Koordination der beteiligten Enzyme. Zudem liegt die DNA in eukaryotischen Zellen nicht frei vor, sondern wird durch **Histone** und zahlreiche **Nicht-Histon-Proteine** in **Chromatin** verpackt (➤ 4.3). Für die Replikation muss diese dichte Verpackung der DNA aufgelöst und anschließend wieder hergestellt werden. Die Replikation erfolgt **semikonservativ.** Deshalb bestehen die nach der Replikation entstandenen DNA-Doppelstränge immer aus einem neu synthetisierten Strang und einem alten Strang. Die folgenden Replikationsschritte laufen in allen Organismen nach dem gleichen Prinzip ab (➤ Abb. 11.1):

- **Erkennung der Replikationsstartpunkte:** Ausgehend von einem **Origin of Replication** (ORI; Startpunkt der Replikation) verläuft die Replikation **bidirektional** (= jeweils in beide Richtungen der DNA).
- **Bildung der Replikationsgabel:** Der elterliche DNA-Doppelstrang wird durch die **Helikase** in zwei Einzelstränge getrennt, die jeweils als Matrize für die Neusynthese der beiden Tochterstränge dienen. Dabei entsteht die **Replikationsgabel**, die durch Bindung der **Einzelstrangbindeproteine** offen gehalten wird. **Topoisomerasen** verringern die durch das lokale Entwinden des Doppelstrangs auftretenden Torsionsspannungen.
- **Synthese der Primer:** Die **Primase** synthetisiert **RNA-Moleküle** (Primer), die das von DNA-Polymerasen benötigte freie 3'-OH-Ende für den Start der Synthese bereitstellen.
- **Synthese der Tochterstränge:** **DNA-Polymerasen** synthetisieren die beiden Tochterstränge in 5' → 3'-Richtung. Die Matrize wird dabei in 3' → 5'-Richtung abgelesen. Der **Leitstrang** wird **kontinuierlich** (= in einem Stück), der **Folgestrang diskontinuierlich** (= stückweise) in zahlreichen **Okazaki-Fragmenten** synthetisiert. Einige DNA-Polymerasen korrigieren durch eine **Korrekturlesefunktion** (Proofreading) bereits während der Synthese falsch eingebaute Nukleotide.
- **Entfernen der Primer** und **Auffüllen der Lücken:** Die RNA-Primer werden durch eine RNase-Aktivität abgebaut. Die Lücken werden durch **DNA-Polymerasen** aufgefüllt.
- **Ligation:** Eine **Ligase** verknüpft die 5'-Phosphat- und 3'-OH-Enden benachbarter DNA-Fragmente innerhalb eines DNA-Strangs und erzeugt so wieder einen intakten DNA-Doppelstrang.

Nach Abschluss der Replikation werden die trotz der hohen Genauigkeit falsch in die Tochterstränge eingebauten Nukleotide durch **DNA-Reparatursysteme** korrigiert. Diese Reparaturmechanismen beheben auch Schäden, die durch chemische Instabilität der DNA oder extrinsische Einflüsse entstehen (➤ 11.3).

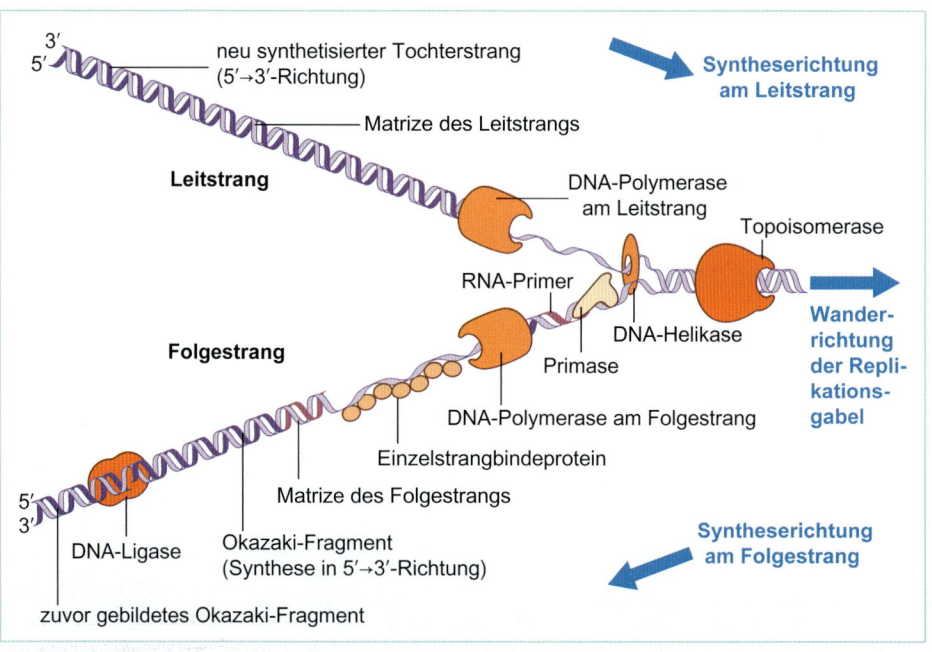

Abb. 11.1 Prinzip der DNA-Replikation. Zur besseren Verständlichkeit sind die tatsächlich in einem Komplex vorliegenden DNA-Polymerasen an Leit- und Folgestrang getrennt dargestellt. [L253]

11.1.2 Erkennung der Replikationsstartpunkte
Die an den verschiedenen Schritten der Replikation beteiligten Enzyme sind in großen **Multiproteinkomplexen** zusammengefasst **(Replisom)**. Dies erleichtert die Koordination der Abläufe und gewährleistet die notwendige Kontrolle der einzelnen Schritte.

Die **Mitochondrien** eukaryotischer Zellen besitzen wie die Prokaryoten ein ringförmiges Chromosom. Ein **ORI** (Origin of Replication), an dem die Replikation beginnt und sich bidirektional in beide Richtungen fortsetzt, reicht daher aus, um das gesamte Genom vollständig zu replizieren.

Eukaryoten besitzen hingegen mehrere lineare Chromosomen, für deren Replikation jeweils mindestens ein ORI erforderlich ist. Allerdings würde die Replikation eines über 100 Millionen Basenpaare langen Chromosoms unter Verwendung von nur einem ORI sehr lange dauern. Für die Replikation des menschlichen Genoms werden daher insgesamt etwa **30 000 ORI gleichzeitig** verwendet. Damit sichergestellt ist, dass jeder DNA-Abschnitt genau einmal repliziert wird, darf jeder ORI nur einmal während einer S-Phase verwendet werden.

Die verschiedenen ORI werden bereits während der späten M- bzw. der frühen G1-Phase des vorhergehenden Zellzyklus markiert, indem an jedem ORI ein **Origin Recognition Complex (ORC)** bindet. Dadurch wird sichergestellt, dass jeder ORI in der S-Phase nur einmal genutzt wird (➤ Abb. 11.2).

Jeder ORC ist aus sechs verschiedenen Untereinheiten, ORC1–6, aufgebaut. ORC1 besitzt eine ATPase-Aktivität, welche die Bindung des ORC an den ORI vermittelt. Die Bindung des ATP an ORC1 wird durch ORC5 unterstützt. ORC2, ORC3, ORC4 und ORC5 stabilisieren den Komplex und ORC6 ist für die Stabilität des in der Folge gebildeten **Prä-Replikationskomplexes** verantwortlich. ORC6 bindet aber nicht direkt an den ORI.

Neben der Markierung der Replikationsstartpunkte wirkt der ORC auch als Signal für die Initiation der Replikation. Er rekrutiert noch in der G1-Phase die beiden Proteine **Cdc6** (Cell Division Cycle 6) und **Cdt1** (Chromatin Licensing and DNA Replication Factor 1). Cdc6 ist ein für die G1-Phase spezifisches Protein, das an das ATP-gebundene ORC1 bindet. Cdc6, wie auch Cdt1, rekrutieren ebenfalls noch in der G1-Phase den **Helikasekomplex MCM** (Minichromosome Maintenance Protein Complex) an den ORI, inhibieren aber zunächst noch dessen Helikaseaktivität. Dadurch wird ein verfrühtes Aufwinden der DNA-Doppelhelix in der G1-Phase verhindert.

Unmittelbar vor dem Eintritt in die S-Phase und damit in die eigentliche DNA-Synthesephase sind alle ORI durch **Prä-Replikationskomplexe** besetzt (➤ Abb. 11.2). Diese Multiproteinkomplexe bestehen aus den Proteinkomplexen ORC, Cdc6-Cdt1 und MCM.

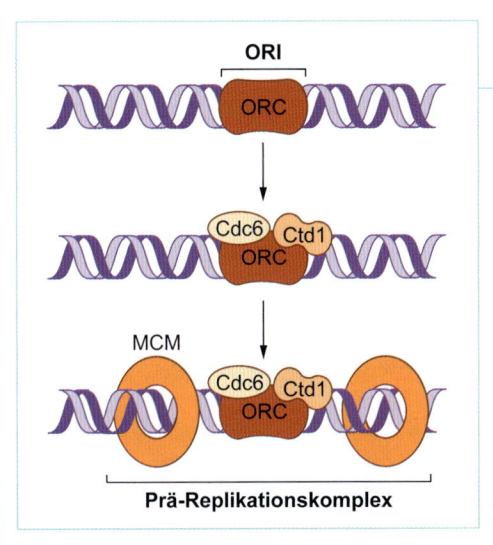

Abb. 11.2 Bildung des Prä-Replikationskomplexes am ORI [L253]

Aus Studentensicht

Die ORI werden in der späten M- oder frühen G1-Phase durch einen **Origin Recognition Complex** (ORC) markiert. Er besteht aus jeweils sechs Untereinheiten, besitzt ATPase-Aktivität und stabilisiert den Prä-Replikationskomplex. Die Proteine **Cdc6** und **Cdt1** rekrutieren den **Helikasekomplex MCM** an den ORI, inhibieren aber zunächst die Helikaseaktivität. ORC, Cdc6, Cdt1 und MCM bilden unmittelbar vor Eintritt in die S-Phase den Prä-Replikationskomplex

ABB. 11.2

11.1.3 Helikase: Trennung der DNA-Doppelhelix in zwei Einzelstränge

Der **MCM-Komplex** bildet eine **ringähnliche Struktur** um die DNA-Doppelhelix und ist aus den Proteinen MCM 2, 3, 4, 5, 6 und 7 aufgebaut. Er besitzt eine **Helikase-Aktivität,** welche die Wasserstoffbrücken zwischen den komplementären Desoxynukleotiden des DNA-Doppelstrangs löst und so seine Entwindung in zwei Einzelstränge katalysiert. Die Helikase-Aktivität des MCM-Komplexes ist fein reguliert und wird in der S-Phase gezielt aktiviert. Dazu wird Cdc6 durch den für die S-Phase spezifischen Cyclin A/Cdk2-Komplex phosphoryliert (➤ 10.4), dadurch ubiquitinyliert und in der Folge durch das Proteasom abgebaut. So wird der MCM-Komplex aktiviert und seine Helikase-Aktivität trennt unter **ATP-Verbrauch** die doppelsträngige DNA lokal in zwei Einzelstränge (➤ Abb. 11.3).

An die beiden DNA-Einzelstränge binden **Einzelstrangbindeproteine** (Single-Stranded Binding Proteins, SSB). Dadurch werden eine sofortige Reassoziation der Einzelstränge und die Bildung unerwünschter intramolekularer Haarnadelschleifen verhindert.

11.1.4 Topoisomerase: Verminderung der Torsionsspannung

Durch die Aktivität der Helikase wird der Doppelstrang lokal in Einzelstränge getrennt. Dabei werden die vorher im gesamten Doppelstrang auftretenden Windungen auf die jetzt verkürzten doppelsträngigen Bereiche konzentriert. Wie bei der Trennung der einzelnen Fäden eines Seils entstehen dabei große Torsionsspannungen (➤ Abb. 11.4), sodass sich die DNA zusätzlich in sich verdrillt. Die daraus entstehenden **superhelikalen Windungen** (Supercoils) bilden eine Barriere für den Replikationskomplex und können sogar zum Brechen von kovalenten Bindungen im DNA-Rückgrat führen.

Topoisomerasen verhindern das Entstehen zu starker Torsionsspannungen und damit störender superhelikaler Windungen. Basierend auf dem jeweiligen Reaktionsmechanismus werden Topoisomerasen I und Topisomerasen II unterschieden.

11.1.3 Helikase: Trennung der DNA-Doppelhelix in zwei Einzelstränge

Der Helikasekomplex **MCM** bildet eine **ringähnliche Struktur** um die DNA und **entwindet** sie unter **ATP-Verbrauch** in zwei Einzelstränge. Durch Phosphorylierung von Cdc6 durch den Cyclin A/Cdk2-Komplex in der S-Phase wird die **Helikase** aktiviert. **Einzelstrangbindeproteine** verhindern eine sofortige Reassoziation der eben getrennten Stränge.

11.1.4 Topoisomerase: Verminderung der Torsionsspannung

Durch das teilweise Entwinden der DNA kommt es zu Torsionsspannungen in den nicht entwundenen DNA-Abschnitten. Dadurch kann es zu Strangbrüchen kommen. **Topoisomerasen** verhindern das Entstehen zu starker Torsionsspannungen.

Aus Studentensicht

11 DNA-REPLIKATION UND -REPARATUR: INFORMATIONSSICHERHEIT

ABB. 11.3

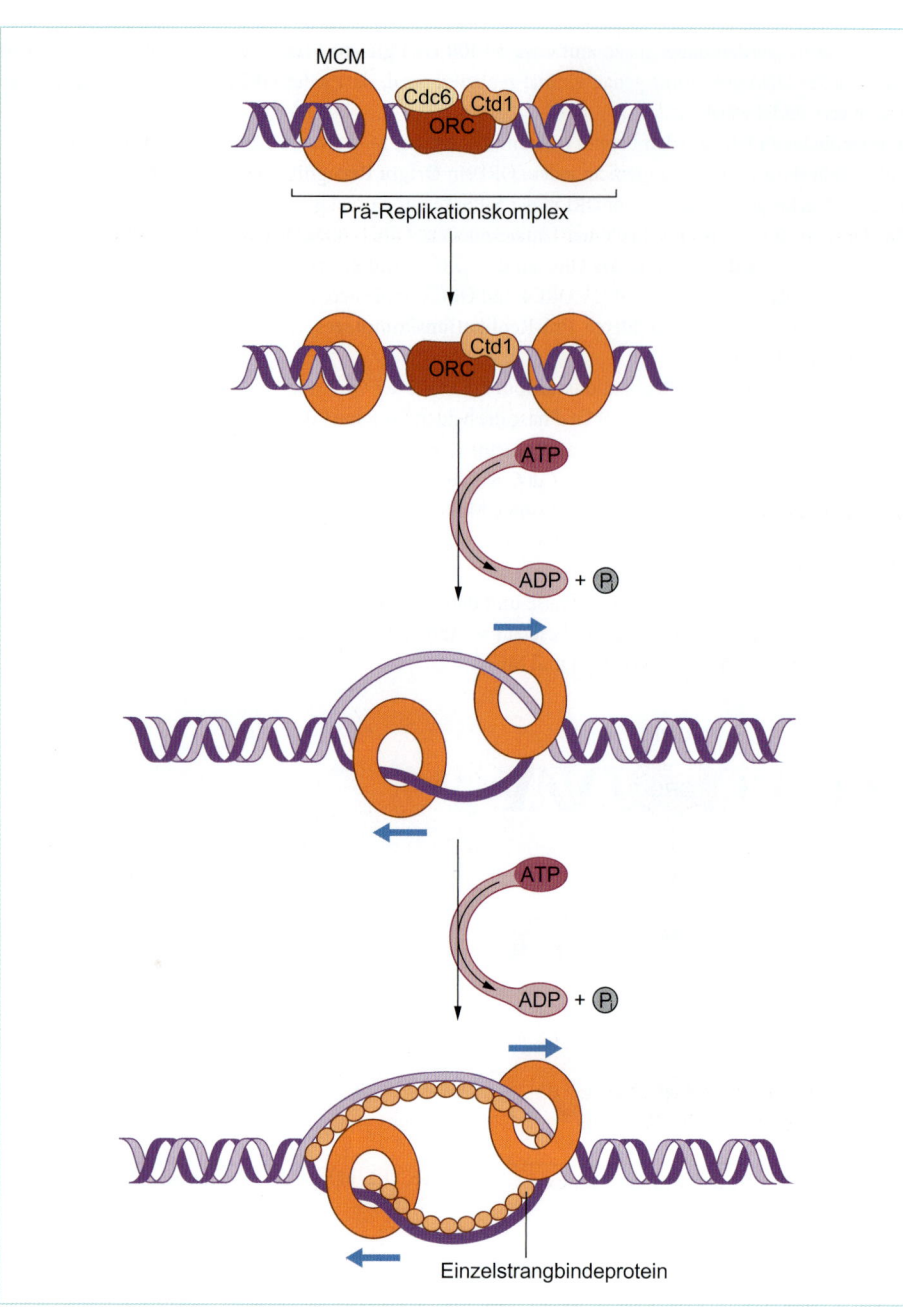

Abb. 11.3 DNA-Helikase-Aktivität des MCM-Komplexes [L138]

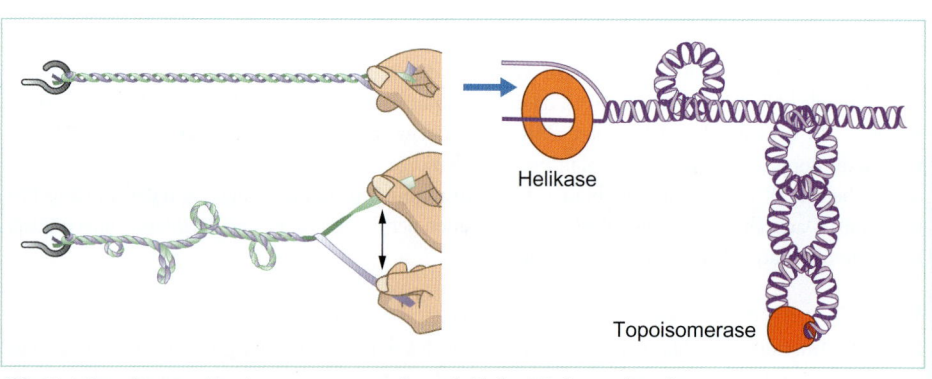

ABB. 11.4

Abb. 11.4 Entstehung von Torsionsspannungen und superhelikalen Windungen [L138]

Topoisomerase I

Topoisomerase-I-Enzyme spalten eine Phosphorsäurediesterbindung im DNA-Rückgrat und verursachen so einen **Einzelstrangbruch**. Ein Strang kann dadurch frei rotieren.

Topoisomerase I

Topoisomerase-I-Enzyme spalten in dem DNA-Bereich, in dem die Spannung auftritt, eine Phosphorsäureesterbindung im DNA-Rückgrat und erzeugen so einen **Einzelstrangbruch**. Dadurch können die beiden Enden des geöffneten Strangs um den zweiten Strang rotieren, bis die Torsionsspannungen aufgelöst sind (➤ Abb. 11.5).

11.1 REPLIKATION DER DNA

Aus Studentensicht

Während der enzymatischen Reaktion bildet die Topoisomerase I mit der OH-Gruppe eines **Tyrosinrests** in ihrem aktiven Zentrum vorübergehend eine **Esterbindung** mit dem Phosphat im DNA-Rückgrat aus. Darin bleibt die Energie der Phosphorsäureesterbindung gespeichert und für die Wiederherstellung der Phosphodiesterbindung in der DNA wird **kein ATP** benötigt. Gleichzeitig wird sichergestellt, dass sich das freie DNA-Ende während der Rotation nicht zu weit wegbewegt und der Einzelstrangbruch am Ende der Reaktion wieder korrekt geschlossen werden kann (= Umesterung). Anschließend löst sich das Enzym wieder vom DNA-Molekül ab und löst Torsionsspannungen an anderen Stellen (➤ Abb. 11.5).

Im aktiven Zentrum der Enzyme befindet sich ein **Tyrosinrest,** der mit seiner OH-Gruppe die Esterbindung in der DNA angreift. Diese **Umesterung** erfordert kein ATP.
Ist die Spannung durch Rotation des Strangs reduziert, erfolgt die Rückveresterung.

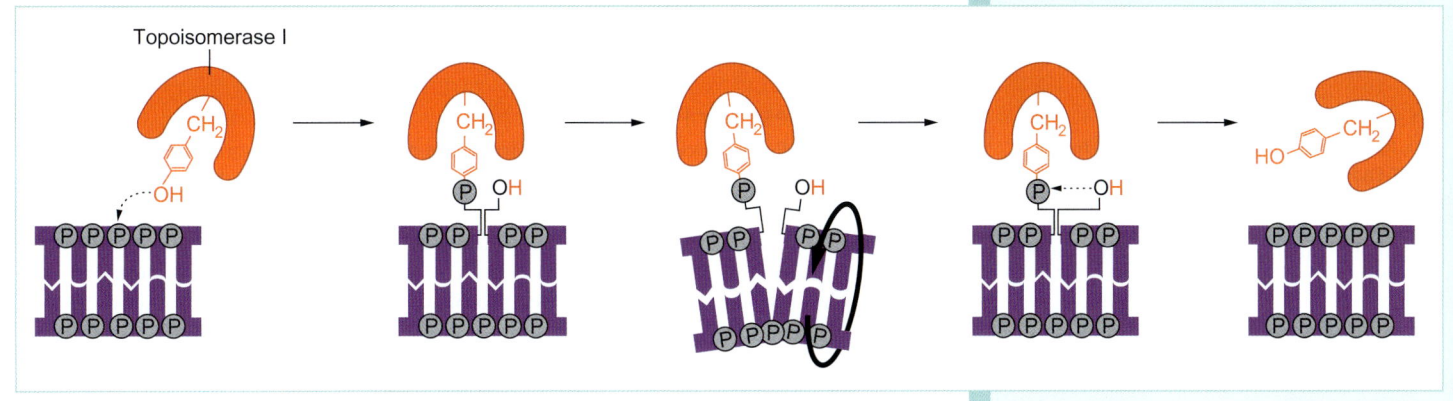

Abb. 11.5 Mechanismus der Topoisomerase I [L138]

Topoisomerase II

Topoisomerase-II-Enzyme binden v. a. dort an DNA, wo sich zwei doppelsträngige DNA-Abschnitte innerhalb eines DNA-Moleküls überkreuzen (➤ Abb. 11.6). Anders als Topoisomerase-I-Enzyme spalten sie vorübergehend beide Einzelstränge des einen DNA-Abschnitts und benötigen dazu **ATP als Cofaktor.** Nach Bindung von ATP an die ATPase-Domäne hält ein Topoisomerase-II-Dimer gleichzeitig beide DNA-Abschnitte fest. Durch Hydrolyse von **zwei ATP-Molekülen** zu ADP und P_i kommt es zu einem **Doppelstrangbruch** in einem der beiden festgehaltenen DNA-Stränge. Über die OH-Gruppen von Tyrosinresten in den aktiven Zentren bildet das Topoisomerase-II-Dimer zwei Esterbindungen mit den beiden 5'-Phosphaten der DNA-Enden am Doppelstrangbruch aus. Der zweite, nicht gebrochene DNA-Strang kann nun durch die Lücke des Doppelstrangbruchs hindurchgefädelt werden. Nachdem sich ADP vom Enzym abgelöst hat, werden die Enden des gebrochenen DNA-Strangs wieder verbunden. Die Überkreuzung der beiden DNA-Stränge wurde so aufgelöst (➤ Abb. 11.6). Mit diesem Mechanismus können Topoisomerasen II superhelikale Windungen auflösen und ermöglichen auf diese Weise auch die Trennung der Chromosomen während der Mitose.

Topoisomerase II

Topoisomerase-II-Enzyme spalten insbesondere dort, wo sich DNA-Abschnitte überkreuzen. Sie spalten **beide DNA-Stränge** unter Verbrauch von **zwei ATP.** Die freien Enden werden im Enzym fixiert. Nachdem die Überkreuzung der DNA-Stränge aufgelöst ist, werden die Stränge wieder verbunden.

ABB. 11.6

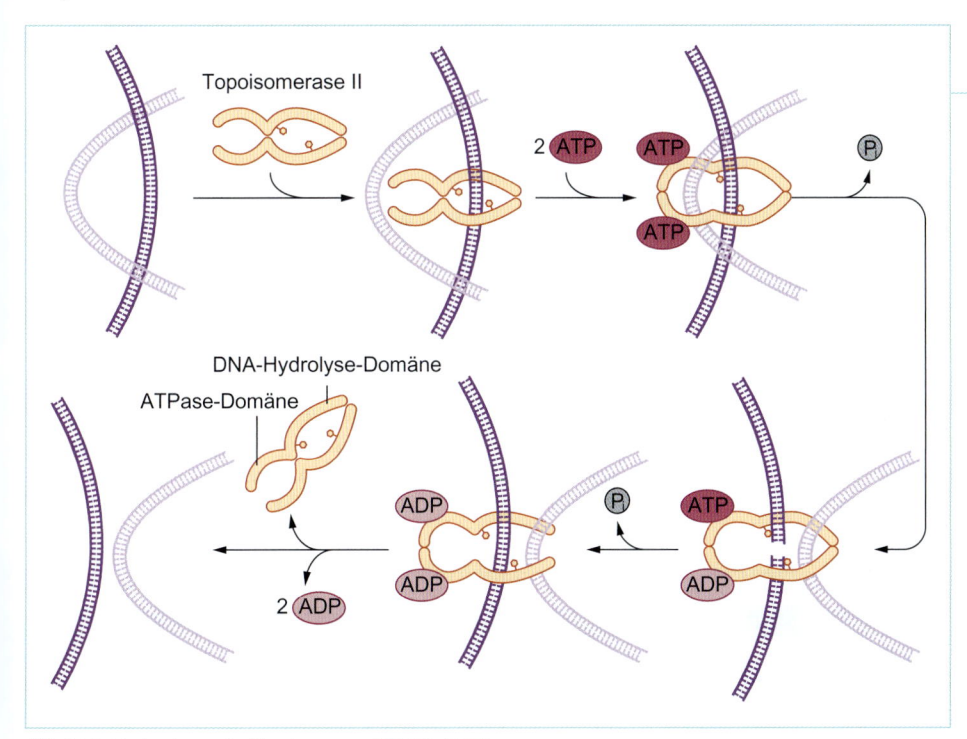

Abb. 11.6 Mechanismus der Topoisomerase II [L253, L307]

Aus Studentensicht

11 DNA-REPLIKATION UND -REPARATUR: INFORMATIONSSICHERHEIT

FALL

Kochen mit Folgen: Gyrasehemmer

Frau Sylvius Beschwerden sind dank der Wirkung von Ciprofloxacin, einem Replikationshemmstoff, schon nach zwei Tagen vorbei. Das Antibiotikum muss sie aber noch bis zum 7. Tag nehmen, um einer Resistenzentwicklung vorzubeugen. Ciprofloxacin hemmt eine nur bei Bakterien vorkommende spezielle Topoisomerase II, die **Gyrase**. Bakterielle Gyrasen sind einerseits im Stande, superhelikale Windungen in die ringförmige bakterielle DNA einzuführen, und werden andererseits benötigt, um nach der Replikation des ringförmigen DNA-Moleküls die beiden noch ineinander **verschlungenen DNA-Ringe** voneinander zu **trennen**. Genau diese enzymatische Reaktion ist Angriffspunkt der antibiotischen Gyrasehemmer **Ciprofloxacin, Novobiocin** oder **Nalixidinsäure,** die damit spezifisch die Vermehrung der Bakterien hemmen.

11.1.5 Synthese der Primer

11.1.5 Synthese der Primer

DNA-Polymerasen benötigen immer ein **freies 3'-OH-Ende** für die DNA-Synthese. Bei der Replikation wird dies durch die **Primase** (eine Untereinheit der DNA-Polymerase α) bereitgestellt. Sie synthetisiert einen ca. 10 Nukleotide langen RNA-Primer.

Anders als RNA-Polymerasen können DNA-Polymerasen nicht de novo den zweiten Strang einer Doppelhelix bilden, sondern nur einen bereits vorhandenen Strang an seinem **freien 3'-OH-Ende** verlängern. Nach der Öffnung des DNA-Doppelstrangs am ORI synthetisiert daher zunächst die **Primase,** in Eukaryoten eine Untereinheit der DNA-Polymerase α, einen **RNA-Primer** (➤ Abb. 11.7). Die Primase ist, obwohl sie Teil eines DNA-Polymerase-Komplexes ist, eine **DNA-abhängige RNA-Polymerase** und verwendet als Substrate die vier **Ribonukleosidtriphosphate** ATP, UTP, GTP und CTP. Sie synthetisiert, komplementär zum DNA-Einzelstrang, ein ca. 10–20 Basenpaare langes RNA-Nukleotid, an dessen freiem 3'-OH-Ende eine DNA-Polymerase mit der Synthese des Tochterstrangs fortfahren kann. So entsteht zunächst ein kurzes Stück einer DNA-RNA-Doppelhelix, die sich dann in einer DNA-DNA-Doppelhelix fortsetzt (➤ Abb. 11.7).

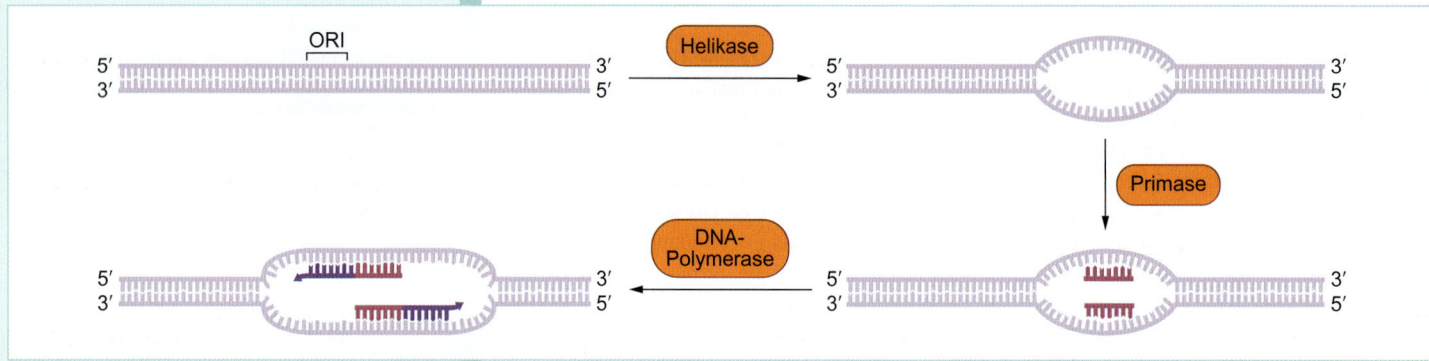

Abb. 11.7 Synthese des RNA-Primers und Verlängerung durch die DNA-Polymerase α [L253]

Voraussetzung für die weiteren Schritte sind zwei **einzelsträngige Matrizenstränge** und ein freies **3'-OH-Ende**.

Die Voraussetzungen für die eigentliche DNA-Verdoppelung sind nun geschaffen: Die Stränge der ursprünglichen DNA-Doppelhelix wurden am ORI getrennt und an jedem der beiden Einzelstränge wurde eine kurze DNA-RNA-Doppelhelix gebildet. Der Einzelstrang (= Matrize) bindet im aktiven Zentrum der DNA-Polymerasen, die den RNA-Primer am freien **3'-OH-Ende** verlängern, wobei sie den neuen DNA-Strang in 5' → 3'-Richtung komplementär zum **einzelsträngigen Matrizenstrang** bilden.

11.1.6 Synthese der Tochterstränge

11.1.6 Synthese der Tochterstränge

In Eukaryoten gibt es fünf **DNA-Polymerasen:** α, β, γ, δ und ε. Sie sind **matrizenabhängig** und verwenden als Substrate **Desoxyribonukleotide** (dNTP).
Das jeweils nächste komplementär einzubauende dNTP wird am α-Phosphor-Atom **nukleophil** vom 3'-OH des wachsenden DNA-Strangs angegriffen. Die Anhydridbindung des dNTP wird gespalten und es entstehen eine **Phosphorsäurediesterbindung** im Tochterstrang sowie ein Pyrophosphat, das unmittelbar durch die **Pyrophosphatase** gespalten wird. Dadurch wird das Gleichgewicht auf die Seite der Produkte verschoben.

TAB. 11.1

In Eukaryoten gibt es die **fünf DNA Polymerasen,** α, β, γ, δ und ε, die jeweils spezifische Funktionen erfüllen (➤ Tab. 11.1). Alle DNA-Polymerasen benötigen eine einzelsträngige **DNA-Matrize**. Die Substrate der DNA-Polymerasen sind die vier **Desoxyribonukleosidtriphosphate** (dNTP) dATP, dTTP, dCTP und dGTP, die durch komplementäre Basenpaarung im aktiven Zentrum der DNA-Polymerase an den Matrizenstrang binden. Jetzt wird der Tochterstrang durch einen nukleophilen Angriff seiner freien 3'-OH-Gruppe auf das α-Phosphor-Atom des einzubauenden dNTP um ein Nukleotid verlängert (➤ Abb. 11.8). Dabei wird eine **Säureanhydridbindung** gespalten und es entsteht eine neue Phosphorsäureesterbindung. Gleichzeitig wird Pyrophosphat abgespalten, das unmittelbar durch die **Pyrophosphatase** hydrolysiert und dem Gleichgewicht entzogen wird. Zusätzlich ist die Reaktion thermodynamisch begünstigt, weil die neu gebildete Esterbindung energieärmer als die gelöste Anhydridbindung ist.

Tab. 11.1 Überblick über die eukaryotischen DNA-Polymerasen

DNA-Polymerase	α	β	γ	δ	ε
Funktion	Synthese des RNA-Primers und eines kleinen DNA-Stücks	Reparatur	Replikation der mitochondrialen DNA	Synthese des Folgestrangs	Synthese des Leitstrangs
Lokalisation	Zellkern	Zellkern	Mitochondrien	Zellkern	Zellkern
Primase-Aktivität	Ja	Nein	Nein	Nein	Nein
Proofreading-Aktivität	Nein	Nein	Ja	Ja	Ja

11.1 REPLIKATION DER DNA

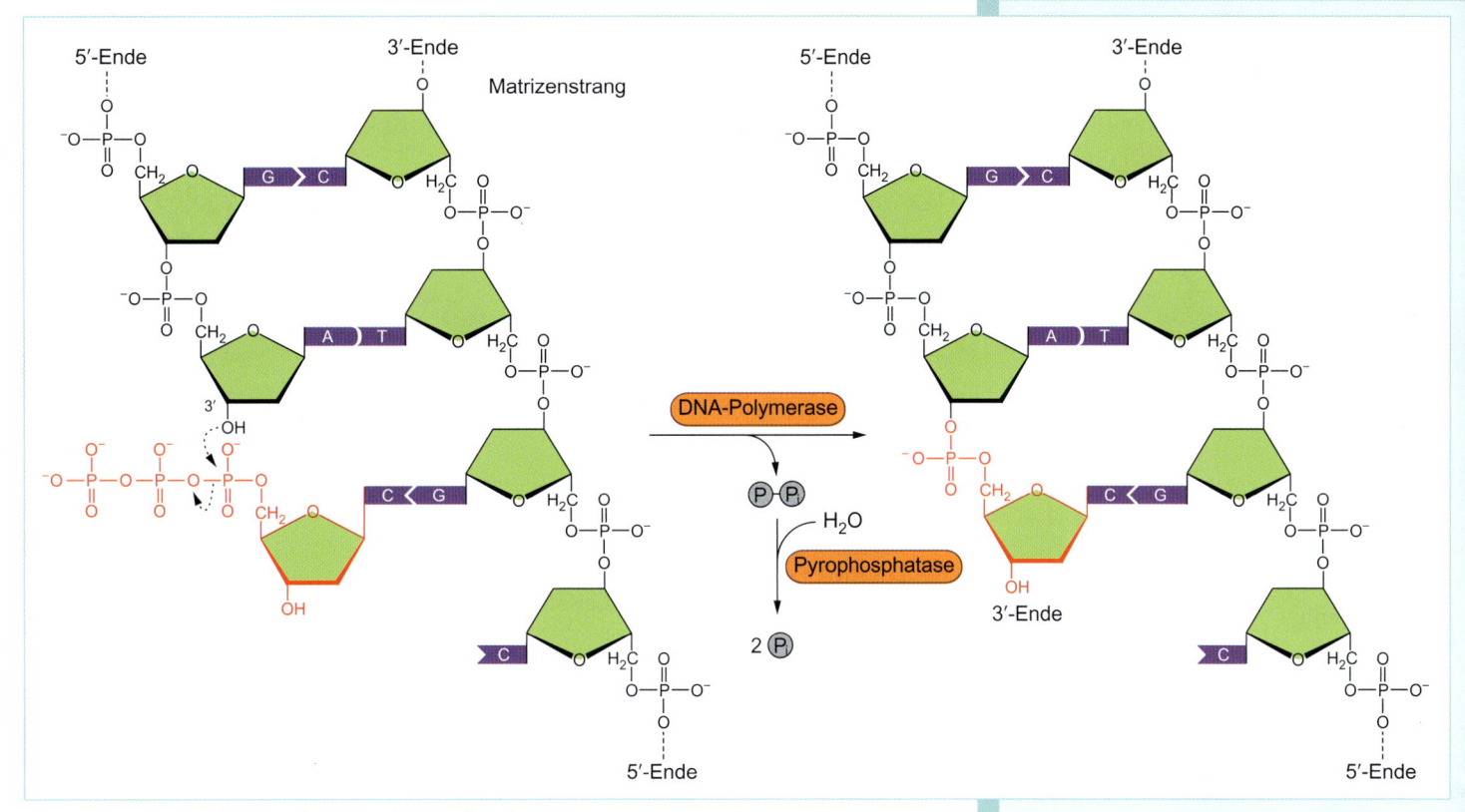

Abb. 11.8 Reaktionsmechanismus der DNA-Polymerase [L253]

Basierend auf diesem Reaktionsmechanismus und der Struktur der dNTPs können DNA-Polymerasen die **Neusynthese der DNA** immer nur in 5' → 3'-Richtung durchführen. Folglich wird die Matrize in 3' → 5'-Richtung abgelesen. Aufgrund der antiparallelen Anordnung der Elternstränge liegt der eine Matrizen-Einzelstrang in 5' → 3'-Orientierung vor, der andere in 3' → 5'-Orientierung (➤ Abb. 11.9). Ausgehend vom ORI werden beide Tochterstränge an einer Replikationsgabel gleichzeitig von einem Replikationskomplex synthetisiert. Da durch den ORI die Laufrichtung des Replikationskomplexes vorgegeben ist, wird der eine neue Strang, der **Leitstrang, kontinuierlich** synthetisiert, der andere, der **Folgestrang,** hingegen **diskontinuierlich** (stückweise) durch ständige Neubildung einzelner Primer und Synthese einzelner DNA-Fragmente (**Okazaki-Fragmente**).

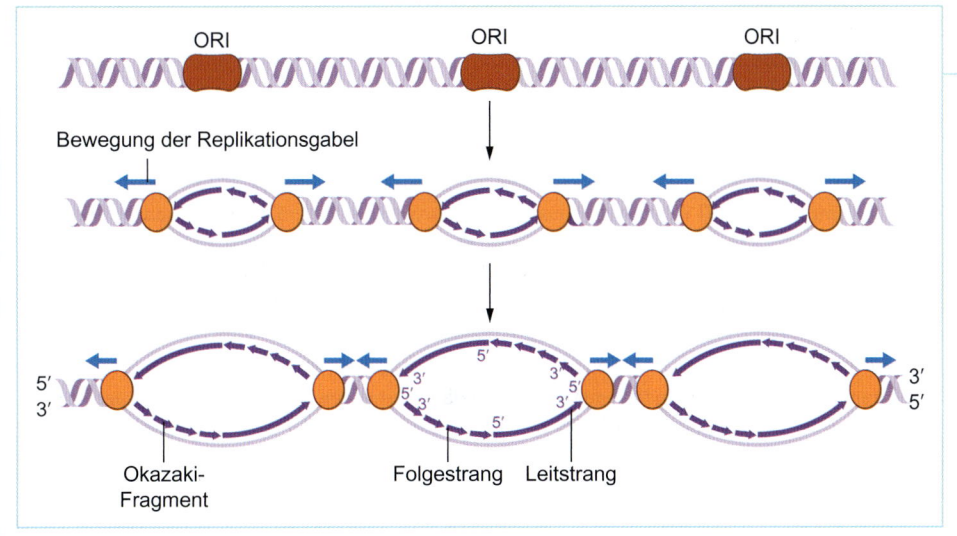

Abb. 11.9 Schematische Darstellung der bidirektionalen DNA-Synthese am Leit- und Folgestrang [L253]

Der Eltern-Einzelstrang, der aus der Laufrichtung des Replikationskomplexes betrachtet in 3' → 5'-Richtung verläuft, kann kontinuierlich repliziert werden, weil der neu gebildete Tochterstrang in 5' → 3'-Richtung synthetisiert wird (➤ Abb. 11.10). Dieser wird als **Leitstrang** bezeichnet. Sehr wahrscheinlich wird er durch die **DNA-Polymerase ε** synthetisiert, nachdem der Primer durch die **DNA-Polymerase α** um etwa 20 Nukleotide verlängert wurde.

Die Prozessivität einer Polymerase ist die Anzahl der Nukleotide, die sie einbauen kann, ohne dass sie sich von der Matrize löst. Für die DNA-Polymerase ε wird sie durch die Proteine **RFC** (Replikationsfaktor C)

Aus Studentensicht

Die **DNA-Synthese** verläuft immer in **5' → 3'-Richtung,** wobei die Matrize 3' → 5' abgelesen wird.
Ein Replikationskomplex, dessen Laufrichtung durch den ORI vorgegeben ist, repliziert den **Leitstrang kontinuierlich** und den **Folgestrang diskontinuierlich.** Dabei entstehen **Okazaki-Fragmente.**
Der Leitstrang wird von der DNA-Polymerase ε synthetisiert, die durch Proteine wie RFC und PCNA in ihrer Aktivität reguliert wird.

ABB. 11.9

Aus Studentensicht

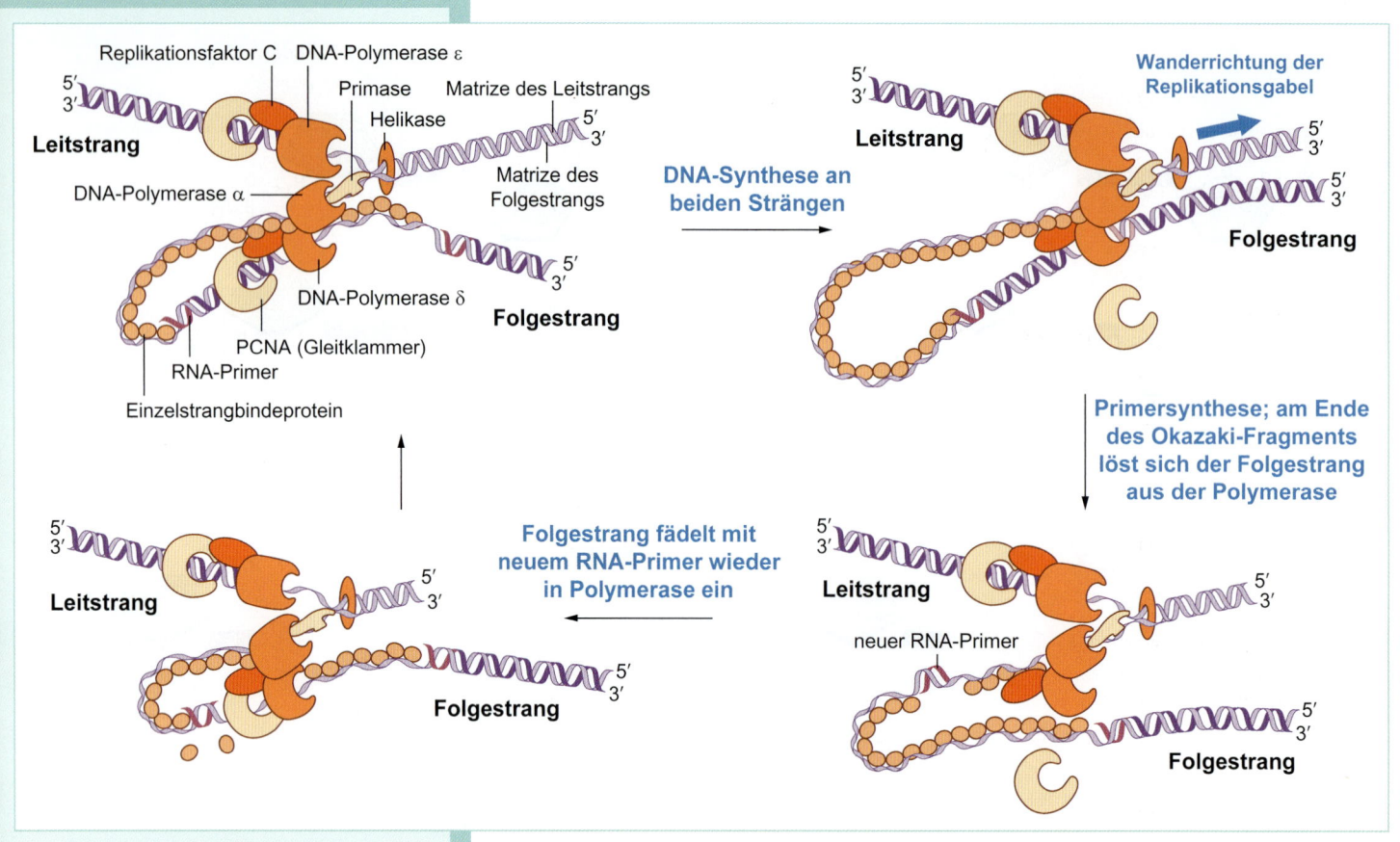

11 DNA-REPLIKATION UND -REPARATUR: INFORMATIONSSICHERHEIT

Abb. 11.10 Die eukaryotische Replikationsgabel [L253, L307]

Der **Folgestrang** wird von der **DNA-Polymerase δ** synthetisiert, die ebenfalls durch RFC und PCNA reguliert wird. Für die Synthese jedes Okazaki-Fragments wird ein neuer Primer benötigt, der zunächst durch die **DNA-Polymerase α** und dann weiter durch die **DNA-Polymerase δ** verlängert wird.

Die eukaryotische Replikationsgabel mit den simultan in eine Richtung laufenden Polymerasen wird auch als **Posaunenmodell** beschrieben.

und **PCNA** (Proliferating Cell Nuclear Antigen) erhöht und beträgt mehrere Tausend Nukleotide. Im Vergleich dazu ist die Prozessivität der DNA-Polymerase α deutlich niedriger. RFC vermittelt die Bindung von PCNA an die DNA und PCNA wirkt als eine Art **Gleitklammer,** der die voranschreitende DNA-Polymerase an der Matrize hält und so die kontinuierliche Synthese langer DNA-Stücke ermöglicht. Der zweite Eltern-Einzelstrang verläuft aus der Laufrichtung des Replikationskomplexes betrachtet in 5' → 3'-Richtung. Damit kann der komplementäre Tochterstrang, der **Folgestrang,** nicht kontinuierlich in 5' → 3'-Richtung synthetisiert werden (> Abb. 11.10). Seine Synthese erfolgt daher entgegengesetzt zur Laufrichtung des Replikationskomplexes in kurzen, einige Hundert Nukleotide langen Stücken.

Für die Synthese jedes dieser nach ihren Entdeckern benannten **Okazaki-Fragmente** wird ein **neuer Primer** benötigt. Vom freien 3'-OH-Ende des Primers aus synthetisiert zunächst die DNA-Polymerase α ein etwa 20 Desoxynukleotide langes DNA-Stück, danach übernimmt die **DNA-Polymerase δ** die Synthese, deren Prozessivität ebenfalls durch RFC und PCNA erhöht wird und in derselben Größenordnung liegt wie die der DNA-Polymerase ε. Die Synthese der Okazaki-Fragmente beginnt an einem Primer nahe der Replikationsgabel.

Da die verschiedenen an der Replikation beteiligten Enzyme einen Komplex (= Replisom) bilden und dieser sich immer vom ORI weg bewegt, muss der Matrizenstrang, an dem der Folgestrang synthetisiert wird, eine Schleife bilden. So können Leit- und Folgestrang gleichzeitig von verschiedenen Untereinheiten des gleichen Replikationskomplexes synthetisiert werden. Mit Fortbewegung des Replikationskomplexes werden weitere Teile der DNA entwunden und die Primase bildet an der Gabel einen neuen Primer, der zum Okazaki-Fragment verlängert wird. Trifft die Polymerase am Folgestrang auf das 3'-Ende eines zuvor gebildeten kurzen Fragments, löst sich die Gleitklammer PCNA und damit die Schleife. Der Folgestrang fädelt aus der Polymerase aus und die Primase erzeugt einen neuen Primer nahe der Replikationsgabel am 5'-Ende des einzelsträngigen Bereichs, der dann wieder in die Polymerase einfädelt. Die Schleife ist nun wieder sehr viel kleiner. Die Gleitklammer bindet wieder und die Polymerase synthetisiert am 3'-Ende des Primers das nächste Okazaki-Fragment. Die Schleife wird daher im Zuge der Replikation periodisch größer und kleiner und erinnert an den Zug einer Posaune (= **Posaunenmodell).** Der komplette Replikationskomplex mit allen für die Replikation nötigen enzymatischen Aktivitäten und Hilfsproteinen bewegt sich so entlang der DNA-Doppelhelix in eine Richtung vom ORI weg und synthetisiert mit großer Effizienz die beiden neuen Tochterstränge.

11.1.7 Genauigkeit der Replikation

Die **DNA-Polymerasen γ, δ** und **ε** besitzen eine **Korrekturlesefunktion.** Mit ihrer 3' → 5'-Exonuklease-Aktivität können sie das zuletzt eingebaute Nukleotid wieder entfernen, wenn es nicht komplementär zum Elternstrang ist.

11.1.7 Genauigkeit der Replikation

Fehler der DNA-Polymerasen führen zu Mutationen in der Erbinformation, die sich in den Tochterzellen folgenschwer auswirken können. Grundsätzlich ist die Genauigkeit der DNA-Replikation durch die komplementäre Basenpaarung und damit durch eine bestimmte räumliche Anordnung der Nukleotide vorgegeben. Aufgrund der chemischen Eigenschaften der Basen (> 11.2.2) kommt es jedoch immer wieder zum Einbau falscher Basen. Ohne Korrekturfunktionen würden die DNA-Polymerasen daher etwa alle 10^3–10^4 Basen ein falsches Nukleotid einbauen. Schon beim Einbau des neuen Nukleotids überprüft die DNA-Polymerase durch eine **Korrekturlesefunktion** (Proofreading) daher die Konformation der neu entstehenden Doppelhelix und damit, ob es sich um das passende Nukleotid handelt. Wurde ein falsches Nukleotid eingebaut, liegt die neue, freie 3'-OH-Gruppe nicht genau in der passenden Konformation vor und die DNA-Polymerase kann die DNA-Synthese nur schwer fortsetzen. In diesem Fall entfernt die **3' → 5'-Exonuklease-Aktivität** in einem anderen katalytischen Zentrum der DNA-Polymerase so lange einzelne Nukleotide vom 3'-Ende, bis wieder eine 3'-OH-Gruppe in korrekter Konformation vorliegt. Die DNA-Polymerase läuft dabei rückwärts und entfernt das falsche Nukleotid entgegen der Syntheserichtung in 3' → 5'-Richtung. Anschließend wird die Polymerisation im Synthesezentrum der DNA-Polymerase weiter fortgesetzt.

Durch diesen Kontroll- und Korrekturmechanismus wird die Fehlerrate der Replikation auf etwa 1 : 10^6 bis 10^7 verringert. Weitere Reparaturmechanismen (> 11.3), die nach Abschluss der Replikation ansetzen, können diese Fehlerrate auf etwa eine falsche Base pro 10^9–10^{10} synthetisierte Basen weiter verringern. Vermutlich sind die Korrekturmechanismen der Replikation der Grund, warum DNA-Polymerasen immer ein freies 3'-OH-Ende für die Polymerisation benötigen und die DNA-Synthese nicht selbst de novo beginnen können.

Die RNA-Synthese ist mit einer Fehlerrate von etwa einem falschen Ribonukleotid pro 10^4 neu eingebauten Nukleotiden weniger genau. Fehler bei der RNA-Synthese werden jedoch nicht in nennenswertem Umfang an die Tochterzellen weitergegeben.

> **Replikation versus Transkription**
> - Die Replikation wird durch DNA-Polymerasen katalysiert, während für die Transkription RNA-Polymerasen benötigt werden. Beide sind auf eine einzelsträngige Matrize angewiesen. Für die Synthese von DNA brauchen DNA-Polymerasen immer ein freies 3'-OH-Ende und damit bereits ein kleines Stück doppelsträngiger Nukleinsäure, während RNA-Polymerasen die Synthese de novo starten können.
> - Die Elternstränge bei der **Replikation** werden beide als Matrizenstränge bezeichnet, die beiden neugebildeten Tochterstränge als **Leit-** und **Folgestrang**. Im Unterschied dazu werden die zwei DNA-Stränge bei der **Transkription** als **Matrizenstrang** (codogener Strang) und **codierender Strang** bezeichnet. Prinzipiell kann es sich dabei zwar um dieselben DNA-Abschnitte handeln, die Bezeichnung erfolgt aber nach der Funktion im jeweiligen Prozess und darf daher nicht vermischt werden.
> - Während die Replikation an einem ORI startet, benötigt die RNA-Polymerase für die Initiation der Transkription einen Promotor, an den sie mithilfe von Transkriptionsfaktoren bindet.
> - Unter anderem durch das **Proofreading** ist die Fehlerrate bei der Replikation geringer, dennoch wird auch für RNA-Polymerasen eine Proofreading-Funktion diskutiert.

11.1.8 Entfernen der Primer und Auffüllen der einzelsträngigen DNA-Abschnitte

Die zur Bildung des freien 3'-OH-Endes eingefügten RNA-Primer dürfen nicht im fertigen DNA-Doppelstrang verbleiben, da RNA weniger stabil ist und sich somit schlechter für die langfristige Informationsspeicherung eignet. Zudem enthält RNA die Base Uracil anstelle der DNA-spezifischen Base Thymin. Das Fehlen von Uracil in der DNA ermöglicht es der Zelle, bestimmte Mutationen zu reparieren (> 11.3.2). Das Entfernen der RNA-Primer wird in Eukaryoten hauptsächlich durch die **5' → 3'-Exonuklease-Aktivität** der **RNase H** katalysiert (> Abb. 11.11). Das letzte Ribonukleotid wird durch das Enzym **FEN-1** entfernt. Die kurzen Lücken, die durch das Entfernen der Primer entstehen, werden durch die DNA-Polymerase δ, die nun am freien 3'-OH-Ende des nachfolgenden Okazaki-Fragments ansetzen kann, mit Desoxyribonukleotiden aufgefüllt.

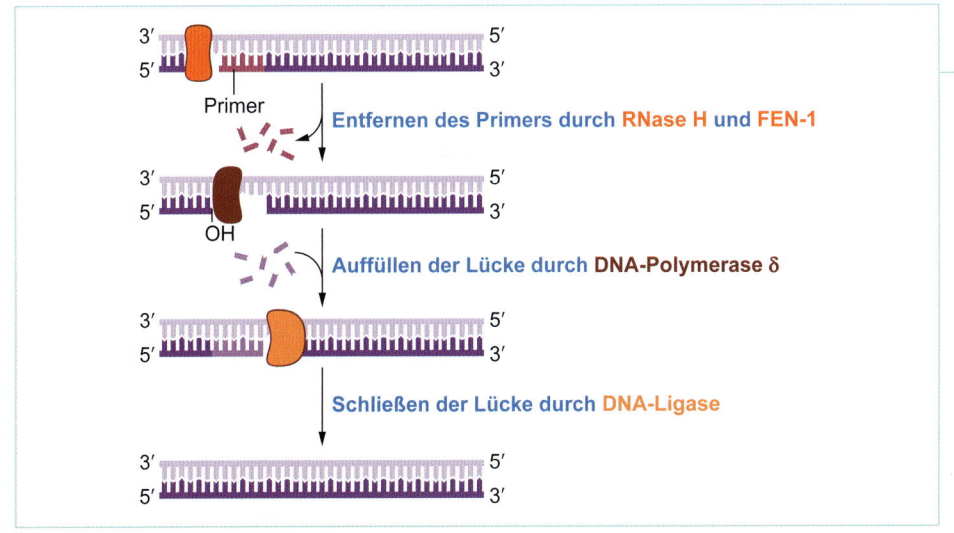

Abb. 11.11 Entfernen der Primer und Ligation [L253]

Aus Studentensicht

11.1.8 Entfernen der Primer und Auffüllen der einzelsträngigen DNA-Abschnitte

Die RNA-Primer dürfen nicht im fertigen DNA-Molekül verbleiben und werden durch die **5' → 3'-Exonukleaseaktivität** der **RNase H** hydrolysiert. Das letzte Ribonukleotid wird von **FEN-1** entfernt. Die entstehenden Lücken werden von der DNA-Polymerase δ aufgefüllt.

ABB. 11.11

Aus Studentensicht

11.1.9 Verknüpfen der Einzelstrangbrüche (Ligation)

Die **DNA-Ligase** verknüpft das verbleibende freie 5'-Phosphat mit dem 3'-OH des nächsten Okazaki-Fragments. Um die Energie für die Esterbindung aufzubringen, wird das **5'-Phosphat** mit **ATP aktiviert,** indem vorübergehend AMP übertragen und das frei werdende Pyrophosphat hydrolytisch gespalten wird. Die vorübergehend gebildete Anhydridbindung zwischen AMP und dem 5'-Phosphat wird gespalten und eine Esterbindung geknüpft.

ABB. 11.12

11.1.10 Telomerase: Erhalt der Chromosomenenden

Durch den **linearen Aufbau** der eukaryotischen **DNA** verbleibt nach der Entfernung des Primers am Ende des Folgestrangs ein einzelsträngiger Bereich, der aufgrund des fehlenden 3'-OH von der Polymerase nicht aufgefüllt werden kann. Dadurch kommt es mit jeder Replikation zu einer **Verkürzung der Telomere** (Chromosomenenden).

11.1.9 Verknüpfen der Einzelstrangbrüche (Ligation)

Nachdem die DNA-Polymerase δ den DNA-Doppelstrang vervollständigt hat, verknüpft die DNA-Ligase das verbleibende freie 5'-Phosphat mit dem 3'-OH des letzten eingebauten Nukleotids. Die Bildung dieser Phosphodiesterbindung erfolgt in 3 Teilreaktionen (➤ Abb. 11.12):

1. Die DNA-Ligase reagiert mit ATP zu einem **Enzym-AMP-Komplex,** in dem das AMP über einen Lysinrest kovalent mit der Ligase verbunden ist. Gleichzeitig wird **Pyrophosphat** abgespalten und durch die Pyrophosphatase hydrolysiert.
2. Der AMP-Rest wird auf die **5'-Phosphat-Gruppe** des einen Okazaki-Fragments übertragen und es bildet sich eine Phosphorsäureanhydridbindung am DNA-Fragment.
3. Es kommt zu einem **nukleophilen Angriff** der 3'-OH-Gruppe des benachbarten Okazaki-Fragments auf das Phosphoratom der Phosphorsäureanhydridbindung des 5'-Phosphat-AMP-Komplexes. Dadurch entsteht eine **Esterbindung** zwischen den beiden DNA-Fragmenten und AMP wird freigesetzt.

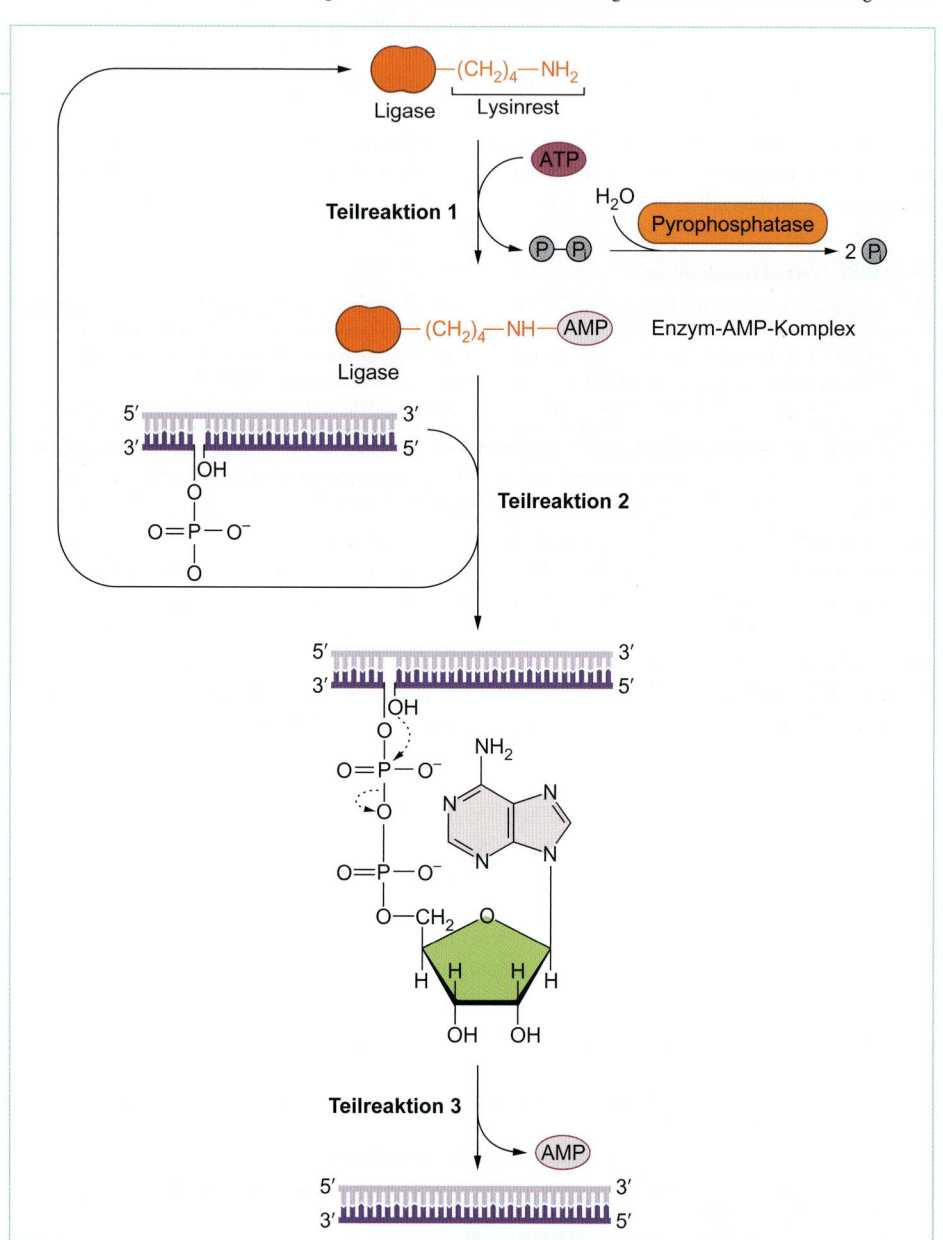

Abb. 11.12 Reaktionsmechanismus der eukaryotischen DNA-Ligase [L253]

11.1.10 Telomerase: Erhalt der Chromosomenenden

Die eukaryotische **DNA** im Zellkern ist **linear.** Nach Abbau des Primers am Ende des Folgestrangs verbleibt an den Enden der Chromosomen, den **Telomeren,** ein 50–200 Basenpaare langer einzelsträngiger Bereich (➤ Abb. 11.13). Dieser kann nicht durch die DNA-Polymerase δ aufgefüllt werden, da kein neuer Primer mit einem freien 3'-OH-Ende gebildet werden kann. Dieses Phänomen tritt an beiden Enden des Ursprungschromosoms jeweils nur am Folgestrang auf, da die Leitstränge kontinuierlich bis zum Ende synthetisiert werden können und ORI bei eukaryotischen Chromosomen nie am Ende lokalisiert sind. Durch die fehlenden Enden der Folgestränge kommt es mit jeder weiteren Replikation zu einer sukzessiven Verkürzung der Chromosomenenden.

11.1 REPLIKATION DER DNA

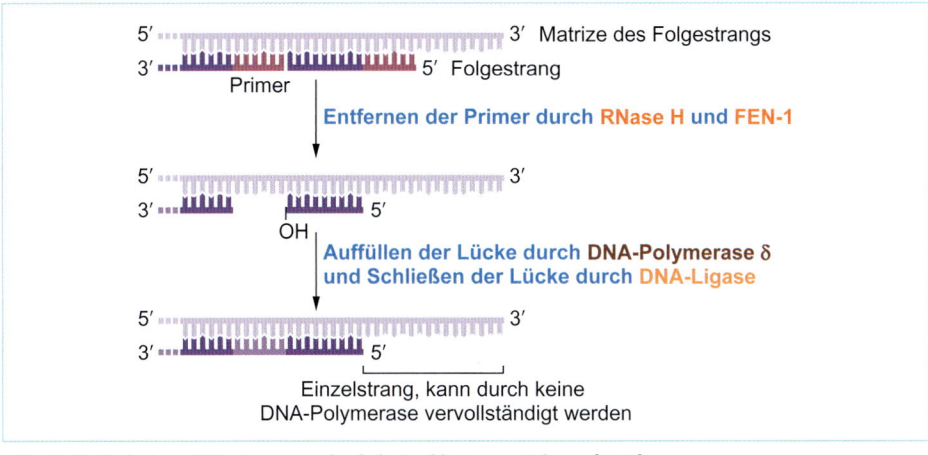

Aus Studentensicht

Abb. 11.13 Verlust von DNA-Sequenzen durch die Replikation am Telomer [L253]

Telomere sind gekennzeichnet durch **kurze, repetitive** und **nicht-codierende** Nukleotidsequenzen, die beim Menschen ca. 4 000–15 000 Nukleotide lang sind. Darüber hinaus ist das 3'-Ende am Telomer um einige Nukleotide länger als der komplementäre DNA-Strang und bildet einen **Einzelstrang-Überhang**. An diesen Überhang binden Telomer-bindende Proteine und unterbinden nicht erwünschte Fusionen mit anderen Chromosomen. An den menschlichen Chromosomenenden wiederholt sich die Basensequenz **5'-GGGTTA-3'** ca. 1500-mal. Obwohl diese Wiederholungen bis zu einige Tausend Nukleotide lang sind, enthält die Telomerregion vermutlich keine genetische Information. Die Verkürzung der Chromosomenenden bei einer Replikation stellt damit zunächst kein Problem für die Zellen dar, weil keine codierenden Sequenzen verloren gehen.

Nach 30–50 Zellteilungen sind die nicht-codierenden Bereiche der Telomere jedoch vollständig entfernt und die weitere Verkürzung führt zum Verlust von Erbinformation oder zu chromosomaler Instabilität. Die Konsequenz daraus ist eine begrenzte Teilungsfähigkeit somatischer Zellen. Die Telomere besitzen somit eine große Bedeutung für die natürliche Zellalterung (> 28.2.1).

Zellen, die **stark proliferieren** und sich **häufig bzw. unbegrenzt teilen,** wie Stammzellen, die Keimbahnzellen der Ovarien und der Testes sowie Tumorzellen, exprimieren eine spezielle Polymerase, die **Telomerase**. Mit diesem Enzymkomplex können Zellen ihre Telomere im Anschluss an die Replikation verlängern (> Abb. 11.14).

Die Telomerase ist eine **RNA-abhängige DNA-Polymerase (reverse Transkriptase)**. Sie ist ein **Ribonukleoprotein** und damit vergleichbar mit anderen Komplexen aus RNA und Proteinen wie dem Ribosom, dem Spliceosom oder dem Signalerkennungspartikel. Anders als bei Ribosom und Spliceosom be-

Die **Telomere** bestehen aus **kurzen, repetitiven, nicht-codierenden** Sequenzen (beim Menschen: 5'-GGGTTA-3'), die sich bis zu 1500-mal wiederholen. Durch die Entfernung des endständigen Primers am Folgestrang ist das 3'-Ende länger als das 5'-Ende **(= Einzelstrang-Überhang)**. Bei der folgenden Replikation kommt es daher zu einer Verkürzung der Chromosomen.
Da die Telomersequenzen nicht codieren, bleibt die **Verkürzung** zunächst ohne Folgen. Sind die Telomere jedoch aufgebraucht, geht mit jeder Replikation codierende DNA verloren, was die Lebensfähigkeit der Zelle einschränkt.
Stark **proliferierende Zellen** wie Stammzellen, Keimbahnzellen oder auch Tumorzellen, exprimieren das Enzym **Telomerase**.

ABB. 11.14

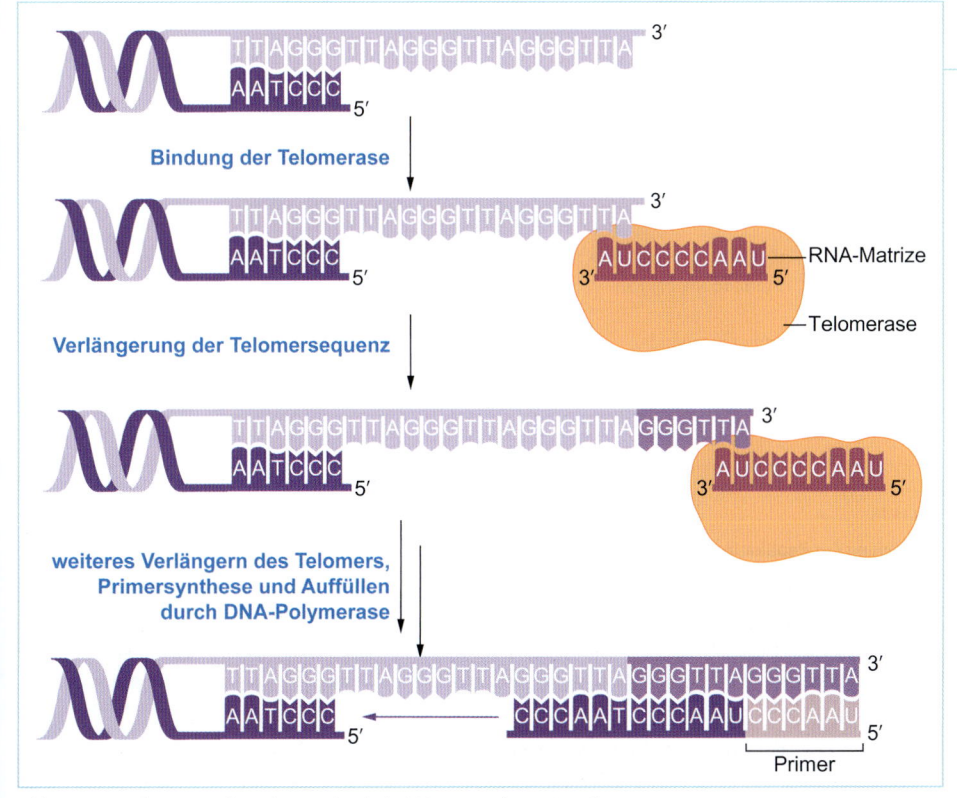

Abb. 11.14 Verlängerung der Telomere durch die Telomerase [L138, L307]

Aus Studentensicht

Die Telomerase enthält ein kurzes Stück RNA, das komplementär zur Telomersequenz ist. Es bindet an den 3'-überhängenden Strang und dient als Matrize für dessen Verlängerung. Ist der 3'-Überhang lang genug, wird wieder ein komplementärer Primer synthetisiert, die Lücke durch die DNA-Polymerase δ aufgefüllt und durch die Ligase verbunden. Nach Entfernung des Primers bleibt wieder ein 3'-Überhang. Die Telomerase ist eine RNA-abhängige DNA-Polymerase und somit eine **reverse Transkriptase**.

11.1.11 Vergleich von pro- und eukaryotischer Replikation

Die Replikation in Eukaryoten ist komplexer als in Prokaryoten.
Ringförmige prokaryotische Chromosomen besitzen einen ORI und keine Telomere.
Plasmide können unabhängig repliziert werden. Der ORI bestimmt, mit welcher Effizienz sie repliziert werden.

TAB. 11.2

KLINIK

---

sitzt das einzelsträngige RNA-Molekül der Telomerase jedoch **keine katalytische Aktivität**, sondern wirkt als **RNA-Matrize.** Beim Menschen lautet die Sequenz der RNA-Matrize: **5'-UAACCCUA-3'.** Diese Sequenz ist komplementär zur repetitiven menschlichen Telomersequenz 5'-GGGTTA-3'. Mit den beiden Nukleotiden UA am 3'-Ende der Matrize bindet die Telomerase komplementär an die Teilsequenz TA des überhängenden Telomer-Endes. Dadurch entsteht eine aus 2 Basenpaaren bestehende doppelsträngige Nukleotidsequenz mit einem freien 3'-OH Ende im DNA-Strang des Telomers. Mithilfe ihrer DNA-Polymerase-Aktivität verlängert die Telomerase in sich wiederholenden Schritten die repetitive Telomer-DNA komplementär zur eigenen Matrize und bildet so einen verlängerten DNA-Einzelstrang-Überhang. An diesen bindet die Primase und synthetisiert einen Primer. Der komplementäre DNA-Strang wird anschließend sehr wahrscheinlich von der DNA-Polymerase α synthetisiert. Freies 5'-Phosphat und 3'-OH werden durch die Ligase verknüpft und die doppelsträngige Telomer-DNA ist verlängert. Nach Ablösen des Primers enthält sie wieder einen einzelsträngigen 3'-Überhang, der eine besondere Struktur annimmt und durch Telomer-Bindeproteine geschützt wird.

11.1.11 Vergleich von pro- und eukaryotischer Replikation

Viele fundamentale Reaktionsmechanismen und beteiligte Faktoren der Replikation wurden ursprünglich in Prokaryoten wie *Escherichia coli* aufgeklärt. In den letzten Jahrzehnten wurde auch die beschriebene, komplexer aufgebaute Replikationsmaschinerie eukaryotischer Organismen genauer untersucht.

Die ringförmigen **prokaryotischen** Chromosomen besitzen **keine Telomere** und für ihre Replikation ist ein ORI ausreichend. Während die Okazaki-Fragmente in eukaryotischen Zellen nur ca. 200 Basenpaare lang sind, können sie sich bei Prokaryoten über 1000–2000 Nukleotide erstrecken. Neben der genomischen DNA besitzen viele Bakterien auch kleine, ebenfalls ringförmige **Plasmide,** die ihnen besondere Eigenschaften wie die Resistenz gegen Antibiotika verleihen (➤ 14.3.4). Diese Plasmide können unabhängig von der genomischen DNA, zum Teil mit hoher Effizienz, repliziert werden und liegen dann teilweise in mehreren Hundert Kopien in der Zelle vor. Mit welcher Effizienz ein Plasmid repliziert wird, bestimmt der ORI des Plasmids. Danach werden Low-Copy-Plasmide (1–12 Kopien pro Zelle), Medium-Copy-Plasmide (15–20 Kopien pro Zelle) und High-Copy-Plasmide (20–700 Kopien pro Zelle) unterschieden. Die an der Replikation beteiligten Proteine unterscheiden sich in pro- und eukaryotischen Zellen (➤ Tab. 11.2).

Tab. 11.2 Eukaryotische und prokaryotische Enzyme der DNA-Replikation

Funktion	Eukaryoten	Prokaryoten
Erkennung des ORI und Helikase-vermittelte Entspiralisierung der DNA durch ATP-Hydrolyse	Origin Recognition Complex (ORC1–ORC6), Cdc6-Cdt1, MCM-Helikase-Komplex (MCM2–MCM7)	DnaA und DnaB
Auflösung der Superspiralisierung und Verhinderung der Torsionsspannung	Topoisomerase I und Topoisomerase II	Topoisomerase I und Topoisomerase II (z. B. die Gyrase)
Synthese eines kurzen RNA-Primers	Primase als Untereinheit der DNA-Polymerase α	DnaG
Verlängerung des Primers durch ca. 20 dNTPs	DNA-Polymerase α	DNA-Polymerase III
Synthese des Leitstrangs	DNA-Polymerase ε	DNA-Polymerase III
Synthese des Folgestrangs	DNA-Polymerase δ	DNA-Polymerase III
Entfernung des RNA-Primers durch eine 5' → 3'-Exonuklease-Aktivität	RNase H und FEN-1	DNA-Polymerase I
Auffüllen der DNA-Lücke nach Abbau der Primer	DNA-Polymerase δ	DNA-Polymerase I
Verknüpfung der Okazaki-Fragmente durch Phosphodiesterbindung am Folgestrang	ATP-abhängige DNA-Ligase	NAD$^+$-abhängige DNA-Ligase
Replikation der Chromosomenenden	Telomerase	–
Trennung der beiden ringförmigen Tochter-DNA-Doppelhelices	–	Topoisomerase II (Gyrase)

KLINIK

Hemmung der Replikation durch Antibiotika und Zytostatika

Während **Gyrasehemmer** spezifisch auf die bakterielle Replikation wirken und daher als **Antibiotika** eingesetzt werden, gibt es eine Reihe anderer Replikationshemmstoffe, die nicht spezifisch für Prokaryoten sind. Die Hemmung der eukaryotischen Replikation bewirkt in erster Linie das Absterben sich schnell teilender Zellen. Da Tumorzellen eine stark erhöhte Teilungsrate aufweisen, wirken eukaryotische Replikationshemmer als **Zytostatika.** Aber auch andere Gewebe mit sich schnell teilenden Zellen werden durch diese Wirkstoffe beeinträchtigt. Daher kommt es bei einer Chemotherapie mit Zytostatika zu starken Nebenwirkungen. Besonders betroffen sind die blutbildenden Zellen im Knochenmark, die Haarwurzelzellen und die Stammzellen in der Darmmukosa. Die Patienten leiden folglich unter Anämie, Leukopenie und Thrombozytopenie, weiterhin fallen die Haare aus und es kommt zu Durchfall.

Zytostatika wie Camptothecin, Topotecan und Irinotecan **hemmen** die menschlichen **Topoisomerasen**. **Quervernetzende Substanzen** wie Mitomycin C oder Cisplatin hemmen die Replikation, indem sie die Auftrennung des Doppelstrangs verhindern, und werden auch in Kombination zur Krebstherapie eingesetzt. **Basen- oder Nukleosidanaloga** wie das Zytostatikum Cytarabinosid, das bei Leukämien und Lymphomen eingesetzt wird, bewirken während der DNA-Synthese einen Kettenabbruch. Andere Nukleosidanaloga wie Aciclovir (z. B. Zovirax®) oder Azidothymidin (z. B. Retrovir®) wirken bevorzugt auf virale Enzyme und werden daher als **Virostatika,** z. B. bei Lippenherpes (Aciclovir) oder HIV (Azidothymidin) eingesetzt.
Actinomycin D ist eine **interkalierende Substanz,** die in hohen Dosen durch Einlagerung zwischen benachbarte G- und C-Basen die DNA-Polymerase bei der Replikation hemmt. Es wird beispielsweise zur Behandlung von Nephroblastomen eingesetzt.

11.2 DNA-Mutationen

11.2.1 Mutationsformen

> **FALL**
>
> **Shirisha und die Sonne**
>
> Sie verbringen Ihre Ferien in Nepal und arbeiten nach einer schönen Rundreise noch zwei Wochen als Kinderärztin in einem Medical Camp. Hier gibt es immer alle Hände voll zu tun: Durchfälle, Verbrennungen und auch alle möglichen Kinderkrankheiten. Alle sind dankbar für Ihre Hilfe. Doch die kleine Patientin Shirisha stellt Sie vor ein Rätsel: Das achtjährige Mädchen hat Panik vor der Sonne und bekommt trotz ihrer dunklen Haut Sonnenbrände. Sie hat überall im Gesicht Pigmentflecken und drei erbsengroße, harte Tumoren. Die Konjunktiven (Bindehäute) sind gerötet und extrem lichtempfindlich. Sie überweisen Shirisha in die Klinik nach Kathmandu. Dort werden die Tumoren entfernt. Es sind Plattenepithelkarzinome. Nach ausgiebiger Recherche und Beratung mit den Ärzten in Kathmandu können Sie schließlich die Diagnose dieser sehr seltenen Erkrankung stellen. Shirisha hat Xeroderma pigmentosum.
> Wieso entstehen so viele Tumoren in Shirishas Haut?

Das genetische Material von jedem Organismus unterliegt ständigen **Veränderungen.** Neben einzelnen **Fehlern,** die nicht durch die Korrekturmechanismen der Replikation erkannt werden, entstehen durch **Umwelteinflüsse** wie beispielsweise das UV-Licht der Sonnenstrahlung auch zahlreiche Schäden unabhängig von der Replikation in anderen Phasen des Zellzyklus. Sie müssen durch Reparaturmechanismen korrigiert werden. Diese halten die Mutationsraten gering, können aber auch nicht alle Fehler beheben. Damit ermöglichen die Reparaturmechanismen während und nach der Replikation eine Balance zwischen der notwendigen Stabilität der DNA und einer gewissen Variabilität des Genoms, welche die **Evolution** vorantreibt.

Eine Mutation ist eine dauerhafte Veränderung der Erbinformation. **Keimbahnmutationen,** also Mutationen in den Eizellen und Spermien oder deren Vorläuferzellen, werden an die Nachkommen vererbt und können somit hereditäre Erkrankungen hervorrufen. Betreffen die Mutationen Körperzellen, handelt es sich um **somatische Mutationen.** In diesem Fall betrifft eine Mutation nur die entsprechende Zelle und deren Tochterzellen, nicht jedoch alle Zellen des Organismus und wird daher auch nicht vererbt. Unser Körper besteht folglich aus einem Mosaik von Zellen mit unterschiedlichen Mutationen, die sie im Laufe des Lebens angesammelt haben. Aus Zellen mit somatischen Mutationen können gut- oder bösartige Tumoren entstehen. Somatische Mutationen werden nicht an die Folgegeneration weitervererbt.

Genommutationen

Bei einer Genommutation ist die **Chromosomenzahl** einer Zelle verändert. Teilungsfehler während der Meiose oder der Mitose führen entweder zu einer Aneuploidie oder Polyploidie. Bei der **Aneuploidie** fehlen im Vergleich zum üblichen Chromosomensatz **einzelne Chromosomen** (Hypoploidie) oder sind überzählig (Hyperploidie). Die Trisomie 21 (Down-Syndrom) ist das bekannteste Beispiel dafür. Die **Polyploidie** beschreibt einen Zustand, bei dem im Zellkern einer Zelle **alle Chromosomen mehr als doppelt** vorliegen.

Chromosomenmutationen

Kommt es zu **strukturellen Veränderungen** innerhalb einzelner Chromosomen durch Veränderungen von DNA-Abschnitten, die mehrere Basen betreffen, liegt eine Chromosomenmutation vor. Diese entstehen beispielsweise, wenn es durch radioaktive, UV-, Röntgen- oder γ-Strahlung zu Chromosomenbrüchen kommt. Folgende Arten von Chromosomenmutationen werden unterschieden:
- **Deletion:** DNA-Abschnitt fehlt.
- **Insertion:** zusätzlicher DNA-Abschnitt ist eingefügt.
- **Duplikation:** DNA-Abschnitt ist verdoppelt.
- **Inversion:** Richtung eines DNA-Abschnitts innerhalb eines Chromosoms ist invertiert.
- **Translokation:** DNA-Abschnitt ist in ein anderes Chromosom transferiert.

Aus Studentensicht

11.2 DNA-Mutationen

11.2.1 Mutationsformen

Die DNA unterliegt ständigen **Veränderungen.** Diese entstehen einerseits durch nicht korrigierte **Fehler** der DNA-Polymerase, andererseits durch **Umwelteinflüsse,** welche die DNA chemisch verändern. Eine gewisse Variation der DNA ist im Sinne der **Evolution** notwendig. Nimmt sie aber überhand, ist es für den Organismus lebensbedrohlich.

Keimbahnmutationen werden an die Nachkommen vererbt und können Erbkrankheiten auslösen. **Somatische Mutationen** betreffen nur einzelne Körperzellen und ihre Tochterzellen.

Genommutationen

Bei Genommutationen ist die **Chromosomenzahl verändert.** Durch Fehlverteilung während der Mitose oder Meiose kann es zu **Aneuploidie** oder **Polyploidie** kommen.

Chromosomenmutationen

Eine Chromosomenmutation ist eine **strukturelle Veränderung** innerhalb eines Chromosoms. Es werden unterschieden:
- Deletion
- Insertion
- Duplikation
- Inversion
- Translokation

Aus Studentensicht

Gen- und Punktmutation
Genmutationen betreffen nur ein einzelnes Gen innerhalb eines Chromosoms. Bei Punktmutationen ist ein einzelnes Nukleotid mutiert. Man unterscheidet:
- **Transition:** Austausch einer Pyrimidin- gegen eine andere Pyrimidinbase oder einer Purin- gegen eine andere Purinbase.
- **Transversion:** gegensätzlicher Austausch zwischen Pyrimidin- und Purinbasen.
- **Substitution:** Austausch einer Base. Sie kann die Aminosäuresequenz unverändert lassen (= stille Mutation, Silent Mutation) oder sie verändern (Missense-Mutation). Die Auswirkungen auf die Funktionalität des Proteins hängen von der Art des Aminosäureaustauschs und der Position ab.
- **Nonsense-Mutation:** Ein neues Stoppcodon entsteht.
- **Readthrough-Mutation:** Das ursprüngliche Stoppcodon verschwindet.

ABB. 11.15

Der Verlust (**Deletion**) oder das Einfügen (**Insertion**) eines oder mehrerer Nukleotide hat schwerwiegende Folgen. Wenn die Veränderung der Basenzahl nicht einem Vielfachen von drei entspricht, kommt es zu einer **Leserasterverschiebung**.
Klinische Beispiele, die auf Punktmutationen basieren, sind:
- Sichelzellanämie
- Thalassämie
- Zystische Fibrose

11.2.2 Ursachen und Entstehung von Mutationen
Auftretende DNA-Schäden können **endogen** oder **exogen** verursacht sein.

Endogene DNA-Schäden
Der häufigste endogene DNA-Schaden ist die **Desaminierung** von **Cytosin** zu **Uracil**. Da Uracil eine andere Basenpaarung eingeht als Cytosin, entsteht, wenn der Schaden nicht behoben wird, im Tochterstrang eine **Punktmutation**.

Aufgrund der relativen chemischen Instabilität der N-glykosidischen Bindung zwischen Ribose und Purinbase kommt es spontan zu **Depurinierungen**. Eine fehlende Base führt bei der Replikation zu einem **Strangabbruch**.

---

11 DNA-REPLIKATION UND -REPARATUR: INFORMATIONSSICHERHEIT

Gen- und Punktmutationen
Genmutationen betreffen nur ein **einzelnes Gen** innerhalb eines Chromosoms. Der betroffene DNA-Abschnitt ist also im Vergleich zur Chromosomenmutation sehr kurz. Bei einer Punktmutation ist nur **eine Base** verändert. Ein solcher Basenaustausch wird als Substitution bezeichnet. Die **Transition** ist die am häufigsten vorkommende Form eines Basenaustauschs. Dabei wird eine Pyrimidinbase gegen eine andere Pyrimidinbase oder eine Purinbase gegen eine andere Purinbase ausgetauscht. Dagegen wird bei einer **Transversion** eine Pyrimidinbase gegen eine Purinbase oder vice versa ausgetauscht.

Die Auswirkungen einer Punktmutation können sehr vielfältig sein (➤ Abb. 11.15). Wenn eine **Substitution** z. B. in der 3. Position eines Codons erfolgt, bleibt die in der Proteinbiosynthese produzierte Aminosäuresequenz meistens unverändert und die Mutation wirkt sich phänotypisch nicht aus (= **stille Mutation**, Silent Mutation). Falls es zu einer veränderten Aminosäuresequenz kommt (= **Missense-Mutation**), hängt die Auswirkung von der Position innerhalb des Proteins bzw. von der Eigenschaft der betroffenen Aminosäure ab. Der Austausch einer hydrophoben durch eine hydrophile Aminosäure im aktiven Zentrum kann die Funktion eines Enzyms beeinflussen, wohingegen durch Austausch mit einer ähnlichen Aminosäure die Funktion des Proteins nicht notwendigerweise gestört wird.

Wenn ein für eine Aminosäure codierendes Codon in ein Stoppcodon mutiert (= **Nonsense-Mutation**), wird bei der Proteinbiosynthese an dieser Stelle die Translation gestoppt und ein unvollständiges Protein produziert. Umgekehrt kann auch ein Stoppcodon durch eine Mutation in ein Codon für eine Aminosäure umgewandelt werden (= **Readthrough-Mutation**). In diesem Fall entsteht ein verlängertes Protein, da die Translation erst beim nächsten Stoppcodon, das im Leseraster liegt, abbricht.

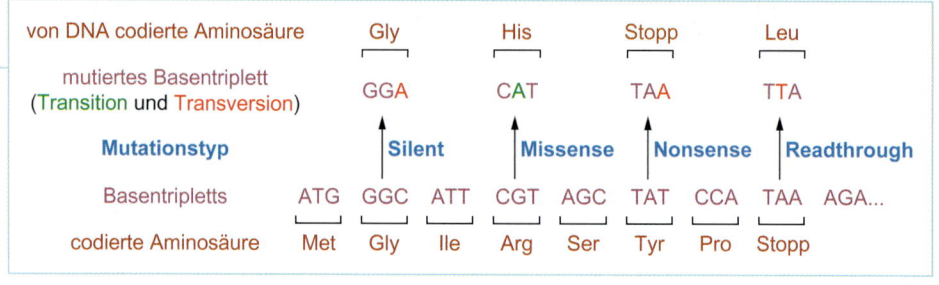

Abb. 11.15 Punktmutationen im codierenden Bereich der DNA [L271]

Gravierendere Folgen resultieren hingegen i. d. R. aus einem Verlust (= **Deletion**) oder Einfügen (= **Insertion**) eines oder mehrerer Nukleotide. Wenn die Veränderung der Basenzahl nicht einem Vielfachen von drei entspricht, kommt es zu einer **Leserasterverschiebung** (Frame Shift) und 3' von der Mutation entstehen völlig neue Basentripletts. Zwangsläufig wird der Informationsgehalt des Gens verändert und das resultierende Protein in seiner Funktion meist stark beeinträchtigt.

Klinisch relevante Beispiele für Punktmutationen, Deletionen und Insertionen sind u. a. die **Sichelzellanämie** (Missense-Mutation; ➤ 2.2.4), die **Thalassämie** (➤ 4.5.4), die **zystische Fibrose** sowie etliche Formen mutierter Protoonkogene, die zur Tumorbildung (➤ 12.3.2) führen.

11.2.2 Ursachen und Entstehung von Mutationen
Bereits die chemische Natur der DNA verursacht eine gewisse Instabilität dieses Moleküls, die spontan zu **endogenen Schäden** führt. **Exogene Schäden** entstehen durch die Einwirkung von Umwelteinflüssen auf die DNA.

Endogene DNA-Schäden
Desaminierung
Der am häufigsten vorkommende endogene DNA-Schaden ist die spontane Desaminierung von **Cytosin** zu **Uracil** (➤ Abb. 11.16). Ein nicht entferntes Uracil würde sich bei der nächsten Replikation mit Adenin anstelle von Guanin paaren, sodass in einer Tochterzelle eine Punktmutation entstünde. In selteneren Fällen können auch die Basen Adenin zu Hypoxanthin sowie Guanin zu Xanthin desaminieren. Beide Basen würden sich mit Cytosin paaren und somit ebenfalls zu einer Punktmutation führen.

Depurinierung
Wird die N-glykosidische Bindung zwischen der Purinbase und der Desoxyribose hydrolytisch gespalten, entsteht eine **Apurinstelle** (➤ Abb. 11.17). Die Depurinierung erfolgt bereits bei normaler Körpertemperatur aufgrund der labilen N-glykosidischen Bindung zwischen dem N^9-Stickstoff-Atom der Purinbase und der Desoxyribose. Im Gegensatz dazu sind die Pyrimidinbasen über die wesentlich stabilere N^1-glykosidische Bindung mit der Desoxyribose verbunden. Eine fehlende Base führt während der Replikation zu einem Strangabbruch und damit zu einer **Chromosomendeletion**.

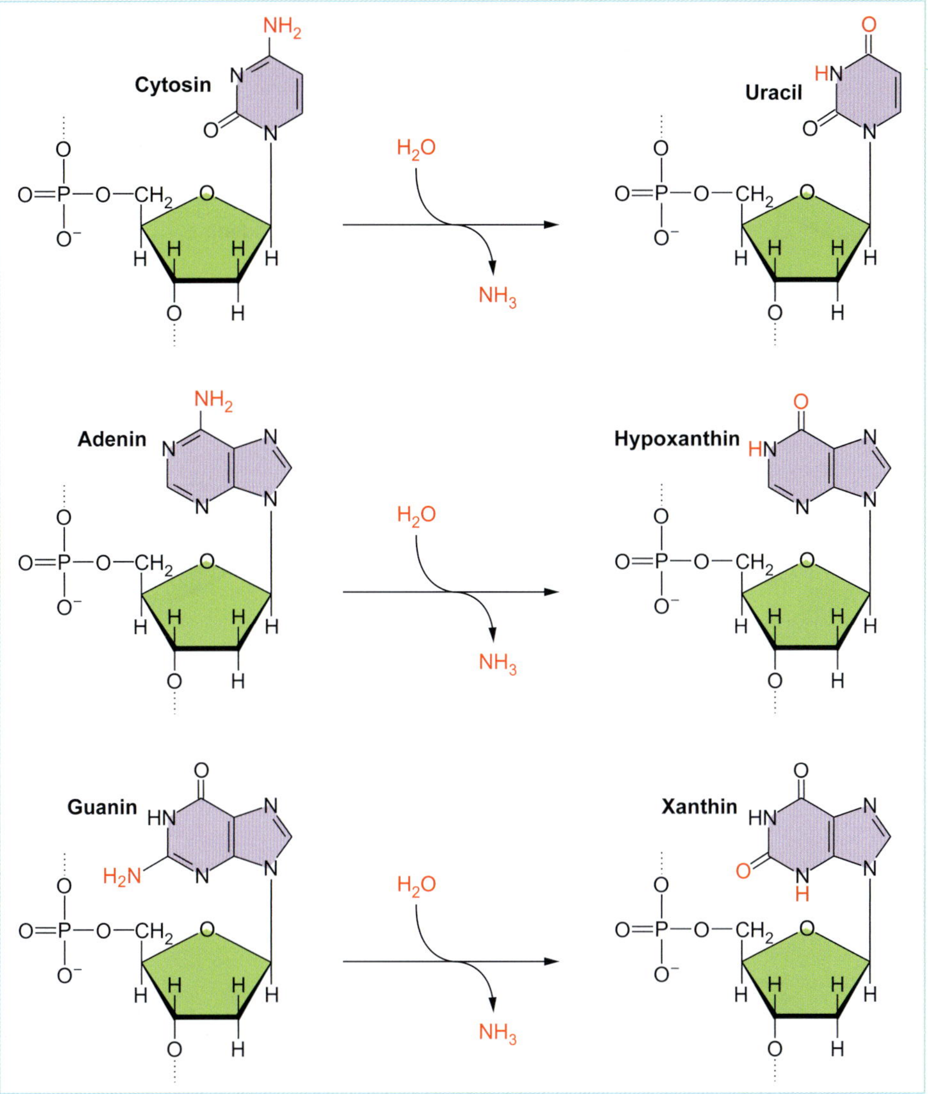

11.2 DNA-MUTATIONEN

Aus Studentensicht

ABB. 11.16

Abb. 11.16 Spontane Desaminierung von DNA-Basen [L253]

Tautomerbildung

Die Tautomerie ist eine besondere Form der Isomerie (➤ 2.1.4). Durch Umlagerung einzelner Atome entstehen dabei zwei Tautomere, die sehr schnell ineinander umgewandelt werden und im Gleichgewicht stehen. Die Base **Thymin** liegt in einem Gleichgewicht zwischen **Keto-** und **Enolform** vor, die Base **Adenin** im Gleichgewicht zwischen der **Amino-** und **Iminoform** (➤ Abb. 11.18). Jedoch kommen sowohl die Enolform des Thymins als auch die Iminoform des Adenins nur zu einem sehr geringen Anteil vor. Wenn aber bei der Replikation während der Anlagerung des neuen Nukleotids im aktiven Zentrum der DNA-Polymerase eine der komplementären Basen in der seltenen Form vorliegt, wird ein falsches Nukleotid eingebaut, da sich Enol-Thymin mit Guanin und Imino-Adenin mit Cytosin paart. Meist wird dies beim anschließenden Proofreading wieder entfernt, da sich die Base wieder in ihre übliche Form umgewandelt hat und damit die Konformation des neu gebildeten DNA-Doppelstrangs als fehlerhaft erkannt wird.

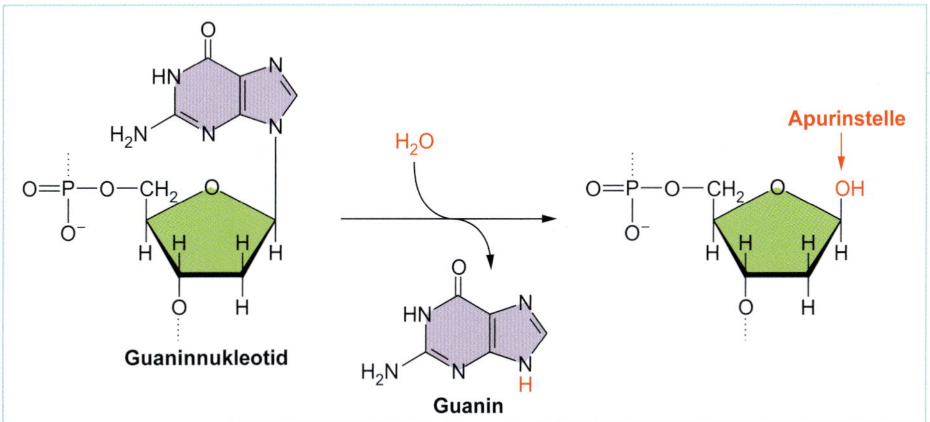

Thymin unterliegt einer **Keto-Enol-Tautomerie** und kommt somit in zwei Formen vor. Auch **Adenin** existiert in einer Amino- und einer Iminoform. Die Enol- bzw. Iminoformen liegen nur zu einem geringen Anteil vor, führen aber bei der Replikation zu Basenfehlpaarungen und verursachen dadurch **Punktmutationen**.

ABB. 11.17

Abb. 11.17 Depurinierung eines Guaninnukleotids [L253]

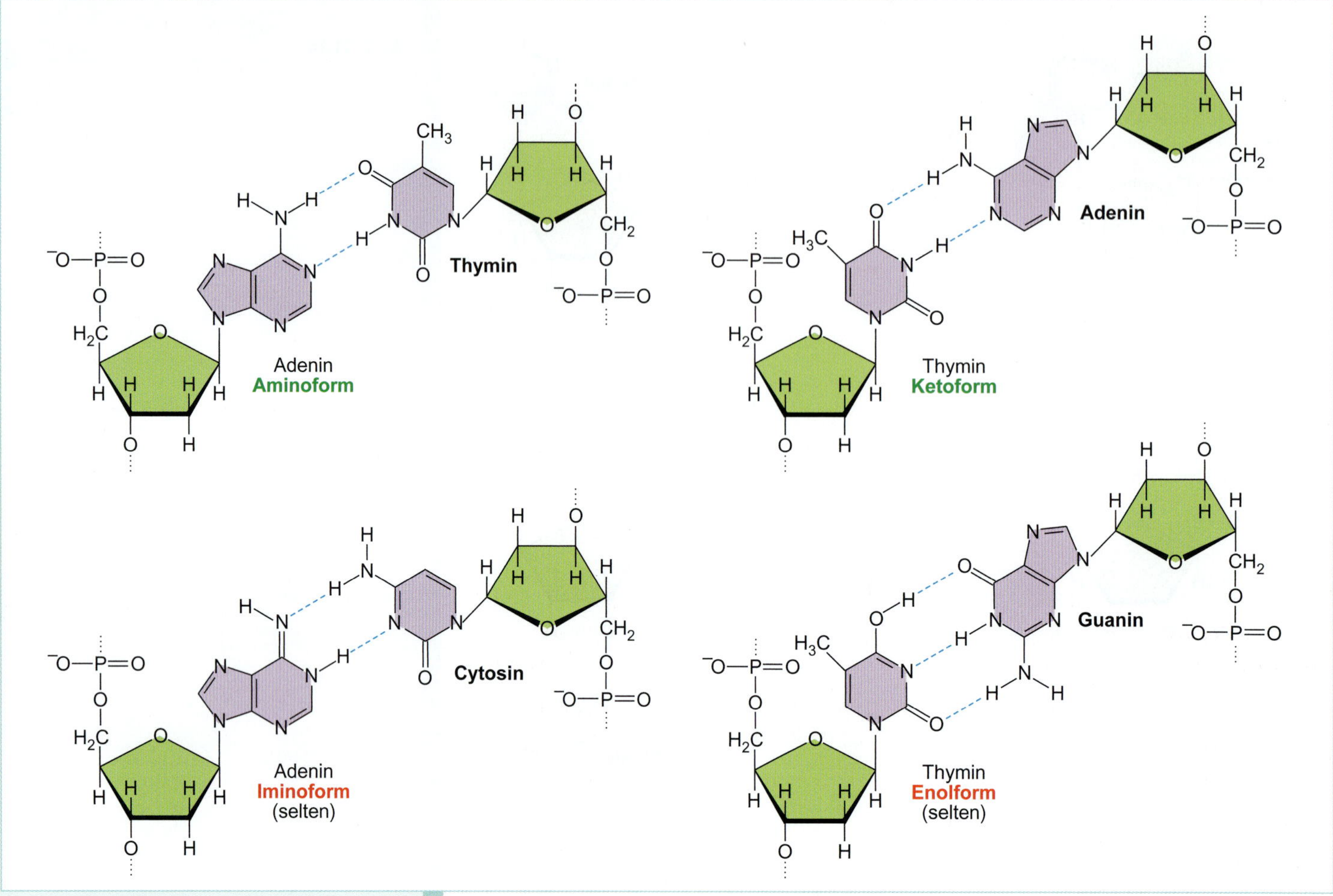

Aus Studentensicht

11 DNA-REPLIKATION UND -REPARATUR: INFORMATIONSSICHERHEIT

Abb. 11.18 Tautomere Basen führen zur falschen Basenpaarung [L271]

Exogene DNA-Schäden

Energiereiche Strahlung wie UV-, Röntgen- oder γ-Strahlung führt zur Bildung von **Thymindimeren** durch kovalente Vernetzung zweier benachbarter Thymine. Bei der Replikation führt dies zu einem Strangabbruch.

Ionisierende Strahlung kann **Einzel- und Doppelstrangbrüche** verursachen.

Exogene DNA-Schäden
Energiereiche Strahlung
Sowohl **UV-, Röntgen-** als auch **γ-Strahlung** führen zu teilweise drastischen Veränderungen im DNA-Molekül. Durch den Einfluss von UV-Strahlung kann es zur Bildung von **Thymindimeren** kommen (➤ Abb. 11.19). Dabei bilden zwei auf einem Einzelstrang benachbarte Thyminbasen durch kovalente Bindungen einen Cyclobutanyl-Ring aus und stellen so eine Barriere für den Replikationsapparat dar. Es kommt zum Abbruch der Replikation und damit zur Bildung von unvollständigen Chromosomen.
Nicht minder dramatisch ist der Einfluss **ionisierender Strahlung** auf die DNA. Radioaktive Strahlung kann zu **Einzel- oder Doppelstrangbrüchen** innerhalb des DNA-Moleküls und damit ebenfalls zu Chromosomenmutationen führen.

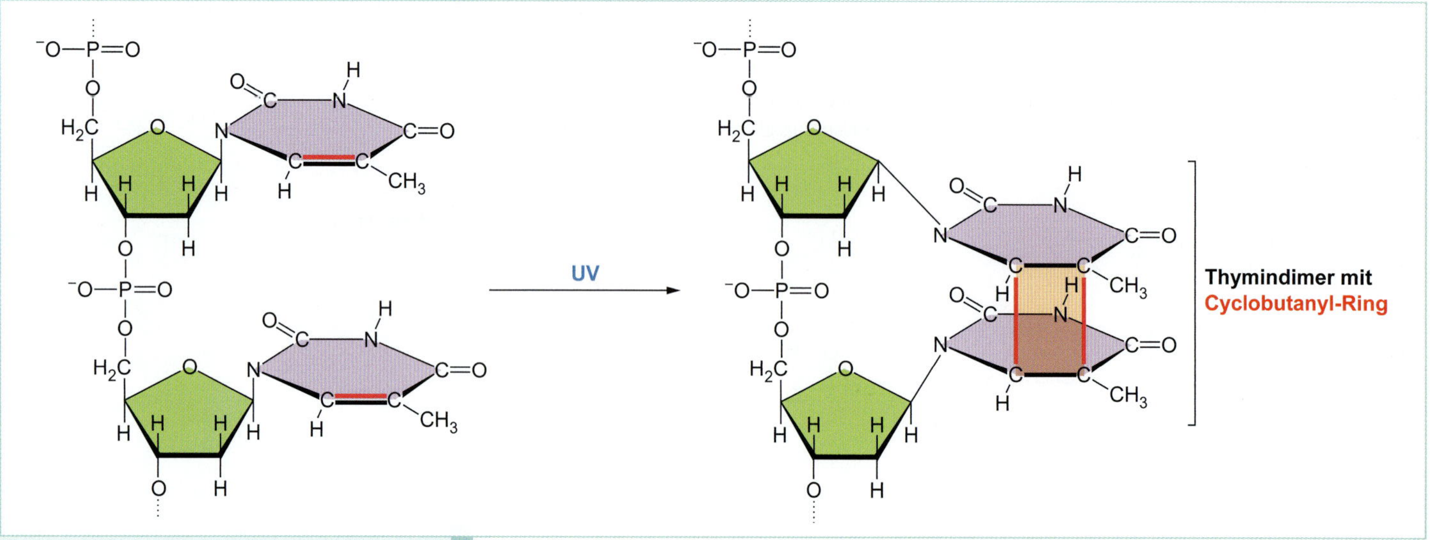

Abb. 11.19 Bildung eines Thymindimers [L253]

11.2 DNA-MUTATIONEN

Aus Studentensicht

FALL

Shirisha und die Sonne: Sonnenbrand

Shirishas Sonnenbrand entsteht an Hautstellen, die der Sonne und damit UV-Licht ausgesetzt sind. Besonders die kurzwelligere UVB-Strahlung wird von Keratinozyten und Langerhans-Zellen (= antigenpräsentierende Zellen) der Haut absorbiert. Durch die Energie der Strahlung bilden sich Thymindimere zwischen zwei auf dem gleichen Strang nebeneinanderliegenden Thyminen und die DNA-Helix verformt sich. Dadurch kommt es zu Ablesefehlern und Mutationen bei der Replikation. Liegen diese Mutationen in wichtigen Tumorsuppressorgenen wie p53, kann es zur Bildung von Basalzell- oder Plattenephithelkarzinomen kommen. Normalerweise werden diese Thymindimere aber durch DNA-Reparatur beseitigt (➤ 11.3).
Doch warum bilden sich bei Shirisha auch Pigmentflecken und Tumoren?

Chemische Reaktionen

Zahlreiche Substanzen können chemische Veränderungen in der DNA verursachen und damit mutagen wirken. Dazu zählen kanzerogen wirkende Stoffwechselmetaboliten, reaktive Sauerstoffspezies (Reactive Oxygen Species, ROS) und interkalierende Substanzen. Andere chemische Substanzen können Desaminierungen auslösen, Alkylierung begünstigen oder als Basenanaloga wirken.

Manche Substanzen entfalten ihre mutagene Wirkung erst, wenn sie durch die körpereigene **Biotransformation** (Entgiftung organischer Fremdstoffe) metabolisiert werden (➤ 22.2). Solche Substanzen werden oft als „indirekt mutagen" bezeichnet.

Substanzen, die chemische Veränderungen der DNA verursachen, sind **mutagen**.
Indirekt mutagene Stoffe werden erst durch die körpereigene **Biotransformation** mutagen. Beispiele sind das **Aspergillus-Toxin** (Aflatoxin B_1) oder Benz(a)pyren im Zigarettenrauch. Durch Biotransformation entstehen reaktive Epoxide, die irreversibel an die DNA binden.

KLINIK

Schimmelpilze, Zigarettenrauch & Co.

Aflatoxine gehören zu den Mykotoxinen und kommen in verschiedenen Schimmelpilzarten vor. Aflatoxin B_1 ist ein Stoffwechselprodukt von *Aspergillus flavus* und gilt als die giftigste Substanz dieser Gruppe. Verschimmelte Lebensmittel, insbesondere Erdnüsse und Pistazien, sind häufig mit Aflatoxinen kontaminiert. Bei Verzehr gelangt das Toxin über die Pfortader zunächst zur Leber. Dort entsteht ein hochreaktives Epoxid, das im Zellkern mit den Purinen der **DNA-Addukte** bildet und so Mutationen auslösen kann. Aflatoxine wirken daher stark leberschädigend und können bereits bei geringer, aber regelmäßiger Aufnahme die Gefahr eines Leberzellkarzinoms stark erhöhen. Durch das Einatmen von Sporen des Wohnungsschimmels kann es dagegen zu Schädigungen der Lunge kommen. Andere Beispiele für ähnlich indirekt mutagen wirkende Substanzen sind die im Zigarettenrauch enthaltenen polyzyklischen aromatischen Kohlenwasserstoffe wie Benz(a)pyren. Sie entstehen z. B. auch, wenn Fett beim Grillen in die heiße Glut tropft.

Sauerstoffradikale werden durch ionisierende Strahlung, in Oxidasereaktionen oder in Nebenreaktionen der Atmungskette produziert. Sie schädigen nicht nur den Proteinanteil in manchen Lipiden, was z. B. zu oxidierten LDL-Partikeln oder veränderten Zellmembranen führt, sondern auch die DNA (➤ 28.2.1). Das durch Oxidation von Guanin sehr häufig entstehende **8-Oxoguanin** führt beispielsweise zu Falschpaarungen, da es sich während der Replikation mit Adenin anstelle von Cytosin paart.

Ethidiumbromid, Acridinfarbstoffe, Zytostatika wie **Actinomycin** oder bestimmte Fluoreszenzfarbstoffe lagern sich zwischen zwei aufeinanderfolgende Basenpaare der DNA-Doppelhelix ein (➤ Abb. 11.20). Diese **Interkalierung** führt zu einer strukturellen Veränderung der DNA und u. a. zu einem erhöhten Risiko von DNA-Strangbrüchen. Darüber hinaus kann die Replikation gestoppt werden oder es kann während der Replikation zu Insertionen kommen.

Basenanaloga wie 5-Bromuracil, 5-Methylcytosin oder 2-Aminopurin sind den normalen Basen strukturell ähnlich, führen aber aufgrund ihres veränderten Tautomerieverhaltens zu Fehlpaarungen in der DNA. So kann sich z. B. das in der Chemotherapie als Zytostatikum eingesetzte 5-Fluorouracil sowohl mit Adenin als auch in der begünstigten Enolform mit Guanin paaren. Die Folge sind Transitionen während der Replikation.

Etliche chemische Substanzen wie **Dimethyl-Nitrosamine** können zur **Alkylierung** der DNA-Basen mit CH_3- oder Ethylgruppen führen, wodurch diese ihr Basenpaarungsverhalten verändern. So paaren sich sowohl O^6-Methylguanin als auch O^6-Ethylguanin mit Thymin anstelle von Cytosin.

Sauerstoffradikale können Guanin oxidieren und dadurch die DNA schädigen und Fehlpaarungen verursachen.
Ethidiumbromid, bestimmte Zytostatika und Fluoreszenzfarbstoffe lagern sich zwischen die Basen der DNA. Diese **Interkalierung** kann zu Strangbrüchen führen.
Basenanaloga werden in die DNA eingebaut und führen während der Replikation über falsche Basenpaarungen zu Mutationen im Tochterstrang.
Nitrosamine verändern Basen über Acylierung und führen zu Fehlpaarungen während der Replikation.

KLINIK

Pökelsalz und Luftverschmutzung

Dimethyl-Nitrosamine entstehen im sauren Milieu aus nitrosierenden Stoffen wie Nitrit oder Stickoxiden und kommen beispielsweise in gepökeltem Fleisch, Bier oder im Tabakrauch vor (➤ 21.8). Sie können zudem auch endogen im sauren Milieu des Magens entstehen. Durch geänderte Herstellungsverfahren wie den Zusatz von Ascorbinsäure zu bestimmten Fleischerzeugnissen oder angepasste Malzerzeugung kann die Belastung von Lebensmitteln reduziert werden. Durch Kraftfahrzeug- und andere Abgase steigt die Belastung der Luft mit Stickoxiden derzeit jedoch stetig an.

KLINIK

11 DNA-REPLIKATION UND -REPARATUR: INFORMATIONSSICHERHEIT

Aus Studentensicht

ABB. 11.20

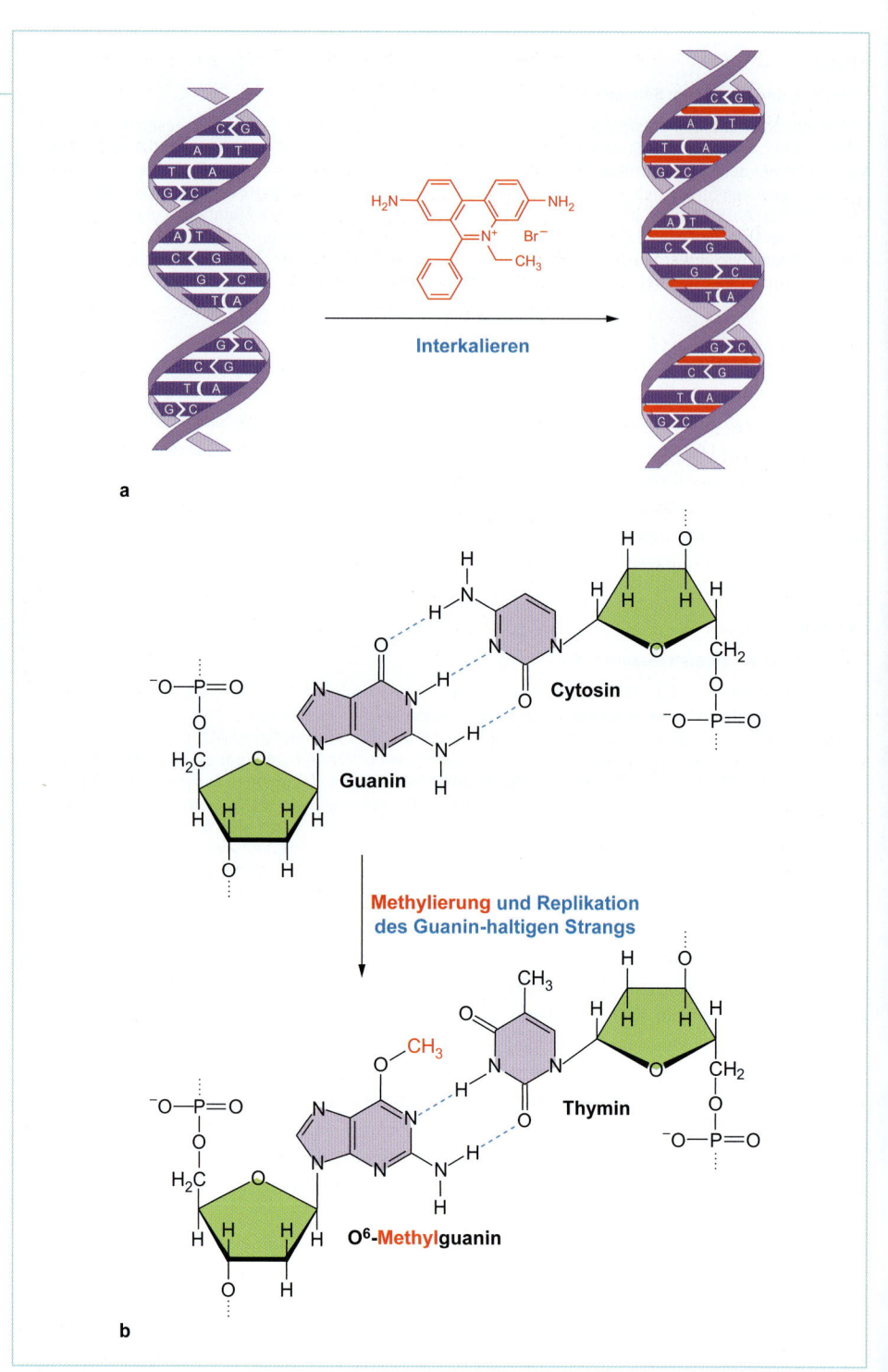

Abb. 11.20 Chemische DNA-Schäden. **a** Interkalieren von Ethidiumbromid. [L307] **b** O^6-Methylguanin und die resultierende Falschpaarung bei der Replikation. [L253]

11.3 DNA-Reparatur

11.3.1 Prinzip der DNA-Reparatur

Durch effiziente **DNA-Reparaturmechanismen** verursachen nur wenige der auftretenden Schäden dauerhafte Mutationen. Liegt ein DNA-Schaden nur in einem der beiden Einzelstränge vor, verläuft die Reparatur meist nach folgendem Grundprinzip:
- Erkennen des DNA-Schadens
- Entfernen des DNA-Schadens
- Auffüllen der entstandenen Lücke
- Ligation der freien Enden am reparierten Einzelstrang

Obwohl das Genom laufend Schädigungen ausgesetzt ist und durch zahlreiche unterschiedliche Substanzen beeinträchtigt wird, manifestiert sich nur ein geringer Teil dieser Schäden dauerhaft als Mutationen. Der Grund dafür liegt in den sehr effizienten und zum Teil redundanten DNA-Reparaturmechanismen, die im Menschen ca. 10^{16}–10^{18} DNA-Schäden pro Tag reparieren. Liegen enzymatische Defekte in diesen Reparatursystemen vor, kann das schwerwiegende Folgen für die Zellen und den gesamten Organismus haben. Auch wenn es zahlreiche verschiedene DNA-Reparatursysteme für unterschiedliche Arten von DNA-Schäden gibt, so ist das Grundprinzip der DNA-Reparatur doch für die meisten Reparatursysteme identisch. Als Erstes wird der **DNA-Schaden** z. B. durch strukturelle Veränderungen in der DNA-Doppelhelix oder das Auftreten ungewöhnlicher Basen **erkannt.** Ist nur einer der beiden DNA-Stränge geschädigt, wird der Schaden enzymatisch **entfernt** und die entstandene einzelsträngige Lücke durch DNA-Polymerasen **aufgefüllt**. Durch **Ligation** werden die beiden Enden des reparierten Einzelstrangs wieder verschlossen. DNA-Schäden, die beide Stränge betreffen, erfordern einen größeren Aufwand und hinterlassen aufgrund der fehlenden Matrize häufig irreparable DNA-Schäden.

11.3.2 Basen-Exzisionsreparatur

Die Basen-Exzisionsreparatur hat die Aufgabe, einzelne defekte Basen zu erkennen und durch **spezifische DNA-Glykosylasen** zu entfernen. Diese spalten die N-glykosidische Bindung zwischen Base und Desoxyribose hydrolytisch. Im Menschen erfüllt die **Uracil-DNA-Glykosylase** eine besonders wichtige Funktion, denn sie entfernt Uracil aus der DNA. Die Base Uracil ist unter normalen Umständen kein Bestandteil der DNA, entsteht jedoch laufend durch spontane Desaminierung von Cytosin. Ihre Spezifität ist möglicherweise ein Grund dafür, dass Uracil natürlicherweise nur in der RNA vorkommt. Wäre Uracil eine natürliche Base im DNA-Molekül, hätte die DNA-Glykosylase keine Möglichkeit, dieses von einem desaminierten Cytosin zu unterscheiden.

Die Basen-Exzisionsreparatur erfolgt in mehreren Teilreaktionen (> Abb. 11.21). Zunächst erkennt die **DNA-Glykosylase** die beschädigte Base und entfernt sie durch hydrolytische Spaltung der N-glykosidischen Bindung zwischen Base und Desoxyribose. Es entsteht eine **abasische Stelle.** Anschließend fügt die **AP-Endonuklease** durch hydrolytische Spaltung der 5'-Phosphat-Esterbindung einen Einzelstrangbruch im Zucker-Phosphatrückgrat an der abasischen Stelle ein und eine Phosphodiesterase entfernt das Desoxyribosephosphat. Dadurch kann im folgenden Schritt das richtige, komplementäre Nukleotid eingefügt werden. Diese Auffüllreaktion kann entweder durch eine Short-Patch- oder eine Long-Patch-Reparatur erfolgen. Die **Short-Patch-Reparatur** wird durch die **DNA-Polymerase β** katalysiert, die nur das eine fehlende Nukleotid ergänzt. Der reparierte Strang wird danach durch die **DNA-Ligase** wieder geschlossen. Für die **Long-Patch-Reparatur**, die im Wesentlichen während der S-Phase stattfindet, werden die Basenpaarungen von bis zu 6 zusätzlichen Nukleotiden im Bereich der abasischen Stelle gelöst und durch die **DNA-Polymerasen δ und ε** komplementär ergänzt. Die **FEN-1-Endonuklease** entfernt das kurze überhängende Oligonukleotid und die **DNA-Ligase** schließt die Enden des reparierten Strangs.

Aus Studentensicht

11.3.2 Basen-Exzisionsreparatur

Bei der **Basen-Exzisionsreparatur** werden einzelne defekte Basen erkannt und entfernt. Insbesondere die spontan zu **Uracil** desaminierten Cytosine werden so repariert. Eine **Glykosylase** spaltet die N-glykosidische Bindung zwischen Base und Zucker. Die dabei entstehende **abasische Stelle** wird von der **AP-Endonuklease** erkannt. Sie erzeugt dort durch Hydrolyse der Phosphorsäureesterbindung einen Einzelstrangbruch.

Das Auffüllen mit dem korrekten Nukleotid kann durch die **DNA-Polymerase β** im Rahmen der **Short-Patch-Reparatur** stattfinden. Dabei wird nur das eine passende Nukleotid eingebaut. Bei der **Long-Patch-Reparatur** werden die Basenpaarungen von ca. 6 zusätzlichen Nukleotiden im Bereich des DNA-Schadens getrennt. **FEN 1** entfernt das überhängende Oligonukleotid und die **DNA-Polymerasen δ und ε** füllen die Lücke auf.

In beiden Fällen schließt eine **Ligase** anschließend die Lücke.

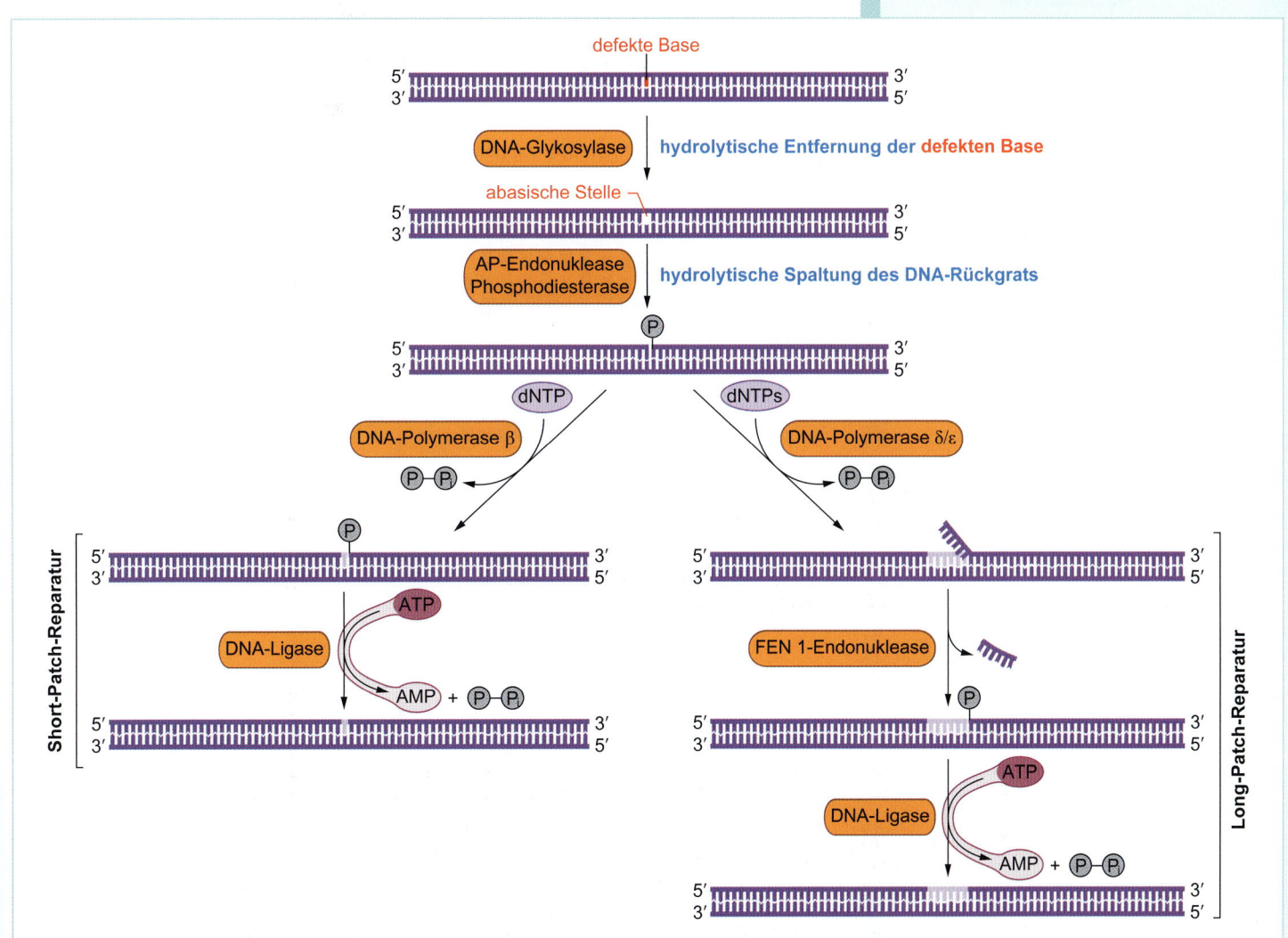

Abb. 11.21 Basen-Exzisionsreparatur [L253]

Aus Studentensicht

11.3.3 Nukleotid-Exzisionsreparatur

Strukturelle Änderungen der DNA, wie sie durch Thymindimere ausgelöst werden, erfordern die **Nukleotid-Exzisionsreparatur.**
Ein **Multiproteinkomplex** scannt und erkennt Konformationsänderungen in der DNA. Mit der Helikase-Aktivität von TFII H wird der Doppelstrang im Bereich des Schadens geöffnet und die **Exzinuklease,** eine Endonuklease, schneidet das DNA-Stück, das die Konformationsänderung verursacht, großzügig heraus. Die **DNA-Polymerasen δ und ε** füllen die Lücke auf und eine **Ligase** verknüpft die Enden des Einzelstrangs.

● **ABB. 11.22**

11.3.3 Nukleotid-Exzisionsreparatur

Auslöser für diesen DNA-Reparaturmechanismus sind **strukturelle Änderungen** in der DNA-Doppelhelix. Vor allem die durch UV-Strahlung entstandenen Thymindimere werden durch diese Art der DNA-Reparatur entfernt (➤ Abb. 11.22). Für ein effektives Entfernen des DNA-Schadens benötigt die Nukleotid-Exzisionsreparatur **mehrere Multiproteinkomplexe.**

Ein Multiproteinkomplex, der u. a. auch den **Transkriptionsfaktor TFII H** enthält, scannt die DNA und lokalisiert Unregelmäßigkeiten in der Doppelhelixstruktur. An einer strukturellen Veränderung der DNA öffnet die **Helikase-Aktivität** von TFII H den Doppelstrang über eine Länge von etwa 30 Basenpaaren. Anschließend schneidet eine **Exzinuklease** das einzelsträngige Oligonukleotid, das die Konformationsänderung verursacht, durch **zwei endonukleolytische Spaltungen** heraus. Damit wird der DNA-Scha-

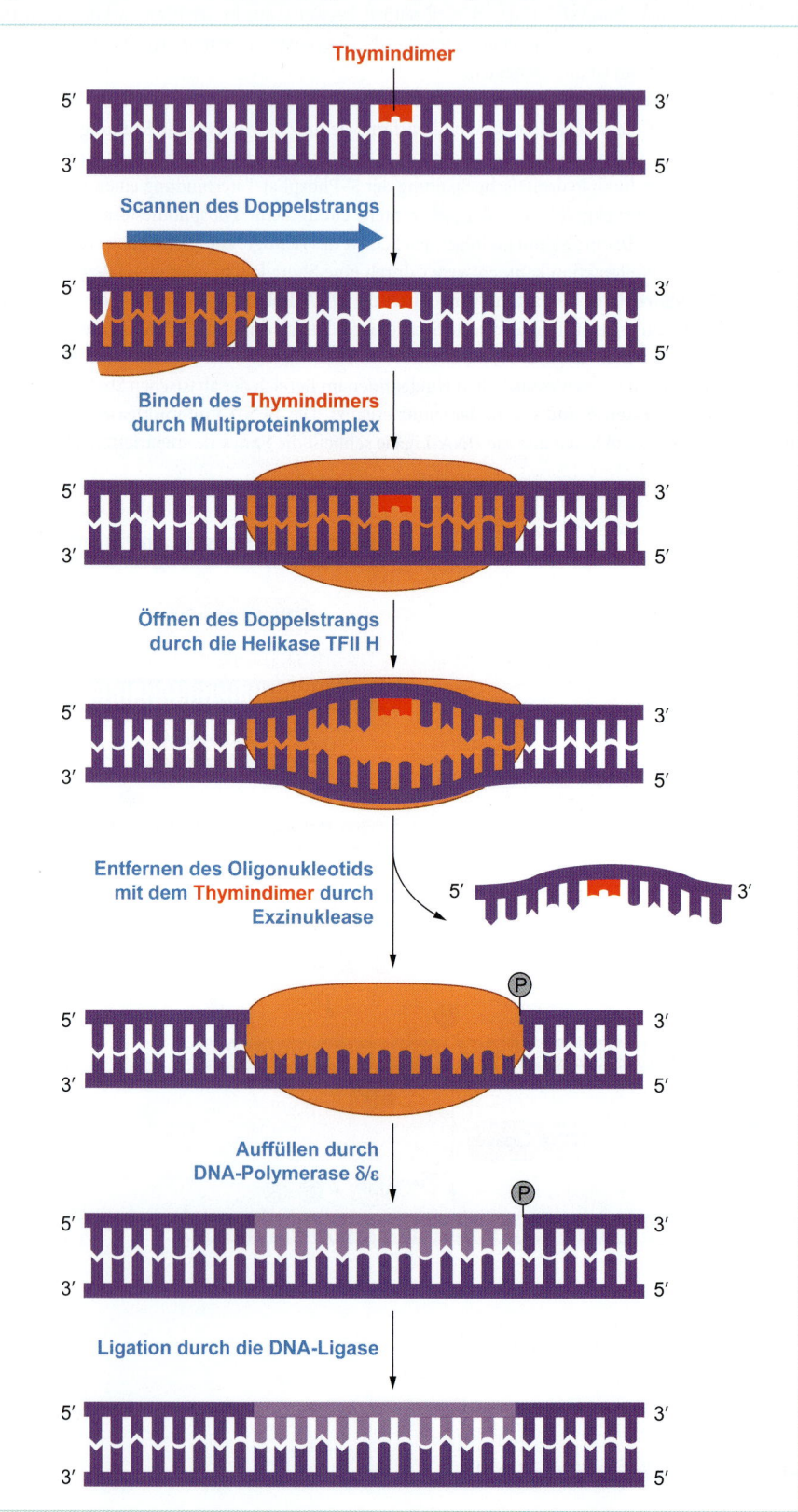

Abb. 11.22 Die Nukleotid-Exzisionsreparatur [L138]

11.3 DNA-REPARATUR

Aus Studentensicht

den großflächig entfernt. Die **DNA-Polymerasen δ und ε** füllen die entstandene Lücke auf und die **DNA-Ligase** verknüpft das 3'-OH-Ende des neu synthetisierten kurzen Oligonukleotids mit dem vorhandenen 5'-Phosphat-Ende kovalent.

FALL

Shirisha und die Sonne: Xeroderma pigmentosum

Die kleine Shirisha hat einen Defekt in den Enzymen für die Nukleotid-Exzisionsreparatur. Diese sog. Mondscheinkinder können die durch UV-Strahlung entstehenden Thymindimere nicht entfernen, sodass es zu einer Ansammlung von Mutationen in besonders UV-exponierten Zellen wie in der Haut des Gesichts kommt. Dadurch bilden sich Pigmentflecken und vereinzelt auch Tumoren.
Leider gibt es keine Heilung für diese Krankheit. Die einzige Empfehlung ist, das Sonnenlicht zu meiden – daher der Name „Mondscheinkinder". Die Haut sollte regelmäßig kontrolliert und Tumoren frühzeitig entfernt werden. Meist sterben die Patienten an metastasierten Tumoren. Die Lebenserwartung liegt nur bei etwa 30 Jahren.
Aber auch bei gesunden Menschen zeigen epidemiologische Studien einen Zusammenhang zwischen übermäßiger Sonnenexposition und einem erhöhten Risiko für maligne Melanome sowie „weißem" Hautkrebs (= Plattenepithel- und Basalzellkarzinom). In Deutschland sind davon jährlich etwa 200 000 Menschen betroffen. Hellhäutige Menschen haben ein erhöhtes Risiko. Die in den letzten Jahren steigende Tendenz könnte möglicherweise durch den Besuch von Sonnenstudios erklärt werden. Bei Melanomen ist der Zusammenhang zur kumulativen Sonnenexposition nicht so eindeutig wie beim weißen Hautkrebs, bei dem die UV-Belastung in der Kindheit eine entscheidende Rolle zu spielen scheint. Insgesamt gilt es, sich vor übermäßiger Sonnenexposition durch geeignete Sonnencremes oder Kleidung zu schützen. Eine vollständige Meidung des Sonnenlichts ist jedoch auch nicht sinnvoll, da durch UV-Licht u. a. die Vitamin-D-Bildung und die Produktion von β-Endorphinen als Nebenprodukt des Melaninstoffwechsels angeregt werden.

11.3.4 Mismatch-Reparatur

Trotz der Korrekturlesefunktion der DNA-Polymerasen kommt es während der Replikation regelmäßig zum unbemerkten Einbau eines falschen Nukleotids und somit zu einer nicht-komplementären Basenpaarung, einem **Mismatch**. Eine solche Fehlpaarung kann in Eukaryoten nach Abschluss der Replikation durch enzymatische Aktivitäten von Proteinen aus den Familien **hMSH** (humanes MutS-Homolog) und **hMLH** (humanes MutL-Homolog) repariert werden (> Abb. 11.23). Beide Proteinfamilien sind nach ihren homologen Proteinen in *Escherichia coli* benannt.

11.3.4 Mismatch-Reparatur
Falsch eingebaute Nukleotide verursachen eine Fehlpaarung, die durch die **Mismatch-Reparatur** behoben werden kann.

ABB. 11.23

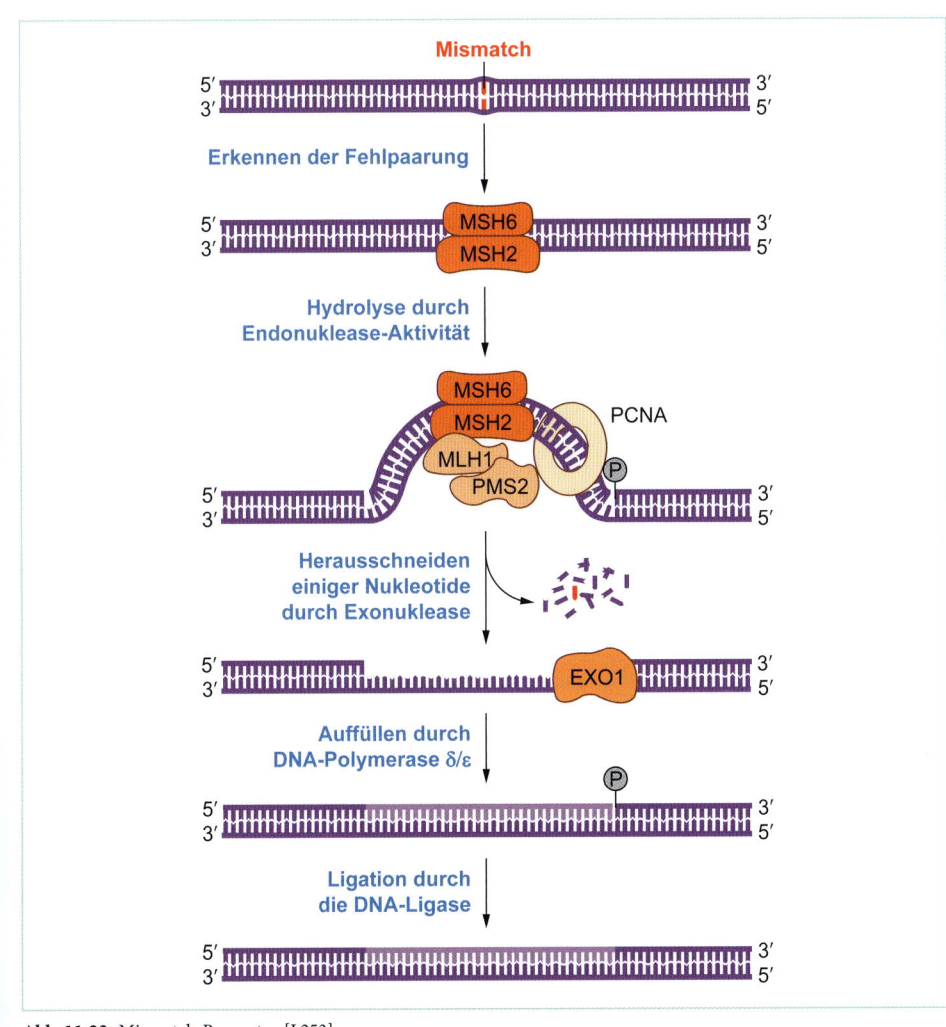

Abb. 11.23 Mismatch-Reparatur [L253]

Aus Studentensicht

hMSH-Proteine erkennen fehlgepaarte Basen und lagern sich in Komplexen an die DNA an. Durch ATP-abhängige Konformationsänderung können sich **hMLH-Proteine** anlagern, die **Endonuklease-Aktivität** besitzen. Mehrere Hundert Basenpaare vom Mismatch entfernt wird ein Einzelstrangbruch eingeführt. Eine **Exonuklease** baut dann vom Einzelstrangbruch ausgehend den Strang mit der falschen Base ab. Die Lücke wird von den DNA-Polymerasen δ und ε sowie einer Ligase geschlossen.

KLINIK

Die Erkennung der Fehlpaarung erfolgt durch **hMSH**-Proteine, die, je nachdem, ob nur einzelne Basen fehlgepaart sind oder sich der Fehler über einen längeren Abschnitt erstreckt, unterschiedliche heterodimere Komplexe bilden und sich am Mismatch an den DNA-Doppelstrang anlagern. Durch die Bindung und die Hydrolyse von ATP ändert sich die Konformation der hMSH-Proteine und es kommt zur Anlagerung von hMLH-Proteinen, wie MLH1 und PMS2. Diese werden durch **PCNA,** die Gleitklammer, die auch die DNA-Polymerase während der Replikation am DNA-Doppelstrang hält, aktiviert. In der Folge hydrolysieren die hMLH-Proteine mit ihrer **Endonuklease-Aktivität** im Tochterstrang des DNA-Moleküls zwei Phosphorsäureesterbindungen, die mehrere Hundert Basenpaare 5' und 3' von der Mismatch-Stelle entfernt sind. Die Interaktion zwischen PCNA und hMLH ermöglicht vermutlich die Unterscheidung zwischen Eltern- und Tochterstrang. In Bakterien konnte gezeigt werden, dass bei dieser Erkennung auch die unterschiedlichen Methylierungsmuster von Eltern- und Tochterstrang eine Rolle spielen (➤ 13.1.2). Nach erfolgtem Schnitt durch hMLH aktivieren die hMSH-Proteine eine **Exonuklease** wie EXO1, die den DNA-Abschnitt zwischen den beiden hMLH-Schnittstellen schrittweise abbaut. Anschließend wird die Lücke durch die DNA-Polymerasen δ und ε aufgefüllt und der DNA-Strang durch die DNA-Ligase geschlossen.

> **KLINIK**
>
> **HNPCC: erblicher nicht-polypöser Darmkrebs**
>
> Klinische Relevanz besitzt die Mismatch-Reparatur bei einer speziellen Form von Darmkrebs, dem **erblichen nicht-polypösen kolorektalen Tumor** (HNPCC, Hereditary Nonpolyposis Colorectal Carcinoma). Die Wahrscheinlichkeit somatischer Mutationen ist in den sich laufend regenerierenden Darmepithelzellen besonders hoch, effiziente Reparaturmechanismen sind daher von besonderer Bedeutung. Liegen erbliche Defekte im Mismatch-Reparatursystem vor, kommt es v. a. im mittleren Lebensalter zur Entstehung von Darmkrebs. Im Gegensatz zur familiären adenomatösen Polyposis (FAP) kommen beim HNPCC nur vereinzelt Polypen vor, daher die Bezeichnung „nicht-polypös". Der Pathologe kann bei diesen Tumoren eine Mikrosatelliteninstabilität nachweisen, die als Hinweis auf einen Defekt der Mismatch-Reparatur gilt. Mikrosatelliten sind Bereiche sich tandemartig wiederholender Mikrosequenzen (➤ 4.4.4). In diesen Bereichen kommt es häufig zu Replikationsfehlern, vergleichbar mit dem Abrutschen einer Fahrradkette. Ohne Mismatch-Reparatur unterscheidet sich die Anzahl der Wiederholungen der Mikrosatelliten bald von Zelle zu Zelle (= Mikrosatelliteninstabilität). Während diese Mutationen nur von diagnostischer Bedeutung sind, können nicht reparierte Mismatches in Tumorsuppressorgenen oder Protoonkogenen zur Entstehung der kolorektalen Tumoren führen.

11.3.5 Reparatur von DNA-Doppelstrangbrüchen

DNA-Doppelstrangbrüche können durch Sauerstoffradikale oder ionisierende Strahlung verursacht werden. Die Reparatur kann **nicht-homolog** oder **homolog** über **Rekombinationsreparatur** erfolgen.

11.3.5 Reparatur von DNA-Doppelstrangbrüchen

DNA-Doppelstrangbrüche, wie sie v. a. durch Sauerstoffradikale oder ionisierende Strahlung entstehen, stellen eine besondere Herausforderung für die Reparaturmechanismen der Zelle dar. Zum einen fehlt ein intakter DNA-Matrizenstrang, der unmittelbar als Vorlage für die Reparatur verwendet werden kann, zum anderen sind die freien 3'-OH-Enden an den Bruchstellen besonders reaktiv und können zu Translokationen oder Deletionen führen.

Die Reparatur von DNA-Doppelstrangbrüchen kann durch **Non-Homologous End Joining** oder durch die **Rekombinationsreparatur** bewerkstelligt werden. Beide Reparatursysteme erkennen zunächst den Doppelstrangbruch durch den **Proteinkomplex MRN.** In der Folge werden unterschiedliche Substrate, darunter auch **p53,** ein wichtiger Regulator des Zellzyklus, durch die **Protein-Kinase ATM** (Ataxia Teleangiectasia Mutated) phosphoryliert und der Zellzyklus wird angehalten (➤ 10.4.2).

Non-Homologous End Joining

Bei Doppelstrangbrüchen werden an den Enden oft einige Nukleotide durch Exonukleasen abgebaut. Dadurch kommt es zu einem Informationsverlust.
Die glatten Enden werden beim **Non-Homologous End Joining** mithilfe einer Protein-Kinase und Ligasen wieder zusammengefügt und Erbinformation an den Bruchstellen ist unwiederbringlich verloren. Liegt die Bruchstelle in einer codierenden Region, können die Folgen gravierend sein. Meist bleibt die Reparatur aber folgenlos, da der Großteil des Genoms nicht codiert.

Non-Homologous End Joining

Bei diesem Prozess (➤ Abb. 11.24) werden die beiden DNA-Fragmente direkt wieder miteinander verknüpft. Dazu binden an den freien Enden der Bruchstellen zunächst weitere Proteine. Verbunden werden die DNA-Fragmente u. a. durch die **DNA-Ligase 4.**

Da bei dieser Reparatur vor dem Verknüpfen durch Exonukleasen einige Nukleotide an den Bruchstellen abgespalten werden können, sind die reparierten Chromosomen oft verkürzt und Information ist unwiederbringlich verloren. Liegen diese Nukleotide in einem proteincodierenden oder regulatorischen Bereich, kann es zu irreversiblen Schäden kommen, welche die Zellen bestenfalls in die Apoptose führen oder aber entarten lassen.

Diese Art der Reparatur ist typisch für somatische Zellen. Die dabei entstehenden Fehler können offensichtlich verhältnismäßig gut toleriert werden, da nur ein kleiner Anteil des Genoms codierend ist. In Körperzellen eines 70-jährigen Menschen finden sich durchschnittlich 2 000 solcher durch Non-Homologous End Joining entstandene DNA-Abschnitte.

Rekombinationsreparatur

Nach erfolgter Replikation am Ende der S- oder in der G2-Phase kann die **Rekombinationsreparatur** in diploiden Zellen das homologe Chromosom als Matrize für den verlorenen DNA-Abschnitt verwenden. Über homologe Rekombination mithilfe von **Rad51** und **BRCA** wird der fehlende Teil ersetzt.

Rekombinationsreparatur

Dieser Reparaturmechanismus (➤ Abb. 11.24) ermöglicht das fehlerfreie Verknüpfen von DNA-Doppelstrangbrüchen in **diploiden Zellen** und findet im Menschen v. a. unmittelbar nach erfolgter Replikation am Ende der S-Phase und in der G2-Phase statt. Der Reparaturapparat greift dabei im Rahmen des Reparaturprozesses auf das noch benachbart liegende **homologe Chromosom** zurück und verwendet es als Matrize. Daher ist die Rekombinationsreparatur in den haploiden Keimbahnzellen sowie für die männlichen X- und Y-Chromosomen nicht möglich. Die molekularen Details der Rekombinationsreparatur basieren auf der homologen Rekombination von Chromosomen (> 10.3.1). Die wichtigsten Enzyme, die für die Rekombinationsreparatur benötigt werden, sind **Rad51,** Rad52, Rad 54 und die **DNA-Polymerase β**. Daneben interagieren **BRCA1** (Breast Cancer 1) und **BRCA2** (Breast Cancer 2) während der Reparatur mit Rad51. Für Patientinnen, die Mutationen in diesen Genen aufweisen, besteht ein deutlich erhöhtes Risiko für Brust- und Ovarialtumoren (> 12.3.3).

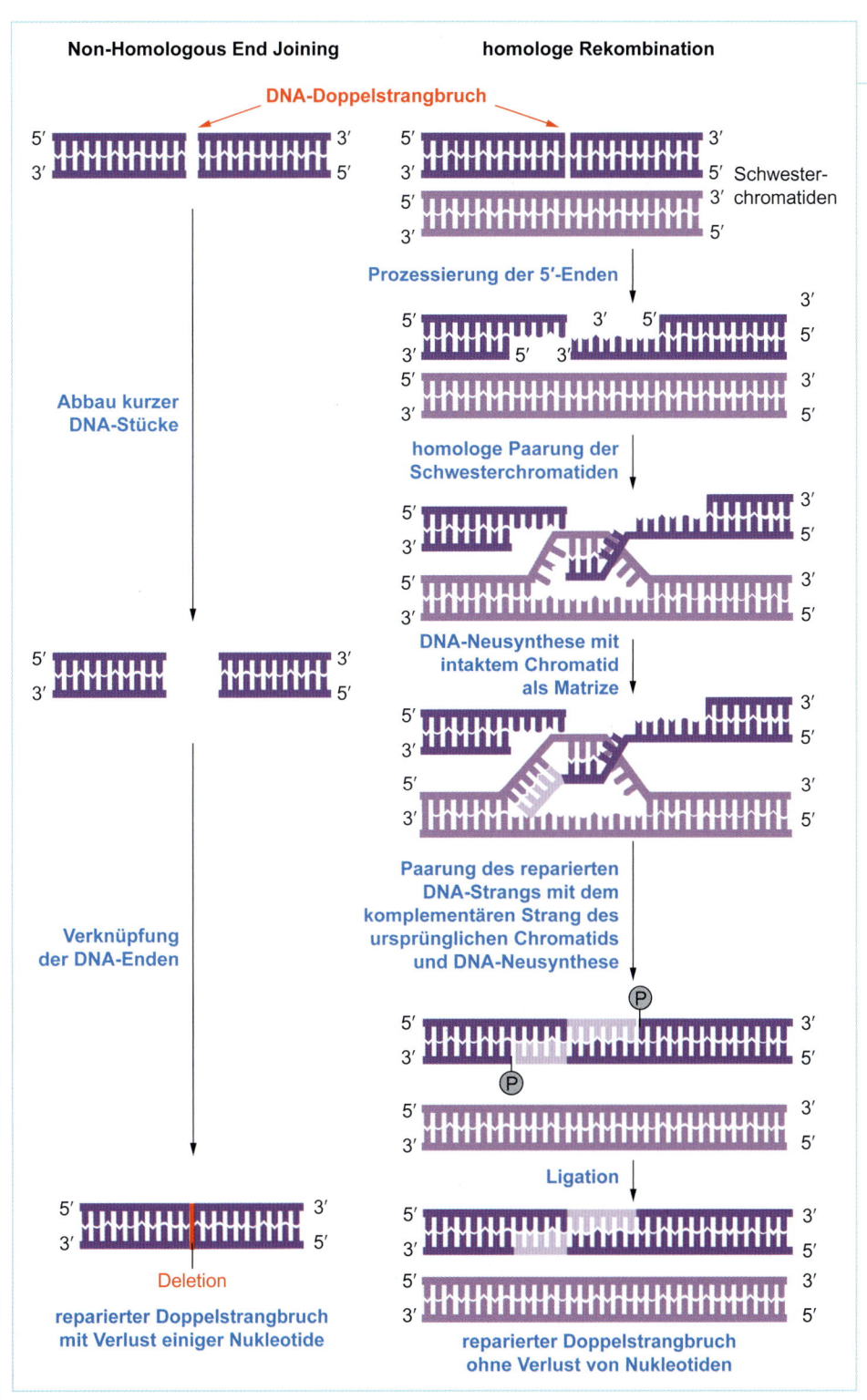

Abb. 11.24 Reparatur von DNA-Doppelstrangbrüchen [L138]

Durch diese und weitere Reparatursysteme wird das gesamte menschliche Genom ständig auf Schäden überprüft. Besonders gefährlich sind jedoch Schäden in DNA-Bereichen, die transkribiert werden. Daher sorgen die Reparatursysteme nicht nur für eine **globale Genomreparatur,** sondern stehen auch mit den RNA-Polymerasen in engem Austausch (= **transkriptionsgekoppelte Reparatur**). So stoppt die RNA-Polymerase an Mutationen und rekrutiert mithilfe von Kopplungsproteinen die Reparatursysteme gezielt an diese DNA-Bereiche. Der Schaden wird dann repariert und die RNA-Polymerase startet von Neuem mit der Transkription. In erster Linie arbeitet die Transkriptionsmaschinerie mit der Basen- und der

---

Aus Studentensicht

Das menschliche Genom wird ständig auf Schäden untersucht und repariert. Da Fehler in transkribierten Regionen besonders schwerwiegend sind, stehen die Reparatursysteme im Austausch mit den RNA-Polymerasen **(= transkriptionsgekoppelte Reparatur).**

Aus Studentensicht

Nukleotid-Exzisionsreparatur zusammen. Aber auch andere Reparatursysteme werden so gezielt zur transkribierten DNA gelenkt. Defekte in der transkriptionsgekoppelten Reparatur führen zu schweren Krankheitsbildern wie dem Cockayne-Syndrom und sind durch verlangsamtes Wachstum, Skelettanomalien und fortschreitende neuronale Retardierung gekennzeichnet.

11.3.6 Direkte Reparatur

11.3.6 Direkte Reparatur

Die direkte Reparatur spielt im Menschen nur für die **Entfernung von Alkylresten** an Guaninen durch die O^6-Alkylguanin-Alkyltransferase eine Rolle.
In **Bakterien** können auch Thymindimere von **DNA-Photolyasen** direkt gespalten werden.

Die Enzyme dieses Reparatursystems erkennen DNA-Schäden und reparieren sie direkt. Für den menschlichen Organismus spielt nur die direkte **Reparatur von Alkylschäden** durch die O^6**-Alkylguanin-Alkyltransferase** eine Rolle. Dieses Enzym entfernt eine Alkylgruppe, z. B. einen Methyl-, Ethyl- oder Propylrest, von Guanin und überträgt diesen Rest auf einen Cysteinrest in der eigenen Proteinkette. Dadurch inaktiviert sich die O^6-Alkylguanin-Alkyltransferase selbst irreversibel und begeht „Selbstmord".

In Bakterien und niederen Eukaryoten, jedoch nicht in Säugetieren gibt es auch **DNA-Photolyasen.** Diese können Thymindimere, die durch UV-Strahlung entstanden sind, direkt im DNA-Doppelstrang wieder in zwei einzelne Thyminreste spalten.

PRÜFUNGSSCHWERPUNKTE
IMPP
!!! Lysinseitenketten
! Thymidindimere

Kompetenzorientierte Lernziele (NKLM)
Die Studierenden können
- die Vervielfältigung genetischer Information erklären.
- die Mechanismen der Mutationsentstehung und DNA-Reparatur erklären.

ÜBUNGSFRAGEN FÜRS MÜNDLICHE MIT LÖSUNGSHILFEN
1. Warum verläuft die DNA-Replikation immer in 5' → 3'-Richtung?
Im Rahmen der Evolution haben sich Nukleotide (dNTPs), die am 5'-Ende, aber nicht am 3'-Ende aktiviert sind, und Enzyme (DNA-Polymerasen), die spezifisch für diese Nukleotide sind, durchgesetzt. Daher kann die Nukleinsäurebiosynthese immer nur von 5' nach 3' erfolgen.
2. Warum besitzt die Telomerase eine große Bedeutung für Tumorzellen?
Durch die Aktivität der Telomerase wird eine Verkürzung der Chromosomenenden verhindert und die Tumorzellen können sich häufiger bzw. unbeschränkt teilen.
3. Warum haben Punktmutationen oft keine Auswirkungen auf die Funktion eines Proteins?
Punktmutationen wirken sich oftmals aufgrund des degenerierten genetischen Codes nicht auf die codierte Aminosäure aus (= stille Mutation). Auch bei einer Missense-Mutation kann eine Aminosäure durch eine andere mit ähnlichen Eigenschaften ersetzt werden, sodass die Funktion des resultierenden Proteins u. U. nicht beeinflusst wird.
4. Warum werden für die DNA-Replikation nicht nur dNTPs, sondern auch NTPs benötigt?
Die Primase verwendet NTPs zur Synthese eines kurzen RNA-Strangs (= Primers). Eine kurze RNA ist auch Bestandteil der Telomerase. Zusätzlich werden NTPs für die Synthese der dNTPs benötigt.

KAPITEL 12
Kanzerogenese: eine Zelle gegen den ganzen Menschen

Sabine Höppner

12.1	Tumoren	292
12.2	Kanzerogenese	293
12.2.1	Vielschrittprozess	293
12.2.2	Unabhängigkeit von Wachstumssignalen	293
12.2.3	Umgehen von Wachstumsinhibitoren	294
12.2.4	Vermeidung von Apoptose	295
12.2.5	Umgehen des Immunsystems	295
12.2.6	Unbegrenzte Teilungsfähigkeit	295
12.2.7	Angiogenese und Anpassungen des Stoffwechsels	295
12.2.8	Invasives Wachstum und Metastasierung	295
12.3	Protoonkogene, Onkogene und Tumorsuppressoren	296
12.3.1	Antreiber und Bremsen des Zellzyklus	296
12.3.2	Aus Protoonkogenen werden Onkogene	298
12.3.3	Tumorsuppressoren	301
12.4	Viren und Bakterien als Karzinogene	305
12.4.1	Tumorviren	305
12.4.2	Bakterien als Auslöser von Krebs	307
12.5	Tumordiagnostik	307
12.5.1	Tumormarker: biochemische Früherkennung	307
12.5.2	Bildgebende Verfahren	308
12.5.3	Histologische und molekularbiologische Charakterisierung nach Biopsie und Operation	309
12.6	Tumortherapie	309
12.6.1	Drei Säulen der Krebstherapie	309
12.6.2	Bestrahlung	311
12.6.3	Chemotherapie	311
12.6.4	Zielgerichtete medikamentöse Therapie	312
12.6.5	Personalisierte Medizin	314
12.6.6	Resistenzentwicklungen	314

Aus Studentensicht

Kaum jemand hat heute noch einen Familien- und Bekanntenkreis, in dem keine Krebserkrankungen vorkommen. Die Menschen werden immer älter, was zu einer „natürlichen" Ansammlung von Mutationen führt, und nach der Aufnahme von kanzerogenen Stoffen aus der Umwelt verbleibt mehr Zeit, in der sich ein Tumor entwickeln kann. Wie entarten Zellen eigentlich und entziehen sich der an sich strengen Kontrolle von Zellteilung und Apoptose? Welche Genprodukte schützen unsere Zellen und welche sind potenziell gefährlich? Das Zusammenspiel aus Tumorsuppressoren und Protoonkogenen wird in diesem Kapitel ebenso besprochen wie Grundsätze der konventionellen Tumortherapie und mögliche Angriffspunkte für neue Therapiemethoden.
Carolin Unterleitner

Aus Studentensicht

12.1 Tumoren

Krebs bedeutet im medizinischen Kontext eine **bösartige Neubildung** (Neoplasie).
Tumor beschreibt jede **Volumenzunahme** eines Gewebes, unabhängig davon, ob diese gut- oder bösartig ist.

Tumoren werden entsprechend ihres **Wachstumsverhaltens** unterteilt.
- **Benigne** (gutartig):
  - Nicht infiltrierend
  - Scharf begrenzt
  - Nicht metastasierend
- **Maligne** (bösartig):
  - Infiltrierend
  - Metastasierend
- **Semi-maligne**
  - Infiltrierend
  - Nicht metastasierend

Die **Organzerstörung** durch **Metastasen** ist die häufigste Todesursache bei Krebserkrankungen.

Tumoren werden nach ihrem **Ursprungsgewebe** benannt:
- Karzinom: aus Epithel
- Sarkom: aus Mesenchym
- Leukämie, Lymphom: aus dem blutbildenden System

Das **unkontrollierte Wachstum** von Tumoren ist eine Folge des **Versagens von Schutzmechanismen** wie
- Zellzykluskontrolle,
- Apoptose,
- Immunsystem und
- Kontaktinhibition.

Kanzerogenese ist ein Vielschrittprozess, der auf **Mutationen** und **epigenetischen Veränderungen** basiert.

12 KANZEROGENESE: EINE ZELLE GEGEN DEN GANZEN MENSCHEN

12.1 Tumoren

> **FALL**
>
> **Frau Fischer hat einen Knoten in der Brust**
>
> Sie famulieren in der Gynäkologie und Ihre erste Patientin ist Frau Fischer, eine energische 43-jährige Mutter von zwei Kindern. „Ich habe den Knoten in der Brust beim Duschen getastet und bin dann gleich zur Mammografie. Die Ergebnisse waren auffällig, dann hieß es, ich müsse zur Biopsie, und jetzt bin ich hier."
> Sie dürfen bei der Stanzbiopsie zuschauen, bei der in Lokalanästhesie mit einer „Biopsie-Pistole" unter Ultraschallkontrolle verdächtiges Gewebe entnommen wird.
>
> Stanzbiopsie unter Ultraschallkontrolle [G777]
>
> Bald kommen aus der Pathologie die Ergebnisse. Es ist ein HER2-positives invasiv wachsendes Karzinom. Die vorher so gefasst wirkende Frau Fischer bricht in Tränen aus: „Brustkrebs ... meine Kinder sind erst sechs und acht!"
> Wie entsteht Krebs? Was bedeutet „HER2-positives Karzinom"?

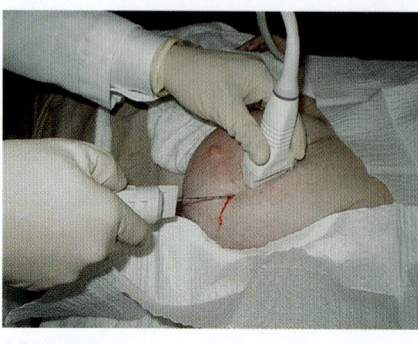

Der Begriff „Krebs" geht vermutlich auf Hippokrates zurück. Es heißt, er hatte das krebsartige Aussehen bestimmter bösartiger Wucherungen im Blick und benannte sie nach den Tieren „Karkinos". Heute bezeichnet der Begriff **Krebs** im klinischen Kontext allgemein **maligne Neoplasien** (bösartige Neubildungen), während der Begriff **Tumor** (lat. = Wucherung, Geschwulst, Schwellung) im weiteren Sinn jede **Volumenzunahme** eines Gewebes beschreibt, aber über die Gut- oder Bösartigkeit der Wucherung noch nichts aussagt.

Je nachdem, ob Tumoren die Fähigkeit besitzen, **Metastasen** (Tochtergeschwülste) in anderen Geweben auszubilden, werden **benigne** (gutartige), **maligne** (bösartige) und **semimaligne** Tumoren unterschieden:
- **Benigne Tumoren** verdrängen umliegende Gewebe, infiltrieren sie aber nicht und bilden keine Metastasen. Sie sind durch eine scharfe Begrenzung des Gewebes gekennzeichnet.
- **Maligne Tumoren** (= Krebs) durchbrechen die Basalmembran und wachsen in umgebendes Gewebe ein, zerstören es und erlangen so die Fähigkeit, Metastasen zu bilden.
- **Semimaligne Tumoren** wachsen in umgebendes Gewebe ein und zerstören es, bilden aber i. d. R. keine Metastasen. Sie sind sehr selten und keine Zwischenstufe bei der Entstehung maligner Tumoren.

Die Todesursache vieler Krebserkrankungen sind am Ende die **Metastasen,** denn sie stören die Funktion der Organe auf vielfältige Weise. Theoretisch reicht eine einzige entartete Zelle, die sich an einem anderen Ort einnistet, um eine solche Tochtergeschwulst auszubilden. Auch aus den Tochtergeschwulsten können sich entartete Zellen in einer zweiten Welle der Metastasierung selbstständig weiter ausbreiten.

Tumoren werden, soweit dies bei malignen Tumoren möglich ist, nach ihrem **Ursprungsgewebe** benannt. Den größten Teil der Tumorerkrankungen machen **Karzinome** aus. Das sind solide bösartige Tumoren, die aus Epithelien hervorgehen. **Sarkome** sind maligne Tumoren des Mesenchyms. **Leukämien** und **Lymphome** entspringen dem hämatopoetischen System. Darüber hinaus gibt es je nach Ursprungsgewebe viele weitere Tumorarten und in seltenen Fällen auch Mischformen. In einzelnen Fällen erfolgt die Benennung von Tumoren auch aufgrund morphologischer Besonderheiten.

Tumoren sind durch unkontrolliertes Wachstum gekennzeichnet und entstehen aus einzelnen Zellen, bei denen die Kontrolle der Zellteilung aus den Fugen geraten ist. In der Evolution hat der komplexe, vielzellige Organismus eine ganze Reihe von Mechanismen hervorgebracht, sich vor solchen Entartungen zu schützen. Bei der Transformation, dem Übergang von einer gesunden somatischen Zelle zur bösartigen Tumorzelle, werden Schritt für Schritt Mechanismen wie die **Kontrolle des Zellzyklus** (10.4), die **Apoptose** (> 10.5), der Schutz durch das **Immunsystem** (> 16.4) und die **Kontaktinhibition** außer Kraft gesetzt. Damit ist der Prozess der Kanzerogenese ein **Vielschrittprozess** und beruht auf vielen einzelnen **Mutationen** und **epigenetischen Veränderungen** (> 13.1).

12.2 Kanzerogenese

12.2.1 Vielschrittprozess

Nur wenige Mutationen bringen der Zelle einen Wachstumsvorteil, häufiger inaktivieren Mutationen essenzielle Gene und führen zum Absterben der Zelle. Vermutlich führen 2–8 **somatische Treibermutationen** (Driver Mutations), die der Zelle einen **Selektionsvorteil** verschaffen, zur malignen Transformation einer somatischen Zelle. Bei **genetischer Prädisposition** wurden solche Mutationen bereits ererbt, sodass entsprechend weniger somatische Mutationen erfolgen müssen. Die Produkte der betroffenen Gene sind beteiligt an der Zellzykluskontrolle, der Differenzierung, der DNA-Reparatur, der Überwachung der Integrität des Genoms, der Einleitung von Apoptose und vielem mehr. Daneben kommt es in den Zellen zu einer Vielzahl von weiteren Mutationen, die ihnen keinen selektiven Überlebensvorteil verschaffen (Passenger Mutations) sowie zu einer ungeklärten Anzahl von epigenetischen Veränderungen (= **Epimutationen**).

Tumoren entwickeln sich im Allgemeinen aus **einer einzigen Zelle,** die eine Mutation in einem entscheidenden Gen erfährt. Damit steht am Beginn der Entwicklung einer Neoplasie eine **klonale Selektion.** Die darauffolgende klonale Expansion erfordert einen **Wachstumsvorteil** gegenüber den umliegenden Zellen, beispielsweise durch ein dauerhaft aktiviertes Wachstumssignal. Irgendwann widerfahren der Zelle **weitere relevante Mutationen** und der jeweilige Klon breitet sich aus und verdrängt die anderen Zellen. So durchläuft der ursprüngliche Zellklon während der **malignen Transformation** mehrere Selektions- und Expansionsstadien (➤ Abb. 12.1). Allerdings bleiben auch immer Zellen vorheriger Stadien zurück. Ein Tumor ist daher nicht genetisch homogen, sondern polyklonal. Unterschiedliche Zellen des Tumors können sich auch in verschiedene Richtungen entwickeln und so zur Komplexität beitragen.

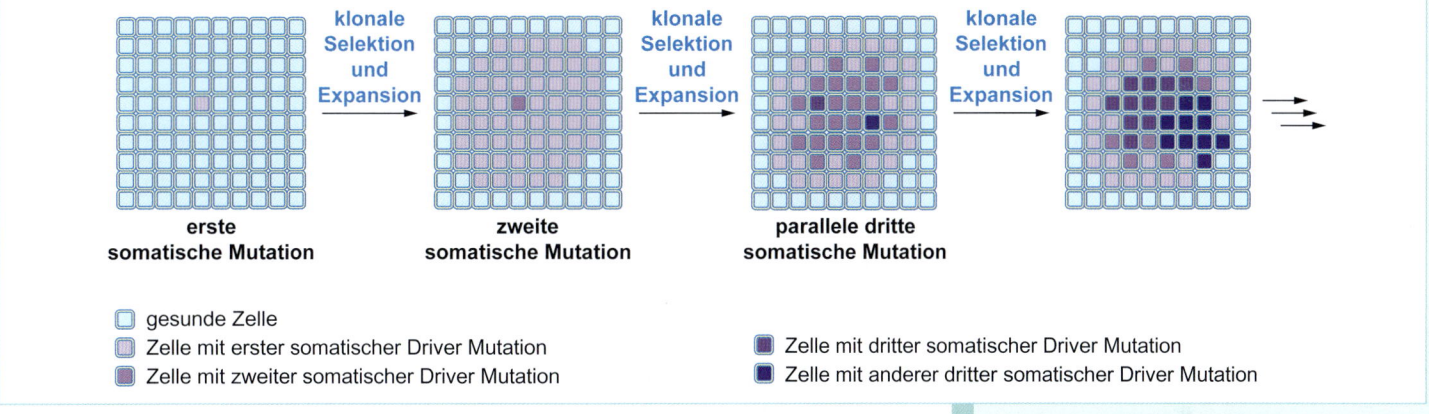

Abb. 12.1 Klonale Selektion und Expansion auf dem Weg zu Malignität [L253]

Die **genomische Instabilität** prägt sich in einer Neigung zu chromosomalen Rearrangements, Chromosomenzahlaberrationen und erhöhter Neigung zu Mutationen aus. Sie wird bei Krebszellen beobachtet und ist häufig die Grundlage für immer weitere Veränderungen. Je größer die Instabilität wird, desto höher werden auch die Mutationsrate und damit auch die Wahrscheinlichkeit, weitere der entscheidenden Treibermutationen anzuhäufen. Mutationen in Genen, die für Reparatur und Überwachung der Integrität des Genoms wichtig sind, erlauben es den Tumorzellen, zu überleben, statt in Apoptose zu gehen, und steigern zugleich weiter die Mutationsrate und damit die Progression.

Durch die verschiedenen somatischen Mutationen werden so im Lauf der Kanzerogenese Eigenschaften gewonnen (➤ Abb. 12.2), die

- Unabhängigkeit von Wachstumssignalen ermöglichen,
- Wachstumsinhibitoren umgehen,
- die Apoptose vermeiden,
- die Bekämpfung durch das Immunsystem verhindern,
- eine unbegrenzte Teilungsfähigkeit erlauben,
- die Angiogenese induzieren,
- eine Anpassung der Energieversorgung mit sich bringen und
- ein invasives Wachstum und Metastasierung ermöglichen.

12.2.2 Unabhängigkeit von Wachstumssignalen

Das Aufrechterhalten proliferativer Signale gehört zu den wichtigsten Veränderungen in einer Tumorzelle. Während die **Homöostase der Zellzahl** im normalen Gewebe streng reguliert wird, werden Krebszellen von dieser Regulation unabhängig. Demnach spielen Proteine, die an proliferativen Signalwegen der Zelle beteiligt sind, eine besondere Rolle bei der Kanzerogenese.

Aus Studentensicht

12.2 Kanzerogenese

12.2.1 Vielschrittprozess

Vermutlich sind es 2–8 somatische Mutationen, die zur malignen Transformation führen, weil sie den Zellen einen Wachstumsvorteil verschaffen.

Da sich Tumoren zunächst aus einer einzigen mutierten Zelle entwickeln, spricht man von **klonaler Selektion.** Der Klon hat einen **Wachstumsvorteil** und kann sich verstärkt teilen. Es folgen **weitere Mutationen,** welche die Eigenschaften der Zelle verändern und schließlich zur Entartung **(= Transformation)** führen.

Je größer die **genomische Instabilität** ist, desto höher ist die Mutationsrate der Krebszellen. Mutationen, die Krebszellen kennzeichnen,

- ermöglichen die Unabhängigkeit von Wachstumssignalen,
- umgehen Wachstumsinhibitoren,
- unterdrücken die Apoptose,
- verstärken die Zellteilung,
- schalten die Erkennung durch das Immunsystem aus,
- induzieren eine Angiogenese,
- führen zu Anpassungen der Energieversorgung und
- ermöglichen die Lösung aus dem Zellverbund.

12.2.2 Unabhängigkeit von Wachstumssignalen

Die Unabhängigkeit von Wachstumssignalen ist der Schlüssel zur Kanzerogenese.

Aus Studentensicht

12 KANZEROGENESE: EINE ZELLE GEGEN DEN GANZEN MENSCHEN

ABB. 12.2

Abb. 12.2 Die Kennzeichen von Krebs [L271]

Protoonkogene und Onkogene

Protoonkogene codieren für Proteine, die im physiologischen Kontext für das Überleben der Zelle und ihre Proliferation sorgen. Kommt es zu Veränderungen in diesen Genen, die eine unkontrollierte Zellteilung zur Folge haben, werden aus Protoonkogenen **Onkogene.**

Es gibt eine Reihe von Möglichkeiten, wie Krebszellen unabhängig von Wachstumssignalen werden und proliferative Signale aufrechterhalten können:
- Autokrine Produktion von Wachstumsfaktoren
- Stimulation der Sekretion von Wachstumsfaktoren in benachbarten Zellen
- Überexpression der Rezeptoren für Wachstumsfaktoren
- Rezeptormutationen, die zur ligandenunabhängigen Signalauslösung führen
- Mutationen bei intrazellulären Proteinen, die zur konstitutiven Aktivierung der nachgelagerten Signalkaskade führen
- Mutationen, welche die Feedbackregulation der Signalkaskade außer Kraft setzen

Wachstumssignale können durch autokrine Produktion von Wachstumsfaktoren, Überexpression der Rezeptoren oder Stimulation der Nachbarzellen dereguliert werden. Mutationen in den nachgelagerten Signalkaskaden können ebenfalls zur Unabhängigkeit von Wachstumsfaktoren führen.

12.2.3 Umgehen von Wachstumsinhibitoren

Zusätzlich zur dauerhaften Aktivierung von proliferativen Signalen werden in Tumorzellen auch Mechanismen **ausgeschaltet,** die in der gesunden Zelle die Bremsen des Zellzyklus und somit **Inhibitoren** von **Zellwachstum** und **Zellvermehrung** sind.

12.2.3 Umgehen von Wachstumsinhibitoren
Die Inhibition von wachstumshemmenden Signalen fördert ebenfalls das unkontrollierte Wachstum.

Tumorsuppressorgene

Die Produkte von **Tumorsuppressorgenen** sind im weitesten Sinne an Kontrolle und Hemmung von Wachstum und Vermehrung beteiligt. Neben der **Kontrolle des Zellzyklus** können sie auch für das Auslösen der **Apoptose** und der **Kontaktinhibition** verantwortlich sein, DNA-Reparatur ausführen oder Signale über existierende Schäden weitergeben.

Ein wichtiger Mechanismus bei der Kontrolle der Zellvermehrung im Gewebe ist die **Kontaktinhibition,** die Zellen über den Kontakt zu den Nachbarzellen daran hindert, sich weiter zu vermehren, wenn eine bestimmte Dichte erreicht ist. In diesem Zusammenhang spielen dieselben Moleküle, die auch für die Zelladhäsion zuständig sind, eine Schlüsselrolle. Ist beispielsweise das Gen des Tumorsuppressors E-Cadherin mutiert, kann es zum **Verlust der Kontaktinhibition** und damit zur Ausbreitung der mutierten Zellen kommen.

Die **Kontaktinhibition** über **Zelladhäsionsmoleküle** hemmt im gesunden Gewebe das Zellwachstum.

12.2.4 Vermeidung von Apoptose

Es gibt verschiedene Wege, wie Tumorzellen der Apoptose entgehen können. Am häufigsten wird der Verlust von funktionellem **p53** beobachtet. Aber auch eine zu geringe Expression von **pro-apoptotischen Faktoren** wie Bax und Bim, die beispielsweise durch Epimutationen zustande kommen kann, oder die Überexpression von **anti-apoptotischen** Faktoren wie Bcl-2 und Bcl-XL kann das gezielte Abtöten von mutierten Zellen verhindern. Insbesondere die Überexpression der anti-apoptotischen Faktoren wird in vielen Krebsarten beobachtet. Sie kann u. a. durch Genduplikationen aufgrund der chromosomalen Instabilität entstehen. **Überlebenssignale,** die über Signaltransduktion **PI3 K** und **Protein-Kinase B** (PKB) aktivieren, wirken der Apoptose entgegen (➤ 9.6.3). Werden diese Signalwege im Rahmen der Kanzerogenese konstitutiv aktiviert, wird die Apoptose dauerhaft unterdrückt.

Aus Studentensicht

12.2.4 Vermeidung von Apoptose
Die häufigsten Mutationen, welche die **Apoptose unterdrücken,** betreffen folgende Mechanismen:
- Funktionsverlust von **p53**
- Zu geringe Expression von pro-apoptotischen Faktoren
- Überexpression von anti-apoptotischen Faktoren
- Überexpression von Überlebensfaktoren

12.2.5 Umgehen des Immunsystems

Die Entwicklung bestimmter Krebsarten bei immunsupprimierten Patienten wie beispielsweise HIV-Infizierten wurde schon lange als Hinweis betrachtet, dass ein aktives Immunsystem vor der Entwicklung von Krebs schützt. Tumorzellen, die durch das Immunsystem aufgrund von einzelnen Mutationen nicht mehr als entartet erkannt werden, besitzen einen Selektionsvorteil. Im Verlauf der Kanzerogenese gelingt es den Tumorzellen so, der Entdeckung und Bekämpfung durch das **Immunsystem** zu **entgehen.** So werden u. a. regulatorische T-Zellen, welche die Aktivierung des Immunsystems unterdrücken, zum Tumor rekrutiert (➤ 16.2). Die Identifizierung der Signalwege, die für das Entkommen des malignen Tumors vor dem Immunsystem verantwortlich sind, ist eine Schlüsselstrategie für die Entwicklung **neuartiger kurativer Therapieansätze.**

12.2.5 Umgehen des Immunsystem
Tumorzellen manipulieren das **Immunsystem,** um nicht als entartet erkannt zu werden.

12.2.6 Unbegrenzte Teilungsfähigkeit

Die Teilungsfähigkeit gesunder somatischer Zellen ist begrenzt, da in jeder Replikationsrunde die Telomerenden der Zellen verkürzt werden (➤ 11.1.10). Durch Mutationen erlangen Tumorzellen im Laufe der Kanzerogenese die Fähigkeit, die **Telomerase zu exprimieren,** und werden so **immortalisiert.** Zu Beginn der Kanzerogenese ist dies noch nicht der Fall und es kommt häufig zu stark verkürzten Telomerenden. Dieser Zustand verstärkt die Anhäufung von Mutationen und fördert die chromosomale Instabilität. In Kombination mit defektem p53 können solche Zellen überleben und Veränderungen durchmachen, die auf die Fähigkeit zur Überexpression der Telomerase selektiert werden. In der Konsequenz kann in 90 % aller immortalisierten Tumorzellen eine erhöhte Telomeraseaktivität nachgewiesen werden.

12.2.6 Unbegrenzte Teilungsfähigkeit
Durch **Aktivierung der Telomerase** gewinnen die Tumorzellen eine unbegrenzte **Teilungsfähigkeit** und werden **immortalisiert.**

12.2.7 Angiogenese und Anpassungen des Stoffwechsels

Im Laufe ihrer Entwicklung erreichen Tumoren eine Größe, die eine ausreichende Sauerstoffversorgung im Inneren des Tumors nicht mehr zulässt. Daher wird, vermutlich schon relativ früh, die Bildung neuer Blutgefäße (= **Angiogenese**) über die Expression von **VEGF** (Vascular Endothelial Growth Factor) angeregt. Der Transkriptionsfaktor **HIF** (Hypoxia-Inducible Factor) ist für die Expression verantwortlich (➤ 9.9.2). HIF-1 regelt nicht nur die Expression von VEGF, sondern auch von vielen weiteren Zielgenen, die mit der Anpassung der Energieversorgung assoziiert sind. So induziert er die Expression der **Glukosetransporter GLUT1 und GLUT3** und erlaubt den Zellen so eine verstärkte Glukoseaufnahme. Unter anderem kann der Pentosephosphatweg dann vermehrt ablaufen und Bausteine für die Nukleotidbiosynthese liefern. Auch die **Enzyme der Glykolyse** werden durch HIF-1 verstärkt exprimiert und ermöglichen eine Verschiebung der ATP-Produktion von der oxidativen Phosphorylierung zur Glykolyse und damit eine ausreichende Energieversorgung in hypoxischer Umgebung. Bereits vor fast 100 Jahren beschrieb Otto Warburg die Eigenschaft von Tumorzellen, Glukose bevorzugt anaerob zu Laktat zu verstoffwechseln. Dieses heute als **Warburg-Effekt** bekannte Phänomen geht selbst dann nicht verloren, wenn Sauerstoff für die Tumorzellen nicht mehr limitierend ist. Daraus kann geschlossen werden, dass es auf irreversiblen Anpassungen beruht. Der Warburg-Effekt ist immer noch nicht im molekularen Detail aufgeklärt. Dennoch werden viele Erkenntnisse aus dieser Forschung bereits für **Medikamentenentwicklungen, Ernährungsempfehlungen** und nicht zuletzt für die **Diagnose** von Krebs per PET-Scan verwendet.

12.2.7 Angiogenese und Anpassungen des Stoffwechsels
Um eine ausreichende **Versorgung** des wachsenden Tumorgewebes zu gewährleisten, stimulieren Krebszellen die Bildung neuer Blutgefäße **(Angiogenese).**
Auch der **Stoffwechsel** wird über vermehrte Expression von Glukosetransportern und Enzymen des Glukosestoffwechsels umgestellt. Krebszellen betreiben vermehrt anaerobe Glykolyse (= **Warburg-Effekt**).

12.2.8 Invasives Wachstum und Metastasierung

Der **Verlust von Zell-Zell-Kontakten** ist ein Charakteristikum bösartiger Tumoren und kann durch verminderte Expression von E-Cadherin und anderen Zelladhäsionsproteinen zustande kommen. Hinzu kommt die Expression verschiedener Proteasen, welche die extrazelluläre Matrix abbauen und so das Entkommen einzelner Zellen aus dem Zellverbund ermöglichen. Große Bedeutung wird der Expression von bestimmten Matrix-Metalloproteasen (MMP) und den ADAM-Proteasen (A Disintegrin and Metallo Protease) zugeschrieben. Diese Proteasen bauen u. a. Kollagen, Proteoglykane und Glykoproteine ab und spielen eine wichtige Rolle bei der Angiogenese und der Wundheilung.
Es mehren sich die Erkenntnisse darüber, wie der Tumor im Lauf seiner Entwicklung die umgebenden Gewebe (= **Tumormikroumgebung**) beeinflusst und welche Anpassungen im Stoffwechsel die Progression des Tumors unterstützen. Er sendet sowohl am Ursprungsort als auch nach der Metastasierung komplexe Signale an seine Umgebung und regt auch diese zu Signalen an. Dadurch entsteht ein das Tumorwachstum unterstützendes **Tumorstroma**, das aus Bindegewebszellen, Makrophagen, dendritischen

12.2.8 Invasives Wachstum und Metastasierung
Durch den **Verlust von Zell-Zell-Kontakten** können sich einzelne Zellen aus dem Tumor lösen. Dabei können
- E-Cadherin,
- Matrix-Metalloproteasen und
- ADAM-Proteasen
eine Rolle spielen.

Der Tumor beeinflusst das umliegende Gewebe auf komplexe Weise und schafft sich eine unterstützende **Tumormikroumgebung.**

Aus Studentensicht

Aus dem Tumor gelöste Zellen können sich über Blut oder Lymphe im Körper verteilen und ansiedeln (= **Metastasierung**).
Das Einwandern von einzelnen oder mehreren Tumorzellen in ein Gefäß nennt man **Intravasation**, das Austreten an anderer Stelle **Extravasation**.

ABB. 12.3

12.3 Protoonkogene, Onkogene und Tumorsuppressoren

12.3.1 Antreiber und Bremsen des Zellzyklus
Mitogene Signale werden oft durch **Wachstumsfaktoren** vermittelt, die an Rezeptor-Tyrosin-Kinasen binden.

Gene, deren Produkte zellzyklusfördernd wirken, sind **Protoonkogene**. Verlieren sie ihre Regulierbarkeit, werden sie zu **Onkogenen**.
Das daraus resultierende unregulierte Wachstum ist ein **Funktionsgewinn** (Gain of Function), der **dominant** ist und damit bereits auftritt, wenn nur eines der beiden Gene mutiert ist.

Weitere Beispiele für **Protoonkogene** sind
- Überlebensfaktoren
- Steroidhormonrezeptoren
- Anti-apoptotische Faktoren
- Proteine der extrazellulären Matrix

12 KANZEROGENESE: EINE ZELLE GEGEN DEN GANZEN MENSCHEN

Zellen, Granulozyten, Lymphozyten und weiteren Zelltypen besteht. Welche Rolle dabei Entzündungsreaktionen spielen, die vielleicht sogar gezielt ausgelöst werden, um den Tumor zu begünstigen, ist Gegenstand umfangreicher Forschung. Chronische Entzündungen scheinen ebenso Ursache wie Symptom einer Krebsentstehung zu sein. Auch die Tumormikroumgebung ist am Prozess der Metastasierung beteiligt. So können die umgebenden Stromazellen von den Krebszellen dazu angeregt werden, die Proteasen, welche die extrazelluläre Matrix abbauen, verstärkt zu sezernieren.

Bei der **Metastasierung** (➤ Abb. 12.3) treten Karzinomzellen zunächst vom Epithel, aus dem sie stammen, durch die Basalmembran in das umgebende Mesenchym über. Durch Migration breiten sie sich bis zu einem Blut- oder Lymphgefäß aus, in das sie einwandern (= **Intravasation**). An einer anderen Stelle treten sie wieder aus dem Gefäß aus (= **Extravasation**). Dort kolonialisieren sie das neue Gewebe und treffen auf eine neue Mikroumgebung, an die sie noch nicht angepasst sind. Nur wenn die Zellen sich auch dort erfolgreich weiter teilen, kann sich eine Metastase ausbilden. Theoretisch ist eine einzige Zelle dafür ausreichend. Neuere Ergebnisse zeigen allerdings, dass die Tumorzellen möglicherweise auch in kleinen Clustern durch die Gefäße wandern. Die Cluster können polyklonal sein, der Metastase so größere Erfolgschancen geben und die zielgerichtete Therapie erschweren.

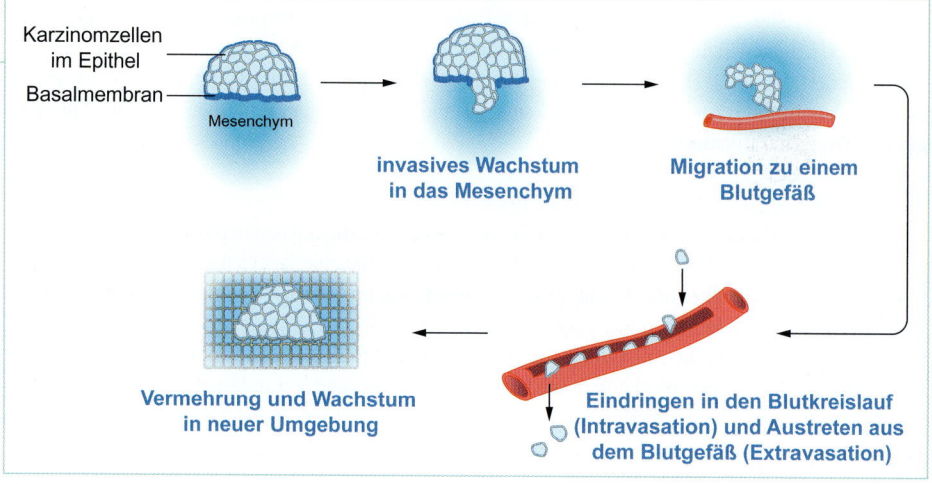

Abb. 12.3 Metastasierung [L138]

12.3 Protoonkogene, Onkogene und Tumorsuppressoren

12.3.1 Antreiber und Bremsen des Zellzyklus

Mitogene Signale, die von außen auf die Zelle einwirken, werden häufig durch Proteinliganden (= **Wachstumsfaktoren**) vermittelt, die an der Zelloberfläche an membranständige **Rezeptor-Tyrosin-Kinasen** (RTK) binden (➤ Abb. 12.4). Durch die Bindung des Wachstumsfaktors dimerisiert der Rezeptor und es kommt zur **Auto-Phosphorylierung** spezifischer Tyrosinseitenketten im Rezeptor. Im phosphorylierten Zustand kann der Rezeptor auf der zytoplasmatischen Seite **Adapterproteine** rekrutieren und **G-Proteine** aktivieren. Diese verstärken das Signal und aktivieren **MAP-Kinase-Kaskaden**, an deren Ende die Aktivierung verschiedener **Transkriptionsfaktoren** steht. Diese lösen schließlich die Zellproliferation durch Vorantreiben des Zellzyklus aus. Auch apoptoseunterdrückende Signalwege können durch das Signal von außen aktiviert werden.

Bei gesunden Zellen treiben die Genprodukte von **Protoonkogenen** diese Signal- und Wachstumskaskaden voran und regulieren den Zellzyklus. Jedes Protoonkogen kann durch Mutation potenziell so verändert werden, dass das zugehörige Protein seine Regulierbarkeit ganz oder teilweise einbüßt. Aus dem Protoonkogen wird ein **Onkogen** (➤ Tab. 12.1). Als Folge gibt das Protein unabhängig davon, ob es tatsächlich ein Signal von außen gegeben hat, ein dauerhaftes Wachstumssignal in der Kaskade weiter und die Zelle **teilt sich** so **unabhängig von Wachstumssignalen**. Dieser Funktionsgewinn (Gain of Function) ist im Regelfall **dominant**. Es reicht also aus, wenn nur eines der beiden Gene einer diploiden somatischen Zelle mutiert ist und das dauerhafte Wachstumssignal weitergibt. Das meist in der Zelle noch vorhandene intakte und regulierbare Protein kann diesen Effekt nicht überstimmen.

Grundsätzlich können die Gene aller Proteine, die direkt oder indirekt an diesen Signalkaskaden beteiligt sind, zu **Onkogenen** werden und so die Ursache für eine unkontrollierte Zellteilung sein. So erklärt sich auch, dass viele Mutationen in einer ganzen Reihe von Krebsarten und in unterschiedlichen Kombinationen zu finden sind, wobei manche bei bestimmten Krebsarten häufiger vorkommen als bei anderen.

Auf ähnliche Art können auch **Überlebensfaktoren** Rezeptor-Tyrosin-Kinasen aktivieren (➤ Tab. 12.2). Nach der Autophosphorylierung werden auch hier meist Kinasen aktiviert, die **anti-apoptotische Signale** auslösen und das Überleben der Zelle sicherstellen (➤ 10.5.5). Auch die Gene von einigen **Steroidhormonrezeptoren** und von **Proteinen** wie den Matrix-Metalloproteasen, die Proteine der **extrazellulären Matrix** abbauen, sind **Protoonkogene**. Bei vielen Mammakarzinomen kann eine Überexpression des

12.3 PROTOONKOGENE, ONKOGENE UND TUMORSUPPRESSOREN

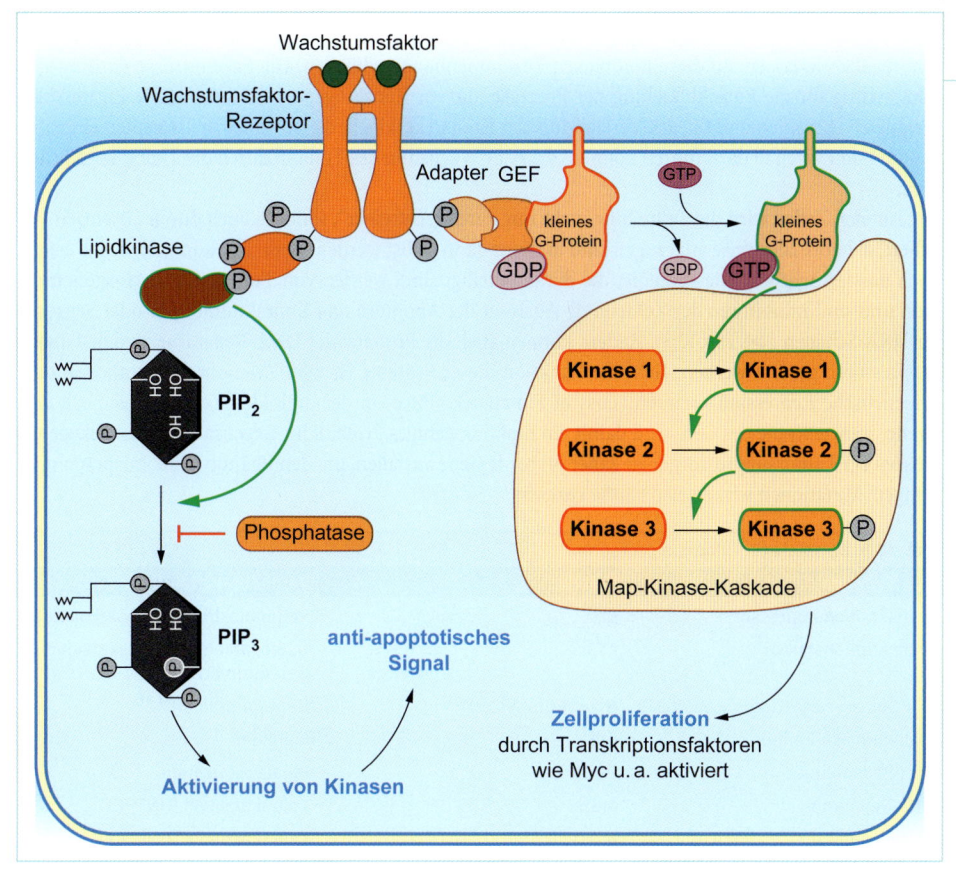

Abb. 12.4 Prinzip proliferativer und anti-apoptotischer Signalwege. Rot umrandete Proteine liegen im inaktiven, grün umrandete im aktiven Zustand vor. [L253]

Tab. 12.1 Proteine aus proliferativen Signalkaskaden, deren Protoonkogene häufig zu Onkogenen mutieren

Typ	Beispiel Protein	Veränderung häufig bei
Wachstumsfaktor	EGF	Leberzellkarzinom
Rezeptor-Tyrosin-Kinase (RTK)	HER2 (EGFR-Familie)	Mammakarzinom
Tyrosin-Kinase	Src, Abl	Leukämien
Kleines G-Protein	Ras	Pankreas-, Lungen-, Ovarialkarzinom u. a.
Serin- oder Threonin-Kinase	Raf	Melanome
Transkriptionsfaktor	Myc	Burkitt-Lymphom, kleinzelliges Lungenkarzinom

Östrogenrezeptors nachgewiesen werden. Der Signalweg des Östrogenrezeptors ist an einer ganzen Reihe von Mechanismen wie Apoptose, Zellzykluskontrolle und Angiogenese beteiligt. Hormonrezeptorantagonisten sind daher wichtige Therapeutika für diese Krebsform (> 12.6.4).

Tab. 12.2 Beispiele für weitere Arten von Onkogenen

Typ	Protein	Veränderung häufig bei
Steroidhormonrezeptoren	Östrogenrezeptor	Mammakarzinom
Anti-apoptotische Faktoren	Bcl-2	Lungenkarzinom u. a.
Proteine der extrazellulären Matrix	Matrix-Metalloproteasen	Vielen metastasierenden Karzinomen

FALL

Frau Fischer hat einen Knoten in der Brust

Bei dem ausführlichen Beratungsgespräch, in dem Frau Fischer das weitere Vorgehen erklärt wird, sind Sie dabei und lernen viel, v. a. über die verschiedenen Therapien, die genau auf den jeweiligen Tumortyp abgestimmt sind. Da Frau Fischers Tumor z. B. nicht positiv für Östrogenrezeptoren ist, ist auch keine Therapie mit dem Östrogenrezeptor-Antagonist Tamoxifen geplant, der nur bei östrogenrezeptorpositiven Tumoren Erfolg verspricht.

Durch intensive Forschung werden immer mehr Signalwege, an denen Protoonkogene beteiligt sind, entschlüsselt. Man weiß heute um ihre gegenseitige Beeinflussung und teilweise Redundanz. Nicht zuletzt die ca. 500 bekannten menschlichen Protein-Kinasen, die in komplexen und miteinander verschalteten Signalwegen über Phosphorylierungen auf die Funktion anderer Proteine wirken und so Wachstums-,

An der Krebsentstehung beteiligte Signale sind vielfältig und zum Teil komplex miteinander verflochten.

Aus Studentensicht

Genprodukte, die das Zellwachstum hemmen, die DNA-Reparatur vermitteln oder Apoptose einleiten, heißen **Tumorsuppressoren**. Mutationen werden häufig **rezessiv** vererbt, da für den Funktionsverlust (Loss of Function) oft beide Kopien eines Gens mutiert sein müssen.

TAB. 12.3

12 KANZEROGENESE: EINE ZELLE GEGEN DEN GANZEN MENSCHEN

Proliferations- und Differenzierungsprozesse, aber auch Prozesse des Stoffwechsels und der Transkription regulieren, lassen auf diese komplexen Zusammenhänge schließen. Die Erkenntnisse darüber sind sehr wichtig für die Entschlüsselung der Prozesse, die zur Kanzerogenese führen, für die Entwicklung geeigneter Therapien und für das Verständnis der Kreuzreaktionen, die mit solchen Therapien einhergehen und im Einzelfall dazu führen können, dass das Wachstum des Tumors durch die Therapie gefördert wird.

In gesunden Zellen wird die Zellteilung nicht nur durch „Antreiber", sondern auch durch „Bremsen" reguliert, die normalerweise angezogen sind und nur dann gelöst werden, wenn alle Kontrollpunkte erfolgreich passiert wurden. Die Proteine, die daran beteiligt sind, werden von **Tumorsuppressorgenen** codiert und sind Inhibitoren der Zellteilung, Auslöser der Apoptose und Kontaktinhibition oder Sensoren für DNA-Schäden (> Tab. 12.3). Zudem können auch die Proteine der DNA-Reparatur zu den Tumorsuppressoren gezählt werden. Geht die Funktion dieser Proteine in einer Zelle durch Mutationen oder epigenetische Repression verloren (Loss of Function), gibt es in der diploiden Zelle immer noch eine zweite, intakte Kopie des Gens und damit ein funktionsfähiges Protein. Im Gegensatz zu den Onkogenen müssen bei Tumorsuppressorgenen daher oft beide Gene ausfallen, um den Phänotyp zur Ausprägung zu bringen. Mutationen wirken also häufig **rezessiv**.

Tab. 12.3 Beispiele für Tumorsuppressoren

Typ/Funktion	Protein	Veränderung häufig bei
Transkriptionsrepressor	Rb	Retinoblastom, Osteosarkom u. a.
Transkriptionsfaktor	p53	Osteosarkom, Mammakarzinom, Gehirntumoren u. a.
GTPase-aktivierendes Protein (GAP)	Neurofibromin, nf1	Neubrofibromatose
Cyclin-Kinase-Inhibitor	p16	Melanom
PIP$_3$-Phosphatase	PTEN	Prostatakarzinom
DNA-Reparatur	MSH2	Kolonkarzinom (HNPPC)
DNA-Reparatur	MLH1	Kolonkarzinom (HNPPC)
Gerüstfunktion in Multiproteinkomplex	APC (Adenomatous Polyposis Coli Protein)	Kolonkarzinom (FAP)
Adhäsionsprotein	DCC (Deleted in Colorectal Cancer)	Kolonkarzinom
E3-Ubiquitin-Ligase	BRCA1	Mamma-, Ovarialkarzinom
DNA-Reparatur	BRCA2	Mamma-, Ovarialkarzinom

12.3.2 Aus Protoonkogenen werden Onkogene

Verschiedene Mechanismen können ein Protoonkogen zu einem Onkogen werden lassen, z. B.
- Überaktivierende Punktmutation
- Deletion von Regulationsdomänen
- Mutation in Promotoren oder Enhancern
- Translokation
- Genamplifikation

Die große Heterogenität der Kanzerogenese ergibt sich aus der Vielzahl der Protoonkogene und ihrer Entartungsmöglichkeiten.

Rezeptor-Tyrosin-Kinase

Die Rezeptor-Tyrosin-Kinasen der HER/ErbB-Familie sind bekannte Protoonkogene. Sie sind in ihrer Wirkung sehr vielfältig und in vielen Tumoren mutiert.

12.3.2 Aus Protoonkogenen werden Onkogene

Es gibt verschiedene **Mechanismen**, wie ein Protoonkogen zum Onkogen werden kann (> Abb. 12.5):
- Punktmutationen, die zu einem überaktiven und unregulierbaren Produkt führen (z. B. RAS)
- Deletion von Regulationsdomänen (z. B. SRC)
- Überexpression durch Mutation im Promotor oder Enhancer (z. B. BCL-2, MYC, EGFR)
- Überexpression durch Insertion eines viralen Promotors (z. B. WNT)
- Translokation eines Protoonkogens vor einen starken Promotor (z. B. MYC)
- Genamplifikation (z. B. EGFR, MYC, MDM2)
- Translokationen, die zu neuen Genprodukten mit veränderten Eigenschaften führen (z. B. ABL)

Die Vielzahl der Protoonkogene sowie die unterschiedlichen Möglichkeiten, wie aus ihnen Onkogene entstehen können, erklären die große Heterogenität der Kanzerogenese und der dabei entstehenden Tumoren. Einige Protoonkogene treten im Zusammenhang mit malignen Tumoren häufig auf und sind schon gut erforscht. Sie dienen u. a. als Ansatzpunkte für die Entwicklung zielgerichteter medikamentöser Therapien (> 12.6.4).

Rezeptor-Tyrosin-Kinasen

Zu den Rezeptor-Tyrosin-Kinasen der epidermalen Wachstumsfaktoren (= HER/ErbB-Familie) gehören vier Typen von Rezeptoren, die Homo- oder Heterodimere bilden können und dadurch eine Autophosphorylierung auslösen (> Abb. 12.6).

Die durch Liganden wie EGF, Hereguline oder TGFα aktivierten Rezeptoren aktivieren sowohl MAP-Kinase-Kaskaden als auch anti-apoptotische Signalkaskaden. Aufgrund der unterschiedlichen Dimerisierungsmöglichkeiten und der Vielzahl ihrer Liganden ergeben sich rund 600 verschiedene Kombinationsmöglichkeiten, über die verschiedene Signale zur Zellteilung, -differenzierung und -migration in die Zelle vermittelt werden können.

In vielen malignen Tumoren sind die Gene dieser Rezeptoren mutiert oder überexprimiert. Dazu zählen u. a. Lungen-, Mamma-, kolorektales, Pankreaskarzinom und Glioblastom. Die Rezeptoren werden sowohl in Epithel- als auch in mesenchymalen und neuralen Zellen ubiquitär exprimiert.

Obwohl HER2 keinen bekannten physiologischen Liganden und HER3 keine Kinasedomäne besitzt, können durch Mutation ihrer Gene dennoch Proteine entstehen, die Signalkaskaden unreguliert auslösen.

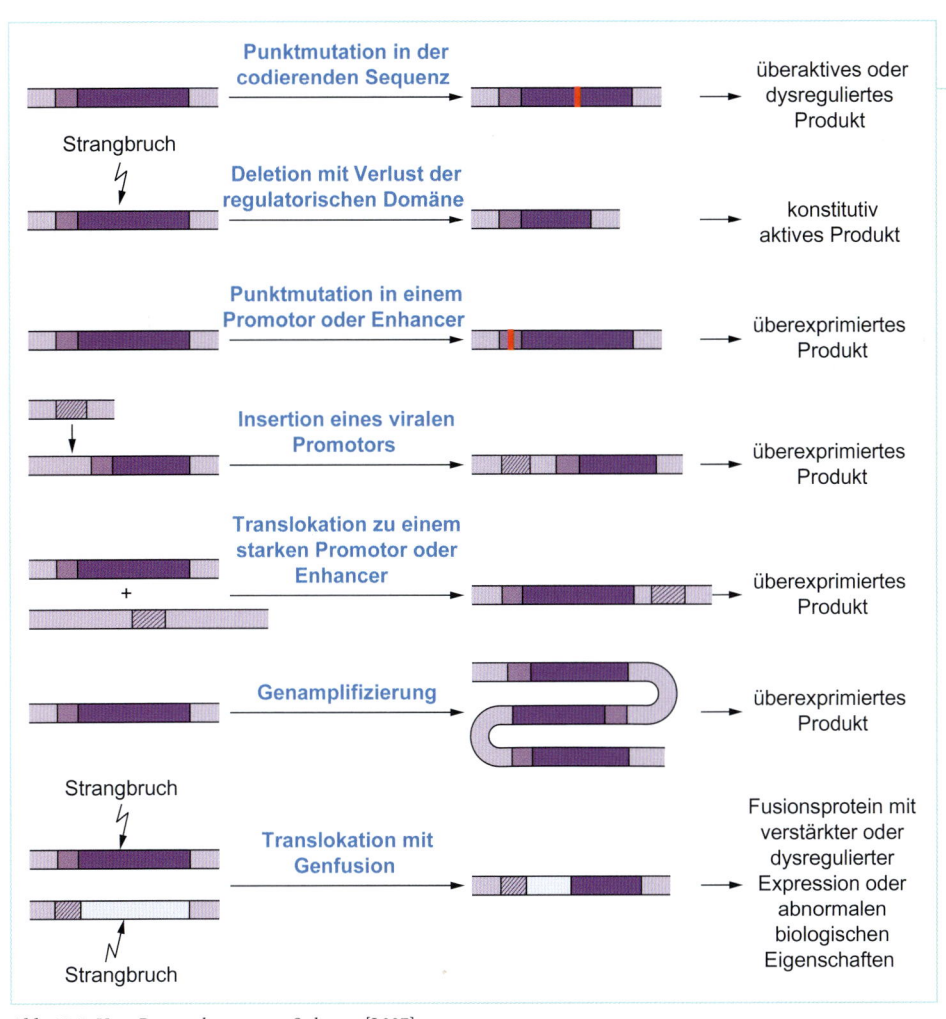

12.3 PROTOONKOGENE, ONKOGENE UND TUMORSUPPRESSOREN

Abb. 12.5 Vom Protoonkogen zum Onkogen [L307]

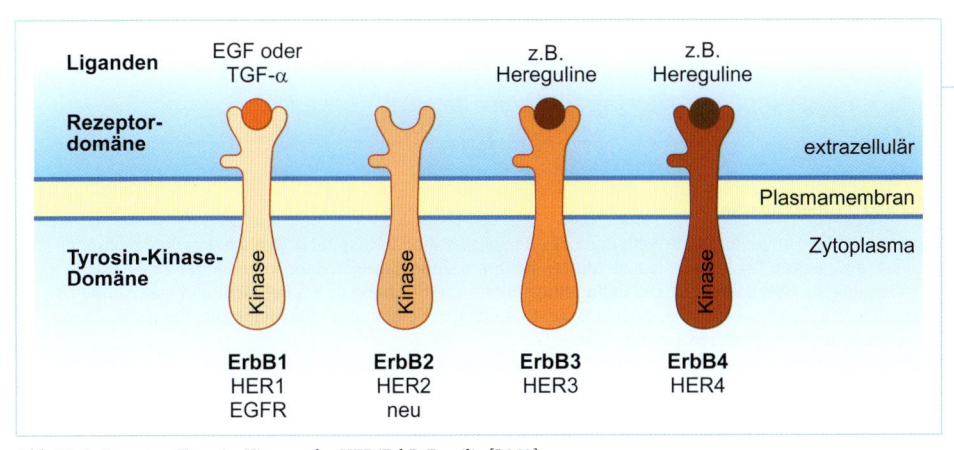

Abb. 12.6 Rezeptor-Tyrosin-Kinasen der HER/ErbB-Familie [L253]

FALL

Frau Fischer hat einen Knoten in der Brust: Brustkrebs

In den nächsten Wochen begleiten Sie Frau Fischer bei der Therapie. Schon vor der Operation und der eigentlichen Chemotherapie bekommt sie eine neoadjuvante (vor der Operation) Chemotherapie mit Trastuzumab (z. B. Herceptin®). Dieser therapeutische Antikörper richtet sich gegen den HER2-Rezeptor, der die Krebszellen von Frau Fischer zu übermäßigem Wachstum antreibt. Dieser HER2-Rezeptor ist in etwa ein Drittel aller Brusttumoren fehlreguliert; nur diese HER2-positiven Patientinnen profitieren von der zielgerichteten Herceptin-Therapie. Oft sind durch Genamplifikation zu viele Rezeptoren vorhanden oder der Rezeptor ist auch ohne Ligandenbindung, also konstitutiv, aktiv. Der Rezeptor aktiviert dann übermäßig die Signalkaskaden, die Gene für Zellteilung aktivieren und die Apoptose unterdrücken, aber auch eine Rolle bei der Angiogenese und Metastasierung spielen. HER2-positive Tumoren wachsen daher oft besonders aggressiv. Frau Fischer hat Glück im Unglück: Bei ihr war der Tumor noch nicht metastasiert. Die Chemotherapie schlägt gut an und dank der Herceptin-Therapie wird ihr Risiko für einen Rückfall verringert. Die Wahrscheinlichkeit, dass sie ihre Kinder aufwachsen sieht, ist hoch.

Aus Studentensicht

RAS-Onkogen

Das mit am häufigsten mutierte Protoonkogen ist **RAS,** ein kleines G-Protein in der Ras-MAP-Kinase-Kaskade. Mutiertes Ras ist **konstitutiv aktiv** und stimuliert dauerhaft die nachfolgenden Kinasen.

ABB. 12.7

MYC: Ein Transkriptionsfaktorgen wird zum Onkogen

MYC ist ein spezifischer **Transkriptionsfaktor,** der u. a. die Transkription von Cyclin D aktiviert und so die Zellproliferation fördert. Eine Überexpression führt zur unkontrollierten Zellteilung.

---

12 KANZEROGENESE: EINE ZELLE GEGEN DEN GANZEN MENSCHEN

RAS-Onkogen

Das kleine, monomere G-Protein Ras vermittelt u. a. Signale des EGF-Rezeptors (Epidermal Growth Factor Receptor; EGFR, ErbB1, HER1) und löst MAP-Kinase-Kaskaden aus. Der Mensch hat drei verschiedene RAS-Proteine: K-ras, H-ras und N-ras. Durch das Signal des Rezeptors vermittelt SOS, ein Guaninnukleotid-Austauschfaktor, den Austausch von GDP gegen GTP. Es kommt zu einer **Konformationsänderung im RAS-Protein,** die es ihm erlaubt, an Zielproteine zu binden und diese zu aktivieren. Das Signal wird wieder abgeschaltet, indem Ras das gebundene GTP hydrolysiert und es so in seine inaktive Konformation zurückgeführt wird (> Abb. 12.7). Diese intrinsische GTPase-Aktivität kann zusätzlich durch verschiedene GTPase-aktivierende Proteine (GAP) stimuliert werden.

Mutationen, welche die GTPase-Aktivität von Ras oder die Funktion der GTPase-aktivierenden Proteine inhibieren und so das Abschalten des Signalwegs verhindern, finden sich in vielen malignen Tumoren. Ras aktiviert viele verschiedene Zielproteine, darunter PI3 K (= Kinasen, die u. a. anti-apoptotische Signale auslösen), PLC-ε (= Phospholipase, welche die Second Messenger DAG und IP_3 erzeugt) und auch B-Raf (= MAP-KKK). Durch die Vielzahl der Signalwege, die Ras reguliert, werden durch eine Mutation nicht nur die Zellteilung, sondern auch Zelldifferenzierung, Zellwanderung, Vermeidung von Apoptose und Angiogenese fehlreguliert. Damit können durch die Mutation eines einzelnen Gens viele Voraussetzungen für die maligne Transformation einer Zelle erfüllt sein. Mutierte RAS-Gene finden sich daher in vielen malignen Tumoren.

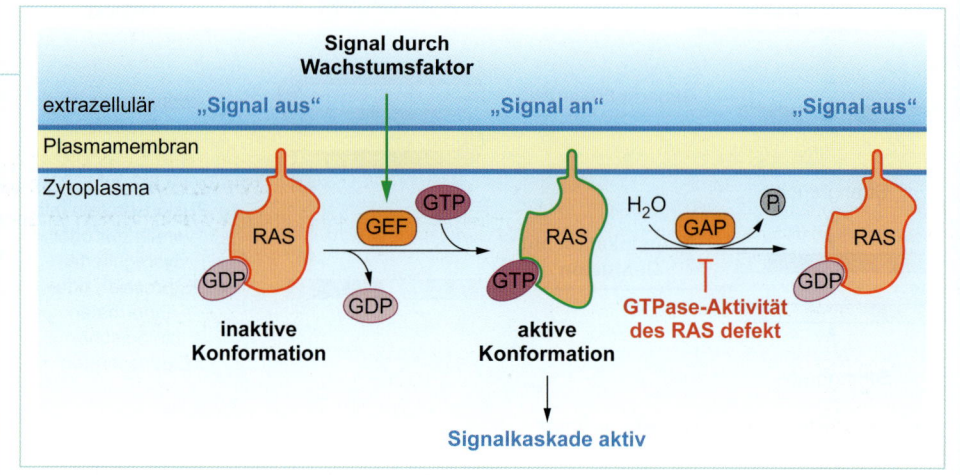

Abb. 12.7 RAS als Onkogen [L307]

MYC: Ein Transkriptionsfaktorgen wird zum Onkogen

> **FALL**
>
> **Ola und die Riesenbacke**
>
> Ihre 4-wöchige Famulatur in der Ambulanz des Kenyatta National Hospital in Kenia hat gerade begonnen. Bereits am zweiten Tag lernen Sie eine Mutter mit ihrem siebenjährigen Sohn kennen, der eine riesige Schwellung am Unterkiefer hat. Die Behandlung mit Antibiotika habe nichts gebracht und man könne zuschauen, wie die Backe wachse, berichtet sie. Es stellt sich heraus, dass der kleine Ola einen der aggressivsten, schnell wachsenden Tumoren hat.
> Um was für einen Tumor handelt es sich? Wie kommt es zum aggressiven Wachstum?

MYC ist ein spezifischer Transkriptionsfaktor (> Abb. 12.8), dessen Expression u. a. über die EGF-Signalkaskade und den Wnt-Signalweg aktiviert werden kann. Es bindet die DNA als Heterodimer mit Protein Max. Dies führt zur Transkription von CYCLIN D und vielen weiteren Genen und damit zum Voranschreiten des Zellzyklus. Eine Überexpression von MYC bewirkt daher eine verstärkte Zellproliferation. Die Überexpression von MYC kann entweder durch die Fehlregulation eines beliebigen weiter oben in der Signalkaskade agierenden Proteins oder durch Mutationen im MYC-Protoonkogen selbst ausgelöst werden. So können krebsassoziierte Veränderungen im Promotor, aber auch Punktmutationen im Protein selbst beobachtet werden, die seinen Abbau verlangsamen. MYC ist ein typisches Beispiel für ein Protoonkogen, das immer dann zum Onkogen wird, wenn Mutationen zu einer erhöhten Menge an Protein führen. In den seltensten Fällen wird seine eigentliche Funktion verändert.

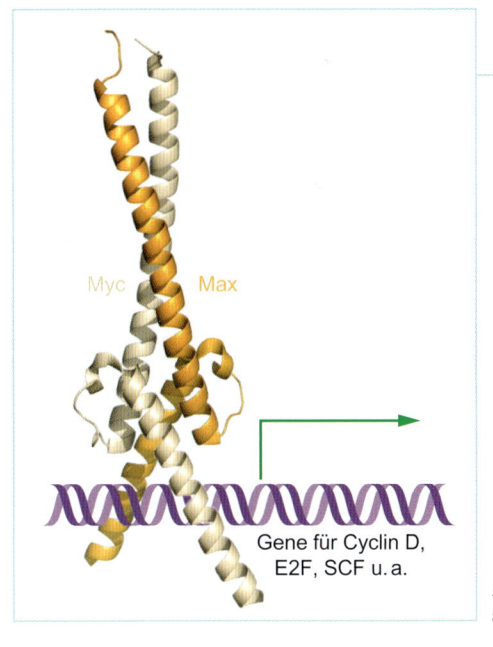

12.3 PROTOONKOGENE, ONKOGENE UND TUMORSUPPRESSOREN

Abb. 12.8 Struktur des Transkriptionsfaktors MYC und seines Interaktionspartners Max [P414]

Aus Studentensicht

ABB. 12.8

FALL

Ola und die Riesenbacke: Burkitt-Lymphom

Ola hat ein Burkitt-Lymphom. Dabei gerät das normalerweise streng kontrollierte MYC-Gen durch eine Chromosomentranslokation (8;14) unter den Einfluss des starken Enhancers der Antikörpergene (> 12.4.1). Die starke und unkontrollierte Expression von MYC führt zu einem ungebremsten Zellwachstum. Da der Enhancer für Antikörper in erster Linie in B-Zellen aktiviert wird, ist das Burkitt-Lymphom ein Tumor der B-Zellen.

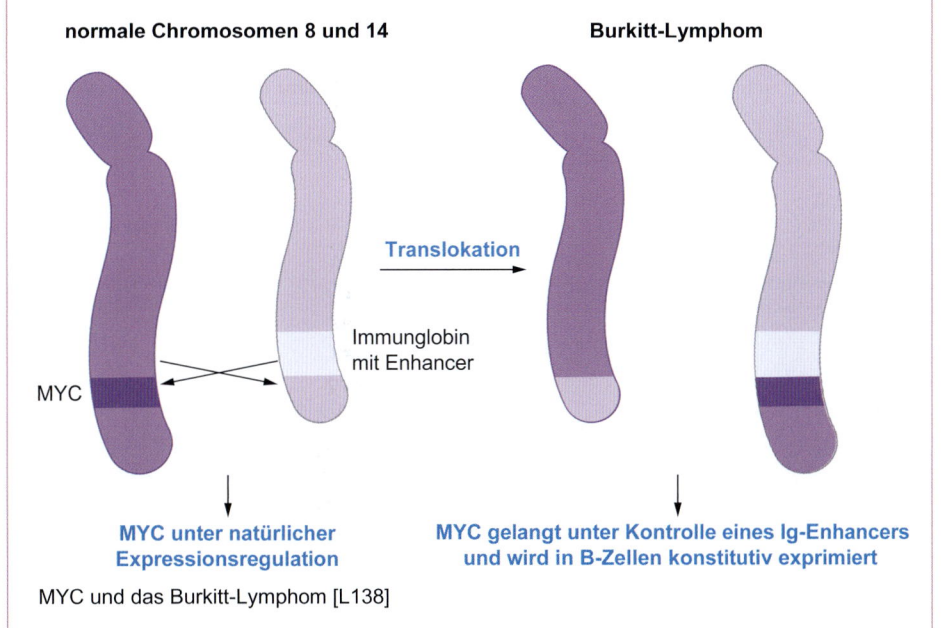

MYC und das Burkitt-Lymphom [L138]

Der kleine Ola bekommt über die nächsten Wochen eine starke Chemotherapie in Kombination mit Rituximab, einem gegen ein Oberflächenprotein der B-Zellen gerichteten Antikörper. Am Ende Ihrer Famulatur sehen Sie den kleinen Ola wieder. Sein Gesicht sieht schon wieder fast normal aus und er hat ein breites Lachen im Gesicht. Das Burkitt-Lymphom gehört zwar zu den aggressivsten, aber auch zu den am besten therapierbaren Tumoren. Gerade weil sich die Zellen so rapide teilen, wirken auch die Therapien, die speziell auf sich teilende Zellen abzielen, beim Burkitt-Lymphom so gut und die Heilungsrate liegt bei 80 %.

12.3.3 Tumorsuppressoren

Das Vererbungsmodell für Tumorsuppressorgene wurde als **Two-Hit-Hypothese** am Gen des **Retinoblastomproteins** (Rb) erarbeitet. Rb nimmt in der Zelle vielfältige Aufgaben bei der Kontrolle und Hemmung des Zellzyklus wahr. Auch bei der Auslösung der Apoptose spielt es eine Rolle und hemmt am G1/S-Restriktionspunkt die Transkription der Cycline, die für die Einleitung der S-Phase mitverantwortlich sind, indem es den Transkriptionsfaktor E2F blockiert (> 10.4.2). Es hat über 10 konservierte Phosphorylierungsstellen für CDKs, die zu unterschiedlichen Konformationen führen und so die Bindung an Zielproteine erlauben oder verhindern. Ist dieses Phosphorylierungsmuster gestört, kann Rb seine Funktion nicht korrekt ausführen. Das ist in einem hohen Prozentsatz verschiedener Tumoren der Fall. Ist das

12.3.3 Tumorsuppressoren

Das **Retinoblastomprotein** (Rb) ist ein wichtiger **Tumorsuppressor,** der u. a. den Übergang der Zelle von der G1- in die S-Phase reguliert. Verliert es seine Funktionalität, läuft der Zellzyklus unkontrolliert ab.
An ihm wurde die Vererbung von Tumorsuppressoren studiert.

Aus Studentensicht

Two-Hit-Hypothese: Zur sporadischen Ausbildung eines Retinoblastoms (bösartiger Netzhauttumor) sind genau **zwei Mutationen** (= Hits) notwendig. Liegt bereits eine Keimbahnmutation vor, reicht eine weitere Mutation zur Transformation.

ABB. 12.9

KLINIK

Im Allgemeinen beschreibt die Two-Hit-Hypothese die rezessive Vererbung von Tumorsuppressorgenen.

p53: Der Wächter des Genoms versagt

p53 ist ein spezifischer **Transkriptionsfaktor,** der bei DNA-Schäden u. a. Cyclin-Kinase-Inhibitoren und pro-apoptotische Proteine aktivieren kann. Es ist der am **häufigsten mutierte Tumorsuppressor,** der bei Krebszellen beobachtet wird.

Rb-Gen deletiert, wird der Zellzyklus ebenfalls dauerhaft aktiviert, da zum einen die Kontrolle am G1/S-Restriktionspunkt des Zellzyklus entfällt und es zum anderen zur Überexpression des EGF-Rezeptors und von Myc kommt.

Das **Retinoblastom** ist ein bösartiger Tumor der Netzhaut, der im frühen Kindesalter und selten nach dem 5. Lebensjahr auftritt. Statistische Berechnungen ergaben, dass genau zwei somatische Mutationen (Hits) für das sporadische Auftreten (ohne erbliche Vorbelastung) eines Retinoblastoms nötig sind. Nur eine zusätzliche Mutation ist nötig, wenn bei heterozygoten Trägern bereits eine Mutation in der Keimbahn vorliegt (= genetische Prädisposition). Auch hier sind in Summe also zwei Mutationen nötig. Bei Kindern mit genetischer Prädisposition wurde zudem mit einer gewissen Wahrscheinlichkeit das Auftreten eines Retinoblastoms in beiden Augen beobachtet, während dieser Fall ohne genetische Prädisposition nicht gezeigt werden konnte (> Abb. 12.9). Die Wahrscheinlichkeit, dass Mutationen in beiden Kopien des RB-Gens zufällig und unabhängig in Zellen beider Augen auftreten, ist vermutlich zu gering. Aus diesen Beobachtungen und Berechnungen wurde die **Two-Hit-Hypothese** aufgestellt. Später konnte gezeigt werden, dass die beiden Mutationen die homologen Gene, die für das Rb-Protein codieren, betreffen.

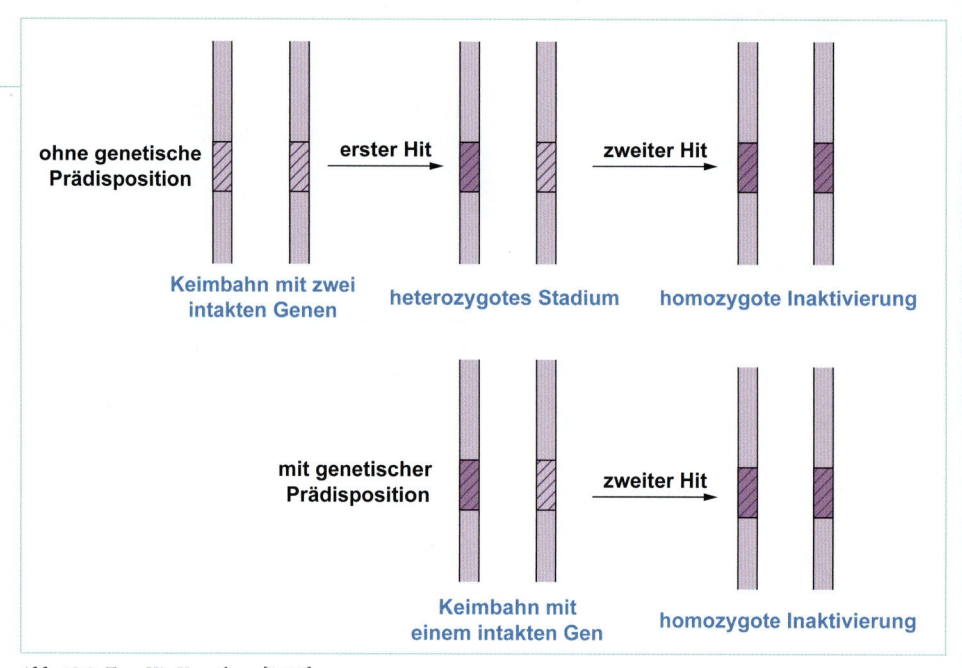

Abb. 12.9 Two-Hit-Hypothese [L138]

KLINIK

Retinoblastom

Das Retinoblastom ist ein Sonderfall, da die fetalen Retinoblasten nur in einem kurzen Zeitfenster existieren, bevor sie sich in retinale Fotorezeptoren und Neuronen differenzieren. So lässt es sich erklären, dass diese Krebsart selbst bei einer Keimbahnmutation des so wichtigen RB-Gens fast ausschließlich im Kindesalter vorkommt.
Für die Entstehung vieler anderer Krebsarten müssen mehr als zwei Mutationen, meist auch in Genen für unterschiedliche Proteine, auftreten. Nichtsdestoweniger haben die Träger einer RB-Keimbahnmutation eine stark erhöhte Wahrscheinlichkeit, im Laufe ihres Lebens auch an einem malignen Tumor eines anderen Gewebes zu erkranken.

Die Two-Hit-Hypothese dient heute der Beschreibung der **rezessiven Vererbung** der **Tumorsuppressorgene** und ist ein vereinfachendes Modell, um die unterschiedliche Genetik von Onkogenen und Tumorsuppressoren zu erklären (> Abb. 12.10). Sie trifft auf viele Tumorsuppressorgene zu, bei denen erst der Verlust oder Defekt der zweiten Genkopie (Loss of Heterozygosity) zum vollständigen Verlust der Funktion des Tumorsuppressor-Proteins führt. In manchen Fällen kann es aufgrund der tatsächlichen zellulären Zusammenhänge, in denen das Protein wirkt, aber auch zur dominanten Vererbung kommen.

p53: Der Wächter des Genoms versagt

p53 ist ein **Transkriptionsfaktor,** der u. a. die Expression von Cyclin-Kinase-Inhibitoren wie p21 und pro-apoptotischen Proteinen wie Bak und Bax aktiviert (> 10.5.4). Im Falle eines DNA-Schadens wird p53 verstärkt phosphoryliert und vor Abbau geschützt. So wird ein Zellzyklusarrest erreicht, der zur Reparatur oder, wenn der Schaden fortbesteht, zur Einleitung der Apoptose genutzt werden kann.

Das Gen für p53 gehört zu den am **häufigsten mutierten Genen** in malignen Tumoren. Inaktivierende Mutationen von p53 findet man in fast allen Krebstypen, wobei meistens die DNA-Bindedomäne des p53

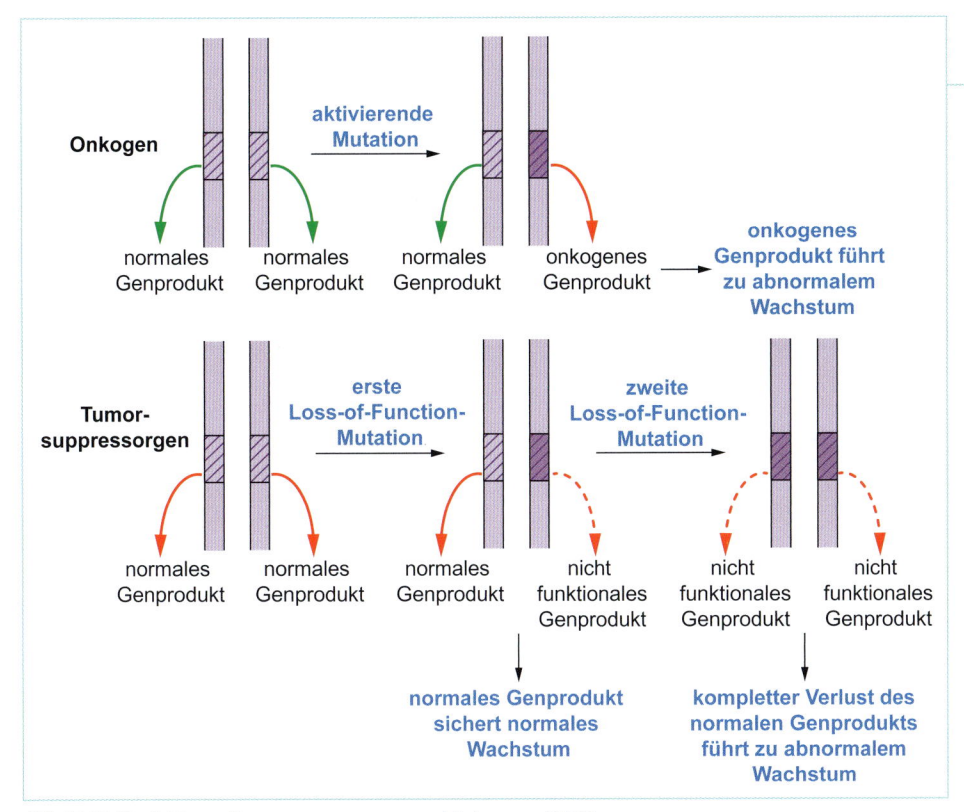

12.3 PROTOONKOGENE, ONKOGENE UND TUMORSUPPRESSOREN

Abb. 12.10 Vergleich von Tumorsuppressorgenen und Onkogenen [L138]

betroffen ist. Dadurch kann zum einen der Zellzyklus weniger effizient kontrolliert werden und zum anderen können Zellen mit den unterschiedlichsten Mutationen überleben, die im Falle eines intakten p53-Proteins abgetötet worden wären. Aufgrund des homotetrameren Aufbaus von p53 können sich schon Mutationen in nur einem Gen von p53 auswirken.

Kolorektales Karzinom: Mutationen in APC und im Wnt-Signalweg

FALL

Frank hat Darmpolypen

Bei einer Famulatur in der Inneren Medizin dürfen Sie bei der Koloskopie (Darmspiegelung) des 18-jährigen Frank zusehen. Sein Kolon ist mit Hunderten von Polypen übersät. Der Internist eröffnet ihm, dass es besser wäre, wenn ihm bald der ganze Dickdarm entfernt würde, da die Entwicklung von Karzinomen aus den Polypen sicher stattfinde. Frank ist verzweifelt.

Darmspiegelung: Dickdarmschleimhaut mit zahlreichen Polypen [E1001]

Wieso wachsen die Polypen in Franks Darm so schnell? Warum werden daraus ziemlich sicher Tumoren entstehen?

Der **Wnt-Signalweg** ist ein zentraler Signalweg, der die Zellproliferation während der Embryonalentwicklung, aber auch bei der Regeneration der Dickdarmschleimhaut steuert (➤ 28.1.2). Gene, die für verschiedene Proteine dieses Signalweges codieren, sind in einer Vielzahl von menschlichen Krebsarten mutiert. **Wnt** ist ein sekretiertes Glykoprotein, das durch Bindung an die extrazelluläre Domäne von Frizzled, einem G-Protein-gekoppelten Rezeptor, das Protein Dishevelled (Dvl) aktiviert, das wiederum die Phosphorylierung von β-Catenin hemmt (➤ Abb. 12.11). Ohne Phosphorylierung wird **β-Catenin** nicht zum Abbau markiert, akkumuliert und aktiviert die Transkriptionsfaktoren der LEF/TCF-Familie. Dadurch wird die Transkription von Genen, deren Produkte für die Zellproliferation verantwortlich sind, u. a. **MYC** und **CYCLIN D,** aktiviert. β-Catenin steuert darüber hinaus über Interaktion mit E-Cadherin auch Prozesse der **Zelladhäsion** und hat viele weitere Funktionen.

Aus Studentensicht

ABB. 12.10

Kolorektales Karzinom: Mutationen in APC und im Wnt-Signalweg

Der **Wnt-Signalweg** spielt eine wichtige Rolle bei der Embryonalentwicklung. **Wnt** bindet an einen G-Protein-gekoppelten Rezeptor und sorgt in einer Signalkaskade dafür, dass die Konzentration von β-Catenin steigt. **β-Catenin** aktiviert die Transkription von zellproliferativen Genen wie **MYC** oder **CYCLIN D** und hat Einfluss auf die **Zelladhäsion**.

Aus Studentensicht

Ohne Wnt wird β-Catenin durch einen Komplex, der u. a. GSK3β und APC enthält, **phosphoryliert** und abgebaut.

ABB. 12.11

12 KANZEROGENESE: EINE ZELLE GEGEN DEN GANZEN MENSCHEN

Ohne Wnt-Signal wird die β-Catenin-Menge in der Zelle gering gehalten. Es liegt in einem Komplex mit **APC und Axin** vor und wird in diesem **Inaktivierungskomplex** durch die **Casein-Kinase 1 (CK1) und** die **Glykogen-Synthase-Kinase 3β (GSK3β)** phosphoryliert und anschließend dem Abbau durch das Proteasom zugeführt. Die Proteine dieses Komplexes sind Tumorsuppressoren. Sind sie durch Mutation in ihrer Funktion beeinträchtigt, entfällt ihre hemmende Wirkung und es kommt u. a. zur Aktivierung der β-Catenin-abhängigen Gen-Expression und damit zur unkontrollierten Zellteilung.

Abb. 12.11 Wnt-Signalweg und APC. **a** Phosphorylierung und Abbau von β-Catenin. **b** Durch das Wnt-Signal werden die Zielgene des β-Catenins transkribiert. (E-Cad = E-Cadherin, β-Cat = β-Catenin, LEF/TCF = Familien von Transkriptionsfaktoren). [L307]

FALL

Frank hat Darmpolypen: FAP (familiäre adenomatöse Polyposis)

Frank leidet an einer familiären adenomatösen Polyposis (FAP), einer autosomal-dominant vererbten Erkrankung, bei der das APC-Gen mutiert ist und deshalb die β-Catenin-Menge nicht mehr korrekt kontrolliert wird. Ein Anstieg von β-Catenin sorgt für ein unkontrolliertes Zellwachstum, das für die große Zahl der Polypen (= Adenome) in Franks Kolon verantwortlich ist. Frank hat die Mutation wohl von seinem Vater, zu dem er kaum Kontakt hatte, der aber früh an Darmkrebs starb, geerbt. Im Laufe der Jahre sammeln die Zellen weitere Mutationen an, die dann in einem Mehrschrittprozess schließlich zur Entstehung eines Karzinoms führen. Viele verschiedene Tumorsuppressorgene und Onkogene, wie die von P53 oder RAS, können dazu beitragen.

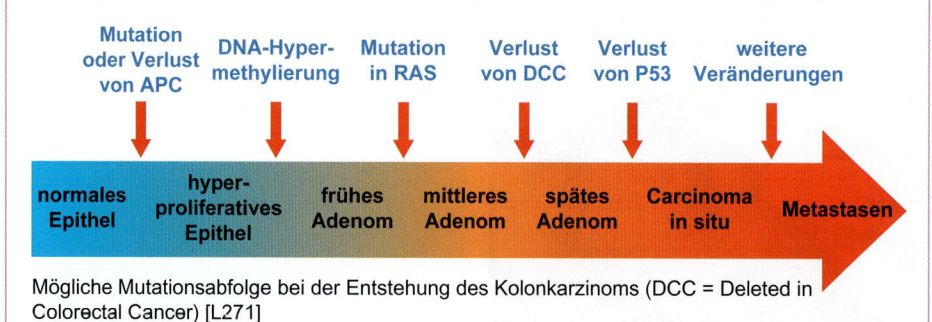

Mögliche Mutationsabfolge bei der Entstehung des Kolonkarzinoms (DCC = Deleted in Colorectal Cancer) [L271]

Um das Risiko der Entstehung von Karzinomen aus den Polypen auszuschalten, wird bei Frank der gesamte Dickdarm entfernt. Dank dieser OP kann er danach, bis auf die jährlichen Nachsorgeuntersuchungen, ein weitgehend unbeeinträchtigtes Leben führen.

DNA-Reparatursysteme fallen aus

Sind Gene der **DNA-Reparatur** mutiert, häufen sich Mutationen an und es kommt zur genomischen Instabilität. Dadurch steigt die Wahrscheinlichkeit für Mutationen in Tumorsuppressorgenen und Protoonkogenen.

DNA-Reparatursysteme fallen aus

Defekte in den Genen, die für die Proteine der DNA-Reparatursysteme codieren, führen zu einem Anhäufen von Mutationen in der DNA und zu **genomischer Instabilität.** Dies erhöht die Wahrscheinlichkeit, dass Protoonkogene zu Onkogenen mutieren oder weitere Tumorsuppressoren durch Mutation ausfallen. Mutationen, die den Zellen einen Wachstumsvorteil bringen, werden dann positiv selektiert und weitervererbt.

Mutationen in den Komponenten der Nukleotidexzisionsreparatur (NER) führen zu einer Anhäufung von UV-Schäden in den Zellen der Haut und zur Entwicklung von Hautkrebs im Kindesalter (Xeroderma pigmentosum). Kinder, die an dieser autosomal-rezessiv vererbten Krankheit leiden, dürfen nicht mehr ans Tageslicht und sind daher auch als „Mondscheinkinder" bekannt (> 11.3.3).

In malignen Tumoren, in denen die Gene, die für MSH2 und MLH1 codieren, mutiert sind, ist die Fehlpaarungsreparatur (Mismatch Repair, MMR) defekt (> 11.3.4). Die Mutationen werden autosomal-dominant vererbt und führen zum hereditären nicht-polypösen kolorektalen Karzinom (HNPCC), dem sog. Lynch-Syndrom.

> **KLINIK**
>
> **Hereditärer Brustkrebs**
>
> Anders als bei Frau Fischer, die eine sporadische Brustkrebserkrankung hat und damit zu den 90–95 % der Patientinnen gehört, deren Erkrankung keine erbliche Komponente zugrunde liegt, kann in 5–10 % der Fälle eine autosomal-dominant vererbte Prädisposition nachgewiesen werden. Ein Großteil dieser hereditären Erkrankungen ist auf Mutationen in den Genen BRCA1 und BRCA2 zurückzuführen. Sie wurden durch genetische Studien bei Brustkrebspatientinnen entdeckt und danach benannt (*Breast Ca*ncer). Je nach Art der Mutation und Auswahl der betrachteten Familien liegt das Risiko, dass eine heterozygote Trägerin der Mutation in ihrem Leben erkrankt, bei 40–87 % für BRCA1-Mutationen und 18–88 % für BRCA2-Mutationen. Die beiden Proteine BRCA1 und BRCA2 sind strukturell nicht miteinander verwandt, spielen aber beide eine zentrale Rolle bei der Erkennung und Reparatur von Doppelstrangbrüchen (> 11.3.5). BRCA1, ein sehr großes Multidomänenprotein, hat u. a. eine Ubiquitin-E3-Ligase-Domäne. Es ist an einer Vielzahl von zellulären Prozessen wie Zellzyklus-Checkpoint-Kontrolle bei DNA-Schäden, Transkriptionskontrolle und Chromatin-Umordnungen beteiligt. BRCA2 bindet die DNA-Rekombinase Rad51 und rekrutiert sie zum DNA-Schaden. Mutationen in den beiden Genen erhöhen die Wahrscheinlichkeit für weitere DNA-Schäden und beschleunigen den Mehrschrittprozess hin zum malignen Tumor.

12.4 Viren und Bakterien als Karzinogene

12.4.1 Tumorviren

Schon Anfang des letzten Jahrhunderts fanden Forscher Hinweise darauf, dass Viren in Tieren Krebs auslösen können. Insgesamt aber blieben, nicht zuletzt wegen des extrem schwierigen Nachweises der Viren, viele Zweifel, ob es auch beim Menschen onkogene Viren gibt. Ein groß angelegtes Forschungsprogramm zum Nachweis von menschlichen Tumorviren in den 1980er-Jahren brachte wenig konkrete Zusammenhänge und die gesuchten Tumorviren wurden teilweise als „Rumour-Viren" verhöhnt.

Seither konnte jedoch die Mitwirkung von Viren bei der Entstehung einiger Tumoren bewiesen (> Tab. 12.4) und konnten verschiedene Mechanismen der **virusbedingten Transformation** aufgeklärt werden:
- Ein Protoonkogen gelangt aufgrund der Virusinfektion unter die Kontrolle eines starken Promotors und wird überexprimiert.
- Das Virus greift in die Regulation des Zellzyklus ein, um seine Vermehrung zu fördern.
- Ein virales Onkogen integriert sich in das Zellgenom.

Tab. 12.4 Beispiele für krebsauslösende Viren bei Menschen

Familie	Virus	Erkrankung
Herpesviren	Epstein-Barr-Virus (EBV)	Burkitt-Lymphom, Nasopharynxkarzinom, Hodgkin-Lymphom
Herpesviren	Humanes Herpesvirus 8 (HHV8)	Kaposi-Sarkom bei HIV-Infizierten
Hepadnaviren	Hepatitis-B-Virus (HBV)	Leberzellkarzinom
Flaviviren	Hepatitis-C-Virus (HCV)	Leberzellkarzinom
Papillomaviren	Humanes Papillomavirus (HPV)	Gebärmutterhalskrebs
Retroviren	Human T-Cell-Leukemia-Virus (HTLV-1)	Leukämie

Intaktes Protoonkogen trifft auf neuen Promotor

Das **Epstein-Barr-Virus** befällt B-Zellen (> 16.2). Im Zuge der Infektion kann es im Zusammenspiel mit weiteren – noch unaufgeklärten – Faktoren zu **Chromosomentranslokationen** zwischen Chromosom 8 und Chromosom 14 kommen (> 12.3.2). Dabei gerät das **MYC-Onkogen,** das auf Chromosom 8 liegt, unter die Kontrolle eines Promotors für die schwere Kette eines IgG und wird so konstitutiv exprimiert. Dadurch kommt es zu unregulierten Zellteilungen und u. U. zur Ausbildung eines **Burkitt-Lymphoms.** Auch Translokationen zwischen dem MYC-Genlocus und den Chromosomen 2 oder 22 wurden in Verbindung mit Epstein-Barr-Virus-Infektionen beobachtet. Allein eine Infektion mit dem Epstein-Barr-Virus bedingt jedoch noch nicht zwingend die Ausbildung eines malignen Tumors. Die Assoziation ist auf Äquatorialafrika beschränkt, weshalb die Begünstigung dieses Mechanismus durch weitere Erreger diskutiert wird. Das Burkitt-Lymphom tritt auch ohne nachweisbare EB-Virus-Infektionen auf, wenn auch sehr viel seltener.

Bei der **Integration von Retroviren** in das Genom können deren meist starke Promotoren und Enhancer, die in den LTR-Elementen (Long Terminal Repeat Element) liegen (> 14.2.6), ebenfalls die Expression von verschiedenen zellulären Proteinen beeinflussen. Während die retroviralen Promotoren auf zelluläre Gene in unmittelbarer Nachbarschaft wirken, können die Enhancer Gene, die in weiterer Entfernung und in beiden Richtungen vom Enhancer liegen, beeinflussen. Kommt es dadurch zur verstärkten Expression von Protoonkogenen, wird die Entwicklung eines malignen Tumors ebenfalls begünstigt (> Abb. 12.12).

Aus Studentensicht

KLINIK

12.4 Viren und Bakterien als Karzinogene

12.4.1 Tumorviren

Viren stehen schon länger in Verdacht, Krebs auslösen zu können. Die virusbedingte Transformation zu Krebszellen erfolgt z. B. durch:
- Kontrolle eines Protoonkogens durch einen starken Viruspromotor
- Eingriff des Virus in die Zellzykluskontrolle
- Integration von viralen Onkogenen in das Zellgenom

TAB. 12.4

Intaktes Protoonkogen trifft auf neuen Promotor

Das **Epstein-Barr-Virus** begünstigt **Chromosomentranslokationen** (8:14) in B-Zellen. Dadurch gelangt das MYC-Gen unter die Kontrolle eines starken IgG-Promotors und wird überexprimiert. Folge kann die Entartung zu einem **Burkitt-Lymphom** sein.

Retroviren können starke Promotoren in das Zellgenom einbauen und so die Expression von Proteinen beeinflussen.

Aus Studentensicht

ABB. 12.12

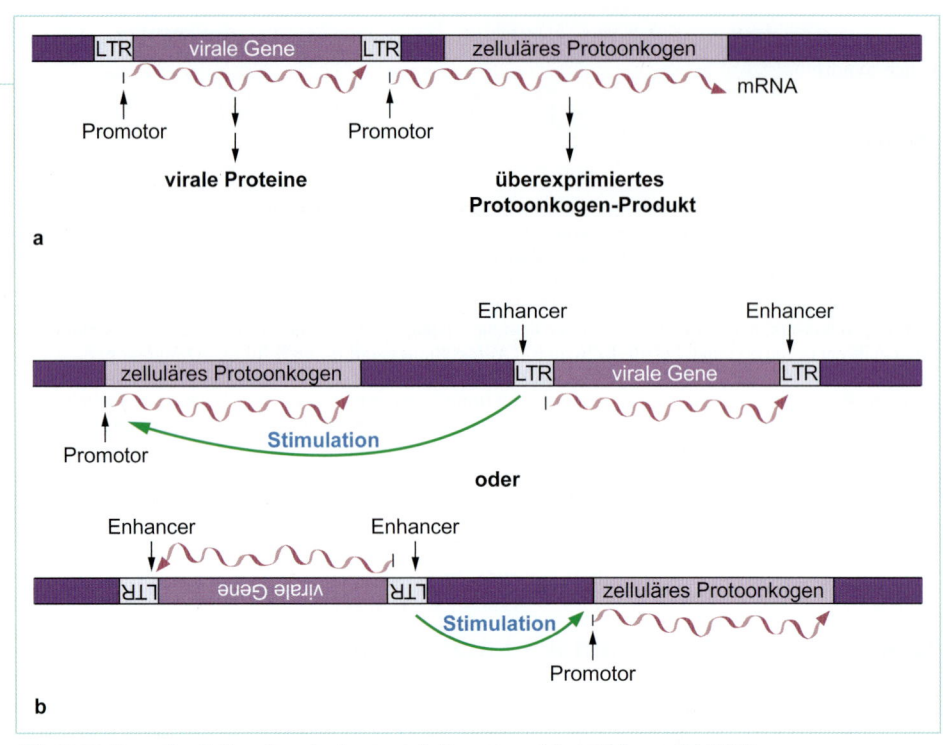

12 KANZEROGENESE: EINE ZELLE GEGEN DEN GANZEN MENSCHEN

Abb. 12.12 Kontrolle zellulärer Gene durch retrovirale Promotoren (**a**) und Enhancer (**b**) [L138]

> **FALL**
>
> **Ola und die Riesenbacke: Burkitt-Lymphom durch Epstein-Barr in Afrika**
>
> Der kleine Ola ist ein typisches Beispiel für das endemische Burkitt-Lymphom aus dem tropischen Afrika. Vermutlich entsteht der Tumor durch einen mehrstufigen Prozess, bei dem sowohl eine die B-Zellen befallende Epstein-Barr-Virus-Infektion stattfindet als auch eine Co-Infektion mit Malaria, die durch Störung der T-Zell-Population die Proliferation von B-Zell-Klonen begünstigt.

Viren manipulieren die Zellzykluskontrolle

Viele Viren können sich nur in teilenden Zellen vermehren. Sie aktivieren daher den Zellzyklus der Wirtszelle und unterdrücken die Apoptose. Ein Beispiel ist das **humane Papillomavirus** (HPV), das **p53** und **Rb** in seinen Wirtszellen inaktiviert. Das E7-Protein des Virus hemmt Rb und zwingt die Zelle in die S-Phase. E6 bewirkt den Abbau von p53 und verhindert die Apoptose.

Viren manipulieren die Zellzykluskontrolle

Um sich effizienter vermehren zu können, aktivieren manche Viren den Zellzyklus der Wirtszelle. Dadurch stehen ihnen mehr Ressourcen für die eigene Vermehrung und Verbreitung zur Verfügung. Viren **aktivieren den Zellzyklus** dabei analog den zellulären Mechanismen der Krebsentstehung und **hemmen die Apoptose**. 25 Jahre nach der Identifizierung des **humanen Papillomavirus** (HPV) als Auslöser von Gebärmutterhalskrebs erhielt der deutsche Mediziner Harald zur Hausen 2008 für diese Entdeckung den Nobelpreis. Das HPV exprimiert in der frühen Phase der Infektion Gene (Early Genes), die für das E7- und E6-Protein codieren. Ihre Funktion ist die **Inaktivierung** der beiden Tumorsuppressor-Proteine **Rb** und **p53.**

E7 bindet und hemmt Rb und erzwingt so den Eintritt der Wirtszelle in die S-Phase. Zudem interagiert es mit Histon-Deacetylasen (HDAC1) und sorgt so für die Aktivierung der Transkription verschiedener Gene. E6 interagiert mit der zellulären E3-Ubiquitin-Ligase E6AP und sorgt dadurch für Ubiquitinierung und proteasomalen Abbau von p53. Durch das Ausschalten von p53 entsteht eine genomische Instabilität, wie sie für mit dem HPV assoziierte Transformationen typisch ist (➢ Abb. 12.13).

> **FALL**
>
> **Krebs mit 28: Zervixkarzinom**
>
> Erinnern wir uns an Anne Gassner (➢ 10.4), die durch eine Infektion mit dem HPV eine Präkanzerose am Muttermund (Zervix) entwickelte. Das humane Papillomavirus regt Zellen durch Inaktivierung von Rb und p53 besonders effektiv zur Teilung an. Übergänge zwischen zwei Epithelien, wie z. B. vom vaginalen Plattenepithel in Zylinderepithel der Zervix, sind für eine Entartung besonders anfällig. Kommt es, wie bei Anne Gassner, dort zu einer Infektion mit HPV, entwickelt sich mit hoher Wahrscheinlichkeit eine Präkanzerose, die aber bei rechtzeitiger Vorsorgeuntersuchung gebärmuttererhaltend entfernt werden kann.

Viren integrieren Onkogene in das Wirtszellgenom

Das Rous-Sarkoma-Virus (RSV) trägt das **Onkogen** v-SRC in seinem Genom und **integriert** es bei Infektion in die Wirts-DNA. v-SRC kann durch die Zelle nicht kontrolliert werden und führt zu **unkontrolliertem Wachstum.**

Viren integrieren Onkogene in das Wirtszellgenom

Die krebsauslösende Wirkung mancher **Retroviren** konnte am Beispiel des Rous-Sarkoma-Virus (RSV) aufgeklärt werden. Einige Retroviren haben im Laufe der Evolution ein **zelluläres Protoonkogen** in ihr Genom aufgenommen. Durch Mutationen im Virusgenom entstand daraus ein **Onkogen,** das bei Infektion der nächsten Wirtszelle mit in deren Genom **integriert** werden kann. So hat beispielsweise das Rous-Sarkoma-Virus das Gen für SRC, eine zytoplasmatische Tyrosin-Kinase, aufgenommen. SRC ist Mitglied der gleichnamigen SRC-Kinase-Familie und enthält neben der katalytischen Domäne auch eine

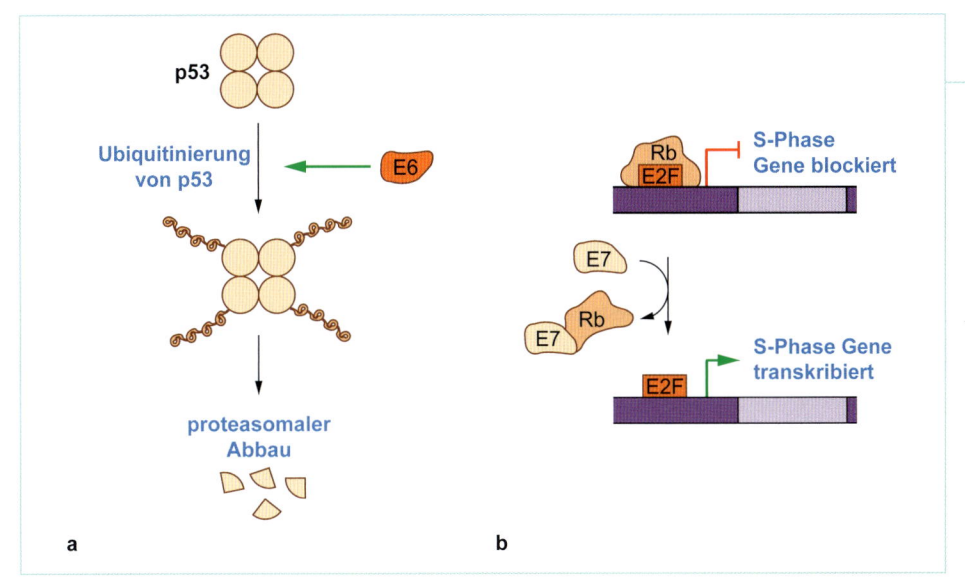

Abb. 12.13 Transformation durch das humane Papillomavirus: Wirkungen von E6 (**a**) und E7 (**b**) in der Wirtszelle [L253]

SH2-, eine SH3- und eine kurze regulatorische Domäne. **SR** selbst kann durch verschiedene Rezeptoren aktiviert werden und fördert u. a. anti-apoptotische Prozesse, Angiogenese und Zellteilung. Gleichzeitig kann Src aber auch bereits aktivierte Rezeptor-Tyrosin-Kinasen, wie den EGF-Rezeptor, überaktivieren und so das Zellwachstum weiter anregen. Durch Mutation ist im Virusgen die regulatorische Region am C-Terminus von Src verloren gegangen. Gelangt dieses Onkogen wieder in eine Wirtszelle, entsteht dort eine Src-Tyrosin-Kinase, deren Aktivität nicht mehr reguliert werden kann, und die Transformation der Wirtszelle in eine Krebszelle beginnt.

Zur Unterscheidung wird das zelluläre Protoonkogen als **c-SRC** und das virale Onkogen als **v-SRC** bezeichnet. Da zwischenzeitlich krebsauslösende Retroviren für Affen und viele andere Säugetiere nachgewiesen werden konnten, ist davon auszugehen, dass der beschriebene Mechanismus auch beim Menschen existiert. Die Bedeutung der Viren für die Kanzerogenese in der Gegenwart und im Verlauf der Evolution lässt sich anhand von Sequenzanalysen des menschlichen Genoms erkennen. Die etwa 50 % des menschlichen Genoms, die aus Wiederholungen bestehen, haben einen weitestgehend ungeklärten Ursprung. Man weiß allerdings, dass beispielsweise die **LTR-Elemente** zu Sequenzen von Retroviren homolog sind, und nennt sie daher auch HERV (Human Endogenous Retroviruses). Die meisten Kopien scheinen inaktiv zu sein. Unter bestimmten Umständen ist aber eine virale Vermehrung noch möglich. Bei einigen Krebsarten wurden Virusproteine im Serum und im Tumorgewebe nachgewiesen und von einer bestimmten HERV-Familie sogar vollständige Viruspartikel.

12.4.2 Bakterien als Auslöser von Krebs

Die genauen Signalwege, wie das Bakterium *Helicobacter pylori* zur Entstehung von **Magenkrebs** beitragen kann, sind noch nicht bis ins Detail geklärt. Das Bakterium kann jedoch bei 80 % der Patienten mit einem Magenulkus und bei 100 % der Patienten mit Geschwüren des Zwölffingerdarms isoliert werden. Ein solches Magengeschwür kann zum Magenkarzinom entarten.

Nicht immer sind also die molekularen Mechanismen, mit denen ein Virus oder ein Bakterium Krebs auslösen kann, bereits entschlüsselt. Oftmals handelt es sich v. a. um eine statistische Korrelation, die ein gehäuftes Auftreten einer bestimmten Infektion mit einer Krebsart zeigt. Es bleibt die Aufgabe sorgfältiger Grundlagenforschung, die molekularen Zusammenhänge zu entschlüsseln, um effektive Therapien und Präventionsmaßnahmen entwickeln zu können.

12.5 Tumordiagnostik

12.5.1 Tumormarker: biochemische Früherkennung

Bei vielen Patienten wird ein Tumor erst im malignen Stadium diagnostiziert, wenn er invasiv in das Gewebe hineinwächst und, im schlimmsten Fall, bereits Metastasen gebildet hat. Fatalerweise lösen viele Primärtumoren erst Beschwerden aus, wenn sie so weit vorangeschritten sind, dass sie eine ernsthafte Bedrohung für den Organismus darstellen. So werden Pankreaskopfkarzinome oft erst entdeckt, wenn es durch Verlegen des Gallenganges und Rückstau der Gallenflüssigkeit zur Gelbsucht (Ikterus) oder aufgrund von Verengungen des Pankreasgangs zu Verdauungsproblemen kommt. Für eine Heilung ist es dann in über 90 % der Fälle zu spät. Engmaschige **Früherkennungsuntersuchungen** können helfen, Tumoren in einem frühen Stadium der Transformation zu erkennen, sodass sie erfolgreich behandelt werden können.

Aus Studentensicht

ABB. 12.13

Einige der repetitiven, nicht codierenden Sequenzen im menschlichen Genom stammen aus Retroviren und belegen die Bedeutung von Viren für die Kanzerogenese.

12.4.2 Bakterien als Auslöser von Krebs

Auch Bakterien können Krebs auslösen. Ein Beispiel ist *Helicobacter pylori,* das mit Magenkrebs assoziiert ist.

12.5 Tumordiagnostik

12.5.1 Tumormarker: biochemische Früherkennung

Viele Tumoren werden erst in einem fortgeschrittenen Stadium entdeckt, sodass es für eine Heilung zu spät sein kann. Die **Früherkennung** durch Vorsorgeuntersuchungen und Screening ist daher ein wichtiges Ziel für eine erfolgreiche Tumorbehandlung.

Aus Studentensicht

KLINIK

Als **Tumormarker** dienen Proteine, die möglichst spezifisch für einen Tumor sind. Sie können über analytische Methoden idealerweise im Blut nachgewiesen werden.

Zurzeit werden Tumormarker eher **unterstützend** und zur Verlaufskontrolle eingesetzt, da sie zu spät nachweisbar sind.

TAB. 12.5

Ein bekannter Tumormarker ist das **PSA,** das auch zur Früherkennung von **Prostatakrebs** bestimmt wird. Es ist jedoch **nicht spezifisch,** da es auch bei anderen Prostataerkrankungen erhöht sein kann.

12.5.2 Bildgebende Verfahren
Die Schlüsselrolle bei der Tumordiagnostik spielen **bildgebende Verfahren.**
- Die **Szintigrafie** eignet sich v. a. zum Nachweis von **Knochenmetastasen.**
- **PET-Scans** weisen Regionen mit erhöhtem **Glukoseverbrauch** nach, z. B. auch Ansammlungen von Krebszellen (Warburg-Effekt).

12 KANZEROGENESE: EINE ZELLE GEGEN DEN GANZEN MENSCHEN

KLINIK

TNM-System zur Klassifizierung maligner Tumoren

Um die Vergleichbarkeit von Ergebnissen und Diagnosen sicherzustellen, hat sich ein einheitliches System zur Klassifizierung des Ausbreitungsstadiums von Tumoren bewährt. Das am häufigsten verwendete Klassifizierungssystem ist das TNM-System (T = Tumor, N = Node = Lymphknoten, M = Metastase). T beschreibt dabei den Ausdehnungsgrad des Tumors (T1–T4), N die Streuung in benachbarte Lymphknoten (Sentinel Lymph Node; N0–N1) und M die Metastasenbildung in anderen Geweben (M0–M1). Darüber hinaus können weitere Zusätze zur detaillierteren Beschreibung verwendet werden.

Je früher ein Tumor erkannt wird, desto besser sind die Heilungschancen. Ideal wäre es daher, einen Tumor bereits in den Anfangsstadien der Transformation aufzuspüren. Bildgebende Maßnahmen sind oft sehr aufwendig und hierfür nicht ausreichend sensitiv. Histologische Untersuchungen erfordern meist invasive Biopsien und sind daher für die vorsorgende Routinediagnostik wenig geeignet.

Durch ihre Transformation und den dadurch veränderten Zellstoffwechsel können Tumoren jedoch die Proteinzusammensetzung in ihrer Umgebung verändern. Diese Veränderungen (= **Tumormarker**) können mit sensitiven Methoden wie **ELISA-Tests** (> 8.4) nachgewiesen werden.

Tumormarker

Ideale Tumormarker sind im Blut nachweisbar, verändern sich quantitativ bereits sehr stark in ganz frühen Phasen der Transformation und werden von anderen Faktoren des menschlichen Stoffwechsels nicht beeinflusst.

In der klinischen Routinediagnostik werden solche Tumormarker derzeit i. d. R. nur zur **Unterstützung** der Diagnostik und zur Kontrolle eines Therapieverlaufs eingesetzt (> Tab. 12.5). Obwohl viele Krebsarten aufgrund von im Blut zirkulierenden Krebszellen über spezifische Proteine im Blut nachgewiesen werden können, tauchen diese meist erst relativ spät im Krankheitsverlauf auf und sind daher nicht zur Früherkennung geeignet.

Tab. 12.5 Ausgewählte Beispiele für Tumormarker im Blut

Protein	Tumor
Alpha-Fetoprotein (AFP)	Leberzellkarzinom
Beta-2-Microglobulin (B2M)	Multiples Myelom, chronische lymphatische Leukämie, einige Lymphome
CA15–3/CA27.29	Mammakarzinom
CA19–9	Pankreas-, Gallenblasen-, Gallengangs-, Magenkarzinom
CA-125 (Mucin-16-Membranprotein)	Ovarialkarzinom
Calcitonin	Medulläres Schilddrüsenkarzinom
Carcinoembryonales Antigen (CEA)	Kolonkarzinom u. a.
Neuron-spezifische Enolase (NSE)	Kleinzelliges Lungenkarzinom, Neuroblastom
Thyreoglobulin	Schilddrüsenkarzinom
PSA (prostataspezifisches Antigen)	Prostatakarzinom

Eines der wenigen Beispiele, bei denen ein Tumormarker im Bereich der Vorsorge zum Einsatz kommt, ist die Bestimmung des **PSA-Werts** (prostataspezifisches Antigen) im Blut zur Diagnostik von Prostatakarzinomen. PSA ist eine **Serinprotease,** die von der Prostata zur Verflüssigung des Spermas produziert wird. Der Test ist zur Früherkennung insofern umstritten, als Krebs nicht der einzige Grund für das Ansteigen des Werts ist und sehr viele Männer in höherem Alter einen erhöhten PSA-Wert aufweisen. Steigt der PSA-Wert jedoch nach einer Resektion der Prostata wieder an, ist dies meist ein Hinweis auf Rezidive und Metastasen. Er wird daher zur Überwachung des Therapieerfolgs regelmäßig kontrolliert.

12.5.2 Bildgebende Verfahren

Bildgebende Verfahren spielen bei der Diagnostik von Tumorerkrankungen eine Schlüsselrolle (> Abb. 12.14). Dazu zählen:
- Röntgenaufnahmen
- Computertomografie (CT)
- Magnetresonanztomografie (MRT)
- Szintigrafie
- Positronen-Emissions-Tomografie (PET)
- Ultraschalluntersuchung (Sonografie)
- Endoskopie (Spiegelung)

Für eine **Szintigrafie** werden dem Patienten schwach radioaktive Stoffe intravenös verabreicht und reichern sich je nach verwendetem Mittel in bestimmten Organen oder Geweben an. Zum Nachweis von

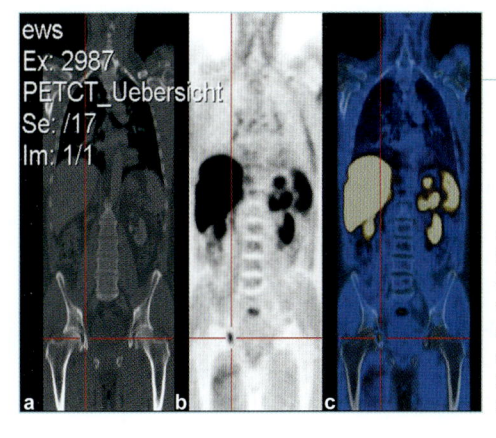

Abb. 12.14 Kombinationsscan eines Patienten mit Prostatakarzinom. **a** CT. **b** PET. **c** PET/CT-Fusion. Die roten Striche deuten auf eine Metastase. Im CT erscheinen Gewebe wie Knochen, welche die Röntgenstrahlung stärker absorbieren, heller, während Hohlräume schwarz erscheinen. Im PET-Scan leuchten alle Bereiche, in denen der Metabolit akkumuliert, wie die Leber, aber auch die Metastase. [P414]

Knochenmetastasen werden dem Patienten beispielsweise **radioaktive Bisphosphonate** gespritzt, die sich besonders im metastatischen Gewebe schnell anreichern. Die γ-Strahlung der radioaktiven Verbindung kann mit einer speziellen Kamera sichtbar gemacht werden.

Der **PET-Scan** beruht auf einem vergleichbaren Prinzip. Zur Bildgebung werden allerdings Positronen genutzt. Der **Warburg-Effekt** führt zu einem stark erhöhten Glukoseverbrauch in Tumorzellen. Patienten wird daher kurz vor der Untersuchung der Positronenstrahler **Fluor-18-Desoxyglukose (FDG)** verabreicht. Gewebe, die sich durch eine besonders hohe Glukoseaufnahme auszeichnen, lassen sich durch die verstärkte Positronenemission detektieren. So werden neben großen Organen wie der Leber auch kleinste Metastasen sichtbar. Auch andere Positronenstrahler können für PET-Scans eingesetzt werden.

12.5.3 Histologische und molekularbiologische Charakterisierung nach Biopsie und Operation

Gewebeproben von Biopsien, Abstrichen und aus Operationen werden sowohl histologisch und zytologisch als auch molekularbiologisch untersucht. Die histologische und zytologische Charakterisierung gibt Aufschluss über die Art des vorliegenden Tumors, die Wachstumsgeschwindigkeit und den Differenzierungsgrad der Zellen. Zusätzlich wird auch beurteilt, ob es sich um einen Primärtumor oder eine Metastase handelt. Anhand dieser Daten wird der Tumor klassifiziert (= Grading).

Mit molekularbiologischen Methoden ist es heute möglich, den betreffenden Tumor genau zu charakterisieren. Dabei werden sowohl Vorhandensein und Expressionsniveau bestimmter **zellulärer Proteine und Oberflächenmarker wie HER2** untersucht als auch **Sequenzanalysen der Tumor-DNA** durchgeführt. Man weiß heute schon viel über die Wechselbeziehungen zwischen verschiedenen Onkogenen und Tumorsuppressoren sowie über die Wechselwirkung von einzelnen Medikamenten untereinander. Durch die molekularbiologische Charakterisierung kann es gelingen, **gezielte Kombinationstherapien** einzusetzen und so Resistenzentwicklungen zu vermeiden.

FALL

Frau Fischer hat einen Knoten in der Brust: Pathologie

Bald steht die Operation von Frau Fischer an; zum Glück kann brusterhaltend operiert werden. Sie schauen sich die pathologischen Befunde der Operation genau an (das kleine p gibt an, dass der Befund vom Pathologen ermittelt wurde):
- TNM Klassifikation:
  - pT2 (2–5 cm)
  - pN0 (keine Lymphknoten befallen)
  - pM0 (keine Fernmetastasen)
- Grading: G3 (schlecht differenziert)
- Art des Tumors: invasives duktales Adenokarzinom (häufig)
- Immunhistochemische Zusatzparameter:
  - Östrogenrezeptor: negativ
  - Progesteronrezeptor: negativ
  - HER2: 3+ (stark positiv)

Diese Informationen sind unbedingt erforderlich, um eine individuell passende Bestrahlungs- und Chemotherapie für Frau Fischer zu planen.

12.6 Tumortherapie

12.6.1 Drei Säulen der Krebstherapie

Insgesamt ist Krebs in Deutschland mit ca. 25 % die **zweithäufigste Todesursache** nach den Herz-Kreislauf-Erkrankungen (> Abb. 12.15). Jeder zweite Deutsche erkrankt in seinem Leben an Krebs. Die Zahlen steigen seit Jahren kontinuierlich an. Weltweit erwartet die Weltgesundheitsorganisation bis zum Jahr 2030 eine Zunahme von ungefähr 50 % auf dann 21,6 Millionen Neuerkrankungen pro Jahr. Als Haupt-

---

Aus Studentensicht

ABB. 12.14

12.5.3 Histologische und molekularbiologische Charakterisierung nach Biopsie und Operation

Gewebeproben werden **histologisch, zytologisch** und **molekularbiologisch** untersucht, um den Tumor zu beurteilen. Die molekularbiologische Beurteilung, die u. a. **Oberflächenmarker** und **Mutationen** untersucht, wird für die Diagnostik und zielgerichtete Therapie immer wichtiger.

12.6 Tumortherapie

12.6.1 Drei Säulen der Krebstherapie

Jeder zweite Deutsche erkrankt an Krebs. Das durchschnittliche Erkrankungsalter liegt bei ca. **70 Jahren**. Obwohl die Heilungschancen steigen, ist Krebs in Deutschland die **zweithäufigste Todesursache**.

Aus Studentensicht

12 KANZEROGENESE: EINE ZELLE GEGEN DEN GANZEN MENSCHEN

ursache dafür wird die steigende Lebenserwartung angeführt. In Deutschland ist die Zahl der Todesfälle gleichzeitig rückläufig, die Heilungschancen sind also gestiegen. Dies hängt mit einer verbesserten Früherkennung und neuen Behandlungsmethoden zusammen. Das durchschnittliche Erkrankungsalter liegt bei etwa 70 Jahren. Man könnte also sagen, Krebs sei eine Erkrankung des Alters. Dennoch ist er in dieser Altersklasse nicht die häufigste Todesursache. Anders bei Menschen, die im mittleren Alter von 40–60 Jahren an Krebs erkranken. In diesem Alterssegment sterben sogar mehr Menschen an Krebs als an einer Herz-Kreislauf-Erkrankung.

ABB. 12.15

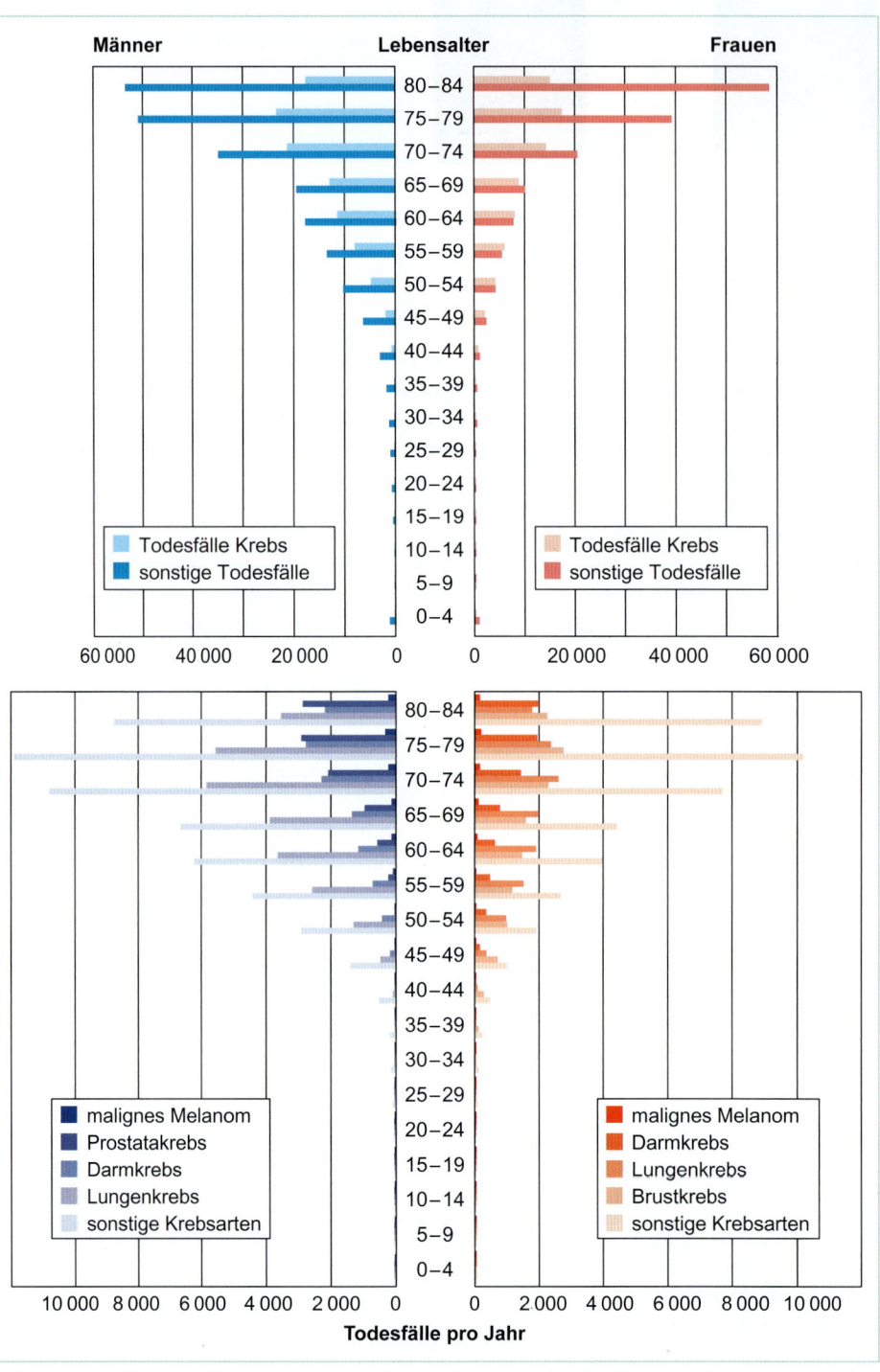

Abb. 12.15 Anzahl der Todesfälle pro Jahr in Deutschland nach Todesursachen [Quelle: Statistisches Bundesamt und Robert Koch-Institut; Zahlen von 2014] [L253]

Die Tumortherapie beruht im Wesentlichen auf drei Ansätzen:
- Chirurgische Entfernung des Tumorgewebes
- Bestrahlung
- Systemische Therapie: Chemotherapie oder zielgerichtete medikamentöse Therapie

Einen Sonderfall stellen Leukämien und Lymphome dar, bei denen zusätzlich Stammzelltherapien eingesetzt werden können. Die Therapien werden häufig in **Kombination** eingesetzt, etwa um nach einer Operation unentdeckte Rezidive und Metastasen anzugreifen. Je nach Ausgangslage verfolgen Krebsthe-

Die **drei Säulen** der Krebstherapie (chirurgische Entfernung, Bestrahlung und Chemotherapie) werden häufig als **Kombinationstherapie** eingesetzt. Bei Leukämien und Lymphomen kann eine **Stammzelltherapie** erfolgen.

rapien einen **kurativen** (zur Heilung), **adjuvanten** (zur Unterstützung einer anderen Therapie) oder **palliativen** Ansatz (zur Linderung). Bei der **neoadjuvanten** Therapie wird versucht, einen Tumor zunächst mit Chemotherapien und Bestrahlung zu verkleinern, um anschließend eine Operation zu ermöglichen.

12.6.2 Bestrahlung

Durch ionisierende Strahlung werden DNA-Schäden im bestrahlten Gewebe ausgelöst. Als Reaktion auf die DNA-Schäden soll in den Tumorzellen durch p53 die Apoptose induziert werden (➤ 10.5.4). Damit birgt die Strahlentherapie folgende **Risiken**:
- Wenn in den betroffenen Tumorzellen p53 bereits mutiert und in seiner Funktionsfähigkeit eingeschränkt ist, kann es sein, dass die Tumorzellen trotz der zusätzlichen DNA-Schäden überleben und die Transformation weiter gefördert wird.
- Auch gesunde Zellen erleiden durch die Bestrahlung DNA-Schäden und können absterben.
- Die durch die Bestrahlung ausgelösten Mutationen können in gesundem Gewebe eine maligne Transformation auslösen und so neue Tumoren induzieren.

Die Bestrahlung muss daher sehr zielgerichtet erfolgen und ihre Wirkung muss engmaschig kontrolliert werden.

> **FALL**
> **Frau Fischer hat einen Knoten in der Brust: Bestrahlung**
> Nach einigen Wochen ist die Operationsnarbe gut verheilt und nun muss Frau Fischer über 5 Wochen (5 × 5 Tage) täglich zur Bestrahlung der Brust. Dabei bekommt Sie eine Gesamtdosis von 50 Gy in 25 Einzeldosen von 2 Gy. Ihre Haut muss sie während dieser Zeit sehr gut pflegen, da es, ähnlich wie bei einem Sonnenbrand, zu Bestrahlungsschäden in der Haut kommen kann, denn auch die Zellen in der Haut erleiden DNA-Schäden und sterben ab.

12.6.3 Chemotherapie

Unter Chemotherapie werden medikamentöse Therapien verstanden, welche die Teilungsfähigkeit von Zellen vermindern (= **Zytostatika**; ➤ Tab. 12.6). Sie sind nicht spezifisch gegen Neoplasien gerichtet, sondern hemmen die Replikation **aller sich teilender Zellen**. Je höher die Teilungsrate einer Zelle ist, desto eher wird sie jedoch durch Zytostatika reduziert. Zytostatika können die Replikationsfähigkeit der Zelle über verschiedene Mechanismen blockieren:
- **Hemmung des Nukleotidstoffwechsels:** Dadurch fehlen die für die DNA-Synthese nötigen Substrate.
- **Induktion von DNA-Schäden:** Dadurch wird in der Folge die Apoptose ausgelöst.
- **Hemmung der Mitose:** Dadurch wird die Teilung der Zelle verhindert.
- **Hemmung von Enzymen der Replikation:** Dadurch wird die Verdopplung der DNA und damit des Zellzyklus blockiert und die Zelle geht in Apoptose.

Tab. 12.6 Beispiele für Zytostatika

Klasse	Wirkstoff	Wirkweise
Alkylanzien	Busulfan, Cyclophosphamid, Mitomycin	Kovalente Quervernetzung der DNA-Stränge und Mutagenese
Antimetaboliten	• Basenanaloga: Fluorouracil, Mercaptopurin • Nukleosidanaloga: Cytosinarabinosid • Folsäureanaloga: Methotrexat	Hemmung der DNA-/RNA-Synthese
Interkalierende Substanzen	Actinomycin D, Anthrazykline (z. B. Doxorubicin, Epirubicin)	Einlagerung in die DNA bewirkt Hemmung der Polymerasen und Strangbrüche
Vincaalkaloide (Spindelgifte aus dem Immergrün, lat. Vinca)	Vincristin, Vinblastin	Hemmung des Spindelapparats
Taxane (aus der Eibe, lat. Taxus)	Paclitaxel, Docetaxel	Verhinderung des Abbaus des Spindelfaserapparats und so des Abschlusses der Zellteilung
Platinverbindungen	Cisplatin, Carboplatin	Kovalente Quervernetzung innerhalb des DNA-Strangs
Topoisomerase-Inhibitoren	Etoposid	Hemmung der Entwindung und so der DNA-Replikation

Ähnlich wie bei der Strahlentherapie hängt auch die Effizienz einer Chemotherapie davon ab, wie der p53-Status der Tumorzellen ist. Außerdem werden durch die systemische Gabe des Zytostatikums viele gesunde Gewebe geschädigt, weshalb Chemotherapien normalerweise mit starken Nebenwirkungen einhergehen. Durch Schädigung sich schnell teilender Zellen kommt es u. a. zu Haarausfall, Entzündungen der Mundschleimhäute, Beeinträchtigung der Magen- und Darmfunktion sowie Immunschwäche.

Aus Studentensicht

12.6.2 Bestrahlung
Eine Bestrahlung löst im betroffenen Gebiet **DNA-Schäden** aus, die zur Apoptose führen sollen. Dies funktioniert häufig nur bei Zellen mit **intaktem p53**.

12.6.3 Chemotherapie
Bei der Chemotherapie mit **Zytostatika** wird die Zellteilung medikamentös gehemmt. Sie hat starke **Nebenwirkungen,** da sie alle sich teilenden Zellen angreift.
Zytostatika wirken durch:
- Hemmung des Nukleotidstoffwechsels
- Induktion von DNA-Schäden
- Mitosehemmung
- Replikationshemmung

TAB. 12.6

Aus Studentensicht

12 KANZEROGENESE: EINE ZELLE GEGEN DEN GANZEN MENSCHEN

> **FALL**
>
> **Frau Fischer hat einen Knoten in der Brust: Chemotherapie**
>
> Bald nach der Bestrahlung fängt für Frau Fischer die Chemotherapie an. Zusätzlich zu Herceptin bekommt sie eine Kombination aus einem interkalierenden Anthrazyklin (Doxorubicin) und einem spindelschädigenden Taxan (Docetaxel). Sie übersteht die Zeit besser als gedacht. „Ich nehme Medikamente, die sehr gut gegen die Übelkeit helfen, klar bin ich schlapper als sonst – aber mein Mann und die Jungs sind so süß zu mir und helfen mir viel. Und ich habe mir eine fantastische Perücke ausgesucht – so gut saßen meine Haare noch nie."
>
> Frau Fischer hat zwar eine besonders aggressive Brustkrebsvariante (Grading = G3), die aber dafür aufgrund des schnellen Wachstums auch besonders gut auf die Therapie angesprochen hat. Nach der Chemotherapie sind hoffentlich keine Tumorzellen mehr in ihrem Körper, die zu einem Rezidiv führen können. Trotzdem wird sie in Zukunft engmaschig kontrolliert werden, um ein erneutes Wachstum frühzeitig erkennen zu können.
>
> Mit den modernen Therapien liegen die 5-Jahres-Überlebensraten von Frauen mit Brustkrebs derzeit bei über 80 % und Frau Fischer ist voller Zuversicht, dass Sie noch ihre Enkelkinder erleben wird.

12.6.4 Zielgerichtete medikamentöse Therapie

12.6.4 Zielgerichtete medikamentöse Therapie
Die **zielgerichtete** medikamentöse Therapie versucht, die tumorfördernden Prozesse spezifisch zu hemmen.

Anders als die Chemotherapie, die gegen alle sich teilenden Zellen gerichtet ist, versucht die zielgerichtete Therapie (Targeted Therapy) mit Inhibitoren genau die Proteine zu hemmen, die als wesentlich für die tumorfördernden Regelkreisläufe identifiziert wurden. Die Medikamente binden und inhibieren z. B. spezifisch nur das im Tumor mutierte Protein, während es zum Wildtyp-Protein keine relevante Affinität zeigt. Oder sie blockieren gezielt die Rezeptoren, die in der Tumorzelle unreguliert aktiv sind.

Kleinmoleküle

Kleinmoleküle hemmen spezifisch intrazelluläre **Enzyme.**

Die meisten zugelassenen kleinmolekularen Wirkstoffe wie beispielsweise Imatinib (➤ Tab. 12.7) haben eine Masse von < 800 Da und werden i. d. R. chemisch-synthetisch hergestellt. Sie **hemmen** spezifisch die **Enzyme,** die für das unregulierte Tumorwachstum verantwortlich gemacht werden, durch Bindung in aktiven Zentren, an allosterische Bindestellen oder an Interaktionsflächen mit anderen Proteinen, sodass die Komplexbildung gestört wird (➤ Abb. 12.16a). Zu solchen Kleinmolekülen gehören auch Gefitinib und Erlotinib als spezifisch gegen EGFR gerichtete Tyrosin-Kinase-Inhibitoren. Sie werden bei Lungenkrebspatienten eingesetzt.

TAB. 12.7

Tab. 12.7 Beispiele für Therapeutika bei zielgerichteter Therapie

Wirkung	Zielprotein	Wirkstoff	Art (Wirkort)
Bindung an Rezeptor-Tyrosin-Kinasen	HER2 (extrazelluläre Domäne)	Trastuzumab (Herceptin®)	Antikörper (extrazellulär)
Inhibitor für Rezeptor-Tyrosin-Kinasen	HER2 (intrazelluläre Kinase-Domäne)	Lapatinib	Kleinmolekül (intrazellulär)
Kinase-Inhibitor	Bcr-Abl-Fusionsprotein	Imatinib	Kleinmolekül (intrazellulär)
Kinase-Inhibitor	Raf	Vemurafenib	Kleinmolekül (intrazellulär)
Antagonist von Transkriptionsfaktoren	Myc	In Entwicklung	Kleinmolekül (intrazellulär)
Hormonrezeptorantagonist	Östrogenrezeptor (ER)	Tamoxifen	Kleinmolekül (intrazellulär)
Angiogeneseinhibitor	VEGF	Bevacizumab	Antikörper (extrazellulär)
Angiogeneseinhibitor	Cereblon (E3-Ligase-Komplex)	Thalidomid	Kleinmolekül (intrazellulär)
Inhibitoren der Metastasierung	Matrixmetalloproteasen (MMP)	In Entwicklung	Kleinmoleküle und Antikörper

Therapeutische Antikörper

Therapeutische Antikörper binden spezifisch Zielstrukturen durch **hochaffine extrazelluläre** Bindung.

In den letzten beiden Jahrzehnten wurden vermehrt therapeutische Antikörper wie Trastuzumab (z. B. Herceptin®), das gegen HER2 wirkt und v. a. bei Magen- und Brustkrebs eingesetzt wird, oder Cetuximab (z. B. Erbitux®), das bei EGFR-positiven kolorektalen Karzinomen eingesetzt wird, entwickelt und zugelassen (➤ Tab. 12.7). Sie binden mit hoher Affinität und Spezifität an ihre Zielproteine (➤ Abb. 12.16b). Besonders gut werden dadurch Protein-Protein-Interaktionen blockiert. So kann durch therapeutische Antikörper die Bindung eines Wachstumsfaktors an einen Rezeptor oder die Dimerisierung des Rezeptors verhindert und so die Teilungsfähigkeit eingeschränkt werden.

Die Vorteile dieser Therapie liegen in der hohen Affinität der Antikörper für das Zielprotein, der hohen Spezifität und in der viel längeren Halbwertszeit im Organismus als bei den Kleinmolekülen. Nachteilig ist bislang häufig, dass Antikörper von Natur aus nur **extrazellulär** wirken und nicht in das Geschehen im Zellinneren eingreifen können. An Methoden, therapeutische Antikörper effizient in die Zellen zu transportieren, um dort die Produkte der Onkogene zu hemmen, wird intensiv gearbeitet.

12.6 TUMORTHERAPIE

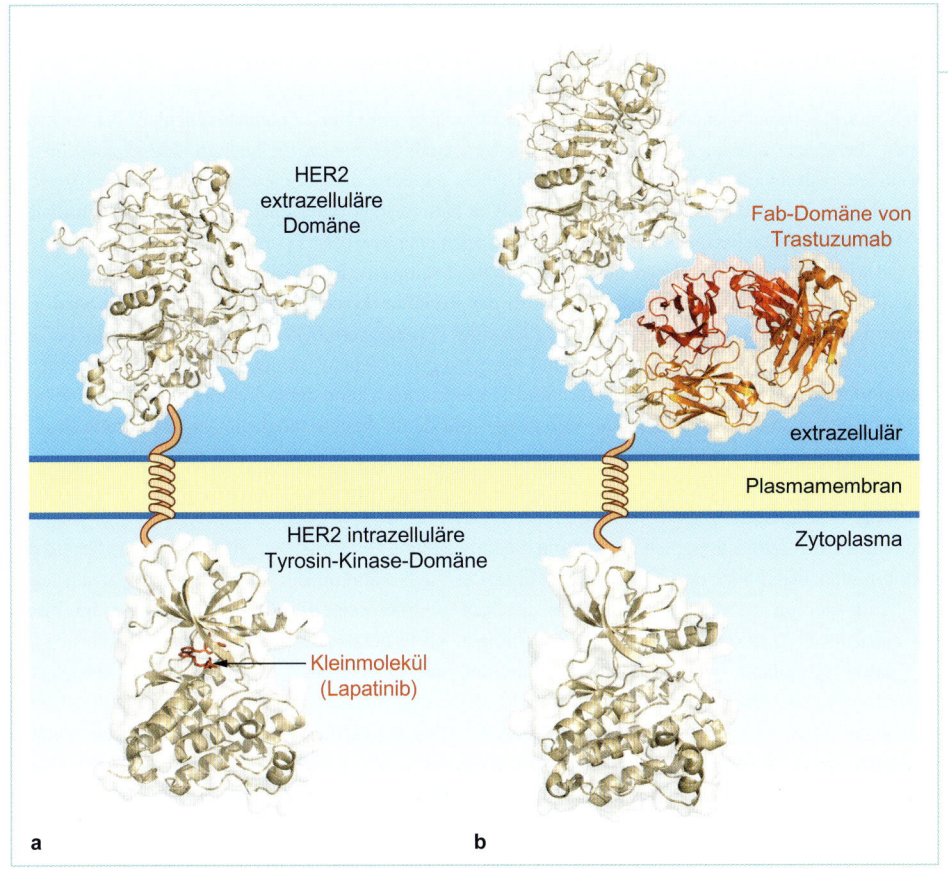

Abb. 12.16 Bindungsmodus eines Kleinmoleküls (Lapatinib) (a) und der Fab-Domäne eines Antikörpers (Trastuzumab) (b) an HER2, ein Mitglied der EGF-Rezeptor-Familie [P414]

Nukleinsäurebasierte Therapeutika

Ein völlig anderer Ansatz zielt auf die gezielte Blockade der Expression bestimmter Onkogene. Dazu werden bekannte natürliche Mechanismen wie die Expressionskontrolle durch miRNAs (➤ 5.7.1) ausgenutzt, um die Expression von Onkogenen zu drosseln. Erste Nukleinsäure-basierte Therapeutika befinden sich gegenwärtig in der Zulassung.

Epi-Drugs

Anders als Mutationen, die ein Gen und damit das Produkt oder seine Menge irreversibel verändern, sind epigenetische Signale potenziell reversibel. Tumorsuppressorgene, die epigenetisch inaktiviert wurden, könnten mit dem richtigen Medikament wieder „angeschaltet" werden. Diese Therapie zielt somit auf Heilung. Viele der gegenwärtig in klinischen Studien befindlichen Medikamente sind Inhibitoren der DNA-Methylierung oder der Histon-Deacetylierung (➤ 13.2). Vorinostat, ein Kleinmolekül, das bei kutanem T-Zell-Lymphom eingesetzt wird, war der erste zugelassene Histon-Deacetylase-Inhibitor.

Epi-Drug Vorinostat [L252]

Krebs-Immuntherapie

Ziel der Krebs-Immuntherapie ist es, die körpereigene Immunabwehr zur Zerstörung des Tumors anzuregen. Die Strategien in diesem Feld sind vielfältig und reichen wieder vom Eingriff in die betreffenden Signalwege mit chemischen Kleinmolekülen bis zu Antikörpern, die so moduliert sind, dass sie gleichzeitig eine Krebszelle erkennen und T-Lymphozyten rekrutieren (= bi-spezifische Antikörper) (➤ 16.7). Auch bei der zielgerichteten Krebstherapie können starke **Nebenwirkungen** auftreten. Neben eventueller Toxizität der synthetischen Kleinmoleküle kann es u. a. auch zu Kreuzreaktionen mit verwandten Proteinen, die ähnliche aktive Zentren aufweisen, kommen. Auch der Verlust der gehemmten natürlichen Funktion der Proteine in den gesunden Zellen kann zu Nebenwirkungen führen. Bei therapeutischen Antikörpern können zudem Immunreaktionen ausgelöst werden.

Aus Studentensicht

ABB. 12.16

Nukleinsäurebasierte Therapeutika
Nukleinsäurebasierte Therapeutika wie miRNAs sollen die Expression spezifischer Gene (hier Onkogene) hemmen.

Epi-Drugs
Epi-Drugs sollen epigenetisch ausgeschaltete Tumorsuppressorgene wieder anschalten.

Krebs-Immuntherapie
Eine **Krebs-Immuntherapie** soll das Immunsystem zur Zerstörung von Krebszellen anregen.

Aus Studentensicht

12.6.5 Personalisierte Medizin

Durch die **Vielfältigkeit** der Entartungsmöglichkeiten unterscheiden sich auch Tumoren des gleichen Ursprungsgewebes von Person zu Person. In der **personalisierten Medizin** soll jeder Patient mit speziell auf seinen Tumor abgestimmten Therapeutika behandelt werden.

12.6.6 Resistenzentwicklungen

Da es während der Therapie weiter zu Mutationen in den Tumorzellen kommen kann, treten **Resistenzentwicklungen** gegen das Therapeutikum auf.

PRÜFUNGSSCHWERPUNKTE
IMPP
!! p53

Kompetenzorientierte Lernziele (NKLM)

Die Studierenden können
- Ätiologie, Pathogenese und Folgen von Neoplasien erläutern.
- benigne und maligne Neoplasien, Tumorsubtypen und Tumorklassifikationen beschreiben.

---

12 KANZEROGENESE: EINE ZELLE GEGEN DEN GANZEN MENSCHEN

12.6.5 Personalisierte Medizin

Durch die unterschiedlichen und vielfältigen Prozesse, die während der malignen Transformation ablaufen, unterscheiden sich auch Tumoren, die aus dem gleichen Ursprungsgewebe stammen, oft sehr in ihren molekularbiologischen Veränderungen und sprechen individuell unterschiedlich auf die verschiedenen Therapieansätze an. Die genaue Kenntnis der Signalwege, welche die maligne Transformation des jeweiligen Tumors ausgelöst haben und vorantreiben, ist daher die Voraussetzung für eine erfolgreiche zielgerichtete Tumortherapie, die sich von Patient zu Patient stark unterscheiden kann (= **personalisierte Medizin**). So kann beispielsweise ein Inhibitor gegen eine Rezeptor-Tyrosin-Kinase bei einem Patienten gut wirken, bei einem anderen, dessen Tumor gleichzeitig eine RAS-Mutation trägt, aber wirkungslos sein, da das Wachstumssignal unabhängig von der Rezeptor-Tyrosin-Kinase weitergegeben wird. Die Kenntnis aller Veränderungen in den Krebszellen eines Patienten ermöglicht daher die bestmögliche Therapie mit den höchsten Heilungschancen und den geringsten Nebenwirkungen. Durch DNA-Sequenzierung und Analyse von Expressionsmustern und Tumormarkern kann der individuelle Tumor schon heute relativ genau analysiert werden. Die Signalwege und damit weitere mögliche Angriffspunkte sind jedoch noch lange nicht bis ins Detail verstanden.

12.6.6 Resistenzentwicklungen

Im Rahmen von Tumortherapien wird häufig die Entwicklung von Resistenzen beobachtet. Aufgrund der genomischen Instabilität der Tumorzellen kommt es auch während der Therapie, oft sogar ausgelöst durch die Therapie, zu weiteren Mutationen, durch die beispielsweise die nötige Affinität eines Inhibitors zum Zielprotein verloren gehen kann. Die nachfolgenden Generationen der mutierten Tumorzellen haben dann bei weiterer Gabe des Medikaments einen Selektionsvorteil. Oft zeigt sich auch, dass durch Hemmung eines Signalwegs ein anderer verstärkt wird. Diese Mechanismen sollen unterbunden werden, indem möglichst viele Merkmale des Tumors gleichzeitig angegriffen werden. Aber auch bei solchen Kombinationstherapien können, beispielsweise ausgelöst durch die Überexpression eines ABC-Transporters, die Wirkstoffe wieder aus der Zelle ausgeschleust werden und so Mehrfachresistenzen auftreten.

ÜBUNGSFRAGEN FÜRS MÜNDLICHE MIT LÖSUNGSHILFEN

1. Was ist eine genetische Prädisposition im Zusammenhang mit der Krebsentstehung?
Genetische Prädisposition bedeutet, dass eine Mutation bereits in der Keimbahn vorliegt. Auf diese Weise ist eine der Driver-Mutationen zur Krebsentstehung bereits in allen somatischen Zellen vorhanden. Dies erhöht die Wahrscheinlichkeit, dass somatische Zellen entarten, weil für diese Entartung nun weniger weitere somatische Mutationen erforderlich sind.
2. Erklären Sie die Unterschiede in der typischen Wirkung der Onkogenprodukte Ras und Myc!
Bei Ras ist typischerweise seine GTPase-Aktivität von Punktmutationen betroffen. Es kann gebundenes GTP nicht mehr zu GDP hydrolysieren und daher nach einmaliger Aktivierung nicht wieder abgeschaltet werden. Bei Myc ist hingegen nicht die Funktion als Transkriptionsfaktor beeinträchtigt, sondern die vorhandene Menge durch verstärkte Expression erhöht. Über diese zwei grundsätzlich verschiedenen Mechanismen tragen beide Onkogene zur Transformation bei.
3. Erklären Sie, wieso Onkogene und Tumorsuppressoren eine unterschiedliche Vererbung aufweisen und wieso die tatsächliche Ausprägung des Phänotyps dennoch von diesem Vererbungsmuster abweichen kann!
Die Genprodukte der Onkogene geben, unabhängig davon, ob noch eine weitere intakte Kopie des Protoonkogens vorhanden ist, unreguliert Signale für Wachstum und Zellteilung weiter. Die Vererbung ist daher dominant. Tumorsuppressoren verhindern eine Zellproliferation, sorgen für das Einleiten der Apoptose oder die Reparatur von DNA-Schäden. Ein intaktes Gen kann diese Funktion ausüben. Erst wenn auch die zweite Kopie ausfällt, kommt der Phänotyp zur Ausprägung. Die Vererbung ist rezessiv. Inaktiviert jedoch beispielsweise ein defekter Tumorsuppressor in einem homo-multimeren Komplex die intakten Untereinheiten, so verhält sich der Phänotyp wie bei einer dominanten Vererbung (= dominant-negative Vererbung).
4. Wieso kann die Überexpression eines EGF-Rezeptors besser mit therapeutischen Antikörpern behandelt werden als eine Myc-Überexpression?
Die extrazelluläre Domäne des überexprimierten EGFR-Rezeptors kann an der Zelloberfläche durch therapeutische Antikörper blockiert werden. Im Gegensatz dazu gibt es bislang keine effektiven Mechanismen, therapeutische Antikörper in die Zelle zu transportieren und dort das überexprimierte Myc im Zellkern zu blockieren.

KAPITEL 13
Epigenetik: Information und Vererbung jenseits der DNA

Philipp Korber

13.1 Molekulare Epigenetik 315
13.1.1 Definitionen 315
13.1.2 DNA-Methylierung: Epigenetik durch DNA-Modifikation 316
13.1.3 Chromatin: die epigenetische Informationsplattform 316
13.1.4 Transkriptionsfaktornetzwerke: Masterregulatoren der Genexpression . 320
13.1.5 Monoallelische Expression: X-Chromosom-Inaktivierung 320

13.2 Reversibilität: neue Therapien 321

13.3 Prägung durch Umwelteinflüsse 322

Aus Studentensicht

Hast du dich schon einmal gefragt, wie es sein kann, dass Zellen bei unveränderter DNA-Sequenz unterschiedliche Eigenschaften aufweisen? Warum entwickelt sich eine Zelle zur Herzmuskelzelle und nicht zur Leberzelle? Die Antwort auf diese Frage lässt sich durch Kenntnis epigenetischer Prozesse beantworten. Doch nicht nur die Entwicklung in verschiedene Zelltypen, sondern auch die Entstehung von Erkrankungen beruht auf epigenetischen Veränderungen der DNA. In diesem Kapitel erfährst du, dass mehr als nur die vier Buchstaben A, C, T und G die Informationen in unserer DNA ausmachen und wie die Epigenetik in der modernen Therapie genutzt werden kann.
Karim Kouz

13.1 Molekulare Epigenetik

13.1.1 Definitionen

In den 1940er-Jahren benutzte der Entwicklungsbiologe Conrad H. Waddington den Begriff **Epigenetik** (griech. epi = auf), um zu beschreiben, wie in einer „epigenetischen Landschaft" die vielfältigen Potenziale der Zygote und ihrer Tochterzellen durch Genaktivitäten kanalisiert werden. So kommt es zur **Differenzierung** in die ca. 200 verschiedenen Zelltypen eines menschlichen Organismus. Die Zelldifferenzierung ist damit ein Beispiel für das Grundelement aller heutigen Epigenetikdefinitionen: **Unterschiedliche Eigenschaften** der Zellen (Phänotypen) bei **unveränderter DNA-Sequenz** (Genotyp) werden durch **differenzielle Genexpression** bedingt.

Die Genexpression wird im Organismus häufig durch **Signale** wie Hormone reguliert. Jedoch geht eine Signalwirkung wie die des Insulins auf Leberzellen verloren, wenn der Hormonspiegel wieder sinkt. Gerade während der Embryonalentwicklung gibt es aber viele Beispiele dafür, dass durch Signale einmal eingestellte Zustände stabil bleiben, auch wenn das Signal wegfällt und andere Signale hinzukommen. So bleibt eine Leberzelle i. d. R. eine Leberzelle, auch wenn die Signale, die ihre Vorläuferzellen erfahren haben, nicht mehr da sind. Dementsprechend setzt eine engere Epigenetikdefinition ein **stabiles Einstellen von Genexpressionsprofilen** (= zelluläres oder transkriptionelles Gedächtnis) voraus. Für eine ganz strenge Epigenetikdefinition muss dieser differenzielle Phänotyp nicht nur **autonom** (ohne fortwährendes Signal) **stabil,** sondern auch **vererbbar** sein, ohne dass sich die DNA-Sequenz verändert. Trotz der ursprünglich engeren Definition wird „Epigenetik" zunehmend als Synonym für „Regulation der Genexpression" verwendet.

Alle Epigenetikdefinitionen haben gemeinsam, dass die genetische Information der DNA-Sequenz unverändert bleibt. Informationen und evtl. Vererbung, die **über die DNA-Sequenz hinausgehen,** heißen oft **epigenetisch.**

13.1 Molekulare Epigenetik

13.1.1 Definitionen

Die **Epigenetik** beschreibt, wie Zellen trotz **unveränderter DNA-Sequenz** durch **differenzielle Genexpression unterschiedliche Eigenschaften** aufweisen können. So ist die Epigenetik die Grundlage für die **Differenzierung** einer Zygote in die unterschiedlichen Gewebe.
Anders als Hormone, deren Signalwirkungen temporär sind, bedingen epigenetische Veränderungen oft ein **stabiles Einstellen von Genexpressionsprofilen,** ohne die genetische Information der DNA-Sequenz zu verändern. Eine Leberzelle bleibt dadurch i. d. R. eine Leberzelle, auch wenn die **Signale,** die ihre Vorläuferzellen erfahren haben, nicht mehr da sind. Streng genommen muss dieser differenzielle Phänotyp nicht nur **autonom stabil** (ohne fortwährendes Signal), sondern auch **vererbbar** sein.
Informationen und evtl. Vererbung, die **über die DNA-Sequenz hinausgehen,** heißen oft **epigenetisch.**

> **FALL**
>
> **Alina und die große Zunge**
>
> Sie betreuen die schwangere Sarah schon seit der 30. Schwangerschaftswoche in der Frauenklinik. Sie hat Wehen und muss liegen. In der 34. Woche kommt die kleine Alina per Kaiserschnitt sechs Wochen zu früh zur Welt. Sie ist ungewöhnlich groß für ein Frühgeborenes und hat eine viel zu große Zunge, die weit aus ihrem kleinen Mund ragt. Alle machen sich große Sorgen. Nach ausführlichster Recherche untersuchen Sie die Kleine auf das sehr seltene Beckwith-Wiedemann-Syndrom, das mit Makroglossie und fetalem Großwuchs einhergeht. Tatsächlich stellt sich heraus, dass bei Alina auf Chromosom 11 die Imprinting Control Region (ICR) nicht nur – wie üblich – auf dem väterlichen Allel, sondern zusätzlich auch auf dem mütterlichen Allel methyliert ist.
> Was bedeutet das für Alina?

13.1.2 DNA-Methylierung: Epigenetik durch DNA-Modifikation

Durch differentielle **DNA-Methylierung** kann die Genexpression direkt beeinflusst werden. In menschlichen Zellen können DNA-Methyltransferasen eine Methylgruppe auf das C5-Atom von Cytosinbasen in der DNA übertragen. Dabei entsteht 5-Methyl-Cytosin (➤ Abb. 13.1a). Als CH$_3$-Gruppen-Donor dient **SAM** (S-Adenosyl-Methionin, aus dem S-Adenosyl-Homocystein [SAH] wird; ➤ 21.3.4). Die CH$_3$-Gruppe am C5-Atom der Cytosinbase befindet sich an der analogen Stelle wie die CH$_3$-Gruppe, die Thymin von Uracil unterscheidet. Sie ragt aus der **großen Furche** der Doppelhelix **nach außen** und beeinflusst daher nicht die komplementäre Basenpaarung und damit auch nicht die durch die Polymerasen ausgelesene **Sequenzinformation der DNA** (➤ Abb. 13.1b).

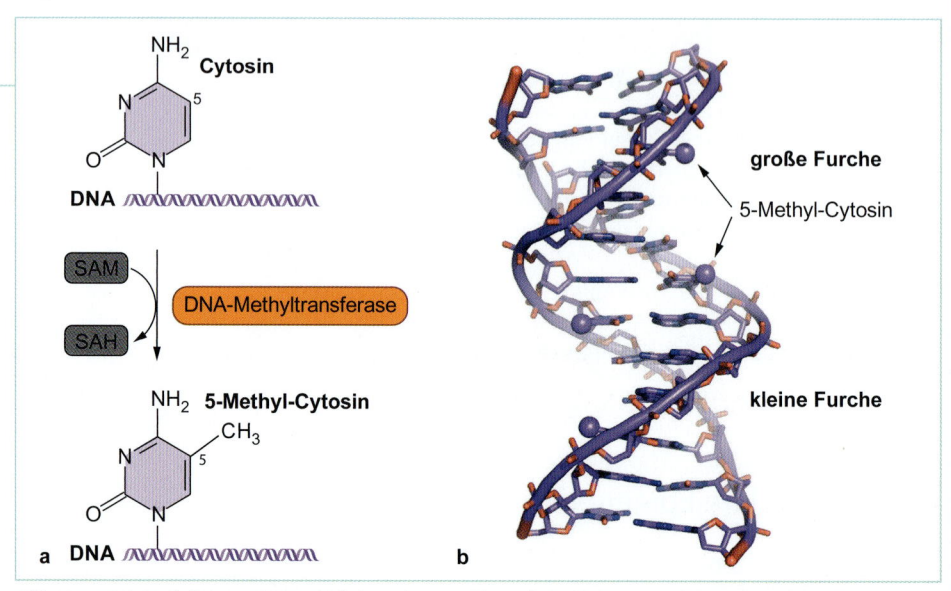

Abb. 13.1 DNA-Methylierung. **a** DNA-Methyltransferase-Reaktion. [L271] **b** 5-Methyl-Cytosin in der Doppelhelix. [P414]

An der Stelle, an der ein 5-Methyl-Cytosin vorkommt, liegt die zelltypspezifische epigenetische Information der DNA-Methylierung. Da **DNA-bindende Faktoren** wie Transkriptionsfaktoren sequenzspezifisch meist in der großen Furche binden (4.2.2), können sie dort das 5-Methyl-Cytosin **auslesen**, indem sie je nach Methylierung ihrer Bindungsmotive besser oder schlechter binden und so die Genexpression differenziell regulieren.

Menschliche DNA-Methyltransferasen methylieren nur Cytosin und nur dann, wenn in der Sequenz die Base Guanin folgt. Das Sequenzmotiv CG wird in diesem Zusammenhang meist als **CpG** abgekürzt (➤ Abb. 13.2), wobei das „p" für die Phosphatgruppe steht, die in der DNA zwei Nukleotide verbindet. CpG ist ein molekularbiologisches **Palindrom**, das die gleiche Sequenz auf Strang und Gegenstrang hat. Deshalb erfolgt die CpG-Methylierung **symmetrisch** auf beiden DNA-Strängen.

Diese Symmetrie liegt auch der **Vererbung** der DNA-Methylierung zugrunde. Da die DNA-**Replikation semikonservativ** verläuft, enthalten die zwei neuen DNA-Doppelstränge je einen elterlichen Einzelstrang mit der ursprünglichen DNA-Methylierung. Die **Erhaltungs-DNA-Methyltransferase** erkennt spezifisch diese **semi-methylierten CpG-Motive** und ergänzt die fehlenden CH$_3$-Gruppen am neuen Strang (➤ Abb. 13.2). So werden CpG-Methylierungsmuster epigenetisch vererbt.

Trotz stabiler Vererbung sind **Methylierungsmuster** aber auch **dynamisch** und **reversibel** (➤ Abb. 13.3). Sie werden von **De-novo-Methyltransferasen** aufgebaut und können entweder passiv oder aktiv abgebaut werden. **Passiv** verschwindet 5-Methyl-Cytosin nach mehrmaliger **Replikation**, wenn keine Erhaltungs-DNA-Methyltransferase beteiligt ist. **Aktiv** und replikationsunabhängig oxidieren **TET-Enzyme** (Ten-eleven Translocation; nach einer in Krebszellen häufigen Translokation zwischen den Chromosomen 10 und 11) die CH$_3$-Gruppen am Cytosin schrittweise zu Hydroxymethyl-, Formyl- und Carboxygruppen. Wahrscheinlich haben so modifizierte Cytosinbasen auch epigenetischen Informationsgehalt, werden aber letztlich durch DNA-Reparatursysteme wie die **Basenexzisionsreparatur** entfernt und durch unmethyliertes Cytosin ersetzt.

13.1.3 Chromatin: die epigenetische Informationsplattform

Oft wird Epigenetik fälschlicherweise mit DNA-Methylierung gleichgesetzt. Diese enthält jedoch nur einen Teil der epigenetischen Information. Weitaus mehr epigenetische Informationen liegen beispielsweise in der **DNA-Verpackung**, dem **Chromatin** (➤ 4.3). Die Verpackung in Nukleosomen und übergeordnete Strukturen reguliert die **DNA-Zugänglichkeit** und damit, inwieweit Gene und regulatorische DNA-Elemente zugänglich sind und wirksam werden können. Die Zugänglichkeit wird von allen Chromatin-Bestandteilen wie **Histonen**, **Nicht-Histon-Proteinen** und **RNAs** mitbestimmt. Im Gegensatz zur DNA-Methylierung ist für die epigenetische Chromatin-Information größtenteils noch unklar, wie sie vererbt wird.

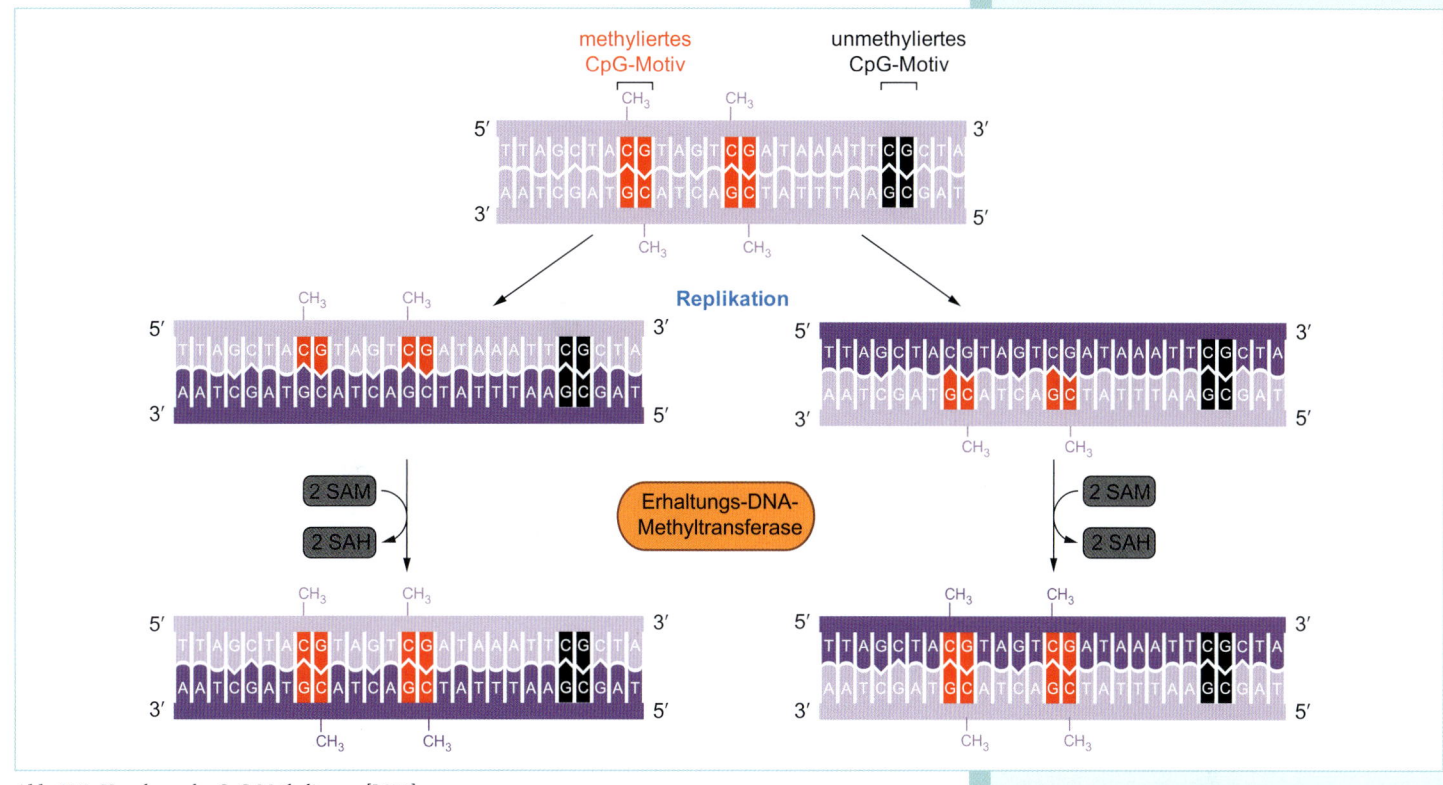

13.1 MOLEKULARE EPIGENETIK   **Aus Studentensicht**

Abb. 13.2 Vererbung der CpG-Methylierung [L271]

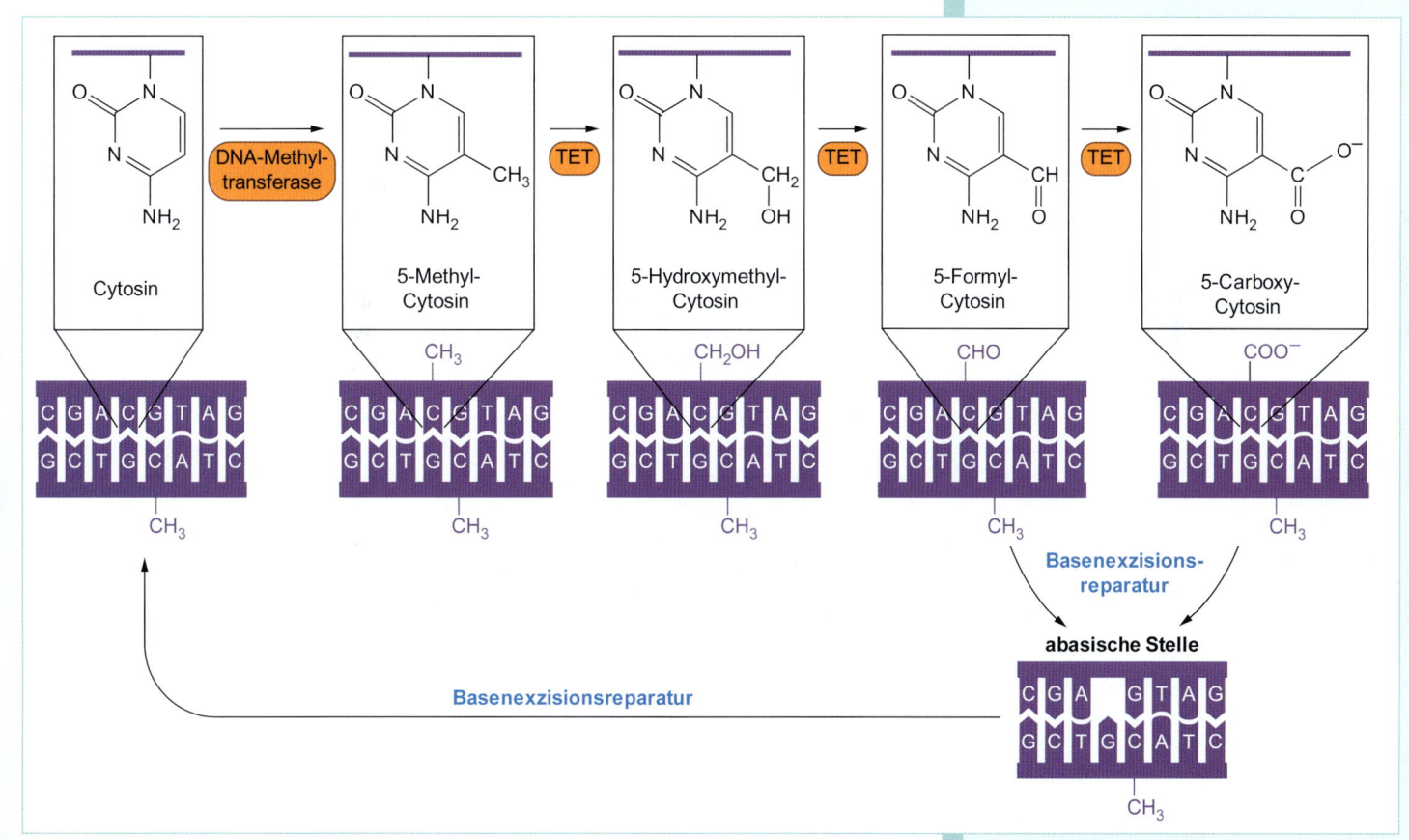

Abb. 13.3 Dynamik der CpG-Modifikation [L138]

Histonmodifikationen

Histone werden wie kaum ein anderes Protein sehr vielfältig an vielen unterschiedlichen Resten **posttranslational modifiziert** (➤ Abb. 13.4). Besonders häufig werden die N-Termini der Histone, die aus den Nukleosomen herausragen, modifiziert. Dort kommen viele Lysin-Reste vor, die z. B. durch Histon-Acetyltransferasen mit Acetyl-CoA **acetyliert** oder von Histon-Methyltransferasen ein-, zwei- oder dreimal mit SAM **methyliert** werden können. Darüber hinaus gibt es hier bzw. an anderen Aminosäuren weitere Modifikationen, u. a. Phosphorylierungen und Monoubiquitinylierungen. Diese Monoubiquiti-

Histonmodifikationen

Histone können an unterschiedlichen Resten **posttranslational modifiziert** werden, v. a. an ihren N-Termini.
Lysin-Reste können z. B. mit Acetyl-CoA **acetyliert** und mit SAM ein- bis dreifach **methyliert** werden. Auch Phosphorylierungen und Ubiquitinierungen treten auf.

317

Aus Studentensicht

13 EPIGENETIK: INFORMATION UND VERERBUNG JENSEITS DER DNA

nylierungen haben eine andere Signalfunktion als die Polyubiquitinierungen im Zusammenhang mit dem proteasomalen Proteinabbau (➤ 7.3.2).

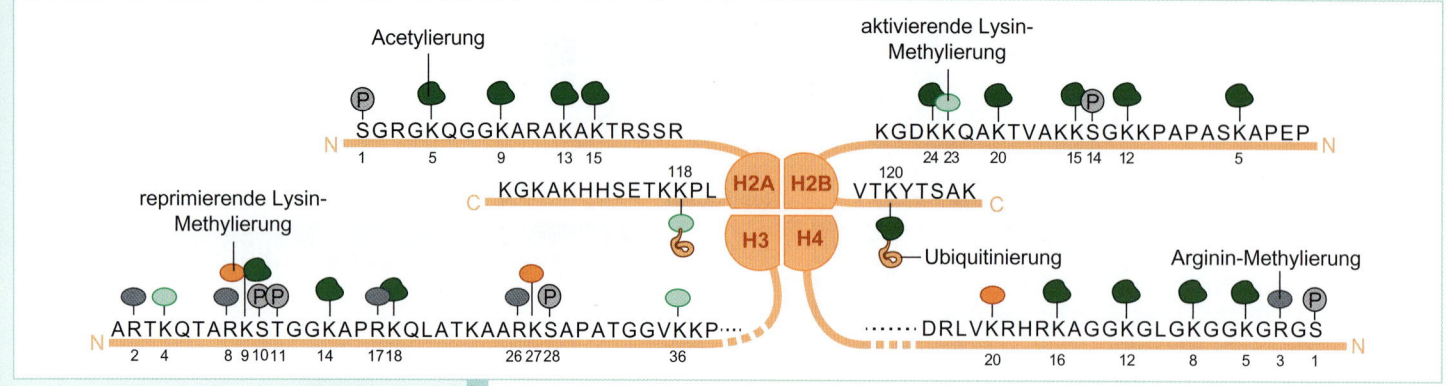

Abb. 13.4 Modifikationen der aus dem Nukleosom herausragenden N- und C-Termini von Histonen. [L138, L307]

Histonmodifikationen können sowohl direkt als auch indirekt zu einer Veränderung der Chromatin-Kompaktierung und damit der DNA-Zugänglichkeit führen. Dies geschieht v. a. über bestimmte Faktoren, welche die Histonmodifikationen **spezifisch auslesen**, z. B. trimethyliertes Lysin in Histon 3 (H3K9me3) von Heterochromatin Protein 1 (HP1). Letzteres rekrutiert weitere Faktoren und führt zur Heterochromatin-Bildung und damit zur Unterdrückung von Transkription und Rekombination an diesen Stellen.

Chromatin-Faktoren können **positive Rückkopplungen** erzeugen. HP1 rekrutiert z. B. die die HP1-Bindungsstelle erzeugende Histon-Methyltransferase, was zur **Stabilisierung** und **Ausbreitung** (Spreading) der jeweiligen Chromatinstruktur entlang der DNA führt. Die Reichweite des Spreadings kann **zufällig** von Zelle zu Zelle unterschiedlich oder **klar begrenzt** sein. Spreading kommt z. B. bei der X-Chromosom-Inaktivierung vor.

H3K9me3-vermitteltes Heterochromatin findet sich in allen Zellen an Satelliten-DNA (**konstitutives Heterochromatin**). Fakultatives Heterochromatin schaltet nur in bestimmten Zellen Gene aus. Seine Bildung wird u. a. durch **Polycomb-Proteine** vermittelt. **Trithorax-Proteine** bewirken hingegen zelltypspezifische **Genaktivität**. Beide Proteinfamilien sind wichtige Faktoren in der **Embryogenese**.

Remodeler und Nukleosomenpositionierung
Die Umsetzung der epigenetischen Information der Histone geschieht v. a. über **ATP-abhängige Chromatin-Remodeling-Enzyme (Remodeler)**. Sie verschieben Nukleosomen bzw. können diese auf- oder abbauen. Die **Nukleosomenpositionierung** hat einen großen Einfluss auf die DNA-Zugänglichkeit. Die Histon-**Acetylierung** korreliert oft mit der **Aktivierung**, die **Histon-Deacetylierung** mit der **Repression** von Genen.

Die positive Ladung der Lysinreste wird durch Acetylierung entfernt, sodass hyperacetylierte Histon-N-Termini weniger stark an die negativ geladene DNA binden. Das kann zu einer Dekompaktierung von Chromatin beitragen. Dieser Effekt ist aber bis auf spezielle Ausnahmen eher untergeordnet. Histonmodifikationen wirken v. a., indem sie von anderen **Faktoren spezifisch ausgelesen** werden. Diese Proteine binden z. B. acetylierte bzw. methylierte Lysinreste durch sog. Bromo- bzw. Chromodomänen. So wird ein trimethyliertes Lysin an Position 9 in Histon H3 (= H3K9me3) von der Chromodomäne im Heterochromatin Protein 1 (HP1) gebunden. HP1 rekrutiert weitere Faktoren, sodass es zur Bildung von Heterochromatin z. B. an Satelliten-DNA kommt und Transkription und Rekombination an diesen Stellen unterdrückt werden. Zu diesen weiteren Faktoren gehören auch DNA-Methyltransferasen, die eine Methylierung der Satelliten-DNA katalysieren. Insgesamt befinden sich ca. 95 % der CpG-Methylierungen im Bereich der repetitiven DNA. Hier ist das Genom von Krebszellen oft hypomethyliert und das Heterochromatin entsprechend gestört. So kommt es zu vielen Rekombinationsereignissen zwischen repetitiven DNA-Regionen, was wesentlich zu der für Krebszellen typischen genomischen Instabilität beiträgt (➤ 12.2.1).

Ähnlich den Transkriptionsfaktoren (➤ 4.5.4) können auch Chromatinfaktoren **positive Rückkopplungen** erzeugen. HP1 beispielsweise rekrutiert die Histon-Methyltransferase, welche die HP1-Bindungsstelle H3K9me3 erzeugt (➤ Abb. 13.5). So wird zum einen diese Chromatinstruktur **stabilisiert**, zum anderen kann sie sich entlang der DNA **ausbreiten** (= Spreading). Die Reichweite des Spreadings kann **zufällig** von Zelle zu Zelle unterschiedlich sein und benachbarte Gene mit beeinflussen oder nicht (= Position Effect Variegation, Positions-Effekt-Variegation, PEV) oder durch Boundaries („Grenzen") oder entgegengesetzt wirkende Mechanismen **klar begrenzt** sein. Durch Spreading können ausgehend von relativ wenigen sequenzdefinierten DNA-Elementen sehr große Genombereiche, im Extremfall der X-Chromosom-Inaktivierung auch ein ganzes Chromosom, epigenetisch reguliert werden.

H3K9me3-vermitteltes Heterochromatin an Satelliten-DNA liegt in allen Zellen vor und wird **konstitutives Heterochromatin** genannt. Im Gegensatz dazu schaltet **fakultatives Heterochromatin** Gene nur in bestimmten Zelltypen aus, wie das α-Globin-Gen in Nervenzellen, die deshalb kein Hämoglobin produzieren. Fakultatives Heterochromatin wird v. a. durch **Polycomb-Proteine** in Verbindung mit anderen trimethylierten Lysinen in Histon H3 (= H3K27me3) vermittelt. Umgekehrt bewirken **Trithorax-Proteine** zusammen mit wieder anderen trimethylierten Lysinen (= H3K4me3) zelltypspezifische **Genaktivität**. Beide Proteinfamilien sind hoch konserviert und die wichtigsten Faktoren, die in der **Embryogenese** durch Chromatinveränderungen Gene aus- bzw. anschalten. So erzeugte Genaktivitätszustände werden epigenetisch über viele Zellgenerationen autonom und stabil aufrechterhalten und vererbt.

Remodeler und Nukleosomenpositionierung
Wesentlich für das Umsetzen der in die Histone eingeschriebenen epigenetischen Information sind **ATP-abhängige Chromatin-Remodeling-Enzyme** (**Remodeler;** engl. remodel = umbauen). Sie werden durch Histonmodifikationen oder auch Transkriptionsfaktoren an bestimmte Chromatin-Stellen rekrutiert und können dort unter ATP-Verbrauch Nukleosomen verschieben und auf- oder abbauen (➤ Abb. 13.6). Die daraus resultierende **Nukleosomenpositionierung** entlang der DNA ist oft der entscheidende Schritt für die Regulation der DNA-Zugänglichkeit. Da einige Remodeler z. B. über Bromodomänen v. a. an acetylierte Histone binden (➤ Abb. 13.5) und dort die Chromatinstruktur auflockern, korreliert eine **Histon-Acetylierung** oft mit der **Aktivierung** von Genen und eine **Histon-Deacetylierung** mit ihrer **Repression**.

13.1 MOLEKULARE EPIGENETIK

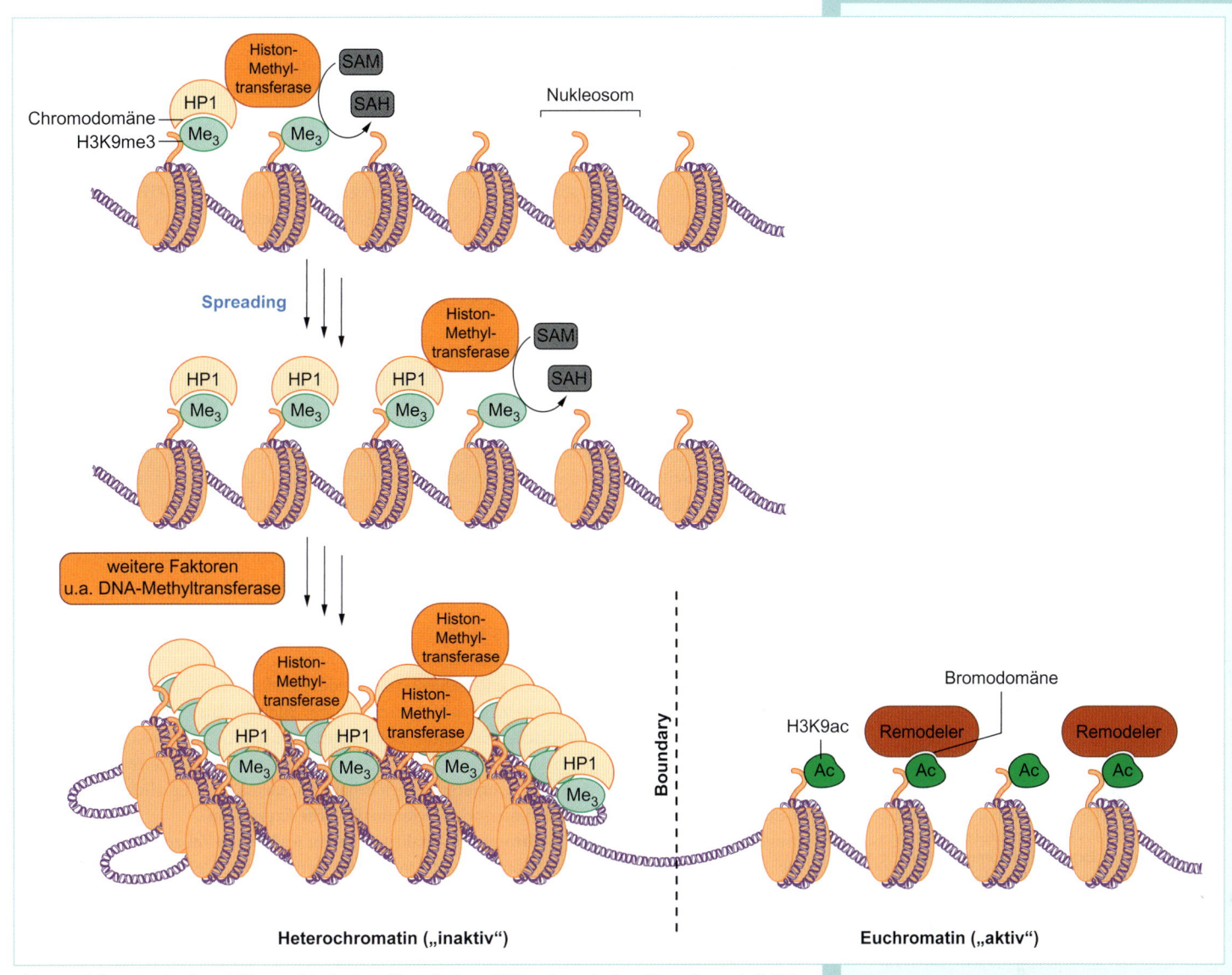

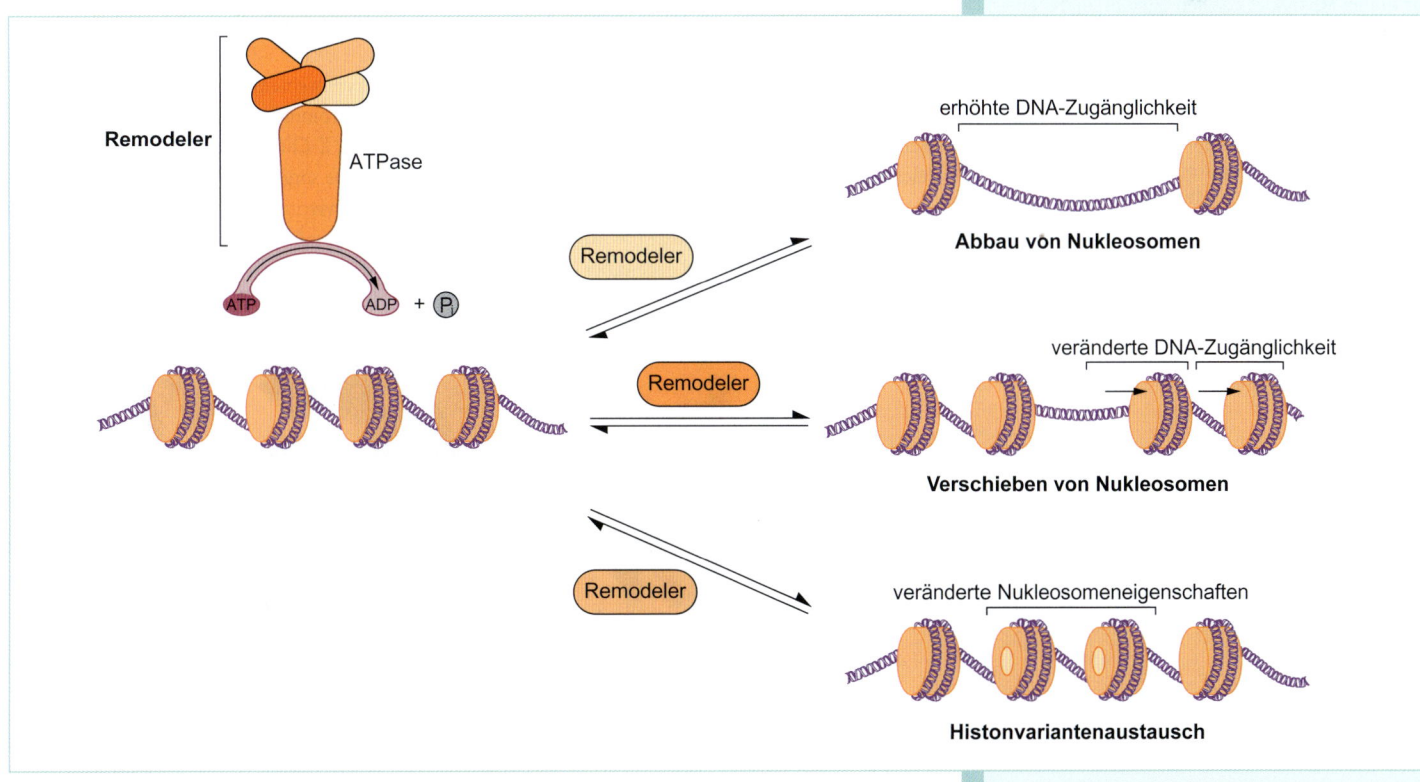

Abb. 13.5 Selbstverstärkende Ausbildung und Ausbreitung (Spreading) von H3K9me3-vermitteltem Heterochromatin [L138]

Abb. 13.6 Nukleosomenumbau durch Remodeler [L271]

Aus Studentensicht

Histonvarianten
Remodeler können auch **Histonvarianten** einbauen und damit die Nukleosomenstruktur verändern.

RNA
Auch RNAs, v. a. **ncRNAs,** sind an der epigenetischen Regulation, z. B. an der Inaktivierung des zweiten X-Chromosoms durch die **lncRNA „Xist"** in weiblichen Zellen, beteiligt.

13.1.4 Transkriptionsfaktornetzwerke: Masterregulatoren der Genexpression
Transkriptionsfaktoren wie **MYOD1** wirken epigenetisch, indem sie sich selbst oder gegenseitig **stabilisieren** und ihre Wirkung **vererbt** wird. MYOD1 trägt zur Muskel-Differenzierung bei, aktiviert aber auch sich selbst. Wird es während der Embryonalentwicklung aktiviert, werden **MYOD1-Proteine** synthetisiert und an die Tochterzellen **weitergegeben**. Durch **reziproke** Aktivierungs- und Repressionsbeziehungen entstehen **Netzwerke,** die als **Masterregulatoren** den Phänotyp von Zellen bestimmen und stabilisieren.

13.1.5 Monoallelische Expression: X-Chromosom-Inaktivierung
Transkriptionsfaktoren wirken als **Trans-Elemente** (also prinzipiell an jeder Stelle im Genom) und binden meist gleichermaßen an die beiden Allele im Genom. **DNA-Methylierung** und **Chromatin** wirken meist als **Cis-Elemente** (also in ihrer direkten chromosomalen Umgebung) und können die beiden Kopien unterschiedlich behandeln, sodass es zu **Epiallelen** mit z. B. **monoallelischer Expression** kommen kann. Im Fall der **X-Chromosom-Inaktivierung** in weiblichen Zellen bewirkt dies, dass eines der beiden X-Chromosomen als kompaktes **Barr-Körperchen** in der Zelle vorliegt. Die Inaktivierung findet während der Embryonalentwicklung **zufällig** in jeder Zelle statt, sodass jedes Gewebe aus einem **Mosaik** von Zellen besteht, in denen entweder das väterliche oder das mütterliche X-Chromosom inaktiviert ist.

Bei Katzen kann das bei der X-Chromosom-Inaktivierung entstehende Mosaik und der damit verbundene Phänotyp an der Fellfärbung beobachtet werden.

ABB. 13.7

13 EPIGENETIK: INFORMATION UND VERERBUNG JENSEITS DER DNA

Histonvarianten
Remodeler können auch **Histonvarianten** einbauen (➤ Abb. 13.6), die es neben den kanonischen Histonen H2A, H2B, H3 und H4 (➤ 4.3) gibt. Sie können die Nukleosomenstrukturen verändern und weitere epigenetische Informationen vermitteln.

RNA
Auf wahrscheinlich wichtige, aber größtenteils noch unverstandene Weise sind auch RNAs, v. a. **ncRNAs,** an der epigenetischen Regulation beteiligt. So ist beispielsweise die **lncRNA „Xist"** für die epigenetische Inaktivierung des zweiten X-Chromosoms in weiblichen Zellen wichtig.

13.1.4 Transkriptionsfaktornetzwerke: Masterregulatoren der Genexpression
Spezifische Transkriptionsfaktoren können epigenetisch wirken, da sie sich selbst oder vernetzt mit anderen Transkriptionsfaktoren gegenseitig **stabilisieren** können und ihre Wirkung auf den Phänotyp **vererbt** werden kann. Der spezifische Transkriptionsfaktor **MYOD1** (Myoblast Determination Protein 1) aktiviert beispielsweise Gene der Muskeldifferenzierung, aber auch sein eigenes Gen MYOD1. Wird MYOD1 während der Embryonalentwicklung aktiviert, werden **MYOD1-Proteine** synthetisiert, bei der Zellteilung an beide Tochterzellen **weitergegeben** und aktivieren dort wiederum die MYOD1-Expression. Die aktive MYOD1-Expression und die damit verbundene Differenzierung zu Myoblasten wird so auch ohne das ursprüngliche Signal und ohne Änderungen der DNA-Sequenz, also epigenetisch, vererbt. Durch **reziproke** Aktivierungs- und auch Repressionsbeziehungen vieler Transkriptionsfaktoren entstehen **Netzwerke,** die als **Masterregulatoren** die zelluläre Identität und Eigenschaften bestimmen und stabil vererbt werden können.

13.1.5 Monoallelische Expression: X-Chromosom-Inaktivierung
Transkriptionsfaktoren werden an bestimmten Orten im Genom codiert, wirken aber als frei diffundierende Proteine in **trans** (= an vielen unterschiedlichen Bindungsstellen im Genom). Dagegen wirken **DNA-Methylierung** und **Chromatin** meist in **cis** (= am Ort ihrer Bildung). Die zwei Gen-Kopien im diploiden Genom werden meist gleichermaßen von bestimmten Transkriptionsfaktoren gebunden und deshalb gleich exprimiert. Die cis-wirkenden epigenetischen Mechanismen können aber die beiden Kopien, selbst bei exakt gleicher Sequenz, unterschiedlich behandeln, sodass es zu **Epiallelen** kommt, von denen beispielsweise nur eines exprimiert wird (= **monoallelische Expression**).

Augenfälligstes Beispiel ist die **X-Chromosom-Inaktivierung** in **weiblichen Zellen.** Alle menschlichen Zellen exprimieren i. d. R. nur eine Kopie des X-Chromosoms. In männlichen Zellen liegt nur eine Kopie des X-Chromosoms vor, in weiblichen Zellen wird eine der beiden Kopien stillgelegt. Hieran sind praktisch alle bekannten epigenetischen Mechanismen, also DNA-Methylierung, Histonmodifikationen, Histonvarianten, Nukleosomenverschiebungen und -umbau durch Remodeler, Spreading, ncRNAs und Transkriptionsfaktornetzwerke, beteiligt. Sie bewirken, dass das inaktive X-Chromosom extrem kompakt als **Barr-Körperchen** vorliegt (➤ Abb. 13.7a). Die X-Chromosom-Inaktivierung findet früh in der Entwicklung statt, wenn der Embryo aber bereits aus vielen Zellen besteht. Jede dieser Zellen wählt rein **zufällig** aus, welches X-Chromosom inaktiviert wird. Diese Auswahl wird stabil an die jeweiligen Tochterzellen weitergegeben, sodass jedes Gewebe des weiblichen Körpers aus einem **Mosaik** von Zellen besteht, in denen jeweils entweder das väterliche oder das mütterliche X-Chromosom inaktiviert ist.

Bei Katzen liegt ein Gen, das die Fellfärbung mitbestimmt, auf dem X-Chromosom und kann in zwei Allelen vorliegen, die entweder für eine schwarze oder orange Fellfarbe sorgen. Bei entsprechend heterozygoten weiblichen Katzen wird das Mosaik der X-Chromosom-Inaktivierung somit phänotypisch direkt in der gefleckten Fellfarbe sichtbar (➤ Abb. 13.7b). Weiße Fellfarbe stammt von einem weiteren, ebenfalls epigenetisch regulierten und gegenüber den Orange/Schwarz-Allelen dominantem Gen.

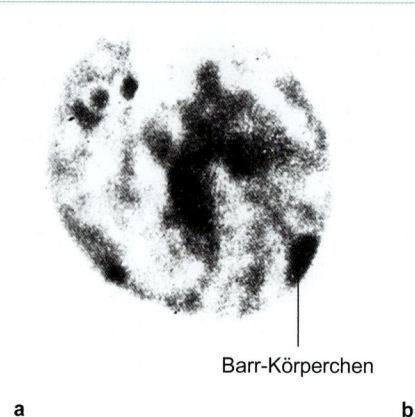

a Barr-Körperchen

b Allel für schwarze Fellfarbe aktiv xX   Allel für orange Fellfarbe aktiv Xx

Abb. 13.7 a Barr-Körperchen im Elektronenmikroskop. **b** Mosaik der X-Chromosom-Inaktivierung bei der Katzenfellfärbung. [G659, L271, L307]

13.2 REVERSIBILITÄT: NEUE THERAPIEN

> **KLINIK**
> **Evidenz für die Theorie der klonalen Tumorentstehung**
> Tumoren im Körper der Frau sind oft *kein* Mosaik bezüglich der X-Chromosom-Inaktivierung, sondern bestehen aus Zellen, die alle dasselbe X-Chromosom inaktiviert haben. Das spricht dafür, dass diese Tumoren aus einer einzelnen Zelle hervorgegangen sind, also einem Klon dieser Zelle entsprechen.

Für ca. 200 Gene, die v. a. das embryonale Wachstum regulieren, wird in der väterlichen und mütterlichen Keimzelle je ein unterschiedliches DNA-Methylierungsmuster angelegt (**Genomic Imprinting**, genomische Prägung), sodass diese Gene in den Tochterzellen der Zygote monoallelisch exprimiert werden.

> **FALL**
> **Alina und die große Zunge: fehlerhaftes Imprinting**
> Auf Chromosom 11 liegen das wachstumsfördernde Gen IGF-2 und davor die Imprinting Control Region (ICR). An die ICR kann ein Isolator binden, der die Genexpression von IGF-2 verhindert, indem er den Kontakt zu einem expressionsfördernden Enhancer unterbindet. Ist die ICR methyliert, kann der Isolator nicht binden und IGF-2 wird exprimiert. Normalerweise ist die ICR in männlichen Keimzellen methyliert, in weiblichen hingegen nicht. Evolutionär könnte dies widerspiegeln, dass die väterliche Regulation der Grundeinstellung entspricht („möglichst große Nachkommen"), aber die mütterliche dem großen Risiko während Schwangerschaft und Geburt durch zu große Nachkommen Rechnung trägt. In der Tat kommt Genomic Imprinting im Tierreich v. a. bei Säugern vor.
> Bei Alina ist durch einen Imprinting-Fehler auch das mütterliche Allel methyliert. Somit kann der Isolator auch dort nicht binden und Alina exprimiert die doppelte Menge des wachstumsfördernden IGF-2. Doch nicht nur ihre Zunge und ihr Körper sind zu groß, durch die verstärkte IGF-2-Expression besteht auch ein erhöhtes Risiko für eine Tumorentwicklung.
> Alina entwickelt sich zu einem aufgeweckten Kleinkind. Eine geistige Retardierung geht mit dem Beckwith-Wiedemann-Syndrom nicht einher, auch wenn die vergrößerte Zunge fälschlicherweise oft als Indiz dafür angesehen wird.

13.2 Reversibilität: neue Therapien

Auch wenn epigenetische Mechanismen zu stabilen und vererbbaren Zellzuständen führen können, sind sie alle letztlich **reversibel**. Dies wird für neue Therapien genutzt.

Epigenetische Krebstherapie

Die Krebsentstehung beruht auf pathologisch veränderten Genexpressionsprofilen, die durch genetische, aber auch **epigenetische Veränderungen** bedingt sind. So können Tumorsuppressorgene epigenetisch durch eine verringerte Histonacetylierung und vermehrte DNA-Methylierung stillgelegt werden. Aufgrund der Reversibilität dieser epigenetischen Veränderungen können manche Krebsarten bereits klinisch durch entsprechende **Pharmaka** (= Epigenetic Drugs, Epi-Drugs), die Histon-Deacetylasen oder DNA-Methyltransferasen inhibieren, behandelt werden (> 12.6.4). Zurzeit sind kompetitive Inhibitoren der Bromodomänen vielversprechend, die in das Auslesen der epigenetischen Chromatininformation eingreifen.

Zelluläre (Re-)Programmierung

Die **Trans-Differenzierung** von bereits ausdifferenzierten Zellen wie einer Leberzelle in einen anderen Zelltyp wurde für Säugetierzellen lange als unmöglich erachtet. Für die Klonierung des Schafes Dolly wurde jedoch der Zellkern einer unbefruchteten Eizelle entfernt und stattdessen der Kern einer Hautzelle injiziert (= somatischer Kerntransfer). Obwohl der neue Kern das **Epigenom** (Gesamtheit der epigenetischen Einstellungen) der Hautzelle trug, war das biochemische Milieu der Eizelle in der Lage, diesen Zellkern so zu **reprogrammieren**, dass die Embryonalentwicklung von vorn beginnen und alle Zelltypen hervorbringen konnte, die ein Schaf ausmachen. In einem anderen Verfahren werden menschliche Fibroblasten durch gentechnische Überexpression von vier spezifischen Transkriptionsfaktoren, den Yamanaka-Faktoren (= Myc, Klf4, Sox2, Oct4), in **induzierte pluripotente Stammzellen** (iPS-Zellen) reprogrammiert (> 28.1.1).
Die Mechanismen und epigenetischen Schalter, die zu diesen Reprogrammierungen führen, sind derzeit noch weitgehend unverstanden und die Ergebnisse oft noch unzureichend. So haben klonierte Tiere wegen der unvollständigen epigenetischen Reprogrammierung häufig Imprinting-Defekte und müssen per Kaiserschnitt geboren werden (Large Offspring Syndrome = Große-Nachkommen-Syndrom; > 13.1.1). In Zukunft könnten durch Zellreprogrammierungen aber Therapien entstehen, die den Ersatz von Zellen ermöglichen, die z. B. durch Morbus Parkinson oder einen Herzinfarkt abgestorben sind.

Aus Studentensicht

> **KLINIK**
> Einige Gene, die v. a. das embryonale Wachstum regulieren, enthalten unterschiedliche DNA-Methylierungsmuster in der väterlichen und mütterlichen Keimzelle **(Genomic Imprinting),** sodass diese Gene in den Tochterzellen monoallelisch exprimiert werden.

13.2 Reversibilität: neue Therapien

Prinzipiell sind alle epigenetischen Mechanismen **reversibel,** was therapeutisch genutzt werden kann.

Epigenetische Krebstherapie

Tumorsuppressorgene können durch **epigenetische Veränderungen** stillgelegt werden und dadurch zur Tumorentstehung beitragen. **Pharmaka,** die diesen epigenetischen Veränderungen entgegenwirken, Epi-Drugs, werden bereits klinisch in der Tumortherapie eingesetzt.

Zelluläre (Re-)Programmierung

Im Rahmen der Klonierung kann ein Zellkern mit seinem **Epigenom** (Gesamtheit der epigenetischen Einstellungen) so **reprogrammiert** werden, dass andere Zelltypen entstehen **(Trans-Differenzierung).** Es kann sogar die Embryonalentwicklung ausgehend von einem reprogrammierten Zellkern von vorne beginnen. Andere Verfahren ermöglichen durch die Überexpression bestimmter Transkriptionsfaktoren in z. B. Fibroblasten die Erzeugung von **induzierten pluripotenten Stammzellen.**
Aus Verfahren dieser Art könnten Therapien zum Ersatz von abgestorbenen Zellen (z. B. Herzinfarkt) entstehen.

Aus Studentensicht

13.3 Prägung durch Umwelteinflüsse

Genomische Prozesse und **epigenetische Vorgänge** bedingen sich **gegenseitig**, oft in Form eines **intrinsischen Programms**.

Der **Phänotyp** einzelner Zellen und des gesamten Organismus entsteht jedoch auch durch **Zufälle** und im **Wechselspiel** mit der **Umwelt**, sodass das genetische Programm **nicht** komplett **deterministisch** ist.

Ob **Umweltbedingungen** biologische Veränderungen stabil **einprägen** und so **Erfahrung** vererbbar machen können, ist unklar. Epigenetische Information wird **intragenerationell** vererbt. Für eine **inter-** oder **transgenerationelle** Vererbung müssten die epigenetischen Informationen über die **Meiose** hinweg stabil bleiben, jedoch findet hier ein epigenetisches **Reset** statt.

PRÜFUNGSSCHWERPUNKTE
IMPP
Zu den Inhalten dieses Kapitels wurden in den letzten Jahren vom IMPP kaum Fragen gestellt.

Kompetenzorientierte Lernziele (NKLM)
Die Studierenden können
- Prinzipien der Vererbung und Evolution erklären.
- den Aufbau von Chromosomen und des Genoms erklären.
- die Transkription und deren Regulation erklären.

13 EPIGENETIK: INFORMATION UND VERERBUNG JENSEITS DER DNA

13.3 Prägung durch Umwelteinflüsse

Genomische Prozesse und epigenetische Information sind wie Henne und Ei letztlich unauflöslich miteinander verflochten. Alle Vorgänge im Genom hinterlassen **epigenetische Spuren,** sodass beispielsweise an der Chromatinstruktur abgelesen werden kann, wo transkribiert, DNA repliziert, repariert oder rekombiniert wird. Umgekehrt muss für diese Vorgänge die entsprechende Genomregion **epigenetisch vorbereitet** oder auch blockiert werden. Meist sind das Vorgänge, die als **intrinsisches Programm** ablaufen.

Dennoch entsteht der **Phänotyp** sowohl einzelner Zellen als auch des gesamten Organismus nicht nur intrinsisch aus sich heraus, sondern auch durch **Zufälle** (z. B. X-Chromosom-Inaktivierung, Positions-Effekt-Variegation) und im **Wechselspiel** mit der **Umwelt**, aus der im weitesten Sinn „Signale" empfangen werden. Das genetische Programm ist damit **nicht** komplett **deterministisch.** Auch eineiige, genetisch identische Zwillinge sind phänotypisch nicht völlig gleich und klonierte Katzen sehen nie gleich aus, da die Fellfärbung epigenetisch und damit in diesem Fall letztlich zufällig bestimmt wird. Eineiige Zwillinge, von denen beispielsweise nur einer an Autismus oder Schizophrenie leidet, werden derzeit gezielt daraufhin untersucht, inwieweit **epigenetische Mechanismen** durch Umwelt oder Zufall reguliert sind und diese Unterschiede erklären können.

Besonders faszinierend, aber auch umstritten ist die Hypothese, dass durch **Umweltbedingungen** biologische Veränderungen stabil **eingeprägt** und sogar an die nächste Generation **vererbt** werden könnten (= Vererbung von Erfahrung). Epigenetische Information wird unbestritten mitotisch, z. B. in der Embryonalentwicklung, vererbt. Diese Vererbung erfolgt **intragenerationell** in einem einzelnen Organismus. Für eine **intergenerationelle** Vererbung zwischen Eltern und Kindern müssten die epigenetischen Informationen auch in der Keimbahn über die **Meiose** hinweg stabil sein. Prinzipiell findet hier jedoch ein epigenetisches **Reset**, ein keimbahnspezifisches Umprogrammieren des Epigenoms, statt. Gibt es aber Ausnahmen? Werden **Erfahrungen,** die ein Mensch in seinem Leben macht, durch epigenetische Mechanismen in seine Keimzellen eingeprägt und so **auf folgende Generationen** weitergegeben? Kann diese Prägung so stabil sein, dass sie nicht nur auf Kinder, sondern sogar **transgenerationell** (auf Enkel- und Folgegenerationen) weitergegeben wird? Hatte Lamarck doch recht mit seiner Evolutionstheorie, nach der erlernte Eigenschaften vererbt werden? Prägt beispielsweise eine andauernde Über- oder Unterernährung die Regulation von Stoffwechselgenen epigenetisch so, dass sich die Adipositas- und Typ 2-Diabetes-Prävalenz in den Folgegenerationen ändert? Das ist für den Menschen schwierig zu beantworten, weil genetische Unterschiede und kulturelle Vererbung (z. B. Ernährungsgewohnheiten) schwierig auszuschließen sind. Zudem muss unterschieden werden, ob eine epigenetische Prägung bereits in den Keimzellen (meiotisch) vorliegt oder durch direkte Einwirkung auf den Embryo im Mutterleib (mitotisch) geschieht. In besser kontrollierbaren Tier- und Pflanzenversuchen gibt es Beispiele inter- und transgenerationeller epigenetischer Vererbung, eventuell auch von durch Umwelteinflüssen geprägten Eigenschaften. Für den Menschen sind diese Fragen noch offen.

ÜBUNGSFRAGEN FÜRS MÜNDLICHE MIT LÖSUNGSHILFEN

1. Transkriptionsfaktoren, die repressiv auf die Transkription wirken, rekrutieren häufig Histon-Deacetylasen. Warum wirkt dies reprimierend?

Die aktive Transkription benötigt eine zugängliche, geöffnete Chromatinstruktur. Sie wird meist von ATP-abhängigen Remodelern vermittelt, die häufig an acetylierte Histone binden (➤ Abb. 13.5). Die Deacetylierung verhindert diese Rekrutierung und damit das Auflockern des Chromatins. Außerdem beruht die Ausbildung von repressiven Heterochromatinstrukturen häufig auf der Methylierung von bestimmten Lysinresten. Dieselben Lysinreste sind im aktiven Zustand acetyliert (➤ Abb. 13.4, ➤ Abb. 13.5). Um diese Stellen zu methylieren, muss also zuerst die Acetylierung entfernt werden. Deshalb ist die Histondeacetylierung einer der ersten Schritte bei der Genrepression.
Eine generelle Auflockerung des Chromatins durch verminderte Bindung von hyperacetylierten Histon-N-Termini an DNA ist im Vergleich zum Effekt der Remodeler und anderer durch die Histonmodifikationen rekrutierter Faktoren untergeordnet.

2. Warum ist die DNA von Krebszellen relativ zu normalen Zellen häufig global (= genomweit) *hypo*-, aber lokal (= an einzelnen Genloci) *hyper*methyliert?

Der größte Teil der globalen DNA-Methylierung befindet sich in repetitiven Elementen wie der Satelliten-DNA. Dort trägt sie zur Bildung von Heterochromatin bei, sodass hier die homologe Rekombination zwischen den immer gleichen DNA-Sequenzen unterdrückt wird. In Krebszellen ist dieser Mechanismus gestört, was an der Hypomethylierung zu sehen ist, und eine entsprechend verstärkte Rekombination führt zur genomischen Instabilität. Die lokale Hypermethylierung findet z. B. an Tumorsuppressorgenen statt und ist Teil deren epigenetischer Repression.

13.3 PRÄGUNG DURCH UMWELTEINFLÜSSE

Aus Studentensicht

3. Cytosinbasen können spontan hydrolytisch zu Uracil desaminiert werden. Solche Uracilbasen werden in der DNA vom Basenexzisionsreparatursystem (BER) erkannt, herausgeschnitten und wieder durch Cytosin ersetzt. Was entsteht bei der spontanen Desaminierung von 5-Methyl-Cytosin? Von welchem Reparatursystem wird das Produkt vermutlich erkannt und wie wird es repariert?

Desaminierung von 5-Methyl-Cytosin führt zu Thymin. Da Thymin eine normale DNA-Base ist, wird sie nicht vom BER erkannt. 5-Methyl-Cytosin ist komplementär zu Guanin, während sich das neugebildete Thymin eigentlich mit Adenin paaren müsste. Der Fehler wird daher durch die Fehlpaarungsreparatur erkannt. Wenn die Desaminierung außerhalb der S- oder G2-Phase stattfindet, kann das Fehlpaarungsreparatursystem Eltern- und Tochterstrang nicht unterscheiden und wird mit einer 50%-Wahrscheinlichkeit entweder Thymin oder Guanin entfernen und durch Cytosin bzw. Adenin ersetzen. Im evolutionären Zeitraum wird desaminiertes 5-Methyl-Cytosin also häufig falsch und irreversibel „repariert". Da 5-Methyl-Cytosin nur in CpG-Motiven vorkommen kann, sind diese Motive durch falsche Fehlpaarungsreparatur evolutionär stark abgereichert. Nur in regulatorischen Genomregionen, in denen CpG in der Keimbahn fast nie methyliert wird, bleiben die CpG-Motive intakt und sind heute als „CpG-Inseln" im Genom zu erkennen.

KAPITEL 14
Viren und Bakterien: Wie funktionieren Krankheitserreger?

Stefan Kindler, Hans-Jürgen Kreienkamp

Aus Studentensicht

14.1	Mikroorganismen 325
14.2	Viren: Aufbau und Vermehrung 326
14.2.1	Größe und Struktur 326
14.2.2	Erbinformation 326
14.2.3	Aufbau 326
14.2.4	Vermehrungszyklus 327
14.2.5	Influenzaviren 327
14.2.6	Retroviren: humanes Immundefizienzvirus (HIV) 332
14.3	Bakterien 337
14.3.1	Aufbau und Eigenschaften 337
14.3.2	Das Mikrobiom des menschlichen Körpers 338
14.3.3	Bakterien als Krankheitserreger 338
14.3.4	Antibiotika 339
14.3.5	Enterohämorrhagische *Escherichia coli* (EHEC) 341

Von der leichten Erkältung bis hin zu einer in wenigen Stunden tödlich verlaufenden Infektion – Bakterien und Viren verursachen ein breites Spektrum an Infektionserkrankungen. Doch was unterscheidet Erkältungsviren, die uns nur wenige Tage in Schach halten, von einer gefährlichen und unheilbaren HIV-Infektion und wie wirken Medikamente, die bei viralen Infektionen eingesetzt werden? Warum sind nicht alle Bakterien für unseren Organismus potenziell gefährlich und auf welche Weise wirken Antibiotika? Diese Fragen sind nicht zuletzt deshalb von großer Bedeutung, weil Infektionskrankheiten weltweit zu den häufigsten Todesursachen gehören und der falsche Einsatz von Antibiotika zu immer größer werdenden Problemen mit multiresistenten Keimen führt.
Karim Kouz

14.1 Mikroorganismen

FALL

Frau Alt hat Grippe

Ende November meldet sich an einem Montagmorgen die 73-jährige Frau Alt bei Ihnen in der Praxis. Seit Sonntag leide sie plötzlich unter Schüttelfrost, Halsschmerzen, brennenden Augen, einer starken Abgeschlagenheit sowie Muskel-, Glieder- und Kopfschmerzen. Ihnen fallen eine Rötung der Augen, ein stark geröteter Rachen sowie der trockene Reizhusten der Patientin auf. Zudem messen Sie eine Körpertemperatur von 40 °C. Aufgrund der Symptome und einer aktuell in der Region kursierenden Grippewelle vermuten Sie, dass Frau Alt an einer Influenza-Infektion leidet. Die Untersuchung eines Rachenabstrichs mithilfe eines Influenza-A/B-Schnelltests bestätigt ihre Vermutung. Die Grippeimpfung, die Frau Alt üblicherweise im Herbst macht, hat sie in diesem Jahr aufgrund eines längeren Urlaubs und anderer Termine vergessen. Ihrer Patientenakte entnehmen Sie zudem, dass Frau Alt schon seit ihrer Kindheit eine Pollen- und Hausstauballergie hat, die im frühen Erwachsenenalter auch eine milde Form von Asthma bronchiale, einer chronischen entzündlichen Erkrankung der Atemwege, ausgelöst hat.
Wie können Sie Frau Alt helfen?

Unter dem Begriff **Mikroorganismen** werden unzählige mikroskopisch kleine Lebewesen zusammengefasst, die keine einheitliche biosystematische Gruppe darstellen. Die meisten Mikroorganismen sind Einzeller. Zu ihnen gehören u. a. **Bakterien,** zahlreiche **Pilze** und **Protozoen** (einzellige Eukaryoten) wie der Malariaerreger *Plasmodium falciparum*. Einige dieser Mikroorganismen sind **Parasiten** und schädigen ihren Wirt, meist ein größeres Lebewesen einer anderen Art, um ihr eigenes Überleben zu fördern. **Ektoparasiten** (Entoparasiten) leben auf dem Wirtsorganismus und dringen nur teilweise in ihn ein, während **Endoparasiten** im Inneren des Wirtsorganismus leben. **Obligate Parasiten** sind zwingend auf einen Wirt angewiesen, während **fakultative Parasiten** (Gelegenheitsparasiten) frei lebende Lebewesen sind und nur gelegentlich einen Wirt nutzen.

Viren werden üblicherweise nicht als eigenständige Lebewesen betrachtet und sind somit **keine Mikroorganismen.** Sie sind nicht zellulär, besitzen keinen eigenständigen Stoffwechsel und sind für ihre Replikation auf lebende Zellen angewiesen. Viren infizieren sowohl eukaryote als auch prokaryote Zellen und bewirken durch eine gezielte Veränderung bestimmter zellulärer Prozesse ihre optimale Vermehrung. Eine Virusinfektion führt häufig zu einer starken Beeinträchtigung zentraler Lebensfunktionen des Wirtsorganismus und kann beim Menschen schwere Erkrankungen hervorrufen.

14.1 Mikroorganismen

Mikroorganismen sind mikroskopisch kleine Lebewesen, die keine einheitliche Gruppe darstellen und meist Einzeller sind. Zu ihnen gehören **Bakterien, Protozoen** und **Pilze.**
Einige Mikroorganismen sind **Parasiten** und schädigen ihren Wirt, um ihr eigenes Überleben zu fördern. **Ektoparasiten** leben auf, **Endoparasiten** im Inneren des Wirtsorganismus. **Obligate Parasiten** sind zwingend auf einen Wirt angewiesen, **fakultative Parasiten** nur gelegentlich. **Viren** sind **keine Mikroorganismen,** da sie nicht zellulär sind, keinen eigenständigen Stoffwechsel besitzen und für ihre Vermehrung auf lebende Zellen angewiesen sind. Sie können sowohl eukaryote als auch prokaryote Zellen infizieren.

Aus Studentensicht

14.2 Viren: Aufbau und Vermehrung

14.2.1 Größe und Struktur
Viren sind 15–440 nm große, aus Proteinen, Nukleinsäuren und ggf. Lipiden bestehende, infektiöse Partikel. Sie sind obligat intrazelluläre **Parasiten.**
Viren, die sich in Bakterien vermehren, nennt man **Bakteriophagen.**

ABB. 14.1

14.2.2 Erbinformation
Das relativ kleine virale Genom besteht aus DNA oder RNA. **DNA-Genome** sind meist **doppelsträngig** (ds), **RNA-Genome** vorwiegend **einzelsträngig** (ss).
RNA-Genome werden aufgrund ihrer Polarität in Positivstränge (+) und Negativstränge (–) unterteilt. Erstere können in der Wirtszelle direkt translatiert werden, letztere müssen zunächst in komplementäre mRNAs umgeschrieben werden. Besteht das ssRNA-Molekül sowohl aus Abschnitten mit (+)- als auch solchen mit (–)-Orientierung, spricht man von einem Ambisense-Charakter.

14.2.3 Aufbau
Virusgenome sind meist mit viralen und/oder zellulären Proteinen (Nukleoproteine) komplexiert. Dieser **Nukleokapsid-Komplex** ist häufig von einer Proteinstruktur, dem aus Kapsomeren bestehenden **Kapsid**, umgeben.
Das Kapsid umhüllter Viren ist von einer Lipiddoppelschicht (**Virushülle**) umgeben, die durch **Knospung** aus einer Wirtszellmembran hervorgeht. In der Hülle sind virale und zelluläre Membranproteine, meist Glykoproteine, verankert. Diese können u. a. an Rezeptoren der **Wirtszellen** binden und die Aufnahme der Viruspartikel initiieren.
Virale **Matrixproteine** kleiden die Innenseite einiger umhüllter Viren aus.

---

14 VIREN UND BAKTERIEN: WIE FUNKTIONIEREN KRANKHEITSERREGER?

14.2 Viren: Aufbau und Vermehrung

14.2.1 Größe und Struktur
Viren sind infektiöse Partikel (Virionen), die sich ausschließlich in lebenden Zellen vermehren. Somit sind sie obligate intrazelluläre **Parasiten** verschiedener Lebewesen. Mit einer Größe zwischen 15 und 440 nm sind sie deutlich kleiner als Bakterien (➤ Abb. 14.1). Viren, die sich in Bakterien vermehren, werden als **Bakteriophagen** bezeichnet. Viren besitzen eine enorme Vielfalt hinsichtlich ihrer Struktur und Vermehrung, bestehen aber stets aus Proteinen, Nukleinsäuren und gegebenenfalls Lipiden.

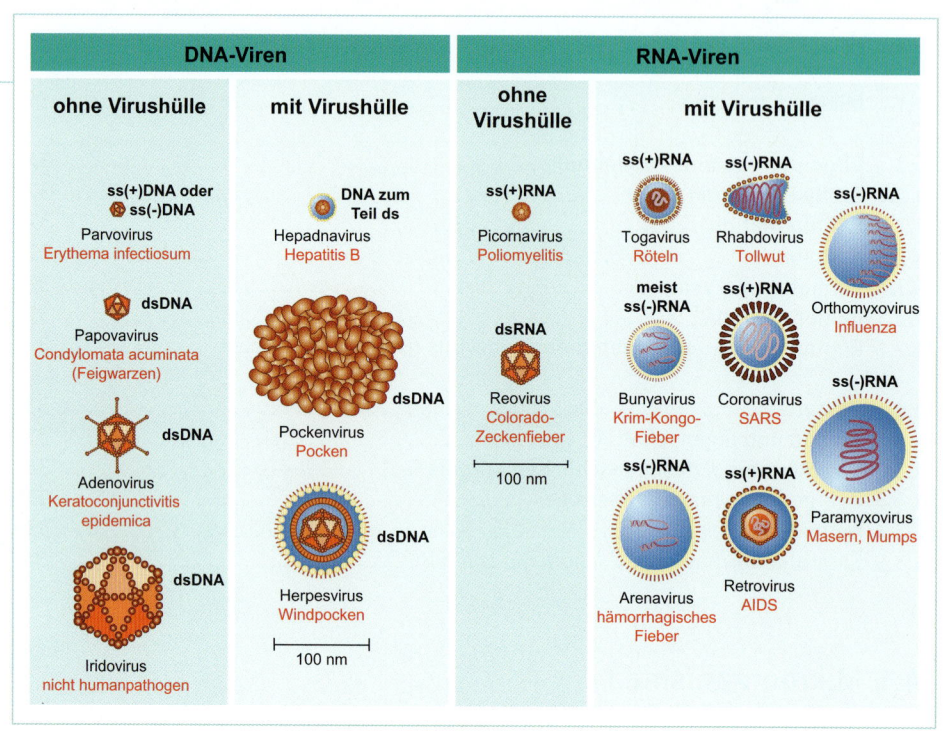

Abb. 14.1 Form und Größe wichtiger Wirbeltierviren. Beispiele für durch Viren dieser Familie ausgelöste Erkrankungen des Menschen sind in roter Schrift angegeben. [L138]

14.2.2 Erbinformation
Aufgrund ihrer geringen Größe beinhalten Viren nur ein relativ kleines Genom mit wenigen essenziellen Genen. Das Erbmaterial liegt dabei entweder als DNA oder RNA vor (➤ Abb. 14.1). Virale **DNA-Genome** sind meist **doppelsträngig** (dsDNA) und nur selten einzelsträngig (ssDNA). Sie können sowohl in linearer als auch zirkulärer oder segmentierter Form vorliegen. **RNA-Genome** sind überwiegend **einzelsträngig** (ssRNA). Sie besitzen entweder die Polarität einer mRNA (= ss[+]RNA), sind also positivsträngig, oder einer dazu komplementären Sequenz (= ss[–]RNA).
ss(+)RNAs können in der Wirtszelle direkt translatiert werden, während (–)-Stränge zur Synthese komplementärer mRNAs genutzt werden. Dies kann z. B. mithilfe einer viralen RNA-abhängigen RNA-Polymerase bewerkstelligt werden (➤ 4.5.2). In seltenen Fällen besteht das virale ssRNA-Molekül sowohl aus Bereichen mit (+)- als auch (–)-Orientierung und hat somit einen Ambisense-Charakter. Zudem gibt es Viren mit einem doppelsträngigen RNA-Genom (dsRNA), bei dem (+)- und (–)-Stränge über komplementäre Basenpaarungen miteinander assoziiert sind.

14.2.3 Aufbau
Virusgenome sind meist mit viralen und/oder zellulären Proteinen komplexiert (= Nukleoproteine) (➤ Abb. 14.2). Diese Komplexe werden **Nukleokapside** genannt. Sie sind häufig von einer schützenden Proteinstruktur, dem aus Kapsomeren aufgebauten **Kapsid,** umgeben. Es besitzt meist eine ikosaedrische oder sphärische Struktur. Kapsomere können aus identischen oder mehreren unterschiedlichen Proteinen bestehen. Bei umhüllten Viren ist das Kapsid von einer **Virushülle** aus einer Lipiddoppelschicht (Envelope) umgeben, die durch **Knospung** (Budding) aus einer Wirtszellmembran wie der Plasmamembran, Kernhülle, Membran des endoplasmatischen Retikulums oder des Golgi-Apparats hervorgeht. Bei der Knospung lagern sich Kapside an bestimmte Abschnitte einer zellulären Membran an, werden anschließend vollständig von dieser umgeben und zusammen mit ihr abgeschnürt. In der Virushülle sind virale und z. T. auch **Membranproteine** der Wirtszelle, häufig Glykoproteine, verankert. Einige der membranassoziierten Glykoproteine **binden** spezifisch und hochaffin an Rezeptoren in der Plasmamembran der **Wirtszellen.** Sie sind somit für die selektive Aufnahme der Viruspartikel in bestimmte Zelltypen von zentraler Bedeutung. Virale **Matrixproteine** (M-Proteine) können zudem die Innenseite der Virushülle auskleiden und eine strukturelle Verbindung zum Kapsid herstellen.

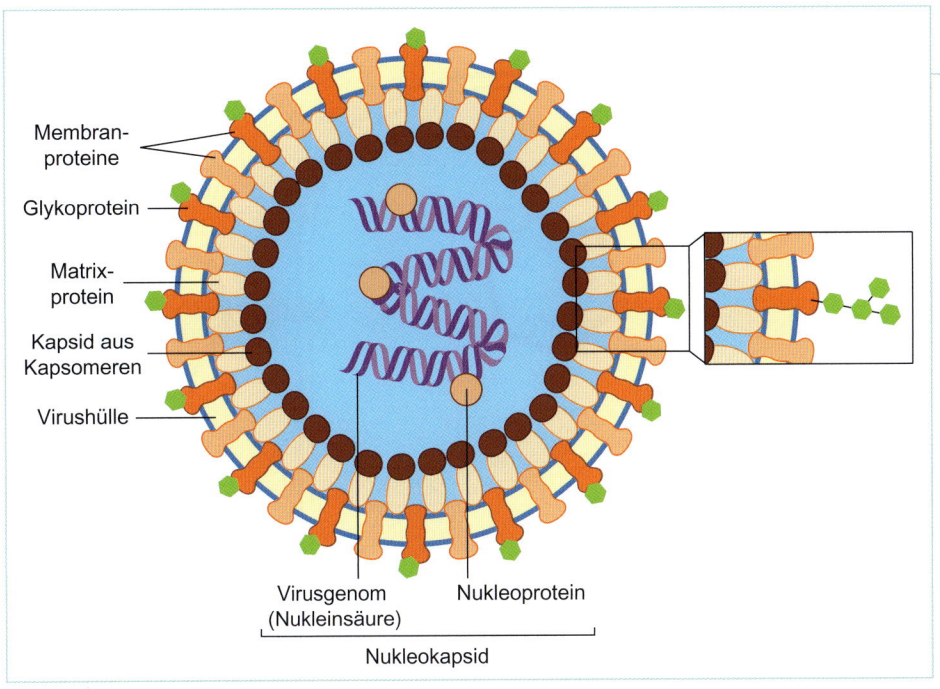

Labels on figure:
- Membranproteine
- Glykoprotein
- Matrixprotein
- Kapsid aus Kapsomeren
- Virushülle
- Virusgenom (Nukleinsäure)
- Nukleoprotein
- Nukleokapsid

Abb. 14.2 Struktur eines umhüllten Virus [L138]

14.2.4 Vermehrungszyklus

Im Unterschied zu pro- und eukaryoten Zellen vermehren sich Viren nicht durch Teilung, sondern replizieren sich in infizierten Zellen. Der Vermehrungszyklus aller Viren besteht aus mehreren aufeinanderfolgenden Phasen (> Abb. 14.3). Während der **Adsorption** vermitteln Ligand-Rezeptor-Paare eine selektive Bindung eines Viruspartikels an eine spezifische Wirtszelle. Bei der anschließenden **Penetration** muss zumindest das Nukleokapsid die Plasmamembran der Wirtszelle überwinden, um in das Zytoplasma zu gelangen. In einigen Fällen durchquert auch das ganze Viruspartikel die Zellmembran. Eine Destabilisierung der Nukleokapsidstruktur bewirkt eine Freisetzung des Virusgenoms. Dieses **Uncoating** findet bei RNA-haltigen Viren meist im Zytoplasma statt, während DNA-Viren ihr Genom mindestens bis an die Poren der Kernhülle transportieren müssen, um es dann in das Nukleoplasma entlassen zu können. Für die anschließende Vermehrung der Viren sind sowohl eine vielfache **Replikation** des Genoms als auch eine Synthese der **viral codierten Proteine** notwendig. Liegen ausreichend neu synthetisierte Virusbausteine vor, beginnen die **Morphogenese** neuer Virionen sowie die Freisetzung der Viruspartikel aus der Wirtszelle. Letzteres kann z. B. durch **Knospung** oder **Lyse** (Zerstörung der Zelle durch Schädigung der Plasmamembran) der Wirtszelle erfolgen. Obwohl die genannten Phasen bei der Vermehrung aller Viren durchlaufen werden müssen, ist der spezifische Ablauf einzelner Phasen bei verschiedenen Viren z. T. sehr unterschiedlich.

Krankheitssymptome, die mit einer Virusinfektion einhergehen, beruhen auf einer viral verursachten Schädigung der Wirtszellen. So können befallene Zellen infolge der Virusreplikation direkt zerstört oder indirekt durch immunpathologische Mechanismen geschädigt werden. Derartige Schädigungen können in letzter Konsequenz den Tod der Wirtszellen durch Nekrose oder Apoptose hervorrufen.

14.2.5 Influenzaviren

Influenzaviren werden in die Typen A, B und C eingeteilt. **Influenza-A-Viren** sind beim Menschen und bei anderen Säugetieren wie Schweinen und Pferden sowie bei vielen Vögeln die häufigste Ursache von Pandemien und Epidemien. Unter einer **Pandemie** versteht man eine länder- und kontinentübergreifende Ausbreitung einer Infektionskrankheit. Eine zeitlich und örtlich begrenzte Häufung einer Infektionserkrankung wird hingegen als **Epidemie** bezeichnet.

Beim Menschen führen Influenza-A-Viren zu akuten und fiebrigen Erkrankungen der Atemwege. Diese als echte Grippe oder **Influenza** bezeichnete Krankheit tritt weltweit periodisch als **Pandemie** auf. Die „Spanische Grippe" in den Jahren 1918/19 forderte deutlich über 20 Millionen Todesopfer in ganz Europa. In Deutschland gibt es durchschnittlich ca. 8 000–11 000 Grippetote pro Jahr. Vor allem unter Kleinkindern, Schwangeren und älteren oder immunsupprimierten Patienten ist die Sterblichkeit erhöht. Zudem treten regelmäßig Epidemien kleineren Ausmaßes auf. Diese werden durch **Antigendrift**, eine durch Mutationen im Virusgenom verursachte Strukturveränderung viraler Oberflächenproteine, hervorgerufen. Das so veränderte Viruspartikel kann nicht vom immunologischen Gedächtnis erkannt werden. Während Influenza-C-Viren fast keine Rolle als humane Krankheitserreger spielen, führen Influenza-B-Viren meist nur bei Kindern und Jugendlichen zu einem im Vergleich zu Influenza-A milden Krankheitsverlauf.

Aus Studentensicht

ABB. 14.2

14.2.4 Vermehrungszyklus

Der Vermehrungszyklus von Viren besteht aus mehreren Phasen:
- **Adsorption**: Ligand-Rezeptor-Paare vermitteln eine selektive Bindung des Viruspartikels an spezifische Wirtszellen
- **Penetration**: Eindringen des Nukleokapsids bzw. des Virus in die Wirtszelle
- **Uncoating**: Auflösung der Kapsidstruktur und Freisetzung viraler Nukleinsäuren in das Zyto- oder Nukleoplasma
- **Replikation** des Genoms und Synthese **viral codierter Proteine**
- **Morphogenese** neuer Virionen
- Freisetzung der Viruspartikel durch **Knospung** oder **Lyse** der Wirtszelle

Die durch die Virusinfektion hervorgerufene Wirtszellschädigung führt zu **Krankheitssymptomen** und kann in letzter Konsequenz zum Tod der Wirtszelle führen.

14.2.5 Influenzaviren

Influenzaviren werden in die Typen A, B und C eingeteilt. Insbesondere die **Influenza-A-Viren** sind die Verursacher der **Influenza („echte" Grippe)**, die weltweit periodisch als **Pandemie** auftritt. Sie erhöht die Sterblichkeit v. a. älterer Menschen mit chronischen Erkrankungen sowie von Kleinkindern und Schwangeren.

Kleine Epidemien werden durch Mutationen im Virusgenom begünstigt, die Strukturveränderungen viraler Oberflächenproteine bewirken (**Antigendrift**) und eine Erkennung durch das immunologische Gedächtnis verhindern.

Aus Studentensicht

14 VIREN UND BAKTERIEN: WIE FUNKTIONIEREN KRANKHEITSERREGER?

Abb. 14.3 Vermehrungszyklus von Viren [L138]

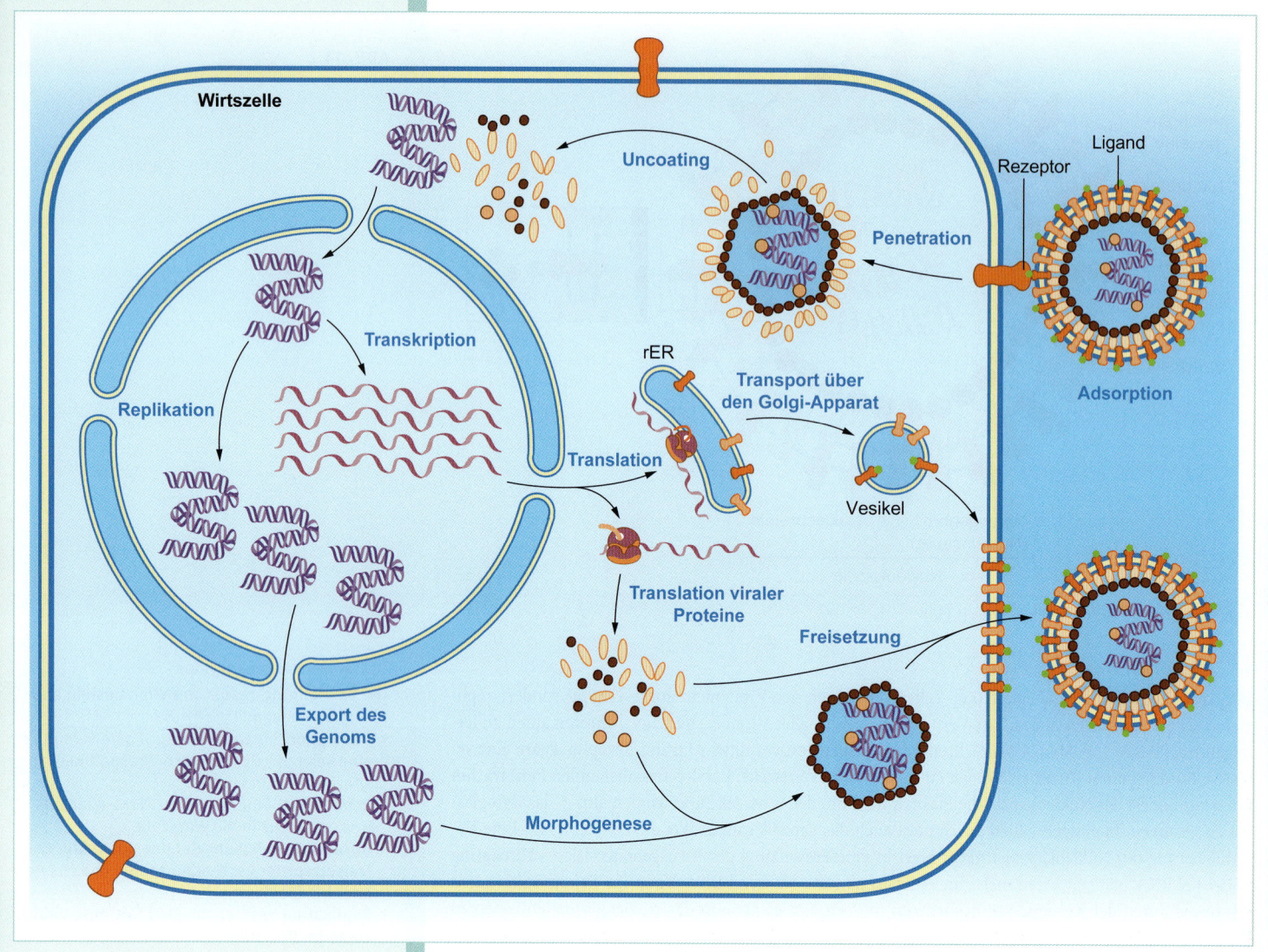

Aufbau

Das von einer **Hüllmembran** und einem **Kapsid** umgebene Genom der Influenza-A-Viren ist segmentiert und besteht aus **acht unterschiedlichen ss(−)RNAs**, die jeweils mit den RNA-Polymerase-Proteinen PB1, PB2 und PA sowie dem Nukleoprotein NP ein **Nukleokapsid** bilden. Die ss(−)RNA wird intrazellulär durch die viruseigene **RNA-abhängige RNA-Polymerase** in (+)RNA umgeschrieben, die anschließend an Ribosomen der Wirtszelle translatiert wird. Die Verwendung alternativer Startcodons sowie alternatives Spleißen erlauben trotz der geringen Genomgröße die Synthese aller für die Morphogenese neuer Virionen nötigen Proteine.

Die Hüllmembran des Virus enthält drei verschiedene Transmembranprotein-Komplexe: den **Hämagglutinin- (HA)**, den **Neuraminidase- (NA)** und den **M2-Protein-Komplex**.

Subtypen

Von **Hämagglutinin**, das u. a. für die Virusadsorption an Wirtszellen nötig ist, sind **16**, von der **Neuraminidase neun** Varianten bekannt. Die Kombination beider Proteine bestimmt den **Subtyp** von Influenza-A-Viren (z. B. H5N1).

Aufbau

Influenza-A-Viren sind hauptsächlich sphärisch und haben einen Durchmesser von ca. 120 nm (> Abb. 14.4). Sie bestehen aus mehreren **Nukleokapsiden**, die von einem **Kapsid** und einer **Hüllmembran** umgeben sind. Das Genom der Viren ist segmentiert und besteht aus acht unterschiedlichen **ss(−)-RNAs**, deren komplementäre 5'- und 3'-Enden jeweils miteinander gepaart sind, sodass die Nukleinsäuren eine „Pfannenstiel-Faltung" aufweisen. Die RNA-Moleküle assoziieren mit zwei basischen PB1- und PB2-Untereinheiten der viralen RNA-abhängigen RNA-Polymerase, an die eine saure PA-Untereinheit bindet, und mit Nukleoproteinen (NP). Die RNAs der acht verschiedenen **Nukleokapside** variieren in ihrer Länge zwischen 890 und 2341 Nukleotiden.

Um die virale Erbinformation zur Proteinsynthese nutzen zu können, müssen die ss(−)RNAs zunächst mittels der viruseigenen **RNA-abhängigen RNA-Polymerase** in positivsträngige Nukleinsäuren transkribiert werden, die anschließend an menschlichen Ribosomen translatiert werden. Fünf große ss(+)-RNAs codieren jeweils nur ein Protein, während die zweitgrößte Virus-RNA durch die Verwendung alternativer Startcodons zur Synthese von drei unterschiedlichen Proteinen führt. Die beiden kleinsten positivsträngigen RNAs können entweder direkt translatiert oder vor der Translation zunächst durch zelluläre Spleißosomen im Zellkern gespleißt werden, sodass sie letztendlich zur Synthese von jeweils zwei Proteinen führen, den Matrixproteinen M1 und M2 bzw. den Nicht-Strukturproteinen NS1 und NS2. Die Hüllmembran der Virione enthält drei verschiedene Komplexe aus viralen Transmembranproteinen: den trimeren **Hämagglutinin-Komplex (HA-Komplex)**, das Homotetramer **Neuraminidase (NA)** und das **M2-Homotetramer**. Das Kapsid ist aus dem Kapsomer, dem Matrixprotein M1, aufgebaut. Dieses kleidet die Innenseite der Virushülle aus und stellt eine Verbindung zu den Nukleokapsiden her.

Subtypen

Der HA-Komplex ist u. a. für die Adsorption der Viren an bestimmte Wirtszelltypen von Bedeutung. Bislang sind **16 HA-Varianten** (H1–H16) bekannt. Zusammen mit den bislang bekannten **neun NA-Varianten** (N1–N9) bestimmen sie den **Subtyp** von Influenza-A-Viren (z. B. H5N1). Das HA-Glykoprotein ist über eine Transmembrandomäne in der Lipidhülle des Virus verankert. Zudem sorgen drei palmitoylier-

14.2 VIREN: AUFBAU UND VERMEHRUNG

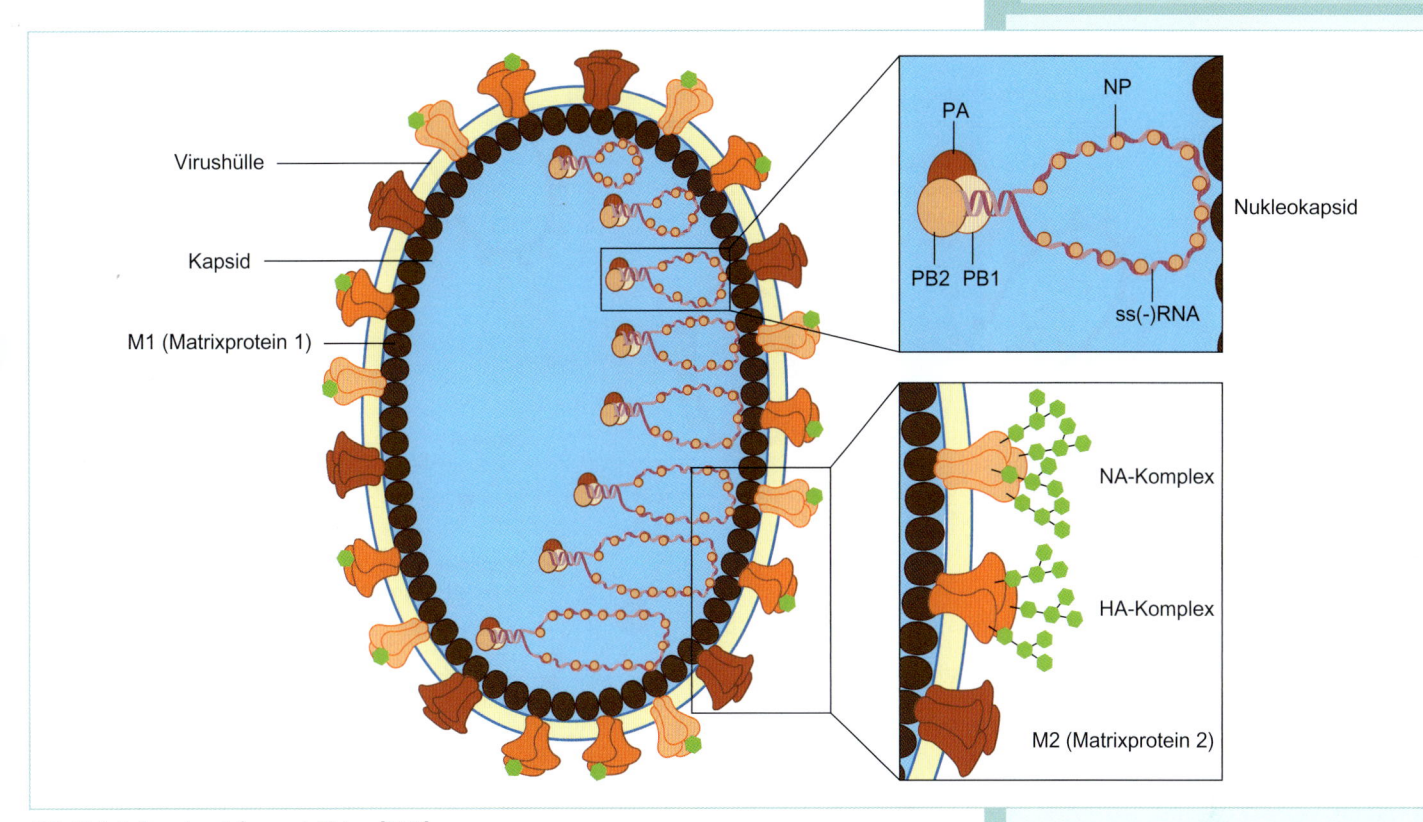

Aus Studentensicht

Abb. 14.4 Aufbau eines Influenza-A-Virions [L138]

te Cysteinreste dafür, dass die HA-Trimere in Lipid Rafts rekrutiert werden (> 6.2.3). Verschiedene intra- oder extrazelluläre Proteasen des Wirtsorganismus spalten das HA-Vorläuferprotein in einen N-terminalen HA1- und einen C-terminalen HA2-Anteil, die über eine Disulfidbrücke miteinander assoziiert bleiben. Dieser Prozessierungsschritt ist für die **Infektiosität** der Viren von zentraler Bedeutung. Die Abfolge der Aminosäurereste im Bereich der Spaltstelle von HA legt fest, welche Protease für die Spaltung genutzt wird. Bei den hoch pathogenen Erregern der klassischen Geflügelpest werden H5 bzw. H7 durch **intrazelluläre Proteasen** des Wirts gespalten. Die Spaltprodukte werden direkt in die Hüllmembran integriert, sodass die Viren unmittelbar nach ihrer Freisetzung aus der Wirtszelle infektiös sind. Bei den niedrig pathogenen Influenzasubtypen H1, H2 und H3 wird HA erst nach der Freisetzung der Viren aus den infizierten Zellen durch gewebespezifische **extrazelluläre Wirtsproteasen** gespalten.

Das in der Virushülle verankerte HA wird in HA1 und HA2 gespalten, die über eine Disulfidbrücke miteinander assoziiert bleiben. Diese proteolytische Reifung ist für die **Infektiosität** des Virus von zentraler Bedeutung. HA-Moleküle werden – abhängig von ihrer Spaltstelle – **intrazellulär** (z. B. H5 und H7) oder **extrazellulär** (z. B. H1–H3) durch **Wirtsproteasen** gespalten.

Adsorption und Pathogenität

Bei der **Virusadsorption** interagiert das virale HA1-Protein mit endständigen **N-Acetyl-Neuraminsäuren,** den im Menschen vorkommenden Sialinsäuren von Glykoproteinen und -lipiden, die Bestandteile der Plasmamembran von Wirtszellen sind (> Abb. 14.5). Für diese Wechselwirkung ist von Bedeutung, wie die endständige N-Acetyl-Neuraminsäure mit dem vorletzten Rest des Zuckerbaums, der Galaktose, verbunden ist. In Muzinen des Menschen liegt hauptsächlich eine α-2,3-glykosidische Bindung der beiden endständigen Zucker vor. Diese wird präferentiell durch das HA1-Spaltprodukt des H5 erkannt. Viren des Subtyps H5N1 werden durch die dicke Schleimschicht aber relativ effizient neutralisiert, sodass diese Viren, welche die Vogelgrippe auslösen, für den Menschen nur wenig pathogen sind. Eine α-2,6-glykosidische Bindung ist häufig auf Epithelzellen des Mundraums und des oberen Respirationstrakts zu finden. Hieran bindet hauptsächlich das HA1-Spaltprodukt des H1, weshalb der die Schweinegrippe auslösende Virussubtyp H1N1 für den Menschen hochinfektiös sein kann.

Adsorption und Pathogenität

HA1 interagiert mit endständiger **N-Acetyl-Neuraminsäure** von Glykoproteinen und -lipiden an der Oberfläche der Wirtszellen und führt so zur **Virusadsorption.**
Je nach Verknüpfung der N-Acetyl-Neuraminsäure mit dem vorletzten Monosaccharid des Polysaccharidrests präferieren die Virussubtypen verschiedene Wirtszellen. Das Spaltprodukt des H1 assoziiert z. B. bevorzugt mit Zellen des menschlichen Respirationstrakts, sodass H1-Virus-Typen für den Menschen meist hochinfektiös sind.

Penetration

Viren, die mithilfe von molekularen Wechselwirkungen an bestimmte Zielzellen adsorbiert sind, können anschließend über **rezeptorvermittelte Endozytose** in die Zelle aufgenommen werden (= Penetration). Nach der Aufnahme ist das Kapsid im Endosom von zwei Lipiddoppelschichten umgeben, der Virushülle im Inneren und der darum herum liegenden Membran des Endosoms. Das in der inneren Membran vorliegende Matrixprotein M2 fungiert als Kanal, durch den Protonen aus dem Endosom in das Innere der Virushülle gelangen, sodass dieses angesäuert wird. Diese pH-Wert-Veränderung führt zum einen zu einer Aktivierung der Fusionsaktivität des HA2 und damit zu einer **Verschmelzung der Virushülle** mit der Endosomenmembran (> Abb. 14.5). Zum anderen kommt es zu einer Konformationsänderung des M1-Proteins, wodurch dessen Bindung an die Nukleokapside aufgehoben wird. Diese werden so in das Zytoplasma freigesetzt (= **Uncoating**) und mittels nukleärer Lokalisierungssignale in den Zellkern rekrutiert.

Penetration

Über **rezeptorvermittelte Endozytose** werden die Viren in Endosomen der Wirtszelle aufgenommen.
Durch das Matrixprotein M2 gelangen Protonen aus dem Endosom in den Virusinnenraum. Durch diese Ansäuerung wird zum einen die Fusionsaktivität des HA2 aktiviert, was zur **Verschmelzung der Virushülle** mit der Endosomenmembran führt. Zum anderen werden die an das Matrixprotein M1 gebundenen Nukleokapside in das Zytoplasma freigesetzt (**Uncoating**) und in den Zellkern transportiert.

Aus Studentensicht

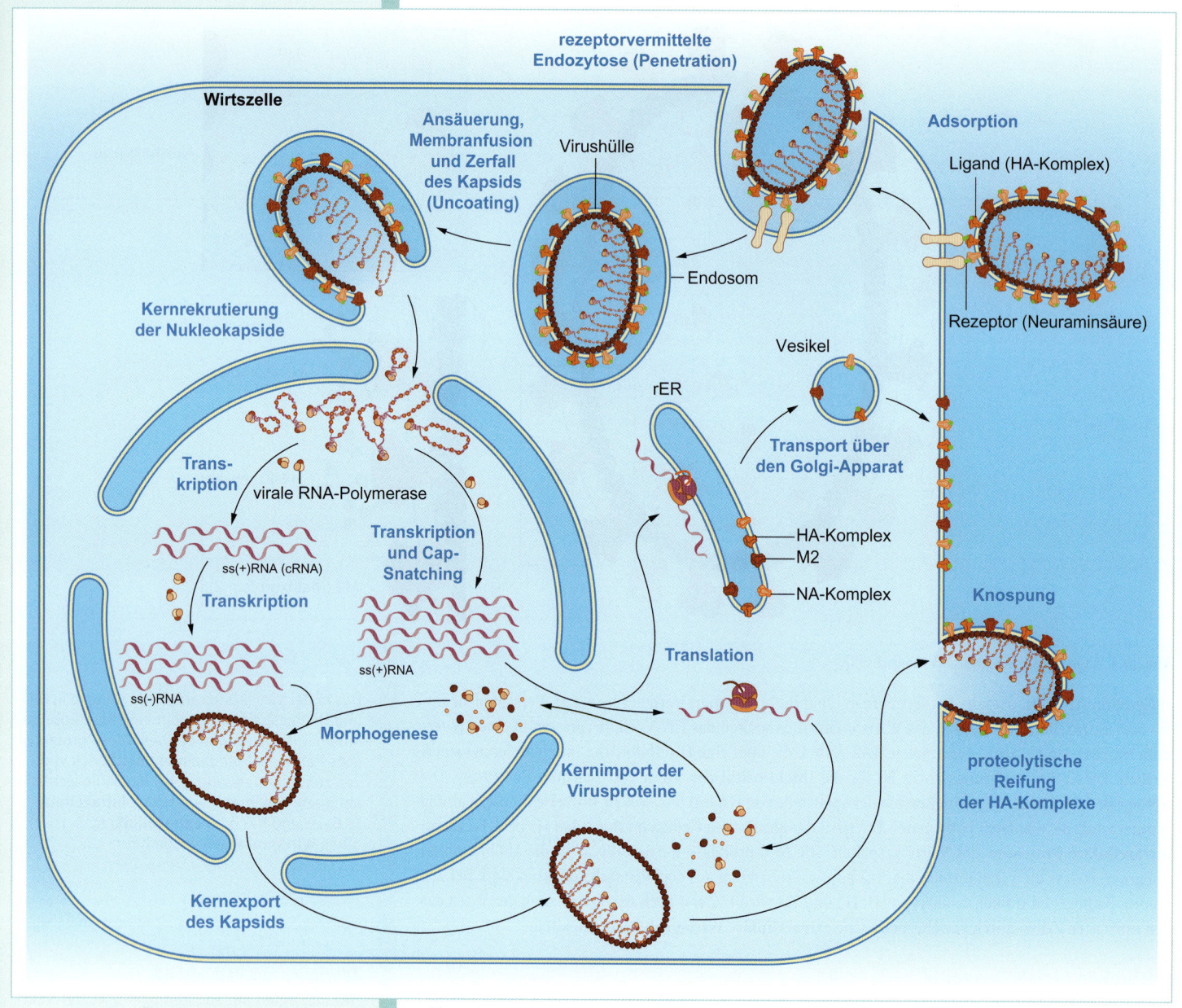

14 VIREN UND BAKTERIEN: WIE FUNKTIONIEREN KRANKHEITSERREGER?

Abb. 14.5 Vermehrung der Influenza-A-Viren [L138]

Transkription der Virus-RNA und Proteinsynthese

Die in den Zellkern transportierte ss(−)RNA wird durch die viruseigene **RNA-abhängige RNA-Polymerase** in ss(+)RNA übersetzt.
Die Virusproteine PB2 und PA spalten von zellulären prä-mRNA-Molekülen das **5'-Cap** ab, das als Start-Oligonukleotid für die Übersetzung der ss(−)RNA dient **(Cap-Snatching)**. Dadurch wird die Translationsrate zellulärer mRNAs zugunsten der Synthese von Virusproteinen stark eingeschränkt.
Durch das Umschreiben einer uridinreichen Sequenzfolge erhalten die viralen ss(+)RNAs ein **3'-Poly-A-Ende**. Zur Verlängerung des Poly-A-Endes rutscht die RNA-abhängige RNA-Polymerase während der Transkription mehrfach in Richtung des 3'-Endes der Matrize zurück.
Nach vollständiger Synthese der ss(+)RNA wird diese aus dem Zellkern exportiert und durch den **zellulären Translationsapparat** translatiert. Die membranassoziierten Proteine HA, NA und M2 werden am rER synthetisiert und an die Zelloberfläche transportiert.

Transkription der Virus-RNA und Proteinsynthese

Damit die nun im Zellkern vorliegenden viralen ss(-)RNAs zur Synthese von Virusproteinen in der Wirtszelle genutzt werden können, müssen sie zum einen durch die **viruseigene RNA-abhängige RNA-Polymerase** in positivsträngige Nukleinsäuren übersetzt werden. Zum anderen benötigen die dabei neu entstandenen Virustranskripte für ihren Kernexport, ihre Stabilisierung sowie eine effiziente Translationsinitiation ein **5'-Cap** und ein **3'-Poly-A-Ende** (> 4.5.4). Dazu bindet PB2 zunächst an das 5'-Cap zellulärer prä-mRNAs (> Abb. 14.6). Mittels ihrer endonukleolytischen Aktivität spalten PA und PB2 das gebundene Wirtszelltranskript wenige Nukleotide hinter der 5'-Cap-Struktur. Der mit den viralen Proteinen assoziierte 5'-Teil der zellulären mRNA dient zum einen als Start-Oligonukleotid für die Übersetzung der viralen ss(-)RNA in das entsprechende komplementäre Transkript, da die virale RNA-Polymerase im Gegensatz zur humanen RNA-Polymerase primerabhängig ist, und zum anderen als 5'-Cap für das entstehende positivsträngige Virustranskript. Das beschriebene „Stehlen" einer zellulären 5'-Cap zur Synthese viraler Transkripte wird als **Cap-Snatching** bezeichnet und schränkt die Translationsrate zellulärer mRNAs zugunsten der Synthese von Virusproteinen stark ein.

Durch das Umschreiben einer im Virusgenom vorhandenen uridinreichen Sequenzfolge erhalten die viralen ss(+)RNAs ein 3'-Poly-A-Ende. Die RNA-abhängige RNA-Polymerase rutscht während der Transkription des Poly-U-Abschnitts mehrfach in Richtung des 3'-Endes des Matrizenstrangs zurück. Dadurch wird das Poly-A-Ende der viralen Transkripte länger als die entsprechende Poly-U-Region der Matrize. Die positivsträngigen Virustranskripte enthalten somit sowohl ein 5'-Cap als auch ein Poly-A-Ende und können effizient aus dem Zellkern exportiert und im Zytoplasma mithilfe des **zellulären Translationsapparats** in virale Proteine übersetzt werden. Die membranassoziierten Proteine HA, NA und M2 werden am rER synthetisiert und gelangen über den Golgi-Apparat an die Zelloberfläche (> Abb. 14.5).

14.2 VIREN: AUFBAU UND VERMEHRUNG

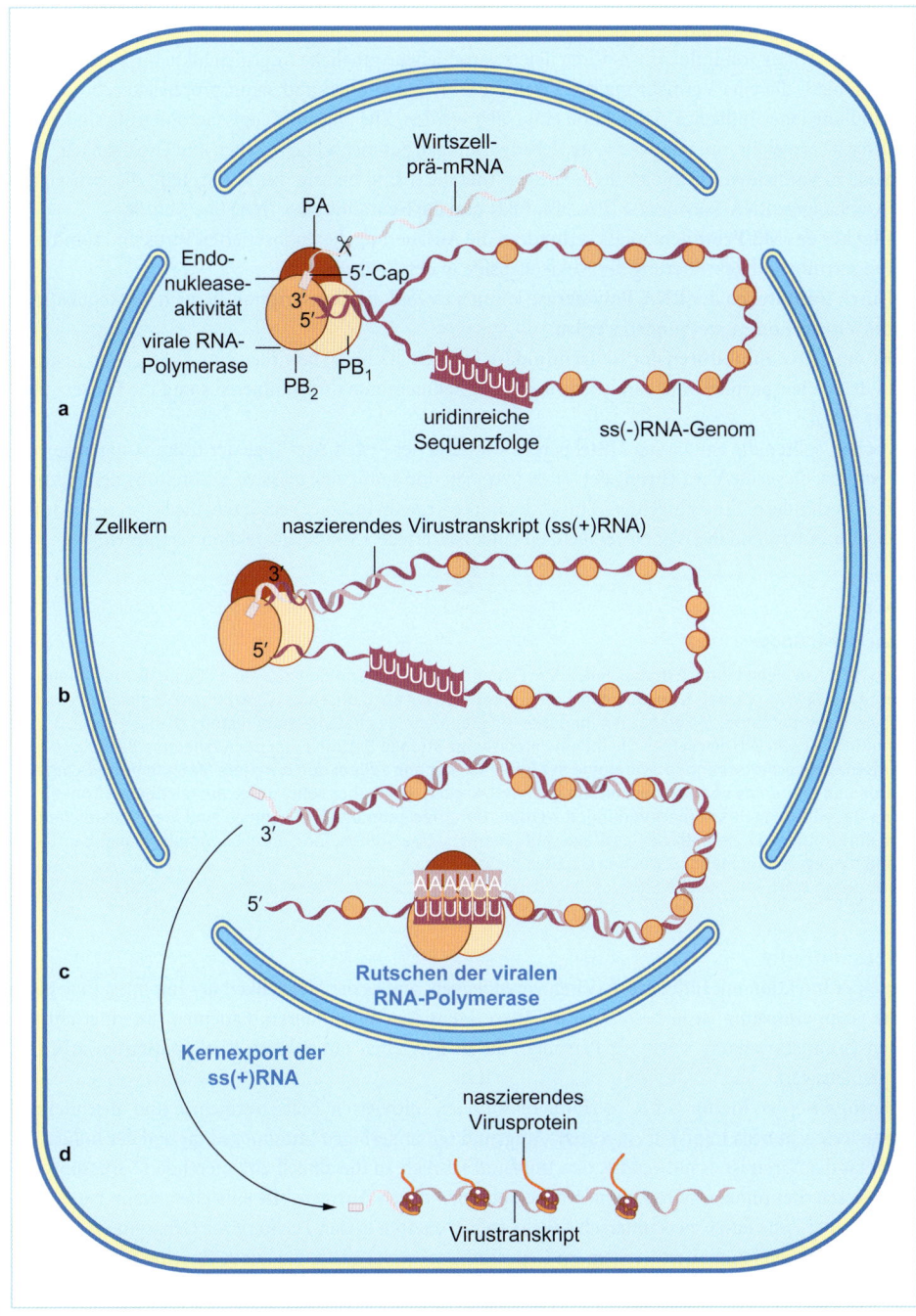

Abb. 14.6 Transkription des Influenza-A-Virusgenoms. **a** Cap-Snatching. **b** Synthese. **c** Polyadenylierung eines ss(+)-RNA-Virustranskripts im Wirtszellkern. **d** Synthese viraler Proteine im Zytoplasma der Wirtszelle. [L138]

Entstehung neuer Viren

Für die Morphogenese neuer Viren ist neben der Synthese einer ausreichenden Anzahl von Virusproteinen auch die **Replikation** des Virusgenoms notwendig. Dabei dient das ss(−)-RNA-Virusgenom zunächst als Matrize für die Synthese komplementärer positivsträngiger RNA-Moleküle (cRNAs, Antigenome). Anschließend werden die cRNAs wiederum zu ss(−)-RNAs transkribiert. Beide Transkriptionsprozesse erfolgen im Zellkern und werden durch die **viruseigene RNA-abhängige RNA-Polymerase** katalysiert. Virale ss(−)-RNAs assoziieren im Zellkern mit den Virusproteinen NP, PB1, PB2 und PA zu Nukleokapsiden, an die sich nachfolgend M1-Proteine anlagern (➤ Abb. 14.5). Die Komplexe werden aus dem Zellkern exportiert und akkumulieren im Zytoplasma an Abschnitten der Plasmamembran, in denen die viralen Proteine HA, NA und M2 akkumuliert sind. Hier bindet M1 vermutlich an die zytoplasmatische Domäne von HA2. Es bilden sich initiale Budding-Strukturen, die Zellmembran stülpt sich aus und umschließt die Nukleokapside. Durch **Knospung** werden die neuen Virionen von der Zelle abgeschnürt. Mittels der Neuraminidaseaktivität des NA-Proteins werden endständige Neuraminsäurereste von Glykoproteinen und -lipiden der Zellmembran und der Virushülle abgespalten, sodass eine unspezifische Aggregation der neuen Viruspartikel miteinander oder mit der Wirtszellmembran verhindert wird.

Aus Studentensicht

ABB. 14.6

Entstehung neuer Viren
Bei der Entstehung neuer Viren werden die ss(−)-RNAs durch die **viruseigene RNA-abhängige RNA-Polymerase** in positivsträngige Kopie-RNAs (cRNAs) umgeschrieben, die als Matrizen für die Synthese neuer ss(−)-Genome dienen **(Replikation)**.
Im Zellkern bilden ss(−)-RNAs und Virusproteine Nukleokapside, die zu den Zellmembranbereichen, die reich an den viralen Proteinen HA, NA und M2 sind, transportiert werden. Die Zellmembran stülpt sich aus und es kommt zur Abschnürung neuer Viren **(Knospung)**.
Die Virus-Neuraminidase spaltet Neuraminsäurereste auf der Zellmembran und Virushülle ab, um eine Aggregation der Viruspartikel miteinander oder mit der Wirtszellmembran zu verhindern.

Aus Studentensicht

Therapie der Influenza
Zur Influenzatherapie stehen einige Medikamente zur Verfügung, die virusspezifische Moleküle beeinflussen:
- **M2-Protonenkanal-Blocker** verhindern die Ansäuerung der endozytierten Viren und damit die Freisetzung der Nukleokapside.
- **RNA-Polymerase-Inhibitoren** unterbinden sowohl die Transkription als auch die Replikation des Virusgenoms.
- **Kompetitive Neuraminidase-Inhibitoren** bewirken eine Aggregation neu gebildeter Viruspartikel untereinander bzw. mit der Zellmembran und verhindern somit die Freisetzung der Viren.

Die rechtzeitige Einnahme kann die Erkrankung verkürzen und lebensgefährliche Komplikationen bei gefährdeten Patientengruppen verhindern.

Grippeimpfung
Älteren Menschen, **Risikopatienten** und Personen, die in Bereichen mit Risikopatienten arbeiten, wird die **jährliche Influenza-A-Impfung** empfohlen.
Neue Virussubtypen entstehen durch Kombination von Gensegmenten verschiedener Subtypen (**Antigenshift**).
Aufgrund der geringen Immunogenität des Impfstoffs und der hohen Variabilität der Viren wird der Impfstoff jährlich an die aktuell zirkulierenden Virussubtypen angepasst.

14.2.6 Retroviren: humanes Immundefizienzvirus (HIV)

Retroviren wie HIV sind ca. 100 nm große, von einer mit viralen Glykoproteinen assoziierten **Hüllmembran** umgebene Viren.

---

14 VIREN UND BAKTERIEN: WIE FUNKTIONIEREN KRANKHEITSERREGER?

Therapie der Influenza
Der Lebenszyklus von Influenza-A-Viren liefert verschiedene mögliche Angriffspunkte für Medikamente (Virostatika), die eine Vermehrung der Viren unterbinden können und somit prophylaktisch oder zur Behandlung einer Influenza-A-Infektion eingesetzt werden. Ziel pharmakologischer Eingriffe sind virusspezifische Moleküle, um unerwünschte Nebenwirkungen auf menschliche Zellen und Organe nach Möglichkeit zu vermeiden. Zielmoleküle derartiger Therapien sind bislang das M2-Protein, die viruseigene RNA-abhängige RNA-Polymerase (PA, PB1, PB2) und die Neuraminidase (NA) (➤ Abb. 14.5):

- **Blocker des M2-Protonenkanals** verhindern die Ansäuerung des endozytierten Virus und somit eine Freisetzung und Rekrutierung der Nukleokapside in den Zellkern.
- Durch **Inhibitoren der RNA-Polymerase** können sowohl die Transkription als auch die Replikation des Virusgenoms unterbunden werden.
- **Kompetitive Inhibitoren der Neuraminidase** (z. B. Oseltamivir) bewirken eine Aggregation neu gebildeter Viruspartikel miteinander sowie mit der Zellmembran und inhibieren somit die Freisetzung der Viren.

Bevorzugt sollten die antiviralen Mittel bereits während der ersten zwei Tage der Erkrankung angewendet werden, da sie die Vermehrung der Viren hemmen und somit eine massive Ausbreitung der Viren im Körper verhindern. Ihr rechtzeitiger Einsatz kann die Krankheitsdauer verkürzen, die Schwere der Influenza vermindern und die Wahrscheinlichkeit einer bakteriellen Sekundärinfektion verringern.

> **FALL**
>
> **Frau Alt hat Grippe**
>
> Frau Alt muss wegen ihres Asthmas jeden Morgen und Abend ein Cortisonspray benutzen, das eine immunsuppressive Wirkung hat. Sowohl die Immunsuppression als auch die chronische Erkrankung machen Frau Alt zur Risikopatientin. Sie verordnen ihr daher die Einnahme des antiviralen Wirkstoffs Oseltamivir (z. B. Tamiflu®). Zusätzlich empfehlen Sie ihr eine mehrtägige strenge Bettruhe, um die Ausheilung der Grippe zu fördern. Die vorherrschenden Symptome der Influenza können zudem durch weitere Maßnahmen wie Inhalieren und Einnahme von Schmerzmitteln gelindert werden. Bei Fieber sollte durch ausreichendes Trinken eine Dehydrierung des Körpers verhindert werden. Derartige generelle Maßnahmen sind meist ausreichend, um eine Influenza innerhalb weniger Tage weitgehend zu überstehen. Ein Gefühl der Abgeschlagenheit kann hingegen über mehrere Wochen erhalten bleiben.

Grippeimpfung
Um einer Infektion mit Influenza-A-Viren vorzubeugen, gibt es die Möglichkeit der Impfung. Eine **jährliche Grippeimpfung** ist insbesondere für ältere Menschen ab 60 Jahren, Patienten mit einer chronischen Grunderkrankung sowie für Personen, die in Bereichen mit solchen **Risikopatienten** arbeiten, empfehlenswert.

In Europa werden hierfür i. d. R. in Hühnereiern oder kultivierten Zellen vermehrte und anschließend inaktivierte Viren als Impfstoff eingesetzt. Aufgrund seiner geringen Immunogenität und der hohen Variabilität der Viren ist es notwendig, den Impfstoff jährlich an die aktuell zirkulierenden Virussubtypen anzupassen. Bei Influenzaviren können neue Subtypen durch **Antigenshift** entstehen, wenn bei der Infektion einer Zelle durch zwei unterschiedliche Influenzaviren in den Tochterviren Gensegmente der Ursprungsviren neu kombiniert werden. Im Gegensatz zur Antigendrift, die durch einzelne Punktmutationen vergleichsweise langsam abläuft, führt ein Antigenshift schnell zu neuen Virussubtypen. Voraussetzung ist, dass Viren ein segmentiertes Genom besitzen und zwei verschiedene Virussubtypen dieselbe Wirtszelle infizieren. Im Falle einer Pandemie wird der Impfstoff möglichst schnell auf den neuen Subtyp abgestimmt. Allerdings vergehen zwischen der Charakterisierung eines neuen Virussubtyps und der Markteinführung eines entsprechenden Impfstoffs gegenwärtig noch ca. 6 Monate.

14.2.6 Retroviren: humanes Immundefizienzvirus (HIV)

> **FALL**
>
> **Mark will aussteigen**
>
> Der 16-jährige Mark meldet sich bei Ihnen in der Sucht- und Drogenberatungsstelle. Er berichtet, dass er bereits im Alter von 13 Jahren zu trinken und zu kiffen angefangen habe. Später sei er sukzessive auf härtere Drogen umgestiegen und habe auch Heroin konsumiert. In den vergangenen Monaten fühle er sich zunehmend sehr schlapp und ausgelaugt. Der kürzliche Tod eines ebenfalls drogenabhängigen und HIV-positiven Freundes hätte ihn dazu bewogen, sein Leben ändern zu wollen. Im Rahmen des Beratungsgesprächs stimmt er der Durchführung eines HIV-Tests zu.
> Ist auch Mark mit HIV infiziert?

Retroviren wie das humane Immundefizienzvirus (HIV) haben im Allgemeinen einen Durchmesser von ca. 100 nm (➤ Abb. 14.7). Das **Kapsid** ist, ähnlich den Influenza-A-Viren, von einer **Hüllmembran** umgeben, mit der virale Glykoproteine assoziiert sind.

14.2 VIREN: AUFBAU UND VERMEHRUNG

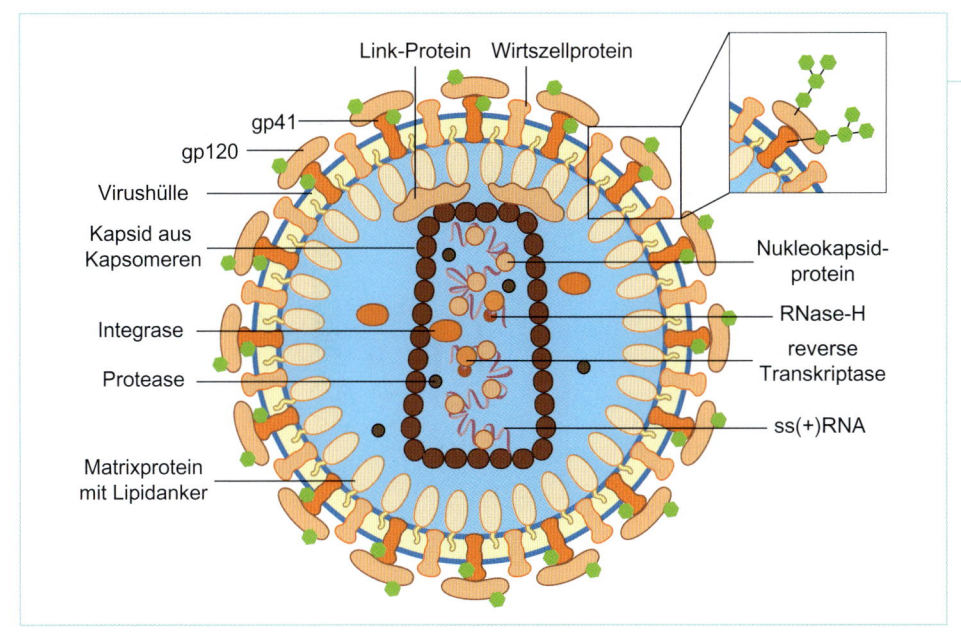

Abb. 14.7 HIV-1 [L138]

Aufbau des humanen Immundefizienzvirus Typ 1 (≙ HIV-1)

Bei HIV-1 ist das 41 kDa große glykosylierte Transmembranprotein **gp41** mittels einer hydrophoben Domäne in die Virushülle integriert (➤ Abb. 14.7). Das externe Glykoprotein **gp120** ist nicht-kovalent an den außen liegenden Anteil von gp41 gebunden. **Matrixproteine** (MA) sind über Myristinsäurereste in der Innenseite der Virushülle verankert. Diese umschließt das zentrale, aus Kapsidproteinen (CA) zusammengesetzte **Kapsid** (Core) vollständig. Das Kapsidinnere enthält die viralen **Enzyme** Integrase (IN), reverse Transkriptase (RT) und Protease (PR) sowie das Virusgenom in Form zweier identischer **ss(+)RNAs.** Diese sind mit Nukleokapsidproteinen (NC) assoziiert. Das Link-Protein (LI) stellt eine physikalische Verbindung zwischen dem Kapsid und der Virushülle her.

Die je knapp 10 kb großen ss(+)RNAs des Virusgenoms verfügen über ein **5'-Cap** und ein **3'-Poly-A-Ende**. Im Bereich der Primer-Bindungsstelle (PB) in der 5'-Region der genomischen RNA bindet eine zelluläre tRNA mittels komplementärer Basenpaarung. Der **mittlere Abschnitt** der ss(+)RNAs codiert die **viralen Proteine** und endet mit einem Polypurintrakt (PPT). An beiden **Enden** der RNA-Moleküle befinden sich **regulatorische Sequenzen** mit den Regionen U5, U3, R und PB sowie Leader, die für die reverse Transkription der RNA sowie die Integration der DNA-Kopien des Virusgenoms in das Genom der Wirtszelle essenziell sind.

Adsorption und Penetration

Die HI-Viren **adsorbieren** an ihre Wirtszellen mithilfe des gp120, das mit **CD4-Rezeptoren** interagiert (➤ Abb. 14.8), die auf der Oberfläche von T-Helfer-Zellen, dendritischen Zellen, Makrophagen und Monozyten vorliegen (➤ 16.2). Durch die Bindung kommt es zu einer Konformationsänderung des gp120, das dann zusätzlich mit zellulären Chemokinrezeptoren interagiert. Anschließend vermittelt gp41 die Verschmelzung von Virushülle und Zellmembran, sodass das Kapsid in das Zytoplasma der Zelle gelangt (= **Penetration**). Durch eine Konformationsänderung wird das Kapsid porös und entlässt die darin enthaltenen RNA-Moleküle und Enzyme in das Zytoplasma der Wirtszelle.

Reverse Transkription

Im Zytoplasma übersetzt die virale reverse Transkriptase das Virusgenom in eine dsDNA-Kopie. Als Primer dient dabei eine mit der PB-Region am 5'-Ende der viralen ss(+)RNA assoziierte zelluläre tRNA (➤ Abb. 14.9a). An deren 3'-OH-Ende wird zunächst ein zur U5- und R-Region der Virus-RNA komplementärer DNA-Strang synthetisiert. Eine derartige Übertragung der genetischen Information einer RNA-Matrize auf einen neuen komplementären DNA-Strang wird als **reverse Transkription** bezeichnet. Mithilfe der RNase-H-Aktivität der reversen Transkriptase wird der RNA-Anteil des kurzen RNA-DNA-Hybrids abgebaut (➤ Abb. 14.9b). Der dadurch freigesetzte DNA-Einzelstrang hybridisiert mit der komplementären R-Region am 3'-Ende des RNA-Genoms, wo er als Primer für die Synthese eines kompletten zur Virus-RNA komplementären (−)DNA-Strangs wirkt (➤ Abb. 14.9c, d). Die RNase-H baut wiederum den (+)RNA-Anteil des Hybridmoleküls ab (➤ Abb. 14.9e). Lediglich der Polypurintrakt (PPT) aus dem Ursprungs-RNA-Strang bleibt zurück und bildet den Primer für die nachfolgende Synthese der ersten doppelsträngigen DNA-Region durch die reverse Transkriptase. Parallel zur Synthese des (+)DNA-Strangs wird zunächst der 5'-liegende tRNA-Anteil des (−)DNA-Strangs (➤ Abb. 14.9f) und anschließend der PPT des (+)DNA-Strangs abgebaut (➤ Abb. 14.9g). Die überhängende PB-Region des (+)DNA-Strangs hybridisiert mit dem komplementären Abschnitt am 3'-Ende des (−)DNA-Strangs (➤ Abb. 14.9h).

Aus Studentensicht

ABB. 14.7

Aufbau des humanen Immundefizienzvirus Typ 1 (≙ HIV-1)

HIV-1 trägt auf seiner Virushülle die beiden Glykoproteine **gp41** und **gp120**. **Matrixproteine** (MA) sind mit der Innenseite der Hülle, die das **Kapsid** umschließt, assoziiert. Das Kapsidinnere enthält zwei identische mit Nukleokapsidproteinen (NC) assoziierte **ss(+)RNAs,** die viralen **Enzyme** Integrase (IN), reverse Transkriptase (RT) und Protease (PR) sowie das Link-Protein (LI).

An die über ein **5'-Cap** und ein **Poly-A-Ende** verfügenden, knapp 10 kb großen ss(+)RNAs bindet im Bereich der Primer-Bindungsstelle eine zelluläre tRNA.

Der **mittlere Genomabschnitt** codiert **virale Proteine,** an beiden Enden der RNA-Moleküle befinden sich **regulatorische Sequenzen** mit den Regionen U5, U3, R, PB und Leader.

Adsorption und Penetration

Die **Virus-Adsorption** erfolgt über gp120, das mit **CD4-Rezeptoren** v. a. auf T-Helfer-Zellen interagiert. gp41 vermittelt die Verschmelzung von Virushülle und Zellmembran, wodurch das Kapsid in das Zytoplasma der Zelle gelangt (**Penetration**) und die darin enthaltenen RNA-Moleküle und Enzyme freigesetzt werden.

Reverse Transkription

Im Zytoplasma wird die ss(+)RNA von der viralen reversen Transkriptase, die neben der RNA-abhängigen DNA-Polymerase-Aktivität auch eine DNA-abhängige DNA-Polymerase- und eine RNase-Aktivität (RNase-H) aufweist, in eine dsDNA-Kopie übersetzt (**reverse Transkription**). Als initialer Primer dient dabei eine an die ss(+)RNA gebundene zelluläre tRNA. In mehreren Zwischenschritten (Abbau von Teilen der RNA durch RNase-H, Primerumlagerungen u. a.) entsteht eine doppelsträngige DNA, die an beiden Enden **Long Terminal Repeats** besitzt, die jeweils aus einer U3-, R- und U5-Region bestehen.

Aus Studentensicht

14 VIREN UND BAKTERIEN: WIE FUNKTIONIEREN KRANKHEITSERREGER?

Abb. 14.8 Vermehrungszyklus von HIV-1 [L138]

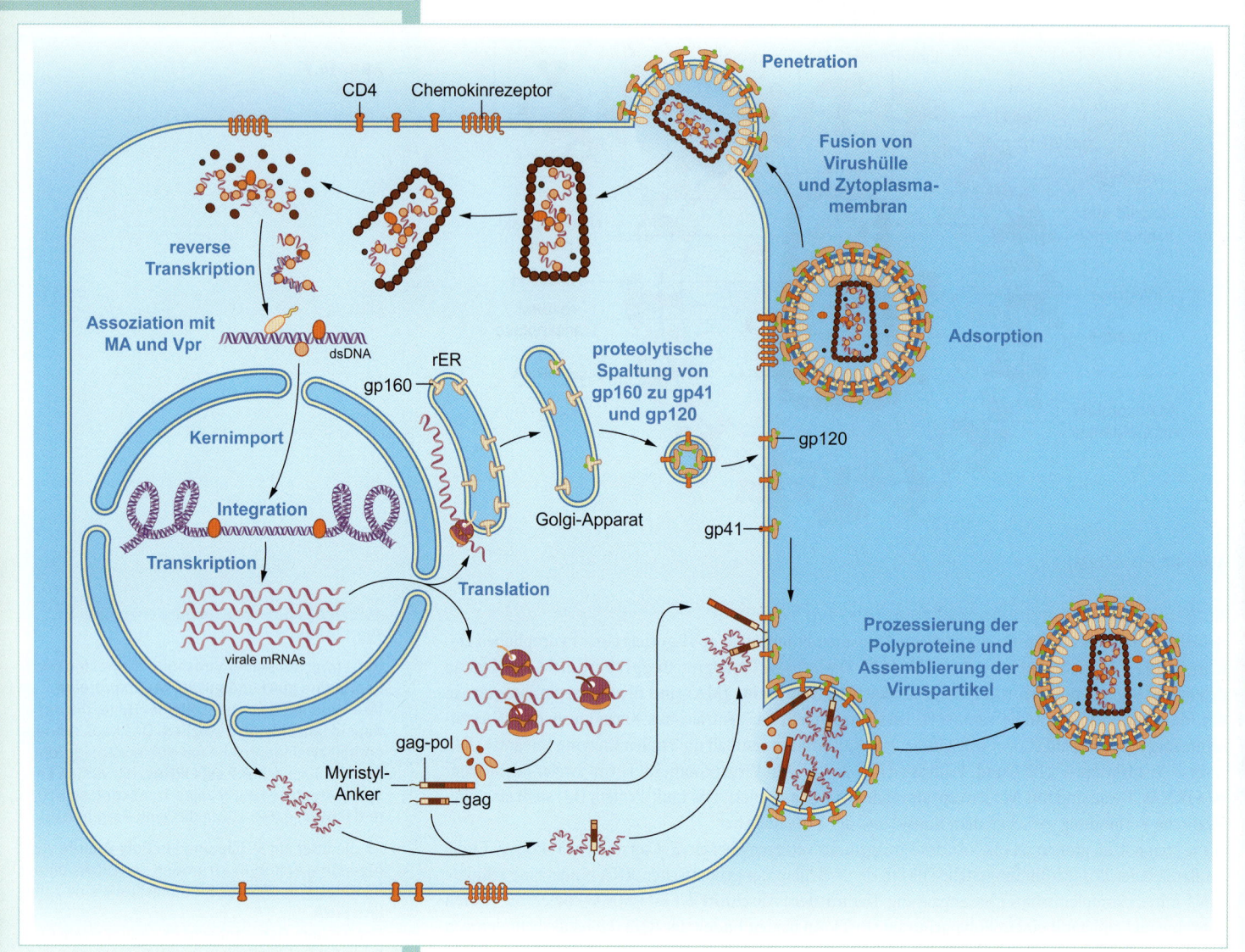

Zelluläre und virale Proteine assoziieren mit dem DNA-Molekül und ermöglichen dadurch dessen Kernimport. Dort wird es durch die virale **Integrase** an einer zufälligen Position in das Genom der Wirtszelle eingefügt. Die integrierte DNA-Kopie des Virusgenoms wird als **Provirus** bezeichnet.

Transkription der viralen Gene
Die U3-Region im 5'LTR-Bereich dient als **Promotor** der Transkription. Die Translation der viralen mRNA führt zur Synthese des **gag-Polyproteins**, aus dem durch posttranslationale Prozessierung die viralen Proteine MA, CA, NC und LI hervorgehen.
Durch ein Rutschen des Ribosoms und somit eine Verschiebung des Leserasters um ein Nukleotid wird zudem das **gag-pol-Vorläuferprotein** synthetisiert.

Durch mehrfaches **Spleißen** der vollständigen Virus-mRNA entstehen Transkripte, die verschiedene kleine Virusproteine codieren. Die Translation einfach gespleißter mRNAs führt zur Synthese akzessorischer Proteine und von **gp160**.

Die 3'-OH-Enden beider DNA-Stränge dienen anschließend als Primer für die matrizenabhängige Synthese eines vollständigen DNA-Doppelstrangs. Dieser besitzt an beiden Enden einen als **Long Terminal Repeat** (LTR) bezeichneten Bereich, der jeweils aus einer U3-, R- und U5-Region besteht (➤ Abb. 14.9i). Zelluläre und virale Proteine wie MA und Vpr assoziieren mit dem DNA-Molekül und ermöglichen dessen Import in den Zellkern (➤ Abb. 14.8). Mithilfe der viralen **Integrase** wird das virale dsDNA-Molekül anschließend an einer zufälligen Position in das Genom der Wirtszelle eingefügt. Die integrierte DNA-Kopie des Virusgenoms wird auch als **Provirus** bezeichnet. Im Lauf der Evolution sind retrovirale Genome vielfach ins Wirtsgenom integriert worden. Im menschlichen Genom leiten sich etwa 50 % der repetitiven Sequenzen vom Einbau viraler LTRs ab. Die entsprechenden integrierten Proviren sind meist inaktiviert.

Transkription der viralen Gene
Die U3-Region im 5'LTR-Bereich des Provirus (➤ Abb. 14.9) dient als **Promotor** für die Transkription der viralen mRNA und wird durch das Zusammenspiel von verschiedenen zellulären Faktoren und viralen Transaktivatoren wie Tat (Transactivator of Transcription) aktiviert. Die synthetisierte mRNA umfasst alle stromabwärts von dieser U3-Region liegenden Sequenzen des Virusgenoms. Die Translation ihres offenen Leserasters führt zur Synthese des **gag-Polyproteins** (➤ Abb. 14.10a).
Eine uridinreiche Sequenzfolge im codierenden Abschnitt der mRNA bewirkt bei einer Minderheit der Translationsereignisse ein „Rutschen" des translatierenden Ribosoms entlang der mRNA. Kommt es dadurch zu einer **Verschiebung des Leserasters** um ein Nukleotid (-1), wird das **gag-pol-Vorläuferprotein** synthetisiert (➤ Abb. 14.10b).
Durch mehrfaches **Spleißen** der vollständigen Virus-mRNA entstehen verschiedene Transkripte, die unterschiedliche kleinere Virusproteine wie Tat und Rev codieren (➤ Abb. 14.10a). Die Translation einfach gespleißter mRNA-Moleküle führt zur Synthese der akzessorischen Proteine Vif und Vpr sowie des **Polyproteins gp160**. gp160 wird am rER synthetisiert, sodass sich der größere N-terminale Anteil des Proteins im ER-Lumen befindet und glykosyliert wird (➤ Abb. 14.10b). Während des vesikulären Transports über den Golgi-Apparat zur Plasmamembran erfolgt die Spaltung des modifizierten Polyproteins in das extrazelluläre gp120 sowie das Transmembranprotein gp41 durch eine Golgi-assoziierte zelluläre Protease.

14.2 VIREN: AUFBAU UND VERMEHRUNG

Aus Studentensicht

ABB. 14.9

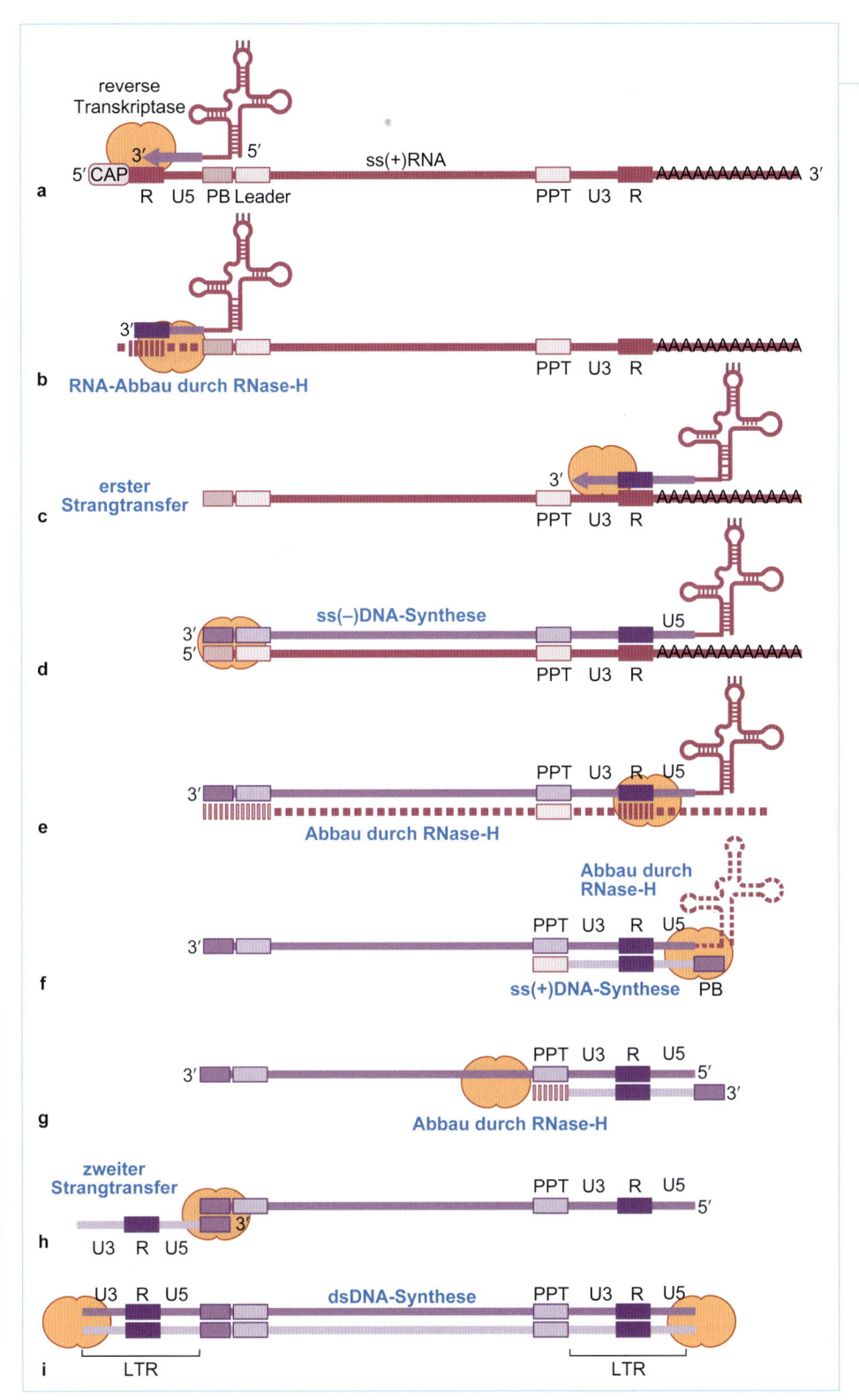

a reverse Transkriptase 5'CAP R U5 PB Leader ss(+)RNA PPT U3 R AAAAAAAAAAA 3'

b **RNA-Abbau durch RNase-H** PPT U3 R AAAAAAAAAAA

c **erster Strangtransfer** PPT U3 R AAAAAAAAAAA

d **ss(−)DNA-Synthese** U5 PPT U3 R AAAAAAAAAAA

e **Abbau durch RNase-H** PPT U3 R U5

f **Abbau durch RNase-H** PPT U3 R U5 **ss(+)DNA-Synthese** PB

g **Abbau durch RNase-H** PPT U3 R U5 5' 3'

h **zweiter Strangtransfer** PPT U3 R U5 5' U3 R U5

i U3 R U5 **dsDNA-Synthese** PPT U3 R U5 LTR ... LTR

Abb. 14.9 Umschreiben des ss(+)RNA-Genoms eines Retrovirus in eine doppelsträngige DNA-Kopie durch die virale reverse Transkriptase im Zytoplasma der Wirtszelle [L253]

Das gag- und das gag-pol-Vorläuferprotein werden hingegen an freien Ribosomen des Zytoplasmas synthetisiert (> Abb. 14.8). Beide werden cotranslational an ihrem N-Terminus myristyliert und unter Mithilfe zellulärer Faktoren zur **Plasmamembran** bzw. zu intrazellulären Membranen transportiert, mit denen sie über ihre Fettsäuren assoziieren. In T-Helfer-Zellen binden die Virusproteine fast ausschließlich an die Zytoplasmamembran, während sie in Monozyten und Makrophagen vorwiegend mit intrazellulären Membranen, bevorzugt der ER-Membran, assoziieren. Über ihre MA- und CA-Anteile interagieren die beiden membranassoziierten Vorläuferproteine miteinander und assoziieren zudem mit der intrazellulären Domäne des gp41/gp160 in der entsprechenden Membran.

Dieses wird am rER synthetisiert und N-terminal glykosyliert. Beim vesikulären Transport zur Plasmamembran erfolgt die Spaltung in gp120 und gp41 durch eine zelluläre Protease. Die Vorläuferproteine gag und gag-pol werden an freien Ribosomen synthetisiert, cotranslational am N-Terminus myristyliert und dienen an der **Plasmamembran** der Assemblierung der Viruspartikel.

Aus Studentensicht

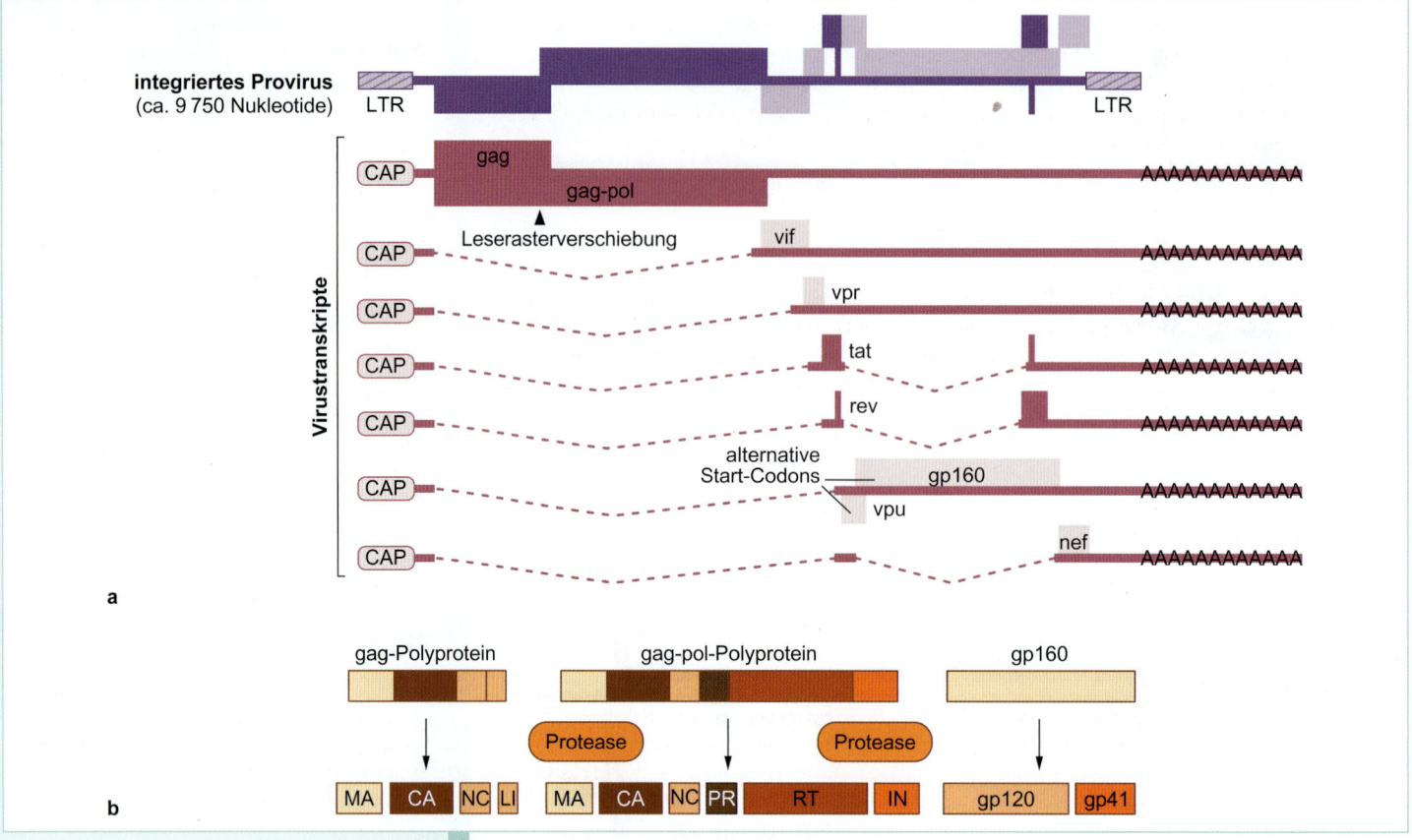

14 VIREN UND BAKTERIEN: WIE FUNKTIONIEREN KRANKHEITSERREGER?

Abb. 14.10 a Transkription des HI-Provirus. b Prozessierung der Polyproteine durch die HIV-Protease. Rechtecke symbolisieren offene Leseraster. [L253]

Entstehung neuer Viren

Der NC-Abschnitt des gag- sowie des gag-pol-Vorläuferproteins bindet an die Leader-Region, die nur die vollständige und ungespleißte Virus-mRNA aufweist, was zur Ausstülpung der Plasmamembran und **Abschnürung** von Vesikeln führt. Dadurch wird gewährleistet, das neu gebildete Viren das **gesamte Virusgenom** beinhalten. In den unreifen Viruspartikeln spaltet sich die viruseigene Protease autokatalytisch aus dem gag-pol-Vorläuferprotein heraus. Anschließend katalysiert die Protease die weitere Prozessierung der Vorläuferproteine. Dabei werden aus dem gag-pol-Polyprotein auch MA, CA, NC, die reverse Transkriptase und die Integrase freigesetzt. Aus dem gag-Polyprotein entsteht neben MA, CA und NC das Link-Protein. Zudem kommt es zur Ausbildung des konischen Kapsids, wodurch infektiöse Viruspartikel entstehen.

HIV und AIDS

HI-Viren können u. a. bei **Sexualkontakten** über Samen- oder Vaginalflüssigkeit, durch kontaminierte(s) Blut(produkte) oder durch Muttermilch von Mensch zu Mensch übertragen werden.

Entstehung neuer Viren

Über ihren NC-Abschnitt binden das gag- und das gag-pol Polyprotein zudem an das ψ-Element in der Leader-Region des Virusgenoms (➤ Abb. 14.10b). Dieses Element liegt ausschließlich in vollständiger und ungespleißter Virus-mRNA vor, wodurch gewährleistet ist, dass nur ss(+)RNA-Moleküle, die das **gesamte Virusgenom** beinhalten, in sich neu assemblierende Viren rekrutiert werden. Die Bindung der genomischen mRNA-Moleküle induziert eine Ausstülpung der entsprechenden Membran sowie deren **Abschnürung** als Vesikel an der Zelloberfläche oder der luminalen Seite des ER. In diesen unreifen Viruspartikeln spaltet sich die viruseigene Protease nach Dimerisierung autokatalytisch aus dem gag-pol-Vorläuferprotein heraus. Anschließend katalysiert das Enzym die Prozessierung des **gag-pol-** sowie des **gag-Vorläuferproteins** zu den funktionellen Virusproteinen. Aus dem gag-pol-Polyprotein gehen so neben der Protease (PR) auch die Viruskomponenten MA, CA, NC, die reverse Transkriptase (RT) und die Integrase (IN) hervor. Die Proteolyse des **gag-Polyproteins** führt ebenfalls zur Bildung der viralen Proteine MA, CA und NC und bewirkt zudem die Entstehung des Link-Proteins (LI). Parallel dazu kommt es zur Ausbildung des konischen Kapsids, wodurch infektiöse Viruspartikel entstehen.

> **FALL**
>
> **Mark will aussteigen: HIV**
>
> Zur Abklärung einer möglichen HIV-Infektion wird das Serum von Mark einem **Suchtest** unterzogen. Ein solcher Test soll möglichst alle infizierten Personen erkennen. Er ist daher hochsensitiv, birgt aber aufgrund einer begrenzten Spezifität die Gefahr, nicht-infizierte Personen als „HIV-positiv" einzuordnen. Bei Mark wurden mittels ELISA sowohl Virusantigene als auch vom Immunsystem gebildete Anti-HIV-Antikörper nachgewiesen. Zur weiteren Abklärung dieses Befundes wurde ein **Bestätigungstest** durchgeführt, der im Vergleich zum Suchtest eine höhere Spezifität besitzt. Auch bei diesem Immunoblot wurden mithilfe unterschiedlicher, nebeneinander auf einer Trägermembran fixierter HIV-Proteine HIV-spezifische Antikörper in Marks Serum nachgewiesen.

HIV und AIDS

HI-Viren können u. a. bei **Sexualkontakten** durch Samen- oder Vaginalflüssigkeit, durch kontaminiertes Blut (z. B. bei Transfusionen oder Geburten), durch kontaminierte Blutprodukte (z. B. Blutgerinnungspräparate) oder durch Muttermilch von Mensch zu Mensch übertragen werden. Der Verlauf einer daraus resultierenden HIV-Infektion kann in drei Phasen unterteilt werden:

1. Die **Primärinfektion** verläuft häufig inapparent und ist nur bei einer Minderheit der Infizierten mit grippeähnlichen Symptomen, Hautausschlag und Lymphknotenschwellungen verbunden.
2. Daran schließt sich ein mehrere Jahre dauerndes symptomfreies **Latenzstadium** an, während dessen sich spezifische HIV-Antikörper nachweisen lassen. Ohne Therapie kommt es zu einer starken **Virusvermehrung.** Die bis zu 100 Milliarden neu gebildeten Viruspartikel pro Tag werden vom Immunsystem kontinuierlich erkannt und zunächst noch zum größten Teil eliminiert. Im peripheren Blut können nur wenige infizierte CD4-positive T-Lymphozyten nachgewiesen werden (ca. 100–1 000/1 Million Zellen).
3. Ohne Therapie kann es in der dritten Phase zur Ausbildung des Acquired Immune Deficiency Syndrome (**AIDS**) kommen, einer charakteristischen Symptomenkombination, die bei HIV-positiven Menschen durch eine ausgeprägte virale Infektion insbesondere von T-Helfer-Zellen gekennzeichnet ist. Infolge der dadurch ausgelösten Beeinträchtigung des Immunsystems kann es zu lebensbedrohlichen opportunistischen Infektionen und der Entstehung von Tumoren kommen.

Ziel einer Therapie HIV-Infizierter ist u. a. durch die Hemmung der HIV-Vermehrung infektionsbedingte Symptome zu unterdrücken, eine Krankheitsprogression zu verhindern sowie eine normale Lebenserwartung der Patienten zu gewährleisten. Bei der **antiretroviralen Therapie** (ART) kommen i. d. R. **drei unterschiedliche Medikamente** in Kombination zum Einsatz. Kombinationen aus zwei nukleosidischen/nukleotidanalogen Reverse-Transkriptase-Inhibitoren (NRTI/NtRTI) mit einem nicht-nukleosidischen Reverse-Transkriptase-Inhibitor (NNRTI), einem Integrase-Inhibitor (INI) oder einem Protease-Inhibitor (PI; hemmt spezifisch die viruseigene Protease) haben sich als sehr wirksam, sicher und im Allgemeinen als gut verträglich erwiesen. Eine Kombination von drei NRTI/NtRTI ist den anderen Optionen unterlegen. **NRTI** sind Nukleosidanaloga, die in Zellen aufgenommen und dort zu den entsprechenden Nukleosidtriphosphaten umgesetzt werden. Diese und die NtRTI werden in einer HIV-infizierten Zelle vorwiegend von der viralen reversen Transkriptase als Substrate genutzt. Der Einbau eines entsprechenden Nukleotids führt zu einem Abbruch der DNA-Strangsynthese und inhibiert somit die Entstehung eines Provirusgenoms. Zudem können NRTI/NtRTI auch als kompetitive Inhibitoren der reversen Transkriptase wirken, während **NNRTI** die Aktivität des Enzyms nicht-kompetitiv inhibieren. **Protease-Inhibitoren** wirken meist als kompetitive Inhibitoren, während verschiedene gegenwärtig verfügbare **Integrase-Inhibitoren** den Einbau des Provirusgenoms in die DNA der Wirtszelle an unterschiedlichen Schritten des Integrationsprozesses unterbinden. Durch die Kombinationstherapie steigt der Selektionsdruck auf die Viren derart, dass es trotz einer durch die fehlende Proofreading-Aktivität der reversen Transkriptase bedingten **hohen Mutationsrate** des Virusgenoms nicht zur Entstehung von Viruspartikeln kommt, die gleichzeitig gegen alle drei eingesetzten Wirkstoffe **resistent** sind.

> **FALL**
>
> **Mark will aussteigen: HIV**
>
> Um eine HIV-Vermehrung zu unterbinden, wird bei Mark eine ART durchgeführt. Die Wirksamkeit der Therapie wird in regelmäßigen Abständen durch die Bestimmung der **Viruslast** (nachweisbare Anzahl der Viruspartikel im Serum) überwacht. Ziel einer erfolgreichen ART ist es, die Viruslast so gering zu halten, dass sie dauerhaft unterhalb der Nachweisgrenze liegt. Bei Mark wird in regelmäßigen Abständen untersucht, ob sich das RNA-Genom der HI-Viren per RT-PCR im Serum nachweisen lässt. Durch die hoch wirksame Therapie wird Mark trotz der HIV-Infektion der Ausbruch von AIDS erspart und er kann ein ziemlich normales Leben führen.

14.3 Bakterien

14.3.1 Aufbau und Eigenschaften

> **FALL**
>
> **Herr Fritz und die eiternde Wunde**
>
> Sie sind Assistenzarzt in der Dermatologie. Der 83-jährige Herr Fritz hat am Unterschenkel eine tiefe, eiternde Wunde, die sich schon halb um das Bein herumzieht. „Es war erst nur eine heftige Schramme, ich bin im Dunkeln gegen den Couchtisch gestolpert, aber es will einfach nicht heilen." Obwohl Herr Fritz seit zwei Tagen intravenös ein Cephalosporin bekommt, hat er nun eine leicht erhöhte Temperatur. Sie machen sich Sorgen: Das Antibiotikum scheint nicht anzuschlagen.
> Welches Bakterium ist oft für eitrige Wundinfektionen verantwortlich? Welche Resistenzen gegen Antibiotika gibt es bei diesem Erreger? Was ist eine gefürchtete Komplikation, die sich mit erhöhter Temperatur andeutet?

Im Unterschied zu Viren verfügen Bakterien über einen eigenständigen Stoffwechsel und besitzen einen zellulären Aufbau, wobei Form und Größe sehr unterschiedlich sein können (➤ Abb. 14.11). Gegenüber eukaryoten Zellen sind prokaryote Zellen einfacher strukturiert und haben keine Organellen wie Zellkern, ER, Golgi-Apparat und Mitochondrien. Auch fehlen ein Zytoskelett sowie einige weitere subzelluläre Strukturen (➤ 1.2).

Aus Studentensicht

Der Verlauf der daraus resultierenden Infektion kann in drei Phasen unterteilt werden:
1. Die **Primärinfektion** verläuft häufig stumm und ist nur selten mit grippeähnlichen Symptomen verbunden.
2. Es folgt ein mehrere Jahre andauerndes symptomfreies **Latenzstadium,** in dem es zur **Virusvermehrung** und Zerstörung von CD4-positiven T-Zellen kommt
3. Ohne Therapie schließt sich die dritte Phase an: die Entwicklung einer **AIDS-Erkrankung.** Durch die Beeinträchtigung des Immunsystems kann es zu lebensbedrohlichen Infektionen und der Entstehung von Tumoren kommen.

Die Therapie einer HIV-Infektion wird i. d. R. als **ART (Anti-Retroviral Therapy)** durchgeführt, bei der mindestens **drei unterschiedliche antiretrovirale Medikamente** zum Einsatz kommen. Man unterscheidet dabei:
- **NRTI** (nukleosidische Reverse-Transkriptase-Inhibitoren)
- **NNRTI** (nicht-nukleosidische Reverse-Transkriptase-Inhibitoren)
- **Integrase-Inhibitoren**
- **Protease-Inhibitoren**
- **Nukleotidanaloga**

Durch die Kombinationstherapie kommt es trotz der **hohen Mutationsrate** des Virusgenoms nicht zur Entstehung von neuen Viruspartikeln, die gleichzeitig gegen alle drei eingesetzten Wirkstoffe **resistent** sind.

14.3 Bakterien

14.3.1 Aufbau und Eigenschaften

Bakterien verfügen über einen eigenständigen Stoffwechsel und besitzen einen zellulären Aufbau. Sie sind einfacher strukturiert als Eukaryoten, ihnen fehlen z. B. die Kernhülle, Zellorganellen und ein Zytoskelett.

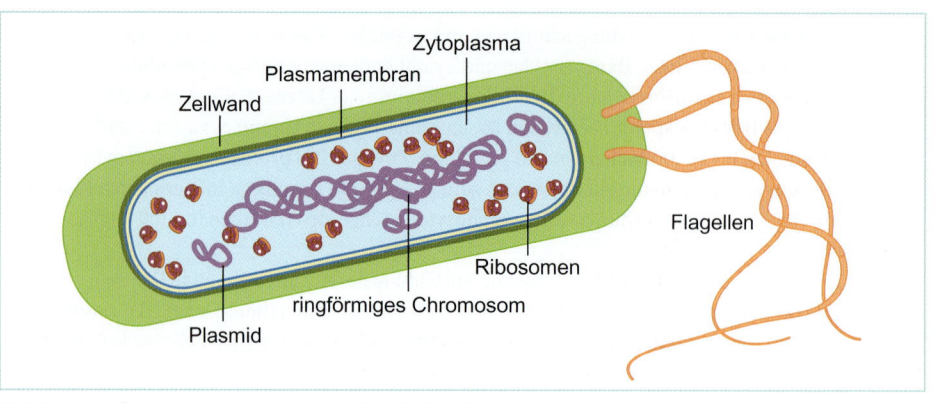

14 VIREN UND BAKTERIEN: WIE FUNKTIONIEREN KRANKHEITSERREGER?

Aus Studentensicht

ABB. 14.11

Abb. 14.11 Aufbau einer grampositiven Bakterienzelle [L138]

Die bakterielle Lipiddoppelschicht ist häufig von einer aus dem Peptidoglykan **Murein** bestehenden **Zellwand** umgeben. **Grampositive** Bakterien besitzen eine dicke Zellwand, **gramnegative** nur eine sehr dünne, die außen von einer weiteren Lipidmembran umschlossen ist und den **periplasmatischen Raum** abgrenzt.
Im Zytoplasma befindet sich das **ringförmig geschlossene DNA-Genom**. Häufig finden sich weitere kleine ringförmige DNA-Moleküle **(Plasmide)**, die unabhängig vom Genom vervielfältigt und ausgetauscht werden können.
Das **70S-Ribosom** der Prokaryoten besteht aus einer kleinen 30S- und einer großen 50S-Untereinheit.
Bakterien besitzen alle Komponenten, die für die Vervielfältigung und Expression der Erbinformation nötig sind, sowie mindestens ein System zur ATP-Produktion. Sie teilen sich nicht durch Mitose, sondern durch **Zweiteilung**.
Viele Bakterien können sich mit **Flagellen** fortbewegen.

Das bakterielle Zytoplasma wird nach außen von einer Lipiddoppelschicht (Plasmamembran) begrenzt und ist häufig von einer netzförmigen **Zellwand** umgeben (> Abb. 14.12a). Diese Zellwand, die es bei tierischen Zellen nicht gibt, enthält fast immer das Peptidoglykan **Murein**, ein quervernetztes Polymer aus Peptiden und Aminozuckern. **Grampositive** Bakterien haben eine dicke Peptidoglykanschicht, während diese bei **gramnegativen** Zellen nur sehr dünn ist und außen von einer weiteren Lipidmembran umschlossen wird. Dadurch entsteht zwischen den beiden Lipiddoppelschichten der **periplasmatische Raum**.
In einem Subbereich des Zytoplasmas, dem Nukleoid, liegt das **zirkuläre DNA-Genom** (Bakterienchromosom) (> Abb. 14.11). Zudem finden sich häufig weitere kleine zytoplasmatische, ringförmig geschlossene DNA-Moleküle, die **Plasmide**, die unabhängig vom Bakteriengenom vervielfältigt und an Tochterzellen und andere Bakterien weitergegeben werden können.
Die ebenfalls im Zytoplasma vorliegenden **70S-Ribosomen** der Prokaryoten sind molekular anders aufgebaut als die eukaryoter Zellen und setzen sich aus einer kleinen 30S- und einer großen 50S-Untereinheit zusammen. Bakterien besitzen zudem alle weiteren Komponenten, die für eine Vervielfältigung und Expression der Erbinformation essenziell sind, wie Enzyme für die DNA-Replikation und Transkription und unterschiedliche RNA-Klassen. Außerdem verfügen sie über mindestens ein System zur Produktion des universellen Energieträgers ATP. Im Unterschied zu eukaryoten Zellen vermehren sich Bakterien nicht durch Mitose, sondern durch unterschiedliche Arten der **Zweiteilung** (binäre Fission). Viele Bakterien können miteinander kommunizieren, sich mit **Flagellen** fortbewegen (> Abb. 14.11) und weisen eine große Vielfalt unterschiedlicher Stoffwechselwege auf.

14.3.2 Das Mikrobiom des menschlichen Körpers

Der menschliche Körper ist von mehr Bakterien besiedelt als er eukaryote Zellen enthält. Eine Vielzahl von Bakterien der **Darmflora** wirkt einer Ansiedlung von pathogenen Keimen entgegen und hilft bei der Nahrungsverwertung und der Versorgung des Körpers mit wichtigen Substanzen wie Vitaminen. Auch die mehr als 1000 Bakterienarten der **Hautflora** schützen den Organismus vor Krankheitserregern.

Bakterien sind für den Menschen von zentraler Bedeutung. Insgesamt ist der menschliche Körper von mehr Bakterienzellen besiedelt, als er körpereigene Zellen enthält. Die Gesamtheit aller den menschlichen Körper besiedelnden Mikroorganismen bezeichnen wir als das **Mikrobiom** des Menschen. So bildet eine große Vielzahl von im Darm befindlichen Bakterien die **Darmflora**. Sie wirkt der Ansiedlung schädlicher Keime entgegen, hilft bei der Nahrungsverwertung und versorgt unseren Organismus mit wichtigen Substanzen wie bestimmten Vitaminen und Fettsäuren. Möglicherweise beeinflusst die Zusammensetzung der Darmflora die Neigung zu Fettleibigkeit. Eine Antibiotikabehandlung kann zu einer erheblichen Störung dieses symbiotischen Gleichgewichts führen und mit Symptomen wie Durchfall einhergehen.
Die Haut gesunder Menschen ist von mehr als 1000 Bakterienarten besiedelt, die für den Menschen selbst harmlos sind und zusammen die **Hautflora** bilden, die den gesamten Organismus vor Krankheitserregern schützt.

14.3.3 Bakterien als Krankheitserreger

Nur eine kleine Minderheit aller Bakterien ist **humanpathogen**. Pathogene Bakterien müssen in den Körper eindringen, sich vermehren und versuchen, den Abwehrsystemen zu entgehen. Die Folgen einer bakteriellen Infektion hängen u. a. von der Fähigkeit des pathogenen Bakteriums ab, sich zu vermehren oder Toxine zu produzieren (Toxigenität).
Endotoxine werden erst nach der Lyse des Bakteriums freigesetzt, **Exotoxine** werden von lebenden Bakterien produziert und abgegeben. Sie können sich im gesamten Organismus ausbreiten, sind häufig hochgradig toxisch und oft tödlich.

Nur eine kleine Minderheit aller Bakterien ist **humanpathogen**. Diese Pathogene müssen auf die Oberfläche des Körpers gelangen und in ihn eindringen können. Dort müssen sie versuchen, den Abwehrsystemen zu entgehen und sich zu vermehren, um schließlich einen neuen Wirt zu infizieren. Die Folgen einer bakteriellen Infektion für den Menschen hängen von unterschiedlichen Faktoren ab, wie der Fähigkeit des Pathogens, sich zu vermehren oder Toxine zu produzieren (= Toxigenität). **Endotoxine**, die erst nach der Lyse des produzierenden Bakteriums freigesetzt werden, rufen oft Symptome wie Fieber, Erbrechen und Durchfall hervor. **Exotoxine** sind meist löslich, werden von lebenden Bakterien produziert und abgegeben und können sich im gesamten menschlichen Körper ausbreiten. Sie verursachen meist kein Fieber, sind aber hochgradig toxisch und können tödlich sein. Zu den Erkrankungen, die durch Exotoxine hervorgerufen werden, zählen die Pest (ausgelöst durch *Yersinia pestis*), die Cholera (*Vibrio cholerae*; > 6.4.9), der Wundstarrkrampf (Tetanus; *Clostridium tetani*; > 6.3.5) und der Botulismus (*Clostridium botulinum*; > 6.3.5).

14.3.4 Antibiotika

Heute werden schwerwiegende bakterielle Erkrankungen meist erfolgreich mit Antibiotika behandelt. Vor ihrer Einführung gehörten Bakterieninfektionen zu den Haupttodesursachen des Menschen. Antibiotika sind natürliche oder synthetische Substanzen, die entweder die **Vermehrung von Bakterien verhindern** (bakteriostatische Wirkung) oder den **Zelltod herbeiführen** (bakterizide Wirkung). Antibiotika, die beim Menschen als Medikamente Anwendung finden, üben meist eine Wirkung auf spezifische Strukturen der Bakterien aus, die in eukaryoten Zellen nicht vorliegen. So können **Sulfonamide** gezielt die Nukleotidbiosynthese, **Chinolone** die DNA-Replikation, **Rifamycine** die Transkription und **Tetrazykline, Makrolide** und **Aminoglykoside** die Translation der Prokaryoten stören und so die Vermehrung der Bakterien verhindern. Die zur Gruppe der **β-Lactam-Antibiotika** gehörenden Penicilline binden mit ihrem **β-Lactam-Ring** (= intramolekulare Säureamidbindung) an das bakterielle Enzym **D-Alanin-Transpeptidase**, das für die Quervernetzung der Peptidoglykane in der Zellwand zuständig ist (> Abb. 14.12b, c). Penicillin ähnelt in seiner Struktur einem Peptid. Nach der kovalenten Bindung an die Transpeptidase kann ein Teil des Penicillins nicht aus dem aktiven Zentrum diffundieren. Dadurch wird das Enzym irreversibel gehemmt (> Abb. 14.12d). Nach einer Zellteilung kann keine neue Zellwand synthetisiert werden, sodass es zur Lyse der Bakterien kommt.

Bakterienzellen können eine **Resistenz** gegen einzelne Antibiotika oder Antibiotikagruppen entwickeln. Grundlage dafür sind entweder Mutationen des bakteriellen Genoms oder die Aufnahme neuer DNA-Fragmente z. B. in Form von Plasmiden aus anderen, bereits resistenten Bakterien. Durch eine Mutation kann beispielsweise eine bakterielle Struktur, die als molekulare Angriffsfläche eines Antibiotikums

Aus Studentensicht

14.3.4 Antibiotika

Antibiotika sind natürliche oder synthetische Substanzen, welche die **Vermehrung von Bakterien verhindern** (bakteriostatische Wirkung) oder ihren **Zelltod herbeiführen** (bakterizide Wirkung). Sie wirken meist über spezifische Strukturen der Bakterien, die in eukaryoten Zellen nicht vorliegen. So greifen sie z. B. in die bakterielle Nukleotidbiosynthese (**Sulfonamide**), DNA-Replikation (**Chinoline**), Transkription (**Rifamycine**) oder Translation (**Tetrazykline, Makrolide, Aminoglykoside**) ein und verhindern auf diese Weise die Vermehrung der Bakterien.

Die Gruppe der **β-Lactam-Antibiotika**, zu der Penicillin mit seinem **β-Lactam-Ring** gehört, hemmt das bakterielle Enzym **D-Alanin-Transpeptidase**, das für die Quervernetzung der Peptidoglykane der Zellwand nötig ist.

Bakterien können **Resistenzen** gegen einzelne Antibiotika oder Antibiotikagruppen durch Veränderung ihres Genoms oder die Aufnahme von DNA-Fragmenten entwickeln.

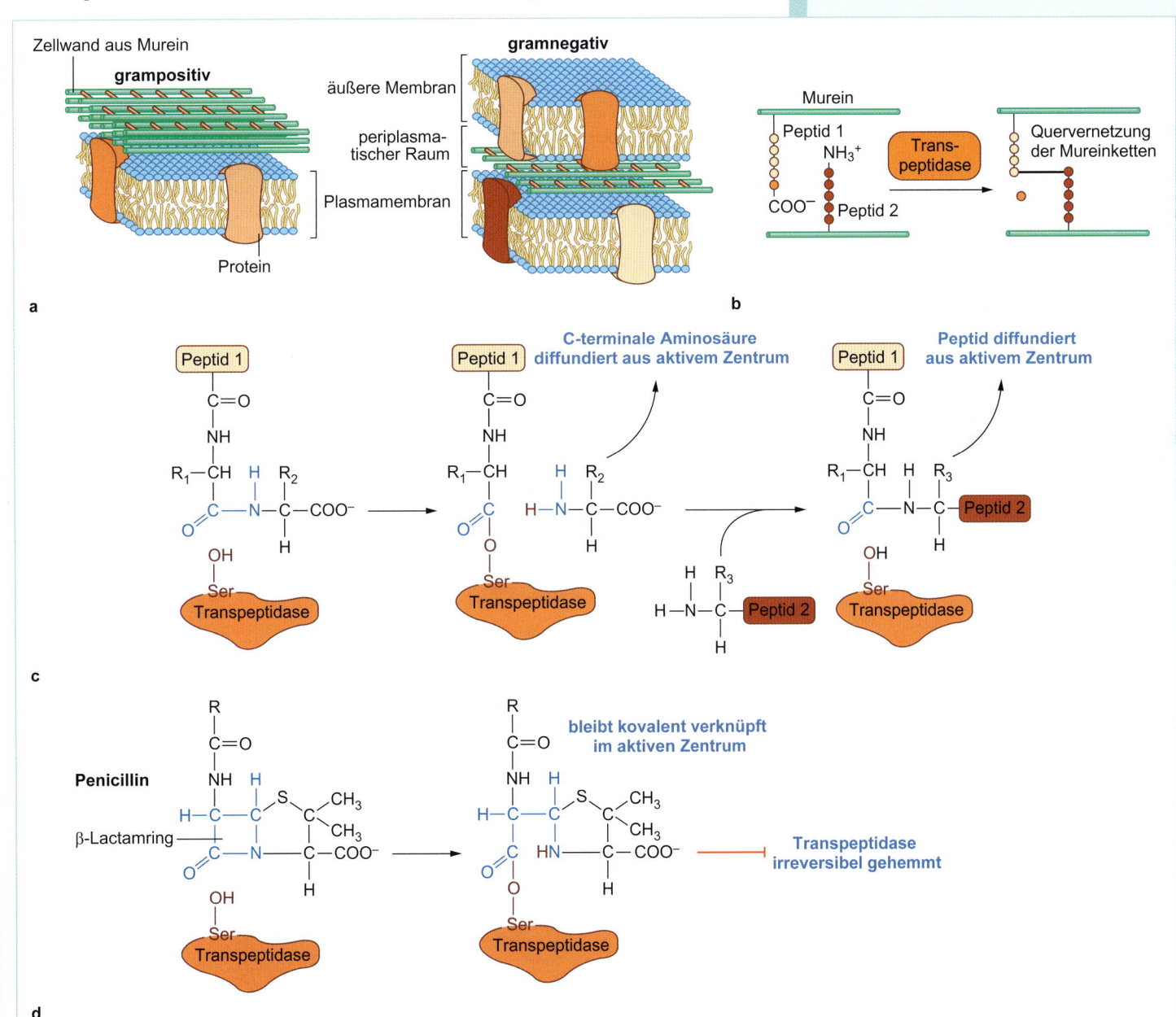

Abb. 14.12 a Zellwand grampositiver und gramnegativer Bakterien. b Quervernetzung der Peptidoglykane zur Stabilisierung der Zellwand durch die Transpeptidase. c Mechanismus der durch die Transpeptidase katalysierten Reaktion. d Inhibition der Zellwandsynthese. [L253]

Aus Studentensicht

So können bestimmte Bakterien z. B. die Fähigkeit erlangen, **β-Lactamasen** zu synthetisieren, die den β-Lactam-Ring einiger Penicilline spalten können und sie so unwirksam machen.

dient, so verändert werden, dass das Antibiotikum nicht mehr angreifen kann und somit seine Wirkung verliert. So führt der Austausch eines Asparaginsäurerests in dem ribosomalen Protein S12 dazu, dass Streptomycin nicht mehr an die 70S-Ribosomen binden kann und somit keine spezifische Hemmung der bakteriellen Translation mehr stattfindet. Die Aufnahme von DNA-Segmenten mit neuen Genen kann einem Bakterium neue Eigenschaften verleihen, wie z. B. die Fähigkeit, Antibiotika durch chemische Modifikation funktionsunfähig zu machen. So können sie die Fähigkeit erlangen, **β-Lactamasen** zu synthetisieren. Diese Enzyme hydrolysieren den β-Lactam-Ring zahlreicher Penicilline und machen die Antibiotika wirkungslos.

> **FALL**
>
> **Herr Fritz und die eiternde Wunde**
>
> *Staphylococcus aureus* ist der häufigste Erreger von klinisch relevanten Hautinfektionen beim Menschen. Daher vermuten Sie, dass dieses Bakterium auch für die Entzündung der Wunde bei Herrn Fritz verantwortlich ist. Staphylokokken sind grampositive Kokken, die sich im mikroskopischen Präparat traubenförmig (griech. staphyle = Traube) darstellen. Der Erreger kommt bei einem Großteil der Bevölkerung v. a. in der Nasenschleimhaut vor, ohne Symptome hervorzurufen. Er ist außerordentlich anpassungsfähig. Etwa 80 % dieser Bakterien besitzen inzwischen eine β-Lactamase und sind daher gegen Penicillin resistent. Cephalosporine besitzen ebenfalls einen β-Lactam Ring, der allerdings nicht durch die β-Lactamase gespalten werden kann. Daher hätte die Antibiose bei Herrn Fritz eigentlich anschlagen sollen. Stattdessen geht es ihm immer schlechter und es droht die Gefahr einer Sepsis, wenn die weitere Ausbreitung der Keime nicht verhindert wird. Seine erhöhte Körpertemperatur ist ein erstes Warnzeichen. Sie vermuten, dass die Infektion von Herrn Fritz durch Cephalosporin-resistente *Staphylococcus aureus* verursacht wird.
> Wie verbreiten sich Antibiotikaresistenzen und wie kann dieser Ausbreitung vorgebeugt werden?

Verbreitung von Antibiotikaresistenzen

Bakterien können auf verschiedenen Wegen DNA in ihr Zytoplasma aufnehmen bzw. an andere Bakterien weitergeben:
- **Konjugation:** DNA-Plasmide werden über Sexpili zwischen den Bakterien ausgetauscht.
- **Transduktion:** Die DNA wird über Bakteriophagen in eine andere Zelle übertragen.
- **Transformation:** Aufnahme von frei vorliegender DNA in das Zytoplasma.

Verbreitung von Antibiotikaresistenzen

Bakterien können auf unterschiedlichen Wegen DNA in ihr Zytoplasma aufnehmen oder an andere Bakterienzellen weitergeben (> Abb. 14.13). Bei der **Konjugation** sorgen **Sexpili** dafür, dass sich eine Zytoplasmabrücke zwischen zwei Zellen ausbildet, über die Plasmid-DNA ausgetauscht werden kann. Häufig sind Gene wie das β-Lactamase-Gen, die eine Antibiotikaresistenz vermitteln, auf Plasmiden codiert. Bei der **Transduktion** wird DNA durch **Bakteriophagen** übertragen. Bakteriophagen sind Viren, die als Wirte Bakterien benutzen. Bei der Assemblierung des Bakteriophagen im Wirt wird fälschlicherweise auch bakterielle DNA in das Kapsid verpackt, die dann in ein anderes Bakterium übertragen werden kann. Zudem können Bakterienzellen durch **Transformation** auch frei vorliegende DNA in das Zytoplasma aufnehmen. Enthalten die neu aufgenommenen DNA-Stücke Gene, die eine Antibiotikaresistenz vermitteln, erlangen die Bakterienzellen darüber therapeutisch bedeutsame neue Eigenschaften.

ABB. 14.13

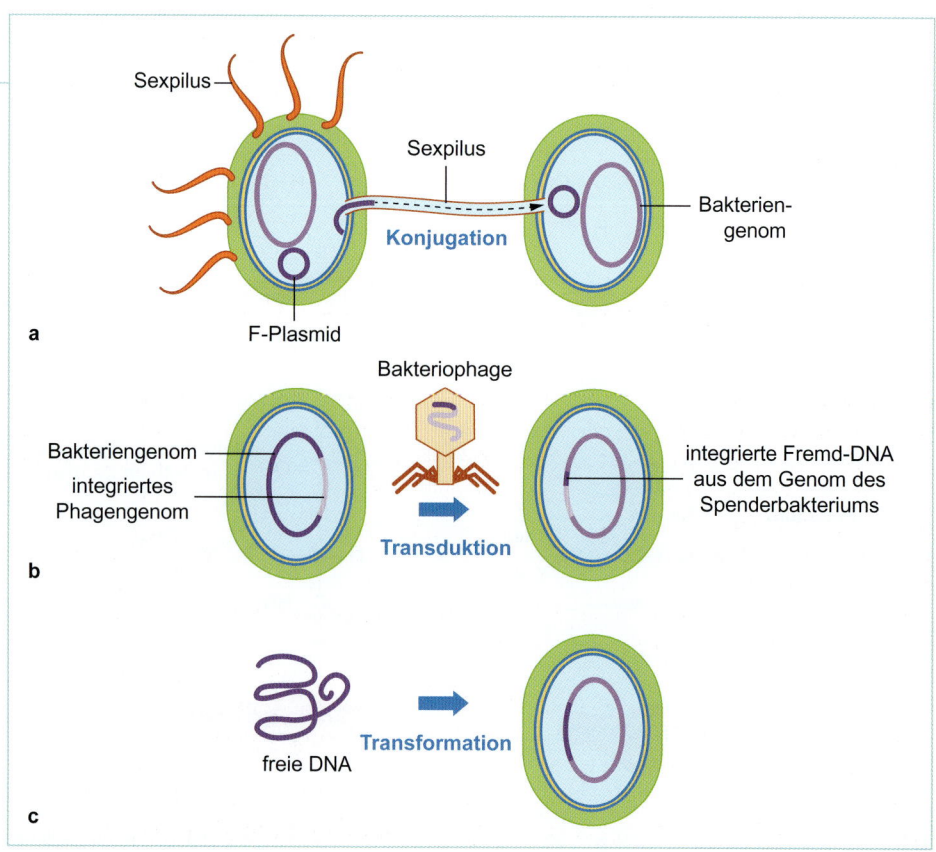

Abb. 14.13 DNA-Weitergabe und -Aufnahme durch Bakterien. **a** Konjugation. **b** Transduktion. **c** Transformation. [L138]

Nach der Entdeckung des Penicillins haben sich Antibiotika zu einem bedeutenden Instrument bei der Behandlung von Infektionskrankheiten entwickelt. Der verbreitete Einsatz der Antibiotika bei Menschen und Tieren hat in den vergangenen Jahrzehnten jedoch zu einer zunehmenden Ausbreitung antibiotikaresistenter Keime geführt. Grundlage hierfür sind die Fähigkeit der Bakterien, neue Resistenzgene in die Zelle aufzunehmen, sowie eine unter Antibiotikaexposition auftretende **positive Selektion** resistenter gegenüber nichtresistenten Keimen. Beide Mechanismen sind auch für die Entstehung und Ausbreitung **multiresistenter** Bakterien verantwortlich. Darunter versteht man Keime, die gegen mehrere Antibiotika resistent sind. Infektionen mit resistenten oder multiresistenten Bakterien sind oft schwer heilbar, gelegentlich sogar unheilbar. Sie stellen insbesondere in Kliniken ein stetig wachsendes Problem dar.

> **Aus Studentensicht**
>
> Diese Vorgänge ermöglichen die zunehmende Ausbreitung von Antibiotikaresistenzen. Unter Antibiotikaeinsatz kann eine **positive Selektion** resistenter gegenüber nichtresistenten Keimen auftreten. Dadurch kann es zur Entstehung und Ausbreitung **multiresistenter** Bakterien kommen.

FALL

Herr Fritz und die eiternde Wunde: MRSA

Die Laboruntersuchung eines Wundabstrichs von Herrn Fritz zeigt, dass die Infektion durch den gefürchteten, gegen viele Antibiotika resistenten **M**ethicillin-**r**esistenten **S**taphylococcus **a**ureus (MRSA) verursacht wird. Dieser wurde nach dem ursprünglich als Testsubstanz verwendeten β-Lactamase-insensitiven **Methicillin** benannt. MRSA ist aber auch gegen Cephalosporine und alle anderen β-Lactamase-insensitiven β-Lactam-Antibiotika resistent. MRSA verfügen zudem meist über weitere Resistenzen gegenüber anderen Antibiotikaklassen. So sind Stämme bekannt, die auch gegen Gyrasehemmer wie Ciprofloxacin resistent sind. In Deutschland sind mittlerweile ca. 17 % aller S. aureus in Kliniken MRSA. Sie können nur noch mit Reserveantibiotika wie Vancomycin bekämpft werden. Reserveantibiotika dürfen nur nach strenger Indikation verwendet werden, damit es hier nicht auch zur Resistenzbildung kommt. Trotz dieser Einschränkungen gibt es seit 1998 auch Resistenzen gegen Vancomycin, ein Glykopeptidantibiotikum. Inzwischen gibt es daher weitere Reserveantibiotika wie z. B. Linezolid oder Daptomycin für die Behandlung von MRSA-Infektionen, wobei auch vereinzelt schon über Linezolid-resistente MRSA berichtet wurde. Um einer weiteren Entstehung und Ausbreitung von Resistenzen insbesondere gegen Reserveantibiotika vorzubeugen, werden heutzutage zahlreiche hygienische Maßnahmen eingesetzt.
Herr Fritz wird sofort isoliert, sein Zimmer darf nur noch mit Einmalkittel, Mundschutz und Handschuhen betreten werden. Er bekommt Vancomycin und gleichzeitig werden die MRSA über mehrere Tage drei Mal täglich mit Mupirocin-Nasensalbe (Turixin®) in der Nasenschleimhaut eradiziert, da die Nasenschleimhaut ein wichtiges Keimreservoir des Erregers ist und es ohne diese Ausmerzung immer wieder zur Reinfektion kommen würde. Zudem muss Herr Fritz sich täglich mit desinfizierendem Shampoo und Waschgel waschen. Zum Glück geht es ihm bald besser, das Vancomycin schlägt bei ihm an und die Wunde heilt.
Der Vorfall bleibt aber nicht ohne Nachspiel: Das gesamte Klinikpersonal wird von einem Hygieniker erneut über die wichtigsten Regeln zur Verhinderung der Ausbreitung resistenter Keime informiert. Als wichtigste Maßnahme gilt die Händedesinfektion vor und nach jedem Patientenkontakt. Antibiotika sollen nur nach strenger Indikation eingesetzt werden. Ein gutes Beispiel für eine konsequente Umsetzung hygienischer Maßnahmen sind die Niederlande, in denen seit 20 Jahren eine strenge Search-and-Destroy-Taktik angewendet wird. Jeder Risikopatient, u. a. jeder Deutsche, wird zunächst isoliert. Erst wenn an drei aufeinanderfolgenden Tagen keine multiresistenten Keime nachgewiesen wurden, dürfen sie von der Isolier- auf eine Normalstation verlegt werden. Dadurch konnten Übertragungen der Bakterien auf andere Patienten verringert und die MRSA-Quote auf 1–2 % gesenkt werden. In den Niederlanden müssen auch Mitarbeiter einen frischen negativen MRSA-Abstrich nachweisen, um in der Klinik arbeiten zu dürfen, da es oft symptomlose Träger gibt. Obwohl MRSA ein Problem für Kliniken darstellen, sind sie nur für bestimmte Risikogruppen wie immunsupprimierte Patienten, sehr alte Menschen wie Herrn Fritz oder Frühgeborene wirklich gefährlich.

14.3.5 Enterohämorrhagische *Escherichia coli* (EHEC)

EHEC sind bestimmte pathogene Stämme des Darmbakteriums *Escherichia coli,* die beim Menschen blutige Durchfallerkrankungen (enterohämorrhagische Kolitis) auslösen können. Anders als nicht-pathogene Stämme von *E. coli,* die zur normalen Darmflora des Menschen gehören, erlangen EHEC durch eine Kombination von **Virulenzfaktoren** ein erhöhtes pathogenes Potenzial und können Darmerkrankungen verursachen.

Virulenzfaktoren

Ein **Virulenzfaktor** ist eine Eigenschaft oder eine Komponente eines Mikroorganismus, die seine **krankheitsverursachende Wirkung** bestimmt. Über ein chromosomal codiertes Typ-III-Sekretionssystem sezernieren und injizieren EHEC einen Cocktail aus Virulenzfaktoren in die Wirtszellen. Dadurch wird u. a. eine Reorganisation des Aktinzytoskeletts ausgelöst. Darmepithelzellen **verlieren** ihre **Mikrovilli** und ihre **Barrierefunktion** durch Lockerung der Zell-Zell-Verbindungen (Tight Junctions) und bilden Zellausstülpungen (Pedestals), an die die Bakterien mit hoher Affinität anhaften. Diese Adhäsion wird u. a. durch eine Wechselwirkung zwischen dem Protein Intimin in der äußeren Membran der Bakterien und dem injizierten Virulenzfaktor Tir (Translocated Intimin Receptor) vermittelt, der nach bakteriell vermittelter Injektion in die Wirtszellmembran integriert.
Zudem sind die EHEC-Bakterien von Bakteriophagen infiziert und produzieren phagencodierte Shiga-Toxine (Shiga-Type Toxins 1 und 2; Vero-Toxin), die das Darmepithel überwinden und anschließend vermutlich systemisch über das Blut im Körper verteilt werden. Nach Endozytose insbesondere in Endothelzellen gelangen die Toxine zum ER, werden proteolytisch prozessiert, hemmen mittels chemischer Modifikation einer rRNA die zelluläre Proteinsynthese und führen somit letztendlich zum Zelltod. Die veränderte endotheliale Oberfläche stimuliert darüber hinaus die Blutgerinnung, bewirkt die Bildung von Mikrothromben und verursacht somit z. B. ischämische Nekrosen. EHEC besitzen häufig auch Plasmide, die weitere Virulenzfaktoren codieren. Letztere gelangen zum Teil ebenfalls in die Wirtszellen und von dort in die Blutbahn. So bewirkt das plasmidcodierte Enzym Hämolysin eine Lyse von Erythrozyten.

> **14.3.5 Enterohämorrhagische *Escherichia coli* (EHEC)**
>
> EHEC (enterohämorrhagische *Escherichia coli*) sind pathogene Stämme des Darmbakteriums *E. coli*, die durch eine Kombination von **Virulenzfaktoren** blutige Durchfallerkrankungen auslösen können.
>
> **Virulenzfaktoren**
>
> Eine Eigenschaft oder Komponente eines Mikroorganismus, die seine **krankheitsverursachende Wirkung** bestimmt, wird als **Virulenzfaktor** bezeichnet.
> EHEC können über ein Sekretionssystem Virulenzfaktoren in die Wirtszellen injizieren, die z. B. in Darmepithelzellen zum **Verlust** der **Mikrovilli** und der **Barrierefunktion** führen und das Anheften der Bakterien an die Zellen ermöglichen. Charakteristisch für EHEC ist die Produktion bakteriophagencodierter Shiga-Toxine, die systemisch wirken und über Endozytose v. a. in Endothelzellen aufgenommen werden. Über eine Veränderung der endothelialen Oberflächen können sie die Blutgerinnung aktivieren und die Bildung von Mikrothromben auslösen oder durch die Hemmung lebensnotwendiger Zellvorgänge den Zelltod herbeiführen.
> EHEC besitzen häufig zusätzlich plasmidcodierte Virulenzfaktoren wie das Enzym Hämolysin, das die Lyse von Erythrozyten bewirkt.

Aus Studentensicht

Krankheitsverlauf und Therapie

Das Hauptreservoir für EHEC sind Wiederkäuer, die jedoch symptomfrei bleiben.
Die Übertragung geschieht meist durch die orale Aufnahme von Fäkalspuren, z. B. durch kontaminiertes Trinkwasser oder Nahrungsmittel.
Eine gefürchtete Komplikation ist das **hämolytisch-urämische Syndrom (HUS)**, das zum Tod bzw. zu bleibenden Organschäden führen kann.
Der Nachweis erfolgt durch eine PCR-Amplifikation EHEC-spezifischer DNA-Abschnitte oder der Detektion charakteristischer Toxine mittels ELISA.
Die Behandlung ist meist symptomorientiert. Bei schweren Verläufen ist eine intensivmedizinische Überwachung und Therapie nötig.

PRÜFUNGSSCHWERPUNKTE
IMPP
!! Funktion der Reversen Transkriptase (z. B. Telomerase)
! Tenofovir, RNA-Polymerase

Kompetenzorientierte Lernziele (NKLM)
Die Studierenden können
- Grundformen, Aufbau, Wachstum, Vermehrung von Viren sowie Infektionswege erläutern.
- auf Grundlage des Aufbaus und der Pathogenitätsmechanismen von Bakterien und Viren die Prinzipien antibakterieller und antiviraler Therapien verstehen.
- Grundformen, Aufbau, Wachstum, Vermehrung von Bakterien sowie Infektionswege und Entzündungsformen erläutern.

14 VIREN UND BAKTERIEN: WIE FUNKTIONIEREN KRANKHEITSERREGER?

Krankheitsverlauf und Therapie

Das Hauptreservoir für EHEC sind Wiederkäuer wie Rinder, Schafe und Ziegen, bei denen die Bakterien keine Erkrankung verursachen. Für Menschen gibt es zahlreiche Infektionsmöglichkeiten. Meist kommt es zu einer oralen Aufnahme von Fäkalspuren z. B. durch kontaminiertes Trinkwasser, Milch oder andere Nahrungsmittel.

Häufig führt eine Infektion nach wenigen Tagen zu einer fieberfreien Gastroenteritis mit wässrigen oder blutig-wässrigen Durchfällen, Krämpfen und z. T. Erbrechen, die sich zum **hämolytisch-urämischen Syndrom (HUS)** mit hämolytischer Anämie, Thrombozytopenie und akutem Nierenversagen weiterentwickeln kann. Letzteres kann in wenigen Fällen zum Tod führen, häufiger jedoch zu chronischen Nierenerkrankungen und Hypertonie. Dabei zerstören die bakteriellen Toxine Darmwandzellen und Blutgefäßwände, insbesondere im Gehirn und in den Nieren. Der diagnostische Nachweis erfolgt durch eine PCR-Amplifikation EHEC-spezifischer DNA-Abschnitte oder die Detektion charakteristischer Toxine per ELISA.

Da eine Antibiotikabehandlung aufgrund von Resistenzen und erhöhter Exotoxinfreisetzung meist nicht erfolgversprechend ist, erfolgt eine symptomorientierte Behandlung zur Kompensation des Wasser- und Elektrolytverlusts. Patienten mit schweren Verläufen, wie sie z. B. 2011 bei einer durch kontaminierte Sprossen ausgelösten Epidemie mit mehreren Tausend Erkrankten in Norddeutschland vielfach auftraten, werden intensivmedizinisch z. B. durch Bluttransfusion, Diuretikagabe oder Dialyse behandelt. Trotz dieser Behandlungen starben 2011 mehr als 50 EHEC-infizierte Patienten.

ÜBUNGSFRAGEN FÜRS MÜNDLICHE MIT LÖSUNGSHILFEN

1. Wie sind Viren aufgebaut?

Das relativ kleine virale Genom besteht aus DNA oder RNA. Es ist meist mit viralen und/oder zellulären Proteinen komplexiert, sog. Nukleoproteinen. Der dadurch gebildete Nukleokapsid-Komplex ist häufig von einer Proteinstruktur, dem aus Kapsomeren zusammengesetzten Kapsid, umgeben. Bei umhüllten Viren ist das Kapsid von einer Lipidhülle umgeben, die durch Knospung aus einer Wirtszellmembran hervorgeht. In der Virushülle sind virale und zelluläre Membranproteine, meist Glykoproteine, verankert. Diese können u. a. an Rezeptoren der Wirtszellen binden und die Aufnahme der Viruspartikel initiieren. Bei einigen umhüllten Viren wird die Innenseite der Virushülle von Matrixproteinen ausgekleidet.

2. Was versteht man unter dem Terminus Antigendrift?

Dieser Begriff kennzeichnet durch Mutationen im Virusgenom verursachte Strukturveränderungen viraler Oberflächenproteine.

3. Wie wirken Medikamente, die zur Influenzatherapie eingesetzt werden?

Medikamente zur Therapie einer Influenza beeinflussen die Funktion virusspezifischer Moleküle. M2-Protonenkanal-Blocker verhindern die Ansäuerung der endozytierten Viren und damit die Freisetzung der Nukleokapside. RNA-Polymerase-Inhibitoren unterbinden Transkription und Replikation des Virusgenoms. Kompetitive Neuraminidase-Inhibitoren bewirken eine Aggregation neu gebildeter Viruspartikel untereinander bzw. mit der Wirtszellmembran und verhindern somit die Freisetzung der Viren.

4. Wie nennt man die bei einer HIV-Infektion angewandte Therapie und welche Medikamente kommen dabei zum Einsatz?

Bei HIV-positiven Patienten setzt man eine antiretrovirale Therapie (ART) ein. Dabei kommen i. d. R. drei unterschiedliche Medikamente aus zwei verschiedenen Wirkstoffklassen in Kombination zum Einsatz. Üblicherweise werden zwei nukleosidische/nukleotidanaloge Reverse-Transkriptase-Inhibitoren (NRTI/NtRTI) mit einem nicht-nukleosidischen Reverse-Transkriptase-Inhibitor (NNRTI), einem Integrase-Inhibitor (INI) oder einem Protease-Inhibitor (PI) kombiniert.

5. Über welche Mechanismen können Bakterien DNA in ihr Zytoplasma aufnehmen oder an andere Bakterienzellen weitergeben?

DNA kann über drei unterschiedliche Wege in das bakterielle Zytoplasma gelangen bzw. an andere Bakterienzellen weitergegeben werden: Konjugation, Transduktion und Transformation. Bei der Konjugation wird eine Zytoplasmabrücke zwischen zwei Bakterienzellen ausgebildet, über die Plasmid-DNA ausgetauscht werden kann. Bei der Transduktion wird während der Assemblierung eines Bakteriophagen fälschlicherweise auch bakterielle DNA in das Kapsid verpackt und anschließend durch die Infektion eines anderen Bakteriums auf dieses übertragen. Unter einer Transformation versteht man die Aufnahme frei vorliegender DNA in das Zytoplasma eines Bakteriums.

KAPITEL 15
Gentechnologie: individualisierte Therapie

Hans-Jürgen Kreienkamp, Stefan Kindler

15.1	Gentechnologie in Diagnostik und Therapie	343
15.2	Polymerase-Kettenreaktion (PCR)	344
15.2.1	Ablauf der PCR	344
15.2.2	Amplifikation	344
15.3	Gelelektrophorese von Nukleinsäuren	346
15.4	Sequenzierung von DNA	347
15.5	Next Generation Sequencing	348
15.6	DNA-Chip-Technologien	350
15.7	Der genetische Fingerabdruck	351
15.8	Die Ursprünge der Gentechnik	352
15.8.1	Plasmide	352
15.8.2	Klonierung mit Restriktionsendonukleasen	353
15.8.3	Produktion von Proteinen	355
15.9	Virale Vektoren	356
15.10	Transgene und Knock-out-Mäuse	358
15.11	RNA-Interferenz	359
15.12	Genome Editing	360

Aus Studentensicht

Die Gentechnologie ist aus unserem Leben nicht mehr wegzudenken und doch gibt es eine Vielzahl von Menschen, die sich absolut gegen sie aussprechen. Doch was ist Gentechnologie überhaupt? Angefangen bei der DNA-Sequenzierung, die ein Meilenstein der Forschung war, wirst du u. a. lernen, wie mithilfe der Gentechnik das Überleben von Tumorpatienten verlängert werden kann, Familienverhältnisse aufgeklärt, Verbrecher entlarvt und lebenswichtige Medikamente durch Klonierung hergestellt werden können. Schnell wird dir beim Lesen des Kapitels klar werden, dass der Einsatz von Gentechnologien in der modernen Medizin nicht mehr wegzudenken ist. Oder willst du einem Diabetespatienten erklären, dass er ohne gentechnisch hergestelltes Insulin nicht gut therapiert werden kann?
Karim Kouz

15.1 Gentechnologie in Diagnostik und Therapie

> **FALL**
>
> **Herr Meier und das Kolonkarzinom**
>
> Der 58-jährige Herr Meier kommt zur Koloskopie in die Klinik für Gastroenterologie, in der Sie als Assistenzarzt arbeiten. „Ich hatte nie Probleme mit der Verdauung, aber seit ein paar Monaten merke ich, dass da was nicht stimmt. Mal Verstopfung, dann wieder Durchfall, jetzt kommt auch manchmal Blut mit. Das macht mich fertig, wahrscheinlich nehme ich auch die Nährstoffe nicht mehr richtig auf, denn ich bin nicht mehr so leistungsfähig wie früher und habe ziemlich abgenommen." Eine Koloskopie zur Vorsorge habe er noch nie machen lassen, dies sei ihm zwar vom Hausarzt empfohlen worden, die Vorstellung sei ihm aber unangenehm gewesen.
> Die Koloskopie zeigt eine Wucherung am Übergang vom Sigma zum Rektum und die histologische Untersuchung der Biopsie ergibt die Diagnose Adenokarzinom. In der Ultraschalluntersuchung und dem nachfolgendem MRT wird deutlich, dass das Karzinom schon in die Leber metastasiert hat. Es folgt eine Hemikolektomie (operative Entfernung eines Dickdarmteils) links, die erfolgreich den Primärherd beseitigt. Die Lebermetastasen sind primär nicht operabel. Sie besprechen nun mit Herrn Meier die weitere Vorgehensweise. „Mit einer Chemotherapie können wir versuchen, die Größe der Metastasen zu reduzieren, sodass dann möglicherweise eine Operation erfolgen kann. Die Behandlung ist eine Doublet- oder Triplet-Therapie mit Fluoropyrimidin, Oxaliplatin und/oder Irinotecan. Dann gibt es noch die Möglichkeit, den Tumor zusätzlich mit Cetuximab (z. B. Erbitux®) zu behandeln. Dabei handelt es sich um einen gentechnisch hergestellten Antikörper. Dazu müssen aber die Tumorzellen vorher analysiert werden, ob die Antikörper überhaupt das Wachstum hemmen können. Liegt nämlich eine Mutation des KRAS-Gens vor (12.3.2), ist der Einsatz der Antikörper wenig erfolgversprechend."
> Gegen welche Struktur in den Tumorzellen richtet sich der Antikörper Cetuximab? Wie wird dadurch das Wachstum von Tumorzellen gehemmt? Wieso sprechen Tumorzellen mit einer Mutation im KRAS-Gen nicht auf Cetuximab an. Wie kann aus dem Tumorgewebe in ausreichender Menge DNA für die Analyse gewonnen werden?

15.1 Gentechnologie in Diagnostik und Therapie

Aus Studentensicht

Molekulargenetische Analysemethoden wie die **Polymerase-Kettenreaktion (PCR)** mit anschließender **Gelelektrophorese** und **DNA-Sequenzierung** stellen ein wichtiges Werkzeug für Diagnostik und Therapie von Erkrankungen dar.

15.2 Polymerase-Kettenreaktion (PCR)

15.2.1 Ablauf der PCR

Die PCR dient der gezielten Vervielfältigung **(Amplifikation)** von DNA-Fragmenten. Dafür sind u. a. zwei einzelsträngige, gegenläufig orientierte DNA-Oligonukleotide **(DNA-Primer)** nötig, die spezifisch an den Grenzbereichen des zu analysierenden Sequenzabschnitts binden.

In einer PCR-Reaktion werden die beiden genomischen DNA-Stränge der Probe durch Erhitzen auf 95 °C voneinander getrennt **(Denaturierung)**. Beim darauf folgenden Abkühlen auf 50–65 °C binden die beiden in hoher Konzentration zugegebenen DNA-Primer an die komplementären Zielsequenzen der DNA-Probe **(Annealing)**. Eine hitzestabile, z. B. aus dem thermophilen Bakterium *Thermophilus aquaticus* gewonnene, DNA-Polymerase (Taq-Polymerase) kann nun bei einer Temperatur von 72 °C an die 3'-Enden der gebundenen Primer Desoxynukleotide (unter Verwendung der dNTPs als Substrat) anfügen, die komplementär zu den Matrizensträngen sind **(DNA-Synthese)**.

Ein erneutes Erhitzen auf 95 °C führt zum Abbruch der Polymerase-Reaktion und zur Denaturierung der neu gebildeten DNA-Doppelstränge. Ein Abkühlen auf die Annealing-Temperatur (50–65 °C) ermöglicht den Primern, sich nun an die ursprünglich vorhandene und an die neu synthetisierte DNA anzulagern. Ein anschließendes Erhitzen auf 72 °C startet die DNA-Synthese erneut. Dieser **Basiszyklus** wird **etwa 30-mal wiederholt**, ohne dass die Polymerase dabei inaktiviert wird.

15.2.2 Amplifikation

Bei der PCR entstehen sowohl DNA-Moleküle, die lediglich den Sequenzbereich zwischen den beiden Primern sowie die Primer selbst enthalten, als auch längere Fragmente. Erstere werden **exponentiell vermehrt,** die Anzahl letzterer steigt nur linear an und ist am Ende der PCR vernachlässigbar.
Um RNA als Matrize in einer PCR verwenden zu können, muss diese zunächst mit einer reversen Transkriptase in **cDNA** umgeschrieben werden, die anschließend weiter vervielfältigt werden kann **(RT-PCR)**.

---

15 GENTECHNOLOGIE: INDIVIDUALISIERTE THERAPIE

In vielen Bereichen der modernen Medizin wie der Tumorbehandlung werden molekulargenetische Analysemethoden eingesetzt. Dazu gehören die Amplifikation von Fragmenten der Patienten-DNA durch die **Polymerase-Kettenreaktion (PCR)** sowie die Analyse der amplifizierten Fragmente durch **Gelelektrophorese** und **DNA-Sequenzierung**. Wie in der biomedizinischen Forschung werden außerdem zunehmend auch bei therapeutischen Anwendungen Gene manipuliert, um Krankheiten zu therapieren und ggf. zu heilen.

15.2 Polymerase-Kettenreaktion (PCR)

15.2.1 Ablauf der PCR

Die Polymerase-Kettenreaktion (Polymerase Chain Reaction, PCR) ist eine Methode zur schnellen und gezielten Vervielfältigung **(Amplifikation)** von einzelnen DNA-Abschnitten beispielsweise aus einer Patienten-DNA-Probe (Matrize), um diese Sequenzabschnitte einer weiteren Analyse zugänglich zu machen. Die Grenzbereiche der Zielsequenz müssen bekannt sein, um zwei einzelsträngige, etwa 20 Nukleotide lange **DNA-Primer** mit komplementärer Nukleotidsequenz zu jeweils einem der beiden Matrizensträngen synthetisieren zu können. Die Primer sind gegenläufig orientiert, sodass die 3'-Enden der Primer zum jeweils anderen Primer zeigen, und binden jeweils nur an einen der beiden Stränge (➤ Abb. 15.1).

Bei einer typischen PCR-Reaktion ist die Konzentration der beiden Primer relativ zur Konzentration der Matrizen-DNA hoch. Durch Erhitzen auf 95 °C wird die doppelsträngige Matrizen-DNA in die beiden Einzelstränge getrennt (= **Denaturierung**). Beim darauf folgenden Abkühlen könnten sich die beiden Stränge wieder zusammenlagern. Mit höherer Wahrscheinlichkeit binden jedoch die beiden Primer an ihre komplementären Zielsequenzen (= **Annealing**). Dafür werden je nach Länge und Sequenz der Primer meist Temperaturen zwischen 50 und 65 °C gewählt, bei denen sich die Primer spezifisch an die komplementäre Zielsequenz, aber nicht an ähnliche DNA-Abschnitte anlagern. Nun kann eine DNA-Polymerase Desoxyribonukleotide an die 3'-Enden der beiden Primer anfügen und DNA-Stränge synthetisieren, die komplementär zum entsprechenden Matrizenstrang sind (= **DNA-Synthese**). Substrate für die Polymerase sind dNTPs.

Diese Reaktion ist fast identisch mit der Verlängerung eines Primers bei der Replikation der DNA. Ein wichtiger Unterschied ist jedoch, dass als Primer bei der PCR nicht RNA-, sondern stabilere und daher einfacher im Labor handhabbare DNA-Oligonukleotide verwendet werden. Zudem wird die Polymerase-Reaktion nicht wie in humanen Zellen bei 37 °C, sondern bei 72 °C durchgeführt. Dazu werden DNA-Polymerasen wie die Taq-Polymerase aus dem thermophilen Bakterium *Thermophilus aquaticus* genutzt. Diese Archaeen leben in der Nähe vulkanischer Quellen, weshalb ihre Enzyme auch bei sehr hohen Temperaturen noch aktiv sind. Da die Taq-Polymerase nicht über eine Proofreading-Funktion verfügt, baut sie etwa alle 100 000 Nukleotide ein falsches Nukleotid ein. Wenn eine höhere Genauigkeit erforderlich ist, werden daher thermostabile Enzyme mit Proofreading-Funktion wie die Pfu- oder die Pwo-Polymerase eingesetzt.

Die Taq-Polymerase könnte DNA-Stränge mit einer Länge von mehreren Tausend Nukleotiden erzeugen. Bei der PCR-Reaktion wird die DNA-Synthese aber nach einer gewissen Zeit durch erneutes Erhitzen auf 95 °C abgebrochen. Die neu gebildeten DNA-Doppelstränge werden dadurch wieder in ihre Einzelstränge aufgespalten. Durch Abkühlen auf die Annealing-Temperatur lagern sich die Primer nun sowohl an die ursprünglich vorhandenen als auch an die im 1. Zyklus synthetisierten DNA-Stränge an. Die Zahl der Matrizenstränge hat sich also für jeden der beiden komplementären DNA-Stränge verdoppelt. Aufgrund der extremen Thermostabilität der Taq-Polymerase kann der **Basiszyklus** einer typischen PCR-Reaktion (Denaturieren bei 95 °C – Annealing bei 50–65 °C – Synthese bei 72 °C) etwa **30-mal wiederholt** werden, ohne dass die Polymerase selbst inaktiviert wird. Innerhalb weniger Stunden können so DNA-Fragmente von mehreren Hundert Nukleotiden Länge amplifiziert werden.

15.2.2 Amplifikation

Nach einigen Zyklen entstehen fast nur noch DNA-Moleküle, die lediglich die beiden Primer und den Sequenzbereich zwischen den beiden Primer-Enden enthalten. Diese DNA-Fragmente werden **exponentiell vermehrt**. Längere Fragmente können nur von den ursprünglich vorhandenen DNA-Molekülen abgeschrieben werden, nicht aber von den neu synthetisierten Fragmenten. Ihre Zahl steigt daher nur linear an und ist am Ende der PCR vernachlässigbar klein. Theoretisch können so aus einem einzigen DNA-Molekül in der Probe nach 30 Zyklen 2^{30}, also etwa 1 000 000 000 DNA-Fragmente hergestellt werden. Fast alle Fragmente werden von den Primern flankiert, enthalten also die Sequenz zwischen den beiden Primern und die beiden Primer selbst.

RNA kann nicht direkt als Matrize in einer Standard-PCR-Reaktion eingesetzt werden. Sie kann jedoch durch Zugabe von reverser Transkriptase zunächst in doppelsträngige DNA umgeschrieben werden. Durch die Kombination der beiden Methoden kann durch die **RT-PCR** (Reverse-Transkriptase-PCR) beispielsweise die mRNA eines intronhaltigen Gens in eine **cDNA** (copyDNA, complementary DNA) mit der codierenden Sequenz ohne Introns umgeschrieben und für die Expression in Bakterien verwendet werden.

15.2 POLYMERASE-KETTENREAKTION (PCR)

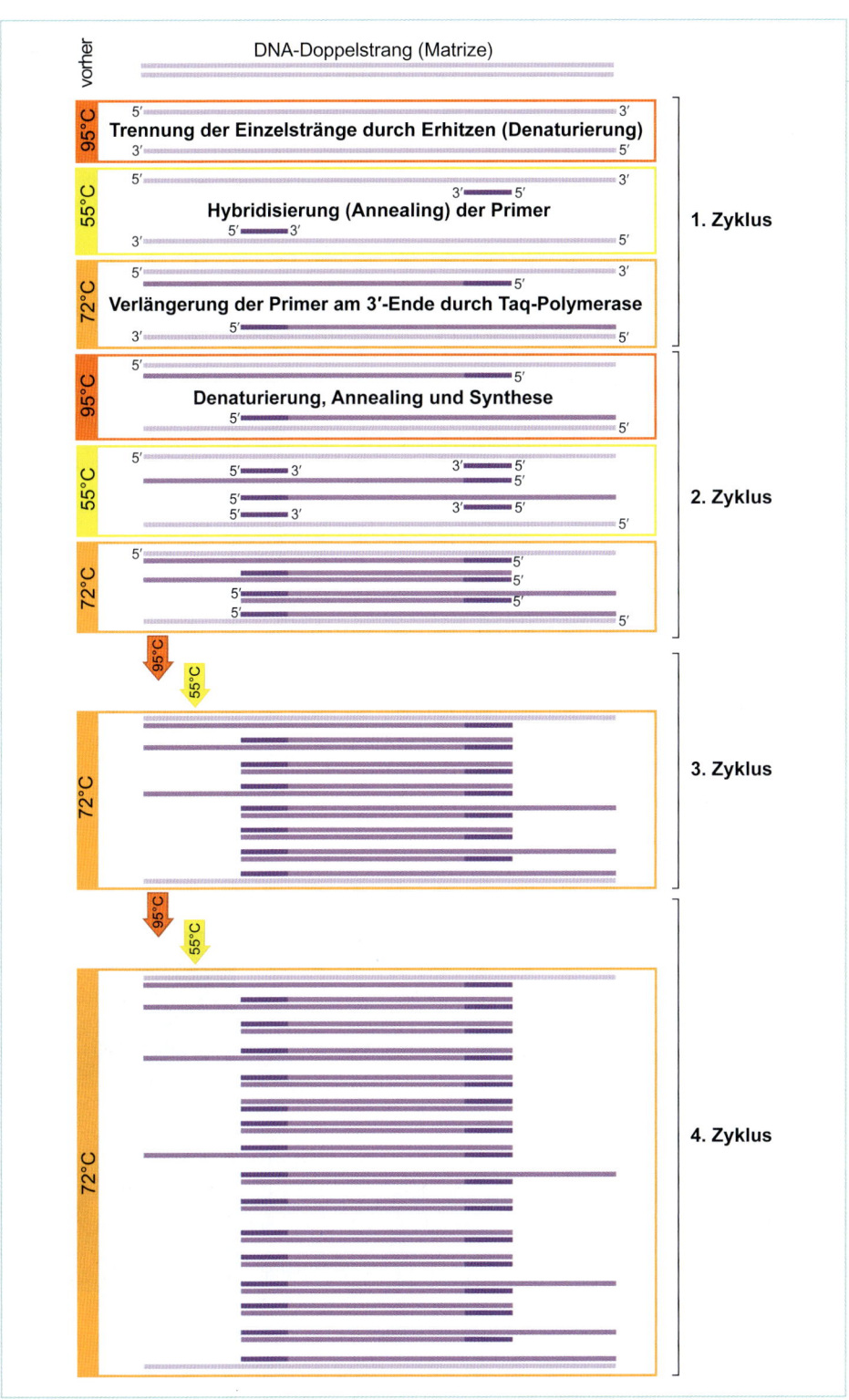

Abb. 15.1 Polymerase-Kettenreaktion [L138]

Aus Studentensicht

15 GENTECHNOLOGIE: INDIVIDUALISIERTE THERAPIE

> **FALL**
>
> **Herr Meier und das Kolonkarzinom: PCR-Amplifikation von *RAS***
>
> Der Antikörper Cetuximab richtet sich gegen den Rezeptor des Wachstumsfaktors EGF (EGFR) und bindet anstelle des Wachstumsfaktors EGF an den Rezeptor. Auf diese Weise wird verhindert, dass der Rezeptor durch EGF aktiviert wird und über seine Tyrosin-Kinase-Aktivität eine Signalkaskade initiiert, die das Wachstum der Tumorzellen weiter stimuliert. Allerdings profitieren davon nur Patienten, deren Tumorzellen ein intaktes KRAS-Gen enthalten. Zum Onkogen mutiertes KRAS führt zur rezeptorunabhängigen Aktivierung der Signalkaskade, da das KRAS-Protein in der Kaskade hinter dem EGF-Rezeptor liegt (> 9.6.3). Die Behandlung mit Cetuximab wäre daher wirkungslos.
>
> Sie schicken Herrn Meiers Tumorgewebe nach der Operation in die Molekularpathologie. Aus der Tumorprobe wird dort zunächst eine kleine Menge genomischer DNA aufgereinigt. Um die DNA des KRAS-Gens in großer Menge für eine Analyse bereitzustellen, wird es aus der gereinigten DNA-Probe durch eine PCR amplifiziert. Da das KRAS-Gen durch mehrere Introns zu groß für eine vollständige Amplifikation in der PCR ist, werden nur die Exons analysiert. Für jedes Exon des Gens werden zwei Primer verwendet, die jeweils komplementär zu einer flankierenden Intronsequenz sind. Jedes Exon wird so mithilfe der passenden Primer durch eine PCR amplifiziert. Da die PCR extrem sensitiv ist, besteht die Gefahr, dass das KRAS-Gen nicht nur aus der Patientenprobe, sondern auch aus Spuren von genomischer DNA z. B. von Labormitarbeitern amplifiziert wird. Um dies auszuschließen, wird parallel eine Reaktion mit Wasser anstelle der Patienten-DNA durchgeführt, die ansonsten genauso behandelt wird wie die anderen Proben und bei der kein Produkt entstehen darf (= Negativkontrolle).
>
> Im nächsten Schritt muss zunächst überprüft werden, ob in der PCR ein Produkt entstanden ist und ob es die durch die Lage der Primer vorhergesagte Größe hat. Wie kann das gemacht werden?

15.3 Gelelektrophorese von Nukleinsäuren

15.3 Gelelektrophorese von Nukleinsäuren

Die Gelelektrophorese dient u. a. der **Auftrennung** von DNA-Fragmenten **nach ihrer Größe.** Durch ihre negative Ladung wandern die Nukleinsäuren im Gel in Richtung Pluspol, abhängig von ihrer Größe jedoch unterschiedlich schnell. Kleine Moleküle können schneller durch die **Netzstruktur des Gel-Polymers** wandern als große.

Durch die Gelelektrophorese können Nukleinsäuren **ihrer Größe nach aufgetrennt** werden. Die Zahl der negativ geladenen Phosphatgruppen steigt mit zunehmender Länge des Nukleinsäurestrangs, das Verhältnis von Ladung zu Masse bleibt jedoch gleich. In einem elektrischen Feld werden alle Nukleinsäuren daher gleich stark zum positiven Pol hin beschleunigt. Wenn sich die Nukleinsäuren aber in einem Gel aus Agarose oder Polyacrylamid bewegen, wird die Bewegung großer DNA-Moleküle durch die **Netzstruktur des Gel-Polymers** stark verlangsamt, während kleine DNA-Fragmente relativ ungehindert durch das Gel wandern können (> Abb. 15.2).

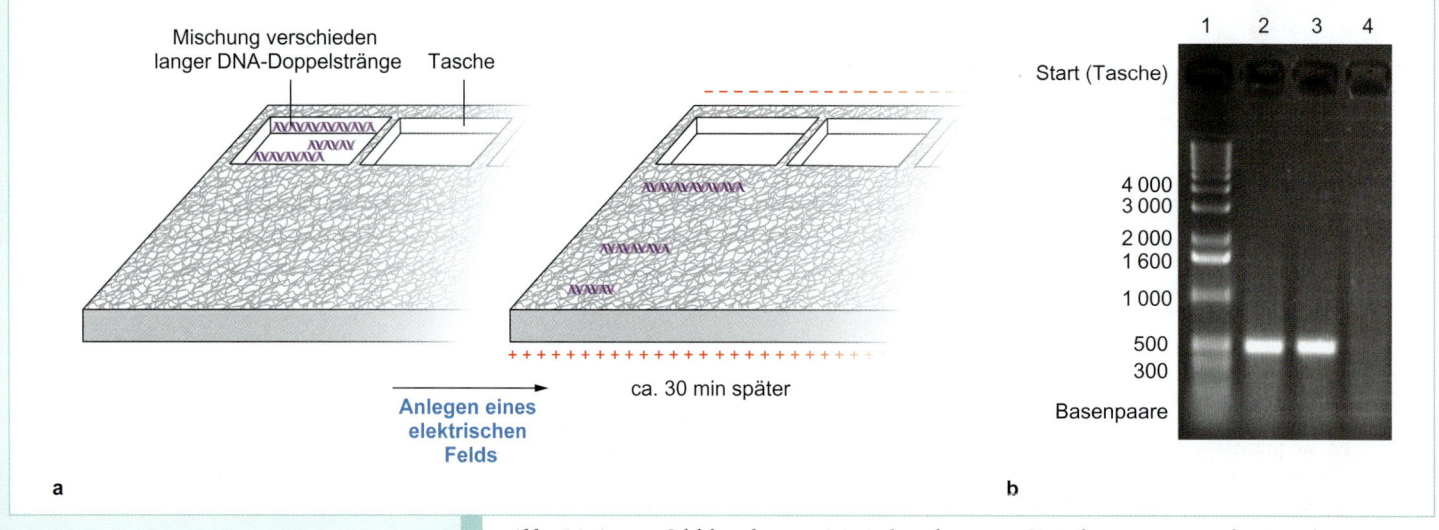

Abb. 15.2 Agarose-Gelelektrophorese. **a** Prinzip. **b** Analyse einer PCR-Reaktion mit genomischer DNA als Matrize. Spur 1: DNA-Größenstandard, die bekannte Länge der DNA-Fragmente ist angegeben; Spur 2 und 3: PCR-Reaktionen mit DNA-Proben von zwei unterschiedlichen Patienten; Spur 4: PCR-Reaktion mit Wasser (Negativkontrolle). [L307, L253]

Die in dem Agarose-Gel aufgetrennten DNA-Fragmente können mithilfe von **Fluoreszenzfarbstoffen** wie **Ethidiumbromid,** das sich zwischen die Basen der DNA-Doppelhelix einlagert (interkaliert), unter UV-Licht sichtbar gemacht und mit einer Kamera dokumentiert werden.

Die in dem Agarose-Gel ihrer Größe nach aufgetrennten DNA-Fragmente werden nach der Gelelektrophorese durch **Fluoreszenzfarbstoffe** wie **Ethidiumbromid** sichtbar gemacht. Das aromatische Ethidiumbromid bindet an doppelsträngige DNA, indem es sich zwischen die gestapelten aromatischen Basen einlagert (interkaliert). Wird das Agarose-Gel mit einer UV-Lampe angestrahlt, leuchten die doppelsträngigen DNA-Fragmente und das Ergebnis der Gelelektrophorese kann mit einer Kamera dokumentiert werden (> Abb. 15.2b).

15.4 SEQUENZIERUNG VON DNA

Bei vielen analytischen Techniken wird die Fluoreszenz als ein sensitiver und selektiver Nachweis von Biomolekülen eingesetzt. Fluoreszenzfarbstoffe werden zur Lokalisierung und Quantifizierung von Nukleinsäuren, Proteinen oder auch Membranlipiden genutzt. Eine Substanz (Fluorophor) fluoresziert, wenn sie Licht einer bestimmten Wellenlänge (λ_1) und damit einer bestimmten Energie absorbieren kann und daraufhin Licht mit einer größeren Wellenlänge λ_2, also niedrigerer Energie, aussendet (emittiert).

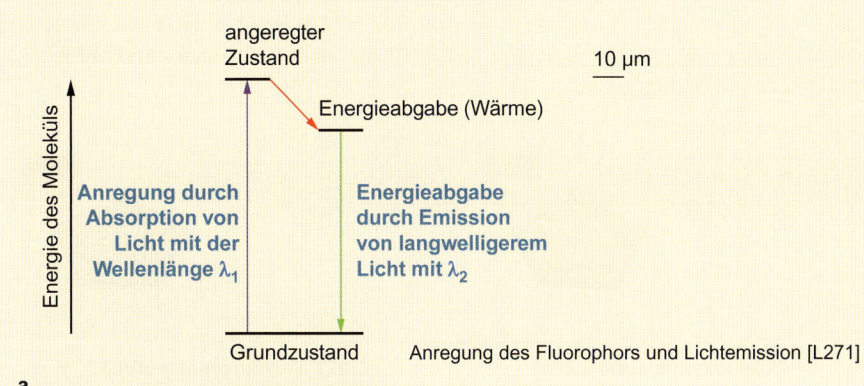

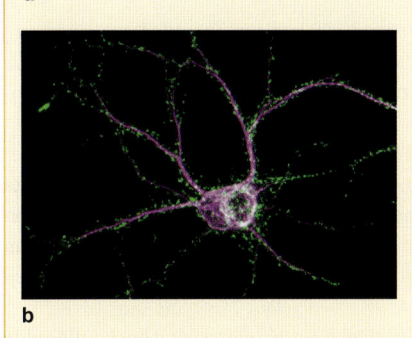

a Anregung des Fluorophors und Lichtemission [L271]

b Fluoreszenzmikroskopische Aufnahme eines Neurons, das GFP (grün) in Fusion mit einem postsynaptischen Protein (Shank3) exprimiert. Der Zellkörper und die Dendriten wurden mit fluoreszenzmarkierten Antikörpern gegen ein mikrotubuliassoziiertes Protein angefärbt (MAP2; magenta). Man erkennt die Lokalisation des GFP-Shank3 in deutlich vom Dendriten abgesetzten Strukturen (sog. dendritische Dornen). [P602]

Durch das eingestrahlte, anregende Licht werden die Elektronen des Fluorophors zunächst auf ein höheres Energieniveau angehoben. Ein Teil der Energie dieses angeregten Zustands wird durch Schwingungsprozesse in Form von Wärme abgegeben. Bei der Rückkehr der Elektronen in den Grundzustand wird daher weniger Energie in Form von Licht und damit Licht größerer Wellenlänge abgegeben. Im Falle des Ethidiumbromids erfolgen die Anregung mit Licht im UV-Bereich (Wellenlänge < 340 nm) und die Emission im sichtbaren Bereich bei 605 nm (rötlich). Doppelsträngige DNA-Fragmente können auf diese Weise im Gel sichtbar gemacht und lokalisiert werden. Bei der Fluoreszenzmikroskopie können beispielsweise Antikörper mit verschiedenen Fluoreszenzfarbstoffen markiert werden, um so zwei oder mehrere verschiedene Proteine in einer Zelle zu lokalisieren. Fluoreszierende Proteine wie das grün fluoreszierende Protein GFP aus der Qualle *Aequorea victoria* können über gentechnische Methoden mit zellulären Proteinen fusioniert werden und erlauben die mikroskopische Beobachtung von Proteinen in lebenden Zellen.

Um eine konkrete Aussage über die Größe der aufgetrennten Nukleinsäuren zu erhalten, werden **Längenstandards**, die mehrere DNA-Moleküle mit bekannter Basenpaarzahl enthalten, genutzt. So kann in jedem Experiment die Methode „geeicht" und die Größe der analysierten DNA-Moleküle mit einer Genauigkeit von etwa ± 10 % bestimmt werden. Mit der Agarose-Gelelektrophorese kann so einfach und schnell überprüft werden, ob in einer PCR-Reaktion DNA-Abschnitte passender Länge amplifiziert wurden. Weiterhin kann sie präparativ eingesetzt werden, indem Gelbereiche mit einzelnen PCR-Produkten mit einem Skalpell ausgeschnitten werden. Die daraus isolierte DNA kann beispielsweise sequenziert werden, mit anderen Nukleinsäuren verknüpft werden oder neuerlich als Matrize für weitere PCR-Reaktionen dienen, bei denen gezielt Mutationen in den DNA-Abschnitt eingefügt werden.

Aufwendigere Elektrophoresetechniken werden eingesetzt, um DNA-Moleküle mit sehr hoher Auflösung zu trennen. Dazu werden sehr dünne Polyacrylamidgele oder **Kapillarelektrophoresegeräte** verwendet. Das Trennprinzip entspricht dem der Agarose-Gelelektrophorese. Es können aber auch DNA-Moleküle getrennt werden, die sich in ihrer Länge nur um ein Nukleotid unterscheiden.

15.4 Sequenzierung von DNA

> **FALL**
>
> **Herr Meier und das Kolonkarzinom: Ergebnis der PCR**
>
> Nach PCR und Agarose-Gelelektrophorese aus der Tumorprobe von Herrn Meier ergibt sich ein Bild wie in ➤ Abb. 15.2: Die PCR hat das erwartete Ergebnis geliefert, das entsprechende Exon des KRAS-Gens wurde amplifiziert.
> Wie kann jetzt festgestellt werden, ob eine onkogene Mutation vorliegt?

Aus Studentensicht

Mithilfe von **Längenstandards** kann in etwa die Größe der in der Gelelektrophorese aufgetrennten DNA-Moleküle bestimmt und die Methode des Experiments „geeicht" werden.
Die Agarose-Gelelektrophorese dient der Kontrolle, ob DNA-Abschnitte amplifiziert wurden. Zudem können Gelbereiche ausgeschnitten und die darin enthaltenden DNA-Moleküle isoliert und weiterverwendet werden.

Aufwendigere Techniken wie die Polyacrylamidgel- oder **Kapillarelektrophorese** ermöglichen eine Auftrennung von DNA-Molekülen mit hoher Auflösung (Längenunterscheidung von bis zu einem Nukleotid möglich).

15.4 Sequenzierung von DNA

15 GENTECHNOLOGIE: INDIVIDUALISIERTE THERAPIE

Aus Studentensicht

Die **Kettenabbruch-Methode** nach **Sanger** dient der Bestimmung von DNA-Sequenzen. Die Methode basiert auf einer **Polymerase-Reaktion** mit einem Primer. Zusätzlich zu den vier dNTPs wird in geringerer Menge ein **2',3'-Didesoxynukleotid** (z. B. ddGTP) zugegeben. In vier parallelen Ansätzen, die je eines der vier ddNTPs enthalten, werden nach dem Zufallsprinzip ddNTPs in den komplementären DNA-Strang eingebaut. Bei Einbau eines ddNTP in die Kette kann diese nicht weiter verlängert werden, da die 3'-OH-Gruppe für die Bildung der Phosphodiesterbindung zur 5'-Phosphatgruppe des nächsten Nukleotids fehlt. Auf diese Weise entstehen unterschiedlich lange DNA-Fragmente, die jedoch innerhalb eines Ansatzes alle als letztes Nukleotid immer das gleiche ddNTP tragen.

Von Frederick **Sanger** und Mitarbeitern wurde 1977 die **Kettenabbruch-Methode** beschrieben, die danach über mehrere Jahrzehnte die Standardmethode zur Bestimmung von DNA-Sequenzen war. Ähnlich wie die PCR basiert die Methode auf einer **DNA-Polymerase-Reaktion,** bei der allerdings nur ein Primer verwendet wird. Auch für die DNA-Sequenzierung muss daher der Beginn der zu bestimmenden DNA-Sequenz bekannt sein. Nach Denaturierung des DNA-Moleküls durch Erhitzen und Zugabe von Primer und Nukleotiden (dNTPs) wird der Primer von der DNA-Polymerase verlängert. Neben den 2'-Desoxynukleotiden (dNTPs) wird auch eine geringe Menge eines **2',3'-Didesoxynukleotids** (z. B. ddGTP) zum Reaktionsansatz gegeben:

2'-Desoxynukleotid [L271]   **2',3'-Didesoxynukleotid** [L271]

Dieses wird mit einer gewissen Wahrscheinlichkeit anstelle des dGTP in die wachsende Kette eingebaut. Nach dem Einbau eines ddNTP kann die Kette jedoch nicht weiter verlängert werden, weil die 3'-OH-Gruppe für die Bildung der Phosphodiesterbindung zur 5'-Phosphat-Gruppe des nächsten Nukleotids fehlt.
In einer Reaktion mit dATP, dGTP, dCTP, dTTP und ddGTP wird also die Kettenverlängerung mit einer gewissen Wahrscheinlichkeit an Stellen blockiert, an denen ein G in das neu synthetisierte DNA-Molekül eingebaut wird (> Abb. 15.3a). So entstehen beim vielfachen Ablesen der Matrize DNA-Fragmente mit unterschiedlichen Längen, die aber alle als letztes Nukleotid der neu synthetisierten Stränge ein G tragen. Insgesamt werden vier parallele Reaktionsansätze angesetzt, die jeweils eines der vier ddNTPs enthalten (> Abb. 15.3b).

Eine anschließende **hochauflösende Polyacrylamid-Gelelektrophorese** trennt die Produkte der Größe nach auf, die durch den Einsatz von **radioaktiv oder fluoreszenzmarkierten Nukleotiden** sichtbar gemacht werden. Aus dem vierspurigen Bandenmuster im Gel ergibt sich die DNA-Sequenz.
Durch die Verwendung von vier mit unterschiedlichen Fluoreszenzfarbstoffen markierten ddNTPs ist heute nur noch ein Reaktionsansatz nötig. Die Farbe des Fluoreszenzfarbstoffs gibt Auskunft über das Nukleotid, das zum Kettenabbruch geführt hat. Kapillarelektrophoresegeräte ermöglichen Lesestrecken von bis zu 1000 Nukleotiden.

Anschließend werden die Produkte der vier Polymerase-Reaktionen einzeln durch eine **hochauflösende Polyacrylamid-Gelelektrophorese** nach ihrer Größe aufgetrennt. Die DNA wird durch den Einsatz von **radioaktiv oder fluoreszenzmarkierten Nukleotiden** sichtbar gemacht. Die vier Spuren des Gels zeigen ein Bandenmuster, das anzeigt, an welchen Positionen die Polymerase-Reaktion durch den Einbau des jeweiligen Didesoxynukleotids unterbrochen wurde (> Abb. 15.3b). Daraus kann nun die DNA-Sequenz abgelesen werden.
Ausgehend von der initialen Methode, die das Sequenzieren von etwa 100 Nukleotiden erlaubte, wurde die Technologie immer weiter verfeinert. Die Verwendung von vier mit unterschiedlichen Fluoreszenzfarbstoffen markierten Didesoxynukleotiden ermöglicht es, die vier ddNTPs simultan in einer Reaktion einzusetzen. Die Farbe des Fluoreszenzfarbstoffs gibt Auskunft über das Nukleotid, das zum Kettenabbruch geführt hat. Heute erlaubt der Einsatz von Kapillarelektrophoresegeräten Lesestrecken von bis zu 1000 Nukleotiden, was die Sequenzierung ganzer Genome ermöglichte. Am Ende der Kapillaren können während der Elektrophorese die nacheinander austretenden fluoreszenzmarkierten DNA-Fragmente detektiert und dem entsprechenden ddNTP zugeordnet werden (> Abb. 15.3c).

> **FALL**
>
> **Herr Meier und das Kolonkarzinom: KRAS ist nicht mutiert**
>
> In der Molekularpathologie werden die mit der PCR amplifizierten Fragmente des KRAS-Gens aus Herrn Meiers Tumorprobe jeweils zweimal sequenziert, um Fehler möglichst zu vermeiden. Dabei werden unabhängig voneinander die beiden Primer aus der PCR je einmal für eine Sequenzierung benutzt. So erhält man zwei Sequenzen von der Matrizen-DNA. Eine davon entspricht jedoch dem komplementären Gegenstrang, die aber einfach in den anderen Strang übersetzt werden kann. Bei Herrn Meier wurden keine Abweichungen zur normalen Sequenz des humanen KRAS-Gens gefunden.
> Als das Ergebnis aus dem Labor kommt, geben Sie die gute Nachricht gleich an Herrn Meier weiter: „Sie kommen für die Behandlung mit Cetuximab infrage. Das erhöht die Erfolgschance der Chemotherapie noch einmal deutlich. Die Kasse übernimmt die mit mehreren Tausend Euro monatlich sehr hohen Kosten."
> Wie wird so ein therapeutischer Antikörper hergestellt?

15.5 Next Generation Sequencing

Next Generation Sequencing (NGS) ermöglicht die **Sequenzanalyse des gesamten Genoms** innerhalb relativ kurzer Zeit.
Die Proben-DNA wird dafür stark fragmentiert, in einer Flusszelle immobilisiert und dort sequenziert.

15.5 Next Generation Sequencing

Trotz vieler apparativer Fortschritte ist es mit der Kettenabbruchmethode nach Sanger nicht möglich, mit vertretbarem Aufwand eine Sequenzanalyse des gesamten Genoms eines Patienten durchzuführen. Mehrere technische Neuentwicklungen im Bereich der Probenvorbereitung, der Sequenzierchemie und der computergestützten Analyse waren notwendig, um auch für einzelne Patienten eine **Sequenzanalyse des gesamten Genoms** (Whole Genome Sequencing) zu ermöglichen.

15.5 NEXT GENERATION SEQUENCING

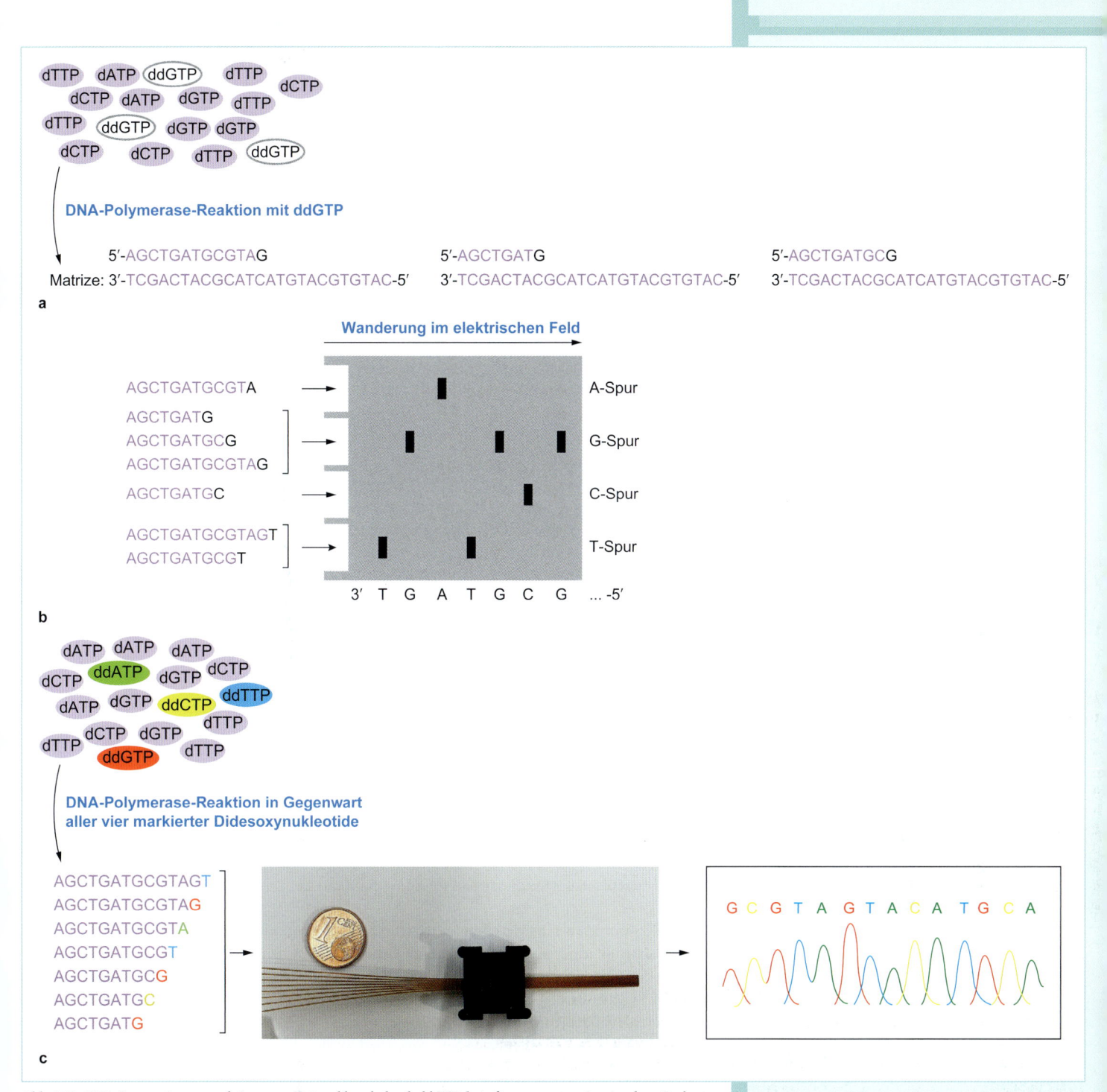

Aus Studentensicht

Abb. 15.3 DNA-Sequenzierung nach Sanger. **a** Kettenabbruch durch ddGTP. **b** Auftrennung von vier einzelnen Reaktionsansätzen mit jeweils einem anderen ddNTP. Üblicherweise wird ein Gel so dargestellt, dass die Proben von oben nach unten wandern. Die Sequenz kann man dann von unten (kleine Fragmente) nach oben (große Fragmente) ablesen. Zur besseren Übersicht wurde das Gel hier gedreht, sodass von rechts nach links abgelesen werden muss. **c** Verwendung von vier mit unterschiedlichen Fluoreszenzfarbstoffen markierten ddNTPs in einer Reaktion. Der Reaktionsansatz wird in einer der acht gezeigten gelgefüllten Kapillaren aufgetrennt. [L271]

Beim **Next Generation Sequencing** (NGS, High-Throughput Sequencing) wird die DNA vor der Sequenzanalyse stark fragmentiert. Mehrere Millionen Fragmente werden immobilisiert und auf einem Träger (= Flusszelle) sequenziert. Dabei wird – anders als bei der Sanger-Sequenzierung – kein Kettenabbruch erzeugt, sondern die bei der Polymerasereaktion eingebauten Basen werden durch ein Licht- oder Fluoreszenzsignal detektiert. Mit einer Kamera können sehr viele Sequenzierungsreaktionen parallel verfolgt werden (= **Massively Parallel Sequencing**). Es entstehen viele relativ kurze Teilsequenzen, sodass jeder Teilbereich des Genoms etwa 30–100-mal sequenziert wird. Basierend auf der Überlappung dieser kurzen Sequenzen wird anschließend mit sehr leistungsfähigen Computern die Gesamtsequenz zusammengesetzt (= assembliert). In ▶ Abb. 15.4 ist dies für einen Sequenzabschnitt auf Chromosom 22 gezeigt. Viele Einzelsequenzen (Reads) decken diesen Bereich ab. Sequenzen in Großbuchstaben entsprechen der gezeigten chromosomalen Sequenz in 5' → 3'-Richtung; die in Kleinbuchstaben sind aus der Sequenzierung des Gegenstrangs abgeleitet. Bei dem hier analysierten Patienten zeigt sich eine Insertion

Der Einbau jeder Base während der Polymerase-Reaktion wird mit einem Licht- oder Fluoreszenzsignal angezeigt und detektiert. Auf diese Weise können sehr viele Reaktionen parallel verfolgt werden **(Massively Parallel Sequencing)**, in denen relativ viele kurze Teilsequenzen entstehen. Jeder Bereich des Genoms wird auf diese Weise mehrere Male sequenziert. Anhand der Überlappung dieser Sequenzen kann die Gesamtsequenz zusammengesetzt (assembliert) werden.

Aus Studentensicht

15 GENTECHNOLOGIE: INDIVIDUALISIERTE THERAPIE

von zwei Basenpaaren (AT), die zu einem veränderten Leseraster in dem entsprechenden Exon führt. Diese Mutation findet sich in 15 der 29 gezeigten Reads. Der Patient ist also höchstwahrscheinlich heterozygot für diese Mutation und nur eines seiner beiden Chromosomen 22 ist verändert.

Referenzsequenz von Chromosom 22 aus der Datenbank

```
            GCTGAGAAGCCTCCCCCACCAGCTGCTGCTCCAGCGGCTGCAAGAGGAGAAAGATCGTGACCGGGATGCC--GACCAGGAGAGCAACATCAGTGGCCCTTTAGCAGGCA
            |          |          |          |          |          |          |          |          |          |          |
         5 096 420   5 096 430   5 096 440   5 096 450   5 0964 60   5 096 470   5 096 480   5 096 490   5 096 500   5 096 510   5 096 520
```

Einzelsequenzen (Reads) aus der Sequenzierung der Patienten-DNA

```
                    CCTCCCCCACCAGCTGCTGCTCCAGCGGCTGCAAGAGGAGAAAGATCGTGACCGGGATGCC--GACCAGGAGAG
                     ctccccaccagctgctgctccagcggctgcaagaggagaaagatcgtgaccgggatgccatgaccaggagagc
                     ctccccaccagctgctgctccagcggctgcaagaggagaaagatcgtgaccgggatgcc--gaccaggagag
                     CTCCCCCACCAGCTGCTGCTCCAGCGGCTGCAAGAGGAGAAAGATCGTGACCGGGATGCC--GACCAGGAGAG
                     CTCCCCCACCAGCTGCTGCTCCAGCGGCTGCAAGAGGAGAAAGATCGTGACCGGGATGCCATGACCAGGAGAG
                     CTCCCCCACCAGCTGCTGCTCCAGCGGCTGCAAGAGGAGAAAGATCGTGACCGGGATGCC--GACCAGGAGAG
                     ctccccaccagctgctgctccagcggctgcaagaggagaaagatcgtgaccgggatgccatgaccaggagag
                     CTCCCCCACCAGCTGCTGCTCCAGCGGCTGCAAGAGGAGAAAGATCGTGACCGGGATGCC--GACCAGGAGAG
                     ctccccaccagctgctgctccagcggctgcaagaggagaaagatcgtgaccgggatgccatgaccaggagag
                      TCCCCCACCAGCTGCTGCTCCAGCGGCTGCAAGAGGAGAAAGATCGTGACCGGGATGCC--GACCAGGAGAGCAA
                      tccccaccagctgctgctccagcggctgcaagaggagaaagatcgtgaccgggatgcc--gaccaggagagcaac
                      TCCCCCACCAGCTGCTGCTCCAGCGGCTGCAAGAGGAGAAAGATCGTGACCGGGATGCCATGACCAGGAGAGCAAC
                       ccccaccagctgctgctccagcggctgcaagaggagaaagatcgtgaccgggatgcc--gaccaggagagcaa
                       CCCCCACCAGCTGCTGCTCCAGCGGCTGCAAGAGGAGAAAGATCGTGACCGGGATGCCATGACCAGGAGAGCAAC
                       CCCCACCAGCTGCTGCTCCAGCGGCTGCAAGAGGAGAAAGATCGTGACCGGGATGCC--GACCAGGAGAGCAAC
                         ccaccagctgctgctccagcggctgcaagaggagaaagatcgtgaccgggatgccatgaccaggagagcaaca
                         ccaccagctgctgctccagcggctgcaagaggagaaagatcgtgaccgggatgccatgaccaggagagcaaca
                         CCCACCAGCTGCTGCTCCAGCGGCTGCAAGAGGAGAAAGATCGTGACCGGGATGCCATGACCAGGAGAGCAACA
                         CCACCAGCTGCTGCTCCAGCGGCTGCAAGAGGAGAAAGATCGTGACCGGGATGCCATGACCAGGAGAGCAAC
                         CCACCAGCTGCTGCTCCAGCGGCTGCAAGAGGAGAAAGATCGTGACCGGGATGCC--GACCAGGAGAGCAACAT
                         ccaccagctgctgctccagcggctgcaagaggagaaagatcgtgaccgggatgccatgaccaggagagcaacat
                         CCACCAGCTGCTGCTCCAGCGGCTGCAAGAGGAGAAAGATCGTGACCGGGATGCC--GACCAGGAGAGCAACATC
                         ccaccagctgctgctccagcggctgcaagaggagaaagatcgtgaccgggatgccatgaccaggagagCAACATCA
                         CCACCAGCTGCTGCTCCAGCGGCTGCAAGAGGAGAAAGATCGTGACCGGGATGCC--GACCAGGAGAGCAACATCA
                          caccagctgctgctccagcggctgcaagaggagaaagatcgtgaccgggatgcc--gaccaggagagcaacatcag
                          CACCAGCTGCTGCTCCAGCGGCTGCAAGAGGAGAAAGATCGTGACCGGGATGCCATGACCAGGAGAGCAACATCAG
                          caccagctgctgctccagcggctgcaagaggagaaagatcgtgaccgggatgcc--gaccaggagagcaacatcagt
                          CACCAGCTGCTGCTCCAGCGGCTGCAAGAGGAGAAAGATCGTGACCGGGATGCCATGACCAGGAGAGCAACATCAGT
                           ACCAGCTGCTGCTCCAGCGGCTGCAAGAGGAGAAAGATCGTGACCGGGATGCCATGACCAGGAGAGCAACATCAGTGG
```

Abb. 15.4 Next Generation Sequencing einer Patienten-DNA [L271]

Mithilfe des NGS konnten viele krankheitsverursachende Genveränderungen identifiziert werden. Diese befinden sich meist in proteincodierenden Bereichen des Genoms, sodass i. d. R. nur die Exons (**Whole Exome Sequencing**) und nicht das gesamte Genom sequenziert werden. Dafür werden aus den DNA-Fragmenten vor der Sequenzierung exonische Sequenzabschnitte angereichert.
Datenbanken aus großen Sequenzierungsprojekten helfen bei der **Identifizierung von seltenen pathogenen Mutationen.**

Durch NGS wurden bereits viele krankheitsverursachende Genveränderungen identifiziert. Dabei hat es sich als sinnvoll erwiesen, nicht das gesamte Genom zu sequenzieren, da sich pathogene Mutationen meist in den proteincodierenden Bereichen des Genoms befinden. Für die Sequenzierung werden daher nach der Fragmentierung der genomischen DNA zunächst exonische Sequenzabschnitte des Patienten durch einen Hybridisierungsschritt angereichert. So kann die Gesamtheit aller Exons (= Exom) unabhängig von den nicht-codierenden Bereichen sequenziert werden. Dieses **Whole Exome Sequencing** vereinfacht – verglichen mit dem Whole Genome Sequencing – den bioinformatischen Aufwand nach der Sequenzierung.

Datenbanken aus größeren Sequenzierungsprojekten wie dem „1000 Genomes Project" oder dem „Exome Aggregation Consortium" (ExAC Browser; Exom-Daten von ca. 60 000 gesunden Probanden) bieten mittlerweile einen Überblick über das Auftreten von nichtpathogenen Variationen im menschlichen Genom und bilden eine Referenz für die **Identifizierung von seltenen pathogenen Mutationen.**

15.6 DNA-Chip-Technologien

DNA-Chips (**Microarrays**) sind Objektträger, auf denen an definierten Positionen Oligonukleotide unterschiedlicher Sequenz kovalent gebunden sind. Pro Chip können mehrere 10 000 verschiedene DNA-Sequenzen aufgebracht werden.

Auf die Microarrays können DNA- oder RNA-Proben gegeben werden, die durch komplementäre Basenpaarung mit den auf dem Chip fixierten Oligonukleotiden **hybridisieren**.

15.6 DNA-Chip-Technologien

Einzelsträngige DNA-Abschnitte mit definierter Sequenz können relativ kostengünstig chemisch synthetisiert werden und werden sowohl bei der DNA-Sequenzierung als auch bei der PCR als Primer genutzt. Durch die Synthese vieler verschiedener Oligonukleotide und deren Immobilisierung an definierten Positionen auf einer Glas- oder Plastikoberfläche mithilfe fotolithografischer Techniken, die auch bei der Herstellung von Halbleitern eingesetzt werden, können Objektträger mit mehreren 10 000 DNA-Sequenzen beschichtet werden (= DNA-Chip, **Microarray**) (➤ Abb. 15.5).

Microarrays können mit Nukleinsäureproben, die man analysieren möchte, **hybridisiert** werden. Dabei binden die in der Probe vorhandenen DNA-Moleküle über komplementäre Basenpaarung an die immobilisierten Oligonukleotide auf dem Microarray. Bei der Probe kann es sich beispielsweise um fragmentierte genomische DNA von Patienten oder um aus Zellen oder Geweben isolierte RNA handeln.

Aus Studentensicht

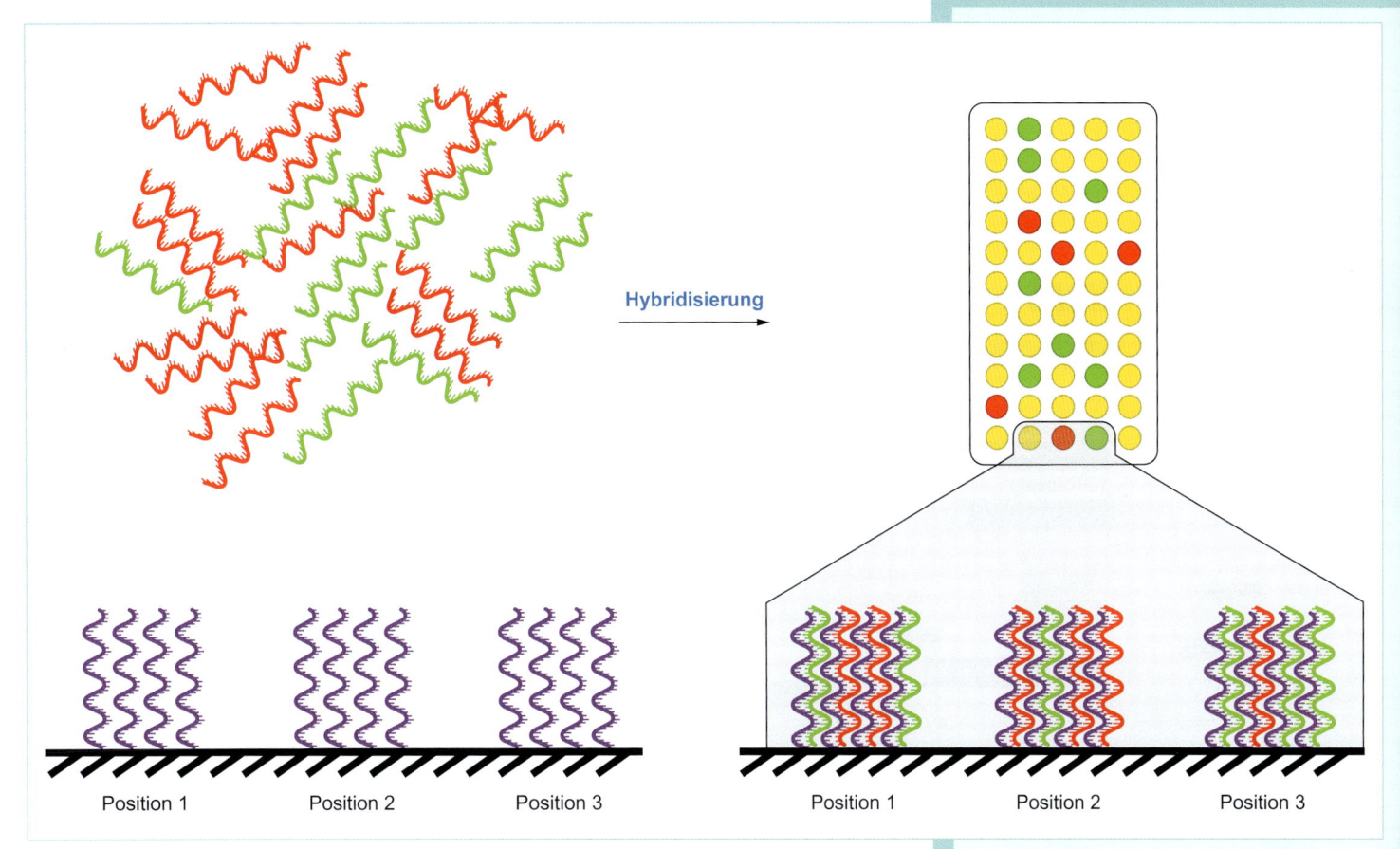

Abb. 15.5 DNA-Chip-Hybridisierung. Die DNA-Proben eines Patienten (mit rotem Farbstoff markiert) und eine Kontroll-DNA (grün) werden an einen DNA-Chip hybridisiert. [L138]

Bei der **Comparative Genomic Hybridization** (Array-CGH) wird die Patientenprobe z. B. mit einem roten Fluoreszenzfarbstoff und eine Kontroll-DNA mit einem grünen Fluoreszenzfarbstoff markiert. Auf dem verwendeten Array sind Oligonukleotide aufgebracht, die in kurzen, regelmäßigen Abständen das gesamte Genom abdecken. Beide Proben werden gemischt und auf dem Array hybridisiert. Dabei binden komplementäre DNA-Fragmente aus den Proben an die Oligonukleotide auf dem Array. Nach dem Abwaschen nicht gebundener DNA wird die Fluoreszenz auf den einzelnen Positionen des Chips mit einer hochauflösenden Kamera erfasst. In den meisten Positionen wird sowohl rote als auch grüne Fluoreszenz detektiert, da aus der Patienten- und aus der Kontrollprobe gleich viel DNA gebunden hat. Dies ergibt in der Kamera eine gelbe Farbe (Position 1 in ➤ Abb. 15.5). Überwiegt aber in einer Reihe von Positionen das rote Signal, lagen in diesem Bereich eines Chromosoms drei oder mehr statt der üblichen zwei Kopien in der Patientenprobe vor (Position 2 in ➤ Abb. 15.5). Andererseits deutet eine grüne Fluoreszenz, also ein schwächeres rotes Signal, darauf hin, dass ein Verlust dieses genomischen Bereichs auf einem oder auf beiden Chromosomen beim Patienten vorliegt (Position 3 in ➤ Abb. 15.5).

Mit dieser Methodik wurde bereits in vielen Patientenproben der **Zugewinn oder Verlust bestimmter genomischer Bereiche** nachgewiesen (= Copy Number Variations, CNV). Viele dieser CNVs tragen zur genetischen Variabilität zwischen Individuen bei und müssen nicht mit Krankheiten assoziiert sein. Ein bekanntes Beispiel für eine mit einer Pathologie assoziierten CNV ist die Amplifikation des HER2-Gens in Brustkrebszellen, die zu einer Überexpression des humanen EGF-Rezeptors HER2 führt.

Bei der **Comparative Genomic Hybridization** (Array-CGH) wird die Patientenprobe (rot markiert) zusammen mit Kontroll-DNA (grün markiert) auf einen das gesamte Genom abdeckenden Microarray gegeben. Anschließend wird die Fluoreszenz auf den einzelnen Chip-Positionen analysiert. Die Farbe des Signals spiegelt wider, in welchem Verhältnis zueinander die Proben an die Oligonukleotide gebunden haben:
- Gelb: gleich viel DNA in Patienten- und Kontrollprobe
- Rot: mehr DNA in der Patientenprobe durch Zugewinn genomischer Bereiche
- Grün: weniger DNA in der Patientenprobe durch Verlust genomischer Bereiche

Mit dieser Methode konnte bereits in vielen Patientenproben der **Zugewinn oder Verlust bestimmter genomischer Bereiche** nachgewiesen werden (= Copy Number Variations, CNV), die mit Krankheiten wie Brustkrebs assoziiert sein können.

15.7 Der genetische Fingerabdruck

Durch den **genetischen Fingerabdruck,** bei dem DNA von z. B. Täterproben vom Tatort mit der einer tatverdächtigen Personen verglichen wird, konnten viele Kriminalfälle gelöst werden, teilweise auch Jahre oder Jahrzehnte nach der Tat. Dafür werden mithilfe der **PCR** verschwindend geringe DNA-Mengen beispielsweise aus einem Blutspritzer oder einer Haarwurzel amplifiziert. Da sich die meisten Personen in den codierenden Genabschnitten kaum unterscheiden, werden hochvariable Bereiche wie **Mikrosatelliten,** die zu den Short Tandem Repeats (STR) gehören, untersucht. Die Anzahl dieser weniger als 10 Nukleotide langen Wiederholungen und damit die Länge der repetitiven Region unterscheidet sich bei verschiedenen Individuen in vielen dieser Repeat-Regionen (➤ 4.4.4). So wird in dem Beispiel in ➤ Abb. 15.6 ein STR-Bereich auf Chromosom 5 analysiert, der eine variable Zahl von Wiederholungen eines 4-Basen-Repeats (TAGA-TAGA-TAGA…) aufweist. Ein Verdächtiger in einem Kriminalfall (Sven) hat hier fünf bzw. zehn Wiederholungen auf seinen beiden Chromosomen, ein zweiter (Lars) acht bzw.

15.7 Der genetische Fingerabdruck

Mithilfe des **genetischen Fingerabdrucks** können DNA-Proben mit nahezu 100 %-iger Sicherheit einer Person zugeordnet werden.
Dafür werden mittels **PCR** hochvariable Bereiche im Genom wie die **Mikrosatelliten** untersucht, da hier die Unterschiede zwischen zwei verschiedenen Individuen der Bevölkerung am größten sind. Mikrosatelliten bestehen aus weniger als 10 bp langen Sequenzmotiven, die sich unterschiedlich oft hintereinander wiederholen. Analysiert man in einer Probe ausreichend viele solcher **polymorphen Marker** hinsichtlich ihrer Länge, so kann eine DNA-Probe mit sehr hoher Wahrscheinlichkeit einer bestimmten Person zugeordnet werden.

Aus Studentensicht

15 GENTECHNOLOGIE: INDIVIDUALISIERTE THERAPIE

zehn Wiederholungen und eine dritte Person (Ole) sechs bzw. zwölf Wiederholungen. Werden ausreichend viele solcher **polymorphen Marker** analysiert, kann eine DNA-Probe mit nahezu 100%iger Wahrscheinlichkeit einer bestimmten Person zugeordnet werden.

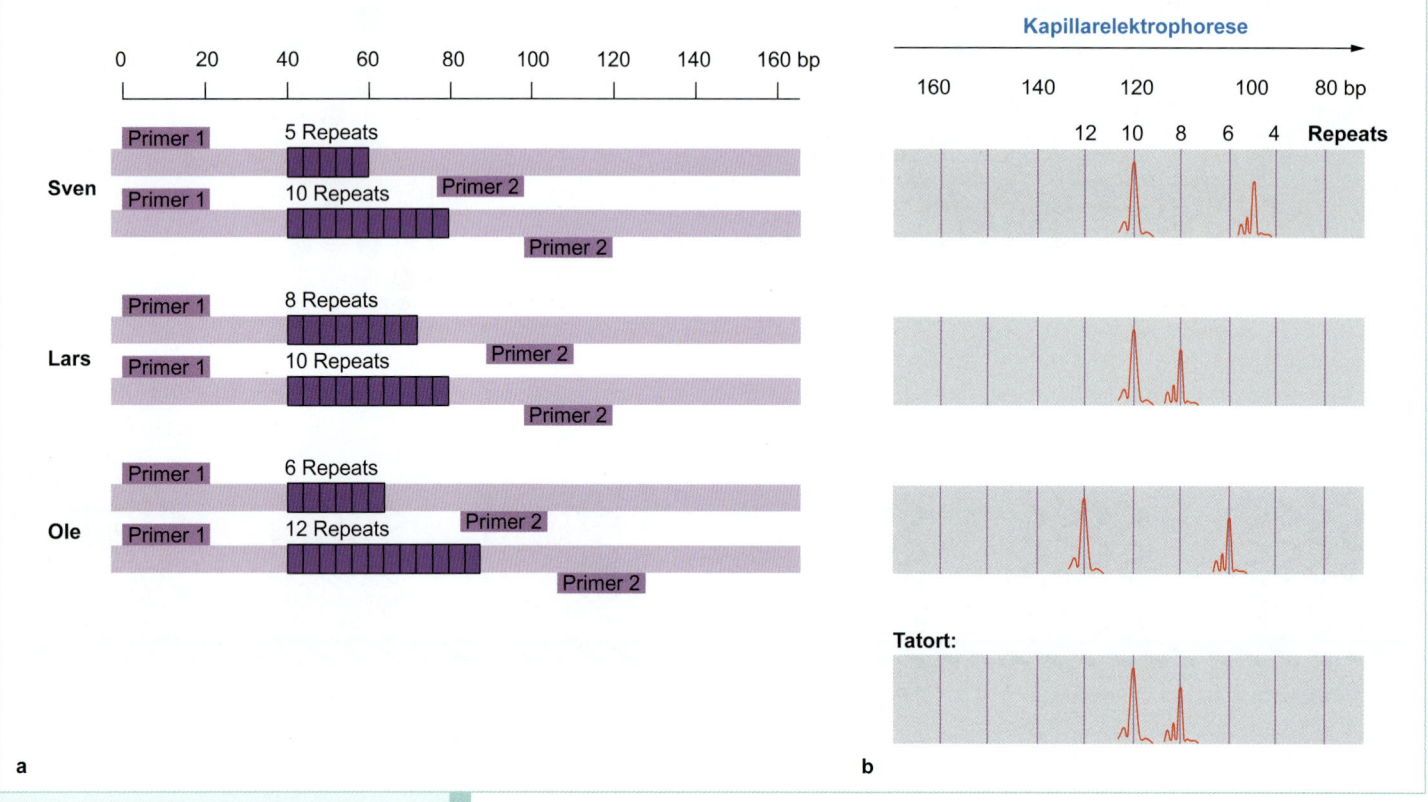

Abb. 15.6 Genetischer Fingerabdruck. **a** Ein Mikrosatellit wird durch PCR mit zwei Primern amplifiziert. **b** Durch Kapillarelektrophorese wird die Größe der PCR-Produkte bestimmt. [L138]

Die Untersuchung wird für jeden Mikrosatelliten mit jeweils zwei Primern, die die jeweiligen Mikrosatelliten flankieren, durchgeführt.
Analysen dieser Art sind sowohl in der **forensischen Medizin** als auch bei der Klärung von Verwandtschaftsverhältnissen, z. B. einem **Vaterschaftstest,** von Bedeutung.
Die sehr hohe Sensitivität der PCR, die bereits die Analyse kleinster DNA-Mengen ermöglicht, erfordert sauberes Arbeiten, um Kontaminationen und damit einhergehende Fehlinterpretationen zu vermeiden.

Für jeden Mikrosatellitenbereich werden dazu zwei Primer hergestellt, die komplementär zu DNA-Abschnitten sind, welche die repetitive Region flankieren und im Regelfall zwischen verschiedenen Individuen konserviert sind. Nach einer PCR wird dann bei mehreren Verdächtigen (Sven, Lars und Ole in ➤ Abb. 15.6b) durch Kapillarelektrophorese die exakte Größe der PCR-Produkte und damit die Zahl der Wiederholungen bestimmt. Dieses Muster wird anschließend mit einer Probe z. B. von einem Tatort verglichen. In dem untersuchten Fall deuten die Analysen auf Lars als Täter hin, da in der DNA vom Tatort auch acht und zehn Wiederholungen gefunden wurden. Um Gewissheit zu haben, werden noch bis zu 15 weitere solche Marker im Genom untersucht. Mikrosatelliten haben nicht nur in der **forensischen Medizin** Bedeutung, sondern dienen auch der Klärung von Verwandtschaftsverhältnissen, z. B. im Rahmen von **Vaterschaftstests.**

Die extrem hohe Sensitivität der PCR, welche die Analyse von sehr kleinen Tatortspuren ermöglicht, birgt aber auch Gefahren. So wurde in Deutschland eine Serie von Mordfällen einer unbekannten Frau zugeschrieben, deren DNA an den Tatorten gefunden wurde. Nach Jahren stellte sich heraus, dass diese Frau bei der Herstellung der Wattestäbchen für die Probennahme bereits in der Fabrik die Stäbchen mit ihrer DNA verunreinigt hatte.

15.8 Die Ursprünge der Gentechnik

15.8.1 Plasmide

15.8 Die Ursprünge der Gentechnik

15.8.1 Plasmide

> **FALL**
>
> **Herr Meier und das Kolonkarzinom: Herstellung von Cetuximab**
>
> Herr Meier wird mittlerweile mit dem therapeutischen Antikörper gegen den EGF-Rezeptor behandelt. Er bekommt fürchterliche akneartige eitrige Hautpusteln im Gesicht. Sie beruhigen ihn: „Da verschreibe ich Ihnen eine antibiotische Salbe, dann wird das schon wieder, aber die schlechte Haut ist eigentlich ein sehr gutes Zeichen. Je stärker der Ausschlag ist, desto besser schlägt das Medikament an." – „Das wäre ja noch schöner, wenn dieses wahnsinnig teure Medikament nicht anschlägt!" Herr Meier, der Pharmafirmen eher kritisch gegenübersteht, recherchiert die Herstellung, um nachzuvollziehen, wie aufwendig sie tatsächlich ist.
> Für die Produktion dieses Antikörpers wurde ein kleines, ringförmiges DNA-Molekül (ein Plasmid) hergestellt, das die codierende DNA-Sequenz unter der Kontrolle eines starken Promoters beinhaltet. Diese DNA wurde gentechnisch so verändert, dass sie für einen Antikörper codiert, der mit seinem variablen Fab-Teil

15.8 DIE URSPRÜNGE DER GENTECHNIK

Aus Studentensicht

den EGF-Rezeptor erkennt und in seinem konstanten Fc-Teil einem humanen Immunglobulin entspricht. Zur Produktion des Antikörpers wurde die DNA in eine Säugerzelllinie eingebracht. Der Antikörper kann nun aus dem Zellkulturüberstand dieser Zelllinie „geerntet" werden.
Herr Meier hat sich lange in einer Bürgerinitiative für eine gentechnikfreie Landwirtschaft eingesetzt und kann nicht fassen, dass ausgerechnet die Gentechnik nun seine Rettung sein soll.
Wie funktioniert die Produktion von großen Mengen Protein in der Säugerzelllinie?

Unter Gentechnik wird die oft gezielte Manipulation der genetischen Information von Lebewesen verstanden. Dabei wird meist zunächst ein DNA-Molekül in vitro erzeugt und anschließend in einen Empfänger-Organismus eingebracht. So können Bakterien oder auch Säugerzellen zur Bildung eines auf der DNA codierten Proteins „gezwungen" werden. Man kann **rekombinante DNA** aber auch zur genetischen Manipulation von ganzen Tieren wie Taufliegen oder Mäusen verwenden, wobei einzelne Gene verändert oder inaktiviert werden.

Plasmide sind **kleine, extrachromosomale, ringförmige DNA-Moleküle,** die neben der chromosomalen DNA in Bakterien repliziert und vererbt werden (> 14.3.1). In vielen Fällen tragen Plasmide die genetische Information für die Resistenz gegen ein bestimmtes Antibiotikum und können so dem Bakterium einen Wachstumsvorteil verschaffen (> Abb. 15.7). In der Gentechnik macht man sich das zunutze, um Plasmid-tragende Bakterien in Gegenwart dieses Antibiotikums zu **selektieren.** Plasmide können leicht aus den Bakterien isoliert und wieder in diese eingebracht (= transformiert) werden.

Viele in der Gentechnik verwendete Plasmide enthalten in einem bestimmten Bereich eine ganze Reihe von Erkennungssequenzen für Restriktionsenzyme (> 15.8.2). In diese multiple Klonierungsstelle (**Multiple Cloning Site,** MCS) lässt sich leicht ein DNA-Fragment mit einem Gen einfügen. Mit einem **Expressionsplasmid,** das vor der multiplen Klonierungsstelle einen passenden Promotor enthält, kann das Gen unter der Kontrolle dieses Promotors in Eukaryoten oder Prokaryoten exprimiert werden.

Durch Gentechnik wird die genetische Information von Lebewesen verändert, z. B. kann **rekombinante DNA** zur genetischen Manipulation von Bakterien oder Tieren verwendet werden.

Plasmide sind **kleine, extrachromosomale, ringförmige DNA-Moleküle,** die unabhängig von der chromosomalen DNA der Bakterien repliziert und vererbt werden. Sie können aus Bakterien isoliert und wieder in diese eingebracht (transformiert) werden. Resistenzgene ermöglichen die **Selektion** von transformierten Zellen. Zusätzlich enthalten **Expressionsplasmide** neben multiplen Erkennungssequenzen für Restriktionsenzyme (**Multiple Cloning Site**) einen Promotor für die Expression des eingefügten Gens.

ABB. 15.7

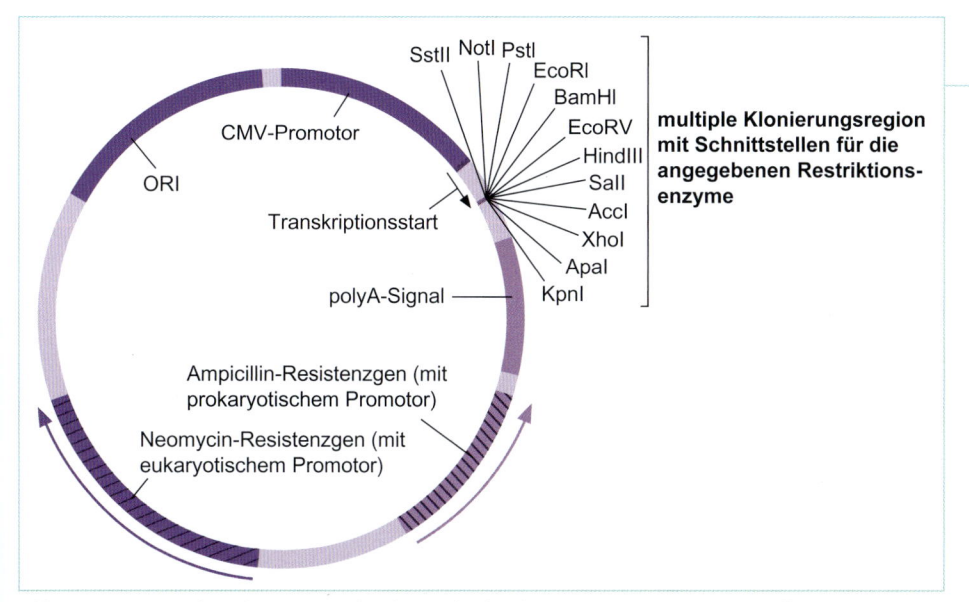

Abb. 15.7 Karte eines Plasmids mit Origin of Replication (ORI), eukaryotem CMV-Promotor, Ampicillin-Resistenzgen, Neomycin-Resistenzgen und der kurz hinter dem Transkriptionsstartpunkt liegenden multiplen Klonierungsstelle [L138]

15.8.2 Klonierung mit Restriktionsendonukleasen

Restriktionsendonukleasen (Restriktionsenzyme) können genutzt werden, um ein DNA-Molekül in definierte Fragmente zu zerschneiden. Ursprünglich dienen sie Bakterien zur Abwehr von Fremd-DNA aus Viren, welche die Bakterien befallen (= Bakteriophagen), und wirken so „restriktiv" gegenüber den Pathogenen. Als **Endonukleasen** spalten sie einen DNA-Doppelstrang an bestimmten Erkennungssequenzen, die in der bakteriellen DNA nur modifiziert (methyliert) vorkommen, sodass sie dort nicht erkannt werden. In der Regel sind diese Sequenzen 6–8 Basenpaare lang und bilden ein **Palindrom.** In der Molekularbiologie liegt ein Palindrom immer dann vor, wenn die Sequenz der beiden komplementären Einzelstränge jeweils von 5' nach 3' gelesen dieselbe Basenabfolge hat (> Abb. 15.8). Viele Restriktionsenzyme wie EcoRI oder BamHI spalten die DNA an diesen Schnittstellen so, dass an beiden Spaltprodukten ein kurzes einzelsträngiges Stück, ein **Sticky End** (klebriges Ende), entsteht. Andere, wie EcoRV, erzeugen ein stumpfes bzw. glattes Ende (**Blunt End**) ohne Einzelstrangüberhang.

Wird ein Plasmid in der Multiple Cloning Site mit zwei unterschiedlichen Restriktionsenzymen wie EcoRI und BamHI geschnitten, entsteht eine lineare DNA mit zwei unterschiedlichen Sticky Ends. Wird jetzt ein DNA-Fragment, das mit denselben Enzymen aus einer anderen DNA herausgeschnitten wurde, zugegeben, so „kleben" die überhängenden Enden von Gen und Plasmid durch die Wasserstoffbrücken zwischen den komplementären Basen aneinander. Da sich die Einzelstrangüberhänge der Schnittstellen

15.8.2 Klonierung mit Restriktionsendonukleasen

Restriktionsendonukleasen sind Enzyme, die Bakterien zur Abwehr fremder DNA, z. B. aus Bakteriophagen, nutzen.
Sie spalten als **Endonukleasen** DNA-Doppelstränge an bestimmten Erkennungssequenzen, die meist ein **Palindrom** bilden. Dabei können, abhängig vom Enzym, sowohl klebrige (**Sticky Ends**) als auch stumpfe/glatte Enden (**Blunt Ends**) gebildet werden.

Ein Plasmid kann mit zwei Restriktionsenzymen in der MCS so geöffnet werden, dass eine ebenfalls mit diesen Enzymen geschnittene DNA in das geöffnete Plasmid passt. Die Öffnungsstellen werden durch Zugabe von einer **DNA-Ligase** kovalent miteinander verknüpft.

353

Aus Studentensicht

15 GENTECHNOLOGIE: INDIVIDUALISIERTE THERAPIE

Abb. 15.8 Spaltprodukte von Restriktionsendonukleasen [L253]

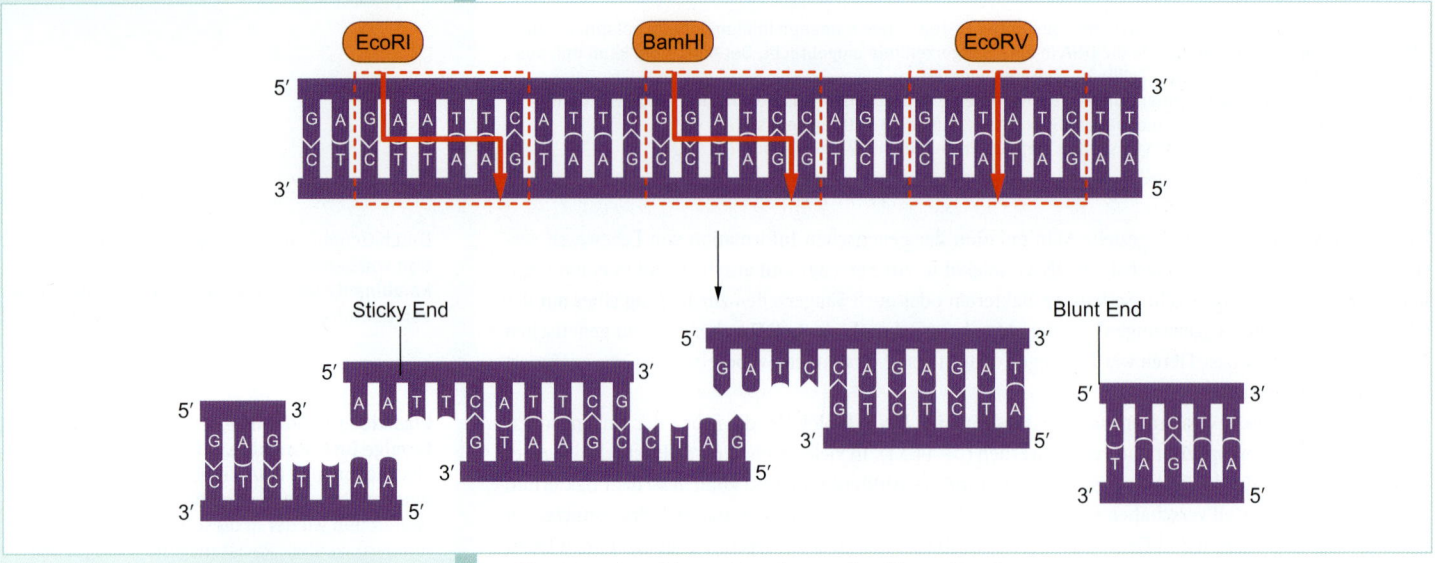

Auf diese Weise wird aus Plasmid und DNA-Fragment ein neues, **rekombinantes DNA-Molekül** erzeugt.

unterscheiden, wird das Fragment in einer definierten Richtung eingefügt. Durch Zugabe von einer **DNA-Ligase** können die Enden der Einzelstränge kovalent verknüpft werden (> Abb. 15.9). So werden in einem **rekombinanten Plasmid** vorher separate DNAs kombiniert.

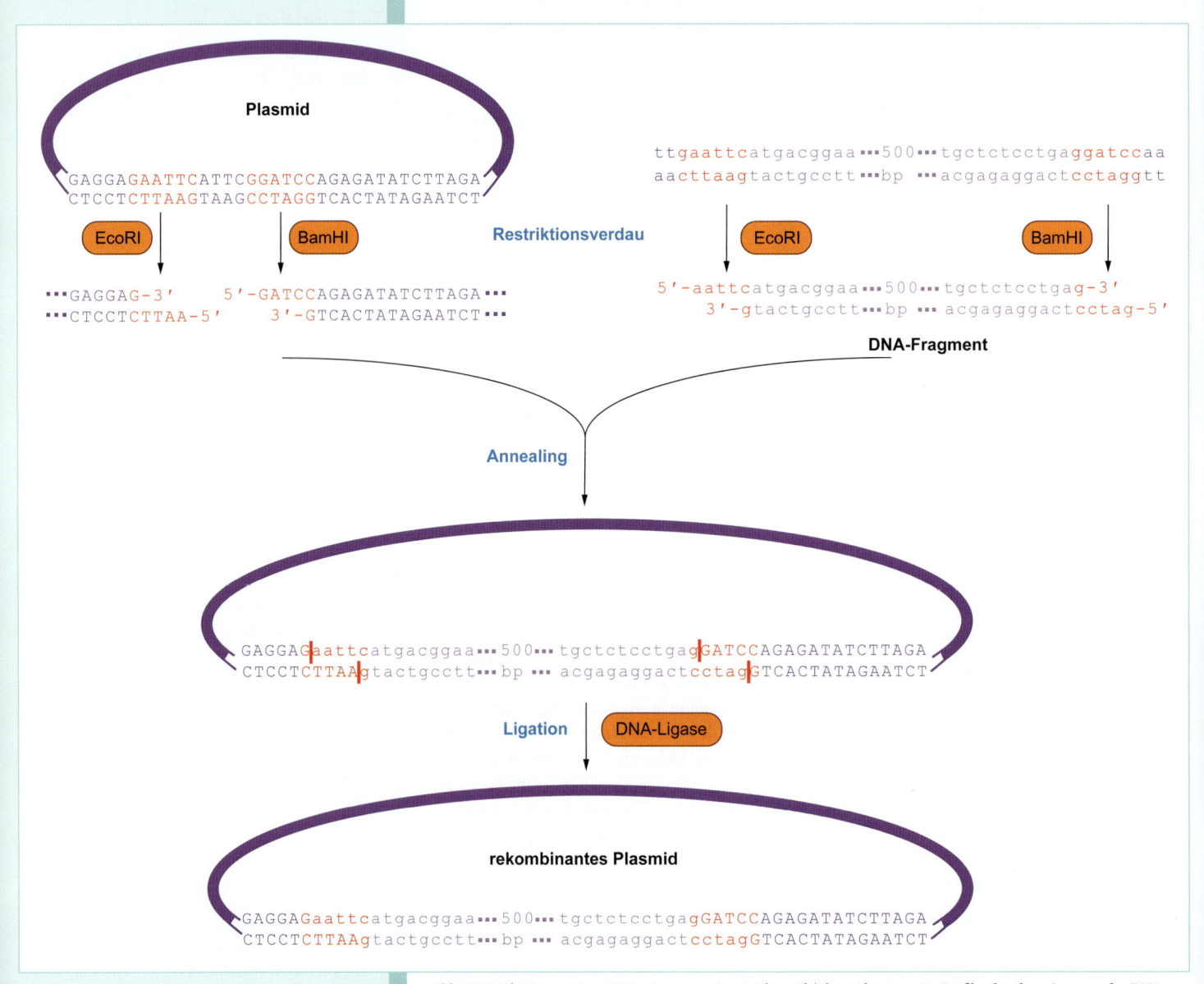

Abb. 15.9 Klonierung eines DNA-Fragments in ein Plasmid (Plasmidsequenz in Großbuchstaben, Sequenz des DNA-Fragments in Kleinbuchstaben) [L138]

354

15.8 DIE URSPRÜNGE DER GENTECHNIK

Nach diesen In-vitro-Reaktionen werden Bakterien mit der entstandenen DNA **transformiert**. Dafür wird die Hülle von Bakterien, meist *E. coli,* durch chemische Behandlung oder elektrische Spannung permeabilisiert und damit für die Aufnahme von Plasmiden „kompetent" gemacht, sodass sie in einzelnen Fällen die Plasmid-DNA aufnehmen. Nun werden die wenigen plasmidtragenden Bakterien durch Kultivierung in Gegenwart des Antibiotikums, für das das Plasmid ein Resistenzgen unter der Kontrolle eines bakteriellen Promotors trägt, **selektioniert**. Dieser Schritt ist die eigentliche **Klonierung**, da jetzt auf dem Nährboden einzelne Kolonien aus genetisch identischen Bakterien (= Klone) wachsen. Aus den Klonen kann das rekombinante Plasmid einfach isoliert und analysiert werden, um seine Identität z. B. durch einen erneuten Verdau mit Restriktionsenzymen oder eine DNA-Sequenzierung zu verifizieren.

Die in Plasmide eingefügten DNA-Fragmente können auch durch PCR oder durch chemische Synthese ohne Matrizenstrang (= Gene Synthesis) hergestellt werden. Zusätzlich lassen sich durch Oligonukleotid-basierte Methoden gezielt **Mutationen** in der Plasmid-DNA erzeugen. Als Ergebnis dieser Techniken kann heute fast jede gewünschte DNA-Sequenz in Plasmiden vervielfältigt werden.

Die Gentechnik bedient sich neben *E. coli* auch anderer **Modellorganismen**, in die Fremd-DNA relativ einfach eingebracht werden kann. Dazu zählen die humane embryonale Nierenzelllinie 293 (HEK293) oder die Chinese-Hamster-Ovary-Zelllinie (CHO). Diese sind insbesondere deswegen so beliebt für zell- und molekularbiologische Untersuchungen, weil sie leicht mit Plasmiden zu **transfizieren** sind. Dabei wird die DNA z. B. mit anorganischen Salzen (= Calcium-Phosphat-Transfektion) oder Lipiden (= Lipofektion) behandelt oder aber mit apparativ aufwendigeren elektrischen Verfahren (= Elektroporation) eingeschleust.

15.8.3 Produktion von Proteinen

Plasmide werden für die unterschiedlichsten Zwecke genutzt, u. a. um genetische Information durch Transfektion in Säugerzellen oder durch Transformation in Bakterien einzubringen. Das Plasmid ist bei dieser Anwendung der **Vektor** (Vehikel) für die zu übertragende genetische Information. Zur Produktion eines bestimmten Proteins in *E. coli* werden Plasmide mit einem in Bakterien aktiven Promotor verwendet. Solche **bakteriellen Expressionssysteme** sind i. d. R. sehr gut kontrollierbar, da man die Promotoren durch die Zugabe von Induktoren aktivieren kann. Eine der ersten Anwendungen dieser Technik war die gentechnische Herstellung von Insulin. Bis in die 1980er-Jahre konnte Insulin für die Therapie von Typ-1-Diabetikern in ausreichenden Mengen nur aus dem Pankreas von Schlachttieren (Schweine, Rinder) gewonnen werden. Die Klonierung der DNA für humanes Insulin ermöglichte die Herstellung von humanem Insulin aus Bakterien, die mit einem entsprechenden Expressionsplasmid transformiert wurden.

Da viele menschliche Proteine jedoch nur mit posttranslationalen Modifikationen aktiv sind, für die in Bakterien keine Enzyme vorhanden sind, müssen sie in **eukaryoten Zellen** hergestellt werden (> Abb. 15.10). Dieses Vorgehen ist aufwendiger und teurer, da diese Zellen langsamer wachsen, höhere Ansprüche an die Zusammensetzung des Nährmediums haben und die Kulturen leicht von Bakterien oder Pilzen infiziert werden.

Aus Studentensicht

Das in vitro hergestellte Plasmid wird mithilfe von Chemikalien oder elektrischer Spannung in Bakterien **transformiert** (eingebracht). Die plasmidtragenden Bakterien überleben in Gegenwart des Antibiotikums, für das sie das Resistenzgen tragen, und werden so **selektioniert**. Auf diese Weise wachsen bei der **Klonierung** genetisch identische Bakterien (Klone). Verschiedene Techniken ermöglichen die Herstellung fast jeder gewünschten DNA-Sequenz in Plasmiden. Auch das gezielte Erzeugen von **Mutationen** in der Plasmid-DNA ist möglich. Neben *E. coli* können auch andere **Modellorganismen**, z. B. bestimmte Säugetierzelllinien, leicht mit Plasmiden **transfiziert** werden und dienen der Produktion von Proteinen. Für die Transfektion wird die DNA z. B. durch die Behandlung mit Calcium-Phosphat-Salzen oder durch elektrische Verfahren in die Zellen eingeschleust.

15.8.3 Produktion von Proteinen

Plasmide, die der Übertragung einer genetischen Information in eine lebende Empfängerzelle dienen, werden **Vektoren** genannt. Zur Produktion von bestimmten Proteinen (z. B. Insulin) in Bakterien nutzt man spezielle **bakterielle Expressionssysteme**. Die Promotoren dieser Plasmide lassen sich kontrolliert induzieren.

Proteine, die nur nach posttranslationaler Modifikation aktiv sind, müssen in **eukaryoten Zellen** hergestellt werden.

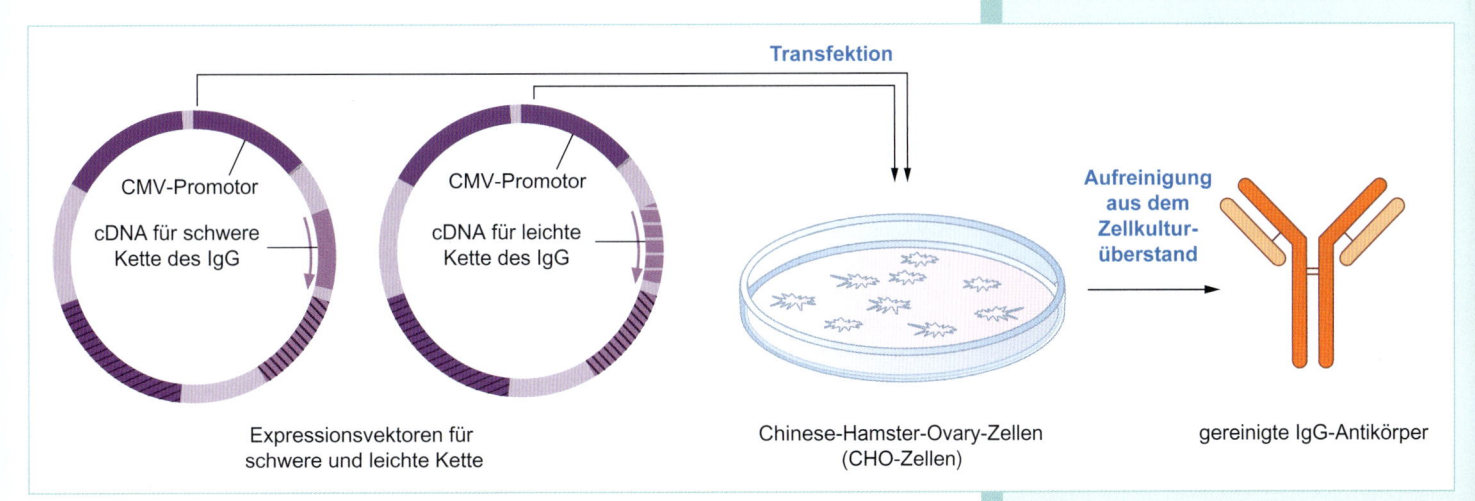

Abb. 15.10 Produktion eines rekombinanten Antikörpers in einer Säugerzelllinie [L138, L307]

FALL

Herr Meier und das Kolonkarzinom: Herstellung von Cetuximab

Die Herstellung eines rekombinanten Antikörpers, wie er im Fall von Herrn Meier zur Therapie des Kolonkarzinoms eingesetzt wird, muss in Säugerzellen erfolgen. Da Antikörper aus unterschiedlichen Proteinen, der schweren und der leichten Kette, bestehen, müssen zunächst in Bakterien zwei Plasmid-Vektoren hergestellt werden, die die codierenden cDNA-Sequenzen für beide Antikörperketten enthalten. Diese cDNA-Sequenzen werden in den Plasmiden unter die Kontrolle eines starken Promotors wie dem in praktisch allen Säugerzellen wirksamen Cytomegalievirus-Promotor (CMV-Promotor) gebracht. Werden beide Plasmide gemeinsam durch Transfektion in kultivierte Säugerzellen eingebracht, produzieren und sezernieren diese den Antikörper. Aus dem Kulturüberstand kann der Antikörper aufgereinigt und für die therapeutische Anwendung vorbereitet werden.

Aus Studentensicht

15.9 Virale Vektoren

In manche Zelltypen oder einzelne Organe von lebenden Organismen ist das Einbringen von rekombinanter DNA oft schwierig, aber eine notwendige Voraussetzung für die **Gentherapie.** Daher werden **rekombinante,** also gentechnisch veränderte **Viren,** wie lentivirale Vektoren, die vom HI-Virus abgeleitet sind, als **Vektoren** eingesetzt.

Um DNA in bestimmte Zielzellen einschleusen zu können, müssen diese von rekombinanten Viren infiziert werden. Dabei muss verhindert werden, dass das Virus die Zielzelle schädigt, sich neue Viruspartikel bilden und weitere Zellen infiziert werden. Daher wird die **Replikationsfähigkeit des Virus** durch das Entfernen großer Bereiche der viralen Erbinformation **blockiert.**

In die **Produzenten-Zelllinie** werden verschiedene Plasmide eingebracht. Der **Transfervektor** enthält u. a. die DNA, die später als Fracht vom Virus transportiert werden soll. Andere Plasmide enthalten Gene, die für Strukturproteine des Virus codieren. Das Virus wird in der Produzenten-Zelle zusammengebaut, enthält jedoch nicht die für die Replikation nötige Erbinformation. Es kann die **Zielzellen** somit nur **einmalig infizieren,** sich aber **nicht in ihnen vermehren.**

Damit Viren nicht nur bestimmte Zellen infizieren können, wird in den virusproduzierenden Zellen zusätzlich das Glykoprotein G des Vesicular-Stomatitis-Virus (VSV-G) exprimiert. Dieses spätere Hüllprotein des rekombinanten Virus bindet an Mitglieder der LDL-Rezeptor-Familie, die praktisch auf allen Säugerzellen zu finden sind.

Als Alternative zu den HIV-basierten, lentiviralen Vektoren werden vermehrt **Adeno-assoziierte Viren (AAV)** eingesetzt, die meist nicht humanpathogen sind und je nach Serotyp verschiedenste Zelltypen infizieren können.

15.9 Virale Vektoren

In manche Zelltypen kann rekombinante DNA nur sehr schwer eingebracht werden. Es ist daher oft schwierig, Gene und Genprodukte funktionell in ihrem nativen Kontext zu untersuchen. Noch schwieriger ist es, zusätzliche genetische Information in einzelne Organe von lebenden Tieren einzubringen. Gerade dies ist jedoch wünschenswert, um **Gentherapien** zu entwickeln. So könnte bei einem Gendefekt wie der Mukoviszidose eine funktionsfähige Version des bei den Patienten defekten CFTR-Gens in die Bronchien der Patienten eingebracht werden. Hier bieten **rekombinante,** also gentechnisch veränderte **Viren** einen Ausweg, die als **Vektoren** (Genfähren) in der biomedizinischen Forschung benutzt werden. Mehrere solcher Virussysteme werden auch als potenzielle Vektoren für die Gentherapie erprobt. Hier werden insbesondere lentivirale Vektoren verwendet, die i. d. R. vom humanen Immundefizienzvirus (HIV) abgeleitet sind. Daneben werden zunehmend virale Vektoren genutzt, die auf den nicht humanpathogenen Adeno-assoziierten Viren (AAV) basieren.

Zentrale Schritte einer jeden Virusinfektion sind die Aufnahme des Virus über Zelloberflächenrezeptoren sowie der Transfer der viralen Erbinformation in den Zellkern. Die viralen Gene werden anschließend transkribiert und die entstehenden mRNAs führen zur Produktion viraler Proteine. Viren sind damit ideale Genfähren oder Vektoren, mit denen die genetische Information für die Produktion eines bestimmten Proteins in eine Zielzelle gebracht werden kann. Allerdings werden bei einer normalen Virusinfektion die Zielzellen geschädigt und neue Viruspartikel hergestellt, die weitere Zellen infizieren können. Sie stellen daher eine Gefährdung für die Gesundheit des Menschen dar. Daher müssen Viren wie HIV zunächst gentechnisch verändert werden, bevor ihre gentherapeutische Nutzung ausreichend sicher ist.

Der wichtigste Schritt ist, die **Replikationsfähigkeit des Virus zu blockieren.** Die Viren sollen die Zielzellen infizieren, die infizierten Zellen dürfen aber keine neuen Virionen produzieren. Zu diesem Zweck werden große Bereiche der viralen Erbinformation entfernt. An ihrer Stelle wird das therapeutische Gen eingefügt. Die Teile des Virusgenoms, die zur Produktion struktureller Virusproteine benötigt werden, dürfen daher nur bei der Produktion der Viren vor der Gentherapie anwesend sein, sollten aber nicht mit in die erzeugten replikationsdefizienten Viren „verpackt" werden. Daher werden die für die Produktion der Viren benötigten DNA-Abschnitte auf unterschiedliche Plasmide aufgeteilt, die zusammen in eine **Produzenten-Zelllinie** wie HEK293 eingebracht werden. Nur dort werden so alle für die Produktion viraler Partikel benötigten Bestandteile hergestellt. Die replikationsdefizienten Viren werden in den Zellkulturüberstand sezerniert und können daraus aufgereinigt werden.

Eines dieser Plasmide, der **Transfervektor,** enthält die DNA, die als Fracht vom Virus in die Zielzellen transferiert werden soll (➤ Abb. 15.11). Zusätzlich muss dieses Plasmid Sequenzelemente enthalten, die als Signal für die Verpackung in das Viruskapsid dienen. Bei auf HIV basierenden Viren dienen außerdem die Long Terminal Repeats (LTR-Regionen) des Virus als starke Promotoren und sind zugleich für die spätere Integration der viralen DNA in das Genom der Zielzelle verantwortlich. Auf weiteren, separaten Plasmiden, denen die Verpackungssignale fehlen, werden Gene in die Produzenten-Zellen eingebracht, welche die Strukturproteine des Virus codieren. In den Produzenten-Zellen werden von diesen Plasmiden die Virusproteine translatiert, die sich zu den Virionen zusammenlagern. Nur die vom Transfervektor transkribierte RNA kann in die Virionen integriert werden. Die so entstandenen Viren enthalten keine genetische Information für die viralen Strukturproteine oder die reverse Transkriptase. Sie können daher nur **einmalig eine Zielzelle** infizieren, sich aber in ihr **nicht vermehren.**

HIV kann über sein Oberflächenprotein gp160 nur Zellen infizieren, die auf ihrer Oberfläche das CD4-Protein tragen (➤ 14.2.6). Dies würde den Einsatz von HIV-basierenden Vektoren auf T-Helfer-Zellen limitieren. Um dieses Problem zu umgehen, wird in den Produzenten-Zellen zusätzlich das Glykoprotein G des Vesicular-Stomatitis-Virus (VSV-G) exprimiert. Dieses Protein bindet an Mitglieder der LDL Rezeptor-Familie. Eine Inkorporation dieses Proteins in die Hülle eines rekombinanten Virus-Partikels führt so dazu, dass praktisch alle Säugerzellen mit den rekombinanten Viren infiziert und die viralen Vektoren sehr breit angewendet werden können.

HIV-basierte, lentivirale Vektoren dürfen trotz der beschriebenen Sicherheitsmaßnahmen nur in Laboren der Sicherheitsstufe S2 (= geringes Risiko für die menschliche Gesundheit oder die Umwelt) verwendet werden. Als Alternative hat sich in den letzten Jahren die Verwendung von **Adeno-assoziierten Viren (AAV)** durchgesetzt. AAVs sind in den meisten Fällen nicht humanpathogen und können je nach Serotyp für die Infektion einer ganzen Reihe unterschiedlicher Zelltypen eingesetzt werden. Daher werden AAVs bei Anwendungen bevorzugt, die in eine Gentherapie münden sollen. So konnte in einer experimentellen Studie eine bestimmte Form der erblich bedingten Blindheit durch Injektion eines rekombinanten AAV in das Auge des Patienten partiell korrigiert werden.

15.9 VIRALE VEKTOREN

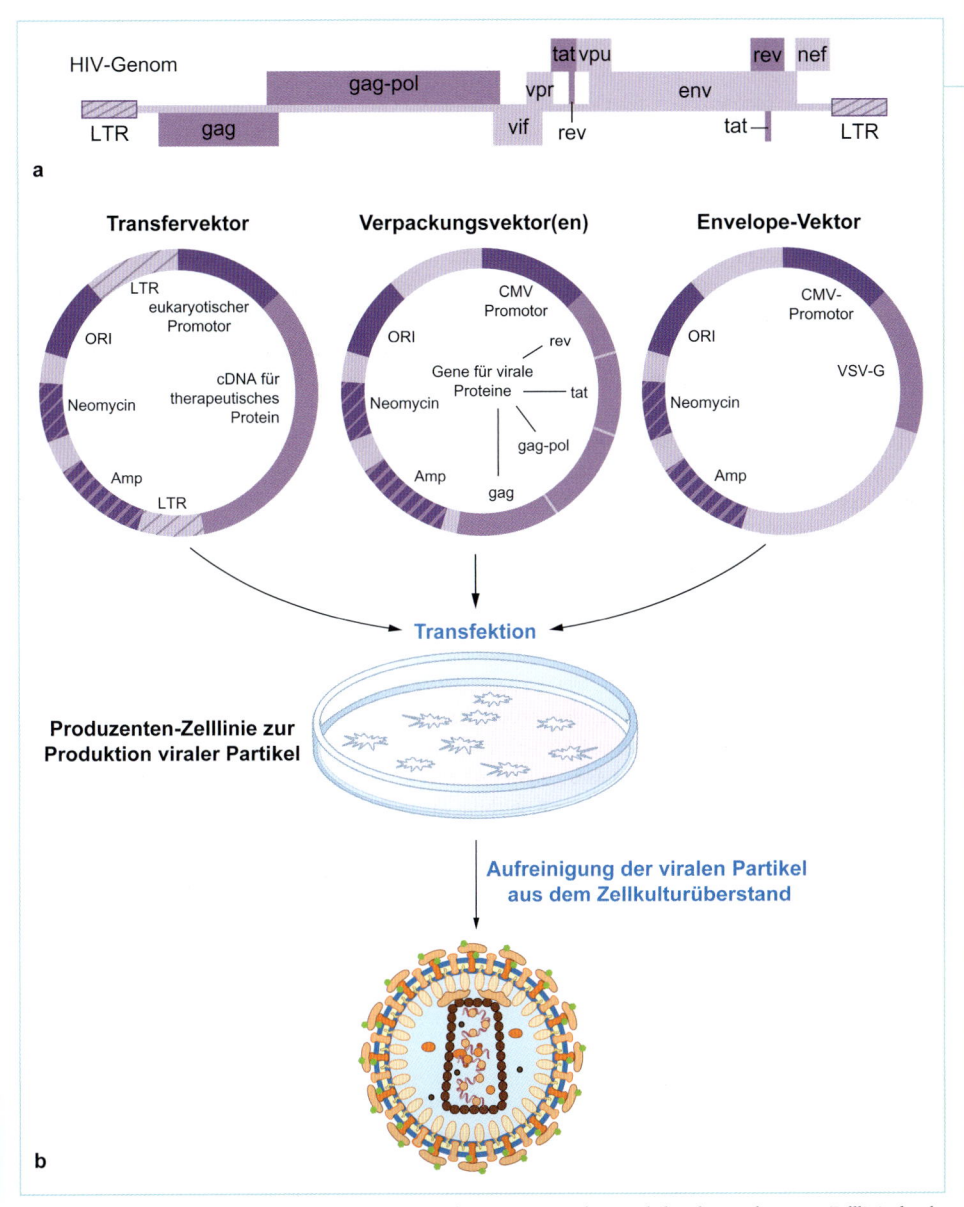

Abb. 15.11 Erzeugung viraler Vektoren. **a** HIV-Genom. **b** Erzeugung viraler Partikel in der Produzenten-Zelllinie durch Transfektion von drei Plasmiden. [L138, L307]

FALL

Herr Meier und das Kolonkarzinom: Heilung durch Gentherapie?

Die Chemotherapie mit Cetuximab schlägt bei Herrn Meier an, die Lebermetastasen verkleinern sich und können schließlich operativ entfernt werden. Er muss weiterhin engmaschig kontrolliert werden, aber im Moment geht es ihm wieder gut. Er fühlt sich nicht mehr so schlapp und nimmt auch wieder an Gewicht zu. Gewichtsabnahme, aber auch Fieber und Nachtschweiß, die Herr Meier nicht hatte, sind Ausdruck der typischen B-Symptomatik maligner Erkrankungen. Diese Symptome bedürfen immer einer Abklärung und sollten nicht leichtfertig als Folge einer Malabsorption von Nährstoffen abgetan werden.

Inzwischen ist Herr Meier zu einem Experten seiner Krankheit geworden; er informiert sich laufend über neueste Entwicklungen. Er ist dank seiner erfolgreichen Therapie sogar zu einem Fan der Gentechnik geworden und hofft auf die baldige Verfügbarkeit einer Gentherapie. Doch da scheint es noch einige Hürden zu geben.

Das Genom von Tumorzellen unterscheidet sich von dem der normalen Körperzellen. Im Laufe der Tumorentstehung sind Tumorsuppressorgene oft durch Mutationen inaktiviert worden (> 12.3.3). Durch einen gentherapeutischen Ansatz könnte ein defektes Tumorsuppressorgen wie das Gen für p53 mithilfe eines viralen Vektors durch eine funktionelle Kopie ersetzt werden. Dies ist in der praktischen Umsetzung jedoch problematisch, da auch mit viralen Vektoren nicht alle Zellen eines Tumors verändert werden können. Nicht infizierte Zellen würden also ungehemmt weiterwachsen und so relativ schnell die infizierten und „therapierten" Zellen verdrängen. Ein alternativer Ansatz zielt auf die genetische Modifikation der Zellen des Immunsystems, sodass diese Tumorzellen erkennen und angreifen können. Dazu können T-Zellen aus dem Blut von Patienten isoliert, im Labor genetisch modifiziert und anschließend wieder in den Patienten injiziert werden. Mit dieser Form der „Immungentherapie" wurden erste Erfolge bei Leukämien erzielt.

Aus Studentensicht

15 GENTECHNOLOGIE: INDIVIDUALISIERTE THERAPIE

15.10 Transgene und Knock-out-Mäuse

Mäuse eignen sich in der Forschung gut als Modellorganismen. Ihr Genom kann verändert werden, indem Gene der Maus gezielt inaktiviert (**Knock-out-Maus**) oder ersetzt (**Knock-in-Maus**) werden oder eine zusätzliche DNA-Sequenz in das Maus-Genom einfügt (**transgene Maus**) wird.

Dafür werden **embryonale Stammzellen** der Maus mit Plasmiden transfiziert. Bei der Herstellung von Knock-out-Mäusen enthalten diese Plasmide zwei große genomische Sequenz-Bereiche, die 5' bzw. 3' des zu modifizierenden Zielgens liegen. Zwischen diesen Abschnitten liegt meist ein Resistenzgen gegen ein Antibiotikum, das die Selektion der Zellen ermöglicht. Ein Teil der eingebrachten Plasmide wird durch **homologe Rekombination** in das Genom integriert, wodurch ein Teil des Zielgens entfernt und durch das Resistenzgen ersetzt wird.

Zellen, in denen das Rekombinationsereignis stattgefunden hat, werden in **Blastozysten** von schwangeren Mäusen injiziert. Daraus können sich chimäre Mäuse entwickeln, die sowohl Zellen des Ursprungsembryos als auch Abkömmlinge der genetisch veränderten Stammzellen enthalten. Durch gezielte Verpaarung dieser Tiere können heterozygote und homozygote K.-o.-Tiere erzeugt werden.

15.10 Transgene und Knock-out-Mäuse

Mäuse weisen eine für Säugetiere relativ kurze Generationszeit auf und können auf kleinen Flächen günstig gehalten werden. Sie eignen sich daher gut als Modellorganismus für die biomedizinische Forschung. Bereits in den 1980er-Jahren wurden Methoden etabliert, um das Genom von Mäusen gezielt zu verändern. Von zentraler Bedeutung sind hier Technologien zur Erzeugung von Knock-out-, Knock-in- oder transgenen Mäusen.

In **Knock-out-Mäusen** (K.-o.-Mäusen) ist ein Gen der Maus gezielt inaktiviert. Dieser experimentelle Ansatz wird gewählt, um die Funktion eines Gens bzw. seines Genproduktes zu ermitteln. Bei **transgenen Mäusen** wird eine zusätzliche DNA-Sequenz in die Maus-DNA eingefügt, bei **Knock-in-Mäusen** wird ein Mausgen durch z. B. sein menschliches Ortholog ersetzt. So können Mutationen, die beim Menschen zu Erbkrankheiten führen, in einem In-vivo-Kontext untersucht werden. Man spricht in diesem Fall von einem „Mausmodell" der Erkrankung.

Die Technik basiert in jedem Fall auf der Verfügbarkeit von **embryonalen Stammzellen** (ES-Zellen) der Maus, die noch das Potenzial haben, sich in jede beliebige Körperzelle zu differenzieren. Diese Zellen werden in Zellkultur gehalten und mit einem Plasmid (Targeting-Vektor) transfiziert. Dieses Plasmid enthält zwei große Bereiche genomischer Sequenz, die 5' bzw. 3' des zu modifizierenden Zielgenabschnitts im Mausgenom lokalisiert sind (➤ Abb. 15.12). Zwischen diesen beiden Abschnitten wird die DNA-Sequenz, die in das Mausgenom eingebracht werden soll, positioniert. Für die Erzeugung von z. B. K.-o.-Mäusen sollte dieser zentrale Bereich ein Gen enthalten, das zur Resistenz der ES-Zellen gegen ein Antibiotikum wie Neomycin führt. Nach der Transfektion in die ES-Zellen führen die 5' und 3' homologen Sequenzabschnitte mit einer gewissen Wahrscheinlichkeit zu einer **homologen Rekombination** von Plasmid und genomischer DNA. Als Ergebnis wird ein Bereich des Zielgens im Mausgenom entfernt und durch das Neomycin-Resistenzgen ersetzt. Zellen, in denen dieses Rekombinationsereignis stattgefunden hat, können nun in Anwesenheit des Antibiotikums Neomycin selektioniert werden. Nach eingehender Charakterisierung eines solchen Zellklons, z. B. mithilfe von PCR, DNA-Sequenzierung oder Restriktionsverdau, werden diese Zellen in **Blastozysten,** einem frühen Stadium von Mausembryonen, injiziert. Diese Embryonen sind jetzt chimäre Lebewesen, da sie Zellen des „Ursprungsembryos" und Zellen der genetisch veränderten ES-Zelllinie enthalten. Nach Implantation der Blastozysten in den Uterus von Mutter-

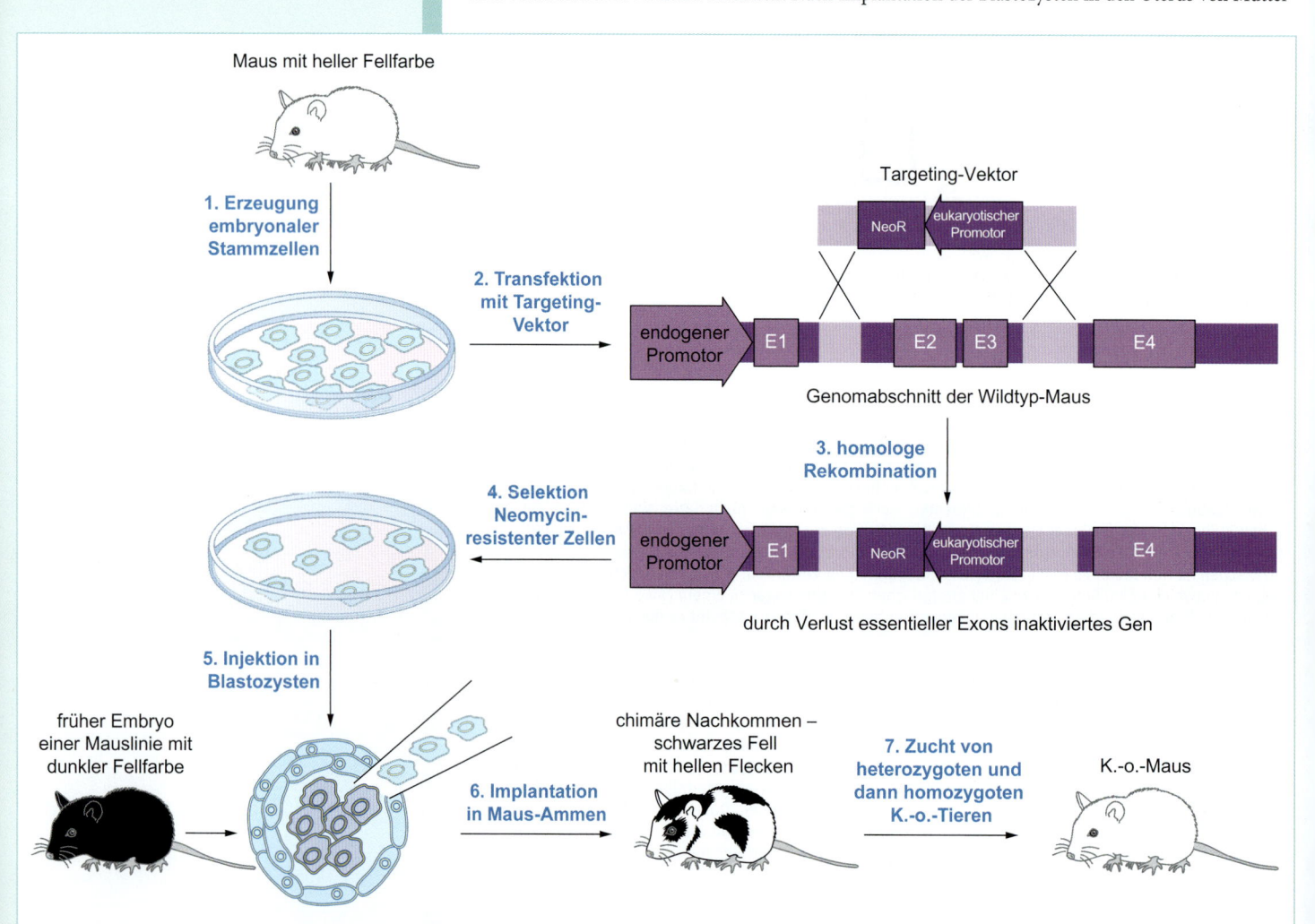

Abb. 15.12 Herstellung von Knock-out-Mäusen [L138]

tieren entwickeln sich daraus chimäre Mäuse, die in einigen Zellen die Mutation tragen, in anderen nicht. Da i. d. R. auch Zellen der Keimbahn die Mutation tragen, können durch Verpaarung der chimären Tiere mit Wildtyptieren Nachkommen erhalten werden, die heterozygot für die Genveränderung sind. Diese können zur Herstellung homozygoter K.-o.-Tiere untereinander verpaart werden.

15.11 RNA-Interferenz

Ein Gen-Knock-out erlaubt die Analyse der Funktion eines Genprodukts in einem Gesamtorganismus wie der Maus, liefert aber oft nur limitierte Einblicke in die zelluläre Funktion eines Gens oder Proteins. Um selektiv nur eine spezifische mRNA in lebenden Zellen auszuschalten und so die Synthese des codierten Proteins zu reduzieren, wird die **RNA-Interferenz (RNAi)** genutzt. Die Integrität des entsprechenden Gens wird dabei nicht beeinträchtigt und die Synthese des Proteins wird meist nicht vollständig unterbunden (= **Gen-Knockdown**). Im Gegensatz zur Etablierung einer Knock-out-Maus-Linie lässt sich ein Gen-Knockdown in wenigen Tagen oder Wochen experimentell realisieren.

Das der Methode zugrunde liegende physiologische Phänomen der RNA-Interferenz beruht auf der Synthese von **miRNA** und deren Prozessierung (> 5.7.1). In der gentechnischen Anwendung werden 19 Basenpaare lange RNA-Doppelstränge (**siRNA**), die exakt komplementär zur mRNA sind, die inaktiviert werden soll, in Zellkulturen eingebracht (> Abb. 15.13a). Datenbankgestützte Algorithmen helfen bei der Suche nach erfolgversprechenden Sequenzabschnitten und verschiedene kommerzielle Anbieter bieten für viele bekannte mRNAs siRNAs an, die mit einer sehr hohen Erfolgsquote zum gewünschten Knockdown führen. Alternativ können auch DNA-Vektoren eingesetzt werden, die zur Expression einer Short Hairpin RNA (**shRNA**) führen (> Abb. 15.13b). Die shRNA wird wie die zellulären pri-miRNAs durch Drosha und Dicer prozessiert. Am Ende steht auch hier die Spaltung der Ziel-mRNA durch das Protein Argonaut 2 im RNA-Induced Silencing Complex (RISC). Die Verwendung der shRNAs hat den Vorteil, dass ihre Expression auch durch rekombinante Viren erreicht werden kann und die gleichzeitige Expression genetischer Marker wie dem grün fluoreszierenden Protein (GFP) erlaubt. Im Verlauf des Experiments können Zellen, welche die shRNA exprimieren, so anhand der grünen Fluoreszenz identifiziert werden.

Aus Studentensicht

15.11 RNA-Interferenz

RNA-Interferenz (RNAi) ermöglicht die gezielte Inaktivierung von mRNA in kultivierten Zellen, ohne das entsprechende Gen zu verändern. Dadurch wird die Synthese des Proteins meist stark reduziert (**Gen-Knockdown**).
Physiologisch findet dieser Prozess über die Synthese von **miRNAs** statt, die als pri-miRNAs im Genom codiert sind. Diese werden durch RNasen wie Drosha und Dicer prozessiert und als RNA-Doppelstrang an Argonaut-Proteine übergeben. Ein Argonaut-Protein bildet zusammen mit einem RNA-Einzelstrang RISC. Über komplementäre Basenpaarung kann RISC spezifisch an Ziel-mRNA binden und so deren Translation hemmen oder den Abbau durch das Argonaut-Protein 2 einleiten.
Experimentell kann man 19 Basenpaare lange RNA-Doppelstränge (**siRNAs**) in Zellen einbringen, die exakt komplementär zur mRNA sind, die man inaktivieren möchte. Alternativ werden DNA-Vektoren eingesetzt, die zur Expression von **shRNA** führen, die ebenfalls durch Drosha und Dicer prozessiert wird. Letztendlich führen beide Verfahren zum Abbau der Ziel-mRNA durch RISC. Die shRNA-Expression kann auch durch die Verwendung rekombinanter Viren erreicht werden. Dies erlaubt eine gleichzeitige Expression genetischer Marker wie GFP: Zellen, die shRNA exprimieren, können so anhand der grünen Fluoreszenz identifiziert werden.

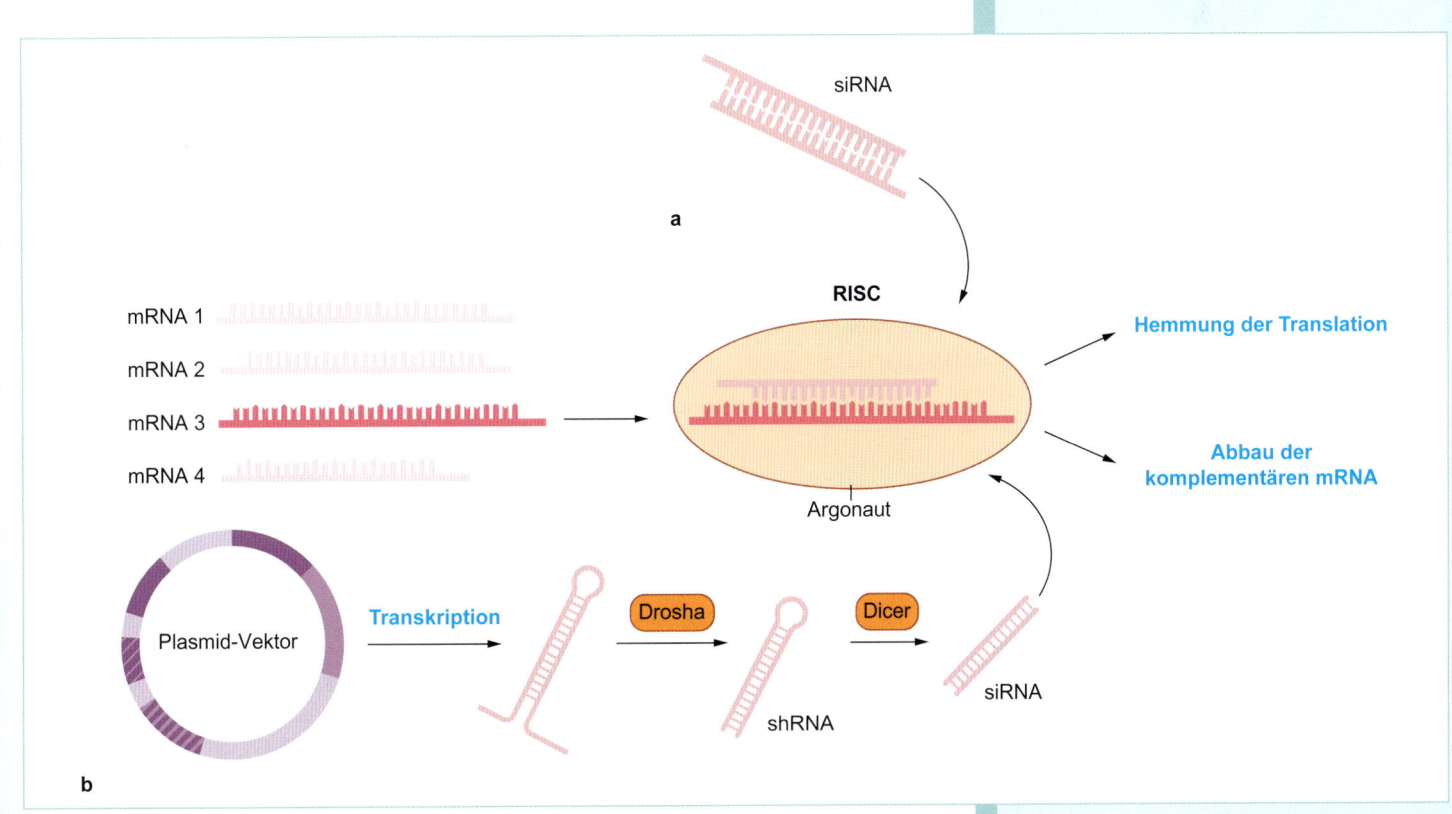

Abb. 15.13 RNA-Interferenz. Knockdown durch siRNA (**a**) oder durch Expression von shRNA (**b**). [L307]

Aus Studentensicht

15 GENTECHNOLOGIE: INDIVIDUALISIERTE THERAPIE

15.12 Genome Editing

Die **Genome-Editing-Technologie** ermöglicht eine **effizientere** und **direkte genetische Manipulation** von Lebewesen.
Das **CRISPR/Cas-System** dient Bakterien zur Abwehr gegen Fremd-DNA. Dabei bildet die **Cas9-Endonuklease** einen Komplex mit kurzen RNA-Sequenzen (tracrRNA und crRNA). Dies ermöglicht ihr, fremde doppelsträngige DNA an einer bestimmten Sequenz zu erkennen und zu spalten.
Im Labor können tracrRNA und crRNA zu einem RNA-Molekül (sgRNA) fusioniert und die crRNA-Sequenzen durch einen RNA-Abschnitt ersetzt werden, der komplementär zu einer Zielsequenz in der DNA der Zielzelle ist. Cas9 wird so zu einem beliebigen genomischen Ziel-DNA-Bereich geführt und erzeugt dort einen **Doppelstrangbruch**.
Bei der Reparatur des Doppelstrangbruchs durch Non-Homologous End Joining werden die Enden wieder verknüpft, wobei häufig einige Nukleotide deletiert oder inseriert werden. Geschieht dies in einem frühen Exon eines proteincodierenden Gens, kann dies zur **funktionellen Inaktivierung** dieses Gens führen.

15.12 Genome Editing

Gezielte Eingriffe in das Genom von Lebewesen waren bisher relativ aufwendig. Der Zeitraum zur Erzeugung einer K.-o.-Maus umfasst von der Planung bis zur ersten modifizierten Maus i. d. R. 1–2 Jahre. Die Entwicklung der **Genome-Editing-Technologie** bietet mittlerweile eine deutlich **effizientere, direktere** und auch kostengünstigere Möglichkeit zur **genetischen Manipulation** von Lebewesen. Das **CRISPR/Cas-System** hat sowohl für die biomedizinische Forschung als auch für die Entwicklung neuartiger Therapien völlig neue Möglichkeiten eröffnet.

Wie die Entdeckung der Restriktionsenzyme basiert auch die Entwicklung des CRISPR/Cas-Systems auf Untersuchungen über die Abwehrmechanismen von Bakterien gegen Fremd-DNA. Kernstück des Systems ist die Cas9-Endonuklease, die in der Lage ist, DNA-Doppelstränge an definierten Positionen zu spalten. Cas9 bindet an einen Komplex aus zwei kurzen RNA-Sequenzen (tracrRNA und crRNA). In Bakterien wird die crRNA von einem genomischen Bereich, den Clustered Regularly Interspaced Short Palindromic Repeats (CRISPR), transkribiert, der Sequenzen von Pathogenen enthält, die in der Vergangenheit das Bakterium infiziert haben. Mithilfe dieses Systems können die Bakterien Fremd-DNA z. B. von Bakteriophagen erkennen und zerstören.

In der gentechnischen Adaptation der Methode werden tracrRNA und crRNA zu einer Single Guide RNA (sgRNA) fusioniert. Dabei kann anstelle der in Bakterien gefundenen crRNA-Sequenzen ein RNA-Abschnitt von etwa 20 Basen eingesetzt werden, der über Basenpaarung mit einer beliebigen, komplementären Zielsequenz in der DNA der Zelle, die verändert werden soll, hybridisieren kann (➤ Abb. 15.14). Da die sgRNA einerseits über Basenpaarungen an die genomische Zielsequenz bindet und andererseits von der Cas9-Nuklease erkannt wird, führt sie die Nuklease zur Zielsequenz. Die Sequenz der sgRNA definiert so die Position auf der genomischen DNA, an der die **Cas9-Endonuklease** einen **Doppelstrangbruch** einführt. Der Doppelstrangbruch kann von der DNA-Reparatur-Maschinerie der Zelle auf zwei verschiedenen Wegen wieder instandgesetzt werden. In der Regel werden die beiden DNA-Enden wieder verknüpft. Bei diesem Prozess des Non-Homologous End Joining werden häufig einige Nukleotide deletiert oder inseriert (➤ 11.3.5). Bei einem Doppelstrangbruch in einem frühen Exon eines proteincodierenden Gens verändert sich dadurch oftmals das Leseraster, sodass das **Gen funktionell inaktiviert** wird. Der Einsatz von CRISPR/Cas in Zusammenhang mit der zellulären DNA-Reparatur durch Non-Homologous End Joining kann so zur gezielten Inaktivierung eines Gens genutzt werden.

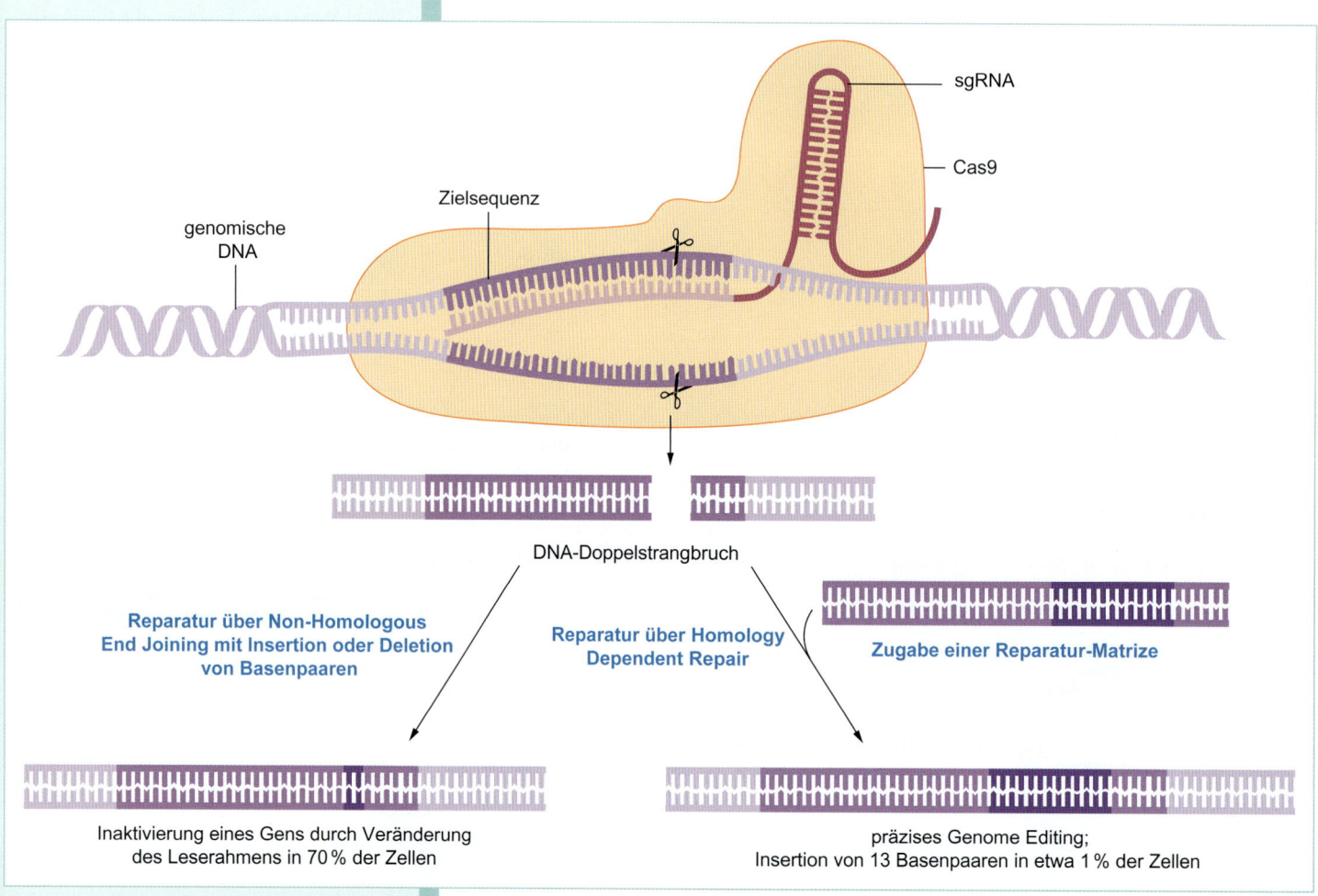

Abb. 15.14 Genome Editing mit der CRISPR/Cas-Methode [L138]

15.12 GENOME EDITING

Soll das **Gen gezielt modifiziert** werden, muss man ein zusätzliches DNA-Molekül in die Zelle einbringen, das die beiden **Enden des Bruchpunkts überspannt** und dazwischen die gewünschte veränderte Sequenz trägt. Dieser veränderte DNA-Abschnitt (= Reparatur-Matrize) wird durch homologe Rekombinationsreparatur (➤ 11.3.5) eingebaut, allerdings nur mit relativ geringer Wahrscheinlichkeit (➤ Abb. 15.14). Um veränderte Zellen zu identifizieren, müssen daher viele Klone mithilfe von PCR und DNA-Sequenzierung auf die gewünschte Veränderung im Genom hin analysiert werden.

Für die gentechnische Anwendung wird ein Vektor benötigt, der die genetische Information zur Expression der Cas9-Endonuklease trägt und gleichzeitig zur Expression der chimären sgRNA führt. Für die Modifikation von kultivierten Zellen kann dazu ein Plasmid, bei Anwendungen in vivo ein viraler Vektor verwendet werden. Die Handhabung des Systems wird durch verschiedene Entwicklungen erleichtert. So sind die genomischen Sequenzen vom Menschen und von Modellorganismen der biomedizinischen Forschung wie Taufliege, Zebrafisch oder Maus vollständig bekannt. Für das Design der sgRNA-Sequenzen wurden Computeralgorithmen entwickelt, die den Wissenschaftlern eine zügige Planung der Experimente ermöglichen. Relativ schnell wurde damit begonnen, CRISPR/Cas-Vektoren in frühe Mausembryonen einzubringen, um einzelne Gene zu inaktivieren. In einer Erweiterung dieses Ansatzes gelang es, durch das Einbringen von zwei sgRNAs einen genomischen Bereich an zwei Positionen zu schneiden. Auch dabei werden die Chromosomenenden wieder zusammengefügt, das Fragment zwischen den beiden Schnittstellen geht jedoch verloren. Mit dieser Methode können **große genomische Bereiche** bis hin zu mehreren Kilobasen gezielt **deletiert** werden. Weiterhin ist es möglich, mit der CRISPR/Cas-Technologie **Punktmutationen** in das Genom eines Zielorganismus einzufügen.

In ersten Experimenten wurde bei Mäusen damit begonnen, genetische Defekte, die beim Menschen zu schweren Erkrankungen führen, zu korrigieren. Ein Beispiel ist das Gen für Dystrophin, das bei der muskulären Dystrophie vom Typ Duchenne mutiert ist. Durch Einsatz der CRISPR/Cas-Technologie konnte bei Mäusen, die diese Mutation tragen, das mutierte Exon herausgeschnitten werden.

Aus Studentensicht

Um ein **Gen gezielt zu modifizieren**, wird zusätzlich ein DNA-Molekül in die Zelle eingebracht, das die **Enden des Bruchpunkts überspannt** und dazwischen die gewünschte Sequenz trägt. Nach Erzeugung des Doppelstrangbruchs kann das DNA-Molekül durch die Homology Dependent Repair in das Genom eingebaut werden.

Um CRISPR/Cas in kultivierten Zellen oder in vivo anwenden zu können, benötigt man einen Vektor, der zur Expression der Cas9-Endonuklease sowie der sgRNA führt.

Durch das Einbringen von zwei sgRNAs ist es möglich, an zwei Positionen im Genom zu schneiden und so relativ **große genomische Bereiche** zu **deletieren**. Auch **Punktmutationen** können gezielt eingebracht werden.

In Mäusen ist es bereits möglich, mit dem CRISPR/Cas-System genetische Defekte, die beim Menschen zu schweren Erkrankungen führen, zu korrigieren.

KLINIK

Duchenne: Mäuse, Muskeln und Mutationen

Die Muskeldystrophie vom Typ Duchenne ist eine schwere, genetisch bedingte Erkrankung der Muskulatur. Degeneration und Schwund führen zu einer fortschreitenden Muskelschwäche und zum Tod im frühen Erwachsenenalter. Die Ursache ist ein Defekt in dem Gen, das für das in Muskelzellen vorkommende Strukturprotein Dystrophin codiert. Da das Gen auf dem X-Chromosom lokalisiert ist, sind die Patienten i.d.R. männlich. In vielen Fällen führt die pathogene Mutation zu einer Leserasterverschiebung und damit zu einem unvollständigen und funktionsunfähigen Dystrophin. Die mdx-Maus, bei der eine Nonsense-Mutation in Exon 23 zum frühzeitigen Abbruch der Proteinsynthese führt, wird als Modell für die Erkrankung verwendet, obwohl die Mäuse nur sehr milde Symptome aufweisen. 2015 berichteten mehrere Arbeitsgruppen, dass durch Einsatz der CRISPR/Cas-Technologie das betroffene Exon aus dem Genom der Muskulatur der mdx-Mäuse herausgeschnitten werden konnte. Zu diesem Zweck wurde ein AAV-Vektor in die Muskulatur der Mäuse injiziert, der zur Expression der Cas9-Nuklease sowie von zwei sgRNAs führt, die Zielsequenzen am 5'- bzw. 3'-Ende von Exon 23 erkennen. In einem Großteil der Muskelzellen konnte so ein Genome Editing mit Verlust des Exons 23 herbeigeführt werden. In diesen Zellen führten Transkription und Spleißen von Exon 22 direkt zu Exon 24 zu einer mRNA mit einem durchgehenden Leserahmen. Zwar fehlt der in Exon 23 enthaltene Bereich der proteincodierenden Sequenz, jedoch kann die verkürzte Dystrophin-Variante einige Funktionen des vollständigen Proteins übernehmen und führt somit zu einem deutlich milderen Phänotyp. Mehrere Wochen nach der Infektion mit dem AAV-Virus produzieren die Mäuse nicht nur die verkleinerte Form von Dystrophin, sondern weisen auch eine stärkere Muskulatur auf.

Korrektur eines genetischen Defekts durch Genome Editing am Beispiel der mdx-Maus [L271]

Aus Studentensicht

PRÜFUNGSSCHWERPUNKTE
IMPP
! DNA-Ligase (bei In-vitro-Klonierung)

Kompetenzorientierte Lernziele (NKLM)
Die Studierenden können
- Untersuchungsmethoden der Gendiagnostik indikationsgerecht wählen und nutzen die Ergebnisse für weitere diagnostische und therapeutische Entscheidungen.
- die Prinzipien der Gentherapie erklären.
- die Prinzipien der pathogenetisch orientierten sowie der individualisierten Therapie erklären.

ÜBUNGSFRAGEN FÜRS MÜNDLICHE MIT LÖSUNGSHILFEN

1.	Wodurch sind die Erkennungssequenzen für Restriktionsendonukleasen charakterisiert?
	Die Schnittstelle liegt i. d. R. innerhalb eines Palindroms. In der Molekularbiologie sind Palindrome komplementäre Sequenzen, deren Einzelstrangsequenzen von 5' nach 3' gelesen identisch sind.
2.	Beschreiben Sie die Vorgänge, die in den drei Stufen eines typischen Zyklus der Polymerase-Kettenreaktion (PCR) ablaufen!
	Stufe 1: Erhitzen auf 95 °C; dadurch Denaturierung der DNA und Trennung der beiden Stränge. Stufe 2: Abkühlen auf eine Annealing-Temperatur von etwa 50–65 °C. Dies erlaubt die Anlagerung der beiden Primer an ihre komplementären Zielsequenzen. Stufe 3: Erhitzen auf 72 °C; die Taq-Polymerase kann in Anwesenheit aller 4 dNTPs die Primer verlängern.
3.	Wie kann ein HIV-basierter viraler Vektor so modifiziert werden, dass er auch Zellen außerhalb des Immunsystems infiziert?
	Durch Austausch der codierenden Sequenz für das Oberflächenprotein gp160, das nur an CD4 auf den T-Helfer-Zellen bindet, gegen die codierende Sequenz für das VSV-G-Protein, das eine Infektion fast aller Säugerzellen ermöglicht.
4.	Was ist ein Plasmid?
	Ein kleines (2 000–10 000 bp), ringförmiges DNA-Molekül, das in Bakterien neben der eigentlichen chromosomalen DNA vorliegen kann. Plasmide tragen häufig Resistenzgene für bestimmte Antibiotika wie Ampicillin. Bakterien, die solch ein Plasmid tragen, können in Gegenwart des Antibiotikums selektioniert werden. Aufgrund der leichten Manipulierbarkeit und Handhabbarkeit sind Plasmide als Vektoren für die Übertragung von genetischer Information in Zellen und Organismen geeignet.

KAPITEL 16
Immunsystem: Abwehr von Bedrohungen
Cordula Harter

16.1	Komponenten des Immunsystems	363
16.2	Organe und Zellen des Immunsystems	364
16.3	Angeborene Immunität	364
16.3.1	Komponenten der angeborenen Immunität	364
16.3.2	Barrieren: mechanische und chemische Abwehr	365
16.3.3	Proteine und andere lösliche Moleküle: biologische Abwehr	366
16.3.4	Mustererkennung: Was unterscheidet Freund von Feind?	368
16.3.5	Zellen der angeborenen Immunität	369
16.3.6	Entzündung	370
16.3.7	Komplementsystem: vielseitiger Helfer	373
16.4	Adaptive Immunität: maßgeschneiderte Abwehr	375
16.4.1	Komponenten der adaptiven Immunität	375
16.4.2	Antigene: vielseitige Provokateure	376
16.4.3	Antigenpräsentation	377
16.4.4	Antigenerkennung durch T-Lymphozyten	380
16.4.5	T-Zell-Antwort	382
16.4.6	Antikörper	389
16.4.7	Antigenerkennung durch B-Lymphozyten	392
16.4.8	B-Zell-Antwort	395
16.4.9	Immunologisches Gedächtnis	400
16.4.10	Monoklonale Antikörper für Diagnostik und Therapie	401
16.5	Immunsystem des Darms: dauernde Wachsamkeit	402
16.5.1	Organisation des Immunsystems des Darms	402
16.5.2	Angeborene Immunität des Darms	403
16.5.3	Adaptive Immunität des Darms	404
16.6	Das überempfindliche Immunsystem: Autoimmunität und Allergien	406
16.6.1	Autoimmunität: gestörte Toleranz	406
16.6.2	Allergien: Harmlos wird gefährlich	407
16.6.3	Hyposensibilisierung	410
16.7	Immuntherapie bei Tumorerkrankungen	411
16.7.1	Tumorescape	411
16.7.2	Unspezifische Immunstimulation	411
16.7.3	Immunisierung	411

Aus Studentensicht

Die Nase läuft, Husten, Abgeschlagenheit und dazu noch Fieber – es ist mal wieder so weit: Du bist erkältet. Schon fast selbstverständlich nimmst du an, dass in gut einer Woche eine deutliche Besserung eingetreten sein wird. Aber was passiert in dieser Zeit in unserem Körper eigentlich? Wie kommt es zu den vielfältigen Symptomen und wie reagiert unser Körper auf die Ursache? Unser Immunsystem schützt uns vor Erkrankungen und bekämpft Infektionen. Dabei ist es keinesfalls immer ein Freund und Helfer – unter Umständen verursacht es lästige Symptome im Rahmen einer Allergie oder es entwickelt sich eine Autoimmunerkrankung. In diesem Kapitel wirst du die vielfältigen Facetten des Immunsystems kennenlernen und schnell verstehen, dass bereits kleine Fehlfunktionen innerhalb des komplexen Systems dramatische Folgen haben können.
Karim Kouz

16.1 Komponenten des Immunsystems

> **FALL**
>
> **Lina ist erkältet**
>
> Es ist Ende Januar, Lina stapft missmutig durch den Schneeregen nach Hause. Ständig muss sie niesen und ihre Nase läuft. „Mami, ich hab so Schnupfen, meine Taschentücher sind schon aufgebraucht und außerdem tut mir das Schlucken weh."
> Lina wird gleich ins Bett gesteckt und mit Kamillentee versorgt. „Du hast dich erkältet, Schätzchen. Kein Wunder, wenn du ständig Mütze und Schal liegen lässt!" Tatsächlich trägt Kälte durch die schlechtere Durchblutung der Schleimhäute zum erleichterten Eindringen von Erregern bei. Bei Lina sind die Eindringlinge wahrscheinlich Rhinoviren, die häufigsten Auslöser einer Erkältung. In der kalten Jahreszeit lösen sie bis zu 80 % der unspezifischen Infektionen der oberen Atemwege aus.
> Wieso läuft die Nase bei einer Erkältung?

Aus Studentensicht

Das Immunsystem dient dem Schutz vor Krankheitserregern. Man unterscheidet eine **angeborene** und eine **adaptive Immunität,** die zusammen das komplexe Immunsystem bilden. Die **humorale** Immunität wird von **löslichen** Komponenten vermittelt, die **zelluläre Immunität** hingegen v. a. von weißen Blutzellen, den **Leukozyten.** Normalerweise löst das Immunsystem nur gegen **körperfremde** Moleküle eine **Immunantwort** aus und entwickelt gegen **eigene** Moleküle eine **Immuntoleranz.**

● TAB. 16.1

16 IMMUNSYSTEM: ABWEHR VON BEDROHUNGEN

Immun sein bedeutet, gegen Krankheiten bzw. ihre Erreger geschützt zu sein. Die **angeborene unspezifische Immunität** ist von Beginn des Lebens an vorhanden, die **adaptive spezifische Immunität** entwickelt sich hingegen erst im Laufe des Lebens (➤ Tab. 16.1). Unser Immunsystem verfügt über ein Arsenal sehr unterschiedlicher Verteidigungssysteme und Waffen, die über den gesamten Organismus verteilt sind.

Bei den Komponenten des Immunsystems werden lösliche und zelluläre Faktoren bzw. die humorale und zelluläre Immunität unterschieden. Die **zellulären** Einsatzkräfte des Immunsystems sind v. a. weiße Blutzellen, die **Leukozyten.** Diese kommunizieren miteinander und mit anderen Körperzellen und produzieren dabei **humorale (lösliche)** Faktoren, die Eindringlinge töten und somit Schaden vom Organismus abwenden können. Dabei arbeitet das Immunsystem so zielgerichtet, dass es normalerweise nur gegen **körperfremde** Moleküle eine **Immunantwort** auslöst und gegen **eigene** Moleküle eine **Immuntoleranz** entwickelt. Fallen eine oder gar mehrere der Verteidigungsfronten und Kontrollinstanzen aus, kann dies zu massiven gesundheitlichen Einschränkungen bis hin zu Organversagen und frühem Tod führen.

Tab. 16.1 Eigenschaften und Komponenten des Immunsystems

	Angeborene Immunität	Adaptive Immunität
Eigenschaften	Unspezifisch	Spezifisch
	Reagiert sofort: Minuten–Stunden	Reagiert verzögert: Tage–Wochen
	Komponenten genetisch festgelegt	Komponenten genetisch nicht festgelegt
	Kein Gedächtnis	Gedächtnis
	Geringe Diskriminierung Selbst ↔ Nicht-Selbst	Hohe Diskriminierung Selbst ↔ Nicht-Selbst
Humorale Komponenten	• Antimikrobielle Proteine • Reaktive Sauerstoffspezies • Zytokine • Akute-Phase-Proteine • Komplementsystem	• Antikörper
Zellen	• Granulozyten • Monozyten, Makrophagen • Mastzellen • Natürliche Killerzellen • Dendritische Zellen	• T-Lymphozyten • B-Lymphozyten • Antigenpräsentierende Zellen

16.2 Organe und Zellen des Immunsystems

Alle Zellen des Immunsystems werden im **Knochenmark** aus einer hämatopoetischen Stammzelle gebildet. T-Lymphozyten wandern jedoch früh in den **Thymus** aus und entwickeln sich dort weiter.
Zentrale (primäre) lymphatische Organe:
• Knochenmark
• Thymus
Periphere (sekundäre) Immunorgane:
• Milz
• Lymphknoten
• Tonsillen
• Mukosaassoziiertes Gewebe (MALT)

Aus der hämatopoetischen Stammzelle entstehen die **myeloische** (Granulozyten, Mastzellen, Makrophagen, myeloische dendritische Zellen) und die **lymphatische** (natürliche Killerzellen, plasmazytoide dendritische Zellen, B- und T-Lymphozyten) **Zelllinie.**

16.3 Angeborene Immunität

16.3.1 Komponenten der angeborenen Immunität

Von Geburt an sind wir Noxen ausgesetzt, vor denen wir schnell und effizient durch die **angeborene Immunität,** die in unserem **Genom** codiert ist, geschützt sind. Zu ihr gehören u. a. **anatomische Barrieren, biologische** und **chemische Mechanismen** sowie verschiedene **Zellen.** Dabei erkennt das angeborene Immunsystem die Erreger durch molekulare Muster und kann sie direkt bekämpfen.

16.2 Organe und Zellen des Immunsystems

Die Zellen des Immunsystems beginnen ihre Entwicklung in den **zentralen (primären)** lymphatischen Organen **Knochenmark** und **Thymus.** Ausgehend von einer gemeinsamen hämatopoetischen Stammzelle im Knochenmark entstehen die myeloische und die lymphatische Zelllinie (➤ Abb. 16.1). Mit Ausnahme der T-Lymphozyten, die sich im Thymus weiterentwickeln, reifen die Vorläuferzellen im Knochenmark. In den **peripheren (sekundären)** Immunorganen **Milz, Lymphknoten, Tonsillen** und dem mukosaassoziierten lymphatischen Gewebe (MALT) wie Peyer-Plaques und Appendix treffen sich die reifen Zellen der angeborenen und adaptiven Immunität, um sich weiter zu differenzieren und gezielt gegen fremde Moleküle vorzugehen.

Aus der **myeloischen Zelllinie** entwickeln sich die Zellen der angeborenen Immunität: Granulozyten, Mastzellen und Makrophagen sowie myeloische dendritische Zellen, die eine Schnittstelle zwischen angeborener und adaptiver Immunität herstellen. Vorläuferzellen wandern aus dem Knochenmark in die Blutbahn oder in periphere Gewebe, wo sie sich weiter differenzieren und ihre jeweiligen Funktionen erfüllen. Aus der **lymphatischen Zelllinie** entwickeln sich natürliche Killerzellen (NK-Zellen), plasmazytoide dendritische Zellen sowie B- und T-Lymphozyten (➤ 16.2).

16.3 Angeborene Immunität

16.3.1 Komponenten der angeborenen Immunität

Von Geburt an sind wir ständig Noxen (lat. noxa = Schaden), also Pathogenen und schädigenden Einflüssen aus der Umwelt, ausgesetzt. Doch nur in wenigen Fällen werden wir dadurch krank. Die meisten Noxen können durch die angeborene Immunität, die sich durch verschiedene Verteidigungsstrategien mit breitem Wirkungsspektrum auszeichnet, rasch und effizient abgewehrt werden.

Die **angeborene Immunität** ist im **Genom codiert** und damit in der befruchteten Eizelle festgelegt und von Geburt an vorhanden. Sie umfasst **anatomische Barrieren, biologische** und **chemische Mechanismen** sowie verschiedene **Zellen,** die über ein ausgeklügeltes System miteinander kommunizieren und Krankheitserreger auf verschiedene Weise vernichten. Das angeborene Immunsystem erkennt die Erreger durch typische molekulare Muster und kann sie daher beim Eintritt in den menschlichen Körper sofort bekämpfen.

16.3 ANGEBORENE IMMUNITÄT

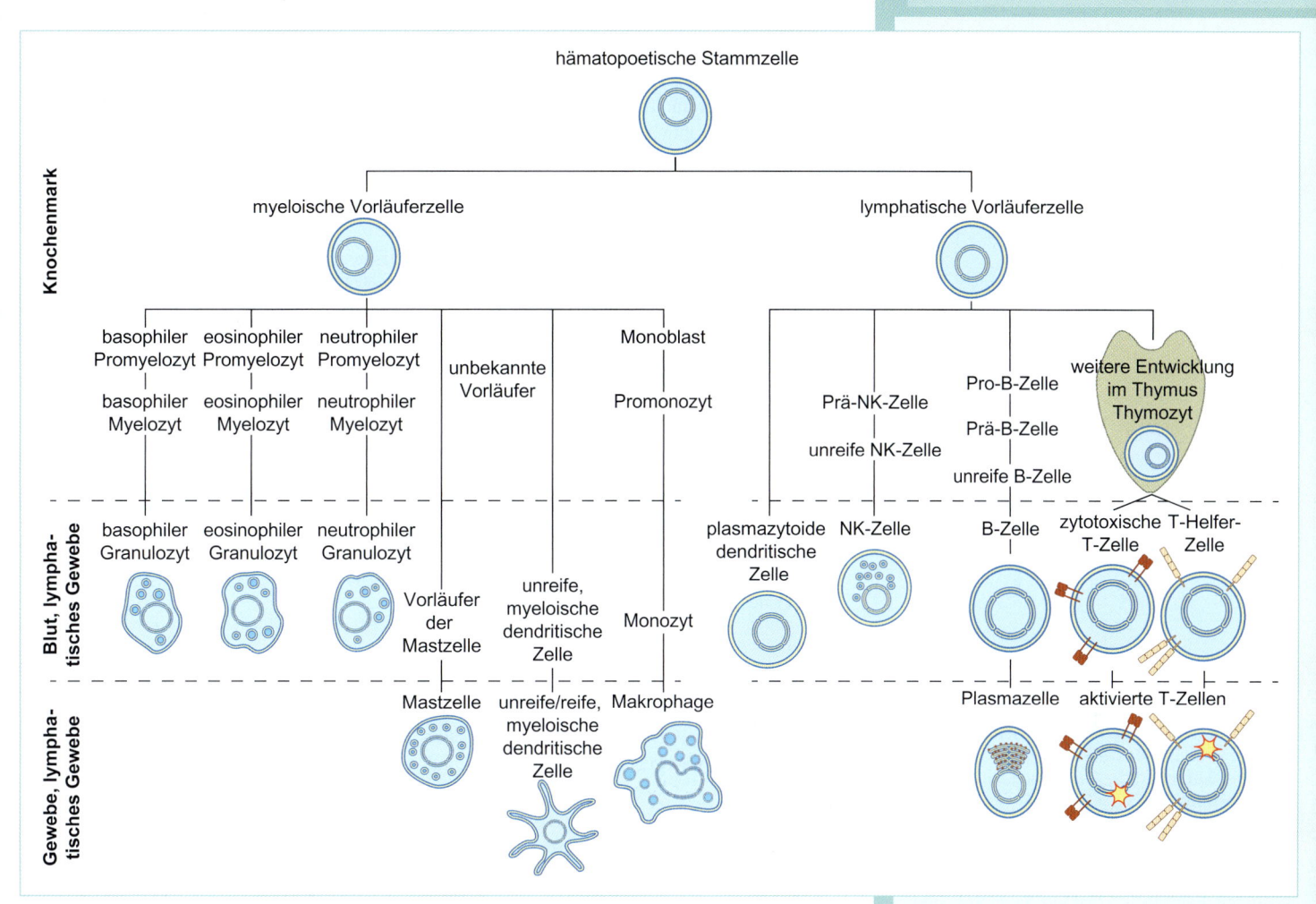

Abb. 16.1 Entwicklung der Zellen des Immunsystems [L138, L307]

16.3.2 Barrieren: mechanische und chemische Abwehr

Gesunde Haut und Schleimhäute bilden eine erste Barriere gegen Krankheitserreger (> Abb. 16.2). Die knapp 2 m² umfassende **Haut** eines Erwachsenen ist auf der Oberfläche mit einer Lipidschicht bedeckt, die eine natürliche, **wasserabweisende Barriere** bildet. Der leicht saure **pH-Wert** der Haut hat darüber hinaus bakterizide Eigenschaften. Erst bei Läsionen durch Verletzungen, Verbrennungen, Strahlenschäden oder Erkrankungen können Erreger über die Haut eindringen.

Organe				
mechanisch	über Tight Junctions verknüpfte Epithelzellen, Luft- oder Flüssigkeitsstrom, Zilienschlag			
chemisch/ biologisch	Lipide, saurer pH-Wert	Muzine, saurer pH-Wert im Magen		Muzine, Surfactant
	antimikrobielle Peptide, Enzyme			
mikrobiologisch	physiologisches Mikrobiom (Kommensale)			

Abb. 16.2 Natürliche Barrieren von Haut und Schleimhäuten [L271]

Eine viel größere Angriffsfläche bieten die **Schleimhäute**. Aufgrund ihrer Größe sind die Epithelien der Atemwege mit ca. 100 m² und die des Gastrointestinaltrakts mit 200–300 m² am bedeutendsten. Im intakten Zustand stellen die Verbindungen der Epithelzellen über **Tight Junctions** verlässliche mechanische Barrieren dar. Darüber hinaus verhindern Bewegungen wie der **Zilienschlag** des Flimmerepithels der Atemwege oder die **Darmperistaltik** eine Ansiedelung von Pathogenen auf der Epitheloberfläche.

Aus Studentensicht

16.3.2 Barrieren: mechanische und chemische Abwehr

Haut und Schleimhäute wirken als erste Barriere gegenüber Pathogenen.
Die gesunde **Haut** (ca. 2 m²) bildet mit ihrer Lipidschicht eine **wasserabweisende Barriere** und der leicht saure **pH-Wert** der Haut wirkt bakterizid.

ABB. 16.2

Die **Schleimhautoberfläche** (> 300 m²) bildet über **Tight Junctions** zwischen den einzelnen Zellen eine mechanische Barriere. Der **Zilienschlag** des Flimmerepithels und die Darmperistaltik verhindern eine Pathogenansiedlung auf der Zelloberfläche.

Aus Studentensicht

Muzine, welche die Epitheloberflächen bedecken, immobilisieren Erreger, sodass diese abtransportiert werden können. Im Magen trägt der saure pH-Wert des Magensafts zur Inaktivierung von Pathogenen bei.

Neben der mechanischen Abwehr stellen auch **Muzine,** hoch glykosylierte Proteine auf der Oberfläche von Epithelien, einen wirksamen Schutz dar, indem sie Erreger immobilisieren, sodass diese durch den Fluss des Schleims abtransportiert werden können. Im Magen trägt außerdem der saure pH-Wert des Magensaftes zur Inaktivierung von Pathogenen bei.

> **FALL**
>
> **Lina ist erkältet: Muzine, MPO und der Schnupfen**
>
> Der Abtransport der Erreger läuft bei Lina auf Hochtouren: Nasen- und Atemwegsepithel produzieren vermehrt Muzine und schaffen die Rhinoviren durch den Zilienschlag nach außen. Linas Nase läuft. Zunächst ist der Schnupfen noch klar und dünnflüssig, später wird er dickflüssiger und gelblich und manchmal sogar grünlich verfärbt. Oft wird dies als Hinweis auf eine zusätzliche bakterielle Infektion angesehen, die zu der ursprünglich viralen Infektion hinzugekommen ist (= bakterielle Superinfektion). Eine gelblich-grüne Verfärbung des Schleims kommt jedoch auch bei der „banalen Erkältung" vor und ist ohne weitere Symptome kein guter Marker für eine bakterielle Superinfektion und keine Indikation für das Verschreiben von Antibiotika. Die Verfärbung des Sekrets ist auf antimikrobielle Substanzen wie die Myeloperoxidase (MPO) zurückzuführen. Makrophagen, große Fresszellen des Immunsystems, vermehren sich bei einer Infektion im Rachenraum und bilden – wie auch die kleineren Fresszellen, die neutrophilen Granulozyten – vermehrt MPO. MPO ist ein Häm-Protein, das je nach Konzentration von hellgelb bis grün erscheint. Makrophagen und neutrophile Granulozyten spielen eine wichtige Rolle bei der Eiterbildung, egal ob in der Nase oder an anderen Stellen im Körper.
>
> Die kleine Lina geht am nächsten Tag nicht in die Schule. „Mir ist so kalt, Mami, kannst du mir noch eine zweite Decke bringen?" – „Oh, du glühst ja, Schätzchen! Da messen wir gleich mal Fieber." Das Fieberthermometer zeigt 39 °C. Als Linas Mutter später wieder nach ihr schaut, schläft Lina. Vom Frühstücksmüsli hat sie nur einen kleinen Löffel voll gegessen.
>
> Was verursacht Linas Symptome wie Frösteln, Fieber, Müdigkeit und Appetitlosigkeit und welche Rolle spielen sie bei der Infektbekämpfung?

Der Ausbreitung pathogener Keime auf Epithelien wird durch das **Mikrobiom** zusätzlich entgegengewirkt. Dieses verteidigt seinen Lebensraum und verhindert die Ansiedlung anderer Mikroorganismen.

Die Ausbreitung pathogener Mikroorganismen auf Epithelien wird auch durch die Besiedelung mit 10 bis 100 Billionen Mikroorganismen, den **Kommensalen,** erschwert. Sie bilden das physiologische **Mikrobiom** (> 14.3.2), verteidigen ihren Lebensraum und verhindern so die Ansiedlung pathogener Konkurrenten.

16.3.3 Proteine und andere lösliche Moleküle: biologische Abwehr

Bestimmte **Peptide** und **reaktive Sauerstoff- und Stickstoffspezies** wirken **antimikrobiell** und unterstützen die Barrierefunktion von Haut und Schleimhäuten.
Defensine werden von praktisch allen Epithelzellen und Phagozyten synthetisiert. Sie können Poren in Zellmembranen bilden und dadurch Zellen lysieren, Phagozyten aktivieren, Entzündungsreaktionen auslösen und die Virusvermehrung hemmen.
Collectine sind kohlenhydratbindende Proteine, die u. a. das Komplementsystem aktivieren können.

Die Barrierefunktion von Haut und Schleimhäuten wird durch eine Reihe **antimikrobiell** wirkender löslicher Faktoren unterstützt, die entweder zur Stoffklasse der **Peptide** oder zu den **reaktiven Sauerstoff- und Stickstoffspezies** gehören. Zu den wichtigsten antimikrobiellen Peptiden gehören Peptide wie die Defensine, Collectine, Lactoferrin und Lysozym (> Tab. 16.2).
Die kationischen **Defensine,** die praktisch von allen Zellen – Epithelzellen ebenso wie Immunzellen – synthetisiert werden, bieten ein besonders breites antimikrobielles Spektrum. Allein die Paneth-Zellen des Darms bilden mehr als 20 Isoformen. Defensine können Poren in Membranen bilden und dadurch Bakterien lysieren. Sie können aber auch verschiedene Immunzellen aktivieren und Entzündungsreaktionen auslösen oder direkt an virale Proteine binden und dadurch die Virusvermehrung hemmen. **Collectine** sind kohlenhydratbindende Proteine, zu denen die Surfactant-Proteine A und D sowie das mannosebindende Lektin (MBL) gehören. Sie können an Mikroorganismen binden und als Opsonin wirken sowie das Komplementsystem aktivieren (> 16.3.7).

Tab. 16.2 Antimikrobielle Peptide

Peptid	Vorkommen	Wirkung
Defensine	• Epithelzellen, z. B. Haut, Schleimhäute • Immunzellen, z. B. Makrophagen, dendritische Zellen	• Lyse von Bakterienmembranen • Aktivierung von Immunzellen • Bindung an virale Proteine
Collectine, z. B. Surfactant-Proteine A und D	• Vor allem Atemwege • Sezerniert von Typ-II-Pneumozyten und Clara-Zellen	• Bindung an Oberfläche von Mikroorganismen und dadurch Markierung für Phagozytose
Lactoferrin	• Milch und andere Sekrete • Sezerniert von exokrinen Drüsen (Milchdrüse) und neutrophilen Granulozyten	• Serinprotease • Nuklease • Bindet Fe^{2+}-Ionen
Lysozym	• Speichel, Tränenflüssigkeit, Darm • Sezerniert von Phagozyten und Paneth-Zellen	• Glykosidase, spaltet glykosidische Bindung zwischen N-Acetylmuraminsäure und N-Acetylglukosamin in Peptidoglykanen der Bakterienzellwand

Reaktive Sauerstoffspezies (ROS) und **Stickstoffspezies** (RNS) werden von phagozytierenden Zellen produziert und freigesetzt, was als **oxidativer Burst** bezeichnet wird.

Reaktive Sauerstoffspezies (ROS) und **reaktive Stickstoffspezies** (RNS) werden innerhalb von phagozytierenden Zellen wie Makrophagen und neutrophilen Granulozyten in einer Reihe verschiedener Reaktionen produziert, die als oxidative Entladung (**oxidativer Burst**) bezeichnet werden und mit einem massiven Anstieg des Sauerstoffverbrauchs einhergehen. Der oxidative Burst erfolgt besonders intensiv in Phagolysosomen infizierter Zellen.

16.3 ANGEBORENE IMMUNITÄT

Bei der **Phagozytose** wird der Kontakt zwischen Mikroorganismus und Phagozytenoberfläche durch verschiedene Rezeptoren vermittelt, die den Erreger entweder direkt, über Antikörper oder über Komplementkomponenten erkennen. Der Erreger wird internalisiert und in Phagosomen eingeschlossen (> Abb. 16.3). Durch Verschmelzen mit Lysosomen und Granula (= Vesikel mit löslichen und membrangebundenen Enzymen) entstehen Phagolysosomen.

Aus Studentensicht

Durch Internalisierung gelangen Erreger bei der **Phagozytose** in Phagosomen, die wiederum mit Lysosomen und Granula verschmelzen und Phagolysosomen bilden.

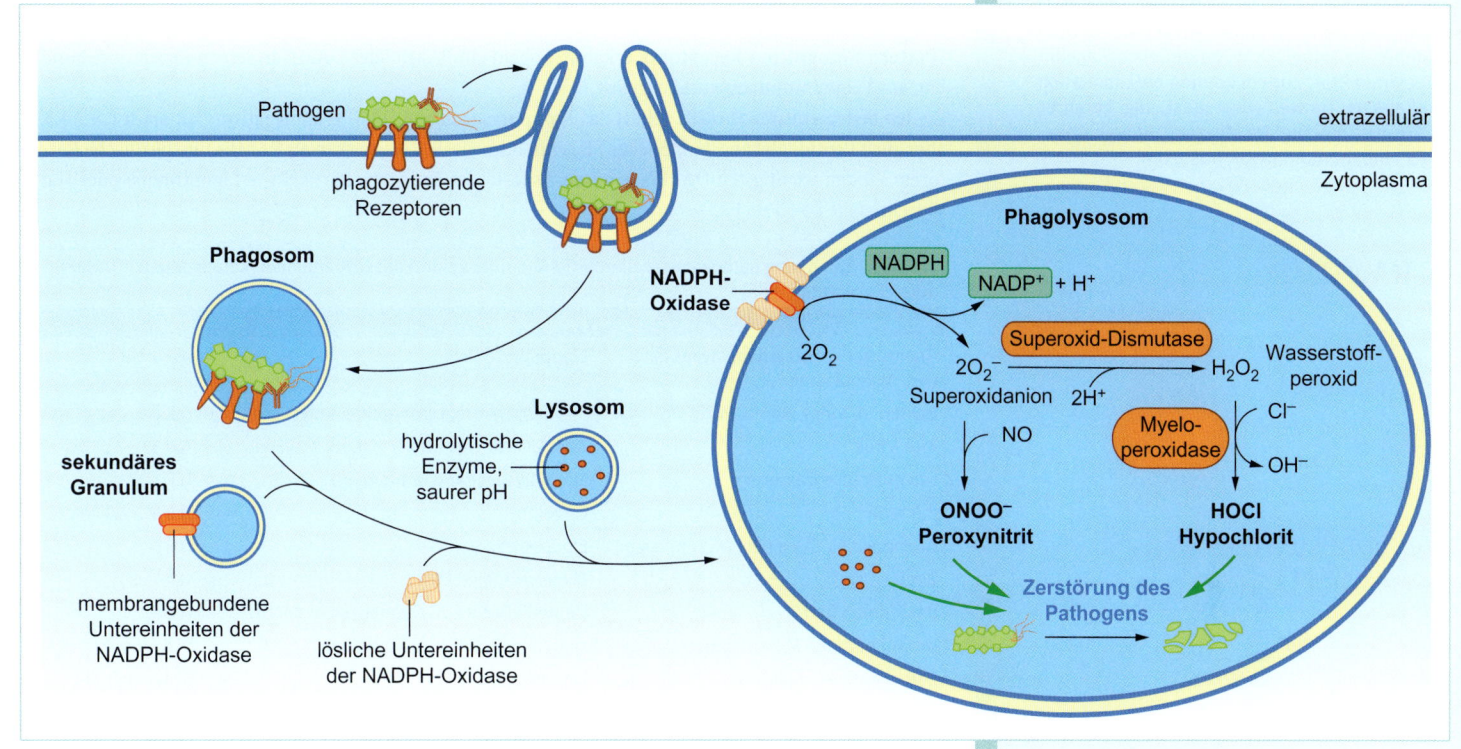

Abb. 16.3 Oxidativer Burst in Phagozyten [L138]

Wesentliches Enzym der Phagolysosomen ist die **NADPH-Oxidase,** ein Komplex aus mehreren Proteinen, der erst als Antwort auf einen phagozytierten Keim aktiviert wird (> Abb. 16.3). Im inaktiven Zustand befinden sich seine membrangebundenen Untereinheiten in der Membran intrazellulärer Vesikel, den sekundären Granula, und seine löslichen Untereinheiten im Zytoplasma. Nach Fusion von Granula mit Phagosomen werden die zytoplasmatischen Untereinheiten der NADPH-Oxidase an die Membran der Phagolysosomen rekrutiert. Die aktive NADPH-Oxidase überträgt nun ein Elektron auf molekularen Sauerstoff, sodass Superoxidradikalanionen entstehen. Die Superoxidradikalanionen reagieren in einer von der Superoxid-Dismutase katalysierten Reaktion zu **Wasserstoffperoxid.** Alternativ können sie aber auch mit Stickstoffmonoxid (> 21.8) zu zellschädigendem Peroxynitrit reagieren. Wasserstoffperoxid kann bakterielle Proteine direkt schädigen oder mit Cl⁻-Ionen in einer durch die Myeloperoxidase katalysierten Reaktion zu mikrobizidem Hypochlorit reagieren. In einem Gegenschlag können Bakterien aber auch durch eine eigene Katalase Wasserstoffperoxid in Wasser und Sauerstoff spalten und es dadurch inaktivieren. Außer den Enzymen des oxidativen Bursts erhalten Phagolysosomen durch die Fusion mit primären Granula auch proteolytische Enzyme wie Elastase und Cathepsine, die pathogene Proteine abbauen.

Im Idealfall werden die toxischen Stoffe intrazellulär direkt in unmittelbarer Nähe des Erregers freigesetzt, um nur diesen zu schädigen. Allerdings können hydrolytische Enzyme, löcherbildende Peptide und ROS auch in die extrazelluläre Umgebung gelangen und dort Schaden im Wirtsgewebe anrichten.

Die in der Membran sekundärer Granula und im Zytoplasma lokalisierten Untereinheiten der **NADPH-Oxidase** gelangen so in bzw. an die Membran der Phagolysosomen und werden aktiviert. Die NADPH-Oxidase überträgt ein Elektron auf molekularen Sauerstoff, sodass ein Superoxidradikalanion entsteht, das enzymatisch zu **Wasserstoffperoxid** oder mit Stickstoffmonoxid zu zellschädigendem Peroxynitrit reagieren kann. Wasserstoffperoxid kann direkt bakterielle Proteine schädigen oder mit Cl⁻-Ionen enzymatisch zu mikrobizidem Hypochlorit reagieren. Die mit dem Phagolysosom verschmelzenden Granula enthalten zusätzlich proteolytische Enzyme wie Elastase und Cathepsine, die pathogene Proteine abbauen können.

Hydrolytische Enzyme, ROS und andere zellschädigende Stoffe können auch nach extrazellulär gelangen und dann Schäden im Wirtsgewebe anrichten.

KLINIK

Chronische Granulomatose

Die Bildung von Superoxidradikalen durch die NADPH-Oxidase gehört zu den wichtigsten Waffen der angeborenen Immunität. Patienten mit einem genetisch bedingten Defekt in einer der Untereinheiten der NADPH-Oxidase leiden an persistierenden Infektionen mit Pilzen und Bakterien, weil sie keine ROS bilden können, um die Mikroben zu zerstören. Namensgebend für die Erkrankung sind Granulome, eine Ansammlung aus infizierten Phagozyten und anderen Immunzellen am Infektionsort. Die häufigsten Infektionserkrankungen der Patienten sind Pneumonien, gefolgt von Abszessen in Lymphknoten oder Leber.

KLINIK

Aus Studentensicht

16.3.4 Mustererkennung: Was unterscheidet Freund von Feind?

Pattern Recognition Receptors (PRRs) sind Rezeptoren des Immunsystems, die **pathogenassoziierte molekulare Muster (PAMPs)** erkennen, also Strukturen, die für Krankheitserreger charakteristisch sind. Wichtige PAMPs sind z. B. **Lipopolysaccharide** gramnegativer Bakterien, bestimmte Peptidoglykane, bakterielles Flagellin oder virale RNA. Zudem können bestimmte Partikel aus der Umwelt wie Asbest, sog. gefahrenassoziierte molekulare Muster (DAMPs), über PRRs eine Immunantwort auslösen.

TAB. 16.3

Die größte Familie der PRRs sind die **Toll-like-Rezeptoren (TLRs).** Sie befinden sich z. B. auf der Oberfläche oder in endosomalen Membranen von Phagozyten, NK-Zellen, Epithelzellen oder B-Lymphozyten. Die **zytoplasmatischen Nucleotide-Binding Domain und Leucin-Rich-Repeat-Rezeptoren** (NLRs, NOD-Like-Rezeptoren) sind eine ähnliche Rezeptorenfamilie. PAMPs können von ihren PRRs direkt oder indirekt erkannt werden. Ein Beispiel für die indirekte Erkennung ist das Endotoxin LPS. Es bindet im Blut an das LPS-bindende Protein, wird dann auf CD14 auf der Oberfläche von Phagozyten übertragen und interagiert schließlich über ein weiteres Protein mit TLR 4. Dies führt zur Aktivierung einer Signalkaskade im Zellinneren und letztlich zur Aktivierung von NFκB, einem Transkriptionsfaktor, der die Transkription von Zytokingenen vorantreibt und so eine Entzündungsantwort auslöst.

KLINIK

16.3.4 Mustererkennung: Was unterscheidet Freund von Feind?

Die Stärke der angeborenen Immunabwehr ist ihre sofortige Bereitschaft. Damit gezielt schädigende Strukturen und nicht der Körper selbst attackiert werden, müssen diese gekennzeichnet sein. Diese Kennzeichnungen werden als **pathogenassoziierte** oder gefahrenassoziierte **molekulare Muster** (Pathogen-Associated Molecular Patterns, PAMPs; Danger-Associated Molecular Patterns, DAMPs) bezeichnet. PAMPs können aus Kohlenhydraten, Proteinen, Lipiden oder Nukleinsäuren, DAMPs aus Umweltpartikeln oder Metaboliten bestehen. Sie werden von den Immunzellen über spezifische Rezeptoren, die **PRRs (Pattern Recognition Receptors),** erkannt. Sobald ein PAMP oder DAMP an seinen Rezeptor gebunden hat, wird eine Immunantwort ausgelöst.

Zu den bedeutendsten PAMPs gehört das **Lipopolysaccharid** (LPS) gramnegativer Bakterien (> 14.3.1), aber auch Peptidoglykane, bakterielles Flagellin oder virale RNA wirken als PAMPs für spezifische Rezeptoren. Zu den wichtigsten DAMPs gehören Asbest oder endogene Partikel wie Lipoproteine oder Harnsäurekristalle (> Tab. 16.3).

Tab. 16.3 Erkennung pathogenassoziierter (PAMP) oder gefahrenassoziierter molekularer Muster (DAMP) durch Rezeptoren (PRR)

Pathogen	PAMP/DAMP	PRR
Gramnegative Bakterien, Mykobakterien, Mykoplasmen	Lipopeptide	TLR 1
Bakterien, Viren, Hefen, Pilze	Peptidoglykane, Lipopeptide, Polysaccharide	TLR 2
RNA-Viren	Doppelsträngige RNA	TLR 3
Gramnegative Bakterien	Lipopolysaccharid (Endotoxin)	TLR 4
Bakterien	Flagellin	TLR 5
Grampositive Bakterien, Mykoplasmen	Lipopeptide	TLR 6
Viren	Einzelsträngige RNA	TLR 7, 8
Bakterien, Viren	Unmethylierte CpG-Sequenzen in der DNA	TLR 9
Umweltpartikel, Metaboliten	z. B. Asbest, Silikate, Harnsäure	NLR (Familie)
Körpereigene Strukturen	Lipoproteine	Scavenger-Rezeptoren (Familie)
Bakterien, Viren, Pilze	Mannose	Mannoserezeptor

Die größte Familie der PRRs sind die **Toll-like-Rezeptoren** (TLRs), eine Familie von Transmembranproteinen, die entweder auf der Oberfläche oder in endosomalen Membranen von beispielsweise Phagozyten, NK-Zellen, Epithelzellen oder B-Lymphozyten vorkommen. Eine verwandte Familie sind die **zytoplasmatische Nucleotide-Binding Domain und Leucin-Rich-Repeat-Rezeptoren** (NLRs, NOD-Like-Rezeptoren). Gemeinsam sind diesen PRRs leucinreiche, sich wiederholende Sequenzen (Leucine-Rich Repeats, LRRs), welche die verschiedenen PAMPs/DAMPs erkennen, sowie zytoplasmatische TIR-Domänen (Toll-like-IL1-Rezeptor-Domänen), die den Signalweg im Zellinnern vermitteln und eine Entzündungsantwort auslösen.

PAMPs/DAMPs können von ihren PRRs direkt oder indirekt erkannt werden. Werden sie indirekt erkannt, vermitteln verschiedene Adapter- und Bindeproteine die Interaktion zwischen PAMP und PRR. So assoziiert beispielsweise das Endotoxin Lipopolysaccharid (LPS), ein Hauptbestandteil der äußeren Bakterienmembran, nachdem es aus der Bakterienwand herausgelöst worden ist, zunächst mit dem LPS-Bindeprotein. Danach wird LPS an CD14 übergeben, das sich auf der Oberfläche von Phagozyten befindet (> Abb. 16.4). Über ein weiteres Protein interagiert das Lipopolysaccharid schließlich mit TLR 4, wodurch eine Signalkaskade im Zellinnern ausgelöst wird. Die Signalübertragung erfolgt, indem Adapterproteine an die TIR-Domäne von TLR 4 binden. Über ihre Todesdomänen (> 9.9.2) rekrutieren die Adapterproteine IRAK (Interleukin-Rezeptor-assoziierte Kinase), die einen Abbau von IκB, dem Inhibitor von NFκB, bewirkt. Der aktive Transkriptionsfaktor NFκB wandert in den Zellkern, treibt dort die Transkription von Genen der proentzündlichen Zytokine IL-1, IL-4, IL-8 und dem Tumornekrosefaktor α (TNFα) an und löst so eine Entzündungsantwort aus. Prinzipiell funktionieren die Signalwege aller TLRs nach einem vergleichbaren Schema. Unterschiede bestehen in den aktivierten Adapterproteinen und Transkriptionsfaktoren sowie den Zielgenen.

KLINIK

Inflammasomen

Inflammasomen sind große, zytoplasmatische Proteinkomplexe aus NLR-Proteinen. Sie werden als Antwort auf ein breites PAMP-Spektrum gebildet. Neben den typischen mikrobiellen PAMPs können auch DAMPs wie Silikate, Asbest und Harnsäurekristalle die Bildung von Inflammasomen auslösen. Inflammasomen lösen eine unspezifische Immunantwort aus, indem sie Caspasen aktivieren, welche die proteolytische Aktivierung proentzündlicher Zytokine wie IL-1β katalysieren.

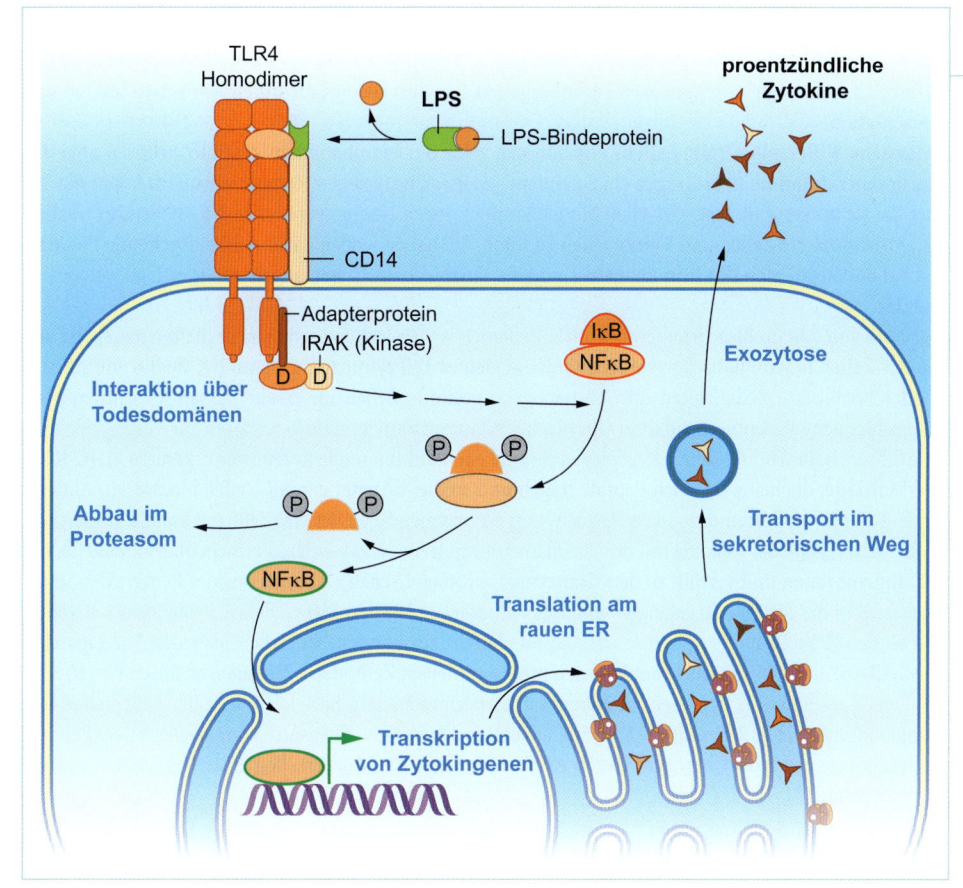

Abb. 16.4 LPS-vermittelter Signalweg durch TLR4 [L138, L307]

16.3.5 Zellen der angeborenen Immunität

Die Zellen der angeborenen Immunität erkennen Pathogene über PRRs. Zu ihren wichtigsten Vertretern gehören Granulozyten, Monozyten, Makrophagen, Mastzellen und myeloische dendritische Zellen, die sich alle aus der myeloischen Vorläuferzelle entwickeln (➤ Abb. 16.1). Während Granulozyten und Monozyten im Blut zirkulieren, befinden sich Makrophagen, Mastzellen und myeloische dendritische Zellen im Gewebe. Als weiterer Teil der angeborenen Immunität entwickeln sich aus der lymphatischen Vorläuferzelle die natürlichen Killerzellen (NK-Zellen) und plasmazytoide dendritische Zellen.

Granulozyten zirkulieren einige Stunden im Blut, ehe sie sich am Gefäßendothel festsetzen und ins Gewebe auswandern, wo sie einige Tage überleben können. Sie zeichnen sich durch zahlreiche Granula im Zytoplasma aus und lassen sich nach ihrer Anfärbbarkeit in eosinophile, basophile und neutrophile Granulozyten unterteilen. Bis zu 75 % der weißen Blutzellen machen neutrophile Granulozyten aus. Sie werden bei einer Infektion verstärkt im Knochenmark gebildet und an den Infektionsort rekrutiert, wo sie die Erreger nach Phagozytose töten (➤ Abb. 16.3).

Monozyten zirkulieren weniger als einen Tag im Blut und wandern dann in Gewebe, in denen sie sich zu **Makrophagen,** die mehrere Monate überleben können, differenzieren. Da viele Pathogene über Schleimhäute in das Gewebe eindringen, sind Makrophagen häufig die ersten Zellen, die mit dem Pathogen in Kontakt kommen. Makrophagen sind wie Granulozyten und Monozyten professionelle Fresszellen mit verschiedenen Rezeptoren auf ihrer Oberfläche, über die sie Pathogene erkennen und aufnehmen können. Dadurch werden Makrophagen angeregt, mikrobizide Substanzen wie reaktive Sauerstoffspezies, Peptide oder proteolytische Enzyme herzustellen, welche die Erreger töten (➤ Abb. 16.3). Darüber hinaus sezernieren aktivierte Makrophagen verschiedene Zytokine, die eine systemische Entzündungsantwort bewirken, durch die auch die adaptive Immunität aktiviert wird. Makrophagen gehören zu den professionellen antigenpräsentierenden Zellen (APC) und sind somit wie dendritische Zellen wichtige Bindeglieder zwischen angeborener und adaptiver Immunität und Kommunikationspartner der T-Lymphozyten (➤ 16.4.4).

Mastzellen kommen nur in Geweben vor: als mukosaassoziierte Mastzellen im Darm oder in den Atemwegen und als bindegewebeassoziierte Mastzellen in der Haut. Charakteristisch sind zytoplasmatische Granula, die Enzyme oder immunaktive Substanzen wie Histamin enthalten. Nach Aktivierung entleeren Mastzellen ihre Granula und lösen dadurch eine Entzündungsantwort oder allergische Reaktionen aus.

Dendritische Zellen (DC) stellen eine heterogene Gruppe dar, die durch lange zytoplasmatische Ausläufer gekennzeichnet ist. Die konventionellen dendritischen Zellen stammen von myeloischen Vorläuferzellen ab. Sie phagozytieren ständig Material aus ihrer Umgebung und präsentieren dieses den Zellen des adaptiven Immunsystems. Auch sie sind professionelle antigenpräsentierende Zellen und die effizientes-

---

Aus Studentensicht

ABB. 16.4

16.3.5 Zellen der angeborenen Immunität
Pathogene werden über PRRs von Zellen der angeborenen Immunität erkannt. Dazu gehören die aus der myeloischen Vorläuferzelle entstehenden **Granulozyten, Monozyten, Makrophagen, Mastzellen** und **myeloischen dendritischen Zellen** sowie die aus der lymphatischen Vorläuferzelle entstehenden **NK-Zellen** und **plasmazytoiden dendritischen Zellen.**

Granulozyten zirkulieren im Blut und besitzen zahlreiche Granula in ihrem Zytoplasma. Man unterscheidet eosinophile, basophile und neutrophile Granulozyten. Letztere machen bis zu 75 % der weißen Blutzellen aus. Sie phagozytieren Erreger und töten diese ab.

Monozyten zirkulieren kurzzeitig im Blut, wandern dann in das Gewebe und differenzieren sich zu **Makrophagen.** Diese Fresszellen erkennen Pathogene mit verschiedenen Rezeptoren auf ihrer Oberfläche und töten diese mithilfe von ROS, Peptiden und proteolytischen Enzymen ab. Zusätzlich produzieren sie Zytokine, die eine systemische Entzündungsantwort auslösen und die adaptive Immunität aktivieren. Makrophagen sind professionelle antigenpräsentierende Zellen (APC).

Mastzellen sind mit Mukosa oder Bindegewebe assoziiert. Ihre Granula enthalten Enzyme und immunaktive Substanzen. Sie werden nach Aktivierung entleert und lösen eine Entzündungsantwort oder allergische Reaktion aus.

Dendritische Zellen (DC) besitzen lange zytoplasmatische Ausläufer und stammen hauptsächlich von myeloischen Vorläuferzellen ab. Sie phagozytieren Material ihrer Umgebung und präsentieren es Zellen des adaptiven Immunsystems. Auch sie sind professionelle antigenpräsentierende Zellen und effiziente Aktivatoren der T-Zellen.

Aus Studentensicht

Unreife dendritische Zellen reifen in den sekundären Lymphorganen durch Antigenaufnahme und -präsentation. Plasmazytoide dendritische Zellen machen nur einen kleinen Teil der dendritischen Zellen aus und produzieren v. a. antivirale Interferone.

Natürliche Killerzellen (NK-Zellen) entstammen der lymphatischen Zelllinie, gehören jedoch zur angeborenen Immunität. Sie binden über genetisch festgelegte Rezeptoren an ihre Zielzellen. Inhibierende Rezeptoren erkennen MHC-Klasse-I-Moleküle, die keine fremden Peptide tragen, und blockieren damit die Aktivität der NK-Zellen. Aktivierende Rezeptoren führen zur Freisetzung von Perforin und Granzymen. Ersteres macht kleine Löcher in Zellmembranen, letztere gelangen durch diese Löcher in die Zellen und lösen den apoptotischen Zelltod aus. Zudem können NK-Zellen über den Fas-Liganden einen programmierten Zelltod der Zielzellen auslösen. NK-Zellen dienen auch der Regulation der Immunabwehr und als Vermittler zwischen angeborener und adaptiver Immunität.

16.3.6 Entzündung

Entzündungen werden durch Mediatoren ausgelöst, die durch exogene (z. B. Mikroorganismen, physikalische Reize) oder endogene (z. B. ROS, Tumoren, Nekrose, Autoimmunität) Noxen induziert werden.
Die Kardinalsymptome einer Entzündung sind: **Calor** (Fieber), **Rubor** (Rötung), **Tumor** (Schwellung), **Dolor** (Schmerz) und **Functio laesa** (Funktionsverlust).

Unmittelbar nach Noxenkontakt schütten Mastzellen **Histamin** aus. Dies führt zur Vasodilatation und zum Austreten von Leukozyten und Plasmaflüssigkeit in das Gewebe. Dadurch kommt es zur Schwellung, Rötung und Erwärmung der Entzündungsstelle.
Bradykinin und v. a. **Prostaglandine** sind an der Schmerz- und Fieberentstehung beteiligt. Bradykinin stimuliert die Bildung der Eicosanoide.
Zytokine sind in alle Phasen einer Entzündungsantwort involviert. Sie induzieren eine Akute-Phase-Antwort, locken weitere Entzündungszellen an und initiieren die adaptive Immunität. Zudem bewahren sie vor dem Überschießen einer Immunantwort.

Akute-Phase-Antwort

Im Rahmen einer Entzündung werden durch Aktivierung des angeborenen Immunsystems **proentzündliche Zytokine** ausgeschüttet. Sie lösen eine Akute-Phase-Antwort aus, die zur Bekämpfung der Noxe den gesamten Organismus einbindet.

---

16 IMMUNSYSTEM: ABWEHR VON BEDROHUNGEN

ten Aktivatoren der T-Zell-Antwort. Die plasmazytoiden dendritischen Zellen machen nur einen kleinen Teil der dendritischen Zellen aus und produzieren v. a. antivirale Interferone. Unreife dendritische Zellen setzen sich bevorzugt in sekundären Lymphorganen fest und reifen dort durch Antigenaufnahme und -präsentation.

Natürliche Killerzellen (NK-Zellen) entstammen zwar der lymphatischen Zelllinie, gehören aber zur angeborenen Immunität. Sie tragen ein Sortiment genetisch festgelegter Rezeptoren auf ihrer Oberfläche, über die sie an verschiedene Zielzellen binden können. Ihren Namen verdanken NK-Zellen ihrer Fähigkeit, virusinfizierte Zellen und Tumorzellen zu töten. Sie haben jedoch darüber hinausgehende Funktionen bei der Regulation der Immunabwehr und als Vermittler zwischen angeborener und adaptiver Immunität.

Während von den im Blut zirkulierenden NK-Zellen etwa 90 % zytotoxische Eigenschaften haben, ist von den NK-Zellen in lymphatischen Geweben nur ein kleiner Teil zytotoxisch. Damit NK-Zellen nur infizierte oder veränderte Zellen töten und körpereigene gesunde Zellen unversehrt lassen, exprimieren sie unterschiedliche Rezeptoren auf ihrer Oberfläche. Während aktivierende Rezeptoren zur Tötung der Zielzelle führen, halten inhibierende Rezeptoren sie am Leben. Inhibierende Rezeptoren erkennen MHC-Klasse-I-Moleküle, die keine fremden Peptide tragen und so die Aktivität der NK-Zellen blockieren. Aktivierende Rezeptoren führen dazu, dass Perforin und Granzyme, die in der NK-Zelle in Granula gespeichert sind, durch Fusion der Granula mit der Plasmamembran freigesetzt werden. Perforin bildet kleine Löcher in Zellmembranen und verhilft so den Granzymen, proteolytischen Enzymen aus der Familie der Serinproteasen, in die Zielzelle zu gelangen, um dort Caspasen und andere intrazelluläre Proteine zu aktivieren und so den Zelltod durch Apoptose auszulösen. Außerdem können NK-Zellen über den Fas-Liganden (FasL, CD95L), ein Oberflächenmolekül, den programmierten Zelltod der Zielzellen auslösen (➤ 10.5.4). NK-Zellen erkennen in den meisten Fällen antikörperunabhängig beispielsweise über Killerzellen-immunglobulinähnliche Rezeptoren (KIR) die abzutötenden Zellen. Alternativ können die NK-Zellen mit F_C-Rezeptoren auf ihrer Oberfläche durch Antikörper markierte Körperzellen erkennen (ADCC = Antibody-Dependent Cellular Cytotoxicity).

> **Tötungsmechanismen der angeborenen Immunität**
> - Phagozytose und intrazelluläres Töten der Mikroorganismen durch reaktive Sauerstoff- und Stickstoff-Spezies und proteolytische Enzyme
> - Rezeptorvermittelte Bindung an Zielzellen und Ausschütten von Perforinen und Granzymen, welche die Apoptose auslösen
> - Bindung an Zielzellen über Fas-L/Fas und Auslösen der Apoptose

16.3.6 Entzündung

Entzündungen sind Reaktionen, die durch exogene oder endogene Noxen ausgelöst werden können. Exogene Auslöser sind neben Mikroorganismen physikalische Reize wie Verletzungen oder Verbrennungen. Zu den endogen produzierten Auslösern gehören ROS, Tumoren, Zelltod durch Nekrose oder Autoimmunität. Die Kardinalsymptome einer Entzündung sind: **Calor** (Fieber), **Rubor** (Rötung), **Tumor** (Schwellung), **Dolor** (Schmerz), **Functio laesa** (Funktionsverlust). Diese Symptomatik veranschaulicht, dass Entzündungen nicht lokal auf den Ort der Schädigung begrenzt bleiben, sondern Auswirkungen auf den gesamten Organismus haben können. Eine Entzündungsantwort wird ausgelöst, indem die Noxe die Synthese von Mediatoren bewirkt, die verschiedene Schutzmechanismen aktivieren (➤ Tab. 16.4).

In den ersten Minuten nach Kontakt mit einer Noxe schütten Mastzellen **Histamin** aus, das zur Gefäßerweiterung und schließlich zum Austreten von Leukozyten aus dem Blut an den Infektionsort führt. Die Wirkung von Histamin verursacht die rasche Rötung und Erwärmung der Entzündungsstelle sowie die Schwellung aufgrund des Austretens von Plasmaflüssigkeit in das betroffene Gewebe. Auch **Bradykinin** sowie Eicosanoide tragen zur Symptomatik einer Entzündung bei. Dabei sind **Prostaglandine** wesentlich an der Entstehung von Schmerzen und Fieber beteiligt. Bradykinin aktiviert die Phospholipase A2, die Arachidonsäure aus Glycerophospholipiden freisetzt und damit die Bildung der Eicosanoide einleitet (➤ 20.2.2).

In allen Phasen einer Entzündungsantwort spielen **Zytokine** eine zentrale Rolle. In der frühen Phase werden von verschiedenen Zellen, v. a. aber von Makrophagen, Zytokine sezerniert, welche die Entzündungsantwort maßgeblich lenken. So wird eine Akute-Phase-Antwort induziert und weitere Entzündungszellen werden angelockt. Zusätzlich wird die adaptive Immunität initiiert. Letztendlich bewahren Zytokine auch vor dem Überschießen einer Immunantwort.

Akute-Phase-Antwort

Proentzündliche Zytokine lösen eine Akute-Phase-Antwort aus, die den gesamten Organismus in die Bekämpfung einer Noxe einbindet. Ihre Ausschüttung kann beispielsweise durch Lipopolysaccharid bewirkt werden (➤ Abb. 16.4). Die wichtigsten Mediatoren der Akute-Phase-Antwort sind die Zytokine **IL-1, IL-6 und TNFα.** Sie induzieren in der Leber die Synthese von Akute-Phase-Proteinen, welche die Immunantwort u. a. durch Aktivierung des Komplementsystems unterstützen (➤ Abb. 16.5).

16.3 ANGEBORENE IMMUNITÄT

Tab. 16.4 Entzündungsmediatoren

Bezeichnung	Stoffklasse	Hauptsächliche Wirkung	Kapitel
Histamin	Biogenes Amin	• Vasodilatation • Permeabilitätssteigerung • Durchblutungsförderung	➤ 21.6
Prostaglandine	Eicosanoide	• Schmerz • Fieber • organspezifische Effekte	➤ 20.2.2
Leukotriene	Eicosanoide	• Bronchokonstriktion	➤ 20.2.2
Kallikrein-Kinin-System, Bradykinin	Proteine bzw. Peptide	• Vasodilatation • Permeabilitätssteigerung • Chemotaxis • Steuerung weiterer Entzündungsreaktionen	➤ 9.8.4
Komplementsystem	Proteine bzw. Peptide	• Töten von Pathogenen und Zellen • Opsonierung von Pathogenen • Anaphylatoxie • Chemotaxis	➤ 16.3.7
Zytokine	Proteine bzw. Peptide	• Akute-Phase-Antwort • Proliferation • Differenzierung • Chemotaxis • Apoptose • Steuerung weiterer Entzündungsreaktionen • Steuerung der adaptiven Immunität	➤ 9.9

Im Knochenmark werden Produktion und Differenzierung von Granulozyten angeregt und so die Entfernung der Pathogene durch Phagozytose verstärkt. Im Hypothalamus wird die Sollwerteinstellung der Körpertemperatur erhöht und dadurch das Immunsystem aktiviert. In Fett- und Muskelzellen wird der Energiestoffwechsel aktiviert, da bei Fieber mehr Energie verbraucht wird. Am Entzündungsort und in peripheren Lymphorganen werden dendritische Zellen aktiviert und dadurch die adaptive Immunabwehr initiiert. Darüber hinaus führt TNFα zur verstärkten Ausschüttung des Chemokins IL-8 aus verschiedenen Immun- und Gewebezellen. IL-8 lockt verstärkt neutrophile Granulozyten an den Entzündungsort, die mit den giftigen Inhalten ihrer Granula Pathogene töten.

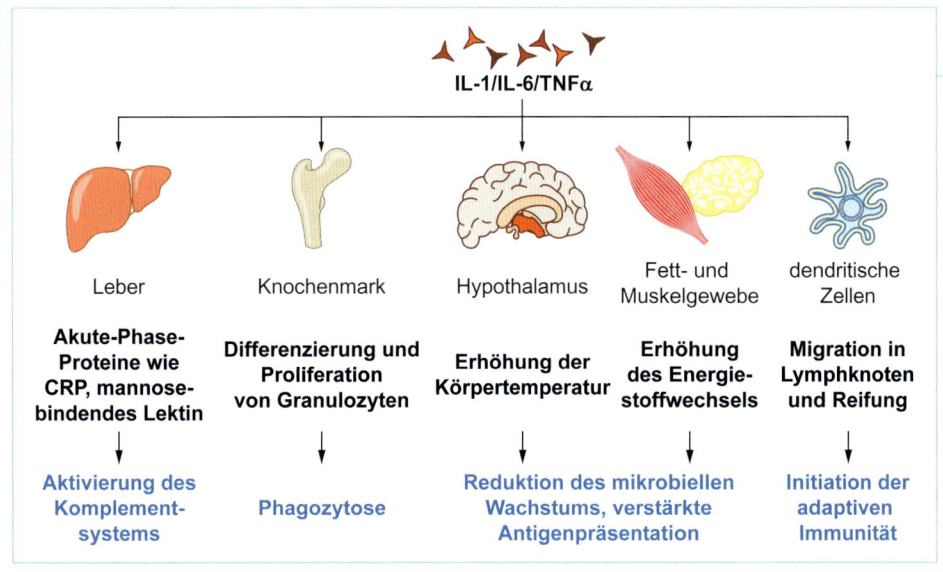

Abb. 16.5 Akute-Phase-Antwort: Auswirkungen der Zytokine IL-1, IL-6 und TNFα [L138]

Die Biosynthese von **Akute-Phase-Proteinen** in **Hepatozyten** wird v. a. durch IL-6 stimuliert. Akute-Phase-Proteine sind Bestandteile des Bluts, deren Konzentration bei Entzündungen innerhalb von Stunden um mehr als das Hundertfache ansteigen kann. Zu den wichtigsten Akute-Phase-Proteinen gehören Opsonine, Komponenten des Komplementsystems und der Blutgerinnung, Antiproteasen sowie Transportproteine für Metallionen (➤ Tab. 16.5).
Wichtigste Aufgabe der Akute-Phase-Proteine ist es, die Entzündung **lokal einzugrenzen,** indem die Noxe rasch inaktiviert wird. Viele Akute-Phase-Proteine binden an Pathogene und markieren sie damit. Solch eine Markierung von Pathogenen durch körpereigene Proteine wird als **Opsonierung** bezeichnet.
Negative Akute-Phase-Proteine sind Albumin und Transferrin. Ihre Konzentration im Blut ist bei Entzündungen stark erniedrigt. Die schnelle Reduktion der Albuminkonzentration ist in erster Linie auf die erhöhte Gefäßpermeabilität und den dadurch vergrößerten Verteilungsraum zurückzuführen. Die niedrigere Transferrinkonzentration führt zu einer niedrigeren Konzentration an Fe^{2+}-Ionen im Plasma. Da Bakterien Fe^{2+}-Ionen für ihr Wachstum benötigen, wird u. a. so ihre Vermehrung inhibiert (➤ 23.5.2).

Aus Studentensicht

TAB. 16.4

Wichtige Mediatoren sind die Zytokine **IL-1, IL-6 und TNFα,** die folgende Effekte vermitteln:
• Synthese von Akute-Phase-Proteinen in der Leber
• Anregung der Produktion und Differenzierung von Granulozyten im Knochenmark
• Erhöhung der Körpertemperatur
• Aktivierung des Energiestoffwechsels in Fett- und Muskelzellen
• Aktivierung von dendritischen Zellen
Das Chemokin IL-8 lockt neutrophile Granulozyten an den Entzündungsort.

ABB. 16.5

Die Synthese der **Akute-Phase-Proteine** in der **Leber** wird v. a. durch IL-6 stimuliert. Sie sind Blutbestandteile, deren Konzentration bei einer Entzündung innerhalb kurzer Zeit stark ansteigen kann. Wichtige Vertreter sind Opsonine, Komplementsystem- und Blutgerinnungskomponenten, Antiproteasen und Metallionen-Transportproteine. Sie grenzen die Entzündung **lokal** ein, binden Pathogene und markieren sie dadurch **(Opsonierung).**
Negative Akute-Phase-Proteine sind z. B. Albumin und Transferrin. Ihre Serumkonzentration nimmt bei einer Entzündung ab.

Aus Studentensicht

16 IMMUNSYSTEM: ABWEHR VON BEDROHUNGEN

TAB. 16.5

Tab. 16.5 Wichtige Akute-Phase-Proteine

Gruppe	Protein	Funktion
Opsonine	C-reaktives Protein	Opsonierung: Aktivierung von Makrophagen und Komplementsystem
	Serumamyloid	Opsonierung: an HDL gebunden, bindet über Scavengerrezeptoren an Makrophagen
	Mannosebindendes Lektin	Opsonierung: Aktivierung des Lektinwegs des Komplementsystems
Komplementsystem	C1s, C3, C4, C5, Faktor B	Opsonierung: Aktivierung des klassischen oder alternativen Wegs des Komplementsystems
Blutgerinnungsfaktoren	Fibrinogen	Opsonierung: bindet und immobilisiert Bakterien, aktiviert Phagozyten
Protease-Inhibitoren	Alpha-1-Antitrypsin	Hemmt v. a. Elastase der Granulozyten, um Gewebezerstörung zu vermindern
Transportproteine	Haptoglobin (= Haptoglobulin)	• Antioxidans • Bakteriostatisch durch Entfernung von freiem Hämoglobin und dadurch Fe^{2+}-Ionen aus dem Blut
	Ceruloplasmin	• Antioxidans • Bindung von Cu^{2+}-Ionen • Oxidation von Fe^{2+} zu Fe^{3+} • Radikalfänger

---

FALL

Lina ist erkältet: Ursache der Erkältungssymptome

Die Rhinoviren, die in Linas Nase über intrazelluläre Adhäsionsmoleküle wie ICAM-1 in die Schleimhautzellen eingedrungen sind, haben sich dort inzwischen vermehrt. Über TLR 3 werden Makrophagen aktiviert, die dann eine Entzündungsreaktion auslösen. Dadurch werden u. a. Granulozyten und Mastzellen an den Entzündungsort gelockt. Diese schütten weitere Entzündungsmediatoren wie Histamin und Bradykinine aus. Vor allem durch Histamin, das für eine Weitstellung der Gefäße in den Schleimhäuten sorgt, werden das Niesen und die laufende Nase ausgelöst. Bradykinin veranlasst die Synthese von Prostaglandinen, die für die Schmerzsymptome und das Fieber verantwortlich sind. Außerdem trägt es auch durch eine Erweiterung der großen Venen der Nasenschleimhaut zu einer Verengung der nasalen Luftwege und der „verstopften Nase" bei. Auch die Zytokine IL-1 und IL-6 tragen zur Entwicklung von Frösteln und Fieber bei und verursachen das Gefühl von Müdigkeit und Abgeschlagenheit. Die Appetitlosigkeit wird ebenfalls durch Zytokine vermittelt. Wie helfen diese Symptome bei der Infektbekämpfung?
Prostaglandine und Zytokine führen zu einer Sollwertverstellung der Körpertemperatur auf einen höheren Wert, u. a. dadurch fröstelt Lina und verlangt nach einer zweiten Decke und damit nach einer wärmeren Umgebung. Durch das so ausgelöste Fieber nehmen u. a. die Beweglichkeit und Phagozytosefähigkeit von Makrophagen und Granulozyten zu, sodass die Viren effektiver phagozytiert werden. Die Fieberreaktion ist evolutionär hoch konserviert und eine wichtige Maßnahme des Immunsystems zur Infektbekämpfung. Vor allem Kinder reagieren mit Fieber auf eine Erkältung, weil sie zum ersten Mal mit den Viren in Kontakt kommen und daher das Immunsystem ganz besonders gefordert wird. Die Müdigkeit und Abgeschlagenheit sorgen für einen verminderten allgemeinen Energieverbrauch, sodass die Energie hauptsächlich dem Immunsystem zur Verfügung steht. Während Lina schläft, läuft ihre Immunabwehr auf Hochtouren.
Außerdem hat sie ihr Müsli stehen lassen. Appetitlosigkeit ist wie Fieber eine evolutionär hoch konservierte Reaktion auf Infektionen, die vermutlich einen Vorteil bringt, der aber noch nicht gut verstanden ist. Diskutiert werden soziale Gründe, da das Krankheitsverhalten eine Absonderung aus der Gruppe und so eine Verringerung der Ausbreitung der Krankheitserreger bewirken könnte. Auch könnte die reduzierte Energieversorgung des Körpers zu einem „Aushungern" der Viren führen.
Wie kann Linas Körper zusätzlich eine spezifische Immunantwort auslösen, durch die auch die noch verbliebenen Rhinoviren beseitigt werden?

Regulation der Entzündung

Das Abschalten zum richtigen Zeitpunkt ist ein wichtiger Teil der Entzündungsreaktion: Die Synthese chemotaktischer und proentzündlicher Mediatoren wird eingestellt, die entsprechenden Signalwege werden abgeschaltet. Versagt das Abschalten, kann dies zu **chronischen Entzündungen** bzw. einer überschießenden Entzündungsreaktion führen.
Das Glukocorticoid **Cortisol** spielt als endogener Regulator einer Entzündung eine wichtige Rolle. Seine Synthese wird durch proentzündliche Zytokine stimuliert. Glukocorticoide wirken antiinflammatorisch, indem sie im Komplex mit ihrem Rezeptor die Transkription bestimmter Gene regulieren. Sie
- **aktivieren die Transkription** entzündungshemmender Proteine (= Transaktivierung) und
- **inhibieren die Transkription** entzündungsfördernder Proteine (= Transrepression).

Regulation der Entzündung

Eine Entzündungsantwort erfolgt schnell. Innerhalb von Minuten erweitern sich die Gefäße und in Stunden oder wenigen Tagen ist die Noxe eingedämmt. Daraufhin wird die Synthese chemotaktischer und proentzündlicher Mediatoren eingestellt und die entsprechenden Signalwege werden abgeschaltet. Die an der Signalübertragung beteiligten Rezeptoren können durch Endozytose von den Oberflächen der entsprechenden Zellen entfernt und proteolytisch abgebaut werden.
Versagt das Abschalten der Akute-Phase-Antwort, kann eine Entzündung chronisch werden. **Chronische Entzündungen** sind gekennzeichnet durch konstant hohe Konzentrationen proentzündlicher Zytokine wie IL-1, IL-6, TNFα und eine ständige Aktivierung der Transkriptionsfaktoren, die an der Expression der entsprechenden Gene beteiligt sind.
Wichtiger endogener Entzündungsregulator ist das Glukocorticoid **Cortisol.** Seine Synthese wird von proentzündlichen Zytokinen wie TNFα stimuliert, indem die Expression von CRH im Hypothalamus induziert wird. Auch wird das Enzym 11β-Hydroxysteroid-Dehydrogenase 1 (11β-HSD1) in verschiedenen Zellen induziert, sodass inaktives Cortison in aktives Cortisol umgewandelt wird (➤ 9.7.1). So beeinflussen proinflammatorische Zytokine die Glukocorticoidsynthese und steuern selbst die Entzündungsantwort.
Erhöhte Konzentrationen an Glukocorticoiden in der Zirkulation wirken antiinflammatorisch und bewahren den Organismus vor einer überschießenden Entzündungsantwort. Im Komplex mit ihrem Rezep-

tor beeinflussen Glukocorticoide durch verschiedene Mechanismen die Transkription von Genen im Zellkern (> Tab. 16.6):
- **Aktivierung der Transkription** durch Bindung an positive Glukocorticoid-Response-Elemente (pGRE) von Genen für entzündungshemmende Proteine (= Transaktivierung).
- **Inhibition der Transkription** durch Bindung an negative Glukocorticoid-Response-Elemente (nGRE) von Genen für entzündungsfördernde Proteine oder durch Bindung an bestimmte proinflammatorische Transkriptionsfaktoren wie NFκB oder AP-1 (= Transrepression).

Tab. 16.6 Proteine, deren Expression durch Glukocorticoide beeinflusst wird

Erhöhte Expression	Physiologischer Effekt
Annexin-1 (Lipocortin)	Hemmung von Phospholipase A2 und dadurch Unterdrückung der Eicosanoidbiosynthese
MAPK-Phosphatasen (mitogenassoziierte Protein-Kinasen-Phosphatasen)	Hemmung der MAP-Signalwege und der damit verbundenen Transkriptionsaktivierung proentzündlicher Proteine, v. a. über AP-1
IκB (Inhibitor von NFκB)	Hemmung der durch NFκB vermittelten Transkriptionsaktivierung proentzündlicher Proteine
Erniedrigte Expression	**Physiologischer Effekt**
IL-1, IL-6, TNFα	Unterdrückung einer Entzündung
Cyclooxygenase 2	Unterdrückung der Eicosanoidbiosynthese
Adhäsionsmoleküle	Hemmung der Leukozytenmigration

16.3.7 Komplementsystem: vielseitiger Helfer

Das Komplementsystem besteht aus mehr als **30 verschiedenen löslichen und membrangebundenen Proteinen,** die v. a. von Hepatozyten und Makrophagen am Ort der Entzündung produziert werden. Einige Komplementproteine werden als **inaktive Vorstufen** ins **Blut** abgegeben (> 6.4.7) und erst im Rahmen einer Entzündung aktiviert. Die Aktivierung erfolgt **kaskadenartig,** indem die inaktiven Vorstufen (Zymogene) **proteolytisch aktiviert** werden, sodass sie selbst als Serinproteasen das nächste Zymogen aktivieren können.

Das Komplementsystem hilft bei der Abwehr von Pathogenen, indem es sie **opsoniert** und so ihre **Phagozytose** erleichtert, wodurch eine Entzündungsantwort initiiert wird und Leukozyten durch **Chemotaxis** angelockt werden. Es kann Zielzellen aber auch selbstständig durch den **Membranangriffskomplex lysieren.** Das Komplementsystem kann unabhängig von den durch das adaptive Immunsystem gebildeten Antikörpern Pathogene bekämpfen. Zusätzlich ist es auch ein Effektorsystem der humoralen Immunantwort und trägt zur Entsorgung von Antigen-Antikörper-Komplexen aus dem Blut bei. Es gibt drei Wege der **Aktivierung** des Komplementsystems (> Abb. 16.6):
1. Der **klassische Weg** wird durch die Bildung von Antigen-Antikörper-Komplexen initiiert und ist somit vom adaptiven Immunsystem abhängig.
2. Der **Lektinweg** wird durch die Bindung von Lektinen an Kohlenhydrate auf der Oberfläche von Pathogenen initiiert.
3. Der **alternative Weg** wird durch direkte Bindung von Komplementfaktoren an Oberflächen von Pathogenen ausgelöst.

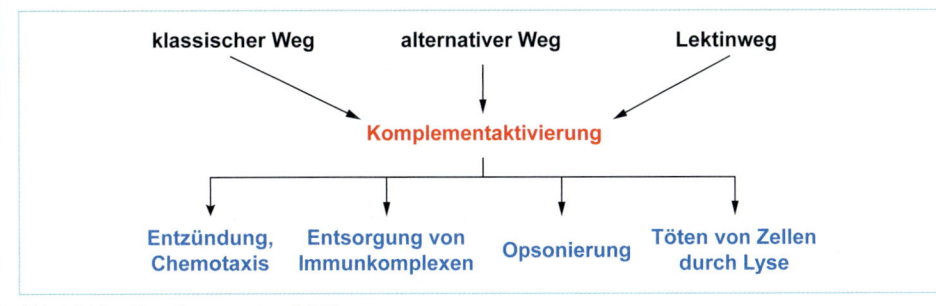

Abb. 16.6 Das Komplementsystem [L271]

Nomenklatur der Komplementfaktoren

Komplementfaktoren, die historisch beim klassischen Weg identifiziert wurden, werden mit „C" und durchlaufenden Zahlen charakterisiert: C1–C9. Bei den Faktoren, die proteolytisch gespalten werden, wird nach Spaltung der Kleinbuchstabe „a" oder „b" angefügt. In der Regel steht „a" für das kleinere, „b" für das größere Fragment. Die **a-Fragmente** sind löslich und werden sezerniert. Sie wirken als **Entzündungsmediatoren.** Die **b-Fragmente** binden an Zelloberflächen und sind Teil der Komplementkaskade. Teilweise besitzen sie **Proteaseaktivität.** Ausnahmen bilden C2, hier ist C2a das größere Fragment und die aktive Protease, und C1, ein Faktor aus den drei verschiedenen Untereinheiten C1q, C1r und C1s. C1q bindet dabei an pathogengebundene Antikörper und C1r und C1s sind Proteasen. Komplementfaktoren des alternativen Wegs wurden später entdeckt und mit anderen Großbuchstaben bezeichnet. Ein Beispiel ist der Faktor B.

16.3.7 Komplementsystem: vielseitiger Helfer

Das Komplementsystem besteht aus mehr als **30 verschiedenen löslichen und membrangebundenen Proteinen,** die v. a. von der Leber und Makrophagen synthetisiert werden. Die meisten der löslichen Proteine werden als **inaktive Vorstufen** in das **Blut** sezerniert und im Rahmen einer Entzündung **kaskadenartig proteolytisch aktiviert.**

Das Komplementsystem hat verschiedene Funktionen, u. a.:
- **Opsonierung** von Pathogenen
- **Zelllyse** über den **Membranangriffskomplex**
- **Chemotaxis**
- Initiierung einer Entzündungsantwort
- Entsorgung von Immunkomplexen

Zusammen mit Antikörpern, aber auch antikörperunabhängig trägt es zur Infektionsabwehr bei und kann auf drei verschiedene Arten **aktiviert** werden:
- **Klassischer Weg**
- **Lektinweg**
- **Alternativer Weg**

Aus Studentensicht

Klassischer Weg der Komplementaktivierung

Der **klassische Weg** ist antikörperabhängig und wird von C1–C9 vermittelt. C1–C5 werden proteolytisch aktiviert, C6–C9 bilden zusammen mit C5b den **Membranangriffskomplex** (MAC). Einzelschritte:

- **C1q** bindet an F_C-Teil eines IgM- oder IgG-Antikörpers, der ein Pathogen gebunden hat
- C1r wird aktiviert und C1s freigesetzt
- C1s spaltet C4 und C2, C4b und C2a bilden an der Pathogenoberfläche den **C3-Konvertase-Komplex**
- C3-Konvertase spaltet C3 und bildet zusammen mit C3b den C4b2a3b-Komplex (**C5-Konvertase**)
- C5-Konvertase spaltet C5, C5b bindet C6 und initiiert die Bildung von **MAC,** der durch **Porenbildung** zur **Pathogenlyse** führt

ABB. 16.7

16 IMMUNSYSTEM: ABWEHR VON BEDROHUNGEN

Klassischer Weg der Komplementaktivierung

Der **klassische Weg** wird von den Komponenten C1–C9 vermittelt. C1–C5 liegen im Blut in inaktiver Form vor und werden nacheinander proteolytisch aktiviert. Die Komponenten C6–C9 bilden zusammen mit C5b den **Membranangriffskomplex** (MAC), der in der Zielzelle eine Pore bildet und zur **Zelllyse** führt. Die Einzelschritte dieser Aktivierung sind (➤ Abb. 16.7):

1. Ein **Antikörper** der Klasse IgM oder IgG, der im Rahmen der adaptiven Immunantwort hergestellt wird (➤ 16.4.8), bindet spezifisch an ein Pathogen (= Antigen).
2. **C1** bindet über die q-Untereinheit an den F_C-Teil des Antikörpers.
3. C1r wird durch die Bindung autokatalytisch aktiviert und aktiviert C1s durch Proteolyse.
4. C1s spaltet C4 und C2. C4b und C2a bilden einen Komplex an der Oberfläche des Pathogens, der als **C3-Konvertase** bezeichnet wird.
5. Die C3-Konvertase spaltet C3 in C3a und C3b. C3b bildet mit der C3-Konvertase den C4b2a3b-Komplex, der als **C5-Konvertase** bezeichnet wird. Sowohl in der C3- als auch in der C5-Konvertase ist C2a die aktive Protease. C3b spielt eine zentrale Rolle im Komplementsystem und bei der Entsorgung von Pathogenen. Zusätzlich zur Bildung der C5-Konvertase des klassischen Wegs hat es Funktionen bei der Initiation und Bildung der C3-Konvertase des alternativen Wegs, bei der Opsonierung von Pathogenen und der Regulation der Komplementkaskade.
6. Die C5-Konvertase spaltet C5. C5b bindet C6 und initiiert die Bildung des **Membranangriffskomplexes** aus jeweils einem Molekül C5b, C6, C7, C8 und bis zu 18 Molekülen C9. C9 bildet eine membrandurchspannende **Pore**, die zur Lyse des Pathogens führt.

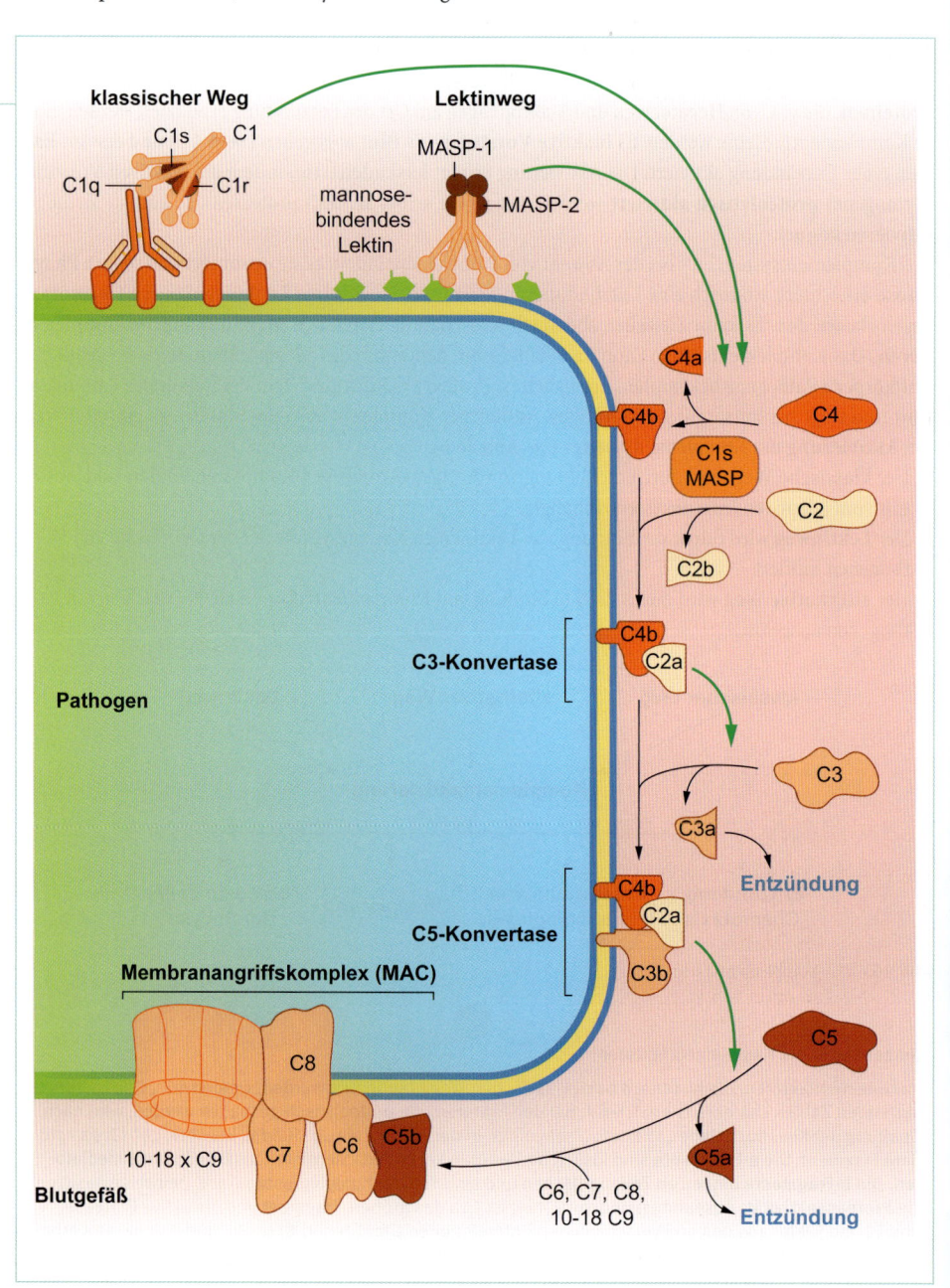

Abb. 16.7 Klassischer Weg und Lektinweg der Komplementaktivierung und Bildung des Membranangriffskomplexes [L138, L307]

Lektinweg der Komplementaktivierung

Lektine sind kohlenhydratbindende Proteine. Der **Lektinweg** wird initiiert, indem Lektine an **kohlenhydrathaltige Strukturen** auf der Oberfläche von Pathogenen binden. Das bedeutendste Lektin ist das mannosebindende Lektin (MBL), ein Akute-Phase-Protein (➤ Abb. 16.7). Es besteht aus einem straußförmigen Hexamer, das mit den Köpfen an die Zuckerstrukturen auf der Pathogenoberfläche bindet, und einem proteolytisch aktiven Dimer der Serinprotease MASP (MBL-associated Serine Protease), das C2 und C4 aktiviert und somit die Bildung der C3-Konvertase katalysiert. Der MBL/MASP-Komplex entspricht strukturell und funktionell dem Faktor C1 des klassischen Wegs. Bis auf die auslösende Reaktion entspricht der Lektinweg damit dem **klassischen Weg**.

Alternativer Weg der Komplementaktivierung

Der **alternative Weg** wird durch eine spontane Hydrolyse von C3 zu $C3(H_2O)$ im Plasma initiiert, an das Faktor B und die Serinprotease Faktor D binden. Es entsteht die lösliche alternative C3-Konvertase $C3(H_2O)Bb$, die weiteres C3 in C3b und C3a spaltet. C3b bindet kovalent an Zelloberflächen und rekrutiert die Faktoren B und D, sodass kontinuierlich C3bBb, eine membrangebundene C3-Konvertase, gebildet wird. Wesentlich ist, dass der alternative Weg durch eine katalytische Menge an $C3(H_2O)$ initiiert wird und die kontinuierliche Herstellung von C3b die Komplementaktivierung verstärkt. Dabei kann C3b die Bildung des Membranangriffskomplexes fördern oder als Opsonin fungieren (➤ Abb. 16.8):

1. Durch **spontane Hydrolyse von C3** werden kontinuierlich geringe Mengen von $C3(H_2O)$ gebildet.
2. $C3(H_2O)$ bildet im Plasma einen Komplex mit den Faktoren B und D und es kommt zur Bildung von $C3(H_2O)Bb$, einer alternativen löslichen C3-Konvertase.
3. $C3(H_2O)Bb$ spaltet C3 in C3a und C3b. C3b bindet mit seiner reaktiven Thioestergruppe kovalent an spezifische Strukturen auf Zelloberflächen. Nicht membrangebundenes C3b wird rasch inaktiviert.
4. An Membranen gebundenes C3b bindet Faktor B, der wiederum durch Faktor D proteolytisch aktiviert wird. Dadurch kommt es zur Bildung der **alternativen C3-Konvertase** C3bBb. Diese kann durch Faktor P, Properdin, stabilisiert werden.
5. C3bBb stellt weiteres C3b her und bildet mit diesem die **alternative C5-Konvertase** C3bBb3b.
6. Wie beim klassischen Weg wird C5 gespalten und der Membranangriffskomplex gebildet, sodass Pathogen lysiert wird.

Regulation des Komplementsystems

Alle Wege der Komplementaktivierung führen zur Bildung einer C3-Konvertase, die C3 in C3b und C3a spaltet. **C3b** ist das wichtigste **Opsonin** und kann an die Oberfläche von Pathogenen binden und deren Phagozytose veranlassen oder aber zur Bildung des Membranangriffskomplexes und der Zelllyse führen. C3a wirkt **entzündungsfördernd**, indem es Phagozyten an den Entzündungsherd rekrutiert.

C3b kann auch an die Oberfläche von Körperzellen binden und diese durch dieselben Mechanismen zerstören wie die Pathogene. Da C3b des alternativen Wegs pathogenunabhängig kontinuierlich gebildet wird, muss insbesondere dieser Weg gezielt reguliert werden. Eine wichtige Rolle spielt hier die Serinprotease **Faktor I**, ein Plasmaprotein, das C3b oder C4b in inaktive kleinere Fragmente überführt. Damit Faktor I an die Membran von Körperzellen und nicht an die von Pathogenen rekrutiert wird, werden andere Proteine wie der Faktor H benötigt, der spezifisch an Sialinsäure in Säugermembranen bindet. Alternativ kann das **Membranprotein DAF** (Decay Accelerating Factor) C2a oder Bb aus der C3-Konvertase verdrängen und dadurch die Komplementaktivierung stoppen.

16.4 Adaptive Immunität: maßgeschneiderte Abwehr

16.4.1 Komponenten der adaptiven Immunität

Die **adaptive Immunität** stellt eine spezifisch gegen ein Pathogen gerichtete Abwehrreaktion dar. Ausgelöst wird sie, indem T- und B-Lymphozyten Antigene erkennen. Historisch wird die adaptive Immunität in einen zellulären und einen humoralen Anteil unterteilt. Der **zelluläre Teil** kann von einem immunisierten Spender auf einen naiven Wirt nur durch T-Lymphozyten übertragen werden. Dagegen kann der **humorale Teil** durch Antikörper in Abwesenheit von Zellen übertragen werden.

KLINIK

Passive und aktive Immunisierung gegen Tetanus

Es war eine Sensation, als Emil Behring vor mehr als 100 Jahren zeigen konnte, dass sich im Serum von Tieren, die mit Tetanus infiziert worden waren, Substanzen befinden, die nicht infizierte Tiere schützen können. Diese Form der passiven Immunisierung, also der Gabe spezifischer Antikörper von Spendern, wirkt sofort und wird bei verletzten Personen mit unklarem Immunstatus eingesetzt. Prophylaktisch wird eine aktive Immunisierung durchgeführt, bei der dem Empfänger inaktiviertes Tetanustoxin (Toxoid-Impfstoff) verabreicht wird, sodass sein Immunsystem nach einiger Zeit selbst Antikörper gegen das Tetanustoxin bildet (➤ 16.4.8).

Aus Studentensicht

Lektinweg der Komplementaktivierung

Der **Lektinweg** wird durch kohlenhydratbindende Proteine (Lektine) wie mannosebindendes Lektin (MBL) initiiert, die **kohlenhydrathaltige Strukturen** auf Pathogenoberflächen binden. MBL besteht aus einem Komplex mit der Serinprotease MASP, die C2 und C4 aktiviert und damit die Bildung der C3-Konvertase ermöglicht. Bis auf die auslösende Reaktion entspricht der Lektinweg dem **klassischen Weg**.

Alternativer Weg der Komplementaktivierung

Der **alternative Weg** ist antikörperunabhängig. Auslöser ist die ständig stattfindende spontane Hydrolyse von C3. Dadurch gebildetes C3b kann die Bildung des MAC fördern oder als Opsonin fungieren.
Einzelschritte:
- **Spontane Hydrolyse von C3** zu $C3(H_2O)$
- **Bildung der alternativen C3-Konvertase** $C3(H_2O)Bb$ im Plasma
- Spaltung von C3 und kovalente Bindung von C3b **an Pathogenoberfläche**
- Gebundenes C3b bindet Faktor B, der durch Faktor D aktiviert wird: Bildung der **alternativen C3-Konvertase** C3bBb
- C3bBb bildet weiteres C3b und mit diesem die **alternative C5-Konvertase** C3bBb3b
- C5 wird gespalten und der MAC gebildet

Regulation des Komplementsystem

Die Komplementaktivierung führt immer über die Bildung von C3b und C3a durch die C3-Konvertase. **C3b** ist das wichtigste **Opsonin** und trägt zur Bildung des MAC bei, **C3a** wirkt **entzündungsfördernd**.
C3b kann auch an Körperzellen binden. Die Komplementaktivierung muss dann inhibiert werden. Dies geschieht über inhibitorisch wirkende Proteine wie **Faktor I** oder **DAF**.

16.4 Adaptive Immunität: maßgeschneiderte Abwehr

16.4.1 Komponenten der adaptiven Immunität

Die **adaptive Immunität** wird durch den Kontakt von Antigenen mit T- und B-Lymphozyten ausgelöst und kann in einen **zellulären** und einen **humoralen Teil** unterteilt werden.

KLINIK

Aus Studentensicht

ABB. 16.8

Zellen der adaptiven Immunität tragen Rezeptoren auf ihrer Oberfläche, die nicht durch nur ein bestimmtes Gen festgelegt sind, sondern durch **Rekombination verschiedener Genabschnitte** entstehen. Dies erklärt, dass für praktisch jede antigene Struktur ein passender Rezeptor gebildet werden kann.

16.4.2 Antigene: vielseitige Provokateure

Antigene sind Substanzen, die durch das Immunsystem erkannt werden und eine **Antwort des adaptiven Immunsystems auslösen** können.
Proteine pathogener Mikroorganismen sind potente Antigene, lösen eine starke T- und B-Zell-Aktivierung und die Bildung hochaffiner Antikörper aus. Substanzen wie Kohlenhydrate, Lipide, Metalle oder Medikamente lösen meist schwache T-Zell-unabhängige B-Zell-Antworten aus.

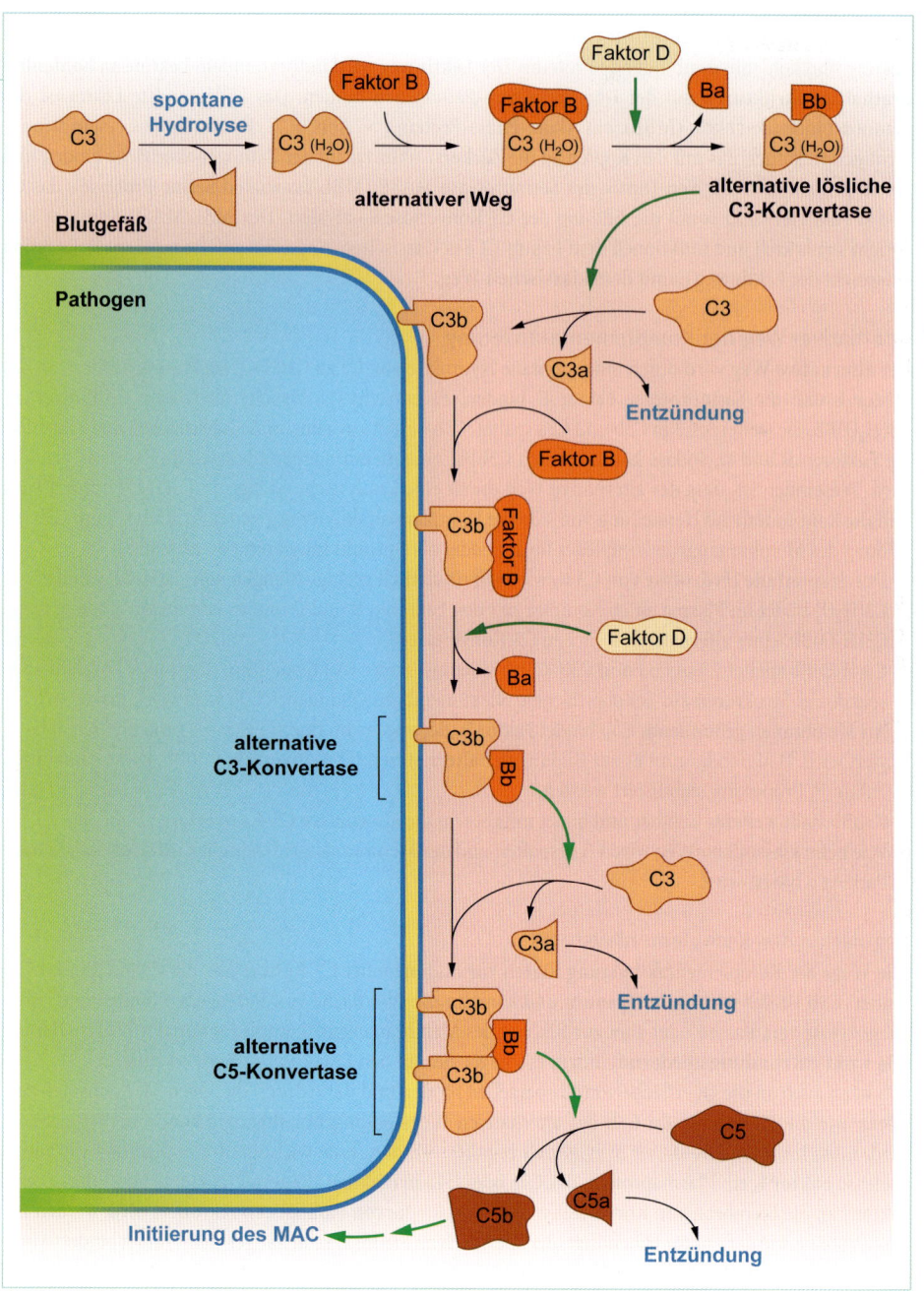

---

16 IMMUNSYSTEM: ABWEHR VON BEDROHUNGEN

Abb. 16.8 Alternativer Weg der Komplementaktivierung [L138, L307]

Im Gegensatz zu Zellen der angeborenen Immunität tragen Zellen der adaptiven Immunität Rezeptoren auf ihrer Oberfläche, die nicht durch nur ein bestimmtes Gen festgelegt sind. Vielmehr entstehen durch **Rekombination verschiedener Genabschnitte** in den einzelnen Zellen unterschiedlich zusammengesetzte Gene. Es gibt also sehr viele verschiedene T- und B-Lymphozyten, die sich in ihren Rezeptoren unterscheiden. Dadurch kann das adaptive Immunsystem praktisch alle möglichen Antigene erkennen.

16.4.2 Antigene: vielseitige Provokateure

Antigene sind Substanzen, die durch das Immunsystem erkannt werden und eine **Antwort des adaptiven Immunsystems auslösen** können. Dies kann geschehen, indem sie an Rezeptoren auf der Oberfläche von T- und B-Lymphozyten oder an Antikörper binden. Besonders potente Antigene sind Proteine pathogener Mikroorganismen, da sie sowohl eine starke T-Zell- als auch eine starke B-Zell-Antwort hervorrufen und zur Bildung hochaffiner Antikörper führen. Auch Kohlenhydrate, Nukleinsäuren, Lipide, Metalle oder Medikamente können als Antigene fungieren. Doch lösen diese Moleküle meist nur eine schwache Immunantwort mit niedrigaffinen Antikörpern aus, da Nicht-Protein-Antigene in den meisten Fällen eine T-Zell-unabhängige B-Zell-Antwort hervorrufen.

16.4 ADAPTIVE IMMUNITÄT: MASSGESCHNEIDERTE ABWEHR

Aus Studentensicht

> **Epitope und Haptene**
>
> **Epitope** oder **antigene Determinanten** sind Bereiche eines Antigens, die von einem bestimmten B- oder T-Zell-Rezeptor oder Antikörpermolekül erkannt werden. Ein Protein enthält typischerweise mehrere Epitope und wird deshalb von verschiedenen Antigenrezeptoren oder Antikörpern erkannt.
> **Haptene** sind kleine Moleküle wie Penicilline oder Nickel-Ionen, die erst nach Bindung an Proteine eine spezifische Immunantwort auslösen.

Antigene werden von B- und T-Zellen (= B- und T-Lymphozyten) nach unterschiedlichen Prinzipien erkannt: **B-Zellen** können mit ihren Rezeptoren **direkt** mit dem Antigen interagieren, während der größte Teil der **T-Zellen**, die α/β-T-Zellen, über ihre Rezeptoren Antigene nur in Verbindung mit bestimmten Oberflächenproteinen, den **MHC-Molekülen** (Major Histocompatibility Complex) erkennt (➤ Tab. 16.7). Ein kleiner Teil der T-Zell-Population, γ/δ-T-Zellen, ist mit Rezeptoren ausgestattet, die Antigene MHC-unabhängig erkennen (➤ 16.5.3). Wenn nicht weiter spezifiziert, sind in diesem Kapitel unter der Bezeichnung T-Zellen die α/β-T-Zellen gemeint.

B-Zellen können über ihren Rezeptor **direkt** mit dem Antigen interagieren, **T-Zellen** i. d. R. nur dann, wenn die Antigene zusammen mit **MHC-Molekülen** präsentiert werden.

Tab. 16.7 Typische Mechanismen der Antigenerkennung

Charakteristikum	B-Lymphozyten	T-Lymphozyten
Interaktion mit Antigen	Bildung eines binären Komplexes mit dem B-Zell-Rezeptor	Bildung eines ternären Komplexes aus T-Zell-Rezeptor, MHC-Molekül und Antigen
Bindung löslicher Antigene	Ja	Nein
Chemische Natur des Antigens	Proteine, Lipide, Kohlenhydrate, Nukleinsäuren, Haptene	Vom MHC-Molekül präsentierte Peptide oder von MHC-verwandten Molekülen präsentierte Lipide
Eigenschaften des Epitops	Hydrophile, zugängliche Struktur	Struktur im Komplex mit MHC- oder MHC-verwandtem Molekül

TAB. 16.7

16.4.3 Antigenpräsentation

Damit T-Zellen Proteinantigene erkennen, müssen diese i. d. R. in anderen Zellen **prozessiert** und auf deren Oberfläche **präsentiert** werden. Alle kernhaltigen Zellen und Thrombozyten sind in der Lage, Antigene zu präsentieren. Dadurch kann eine Zelle signalisieren, dass sie von einem Pathogen befallen ist und zum Schutz des Organismus zerstört werden sollte. Daneben können **professionelle antigenpräsentierende Zellen (APC)** wie Makrophagen, dendritische Zellen und B-Lymphozyten mit T-Zellen interagieren, um selbst aktiviert zu werden oder um T-Zellen zu aktivieren.

Antigenpräsentierende Moleküle

An der Antigenpräsentation sind verschiedene Gene beteiligt, die im **MHC** (Major Histocompatibility Complex, Haupthistokompatibilitätskomplex) organisiert sind. Da menschliche MHC-Gene ursprünglich als Kennzeichen von Leukozyten unterschiedlicher Individuen identifiziert wurden, werden sie auch **HLA-Gene** (humanes Leukozytenantigen) genannt, obwohl sie in fast allen Zellen exprimiert werden. Der humane MHC-Komplex befindet sich auf Chromosom 6 und umfasst einen Bereich von etwa 4 Millionen Basenpaaren mit mehr als 200 Genen. Es handelt sich um den genreichsten Bereich des menschlichen Genoms. Er wird in drei Klassen eingeteilt, wobei die an der Antigenpräsentation beteiligten Gene zu MHC-Klasse I und MHC-Klasse II gehören.

MHC-Proteine werden von mehreren Genen codiert, die jeweils **polymorph** sind, also in einer Population in unterschiedlichen Allelen (Genvariationen) vorkommen. Für MHC-Klasse-I-Proteine (MHC I) gibt es die Gene HLA-A, -B und -C, für MHC-Klasse II die Gene HLA-DR, -DQ und -DP. Insgesamt wurden bisher etwa 15 000 verschiedene allelische Varianten des HLA-Klasse-I-Komplexes und 5 000 des HLA-Klasse-II-Komplexes identifiziert. Die Vererbung und Expression der HLA-Gene erfolgt codominant, sodass jedes Individuum durch die maternalen und paternalen Allele charakterisiert ist. Dieser starke Polymorphismus ist für menschliche Gene einzigartig; außer bei eng verwandten Menschen ist die Wahrscheinlichkeit für völlig identische Allele extrem gering.

16.4.3 Antigenpräsentation

T-Zellen erkennen i. d. R. in Zellen **prozessierte** und auf der Oberfläche **präsentierte** Proteinantigene. Dazu sind alle kernhaltigen Zellen und Thrombozyten fähig. T-Zellen können zudem mit professionellen **antigenpräsentierenden Zellen (APC)** interagieren.

Antigenpräsentierende Moleküle

MHC-Proteine, beim Menschen auch **HLA-Proteine** genannt, sind an der Antigenpräsentation beteiligt.
Der humane MHC-Komplex liegt auf Chromosom 6 und umfasst mehr als 200 Gene. Er wird in drei Klassen eingeteilt, wobei die an der Antigenpräsentation beteiligten Gene zur MHC-Klasse I und MHC-Klasse II gehören.
MHC-Proteine werden von mehreren Genen codiert, die jeweils **polymorph** sind, d. h., es gibt unterschiedliche Genvariationen (Allele) innerhalb der Population. Für MHC-Klasse I gibt es die Gene HLA-A, -B und -C, für MHC-Klasse II die Gene HLA-DR, -DQ und -DP. MHC-Moleküle werden codominant exprimiert, sodass jeder Mensch sowohl maternale als auch paternale Allele trägt.

> **KLINIK**
>
> **Organtransplantation**
>
> Aufgrund der Polymorphismen exprimiert jedes Individuum eine spezifische Konstellation an HLA-Allelen, die es je zur Hälfte von Vater und Mutter erhalten hat und die ein typisches Merkmal dieser Familie ist. Bei der Transplantation von Gewebe oder Blutstammzellen eines Spenders auf einen nicht verwandten Empfänger sind identische HLA-Merkmale sehr unwahrscheinlich. Innerhalb von Familien besteht jedoch eine 25%ige Wahrscheinlichkeit, dass zwei Geschwister identische HLA-Merkmale tragen. Diese Geschwister sind HLA-kompatibel, während Gewebe von nicht verwandten Spendern in den meisten Fällen HLA-inkompatibel sind. Da Zellen mit fremden HLA-Molekülen beim Empfänger eine Immunreaktion auslösen, werden möglichst HLA-kompatible Gewebe zwischen Spender und Empfänger transplantiert. Auch HLA-inkompatible Spenden sind inzwischen möglich; das Risiko einer Abstoßung ist aber entsprechend höher. Auch bei nur schwacher Reaktion erfordert eine Transplantation zwischen verschiedenen Individuen eine lebenslange

KLINIK

immunsuppressive Therapie, HLA-Inkompatibilität erfordert eine entsprechend stärkere Immunsuppression. Immunsuppressiva hemmen v. a. die Entwicklung von B- und T-Lymphozyten. Dabei muss die Immunabwehr so weit unterdrückt werden, dass das fremde Organ nicht abgestoßen wird, der Empfänger aber immer noch Infektionen abwehren kann.

T-Lymphozyten erkennen Antigene nur, wenn sie auf MHC-Proteinen desselben Individuums präsentiert werden (= **MHC-Restriktion**). MHC I und MHC II haben unterschiedliche Funktionen.

MHC-Klasse I

Die Aufgabe von MHC-I-Molekülen ist es, zytotoxischen T-Zellen **Fragmente intrazellulärer Proteine zu präsentieren**. Dabei wird nicht unterschieden, ob es sich um zelleigene oder um Proteine von Viren oder anderen Pathogenen handelt, welche die Zelle infiziert haben. Die Präsentation zellfremder Peptide signalisiert den zytotoxischen T-Zellen eine **Infektion**. Sie können dann die Zelle **abtöten**, um eine Vermehrung des Pathogens zu unterbinden. Auch durch Mutationen veränderte zelluläre Proteine können über diesen Mechanismus das Abtöten einer Zelle auslösen. MHC-I-Moleküle werden auf der Oberfläche aller **kernhaltigen Zellen** und von **Thrombozyten** exprimiert.

Ein MHC-I-Molekül besteht aus einer membranverankerten α-Kette und einem damit nicht kovalent verbundenen löslichen Protein, dem $β_2$-Mikroglobulin (➤ Abb. 16.9). Während die drei verschiedenen Gene HLA-A, -B und -C für die α-Kette im MHC-Locus lokalisiert sind, gibt es für das $β_2$-Mikroglobulin nur ein Gen auf Chromosom 16. Die α-Kette enthält drei Domänen, wobei zwischen der $α_1$- und der $α_2$-Domäne eine **Tasche** gebildet wird, in die **antigene Peptide** mit einer Länge von **8–10 Aminosäuren** passen. Die membrannahe $α_3$-Domäne ebenso wie $β_2$-Mikroglobulin gehören strukturell zur Immunglobulinfamilie. Im unbeladenen Zustand befinden sich MHC-I-Moleküle im ER, wo sie durch Chaperone stabilisiert werden.

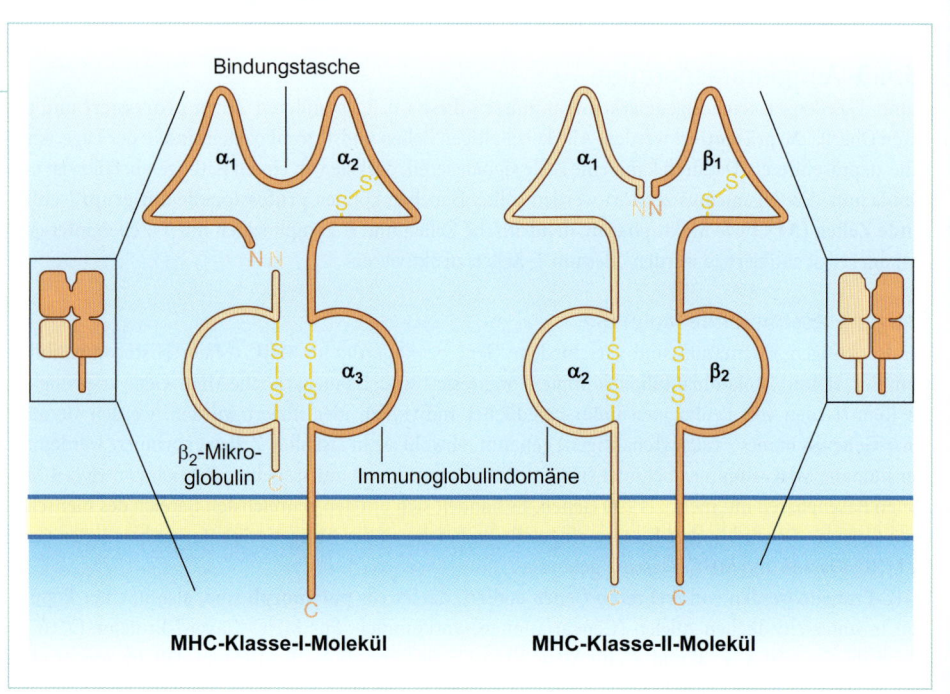

Abb. 16.9 MHC-Moleküle [L138]

Zur Beladung der MHC-I-Moleküle mit Peptiden aus intrazellulären Proteinen müssen die abzubauenden zytoplasmatischen Proteine zunächst mit Ubiquitin markiert und durch das Proteasom zu Peptiden abgebaut werden (➤ 7.3.2). Die Peptide werden über TAP (Transporter Associated with Antigen Presentation) in das **endoplasmatische Retikulum** transportiert (➤ Abb. 16.10) und binden dort an MHC-I-Moleküle. Peptide, die nicht genau in die Bindetasche passen, werden durch die ER-Aminopeptidase (ERAAP) zurechtgeschnitten. Anschließend wird der beladene MHC-I-Peptid-Komplex über den Golgi-Apparat zur **Zelloberfläche** transportiert (➤ 6.3.5). So präsentieren die MHC-I-Moleküle **Peptide zytoplasmatischer Proteine** unabhängig davon, ob sie von pathogenen oder zellulären Proteinen stammen, auf der Zelloberfläche.

Vor allem in dendritischen Zellen können Phagosomen mit vom ER abstammenden Vesikeln fusionieren. Endozytierte Fremdproteine können dann über einen nicht gut verstandenen Mechanismus ins angrenzende Zytoplasma transportiert und dort in Proteasomen abgebaut werden. Die entstehenden Peptide gelangen über TAP zurück ins Phagosom-ER-Kompartiment, assoziieren mit MHC-I-Molekülen und werden zur Plasmamembran transportiert. Diese MHC-I-Präsentation von Peptiden exogener Proteine, die im Regelfall auf MHC-II-Molekülen erfolgt, wird auch als **Kreuzpräsentation** bezeichnet.

Aus Studentensicht

T-Lymphozyten erkennen nur Antigene, die auf MHC-Molekülen desselben Individuums präsentiert sind (**MHC-Restriktion**).

MHC-Klasse I

MHC-Klasse I wird von allen **kernhaltigen Zellen** und **Thrombozyten** exprimiert. Sie **präsentieren** zytotoxischen T-Zellen **Fragmente intrazellulärer Proteine,** wobei sowohl zelleigene als auch Proteine von Viren, anderen Pathogenen oder mutierte Proteine präsentiert werden. Werden zellfremde Proteine präsentiert, signalisiert dies den zytotoxischen T-Zellen eine **Infektion** und sie **töten** die Zelle.

MHC-I-Moleküle bestehen aus einer membranverankerten α-Kette, die nicht kovalent $β_2$-Mikroglobulin bindet. Die α-Kette bildet eine **Tasche**, in die **antigene Peptide** mit einer Länge von **8–10 Aminosäuren** passen. Unbeladen befinden sich MHC-I-Moleküle im ER.

ABB. 16.9

Beladung von MHC-I-Molekülen:
- Markierung und proteasomaler Abbau von intrazellulären Proteinen zu Peptiden im Zytoplasma
- Transport der Peptide über TAP in das **ER**
- Beladung von MHC-I-Molekülen im ER
- Transport der beladenen MHC-I-Moleküle über den Golgi-Apparat zur **Zelloberfläche**

MHC-I-Moleküle präsentieren **Peptide zytoplasmatischer Proteine**.

Im Rahmen der **Kreuzpräsentation** können auch endozytierte Fremdproteine über einen nicht vollständig verstandenen Mechanismus von MHC-I-Molekülen präsentiert werden.

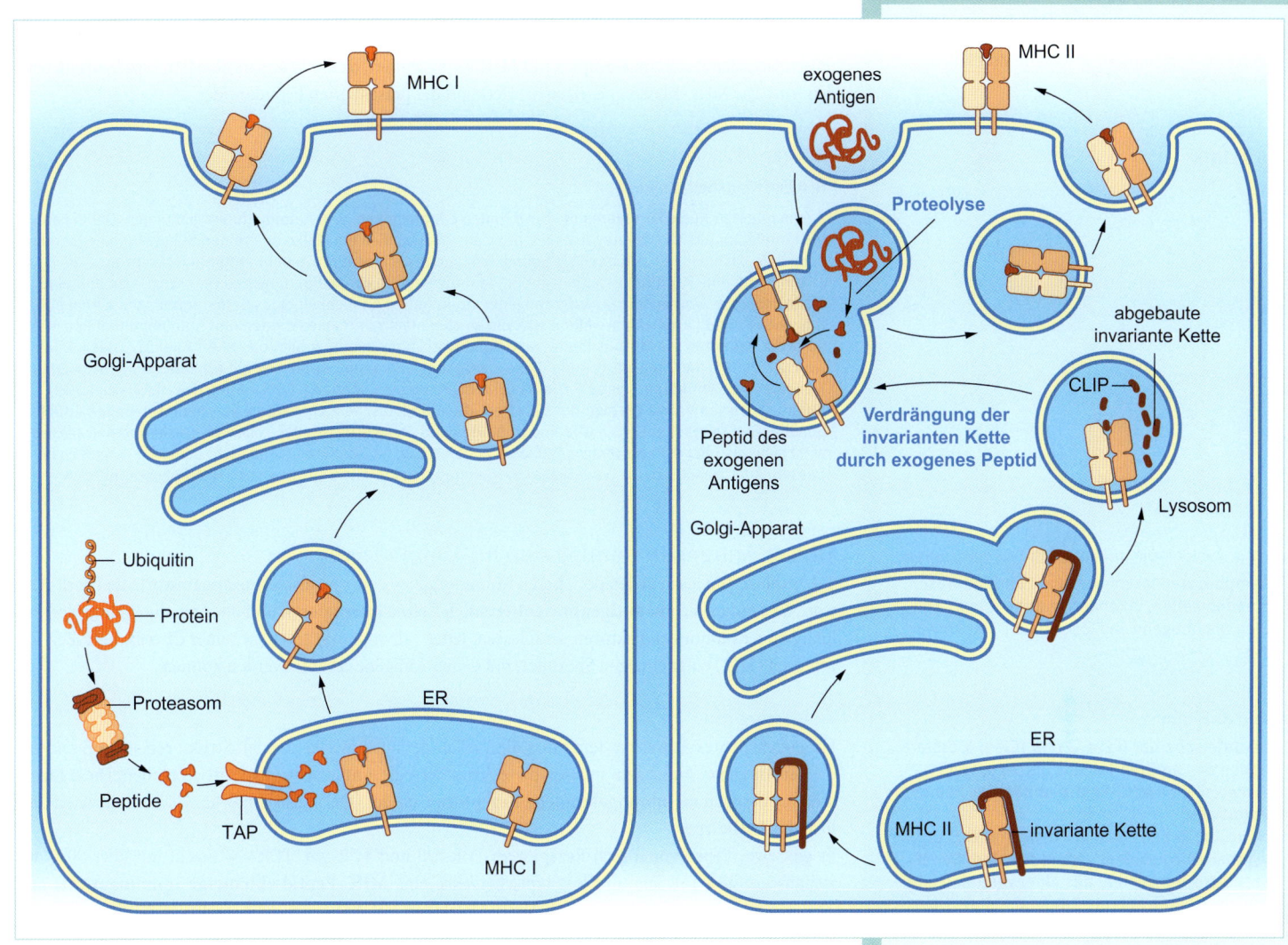

16.4 ADAPTIVE IMMUNITÄT: MASSGESCHNEIDERTE ABWEHR

Abb. 16.10 Beladung von MHC-Molekülen mit Peptiden [L138, L307]

> **KLINIK**
>
> **Immunproteasomen**
>
> Für eine effiziente Aktivierung zytotoxischer T-Lymphozyten muss ein möglichst großes Repertoire passgenauer Peptide auf MHC-I-Molekülen präsentiert werden. Peptide mit besonders hoher Affinität zu MHC-I-Molekülen werden durch spezielle Proteasomen, sog. Immunproteasomen, hergestellt. Diese unterscheiden sich von den konstitutiven Proteasomen in der Spezifität einiger proteolytischer Untereinheiten. Immunproteasomen werden durch bestimmte Zytokine induziert und kommen v. a. im Thymus und in virusinfizierten Zellen vor.

MHC-Klasse II

MHC-II-Moleküle präsentieren den T-Helfer-Zellen Peptide extrazellulärer fremder und körpereigener Proteine auf der Oberfläche von **professionellen antigenpräsentierenden Zellen** (APC) wie dendritischen Zellen, Monozyten, Makrophagen und B-Lymphozyten. MHC-II-Moleküle bestehen aus zwei verschiedenen membranverankerten Ketten, α und β, die beide im MHC-Locus codiert sind (➤ Abb. 16.9). Jede Kette enthält zwei Ig-Domänen. Die beiden N-terminalen Domänen $α_1$ und $β_1$ bilden eine Tasche für das zu präsentierende Peptid, an die beiden C-terminalen Domänen $α_2$ und $β_2$ schließen sich jeweils eine Transmembrandomäne und eine kurze zytoplasmatische Domäne an. Da die Bindungstasche offen ist, passen **mit 10–25 Aminosäuren** längere Peptide hinein als in die Tasche der MHC-I-Moleküle.

MHC-II-Moleküle werden wie MHC-I-Moleküle im ER synthetisiert, assoziieren dort aber mit einem weiteren Protein, der **invarianten Kette** (= CD74). Die invariante Kette dient als Chaperon für MHC-II-Moleküle und eskortiert sie über den Golgi-Apparat ins **Lysosom,** wo sie selbst zu CLIP (Class II-Associated Invariant Chain Peptide) abgebaut wird. CLIP besetzt zunächst die Peptidtasche der MHC-II-Moleküle, kann aber durch Peptidfragmente aus extrazellulären Proteinen verdrängt werden.

MHC-II-Moleküle präsentieren Peptide aus **exogenen Proteinantigenen,** die durch Phagozytose, Pinozytose oder rezeptorvermittelte Endozytose zunächst in Endosomen aufgenommen werden (➤ Abb. 16.10). Die Endosomen fusionieren mit Lysosomen und die Antigene werden durch **lysosomale Proteasen** abgebaut. Die daraus resultierenden Peptide binden an MHC-II-Moleküle, die nach dem beschriebenen Vorgang aus dem ER in die Lysosomen transportiert wurden. Anschließend wird der MHC-II-Peptid-Komplex zur **Zell-**

MHC-Klasse II

MHC-Klasse II wird von **professionellen antigenpräsentierenden Zellen** (dendritische Zellen, Monozyten, Makrophagen und B-Lymphozyten) exprimiert. Sie präsentieren T-Helfer-Zellen Peptide extrazellulärer Proteine und bestehen aus je einer membranverankerten α- und β-Kette, die eine offene Bindungstasche bilden, in die **längere Peptide mit 10–25 Aminosäuren** passen.
MHC-II-Moleküle werden im ER gebildet, assoziieren dort mit der **invarianten Kette** und werden zum **Lysosom** transportiert, wo die invariante Kette zu CLIP abgebaut wird.
MHC-II-Moleküle präsentieren Peptide aus **exogenen Proteinantigenen:**
- Aufnahme der exogenen Protein-Antigene (Phagozytose, Pinozytose, rezeptorvermittelte Endozytose)
- Fusion mit Lysosom und Abbau der Antigene durch **lysosomale Proteasen**
- Bindung der Peptide an MHC-II-Moleküle
- Transport des MHC-II-Peptid-Komplexes zur **Zelloberfläche**

Aus Studentensicht

Peptide der endozytierten Proteine werden durch APC im Komplex mit MHC-II-Molekülen präsentiert.

● **KLINIK**

oberfläche transportiert. Die **Peptide der endozytierten Proteine** werden so von professionellen antigenpräsentierenden Zellen **im Komplex mit MHC II** präsentiert, da dieser anders als MHC I im Lysosom beladen wird. Die MHC-Klasse spiegelt so die Herkunft der präsentierten Peptide wider.

KLINIK

HLA und Krankheitsrisiko

Bestimmte HLA-Allele korrelieren mit bestimmten Erkrankungen, v. a. Autoimmunerkrankungen. Dabei kann die Korrelation positiv oder negativ sein, d. h., die Allele stellen ein Risiko oder einen Schutz für eine Erkrankung dar. „Risikoallele" zeichnen sich durch bestimmte Aminosäuren in der Peptidbindetasche aus, die bestimmte antigene Peptide besonders gut binden. Die Peptide können pathogenen Ursprungs sein und eine echte Immunantwort auslösen. Aufgrund einer strukturellen Ähnlichkeit eines Selbstpeptids mit einem pathogenen Peptid (= molekulare Mimikry) kann es aber auch zu Kreuzreaktionen und Autoimmunität kommen. 90 % der Patienten mit Morbus Bechterew (Spondylitis ankylosans) tragen das HLA-I-Allel B27, das nur bei weniger als 10 % der Menschen ohne diese Erkrankung vorkommt. Ähnliches gilt für Patienten, die an Zöliakie leiden und Antikörper gegen Getreide-Gliadine herstellen. Mehr als 90 % haben das HLA-II-Allel DQ2. Strukturanalysen haben gezeigt, dass die Peptidbindungstasche ideale sterische Voraussetzungen erfüllt, um über Glutamatseitenketten Gliadine zu binden und diese CD4-T-Helfer-Zellen zu präsentieren. Dagegen wirkt sich das Allel DQ6 protektiv gegenüber Zöliakie aus, da Gliadinantigene nicht in die Bindungstasche passen. Auch das Risiko an Typ-1-Diabetes zu erkranken, korreliert mit gewissen HLA-Polymorphismen.

16.4.4 Antigenerkennung durch T-Lymphozyten

16.4.4 Antigenerkennung durch T-Lymphozyten

T-Lymphozyten interagieren mit **antigenpräsentierenden Zellen,** erkennen mithilfe ihres T-Zell-Rezeptors Antigene und lösen eine T-Zell-Antwort aus.

T-Lymphozyten lösen in den peripheren Immunorganen eine spezifische Immunantwort, die T-Zell-Antwort, aus, indem sie mit **antigenpräsentierenden Zellen interagieren** und dadurch die Bildung von zellulären oder humoralen Faktoren veranlassen. Jeder T-Lymphozyt trägt auf seiner Oberfläche T-Zell-Rezeptoren (TCR) einer einzigen Spezifität, mit denen Antigene erkannt werden können.

T-Zell-Rezeptor

Man unterscheidet TCR-α/β und TCR-γ/δ. Erstere machen den größten Teil aus und lösen typischerweise eine **MHC-Peptid-abhängige Immunantwort** aus.
TCR-α/β bestehen aus einer α- und einer β-Untereinheit, die kovalent verbunden sind. Der extrazelluläre Teil besteht aus einer variablen und einer konstanten Immunglobulindomäne. Über die **variablen Domänen** erkennt der T-Zell-Rezeptor **MHC-gebundene Peptidantigene.**

T-Zell-Rezeptor

Für ein effizientes Abwehrsystem muss die Vielfalt der antigenerkennenden Strukturen so groß sein wie die der Antigene. Außerdem müssen diese Strukturen die Antigene hochspezifisch binden. Diese Eigenschaften besitzen **membrangebundene Rezeptoren** auf der Oberfläche von B- und T-Lymphozyten oder **lösliche Antikörper.**

Es gibt zwei Typen von T-Zell-Rezeptoren: TCR-α/β und TCR-γ/δ. TCR-α/β macht mit über 90 % den weitaus größten Teil aus und löst typischerweise eine **MHC-Peptid-abhängige Immunantwort** aus. TCR-γ/δ interagiert unabhängig von MHC-Molekülen mit Antigenen und spielt v. a. eine Rolle bei der mukosalen Immunabwehr.

● **ABB. 16.11**

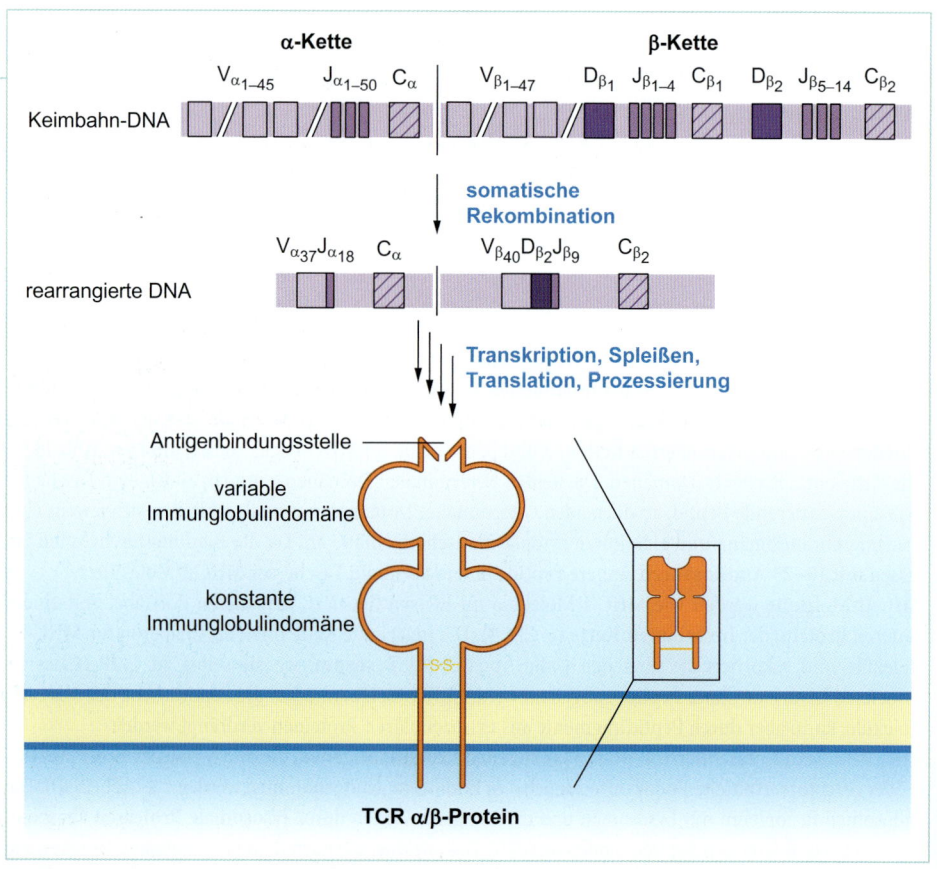

Abb. 16.11 Bildung und Struktur des TCR-α/β [L138]

16.4 ADAPTIVE IMMUNITÄT: MASSGESCHNEIDERTE ABWEHR

Die α- und β-Untereinheiten des TCR-α/β sind über Disulfidbrücken kovalent miteinander verknüpft und über eine Transmembrandomäne in der Membran der T-Zellen verankert. Der extrazelluläre Teil besteht aus einer variablen (V) und einer konstanten (C) Immunglobulindomäne (Ig-Domäne), der C-terminale zytoplasmatische Bereich ist sehr klein (➤ Abb. 16.11). Über die **variablen Domänen** erkennt der T-Zell-Rezeptor **MHC-gebundene Peptidantigene**.

Es gibt **Millionen verschiedener funktionaler TCR** und entsprechend viele T-Zell-Klone, die jeweils nur einen einzigen TCR-Typ exprimieren. Die Vielfalt der TCR entsteht wie bei den Antikörpern der B-Lymphozyten durch **somatische Rekombination** verschiedener Genabschnitte. Die lymphatischen Vorläuferzellen tragen wie die Keimbahnzellen 45 V- und 50 J-Abschnitte für die Herstellung der α-Untereinheit des TCR α/β in ihrer DNA (➤ Abb. 16.11). Während der T-Zell-Reifung wird in jeder T-Zelle ein zufällig ausgewählter V-Abschnitt mit einem zufälligen J-Abschnitt rekombiniert, indem der dazwischen liegende DNA-Abschnitt irreversibel aus der DNA herausgeschnitten wird. Anschließend rekombinieren die VJ-Abschnitte mit einem einzigen C-Segment. Für die β-Kette können 47 V-, 2 D- und 14 J-Abschnitte rekombinieren, die VDJ-Abschnitte verbinden sich dann mit einem von zwei C-Segmenten. Durch unterschiedliche Verknüpfungen der Abschnitte (= junktionale Diversität) wird die TCR-Vielfalt weiter erhöht. Auch bei TCR-γ/δ entstehen Varianten durch somatische Rekombination.

Antigenunabhängige Reifung der T-Lymphozyten im Thymus

Die Bezeichnung **T-Lymphozyten** weist darauf hin, dass ihre Entwicklung im **Thymus** beginnt. Lymphatische Vorläuferzellen einer sehr frühen Entwicklungsstufe, die bereits auf die T-Zell-Linie festgelegt sind, wandern aus dem Knochenmark in den Thymus. Angeregt von verschiedenen Wachstumsfaktoren durchlaufen diese Thymozyten mehrstufige Differenzierungs- und Selektionsprozesse (➤ Abb. 16.12). Während der Entwicklung im Thymus durchlaufen die T-Zellen unterschiedliche Stadien. Frühe Thymozyten befinden sich im subkapsulären Bereich der Thymusrinde und tragen keine typischen T-Zell-Marker, wie Untereinheiten des TCR oder Oberflächenproteine wie CD3, CD4 oder CD8. Sie sind **doppelt negativ (DN)**, da sie keine CD4- und CD8-Proteine auf ihrer Oberfläche tragen. Anschließend beginnt die **Umlagerung der TCR-Gen-Abschnitte** für die β-, γ- und δ-Untereinheiten. Zellen, die eine funktionelle

---

Aus Studentensicht

Es gibt **Millionen verschiedener funktioneller TCR** und entsprechend viele T-Zell-Klone. Die Vielfalt entsteht durch die Neuanordnung bestimmter Gensegmente (**somatische Rekombination**).

Antigenunabhängige Reifung der T-Lymphozyten im Thymus

Unreife T-Zellen verlassen das Knochenmark in einer frühen Entwicklungsstufe und wandern in den **Thymus,** wo sie sich weiter differenzieren und selektioniert werden.

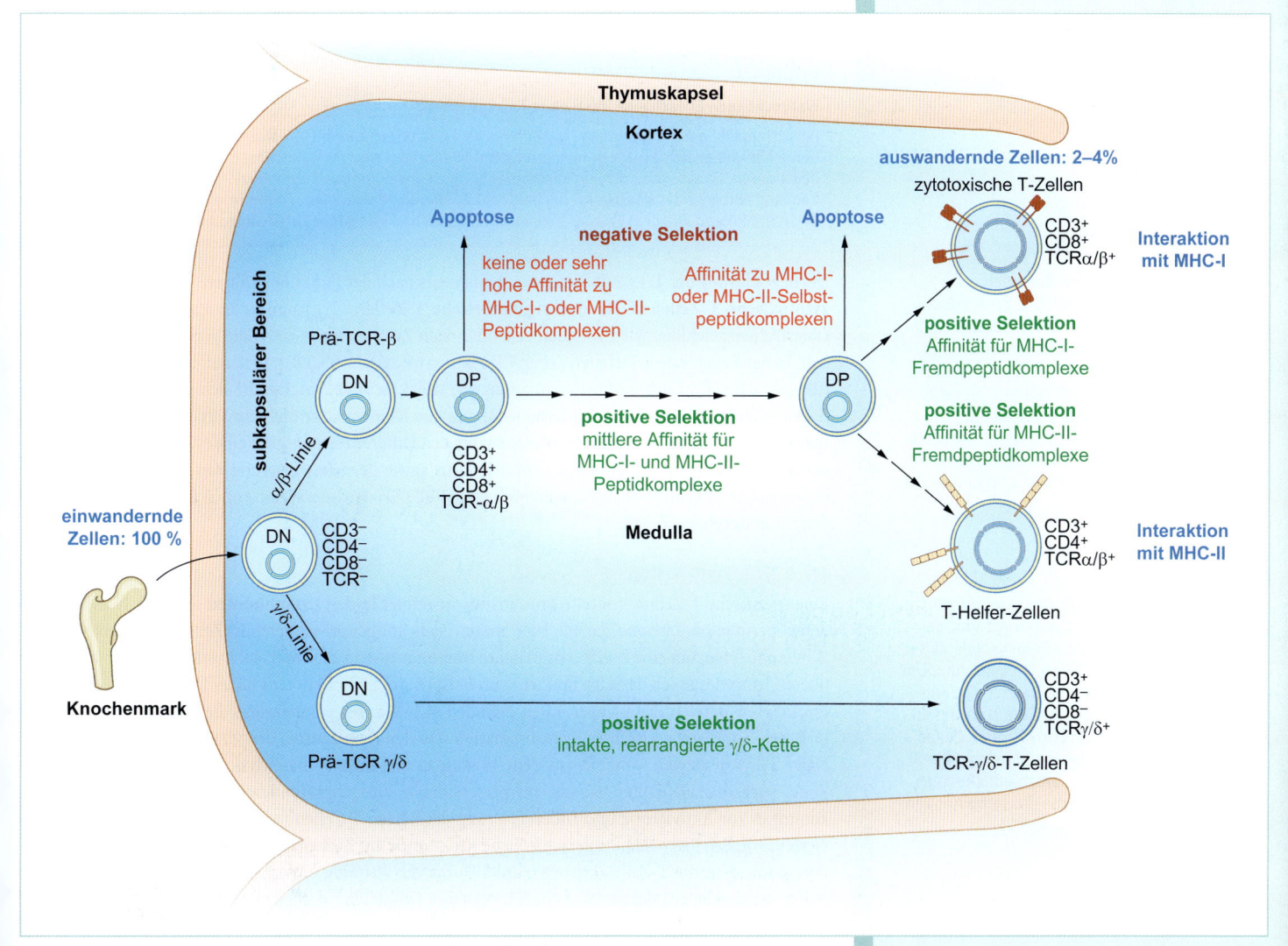

Abb. 16.12 Entwicklung und Selektion von T-Lymphozyten im Thymus [L138]

Aus Studentensicht

Entwicklung und Selektion der T-Zellen:
- **Doppelt negative** (CD4- und CD8-negative) T-Zellen befinden sich in der subkapsulären Thymusrinde
- Beginn der **Umlagerung der TCR-Gen-Abschnitte** und Festlegung der T-Zellen auf die TCR-α/β- oder TCR-γ/δ-Linie
- Fertigstellung des TCR-α/β und Expression der Oberflächenmoleküle CD4 und CD8 führt zu **doppelt positiven** T-Zellen mit TCR-α/β
- Überprüfung der doppelt positiven T-Zellen: Nur T-Zellen, die MHC-Peptid-Komplexe der Epithelzellen des Thymuskortex erkennen, überleben **(positive Selektion)**, differenzieren sich weiter und wandern Richtung Medulla
- T-Zellen mit starker Affinität zu MHC-Selbst-Peptid-Komplexen werden getötet **(negative Selektion)**
- Aus den doppelt positiven T-Zellen entwickeln sich einfach positive **CD8-T-Zellen,** die mit MHC-I-Fremd-Peptid-Komplexen interagieren, und **CD4-T-Zellen,** die mit MHC-II-Fremd-Peptid-Komplexen interagieren

Mehr als 95 % der T-Zellen sterben im Thymus durch Apoptose. Nur **funktionsfähige** und **immuntolerante T-Lymphozyten** gelangen in die Peripherie und können in **Lymphknoten** einwandern.

KLINIK

T-Zellen lassen sich unterteilen nach:
- Funktion: **T-Helfer-Zellen** (TH), **zytotoxische T-Zellen** (CTL), **regulatorische T-Zellen** (T_{reg})
- Oberflächenmolekülen: CD4 oder CD8
- Sezerniertem Zytokin

In der Regel tragen T-Helfer-Zellen CD4, zytotoxische T-Zellen CD8 auf ihrer Oberfläche. CD steht für Cluster of Differentiation. CD-Moleküle sind Oberflächenproteine, mit deren Hilfe man Zellen eindeutig benennen und unterscheiden kann.

16.4.5 T-Zell-Antwort

Die spezifische T-Zell-vermittelte Immunantwort erfolgt in den peripheren Lymphorganen, wo sich antigenpräsentierende Zellen sowie naive T- und B-Lymphozyten treffen. Im **Lymphknoten** wird die Reaktion im inneren Bereich (T-Zell-Zone, parakortikale Zone) initiiert. Dort treffen die T-Zellen auf antigenpräsentierende Zellen und es kommt zur Aktivierung (Priming). Die aktivierten T-Zellen lösen unterschiedliche Reaktionen auf Zielzellen aus, die dasselbe Antigen auf der Oberfläche tragen.

---

16 IMMUNSYSTEM: ABWEHR VON BEDROHUNGEN

β-Untereinheit exprimieren (= DN Prä-TCR-β), werden auf die TCR-α/β-Linie festgelegt. Ein Teil der DN-Thymozyten rearrangiert die δ- und γ-Kette des TCR (= DN Prä-TCR-γ/δ) und wird auf die TCR-γ/δ-Linie festgelegt. In den DN-Prä-TCR-β-Zellen erfolgt dann die **Umlagerung der Genabschnitte für die α-Untereinheit** und die Expression der Oberflächenmoleküle CD4 und CD8. Es entstehen **doppelt positive** Zellen (DP).

T-Zellen, die auf ihrer Oberfläche TCR-α/β, CD4 und CD8 tragen, sind nun prinzipiell in der Lage, MHC-Peptid-Komplexe zu erkennen. Um sicherzustellen, dass nur antigenpräsentierende Zellen erkannt werden, die eigene MHC-Moleküle im Komplex mit fremden Peptiden auf der Oberfläche tragen, werden die T-Zellen einer mehrstufigen Überprüfung unterzogen. Hierzu treten die T-Lymphozyten mit Epithelzellen des Thymuskortex, die auf ihrer Oberfläche MHC-I- und MHC-II-Moleküle tragen, in Kontakt. Nur T-Lymphozyten, die mit ihren Rezeptoren MHC-I- oder MHC-II-Peptid-Komplexe mittlerer Affinität erkennen, überleben (= **positive Selektion),** die anderen werden durch Apoptose abgetötet. In diesem Stadium werden T-Zellen selektioniert, die MHC-Moleküle erkennen; die Art des gebundenen Peptids spielt dabei eine untergeordnete Rolle. Überlebende doppelt positive Zellen reifen weiter heran, exprimieren große Mengen ihres TCR-α/β und wandern im Thymus weiter Richtung Medulla, wo sie auf antigenpräsentierende dendritische Zellen treffen. Nun werden jene T-Lymphozyten mit einer hohen Affinität zu MHC-Selbst-Peptid-Komplexen durch Apoptose getötet (= **negative Selektion).** So überleben nur T-Zellen, welche die spezifischen körpereigenen MHC-Moleküle erkennen, aber nicht mit körpereigenen Peptiden interagieren. Aus den doppelt positiven T-Zellen entwickeln sich einfach positive **CD8-T-Zellen** (zytotoxische T-Lymphozyten), die mit MHC-I-Molekülen interagieren, und einfach positive **CD4-T-Zellen** (T-Helfer-Lymphozyten), die mit MHC-II-Molekülen interagieren.

Weniger als 5 % der in den Thymus eingewanderten Thymozyten überleben die Selektion. Auf diese Weise wird sichergestellt, dass nur **funktionsfähige** und **immuntolerante,** d. h. nicht gegen „Selbst" gerichtete **T-Lymphozyten** in die Peripherie gelangen. Reife, naive T-Lymphozyten verlassen den Thymus auf der medullären Seite und können in **Lymphknoten** einwandern. Treffen sie dort auf ein passendes Antigen im Komplex mit MHC-Molekülen, kommt es zu einer T-Zell-Antwort.

Die Selektion der TCR-γ/δ-T-Zellen ist weniger gut verstanden. Auch bei ihnen kommt es im Thymus zu einer positiven Selektion. Wie die CD4- und CD8-T-Zellen exprimieren sie CD3, nicht jedoch CD4 oder CD8.

KLINIK

Warum können Erwachsene (fast) ohne Thymus leben?

Der Thymus ist bei der Geburt voll ausdifferenziert und erreicht bereits im Kleinkindalter seine volle Größe. Danach bildet er sich zurück (= Involution). Bei 50-Jährigen sind 70 % der Masse in Fettgewebe umgewandelt worden, sodass nur noch ein Restkörper übrig ist. Zwar können T-Lymphozyten in geringem Maß ein Leben lang neu gebildet werden, für die Immunfunktion reichen dann aber periphere T-Gedächtniszellen aus, die in der Jugend aus dem Thymus ausgewandert sind und das ganze Leben lang überdauern können.

Die Bezeichnung der T-Lymphozyten kann einerseits nach der Funktion erfolgen: **T-Helfer-Zellen** (TH), **zytotoxische T-Zellen** (CTL) und **regulatorische T-Zellen** (T_{reg}) und andererseits nach bestimmten Oberflächenmolekülen wie CD4 oder CD8 oder nach Zytokinen wie IL-17, die von ihnen sezerniert werden. In der Regel tragen T-Helfer-Zellen CD4 und zytotoxische T-Zellen CD8 auf ihrer Oberfläche.

CD steht dabei für Cluster of Differentiation. CD-Moleküle sind Proteine, die sich auf der Oberfläche von Zellen befinden und nach einer international gültigen Nomenklatur mit dem Kürzel CD und einer Nummer versehen werden. Sie dienen als Marker für den Differenzierungsgrad einer Zelle. Diagnostisch dienen CD-Moleküle der Erhebung des Immunstatus sowie der Klassifizierung von Leukämien und Lymphomen. CD-Moleküle spielen u. a. eine wichtige Rolle bei der Interaktion von T-Lymphozyten mit antigenpräsentierenden Zellen.

16.4.5 T-Zell-Antwort

Eine spezifische T-Zell-vermittelte Immunantwort erfolgt in den **Lymphknoten** (> Abb. 16.13) und anderen peripheren Lymphorganen. Hier treffen sich antigenpräsentierende Zellen und naive T- und B-Lymphozyten, um eine spezifische primäre Immunantwort zu entwickeln. Das Prinzip ist in allen peripheren Lymphorganen dasselbe und wird am Beispiel des Lymphknotens näher beschrieben.

Im äußeren Bereich der Lymphknoten befinden sich v. a. B-Lymphozyten, die sich in Primärfollikeln (= B-Zell-Zone) oder – nach Antigenstimulation – in den Keimzentren der Sekundärfollikel ansammeln. Naive T-Lymphozyten wandern aus dem Thymus in den inneren Bereich der Lymphknoten (= T-Zell-Zone, parakortikale Zone), wo sie auf professionelle antigenpräsentierende Zellen treffen. Dadurch kommt es zur Aktivierung und Differenzierung der naiven T-Zellen (= Priming, Prägung). Die so aktivierten T-Zellen lösen dann unterschiedliche Reaktionen auf Zielzellen aus, die dasselbe Antigen präsentieren, mit dem die T-Zelle aktiviert wurde. Durch das Priming entstehen aus naiven CD4-Zellen eine Reihe verschiedener Effektorzellen und aus naiven CD8-Zellen i. d. R zytotoxische T-Zellen.

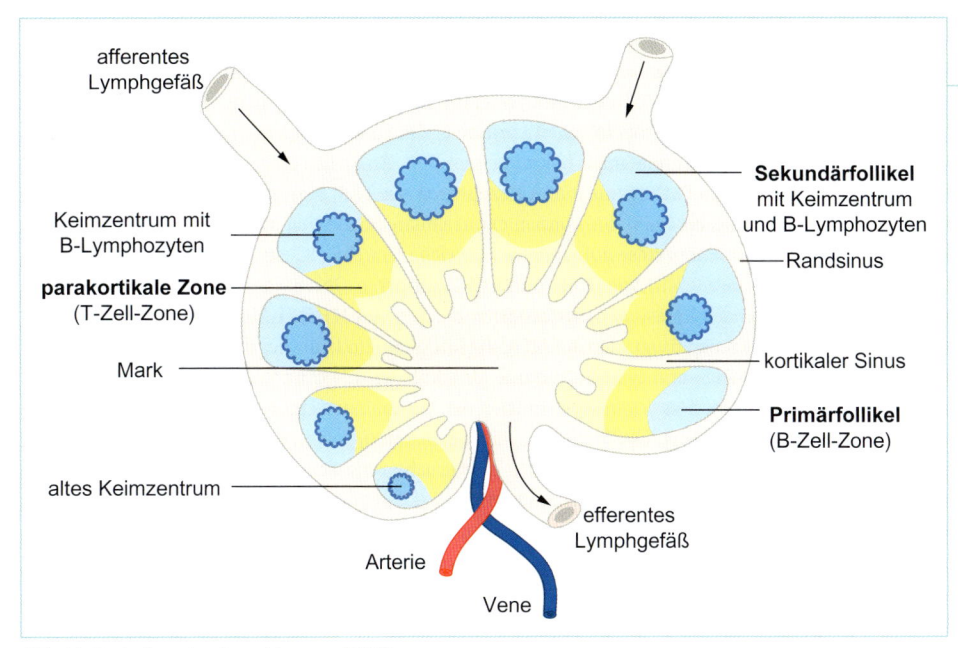

16.4 ADAPTIVE IMMUNITÄT: MASSGESCHNEIDERTE ABWEHR

Abb. 16.13 Aufbau eines Lymphknotens [L138]

Damit die vom Thymus abgegebenen naiven T-Zellen auch auf die passenden antigenpräsentierenden Zellen für ihre Aktivierung treffen, pendeln sie ständig zwischen Blut, Lymphe und den peripheren lymphatischen Organen, wo sie pro Tag mit Tausenden verschiedenen antigenpräsentierenden Zellen in Kontakt treten. Der Prozess des Auswanderns der T-Zellen aus der Blutbahn wird als **Extravasation** und das Auffinden des passenden Orts in den Lymphknoten als **Homing** bezeichnet (> Abb. 16.14). Die daran beteiligten Proteine sind **Adhäsionsmoleküle.** Zunächst binden die naiven T-Lymphozyten über **L-Selektine** an Liganden auf dem Endothel wie PNAd (Peripheral Node Addressin), wodurch sie am Endothel entlangrollen. Von den Endothelien ausgeschüttete **Chemokine** wie CCL21 binden an entsprechende Rezeptoren wie CCR7 und aktivieren so Integrine auf den T-Zellen. Durch Interaktion zwischen **Integrinen** wie ICAM-1 (Intercellular Adhesion Molecules) auf der Endotheloberfläche und Integrinen wie LFA-1 (Leukocyte Function-Associated Antigen) der T-Lymphozyten kommt es zu einer **festen Anheftung** der T-Lymphozyten am Endothel. Anschließend treten die T-Lymphozyten durch das Endothel und die darunter liegende Basalmembran hindurch (= **Diapedese**). Die **Migration** zur passenden Zone im Lymphknoten erfolgt wiederum über spezifische Interaktionen zwischen **Chemokinen** wie CCL19 und deren Rezeptoren wie CCR7.

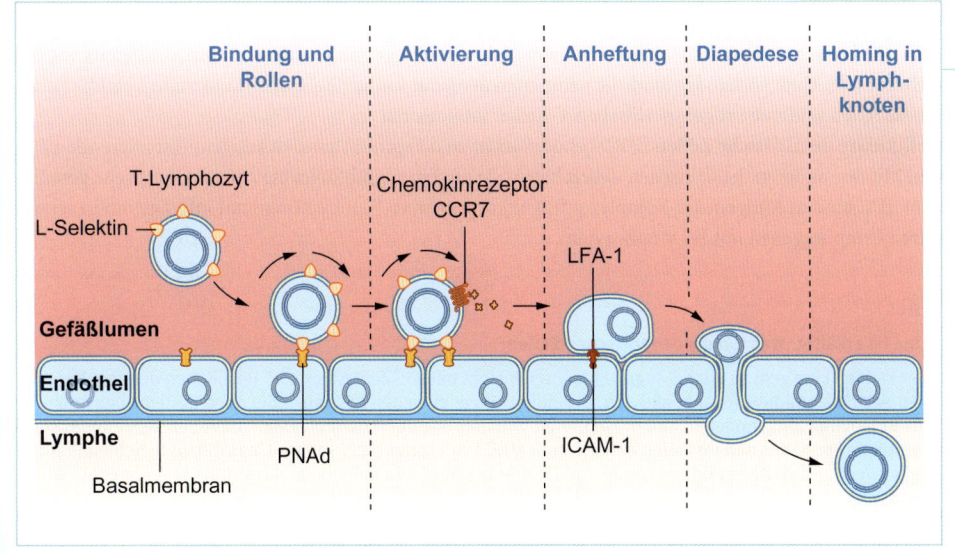

Abb. 16.14 Extravasation und Homing von T-Lymphozyten [L271]

Werden die T-Zellen im Lymphknoten nicht durch ihr passendes Antigen aktiviert, verlassen sie die Lymphknoten über efferente Lymphbahnen, gelangen ins Blut und zirkulieren weiter durch die lymphatischen Gewebe, bis sie auf der Oberfläche einer reifen antigenpräsentierenden Zelle ihr spezifisches Antigen erkennen.

Aus Studentensicht

ABB. 16.13

Auswandern von Immunzellen aus dem Blut (**Extravasation**) und Auffinden des passenden Orts im Lymphknoten (**Homing**) werden durch verschiedene **Adhäsionsmoleküle** vermittelt. Über **L-Selektine** binden T-Zellen an das Endothel und rollen an diesem entlang. **Chemokine** der Endothelzellen aktivieren die T-Zellen. Durch Interaktion mit **Integrinen** kommt es zur **festen Anheftung** und die T-Zellen treten durch das Endothel und die Basalmembran (**Diapedese**). Die **Migration** zu der passenden Lymphknotenzone erfolgt über die Interaktion mit **Chemokinen.**

ABB. 16.14

Im Lymphknoten nicht aktivierte T-Zellen wandern zurück in das Blut aus und zirkulieren weiter, bis sie ein spezifisches Antigen erkennen.

Aus Studentensicht

16 IMMUNSYSTEM: ABWEHR VON BEDROHUNGEN

Dendritische Zellen

Dendritische Zellen (DC) sind **professionelle antigenpräsentierende Zellen** und die effizientesten T-Zell-Aktivatoren.
Am bedeutendsten sind die **myeloischen DC** (mDC). Sie **phagozytieren** über **Rezeptoren** erkannte **Pathogene** oder nehmen extrazelluläre Strukturen über **Makropinozytose** auf. Prozessierte Antigene werden i. d. R. über **MHC-II-Moleküle präsentiert.** Reifende mDC exprimieren verstärkt **costimulierende Moleküle** und beladene MHC-Komplexe sowie Chemokinrezeptoren auf ihrer Oberfläche. Sie verlassen das Gewebe und wandern in Lymphknoten, wo sie verstärkt mit T-Lymphozyten interagieren.

Dendritische Zellen

Dendritische Zellen (DC) gehören zu den **professionellen antigenpräsentierenden Zellen** und sind die effizientesten Aktivatoren der T-Zellen. Es gibt verschiedene Populationen von dendritischen Zellen. Die bedeutendsten stammen von der **myeloischen Linie** ab (mDC) und werden auch als konventionelle dendritische Zellen bezeichnet. Unreife mDC zirkulieren im Blut. An Stellen einer Infektion wandern sie ins Gewebe und **phagozytieren Pathogene,** die an **Rezeptoren** wie TLR, Scavengerrezeptoren oder Mannoserezeptoren binden (➤ Abb. 16.15). Sie können extrazelluläre Strukturen auch über **Makropinozytose** oder rezeptorvermittelte Endozytose aufnehmen. In welche Gewebe DC einwandern, wird maßgeblich über Chemokinrezeptoren (CCR) wie CCR1 und CCR2 auf deren Oberfläche bestimmt. Im Zellinnern werden die Antigene in den Lysosomen prozessiert und i. d. R. von **MHC-II-Molekülen präsentiert,** daneben aber auch über Kreuzpräsentation auf MHC-I-Molekülen. Im Laufe der mDC-Reifung werden verstärkt peptidbeladene MHC- und **costimulierende Moleküle** wie CD80 und CD86 ($\triangleq$ B7.1 und B7.2) auf der Oberfläche exprimiert. Das Expressionsmuster der Chemokinrezeptoren ändert sich. CCR 1 und CCR2 werden herunterreguliert, CCR7 wird verstärkt exprimiert, sodass die dendritischen Zellen über Interaktionen mit den entsprechenden Liganden die Gewebe verlassen und in Lymphknoten wandern können. Die reifen dendritischen Zellen haben nun verstärkt Dendriten ausgebildet, die die Interaktion mit T-Lymphozyten über Corezeptoren wie CD80 und Adhäsionsmoleküle wie ICAM-1 erleichtern. Außerdem exprimieren sie Chemokine, die naive T-Lymphozyten anlocken, und Chemokinrezeptoren, die sie im Gewebe festhalten.

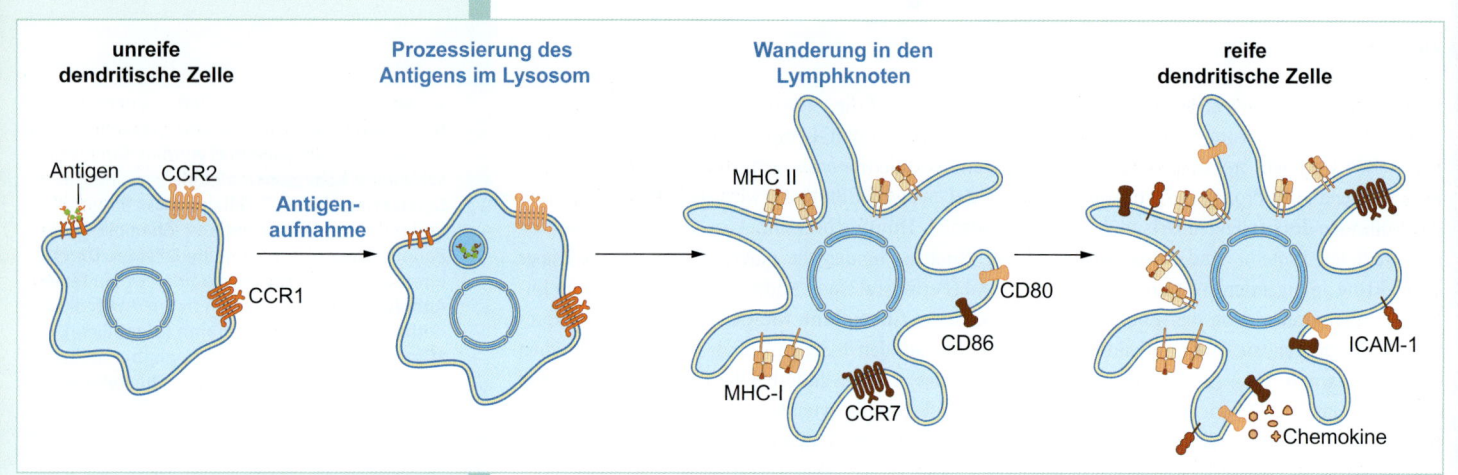

Abb. 16.15 Aktivierung dendritischer Zellen [L138]

Ein kleiner Teil der DC stammt von der **plasmazytoiden Linie** ab (pDC). pDC reagieren auf virale Infektionen mit der Sekretion von **Inferferonen.** Langerhans-Zellen der Haut sind spezielle unreife dendritische Zellen.
Follikuläre dendritische Zellen (fDC) sind keine professionellen antigenpräsentierenden Zellen. Sie binden Antigen-Antikörper-Komplexe und interagieren in sekundären Lymphorganen mit B-Zellen.

Nur ein kleiner Teil der dendritischen Zellen stammt von der **plasmazytoiden Linie** (pDC) ab. pDC reagieren auf virale Infektionen mit der Sekretion von **Interferonen.** Langerhans-Zellen sind spezielle unreife dendritische Zellen der Haut, die sich von embryonalen Vorläuferzellen ableiten, die bereits vor der Geburt in der Haut vorhanden sind. Sie nehmen in der Haut Antigene auf und wandern in Lymphknoten, wo sie reifen und mit antigenspezifischen T-Zellen interagieren.
Follikuläre dendritische Zellen (fDC) gehören nicht zu den professionellen antigenpräsentierenden Zellen. Mit den anderen dendritischen Zellen haben sie die Form und Moleküle auf der Oberfläche gemeinsam. fDC binden Antigene im Komplex mit Antikörpern über F_c-Rezeptoren und interagieren in sekundären Lymphorganen mit B-Lymphozyten.

> **FALL**
> **Lina ist erkältet: Was tun die dendritischen Zellen?**
> Der kleinen Lina geht es nach 3 Tagen immer noch nicht besser. Zum Glück wird jetzt neben der angeborenen auch die adaptive Abwehr aktiviert. Dendritische Zellen in den Epithelien der oberen Atemwege haben die Rhinoviren aufgenommen und präsentieren Viruspeptide auf MHC-Molekülen. Daneben sezernieren sie Typ-I-Interferon, das andere Zellen anregt, mehr MHC I zu exprimieren, sodass Linas infizierte Schleimhautzellen verstärkt virale Peptide präsentieren. Interferone bewirken außerdem, dass virale RNA abgebaut wird (➤ 9.9.4).
> Die gereiften dendritischen Zellen verlassen nun die Atemwege und wandern in Lymphknoten. Wie aktivieren sie dort die T-Lymphozyten?

Aktivierung naiver T-Lymphozyten

Eine T-Zell-vermittelte Immunantwort beinhaltet Aktivierung, Expansion und Differenzierung naiver T-Zellen durch antigenpräsentierende Zellen. Nur T-Zellen, die mit ihrem TCR präsentierte Antigene erkennen, werden aktiviert **(klonale Selektion).**

Aktivierung naiver T-Lymphozyten

Trifft eine naive T-Zelle in einem peripheren lymphatischen Organ auf eine passende reife dendritische Zelle, hört sie auf zu wandern. Es folgen die Aktivierung, Expansion und Differenzierung naiver T-Lymphozyten (➤ Abb. 16.16). Dabei werden nur die T-Zellen aktiviert, deren TCR die präsentierten Antigene erkennt. So werden bei einer Infektion spezifisch die zur Bekämpfung des Pathogens kompetenten T-Zellen selektioniert und vermehrt (= **klonale Selektion**).

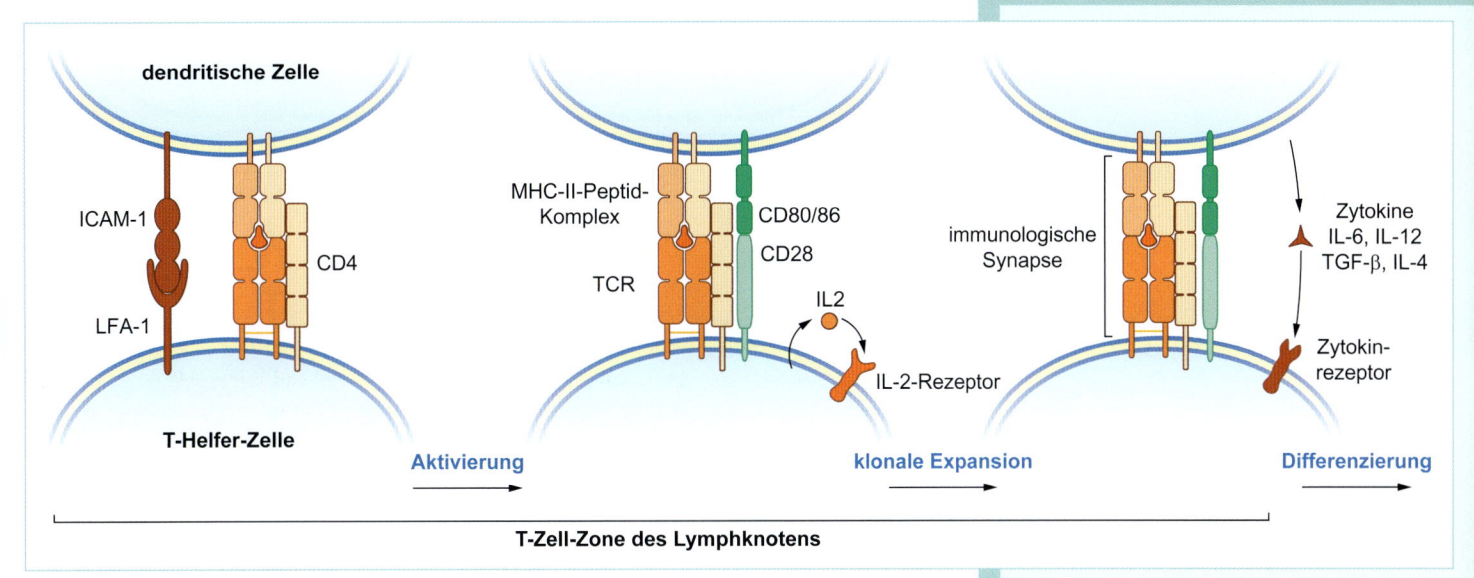

16.4 ADAPTIVE IMMUNITÄT: MASSGESCHNEIDERTE ABWEHR

Aus Studentensicht

Abb. 16.16 Aktivierung von T-Helfer-Zellen [L138]

T-Helfer-Zellen

Trifft eine CD4-positive TH-Zelle beispielsweise in der T-Zell-Zone eines Lymphknotens auf eine dendritische Zelle, die das passende Antigen präsentiert, bildet sie mit dieser zunächst eine **immunologische Synapse** (> Abb. 16.16). Diese besteht aus Interaktionen zwischen TCR und CD4 mit dem MHC-Peptid-Komplex sowie zwischen den Adhäsionsmolekülen LFA-1 und ICAM-1. **Costimulatorische Signale** durch Interaktion zwischen CD80/86 (= B7) auf der dendritischen Zelle und CD28 auf der T-Zelle sichern das Überleben der T-Zelle und aktivieren ihre Differenzierung. Die T-Zelle sezerniert verstärkt IL-2, exprimiert den IL-2-Rezeptor und steuert somit autokrin die eigene **klonale Expansion**. Von der dendritischen Zelle sezernierte Zytokine steuern die weitere Vermehrung und **Differenzierung** der T-Zellen zu Effektorzellen.

T-Helfer-Zellen

Die **CD4-positive TH-Zelle** bildet eine **immunologische Synapse** mit einer antigenpräsentierenden dendritischen Zelle. Dabei interagiert der TCR mit dem MHC-Peptid-Komplex. Über CD4 und Adhäsionsmoleküle wird die Bindung zwischen T-Zelle und dendritischer Zelle verstärkt. **Costimulatorische Signale** zwischen CD80/86 (B7) auf der dendritischen Zelle und CD28 auf der T-Zelle sowie die Sekretion von IL-2 und anderen Zytokinen aktivieren die **klonale Expansion und Differenzierung.**

KLINIK
Superantigene
Superantigene sind Proteine meist bakteriellen oder viralen Ursprungs. Sie binden ohne vorherige Endozytose und Prozessierung außerhalb der Antigenbindungsstelle an MHC-II-Moleküle und mit einer zweiten Bindungsstelle an die β-Kette des T-Zell-Rezeptors. Dadurch werden v. a. die T-Zellen zur massiven Produktion von Zytokinen angeregt, wodurch eine systemische Reaktion ausgelöst wird. Es kommt jedoch nicht zur Bildung spezifischer Antikörper. Superantigene können zu Lebensmittelvergiftungen oder zum toxischen Schocksyndrom bis hin zu Multiorganversagen führen. Sie können autoreaktive T-Zellen aktivieren und werden deshalb auch mit Autoimmunerkrankungen in Verbindung gebracht.

KLINIK

T-Zell-Rezeptor-Signalkaskade
Nach **Erkennung** des vom MHC-Molekül präsentierten Peptidantigens durch den **T-Zell-Rezeptor** aktiviert die **Interaktion von CD4 mit dem MHC-II-Molekül** die intrazelluläre Protein-Kinase Lck, ein Mitglied der src-Familie, die eine **Phosphorylierung von CD3**-Untereinheiten bewirkt (> Abb. 16.17). CD3 ist Bestandteil des T-Zell-Rezeptor-Komplexes und besteht aus den vier Untereinheiten γ, δ, ε und ζ, die auf der zytoplasmatischen Seite ITAM-Motive (Immunreceptor-Tyrosine-Based Activation Motif) tragen. Es kommt zur Rekrutierung und Phosphorylierung von ZAP-70 (zetaassoziiertes Protein). Von ZAP-70 gehen verschiedene Signale aus, die letztendlich zur Aktivierung des PLCγ-Wegs und der MAP-Kinase-Kaskade führen (> 9.6.3). Die Erhöhung der zytoplasmatischen Calciumkonzentration führt zur Aktivierung der Protein-Phosphatase Calcineurin. Schließlich induzieren die **Transkriptionsfaktoren** NFAT, AP-1 (= Heterodimer aus Fos und Jun) und NFκB verschiedene Gene wie IL-2 und führen zur **Proliferation** und **Differenzierung** in unterschiedliche T-Helfer-Zellen.

Die **Erkennung** des vom MHC präsentierten Antigens durch den **TCR** und die **Interaktion von CD4 mit MHC-II-Molekülen** führt zur **Phosphorylierung** von CD3-Untereinheiten des TCR-Komplexes. Über weitere Phosphorylierungen und Adapterproteine werden in der T-Zelle der PLCγ- und MAPK-Signalweg aktiviert. Dies führt zur Aktivierung der **Transkriptionsfaktoren** NFAT, AP-1 und NFκB, die über die Induktion verschiedener Gene wie IL-2 zur **Proliferation und Differenzierung** unterschiedlicher TH-Zellen führen.

KLINIK
Immunsuppressive Medikamente
Immunsuppressiva sind klinisch wichtig, um unerwünschte Immunreaktionen zu unterdrücken, z. B. Abstoßungsreaktionen bei Organtransplantationen, Autoimmunreaktionen oder starke allergische Reaktionen. Es gibt verschiedene Wirkstoffgruppen wie Glukocorticoide, Zytostatika, Antikörper und TOR-Inhibitoren. Calcineurin-Inhibitoren wie Cyclosporin und Tacrolimus verhindern eine Aktivierung des Transkriptionsfaktors NFAT und unterdrücken so die T-Zell-Antwort.

KLINIK

Aus Studentensicht

ABB. 16.17

Antigentyp, antigenpräsentierende Zelle und Umgebung beeinflussen die **Differenzierung der TH-Zellen.** Die TH-Zell-Subtypen fördern ihre eigene Vermehrung, unterdrücken die der anderen und aktivieren unterschiedliche Effektormechanismen.

Regulatorische T-Zellen (T_{reg}) haben eine entscheidende Funktion bei der **Immunhomöostase.** Sie stammen von TH-Zellen ab und können sich im Thymus (natürliche T_{reg}) oder in peripheren Lymphorganen (induzierte T_{reg}) entwickeln. Über inhibitorische Rezeptoren wie CTLA-4, der an CD80/86 von antigenpräsentierenden Zellen bindet, oder antientzündliche Zytokine wie IL-10 und TGFβ wirken sie immunsuppressiv.

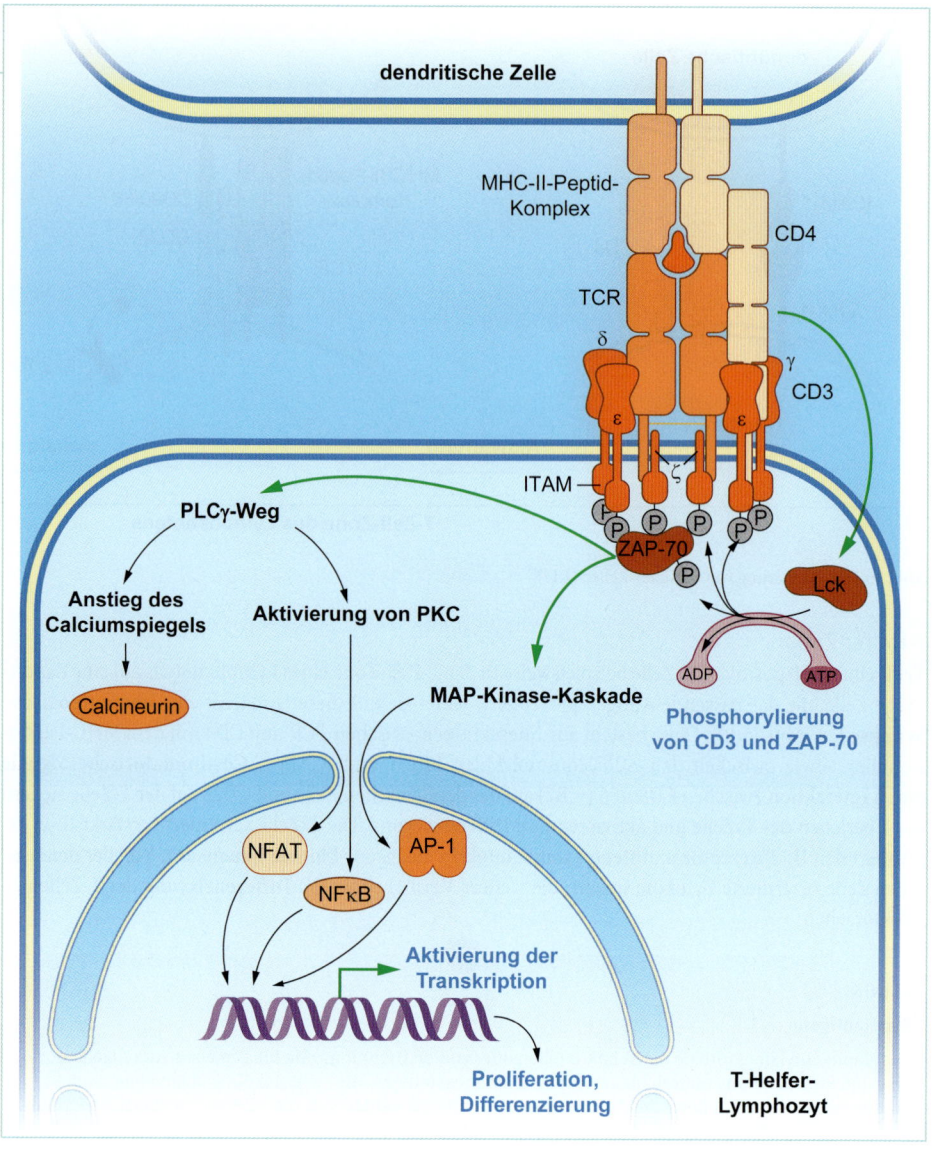

16 IMMUNSYSTEM: ABWEHR VON BEDROHUNGEN

Abb. 16.17 Signaltransduktion durch den T-Zell-Rezeptor-Komplex [L307]

T-Helfer-Zell-Differenzierung Abhängig vom Antigen, von der antigenpräsentierenden Zelle und der lokalen Umgebung werden unterschiedliche Signalwege eingeschlagen, die die Differenzierung der T-Helfer-Zellen beeinflussen. Welcher Subtyp entsteht, hängt maßgeblich vom Zytokinprofil ab, das durch die antigenpräsentierende Zelle und andere Immunzellen bestimmt wird (> Abb. 16.18). Die Bildung von TH1-Zellen wird v. a. durch IL-12 und Interferon-γ gefördert, die bei einer Infektion mit Viren oder intrazellulär persistierenden Bakterien ausgeschüttet werden. Die Bildung von TH2-Zellen ist abhängig von IL-4, das als Antwort auf Infektionen mit extrazellulären Pathogenen von verschiedenen Immunzellen sezerniert wird. Für die Entwicklung von TH17-Zellen sind IL-6 und TGF-β erforderlich, die initial als frühe Antwort auf eine Infektion von verschiedenen Immunzellen sezerniert werden. In Abwesenheit einer Infektion führt TGF-β zur Entwicklung regulatorischer T-Zellen. Dabei fördert jeder Subtyp seine eigene Vermehrung und unterdrückt die der anderen. Die Subtypen aktivieren unterschiedliche Effektormechanismen, mit denen die Pathogene bekämpft werden.

Damit die Abwehrreaktionen nicht überschießen oder sich gegen ungefährliche oder Autoantigene richten, müssen sie kontrolliert werden. Für diese Aufgabe, die **Immunhomöostase,** sind **regulatorische T-Zellen** (T_{reg}) zuständig. Sie stammen typischerweise von T-Helfer-Zellen ab, exprimieren ebenfalls CD4 und können sich entweder im Thymus (= natürliche T_{reg}) oder unter dem Einfluss dendritischer Zellen (= induzierte T_{reg}) in den peripheren Lymphorganen entwickeln. Manche T_{reg} exprimieren CTLA-4, einen inhibitorischen Rezeptor, der an CD80/86 auf antigenpräsentierenden Zellen bindet. Er konkurriert dabei mit der Bindung von CD28 und hemmt so die T-Zell-Aktivierung. Andere T_{reg} sezernieren antientzündliche Zytokine wie IL-10 und TGFβ. Sie wirken immunsuppressiv, indem sie die Differenzierung naiver T-Lymphozyten hemmen.

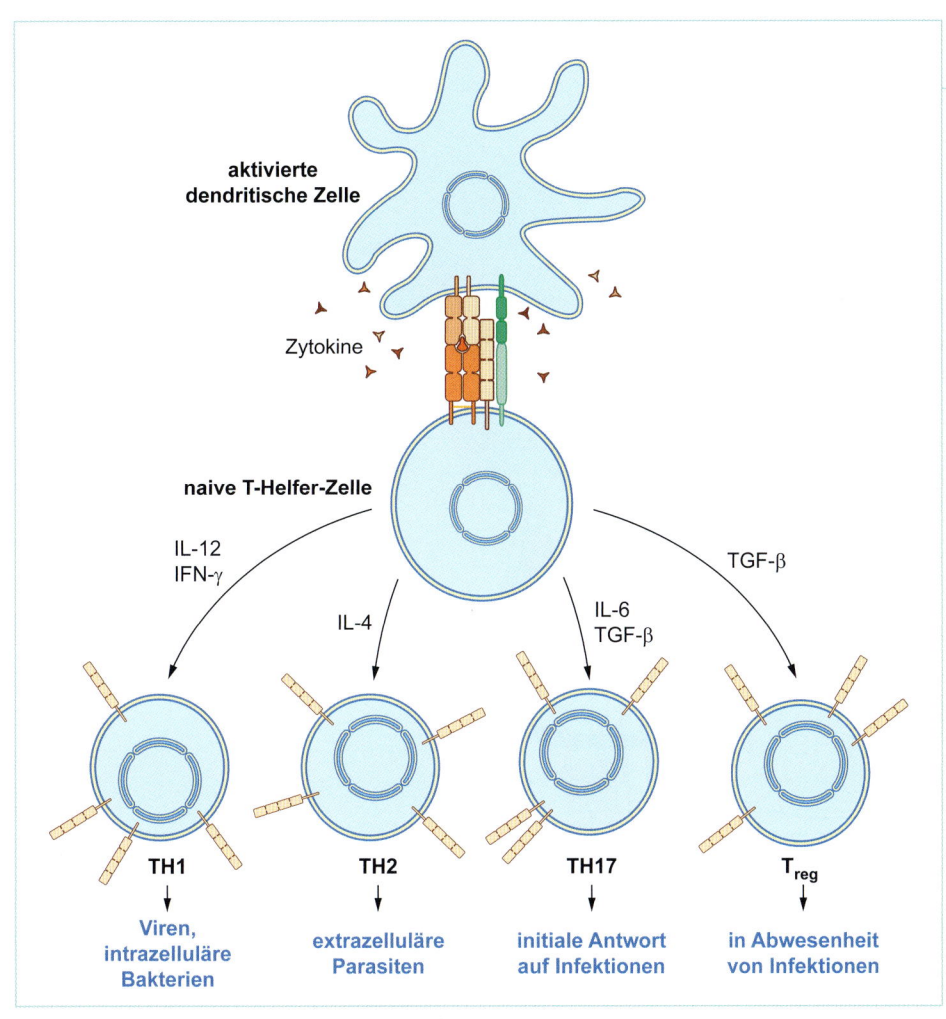

16.4 ADAPTIVE IMMUNITÄT: MASSGESCHNEIDERTE ABWEHR

Abb. 16.18 Differenzierung von T-Helfer-Zellen [L138]

KLINIK

Therapeutisches Potenzial von Treg

Seit der Entdeckung ihrer immunregulatorischen Fähigkeiten stehen T_{reg} im Fokus intensiver Forschung. Eine Aktivierung könnte überschießende Immunreaktionen, beispielsweise eine Autoimmunität, bremsen. Dagegen könnte eine Hemmung die Tumorüberwachung des Immunsystems steigern und als Krebstherapie dienen. Eine wichtige Rolle spielt dabei CTLA-4, das die T-Zell-Antwort blockiert. Eine Hemmung dieser Blockade mit therapeutischen Antikörpern wird bereits zur effizienten Bekämpfung einiger Tumorerkrankungen wie Melanomen klinisch genutzt. T_{reg} können aus Nabelschnurblut oder in vitro gewonnen werden.

Zytotoxische T-Lymphozyten

Zytotoxische T-Lymphozyten (CTL, T-Killerzellen) erkennen mit ihrem T-Zell-Rezeptor und CD8 **MHC-I-Peptid-Komplexe.** Da MHC-I-Moleküle alle zytoplasmatischen Peptide einer Zelle präsentieren und auf allen kernhaltigen Zellen vorkommen, töten zytotoxische T-Lymphozyten nicht nur infizierte Zellen, sondern auch Zellen mit veränderten körpereigenen Peptiden, wie sie beispielsweise von Tumorzellen erzeugt werden.

Nach dem Auswandern aus dem Thymus haben CTL noch keine zytolytischen Fähigkeiten, sondern müssen zunächst von professionellen antigenpräsentierenden Zellen wie dendritischen Zellen aktiviert werden. Für die Aktivierung zu Effektorzellen benötigen die CTL mehrere costimulatorische Signale, die sie zur Proliferation und Differenzierung anregen. Prinzipiell können naive CTL nach demselben Prinzip wie naive T-Helfer-Zellen aktiviert werden (> Abb. 16.19a), allerdings binden die CTL über den TCR und CD8 an MHC-I-Peptid-Komplexe. Die Beladung der MHC-I-Komplexe mit antigenen Peptiden erfolgt entweder, wenn die dendritischen Zellen selbst von einem Virus infiziert sind, oder durch Kreuzpräsentation, nachdem sie Antigene aufgenommen und lysosomal verdaut haben. Zusätzlich zum Signal durch die Interaktion vom MHC-I-Peptid-Komplex mit TCR und CD8 erfolgt ein zweites Signal über die Interaktion zwischen CD80/86 auf der dendritischen Zelle und CD28 auf der CTL. Die CTL wird autokrin über IL-2 zur Proliferation und Differenzierung angeregt und kann nun ohne weiteres costimulatorisches Signal virusinfizierte, MHC-I-Peptid-Komplex-tragende Körperzellen töten. Diese Art der Aktivierung kann jedoch nur erfolgen, wenn die dendritische Zelle in hohem Maß zu einer Coaktivierung in der Lage ist, z. B. wenn sie selbst virusinfiziert ist.

Aus Studentensicht

ABB. 16.18

KLINIK

Zytotoxische T-Lymphozyten

Zytotoxische T-Lymphozyten erkennen **MHC-I-Peptid-Komplexe,** die auf allen kernhaltigen Zellen und Thrombozyten exprimiert werden. Sie töten sowohl infizierte Zellen als auch Zellen mit veränderten Selbstpeptiden.

Für ihre Aktivierung bilden TCR und CD8 eine immunologische Synapse zu einem passenden MHC-I-Peptid-Komplex auf einer dendritischen Zelle.

Aus Studentensicht

Abb. 16.19 Aktivierung zytotoxischer T-Lymphozyten ohne (**a**) und mit Unterstützung (**b**) zytotoxischer CD4-T-Helfer-Zellen [L307]

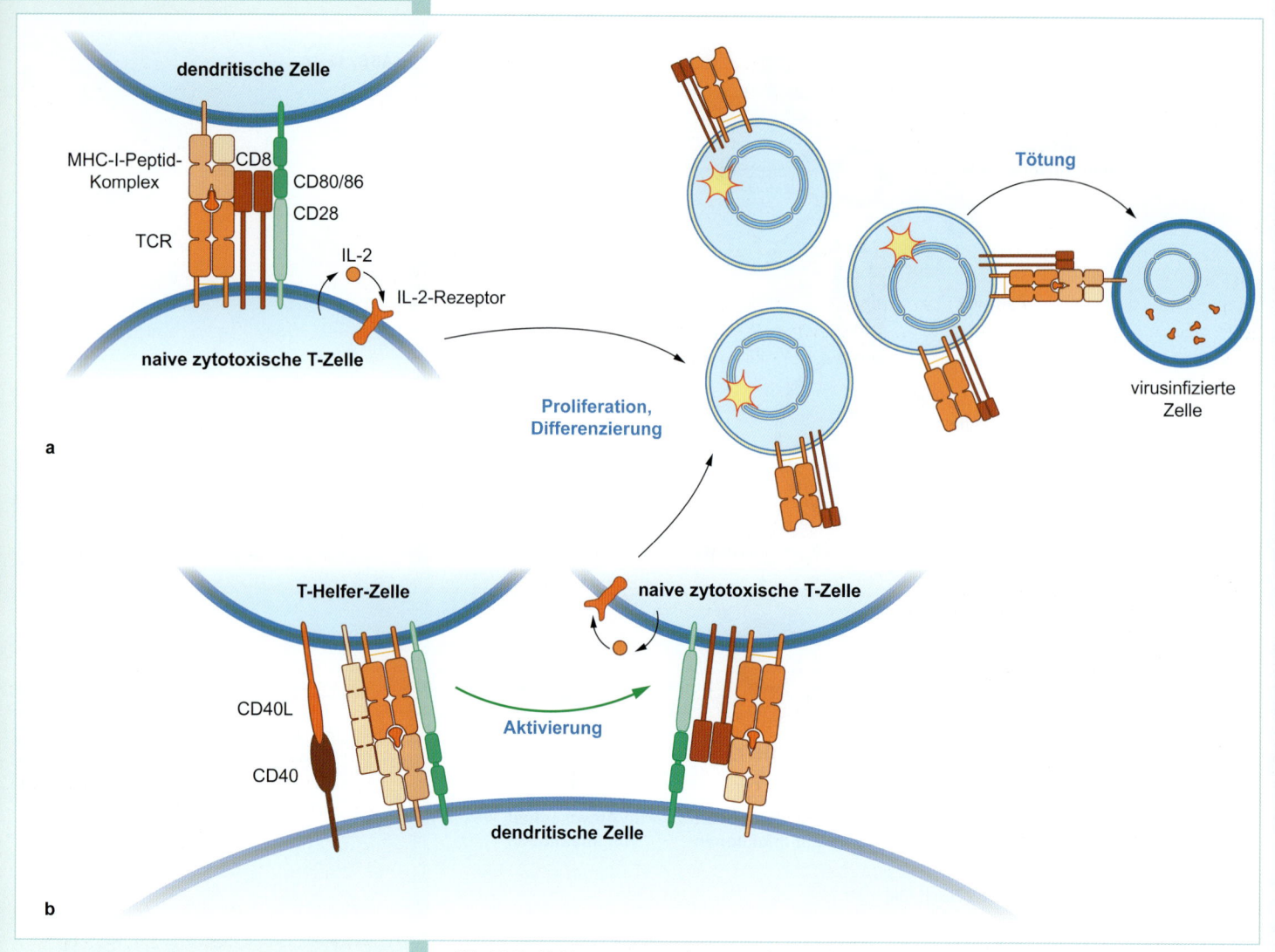

In vielen Fällen wird für die Aktivierung der naiven Zelle eine TH-Zelle benötigt, die eine weitere immunologische Synapse zu einem MHC-II-Peptid-Komplex auf derselben dendritischen Zelle ausbildet. Die Interaktion von CD28 und CD40-Ligand der TH-Zelle mit CD80/86 und CD40 auf der dendritischen Zelle löst Signale aus, die zur Proliferation und Differenzierung zu zytotoxischen T-Lymphozyten beitragen. Aktivierte zytotoxische T-Zellen wandern aus den Lymphknoten und töten in anderen Geweben Zellen, die das von ihnen erkannte Antigen präsentieren.

Effektorfunktionen der zellulären Immunantwort

CTL töten Körperzellen durch Ausschüttung von **Perforinen** und **Granzymen** oder durch Auslösen der **Apoptose** über Fas/FasL-Interaktion. Sie arbeiten zielgerichteter als NK-Zellen und sezernieren zudem INFγ, das die Antigenpräsentation verstärkt und antiviral wirkt.
TH1- und **TH17-Zellen** stimulieren über Zytokine die Aktivierung von Makrophagen. **TH2-Zellen** stimulieren über Zytokine die Aktivierung von B-Lymphozyten und damit die humorale Immunität.

Möglicherweise um ihre Gefährlichkeit zu kontrollieren, benötigen CTL in den meisten Fällen weitere Signale für ihre Aktivierung. Diese gehen von CD4-T-Helfer-Zellen aus (> Abb. 16.19b). Zusätzlich zur Ausbildung der beschriebenen immunologischen Synapse zwischen der noch nicht aktivierten CTL (= naiven CD8-T-Zelle) und der antigenpräsentierenden Zelle wird eine weitere immunologische Synapse zwischen derselben antigenpräsentierenden Zelle und einer aktivierten CD4-T-Helfer-Zelle ausgebildet. Dabei interagiert die TH-Zelle mit einem MHC-II-Peptid-Komplex, der ein verwandtes Peptid wie der MHC-I-Komplex trägt. Durch Interaktionen von CD28 und CD40-Ligand der T-Helfer-Zelle mit CD80/86 und CD40 auf der antigenpräsentierenden Zelle erfolgen weitere Signale zur Proliferation und Differenzierung der CTL.

Die über einen der beiden Wege aktivierten zytotoxischen T-Zellen wandern aus dem Lymphknoten aus und können Zellen, die das von ihnen erkannte Antigen präsentieren, töten. Auch die dendritischen Zellen selbst, die das passende Peptid auf MHC-I-Molekülen präsentieren, werden angegriffen. Allerdings wird bei ihnen die Apoptose durch Interaktion mit der T-Zelle gehemmt.

Effektorfunktionen der zellulären Immunantwort

Zytotoxische T-Lymphozyten töten Körperzellen auf die gleiche Weise wie NK-Zellen durch Ausschüttung von **Perforinen** und **Granzymen** oder durch Auslösen der **Apoptose** über eine Interaktion ihres Fas-Liganden mit dem Fas-Rezeptor auf der Zielzelle. Der Unterschied zu den NK-Zellen liegt in den Rezeptoren auf ihrer Oberfläche: Zytotoxische T-Lymphozyten arbeiten zielgerichteter, da sie über den T-Zell-Rezeptor nur Zellen mit einem passenden Antigen attackieren. Zusätzlich sezernieren sie Interferon-γ (INFγ), das antiviral wirkt und die Expression von Proteinen fördert, die an der Antigenpräsentation beteiligt sind.

TH1-Zellen sezernieren Zytokine wie INFγ und TNFα, die zur Aktivierung von Makrophagen und der zellvermittelten Immunität gegen intrazelluläre Pathogene wie Viren und Bakterien beitragen. **TH2-Zellen** aktivieren B-Lymphozyten und tragen so zur humoralen Immunität gegen extrazelluläre Pathogene wie Bakterien und Parasiten bei. **TH17-Zellen** aktivieren u. a. über IL-17 v. a. Granulozyten und führen zur zellvermittelten Immunität gegen extrazelluläre Pathogene wie Bakterien und Pilze.

16.4 ADAPTIVE IMMUNITÄT: MASSGESCHNEIDERTE ABWEHR

Beendigung der T-Zell-Antwort

Ist das Pathogen beseitigt, versiegt die Antigenpräsentation auf MHC-Molekülen. Dadurch erhalten die pathogenspezifischen T-Zellen keine Reize mehr zum Überleben und treten in die **Apoptose** ein. Auch die Zytokinproduktion wird eingestellt und es werden keine weiteren T-Zellen mehr aktiviert.

Im Laufe einer Immunreaktion werden immer mehr inhibitorische CTLA-4-Rezeptoren auf der Oberfläche von T-Lymphozyten exprimiert. Damit wird die Interaktion mit der antigenpräsentierenden Zelle und somit die Proliferation der T-Zelle unterbunden und die T-Zell-Antwort herunterreguliert.

CTL können sich selbst in die Apoptose treiben, indem sie auf ihrer Oberfläche den Fas-Rezeptor exprimieren. Tumorzellen können dies ausnutzen und die Apoptose von CTL induzieren, um einer Tötung zu entkommen.

Apoptotische Zelltrümmer werden von Makrophagen beseitigt und Fibroblasten, Epithel- und Endothelzellen sezernieren Wachstumsfaktoren, um die hinterlassenen Wunden zu reparieren. Es werden verstärkt Blutgefäße gebildet, um das Gewebe mit Sauerstoff und Nährstoffen zu versorgen. Die Fibroblasten synthetisieren Kollagene, um neues Bindegewebe zu bilden.

> **FALL**
>
> **Lina ist erkältet: die T-Lymphozyten**
>
> Nach fast einer Woche geht es Lina endlich besser. Ihr angeborenes Immunsystem hat die Virusvermehrung eingedämmt, die Entzündungsantwort lässt nach und die akuten Symptome sind abgeklungen. Der Schnupfen ist so gut wie weg und auch der Hals tut nicht mehr weh. Sie hat wieder Appetit und spielt schon wieder mit ihrem kleinen Bruder.
> Auch die adaptive Immunabwehr hat dazu entscheidend beigetragen. Die dendritischen Zellen sind in die Lymphorgane gewandert und haben dort T-Lymphozyten aktiviert. Ein Großteil der infizierten Schleimhautzellen wurde durch zytotoxische T-Lymphozyten vernichtet und so die Virusvermehrung reduziert. Daneben wurden spezifische T-Helfer-Zellen gebildet.
> Aber wie können auch die Viren selbst vernichtet werden?

16.4.6 Antikörper

Das adaptive Immunsystem kann Antigene nicht nur über von MHC-Molekülen präsentierte Peptide, sondern auch direkt erkennen und unschädlich machen. Dafür produzieren die **B-Lymphozyten** eines gesunden Erwachsenen mehrere Gramm Antikörpermoleküle (ca. 100 mg/kg Körpergewicht) pro Tag, die an passende Antigene binden können. Die Gesamtkonzentration an Antikörpern im Serum liegt bei 8–24 g/l.

Antikörperstruktur

Allen Antikörpern (Immunglobuline, Ig) gemeinsam ist eine **Y-förmige Quartärstruktur.** Sie bestehen aus **zwei identischen schweren Ketten** (Heavy Chains, H-Ketten) und **zwei identischen leichten Ketten** (Light Chains, L-Ketten). Die schweren Ketten sind über Disulfidbrücken miteinander und mit jeweils einer leichten Kette verbunden. Schwere und leichte Ketten sind parallel angeordnet, d. h., die N-Termini befinden sich an den Enden der Arme des Y (➢ Abb. 16.20a).

Beim Menschen gibt es **fünf verschiedene schwere Ketten** (μ, δ, γ, α, ε) und **zwei verschiedene leichte Ketten** (κ und λ). Jede Kette ist aus Immunglobulindomänen aufgebaut. Je nach Antikörperklasse enthalten die schweren Ketten vier oder fünf Ig-Domänen, die leichten Ketten zwei Ig-Domänen.

Bei δ-, γ- und α-Ketten ist der Knick des Y durch eine ungeordnete, flexible Struktur, die **Gelenkregion**, zwischen der zweiten und dritten Ig-Domäne gekennzeichnet. Nach Antigenbindung kann das Antikörpermolekül dadurch von einer ausgebreiteten T- in eine engere Y-Form wechseln. μ- und ε-Ketten haben keine Gelenkregion, jedoch verleiht ihnen eine zusätzliche C_H-Domäne strukturelle Flexibilität.

Die **N-terminale Domäne** der schweren und leichten Kette, V_H bzw. V_L, ist jeweils **variabel**, d. h., die Aminosäuresequenz unterscheidet sich in diesem Bereich zwischen unterschiedlichen Antikörpern, während die anderen Domänen, C_H bzw. C_L, konstante, d. h. eindeutig festgelegte Aminosäuresequenzen enthalten.

> **Immunglobulindomäne**
>
> Immunglobulindomänen (Ig-Domänen) umfassen etwa 110 Aminosäuren, die in **β-Faltblättern angeordnet** sind und über **intramolekulare Disulfidbrücken stabilisiert** werden. Dabei sind benachbarte Faltblätter antiparallel angeordnet und durch Schleifen miteinander verbunden. Ig-Domänen sind v. a. in Proteinen, die bei der Immunabwehr eine Rolle spielen, ein häufig wiederkehrendes Motiv. Sie kommen nicht nur in Antikörpern, sondern auch in MHC-Molekülen, B- und T-Zell-Rezeptoren, Wachstumsfaktorrezeptoren, CD-Proteinen und Zelladhäsionsmolekülen vor.

Die Bezeichnung der **Antikörperklassen** richtet sich nach den **konstanten Bereichen** der schweren Ketten. Die konstanten Domänen werden vom N- zum C-Terminus mit C_H1–C_H4 bezeichnet und sind für jede Antikörperklasse charakteristisch. Abhängig von der schweren Kette sind manche C_H-Domänen N-glykosyliert.

Aus Studentensicht

ABB. 16.20

C_H2, C_H3 und ggf. C_H4 bilden den Stamm des Antikörpers, der als **Fc-Region** bezeichnet wird und die **Effektorfunktionen** des Antikörpers bestimmt (Bindestelle für Komplement oder F_c-Rezeptoren).
Schwere Ketten kommen in zwei Varianten vor. Eine Variante **verankert** den Antikörper in der **Plasmamembran** von B-Zellen, die andere führt zur Bildung eines **löslichen,** sezernierten Antikörpers.
Die Antikörperarme (**Fab-Region**) enthalten am N-terminalen Ende die **Antigenbindungsstellen.**
Die Proteasen Papain und Pepsin können an verschiedenen Stellen die F_{ab}-Fragmente vom übrigen Teil des Antikörpers abspalten.
Die Vielfalt der Aminosäuresequenzen in den variablen Bereichen der beiden Ketten ermöglicht das Erkennen vieler verschiedener Antigene.

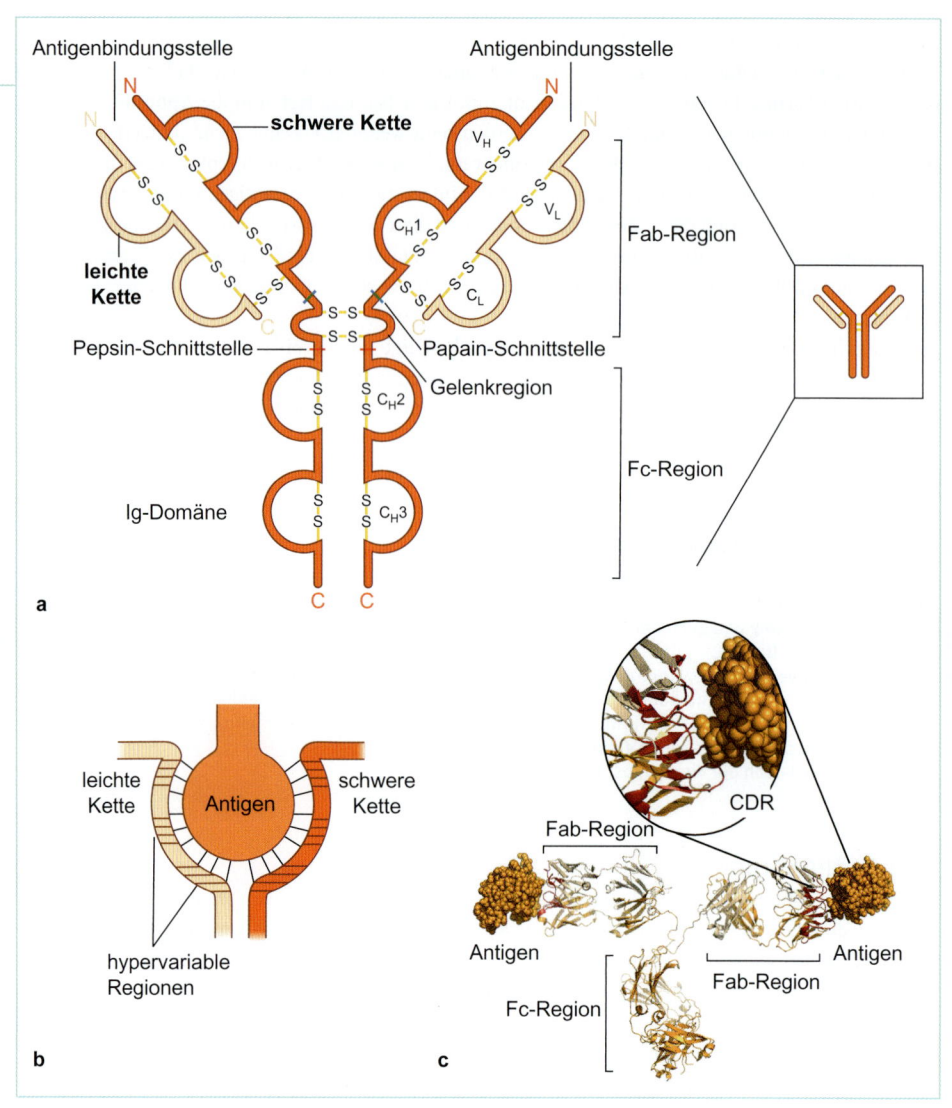

16 IMMUNSYSTEM: ABWEHR VON BEDROHUNGEN

Abb. 16.20 Antikörper. **a** Grundstruktur eines Antikörpers der Klasse G1. [L138] **b** Antigenbindung über hypervariable Bereiche. [L138] **c** Komplementäre Oberflächen von Antigen und Antikörper. [P414]

C_H2, C_H3 und, wenn vorhanden, C_H4 bilden den Stamm des Antikörpers, der auch als **Fc-Region** (fragment crystallizable) bezeichnet wird und die **Effektorfunktionen** des Antikörpers bestimmt. Er enthält Bindungsstellen für Komplementproteine oder für Fc-Rezeptoren, die auf der Oberfläche verschiedener Immunzellen wie Makrophagen, NK-Zellen oder Mastzellen vorkommen.
Die schweren Ketten aller Antikörperklassen kommen in zwei Varianten vor, die sich in ihrem C-Terminus unterscheiden. Eine Variante **verankert** den Antikörper in der **Plasmamembran** der B-Lymphozyten, die andere führt zur Bildung eines **löslichen,** sezernierten Antikörpers.
Am N-terminalen Ende enthalten die Arme des Antikörpers die **Antigenbindungsstellen.** Die Arme werden daher auch als **Fab-Region** (fragment antigen-binding) bezeichnet. Einzelne Fab-Fragmente können durch Spaltung von Antikörpern mit der Protease Papain hergestellt werden. Dagegen spaltet die Protease Pepsin Antikörper unterhalb der Gelenkregion in F(ab)$_2$-Fragmente, bei denen die beiden Fab-Fragmente über Disulfidbrücken verbunden sind (➤ Abb. 16.20a). Die Spaltungen mit Papain und Pepsin lieferten die ersten Hinweise, dass Antigenbindung und Effektorfunktionen der Antikörper sich an separaten Stellen in einem Antikörpermolekül befinden.
Dass viele verschiedene Antigene erkannt werden können, liegt an der Vielfalt der Aminosäuresequenzen in den variablen Domänen der schweren und leichten Ketten. Dabei werden innerhalb der V-Dömänen nochmals variable und hypervariable Regionen unterschieden.

Complementary Determining Regions (CDR)

Die **hypervariablen Regionen** eines Antikörpermoleküls sind komplementär zur Antigenstruktur (➤ Abb. 16.20c). Deshalb werden diese Regionen auch CDR (komplementaritätsbestimmende Regionen) genannt. Es sind die Regionen eines Antikörpermoleküls, welche die größte Variabilität in der Aminosäuresequenz aufweisen und die Spezifität und Affinität eines Antikörpers bestimmen. Jede Antikörperkette enthält drei verschiedene CDRs, wobei die dritte CDR, die am weitesten vom N-Terminus entfernt ist, die größte Variabilität aufweist (➤ Abb. 16.20b).

16.4 ADAPTIVE IMMUNITÄT: MASSGESCHNEIDERTE ABWEHR

Die Bindungsstärke zwischen Antigen und Antikörper wird als **Antikörperaffinität** bezeichnet. Sie bezieht sich auf die Bindung eines monovalenten Epitops, d. h. eines Epitops mit einer einzigen Antigenbindungsstelle, an eine einzige (monovalente) Fab-Region im Antikörper. Die Summe der Bindungsstärken zwischen Epitopen eines Antigens und Fab-Regionen eines Antikörpers ist die **Avidität**. Ein typisches IgG-Antikörper-Molekül (➤ Abb. 16.20) mit 2 Fab-Regionen ist divalent.

Antikörperklassen

Die verschiedenen Antikörperklassen IgM, IgD, IgG, IgA und IgE werden auch als **Isotypen** bezeichnet. Sie unterscheiden sich in ihren schweren Ketten, was zu Unterschieden in **Struktur** (➤ Abb. 16.21) und **Funktion** führt (➤ Tab. 16.8). Die Reihenfolge der im Folgenden beschriebenen Antikörperklassen spiegelt die Reihenfolge der Gene für die konstanten Regionen der schweren Ketten auf dem Genlocus wider.

Aus Studentensicht

Antikörperaffinität: Bindungsstärke zwischen einem monovalenten Epitop und einer monovalenten Fab-Region.
Avidität: Summe der Bindungsstärken zwischen allen Epitopen und Fab-Regionen eines Antikörpers.

Antikörperklassen
Es werden verschiedene **Antikörper-Isotypen** unterschieden: IgM, IgD, IgG, IgA und IgE. Sie unterscheiden sich in **Struktur** und **Funktion**.

ABB. 16.21

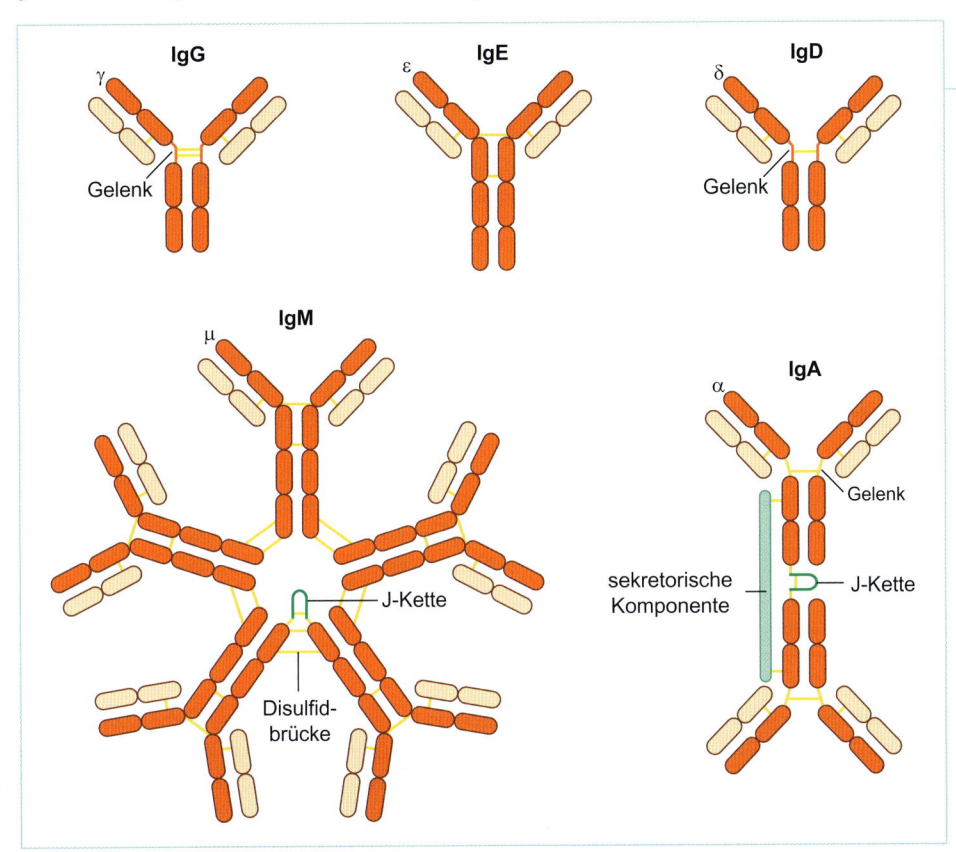

Abb. 16.21 Struktur der sezernierten Antikörper unterschiedlicher Antikörperklassen [L138]

Tab. 16.8 Eigenschaften der Immunglobuline

	IgM	IgD	IgG	IgA	IgE
Schwere Kette (H-Kette)	μ	δ	$\gamma_1, \gamma_2, \gamma_3, \gamma_4$	α_1, α_2	ε
Anzahl H-Domänen	5	4	4	4	5
Molekulargewicht (kDa)	970	180	150	160/380	190
Multimerisierungsgrad	Pentamer	Monomer	Monomer	Mono- bzw. Dimer	Monomer
Serumkonzentration (g/l)	0,4–2,5	0,04–0,4	7–16	0,7–5	0,001
Halbwertszeit im Serum (Tage)	10	3	7–21	6	2,5
Komplementaktivierung	+++	-	++	+	-
Bindung an Fc-Rezeptoren auf Phagozyten	-	-	+	+	+
Bindung an Mastzellen und basophile Granulozyten	-	-	-	-	+++
Neutralisation	+	-	++	++	-
Opsonierung	+	-	+++	+	-
Transport über Plazenta	-	-	+++	-	-
Transport über Epithelien	+	-	-	+++	-

TAB. 16.8

IgM

IgM sind in membrangebundener monomerer Form Teil der **B-Zell-Rezeptoren** auf der Oberfläche von naiven B-Lymphozyten. Sie werden bei einer Immunreaktion als erste Antikörper gebildet. In löslicher,

Aus Studentensicht

Membrangebundene monomere **IgM** machen einen Teil der **B-Zell-Rezeptoren** aus. IgM sind die ersten Immunglobuline, die bei einer Immunreaktion gebildet werden. In löslicher Form bilden sie **Pentamere**, die über Disulfidbrücken und eine J-Kette stabilisiert werden. Pentameres IgM besitzt **10 Antigenbindungsstellen** und damit von allen Antikörpermolekülen bei identischer Affinität die **höchste Avidität**. Es erkennt v. a. **Kohlenhydratstrukturen** und ist ein potenter Aktivator des **Komplementsystems**.

IgD findet sich in **membrangebundener Form** auf naiven B-Zellen. Die Konzentration an löslichem IgD ist sehr gering. Es sind **keine Effektorfunktionen** bekannt.

IgG machen den **Hauptanteil der Immunglobuline im Serum** aus. Sie werden spät in der Primär- und nach wiederholtem Antigenkontakt in der **Sekundärantwort** gebildet. Sie sind **plazentagängig** und können daher den Fetus bzw. das Neugeborene als geliehene Immunität der Mutter für eine begrenzte Zeit vor Gefahren schützen. IgG kommen als **Monomere** vor. Sie haben eine höhere Affinität als IgM und aktivieren ebenfalls das **Komplementsystem**. Man unterscheidet die **Subtypen** IgG$_1$–IgG$_4$.

IgE bindet über Fcε-Rezeptoren an **Mastzellen** und Granulozyten und löst nach Antigenbindung eine **Degranulation** aus. Es spielt eine wichtige Rolle bei der **Abwehr von Parasiten** und der Auslösung von **Allergien**.

IgA kommt als Serum-IgA und als **sekretorisches IgA** (sIgA) vor. Serum-IgA liegt v. a. als Monomer, sIgA hingegen v. a. als **Dimer** vor. Die Dimerisierung wird durch eine J-Kette und Disulfidbrücken ermöglicht. sIgA findet sich in Sekreten wie Speichel, Tränen und Muttermilch sowie auf allen Schleimhäuten. Es aktiviert das **Komplementsystem**, induziert **Entzündungsreaktionen** und **neutralisiert Mikroorganismen**. IgA-Dimere gelangen durch Bindung an den Poly-Ig-Rezeptor über Transzytose durch die Epithelzellen. Der antikörperbindende Teil des Rezeptors wird auf der apikalen Seite proteolytisch abgespalten und zusammen mit dem IgA-Dimer in das Lumen bzw. auf der Oberfläche freigesetzt.

16.4.7 Antigenerkennung durch B-Lymphozyten

B-Lymphozyten können nach Antigenbindung zu antikörpersezernierenden **Plasmazellen** differenzieren (B-Zell-Antwort).

---

16 IMMUNSYSTEM: ABWEHR VON BEDROHUNGEN

sezernierter Form bilden IgM ein **Pentamer,** in dem fünf IgM-Monomere über Disulfidbrücken und ein Glykoprotein, die Joining-Kette (J-Kette, Verbindungskette), kovalent miteinander verbunden sind. Da jedes IgM-Monomer dasselbe Antigenepitop erkennt, hat ein IgM-Pentamer mit **10 Antigenbindungsstellen** von allen Antikörpermolekülen bei identischer Affinität die **höchste Avidität**. Die Bindungsstärke, d. h. die Affinität der einzelnen Antikörper, ist jedoch eher gering, da sie in einer frühen Phase der Immunantwort gebildet werden und die variable Region im Laufe der Immunantwort noch besser an das Antigen angepasst wird.

IgM erkennen besonders gut **Kohlenhydratstrukturen**, wie sie auf der Oberfläche von Bakterien oder Erythrozyten vorkommen, was ihre Rolle bei der Erkennung der Blutgruppenantigene A und B erklärt. IgM sind die effizientesten Aktivatoren des **Komplementsystems**. Sie fixieren über ihren Fc-Teil Komplementfaktoren und bewirken dadurch die Lyse des Erregers (> 16.3.7).

IgD

IgD kommen zusammen mit IgM in **membrangebundener Form** auf der Oberfläche naiver B-Zellen vor. Die Konzentration an löslichem IgD ist sehr gering, da es nur sehr wenige IgD-produzierende B-Zellen gibt und seine Halbwertszeit darüber hinaus sehr kurz ist. Es sind **keine Effektorfunktionen** von IgD bekannt. Da bei Mäusen mit fehlender δ-Kette die antigenabhängige Differenzierung der B-Lymphozyten verzögert abläuft, wird eine unterstützende Funktion bei der B-Zell-Reifung diskutiert.

IgG

IgG machen den **Hauptanteil der Immunglobuline im Serum** aus. Sie werden nach den IgM in der Primärantwort gebildet und sind typisch für eine Immunantwort nach wiederholtem Antigenkontakt (= **Sekundärantwort**). Sie haben von allen Immunglobulinen die längste Halbwertszeit und sind als einzige **plazentagängig**. Mit dem Übertritt von IgG-Molekülen in den kindlichen Kreislauf erhalten Fetus und Neugeborenes eine geliehene Immunität der Mutter, die in den ersten Lebensmonaten vor Gefahren schützt.

IgG kommen als **Monomere** vor und haben dementsprechend zwei Antigenbindungsstellen. Im Vergleich zu IgM haben sie eine höhere Affinität. Sie bilden mit den Antigenen kleinere Komplexe als IgM und sind deshalb schwächere Aktivatoren des **Komplementsystems**. IgG neutralisieren Antigene, indem sie deren Bindungsstellen für andere körpereigene Moleküle blockieren, und opsonieren sie.

Beim Menschen kommen vier IgG **Subtypen** vor (IgG$_1$–IgG$_4$), die sich in den konstanten Domänen der schweren Ketten unterscheiden.

IgE

IgE kommt bei Gesunden nur in sehr geringen Konzentrationen im Serum vor. Es bindet an den Fcε-Rezeptor auf **Mastzellen** sowie basophilen und eosinophilen Granulozyten und löst nach Antigenbindung und Vernetzung der zellgebundenen Antikörper eine Ausschüttung reaktiver Stoffe durch **Degranulation** dieser Zellen aus. Die IgE-vermittelte Immunantwort spielt eine wichtige Rolle bei der **Abwehr mehrzelliger Parasiten** wie Würmern (Helminthen). IgE kann **Allergien** auslösen (> 16.6.2).

IgA

IgA kommt in den Subtypen IgA$_1$ und IgA$_2$ als Serum-IgA und als sekretorisches IgA (sIgA) vor. Serum-IgA besteht zu 90 % aus Monomeren des Subtyps IgA$_1$, während sIgA überwiegend als **Dimer** variablen Subtyps vorkommt. Im Serum spielt IgA nur eine untergeordnete Rolle. In Sekreten wie Speichel, Tränenflüssigkeit und Muttermilch sowie auf den Schleimhäuten z. B. der Atemwege und des Verdauungstrakts ist sIgA aber das wichtigste Immunglobulin. Es aktiviert das **Komplementsystem**, induziert **Entzündungsreaktionen** und **neutralisiert Mikroorganismen,** indem es an sie bindet und ihren Eintritt in Gewebe und Zellen verhindert.

Dimeres sIgA wird von Plasmazellen, die unterhalb der Epithelzellen in der Lamina propria der Schleimhäute liegen, synthetisiert. Dabei werden zwei IgA-Monomere ähnlich wie bei IgM über Disulfidbrücken mit einer Joining-Kette verbunden. Damit die IgA-Dimere von der Submukosa auf die Oberfläche der Schleimhäute bzw. in die Sekrete gelangen, müssen sie mittels Transzytose durch die Epithelzelle von der basalen zur apikalen Seite transportiert werden (> Abb. 16.22). Dazu werden IgA-Dimere über den Poly-Ig-Rezeptor aufgenommen und in Vesikeln durch die Zelle transportiert. Auf der apikalen Seite wird der extrazelluläre Teil des Rezeptors, der aus 5 Ig-Domänen besteht, proteolytisch abgespalten (= sekretorische Komponente des Rezeptors) und zusammen mit der J-Kette-IgA-Dimer freigesetzt.

16.4.7 Antigenerkennung durch B-Lymphozyten

Jeder B-Lymphozyt trägt auf seiner Oberfläche einen membranständigen Antikörper, mit dem er Antigene erkennen kann. Durch passende Antigene wird die Differenzierung der **B-Lymphozyten** zu verschiedenen Typen ausgelöst, die antigenspezifische Antikörper bilden (= B-Zell-Antwort, humorale Immunantwort).

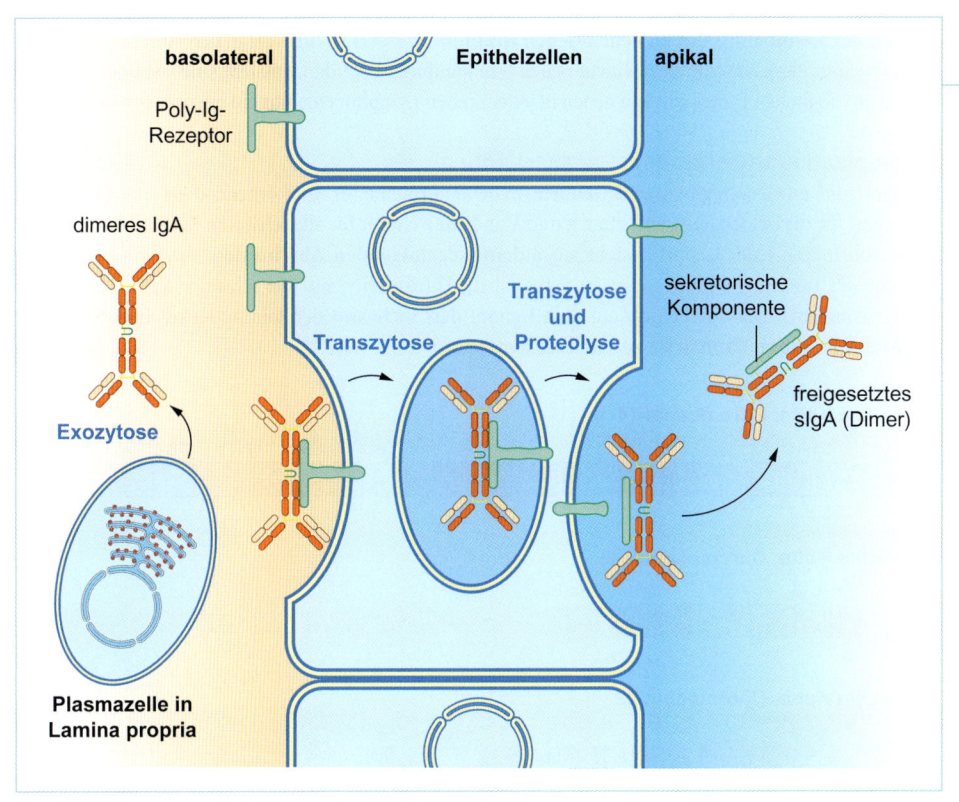

16.4 ADAPTIVE IMMUNITÄT: MASSGESCHNEIDERTE ABWEHR

Abb. 16.22 Transport von IgA-Dimeren durch Epithelien [L138]

Typen von B-Lymphozyten

- **Naive, unreife B-Lymphozyten** entwickeln sich antigenunabhängig im Knochenmark und tragen intakte B-Zell-Rezeptoren auf der Oberfläche. Sie sind empfindlich gegenüber körpereigenen Antigenen.
- **Naive, reife B-Lymphozyten** tragen auf der Oberfläche außer IgM auch IgD. Sie verlassen das Knochenmark und können durch Antigene aktiviert werden.
- **B-Effektorzellen** entwickeln sich antigenabhängig in peripheren Lymphorganen. Sie können mit oder ohne T-Zell-Hilfe entstehen.
- **B-Gedächtniszellen** entwickeln sich T-Zell-abhängig in Lymphfollikeln. Sie tragen eine bestimmte Klasse membrangebundener Antikörper auf ihrer Oberfläche und sind besonders langlebig. Sie befinden sich in den Keimzentren oder zirkulieren zwischen Blut und Lymphorganen und sind für die Immunantwort nach Zweitkontakt mit einem Antigen zuständig.
- **Plasmazellen** entwickeln sich bei einer primären Immunantwort aus Effektorzellen oder bei einer sekundären Immunantwort aus Gedächtniszellen. Sie sezernieren bestimmte Klassen hochaffiner Antikörper. Sie befinden sich in der Zirkulation oder residieren als langlebige Zellen im Knochenmark.

Antigenunabhängige Reifung der B-Lymphozyten

Das Knochenmark produziert lebenslang B-Lymphozyten mit einem **großen Repertoire** an unterschiedlichen Antikörpern. Diese Antikörper enthalten bei naiven B-Lymphozyten eine C-terminale Transmembrandomäne, sodass sie als Teil der **B-Zell-Rezeptoren** (BCR) in der Plasmamembran vorliegen. Zunächst entstehen durch somatische Rekombination der Genloci für die schwere und die leichte Kette auch unreife B-Lymphozyten, deren BCR körpereigene Strukturen erkennen. Auch bei den B-Lymphozyten erfolgt daher eine Selektion, die zunächst im Knochenmark und anschließend T-Zell-abhängig in den sekundären lymphatischen Organen erfolgt. Nur unreife B-Lymphozyten, die nicht stark auf Autoantigene reagieren, erhalten Überlebenssignale, die durch den BCR-Komplex ins Zellinnere weitergeleitet werden. Autoreaktive B-Lymphozyten erhalten diese Signale nicht und sterben durch Apoptose. Schließlich wandern nur B-Lymphozyten über die Blutbahn in periphere lymphatische Organe, die **intakte B-Zell-Rezeptoren** auf ihrer Oberfläche tragen und **keine körpereigenen Moleküle erkennen.** Jede einzelne naive B-Zelle trägt einen spezifischen BCR, mit dem sie ein bestimmtes Antigen erkennen kann.

Antikörpervielfalt

Das **Repertoire** an verschiedenen Antikörpern wird beim Menschen auf mindestens 10^{11} geschätzt. Bei insgesamt nur ca. 20 000 menschlichen Genen können Antikörper also nicht nach dem Prinzip „ein Gen = ein Protein" hergestellt werden. Zur Vielfalt der Antikörper tragen verschiedene genetische Mechanismen wie die **somatische Rekombination** bei, die das Antikörperrepertoire erweitern und damit die Adaptation des Immunsystems an die sehr große Zahl verschiedener antigener Determinanten gewährleisten.
In den meisten Körperzellen ist die genetische Ausstattung identisch, da sie von der befruchteten Eizelle durch viele Mitosen unverändert weitergegeben wird. Das Prinzip der somatischen Rekombination tritt nur in T- und B-Lymphozyten auf. Es beruht darauf, dass während ihrer Differenzierung einzelne **Ab-**

Aus Studentensicht

ABB. 16.22

Antigenunabhängige Reifung der B-Lymphozyten

Das Knochenmark produziert lebenslang B-Zellen, die ein **großes Repertoire** an unterschiedlichen Antikörpern hervorbringen können. Naive B-Zellen enthalten diese Antikörper in Form des **B-Zell-Rezeptors** (BCR) auf ihrer Plasmamembran.
Im Rahmen der B-Zell-Reifung entstehen durch somatische Rekombination auch autoreaktive B-Zellen, die jedoch durch Apoptose eliminiert werden. Nur B-Zellen mit **intakten BCR,** die **keine körpereigenen Moleküle erkennen,** wandern schließlich über die Blutbahn in die peripheren lymphatischen Organe.

Antikörpervielfalt

Das **Repertoire** an verschiedenen Antikörpern wird beim Menschen auf ca. 10^{11} geschätzt. Zu dieser enormen Vielfalt tragen verschiedene genetische Mechanismen wie die **somatische Rekombination** bei. Dabei werden in B-Lymphozyten **Abschnitte der Keimbahn-DNA zu neuen Genen zusammengesetzt.** So wird in jedem Lymphozyten nur eines von einer sehr großen Anzahl möglicher Proteine gebildet.

Aus Studentensicht

16 IMMUNSYSTEM: ABWEHR VON BEDROHUNGEN

schnitte der Keimbahn-DNA zu neuen Genen zusammengesetzt werden. Da in den einzelnen Lymphozyten jeweils andere Abschnitte zu einem neuen Gen kombiniert werden, entsteht eine fast unermessliche Anzahl an möglichen Proteinen, von denen in jedem reifen Lymphozyten nur ein einziges gebildet wird.

Rekombination verschiedener Genabschnitte

Rekombination verschiedener Genabschnitte

Antikörperproteine werden an **drei Genorten** im Genom codiert: je einer für die beiden leichten Ketten und einer für die schweren Ketten. Die Genorte bestehen aus **aufeinander folgenden Abschnitten,** die für verschiedene Bereiche der Immunglobuline codieren: V, D (nur bei schwerer Kette), J und C.

Im menschlichen Genom gibt es **drei Genorte,** in denen Proteine für Antikörper codiert sind. Je ein Genort codiert für die beiden leichten Ketten κ und λ und ein weiterer für alle schweren Ketten, also μ, δ, γ, α, ε (> Abb. 16.23). Jeder Genort besteht aus **aufeinanderfolgenden Abschnitten,** die für verschiedene Bereiche der Immunglobuline codieren: V (variabel), D (diversity, nur bei schwerer Kette), J (joining) und C (konstant). Der J-Abschnitt auf dem Genom darf nicht mit der Joining-Kette eines IgM- oder IgA-Moleküls, die ein Protein ist, verwechselt werden.

ABB. 16.23

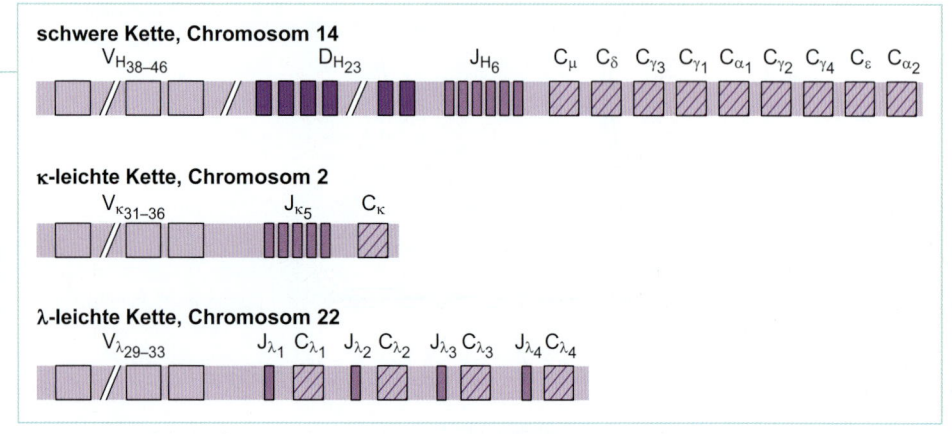

Abb. 16.23 Keimbahnkonfiguration der menschlichen Immunglobulin-Genloci [L271]

Der wesentliche Mechanismus zur Entstehung der Antikörpervielfalt ist die **somatische Rekombination** der **Segmente V, J, C** und bei schweren Ketten zusätzlich **D** während der B-Zell-Entwicklung.
Die erste Rekombination erfolgt im Locus der schweren Kette. Dabei lagert sich ein beliebiges D- mit einem beliebigen J-Segment zusammen (D-J-Rekombination). Der D-J-Abschnitt lagert sich mit einem beliebigen V-Segment zusammen (V-D-J-Rekombination). Die Enzyme RAG 1/2 schneiden dazwischen liegende DNA-Abschnitte mit ihrer Nukleaseaktivität heraus.

Im Verlauf der **somatischen Rekombination** wird das Gen für eine bestimmte Antikörperkette aus **je einem Segment für V, J, C** und bei schweren Ketten zusätzlich aus **einem Segment für D** nach einem bestimmten Schema zusammengesetzt. Die Reifung einer B-Zelle beginnt immer mit der Rekombination der schweren Kette und führt zur Expression einer μ-Kette, die nach folgendem Prinzip abläuft (> Abb. 16.24):

- D-J-Rekombination: Ein beliebig ausgewähltes D-Segment rekombiniert mit einem J-Segment. Die dazwischen liegende DNA wird herausgeschnitten und geht in der jeweiligen B-Zelle verloren.
- V-D-J-Rekombination: Ein zufällig ausgewähltes V-Segment rekombiniert mit dem zuvor hergestellten D-J-Abschnitt zu einer rekombinierten DNA aus je einem V- und D-, aber meist mehreren J- und C-Segmenten. Bei der Rekombination erkennen die Proteine RAG 1 und RAG 2 (Recombination Activating Gene) spezifische Motive vor und nach jedem codierenden Segment (= Recombination Signal Sequences) und schneiden mit ihrer Nukleaseaktivität die dazwischen liegenden DNA-Abschnitte heraus.

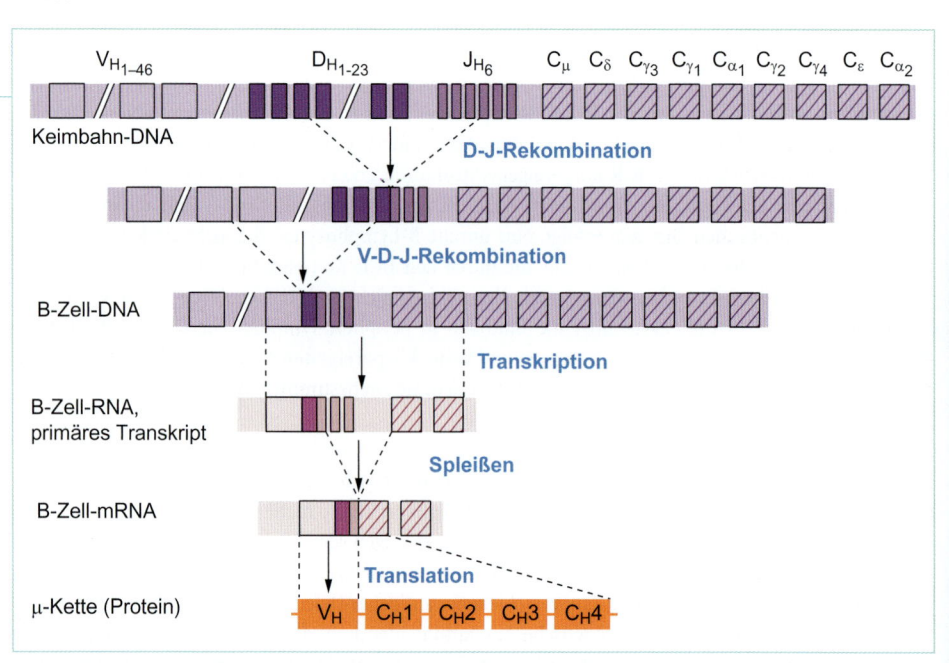

ABB. 16.24

Abb. 16.24 Somatische Rekombination, Transkription, Spleißen und Translation für die μ-Kette eines Immunglobulins [L271]

Nach der somatischen Rekombination exprimiert jeder Pro-B-Lymphozyt ein Gen, das ein einziges VDJ-Segment und alle C-Gensegmente enthält. Die rekombinierte DNA wird anschließend transkribiert und es entsteht ein Primärtranskript, in dem meist noch mehrere J-Segmente und die Bereiche für die schweren μ- und δ-Ketten, aber nicht mehr die für die anderen C-Segmente enthalten sind. Dieses Primärtranskript wird zu einer reifen mRNA gespleißt, die nur noch ein J-Segment und in den meisten Fällen das Segment für die konstante Region der μ-Kette enthält. Die mRNA wird in eine μ-Kette translatiert, die erst nach Herstellung einer leichten Kette als IgM auf der Oberfläche naiver B-Zellen exprimiert wird. Alternativ kann aus dem Primärtranskript eine mRNA hergestellt werden, die dasselbe VDJ-Segment, aber das C-Segment für die konstante Region der δ-Kette exprimiert. Diese mRNA wird in die δ-Kette translatiert, sodass naive B-Zellen sowohl IgM als auch IgD auf der Oberfläche exprimieren können. Ob eine B-Zelle IgM oder IgD herstellt, hängt von ihrem Entwicklungsstadium ab und wird von Proteinen reguliert, die am alternativen Spleißen beteiligt sind. Bei der Entwicklung im Knochenmark werden unreife B-Zellen gebildet, die nur IgM auf ihrer Oberfläche tragen.

Die Rekombination der Genabschnitte der leichten Ketten erfolgt nach demselben Prinzip, beginnt jedoch erst nach erfolgreicher Translation der schweren μ-Kette. In jedem B-Lymphozyt wird nur je ein Gen für eine leichte und eine schwere Kette von einem Allel exprimiert, das andere Allel wird jeweils stillgelegt.

Eine weitere Erhöhung der Antikörpervielfalt wird durch Ungenauigkeiten beim Erzeugen der Doppelstrangbrüche durch die RAG-Proteine und beim Verknüpfungsprozess erreicht (= **junktionale Diversität**, Verknüpfungsdiversität). An den **Segmentgrenzen** können wenige **Nukleotide zufällig herausgeschnitten** oder **hinzugefügt** werden. Zu beachten ist, dass die theoretische junktionale Diversität größer ist als die tatsächliche, da nur bei der Insertion oder Deletion von einem oder mehreren Nukleotidtripletts ein funktionales Protein entstehen kann. Ansonsten verschiebt sich das Leseraster und es kommt zu Nonsense-Mutationen.

In jedem B-Lymphozyten wird nach der somatischen Rekombination nur je ein Gen für eine leichte und eine schwere Kette exprimiert. Da sich während der Rekombination jede schwere Kette mit jeder leichten Kette **zufällig kombinieren** kann (**kombinatorische Diversität**), entspricht die Anzahl an Kombinationsmöglichkeiten dem Produkt aus der Anzahl möglicher leichter und schwerer Ketten (> Tab. 16.9).

Tab. 16.9 Theoretisch mögliche Diversität der menschlichen Immunglobuline

Element	Schwere Kette	Leichte Ketten (κ und λ)
V	~ 45	~ 35 + ~ 30
D	23	0
J	6	5 + 4
Verschiedene Ketten	45 · 23 · 6 ≈ 6 000	35 · 5 + 30 · 4 ≈ 300
Kombinatorische Diversität	6 000 · 300 ≈ 2 · 10⁶	
Junktionale Diversität	~ 3 · 10⁷	
Gesamte Diversität	(2 · 10⁶) · (3 · 10⁷) ≈ **6 · 10¹³**	

16.4.8 B-Zell-Antwort

Naive B-Zellen mit einem großen Repertoire an **B-Zell-Rezeptoren** (BCR) zirkulieren im Körper. Wenn ein Antigen in den Körper eindringt, werden nur diejenigen B-Zellen aktiviert, deren BCR das Antigen erkennen. Die dabei ablaufende antigenabhängige Differenzierung von B-Lymphozyten zu antikörperproduzierenden Zellen in peripheren lymphatischen Organen wird als **B-Zell-Antwort** oder humorale Antwort bezeichnet. Sie wird vom BCR-Komplex vermittelt und durch Bindung des Antigens an den B-Zell-Rezeptor und Signalweiterleitung ins Zellinnere ausgelöst.

Der BCR-Komplex besteht aus antigenbindenden, membranverankerten Immunglobulinen der Klasse M sowie signalübertragenden, invarianten Immunglobulin-alpha- (Igα, CD79A) und -beta-Ketten (Igβ, CD79B).

Aktivierung naiver B-Lymphozyten

Aufgabe des BCR-Komplexes ist es, die passenden Antigene zu binden und Signale ins Zellinnere zu senden, die Proliferation und Differenzierung der B-Lymphozyten auslösen.

Die Aktivierung von B-Lymphozyten kann mit oder ohne Hilfe von T-Lymphozyten erfolgen. Die entsprechenden Antigene werden als thymusabhängig bzw. thymusunabhängig bezeichnet. In den meisten Fällen ist die B-Zell-Antwort auf T-Zell-Hilfe angewiesen; die entsprechenden B-Lymphozyten werden auch als konventionelle B-Lymphozyten oder B2-Lymphozyten bezeichnet. Typische thymusabhängige Antigene sind Proteine. Sie werden von den B-Lymphozyten aufgenommen und auf MHC-II-Molekülen den T-Lymphozyten präsentiert. Thymusunabhängige Antigene enthalten multivalente Epitope, mit denen sie an mehrere BCR auf der Oberfläche von B1-Lymphozyten gleichzeitig binden können. Typische thymusunabhängige Antigene sind konservierte pathogene Muster (PAMPs) und komplexe Kohlenhydrate der AB0-Blutgruppen-Antigene.

Aus Studentensicht

Nach der somatischen Rekombination exprimiert jede Pro-B-Zelle nur ein Gen, das ein einziges VDJ-Segment und alle Segmente für die C-Domänen der schweren Ketten enthält.
Die rekombinierte DNA wird transkribiert und das Primärtranskript zu einer reifen mRNA gespleißt. Durch alternatives Spleißen entstehen verschiedene mRNAs, die sich in den C-Segmenten unterscheiden ($C_μ$ bei IgM und $C_δ$ bei IgD). Die Rekombination der Genabschnitte der leichten Ketten erfolgt anschließend nach demselben Prinzip.

Die Antikörpervielfalt wird durch Ungenauigkeiten bei der somatischen Rekombination erhöht. Beim Erzeugen von Doppelstrangbrüchen durch RAG-Proteine können an den **Segmentgrenzen** **Nukleotide zufällig herausgeschnitten** oder **hinzugefügt** werden **(junktionale Diversität)**.

Die **zufällige Kombination** einer schweren mit einer leichten Kette ist ein zusätzlicher Mechanismus, der zur Antikörpervielfalt beiträgt **(kombinatorische Diversität)**.

TAB. 16.9

16.4.8 B-Zell-Antwort

Naive B-Zellen zirkulieren im Körper. Kommen ihre **B-Zell-Rezeptoren** (BCR) in Kontakt mit Antigenen, werden die B-Zellen aktiviert, die mit ihrem BCR das Antigen erkennen. Sie fangen an, Antikörper zu produzieren (**B-Zell-Antwort**, humorale Antwort).
Für die B-Zell-Antwort ist der BCR-Komplex aus membranverankertem IgM sowie den signalübertragenden invarianten Ketten Igα und Igβ erforderlich.

Aktivierung naiver B-Lymphozyten

B-Zellen werden meist T-Zell-abhängig aktiviert, aber auch eine T-Zell-unabhängige Aktivierung, z.B. durch **komplexe Kohlenhydratstrukturen** wie die der AB0-Blutgruppen-Antigene, ist möglich.

Aus Studentensicht

Durch Antigenbindung an IgM-Moleküle auf der B-Zelle werden rezeptorassoziierte Tyrosin-Kinasen der src-Familie aktiviert, welche die Igα- und Igβ-Ketten des BCR-Komplexes phosphorylieren. Über Adapterproteine werden schließlich der PLCγ- und der MAP-Kinase-Signalweg aktiviert. Dies führt letztendlich zur **Aktivierung** der **Transkriptionsfaktoren** NFAT, NFκB und AP-1, die verschiedene Gene induzieren.

ABB. 16.25

16 IMMUNSYSTEM: ABWEHR VON BEDROHUNGEN

Die Signalübertragung durch den BCR ist in beiden Fällen prinzipiell gleich, lediglich die coaktivierenden Signale sind unterschiedlich. Dabei ist wichtig, dass die Aktivierung von B-Lymphozyten in jedem Fall zwei Signale erfordert: Ein Signal geht von der Bindung des Antigens an den BCR aus, das andere Signal erfolgt über Corezeptoren.

Bindet ein Antigen an IgM-Moleküle des BCR auf der Oberfläche der B-Zelle, kommt es zur **Konformationsänderung** des BCR (> Abb. 16.25). Diese kann durch polyvalente Antigene ausgelöst werden, die zu einer Quervernetzung von BCR-Molekülen führen, oder durch monovalente Antigene, die nur an eine einzige Fab-Stelle des BCR binden. Es werden die rezeptorassoziierten Tyrosin-Kinasen Fyn, Blk und Lyn der src-Familie an der Innenseite der Plasmamembran aktiviert, die u. a. die ITAM-Domänen der Igα- und Igβ-Ketten des BCR-Komplexes phosphorylieren. Daraufhin wird die lösliche Tyrosin-Kinase Syk aktiviert, indem sie an die phosphorylierten ITAM-Domänen von Igβ bindet. Syk-Moleküle werden phosphoryliert und lösen weitere Signale aus, die dann den PLCγ- und MAP-Kinase-Signalweg aktivieren. Wie bei der Aktivierung naiver T-Zellen führt die Signalübertragung letztendlich zur **Aktivierung** der **Transkriptionsfaktoren** NFAT, NFκB und AP-1, welche die Transkription verschiedener Gene induzieren und die Proliferation und Antikörperproduktion der B-Zelle anregen.

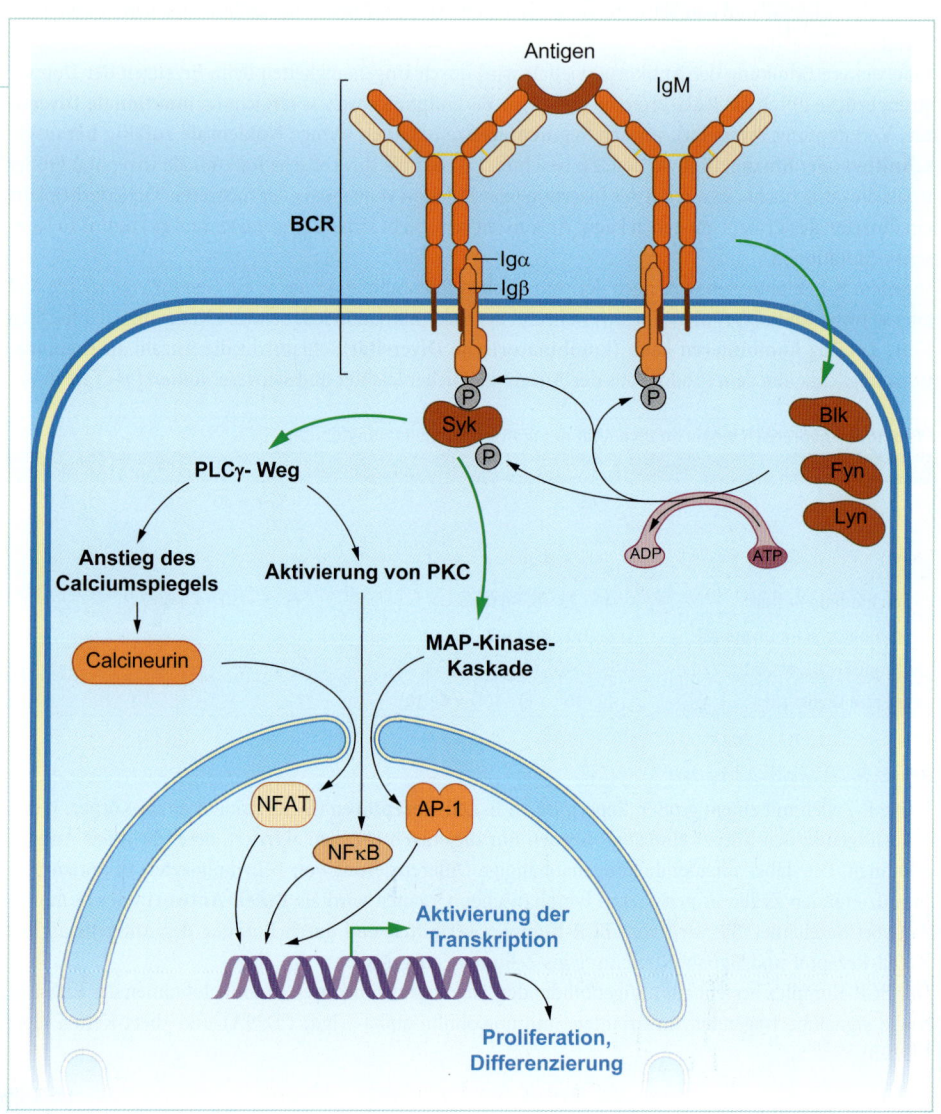

Abb. 16.25 Signaltransduktion durch den BCR [L307]

KLINIK

KLINIK

Bruton-Syndrom

Eine gestörte Signaltransduktion über den BCR-Komplex führt zu einer Störung der humoralen Immunantwort, verbunden mit einem Antikörpermangel. Das Bruton-Syndrom ist durch einen genetischen Defekt einer zytoplasmatischen Tyrosin-Kinase bedingt (BTK, Bruton Tyrosin-Kinase), der zu einer reduzierten Aktivierung der PLCγ und somit zu einer Störung der B-Lymphozyten-Entwicklung im Knochenmark führt. Betroffen sind fast nur Jungen, da die Erkrankung X-chromosomal-rezessiv vererbt wird. In den ersten Lebensmonaten sind die Säuglinge durch die mütterlichen Antikörper geschützt, sodass sich der Antikörpermangel gewöhnlich erst gegen Ende des ersten Lebensjahres bemerkbar macht. Bei frühzeitiger Diagnose kann den Kindern durch intravenöse Gabe von Immunglobulinen geholfen werden.

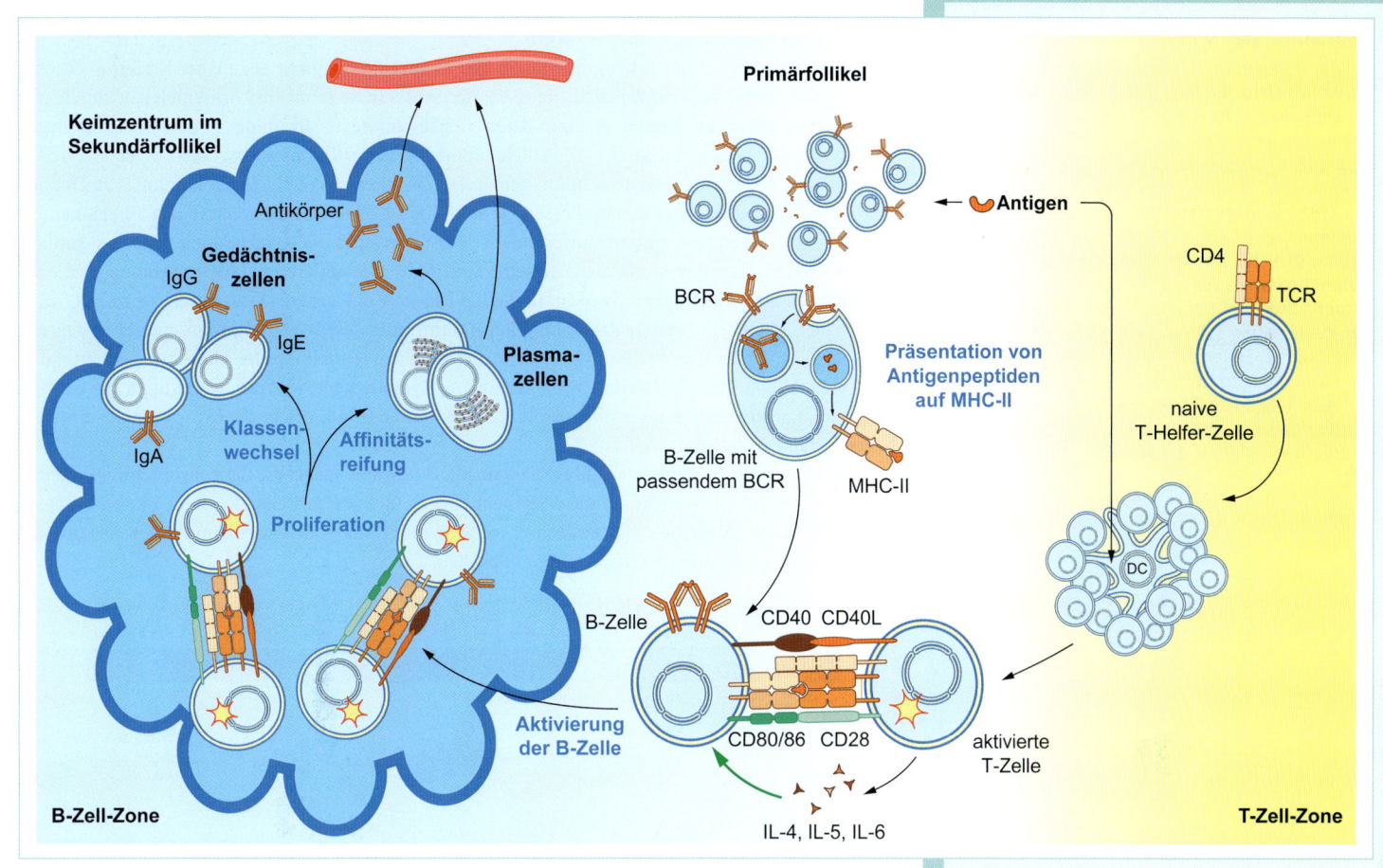

16.4 ADAPTIVE IMMUNITÄT: MASSGESCHNEIDERTE ABWEHR

Aus Studentensicht

Abb. 16.26 T-Zell-abhängige Differenzierung von B-Lymphozyten in Lymphorganen (CD = dendritische Zelle) [L138, L307]

Konventionelle B-Lymphozyten differenzieren sich in Keimzentren sekundärer Lymphorgane zu Plasmazellen, die hochaffine Antikörper produzieren, oder zu B-Gedächtniszellen (➤ Abb. 16.26).
Zunächst sammeln sich naive B-Zellen in **Primärfollikeln** außerhalb der Keimzentren. Bindet dort ein passendes Proteinantigen an den BCR, wird der BCR-Antigen-Komplex von der B-Zelle endozytiert und das Antigen in Lysosomen zu Peptiden abgebaut. Die Peptide werden auf MHC-II-Moleküle geladen und zur Oberfläche transportiert. T-Helfer-Zellen, die bereits zuvor durch ein **Peptid desselben Antigens** aktiviert wurden, interagieren an der Grenze zwischen T- und B-Zell-Zone (➤ Abb. 16.13) mit den antigenpräsentierenden B-Zellen, indem der TCR an den MHC-II-Peptid-Komplex bindet. Dazu werden B- und T-Zellen durch Chemokine an den jeweiligen Rand ihrer Zonen gelockt.
Die T-Helfer-Zelle treibt die B-Zelle so in die **Proliferation** und **Differenzierung**. Eine besonders wichtige Rolle spielt die CD40-CD40L-Interaktion, die zur Proliferation der B-Lymphozyten führt. CD40 wird von B-Zellen und dendritischen Zellen konstitutiv exprimiert, der CD40-Ligand (CD40L) hingegen wird von den T-Helfer-Zellen erst nach ihrer Aktivierung exprimiert. Von der T-Zelle sezernierte Zytokine wie IL-4, IL-5 und IL-6 fördern die weitere Differenzierung und klonale Expansion der B-Lymphozyten. Die entstehenden B-Lymphozyten bilden **Keimzentren** in **Sekundärfollikeln**, in denen die weitere Differenzierung zu langlebigen Plasmazellen und B-Gedächtniszellen abläuft, die verschiedene Antikörperklassen exprimieren. Lediglich eine kleine Population aktivierter B-Lymphozyten, die außerhalb der Keimzentren proliferieren, entwickelt sich zu kurzlebigen IgM-sezernierenden Plasmazellen.

B-Zellen, die ein Antigen erkennen, nehmen dieses auf und präsentieren Antigenfragmente über MHC-II-Moleküle. T-Helfer-Zellen, die durch ein **Peptid desselben Antigens** aktiviert wurden, interagieren mit diesen B-Zellen in sekundären Lymphorganen über ihren TCR und aktivieren die B-Zelle **(T-Zell-Hilfe).** Dafür ist v. a. die CD40-CD40L-Interaktion wichtig. Zytokine der T-Zelle wie IL-4, IL-5 und IL-6 fördern die weitere **Proliferation** und **Differenzierung** der B-Zellen. Es entstehen Sekundärfollikel mit Keimzentren, in denen sich die B-Zellen weiter zu Plasmazellen und B-Gedächtniszellen entwickeln.

B1- und B2-Lymphozyten

Die meisten B-Lymphozyten, die konventionellen B2-Lymphozyten, differenzieren sich in den Keimzentren der peripheren Lymphorgane. Sie reagieren v. a. auf Proteinantigene und sind auf die Hilfe von T-Zellen angewiesen. Sie können Antikörper unterschiedlicher Klassen produzieren und durch Hypermutation die Affinität zum Antigen verbessern.
B1-Lymphozyten kommen in Körperhöhlen und mukosaassoziierten lymphatischen Geweben vor und machen nur einen kleinen Teil der gesamten B-Lymphozyten-Population aus. Sie entwickeln sich unabhängig von T-Lymphozyten. Aktivierende Antigene sind PAMPs oder multivalente Polysaccharide, die zur Quervernetzung der B-Zell-Rezeptoren führen. Beispielsweise sezernieren B1-Lymphozyten niedrigaffine IgM-Antikörper gegen die Blutgruppenantigene des AB0-Systems.

Aus Studentensicht

Klassenwechsel der Immunglobuline

Bei der Differenzierung der B-Zellen findet ein Klassenwechsel der Immunglobuline statt. Dabei wird die μ-Kette durch DNA-Rekombination gegen eine andere **schwere Kette ausgetauscht** (γ, α oder ε). Dazu wird an den Switch-Regionen (S-Regionen), die die C-Genabschnitte flankieren, DNA herausgeschnitten. Auf diese Weise entstehen Antikörper der Klasse IgG, IgA oder IgE, die **dieselbe Spezifität,** aber **andere Effektorfunktionen** als der ursprüngliche IgM-Antikörper aufweisen. Der Klassenwechsel erfolgt in den Keimzentren sekundärer Lymphorgane. Naive, reife B-Zellen exprimieren immer IgM und IgD zusammen, da zwischen C_μ und C_δ keine S-Region ist und somit keine Rekombination stattfinden kann. IgM und IgD entstehen durch alternatives Spleißen der mRNA.

ABB. 16.27

Affinitätsreifung

Während der **B-Zell-Proliferation** kommt es zur Affinitätsreifung der Immunglobuline durch somatische **Hypermutation** der VDJ-Regionen. Dabei werden **einzelne Cytosine** in diesen Genabschnitten **zu Uracil desaminiert.** Dadurch können sich B-Zellen bilden, die affinere Antikörper produzieren als die ursprünglich aktivierten B-Zellen. Je affiner der durch Hypermutation entstandene Antikörper ist, desto effektiver wird diese Tochterzelle aktiviert, sodass nach einigen Tagen B-Zellen entstehen, die mit sehr viel **höherer Affinität** an das Antigen binden. Ein negativer Aspekt der Hypermutation ist die potenzielle Bildung von autoreaktiven Antikörpern.

16 IMMUNSYSTEM: ABWEHR VON BEDROHUNGEN

Klassenwechsel der Immunglobuline

Bei der Differenzierung der B-Lymphozyten in den Keimzentren kommt es zu einer Klassenwechselrekombination. Dabei wird die initiale μ-Kette bei der Synthese weiterer Antikörpermoleküle durch eine der anderen **schweren Ketten ersetzt,** deren Genabschnitte in Richtung 3' des Genlocus liegen (> Abb. 16.27). Wesentlich für die DNA-Rekombination beim Klassenwechsel sind Switch-Regionen (S-Regionen), welche die C-Genabschnitte flankieren. Zwischen zwei S-Regionen kommt es zu Doppelstrangbrüchen, sodass dieser Bereich herausgeschnitten wird. Wird beispielsweise in den S-Regionen vor C_μ und vor C_ε geschnitten, wird der unveränderte V-D-J-Abschnitt mit C_ε rekombiniert, sodass Antikörper der Klasse IgE gebildet werden, die **dieselbe Spezifität,** aber **andere Effektorfunktionen** als die ursprünglichen IgM-Antikörper aufweisen. In diesem Fall wäre ein weiterer Klassenwechsel zu IgA_2 möglich, wenn C_ε durch eine weitere Rekombination entfernt würde. Ein Wechsel zurück zu IgM ist dagegen nicht möglich, da der Genabschnitt für C_μ unwiederbringlich deletiert ist. Der Klassenwechsel erfolgt in den Lymphknoten bzw. den Keimzentren sekundärer Lymphorgane. Maßgeblich dafür ist die Aktivierung von Transkriptionsfaktoren über den IL-4-Rezeptor und CD40, welche die Expression der erforderlichen Enzyme induzieren.

Naive B-Lymphozyten können sowohl IgM als auch IgD exprimieren, da die Gene ihrer schweren Ketten auf der Keimbahn-DNA direkt auf die J-Segmente folgen und sich zwischen C_μ und C_δ keine S-Region befindet. Es kann also keinen Klassenwechsel von IgM zu IgD durch Rekombination geben. Die mRNAs für IgM und IgD entstehen durch alternatives Spleißen.

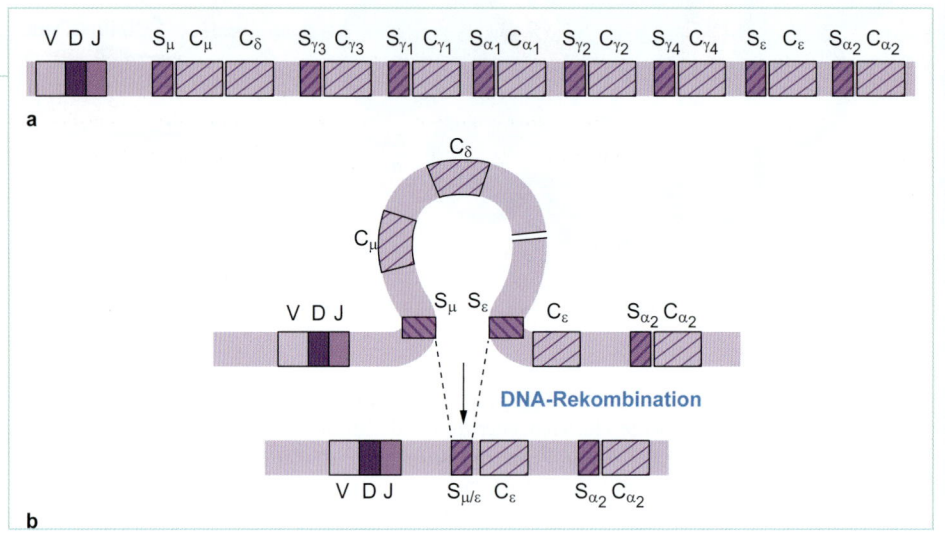

Abb. 16.27 Klassenwechsel. **a** Anordnung der Gensegmente der schweren C-Ketten nach der V-D-J-Rekombination. **b** Somatische Rekombination beim Klassenwechsel zu IgE. [L271]

Affinitätsreifung

Während der Proliferation der aktivierten B-Zellen kommt es zur Affinitätsreifung der Immunglobuline durch somatische **Hypermutation,** die zu Mutationen in den Genabschnitten für die variablen Domänen der schweren und leichten Ketten führt. Der B-Zell-Rezeptor der ursprünglichen B-Zelle hat meist noch keine besonders hohe Affinität zum Antigen. Durch die Affinitätsreifung können die Tochterzellen dieser B-Zelle Antikörper mit höherer Affinität produzieren. Dies ist möglich, weil es bei der **Proliferation der B-Zellen** zu einer außergewöhnlich hohen Rate an Desaminierungen von Cytosin zu Uracil in den V-D-J-Genabschnitten kommt (= somatische Hypermutation). Diese Mutationen gehören auch in anderen Zellen zu den häufigsten, passieren jedoch in B-Zellen bis zu eine Million Mal häufiger. Das Schlüsselenzym ist die Cytosin-Desaminase AID (aktivierungsinduzierte Cytidin-Desaminase). Wird die Mutation nicht repariert, kommt es bei nachfolgenden Replikationen zu DNA-Veränderungen, da U mit A paart und nicht mit G wie das ursprüngliche C (> 11.2.2). Auch können durch die Mutationen Einzelstrangbrüche induziert und Nukleotide eingefügt werden. Der Grund für die außergewöhnlich hohe Mutationsrate in den V-D-J-Regionen und das Versagen der Reparaturmechanismen ist unklar.

Nicht alle Tochterzellen bilden affinere Antikörper als der ursprüngliche B-Lymphozyt; viele Mutationen wirken sich negativ auf die Affinität aus. Je affiner aber ihr Antikörper ist, desto effektiver wird die Tochterzelle durch die beschriebene Signalkaskade aktiviert und zu weiterer Proliferation angeregt. Ohne Aktivierung gehen die Tochterzellen in Apoptose. Nach einer Zeitspanne von einigen Tagen entstehen so B-Lymphozyten, die mit sehr viel **höherer Affinität** an das Antigen binden. Da die durch Hypermutation entstandenen Antikörper nicht auf Autoreaktivität geprüft wurden, kann es bei diesem Prozess auch zur Bildung autoreaktiver Antikörper kommen.

16.4 ADAPTIVE IMMUNITÄT: MASSGESCHNEIDERTE ABWEHR

Aus Studentensicht

Zentrale und periphere Toleranz

Lymphozyten, die in den primären Immunorganen – Knochenmark für B-Lymphozyten und Thymus für T-Lymphozyten – den Selektionsprozess überleben, sind tolerant gegenüber körpereigenen Antigenen (**= zentrale Toleranz**). Autoreaktive Zellen, die der Selektion in den primären Immunorganen entweichen, werden in peripheren Immunorganen außer Gefecht gesetzt (**= periphere Toleranz**). Außer durch Apoptose kann die Immunantwort durch Anergie, Ignoranz oder regulatorische T-Zellen unterdrückt werden.
Eine anerge Zelle ist ruhig gestellt. **Anergie** entsteht, wenn die Bindung eines Antigens (zunächst) zu schwach ist, um ein Signal weiterzuleiten, oder wenn costimulierende Signale ausbleiben. Anergie ist ein wichtiger Mechanismus zur Ruhigstellung autoreaktiver T- und B-Zellen. Anerge Zellen werden im Regelfall nicht wieder aktiviert.
Lymphozyten, die nur mit geringer Affinität körpereigene Antigene erkennen, werden durch diese meist nicht aktiviert, was man als **Ignoranz** bezeichnet. Durch Freisetzung großer Mengen der Autoantigene beispielsweise durch Gewebeschädigung oder aber durch eine Infektion, durch die coaktivierende Faktoren aktiviert werden, kann es jedoch zu Autoimmunreaktionen kommen.

Bildung von Gedächtnis- und Plasmazellen

Im Laufe der Antigen-abhängigen Aktivierung der B-Lymphozyten entstehen neben **Plasmazellen**, die lösliche Antikörper sezernieren, auch **Gedächtniszellen**, die membranständige Antikörper unterschiedlicher Klassen auf ihrer Oberfläche tragen. Die beiden Antikörperformen unterscheiden sich durch ihre **C-Termini**. Membrangebundene Immunglobuline enthalten eine **hydrophobe Transmembrandomäne** von ca. 25 Aminosäuren und ein sehr kurzes zytoplasmatisches Ende. Dagegen tragen lösliche Immunglobuline am C-Terminus eine **hydrophile Sequenz** und sind um ca. 30 Aminosäuren kürzer. Antikörper derselben Klasse und derselben Spezifität entstehen durch Verwendung unterschiedlicher Polyadenylierungssequenzen und alternatives Spleißen in den letzten, 3'-gelegenen Exons der schweren Kettensegmente (> Abb. 16.28). Bei der Synthese von Antikörpern führt die Nutzung der ersten Polyadenylierungssequenz (Poly A_S) zur Herstellung eines sekretorischen Antikörpers. Wenn bei der Transkription die zweite Polyadenylierungssequenz genutzt wird, führt alternatives Spleißen zu einem membranständigen Antikörper. Welche Signale darüber entscheiden, ob eine Gedächtniszelle oder eine Plasmazelle gebildet wird, ist nicht bekannt.

Bildung von Gedächtnis- und Plasmazellen

Aus aktivierten B-Zellen können **Gedächtniszellen**, die membranständige Antikörper auf ihrer Oberfläche tragen, und **Plasmazellen** entstehen. Plasmazellen sezernieren lösliche Antikörper. Membranständige und sekretorische Antikörper unterscheiden sich in ihren **C-Termini**. Erstere besitzen eine **hydrophobe Transmembrandomäne**, letztere hingegen eine **hydrophile Sequenz**. Membranständige und sekretorische Antikörper derselben Klasse und Spezifität entstehen durch die Verwendung unterschiedlicher Polyadenylierungssequenzen und alternatives Spleißen.

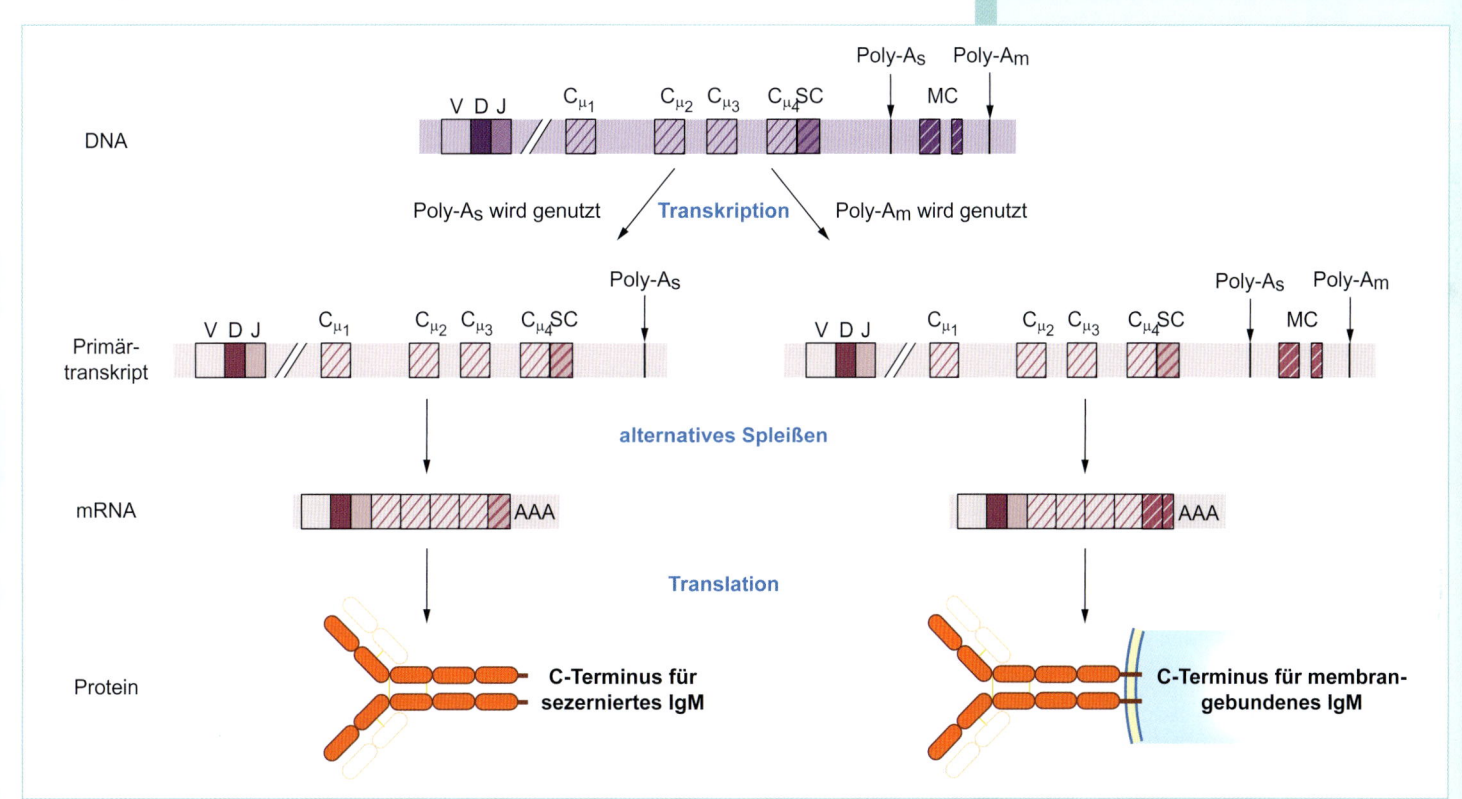

Abb. 16.28 Prozessierung des primären Transkripts zur Herstellung von sekretorischen oder membranständigen Antikörpern. Die Exons C_{μ_1}–C_{μ_4} codieren jeweils für eine C_μ-Domäne der μ-Kette. [L138]

Nach Affinitätsreifung, Klassenwechsel und alternativem Spleißen bei der Proliferation der aktivierten B-Zellen entstehen Plasmazellen, welche die Lymphfollikel verlassen und v. a. ins Knochenmark oder in infizierte Gewebe einwandern, wo sie hochaffine Antikörper unterschiedlicher Klassen sezernieren. Diese Antikörper führen vor Ort oder im Blut über unterschiedliche Effektorfunktionen zur Bekämpfung der Antigene:
- **Neutralisation** des Antigens
- **Opsonierung** des Pathogens

Die von Plasmazellen sezernierten Antikörper führen über unterschiedliche Effektorfunktionen zur Antigenbekämpfung:
- Neutralisation
- Opsonierung
- Degranulation von Mastzellen
- Komplementaktivierung
- Aktivierung bzw. Inhibition von Immunzellen

Aus Studentensicht

- Degranulation von Mastzellen
- **Komplementaktivierung**
- Aktivierung oder Inhibition von Immunzellen durch Bindung an Fc-Rezeptoren

> **FALL**
>
> **Lina ist erkältet: Rolle der B-Zellen**
>
> Lina ist wieder in der Schule, auch ihre B-Zellen waren entscheidend an ihrer Genesung beteiligt. Sie haben Antikörper gegen die Rhinoviren gebildet. Die von den Plasmazellen gebildeten Antikörper haben die zirkulierenden Rhinoviren neutralisiert oder opsoniert, sodass sie über Fc-Rezeptoren von Phagozyten aufgenommen und zerstört werden konnten.
> Nun schnieft und niest Linas Banknachbarin. Wird sich Lina erneut anstecken?

16.4.9 Immunologisches Gedächtnis

Das **immunologische Gedächtnis** schützt uns vor Reinfektionen mit demselben Antigen.

Eine kleine Population von T- und B-Lymphozyten, die während der adaptiven Immunantwort gebildet wurden, macht unser **immunologisches Gedächtnis** aus und schützt uns vor Reinfektionen mit demselben Antigen.

Gedächtnis der B-Lymphozyten

Im Rahmen der **Primärantwort** wandern **Plasmazellen** z. T. in das Knochenmark, wo sie durch Überlebenssignale langlebig werden. Bei erneutem Antigenkontakt können sie direkt Antikörper sezernieren und damit das Antigen bekämpfen.
B-Gedächtniszellen tragen auf ihrer Oberfläche membrangebundene Antikörper aller Klassen, v. a. aber IgG. Bei erneutem Antigenkontakt wird eine **Sekundärantwort** ausgelöst: Die Antigenpräsentation läuft verstärkt ab, es werden sofort hochaffine Antikörper gebildet und die Affinität der Antikörper wird durch weitere Hypermutationen gesteigert.

Die bei der **Primärantwort** nach der Erstinfektion gebildeten **Plasmazellen** wandern teilweise in das Knochenmark, wo sie von Stromazellen Überlebenssignale erhalten und dadurch langlebig werden. Bei erneutem Kontakt mit dem Antigen können sie schnell hochaffine Antikörper ausschütten, die das Antigen neutralisieren oder für die Erkennung durch andere Komponenten des Immunsystems markieren können.
B-Gedächtniszellen, die bei der B-Zell-Antwort in den peripheren Lymphorganen gebildet wurden, tragen auf ihrer Oberfläche je nach dem vollzogenen Klassenwechsel membrangebundene Antikörper einer der Klassen IgA, IgE oder bei den meisten Zellen IgG. Bei erneutem Kontakt mit dem Antigen wird eine **Sekundärantwort** ausgelöst, bei der die B-Gedächtniszellen große Mengen an MHC II exprimieren, wodurch die Antigenpräsentation verstärkt ablaufen kann. Außerdem werden sofort hochaffine Antikörper gebildet, da Klassenwechsel und somatische Hypermutation bereits stattgefunden haben. Während der Sekundärreaktion erfolgen weitere Hypermutationen, sodass die Affinität der Antikörper noch verbessert wird. Insgesamt läuft die Sekundärantwort dadurch deutlich schneller und mit größerer Effizienz als die Primärantwort ab.

> **FALL**
>
> **Lina ist erkältet: Immungedächtnis**
>
> Lina wird bei der erneuten Begegnung mit demselben Rhinovirus nicht wieder krank, da sie T- und B-Gedächtniszellen gebildet hat und ihr Immunsystem nun alle eindringenden Viren sofort gezielt unschädlich machen kann. Leider verändern Rhinoviren ihre antigenen Strukturen (Capsidproteine) sehr rasch, sodass der Schutz nicht sehr effizient ist.
> Linas Mutter hatte sich nicht angesteckt, weil Erwachsene aufgrund früherer Infektionen mit ähnlichen Antigenen über Gedächtniszellen und langlebige Plasmazellen verfügen, die rasch reaktiviert werden können und so eine schnellere und effizientere Immunantwort erfolgt als bei Antigen-Erstkontakt.

Gedächtnis der T-Lymphozyten

Man unterscheidet **zentrale T-Gedächtniszellen, Effektor-T-Gedächtniszellen** und **geweberesidente T-Gedächtniszellen.** Alle reagieren empfindlicher bei erneutem Antigenkontakt und leiten daher die sekundäre Antwort schneller als die primäre ein. Zentrale T-Gedächtniszellen patrouillieren zwischen Blut und peripheren Lymphorganen, Effektor-T-Gedächtniszellen zwischen Blut und peripheren Geweben, residente T-Gedächtniszellen werden in Geweben festgehalten

Zentrale T-Gedächtniszellen patrouillieren zwischen Blut und peripheren Lymphorganen und reagieren sehr viel empfindlicher auf Antigene als naive T-Zellen. Bei erneutem Antigenkontakt proliferieren und differenzieren sie sich sehr schnell und können Effektorfunktionen übernehmen, indem sie die Produktion von Zytokinen und costimulatorischen Molekülen hochregulieren. Sie wandern in Sekundärfollikel und leisten dort B-Zell-Hilfe.
Effektor-T-Gedächtniszellen patrouillieren zwischen Blut und peripheren Geweben. Sie können nicht in Lymphorgane einwandern. Treffen sie auf ein passendes Antigen, schütten sie vor Ort immunstimulatorische Zytokine wie Interferon-γ aus und sorgen dafür, dass die sekundäre Antwort schneller verläuft als die primäre.
Geweberesidente T-Gedächtniszellen halten sich dauerhaft in Epithelien auf. Sie exprimieren bestimmte Integrine, über die sie mit Cadherinen auf den Epithelzellen interagieren und so festgehalten werden.

KLINIK

> **KLINIK**
>
> **Impfungen**
>
> Impferfolge der letzten Jahrzehnte haben zu einem drastischen Rückgang von Infektionskrankheiten in vielen Ländern geführt. Diese Erfolge haben Krankheiten wie Pocken oder Kinderlähmung fast vergessen lassen und zu einer gewissen Impfmüdigkeit geführt. Teilweise aus Unwissenheit, teilweise aus Angst vor Nebenwirkungen stehen die Bevölkerung und teilweise auch die Ärzteschaft Impfungen oft skeptisch gegenüber.

16.4 ADAPTIVE IMMUNITÄT: MASSGESCHNEIDERTE ABWEHR

Die ständige Impfkommission (STIKO) spricht Empfehlungen für Impfungen zur Prävention vor verschiedenen Infektionskrankheiten aus, die unbedingt beachtet werden sollten. Ein mangelnder Impfschutz gefährdet nicht nur Einzelne, sondern aufgrund der Gefahr einer Epidemie die ganze Bevölkerung.
Zu den empfohlenen Standardimpfungen in Deutschland gehören derzeit (Stand Oktober 2018): Tetanus, Diphtherie, Pertussis, *Haemophilus influenzae* Typ b, Poliomyelitis, Hepatitis B, Pneumokokken, Rotaviren, Meningokokken C, Masern, Mumps, Röteln, Varizellen, Influenza und humane Papillomaviren. Dabei sollten alle Grundimmunisierungen im Säuglingsalter erfolgen, lediglich Influenzaimpfungen erst bei Erwachsenen ab 60 Jahren und HPV-Impfungen bei Mädchen und Jungen zwischen 9 und 14 Jahren. In allen Fällen werden Antigene der Erreger eingesetzt, gegen die der geimpfte Organismus Antikörper bildet. Es handelt sich deshalb um **aktive Impfungen**. **Passive Impfungen,** also die Gabe von Immunglobulinen, schützen nur für einige Wochen, während aktive Impfungen mehrere Jahre oder sogar lebenslang wirksam sein können. Passive Impfungen wirken jedoch sofort und nicht wie die aktiven Impfungen erst nach einigen Wochen.
Als aktive Impfstoffe werden eingesetzt:
- **Rekombinant hergestellte Proteine** wie das Hepatitis-B-Oberflächenantigen. Sie werden gentechnisch produziert.
- **Toxoide,** inaktivierte Toxine, die vom pathogenen Erreger stammen und im aktiven Zustand die Erkrankung hervorrufen. Toxoide werden bei der Impfung gegen Diphtherie und Tetanus eingesetzt.
- **Azelluläre Vakzine,** die verschiedene gereinigte Proteine des Erregers enthalten und z. B. bei Impfungen gegen Keuchhusten eingesetzt werden.
- **Totimpfstoffe** mit abgetöteten Viren oder Bakterien, wie sie bei Poliomyelitis (Kinderlähmung) eingesetzt werden.
- **Lebendimpfstoffe,** die abgeschwächte (attenuierte), aber noch vermehrungsfähige Erreger enthalten und v. a. gegen Virusinfektionen wie Masern, Mumps, Röteln und Pocken eingesetzt werden. Da sie starke Immunreaktionen hervorrufen können, dürfen nur immunkompetente Personen geimpft werden.

16.4.10 Monoklonale Antikörper für Diagnostik und Therapie

Für therapeutische Zwecke bei bestimmten Erkrankungen, aber auch in der Diagnostik und im Forschungslabor werden Antikörper mit **hoher Spezifität** und **Affinität** gegenüber einem **einzigen Epitop** eingesetzt. Diese Antikörper müssen zudem in standardisierten Verfahren hergestellt werden können und in großen Mengen mit stets gleicher Qualität verfügbar sein. Hierfür kommen nur monoklonale Antikörper infrage, die in vitro, also außerhalb eines Organismus, hergestellt werden können (➤ Abb. 16.29).

Aus Studentensicht

16.4.10 Monoklonale Antikörper für Diagnostik und Therapie

In der Therapie, Diagnostik und Forschung werden Antikörper mit **hoher Spezifität** und **Affinität** gegenüber einem einzigen **Epitop** eingesetzt. Solche monoklonalen Antikörper können in vitro in großen Mengen hergestellt werden.

ABB. 16.29

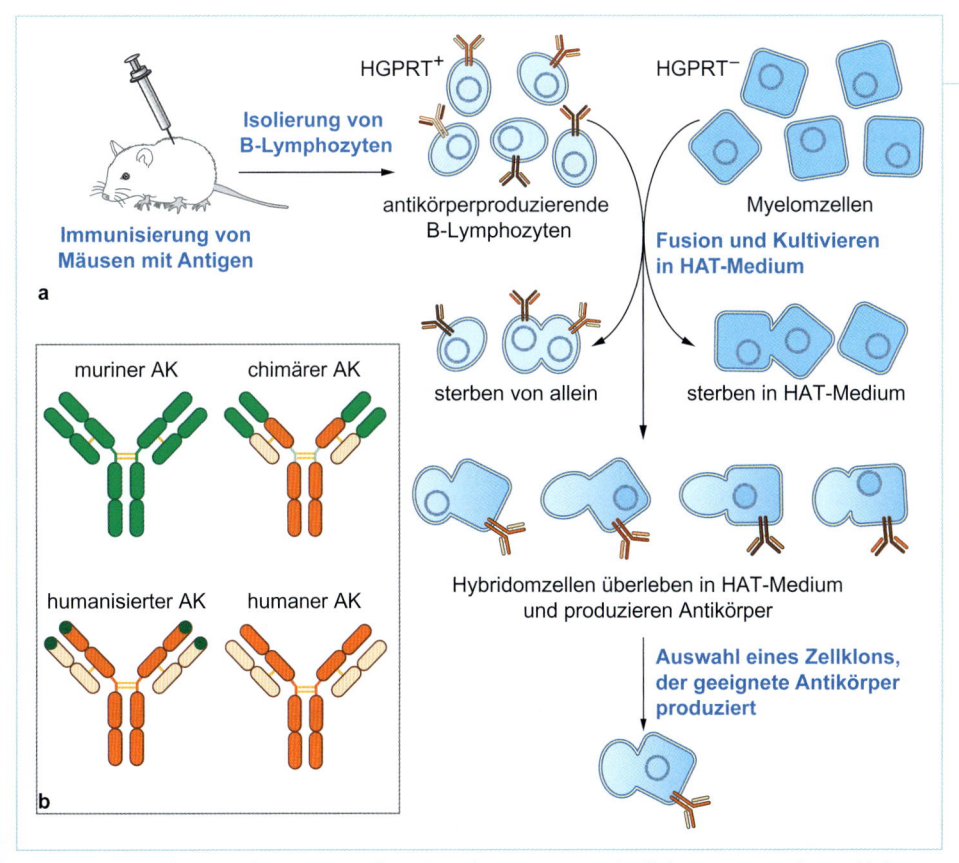

Abb. 16.29 Monoklonale Antikörper. **a** Herstellung. **b** Antikörper mit unterschiedlichen murinen und menschlichen Anteilen. [L138]

Zur **Gewinnung von B-Lymphozyten,** die Antikörper gegen ein bestimmtes Antigen produzieren, werden zunächst **Mäuse,** in seltenen Fällen auch andere Kleintiere mit dem gewünschten Antigen **immunisiert.** Ihr Immunsystem aktiviert B-Zellen, welche die Affinitätsreifung durchlaufen. Einige Tage nach der Immunisierung werden aus der **Milz** B-Lymphozyten isoliert, von denen einige hochaffine Antikörper gegen das Antigen produzieren.

Dafür werden z. B. **Mäuse** mit dem gewünschten Antigen **immunisiert** und nach einigen Tagen aktivierte, antikörperproduzierende **B-Lymphozyten** aus der **Milz** isoliert.

Aus Studentensicht

Um das Absterben der B-Lymphozyten zu verhindern, werden diese mit immortalisierten **Myelomzellen fusioniert.** Die so erzeugten **Hybridomzellen** stellen ebenfalls Antikörper her und können dauerhaft in Kultur gehalten werden. Nicht fusionierte B-Lymphozyten sterben nach einigen Tagen ab. Fusionierte Myelomzellen können durch das Kultivieren in HAT-Medium, in dem nur sie überleben, gegen unfusionierte **selektioniert** werden.

Überlebende Hybridomzellen werden einzeln kultiviert und bilden **Klone,** die jeweils nur einen Antikörper mit einer einzigen Spezifität sezernieren. Der Klon mit den geeignetsten **monoklonalen** Antikörpern wird weiter vermehrt. Aufgereinigte Antikörper können für Diagnostik und Therapie eingesetzt werden.

Murine Antikörper (Mausantikörper) können im Menschen als fremd eine Immunreaktion auslösen. **Chimäre Antikörper** enthalten nur die variablen Domänen von der immunisierten Maus, die konstanten Domänen stammen vom Menschen. Bei **humanisierten Antikörpern** stammen nur die hypervariablen Bereiche aus der Maus. Zur Herstellung **humaner Antikörper** werden die Mausgene der leichten und schweren Ketten durch menschliche Gene ersetzt.

● **KLINIK**

16.5 Immunsystem des Darms: dauernde Wachsamkeit

16.5.1 Organisation des Immunsystem des Darms

Das größte und komplexeste Immunorgan ist der Darm. Im Normalfall toleriert er fremde Substanzen und Mikroben im Darmlumen. Genetisch oder umweltbedingt können Immunreaktionen ausgelöst werden, die zu **Entzündungen** führen können.
Das Immunsystem des Darms (GALT) gehört zu den mukosaassoziierten lymphatischen Geweben (MALT).

● **KLINIK**

16 IMMUNSYSTEM: ABWEHR VON BEDROHUNGEN

Damit die B-Lymphozyten in der Zellkultur nicht absterben, werden sie mit immortalisierten **Myelomzellen fusioniert.** Die so erzeugten **Hybridomzellen** stellen ebenfalls Antikörper her und können dauerhaft in Zellkultur gehalten werden. Die Fusion erfolgt nicht zu 100 % und nicht fusionierte B-Lymphozyten sterben nach einigen Tagen ab. Nicht fusionierte Myelomzellen können sich zwar vermehren, produzieren aber keine Antikörper. Um die fusionierten Hybridomzellen zu **selektionieren,** werden die Zellen nach der Fusion in HAT-Medium, das Hypoxanthin, Aminopterin und Thymidin enthält, kultiviert. Aminopterin inhibiert die Dihydrofolatreduktase, die für die Biosynthese von ATP, GTP und TTP erforderlich ist (> 23.3.8). Durch die Zugabe von Thymidin können die Zellen dennoch das für die Replikation erforderliche TTP herstellen. ATP und GTP können durch den Wiederverwertungsweg aus Hypoxanthin mithilfe der Hypoxanthin-Guanin-Phosphoribosyl-Transferase (HGPRT) synthetisiert werden (> 21.7.3). Den Myelomzellen fehlt HGPRT, sodass sie absterben, während die fusionierten Hybridomzellen von den B-Lymphozyten HGPRT erhalten haben und überleben.

Die überlebenden Hybridomzellen werden einzeln in kleinen Gefäßen kultiviert. Sie vermehren sich und bilden **Klone,** die jeweils Antikörper mit einer einzigen Spezifität in den Kulturüberstand abgeben. Mit einer geeigneten Methode wie dem ELISA (> 8.4) kann die Antigenbindung der Antikörper von vielen Hundert Klonen bestimmt werden. Der Klon, der die geeignetsten **monoklonalen Antikörper** herstellt, wird in großen Gefäßen vermehrt und sezerniert kontinuierlich große Mengen Antikörper, die für diagnostische oder therapeutische Zwecke gereinigt werden können.

Auf diese Weise hergestellte Antikörper stammen ursprünglich meist aus der Maus. Beim Einsatz solcher Antikörper im Menschen besteht die Gefahr, dass die konstanten Domänen der **murinen Antikörper** (Mausantikörper) als fremd erkannt werden und eine Immunantwort hervorrufen. Deshalb wurden verschiedene Methoden entwickelt, um Antikörper mit möglichst großen menschlichen Anteilen herzustellen (> Abb. 16.29b). So enthalten **chimäre Antikörper** nur die variablen Domänen von der immunisierten Maus, während die konstanten Domänen vom Menschen stammen. Bei **humanisierten Antikörpern** stammen nur noch die hypervariablen Bereiche von der Maus. Es ist auch möglich, **humane Antikörper** in Mäusen herzustellen, indem die Mausgene der leichten und schweren Ketten durch menschliche Gene ersetzt werden. Diese Mäuse sind in Bezug auf die Immunglobuline transgen.

> **KLINIK**
> **Trastuzumab und Infliximab**
> Die Begriffe verraten, dass es sich um monoklonale Antikörper („mab") handelt. Mit dem Kürzel „zu" werden **humanisierte Antikörper**, mit „xi" **chimäre Antikörper** benannt. Je mehr menschliche Anteile ein therapeutischer Antikörper enthält, desto geringer ist die Gefahr einer Immunreaktion.
> Tras**tu**zumab wird bei **Tu**morerkrankungen eingesetzt. Er erkennt den humanen epidermalen Wachstumsfaktorrezeptor 2 (HER2), der u. a. auf der Oberfläche von Brustkrebszellen überexprimiert wird. Der Antikörper spürt die Krebszellen auf und leitet deren Zerstörung ein (> 12.6.4).
> Inf**li**ximab wird zur **I**mmunmodulation bei chronisch entzündlichen Erkrankungen wie Morbus Crohn oder rheumatoider Arthritis eingesetzt. Der Antikörper bindet an das proentzündliche Zytokin TNFα, einen Mediator der Akute-Phase-Antwort, und unterbindet somit Entzündungsreaktionen.

16.5 Immunsystem des Darms: dauernde Wachsamkeit

16.5.1 Organisation des Immunsystems des Darms

Der Darm ist das größte und komplexeste Immunorgan unseres Körpers. Er ist ständig fremden Substanzen aus der Nahrung und einer Vielzahl verschiedener Mikroorganismen, dem intestinalen Mikrobiom, ausgesetzt. Im Normalfall toleriert der Körper die Inhaltsstoffe im Darmlumen und kontrolliert das Wachstum der Mikroben. Bei bestimmten genetischen Bedingungen oder durch Einflüsse aus der Umgebung werden jedoch Immunreaktionen ausgelöst, die zu **entzündlichen Erkrankungen** führen können.

Das Immunsystem des Darms gehört zu den sekundären lymphatischen Organen. Es wird auch als gastrointestinaltraktassoziiertes lymphatisches Gewebe (GALT) bezeichnet und gehört zusammen mit den lymphatischen Geweben im Nasopharyngealbereich (= NALT) und Bronchialbereich (= BALT) zum mukosaassoziierten lymphatischen Gewebe (MALT).

> **KLINIK**
> **Orale Toleranz**
> Gegenüber Substanzen, die wir mit der Nahrung aufnehmen, entwickeln wir eine besondere Form der peripheren Toleranz, die orale Toleranz. Diese wird u. a. durch supprimierende Zytokine und regulatorische T-Zellen vermittelt. In den meisten Fällen beschränkt sich die Unterdrückung einer Immunreaktion gegenüber Nahrungsmitteln nicht auf den Darm, sondern betrifft den gesamten Organismus. Versagt die orale Toleranz, kommt es zu Nahrungsmittelallergien. Prinzipiell kann die oral induzierte Toleranz zur Therapie von Erkrankungen genutzt werden, die auf einer überschießenden Immunreaktion gegen nicht pathogene Antigene beruhen. Orale Immuntherapien gegen Nahrungsmittelallergene, beispielsweise Erdnüsse, sind derzeit nur im Rahmen klinischer Studien verfügbar. Dagegen hat die orale Hyposensibilisierung gegen Gräser- und Baumpollen bereits Einzug in die Praxis gehalten.

16.5 IMMUNSYSTEM DES DARMS: DAUERNDE WACHSAMKEIT

Prinzipiell bedient sich der Darm derselben Abwehrmechanismen wie andere Organe. Jedoch ist er anatomisch, physiologisch und zellulär mit einigen Besonderheiten ausgestattet, um seinen Aufgaben gerecht werden zu können. Zu den Abwehrmechanismen des Darms tragen bei:
- **Mukusschicht** als Barriere
- Spezielle **antimikrobielle Proteine** und Peptide
- Enger Kontakt zwischen mukosalem Epithel und Lymphorganen
- Spezielle Aufnahmemechanismen für Antigene
- **Diskrete Immunorgane:** Peyer-Plaques, isolierte Lymphfollikel
- Spezielle Ausstattung an Lymphozyten
- Produktion und Transport von sekretorischem IgA (**sIgA**)

Die Abwehr im Gastrointestinaltrakt wird durch spezifische Zellen und Strukturen gewährleistet (> Abb. 16.30):
- Verstreut im Epithel kommen **Becherzellen** (= muköse Drüsenzellen) vor, die konstitutiv Muzine sezernieren.
- **Paneth-Zellen** (= seröse Drüsenzellen) liegen in Gruppen am Boden der Krypten und enthalten Sekretgranula, die antimikrobielle Enzyme und Peptide freisetzen.
- Im follikelassoziierten Epithel finden sich **Microfold-Zellen** (M-Zellen), die aus dem Lumen antigene Strukturen wie Mikroorganismen oder Makromoleküle aufnehmen und sie in darunter liegende Peyer-Plaques abgeben. M-Zellen besitzen keinen Bürstensaum und keine Glykokalyx.
- Die **Epithelzellen** sind mit Poly-Ig-Rezeptoren ausgestattet, die eine Transzytose von sIgA ermöglichen, und produzieren transmembranäre Muzine. Sie sind durch Tight Junctions miteinander verbunden und bilden eine mechanische Barriere.
- **Intraepitheliale Lymphozyten** sind meist T-Lymphozyten und Teil des GALT.
- Auch **Peyer-Plaques** sind Teil des GALT und enthalten B-Zell-Follikel, T-Zell-Zonen und dendritische Zellen. Sie befinden sich in der Lamina propria in einem gewölbten Bereich, der als subepithelialer Dom bezeichnet wird. Im darüber liegenden Epithel befinden sich M-Zellen. Sie entwickeln sich während der Fetalzeit.
- Ein weiterer Teil des GALT sind die **isolierten Lymphfollikel,** die v. a. B-Zell-Follikel enthalten und sich als Antwort auf eine Antigenstimulation entwickeln.

Aus Studentensicht

Der Darm greift zum Teil auf dieselben Abwehrmechanismen wie andere Organe zurück. Dabei bedient sich der Darm folgender Mechanismen:
- **Mukusschicht**
- Spezielle **antimikrobielle Proteine** bzw. Peptide
- Enger Kontakt zwischen Epithel und Lymphorganen
- Spezielle Antigen-Aufnahmemechanismen
- **Diskrete Immunorgane,** z. B. Peyer-Plaques
- Spezielle Lymphozytenausstattung
- Produktion bzw. Transport von **sIgA**

Spezifische Zellen und Strukturen, die zur Abwehr im Gastrointestinaltrakt beitragen, sind u. a.:
- **Becherzellen:** Muzinproduktion
- **Paneth-Zellen:** Sekretion von antimikrobiellen Enzymen bzw. Peptiden
- **Microfold-Zellen** (M-Zellen): Aufnahme von antigenen Strukturen und Transport in die Peyer-Plaques
- **Epithelzellen:** Transzytose von sIgA, Muzinproduktion, mechanische Barriere
- **Intraepitheliale Lymphozyten:** Teil des GALT, v. a. T-Zellen
- **Peyer-Plaques:** Teil des GALT; enthalten B-Zell-Follikel, T-Zell-Zonen und DC; liegen in der Lamina propria unter M-Zellen
- **Isolierte Lymphfollikel:** Teil des GALT, v. a. B-Zell-Follikel; entwickeln sich als Antwort auf Antigenstimulation

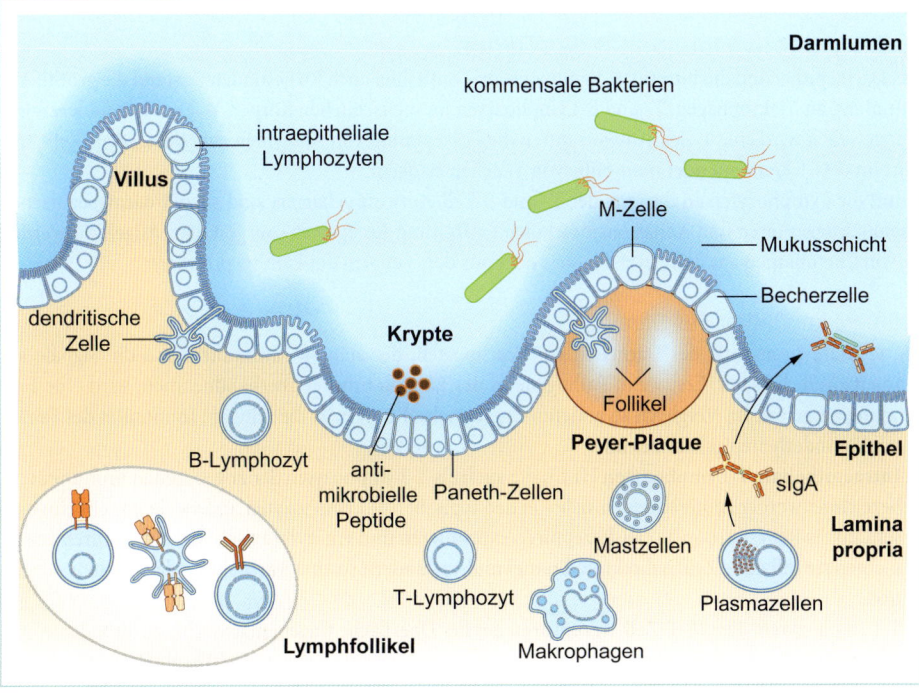

Abb. 16.30 Immunsystem des Darms [L138, L307]

ABB. 16.30

16.5.2 Angeborene Immunität des Darms

KLINIK
Antibiotikumtherapie mit Folgen

Breitbandantibiotika töten einen beträchtlichen Teil der kommensalen Darmbakterien. Dadurch werden ökologische Nischen für Mikroben geschaffen, die normalerweise nur einen kleinen Teil der Darmflora ausmachen. So kommt beispielsweise *Clostridium difficile* ubiquitär in der Umwelt und bei uns im Darm vor und kann Antibiotikatherapien gut überleben. Nicht alle *Clostridium-difficile*-Stämme sind pathogen. Doch krankheitsauslösende Stämme produzieren Toxine, welche die Mukusschicht und schließlich das Epithel

16.5.2 Angeborene Immunität des Darms

KLINIK

Aus Studentensicht

16 IMMUNSYSTEM: ABWEHR VON BEDROHUNGEN

schädigen können. Dadurch gelangen u. a. Erythrozyten und neutrophile Granulozyten in das Darmlumen und es kann zu schwerwiegenden Durchfallerkrankungen kommen. Gefürchtete Komplikationen sind die pseudomembranöse Kolitis bzw. die systemische Ausbreitung der Bakterien im gesamten Körper, was zu einer lebensgefährlichen Sepsis führen kann. Ob *C. difficile* eine Erkrankung auslöst, hängt jedoch nicht nur vom Stamm, sondern auch von der Darmphysiologie und dem Immunstatus ab. Etwa 15–20 % der antibiotikaassoziierten Durchfallerkrankungen werden durch *C. difficile* ausgelöst, die meisten Fälle treten bei Patienten in Krankenhäusern auf.

Intakte, über **Tight Junctions** abgedichtete und von einer **Mukusschicht** überzogene **Epithelzellen** sind Voraussetzung für eine funktionierende angeborene Immunität des Darms. Sie versagt, wenn Tight Junctions gelockert oder Epithelzellen bzw. die Mukusschicht durch Pathogene bzw. Toxine zerstört werden.
Wesentlicher Bestandteil der Mukusschicht sind Muzine (hochglykosylierte Proteine).
Epithelzellen erkennen mit verschiedenen Mustererkennungsrezeptoren (**PRRs**) Pathogene. Um diese zu eliminieren, sezernieren Paneth-Zellen Lysozym und **Defensine**.

Damit Fremdstoffe im Darm keine Immunantwort auslösen, muss das Darmepithel intakt sein. Dazu sind die **Epithelzellen** über **Tight Junctions** abgedichtet. Einen weiteren Schutz bietet eine **Mukusschicht.** Je nach Darmabschnitt ist diese unterschiedlich beschaffen, enthält jedoch immer Muzine, hochglykosylierte Proteine, als wesentliche Bestandteile. Es gibt membrangebundene Muzine, die direkt auf der Oberfläche der Epithelzellen liegen und zusammen mit Glykolipiden die Glykokalyx bilden. Dagegen bilden sezernierte Muzine ein wässriges Gel, das wie ein bewegliches Netz auf dem Epithel liegt und Mikroben einfängt. Die angeborene Immunität des Darms versagt, wenn durch proentzündliche Zytokine oder Pathogene die Funktionalität des Epithels bzw. der Mukusschicht gestört wird.
Zur Erkennung der Pathogene sind Epithelzellen mit verschiedenen **Mustererkennungsrezeptoren (PRRs)** auf ihrer Oberfläche und in intrazellulären Vesikeln ausgestattet. Als Antwort produzieren Paneth-Zellen Lysozym und verschiedene **Defensine,** um die Pathogene bereits im Darmlumen zu eliminieren.

KLINIK

KLINIK

Chronisch entzündliche Darmerkrankungen

Morbus Crohn und Colitis ulcerosa stellen die Hauptformen chronisch entzündlicher Darmerkrankungen (CED) dar. Es werden verschiedene endogene und exogene Ursachen diskutiert, die letztendlich auf einem gestörten Verhältnis zwischen der Barrierefunktion der Darmschschleimhaut, dem Mikrobiom und der adaptiven Immunität beruhen. Generell haben Menschen mit chronisch entzündlichen Darmerkrankungen eine geringere Vielfalt an kommensalen Bakterien als Menschen ohne diese Erkrankungen.
30 % der Patienten mit Morbus Crohn tragen eine Mutation im NOD2-Gen, das für einen intrazellulären Mustererkennungsrezeptor (PRR) codiert. NOD2 ist in Paneth-Zellen hoch exprimiert. Defekte führen zu einer Überwucherung des Darms mit Bakterien, die dann eine Entzündungsantwort auslösen.

16.5.3 Adaptive Immunität des Darms

Darmepithel und intestinale Lamina propria enthalten die größte Ansammlung an Makrophagen, T- und B-Zellen im Körper.
Die Lymphozyten enthalten darmspezifische Chemokinrezeptoren und Adhäsionsmoleküle, durch die sie von den Chemokinen der Peyer-Plaques bzw. den Venolen der Lamina propria angelockt werden.

16.5.3 Adaptive Immunität des Darms

Das Darmepithel und die intestinale Lamina propria enthalten auch im gesunden Zustand die größte Ansammlung an Makrophagen, T- und B-Lymphozyten im menschlichen Körper. Wie auch in anderen Immungeweben wird eine T-Zell-Antwort durch die Präsentation von Antigenen ausgelöst. Die B-Zell-Antwort im GALT kann mit oder ohne Hilfe von T-Zellen erfolgen.
Damit die Lymphozyten an die Orte der T- und B-Zell-Antwort gelangen, sind sie mit darmspezifischen Chemokinrezeptoren und Adhäsionsmolekülen (= Homing-Rezeptoren) ausgestattet. Angelockt werden sie von Chemokinen aus den Peyer-Plaques oder aus den Venolen der Lamina propria.

Zelluläre Immunität des Darms

Die zelluläre Immunität des Darms soll erst aktiviert werden, wenn Pathogene in der Lamina propria überhandnehmen. Besonderheiten dieser zellulären Abwehr sind:
- **Intraepitheliale T-Lymphozyten,** die sich von den typischen T-Zellen unterscheiden und v. a. zytotoxisch wirken. Sie vernichten infizierte Zellen direkt im Epithel und verhindern so eine Ausbreitung der Immunreaktion.
- T-Zellen mit **γ/δ-TCR** auf der Oberfläche, die ca. 50 % der T-Zellen im Darm ausmachen, Antigene MHC-unabhängig erkennen und zum Großteil zytotoxisch wirken
- **T$_{reg}$,** die die Differenzierung zu TH-Zellen hemmen. Ihre Bildung wird durch IL-10 von DC gesteuert und ihr wichtigstes sezerniertes Zytokin ist TGFβ.
- **Retinsäure** wird von DC im GALT und in mesenterialen Lymphknoten aus Vitamin A gebildet. Sie fördert die Bildung von T$_{reg}$, lockt T- und B-Zellen in das GALT, stimuliert die sIgA-Produktion und ist wichtig für die Immunhomöostase im Darm.

Zelluläre Immunität des Darms

Die zelluläre Immunität des Darms ist der Wachposten, der ständig patrouilliert und die Signale auf „antientzündlich" stellt. Erst wenn Pathogene in der Lamina propria überhandnehmen, wird eine Entzündung ausgelöst. Im Vergleich zu anderen Organen des Körpers ist die zelluläre Immunität des Darms durch Besonderheiten gekennzeichnet.
- **Intraepitheliale T-Lymphozyten (IEL),** die auch als T-Lymphozyten der angeborenen Immunität bezeichnet werden, unterscheiden sich von den typischen T-Lymphozyten, indem sie nur ein eingeschränktes Repertoire an T-Zell-Rezeptoren exprimieren und v. a. zytotoxisch wirken. Dadurch vernichten sie infizierte Zellen direkt im Epithel und verhindern so eine Ausbreitung der Immunreaktion.
- T-Lymphozyten, die **γ/δ-T-Zell-Rezeptoren** auf der Oberfläche tragen, machen bis zu 50 % der T-Lymphozyten im Darm aus, während sie in anderen Geweben weniger als 10 % umfassen. Sie können Antigene MHC-unabhängig erkennen und erkennen beispielsweise auch Lipide, die auf einem MHC-verwandten Protein präsentiert werden. Ein Großteil wirkt zytotoxisch.
- **Regulatorische T-Lymphozyten (T$_{reg}$)** spielen eine Schlüsselrolle im Darm, da sie die Differenzierung der T-Lymphozyten zu TH1-, TH2- und TH17-Lymphozyten hemmen und somit die T- und B-Zell-Antwort auf Darmbakterien und Nahrungsbestandteile regulieren. Die Bildung von T$_{reg}$ wird maßgeblich durch IL-10 gesteuert, das von dendritischen Zellen als Antwort auf kommensale Bakterien sezerniert wird. Das wichtigste von T$_{reg}$ sezernierte Zytokin ist TGFβ.
- **Retinsäure** wird von dendritischen Zellen im GALT und in mesenterialen Lymphknoten aus mit der Nahrung aufgenommenem Vitamin A hergestellt (➤ 23.2.2). Sie fördert die Bildung von T$_{reg}$ und lockt T- und B-Lymphozyten in das GALT. Außerdem stimuliert Retinsäure die Produktion von sIgA. Die Immunhomöostase im Darm ist wesentlich von der Anwesenheit von Retinsäure und somit von der Vitamin-A-Zufuhr abhängig.

16.5 IMMUNSYSTEM DES DARMS: DAUERNDE WACHSAMKEIT

KLINIK
Salmonelleninfektion

Salmonella typhimurium wird durch kontaminierte Lebensmittel übertragen und verursacht Durchfallerkrankungen. Das Bakterium kann M-Zellen zerstören und dann Makrophagen oder Epithelzellen infizieren. Dendritische Zellen präsentieren Salmonellen-Antigene und lösen in den Peyer-Plaques eine T-Zell-Antwort aus. Das Zytokinprofil verschiebt sich in eine proentzündliche Richtung und die dendritischen Zellen sezernieren verstärkt IL-12, wodurch die Differenzierung zu TH1-Lymphozyten angeregt wird. TH1-Lymphozyten wiederum sezernieren INF-γ und aktivieren Makrophagen. Dadurch wird die Entzündungsreaktion bis zur Eliminierung des Erregers aufrechterhalten.

Humorale Immunität des Darms

Die humorale Immunität des Darms besteht überwiegend aus **sIgA,** die durch Transzytose mittels Poly-Ig-Rezeptoren ins Darmlumen sezerniert werden und dort Erreger oder Toxine neutralisieren (> Abb. 16.22). sIgA sind mengenmäßig die bedeutendsten Antikörper im Darm und machen ca. 60 % der täglich synthetisierten Antikörper aus. Die Synthese wird durch das intestinale Mikrobiom gesteuert und erfolgt auch in Abwesenheit von Pathogenen.

Dass im Darm v. a. **Antikörper der Klasse A** produziert werden, liegt am Zytokinprofil und an bestimmten Rezeptoren auf der B-Zell-Oberfläche. Das wichtigste Zytokin für den IgA-Klassenwechsel ist TGFβ, ein wichtiger Faktor der zellulären Immunhomöostase im Darm. Außerdem wird der Klassenwechsel durch das Mikrobiom und Retinsäure beeinflusst.

Die **T-Zell-abhängige B-Zell-Antwort** im GALT findet nach dem schon bekannten Prinzip der B-Zell-Aktivierung statt. Sie erfordert CD40L auf der Oberfläche von TH2-Lymphozyten, deren Aktivierung wiederum durch Antigene, die aus Parasiten stammen, und Zytokine wie IL-12 bestimmt wird (> Abb. 16.31). Eine **T-Zell-unabhängige B-Zell-Antwort** wird von antigenpräsentierenden dendritischen Zellen in der Lamina propria vermittelt. Es entstehen B-Lymphozyten des Subtyps B1, die niedrigaffine sIgA sezernieren. Welche Signale an diesem Weg beteiligt sind, ist weitgehend unklar.

Aus Studentensicht

KLINIK

Humorale Immunität des Darms

Zur humoralen Immunität im Darm tragen v. a. **sIgA** bei, die in das Darmlumen sezerniert werden. Sie machen 60 % der täglich synthetisierten Antikörper aus.

Das intestinale Mikrobiom, Retinsäure und das Zytokin TGFβ sind für den Klassenwechsel **zu Antikörpern der Klasse A** und damit die ausgeprägte IgA-Synthese verantwortlich.

Die **T-Zell-abhängige B-Zell-Antwort** im GALT erfordert wie im Rest des Körpers u. a. CD40L auf TH2-Zellen, deren Differenzierung durch Antigene wie extrazelluläre Parasiten und Zytokine wie IL-12 bestimmt wird.

Die **T-Zell-unabhängige B-Zell-Antwort** wird durch Zytokine vermittelt. Dabei entstehen B1-Lymphozyten, die niedrigaffines sIgA sezernieren.

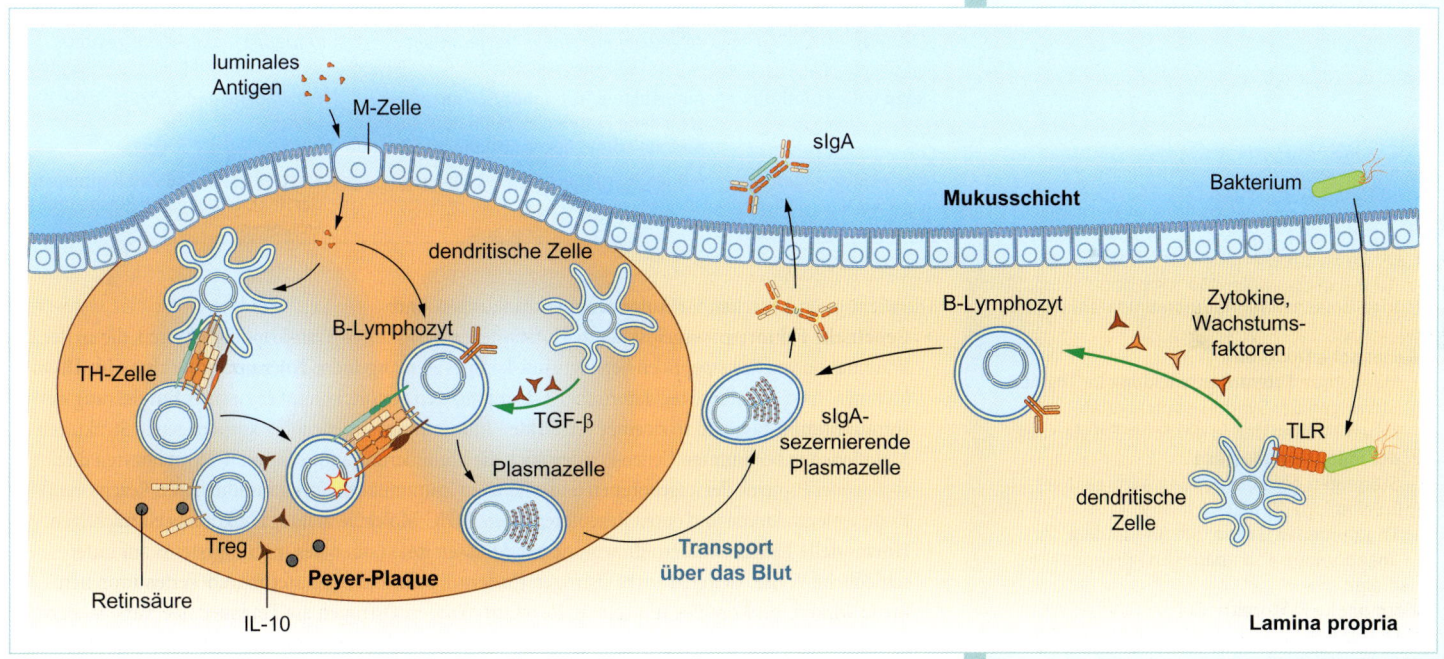

Abb. 16.31 B-Zell-Antwort im Darm [L138, L307]

KLINIK
Selektiver IgA-Mangel

Der selektive IgA-Mangel ist mit einer Insidenz von 1 : 500 die häufigste genetisch bedingte Immundefizienz in der weißen Bevölkerung. Er entsteht durch eine fehlende Differenzierung der B-Lymphozyten in IgA-sezernierende Plasmazellen. Menschen mit IgA-Mangel sind in den meisten Fällen klinisch unauffällig, einige Fälle sind jedoch mit Autoimmunerkrankungen oder erhöhter Infektanfälligkeit assoziiert. Dass ein IgA-Mangel meist symptomlos verläuft, liegt daran, dass IgM die Rolle von IgA übernehmen kann, da es ebenso mittels der Joining-Kette transzytiert werden kann. Wichtig für die Transzytose ist das Vorhandensein eines intakten poly-Ig-Rezeptors.

Klinische Relevanz hat ein IgA-Mangel bei Gabe von Blutprodukten, da die Gefahr der Bildung von Antikörpern, die gegen IgA gerichtet sind, und einer damit verbundenenen überschießenden Immunreaktion besteht. Auch bei der Diagnostik der Zöliakie ist ein IgA-Mangel zu beachten, da er ein falsch negatives Resultat vortäuschen kann. Typischerweise werden bei der serologischen Diagnostik der Zöliakie IgA-Antikörper gegen eine körpereigene Transglutaminase nachgewiesen, bei IgA-Mangel werden hingegen IgG-Antikörper nachgewiesen.

Aus Studentensicht

16.6 Das überempfindliche Immunsystem: Autoimmunität und Allergien

16.6.1 Autoimmunität: gestörte Toleranz

Erkennt das Immunsystem harmlose körpereigene oder fremde Moleküle als bedrohlich, kommt es zu **Autoimmunerkrankungen** oder **Allergien**. Die Folge sind Entzündungen und/oder die Produktion von Antikörpern.

Autoimmunität kann sich auf einzelne Organe beschränken oder den gesamten Körper betreffen und zu verschiedensten Krankheitsbildern führen.

TAB. 16.10

16.6 Das überempfindliche Immunsystem: Autoimmunität und Allergien

16.6.1 Autoimmunität: gestörte Toleranz

Kann das Immunsystem Freund und Feind nicht unterscheiden, entwickelt es Waffen gegen körpereigene oder fremde, aber harmlose Moleküle und schadet dadurch dem Körper. Folgen sind **Autoimmunerkrankungen** oder **Allergien**. In jedem Fall reagiert das Immunsystem überempfindlich auf eine nicht pathogene Struktur, indem es Entzündungen hervorruft und in manchen Fällen Antikörper dagegen herstellt.

Autoimmunität entsteht durch eine Unterbindung der Immuntoleranz. Dadurch werden körpereigene Bestandteile vom Immunsystem angegriffen. Sie zeigt sich in verschiedenen Krankheitsbildern, die sich auf spezifische Organe beschränken oder den gesamten Organismus betreffen können (➤ Tab. 16.10). Faktoren und Mechanismen, die zur Autoimmunität beitragen, sind unterschiedlich und in vielen Fällen im Detail nicht verstanden.

Tab. 16.10 Beispiele für Autoimmunerkrankungen

Krankheit	Mechanismus	Auswirkungen
Morbus Basedow (➤ 9.7.1)	Agonistisch wirkende Autoantikörper gegen Rezeptor des thyreoideastimulierenden Hormons (= TSH-R)	Hyperthyreose durch vermehrte Synthese und Ausschüttung der Schilddrüsenhormone T_3 und T_4 durch Daueraktivierung des TSH-R
Hashimoto-Thyreoiditis (➤ 9.7.1)	Autoreaktive T-Lymphozyten und Autoantikörper gegen Thyreoperoxidase und Thyreoglobulin	Hypothyreose durch Zerstörung von Schilddrüsengewebe
Diabetes mellitus Typ 1 (➤ 24.4)	Autoreaktive T-Lymphozyten und Autoantikörper gegen Proteine der β-Zellen des Pankreas	Insulinmangel durch Zerstörung der β-Zellen des Pankreas
Myasthenia gravis (➤ 27.3.3)	Autoantikörper gegen Acetylcholinrezeptor	Lokale oder generalisierte Muskelschwäche
Multiple Sklerose (➤ 27.1)	Autoreaktive T-Lymphozyten gegen verschiedene Proteine in Nervenzellen	Demyelinierung von Axonen in Nervenzellen und dadurch gestörte Reizweiterleitung
Rheumatoide Arthritis	Autoreaktive T-Lymphozyten gegen verschiedene Proteine in den Gelenken, evtl. Autoantikörper gegen citrullinierte Peptide	Entzündung und Zerstörung der Gelenke
Pemphigus vulgaris (➤ 25.3.1)	Autoantikörper gegen Desmoglein-3	Zerstörung der Zell-Zell-Kontakte in der Haut, Bildung von Blasen und Erosionen

Wichtige Ursachen für Autoimmunerkrankungen sind:
- **Genetische Faktoren:**
  - Mangelnde **Toleranzentwicklung im Thymus**
  - Störungen der Synthese von regulatorischen T-Zellen und in der Folge **Entgleisung der Immunhomöostase**
  - Störungen der Eliminierung autoreaktiver T-Zellen
  - Mutationen in Genen, die für Proteine der angeborenen und adaptiven Immunität codieren
- **Hormonelle Faktoren:**
  - **Östrogene** fördern, **Testosteron** hemmt die Autoantikörperbildung
- **Umweltfaktoren:**
  - **Infektionen** lösen Entzündungsantworten aus, bei denen strukturelle Verwandtschaften zwischen fremden und eigenen Antigenen bestehen können **(molekulares Mimikry)**, was zu einer Immunantwort gegen diese körpereigenen Strukturen (Antigene) führen kann
  - **Medikamente** können mit körpereigenen Nukleinsäuren oder Proteinen Addukte bilden, die als fremd erkannt werden und eine Immunreaktion auslösen
  - **UV-Strahlung** kann zu verstärkter Apoptose führen und über die entstehenden Zellfragmente Autoimmunität auslösen

Die wichtigsten Ursachen für Autoimmunerkrankungen sind:
- **Genetische Faktoren:** Ausgelöst durch Mutationen in bestimmten Transkriptionsfaktoren, die an der Präsentation von Selbstpeptiden beteiligt sind, kann es zu mangelnder **Toleranzentwicklung im Thymus** kommen. Ist die Synthese regulatorischer T-Lymphozyten gestört, kommt es zu einer **Entgleisung der Immunhomöostase** und so zu einer verstärkten Immunreaktion gegenüber körpereigenen Strukturen. Mutationen in bestimmten Genen können auch die Eliminierung autoreaktiver T-Lymphozyten direkt stören oder Proteine der angeborenen und adaptiven Immunität wie Zytokine und deren Rezeptoren, Komplementfaktoren und deren Rezeptoren sowie MHC-Moleküle in ihrer Funktion beeinträchtigen.
- **Hormonelle Faktoren:** Steroidhormone beeinflussen Reaktionen des Immunsystems auf unterschiedliche Weise. Generell wirkt Östrogen fördernd, während Progesteron und Testosteron hemmend wirken. Im Komplex mit seinem Rezeptor aktiviert Östrogen die Transkription verschiedener Gene, die u. a. an der Aktivierung der B-Zell-Antwort beteiligt sind, sodass weibliche Personen im gebärfähigen Alter häufiger Autoantikörper bilden als männliche.
- **Umweltfaktoren:** Zu den wichtigsten Umweltfaktoren, die sich auf das Immunsystem auswirken, gehören pathogene Mikroorganismen. Sie lösen eine Entzündungsantwort aus, welche die Wanderung dendritischer Zellen an den Entzündungsort bewirkt und die adaptive Immunantwort einleitet. Ähnelt ein pathogenes Peptid einem Selbstpeptid, kann die Immunantwort sich auch gegen körpereigene Strukturen richten. Die strukturelle Verwandtschaft zwischen fremden und eigenen Antigenen wird als **molekulares Mimikry** bezeichnet. Sie wird für die Entstehung vieler Autoimmunerkrankungen wie Morbus Basedow, Diabetes mellitus Typ 1 und Myasthenia gravis verantwortlich gemacht. Auch Komponenten, die im Zigarettenrauch vorkommen, können eine Autoimmunität fördern. So wird durch Rauchen ein Enzym aktiviert, das die Desamidierung von Arginin zu Citrullin bewirkt. Antikörper gegen citrullinierte Peptide dienen beispielsweise bei rheumatoider Arthritis als diagnostischer Marker.
- **Medikamente** können mit körpereigenen Nukleinsäuren oder Proteinen Addukte bilden, die als fremd interpretiert werden und eine Immunreaktion auslösen. Mit dem Absetzen der Medikamente verschwindet diese Autoimmunität meist wieder.
- **UV-Strahlung** kann zu verstärkter Apoptose führen, sodass apoptotische Zellfragmente Autoimmunität auslösen können.

16.6.2 Allergien: Harmlos wird gefährlich

> **FALL**
>
> **Polly und die Fahrradtour**
>
> Es ist Ende Februar und Polly kann es kaum erwarten, ihr Mountainbike endlich wieder aus der Garage zu holen. Mit Freunden plant sie für das letzte Märzwochenende eine große Tour. „Aber nimm diesmal deine Tabletten gleich mit, nicht dass wir wieder stundenlang eine Apotheke suchen müssen." Trine hat recht, letztes Jahr verdarb Polly ein massiver Heuschnupfenanfall die Freude an der ersten Tour. Tatsächlich checkt sie in der Woche vorher den Wetter- und den Pollenflugbericht. Es soll gutes Wetter werden, aber die Birkenpollen sollen besonders stark fliegen.
> Welche Medikamente sollte Polly vorsorglich mitnehmen, um die allergischen Symptome abzumildern?

Im Gegensatz zu Autoimmunerkrankungen sind Allergien Überreaktionen des Immunsystems auf ein primär **nicht pathogenes körperfremdes** Antigen, das **Allergen**. Typische Allergene sind Stoffe, die in unserer Umwelt vorkommen. Die Bereitschaft, eine Allergie vom Soforttyp (> Tab. 16.11) zu entwickeln, wird als **Atopie** bezeichnet. Sie ist in den Industrieländern bei 30–40 % der Bevölkerung vorhanden. Wie bei Autoimmunerkrankungen tragen sowohl genetische als auch äußere Einflüsse zur Allergieentstehung bei. So ist belegt, dass eine frühe Exposition mit potenziellen Allergenen wie beispielsweise beim Aufwachsen von Kleinkindern auf einem Bauernhof oder in Gemeinschaft mit vielen anderen Kindern einen wesentlichen Schutz gegen Allergien bietet. Dass Allergien in industrialisierten und städtisch geprägten Gegenden verstärkt auftreten, ist darauf zurückzuführen, dass es dort durch hohe Hygienestandards kaum parasitäre Feinde gibt, die durch IgE und Mastzellen vernichtet werden müssen.

Je nach Art der Immunreaktion werden vier Allergietypen unterschieden (> Tab. 16.11). Dabei kann eine bestimmte Allergie nicht strikt einem Mechanismus zugeordnet werden, sondern vielfach handelt es sich um eine Kombination verschiedener Mechanismen. Auch können identische Stoffe wie Medikamente oder Nahrungsmittel bei verschiedenen Menschen unterschiedliche Allergietypen auslösen.

Tab. 16.11 Einteilung allergischer Erkrankungen

	Typ I: Soforttyp	Typ II: Zytotoxischer Typ	Typ III: Immunkomplex-Typ	Typ IV: Spättyp
Vermittler	IgE	IgG/IgM	IgG/IgM	T-Lymphozyten
Antigen	Lösliche Antigene	• Zelloberflächen-assoziierte Antigene • Zelloberflächenrezeptoren	• Lösliche Antigene	• Lösliche Antigene • Proteinassoziierte Antigene
Effektormechanismen	Mastzellaktivierung	• Antikörperabhängige, komplementvermittelte Zytotoxizität • Antikörperabhängige zellvermittelte Zytotoxizität • Phagozytose opsonierter Zellen	• Bildung von Immunkomplexen • Komplementaktivierung • Aktivierung von Phagozyten	• Bildung antigenspezifischer TH1-, TH2- oder zytotoxischer T-Lymphozyten • Aktivierung von Phagozyten
Beispiele	• Allergische Rhinitis (Heuschnupfen) • Allergisches Asthma • Nahrungsmittelallergie • Insektengiftallergie	• ABO-inkompatible Bluttransfusion • Manche Medikamentenallergien	• Serumkrankheit bei Gabe fremder Immunglobuline • Chemiearbeiterlunge bei ständiger Exposition gegenüber hohen Allergenkonzentrationen, z. B. Isocyanate	• Kontaktdermatitis, z. B. gegen Nickel • Tuberkulin-Hauttest

Typ-I-Allergie: Soforttyp

> **FALL**
>
> **Polly und die Fahrradtour: Symptome behandeln**
>
> Polly weiß durch einen Hauttest und aus eigener Erfahrung, dass sie auf Birkenpollen allergisch reagiert. Nach einem Arztbesuch besorgt sie sich in der Apotheke ein Antihistaminikum und ein Cortisonspray. Beide Medikamente haben ihr auch in den Vorjahren über die Runden geholfen.
> In den Tagen vor der Fahrradtour macht sich bei Polly der Pollenflug schon bemerkbar: Jedes Mal, wenn sie nach draußen geht, brennen und tränen die geschwollenen Augen. Sie muss ständig niesen, die Nase läuft, juckt und ist verstopft.
> Wie entstehen die Symptome und warum helfen die Medikamente?

Aus Studentensicht

16.6.2 Allergien: Harmlos wird gefährlich

Allergien sind Überreaktionen des Immunsystems auf ein primär **nicht pathogenes körperfremdes** Antigen, das **Allergen**. 30–40 % der Bevölkerung haben die Bereitschaft, eine Soforttypallergie zu entwickeln **(Atopie).**
Zur Allergieentstehung tragen sowohl genetische als auch äußere Einflüsse bei. Typischerweise schützt das Aufwachsen von Kleinkindern auf dem Land oder in einer Krippe wesentlich vor der Allergieentstehung.
Je nach Art der Immunreaktion unterscheidet man vier Allergietypen. Identische Stoffe können bei verschiedenen Menschen unterschiedliche Allergietypen auslösen.

TAB. 16.11

Typ-I-Allergie: Soforttyp

Aus Studentensicht

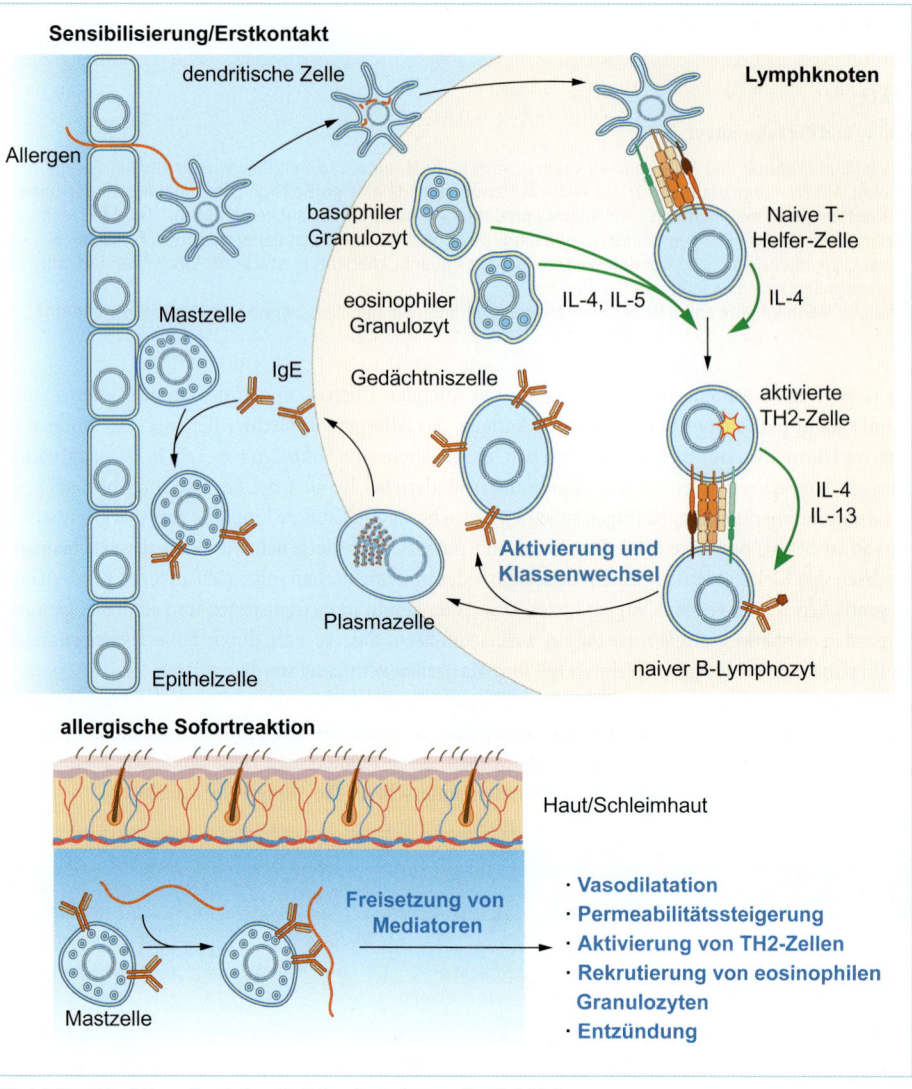

16 IMMUNSYSTEM: ABWEHR VON BEDROHUNGEN

ABB. 16.32

Abb. 16.32 Ablauf einer allergischen Reaktion des Soforttyps [L138, L307]

Die klassische Allergie vom Soforttyp ist **IgE-vermittelt.** Der ursprünglich gegen große Parasiten wie Würmer gerichtete Abwehrmechanismus ist Ursache für etwa 90 % der allergischen Erkrankungen. Typische Auslöser einer Typ-I-Allergie sind Bienengift, Pollen und Erdnüsse. Die Soforttypallergie kann in zwei Phasen eingeteilt werden (> Abb. 16.32).

Die Typ-I-Allergie (Soforttyp) ist **IgE-vermittelt.** Typische Auslöser sind Bienengift, Erdnüsse und Pollen. Es werden zwei Phasen unterschieden.

Sensibilisierung
Beim Erstkontakt präsentieren dendritische Zellen das Allergen im Lymphgewebe T-Zellen, die sich, angeregt durch von Granulozyten ausgeschüttete Zytokine wie IL-4, zu **TH2-Lymphozyten** differenzieren. Diese aktivieren daraufhin naive B-Zellen und regen einen Klassenwechsel zu IgE und die Bildung von Plasma- und Gedächtniszellen an. Das gebildete IgE bindet über einen Fcε-Rezeptor u. a. an die Oberfläche von **Mastzellen,** die sich v. a. in Haut und Schleimhaut befinden.

Sensibilisierung: Bei Erstkontakt wird das Allergen T-Zellen präsentiert, die v. a. durch IL-4 zu **TH2-Zellen** differenzieren und B-Zellen anregen, IgE zu bilden. IgE bindet über Fcε-Rezeptoren u. a. an die Oberfläche von **Mastzellen.**

TAB. 16.12

Tab. 16.12 Von Mastzellen freigesetzte Mediatoren

Mediator	Wirkung
Histamin	Vasodilatation, erhöhte Gefäßpermeabilität, Konstriktion der glatten Muskulatur der Atemwege und des Gastrointestinaltrakts, Auslösen von Juckreiz und Schmerz
Glykosaminoglykane, v. a. Heparin	Stabilisierung anderer Mediatoren, Hemmung der Blutgerinnung
Proteasen	Gewebeschädigung, entzündungsfördernd
Eicosanoide (Prostaglandine und Leukotriene)	Bronchienverengung, Vasokonstriktion, erhöhte Gefäßpermeabilität, Steigerung der Mukusproduktion, Chemotaxis
Plättchenaktivierender Faktor (PAF)	Entzündungsmediator, Bronchienverengung, Vasokonstriktion, erhöhte Gefäßpermeabilität, Thrombozytenaggregation
TNFα	Entzündungsmediator
IL-4	Aktivierung von TH2-Lymphozyten und dadurch Aktivierung von B-Lymphozyten zur Produktion von IgE

Allergische Sofortreaktion

Bei erneutem Kontakt mit demselben Allergen kommt es zu einer **Quervernetzung** der Antikörper auf der Mastzelloberfläche und damit zu einer Signalkaskade im Inneren der Mastzelle, die zur **Degranulation** (Ausschüttung von toxischen Substanzen und Mediatoren aus Granula) führt (> Tab. 16.12). Die in Gang gesetzten Reaktionen entsprechen einer Entzündungsantwort. Jedoch werden die Mediatoren teilweise **lokal** an den Stellen des Allergenkontakts in sehr viel höheren Konzentrationen freigesetzt. Im Kopfbereich sind typische Symptome rote und tränende Augen, Niesreiz und laufende Nase sowie Atembeschwerden. Im Magen-Darm-Trakt kommt es zu Erbrechen und Durchfall, in den Schleimhäuten zu Ödemen, in der Haut zur Urtikaria (Nesselsucht). Die sofortige allergische Reaktion nach erneutem Allergenkontakt erklärt sich dadurch, dass die Mastzellen bereits mit Antikörpern beladen und mit gefüllten Granula bestückt vor Ort sind und für die Freisetzung ihrer Mediatoren nur noch der Allergenkontakt erforderlich ist.

FALL
Polly und die Fahrradtour: Histamin

Histamin bewirkt eine sofortige Erweiterung der Gefäße und eine Erhöhung der Durchlässigkeit, sodass verstärkt Flüssigkeit in den Extravasalraum dringt. Die Folge sind rote, juckende, tränende und geschwollene Nase und Augen. Die von den Mastzellen freigesetzten anderen Mediatoren tragen zu akuten und chronischen Entzündungsreaktionen bei. Lipidmediatoren sind an späteren Phasen der Entzündungsantwort beteiligt. Sie führen zu Schmerzen, tragen aber auch zur Aktivierung von TH2-Lymphozyten bei, die letztendlich B-Lymphozyten zur IgE-Bildung aktivieren.
Polly beginnt, täglich das Antihistaminikum Desloratadin (z. B. Aerius®) einzunehmen, das die Bindungsstellen der Histaminrezeptoren blockiert und damit die Histaminwirkung unterbindet. Das Glukocorticoid Budesonid (z. B. Aquacort®, Budecort®), das als Spray direkt auf die betroffene Nasenschleimhaut gelangt oder inhaliert werden kann, wirkt allgemein antientzündlich, sodass die Entzündungsantwort gedrosselt wird. Polly tut gut daran, ihre Allergie zu behandeln, denn eine tapfer ertragene Allergie ohne Behandlung bringt keinerlei Vorteile. Im Gegenteil kommt es bei unbehandelten Allergien oft zum sogenannten „Etagenwechsel" vom Nasen-Rachen-Raum zur Lunge und es entwickelt sich ein allergisches Asthma.

In den meisten Fällen bleibt eine allergische Reaktion des Soforttyps auf die Kontaktstelle mit dem Antigen begrenzt. In seltenen Fällen kann es zu einer akuten Ausbreitung der Hypersensitivitätsreaktion auf den ganzen Organismus, einer sog. **Anaphylaxie**, kommen. Die Symptomatik einer Anaphylaxie reicht von systemischer Hautmanifestation bis zu anaphylaktischem Schock, der mit raschem Blutdruckabfall verbunden ist und zu einem Atem- und Kreislaufstillstand des Patienten führen kann.

Eine wesentliche Rolle bei anaphylaktischen Reaktionen spielen die auch als Anaphylatoxine bezeichneten Komplementfaktoren C3a, C4a und C5a. Sie können sowohl an Endothelzellen binden und eine Erhöhung der Gefäßpermeabilität bewirken als auch die Degranulation von Mastzellen und Granulozyten fördern.

KLINIK
Anaphylaktischer Schock

Ein Bienenstich oder der Verzehr von Nüssen kann innerhalb von Minuten zu einem anaphylaktischen Schock führen. Es handelt sich um eine lebensbedrohliche Reaktion, die durch ein Allergen hervorgerufen wird und mit Atemnot, Blutdruckabfall und Kreislaufversagen einhergeht. Auslöser sind Mediatoren, v. a. Histamin, die in großen Mengen von Mastzellen freigesetzt werden und durch die Weitstellung der Gefäße einen lebensgefährlichen Blutdruckabfall verursachen.
Ein anaphylaktischer Schock ist ein medizinischer Notfall, der sofort behandelt werden muss. Bei den ersten Anzeichen einer beginnenden anaphylaktischen Reaktion sollte ein Notruf abgesetzt und die Therapie mit Antihistaminika und Glukocorticoiden begonnen werden. Diese Medikamente sind Teil eines Notfallsets, das besonders gefährdete Allergiker bei sich tragen sollten. Außerdem enthält es einen Adrenalin-Autoinjektor, den sich der Patient bei drohendem Kreislaufversagen in den Oberschenkelmuskel appliziert. Das darüber verabreichte Adrenalin bewirkt eine generelle Vasokonstriktion und damit eine Stabilisierung des Kreislaufs. Ist der Patient schon bewusstlos, sollte er in eine Schocklagerung gebracht und ihm über einen Zugang Volumen gegeben werden. Bei einem Herz-Kreislauf-Stillstand muss der Patient reanimiert und beatmet werden.

Typ-II-Allergie: zytotoxischer Typ

Die zytotoxische Überempfindlichkeit ist **IgG- oder IgM-vermittelt**. Die Sensibilisierung erfolgt ähnlich wie beim Soforttyp. Auslöser sind häufig **membrangebundene zelluläre Antigene** wie Blutgruppenantigene des AB0-Systems fremder Erythrozyten bei einer Transfusion oder Medikamente. Penicillin kann eine Typ-II-Allergie auslösen, indem es als Hapten kovalent an Membranproteine, z. B. auf der Oberfläche von Erythrozyten, bindet.
Die gegen das Allergen gerichteten Antikörper binden an das entsprechende Antigen auf der Zelloberfläche und führen zur Zytolyse der Zelle entweder durch Aktivierung des Komplementsystems oder eine antikörperabhängige zelluläre Zytotoxizität (ADCC, Antibody-Dependent Cellular Cytotoxicity), die v. a. von NK-Zellen vermittelt wird. Auch Makrophagen und Granulozyten können durch Phagozytose der opsonierten Zellen zytotoxisch wirken.

Aus Studentensicht

Allergische Sofortreaktion: Bei erneutem Kontakt kann das Allergen die auf der Mastzelloberfläche gebundenen IgE-Antikörper **quervernetzen**. Dies führt zur Ausschüttung von toxischen Substanzen und Mediatoren aus deren Granula (**Degranulation**). Die dadurch **lokal** in relativ hohen Konzentrationen vorliegenden Mediatoren und Toxine führen zu den typischen Symptomen wie roten und tränenden Augen, Niesreiz, laufender Nase, Atembeschwerden, Erbrechen, Durchfall, Schleimhautödemen und Urtikaria.

Bei der **Anaphylaxie** kommt es zu einer akuten, im schlimmsten Fall lebensbedrohlichen Hypersensitivitätsreaktion. Sie kann u. a. durch das Komplementsystem, aber auch durch Histamin ausgelöst werden.

KLINIK

Typ-II-Allergie: zytotoxischer Typ

Die Typ-II-Allergie (zytotoxischer Typ) ist **IgG- oder IgM-vermittelt**. Auslöser sind meist **membrangebundene zelluläre oder exogene Antigene**, z. B. Medikamente wie Penicillin oder Blutgruppenantigene fremder Erythrozyten nach Transfusionen. Nach einer Sensibilisierung gebildete Antikörper binden an diese zellassoziierten Antigene und führen durch komplement- oder zellvermittelte Zytolyse oder durch Phagozytose zum Absterben der Zelle.

Aus Studentensicht

Typ-III-Allergie: Immunkomplex-Typ

Die Typ-III-Allergie (Immunkomplex-Typ) ist eine Allergie gegen **multivalente, lösliche** Antigene. Antikörper **(IgG oder IgM)** und Allergen bilden lösliche Immunkomplexe, die sich in Blutgefäßen und Organen ablagern und chronische Entzündungen hervorrufen können. Fc-Rezeptoren von v. a. Phagozyten und das Komplementsystem vermitteln dabei die Wirkung.

Ein Beispiel ist die Serumkrankheit, bei der Antikörper gegen speziesfremdes Serum gebildet werden, z. B. im Rahmen passiver Impfungen oder der Therapie mit monoklonalen Antikörpern.

Typ-IV-Allergie: Spättyp

Typ-IV-Allergien (Spättyp) werden durch **T-Zellen** vermittelt. Typische Allergene sind Pflanzengifte, Medikamente und Metallionen. Bei wiederholtem Kontakt entwickelt sich verzögert eine **Kontaktdermatitis.**

Die **Sensibilisierung** erfolgt nach Aufnahme des Allergens über die Haut. **Haptene** binden an körpereigene Proteine und werden auf der Oberfläche antigenpräsentierender Zellen präsentiert. Durch Interaktion zwischen antigenpräsentierender Zelle und naiver T-Zelle wird eine Immunreaktion ausgelöst.

Bei wiederholter Exposition mit dem Antigen können die aktivierten T-Zellen Zytokine ausschütten, die z. B. Kontaktdermatitis, Transplantatabstoßung, Neurodermitis oder chronisches Asthma auslösen.

● KLINIK

16.6.3 Hyposensibilisierung

Die Hyposensibilisierung ist eine **spezifische Immuntherapie** (SIT), die bei Patienten mit einer IgE-vermittelten Allergie, v. a. gegen Gräser- und Baumpollen, eingesetzt werden kann.

Bei der SIT werden Allergene über längere Zeit in aufsteigender Konzentration subkutan oder oral appliziert. Die SIT reduziert die von TH2-Zellen vermittelte IgE-produzierende Immunantwort u. a. durch Aktivierung von **TH1-Zellen** und T_{reg}.

16 IMMUNSYSTEM: ABWEHR VON BEDROHUNGEN

Typ-III-Allergie: Immunkomplex-Typ

Bei der Immunkomplex-Allergie sind wie bei Typ-II-Allergien **IgG oder IgM** die Vermittler. Die Allergene sind aber nicht membranständig, sondern **multivalent und löslich.** Dadurch entstehen lösliche Immunkomplexe, die sich in Blutgefäßen, den Glomeruli der Nieren oder in anderen Organen ablagern und eine chronische Entzündung wie eine Glomerulonephritis hervorrufen können. Daneben können die Immunkomplexe an Fc-Rezeptoren auf Makrophagen, Mastzellen und anderen Leukozyten binden und eine Entzündungsreaktion auslösen oder das Komplementsystem aktivieren und eine anaphylaktische Reaktion auslösen.

Ein Beispiel für eine Typ-III-Allergie ist die Serumkrankheit, die durch Reaktion gegen Serum einer anderen Spezies im Rahmen einer passiven Impfung hervorgerufen werden kann. Auch können therapeutische Antikörper mit artfremden Anteilen eine Typ-III-Allergie hervorrufen, bei welcher der Patient eine Immunreaktion gegen den therapeutischen Antikörper entwickelt und dessen Wirkung damit aufhebt bzw. vermindert.

Typ-IV-Allergie: Spättyp

Bei der Überempfindlichkeit des Spättyps sind **T-Lymphozyten** und nicht Antikörper die Vermittler. Bei den Allergenen handelt es sich oft um kleine Moleküle wie Pflanzengifte oder Medikamente sowie Metallionen wie Nickel. Bei einem erneuten Hautkontakt mit dem löslichen Antigen entwickelt sich an dieser Stelle eine verzögerte Reaktion, eine sog. **Kontaktdermatitis,** die darauf zurückzuführen ist, dass TH1-Lympyhozyten eine zelluläre Immunreaktion durch Makrophagen und Monozyten bewirken. Auch hier kann der Ablauf in zwei Phasen unterteilt werden.

Sensibilisierung

In der Sensibilisierungsphase wird das allergene Immunogen erstmals über die Haut aufgenommen. Bei den Allergenen handelt es sich häufig um **Haptene,** die zu klein sind, um allein eine Immunreaktion auszulösen. Sie müssen daher zunächst in eine immunologisch wirksame Form gebracht werden, indem sie beispielsweise mit körpereigenen Peptiden Komplexe bilden, die von dendritischen Zellen aufgenommen und auf MHC-Molekülen naiven T-Lymphozyten präsentiert werden. Je nach Antigen und Zytokinprofil differenzieren sich die T-Lymphozyten in TH1-, TH2- oder zytotoxische Zellen. Nickel-Ionen können auch direkt ohne die Anwesenheit eines Peptids die Bindung vom T-Zell-Rezeptor an MHC-Moleküle auslösen und so T-Zellen aktivieren.

Effektorphase

Bei wiederholter oder lang anhaltender Exposition mit dem Allergen werden die in der Sensibilisierungsphase aktivierten T-Zellen an den Ort des Allergens gelockt und dazu angeregt, proentzündliche Zytokine auszuschütten, sodass es beispielsweise zu entzündlichen Hauterkrankungen kommt. Neben der Kontaktdermatitis sind auch die Transplantatabstoßung, Neurodermitis und chronisches Asthma Beispiele für Spättyp-Allergien.

> **KLINIK**
>
> **Tuberkulin-Hauttest**
>
> Lokale Reaktionen auf ein Antigen können genutzt werden, um herauszufinden, ob bei einem Patienten eine aktive Immunität gegen das Antigen besteht. Beim Tuberkulintest wird Tuberkulin, das Proteine des Tuberkulose hervorrufenden Mykobakteriums enthält, in die Haut injiziert. Wenn sich nach 2–3 Tagen eine gerötete, tastbare Verhärtung an der Injektionsstelle gebildet hat, ist dies ein Nachweis für eine zelluläre Immunität gegenüber Tuberkulose, die der Patient bei einer Infektion oder einer Impfung entwickelt hat. Der Tuberkulin-Hauttest ist ein Beispiel für eine Typ-IV-Allergie.

16.6.3 Hyposensibilisierung

Eine Hyposensibilisierung ist eine **spezifische Immuntherapie** (SIT) mit dem Ziel, das Leiden von Patienten mit einer IgE-vermittelten Allergie zu mildern. Am häufigsten wird sie bei Allergien gegen Gräser- und Baumpollen eingesetzt. Dabei werden die Allergene über mehrere Jahre in aufsteigenden Konzentrationen subkutan oder oral appliziert.

Durch die SIT wird die von TH2-Lymphozyten vermittelte humorale IgE-produzierende Immunantwort reduziert. **TH1-Zellen** werden aktiviert, wodurch B-Lymphozyten zur Herstellung von IgG- und IgA-Antikörpern angeregt werden, welche die Bildung von IgE blockieren. Außerdem stimulieren TH1-Lymphozyten über INF-γ die zelluläre Immunität. Zusätzlich werden T_{reg} aktiviert, welche die antientzündlichen Zytokine IL-10 und TGF β sezernieren und dadurch die T-Zell-Antwort und Entzündungsreaktionen hemmen.

FALL

Polly und die Fahrradtour: Hyposensibilisierung

Dank Antihistaminikum und Glukocorticoid hatte Polly eine grandiose erste Fahrradtour und freut sich schon auf die nächste. Am liebsten wäre sie den Heuschnupfen aber ganz los und beginnt nun mit einer Hyposensibilisierung, die langfristig hoffentlich für eine verminderte allergische Reaktion sorgt. Sie hat die Wahl zwischen einer Spritze einmal im Monat oder täglich sublingual zu nehmenden Tabletten. Beide enthalten die allergieauslösenden Birkenpollen (*Betula* Sp.) in langsam aufsteigender Dosis. Nach einer mehrjährigen Behandlung stehen die Chancen gut, dass sie in Zukunft weniger heftige allergische Reaktionen haben wird und vielleicht eines Tages sogar ohne Medikamente auf ihre Touren gehen kann.

16.7 Immuntherapie bei Tumorerkrankungen

16.7.1 Tumorescape

Tumorzellen exprimieren durch Mutationen veränderte Proteine oder überexprimieren körpereigene Proteine. Die meisten Tumorzellen werden daher durch das Immunsystem erkannt und mit denselben Mechanismen wie virusinfizierte Zellen eliminiert.

Einige Krebszellen entkommen jedoch der Immunabwehr (= **Tumorescape**), indem sie die Expression von **MHC I herunterregulieren,** sodass keine Tumorantigene mehr präsentiert werden. Daneben sezernieren sie die **immunsuppressiven Zytokine** TGFβ und IL-10. Dieselben Zytokine, die wichtig für die Immunhomöostase durch T_{reg} sind, werden so von den Krebszellen verwendet, um eine T-Zell-Antwort auszuschalten. Krebszellen induzieren so eine periphere Toleranz. Zur Bekämpfung von Tumorzellen können verschiedene immunologische Mechanismen eingesetzt werden.

16.7.2 Unspezifische Immunstimulation

Die Toleranz gegenüber Tumorzellen kann durch eine tumorantigenunabhängige Stimulation des Immunsystems reduziert werden, indem Mechanismen der angeborenen oder adaptiven Immunität genutzt werden. Beispielsweise werden oberflächliche Blasentumoren nach Resektion des Tumorgewebes und zur Prophylaxe eines erneuten Auftretens u. a. durch eine Infektion mit einem abgeschwächten Mykobakterium (Bacillus Calmette-Guérin) behandelt. Das Bakterium stimuliert über die Interaktion mit Toll-like-Rezeptoren (TLR) das Immunsystem. Dagegen erhöht rekombinant hergestelltes INFα die MHC-I-Präsentation und wird bei Nierentumoren eingesetzt.

16.7.3 Immunisierung

Eine **passive Immunisierung mit monoklonalen Antikörpern** kann zur Opsonierung von Tumorzellen oder anderen Faktoren, die das Tumorwachstum fördern, genutzt werden (➤ 12.6.4). Weitere Immuntherapieformen werden bereits eingesetzt oder sind in der Entwicklung.

Die **aktive Immunisierung** kann zur Prävention oder zur Therapie eingesetzt werden. Während die präventive Immunisierung bereits in den klinischen Alltag eingezogen ist, befindet sich die therapeutische Impfung noch im Stadium klinischer Studien.

Eine **präventive Immunisierung** wird beispielsweise zum Schutz vor einer Infektion mit humanen Papillomaviren (HPV) durchgeführt. Hochrisiko-HPV-Stämme können **bösartige Plattenepithelkarzinome** v. a. im Bereich der Gebärmutter, aber auch der Vulva, der Vagina, des Penis, des Anus und des Mund-Rachen-Raums hervorrufen, weshalb Kinder und Jugendliche vor dem ersten Geschlechtsverkehr geimpft werden sollten. Als Impfstoff werden Capsidproteine verschiedener Hochrisikoviren eingesetzt, die zu immunogenen, nicht infektiösen Virionen assemblieren.

Bei der therapeutischen Immunisierung werden dem Patienten entweder direkt Tumorantigene oder mit Antigen beladene dendritische Zellen verabreicht. Die Tumorantigene erhält der Patient durch autologe Transplantation eigener, durch Bestrahlung abgetöteter Tumorzellen. Für die Transplantation antigenpräsentierender Zellen werden dem Patienten Immunzellen entnommen, ex vivo stimuliert, mit Antigen beladen und dann über den Blutweg zurückgegeben. Ziel ist die Aktivierung einer T-Zell-Antwort.

Beeinflussung der T-Zell-Antwort

Da Tumorzellen die gegen sie gerichtete Immunantwort hemmen, ist einer der vielversprechendsten Ansätze, genau diese Fähigkeit der Tumorzellen aufzuheben.

Die Expression von CTLA-4 auf T-Zellen führt über eine Bindung an CD80/86 (= B7) auf der antigenpräsentierenden Tumorzelle zur Unterdrückung der T-Zell-Antwort. Durch eine passive Immunisierung mit dem **gegen CTLA-4 gerichteten monoklonalen Antikörper** Ipilimumab wird CTLA-4 blockiert und CD80/86 kann wieder mit CD28 interagieren, sodass trotz CTLA-4-Expression die **T-Zell-Antwort aktiviert** wird.

Ein ähnlicher Effekt wurde bei Anwendung von Inhibitoren gegen das Tryptophan abbauende Enzym IDO (Indolamin-2,3-Dioxygenase) beobachtet. Während der Anti-CTLA-4-Antikörper bereits ein zugelassenes Medikament ist, befinden sich die IDO-Inhibitoren noch in der Testphase.

Aus Studentensicht

16.7 Immuntherapie bei Tumorerkrankungen

16.7.1 Tumorescape

Tumorzellen exprimieren veränderte Proteine oder überexprimieren körpereigene Proteine, wodurch sie vom Immunsystem erkannt und eliminiert werden können. Sie können diesem Mechanismus jedoch entkommen, indem sie z. B. die **MHC-I-Expression herunterregulieren** und **immunsuppressive Zytokine** wie TGFβ und IL-10 sezernieren **(Tumorescape).**

16.7.2 Unspezifische Immunstimulation

Eine unspezifische Immunstimulation kann die Toleranz gegenüber Tumorzellen durch eine tumorantigenunabhängige Stimulation des Immunsystems reduzieren und wird daher in der Tumortherapie eingesetzt.

16.7.3 Immunisierung

Passive Immunisierungen mit monoklonalen Antikörpern werden bereits in der Tumortherapie eingesetzt. Sie können z. B. Tumorzellen oder andere Faktoren, die das Tumorwachstum fördern, opsonieren.
Aktive Immunisierungen, wie die **präventive Immunisierung** gegen HPV, reduzieren das Risiko, u. a. an **bösartigen Gebärmutterhalstumoren** zu erkranken. Deshalb wird eine Impfung vor dem ersten Geschlechtsverkehr empfohlen.
Aktive therapeutische Immunisierungen wie die Verabreichung von Tumorantigenen oder antigenbeladenen dendritischen Zellen zur Therapie von Tumorerkrankungen sind noch im Stadium klinischer Studien.

Beeinflussung der T-Zell-Antwort

Tumorzellen können die gegen sie gerichtete Immunantwort hemmen. Eine medikamentöse **Aktivierung der T-Zell-Antwort** kann dem teilweise entgegenwirken, z. B. durch die passive Immunisierung mit einem **gegen CTLA-4 gerichteten monoklonalen Antikörper** (Ipilimumab). Ähnliche Effekte wurden bei Inhibitoren gegen das Tryptophan abbauende Enzym Indolamin-2,3-Dioxygenase beobachtet.

Aus Studentensicht

KLINIK

Bei der **adoptiven T-Zell-Therapie** werden ex vivo T-Zellen des Patienten selektiert und so manipuliert und expandiert, dass sie MHC-unabhängig Tumorantigene erkennen und eine T-Zell-Antwort auslösen. Anschließend werden sie dem Patienten zurücktransfundiert und können Tumorzellen vernichten.

PRÜFUNGSSCHWERPUNKTE

IMPP

!! MHC-I-Moleküle, Toll-like-Rezeptor, IgG, IgM, IgA

Kompetenzorientierte Lernziele (NKLM)

Die Studierenden können
- die Barrierefunktion der Haut erläutern.
- Funktion und Regulation der zellulären und humoralen Immunantwort erklären.
- Prinzipien der Entzündung und Rolle der Mediatoren erklären.
- die Funktionsweise des Komplementsystems erklären.
- die Funktion von Makrophagen, Granulozyten, Mastzellen und NK-Zellen erklären.
- die molekularen und zellulären Komponenten des humoralen und zellulären Immunsystems beschreiben und ihre Funktion erklären.
- die Entstehung der Vielfalt der Antikörper und T-Zell-Rezeptoren erklären.
- die Bedeutung von klonaler Selektion und Deletion für die Fremd-Selbst-Unterscheidung erklären.
- die Präsentation von Antigenen und ihre Bedeutung für die Immunabwehr erklären.
- Entzündungsreaktionen und Prinzipien der Pathogenese von Immunreaktionen erläutern.
- Autoimmunerkrankungen erläutern.
- die Prinzipien des therapeutischen Einsatzes von Glukocorticoiden erklären.
- die Prinzipien der pharmakologischen Immunsuppression und der Pharmakotherapie von Autoimmunerkrankungen erklären.
- eine Allergie vom Soforttyp erläutern.

KLINIK

Tryptophanstoffwechsel und Krebs

Tumorgewebe enthält häufig niedrigere Tryptophankonzentrationen als gesundes Gewebe. Dafür exprimieren verschiedene Zellen des Tumors erhöhte Mengen des Tryptophan abbauenden Enzyms IDO. Generell wirkt IDO antientzündlich und immunsuppressiv. Wenngleich die Wirkmechanismen nicht im Detail geklärt sind, gilt als gesichert, dass IDO die Toleranz gegenüber Tumorzellen erhöht und die Bildung suppressiver T-Zellen fördert. Dabei spielen sowohl enzymatische als auch nicht-enzymatische Aktivitäten von IDO eine Rolle. So beeinflussen Metaboliten des Trypthophanabbaus die Expression von Genen, welche die Differenzierung von T-Zellen beeinflussen. Dagegen scheint die von IDO vermittelte Toleranzinduktion über antiinflammatorische Zytokine zu erfolgen und vom Tryptophanmetabolismus unabhängig zu sein. Da in zahlreichen, v. a. auch nicht oder schwer operablen Tumoren wie dem Glioblastom die Expression von IDO mit dem Auftreten von Metastasen und einer schlechteren Prognose korreliert, ist die Inhibition von IDO ein vielversprechender Ansatz der Immuntherapie bei Krebs.

Eine der vielversprechendsten Strategien stellt die **adoptive Transfusion** gentechnisch veränderter T-Zellen dar. Dazu werden ex vivo T-Lymphozyten des Patienten selektiert, manipuliert und expandiert, um sie dann dem Patienten zurückzugeben. Die T-Zellen werden dabei so verändert, dass sie MHC-unabhängig Tumorantigene erkennen und eine T-Zell-Antwort ausgelöst wird. Im Gegensatz zu typischen Antikörpertherapien hat diese Therapie den Vorteil, dass sich das Therapeutikum im Organismus vermehrt und dadurch die Immuntoleranz gegenüber den Krebszellen dauerhaft aufgehoben werden kann.

ÜBUNGSFRAGEN FÜRS MÜNDLICHE MIT LÖSUNGSHILFEN

1. Was bewirken Mustererkennungsrezeptoren auf der Oberfläche von Phagozyten?

Durch Interaktion pathogener Strukturen mit Mustererkennungsrezeptoren wird intrazellulär eine Signalkaskade ausgelöst, indem Proteine mit Todesdomänen über Kinasen Transkriptionsfaktoren aktivieren. Transkriptionsfaktoren, wie NFκB, wandern in den Zellkern und aktivieren die Transkription proentzündlicher Zytokine.

2. Wie werden Proteinantigene den T-Lymphozyten präsentiert?

Aus Proteinen werden intrazellulär Peptidfragmente hergestellt und diese werden auf MHC-I- oder MHC-II-Moleküle geladen. Zytoplasmatische Proteine werden nach Ubiquitinmarkierung in Proteasomen zu Peptiden abgebaut, ins ER transportiert, dort auf MHC-I-Moleküle geladen und über Vesikel zur Zelloberfläche transportiert. In professionellen antigenpräsentierenden Zellen werden auch über Endozytose aufgenommene Proteine in Lysosomen zu Peptiden abgebaut, dort auf MHC-II-Moleküle geladen und ebenfalls in Vesikeln zur Plasmamembran transportiert.

3. Wie kommt es zur Antikörpervielfalt?

Zur Antikörpervielfalt tragen bei:
- Somatische Rekombination, d. h. Kombination verschiedener V-, D- (nur bei schweren Ketten) und J-Segmente der Keimbahn-DNA.
- Kombinatorische Diversität: Zufällige Kombination unterschiedlicher schwerer und leichter Ketten.
- Junktionale Diversität: Zufälliges Hinzufügen und Entfernen von Nukleotiden beim Verknüpfen der Gensegmente.
- Somatische Hypermutation: Veränderung von Basen bei der klonalen Expansion.

4. Beschreiben Sie die T-Zell-abhängige B-Zell-Antwort!

Es erfolgen eine Aktivierung von B-Lymphozten in peripheren Lymphorganen durch Ausbildung einer immunologischen Synapse zwischen MHC-II-Peptid-Komplex auf B-Zellen mit TCR auf T-Zellen und eine Costimulation durch CD40-CD40 L. Anschließend kommt es zur Sekretion von Zytokinen, die eine klonale Expansion der B-Lymphozyten und Reifung zu Plasmazellen und Gedächtniszellen bewirken.

KAPITEL 17 Prinzipien des Stoffwechsels: Was geht rein und was geht raus?

Regina Fluhrer, Wolfgang Hampe

17.1 Der menschliche Stoffwechsel 413
17.2 Katabolismus 414
17.3 Anabolismus 415
17.4 Redoxäquivalente: Übertragung von Elektronen 416
17.4.1 NAD^+/NADH und $NADP^+$/NADPH 416
17.4.2 FAD/$FADH_2$ 417
17.5 Energiereiche Bindungen 419
17.6 Grundsätze der Stoffwechselregulation 420
17.7 Regulation der Nahrungsaufnahme 421
17.7.1 Energieumsatz 421
17.7.2 Appetitregulation 422
17.7.3 Peptidhormone des Magen-Darm-Trakts 423

Aus Studentensicht

Aus groß mach klein, lautet das Prinzip des katabolen Stoffwechsels. Komplexe, teils große Nährstoffe werden aufgenommen und zu einer überschaubaren Anzahl an kleinen Molekülen abgebaut, die in die Energiestoffwechselwege eingeschleust werden. Umgekehrt macht der anabole Stoffwechsel aus kleinen Bausteinen größere komplexe Moleküle. Die Energiewährung, mit der dabei gehandelt wird, sind energiereiche Bindungen, meist in Form von ATP. Damit wird der Aufbau bezahlt und umgekehrt kommt sie beim Abbau wieder heraus. Das situationsabhängige Gleichgewicht zwischen Katabolismus und Anabolismus wird über Hormone und Botenstoffe reguliert. In einer Zeit, in der eine fehlregulierte Nahrungsaufnahme in Form von Adipositas oder Anorexie immer häufiger wird, sind die Prinzipien des Stoffwechsels ein wichtiges Thema.
Carolin Unterleitner

17.1 Der menschliche Stoffwechsel

> **FALL**
>
> **Die Jansens, das ungleiche Paar**
>
> Als sein Hausarzt kennen Sie Fritz Jansen seit vielen Jahren und seit genauso langer Zeit liegen Sie ihm in den Ohren, dass er doch beim Essen ein wenig auf die Bremse treten soll. „Ich bin einfach ein Genießer", lacht er, „die Geschäftsessen beim Franzosen sind schuld, Sie müssen dort mal die Mousse au Chocolat probieren, einfach unwiderstehlich! François bringt mir immer gleich die doppelte Portion, jede Sünde wert!" – „Herr Jansen, Sie haben jetzt einen BMI von 32, Sie werden Probleme bekommen, wenn das so weitergeht. Wie sieht es denn mit der Bewegung im Alltag aus?" – „Sport ist Mord, wenn ich an all die Sportverletzungen denke, da schau ich Fußball doch lieber auf der Couch! Ich bin ein hoffnungsloser Fall, was meine Frau schon an mich hingeredet hat, mit ihrem veganen Gesundheitsfimmel. Aber nur Reiscracker und Karottensticks – nein danke, wenn Sie mich fragen, schaut meine Britta heute ungesünder aus als früher. Die hätte einen Check bei Ihnen viel nötiger als ich, mit ihren ständig spröden Lippen und aufgerissenen Mundwinkeln. Das gab es früher bei ihr nicht. Ich mach ihr gleich mal einen Termin bei Ihnen!"
> Isst Herr Jansen zu viel? Warum wird er dick, seine Frau aber nicht?

Der **Stoffwechsel** (Metabolismus) ist die Gesamtheit aller **chemischen Prozesse** in **Lebewesen**. Diese müssen körpereigene Moleküle (Biomasse) aus Bausteinen synthetisieren (= Baustoffwechsel) und ihre Körperfunktionen aufrechterhalten. Dazu benötigen sie Energie (= Energiestoffwechsel). Nach dem Energieerhaltungssatz (1. Hauptsatz der Thermodynamik) wird Energie nie de novo erzeugt, sondern nur von einer Energieform in eine andere umgewandelt. Lebewesen sind daher auf die Zufuhr von Energie angewiesen. Als **Energiequelle** für den menschlichen Stoffwechsel dienen organische Verbindungen, die mit der **Nahrung** aufgenommen und in Redoxreaktionen abgebaut werden (= **Katabolismus**) (> Abb. 17.1). Die dabei frei werdende chemische Energie aus der Nahrung wird meist genutzt, um den kurzfristigen Energiespeicher **ATP** aus ADP und Phosphat zu synthetisieren.

Die aufgenommenen organischen Verbindungen sind auch **Quelle für die Baustoffe** zur Bildung der Körpersubstanz. Sie werden dabei zunächst zu einfachen Bausteinen abgebaut, die dann unter Verbrauch von ATP zu körpereigenen Baustoffen aufgebaut werden (= **Anabolismus**). Da die Nahrungszufuhr nicht gleichmäßig ist, haben Lebewesen im Laufe der Evolution die Fähigkeit entwickelt, überschüssige Energie für die Synthese körpereigener organischer Verbindungen zu nutzen (= **Speicherstoffe**), die in Hungerphasen (**Nahrungskarenz**) als Energie- und Baustoffquelle zur Aufrechterhaltung der Stoffwechselprozesse dienen. Ein Beispiel dafür sind Fettspeicher.

17.1 Der menschliche Stoffwechsel

Unter **Stoffwechsel** versteht man die **Gesamtheit aller chemischen Prozesse** in Lebewesen. Die benötigte Energie wird in Form von organischen Verbindungen aufgenommen, die im **katabolen Stoffwechsel** abgebaut werden. Als kurzfristiger Energiespeicher dient **ATP**.
Im **anabolen Stoffwechsel** werden unter ATP-Verbrauch körpereigene Moleküle **aufgebaut**.
Überschüssige Energie kann in Form von **Speichern** eingelagert werden, die in Hungerphasen wieder mobilisiert werden.
Giftige Stoffe werden im Rahmen der **Biotransformation** ausscheidbar gemacht.

Aus Studentensicht

ABB. 17.1

Stoffwechselwege bestehen aus direkt **hintereinander ablaufenden Reaktionen,** wovon viele Einzelreaktionen **reversibel** sind. Ganze Stoffwechselwege sind i. d. R. **irreversibel,** da sie irreversible **Schlüsselreaktionen** beinhalten.

17.2 Katabolismus

Kohlenhydrate, Lipide und **Proteine** sind die Hauptlieferanten für Energie. Sie werden mit Sauerstoff zu CO_2 und H_2O **oxidiert,** wobei ein Großteil der frei werdenden Energie in Form von **ATP** für den Körper verfügbar gemacht wird.

17 PRINZIPIEN DES STOFFWECHSELS: WAS GEHT REIN UND WAS GEHT RAUS?

Einige Stoffwechselwege können sowohl Teil des Katabolismus als auch Teil des Anabolismus sein (= **amphibole** Stoffwechselwege). Daneben gibt es Stoffwechselwege, in denen giftige (toxische) Substanzen in ausscheidbare Stoffe umgewandelt werden (= **Biotransformation;** ➤ 22.1).

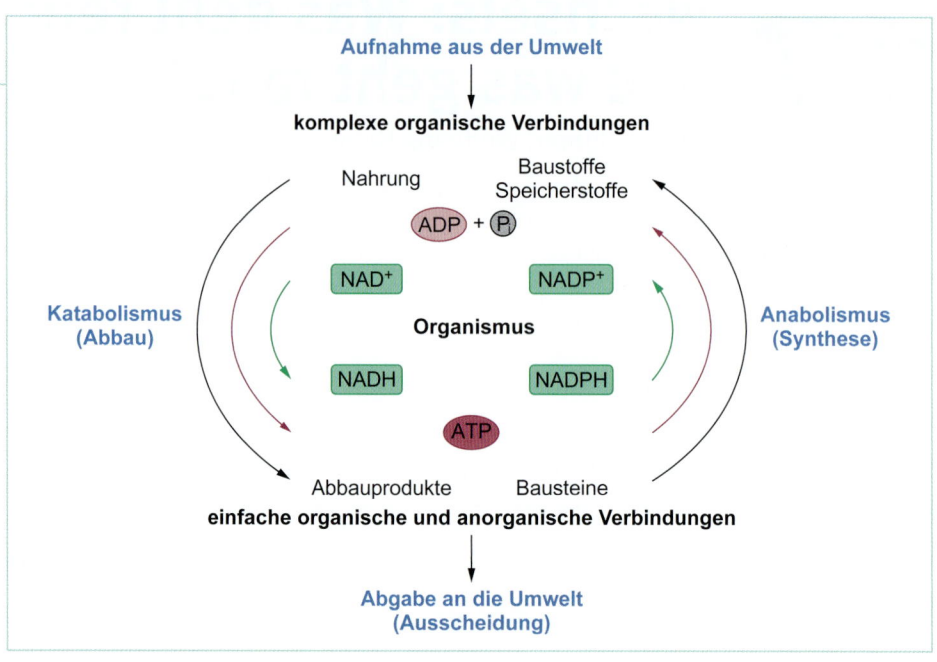

Abb. 17.1 Grundsätze des menschlichen Stoffwechsels [L253]

Stoffwechselreaktionen, die unmittelbar aufeinanderfolgen, bilden **Stoffwechselwege.** Über mehrere Zwischenprodukte entsteht das Endprodukt eines Stoffwechselwegs, das eine Schnittstelle zu anderen anabolen und katabolen Stoffwechselwegen bilden kann. Diese Zwischen- und Endprodukte der Stoffwechselwege werden auch **Metaboliten** genannt.

Viele Einzelreaktionen im menschlichen Stoffwechsel sind reversibel. Ganze Stoffwechselwege sind i. d. R. aber irreversibel, da sie mindestens einen irreversiblen Reaktionsschritt (**Schlüsselreaktion**) beinhalten, der meist auch **reguliert** wird. Reguliert dieser Schritt maßgeblich die Geschwindigkeit des gesamten Stoffwechselwegs, spricht man von einer **Schrittmacherreaktion** (➤ 3.6.2). Auf- und abbauender Weg eines Moleküls, z. B. Glukoseab- und -aufbau, unterscheiden sich in den irreversiblen Reaktionsschritten, die bei der Rückreaktion durch andere, meist ebenfalls irreversible Reaktionen umgangen werden. Wenn ein Stoff wie Glukose zunächst ab- und anschließend wieder aufgebaut wird, wird dabei netto ATP verbraucht. Das ist der energetische Preis dafür, dass der Körper unter relativ gleichbleibenden Reaktionsbedingungen sowohl katabole als auch anabole Stoffwechselwege durchführen kann. Die Stoffwechselwege im menschlichen Organismus bestehen aus einer Aneinanderreihung von verschiedenen chemischen Reaktionen, die eine Auswahl aus den prinzipiell möglichen chemischen Reaktionen darstellt. Diese Auswahl wird durch die jeweils vorhandenen Enzyme getroffen. Denn unter physiologischen Bedingungen finden i. d. R. nur die Reaktionen in nennenswertem Ausmaß statt, die von Enzymen katalysiert werden. Insgesamt kommen dabei relativ wenige verschiedene chemische Reaktionstypen vor, sodass Stoffwechselwege größtenteils aus immer wiederkehrenden Modulen zusammengesetzt sind.

17.2 Katabolismus

Die Hauptenergielieferanten in der menschlichen Nahrung sind **Kohlenhydrate, Lipide** und **Proteine.** Nukleinsäuren können im menschlichen Stoffwechsel nur in sehr geringem Umfang für den Energiestoffwechsel verwertet werden. Um die in den Nährstoffen enthaltene chemische Energie für den Stoffwechsel möglichst effizient nutzbar zu machen, werden ihre Kohlenstoffgerüste mit dem Sauerstoff der Atemluft (= **aerob**) zu CO_2 und H_2O oxidiert; man spricht dann auch von vollständiger Oxidation. Aus jedem C-Atom der Nährstoffe wird dabei ein CO_2-Molekül gebildet, das meist abgeatmet wird. Diese Oxidation entspricht chemisch einer „Verbrennung". Anders als bei einer Verbrennung im Feuer wird die chemische Energie der Brennstoffe im Stoffwechsel jedoch nicht komplett als Wärmeenergie freigesetzt, sondern zum Großteil zur Synthese des **Energieüberträgers ATP** genutzt. Andere in Nährstoffen enthaltene Elemente, wie Stickstoff oder Schwefel, werden meist nicht „mit verbrannt", sondern auf verschiedenen Wegen abgezweigt. Physiologisch ist daher nur die Verbrennung des Kohlenwasserstoffgerüsts vollständig.

> **Vollständige Verbrennung**
> Eine Verbrennung ist eine **exotherme Redoxreaktion**, bei der Elektronen von einem Brennstoff auf **Sauerstoff** übertragen werden. Die Oxidation des Brennstoffs ist **vollständig**, wenn alle seine Atome ihre höchstmögliche physiologische Oxidationsstufe erreicht haben. Im Stoffwechsel ist dies für C-Atome CO_2 und für H-Atome H_2O. Voraussetzung für eine vollständige Verbrennung ist eine ausreichende Sauerstoffzufuhr.

Trotz unterschiedlicher chemischer Eigenschaften der Nährstoffe folgt ihr kataboler Abbau einer gemeinsamen Systematik. In einer ersten Abbaustufe werden die komplexeren (Makro-)Moleküle meist im Magen-Darm-Trakt **hydrolytisch** in kleinere Bausteine gespalten (> Abb. 17.2). So entstehen aus den Kohlenhydraten, Proteinen und Triacylglyceriden (TAG) der Nahrung Monosaccharide (z. B. Glukose), Aminosäuren und Fettsäuren, die im Darm absorbiert (= erstmals aufgenommen) werden. Anschließend werden die Kohlenstoffgerüste dieser Bausteine in den menschlichen Zellen zu einem gemeinsamen Zwischenprodukt, dem **Acetyl-CoA** (= aktivierte Form der Essigsäure), abgebaut. In der dritten Stufe wird der Acetylrest im **Citratzyklus,** der zentralen Drehscheibe des Stoffwechsels, vollständig zu CO_2 oxidiert. Die bei der Oxidation abgegebenen Elektronen und damit ein Großteil der dabei frei werdenden chemischen Energie gehen auf elektronenübertragende Coenzyme über. Abschließend werden die Elektronen in der **Atmungskette** auf Sauerstoff übertagen und es entsteht Wasser. Die dabei frei werdende Energie wird zur Synthese von ATP verwendet (= **oxidative Phosphorylierung**).

Aus Studentensicht

Die Nährstoffe werden im Magen-Darm-Trakt hydrolytisch in **Monomere** gespalten, die dann zum gemeinsamen Zwischenprodukt **Acetyl-CoA** abgebaut werden. Acetyl-CoA wird im **Citratzyklus** oxidiert, wobei Elektronen auf elektronenübertragende Coenzyme übergehen. Die **Elektronen** werden schließlich in der **Atmungskette** auf Sauerstoff übertragen, wobei Wasser entsteht. Die frei werdende Energie führt zur **ATP-Synthese.**

ABB. 17.2

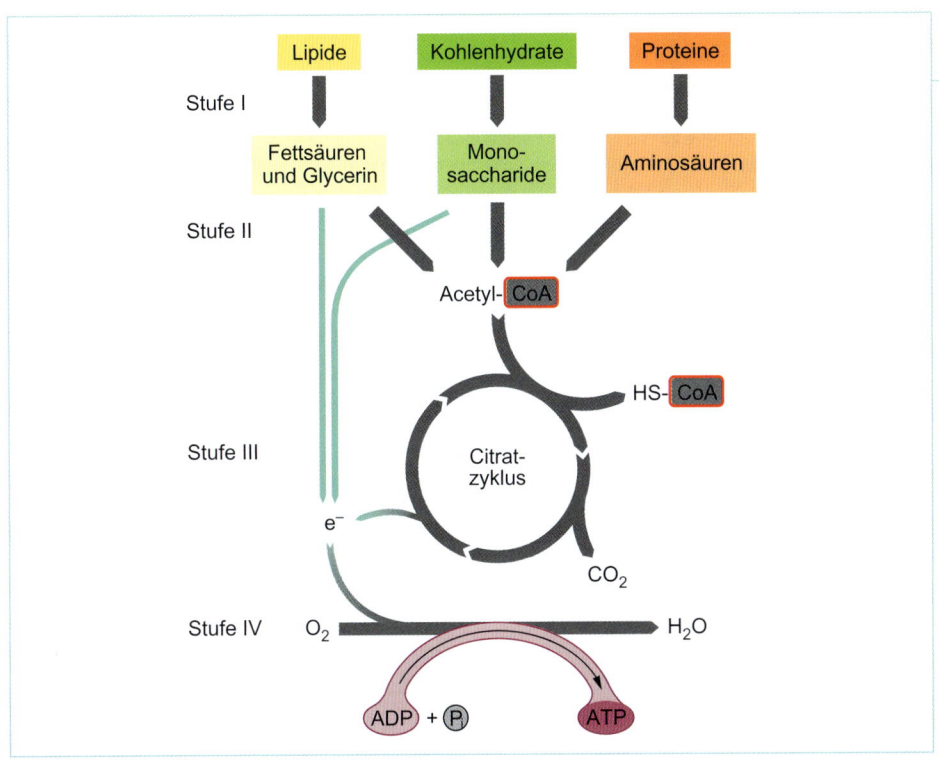

Abb. 17.2 Grundsätze des katabolen Stoffwechsels [L253]

17.3 Anabolismus

Die durch Hydrolyse der Nahrungsbestandteile gewonnenen Bausteine können nicht nur zur Energiegewinnung, sondern auch zur **Synthese körpereigener Moleküle** genutzt werden. Beispiele für solche anabolen Stoffwechselwege sind **Protein-** und **Nukleinsäuresynthese,** aber auch die Neusynthese der **zellulären Kompartimente** (> Abb. 17.3). Wenn die aus der Nahrung freigesetzte Energie den aktuellen Energiebedarf des Körpers übersteigt, werden zusätzlich **Energiespeicher** gebildet. Dabei dient das aus Kohlenhydraten hergestellte **Glykogen** als kurz- bis mittelfristiger Speicher in Leber und Muskel. **Triacylglyceride** im Fettgewebe werden aufgrund ihrer hohen Energiedichte als langfristige Speicher gebildet. Bei ATP-Bedarf werden sie in katabolen Stoffwechselwegen wieder abgebaut. Proteine dienen nicht als Speicherstoffe im engeren Sinne, sondern als Baustoffe für die zelluläre Struktur und werden nur unter bestimmten Bedingungen zur Energiegewinnung herangezogen. Neben den Hydrolyseprodukten der Nährstoffe können auch niedermolekulare Abbauprodukte des katabolen Stoffwechsels Ausgangspunkte für die Synthese von Speicherstoffen sein.

17.3 Anabolismus

Die mit der Nahrung aufgenommenen Moleküle können in anabolen Reaktionen zur **Synthese** von körpereigenen Makromolekülen wie **Proteinen** oder **Nukleinsäuren** und von **zellulären Kompartimenten** dienen.
Als **Speicher** für überschüssige Energie stehen **Glykogen** und **Triacylglyceride** zur Verfügung.

Aus Studentensicht

ABB. 17.3

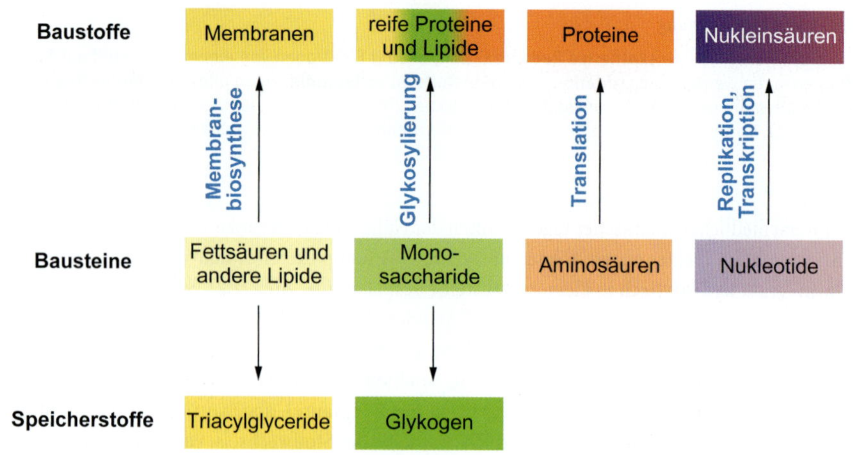

Abb. 17.3 Übersicht über anabole Stoffwechselwege. Nicht berücksichtigt sind abbauende Stoffwechselwege wie der Proteinabbau, die auch von anabolen Hormonen stimuliert werden und zur Bereitstellung der Bausteine dienen. [L253]

> **FALL**
>
> **Die Jansens, das ungleiche Paar: Herr Jansen hat Adipositas**
>
> Herr Jansen ist ein typisches Beispiel für jemanden, bei dem ein deutliches Ungleichgewicht zwischen Energieaufnahme und Energieverbrauch existiert. Die doppelte Portion Energie z. B. in Form von Mousse au Chocolat, die er sich regelmäßig gönnt, wird nicht durch einen verdoppelten Energieverbrauch ausgeglichen, da er viel sitzt und wenig Sport treibt. Die nicht verbrauchte Energie wird als Reserve in Form von Triacylglyceriden in Fettzellen gespeichert. Diese kumulieren über die Jahre und damit steigt das Gewicht von Herrn Jansen.
> Als Maß für Gewicht in Bezug auf Körpergröße hat sich der BMI (Body Mass Index) etabliert. Er berechnet sich aus Gewicht in kg dividiert durch das Quadrat der Körpergröße in m. Da er weder Geschlecht noch Verhältnis von Fett- zu Muskelmasse berücksichtigt, ist er lediglich ein grober Richtwert für den Ernährungszustand eines Menschen. Ein BMI zwischen 18,5 und 25 kg/m² gilt als normal, zwischen 25 und 30 kg/m² spricht man von Übergewicht, bei mehr als 30 kg/m² liegt eine Adipositas vor, die je nach Schweregrad weiter differenziert werden kann. Durch Bestimmung der Hautfaltendicke an bestimmten Messpunkten (z. B. Bizeps oder Abdomen) kann der Anteil an Depotfett im Verhältnis zu Strukturfett und Muskelmasse abgeschätzt werden. Noch genauere Werte liefert die bioelektrische Impedanzanalyse (BIA), welche die unterschiedliche Leitfähigkeit verschiedener Gewebe berücksichtigt.
> Warum hat Herr Jansen so viel Appetit?

Auch die für die anabolen Reduktionen benötigten Elektronen stammen aus **elektronenübertragenden Coenzymen**.

Bei anabolen Reaktionen werden vielfach Moleküle reduziert. Die dafür benötigten Elektronen stammen ebenfalls aus **elektronenübertragenden Coenzymen**, die sich jedoch meist von denen der katabolen Stoffwechselwege unterscheiden.

17.4 Redoxäquivalente: Übertragung von Elektronen

Die wichtigsten Elektronenüberträger sind **NAD⁺/NADH** und **FAD/FADH₂** (katabol) sowie **NADP⁺/NADPH** (anabol).
Die bei Redoxreaktionen übertragenen Elektronen sind **Redoxäquivalente**.

Die wichtigsten elektronenübertragenden Coenzyme (Elektronenüberträger) im menschlichen Organismus sind in katabolen Stoffwechselreaktionen Nikotinamid-Adenin-Dinukleotid (**NAD⁺/NADH**) und Flavin-Adenin-Dinukleotid (**FAD/FADH₂**) und in anabolen Reaktionen Nikotinamid-Adenin-Dinukleotid-Phosphat (**NADP⁺/NADPH**).
Die im Rahmen der Redoxreaktionen übertragenen **Elektronen** sind **Redoxäquivalente** und u. a. in den reduzierten Formen der elektronenübertragende Coenzyme wie NADH oder FADH₂ enthalten. Diese Coenzyme enthalten somit streng genommen je zwei Redoxäquivalente. Im biochemischen Sprachgebrauch werden aber auch die elektronenübertragenden Coenzyme selbst als ein Redoxäquivalent bezeichnet.

17.4.1 NAD⁺/NADH und NADP⁺/NADPH

Funktionsbestimmender Bestandteil des NAD⁺ und NADP⁺ ist **Nikotinamid** (Nikotinsäureamid, Niacinamid, Pyridin-3-carboxyamid, Niacin, Vitamin B₃). Als ein weiterer Baustein ist ADP enthalten (➤ Abb. 17.4a).

> **Verwechslungsgefahr: Nikotinamid und Nikotin**
>
> **Nikotinamid** ist nicht identisch mit dem Nikotin der Tabakpflanze, das diese als Gift für Fressfeinde in ihre Blätter einlagert. Zwar besitzen beide Verbindungen einen aromatischen Pyridinring, sie unterscheiden sich aber in ihren Seitengruppen und damit in ihrer Stoffwechselwirkung.

17.4 REDOXÄQUIVALENTE: ÜBERTRAGUNG VON ELEKTRONEN

Aus Studentensicht

Während das Nikotinamid Bestandteil von elektronenübertragenden Coenzymen ist, aktiviert **Nikotin** schon Sekunden nach dem Inhalieren des Zigarettenrauchs nikotinische Acetylcholinrezeptoren auf parasympathischen Neuronen. Es führt dadurch kurzfristig zu einer Erhöhung der Leistungsfähigkeit. Langfristig trägt es zu den Entzugserscheinungen und zum Suchtpotenzial des Rauchens bei.

Nikotin [L253]

Der **Pyridinring** im Nikotinamid enthält im Gegensatz zu den Pyrimidinringen der Nukleotidbausteine nur ein N-Atom.

NAD^+ und $NADP^+$ sind frei **bewegliche Coenzyme** und können an der Nikotinamidgruppe zwei Elektronen und ein Proton aufnehmen (= **Hydridion**). Dabei verliert das Ringsystem seine stabile aromatische Struktur, weshalb NADH und NADPH ein hohes Bestreben haben, die Elektronen wieder abzugeben. Die Elektronen sind also energiereich. Dennoch sind diese Elektronenüberträger im zellulären Kontext stabil und werden nur im aktiven Zentrum von beispielsweise **Dehydrogenasen** wieder oxidiert. So wird garantiert, dass die aus der Nahrung gewonnenen Elektronen und damit die Energie spezifisch verwendet werden können. Da sich NAD^+ und $NADP^+$ lediglich durch die weit von der Nikotinamidgruppe entfernte Phosphatgruppe unterscheiden, besitzen sie unter Standardbedingungen dasselbe $\Delta G^{0'}$ von 320 mV. Bei der Elektronenabgabe setzen also beide Elektronenüberträger grundsätzlich gleich viel Energie frei, die ausreichend ist, um Carbonyl- zu OH-Gruppen bzw. Carboxyl- zu Carbonylgruppen zu reduzieren (➤ Abb. 17.4b). Die Energie, die bei einer Redoxreaktion in der menschlichen Zelle tatsächlich frei wird, hängt aber von den Konzentrationen der Reaktanden ab (➤ 3.1.5). Da in den meisten Zellen der Quotient $NADPH/NADP^+$ deutlich größer ist als $NADH/NAD^+$, wird bei der Elektronenabgabe von NADPH tatsächlich mehr Energie frei als bei der gleichen Reaktion mit NADH. Dadurch kann $NADPH/NADP^+$ als Elektronenüberträger bei vielen anabolen Reaktionen wie den Reduktionen von Carbonyl- zu OH-Gruppen bzw. Carboxyl- zu Carbonylgruppen fungieren (➤ Abb. 17.4b), während $NADH/NAD^+$ in erster Linie als Coenzym für katabole Reaktionen dient.

NAD^+ und $NADP^+$ sind **lösliche Coenzyme**, die zwei Elektronen und ein Proton (= Hydridion) aufnehmen können.

Bei der Elektronenabgabe von NADPH wird mehr Energie frei als von NADH, weswegen NADPH für anabole Reaktionen verwendet werden kann.

17.4.2 FAD/FADH$_2$

Während NADH und NADPH als Coenzyme frei im Zytoplasma vorkommen und Elektronen von einem Enzym zum nächsten transportieren, sind die ebenfalls als Elektronenüberträger wirkenden **Flavinnukleotide** i. d. R. als **prosthetische Gruppen** fest an **Flavoproteine** gebunden. Sie dienen als Zwischenspeicher für Elektronen, die an einem Enzym vom Substrat zunächst auf das Flavonukleotid und dann auf einen anderen Elektronenakzeptor übertragen werden. Die Energie der übertragenen Elektronen hängt stark von der Proteinumgebung ab und unterscheidet sich somit zwischen den Flavoproteinen. In der Regel ist sie etwas niedriger als bei NAD^+ bzw. $NADP^+$, sodass $FADH_2$ bei der Oxidation von C-C-Einfachbindungen zu C=C-Doppelbindungen gebildet werden kann (➤ Abb. 17.4b).
Flavin-Adenin-Dinukleotid (**FAD**) und Flavin-Mononukleotid (**FMN;** Riboflavinphosphat) enthalten als funktionsbestimmenden Bestandteil das **Riboflavin (Vitamin B$_2$)**, einen substituierten **Isoalloxazinring**, der zwei Elektronen und zwei Protonen (= **Wasserstoff**) binden kann, wobei $FADH_2$ bzw. $FMNH_2$ entstehen (➤ Abb. 17.4a). Alternativ kann der Isoalloxazinring anders als Nikotinamid auch nur ein einzelnes Elektron aufnehmen. Durch die feste Bindung des Coenzyms können Flavoenzyme nur dann weitere Reaktionen katalysieren, wenn die Elektronen und Protonen des Coenzyms wieder abgegeben wurden. Die Bezeichnung Flavinmononukleotid ist streng genommen nicht korrekt, da das Molekül kein Nukleotid ist, weil es wie auch $FADH_2$ den Zuckeralkohol Ribitol anstelle von Ribose enthält.

17.4.2 FAD/FADH$_2$

FAD ist eine fest gebundene **prosthetische Gruppe,** die meist C-C-Einfachbindungen zu C=C-Doppelbindungen oxidiert. Es kann **zwei Elektronen** und **zwei Protonen** binden.

FALL

Die Jansens, das ungleiche Paar: Frau Jansen hat Riboflavin-Mangel

Tatsächlich taucht Frau Jansen an dem von ihrem Mann vereinbarten Termin bei Ihnen auf. Sie scheint das exakte Gegenteil von ihrem Mann: blass, mager und sehr diszipliniert in Bezug auf das Essen. Sie ernährt sich seit drei Jahren strikt vegan, ohne jegliche tierischen Nahrungsmittel. Ihnen fallen die geröteten rissigen Lippen von Frau Jansen auf und ihre Mundwinkel zeigen Rhagaden. Dies sind typische Symptome eines Riboflavin-Mangels (Vitamin-B$_2$-Mangel), ein Vitamin, das eine wichtige Rolle für eine gesunde Haut spielt. Tatsächlich sind die Serumwerte von Frau Jansen mit 40 µg/dl (Norm 70–100 µg/dl) stark erniedrigt. Durch den daraus resultierenden Mangel an FAD kommt es auch zu einer verringerten Umwandlung von Vitamin B$_6$ in seine aktive Form Pyridoxalphosphat (PALP), einer Störung der Niacin-Bildung (Vitamin B$_3$) aus Tryptophan, sowie Problemen im Folsäurestoffwechsel. Frau Jansens Blässe könnte von einer beginnenden Anämie herrühren, die durch einen Folsäuremangel ausgelöst wird. Sie verschreiben Frau Jansen ein hoch dosiertes Vitaminpräparat, das alle B-Vitamine enthält, denn gerade bei strikten Veganern sind nicht nur Riboflavin-, sondern auch Vitamin-B$_{12}$-Mangelerscheinungen nicht selten (➤ 23.3).

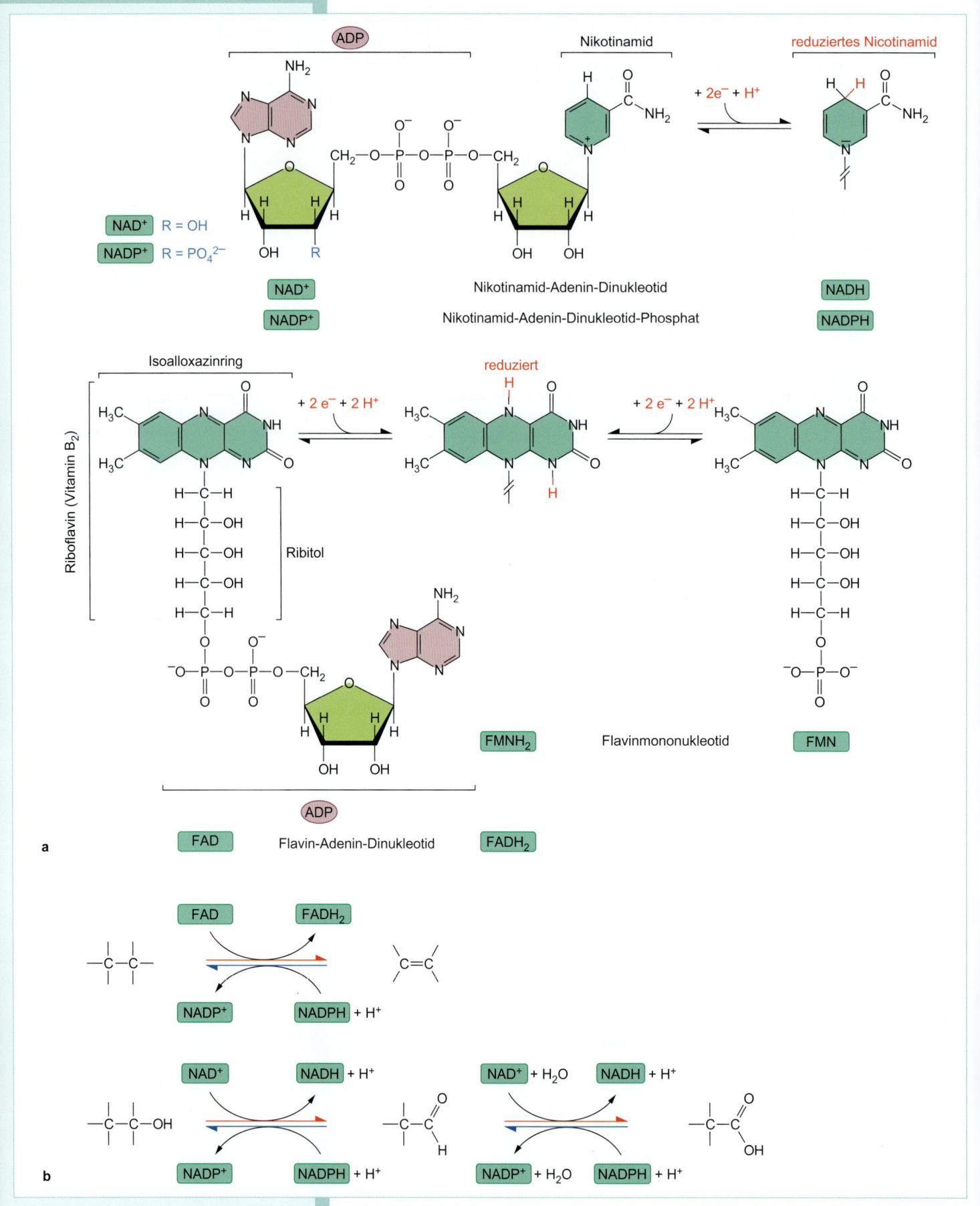

Aus Studentensicht 17 PRINZIPIEN DES STOFFWECHSELS: WAS GEHT REIN UND WAS GEHT RAUS?

Abb. 17.4 Redoxäquivalente. **a** Chemische Struktur. **b** Faustregel für Oxidation (rote Pfeile) und Reduktion (blaue Pfeile). [L253]

17.5 Energiereiche Bindungen

Die meisten anabolen, aber auch einige katabole Reaktionen sind an sich endergon und benötigen Energie. Sie können daher nur ablaufen, wenn sie an stark exergone Reaktionen wie die Hydrolyse von ATP gekoppelt sind (3.2.6). Alternativ dazu können die Substrate dieser Reaktionen aber auch durch Bindung an ein anderes Molekül aktiviert werden. Ein Beispiel dafür ist die Aktivierung des Acetats durch das **Coenzym A (CoA)**. Wesentlich für die Funktion des CoA ist die SH-Gruppe (➤ Abb. 17.5). Sie kann mit der Säuregruppe des Acetats eine **energiereiche Thioesterbindung** ausbilden. Bei der Hydrolyse energiereicher Bindungen wird mindestens so viel Energie freigesetzt wie bei der Hydrolyse von ATP zu ADP und P_i. Substanzen mit energiereichen Bindungen können daher chemische Gruppen auf andere Moleküle übertragen; sie haben ein hohes **Gruppenübertragungspotenzial**. CoA dient so als Aktivator für Acetat und auch für längere Fettsäuren und hat ein hohes Gruppenübertragungspotenzial für Acylgruppen (➤ 20.1.3). CoA enthält genauso wie NADH und $FADH_2$ ein Ribonukleotid. Eine mögliche Erklärung für diese Strukturübereinstimmung liegt in der frühen Evolution, als in der RNA-Welt **Ribonukleotide** anstelle von Proteinen grundlegende katalytische Funktionen ausübten. Die später entstandenen Proteinenzyme nutzen die Ribonukleotide weiter als Cofaktoren.

Von den immer wieder verwendbaren Cofaktoren benötigt der menschliche Körper nur geringe Mengen. In der Regel sind sie in ausreichender Menge in der Nahrung vorhanden, da sie im Wesentlichen aus Lebewesen besteht, die dieselben Cofaktoren verwenden. Im Verlauf der Evolution gingen die für ihre energieaufwendige Synthese benötigten Gene verloren, sodass sie heute für den Menschen essenzielle Nahrungsbestandteile (= Vitamine) sind. So ist beispielsweise in CoA Pantothensäure (Vitamin B_5) enthalten (➤ 23.3.5).

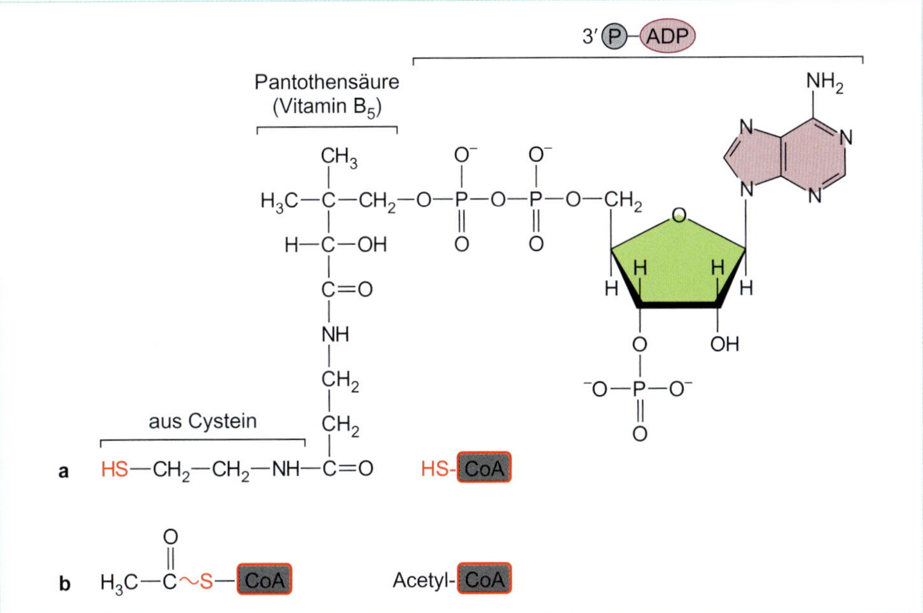

Abb. 17.5 a Coenzym A. b Kurzschreibweisen für Acetyl-CoA. [L253]

Die ➤ Tab. 17.1 liefert eine Übersicht über weitere energiereiche Verbindungen, deren Gruppenübertragungspotenzial im Stoffwechsel eine wichtige Rolle spielt.

Tab. 17.1 Hydrolyseenergie wichtiger Bindungen in der Biochemie (energiereiche Moleküle sind fett gedruckt)

Molekül	Hydrolyseprodukte	$\Delta G^{0'}$ [kJ/mol]
Phosphoenolpyruvat (PEP)	Pyruvat + P_i	−62
1,3-Bisphosphoglycerat	3-Phosphoglycerat + P_i	−49
Succinyl-CoA	Succinat + CoA	−43
Kreatinphosphat	Kreatin + P_i	−43
PP_i	2 P_i	−34
ATP	AMP + PP_i	−32
UDP-Glukose	UDP + Glukose	−32
Acetyl-CoA	Acetat + CoA	−32
ATP	ADP + P_i	−31
Glukose-1-phosphat	Glukose + P_i	−21
Fruktose-6-phosphat	Fruktose + P_i	−16
Glukose-6-phosphat	Glukose + P_i	−14
Glycerin-3-phosphat	Glycerin + P_i	−9
AMP	Adenosin + P_i	−9

Aus Studentensicht

17.5 Energiereiche Bindungen

Substrate können durch Bindung an ein anderes Molekül, z. B. CoA, **aktiviert** werden.
Energiereiche Bindungen liefern bei Spaltung mindestens so viel Energie wie die Spaltung von ATP. Ein Beispiel ist die energiereiche **Thioesterbindung** im Acetyl-CoA.
Energiereiche Bindungen haben ein hohes **Gruppenübertragungspotenzial**.

ABB. 17.5

TAB. 17.1

Aus Studentensicht

17 PRINZIPIEN DES STOFFWECHSELS: WAS GEHT REIN UND WAS GEHT RAUS?

17.6 Grundsätze der Stoffwechselregulation

Katabole und anabole Stoffwechselwege unterscheiden sich in ihren **irreversiblen Schlüsselreaktionen**, die reguliert werden.
Regulationsmechanismen sind:
- **Allosterische** Regulation
- **Interkonvertierung** (kovalente Modifikation)
- Regulation der **Genexpression**

17.6 Grundsätze der Stoffwechselregulation

Damit einerseits immer ausreichend ATP für die lebenserhaltenden Prozesse zur Verfügung steht, andererseits aber auch keine Energie aus den Nährstoffen verschwendet wird, muss der Stoffwechsel abhängig vom Nahrungsangebot in Richtung Katabolismus oder Anabolismus gelenkt werden. Dabei werden die einzelnen Stoffwechselwege im Regelfall nicht vollständig abgeschaltet, sondern im Verhältnis zu den anderen Stoffwechselwegen nur gesteigert oder vermindert.

Katabole und anabole Stoffwechselwege unterscheiden sich in ihren **irreversiblen Schlüsselreaktionen**, die durch mehrere Mechanismen reguliert werden können (➤ Abb. 17.6):
- **Allosterische** Enzymregulation
- Reversible kovalente Modifikation (**Interkonvertierung**, Interkonversion)
- Regulation der **Genexpression:** Regulation von Transkription, Translation und Proteinabbau

Häufig werden die einzelnen Stoffwechselwege durch mehrere verschiedene Regulationstypen kontrolliert. Während die allosterische Regulation (Millisekundenbereich) und die Interkonvertierung (Sekundenbereich) sehr schnell wirken, ist die transkriptionelle Regulation (Stunden bis Tage) eine langsame Stellschraube des Stoffwechsels.

ABB. 17.6

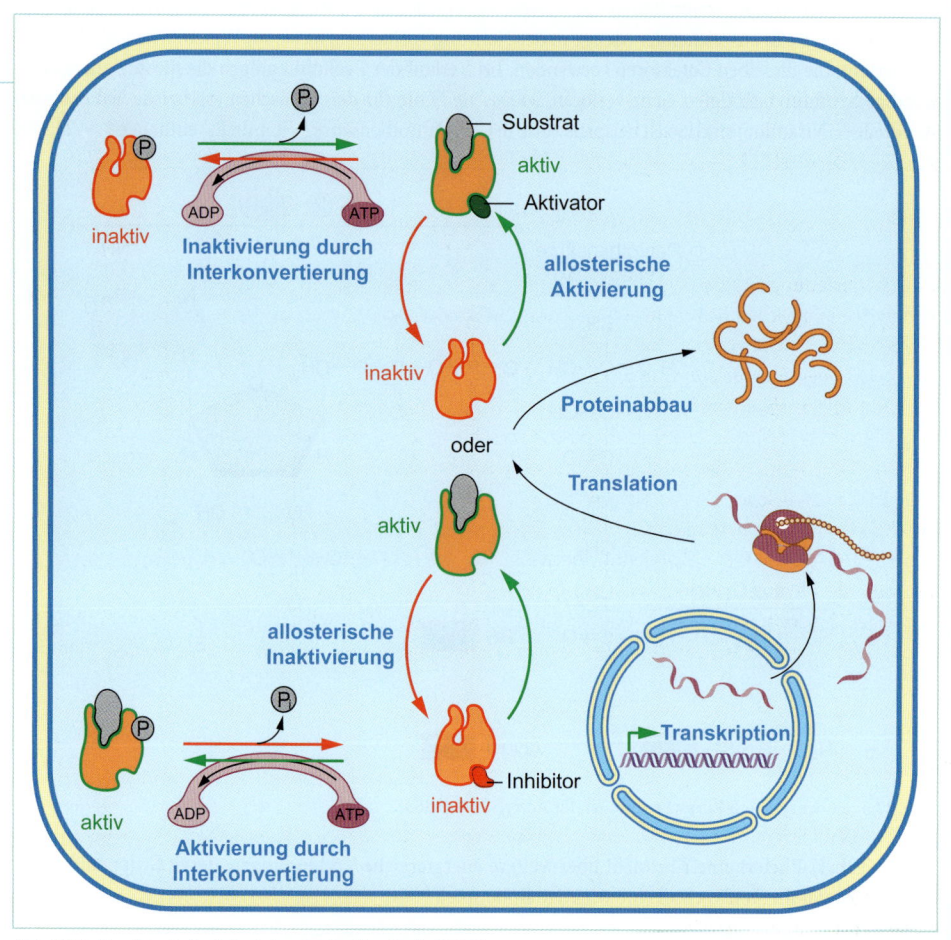

Abb. 17.6 Regulatorische Prinzipien des Stoffwechsels [L138]

Allosterische Regulatoren binden **außerhalb des aktiven Zentrums** an das Enzym und beeinflussen die Enzymaktivität. Sie können aktivierend oder hemmend wirken.
Häufige allosterische Regulationsmechanismen sind die **negative Rückkopplung** durch das Produkt oder die **Feedforward-Aktivierung** durch das Substrat eines Stoffwechselwegs.

Allosterische Regulationsmechanismen können durch Inhibitoren oder Aktivatoren ausgelöst werden, die außerhalb vom aktiven Zentrum an Schlüsselenzyme binden (➤ 3.6.2). Dadurch kommt es zu einer Konformationsänderung, die eine Veränderung der Enzymaktivität bewirkt. Eine der häufigsten allosterischen Regulationsformen ist die **negative Rückkopplung** (Produkthemmung, Feedbackhemmung). Dabei wirkt ein End- oder Zwischenprodukt eines Stoffwechselwegs als allosterischer Inhibitor auf ein Schlüsselenzym des Stoffwechselwegs.

Umgekehrt können auch die Substrate des Stoffwechselwegs oder der einzelnen Enzyme allosterische Aktivatoren sein (= **Feedforward-Aktivierung**). Meist reicht für die Aktivierung eines Stoffwechselwegs aber ein Anstieg der Substratkonzentration aus, da die meisten Substrate unter physiologischen Bedingungen in Konzentrationen vorliegen, die kleiner sind als der K_M des entsprechenden Schrittmacherenzyms. Ein erhöhtes Substratangebot führt daher zu einer proportionalen Steigerung der Reaktionsgeschwindigkeit.

Die **Interkonvertierung** (Interkonversion) von Enzymen erfolgt im Stoffwechsel oft durch Phosphorylierung und Dephosphorylierung. Dabei ist das Zusammenspiel von **Kinasen** und **Phosphatasen**, die vielfach hormonell aktiviert oder deaktiviert werden, von zentraler Bedeutung.

Wichtige Hormone, die eine **katabole** Stoffwechsellage signalisieren, sind **Glukagon** und **Adrenalin**. Sie lösen zelluläre Signalkaskaden aus, die eine erhöhte Aktivität der **Protein-Kinase A (PKA)** zur Folge haben. Die PKA phosphoryliert die Schlüsselenzyme verschiedener Stoffwechselwege, wodurch katabole Stoffwechselwege aktiviert und anabole Stoffwechselwege inaktiviert werden. Ein Gegenspieler der PKA ist die **Phosphoprotein-Phosphatase 1 (PP1)**. Sie wird durch **Insulin** aktiviert und bewirkt die Dephosphorylierung der Schlüsselenzyme, sodass katabole Stoffwechselwege inaktiviert und **anabole** Stoffwechselwege aktiviert werden. Während die Rückkopplungshemmung ein intrazellulärer Regulationsmechanismus ist, kann durch hormonell regulierte Interkonvertierung der zelluläre Stoffwechsel an die Bedürfnisse des gesamten Organismus angepasst werden.

Es gibt aber auch intrazelluläre Signale wie die **Energieladung**, die zur Aktivierung regulatorischer Kinasen führen (➤ Formel 17.1).

$$\text{Energieladung} = \frac{[\text{ATP}] + \tfrac{1}{2}[\text{ADP}]}{[\text{ATP}] + [\text{ADP}] + [\text{AMP}]} \qquad \text{| Formel 17.1}$$

Die Energieladung gibt die relative verfügbare Menge an ATP an, wobei berücksichtigt wird, dass die Adenylat-Kinase, die im Muskel Myokinase genannt wird, aus zwei ADP-Molekülen ein ATP herstellen kann (➤ Formel 17.2).

$$2\,\text{ADP} \rightleftharpoons \text{ATP} + \text{AMP} \qquad \text{| Formel 17.2}$$

Die Energieladung liegt zwischen 0, wenn nur AMP vorhanden ist, und 1, wenn nur ATP vorhanden ist. Unter physiologischen Bedingungen wird sie zwischen 0,8 und 0,95 auf einem hohen Wert relativ konstant gehalten.

Bei einer hohen Energieladung, also einem ATP-Überschuss, sind katabole Stoffwechselwege tendenziell inhibiert und anabole Stoffwechselwege aktiv. Nimmt die Energieladung ab, wirkt das vermehrt entstehende AMP als allosterischer Aktivator von **AMP-aktivierten Kinasen (AMPK)**, die durch Interkonvertierung Schlüsselenzyme der katabolen Stoffwechselwege aktivieren.

Die gleichen Signale wie für die Interkonvertierung können oft auch **Transkriptionsfaktoren** regulieren, welche die Synthese der Schlüsselenzyme steuern (➤ 4.5.3). Aber auch Translation und Proteinabbau unterliegen verschiedenen Regulationsmechanismen. So wird zusätzlich zur Aktivität der vorhandenen Enzymmoleküle auch die verfügbare Menge der Schlüsselenzyme kontrolliert.

Auch die **Kompartimentierung** der eukaryoten Zelle sowie die Spezialisierung der einzelnen Organe bieten weitere Möglichkeiten, Stoffwechselwege zu regulieren und an veränderte Situationen anzupassen.

17.7 Regulation der Nahrungsaufnahme

17.7.1 Energieumsatz

Der menschliche Körper muss die Nahrungsaufnahme sehr fein regulieren, da schon die regelmäßige Aufnahme von Nahrung mit einem Energiegehalt, der nur wenige Prozent über dem Bedarf liegt, im Lauf der Zeit zu einer erheblichen Zunahme des Körpergewichtes führt. Der Energiegehalt (**physiologischer Brennwert**) gibt die Energie an, die im Organismus beim Abbau eines Nährstoffs frei wird. Er wird in der SI-Einheit **Joule (J)** angegeben. Im Lebensmittelbereich findet auch immer noch die veraltete Maßeinheit **Kalorie (cal)** Anwendung (1 cal = 4,2 J). Die einzelnen Nährstoffe unterscheiden sich in ihrer Energiedichte:

- Kohlenhydrate: 17 kJ/g (4,1 kcal/g)
- Proteine: 17 kJ/g (4,1 kcal/g)
- Fett: 38 kJ/g (9,3 kcal/g)

Ethanol hat mit 30 kJ/g (7,1 kcal/g) einen ähnlich hohen Brennwert wie Fett.

Der **physiologische Brennwert** von Lebensmitteln wird basierend auf den Brennwerten der einzelnen darin enthaltenen Nährstoffe berechnet. Dabei bleibt der energetische Aufwand, den der Körper betreiben muss, um die Nährstoffe z. B. durch die Verdauung für die Oxidation im Stoffwechsel verfügbar zu machen, unberücksichtigt. Die Angaben auf den Lebensmitteln sind somit Bruttowerte und entsprechen nur näherungsweise dem tatsächlichen Brennwert.

Die **Stoffwechselrate (Metabolismusrate)** beschreibt den Energieumsatz des Körpers pro Zeiteinheit. Die basale Stoffwechselrate (**Grundumsatz**) ist der Energieumsatz bei völliger Ruhe. Er beträgt etwa 4,2 kJ/h/kg, für einen 75 kg schweren Menschen also 7 500 kJ/Tag (1800 kcal/Tag). Je nach körperlicher Anstrengung wird sie durch den **Leistungsumsatz** ergänzt, der z. B. bei Sportlern ein Vielfaches des Grundumsatzes betragen kann.

Aus Studentensicht

Die **Interkonvertierung** erfolgt meist durch **Phosphorylierung** und **Dephosphorylierung**. Die dafür verantwortlichen **Kinasen** und **Phosphatasen** werden oft hormonell reguliert.
Zentrale Hormone des katabolen Stoffwechsels sind **Glukagon** und **Adrenalin**, die u. a. die Protein-Kinase A (PKA) aktivieren.
Bei anaboler Stoffwechsellage aktiviert **Insulin** die **Phosphoprotein-Phosphatase 1 (PP1)**, einen Gegenspieler der PKA.

Auch die **Energieladung** einer Zelle (= verfügbares ATP) kann Kinasen regulieren. Eine hohe Energieladung hemmt katabole Stoffwechselwege, eine niedrige Energieladung aktiviert sie. Bei niedriger Energieladung steigt die AMP-Konzentration und aktiviert **AMP-aktivierte Kinasen (AMPK)**, welche die Schlüsselenzyme der katabolen Stoffwechselwege aktivieren.
Anabole Stoffwechselwege sind in erster Linie bei hoher Energieladung aktiv.

Über die Aktivierung von **Transkriptionsfaktoren** kann die **Menge** an Schlüsselenzymen reguliert werden.
Die Trennung von Stoffwechselwegen in verschiedene **Kompartimente** bietet eine weitere Regulationsmöglichkeit.

17.7 Regulation der Nahrungsaufnahme

17.7.1 Energieumsatz

Die **Nahrungsaufnahme** muss fein **reguliert** werden, um die Homöostase aufrechtzuerhalten.
Der **Energiegehalt** von Nährstoffen wird oft noch in kcal angegeben. Besser ist jedoch die Angabe in **Joule (J)**:
- Kohlenhydrate: 17 kJ/g
- Proteine: 17 kJ/g
- Fett: 38 kJ/g

Ethanol hat einen Brennwert von 30 kJ/g.

Der **physiologische Brennwert** entspricht nur näherungsweise dem tatsächlichen Brennwert.

Die **Stoffwechselrate** teilt sich in einen **Grundumsatz** (4,2 kJ/h/kg) und einen **Leistungsumsatz**, der von der Aktivität abhängt.

Aus Studentensicht

17.7.2 Appetitregulation

Zentrale Aspekte der **Appetitregulation** sind das **Hunger-** und das **Sättigungsgefühl**. Im **Hypothalamus** befinden sich sowohl Neurone, die **orexigene** (hungerauslösende), als auch Neurone, die **anorexigene** (das Sättigungsgefühl auslösende) Peptide ausschütten. So werden über Signalkaskaden z. B. das Schmecken und Riechen moduliert.
Die Ausschüttung von orexigenen Peptiden hemmt die Wirkung von anorexigenen Peptiden. Damit ist das Hungergefühl dominant über die Sättigung.

ABB. 17.7

Der Hypothalamus erhält durch nervöse und hormonelle Signale vom **Magen-Darm-Trakt** (kurzfristiger Stand) und **Fettgewebe** (langfristiger Stand) **Rückmeldung** über den Versorgungsstand des Körpers.
Bestimmte Neurone des Hypothalamus registrieren zudem ihre eigene Energieladung und koppeln daran das Hungergefühl.

17.7.2 Appetitregulation

Bei einem erwachsenen Menschen sollte die Nahrungsaufnahme in Qualität und Quantität an den tatsächlichen Energiebedarf und den Füllungsgrad der Energiespeicher angepasst werden, damit insbesondere die Depotfettmenge über längere Perioden hinweg innerhalb einer physiologischen Schwankungsbreite konstant bleibt. Dies wird durch eine Rückkopplung von Verdauungsorganen und Speichergeweben zum ZNS gewährleistet. Das **Hungergefühl** ist der Auslöser für die Nahrungsaufnahme, während das **Sättigungsgefühl** eine übermäßige Energiezufuhr verhindert. Zudem existieren vermutlich Signale, die den Energiestatus des menschlichen Körpers über einen längeren Zeitraum kontrollieren und so für das vergleichsweise konstante Körpergewicht der meisten Erwachsenen sorgen.

Für die Erzeugung des Hunger- bzw. Sättigungsgefühls spielt der **Hypothalamus** eine zentrale Rolle. Im Nucleus arcuatus befinden sich einerseits Neurone, die hungerauslösende (**orexigene**) Peptide wie **NPY** (Neuropeptid Y) oder **AgRP** (Agouti-Related Peptide) sezernieren (> Abb. 17.7). Andererseits finden sich im Nucleus arcuatus auch Neurone, die Peptide wie **POMC** (Proopiomelanocortin), **α-MSH** (α-Melanozyten-stimulierendes Hormon) oder **CART** (Cocaine and Amphetamine-Regulated Transcript) sezernieren und dadurch ein Sättigungsgefühl auslösen (**anorexigene Peptide**). Ihre Wirkung entfalten diese Peptidhormone in übergeordneten hypothalamischen Kernarealen (z. B. Nucleus paraventricularis oder laterales hypothalamisches Areal) durch Bindung an spezifische Rezeptoren. Dadurch werden Signalkaskaden ausgelöst, die u. a. die sensorische Wahrnehmungen für z. B. Geruch und Geschmack von Speisen steigern oder vermindern. So entsteht im Ergebnis die Empfindung von Hunger oder Sättigung. Interessant ist, dass die Ausschüttung von orexigenen Peptiden die Wirkung von anorexigenen Peptiden hemmt. Damit ist der hungerauslösende Mechanismus dominant über den Mechanismus, der Sättigung vermittelt.

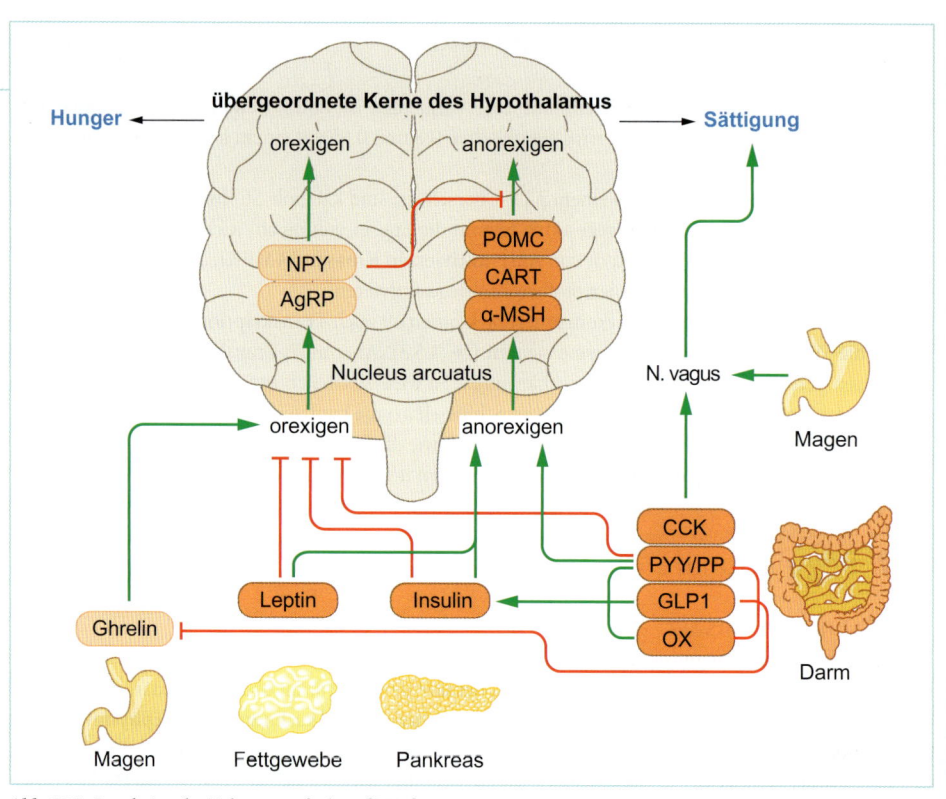

Abb. 17.7 Regulation der Nahrungsaufnahme [L138]

Informationen über den Stand der Versorgung mit Nährstoffen erhält der Hypothalamus durch nervöse und hormonelle Signale des **Magen-Darm Trakts** sowie durch hormonelle Signale des **Fettgewebes**. Die Signale des Magen-Darm Trakts stehen dabei in unmittelbarem Zusammenhang mit der Nahrungsaufnahme und sind somit am ehesten für eine kurzfristige Regulation verantwortlich. Die Signale des Fettgewebes geben Auskunft über den Füllstand der Speicher und sind vermutlich für eine längerfristige Regulation der Nahrungszufuhr verantwortlich. Die Signale der peripheren Gewebe lösen im Nucleus arcuatus die entsprechende Reaktion aus.

Außerdem konnte gezeigt werden, dass auch afferente Fasern des **N. vagus**, die im Nucleus tractus solitarii enden, Signale der Sättigung übertragen können, die dann in verschiedene Hirnareale weiter projiziert werden. Zusätzlich nehmen die Neurone des **Nucleus arcuatus** analog zu den Zellen der peripheren Organe auch ihre eigene Energieladung wahr. Bei gesteigerter Aktivität der AMP-Kinase, die einen erhöhten Energiebedarf anzeigt, werden ebenfalls die orexigenen Neurone aktiviert und so das Hungergefühl an den Energiestatus gekoppelt.

17.7 REGULATION DER NAHRUNGSAUFNAHME

Orexigene Signale des Magen-Darm-Trakts
Ghrelin, das einzige bekannte periphere orexigene Peptidhormon, wird im Hungerzustand von der Magenmukosa sezerniert. Aufgrund der besonderen Beschaffenheit der Blut-Hirn-Schranke im Bereich des Nucleus arcuatus gelangt es über den Blutkreislauf zu den hypothalamischen Neuronen, bindet dort an spezifische Rezeptoren und stimuliert über die Aktivierung der AMP-Kinase die Ausschüttung der orexigenen hypothalamischen Peptide, sodass ein Hungergefühl entsteht.

Anorexigene Signale des Magen-Darm-Trakts
Ausgelöst durch die monomeren Abbauprodukte der Nahrungsbestandteile sezernieren die Zellen des Dünndarms verschiedene Peptidhormone, die auf unterschiedliche Weise ein Sättigungsgefühl vermitteln können. Teilweise ist der genaue Weg der Signalübertragung noch nicht vollständig geklärt. So schütten beispielsweise die I-Zellen in Duodenum und Jejunum als Reaktion auf die Verdauungsprodukte **Cholezystokinin** (CCK), ein aus 33 Aminosäuren bestehendes Peptid, aus, das seine sättigende Wirkung vermutlich in erster Linie über den N. vagus vermittelt. **GLP1** (Glucagon-like Peptide 1) und **OXM** (Oxyntomodulin) sind Peptidhormone des Ileums und Kolons, die einerseits die Insulinsekretion stimulieren und andererseits gleichzeitig die Magenmotilität hemmen und die Ghrelinsezernierung unterbinden. Ähnliche Wirkungen werden dem **Pankreas-Polypeptid** (PP) und dem **Peptid YY** (PYY) zugeschrieben. Sie sind strukturell mit dem Neuropeptid Y des Hypothalamus verwandt, haben aber genau die entgegengesetzte Wirkung und werden aus endokrinen Zellen des Ileums und Kolons sezerniert. Ihre appetitreduzierende Wirkung wird über G-Protein-gekoppelte Rezeptoren vermittelt. Zusätzlich wirken sie wahrscheinlich auch stimulierend auf die anorexigenen und hemmend auf die orixigenen Neurone des Nucleus arcuatus. Insbesondere der Magen vermittelt durch Dehnungsrezeptoren auch mechanische Signale an den N. vagus, der so eine Information über den Füllgrad erhält.

Peptidhormone des Fettgewebes
In Bezug auf die längerfristige Regulation der Nahrungsaufnahme ist gegenwärtig die Wirkung des **Leptins** am besten verstanden. Steigt die Fettmasse in den Adipozyten, sezernieren diese das 167 Aminosäuren große Peptidhormon. Es wird über die Blut-Hirn-Schranke transportiert und bindet im Nucleus arcuatus an **Leptinrezeptoren.** Diese Tyrosin-Kinase-Rezeptoren vermitteln eine Signalkaskade, die hemmend auf NPY- und stimulierend auf POMC-produzierende Neurone wirkt. So wird das Hungergefühl aktiv unterdrückt und gleichzeitig ein Sättigungsgefühl erzeugt. Neben seiner Wirkung im ZNS bewirkt Leptin auch eine Steigerung des Energieverbrauchs, z. B. über spezifische Rezeptoren des Fettgewebes.

> **KLINIK**
> **Leptinresistenz: eine Ursache von Adipositas?**
> Eine mögliche Ursache für Adipositas kann demnach ein Funktionsverlust des Leptins oder des Leptinrezeptors sein. Ohne Leptinwirkung gibt es keine Auslösung des Sättigungsgefühls mehr, der Patient isst und isst, ohne je satt zu werden. Eine Maus ohne Leptin wird extrem dick. Nicht alle adipösen Menschen weisen eine Mutation des Leptins oder des Leptinrezeptors auf, evtl. kommt es aber häufig, ähnlich der Insulinresistenz bei Diabetes Typ 2, zur Entwicklung einer Leptinresistenz.

Ein weiteres Peptidhormon, das vom Fettgewebe abgegeben wird und dessen Bedeutung zunehmend besser verstanden wird, ist das **Adiponektin,** ein Polypetid aus 244 Aminosäuren. Es wird bei niedriger Fettmasse sezerniert, erhöht die Sensitivität der Insulinrezeptoren und verstärkt so u. a. die Lipidspeicherung in Adipozyten. Ein niedriger Adiponektinspiegel, wie er beispielsweise bei Adipositas nachgewiesen werden kann, fördert die Resistenz von Insulinrezeptoren und schwächt damit die Wirkung des Insulins an Leberzellen und Adipozyten ab. Adiponektin wird daher zusammen mit anderen Faktoren als Risikofaktor für Diabetes mellitus (➤ 24.5.3) diskutiert, während ein hoher Spiegel vermutlich protektiv wirkt.

Anorexigene Wirkung des Insulins
Auch wenn der Stoffwechsel des ZNS nicht primär durch Insulin reguliert wird, kann das Hormon die Blut-Hirn-Schranke passieren und an Rezeptoren im Nucleus arcuatus binden. Es wirkt dort analog dem Leptin und löst ein Sättigungsgefühl aus. Auf diese Weise erhält das ZNS auch eine Rückmeldung über die metabolische Stoffwechselsituation und damit indirekt über die Versorgung mit Nährstoffen.

17.7.3 Peptidhormone des Magen-Darm-Trakts
Neben den appetitsteuernden Hormonen produziert der Gastrointestinaltrakt eine Reihe von Peptidhormonen, welche die Sekretion der Verdauungsenzyme regulieren. **Gastrin** wird z. B. ausgelöst durch die Magendehnung in den G-Zellen des Antrums und im Duodenum gebildet. Es bindet an einen spezifischen Rezeptor an der Oberfläche der Belegzellen und stimuliert die Ausschüttung der Salzsäure und gleichzeitig auch die Freisetzung von Histamin, das die Salzsäureproduktion weiter verstärkt. Außerdem fördert Gastrin die Freisetzung von Pepsinogen aus den Hauptzellen der Magendrüsen und von Verdauungsenzymen aus den Azinuszellen des Pankreas. Darüber hinaus werden der Blutfluss zum Magen, die Kontraktion der Gallenblase und die Motorik des Gastrointestinaltrakts angeregt.

Aus Studentensicht

Orexigene Signale des Magen-Darm-Trakts
Ghrelin ist ein **orexigenes** Peptidhormon, das im **Magen** gebildet und sezerniert wird und auf den Hypothalamus wirkt.

Anorexigene Signale des Magen-Darm-Trakts
Cholezystokinin aus dem Duodenum und Jejunum, **GLP-1** und **OXM** aus dem Ileum und Kolon sowie **Pankreas-Polypeptid** aus dem Pankreas sind **anorexigene** Peptidhormone, die den Appetit reduzieren.
Der Magen vermittelt seinen **Füllstand** über Dehnungsrezeptoren.

Peptidhormone des Fettgewebe
Leptin ist ein **anorexigenes Peptidhormon** aus dem **Fettgewebe** und unterdrückt im **Hypothalamus** das Hungergefühl.
Zusätzlich **steigert** es den **Energieverbrauch** über Rezeptoren des Fettgewebes.

KLINIK

Adiponektin wird bei niedriger Fettmasse sezerniert und verstärkt die Insulinwirkung.

Anorexigene Wirkung des Insulins
Insulin kann im Hypothalamus, analog dem Leptin, anorexigen wirken.

17.7.3 Peptidhormone des Magen-Darm-Trakts
Die **Verdauungsenzyme** werden über Hormone des Magen-Darm-Trakts reguliert:
- **Gastrin** stimuliert die Produktion von Magensäure, die Freisetzung von Pepsinogen und die Magendurchblutung.
- **Cholezystokinin** fördert die Bildung von Pankreasenzymen und Gallensäuren.
- **Sekretin** hemmt die Magensäureproduktion, fördert die Hydrogencarbonatsekretion und wirkt so schleimhautprotektiv.

Aus Studentensicht

17 PRINZIPIEN DES STOFFWECHSELS: WAS GEHT REIN UND WAS GEHT RAUS?

Das strukturell verwandte **Cholezystokinin** (CCK) fördert, zusätzlich zu seiner anorexigenen Wirkung im ZNS, durch Rezeptorbindung und Aktivierung eines Gq-Proteins die Sekretion der Pankreasenzyme und der Gallensäuren.

Sekretin wird von den S-Zellen des Duodenums und Jejunums gebildet und bei niedrigem pH-Wert des Darminhalts ins Blut abgegeben. Es aktiviert durch Bindung an einen G-Protein-gekoppelten Rezeptor die Adenylat-Cyclase. Dadurch werden die Magensäure- und die Gastrinsekretion im Magen gehemmt und die Sekretion von Hydrogencarbonat und Wasser aus den Epithelzellen der Schaltstücke im Pankreas gefördert. Dadurch steigt der pH-Wert des Speisebreis im Duodenum.

FALL

Die Jansens, das ungleiche Paar: Herr Jansen und der Appetit

Stimmt bei Herrn Jansen also die Balance der Substanzen, die Hunger und Sättigung vermitteln, nicht? Das mag der Fall sein, viel wahrscheinlicher ist jedoch, dass Herr Jansen zwar ein Sättigungsgefühl verspürt, sein Appetit auf Mousse au Chocolat jedoch überwiegt. Evolutionär gesehen war der Appetit auf hochkalorische Nahrung ein Überlebensvorteil, der sich jetzt beim westlichen Lebensstil des Nahrungsüberflusses und überwiegend sitzender Tätigkeit in das Gegenteil verkehrt. Adipositas ist ein Risikofaktor für die Entwicklung von Diabetes Typ 2 und Herz-Kreislauf-Erkrankungen, und wenn Herr Jansen nicht aufpasst, könnte er Ihnen bald als Herzinfarktpatient begegnen.

Es bleibt die Frage, warum manche Menschen trotz doppelter Portion Mousse au Chocolat nicht dick werden. Es wird vermutet, dass diese Menschen die Energie durch ständige unwillkürliche Bewegungen wie unbewusstes Zappeln auf der Couch verbrauchen. Die ganze Komplexität der Regulation zeigt sich aber auch in der Tatsache, dass trotz fieberhafter Forschung ein appetithemmendes Medikament ohne gravierende Nebenwirkungen bisher nicht auf dem Markt ist.

PRÜFUNGSSCHWERPUNKTE

IMPP

Zu den Inhalten dieses Kapitels wurden in den letzten Jahren vom IMPP kaum Fragen gestellt.

Kompetenzorientierte Lernziele (NKLM)

Die Studierenden können
- die Funktion von Elektronenüberträgern beschreiben.
- die Funktion von NADPH für anabole Reaktionen beschreiben.
- die Regulation der Nahrungsaufnahme, des Essverhaltens und des Körpergewichts erklären.

ÜBUNGSFRAGEN FÜRS MÜNDLICHE MIT LÖSUNGSHILFEN

1. Erklären Sie die Prinzipien der katabolen Stoffwechselwege!

Nährstoffe werden zunächst bei der Verdauung in ihre Bestandteile hydrolysiert. Diese werden in der zweiten Stufe zu Acetyl-CoA abgebaut. Acetyl-CoA wird in der dritten Stufe, dem Citratzyklus, zu CO_2 oxidiert. Die energiereichen Elektronen, die bei den Oxidationen der 2. und 3. Stufe von den Nährstoffen abgegeben werden, werden von Redoxäquivalenten zur Atmungskette transportiert und dort auf Sauerstoff übertragen. Die dabei frei werdende Energie wird für die Synthese von ATP aus ADP und P_i genutzt.

2. Erklären Sie die Funktion von Elektronenüberträgern im katabolen und anabolen Stoffwechsel!

Elektronenüberträger wie NADH, NADPH oder $FADH_2$ können Elektronen aufnehmen und wieder abgeben. Die an sie gebundenen Elektronen sind energiereich. Zusätzlich werden bei der Reduktion auch Protonen aufgenommen. NADH und $FADH_2$ sind v. a. im Katabolismus dafür verantwortlich, Elektronen aus der Oxidation von Nährstoffen zur Atmungskette zu transportieren. Die Elektronen im NADPH sind noch energiereicher und dienen im Anabolismus der Synthese körpereigener Moleküle.

3. Nach welchen Prinzipien wird der menschliche Stoffwechsel reguliert?

Stoffwechselwege werden durch Regulation ihrer Schlüsselenzyme kontrolliert, die meist eine initiale irreversible Reaktion katalysieren. Bei der Endprodukthemmung bindet das in hoher Konzentration vorliegende Produkt allosterisch an das Schlüsselenzym und verhindert so eine übermäßige Synthese. Über diese zellinterne Regulation hinaus können Schlüsselenzyme hormonell gesteuert oder durch Interkonvertierung aktiviert oder inaktiviert werden, sodass der zelluläre Stoffwechsel an die Bedürfnisse des ganzen Organismus angepasst wird. Zusätzlich können Hormone auch durch Induktion oder Repression der Expression der Schlüsselenzymgene die Aktivität eines Stoffwechselwegs beeinflussen.

4. Wie wird das Hungergefühl erzeugt?

Zur Erzeugung eines Hungergefühls sezernieren Neurone des Nucleus arcuatus orexigene Peptide (z. B. NPY), die an Rezeptoren in übergeordneten Kernen des Hypothalamus binden und dadurch Signalkaskaden auslösen, die u. a. eine gesteigerte sensorische Wahrnehmung bewirken. Aus dem Magen sezerniertes Ghrelin fördert die Sezernierung der orexigenen Peptide im Nucleus arcuatus, während Leptin aus dem Fettgewebe, Insulin und verschiedene Peptidhormone aus dem Magen-Darm-Trakt (z. B. PP, PYY, CCK, GLP-1, OXM) die Sekretion der orexigenen Peptide hemmen.

KAPITEL 18

Mitochondrien: die Kraftwerke der Zelle

Regina Fluhrer

18.1	Funktion und Aufbau der Mitochondrien 425
18.2	Citratzyklus: die zentrale Drehscheibe 426
18.2.1	Citratzyklus im katabolen und anabolen Stoffwechsel 426
18.2.2	Die Funktion des Citratzyklus im katabolen Stoffwechsel 426
18.2.3	Einzelreaktionen des Citratzyklus 427
18.2.4	Bilanz des Citratzyklus 432
18.2.5	Die Funktion des Citratzyklus im anabolen Stoffwechsel 434
18.3	Regulation des Citratzyklus 434
18.3.1	Regulation durch die Energieladung 434
18.3.2	Regulation durch Substratangebot 435
18.3.3	Hormonelle Regulation 435
18.3.4	Produkthemmung 435
18.3.5	Regulation durch Calcium 435
18.4	Atmungskette: So entsteht nutzbare Energie 436
18.4.1	Prinzip der Atmungskette 436
18.4.2	Die Redoxsysteme der Atmungskette 438
18.4.3	ATP-Synthase 445
18.5	Stofftransport zwischen Mitochondrium und Zytoplasma 446
18.5.1	Carrier und Shuttle 446
18.5.2	ATP/ADP-Translokator und Phosphat-Carrier 447
18.5.3	Transport der Redoxäquivalente 448
18.6	Energieausbeute der Atmungskette 450
18.7	Regulation der Atmungskette 450
18.7.1	Physiologische Regulation der Atmungskette 450
18.7.2	Kurzschluss: Entkopplung der Atmungskette 451

Aus Studentensicht

Was genau enthält unsere Nahrung eigentlich, das unseren Körper mit Energie versorgt? Entscheidend sind energiereiche Elektronen. Daher besteht das Herzstück unseres Energiestoffwechsels aus einer Reihe von Redoxreaktionen, innerhalb deren die Elektronen von den Kohlenstoffgerüsten der Nährstoffe über universelle Elektronenüberträger letztlich zur Atmungskette gebracht werden. Wenn man so will, funktionieren wir also zum Teil elektrisch. Und wer hat sich schon einmal Gedanken darüber gemacht, dass im Stoffwechsel zuerst Kohlendioxid im Citratzyklus gebildet wird, bevor der Sauerstoff am Ende der Atmungskette verbraucht wird? In diesem Kapitel erfährst du, wie genau die Mitochondrien an der Energiegewinnung beteiligt sind.
Carolin Unterleitner

18.1 Funktion und Aufbau der Mitochondrien

Mitochondrien haben sich im Laufe der Evolution vermutlich aus aeroben Bakterien entwickelt, die in anaeroben Bakterien aufgenommen wurden (Endosymbiontentheorie) und so ein Überleben in einer O_2-reichen Umgebung möglich machten (> 1.3.1). In ihnen können eukaryote Zellen Kohlenstoffverbindungen im **Citratzyklus** und in der **Atmungskette** mit Sauerstoff vollständig zu CO_2 oxidieren. So kann die Energie aus Nährstoffen wesentlich effizienter genutzt werden, was vermutlich die Voraussetzung für die Entwicklung komplexer mehrzelliger Organismen war.

Entsprechend ihrer endosymbiontischen Entstehung sind Mitochondrien durch zwei Membranen vom Zytoplasma der Zelle abgegrenzt. Die **äußere Membran** enthält **Porine**, die Moleküle bis zu einer Größe von ca. 5 kDa unreguliert passieren lassen, sodass die Zusammensetzung von Intermembranraum und Zytoplasma sehr ähnlich ist. Die **innere Membran** lässt dagegen nur einen regulierten Austausch zwischen Intermembranraum und mitochondrialer Matrix durch viele **Transportsysteme** zu. Daher unterscheidet sich die Zusammensetzung von Matrix und Zytoplasma und es kann ein Protonengradient über die innere Membran aufgebaut werden, der für die effiziente ATP-Synthese erforderlich ist.

18.1 Funktion und Aufbau der Mitochondrien

Mithilfe der Mitochondrien, die sich vermutlich aus Bakterien entwickelt haben (**Endosymbiontentheorie**), können eukaryote Zellen im **Citratzyklus** und in der **Atmungskette** Kohlenstoffverbindungen vollständig zu CO_2 **oxidieren.**

Mitochondrien werden durch **zwei Membranen** vom Zytoplasma abgegrenzt, wobei die äußere durch **Porine** für kleine Moleküle durchlässig ist. Die innere Membran lässt nur einen **regulierten Stoffaustausch** über Transporter zu.

Aus Studentensicht

18.2 Citratzyklus: die zentrale Drehscheibe

18.2.1 Citratzyklus im katabolen und anabolen Stoffwechsel

Der Citratzyklus spielt eine zentrale Rolle im **katabolen Stoffwechsel,** hat aber auch Aufgaben im **anabolen Stoffwechsel.**

18.2.2 Die Funktion des Citratzyklus im katabolen Stoffwechsel

Acetyl-CoA, der zentrale Stoffwechselmetabolit aus Kohlenhydrat-, Fett- und Aminosäurestoffwechsel, wird im **Citratzyklus** vollständig **oxidiert.**
Die **Elektronen** gelangen auf **Elektronenüberträger,** die in der **Atmungskette** in der inneren Mitochondrienmembran zur Gewinnung von **ATP** genutzt werden.

ABB. 18.1

---

18 MITOCHONDRIEN: DIE KRAFTWERKE DER ZELLE

18.2 Citratzyklus: die zentrale Drehscheibe

18.2.1 Citratzyklus im katabolen und anabolen Stoffwechsel

Der **Citratzyklus** (Zitronensäurezyklus, Tricarbonsäurezyklus, Krebs-Zyklus) beschreibt den Zusammenschluss von acht verschiedenen Enzymen zu einem zyklischen Stoffwechselweg, dessen Hauptaufgabe im **katabolen Stoffwechsel** die vollständige Oxidation von **Acetyl-CoA** ist. Gleichzeitig können aber auch andere Abbauprodukte der Nährstoffe, insbesondere der Aminosäuren, in den Citratzyklus eingeschleust werden. Zusätzlich stellt der Citratzyklus wichtige Ausgangssubstanzen für **anabole Stoffwechselwege** zur Verfügung und übernimmt somit eine zentrale Funktion im Stoffwechsel.

Nicht zuletzt deswegen sind genetische Defekte, die zu einer vollständigen Funktionsunfähigkeit einzelner Enzyme des Citratzyklus führen, mit dem Leben nicht vereinbar und treten daher im klinischen Alltag praktisch nicht auf. Bekannte Enzymdefekte, die eine eingeschränkte Funktionsfähigkeit des Citratzyklus zur Folge haben, führen zu einer schweren Enzephalopathie.

18.2.2 Die Funktion des Citratzyklus im katabolen Stoffwechsel

Das Hauptprodukt der katabolen Stoffwechselwege für den oxidativen Abbau der Kohlenhydrate, Lipide und Aminosäuren ist **Acetyl-CoA.** Damit sind die Kohlenstoffgerüste der Nahrungsbestandteile zwar in kleine Teile gespalten, aber noch nicht vollständig oxidiert und enthalten somit noch einen erheblichen Teil der Energie der Nährstoffe. Diese wird durch **vollständige Oxidation** des Acetyl-CoA zu CO_2 nutzbar gemacht (> Abb. 18.1). Die dabei gewonnenen energiereichen Elektronen werden in Form von Redoxäquivalenten gespeichert und schließlich in der Atmungskette zur Gewinnung von ATP genutzt. Das CO_2 wird über das Blut zur Lunge transportiert und abgeatmet.

Die Enzyme des Citratzyklus sind in der **mitochondrialen Matrix** bzw. der inneren Mitochondrienmembran lokalisiert und damit an dem Ort, an dem auch fast alle katabolen Reaktionen, die Acetyl-CoA erzeugen, ablaufen. Auch die Enzymkomplexe der Atmungskette befinden sich in der inneren Mitochondrienmembran. Damit können die im Citratzyklus erzeugten Redoxäquivalente unmittelbar zur ATP-Erzeugung wei-

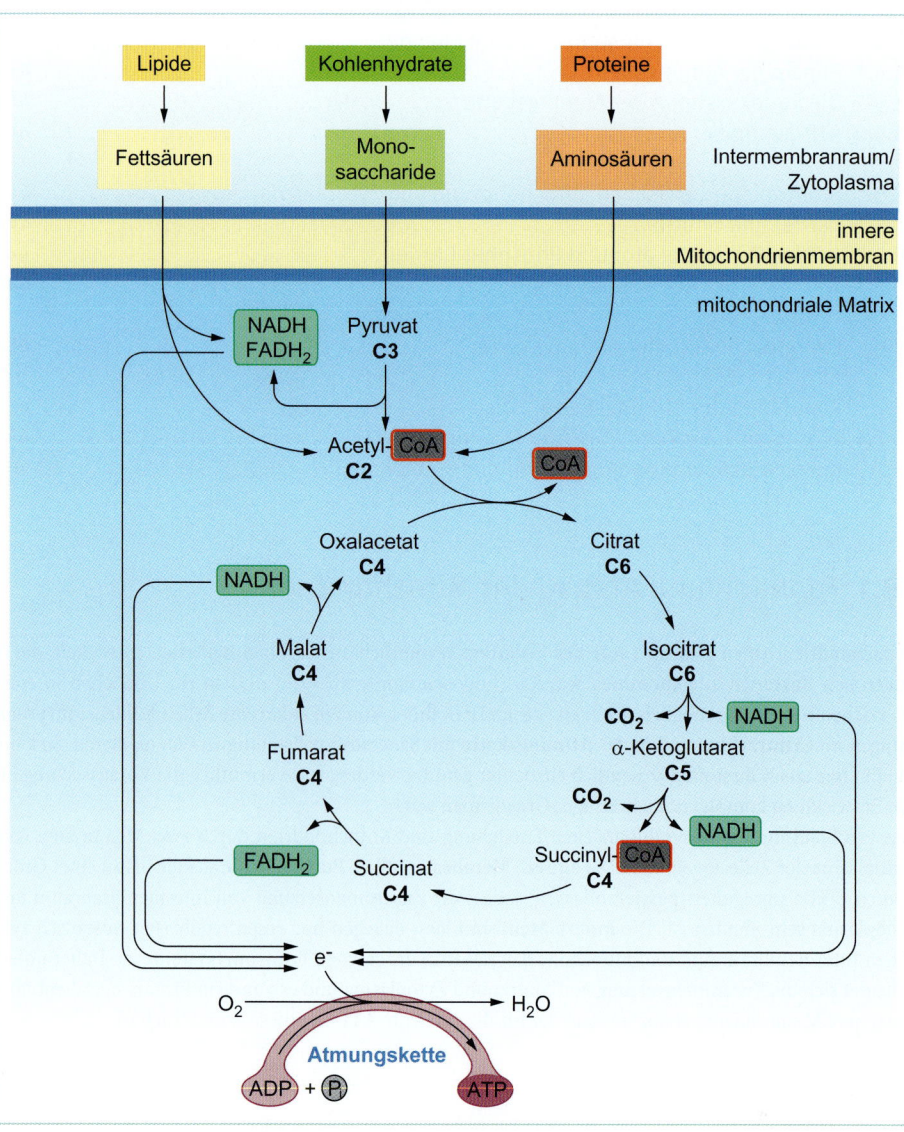

Abb. 18.1 Einbettung des Citratzyklus in den katabolen Stoffwechsel [L138]

18.2 CITRATZYKLUS: DIE ZENTRALE DREHSCHEIBE

terverwertet werden, ohne dass eine Kompartimentmembran überwunden werden muss. Der Citratzyklus ist auf diese Weise wie in einer Art „Fließband" optimal in den Oxidationsprozess eingebunden und stellt ein effizientes Bindeglied zwischen den verschiedenen katabolen Stoffwechselwegen und der Atmungskette dar.

18.2.3 Einzelreaktionen des Citratzyklus

Ausgangs- und Endprodukt des Citratzyklus ist **Oxalacetat,** eine Ketodicarbonsäure mit vier C-Atomen. In den ersten fünf Reaktionen werden zwei C-Atome aus Acetyl-CoA angelagert und zwei C-Atome verlassen den Zyklus in Form von CO_2. Damit ist das C-Gerüst des Acetyl-CoA formal zu CO_2 oxidiert. Die verbleibenden drei Reaktionen dienen der Regeneration von Oxalacetat. Insgesamt werden in vier Oxidationsreaktionen 8 Elektronen gewonnen und damit 3 NADH und 1 $FADH_2$ gebildet. Die sukzessive Oxidation des Acetyl-CoA kann gut anhand der Oxidationszahlen der C-Atome nachverfolgt werden.

> **Aus Studentensicht**
>
> **18.2.3 Einzelreaktionen des Citratzyklus**
> Der C4-Körper **Oxalacetat** ist Ausgangs- und Endprodukt des Citratzyklus und wird immer wieder **regeneriert.**
> Insgesamt laufen im Citratzyklus **vier Oxidationsreaktionen** ab, wodurch 3 NADH und 1 $FADH_2$ entstehen.

Oxidationszahlen

Nicht immer ist einfach zu erkennen, ob eine Reaktion eine Redoxreaktion ist. Ein Hilfsmittel, um herauszufinden, ob beispielsweise bei der Reaktion von Fumarat zu Malat Elektronen abgegeben oder aufgenommen werden, ist die Analyse der Oxidationszahlen.

Fumarat   **Malat**
Bestimmung der Oxidationszahlen (grüne arabische Zahlen) [L253]

Zur Ermittlung der Oxidationszahl werden die zwei Elektronen einer kovalenten Bindung gedanklich vollständig dem elektronegativeren Atom (> 1.1.2) zugeordnet, auch wenn sich die Elektronegativitäten nur wenig unterscheiden. Nur wenn zwei gleiche Atome verknüpft sind, wird jedem ein Elektron zugeordnet. Für Fumarat bedeutet das, dass den elektronegativen O-Atomen alle Elektronen der Bindungen, an denen sie beteiligt sind, zugerechnet werden. Die am wenigsten elektronegativen H-Atome gehen dagegen leer aus. Die Elektronegativität der C-Atome liegt zwischen der der H- und der O-Atome, sie erhalten daher in Bindungen mit H-Atomen beide Elektronen, in Bindungen mit O-Atomen keines, in C-C-Bindungen wird jedem C-Atom ein Elektron zugeschrieben.

Am einfachsten ist die Bestimmung der Oxidationszahlen in organischen Molekülen, wenn zunächst jedem **H-Atom +1** zugewiesen wird, da es in organischen Verbindungen immer mit einem elektronegativeren Atom verbunden ist und daher sein Elektron formal verliert. Jedes **O-Atom erhält −2,** da es in Kohlenwasserstoffstoffverbindungen der elektronegativere Partner ist und somit 2 zusätzliche Elektronen aus den Bindungen zugerechnet bekommt. Bei den **C-Atomen** wird zunächst von der Oxidationszahl 0 ausgegangen. Für jede Bindung zu einem H-Atom wird die Zahl um eins erniedrigt, da ein zusätzliches negativ geladenes Elektron berechnet werden muss, für jede Bindung zu einem O-Atom wird sie um eins erhöht, da eine negative Ladung abgezogen werden muss.

Die beiden äußeren C-Atome des Fumarats haben drei Bindungen zu O-Atomen, also die Oxidationszahl +3, die beiden inneren C-Atome eine Bindung zu einem H-Atom, also −1. Die Oxidationszahl der meisten Atome im Malat entspricht den äquivalenten Atomen im Fumarat. Lediglich die beiden mittleren C-Atome haben jetzt andere Bindungspartner, sodass ihre Oxidationszahlen 0 und −2 betragen. Im Vergleich zum Fumarat wurde also ein C-Atom oxidiert (−1 → ±0), seine Oxidationszahl steigt durch die Reaktion an, da es formal ein Elektron weniger besitzt als vor der Reaktion. Das andere C-Atom wurde reduziert (−1 → −2), seine Oxidationszahl sinkt, da es ein Elektron mehr besitzt als vor der Reaktion. Da in diesem Fall Oxidation und Reduktion an Atomen in ein und demselben Molekül stattgefunden haben, wurde Fumarat in Summe (= netto) weder oxidiert noch reduziert. Ob ein Molekül netto oxidiert oder reduziert wird, kann schnell geprüft werden, indem die Summe der Oxidationszahlen, der Atome, bei denen in einer Reaktion eine Veränderung auftritt, in Produkt und Edukt berechnet wird. Ist sie gleich (hier −2), liegt keine Netto-Oxidation oder -Reduktion vor. Steigt die Summe im Produkt an, wurde es oxidiert, sinkt sie, wurde es reduziert.

Die Citrat-Synthase-Reaktion

Im ersten Schritt des Citratzyklus wird durch die **Citrat-Synthase** aus **Acetyl-CoA** und **Oxalacetat Citrat** (= Anion der Zitronensäure) synthetisiert. Dabei wird das C-Atom der CH_3-Gruppe des Acetyl-CoA mit dem C-Atom der Ketogruppe des Oxalacetats verknüpft, sodass Acetyl-CoA unter Bildung einer neuen C-C Bindung an das Oxalacetat addiert wird (> Abb. 18.2).

Die Addition von Acetat an Oxalacetat wäre endergon und kann daher nicht ohne Kopplung an eine energieliefernde Reaktion ablaufen. Erst durch die Hydrolyse der **energiereichen Thioesterbindung** des Citryl-CoA, die ebenfalls im aktiven Zentrum der Citrat-Synthase abläuft, wird die Gesamtreaktion stark exergon und somit **irreversibel.** HS-CoA wird freigesetzt und das Gleichgewicht der Reaktion liegt nun fast vollständig auf der Seite der Produkte. Die Citrat-Synthase ist damit ein **Schlüsselenzym** des Citratzyklus.

> **Die Citrat-Synthase-Reaktion**
> Im ersten Schritt wird **Acetyl-CoA** an **Oxalacetat** addiert. Die Energie stammt aus der Thioesterbindung des Acetyl-CoA.
> Die **irreversible** Reaktion wird von der **Citrat-Synthase,** einem **Schlüsselenzym** des Citratzyklus, katalysiert.

Die Aconitase-Reaktion

Das Produkt der ersten Reaktion, das Citrat, ist eine symmetrische Hydroxytricarbonsäure. Da es weder eine (RCH_2-CH_2R)- noch eine (RCH-OH)-Gruppe enthält, kann es weder von den klassischen $FADH_2$-bildenden Dehydrogenasen noch von NADH-bildenden Dehydrogenasen umgesetzt werden (> 17.4). In der folgenden Reaktion wird daher zunächst durch die **Aconitase** (Aconitat-Hydratase) Wasser abgespal-

> **Die Aconitase-Reaktion**
> Das entstandene Citrat ist ein tertiärer Alkohol und kann nicht direkt oxidiert werden. Daher katalysiert die **Aconitase** die Isomerisierung zu **Isocitrat.**

18 MITOCHONDRIEN: DIE KRAFTWERKE DER ZELLE

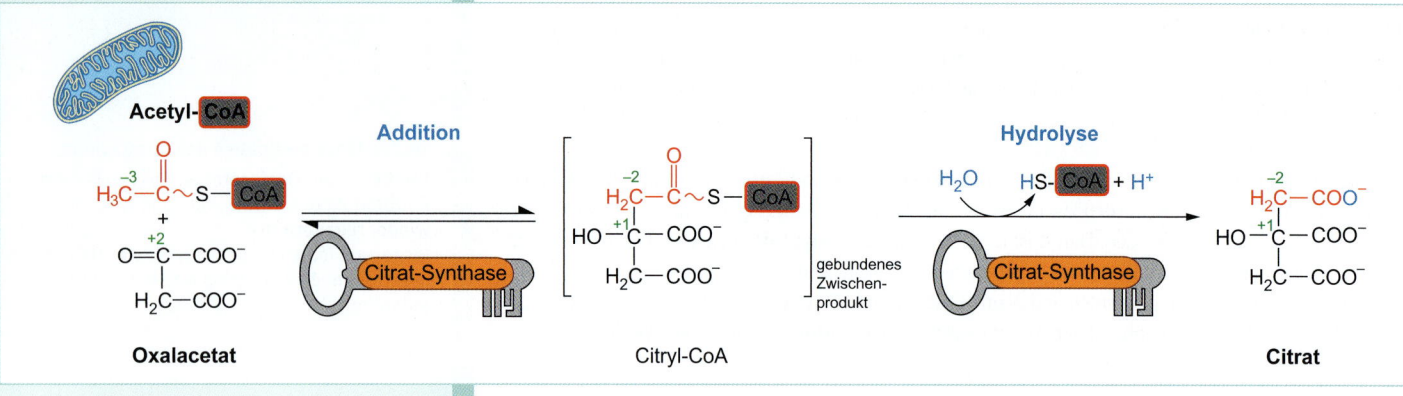

Abb. 18.2 Die Citrat-Synthase-Reaktion. Bei den im Verlauf der Reaktion oxidierten oder reduzierten C-Atomen sind die Oxidationszahlen angegeben. [L253]

ten und unmittelbar danach wieder addiert, sodass **Isocitrat** mit einer (RCH-OH)-Gruppe entsteht (➤ Abb. 18.3).

Auffällig ist, dass bei der Dehydratisierung ausschließlich **cis-Aconitat** als instabiles Zwischenprodukt entsteht. Der Grund dafür liegt in der besonderen dreidimensionalen Struktur eines Eisen-Schwefel-Zentrums im katalytischen Zentrum der Aconitase. Außerdem wird die OH-Gruppe bei der anschließenden Hydratisierung immer auf das aus dem Oxalacetat und nicht auf das aus Acetyl-CoA stammende C-Atom übertragen.

Das Gleichgewicht dieser **reversiblen** Reaktion liegt auf der Seite der Edukte. Im Kontext des Citratzyklus kann die Reaktion aber dennoch ablaufen, da das entstehende Produkt durch die Folgereaktion ständig aus dem Gleichgewicht entzogen wird.

ABB. 18.3

Abb. 18.3 Aconitase-Reaktion [L253]

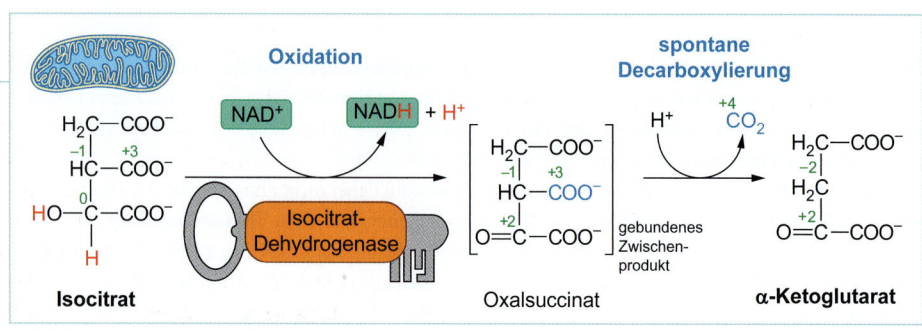

Die Isocitrat-Dehydrogenase-Reaktion

Die **Isocitrat-Dehydrogenase** ist das zweite **Schlüsselenzym** des Citratzyklus und katalysiert die irreversible **oxidative Decarboxylierung** von **Isocitrat** zu α-Ketoglutarat, wobei ein CO_2 abgespalten wird und ein NAD^+ zu **NADH** reduziert wird.

Die Isocitrat-Dehydrogenase-Reaktion

Die OH-Gruppe am chiralen C-Atom des Isocitrats wird im nächsten Schritt durch die NAD^+-abhängige Isocitrat-Dehydrogenase oxidiert (➤ Abb. 18.4). Dabei wird ein Hydridion (= zwei Elektronen und ein Proton) auf NAD^+ übertragen. Das entstehende Zwischenprodukt, die β-Ketosäure Oxalsuccinat, bleibt im Enzym gebunden und decarboxyliert spontan zu α-Ketoglutarat (2-Oxoglutarat). Die Isocitrat-Dehydrogenase erzeugt somit das erste **NADH** des Citratzyklus und setzt pro Substratmolekül ein Molekül CO_2 frei. Diese **oxidative Decarboxylierung** ist stark exergon und somit **irreversibel**, sie stellt die zweite **Schlüsselreaktion** des Citratzyklus dar.

ABB. 18.4

Abb. 18.4 Isocitrat-Dehydrogenase-Reaktion [L253]

18.2 CITRATZYKLUS: DIE ZENTRALE DREHSCHEIBE

Aus Studentensicht

α-Ketosäuren versus β-Ketosäuren

Während α-Ketosäuren stabile Verbindungen sind, die im Stoffwechsel nur mithilfe sehr komplexer Enzyme oxidativ decarboxyliert werden können, sind β-Ketosäuren instabil und spalten die Carboxylgruppe, die in β-Stellung zur Ketogruppe steht, spontan in Form von CO_2 ab.

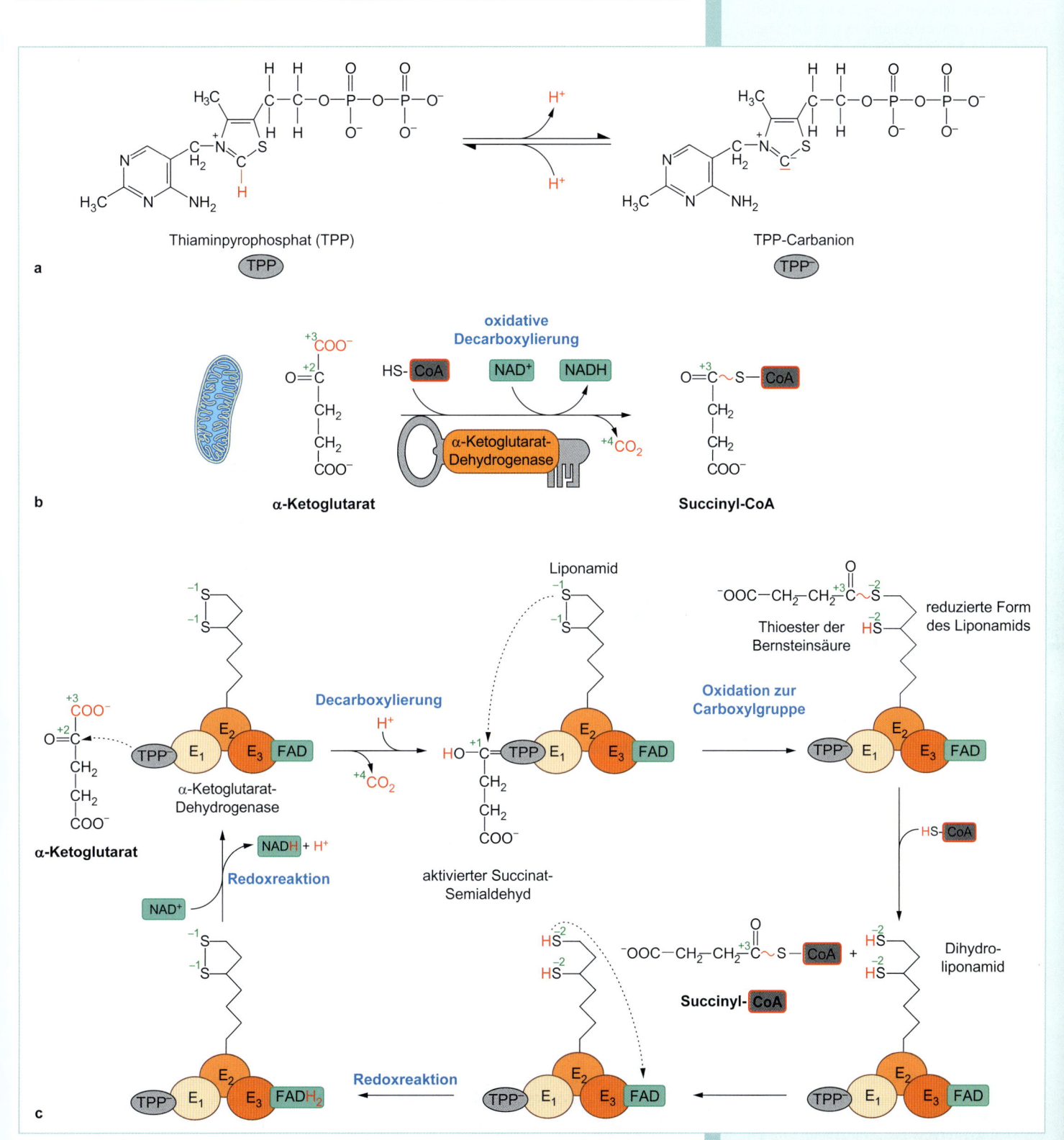

Abb. 18.5 α-Ketoglutarat-Dehydrogenase-Reaktion. **a** Bildung des Thiaminpyrophosphat-Carbanions. **b** Nettogleichung. **c** Reaktionsmechanismus. Bei der Bestimmung der Oxidationszahlen werden S-Atome wie O-Atome behandelt. [L253]

Aus Studentensicht

Die α-Ketoglutarat-Dehydrogenase-Reaktion

Die **α-Ketoglutarat-Dehydrogenase** ist das dritte und letzte **Schlüsselenzym** des Citratzyklus und katalysiert die irreversible Reaktion von **α-Ketoglutarat** zu **Succinyl-CoA**. Dabei wird ein weiteres CO_2 abgespalten und ein NAD^+ wird zu **NADH** reduziert.

Das Enzym katalysiert eine **oxidative Decarboxylierung** und ist strukturell der Pyruvat-Dehydrogenase sehr ähnlich. Es besteht aus drei katalytisch aktiven Untereinheiten und benötigt fünf Co-Faktoren, von denen drei als prosthetische Gruppen an das Enzym gebunden sind:
- Thiaminpyrophosphat (TPP)
- Liponamid
- FAD

Zwei Co-Faktoren sind löslich:
- CoA
- NAD^+

Die Succinyl-CoA-Synthetase-Reaktion

Die **Succinyl-CoA-Synthetase** spaltet Succinyl-CoA zu **Succinat** und freiem CoA, wobei die Energie der Thioesterbindung für eine **Substratkettenphosphorylierung** genutzt wird: GDP und ein **anorganisches Phosphat** reagieren zu GTP.

430

18 MITOCHONDRIEN: DIE KRAFTWERKE DER ZELLE

Die α-Ketoglutarat-Dehydrogenase-Reaktion

α-Ketoglutarat ist Substrat der α-Ketoglutarat-Dehydrogenase, die eine **oxidative Decarboxylierung** (dehydrierende Decarboxylierung) katalysiert und unter Verbrauch von CoA **Succinyl-CoA** freisetzt. Weitere Produkte dieser Reaktion sind **NADH** und CO_2 (> Abb. 18.5b). Auch diese Reaktion ist **irreversibel** und damit die dritte und letzte **Schlüsselreaktion** des Citratzyklus.

Die α-Ketoglutarat-Dehydrogenase ist ein Enzymkomplex, der aus drei verschiedenen Untereinheiten besteht. Jede katalysiert einen Teilschritt der oxidativen Decarboxylierung und hat die dafür nötigen Cofaktoren als **prosthetische Gruppen** gebunden. Die erste Untereinheit (E1) ist eine Dehydrogenase mit dem Coenzym **Thiaminpyrophosphat (TPP)**. TPP ist die aktivierte Form des Vitamin B_1 und enthält einen Thiazolring (> Abb. 18.5a). Das C-Atom des Thiazolrings liegt zwischen einem S- und einem N-Atom. Es neigt daher dazu, sein Proton abzugeben und ein negativ geladenes Carbanion zu bilden. Dieses Carbanion greift das C-Atom der Ketogruppe des α-Ketoglutarats nukleophil an, sodass die Carboxylgruppe des α-Ketoglutarats als CO_2 freigesetzt wird. Der entstehende Aldehyd bleibt durch eine kovalente Bindung zu TPP fest am Enzym gebunden und liegt dadurch in aktivierter Form vor. Die durch die Decarboxylierung frei werdende Energie wird zum einen in dieser kovalenten Bindung und zum anderen in einer Konformationsänderung des Enzyms gespeichert.

Der aktivierte Aldehyd wird im nächsten Teilschritt auf **Liponamid** übertragen, das kovalent an die Dihydroliponamid-Acyltransferase-Untereinheit (E2) der α-Ketoglutarat-Dehydrogenase gebunden ist. Liponamid ist ein lang gestrecktes Molekül, das wie eine Art „Kran" aus der E2-Untereinheit des Komplexes herausragt und die einzelnen Zwischenprodukte der Reaktion von einem aktiven Zentrum zum nächsten transportiert. Durch die kovalente Bindung der Zwischenprodukte an die prosthetischen Gruppen des Enzymkomplexes werden unerwünschte Nebenreaktionen verhindert. Mit zunehmendem Alter lassen jedoch sowohl Effizienz als auch Aktivität der α-Ketoglutarat-Dehydrogenase nach; dies ist ein Faktor, der für die Entstehung von neurodegenerativen Erkrankungen mitverantwortlich gemacht wird. Mit der Übertragung auf Liponamid wird das Aldehyd-Zwischenprodukt zu einer Carbonsäure oxidiert und das Liponamid reduziert. Es entsteht Succinat (= Anion der Bernsteinsäure), das in Form eines Thioesters kovalent an Liponamid gebunden bleibt. Durch die Spaltung der energiereichen Thioesterbindung kann es auf **CoA** übertragen und als **Succinyl-CoA** freigesetzt werden.

Das Liponamid der E2-Untereinheit liegt nun in reduzierter Form vor und muss vor dem nächsten Reaktionszyklus regeneriert werden, um weitere Reaktionen katalysieren zu können. Es gibt dafür die beiden aus dem α-Ketoglutarat stammenden Elektronen an ein **FAD** der Dihydroliponamid-Dehydrogenase (E3) ab. Dabei wird das FAD zu $FADH_2$ reduziert und das Liponamid zur Disulfidform oxidiert. Damit ist das Problem allerdings nur verlagert, da FAD wie Liponamid ebenfalls als prosthetische Gruppe fest an die E3-Untereinheit gebunden ist. Daher reduziert $FADH_2$ anschließend NAD^+ zu NADH. NADH kann im Gegensatz zu den anderen Cofaktoren das aktive Zentrum der α-Ketoglutarat-Dehydrogenase verlassen und in der Atmungskette wieder zu NAD^+ oxidiert werden. Die α-Ketoglutarat-Dehydrogenase liegt damit wieder in ihrem ursprünglichen Zustand vor und kann die nächste Reaktion katalysieren.

Die Übertragung der Elektronen von $FADH_2$ auf NAD^+ erscheint auf den ersten Blick sonderbar, da die Energie der Elektronen in $FADH_2$ meist niedriger ist als in NADH (> 17.4). Bei der α-Ketoglutarat-Dehydrogenase ist dieser Schritt jedoch möglich, da ein Teil der Energie aus der Decarboxylierung in einer Konformationsänderung des Enzyms gespeichert und bei der Übertragung wieder freigesetzt wird und die besondere Umgebung im aktiven Zentrum der α-Ketoglutarat-Dehydrogenase ein etwas negativeres Redoxpotenzial des $FADH_2$ bewirkt.

Neben der α-Ketoglutarat-Dehydrogenase spielen u. a. zwei weitere evolutionär verwandte Dehydrogenasen, die nach dem gleichen Mechanismus arbeiten, im Stoffwechsel eine wichtige Rolle:
- Pyruvat-Dehydrogenase (> 19.3.3)
- Verzweigtketten-α-Ketosäuren-Dehydrogenase (> 21.3.4)

Die E3-Untereinheit aller drei Enzyme wird vom selben Gen codiert, sodass es bei entsprechenden Mutationen nicht nur zur Störung des Citratzyklus, sondern auch der beiden anderen Stoffwechselwege kommen kann.

Durch die Isocitrat-Dehydrogenase und die α-Ketoglutarat-Dehydrogenase werden nicht die beiden C-Atome des Acetyl-CoA, sondern die aus dem Oxalacetat stammenden C-Atome als CO_2 freigesetzt. Da sich die C-Atome des Acetyl-CoA jedoch am Ende eines Zyklus im Oxalacetat wiederfinden, werden sie in der nächsten oder übernächsten Runde als CO_2 freigesetzt, während Oxalacetat immer wieder regeneriert wird. Netto betrachtet wird daher Acetyl-CoA und nicht Oxalacetat oxidiert.

Die Succinyl-CoA-Synthetase-Reaktion

Ein Teil der bei der oxidativen Decarboxylierung von α-Ketoglutarat frei werdenden Energie ist in der Thioesterbindung des Succinyl-CoA gespeichert und wird durch die Succinyl-CoA-Synthetase (Succinat-CoA-Ligase, Succinat-Thiokinase) für die De-novo-Synthese einer Phosphorsäureanhydridbindung von GTP aus GDP und P_i genutzt (= **Substratkettenphosphorylierung**) (> Abb. 18.6).

Dazu spaltet die Succinyl-CoA-Synthetase die Thioesterbindung des Succinyl-CoA zunächst mithilfe des P_i (= phosphorolytische Spaltung) und setzt dabei CoA frei. Das entstandene Succinyl-Phosphat ist ein gemischtes Säureanhydrid und hat ein hohes Gruppenübertragungspotenzial. Der Energiegehalt der

18.2 CITRATZYKLUS: DIE ZENTRALE DREHSCHEIBE

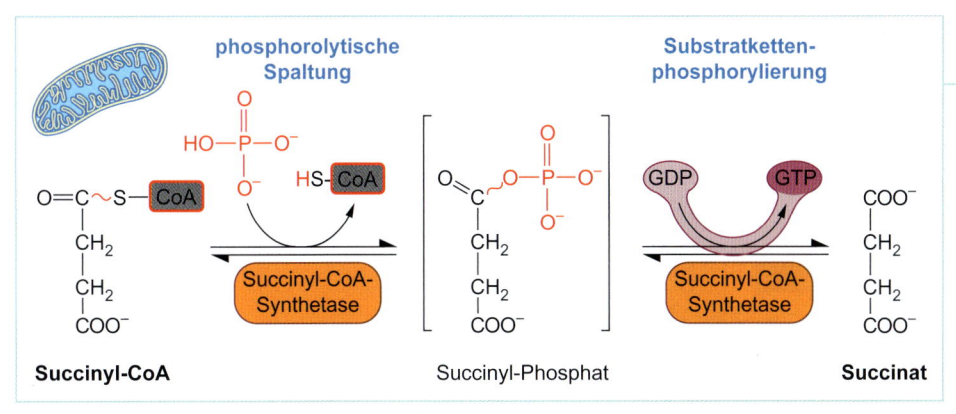

Abb. 18.6 Succinyl-CoA-Synthetase-Reaktion [L253]

ABB. 18.6

Thioesterbindung ist auf diese Weise erhalten geblieben und aktiviert nun das P_i. Im nächsten Teilschritt überträgt die Succinyl-CoA-Synthetase das P_i auf einen Histidinrest in ihrem aktiven Zentrum und dann auf GDP, sodass Succinat und GTP freigesetzt werden. Die Energie der Thioesterbindung wird so letztlich für die Bildung von GTP genutzt (= **energetische Kopplung**).

Obwohl in der Succinyl-CoA-Synthetase-Reaktion eine energiereiche Thioesterbindung gespalten wird, ist diese Reaktion auch unter physiologischen Bedingungen **reversibel**. Grund dafür ist, dass die Energie die Thioesterbindung fast vollständig in der neu gebildeten Phosphorsäureanhydridbindung erhalten bleibt. Die Richtung dieser Gleichgewichtsreaktion ergibt sich aus dem Verhältnis der Konzentrationen der Substrate und Produkte. Betrachtet man den Citratzyklus in Richtung des Acetyl-CoA-Abbaus, ist die Succinyl-CoA-Synthetase nach ihrer Rückreaktion benannt.

Aus GTP kann mithilfe der Nukleosiddiphosphat-Kinase (> 21.7.5) in einer nicht zum Citratzyklus zählenden Reaktion ATP gebildet werden (> Formel 18.1):

Die Reaktion ist **reversibel** und aus Sicht des Zyklusablaufs nach der Rückreaktion benannt. GTP wird von der Nukleosiddiphosphat-Kinase zur Synthese von ATP verwendet.

$$GTP + ADP \rightleftharpoons GDP + ATP \quad\quad | \text{ Formel 18.1}$$

In Summe ist auf diese Weise ein ATP aus ADP und P_i de novo erzeugt worden (= **echte Netto-ATP-Synthese**).

Anders als die Succinyl-CoA-Synthetase der Leber binden die entsprechenden Isoformen in Muskel und Gehirn nicht GDP, sondern ADP und sind somit nicht auf die Hilfe der Nukleosiddiphosphat-Kinase angewiesen. In vielen anderen Geweben werden beide Isoformen nebeneinander exprimiert.

> **De-novo-ATP-Synthese**
> Unter **De-novo-ATP-Synthese** wird die Synthese von ATP aus P_i und ADP verstanden. Im menschlichen Stoffwechsel findet diese echte Neusynthese von ATP nur bei der **oxidativen Phosphorylierung** im Rahmen der **Atmungskette** und bei den **Substratkettenphosphorylierungen** statt. Diese können durch die **Succinyl-CoA-Synthetase** des Citratzyklus und die **Phosphoglycerat-Kinase** der Glykolyse katalysiert werden. Letztere verwendet allerdings das für die De-novo-ATP-Synthese nötige P_i nicht selbst, sondern überträgt die Phosphatgruppe, die bereits in der vorgeschalteten Glycerin-Aldehyd-Dehydrogenase-Reaktion als P_i eingebaut wurde (> 19.3.2), sodass streng genommen nur beide Enzyme zusammen die Substratkettenphosphorylierung katalysieren. Alle übrigen ATP-generierenden Reaktionen des Stoffwechsels, wie z.B. die Reaktion der Pyruvat-Kinase, katalysieren keine De-novo-ATP-Synthese, sondern lediglich die Rückgewinnung von zuvor gespaltenem ATP.

Die Succinat-Dehydrogenase-Reaktion

Die C-C-Einfachbindung zwischen den beiden CH_2-Gruppen des **Succinats** kann zu einer C-C-Doppelbindung oxidiert werden (> Abb. 18.7). Dabei entsteht **Fumarat**. Katalysiert wird diese Oxidation durch die **Succinat-Dehydrogenase**, deren prosthetische Gruppe FAD dabei reduziert wird. Damit die Succinat-Dehydrogenase wieder regeneriert wird, müssen die Elektronen und Protonen des $FADH_2$ wieder abgegeben werden. Die Succinat-Dehydrogenase macht sich dafür ihre besondere Lokalisation zunutze. Sie ist Teil eines großen Proteinkomplexes in der inneren Mitochondrienmembran (= **Komplex II**), der letztlich **Ubichinon**, die zentrale Sammelstelle aller Elektronen in der Atmungskette, reduziert. In diesem Schritt entsteht pro Molekül Succinat ein Molekül $FADH_2$, das die Elektronen und damit den energetischen Wert des $FADH_2$ unmittelbar in die Atmungskette einschleust und dort für die ATP-Erzeugung nutzbar macht (> 18.4.2).

Auf diese Weise ist der Citratzyklus unmittelbar an die Atmungskette gekoppelt. Falls die Atmungskette z.B. bei Sauerstoffmangel zum Erliegen kommt, stoppt auch der Citratzyklus, da u.a. die Regeneration der Succinat-Dehydrogenase nicht mehr möglich ist.

Die Succinat-Dehydrogenase-Reaktion ist **reversibel**. Da die Elektronen des $FADH_2$ aber unmittelbar in die Atmungskette abfließen, kommt die Rückreaktion im physiologischen Kontext praktisch nicht vor.

Die Succinat-Dehydrogenase-Reaktion

Die **Succinat-Dehydrogenase** katalysiert die Oxidation von **Succinat** zu **Fumarat**, wobei ein $FADH_2$ entsteht.
Das Enzym ist gleichzeitig Teil der **Atmungskette** und kann daher die an die **prosthetische** FAD-Gruppe gebundenen Elektronen gleich wieder abgeben. So ist der Citratzyklus direkt an die Atmungskette gekoppelt.

Aus Studentensicht

ABB. 18.7

Die Fumarase-Reaktion
Die **Fumarase** katalysiert die Addition von Wasser an **Fumarat,** sodass **Malat** entsteht.

ABB. 18.8

Die Malat-Dehydrogenase-Reaktion
Die **Malat-Dehydrogenase** regeneriert den Ausgangsstoff **Oxalacetat** durch die Oxidation von **Malat.** Dabei entsteht wieder ein Molekül **NADH.**

18.2.4 Bilanz des Citratzyklus
Nach den ersten fünf Reaktionen des Citratzyklus ist das Kohlenstoffgerüst des Acetyl-CoA formal abgebaut und 4 Elektronen wurden auf **2 NADH** übertragen.

Durch die Substratkettenphosphorylierung wurde direkt **ein GTP** generiert.

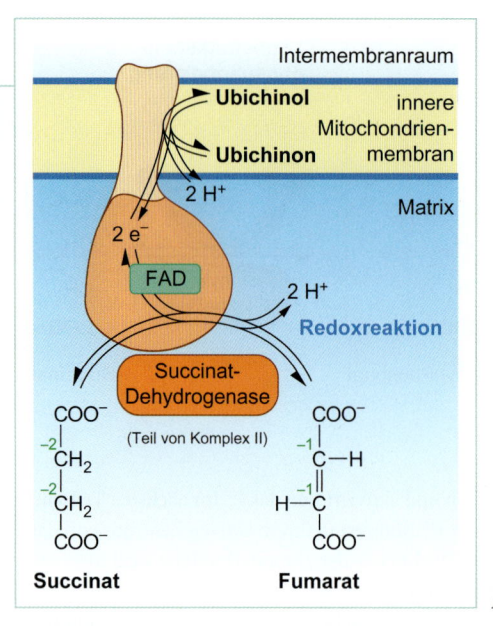

18 MITOCHONDRIEN: DIE KRAFTWERKE DER ZELLE

Abb. 18.7 Succinat-Dehydrogenase-Reaktion [L253]

Die Fumarase-Reaktion
Vor dem letzten Oxidationsschritt des Citratzyklus wird zunächst Wasser an die Doppelbindung des **Fumarats** addiert (➤ Abb. 18.8). So entsteht ein Zwischenprodukt, **Malat**, das anschließend weiteroxidiert werden kann. Diese **reversible Hydratisierung** wird durch die **Fumarat-Hydratase** (Fumarase) katalysiert.

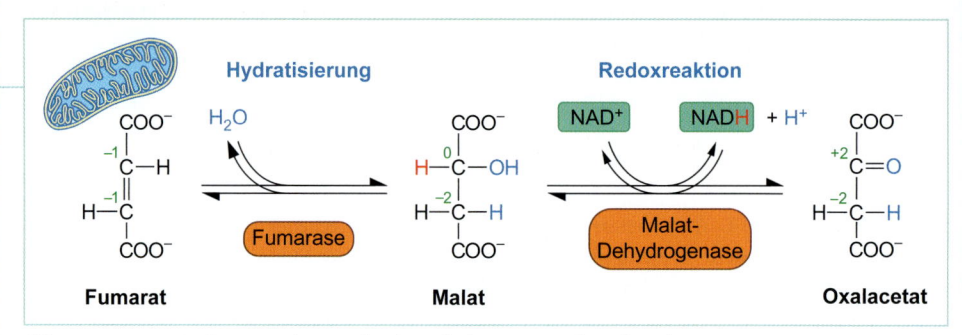

Abb. 18.8 Fumarat-Hydratase-Reaktion und Malat-Dehydrogenase-Reaktion [L253]

Die Malat-Dehydrogenase-Reaktion
In der abschließenden Reaktion des Citratzyklus wird **Malat** durch die **Malat-Dehydrogenase** zu **Oxalacetat** oxidiert (➤ Abb. 18.8). Aus der OH-Gruppe des Malats wird dabei eine Ketogruppe. Gleichzeitig wird NAD$^+$ zu NADH reduziert. Damit ist Oxalacetat wiederhergestellt und steht für einen neuen Durchlauf des Zyklus bereit.

Das Gleichgewicht dieser **reversiblen** Reaktion liegt unter physiologischen Bedingungen nahezu vollständig auf der Seite der Edukte. Allerdings reagiert das Oxalacetat unmittelbar nach seiner Bildung sofort mit Acetyl-CoA zu Citrat und wird damit dem Reaktionsgleichgewicht entzogen. Im physiologischen Kontext des Citratzyklus ist somit das Konzentrationsverhältnis zwischen Edukten und Produkten die entscheidende Triebkraft für die Bildung des Oxalacetats durch die Malat-Dehydrogenase.

18.2.4 Bilanz des Citratzyklus
In den ersten fünf Reaktionen des Citratzyklus (➤ Abb. 18.9) werden ein Acetatrest an Oxalacetat addiert, 2 CO$_2$ freigesetzt und 4 Elektronen auf NAD$^+$ übertragen. Das Kohlenstoffgerüst des Acetyl-CoA ist damit formal abgebaut. Die verbleibenden drei Reaktionen dienen der Regeneration des Oxalacetats, wobei 4 weitere letztlich aus dem Acetyl-CoA stammende Elektronen zur Reduktion von NAD$^+$ und FAD genutzt werden.

In Summe ergibt sich für den Citratzyklus folgende **Nettogleichung** (➤ Formel 18.2):

$$CH_3CO\text{-}SCoA + 3\,NAD^+ + FAD + GDP^{3-} + H_2PO_4^- + 2\,H_2O$$
$$\longrightarrow 2\,CO_2 + 3\,NADH + 3\,H^+ + FADH_2 + GTP^{4-} + CoA\text{-}SH \quad | \text{ Formel 18.2}$$

Die unmittelbare Ausbeute an energiereichen Bindungen in Nukleosidtriphosphaten ist also lediglich eine in Form von **einem GTP,** das zur Synthese von **einem ATP** genutzt werden kann. Erst die Kopplung an die Atmungskette (= oxidative Phosphorylierung) ermöglicht die Bildung einer großen Menge ATP aus den im Citratzyklus erzeugten Redoxäquivalenten.

18.2 CITRATZYKLUS: DIE ZENTRALE DREHSCHEIBE

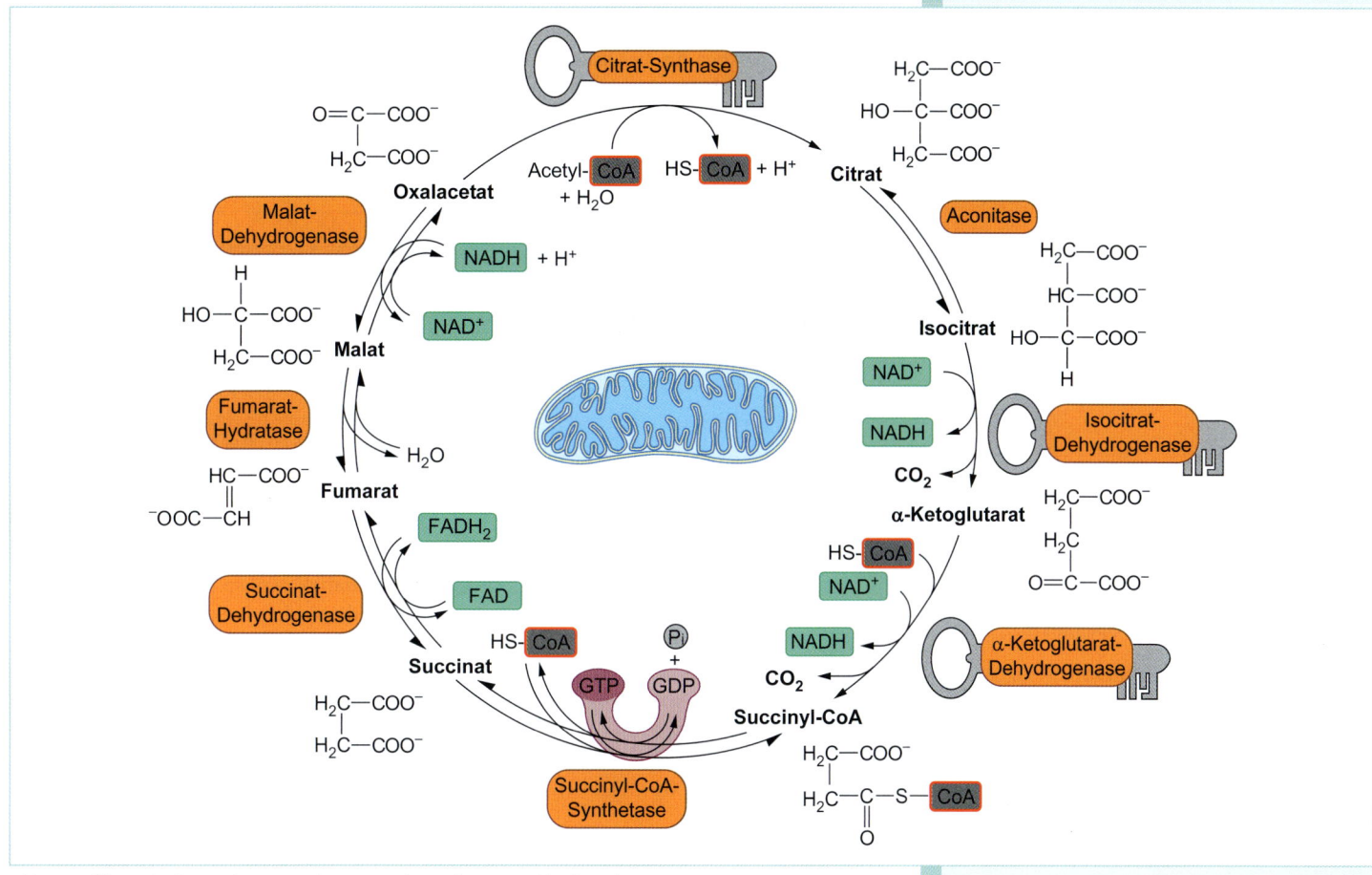

Aus Studentensicht

Abb. 18.9 Übersicht über Reaktionen und Energieausbeute des Citratzyklus [L253]

ABB. 18.10

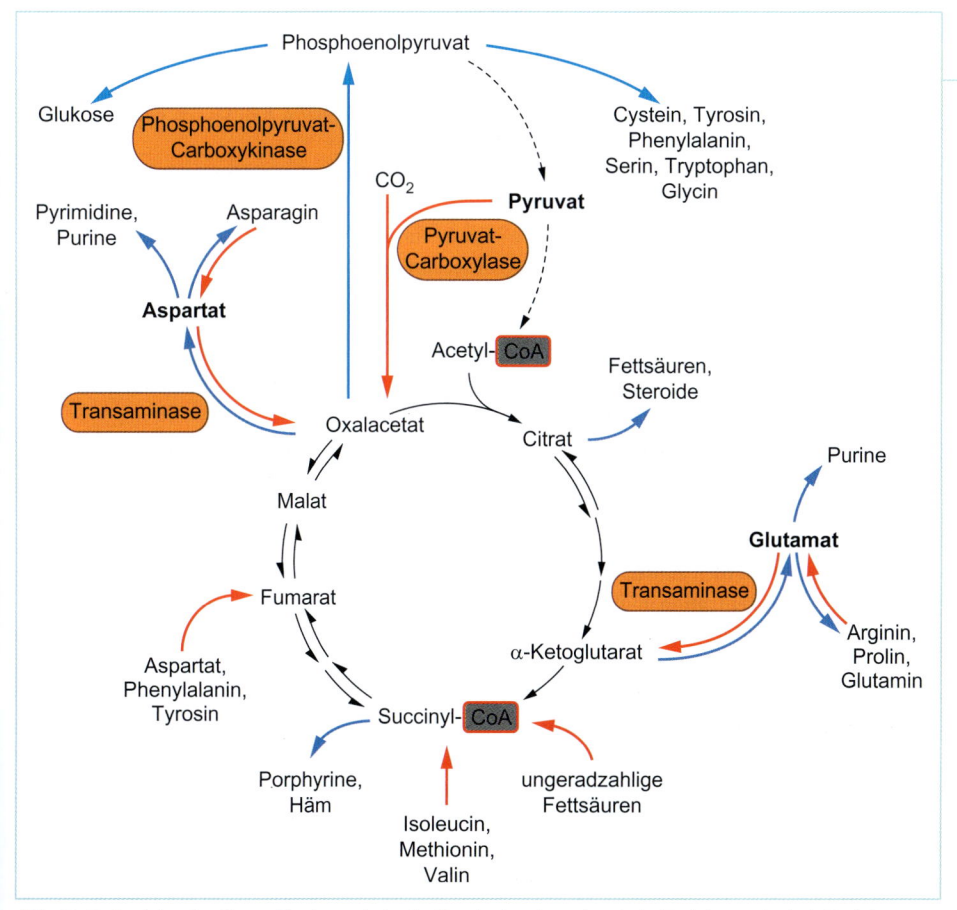

Abb. 18.10 Funktion des Citratzyklus im anabolen Stoffwechsel und anaplerotische Reaktionen. Anabole Reaktionen sind mit blauen, anaplerotische und vorgelagerte Reaktionen mit roten Pfeilen gekennzeichnet. Die quantitativ wichtigsten anaplerotischen Reaktionen sind durch Angabe der Enzyme gekennzeichnet. [L253]

18.2.5 Die Funktion des Citratzyklus im anabolen Stoffwechsel

Neben seiner Funktion für die Oxidation von Acetyl-CoA liefert der Citratzyklus auch Ausgangssubstanzen für viele Biosynthesen (➤ Abb. 18.10). Dabei werden in katapleretischen (griech. = herabfahrende) Reaktionen Zwischenprodukte aus dem Citratzyklus entnommen. Da die Syntheseprodukte meist im Zytoplasma benötigt werden, gibt es Transportsysteme für den Export aus dem Mitochondrium (➤ Tab. 18.1).

Tab. 18.1 Funktion des Citratzyklus im anabolen Stoffwechsel

Substrat	Zur Biosynthese von	Verwendetes Transportsystem
Oxalacetat	Glukose	Malat-Aspartat-Shuttle (➤ 18.5.3)
Oxalacetat	Aspartat	Malat-Aspartat-Shuttle (➤ 18.5.3)
α-Ketoglutarat	Glutamat und weiteren Aminosäuren	Malat-Aspartat-Shuttle (➤ 18.5.3)
Acetyl-CoA	Fettsäuren	Citrat-Shuttle (➤ 20.1.6)
Succinyl-CoA	Häm	Transportsysteme für die Zwischenprodukte der Hämsynthese sind nicht abschließend geklärt

Anaplerotische Reaktionen

Durch die Biosynthesen werden dem Citratzyklus Zwischenprodukte entzogen. Dadurch sinkt ihre Konzentration im Mitochondrium und die Geschwindigkeit des Citratzyklus nimmt ab. Um das zu vermeiden, müssen die Zwischenprodukte des Citratzyklus nachgebildet werden. Reaktionen, die das bewerkstelligen, werden als **anaplerotische Reaktionen** (gr. = auffüllende Reaktionen) bezeichnet.

Die Pyruvat-Carboxylase ist ein mitochondriales Enzym, das die Carboxylierung von **Pyruvat zu Oxalacetat** katalysiert. Wie fast alle Carboxylasen enthält sie **Biotin** als prosthetische Gruppe und hydrolysiert **ATP**, um die Energie für die ansonsten endergone Carboxylierung aufzubringen (➤ Formel 18.3):

$$\text{Pyruvat} + CO_2 + ATP + H_2O \longrightarrow \text{Oxalacetat} + ADP + P_i + H^+ \qquad | \text{ Formel 18.3}$$

Bereits niedrige Konzentrationen von Acetyl-CoA im Mitochondrium führen zur Aktivierung der Pyruvat-Carboxylase. Damit wird sichergestellt, dass immer ausreichend Oxalacetat als Akzeptor zur Verfügung steht und der Citratzyklus dem Bedarf entsprechend beschleunigt werden kann.

Weitere wichtige Quellen für den Citratzyklus sind die Abbaureaktionen der glukogenen Aminosäuren (➤ 21.3.4). Sie werden zu Pyruvat oder α-Ketoglutarat und anderen Zwischenprodukten des Citratzyklus wie Oxalacetat oder Succinat abgebaut und können diesen somit auffüllen. Eine besondere Bedeutung kommt dabei den **Transaminierungsreaktionen** zu, bei denen in einem einzigen Schritt beispielsweise aus den Aminosäuren Alanin, Glutamin und Aspartat die zugehörigen α-Ketosäuren Pyruvat, α-Ketoglutarat und Oxalacetat gebildet werden.

Die Einschleusung von **Acetyl-CoA** in den Citratzyklus ist **keine anaplerotische Reaktion.** Dabei entsteht aus einem Molekül Oxalacetat und einem Acetyl-CoA ein Molekül Citrat. Da dieses jedoch im Citratzyklus unter Abspaltung von CO_2 lediglich wieder in ein Molekül Oxalacetat umgewandelt wird, erhöht sich die Zahl der zur Verfügung stehenden Oxalacetatmoleküle nicht.

18.3 Regulation des Citratzyklus

18.3.1 Regulation durch die Energieladung

Die Geschwindigkeit des Citratzyklus wird in erster Linie über die **Energieladung** (➤ 17.6) und das **Angebot an Acetyl-CoA** im Mitochondrium bestimmt. Daneben spielen aber auch die Konzentrationen der Zwischenprodukte und die zelluläre Calciumkonzentration eine wichtige Rolle.

Citrat-Synthase, Isocitrat-Dehydrogenase und α-Ketoglutarat-Dehydrogenase sind die **Schlüsselenzyme** des Citratzyklus. Sie werden **allosterisch** durch ATP/ADP und NAD^+/NADH reguliert (➤ Abb. 18.11).

Eine **hohe ATP-Konzentration** und damit auch eine hohe Energieladung signalisieren einen Überschuss an energiereichen Verbindungen und führen zu einer **Hemmung** der Schlüsselenzyme und somit zur Drosselung des Citratzyklus. Eine **hohe NADH-Konzentration** signalisiert, dass NADH in der Atmungskette nicht ausreichend schnell oxidiert wird, und hemmt ebenfalls den Citratzyklus.

Umgekehrt bedeutet ein **Ansteigen der ADP-** und der **NAD^+-Konzentrationen,** dass der Energiebedarf steigt. Die Schlüsselenzyme werden **aktiviert.** Damit wird der Citratzyklus abermals an die Atmungskette gekoppelt, denn nur wenn sichergestellt ist, dass das im Citratzyklus gebildete NADH auch zeitnah zu NAD^+ reoxidiert wird, kann der Citratzyklus weiter ablaufen.

Aus Studentensicht

18.2.5 Die Funktion des Citratzyklus im anabolen Stoffwechsel

Der Citratzyklus liefert auch Ausgangssubstanzen für **Biosynthesen.**

TAB. 18.1

Anaplerotische Reaktionen

Die für Biosynthesen entnommenen Moleküle müssen wieder **aufgefüllt** werden, da der Citratzyklus sonst zum Erliegen kommt. Die auffüllenden Reaktionen nennt man **anaplerotisch.**

Die **Pyruvat-Carboxylase** katalysiert die Carboxylierung von Pyruvat zu Oxalacetat und bildet damit den Ausgangsstoff des Citratzyklus.

Durch den Abbau von **glukogenen Aminosäuren** entstehen Pyruvat, α-Ketoglutarat oder andere Zwischenprodukte des Citratzyklus.

Die Einschleusung von Acetyl-CoA in den Citratzyklus ist **keine** anaplerotische Reaktion, da sein Kohlenstoffgerüst im Citratzyklus komplett abgebaut wird.

18.3 Regulation des Citratzyklus

18.3.1 Regulation durch die Energieladung

Der Citratzyklus wird im Wesentlichen über die **Energieladung** und die Menge an **Acetyl-CoA** reguliert.

Die **Schlüsselenzyme** des Citratzyklus (Citrat-Synthase, Isocitrat-Dehydrogenase und α-Ketoglutarat-Dehydrogenase) werden **allosterisch** durch ATP und NADH gehemmt und durch ADP und NAD^+ aktiviert.

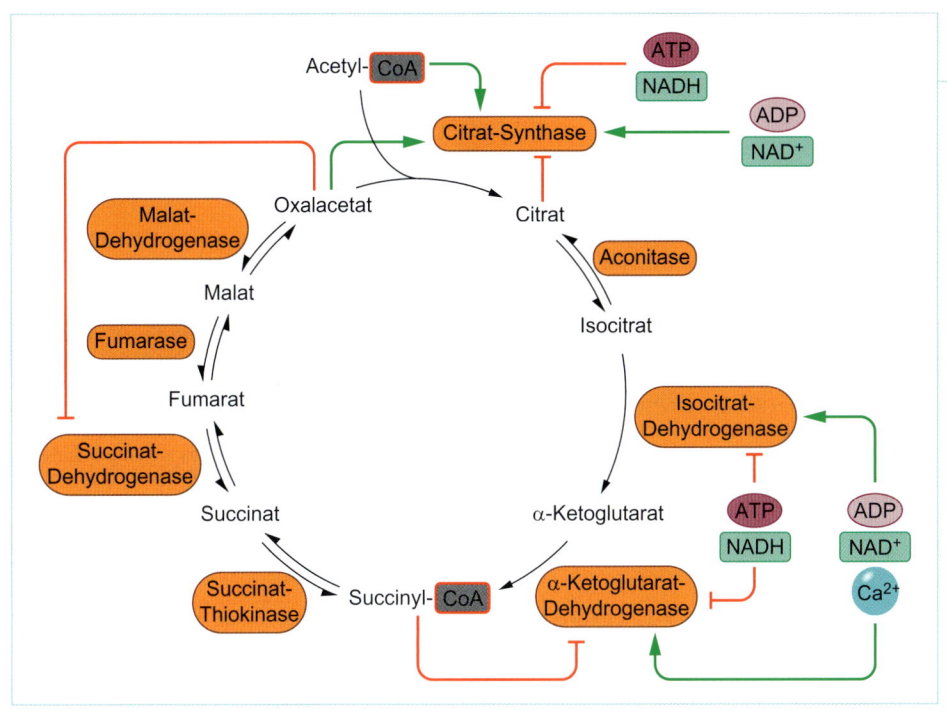

Abb. 18.11 Regulation des Citratzyklus [L253]

18.3.2 Regulation durch Substratangebot

Sowohl die Konzentrationen von **Oxalacetat** als auch die von **Acetyl-CoA** im Mitochondrium liegen weit unterhalb der Konzentration, die für eine Substratsättigung der Citrat-Synthase erforderlich wäre. Folglich arbeitet die Citrat-Synthase mit einer Geschwindigkeit, die weit von ihrem v_{max} entfernt ist und die Reaktionsgeschwindigkeit ist proportional zur Konzentration der Substrate. Damit steigt die Geschwindigkeit des Citratzyklus bei **Erhöhung der Acetyl-CoA**-Konzentration, wenn die Konzentration an Oxalacetat ausreichend hoch ist. Ist das nicht der Fall, muss Oxalacetat durch anaplerotische Reaktionen nachgebildet werden oder Acetyl-CoA staut sich an. Der Stau bewirkt eine Hemmung der Acetyl-CoA produzierenden Stoffwechselwege, insbesondere der Pyruvat-Dehydrogenase, und fördert die Synthese von anderen aus Acetyl-CoA synthetisierten Stoffwechselmetaboliten wie z. B. den Ketonkörpern.

18.3.3 Hormonelle Regulation

Die Mitochondrien besitzen **keine Rezeptoren,** die ein Insulin- oder Adrenalin- bzw. Glukagon-Signal in die Matrix übertragen können. Die Enzyme des Citratzyklus werden deshalb, anders als die Enzyme der zytoplasmatischen Stoffwechselwege, nicht durch insulin- oder glukagon- bzw. adrenalinabhängige Phosphorylierung reguliert, sodass ATP-Konzentration und Energieladung immer ausreichend hoch bleiben. Indirekt steuern diese Hormone jedoch auch die Aktivität des Citratzyklus durch Regulation der Glykolyse und Lipolyse.

18.3.4 Produkthemmung

Insbesondere Citrat-Synthase und α-Ketoglutarat-Dehydrogenase werden durch eine erhöhte Konzentration ihrer unmittelbaren Produkte gehemmt (= **Produkthemmung**). Die Konzentrationen von Zwischenprodukten des Citratzyklus steigen immer dann an, wenn das entsprechende Folgeenzym nicht mit ausreichend hoher Geschwindigkeit arbeitet, und signalisieren daher einen Rückstau im Zyklus. Zusätzlich wirkt **Oxalacetat hemmend auf die Succinat-Dehydrogenase.** Dadurch steigt die Konzentration von Succinat und Succinyl-CoA an und es kommt auch zu einer Hemmung der α-Ketoglutarat-Dehydrogenase. Andere Enzyme können jedoch auch bei einem Rückstau in einem Teil des Zyklus weiter aktiv sein. Solange das bei der Citrat-Synthase-Reaktion gebildete Citrat aus dem Mitochondrium ins Zytoplasma abfließt, bleibt beispielsweise die Citrat-Synthase auch bei hohen Oxalacetatkonzentrationen aktiv. Dieser Mechanismus gewinnt unter anabolen Stoffwechselbedingungen, z. B. bei gesteigerter Fettsäurebiosynthese, an Bedeutung.

18.3.5 Regulation durch Calcium

Eine erhöhte Calciumkonzentration ist ein Zeichen für die Aktivierung vieler verschiedener zellulärer Funktionen und damit für einen erhöhten Energiebedarf. Vermutlich ist das der Grund, warum Calcium als Aktivator der Isocitrat-Dehydrogenase und der α-Ketoglutarat-Dehydrogenase wirkt.

Aus Studentensicht

ABB. 18.11

18.3.2 Regulation durch Substratangebot
Ein erhöhtes Angebot an **Acetyl-CoA** steigert die Reaktionsgeschwindigkeit des Citratzyklus. Ist die Konzentration an Oxalacetat nicht ausreichend hoch, staut sich Acetyl-CoA an und bewirkt eine Hemmung der Acetyl-CoA produzierenden und eine Stimulation der Acetyl-CoA verbrauchenden Wege.

18.3.3 Hormonelle Regulation
Hormone wie Insulin oder Glukagon haben **keinen direkten Einfluss** auf den Citratzyklus, da die Mitochondrien keine entsprechenden Rezeptoren besitzen.

18.3.4 Produkthemmung
Die Citrat-Synthase und α-Ketoglutarat-Dehydrogenase werden weiter durch **direkte Produkthemmung** reguliert.

18.3.5 Regulation durch Calcium
Calcium bewirkt eine Aktivierung der Isocitrat-Dehydrogenase und der α-Ketoglutarat-Dehydrogenase.

Aus Studentensicht

18.4 Atmungskette: So entsteht nutzbare Energie

18.4.1 Prinzip der Atmungskette

18.4 Atmungskette: So entsteht nutzbare Energie

18.4.1 Prinzip der Atmungskette

> **FALL**
>
> **Skandal um Justina**
>
> Justina ist ein fröhliches 15-jähriges Mädchen. Im Kindesalter wurde bei ihr in einer Universitätsklinik eine Mitochondriopathie diagnostiziert, die in Justinas Fall v. a. durch eine Myopathie (Muskelschwäche) bei Anstrengung sichtbar wird. Sie wurde mit einem hoch dosierten Vitamincocktail behandelt. Aufgrund von Magen-Darm-Problemen brachten ihre Eltern Justina ein paar Jahre später in ein Kinderhospital. Der dortige Neurologe zweifelte die Diagnose an und überwies Justina gegen den Willen ihrer Eltern in die geschlossene Psychiatrie, da unterstellt wurde, dass die Eltern ihrer Tochter die Symptome nur eingeredet hätten. Nach mehr als einem Jahr ohne ihren speziellen Vitamincocktail ist sie nicht mehr in der Lage, selbständig zu laufen. Als sie schließlich aus der Psychiatrie entlassen wird, muss ihr Vater sie tragen. Zumindest ist jetzt bestätigt, dass Justina an einer Mitochondriopathie leidet. Nicht nur die Muskeln, auch das Gehirn sind bei dieser Krankheit betroffen. Justina ist auf einer Förderschule. Mitochondriopathien treten mit einer Häufigkeit von 1 : 5 000 auf und werden im klinischen Alltag häufig über einen langen Zeitraum nicht erkannt. Wie entsteht die Erkrankung, bei der besonders die energiehungrigen Organe wie Muskeln oder Gehirn betroffen sind? Warum hat sich Justinas Zustand in der Psychiatrie so stark verschlechtert?

Die Energie der Elektronen, die im Citratzyklus in Elektronenüberträgern zwischengespeichert wird, kann erst in der **Atmungskette** für die Synthese von ATP nutzbar gemacht werden.

Am Ende der einzelnen katabolen Stoffwechselwege und des Citratzyklus ist das Kohlenstoffgerüst der Nährstoffe vollständig zu CO_2 oxidiert. Dabei entstehen nur in einem sehr geringen Umfang ATP oder GTP durch Substratkettenphosphorylierungen in der Glykolyse und im Citratzyklus. Stattdessen werden die durch Redoxreaktionen freigesetzten **Elektronen** zusammen mit Protonen in Form von NADH und $FADH_2$ zwischengespeichert. Der größte Teil der Energie aus den Nährstoffen steckt jetzt in diesen Redoxäquivalenten.

Die Elektronenüberträger werden unter Sauerstoffverbrauch oxidiert, wobei Wasser entsteht.

Um diese zwischengespeicherte Energie freizusetzen und für die ATP-Synthese zu nutzen, werden die einzelnen Elektronenüberträger unter Abgabe ihrer beiden Elektronen in Gegenwart von Sauerstoff oxidiert. Dabei entsteht nach folgenden Reaktionsgleichungen Wasser (➤ Formel 18.4, ➤ Formel 18.5):

$$2\ NADH + 2\ H^+ + O_2 \longrightarrow 2\ NAD^+ + 2\ H_2O \qquad | \text{ Formel 18.4}$$

$$2\ FADH_2 + O_2 \longrightarrow 2\ FAD + 2\ H_2O \qquad | \text{ Formel 18.5}$$

Diese Reaktionen sind ähnlich exergon wie die **Knallgasreaktion** ($\Delta G^{0'} = -193$ kJ/mol), bei der Wasserstoff und Sauerstoff unkontrolliert zu Wasser reagieren und sich die frei werdende Energie in Form von Wärme, Lichtblitzen und einem lauten Knall entlädt. Energie, die auf diese Weise freigesetzt wird, kann im Stoffwechsel nicht für andere chemische Reaktionen genutzt werden. Folglich muss die Energie der Redoxäquivalente im Stoffwechsel unter kontrollierten Bedingungen freigesetzt und zur Synthese von ATP genutzt werden.

Der Sauerstoff wird in der Atmungskette zu Wasser reduziert. Triebkraft ist die **Redoxpotenzialdifferenz** der Reaktionspartner.

Die beiden Reaktionen sind Redoxreaktionen, bei denen die reduzierten Elektronenüberträger ihre Elektronen abgeben und oxidiert werden. Der Sauerstoff nimmt die Elektronen auf und wird reduziert. Angetrieben werden Redoxreaktionen durch die **Redoxpotenzialdifferenz** der beiden Reaktionspartner.

> **Redoxpotenzial**
>
> Das Redoxpotenzial ist ein Maß dafür, wie leicht ein Molekül in einer Redoxreaktion Elektronen aufnehmen oder abgeben kann, und wird in Volt angegeben.
> Für Redoxpartner gilt:
> - Je negativer (kleiner) das Redoxpotenzial ist, desto stärker ist die Reduktionskraft.
> - Je positiver (größer) das Redoxpotenzial ist, desto stärker ist die Oxidationskraft.
> - Elektronen fließen vom Reaktionspartner mit dem kleineren Redoxpotenzial zu dem mit dem größeren Redoxpotenzial.
>
> Die in einer Redoxreaktion frei werdende Energie (= ΔG) ist proportional zur Differenz der Redoxpotenziale der Partner und abhängig von der Konzentration der Reaktionspartner. Um einen konzentrationsunabhängigen Anhaltspunkt für das Redoxpotenzial zu erhalten, wird, analog zu $\Delta G^{0'}$, das **Standardnormalpotenzial $E^{0'}$** bei Normdruck, Normtemperatur, pH = 7 und c = 1 mol/l angegeben.
> Substanzen mit einem positiven Redoxpotenzial werden als „edel" bezeichnet, zu ihnen gehören auch die Edelmetalle wie Gold. Entsprechend sind Substanzen, die ihre Elektronen leicht abgeben, „unedel".

Die Nährstoffe haben ein stark negatives Redoxpotenzial, das der reduzierten Elektronenüberträger ist weniger negativ und das des Sauerstoffs ist positiv. Daher fließen die Elektronen von den Nährstoffen über die Elektronenüberträger zum Sauerstoff.

Das Redoxpotenzial von Nährstoffen wie Fettsäuren ist negativer als das der reduzierten Elektronenüberträger, das des Sauerstoffs ist positiv. Daher wandern die Elektronen von den Nährstoffen zu den Elektronenüberträgern und weiter zum Sauerstoff. Die dabei frei werdende Energie kann zur Synthese von ATP genutzt werden.

18.4 ATMUNGSKETTE: SO ENTSTEHT NUTZBARE ENERGIE

Damit die Energie kontrolliert freigesetzt wird, erfolgt der Transfer der Elektronen von den Elektronenüberträgern zum Sauerstoff über eine **Kette von Redoxpartnern,** deren Redoxpotenziale sich jeweils nur wenig unterscheiden. So wird in jeder Teilreaktion nur ein kleiner Energiebetrag freigesetzt und die Energie der Elektronen wird nur um einen kleinen Schritt abgesenkt, bis sie schließlich auf der Stufe des Sauerstoffs angekommen ist. Dieses Prinzip macht sich die Atmungskette zunutze. Durch eine Reihe von hintereinandergeschalteten **Proteinkomplexen** in der **inneren Mitochondrienmembran,** in denen Redoxsysteme mit aufsteigenden Redoxpotenzialen als **prosthetische Gruppen** gebunden sind, wird die Energie der Elektronen aus den Elektronenüberträgern schrittweise abgesenkt. Letztendlich werden die Elektronen auf molekularen Sauerstoff übertragen, der dabei reduziert wird und mit Protonen aus der mitochondrialen Matrix zu Wasser reagiert (➤ Abb. 18.12).

Aus Studentensicht

Die **kontrollierte Energiefreisetzung** erfolgt über eine **Kette** von Redoxpartnern, sodass die Energie in **kleinen Schritten** abgegeben wird. Die Atmungskette besteht aus einer **Reihe von Komplexen** in der inneren Mitochondrienmembran, an deren Ende die Elektronen auf den finalen Akzeptor **Sauerstoff** übertragen werden.

ABB. 18.12

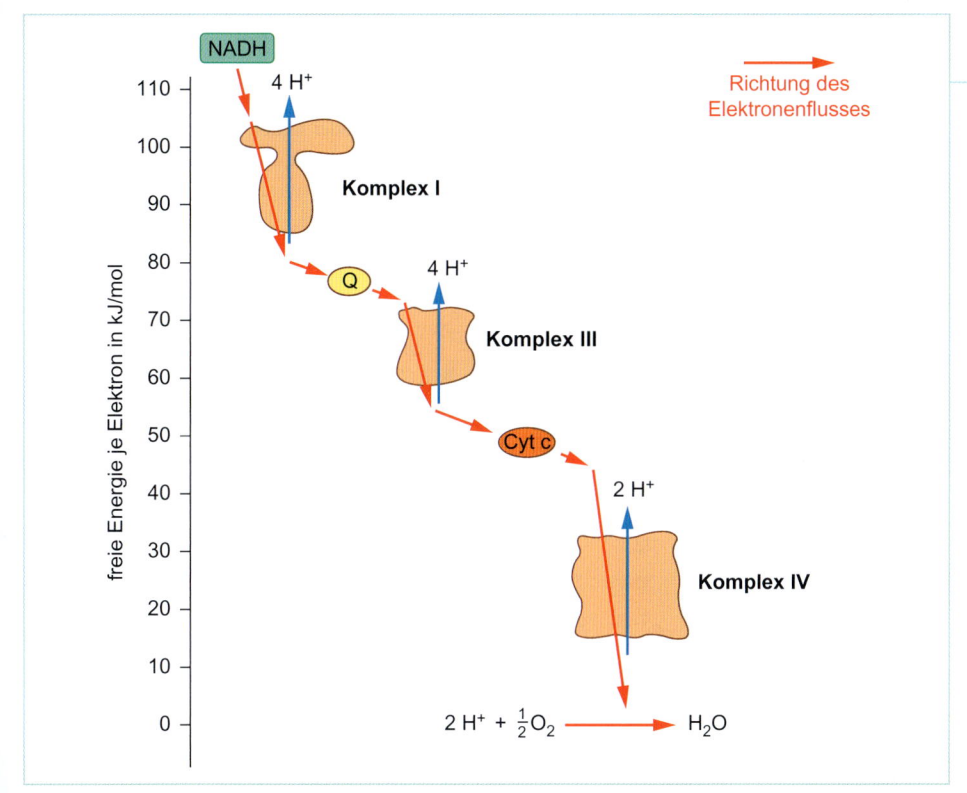

Abb. 18.12 Prinzip der Atmungskette (Q = Ubichinon, Cyt c = Cytochrom c, rote Pfeile = Fluss von Elektronen, blaue Pfeile = Fluss von Protonen aus der mitochondrialen Matrix in den Intermembranraum). Für die vollständige Reaktion eines Sauerstoffmoleküls am Komplex IV müssen 4 Elektronen, die von 2 NADH stammen, durch die Atmungskette geschleust werden. [L253]

Die in den einzelnen Schritten frei werdenden „Energieportionen" werden unmittelbar dazu genutzt, Protonen aus der mitochondrialen Matrix über die innere Mitochondrienmembran in den Intermembranraum zu pumpen. Dadurch wird die dem Intermembranraum zugewandte Seite der Membran elektrisch positiv, die Matrixseite negativ geladen und es bildet sich ein **elektrisches Potenzial** an der inneren Mitochondrienmembran. Zusätzlich entsteht ein **Protonengradient** mit leicht unterschiedlichen pH-Werten auf den beiden Seiten der Membran und somit ein **chemisches Membranpotenzial.** In diesem **elektrochemischen Potenzial** ist jetzt die Energie aus den Redoxreaktionen gespeichert. Bei einer Diffusion der Protonen zurück in die mitochondriale Matrix würde diese Energie wieder freigesetzt werden, allerdings ist die innere Mitochondrienmembran für Protonen und andere geladene Teilchen so gut wie undurchlässig. Ein geregelter Rückfluss der Protonen in die Matrix wird hauptsächlich durch die **ATP-Synthase,** einen weiteren Proteinkomplex der inneren Mitochondrienmembran, ermöglicht (➤ 18.4.3). Die dabei frei werdende Energie wird unmittelbar für die ATP-Synthese aus ADP und P_i genutzt.

Die schrittweise frei werdende Energie wird genutzt, um **Protonen** aus der mitochondrialen Matrix in den Intermembranraum zu pumpen und so einen **Protonengradienten** zu erzeugen. Der Protonengradient treibt die **ATP-Synthase** an, wodurch die Energie in Form von **ATP** für die Zelle nutzbar gemacht wird.

Streng genommen ist die ATP-Synthase kein Teil der Atmungskette. Ihre Aktivität ist aber an den Protonengradienten und damit an die Atmungskette gekoppelt. Da die Atmungskette auf den Sauerstoff aus der Atemluft angewiesen ist, wird die ATP-Synthase mithilfe der Atmungskette auch als **oxidative Phosphorylierung** bezeichnet. Zusammen mit den Substratkettenphosphorylierungen der Glykolyse und des Citratzyklus stellt die oxidative Phosphorylierung die einzige Möglichkeit der **De-novo-ATP-Synthese** (= Bildung von ATP aus ADP und P_i) im menschlichen Stoffwechsel dar.

Die Atmungskettenkomplexe und die ATP-Synthase katalysieren eine **oxidative Phosphorylierung.** Diese ist die wichtigste Reaktion für die De-novo-ATP-Synthese.

Aus Studentensicht

18 MITOCHONDRIEN: DIE KRAFTWERKE DER ZELLE

18.4.2 Die Redoxsysteme der Atmungskette

Drei Proteinkomplexe sind für den Aufbau des Protonengradienten verantwortlich:
- Komplex I (NADH-Ubichinon-Oxidoreduktase)
- Komplex III (Ubichinol-Cytochrom-c-Oxidoreduktase)
- Komplex IV (Cytochrom-c-Oxidase)

Die strukturierte räumliche Anordnung der einzelnen Komplexe erfolgt wahrscheinlich durch **Cardiolipin.**
Innerhalb der Proteinkomplexe befinden sich Redoxzentren, wie
- FMN,
- Eisen-Schwefel-Zentren,
- Hämgruppen (z. B. in Cytochromen) und
- Kupferzentren,

welche die Elektronen weiterleiten.
Zwischen den Komplexen werden die Elektronen über bewegliche Coenzyme wie Ubichinon oder Cytochrom c transportiert.

ABB. 18.13

18.4.2 Die Redoxsysteme der Atmungskette

Für den Aufbau des **Protonengradienten** über der inneren Mitochondrienmembran sind **drei Proteinkomplexe,** die aus vielen einzelnen Untereinheiten bestehen, verantwortlich:
- NADH-Ubichinon-Oxidoreduktase (Komplex I)
- Ubichinol-Cytochrom-c-Oxidoreduktase (Komplex III)
- Cytochrom-c-Oxidase (Komplex IV)

Diese drei Proteinkomplexe sind unmittelbar benachbart und können sich zu einem Superkomplex (= Respirasom) verbinden, sodass sie auch bei Flotation in der Membran immer in der korrekten Anordnung bleiben. Als Triebkraft für die räumliche Anordnung der einzelnen Komplexe in der Membran wirkt vermutlich das Membranlipid **Cardiolipin.**

Innerhalb der Proteinkomplexe leiten grundsätzlich folgende **Redoxpartner** die Elektronen weiter:
- $FMN + 2\,e^- \rightleftharpoons FMN^{2-}$ (FMN: Flavinmononukleotid)
- $Fe^{3+} + e^- \rightleftharpoons Fe^{2+}$
- $Cu^{2+} + e^- \rightleftharpoons Cu^+$

Die Fe^{2+}-Ionen können sich entweder in **Eisen-Schwefel-Zentren** oder in den **Hämgruppen** der **Cytochrome** befinden. Die Cu^{2+}-Ionen sind in **Kupferzentren** angeordnet. Je nach Proteinkontext, in den diese Redoxsysteme eingebunden sind, unterscheiden sich ihre Redoxpotenziale. Die Redoxsysteme sind dabei immer so angeordnet, dass ihr Redoxpotenzial schrittweise ansteigt.

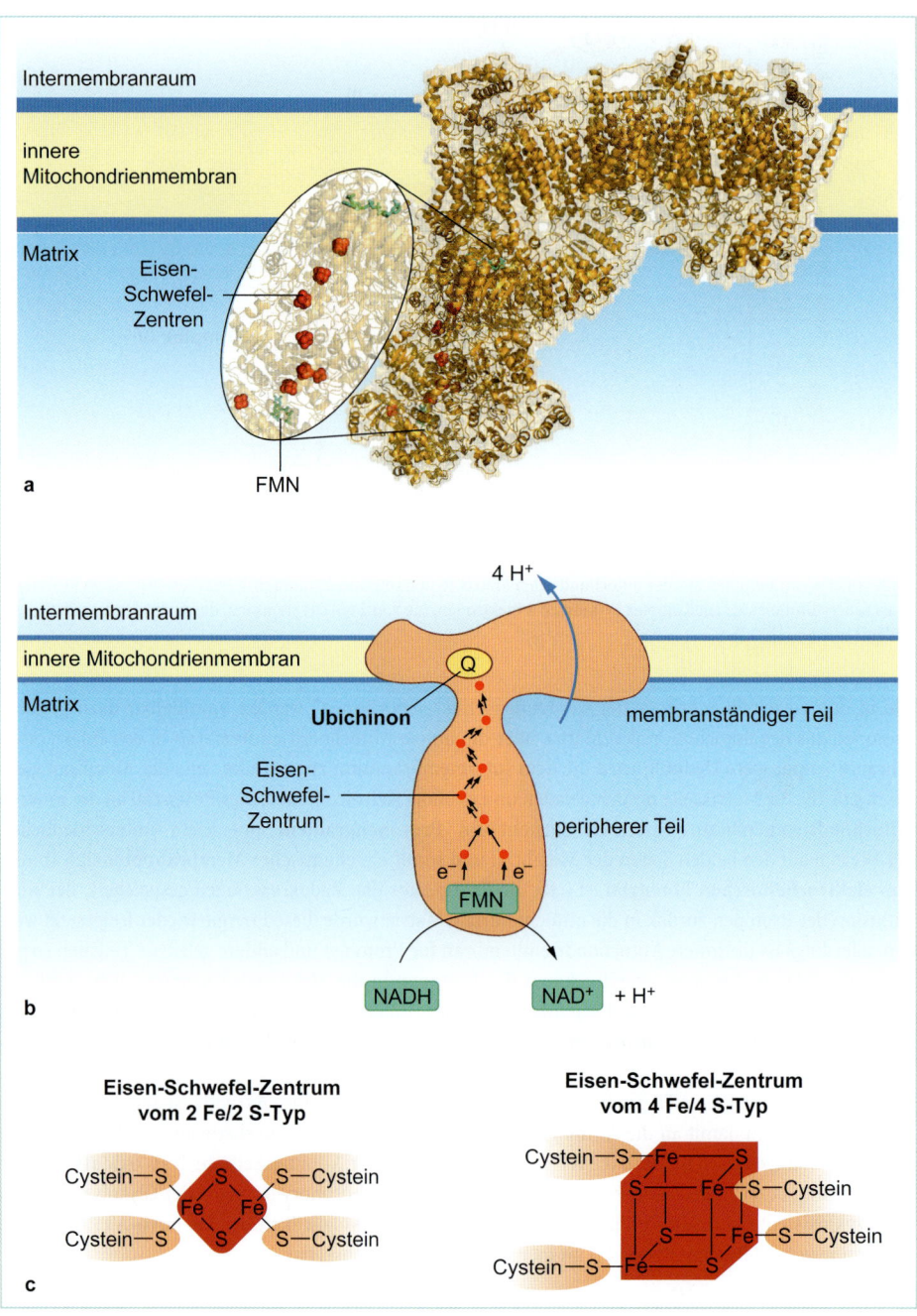

Abb. 18.13 Komplex I. **a** Struktur. **b** Schematische Darstellung der Redoxsysteme und Protonenpumpe. Die roten Punkte symbolisieren Eisen-Schwefel-Zentren (FMN = Flavinmononukleotid). **c** Aufbau der Eisen-Schwefel-Zentren. [L253, P414, L307]

18.4 ATMUNGSKETTE: SO ENTSTEHT NUTZBARE ENERGIE

Aus Studentensicht

Als Elektronenüberträger zwischen den Komplexen dienen die Coenzyme **Ubichinon**, ein in der Membran frei bewegliches Lipid, und **Cytochrom c**, ein Protein des Intermembranraumes. Jedes NADH gibt zwei Elektronen an den Komplex I der Atmungskette ab, Fe^{2+}- und Cu^{2+}-Ionen können aber jeweils nur ein Elektron aufnehmen und schließlich müssen vier Elektronen gleichzeitig auf ein Sauerstoffmolekül übertragen werden. Ubichinon und Cytochrom c dienen in diesem Zusammenhang als wichtige Elektronenpuffer- und -sammelstellen.

NADH-Ubichinon-Oxidoreduktase (Komplex I)

Die NADH-Ubichinon-Oxidoreduktase (Komplex I) ist ein L-förmiger Proteinkomplex in der inneren Mitochondrienmembran und mit über 40 Untereinheiten und einem Molekulargewicht von ca. 1 000 kDa der größte Komplex der Atmungskette (➤ Abb. 18.13). Sieben vorwiegend hydrophobe Untereinheiten des Komplexes werden durch das mitochondriale Genom codiert, die übrigen im Zellkern. Ein Teil des Komplexes I ist hydrophil und ragt in die mitochondriale Matrix. Dort befindet sich die Bindungsstelle für NADH. Unmittelbar nach Bindung werden die beiden Elektronen des NADH auf ein Flavinmononukleotid (FMN) übertragen, das als prosthetische Gruppe in der benachbarten Untereinheit gebunden ist. Dabei werden das Proton und NAD^+ in die Matrix abgegeben und stehen für weitere Reaktionen wie die Neusynthese von NADH zur Verfügung. Das reduzierte FMN reicht die Elektronen einzeln an Fe^{3+}-Ionen weiter, die in einer Kette aus acht Eisen-Schwefel-Zentren hintereinandergeschaltet sind. Obwohl jedes Eisen-Schwefel-Zentrum zwei (= 2 Fe/2 S-Typ) bzw. vier Eisen-Ionen (= 4 Fe/4 S-Typ) enthält, kann immer nur ein Elektron pro Eisen-Schwefel-Zentrum aufgenommen werden, da die Fe^{3+}-Ionen schrittweise nacheinander zu Fe^{2+}-Ionen reduziert und im nächsten Schritt wieder zu Fe^{3+}-Ionen oxidiert werden. Vom letzten Eisen-Schwefel-Zentrum werden die Elektronen nacheinander auf Ubichinon übertragen. Die Differenz der Redoxpotenziale von NADH und Ubichinon wird genutzt, um während des Transports der beiden Elektronen vier Protonen aus der Matrix in den Intermembranraum zu pumpen. Die Protonenpumpen des Komplexes I befinden sich wahrscheinlich in seinem hydrophoben Teil, der mit mehr als 70 Transmembrandomänen in die innere Mitochondrienmembran eingebettet ist. Bei der Übertragung der Elektronen auf die einzelnen Redoxzentren wird Energie frei, was zu einer Konformationsänderung des Komplexes und damit zum Transport der Protonen führt. In Summe ergibt sich damit folgende Nettogleichung für die Reaktion an Komplex I (➤ Formel 18.6):

$$NADH + H^+ + \text{Ubichinon (Q)} + 4\,H^+_{(Matrix)}$$
$$\longrightarrow NAD^+ + \text{Ubichinol (QH}_2\text{)} + 4\,H^+_{(Intramembranraum)} \quad | \text{ Formel 18.6}$$

Ubichinon

Ubichinon (Coenzym Q, Q_{10}) enthält eine Benzochinongruppe und gehört damit zur Familie der **Chinone** (= Q). Mit dieser Gruppe ist eine hydrophobe Seitenkette aus zehn Isopreneinheiten verknüpft, die es gleichzeitig auch zu einem **Isoprenlipid** macht (➤ Abb. 18.14).

NADH-Ubichinon-Oxidoreduktase (Komplex I)
Komplex I (NADH-Ubichinon-Oxidoreduktase) ist der größte Komplex der Atmungskette und ermöglicht den **Einstieg der Elektronen** des NADH aus der mitochondrialen Matrix. Beim Transport der 2 Elektronen durch den Komplex werden **4 Protonen** in den Intermembranraum gepumpt. Am Ende des Komplexes werden die 2 Elektronen auf Ubichinon übertragen, das dadurch zu **Ubichinol** reduziert wird.

Ubichinon
Ubichinon, auch Coenzym Q genannt, ist ein **Chinon** mit einer **Isoprenlipid-Seitenkette**.

ABB. 18.14

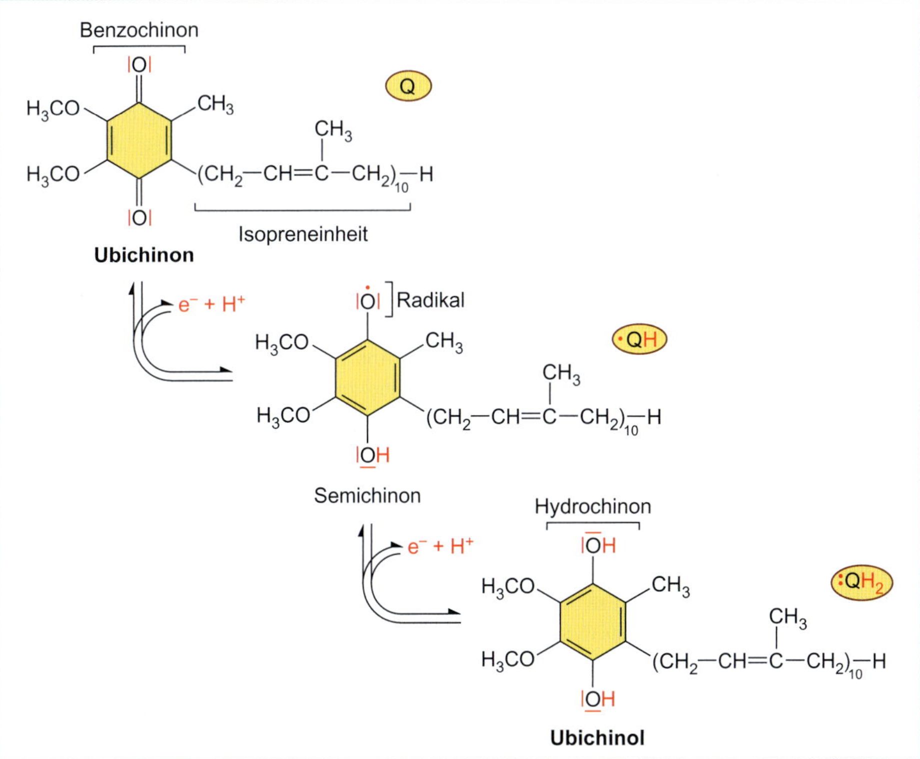

Abb. 18.14 Oxidationsstufen des Ubichinons [L253]

Aus Studentensicht

Durch seinen hydrophoben Charakter kann es sich innerhalb der inneren Mitochondrienmembran bewegen. Mit jedem Elektron nimmt Ubichinon auch ein Proton auf.
Ubichinon ist die **zentrale Sammelstelle für Elektronen** und nimmt diese von **Komplex I, Komplex II** (Succinat-Dehydrogenase) und weiteren **Redoxenzymen** auf.
Das reduzierte Ubichinol gibt die Elektronen dann an **Komplex III** ab.

● **KLINIK**

Ubichinol-Cytochrom-c-Oxidoreduktase (Komplex III)

Ubichinol überträgt seine beiden **Elektronen** auf unterschiedliche Bindestellen im **Komplex III**, wobei die 2 Protonen von der Matrix in den Intermembranraum transportiert werden. Das **erste Elektron** wird von Komplex III direkt auf Häm c im **Cytochrom c** übertragen.

Das **zweite Elektron** dreht zunächst eine „Ehrenrunde" durch den Komplex und wird wieder auf Ubichinon übertragen, sodass letztendlich nochmals 2 Protonen in den Intermembranraum transportiert werden.
Dieser Q-Zyklus dient der Entzerrung der Elektronen, da **Cytochrom c** im Gegensatz zu Ubichinol **nur ein Elektron** aufnehmen kann. Außerdem wird so die Pumpleistung des Komplexes III auf **4 Protonen** gesteigert.

18 MITOCHONDRIEN: DIE KRAFTWERKE DER ZELLE

Ubichinon ist der einzige Elektronenüberträger der Atmungskette, der nicht an ein Protein gebunden ist, und kann sich aufgrund seiner ausgeprägten Hydrophobizität frei in der inneren Mitochondrienmembran bewegen. Ubichinon bindet in der Nähe des letzten Eisen-Schwefel-Zentrums an der **Matrixseite der Membran** an Komplex I. Dort werden die Elektronen von Komplex I auf die Benzochinongruppe übertragen. Besonders ist dabei, dass entweder ein oder zwei Elektronen aufgenommen werden können. Wird nur ein Elektron aufgenommen, entsteht ein radikalisches **Semichinon.** Durch zwei Elektronen wird das Ubichinon vollständig zum **Ubichinol** (Ubihydrochinon, QH_2) reduziert (➤ Abb. 18.14). Das Ubichinol kann anschließend in der Membran zum Komplex III diffundieren. Dort gibt es die Elektronen an der **Außenseite der Membran** (= erste Q-Bindungsstelle) an Komplex III ab, wobei es wieder zu Ubichinon oxidiert wird. Ubichinon nimmt mit jedem Elektron auch ein Proton auf. Die Protonen stammen aus der mitochondrialen Matrix, da die Übergabe der Elektronen von Komplex I auf Ubichinon an der Matrix-zugewandten Membranseite erfolgt. Abgegeben werden die Elektronen und damit auch die Protonen aber an der Außenseite der Membran. So transportiert Ubichinon mit jedem Transport von 2 Elektronen zwischen Komplex I und III auch **zwei Protonen** aus der Matrix in den Intermembranraum, die den Protonengradienten verstärken und zur Pumpleistung des Komplexes III gerechnet werden.
Ubichinon ist die **zentrale Sammelstelle** der Elektronen in der Atmungskette. Es liegt in stöchiometrischem Überschuss vor und kann somit als Redoxpuffer (= Poolfunktion) wirken. Auch die **Succinat-Ubichinon-Oxidoreduktase** (Komplex II), die **ETF-Ubichinon-Oxidoreduktase** und die **Glycerin-3-phosphat-Dehydrogenase** können Elektronen und Protonen von $FADH_2$ auf Ubichinon übertragen.

> **KLINIK**
>
> **Chinonanaloga**
>
> Substanzen, deren Strukturen dem Ubichinon ähneln (**= Chinonanaloga**), können die Ubichinon-Bindungsstelle in Komplex I blockieren. Sie unterbrechen die Atmungskette, da die Elektronen des NADH nicht mehr aus dem Komplex I abfließen können. **Rotenon** ist ein Beispiel für einen solchen chinonanalogen Hemmstoff. Es kommt in der Tubawurzel vor und wird heute noch in Südamerika verwendet, um Fische zu betäuben. Auch als Insektizid und Pestizid fand es Verwendung.
> Der Mensch nimmt Rotenon über die Lunge oder die Haut auf. In hohen Dosen kann es zum Tod führen, aber auch die Auslösung der Parkinson-Erkrankung bei chronischer Intoxikation wird diskutiert. Auch **Barbiturate** wie z. B. Amytal hemmen in hohen Konzentrationen den Komplex I, ihre Wirkung als Schlafmittel beruht aber auf ihrer Interaktion mit dem GABA-Rezeptor des zentralen Nervensystems.

Ubichinol-Cytochrom-c-Oxidoreduktase (Komplex III)

Die Ubichinol-Cytochrom-c-Oxidoreduktase (Cytochrom-bc$_1$-Komplex, Komplex III) besteht aus 11 Untereinheiten, von denen nur eine durch das mitochondriale Genom codiert wird. Sie besitzt als Redoxsysteme ausschließlich **Fe^{3+}-Ionen,** die in unterschiedlichem Kontext vorliegen. Nach Bindung an die **erste Q-Bindungsstelle** an der Intermembranraumseite des Komplexes III gibt **Ubichinol** eines seiner beiden Elektronen direkt an ein Fe^{3+}-Ion in einem Eisen-Schwefel-Zentrum (= Rieske-Eisen-Schwefel-Protein) ab und reduziert es (➤ Abb. 18.15). Von dort gelangt das Elektron über ein Fe^{3+}-Ion im Häm c des in Komplex III gebundenen Cytochroms c$_1$ auf das Fe^{3+}-Ion im Häm c des im Intermembranraum frei beweglichen **Cytochroms c.**
Während die beiden Protonen des Ubichinols in den Intermembranraum abgegeben werden, wird das zweite Elektron auf ein Fe^{3+}-Ion im Häm b eines durch das mitochondriale Genom codierten Cytochroms b im Komplex III übertragen. Cytochrom b enthält zwei Hämgruppen, deren Fe^{3+}-Ionen nacheinander reduziert werden. Dabei gelangt das zweite Elektron zu einer **zweiten Q-Bindungsstelle** an der Matrixseite des Komplex III und wird dort auf ein anderes Ubichinonmolekül übertragen. Das entstandene Semichinon bleibt am Komplex III gebunden. Währenddessen gibt ein zweites Ubichinol seine Elektronen in der ersten Q-Bindungsstelle ab. Wieder gelangt ein Elektron über das Rieske-Eisen-Schwefel-Protein und Cytochrom c$_1$ direkt auf Cytochrom c, während das zweite Elektron auf Cytochrom b übertragen und das noch an der zweiten Q-Bindungsstelle gebundene Semichinon zusammen mit zwei Protonen aus der Matrix zum Ubichinol reduziert wird (➤ Abb. 18.15).
In Summe wurde bei diesen Reaktionen ein Molekül Ubichinol zu Ubichinon oxidiert, da zwei Moleküle Ubichinol „verbraucht" und eines „regeneriert" wurden. Das regenerierte Ubichinol kann zur ersten Q-Bindungsstelle diffundieren und dort seine beiden Elektronen wieder abgeben. Durch diese „Extrarunde", die jedes zweite Elektron des Ubichinols dreht (**= Q-Zyklus**), werden für jeweils zwei auf das Cytochrom c übertragene Elektronen **4 Protonen** über die Membran gepumpt. Das entspricht der gesamten Pumpleistung des Komplexes III, die damit streng genommen vollständig durch das Ubichinon geleistet wird. Beide Elektronen des Ubichinols werden auf diese Weise nacheinander auf zwei Cytochrom-c-Moleküle übertragen. Das Ubichinon selbst übernimmt hierbei im Q-Zyklus eine Pufferfunktion für das zweite Elektron, das nicht sofort ans Cytochrom c abgegeben wird.
In Summe ergibt sich folgende Nettogleichung für die Reaktion an Komplex III (➤ Formel 18.7):

Ubichinol (QH_2) + 2 Cyt c Fe^{3+} + 2 $H^+_{(Matrix)}$
$\longrightarrow$ Ubichinon (Q) + 2 Cyt c Fe^{2+} + 4 $H^+_{(Intramembranraum)}$ | Formel 18.7

18.4 ATMUNGSKETTE: SO ENTSTEHT NUTZBARE ENERGIE

ABB. 18.15

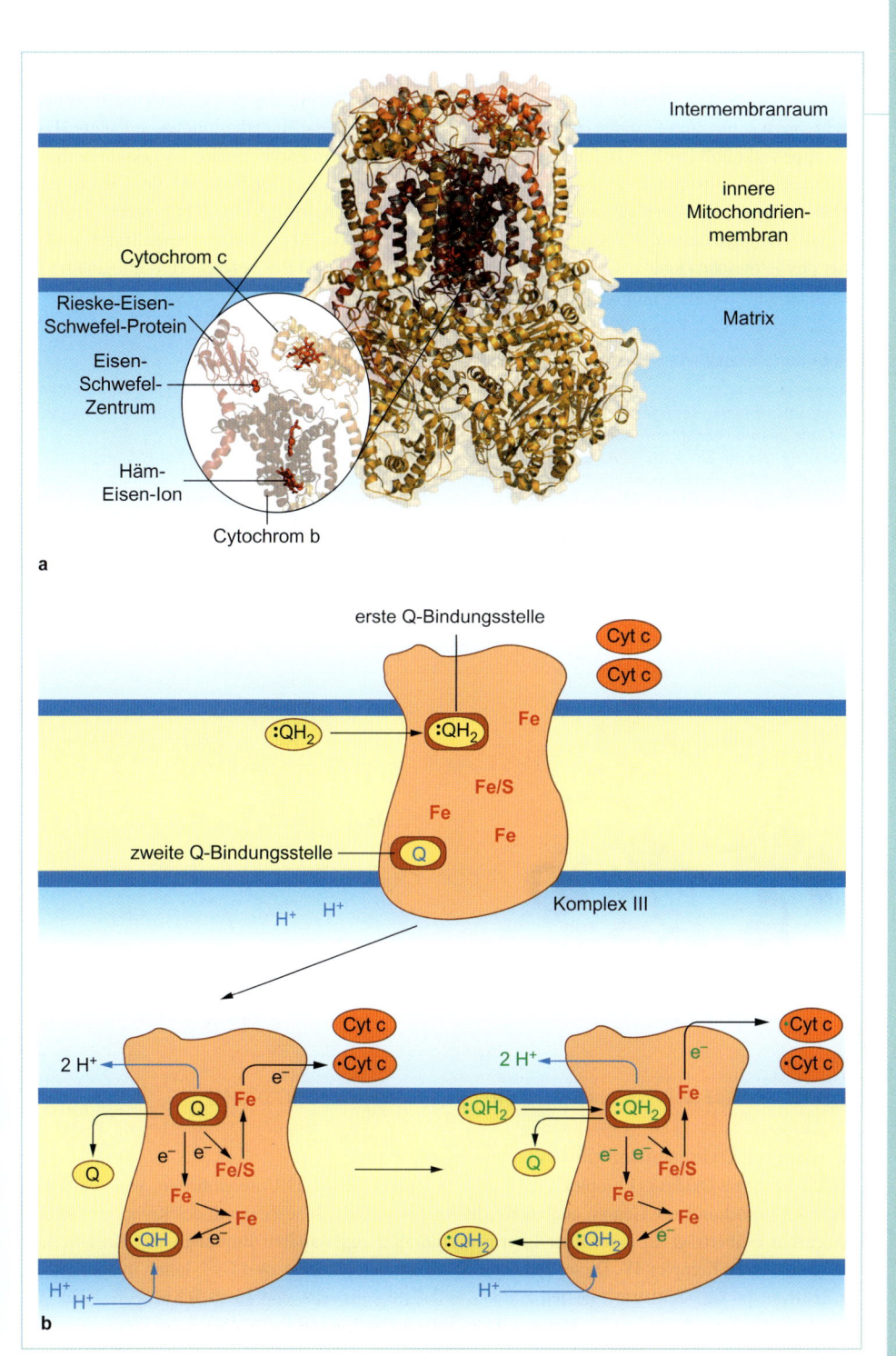

Abb. 18.15 Komplex III. **a** Struktur. **b** Elektronenfluss und Q-Zyklus (Q = Ubichinon, QH· = Semichinon, QH_2 = Ubichinol, Fe/S = Eisen-Schwefel-Zentrum, Fe = Fe-Ion in Hämgruppe, Cyt: Cytochrom). Die schwarz und grün markierten Elektronen werden nacheinander über die Redoxzentren auf Cyt c und auf das Q in der zweiten Q-Bindungsstelle übertragen. [L253, P414, L307]

KLINIK

Komplex-III-Inhibitoren als Pestizide

Myxothiazol blockiert die erste Q-Bindungsstelle des Komplexes III an der Außenseite der inneren Mitochondrienmembran und damit die Übertragung der Elektronen auf das Rieske-Eisen-Schwefel-Protein. Es wird von bestimmten Bakterien produziert und ist für Pilze und Insekten toxisch. Weitere Fungizide aus der Gruppe der **Strobilurine,** die z. T. in großem Umfang in der Landwirtschaft eingesetzt werden, wirken ähnlich. Da sie bevorzugt mit dem Komplex III von Pilzen interagieren, ist ihre Toxizität für Pflanzen und Säugetiere nur gering.
Antimycin A bindet hingegen an die zweite Q-Bindungsstelle des Komplexes III und trug wesentlich zur Aufklärung des Q-Zyklus bei. Es ist ein von Streptomyceten produziertes Antibiotikum, das ebenfalls in Pestiziden eingesetzt wird.

Aus Studentensicht

Cytochrom c
Cytochrom c ist ein kleines Protein mit einer **Häm-c-Gruppe**, das jeweils ein Elektron zwischen Komplex III und Komplex IV transportiert.

ABB. 18.16

Cytochrom-c-Oxidase (Komplex IV)
Komplex IV (Cytochrom-c-Oxidase) sammelt die Elektronen von Cytochrom c innerhalb eines **Kupfer-Zentrums** und überträgt sie zusammen final auf Sauerstoff, wobei Wasser entsteht. Dabei werden noch einmal **2 Protonen** pro zwei transportierten Elektronen gepumpt.
Wird nur ein Elektron auf Sauerstoff übertragen, entstehen **Radikale**, die schädlich für den Körper sind.

Insgesamt werden **4 Elektronen** und 4 Protonen benötigt, um **ein Molekül O_2** komplett zu Wasser zu reduzieren.

---

18 MITOCHONDRIEN: DIE KRAFTWERKE DER ZELLE

Cytochrom c
Cytochrom c (➤ Abb. 18.16) ist mit 12,4 kDa ein relativ kleines Protein, das sich im Intermembranraum frei bewegen kann. Zwei Cysteine des Proteins sind kovalent über eine Thioetherbindung mit einer **Häm-c-Gruppe** verknüpft (➤ 21.9.1). Eine Hämgruppe besteht aus einem Porphyrinring und einem zentralen Fe-Ion. Bei der Aufnahme eines Elektrons am Komplex III wird das Fe^{3+}-Ion im Häm c des Cytochroms c zu Fe^{2+} reduziert. Das konjugierte π-Elektronen-System des Porphyrinrings lässt Hämproteine wie Cytochrome, Hämoglobin und Myoglobin farbig erscheinen. Proteine, die eine Hämgruppe tragen und an einer physiologischen Redoxreaktion beteiligt sind, werden als Cytochrome bezeichnet. Hämoglobin wird nur „ungewollt" zu Met-Hämoglobin oxidiert und ist daher kein Cytochrom.

> **Farbe durch konjugierte π-Elektronen-Systeme**
>
> Für das menschliche Auge erscheinen Stoffe immer dann farbig, wenn sie einen Teil des sichtbaren weißen Lichts absorbieren. Der transmittierte (durchgelassene) Anteil des Lichts wird je nach seiner Wellenlänge als eine bestimmte Farbe wahrgenommen.
> Moleküle, die nur Einfachbindungen (≙ σ-Bindungen) enthalten, absorbieren Strahlung hoher Energie im Röntgen- und UV-Bereich und erscheinen für den Menschen daher farblos. Moleküle, die Doppelbindungen (≙ π-Bindungen) enthalten, können bereits durch Strahlung geringerer Energie angeregt werden. Liegen mehrere Doppelbindungen jeweils abwechselnd mit einer Einfachbindung vor, können die π-Elektronen zwischen mehreren Atomen delokalisieren (= konjugiertes π-Elektronen-System). Um sie anzuregen, ist noch weniger Energie nötig. Die Substanz absorbiert auch Strahlung im Bereich des sichtbaren Lichts und erscheint farbig. Je ausgedehnter dieses π-Elektronen-System ist, desto langwelligeres Licht wird absorbiert.

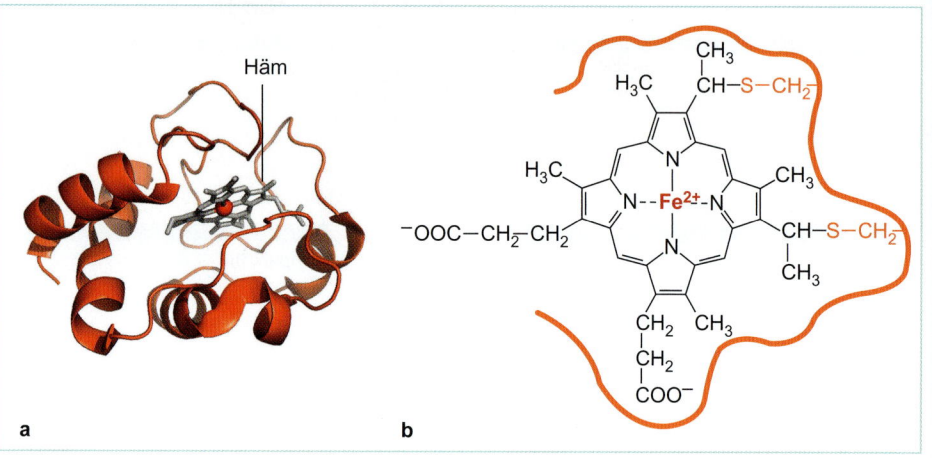

Abb. 18.16 a Struktur des Cytochroms c. [P414] **b** Hämgruppe im Cytochrom c. [L253, L307]

Cytochrom-c-Oxidase (Komplex IV)
Die Cytochrom-c-Oxidase (Komplex IV; ➤ Abb. 18.17) besteht aus 13 Untereinheiten, von denen drei durch das mitochondriale Genom codiert werden und das katalytische Zentrum des Komplexes bilden. Cytochrom c überträgt an einer dem Intermembranraum zugewandten Bindungsstelle ein einzelnes Elektron auf den Komplex IV. Dieses reduziert nacheinander zunächst zwei Cu^{2+}-Ionen in einem Kupfer-Zentrum (= Cu_A-Zentrum), dessen Aufbau und Funktionsweise den Eisen-Schwefel-Zentren vergleichbar ist, das aber ein deutlich höheres Redoxpotenzial hat. Anschließend wird das Elektron auf ein Fe^{3+}-Ion eines Häms a in einem Cytochrom a übertragen und gelangt schließlich zu einem **binuklearen Zentrum**, das sowohl ein Fe^{3+}-Ion in einem Häm a des Cytochroms a_3 als auch ein Cu^{2+}-Ion im Cu_b-Zentrum enthält. Die durch diese Redoxkette frei werdende Energie wird genutzt, um ein Proton pro transportiertem Elektron aus der Matrix in den Intermembranraum zu pumpen. Die gesamte Pumpleistung des Komplexes IV beträgt somit **2 Protonen** pro NADH. Zusätzlich lagern sich die für die H_2O-Bildung nötigen Protonen ebenfalls an das binukleare Zentrum an.

Neben seiner Fähigkeit, Elektronen und Protonen aufzunehmen, kann das binukleare Zentrum auch **molekularen Sauerstoff** binden. Der Sauerstoff wird dabei fest zwischen Fe^{2+}- und Cu^+-Ionen gebunden und erst wieder freigegeben, wenn er nach Aufnahme von vier Elektronen und vier Protonen vollständig zu Wasser reduziert ist. Diese feste Bindung der Zwischenprodukte am binuklearen Zentrum, die bei der Reduktion des Sauerstoffs entstehen, ist sehr wichtig, da durch die Übertragung eines einzelnen Elektrons aus dem molekularen Sauerstoff ein hochreaktives Superoxidradikal (O_2^-) entstehen kann. Dieses kann zelluläre Strukturen wie Proteine, Lipide und Nukleinsäuren schädigen. Verliert der Komplex IV seine Funktionsfähigkeit, kann es zur vermehrten Freisetzung solcher Sauerstoffradikale und zur Schädigung der betroffenen Mitochondrien kommen (= oxidativer Stress) (➤ 28.2.1).

Nacheinander werden so vier Elektronen vom Cytochrom c und vier Protonen aus der Matrix auf ein Sauerstoffmolekül übertragen, sodass zwei Wassermoleküle gebildet werden. Auf diese Weise entstehen täglich mehrere 100 ml „Atmungswasser" in den Mitochondrien eines Menschen. Die Protonen, die zur

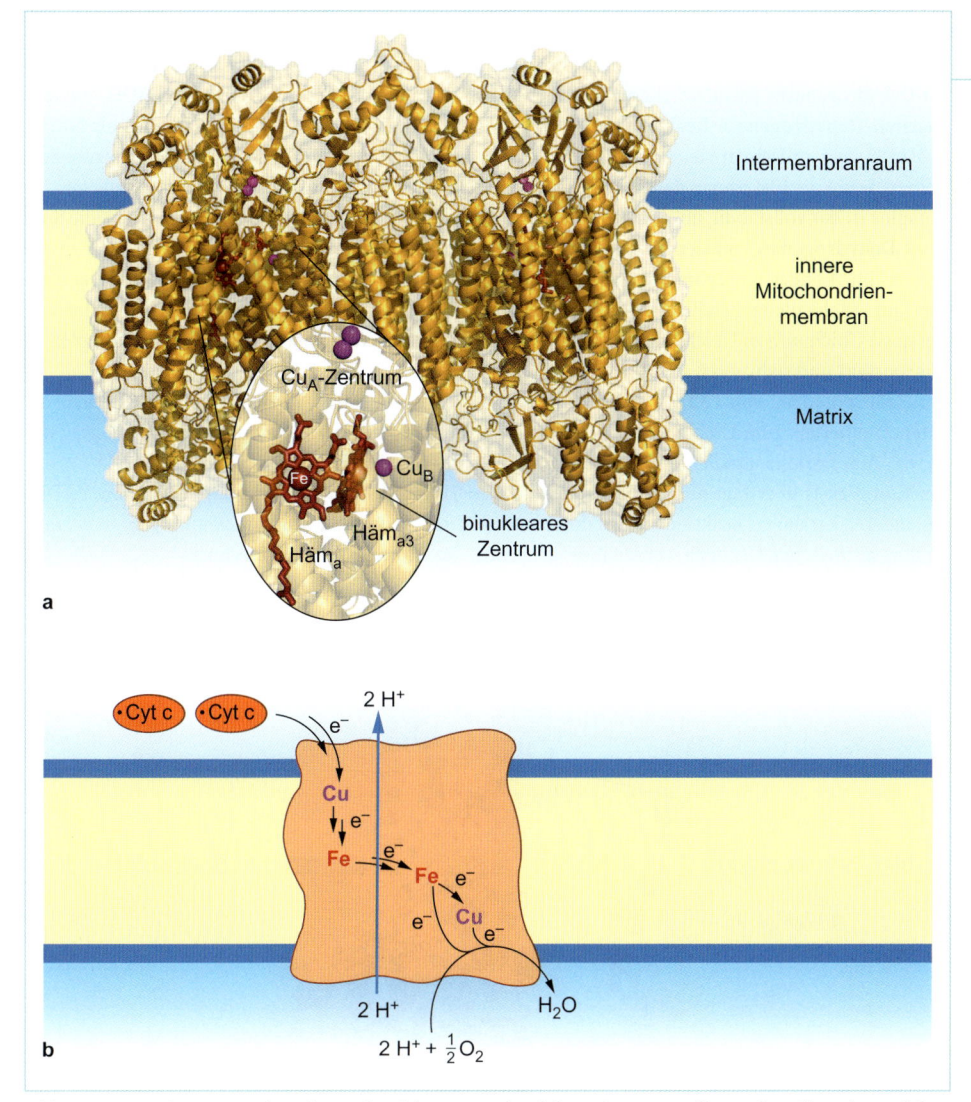

18.4 ATMUNGSKETTE: SO ENTSTEHT NUTZBARE ENERGIE

Abb. 18.17 Komplex IV. **a** Struktur. **b** Weg der Elektronen und Reduktion des Sauerstoffs. Für die vollständige Reduktion eines O_2-Moleküls müssen 4 Elektronen von 4 Cytochrom-c-Molekülen übertragen werden. [L253, P414, L307]

Bildung des Wassers von Komplex IV aufgenommen werden, entsprechen rein rechnerisch den Protonen, die an Komplex I bei der Oxidation des NADH in die Matrix abgegeben werden, und tragen nicht zum Aufbau des Protonengradienten bei.
In Summe ergibt sich folgende Nettogleichung für die Reaktion an Komplex IV (➤ Formel 18.8):

$$4\ \text{Cyt c Fe}^{2+} + O_2 + 8\ H^+_{(\text{Matrix})} \longrightarrow 4\ \text{Cyt c Fe}^{3+} + 2\ H_2O + 4\ H^+_{(\text{Intramembranraum})} \qquad |\ \text{Formel 18.8}$$

KLINIK

Cyanidvergiftung

Cyanid (CN^-), das Anion der Blausäure, ist ein Komplexligand, der mit **hoher Affinität** koordinative Bindungen zum Fe^{3+}-Ion in Cytochromen eingeht. Es verhindert so die Bindung von Sauerstoff an den Komplex IV und bringt damit die Atmungskette zum Erliegen. Anders als bei Kohlenmonoxid ist die Affinität von Cyanid zu Fe^{2+}-Häm deutlich geringer.
Die meisten Zellen exprimieren **Rhodanase**, ein Enzym, das kleine Mengen Cyanid mit Schwefel zu Thiocyanat (SCN^-) umsetzt und so unschädlich macht. Die Aufnahme von hohen Dosen in kurzer Zeit ist hingegen tödlich. Ein typisches Anzeichen einer Cyanid-Vergiftung ist eine Hellrotfärbung der Haut: Da der Sauerstoff von den Zellen nicht verwertet werden kann, enthält das venöse Blut genauso viel Sauerstoff wie das arterielle und ist daher auch hellrot statt dunkelrot.
Bei reinen Cyanidvergiftungen werden als Gegenmittel Dimethylaminophenol (DMAP) oder Natriumnitrit verabreicht, die aus einem Teil des Hämoglobins Methämoglobin erzeugen, das dann das Cyanid bindet und von den Atmungskettenkomplexen fernhält. Ergänzend wird durch Gabe von Thiosulfat die Rhodanase mit ausreichend Schwefel versorgt, um Cyanid auf Hochtouren zu entgiften. Außerdem kann auch Cobalamin (Vitamin B_{12}) zur Bindung von Cyanid gegeben werden (➤ 23.3.9). Vor allem bei Rauchgasvergiftung mit Cyanid und Kohlenmonoxid ist es Mittel der 1. Wahl, um eine Hypoxie durch Methämoglobinbildung zu vermeiden.
Ähnlich wie Cyanid interagiert auch Azid (N_3^-) mit Fe^{3+}-Ionen in Cytochromen. Stickstoffmonoxid (NO) bindet hingegen wie auch Kohlenmonoxid an Fe^{2+}-Häm, sofern die entsprechenden Proteine ein Sauerstoffbindetasche haben. Daher ist nur das Cytochrom in Komplex IV, nicht aber die anderen Atmungsketten-Cytochrome von der Wirkung dieser beiden Gase betroffen.

Aus Studentensicht

ABB. 18.17

Die für die Bildung des Atmungswassers verbrauchten Protonen aus der Matrix entsprechen den am Komplex I vom NADH abgegebenen Protonen und tragen nicht zum Aufbau des Protonengradienten bei.

KLINIK

Aus Studentensicht

Succinat-Ubichinon-Oxidoreduktase (Komplex II)

Komplex II (Succinat-Dehydrogenase) ist auch Teil des **Citratzyklus** und überträgt die Elektronen vom FADH$_2$ des Citratzyklus auf die Atmungskette. Er enthält Eisen-Schwefel-Zentren, über welche die Elektronen auf **Ubichinon** übertragen werden.

Da die Elektronen aus FADH$_2$ später in die Atmungskette einfließen, ist die Energieausbeute geringer als bei NADH.

ABB. 18.18

18 MITOCHONDRIEN: DIE KRAFTWERKE DER ZELLE

Succinat-Ubichinon-Oxidoreduktase (Komplex II)

Prinzipiell kann die Atmungskette ohne die Succinat-Ubichinon-Oxidoreduktase (Komplex II, Succinat-Dehydrogenase) ablaufen. Dieser Komplex überträgt lediglich die Elektronen des FADH$_2$ aus der **Succinat-Dehydrogenase-Reaktion** des Citratzyklus auf Ubichinon (➤ Abb. 18.18). Anders als NADH ist FADH$_2$ fest an Dehydrogenasen gebunden. Daher kann die Succinat-Dehydrogenase nur regeneriert werden, wenn die Elektronen des FADH$_2$ am Enzym selbst auf einen anderen Redoxpartner abfließen.

Komplex II, der vollständig im Zellkern codiert wird, enthält neben zwei Untereinheiten, welche die **Succinat-Dehydrogenase** auf der Matrixseite bilden, zwei weitere hydrophobe Untereinheiten, die in die innere Mitochondrienmembran eingebettet sind. In Komplex II befinden sich drei Eisen-Schwefel-Zentren, auf welche die beiden Elektronen des FADH$_2$ der Reihe nach übertragen werden. Schließlich reduzieren sie Ubichinon zu Ubichinol. Von dort werden die Elektronen wie oben beschrieben zu Komplex III transportiert und reduzieren schließlich ebenfalls Sauerstoff.

Das Redoxpotenzial von FADH$_2$ ist positiver als das von NADH. Anders als im Komplex I reicht die Potenzialdifferenz zum Ubichinon nicht aus, um im Komplex II Protonen zu pumpen. Der Beitrag des FADH$_2$ zum Protonengradienten ist daher geringer als der des NADH.

Der **Komplex II** überträgt nur die Elektronen des FADH$_2$ aus dem **Citratzyklus** auf Ubichinon. FADH$_2$ aus anderen katabolen Reaktionen wird durch andere Enzyme für die Reduktion von Ubichinon verwertet. Aus historischen Gründen werden diese aber nicht der Atmungskette zugerechnet.

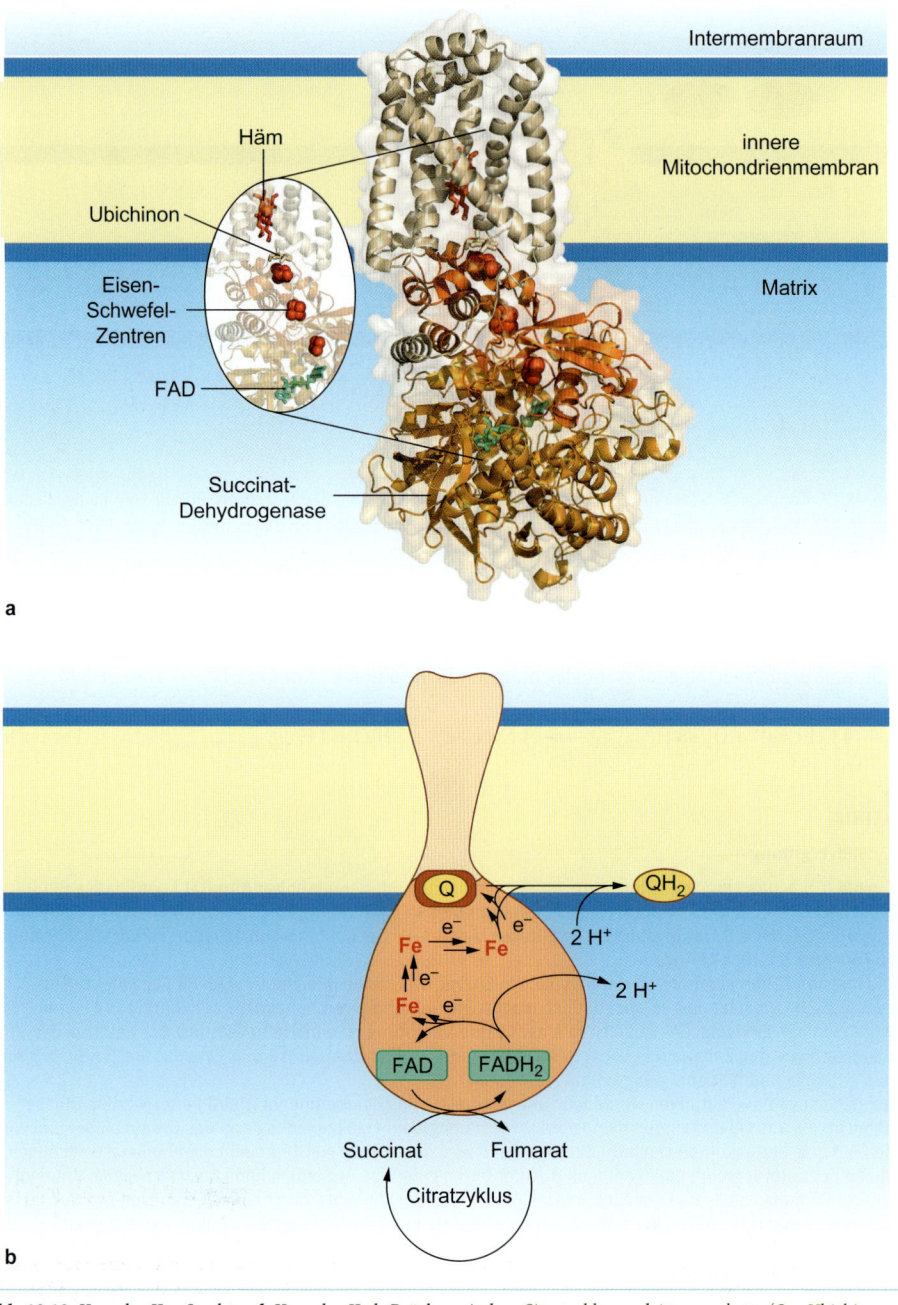

Abb. 18.18 Komplex II. **a** Struktur. **b** Komplex II als Brücke zwischen Citratzyklus und Atmungskette (Q = Ubichinon, QH$_2$ = Ubichinol). Zur vollständigen Oxidation des FADH$_2$ und Reduktion des Q werden nacheinander 2 Elektronen durch Komplex II transportiert. [L253, P414, L307]

18.4.3 ATP-Synthase

Durch die Atmungskette wird die chemische Energie der Nährstoffe in einem Protonengradienten über der inneren Mitochondrienmembran gespeichert. Aufgrund des elektrochemischen Potenzials (= **protonenmotorische Kraft**) streben die Protonen aus dem Intermembranraum zurück in die mitochondriale Matrix. Da aufgrund der Beschaffenheit der inneren Mitochondrienmembran eine Diffusion der Protonen durch die Membran nicht möglich ist, kann die **ATP-Synthase** die protonenmotorische Kraft nutzen, um eine Phosphorsäureanhydrid-Bindung zwischen ADP und P_i zu bilden.

Die ATP-Synthase (F_1/F_0-ATP-Synthase) besteht aus etwa 16 Proteinuntereinheiten, von denen zwei durch das mitochondriale Genom codiert werden, und hat eine Masse von rund 500 kDa. Sie kann in zwei große Teile unterteilt werden: Den **F_0-Teil**, der u. a. eine Art „Rotor" in der inneren Mitochondrienmembran bildet, und den **F_1-Teil**, der wie die „Kappe eines Pilzes" („Stator") in die Matrix hineinragt (> Abb. 18.19a). Der „Rotor" besteht aus den c-Untereinheiten, deren Anzahl je nach Organismus unterschiedlich ist. Wie beim Rind besteht er im Menschen vermutlich aus **8 c-Untereinheiten**. Die „Pilzkappe" des F_1-Teils wird durch eine ringförmige Anordnung von **drei α- und drei β-Untereinheiten**, die jeweils alternierend angeordnet sind, gebildet. Verbunden werden F_0- und F_1-Teil durch die **γ-Untereinheit**, die wie ein „Stiel" vom Zentrum der „Pilzkappe" bis zum „Rotor" reicht (= zentraler Stiel). An der Basis wird er durch weitere Proteinuntereinheiten mit dem „Rotor" verbunden. Dadurch kann eine Drehung

Aus Studentensicht

18.4.3 ATP-Synthase

Durch den Protonengradienten entsteht ein elektrochemisches **Potenzial** (protonenmotorische Kraft), das die **ATP-Synthase** zur Generierung von ATP nutzen kann. Die ATP-Synthase besteht aus dem F_0-Teil und dem F_1-Teil. In der Mitochondrienmembran befindet sich ein **Rotor** und in die Matrix ragt eine nicht rotierende **Kappe**. Der F_1-Teil besteht aus einer ringförmigen Anordnung von 3 α- und 3 β-Untereinheiten. Die γ-Untereinheit reicht vom F_1-Teil bis in den F_0-Teil.

ABB. 18.19

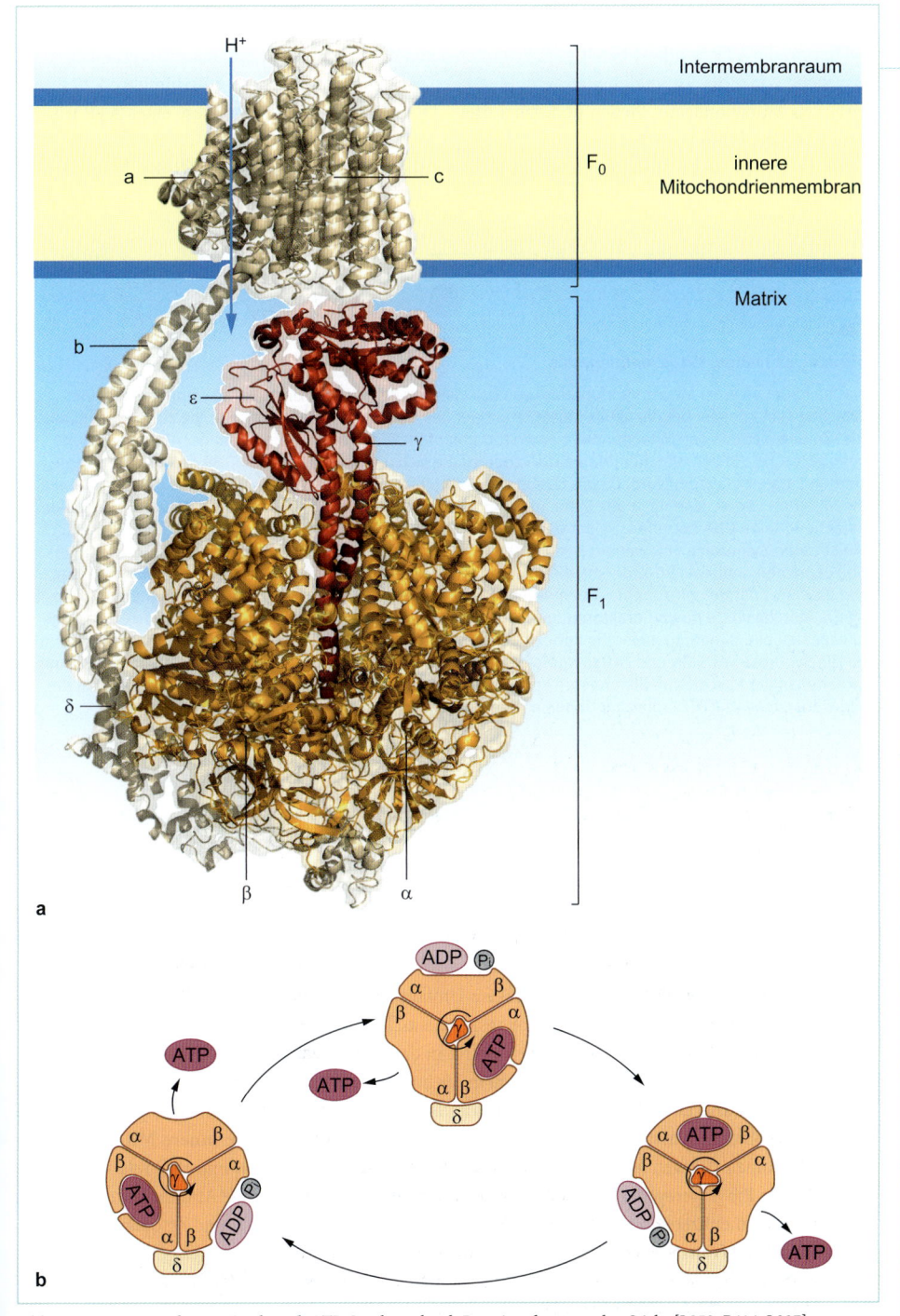

Abb. 18.19 ATP-Synthase. **a** Struktur. **b** ATP-Synthese durch Rotation des zentralen Stiels. [L253, P414, L307]

Aus Studentensicht

Die Protonen fließen durch den F_0-Teil der ATP-Synthase und setzen dabei den Rotor in Gang. Die Rotation wird auf den F_1-Teil übertragen, der dadurch seine **Konformation** ändert. Je nach Konformation liegt eine hohe **Affinität** zu ADP und P_i oder ATP vor.
Folgende Konformationen sind möglich:
- **L-Konformation:** ADP und P_i werden gebunden
- **T-Konformation:** ATP wird gebildet
- **O-Konformation:** ATP wird freigesetzt.

Bei einer vollständigen Drehung des Rotors werden 3 ATP gebildet.

Für die Synthese eines ATP werden ca. 3 Protonen benötigt.

18.5 Stofftransport zwischen Mitochondrium und Zytoplasma

18.5.1 Carrier und Shuttle

Zwischen dem Zytoplasma und der mitochondrialen Matrix muss **Stoffaustausch** stattfinden. Limitierend ist dabei die innere Mitochondrienmembran, die **spezifische Transportsysteme** besitzt.

---

des Rotors mechanisch auf die F_1-Einheit übertragen werden. An der Außenseite der ATP-Synthase verläuft ein weiterer Stiel (= peripherer Stiel), der über die **δ-Untereinheit** fest mit dem F_1-Teil und über zwei **b-Untereinheiten** mit einer **a-Untereinheit** verbunden ist, die in der inneren Mitochondrienmembran sitzt.

Durch einen Kanal zwischen der a-Untereinheit und dem Rotor fließen die Protonen vom Intermembranraum in die Matrix. Durch ihre protonenmotrische Kraft versetzen sie die c-Untereinheiten bei der Passage in Bewegung. Der „Rotor" beginnt sich zu drehen und überträgt die Rotation durch die γ-Untereinheit auf den F_1-Teil. Gehalten durch die b-Untereinheit des peripheren Stiels, kann sich dieser aber nicht mitdrehen. Da die γ-Untereinheit nicht gerade ist, bewirkt die Rotation eine Konformationsänderung in den α- und β-Untereinheiten des F_1-Teils.

Je eine α- und β-Untereinheit bilden gemeinsam ein katalytisches Zentrum für die Synthese von ATP, das unterschiedliche Konformationen annehmen kann. In der **L-Konformation** hat das aktive Zentrum eine hohe Affinität zu ADP und P_i. Die **T-Konformation** hat eine besonders hohe Affinität zu ATP und ermöglicht so die Ausbildung der Phosphorsäureanhydrid-Bindung. Damit das ATP sich ablösen kann, hat die **O-Konformation** eine sehr geringe Affinität zu ATP. Die drei katalytischen Zentren des F_1-Teils liegen jeweils in einer anderen Konformation vor. Durch ⅓-Umdrehung des zentralen Stiels wird jedes Zentrum in die nächste Konformation gezwungen. Somit können bei vollständiger Drehung des Rotors **3 ATP** gebildet werden, an jedem Zentrum eines (> Abb. 18.19b).

Vermutlich ist etwa ein Proton nötig ist, um den Rotor um eine c-Untereinheit weiterzudrehen. Die Anzahl der für die ATP-Synthese benötigten Protonen hängt daher von der Anzahl der c-Untereinheiten ab. Ausgehend von acht c-Untereinheiten beim Menschen würden damit für eine Umdrehung ca. acht Protonen in das Mitochondrium fließen und dabei drei ATP hergestellt. Für die Synthese eines ATP würden somit etwa drei Protonen benötigt.

Damit ergibt sich folgende Nettogleichung für die Synthese von ATP durch die ATP-Synthase (> Formel 18.9):

$$ADP + P_i + 3\ H^+_{(Intramembranraum)} \longrightarrow ATP + 3\ H^+_{(Matrix)} \qquad | \text{ Formel 18.9}$$

> **FALL**
>
> **Skandal um Justina: Mitochondriopathie**
>
> Justina leidet an einer Mitochondriopathie, von der alle Organe betroffen und deren Symptome sehr vielschichtig sein können. Um die aktive Muskulatur oder das Gehirn ausreichend mit Energie zu versorgen, muss die Funktion der Atmungskette in den Mitochondrien ungestört ablaufen. Wichtige Untereinheiten der Atmungskettenkomplexe sind auf der mitochondrialen DNA codiert, die sich unabhängig von der DNA des Zellkerns repliziert und maternal vererbt wird. Da die Eizelle viele mütterliche Mitochondrien enthält, von denen nicht alle die Mutation tragen, sind nicht alle Mitochondrien in Justinas Körper gleichermaßen von Mutationen in der mitochondrialen DNA betroffen. Selbst bei eineiigen Zwillingen kann die Belastung unterschiedlich sein. Meist treten Symptome auf, wenn z. B. durch zusätzliche oxidative Schädigungen, die im Laufe der Jahre hinzukommen, mehr als 90 % der mtDNA in einer Zelle mutiert sind. So erklärt sich die Verschlechterung von Justinas Zustand mit zunehmendem Alter. Um diese zusätzlichen Schäden zu vermeiden und gleichzeitig die Atmungskette durch Cofaktoren optimal zu unterstützen, nehmen Patienten wie Justina einen Vitamincocktail ein. Er enthält meist die antioxidativen Vitamine C und E sowie Ubichinon und auch Riboflavin für die Synthese von FMN und FAD in Komplex I und II (> 23.3). Bei Justina war, nach Absetzen der Vitamintabletten in der Psychiatrie, die ohnehin schon sehr eingeschränkt aktive Atmungskette nicht mehr in der Lage, ausreichend ATP für die zum Gehen nötige Muskulatur zu synthetisieren.

18.5 Stofftransport zwischen Mitochondrium und Zytoplasma

18.5.1 Carrier und Shuttle

Für einen funktionierenden Stoffwechsel müssen Zytoplasma und mitochondriale Matrix in ständigem Austausch stehen. Das in der Matrix produzierte **ATP** muss zu den energieverbrauchenden Reaktionen ins Zytoplasma gelangen und **ADP** muss für die Neusynthese von ATP wieder zurück in die Matrix transportiert werden. Zudem entsteht **NADH** in geringem Umfang im Zytoplasma, kann aber die Elektronen nur an der Matrixseite des Komplex I in die Atmungskette einschleusen. Außerdem müssen Zwischenprodukte des **Citratzyklus** für Biosynthesen aus der Matrix in das Zytoplasma und Zwischenprodukte des katabolen Stoffwechsels zur vollständigen Oxidation in die umgekehrte Richtung transportiert werden.

Die Passage der **äußeren Mitochondrienmembran** ist dabei relativ unkritisch und erfolgt über **Porine**, die eine ungehinderte Passage von Molekülen bis ca. 5 kDa ermöglichen. Die **innere Mitochondrienmembran** können dagegen lediglich kleine ungeladene Moleküle wie O_2, CO_2 und H_2O relativ ungehindert passieren. Ein ungeregelter Transport geladener Teilchen würde den für die Atmungskette essenziellen Protonengradient zerstören. Für den geregelten Austausch zwischen Matrix und Zytoplasma ist daher eine Vielzahl von **Transportproteinen** in die innere Mitochondrienmembran eingelagert. Einige von ihnen nutzen die protonenmotorische Kraft des Protonengradienten und schwächen ihn dadurch. Allerdings existieren nicht für alle im Zytoplasma benötigten Metaboliten auch tatsächlich Transportproteine

18.5 STOFFTRANSPORT ZWISCHEN MITOCHONDRIUM UND ZYTOPLASMA

in der inneren Mitochondrienmembran. Daher finden sich im Zytoplasma etliche Isoenzyme insbesondere des Citratzyklus, die aus den transportierbaren Zwischenprodukten die für die Biosynthese benötigten Ausgangsstoffe erzeugen können.

Carrier (Translokatoren) transportieren Substanzen über die Membran, die selbst auf der anderen Membranseite benötigt werden. **Shuttle-Systeme** transportieren dagegen indirekt Substanzen wie Elektronen über die Membran, indem die Substanz auf der einen Membranseite zunächst durch eine Reaktion in ein anderes Molekül eingebaut wird, das dann durch die Membran transportiert wird. Anschließend erfolgt auf der anderen Membranseite die Rückreaktion, wodurch die indirekt transportierte Substanz freigesetzt wird.

18.5.2 ATP/ADP-Translokator und Phosphat-Carrier

Sowohl ATP (ATP^{4-}) als auch ADP (ADP^{3-}) sind unter physiologischen Bedingungen negativ geladen und würden bei einer unkontrollierten Passage der inneren Mitochondrienmembran das elektrochemische Potenzial nachhaltig schwächen. Für ihren Transport ist der **ATP/ADP-Translokator** (Adeninnukleotid-Carrier) in die innere Mitochondrienmembran eingelagert. Durch **Antiport** exportiert er ein ATP ins Zytoplasma und importiert gleichzeitig ein ADP in die Matrix (▶ Abb. 18.20). So wird sichergestellt, dass eine dem Verbrauch entsprechende ADP-Menge importiert wird und damit die ATP-Neusynthese in der Matrix unmittelbar an den ATP-Verbrauch im Zytoplasma gekoppelt ist. Da ATP stärker negativ geladen ist als ADP, wird mit jedem Transport netto **eine negative Ladung** aus dem Mitochondrium transportiert.

Aus Studentensicht

18.5.2 ATP/ADP-Translokator und Phosphat-Carrier

Der **ATP/ADP-Translokator** ermöglicht den Austausch von im Mitochondrium gebildetem ATP mit benötigtem ADP. Netto wird durch den Transport eine **negative Ladung** aus dem Mitochondrium transportiert, wodurch der Protonengradient einen Energieverlust erleidet.

ABB. 18.20

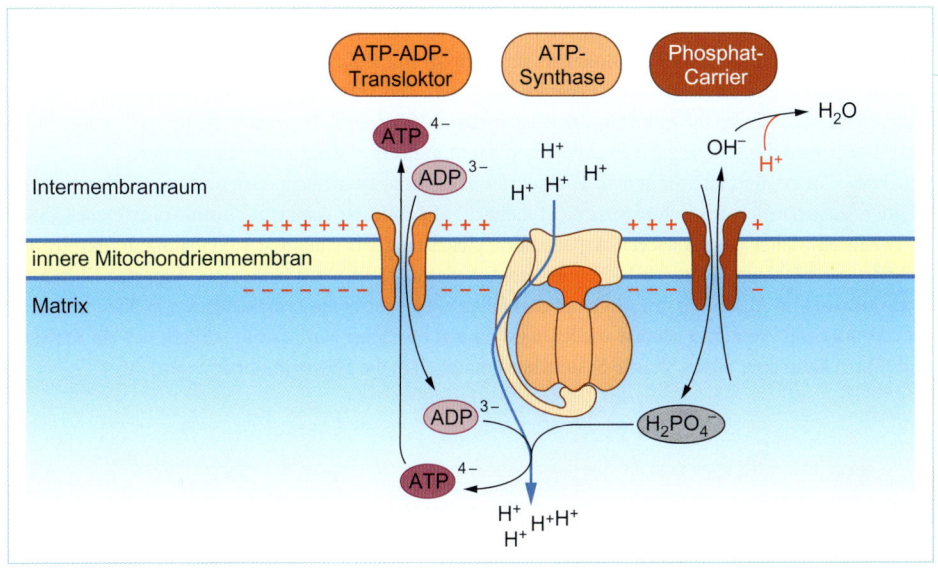

Abb. 18.20 Gekoppelter Transport der Substrate und Produkte der ATP-Synthese über die innere Mitochondrienmembran [L253]

Durch den Protonengradienten ist die Intermembranraumseite der inneren Mitochondrienmembran positiv geladen. Dadurch wird der Translokator angetrieben und die Transportrichtung festgelegt. Allerdings wird durch den Transport auch das elektrische Potenzial des Protonengradienten verringert, da jede negative Ladung, die in den Intermembranraum transportiert wird, dem Gradienten eine positive Ladung entzieht. Somit steht weniger Energie für die ATP-Synthese zur Verfügung. Dieser **Energieverlust** muss bei der Berechnung der Effizienz der ATP-Synthese berücksichtigt werden.

Neben ADP entsteht bei einigen energieverbrauchenden zytoplasmatischen Reaktionen durch Abspaltung von Pyrophosphat auch **AMP**. Für AMP existiert kein Transportprotein in der inneren Mitochondrienmembran. Dafür findet sich im Intermembranraum die **Adenylat-Kinase** (Myokinase), die AMP in ADP überführen kann: AMP + ATP ⇌ 2 ADP.

Auf diese Weise kann auch das AMP wieder dem Energiestoffwechsel zugeführt werden und geht der Zelle nicht verloren. Für die Regeneration eines AMP zu ATP müssen zwei energiereiche Bindungen geknüpft werden und damit zwei ADP zu ATP reagieren. In Energiebilanzen wird ein ATP, das zu **AMP** abgebaut wurde, daher immer mit **zwei ATP** berücksichtigt.

Für die ATP-Synthese muss neben ADP auch P_i in die Mitochondrienmatrix transportiert werden. Unter physiologischen Bedingungen liegt P_i im Intermembranraum zum großen Teil einfach negativ geladen als $H_2PO_4^-$ vor. Der **Phosphat-Translokator** (Phosphat-Carrier) exportiert für jedes importierte P_i ein OH^--Ion (= Antiport). Alternativ kann dieser, oder können verwandte Transporter, auch mit jedem importierten P_i ein Proton mitnehmen (= Symport). Sowohl Antiport als auch Symport sind elektrisch neutral und führen nicht zu einer Schwächung des elektrischen Potenzials. Die exportierten **OH^--Ionen** reagieren jedoch im Intermembranraum mit Protonen zu Wasser und verringern dadurch den Protonengradienten (chemisches Potenzial), wie auch die importierten **Protonen** im Falle eines Symports. Zusammen mit der Schwächung des elektrischen Potenzials beim ADP/ATP-Austausch wird so die protonenmotorische

AMP kann nicht direkt transportiert werden. Es muss durch die **Adenylat-Kinase** erst zu ADP phosphoryliert werden.
Da zur Regeneration von **AMP** zwei energiereiche Bindungen benötigt werden, werden in der Bilanz von AMP-produzierenden Reaktionen immer **2 ATP** berücksichtigt.

Das für die oxidative Phosphorylierung benötigte P_i wird über einen **Phosphat-Translokator** im Antiport mit einem **OH^-**-Ion oder im Symport mit **Protonen** transportiert.
Dieser Transport ist zwar elektroneutral, chemisch reagiert das transportierte OH^--Ion aber im Intermembranraum mit einem Proton des Gradienten zu Wasser, wodurch wieder etwas Energie für die ATP-Synthese verloren geht.

447

Aus Studentensicht

18 MITOCHONDRIEN: DIE KRAFTWERKE DER ZELLE

Kraft um ein in der Atmungskette gepumptes Proton verringert. ADP/ATP-Translokator und Phosphat-Translokator arbeiten in enger Abstimmung (> Abb. 18.20). Dadurch wird sichergestellt, dass bei entsprechendem Energiebedarf immer gleiche Mengen P_i und ADP importiert werden.

KLINIK

KLINIK

Giftige Disteln

Das Gift der Distel, Atractylosid, ist ein Inhibitor des ADP/ATP-Translokators. Seine Giftwirkung war bereits in der Antike bekannt und auch in der Neuzeit sind Fälle dokumentiert, in denen Kinder nach Verzehr von Pflanzenteilen verstarben. Die Bindungsstelle für das hydrophile Glykosid liegt im Intermembranraum.

18.5.3 Transport der Redoxäquivalente

Im **Zytoplasma entstandenes NADH** kann nicht direkt in die Mitochondrien importiert werden. Die Elektronen werden über **Stoffwechselmetaboliten** transportiert.

18.5.3 Transport der Redoxäquivalente

Der größte Anteil des NADH entsteht in der Matrix des Mitochondriums. Ein kleiner, aber in manchen Situationen nicht unerheblicher Teil wird jedoch im Zytoplasma gebildet und muss daher importiert werden. Allerdings existiert in der inneren Mitochondrienmembran kein Transporter für NADH. Daher werden für den Transport des NADH Umwege über Stoffwechselmetaboliten gegangen, die im Zytoplasma reduziert, dann transportiert und in der Matrix wieder oxidiert werden.

Malat-Aspartat-Shuttle (α-Ketoglutarat-Glutamat-Shuttle)

- Reduktion von Oxalacetat zu Malat mit NADH durch die **Malat-Dehydrogenase** im Zytoplasma
- Transport von Malat in die Mitochondrien im Antiport mit α-Ketoglutarat
- Oxidation von Malat zu Oxalacetat in den Mitochondrien (**Rückbildung des NADH**)
- Transaminierung von Oxalacetat zu Aspartat
- Transport von Aspartat aus den Mitochondrien im Antiport mit Glutamat
- Transaminierung von Aspartat zu Oxalacetat im Zytoplasma

Malat-Aspartat-Shuttle (α-Ketoglutarat-Glutamat-Shuttle)

Für den Transport von NADH über den Aspartat-Malat-Shuttle reduziert die **Malat-Dehydrogenase** im Zytoplasma Oxalacetat zu Malat und oxidiert dabei NADH zu NAD^+ (> Abb. 18.21). Malat kann mit Hilfe des **Malat-α-Ketoglutarat-Translokators** im Antiport mit α-Ketoglutarat in die Matrix transportiert werden. Beide Moleküle tragen zwei negative Ladungen; der Transport ist somit elektroneutral. In der Matrix wird Malat durch die mitochondriale Isoform der Malat-Dehydrogenase wieder zu Oxalacetat oxidiert. Dabei wird das NADH zurückgebildet und damit indirekt in die Matrix transportiert.

Für Oxalacetat existiert allerdings kein Transporter in der inneren Mitochondrienmembran. Damit ist ein direkter Rücktransport ins Zytoplasma nicht möglich. Mit Hilfe der **Aspartat-Aminotransferase** (ASAT, AST) entsteht daher aus Oxalacetat Aspartat und gleichzeitig aus Glutamat α-Ketoglutarat, das für den Antiport des nächsten Malats zu Verfügung steht. Aspartat gelangt mit Hilfe eines **Aspartat-Glutamat-Translokators** im Austausch mit Glutamat ebenfalls elektroneutral ins Zytoplasma, wo es über das Isoenzym der Aspartat-Aminotransferase wieder in Oxalacetat überführt wird. Damit schließt sich ein Kreislauf und NADH kann über dieses Shuttle-System kontinuierlich in die Matrix importiert werden.

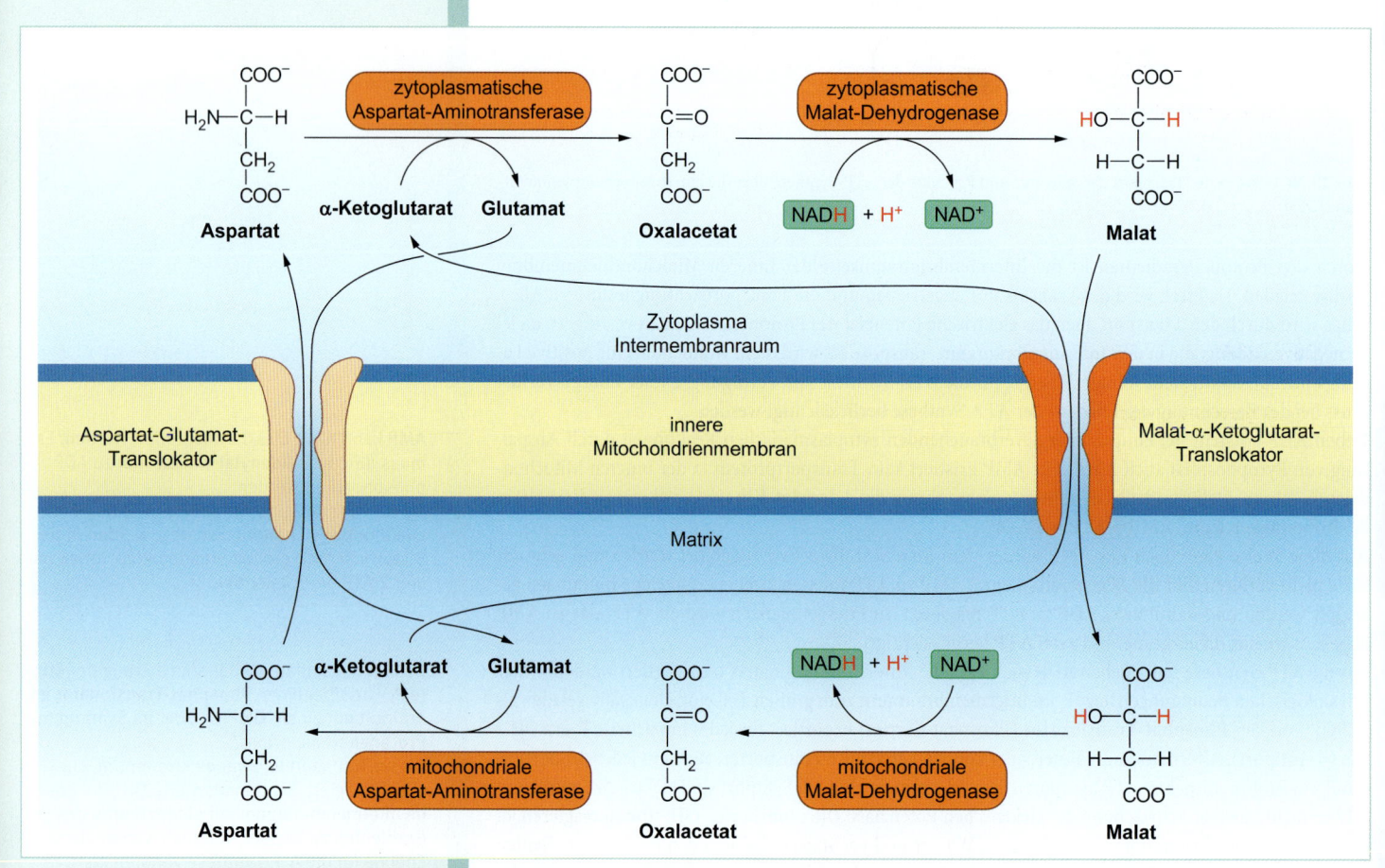

Abb. 18.21 Malat-Aspartat-Shuttle. Alle Reaktionen sind reversibel, zur besseren Übersicht ist hier aber nur eine Reaktionsrichtung, der Transport von Elektronen in die Matrix, dargestellt. [L253]

18.5 STOFFTRANSPORT ZWISCHEN MITOCHONDRIUM UND ZYTOPLASMA

Auf diese Weise wird neben NADH auch **Oxalacetat** über die Membran transportiert, ohne dass dafür ein eigenes Transportprotein existiert. Oxalacetat und NADH werden im Zytoplasma in erster Linie für die **Glukoneogenese** benötigt (➤ 19.4.2). Bei entsprechender Stoffwechsellage wird mitochondriales Oxalacetat entweder durch die Rückreaktion der mitochondrialen Malat-Dehydrogenase des Citratzyklus zu Malat reduziert oder mithilfe einer Transaminierungsreaktion in Aspartat überführt. Sowohl **Aspartat** als auch **Malat** können mit Transportproteinen über die innere Mitochondrienmembran transportiert und im Zytoplasma mit den passenden Isoenzymen wieder in Oxalacetat überführt werden. Außerdem kann Oxalacetat auch in Form von Citrat aus dem Mitochondrium exportiert werden (➤ 20.1.6).

Die Transportproteine dieses Shuttlesystems gewährleisten darüber hinaus einen kontinuierlichen Austausch von **α-Ketoglutarat** und den Aminosäuren **Aspartat** und **Glutamat** zwischen Zytoplasma und mitochondrialer Matrix. Zusammen mit zahlreichen weiteren Transportern für verschiedene Aminosäuren und α-Ketosäuren wie z. B. Pyruvat wird sichergestellt, dass für den Aminosäurestoffwechsel im Zytoplasma und die Proteinbiosynthese des Mitochondriums immer ausreichend Substrate zur Verfügung stehen.

Glycerin-3-phosphat-Shuttle

Die zytoplasmatische **Glycerin-3-phosphat-Dehydrogenase** reduziert Dihydroxyacetonphosphat unter Verbrauch von NADH zu Glycerin-3-phosphat, das durch die Porine der äußeren Mitochondrienmembran diffundiert. An der Außenseite der inneren Mitochondrienmembran oxidiert die membrangebundene Glycerin-3-phosphat-Dehydrogenase Glycerin-3-phosphat wieder zu Dihydroxyacetonphosphat (➤ Abb. 18.22). Im Unterschied zum zytoplasmatischen Enzym werden hier die Elektronen zunächst auf die prosthetische Gruppe **FAD** und schließlich auf **Ubichinon** übertragen. Von dort werden sie direkt über Komplex III in die Atmungskette eingeschleust. Dihydroxyacetonphosphat diffundiert zurück ins Zytoplasma und der Kreislauf schließt sich.

Im Vergleich zum Aspartat-Malat-Shuttle ist der Glycerin-3-phosphat-Shuttle deutlich einfacher aufgebaut. Allerdings arbeitet er mit **Energieverlust,** da die ursprünglich in NADH gebundenen Elektronen auf FAD übertragen werden. Das Redoxpotenzial von NADH reicht aus, um Komplex I zu reduzieren, das von FADH$_2$ dagegen nur zur Reduktion von Ubichinon. In der Folge werden durch Oxidation des FADH$_2$ weniger Protonen gepumpt als beim NADH. Der Aspartat-Malat-Shuttle wird vorwiegend in Leber- und Herzmuskelzellen, der Glycerin-3-phosphat-Shuttle weitgehend ubiquitär exprimiert.

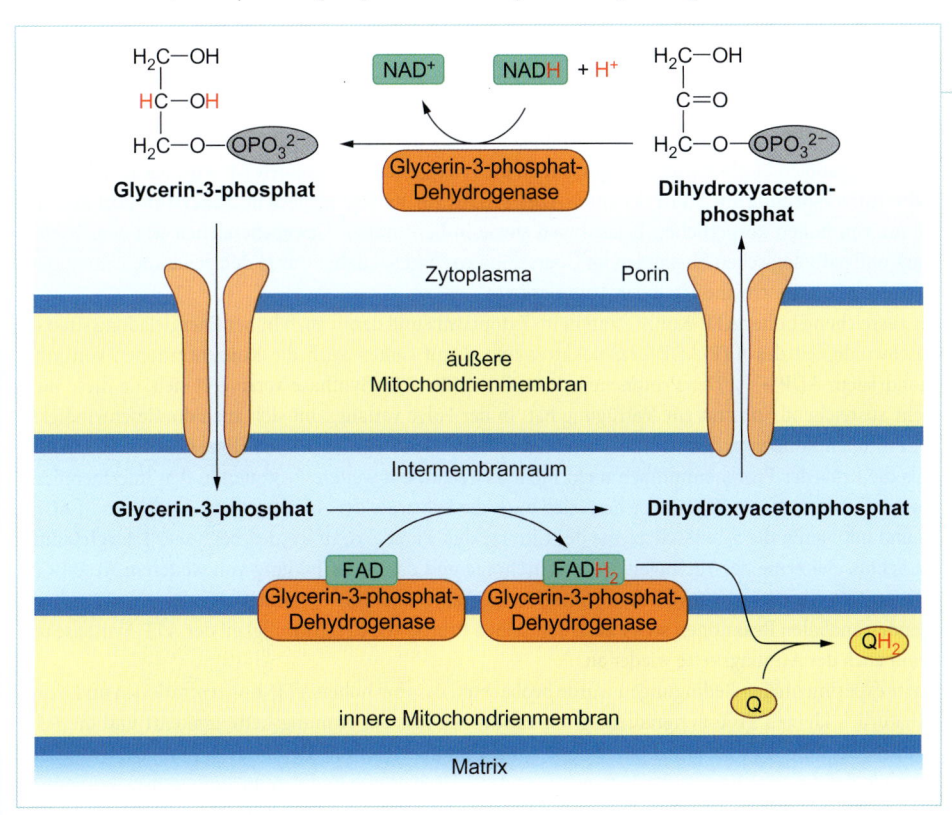

Abb. 18.22 Glycerin-3-phosphat-Shuttle [L253]

Aus Studentensicht

Oxalacetat für die Glukoneogenese kann in Form von Aspartat, Malat oder Citrat aus dem Mitochondrium heraustransportiert werden.

Durch den Austausch von α-Ketoglutarat, Aspartat und Glutamat sowie weiteren α-Ketosäuren wird die Versorgung mit Substraten für den Aminosäurestoffwechsel und die Proteinbiosynthese sichergestellt.

Glycerin-3-phosphat-Shuttle

Die **Glycerin-3-phosphat-Dehydrogenase** reduziert Dihydroxyacetonphosphat zu Glycerin-3-phosphat, das an der inneren Mitochondrienmembran wieder oxidiert wird.
Die Elektronen werden über **FAD** auf **Ubiquinon** übertragen.
Da dabei aus einem zytoplasmatischen NADH ein mitochondriales FADH$_2$ entsteht, arbeitet der Glycerin-3-phosphat-Shuttle mit **Energieverlust.**

ABB. 18.22

Aus Studentensicht

18.6 Energieausbeute der Atmungskette

Netto liefert die Atmungskette etwa folgende Energieausbeute:
- 1 NADH → 2,5 ATP
- 1 FADH$_2$ → 1,5 ATP

Ein Molekül **Acetyl-CoA** liefert drei NADH, ein FADH$_2$ und ein GTP und somit ca. **10 ATP.**

Der **Wirkungsgrad** der Atmungskette beträgt ca. 60 %.
Die verbleibende Energie wird in Form von Wärme freigesetzt.

18.7 Regulation der Atmungskette

18.7.1 Physiologische Regulation der Atmungskette

Die Geschwindigkeit der **Atmungskette** wird durch das Vorhandensein ihrer Substrate
- NADH
- FADH$_2$
- ADP
- P$_i$ und
- O$_2$

gesteuert.

Eine hohe zytoplasmatische ATP-Konzentration verlangsamt den ATP/ADP-Translokator. Durch die daraus resultierende Abnahme von mitochondrialem **ADP** wird die Atmungskette **verlangsamt.** Umgekehrt wird die Atmungskette bei wachsender zytoplasmatischer ADP-Konzentration beschleunigt.
Entscheidend ist also das **ATP/ADP-Verhältnis (Energieladung).**

---

18 MITOCHONDRIEN: DIE KRAFTWERKE DER ZELLE

18.6 Energieausbeute der Atmungskette

Mit jedem **NADH,** das seine beiden Elektronen an Komplex I der Atmungskette abgibt, können **10 Protonen** über die innere Mitochondrienmembran gepumpt werden (➤ Abb. 18.23). Jedes **FADH$_2$** trägt mit **6 Protonen** zum Protonengradienten bei. Die Anzahl der Protonen, die durch die menschliche ATP-Synthase fließen müssen, um ein ATP zu erzeugen, ist nicht exakt bekannt. Basierend auf der Anzahl der c-Untereinheiten der ATP-Synthase des Rinds wird vermutet, dass etwa drei Protonen durch die ATP-Synthase fließen müssen, um ein ATP zu erzeugen. Zusätzlich wird ein weiteres Proton für den Import von ADP und P$_i$ benötigt. Insgesamt müssen also etwa **4 Protonen** über die Membran gepumpt werden, um **1 ATP** zu erzeugen. Damit können rund **2,5 ATP** aus jedem **NADH** und etwa **1,5 ATP** aus jedem **FADH$_2$** gewonnen werden.

Bei der Oxidation von einem Molekül Acetyl-CoA in Citratzyklus und Atmungskette werden drei NADH, ein FADH$_2$ und ein GTP erzeugt, die somit für die Synthese von etwa 10 Molekülen ATP genutzt werden können. Im Vergleich zu den anaeroben Stoffwechselwegen ermöglicht der aerobe Abbau von Acetyl-CoA dem Menschen so eine erheblich effizientere Nutzung der Energie aus den Nährstoffen.

Der Wirkungsgrad einer Maschine errechnet sich aus dem Verhältnis der zugeführten zur genutzten Energie. Die im ATP gespeicherte Energie beträgt etwa 60 % der bei der Oxidation der Nährstoffe freigesetzten Energie. Dieser Wirkungsgrad übersteigt damit sogar den der Stromproduktion in modernen Kraftwerken. Der verbleibende Teil der Energie wird im Mitochondrium wie auch in den Kraftwerken als Wärme freigesetzt.

18.7 Regulation der Atmungskette

18.7.1 Physiologische Regulation der Atmungskette

Die Atmungskette wird nicht wie andere Stoffwechselwege durch allosterische Inhibitoren oder Aktivatoren bzw. durch von Hormonen ausgelöste Signalkaskaden und Interkonvertierung der Schlüsselenzyme reguliert. Die Geschwindigkeit der Atmungskette wird entscheidend durch das **Vorhandensein ihrer Substrate** NADH, FADH$_2$, ADP und P$_i$ sowie O$_2$ bestimmt. Die größte Bedeutung haben die Konzentrationen von ADP und P$_i$ in der Matrix. Die Geschwindigkeit der Atmungskette ist damit unmittelbar an die **Energieladung** der Zelle gebunden. Bei einem Anstieg energieverbrauchender Reaktionen sinkt die Energieladung und die Konzentration an ADP und P$_i$ steigt. Letztlich bedeutet das, dass eine 10-fach erhöhte Zufuhr von Nährstoffen nicht zwingend zu einer 10-fach erhöhten ATP-Menge führt.

Bei ausreichender Verfügbarkeit von Sauerstoff und NADH/FADH$_2$ steigt die Geschwindigkeit der Atmungskette bis zu ihrer Maximalgeschwindigkeit an. Da auch die Regulation der Schlüsselenzyme der meisten katabolen Stoffwechselbedingungen an die Energieladung gekoppelt ist, wird bei ausreichender **Nährstoffversorgung** auch ausreichend NADH/FADH$_2$ zur Verfügung gestellt. **Sauerstoff** liegt mit Ausnahme von hohen körperlichen Belastungen sowie in bestimmten Gewebebereichen wie dem Nierenmark und pathologischen Zuständen im Überschuss vor und hat daher nur in den genannten Situationen Einfluss auf die Geschwindigkeit der Atmungskette.

Bei ausreichend hoher ATP-Konzentration im Zytoplasma und damit auch hoher Energieladung sinkt die Geschwindigkeit des ATP/ADP-Translokators und damit sinken auch die Konzentrationen von mitochondrialem ADP + P$_i$. Der Protoneneinstrom durch die ATP-Synthase verringert sich, da diese nicht mehr ausreichend Substrat zur Verfügung hat. In der Folge verlangsamt sich auch die Geschwindigkeit der Protonenpumpen in den Atmungskettenkomplexen, da ab einer gewissen Höhe des Membranpotenzials die Kraft der Protonenpumpen nicht mehr ausreicht, um weitere Protonen in den Intermembranraum zu transportieren. Damit reichern sich auch die Substrate der Atmungskette, NADH und FADH$_2$, an und inhibieren die Schlüsselenzyme des Citratzyklus. Parallel dazu werden bei hoher **Energieladung** die Schlüsselenzyme der katabolen Stoffwechselwege und damit die Bildung von weiterem Acetyl-CoA gehemmt. Bei wachsender ADP-Konzentration z. B. aufgrund von Muskelarbeit oder energieverbrauchenden anabolen Reaktionen steigt nach demselben Prinzip die Geschwindigkeit der ATP-Synthase und damit auch der Atmungskette wieder an.

Unter experimentellen Bedingungen wurde beobachtet, dass bei hohen ATP-Konzentrationen und einem unnatürlich kleinen Protonengradienten der Elektronenfluss der Atmungskette umkehrt und die ATP-Synthase beginnt, ATP zu hydrolysieren und dabei Protonen über die Membran zu pumpen. Grundsätzlich zeigt das die enge Verwandtschaft zwischen der ATP-Synthase und den im Stoffwechsel weitverbreiteten ATP-Hydrolasen und ruft in Erinnerung, dass es sich auch bei den Reaktionen an der inneren Mitochondrienmembran stets um Gleichgewichte handelt, die den Grundsätzen der Thermodynamik gehorchen.

18.7.2 Kurzschluss: Entkopplung der Atmungskette

Atmungskette und ATP-Synthese sind gekoppelt, wenn die Protonen durch die ATP-Synthase in die Mitochondrienmatrix zurückfließen. Fließen die Protonen auf anderen Wegen in die Matrix zurück, werden Atmungskette und ATP-Synthase **entkoppelt** und es kommt zu einem „Kurzschluss", der ein Erliegen der ATP-Synthese bei voller Geschwindigkeit der Atmungskette zur Folge hat. Die Energie, die durch den Rückfluss der Protonen freigesetzt wird, wird dabei vollständig in Wärme umgewandelt.

Diese Wärmefreisetzung kann unter bestimmten Bedingungen sehr nützlich sein. Mitochondrien in **braunem Fettgewebe** exprimieren, ausgelöst durch einen Kältereiz, **Thermogenin** (Uncoupling Protein, UCP). Dieses Membranprotein ist vergleichbar mit anderen Transportproteinen in der inneren Mitochondrienmembran und ermöglicht einen Rückstrom der Protonen (➤ Abb. 18.23). Das Gewebe erwärmt sich und schützt so z. B. empfindliche Bereiche des Neugeborenen vor Kälte. Von besonderer Bedeutung ist dieser Mechanismus bei Winterschläfern. Hier sorgt das Thermogenin für eine schnelle Erhöhung der Körpertemperatur während der Aufwachphasen. Heute weiß man, dass auch andere Gewebe Isoformen des Thermogenins exprimieren und dadurch vermutlich lokal, z. B. im Bindegewebe der großen Arterien, zur Wärmeproduktion beitragen können.

Aus Studentensicht

18.7.2 Kurzschluss: Entkopplung der Atmungskette

Fließen die Protonen an der ATP-Synthase vorbei zurück in die Mitochondrienmatrix, spricht man von **Entkopplung**. Die Energie des Protonengradientens wird dabei vollständig als **Wärme** freigesetzt.
Physiologisch nutzen Säuglinge die Entkopplung zur **Wärmegewinnung** aus **braunem Fettgewebe**. Durch das Protein **Thermogenin** wird die Membran kontrolliert kurzgeschlossen.

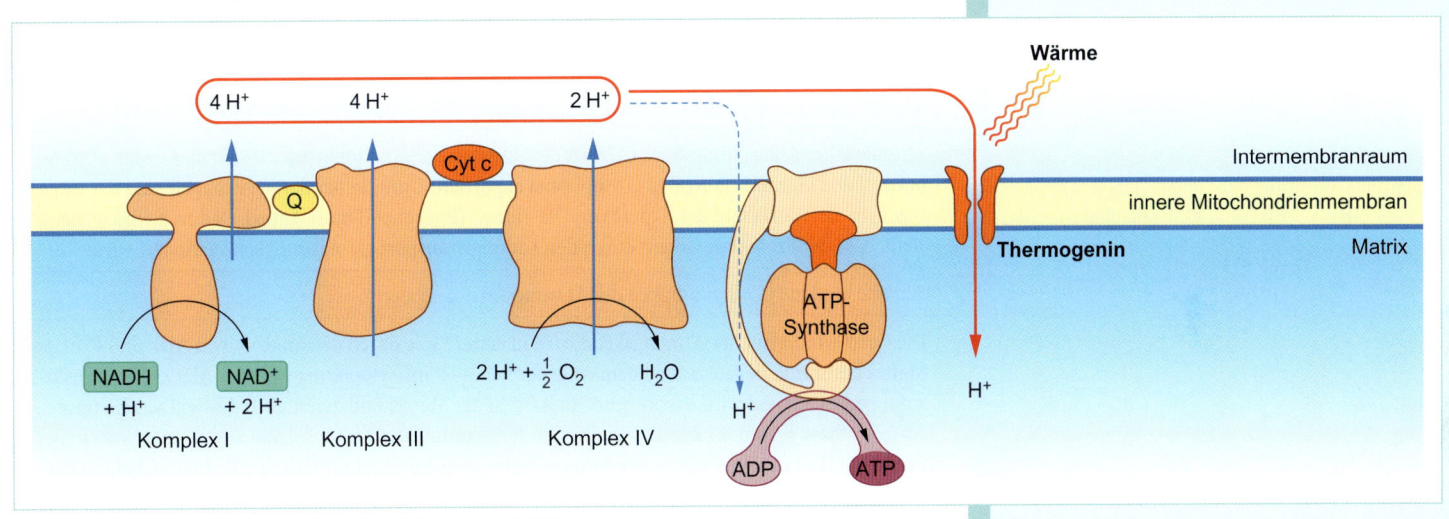

Abb. 18.23 Entkopplung der Atmungskette durch Thermogenin [L253]

KLINIK

Entkoppler zum Abnehmen

Lipophile Moleküle, die gleichzeitig schwache Säuren oder Basen sind, können die innere Mitochondrienmembran ungehindert passieren und „reißen" mit jedem Durchtritt Protonen in die Matrix mit. Sie wirken dadurch ebenfalls als Entkoppler von Atmungskette und ATP-Synthese. Um ausreichend NADH/FADH$_2$ für die maximal arbeitende Atmungskette zur Verfügung zu stellen, werden dann Nährstoffe, insbesondere Fettsäuren, ständig abgebaut.
Ein bekanntes Beispiel für einen **toxischen Entkoppler** ist das **2,4-Dinitrophenol (DNP).** In den 1930er-Jahren wurde es verstärkt als Mittel gegen Fettleibigkeit verwendet. Durch die Hemmung der ATP-Synthase ist das therapeutische Fenster aber sehr klein. Zudem reichert sich 2,4-Dinitrophenol im Fettgewebe an und wird nur langsam metabolisiert, sodass eine Dosiskontrolle nahezu unmöglich ist. Nebenwirkungen durch Überdosierung äußern sich u. a. in Blutdruckabfall, Herzrasen (Tachykardie), Herzrhythmusstörungen, Überhitzung (Hyperthermie), Dehydration bis hin zu plötzlichem Herztod und Multiorganversagen. In Deutschland ist der Vertrieb von 2,4-Dinitrophenol als Diätmittel gesetzlich verboten. Es wird aber dennoch illegal vertrieben und hat in den vergangenen Jahren immer wieder zu Todesfällen geführt.

Aus Studentensicht

PRÜFUNGSSCHWERPUNKTE

IMPP

!!! Malat-Aspartat-Shuttle, Citratzyklus, Atmungskette
!! cAMP

Kompetenzorientierte Lernziele (NKLM)

Die Studierenden können
- die Funktionen und Prinzipien des Citratzyklus in Katabolismus und Anabolismus erläutern.
- die Prinzipien der Redox- und Elektrochemie erklären und deren Bedeutung in der Medizin benennen.
- die Funktion von Redoxäquivalenten beschreiben.
- die ATP-Synthese in der Atmungskette erläutern.

ÜBUNGSFRAGEN FÜRS MÜNDLICHE MIT LÖSUNGSHILFEN

1. Welche Enzyme katalysieren die Schlüsselreaktionen des Citratzyklus?

Citrat-Synthase, Isocitrat-Dehydrogenase und α-Ketoglutarat-Dehydrogenase.

2. Kann der Citratzyklus auch unter anaeroben Bedingungen ablaufen?

Für die Reaktionen des Citratzyklus ist kein Sauerstoff nötig. Im physiologischen Kontext ist der Citratzyklus jedoch immer direkt an die Atmungskette gekoppelt, da eine hohe Konzentration an NADH eine inhibitorische Wirkung auf die Schlüsselenzyme des Citratzyklus hat. Somit kommt auch der Citratzyklus in der Zelle bei anaeroben Bedingungen zum Erliegen.

3. Erläutern Sie die Funktion von Komplex II in der Atmungskette!

Komplex II überträgt die Elektronen der Succinat-Dehydrogenase auf Ubichinon, das dadurch reduziert wird. So wird der Citratzyklus direkt an die Atmungskette gekoppelt. Achtung: Die Elektronen anderer FAD-haltiger Enzyme werden nicht durch Komplex II in die Atmungskette eingeführt, sondern über andere Wege auf Ubichinon übertragen.

4. Wie gelangen die Substrate der ATP-Synthase (ADP + P_i) in die mitochondriale Matrix?

Mithilfe eines Transportsystems (ADP/ATP-Translokator), das im Symport ADP in die Matrix transportiert und gleichzeitig ATP ins Zytoplasma exportiert. Unmittelbar daran gekoppelt sind der Import von P_i in die Matrix und der Export von OH^--Ionen (Phosphat-Translokator). Dadurch wird sichergestellt, dass der Protonengradient durch den Ladungstransport geringstmöglich verringert wird.

5. Wie wird die Geschwindigkeit der Atmungskette gesteuert?

Die Geschwindigkeit der Atmungskette wird in erster Linie durch das Angebot von ADP und P_i in der Matrix bestimmt. Bei ausreichendem Angebot von ATP im Zytoplasma wird der ADP/ATP-Translokator gedrosselt und wird das Angebot an ADP in der Matrix und damit auch die Syntheseleistung der ATP-Synthase sinken. Es kommt zu einer Verlangsamung der Atmungskette durch einen Anstau der Produkte. Die Geschwindigkeit der Atmungskette wird damit unmittelbar an die Energieladung der Zelle gekoppelt.

6. Was sind Entkoppler?

Entkoppler ermöglichen den Rückfluss von Protonen aus dem Intermembranraum über die innere Mitochondrienmembran in die Matrix. Der Protonengradient wird dadurch zerstört, die ATP-Synthese kommt zum Erliegen und die Energie des Protonengradienten wird als Wärme frei. Meist handelt es sich bei Entkopplern um lipophile schwache Säuren und Basen oder um Proteine, die einen Protonenkanal in der Membran bilden können.

KAPITEL 19
Kohlenhydrate: schnelle Energie und mehr
Petra Schling, Karim Kouz

19.1	Funktionelle Vielfalt der Kohlenhydrate	453
19.2	Strukturelle Vielfalt der Kohlenhydrate	454
19.2.1	Einteilung der Kohlenhydrate	454
19.2.2	Monosaccharide	454
19.2.3	Disaccharide und Oligosaccharide	460
19.2.4	Polysaccharide	461
19.3	Aufnahme von Kohlenhydraten aus der Nahrung	462
19.3.1	Verdauung der Kohlenhydrate im Magen-Darm-Trakt	462
19.3.2	Absorption der Kohlenhydrate aus dem Magen-Darm-Trakt	464
19.4	Glykolyse: schnelle Energie aus Glukose	467
19.4.1	Prinzipien der Glykolyse	467
19.4.2	Reaktionen der Glykolyse	467
19.4.3	Regeneration des NAD^+ und das Schicksal des Pyruvats	471
19.4.4	Einschleusung der anderen Monosaccharide in die Glykolyse	473
19.4.5	Regulation der Glykolyse und des Pyruvat-Dehydrogenase-Komplexes	476
19.5	Aufrechterhaltung der Blutglukosekonzentration	483
19.5.1	Glukose im Blut	483
19.5.2	Glukoneogenese	484
19.5.3	Glykogen	491
19.6	Glukose als Ausgangspunkt für Synthesen	500
19.6.1	Glykolysezwischenprodukte für Synthesen	500
19.6.2	Pentosephosphatweg	500
19.6.3	Polyolweg	505

Aus Studentensicht

Zucker sind für unseren Körper ein unverzichtbarer Nährstoff. Es gibt nicht nur Organe, die für ihren Energiestoffwechsel rein auf Glukose angewiesen sind, sondern Glukose lässt sich in Form von Glykogen auch gut speichern. Der Zucker Ribose ist unverzichtbar für Nukleinsäuren, also für alle DNA- und RNA-Moleküle in unserem Körper. Und auch Energieträger wie ATP oder NADH enthalten Kohlenhydratbausteine. Es gibt aber auch weitverbreitete Krankheiten, die mit dem Zuckerstoffwechsel zusammenhängen. Dies sind in erster Linie die Intoleranzen gegen Fruktose und Galaktose. Die Folgen einer unbehandelten Galaktosämie sind so schwerwiegend, dass darauf bereits im Neugeborenenscreening untersucht wird.
Carolin Unterleitner

19.1 Funktionelle Vielfalt der Kohlenhydrate

> **FALL**
>
> **Alfredo und Tim: ein Laufwettbewerb**
>
> Ihre Freunde Alfredo und Tim sind beide passionierte Läufer. Alfredo informiert sich intensiv in Online-Foren über optimale Trainingsmethoden, ist aber nicht ganz so bewandert in der Biochemie. Einige Tipps und Tricks zum Training kommen ihm doch recht seltsam vor, sodass er sich mit seinen Fragen immer wieder an Sie wendet: Was ist die optimale Ernährung für die schnelle Bereitstellung von Energie? Was ist der Vorteil von glukose- oder fruktosehaltigen Energy-Drinks? Worauf sollte man während des Laufens achten und was ist eine „Laktatazidose"? Tim lacht ihn aus: „Das ist doch alles nur dummes Sportlergerede, am Ende kommt es doch einfach darauf an, wer schneller läuft." Nach einer längeren Diskussion beschließen die beiden, statt Worten Taten sprechen zu lassen, und verabreden sich für die nächste Woche auf dem Sportplatz zu einem Wettrennen über 400 m. Alfredo nimmt sich gleich vor, bei seinem täglichen Lauftraining Sprinteinlagen einzuführen.

Auf der Erde stellen **Kohlenhydrate** die größte Masse an von Lebewesen synthetisierten Verbindungen dar. Lange Zeit glaubte man, dass sie in Form der Glukose, deren Stoffwechselwege früh aufgeklärt wurden, lediglich die Funktion einer schnell zur Verfügung stehenden **Energiequelle** erfüllen würden. Heute weiß man jedoch, dass Kohlenhydrate an vielen weiteren, für das Leben unverzichtbaren Prozessen beteiligt sind. Sie liefern z. B. Elektronen für reduktive Biosynthesen und zum Schutz gegen oxidativen Stress. Auch spielen sie als Glykokalyx (griech. = süße Hülle), die jede Zelle überzieht, bei posttranslationalen Proteinmodifikationen, in der extrazellulären Matrix, bei der Zell-Zell-Kommunikation und der

19.1 Funktionelle Vielfalt der Kohlenhydrate

Kohlenhydrate besitzen eine große **strukturelle Vielfalt** und erfüllen **vielfältige Funktionen,** z. B. als
- **Energiequelle**
- Elektronenlieferanten für Biosynthesen und Schutz vor ROS
- Bestandteil der Glykokalyx
- Bestandteil der extrazellulären Matrix
- Posttranslationale Proteinmodifikation
- Teile der Zell-Zell-Kommunikation und intrazellulärer Signalkaskaden
- Erkennungsstruktur von Pathogenen
- Bestandteil des AB0-Blutgruppensystems
- Bausteine von DNA und RNA

Aus Studentensicht

19.2 Strukturelle Vielfalt der Kohlenhydrate

19.2.1 Einteilung der Kohlenhydrate

Kohlenhydrate können oft mit der Summenformel $C_n(H_2O)_n$ als **Hydrate des Kohlenstoffs** dargestellt werden.

Einfachzucker heißen **Monosaccharide**. Zwei kovalent verbundene Monosaccharide werden als **Disaccharid** bezeichnet.

Je nach Anzahl der kovalent verknüpften Monosaccharide spricht man weiter von Tri-, Oligo- oder Polysacchariden.

19.2.2 Monosaccharide

Monosaccharide sind mehrwertige Alkohole mit einer Carbonylgruppe.
Aldosen besitzen eine **Ald**ehydgruppe, **Ketosen** eine **Ket**ogruppe.

---

19 KOHLENHYDRATE: SCHNELLE ENERGIE UND MEHR

Erkennung von pathogenen Bakterienstrukturen eine wichtige Rolle, bilden die Grundlage des Blutgruppensystems und helfen bei der Übertragung intrazellulärer Signale. In RNA bzw. DNA sind die Kohlenhydrate Ribose und Desoxyribose wichtige Bestandteile.

Diese enorme **funktionelle Vielfalt** verdeutlicht, warum Kohlenhydrate eine hohe **strukturelle Vielfalt** aufweisen müssen, um ihren verschiedenen Aufgaben gerecht zu werden.

19.2 Strukturelle Vielfalt der Kohlenhydrate

19.2.1 Einteilung der Kohlenhydrate

Die Bezeichnung „Kohlenhydrat" spiegelt wider, dass die Summenformeln vieler Kohlenhydratverbindungen als **Hydrate des Kohlenstoffs** formuliert werden können. So hat Glukose beispielsweise die Summenformel $C_6H_{12}O_6$, die als $C_6(H_2O)_6$ geschrieben werden kann.

Analog zu anderen Makromolekülen werden auch Kohlenhydrate aus kleineren Bausteinen, den **Monosacchariden** (Einfachzucker), zusammengesetzt, die sich nicht weiter hydrolytisch spalten lassen. Reagieren zwei Monosaccharide unter Ausbildung einer kovalenten Bindung miteinander, so entsteht ein **Disaccharid**. Abhängig von der Anzahl der verknüpften Monosaccharideinheiten bezeichnet man die Produkte als Di-, Tri- Oligo- oder Polysaccharide, die aus bis zu mehreren Tausend Monosaccharideinheiten aufgebaut sein können. Die Bezeichnung „saccharid" (lat. saccharum = Zucker) bringt zum Ausdruck, dass einige Kohlenhydrate süß schmecken.

19.2.2 Monosaccharide

Monosaccharide sind chemisch betrachtet Polyhydroxyaldehyde oder Polyhydroxyketone. Das bedeutet, dass sie mehrere OH-Gruppen (= mehrwertiger Alkohol) und eine Aldehyd- bzw. Ketogruppe tragen. Trägt das Kohlenhydrat eine **Ald**ehydgruppe wie die Glukose, wird es auch **Aldose** genannt, trägt es hingegen eine **Ket**ogruppe wie die Fruktose, handelt es sich um eine **Ketose** (➤ Abb. 19.1).

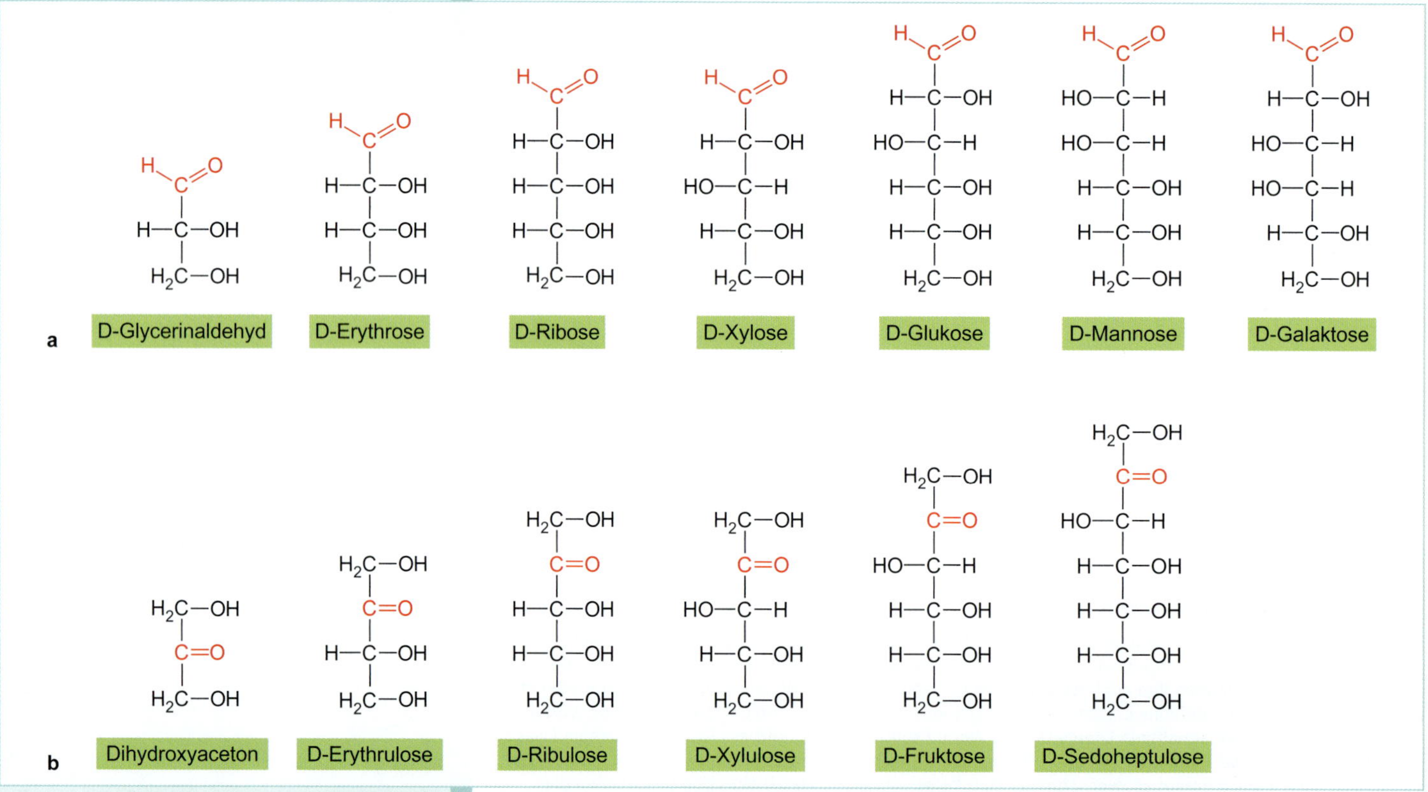

Abb. 19.1 Strukturformeln der wichtigsten Zucker. **a** Aldosen. **b** Ketosen. [L271]

Die kleinsten Monosaccharide sind die **Triosen** Glycerinaldehyd (Aldose) und Dihydroxyaceton (Ketose).

Längere Monosaccharide werden nach Anzahl ihrer C-Atome **Tetrosen, Pentosen, Hexosen oder Sedoheptulosen** genannt.

Bis auf Dihydroxyaceton besitzen alle Monosaccharide mindestens ein Chiralitätszentrum und kommen in Lebewesen fast ausschließlich in der **D-Form** vor.

Neben der Einteilung in Aldosen und Ketosen werden Monosaccharide auch anhand der Anzahl ihrer C-Atome eingeteilt. Die kleinsten Monosaccharide sind die **Triosen** Glycerinaldehyd (Aldose) und Dihydroxyaceton (Ketose). Sie bestehen aus drei C-Atomen, an die zwei OH-Gruppen und ein Carbonyl-O in Form einer Aldehyd- bzw. Ketogruppe gebunden sind. **Tetrosen, Pentosen, Hexosen** und **Sedoheptulosen** enthalten jeweils ein weiteres – mit einer OH-Gruppe substituiertes – C-Atom. Alle Monosaccharide, mit Ausnahme des Dihydroxyacetons, besitzen mindestens ein Chiralitätszentrum und kommen somit in der D- und L-Form vor. In Lebewesen sind jedoch fast ausschließlich **D-Kohlenhydrate** zu finden.

19.2 STRUKTURELLE VIELFALT DER KOHLENHYDRATE

Aus Studentensicht

Fischer-Projektion

Die meisten C-Atome in Kohlenhydraten sind kovalent an vier weitere Atome, ihre Substituenten, gebunden. Die Substituenten weisen in die Ecken eines Tetraeders. Um diesen dreidimensionalen Charakter zweidimensional darstellen zu können, kann man die unterschiedlichen Richtungen durch keilförmige Bindungen andeuten. Durchgehende Keile kennzeichnen das Hinausragen aus der Projektionsebene nach vorne, gestrichelte Keile nach hinten. In der **Fischer-Projektion** werden diese Keile durch Striche ersetzt, wobei in vielen Darstellungen die C-Atome der Kette weggelassen werden und die Striche direkt aneinanderstoßen. Um eine eindeutige Darstellung der dreidimensionalen Struktur mit der Fischer-Projektion zu gewährleisten, sind einige Regeln zu beachten:

1. Die längste Kohlenstoffkette des Moleküls wird senkrecht so angeordnet, dass das C-Atom mit der höchsten Oxidationszahl (bei Zuckern das mit der Carbonylgruppe) möglichst weit oben steht. Das oberste C-Atom wird als C-1 bezeichnet und die daran anschließenden C-Atome werden fortlaufend durchnummeriert.
2. Jedes asymmetrische C-Atom wird um seine Einfachbindungen so gedreht, dass die waagerecht nach rechts und links orientierten Substituenten aus der Projektionsebene auf den Betrachter zu hinauszeigen.
3. Die senkrecht orientierte Kohlenstoffkette zeigt ausgehend vom jeweiligen betrachteten Chiralitätszentrum bogenförmig vom Betrachter weg hinter die Projektionsebene.
4. Betrachtet man nun ein festgelegtes Chiralitätszentrum wie das des Glycerinaldehyds, so kann die OH-Gruppe (der am höchsten oxidierte Substituent) entweder nach links oder nach rechts orientiert sein. Steht die OH-Gruppe rechts, erhält die Verbindung das Präfix D (lat. dexter = rechts), steht sie links, so handelt es sich um L-Glycerinaldehyd (lat. laevus = links).

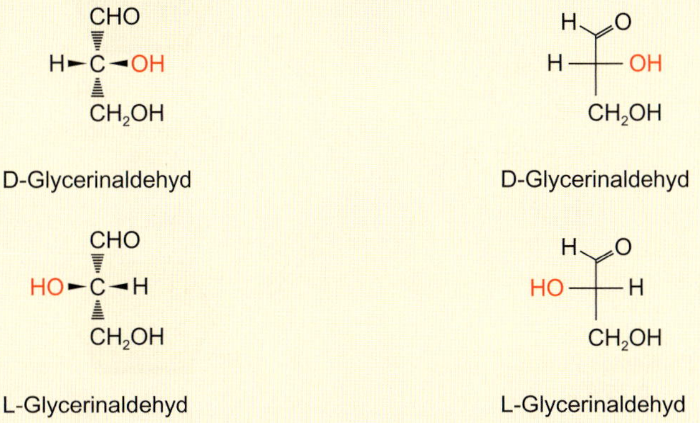

Darstellung von D- und L-Glycerinaldehyd in der Keilprojektion (links) und in der Fischer-Projektion (rechts) [L271]

Bei Molekülen mit nur einem Chiralitätszentrum wie dem Glycerinaldehyd gibt es zwei Konfigurationsisomere, die sich wie Bild und Spiegelbild verhalten und als **Enantiomere** bezeichnet werden (> 1.1.4). Bei Molekülen wie Glukose, die mehrere chirale Zentren besitzen, erfolgt die Benennung mit D und L anhand des **letzten** (untersten) **chiralen** Zentrums. Um auch die anderen Chiralitätszentren in der Nomenklatur berücksichtigen zu können, führten Chan, Ingold und Prelog das RS-System ein. Es beschreibt die Stellung des jeweils höchstoxidierten Substituenten an jedem einzelnen Chiralitätszentrum. Die **R-Form** (lat. rectus = gerade) steht dabei für rechts, die **S-Form** (lat. sinister = links) für links. Enthält ein Molekül nur ein Chiralitätszentrum, entsprechen sich D/L- und R/S-Nomenklatur.
Enantiomere drehen die Polarisationsebene von linear polarisiertem Licht in entgegengesetzte Richtungen. D-Glycerinaldehyd dreht die Polarisationsebene nach rechts, D-Enantiomere anderer Moleküle können sie jedoch auch nach links drehen. Die Präfixe D und L sagen also **nichts über die Drehrichtung der Polarisationsebene** aus. Die Drehrichtung wird daher mit einem Pluszeichen, falls sie mit dem Uhrzeigersinn orientiert ist, bzw. mit einem Minuszeichen, falls sie gegen den Uhrzeigersinn orientiert ist, beschrieben.

Bei **enantiomeren Zuckern** ist die Stellung der Substituenten an **jedem** chiralen C-Atom entgegengesetzt. Beim D-Enantiomer eines Zuckers zeigt die am untersten Chiralitätszentrum gebundene OH-Gruppe in der Fischer-Projektion nach rechts, beim entsprechenden L-Enantiomer nach links (> Abb. 19.2).

Sind die Substituenten an jedem chiralen C-Atom entgegengesetzt angeordnet, handelt es sich um **Enantiomere**. Zeigt die OH-Gruppe am untersten chiralen C-Atom nach rechts, ist es das D-Enantiomer des Zuckers.

ABB. 19.2

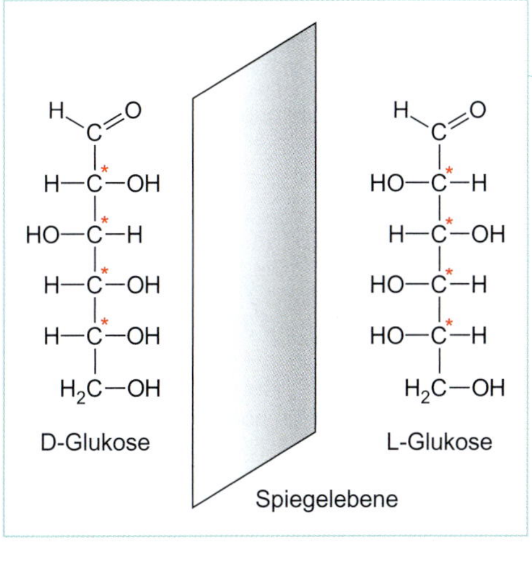

Abb. 19.2 D-Glukose und L-Glukose mit Spiegelebene (chirale C-Atome sind mit einem roten Stern gekennzeichnet) [L271]

Aus Studentensicht

Diastereomere Zucker haben eine gleiche Kettenlänge und an nur manchen chiralen C-Atomen eine umgekehrte Stellung der OH-Gruppen.

Ringbildung der Monosaccharide

In wässrigen Lösungen liegen Kohlenhydrate bevorzugt in der **Ringform** vor. Durch intramolekulare Reaktion der Carbonylgruppe mit einer OH-Gruppe entsteht entweder ein **Halbacetal** oder ein **Halbketal.**

ABB. 19.3

19 KOHLENHYDRATE: SCHNELLE ENERGIE UND MEHR

Haben zwei Kohlenhydrate gleicher Kettenlänge nicht an allen, sondern nur an manchen chiralen C-Atomen die umgekehrte Substituentenstellung, handelt es sich wie bei D-Glukose und D-Mannose um **Diastereomere** (➤ Abb. 19.1). Diese haben unterschiedliche Bezeichnungen und auch unterschiedliche chemische, biochemische und physikalische Eigenschaften.

Ringbildung der Monosaccharide

In Blut, Zytoplasma und anderen wässrigen Lösungen liegen viele Kohlenhydrate nicht in Form einer linearen offenen Kette, sondern überwiegend in einer **Ringform** vor (➤ Abb. 19.3a). Der Ringschluss beruht auf einer reversiblen intramolekularen Reaktion der Aldehyd- bzw. Ketogruppe mit einer OH-Grup-

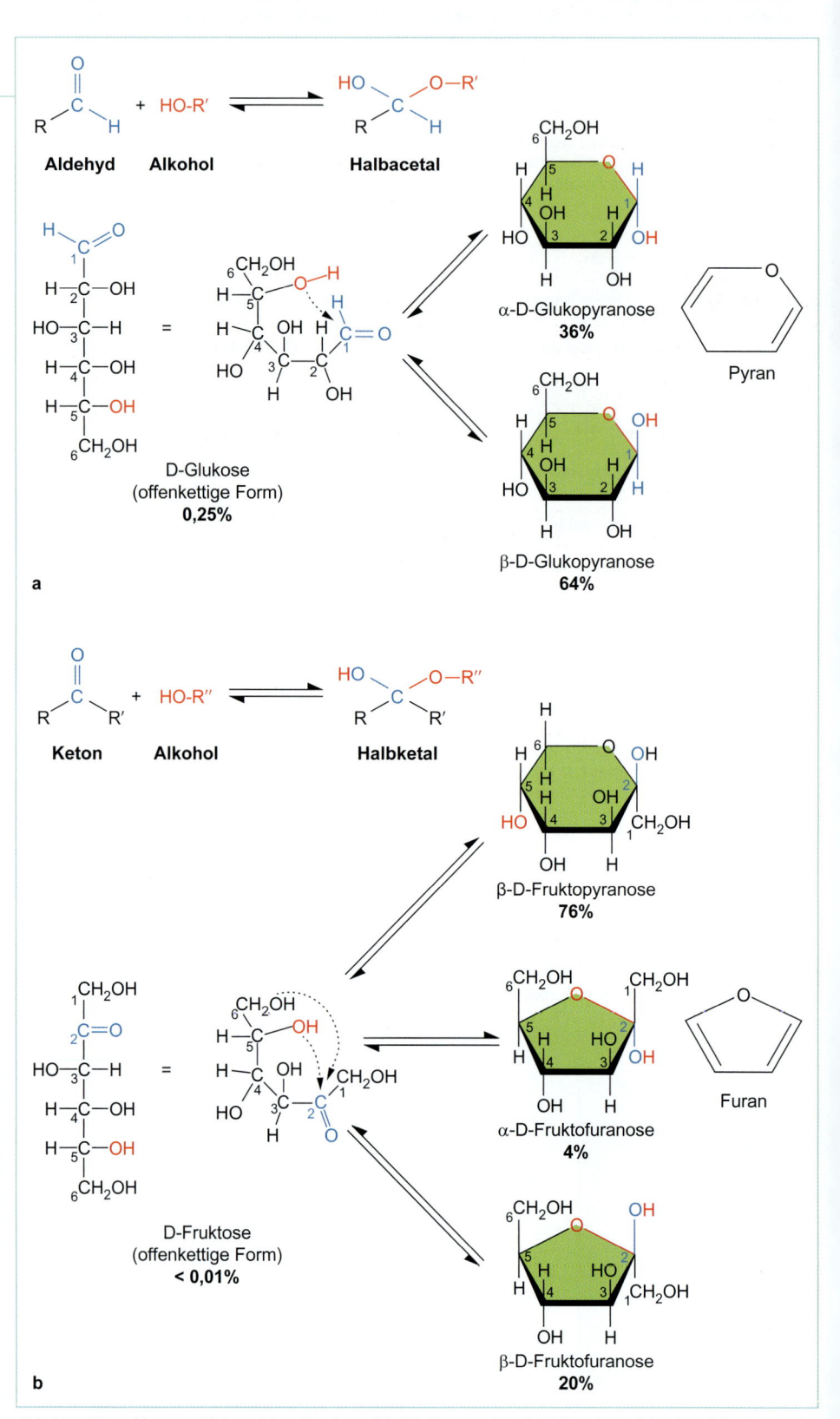

Abb. 19.3 Ringschluss von Glukose (**a**) und Fruktose (**b**). Die Prozentzahlen beziehen sich auf den Anteil der Formen in wässriger Lösung. [L138]

19.2 STRUKTURELLE VIELFALT DER KOHLENHYDRATE

pe unter Ausbildung eines **Halbacetals** bzw. **Halbketals**. Der Sauerstoff im Ringsystem stammt dabei von der am Ringschluss beteiligten OH-Gruppe und nicht aus der Aldehyd- bzw. Ketogruppe.

Bei der D-Glukose reagiert die C1-Aldehydgruppe meist mit der C5-OH-Gruppe. Dabei bildet sich ein Sechsring, der Ähnlichkeit mit dem ebenfalls ringförmigen **Pyran** hat. Halbacetale oder -ketale, die auf diese Weise entstehen, werden daher auch als **Pyranosen** bezeichnet.

D-Fruktose kann neben der in wässriger Lösung überwiegenden Pyranose-Form, die durch Reaktion der C2-Ketogruppe und der C6-OH-Gruppe entsteht, auch einen **Fünfring** durch Reaktion der C2-Ketogruppe und der C5-OH-Gruppe ausbilden. Solche Fünfringe weisen Ähnlichkeit mit **Furan** auf und Zucker in dieser Form werden daher auch als **Furanosen** bezeichnet (> Abb. 19.3b). In Mehrfachzuckern liegt die Fruktose bevorzugt in der Furanose-Form vor.

Konformation der Pyranosen und Furanosen

Der Brite W. N. Haworth führte eine Darstellung zur Veranschaulichung der ringförmigen Kohlenhydratstrukturen, die **Haworth-Projektion**, ein. Dabei werden wie bei der Fischer-Projektion die C-Atome nicht ausgeschrieben und der Ring wird so dargestellt, dass sich das O-Atom bei Pyranosen oben rechts und bei Furanosen oben befindet. Verstärkt gedruckte Linien des Rings sind zum Betrachter hin gerichtet (> Abb. 19.3). Die C-Atome werden, ausgehend von C1, im Uhrzeigersinn angeordnet und die Ringsubstituenten liegen entweder ober- oder unterhalb des Rings, wobei gilt: Was in der Fischer-Projektion **l**inks ist, ist **o**ben in der **H**aworth-Projektion (= FLOH-Regel).

Auch wenn die meisten Darstellungen das suggerieren, handelt es sich bei Zuckerringen nicht um planare Strukturen. **Pyranosen** nehmen eine **Sessel-** oder **Wannenkonformation** (> Abb. 19.4a) an. Die Substituenten dieser beiden Ringformen können zwei verschiedene Positionen einnehmen: **axial** oder **äquatorial**. Axial gebundene Substituenten liegen dabei nahezu senkrecht zur Ringebene, wohingegen äquatorial gebundene Substituenten nahezu parallel zum Ring und dadurch in der Peripherie liegen. Da sich die Substituenten in der Sesselform sterisch gegenseitig weniger behindern als in der Wannenform, ist die Sesselform i. d. R. die energetisch günstigere und damit bevorzugte Konformation.

Auch **Furanosen** liegen nicht planar vor, sondern in der **Briefumschlagkonformation** (> Abb. 19.4b). Dabei liegen vier Atome nahezu in einer Ebene, während das fünfte Atom sich wie die offene Lasche des Umschlags außerhalb der Ebene befindet. In den meisten Biomolekülen wie DNA und RNA liegt entweder das C2- oder das C3-Atom außerhalb der Ebene. Das nicht zur Ebene gehörende C5-Atom zeigt in die gleiche Richtung. Diese Konformation wird als **C2-Endo-** bzw. **C3-Endo-Form** bezeichnet.

Aus Studentensicht

Sechsringe wie bei der Glukose werden wegen der strukturellen Ähnlichkeit mit Pyran als **Pyranosen** bezeichnet.

Fruktose kann auch einen **Fünfring** ausbilden, der aufgrund der strukturellen Ähnlichkeit zu Furan **Furanose** genannt wird.

Konformation der Pyranosen und Furanosen

Die **Haworth-Projektion** dient der Veranschaulichung von ringförmigen Kohlenhydraten.
Pyranosen sind nicht planar, sondern nehmen eine **Sessel- oder Wannenkonformation** ein. Die Substituenten befinden sich **axial** oder **äquatorial**. Die Sesselform ist i. d. R. energetisch günstiger.
Furanosen liegen in einer **Briefumschlagkonformation** vor. Vier Ringatome liegen in einer Ebene, das C2- oder das C3-Atom liegt außerhalb der Ebene (**C2-Endo-** bzw. **C3-Endo-Form**).

ABB. 19.4

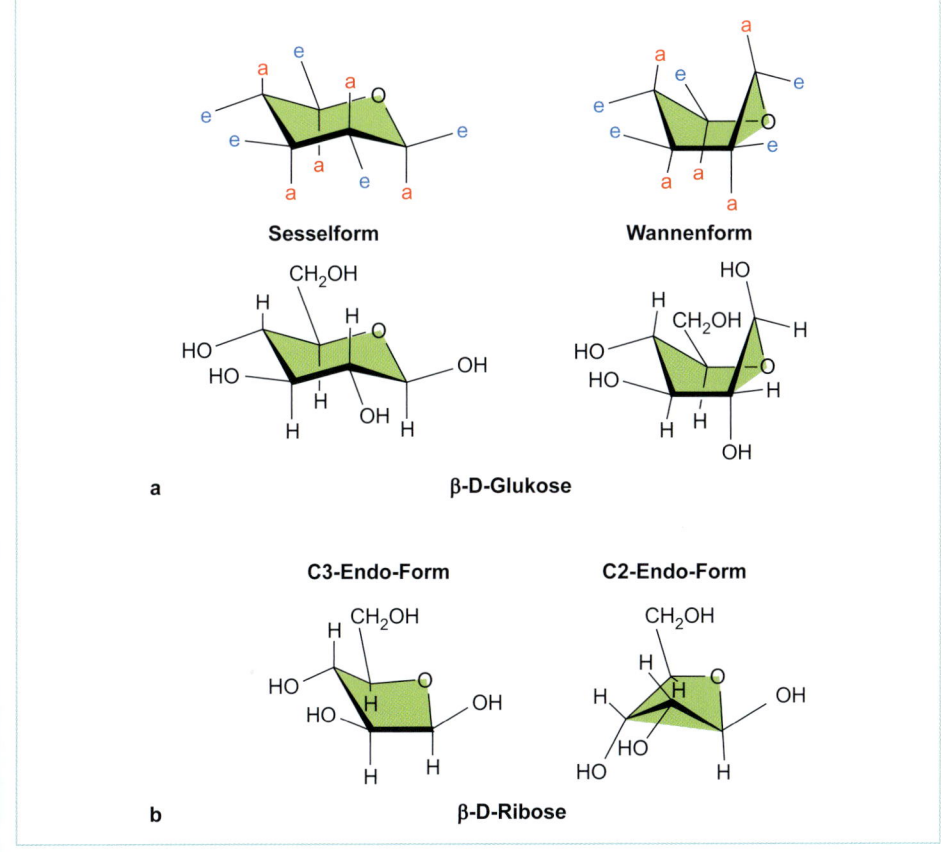

Abb. 19.4 Haworth-Projektion von Glukose (a) und Ribose (b) (a = axial, e = äquatorial) [L138]

Aus Studentensicht

Anomerie
Durch den Ringschluss entsteht bei Aldosen am C1- und bei Ketosen am C2-Atom ein neues chirales, **anomeres C-Atom (Anomeriezentrum)**. Dadurch sind zwei Anordnungen möglich. In der **α-Form** liegt die OH-Gruppe des anomeren C-Atoms in der Haworth-Projektion unten, in der **β-Form** oben.
Kohlenhydrate, die sich nur in der Konfiguration des anomeren C-Atoms unterscheiden, nennt man **Anomere**.
Da der Ringschluss **reversibel** ist, kann nach Ringöffnung und -neubildung die Stellung der OH-Gruppe am anomeren C-Atom wechseln.

Reaktionen der Monosaccharide
Monosaccharide bieten viele Reaktionsmöglichkeiten.
Durch **Oxidation** des C1-Atoms entsteht ein **Lakton**, ein intramolekularer Ester, der hydrolytisch in eine **Aldonsäure** gespalten werden kann. Durch **Oxidation** der endständigen -CH_2-OH-Gruppe entstehen **Uronsäuren**.

Durch **Reduktion** der Aldehydgruppe der Glukose entsteht **Sorbitol**.

● **KLINIK**

Aminozucker wie Glukosamin, Galaktosamin und Mannosamin, die häufig in Glykoproteinen vorkommen, entstehen durch den Austausch einer OH-Gruppe gegen eine NH_2-Gruppe. Die OH-Gruppen der Monosaccharide können verestert sein und liegen dann v. a. als **Phosphorsäureester** wie in **Glukose-6-phosphat** vor.
Aldosen können mit ihrer Aldehydgruppe nicht-enzymatisch mit NH_2-Gruppen reagieren (Glykierung). Im Fall des Hämoglobins entsteht so z. B. das **HbA_{1c}**.

19 KOHLENHYDRATE: SCHNELLE ENERGIE UND MEHR

Anomerie
Durch den Ringschluss entsteht bei Aldosen am C1-Atom und bei Ketosen am C2-Atom ein zusätzliches Chiralitätszentrum (➤ Abb. 19.3). Vor dem Ringschluss trugen die betreffenden C-Atome eine Carbonylgruppe und dadurch jeweils nur drei verschiedene Substituenten, nach dem Ringschluss tragen sie jedoch vier verschiedene Substituenten und sind somit chiral. Dieses C-Atom wird auch **anomeres C-Atom** oder **Anomeriezentrum** genannt. Bedingt durch die Chiralität sind somit zwei Ringstrukturen möglich, die sich lediglich durch die Konfiguration des anomeren C-Atoms unterscheiden. Die entsprechenden Monosaccharide werden als **Anomere** bezeichnet.
Bei D-Zuckern, die in der Haworth-Projektion dargestellt sind, wird das Anomer, bei dem die OH-Gruppe am Anomeriezentrum dem C-Atom mit der höchsten Nummer gegenüberliegt, mit dem griechischen Buchstaben **α** bezeichnet (**A**lpha: OH-Gruppe liegt auf der **a**nderen Seite des Rings in Bezug auf das C-Atom höchster Nummerierung) (➤ Abb. 19.3). Bei den β-D-Zuckern liegt die OH-Gruppe am Anomeriezentrum dagegen auf derselben Seite des Rings wie das C-Atom mit der höchsten Nummer.
Da der Ringschluss ein **reversibler Prozess** ist und die Ringform im Gleichgewicht mit der offenen Form steht, kann sich das α-Anomer durch Ringöffnung und anschließenden erneuten Ringschluss in das β-Anomer umwandeln und umgekehrt. Das β-Anomer ist im Fall der D-Glukose energetisch günstiger, da die OH-Gruppe am C1 weiter von den anderen Atomen entfernt ist. In wässriger Lösung liegt D-Glukose im Gleichgewicht daher zu ca. ⅔ als β-Anomer, zu ca. ⅓ als α-Anomer und zu weniger als 1 % in der offenkettigen Form vor. Wird reine α-D-Glukose bzw. β-D-Glukose in Wasser gegeben und die durch sie hervorgerufene Drehung von linear polarisiertem Licht beobachtet, verändert sich der Drehwinkel kontinuierlich, bis sich ein Gleichgewicht zwischen den drei Formen eingestellt hat. Diese Veränderung der spezifischen Drehung infolge der Umwandlung von Anomeren in Lösung wird als **Mutarotation** bezeichnet.

Reaktionen der Monosaccharide
Monosaccharide können mit ihren vielen funktionellen Gruppen eine Reihe verschiedener Reaktionen eingehen. Durch Oxidation des C1-Atoms einer Aldose entsteht ein **Lakton** (➤ Abb. 19.5), ein intramolekularer Ester, der zur **Aldonsäure** hydrolysiert werden kann. Durch Oxidation der endständigen -CH_2-OH-Gruppe entstehen aus Monosacchariden **Uronsäuren**. Die Uronsäure der Glukose, die Glukuronsäure, dient als Kopplungssubstanz für ausscheidungspflichtige körpereigene und körperfremde Substanzen und macht diese besser wasserlöslich (➤ 22.3.1). Entgegen der Regel der Fischer-Projektion, das oxidierteste C-Atom nach oben zu zeichnen und mit 1 zu nummerieren, wird bei den Uronsäuren die Nummerierung des Ausgangszuckers beibehalten, sodass sich die Carboxylgruppe der Glukuronsäure an C6 befindet.
Eine Reduktion der Aldehyd- oder Keto-Gruppe führt zu **mehrwertigen Alkoholen** (Zuckeralkoholen). Im Falle der Glukose entsteht Sorbitol (➤ 19.5.3), bei Mannose Mannitol.

> **KLINIK**
>
> **Sorbitol und Mannitol**
>
> Mehrwertige Alkohole wie Sorbitol werden zahlreichen Lebensmitteln als Süßstoff und Feuchthaltemittel zugesetzt. Weil die im Mund angesiedelten Bakterien diese Alkohole kaum verstoffwechseln können, gelten sie als wenig kariogen und sind in vielen Zahncremes und Bonbons mit dem Aufdruck „zuckerfrei" enthalten. In letzter Zeit wird häufig auch Xylitol eingesetzt, da seine Süßkraft höher als die des Sorbitols, der physiologische Brennwert jedoch ähnlich niedrig ist. Die angebliche antibakterielle Wirkung von Xylitol ist durch eine Doppelblindstudie 2013 wieder infrage gestellt worden.
> Zuckeralkohole wie Sorbitol oder Xylitol können im Körper verstoffwechselt werden, werden im Dünndarm jedoch nur langsam und unvollständig absorbiert. Mannitol wird so gut wie gar nicht absorbiert. Durch den bakteriellen Abbau und ihre hygroskopischen Eigenschaften binden sie im Dickdarm viel Wasser und wirken abführend. Durchfälle und Blähungen sind typische Nebenwirkungen eines gesteigerten Verzehrs. Gerade wegen dieser Eigenschaften werden Mannitol und Sorbitol auch als Osmotherapeutika klinisch eingesetzt. Sie werden als **osmotische Diuretika** im Glomerulus der Niere frei filtriert, danach aber nicht wieder reabsorbiert und halten so Wasser osmotisch im Harn zurück. Inhaliert können sie bei Mukoviszidose-Patienten den Schleim in der Lunge verflüssigen und intravenös verabreicht binden sie Wasser im Blutkreislauf und vermindern so den Druck in Geweben v. a. bei Anstieg des Hirn- oder Augeninnendrucks.

Durch Austausch einer OH-Gruppe eines Monosaccharids gegen eine NH_2-Gruppe entsteht ein **Aminozucker** (➤ Abb. 19.5). Bei Glukosamin, Galaktosamin und Mannosamin, den häufigsten Aminozuckern, ist der Austausch am C2-Atom erfolgt. Oft ist die NH_2-Gruppe zusätzlich acetyliert. Die Aminozucker und ihre Derivate sind in verschiedensten Glykoproteinen und auch in bakteriellen Zellwänden wiederzufinden.
Die OH-Gruppen der Monosaccharide können verestert sein und bilden dann v. a. **Phosphorsäureester**. Innerhalb der Zellen liegen die Monosaccharide fast ausschließlich in der phosphorylierten Form vor. **Glukose-6-phosphat** nimmt dabei eine besondere Stellung ein, da es den Ausgangspunkt nahezu aller glukosenutzenden Stoffwechselwege darstellt (➤ 19.5).
Die Aldehydgruppe der Aldosen kann auch unspezifisch mit NH_2-Gruppen anderer Moleküle wie Hämoglobin reagieren. Eine solche spontane, nicht enzymkatalysierte Verknüpfung mit einem Monosaccharid wird **Glykierung** genannt. Das dabei gebildete glykierte Hämoglobin, **HbA_{1c}**, ist ein wichtiger Parameter zur Verlaufsüberwachung von Patienten mit Diabetes mellitus (➤ 24.5.2).

19.2 STRUKTURELLE VIELFALT DER KOHLENHYDRATE

ABB. 19.5

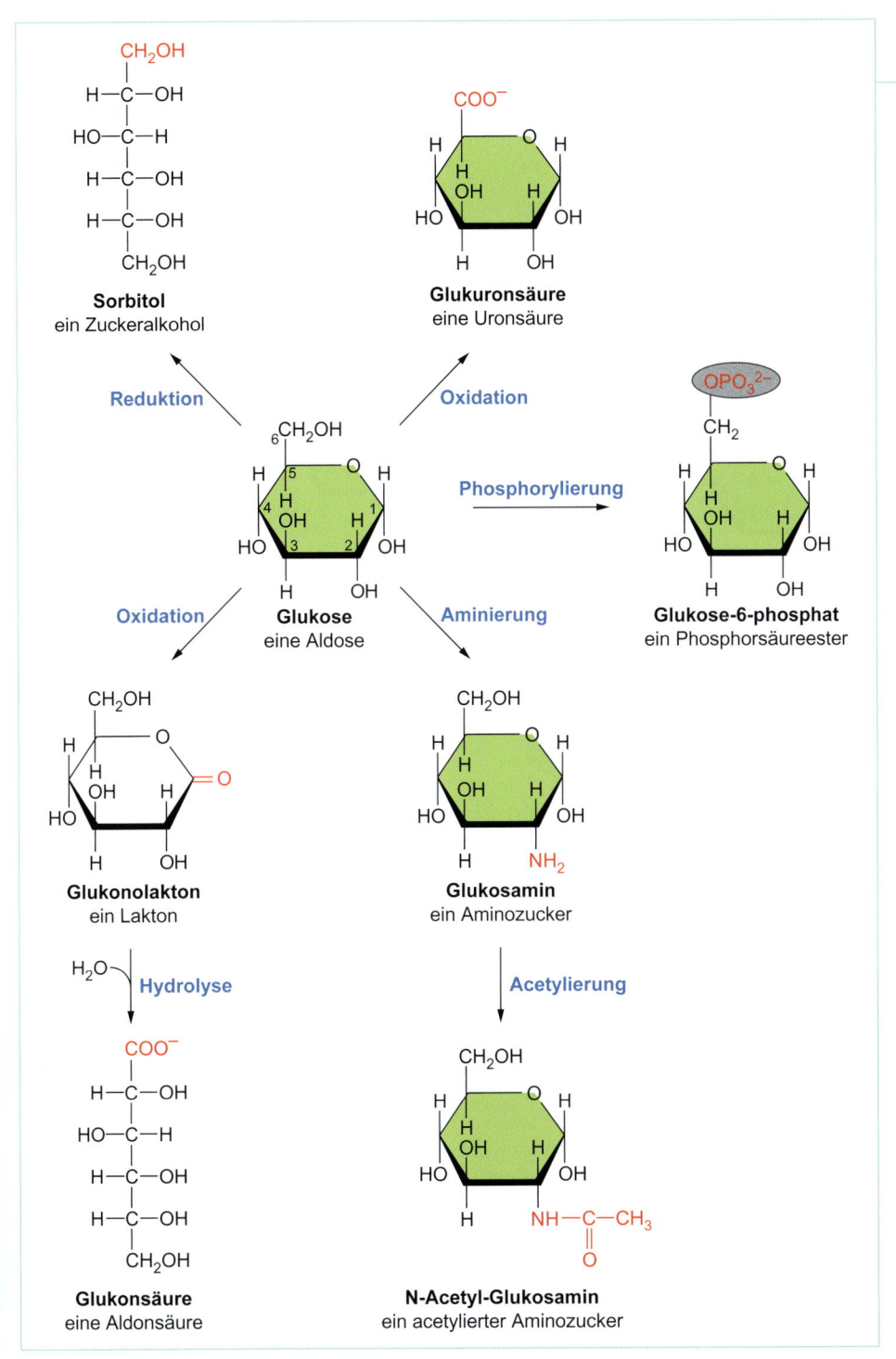

Abb. 19.5 Reaktionen der Glukose [L138]

Glykosidische Bindungen

Die bei der Ringbildung am anomeren C-Atom entstehende halbacetalische OH-Gruppe kann mit einer weiteren OH- oder NH$_2$-Gruppe verschiedenster Verbindungen zum **(Voll-)Acetal** kondensieren. Bildet ein anomeres C-Atom ein Vollacetal, so ist das beteiligte Monosaccharid in der Ringform fixiert und kann nicht mehr spontan in die offenkettige Form wechseln. Bildet ein Zucker ein Acetal mit einem weiteren Zucker oder einem anderen Molekül, entsteht ein **Glykosid**. Je nachdem, ob die Bindung zu einer O- oder N-haltigen Gruppe erfolgt, wird sie als **O-glykosidisch** oder **N-glykosidisch** bezeichnet. Stammt die OH-Gruppe von einem anderen Monosaccharid, so entstehen Disaccharide (➤ Abb. 19.6), Oligosaccharide und Polysaccharide. In den Bausteinen der RNA, den Ribonukleosidtriphosphaten ATP, GTP, CTP und UTP, bildet die OH-Gruppe des C1-Atoms der Ribose eine N-glykosidische Bindung mit einem der N-Atome der beteiligten Base aus.

Da die an der glykosidischen Bindung beteiligte OH-Gruppe sowohl in der α- als auch in der β-Stellung vorliegen kann, wird diese Anomerie analog auf die α- und β-Isomere der entstehenden Glykoside übertragen. Dieses scheinbar kleine chemische Detail ist der Grund, warum wir im Gegensatz zu Kühen kein Gras als Nährstoffquelle verwenden können (➤ 19.2.1).

Aus Studentensicht

Glykosidische Bindungen

Durch Kondensation können die halbacetalischen OH-Gruppen zu **(Voll-)Acetalen** reagieren. Ist das anomere C-Atom Teil eines Acetals, wird die Ringform des beteiligten Zuckers fixiert. Bildet ein Zucker ein Acetal mit einem weiteren Zucker oder einem anderen Molekül, entsteht ein **Glykosid**.
O-glykosidische Bindungen entstehen durch Reaktion des Zuckers mit einer O-haltigen Gruppe, **N-glykosidische Bindungen** mit einer N-haltigen Gruppe.
Auch Glykoside können als α- oder β-Anomere vorliegen.

Aus Studentensicht

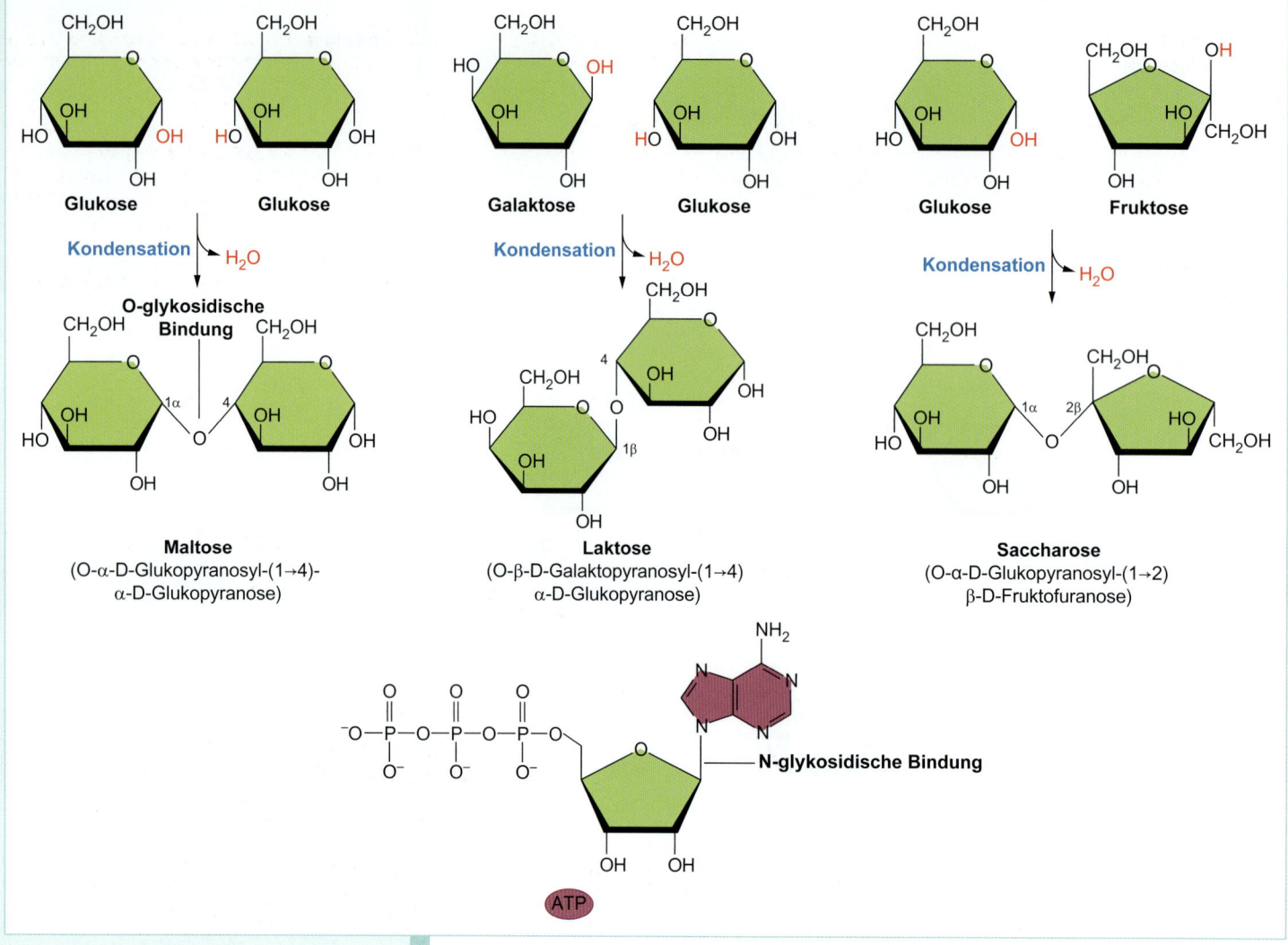

19 KOHLENHYDRATE: SCHNELLE ENERGIE UND MEHR

Abb. 19.6 Glykosidische Bindungen in Disacchariden und im ATP [L138]

19.2.3 Disaccharide und Oligosaccharide

Disaccharide

Disaccharide entstehen aus zwei O-glykosidisch verknüpften Monosacchariden. Die häufigsten Disaccharide sind **Saccharose, Maltose** und **Laktose.**
Durch die glykosidische Bindung ist die Ringform des einen Zuckers fixiert und seine Carbonylgruppe kann in der **Fehling-Reaktion** nicht reduzierend wirken.
Der zweite Zucker kann hingegen ein **freies anomeres C-Atom** besitzen und damit eine **reduzierende Wirkung** zeigen.

19.2.3 Disaccharide und Oligosaccharide

Disaccharide

Ein **Disaccharid** besteht aus zwei O-glykosidisch miteinander verbundenen Monosacchariden. Die häufigsten Disaccharide sind **Saccharose, Maltose** und **Laktose** (> Abb. 19.6). Saccharose (Rohr-, Rübenzucker) ist der gewöhnliche Haushaltszucker, der nach der systematischen Nomenklatur als O-α-D-Glukopyranosyl-(1→2)-β-D-Fruktofuranose bezeichnet wird. Daraus lässt sich ableiten, dass die Saccharose aus einer Glukose in Pyranose-Form (6-Ring-Form) und einer Fruktose in Furanose-Form (5-Ring-Form) besteht, wobei die C1-OH-Gruppe der Glukose in α-Stellung eine O-glykosidische Bindung mit der in β-Stellung vorliegenden C2-OH-Gruppe der Fruktose eingeht. Da an der Bildung des **Vollacetals** sowohl die OH-Gruppe des Halbacetals der Glukose als auch die der Fruktose beteiligt sind, kann das Saccharose-Molekül nicht mehr in die offenkettige Form wechseln, zeigt damit keine Mutarotation und wirkt bei der **Fehling-Reaktion,** bei der die Reduktion von Cu^{2+}-Ionen in basischem Milieu zu Cu_2O gemessen wird, nicht reduzierend.
Bei **Maltose** (Malzzucker, O-α-D-Glukopyranosyl-(1 → 4)-α-D-Glukopyranose) und **Laktose** (Milchzucker, O-β-D-Galaktopyranosyl-(1 → 4)-α-D-Glukopyranose) ist das halbacetalische C-Atom des zweiten Monosaccharids hingegen nicht an der Acetal-Bildung beteiligt und die Zucker besitzen ein **freies anomeres C-Atom,** das weiterhin zwischen der α- und β-Form wechseln kann und eine **reduzierende Wirkung** zeigt. Saccharose kann daher mittels Fehling-Reaktion von diesen Zuckern unterschieden werden.

Oligosaccharide

3 bis maximal 20 verknüpfte Monosaccharide nennt man **Oligosaccharide.**
Sie kommen meist in gebundener Form in **Glykoproteinen** oder **Gangliosiden** vor, sind aber in freier Form auch Bestandteil von **Muttermilch.**

Oligosaccharide

Oligosaccharide sind Verbindungen, die aus 3 bis maximal 20 glykosidisch verknüpften Monosaccharid-Einheiten bestehen. Sie sind i. d. R. linear miteinander verknüpft und kommen in freier Form im menschlichen Organismus nur in geringer Konzentration vor. Eine Ausnahme hierbei bildet die **Muttermilch,** deren Kohlenhydrate zu etwa 90 % aus Laktose und etwa 10 % aus Oligosacchariden bestehen. In gebundener Form haben Oligosaccharide z. B. als Bestandteile der **Glykoproteine** (> 6.4.2) und der **Ganglioside** (> 20.3.1) eine wichtige Bedeutung. Niedermolekulare Heparine, die als blutgerinnungshemmende Medikamente wirken, sind ebenfalls Oligosaccharide.

19.2 STRUKTURELLE VIELFALT DER KOHLENHYDRATE

19.2.4 Polysaccharide

Polysaccharide sind kettenförmige, oft verzweigte Moleküle, die aus bis zu Tausenden miteinander verknüpften Monosaccharideinheiten bestehen. Entsteht bei der Hydrolyse von Polysacchariden nur eine Sorte Monosaccharid, liegt ein Homoglykan vor, sonst ein Heteroglykan. Die bedeutendsten **Homoglykane** sind die Kohlenhydratspeicher **Stärke** und **Glykogen** sowie die pflanzliche Stützsubstanz **Cellulose**. Zucker werden in Form von Polysacchariden gespeichert, da hohe Monosaccharid- bzw. Glukosekonzentrationen das osmotische Gleichgewicht der Zellen stören. Weiterhin sind die **Heteroglykane Chitin** als Exoskelett wirbelloser Tiere und das **Murein** in bakteriellen Zellwänden mengenmäßig von Bedeutung.

Stärke und Glykogen

Stärke ist der **Kohlenhydratspeicher der Pflanzen** und somit Hauptbestandteil von z. B. Kartoffeln, Getreide und Reis. Sie besteht zu 20 % aus Amylose (➤ Abb. 19.7) und zu 80 % aus Amylopektin, die beide aus D-Glucose-Einheiten aufgebaut sind. **Amylose** ist ein aus bis zu mehreren Tausend Glukosemolekülen bestehendes **unverzweigtes** Molekül, in dem die Glukose-Einheiten alle **α-1,4-glykosidisch** verbunden sind, wodurch sich ein lineares, schraubenförmig gewundenes Molekül ergibt. **Amylopektin** ist an

---

Aus Studentensicht

19.2.4 Polysaccharide

Polysaccharide sind kettenförmige, teilweise verzweigte Moleküle aus bis zu Tausenden Monosaccharideinheiten. **Homoglykane** wie **Stärke**, **Glykogen** oder pflanzliche **Cellulose** enthalten nur eine Sorte Monosaccharid, **Heteroglykane** wie **Chitin** oder **Murein** enthalten verschiedene Monosaccharide.

Stärke und Glykogen

Stärke, der **Glukosespeicher der Pflanzen**, besteht zu 20 % aus **Amylose**, einem **unverzweigten**, aus α-1,4-glykosidisch verbundenen Glukosemolekülen aufgebauten Molekül, und zu 80 % aus **Amylopektin**, das zusätzlich an jeder 25. Stelle der linearen Kette über **α-1,6-glykosidische** Bindungen **verzweigt** ist.

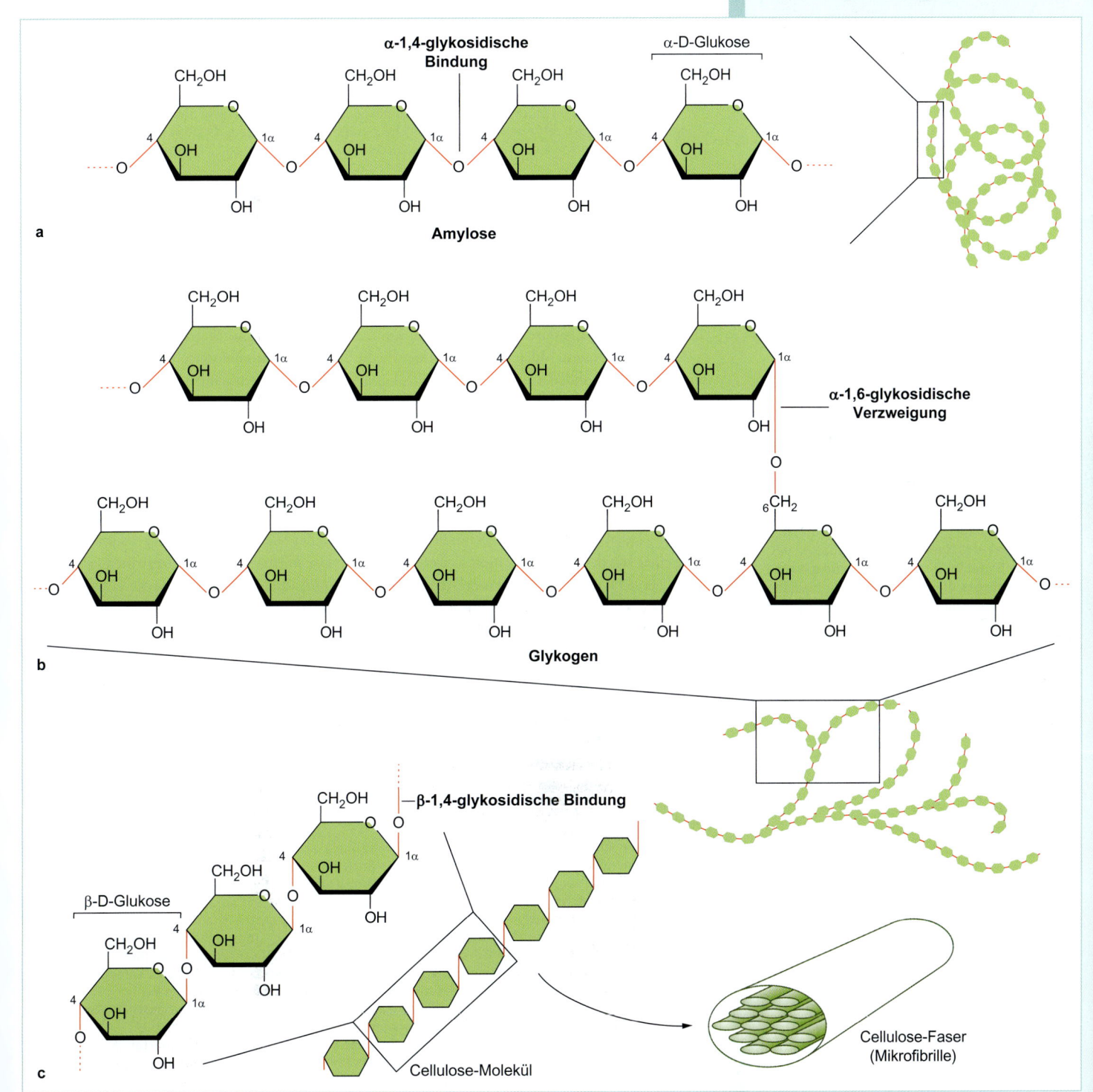

Abb. 19.7 Polysaccharide Amylose (**a**), Glykogen (**b**) und Cellulose (**c**) [L138]

Aus Studentensicht

Der Glukosespeicher des Menschen ist **Glykogen,** das auch aus α-1,4- und α-1,6-glykosidisch verbunden Glukosemolekülen aufgebaut ist, jedoch an jeder 6.–10. Stelle eine Verzweigung aufweist.

Cellulose

In **Cellulose** ist Glukose **β-1,4-glykosidisch** verbunden. Die faserartige Struktur dient **Pflanzen** als **Stützsubstanz.**

KLINIK

19.3 Aufnahme von Kohlenhydraten aus der Nahrung

19.3.1 Verdauung der Kohlenhydrate im Magen-Darm-Trakt

Die mit der **Nahrung** aufgenommenen Kohlenhydrate machen einen wichtigen Teil der täglichen Energiezufuhr aus. Den größten Anteil haben Amylose und Amylopektin der Stärke.

Kohlenhydrate können nur in Form von Monosacchariden absorbiert werden.
Die **Hydrolyse** beginnt bereits im **Mund** durch die **α-Amylase** des **Speichels.** Der Hauptteil der Verdauung findet im Darm statt, wo die **α-Amylase** des **Pankreas** die Nahrungszucker bis zum Ende des Duodenums zu Mono-, Di- und kurzen Oligosacchariden abbaut.

KLINIK

---

19 KOHLENHYDRATE: SCHNELLE ENERGIE UND MEHR

durchschnittlich jeder 25. Stelle der α-1,4-glykosidisch verbundenen Ketten über eine **α-1,6-glykosidische Bindung verzweigt.**

Der Kohlenhydratspeicher des Menschen und anderer Tiere ist **Glykogen.** Es ist ähnlich wie das Amylopektin aus α-1,4- und α-1,6-glykosidisch verknüpften Glukose-Einheiten aufgebaut, jedoch noch stärker verzweigt. So findet sich an jeder 6.–10. Stelle jeweils ein Verzweigungspunkt.

Cellulose

Cellulose ist die auf der Erde am weitesten verbreitete organische Substanz. Sie ist ein aus Glukose bestehendes Homoglykan, in dem die Glukose-Einheiten untereinander **β-1,4-glykosidisch** verbunden sind. Dadurch entstehen lineare, fadenförmige Moleküle, die sich durch Wasserstoffbrücken stabilisiert zu einer Faser zusammenlagern können. Cellulose dient als **pflanzliche Stützsubstanz,** die wesentlich zur Stabilität z. B. von Baumwollkleidung beiträgt.

KLINIK

Ballaststoffe

Unverdauliche Nahrungsbestandteile werden als Ballaststoffe bezeichnet. Ein Großteil von ihnen besteht aus Polysacchariden wie Cellulose, die überwiegend in pflanzlichen Lebensmitteln vorkommen. Cellulose kann weder von Menschen noch von den meisten anderen Tieren verdaut werden, da ihnen ein Enzym zur Spaltung der β-1,4-glykosidischen Bindungen zwischen den Glukose-Einheiten fehlt. α-1,4-glykosidische Bindungen oder die β-1,4-glykosidische Bindung zwischen Galaktose und Glukose im Milchzucker können hingegen durch menschliche Enzyme gespalten werden. Ballaststoffe füllen Magen und Darm und lösen ein Völlegefühl aus. Zudem scheinen sie protektive Effekte zu haben, die noch nicht abschließend verstanden sind. Tiere wie Kühe oder Termiten können die Energie der Cellulose nutzen, da sie in ihrem Verdauungssystem Mikroorganismen besitzen, welche die zur Spaltung der Cellulose benötigten Enzyme bilden.

19.3 Aufnahme von Kohlenhydraten aus der Nahrung

19.3.1 Verdauung der Kohlenhydrate im Magen-Darm-Trakt

Kohlenhydrate werden dem menschlichen Körper über die **Nahrung** als Monosaccharide wie Fruktose und Glukose beispielsweise in Früchten und Honig, Disaccharide wie Saccharose als Rohr- oder Rübenzucker oder Laktose in Milch, Polysaccharide wie die Stärke der Kartoffel sowie Bausteine von Nukleinsäuren und Nukleotiden wie die Ribose aus RNA zugeführt. Den überwiegenden Teil machen dabei Amylose und Amylopektin der Stärke aus. Die vom menschlichen Körper zum Aufbau seiner Strukturen benötigten Kohlenhydrate sind nicht essenziell, sondern können bei Bedarf vom Körper synthetisiert werden. Essenziell ist jedoch die ausreichende Zufuhr an Energie, die bei ausgewogener Ernährung zu einem erheblichen Teil durch Kohlenhydrate erfolgt.

Vor ihrer Absorption in die Blutbahn müssen die Kohlenhydrate der Nahrung in ihre Monosaccharideinheiten gespalten werden. Die **Hydrolyse** der glykosidischen Bindungen beginnt bereits in der **Mundhöhle.** Dort werden α-glykosidisch verknüpfte Monosaccharide der Stärke und des Glykogens unter der Wirkung einer von den **Speicheldrüsen** freigesetzten **α-Amylase** in ein Gemisch aus Dextrinen (= Oligosaccharide bestehend aus 4–10 Glukoseresten), Maltotriosen und Maltose gespalten. Da die Verweildauer in der Mundhöhle i. d. R. kurz ist, ist diese Vorverdauung quantitativ nur von geringer Bedeutung und dient v. a. der Freisetzung von Geschmacksstoffen und der Reinigung der Zähne. Die α-Amylase aus den Speicheldrüsen wird in der sauren Umgebung des Magens inaktiviert und das **Pankreas** schüttet erneut α-Amylase in das Duodenum aus. Dort erfolgt die weitere Spaltung der Nahrungskohlenhydrate in Maltose-Einheiten und kurze Verzweigungsbruchstücke, sodass am Ende des Duodenums nahezu nur noch Monosaccharide, Disaccharide und kurze Oligosaccharide sowie die für den Menschen nicht verdaubaren Kohlenhydrate wie Cellulose vorliegen.

KLINIK

Karies

In der Mundhöhle werden die Kohlenhydrate aus der Nahrung nicht nur von Enzymen aus dem Speichel verändert, sondern dienen auch einigen der dort lebenden Bakterien und Hefen als Nahrung. In tiefen Zahnfleischtaschen an der Zahnwurzel oder unter massivem Zahnbelag herrscht Sauerstoffmangel und fakultative Anaerobier wie *Streptococcus mutans* verstoffwechseln die angebotenen Kohlenhydrate zu Säuren wie Milchsäure. Der dadurch lokal sehr niedrige pH-Wert führt zur Demineralisation des Zahnschmelzes (Karies) (> 1.2.3). Prinzipiell sind alle Kohlenhydrate kariogen. Mono- oder Disaccharide können jedoch die Beläge rasch durchdringen und zu den anaeroben säureproduzierenden Bakterien gelangen. Der Speichel hat aber einen leicht basischen pH-Wert und ist übersättigt mit den für die Remineralisation des Zahnes entscheidenden Calcium-, Phosphat- und Hydroxyl-Ionen. Gründliches Zähneputzen zum Entfernen der Beläge und ausreichende Zeit zwischen den kohlenhydrathaltigen Mahlzeiten, um die Remineralisation durch den Speichel zu gewährleisten, reichen daher i. d. R. zur Kariesprophylaxe aus.

Nicht alle Bakterien im Mundraum sind jedoch schädlich. So wandeln nitratatmende Bakterien lokal in der Plaque harmloses Nitrat in für andere Bakterien giftiges Nitrit um (> 21.8), halten so die Säureproduzenten in Schach und wirken damit protektiv gegen Karies.

19.3 AUFNAHME VON KOHLENHYDRATEN AUS DER NAHRUNG

Die Di- und Oligosaccharide werden unter Einwirkung von vier verschiedenen **Glukosidasen** im **Bürstensaum** der Mukosazellen hydrolysiert. Je nach Spezifität spalten sie unterschiedliche Bindungen. Da die Glukosidasen neben den Oligosacchariden v. a. auch Disaccharide spalten, werden sie auch häufig als **Disaccharidasen** bezeichnet (➤ Abb. 19.8).

- **Sucrase-Isomaltase** (Saccharase-Isomaltase): Ein bifunktionelles Enzym (Tandem-Enzym), das auf ein und derselben Polypeptidkette zwei unterschiedliche Enzymaktivitäten trägt, eine Isomaltase-Aktivität, die α-1,6- und α-1,4-glykosidische Bindungen in den Dextrinen Isomaltose und Maltose spaltet, und eine Saccharase-Aktivität, die Saccharose hydrolysiert.
- **Maltase-Glukoamylase** (α-Glukosidase): Spaltet bevorzugt die α-1,4-glykosidischen Bindungen in Maltose und vom nicht-reduzierenden Ende her in Amylopektin-Bruchstücken.
- **Laktase:** Spaltet Laktose.
- **Trehalase:** Spaltet die α-1 → α-1-glykosidische Bindung in Trehalose.

Säugetiere verlieren meist nach dem Abstillen die Fähigkeit, das Enzym **Laktase** zu produzieren, und werden laktoseintolerant (➤ 1.1.1).

Ribose und Desoxyribose werden bei der Verdauung von Nukleinsäuren und Nukleotiden frei. Sie werden entweder in Form von Nukleosiden oder nach weiterer Spaltung durch Nukleosidasen als freie Monosaccharide absorbiert (➤ 21.7.2).

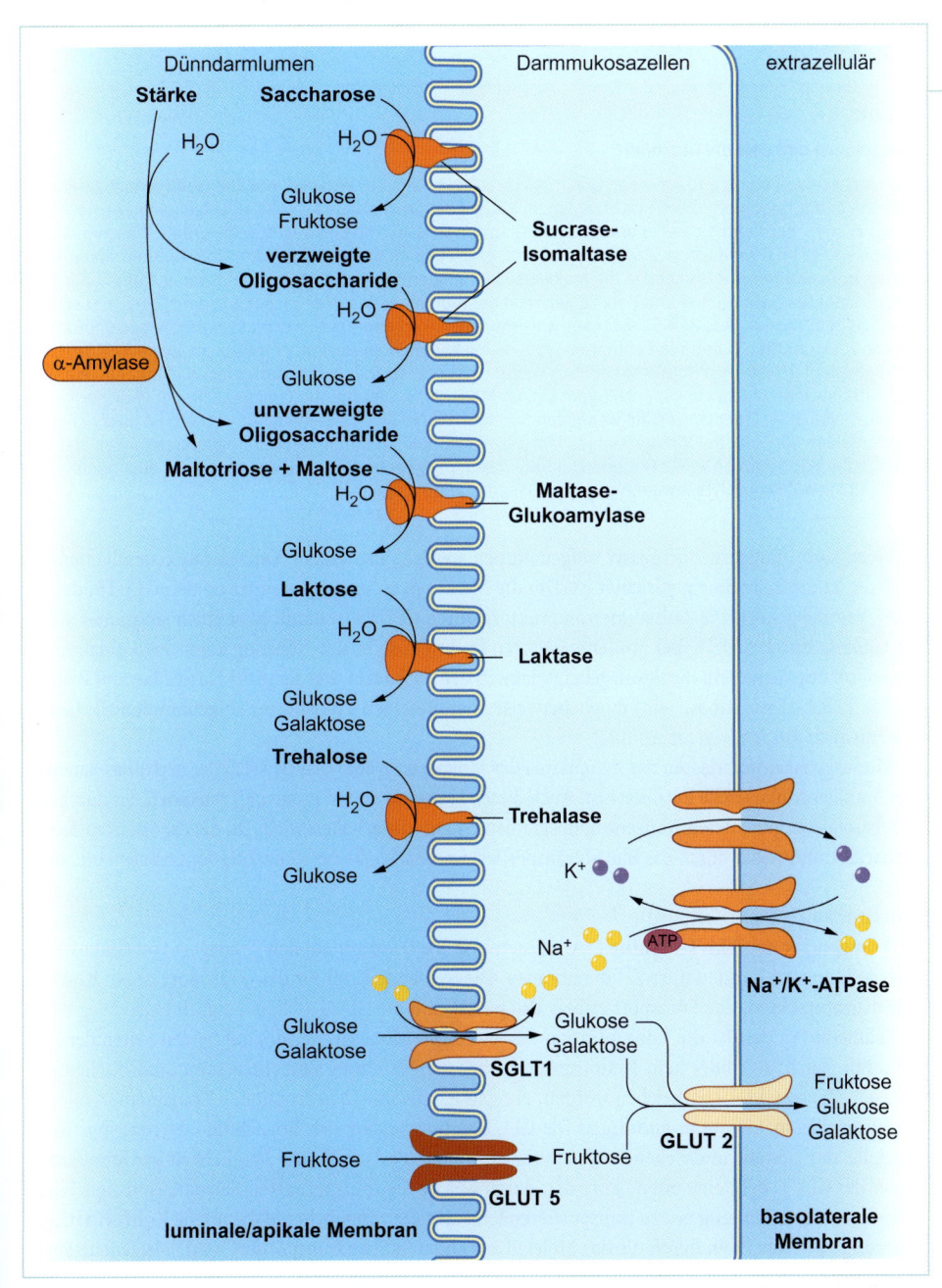

Abb. 19.8 Verdauung von Kohlenhydraten und Absorption von Monosacchariden aus dem Darmlumen in das Blut [L138]

Aus Studentensicht

Die verschiedenen **Glukosidasen** im **Bürstensaum** der Darmmukosazellen spalten die Di- und Oligosaccharide in Monosaccharide.
Fehlt die **Laktase,** eine der Glukosidasen, kommt es zur Laktoseintoleranz.
Ribose und Desoxyribose werden als Nukleoside oder nach deren Spaltung als Monosaccharide absorbiert.

ABB. 19.8

Aus Studentensicht

19.3.2 Absorption der Kohlenhydrate aus dem Magen-Darm-Trakt

Die polaren Monosaccharide benötigen **Transportsysteme,** um über die Darmmukosa absorbiert werden zu können.
Luminal werden **Aldohexosen** wie **Glukose** über **SGLT1** im Cotransport mit Na$^+$-Ionen transportiert. Der **sekundär aktive Transport** beruht auf dem Na$^+$-Ionen-Gradienten, der durch die basolaterale Na$^+$/K$^+$-ATPase aufgebaut wird.

KLINIK

Fruktose wird **passiv** über den zur GLUT-Familie gehörenden **GLUT5** aufgenommen. Ist GLUT5 durch eine hohe Fruktosekonzentration gesättigt, verbleibt Fruktose im Darm und es kommt zu Durchfällen und Blähungen.
Ebenfalls zu dieser Familie gehört **GLUT2**, über den alle Monosaccharide **basolateral** die Mukosazellen verlassen. Auch dieser Transport ist ein **passiver Transport.**
Da die Monosaccharide unmittelbar im Blut abtransportiert werden, bleibt der Konzentrationsgradient weiter bestehen.

Transporter der GLUT-Familie

Die treibende Kraft für die **Transporter** der **GLUT-Familie** ist der **Konzentrationsgradient.** Der Transport erfolgt **passiv.** Durch Bindung des Zuckers kommt es zu einer **Konformationsänderung** des Transporters und der Zucker wird auf die andere Seite der Zellmembran transportiert. Prinzipiell funktioniert der Transport in **beide Richtungen,** jedoch ausschließlich für **freie Monosaccharide,** nicht für die phosphorylierte Form.

---

19 KOHLENHYDRATE: SCHNELLE ENERGIE UND MEHR

19.3.2 Absorption der Kohlenhydrate aus dem Magen-Darm-Trakt

Die nach der Hydrolyse im Darmlumen freigesetzten Monosaccharide werden in die Mukosazellen aufgenommen und in den Blutkreislauf abgegeben. Die polaren und hydrophilen Monosaccharide können die Zellmembranen jedoch nicht selbstständig durchqueren, sondern benötigen spezielle **Transportsysteme.** Die für die Aufnahme in die Mukosazelle nötigen Transportsysteme befinden sich in unmittelbarer Nachbarschaft zu den im Bürstensaum lokalisierten Glukosidasen. **Glukose** und andere **Aldohexosen** wie die Galaktose werden mithilfe des **luminal** lokalisierten SGLT1 (Sodium-Dependent Glucose Transporter, **natriumabhängiger Glukosetransporter**) in die Mukosazelle transportiert (➤ Abb. 19.8). SGLT1 transportiert dabei im Symport jeweils ein Monosaccharid und zwei Na$^+$-Ionen aus dem Darmlumen in das Zytoplasma der Mukosazelle. Die Na$^+$-Ionen stammen aus der Nahrung oder den Verdauungssekreten und sind die treibende Kraft für diesen **sekundär aktiven Transport,** der die Energie des durch die Na$^+$/K$^+$-ATPase geschaffenen Natriumgradienten nutzt (➤ 2.5.4). Die mit der Glukose in das Zytoplasma transportierten Na$^+$-Ionen werden durch basolateral lokalisierte Na$^+$/K$^+$-ATPasen wieder aus der Zelle hinausgepumpt. So kann Glukose selbst dann noch aus dem Darmlumen absorbiert werden, wenn die Konzentration der Monosaccharide im Darmlumen geringer als die Konzentration im Zytoplasma der Mukosazelle ist.

Glukose kann also gegen einen Konzentrationsgradienten in die Mukosazelle transportiert werden und ist nicht abhängig von einem ebenso schnellen basolateralen Ausstrom der Glukose aus den Zellen in das Pfortaderblut. Dies ist wichtig für eine schnelle und vollständige Aufnahme von Glukose, dem Hauptnahrungskohlenhydrat.

> **KLINIK**
>
> **Salzstangen und Cola bei Durchfall?**
>
> Bei einer schweren und andauernden Durchfallerkrankung kann der **Wasser- und Elektrolytverlust** gefährlich und damit therapiebedürftig werden. Ist der Patient ansprechbar und behält er aufgenommene Nahrung bei sich, empfiehlt sich eine orale Substitution von Wasser und Elektrolyten. Die größte Wasseraufnahme erfolgt im Dünndarm (v. a. Jejunum) passiv, gekoppelt an die Natriumabsorption. Natrium wiederum wird u. a. zusammen mit Glukose in die Mukosazelle transportiert. Aus diesem Grund war es früher üblich, dem Erkrankten Salzstangen und Cola zu geben in der Annahme, dass der Zucker aus dem Getränk zusammen mit dem Natrium aus den Salzstangen aufgenommen wird und dabei viel Wasser passiv nachfließt. Typische zuckerhaltige Limonaden enthalten jedoch eine hyperosmolare Konzentration an Zucker (> 110 g/l, > 780 mosmolar), die dem Körper sogar noch weiter Wasser entziehen kann. Außerdem entsteht ein relativer Natrium-Überschuss bei gleichzeitigem Kalium-Mangel. 1 : 2 verdünnter Orangensaft, der in dieser Verdünnung von allen Fruchtsäften am wenigsten Saccharose und am meisten Kalium enthält, ist daher eher zu empfehlen als Cola. Bei Kindern unter 5 Jahren bzw. starken andauernden Durchfallerkrankungen sollte die von der WHO empfohlene definierte Elektrolytmischung gegeben werden, da v. a. Kinder besonders empfindlich auf Elektrolytschwankungen und Dehydratation reagieren.

Fruktose kann hingegen nur **passiv** aufgenommen werden, also einem Konzentrationsgradienten folgend, der in die Zelle hinein gerichtet ist. Um die Membran zu passieren, nutzt sie den **GLUT5,** der zur GLUT-Familie gehört. Die Aufnahme von Fruktose durch GLUT5 ist damit wesentlich langsamer als die von Glukose durch SGLT1. Bei größeren Mengen an Fruktose in der Nahrung kann die Aufnahme im Dünndarm überlastet sein. Fruktose gelangt dann in den Dickdarm und sorgt für Durchfälle und Blähungen (➤ 19.3.4). Freie Ribose wird möglicherweise über dieselben Transporter aufgenommen wie Glukose, wenn auch mit niedrigerer Affinität.

Die **Monosaccharide** verlassen das Zytoplasma der Mukosazelle über den **GLUT2**, der in der basolateralen Membran der Mukosazelle lokalisiert ist. Auch dieser Transport ist ein **passiver Transport,** der durch den nach basolateral gerichteten Konzentrationsgradienten aufrechterhalten wird. Da die exportierten Monosaccharide unmittelbar durch das Blut abtransportiert werden, bleibt der Konzentrationsgradient erhalten.

Transporter der GLUT-Familie

Die **Transporter** der **GLUT-Familie** (= Glukosetransporter) vermitteln den Transport von Glukose und anderen Monosacchariden über Zellmembranen. Die treibende Kraft für den Transport ist ein **Konzentrationsunterschied,** der Transport erfolgt also **passiv** und die GLUT stellen lediglich einen Weg durch die Zellmembran dar. Ist die Konzentration des jeweiligen Monosaccharides auf beiden Seiten der Zellmembran gleich, so findet kein Nettotransport über die Membran statt. Insgesamt sind bis heute 14 unterschiedliche GLUT beschrieben worden, die sich jeweils mit 12 hydrophoben Transmembrandomänen in der Plasmamembran anordnen. Die GLUT unterscheiden sich hinsichtlich der transportierten Moleküle, der Gewebe und Zellen, in denen sie exprimiert sind, sowie der Möglichkeit der Stimulation. Keiner der GLUT stellt eine offene Pore dar, durch welche die transportierten Substanzen lediglich hindurchfließen. Die Bindung der zu transportierenden Substanz verursacht vielmehr eine **Konformationsänderung** (➤ Abb. 19.9), durch die das Molekül zur anderen Seite transportiert wird. Die genaue Funktionsweise ist jedoch noch nicht bekannt. GLUT können abhängig von der Orientierung des Konzentrationsgradienten ihre Substrate prinzipiell in **beide Richtungen** transportieren. Alle GLUT transportieren lediglich **freie Monosaccharide** wie Glukose, nicht jedoch die phosphorylierten Formen. Daher kann z. B. Glukose-6-phosphat die Zelle nicht verlassen.

GLUT1–GLUT5 sind die strukturell und funktionell am besten charakterisierten GLUT.

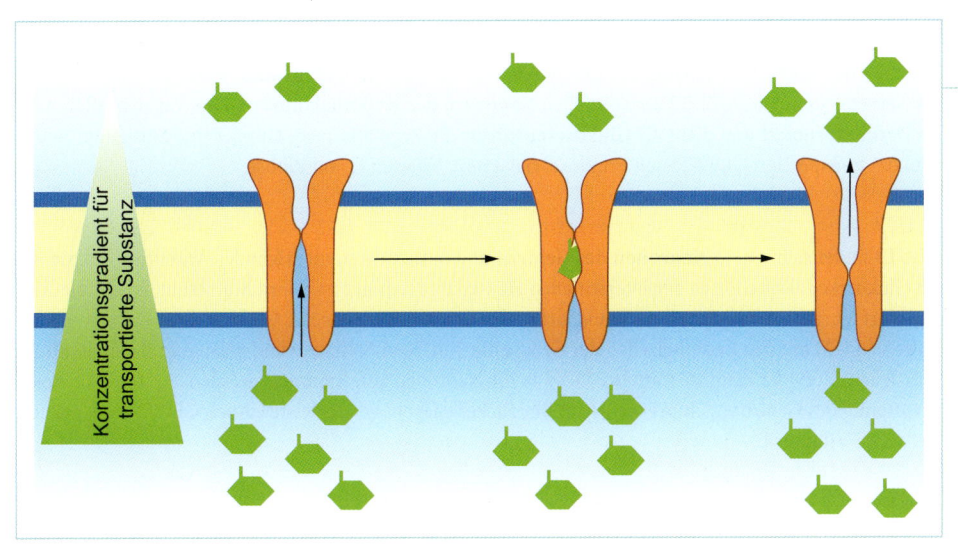

Abb. 19.9 Hypothetisches Modell für die Funktionsweise der Glukosetransporter [L138]

GLUT1

GLUT1 ist der am weitesten verbreitete Transporter und findet sich in fast allen **fetalen und adulten Säugerzellen** und auch in der **Plazenta**, wo er die Glukoseversorgung des Fetus gewährleistet. Er hat im Vergleich zu den anderen GLUT eine relativ hohe Affinität und besonders hohe Kapazität für Glukose und ermöglicht so auch bei niedrigen Blutzuckerspiegeln eine effiziente Glukoseaufnahme in die Zellen. Meist tritt GLUT1 in Kombination mit anderen Transportern auf. Er spielt eine besondere Rolle bei der Glukoseversorgung des zentralen Nervensystems und ist daher stark in den Kapillaren der **Blut-Hirn-Schranke** und in **Astrozyten** exprimiert. Auch ist er für die Aufnahme von Glukose in **Erythrozyten** und in die **β-Zellen** der Langerhans-Inseln des Pankreas zuständig. Dort beliefert er die **Glukokinase**, den **Glukosesensor**, der die vom Glukosespiegel abhängige **Insulinausschüttung** reguliert (> 9.7.1). Neben Glukose transportiert GLUT1 auch andere Hexosen und Pentosen sowie Vitamin C.

> **Geschwindigkeit des Glukosetransports**
> Die Aufnahme von Glukose in ein Gewebe durch Transporter der GLUT-Familie kann in der Theorie vereinfacht wie eine chemische Reaktion mithilfe der Michaelis-Menten-Kinetik beschrieben werden (> 3.4.2). Der K_M-Wert ist dabei diejenige Glukosekonzentration, bei der die Hälfte der aktiven Zentren der vorhandenen Transporter besetzt ist und der Transport daher mit halbmaximaler Geschwindigkeit abläuft. In der Praxis fehlen jedoch bisher verlässliche Labormethoden, um den Glukosestrom durch GLUT direkt zu messen. Vor allem für GLUT1 schwanken die Angaben für den K_M-Wert stark.
> Für den zellulären Glukoseimport ist entscheidend, wie der K_M-Wert des jeweiligen Glukosetransporters relativ zum Blutzuckerspiegel liegt:
> - Die Geschwindigkeit des Glukoseimports ist unabhängig vom Blutzuckerspiegel, wenn $K_{M\,Glukose}$ (Transporter) ≪ [Blutzucker], da $v = v_{max}$
>   Beispiele: GLUT1 (ubiquitär) und GLUT3 (Nervenzellen)
> - Die Geschwindigkeit des Glukoseimports ist direkt proportional zur Blutglukosekonzentration, wenn $K_{M\,Glukose}$ (Transporter) > [Blutzucker]
>   Beispiel: GLUT2 (Leber)
> Da die Geschwindigkeit des Transports (v) direkt proportional zur Transporterkonzentration ist, kann die Aufnahmekapazität von Glukose in ein Gewebe reguliert werden, indem die Anzahl der Glukosetransporter in der Membran verändert wird. Ein Beispiel hierfür ist die insulinabhängige Translokation von GLUT4 in die Zellmembran von Fett- und quer gestreiften Muskelzellen.

GLUT2

GLUT2 wird auf der basolateralen Seite der Darmschleimhaut, in den Nieren sowie auf Hepatozyten und speziellen Neuronen exprimiert. In der **Niere** und der **Darmschleimhaut** gewährleistet er sehr hohe transepitheliale Glukosetransportflüsse. Bei hohen Glukosekonzentrationen wird der Transporter auch in die apikale Darmschleimhaut eingebaut und erhöht dadurch die Glukose- und Fruktoseaufnahme zusätzlich zum Glukosetransport durch SGLT1.

In der **Leber** dient GLUT2 zusammen mit dem Enzym Glukokinase zur Regulation der Glukosehomöostase nach Aufnahme von kohlenhydratreicher Nahrung. Da der K_M-Wert des GLUT2 mit ca. 20 mmol/l auffallend hoch ist, geschieht die Glukoseaufnahme durch ihn nur bei sehr hohen extrazellulären Konzentrationen, wie sie in der Pfortader nach einer Mahlzeit auftreten. Die im Zytoplasma lokalisierte Glukokinase besitzt ebenfalls einen relativ hohen K_M-Wert von 5–8 mmol/l, der in etwa im Bereich der physiologischen Blutzuckerkonzentration liegt. Zusammen gewährleisten GLUT2 und Glukokinase, dass die Leber Glukose nur oberhalb der physiologischen Glukoseplasmakonzentration aus dem Blut aufnimmt. Die bei der Glukoneogenese und Glykogenolyse innerhalb des endoplasmatischen Retikulums aus Glukose-6-phosphat gebildete Glukose wird, ohne dass die Konzentration freier Glukose im Zytoplasma erhöht

---

Aus Studentensicht

ABB. 19.9

GLUT1 kommt **ubiquitär** auf fast allen Säugerzellen vor und hat eine relativ hohe Affinität für Glukose. Er spielt eine besondere Rolle für die Glukosedurchlässigkeit der **Blut-Hirn-Schranke**, der **Astrozyten, Erythrozyten** und **β-Zellen** des Pankreas. Im Pankreas beliefert GLUT1 die **Glukokinase**, die als **Glukosesensor** die **Insulinausschüttung** abhängig vom Blutglukosespiegel reguliert.

GLUT2 wird auf der basolateralen Seite der **Darmschleimhaut** und der **Niere** sowie auf **Hepatozyten** und speziellen **Neuronen** exprimiert. Seine Affinität zu Glukose ist sehr niedrig. Die **Leber** nimmt daher nur bei hohen Blutzuckerspiegeln Glukose aus dem Blut auf.
Auf speziellen Neuronen des Hypothalamus und auf vagalen Afferenzen im Darm wirkt GLUT2 als **Glukosesensor**.

Aus Studentensicht

wird, vermutlich mithilfe eines vesikulären Transports aus der Zelle exportiert. GLUT2 ist damit **nicht direkt an der Aufrechterhaltung** des **Blutglukosespiegels im Hungerzustand** beteiligt.

Im Nervensystem wird GLUT2 auf speziellen **Neuronen des Hypothalamus** und auf vagalen Afferenzen im Darm exprimiert und dient als **Glukosesensor** für die Regulation von Hunger und Sättigung. Neben Glukose transportiert GLUT2 auch Fruktose, Galaktose, Vitamin C und Ribose.

GLUT3

GLUT3 kommt gehäuft auf **Neuronen im Gehirn** vor und besitzt eine hohe Affinität für Glukose. Dies ist wichtig, um die Neuronen auch bei niedrigem Blutzuckerspiegel mit Glukose versorgen zu können.

GLUT3 findet sich v. a. in **Neuronen des Gehirns** und besitzt einen niedrigen K_M-Wert für Glukose. Da die Glukosekonzentration in der interstitiellen Flüssigkeit niedriger ist als im Blutserum, ist der niedrige K_M-Wert Voraussetzung für einen Transport in die Zellen dieser Gewebe. Glukose überwindet zunächst mittels GLUT1 auf den Endothelzellen der Gefäße die Blut-Hirn-Schranke und gelangt in die interstitielle Flüssigkeit. Von hier kann sie mittels GLUT3 in die Neuronen aufgenommen werden. So ist die Glukoseversorgung des Gehirns auch bei niedrigen Blutzuckerspiegeln gewährleistet. Auch GLUT3 transportiert zusätzlich Vitamin C.

GLUT4

GLUT4 kommt hauptsächlich in **quergestreifter Muskulatur** und **Adipozyten** vor. Die Aufnahme von Glukose über GLUT4 ist **abhängig von Insulin**. Auf ein Insulinsignal hin wird GLUT4, der in zytoplasmatischen Vesikeln gespeichert ist, in die Plasmamembran eingebaut.

GLUT4 kommt hauptsächlich in **quergestreifter Muskulatur** wie Skelettmuskel und Herzmuskel sowie in **Fettzellen** (Adipozyten) vor. Er ist als einziger bekannter GLUT für die **insulinabhängige Glukoseaufnahme** in diese Zellen verantwortlich. GLUT4 findet sich sowohl in der Plasmamembran als auch in den Membranen zytoplasmatischer Vesikel (➤ Abb. 19.10). Bindet Insulin an seinen Oberflächenrezeptor auf der Muskel- oder Fettzelle, so wird über den für Insulin typischen Signaltransduktionsweg die Protein-Kinase B (PKB) aktiviert, die schließlich eine Fusion der GLUT4-reichen Vesikel mit der Plasmamembran hervorruft. Dadurch steigt die Anzahl der GLUT4 in der Plasmamembran, sodass die Zelle vermehrt Glukose aufnehmen kann. Umgekehrt wird bei niedrigen Insulinkonzentrationen der Clathrin-vermittelte endozytotische Weg eingeschlagen (➤ 6.3.5). Dabei schnüren sich GLUT4-reiche Vesikel von der Zellmembran intrazellulär ab und verschmelzen mit Endosomen. GLUT4 kann recycelt werden und wird erneut in Vesikelmembranen gespeichert.

ABB. 19.10

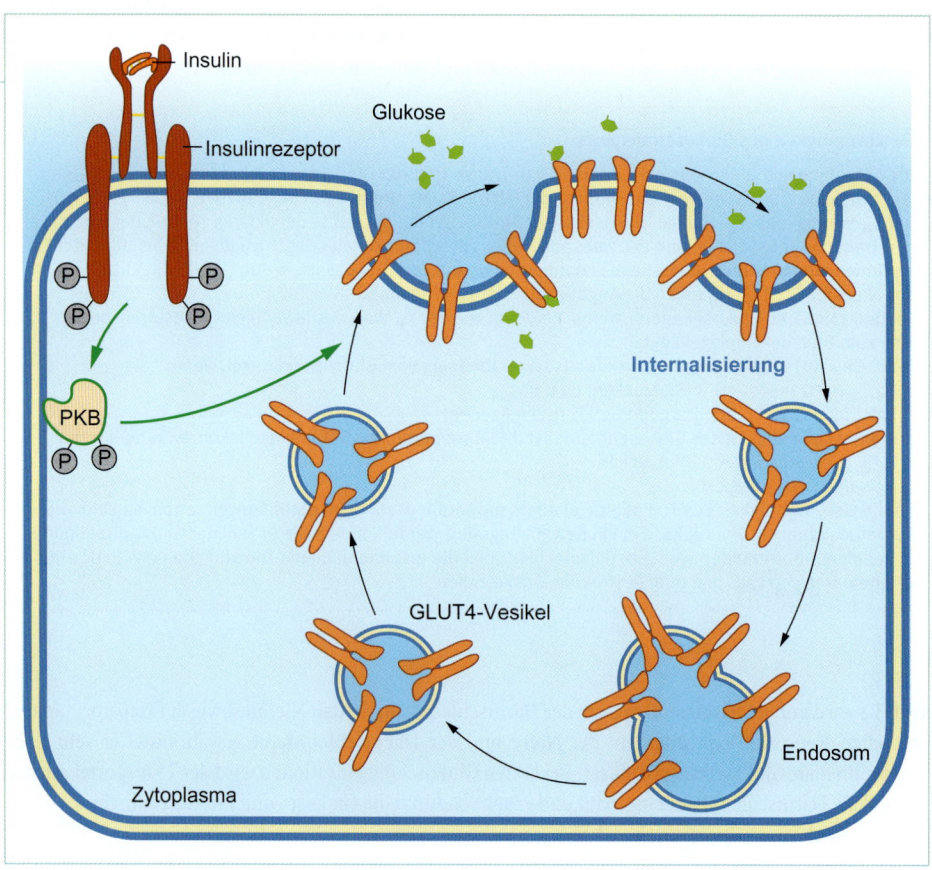

Abb. 19.10 Insulinwirkung auf GLUT4 [L138]

GLUT5

GLUT5 ist ein Fruktosetransporter der apikalen **Darmmukosa** und der **Spermatozyten**.

GLUT5 ist ein Fruktosetransporter und findet sich v. a. in der **apikalen Darmschleimhaut** für die Fruktoseaufnahme aus dem Darmlumen und in **Spermatozyten**, welche die Fruktose als Hauptenergiequelle verstoffwechseln.

19.4 Glykolyse: schnelle Energie aus Glukose

19.4.1 Prinzipien der Glykolyse

Bei der **Glykolyse** wird die aus sechs C-Atomen bestehende Glukose in 10 Einzelreaktionen zu zwei Pyruvatmolekülen mit je drei C-Atomen abgebaut. Dabei wird letztlich die in einer Redoxreaktion frei werdende Energie zur De-novo-Synthese von ATP aus ADP und anorganischem Phosphat genutzt. Die Glykolyse findet im **Zytoplasma** aller eukaryotischen Zellen sowie in den meisten Bakterien und Archaeen statt und ist somit eine der ältesten und wichtigsten Reaktionsabfolgen im Energiestoffwechsel. Neben Glukose können auch viele andere Zucker in die Glykolyse eingeschleust werden.
Die Glykolyse ist ein Stoffwechselweg, der ohne Sauerstoff, also **anaerob,** ablaufen kann. Die Energieausbeute ist mit zwei ATP pro Molekül Glukose unter diesen Bedingungen jedoch gering. Ist Sauerstoff vorhanden und besitzt die Zelle Mitochondrien, kann sie das Pyruvat und die bei der Glykolyse entstandenen Redoxäquivalente komplett zu CO_2 und Wasser oxidieren. Die ATP-Ausbeute pro Glukose ist dann um etwa den Faktor 15 höher.

19.4.2 Reaktionen der Glykolyse

Erste Phosphorylierung

Glukose strömt passiv über einen GLUT (➤ 19.3.2) in das Zytoplasma einer Zelle und wird dort unter Verbrauch von ATP durch die **Hexokinase** oder eine ihrer Isoformen in **Glukose-6-phosphat** umgewandelt (➤ Abb. 19.11). In der phosphorylierten Form kann Glukose die GLUT nicht mehr passieren und ist in der Zelle gefangen (= Glukosefalle). Dieser **erste irreversible Schritt** im Glukosestoffwechsel ist nicht spezifisch für die Glykolyse, sondern bereitet Glukose auch für den Einbau in Glykogen, die Umwandlung in andere Monosaccharide oder den Abbau im Pentosephosphatweg vor. Nur für den Eintritt in den Polyolweg (➤ 19.5.3) wird die Glukose nicht phosphoryliert.

Aus Studentensicht

19.4 Glykolyse: schnelle Energie aus Glukose

19.4.1 Prinzipien der Glykolyse

Bei der **Glykolyse** wird ein Molekül Glukose zu zwei Molekülen Pyruvat abgebaut. Die Glykolyse findet im **Zytoplasma** statt und kann **anaerob** zwei ATP liefern. Sind Sauerstoff und Mitochondrien vorhanden, kann Pyruvat vollständig zu CO_2 und H_2O oxidiert werden, wobei ca. 30 Moleküle ATP pro Glukosemolekül entstehen.

19.4.2 Reaktionen der Glykolyse

Erste Phosphorylierung

Die **Glukose,** die passiv in die Zelle einströmt, wird von der **Hexokinase** zu **Glukose-6-phosphat** phosphoryliert, das die Zelle nicht mehr verlassen kann. Die Hexokinase katalysiert einen **irreversiblen Schritt** und verbraucht ATP. Ein Isoenzym der Hexokinase, die **Glukokinase,** ist besonders stark in **Hepatozyten** und β-**Zellen des Pankreas** exprimiert. Sie hat eine niedrigere Affinität zu Glukose.

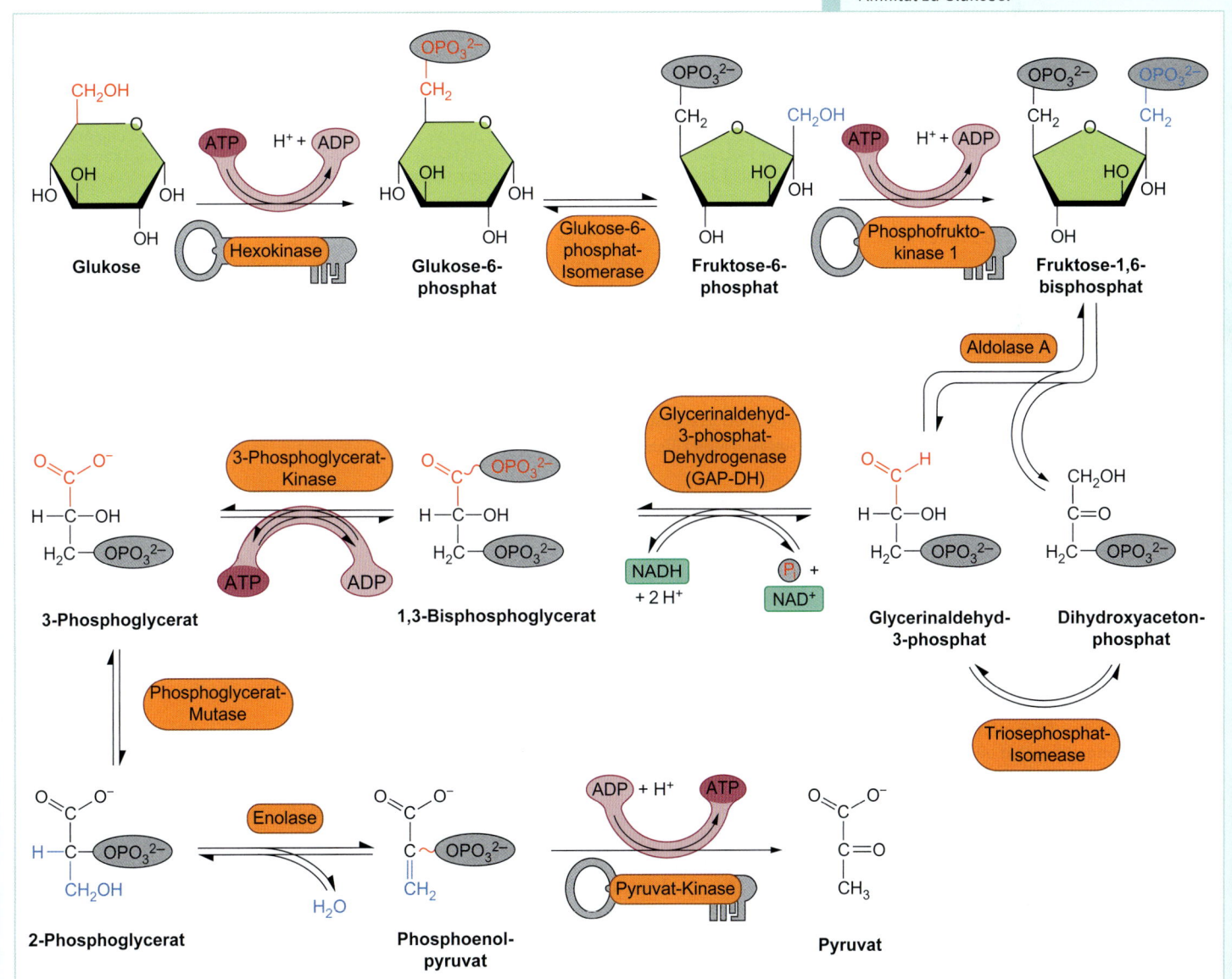

Abb. 19.11 Glykolyse [L138]

Aus Studentensicht

19 KOHLENHYDRATE: SCHNELLE ENERGIE UND MEHR

Im Menschen und in anderen Säugetieren werden vier verschiedene Isoformen der Hexokinase exprimiert, Hexokinase I, II, III und IV bzw. A, B, C und D. Alle vier Isoformen haben eine etwa 100-fach höhere Affinität zu Glukose als zu anderen Hexosen, die sie prinzipiell auch phosphorylieren können. Dabei unterscheidet sich die Hexokinase IV besonders stark von den anderen drei Isoformen. Während die Hexokinasen I–III eine sehr hohe Affinität zu Glukose haben (K_M-Wert von 0,1 mmol/l), bindet die Hexokinase IV Glukose nur relativ schlecht (K_M-Wert von ca. 5–10 mmol/l). Sie wird in **Hepatozyten** und den **β-Zellen des endokrinen Pankreas** exprimiert und wird, weil sie unter physiologischen Bedingungen praktisch nur Glukose und keine anderen Hexosen phosphoryliert, auch **Glukokinase** genannt. Die anderen Hexosen sind unter physiologischen Bedingungen für die Glukokinase zu niedrig konzentriert. Während Zellen, die eine Hexokinase der Isoformen I–III exprimieren, jedes einströmende Glukosemolekül unmittelbar phosphorylieren, kann Glukose durch die Glukokinase erst bei hohem Blutzuckerspiegel, der durch passiven Einstrom über GLUT1 bzw. GLUT2 zu einer entsprechenden Erhöhung der intrazellulären Glukosekonzentration führt, vermehrt phosphoryliert werden. Dadurch dient die Glukokinase den β-Zellen als **Glukosesensor,** der es ihnen ermöglicht, ihre Insulinsekretion an den Blutzuckerspiegel anzupassen.

> **Glukokinase und GLUT2 als Glukosesensoren**
>
> Ein Sensor ist ein Messfühler, der eine Messgröße in ein Signal umwandelt. Die **Blutglukose** wird sowohl von den β-Zellen des Pankreas als auch von einigen Neuronen gemessen.
> In menschlichen β-Zellen führt GLUT1 mit seiner hohen Kapazität und seinem niedrigem K_M-Wert zu einer raschen Äquilibrierung der Glukosekonzentrationen auf beiden Seiten der Plasmamembran. Als Glukosesensor dient den **β-Zellen** die **Glukokinase,** die im Bereich von 3–8 mmol/l, in dem der Blutzuckerspiegel typischerweise im peripheren Blut schwankt, eine lineare Aktivitätsänderung zeigt. Diese Linearität des Sensors wird zusätzlich dadurch unterstützt, dass die Glukokinase in den β-Zellen des Pankreas kaum reguliert wird. Das durch einen Glukoseanstieg ausgelöste Signal, die Erhöhung der zytoplasmatischen Glukose-6-phosphat-Konzentration, führt über Glykolyse, Pyruvat-Dehydrogenase, Citratzyklus und oxidative Phosphorylierung zu einer Erhöhung der ATP-Konzentration, die dann von Ionenkanälen in der Plasmamembran „gelesen" und in eine **Insulinausschüttung** umgesetzt wird (> 9.7.1).
> Bestimmte Neurone des peripheren und zentralen Nervensystems, die für die Regulation von Hunger und Sättigung mit verantwortlich sind, verfügen nicht über die Glukokinase, sondern exprimieren eine oder mehrere der anderen Hexokinase-Isoformen. Ihr Messbereich liegt im Bereich von 0,1 mmol/l Glukose und ist damit viel zu niedrig, um als Sensor für Änderungen des Blutzuckerspiegels zu dienen. Für diese **Neuronen** ist **GLUT2** der Glukosesensor, das Signal ist die zytoplasmatische Glukosekonzentration. GLUT2 hat einen K_M-Wert von ca. 20 mmol/l, wodurch die Geschwindigkeit des Glukoseeinstroms direkt proportional zum Blutzuckerspiegel ist. Das Glukosesignal reguliert in diesen Neuronen die Frequenz der Aktionspotenziale und damit die Ausschüttung der entsprechenden Neurotransmitter.

Isomerisierung zu Fruktose und zweite Phosphorylierung

Isomerisierung zu Fruktose und zweite Phosphorylierung (Marginalie)

Die **Glukose-6-phosphat-Isomerase** isomerisiert **Glukose-6-phosphat** zu **Fruktose-6-phosphat,** das im **zweiten irreversiblen Schritt** durch die **Phosphofruktokinase 1** unter ATP-Verbrauch zu **Fruktose-1,6-bisphosphat** umgesetzt wird. Die Phosphofruktokinase 1 katalysiert den **geschwindigkeitsbestimmenden Schritt** der Glykolyse.

Nach Isomerisierung des **Glukose-6-phosphats** zu **Fruktose-6-phosphat** durch die **Glukose-6-phosphat-Isomerase** (Phosphohexose-Isomerase) findet eine weitere ATP-abhängige Phosphorylierung zu **Fruktose-1,6-bisphosphat** statt (> Abb. 19.11). Die **Phosphofruktokinase 1** katalysiert diesen **zweiten irreversiblen Schritt** der Glykolyse und ist häufig das langsamste Enzym des gesamten Stoffwechselwegs. Die Bildung von Fruktose-1,6-bisphosphat ist damit der **geschwindigkeitsbestimmende Schritt** (Schrittmacherreaktion) der Glykolyse.

In den bis jetzt beschriebenen Schritten wurde Glukose in Fruktose umgewandelt und unter Verbrauch von zwei Molekülen ATP doppelt phosphoryliert.

> **Di- oder Bisphosphat, Tri- oder Trisphosphat?**
>
> Mehrfach phosphorylierte Moleküle können die Phosphate als Kette an nur einem C-Atom tragen wie in Adenosin**tri**phosphat (ATP) und Adenosin**di**phosphat (ADP) oder einzeln auf mehrere C-Atome verteilt wie Fruktose-1,6-**bis**phosphat oder Inositol**tris**phosphat. In der biochemisch üblichen Namengebung der Moleküle drückt sich dieser Unterschied in einem eingeschobenen „s" aus: Ohne „s" hängen alle Phosphate aneinander, mit „s" sind sie auf verschiedene C-Atome verteilt.

Spaltung in Triosen und deren Isomerisierung

Spaltung in Triosen und deren Isomerisierung (Marginalie)

Die **Aldolase A** spaltet **Fruktose-1,6-bisphosphat** in **Dihydroxyaceton-Phosphat** und **Glycerinaldehyd-3-phosphat**, die durch die **Triosephosphat-Isomerase** ineinander umgewandelt werden können. Nach diesem Schritt laufen alle Reaktionen der Glykolyse stöchiometrisch betrachtet **doppelt** ab.

Fruktose-1,6-bisphosphat wird durch die **Aldolase A** in die zwei Triosephosphate **Dihydroxyacetonphosphat** (DHAP) und **Glycerinaldehyd-3-phosphat** (GAP) gespalten (> Abb. 19.11). Die **Triosephosphat-Isomerase** kann die Umwandlung der beiden Triosephosphate ineinander katalysieren. Im Gleichgewicht liegen ca. 96 % der Triosephosphate als Dihydroxyaceton-Phosphat vor. Da jedoch nur Glycerinaldehyd-3-phosphat in der Glykolyse weiter reagiert und dadurch aus dem Gleichgewicht entfernt wird, wird Dihydroxyaceton-Phosphat fast quantitativ zu Glycerinaldehyd-3-phosphat umgesetzt. Dihydroxyaceton-Phosphat kann jedoch auch für andere Stoffwechselwege wie die Lipid-Biosynthese (> 20.1.3) oder den Transport von Redoxäquivalenten über die innere Mitochondrienmembran (> 18.5.3) aus dem Stoffwechselweg abgezweigt werden.

Die folgenden Reaktionen der Glykolyse laufen stöchiometrisch betrachtet pro Glukosemolekül **doppelt** ab.

19.4 GLYKOLYSE: SCHNELLE ENERGIE AUS GLUKOSE

Oxidative Bildung der ersten energiereichen Bindung

Die **Glycerinaldehyd-3-phosphat-Dehydrogenase** (GAP-DH) katalysiert Oxidation und Phosphorylierung von **Glycerinaldehyd-3-phosphat**. In dieser aus energetischer Sicht wichtigsten Reaktion der Glykolyse wird ein Teil der bei der Redoxreaktion freigesetzten Energie in Form einer **energiereichen Phosphatbindung** gespeichert. Dabei entsteht unter Verwendung von anorganischem Phosphat 1,3-Bisphosphoglycerat (1,3-BPG) (> Abb. 19.11). Die bei der Oxidation frei werdenden Elektronen werden auf NAD^+ übertragen und es entsteht **NADH**.

Für die Katalyse nutzt die GAP-DH einen Cysteinrest in ihrem aktiven Zentrum (> Abb. 19.12). An diesen wird das Substrat Glycerinaldehyd-3-phosphat unter Abspaltung von Wasser in Form eines **Thiohalbacetals** gebunden. Energetisch hat sich in diesem ersten Schritt der Reaktion noch nicht viel verändert. Durch die Oxidation des Thiohalbacetals mit NAD^+ als Oxidationsmittel wird jedoch eine **energiereiche Thioesterbindung** gebildet. Im freien, nicht enzymgebundenen Zustand entspräche dies der Oxidation des Aldehyds zu einer Carbonsäure. Diese energiereiche Thioesterbindung wird durch eine phosphorolytische Spaltung (Phosphorolyse) in eine **energiereiche gemischte Säureanhydridbindung** umgewandelt. Durch diesen Schritt kann das Produkt vom Enzym abgelöst werden, ohne dass die Energie der Bindung wie bei einer Hydrolyse als Wärme freigesetzt wird. 1,3-Bisphosphoglycerat trägt somit ein Phosphat in einer Phosphorsäure-Esterbindung an C3 und eines in einer energiereichen gemischten Säureanhydridbindung an C1. Der Name 1,3-Bisphosphoglycerat ist insofern missverständlich, als dass es sich um zwei sehr unterschiedliche Bindungen handelt: eine Säureanhydridbindung mit hohem Gruppenübertragungspotenzial und eine Esterbindung mit geringerem Gruppenübertragungspotenzial.

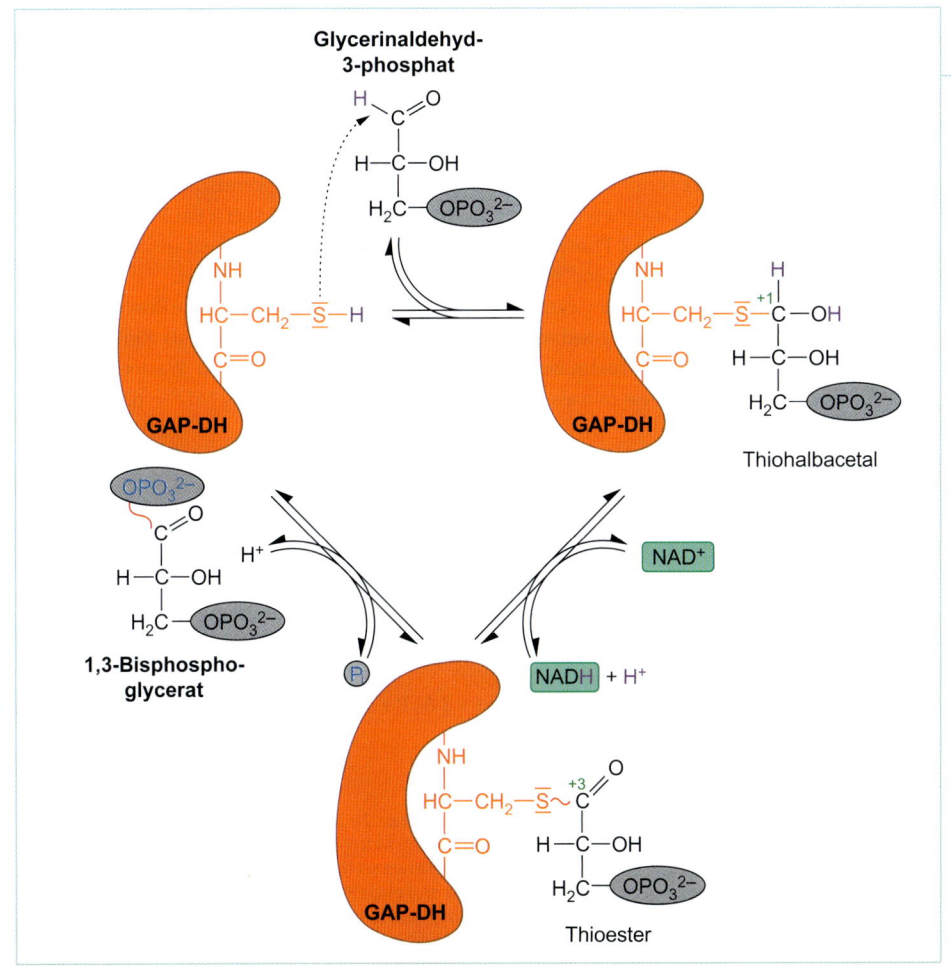

Abb. 19.12 Mechanismus der GAP-DH-Reaktion [L138]

KLINIK
Gift für die Glykolyse

Die Zellgifte Arsenat und organische Quecksilber- oder Iod-Verbindungen können die GAP-DH-Reaktion der Glykolyse beeinflussen. **Arsenat** bindet anstelle von Phosphat, sodass eine energiereiche, aber kinetisch instabile Arsensäure-Carbonsäure-Anhydrid-Bindung entsteht, die bei Kontakt mit Wasser sofort unter Abgabe von Wärme hydrolysiert. Die Glykolyse läuft weiter, es wird aber weniger ATP und dafür mehr Wärme produziert. Arsenat entkoppelt dadurch die Glykolyse partiell von der ATP-Bildung. Zusätzlich ersetzt es im Energiestoffwechsel auch das γ-Phosphat im ATP und führt so rasch zu einem gefährlichen ATP-Mangel mit

---

Aus Studentensicht

Oxidative Bildung der ersten energiereichen Bindung

Glycerinaldehyd-3-phosphat wird durch die **Glycerinaldehyd-3-phosphat-Dehydrogenase** zu **1,3-Bisphosphoglycerat** oxidiert und phosphoryliert. Dabei entsteht **NADH**.

ABB. 19.12

KLINIK

Aus Studentensicht

19 KOHLENHYDRATE: SCHNELLE ENERGIE UND MEHR

> **Hyperthermie. Organische Quecksilber- oder Iod-Verbindungen** blockieren das aktive Zentrum der GAP-DH, indem sie kovalent an den Schwefel des Cysteins binden. Diese Hemmung lieferte den ersten Hinweis auf den Mechanismus der GAP-DH.

Substratkettenphosphorylierung

Die 3-Phosphoglycerat-Kinase überträgt das C1-Phosphat des **1,3-Bisphosphoglycerats** in einer **Substratkettenphosphorylierung** auf ADP, wodurch **ATP** und **3-Phosphoglycerat** entstehen.

Substratkettenphosphorylierung

In der folgenden Reaktion der Glykolyse wird der energiereiche Phosphatrest von **1,3-Bisphosphoglycerat** in einer reversiblen Reaktion durch die **3-Phosphoglycerat-Kinase** auf ADP übertragen, sodass in dieser Reaktion pro Molekül Glucose zwei Moleküle **ATP** und zwei Moleküle **3-Phosphoglycerat** entstehen (➤ Abb. 19.11). Das Enzym ist nach der Rückreaktion benannt, was nicht ungewöhnlich ist, da Enzyme prinzipiell Hin- und Rückreaktion gleichermaßen beschleunigen, der Name aus praktischen Gründen aber nur eine Richtung beschreiben kann. Die Synthese von einem Nukleosidtriphosphat aus einem Nukleosiddiphosphat und anorganischem Phosphat, bei der die Energie aus einer energiereichen Bindung in einem Zwischenprodukt einer Substratkette stammt, wird **Substratkettenphosphorylierung** genannt. Neben der Bildung von ATP durch die 3-Phosphoglycerat-Kinase aus dem von der GAP-DH fixierten anorganischen Phosphat ist die Synthese von GTP durch die Succinyl-CoA-Synthetase im Citratzyklus (➤ 18.2.3) eine De-novo-NTP-Synthese durch Substratkettenphosphorylierung. Diese beiden Substratkettenphosphorylierungen zeigen dabei – mechanistisch betrachtet – dieselbe Reaktionsfolge: Oxidation – Bildung eines Thioesters – Bildung eines gemischten Säureanhydrids – Bildung eines Phosphorsäureanhydrids im NTP. In umgekehrter Richtung und ohne Oxidation findet sich diese Reaktionsfolge bei der Aktivierung von Fettsäuren (Acyl-CoA-Synthetasen; ➤ 20.1.3) und Aminosäuren (Aminoacyl-CoA-Synthetasen; ➤ 5.2.2).

Da im ersten Teil der Glykolyse bereits zwei Moleküle ATP verbraucht wurden, ist an dieser Stelle der Glykolyse netto noch kein neues ATP gebildet worden.

Isomerisierung und erneute Bildung einer energiereichen Bindung

Die **Phosphoglycerat-Mutase** isomerisiert **3-Phosphoglycerat** zu **2-Phosphoglycerat** und die **Enolase** bildet daraus unter Wasserabspaltung **Phosphoenolpyruvat**.

Isomerisierung und erneute Bildung einer energiereichen Bindung

Im Weiteren wird der energiearme Phosphorsäureester des **3-Phosphoglycerats** in ein energiereiches Enolphosphat umgewandelt. Dazu verschiebt die **Phosphoglycerat-Mutase** zuerst das Phosphat von der C3- in die C2-Position; es entsteht **2-Phosphoglycerat** (➤ Abb. 19.11). Anschließend spaltet die **Enolase** aus dem entstandenen 2-Phosphoglycerat Wasser ab und bildet **Phosphoenolpyruvat**.

Wasser ist ein extrem stabiles, also energiearmes Molekül. Da es sich um eine reversible Reaktion handelt, deren ΔG nahe 0 liegt, ist netto die gesamte Bindungsenergie des 2-Phosphoglycerats ähnlich der von Wasser und Phosphoenolpyruvat zusammen. Durch die Abspaltung des stabilen Wassers wurde die Energie jedoch umverteilt und liegt nun als energiereiche Enolphosphatbindung ($\Delta G^{0'} = 62$ kJ/mol) des Phosphoenolpyruvats vor.

Zweite ATP-Bildung

In der **dritten irreversiblen Reaktion** der Glykolyse überträgt die **Pyruvat-Kinase** das Phosphat des **Phosphoenolpyruvats** auf ADP, wodurch ein weiteres **ATP** und **Pyruvat** entstehen.
Pro Molekül Glucose werden in der Glykolyse 2 ATP verbraucht und 4 ATP gewonnen.

Zweite ATP-Bildung

Vom **Phosphoenolpyruvat** kann nun die **Pyruvat-Kinase** das Phosphat auf ADP übertragen (➤ Abb. 19.11), sodass in der **dritten irreversiblen Reaktion** pro Molekül Glucose zwei weitere Moleküle ATP und 2 Moleküle **Pyruvat** entstehen. Auch diese Reaktion wird oft als Substratkettenphosphorylierung bezeichnet, obwohl dabei lediglich das in den Kinasereaktionen eingesetzte ATP zurückgewonnen wird. Die Gesamt-ATP-Bilanz der Glykolyse ist nun in Bezug auf ATP positiv (➤ Formel 19.1):

$$\text{Glucose} + 2\,\text{ADP} + 2\,\text{P}_i + 2\,\text{NAD}^+ \longrightarrow 2\,\text{Pyruvat} + 2\,\text{ATP} + 2\,\text{H}_2\text{O} + 2\,\text{NADH} + 2\,\text{H}^+ \quad \text{| Formel 19.1}$$

> **2,3-Bisphosphoglycerat-Zyklus in Erythrozyten**
>
> Durch einen Nebenweg der Glykolyse werden in Erythrozyten etwa 20 % des 1,3-Bisphosphoglycerat über 2,3-Bisphosphoglycerat in 3-Phosphoglycerat umgewandelt. Im Mittel ist damit die Gesamtkonzentration an 2,3-Bisphosphoglycerat in den Erythrozyten mit 5 mmol/l etwa so hoch wie die von Hämoglobin. Das verantwortliche Enzym, die **Bisphosphoglycerat-Mutase**, hat drei einzelne Enzymaktivitäten: Als **Synthase** katalysiert sie die Bildung von 2,3-BPG aus 1,3-BPG, als **Phosphatase** hydrolysiert sie 2,3-BPG zu 3-Phosphoglycerat und P$_i$ und als **Mutase** kann sie auch das Gleichgewicht zwischen 3- und 2-Phosphoglycerat einstellen.
>
> Da die Umlagerung des energiereichen Phosphats an C1 des 1,3-BPG in ein energiearmes an der C2-Position in 2,3-BPG stark exergon ist, ist die Bildung von 2,3-BPG irreversibel und das Phosphat an C2 kann nicht mehr auf ADP übertragen werden. Der Abbau zu 3-Phosphoglycerat und P$_i$ geschieht daher durch eine ebenfalls exergone Hydrolyse. Das gebildete 3-Phosphoglycerat kann anschließend in der Glykolyse weiterverwendet werden. Durch **Umgehung** des 3-Phosphoglycerat-Kinase-Schritts wird jedoch in diesem Fall netto **kein ATP** in der Glykolyse gebildet.
>
> Die trifunktionelle Bisphosphoglycerat-Mutase ist v. a. als 2,3-BPG-Synthase aktiv, eine Aktivität, die durch 1,3-BPG aktiviert und durch 2,3-BPG gehemmt wird. Das gebildete 2,3-BPG wirkt am Hämoglobin als allosterischer Effektor und erleichtert die Abgabe von Sauerstoff in den Geweben (➤ 25.5.1).

19.4 GLYKOLYSE: SCHNELLE ENERGIE AUS GLUKOSE

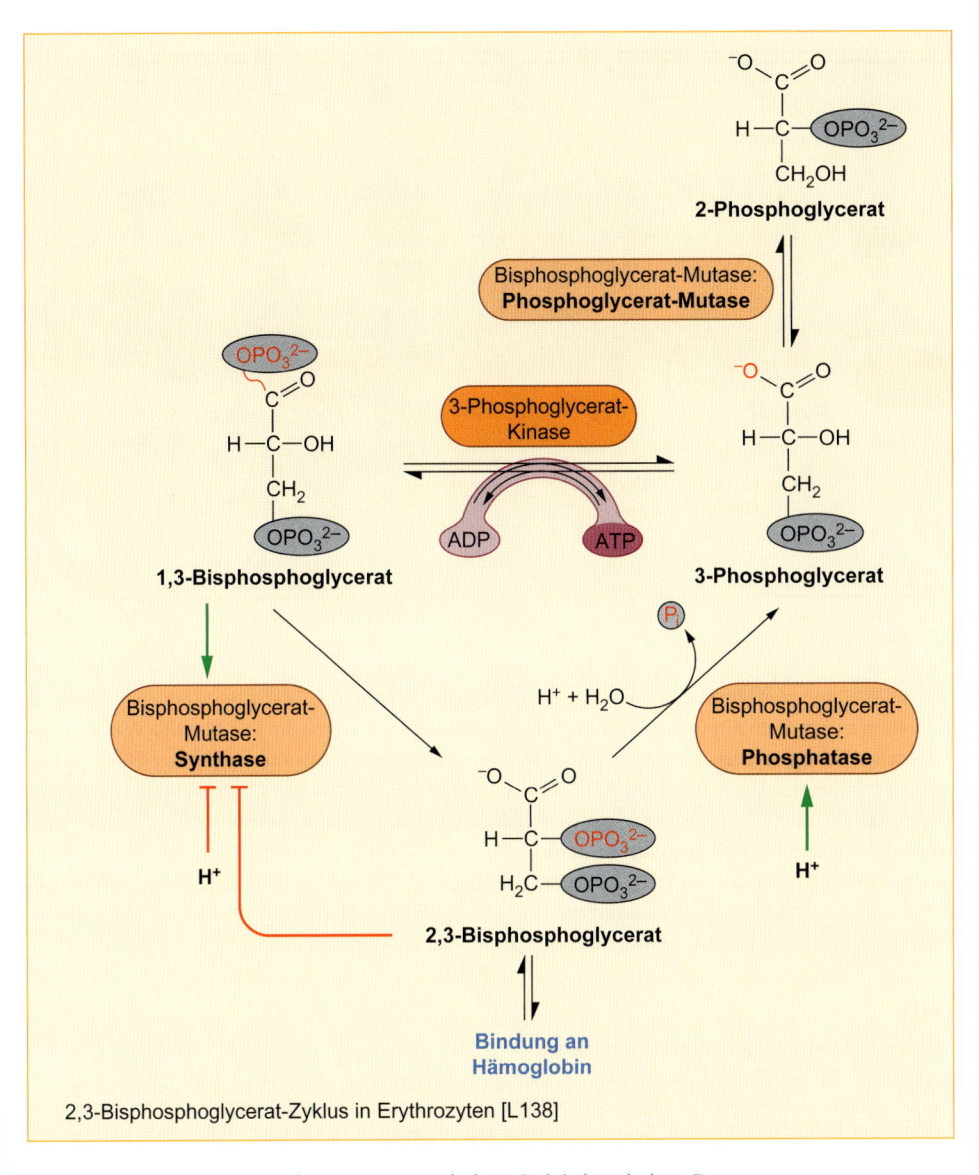

2,3-Bisphosphoglycerat-Zyklus in Erythrozyten [L138]

19.4.3 Regeneration des NAD⁺ und das Schicksal des Pyruvats

Das bei der Glykolyse gebildete Pyruvat wird je nach Aktivität der Mitochondrien bzw. Vorhandensein von Sauerstoff entweder im Zytoplasma zu **Laktat reduziert** oder in der mitochondrialen Matrix zu **Acetyl-CoA oxidiert**.
Bei ausreichender Versorgung der Zelle mit Glukose ist NAD⁺, das Oxidationsmittel der GAP-DH, das limitierende Substrat für die Glykolyse. Das bei der Glykolyse gebildete **NADH** muss also möglichst rasch wieder zu **NAD⁺ reoxidiert** werden, um die Glykolyse aufrechtzuerhalten.

Glykolyse ohne Beteiligung der Mitochondrien: anaerobe Glykolyse
Zellen ohne Mitochondrien, z. B. Erythrozyten, oder solche mit Mangel an Sauerstoff wie im Nierenmark oder arbeitenden Skelettmuskel können das bei der Glykolyse gebildete NADH nicht in der Atmungskette zu NAD⁺ regenerieren. Dennoch kommt die Glykolyse nicht zum Stillstand, da die Zelle nun die weniger effiziente **anaerobe Glykolyse** betreibt. Dabei wird das bei der Glykolyse gebildete **Pyruvat** mithilfe der im Zytoplasma lokalisierten **Laktat-Dehydrogenase** unter Regenerierung des NAD⁺ zu **Laktat** reduziert (➤ Abb. 19.13). Die Glykolyse kann somit auch bei vollständigem Sauerstoffmangel ablaufen.
Laktat wird in der Zelle unter anaeroben Bedingungen nicht weiter umgesetzt und im Symport mit einem Proton durch einen **Monocarboxylat-Transporter (MCT)** über die Plasmamembran aus der Zelle ausgeschleust. Andere Gewebe wie die Leber können Laktat aufnehmen und verstoffwechseln (➤ 24.6.3). Nicht alle Lebewesen lösen das Problem der NAD⁺-Regeneration unter anaeroben Bedingungen auf diese Weise. Beispielsweise decarboxyliert die Bäckerhefe Pyruvat erst zu Acetaldehyd und nutzt dann dieses zur Regeneration des NAD⁺ mithilfe der Alkohol-Dehydrogenase (= alkoholische Gärung). Der so entstehende Ethanol benötigt keinen Transporter und kann einfach aus den Zellen hinausdiffundieren.
Die **Laktat-Dehydrogenase (LDH)** ist ein tetrameres Enzym, das sich aus vier katalytischen Untereinheiten zusammensetzt. Sie kommt in allen Zellen des Körpers vor und ist hauptsächlich im Zytoplasma lokalisiert, wird aber auch im mitochondrialen Intermembranraum, den Peroxisomen und im Zellkern gefunden. Es gibt zwei verschiedene Untereinheiten, die von unterschiedlichen Genen codiert werden: das v. a. durch Hypoxie induzierte Gen ldh-a codiert für die Untereinheit M (Muskel) und das konstitutiv exprimierte Gen ldh-b codiert für die Untereinheit H (Herz).

Aus Studentensicht

19.4.3 Regeneration des NAD⁺ und das Schicksal des Pyruvats

Pyruvat kann **oxidativ** zu **Acetyl-CoA** abgebaut oder anaerob zu **Laktat reduziert** werden.
Das limitierende Substrat für die Glykolyse ist **NAD⁺**, das immer wieder aus **NADH** regeneriert werden muss.

Glykolyse ohne Beteiligung der Mitochondrien: anaerobe Glykolyse

Zellen, die **anaerobe Glykolyse** betreiben, regenerieren das für die Glykolyse benötigte NAD⁺ mittels Reduktion des **Pyruvats** zu **Laktat** durch die **Laktat-Dehydrogenase**. Laktat wird durch einen **Monocarboxylat-Transporter** aus der Zelle ausgeschleust und von anderen Geweben weiter verstoffwechselt.

Die **Laktat-Dehydrogenase** (LDH) ist ein tetrameres, v. a. zytoplasmatisches Enzym. Es gibt gewebespezifische Isoformen, die diagnostisch unterschieden werden können und unterschiedlich stark durch Pyruvat gehemmt werden.

Aus Studentensicht

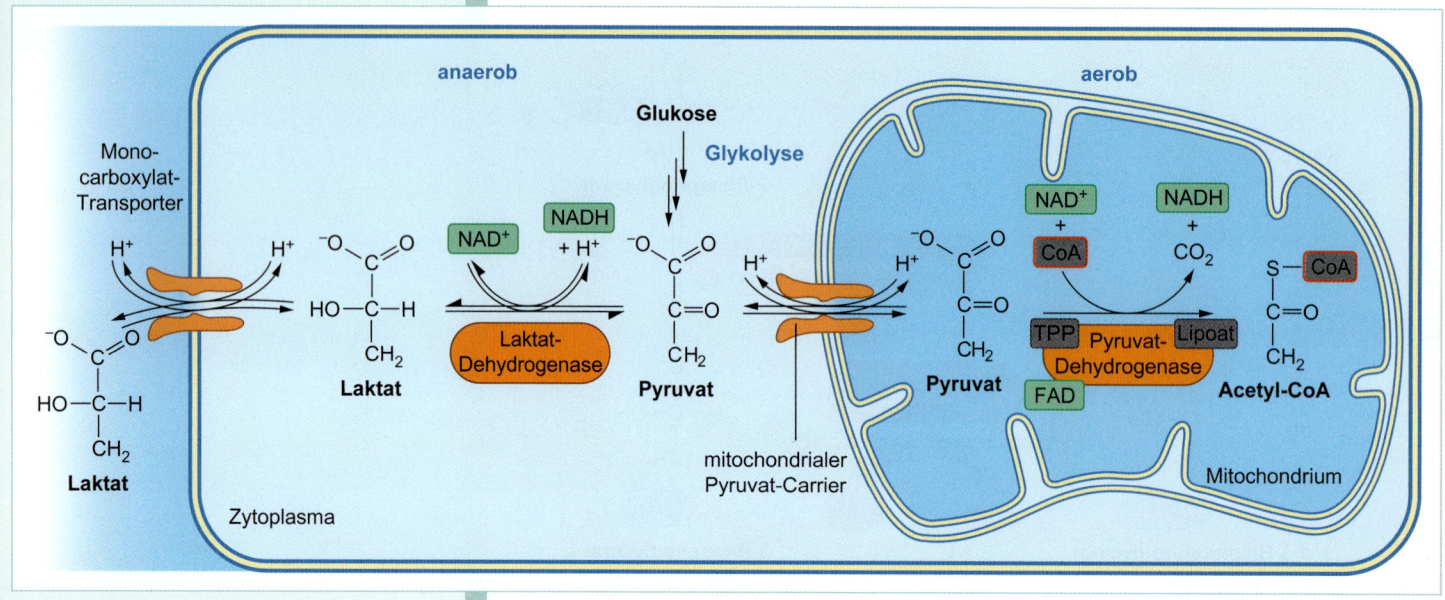

19 KOHLENHYDRATE: SCHNELLE ENERGIE UND MEHR

Abb. 19.13 Schicksal des Pyruvats [L138]

Die H-Untereinheiten haben einen niedrigeren K_M-Wert für Pyruvat und Laktat und können durch Pyruvatkonzentrationen im physiologischen Bereich gehemmt werden. Durch die Kombination von zwei verschiedenen Untereinheiten, die sich zu einem Tetramer zusammenlagern, können fünf verschiedene Isoformen gebildet werden: LDH-1 (H4), LDH-2 (M1H3), LDH-3 (M2H2), LDH-4 (M3H1) und LDH-5 (M4). Die Isoformen unterscheiden sich in ihrer Nettoladung und können somit für diagnostische Zwecke elektrophoretisch getrennt und quantifiziert werden.

Enzym-Isoformen können weder die Reaktionsrichtung noch die Gleichgewichtslage einer Reaktion beeinflussen. Die physiologische Bedeutung dieser gewebespezifisch unterschiedlich exprimierten LDH-Isoformen liegt vermutlich in der unterschiedlichen Hemmbarkeit durch Pyruvat.

> **FALL**
>
> **Alfredo und Tim: 400-m-Lauf und Laktatazidose**
>
> Alfredo hat die ganze Woche sehr viel trainiert und will nun alles geben, um Tim im 400-m-Lauf zu schlagen. Sie sind Schiedsrichter und finden sich mit Alfredo und Tim am benachbarten Sportplatz für das Wettrennen ein. Beide sprinten los, Alfredo läuft maximal schnell, es sieht sehr gut aus für ihn, doch kurz vor dem Ziel wird Alfredo plötzlich übel und er muss sich übergeben. „Da siehst du, was Spezialernährung bringt, nur Probleme", feixt der jubelnde Sieger Tim.
> Doch Tim täuscht sich. Alfredos Einbruch ist nicht auf die Ernährung zurückzuführen, sondern auf die maximale Leistung, die seine Muskulatur über eine relativ lange Zeit erbringen musste. Dies wurde v. a. durch die anaerobe Glykolyse bewerkstelligt, sodass Pyruvat nur wenig in den Mitochondrien oxidiert, sondern v. a. im Zytoplasma zu Laktat reduziert wurde. Dadurch wird NAD$^+$ für die Glykolyse zurückgewonnen und der intrazelluläre pH-Wert stabilisiert, da die zwei Protonen, die in der Glykolyse bis zum Pyruvat freigesetzt wurden, im Laktat fixiert werden. Hydrolysieren die Myosinköpfchen der Muskelzellen jedoch gleichzeitig weiter ATP, werden nun weitere Protonen freigesetzt, die nicht mehr fixiert werden, und der intrazelluläre pH-Wert sinkt.
> Summengleichung der Glykolyse bis zum Laktat:
> Glukose + 2 ADP + 2 P$_i$ → 2 Laktat + 2 ATP + 2 H$_2$O (protonenneutral)
> Bei gleichzeitigem Verbrauch des ATP werden jedoch Protonen frei:
> 2 ATP → 2 ADP + 2 P$_i$ + 2 H$^+$
> Netto findet also folgende Reaktion statt, die nicht mehr protonenneutral ist:
> Glukose → 2 Laktat + 2 H$^+$
> Die Protonen werden zusammen mit Laktat über den Monocarboxylat-Transporter aus der Zelle geschleust, sodass der intrazelluläre pH-Wert stabilisiert und die vom **pH-Wert abhängige Phosphofruktokinase 1** nicht inaktiviert wird. Bei kürzeren Sprintdistanzen hätten die Blutpuffer ausgereicht, um den Blut-pH-Wert zu stabilisieren. Bei Alfredo waren die Puffer aber kurz vor dem Ziel erschöpft und es kam zur **Laktatazidose**, die zum Erbrechen führte. Durch das Erbrechen von saurem Magensaft scheidet Alfredo viele Protonen aus und erholt sich schnell. Das Laktat im Blut wird von den Organen, v. a. der Leber, zusammen mit einem Proton aufgenommen und über Pyruvat entweder für die Glukoneogenese genutzt oder im Mitochondrium oxidiert.
> Zwei Tage nach dem Wettsprint hat Alfredo **Muskelkater**. Er fragt Sie, ob das Laktat und die Übersäuerung dafür verantwortlich ist. Da das Laktat und auch die Protonen bereits wenige Minuten nach dem Sprint wieder aus dem Blut entfernt werden, sind sie nicht die Ursache für den Muskelkater. Winzige **strukturelle Schäden der Muskulatur** (Mikroverletzungen), die zu einer Entzündung geführt haben, lösen die Schmerzen aus. Der mit der Entzündung einhergehende Zelluntergang wird durch eine erhöhte Laktat-Dehydrogenase- oder Kreatin-Kinase-Aktivität im Plasma angezeigt. Beide Enzyme gelangen nach Verlust der Integrität der Plasmamembran betroffener Zellen in den Extrazellulärraum und sind mit einer einfachen Blutentnahme nachweisbar.
> Tim hat nach dem gewonnenen Lauf ziemlich Oberwasser und schlägt vor, dass die Freunde sich gemeinsam für den Berlin-Marathon anmelden.

19.4 GLYKOLYSE: SCHNELLE ENERGIE AUS GLUKOSE

Aus Studentensicht

Glykolyse unter Beteiligung der Mitochondrien: aerobe Glykolyse

In Zellen mit aktiver Atmungskette ist die **NADH-Dehydrogenase** (= Komplex I der Atmungskette) dafür verantwortlich, NADH zu NAD$^+$ zu reoxidieren. Allerdings muss das bei der Glykolyse im Zytoplasma produzierte NADH zu diesem Zweck in die mitochondriale Matrix gelangen. Die äußere mitochondriale Membran ist aufgrund der darin exprimierten Porine für kleine Moleküle kein Hindernis. Da es jedoch weder Porine noch einen NADH:NAD$^+$-Austauscher in der inneren mitochondrialen Membran gibt, müssen die im NADH gespeicherten Elektronen auf andere Metaboliten übertragen und so in die Matrix eingeschleust werden. Diese Art des Transports wird auch **Shuttle** genannt. Für den Transport von NADH bzw. seiner zwei Elektronen gibt es den **Malat-Aspartat-** und den **Glycerin-3-phosphat-Shuttle** (➤ 18.5.3).

Pyruvat wird unter aeroben Bedingungen durch den **mitochondrialen Pyruvat-Carrier** im Symport mit einem Proton über die innere Mitochondrienmembran in die mitochondriale Matrix transportiert (➤ Abb. 19.13). Der Transportmechanismus ähnelt dem des Monocarboxylat-Transporters in der Plasmamembran. Im Gegensatz zu diesem ist der mitochondriale Pyruvat-Carrier jedoch spezifisch für Pyruvat und Acetoacetat und transportiert die reduzierten Monocarboxylate Laktat und β-Hydroxybutyrat kaum. Nehmen oxidativ arbeitende Zellen, wie Leber- oder Herzmuskelzellen, Laktat auf und oxidieren es durch ihr hohes NAD$^+$/NADH-Verhältnis im Zytoplasma zu Pyruvat, könnte dieses auch über den Monocarboxylat-Transporter in der Zellmembran aus der Zelle herausdiffundieren. Vermutlich ist deshalb ein Teil der Laktat-Dehydrogenase im Intermembranraum der Mitochondrien eng mit dem Pyruvat-Transporter und den NADH-Shuttle-Systemen assoziiert, sodass entstehendes Pyruvat direkt in die Matrix der Mitochondrien transportiert und nicht über die Plasmamembran exportiert wird.

Glykolyse unter Beteiligung der Mitochondrien: aerobe Glykolyse

In Zellen, die aerobe Glykolyse betreiben, wird NAD$^+$ durch die **NADH-Dehydrogenase** (= Komplex I der Atmungskette) regeneriert.
Das im Zytoplasma gebildete NADH muss seine Elektronen auf mitochondriengängige Metaboliten übertragen, sodass sie von der Matrix aus in die Atmungskette geschleust werden können. Dafür gibt es den **Malat-Aspartat-** und den **Glycerin-3-phosphat-Shuttle**.

Pyruvat wird über den **mitochondrialen Pyruvat-Carrier** in die Mitochondrien transportiert.

KLINIK

Tumorzellen lieben die Glykolyse: Warburg-Effekt

Typische postmitotische Zellen wie Neurone betreiben v. a. einen oxidativen Stoffwechsel, bei dem die Mitochondrien mithilfe des Citratzyklus und der oxidativen Phosphorylierung das meiste ATP liefern. Tumorzellen und andere sich schnell teilende Zellen wie aktivierte Lymphozyten schalten dagegen auf eine primär auf der anaeroben Glykolyse beruhende ATP-Produktion um. Da dann nur zwei Moleküle ATP pro Glukose gebildet werden, verbrauchen Tumorzellen viel Glukose und geben entsprechend viel Laktat und Protonen in den Extrazellulärraum ab. Alle soliden Tumoren durchlaufen zu Beginn ihrer Entstehung ein hypoxisches Stadium, das nur die Zellen überleben lässt, die anaerob ausreichend ATP generieren können. Das produzierte Laktat und das saure Milieu um den Tumor herum regen eine Einsprossung und Neubildung von Blutgefäßen an. Aber selbst wenn die Blut- und damit Sauerstoffversorgung hergestellt ist, behalten die Tumorzellen den neuen Stoffwechseltypus bei. Sie benötigen die Zwischenprodukte des Glukoseabbaus für die Synthese von Nukleotiden, Aminosäuren und Lipiden und verstoffwechseln die Glukose nicht vollständig zu CO_2 und Wasser. Dieses Umschalten des Stoffwechsels auf die **anaerobe Glykolyse selbst unter aeroben Bedingungen** wird nach dem Entdecker Otto Warburg als **Warburg-Effekt** bezeichnet. Die bis zu 100-fach gesteigerte Glukoseaufnahme von Tumorzellen aus dem Blut kann mithilfe der Fluordesoxyglukose-Positronen-Emissions-Tomografie (FDG-PET) sichtbar gemacht werden, wodurch Tumoren bzw. stark glukoseaufnehmende Gewebe wie braunes Fettgewebe sichtbar gemacht werden können. Da der Warburg-Effekt ein Merkmal aller, besonders aber der bösartigen, schnell wachsenden Tumoren ist, wird intensiv an glykolysehemmenden Medikamenten zur Chemotherapie geforscht.

KLINIK

Im Mitochondrium wird Pyruvat oxidativ zu Acetyl-CoA decarboxyliert (➤ Abb. 19.13). Die Reaktion wird durch den **Pyruvat-Dehydrogenase-Komplex,** einen Enzymkomplex aus über 100 Untereinheiten, katalysiert. Aufbau und Reaktionsmechanismus sind analog zum α-Ketoglutarat-Dehydrogenase-Komplex des Citratzyklus (➤ 18.2.3) und zum Verzweigtketten-α-Ketosäure-Dehydrogenase-Komplex des Aminosäure-Abbaus. Die vom Pyruvat-Dehydrogenase-Komplex katalysierte Reaktion ist **irreversibel.** Einmal gebildetes Acetyl-CoA kann also nicht mehr zu Pyruvat oder anderen Vorstufen der Glukoneogenese umgewandelt werden.

In den Mitochondrien wird Pyruvat in einer **irreversiblen** Reaktion durch die **Pyruvat-Dehydrogenase** oxidativ zu Acetyl-CoA decarboxyliert.

19.4.4 Einschleusung der anderen Monosaccharide in die Glykolyse

FALL

Alfredo und Tim: ein Laufwettbewerb – Getränke mit Glukose oder Fruktose?

Alfredo trainiert nun ernsthaft für den Marathon. „Warum wird empfohlen, während eines Marathons größere Mengen zuckerhaltiger Getränke zu sich zu nehmen?", fragt er Sie.
Bei einer langfristigen Dauerbelastung wie einem Marathon ist es wichtig, so lange wie möglich schnelle Energie durch Glykolyse zur Verfügung zu haben, um maximale Leistung zu bringen. Durch die zuckerhaltigen Drinks erhöht sich das Glukoseangebot im Blut, sodass die Glykogenspeicher weniger schnell aufgebraucht werden. Normalerweise nimmt der Darm während körperlicher Belastung eher weniger Zucker auf. Durch Training kann jedoch die Expression von SGLT1-Transportern im Darm und somit die Glukoseabsorption gesteigert werden.
„Nur Glukose-Drinks oder Dual-Source-Drinks – Fruktose und Glukose – was ist besser?", möchte Alfredo noch wissen. „Auf jeden Fall Dual Source: Da Fruktose über einen eigenen Transporter, GLUT5, im Darm absorbiert wird, werden in Summe mehr energieliefernde Monosaccharide aufgenommen, wenn beide Zucker zugeführt werden." Doch nach einiger Zeit klagt Alfredo nach dem zweiten Dual-Source-Getränk bei langen Trainingsläufen über Bauchkrämpfe.
Woran könnte das liegen?

19.4.4 Einschleusung der anderen Monosaccharide in die Glykolyse

Aus Studentensicht

Neben der **Glukosekonzentration steigt** nach einer Mahlzeit nur die **Ribosekonzentration** im **Plasma** an.
Andere aufgenommene **Monosaccharide** werden direkt in Darmmukosa und Leber verstoffwechselt, z. B. in der **Glykolyse** oder der **Glykoproteinbiosynthese**.
Pentosen und Tetrosen werden über den **Pentosephosphatweg** in die Glykolyse eingeschleust.

KLINIK

Fruktose wird v. a. über die **Fruktokinase** zu Fruktose-1-phosphat phosphoryliert und von der v. a. in der Leber exprimierten **Aldolase B** in Dihydroxyacetonphosphat und Glycerinaldehyd gespalten. Nach Phosphorylierung des Glycerinaldehyds zu Glycerinaldehyd-3-phosphat unter ATP-Verbrauch durch die **Triosekinase** kann dieses in die Glykolyse oder Glukoneogenese eingeschleust werden.

19 KOHLENHYDRATE: SCHNELLE ENERGIE UND MEHR

Anders als Glukose werden die anderen aus dem Darmlumen aufgenommenen Monosaccharide und Sorbitol direkt in den Darmzellen oder spätestens nach dem Transport über die Pfortader in der Leber verstoffwechselt. Die Leber schleust die Zucker dabei in die Glykolyse ein oder verwendet sie direkt zur Synthese von Glykoproteinen. Neben **Glukose** ist **Ribose** das einzige Monosaccharid, dessen **Plasmakonzentration** nach oraler Aufnahme **ansteigt.** Im nüchternen Zustand ist die Blutribosekonzentration mit 0,1 mmol/l etwa 40-fach niedriger als die Blutglukosekonzentration und damit immer noch doppelt so hoch wie die von Galaktose und Mannose. Die Fruktosekonzentration im Plasma liegt deutlich darunter. **Monosaccharide** werden typischerweise in Zwischenprodukte der **Glykolyse** bzw. der **Glykoproteinbiosynthese** umgewandelt. Pentosen und Tetrosen nutzen dazu auch Reaktionen des **Pentosephosphatwegs** (> 19.5.2). Über die Bildung von Xylulose-5-phosphat aktivieren diese so die Glykolyse in der Leber und können einem Blutzuckeranstieg entgegenwirken (> Abb. 19.18b).

KLINIK

Ribose: „Doping"?

Die Suche nach leistungssteigernden Substanzen ist aus dem Sport nicht wegzudenken. Während die Wirkung von Glukose und Stärke zur Auffüllung der Glykogenspeicher unbestritten ist, hat es nun auch Ribose auf die langen Listen an Nahrungsergänzungsmitteln für Sportler geschafft. Ribose aus der Nahrung soll dabei nach intensiver Belastung die ATP-Spiegel im Muskel schneller wieder auffüllen, als dies durch Neusynthese der Ribose im Pentosephosphatweg möglich wäre. Während erste Studien an Patienten mit Herzinsuffizienz oder Fibromyalgie positive Resultate zeigten, konnten bei gesunden Sportlern bisher keinerlei leistungssteigernde Effekte nachgewiesen werden. Ribose ist als Bestandteil der normalen Nahrung harmlos, jedoch kann sie in unphysiologisch hohen Dosen von 10–20 g/Tag möglicherweise negative Effekte haben. Ribose stimuliert indirekt über den Aktivator Fruktose-2,6-bisphosphat die Glykolyse in der Leber und es kommt zu einem absinkenden Blutglukosespiegel, der für Sportler kontraproduktiv ist. Außerdem ist Ribose mit einer ca. 50-fach höheren In-vitro-Aktivität als Glukose die aktivste Aldose in Bezug auf Proteinglykierung und kann über die Bildung von Advanced Glycation Endproducts (AGE) zum Funktionsverlust vieler Plasmaproteine und zu Zellschäden führen (> 24.5.4).

Alle Monosaccharide werden nach der Aufnahme in Zellen entweder durch die Hexokinase, die in der Leber nur schwach exprimiert ist, oder durch spezifische Kinasen phosphoryliert. Das mengenmäßig wichtigste Monosaccharid in der menschlichen Nahrung neben Glukose ist **Fruktose**, die v. a. aus dem Verzehr von Saccharose (Haushaltszucker) stammt oder aus Sorbitol gebildet wird. Die in der Leber stark exprimierte **Fruktokinase** (Ketohexokinase C, KHK-C) hat einen sehr niedrigen K_M-Wert für Fruktose ($K_M = 0,1$ mmol/l), sodass fast die gesamte Fruktose aus der Pfortader in Hepatozyten aufgenommen und sofort zu Fruktose-1-phosphat phosphoryliert wird (> Abb. 19.14). Fruktose-1-phosphat kann nicht direkt zu Fruktose-6-phosphat isomerisiert werden. Die in der Leber exprimierte **Aldolase B** kann jedoch im Gegensatz zur ubiquitär exprimierten Aldolase A neben Fruktose-1,6-bisphosphat auch Fruktose-1-phosphat in zwei Triosen spalten. Nur Gewebe wie Leber, Darmmukosa, Nierenrinde und Spermatozyten, die zusätzlich zur Aldolase A auch die B-Isoform exprimieren, können daher Fruktose in nennenswertem Umfang verstoffwechseln. Bei der Spaltung des Fruktose-1-phosphats durch die Aldolase B entstehen Dihydroxyacetonphosphat und Glycerinaldehyd. Letzterer muss durch eine **Triosekinase** unter ATP-Verbrauch phosphoryliert werden, um dann in die Glykolyse oder Glukoneogenese eingeschleust werden zu können (> Abb. 19.14).

FALL

Alfredo und Tim: ein Laufwettbewerb – Fruktose-Malabsorption

Fruktose wird im Dünndarm nur passiv v. a. über GLUT5, aber zum Teil auch über GLUT2 in die Mukosazellen absorbiert und verlässt diese ebenfalls passiv zusammen mit Glukose über den basolateralen GLUT2. Im Vergleich zum sekundär aktiven Transport von Glukose ist die Aufnahme von Fruktose langsam. Das ist physiologisch sinnvoll, da Fruktose in der Leber durch die Fruktokinase in einer ATP-verbrauchenden Reaktion verstoffwechselt wird und es deshalb bei plötzlich sehr hohen Fruktosekonzentrationen zu einem gefährlichen ATP-Mangel in den Hepatozyten kommen kann. Einzelne gesunde Probanden zeigen bereits bei einer Dosis von 15 g Fruktose eine nicht vollständige Absorption im Dünndarm, während bei einer Dosis von 50 g Fruktose, das entspricht dem mittleren täglichen Fruktosekonsum in den USA, ca. 80 % aller Probanden die Fruktose nur unvollständig aufnehmen. Die nicht absorbierte Fruktose erreicht das Kolon und die dort lebenden Bakterien, von denen sie u. a. zu kurzkettigen Fettsäuren und diversen Gasen fermentiert wird. Blähungen und Durchfall können die Folge sein. Ob und wie viel Fruktose eine Person jedoch ohne abdominale Symptome verträgt, ist individuell sehr unterschiedlich.
Bei Alfredo ist offensichtlich die für ihn verträgliche Fruktosedosis nach dem zweiten Fruktose und Glukose enthaltenden Dual-Source-Getränk überschritten. Er sollte sich daher auf ein Dual-Source-Getränk beschränken und reine Fruktose-Drinks vermeiden, denn die Fruktoseaufnahme wird durch die gleichzeitige Zufuhr von Glukose erleichtert. Vermutlich induziert Glukose die Translokation von GLUT2 an die apikale Seite der Enterozyten, über die dann Glukose, aber eben auch Fruktose aufgenommen wird.

19.4 GLYKOLYSE: SCHNELLE ENERGIE AUS GLUKOSE

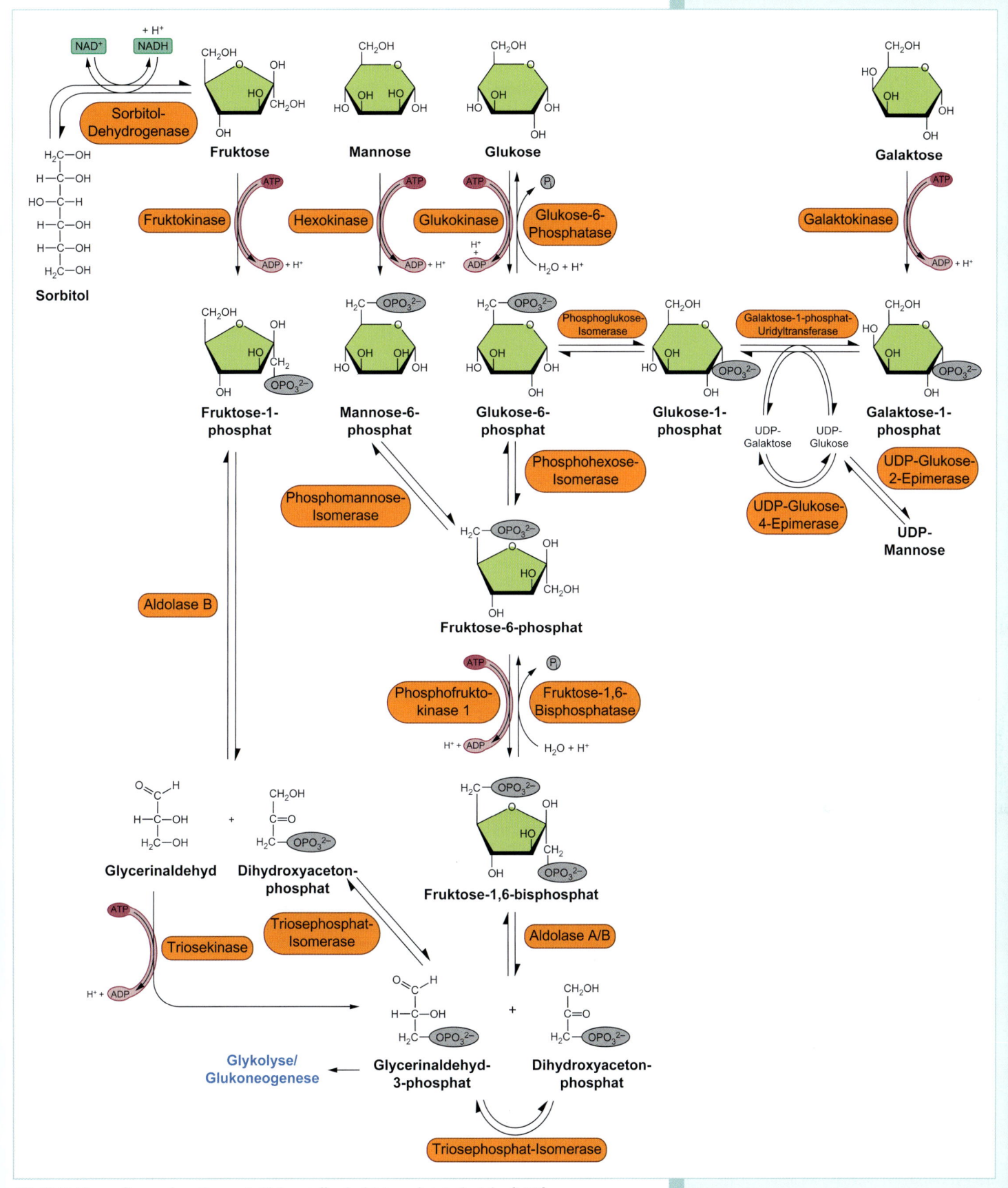

Aus Studentensicht

Abb. 19.14 Umwandlung anderer Hexosen in Glukosestoffwechsel-Intermediate in der Leber [L138]

Aus Studentensicht

Ribose wird durch die **Ribokinase** zu Ribose-5-phosphat phosphoryliert und in den Pentosephosphatweg eingeschleust.
Galaktose wird v. a. über die **Galaktokinase** zu Galaktose-1-phosphat phosphoryliert, durch die **Galaktose-1-phosphat-Uridyltransferase** in UDP-Galaktose umgewandelt und schließlich durch die **UDP-Glukose-4-Epimerase** zu UDP-Glukose umgesetzt.

KLINIK

Ribose wird nach Aufnahme in die Zellen durch die **Ribokinase** zu Ribose-5-phosphat phosphoryliert und über den Pentosephosphatweg (> 19.5.2) können drei Ribose-5-phosphate in ein Glycerinaldehyd-3-phosphat und zwei Fruktose-6-phosphate umgewandelt werden.

Mannose und **Galaktose** können nach der Phosphorylierung durch Isomerasen und Epimerasen noch vor der Aldolase-Reaktion in den Glukosestoffwechsel eingeschleust werden. Für den Galaktosestoffwechsel ist die Übertragung des Zuckers auf UDP erforderlich. Dabei dienen die Umwandlung in UDP-Galaktose durch die **Galaktose-1-phosphat-Uridyltransferase** und die Epimerisierung zu UDP-Glukose nicht nur dem Abbau von Nahrungsgalaktose. Die **UDP-Glukose-2- und -4-Epimerasen** erlauben in der umgekehrten Richtung auch eine Neusynthese von Galaktose für die Laktosebildung in der laktierenden Milchdrüse sowie von Galaktose und Mannose für den Einbau in Heteropolysaccharide. Diese werden in der UDP-aktivierten Form für sezernierte Proteine und Membranproteine sowie für Ganglioside in allen Zellen des Körpers benötigt. Während phosphorylierte Zucker nur geringe Gruppenübertragungspotenziale im Bereich von 14–21 kJ/mol besitzen, ist die Phosphorsäureesterbindung in UDP-aktivierten Zuckern mit ca. 32 kJ/mol (für UDP-Glukose) energiereich. So wird die Bildung der glykosidischen Bindungen in Oligo- und Polysacchariden, die etwa 20 kJ/mol benötigt, ermöglicht.

KLINIK

Störungen des Fruktose- und Galaktosestoffwechsels

Essenzielle Fruktosurie: Durch einen Gendefekt in der Leber-Isoform der Fruktokinase (KHK-C) kann Fruktose aus der Nahrung die Leber ungehindert passieren und gelangt in das Blutplasma. Eine kleine Menge kann durch andere Gewebe aufgenommen und mittels Hexokinase abgebaut werden. Die meiste Fruktose wird jedoch renal eliminiert. Die essenzielle Fruktosurie verläuft völlig asymptomatisch und wird nur durch Zufall diagnostiziert. Sie erfordert keinerlei Therapie.

Hereditäre Fruktose-Intoleranz: Ist das Gen der Aldolase B mutiert, sammelt sich Fruktose-1-phosphat in Enterozyten und Hepatozyten an. Dies schädigt die entsprechenden Zellen durch ATP-Mangel und osmotischen Wassereinstrom und steigert in der Leber über Bindung an das Glukokinase-Regulator-Protein und Aktivierung der Glukokinase die Aufnahme von Glukose. Wegen des intrazellulären Mangels an Phosphat wird auch die Glykogenolyse in der Leber gehemmt. Die Folgen sind u. a. Hypoglykämie, Laktatazidose, abdominale Schmerzen, Störungen der körperlichen Entwicklung bei Kindern und Leberversagen. Die Krankheit tritt typischerweise im Säuglingsalter zum ersten Mal in Erscheinung, wenn begonnen wird, Obst oder gesüßte Fertignahrung zuzufüttern. Bei lebenslanger Fruktose-, Saccharose- und Sorbitol-freier Diät sind keine Einschränkungen bei der Entwicklung, der Gesundheit und der Lebenserwartung zu befürchten. Erstaunlicherweise werden immer wieder gesunde Erwachsene mit diesem Gendefekt gefunden, der bisher nicht diagnostiziert worden war. Sie hatten in frühester Kindheit eine Aversion gegen zuckerhaltige Speisen und Getränke entwickelt und haben so die Aufnahme nennenswerter Mengen Fruktose vermieden.

Galaktosämie: Vergleichbar mit der hereditären Fruktose-Intoleranz ist bei der schweren Form der Galaktosämie die weitere Verwertung von Galaktose-1-phosphat durch einen genetischen Mangel des Enzyms Galaktose-1-phosphat-Uridyltransferase gestört. Galaktose und v. a. Galaktose-1-phosphat reichern sich daher an und sind in diesen hohen Konzentrationen toxisch – die Mechanismen sind nach wie vor nicht gut verstanden. Kritisch sind v. a. die ersten Lebenstage eines betroffenen Säuglings. Milch, Milchprodukte, aber auch laktosefreie Produkte, in denen die Laktose in Glukose und Galaktose gespalten vorliegt, führen zu schweren Leberschäden und als Folge zu geistigen und körperlichen Entwicklungsstörungen. Da Galaktose im Körper für die Glykosylierung von Proteinen und Gangliosiden ständig neu synthetisiert wird, aber nicht abgebaut werden kann, sind Leberschäden und Entwicklungsstörungen auch bei streng eingehaltener galaktosefreier Diät nicht ganz auszuschließen.

Nichtalkoholische Steatohepatitis (NASH): Wenn bei allgemein ausreichender Energieversorgung Substrate im Überfluss konsumiert werden, die nur von der Leber verstoffwechselt werden können, synthetisiert die Leber aus diesen Substraten Triacylglyceride und verfettet auf Dauer. Die häufigste Ursache für eine Leberverfettung ist ein übermäßiger Alkoholkonsum (alkoholische Steatohepatitis, ASH), danach folgt ein chronisch erhöhter Fruktosekonsum. In dieser Hinsicht besonders gefährlich sind mit Saccharose gesüßte Getränke wie Limonaden und Fruchtsäfte, da sie viel Fruktose enthalten und oft nicht als zusätzliche Kalorien wahrgenommen werden.

19.4.5 Regulation der Glykolyse und des Pyruvat-Dehydrogenase-Komplexes

Hexokinase bzw. **Glukokinase, Phosphofruktokinase 1** und **Pyruvat-Kinase** katalysieren irreversible Reaktionen der Glykolyse und werden reguliert. Die Geschwindigkeit der Glykolyse wird entweder durch den Glukosetransport in die Zelle, die Glukokinase- oder die Phosphofruktokinase-1-Reaktion bestimmt.

Der **Pyruvat-Dehydrogenase-Komplex** katalysiert eine weitere wichtige **Schlüsselreaktion**.

19.4.5 Regulation der Glykolyse und des Pyruvat-Dehydrogenase-Komplexes

Hexokinase bzw. **Glukokinase, Phosphofruktokinase 1** und **Pyruvat-Kinase** katalysieren die irreversiblen Reaktionen der Glykolyse und werden daher besonders genau reguliert. Die Geschwindigkeit der gesamten Glykolyse hängt von dem langsamsten und damit geschwindigkeitsbestimmenden Schritt ab. Je nach Zelltyp kann das der GLUT-vermittelte Transport der Glukose über die Plasmamembran, die Glukokinase-Reaktion oder die Phosphofruktokinase-1-Reaktion sein. Die **Phosphofruktokinase 1** katalysiert zudem die erste für die Glykolyse spezifische irreversible Reaktion und wird daher als **Schrittmacherenzym** der Glykolyse besonders aufwendig reguliert (> Abb. 19.15). Der **Pyruvat-Dehydrogenase-Komplex** katalysiert eine weitere wichtige **Schlüsselreaktion,** da durch ihn die Zwischenprodukte aus dem Zuckerabbau endgültig und unwiderruflich dem oxidativen Abbau zu CO_2 und Wasser oder dem Umbau in Fett (Lipogenese) zugeführt werden.

19.4 GLYKOLYSE: SCHNELLE ENERGIE AUS GLUKOSE

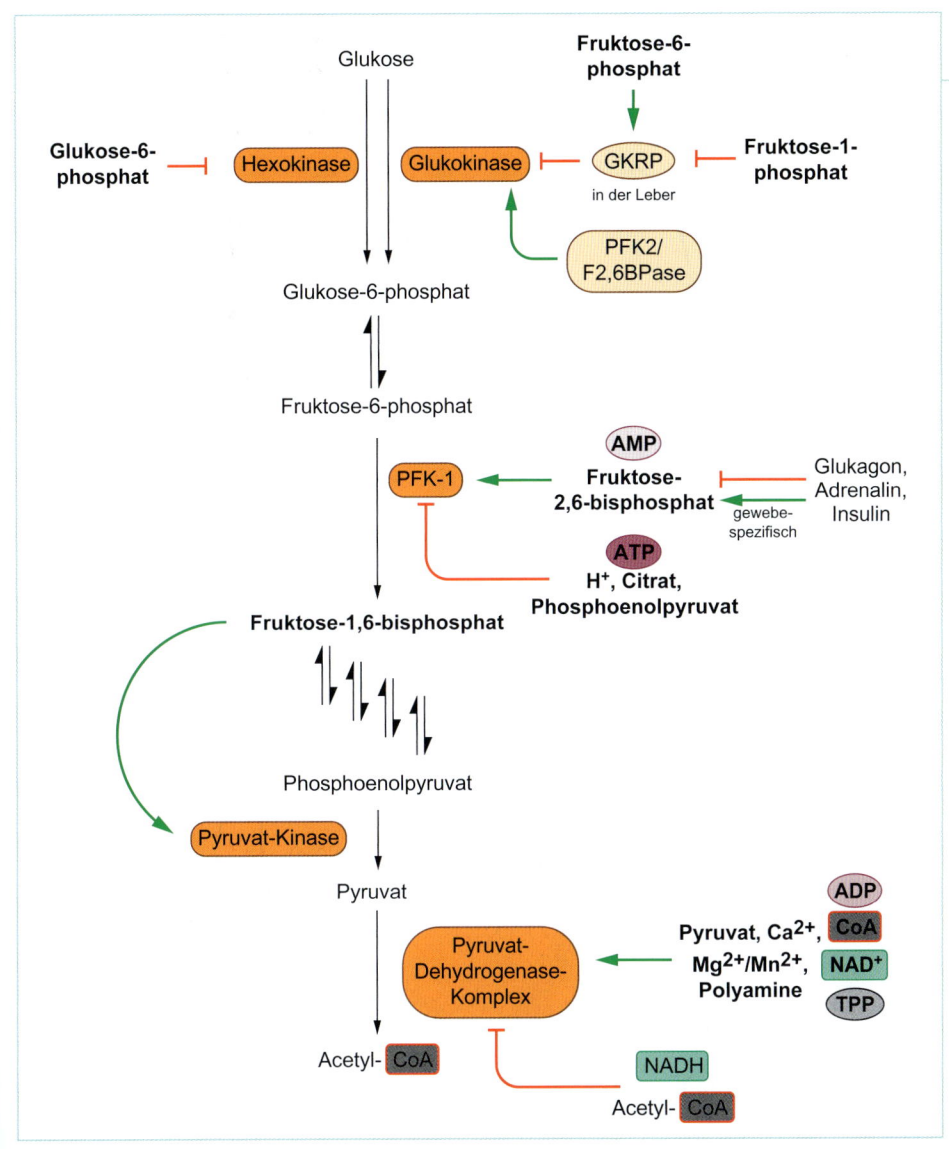

Abb. 19.15 Regulation der Glykolyse und des Pyruvat-Dehydrogenase-Komplexes [L138]

Regulation von Hexokinase und Glukokinase

Die **Hexokinase-Isoformen** I–III werden durch ihr Produkt Glukose-6-phosphat **allosterisch** gehemmt (> Abb. 19.15). Dadurch wird verhindert, dass bei einem Rückstau der angeschlossenen Stoffwechselwege weiter Glukose-6-phosphat gebildet wird. Dies ist nötig, um ein osmotisches Anschwellen oder gar Platzen der Zelle zu verhindern, da Glukose-6-phosphat die Zelle im Gegensatz zu Glukose nicht mehr verlassen kann.

Das Gen der **Glukokinase** hat zwei gewebespezifische Promotoren, welche die Expression in den **β-Zellen** des Pankreas oder den **Hepatozyten** durch zellspezifische Transkriptionsfaktoren induzieren. Anders als die übrigen Hexokinase-Isoformen wird die Glukokinase nicht durch Glukose-6-phosphat gehemmt und zeigt eine **sigmoid** von der Glukosekonzentration abhängige Aktivität. Obwohl es sich bei der Glukokinase um ein monomeres Enzym handelt, folgt sie damit nicht der klassischen Michaelis-Menten-Kinetik (> 3.4.3). Vielmehr hängt ihre Aktivität **sigmoid** von der Glukosekonzentration ab (> Abb. 19.16a). Dies ermöglicht es dem Enzym, noch empfindlicher auf Schwankungen der Glukosekonzentration zu reagieren, als dies allein durch den hohen K_M-Wert möglich wäre. Sowohl in der Leber als auch im Pankreas kann die Aktivität der Glukokinase in einem Komplex mit dem Tandemenzym aus Phosphofruktokinase 2 und Fruktose-2,6-Bisphosphatase (PFK2 bzw. F2,6BPase) gesteigert werden. Dieser Komplex bildet sich erst bei höheren intrazellulären Glukosekonzentrationen. Somit reagiert die Glukokinase auf einen linear ansteigenden Blutzuckerspiegel in beiden Zelltypen mit einer sigmoiden Antwortkurve.

Aus Studentensicht

ABB. 19.15

Regulation von Hexokinase und Glukokinase

Die **Hexokinase-Isoformen** I–III werden von ihrem Produkt Glukose-6-phosphat **allosterisch** gehemmt.

Die **Glukokinase** (Hexokinase IV) in **Leber** und **Pankreas** unterliegt nicht der Produkthemmung durch Glukose-6-phosphat. Ihre Aktivität folgt nicht der Michaelis-Menten-Kinetik, sondern hängt **sigmoid** von der Glukosekonzentration ab.
In der Leber wird die Aktivität der Glukokinase über die PFK2 bzw. F2,6BPase gesteigert und über das **Glukokinase-Regulatorprotein (GKRP)** im Sinne einer **Produkthemmung** bzw. Feed-Forward-Aktivierung reguliert.

Aus Studentensicht

ABB. 19.16

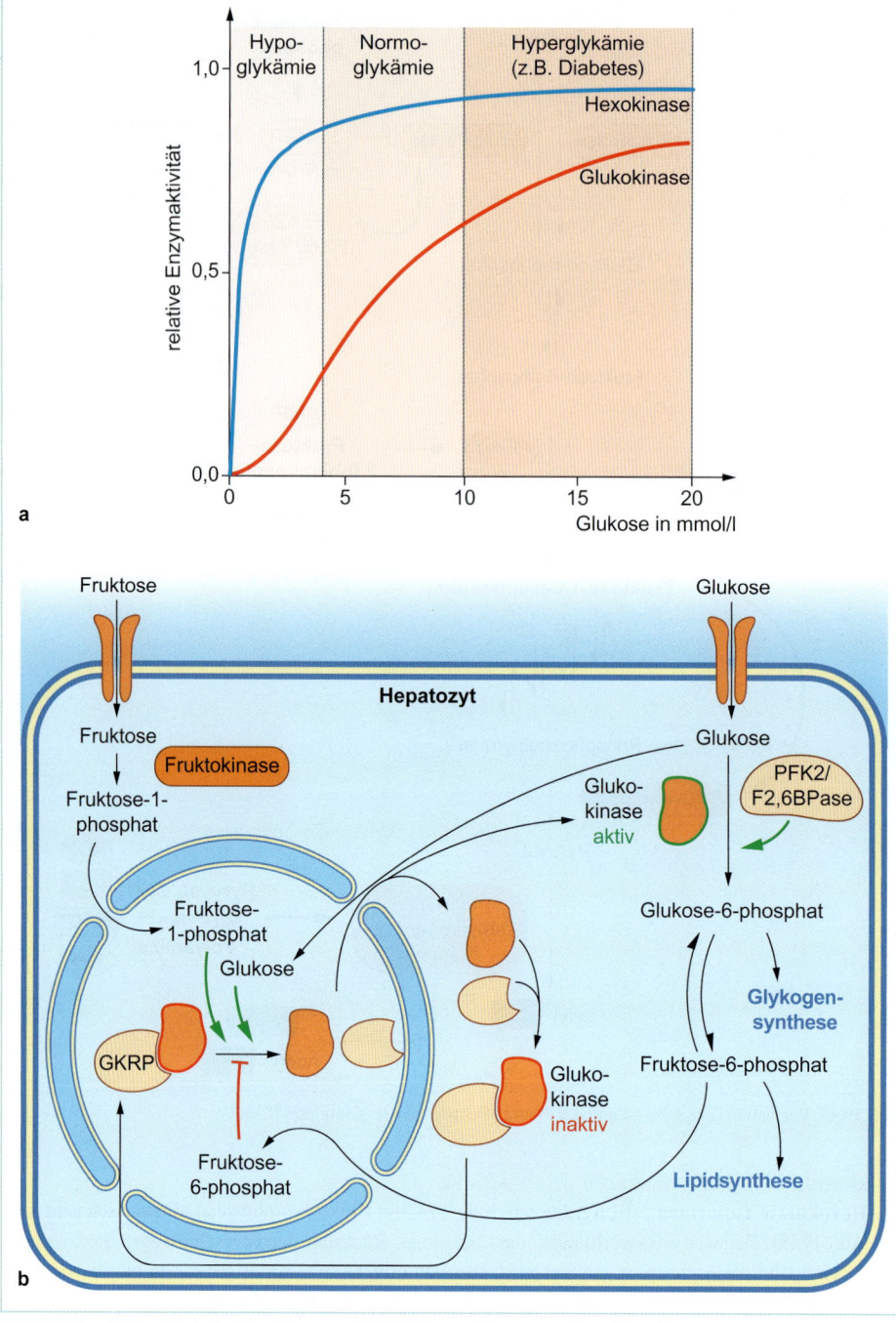

Abb. 19.16 a Abhängigkeit der Hexokinase- und Glukokinase-Aktivität von der Glukosekonzentration. **b** Regulation der Glukokinase in Hepatozyten. [L138]

In der Leber wird die Glukokinase zusätzlich durch das **Glukokinase-Regulatorprotein (GKRP)** reguliert. Durch Bindung an das GKRP wird die Glukokinase inaktiviert und in den Zellkern transloziert (➤ Abb. 19.16b). Die Bindung der Glukokinase an das GKRP wird durch Fruktose-6-phosphat verstärkt und durch Glukose sowie Fruktose-1-phosphat geschwächt. Fruktose-6-phosphat wirkt damit im Sinne einer **Produkthemmung** über das GKRP auf die Glukokinase zurück.

Der größte Fruktoseanteil unserer Nahrung stammt aus Saccharose und wird daher mit Glukose gekoppelt aufgenommen, sodass es i. d. R. sinnvoll ist, die Glukokinase-Aktivität zu steigern, wenn viel Fruktose vorhanden ist. Da die Konzentration des Fruktose-1-phosphats, das aus dem Fruktoseabbau stammt, in den Leberzellen schneller ansteigt als die Glukosekonzentration, kann die Aufnahme von Fruktose die Hepatozyten quasi auf den zu erwartenden Anstieg des Blutzuckerspiegels vorbereiten. Nach Diffusion in den Zellkern, der durch die Kernporen für Metaboliten frei zugänglich ist, bewirkt Fruktose-1-phosphat synergistisch mit hohen intrazellulären Glukosespiegeln (> 5 mmol/l) die Dissoziation der Glukokinase von GKRP. Da die Glukokinase ein nukleäres Exportsignal trägt, gelangt sie nun in das Zytoplasma zurück und steht als aktives Enzym zur Verfügung.

19.4 GLYKOLYSE: SCHNELLE ENERGIE AUS GLUKOSE

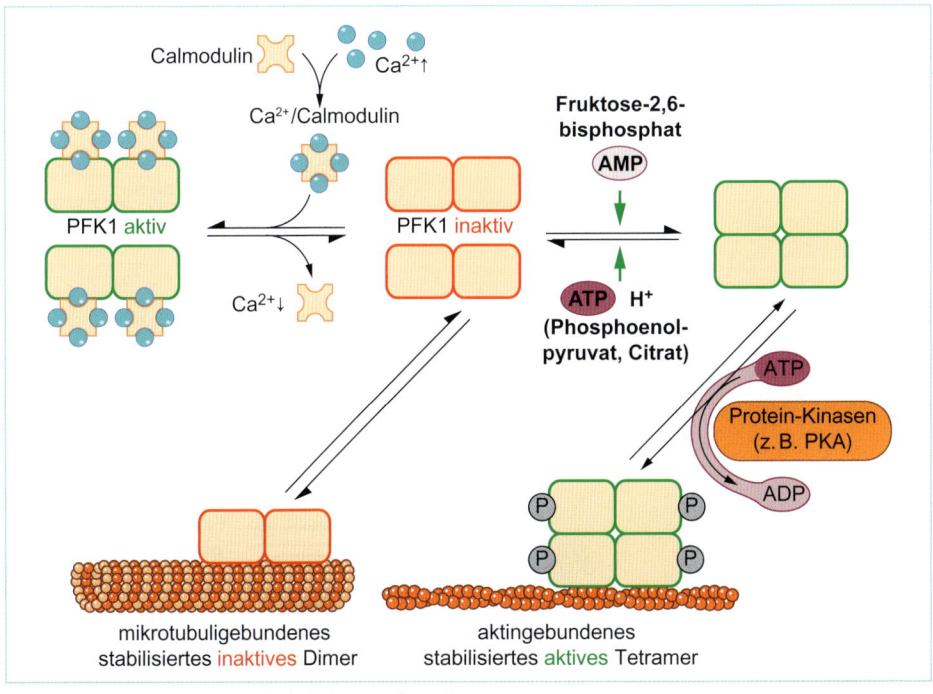

Regulation der Phosphofruktokinase 1

Die **Phosphofruktokinase 1** ist häufig das **Schrittmacherenzym** der Glykolyse und kann als inaktives Dimer oder aktives Tetramer vorliegen. Die Interkonvertierung durch Protein-Kinasen, die Assoziation mit Zytoskelettelementen und v. a. allosterische Effektoren beeinflussen den Oligomerisierungszustand der Phosphofruktokinase 1 und ihre Aktivität (➤ Abb. 19.17). Die Bindung an Mikrotubuli stabilisiert die inaktive dimere Form des Enzyms, während eine Phosphorylierung durch Protein-Kinasen wie die **Protein-Kinase A** die aktive tetramere Form durch Assoziation mit Aktinfilamenten stabilisiert. Die Glykolyse dient primär der ATP-Bereitstellung; daher ist **ATP** nicht nur Substrat der Phosphofruktokinase 1, sondern auch ihr stärkster **allosterischer Inhibitor.** Neben dem aktiven Zentrum enthält die Phosphofruktokinase 1 zwei allosterische Zentren, ein hemmendes für ATP und ein aktivierendes für AMP. So wird die Aktivität der Phosphofruktokinase 1 direkt an den zellulären **ATP/AMP-Quotienten** gekoppelt. Bei Sauerstoffmangel steigt der Anteil der anaeroben Glykolyse und die ATP-Ausbeute sinkt im Vergleich zur aeroben Situation auf $1/15$. Der ATP/ADP-Quotient in der Zelle sinkt, und das anfallende ADP wird durch die Adenylat-Kinase in ATP und AMP umgesetzt. AMP aktiviert die Phosphofruktokinase 1, die anaerobe Glykolyse wird so in dieser Situation beschleunigt und liefert mehr ATP pro Zeit. Dieser Effekt wird als **Pasteur-Effekt** bezeichnet.

Neben ATP können auch **Phosphoenolpyruvat** und **Citrat** in hohen Konzentrationen die Phosphofruktokinase 1 hemmen. Sie signalisieren einen Rückstau und Überschuss von Stoffwechselmetaboliten, die am Ende der Glykolyse bzw. im Citratzyklus entstehen.

Sehr empfindlich reagiert die Phosphofruktokinase 1 auf einen **absinkenden pH-Wert,** der die Dissoziation der Tetramere zu Dimeren und damit ihre Inaktivierung bewirkt. Protonen können akkumulieren, wenn Zellen eines schlecht durchbluteten Gewebes ausschließlich mithilfe der anaeroben Glykolyse ATP bilden und Laktat abgeben. Damit schützt sich die Zelle vor Schäden, die durch die Übersäuerung hervorgerufen werden.

Abb. 19.17 Regulation der Phosphofruktokinase 1 [L271]

Wenn die intrazelluläre **Calciumkonzentration** steigt, bindet Calcium-Calmodulin an die Phosphofruktokinase 1 und aktiviert die sonst inaktiven Dimere (➤ Abb. 19.17). Die durch ATP oder Protonen hervorgerufene Hemmung der Phosphofruktokinase 1 wird dadurch aufgehoben und die Glykolyse aktiviert. Dadurch wird z. B. die Versorgung eines aktiven Muskels mit ATP sichergestellt.

Der **stärkste Aktivator** der Phosphofruktokinase 1 ist jedoch **Fruktose-2,6-bisphosphat,** das ausschließlich zu regulatorischen Zwecken aus Fruktose-6-phosphat gebildet wird. Bei normal-niedriger Ca^{2+}-Konzentration ist die Phosphofruktokinase 1 und damit die gesamte Glykolyse ohne Fruktose-2,6-bisphosphat nahezu inaktiv.

Fruktose-2,6-bisphosphat

Fruktose-2,6-bisphosphat stimuliert als stärkster Aktivator die Glykolyse und hemmt zugleich die Glukoneogenese, damit die beiden Stoffwechselwege nicht in nennenswertem Umfang gleichzeitig ablaufen (➤ 19.4.2).

Aus Studentensicht

Regulation der Phosphofruktokinase 1

Die **Phosphofruktokinase 1** wird **allosterisch** durch **ATP inhibiert** und durch AMP aktiviert. Eine Aktivierung durch AMP bei Sauerstoffmangel wird **Pasteur-Effekt** genannt. In hohen Konzentrationen wirken auch **Phosphoenolpyruvat** und **Citrat** hemmend.
Ein **sinkender pH-Wert** führt zu einer Dissoziation des Komplexes und hemmt das Enzym.

ABB. 19.17

Eine steigende intrazelluläre **Calciumkonzentration** aktiviert über Calcium-Calmodulin die Phosphofruktokinase 1.
Der **stärkste Aktivator** der Phosphofruktokinase 1 ist **Fruktose-2,6-bisphosphat,** das durch die Phosphofruktokinase 2 nur für die Regulation gebildet wird.

Fruktose-2,6-bisphosphat aktiviert über die Phosphofruktokinase 1 die Glykolyse.

Aus Studentensicht

Ein Enzym mit zwei unterschiedlichen Enzymaktivitäten, die **Phosphofruktokinase 2** bzw. **Fruktose-2,6-Bisphosphatase (PFK2, F2,6BPase)**, reguliert die Konzentration von Fruktose-2,6-bisphosphat in der Zelle. Von diesem **bifunktionellen Enzym** (Tandemenzym) sind mehrere Isoformen bekannt.

Die Konzentration an Fruktose-2,6-bisphosphat wird durch ein Enzym kontrolliert, das sowohl eine **Phosphofruktokinase-2-Aktivität (PFK2)** enthält, die unter ATP-Verbrauch Fruktose-6-phosphat zu Fruktose-2,6-bisphosphat phosphorylieren kann, als auch eine **Fruktose-2,6-Bisphosphatase-Aktivität (F2,6BPase)**, die Fruktose-2,6-bisphosphat zu Fruktose-6-phosphat hydrolysieren kann (> Abb. 19.18a). Solche Enzyme, die auf ein und derselben Polypeptidkette zwei unterschiedliche Enzymaktivitäten tragen, werden **bifunktionelle Enzyme** (Tandemenzyme) genannt. Die **Phosphofruktokinase 2/Fruktose-2,6-Bisphosphatase** wird im Menschen durch vier verschiedene Gene (PFKFB 1–4) codiert, die jeweils von verschiedenen Promotoren in unterschiedlich gespleißter Form transkribiert werden können. Derzeit sind sieben verschiedene Isoformen des Enzyms bekannt.

Da der K_M-Wert aller Phosphofruktokinase-2-Isoenzyme im Bereich der physiologischen intrazellulären Konzentrationen liegt, koppelt das Tandemenzym gewebeunabhängig einen Anstieg in der Fruktose-6-phosphat-Konzentration an die vermehrte Bildung von Fruktose-2,6-bisphosphat und aktiviert damit die Glykolyse.

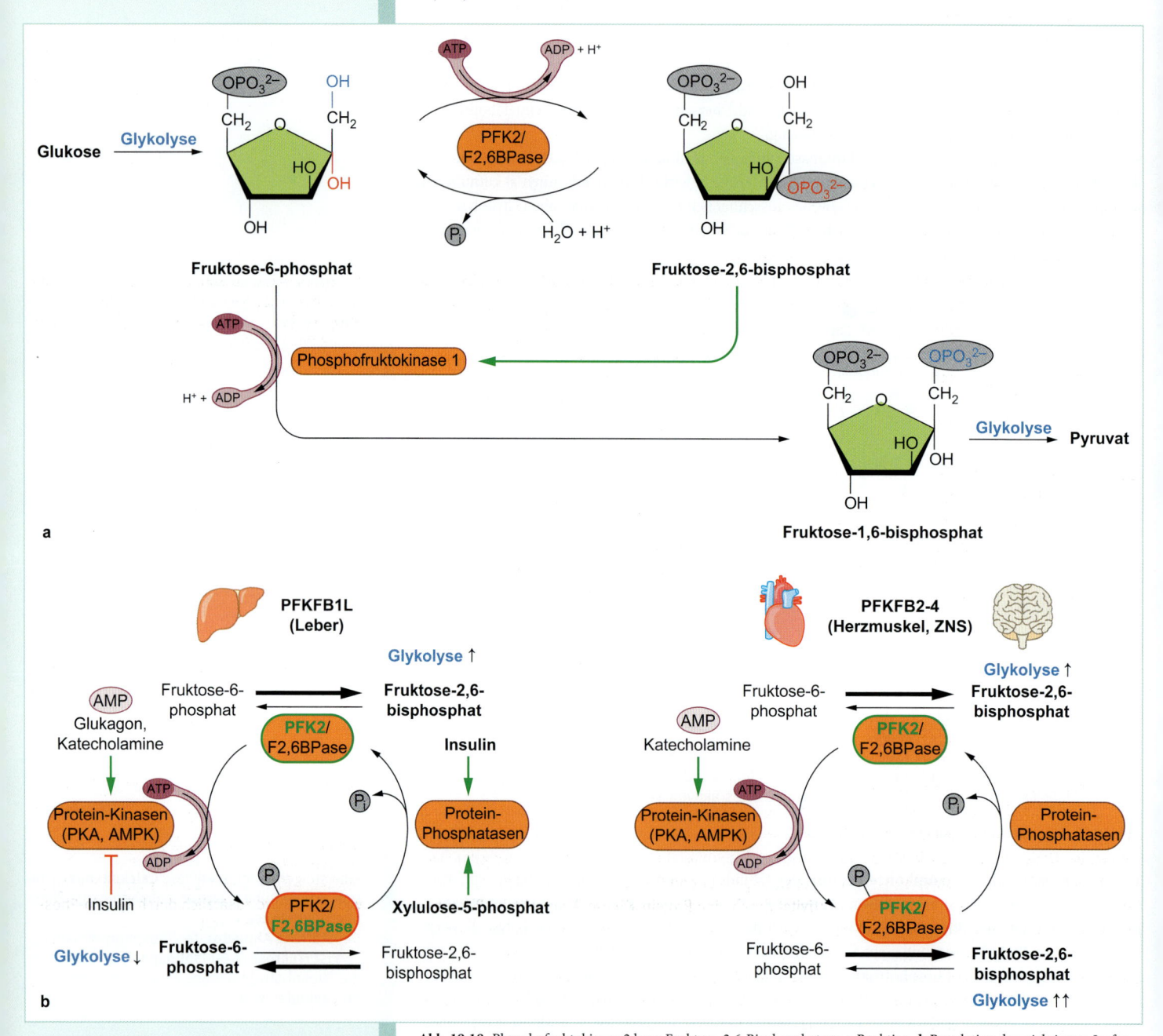

Abb. 19.18 Phosphofruktokinase 2 bzw. Fruktose-2,6-Bisphosphatase. **a** Reaktion. **b** Regulation der wichtigsten Isoformen. [L138, L307]

19.4 GLYKOLYSE: SCHNELLE ENERGIE AUS GLUKOSE

Durch Phosphorylierung der **Leber-Isoform** (PFKFB1L) des bifunktionellen Enzyms wird die Fruktose-2,6-Bisphosphatase-Aktivität verstärkt und die Konzentration an Fruktose-2,6-bisphosphat sinkt. Die Phosphorylierung wird durch die von Glukagon oder Katecholaminen aktivierte **Protein-Kinase A,** die das extrinsische Energielevel misst, oder die bei niedriger Energieladung aktivierte AMP-Kinase (AMPK), die das intrinsische Energielevel misst, katalysiert (➤ Abb. 19.18b). Somit wird die Glykolyse in der Leber bei sinkendem Blutglukosespiegel bzw. niedriger Energieladung gedrosselt.

Insulin hingegen aktiviert in der Leber **Phosphodiesterasen,** die zu einer Erniedrigung des cAMP-Spiegels und damit zu einer reduzierten Aktivität der Protein-Kinase A führen. Somit wird die Phosphorylierung des Tandemenzyms reduziert und seine Phosphofruktokinase-2-Aktivität steigt. Zusätzlich stimuliert Insulin die **Protein-Phosphatase 1** und somit die Dephosphorylierung des Tandemenzyms. Damit wird bei hohem Blutglukosespiegel die Glykolyse in der Leber stimuliert. Ein weiterer Stimulator für die Dephosphorylierung des Tandemenzyms ist Xylulose-5-phosphat, ein Glukosemetabolit aus dem Pentosephosphatweg. Er aktiviert eine andere Phosphatase, die Protein-Phosphatase A2, und es kommt zur vermehrten Bildung von Fruktose-2,6-bisphosphat.

In anderen Geweben wie dem **Herzmuskel** oder dem **ZNS** (PFKBF2–4) kommt es nach Phosphorylierung durch diverse Protein-Kinasen dagegen zu einer zusätzlichen Steigerung der bereits vorher überwiegenden Phosphofruktokinase-2-Aktivität (➤ Abb. 19.18b). So steigern Katecholamine z. B. im Herzmuskel über die Protein-Kinase A die Glykolyserate, sodass vermehrt ATP für eine gesteigerte Kontraktilität bereitgestellt wird. Andere extrem energiezehrende Prozesse wie eine starke Erregung im ZNS oder auch eine Hypoxie führen zu einem intrazellulären Anstieg der AMP-Konzentration. Dies aktiviert die AMP-Kinase, die ebenfalls das Tandemenzym phosphoryliert und die Glykolyseaktivität unter Energiemangelbedingungen erhöht.

Fruktose-2,6-bisphosphat koppelt so in Leber, Herzmuskel und ZNS die Glykolyse direkt an den Hormonhaushalt und damit an die Stoffwechsellage des gesamten Organismus.

In der **Muskel-Isoform** des bifunktionellen Enzyms (≙ PFKBF1M), die im Skelettmuskel, Fett- und Bindegewebe vermehrt exprimiert wird, dominiert hingegen die Fruktose-2,6-Bisphosphatase-Aktivität. Sie wird nicht durch Phosphorylierung reguliert. Unter Ruhebedingungen ist daher im Muskel nur eine sehr geringe Glykolyserate möglich. Der Skelettmuskel baut so im Ruhezustand die über das Blut angelieferte Glukose nicht ab, sondern kann seine Glykogenvorräte für spätere Aktivität auffüllen bzw. erhalten. Die Phosphofruktokinase 1 wird bei Muskelaktivität unabhängig von Fruktose-2,6-bisphosphat durch Bindung an **Calcium/Calmodulin** und durch eine von Katecholaminen über eine **Protein-Kinase-A-vermittelte Phosphorylierung** der Phosphofruktokinase 1 selbst aktiviert.

Insulin führt hingegen im Skelettmuskel und in Adipozyten über eine Erhöhung der Glukoseaufnahme zu einem Anstieg von Fruktose-6-phosphat. Da der K_M-Wert der Phosphofruktokinase 2 im Bereich der physiologischen, intrazellulären Konzentrationen von Fruktose-6-phosphat liegt, koppelt das Tandemenzym auch hier den Anstieg der Fruktose-6-phosphat-Konzentration an die vermehrte Bildung von Fruktose-2,6-bisphosphat und aktiviert damit die Glykolyse. Bei dauerhafter starker Muskelaktivität oder auch bei Hypoxie werden andere Isoformen des Tandemenzyms verstärkt exprimiert.

Regulation der Pyruvat-Kinase

Auch die **Pyruvat-Kinase,** die den letzten irreversiblen Schritt der Glykolyse katalysiert, ist als Tetramer aktiv. Es gibt vier verschiedene Isoformen, die gewebespezifisch exprimiert werden.
Die Pyruvat-Kinase der **Leber** (PKL) liegt in zwei verschiedenen Zuständen vor: als nicht-phosphoryliertes konstitutiv aktives Tetramer und als phosphoryliertes nahezu inaktives Dimer. Mit steigender Konzentration des Substrats **Phosphoenolpyruvat** wird die phosphorylierte Form kooperativ in ihre tetramere Form überführt, dort stabilisiert und so aktiviert. **Fruktose-1,6-bisphosphat** begünstigt diesen kooperativen Effekt allosterisch, sodass bereits niedrigere Konzentrationen an Phosphoenolpyruvat die PKL aktivieren können, wenn gleichzeitig an einer anderen Stelle des Enzyms Fruktose-1,6-bisphosphat gebunden ist. Dadurch sind die Aktivitäten der Phosphofruktokinase 1 und der Pyruvat-Kinase gekoppelt. So wird der Abfluss der Substrate in der Glykolyse sichergestellt und ein Rückstau vermieden.
Glukagon vermindert die Pyruvat-Kinase-Aktivität durch eine Protein-Kinase-A-vermittelte Phosphorylierung des konstitutiv aktiven Tetramers, das dadurch allosterisch regulierbar wird und bei niedrigen Konzentrationen an Phosphoenolpyruvat und Fruktose-1,6-bisphosphat zum inaktiven Dimer zerfallen kann. Insulin und Stoffwechselintermediate des Pentosephosphatwegs wie Xylulose-5-phosphat aktivieren Phosphatasen, die das Enzym in der konstitutiv aktiven, nicht-phosphorylierten Form halten. So ist es der Leber möglich, bei einem hohen Glukoseangebot den Zucker abzubauen und z. B. in Fette umzuwandeln.
Die Pyruvat-Kinase-Isoform in **Skelettmuskel, Herzmuskel** und **Gehirn** (PKM1) bildet ein konstitutiv aktives Tetramer und scheint nicht reguliert zu sein.
Für die Isoformen der **Erythrozyten** (PKR) und aller **anderen Gewebe** (PKM2) wird die gleiche durch Fruktose-1,6-bisphosphat stimulierte Kooperativität in Bezug auf das Substrat Phosphoenolpyruvat wie bei der phosphorylierten PKL beobachtet. Eine Phosphorylierung durch die PKA findet jedoch nicht statt. Darüber hinaus kann die PKM2 durch **Wachstumsfaktor-induzierte Tyrosin-Kinasen** phosphoryliert werden, was aber einen genau gegenteiligen Effekt zur PKA-vermittelten Serin-Phosphorylierung der

---

Aus Studentensicht

Die Isoform der **Leber** kann durch eine **Protein-Kinase-A-vermittelte** Phosphorylierung von der Kinase- auf die Phosphatase-Aktivität umgestellt werden. Glukagon und Adrenalin vermitteln so über die Protein-Kinase A eine verringerte Fruktose-2,6-bisphosphat-Konzentration und damit eine Hemmung der Glykolyse. **Insulin** dagegen aktiviert die **Proteinphosphatase 1** und senkt über **Phosphodiesterasen** die cAMP-Konzentration. Es hemmt damit die Wirkung der Protein-Kinase A und aktiviert über die resultierende erhöhte Fruktose-2,6-bisphosphat-Konzentration die Glykolyse.

Die Isoformen des **Herzmuskels** oder des **ZNS** reagieren auf Phosphorylierung mit einer zusätzlichen Aktivierung der sowieso überwiegenden Protein-Kinase-Aktivität und steigern daraufhin die Glykolyse.

Bei den meisten Isoformen ist die Kinaseaktivität höher als die Phosphataseaktivität. Nur im **Muskel-, Fett- und Bindegewebe** überwiegt per se die Phosphatase.

Regulation der Pyruvat-Kinase

Von der **Pyruvat-Kinase** gibt es verschiedene Isoformen, die gewebespezifisch exprimiert werden. Sie ist im Skelettmuskel, Herzmuskel, Gehirn und in der unphosphorylierten Form in der Leber konstitutiv aktiv. In allen anderen Geweben und der dimeren phosphorylierten Form in der Leber ist sie inaktiv. Dort zeigt die Pyruvat-Kinase eine positive Kooperativität in Bezug auf ihr Substrat **Phosphoenolpyruvat,** die allosterisch durch **Fruktose-1,6-bisphosphat** weiter verstärkt wird.
Die in proliferierenden Zellen exprimierte Pyruvat-Kinase wird zusätzlich durch Tyrosin-Phosphorylierung inaktiviert.

Aus Studentensicht

19 KOHLENHYDRATE: SCHNELLE ENERGIE UND MEHR

PKL hat. Dadurch wird bei der PKM2 der allosterische Aktivator Fruktose-1,6-bisphosphat verdrängt und es kommt zur **Hemmung** der PKM2. Möglicherweise erlaubt dies eine erhöhte Bereitstellung von Substraten für den Pentosephosphatweg und damit die verstärkte Synthese von Ribose für die Nukleotidbiosynthese und verstärkte Zellproliferation. Die PKM2 wird besonders in stark proliferierenden Zellen wie Tumorzellen exprimiert. Niedermolekulare Inhibitoren der PKM2 werden daher aktuell als potenzielle Medikamente gegen Tumorerkrankungen entwickelt.

Neben Fruktose-1,6-bisphosphat können PKR, PKM2 und die phosphorylierte PKL noch durch eine Vielzahl weiterer Metaboliten wie ATP oder Alanin allosterisch reguliert werden. Die Effekte sind jedoch nur schwach und benötigen unphysiologisch hohe Konzentrationen der Effektoren, sodass ihre Bedeutung zweifelhaft ist.

Regulation des Pyruvat-Dehydrogenase-Komplexes

Regulation des Pyruvat-Dehydrogenase-Komplexes

Der **Pyruvat-Dehydrogenase-Komplex** wird allosterisch durch NADH und Acetyl-CoA gehemmt und durch Thiamin-Pyrophosphat (TPP) aktiviert.

Der **Pyruvat-Dehydrogenase-Komplex** ist in der mitochondrialen Matrix lokalisiert und kann daher nicht wie die zytoplasmatischen Enzyme direkt durch Insulin und Katecholamine reguliert werden, sondern nur durch die Energieladung und die in den Mitochondrien anfallenden Stoffwechselprodukte.

Die Produkte der Pyruvat-Dehydrogenase, NADH und Acetyl-CoA, hemmen kompetitiv in den aktiven Zentren von E1 und E2 (> 18.2.3) und verhindern so die Bindung von Coenzym A und NAD$^+$. Außerdem ist Thiamin-Pyrophosphat (TPP) nicht nur essenzieller Cofaktor des Holoenzyms, sondern auch allosterischer Aktivator des Pyruvat-Dehydrogenase-Komplexes (> Abb. 19.19).

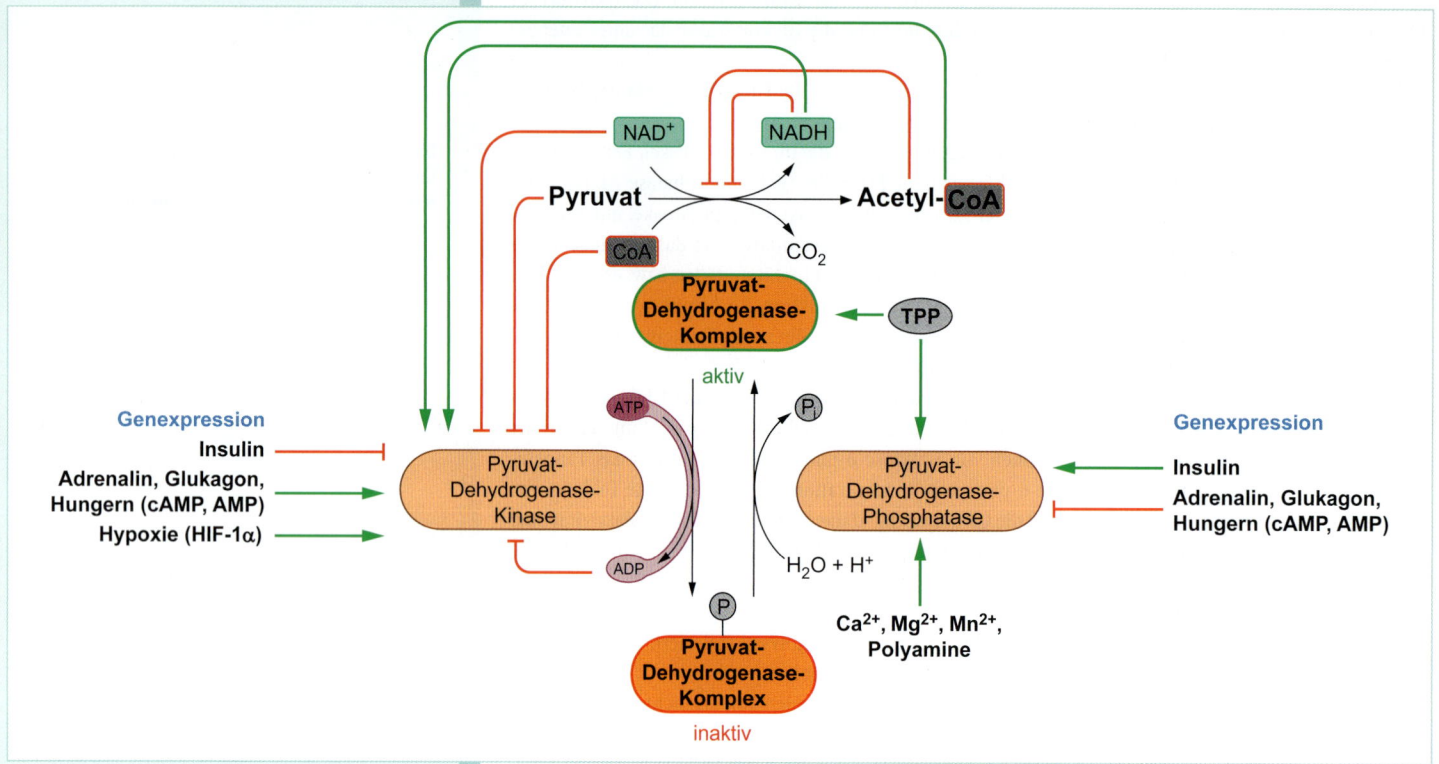

Abb. 19.19 Regulation des Pyruvat-Dehydrogenase-Komplexes [L138]

Die wichtigste Regulation erfolgt über **Interkonvertierung**: Dephosphoryliert ist der Komplex aktiv, phosphoryliert inaktiv. Die **Kinasen** und **Phosphatasen**, die den Komplex regulieren, sind selbst auch Untereinheiten des Pyruvat-Dehydrogenase-Komplexes. Bei hohen NADH- oder Acetyl-CoA-Spiegeln ist die Kinase aktiv, bei hohen Calciumspiegeln ist die Phosphatase aktiv. Unter Insulin wird außerdem die **Genexpression** der Phosphatase gesteigert und dadurch die Pyruvat-Dehydrogenase aktiviert.

Im Hungerzustand oder bei Hypoxie wird unter dem Einfluss von Glukagon bzw. Adrenalin verstärkt die Kinase exprimiert. Durch die Hemmung der Pyruvat-Dehydrogenase kann es zu einer Laktatazidose kommen, da Pyruvat nun zu Laktat verstoffwechselt wird.

Wie bei den zytoplasmatischen Enzymen wird auch die Aktivität der Pyruvat-Dehydrogenase überwiegend durch **Interkonvertierung** gesteuert. Im phosphorylierten Zustand ist die Pyruvat-Dehydrogenase inaktiv, im nicht-phosphorylierten Zustand aktiv (> Abb. 19.19). Die für die Interkonvertierung verantwortlichen Kinasen und Phosphatasen sind als regulatorische Untereinheiten integrale Bestandteile des Pyruvat-Dehydrogenase-Komplexes. Bei hohen Konzentrationen von **NADH** und **Acetyl-CoA** kommt es durch die Produkthemmung zu einem Anstau von acetylierten Liponsäureresten im PDH-Komplex (> 18.2.3). Dadurch wird die assoziierte Kinase aktiviert, die PDH phosphoryliert und damit der gesamte Pyruvat-Dehydrogenase-Komplex gehemmt.

Hohe NADH- und Acetyl-CoA-Konzentrationen treten in Mitochondrien v. a. während der β-Oxidation von Fettsäuren auf und sind damit charakteristisch für eine katabole Stoffwechsellage. Die Aktivität des Pyruvat-Dehydrogenase-Komplexes ist damit eine wichtige Schaltstelle zwischen Fett- und Glukoseabbau. Unter Hungerbedingungen steigen die Konzentrationen an unveresterten Fettsäuren im Blut und damit auch in den Zellen. Eine vermehrte β-Oxidation zeigt dies im Mitochondrium an und drosselt über die Hemmung der Pyruvat-Dehydrogenase den Glukoseabbau. Glukose kann somit für die Zellen, die auf Glukose angewiesen sind wie die des ZNS und die Erythrozyten, gespart werden. **Pyruvat** und **ADP hemmen** dagegen die Kinase, sodass der Pyruvat-Dehydrogenase-Komplex bei verstärkt ablaufender Glykolyse und Energiemangel der Zelle aktiv bleibt.

Die **Phosphatase** des Pyruvat-Dehydrogenase-Komplexes wird durch Kationen, v. a. Ca^{2+}-Ionen, aktiviert. Dadurch werden beispielsweise Muskelkontraktion oder Nervenaktivität an eine Dephosphorylierung und damit Aktivierung der Pyruvat-Dehydrogenase gekoppelt.

Die Anzahl an Kinase- und Phosphatase-Untereinheiten pro Pyruvat-Dehydrogenase-Komplex kann auf Ebene der **Genexpression** durch Insulin und seine Gegenspieler langfristig angepasst werden. Durch Insulin wird die Expression der Phosphatase induziert, die der Kinase jedoch vermindert und der Pyruvat-Dehydrogenase-Komplex damit aktiviert. Im Hungerzustand und bei Hypoxie passiert genau das Gegenteil. So wird im Hungerzustand von Glukose- auf Fettverbrennung umgeschaltet und bei Sauerstoffmangel auf die Bildung von Laktat aus Pyruvat, um NAD^+ für die Glykolyse zu regenerieren. Das von den Erythrozyten dauerhaft produzierte Laktat kann jetzt durch die Hemmung des Pyruvat-Dehydrogenase-Komplexes weder von der Leber noch vom Skelettmuskel oxidativ verstoffwechselt werden. Lediglich bei der Glukoneogenese der Leber und der Nierenrinde kann das Laktat noch verwertet werden. Als Konsequenz wird nicht nur eine Hypoxie, sondern auch eine ausgeprägte Hypoglykämie von einer Laktatazidose begleitet. Dramatisch wird die Laktatazidose, wenn eine Hypoglykämie bei gleichzeitiger Hemmung der Glukoneogenese wie bei einer hereditären Fruktose-Intoleranz auftritt.

> **KLINIK**
>
> **Neurone mögen keine Glykolyse**
>
> Die Zellen des ZNS sind aufgrund der Abschottung durch die Blut-Hirn-Schranke auf die Verwertung von Glukose für ihren Energiebedarf angewiesen. Lipide können nicht in ausreichend hohen Konzentrationen die Blut-Hirn-Schranke passieren. Umso erstaunlicher war die Erkenntnis, dass Neurone ihre Glykolyse auf ein absolutes Minimum reduzieren, indem sie ihr Phosphofruktokinase-2/Fruktose-2,6-Bisphosphatase-Tandemenzym sofort nach der Synthese ubiquitinieren und im Proteasom abbauen. Astrozyten dagegen haben eine sehr aktive Glykolyse. Das Gehirn als obligater Glukoseverwerter teilt sich also die Energie aus der Glukose weitgehend so auf, dass Astrozyten die Glukose mittels Glykolyse zu Laktat abbauen und Neuronen Laktat oxidativ zu CO_2 und H_2O abbauen. Astrozyten verbrauchen ca. 85 % der vom Gehirn aufgenommenen Glukose, bauen sie aber nur bis zum Laktat ab und „füttern" damit die Neurone.
>
> Durch das Abschalten der Glykolyse in den Neuronen wird Glukose-6-phosphat in diesen Zellen hauptsächlich in den Pentosephosphatweg eingeschleust und liefert so Pentosephosphate für die DNA-Reparatur und NADPH für die Regeneration von Glutathion. Neurone haben vergleichsweise niedrige Glutathion-Konzentrationen, mit denen sie jedoch relativ lange überleben müssen. Eine Verminderung des Durchflusses durch den Pentosephosphatweg, z. B. durch Aktivierung der Glykolyse, führt in Neuronen zu oxidativem Stress bis hin zur Apoptose. Während also Astrozyten während einer hypoxischen Phase durch Hochfahren der Glykolyse ausreichend ATP zum Überleben produzieren können, geht dies bei Neuronen nicht. Sie sind fast vollständig auf den aeroben Stoffwechsel von Laktat zur ATP-Bildung angewiesen und sterben bei Hypoxie besonders schnell ab.

Eine Feinjustierung der Verteilung von Glukose auf die verschiedenen Stoffwechselwege kann durch eine reversible **Acetylierung** aller glykolytischen Enzyme erfolgen. Diese führt meist direkt zu einer Aktivitätsminderung und zusätzlich werden die Enzyme in acetylierter Form verstärkt ubiquitiniert und proteosomal abgebaut. Die auf die Enzyme übertragenen Acetyl-Gruppen stammen dabei aus Citrat, das bei Überschuss aus dem Mitochondrium heraustransportiert wird und durch die zytoplasmatische Citrat-Lyase zu Acetyl-CoA und Oxalacetat gespalten wird (➤ 20.1.6). Dadurch signalisiert die Zelle, dass im Mitochondrium bereits genug Acetyl-CoA vorhanden ist und die Glykolyse kein neues liefern muss. Durch Hemmung der Glykolyse mittels Acetylierung steht die Glukose für andere Zellen zur Verfügung oder wird vermehrt in Glykogen gespeichert.

19.5 Aufrechterhaltung der Blutglukosekonzentration

19.5.1 Glukose im Blut

Glukose ist die **Transportform** der Kohlenhydrate im Blut. Die vielen unterschiedlichen Zucker aus der Nahrung können in Darm und Leber in Glukose umgewandelt und als solche entweder gespeichert oder über das Blut an die anderen Organe verteilt werden. Dabei wird durch das Zusammenspiel von Leber, Nierenrinde, endokrinem Pankreas und Skelettmuskel die Blutglukosekonzentration in engen Grenzen von 3,8–6,1 mmol/l (70–110 mg/dl) konstant gehalten. Die β-Zellen des endokrinen Pankreas wirken als Glukosesensor. Das Pankreas reguliert über die Ausschüttung der beiden antagonistischen Hormone **Insulin** und **Glukagon** die Freisetzung von Glukose aus Leber und Nierenrinde und die Glukoseaufnahme in Leber, quergestreifte Muskulatur und Adipozyten. Eine nicht adäquate Ausschüttung oder Wirkung von Insulin oder Glukagon wie beim Diabetes mellitus führt unbehandelt zu lebensbedrohlichen Hypo- oder Hyperglykämien.

Aus Studentensicht

KLINIK

19.5.2 Glukoneogenese
Während einer Nahrungskarenz liefert die **Glukoneogenese** v. a. der **Leber** und der **Nierenrinde** einen wichtigen Beitrag zur Aufrechterhaltung des Blutzuckerspiegels.
Substrate für die **Glukoneogenese** sind **Laktat, Pyruvat, Glycerin** und die **glukogenen Aminosäuren.**
Bei der Glukoneogenese wird entgegengesetzt zur Glykolyse Pyruvat in Glukose umgewandelt, wobei die irreversiblen Reaktionen der Glykolyse umgangen werden.

Reaktionen der Glukoneogenese
Die Glukoneogenese **beginnt** in der **mitochondrialen Matrix** mit der Carboxylierung von **Pyruvat** zu **Oxalacetat** durch die **Pyruvat-Carboxylase.** Diese Biotin-abhängige Reaktion dient auch als anaplerotische Reaktion für den Citratzyklus. Oxalacetat kann nicht über die Mitochondrienmembran transportiert werden, aber von der **mitochondrialen Phosphoenolpyruvat-Carboxykinase** (PEPCK-M) zu Phosphoenolpyruvat decarboxyliert und phosphoryliert werden. Phosphoenolpyruvat kann die Mitochondrien verlassen.

Oxalacetat kann alternativ durch die **Malat-Dehydrogenase** zu Malat reduziert, so über die Mitochondrienmembran transportiert **(Malat-Shuttle)** und im Zytoplasma wieder in Oxalacetat und dann in Phosphoenolpyruvat umgewandelt werden.
Zwei Moleküle Phosphoenolpyruvat werden nun über die reversiblen Reaktionen der Glykolyse in ein Molekül Fruktose-1,6-bisphosphat umgesetzt.
Die **Fruktose-1,6-Bisphosphatase** hydrolysiert dies zu Fruktose-6-phosphat, das nach Isomerisierung zu Glukose-6-phosphat durch das **Glukose-6-Phosphatase-System** zu Glukose hydrolysiert wird.

---

19 KOHLENHYDRATE: SCHNELLE ENERGIE UND MEHR

KLINIK

Hypo- und Hyperglykämie

Eine **Hypoglykämie** führt schnell zu einem Funktionsverlust und Absterben von Zellen, die obligat auf Glukose als Energiesubstrat angewiesen sind, wie Erythrozyten, Zellen des ZNS und Geweben mit nur geringer Sauerstoffversorgung wie das Nierenmark. Besonders auffällig und akut gefährdig sind die neurologischen Symptome. Spezielle periphere und zentrale Neurone, die mit GLUT2 oder auch dem Süß-Geschmacksrezeptor ausgestattet sind, aktivieren bei zu niedrigen Blutglukosespiegeln den Sympathikus. Die ausgeschütteten Katecholamine unterstützen das Glukagon darin, den Glukosespiegel zu normalisieren, führen aber auch zu den autonomen Warnsymptomen wie Schwitzen, Zittern und Herzklopfen. Durch den Energiemangel im Gehirn kommt es zu Konzentrationsstörungen, Schwindel und bei noch niedrigeren Glukosekonzentrationen auch zu Krämpfen und Bewusstlosigkeit. Weil durch einen zerebralen Krampfanfall im Gehirn der Energiebedarf enorm ansteigt, werden die vorher schon geringen ATP-Reste der Neurone in den betroffenen Gebieten komplett verbraucht und die Neurone können absterben. Man bezeichnet diese Folge einer Hypoglykämie auch als „metabolischen Schlaganfall". Ab welchen Glukosekonzentrationen welche der genannten Symptome auftreten, ist individuell sehr unterschiedlich. Diabetiker, die lange Zeit mit einer Hyperglykämie gelebt haben, können z. B. hypoglykämische Symptome zeigen, wenn ihr Blutzuckerspiegel in den Normbereich absinkt.

Eine **Hyperglykämie** ist erst ab etwa 30 mmol/l (540 mg/dl) Blutglukose wegen der Hyperosmolarität des Plasmas akut lebensbedrohlich, bei chronisch erhöhtem Blutzucker können aber schon bei niedrigeren Werten diverse Zellen osmotisch und oxidativ geschädigt werden. Zudem führen Aldosen wie Glukose und einige ihrer Metaboliten zur nichtenzymatischen Glykierung von Proteinen und damit zu chronischen Entzündungen und Veränderungen der Kapillaren (Mikroangiopathie). Dadurch kommt es v. a. zu Schäden der Niere (diabetische Nephropathie), des Auges (Refraktionsanomalien und diabetische Retinopathie) und peripherer Neurone (diabetische Polyneuropathie) (> 24.5.4).

19.5.2 Glukoneogenese
Während kurzer Perioden der Nahrungskarenz wie zwischen den Mahlzeiten wird der Blutglukosespiegel v. a. durch die Glykogenolyse der Leber aufrechterhalten. Je länger keine Kohlenhydrate mit der Nahrung aufgenommen werden, umso geringer werden die Glykogenvorräte und umso wichtiger wird die **Glukoneogenese. Leber, Nierenrinde** und evtl. **intestinale Mukosa** synthetisieren in diesem Stoffwechselweg Glukose de novo. Nach einer nächtlichen Nahrungskarenz von etwa 10–15 Stunden stammen etwa 50 % der in das Blut freigesetzten Glukose aus dem Leberglykogen und je 25 % aus der Glukoneogenese von Leber und Nierenrinde. Die intestinale Glukoneogenese trägt bei funktionierendem Leber- und Nierenstoffwechsel nicht nennenswert zur Aufrechterhaltung der peripheren Glukosehomöostase im Nüchtern- oder Hungerzustand bei. Ihre Bedeutung liegt in der Bereitstellung von Glukose für die vagalen Glukosesensoren in der Pfortader, z. B. nach einer proteinreichen Mahlzeit, und damit der Induktion von Sättigung über den Hypothalamus. **Substrate** für die **Glukoneogenese** sind **Laktat, Pyruvat, Glycerin** und die **glukogenen Aminosäuren.**

Bei der Glukoneogenese reagiert entgegengesetzt zur Glykolyse Pyruvat zu Glukose. Die Glukoneogenese ist jedoch keine direkte Umkehr der Glykolyse, da nur die Enzymaktivitäten der reversiblen Reaktionsschritte für beide Stoffwechselwege genutzt werden. Die drei von Glukokinase, Phosphofruktokinase 1 und Pyruvat-Kinase katalysierten irreversiblen Schritte der Glykolyse werden durch andere Reaktionen umgangen (> Abb. 19.20).

Reaktionen der Glukoneogenese
Im Gegensatz zur Glykolyse läuft die Glukoneogenese nicht komplett im Zytoplasma ab, sondern **beginnt** in der **mitochondrialen Matrix** und **endet** im glatten **endoplasmatischen Retikulum.** Der erste Schritt der Glukoneogenese, die Bildung von Phosphoenolpyruvat aus Pyruvat, umgeht in zwei Schritten die Rückreaktion der irreversiblen Pyruvat-Kinase-Reaktion. Die erste Reaktion wird von der Biotin-abhängigen **Pyruvat-Carboxylase** im Mitochondrium katalysiert. Sie carboxyliert unter ATP-Verbrauch **Pyruvat** zu **Oxalacetat** (> Abb. 19.21). Dieselbe Reaktion dient auch als anaplerotische Reaktion für den Citratzyklus (> 18.2.5).

Oxalacetat kann das Mitochondrium nicht verlassen, aber durch die **mitochondriale Phosphoenolpyruvat-Carboxykinase** (PEPCK-M) decarboxyliert und gleichzeitig mittels GTP phosphoryliert werden. Die Abspaltung des vorher unter ATP-Verbrauch angehängten CO_2 ermöglicht dabei die Synthese einer mit ca. 62 kJ/mol energiereichen Phosphoenolbindung, obwohl bei der Hydrolyse der Phosphorsäureanhydridbindung im GTP nur 30 kJ/mol frei werden. Die Decarboxylierung von Oxalacetat zu Pyruvat liefert die fehlenden 32 kJ/mol. Phosphoenolpyruvat kann das Mitochondrium über verschiedene Transporter, z. B. im Austausch gegen Citrat, verlassen.

Alternativ kann Oxalacetat im Mitochondrium durch die **Malat-Dehydrogenase** zu Malat reduziert werden, das über diverse Antiporter z. B. im Austausch mit P_i in das Zytoplasma transportiert wird. Dort wird Malat wieder zu Oxalacetat oxidiert (> Abb. 19.21). Durch diesen **Malat-Shuttle** werden neben Oxalacetat auch Elektronen von NADH aus dem Mitochondrium in das Zytoplasma transferiert (> 18.5.4), die dort für die Glukoneogenese benötigt werden. Das dabei in das Mitochondrium importierte Phosphat kann zusammen mit einem Proton durch einen H^+/P_i-Symporter wieder ausgeschleust werden oder als Substrat für die ATP-Synthase dienen. Im Zytoplasma wird Oxalacetat durch die **zytoplasmatische Phosphoenolpyruvat-Carboxykinase** (PEPCK-C) in Phosphoenolpyruvat umgewandelt. Der Grund für das Vorhandensein der beiden PEPCK-Isoenzyme beruht vermutlich auf der Verwendung

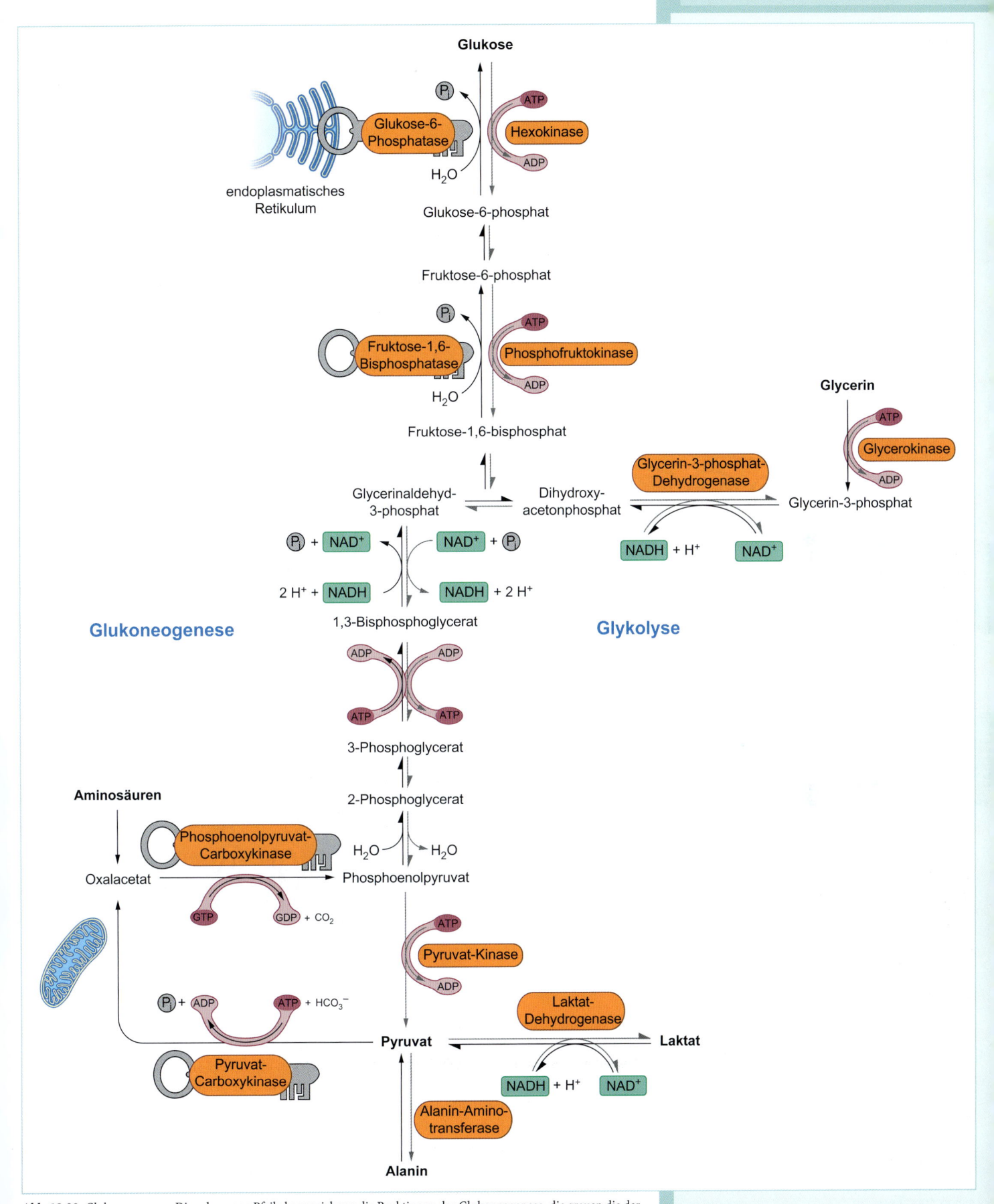

Abb. 19.20 Glukoneogenese. Die schwarzen Pfeile kennzeichnen die Reaktionen der Glukoneogenese, die grauen die der Glykolyse. [L138]

unterschiedlicher Ausgangssubstrate für die Glukoneogenese. Während bei der Glukoneogenese ausgehend von Laktat durch die Laktat-Dehydrogenase bereits ein NADH für die Glukoneogenese im Zytoplasma bereitgestellt wird, sind die Zellen bei Verwendung anderer Substrate wie Alanin oder Pyruvat auf den Transport eines Redoxäquivalents aus dem Mitochondrium angewiesen.

Aus Studentensicht   19 KOHLENHYDRATE: SCHNELLE ENERGIE UND MEHR

Abb. 19.21 Bildung von Phosphoenolpyruvat [L138]

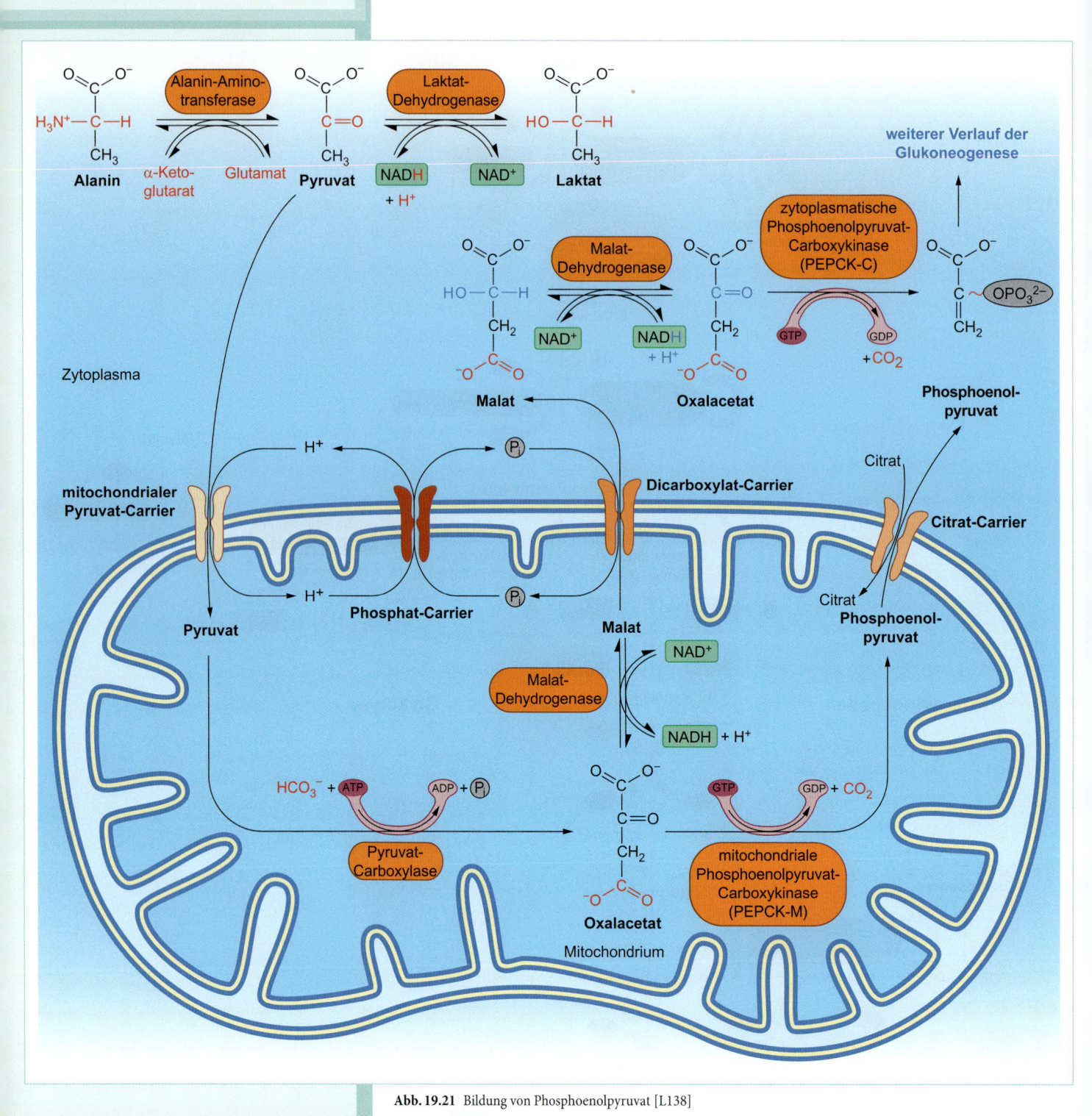

Zwei Moleküle Phosphoenolpyruvat können im Zytoplasma über die Rückreaktionen der reversiblen Glykolysereaktionen in ein Molekül Fruktose-1,6-bisphosphat überführt werden. Die Rückreaktion der Phosphofruktokinase 1 ist jedoch nicht möglich, da aus dem an C1 über eine Phosphoesterbindung gebundenen Phosphat eine Phosphorsäure-Anhydrid-Bindung im ATP gebildet werden müsste, die Esterbindung aber nur etwa die Hälfte der dafür nötigen Energie besitzt. Das Phosphat am C1 des Fruktose-1,6-bisphosphats wird daher durch die **Fruktose-1,6-Bisphosphatase** hydrolytisch abgespalten. Die Energie der Esterbindung wird dabei in Form von Wärme abgegeben. Nach Isomerisierung zu Glukose-6-phosphat wird dieses durch das **Glukose-6-Phosphatase-System** zu Glukose hydrolysiert (➤ Abb. 19.22).

Glukose-6-phosphat wird über einen spezifischen **Transporter** in das glatte **ER** transportiert und dort durch die **Glukose-6-Phosphatase** hydrolysiert. Diese Dephosphorylierung ist der **geschwindigkeitsbestimmende Schritt** der Glukoneogenese und der Glykogenolyse in der Leber.

Dazu wird Glukose-6-phosphat durch einen sehr spezifischen **Glukose-6-phosphat-Transporter** im Antiport mit anorganischem Phosphat in das glatte endoplasmatische Retikulum transportiert. Glukose-6-phosphat wird im ER-Lumen nun durch eine wenig spezifische Phosphatase, die Isoform 1 der **Glukose-6-Phosphatase** (G6PC1), zu Glukose hydrolysiert. Diese Dephosphorylierung ist der **geschwindigkeitsbestimmende Schritt** sowohl der Glukoneogenese als auch der Leber-Glykogenolyse.

Ungeklärt ist bisher, wie Glukose aus dem Lumen des ER in den Extrazellulärraum gelangt. Da Leberzellen von GLUT2-Knock-out-Mäusen genauso viel Glukose freisetzen können wie solche, die diesen Glukosetransporter exprimieren, ist GLUT2 für den Export von Glukose aus den Hepatozyten vermutlich von

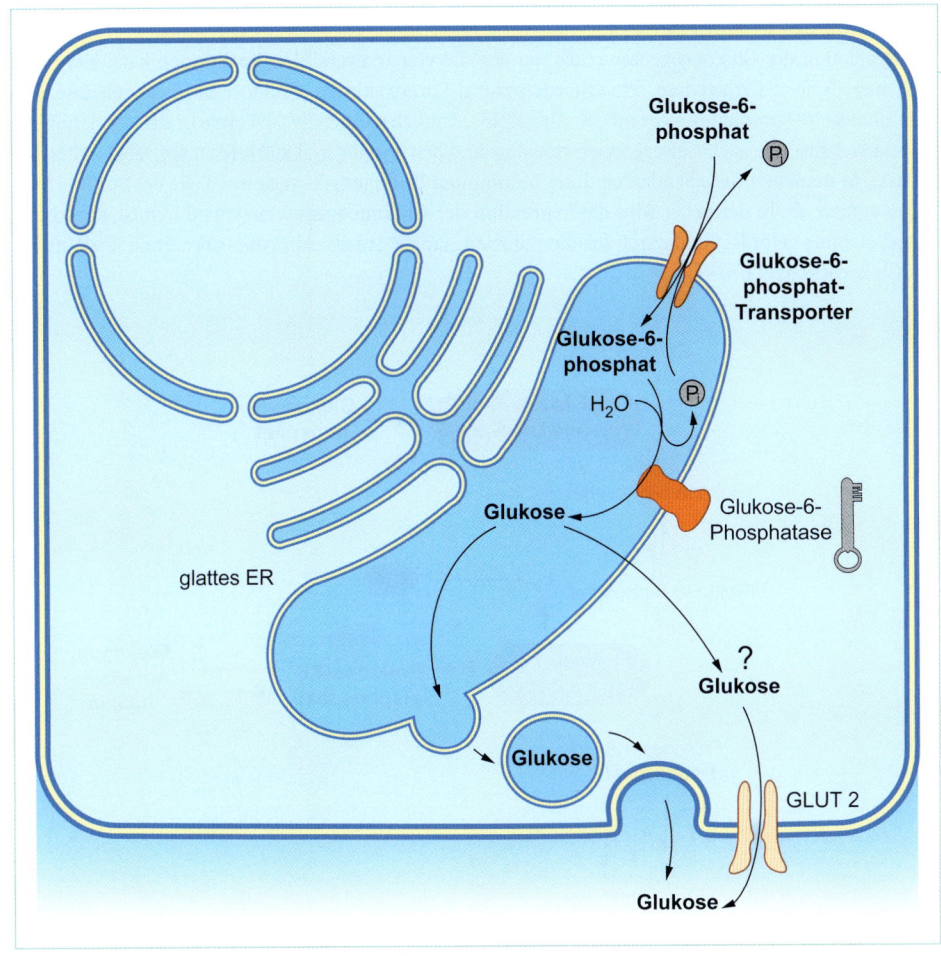

Abb. 19.22 Glukose-6-Phosphatase-System [L307]

geringer Bedeutung. Es wird angenommen, dass Glukose über einen **vesikulären Transport** direkt aus dem endoplasmatischen Retikulum aus der Zelle ausgeschleust werden kann. Grund für die Umgehung des Zytoplasmas ist vermutlich die dort lokalisierte Glukokinase, welche die Glukose bei Konzentrationen von 10–20 mmol/l, die für einen Export durch GLUT2 erreicht werden müssten, wieder zu Glukose-6-phosphat phosphorylieren würde. Ein Teil der Glukose gelangt aber dennoch über einen noch ungeklärten Transportmechanismus aus dem ER ins Zytoplasma und kann teilweise auch durch GLUT2 die Zelle verlassen.

Im Menschen exprimieren nur **Leber, Nierenrinde** und **intestinale Mukosa** eine signifikante Menge des Glukose-6-Phosphatase-Systems, sodass nur diese Organe Glukose aus der Glukoneogenese oder der Glykogenolyse auch an die Zirkulation bzw. Pfortader abgeben können. Die anderen Schritte der Glukoneogenese laufen auch außerhalb dieser Organe ab, z. B. in Neuronen oder Skelettmuskelzellen. Sie dienen nicht der Versorgung anderer Zellen mit Glukose, sondern **intrazellulären Synthesen** aus Substraten der Glukoneogenese. So kann z. B. der Skelettmuskel Glykogen aus Laktat synthetisieren, während andere Zelltypen den Stoffwechselweg z. B. zur Bereitstellung von Glycerin-3-phosphat für die Glycerolipidsynthese nutzen können.

Substrate für die Glukoneogenese

Die Glukoneogenese dient vorrangig der Aufrechterhaltung einer ausreichenden Blutglukosekonzentration für Erythrozyten, Zellen des ZNS und des Nierenmarks während körperlicher Anstrengung und Hungerperioden. Substrate, die unter diesen Bedingungen vermehrt anfallen, sind **Laktat,** das über die Laktat-Dehydrogenase in Pyruvat umgewandelt werden kann, und **Alanin,** aus dem mithilfe der Alanin-Aminotransferase Pyruvat entsteht (➤ Abb. 19.20). Andere **glukogene Aminosäuren** münden anaplerotisch in den Citratzyklus und werden durch diesen letztlich in Oxalacetat umgewandelt und eine Stufe nach dem Pyruvat in die Glukoneogenese eingeschleust. Glutamin, das Aminogruppen im Blut transportiert (➤ 21.3.4), ist das Hauptsubstrat für die Glukoneogenese in den Zellen der Nierenrinde. Diese Zellen verfügen über eine besonders hohe Glutaminaseaktivität und können die frei werdenden Ammonium-Ionen direkt über den Urin ausscheiden. Im Hungerstoffwechsel fallen bedeutende Mengen **Glycerin** beim Abbau der Lipidspeicher an. Glycerin kann nach ATP-abhängiger Phosphorylierung durch die Glycerin-Kinase und NAD$^+$-abhängige Oxidation durch die Glycerin-3-phosphat-Dehydrogenase (➤ 20.3.1) in der Leber als Dihydroxyacetonphosphat in die Glukoneogenese einmünden (➤ Abb. 19.20).

Aus Studentensicht

ABB. 19.22

Vermutlich wird Glukose in **Vesikeln** an die Plasmamembran transportiert und so in das Blut freigesetzt. Ein Teil wird aber auch vom ER-Lumen in das Zytoplasma transportiert.
Nur **Leber, Nierenrinde** und **intestinale Mukosa** besitzen die Glukose-6-Phosphatase und können Glukose ins Blut abgeben. Andere Organe nutzen Abschnitte der Glukoneogenese für ihre **intrazellulären Synthesen,** z. B. für Glycerolipide.

Substrate für die Glukoneogenese

Laktat und **Alanin** werden über Pyruvat in die Glukoneogenese eingeschleust. **Glukogene Aminosäuren** werden im Citratzyklus zu Oxalacetat umgesetzt und **Glycerin** wird zu Dihydroxyacetonphosphat phosphoryliert und oxidiert.

Aus Studentensicht

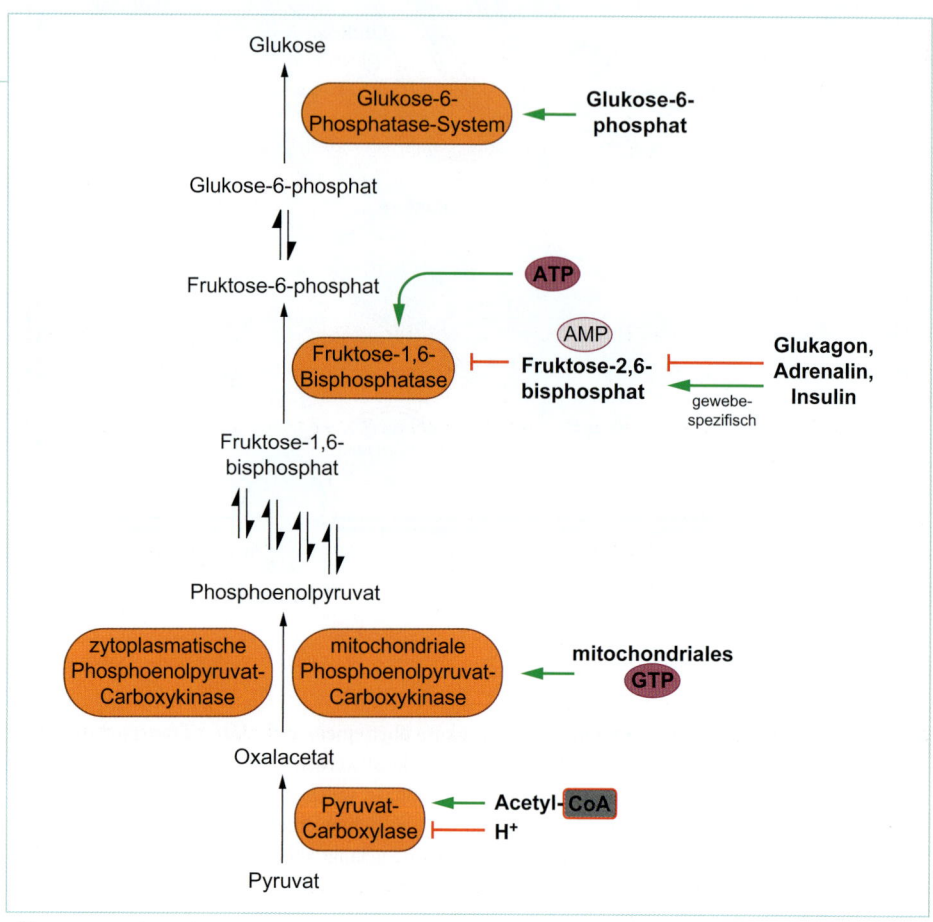

Regulation der Glukoneogenese
Pyruvat-Carboxylase, Phosphoenolpyruvat-Carboxykinase, Fruktose-1,6-Bisphophatase und Glukose-6-Phosphatase katalysieren die **vier irreversiblen Reaktionen** der Glukoneogenese und werden gewebespezifisch reguliert. Die Glukoneogeneseenzyme der Leber werden außerdem auf Ebene der **Genexpression** reguliert.

ABB. 19.23

Die **Pyruvat-Carboxylase** wird durch **Acetyl-CoA** aktiviert, damit mehr Oxalacetat für die Oxidation des Acetyl-CoA im Citratzyklus zur Verfügung steht.
Die **mitochondriale PEPCK** wird ubiqitär und konstitutiv exprimiert, da sie auch für den oxidativen Abbau von Aminosäuren wichtig ist. In Leber und Nierenrinde dient sie der Glukoneogenese aus Laktat.
Die **zytoplasmatische PEPCK** wird durch Glukocorticoide, Glukagon oder Katecholamine induziert und durch Insulin gehemmt. Sie wird v. a. für die Glukoneogenese aus anderen Subtraten als Laktat benötigt.

488

19 KOHLENHYDRATE: SCHNELLE ENERGIE UND MEHR

Regulation der Glukoneogenese

Die Regulation der Glukoneogenese erfolgt an den die **vier irreversiblen Reaktionen** katalysierenden Enzymen Pyruvat-Carboxylase, Phosphoenolpyruvat-Carboxykinase, Fruktose-1,6-Bisphophatase und dem Glukose-6-Phosphatase-System (➤ Abb. 19.23). Ähnlich wie bei der Glykolyse ist die Regulation der einzelnen Schritte je nach Gewebe unterschiedlich und den jeweiligen Bedürfnissen spezieller Zellen angepasst. In manchen Geweben laufen unter bestimmten Bedingungen auch nur Teile des Stoffwechselweges isoliert ab. In der Leber wird die **Expression der Glukoneogeneseenzyme** durch Glukagon und Katecholamine gefördert und durch Insulin reduziert. Eine ebenfalls expressionsfördernde Wirkung hat das Glukocorticoid Cortisol.

Abb. 19.23 Regulation der Glukoneogenese [L271]

Regulation der Pyruvat-Carboxylase und Phosphoenolpyruvat-Carboxykinase
Glukoneogenese und Citratzyklus sind über Oxalacetat und GTP eng miteinander verknüpft. Die Bildung von Oxalacetat durch die **Pyruvat-Carboxylase** ist eine klassische anaplerotische Reaktion, die für das Auffüllen des Citratzyklus von großer Bedeutung ist (➤ 18.2.5). Ihre Regulation richtet sich daher in erster Linie nach dem Citratzyklus und nicht nach der Glukoneogenese (➤ Abb. 19.23). Sie wird daher durch **Acetyl-CoA** allosterisch aktiviert. Diese Aktivierung ist jedoch pH-abhängig und funktioniert nicht bei erhöhter H$^+$-Konzentration, wie es bei einer Azidose der Fall ist.
Die Phosphoenolpyruvat-Carboxykinase ist außer für die Glukoneogenese auch für den oxidativen Abbau von Aminosäuren von Bedeutung, da sie das dabei entstehende Oxalacetat in Phosphoenolpyruvat umwandelt, das dann zu Pyruvat und weiter zu Acetyl-CoA reagiert. Die Aktivität der **mitochondrialen Phosphoenolpyruvat-Carboxykinase (PEPCK-M)** korreliert daher primär mit der mitochondrialen **GTP-Konzentration** und so mit der Succinyl-CoA-Synthetase-Aktivität. Damit werden die anaplerotischen Reaktionen des Citratzyklus und der katabole Stoffwechsel gekoppelt und so die Homöostase der Citratzyklus-Intermediate sichergestellt.
Die PEPCK-M ist konstitutiv und ubiquitär exprimiert und dient in Leber und Nierenrinde der Glukoneogenese aus Laktat. Sinken Blutzuckerspiegel und Glykogenvorräte, werden jedoch vermehrt andere Substrate als Laktat benötigt. Zu diesem Zweck wird die Genexpression der **zytoplasmatischen Phosphoenolpyruvat-Carboxykinase (PEPCK-C)** durch Glukocorticoide, in der Leber durch Glukagon und in der Nierenrinde durch Katecholamine induziert. Insulin als klassischer Gegenspieler senkt in beiden Geweben die Genexpression der PEPCK-C und damit die Geschwindigkeit der Glukoneogenese.

19.5 AUFRECHTERHALTUNG DER BLUTGLUKOSEKONZENTRATION

KLINIK

Glukoneogenese während einer Azidose

Normalerweise leisten Leber und Nierenrinde etwa gleich hohe Beiträge zur Aufrechterhaltung des Blutglukosespiegels durch die Glukoneogenese. Während einer **Azidose** sinkt jedoch die Glukoneogenesekapazität der Leber, während die Nierenrinde deutlich mehr Glukose freisetzt. Durch die Azidose ist die Aktivität der **Pyruvat-Carboxylase** stark **eingeschränkt**, da sie bei niedrigem intrazellulärem pH-Wert nicht durch Acetyl-CoA aktiviert werden kann. Bei einer Azidose ist daher die Glukoneogenese in der Leber aus Laktat, Pyruvat und Alanin stark reduziert, während die Glukoneogenese aus Glutamin in der Nierenrinde nicht beeinflusst wird. Zusätzlich steigt bei einer Azidose die Glutaminfreisetzung durch die Leber stark an (➤ 21.3.3), das dann in der Nierenrinde desaminiert und vermehrt zu Glukose umgesetzt wird.

Regulation der Fruktose-1,6-Bisphosphatase

Das einzige für die Glukoneogenese spezifische Enzym und direktes Gegenstück zur Phosphofruktokinase 1 der Glykolyse ist die **Fruktose-1,6-Bisphosphatase**. Ihre Regulation verläuft gegenläufig zu der der Phosphofruktokinase 1. AMP wirkt als allosterischer Inhibitor. Fruktose-2,6-bisphosphat konkurriert als kompetitiver Inhibitor mit dem Substrat Fruktose-1,6-bisphosphat im aktiven Zentrum. ATP wirkt hingegen als Aktivator der Fruktose-1,6-Bisphosphatase (➤ Abb. 19.23).

Unter dem Einfluss von Glukagon sinkt in der Leber die intrazelluläre Fruktose-2,6-bisphosphat-Konzentration, damit steigt die Aktivität der Glukoneogenese, während die der Glykolyse abnimmt. Umgekehrt verhält es sich bei Insulin-Einfluss. Das bifunktionelle Enzym ist damit der entscheidende Schalter, der sicherstellt, dass Glykolyse und Glukoneogenese in der Leber nicht in erheblichem Umfang gleichzeitig ablaufen und sowohl Glykolyse als auch Glukoneogenese an die übergeordnete Stoffwechsellage des Organismus gekoppelt werden (➤ 19.4.2). Adrenalin wirkt in der Leber synergistisch mit Glukagon, hat allerdings im Skelettmuskel keine Auswirkung auf das bifunktionelle Enzym, dem dort die PKA-Phosphorylierungsstellen fehlen.

Regulation des Glukose-6-Phosphatase-Systems

Der K_M-Wert der **Glukose-6-Phosphatase** für Glukose-6-phosphat (2–3 mmol/l) ist viel höher als die intrazelluläre Glukose-6-phosphat-Konzentration (0,05–1 mmol/l). Die physiologische Aktivität dieses Enzyms wird somit kurzfristig allein durch die Konzentration seines Substrats reguliert. Diese wiederum steigt um ein Vielfaches, wenn die Glykogenolyse oder Glukoneogenese durch Glukagon oder Katecholamine stimuliert wird, was deren Effekt auf die gesteigerte Glukosefreisetzung erklärt.

Längerfristig kann die Aktivität der Glukose-6-Phosphatase auch durch Änderung der Genexpression reguliert werden. Glukagon und Glukocorticoide induzieren die Expression in der Leber, während Insulin sie hemmt.

Transkriptionelle Regulation von Glykolyse und Glukoneogenese

Da die Glykolyse evolutionsbiologisch sehr alt ist und in jeder menschlichen Zelle abläuft, wurde lange Zeit angenommen, dass die Gene der Glykolyseenzyme konstitutiv und gleichbleibend exprimiert werden. Die Entdeckung von immer mehr Isoenzymen und ihrer gewebespezifischen Expression widerlegte diese Annahme jedoch. Auch wenn die **Regulation der Genexpression** der Glykolyse- und Glukoneogeneseenzyme immer noch nicht vollständig aufgeklärt ist, sind neben gewebespezifischen Transkriptionsfaktoren inzwischen auch Transkriptionsfaktoren bekannt, die von Insulin, Katecholaminen, Glukocorticoiden und den intrazellulären Konzentrationen an Glukose, AMP, Sauerstoff und cAMP reguliert werden (➤ Abb. 19.24).

Bei **Hypoxie** ist jede Zelle, gleich welchem Organ sie angehört, auf die Glykolyse als einzige ATP-Quelle angewiesen. Die stärkste Induktion aller Glykolyseenzyme einschließlich des bifunktionellen Enzyms geschieht daher durch den Hypoxie-induzierten Transkriptionsfaktor **HIF** (➤ Abb. 19.25).

Der Transkriptionsfaktor **CREB** (cAMP Response Element-Binding Protein) wird u. a. von der Protein-Kinase A phosphoryliert und aktiviert. CREB vermittelt also die Signale von **Adrenalin, Noradrenalin** und in der Leber **Glukagon** auf die Gentranskription durch Bindung an das CRE (cAMP Response Element) (➤ 9.6.2). **Insulin** ist hier direkter Gegenspieler, indem es die cAMP-Konzentration senkt und die Protein-Phosphatase 1 aktiviert, welche die von der Protein-Kinase A angehängten Phosphate wieder entfernt. Außerhalb der Leber vermittelt CREB die Wirkung der Katecholamine und aktiviert die Glykolyse über Bindung an ein CRE im Hexokinase-II-Promotor. In der Leber dagegen stimuliert es glukagonabhängig die Expression vieler Glukoneogenesegene.

Insulin hemmt nicht nur CREB, sondern bewirkt auch eine Aktivierung des Transkriptionsfaktors **SREBP1** (Sterole Response Element-Binding Protein 1). So stimuliert Insulin die Transkription von SREBP1 und dessen proteolytische Freisetzung aus dem endoplasmatischen Retikulum (➤ 20.2.1). SREBP1 aktiviert ubiquitär Gene der Glykolyse wie das für die Pyruvat-Kinase und hemmt in der Leber die Transkription der Gene für die zytoplasmatische Phosphoenolpyruvat-Carboxykinase und die Glukose-6-Phosphatase und damit die Glukoneogenese.

ChREBP (Carbohydrate Response Element-Binding Protein) wird durch die Protein-Kinase A und Protein-Phosphatase 1 gegenläufig zu CREB reguliert, wirkt also ähnlich wie Insulin. ChREBP überträgt pri-

---

Aus Studentensicht

KLINIK

Die **Fruktose-1,6-Bisphosphatase** ist das einzige spezifische Glukoneogeneseenzym. Sie wird durch AMP und Fruktose-2,6-Bisphosphat gehemmt und durch ATP aktiviert.
Glukagon bewirkt ein Absinken der Fruktose-2,6-bisphosphat-Konzentration in der Leber. So wird die Glukoneogenese gesteigert und die Glykolyse gehemmt. Insulin wirkt entgegengesetzt. Adrenalin wirkt in der Leber synergistisch mit Glukagon, hat allerdings im Skelettmuskel keine Auswirkung auf das bifunktionelle Enzym.

Die Aktivität der **Glukose-6-Phosphatase** wird kurzfristig nur durch die Glukose-6-phosphat-Konzentration bestimmt. Ihre Transkription ist jedoch auch hormonell gesteuert.

Transkriptionelle Regulation von Glykolyse und Glukoneogenese

Die **Genexpression** von Enzymen der Glykolyse und Glukoneogenese wird von Insulin, Katecholaminen, Glukocorticoiden und den intrazellulären Konzentrationen an Glukose, AMP, Sauerstoff und cAMP reguliert.

Der Transkriptionsfaktor **HIF** (Hypoxie-induzierter Faktor) ist der stärkste Induktor aller Glykolyseenzyme.
CREB wird durch Protein-Kinase A-Phosphorylierung aktiviert und stimuliert über die Bindung an CRE in der Leber die Expression von Glukoneogenesegenen. Extrahepatisch wird die Hexokinase II und damit die Glykolyse hochreguliert. **Insulin** hemmt über die Protein-Phosphatase und Phosphodiesterase die Wirkung von CREB und aktiviert **SREBP1**. Dieses aktiviert ubiquitär Gene der Glykolyse und hemmt in der Leber Gene der Glukoneogenese.
ChREBP (Carbohydrate Response Element-Binding Protein) wird über **AMP-abhängige Kinasen** (AMPK) phosphoryliert und dadurch inaktiviert. Es überträgt so die Informationen über die **intrazelluläre Energieladung** auf die Genexpression. Bei intrazellulärem Energieüberschuss verstärkt es die Lipogenese aus Kohlenhydraten.

Aus Studentensicht

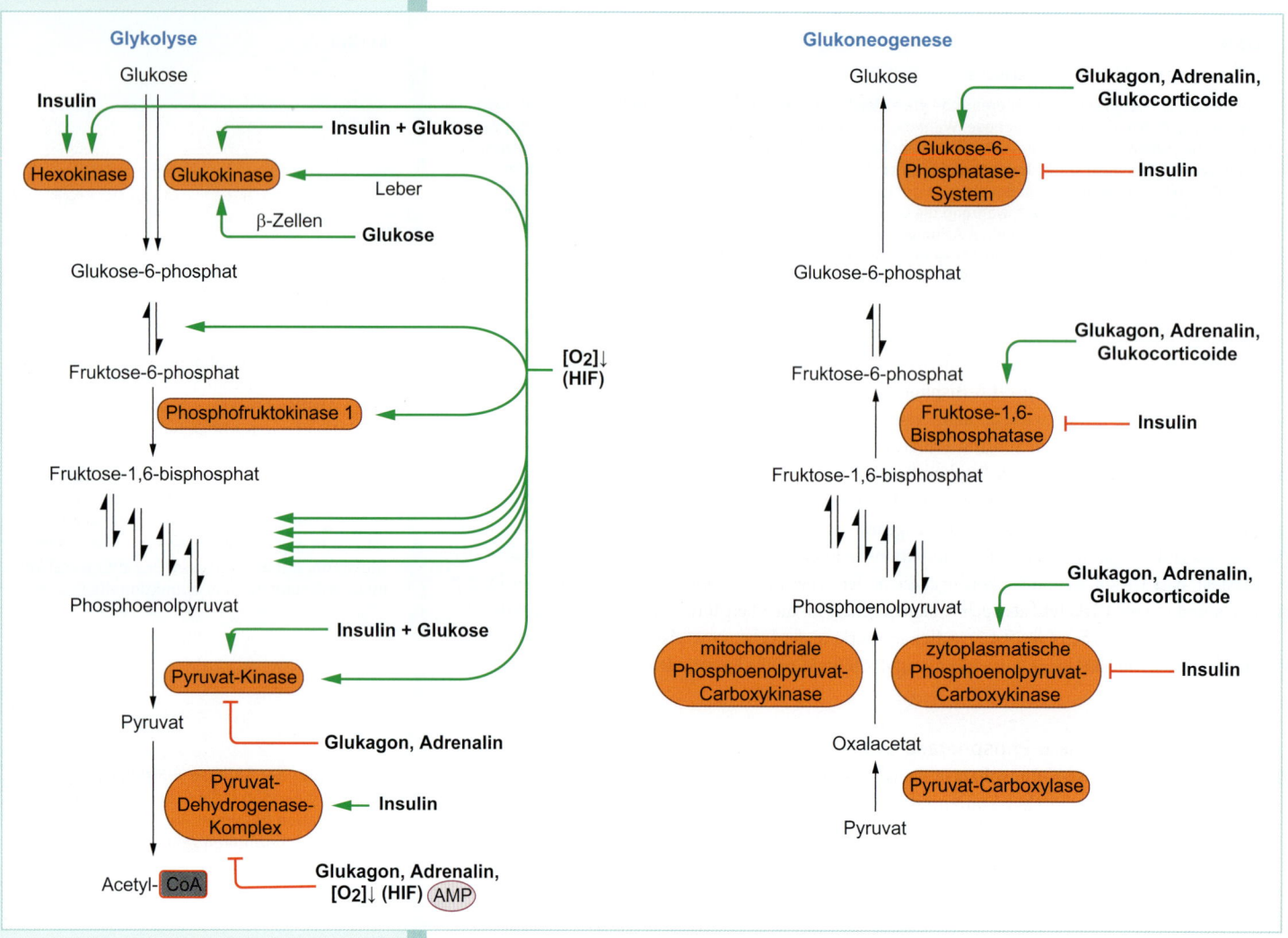

19 KOHLENHYDRATE: SCHNELLE ENERGIE UND MEHR

Abb. 19.24 Transkriptionelle Regulation der Enzyme der Glykolyse und Glukoneogenese [L138]

Glukocorticoidrezeptoren binden nach Ligandenbindung an **GRE** und induzieren Gene der Glukoneogenese und Lipogenese.

mär jedoch die Information über die **intrazelluläre Energieladung** auf die Genexpressionsebene: Ist diese niedrig, so aktiviert der steigende AMP-Spiegel die **AMP-abhängige Kinase** (AMPK), die ChREBP phosphoryliert und damit inaktiviert. Steigen dagegen intrazelluläre phosphorylierte Metaboliten des Kohlenhydratabbaus an, wird die Protein-Phosphatase 2A aktiv und dephosphoryliert ChREBP. Dephosphoryliertes ChREBP kann nun an sein ChRE (Carbohydrate Response Element, ChoRE) binden und die Genexpression regulieren. ChREBP ist dabei ein wichtiger Aktivator für die Lipogenese aus Kohlenhydraten, indem es die Transkription der Pyruvat-Kinase und vieler Lipogenesegene hochreguliert. Paradox erscheint in diesem Zusammenhang, dass ChREBP in der Leber zusätzlich die Glukokinase herunter- und die Glukose-6-Phosphatase hochreguliert. Möglicherweise kann die Leber so zum einen effizienter Fruktose in Glukose umwandeln und abgeben und zum anderen schützt die Leber dadurch ihren ATP-Spiegel vor dem Zusammenbruch, der bei übermäßiger Aufnahme von Monosacchariden wie Fruktose und Glukose droht.

Der zytoplasmatische **Glukocorticoidrezeptor** (GR) wandert nach Bindung an Glukocorticoide als Dimer in den Zellkern, wo er als Transkriptionsfaktor an **GREs** (Glukokortikoid Response Elements) bindet. So aktivieren Glukocorticoide die Glukoneogenese, indem sie die Expression der Glukokinase inhibieren und die der Glukose-6-Phosphatase und zytoplasmatischen Phosphoenolpyruvat-Carboxykinase induzieren. Gleichzeitig fördern sie jedoch auch die Lipogenese aus Zuckern, da sie die Pyruvat-Kinase induzieren und auch die Aktivität des Pyruvat-Dehydrogenase-Komplexes hochregulieren. Während Glukocorticoide bei den Glykolyse- und Glukoneogeneseenzymen zwischen Glukose und Fruktose-1,6-bisphosphat direkte Antagonisten von Insulin sind, wirken diese Hormone auf transkriptioneller Ebene synergistisch bei der Einschleusung von Zuckern in die Lipogenese.

Die Transkription der **Glukokinase** ist in Hepatozyten und den β-Zellen des Pankreas von Glukose bzw. ihren Metaboliten abhängig. In Hepatozyten wird die Glukokinase aber nur dann effizient transkribiert, wenn der insulinabhängige PI3-Kinase-Signalweg aktiv ist. Glukagon hemmt die Expression der Glukokinase in der Leber.

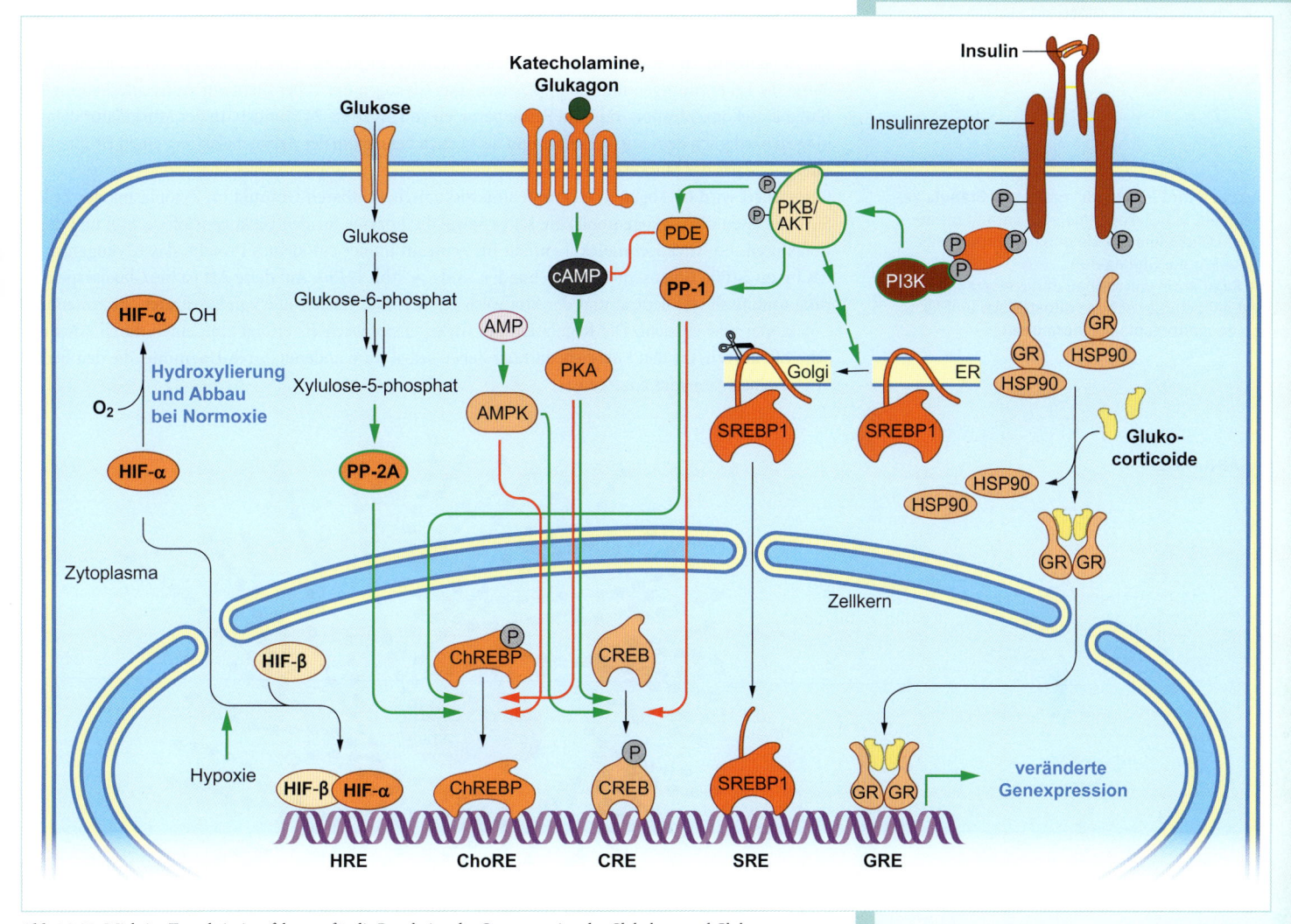

Abb. 19.25 Wichtige Transkriptionsfaktoren für die Regulation der Genexpression der Glykolyse- und Glukoneogenese-Enzyme [L138]

Energiebilanz von Glukoneogenese und Glykolyse

Pro Glukosemolekül, das in der **Glykolyse** zu Laktat abgebaut wird, **entstehen** netto **zwei ATP**, wohingegen pro Glukose, die aus Laktat durch die **Glukoneogenese** regeneriert wird, **vier ATP und zwei GTP verbraucht** werden. Zwar werden bei der Glukoneogenese aus Glycerin oder Oxalacetat weniger Nukleosidtriphosphate benötigt, aber auch hier ist der Energiebedarf für die Glukoneogenese höher als der Gewinn bei der Glykolyse.

Eine Zelle, in der gleichzeitig Glykolyse und Glukoneogenese mit derselben Geschwindigkeit ablaufen, wandelt lediglich energiereiche Triphosphate in Wärme um. Das gleichzeitige Ab- und Aufbauen ein und desselben Substrats wird **Substratzyklus** genannt. Um das zu verhindern, exprimieren nur die periportalen Hepatozyten, die Zellen der Darmmukosa und die der Nierenrinde die vollständige Enzymausstattung für beide Stoffwechselwege und sowohl Expression als auch Aktivität der Schlüsselenzyme sind in diesen Geweben streng gegenläufig reguliert. In geringem Umfang finden Substratzyklen jedoch statt. Sie dienen möglicherweise der Thermoregulation und verstärken regulatorische Einflüsse auf den entsprechenden Stoffwechselweg.

Die Bedeutung von Substratzyklen, die auf unterschiedliche Zellen und Gewebe aufgeteilt sind, ist dagegen wesentlich besser verstanden. Ein Beispiel ist der Cori-Zyklus mit Glykolyse im Skelettmuskel und Glukoneogenese in der Leber (> 24.2.2).

19.5.3 Glykogen

Der menschliche Organismus ist darauf angewiesen, dass die Glukoseversorgung der Organe durch einen ausreichend hohen Blutglukosespiegel kontinuierlich gewährleistet ist. Da Glukose jedoch nicht gleichmäßig über den ganzen Tag verteilt aus der Nahrung zugeführt wird und auch der Verbrauch der Glukose vom Aktivitätszustand des Körpers abhängig ist, wird Glukose in Form von **Glykogen** gespeichert.

Glykogen ermöglicht die Freisetzung von Glukose innerhalb kurzer Zeit, ist in allen Zellen außer den Erythrozyten zu finden und für nahezu alle Körperzellen eine wichtige Energiequelle. Selbst unter hypoxischen Bedingungen kann Glukose aus Glykogen mobilisiert und daraus innerhalb kürzester Zeit durch anaerobe Glykolyse ATP bereitgestellt werden.

Energiebilanz von Glukoneogenese und Glykolyse

Die **Glykolyse** bis Laktat ergibt netto **zwei ATP**, wohingegen die **Glukoneogenese** von einem Molekül Glukose aus Laktat **vier ATP und zwei GTP verbraucht**.
Durch die gegenläufige Regulation der Stoffwechselwege wird ein gleichzeitiges Ablaufen von Ab- und Aufbau ein und desselben Substrats (= **Substratzyklus**) weitgehend verhindert.
Auf unterschiedliche Organe verteilt können z. B. im Rahmen des Cori-Zyklus beide Wege gleichzeitig ablaufen.

19.5.3 Glykogen

Glukose wird im Körper als **Glykogen** gespeichert. Die größten Glykogenspeicher befinden sich in der **Leber**, welche die Glukose bei Bedarf in das Blut freisetzt, und in der **Muskulatur**, welche die aus dem Glykogen freigesetzte Glukose selbst verstoffwechselt.

Aus Studentensicht

Glykogen wird in zytoplasmatischen **Granula** gespeichert. Ein Glykogenmolekül enthält bis zu 30 000 Glukosemoleküle und im Zentrum das kleine Protein **Glykogenin.**
Die Regulation von Aufbau und Freisetzung erfolgt auf zellulärer Ebene **allosterisch** und für den Gesamtorganismus **hormonell.**

● ABB. 19.26

Glykogensynthese
Die **Phosphoglukomutase** wandelt **Glukose-6-phosphat** in Glukose-1-phosphat um, das anschließend durch die **Glukose-1-phosphat-UTP-Transferase** mit **UTP** zu **UDP-Glukose** aktiviert wird. Das dabei frei werdende Pyrophosphat wird von **Pyrophosphatasen** gespalten, wodurch die Reaktion angetrieben wird.

Die **Glykogen-Synthase** verknüpft die aktivierten Glukosereste α-1,4-glykosidisch an eine bereits vorhandene Glykogenkette.

Alle 6–10 Glukosereste fügt das **Branching-Enzym** über eine α-1,6-glykosidische Bindung eine Verzweigung in das Glykogenmolekül ein. Durch die starke Verzweigung entstehen viele Enden, an denen Glykogen bei Bedarf gleichzeitig und damit sehr **schnell** abgebaut werden kann.

19 KOHLENHYDRATE: SCHNELLE ENERGIE UND MEHR

Der größte Anteil des Glykogens an der Gewebsmasse ist mit ca. 5–10 % in der **Leber** und mit ca. 1 % in der **Muskulatur** zu finden. Da die Muskulatur deutlich mehr Masse besitzt als die Leber, kann sie ca. 300 g, die Leber hingegen nur 150 g speichern. Das Glykogen der Leber dient zur Aufrechterhaltung der Blutglukosekonzentration während Fastenperioden von bis zu ca. 24 Stunden. In der Muskulatur dient es hingegen lediglich dem Muskel selbst und deckt auch bei maximaler Arbeitsbelastung einen Großteil des Energiebedarfs der Muskelzellen ab.

Gespeichert wird Glykogen in elektronenmikroskopisch sichtbaren **Granula** im Zytoplasma der Zellen. Sie beinhalten die Glykogenmoleküle selbst sowie die Enzyme für den Glykogenstoffwechsel und deren Cofaktoren. Ein Glykogenmolekül enthält im Zentrum immer ein kleines Protein, das **Glykogenin,** an das bis zu 30 000 Glukosemoleküle gebunden sind (➤ Abb. 19.26). Auf diese Art ist die Glukosespeicherung osmotisch fast neutral und der Stoffwechsel durch die lokale Nähe von Substraten, Enzymen und Cofaktoren sehr effizient. Die Regulation des Glykogenstoffwechsels erfolgt zum einen durch **allosterische Effektoren,** die den Energiebedarf der Zellen selbst, zum anderen durch **Hormone,** die den Bedarf des Gesamtorganismus anzeigen.

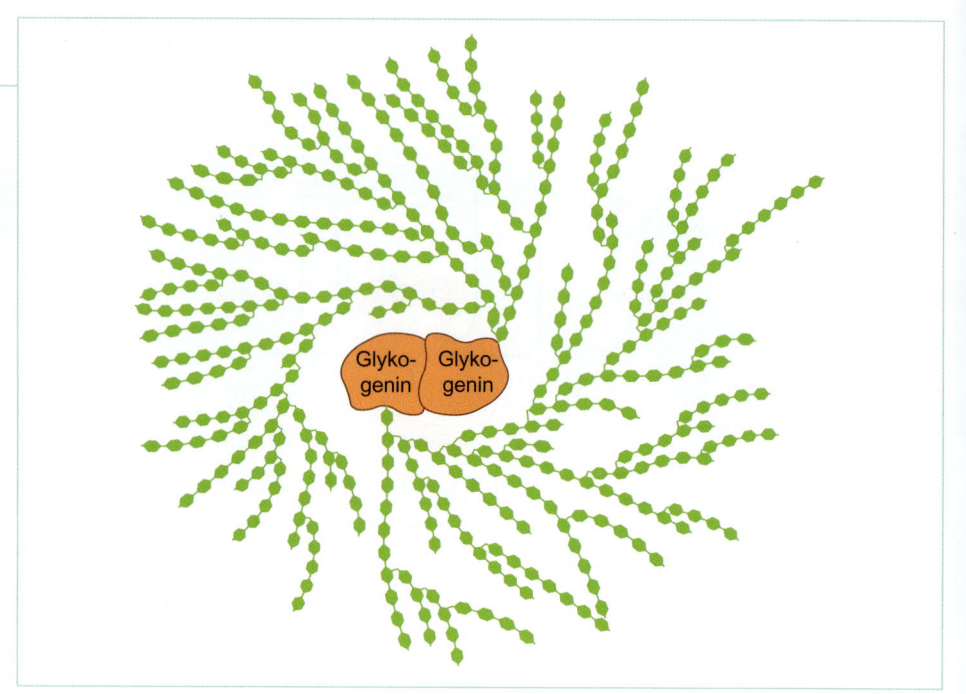

Abb. 19.26 Schematische Abbildung eines Glykogen-Moleküls [L307]

Glykogensynthese

Ausgangspunkt der Glykogensynthese ist **Glukose-6-phosphat,** das durch das Enzym **Phosphoglukomutase** in Glukose-1-phosphat überführt wird (➤ Abb. 19.27). Damit dieses an eine bestehende Glykogenkette angefügt werden kann, muss es zunächst aktiviert werden (➤ 19.4.4). Dazu reagiert es mit UTP zu **UDP-Glukose** (Uridindiphosphat-Glukose). Das dafür zuständige Enzym ist die **Glukose-1-phosphat-UTP-Transferase.** Bei dieser Reaktion wird die Energie, die in der energiereichen Phosphorsäureanhydridbindung zwischen dem α- und β-Phosphat des UTP gespeichert ist, genutzt, um eine andere Säureanhydridbindung zwischen der Phosphatgruppe des Glukose-1-phosphats und dem α-Phosphat des UTP zu bilden. Da die gespaltene und die gebildete Anhydridbindung energetisch sehr ähnlich sind, handelt es sich um eine Gleichgewichtsreaktion mit einem $\Delta G^{0'} \approx 0$. Durch die Hydrolyse des Pyrophosphats durch **Pyrophosphatasen** in zwei anorganische Phosphate wird der Rückreaktion jedoch ein Substrat entzogen und das Gleichgewicht auf die Seite der UDP-Glukose verschoben.

Die aktivierte Glukose kann schließlich durch die **Glykogen-Synthase** an eine endständige OH-Gruppe eines C4-Atoms (= nicht reduzierendes C-Atom) einer vorhandenen Glykogenkette angefügt werden, wobei sich eine neue α-1,4-glykosidische Bindung ausbildet und UDP freigesetzt wird (➤ Abb. 19.28).

Hat die auf diese Weise entstehende Kette eine Länge von ca. 10 Glukoseresten erreicht, so überträgt das **Branching-Enzym** (Amylo-1,4→1,6-Transglukosylase, Verzweigungsenzym) einen aus mindestens sechs Glukoseresten bestehenden Teil der Kette auf die OH-Gruppe eines C6-Atoms derselben oder einer benachbarten Kette unter Ausbildung einer α-1,6-glykosidischen Bindung (➤ Abb. 19.29a). Auf diese Weise entstehen die für das Glykogen typischen Verzweigungen. Der hohe Verzweigungsgrad und die damit verbundene große Anzahl an endständigen Glukoseresten erhöht die Anzahl der Positionen, an denen die Glykogen-Phosphorylase beim Abbau bzw. die Glykogen-Synthase mit dem Aufbau des Glykogens ansetzen kann. Dies ermöglicht Tieren im Gegensatz zu Pflanzen, die Glukose in weniger stark verzweigten Stärkemolekülen speichern, eine **schnellere Mobilisierung** von Energie für rasche Bewegungen.

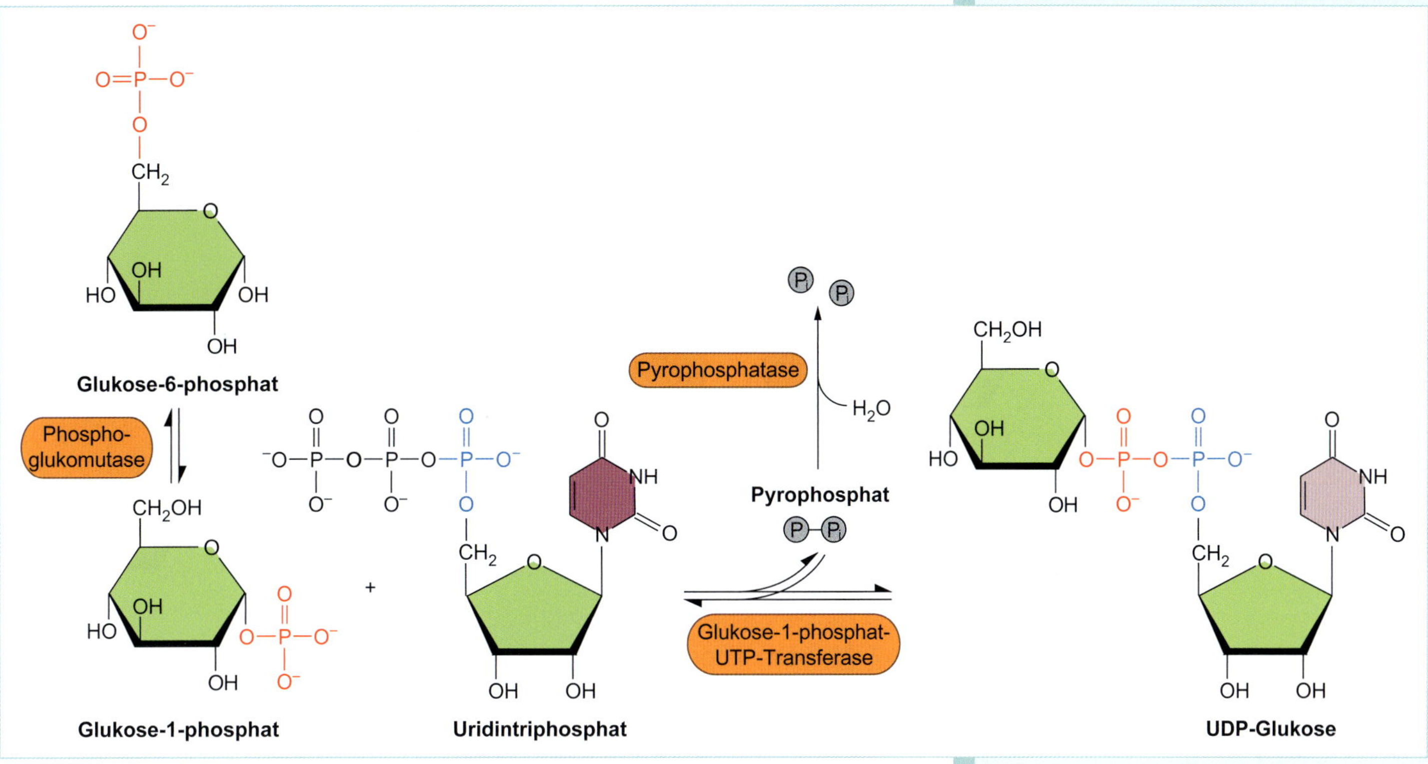

Abb. 19.27 Synthese von UDP-Glukose [L138]

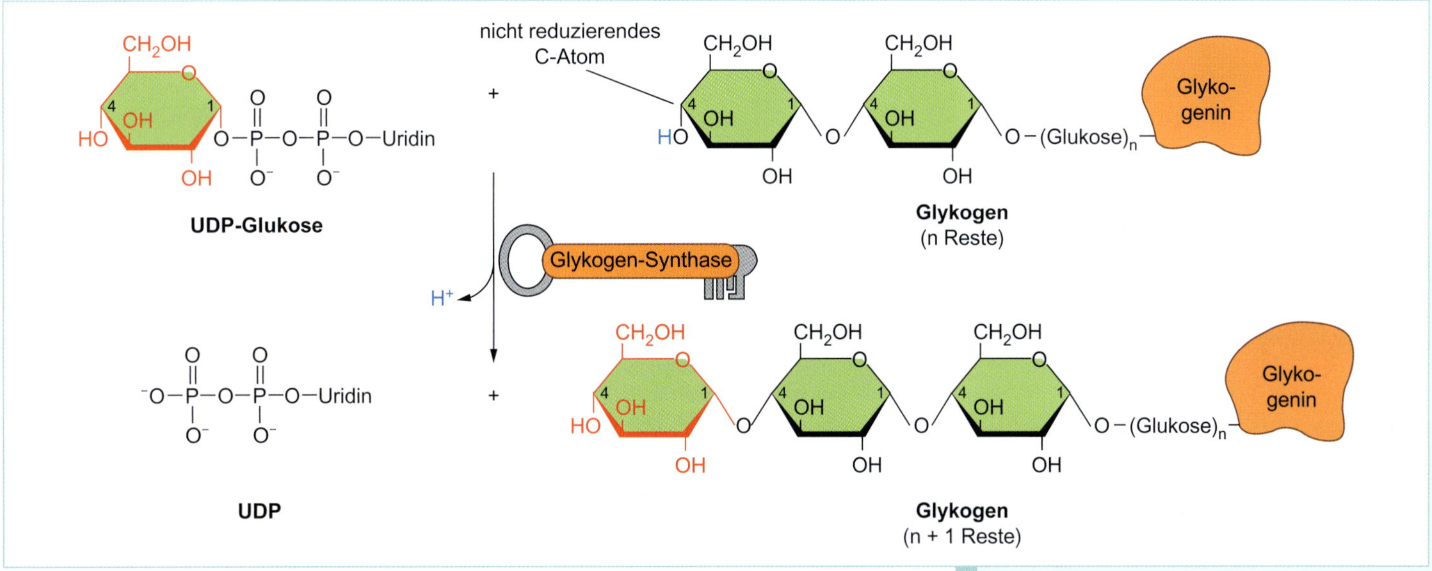

Abb. 19.28 Reaktion der Glykogen-Synthase [L271]

Normalerweise wird ein Glykogenmolekül nie vollständig abgebaut. Die Glykogen-Synthase kann weitere Glukoseeinheiten nur an ein bereits bestehendes Glykogenmolekül anfügen. Für die Synthese eines komplett neuen Glykogenmoleküls wird daher das zytoplasmatische Protein **Glykogenin** benötigt (> Abb. 19.29b). Es wirkt als **Primer** für die Glykogensynthese, indem es sich an der OH-Gruppe eines **Tyrosinrests** durch seine intrinsische **Glykosyl-Transferase-Aktivität** selbst glykosyliert. Dabei verknüpft Glykogenin das anomere C1-Atom der Glukose mit der OH-Gruppe des Tyrosins zu einer O-glykosidischen Bindung unter Ausbildung eines Vollacetals. Da auch alle weiteren Glukoseeinheiten über ihr anomeres C1-Atom gebunden werden, verfügt Glykogen ausschließlich über nicht reduzierende Enden. Die ersten bis zu sieben weiteren Glukoseeinheiten werden ebenfalls durch Glykogenin angeheftet. Auch Glykogenin nutzt UDP-Glukose als Substrat. Anschließend können sich die Glykogen-Synthase und das Branching-Enzym an die Kette anlagern und das Glykogenmolekül weiter aufbauen.

Für die Synthese eines komplett neuen Glykogenmoleküls wird das Protein **Glykogenin** als **Primer** benötigt. Durch seine **Glykosyl-Transferase-Aktivität** glykosyliert es sich selbst an einem **Tyrosinrest** und heftet dann bis zu sieben weitere Glukoseeinheiten an. An diese kann die Glykogen-Synthase weiter anknüpfen.

Aus Studentensicht

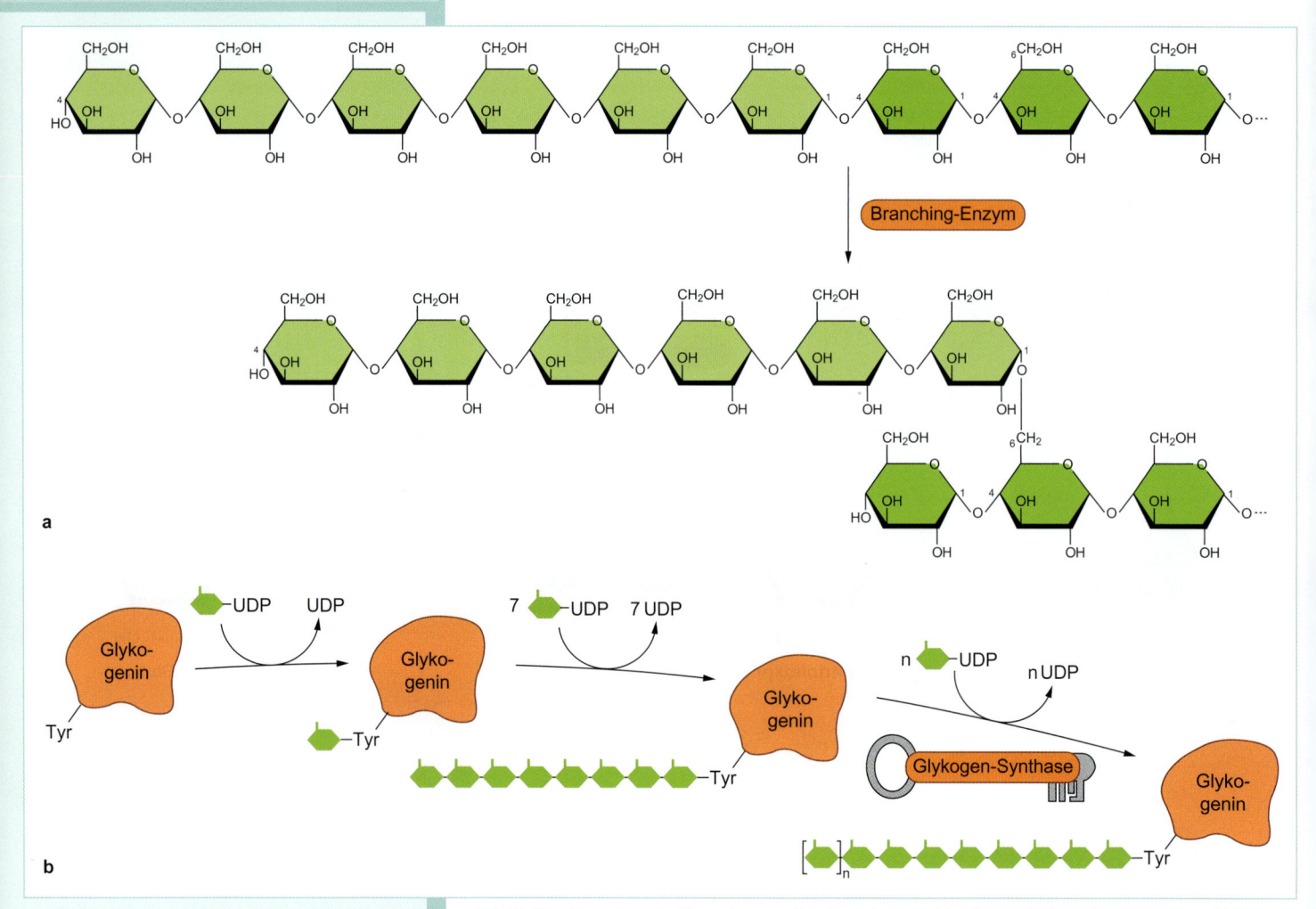

19 KOHLENHYDRATE: SCHNELLE ENERGIE UND MEHR

Abb. 19.29 a Biosynthese der Verzweigungsstellen durch das Branching-Enzym. b Biosynthese eines neuen Glykogenmoleküls durch Glykogenin. [L138]

KLINIK

KLINIK

Laktat aus Glykogen schützt die Vaginalschleimhaut

Das Epithel der Vaginalschleimhaut ist reich an Glykogen, das nach Freisetzung aus den ständig abgeschilferten Zellen von Lactobacillen, den **Döderlein-Bakterien,** zu Milchsäure abgebaut wird. Die Milchsäure ist für den relativ sauren pH-Wert von ca. 4,0 in der Vagina verantwortlich und dient als Schutzfaktor vor der Besiedlung mit pathogenen Mikroorganismen. Wird diese physiologische Vaginalflora gestört, kann es z. B. zu Infektionen kommen, da die schützende Wirkung der Döderlein-Bakterien nicht mehr greift. Einige Therapien beruhen daher auf dem Einsatz von Döderlein-Bakterien-Kapseln, die vaginal eingeführt werden und somit das Mikromilieu wiederherstellen sollen.

Glykogenolyse

Das Schlüsselenzym der **Glykogenolyse** ist die **Glykogen-Phosphorylase.** Sie spaltet endständige α-1,4-glykosidisch verknüpfte Glukoseeinheiten **phosphorolytisch**, wobei **Glukose-1-phosphat** entsteht. Die Glykogen-Phosphorylase benötigt als Cofaktor **Pyridoxalphosphat.**
Die **Phosphoglukomutase** isomerisiert Glukose-1-phosphat zu Glukose-6-phosphat. Die Phosphorolyse ist energetisch günstig, da die ATP-verbrauchende Phosphorylierung durch die Hexokinase zur Glukoseverwertung dadurch nicht mehr nötig ist.

Glykogenolyse

Der Abbau von Glykogen wird als **Glykogenolyse** bezeichnet (> Abb. 19.30a). Dabei werden durch das Schlüsselenzym für den Glykogenabbau, die **Glykogen-Phosphorylase** (> Abb. 19.30b), an den freien, nicht an Glykogenin gebundenen Enden die jeweils endständigen Glukoseeinheiten unter Spaltung der α-1,4-glykosidischen Bindung abgetrennt. Da die Glykogen-Phosphorylase für die Spaltung nicht Wasser, sondern Phosphat verwendet, entsteht **Glukose-1-phosphat.** Eine solche Spaltung wird **Phosphorolyse** genannt. Das dafür benötigte Phosphat stammt nicht aus energiereichen Verbindungen, sondern aus dem im Zytoplasma gelösten **anorganischen Phosphat.** Obwohl die Reaktion in vitro leicht reversibel ist, da eine glykosidische Bindung nahezu das gleiche Übertragungspotenzial wie eine Phosphorsäureesterbindung besitzt, liegt das Gleichgewicht in der Zelle auf der Seite des Glukose-1-phosphats, da die Konzentration des Phosphats deutlich höher ist als die des Glukose-1-phosphats. Die homodimere Glykogen-Phosphorylase hat an jeder Untereinheit kovalent den für die Katalyse essenziellen Cofaktor **Pyridoxalphosphat (PALP)** gebunden. Das entstandene Glukose-1-phosphat wird durch die **Phosphoglukomutase** in Glukose-6-phosphat überführt, das weiter verstoffwechselt werden kann.

Die phosphorolytische Spaltung ist für die Zelle energetisch vorteilhaft, da bei einer hydrolytischen Spaltung die Konzentration der freien Glukose im Zytoplasma weit über den K_M-Wert der Hexokinase und auch der Glukokinase ansteigen würde. ATP würde also verbraucht und die Glukose in Glukose-6-phosphat überführt werden. Dies würde auch in der Leber stattfinden, die normalerweise unphosphorylierte

19.5 AUFRECHTERHALTUNG DER BLUTGLUKOSEKONZENTRATION

Glukose freisetzen soll. Für Muskelzellen, die Glukose aus den eigenen Glykogenspeichern nutzen, besteht neben der ATP-Ersparnis ein weiterer Vorteil darin, dass die phosphorylierte Form der Glukose nicht über Glukosetransporter diffundieren kann und somit in der Zelle „gefangen" ist.

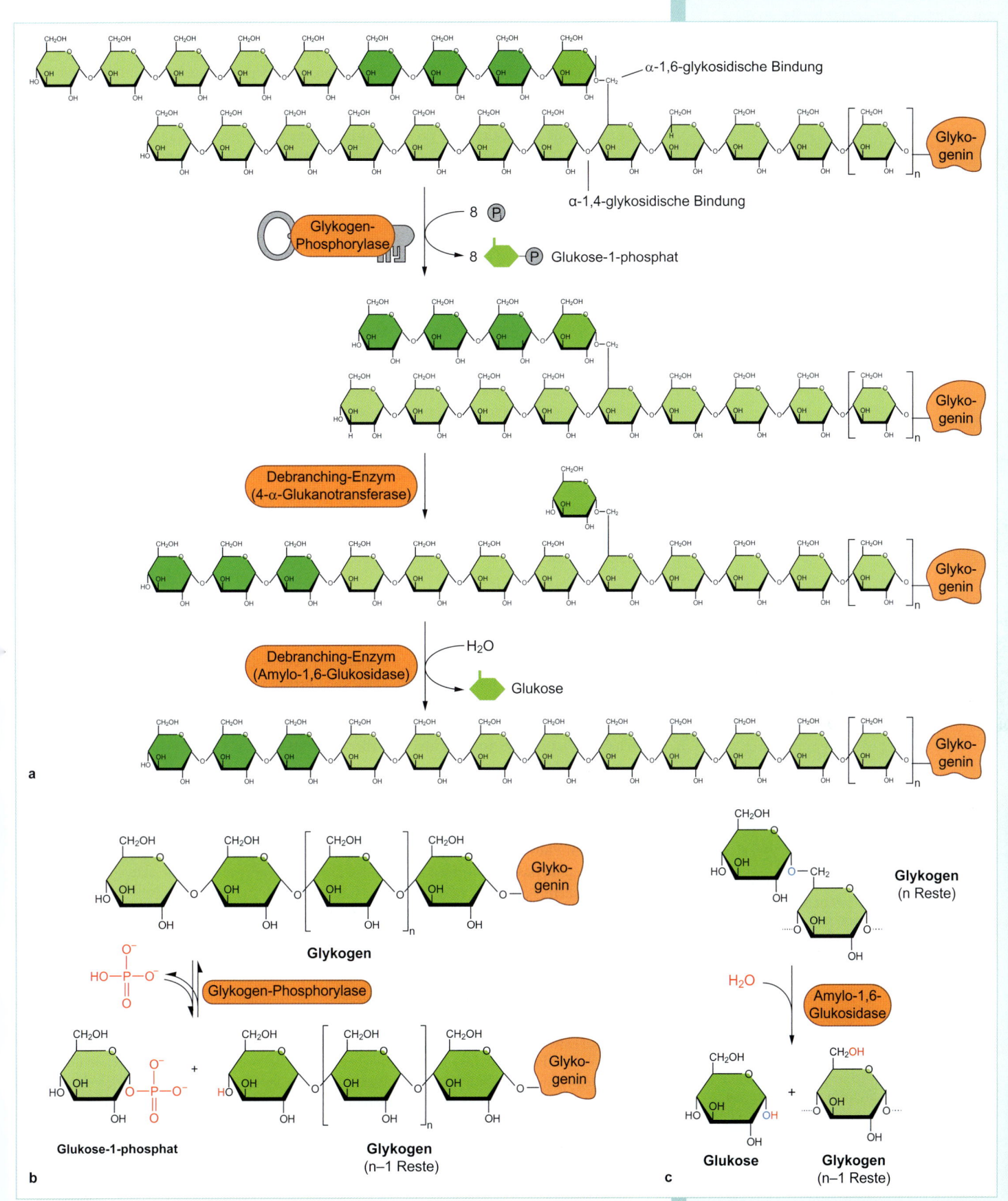

Abb. 19.30 Abbau von Glykogen. **a** Gesamtreaktion. **b** Reaktion der Glykogen-Phosphorylase. **c** Reaktion der Amylo-1,6-Glukosidase. [L138, L307]

Aus Studentensicht

Etwa vier Glukoseeinheiten von einer Verzweigungsstelle entfernt das **Debranching-Enzym** drei dieser vier Glukosereste, überträgt diese Trisaccharideinheit auf einen anderen Zweig und spaltet die letzte verbleibende, α-1,6-verknüpfte Glukose **hydrolytisch** ab, wodurch **freie Glukose** entsteht.
Beim Abbau von Glykogen entstehen somit sowohl Glukose-1-phosphat als auch Glukose.

KLINIK

Regulation des Glykogenstoffwechsels

Insulin – und in der Leber auch **Cortisol** – aktiviert die **Glykogensynthese, Katecholamine und Glukagon** dagegen den **Glykogenabbau**. In der **Leber** erfolgt die Regulation des Glykogenstoffwechsels entsprechend dem Blutglukosespiegel, im **Muskel** entsprechend seinem Energiebedarf.

Das Schlüsselenzym der Glykogenolyse, die **Glykogen-Phosphorylase,** wird gewebespezifisch allosterisch und hormonell reguliert. Phosphoryliert durch die **Phosphorylase-Kinase** liegt die Glykogen-Phosphorylase in ihrer aktiveren Form (Phosphorylase a), dephosphoryliert in ihrer weniger aktiven Form (Phosphorylase b) vor.

Die **Phosphorylase-Kinase** wird ebenfalls durch Phosphorylierung und durch Calcium gesteuert. **Adrenalin** und **Noradrenalin** sowie **Glukagon** führen über die **Protein-Kinase A** zu einer Phosphorylierung und damit Aktivierung, während **Insulin** über die **Protein-Phosphatase 1** und Phosphodiesterasen die Deaktivierung bewirkt.

19 KOHLENHYDRATE: SCHNELLE ENERGIE UND MEHR

Die Glykogen-Phosphorylase kann jedoch nur bis etwa vier Glukoseeinheiten vor der nächsten Verzweigungsstelle phosphorolytisch spalten. Wie für den Aufbau von Verzweigungsstellen wird auch für ihren Abbau ein separates Enzym benötigt, das **Debranching-Enzym** (Entzweigungsenzym). Dieses bifunktionelle Enzym besitzt zwei Aktivitäten: die 4-α-Glukanotransferase und die Amylo-1,6-Glukosidase. Mithilfe der 4-α-Glukanotransferase spaltet es von den restlichen vier Glukoseeinheiten einen Block in Form einer Trisaccharideinheit ab, überträgt diesen auf eine andere Kette und legt somit die Verzweigungsstelle frei. Die dort über eine α-1,6-glykosidische Bindung gebundene Glukose kann nun durch die zweite Aktivität, die **Amylo-1,6-Glukosidase, hydrolytisch** abgespalten werden, wobei **freie Glukose** entsteht (➤ Abb. 19.30c). Beim Abbau von Glykogen entstehen also sowohl Glukose-1-phosphat als auch Glukose. Beide werden für die intrazelluläre Verwendung in Glukose-6-phosphat umgewandelt. In Leber und Nierenrinde kann Glukose-6-phosphat auch durch das Glukose-6-Phosphatase-System zu freier Glukose und Phosphat umgesetzt werden. Die freie Glukose kann dann in das Blut übertreten und wird damit anderen Organen zur Verfügung gestellt.

KLINIK

Glykogenspeicherkrankheit von Gierke

Die häufigste Glykogenspeicherkrankheit ist die des Typs I (Von-Gierke-Erkrankung). Sie ist durch einen **Defekt der Glukose-6-Phosphatase** gekennzeichnet. Dadurch sind sowohl der letzte Schritt der Glukoneogenese als auch der der Glykogenolyse gehemmt. Die kleinen Patienten leiden folglich unter Hypoglykämien, welche die Kinder in den ersten Monaten schlapp und apathisch erscheinen lassen, wenn sie länger nicht gestillt wurden. Manchmal kommt es durch die Unterversorgung des Gehirns auch zu nächtlichen Krampfanfällen. Bei der Untersuchung fällt eine stark vergrößerte Leber auf. Da die Glukose nicht in das Blut abgegeben werden kann, sammelt sich Glukose-6-phosphat in der Leber an und wird für die Glykogensynthese genutzt. Es entstehen riesige Glykogenspeicher in der Leber. Im Blut sind Laktat- und Lipidwerte erhöht. Durch die Hypoglykämie wird Glukagon ausgeschüttet, es herrscht eine katabole Stoffwechsellage, die Lipoprotein-Lipase ist nicht aktiv und die Lipide verbleiben im Blut. Das Laktat, normalerweise ein Hauptsubstrat der Glukoneogenese, staut sich auch an, da die Glukoneogenese nicht vollständig ablaufen kann. Gleichzeitig ist durch das Glukagon der Pyruvat-Dehydrogenase-Komplex in Leber und Skelettmuskel gehemmt, sodass Laktat auch kaum aerob abgebaut wird. Behandelt werden die Kinder v. a. nachts durch Glukosegaben über eine Magensonde oder durch Stärkegaben. Obst und Milchprodukte sollten nicht übermäßig verzehrt werden, da Fruktose und Galaktose zu Metaboliten der Glukoneogenese umgewandelt werden können und dann den Anstau von Glukose-6-phosphat weiter verstärken.

Regulation des Glykogenstoffwechsels

Die Schlüsselenzyme des Glykogenstoffwechsels sind die **Glykogen-Phosphorylase** (Phosphorylase) für den Glykogenabbau und die **Glykogen-Synthase** für die Glykogensynthese. Unter dem Einfluss von **Insulin** dominiert die **Glykogensynthese,** während unter dem Einfluss von **Katecholaminen** und **Glukagon** der **Glykogenabbau** überwiegt. Der Einfluss von **Cortisol** bewirkt in der Leber ebenfalls ein Auffüllen der Speicher, um deren Erschöpfung bei langfristigen Stresssituationen zu vermeiden. Die Leber nutzt dazu jedoch v. a. Glukose-6-phosphat aus der Glukoneogenese. Daher sinkt der Blutzuckerspiegel dadurch nicht. Der Glykogenstoffwechsel der **Leber** wird entsprechend dem Blutglukosespiegel und somit den Bedürfnissen des Gesamtorganismus reguliert, wohingegen sich der Glykogen-Stoffwechsel der **Muskulatur** an den Glukosebedarf des Muskels selbst anpasst.

Regulation des Glykogenabbaus

Die **Glykogen-Phosphorylase** ist ein Dimer, das phosphoryliert (**Phosphorylase a**) und nicht phosphoryliert (**Phosphorylase b**) vorliegen kann, wobei die phosphorylierte Form die aktivere Form und die dephosphorylierte Form die weniger aktive Form ist (➤ Abb. 19.31). Jede dieser beiden Formen kann in einer gespannten, wenig aktiven (= T, tense) und einer entspannten, aktiven (= R, relaxed) Form vorliegen, wobei das Gleichgewicht zwischen den beiden Formen für die Phosphorylase a auf der Seite der aktiveren R-Form und für die Phosphorylase b auf der Seite der weniger aktiven T-Form liegt. Die Lage des Gleichgewichts wird jedoch durch **allosterische Effektoren** beeinflusst.

Der Phosphorylierungsstatus der Glykogen-Phosphorylase wird durch die **Phosphorylase-Kinase** reguliert, welche die beiden Untereinheiten der Glykogen-Phosphorylase jeweils an einem Serinrest phosphorylieren kann.

Die Aktivität der **Phosphorylase-Kinase** wird ebenfalls durch Phosphorylierung reguliert. In ihrer phosphorylierten Form ist sie aktiv und in der nicht-phosphorylierten Form inaktiv. Die Phosphorylierung der Phosphorylase-Kinase wird durch die **Protein-Kinase A** katalysiert, die wiederum durch den Second Messenger **cAMP** aktiviert wird (➤ Abb. 19.31). Erhöhte **Adrenalin-** und **Noradrenalin-Spiegel,** z. B. im Rahmen einer Stressreaktion, oder erhöhte **Glukagon-Spiegel** bei niedriger Blutglukose bewirken somit über ihre Gs-gekoppelten Rezeptoren eine rasche Mobilisierung der Glukose aus den Speichern.

Die Inaktivierung der Phosphorylase-Kinase und der Glykogen-Phosphorylase erfolgt durch die **Protein-Phosphatase 1 (PP1)**, welche die Phosphatreste an beiden Enzymen hydrolytisch abspaltet. Sie wird durch **Insulin** aktiviert, das gleichzeitig auch Phosphodiesterasen aktiviert und so zu einer Reduktion des cAMP-Spiegels führt. So wird der Abbau der Glykogenspeicher durch diese beiden Mechanismen gedrosselt.

19.5 AUFRECHTERHALTUNG DER BLUTGLUKOSEKONZENTRATION

Zusätzlich kann die Phosphorylase-Kinase, ähnlich der Phosphofruktokinase 1 der Glykolyse und dem Pyruvat-Dehydrogenase-Komplex, auch durch Bindung von **Calcium** aktiviert werden. Eine Untereinheit der Phosphorylase-Kinase ist der Calciumsensor **Calmodulin,** der das Enzym nach Calcium-Ionenbindung unabhängig von seinem Phosphorylierungsgrad aktiviert. Diese Art der Regulation spielt v. a. in Muskelzellen eine große Rolle. Bei der Muskelkontraktion steigen die intrazellulären Ca^{2+}-Spiegel, die so gleichzeitig den verstärkten Abbau der Glykogenspeicher einleiten und die oxidative Glykolyse beschleunigen und damit die für die Muskelkontraktion nötige Energie bereitstellen. In der Leber erfolgt ebenfalls eine Aktivierung der Phosphorylase-Kinase durch Calcium, deren intrazelluläre Konzentration nach Stimulation von $α_1$-**adrenergen Rezeptoren** durch Katecholamine ansteigt und damit die Glykogenolyse antreibt.

Aus Studentensicht

Calcium aktiviert die Phosphorylase-Kinase über **Calmodulin,** was in der Muskulatur bei laufender Muskelkontraktion den Abbau der Glykogenspeicher verstärkt. In der Leber steigt die Ca^{2+}-Konzentration nach Stimulation von $α_1$-**adrenerge Rezeptoren,** wodurch die Glykogenolyse angetrieben wird.

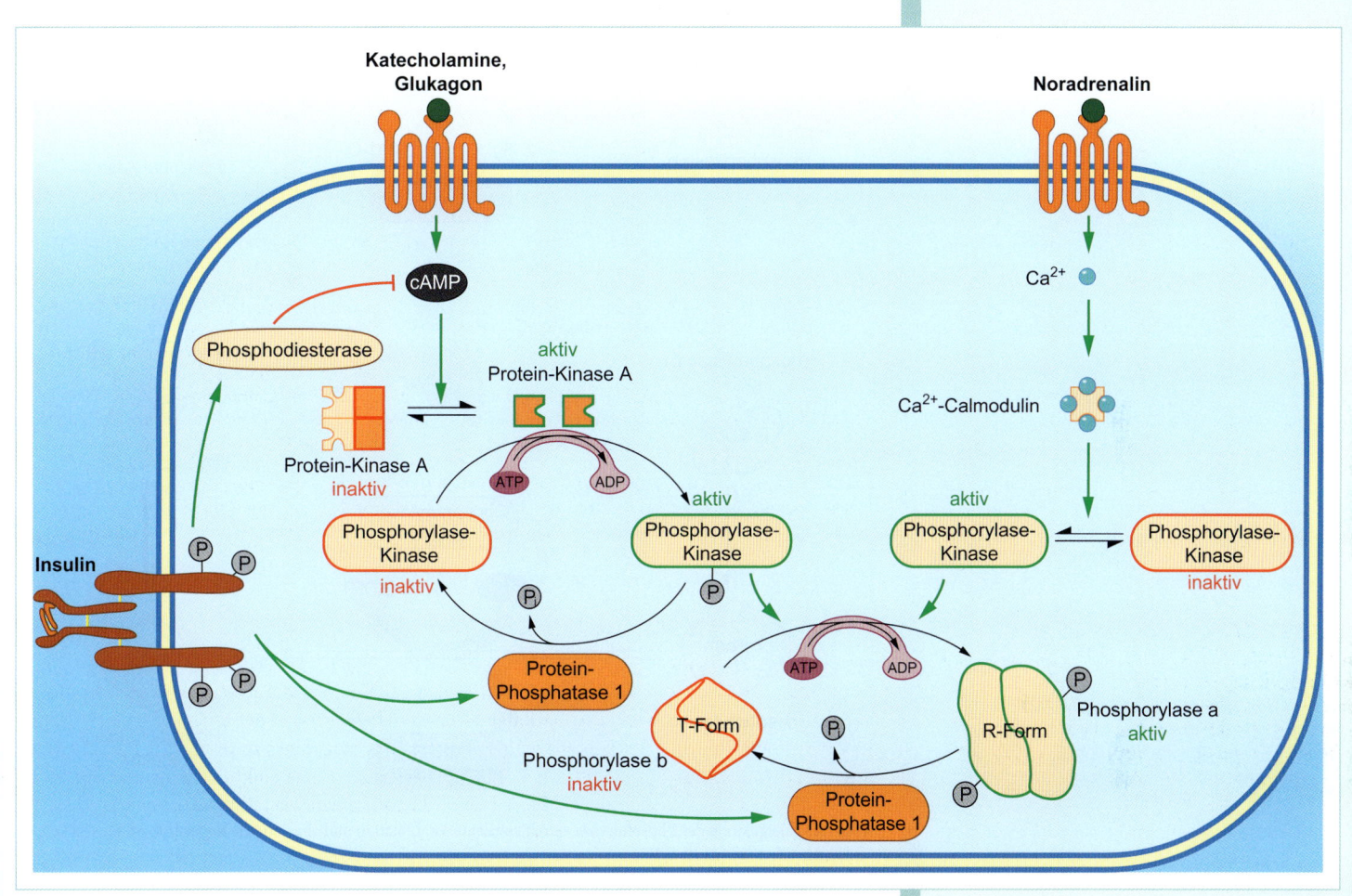

Abb. 19.31 Hormonelle Regulation der Glykogen-Phosphorylase [L138, L307]

Die Isoformen der Glykogen-Phosphorylase in Muskulatur und Leber unterscheiden sich grundlegend hinsichtlich der **allosterischen Regulation.**
Im **arbeitenden Muskel** wirkt akkumulierendes **AMP** als allosterischer **Aktivator** der Glykogen-Phosphorylase und überführt die T-Form der Phosphorylase b in die R-Form (➤ Abb. 19.32a). Der dadurch startende Glykogenabbau liefert schließlich Glukose-6-phosphat, das vom Muskel selbst unter anaeroben Bedingungen wie bei starker Belastung zur ATP-Bildung verwendet werden kann. Hohe Spiegel an **ATP** und **Glukose-6-phosphat** signalisieren hingegen, dass kein weiterer Glykogenabbau erforderlich ist. Sie wirken daher beide als allosterische Inhibitoren der muskelspezifischen Phosphorylase b, welche die R-Form in die T-Form überführen und somit die Glykogenolyse stoppen.
Da die **Leber** in erster Linie für die Versorgung des **Gesamtorganismus** mit Glukose verantwortlich ist, spielen dort Effektoren wie AMP, ATP und Glukose-6-phosphat, die den Energiezustand der einzelnen Zelle widerspiegeln, eine untergeordnete Rolle. Die Glykogen-Phosphorylase a liegt in der Leber ohne weitere Einflüsse fast ausschließlich in der R-Form vor und produziert Glukose-1-phosphat, das schließlich zu Glukose hydrolysiert und in das Blut abgegeben wird. Steigen der Blutzucker und damit die Glukosekonzentration in der Leberzelle, wirkt **Glukose** als allosterischer Inhibitor, der die R-Form der Phosphorylase a in die T-Form überführt und damit ihre Aktivität stark reduziert (➤ Abb. 19.32b). Damit wird Glykogen nicht mehr in nennenswertem Umfang abgebaut.

Allosterische Effektoren regulieren organspezifisch die Aktivität von Phosphorylase a und b. Im arbeitenden Muskel **aktiviert AMP** allosterisch die Glykogen-Phosphorylase, **ATP** und **Glukose-6-phosphat hemmen** sie.

In der **Leber,** die den **Gesamtorganismus** mit Glukose versorgt, spielt die allosterische Regulation durch ATP, AMP und Glukose-6-phosphat kaum eine Rolle. Hier wirkt **Glukose** als wichtigster allosterischer Inhibitor.

Aus Studentensicht

ABB. 19.32

Das Schlüsselenzym der Glykogensynthese, die **Glykogen-Synthase,** wird ebenfalls allosterisch und hormonell reguliert. Sie ist entgegengesetzt zur Phosphorylase reguliert und in nicht-phosphorylierter Form aktiv und in phosphorylierter Form inaktiv.

Die **Protein-Kinase A** hemmt die Glykogen-Synthase durch Phosphorylierung. Entscheidender ist jedoch die Phosphorylierung durch die **Glykogen-Synthase-Kinase 3 (GSK3),** die zu einer fast vollständigen Inaktivierung führt.
Insulin führt über die **Protein-Kinase B** zu einer Phosphorylierung und damit Hemmung der GSK3. Die Inaktivierung der Glykogen-Synthase entfällt und die Glykogensynthese ist aktiv. Durch gleichzeitige Aktivierung der **Protein-Phosphatase 1** wird die Glykogenolyse über Hemmung der Glykogen-Phosphorylase gehemmt.

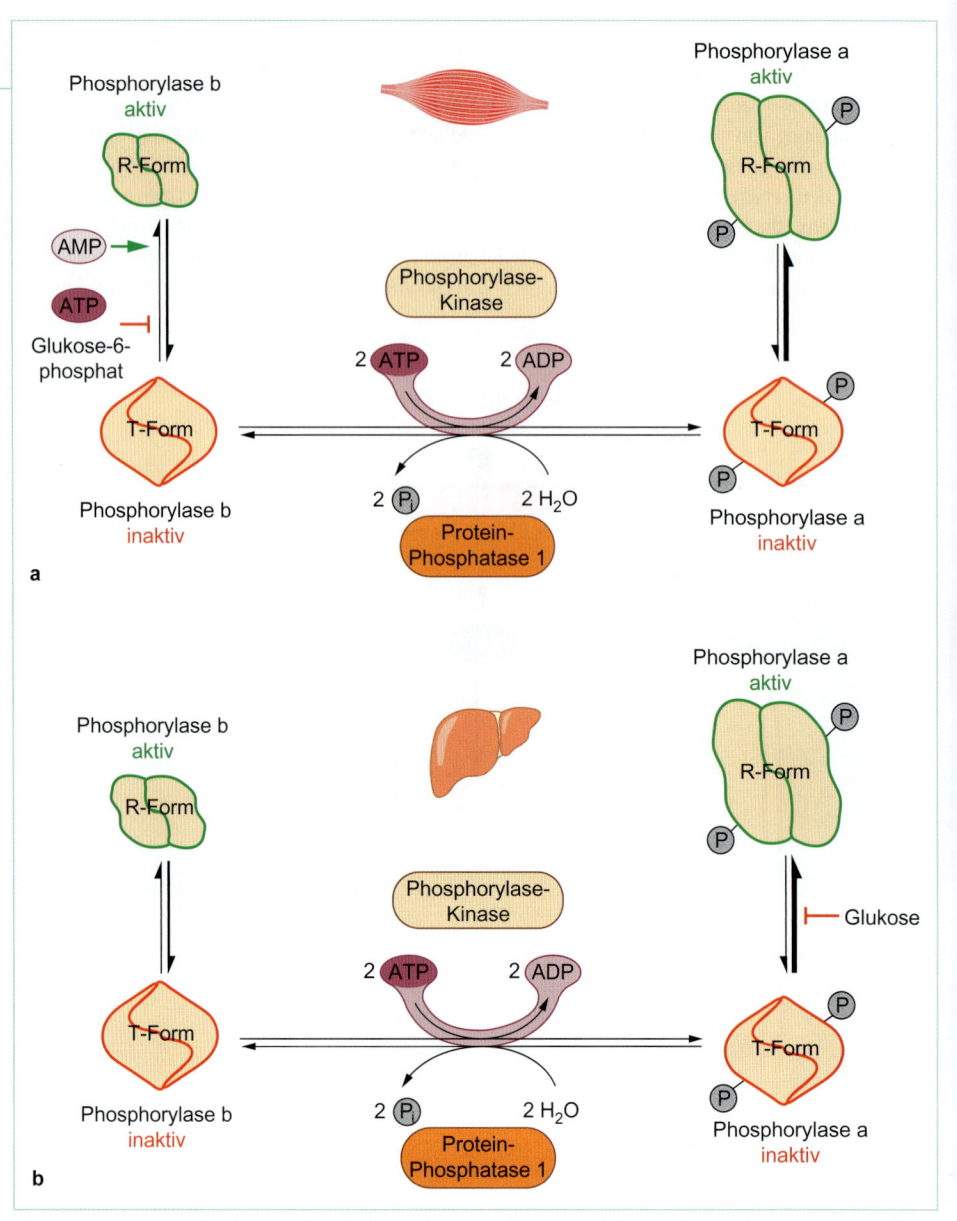

Abb. 19.32 Regulation der Phosphorylase durch kovalente Modifikation und allosterische Regulation im Muskel (**a**) und in der Leber (**b**) [L138, L307]

Regulation der Glykogensynthese

Die Glykogen-Synthase, das Schlüsselenzym der Glykogensynthese, ist ebenfalls ein Homodimer. Sie ist jedoch in phosphorylierter Form inaktiv (**Glykogen-Synthase b**) und in nicht-phosphorylierter Form aktiv (**Glykogen-Synthase a**) (> Abb. 19.33a). Die Abhängigkeit der Aktivität von der Phosphorylierung ist damit genau umgekehrt zu der der Glykogen-Phosphorylase. Die Phosphorylierung kann durch mehrere Kinasen an unterschiedlichen Serinresten der Glykogen-Synthase erfolgen, sodass ihre Aktivität besonders fein reguliert und der jeweiligen Stoffwechselsituation genau angepasst werden kann.
So wird die Glykogen-Synthase durch die **Protein-Kinase A** phosphoryliert und dadurch in die weniger aktive Glykogen-Synthase b überführt (> Abb. 19.33a). Damit bewirken die Hormone Adrenalin, Noradrenalin und Glukagon über ein und denselben Signalweg die Inaktivierung der Glykogensynthese und die Aktivierung des Glykogenabbaus. So wird verhindert, dass es zu einem Substratzyklus und damit zum Verlust von Energieträgern kommt.
Wesentlich bedeutender ist jedoch die Regulation durch die **Glykogen-Synthase-Kinase 3 (GSK3)** (> Abb. 19.33a). Dieses Enzym phosphoryliert andere Serinreste der Glykogen-Synthase als die Protein-Kinase A und bewirkt damit eine fast komplette Inaktivierung der Glykogensynthese. Die Glykogen-Synthase-Kinase 3 wird durch die insulinaktivierte **Protein-Kinase B (PKB)** phosphoryliert und damit ebenfalls inaktiviert. Damit kann sie die Glykogen-Synthase nicht mehr phosphorylieren. Gleichzeitig bewirkt **Insulin** eine Aktivierung der **Protein-Phosphatase 1 (PP1),** welche die Glykogen-Synthase dephosphoryliert und damit aktiviert. Durch diesen Mechanismus werden außerdem die Glykogen-Phosphorylase und die Phosphorylase-Kinase dephosphoryliert und damit inaktiviert. Insulin aktiviert so die Glykogensynthese und inaktiviert den Glykogenabbau.

19.5 AUFRECHTERHALTUNG DER BLUTGLUKOSEKONZENTRATION

Aus Studentensicht

ABB. 19.33

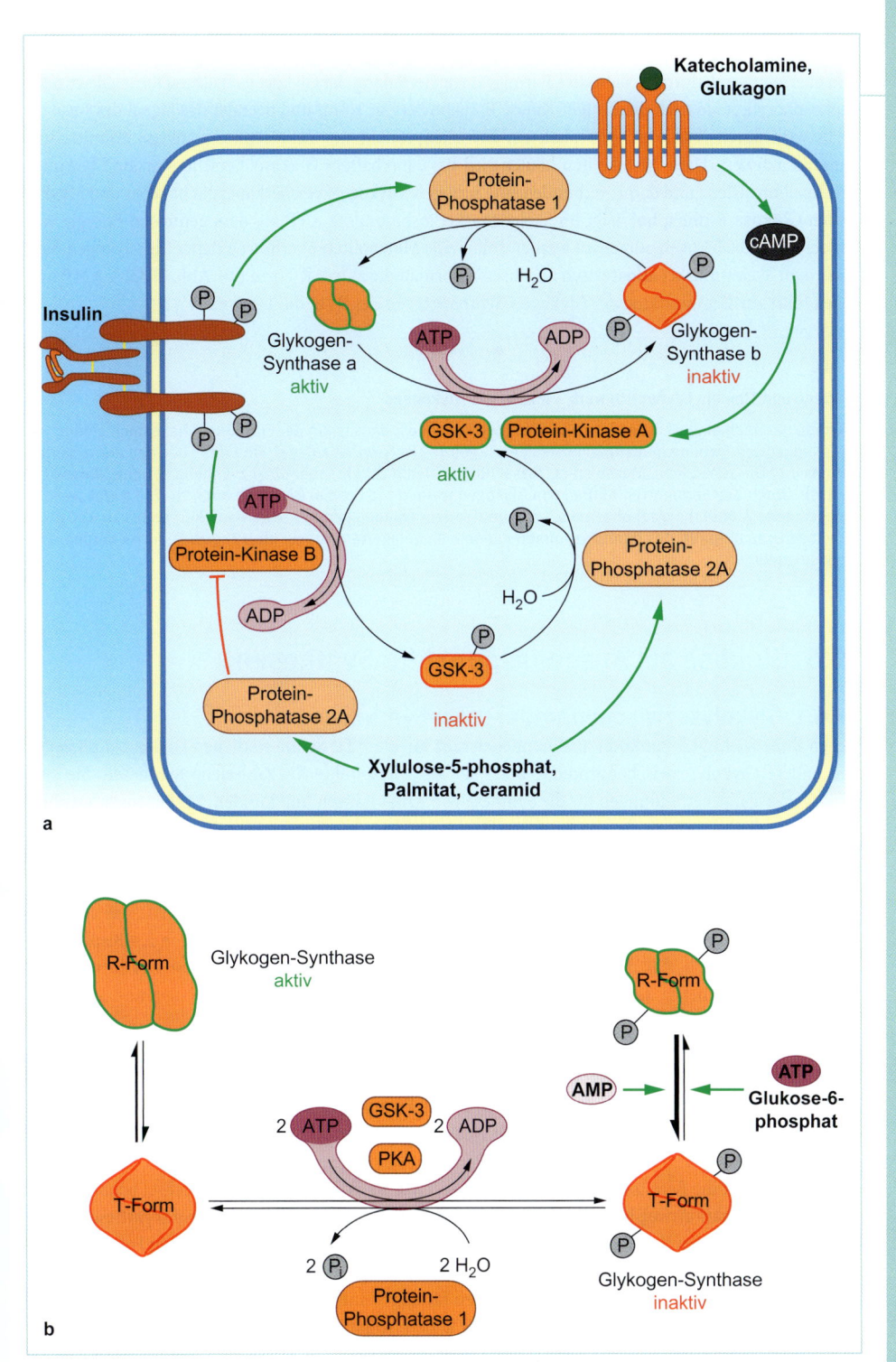

Abb. 19.33 Regulation der Glykogen-Synthase. **a** Hormonelle Kontrolle. **b** Phosphorylierung und allosterische Effektoren. [L138, L307]

Die **Protein-Phosphatase 1 (PP1)** besitzt mehrere gewebespezifische regulatorische Untereinheiten und ist direkt an die Glykogengranula gebunden. Im **Skelett- und Herzmuskel** kann eine dort exprimierte regulatorische Untereinheit durch die Protein-Kinase A phosphoryliert und so die PP1 inaktiviert werden. Adrenalin oder Noradrenalin bewirken dadurch eine Ablösung der PP1 von den Glykogengranula und so eine Hemmung der Glykogensynthese. Die regulatorische Untereinheit der PP1 in der **Leber** kann hingegen nicht phosphoryliert werden. Ihre Bindung an die aktive Glykogen-Phosphorylase in der R-Form hemmt jedoch allosterisch die Bindung der PP1 an die Glykogen-Synthase. Damit kann die PP1 in der Leber erst mit der Aktivierung der Glykogen-Synthase beginnen, wenn so gut wie alle Glykogen-Phosphorylase-Moleküle inaktiviert sind. Glucose-6-phosphat kann jedoch die aktive Phosphorylase b allosterisch in die inaktive T-Form überführen, die dann PP1 freigibt, um die Glykogen-Synthase zu dephosphorylieren. Das erklärt, warum ein Anstieg der Glucose-6-phosphat-Konzentration zu einer Aktivierung der Glykogen-Synthase führt. In allen insulinabhängigen Geweben wird die PP1 mit der regulatorischen PTG-Untereinheit (Protein Targeting to Glycogen) exprimiert, die vermutlich für die basale Protein-Phosphatase-Aktivität an den Glykogengranula verantwortlich ist.

Die **PP1** wird gewebespezifisch in Leber und Muskel reguliert.
Die GSK3 kann durch die **PP2A** dephosphoryliert und wieder aktiviert werden.

Aus Studentensicht

Allosterisch wird die Glykogen-Synthase durch **Glukose-6-phosphat** und **ATP** aktiviert und durch **AMP** gehemmt.

19.6 Glukose als Ausgangspunkt für Synthesen

19.6.1 Glykolysezwischenprodukte für Synthesen

Glukose-6-phosphat und andere Glykolysezwischenprodukte sind Ausgangspunkte für viele Synthesen.

Dihydroxyacetonphosphat liefert Glycerin-3-phosphat für die **Glycerolipidsynthese**.
3-Phosphoglycerat und Pyruvat sind Ausgangspunkte für **Aminosäuresynthesen**.

19.6.2 Pentosephosphatweg

Der **Pentosephosphatweg** ist ein wichtiger zytoplasmatischer, von Glukose-6-phosphat ausgehender Stoffwechselweg.
Der Großteil des für den anabolen Stoffwechsel und die Glutathion-Regeneration benötigten **NADPH** wird im Pentosephosphatweg gebildet. Eine weitere Funktion ist die Bereitstellung von **Ribose-5-phosphat** für die **Nukleotidsynthese**.

Oxidative Phase

Im oxidativen Abschnitt wird Glukose-6-phosphat durch die **Glukose-6-phosphat-Dehydrogenase** zu **6-Phosphoglukono-δ-lakton** oxidiert. Nach Hydrolyse durch die **Glukonolakton-Hydrolase** und erneuter Oxidation durch die **Glukonat-6-phosphat-Dehydrogenase** entsteht nach spontaner Decarboxylierung **Ribulose-5-phosphat**.
In den beiden oxidativen Schritten entsteht jeweils ein Molekül **NADPH**.

---

19 KOHLENHYDRATE: SCHNELLE ENERGIE UND MEHR

Die **Protein-Phosphatase 2A (PP2A)** entfernt die Phosphorylierungen der Glykogen-Synthase-Kinase 3 und überführt sie dadurch in die aktive Form, was zur Hemmung der Glykogen-Synthase führt. Gleichzeitig dephosphoryliert sie auch die Protein-Kinase B, inaktiviert sie somit und beendet das Signal des Insulins. PP2A wird durch Xylulose-5-phosphat, ein Zwischenprodukt des Pentosephosphatwegs, Palmitat und Ceramid aktiviert. Diese Metaboliten häufen sich bei dauerhaftem Glukoseüberschuss an und bewirken eine Insulinresistenz und damit verbunden eine geringere Glykogenspeicherkapazität in Leber und Muskel. Neben **Glukose-6-phosphat** zeigt im Skelettmuskel insbesondere **ATP** an, dass genügend Energie vorhanden ist und Glykogen aufgebaut werden soll. Beide Metaboliten überführen daher die Glykogen-Synthase b im Skelettmuskel **allosterisch** aus ihrer T-Form in die aktive R-Form (➤ Abb. 19.33b). **AMP** hingegen führt zur Umwandlung der Glykogen-Synthase b von der R- in die T-Form.

> **FALL**
>
> **Alfredo und Tim: ein Laufwettbewerb – Masse des Glykogens**
>
> Alfredo hat noch eine wichtige Frage an Sie: „Wie kommt es, dass ich in der Erholungsphase nach einem anstrengenden Training manchmal in wenigen Tagen 1–2 kg Gewicht zulege? Sind das alles neu antrainierte Muskeln?" Die zusätzliche Masse steckt tatsächlich in den Muskeln, aber nicht zwingend in neuer Proteinmasse. Durch den vermehrten Aufbau von Glykogen werden pro Gramm Glykogen auch ca. 2–3 g Wasser eingelagert. In der Erholungsphase nach erschöpfendem Training kann es sein, dass Alfredo bis zu 400 g Glykogen neu aufbaut, das dann zusammen mit dem eingelagerten Wasser über 1 kg zusätzliche Körpermasse ergibt.

19.6 Glukose als Ausgangspunkt für Synthesen

19.6.1 Glykolysezwischenprodukte für Synthesen

Neben ihrer wichtigen Funktion als Energielieferant für die ATP-Synthese dienen Glukose-6-phosphat und andere Glykolysezwischenprodukte auch als Ausgangspunkte für zahlreiche Synthesen. Sie sind wichtige Ausgangsverbindungen für die Synthese von Aminosäuren und Lipiden. Im **Pentosephosphatweg** werden Redoxäquivalente und Pentosen für den Nukleotidstoffwechsel synthetisiert und im **Polyolweg** können Sorbitol und Fruktose hergestellt werden.
Dihydroxyacetonphosphat aus der Glykolyse kann durch eine NADH-abhängige zytoplasmatische Glycerin-3-phosphat-Dehydrogenase zu Glycerin-3-phosphat reduziert werden (➤ Abb. 19.20), das als Rückgrat aller **Glycerolipide** benötigt wird. In Erythrozyten wird 1,3-Bisphosphoglycerat in 2,3-Bisphosphoglycerat umgewandelt, das die Affinität von Hämoglobin zu Sauerstoff reduziert (➤ 19.4.2, ➤ 25.5.1). 3-Phosphoglycerat liefert das C-Gerüst für die Synthese der **Aminosäuren** Serin, Cystein und Selenocystein. Pyruvat kann zu Alanin transaminiert werden (➤ 21.4.3).

19.6.2 Pentosephosphatweg

Der **Pentosephosphatweg** (Hexosemonophosphatweg, Pentosephosphatzyklus) findet wie die Glykolyse und der Glykogenstoffwechsel vollständig im Zytoplasma statt und verwendet Glukose-6-phosphat als Ausgangssubstrat.
Eine Funktion ist die Bereitstellung von **NADPH**, das v. a. im anabolen Lipidstoffwechsel benötigt wird, sodass dieser Reaktionsweg besonders in Geweben mit aktiver **Fettsäure- und Steroidsynthese** wie der Leber, der laktierenden Brust, der Nebennierenrinde, den Ovarien und Hoden sowie dem Fettgewebe abläuft. NADPH spielt zudem auch eine wichtige Rolle für die Regeneration von **Glutathion**, das in Hepatozyten für die Biotransformation und in allen Zellen für den Schutz vor oxidativen Schäden benötigt wird. Zellen, die wie die Erythrozyten einem besonders hohen oxidativen Stress ausgesetzt sind, haben ebenfalls einen aktiven Pentosephosphatweg. Eine andere wichtige Funktion des Pentosephosphatwegs ist die Bereitstellung von Pentosen, insbesondere von **D-Ribose-5-phosphat**, das als Vorstufe für die **Nukleotidsynthese** gebraucht wird (➤ 21.7.5).

Oxidative Phase

Der Pentosephosphatweg wird in eine oxidative und eine nicht-oxidative Phase unterteilt. In der irreversiblen oxidativen Phase des Pentosephosphatwegs wird Glukose-6-phosphat oxidiert und decarboxyliert, wobei **Ribulose-5-phosphat** und **NADPH** entstehen.
Glukose-6-phosphat wird dabei zunächst durch das Enzym **Glukose-6-phosphat-Dehydrogenase** am C1-Atom oxidiert, wobei ein Molekül NADPH entsteht. Die bei der Oxidation entstehende Carboxylgruppe befindet sich in einem intramolekularen und dadurch zyklischen Ester (Lakton) mit der C5-OH-Gruppe (δ-OH-Gruppe) desselben Moleküls. Das Produkt wird daher **6-Phosphoglukono-δ-lakton** genannt (➤ Abb. 19.34). Dieses wird durch die **Glukonolakton-Hydrolase** (Laktonase) zu 6-Phosphoglukonat hydrolysiert. Im anschließenden, ebenfalls oxidativen Schritt wird 6-Phosphoglukonat katalysiert durch die **Glukonat-6-phosphat-Dehydrogenase** zu 3-Keto-6-phosphoglukonat oxidiert. Dabei entsteht ein zweites Molekül NADPH. Die entstandene β-Ketosäure ist sehr instabil und decarboxyliert spontan zur Pentose **Ribulose-5-phosphat**.

Netto hat damit im oxidativen Teil des Pentosephosphatwegs folgende Reaktion stattgefunden (> Formel 19.2):

Glukose-6-phosphat + 2 NADP$^+$ + H$_2$O $\longrightarrow$ Ribulose-5-phosphat + 2 NADPH + CO$_2$ + 2 H$^+$ | Formel 19.2

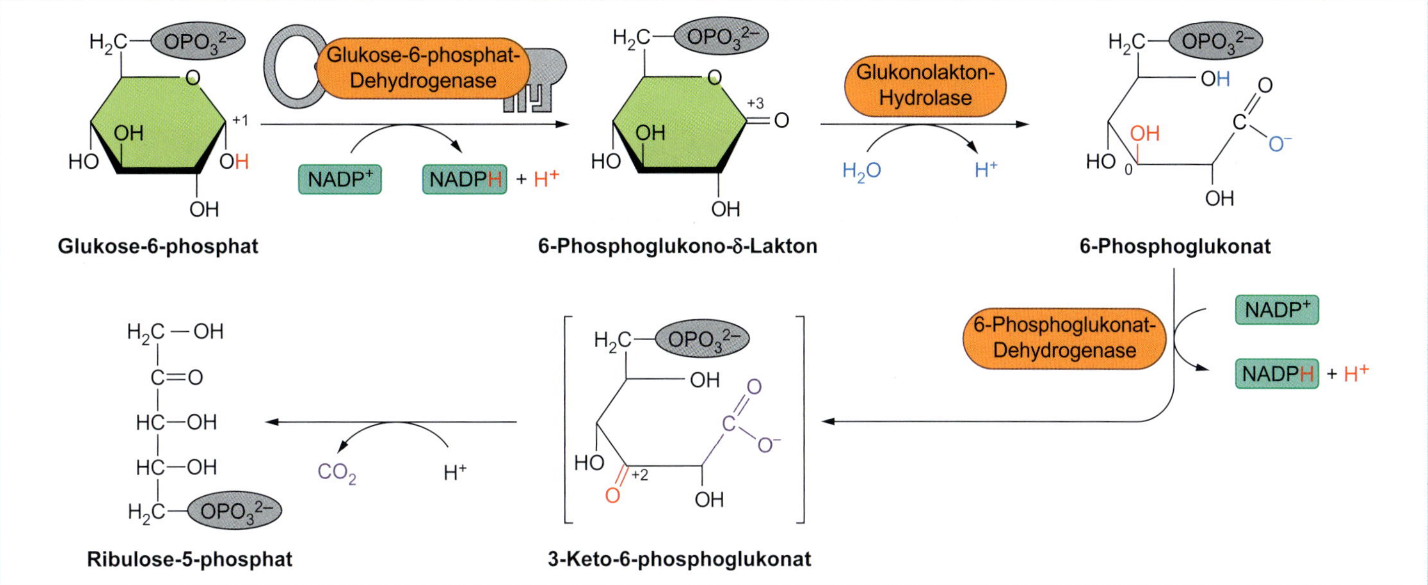

Abb. 19.34 Oxidative Phase des Pentosephosphatwegs [L138]

Nicht-oxidative Phase

Im ersten Schritt der reversiblen nicht-oxidativen Phase wird die zuvor entstandene Ketose Ribulose-5-phosphat durch die **Ribulose-5-phosphat-Isomerase** zur Aldose **Ribose-5-phosphat** isomerisiert, die nun als Baustein für die Nukleotidbiosynthese weiterverwendet werden kann (> Abb. 19.35). Falls es dafür nicht benötigt wird, wird es mit zwei weiteren Molekülen Ribulose-5-phosphat in Intermediate der Glykolyse umgewandelt. Dafür wird die Konfiguration am C3-Atom eines zweiten Moleküls Ribulose-5-phosphat durch die **Ribulose-5-phosphat-Epimerase** geändert, wobei **Xylulose-5-phosphat** entsteht.
In den nun folgenden Reaktionen finden im Prinzip Übertragungen von Kohlenstoffeinheiten von einem Molekül auf ein anderes statt. Zunächst werden, katalysiert von der **Transketolase**, das C1- und C2-Atom des Xylulose-5-phosphats gemeinsam auf Ribose-5-phosphat übertragen. Dabei entstehen **Glycerinaldehyd-3-phosphat** und die aus sieben C-Atomen bestehende Ketose **Sedoheptulose-7-phosphat**. Die Transketolase überträgt also C$_2$-Einheiten, wofür sie ein fest gebundenes **Thiaminpyrophosphat** als prosthetische Gruppe verwendet. In einer weiteren Übertragung werden die ersten drei C-Atome des Sedoheptulose-7-phosphats durch die **Transaldolase** auf das Glycerinaldehyd-3-phosphat übertragen. Dabei entstehen **Erythrose-4-phosphat** und **Fruktose-6-phosphat**. Die Transaldolase besitzt in ihrem aktiven Zentrum einen Lysinrest, mit dem sie C$_3$-Einheiten transferiert. In einer letzten Übertragung durch die **Transketolase** wird wiederum eine C$_2$-Einheit, bestehend aus dem C1- und C2-Atom eines weiteren Moleküls Xylulose-5-phosphat, auf das Erythrose-4-phosphat übertragen. Dabei entstehen **Glycerinaldehyd-3-phosphat** und **Fruktose-6-phosphat**. Diese beiden Endprodukte des Pentosephosphatwegs können nun entweder über die Glykolyse abgebaut oder mit Reaktionen der Glukoneogenese wieder in Glukose-6-phosphat überführt werden.
Das **Gesamtergebnis der nicht-oxidativen Phase** ist somit die Bildung von zwei Hexosen und einer Triose aus insgesamt drei Pentosen (> Formel 19.3):

3 Ribulose-5-phosphat $\rightleftharpoons$ Glycerinaldehyd-3-phosphat + 2 Fruktose-6-phosphat | Formel 19.3

Physiologische Bedeutung des Pentosephosphatwegs

Bei verschiedenen **Stoffwechselsituationen** wird der Pentosephosphatweg unterschiedlich mit anderen Stoffwechselwegen verknüpft (> Abb. 19.36).

Hoher Bedarf an NADPH

Benötigt eine Zelle z. B. aufgrund einer erhöhten **Fettsäure- oder Steroidsynthese** vermehrt **NADPH**, so läuft der **oxidative Teil** des Pentosephosphatwegs verstärkt ab (> Abb. 19.36). Das dabei gebildete, nicht benötigte Ribulose-5-phosphat wird über den nicht-oxidativen Teil in Glycerinaldehyd-3-phosphat und Fruktose-6-phosphat umgewandelt. Diese werden anschließend mittels Reaktionen der Glukoneogenese in Glukose-6-phosphat überführt, das erneut in den oxidativen Teil des Pentosephosphatwegs eintreten kann.

Aus Studentensicht

Nicht-oxidative Phase

Aus drei Pentosen entstehen so zwei Hexosen und eine Triose. Dafür wird Ribulose-5-phosphat (C$_5$) zu Ribose-5-phosphat (C$_5$) isomerisiert, das auch für die Nukleotidbiosynthese genutzt werden kann.
Die **Transketolase**, die als prosthetische Gruppe **Thiaminpyrophosphat** enthält, überträgt eine C$_2$-Einheit von einer Pentose auf eine andere: C$_5$ + C$_5$ $\rightleftharpoons$ C$_7$ + C$_3$. Die **Transaldolase** überträgt dann eine C$_3$-Einheit: C$_3$ + C$_7$ $\rightleftharpoons$ C$_6$ + C$_4$. Die **Transketolase** überträgt schließlich eine C$_2$-Einheit einer weiteren Pentose: C$_4$ + C$_5$ $\rightleftharpoons$ C$_6$ + C$_3$.
Die Produkte Fruktose-6-phosphat und Glycerinaldehyd-3-phosphat können in die Glykolyse oder die Glukoneogenese eingeschleust werden.

Physiologische Bedeutung des Pentosephosphatwegs

Wird für eine erhöhte **Fettsäure- oder Steroidsynthese** vermehrt **NADPH** benötigt, läuft der oxidative Abschnitt des Pentosephosphatwegs verstärkt ab. Das in dieser Situation nicht benötigte Ribulose-5-phosphat wird im nicht-oxidativen Abschnitt in Metaboliten der Glukoneogenese umgewandelt. Glukose-6-phosphat wird erneut dem oxidativen Teil des Reaktionswegs zugeführt.

Aus Studentensicht

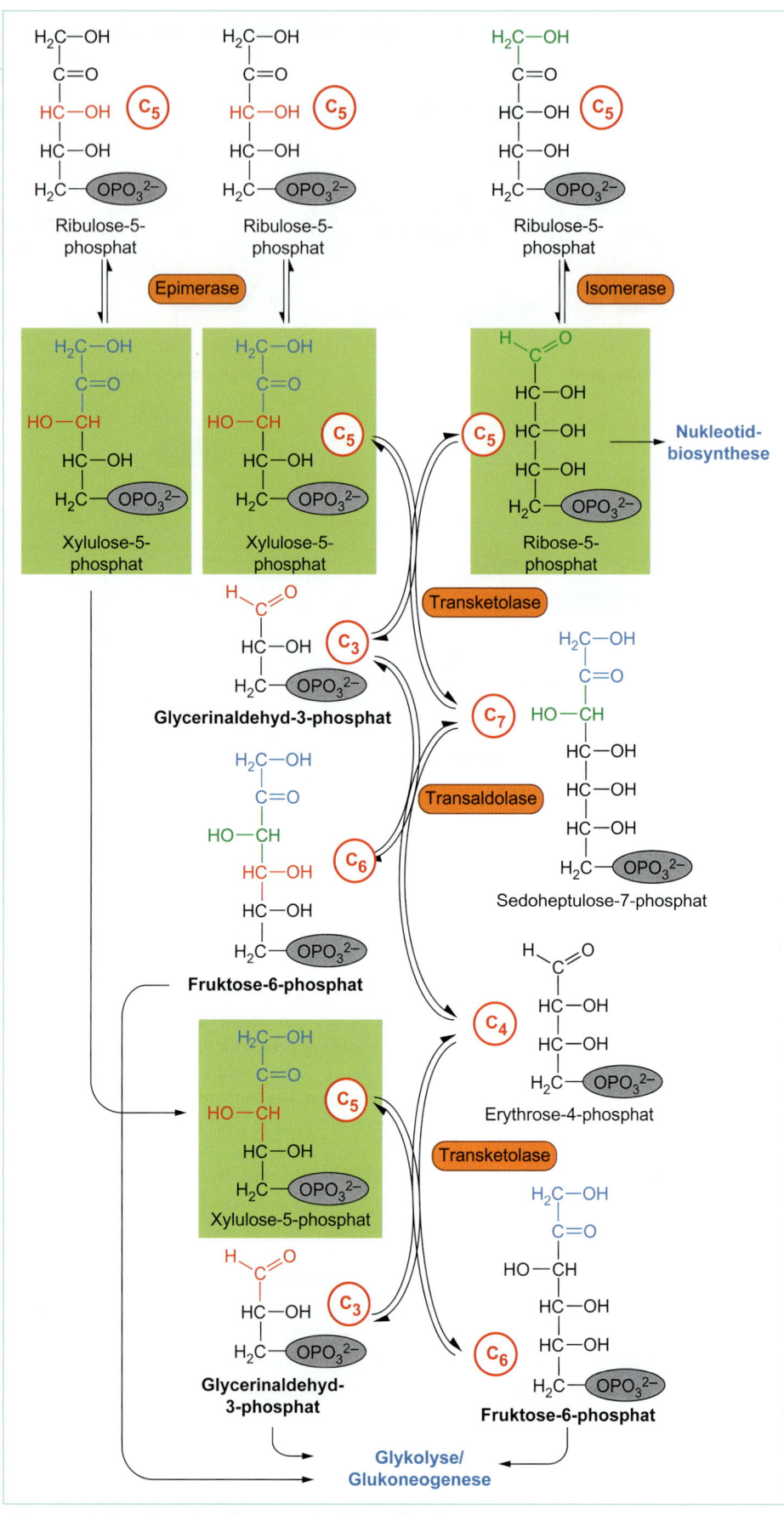

ABB. 19.35

19 KOHLENHYDRATE: SCHNELLE ENERGIE UND MEHR

Abb. 19.35 Nicht-oxidative Phase des Pentosephosphatwegs [L138]

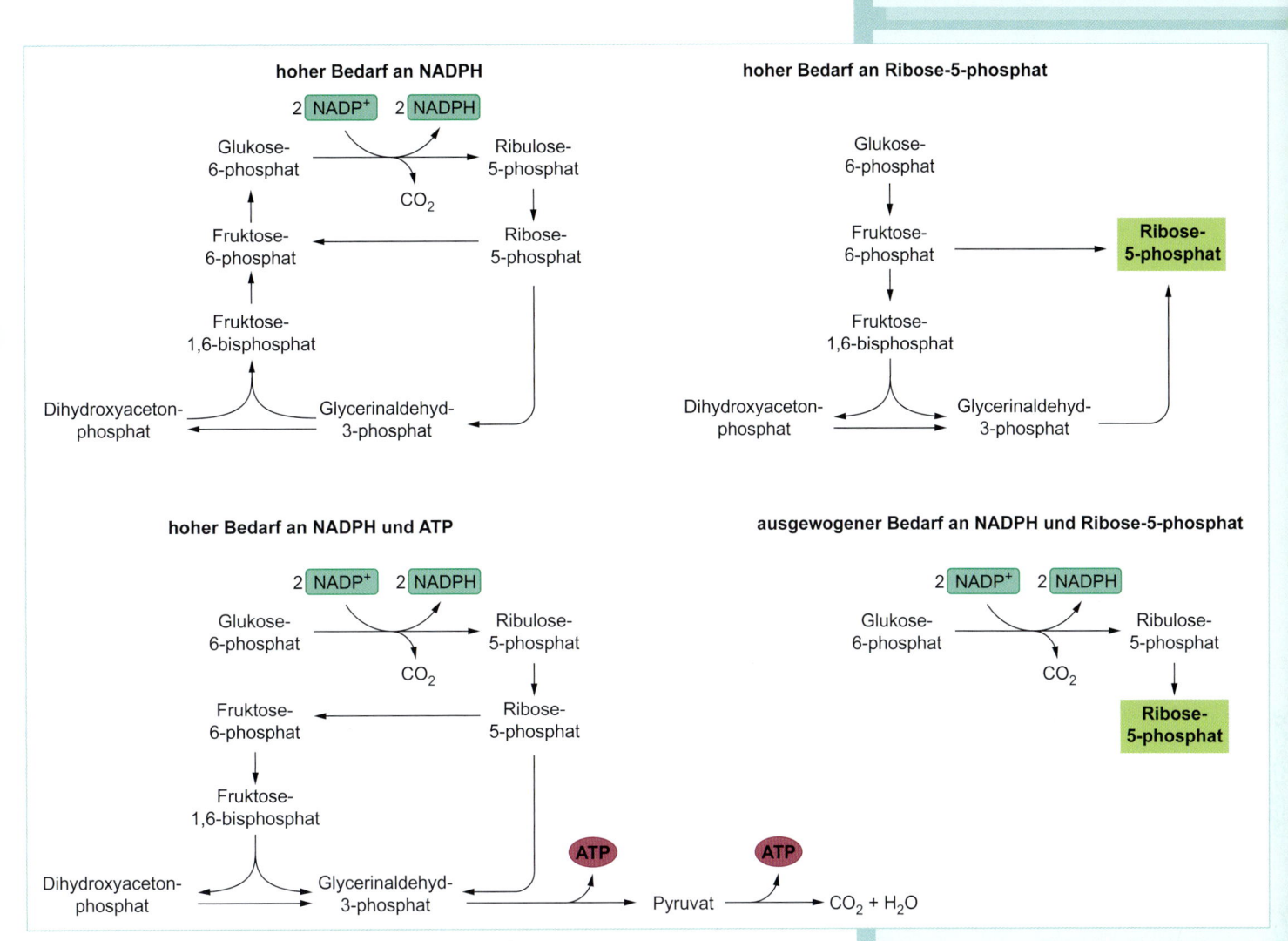

19.6 GLUKOSE ALS AUSGANGSPUNKT FÜR SYNTHESEN — Aus Studentensicht

Abb. 19.36 Vier Stoffwechselsituationen im Pentosephosphatweg [L138]

Die Gesamtreaktion lautet wie folgt (▶ Formel 19.4):

6 Glukose-6-phosphat + 12 NADP$^+$ + 7 H$_2$O
$\longrightarrow$ 6 Ribulose-5-phosphat + 6 CO$_2$ + 12 NADPH + 12 H$^+$
$\longrightarrow$ 5 Glukose-6-phosphat + 6 CO$_2$ + 12 NADPH + 11 H$^+$ + P$_i$ | Formel 19.4

oder kurz (▶ Formel 19.5):

Glukose-6-phosphat + 12 NADP$^+$ + 7 H$_2$O $\longrightarrow$ 6 CO$_2$ + 12 NADPH + 11 H$^+$ + P$_i$ | Formel 19.5

Netto wird so ein Glukose-6-phosphat-Molekül unter NADPH-Bildung vollständig zu CO$_2$ oxidiert.

Hoher Bedarf an Ribose-5-phosphat

Benötigt eine Zelle beispielsweise für die **Zellteilung** viel **Ribose-5-phosphat** zur Synthese von **Nukleotiden**, aber wenig NADPH, so kann sie sich ausschließlich der reversiblen Reaktionen des **nicht-oxidativen Teils** bedienen. Das bei der Glykolyse entstehende Fruktose-6-phosphat und Glycerinaldehyd-3-phosphat werden nicht zu Pyruvat abgebaut, sondern durchlaufen mithilfe von Transketolase und Transaldolase den Pentosephosphatweg rückwärts. Die Reaktionsfolge dazu lautet (▶ Formel 19.6):

4 Glukose-6-phosphat $\longrightarrow$ 4 Fruktose-6-phosphat
1 Glukose-6-phosphat + ATP $\longrightarrow$ 2 Glycerinaldehyd-3-phosphat + ADP + H$^+$
4 Fructose-6-phosphat + 2 Glycerinaldehyd-3-phosphat $\longrightarrow$ 6 Ribose-5-phosphat

| Formel 19.6

Als **Nettogleichung** ergibt sich damit (▶ Formel 19.7):

5 Glukose-6-phosphat + ATP $\longrightarrow$ 6 Ribose-5-phosphat + ADP + H$^+$ | Formel 19.7

Benötigt die Zelle für eine bevorstehende **Zellteilung** zur Synthese von **Nukleotiden** viel **Ribose-5-phosphat**, aber kein NADPH, läuft der reversible, nicht-oxidative Abschnitt ausgehend von Fruktose-6-phosphat und Glycerinaldehyd-3-phosphat aus der Glykolyse in Richtung Ribulose-5-phosphat ab.

Aus Studentensicht

Werden sowohl **NADPH** als auch **Ribose-5-phosphat** benötigt, läuft nur der oxidative Abschnitt des Pentosephosphatwegs ab.

Benötigt die Zelle **NADPH** und **ATP**, werden die Metaboliten des nicht-oxidativen Abschnitts in die Glykolyse eingeschleust.

Regulation des Pentosephosphatwegs
Das Schrittmacherenzym des Pentosephosphatwegs ist die **Glukose-6-phosphat-Dehydrogenase**, die einen hohen **NADPH/NADP$^+$-Quotienten** einstellt. Sie wird allosterisch durch NADPH und über Phosphorylierung durch PKA und AMP-Kinase gehemmt und durch oxidiertes Glutathion, Insulin und SREBP auf unterschiedlichen Ebenen hochreguliert.

Funktionen von NADPH
NADPH besitzt ein hohes **Redoxpotenzial** und wird für die meisten Reduktionen im Rahmen von **Biosynthesen** benötigt.
Das **Glutathion-System**, das v. a. die **Erythrozyten** vor Schäden durch **reaktive Sauerstoffspezies** schützt, benötigt ebenfalls NADPH für seine Regeneration.

KLINIK

---

19 KOHLENHYDRATE: SCHNELLE ENERGIE UND MEHR

Ausgewogener Bedarf an NADPH und Ribose-5-phosphat
Besteht ein ausgewogener Bedarf an **NADPH** und **Ribose-5-phosphat**, läuft nur der oxidative Teil des Pentosephosphatwegs ab. Das dabei gebildete Ribulose-5-phosphat wird anschließend zu Ribose-5-phosphat isomerisiert.
Die **Nettogleichung** lautet folglich (➤ Formel 19.8):

$$\text{Glukose-6-phosphat} + 2\,NADP^+ + H_2O \longrightarrow \text{Ribose-5-phosphat} + CO_2 + 2\,NADPH + 2\,H^+ \quad | \text{ Formel 19.8}$$

Hoher Bedarf an NADPH und ATP
Benötigt eine Zelle sowohl **NADPH** als auch **ATP**, läuft der Pentosephosphatweg mit seinen beiden Phasen ab. Die dabei gebildeten Triosen und Hexosen werden in die Glykolyse eingeschleust und unter Bildung von ATP zu Pyruvat verstoffwechselt.
Netto ergibt sich damit folgende Reaktionsgleichung (➤ Formel 19.9):

$$3\,\text{Glukose-6-phosphat} + 6\,NADP^+ + 5\,NAD^+ + 8\,ADP + 5\,P_i + H_2O$$
$$\longrightarrow 5\,\text{Pyruvat} + 3\,CO_2 + 6\,NADPH + 5\,NADH + 13\,H^+ + 8\,ATP \quad | \text{ Formel 19.9}$$

Das Pyruvat kann in Citratzyklus und oxidativer Phosphorylierung unter Gewinnung von weiterem ATP oxidiert werden.

Regulation des Pentosephosphatwegs
Das geschwindigkeitsbestimmende Enzym des Pentosephosphatwegs ist die **Glukose-6-phosphat-Dehydrogenase.** Ihre Aktivität ermöglicht die Einstellung des thermodynamischen Gleichgewichts der Reaktion mit einem **NADPH/NADP$^+$-Quotienten** von ca. 100 : 1 je nach Konzentration von Glukose-6-phosphat und 6-Phosphoglukonolakton. Das Enzym wird jedoch durch NADPH allosterisch gehemmt, sodass die Aktivität unter physiologischen Bedingungen sehr gering ist. Durch spezielle Regulatorproteine kann diese Hemmung jedoch aufgehoben werden, z. B. wenn die Konzentration an oxidiertem Glutathion ansteigt. Die Aktivität der Glukose-6-phosphat-Dehydrogenase wird darüber hinaus auf vielen weiteren Ebenen wie Transkription, Translation, posttranskriptional und über die Lokalisation in der Zelle reguliert. Bei oxidativem Stress wird das Enzym nicht nur durch den Anstieg an oxidiertem Glutathion weniger stark inhibiert, sondern auch vermehrt transkribiert, sodass genug NADPH für die Neutralisierung von reaktiven Sauerstoffspezies (ROS) gebildet wird. Der Insulin-Signalweg und das Sterol Responsive Element-Binding Protein (SREBP) steigern sowohl über eine Induktion der Gentranskription als auch über Dephosphorylierung die Aktivität der Glukose-6-phosphat-Dehydrogenase und sorgen so für ausreichend NADPH für die Lipidbiosynthese. Typische Gegenspieler des Insulin-Signalwegs wie PKA und AMP-Kinase phosphorylieren und hemmen entsprechend die Glukose-6-phosphat-Dehydrogenase.

Funktionen von NADPH
NADPH ist wichtig für die Aufrechterhaltung eines reduktiven Milieus in der Zelle. Bei den meisten Reduktionen im Rahmen von **Biosynthesen** ist NADPH als Reduktionsmittel beteiligt. Durch den hohen NADPH/NADP$^+$-Quotienten ist das **Redoxpotenzial** von NADPH in der Zelle negativer als das von NADH, bei dem der Quotient mit etwa 1 : 1000 bei aktiver Zellatmung wesentlich kleiner ist. Dadurch kann NADPH seine Elektronen bei Synthesen auf andere Stoffe übertragen, deren Redoxpotenzial negativer als das von NADH ist.
Alle Zellen im menschlichen Körper sind ständig der schädigenden Wirkung von **reaktiven Sauerstoffverbindungen** ausgesetzt. Zum Schutz vor derartigen Schäden hat sich das **Glutathion-System** entwickelt (➤ 22.3.2). Die Regeneration des oxidierten Glutathions erfolgt mit NADPH. Aufgrund der hohen Sauerstoffkonzentration im Blut ist dieses System besonders wichtig für die **Erythrozyten.**

> **KLINIK**
>
> **Favismus**
>
> Ein **Glukose-6-phosphat-Dehydrogenase-Mangel** führt zum **Favismus** und ist der am weitesten verbreitete Enzymdefekt beim Menschen. Ein erhöhtes Vorkommen wird in den Mittelmeerländern beobachtet. Weltweit sind mehrere Hundert Millionen Menschen Träger entsprechender Mutationen. Patienten, die diesen genetisch bedingten Mangel aufweisen, können im Vergleich zu Gesunden deutlich **weniger NADPH** produzieren, was zu einer verminderten Bildung von reduziertem Glutathion führt. Vor allem die Erythrozyten der Betroffenen weisen dadurch ein stärker oxidatives Milieu auf, das unter bestimmten Bedingungen zu hämolytischen Krisen führen kann. Einer der Auslöser solcher hämolytischer Krisen, dem die Krankheit ihren Namen zu verdanken hat, ist der Verzehr von Favabohnen (Saubohnen) bzw. das Einatmen ihrer Pollen. Die in der Favabohne vorkommenden Glykoside wie das Vicin sind Oxidationsmittel, die zur Bildung von Peroxiden führen, die aufgrund des NADPH-Mangels nicht adäquat entgiftet werden können. Andere Auslöser, die v. a. in der Klinik eine Rolle spielen, sind bestimmte Malariamedikamente, Antibiotika und Aspirin. Heterozygote Anlageträgerinnen – der Gendefekt wird X-chromosomal vererbt, Heterozygotie betrifft in diesem Fall nur Frauen – sind, ähnlich wie bei der Sichelzellanämie, **resistenter gegenüber Malariaerregern** (Plasmodien), da diese für ihre Vermehrung in den Erythrozyten auf ein reduktives Milieu angewiesen sind.

19.6.3 Polyolweg

Glukose kann über den sogenannten **Polyolweg** in Fruktose umgewandelt werden, ohne zuvor phosphoryliert werden zu müssen (> Abb. 19.37). Die **Aldose-Reduktase** reduziert Glukose und andere Aldosen zu dem jeweiligen Polyol. Sie nutzt dafür NADPH als Reduktionsmittel. Die Aldose-Reduktase wird in vielen Geweben wie Augen, peripherem Nervensystem, Niere, Ovar und Samenblase exprimiert, nicht aber in der Leber. Ein zweites Enzym, die **Sorbitol-Dehydrogenase** (Polyol-Dehydrogenase), oxidiert Sorbitol mithilfe von NAD^+ zu Fruktose. Sie wird in vielen Zellen exprimiert, auch in der Leber, die mit ihrer Hilfe Sorbitol aus der Nahrung über Fruktose in den Stoffwechsel einschleust.

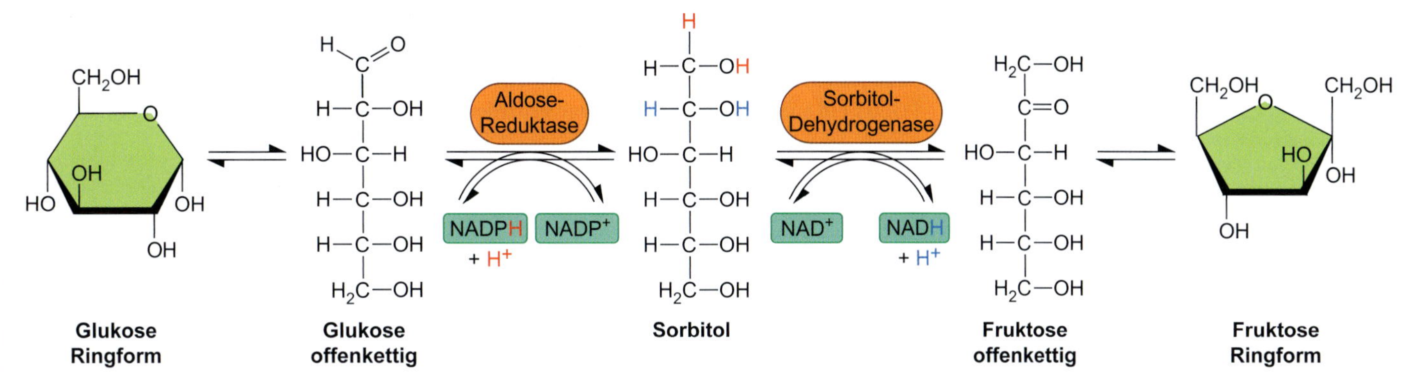

Aus Studentensicht

19.6.3 Polyolweg

Im **Polyolweg** werden Aldosen über die entsprechenden Polyole in Ketosen umgewandelt. Die **Aldose-Reduktase** reduziert mithilfe von NADPH z. B. Glukose zu Sorbitol. Die **Sorbitol-Dehydrogenase** oxidiert Sorbitol mithilfe von NAD^+ zu Fruktose.

Abb. 19.37 Polyolweg [L271]

KLINIK
Polyolweg und Hyperglykämie

Abgesehen von der Samenblase wird Glukose bei Normoglykämie (3,8–6,1 mmol/l) in allen Zellen überwiegend in Glukose-6-phosphat umgewandelt und abgebaut. Nur ein kleiner Anteil (maximal 3 %) wird unphosphoryliert durch die Aldose-Reduktase in Sorbitol umgewandelt. Bei Hyperglykämie (> 7 mmol/l) steigt der Anteil der Glukose, der den Polyolweg durchläuft, bis auf 30 %. Zellen, die den Glukoseeinstrom nicht regulieren können und weder Sorbitol noch Fruktose abbauen oder über die Plasmamembran exportieren können, leiden dann unter osmotischem und oxidativem Stress. **Refraktionsveränderungen der Linse** durch Osmose sind daher oft das erste Anzeichen eines **Diabetes mellitus**. Während Glukose nach dem Absinken des Blutglukosespiegels wieder aus der Linse herausdiffundiert, verbleibt das Sorbitol nach einer hyperglykämischen Episode und hält die Linse weiter geschwollen. Durch die Aldose-Reduktase-Reaktion wird unter diesen hyperglykämischen Bedingungen zudem viel NADPH verbraucht, das nun nicht mehr für die Bekämpfung reaktiver Sauerstoffspezies und die Regeneration des Glutathions zur Verfügung steht und die Zellen dem oxidativen Stress ausliefert. Allerdings läuft durch die erhöhte Glukosekonzentration auch der Pentosephosphatweg verstärkt ab, sodass nicht immer ein verminderter $NADPH/NADP^+$-Quotient beobachtet wird. Durch die anschließende Sorbitol-Dehydrogenase-Reaktion steigt jedoch der $NADH/NAD^+$-Quotient, was auf zellulärer Ebene als **hyperglykämische Pseudohypoxie** bezeichnet wird. Unter diesen Bedingungen sind die Pyruvat-Dehydrogenase und der Citratzyklus gehemmt und die Atmungskette produziert vermehrt ROS.

Eine Umwandlung von **Glukose in Fruktose** findet in nennenswertem Ausmaß nur in der **Samenblase** statt. So wird Fruktose für den hochspezialisierten Stoffwechsel der **Spermien** bereitgestellt. In den anderen Geweben dient die relativ unspezifische Aldose-Reduktase eventuell dem Schutz vor reaktiven Aldehyd-Gruppen, die unkontrolliert mit primären Aminen reagieren können, und als Schutz vor Wasserverlust im hyperosmolaren Medium, da die Polyalkohole in der Zelle verbleiben und so den intrazellulären osmotischen Druck erhöhen. In der Samenblase erfolgt die Regulation der für den Polyolweg nötigen Enzyme durch **Testosteron**. Ausgehend von der Fruktosekonzentration im Sperma kann somit indirekt auf die Testosteronproduktion geschlossen werden.

Die Synthese von Fruktose findet in nennenswertem Ausmaß nur in der **Samenblase** statt. Fruktose spielt eine wichtige Rolle für den Stoffwechsel der **Spermien**. Die dortige Regulation des Polyolwegs erfolgt über **Testosteron**.

KLINIK
Spermien werden durch Fruktose ruhig gestellt

Durch die Produktion in der Samenblase wird eine einzigartig hohe Fruktosekonzentration von 12 mmol/l im humanen Sperma aufrechterhalten. Die Richtung des Polyolwegs ist dabei durch das hohe $NADPH/NADP^+$- und das niedrigere $NADH/NAD^+$-Verhältnis in den Zellen vorgegeben. Spermien nehmen Fruktose über GLUT5 auf und schleusen einen Teil mittels Hexokinase über Fruktose-6-phosphat in die Glykolyse ein. Spermien exprimieren jedoch auch Fruktokinase- und Aldolase B-Isoformen, sodass viel Fruktose über Fruktose-1-phosphat verstoffwechselt wird und kaum Glukose-6-phosphat für den Pentosephosphatweg zur Verfügung steht. So können Spermien, die mit Fruktose statt Glukose versorgt werden, deutlich weniger $NADP^+$ zu NADPH regenerieren, reduziertes Glutathion wird knapp und die Konzentration an reaktiven Sauerstoffspezies steigt. Über diese Redoxsignale wird eine verfrühte Kapazitation der Spermien während ihrer Reifung und Lagerung im Nebenhoden verhindert. Mit dem Eintritt in den weiblichen Genitaltrakt sinkt die Fruktosekonzentration und die Spermien stellen auf Glukoseverwertung um. Mit dem Anstieg an NADPH ändert sich der Redoxstatus und die Spermien beginnen mit der Kapazitation, was letztlich die Befruchtung der Eizelle ermöglicht.

Aus Studentensicht

PRÜFUNGSSCHWERPUNKTE
IMPP
!!! GLUT-Transporter (v. a. GLUT 4), Glykolyse, Glykogenauf- und -abbau
!! Amylose und ihre Spaltungen

Kompetenzorientierte Lernziele (NKLM)
Die Studierenden können
- den Aufbau und die Funktion von Kohlenhydraten beschreiben und daraus wesentliche Eigenschaften ableiten.
- erklären, wie Kohlenhydrate durch Verdauungsenzyme hydrolysiert werden.
- erklären, wie Nahrungsbestandteile absorbiert werden.
- den Abbau von Kohlenhydraten erläutern.
- die Synthese von Kohlenhydraten erläutern.
- die Funktion von Glykogen erklären.
- die Regulation des Auf- und Abbaus von Glykogen in den einzelnen Organen in unterschiedlichen Stoffwechsellagen erklären.

19 KOHLENHYDRATE: SCHNELLE ENERGIE UND MEHR

ÜBUNGSFRAGEN FÜRS MÜNDLICHE MIT LÖSUNGSHILFEN

1. Zeichnen Sie die Strukturformel von Saccharose und erklären Sie, wie Saccharose aus der Nahrung im Körper verwertet wird!

Strukturformel > Abb. 19.6c. Saccharose wird durch die Saccharase am Bürstensaum der Dünndarmmukosa hydrolytisch zu Glukose und Fruktose gespalten. Die Glukose wird sekundär aktiv im Cotransport mit Natrium über den SGLT1 in die Mukosazelle aufgenommen, die Fruktose passiv über GLUT5. Beide Zucker strömen passiv in die Pfortader und werden passiv durch GLUT2 in die Hepatozyten aufgenommen. Die Glukose wird wegen des hohen K_M-Werts der Glukokinase in der Leber nur partiell zurückgehalten, Fruktose dagegen verbleibt nach Phosphorylierung durch die Fruktokinase komplett in den Hepatozyten. Glukose wird nach Stimulation der Insulinsekretion und Einbau von GLUT4 in quer gestreiften Muskel- und Fettzellen von diesen aufgenommen und verstoffwechselt.

2. Bei der Phosphofruktokinase 1 ist ATP sowohl ein Substrat als auch ein allosterischer Inhibitor. Welche der beiden Bindungstaschen bindet ATP mit höherer Affinität und warum?

Das aktive Zentrum hat eine höhere Affinität als das allosterische Zentrum. Wäre es umgekehrt, wäre die Phosphofruktokinase 1 immer gehemmt.

3. Welche Einflüsse hat Glukagon auf die Glykolyse in der Leber? Was ist anders, wenn Adrenalin die Glykolyse im Skelettmuskel reguliert?

Beide Hormone steigern über das stimulatorische G-Protein die Adenylat-Cyclase, dadurch die cAMP-Konzentration und so die Aktivität der Protein-Kinase A. In der Leber führt dies zur Hemmung der Glykolyse, im Skelettmuskel hat es einen schwach stimulierenden Effekt. In der Leber phosphoryliert die PKA das bifunktionelle Enzym aus Phosphofruktokinase 2 und Fruktose-2,6-Bisphosphatase, das nun hauptsächlich als Phosphatase aktiv ist und Fruktose-2,6-bisphosphat abbaut. Dadurch wird die Phosphofruktokinase 1 als Schrittmacherenzym der Glykolyse nicht mehr aktiviert und produziert weniger Fruktose-1,6-bisphosphat. Die Protein-Kinase A phosphoryliert in der Leber auch die Pyruvat-Kinase, die nun ohne Fruktose-1,6-bisphosphat nicht mehr aktiv ist. Im Skelettmuskel wird weder das Tandemenzym noch die Pyruvat-Kinase durch die Protein-Kinase A reguliert. Nur die Phosphofruktokinase 1 selbst kann phosphoryliert werden und wird aktiver.

4. Die Pyruvat-Carboxylase kann als erstes Enzym der Glukoneogenese angesehen werden. Wie lässt sich erklären, dass sie durch Acetyl-CoA allosterisch aktiviert wird?

Acetyl-CoA kann nicht als Substrat der Glukoneogenese dienen. Die Pyruvat-Carboxylase dient jedoch nicht nur der Glukoneogenese, sondern katalysiert auch eine wichtige anaplerotische Reaktion des Citratzyklus. Sie stellt Oxalacetat bereit, mit dessen Hilfe Acetyl-CoA zu CO_2, Wasser und Redoxäquivalenten abgebaut werden kann.

5. Vergleichen Sie die Glykolyse bis zum Produkt Pyruvat und die Glukoneogenese ausgehend von Glycerin hinsichtlich ihrer Energiebilanzen! Gehen Sie davon aus, dass beide Stoffwechselwege in der Leber ablaufen.

Pro Molekül Glukose werden zwei Moleküle Pyruvat gebildet. Dabei werden 2 ATP verbraucht und 4 ATP sowie 2 NADH gewonnen. Die Glukoneogenese aus Glycerin verbraucht 2 ATP und erzeugt 2 NADH. Wird angenommen, dass in der Atmungskette aus einem NADH ca. 2,5 ATP gewonnen werden, so werden bei der Glykolyse 7 ATP gewonnen und bei der Glukoneogenese aus Glycerin 3 ATP gewonnen.

6. Die Leber exprimiert in der Plasmamembran den Glukosetransporter GLUT2 mit einem K_M-Wert von ca. 20 mmol/l für Glukose und im Zytoplasma die Glukokinase mit einem K_M-Wert von ca. 7 mmol/l für Glukose. Warum ist diese Konstellation für die Glukosefreisetzung durch die Leberzellen problematisch?

Glukose aus dem Glykogenabbau oder der Glukoneogenese würde im Zytoplasma gleich wieder durch die Glukokinase zu Glukose-6-phosphat phosphoryliert werden, lange bevor ausreichende Konzentrationen für den Ausstrom durch GLUT2 erreicht wären. Möglicherweise entsteht Glukose deswegen nicht im Zytoplasma, sondern im ER durch das Glukose-6-Phosphatase-System.

7. In Tumorzellen, aktivierten Lymphozyten und Neuronen wird ein besonders großer Teil der aufgenommenen Glukose in den Pentosephosphatweg eingeschleust. Welchem Zweck dient das?

Der Pentosephosphatweg liefert Ribose für die Nukleotidbiosynthese und NADPH für die Lipidbiosynthese und die Regeneration von reduziertem Glutathion. Tumorzellen und aktivierte Lymphozyten benötigen für ihre Proliferation ständig Nachschub an Nukleotiden und Lipiden. Bei den postmitotischen Neuronen ist v. a. Glutathion für den Schutz vor oxidativen Schäden und sind Ribose und NADPH für die Reparatur von Lipid- und DNA-Schäden wichtig.

8. Welche Moleküle werden über den Polyolweg ineinander umgewandelt und wann macht das z. B. in der Augenlinse Probleme?

Über den Polyolweg wird Glukose mittels NADPH zu Sorbitol reduziert und Sorbitol mittels NAD^+ zu Fruktose oxidiert. Bei einer Hyperglykämie kann Glukose in die Linsenzellen unkontrolliert einströmen, wird teilweise zu Sorbitol und Fruktose umgewandelt und kann dann nicht wieder aus der Zelle diffundieren oder weiter verstoffwechselt werden. Durch Fruktose und Sorbitol wird auch Wasser zurückgehalten, was zu Refraktionsveränderungen führt.

KAPITEL 20
Lipide: nicht nur Energiespeicher
Regina Fluhrer

20.1 Lipide als Energiespeicher	509
20.1.1 Funktionen und Eigenschaften der Lipide	509
20.1.2 Triacylglyceride als Speicherform der Lipide	510
20.1.3 Verdauung und Absorption der Triacylglyceride	513
20.1.4 Synthese der Triacylglyceride	520
20.1.5 Transport der TAG mittels Lipoproteinen	522
20.1.6 Speicherung von TAG in Adipozyten	529
20.1.7 Fettsäurebiosynthese	530
20.1.8 Mobilisierung der Lipidspeicher	535
20.1.9 Ketonkörper	544
20.2 Lipide als Signalmoleküle	546
20.2.1 Cholesterin und sein Stoffwechsel	546
20.2.2 Funktion und Synthese der Fettsäurederivate	555
20.3 Lipide als Bausteine von Membranen	559
20.3.1 Membranbiosynthese	559
20.3.2 Absorption und Abbau von Membranlipiden	563

Aus Studentensicht

Gute Fette, schlechte Fette, Transfettsäuren, Omega-3-Fettsäuren – ja, was denn nun? Fette spielen für unseren Körper eine wichtige Rolle. Nicht nur als Energiespeicher, sondern auch als Baustoffe, Emulgatoren, Hormone, Botenstoffe und in Membranen. Außerdem sind sie unverzichtbar für die Absorption fettlöslicher Vitamine. Sogar wer nur Salat isst, nimmt damit Lipide zu sich. Zu viel Fett ist aber auch ungesund. Die Adipositas zählt zu den wichtigsten Risikofaktoren für Herzinfarkt und Schlaganfall. Das erhöhte Gewicht ist aber auch schlecht für Gelenke und Bänder. Beim Cholesterin muss man differenzieren, aber ein erhöhter LDL-Spiegel ist mit Atherosklerose assoziiert. Was gutes und was schlechtes Cholesterin ist, wird in diesem Kapitel besprochen.
Carolin Unterleitner

20.1 Lipide als Energiespeicher

20.1.1 Funktionen und Eigenschaften der Lipide

Den Großteil der Lipide (gr. lipos = Fett) nimmt der Mensch über die Nahrung auf. Bis auf wenige essenzielle Fettsäuren sowie die fettlöslichen Vitamine, die jeweils mit der Nahrung zugeführt werden müssen, können Lipide aber auch endogen synthetisiert werden.
Lipide erfüllen im menschlichen Stoffwechsel im Wesentlichen drei **Funktionen:**
- Speicherung von Energie
- Signalübertragung
- Aufbau von zellulären Membranen

Im Gegensatz zu Aminosäuren, Nukleotiden und Kohlenhydraten bilden Lipide keine polymeren, kovalent verknüpften Makromoleküle aus. Gemeinsam ist allen Lipiden, dass sie entweder vollkommen oder teilweise **hydrophob** (lipophil) und damit kaum oder gar nicht wasserlöslich sind. Lipide, die neben hydrophoben auch hydrophile Molekülanteile besitzen, sind **amphiphil** (amphipathisch) und haben die Eigenschaft, sich an den Grenzflächen zwischen den polaren, z. B. wässrigen, und unpolaren, z. B. lipidhaltigen, Phasen anzulagern. Die hydrophoben Anteile des Moleküls orientieren sich dabei immer zur unpolaren Phase, die **hydrophilen** (lipophoben) hingegen zur polaren Phase. Solche Verbindungen wirken als Emulgatoren.

Ein normalgewichtiger Erwachsener speichert etwa 10 kg Fett, aber nur 0,5 kg Kohlenhydrate in Form von Glykogen. Lipide haben eine niedrigere Oxidationsstufe als Kohlenhydrate und Proteine und liefern daher bei vollständiger Oxidation eine deutlich höhere Menge an **Energie** pro Masseneinheit (> 17.7.1). Zudem lagern Lipide aufgrund ihrer Hydrophobizität kein Wasser ein und bilden so wesentlich kompaktere Speicher als Glykogen, das unter physiologischen Bedingungen ca. das Doppelte seines Gewichts an Wasser bindet. Die Fettreserven ermöglichen einem Menschen, Hungerzeiten von 2–3 Monaten zu überstehen, während die Glykogenvorräte des Körpers nur für weniger als einen Tag ausreichen. Umgekehrt bedingen die schlechte Wasserlöslichkeit und die dichte Packung der Lipide eine niedrigere Geschwindigkeit bei der Mobilisierung der Speicher. Lipide sind daher nicht gut geeignet, einen kurzzeitig hohen Energiebedarf zu decken.

Die ausgeprägte Hydrophobizität der Lipide hat weiterhin zur Folge, dass sie nicht einfach in wässrigen Lösungen transportiert werden können. Für den Transport werden Lipide daher meist in besondere Transportformen, die **Lipoproteine,** verpackt oder an **Carrier** wie das Protein **Albumin** gebunden.

20.1 Lipide als Energiespeicher

20.1.1 Funktionen und Eigenschaften der Lipide
Lipide (Fette) können mit der Nahrung aufgenommen oder endogen synthetisiert werden.
Funktionen:
- Energiespeicherung
- Signalübertragung
- Membransynthese

Lipide werden nicht zu polymeren Makromolekülen verknüpft.
Chemisch sind sie ganz oder teilweise **hydrophob,** also schlecht wasserlöslich. Besitzen sie auch hydrophile Anteile, sind sie **amphiphil** und können als Emulgatoren dienen.

Lipide liefern mehr **Energie** und sind kompakter als Kohlenhydrate, werden aber langsamer mobilisiert. Sie bilden daher den Hauptteil unserer Energiespeicher.

In wässriger Lösung müssen die hydrophoben Moleküle in oder an wasserlöslichen Carriern transportiert werden.

Aus Studentensicht

20 LIPIDE: NICHT NUR ENERGIESPEICHER

Für eine effiziente Absorption im Darm und bei der Aufnahme in die verschiedenen Organsysteme müssen Lipide **Membranen durchqueren,** die ebenfalls aus Lipiden bestehen. Es wird angenommen, dass einige Lipide, insbesondere kurze Fettsäuren und einige lipophile Hormone, frei durch Membranen diffundieren können. In den letzten Jahren konnten jedoch auch verschiedene Transporter nachgewiesen werden, welche die Diffusion von Lipiden durch die Membran erleichtern und beschleunigen. Ob zwingend immer Transporter nötig sind oder ob – wie bisher angenommen – die freie Diffusion eine wesentliche Rolle spielt, ist nicht zweifelsfrei geklärt. Ein Großteil der Lipide wird außerdem vor jeder Membranpassage zumindest teilweise durch **Hydrolyse** gespalten und so in einen amphiphilen Zustand überführt.

20.1.2 Triacylglyceride als Speicherform der Lipide

20.1.2 Triacylglyceride als Speicherform der Lipide

Triacylglyceride (TAG) bilden die Hauptlipidquelle für den Menschen. Sie bestehen aus drei Fettsäuren, die mit Glycerin verestert sind.

Sowohl in pflanzlichen als auch in tierischen Lebensmitteln sind **Triacylglyceride** (TAG, Triglycerine, Glycerol-Triester, Triacylglycerole, Tri-O-acylglycerole) mit einem Anteil von ca. 90 % die bevorzugte Speicherform der Lipide und somit auch die Hauptlipidquelle für den Menschen. TAG sind Derivate des Glycerins und werden aufgrund ihrer physikalischen Eigenschaften auch als Neutralfette bezeichnet. Im TAG ist jede der drei OH-Gruppen des Glycerins kovalent über eine **Esterbindung** mit einer Fettsäure verbunden (> Abb. 20.1).

ABB. 20.1

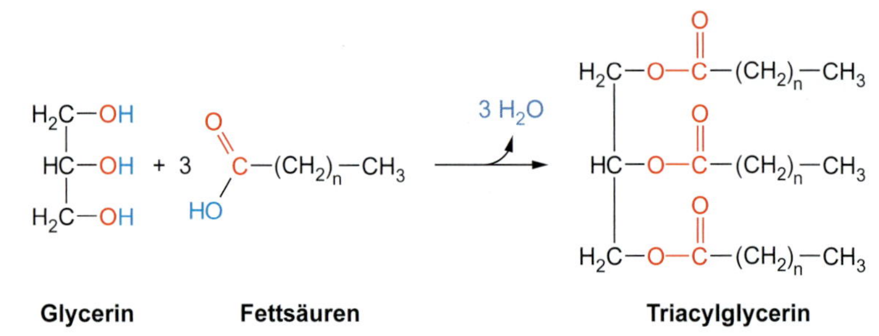

Glycerin   Fettsäuren   Triacylglycerin

Abb. 20.1 Nettoreaktion der Bildung eines TAG. Diese Reaktion ist unter physiologischen Bedingungen stark endergon. Für die Synthese müssen die Fettsäuren daher zunächst aktiviert werden. Die roten Markierungen im TAG kennzeichnen die Esterbindungen. [L253]

Die Energie der TAG ist hauptsächlich in den Fettsäuren gespeichert.

Die **Energie** der TAG ist hauptsächlich in den **Fettsäuren** gespeichert. TAG unterscheiden sich in Art und Anordnung ihrer drei Fettsäurereste und enthalten meistens zwei oder drei verschiedene Fettsäurereste.

Einteilung der Fettsäuren und ihrer Derivate

Einteilung der Fettsäuren und ihrer Derivate

Fettsäuren bestehen aus einer hydrophilen Carboxylgruppe und einer hydrophoben unverzweigten **Kohlenwasserstoffkette,** die dem Molekül seinen überwiegend **hydrophoben** Charakter verleiht.

Fettsäuren sind Monocarbonsäuren (R-COOH) mit langkettigen unverzweigten Kohlenwasserstoffresten, die häufig als Rest (R) abgekürzt werden. Bei physiologischem pH-Wert liegt die Carboxylgruppe der Fettsäuren größtenteils in deprotonierter Form (-COO$^-$) vor.

Der Kohlenwasserstoffanteil der Fettsäuren ist hydrophob, die Carboxylgruppe hingegen hydrophil. Definitionsgemäß sind Fettsäuren daher **amphiphil**. Mit **steigender Länge des Kohlenwasserstoffrests** überwiegt jedoch der hydrophobe Anteil im Molekül, sodass die für den Stoffwechsel typischen Fettsäuren (C_{16}–C_{20}) in Bezug auf ihre Wasserlöslichkeit als **hydrophob** eingestuft werden. An Grenzflächen zwischen anderen hydrophilen und hydrophoben Flüssigkeiten richten sich unveresterte Fettsäuren aber dennoch immer so aus, dass die Carboxylgruppe zur hydrophilen und der Kohlenwasserstoffrest zur hydrophoben Phase weist.

> **Nomenklatur der Fettsäuren**
>
> **Gesättigte** Fettsäuren werden basierend auf der Anzahl ihrer C-Atome mit griechischen Namen und der Endung „**-an**" benannt. Eine gesättigte Fettsäure mit 18 C-Atomen heißt folglich Octadec**an**säure. Häufig werden Fettsäuren jedoch mit ihren Trivialnamen benannt (> Tab. 20.1).
> Die Nummerierung der C-Atome erfolgt immer beginnend mit „1" am C-Atom mit der höchsten Oxidationsstufe. Im Falle der Fettsäure ist dies das C-Atom der Carboxylgruppe. Alternativ kann die Nummerierung mit griechischen Buchstaben erfolgen. Dann wird das der Carboxylgruppe benachbarte C-Atom mit α bezeichnet und das letzte C-Atom der Kohlenwasserstoffkette mit ω.
> **Ungesättigte** Fettsäuren mit **Doppelbindungen** werden durch Nachstellen der Endung „**-en**" hinter den griechischen Namen bezeichnet (> Tab. 20.2). Eine ungesättigte Fettsäure mit 18 C-Atomen und einer Doppelbindung heißt folglich Octadec**en**säure. Die Position der Doppelbindung wird mit Δ und der arabischen Ziffer des ersten an der Doppelbindung beteiligten C-Atoms bezeichnet. Eine Doppelbindung zwischen den C-Atomen 9 und 10 wird beispielsweise mit Δ9 gekennzeichnet. Befindet sich eine Doppelbindung relativ nah am Ende der Kohlenstoffkette, wird die Lage der Doppelbindung häufig vom ω-C-Atom aus beschrieben. In diesem Falle beschreibt beispielsweise ω3 eine Fettsäure mit einer Doppelbindung zwischen dritt- und viertletztem C-Atom.
> Sind mehrere Doppelbindungen in einem Molekül vorhanden, wird die Anzahl der Doppelbindungen mit der griechischen Bezeichnung der Endung „-en" vorangestellt. Eine ungesättigte Fettsäure mit 18 C-Atomen und drei Doppelbindungen heißt folglich Octadeca**tri**ensäure. Um die Positionen der Doppelbindungen anzuge-

20.1 LIPIDE ALS ENERGIESPEICHER

ben, werden die entsprechenden Ziffern nach Δ der Reihe nach angegeben, z.B. Δ9,12,15. Zusätzlich muss durch Angabe von cis- oder trans- beschrieben werden, in welcher Konfiguration die Doppelbindung vorliegt (> 1.1.3).

$$^-\overset{1}{OOC}-\overset{2}{CH_2}-\overset{3}{CH_2}-(CH_2)_5-\overset{9}{CH_2}-\overset{10}{CH_2}-(CH_2)_7-\overset{18}{CH_3}$$

Octadecansäure

$$^-\overset{1}{OOC}-\overset{2}{CH_2}-\overset{3}{CH_2}-(CH_2)_5-\overset{H}{\underset{9}{C}}=\overset{H}{\underset{10}{C}}-(CH_2)_7-\overset{18}{CH_3}$$

Δ9-cis-Octadecensäure

$$^-\overset{1}{OOC}-\overset{2}{CH_2}-\overset{3}{CH_2}-(CH_2)_5-\overset{H}{\underset{9}{C}}=\underset{\underset{H}{|}}{\overset{10}{C}}-(CH_2)_7-\overset{18}{CH_3}$$

Δ9-trans-Octadecensäure

$$^-\overset{1}{OOC}-(CH_2)_{12}-\overset{14}{CH_2}-\overset{15}{CH}=\overset{16}{CH}-\overset{17}{CH_2}-\overset{18}{CH_3}$$

ω3-Octadecensäure   ω-C-Atom

$$^-\overset{1}{OOC}-\overset{2}{CH_2}-(CH_2)_6-\overset{H}{\underset{9}{C}}=\overset{H}{\underset{10}{C}}-\overset{11}{CH_2}-\overset{H}{\underset{12}{C}}=\overset{H}{\underset{13}{C}}-\overset{14}{CH_2}-\overset{H}{\underset{15}{C}}=\overset{H}{\underset{16}{C}}-\overset{17}{CH_2}-\overset{18}{CH_3}$$

Δ9,12,15,all-cis-Octadecatriensäure

Nomenklatur der Fettsäuren [L253]

Tab. 20.1 Gesättigte Fettsäuren

Trivialname	Chemischer Name	Strukturformel	Summenformel	Kurzform	Acylrest (R-CO)
Ameisensäure*	Methansäure		CH_2O_2	1:0	Formyl-
Essigsäure*	Ethansäure		$C_2H_4O_2$	2:0	Acetyl-
Propionsäure*	Propansäure		$C_3H_6O_2$	3:0	Propionyl-
Buttersäure	Butansäure		$C_4H_8O_2$	4:0	Butyryl-
Laurinsäure	Dodecansäure		$C_{12}H_{24}O_2$	12:0	Lauroyl-
Myristinsäure	Tetradecansäure		$C_{14}H_{28}O_2$	14:0	Myristoyl-
Palmitinsäure	Hexadecansäure		$C_{16}H_{32}O_2$	16:0	Palmitoyl-
Stearinsäure	Octadecansäure		$C_{18}H_{36}O_2$	18:0	Stearoyl-
Arachinsäure	Eicosansäure		$C_{20}H_{40}O_2$	20:0	Arachinoyl-

* Üblicherweise werden erst Carbonsäuren mit einer Länge von mindestens 4 C-Atomen als Fettsäuren bezeichnet. Die hier aufgeführten kürzeren Carbonsäuren sind in ihren Reaktionen den Fettsäuren aber sehr ähnlich und spielen eine wichtige Rolle im Stoffwechsel.

Aus Studentensicht

Aus Studentensicht

20 LIPIDE: NICHT NUR ENERGIESPEICHER

Tab. 20.2 Ungesättigte Fettsäuren

Trivialname	Chemischer Name	Strukturformel	Summenformel	Kurzform	Acylrest (R-CO)
Palmitoleinsäure	Δ9- Hexadecensäure		$C_{16}H_{30}O_2$	16:1	Palmitoleinoyl-
Ölsäure	Δ9- Octadecensäure		$C_{18}H_{34}O_2$	18:1	Oleoyl-
Linolsäure*	Δ9,12- Octadecadiensäure		$C_{18}H_{32}O_2$	18:2	Linoloyl-
Linolensäure*	Δ9,12,15- Octadecatriensäure		$C_{18}H_{30}O_2$	18:3	Linolenoyl-
Arachidonsäure**	Δ5,8,11,14- Eicosatetraensäure		$C_{20}H_{32}O_2$	20:4	Arachidonoyl-

* essenzielle Fettsäure
** semiessenzielle Fettsäure

Im menschlichen Stoffwechsel vorkommende Fettsäuren haben meist 16, 18 oder 20 C-Atome. Tierische Fette enthalten auch kurzkettige oder ungeradzahlige Fettsäuren.

Ungesättigte Fettsäuren enthalten im Gegensatz zu gesättigten Fettsäuren eine oder mehrere **Doppelbindungen** und erhöhen damit die **Fluidität** eines Fettes.

Bedingt durch den Synthesemechanismus enthalten natürlich vorkommende Fettsäuren meist eine gerade Anzahl C-Atome. Im menschlichen Stoffwechsel sind **Fettsäuren mit 16, 18 oder 20 C-Atomen** mengenmäßig am wichtigsten. Daneben kommen in vielen tierischen Fetten geringe Mengen an kurzkettigen Fettsäuren wie Buttersäure (C_4) oder ungeradzahligen Fettsäuren wie die Pentadecan- und Heptadecansäure des Milchfetts vor.

Neben **gesättigten Fettsäuren** enthalten sowohl unsere Nahrungsfette als auch unsere körpereigenen Fette einen beträchtlichen Anteil an **ungesättigten Fettsäuren**. Sie enthalten eine oder mehrere Doppelbindungen in ihrem Kohlenwasserstoffrest. Fettsäuren, die Doppelbindungen enthalten, **erniedrigen den Schmelzpunkt** eines Fetts und erhöhen somit seine **Fluidität** (Fließfähigkeit). Die Fluidität eines Fettes steigt, je kürzer die darin enthaltenen Fettsäuren sind und je mehr Doppelbindungen sie aufweisen. Fettsäuren mit cis-Doppelbindungen erhöhen die Fluidität stärker als entsprechende Fettsäuren mit trans-Doppelbindungen. Wären in TAG und Membranlipiden nur gesättigte Fettsäuren verestert, wären die Fettspeicher und auch die Zellmembranen bei Körpertemperatur fest.

> **Konjugierte und nicht-konjugierte Doppelbindungen**
>
> **Konjugierte Doppelbindungen** sind zwei oder mehrere Doppelbindungen, die nur durch jeweils eine C-C-Einfachbindung getrennt sind. Das hat zur Folge, dass diese Doppelbindungen durch Delokalisation der Elektronen über mehrere Atome hinweg besonders stabilisiert werden und mesomere Grenzstrukturen gezeichnet werden können. Sind zwei Doppelbindungen hingegen durch eine oder mehrere CH_2-Gruppen voneinander getrennt, liegen **nicht-konjugierte (isolierte)** Doppelbindungen vor. Die Lokalisation der Elektronen in einer Doppelbindung ist in diesem Fall ausschließlich auf zwei Atome beschränkt.
>
> Konjugierte und nicht-konjugierte Doppelbindungen [L253]

In natürlich vorkommenden Fettsäuren sind die Doppelbindungen **nicht-konjugiert** und liegen fast immer in cis-Konfiguration vor.

Doppelbindungen in natürlich vorkommenden Fettsäuren sind **nicht-konjugiert** und liegen fast ausschließlich in **cis-Konfiguration** vor. Im Gegensatz zur trans-Doppelbindung erzeugt die cis-Doppelbindung einen Knick in der Kohlenwasserstoffkette, der aufgrund der fehlenden Rotationsmöglichkeit um die Doppelbindungsachse starr ist. Folglich haben Fettsäuren mit cis-Doppelbindungen mehr Raumbedarf und können sich nicht so kompakt zusammenlagern wie entsprechende gesättigte oder trans-Fettsäuren.

Fettsäurederivate leiten sich von Fettsäuren ab. Wird die OH-Gruppe der Carboxylgruppe abgespalten, entsteht ein **Acylrest**.

Fettsäurederivate sind Verbindungen, die sich durch chemische Reaktionen aus Fettsäuren ableiten lassen. So führen beispielsweise alle Reaktionen der Carboxylgruppe wie Ester-, Thioester-, Amid- oder Anhydridbildung, aber auch komplexere Umwandlungen wie Prostaglandin-, Leukotrien- und Thromboxansynthese zur Bildung von Fettsäurederivaten. Bei der Bildung von Fettsäurederivaten wird häufig die OH-Gruppe der Carboxylgruppe in Form von H_2O abgespalten. Dabei entstehen **Acylreste** (R-(C=O)-).

20.1 LIPIDE ALS ENERGIESPEICHER

Aus Studentensicht

Acylrest versus Acetylrest

Acylrest ist die allgemeine Bezeichnung für den **Rest einer organischen Säure**. Die Bezeichnung wird meist für die Reste von Fettsäuren verwendet, beinhaltet aber keine Aussage über die Länge der entsprechenden Kohlenwasserstoffkette. **Acetylrest** beschreibt hingegen den **Rest der Essigsäure**, der genau 2 C-Atome enthält. Folglich ist der Acetylrest auch ein Acylrest im weitesten Sinne, umgekehrt aber nicht jeder Acylrest auch ein Acetylrest.

$$\text{···}\underset{\text{Acyl-Rest}}{\overset{O}{\underset{\|}{C}}-CH_2-CH_2-CH_2-(CH_2)_n-CH_3} \qquad \text{···}\underset{\text{Acetyl-Rest}}{\overset{O}{\underset{\|}{C}}-CH_3}$$

20.1.3 Verdauung und Absorption der Triacylglyceride

Auch im menschlichen Organismus stellen **TAG** die mengenmäßig größte Lipidgruppe und sind überwiegend in Form von **Lipidtröpfchen** im Zytoplasma der Adipozyten des Fettgewebes eingelagert. Neben ihrer Funktion als Energiespeicher dienen TAG im menschlichen Organismus aber auch zur Wärmeisolation in Form des subkutanen Fettgewebes oder als Druckpolster z. B. in der Fußsohle. In biologischen Membranen kommen sie hingegen nicht vor.

Hydrolyse der TAG durch Lipasen

Die TAG unserer Nahrung gelangen im wässrigen Milieu unseres Verdauungssystems in den Dünndarm, wo sie die Basalmembran der Enterozyten passieren müssen. Da intakte TAG nicht über zelluläre Membranen transportiert werden können, müssen sie zuvor ganz oder teilweise hydrolysiert werden. Die **hydrolytische Spaltung** der **Esterbindungen** in den TAG der Nahrungslipide ist exergon und beginnt bereits während des Kauvorgangs in der Mundhöhle. Dadurch werden die Lipide als Fetttröpfchen im Speichel emulgiert. Für die Hydrolyse verantwortlich sind im Speichel enthaltene Lipasen wie die **Zungengrund-Lipase**. Diese ist sowohl bei neutralen als auch bei niedrigen pH-Werten katalytisch aktiv und kann so ihre Arbeit auch im sauren Milieu des Magens weiter fortsetzen. Hier wird sie durch die von den Hauptzellen der Magendrüsen sezernierte **Magen-Lipase** ergänzt. Durch die Aktivität der Lipasen sind bei Verlassen des Magens insgesamt ca. 15 % aller Esterbindungen der Nahrungs-TAG hydrolysiert. Sowohl durch die freien Carboxylgruppen der Fettsäuren als auch durch die OH-Gruppen des Glycerins wird der stark hydrophobe Charakter der Nahrungslipide etwas reduziert und die **Emulsion** der Nahrungslipide wird feiner.

20.1.3 Verdauung und Absorption der Triacylglyceride

TAG bilden im Menschen die größte Lipidmenge und werden meist in Lipidtröpfchen in Adipozyten gespeichert.

Hydrolyse der TAG durch Lipasen

TAG müssen für den Transport über Membranen **hydrolysiert** werden.
Die Spaltung der Esterbindung in Nahrungs-TAG beginnt im Mund durch die **Zungengrund-Lipase** und wird im Magen durch die **Magen-Lipase** fortgesetzt. Beim Eintritt ins Duodenum sind bereits 15 % aller Esterbindungen hydrolysiert und die Nahrungsemulsion ist feiner.

Emulsion

Eine Emulsion ist ein fein verteiltes, meist trübes Gemisch zweier nicht mischbarer Flüssigkeiten ohne sichtbare Entmischung. Eine Flüssigkeit bildet dabei **Tröpfchen** (= innere Phase; disperse Phase), die sich durch mechanische Einwirkung gleichmäßig in der anderen Flüssigkeit (= äußere Phase; kontinuierliche Phase) verteilen. Je kleiner die Tröpfchen der inneren Phase sind, desto größer ist die Grenzfläche und desto stabiler ist die Emulsion. **Emulgatoren** sind amphiphile Moleküle, die an der Grenzfläche zwischen hydrophiler und hydrophober Phase **vermitteln**, dadurch die Grenzflächenspannung senken und die Emulsion zusätzlich stabilisieren.
Beispiele für Emulgatoren sind Phospholipide wie **Lecithin**, die vielen Lebensmitteln zugesetzt werden und beispielsweise Schokocreme stabilisieren. Aber auch **Tenside** in Waschmitteln wirken als Emulgatoren und emulgieren hydrophobe Schmutzpartikel, sodass diese ausgewaschen werden können. Die durch kleine Tröpfchen vergrößerte Oberfläche bietet eine größere Angriffsfläche z. B. für Enzyme, die an der lipophilen Phase angreifen. So kann die Geschwindigkeit des Abbaus von Lipiden im Darm erhöht werden.
Dennoch sind Emulsionen grundsätzlich instabile Systeme, da die innere Phase stetig dazu tendiert, größere Tropfen auszubilden und die Oberfläche wieder zu verkleinern. Dieser Prozess wird bei steigender Temperatur beschleunigt.

Der Hauptteil der TAG-Hydrolyse erfolgt durch die **Pankreas-Lipase**, die durch die Azinuszellen der Bauchspeicheldrüse als Teil des Pankreassekrets in das Lumen des Duodenums sezerniert wird. Die in großen Fetttropfen vorliegenden Nahrungslipide werden zunächst durch die Gallensäuren weiter emulgiert. Die entstehenden vielen kleinen Mizellen haben eine weit größere Oberfläche als der ursprüngliche Fetttropfen, sodass mehr Lipasemoleküle daran binden können. Um einen katalytisch aktiven Zustand zu erreichen, benötigt die Pankreas-Lipase ein Hilfsprotein, die **Colipase**. Mithilfe der Colipase und unter der Einwirkung von Gallensäuren kann die Pankreas-Lipase an die Lipidgrenzflächen binden und die Hydrolyse der Esterbindungen weiter fortsetzen.
Die Pankreas-Lipase hat eine hohe Spezifität für die Hydrolyse der beiden Fettsäureester an Position 1 und 3 der TAG und spaltet im Ergebnis etwa 72 % der Nahrungs-TAG zu **2-Monoacylglyceriden** (β-Monoacylglyceriden) und freien Fettsäuren, die im Darmlumen als Natrium- oder Kaliumsalze vorliegen. Die vollständige Aufspaltung der TAG zu Glycerin und drei Fettsäuren oder die nur partielle Hydrolyse zu Diacylglyceriden durch die Pankreas-Lipase erfolgt nur in geringem Umfang (➤ Abb. 20.2).

Gallensäuren emulgieren die Nahrungslipide im Duodenum weiter. Dort erfolgt der Hauptteil der Hydrolyse durch die **Pankreas-Lipase**, die durch die **Colipase** unterstützt wird.
Die Hauptprodukte sind **2-Monoacylglyceride** und unveresterte Fettsäuren.

Aus Studentensicht

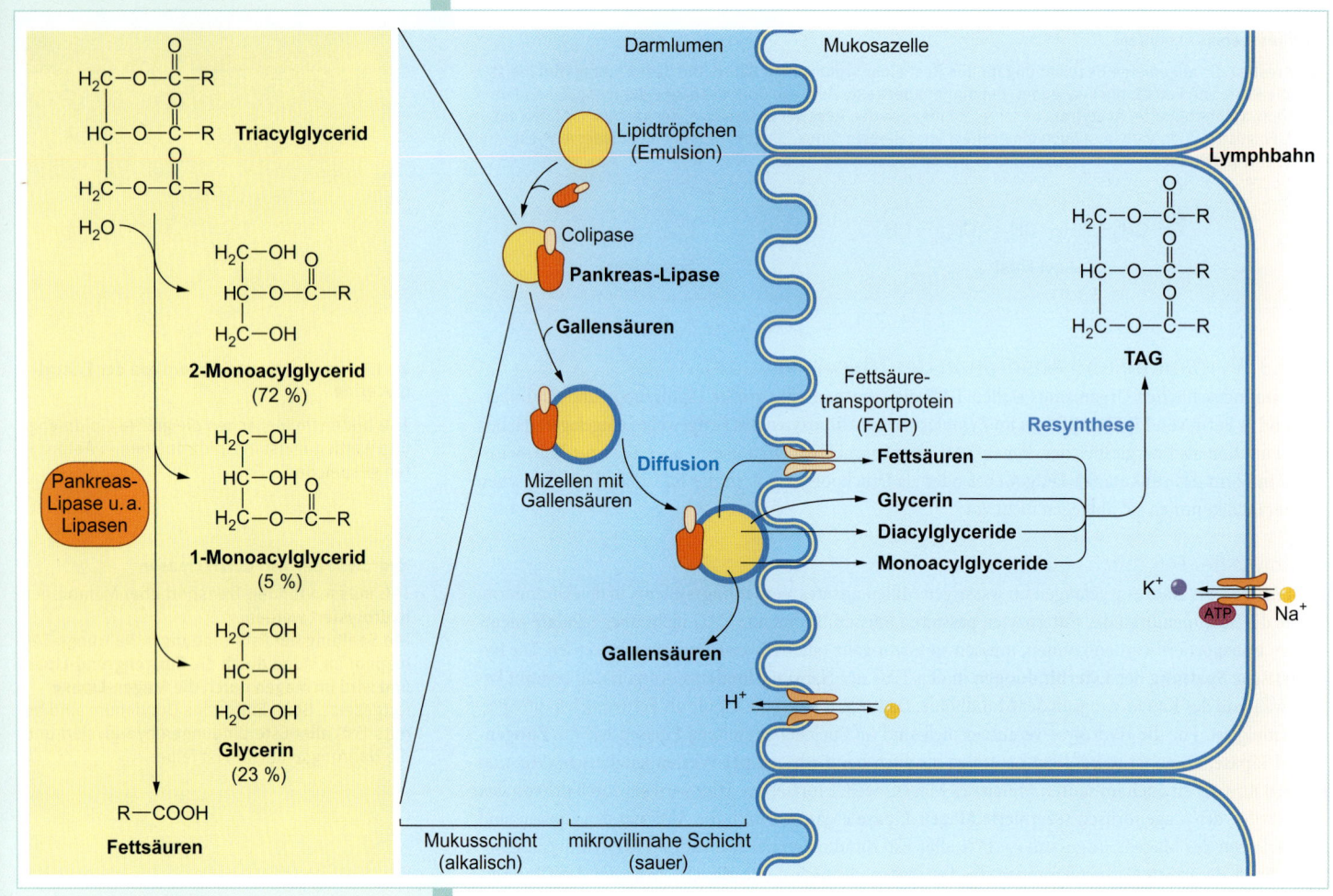

20 LIPIDE: NICHT NUR ENERGIESPEICHER

Abb. 20.2 Verdauung der Nahrungs-TAG, Aufnahme der Verdauungsprodukte in die Mukosazelle und TAG-Resynthese [L253]

KLINIK

KLINIK

Abnehmen durch Inhibitoren der Magen- und Pankreas-Lipase

Inhibitoren der Magen- und Pankreas-Lipase werden seit Ende der 90er-Jahre zur Behandlung von Adipositas eingesetzt. Ein Beispiel ist **Orlistat** (Tetrahydrolipstatin; z. B. Xenical®), das halbsynthetisch aus dem aus *Streptomyces toxytricini* gewonnenen Lipstatin hergestellt wird. Orlistat bindet kovalent an die aktiven Zentren der Lipasen und hemmt deren enzymatische Aktivität somit irreversibel (= Suizidhemmung; ➤ 3.4.3). Dadurch werden etwa 30–35 % der mit der Nahrung aufgenommenen Lipide nicht ausreichend hydrolysiert und können nicht absorbiert werden. In Kombination mit leicht hypokalorischer Ernährung kann so das Körpergewicht von adipösen Patienten verringert werden. Die nicht absorbierten Nahrungslipide werden über den Stuhl ausgeschieden; daher treten als unerwünschte Nebenwirkungen u. a. häufig Fettstühle und vermehrte Flatulenz auf. Da auch die Resorption von fettlöslichen Vitaminen durch Orlistat eingeschränkt ist, kann ggf. eine Substitution der entsprechenden Vitamine angezeigt sein.

Zusammen mit weiteren lipolytischen Enzymen spaltet die Pankreas-Lipase alle TAG und Phospholipide aus der Nahrung zu amphiphilen Abbauprodukten, die unterstützt durch Gallensäuren **Mizellen** bilden.

Neben der Pankreas-Lipase werden mit dem Pankreassekret weitere lipolytische Enzyme wie die Carboxylesterase oder Phospholipasen in das intestinale Lumen sezerniert. In der Konsequenz werden alle TAG und auch die Phospholipide der Nahrung ganz oder teilweise gespalten (➤ Abb. 20.2). Die Abbauprodukte bilden aufgrund ihres nun amphiphilen Charakters spontan kleine **Mizellen** aus. Die Mizellenbildung ist Grundvoraussetzung für die Absorption der Nahrungslipide in die Enterozyten und wird durch die Einwirkung von **Gallensäuren** weiter vorangetrieben.

Während der ersten Lebensmonate bilden Säuglinge nur wenig Pankreassekret. Daher sind bei der Milchverdauung im Säuglingsalter die Lipasen des Speichels in deutlich höherem Maße beteiligt als das später beim Erwachsenen der Fall ist. Zudem enthält die Muttermilch Carboxylesterase, die zusammen mit der Milch aufgenommen und im Dünndarm des Säuglings durch die dort vorhandenen Gallensäuren aktiviert wird. So wird die Hydrolyse der TAG aus der Milch trotz Fehlen der säuglingseigenen Pankreasenzyme sichergestellt.

20.1 LIPIDE ALS ENERGIESPEICHER

Bedeutung der Gallensäuren für die Lipidabsorption

FALL

Herr Brinkmann und die seltsame Verdauung

Heute kommt Herr Brinkmann zu Ihnen in die Hausarztpraxis und klagt, dass seine Verdauung sich merkwürdig verändert habe. Sein Stuhl sei viel heller als sonst, außerdem klebrig-ölig und habe die Tendenz aufzuschwimmen, was das Spülen erschwere. Gleichzeitig sei sein Urin ziemlich dunkel. Auf Nachfrage berichtet er auch von einem Druckgefühl im Oberbauch.
Ihnen fällt die etwas gelbliche Hautfarbe von Herrn Brinkmann auf, die besonders in den Augen gut zu erkennen ist (= Sklerenikterus). Bei den klebrig-öligen Stühlen von Herrn Brinkmann handelt es sich um Fettstühle (Steatorrhö). Die Nahrungslipide werden dabei nicht absorbiert, sondern unverdaut ausgeschieden. Wie erklärt sich die mangelnde Absorption von Nahrungslipiden im Fall von Herrn Brinkmann? Wie kommt es zu den anderen Symptomen?

Hepatozyten bilden täglich ca. 600–700 ml **Lebergalle**, die in der Gallenblase auf bis zu 10 % ihres ursprünglichen Volumens konzentriert werden kann (= **Blasengalle**). Hauptbestandteile der Blasengalle sind Wasser (ca. 87 %) und Gallensäuren (ca. 10 %). Daneben sind u. a. Gallenfarbstoffe, Muzine und andere Proteine, Cholesterin, Fettsäuren und anorganische Salze enthalten. Der pH-Wert der Blasengalle liegt bei ca. 7,4. Bei Einsetzen des Verdauungsvorganges fließt die Galle über den Ductus choledochus in das Duodenum ab.

Aus Studentensicht

Bedeutung der Gallensäuren für die Lipidabsorption

Lebergalle wird von Hepatozyten gebildet und in der Gallenblase konzentriert. Hauptbestandteil außer Wasser sind **Gallensäuren.**

ABB. 20.3

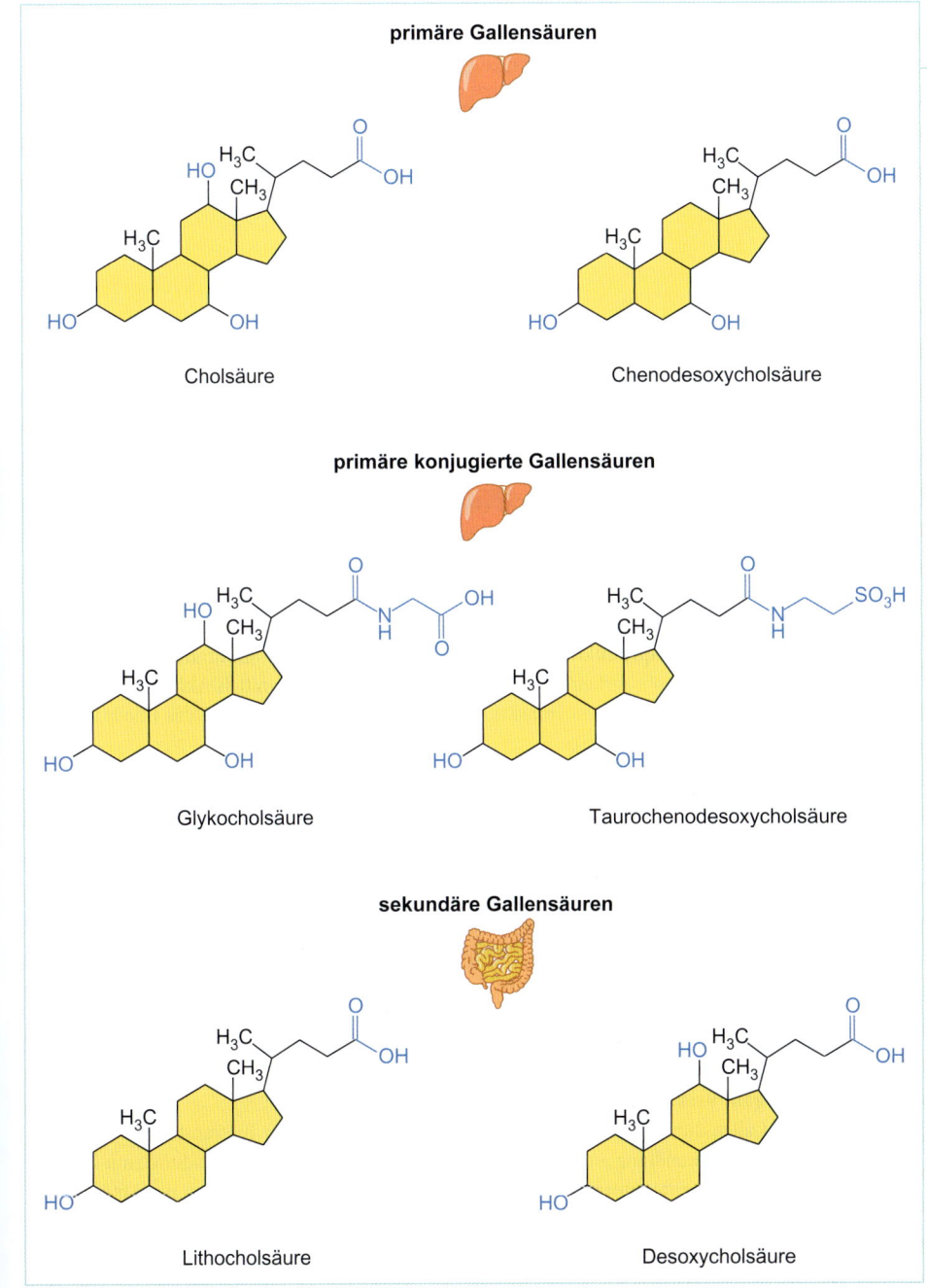

Abb. 20.3 Gallensäuren [L253]

Aus Studentensicht

Cholsäure und **Chenodesoxycholsäure** sind die bedeutendsten Gallensäuren. Durch Deprotonierung entstehen **Gallensalze**.
Primäre konjugierte Gallensäuren sind an Aminosäuren gebunden, **sekundäre** Gallensäuren entstehen im Dünndarm durch Bakterien.

Gallensäuren sind **amphiphil** und fördern die Mizellenbildung.

Die Gallensäuresynthese erfolgt in **Hepatozyten** ausgehend von Cholesterin. Das Schlüsselenzym **Cholesterin-7α-Hydroxylase**, eine Monooxygenase, fügt unter Sauerstoff- und NADPH-Verbrauch eine OH-Gruppe an. Die Regulation erfolgt über **Endprodukthemmung**. Nach fakultativen weiteren Oxidationen wird die Seitenkette gekürzt.

Konjugation mit **Glycin** oder **Taurin** erhöht die Wasserlöslichkeit und ergibt **primäre konjugierte Gallensäuren**.

Die Reaktionen der Gallensäuresynthese entsprechen den Phase-I- und Phase-II-Reaktionen der Biotransformation.

20 LIPIDE: NICHT NUR ENERGIESPEICHER

Gallensäuren

Die mengenmäßig bedeutendsten Gallensäuren im menschlichen Stoffwechsel sind **Cholsäure** und **Chenodesoxycholsäure** (> Abb. 20.3). Da sie die erste Stufe im Gallensäuremetabolismus darstellen, werden sie als **primäre Gallensäuren** bezeichnet. Unter physiologischen Bedingungen liegen Gallensäuren meist deprotoniert vor und bilden u. a. Natriumsalze. Folglich werden Gallensäuren häufig auch als **Gallensalze** bezeichnet. Diese Beschreibung bezieht sich jedoch ausschließlich auf die chemische Eigenschaft deprotonierter Säuren, mit entsprechenden Kationen Salze zu bilden, und nicht darauf, dass hier auch tatsächlich ein Salz als Feststoff vorliegt und ausfällt. Gallensalze sind sehr gut wasserlöslich und liegen im physiologischen Kontext gelöst vor. Durch Reaktion der Carboxylgruppe mit Aminosäuren wie Glycin oder Aminosulfonsäuren wie Taurin entstehen **primäre konjugierte Gallensäuren**, die nach Abgabe der Gallenflüssigkeit in den Dünndarm durch Bakterien in **sekundäre Gallensäuren** umgewandelt werden (> Abb. 20.3). Vereinzelt werden Gallensäuren durch Enzyme der im Dickdarm vorhandenen Bakterien weiter modifiziert und es entstehen tertiäre Gallensäuren wie die Ursodesoxycholsäure.
Aufgabe der Gallensäuren ist es, die durch die Speichel-, Magen- und Pankreas-Lipasen hydrolysierten Nahrungslipide weiter zu emulgieren und in **fein verteilte kleine Mizellen** zu überführen. Um dieser Aufgabe gerecht zu werden, haben Gallensäuren wie alle Emulgatoren einen **amphiphilen** Charakter.

Gallensäuresynthese

Die Synthese der Gallensäuren erfolgt am glatten endoplasmatischen Retikulum der **Hepatozyten**. Ausgangspunkt für die Synthese ist **Cholesterin**, das sehr ausgeprägte hydrophobe Eigenschaften hat. Ziel der Gallensäuresynthese ist, das Cholesterinmolekül so zu verändern, dass es einen größeren hydrophilen Anteil erhält. Das Sterangerüst (Steroidgerüst, ein Kohlenstoffgerüst aus drei sechsgliedrigen Ringen und einem fünfgliedrigen Ring) des Cholesterins hat eine Ober- und eine Unterseite. Im Zuge der Gallensäuresynthese werden nun gezielt hydrophile Gruppen eingeführt, die weitestgehend alle in dieselbe Richtung weisen. Als Resultat entstehen Moleküle, die eine hydrophile und eine hydrophobe Seite aufweisen und damit ideale Emulgatoren sind.

Polarität der Gallensäure [L307]

Im ersten Schritt der Gallensäuresynthese fügt die **Cholesterin-7α-Hydroxylase** eine OH-Gruppe an C7 des Cholesterins ein. Es handelt sich dabei um eine Oxidation, bei der **elementarer Sauerstoff** und **NADPH** verbraucht werden. Da nur ein O-Atom in das Cholesterin eingebaut wird, gehört die Cholesterin-7α-Hydroxylase zur Familie der Monoxygenasen. Dieser erste Schritt der Gallensäuresynthese ist gleichzeitig auch der **geschwindigkeitsbestimmende** und damit am stärksten regulierte Schritt dieser Biosynthese. Die Aktivität der Cholesterin-7α-Hydroxylase wird durch eine hohe Konzentration an Gallensäuren gehemmt (= **Endprodukthemmung**) und durch eine hohe Konzentration an Cholesterin aktiviert (> Abb. 20.4). Zudem führt eine hohe Gallensäurekonzentration mittels Aktivierung eines nukleären Rezeptors zur Expression eines Transkriptionsfaktors, der die Expression des Cholesterin-7α-Hydroxylase-Gens vermindert.
In den nächsten Schritten werden durch weitere Oxidationen zusätzliche OH-Gruppen in das Sterangerüst eingefügt und das endständige C-Atom der Seitenkette wird zur Carboxylgruppe oxidiert. Anschließend wird die Seitenkette analog der β-Oxidation (> 20.1.7) im Peroxisom verkürzt, wobei jedoch anstelle von Acetyl-CoA **Propionyl-CoA abgespalten** wird.
Um den hydrophilen Anteil und damit die Wasserlöslichkeit der Gallensäuren weiter zu erhöhen, reagiert ihre Carboxylgruppe mit den Aminosäuren **Glycin** oder **Taurin** unter Bildung einer Säureamidbindung zu **primären konjugierten Gallensäuren** (> Abb. 20.5). Taurin ist eine Aminosulfonsäure, die nicht zu den proteinogenen α-Aminosäuren gehört. Sowohl die Carboxylgruppe als auch die Aminogruppe sind sehr reaktionsträge. Daher muss zunächst die Carboxylgruppe der primären Gallensäure unter Verbrauch von ATP mit CoA reagieren. Dabei entsteht eine energiereiche Thioesterbindung, deren Energie für die Bildung einer energieärmeren Säureamidbindung genutzt wird. Der Mechanismus dieser Reaktion verläuft analog zur Reaktion der Acyl-CoA-Synthetase (> 20.1.3).
Die Synthese der Gallensäure verläuft damit analog zu den Reaktionen der Biotransformation (> 22) und hat ebenfalls die Umwandlung einer hydrophoben in eine hydrophilere Verbindung zum Ziel. Die Oxidationen des ersten Schrittes entsprechen einer Phase-I-Reaktion, die Konjugation mit Aminosäuren einer Phase-II-Reaktion. Auch die Regulation des Schlüsselenzyms über die kernrezeptorvermittelte Transkription ist vergleichbar. Anders als die Enzyme der Biotransformation sind die der Gallensäuresynthese aber hoch substratspezifisch.

20.1 LIPIDE ALS ENERGIESPEICHER

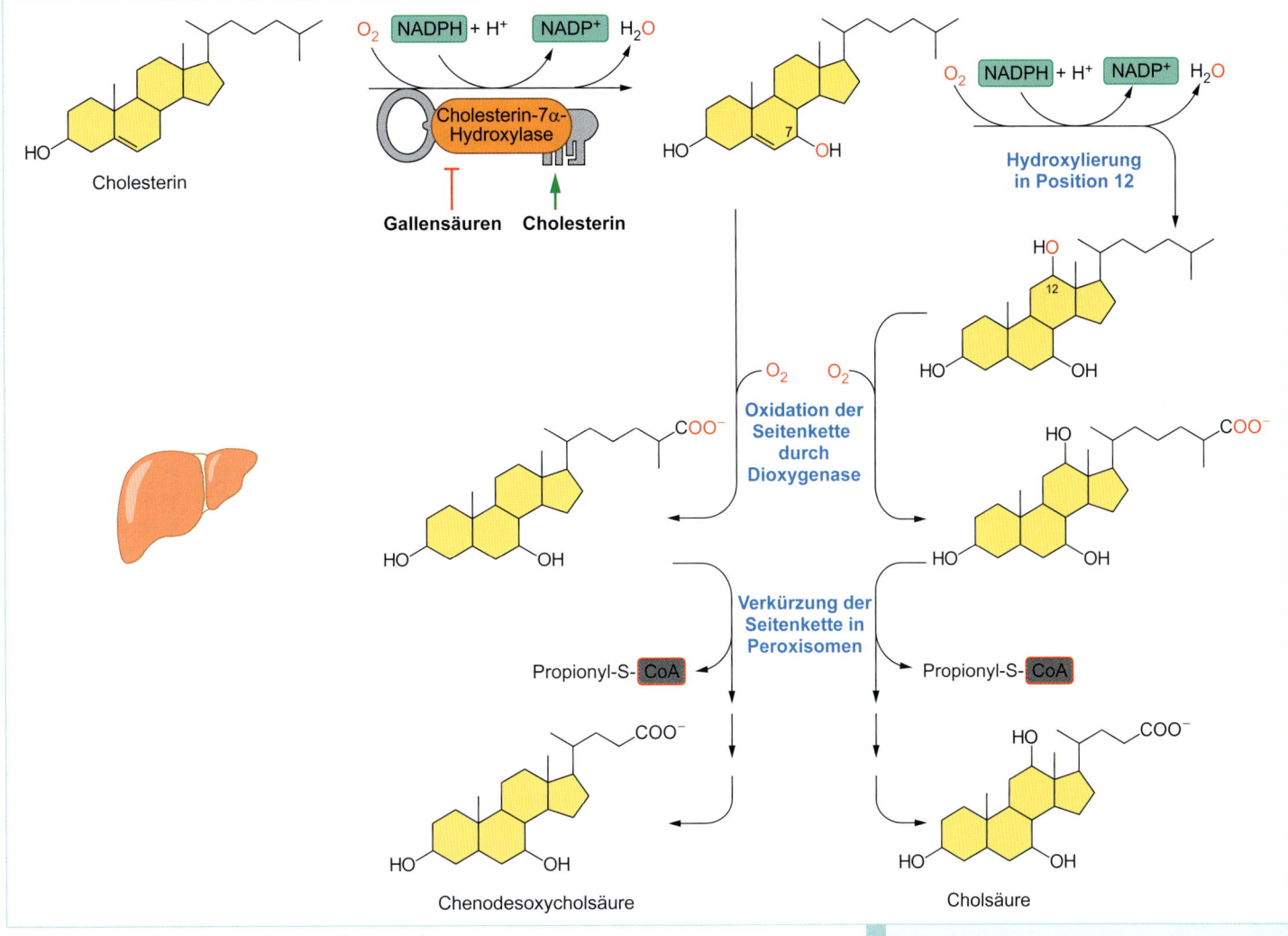

Abb. 20.4 Synthese der primären Gallensäuren [L253, L307]

Mit Abgabe der Gallenflüssigkeit in den Dünndarm erfüllen die Gallensäuren ihre Aufgabe und emulgieren die Nahrungslipide zu kleinen **Mizellen,** die am Bürstensaum der Enterozyten die Absorption der Nahrungslipide vermitteln (> Abb. 20.2). Die konjugierten primären Gallensäuren werden während dieses Vorgangs durch Enzyme der Darmbakterien zu **sekundären Gallensäuren** umgewandelt (> Abb. 20.6). Dabei wird einerseits die jeweilige Aminosäure hydrolytisch abgespalten und andererseits die im geschwindigkeitsbestimmenden Schritt an C7 eingefügte OH-Gruppe wieder entfernt. Aus der Cholsäure wird so die Desoxycholsäure und aus der Chenodesoxycholsäure die Lithocholsäure.

Enterohepatischer Kreislauf

Gallensäuren enthalten ein intaktes Sterangerüst, für dessen Neusynthese eine beträchtliche Menge Energie nötig ist. Aus energetischer Sicht ist es daher sinnvoll, möglichst wenige Gallensäuren auszuscheiden und sie stattdessen zu reabsorbieren und dem Kreislauf wieder zuzuführen. Um dies zu erreichen, wird der **enterohepatische Kreislauf** genutzt (> Abb. 20.7).

Mittels eines **sekundär-aktiven Natrium-Symporters** in der Membran der Enterozyten des distalen Ileums werden die Gallensäuren reabsorbiert. Die Aufrechterhaltung des Na$^+$-Ionen-Konzentrationsgradienten wird durch eine Na$^+$/K$^+$-ATPase gewährleistet. Über die Pfortader gelangen die Gallensäuren zurück zur Leber und werden mithilfe verschiedener Transportsysteme in die Hepatozyten aufgenommen. Aus den so recycelten sekundären Gallensäuren werden in der Leber erneut primäre konjugierte Gallensäuren synthetisiert. Da den sekundären Gallensäuren die OH-Gruppe an C7 fehlt, müssen auch die resaborbierten Gallensäuren erneut durch das Schlüsselenzym der Gallensäuresynthese, die Cholesterin-7α-Hydroxylase, oxidiert werden. Auf diese Weise wird sichergestellt, dass stets der gesamte Gallensäurepool der Regulation unterliegt und die Neusynthese auf das nötige Minimum beschränkt bleibt. Die Abgabe der neu- und resynthetisierten primären konjugierten Gallensäuren aus dem Hepatozyten in die Gallenkanälchen erfolgt mittels eines **ATP-abhängigen Transportsystems.**

Über den enterohepatischen Kreislauf werden auf diese Weise mehr als 90 % der Gallensäuren reabsorbiert. Bei einem Tagesbedarf von ca. 10 g Gallensäuren bedeutet das, dass nur ca. 200–500 mg Gallensäuren täglich mit dem Stuhl ausgeschieden werden und auch nur diese Menge von der Leber durch Neusynthese ersetzt werden muss. Im Sinne der effizienten Nutzung von Energieträgern ist die Reabsorption

---

Aus Studentensicht

Im Dünndarm emulgieren Gallensäuren Nahrungslipide zu Mizellen.
Durch Enzyme der **Darmbakterien** wird die C7-Hydroxylgruppe abgespalten und es entstehen **sekundäre Gallensäuren.**

Die Gallensäuren werden über den **enterohepatischen Kreislauf** mittels eines **sekundär-aktiven Natrium-Symporters** reabsorbiert.
Da die sekundären Gallensäuren keine OH-Gruppe am C7 haben, müssen sie erneut vom Schlüsselenzym oxidiert werden, bevor sie **ATP-abhängig** wieder ins **Duodenum** abgegeben werden.

Mehr als 90 % der Gallensäuren werden über den enterohepatischen Kreislauf reabsorbiert.

Aus Studentensicht

20 LIPIDE: NICHT NUR ENERGIESPEICHER

ABB. 20.5

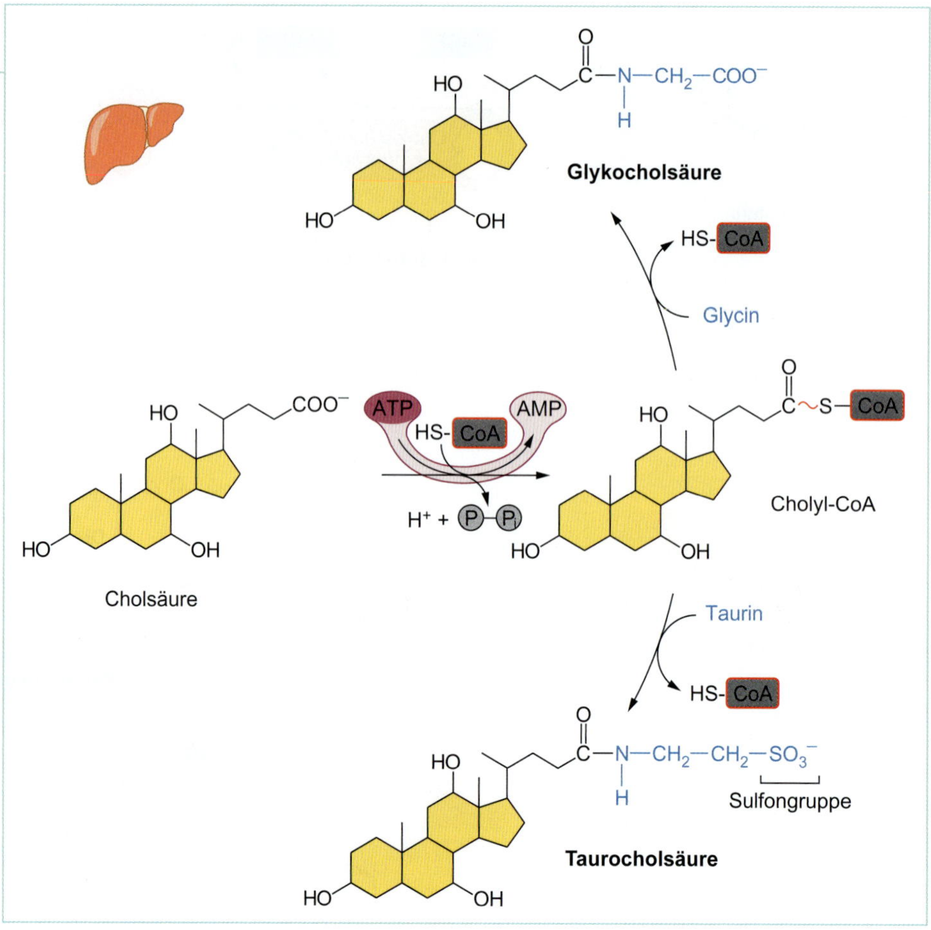

Abb. 20.5 Konjugation der primären Gallensäuren [L253]

ABB. 20.6

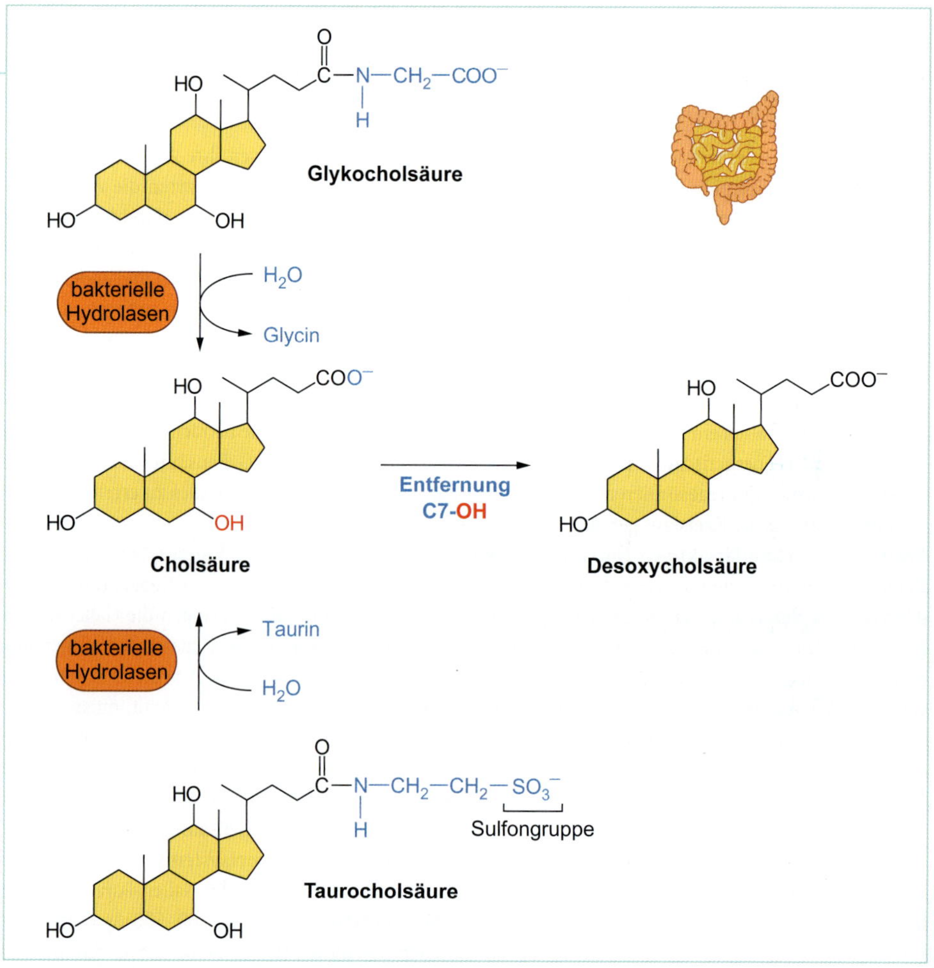

Abb. 20.6 Bildung der sekundären Gallensäuren [L253]

20.1 LIPIDE ALS ENERGIESPEICHER

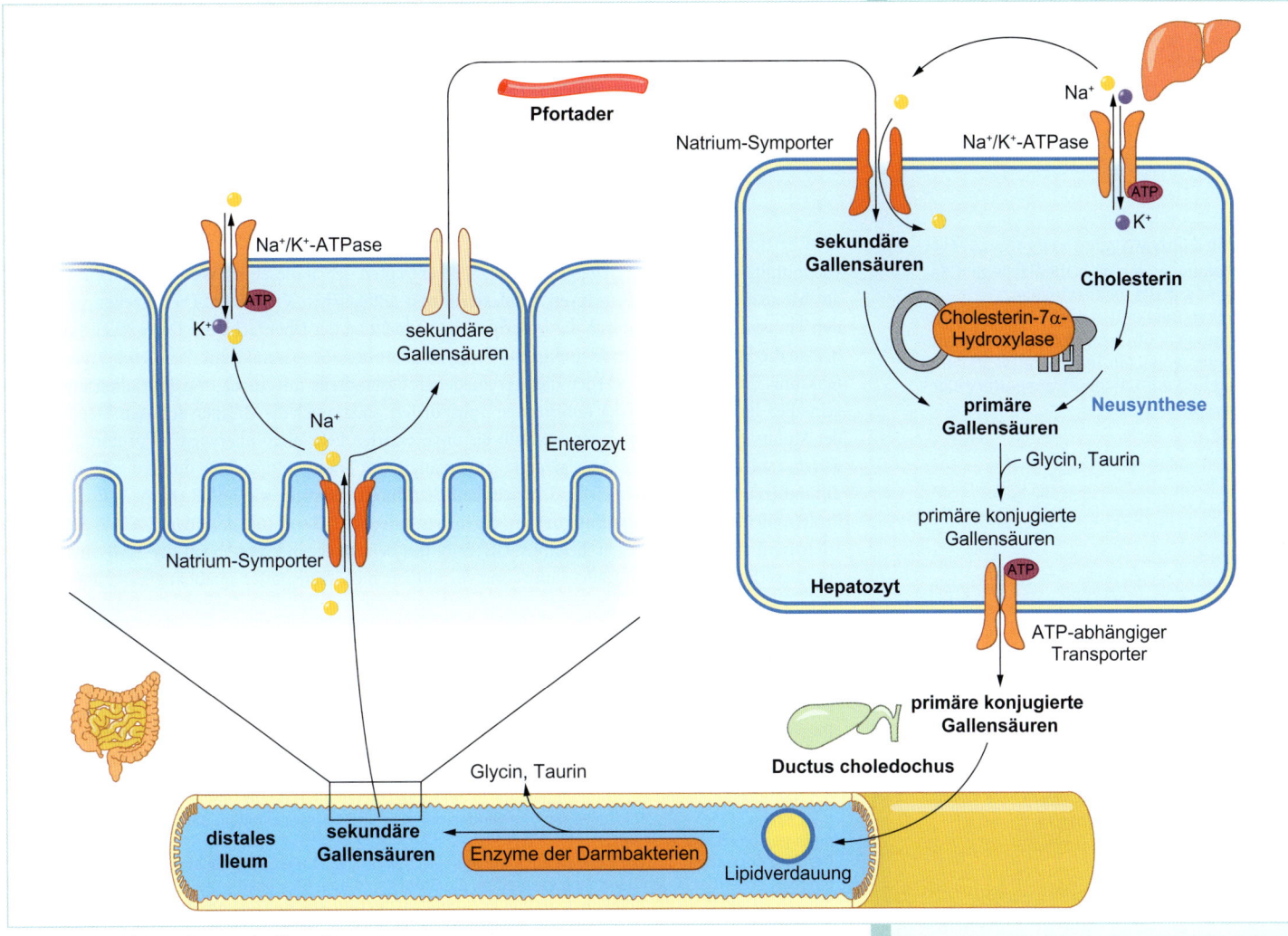

Aus Studentensicht

Abb. 20.7 Enterohepatischer Kreislauf [L138]

der Gallensäuren ein sehr wichtiger Mechanismus. Im Zusammenhang mit unserem modernen Lebensstil ergeben sich daraus aber auch Nachteile, die im klinischen Alltag eine hohe Relevanz haben.

KLINIK

Gallensteine und enterohepatischer Kreislauf

Durch eine erhöhte Cholesterinkonzentration im Blut steigt das Risiko für Arteriosklerose und Herz-Kreislauf-Erkrankungen (> 20.2.1). Da der menschliche Stoffwechsel keine Enzyme besitzt, um das Sterangerüst aufzuspalten, ist die **Ausscheidung über den Stuhl** der einzige Weg, um **überschüssiges Cholesterin** und dessen Derivate aus dem Körper zu entfernen. Durch den enterohepatischen Kreislauf werden aber sowohl die Gallensäuren als auch Cholesterin selbst effizient reabsorbiert.

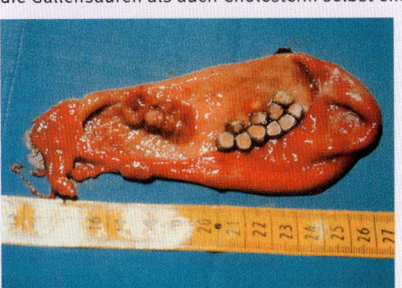

Geöffnete Gallenblase mit zahlreichen Gallensteinen [M513]

Auch in der Gallenflüssigkeit kann es zu einem Anstieg der Cholesterinkonzentration kommen. Da Cholesterin stark hydrophob ist, aggregiert es in wässriger Lösung leicht und beginnt schon bei vergleichsweise geringen Konzentrationen als Feststoff auszufallen. Die Folge ist die Bildung von Gallensteinen, die in den meisten Fällen ganz oder zu einem erheblichen Anteil aus Cholesterin bestehen.
Weiterhin werden über den enterohepatischen Weg auch Toxine oder Metaboliten des Darms absorbiert und zur Leber transportiert. Zellgifte schädigen daher häufig als Erstes die Leberzellen, bevor sie zu anderen Geweben gelangen. Ein Beispiel dafür ist die Lebertoxizität von α-Amanitin (Gift des Knollenblätterpilzes). Sie ist klinisch betrachtet das Hauptproblem, obwohl α-Amanitin die RNA-Polymerase II inhibiert (> 4.5.2) und damit alle Körperzellen vergleichbar stark beeinträchtigt.

Aus Studentensicht

20 LIPIDE: NICHT NUR ENERGIESPEICHER

Die Gallenflüssigkeit dient zudem auch der Ausscheidung zahlreicher Produkte des Fremdstoffmetabolismus der Leber. Durch den enterohepatischen Weg werden manche Metaboliten, wie die Abbauprodukte des Paracetamols, teilweise wieder reabsorbiert und die Ausscheidung somit verzögert.
Für die charakteristische gelb-grünliche Farbe der Gallenflüssigkeit sind Bilirubin bzw. Biliverdin verantwortlich, die durch den Abbau von Hämoglobin in der Leber entstehen (> 21.9.3). Diese Farbstoffe werden normalerweise durch die Galle in den Darm ausgeschieden und dort von Bakterien zu braunen Farbstoffen wie Sterkobilin umgebaut. Sie sind für die Braunfärbung des Stuhls verantwortlich.

Absorption der hydrolysierten Nahrungslipide

Absorption der hydrolysierten Nahrungslipide

Mizellen bieten eine große Oberfläche und damit große Angriffsfläche für Lipasen.
Die einzelnen Bestandteile der TAG und die übrigen Nahrungslipide werden in die Enterozyten transportiert, wobei ein Teil der Fettsäuren frei diffundiert und ein Teil über Transporter aufgenommen wird.

Die mithilfe der Gallensäuren gebildeten Mizellen enthalten neben diesen im Wesentlichen ein Gemisch aus Monoacylgylceriden, Fettsäuren, Cholesterin und fettlöslichen Vitaminen. Die Mizellen vermitteln den Transport der Lipide durch die wässrige Grenzschicht an der Oberfläche der Darmzellen und erhöhen so die Effizienz und Geschwindigkeit der Lipidabsorption. Bei Kontakt mit der Membran des Bürstensaums der Enterozyten werden die verschiedenen Bestandteile mit Ausnahme der Gallensäuren einzeln über die Zellmembran der Enterozyten transportiert, sodass sich die Mizellen auflösen. Der pH-Wert der Mukusschicht ist leicht sauer, weshalb die unveresterten Fettsäuren überwiegend protoniert vorliegen und wie die Mono- und Diacylglyceride unabhängig von Transportproteinen durch die Zellmembran diffundieren können. Dennoch sind inzwischen Fettsäuretransporter wie FATP (Fatty Acid Transport Protein) in der Membran der Enterozyten, die insbesondere die Absorption der unveresterten Fettsäuren erleichtern und beschleunigen, bekannt. Glycerin, das beim vollständigen Abbau der TAG entsteht, ist gut wasserlöslich und kann Gallensäure- und vermutlich auch Transporter-unabhängig in die Enterozyten aufgenommen werden.

> **FALL**
>
> **Herr Brinkmann und die seltsame Verdauung: Fettstühle durch Tumor**
>
> Die weiterführende Diagnostik bei Herrn Brinkmann ergibt eine ernste Ursache seiner Beschwerden. Ein Tumor im Pankreaskopf hat den Ausführungsgang der Gallenflüssigkeit in den Dünndarm eingeengt, sodass nicht mehr genug Gallenflüssigkeit in das Darmlumen gelangt. Ohne Gallenflüssigkeit bleiben Emulgierung der Nahrungslipide und Mizellenbildung aus. In der Folge können die Nahrungslipide nur noch schlecht oder gar nicht mehr absorbiert werden und werden mit dem Stuhl ausgeschieden, der deswegen eine klebrig-ölige Konsistenz annimmt.
> Der Stau der Gallenflüssigkeit erklärt auch die anderen Symptome: Ohne Gallenflüssigkeit wird kein Bilirubin bzw. Biliverdin in den Darm ausgeschieden, die Stühle sind hell. Gleichzeitig steigt bei einem Stau der Gallenflüssigkeit die Bilirubinkonzentration im Serum an, der Urin wird dunkel und die Haut gelblich. Pankreastumoren bleiben häufig lange schmerzfrei oder lösen, wie bei Herrn Brinkmann, nur einen diffusen Druck im Oberbauch aus. Daher sind die meisten Pankreastumoren bei Diagnosestellung bereits metastasiert und das Pankreaskarzinom gehört zu den Malignomen mit der höchsten krebsspezifischen Mortalität. Auch Herr Brinkmann hat schon Lebermetastasen, sodass hier nur noch eine palliative Therapie erfolgen kann, um seine Symptome zu mildern und seine Überlebenszeit zu verlängern.

20.1.4 Synthese der Triacylglyceride

Absorbierte Mono- und Diacylglyceride sowie Fettsäuren werden im Körper wieder in **TAG** eingebaut und als solche transportiert.

Um die absorbierten **Mono-, Diacylglyceride** und **Fettsäuren** im Körper zu transportieren, werden aus ihnen zunächst wieder **TAG** synthetisiert. Dafür werden die unveresterten Fettsäuren in den Enterozyten zunächst aktiviert und dann mit absorbiertem 2-Monoacylglycerid, mit Glycerin-3-phosphat oder mit absorbiertem Glycerin verestert.

Aktivierung der unveresterten Fettsäuren

Unveresterte Fettsäuren werden für die TAG-Synthese am ER oder an den Mitochondrien durch die **Acyl-CoA-Synthetase** zu **Acyl-CoA** aktiviert.

Unveresterte Fettsäuren sind äußerst reaktionsträge und müssen daher vor Reaktionen im menschlichen Körper i. d. R. aktiviert werden. Die **aktivierte Form** der Fettsäuren ist das **Acyl-CoA**, das eine energiereiche Thioesterbindung enthält. Katalysiert wird die Aktivierung der Fettsäuren durch die **Acyl-CoA-Synthetase** (Thiokinase). Da Fettsäuren auch für den Eintritt in viele andere Stoffwechselwege aktiviert werden müssen, ist dieses Enzym in fast allen Geweben und Zelltypen exprimiert. Die Acyl-Co-Synthetase ist ein membrangebundenes Enzym, dessen aktives Zentrum ins Zytoplasma gerichtet ist. Es sind verschiedene Subtypen der Acyl-Co-Synthetase bekannt, die entweder in der **Membran des ER** oder der **äußeren Mitochondrienmembran** lokalisiert sind.

Dazu wird ATP gespalten und AMP kovalent an die Fettsäure gebunden. Es entstehen **Acyladenylat** und **Pyrophosphat**, das unmittelbar durch die **Pyrophosphatase** hydrolysiert wird. Durch Austauschen des AMP-Rests gegen Coenzym A entsteht **Acyl-CoA**.

Zur Aktivierung der Fettsäure werden zunächst durch die **Acyl-CoA-Synthetase** die innere Phophorsäureanhydridbindung eines ATP-Moleküls gespalten und AMP kovalent an die Fettsäure gebunden (= Adenylierung) (> Abb. 20.8). Es entsteht ein **Acyladenylat**, das eine energiereiche Anhydridbindung (= gemischtes Säureanhydrid) enthält. Gleichzeitig entsteht aus der ATP-Spaltung ein PP_i, das unmittelbar durch die **Pyrophosphatase** in 2 P_i gespalten wird. Dadurch wird das Gleichgewicht zugunsten des Acyladenylats verschoben. Der Energiegehalt einer Anhydridbindung ist der einer Thioesterbindung vergleichbar und das gemischte Säureanhydrid kann durch die Acyl-CoA-Synthetase unter Austausch von AMP und CoA in einen **Thioester** umgewandelt werden. Auch die Gallensäuren werden nach diesem Mechanismus aktiviert (> 20.1.2).

20.1 LIPIDE ALS ENERGIESPEICHER

Aus Studentensicht

ABB. 20.8

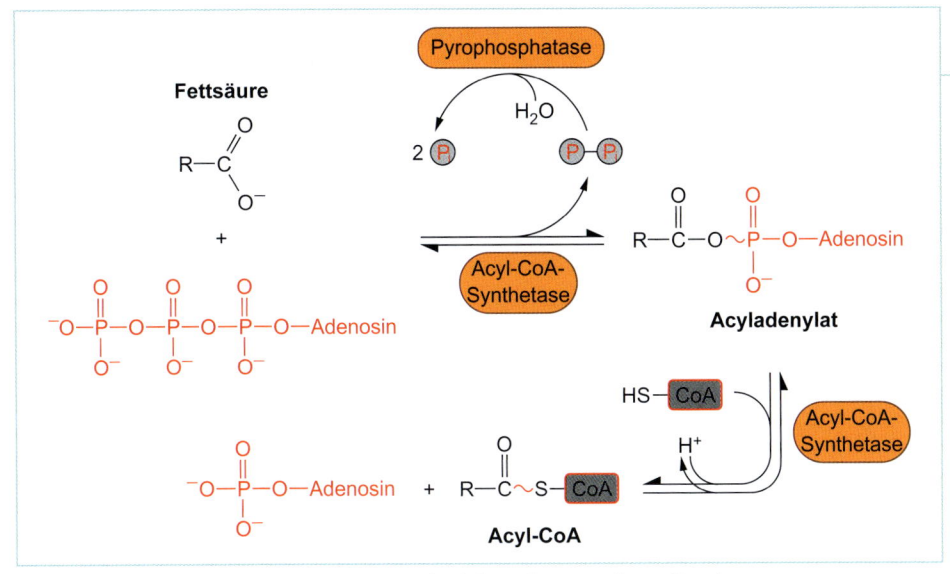

Abb. 20.8 Aktivierung der unveresterten Fettsäuren durch die Acyl-CoA-Synthetase [L253]

TAG-Synthese aus Acyl-CoA und 2-Monoacylglycerid

Diese Form der TAG-Synthese ist der mit Abstand bedeutendste Weg in Enterozyten. Zwei unabhängige, für 2-Monoacylglycerin oder Diacylglycerin spezifische **Acyltransferasen** übertragen die aktivierten Fettsäuren jeweils unter Ausbildung von **Esterbindungen** auf die freien OH-Gruppen des jeweiligen Substrats (➤ Abb. 20.9). Da die Thioesterbindung des Acyl-CoA energiereicher ist als die entstehende Esterbindung, liegt das Gleichgewicht der Reaktion auf der Seite der Produkte.

TAG-Synthese aus Acyl-CoA und 2-Monoacylglycerid

Acyltransferasen übertragen die aktivierten Fettsäuren unter Bildung von Esterbindungen auf 2-Monoacylglycerin.

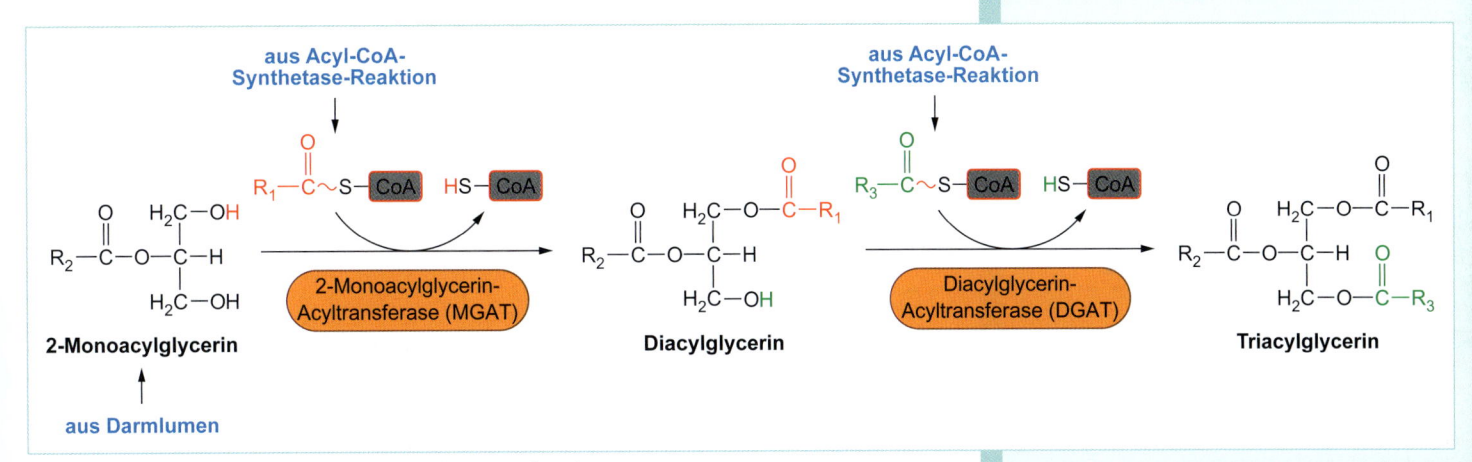

Abb. 20.9 TAG-Synthese aus 2-Monoacylglycerid und Acyl-CoA [L253]

TAG-Synthese aus Acyl-CoA und Glycerin-3-phosphat

Die Synthese von TAG kann auch mit Glycerin-3-phosphat erfolgen, das in fast allen menschlichen Zellen durch die **Glycerin-3-phosphat-Dehydrogenase** durch Reduktion aus dem Glykolysezwischenprodukt Dihydroxyacetonphosphat synthetisiert werden kann (➤ Abb. 20.10). Als Reduktionsmittel dient NADH, das zu NAD⁺ oxidiert wird.
Im Gegensatz zu den meisten anderen Geweben können Enterozyten auch das aus den Nahrungslipiden stammende Glycerin durch die **Glycerin-Kinase** direkt in Glycerin-3-phosphat überführen (➤ Abb. 20.10). Die Glycerin-Kinase ist nur in der **Leber,** der **Niere,** der **Darmmukosa,** der **laktierenden Milchdrüse** und in **braunem Fettgewebe** exprimiert. Folglich können nur diese Gewebe TAG direkt aus Glycerin synthetisieren. Alle anderen Gewebe sind auf die Bereitstellung von Glycerin-3-phosphat aus der Glykolyse angewiesen.
Katalysiert durch die **Glycerin-3-phosphat-Acyltransferase** (GPAT), reagiert Glycerin-3-phosphat zunächst mit zwei Molekülen Acyl-CoA unter Bildung von Esterbindungen an C1 und C2 zu Phosphatidat (Anion der Phosphatidsäure), das auch Ausgangspunkt für die Synthese der Glycerophospholipide ist (➤ 20.3.1). Für die TAG-Synthese wird zunächst ebenfalls durch die GPAT der Phosphatrest abgespalten und anschließend durch die Diacylglycerin-Acyltransferase (DGAT) der Fettsäurerest aus einem dritten Acyl-CoA mit der OH-Gruppe an C3 des Glycerins verestert (➤ Abb. 20.10). Die Enzyme für die Synthese der TAG sind nahezu alle am **glatten ER** lokalisiert und ihre aktiven Zentren weisen meist auf die **zytoplasmatische Seite.**

TAG-Synthese aus Acyl-CoA und Glycerin-3-phosphat

Das für die TAG-Synthese benötigte **Glycerin-3-phosphat** wird in fast allen Zellen durch die **Glycerin-3-phosphat-Dehydrogenase** durch Reduktion von Dihydroxyacetonphosphat gebildet. Leber, Niere, Darmmukosa, laktierende Mamma und braunes Fettgewebe können Glycerin-3-phosphat mit der **Glycerin-Kinase** direkt aus Glycerin synthetisieren.

Die **Glycerin-3-phosphat-Acyltransferase** überträgt zwei Acyl-CoA auf Glycerin-3-phosphat. Nach Abspaltung des Phosphats wird das dritte Acyl-CoA übertragen.
Die Enzyme für die TAG-Synthese sind meist auf der **zytoplasmatischen Seite des ER** lokalisiert.

521

Aus Studentensicht

ABB. 20.10

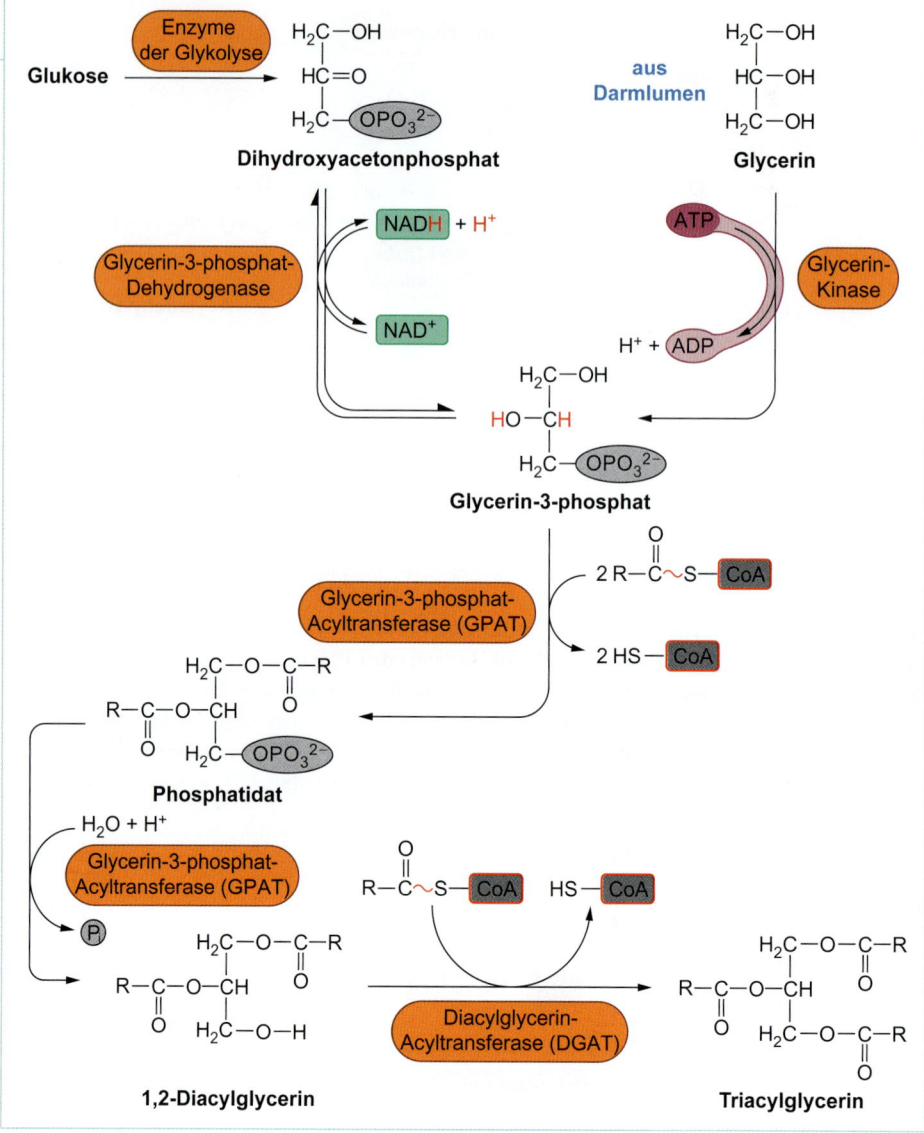

Abb. 20.10 TAG-Synthese aus Dihydroxyacetonphosphat oder Glycerin [L253, L307]

Fast alle absorbierten Fettsäuren werden in den Enterozyten zu TAG verestert, nur ein kleiner Teil wird frei zur Leber transportiert.

Auf diese Weise werden nahezu alle Fettsäuren, die im Darm absorbiert werden, zu TAG verestert. Eine geringe Menge unveresterter Fettsäuren, insbesondere solche mit einer kurzen Kohlenwasserstoffkette, kann jedoch auch unverestert aus den Enterozyten direkt an das Blut abgegeben und über die V. portae hepatis zur Leber transportiert werden. Dort werden die Fettsäuren entweder zur Energiegewinnung direkt der β-Oxidation (➤ 20.1.7) zugeführt oder aber nach dem beschriebenen Prinzip in TAG gespeichert.

20.1.5 Transport der TAG mittels Lipoproteinen

> **FALL**
>
> **Marvin hat Bauchschmerzen**
>
> Der 13-jährige Marvin wird von seiner Mutter zu Ihnen in die Notaufnahme gebracht. Er hat starke Schmerzen im Oberbauch und kann kaum gerade stehen. Seine Mutter berichtet: „Er hat immer wieder solche Bauchschmerzen, das kennen wir schon, aber diesmal sind sie ganz besonders schlimm. Wir waren beim 75. Geburtstag der Oma, er hat Schweinebraten mit Pommes und eine große Portion Eis mit Schlagsahne gegessen. Das war gegen Mittag, beim Kaffee ging es los mit den Schmerzen und um vier Uhr wurden sie so schlimm, dass wir uns entschlossen haben, ihn gleich hierher zu bringen." Sie lesen in der Krankenakte des Jungen, dass vor einem Jahr eine Appendektomie durchgeführt wurde. Offensichtlich führte dieser Eingriff aber nicht zur Besserung der Symptome. Sie nehmen Blut ab und beauftragen eine Laboranalyse. Kurze Zeit später meldet sich Ihr Kollege aus der Labormedizin und berichtet, dass er das Blut nicht analysieren könne, da das Serum aufgrund einer stark erhöhten Lipidkonzentration „milchig" sei und sich bei der Zentrifugation eine dicke rahmige Schicht absetze.

20.1 LIPIDE ALS ENERGIESPEICHER

Aus Studentensicht

Blutserum eines gesunden Menschen (a) und von Marvin (b) [G170]

Sie verordnen Marvin eine 12-stündige Nahrungskarenz, nehmen erneut Blut ab und bitten um eine Urinprobe. 24 Stunden später erhalten Sie folgende Laborwerte:
- α-Amylase im Serum: 210 U/l [Norm: 30–80 U/l]
- α-Amylase im Urin: 600 U/l [Norm: 110–450 U/l]
- Serumtriglyceride: 9120 mg/dl [Norm: 74–160 mg/dl]
- Lipidelektrophorese: Chylomikronen stark erhöht

Die α-Amylase ist ein vom Pankreas synthetisiertes Verdauungsenzym. Die erhöhten α-Amylase-Werte in Blut und Urin deuten auf eine akute Pankreatitis hin, bei der das Enzym aus den durch die Entzündung geschädigten Azinuszellen des Pankreas in das Blut gelangt.
Was aber bedeuten die stark erhöhten Serumtriglycerid- und Chylomikronen-Werte?

Die aus der Nahrung absorbierten Monosaccharide und Aminosäuren sind gut wasserlöslich und können daher mithilfe passender Transporter an das Blut abgegeben werden. Bedingt durch den Portalkreislauf gelangen diese Nährstoffe größtenteils zuerst zur Leber, werden dort teilweise aufgenommen und dem Leberstoffwechsel zugeführt oder gelangen über die V. hepatica in die V. cava inferior und werden über das Herz im gesamten Blutkreislauf verteilt. Im Gegensatz dazu können die Nahrungslipide, die nun im Enterozyten wieder größtenteils als TAG vorliegen, nicht ohne Weiteres in wässrigem Milieu transportiert werden. Hinzu kommt, dass die TAG aus der Nahrung in erster Linie von **extrahepatischen Geweben** zur Energiegewinnung genutzt oder in **Adipozyten** gespeichert werden. Folglich ist es nicht sinnvoll, die Nahrungslipide erst zur Leber zu transportieren, sie dort zu spalten, um eine Aufnahme in die Hepatozyten zu ermöglichen, und sie anschließend für einen Weitertransport im Blutkreislauf wieder aufwendig zu verpacken. Dies wird umgangen, indem die aus der Nahrung absorbierten **Lipide** von den Enterozyten an die **Lymphe** abgegeben werden.

Als Transportform der Lipide im wässrigen Milieu dienen die **Lipoproteine**. Durch den Transport über das Lymphsystem gelangen sie in den Ductus thoracicus, von dort am linken Venenwinkel in die V. cava superior und damit über das Herz in den Blutkreislauf des Körpers. Auf ihrem Weg geben die Lipoproteine die Nahrungs-TAG an Kapillarendothelzellen, Muskelzellen oder Zellen anderer extrahepatischer peripherer Gewebe ab.

Mit der Nahrung aufgenommene Fette werden nicht über das Blut, sondern über die **Lymphe transportiert.** Auf diese Weise wird die Leber zunächst umgangen und die TAG landen direkt dort, wo sie verstoffwechselt oder gespeichert werden: in extrahepatischen Geweben.

Da sich die Nahrungsfette aufgrund ihrer hydrophoben Eigenschaften nicht in der wässrigen Lymphe lösen, werden sie in spezielle Transportvehikel, die **Lipoproteine,** verpackt.

Struktur und Einteilung der Lipoproteine

Lipoproteine (> Abb. 20.11) sind globuläre, mizellenartige Partikel mit einer Masse von bis zu mehreren Millionen Dalton, in deren **Kern** die hydrophoben **TAG** sowie Cholesterinester konzentriert sind. So ergibt sich eine hohe Transportkapazität für die hydrophoben Substanzen. Die **Hülle** des Partikels besteht aus **amphiphilen Lipiden** wie Phosphoglyceriden und Cholesterin sowie aus amphiphilen **Apolipopro-**

Struktur und Einteilung der Lipoproteine

Der **Kern** der Lipoproteine besteht aus hydrophoben TAG und Cholesterinestern.

Die **Außenseite** wird von Phospholipiden, freiem Cholesterin und amphiphilen Proteinen, den **Apolipoproteinen,** gebildet, die den Kontakt zur wässrigen Umgebung vermitteln.

ABB. 20.11

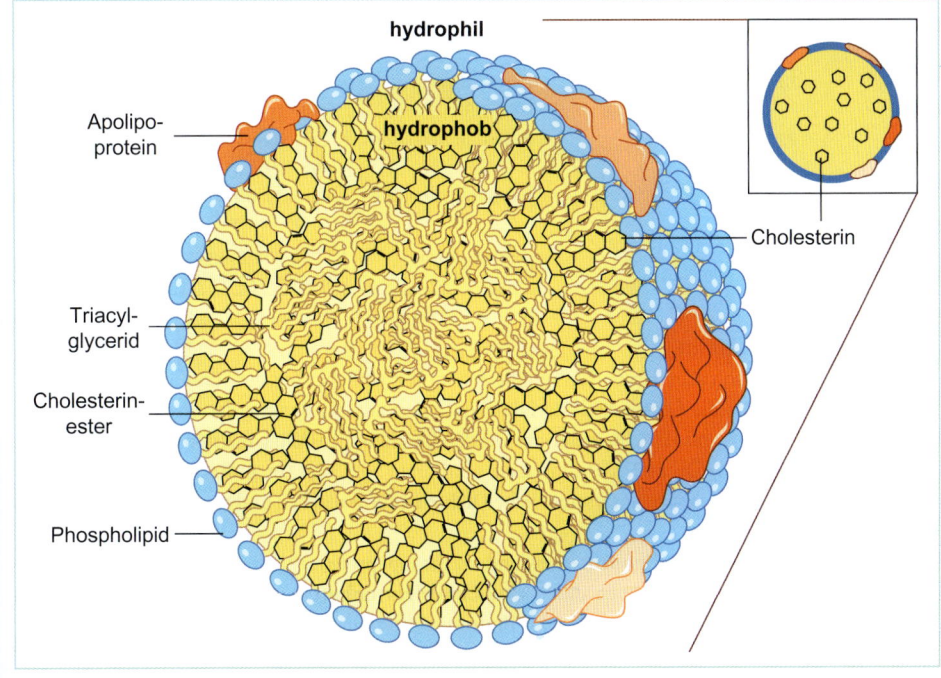

Abb. 20.11 Struktur der Lipoproteine [L138]

Aus Studentensicht

Es gibt fünf Klassen von Apolipoproteinen (A–E). Ihre Funktionen sind:
- Erhöhung der Wasserlöslichkeit von Lipidpartikeln
- Aktivierung von lipolytischen Enzymen
- Transport von Lipiden zum Zielgewebe

$ApoB_{100}$ und $ApoB_{48}$ sind wasserunlöslich und können anders als andere Lipoproteine nicht ausgetauscht werden. Die Leber produziert das Apolipoprotein in seiner Gesamtlänge, also $ApoB_{100}$. Durch ein Cytosin-zu-Uracil-Editing auf mRNA-Ebene entsteht in den Enterozyten das verkürzte $ApoB_{48}$.

Lipoproteine werden anhand ihrer **Dichte** eingeteilt. Jede Lipoproteinklasse hat ihre spezifischen Apolipoproteine, die für ihre Funktion essenziell sind.

teinen (Apoproteinen). Dadurch bildet sich eine hydrophile Oberfläche und die Lipoproteine können trotz des hohen Lipidanteils gut in wässrigen Systemen wie dem Blut oder der Lymphe transportiert werden.

Apolipoproteine

Die Familie der **Apolipoproteine** umfasst **fünf Klassen,** die mit den Großbuchstaben A–E unterschieden werden. In jeder dieser Klassen finden sich unterschiedlich viele bekannte Vertreter, die meist durch Nachstellen arabischer oder römischer Ziffern unterschieden werden. Die Funktion mancher Apolipoproteine ist gegenwärtig noch nicht vollumfänglich verstanden und Gegenstand intensiver Forschung.

Die **Struktur** der Apolipoproteine zeichnet sich durch einen hohen Anteil an **amphiphilen Helices** aus, die sich bei Kontakt mit Phospholipiden so anordnen, dass auf der einen Seite des Proteins vorwiegend hydrophile und auf der anderen Seite hydrophobe Aminosäuren zu finden sind. Damit sind sie hervorragend geeignet, einerseits mit dem hydrophoben Kern der Lipoproteine zu assoziieren und andererseits die **Wasserlöslichkeit der Lipoproteine** zu vermitteln. Daneben erfüllen die Apolipoproteine aber auch weitere wichtige **Funktionen:**
- Sie aktivieren lipolytische Enzyme.
- Sie besitzen Bindungsdomänen für membranständige Rezeptoren und tragen so zum gerichteten Transport der Lipide zu den rezeptorexprimierenden Geweben bei.

Die meisten Apolipoproteine sind in freier Form ausreichend löslich und können zwischen verschiedenen Lipoproteinpartikeln ausgetauscht werden. Anders verhält es sich mit den beiden Apolipoproteinen $ApoB_{100}$ und $ApoB_{48}$. Sie sind wasserunlöslich und können zwischen den Lipoproteinen **nicht übertragen** werden. Diese beiden Apolipoproteine werden von demselben Gen codiert. Dennoch entsteht $ApoB_{48}$ nur in Enterozyten des Darms, während $ApoB_{100}$ ausschließlich in den Hepatozyten der Leber gebildet wird. Grund hierfür ist ein Cytosin-zu-Uracil-mRNA-Editing (➤ 4.5.4). Die Desaminase, welche die Umwandlung von Cytosin zu Uracil katalysiert, wird ausschließlich im Dünndarm, nicht aber in der Leber exprimiert. Durch das Editing entsteht aus einem Codon für die Aminosäure Glutamin ein Stoppcodon. In der Folge entsteht im Darm ein verkürztes ApoB-Protein, dass nur die N-terminalen 48 % der Aminosäuren umfasst, während in der Leber das vollständige ApoB-Protein translatiert wird. Da die beiden Apolipoproteine zudem fest an die jeweiligen Lipoproteinpartikel gebunden sind, kann mithilfe der ApoB-Proteine bestimmt werden, ob ein Lipoprotein ursprünglich aus dem Darm oder der Leber stammt.

Einteilung der Lipoproteine

Die einzelnen Lipoproteine werden anhand ihrer **Dichte** unterschieden. Je größer der Lipidanteil relativ zum Proteinanteil ist, desto geringer ist die Dichte. Darüber hinaus enthalten die meisten Lipoproteinklassen **typische Apolipoproteine,** die für ihre Funktion wichtig sind (➤ Tab. 20.3).

Tab. 20.3 Lipoproteine. Der Lipidhauptbestandteil ist jeweils fett gedruckt; die %-Angaben entsprechen Durchschnittswerten.

Lipoprotein	Wichtige Apolipoproteine	TAG-Anteil [%]	Cholesterinanteil [%]	Phospholipidanteil [%]	Proteinanteil [%]	Verhalten in Serumelektrophorese	Funktion
Chylomikronen	• $ApoB_{48}$ • ApoC-II • ApoE	**86**	5	7	2	Wandern nicht	• Abgabe der Nahrungs-TAG an periphere Zellen • Transport von weiteren Nahrungslipiden und Nahrungscholesterin vom Darm zur Leber
VLDL (Very Low Density Lipoprotein)	• $ApoB_{100}$ • ApoC-II	**55**	19	18	8	Prä-β-Globulin-Fraktion	• Transport von TAG und Cholesterin von der Leber zu peripheren Organen
IDL (Intermediate Density Lipoprotein)	• $ApoB_{100}$	22	**38**	22	18	β-Globulin-Fraktion	• Zwischenstufe bei Synthese von LDL aus VLDL
LDL (Low Density Lipoprotein)	• $ApoB_{100}$	6	**50**	22	22	β-Globulin-Fraktion	• Aufnahme von Cholesterin in periphere Zellen
HDL (High Density Lipoprotein)	• ApoA-I • ApoE	5	19	**34**	42	α₁-Globulin-Fraktion	• Cholesterintransport von peripheren Organen zur Leber

Analytik der Lipoproteine

Die **Gesamtmenge an TAG** im Serum ergibt sich aus der Summe der TAG in den Chylomikronen und in den VLDL.
Das **Gesamtcholesterin** berechnet sich aus Cholesterinester und Cholesterin in LDL und HDL. Lipoproteine lassen sich durch Dichtegradientenzentrifugation oder durch Elektrophorese trennen. Lipoproteine können auch spezifisch angefärbt werden.

Analytik der Lipoproteine

Die Gesamtkonzentration aller Serum-TAG ergibt sich im Wesentlichen aus der Summe der TAG in Chylomikronen und VLDL, die Gesamtcholesterinkonzentration aus der Summe der Cholesterinester und des Cholesterins in LDL und HDL. Beide Werte werden im klinischen Alltag meistens enzymatisch mithilfe von Enzymen, die NADH zu NAD^+ umsetzen, bestimmt (➤ 3.3.2). Zur **Auftrennung** der einzelnen Lipoproteine kann man sich ihre unterschiedliche **Dichte** zunutze machen und sie durch Zentrifugation im Dichtegradienten trennen.

Aufgrund ihrer **geladenen Apolipoproteine** wandern die Lipoproteine unterschiedlich schnell im elektrischen Feld und können somit auch durch eine **Lipidelektrophorese** aufgetrennt werden (➤ 8.3.3, ➤ Abb. 20.12). Lipoproteine werden meist im Blutserum zusammen mit den übrigen Serumproteinen nachgewiesen und entsprechend ihrem Laufverhalten einer der fünf Globulingruppen zugeordnet

20.1 LIPIDE ALS ENERGIESPEICHER

(> Tab. 20.3). Lipoproteine können auch chromatografisch getrennt und mit speziellen lipidbindenden Farbstoffen spezifisch **angefärbt** werden.

Im klinischen Alltag werden durch Lipidelektrophorese verschiedene Arten von **Hyperlipoproteinämien** unterschieden. Sind VLDL und LDL erhöht, liegt eine gemischte Hyperlipoproteinämie, mit 15 % aller Hyperlipoproteinämien eine häufige Erkrankung, vor. In 10 % der Fälle ist nur der LDL-Wert erhöht und man spricht von einer Hypercholesterinämie. Mit 70 % am häufigsten ist jedoch die Hypertriglyceridämie, die durch einen erhöhten VLDL-Wert gekennzeichnet ist.

Aus Studentensicht

Da in einer Serumprobe immer auch Lipoproteine enthalten sind, findet man in einer Serumelektrophorese die unterschiedlichen Klassen in einer der fünf Globulingruppen.

ABB. 20.12

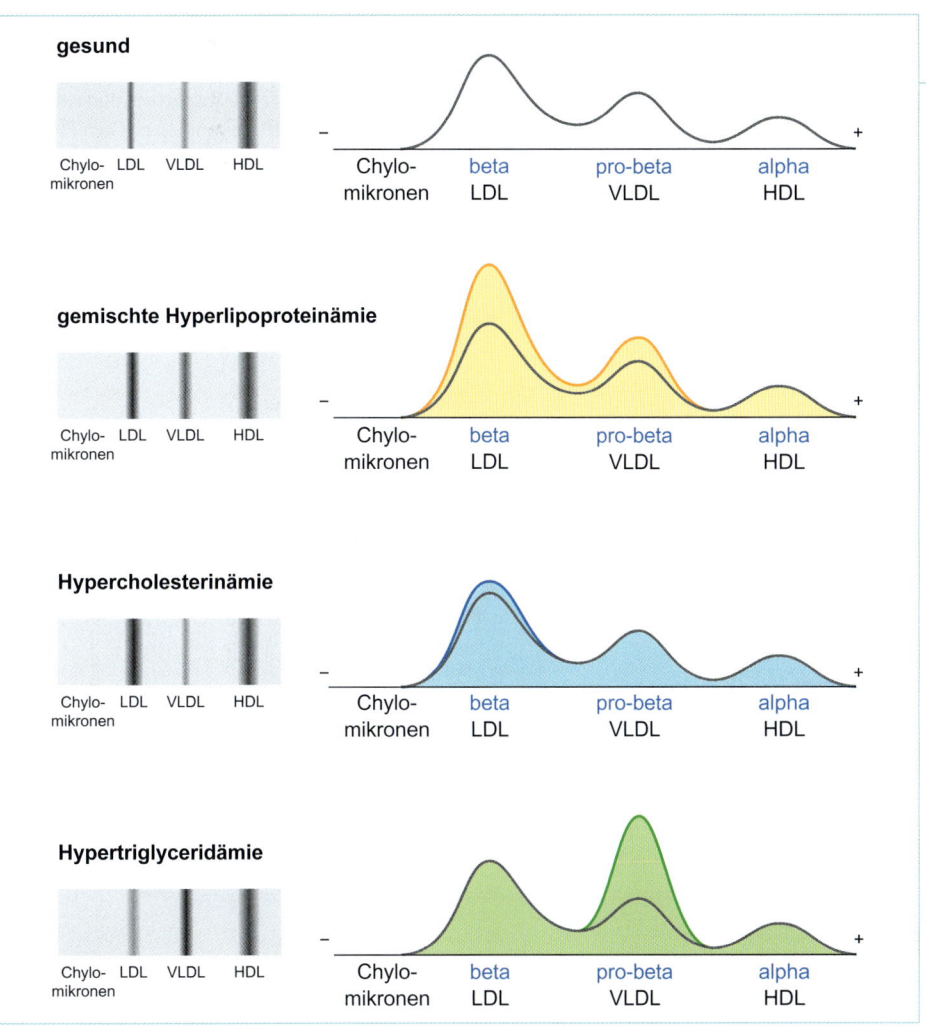

Abb. 20.12 Lipidelektrophorese bei Patienten mit Hyperlipoproteinämie. Die Lipide wurden angefärbt (links) und die Farbintensität durch Scannen bestimmt (rechts). Die Referenzwerte gesunder Menschen sind jeweils als graue Linie angegeben. [L253]

FALL

Marvin hat Bauchschmerzen: Chylomikronämie

Marvins Blut zeigte nach Zentrifugation eine milchige Schicht. Nach 12-stündiger Nahrungskarenz waren der Serum-TAG-Spiegel und die Serumkonzentrationen der Chylomikronen stark erhöht. Marvins Lipidelektrophorese bestätigt eine Chylomikronämie.

Marvins Lipidelektrophorese [L253]

Wie kann es zu einem derart hohen Chylomikronenspiegel im Blutserum kommen?

Aus Studentensicht

Transport der Nahrungslipide mittels Chylomikronen

In den **Enterozyten** werden die mit der Nahrung aufgenommenen Lipide mit **ApoB$_{48}$** assoziiert und so transportfähig gemacht. Die dabei entstehenden Lipoproteine heißen **Chylomikronen**. Der Zusammenbau der Chylomikronen findet am Golgi-Apparat der Enterozyten statt.
Im fertigen Partikel sind neben den TAG auch Cholesterinester und Phospholipide enthalten.

ABB. 20.13

Die **Chylomikronen** gelangen über die **Lymphbahn** in den linken Venenwinkel und dort ins Blut. Dort erhalten sie von HDL das **Apolipoprotein CII**, das die **Lipoprotein-Lipase (LPL)** an der Oberfläche von Kapillarendothelzellen aktiviert. Die Lipoprotein-Lipase hydrolysiert die TAG aus den Chylomikronen. Die Fettsäuren werden ins Gewebe aufgenommen. Das Glycerin wird zur Leber transportiert.
Die TAG aus den Chylomikronen werden fast vollständig abgebaut, sodass der prozentuale Anteil an Cholesterin und Phospholipiden im Lipoprotein steigt.
Diese Lipoprotein-Überbleibsel heißen **Remnants** und werden letztendlich von der **Leber** durch Bindung an ApoB$_{48}$- oder ApoE-Rezeptoren über Endozytose aufgenommen.

20 LIPIDE: NICHT NUR ENERGIESPEICHER

Transport der Nahrungslipide mittels Chylomikronen

Für den Transport in Lymphbahn und Blut werden die aus den Nahrungslipiden synthetisierten TAG in den Enterozyten in **Chylomikronen** verpackt. Dazu müssen die TAG mit ApoB$_{48}$ assoziieren. ApoB$_{48}$ trägt an seinem N-Terminus eine Signalsequenz für den ER-Import und wird zunächst analog zum Import eines sekretorischen Proteins am rauen ER in das ER translatiert (> 6.3.5). Aufgrund seines amphiphilen Charakters bleibt es auf der luminalen Seite mit der ER-Membran assoziiert. Durch einen COP-II-vermittelten vesikulären Transport gelangt es zum Golgi-Apparat. Parallel dazu erfolgt die Synthese der TAG aus den Nahrungslipiden am glatten ER der Enterozyten.

Damit ApoB$_{48}$ und die TAG assoziieren können, müssen die TAG ebenfalls in die Golgi-Membran transferiert werden (> Abb. 20.13). Dies erfolgt mithilfe des im Zytoplasma lokalisierten **Triglycerid-Transfer-Proteins,** das die TAG aus der ER-Membran bindet, zum Golgi-Apparat transportiert und sie dort in unmittelbarer Nähe des ApoB$_{48}$-Proteins in die Golgi-Membran integriert. Zusammen mit den Phospholipiden der Golgi-Membran formieren sich daraufhin Chylomikronen, die neben den TAG auch geringe Mengen an Cholesterinestern sowie verschiedene Apolipoproteine des A-Typs aufnehmen. Bemerkenswert ist, dass sich die Chylomikronen im Lumen des Golgi-Apparats bilden und sich dabei die Assoziation des ApoB$_{48}$ mit der Golgi-Membran löst. Von diesem Zeitpunkt an verhalten sich die Chylomikronen wie sekretorische Proteine und werden wie diese in Vesikel verpackt, entlang der Mikrotubuli zur Zelloberfläche transportiert und mittels Exozytose in die Lymphbahn abgegeben.

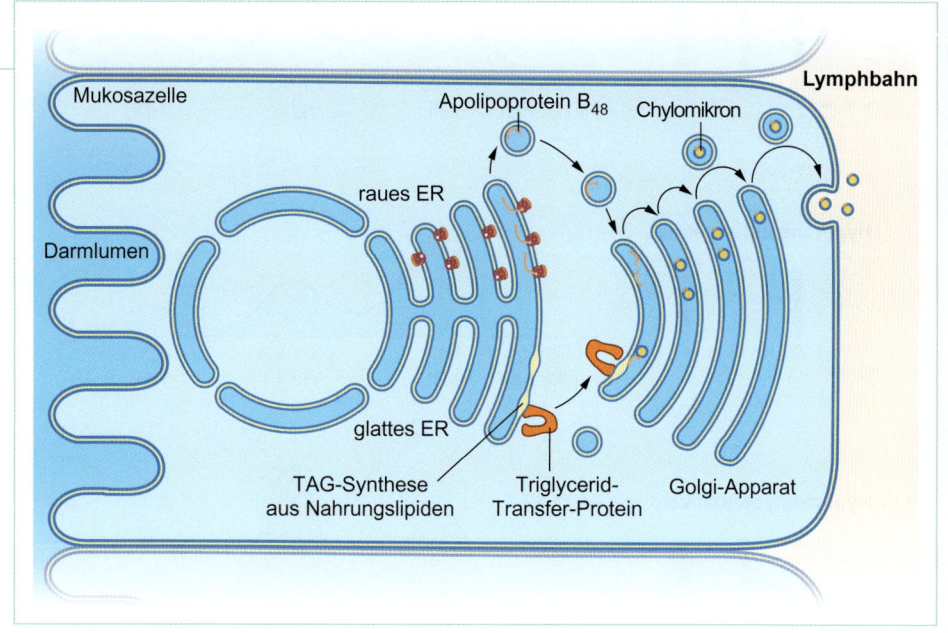

Abb. 20.13 Assemblierung der Chylomikronen in Enterozyten [L138, L307]

Über die Lymphbahn gelangen die Chylomikronen ins Blut und erhalten dort im Austausch mit Lipoproteinen des HDL-Typs weitere lösliche Apolipoproteine des Typs C und E (> Abb. 20.14). Von besonderer Bedeutung ist dabei das **Apolipoprotein ApoCII**, das ein aktivierender Co-Faktor der **Lipoprotein-Lipase (LPL)** ist. Die Lipoprotein-Lipase ist über Proteoglykane der Glykokalyx an die extrazelluläre Membranseite der Endothelzellen von Kapillaren gebunden und katalysiert die für den Transport der Lipide über die Zellmembranen nötige erneute Hydrolyse der TAG (> Abb. 20.14). Die dabei freigesetzten Fettsäuren werden von den Zellen der extrahepatischen Gewebe durch passiven Membrantransport oder mittels Fettsäuretransportproteinen wie FAT (Fatty Acid Translocase, CD36) oder FATP aufgenommen. Das frei werdende Glycerin gelangt über das Blut zur Leber und wird von den Hepatozyten aufgenommen. Auf diese Weise werden die TAG dem Stoffwechsel der extrahepatischen Organe zugeführt und der TAG-Anteil der Chylomikronen sinkt.

Das im Chylomikron transportierte Nahrungscholesterin sowie einige Phospholipide bleiben an die Apolipoproteine assoziiert und werden als **Remnant** von der Leber nach Bindung an ApoB$_{48}$- oder ApoE-Rezeptoren durch Endozytose aufgenommen. Der verbleibende TAG-Anteil der Remnants kann sehr stark variieren. Je nachdem, wie viele TAG hydrolysiert und in die peripheren Gewebe aufgenommen werden, gelangen sehr kleine Remnants oder noch fast vollständige Chylomikronen zur Leber und werden dort aufgenommen. Meist werden jedoch alle von der Leber aufgenommenen mit ApoB$_{48}$ beladenen Lipoproteine als Remnants bezeichnet.

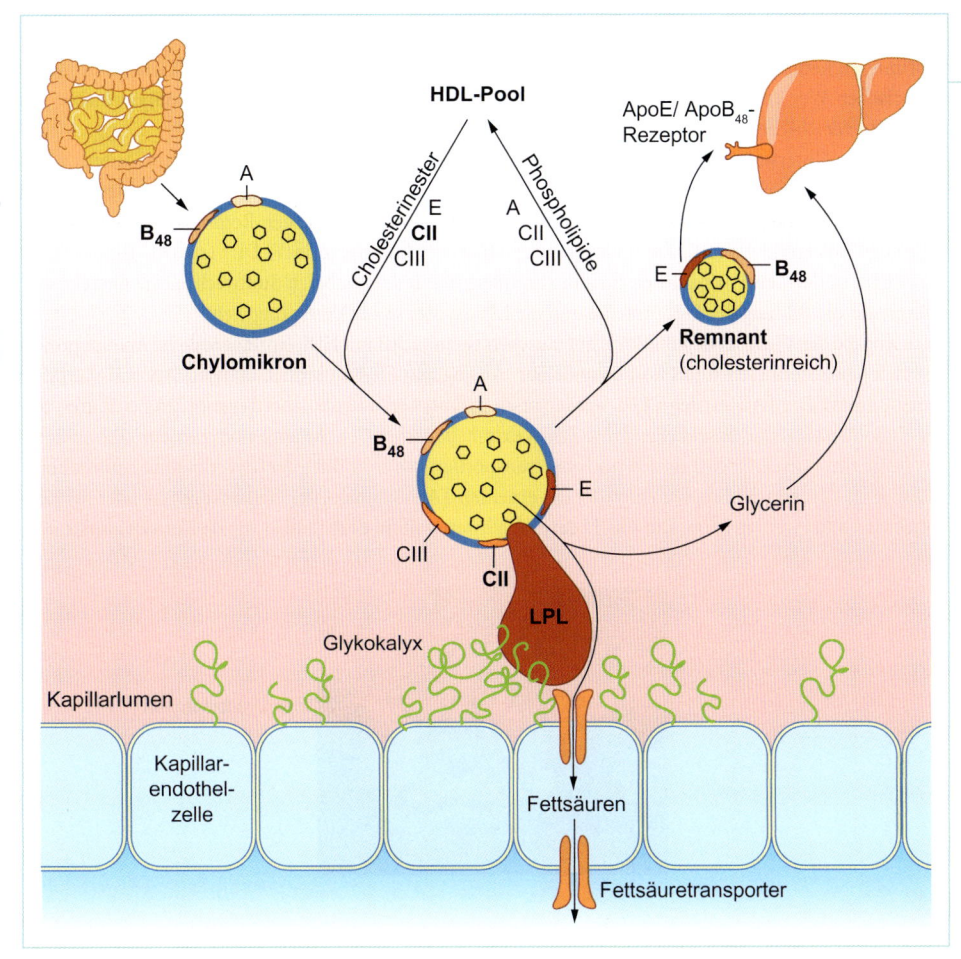

Abb. 20.14 Exogener Transportweg: Transport der Nahrungslipide in Chylomikronen [L138]

ABB. 20.14

FALL

Marvin hat Bauchschmerzen: Chylomikronämie

Damit erklärt sich nun auch der erhöhte Chylomikronenspiegel im Blut von Marvin. Marvin leidet an einem erblichen Defekt der Lipoproteinlipase und kann daher die Nahrungs-TAG aus den Chylomikronen nicht mit ausreichender Geschwindigkeit hydrolysieren und in die extrahepatischen Gewebe aufnehmen. Rezidivierende (wiederkehrende) Pankreatitiden sind ein klinisches Leitsymptom der Hyperchylomikronämie. Die Schwere der Pankreatitis korreliert mit Höhe des TAG-Spiegels im Serum, der nach der fettreichen Mahlzeit bei Marvin stark angestiegen war. Vermutlich werden durch die Aktivität der Pankreas-Lipase unveresterte Fettsäuren aus den TAG freigesetzt und rufen eine Entzündung in den pankreatischen Azinuszellen hervor. Die genaue Pathophysiologie ist allerdings noch unverstanden.

Marvin muss in Zukunft die Zufuhr natürlicher TAG mit langkettigen Fettsäuren streng kontrollieren und auf etwa 12–25 g/Tag begrenzen. Stattdessen darf er TAG mit mittelkettigen Fettsäuren, z. B. aus synthetisch hergestelltem MCT-Öl (Medium-Chain-Triglycerides-Öl) zu sich nehmen, um die Diät erträglicher zu machen, da diese überwiegend unabhängig von Chylomikronen über den Portalkreislauf zur Leber transportiert werden. Regelmäßig müssen bei Marvin auch die Serumwerte der essenziellen Fettsäuren und der fettlöslichen Vitamine überprüft und bei Bedarf supplementiert werden. Falls er auch als Erwachsener noch schwere Pankreatitiden hat, kann eine Gentherapie versucht werden. Dabei wird Alipogene Tiparvovec, ein viraler Vektor mit einer natürlich vorkommenden besonders aktiven LPL-Variante, unter Vollnarkose in alle großen Muskelgruppen gespritzt. Die Triglyceridwerte werden dadurch um bis zu 40 % gesenkt. Leider ist der Effekt anders als in Tierversuchen nicht von Dauer, sodass diese Therapie regelmäßig wiederholt werden muss.

Transport endogen synthetisierter Lipide mittels VLDL

Die Leber spielt eine ganz entscheidende Rolle im Lipidstoffwechsel und trägt einen erheblichen Anteil zur De-novo-Synthese von Fettsäuren sowie zur Synthese von TAG, Membranlipiden und Cholesterin bei. Ihre Syntheseleistung geht dabei weit über den Eigenbedarf der Leberzellen hinaus. Die Leber kann diese überschüssigen Lipide jedoch nur kurzfristig in Form von Lipidtröpfchen im Zytoplasma der Hepatozyten speichern (> Abb. 20.15a) und bildet daher Lipoproteine des **VLDL-Typs** zur **Abgabe der endogen synthetisierten Lipide** an das Blut. Durch die in Bezug auf die Nahrungsaufnahme zeitlich verzögerte Abgabe der VLDL stellt die Leber den extrahepatischen Geweben auch zwischen den Mahlzeiten in begrenztem Umfang TAG zur Verfügung (> 24.2.2).

Die Synthese der VLDL verläuft analog zur Synthese der Chylomikronen in den Enterozyten mit dem Unterschied, dass in der Leber anstelle des ApoB$_{48}$ das Apolipoprotein **ApoB$_{100}$** gebildet wird und die Exozytose der VLDL direkt ins Blut und nicht wie bei den Chylomikronen in die Lymphbahn erfolgt. Nur

Transport endogen synthetisierter Lipide mittels VLDL

Die Leber kann Fettsäuren, TAG, Cholesterin und Membranlipide synthetisieren und dem Rest des Körpers zwischen den Mahlzeiten zur Verfügung stellen.

Die **endogen synthetisierten Lipide** werden über Lipoproteine des **VLDL-Typs** ans Blut abgegeben. VLDL werden in der Leber gebildet und besitzen im Gegensatz zu den Chylomikronen Apolipoprotein **ApoB$_{100}$**.

Aus Studentensicht

VLDL enthalten im Verhältnis zu den TAG wesentlich mehr Cholesterin als Chylomikronen. Insulin stimuliert die VLDL-Synthese in der Leber.

Auch **VLDL** erhalten **Apo CII** von HDL im Plasma. Darüber wird die LPL aktiviert und die VLDL geben Fettsäuren ans periphere Gewebe ab. Das Glycerin aus den TAG wird wieder zur Leber transportiert. Die **VLDL** werden dadurch über **IDL** zu **LDL** abgebaut
LDL bestehen zu einem hohen Anteil aus dem verbleibenden **Cholesterin**.

ABB. 20.15

20 LIPIDE: NICHT NUR ENERGIESPEICHER

Hepatozyten und Enterozyten sind zur Synthese von ApoB-haltigen Lipoproteinen befähigt und nur sie exprimieren nennenswerte Mengen des Triglycerid-Transfer-Proteins. Während des Transportes im sekretorischen Weg erhalten die VLDL auch weitere von Hepatozyten synthetisierte Apolipoproteine wie ApoE und verschiedene ApoC-Proteine.

Ein weiterer Unterschied zwischen VLDL und Chylomikronen liegt in ihrem Cholesterin-Anteil. Während in Chylomikronen ein im Verhältnis zu den Nahrungs-TAG geringer Anteil an Cholesterin transportiert wird, ist dieser in den VLDL höher, da die Leber sowohl das aus den Remnants aufgenommene Nahrungscholesterin als auch das endogen synthetisierte **Cholesterin** in VLDL verpackt. Die Synthese von VLDL in der Leber wird durch Insulin stimuliert, da in der anabolen Stoffwechsellage ausreichend Energie für die Bildung der Lipoproteine und die Lipidsynthese zur Verfügung steht.

Nach Abgabe der VLDL an den Blutkreislauf tauschen sie zunächst mit HDL einzelne lösliche Apolipoproteine sowie Cholesterinester und Phospholipide aus. Analog den Chylomikronen aktiviert Apo CII die Lipoprotein-Lipase. Die TAG aus den VLDL werden rasch hydrolysiert und die dabei freigesetzten Fettsäuren von den Endothelzellen und anschließend den Zellen extrahepatischer Gewebe aufgenommen (➤ Abb. 20.15b). Das freigesetzte Glycerin wird zurück zur Leber transportiert, wo es mithilfe der Glycerin-Kinase phosphoryliert und als Glycerin-3-phosphat entweder der erneuten TAG-Synthese, der Gluconeogenese oder der Glykolyse zugeführt werden kann. Die VLDL, deren Halbwertszeit im Blut ähnlich wie die der Chylomikronen

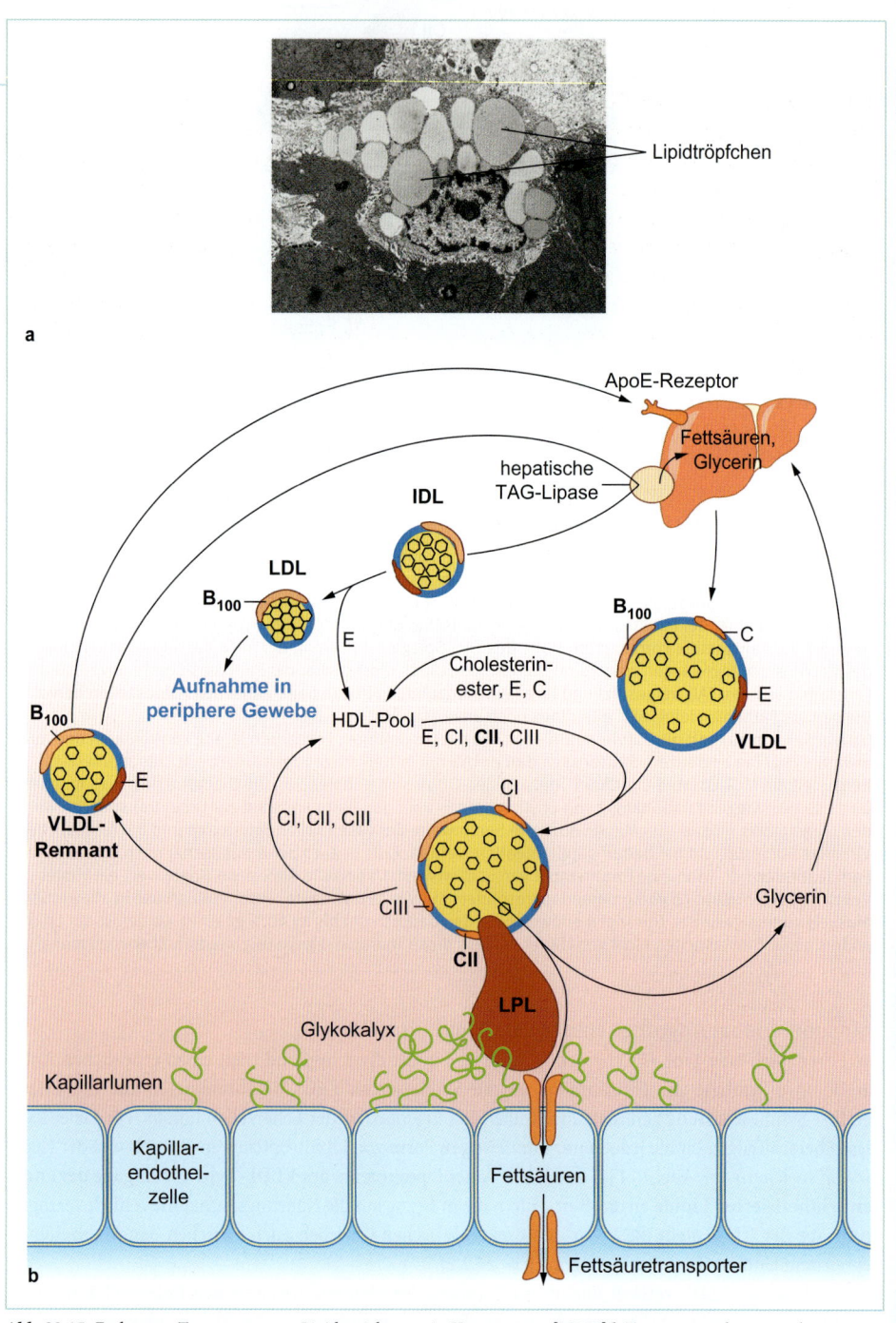

Abb. 20.15 Endogener Transportweg. **a** Lipidspeicherung in Hepatozyten. [M375] **b** Transport endogen synthetisierter Lipide von der Leber in periphere Organe mittels VLDL. [L253, L307]

20.1 LIPIDE ALS ENERGIESPEICHER

nur ca. 20 min beträgt, werden durch diesen Vorgang in kleinere, dichtere **VLDL-Remnants** umgewandelt. Ein Teil der VLDL-Remnants wird über den ApoE-Rezeptor, der zur Familie der LDL-Rezeptoren gehört, in Hepatozyten endozytiert. Der verbleibende Teil verliert durch Interaktion mit der **hepatischen TAG-Lipase** weitere TAG und wird zu **IDL** abgebaut, die in Wechselwirkung mit HDL alle löslichen Apolipoproteine verlieren und so schließlich zu **LDL** werden können (> Abb. 20.15b). LDL-Partikel enthalten nun nur noch das Apolipoprotein ApoB$_{100}$ und transportieren nahezu das gesamte von der Leber abgegebene Cholesterin. Mithilfe rezeptorvermittelter Endozytose gelangt das Cholesterin schließlich in die Endothelzellen und von dort in die extrahepatischen Gewebe, die sich so mit Cholesterin versorgen (> 20.2.1).

20.1.6 Speicherung von TAG in Adipozyten

Lipide werden in erster Linie in Form von **Lipidtröpfchen** im Zytoplasma der Adipozyten des Fettgewebes gespeichert (> Abb. 20.16a). Die Lipidtröpfchen sind keine eigenständigen Organellen und nicht durch eine Membran abgegrenzt. Die Tröpfchenform entsteht alleine aufgrund der Hydrophobizität der TAG. Dieser Effekt kann beispielsweise auch beim Kochen einer Hühnersuppe beobachtet werden; auch hier bildet das Fett Fettaugen in der wässrigen Suppe.

Im Gegensatz zu anderen Geweben kann das Fettgewebe TAG in großem Umfang speichern. Die Zu- und Abnahme der Fettgewebsmasse beruht dabei im Wesentlichen auf der Größenänderung der Adipozyten, die im Einzelfall bis zu 100 μm groß werden können.

Die Hauptmasse des Fettgewebes im menschlichen Organismus ist **weißes Fett,** das der Speicherung von Depotfett in großen Fetttröpfchen dient. Im Gegensatz dazu findet sich insbesondere bei Säuglingen **braunes Fettgewebe.** Anders als in weißen Fettzellen sind die Lipide in braunen Fettzellen in vielen kleinen Fetttröpfchen gespeichert und können daher schneller mobilisiert werden. Zudem haben braune Fettzellen einen deutlich höheren Anteil an Mitochondrien und somit auch an eisenhaltigen Proteinen der Atmungskette, die braun erscheinen. Zusätzlich enthalten die braunen Adipozyten **Thermogenin** (Uncoupling Protein; UCP), sodass die Fettspeicher durch Entkopplung der Atmungskette direkt zur Wärmeproduktion eingesetzt werden können (> 18.7.2), damit der Säugling nicht so leicht unterkühlt. Seit Kurzem ist bekannt, dass es insbesondere in der Halsregion auch bei Erwachsenen braunes Fettgewebe gibt. Durch Mobilisierung der eigenen Fettspeicher oder Aufnahme von Fettsäuren aus dem Blut kann es bei Bedarf schnell Wärme erzeugen. Daneben lässt sich eine weitere Art des braunen Fettgewebes, das **beige Fettgewebe,** nachweisen. Bezogen auf sein Genexpressionsmuster ist es dem weißen Fettgewebe

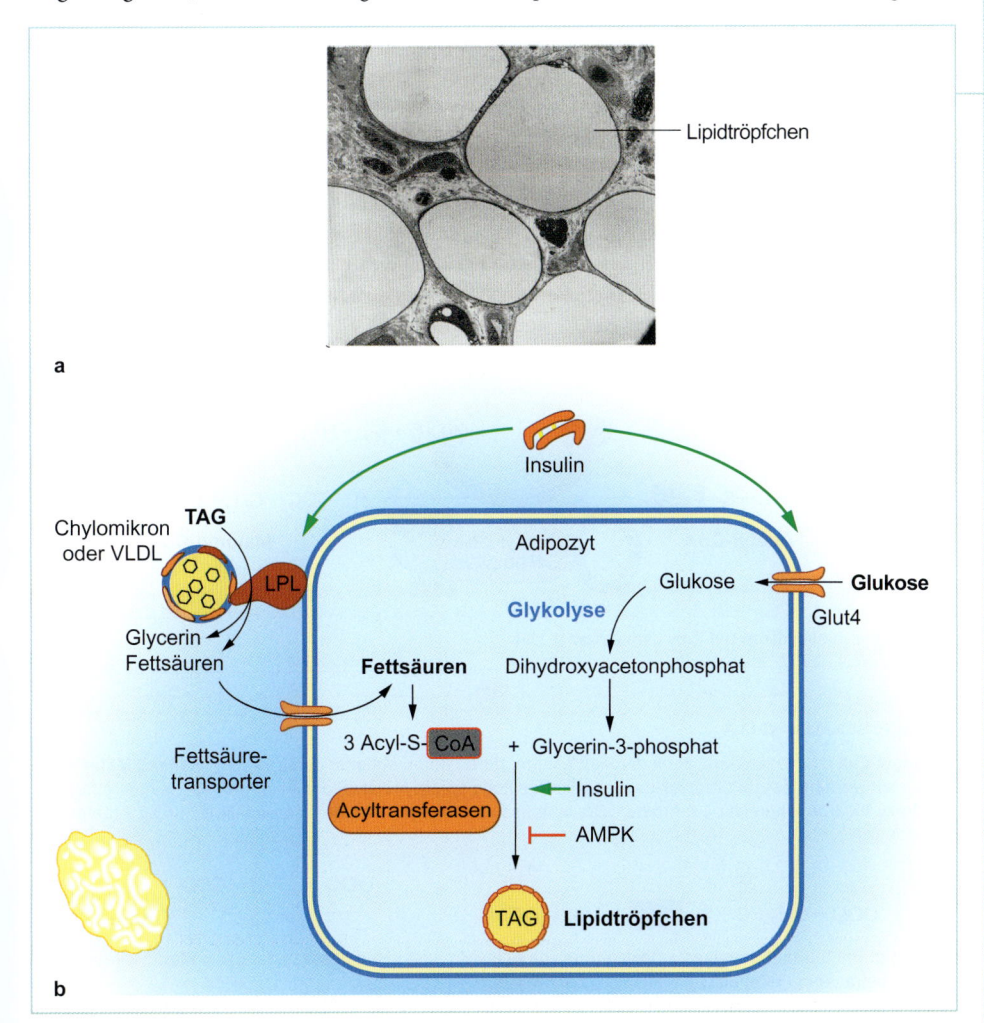

Abb. 20.16 Lipidspeicherung in Adipozyten. **a** Lipidtröpfchen. [R252] **b** TAG-Synthese. [L138, L307]

Aus Studentensicht

Die LDL-Partikel werden über den **LDL-Rezeptor,** der an **ApoB$_{100}$** bindet, über rezeptorvermittelte Endozytose vom peripheren Gewebe aufgenommen.

20.1.6 Speicherung von TAG in Adipozyten

Lipide werden in Form von **Lipidtröpfchen im Zytoplasma** von Adipozyten gespeichert. Da die Tröpfchen nicht von einer Membran umgeben sind, zählen sie nicht als Organell. Zusammengehalten werden sie ausschließlich durch die **hydrophoben Wechselwirkungen** und Van-der-Waals-Kräfte zwischen den TAG.

Der Mensch speichert Lipide hauptsächlich im **weißen Fettgewebe,** das sich durch große Fetttröpfchen im Zytoplasma auszeichnet. Die Fetttröpfchen in **braunem Fettgewebe** sind dagegen kleiner und die Lipide daher schneller mobilisierbar. Durch das Porenprotein Thermogenin kann in den in hoher Anzahl dort vorkommenden Mitochondrien durch Kurzschluss der Atmungskette zitterfrei Wärme gewonnen werden. **Beiges Fettgewebe** ist dem weißen ähnlich, enthält aber mehr Mitochondrien.

ABB. 20.16

Aus Studentensicht

20 LIPIDE: NICHT NUR ENERGIESPEICHER

näher verwandt als dem braunen, enthält jedoch mehr Mitochondrien. Die Menge an beigem Fettgewebe ist individuell sehr verschieden. Vermutlich entstehen beige Fettzellen innerhalb des weißen Fettgewebes durch Kälteeinfluss. Auch das beige Fett exprimiert Thermogenin und kann Wärme produzieren.

Alle nicht direkt zur Energiegewinnung in anderen Geweben benötigten unveresterten Fettsäuren, die durch die Lipoprotein-Lipase aus den TAG der Chylomikronen oder der VLDL freigesetzt werden, werden mittels Diffusion durch die Lipidmembran oder durch entsprechende Fettsäuretransportproteine in die Adipozyten aufgenommen und dort mit CoA aktiviert (➤ Abb. 20.16b). Die aktivierten Fettsäuren bilden mit Glycerin-3-phosphat erneut TAG. Da die Adipozyten des weißen Fettgewebes keine Glycerin-Kinase exprimieren, stammt das Glycerin-3-phophat aus der Glykolyse. Damit in den Adipozyten ausreichend Glukose für die Bildung des Glycerin-3-phosphats zur Verfügung steht, werden verstärkt Glut4-Transporter in die Plasmamembran der Adipozyten eingebaut, welche die Glukoseaufnahme verstärken.

Überschüssige Fettsäuren diffundieren zum Teil über Transporter, zum Teil direkt über die Plasmamembran in die Adipozyten und werden dort mit Glycerin-3-phosphat wieder zu TAG verestert. Adipozyten besitzen keine Glycerin-Kinase und müssen ihr Glycerin-3-phosphat aus der Glykolyse beziehen.

Der Einbau der Glut4-Transporter erfolgt insulinabhängig, daher verstärkt nach Nahrungsaufnahme und somit bei hoher Konzentration an Chylomikronen und VLDL im Blut. Zusätzlich **verstärkt Insulin** den Transport der Lipoprotein-Lipase an die Oberfläche der Endothelzellen im Fettgewebe und induziert über den MAP-Kinase-Weg ihre verstärkte Transkription in Adipozyten, während es die in Muskelzellen reduziert. So steigt bei hohem Insulinspiegel die Freisetzung der Fettsäuren aus den Lipoproteinen und damit die Konzentration der Substrate für die TAG-Synthese im Fettgewebe, während sie im Muskelgewebe tendenziell sinkt.

Die TAG-Synthese wird von **Insulin stimuliert** und über einen erhöhten **AMP-Spiegel gehemmt**.

Mit steigender AMP-Konzentration wird die **AMP-abhängige Protein-Kinase** (AMPK) aktiviert, die eine Phosphorylierung der TAG-aufbauenden Acyltransferasen bewirkt und diese damit **inaktiviert**. So wird die TAG-Synthese bei Energiemangel inhibiert.

20.1.7 Fettsäurebiosynthese

Biosynthese gesättigter Fettsäuren

Die meisten menschlichen Gewebe sind in der Lage, Fettsäuren de novo zu synthetisieren. Insbesondere bei kohlenhydratreicher und fettarmer Ernährung liegt die Hauptsyntheseleistung aber bei Leber und Fettgewebe. Gesättigte Fettsäuren sind für den Menschen daher keine essenziellen Nahrungsbestandteile. Bei der für westliche Industrienationen typischen fettreichen Ernährung läuft die vollständige De-novo-Synthese von TAG (= Reaktion von drei neu synthetisierten Fettsäuren mit Glycerin) nur in sehr geringem Umfang ab. Die Synthese einzelner Fettsäuren in TAG, Phospholipiden oder Cholesterinestern ist jedoch ein relativ häufiger Vorgang.

20.1.7 Fettsäurebiosynthese

Biosynthese gesättigter Fettsäuren

Die Synthese von einzelnen Fettsäuren ist physiologisch ein häufiger Vorgang. Die Neusynthese von vollständigen TAG ist jedoch selten. Die **Fettsäurebiosynthese** findet im **Zytoplasma** statt und resultiert zunächst in gesättigten C_{16}-Fettsäuren (seltener C_{18}-Fettsäuren). Die gerade Anzahl der C-Atome ergibt sich aus dem Grundbaustein der Synthese, dem C_2-Körper **Acetyl-CoA**.
Acetyl-CoA muss zunächst zu **Malonyl-CoA** aktiviert werden. Dieser Schritt wird vom **Schrittmacherenzym** der Fettsäuresynthese, der **Acetyl-CoA-Carboxylase**, katalysiert. Diese benötigt **ATP** und den Co-Faktor **Biotin**.
Die Verlängerung des C_2-Körpers Acetyl-CoA zum C_3-Körper Malonyl-CoA dient der Aktivierung der CH_3-Gruppe.

Die Enzyme der **Fettsäurebiosynthese** sind in eukaryoten Zellen im **Zytoplasma** lokalisiert. Endogen synthetisierte Fettsäuren haben zumeist eine **gerade Anzahl** an C-Atomen, weil die Grundbausteine der Fettsäurebiosynthese **Acetyl-CoA-Moleküle** sind. Meist entsteht Palmitinsäure (C_{16}) seltener Stearinsäure (C_{18}). Da das Reaktionsgleichgewicht für die Addition zweier Kohlenwasserstoffketten sehr weit auf Seite der Edukte liegt, muss das bereits durch die Thioesterbindung aktivierte Acetyl-CoA noch zusätzlich an der CH_3-Gruppe aktiviert werden. Dies geschieht durch die **Acetyl-CoA-Carboxylase**, die Acetyl-CoA durch Einführen eines CO_2-Moleküls in **Malonyl-CoA** umwandelt (➤ Abb. 20.17). Die Acetyl-CoA-Carboxylase enthält **Biotin** als prosthetische Gruppe und gewinnt die für die Carboxylierung nötige Energie durch Hydrolyse eines **ATP** zu ADP. Diese Reaktion läuft nach dem für biotinabhängige Carboxylierungen typischen Mechanismus ab (➤ 23.3.7) und ist irreversibel. Die Acetyl-CoA-Carboxylase ist das **Schrittmacherenzym der Fettsäurebiosynthese.**

ABB. 20.17

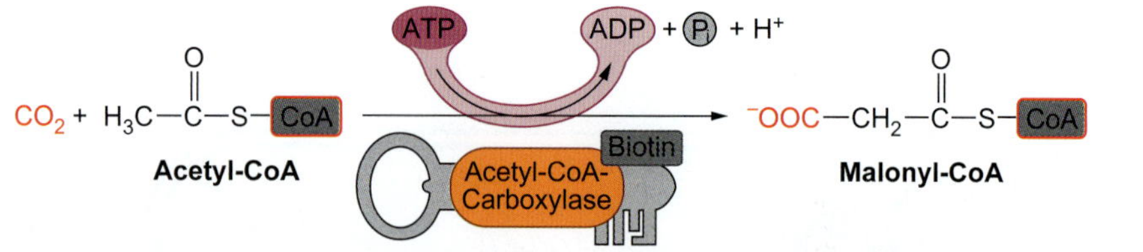

Abb. 20.17 Reaktion der Acetyl-CoA-Carboxylase [L253]

Malat versus Malonyl-CoA

Malonyl-CoA ist die aktivierte Form der Malonsäure, deren Anion Mal**on**at heißt. Es darf nicht mit **Malat** verwechselt werden, das im Citratzyklus eine wichtige Rolle spielt. Malat ist das Anion der Äpfelsäure, einer Hydroxy-Dicarbonsäure mit 4 C-Atomen. Die Malonsäure hingegen ist eine Dicarbonsäure mit 3 C-Atomen.

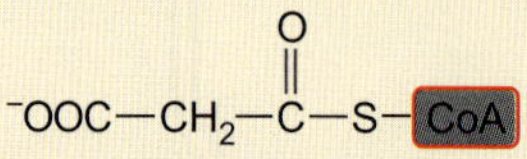

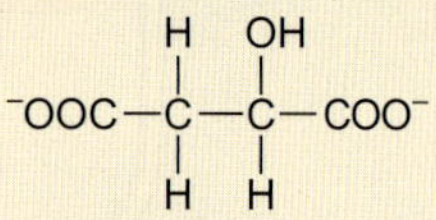

Achtung: Die biotinabhängige Carboxylierung von Acetyl-CoA ist keine posttranslationale Modifikation, da das Substrat kein Protein ist.

20.1 LIPIDE ALS ENERGIESPEICHER

Alle weiteren Schritte der Fettsäurebiosynthese werden durch die **Fettsäure-Synthase** katalysiert. Die Fettsäure-Synthase ist ein multifunktionelles Enzym, das auf seiner Proteinkette, die von einem einzigen Gen codiert wird, alle für die Einzelschritte der Fettsäuresynthese nötigen katalytischen Domänen enthält (> Abb. 20.18a, b). Die Fettsäuresynthese unterscheidet sich somit von anderen Stoffwechselwegen, bei denen die einzelnen Reaktionsschritte von Enzymen katalysiert werden, die durch unabhängige Gene codiert werden oder aus von unterschiedlichen Genen codierten Untereinheiten bestehen.

Aus Studentensicht

Nach der Aktivierung des Acetyl-CoA zu Malonyl-CoA werden alle weiteren Schritte von der **Fettsäure-Synthase** katalysiert. Sie ist ein großes, komplexes, multifunktionelles Enzym, das von einem einzigen Gen codiert wird.

ABB. 20.18

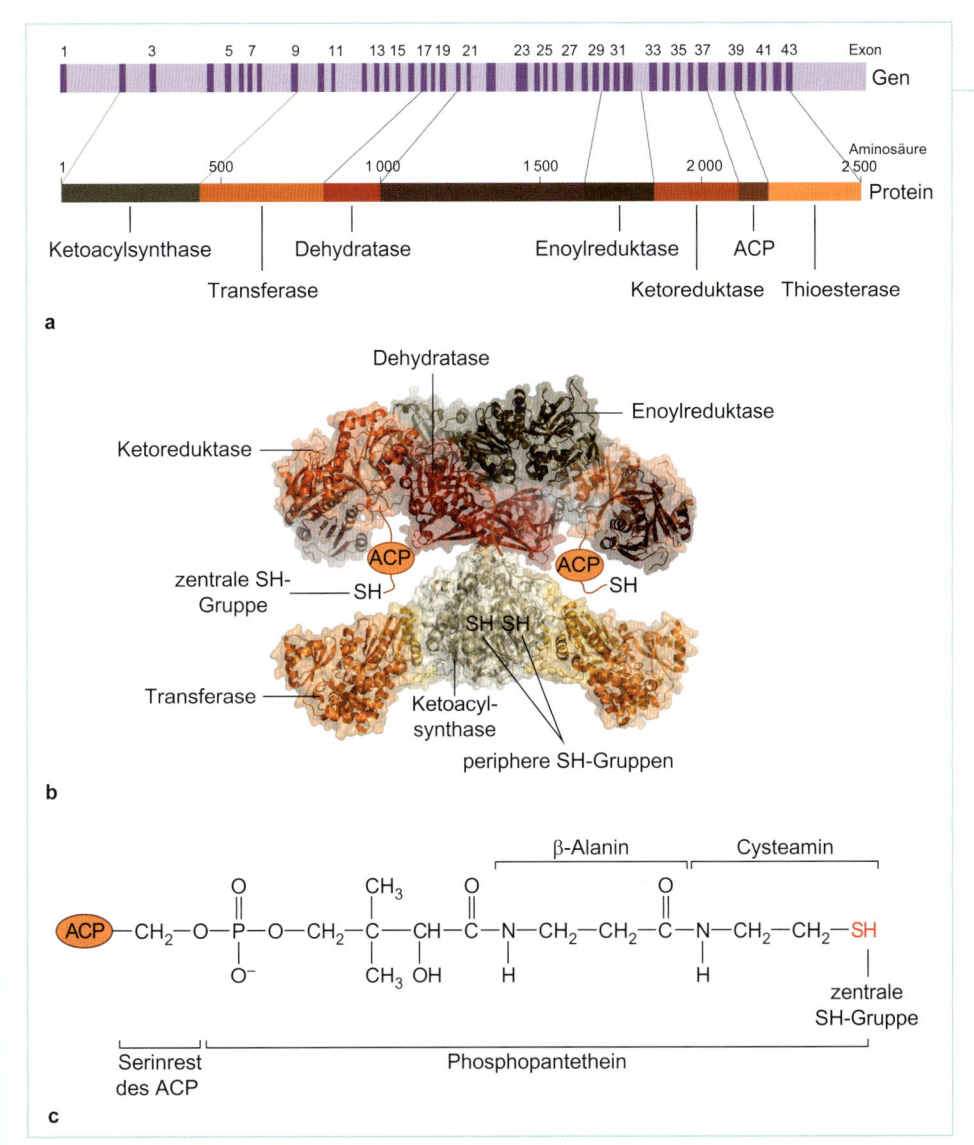

Abb. 20.18 Fettsäure-Synthase. **a** Genstruktur. [L253] **b** Proteinstruktur. Die menschliche Fettsäure-Synthase ist vermutlich ein Homodimer. [P414] **c** Phosphopantetheinarm am Acyl-Carrierprotein. [L253, L307]

Eine zentrale Domäne der Fettsäure-Synthase ist das **Acyl-Carrierprotein (ACP)**, das als prosthetische Gruppe das lang gestreckte **Phosphopantethein** enthält (> Abb. 20.18c). Dieses wird aus Vitamin B_5 gebildet und ist sowohl Bestandteil des Acyl-Carrierproteins als auch des **CoA**. Folglich wechselt ein Molekül, das von CoA auf das Acyl-Carrierprotein übertragen wird, von einem Phosphopantethein-Arm zu einem anderen und eine Thioesterbindung wird dabei etwa energieneutral in eine neue umgewandelt. Die SH-Gruppe des Phosphopantetheinrests ist eine von zwei bedeutenden SH-Gruppen in der Fettsäure-Synthase und wird als **zentrale SH-Gruppe** bezeichnet. Sie bindet die wachsende Fettsäurekette über eine Thioesterbindung. Mithilfe der Phosphopantethein-Kette reicht das Acyl-Carrierprotein die Zwischenprodukte der Fettsäuresynthese wie eine Art „Kran" der Reihe nach zu den einzelnen aktiven Zentren der Fettsäure-Synthase.
Zu Beginn der Synthese einer Fettsäure wird der Acetylrest eines **Acetyl-CoA** (= Starter-Acetyl-CoA) an die zentrale SH-Gruppe gebunden, dann aber gleich durch das Acyl-Carrierprotein auf die SH-Gruppe eines Cysteinrests in der **Ketoacylsynthasedomäne** transferiert, die als **periphere SH-Gruppe** bezeichnet wird (> Abb. 20.19). Die CH_3-Gruppe dieses ersten Acetylrests bildet in der fertigen Fettsäure das ω-C-Atom und muss in der Folge keine weitere Reaktion eingehen, weshalb sie nicht durch Carboxylierung aktiviert werden muss.
Alle in der Folge eingeführten Acetylreste müssen in Form von **Malonyl-CoA** aktiviert werden, um mit dem wachsenden, bereits an die Fettsäure-Synthase gebundenen Fettsäurerest verknüpft werden zu kön-

Ein zentraler Bestandteil der Fettsäure-Synthase ist das **Acyl-Carrierprotein (ACP)**, das fest gebundenes **Phosphopantethein** (aus Vitamin B_5) enthält. Die gleiche Gruppe ist auch in CoA enthalten.
Die SH-Gruppe des ACP ist eine von zwei reaktiven SH-Gruppen, die bei der Fettsäuresynthese eine wesentliche Rolle spielen. Die ACP-SH-Gruppe wird als **zentrale SH-Gruppe** bezeichnet, ist aufgrund ihres langen „Arms" gut beweglich und reicht die Zwischenprodukte innerhalb der Fettsäure-Synthase weiter.

Jeder Synthesezyklus beginnt mit einem **Acetyl-CoA als Startermolekül**, das an die zweite, **die periphere SH-Gruppe**, gebunden wird. Alle weiteren C-Atome werden von **Malonyl-CoA** geliefert, das an die zentrale SH-Gruppe bindet. Bei der Addition von Acetyl-CoA und Malonyl-CoA wird CO_2 abgespalten. An der zentralen SH-Gruppe hängt jetzt ein C_4-Körper. Die Abspaltung des CO_2 treibt die Reaktion an.

531

Aus Studentensicht

Danach wird die Ketogruppe an der β-Position mit NADPH reduziert, dehydratisiert und die entstandene Doppelbindung erneut mit NADPH reduziert.

ABB. 20.19

nen. Der Malonylrest wird auf die nun wieder freie zentrale SH-Gruppe übertragen und durch den Schwenkarm des Acyl-Carrierproteins in die Nähe der peripheren SH-Gruppe transportiert. Das aktive Zentrum dort ist eine Synthase, welche die **Addition** des Acetylrests und des Malonylrests katalysiert. Dabei wird das durch die Acetyl-CoA-Carboxylase eingeführte CO_2 wieder freigesetzt und so die ansonsten energetisch ungünstige Additionsreaktion angetrieben (➤ Abb. 20.19).

Die nun aus 4 C-Atomen bestehende Kohlenstoffkette ist an die zentrale SH-Gruppe gebunden und wird durch das Acyl-Carrierprotein zu einer Domäne mit einer **Reduktase-Aktivität** transportiert, welche die Keto-Gruppe an der β-Position der wachsenden Fettsäurekette unter Verbrauch von **NADPH** reduziert. Dabei entsteht eine Hydroxylverbindung, die ausschließlich in der R-Konfiguration vorliegt.

In den nächsten Schritten wird in den unterschiedlichen aktiven Zentren der Fettsäure-Synthase zunächst durch eine **Dehydratase** Wasser am β-C-Atom abgespalten (= Dehydratisierung) und die dabei entstandene C-C-Doppelbindung durch eine **zweite Reduktase** unter Verbrauch eines weiteren **NADPH**

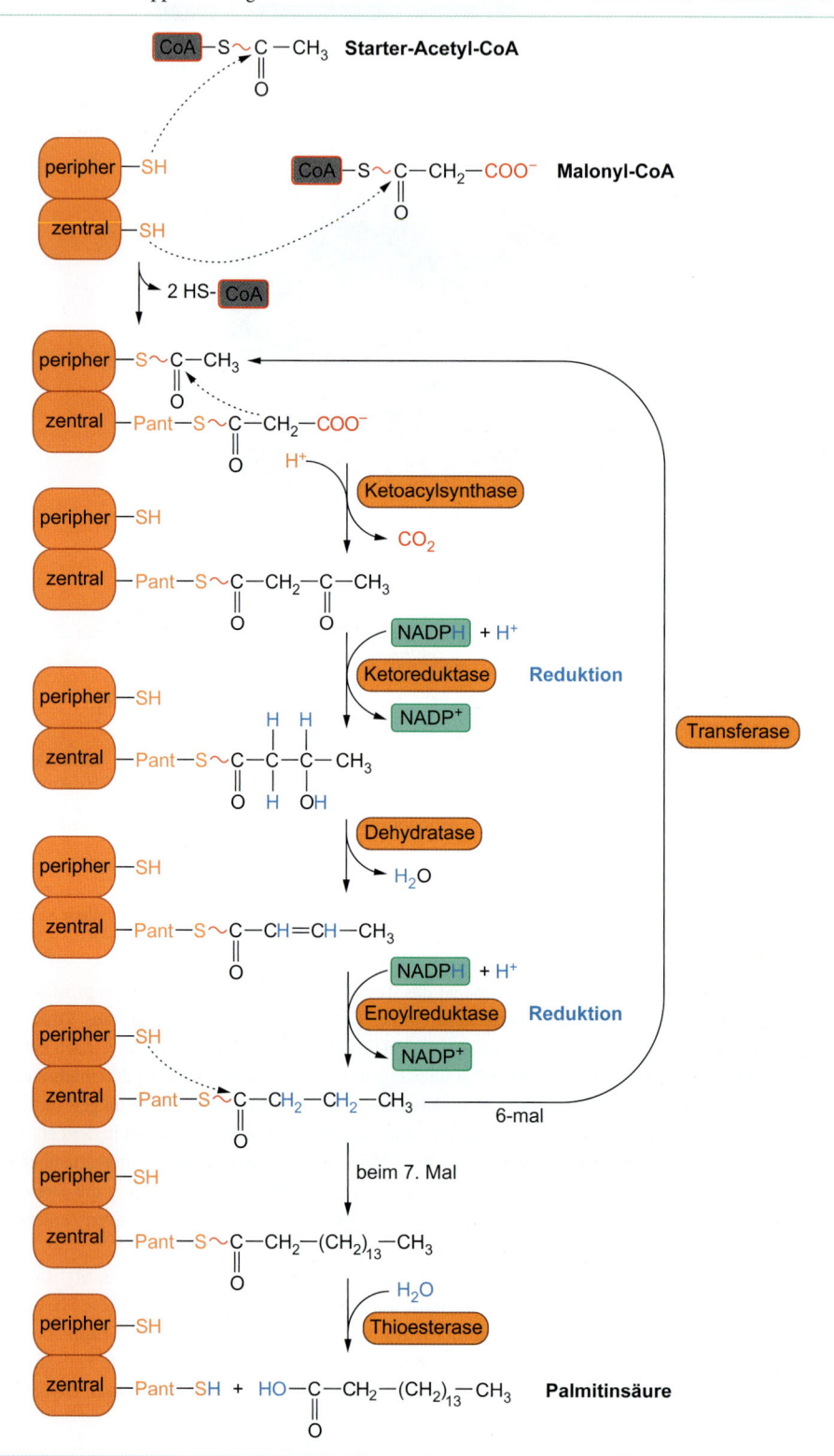

Abb. 20.19 Mechanismus der Fettsäurebiosynthese [L253]

zu einer Einfachbindung reduziert. Im Ergebnis ist jetzt ein Butyrylrest mit 4 C-Atomen an die zentrale SH-Gruppe gebunden. Vor der weiteren Kettenverlängerung wird der neu gebildete Fettsäurerest durch eine **Transferase-Aktivität** von der zentralen SH-Gruppe am Acyl-Carrierprotein auf die periphere SH-Gruppe der Fettsäure-Synthase übertragen. Dort kann er mit einem weiteren Malonyl-CoA an der zentralen SH-Gruppe reagieren.

Der Zyklus läuft i. d. R. so lange ab, bis ein Palmitoylrest (C_{16}) gebildet wurde. Dieser Palmitoylrest wird schließlich durch eine **Thioesterase** in Form eines Palmitinsäuremoleküls hydrolytisch von der zentralen SH-Gruppe abgespalten. Palmitinsäure wird durch die Acyl-CoA-Synthetase zu **Palmitoyl-CoA** aktiviert und steht so z. B. für die Synthese von TAG, Membranlipiden oder Cholesterinestern zur Verfügung.

Energiebilanz der Fettsäuresynthese

Die **Nettogleichung** der **Palmitinsäuresynthese** lautet (> Formel 20.1):

$$8\ \text{Acetyl-CoA} + 7\ \text{ATP} + 14\ \text{NADPH} + 14\text{H}^+ + \text{H}_2\text{O}$$
$$\longrightarrow C_{16}H_{32}O_2\ (\text{Palmitinsäure}) + 8\ \text{HS-CoA} + 14\ \text{NADP}^+ + 7\ \text{ADP} + 7\ P_i \quad | \text{ Formel 20.1}$$

Für die Synthese eines Palmitinsäuremoleküls muss der Zyklus der Fettsäure-Synthase 7-mal durchlaufen werden. Dafür werden insgesamt 7 Malonyl-CoA, 14 NADPH sowie ein Acetyl-CoA für den Start benötigt. Für die Synthese der 7 Moleküle Malonyl-CoA durch die Acetyl-CoA-Carboxylase werden 7 weitere Acetyl-CoA benötigt und 7 ATP zu ADP und P_i hydrolysiert.

Aus Studentensicht

Das Produkt der ersten Addition, der Butyrylrest, wird auf die periphere SH-Gruppe übertragen und kann im nächsten Verlängerungszyklus mit einem neuen Molekül Malonyl-CoA reagieren. Ist die Synthese beendet (meist bei C_{16}), wird die Fettsäure **hydrolytisch** von der SH-Gruppe und damit vom Enzym abgespalten.

Energiebilanz der Fettsäuresynthese

Für die Synthese von Palmitinsäure werden benötigt:
- 8 Acetyl-CoA
- 7 ATP
- 14 NADPH

ABB. 20.20

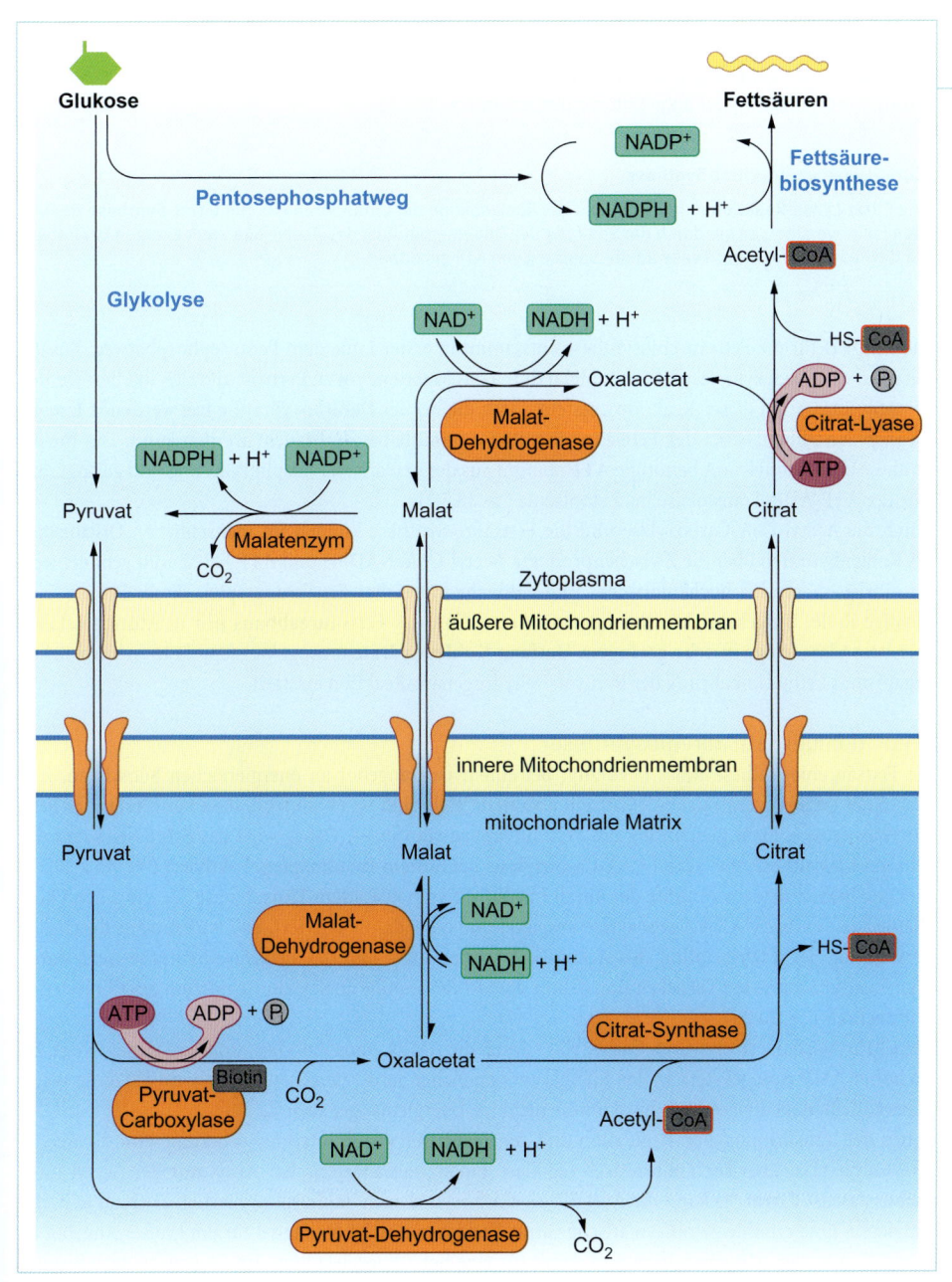

Abb. 20.20 Herkunft der Substrate für die Fettsäurebiosynthese [L138, L307]

Aus Studentensicht

Herkunft der Substrate für die Fettsäurebiosynthese

Das für die Fettsäuresynthese benötigte **Acetyl-CoA** entsteht in der Zelle im Rahmen der Pyruvat-Dehydrogenase-Reaktion zunächst in den **Mitochondrien**. Da es in der Mitochondrienmembran keinen Transporter für Acetyl-CoA gibt, muss es über einen Umweg ins Zytoplasma gebracht werden:
- **Acetyl-CoA** reagiert mit **Oxalacetat** zu **Citrat** (erste Reaktion des Citratzyklus).
- Citrat wird mithilfe eines **Transporters** ins Zytoplasma transportiert.
- Im Zytoplasma generiert die Citrat-Lyase unter ATP-Verbrauch wieder **Acetyl-CoA** und **Oxalacetat**.

Das dabei im Zytoplasma entstehende Oxalacetat wird meist mit der Malat-Dehydrogenase zu Malat reduziert und kann so wieder in die Mitochondrien zurücktransportiert werden.

Malat, als reduzierte Form von Oxalacetat, bietet auch eine Möglichkeit, **Elektronen** vom Zytoplasma in die Mitochondrien zu transportieren.

Die Energie und die Redoxäquivalente für die Fettsäuresynthese stammen aus:
- NADPH: Pentosephosphatweg oder Malatenzym
- ATP: Atmungskette

Der Mensch kann Fettsäuren aus Kohlenhydraten, aber so gut wie keine Kohlenhydrate aus Fettsäuren bilden.

Regulation der Fettsäurebiosynthese

Das **Schlüsselenzym** der Fettsäuresynthese, die **Acetyl-CoA-Carboxylase**, wird durch **Insulin aktiviert** und durch die AMPK inaktiviert.

Allosterisch wird die Acetyl-CoA-Carboxylase von Citrat aktiviert und von Palmitoyl-CoA gehemmt.

20 LIPIDE: NICHT NUR ENERGIESPEICHER

Herkunft der Substrate für die Fettsäurebiosynthese

Das **Acetyl-CoA** für die Fettsäurebiosynthese stammt in erster Linie aus dem Kohlenhydratabbau und wird durch die Pyruvat-Dehydrogenase gebildet (➤ 19.3.3), die wie die meisten Acetyl-CoA bildenden Reaktionen im Mitochondrium lokalisiert ist. Acetyl-CoA wird in Form von **Citrat** über einen Bicarboxylat-Carrier in das Zytoplasma transportiert (➤ Abb. 20.20). Citrat entsteht im Mitochondrium in der ersten Teilreaktion des Citratzyklus durch die **Citrat-Synthase** aus Oxalacetat und Acetyl-CoA (➤ 18.2.3), für die es beide keinen Transporter in der inneren Mitochondrienmembran gibt.

Auf der zytoplasmatischen Seite wird Citrat durch die ATP-abhängige **Citrat-Lyase** in Acetyl-CoA und Oxalacetat gespalten. Acetyl-CoA wird für die Fettsäurebiosynthese verwendet. Oxalacetat kann durch die **zytoplasmatische Malat-Dehydrogenase** unter Verbrauch von NADH wieder zu Malat reduziert und in dieser Form zurück ins Mitochondrium transportiert werden. Durch die mitochondriale Malat-Dehydrogenase wird es wieder zu Oxalacetat oxidiert. Dabei wird NAD^+ zu NADH reduziert und somit werden die Elektronen des in der Glykolyse entstandenen NADH in die mitochondriale Matrix transportiert. Auf der zytoplasmatischen Seite wird gleichzeitig NAD^+ für den weiteren Ablauf der Glykolyse regeneriert.

Der **Citrat-Malat-Shuttle** kann folglich die gleiche Funktion erfüllen wie der Malat-Aspartat-Shuttle (➤ 18.5.3). Welcher Shuttle für den Transport des NADH in die mitochondriale Matrix verwendet wird, hängt von der jeweiligen Stoffwechsellage sowie vom betrachteten Zelltyp ab. Der Transport von Citrat aus dem Mitochondrium ins Zytoplasma erfolgt in erster Linie bei **hoher Acetyl-CoA-Konzentration,** da das dann anfallende Citrat, insbesondere in den Mitochondrien der Leberzellen, nicht schnell genug im Citratzyklus umgesetzt wird. Im Zytoplasma aktiviert die steigende Acetyl-CoA-Konzentration Acetyl-CoA verbrauchende Reaktionen und damit steigt auch der Bedarf an NADPH, der u. a. durch das Malatenzym gedeckt wird. Aufgrund des Citrat-Abflusses ins Zytoplasma und die mangelnde Oxalacetat-Bildung aus Malat im Mitochondrium könnte es insbesondere bei steigendem ATP-Bedarf passieren, dass der Citratzyklus zum Erliegen kommt, wenn er nicht durch anaplerotische Reaktionen wie die Carboxylierung von Pyruvat wieder aufgefüllt werden würde (➤ 18.2.5).

> **Citrat-Lyase versus Citrat-Synthase**
>
> Die **Citrat-Lyase-Reaktion** entspricht nicht der Rückreaktion der Citrat-Synthase. Die **Citrat-Synthase-Reaktion** ist irreversibel, da sie durch die Spaltung der Thioesterbindung des Acetyl-CoA stark exergon ist. Daher ist die Reaktion der Citrat-Lyase an die Spaltung von ATP gekoppelt.

Das **NADPH** für die Fettsäurebiosynthese entstammt in erster Linie dem Pentosephosphatweg. Zusätzlich kann aber auch zytoplasmatisches Malat durch das **Malatenzym** zu Pyruvat und CO_2 oxidiert werden (➤ Abb. 20.20). Bei dieser Reaktion entsteht durch die bei der Decarboxylierung frei werdende Energie ebenfalls NADPH, das bei der Fettsäurebiosynthese unmittelbar verbraucht werden kann. Das für die Synthese des Malonyl-CoA benötigte **ATP** stammt aus der oxidativen Phosphorylierung und gelangt mithilfe der ATP/ADP-Translokase ins Zytoplasma (➤ 18.5.2).

Durch die Acetyl-CoA-Carboxylase und die Fettsäure-Synthase können im menschlichen Organismus aus Kohlenhydraten über die Zwischenprodukte Acetyl-CoA, NADPH und ATP Fettsäuren gebildet werden. Insbesondere bei hochkalorischer und kohlenhydratreicher Ernährung spielt dieser Prozess eine wichtige Rolle. Umgekehrt können aus dem Acetyl-CoA des **Fettsäureabbaus** nur in Ausnahmefällen über besondere Wege **in sehr geringem Umfang Kohlenhydrate** erzeugt werden, da im menschlichen Organismus keine Umkehrung der Pyruvat-Dehydrogenase-Reaktion existiert.

Regulation der Fettsäurebiosynthese

Die Fettsäurebiosynthese muss bevorzugt bei einem Überangebot an energiereichen Substraten, z. B. nach einer kohlenhydratreichen Mahlzeit, ablaufen. Weiterhin ist es sinnvoll, dass bei verstärkter Fettsäurebiosynthese nicht gleichzeitig ein Fettsäureabbau stattfindet. Daher wird das Schlüsselenzym der Fettsäurebiosynthese, die Acetyl-CoA-Carboxylase, bei **hohem Insulinspiegel** aktiviert (➤ Abb. 20.21). Dies geschieht einerseits mithilfe der durch Insulin aktivierten Protein-Phosphatase 2A, die einen Phosphatrest an der Acetyl-CoA-Carboxylase abspaltet und diese damit aktiviert, und andererseits durch eine Verstärkung der Transkription des Acetyl-CoA-Carboxylase- und des Fettsäure-Synthase-Gens durch einen insulininduzierten Transkriptionsfaktor der SREBP-Familie analog zur Regulation des Cholesterinstoffwechsels (➤ 20.2.1).

Umgekehrt wird die Acetyl-CoA-Carboxylase durch die AMPK phosphoryliert und damit inaktiviert. Da ein **hoher AMP-Spiegel** stets an den Mangel energiereicher Substrate gekoppelt ist, wird auf diese Weise sichergestellt, dass die Fettsäurebiosynthese nicht bei Energiemangel abläuft.

Neben der transkriptionellen Regulation und der Regulation durch Interkonvertierung wird die Acetyl-CoA-Carboxylase aber auch allosterisch reguliert. Ein starker allosterischer **Aktivator** der Acetyl-CoA-Carboxylase ist **Citrat**. Es kann die Acetyl-CoA-Carboxylase auch in phosphoryliertem Zustand teilweise aktivieren. Eine erhöhte zytoplasmatische Citrat-Konzentration ist ein Signal für ein großes Angebot an Acetyl-CoA in den Mitochondrien und damit für eine hohe Energieladung. Im Gegensatz dazu bewirkt

20.1 LIPIDE ALS ENERGIESPEICHER

eine erhöhte Konzentration von langkettigen Fettsäuren, insbesondere von **Palmitoyl-CoA,** eine allosterische **Hemmung** der Acetyl-CoA-Carboxylase im Sinne einer Endprodukthemmung.
Um sicherzustellen, dass Fettsäurebiosynthese und Fettsäureabbau nicht parallel mit hoher Geschwindigkeit ablaufen, **hemmt** das in der Acetyl-CoA-Carboxylase-Reaktion entstehende **Malonyl-CoA** den Transport der Fettsäuren in das Mitochondrium und entzieht diese somit dem dort lokalisierten Fettsäureabbau.

Aus Studentensicht

Andererseits **hemmt Malonyl-CoA** das Schlüsselenzym des Fettsäureabbaus, die **Acyl-Carnitin-Transferase.** So wird verhindert, dass gleichzeitig Fettsäuren synthetisiert und abgebaut werden.

ABB. 20.21

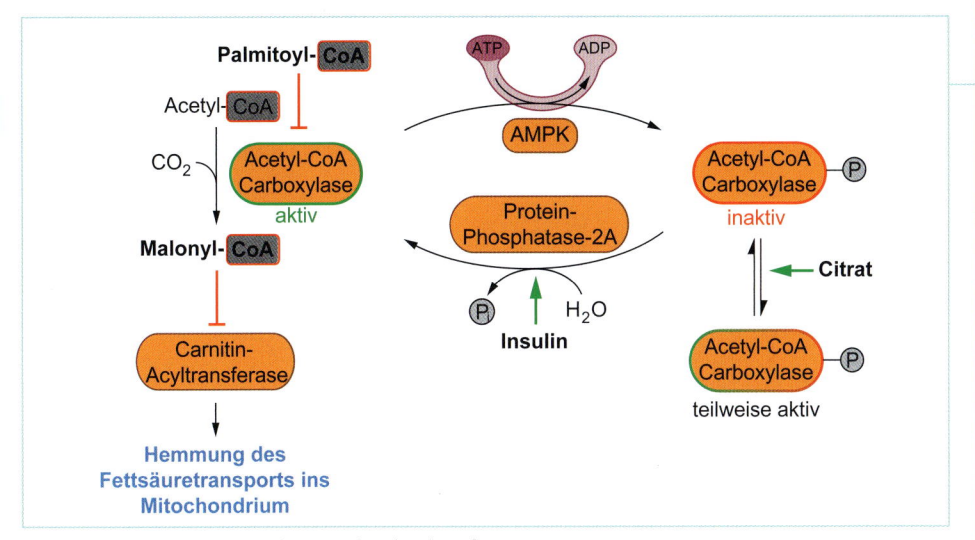

Abb. 20.21 Regulation der Acetyl-CoA-Carboxylase [L138]

Biosynthese längerkettiger und ungesättigter Fettsäuren

Die Hauptprodukte der Fettsäure-Synthase sind Palmitinsäure (C_{16}) und zu einem geringen Teil auch Stearinsäure (C_{18}). Die Biosynthese längerkettiger Fettsäuren erfolgt durch **Elongasen,** die sowohl an der zytoplasmatischen Seite der ER-Membran als auch in Mitochondrien lokalisiert sind und weitere Acetylreste an bestehende Fettsäuren addieren können. Unabhängige Enzyme reduzieren diese neu eingefügten Acetylreste vergleichbar der Fettsäure-Synthase.
Adipozyten können vermutlich bei Bedarf auch **Propionyl-CoA** als Startermolekül verwenden, das sie aus dem Abbau von verzweigtkettigen Aminosäuren gewinnen. Als Produkt der Fettsäuresynthese entstehen dann **ungeradzahlige Fettsäuren** wie C 15:0 und C 17:0.
Circa 50 % der Fettsäuren im menschlichen Stoffwechsel sind ungesättigt. Einige ungesättigte Fettsäuren müssen nicht mit der Nahrung aufgenommen, sondern können mithilfe von **Desaturasen** gebildet werden. Desaturasen sind mit den Monoxygenasen verwandt. Auch wenn in der ungesättigten Fettsäure kein zusätzlicher Sauerstoff vorhanden ist, wird für die Oxidation **elementarer Sauerstoff** benötigt. Eines der O-Atome wird in ein Zwischenprodukt eingebaut und anschließend in Form von Wasser wieder abgespalten. Wie viele Oxidoreduktasen enthalten auch die Desaturasen Eisenionen in ihrem aktiven Zentrum und sind **cytochromabhängig.** Zur Regeneration des Enzyms nach der Oxidation wird **NADPH** benötigt. Humane Desaturasen können Doppelbindungen bis maximal 9 C-Atome von der Carboxylgruppe entfernt bilden. Folglich sind alle ungesättigten Fettsäuren, die Doppelbindungen nach C 9 enthalten, essenziell.

Biosynthese längerkettiger und ungesättigter Fettsäuren

Das Hauptprodukt der Fettsäuresynthese, die C_{16}-Palmitinsäure, kann durch **Elongasen** weiter verlängert werden.

Mit Propionyl-CoA als Startmolekül entstehen **ungeradzahlige** Fettsäuren.

Ungesättigte Fettsäuren werden von **Desaturasen** gebildet, wobei die menschlichen Enzyme maximal bis zum C9 Doppelbindungen einfügen können. Desaturasen benötigen, wie Monoxygenasen, molekularen Sauerstoff und zur Regeneration NADPH.

20.1.8 Mobilisierung der Lipidspeicher

20.1.8 Mobilisierung der Lipidspeicher

FALL

Ismail und die steifen Muskeln

Der 19-jährige Ismail kommt mit seinem Onkel, dem er in seinem Obstladen hilft, zu Ihnen in die Praxis. Der Onkel erzählt, dass seit Anfang des Ramadans mit Ismail jeden Nachmittag etwas Seltsames passiere: Beim Ausladen der Obstkisten am späten Nachmittag würden seine Muskeln immer schwerer und zu schmerzen anfangen. Auch eine Pause helfe nicht, schließlich würden die Muskeln so steif, dass er die vom Tragen angewinkelten Arme kaum noch strecken könne. Selbst ein Glas Wasser, eigentlich während des Ramadans nicht erlaubt, helfe nicht. Erst nach Sonnenuntergang beim Abendessen seien die Schmerzen und die Steifigkeit endlich vorbei. Ismail faste gemeinsam mit der Familie von Sonnenauf- bis Sonnenuntergang. Es sei ihm während des Ramadans nie besonders gut gegangen, aber dieses Phänomen kannte er nicht. Bisher habe er aber auch während des Ramadans nicht körperlich schwer gearbeitet. Die Blutuntersuchung von Ismail zeigt erhöhte Triglyceridwerte.
Was ist die Ursache der Muskelsteife? Warum sind die Triglyceridwerte im Serum erhöht?

In katabolen Stoffwechsellagen zwischen den Mahlzeiten werden TAG abgebaut und zur Energiegewinnung in peripheren Geweben verwendet.

TAG werden zwischen den Mahlzeiten abgebaut.

Aus Studentensicht

Hydrolyse der TAG in Adipozyten

Die TAG werden in den Adipozyten von drei **Lipasen** zu unveresterten Fettsäuren und Glycerin gespalten:
- Adipozyten-Triacylglycerid-Lipase (ATGL)
- Hormonsensitive Lipase (HSL)
- Monoacylglycerid-Lipase

20 LIPIDE: NICHT NUR ENERGIESPEICHER

Hydrolyse der TAG in Adipozyten

Damit die in Form von TAG in Adipozyten gespeicherten Fettsäuren die Adipozytenmembran überqueren und zu den verbrauchenden Zellen wie den Skelett- und Herzmuskelzellen transportiert werden können, werden die TAG zunächst hydrolytisch in unveresterte Fettsäuren und Glycerin gespalten. Dafür ist eine Familie von Lipasen verantwortlich, die nacheinander die Esterbindungen der TAG hydrolysieren (➤ Abb. 20.22). Die **Adipozyten-Triacylglycerid-Lipase (ATGL)** hydrolysiert bevorzugt die Fettsäure an Position 1 der TAG und wandelt diese in Diacylglycerin um. Die **hormonsensitive Lipase (HSL)** hat die größte Affinität zu Diacylglyceriden, kann aber auch TAG und Monoacylglyceride hydrolysieren. Die durch die HSL erzeugten Monoacylglyceride werden schließlich durch die **Monoacylglycerid-Lipase** vollständig hydrolysiert.

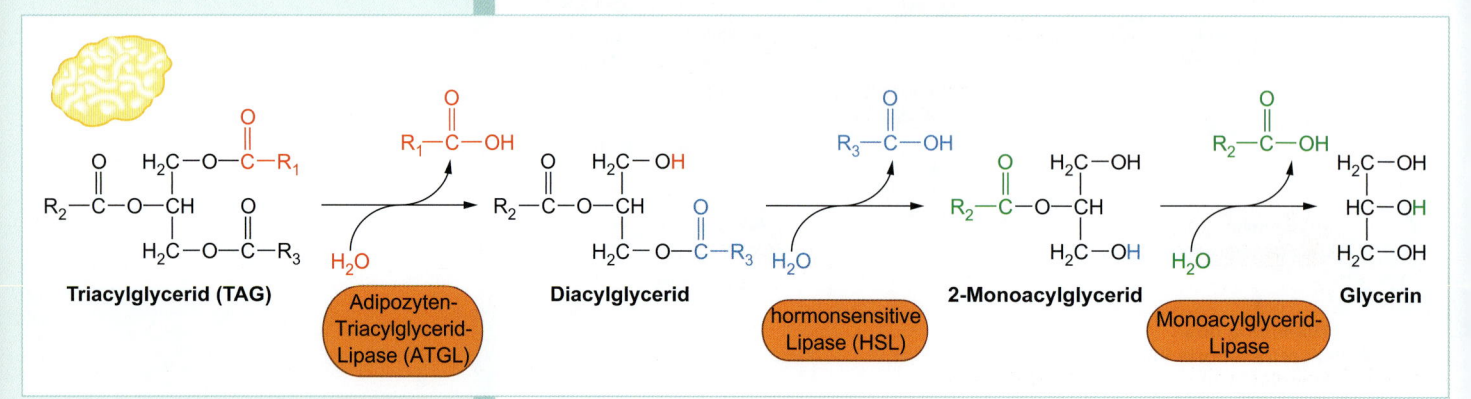

Abb. 20.22 Hydrolyse der TAG im Fettgewebe [L253]

Das Glycerin wird zur Leber transportiert und dort als Substrat für die **Glukoneogenese** verwendet. Die **unveresterten Fettsäuren** diffundieren durch die Zellmembran oder nutzen Transporter und werden im Blut an **Albumin** gebunden transportiert.

Das dabei freigesetzte **Glycerin** kann in Adipozyten nicht verstoffwechselt werden und wird über das Blut zur Leber transportiert. Von der dort vorhandenen Glycerin-Kinase wird es phosphoryliert und in Dihydroxyacetonphosphat umgewandelt (➤ Abb. 20.10), das während des Hungerzustands als wichtiges Substrat für die **Glukoneogenese** dient.

Die **unveresterten Fettsäuren** diffundieren direkt durch die Plasmamembran oder gelangen mithilfe von Fettsäuretransportproteinen ins Blut. Sie werden dort an **Albumin** gebunden transportiert, da sie zu hydrophob sind, um sich allein in ausreichender Konzentration in Wasser zu lösen. Das Fettgewebe ist die einzige nennenswerte Quelle für **Serumfettsäuren**.

Regulation der TAG-Hydrolyse

Reguliert wird die TAG-Hydrolyse über **Adrenalin**, das eine **Aktivierung** der PKA bewirkt. In der Folge werden die hormonsensitive Lipase, die Adipozyten-Triacylglycerinlipase und das regulatorische Protein Perilipin aktiviert.
Unter Einfluss von **Insulin hemmt** die Phosphodiesterase die cAMP vermittelte PKA-Aktivierung. Die genaue Rezeptorausstattung der Adipozyten variiert je nach Art des Fettdepots.

Bei **Nahrungskarenz** steigen die Katecholamin- und Glukagonspiegel im Blut. Die Bindung von **Adrenalin** an die β$_2$-Rezeptoren auf der Oberfläche der weißen Adipozyten bewirkt einen Anstieg der cAMP-Konzentration in deren Zytoplasma. **cAMP aktiviert** die **Protein-Kinase A (PKA)**, die durch direkte Phosphorylierung die Aktivität der hormonsensitiven Lipase steigert (➤ Abb. 20.23). Gleichzeitig aktiviert die PKA durch einen indirekten Mechanismus die Adipozyten-Triacylglycerin-Lipase, indem sie **Perlipin**, ein kleines Protein, das an die Oberfläche der Lipidtröpfchen gebunden ist, phosphoryliert. Zusammen mit anderen Proteinen an der Oberfläche der Lipidtröpfchen rekrutiert phosphoryliertes Perilipin die aktivierten Lipasen an die Grenzfläche der Lipidtröpfchen und leitet so die verstärkte Hydrolyse der TAG ein. Vor allem bei intensiver körperlicher Arbeit stimuliert zusätzlich zu Adrenalin auch das **atriale natriuretische Peptid (ANP)** über einen cGMP-vermittelten Mechanismus die Lipolyse in den Adipozyten.
Steigt der Insulinspiegel im Blut an, wird die **Phosphodiesterase** im Zytoplasma der Adipozyten aktiviert. Die Phosphodiesterase hydrolysiert cAMP und hemmt so die Lipolyse. Gleichzeitig werden die TAG-Synthese und damit die Lipidspeicherung aktiviert (➤ 20.1.3).
Das Expressionsmuster der Oberflächenrezeptoren auf den Adipozyten unterscheidet sich in Abhängigkeit von der Art des Fettdepots. So exprimieren beispielsweise die Adipozyten des Hüftfetts bei Frauen vermehrt α$_2$-**Rezeptoren**. Sie werden insbesondere bei niedrigen Katecholaminspiegeln aktiviert und wirken dann hemmend auf die Lipolyse. Erst wenn die Katecholaminspiegel oder der Sympathikotonus ansteigen, wird auch in diesen Geweben die Lipolyse über β-Rezeptoren aktiviert. So sind bestimmte Fettdepots für besondere Stresssituationen wie das Stillen eines Neugeborenen reserviert.

Lipolyse und TAG-Synthese laufen prinzipiell parallel ab, je nach Stoffwechsellage überwiegt jedoch ein Weg.

Lipolyse und TAG-Synthese laufen in den Adipozyten stets parallel ab. Durch regulatorische Effekte wie die Einwirkung von Hormonen wird einer der beiden Wege gefördert, sodass beispielsweise im Hungerzustand die Lipolyse im Vergleich zur TAG-Speicherung deutlich überwiegt.

Fettsäure-Oxidation (β-Oxidation)

Unveresterte Fettsäuren werden schnell aus dem Blut aufgenommen und von fast **allen Geweben, mit Ausnahme des Gehirns,** als Energiequelle genutzt. In besonders großem Umfang nutzen Herz- und Skelettmuskulatur die Fettsäuren.

Fettsäure-Oxidation (β-Oxidation)

Die Halbwertszeit der Serumfettsäuren beträgt ca. 1–2 Minuten. Das bedeutet, dass sie rasch von den verbrauchenden Geweben aufgenommen und verwertet werden.
Serumfettsäuren sind für **alle Organe** eine wichtige **Energiequelle**. Lediglich das **Gehirn** kann **keine** lang- und mittelkettigen Fettsäuren verwerten, da sie die Blut-Hirn-Schranke nicht in nennenswertem

20.1 LIPIDE ALS ENERGIESPEICHER

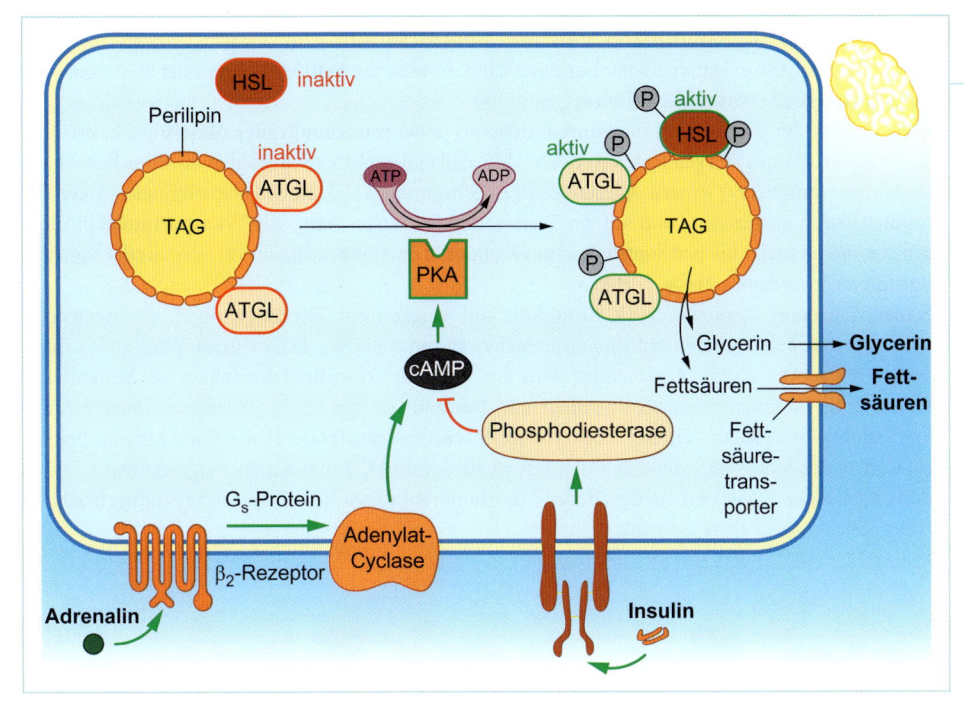

Abb. 20.23 Regulation der TAG-Hydrolyse in Adipozyten [L138]

Umfang passieren. Am stärksten werden die Serumfettsäuren von **Herz-** und **Skelettmuskulatur** zur Energiegewinnung genutzt. Die Aufnahme der Fettsäuren in die Zellen der verschiedenen Gewebe erfolgt insbesondere bei einem großen Angebot an unveresterten Fettsäuren durch Diffusion. Zusätzlich spielen verschiedene Fettsäuretransportproteine, die in der Plasmamembran fast aller fettsäureoxidierenden Zellen nachgewiesen werden können, eine Rolle. In den Zellen werden die Fettsäuren im Zytoplasma aktiviert, ins Mitochondrium transportiert und dann dort abgebaut (➤ Abb. 20.24).

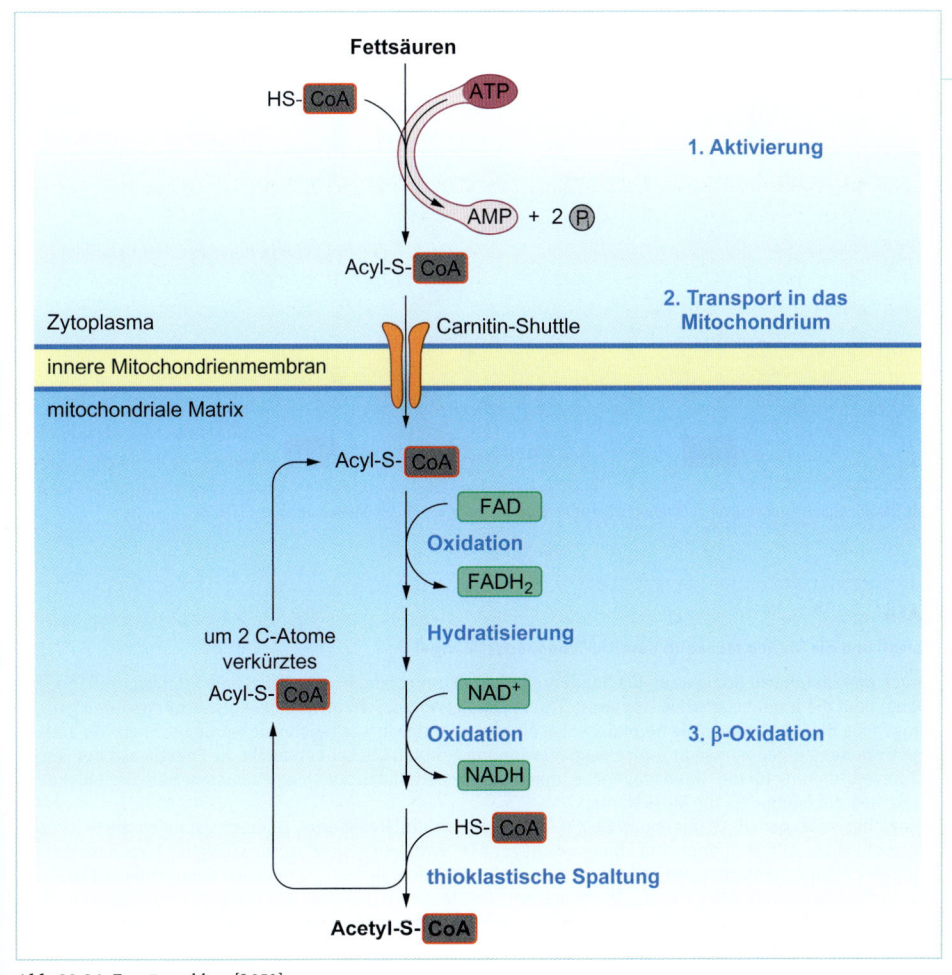

Abb. 20.24 Fettsäureabbau [L253]

Aus Studentensicht

ABB. 20.23

ABB. 20.24

Die Aufnahme in die Zellen erfolgt über Diffusion durch die Membran oder durch Transporter. Die Fettsäuren werden in der Zielzelle im Zytoplasma aktiviert, in die Mitochondrien transportiert und abgebaut.

Aus Studentensicht

Fettsäuren werden im Zytoplasma von der **Acyl-CoA-Synthetase** aktiviert.
Der **Transport** in die Mitochondrien erfolgt überwiegend an Carnitin gebunden. Die **Acylcarnitin-Transferase** überträgt den Acylrest auf Carnitin, das durch die **Acylcarnitin-Translokase** transportiert wird. In der Mitochondrien-Matrix wird Acyl-CoA regeneriert.

ABB. 20.25

20 LIPIDE: NICHT NUR ENERGIESPEICHER

Aktivierung und mitochondrialer Transport der Fettsäuren

Bevor der eigentliche oxidative Abbau beginnen kann, werden die **Fettsäuren** zunächst im Zytoplasma durch die **Acyl-CoA-Synthetase aktiviert** (➤ 20.1.3).

Da alle Enzyme der **β-Oxidation** (Fettsäure-Oxidation) in der **mitochondrialen Matrix** lokalisiert sind, müssen die im Zytoplasma gebildeten Acyl-CoA-Moleküle im nächsten Schritt über die mitochondrialen Membranen transportiert werden. Alle langkettigen Fettsäuren (> C_{12}), die den überwiegenden Anteil der Serumfettsäuren ausmachen, sind auf ein Transportsystem angewiesen. Als **Transportmolekül** dient **Carnitin**, das im menschlichen Stoffwechsel aus Methionin und Lysin synthetisiert oder aus der Nahrung aufgenommen werden kann (➤ 21.11.3).

Für den Transport werden Acyl-CoA-Moleküle mit langkettigen Fettsäuren durch die **Acylcarnitin-Transferase I** der äußeren Mitochondrienmembran unter Bildung einer Esterbindung auf Carnitin übertragen (➤ Abb. 20.25). Acylcarnitin wird durch die **Acylcarnitin-Translokase** im Antiport mit Carnitin über die innere Mitochondrienmembran transportiert. An der Innenseite der inneren Mitochondrienmembran katalysiert das Isoenzym **Acylcarnitin-Transferase II** die Rückreaktion, bei der Acyl-CoA in der Matrix der Mitochondrien resynthetisiert und Carnitin wieder freigesetzt wird. Dieser Zyklus wird dadurch angetrieben, dass in den Mitochondrien das Acyl-CoA schnell verstoffwechselt und so dem Gleichgewicht entzogen wird.

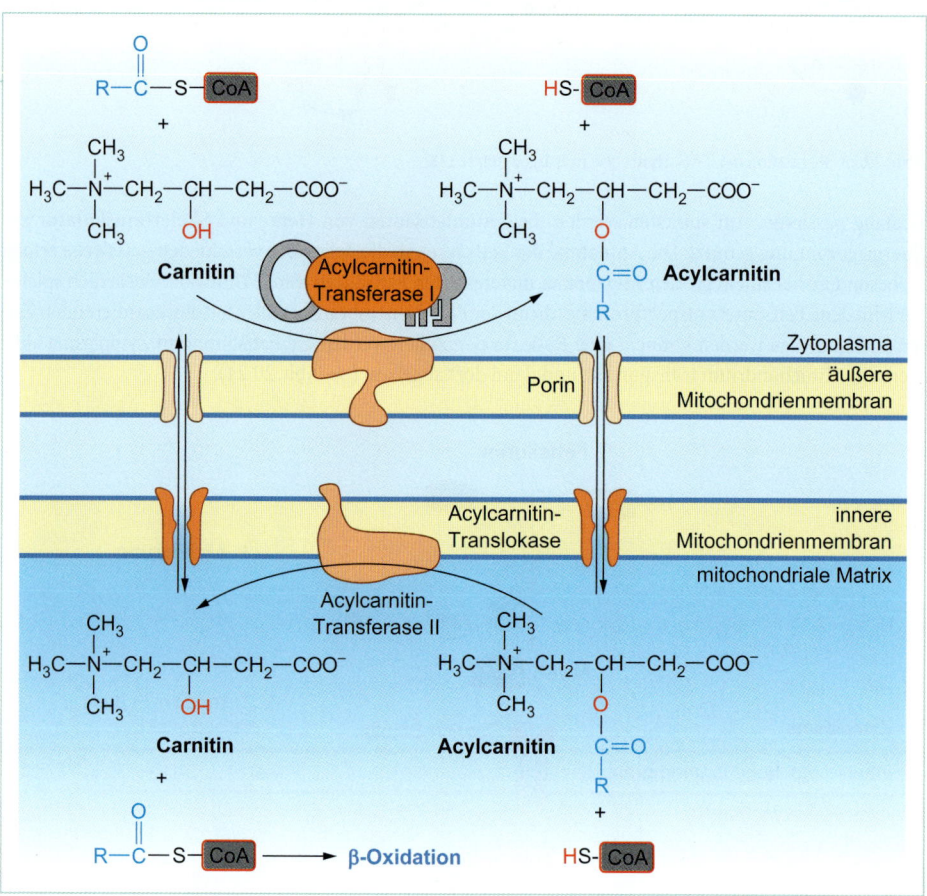

Abb. 20.25 Carnitinvermittelter Transport langkettiger Fettsäuren in das Mitochondrium [L253]

FALL

Ismail und die steifen Muskeln: Carnitin-Transporter-Mangel

Durch das Fasten von Sonnenauf- bis Sonnenuntergang kommt Ismail in eine katabole Stoffwechsellage. Dabei baut die hormonsensitive Lipase die TAG in Ismails Adipozyten ab und unveresterte Fettsäuren gelangen ins Blut. Dort haben sie normalerweise eine kurze Halbwertszeit, denn sie werden schnell von anderen Geweben aufgenommen und zur Energiegewinnung genutzt. Die Leber braucht die Energie aus der Fettsäureverbrennung für die Glukoneogenese, durch die sie den Blutzuckerspiegel konstant hält. Die Muskeln brauchen die Energie für die Muskelarbeit.

Ismail hat einen genetisch bedingten Defekt in seinem Carnitin-Transporter. Dadurch gelangen die Fettsäuren nicht in die Mitochondrien und können nicht zur ATP-Synthese genutzt werden. Folglich haben Ismails Muskeln beim Kistenschleppen nicht mehr genug ATP, da weder die Fettsäuren noch ausreichend Glukose zur Verfügung stehen. ATP wirkt als „Weichmacher" des Muskels, da es die Ablösung des Myosins vom Aktin ermöglicht (➤ 27.3.2). Fehlt es, kommt es wie bei Ismail zur Muskelsteife. Der gleiche Effekt erklärt auch das Eintreten der Totenstarre.

20.1 LIPIDE ALS ENERGIESPEICHER

Da Ismail die Fettsäuren nicht nutzen kann, werden sie in Lipidtröpfchen in den Zellen gespeichert und der Triglyceridspiegel im Blut steigt (Triglyceridämie). Eine Muskelbiopsie bei Ismail bestätigt den Verdacht: Die Muskelzellen enthalten große Lipidtropfen sowie veränderte Mitochondrien mit reduzierter Carnitin-Transferase-Aktivität. Ismail sollte in Zukunft katabole Stoffwechsellagen vermeiden und bei Beschwerden Traubenzucker essen.

Genetisch bedingte Defekte des Carnitin-Transportes oder ein **Carnitin-Mangel** können aber nicht nur zu Muskelschwäche, sondern zusätzlich auch zu einer Verdickung des Herzmuskels führen. Herz- und Skelettmuskel sind besonders betroffen, da der Energiehaushalt beider Organe am stärksten auf die Oxidation von Fettsäuren angewiesen ist.

In der Annahme, dadurch die Fettsäureoxidation und somit die Leistungsfähigkeit zu steigern, wird Carnitin häufig **Engergy-Drinks** zugesetzt. Bei gesunden Menschen liegt Carnitin in den Muskelgeweben in Bezug auf die zu oxidierenden Fettsäuren jedoch meist im Überschuss vor. Die nach Genuss von Energy-Drinks empfundene Leistungssteigerung wird i. d. R. durch das ebenfalls enthaltene Coffein erzeugt.

Die β-Oxidation der Fettsäuren findet überwiegend in Mitochondrien statt. **Erythrozyten**, die keine Mitochondrien haben, können daher **keine β-Oxidation** betreiben und sind zur Energiegewinnung ausschließlich auf die **anaerobe Glykolyse** angewiesen.

Ablauf der β-Oxidation

Das Acyl-CoA wird in der mitochondrialen Matrix oxidiert. Das **β-C-Atom** (C3) der Fettsäurekette wird dabei in jedem Reaktionsschritt oxidiert. Bei jedem Reaktionszyklus, der vier aufeinanderfolgende Schritte umfasst, wird das Acyl-CoA Molekül um 2 C-Atome verkürzt, bis die Fettsäurekette vollständig zu **Acetyl-CoA** abgebaut ist (➤ Abb. 20.26).

1. Die Kohlenstoffbindung zwischen C2 und C3 wird zu einer Doppelbindung oxidiert. Entsprechend dient FAD als Oxidationsmittel. Anders als die Doppelbindungen der ungesättigten Fettsäuren liegt die hier gebildete Doppelbindung in trans-Konfiguration vor. Katalysiert wird dieser Schritt durch eine **Acyl-CoA-Dehydrogenase**, deren prosthetisch gebundenes FAD-Molekül zu **FADH$_2$** reduziert wird.
2. Durch eine **Enoyl-CoA-Hydratase** wird Wasser an die Doppelbindung addiert, wobei das C3-Atom hydroxyliert wird. Dabei entsteht aufgrund der Stereospezifität der Hydratase ausschließlich die S-Konfiguration der Hydroxylverbindung. Bei dieser Reaktion wird das β-C-Atom oxidiert, das α-C-Atom aber entsprechend reduziert, sodass das Molekül insgesamt weder oxidiert noch reduziert wird und keine Redoxäquivalente gebildet werden.
3. Die entstandene OH-Gruppe wird durch eine weitere **Dehydrogenase**, die **Hydroxy-Acyl-CoA-Dehydrogenase**, zur Ketogruppe oxidiert. Als Oxidationsmittel dient NAD$^+$, das zu **NADH** reduziert wird. Diese ersten drei Reaktionen der β-Oxidation ähneln mechanistisch der Reaktionsfolge von Succinat zu Oxalacetat im Citratzyklus (➤ 18.2.3).
4. Die Bindung zwischen C2 und C3 wird mithilfe von CoA gespalten (= **thioklastische Spaltung**). Dabei wird die Ketogruppe des β-C-Atoms zu einer Carboxylgruppe oxidiert und das α-C-Atom zu einer CH$_3$-Gruppe reduziert. Auch in diesem Schritt werden keine Redoxäquivalente gebildet, aber die Fettsäurekette wird um ein Acetyl-CoA-Molekül verkürzt. Dieser Schritt wird von der **3-Keto-Thiolase** (β-Ketoacyl-CoA-Thiolase) katalysiert.

Bei den Enzymen der β-Oxidation handelt es sich um Enzymfamilien. Für jeden Schritt der β-Oxidation steht eine Familie von Isoenzymen zur Verfügung, die unterschiedliche Spezifitäten für die Kettenlängen der Acyl-CoA-Verbindungen aufweisen. Es werden u. a. sehr langkettige (Kettenlänge 16–24 C-Atome), langkettige (12–16 C-Atome) und mittel-langkettige Fettsäuren (6–12 C-Atome) unterschieden. Während des oxidativen Abbaus werden langkettige Fettsäuren in mittel- und kurzkettige Fettsäuren umgewandelt. Folglich werden für den Abbau ein und derselben Fettsäure je nach Reaktionszyklus unterschiedliche Enzyme benötigt.

Ein Teil der Energie aus den Fettsäuren wird durch die Reaktionen der β-Oxidation in Form von Reduktionäquivalenten auf **FAD** und **NAD$^+$** übertragen. Gleichzeitig entsteht **Acetyl-CoA**, das durch Oxidation zu CO_2 im Citratzyklus weitere Redoxäquivalente liefern kann, deren Energie in der Atmungskette zur Erzeugung von ATP genutzt wird. Das **NADH**, das im dritten Schritt der β-Oxidation gebildet wird, ist als Coenzym frei beweglich und befindet sich bereits in der mitochondrialen Matrix. Es kann also direkt an **Komplex I der Atmungskette** zu NAD$^+$ reduziert werden, das dann der β-Oxidation wieder zur Verfügung steht.

Das **FADH$_2$** aus dem ersten Schritt der β-Oxidation ist als prosthetische Gruppe kovalent an die entsprechende Acyl-CoA-Dehydrogenase gebunden (➤ Abb. 20.27). Damit liegt das gesamte Enzym nach der Reaktion in der reduzierten Form vor und kann kein weiteres Acyl-CoA-Molekül oxidieren. Ziel der Elektronen des FADH$_2$ ist das **Ubichinon** der Atmungskette, das durch Aufnahme der Elektronen zu Ubihydrochinon reduziert wird (➤ 18.4.2). Die Acyl-CoA-Dehydrogenase kann Ubichinon aber nicht direkt reduzieren und überträgt die Elektronen und Protonen auf das FAD des **ETF** (elektronentransportierendes Flavoprotein). Auch ETF kann Ubichinon nicht reduzieren und überträgt die Elektronen und Protonen wie beim „Wassereimerprinzip" auf das FAD der **ETF-Ubichinon-Oxidoreduktase**. Diese ist in der inneren Mitochondrienmembran lokalisiert und kann jetzt das **Ubichinon** reduzieren. Damit sind die Elektronen und somit die Energie aus dem ersten Schritt der β-Oxidation an ihrem Ziel angekommen und tragen ebenfalls zur ATP-Synthese bei.

Aus Studentensicht

Die β-Oxidation findet vorwiegend in den Mitochondrien statt.

Ablauf der β-Oxidation

Die Fettsäurekette wird am β-C-Atom (C3) oxidiert und vollständig zu **Acetyl-CoA** abgebaut. Ein Reaktionszyklus umfasst:
- **Oxidation** der C2-C3-Einfachbindung zur Doppelbindung durch die **Acyl-CoA-Dehydrogenase** unter Bildung eines **FADH$_2$**.
- **Hydratisierung** der Doppelbindung durch die **Enoyl-CoA-Hydratase**.
- **Oxidation** der entstandenen OH-Gruppe am β-C-Atom durch die **Hydroxy-Acyl-CoA-Dehydrogenase** unter Bildung eines **NADH**.
- **Thioklastische Spaltung** zwischen C2 und C3 durch die **3-Keto-Thiolase** unter Verbrauch eines CoA. Die Fettsäure wird dabei um ein Acetyl-CoA verkürzt.

Von den Enzymen der β-Oxidation existieren mehrere **Isoenzyme** mit Spezifitäten für Fettsäuren unterschiedlicher Kettenlängen.

Während der β-Oxidation entstehen im Mitochondrium FADH$_2$, NADH und Acetyl-CoA. Das **Acetyl-CoA** kann direkt in den **Citratzyklus** eingeschleust werden und liefert so weitere Redoxäquivalente für die **Atmungskette**.
NADH als frei beweglicher Co-Faktor überträgt seine Elektronen direkt auf **Komplex I** der Atmungskette. Das fest gebundene prosthetische **FADH$_2$** übergibt die Elektronen an das elektronentransferierende Flavoprotein (ETF), das die Elektronen über die **ETF-Ubichinon-Oxidoreduktase** auf **Ubichinon** überträgt.

Aus Studentensicht

ABB. 20.26

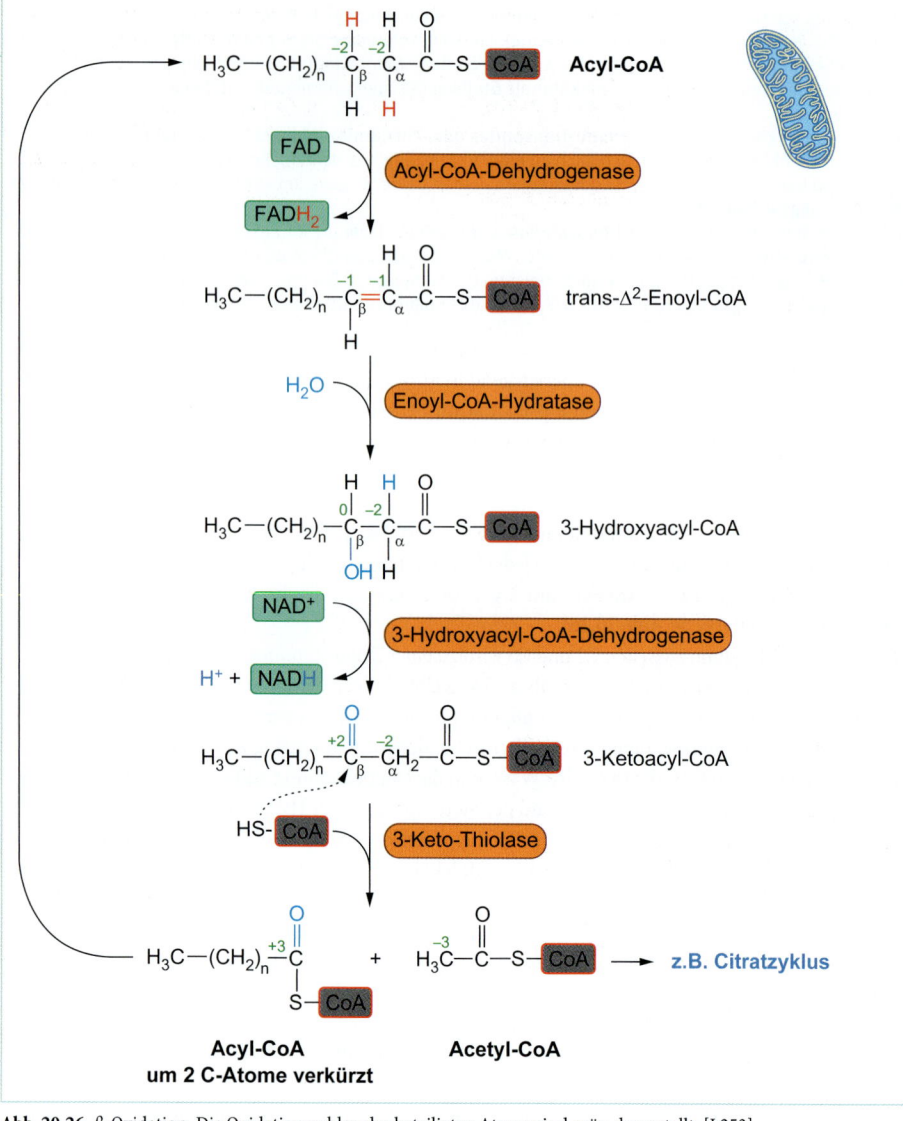

20 LIPIDE: NICHT NUR ENERGIESPEICHER

Abb. 20.26 β-Oxidation. Die Oxidationszahlen der beteiligten Atome sind grün dargestellt. [L253]

KLINIK

KLINIK

MCAD-Mangel: Defekt der β-Oxidation

Ähnlich wie bei Ismail führt auch ein Mangel an MCAD (Medium-Chain-Fatty-Acid-Acyl-Dehydrogenase), einem Enzym der β-Oxidation, zu einem Energiemangel im Muskel. MCAD ist die Acyl-CoA-Dehydrogenase für mittelkettige Fettsäuren und für entsprechende Abbauprodukte längerkettiger Fettsäuren.
In diesem Fall gelangen die Fettsäuren zwar anders als bei Ismail ins Mitochondrium, liefern aber ebenfalls nicht ausreichend Energie durch Oxidation. Auch diese Patienten müssen eine katabole Stoffwechsellage unbedingt vermeiden. Der in Deutschland mit einer Häufigkeit von 1 : 10 000 auftretende MCAD-Mangel kann durch das Neugeborenenscreening sehr früh diagnostiziert werden. Insbesondere in katabolen Stoffwechsellagen, die z. B. bei einer Infektion auftreten können, kann es nachts oder bei unzureichender Nahrungsaufnahme zu gefährlichen Hypoglykämien kommen. Vor Einführung des Screenings hat die Mutation bei 25 % der kleinen Patienten zum plötzlichen Kindstod geführt.
Die jungen MCAD-Patienten haben im Normalfall keinerlei Beschwerden, aber im Krankheitsfall muss dringend auf ausreichende Nahrungszufuhr geachtet werden. Im Zweifel sollten Glukoseinfusionen gegeben werden.

Die β-Oxidation ist keine Umkehr der Fettsäuresynthese.

Auch wenn es auf den ersten Blick so aussieht, ist die β-Oxidation keine Umkehr der Fettsäurebiosynthese, da sich die zelluläre Lokalisation der Stoffwechselwege (Mitochondrium bzw. Zytoplasma), die Redox-Coenzyme (NADH + FADH$_2$ bzw. NADPH), die Art der Trägermoleküle (CoA bzw. ACP), die Substrate bzw. Produkte (Acetyl-CoA bzw. Malonyl-CoA) und die Stereospezifität der Zwischenprodukte (S bzw. R) unterscheiden. Fettsäurebiosynthese und β-Oxidation werden anders als Glykolyse und Glukoneogenese vollständig durch unabhängige Enzyme katalysiert.

Regulation der β-Oxidation

Das **Angebot an unveresterten Fettsäuren** im Blut und die damit korrelierte Konzentration von Acyl-CoA regulieren die Geschwindigkeit der β-Oxidation.

Die Geschwindigkeit der β-Oxidation wird in erster Linie über das **Angebot an unveresterten Fettsäuren** im Blut reguliert. Steigt es an, steigt auch die Konzentration des Acyl-CoA in der Mitochondrienmat-

20.1 LIPIDE ALS ENERGIESPEICHER

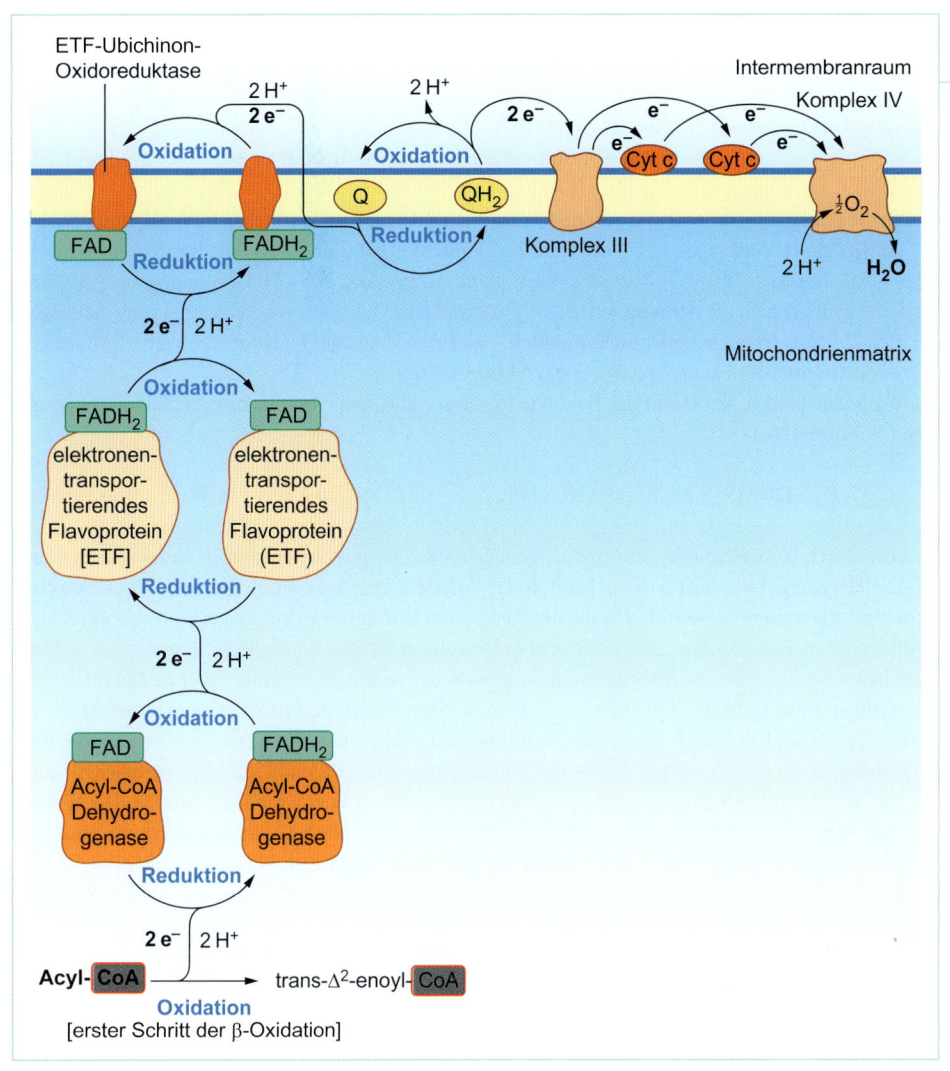

Abb. 20.27 Regeneration der Acyl-CoA-Dehydrogenase [L138]

rix und damit die Geschwindigkeit der β-Oxidation. Limitierend kann jedoch der Transport der Fettsäuren über die Mitochondrienmembran sein. **Langkettige Fettsäuren** induzieren die Transkription des Gens für die Acyl-Carnitin-Transferase I. Die gleiche Wirkung haben auch **Schilddrüsenhormone**, die bei einem erhöhten Energiebedarf im Körper, der u. a. durch Fettsäureoxidation gedeckt wird, ausgeschüttet werden.

> **KLINIK**
>
> **Hyperthyreose und Lipidstoffwechsel**
>
> Eine Hyperthyreose, die beispielsweise zu Beginn einer Autoimmunthyreoiditis (Hashimoto-Thyreoiditis) auftreten kann, geht häufig mit einem verringerten Körpergewicht einher. Dabei spielt vermutlich auch die durch die erhöhte Konzentration an Schilddrüsenhormonen verstärkte Transkription der Acyl-Carnitin-Transferase I eine Rolle. Nach Behandlung kommt es meist zu einer Normalisierung des Gewichts, manchmal allerdings auch zu einer weiteren Zunahme über das ursprüngliche Gewicht hinaus. Es ist umstritten, wie groß die Korrelation zwischen subklinischer Hypothyreose und erhöhtem Körpergewicht ist, einige Studien legen einen engen Zusammenhang aber nahe.

β-Oxidation und Fettsäuresynthese sollen im Regelfall nicht gleichzeitig mit jeweils hoher Geschwindigkeit ablaufen. Dies wird erreicht, indem **Malonyl-CoA**, dessen Konzentration bei verstärkter Fettsäurebiosynthese ansteigt, die **Acyl-Carnitin-Transferase I** hemmt. Diese wird daher häufig auch als **Schlüsselenzym der β-Oxidation** definiert.
Wie alle mitochondrialen Stoffwechselwege wird auch die β-Oxidation nicht direkt durch Insulin, Glukagon oder Adrenalin reguliert, da weder die Hormone selbst noch die Produkte der durch sie ausgelösten Signalkaskaden in die Mitochondrien gelangen. Indirekt wird die β-Oxidation allerdings doch durch die metabolischen Hormone reguliert, da die Freisetzung der TAG aus den Adipozyten und damit das Angebot der unveresterten Fettsäuren im Blut maßgeblich durch Adrenalin reguliert wird und Insulin die Synthese von Malonyl-CoA stimuliert.

Aus Studentensicht

ABB. 20.27

Langkettige Fettsäuren und **Schilddrüsenhormone** induzieren außerdem die Transkription der Acyl-Carnitin-Transferase I.

KLINIK

Malonyl-CoA, das bei der Fettsäuresynthese entsteht, **hemmt** die **Acyl-Carnitin-Transferase I,** das **Schlüsselenzym** der β-Oxidation. Daher laufen Fettsäureoxidation und -synthese nicht zeitgleich ab.
Insulin, Glukagon und Adrenalin haben keinen direkten Einfluss auf die β-Oxidation.

Aus Studentensicht

Da bei der β-Oxidation nur Redoxäquivalente und Acetyl-CoA entstehen, ist die ATP-Synthese zwingend an die **Atmungskette** gekoppelt. Acetyl-CoA kann nur mithilfe des **Citratzyklus** vollständig oxidiert werden. Netto erhält man bei der vollständigen Oxidation von Stearinsäure (C_{18}) etwa 120 ATP.

Beim Abbau von **ungeradzahligen** Fettsäuren entsteht bei der letzten Spaltung neben Acetyl-CoA ein Molekül **Propionyl-CoA** (C_3). Propionyl-CoA wird biotinabhängig carboxyliert. Nach einer Vitamin B_{12}-abhängigen Umlagerung entsteht **Succinyl-CoA,** das in den Citratzyklus eingeschleust werden kann.

ABB. 20.28

20 LIPIDE: NICHT NUR ENERGIESPEICHER

Energieausbeute der β-Oxidation

Die **Nettogleichung** für den Abbau der Stearinsäure lautet (➤ Formel 20.2):

$$C_{18}H_{36}O_2 + 9\ CoA\text{-}SH + ATP + 8\ FAD + 8\ NAD^+ + 9\ H_2O$$
$$\longrightarrow 9\ Acetyl\text{-}CoA + 8\ FADH_2 + 8\ NADH + 8\ H^+ + AMP + 2\ P_i \qquad |\ \text{Formel 20.2}$$

Durch die Oxidation von **Stearinsäure** entstehen bei der β-Oxidation unmittelbar 8 $FADH_2$ und 8 NADH/H^+. Anders als bei der Glykolyse, bei der netto 2 ATP pro Molekül Glukose gebildet werden, entstehen bei der β-Oxidation ausschließlich Redoxäquivalente und Acetyl-CoA. Die ATP-Gewinnung aus Fettsäuren ist damit zwingend an die **Atmungskette** gekoppelt und eine Oxidation von Fettsäuren **ohne Sauerstoff** im menschlichen Organismus ist **nicht möglich.** Für die vollständige Oxidation des Acetyl-CoA und damit der Fettsäuren wird außerdem der **Citratzyklus** benötigt.

Wird zusätzlich auch der Abbau der Produkte in Citratzyklus und Atmungskette berücksichtigt, ergibt sich (➤ Formel 20.3):

$$C_{18}H_{36}O_2 + 120\ ADP + 120\ P_i + 26\ O_2 + 120\ H^+ \longrightarrow 18\ CO_2 + 120\ ATP + 138\ H_2O \qquad |\ \text{Formel 20.3}$$

Aus den durch β-Oxidation der Stearinsäure gebildeten Redoxäquivalenten können in der Atmungskette ca. 32 ATP generiert werden (➤ 18.6). Die 9 Acetyl-CoA-Moleküle liefern nach Abbau in Citratzyklus und Atmungskette weitere ca. 90 ATP. Für die Aktivierung der Fettsäure im Zytoplasma wird aber ein ATP zu AMP gespalten. Dabei werden zwei energiereiche Bindungen verbraucht, für deren Resynthese 2 ATP nötig wären. Insgesamt entstehen bei der vollständigen Oxidation von Stearinsäure daher ca. **120 ATP**.

Beim Abbau eines Moleküls Stearinsäure entstehen 18 Wassermoleküle. Pro Kilogramm Stearinsäure entspricht das etwa 1,1 kg Wasser. Bei dieser Rechnung sind genau wie in der Reaktionsgleichung die Wassermoleküle nicht berücksichtigt, die aus der Kondensation von ADP und P_i zu ATP entstehen, da diese bei der sich anschließenden Verwendung des ATP in der Zelle wieder verbraucht werden. Die Wasserproduktion bei der Fettverbrennung machen sich Kamele zunutze, die bei Märschen durch die Wüste das Fett in ihren Höckern verbrennen und so nicht nur Energie, sondern auch Wasser gewinnen.

Oxidation ungeradzahliger Fettsäuren

Insbesondere über Milchprodukte nehmen wir einen kleinen Anteil (ca. 3 % der Milchfettsäuren) ungeradzahliger Fettsäuren auf. Diese werden analog zu den geradzahligen Fettsäuren durch die β-Oxidation abgebaut. Lediglich im letzten Schritt entstehen durch die thioklastische Spaltung nicht 2 Acetyl-CoA, sondern ein Acetyl-CoA und ein C3-Körper, das **Propionyl-CoA.**

Um Propionyl-CoA im Stoffwechsel verwerten zu können, wird es in **Succinyl-CoA** (C4-Körper) umgewandelt (➤ Abb. 20.28). Dazu wird durch Einfügen eines CO_2-Moleküls mithilfe der **Propionyl-CoA-Carboxylase** zunächst ein C-Atom zu Propionyl-CoA hinzugefügt. Carboxylierungen sind endergone Reaktionen, weshalb die Reaktion an die Spaltung eines **ATP** gekoppelt ist. Die Propionyl-CoA-Carboxylase benötigt dazu wie fast alle Carboxylasen **Biotin** als prosthetische Gruppe. Dabei entsteht das verzweigte **Methylmalonyl-CoA,** das durch eine Racemase in das passende Enantiomer überführt wird. Durch eine komplizierte radikalische Umlagerung der CH_3-Gruppe mithilfe einer **Vitamin-B_{12}-abhängigen** Mutase entsteht das unverzweigte Succinyl-CoA. Dieses kann anaplerotisch in den Citratzyklus eingeschleust und in der Folge im Gegensatz zu Acetyl-CoA auch für die Glukoneogenese genutzt werden.

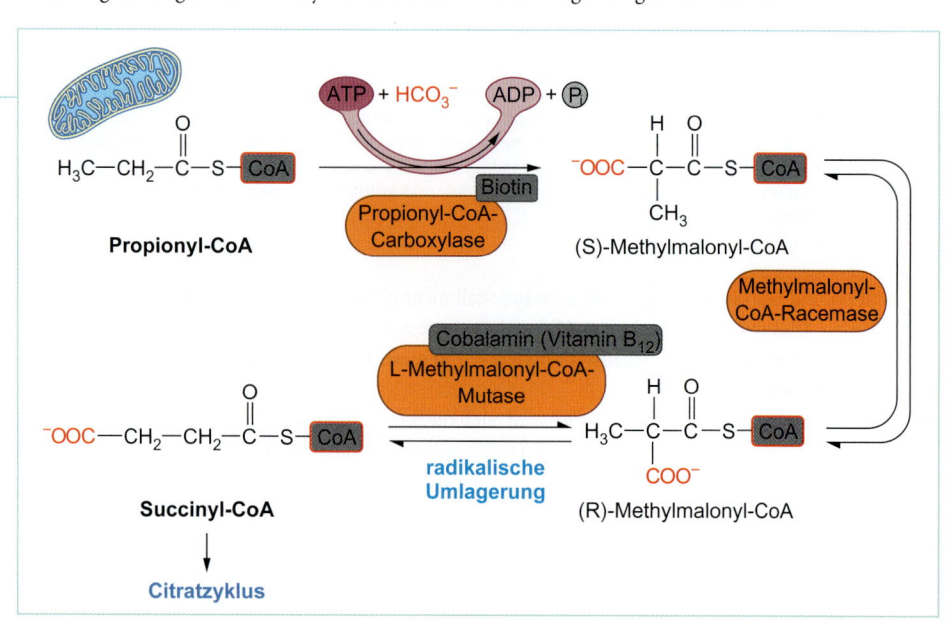

Abb. 20.28 Umwandlung von Propionyl-CoA zu Succinyl-CoA [L253]

20.1 LIPIDE ALS ENERGIESPEICHER

KLINIK
Methylmalonacidurie

Ein **Mangel an Vitamin B$_{12}$** führt aufgrund der dadurch eingeschränkten Umwandlung von Methylmalonyl-CoA zu Succinyl-CoA zu erhöhten Werten von Methylmalonsäure im Urin. Diese **Methylmalonacidurie** erklärt sich durch die fehlende Umwandlung von Methylmalonyl-CoA zu Succinyl-CoA und kann zur Diagnose eines Vitamin-B$_{12}$-Mangels dienen.

Oxidation ungesättigter Fettsäuren

Ein Großteil der Fettsäuren, die in den TAG gespeichert sind und bei Hydrolyse an das Blut abgegeben werden, ist ungesättigt. Die Doppelbindungen in natürlich vorkommenden Fettsäuren liegen überwiegend in der cis-Konfiguration vor. Die Enzyme der β-Oxidation können jedoch ausschließlich Doppelbindungen in trans-Konfiguration zwischen C2 und C3 des Fettsäurerestes oxidieren. Daher werden für den Abbau der ungesättigten Fettsäuren zusätzliche Enzyme benötigt. **Isomerasen** katalysieren die Umwandlung von cis- in **trans-Doppelbindungen** und verschieben bei Bedarf gleichzeitig die Doppelbindung an die richtige Position (> Abb. 20.29). Alternativ kann die cis-Doppelbindung zunächst hydratisiert werden. **Epimerasen** wandeln die dabei entstehenden Hydroxyacyl-Verbindungen in das für die weitere β-Oxidation passende Stereoisomer um.

Bei mehrfach ungesättigten Fettsäuren kann es im Verlauf der β-Oxidation zur Bildung von konjugierten Doppelbindungen kommen. Eine derartige Struktur kann von den Enzymen der β-Oxidation nicht weiter oxidiert werden. Abhilfe schafft eine **NADPH-abhängige Reduktase,** die beide **Doppelbindungen** zur Hälfte **reduziert.** Die verbleibende Doppelbindung wird dann wieder von einer Isomerase in trans-Konfiguration an der passenden Stelle überführt, sodass das Fettsäuremolekül weiter abgebaut werden kann.

Aus Studentensicht

KLINIK

Natürlich vorkommende ungesättigte Fettsäuren liegen überwiegend in cis-Konfiguration vor und müssen für den Abbau durch **Isomerasen** in die **trans-Konfiguration** umgewandelt werden. Alternativ kann auch die nach der Hydratisierung der cis-Doppelbindung entstehende Verbindung durch eine **Epimerase** umgewandelt werden.

Konjugierte **Doppelbindungen** müssen mithilfe einer NADPH-abhängigen Reduktase **reduziert** werden.

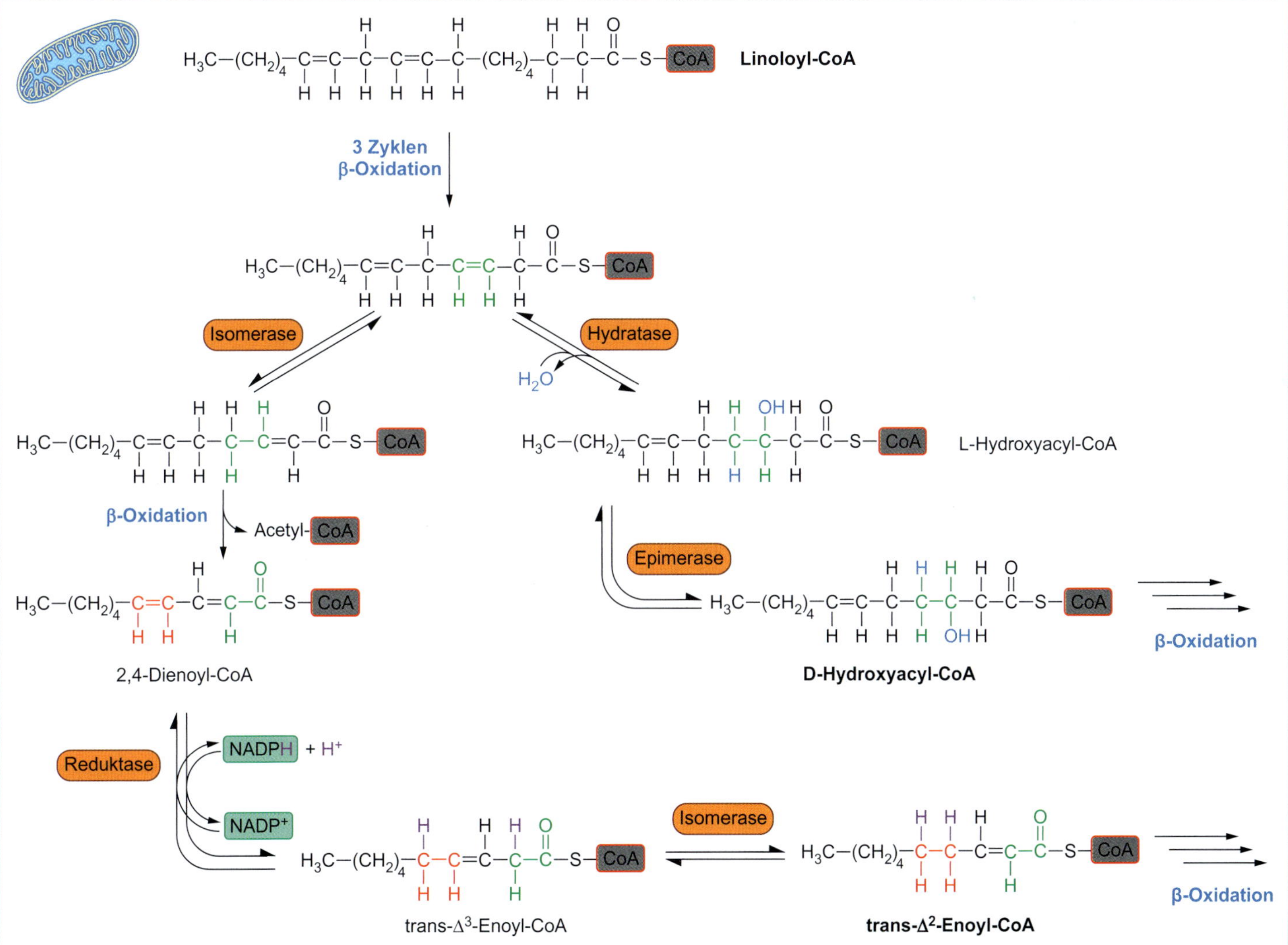

Abb. 20.29 Oxidation ungesättigter Fettsäuren [L307]

Aus Studentensicht

Oxidation von Fettsäuren im Peroxisom

In den **Peroxisomen** können ebenfalls Fettsäuren oxidiert werden. Dabei werden v. a. **langkettige Fettsäuren** verkürzt und die Produkte Acetyl-CoA, NADH und das verkürzte Acyl-CoA ins Zytoplasma exportiert.

$FADH_2$ überträgt seine Elektronen im Peroxisom auf Sauerstoff, wodurch Wasserstoffperoxid entsteht, das durch die **Katalase** entgiftet werden muss. Die Energie wird in Form von Wärme frei und kann nicht für die ATP-Synthese verwendet werden.

● **KLINIK**

20.1.9 Ketonkörper

In der Leber fällt bei Nahrungskarenz durch den aktiven Fettstoffwechsel mehr Acetyl-CoA an, als durch den Citratzyklus verstoffwechselt werden kann. Sie synthetisiert aus dem nicht membrangängigen Acetyl-CoA transportfähige Ketonkörper, die dem peripheren Gewebe als Energiequelle dienen. So wird weniger durch Glukoneogenese erzeugte Glukose verbraucht und der Proteinabbau im Muskel reduziert.

---

20 LIPIDE: NICHT NUR ENERGIESPEICHER

Oxidation von Fettsäuren im Peroxisom

Neben Mitochondrien enthalten auch Peroxisomen die Enzymausstattung für die β-Oxidation. Die β-Oxidation im Peroxisom führt jedoch selten zum vollständigen Abbau einer Fettsäure, sondern dient in erster Linie der **Verkürzung** langkettiger Fettsäuren um 4–10 C-Atome oder dem Abbau von besonderen, z. B. verzweigtkettigen organischen Carbonsäuren. Daher exportieren Peroxisomen neben den typischen Produkten der β-Oxidation auch verkürzte Acyl-CoA-Moleküle in das Zytoplasma, die zur vollständigen Oxidation in das Mitochondrium importiert oder im Zytoplasma für Biosynthesen verwendet werden. Insbesondere in der Leber liefern die Peroxisomen wichtige Bausteine für zytoplasmatische Biosynthesen und tragen erheblich zu verschiedenen Entgiftungsreaktionen sowie der Synthese von Gallensäuren bei. Anders als bei den Mitochondrien erfolgt der Import von Acyl-CoA in die Peroxisomen **carnitinunabhängig**. Die weiteren Teilreaktionen der β-Oxidation im Peroxisom sind identisch zu denen in Mitochondrien und werden von entsprechenden Isoenzymen katalysiert. Da den Peroxisomen aber sowohl die Enzymausstattung des Citratzyklus als auch die der Atmungskette fehlt, müssen die Produkte der β-Oxidation exportiert oder anders verstoffwechselt werden.

NADH und Acetyl-CoA werden zurück in das Zytoplasma transportiert. Die Elektronen des NADH können dann beispielsweise über den Aspartat/Malat-Shuttle in die Atmungskette eingeschleust werden. Acetyl-CoA und die verkürzten Fettsäuren stehen für Biosynthesen im Zytoplasma zur Verfügung. Aus dem Fehlen der Atmungskette ergibt sich auch die Notwendigkeit, das $FADH_2$ der Acyl-CoA-Dehydrogenase anders als in den Mitochondrien zu regenerieren. Die Elektronen und Protonen werden dazu in den Peroxisomen direkt auf Sauerstoff übertragen. Dabei entsteht das Zellgift Wasserstoffperoxid (H_2O_2), das in den Peroxisomen durch die **Katalase** unschädlich gemacht werden kann (➤ Formel 20.4):

$$2\ FADH_2 + 2\ O_2 \longrightarrow 2\ FAD + 2\ H_2O_2 \longrightarrow 2\ H_2O + O_2 \qquad | \text{ Formel 20.4}$$

Die chemische Energie aus dem $FADH_2$ wird dabei als Wärme frei und kann nicht für die ATP-Synthese genutzt werden.

> **KLINIK**
>
> **Zellweger-Syndrom**
>
> Das Peroxisom spielt im Vergleich zum Mitochondrium eine untergeordnete Rolle bei der β-Oxidation. Kinder, die **ohne Peroxisomen** geboren werden und an dem sehr seltenen Zellweger-Syndrom (Häufigkeit 1 : 100 000) leiden, überleben dennoch kaum ein Jahr. Sie haben massive neuronale Störungen, die sich u. a. in einem erniedrigten Muskeltonus äußern, und fallen daher als Floppy Babys auf. Grund für die neuronale Störung ist das Fehlen bestimmter Phospholipide, den Plasmalogenen, die für die Myelinscheiden der Nerven wichtig sind. Sie werden zum Teil in Peroxisomen synthetisiert. Der fehlende Muskeltonus sowie die auffallende Entwicklungsverzögerung beruhen auf der fehlerhaften Myelinisierung. Bis jetzt ist die Krankheit nicht heilbar.

20.1.9 Ketonkörper

> **FALL**
>
> **Melinas Mundgeruch**
>
> Sie freuen sich auf Ihre wöchentliche Yoga-Stunde, Melina ist eine unglaublich inspirierende Lehrerin. Doch als sie sich diesmal über Sie beugt, um Fehler bei einer Asana zu korrigieren, fällt Ihnen bei der sonst so perfekten Melina ein unangenehmer Mundgeruch auf, der sie an Nagellackentferner erinnert. Später erzählt sie begeistert von der Fastenkur, die sie seit einigen Tagen mache und dass sie gerade aus allen Poren Gifte loswerde.
> Wie kommt es zu diesem starken Geruch des Atems nach Nagellackentferner bei Nahrungskarenz?

Bei Nahrungskarenz ist eine Hauptaufgabe der Leber, den Blutglukosespiegel konstant zu halten, um die peripheren Gewebe mit ausreichend Glukose zu versorgen (➤ 24.4). Dazu läuft in den Hepatozyten verstärkt die Glukoneogenese ab, deren Ausgangsprodukte u. a. die Kohlenstoffgerüste von Aminosäuren sind. Die Aminosäuren stammen überwiegend aus dem Muskel. Gleichzeitig bezieht der Hepatozyt seine eigene Energie überwiegend aus der β-Oxidation von Fettsäuren. Dadurch fällt eine große Menge Acetyl-CoA an, das nur bedingt über den Citratzyklus verstoffwechselt werden kann, da das dafür nötige Oxalacetat gleichzeitig für die Glukoneogenese gebraucht wird und daher der limitierende Faktor ist. Aus dem überschüssigen Acetyl-CoA synthetisiert die **Leber** als einziges Organ **Ketonkörper.** Diese werden über das Blut zu peripheren Organen transportiert und dort für die Energiegewinnung herangezogen, sodass sie weniger Glukose aufnehmen müssen und damit indirekt auch der Proteinabbau im Muskel minimiert wird. Die bei der Fettsäureoxidation entstehenden Redoxäquivalente können ihre Elektronen direkt in die Atmungskette einschleusen. Dadurch steigen neben der Acetyl-CoA-Konzentration auch die Konzentrationen von NADH und ATP im Mitochondrium. Die Schlüsselenzyme des Citratzyklus werden dadurch teilweise inhibiert und es kommt zu einer zusätzlichen Verlangsamung des Zyklus und einem weiteren Anstieg der Acetyl-CoA-Konzentration. Da Acetyl-CoA selbst nicht membrangängig ist, wird es für den Transport über zelluläre Membranen stets in andere Moleküle wie Ketonkörper oder Citrat umgewandelt.

20.1 LIPIDE ALS ENERGIESPEICHER

Aus Studentensicht

Ketonkörperbiosynthese

Für die Synthese der Ketonkörper reagieren im Lebermitochondrium zunächst **zwei Acetyl-CoA-Moleküle** mithilfe der **Thiolase** zu **Acetoacetyl-CoA** (➤ Abb. 20.30). Diese Reaktion entspricht der Umkehrung des letzten Schrittes der β-Oxidation. Die HMG-CoA-Synthase addiert im nächsten Schritt ein weiteres Acetyl-CoA und es entsteht **3-Hydroxy-3-methylglutaryl-CoA (HMG-CoA)**. Die **HMG-CoA-Lyase** setzt anschließend eines der drei Acetyl-CoA-Moleküle wieder frei und es entsteht **Acetoacetat**, einer der drei Ketonkörper. Die HMG-CoA-Synthase ist nur bei hohen Acetyl-CoA-Konzentrationen aktiv. Der zwischenzeitliche Einbau des dritten Acetyl-CoA und damit der „Umweg" über HMG-CoA ist dafür verantwortlich, dass die Ketonkörperbiosynthese nur bei großem Überschuss an Acetyl-CoA abläuft.

Ketonkörperbiosynthese

Aus insgesamt drei Molekülen Acetyl-CoA entsteht das Zwischenprodukt **HMG-CoA**, aus dem die HMG-CoA-Lyase **Acetoacetat** spaltet, einen der drei Ketonkörper.

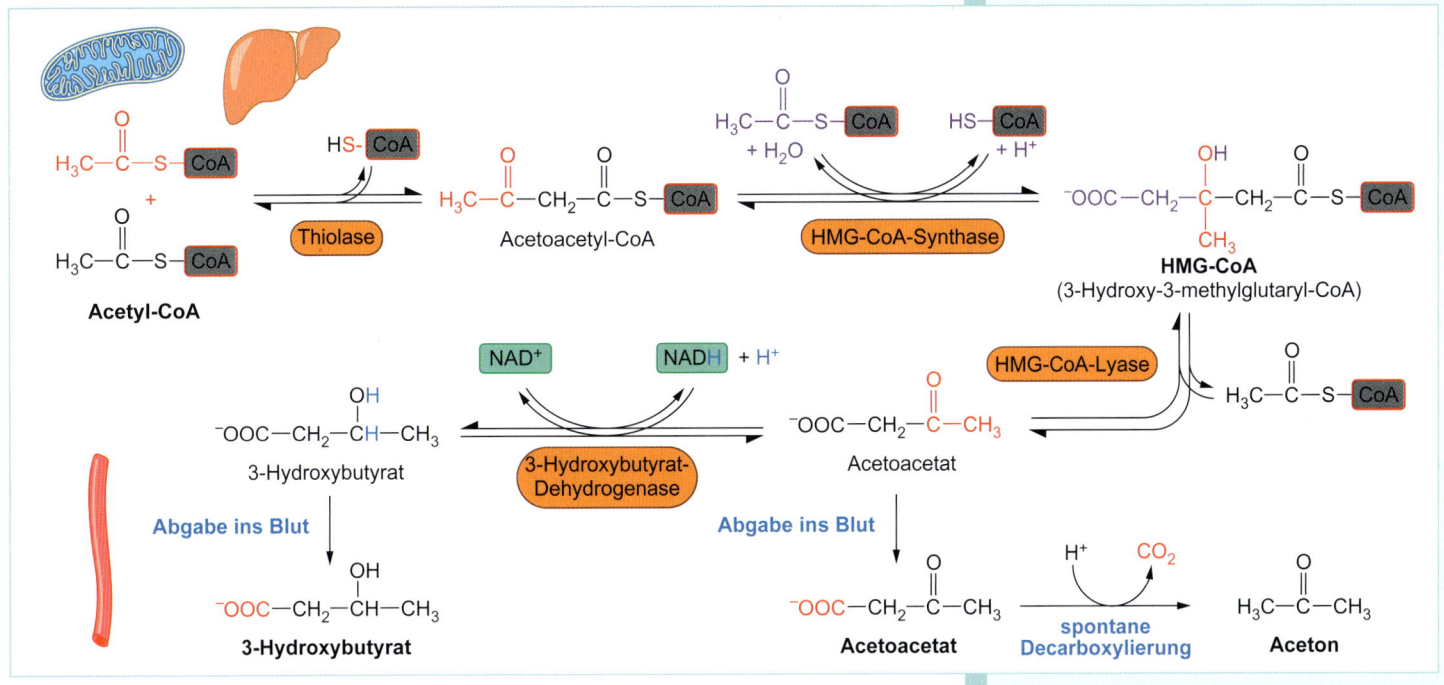

Abb. 20.30 Ketonkörpersynthese [L253]

Acetoacetat wird von den Hepatozyten an den Blutkreislauf abgegeben. So können mit jedem Molekül Acetoacetat zwei Acetatreste aus Acetyl-CoA über das Blut zu allen extrahepatischen Organen transportiert werden. Die β-Ketosäure Acetoacetat neigt zur spontanen Decarboxylierung. Dabei entsteht **Aceton**, ein Ketonkörper, der vom menschlichen Stoffwechsel nicht gut verwertet werden kann und daher größtenteils über den Urin und die Atemluft ausgeschieden wird. Auf diese Weise geht dem Stoffwechsel mit jedem Molekül Aceton die Energie von zwei Molekülen Acetyl-CoA verloren. Ein Großteil des Acetoacetats wird aber in der Leber unter Verbrauch von NADH zu **3-Hydroxybutyrat** (β-Hydroxybutyrat) reduziert, das verlustfrei im Blutkreislauf transportiert werden kann. In den extrahepatischen, peripheren Organen können die Elektronen wieder auf NAD$^+$ übertragen werden, sodass es für diese Organe ein noch besserer Energielieferant als Acetoacetat ist. Obwohl 3-Hydroxybutyrat formal keine Ketoverbindung ist, wird es wegen seiner physiologischen Bedeutung im Ketonkörperstoffwechsel zu den Ketonkörpern gezählt.

Acetoacetat neigt als β-Ketosäure zur spontanen Decarboxylierung. Dadurch entsteht das nicht verwertbare **Aceton**. Deswegen wird Acetoacetat zum Großteil zu **3-Hydroxybutyrat** reduziert, das stabiler ist und aufgrund der zusätzlichen Elektronen im Zielgewebe noch mehr Energie liefert.

FALL

Melinas Mundgeruch: Ketose

Durch das Fasten hat Melinas Stoffwechsel auf Ketonkörpersynthese umgestellt. Das Acetoacetat wird dabei nicht in vollem Umfang zu 3-Hydroxybutyrat reduziert, sondern zum Teil auch selbst im Blut transportiert. Durch spontane Decarboxylierung entsteht daraus Aceton, das mit der Atemluft bzw. dem Urin ausgeschieden wird. So erklärt sich der Geruch von Melinas Atemluft nach einigen Tagen Fasten. Auch bei Fehlregulation des Stoffwechsels, wie es beispielsweise bei Patienten mit Diabetes Typ 1 der Fall ist, kann ein fruchtiger Acetongeruch in der Atemluft wahrgenommen werden.

Ketonkörperverwertung

Die Hauptabnehmer der von der Leber bereitgestellten Ketonkörper sind **Herzmuskel, Skelettmuskel** und **Niere**. Aber auch alle anderen Organe können Ketonkörper verwerten, mit Ausnahme der Leber, die ihre eigenen Ketonkörper nicht verstoffwechseln kann. Bei längeren Fastenperioden bezieht auch das **Gehirn** einen Teil seiner Energie aus Ketonkörpern. Allerdings kann das Gehirn maximal ⅔ seines Energiebedarfs aus Ketonkörpern decken und ist daher weiterhin auf konstante Zufuhr von Glukose angewiesen (➤ 24.4.1).

Ketonkörperverwertung

Ketonkörper werden hauptsächlich von **Herz-, Skelettmuskel** und **Niere** verstoffwechselt, aber auch das **Gehirn** kann nach einigen Tagen Anpassung bis zu ⅔ seines Energiebedarfs über Ketonkörper decken.

20 LIPIDE: NICHT NUR ENERGIESPEICHER

Aus Studentensicht

3-Hydroxybutyrat wird im Zielgewebe in die Mitochondrien transportiert und zu Acetoacetat oxidiert. Mit CoA aus Succinyl-CoA entsteht Acetoacetyl-CoA, das durch die Thiolase wieder in zwei Acetyl-CoA gespalten werden kann.

ABB. 20.31

Aus dem Blut gelangen die Ketonkörper mithilfe von Monocarboxylat-Transportern (MCT) in das Zytoplasma der verwertenden Zelle und auch über die Blut-Hirn-Schranke. Der Transport in die Mitochondrien erfolgt über den Pyruvat-Transporter oder über verwandte Transportproteine. Dort wird **3-Hydroxybutyrat** unter Bildung von **NADH** zu **Acetoacetat** oxidiert (➤ Abb. 20.31). Acetoacetat erhält mithilfe einer Transferase das **CoA** von **Succinyl-CoA,** das dabei in Succinat umgewandelt wird. Die dabei frei werdende Energie wird jedoch nicht für die GTP-Synthese, sondern für die Bildung des Thioesters aus CoA und Acetoacetat genutzt. Das Succinat fließt wieder in den Citratzyklus. Das so gebildete **Acetoacetyl-CoA** wird durch die Thiolase der β-Oxidation in 2 Moleküle **Acetyl-CoA** gespalten. Acetyl-CoA kann durch Citratzyklus und Atmungskette oxidiert werden und zur ATP-Gewinnung des jeweiligen Gewebes beitragen. Die Transferase wird in der Leber nicht exprimiert, weshalb die Leber keine Ketonkörper verwerten kann.

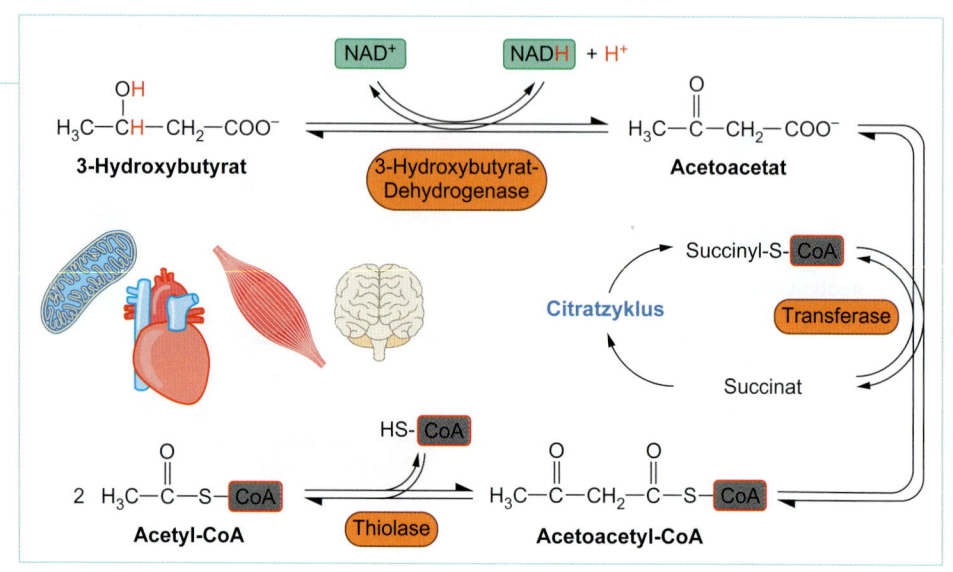

Abb. 20.31 Ketonkörperverwertung [L253]

20.2 Lipide als Signalmoleküle

20.2.1 Cholesterin und sein Stoffwechsel

Lipide vermitteln als **Steroidhormone** oder **Fettsäurederivate** zelluläre Signale und dienen als Second Messenger.

Lipide sind einerseits in Form von **Steroidhormonen,** andererseits aber auch als Fettsäuren und **Fettsäurederivate** in Form von Leukotrienen, Prostaglandinen und Thromboxanen in großem Maße an der Übertragung von zellulären Signalen verschiedenster Art beteiligt. Darüber hinaus erfüllen sie eine wichtige Aufgabe als Second Messenger, beispielsweise in Form von Phosphatidylinositol, einem Membranlipid, aus dem die Second Messenger Diacylglycerin und IP$_3$ freigesetzt werden (➤ 9.6.2).

> **FALL**
>
> **Herr Georg und seine LDL-Werte**
>
> Herr Georg ist ein unter Hochdruck arbeitender Unternehmensberater mit einer Vorliebe für Steak und Pommes frites. Für Arztbesuche hatte er nie Zeit und so sehen Sie ihn erstmals in Ihrer Praxis, nachdem er nach einem Herzinfarkt aus der Klinik entlassen wurde. Sein Blutdruck scheint durch die ACE-Hemmer gut eingestellt, auch die Betablocker nimmt er nach anfänglichen Bedenken, sowie Acetylsalicylsäure ASS 100 als Blutverdünner, um die Wahrscheinlichkeit einer erneuten Thrombenbildung zu senken. Außerdem bekommt er Statine gegen seine viel zu hohen LDL-Cholesterin-Werte.
> Als Sie ihn auf seine Ernährungsgewohnheiten ansprechen, reagiert er sofort aufbrausend: „Ernährungsumstellung mach ich nicht, das sag ich Ihnen gleich! Mein Steak nimmt mir keiner weg! Außerdem bringt das doch eh nichts: Hier schwarz auf weiß durch die American Heart Association bestätigt: Not enough evidence!" Ihre Einwände, dass es noch mehr Daten aus kontrollierten, randomisierten Studien bedürfe, um so eine Aussage sicher treffen zu können, und bis dahin eine cholesterinarme Ernährung nach Herzinfarkt durchaus empfohlen werde, will er nicht hören.
> Wieso sind erhöhte LDL-Werte ein Risiko für einen erneuten Herzinfarkt von Herrn Georg?

Das **Isoprenlipid Cholesterin** dient als Substrat für die Steroidhormonsynthese und ist Teil zellulärer Membranen.

Der menschliche Körper enthält im Mittel 130–150 g **Cholesterin,** das zur großen Gruppe der **Isoprenderivate** gehört. Es ist ein Substrat für die Steroidhormonsynthese und hat eine wichtige Funktion als Membranlipid. Besonders hohe Cholesterinkonzentrationen lassen sich im **Gehirn** und in der **Nebennierenrinde** messen.

Absorption und Transport von Nahrungscholesterin

Absorption und Transport von Nahrungscholesterin

Mit der Nahrung nehmen wir aus **tierischen Lebensmitteln** wie Wurst oder Eiern pro Tag im Durchschnitt 250–500 mg Cholesterin auf, das zum größten Teil in Form von Cholesterinestern vorliegt. Zudem

20.2 LIPIDE ALS SIGNALMOLEKÜLE

nehmen wir im Durchschnitt dieselbe Menge an anderen, meist pflanzlichen Sterolen (Phytosterolen) auf. Die Cholesterinester werden analog den Esterbindungen der TAG im Dünndarm hydrolysiert. Cholesterin wird wie auch die pflanzlichen Sterole durch Gallensäuren emulgiert und gelangt in Form von Mizellen zum Bürstensaum der Enterozyten (> 20.1.2). Diese absorbieren durch den **Niemann-Pick-C1-Like-1-Transporter (NPC1L1)** sowohl das Cholesterin als auch die pflanzlichen Sterole und integrieren sie in die Membranen von Vesikeln (> Abb. 20.32). Mithilfe verschiedener **ABC-Transporter** (ATP-Binding Cassette-Transporter) werden nun alle Phytosterole sowie ein Teil des Cholesterins wieder zurück ins Darmlumen transportiert. Das verbleibende Cholesterin wird durch die an der ER-Membran lokalisierte **Acyl-Cholesterin-Acyltransferase 2 (ACAT 2)** wieder verestert und zusammen mit den resynthetisierten Nahrungs-TAG in **Chylomikronen** verpackt, die anschließend in die Lymphbahn exozytiert werden (> 20.1.4).

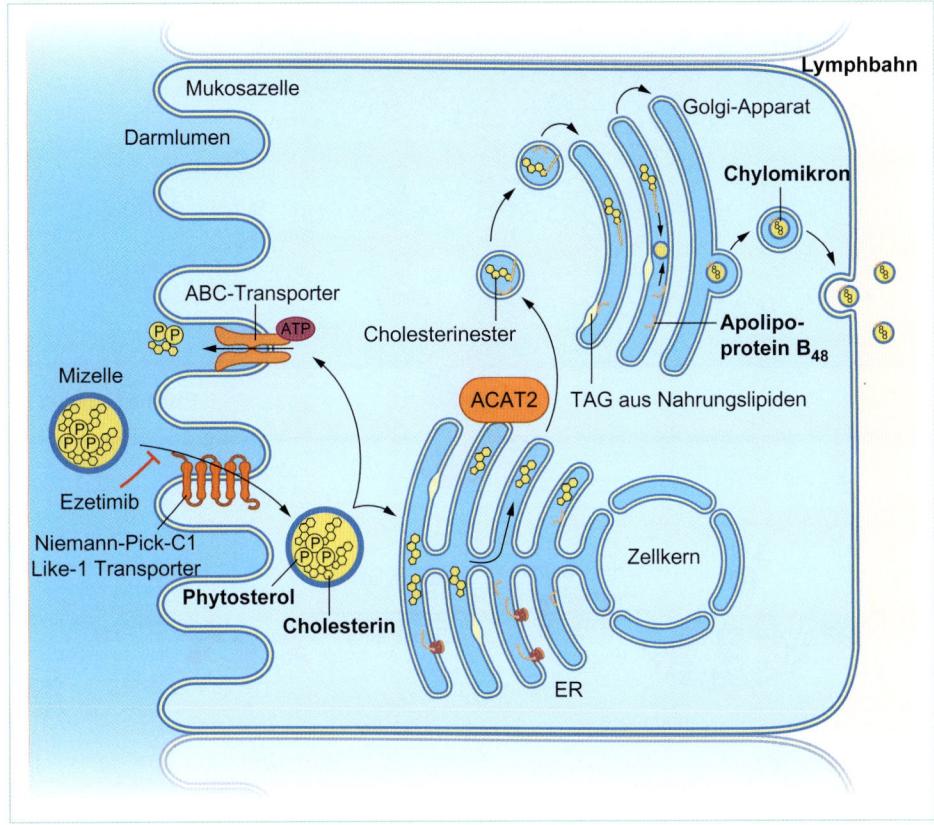

Abb. 20.32 Cholesterinabsorption im Darm [L138]

> **KLINIK**
>
> **Ergänzung von Nahrungsmitteln durch Phytosterole**
>
> Da Phytosterole mit Cholesterin um denselben Transporter für die Absorption konkurrieren und zusätzlich auch immer eine gewisse Menge an Cholesterin zusammen mit den Phytosterolen in das Darmlumen zurücktransportiert wird, wird vermutet, dass eine hohe Konzentration an Phytosterolen die Absorption von Cholesterin vermindert. Zusätze von Pflanzensterolen z. B. in Margarineprodukten sollen daher die Aufnahme von Cholesterin verringern. Zusätzlich werden im klinischen Bereich immer häufiger Hemmstoffe wie **Ezetimib** (> Abb. 20.32) gegen den Niemann-Pick-C1-Like-1-Transporter zur Verminderung der Cholesterinabsorption eingesetzt.

Im Gegensatz zu den Fettsäuren aus den TAG können die Cholesterinester aus den Chylomikronen nicht von extrahepatischen Geweben aufgenommen werden und gelangen mit den **Remnants** zur Leber (> Abb. 20.14). Die Remnants werden von der Leber mithilfe eines ApoB$_{48}$- oder ApoE-Rezeptors endozytotisch aufgenommen. Das Nahrungscholesterin wird anschließend zusammen mit endogen synthetisierten Lipiden sowie mit neu synthetisiertem Cholesterin in Form von VLDL vom Hepatozyten an das Blut abgegeben. VLDL werden rasch zu LDL-Partikeln abgebaut (> Abb. 20.15). Diese enthalten nahezu das gesamte von der Leber abgegebene Cholesterin und als Apolipoprotein nur noch ApoB$_{100}$. Mithilfe des ApoB$_{100}$ kann der LDL-Partikel an den LDL-Rezeptor, ein Typ-I-Transmembranprotein auf der Zelloberfläche von extrahepatischen Geweben, binden (> Abb. 20.33a). Der LDL-Rezeptor ist also ein Rezeptor für das Protein ApoB$_{100}$ und nicht für Cholesterin. Unmittelbar nach der Bindung beginnt unter Beteiligung von Clathrin die Endozytose des beladenen Rezeptors. Nach Verschmelzen des frühen Endosoms mit einem primären Lysosom und der damit verbundenen Absenkung des pH-Werts löst sich

---

Aus Studentensicht

Neben **Cholesterin** aus tierischen Lebensmitteln nehmen wir auch **Sterole** aus pflanzlichen Lebensmitteln über den **Niemann-Pick-C1-Like-1-Transporter** auf. Pflanzliche Sterole werden jedoch zusammen mit kleinen Mengen Cholesterin über **ABC-Transporter** wieder ins Darmlumen exportiert.
Cholesterin wird in den Enterozyten über die **Acyl-Cholesterin-Acyltransferase 2 (ACAT 2)** verestert und mit TAG in **Chylomikronen** verpackt.

ABB. 20.32

KLINIK

Das Cholesterin aus den **Chylomikronen** gelangt in den **Remnants** zur Leber, die dort über den **ApoE-Rezeptor** endozytotisch aufgenommen werden.
Hepatozyten geben Cholesterin und TAG in **VLDL** ans Blut ab. Nachdem die VLDL zu **LDL** abgebaut wurden, enthalten sie überwiegend Cholesterin.

Aus Studentensicht

Über **ApoB₁₀₀** binden LDL-Partikel an den **LDL-Rezeptor** von peripheren Geweben und werden endozytiert. Der Rezeptor kann recycelt werden. Proteine und Lipidbestandteile werden in Lysosomen hydrolysiert und ins Zytoplasma der Zellen abgegeben.

ABB. 20.33

20 LIPIDE: NICHT NUR ENERGIESPEICHER

die Bindung zwischen LDL-Partikel und -Rezeptor (➤ Abb. 20.33b). Durch Sortiervorgänge im Endosom wird der LDL-Rezeptor in der Membran von Vesikeln zurück an die Zelloberfläche transportiert und auf diese Weise die zeit- und energieaufwendige Neusynthese des Rezeptors auf ein Minimum begrenzt. Die LDL-Partikel selbst werden in sekundäre Lysosomen transportiert und dort mithilfe von verschiedenen

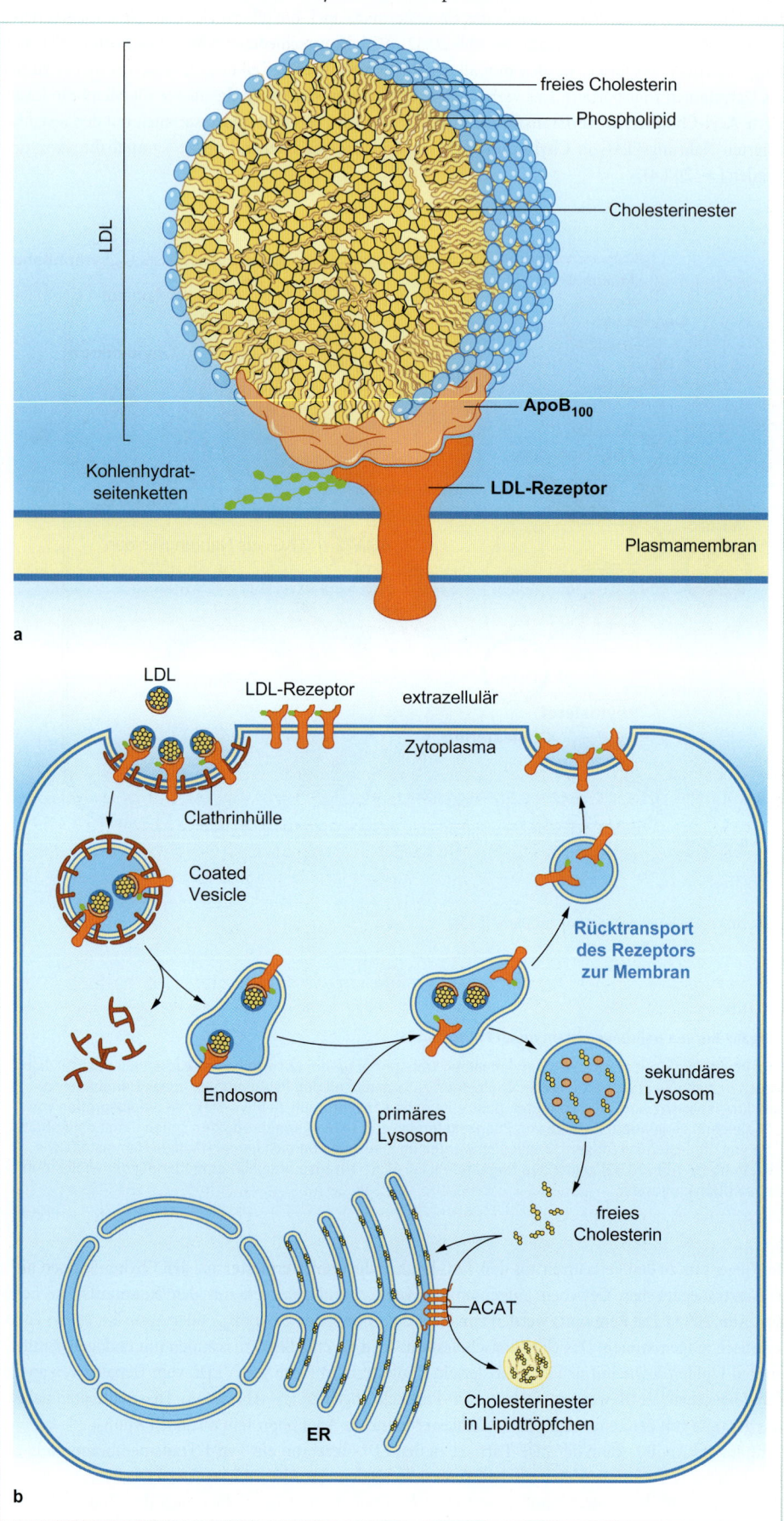

Abb. 20.33 Cholesterinaufnahme in extrahepatische Gewebe. **a** LDL-Bindung an den LDL-Rezeptor. **b** Rezeptorvermittelte Endozytose von LDL. [L138, L307]

lysosomalen Enzymen abgebaut. Dabei werden sowohl die Protein- als auch die Lipidbestandteile, darunter auch die Cholesterinester, des LDL-Partikels hydrolysiert und die einzelnen Molekülbestandteile anschließend ins Zytoplasma abgegeben. Das dabei freigesetzte Cholesterin wird, je nach Zelltyp, entweder direkt für weitere Synthesen verwendet, als freies Cholesterin in die Membran des endoplasmatischen Retikulums eingelagert oder durch die **Acyl-CoA-Cholesterin-Acyltransferase (ACAT)** erneut in Cholesterinester überführt, die sich in Form von Lipidtröpfchen im Zytoplasma der Zelle zusammenlagern. Die ACAT ist ein membrangebundenes Enzym des endoplasmatischen Retikulums, dessen aktives Zentrum auf die zytoplasmatische Seite weist. Zur Bildung der Cholesterinester verwendet die ACAT hauptsächlich Palmitoyl-CoA, das häufig aus der endogenen Fettsäurebiosynthese stammt.

> **Aus Studentensicht**
>
> Das dabei freigesetzte Cholesterin wird entweder für Synthesen verwendet, in Membranen eingelagert oder von der **Acyl-CoA-Cholesterin-Acyltransferase (ACAT)** in Cholesterinester überführt und in Lipidtröpfchen im Zytoplasma gespeichert.

FALL

Herr Georg und seine LDL-Werte: gutes und böses Cholesterin

Begünstigt durch den zu hohen Blutdruck entstanden bei Herrn Georg Mikroverletzungen im Endothel der Arterien, z. B. in den Koronararterien. Dadurch werden Gewebshormone freigesetzt, die Monozyten anlocken, die sich im Gewebe zu Makrophagen umwandeln. Diese nehmen durch ihre **Scavenger-Rezeptoren** endozytotisch LDL auf. Im Gegensatz zu normalen LDL-Rezeptoren gibt es hier keine Feedback-Hemmung, welche die Rezeptormenge an der Zelloberfläche bei einer bestimmten Menge aufgenommenen Cholesterins herunterreguliert. So blähen sich die Makrophagen immer weiter auf und werden zu Schaumzellen, die sich in großer Menge unter dem Endothel einlagern. Ist dieser Prozess zunächst noch reversibel, kommt es mit der Zeit zu irreversiblen Umbauvorgängen und verhärteten Plaques. Bei Blutdruckspitzen können sich Plaqueteile ablösen. Dadurch wird die Gerinnungskaskade ausgelöst und es können sich Thromben bilden, die bei Verschluss einer Koronararterie zu einem Herzinfarkt führen.
Es gibt auch Patienten, die eine Mutation im LDL-Rezeptor-Gen tragen. Sie haben oft trotz gesunder Ernährungsgewohnheiten massiv erhöhte LDL-Werte. Durch die Mutation im LDL-Rezeptor-Gen werden nicht ausreichend funktionsfähige LDL-Rezeptoren gebildet, sodass zu wenig LDL aus dem Blut aufgenommen wird. Dadurch kommt es zu einem Anstieg der LDL-Konzentration im Blut. Wenn die LDL-Erhöhung nicht rechtzeitig erkannt wird, erleiden diese Patienten oft schon in jungen Jahren den ersten Herzinfarkt.
Es ist aber nicht nur der LDL-Wert von Herrn Georg, der Ihnen Sorgen macht. Sein HDL-Cholesterin liegt unter 40 mg/dl, was das Risiko für einen Herzinfarkt ganz unabhängig von den LDL-Werten deutlich erhöht. Wieder explodiert Herr Georg: „Was denn jetzt – einmal soll der Cholesterinwert runter und jetzt ist er auf einmal nicht hoch genug?" Sie klären Herrn Georg über „böses" LDL- und „gutes" HDL-Cholesterin auf und betonen die Rolle des HDL/LDL-Verhältnisses für seine Prognose.
Warum aber spielt das Verhältnis von HDL/LDL im Blut eine so wichtige Rolle für die Prognose von Herrn Georg?

Transport von Cholesterin aus extrahepatischen Geweben zur Leber

Da extrahepatische Gewebe sowohl Cholesterin aufnehmen als auch endogen synthetisieren, es aber nicht abbauen oder in Gallensäuren umwandeln können, können sie überschüssiges Cholesterin nur durch **reversen Cholesterintransport** zur Leber abgeben. Den Transport der Lipide im Blut übernehmen in diesem Fall Lipoproteine des **HDL-Typs** (> Abb. 20.34). Im Gegensatz zu allen anderen Lipoproteinen erfolgt die Bildung der HDL wahrscheinlich nicht im sekretorischen Prozessierungsweg einer Zelle, sondern im Blut. Die zentralen Apolipoproteine der HDL sind ApoAI und ApoAII. Diese werden in Enterozyten der Darmmukosa und Hepatozyten synthetisiert und an den Blutkreislauf abgegeben. Dort assoziieren sie u. a. mit Cholesterin und Phospholipiden, die mithilfe verschiedener Transporter des ABC-Typs aus den extrahepatischen Geweben in den Blutkreislauf exportiert werden. Zusätzlich binden diese Vorstufen der HDL-Partikel die **Lecithin-Cholesterin-Acyl-Transferase (LCAT)**, ein von der Leber synthetisiertes und sezerniertes Enzym, das durch **Apolipoprotein AI** aktiviert wird und unter Verwendung einzelner Fettsäuren aus Phospholipiden, bevorzugt aus Lecithin, das freie Cholesterin zu Cholesterinestern umsetzt (> Tab. 20.4). Cholesterinester, die durch die LCAT gebildet wurden, enthalten daher meist Stearin- oder andere Fettsäuren, aber nur selten Palmitinsäure. Die dabei aus den Phospholipiden entstehenden Lysophospholipide, in erster Linie Lysophophatidylcholin, sind vergleichsweise gut wasserlöslich und diffundieren aus dem HDL-Partikel ab. Durch Interaktion mit anderen Lipoproteinen, insbesondere dem VLDL, nehmen die HDL-Partikel weitere wasserlösliche Apolipoproteine des C- und E-Typs auf und so an Größe weiter zu. Die Leber und steroidhormonproduzierende Zellen können das Cholesterin der HDL durch verschiedene Rezeptoren und Mechanismen aufnehmen. Der wahrscheinlich für den Menschen wichtigste Weg ist die direkte Aufnahme von Cholesterinestern über den **Scavenger-Rezeptor B1**. Ähnlich wie LDL-Partikel können aber auch HDL-Partikel mithilfe von ApoE- oder ApoA1-Rezeptoren als Ganzes endozytiert und im Hepatozyten abgebaut werden (> Abb. 20.34).

> **Transport von Cholesterin aus extrahepatischen Geweben zur Leber**
>
> Überschüssiges Cholesterin aus extrahepatischen Geweben wird in **HDL** zurück zur Leber transportiert (reverser Cholesterintransport). HDL werden nicht in den Zellen, sondern erst im Blut gebildet. Die **Lecithin-Cholesterin-Acyl-Transferase (LCAT),** die über ApoA-I aktiviert wird, verestert Cholesterin dabei für den Transport.
> Durch Interaktion mit anderen Apolipoproteinen nehmen HDL weitere Apolipoproteine auf und werden größer. Die Leber und steroidhormonproduzierende Zellen können das Cholesterin der HDL aufnehmen.
> Beim Menschen erfolgt die Aufnahme der Cholesterinester hauptsächlich über den **Scavenger-Rezeptor B1**, HDL können aber auch als Ganzes endozytiert werden.

Tab. 20.4 Bildung von Cholesterinestern

	Acyl-CoA-Cholesterin-Acyltransferase (ACAT)	Lecithin-Cholesterin-Acyltransferase (LCAT)
Lokalisation	ER-Membran fast aller Zellen (aktives Zentrum zytoplasmatisch)	Im Blut
Katalysierte Reaktion	Verestert aktivierte Fettsäuren mit Cholesterin	Verestert Fettsäuren aus Phospholipiden (z. B. Lecithin) mit Cholesterin
Bevorzugte Fettsäure	Palmitinsäure	Stearinsäure

TAB. 20.4

Aus Studentensicht

ABB. 20.34

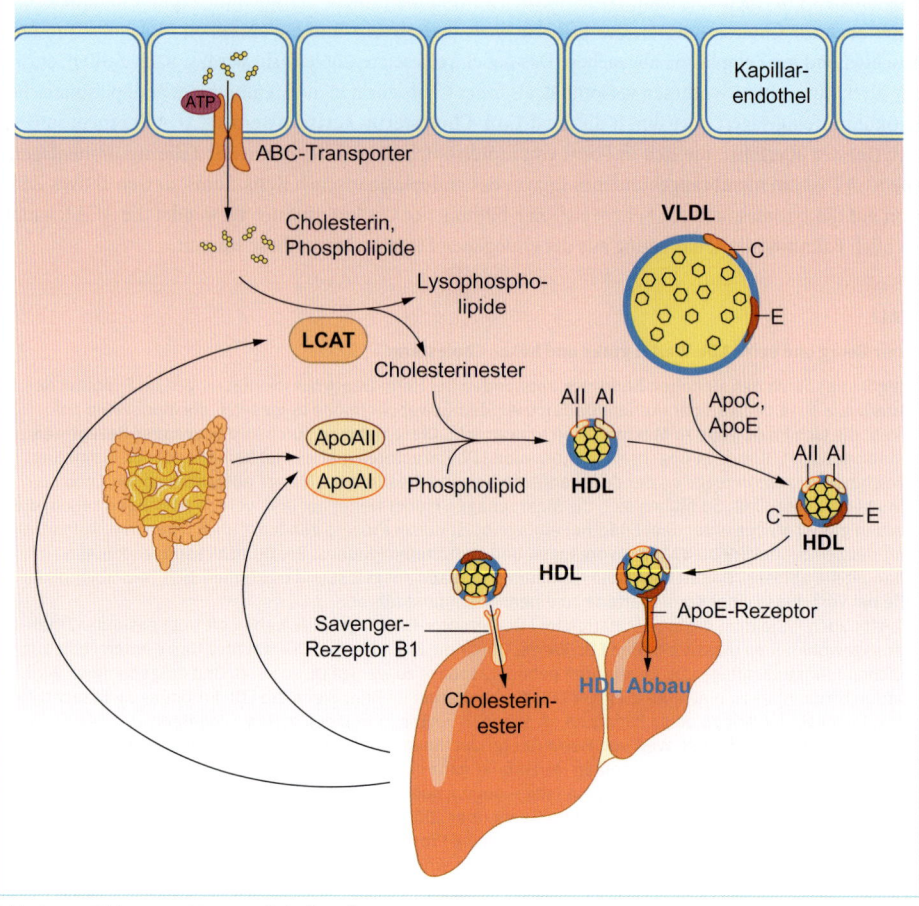

20 LIPIDE: NICHT NUR ENERGIESPEICHER

Abb. 20.34 Bildung von HDL-Partikeln [L307]

> **FALL**
>
> **Herr Georg und seine LDL-Werte: gutes und böses Cholesterin**
>
> Der niedrige HDL-Wert von Herrn Georg zeigt an, dass der Transport des Cholesterins von den peripheren Geweben zur Leber und damit zur Ausscheidung vermindert ist. Umgangssprachlich wird der HDL-Wert daher auch „gutes Cholesterin" genannt. Je höher er ist, desto besser ist der Cholesterinumsatz in der Leber. Der LDL-Wert, auch als „böses Cholesterin" bezeichnet, zeigt an, wie gut das Cholesterin aus dem Blut in die peripheren Zellen aufgenommen wird. Je höher er ist, desto mehr Cholesterin wird in die Makrophagen aufgenommen und desto höher ist das Risiko der Schaumzellbildung.
> Um die zu hohen LDL-Werte von Herrn Georg in den Griff zu bekommen, gibt es inzwischen mehrere Möglichkeiten. Von der Klinik hat er schon die Einnahme von Statinen verordnet bekommen. Leider sind bei Ihren Kontrolluntersuchungen Herrn Georgs LDL-Werte trotz der Einnahme von Simvastatin immer noch zu hoch (> 150 mg/dl). Sie verschreiben ihm daher zusätzlich Colestyramin (z. B. Lipocol®), einen Anionenaustauscher.
> Wieso können Statine und gallensäurebindende Anionenaustauscher Herrn Georgs LDL-Werte und damit sein Herzinfarktrisiko senken?

Cholesterinbiosynthese

Die körpereigene **Cholesterinbiosynthese** läuft überwiegend im Zytoplasma der **Leberzellen** ab. Wie bei der Ketonkörpersynthese entsteht aus drei Molekülen Acetyl-CoA **HMG-CoA,** das vom Schlüsselenzym, der **HMG-CoA-Reduktase,** unter Verbrauch von 2 NADPH zu **Mevalonat** reduziert wird. Daraus entsteht unter Verbrauch von 3 ATP die Grundeinheit aller Isoprenlipide, das **Isopentenylpyrophosphat.**
Aus sechs Molekülen Isopentenylpyrophosphat entsteht **Squalen,** das zyklisiert und in mehreren Schritten zu **Cholesterin** umgesetzt wird.

Cholesterinbiosynthese

Cholesterin ist nicht essenziell, sondern kann von den meisten Zellen synthetisiert werden (> Abb. 20.35). Hauptsächlich läuft die Cholesterinsynthese in der **Leber** ab. Ausgangspunkt der Cholesterinbiosynthese ist **Acetyl-CoA.** Analog der Ketonkörpersynthese reagieren zunächst zwei Acetyl-CoA-Moleküle, katalysiert durch die Thiolase, zu Acetoacetyl-CoA. Die HMG-CoA-Synthase addiert im nächsten Schritt ein weiteres Acetyl-CoA und es entsteht **3-Hydroxy-3-methyl-glutaryl-CoA (HMG-CoA).** Diese beiden Reaktionen entsprechen den ersten Schritten der Ketonkörpersynthese. Im Gegensatz zur Ketonkörpersynthese findet die Cholesterinbiosynthese aber im **Zytoplasma** statt und wird durch entsprechende Isoenzyme katalysiert.

Der folgende Schritt der Cholesterinbiosynthese, die Bildung von **Mevalonat,** ist irreversibel und damit der geschwindigkeitsbestimmende Schritt. Das Schrittmacherenzym, die **HMG-CoA-Reduktase,** ist ein membrangebundenes Enzym des glatten ER, dessen aktives Zentrum im Zytoplasma lokalisiert ist. Sie reduziert das C-Atom der Thioesterbindung des HMG-CoA von der Oxidationsstufe einer Carbonsäure in zwei aufeinanderfolgenden Schritten zur OH-Gruppe des Mevalonats, wobei **2 NADPH** benötigt werden.
Im zweiten Teil der Cholesterinsynthese entsteht im Zytoplasma oder in Peroxisomen aus Mevalonat unter Verbrauch von 3 ATP **aktiviertes Isopren** (5-Isopentenylpyrophosphat = 5-Isopentenyldiphos-

20.2 LIPIDE ALS SIGNALMOLEKÜLE

Aus Studentensicht

phat), ein C5-Körper. Aktiviertes Isopren ist nicht nur Ausgangspunkt für die weitere Synthese des Cholesterins und seiner Derivate, sondern auch für zahlreiche weitere **Isoprenderivate,** die im Stoffwechsel eine wichtige Rolle spielen. So können im menschlichen Organismus aus Isopren u. a. Häm, Dolicholphosphat, Ubichinon, Farnesyl- und Geranylanker synthetisiert werden. Auch die für den Menschen essenziellen Verbindungen Retinol (Vitamin A), α-Tocopherol (Vitamin E) und Phyllochinon (Vitamin K_1) zählen zu den Isoprenderivaten. Weitere Isoprenoide sind Gummi oder intensiv riechende Terpene in ätherischen Ölen.

Im dritten Abschnitt der Cholesterinsynthese entsteht durch Kondensation von 6 aktivierten Isoprenmolekülen **Squalen,** das in 22 chemisch sehr aufwendigen Reaktionen zyklisiert, wodurch schließlich Cholesterin gebildet wird.

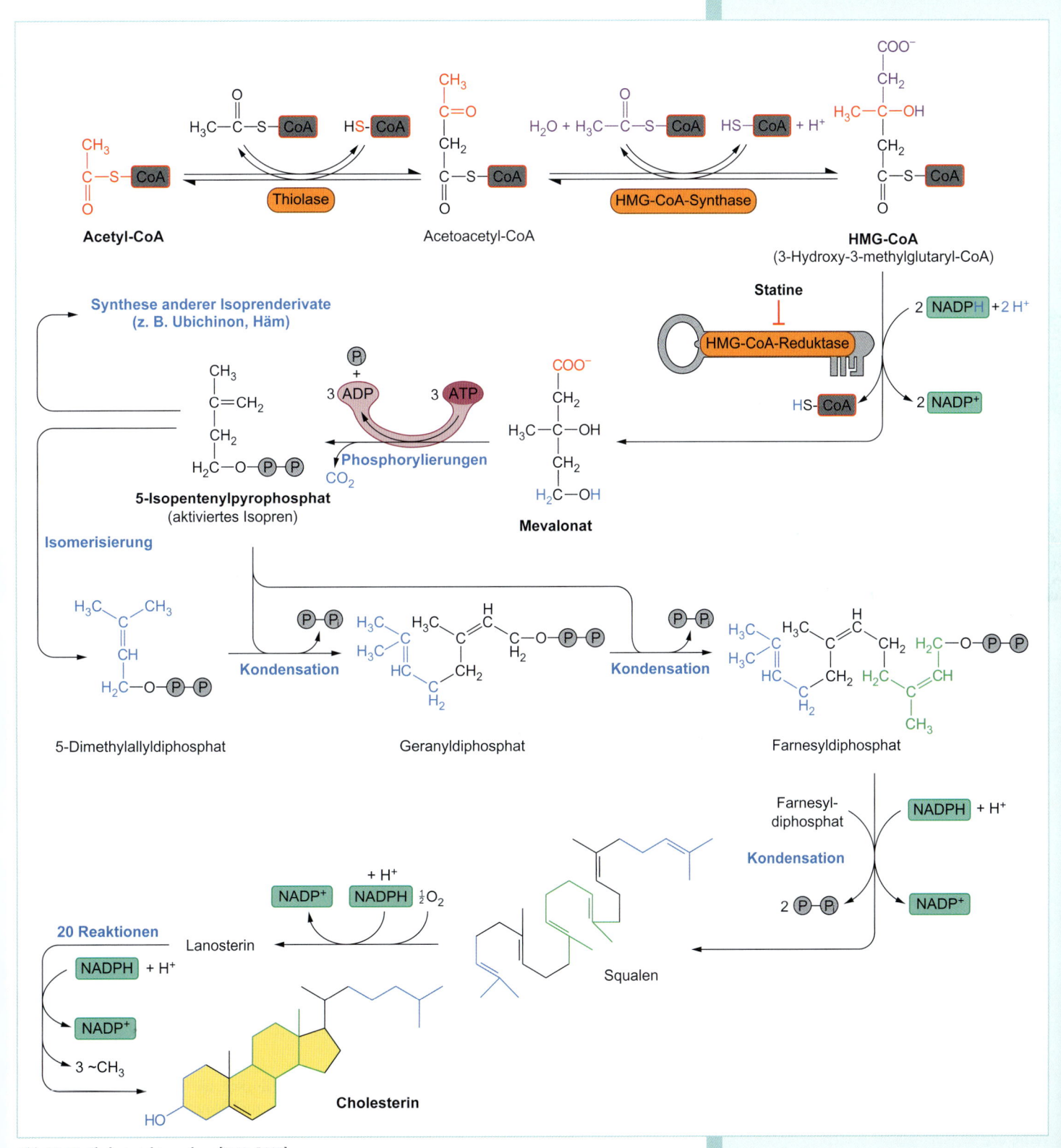

Abb. 20.35 Cholesterinbiosynthese [L253, L307]

Aus Studentensicht

Die insgesamt 18 Moleküle Acetyl-CoA, die für die Cholesterinsynthese verbraucht werden, entsprechen einem Äquivalent von **ca. 180 ATP**.

Regulation der Cholesterinsynthese
Das ER-Membranprotein **SCAP** fungiert als **Cholesterinsensor**. Bei hohen Cholesterinkonzentrationen bindet **SCAP** an **SREBP** und **Insig** und alle verbleiben in der ER-Membran.

Bei niedrigem Cholesterinspiegel wird der SCAP/SREBP-Komplex von Insig gelöst und zum **Golgi-Apparat** transportiert, wo die Proteasen **S1P** und **S2P** SREBP spalten und einen Teil ins Zytoplasma freisetzen. Dieser SREBP-Teil transloziert in den Zellkern und wirkt als **Transkriptionsfaktor** für das Gen der HMG-Reduktase und weitere Gene, die für Proteine codieren, die an der Cholesterin- und Fettsäuresynthese beteiligt oder Endozytosefaktoren für LDL sind.

Bei hohen Cholesterinkonzentrationen wird die HMG-CoA-Reduktase **ubiquitinyliert** und abgebaut. Zudem kann ihre Aktivität über **Interkonvertierung** schnell reguliert werden.

20 LIPIDE: NICHT NUR ENERGIESPEICHER

Insgesamt werden 18 Moleküle Acetyl-CoA und 18 Moleküle ATP für die Synthese eines Cholesterinmoleküls verbraucht. Würde man dieses Acetyl-CoA in Citratzyklus und Atmungskette vollständig oxidieren, könnten weitere **ca. 180 ATP** erzeugt werden. An dieser Zahl ist erkennbar, warum der menschliche Organismus mit Cholesterin sehr sorgsam umgeht, es beispielsweise nicht spalten kann, die Ausscheidung minimiert und die Neusynthese auf ein Minimum reduziert. Cholesterin ist aber auch sehr schlecht wasserlöslich und kann sich bei erhöhten Konzentrationen beispielsweise in der Wand von Blutgefäßen ablagern. Daher wird die endogene Cholesterinsynthese bei ausreichender Versorgung des Organismus mit Nahrungscholesterin inhibiert.

Regulation der Cholesterinsynthese
Die meisten Zellen des menschlichen Organismus messen den Cholesterinspiegel in der Zelle mithilfe des polytopen Transmembranproteins **SCAP** (SREBP Cleavage-Activating Protein). SCAP ist in die Membran des ER integriert, wirkt als Cholesterinsensor (➤ Abb. 20.36) und kann mit Sterolen aller Art in Wechselwirkung treten.

Ist die Cholesterinkonzentration im ER hoch, bindet SCAP einen Vertreter der **SREBP** (Sterol Regulatory Element-Binding Protein) Familie und **Insig** (Insulin-Induced Gene). Durch die Bindung an Insig wird der gesamte Proteinkomplex im ER zurückgehalten und die Transkription der Enzyme für die Cholesterinsynthese ist stark reduziert. Sinkt die Cholesterinkonzentration im ER, löst sich die Bindung von Insig an SCAP und der SCAP/SREBP-Komplex wird in COPII-Vesikeln zum Golgi-Apparat transportiert. Dort bindet die membrangebundene Serin-Protease **S1P** an den SCAP/SREBP-Komplex und spaltet SREBP in seiner luminalen Domäne. Anschließend wird die N-terminale Transmembrandomäne des SREBP durch die Intramembran-Metallo-Protease **S2P** gespalten (➤ 7.2.5). Dadurch wird die N-terminale Domäne des SREBP in das Zytoplasma freigesetzt und mithilfe eines Kernlokalisierungssignals in den Zellkern transportiert (➤ 6.3.2). Dort wirkt sie als spezifischer Transkriptionsfaktor für Gene, deren Promotoren ein **SRE-Element** (Sterol Regulatory Element) enthalten. Neben der Expression der HMG-CoA-Reduktase wird so auch die Expression fast aller an der Cholesterin- und Fettsäurebiosynthese sowie an der LDL-Endozytose beteiligten Proteine um das bis zu 200-Fache gesteigert. Auf diese Weise werden bei niedrigem Cholesteringehalt LDL-Endozytose und Cholesterinbiosynthese gezielt aktiviert.

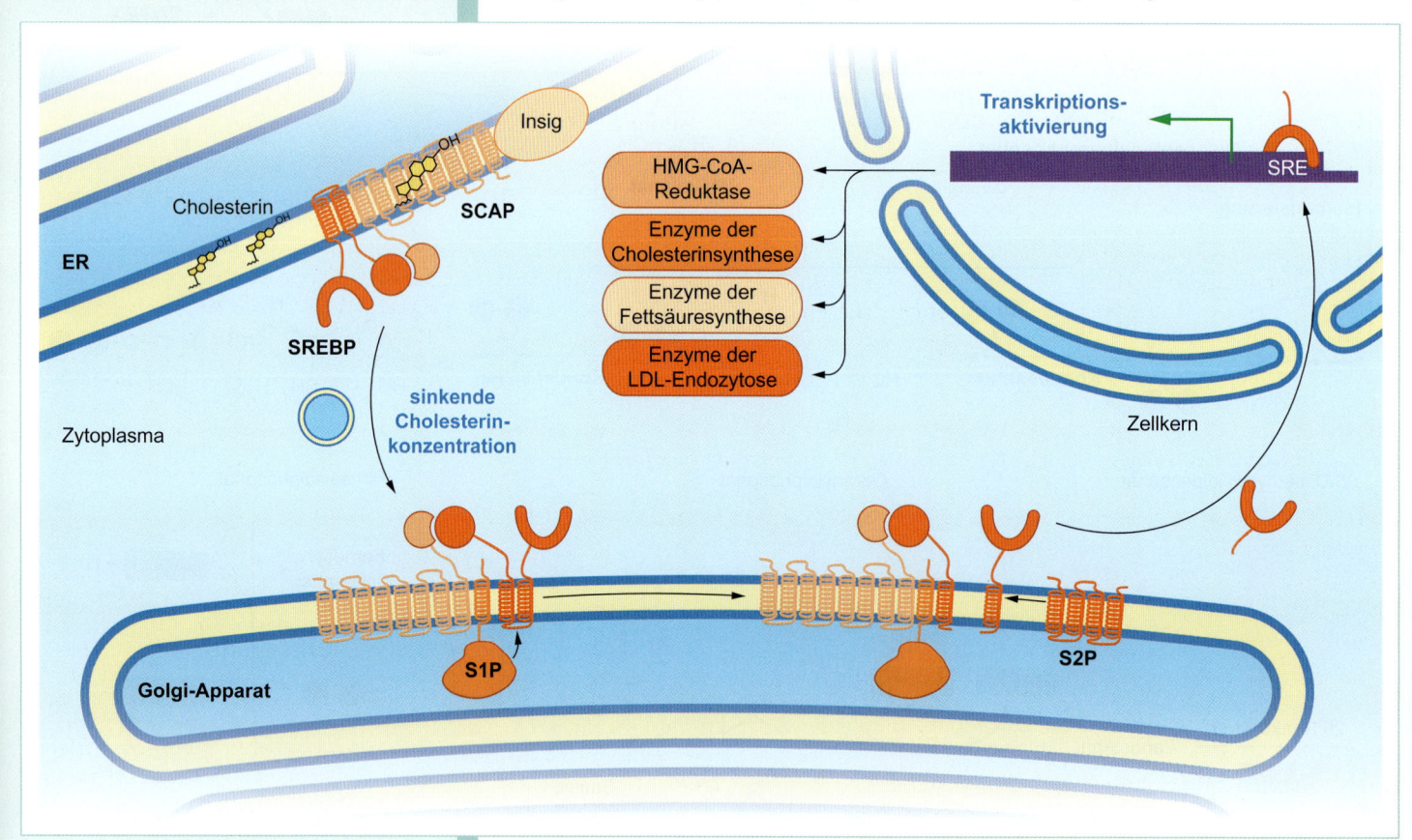

Abb. 20.36 Transkriptionelle Regulation der Cholesterinsynthese [L307]

Ähnlich wie SCAP besitzt auch die **HMG-CoA-Reduktase** die Fähigkeit, die Cholesterin-Konzentration im ER zu messen. Bei hoher Cholesterinkonzentration kommt es zur Ubiquitinylierung und damit zum Abbau der HMG-CoA-Reduktase durch das Proteasom und die Cholesterinsynthese nimmt ab.

Neben diesen langsamen, innerhalb von 1–2 Stunden greifenden Regulationsmechanismen kann die HMG-CoA-Reduktase auch schnell durch Interkonvertierung reguliert werden. In phosphoryliertem Zustand ist die HMG-CoA-Reduktase inaktiviert, in nicht-phosphoryliertem Zustand dagegen aktiviert. Bei Energiemangel wird die HMG-CoA-Reduktase durch die **AMP-abhängige Protein-Kinase** phosphoryliert, sodass bei hohen AMP-Konzentrationen und damit Mangel an ATP die sehr energieaufwendige Cholesterinbiosynthese **reduziert** wird. Umgekehrt **aktivieren Insulin** und **Schilddrüsenhormone** Protein-Phosphatasen, die die HMG-CoA-Reduktase dephosphorylieren und dadurch Cholesterinsynthese bei hoher Glukoseverfügbarkeit bzw. gesteigerter Stoffwechselleistung ermöglichen.

> **Aus Studentensicht**
>
> Die **AMP-abhängige Protein-Kinase** phosphoryliert und hemmt dadurch die HMG-CoA-Reduktase, während **Insulin** und **Schilddrüsenhormone** die Dephosphorylierung und so die Aktivierung vermitteln.

FALL

Herr Georg und seine LDL-Werte: Therapie

Das Statin, das Herr Georg einnimmt, ist ein kompetitiver Inhibitor der HMG-CoA-Reduktase und damit des Schlüsselenzyms der Cholesterinbiosynthese. Dadurch wird die zelluläre Cholesterinsynthese reduziert. Zur Kompensation bilden die Zellen vermehrt LDL-Rezeptoren und nehmen verstärkt LDL auf. Die LDL-Konzentration im Blut und damit das Risiko der Thrombenbildung sinken.
Colestyramin ist ein Anionenaustauscher, der Gallensäuren im Darm bindet und ihre Ausscheidung mit dem Stuhl fördert. Um den vermehrten Verlust der Gallensäuren auszugleichen, muss die Neusynthese der Gallensäuren aus Cholesterin verstärkt ablaufen und es kommt zu einer Reduktion der Cholesterinkonzentration im Blut.
Bei seinem nächsten Besuch bei Ihnen regt sich Herr Georg erneut auf. Mit hochrotem Gesicht schimpft er über die unerträgliche Verstopfung, die er seit der Einnahme der Medikamente hat. Dies ist eine häufige Nebenwirkung bei der Einnahme von Colestyramin.
Der Gedanke an die extremen Blutdruckspitzen, die beim Pressen auf der Toilette entstehen, und deren destabilisierenden Effekt auf die arteriosklerotischen Plaques von Herrn Georg lässt Sie da lieber auf eine neue Kombination setzen: Sie verschreiben ihm ein Präparat, welches das Statin Simvastatin mit dem den Cholesterintransport durch NPC-1 hemmenden Ezetimib kombiniert (z. B. Inegy®).
Herr Georg kommt mit dem Kombipräparat gut zurecht und das LDL-Cholesterin sinkt. Zwar ist der Wert ist noch nicht < 70 mg/dl, wie er bei Herrn Georgs Risikoprofil angestrebt wird, aber immerhin schon bei < 120 mg/dl.
Bleibt noch der zu niedrige HDL-Wert: Medikamente zur Anhebung der HDL-Spiegel sind noch in der Erprobungsphase. Daher empfehlen Sie Herrn Georg Sport, der nachgewiesenermaßen die HDL-Werte erhöht. Erstaunlicherweise trifft dieser Rat nicht auf taube Ohren und Herr Georg meldet sich gleich für den nächsten Halbmarathon an. Doch einige Wochen später ist er wieder in Ihrer Praxis: Er habe starke Muskelschmerzen und habe den Halbmarathon früh abbrechen müssen. So etwas habe er früher beim Joggen nie gehabt.
Die durch das Statin gehemmte HMG-CoA-Reduktase bildet nicht nur ein Zwischenprodukt für die Cholesterinsynthese, sondern auch die Vorstufen für alle anderen Isoprenlipide, darunter Ubichinon (> Abb. 20.35). Ubichinon ist ein wichtiger Bestandteil der Atmungskette und damit essenziell für die ATP-Synthese. Normalerweise liegt Ubichinon im Überschuss vor. Durch die Statingabe wird seine Synthese gehemmt und es kommt insbesondere bei körperlicher Belastung zu einem Engpass in den Muskelzellen, der sich durch Muskelschmerzen bemerkbar macht. Dies ist eine häufige Nebenwirkung der Statine. Ein Statin, Cerivastatin (Lipobay®), musste sogar vom Markt genommen werden, weil es bei einigen Patienten nach Einnahme zu einer massiven Muskelauflösung (Rhabdomyolyse) kam, die in einigen Fällen auch zum Tod durch Nierenversagen führte. Ob dies auch eine Folge der gehemmten Ubichinonsynthese ist, ist ungeklärt.

Synthese der Steroidhormone

Die **Steroidhormone** gehören wie auch das **Vitamin D** und die **Gallensäuren** zu den Cholesterinderivaten und haben ein sehr breites Wirkspektrum. Steroidhormone vermitteln ihre Signale über nukleäre Rezeptoren.
Hauptsyntheseorte der Steroidhormone sind die Nebenniere, die Hoden sowie die Ovarien. Alle Steroidhormone sind hydrophob und tragen wie auch das Cholesterin einzelne hydrophile Seitenketten. Vermutlich können sie die Lipiddoppelschichten zellulärer Membranen durch Diffusion passieren und werden deshalb nicht in Vesikeln gespeichert, sodass ihre **Synthese unmittelbar bei Bedarf** erfolgen muss. Die Abgabe aus der Zelle erfolgt durch Diffusion oder durch die Beteiligung entsprechender Transportproteine. Im Blut werden die Steroidhormone wie auch die unveresterten Fettsäuren an **Plasmaproteine** gebunden transportiert.
Drei Gruppen von Steroidhormonen werden unterschieden:
- Glukocorticoide
- Mineralocorticoide
- Sexualhormone

Die ersten Schritte der Synthese sind für alle Steroidhormone identisch und finden hauptsächlich in der Zona glomerulosa der Nebennierenrinde statt (> Abb. 20.37a). Zunächst werden die Cholesterinester, die in Lipidtröpfchen im Zytoplasma der steroidhormonproduzierenden Zellen vorliegen, mithilfe der **Cholesterinester-Hydrolase** hydrolysiert. Das dabei freigesetzte **Cholesterin** wird von Trägerproteinen durch die hydrophile Umgebung des Zytoplasmas zum Mitochondrium transportiert und durch das Zusammenspiel verschiedener Transportproteine über die äußere Mitochondrienmembran transportiert. Eine zentrale Aufgabe in diesem Transportprozess übernimmt das Protein **StAR**. Ist es beispielsweise durch Mutation inaktiviert, kommt es zu schwerwiegenden Erkrankungen wie der kongenitalen lipoiden Hyperplasie (CAH), die unbehandelt tödlich sein kann. Dieser Transportschritt über die äußere Mitochondrienmembran ist **geschwindigkeitsbestimmend** für die Steroidhormonsynthese. Anschließend katalysiert die **Cholesterin-Desmolase** die oxidative Spaltung der Seitenkette des Cholesterins in der inneren Mitochondrienmembran, sodass **Pregnenolon,** die gemeinsame Vorstufe aller Steroidhormone, entsteht. Die Cholesterin-Desmolase enthält zwei Monooxygenase-Aktivitäten, die zur Gruppe der **Cyto-**

> **Synthese der Steroidhormone**
>
> Steroidhormone werden im Blut gebunden an **Plasmaproteine** transportiert. Sie vermitteln ihre Signale über **nukleäre Rezeptoren.** Hauptsyntheseort sind Nebenniere und Gonaden. Die Synthese erfolgt dort **unmittelbar bei Bedarf,** da Steroidhormone nicht gespeichert werden können.
>
> Die ersten Syntheseschritte aller Steroidhormone (Glukocorticoide, Mineralocorticoide und Sexualhormone) sind identisch:
> - Cholesterin wird mithilfe von **StAR** über die äußere Mitochondrienmembran transportiert (= geschwindigkeitsbestimmender Schritt).
> - Oxidative Spaltung der Seitenkette durch die in der Innenmembran verankerte **Cholesterin-Desmolase,** die Sauerstoff und NADPH benötigt.
>
> Das dabei entstehende **Pregnenolon** wird zurück ins Zytoplasma transportiert und dient als Vorstufe aller Steroidhormone.

Aus Studentensicht

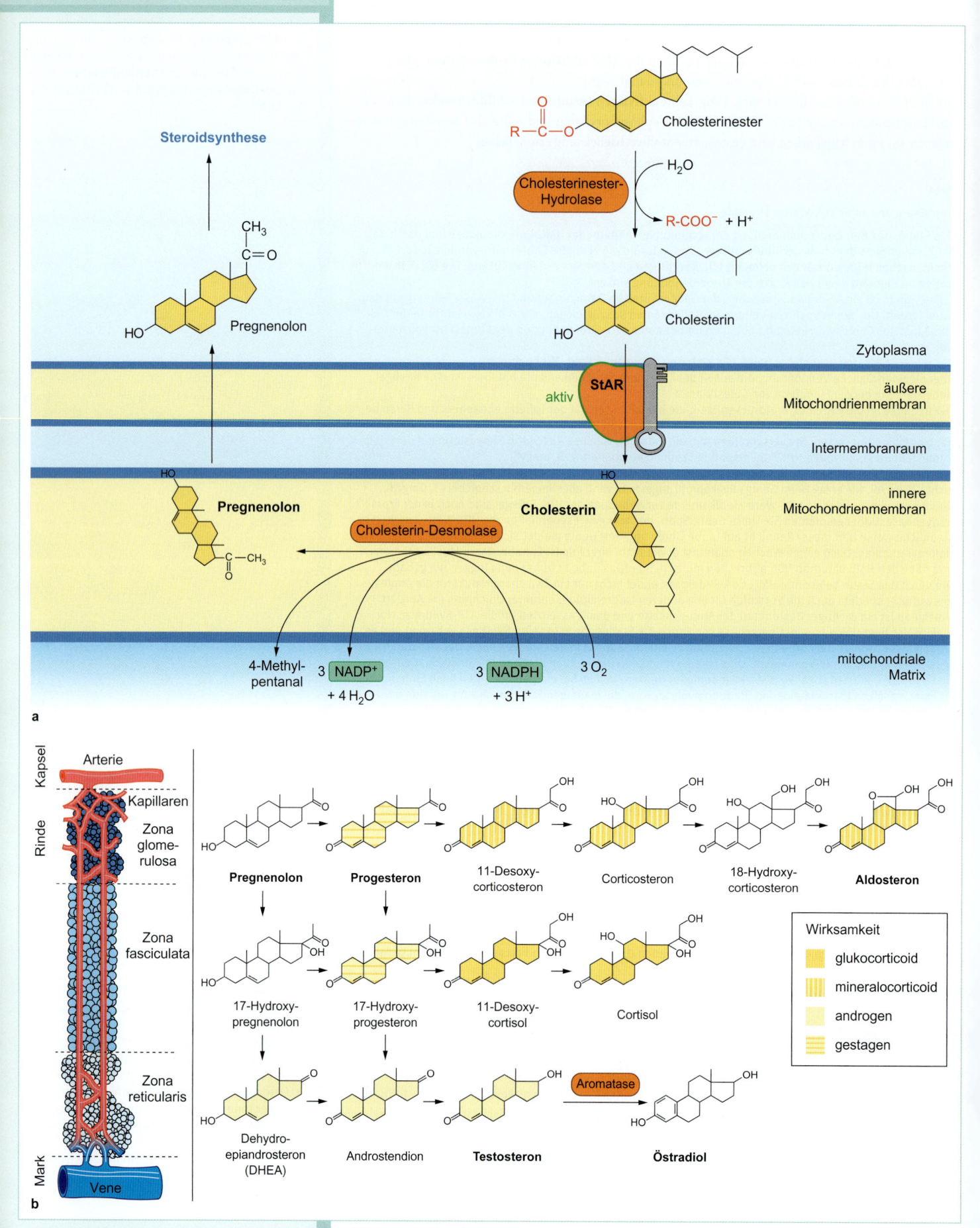

20 LIPIDE: NICHT NUR ENERGIESPEICHER

Abb. 20.37 Synthese der Steroidhormone in der Nebennierenrinde. **a** Pregnenolon-Synthese in der Zona glomerulosa. **b** Weitere Syntheseschritte in den verschiedenen Zonen. [L253, L307]

chrom-P450-Enzyme gehören und als Oxidationsmittel elementaren Sauerstoff aus der mitochondrialen Matrix verwenden, und eine Desmolase-Aktivität, welche die C-C-Bindung der Cholesterinseitenkette spaltet. Als Nebenprodukt dieser Reaktion entsteht 4-Methyl-Pentanal, das in der Mitochondrienmatrix weiter oxidiert werden kann. Als weiteren Co-Faktor benötigt die Cholesterin-Desmolase NADPH für die Reduktion der nicht in die Produkte integrierten O-Atome.

Pregnenolon wird anschließend über die äußere Mitochondrienmembran zurück in das Zytoplasma transportiert und dort zu den verschiedenen Steroiden umgesetzt oder ans Blut abgegeben.

Im Zytoplasma der Zona glomerulosa wird Pregnenolon durch Oxidation der OH-Gruppe und Isomerisierung der Doppelbindung des Sterangerüstes in **Progesteron** umgewandelt. Progesteron wird einerseits an das Blut abgegeben und wirkt als weibliches Sexualhormon, andererseits kann es als Vorstufe für die Synthese der übrigen Steroidhormone dienen. Mithilfe der Enzyme der Zona glomerulosa entstehen aus Progesteron die **Mineralocorticoide,** darunter das bedeutendste von ihnen, das **Aldosteron** (> Abb. 20.37b). Mineralocorticoide spielen u. a. eine wichtige Rolle bei der Reabsorption von Natrium in der Niere (> 9.7.2).

Pregnenolon kann durch Transzytose (> 6.3.5) in die Zellen der Zona fasciculata der Nebennierenrinde gelangen oder von diesen aus dem Blut aufgenommen werden. Dort entstehen entweder durch Oxidation des Pregnenolons oder des Progesterons bevorzugt die **Glukocorticoide.** Der wichtigste Vertreter der Glukocorticoide ist das **Cortisol.** Es spielt eine zentrale Rolle bei der Stoffwechselregulation in Belastungs- und Stresssituationen (> 9.7.1). Für den Transport im Blut bindet Cortisol an **Transcortin,** ein Plasmaprotein, das von der Leber synthetisiert wird.

Die hydroxylierten Zwischenprodukte des Pregnenolons und Progesterons können schließlich durch die Enzyme der Zona reticularis zu **Dehydroepiandrosteron (DHEA)** bzw. Androstendion reduziert werden. DHEA, das im Blut meist als Sulfat transportiert wird, und Androstendion haben selbst kaum biologische Aktivität, sind aber sowohl beim Mann als auch bei der Frau die wichtigste **Transportform für Vorstufen der Sexualhormone** im Blut.

Im männlichen Organismus wird der Hauptteil des **Testosterons** in den **Leydig-Zellen** des Hodens gebildet. Analog des Syntheseweges in der Nebennierenrinde wird es hauptsächlich de novo aus Cholesterin synthetisiert oder zu einem geringen Anteil durch Oxidations-, Reduktions- und Isomerisierungsreaktionen aus DHEA-Sulfat. Im Gegensatz dazu wird bei der Frau fast die Hälfte des Testosterons direkt in der Zona reticularis der Nebennierenrinde gebildet und an das Blut abgegeben.

Für die Bildung von **Östrogenen** aus Androstendion oder Testosteron muss ein aromatischer Ring gebildet werden. Diese chemisch aufwendige Reaktion wird durch die **Aromatase** katalysiert. Die Aromatase gehört ebenfalls zu den **Cytochrom-P450-Enzymen** und wird bei der Frau während des Eisprungs in den Granulosazellen des Follikels exprimiert, die dann Östradiol produzieren und an das Blut abgeben. Zusätzlich wird die Aromatase aber sowohl bei Männern als auch bei Frauen in verschiedenen anderen Geweben wie dem weißen Fettgewebe exprimiert und trägt zur Synthese der Östrogene aus DHEA-Sulfat bei. Daher kann bei stark übergewichtigen Männern eine Vergrößerung der Brüste (Gynäkomastie) beobachtet werden.

> **Aus Studentensicht**
>
> **Pregnenolon** wird im Zytoplasma zu **Progesteron** umgewandelt, das als weibliches Sexualhormon wirken kann oder zur Synthese anderer Steroidhormone dient:
> - Zona glomerulosa: Mineralocorticoide (z. B. Aldosteron)
> - Zona fasciculata: Glukocorticoide (z. B. Cortisol)
> - Zona reticularis: Dehydroepiandrosteron, DHEA (Vorläufer für Sexualhormone)
>
> Im Hoden wird **Testosteron** in den Leydig-Zellen de novo oder aus aufgenommenem DHEA synthetisiert.
>
> Für die Bildung von **Östrogenen** ist die **Aromatase** essenziell, die zu den CYP450-Enzymen gehört.

KLINIK
Aromatase-Hemmer

Aromatase-Inhibitoren werden klinisch häufig zur Behandlung von sog. hormonrezeptorpositiven Brusttumoren bei postmenopausalen Patientinnen eingesetzt (> 12.6.4). Diese Tumoren exprimieren verstärkt Hormonrezeptoren und ihr Wachstum ist an das Vorhandensein von Östrogenen gekoppelt. Da die Aromatase nur im Syntheseweg für Östrogen vorkommt, kann auf diese Weise sehr spezifisch in diesen Stoffwechselweg eingegriffen werden. Es werden steroidale Aromatase-Inhibitoren wie Exemestan (z. B. Aromasin®) und nichtsteroidale Aromatase-Inhibitoren wie Anastrozol (z. B. Arimidex®) oder Letrozolum (z. B. Femara®) unterschieden.

KLINIK

Die Synthese der Steroidhormone wird durch das von der Hypophyse ausgeschüttete Peptidhormon ACTH sowie durch FSH, LH und das Renin-Angiotensin-System (RAAS) reguliert (> 9.7.2).

> Die Regulation der Synthese erfolgt über ACTH, FSH, LH und RAAS.

20.2.2 Funktion und Synthese der Fettsäurederivate

FALL
Examensparty mit Folgen

Sie haben am Sonntagmorgen Dienst in der Notaufnahme. Der 23-jährige Severin Schneider kommt mit starker Atemnot. Er wird von seiner Freundin begleitet, die Sie auch informiert, da er kaum in der Lage ist zu sprechen. Severin habe gestern sein Examen gefeiert und sei mit starken Kopfschmerzen aufgewacht. Sie habe ihm gleich zwei Tabletten à 500 mg Aspirin® in Wasser aufgelöst und zu trinken gegeben. Da habe er plötzlich Asthma bekommen. Sonst habe er nur einmal im Sommer bei extremem Pollenflug einen Asthmaanfall gehabt. Sie geben ihm Sauerstoff, ein bronchodilatierendes β$_2$-Sympathomimetikum zum Inhalieren und eine Cortisolspritze, die Wunder wirkt. Kaum kann er wieder sprechen, klagt er allerdings über starke Magenschmerzen.

Aus Studentensicht

20 LIPIDE: NICHT NUR ENERGIESPEICHER

Acetylsalicylsäure (Aspirin®)

Wieso wird Aspirin als schmerzstillendes Medikament eingesetzt und warum kann es zu so starken Nebenwirkungen kommen?

Eikosanoide sind lokal wirksame Fettsäurederivate.

Die größte Gruppe der Fettsäurederivate sind die **Eikosanoide** (gr. eikosa = zwanzig). Sie gehören zu den Mediatoren, hormonähnlichen Botenstoffen, die lokal produziert werden und vorwiegend lokal wirksam sind. Sie regulieren u. a. die Schmerzempfindlichkeit, wirken als Fieber- und Entzündungsmediatoren, kontrollieren Blutdruck und Atmung und haben eine protektive Wirkung auf die Schleimhaut des Magens.

Biosynthese der Arachidonsäure

Die **vierfach ungesättigte C$_{20}$-Arachidonsäure** wird aus der essenziellen **Linolsäure** durch Elongation mit Malonyl-CoA und Reduktion mit zwei Desaturasen gebildet.

Biosynthese der Arachidonsäure

Ausgangspunkt für die Biosynthese der zu den Eikosanoiden zählenden Prostanoide und Leukotriene ist die vierfach ungesättigte **Arachidonsäure** (C20 : 4) (> Abb. 20.38). Da die Arachidonsäure zwei Doppelbindungen nach C9 enthält, wird für ihre Biosynthese als Ausgangssubstrat die essenzielle **Linolsäure** (C18 : 2) benötigt. Arachidonsäure wird daher häufig auch als **semiessenzielle** Fettsäure bezeichnet. Um aus der Linolsäure Arachidonsäure zu bilden, wird die Kohlenstoffkette durch eine **Elongase** am ER, die als Substrat **Malonyl-CoA** verwendet, um zwei C-Atome verlängert. Durch zwei unabhängige **Desaturasen** werden zwei Doppelbindungen an Position 5 und 8 eingefügt. Dazu werden elementarer Sauerstoff und NADPH benötigt.

ABB. 20.38

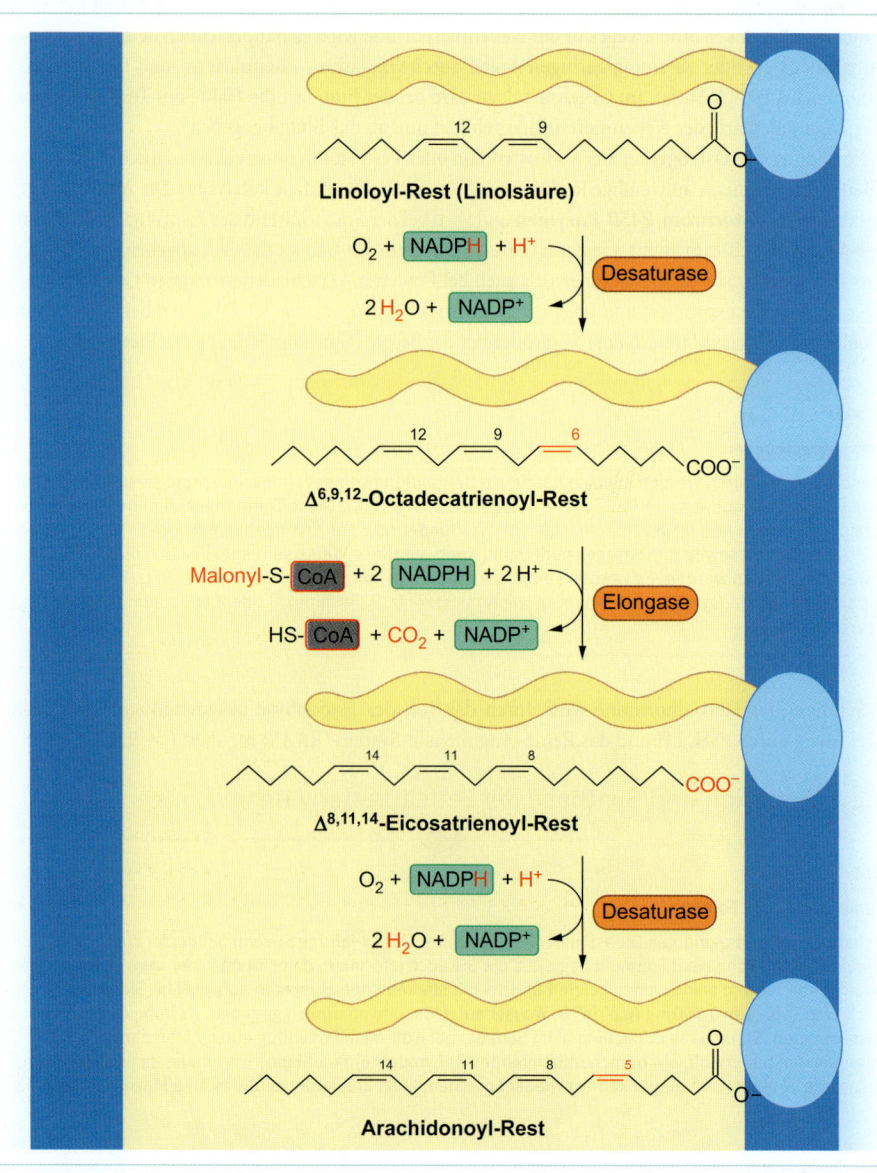

Abb. 20.38 Biosynthese der Arachidonsäure [L253]

20.2 LIPIDE ALS SIGNALMOLEKÜLE

Die Arachidonsäure kann zelluläre Membranen mittels Diffusion passieren und würde daher der Zelle verloren gehen. Sie wird deshalb durch **kovalente Bindung** in Membranlipiden, i. d. R. über eine Esterbindung an Position 2 des Glycerins, in Phosphogyceriden gespeichert. Ihre Synthese findet entweder direkt in den Membranlipiden statt (➤ Abb. 20.38) oder ausgehend von Linoloyl-CoA und anschließendem Einbau in ein Phospholipid. Sie trägt somit einerseits wie alle ungesättigten Fettsäuren zur Regulation der Membranfluidität bei und steht andererseits für die Biosynthese von Eikosanoiden zur Verfügung.

Biosynthese der Eikosanoide

Der erste Schritt der Eikosanoidbiosynthese ist die Freisetzung der Arachidonsäure durch die **zytoplasmatische Phospholipase A_2** (cPLA$_2$) (➤ Abb. 20.39), die bevorzugt arachidonsäurehaltige Phospholipide an Position 2 hydrolysiert. Arachidonsäure kann nun entweder durch die **Prostaglandin-H-Synthase** (PGHS) zu Prostaglandinen (PG) und Thromboxan (TX) oder durch die **5-Lipoxygenase** zu Leukotrienen

Aus Studentensicht

Arachidonsäure wird kovalent gebunden in **Membranlipiden** gespeichert.

Biosynthese der Eikosanoide
Die Freisetzung der Arachidonsäure erfolgt durch die **Phospholipase A_2**.

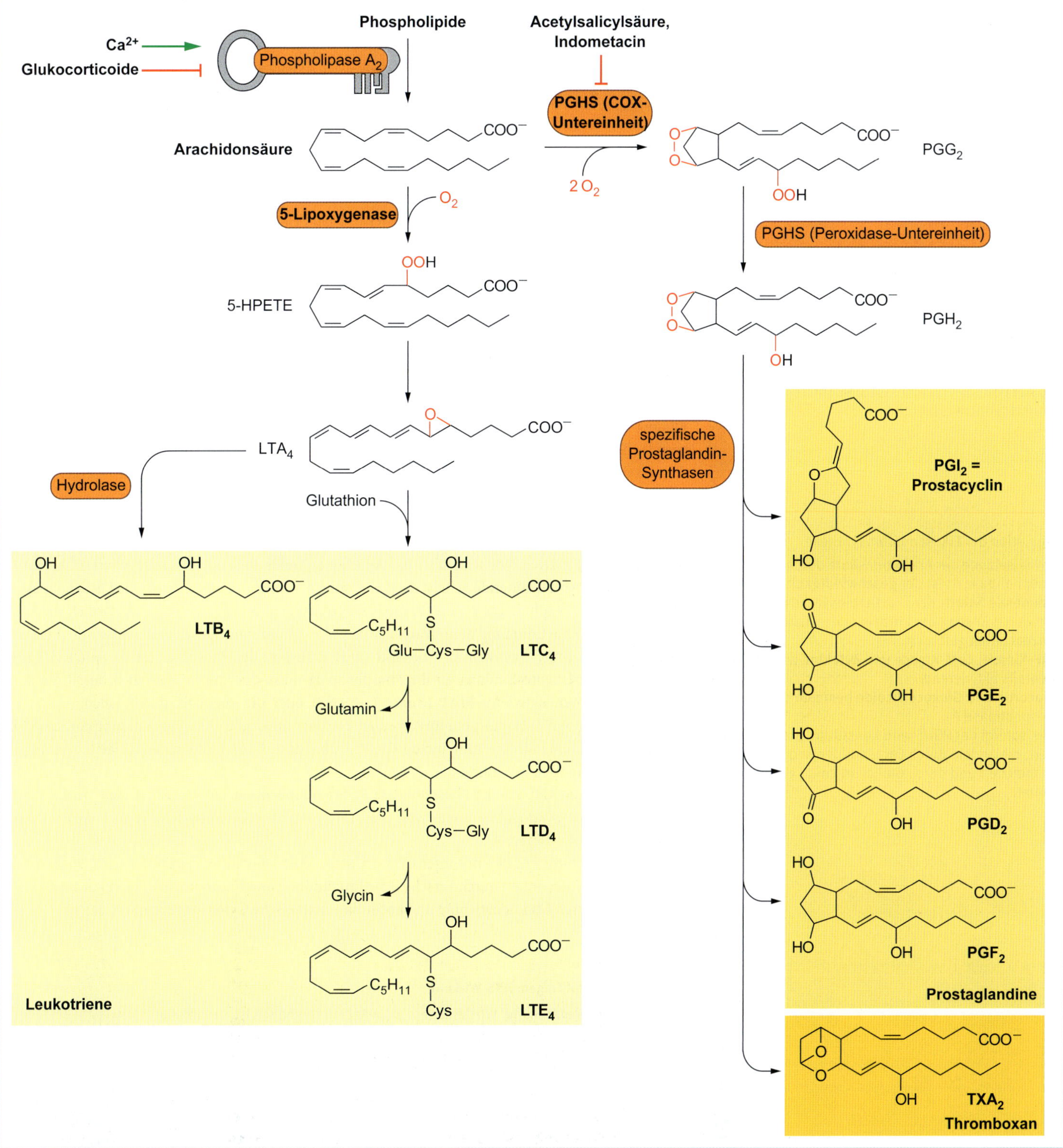

Abb. 20.39 Biosynthese der Prostanoide und Leukotriene aus Arachidonsäure und ihre Regulation [L253]

Aus Studentensicht

Die Prostaglandin-H-Synthase (PGHS) bildet das Ausgangsprodukt für die Synthese der **Prostaglandine** und **Thromboxane** und kommt in fast allen Geweben vor.

Eine Untereinheit der PGHS, die **Cyclooxygenase (COX)**, überträgt zwei Sauerstoffmoleküle auf die Arachidonsäure. Durch die Peroxidase-Untereinheit entsteht Prostaglandin H_2, der gemeinsame Vorläufer aller Prostanoide.

Unterschiedliche Prostaglandinsynthasen katalysieren die Bildung verschiedener, z.T. gewebsspezifischer Prostaglandine.

Die **Lipoxygenase** synthetisiert das Ausgangsprodukt für die Synthese der **Leukotriene**. Durch Hydrolyse, Anlagerung von Glutathion und Abspaltung von Aminosäuren entstehen unterschiedliche Leukotriene.

Regulation der Eikosanoidbiosynthese

Die Freisetzung der Arachidonsäure durch die Phospholipase A_2 ist der **geschwindigkeitsbestimmende Schritt** der Eikosanoidsynthese und wird durch Anstieg der intrazellulären **Calciumkonzentration** gefördert.
MAP-Kinase, CaM-Kinase und **Zytokine** wirken ebenfalls aktivierend.
Lipocortin und **Glukocorticoide hemmen** die Phospholipase A_2.
Eine Isoform der PGHS wird konstitutiv exprimiert, die andere durch Entzündungsmediatoren induziert und durch Glukocorticoide gehemmt.

(LT) umgesetzt werden. Während die Prostaglandin-H-Synthase in nahezu allen Geweben exprimiert wird, sind nur wenige Zelltypen wie Mastzellen, neutrophile und eosinophile Granulozyten sowie Makrophagen durch die Expression der 5-Lipoxygenase zur Bildung von Leukotrienen befähigt.

Biosynthese der Prostanoide

Die Prostaglandin-H-Synthase kommt in den Isoformen PGHS-1 und PGHS-2 vor, die jeweils zwei katalytische Untereinheiten besitzen. Eine Untereinheit enthält eine **Cyclooxygenase-Aktivität (COX)**, die zwei Sauerstoffmoleküle verbraucht und jeweils beide O-Atome in die Arachidonsäure einbaut (= Dioxygenase). Dabei entsteht Prostaglandin G_2 (PGG_2), das unmittelbar durch die **Peroxidase-Aktivität** der zweiten Untereinheit zu Prostaglandin H_2 (PGH_2), dem gemeinsamen Vorläufer aller Prostaglandine und des Thromboxans, umgesetzt wird. Neben Arachidonsäure kann die PGHS auch andere Eicosansäuren umsetzen. In der Folge kommt es daher zur Bildung unterschiedlicher Vertreter der einzelnen Prostaglandin-Unterfamilien.

> **Biochemische Namensverwirrung**
> Die Nomenklatur in der Biochemie und Molekularbiologie ist häufig nicht eindeutig. So wird beispielsweise die Abkürzung COX in der Literatur auch für andere Proteine wie die Cytochrom-C-Oxidase der Atmungskette verwendet.

Die Bildung der verschiedenen Prostaglandine und des Thromboxans erfolgt durch spezifische **Prostaglandin-Synthasen,** die in unterschiedlichen Zellen verschieden stark exprimiert werden. Prostaglandin E_2 (PGE_2) wird beispielsweise von vergleichsweise vielen Zellen, darunter Makrophagen, Neuronen oder Belegzellen des Magens, gebildet. Prostaglandin I_2 (PGI_2, Prostacyclin) wird hingegen v. a. von Endothelzellen und Thromboxan A_2 (TXA_2) von Thrombozyten synthetisiert.

Biosynthese der Leukotriene

Die **5-Lipoxygenase,** die ebenfalls zur Familie der Dioxygenasen gehört, bildet unter Verbrauch von elementarem Sauerstoff eine Peroxidverbindung an C5 der Arachidonsäure und lagert diese zur entsprechenden Epoxidverbindung (= Leukotrien A_4, LTA_4) um. Durch Spaltung des Epoxids mithilfe einer **Hydrolase** entsteht Leukotrien B_4 (LTB_4), während die Anlagerung von Glutathion durch eine **Synthase** zur Bildung von Leukotrien C_4 (LTC_4) führt. Leukotrien C_4 kann durch Abspaltung von Glutamat in Leukotrien D_4 (LTD_4) und durch zusätzliche Abspaltung von Glycin in Leukotrien E_4 (LTE_4) umgewandelt werden. Da die Leukotriene C_4, D_4 und E_4 alle den Cysteinrest aus Glutathion enthalten, werden sie auch unter dem Begriff Cysteinylleukotriene zusammengefasst.

Regulation der Eikosanoidbiosynthese

Die Synthese der Eikosanoide wird über das Angebot an freier Arachidonsäure reguliert. Daher ist der **geschwindigkeitsbestimmende Schritt** die Freisetzung der Arachidonsäure durch die Phospholipase A_2. Die Isoform der Phospholipase A_2, die für die Freisetzung der Arachidonsäure verantwortlich ist, ist **calciumabhängig**. Eine Erhöhung der intrazellulären Calciumkonzentration beispielsweise durch die Hormone Bradykinin oder Angiotensin II bewirkt einen Transport der Phospholipase A_2 an die Zellmembran. Für eine effiziente Bindung an die Phospholipide muss das Enzym zusätzlich durch die durch Wachstumsfaktoren aktivierte **MAP-Kinase** (➤ 9.6.3) oder die ebenfalls durch Calcium aktivierte **CaM-Kinase II** (➤ 9.6.2) phosphoryliert werden. Darüber hinaus bewirken entzündungsfördernde **Zytokine** einerseits eine direkte Aktivierung der Phospholipase A_2 und andererseits eine Steigerung der Phospholipase-A_2-Proteinsynthese.

Gehemmt wird die Aktivität der Phospholipase A_2 durch **Lipocortin,** ein Protein, dessen Synthese durch Glukocorticoide wie Cortisol induziert wird. Gleichzeitig hemmen **Glukocorticoide** auch die Proteinbiosynthese der Phospholipase A_2.

Während die Isoform PGHS-1 mit ihrer COX-1-Untereinheit konstitutiv exprimiert wird, wird PGHS-2 mit der COX-2 Untereinheit durch verschiedene **Entzündungsmediatoren** wie Interleukin-1 oder TNFα induziert und durch **Glukocorticoide** und **antiinflammatorische Cytokine** reprimiert.

> **FALL**
>
> **Examensparty mit Folgen: ASS-Wirkung**
>
> Acetylsalicylsäure (ASS), der Wirkstoff der z. B. in Aspirin® enthalten ist, bewirkt durch kovalente Bindung eine irreversible Hemmung (Suizidhemmung) der Cyclooxygenase-Untereinheit der PGHS und hemmt damit die Synthese aller Prostaglandine und des Thromboxans. Folglich hat ASS eine schmerzlindernde (analgetische) Wirkung. Severins Freundin behandelte seine durch übermäßigen Alkoholkonsum ausgelösten Kopfschmerzen mit einer sehr hohen Dosis. Da Acetylsalicylsäure die Cyclooxygenase irreversibel hemmt, hält die schmerzstillende Wirkung so lange an, bis die Zelle ein neues Enzym durch Transkription und Translation synthetisiert hat. Dieser Prozess dauert einige Stunden. ASS gehört zur Gruppe der nichtsteroidalen Antiphlogistika (NSAID), zu der auch Wirkstoffe wie Diclofenac, Ibuprofen, Naproxen und Indometacin gehören, die alle die PGHS hemmen.

Da Aspirin jedoch nicht den geschwindigkeitsbestimmenden Schritt der Prostaglandinsynthese blockiert, steigt durch die Hemmung der Cyclooxygenase die Arachidonsäurekonzentration an und es steht mehr Substrat für die 5-Lipoxygenase zur Verfügung. Dadurch kommt es in den entsprechenden Zellen zu einer verstärkten Bildung von Leukotrienen, die einen akuten Asthmaanfall auslösen können. Meist liegt dieser Komplikation aber, wie bei Severin, eine bronchokonstriktive Prädisposition zugrunde. Durch Cortisolgabe wird die Aktivität der Phospholipase A_2 gehemmt und so die Synthese der Arachidonsäure und die verstärkte Synthese der Leukotriene unterbunden. Der Asthmaanfall von Severin wird so schnell gelindert. Doch wieso hat er so starke Magenschmerzen?

Prostaglandine vermitteln nicht nur einen Anstieg der Körpertemperatur und eine erhöhte Schmerzempfindlichkeit, weswegen COX-Hemmer wie Aspirin® meist als fiebersenkendes oder schmerzstillendes Medikament eingesetzt werden, sondern schützen auch den Magen, indem sie die Säurebildung hemmen, die Durchblutung der Schleimhaut fördern und die Bildung der schützenden Schleimschicht stimulieren. Entfällt diese Wirkung aufgrund der COX-Hemmung, kann es zu Schleimhautschädigungen und im Extremfall sogar zu Magenblutungen kommen. Sie geben Severin Schneider einen Protonenpumpenhemmstoff wie Omeprazol, um die Säurebildung im Magen zu hemmen.

In niedriger Dosierung wird Acetylsalicylsäure häufig über längere Zeiträume als „Blutverdünner" eingesetzt, um das Risiko für Herzinfarkt oder Schlaganfall zu senken. Niedrige Aspirindosen hemmen v. a. die Synthese der Thromboxane, die eine wichtige Rolle bei der Blutgerinnung spielen. Die Prostaglandinsynthese bleibt hingegen weitgehend unbeeinflusst. Da die Cyclooxygenase durch Acetylsalicylsäure auch in den Thrombozyten irreversibel gehemmt wird und diese aufgrund des fehlenden Zellkerns auch keine Prostaglandin-H-Synthase nachbilden können, lässt die Wirkung erst nach, wenn genügend neue Thrombozyten gebildet sind. Das dauert etwa zwei Wochen. Deswegen sollten in einem entsprechenden Zeitraum vor Operationen oder Blutspenden keine ASS eingenommen werden. Das Blutungsrisiko für den Empfänger wäre sonst deutlich erhöht.

Durch die Entwicklung von selektiven COX-2 Inhibitoren hoffte man, die schmerzlindernde und entzündungshemmende Wirkung beizubehalten, aber die unerwünschten Nebenwirkungen wie Schleimhautschäden des Magens, die durch COX-1-Hemmung hervorgerufen werden, zu vermeiden. Inzwischen musste jedoch ein Teil dieser Medikamente vom Markt genommen werden, da sich das Risiko für einen Herzinfarkt nach Einnahme erhöht. Grund dafür ist die Imbalance zwischen verminderter Synthese der Prostacycline durch die COX-2-Hemmung und die dadurch verminderte Thrombozytenaggregation einerseits und die ungehemmte Produktion der Thromboxane durch COX-1, die aggregationsfördernd wirken, andererseits. So entsteht eine gefährliche Neigung zur Thrombozytenaggregation, die das Risiko für einen Herzinfarkt erhöht.

20.3 Lipide als Bausteine von Membranen

20.3.1 Membranbiosynthese

Die Hauptbestandteile biologischer Membranen sind **Glycerophospholipide, Sphingophospholipide, Glykolipide** und **Cholesterin** (➤ 6.1). Die Neusynthese von biologischen Membranen erfolgt stets an bereits bestehenden zellulären Membranen, die dadurch an Größe zunehmen. Für die Struktur und die Zusammensetzung der Membran existiert kein genetischer Code, daher muss das Membransystem direkt an die Tochterzellen weitervererbt werden.

In menschlichen Zellen sind die meisten Enzyme für die Neusynthese von Membranlipiden in der Membran des **glatten ER** lokalisiert. Während die aktiven Zentren der Enzyme für die Synthese der Glycerophospholipide fast ausschließlich auf die zytoplasmatische Seite weisen, sind die der Sphingophospho- und Glykolipidbiosynthese zur luminalen Seite orientiert. Dadurch ergibt sich eine stark asymmetrische Verteilung der einzelnen Membranlipide, die aber nicht zwangsweise der finalen Verteilung der Lipide z. B. in der Plasmamembran entspricht.

Da ein Wechsel der einzelnen Membranlipide von einem in das andere Membranblatt (= **Flip-Flop**) spontan nur sehr langsam oder gar nicht erfolgt, ist die Zelle auf eine aktive Umverteilung der neu synthetisierten Membranlipide angewiesen. Im ER übernimmt diese Funktion die **Scramblase** (➤ Abb. 20.40a). Sie bewirkt einen Ausgleich der Lipidverteilung über die beiden Membranblätter, indem sie **ATP-unabhängig** Lipidmoleküle zwischen den Membranblättern transportiert. Da es bei alleiniger Aktivität der Scramblase letztlich zu einer vollständigen Auflösung der Membranasymmetrie auch in anderen Kompartimenten kommen würde, muss die gewünschte Asymmetrie durch einen **ATP-abhängigen** Transport aufrechterhalten werden. Hierfür verantwortlich sind **Flippasen,** die Membranlipide vom äußeren in das innere Membranblatt transportieren, und **Floppasen** für die Gegenrichtung.

Bei Neusynthese von Membranlipiden dehnt sich zunächst ausschließlich die ER-Membran selbst aus. Um auch das Wachstum der anderen Membranen, wie z. B. Golgi- oder Plasmamembran, zu ermöglichen, müssen die neu synthetisierten Lipide von der ER-Membran zur entsprechenden Zielmembran gelangen. Aufgrund ihrer schlechten Wasserlöslichkeit findet jedoch eine freie Diffusion der Membranlipide kaum statt. Am effizientesten können die neu synthetisierten Membranlipide in Vesikeln von der ER-Membran zu den verschiedenen Zielkompartimenten verteilt werden. Alternativ kann auch die ER-Membran direkt mit der Zielmembran fusionieren und so ein Wachstum der anderen Kompartimente ermöglichen (➤ Abb. 20.40b). Darüber hinaus konnten **Lipid-Transferproteine** nachgewiesen werden, die einzelne Phosphoglyceridmoleküle aus der ER-Membran binden und zu einer Zielmembran, z. B. der äußeren Mitochondrienmembran, transportieren. Andere Vertreter der Lipid-Transferproteine sind für die Assemblierung der Lipoproteine in Darm und Leber verantwortlich.

Aus Studentensicht

20.3 Lipide als Bausteine von Membranen

20.3.1 Membranbiosynthese

Glycerophospholipde, Sphingolipide, Glykolipide und **Cholesterin** sind die Hauptbestandteile biologischer Membranen.

Die meisten Enzyme für die Synthese von Membranlipiden sind in der **glatten ER-Membran** lokalisiert.
Scramblasen übernehmen ATP-unabhängig die Umverteilung der neu synthetisierten Lipide zwischen den Membranblättern. **Flippasen** und **Floppasen** sorgen ATP-abhängig für die Aufrechterhaltung einer Asymmetrie zwischen den Membranblättern.
Die neu synthetisierten Lipide werden von der wachsenden ER-Membran in **Vesikeln** oder über **Lipid-Transferproteine** zu den anderen Organellen transportiert. Alternativ kann die ER-Membran mit dem Zielorganell verschmelzen.

Aus Studentensicht

ABB. 20.40

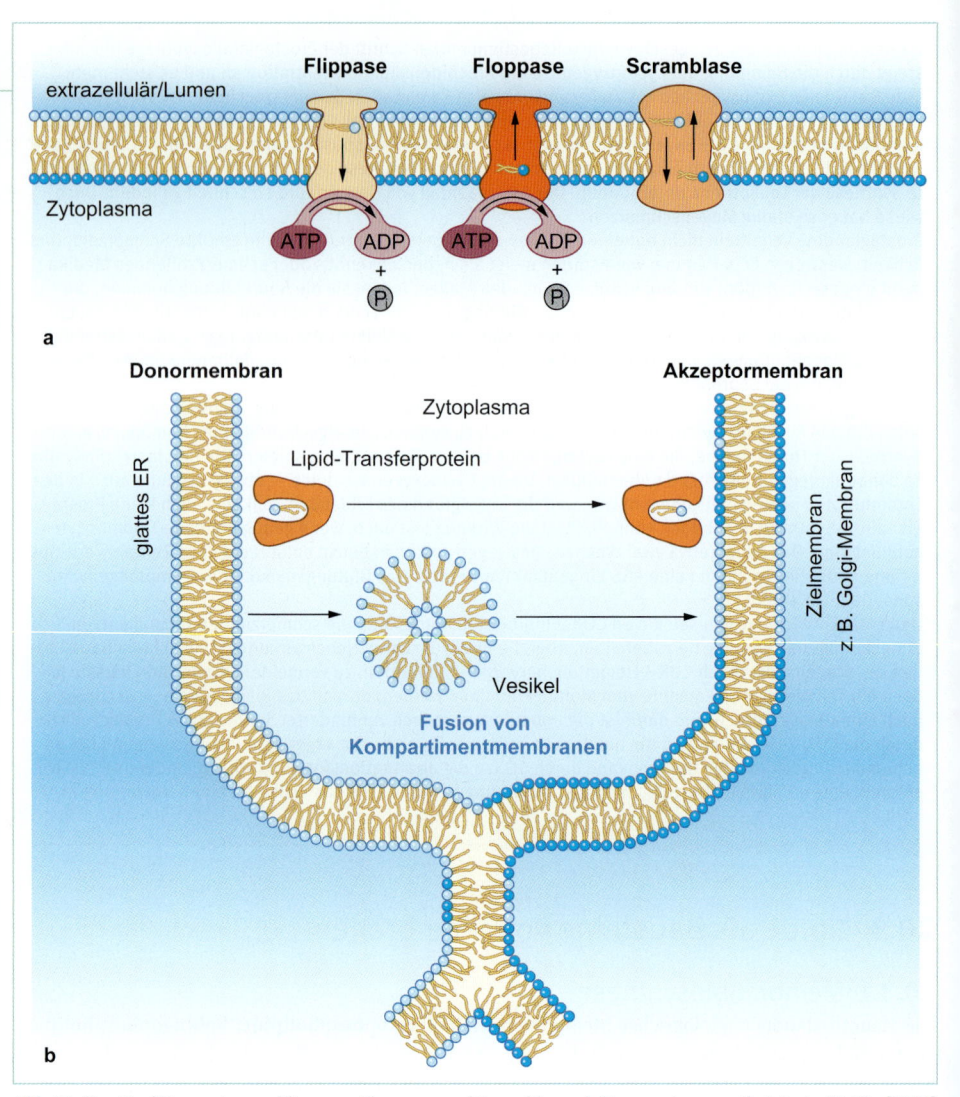

20 LIPIDE: NICHT NUR ENERGIESPEICHER

Abb. 20.40 **a** Funktionsweise von Flippasen, Floppasen und Scramblasen. **b** Transport neu synthetisierter Lipide. [L253]

Biosynthese der Glycerophospholipide
Durch die Übertragung von zwei **aktivierten Fettsäuren** auf **Glycerin-3-phosphat** entsteht **Phosphatidsäure,** der Vorläufer der Glycerophospholipide.

Die Fettsäuren der Glycerophospholipide unterliegen einem ständigen Um- und Abbau.

Phosphatidylethanolamin und **Phosphatidylcholin** (Lecithin) entstehen aus der Verknüpfung von 1,2-Diacylglycerin mit CTP-aktiviertem Ethanolamin oder Cholin.

Alternativ können Phosphatidylethanolamin und Phosphatidylcholin durch Umwandlung aus anderen Phospholipiden entstehen, was schneller erfolgt als die De-novo-Synthese.

Biosynthese der Glycerophospholipide

Die Biosynthese der Glycerophospholipide geht wie die der TAG von **Glycerin-3-phosphat** aus. Mithilfe zweier verschiedener Acyltransferasen des glatten ER werden zwei mit CoA aktivierte Fettsäuren auf Glycerin-3-phosphat übertragen (➤ Abb. 20.10). Dabei entsteht **Phosphatidat,** das aufgrund seines amphiphilen Charakters bereits in die ER-Membran integriert wird und als Vorläufer für alle weiteren Glycerophospholipide dient. Alternativ kann Phosphatidat z. B. in Enterozyten auch aus 2-Monoacylglycerid, das aus der Nahrung absorbiert wurde, gebildet werden.

Generell unterliegen insbesondere die Fettsäuren der Phosphoglyceride einem ständigen Um- und Abbau, da bestimmte Fettsäuren, wie z. B. die Arachidonsäure, für andere Stoffwechselprozesse benötigt werden. Es wäre sehr aufwendig, diese sog. Lysophosphoglyceride stets vollständig abzubauen und die fehlenden Phosphoglyceride wieder de novo zu synthetisieren. Aus diesem Grund können die fehlenden Fettsäuren entweder durch Acyltransferasen ergänzt oder durch einen Austausch von Fettsäuren ersetzt werden. Letzteres kann beispielsweise durch die Rückreaktion der im Blut vorhandenen Lecithin-Cholesterin-Acyltransferase (LCAT) erfolgen.

Phosphatidylethanolamin und Phosphatidylcholin (Lecithin)

Durch eine spezifische Phosphatase wird Phosphatidat in der ER-Membran in **1,2-Diacylglycerid** umgewandelt, das auch für die Biosynthese von TAG genutzt werden kann. **Cholin** und **Ethanolamin** werden zunächst mithilfe einer spezifischen **Kinase** unter ATP-Verbrauch phosphoryliert und anschließend durch Reaktion mit **CTP** unter Pyrophosphatabspaltung weiter zu den CDP-Formen aktiviert (➤ Abb. 20.41). Die Pyrophosphatase hydrolysiert das Pyrophosphat und entzieht es dem Gleichgewicht. CDP-Cholin und CDP-Ethanolamin werden durch spezifische Transferasen mit 1,2-Diacylglycerin unter Freisetzung von CMP zu Phosphatidylcholin bzw. Phosphatidylethanolamin umgesetzt. Angetrieben wird die Reaktion durch die Spaltung der Phosphorsäureanhydridbindung des CDP (➤ Abb. 20.41).

Neben diesem De-novo-Syntheseweg können beide Phosphoglyceride auch durch **Umwandlung** aus anderen Phosphoglyceriden entstehen. Phosphatidylserin kann mithilfe einer spezifischen **Decarboxylase** unter Abspaltung von CO_2 in einer exergonen Reaktion in Phosphatidylethanolamin umgewandelt wer-

20.3 LIPIDE ALS BAUSTEINE VON MEMBRANEN

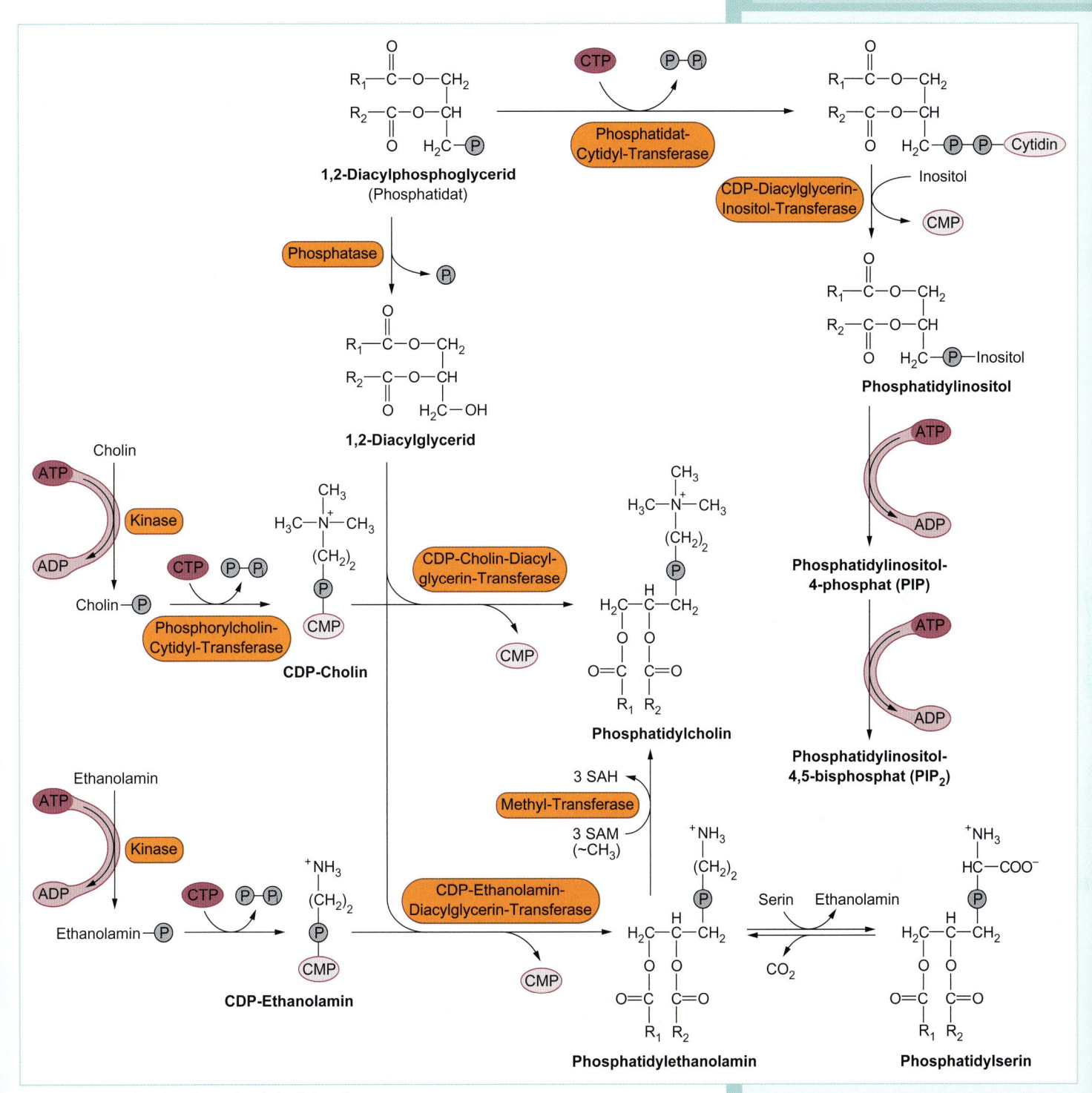

Aus Studentensicht

Abb. 20.41 Biosynthese der Glycerophospholipide [L253]

den (> Abb. 20.41). Die direkte Umkehrung dieser Reaktion, eine Carboxylierung, findet nicht statt. Phosphatidylcholin kann durch **Methylierung** von Phosphatidylethanolamin gebildet werden. Katalysiert wird diese Reaktion durch eine Methyltransferase mit **S-Adenosyl-Methionin** (SAM) als Co-Faktor. Diese Umwandlungsreaktionen können schneller erfolgen als die De-novo-Synthese und ermöglichen der Zelle eine schnelle Anpassung des Verhältnisses ihrer Membranlipide und damit eine Reaktion auf veränderte Bedingungen.

Phosphatidylinositol

Für die Synthese des Phosphatidylinositols wird anders als für die Synthese von Phosphatidylethanolamin und Phosphatidylcholin zunächst die Phosphatidsäure mithilfe von **CTP** zu CDP-Diacylglycerin aktiviert (> Abb. 20.41). Unter Spaltung der Anhydridbindung kann **Inositol** mithilfe einer spezifischen **Transferase** direkt übertragen und Phosphatidylinositol gebildet werden. Durch weitere Phophorylierungsreaktionen wird Phosphatidylinositol in **Phosphatidylinositol-4,5-bisphosphat** (PIP_2) überführt, das als Vorstufe der Second Messenger 1,2-Diacylglycerin und Inositol-1,4,5-trisphosphat (IP_3) dient (> 9.6.2).

Phosphatidylinositol entsteht aus der Verbindung von aktiviertem CDP-Diacylglycerin und Inositol.

Aus Studentensicht

Phosphatidylserin entsteht beim Menschen durch Umwandlung aus Phosphatidylethanolamin.

Cardiolipin entsteht durch Übertragung von zwei Molekülen CDP-Diacylglycerin auf Glycerin-3-phosphat.

Biosynthese der Sphingolipide
Die Synthese des Sphingolipide beginnt am ER und wird im Golgi vollendet.

Der gemeinsame Bestandteil aller Sphingolipide, das **Ceramid**, entsteht am zytoplasmatischen Membranblatt des ER aus **Palmitoyl-CoA**, **Serin** und zwei Molekülen **Acyl-CoA**.

ABB. 20.42

---

20 LIPIDE: NICHT NUR ENERGIESPEICHER

Phosphatidylserin
Phosphatidylserin entsteht beim Menschen mithilfe der Phosphatidylserin-Synthase durch eine reversible Umwandlungsreaktion aus Phosphatidylethanolamin, indem der Ethanolaminrest gegen einen Serinrest ausgetauscht wird (> Abb. 20.41).

Cardiolipin (Diphosphatidylglycerin)
Cardiolipin (> 6.1.2) entsteht durch Übertragung von zwei Molekülen CDP-Diacylglycerin auf Glycerin-3-phosphat. Dabei werden die beiden CMP-Moleküle und der Phosphatrest des Glycerin-3-phosphats freigesetzt.

Biosynthese der Sphingolipide
Die Synthese der Sphingolipide beginnt am zytoplasmatischen Membranblatt des ER direkt mit der Synthese des Ceramids, ohne dass Sphingosin entsteht. Die Synthese wird anschließend am luminalen Membranblatt des Golgi-Apparats vollendet.

Biosynthese von Ceramid
Ceramid, der gemeinsame Bestandteil aller Sphingolipide, entsteht aus **Palmitoyl-CoA** und **Serin** (> Abb. 20.42). In einer **PALP-abhängigen** Reaktion entsteht unter Decarboxylierung des Serinmoleküls zunächst 3-Ketosphinganin, das im nächsten Schritt NADPH-abhängig reduziert wird. Für die Bildung des Ceramids müssen nun noch eine weitere Fettsäure in Form eines **Acyl-CoA** eingeführt und die C-C-Bindung zwischen C2 und C3 des aus der Palmitinsäure stammenden Restes **FAD-abhängig** oxidiert werden. Die Reihenfolge dieser beiden Schritte ist beliebig. Das im ER gebildete Ceramid wird anschließend meist über Vesikeltransport zum Golgi-Apparat transportiert.

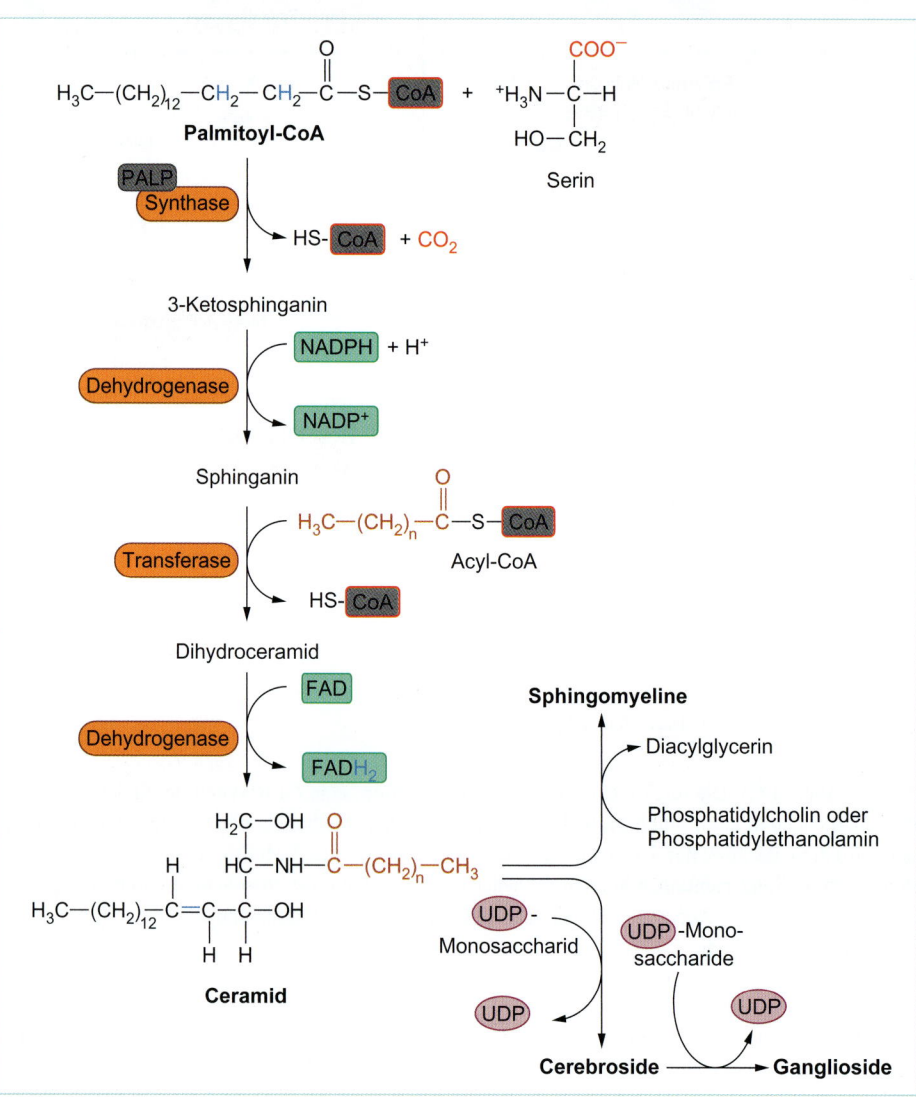

Abb. 20.42 Biosynthese der Sphingolipide und Glykolipide [L253]

20.3 LIPIDE ALS BAUSTEINE VON MEMBRANEN

Biosynthese der Sphingophospholipide
Sphingomyelin entsteht durch Transfer von Phosphocholin auf Ceramid (> Abb. 20.42). Das Phosphocholin stammt aus einem Phosphatidylcholin der Golgi-Membran, das dabei zu Diacylglycerin abgebaut wird. Das verantwortliche Enzym ist die Sphingomyelin-Synthase. Wenn Phosphoethanolamin anstelle von Phosphocholin auf Ceramid übertragen wird, entsteht ein anderer Vertreter der Sphingomyeline. Das entstehende Diacylglycerin kann entweder abgebaut oder im ER erneut zur Phosphoglyceridsynthese verwendet werden.

Biosynthese der Glykolipide
Zur Bildung von Glykolipiden müssen Zuckermoleküle auf das Ceramid übertragen werden (> Abb. 20.42). Dafür sind membrangebundene **Glykosyltransferasen** verantwortlich, deren aktives Zentrum in das Lumen des Golgi-Apparats orientiert ist. Als Substrate verwenden sie **UDP-aktivierte Zuckermonomere**. Dieser Glykosylierungsvorgang verläuft analog der Proteinglykosylierung und wird teilweise von denselben Enzymen katalysiert (> 6.4.2). Dient dabei UDP-Galaktose als erstes Substrat für die Glykosylierung, entsteht Galaktosylceramid, ein Vertreter der **Cerebroside**. Cerebroside können mithilfe von 3'-Phosphoadenosin-5'-Phosphosulfat (PAPS) einen Sulfatrest erhalten und so in Sulfatide umgewandelt werden.

Die **Gangliosidbiosynthese** beginnt zunächst auf der zytoplasmatischen Seite des Golgi-Apparats mit der Übertragung eines UDP-Glukose-Moleküls auf das Ceramid. Das entstehende Glukosylceramid klappt auf die luminale Seite des Golgi-Apparats, wo durch Übertragung weiterer aktivierter Monosaccharide die unterschiedlichen, zum Teil hochkomplexen Gangliosidtypen synthetisiert und anschließend zur Plasmamembran transportiert werden.

20.3.2 Absorption und Abbau von Membranlipiden
Alle Lebensmittel, die intakte Zellen enthalten (z. B. Gemüse, Fleisch, Obst), enthalten auch Phospho- und Sphingolipide. Zudem werden insbesondere Phosphoglyceride wie Lecithin vielen Lebensmitteln als Emulgatoren zugesetzt, die wir dann mit unserer Nahrung aufnehmen.

Da Membranlipide im Gegensatz zu TAG amphiphil sind, ist ihre hydrolytische Spaltung im Dünndarm für die Absorption in Enterozyten nicht von so essenzieller Bedeutung wie bei den TAG. Sie können in intaktem Zustand aus Mizellen absorbiert werden. Häufig wird jedoch eine der beiden Fettsäuren in Phosphoglyceriden durch die **Phospholipasen** des Darmlumens hydrolytisch abgespalten und Sphingolipide werden durch sezernierte **Sphingomyelinasen** hydrolysiert.

Zum Teil werden die Membranlipide aus der Nahrung direkt in die Membranen der Enterozyten eingebaut oder aber zusammen mit TAG und Cholesterinestern in Chylomikronen verpackt und an die Lymphbahn abgegeben. Aus den Chylomikronen können Membranlipide entweder direkt in die Membranen der extrahepatischen Gewebe eingebaut werden oder sie gelangen mit den Remnants zur Leber, wo sie ab- oder umgebaut werden.

> **KLINIK**
> **Giftwirkung der Phospholipasen**
> Sezernierte Phospholipasen finden sich auch in Giften von Schlangen, Bienen, Spinnen, Skorpionen und in Sekreten von zahlreichen Mikroorganismen. Ihre Giftwirkung beruht auf der Hydrolyse der Phosphoglyceride unserer Zellmembranen, die beispielsweise die Hämolyse der roten Blutkörperchen bewirken kann.

Abbau der Glycerophospholipide
Membranlipide unterliegen grundsätzlich einem hohen Umsatz, da sie ständig neu synthetisiert und abgebaut werden. Bis auf Cholesterin, das nicht mehr zu Acetyl-CoA abgebaut, sondern nur zu einem geringen Teil in Form von Gallensäuren ausgeschieden wird, können alle anderen Membranlipide vollständig abgebaut werden.

Der Abbau der Glycerophospholipide wird durch intrazelluläre Phospholipasen eingeleitet, die entsprechend ihrer Spezifität in vier Gruppen eingeteilt werden (> Abb. 20.43a):
- **Phospholipasen A1 und A2:** Spalten eine Fettsäure an Position 1 bzw. 2 des Glycerinmoleküls hydrolytisch ab. Dabei entsteht das entsprechende Lysophosphoglycerid.
- **Phospholipasen B:** Spalten beide Fettsäuren an Position 1 und 2 des Glycerinmoleküls hydrolytisch ab.
- **Phospholipasen C:** Hydrolysieren die Esterbindung zwischen Phosphat und Glycerin. Dabei wird der entsprechende Phosphoalkohol freigesetzt.
- **Phospholipasen D:** Hydrolysieren die Esterbindung zwischen Phosphat und Alkohol des Phosphoglycerids. Dabei entstehen Phosphatidsäure und der entsprechende Alkohol.

Meist ist die Spaltung der Glycerophospholipide durch Phospholipasen an intrazelluläre Signalübertragung gekoppelt. Sofern die durch die Hydrolyse entstandenen Lysophosphoglyceride keine weitere Funktion ausüben, können sie mithilfe weiterer spezifischer Hydrolasen vollständig abgebaut werden (> Abb. 20.43b).

Aus Studentensicht

Durch Transfer von Phosphocholin auf Ceramid entsteht **Sphingomyelin**. Alternativ kann auch Phosphoethanolamin übertragen werden.

Werden stattdessen über **Glykosyltransferasen** im Golgi-Apparat Zucker auf das Ceramid übertragen, entstehen **Cerebroside** (ein Zucker) bzw. **Ganglioside** (mehrere Zucker). Die Zuckermoleküle werden für die Übertragung mit **UTP** aktiviert.

20.3.2 Absorption und Abbau von Membranlipiden

Phosphoglyceride werden größtenteils im Darm durch **Phospholipasen** gespalten, Sphingolipide durch **Sphingomyelasen**.
Zum Teil werden die Membranlipide aus der Nahrung aber auch direkt in die Enterozytenmembran eingebaut oder in Chylomikronen verpackt.

KLINIK

Abbau der Glycerophospholipide
Alle Membranlipide bis auf Cholesterin können vollständig **abgebaut** werden.
Phospholipasen A1 und A2 spalten eine Fettsäure an Position 1 oder 2 des Glycerinmoleküls ab, **Phospholipasen B** hydrolysieren die Bindungen zu den beiden Fettsäuren an Position 1 und 2 des Glycerinmoleküls, **Phospholipasen C** hydrolysieren die Esterbindung zwischen Phosphat und Glycerin, **Phospholipasen D** die zwischen Phosphat und Alkohol.

Meist ist die Spaltung an die intrazelluläre Signalübertragung gekoppelt.

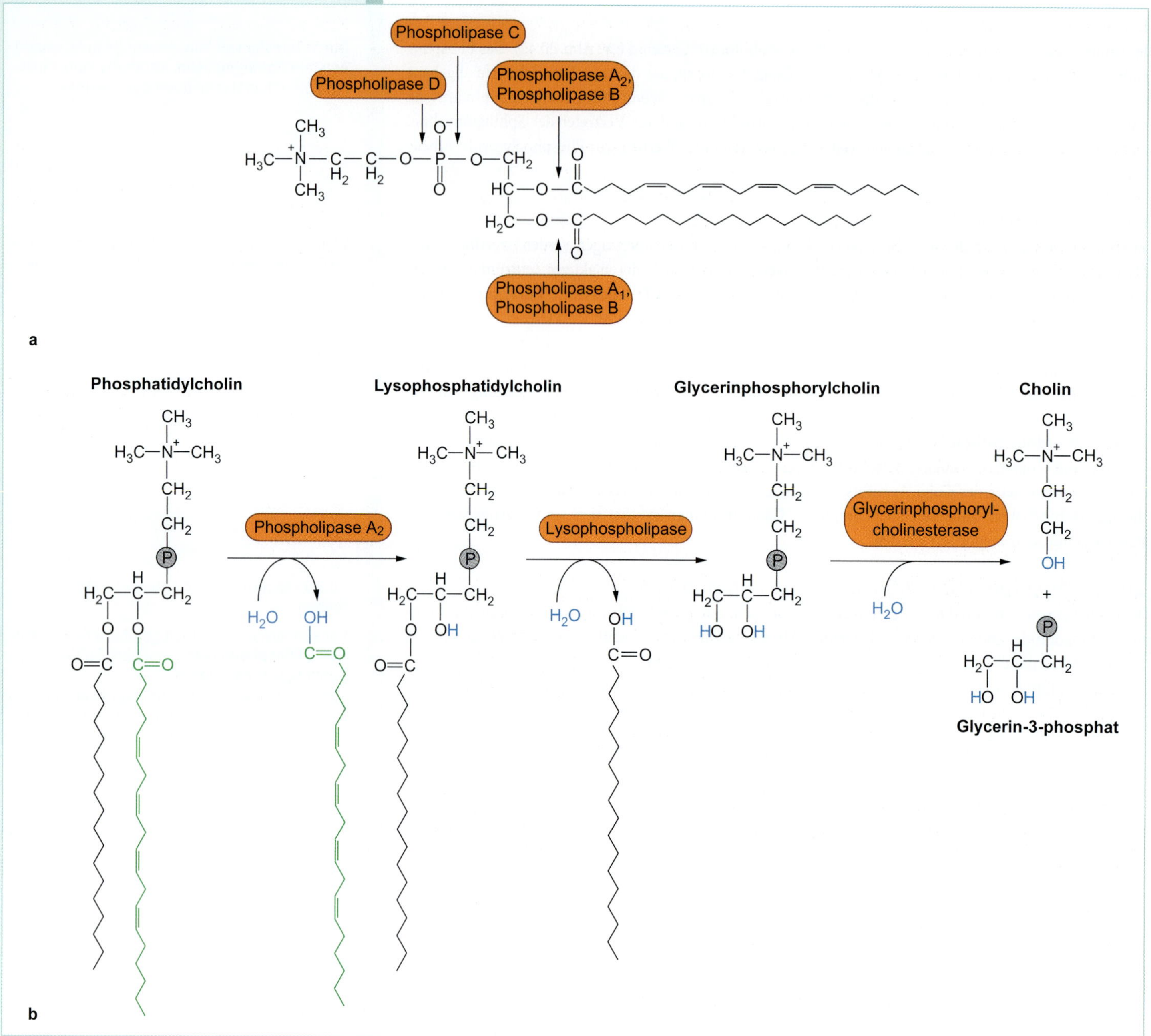

Aus Studentensicht

20 LIPIDE: NICHT NUR ENERGIESPEICHER

Abb. 20.43 Abbau der Phospholipide. **a** Übersicht über die verschiedenen Phospholipase-Typen. **b** Abbau von Phosphatidylcholin. [L253, L307]

Abbau der Sphingolipide

> **FALL**
>
> **Oleg sitzt nicht**
>
> Sie machen sich seit einiger Zeit schon Gedanken zum knapp einjährigen Oleg. Sein großer Bruder Alex ist auch bei Ihnen in der pädiatrischen Praxis und so kennen Sie die nette osteuropäische Familie seit Jahren sehr gut. Bis zum Alter von sechs Monaten entwickelte sich Oleg völlig unauffällig, war ein besonders freundliches Baby, das immer lachte. Doch bei der letzten Untersuchung mit 11 Monaten fiel Ihnen auf, dass er immer noch nicht gelernt hatte, sich aufzusetzen, und auch nicht mehr lachte. Seinem kleinen Körper fehlte jede Muskelspannung. Sein Bruder Alex war in diesem Alter schon gelaufen. Seine Mutter berichtete außerdem von übertrieben schreckhaften Reaktionen auf Geräusche und Schluckschwierigkeiten: „Er verschluckt sich ständig oder bekommt keinen Bissen hinunter." Als er beim nächsten Impftermin gar nicht mehr nach dem grünen Kuscheltier greift, das er sonst immer so mochte, schicken Sie seine Mutter zur Abklärung seines Sehvermögens zum Augenarzt.
> Dieser entdeckt einen kirschroten Fleck auf der Makula und vermutet daraufhin die Lipidspeicherkrankheit Tay-Sachs. Sie müssen erst einmal nachlesen, denn diese Krankheit ist zwar in bestimmten Bevölkerungsgruppen wie den Aschkenasim-Juden recht häufig, in Deutschland jedoch sehr selten. Sie lernen, dass die motorische Rückentwicklung weiter fortschreiten wird und die meisten Kinder nicht viel älter als vier Jahre werden. Zur Abklärung nehmen Sie Oleg Blut ab und lassen die Aktivität der Hexosaminidase A in den Leukozyten bestimmen. Ihre Befürchtung wird zur Gewissheit: Diese Enzymaktivität fehlt bei Oleg.
> Warum kommt es durch das Fehlen dieser lysosomalen Hydrolaseaktivität zu drastischen klinischen Symptomen?

Der Abbau der Sphingolipide findet größtenteils in **Lysosomen** statt. Um eine Interaktion zwischen den im Lumen der Lysosomen lokalisierten Hydrolasen und den Membranlipiden zu ermöglichen, werden wahrscheinlich spezifische Sphingolipidaktivatorproteine benötigt.

Sphingolipide werden zum Großteil in **Lysosomen** abgebaut.

Abbau von Sphingomyelin

Der Abbau des Sphingomyelins beginnt mit der hydrolytischen Abspaltung der Kopfgruppe durch die lysosomale **Sphingomyelinase** (> Abb. 20.44a). Dabei entsteht Ceramid, das, sofern es im Lysosom entsteht und nicht weiter umgesetzt wird, in vielen Zellen an der Auslösung der Apoptose beteiligt ist. Alternativ kann es an der Plasmamembran Signalkaskaden auslösen, die zur Zellproliferation führen. Daher wird es meist sofort durch die Ceramid-Kinase phosphoryliert oder durch die **Ceramidase** weiter zu Sphingosin abgebaut. Auch Sphingosin kann in der Folge phosphoryliert werden und wirkt wie auch Ceramid-Phosphat antiapoptotisch. Sphingosinphosphat kann schließlich zu Palmitinaldehyd und Phosphoethanolamin abgebaut werden.

Die **Sphingomyelinase** hydrolysiert die Bindung zur Kopfgruppe, das frei werdende Ceramid wird phosphoryliert oder durch die **Ceramidase** zu Sphingosin abgebaut, das weiter zu Palmitinsäurealdehyd und Phosphoethanolamin verstoffwechselt wird.

Abbau der Glykolipide

Der Abbau der Zuckerketten in Cerebrosiden und Gangliosiden erfolgt durch spezifische Hydrolasen (> Abb. 20.44b). Glukosidasen, Galaktosidasen oder Neuraminidasen spalten schrittweise die einzelnen Zuckerreste der Ganglioside ab, bis Ceramid gebildet wird. Ceramid wird noch weiter abgebaut. Sulfatreste an Zuckermolekülen werden durch Sulfatidasen abgespalten.

Der Abbau der **Zuckerketten** in Cerebrosiden und Gangliosiden erfolgt über spezifische Glukosidasen, Galaktosidasen oder Neuraminidasen.

FALL

Oleg sitzt nicht: Morbus Tay-Sachs

Die bei Oleg fehlende Hexosaminidase wirkt sich besonders fatal während der Entwicklung des Gehirns aus (> Abb. 20.44b). Die normale Gehirnentwicklung ist durch fortwährenden neuronalen Umbau gekennzeichnet und beinhaltet daher auch den ständigen Auf- und Abbau von Gangliosiden, die auf der Außenmembran von Neuronen besonders zahlreich vorkommen. Können die Ganglioside wie bei Oleg nicht abgebaut werden, blähen sich die Lysosomen durch diese Lipidablagerungen auf und die Neurone verlieren ihre Funktion. Die durch Lipidablagerungen hell gewordenen Ganglienzellen bilden im Augenhintergrund eine helle Umrandung um die Makula. Die Makula weist eigentlich ihre normale Farbe auf, aber durch den Kontrast zur pathologisch lipidhaltigen hellen Umgebung erscheint sie als kirschroter Fleck.
Bis heute gibt es keine kurative Therapie für die kleinen Patienten. Symptomatische Therapien helfen ihnen, den Schleim abzuhusten, der sonst häufig zu Lungenentzündungen führt, die schließlich auch meist die Todesursache sind.
Für andere Lipidspeicherkrankheiten, wie der häufigsten Sphingolipidose Morbus Gaucher, wird inzwischen bereits eine Enzymersatztherapie eingesetzt. Der Enzymdefekt betrifft hier v. a. die Blutzellen, und die sind in der Lage, zugeführte Enzyme über Endozytose in die Lysosomen aufzunehmen. Beim Morbus Tay-Sachs blieben solche Versuche bisher erfolglos, da die vergleichsweise große Hexosaminidase weder durch die Blut-Hirn-Schranke gelangt noch aus dem Liquor aufgenommen wird.
Der Morbus Tay-Sachs war die erste Krankheit, bei der durch Messung der Enzymaktivität auch heterozygote Träger erkannt werden konnten. Es gibt in der besonders betroffenen jüdisch-orthodoxen Gemeinde, bei denen jeder 30. ein heterozygoter Träger ist, anonyme „Partner-Kompatibilitäts-Analysen", die bereits vor der Verlobung durchgeführt werden und so zu einem bemerkenswerten Rückgang der Erkrankung in dieser Bevölkerungsgruppe geführt haben. Auch eine Prä-Implantationsdiagnostik bei einer In-vitro-Fertilisation ist in einigen Ländern möglich.
Mutationen in den Genen anderer Enzyme des Glykolipidabbaus führen ebenfalls zu Sphingolipidosen (> Abb. 20.44b): Die Niemann-Pick-Erkrankung hat Hepatosplenomegalie, psychomotorische Rückentwicklung und bei schwerem Verlauf den Tod in den ersten Lebensjahren zur Folge. Symptome vom Morbus Gaucher sind Anämie, Blutungsneigung und Hepatosplenomegalie; er wird oft erst im Erwachsenenalter oder gar nicht diagnostiziert.

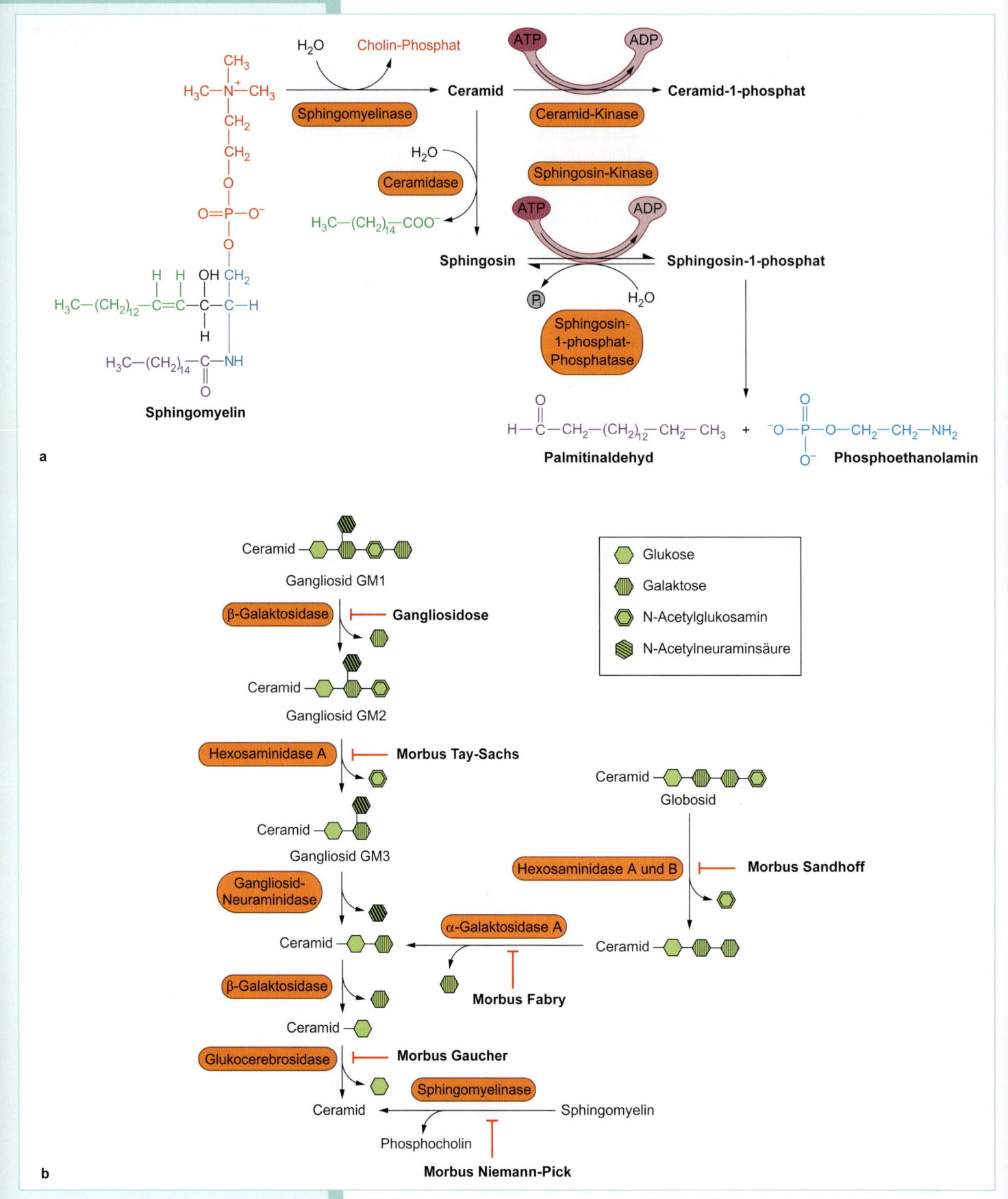

Aus Studentensicht 20 LIPIDE: NICHT NUR ENERGIESPEICHER

Abb. 20.44 Schematische Darstellung des Sphingolipidabbaus. **a** Abbau von Sphingomyelin. **b** Abbau der Glykolipide. Die Krankheiten entstehen durch Mutationen in den Genen für die gekennzeichneten Enzyme. [L253, L307]

20.3 LIPIDE ALS BAUSTEINE VON MEMBRANEN

ÜBUNGSFRAGEN FÜRS MÜNDLICHE MIT LÖSUNGSHILFEN

1. Beschreiben Sie die Zusammensetzung unserer Nahrungslipide!

90 % TAG, 10 % Membranlipide, fettlösliche Vitamine und zu einem ganz geringen Anteil unveresterte Fettsäuren. Die Fluidität der Nahrungsfette wird durch den Anteil an ungesättigten Fettsäuren und die Kettenlänge der Fettsäuren in den TAG bestimmt. Öle enthalten mehr ungesättigte Fettsäuren als feste Fette. In Milchfetten finden sich vermehrt kurzkettige Fettsäuren und auch geringe Mengen trans-Fettsäuren, die durch die Einwirkung von Bakterien im Pansen der Wiederkäuer entstehen.

2. Wie werden Nahrungs-TAG im Blut transportiert?

In Form von Lipoproteinen. Chylomikronen (ApoB$_{48}$) transportieren Nahrungslipide zunächst über das Lymphsystem in das Blut. Durch Aufnahme von ApoCII aus HDL in die Chylomikronen wird die Lipoprotein-Lipase z. B. an Endothelzellen stimuliert und hydrolysiert die TAG.

3. Wie wird das Schlüsselenzym der Fettsäurebiosynthese reguliert?

Die Acetyl-CoA-Carboxylase wird bei hohem Insulinspiegel durch die Protein-Phosphatase-2A dephosphoryliert und damit aktiviert. Zusätzlich wird die Expression der Acetyl-CoA-Carboxylase insulinabhängig gesteigert (= langsame Aktivierung). AMP bedingt eine Phosphorylierung der Acetyl-CoA-Carboxylase und inaktiviert sie dadurch. Citrat ist ein allosterischer Aktivator der Acetyl-CoA-Carboxylase und Palmitoyl-CoA bewirkt eine allosterische Hemmung der Acetyl-CoA-Carboxylase.

4. Können in menschlichen Zellen ungesättigte Fettsäuren synthetisiert werden? Wenn ja, welche?

Ja. Desaturasen können Doppelbindungen bis maximal 9 C-Atome von der Carboxylgruppe entfernt bilden. Ungesättigte Fettsäuren, die Doppelbindungen nach C9 enthalten, sind für den Menschen essenziell.

5. In welchen physiologischen Stoffwechselsituationen bildet die Leber vermehrt Ketonkörper und wie heißen sie?

Ketonkörper werden in erster Linie im Hungerstoffwechsel (wenig Kohlenhydrate, niedriger Insulinspiegel) gebildet. Fettreiche Ernährung fördert die Bildung von Ketonkörpern ebenfalls. Ketonkörper: Acetoacetat, Aceton, 3-Hydroxybutyrat.

6. Welche biologischen Funktionen hat Cholesterin?

Membranbaustein, Synthesevorstufe für Vitamin D, Steroidhormone und Gallensäuren.

7. Wie gelangt Cholesterin von der Leber in die Zellen anderer Organe?

Die Leber gibt Cholesterin in VLDL an das Blut ab. VLDL erhalten ApoCII von HDL im Blut. ApoCII aktiviert die Lipoprotein-Lipase, diese baut TAG der VLDL ab, zurück bleibt LDL, das das Lebercholesterin enthält. LDL wird mittels ApoB$_{100}$ rezeptorvermittelt in die Zielzellen endozytiert.

8. Warum führt Aspirin® zur Schmerzminderung?

Aspirin® hemmt die Cyclooxygenase irreversibel (Suizidhemmung). Dadurch werden die Prostaglandin- und die Thromboxan-Synthese gehemmt. Prostaglandin E$_2$ wird u. a. reduziert und die Schmerzempfindlichkeit gesenkt.

9. Warum kann Aspirin® einen Asthmaanfall auslösen?

Durch Hemmung der COX hat die Lipoxygenase mehr Arachidonsäure zur Verfügung, da deren Freisetzung durch die Phospholipase A2 (Schlüsselenzym der Eicosanoid-Biosynthese) nicht gehemmt wird. Es entstehen mehr Leukotriene, was zur Bronchokonstriktion führen kann.

Aus Studentensicht

PRÜFUNGSSCHWERPUNKTE
IMPP

!!! Cholesterin (Biosynthese), β-Oxidation, Ketonkörper
!! Lipoproteine, Cardiolipin
! Arachidonsäure

Kompetenzorientierte Lernziele (NKLM)

Die Studierenden können
- den Aufbau und die Funktion von Fettsäuren und Lipiden beschreiben und daraus wesentliche Eigenschaften ableiten.
- den Abbau von Lipiden und Fettsäuren erläutern.
- die Bildung und Verwertung von Ketonkörpern erläutern.
- die Synthese von Fettsäuren und Lipiden erläutern.
- die Funktion von Triacylgeriden erklären.
- die Regulation des Auf- und Abbaus von Triacylgeriden in den einzelnen Organen in unterschiedlichen Stoffwechsellagen erklären.
- die Rolle des braunen Fettgewebes für den Wärmehaushalt erklären.
- den spezifischen und unspezifischen Transport von Substanzen durch Trägerproteine erklären.
- erklären, wie Nahrungsbestandteile absorbiert und in Blut und Lymphe transportiert werden.
- erklären, wie Lipide durch Verdauungsenzyme hydrolysiert werden.
- die Bildung und Ausscheidung von Gallensäuren beschreiben.
- den enterohepatischen Kreislauf erklären.

KAPITEL 21 Stickstoffverbindungen: Moleküle mit vielen Funktionen

Cordula Harter, Petra Schling

21.1	Stickstoff im Menschen: Stickstoffbilanz	570
21.2	Aminosäurestoffwechsel	571
21.2.1	Proteinverdauung und Aminosäureabsorption	571
21.2.2	Pyridoxalphosphat	574
21.3	Abbau der Aminosäuren	575
21.3.1	Entsorgung der Aminogruppe	575
21.3.2	Reaktionen des Harnstoffzyklus	579
21.3.3	Ausscheidung von Aminogruppen durch die Niere	583
21.3.4	Abbau der C-Gerüste der Aminosäuren	584
21.4	Aminosäuresynthese	592
21.4.1	Essenzielle Aminosäuren	592
21.4.2	Bedingt essenzielle Aminosäuren	593
21.4.3	Biosynthese der nicht-essenziellen Aminosäuren	593
21.5	Organspezifischer Aminosäurestoffwechsel	595
21.5.1	Hormonelle Regulation des Aminosäurestoffwechsels	595
21.5.2	Dünndarm	595
21.5.3	Leber	596
21.5.4	Niere	596
21.5.5	Skelettmuskel	596
21.5.6	Gehirn	597
21.6	Biogene Amine	597
21.6.1	Bildung und Funktion biogener Amine	597
21.6.2	Katecholamine	597
21.6.3	Tryptamine	598
21.6.4	Histamin	599
21.6.5	Glutamat und GABA	599
21.6.6	Abbau der biogenen Amine	600
21.7	Nukleotide: mehr als nur Bausteine der Nukleinsäuren	602
21.7.1	Herkunft der Nukleotide	602
21.7.2	Hydrolyse von Nukleinsäuren und Absorption der Bausteine	602
21.7.3	Wiederverwertung	604
21.7.4	Abbau der Nukleotide	605
21.7.5	Neusynthese von Ribonukleotiden	610
21.7.6	Synthese von Desoxyribonukleotiden	616
21.8	Stoffwechsel der Nitroverbindungen	620
21.9	Hämstoffwechsel	621
21.9.1	Hämvarianten	621
21.9.2	Hämbiosynthese	621
21.9.3	Hämabbau	623
21.10	Kreatin	626
21.11	Weitere wichtige Amine	626
21.11.1	Cholin	626
21.11.2	Betain	627
21.11.3	Carnitin	627

Aus Studentensicht

Ein bis dahin gesundes Neugeborenes entwickelt am dritten Lebenstag schwere Allgemeinsymptome: Trinkschwäche, Blässe, Zittern, die Haut wird fahl und grau. Jetzt ist schnelles Handeln gefragt, um die Ursache zu finden und richtig zu therapieren. Sollte ein Harnstoffzyklusdefekt vorliegen, ist das Zeitfenster, um das Leben des Kindes zu retten und schwere bleibende Schäden zu verhindern, nur schmal. Der Nachweis von Ammoniak im Blut geht schnell, aber es muss daran gedacht werden. Unbehandelt verlaufen Harnstoffzyklusdefekte innerhalb weniger Tage tödlich. Aber warum ist das so und wo kommt der giftige Ammoniak überhaupt her? Auch Nukleotide enthalten Stickstoff und sind bei übermäßigem Purinabbau im Zusammenhang mit der Gicht klinisch relevant. Alles über Aminosäuren, Nukleotide und andere stickstoffhaltige Moleküle erfährst du in diesem Kapitel.
Carolin Unterleitner

Aus Studentensicht

21 STICKSTOFFVERBINDUNGEN: MOLEKÜLE MIT VIELEN FUNKTIONEN

21.1 Stickstoff im Menschen: Stickstoffbilanz

21.1 Stickstoff im Menschen: Stickstoffbilanz

> **FALL**
>
> **Herr Stern ist verwirrt**
>
> Erinnern Sie sich an Herrn Stern und seine Leberzirrhose (➤ Kap. 8)? Aufgeregt ruft seine Haushälterin bei Ihnen an, Sie müssten sofort kommen, sie habe ihn total verwirrt und lethargisch in seiner Wohnung vorgefunden. „Es ging ihm letzte Woche schon schlecht, er hatte eine schwere Erkältung und hat schon gar nichts mehr gegessen, aber so richtig komisch war es dann ab Montag: Da hat er angefangen, so undeutlich zu sprechen, ich konnte ihn kaum verstehen, aber wenn ich nachgefragt habe, ist er dann immer richtig wütend geworden – das habe ich bei ihm noch nie erlebt, sonst ist er nie so aufbrausend. Heute, am Mittwoch, komme ich zu ihm rein und er liegt im Bett und spricht nur wirres Zeug." Als Sie dort eintreffen, fängt Herr Stern plötzlich an zu krampfen. Da der Krampfanfall sehr lange andauert, verabreichen Sie ihm Benzodiazepine i. v., um den Krampfanfall zu unterbrechen. Beim Spritzen fallen Ihnen die massiv atrophierte Muskulatur von Herrn Stern und die Gelbfärbung seiner Haut auf.
> In was für einer Stoffwechsellage befindet sich Herr Stern? Wie kommt es zu den neurologischen Symptomen von Herrn Stern?

Der menschliche Körper besteht zu 2 % aus Stickstoff. Im Stoffwechsel spielen reduzierte Stickstoffformen wie **Amine** und **Amide** oder oxidierte Formen wie **Stickoxide** eine Rolle.

Circa 2 % des Gewichts eines menschlichen Körpers und 1,4 % seiner Atome sind Stickstoff. Stickstoff ist das vierthäufigste Element im Körper nach Sauerstoff, Kohlenstoff und Wasserstoff. Molekularer Stickstoff (N_2) macht 78 % der Luft aus. Während der Mensch molekularen Stickstoff nicht verwerten kann, sind reduzierte Stickstoffverbindungen wie **Amine** und **Amide** oder oxidierte Formen wie **Stickoxide** für den Stoffwechsel von Bedeutung (➤ Abb. 21.1).

ABB. 21.1

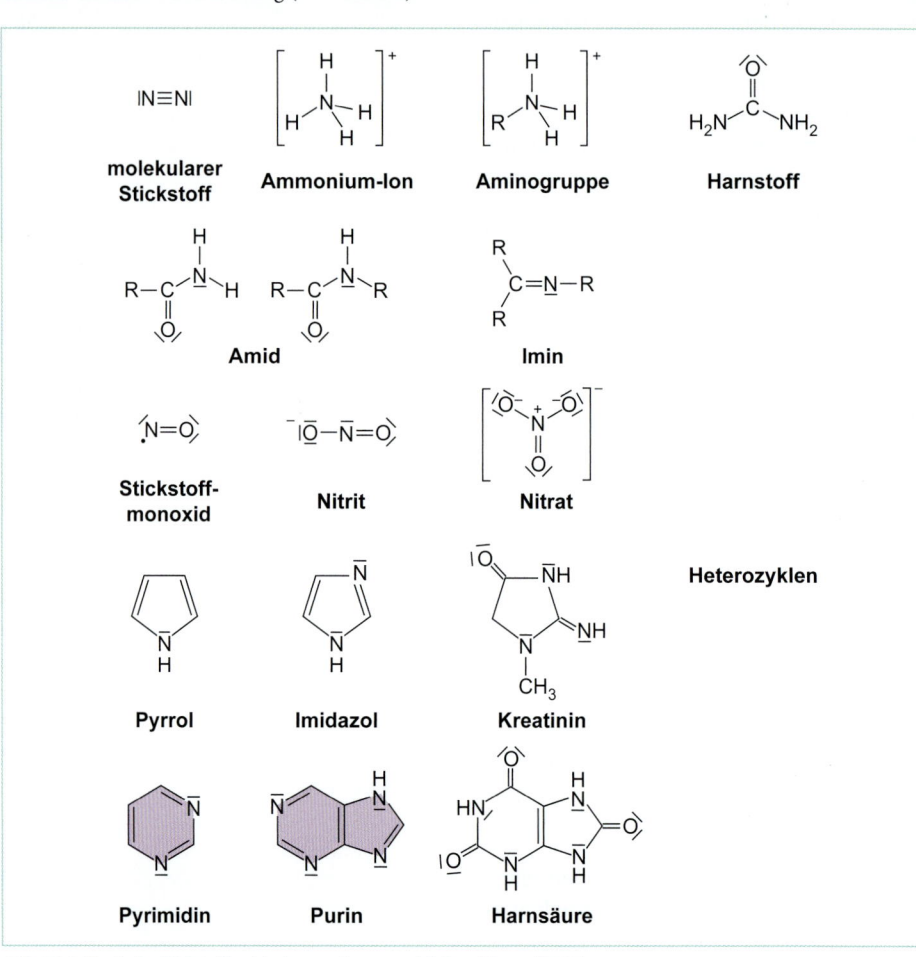

Abb. 21.1 Typische Stickstoffverbindungen im menschlichen Körper [L271]

KLINIK

> **KLINIK**
>
> **Tiefenrausch und Dekompressionskrankheit**
>
> N_2 ist ein lipophiles Gas, das sich konzentrationsabhängig im hydrophoben Innenbereich von Membranen ansammelt und dadurch die Erregbarkeit von Neuronen beeinflusst. Mit zunehmender Wassertiefe steigt der Umgebungsdruck und damit die Konzentration von N_2 in den Zellmembranen. Beim Tauchen mit Pressluft kommt es daher zum Tiefenrausch. Auch mit speziellen Gasgemischen, die weniger N_2 enthalten, ist ein Taucher vor dem Tiefenrausch nicht sicher, da sich auch andere Gase in Membranen einlagern. Das **„Martini-Gesetz"** vergleicht die Wirkung von 1 bar N_2 (etwa 10 m Tauchtiefe) mit der berauschenden Wirkung eines Glases Martini: Ein Taucher, der mit Pressluft auf 30 m Tiefe taucht, fühlt sich also, als hätte er drei Martini getrunken.

Bei einem Taucher, der längere Zeit auf mehr als 10 m Tiefe mit Pressluft atmet, wird immer mehr N_2 physikalisch über das Blut zu den unterschiedlichen Geweben transportiert und sammelt sich dort in den Membranen an. Steigt der Taucher wieder auf, so wird der Prozess umgekehrt: N_2 diffundiert aus den Geweben zurück ins Blut und wird vermehrt abgeatmet. Dieser Prozess braucht jedoch Zeit. Steigt der Taucher zu schnell auf, sinkt der Umgebungsdruck zu schnell ab und das gelöste N_2 geht direkt in den Geweben und im Blut in die Gasphase über und perlt aus. Die Gasblasen verletzen Gefäße und Gewebe und unterbrechen die lokale Blutversorgung. Einzige kausale Therapie ist eine möglichst schnelle Rückkehr zu höheren Drücken, um das Gas wieder in Lösung zu zwingen (Druckkammer-Therapie).

Die mengenmäßig größten Gruppen stickstoffhaltiger Moleküle im menschlichen Körper sind **Aminosäuren** und **Nukleotide** und die aus ihnen gebildeten Proteine und Nukleinsäuren. Für die Synthese der Nukleobasen und anderer stickstoffhaltiger Moleküle werden die Aminogruppen aus Aminosäuren verwendet. In den Nukleobasen, einigen Aminosäureseitenketten und Cofaktoren ist Stickstoff Teil von Heterozyklen. Diese ringförmigen Verbindungen sind meist aromatisch und daher planar. Sie können beispielsweise Metallionen komplexieren, negative Ladungen stabilisieren oder pH-abhängig protoniert werden.

Da Ammonium-Ionen (NH_4^+-Ionen) toxisch sind, werden überschüssige Aminogruppen zwischen den Organen in Form von Aminosäuren im Blut transportiert und als ungiftiger **Harnstoff** renal **ausgeschieden**. Weitere stickstoffhaltige Endprodukte des menschlichen Metabolismus sind Harnsäure, Kreatinin und Nitrat.

Aminosäuren und **Nukleotide** sind die häufigsten stickstoffhaltigen Moleküle im Körper. Stickstoff wird in Form von Aminosäuren im Blut transportiert und v.a. in Form von **Harnstoff** über die Niere ausgeschieden. Weitere Endprodukte sind Nitrat, Kreatinin und Harnsäure.

> **Aminogruppen sind basisch**
> Ammoniak und primäre Aminogruppen haben einen pK_s-Wert von über 9 und sind daher bei den im Körper herrschenden pH-Werten so gut wie vollständig protoniert. Im Blutplasma bei pH 7,4 beträgt das Verhältnis von NH_3 (Ammoniak) zu NH_4^+ (Ammonium-Ionen) 1 : 100, im Urin bei pH 5,4 sogar 1 : 10 000.

Aus der Menge des hauptsächlich in Form von Nahrungsproteinen aufgenommenen und des v. a. als Harnstoff ausgeschiedenen Stickstoffs lässt sich die **Stickstoffbilanz** errechnen. Gesunde Erwachsene haben eine ausgeglichene Stickstoffbilanz mit einem obligatorischen Stickstoffverlust von etwa 3–4 g Stickstoff pro Tag (0,05 g/kg Körpergewicht), der 20–30 g Nahrungsprotein entspricht (0,35 g/kg Körpergewicht). Liegt die Aufnahme deutlich über diesem Mindestbedarf, wird vermehrt Stickstoff ausgeschieden. Wird über mindestens acht Tage mehr Stickstoff aufgenommen als abgegeben, liegt eine **positive Stickstoffbilanz** vor. Sie ist für Schwangere und Kinder im Wachstum physiologisch und tritt auch bei Kraftsportlern in der Regenerationszeit auf, in der mehr (Muskel-)Protein auf- als abgebaut wird. Eine **negative Stickstoffbilanz** tritt auf, wenn die Stickstoffzufuhr z. B. bei krankheitsbedingtem Proteinkatabolismus, ungenügender Energiezufuhr oder starker körperlicher Arbeit nicht die endogenen Verluste deckt. Zur Vermeidung einer Abnahme des Gesamtkörperproteins wird eine Proteinzufuhr von mindestens 0,8 g/kg Körpergewicht pro Tag empfohlen. Dieser Wert wurde unter Berücksichtigung von Verlusten bei der Proteinaufnahme im Darm und unterschiedlichen Wertigkeiten von Nahrungsproteinen berechnet. In der Erholungsphase nach körperlicher Anstrengung oder Krankheiten kann sich der Proteinbedarf mehr als verdoppeln.

Die **Stickstoffbilanz** ist die Differenz von aufgenommenem (v. a. Proteine) und ausgeschiedenem (v. a. Harnstoff) Stickstoff. Beim gesunden Erwachsenen ist die Bilanz ausgeglichen. Eine **positive** Stickstoffbilanz ist physiologisch für Kinder und Sportler. Eine **negative** Stickstoffbilanz entsteht bei ungenügender Energiezufuhr oder schwerer körperlicher Arbeit.

> **FALL**
> **Herr Stern ist verwirrt: negative Stickstoffbilanz**
> Herr Stern befindet sich in einer katabolen Stoffwechsellage. Sein Körper hat als Reaktion auf den Stress der Erkältung mehr Adrenalin und Cortisol ausgeschüttet, beides Hormone, die als Gegenspieler des Insulins den Proteinabbau v. a. im Muskel stimulieren. Gleichzeitig hat Herr Stern kaum etwas gegessen. Seine Stickstoffbilanz wird negativ.

21.2 Aminosäurestoffwechsel

21.2.1 Proteinverdauung und Aminosäureabsorption

Aminosäuren stammen aus der Nahrung, dem Abbau körpereigener Proteine oder können zum Teil auch de novo synthetisiert werden. Sie werden für vielfältige Synthesen benötigt oder zur Energiegewinnung abgebaut. Aminosäuren können als solche nicht gespeichert werden. In Mangelsituationen werden wichtige Körperproteine abgebaut. Proteine und Aminosäuren unterliegen daher einem ständigen Auf-, Um- und Abbau (= Turnover).

Nahrungsproteine werden im Magen und Dünndarm durch **Proteasen** in freie Aminosäuren, Di- und Tripeptide gespalten. Unter den Verdauungsproteasen gibt es sowohl Endo- als auch Exoproteasen (➤ 7.2.1), die sich in ihren Spezifitäten unterscheiden (➤ Tab. 21.1).
Verdauungsproteasen und -peptidasen werden als **Zymogene** (inaktive Vorstufen) synthetisiert und erst extrazellulär am Wirkungsort aktiviert. Die Zymogene enthalten ein zusätzliches inhibitorisches Propep-

21.2 Aminosäurestoffwechsel

21.2.1 Proteinverdauung und Aminosäureabsorption

Aminosäuren stammen aus der Nahrung, dem Abbau körpereigener Proteine oder werden z. T. de novo synthetisiert. Sie können nicht gespeichert werden.

Proteasen spalten Nahrungsproteine im Magen und im Darm.

Aus Studentensicht

21 STICKSTOFFVERBINDUNGEN: MOLEKÜLE MIT VIELEN FUNKTIONEN

TAB. 21.1

Tab. 21.1 Die wichtigsten Verdauungsproteasen

Name	Aktivierung aus der Vorstufe	Bildungs-/Wirkort	Aktives Zentrum	Spezifität
Pepsin	Aus Pepsinogen durch Autoproteolyse bei saurem pH und durch bereits aktiviertes Pepsin	Hauptzellen des Magenfundus/Magenlumen	Saure Aspartat-Protease	Endoprotease; Bindungen mit Phenylalanin, Tyrosin
Enteropeptidase	Aus Pro-Enteropeptidase vermutlich durch Duodenase	Dünndarmmukosazellen/Bürstensaum	Serin-Protease	Endoprotease; nach Lysin, wenn diesem vier Aspartate vorausgehen
Trypsin	Aus Trypsinogen durch Enteropeptidase oder durch bereits aktiviertes Trypsin	Pankreas/Dünndarmlumen	Serin-Protease	Endoprotease; C-terminal von großen basischen Aminosäuren (Arginin, Lysin)
Chymotrypsin	Aus Chymotrypsinogen durch Trypsin	Pankreas/Dünndarmlumen	Serin-Protease	Endoprotease; C-terminal von aromatischen Aminosäuren (Phenylalanin, Tyrosin, Tryptophan)
Elastase	Aus Proelastase durch Trypsin	Pankreas/Dünndarmlumen	Serin-Protease	Endoprotease; C-terminal von unpolaren aliphatischen Aminosäuren (Glycin, Alanin, Valin, Leucin, Isoleucin)
Carboxypeptidase A	Aus Procarboxypeptidase A durch Trypsin	Pankreas/Dünndarmlumen	Zink-/Metalloprotease	Exoprotease, die vom C-terminalen Ende her einzelne Aminosäuren abspaltet; bevorzugt aromatische (Phenylalanin, Tyrosin, Tryptophan) oder verzweigtkettige Aminosäuren (Leucin, Isoleucin, Valin)
Carboxypeptidase B	Aus Procarboxypeptidase B durch Trypsin	Pankreas/Dünndarmlumen	Zink-/Metalloprotease	Exoprotease, die vom C-terminalen Ende her einzelne Aminosäuren abspaltet; bevorzugt große basische Aminosäuren (Lysin, Arginin)
Aminopeptidasen	Aus Proaminopeptidasen	Dünndarmmukosazellen/Bürstensaum	Zink-/Metalloprotease	Exoproteasen; spezifische Enzyme für spezifische N-terminale Aminosäuren

Um die sezernierenden Zellen vor Autoproteolyse zu schützen, werden Verdauungsproteasen und -peptidasen als **inaktive Vorstufen (= Zymogene)** synthetisiert. Sie werden erst nach Abspaltung des inhibitorischen Propeptids aktiv. **Ausnahme** ist das **Pepsinogen** im Magen, das durch den niedrigen pH-Wert im Speisebrei (Chymus) partiell aktiviert wird.
Bis auf die Enteropeptidase sind die meisten Verdauungsproteasen relativ unspezifisch.

tid, das proteolytisch abgetrennt werden muss, bevor die Protease aktiv wird. Dies schützt die sezernierenden Zellen vor Autoproteolyse. Einzige **Ausnahme** ist das von den Belegzellen des Magens produzierte **Pepsinogen,** das bei sehr niedrigen pH-Werten auch als Zymogen eine geringe Aktivität erlangt und sich dann selbst zum aktiven Pepsin spalten kann. Da dieser niedrige pH-Wert nur im Speisebrei (Chymus), nicht aber in den Belegzellen oder direkt auf deren Oberfläche erreicht wird, sind die Zellen dennoch gut geschützt.

Die meisten Verdauungsproteasen sind relativ unspezifisch, bevorzugen aber bestimmte Aminosäureseitenketten an der Spaltstelle in ihren Substraten. Wirklich sequenz- und damit auch **substratspezifisch** ist jedoch nur die **Enteropeptidase,** deren Funktion nicht in der Verdauung von Nahrungsproteinen, sondern nur in der Aktivierung von Trypsin besteht, womit sie die Aktivierungskaskade der Verdauungsenzyme startet.

KLINIK

KLINIK

Elastaseaktivität

Ein Problem von Mukoviszidosepatienten ist die exokrine Pankreasinsuffizienz. Durch das zähflüssige Pankreassekret kommt es zu einer gestörten Sekretion der Verdauungsenzyme. Auch bei einer chronischen Pankreatitis (wie bei Herrn Kohl ➤ 3.1) kommt es zur verminderten Sekretion der Enzyme. Im Darmlumen sind dementsprechend zu wenig aktive Verdauungsenzyme vorhanden. Da das Enzym Elastase von den anderen Verdauungsproteasen nicht abgebaut und unverändert ausgeschieden wird, kann die **Elastaseaktivität im Stuhl** Aufschluss über die exokrine Funktion des Pankreas geben. Wenn über den Stuhlbefund ein Mangel diagnostiziert wurde, müssen bei diesen Erkrankungen Pankreasenzyme z. B. in magensaftresistenten Kapseln zugeführt werden, da sonst keine ausreichende Proteinverdauung stattfinden kann. Bei einer akuten Pankreatitis werden die Zymogene bereits im Pankreas aktiviert, schädigen das Organ und das umliegende Gewebe und gelangen ins Blut. Der Nachweis der **Elastaseaktivität im Serum** kann daher zur Diagnostik akuter Pankreatitiden beitragen.

Die Endprodukte der Proteinverdauung werden im Darm über sekundär und tertiär aktive Transporter absorbiert.

Die Endprodukte der Proteinverdauung sind Aminosäuren, Di- und Tripeptide, die meist über **sekundär** und **tertiär aktive Transportsysteme** in der Bürstensaummembran der Enterozyten absorbiert werden. In vergleichbarer Weise wird auch die Reabsorption von Aminosäuren in der Niere bewerkstelligt. In den

21.2 AMINOSÄURESTOFFWECHSEL

Aus Studentensicht

Enterozyten werden die absorbierten Di- und Tripeptide durch zytoplasmatische Proteasen zu Aminosäuren hydrolysiert. Die sekundär aktiven Transporter nutzen die von der Na^+/K^+-ATPase und dem Na^+/H^+-Antiporter bereitgestellte elektrochemische Triebkraft der Na^+-Ionen und Protonen, während die tertiär aktiven Transporter diese sekundär aktiv transportierten Aminosäuren gegen andere austauschen, sodass letztlich alle Aminosäuren aus dem Darmlumen aufgenommen werden können (> Abb. 21.2).

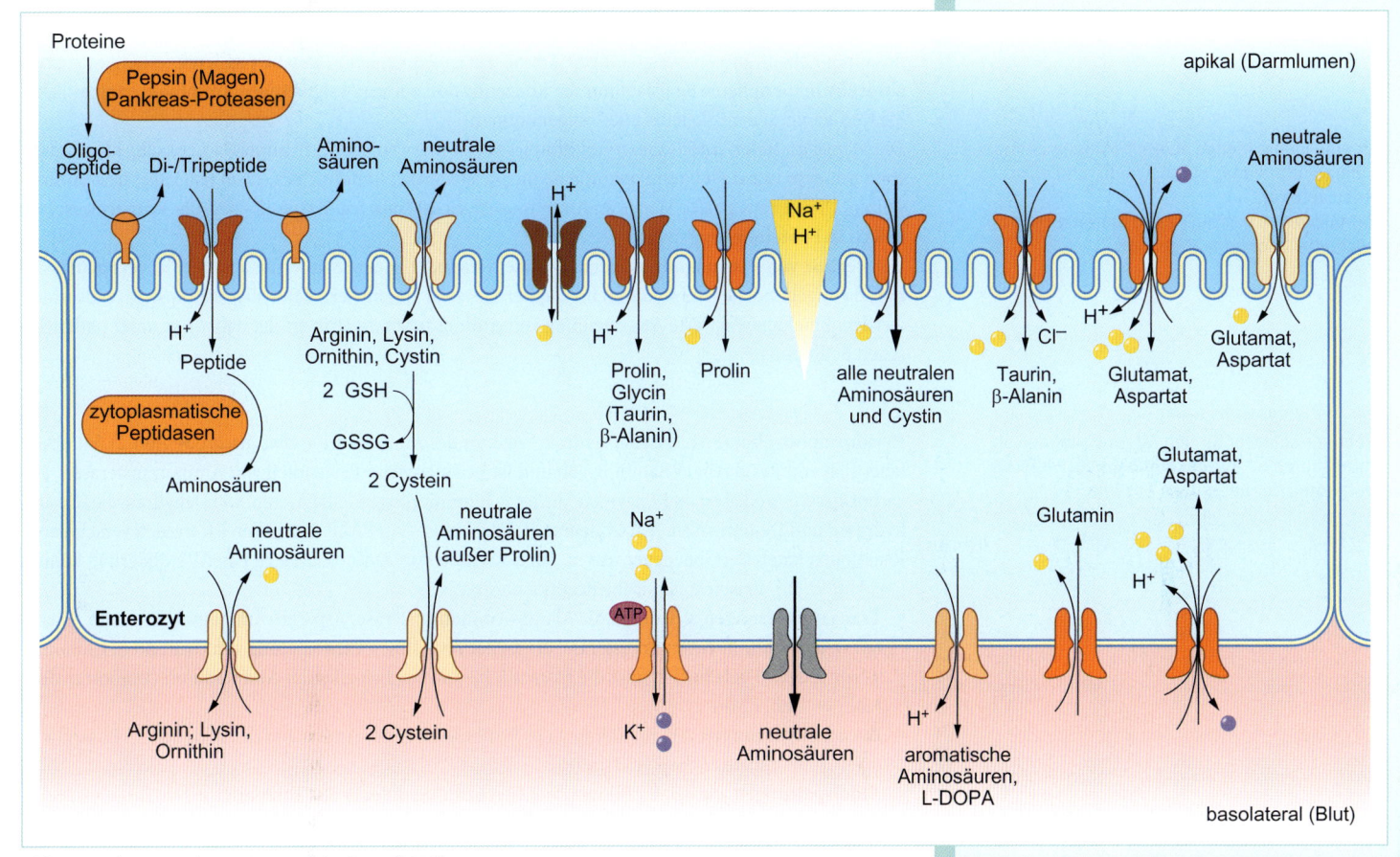

Abb. 21.2 Absorption der Aminosäuren im Darm [L253]

Auch auf der basolateralen Seite der Enterozyten werden Aminosäuren sekundär oder tertiär aktiv transportiert. Ein natriumunabhängiger Transporter für neutrale Aminosäuren ist zwar charakterisiert, aber bisher noch nicht identifiziert. Ein basolateraler Efflux von Glutamin, Glutamat und Aspartat aus den Enterozyten des Dünndarms findet so gut wie nicht statt. Diese Aminosäuren werden in diesen Zellen annähernd quantitativ verstoffwechselt, wobei die Aminogruppe entweder auf andere Aminosäuren übertragen oder in Form von NH_4^+-Ionen an die Pfortader abgegeben wird. Zwischen den Mahlzeiten werden Glutamin, Glutamat und Aspartat sogar aus dem Blut der Darmarterien in die Enterozyten aufgenommen, um deren Energieversorgung aufrechtzuerhalten.

Glutamin, Glutamat und Aspartat werden direkt von den Enterozyten verstoffwechselt und nicht ins Blut abgegeben.

KLINIK

Chinarestaurant-Syndrom

Glutamat aus Nahrungsproteinen oder der Nahrung zugesetztes freies Glutamat (Umami-Geschmack) wird vollständig in den Enterozyten abgebaut und kann daher die Neurotransmission nicht beeinflussen. Das sog. Chinarestaurant-Syndrom, bei dem nach der Aufnahme von Speisen mit Glutamat als Geschmacksverstärker eine Vielzahl von Symptomen wie z. B. Juckreiz im Hals oder Herzklopfen auftritt, ist ein klassisches Beispiel für einen **Nocebo-Effekt:** Allein schon die Vorstellung, Geschmacksverstärker zu sich zu nehmen, führte in kontrollierten Studien zu denselben Symptomen.

KLINIK

Die **biologische Wertigkeit** von Proteinen gibt an, wie viel eines aufgenommenen Nahrungsproteins in körpereigenes Protein umgewandelt werden kann. Je höher die biologische Wertigkeit der aufgenommenen Proteine ist, desto weniger Protein muss zugeführt werden, um eine ausgeglichene Protein- und Stickstoffbilanz zu erreichen. Als wichtiges Kriterium für die biologische Wertigkeit gilt die Zusammensetzung der Aminosäuren in einem Lebensmittel. Je mehr proteinogene und v.a. essenzielle Aminosäuren darin enthalten sind und je ähnlicher das Mengenverhältnis dem der körpereigenen Proteine ist, desto höherwertig ist das Protein. Tierische Proteine besitzen i. d. R. eine höhere biologische Wertigkeit als pflanzliche. Hühnervollei wird willkürlich eine biologische Wertigkeit von 100 zugeordnet und andere Proteine werden relativ dazu bewertet.

Aus Studentensicht

Plasmaaminosäurepool
Glutamin und Alanin sind die am höchsten konzentrierten Aminosäuren im Blutplasma.

Nur eine kleine Menge an Aminosäuren befindet sich im Blutplasma, weitaus mehr sind in Proteinen verbaut.
Normalerweise werden Aminosäuren nicht ausgeschieden, sondern abgebaut.

21.2.2 Pyridoxalphosphat
Wichtiger Cofaktor für den Ab- und Umbau von Aminosäuren ist **Pyridoxalphosphat** (PALP) als Bestandteil der beteiligten Enzyme.

21 STICKSTOFFVERBINDUNGEN: MOLEKÜLE MIT VIELEN FUNKTIONEN

Plasmaaminosäurepool

Die Konzentration an freien Aminosäuren im Blutplasma beträgt insgesamt ca. 3 mmol/l. Die Zusammensetzung und Größe des **Plasmaaminosäurepools** wird in engen Grenzen konstant gehalten. **Glutamin,** das in vielen peripheren Geweben entsteht, und **Alanin,** das v. a. aus dem Skelettmuskel stammt, liegen mit etwa 600 bzw. 300 µmol/l in den höchsten Konzentrationen vor. Die meisten anderen Aminosäuren sind 10-fach geringer konzentriert, von Aspartat und Glutamat finden sich nur Spuren. Da bestimmte Aminosäuren durch die Darmzellen verstoffwechselt werden und die Leber überschüssige Aminosäuren abbaut, die verzweigtkettigen Aminosäuren jedoch beide Organe passieren, erhöht sich postabsorptiv im peripheren Kreislauf nur die Konzentration der verzweigtkettigen Aminosäuren signifikant. Sie werden netto vom Skelettmuskel aufgenommen.

Die Menge an freien Aminosäuren im Blutplasma ist mit weniger als 10 mmol (< 1,1 g) sehr klein verglichen mit dem intrazellulären Pool. Alleine im Skelettmuskel findet sich ca. 1 mol (ca. 110 g) freie Aminosäuren. Die weitaus größte Menge an Aminosäuren, ca. 100 mol (ca. 11 kg ≙ 15–20 % der Körpermasse), ist jedoch **in Proteinen eingebaut.**

Der **Verlust von Plasmaaminosäuren** über die Niere oder andere Körperflüssigkeiten ist **vernachlässigbar,** da ungebundene Aminosäuren im Glomerulus zwar frei filtriert, dann aber zu 95–99 % reabsorbiert werden. Eine nennenswerte Ausscheidung von Aminosäuren im Urin erfolgt daher nur unter pathologischen Bedingungen.

21.2.2 Pyridoxalphosphat

Pyridoxalphosphat (PALP) ist *der* zentrale Cofaktor des Aminosäurestoffwechsels (➤ Abb. 21.3a). PALP leitet sich von Pyridoxin (Vitamin B_6) ab und ist beispielsweise Bestandteil von Aminotransferasen, Decarboxylasen, Aldolasen und Enzymen, die α-, β-Eliminierungen katalysieren, wie Dehydratasen, Desulfhydrasen und Desaminasen. Je nachdem, mit welchem Enzym PALP verbunden ist, werden verschiedene Reaktionen katalysiert, bei denen es v. a. am α-C-Atom von Aminosäuren zu einer Veränderung kommt (➤ Abb. 21.3b). Beispiele für solche Reaktionen sind:

- **Transaminierungen** z. B. durch die Alanin-Aminotransferase, Aspartat-Aminotransferase im Aspartatzyklus, Ornithin-Aminotransferase, die an der reversiblen Umwandlung von Ornithin in Glutamat-γ-Semialdehyd beteiligt ist, oder die aromatische und Verzweigtketten-Aminosäuren-Aminotransferase (➤ Abb. 21.4b)
- **Decarboxylierungen** z. B. im Rahmen der Synthese biogener Amine und der Bildung von Phosphatidylethanolamin aus Phosphatidylserin.
- **Aldolspaltungen** wie bei der Bildung von Glycin aus Serin oder aus Threonin
- **α-, β-Eliminierungen** beispielsweise von Serin zu Pyruvat durch die L-Serin-Deaminase (L-Serin-Dehydratase) oder bei der Desaminierung von Threonin durch die Threonin-Ammoniak-Lyase (L-Threonin-Dehydratase)
- **Transsulfurierung** und Cysteinbiosynthese im Abbauweg des Methionins
- **Erster Schritt der Hämbiosynthese** als Cofaktor der δ-Aminolävulinat-Synthase

Außerdem ist PALP Bestandteil der **Glykogen-Phosphorylase** und unterstützt die Säure-Basen-Katalyse durch die Phosphatgruppe.

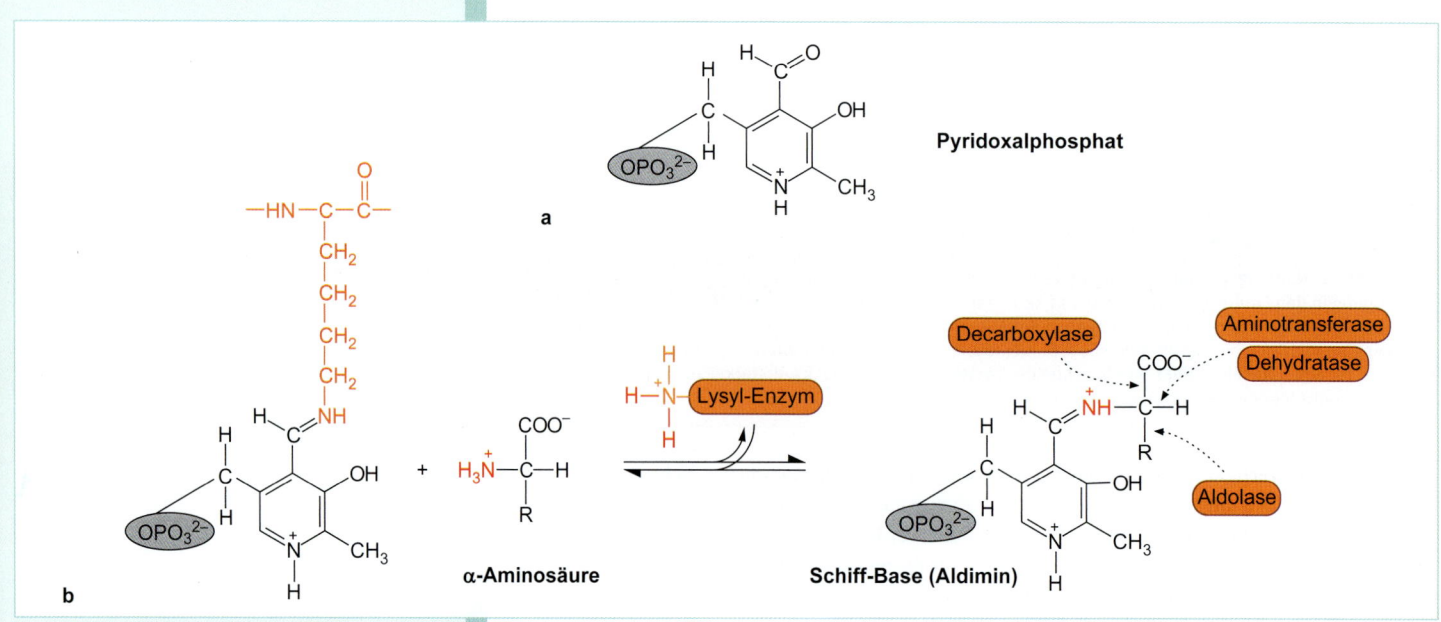

Abb. 21.3 a Pyridoxalphosphat. **b** Initialer Schritt der PALP-abhängigen Reaktionen. [L253]

Bei all diesen Enzymen ist PALP in Abwesenheit eines Substrats als prosthetische Gruppe kovalent an das Enzym gebunden (➤ Abb. 21.3b). Die Aldehydgruppe des PALP bildet dabei mit der Aminogruppe einer Lysin-Seitenkette im aktiven Zentrum des Enzyms ein Aldimin (= **internes Aldimin**). Nach Bindung des Substrats wird PALP von der Aminogruppe des Lysins auf die α-Aminogruppe des Substrats übertragen (**externes Aldimin**). Die verschiedenen Reaktionen unterscheiden sich in der anschließenden Abspaltung des Substituenten am α-C-Atom. Das Pyridoxalphosphat dient durch sein konjugiertes π-Elektronen-System dabei immer der Stabilisierung des kurzfristig am α-C-Atom verbleibenden überschüssigen Elektrons.

Aus Studentensicht

PALP ist als prosthetische Gruppe kovalent an sein Enzym gebunden und bildet mit der α-Aminogruppe der Aminosäuren ein Aldimin.

Imine

Imine kann man sich als Aldehyde oder Ketone vorstellen, bei denen das O-Atom durch ein N-Atom ersetzt ist. Das N-Atom trägt zudem noch ein H-Atom oder einen organischen Rest (R). **Aldimine** sind N-Analoga von Aldehyden und **Ketimine** N-Analoga von Ketonen. Entsteht das Imin durch die Kondensation eines primären Amins und eines Aldehyds, spricht man auch von einem **Azomethin** oder einer **Schiff-Base**.

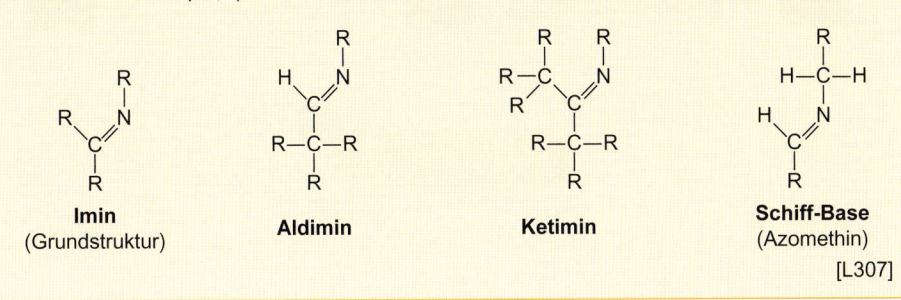

Imin (Grundstruktur)　**Aldimin**　**Ketimin**　**Schiff-Base** (Azomethin)

[L307]

21.3 Abbau der Aminosäuren

21.3.1 Entsorgung der Aminogruppe

Aminosäuren werden abgebaut, indem die **Aminogruppe abgespalten** und das verbleibende **Kohlenstoffgerüst** in Moleküle **umgewandelt** wird, die auch beim Katabolismus von Kohlenhydraten und Fettsäuren auftreten und üblicherweise in den Citratzyklus eingehen. Während über Transaminierungen, Desaminierungen und Harnstoffzyklus das Schicksal der Aminogruppe für alle Aminosäuren ähnlich verläuft, sind die Abbauwege der Kohlenstoffgerüste sehr unterschiedlich.

Transaminierung

Die meisten Aminogruppen der im zellulären Stoffwechsel der **peripheren Gewebe** abgebauten Aminosäuren werden durch **Transaminierung** intrazellulär auf α-Ketoglutarat übertragen (➤ Abb. 21.4) und nicht desaminiert. So wird die Freisetzung der toxischen NH_4^+-Ionen verhindert. Trotzdem finden auch einige Desaminierungen in der Peripherie statt, wie bei der Asparaginase-Reaktion, im Aspartatzyklus und im Glycin-Spaltungssystem.

Die primären α-Aminogruppen der meisten Aminosäuren können durch **Aminotransferasen** (Transaminasen) reversibel von einer Aminosäure auf eine α-Ketosäure, meist α-Ketoglutarat, übertragen werden (➤ Abb. 21.4). Dabei wird das α-C-Atom der ursprünglichen Aminosäure oxidiert und das entsprechende C-Atom in der Ketosäure reduziert. Über das entstandene Glutamat kann eine Aminogruppe so zwischen verschiedenen Aminosäuren hin und her wechseln.

Nachdem PALP vom Lysin-Rest der Aminotransferase auf die erste α-Aminosäure übertragen und so das externe Aldimin dieser Reaktion gebildet wurde, wird zunächst die entsprechende α-Ketosäure freigesetzt. Die Aminogruppe verbleibt am Pyridoxaminphosphat (PAMP). Dieser Schritt ist reversibel, sodass durch Binden einer anderen Ketosäure die Aminogruppe von Pyridoxaminphosphat darauf übertragen werden kann und eine andere Aminosäure entsteht.

Desaminierung

Die Abspaltung der Aminogruppe einer Aminosäure als NH_4^+-Ion kann hydrolytisch oder oxidativ ablaufen. Im ersten Schritt der **oxidativen Desaminierung** wird die Aminogruppe der Aminosäure durch Übertragung eines Hydridions zur Iminogruppe oxidiert und es entsteht NADH oder NADPH. Anschließend wird die Iminogruppe als Ammonium-Ion hydrolytisch abgespalten und es entsteht eine α-Ketosäure. So werden beispielsweise die durch Transaminierung auf Glutamat gesammelten α-Aminogruppen vorwiegend in Leber und Niere durch die Glutamat-Dehydrogenase oxidativ eliminiert (➤ Abb. 21.5a).
Bei der **hydrolytischen Desaminierung** werden NH_4^+-Ionen aus der Säureamidgruppe einer Aminosäure hydrolytisch abgespalten. Beispiele für die hydrolytische Desaminierung sind die Abspaltungen der Amidgruppen aus den Seitenketten von Glutamin und Asparagin (➤ Abb. 21.6). Die **Fixierung** der dabei frei werdenden NH_4^+-Ionen geschieht v.a. durch die Glutamin-Synthetase (➤ Abb. 21.5b).

21.3 Abbau der Aminosäuren

21.3.1 Entsorgung der Aminogruppe

Der Aminosäureabbau erfolgt in zwei Schritten:
- Abspaltung der Aminogruppe
- Abbau des Kohlenstoffgerüsts

Transaminierung

Um keine toxischen NH_4^+-Ionen entstehen zu lassen, werden die meisten Aminogruppen im peripheren Gewebe durch Transaminierung auf α-Ketoglutarat übertragen und so in Form von Glutamat gesammelt.

Transaminierungen sind **reversibel**. **Aminotransferasen** übertragen primäre Aminogruppen von einer Aminosäure auf eine α-Ketosäure. Dabei ist ein Aminosäure-Ketosäure-Paar meist Glutamat und α-Ketoglutarat.
Die Aminogruppe verbleibt zunächst am Pyridoxalphosphat, die entsprechende α-Ketosäure wird freigesetzt und die Aminogruppe wird auf eine neue Ketosäure übertragen. Dabei entsteht eine neue Aminosäure.

Desaminierung

Bei der **oxidativen Desaminierung** entstehen neben NH_4^+-Ionen auch NADH oder NADPH und eine α-Ketosäure. Eine oxidative Desaminierung durch die Glutamat-Dehydrogenase findet in Leber und Niere statt. Bei der **hydrolytischen Desaminierung** wird eine Aminogruppe aus der Säureamidbindung von Aminosäuren abgespalten. Die **Fixierung** von NH_4^+-Ionen erfolgt im Harnstoffzyklus, durch die Glutamin-Synthetase oder die Rückreaktion der Glutamat-Dehydrogenase.

Aus Studentensicht

21 STICKSTOFFVERBINDUNGEN: MOLEKÜLE MIT VIELEN FUNKTIONEN

ABB. 21.4

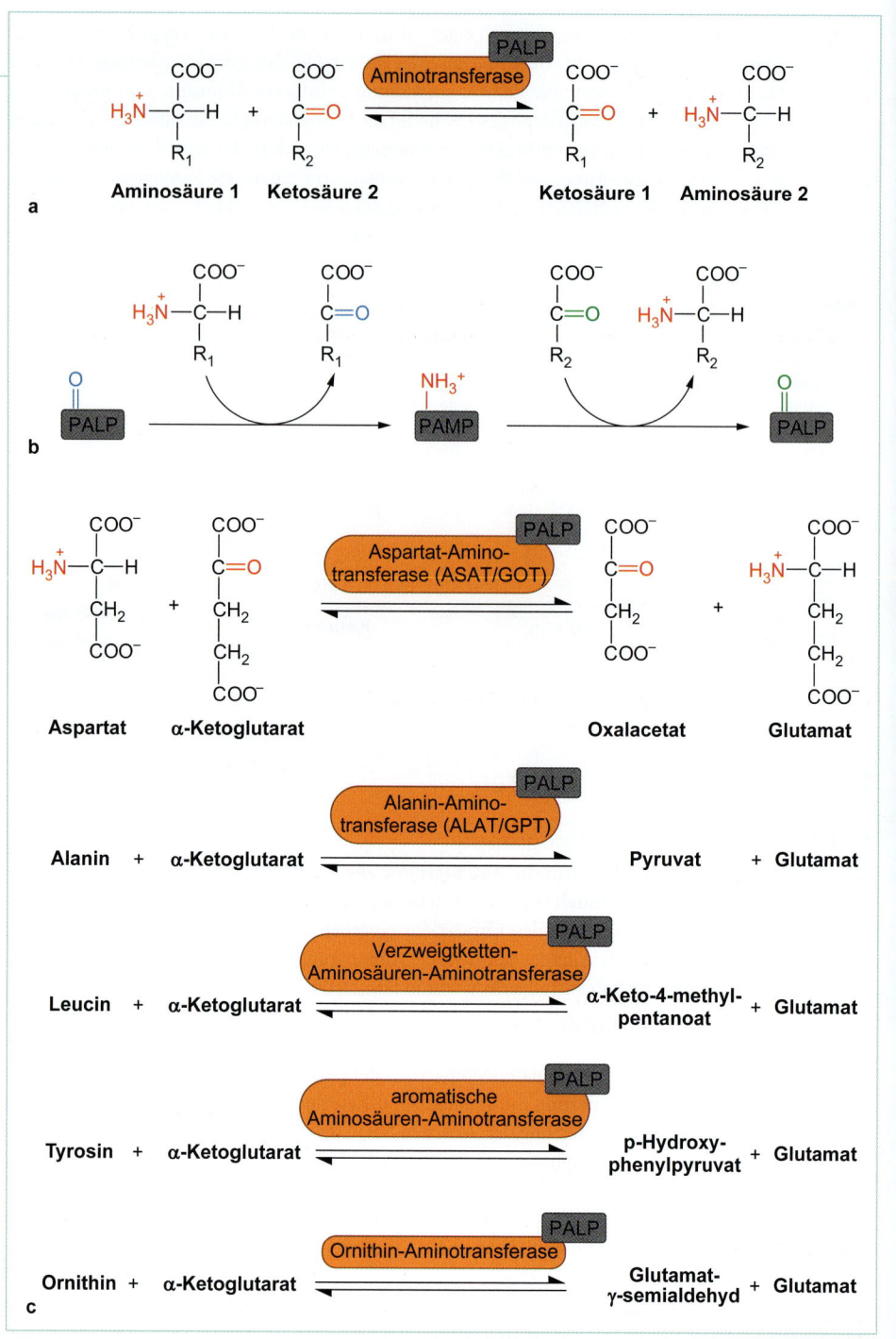

Abb. 21.4 Aminotransferasen. **a** Allgemeine Reaktion. [L253] **b** Funktion von PALP als Aminogruppenspeicher. [L307] **c** Wichtige Vertreter. [L253]

Glutamin und Alanin transportieren die Aminogruppen im Blut.

Glutamin tritt ins Blut über und transportiert die Aminogruppen zu anderen Organen, die Aminogruppen für Biosynthesen wie die der Nukleotide benötigen. Überschüssiges Glutamin gelangt zu Leber und Niere, wo NH_4^+-Ionen durch die Glutaminase (> Abb. 21.6) und die Glutamat-Dehydrogenase wieder freigesetzt werden. In der Niere werden diese direkt in den Urin sezerniert, in der Leber in ungiftigem Harnstoff fixiert und als solcher renal eliminiert. Im Skelettmuskel wird ein Teil des Glutamins über Glutamat zu Alanin transaminiert, das dann v. a. zur Leber transportiert wird.

Toxizität des Ammonium-Ions

NH_4^+-Ionen werden normalerweise von der Leber entgiftet. Eine Leberfunktionsstörung ist die häufigste Ursache für eine **Hyperammonämie**.

Toxizität des Ammonium-Ions

Freie NH_4^+-Ionen stammen hauptsächlich aus dem Darm, geringere Mengen auch aus dem arbeitenden Skelettmuskel. Alle anderen Gewebe, speziell ruhender Skelettmuskel und die Astrozyten im Gehirn, fixieren NH_4^+-Ionen mit der Glutamin-Synthetase (> Abb. 21.5). Freie NH_4^+-Ionen werden normalerweise von der Leber entgiftet. Häufigste Ursache für eine **Hyperammonämie** ist daher eine angeborene oder erworbene Leberfunktionsstörung oder die Umgehung der Leber durch portovenöse Shunts.

21.3 ABBAU DER AMINOSÄUREN

Abb. 21.5 a Glutamat-Dehydrogenase. b Glutamin-Synthetase. [L253]

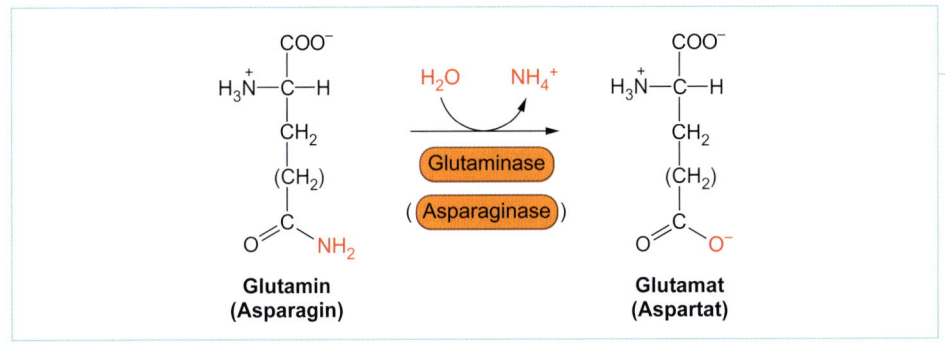

Abb. 21.6 Glutaminase [L253]

> **KLINIK**
>
> **Chronische Ammoniumtoxizität**
>
> Im gesunden Menschen liegt die NH_4^+-Konzentration im Blutplasma unter 50 µmol/l. Kurzfristig kann die Konzentration bei erschöpfender Muskelarbeit bis auf 100 µmol/l ansteigen. Eine chronische Erhöhung der NH_4^+-Konzentration im Plasma im Bereich um 100 µmol/l führt zwar noch nicht zu offensichtlichen neurologischen Symptomen, geht jedoch mit kognitiven Defiziten in psychometrischen Tests einher, beeinträchtigt die Lebensqualität und Arbeitsfähigkeit und erhöht die Anzahl an (Verkehrs-)Unfällen durch die Betroffenen.
> Ab etwa 200 µmol/l treten neurologische Vergiftungserscheinungen auf, die sich z. B. durch Verwirrtheit, Desorientierung, Krampfanfälle und eine gestörte Motorik äußern können. Die auftretende mentale Verlangsamung kann bei weiter steigenden Werten schließlich in ein Leberkoma übergehen.

Die strenge Korrelation einer erhöhten NH_4^+-Konzentration im Blutplasma mit neurologischen Einschränkungen bis hin zur Enzephalopathie legt einen kausalen Zusammenhang und eine Neurotoxizität von NH_4^+-Ionen nahe. Zur Erklärung der biochemischen Zusammenhänge gibt es einige Hypothesen, die jedoch experimentell noch nicht ausreichend belegt sind.

Womöglich verändert die Fixierung von überschüssigen NH_4^+-Ionen in Glutamin durch die Astrozyten das Neurotransmitterverhältnis zwischen inhibitorischem γ-Aminobutyrat (GABA) und exzitatorischem Glutamat, so setzen Astrozyten bei einer Hyperammonämie eventuell selbst vermehrt Glutamat frei. Glutamin reguliert außerdem den osmotischen Druck. Erhöhte Glutaminkonzentrationen können so bei Astrozyten zur Zellschwellung führen, welche die Bildung eines Hirnödems erklären könnte.

Die Glutamat- und Glutaminbildung in Astrozyten entzieht dem Citratzyklus α-Ketoglutarat (= kataplerotische Reaktion). Die nun aktivierten anaplerotischen Reaktionen bringen den Energiehaushalt der Astrozyten durcheinander, schädigen die Mitochondrien und verbrauchen Pyruvat, das damit nicht mehr in Form von Laktat für die Versorgung der Neurone zur Verfügung steht und zum Absterben der Neurone führen kann.

Aus Studentensicht

ABB. 21.5

ABB. 21.6

KLINIK

Das zur Glutamat-Synthese benötigte α-Ketoglutarat wird aus dem Citratzyklus entnommen, wodurch der **Energiestatus** der Zellen sinkt. Dies kann die Synthese von **Neurotransmittern** und das **Ruhemembranpotential** beeinträchtigen.

Aus Studentensicht

Durch die strukturelle Ähnlichkeit von NH_4^+- und K^+-Ionen kann die Erregbarkeit der Neurone direkt beeinflusst werden.

21 STICKSTOFFVERBINDUNGEN: MOLEKÜLE MIT VIELEN FUNKTIONEN

NH_4^+-Ionen zeigen zudem eine strukturelle Ähnlichkeit zu K^+-Ionen. Dadurch können sie die K^+-Aufnahme z. B. von Astrozyten aus dem extrazellulären Raum behindern und die Aufnahme von Cl^--Ionen durch den Na^+-K^+-2 Cl^--Cotransporter (NKCC) erhöhen. Veränderte Konzentrationsgradienten von K^+- und Cl^--Ionen beeinflussen wiederum die Erregbarkeit der Neurone.

Auch wenn die neurologischen Symptome klinisch im Vordergrund stehen, so betreffen die Änderungen im Energiehaushalt auch andere Organe. Für die bei Hyperammonämie eingeschränkte Funktionalität des Skelettmuskels scheint hauptsächlich die Dysregulation des Citratzyklus von Bedeutung zu sein. Eine chronische Hyperammonämie kann so auch zur Abnahme der Muskelmasse führen. Mit dem Muskel ist jetzt auch das zweitwichtigste Organ nach der Leber, das NH_4^+-Ionen über die Glutamin-Synthetase fixiert, eingeschränkt. Die Hyperammonämie wird verstärkt.

> **FALL**
>
> **Herr Stern ist verwirrt: Hyperammonämie**
>
> Die Symptome von Herrn Stern sprechen für eine Hyperammonämie. Aufgrund seiner Leberzirrhose leidet er unter chronisch erhöhten NH_4^+-Werten, die allerdings bisher noch keine offensichtlichen Symptome hervorgerufen hatten. Jetzt haben sich die Werte durch die katabole Stoffwechsellage akut stark erhöht, sodass sie im neurotoxischen Bereich liegen. Undeutliche Sprache, Verwirrtheit und ein Krampfanfall sind klassische Symptome dieser Neurotoxizität. Sie überweisen Herrn Stern sofort in die Klinik und dort bestätigt sich ihr Verdacht: Herr Stern hat massiv erhöhte NH_4^+-Werte von 1002 µmol/l (Norm < 50 µmol/l). Auch stark erhöhtes Glutamin (7142 µmol/l, Norm < 700 µmol/l) und Alanin (1870 µmol/l, Norm < 500 µmol/l) sowie leicht erhöhte Bilirubin- und Transaminasewerte erhärten Ihren Verdacht der leberbedingten zentralen Störung (hepatische Enzephalopathie).
>
> Gut, dass Sie den Krampfanfall von Herrn Stern unterbrochen haben. Die Krämpfe führen nämlich zur erschöpfenden Belastung der Skelettmuskulatur, eine Situation, bei der vom Muskel weitere NH_4^+-Ionen produziert werden, welche die Hyperammonämie weiter verstärkt hätten. Zusätzlich erhöht das gleichzeitige Feuern großer Neuronengruppen bei einem Krampfanfall den Energieverbrauch im Gehirn und verschlechtert damit die Situation der Neurone noch weiter.
>
> Wie konnte es zu einer so starken Hyperammonämie bei Herrn Stern kommen? Wie kann diese behandelt werden?

Fixierung von Aminogruppen in der Leber

In der Leber lassen sich zwei Zelltypen unterscheiden, die mit den aus der Peripherie anströmenden Aminogruppen ganz unterschiedlich umgehen: die **periportalen** und die **perivenösen Hepatozyten**. Letztere machen nur etwa 6 % der Gesamtzahl an Hepatozyten in der Leber aus (> Abb. 21.7).

Fixierung von Aminogruppen in der Leber
Periportale Hepatozyten nehmen Glutamin auf und setzen NH_4^+-Ionen durch die Glutaminase frei, um **Harnstoff** zu synthetisieren.

ABB. 21.7

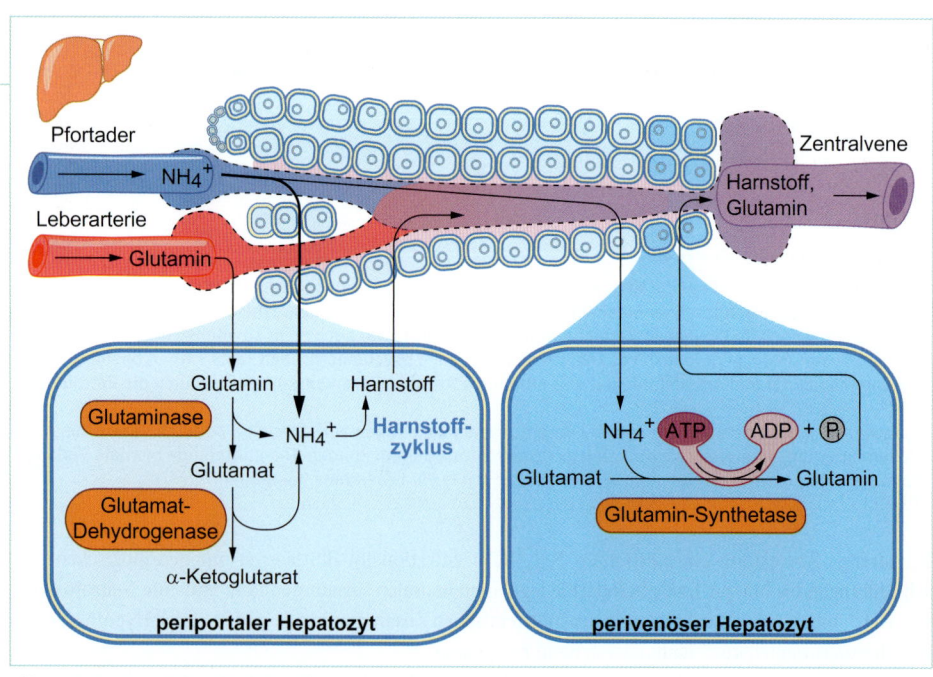

Abb. 21.7 Zonierung des Glutaminstoffwechsels in der Leber [L138]

Die **periportalen** Hepatozyten nehmen aus der Leberarterie das aus der Peripherie stammende **Glutamin** auf. Durch die **Glutaminase** werden daraus NH_4^+-**Ionen** freigesetzt. Zusätzlich nehmen die periportalen Hepatozyten auch vom Darm stammende NH_4^+-Ionen aus der Pfortader auf. Sie verfügen über die komplette Enzymausstattung für den Harnstoffzyklus und **fixieren** einen Großteil der freien NH_4^+-Ionen **in Harnstoff**.

NH_4^+-Ionen, die nicht in Harnstoff fixiert wurden, gelangen zu den **perivenösen** Hepatozyten, die weder die Glutaminase noch die Enzymausstattung für den Harnstoffzyklus besitzen. Diese Zellen haben eine hohe Glutamin-Synthetase-Aktivität (> Abb. 21.5) und **fixieren** NH_4^+ sehr effizient in **Glutamin,** das

Perivenöse Hepatozyten **fixieren** NH_4^+-Ionen in Glutamin.
Ziel ist es, die Konzentration der freien NH_4^+-Ionen im peripheren Kreislauf niedrig zu halten.

21.3 ABBAU DER AMINOSÄUREN

über die Zentralvene in die Peripherie und so letztlich wieder zu den periportalen Hepatozyten transportiert wird. Durch dieses In-Serie-Schalten eines niedrigaffinen Systems mit hoher Kapazität (Harnstoffzyklus, K_M der Carbamoylphosphat-Synthetase I: 1–2 mmol/l) und eines hochaffinen Systems (Glutamin-Synthetase, K_M: 0,2 mmol/l) wird sichergestellt, dass die Konzentration von freien NH_4^+-Ionen im peripheren Kreislauf so niedrig wie möglich gehalten wird.

FALL

Herr Stern ist verwirrt: Leber fixiert Ammonium-Ionen nicht mehr

Die durch den chronischen Alkoholkonsum zirrhotisch veränderte Leber von Herrn Stern hat nur noch wenig Kapazität für die Fixierung von NH_4^+-Ionen in Harnstoff. Die aus dem Darm über die Pfortader einströmenden NH_4^+-Ionen gelangen so in den ganzen Körper und führen zur Hyperammonämie.
Beim Aminosäureabbau in der Peripherie, der bei der katabolen Stoffwechsellage von Herrn Stern in seinen Muskeln verstärkt stattfindet, werden NH_4^+-Ionen als Glutamin fixiert und viele Aminogruppen werden auf Pyruvat übertragen, wodurch auch vermehrt Alanin entsteht. Glutamin und Alanin können aber in seiner Leber kaum verstoffwechselt werden, sodass es zu dem bei Herrn Stern beobachteten Anstieg der Glutamin- und Alaninkonzentration kommt. Glutamin wird dann v.a. durch die Glutaminase- und Glutamat-Dehydrogenaseaktivität von Niere und Darmmukosa zu weiteren NH_4^+-Ionen abgebaut, sodass die Hyperammonämie noch verstärkt wird.

21.3.2 Reaktionen des Harnstoffzyklus

In den periportalen Hepatozyten der Leber können über den Harnstoffzyklus **ein Ammonium-Ion** und eine **Aminogruppe aus Aspartat** in Harnstoff eingebaut werden (> Abb. 21.8). Die NH_4^+-Ionen entstammen der Glutaminase- und der Glutamat-Dehydrogenase-Reaktion, das Aspartat entsteht aus Oxalacetat durch die Aspartat-Aminotransferase-Reaktion (> Abb. 21.4). Beide Aminogruppen des Harnstoffs stammen also indirekt aus Glutamat, das mit quasi allen anderen Aminosäuren über diverse Aminotransferasen verbunden ist.

Obwohl streng genommen nicht Teil des Zyklus selbst, wird die Bildung von **Carbamoylphosphat** (Carbamylphosphat) aus einem NH_4^+-Ion, einem Hydrogencarbonat und zwei ATP üblicherweise als erster Schritt des Harnstoffzyklus angeführt (> Abb. 21.9). Katalysiert wird die Reaktion durch die **Carbamoylphosphat-Synthetase I** (CPS I). Sie ist in der mitochondrialen Matrix der periportalen Hepatozyten und Darmmukosazellen lokalisiert und der geschwindigkeitsbestimmende und einzige regulierte Schritt des Harnstoffzyklus. Ein Isoenzym, die Carbamoylphosphat-Synthetase II (CPS II), befindet sich im Zytoplasma aller kernhaltiger Zellen und stellt Carbamoylphosphat für die Pyrimidinsynthese bereit (> 21.7.5).

Die Carbamoylphosphat-Synthetase I katalysiert drei irreversible Reaktionsschritte:
1. Zuerst wird **Hydrogencarbonat** aktiviert, indem es mittels **ATP** zu Carboxylphosphat phosphoryliert wird.
2. Die energiereiche gemischte Säureanhydridbindung kann nun von einem NH_4^+-**Ion** zu Carbamat gespalten werden.
3. Dieses wird im dritten Reaktionsschritt erneut durch **ATP** zu Carbamoylphosphat aktiviert.

Sobald Carbamoylphosphat in der mitochondrialen Matrix gebildet wurde, wird das Carbamat von der Ornithin-Transcarbamoylase (Ornithin-Carbamoyl-Transferase) auf **Ornithin** übertragen (> Abb. 21.8). Das dabei gebildete **Citrullin** gelangt über einen Citrullin-Ornithin-Austauscher ins Zytoplasma. In den Mukosazellen des Dünndarms wird es nicht weiter verstoffwechselt und in die Pfortader abgegeben. In den periportalen Hepatozyten wird Citrullin jedoch über die Argininosuccinat-Synthetase unter ATP-Verbrauch mit **Aspartat** zu **Argininosuccinat** verknüpft. Im Anschluss wird dieses durch die Argininosuccinat-Lyase in **Arginin** und **Fumarat** und weiter durch die Arginase, eine Hydrolase, in **Ornithin** und **Harnstoff** gespalten. Ornithin wird im Austausch mit Citrullin in die mitochondriale Matrix transportiert und steht dem Harnstoffzyklus wieder zur Verfügung (> Abb. 21.8).

Regulation des Harnstoffzyklus

Die Carbamoylphosphat-Synthetase I, das Schrittmacherenzym des Harnstoffzyklus, ist quasi inaktiv, wenn sie nicht ihren Aktivator, **N-Acetyl-Glutamat,** gebunden hat. N-Acetyl-Glutamat entsteht aus **Acetyl-CoA** und **Glutamat** durch die N-Acetyl-Glutamat-Synthase in der mitochondrialen Matrix (> Abb. 21.8). Der Abbau von N-Acetyl-Glutamat zu Acetat und Glutamat erfolgt im Zytoplasma durch eine spezifische Hydrolase. Da der Export ins Zytoplasma und die anschließende Hydrolyse proportional zur N-Acetyl-Glutamat-Konzentration ablaufen, wird die Konzentration von N-Acetyl-Glutamat hauptsächlich über die Aktivität der N-Acetyl-Glutamat-Synthase reguliert. Aktivator der N-Acetyl-Glutamat-Synthase in landlebenden Wirbeltieren ist **Arginin**. In den Mitochondrien der periportalen Hepatozyten löst es eine positive Feedbackregulation des Harnstoffzyklus aus. Sind viele Aminogruppen und damit viel Glutamat verfügbar, steigt die Konzentration von N-Acetyl-Glutamat schnell an, der Harnstoffzyklus kann in kürzester Zeit maximal aktiviert werden und damit rasch auf einen Anstrom von Aminogruppen reagieren.

Aus Studentensicht

21.3.2 Reaktionen des Harnstoffzyklus

Im Harnstoffzyklus werden ein **Ammonium-Ion** und eine **Aminogruppe aus Aspartat** in Harnstoff eingebaut.

Das Schrittmacherenzym des Harnstoffzyklus, die **Carbamoylphosphat-Synthetase I,** katalysiert die Bildung von **Carbamoylphosphat** aus einem NH_4^+-Ion, einem Hydrogencarbonat und zwei ATP in der **Mitochondrienmatrix.**

Die Reaktion der Carbamoylphosphat-Synthetase I kann in drei Schritte unterteilt werden.

Das Carbamat aus Carbamoylphosphat wird von der **Ornithin-Transcarbamoylase** (OTC) auf Ornithin übertragen und es entsteht **Citrullin.** Citrullin wird über einen Citrullin-Ornithin-Austauscher ins **Zytoplasma** transportiert. Aus Citrullin bildet die Argininosuccinat-Synthetase dort unter Aspartatverbrauch **Argininosuccinat,** das von der Argininosuccinat-Lyase in **Arginin** und **Fumarat** gespalten wird.
Die Arginase spaltet Arginin in **Ornithin** und **Harnstoff.**

Regulation des Harnstoffzyklus

Die Carbamoylphosphat-Synthetase I wird durch **N-Acetyl-Glutamat** allosterisch reguliert. Dieses wird aus Acetyl-CoA und Glutamat synthetisiert und zeigt die Notwendigkeit an, Stickstoff auszuscheiden.

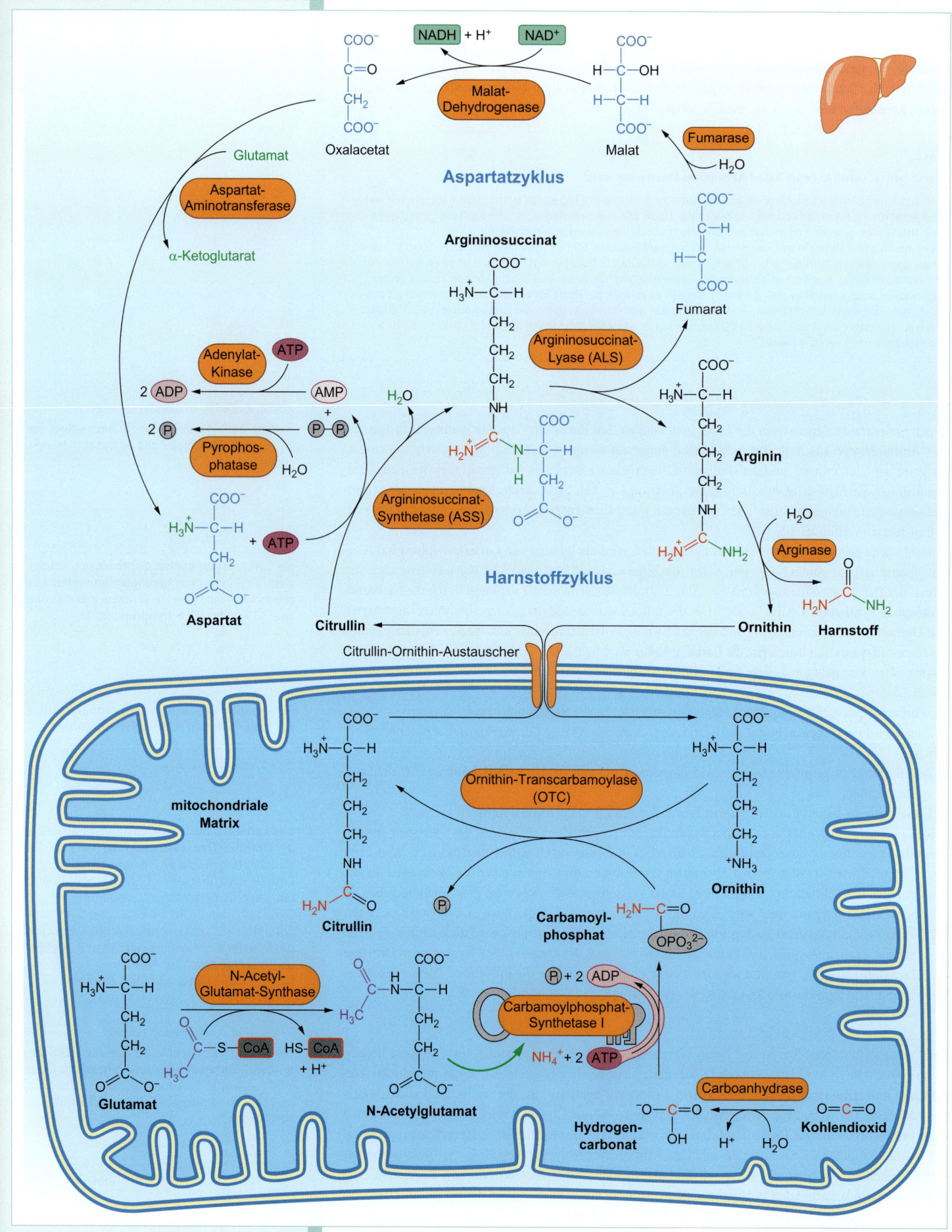

Aus Studentensicht 21 STICKSTOFFVERBINDUNGEN: MOLEKÜLE MIT VIELEN FUNKTIONEN

Abb. 21.8 Harnstoffzyklus [L307]

21.3 ABBAU DER AMINOSÄUREN

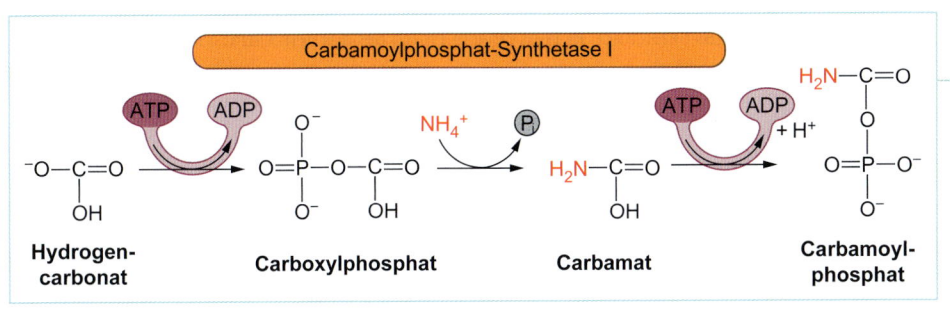

Abb. 21.9 Carbamoylphosphat-Synthetase-I-Reaktion [L271]

Hydrogencarbonat → Carboxylphosphat → Carbamat → Carbamoylphosphat

Aus Studentensicht

ABB. 21.9

FALL

Herr Stern ist verwirrt: Therapie der Hyperammonämie

Für die Therapie der Hyperammonämie ist es besonders wichtig, die katabole Stoffwechsellage von Herrn Stern möglichst schnell zu beenden. Er bekommt eine Glukose-Infusion, die über Insulin dann eine anabole Stoffwechsellage einleitet. Außerdem enthält die Infusion Arginin. Diese Aminosäure aktiviert die N-Acetyl-Glutamat-Synthase, die über die Synthese von N-Acetyl-Glutamat den Harnstoffzyklus aktiviert. Außerdem wird Arginin nach Abspaltung von Harnstoff zu Ornithin, welches die Kapazität des Harnstoffzyklus erhöht. So kann die Aktivität des Harnstoffzyklus in den verbliebenen Hepatozyten maximal stimuliert werden. Bei Herrn Stern ist die Leberfunktion so stark eingeschränkt, dass er von einer Behandlung mit Benzoat und Phenylacetat nicht profitieren würde. Stattdessen muss die NH_4^+-Konzentration bei Herrn Stern akut durch eine Hämodialyse gesenkt werden.

Nach einer Woche in der Klinik, in der gleichzeitig ein Alkoholentzug stattgefunden hat, wird Herr Stern entlassen. Die Ärzte raten ihm zu einem vorsichtigen Muskelaufbau z. B. durch ein Fahrradergometer, da nach der Leber, die bei ihm irreversibel geschädigt ist, die Muskulatur wegen ihrer Masse und der hohen Alanin-Aminotranferase-, Glutamat-Dehydrogenase- und Glutamin-Synthetase-Aktivität das zweitwichtigste Organ für die Fixierung von NH_4^+-Ionen ist.

Energiebilanz des Harnstoffzyklus

In Summe setzt der Harnstoffzyklus ein freies NH_4^+-Ion und eine α-Aminogruppe aus Aspartat mit einem Hydrogencarbonat zu einem Molekül Harnstoff um. Dabei verlässt das C-Gerüst des Aspartats den Zyklus als Fumarat und 3 ATP werden zu 2 ADP und einem AMP gespalten (➤ Abb. 21.10). Damit werden **4 energiereiche Bindungen** für die Synthese eines Moleküls Harnstoff **gespalten**.

Energiebilanz des Harnstoffzyklus

Für die Synthese von einem Molekül Harnstoff werden **4 energiereiche Bindungen gespalten** (3 ATP → 2 ADP + AMP + 2 P_i + PP_i).

---

intrazelluläre Stickstoffquelle

Harnstoffzyklus alleine

NH_4^+ + Aspartat + HCO_3^- + 3 ATP + H_2O → Harnstoff + Fumarat + 2 ADP + 2 P_i + AMP + P–P + 3 H^+

Harnstoffzyklus mit assoziierten Reaktionen

NH_4^+ + Glutamat + CO_2 + 4 ATP + 4 H_2O + NAD^+ → Harnstoff + α-Ketoglutarat + 4 ADP + 4 P_i + NADH + 3 H^+

extrazelluläre Stickstoffquelle

Glutamin aus der Peripherie

Glutamin + CO_2 + 4 ATP + 5 H_2O + NAD^+ → Harnstoff + α-Ketoglutarat + 4 ADP + 4 P_i + NADH + 3 H^+

freie Ammonium-Ionen aus dem Darm

NH_4^+ + NH_4^+ + CO_2 + 4 ATP + 3 H_2O → Harnstoff + 4 ADP + 4 P_i + 2 H^+

Abb. 21.10 Summengleichungen des Harnstoffzyklus [L271]

Einige Reaktionen gehören zwar nicht zum Harnstoffzyklus selbst, sind aber mit diesem verknüpft. Dazu gehören:

- Carboanhydrase, die aus dem z. B. im Citratzyklus freigesetzten CO_2 und Wasser Hydrogencarbonat als Edukt für die Carbamoylphosphat-Synthetase I generiert.
- Pyrophosphatase, die das in der Argininosuccinat-Synthetase-Reaktion entstehende Pyrophosphat irreversibel hydrolysiert und so die Rückreaktion (= Spaltung von Argininosuccinat zu Citrullin und Aspartat) verhindert.
- Adenylat-Kinase, die das AMP der Argininosuccinat-Synthetase-Reaktion mithilfe von ATP zu ADP phosphoryliert.
- Fumarase, Malat-Dehydrogenase und Aspartat-Aminotransferase, die das gebildete Fumarat wieder in Aspartat umwandeln (➤ Abb. 21.8). Diese dem Harnstoffzyklus zuarbeitende Reaktionsfolge wird

Mit dem Harnstoffzyklus verknüpfte Reaktionen:
- Carboanhydrase
- Pyrophosphatase
- Adenylat-Kinase
- Fumarase, Malat-Dehydrogenase und Aspartat-Aminotransferase (**Aspartatzyklus**)
- Glukoneogenese

Aus Studentensicht

Durch die Malat-Dehydrogenase wird NADH synthetisiert, wodurch sich der ATP-Verbrauch des Harnstoffzyklus verringert. Bei der Aufnahme von NH_4^+-Ionen anstelle von Glutamin wird jedoch auch ein NADH für die Synthese von Glutamat benötigt.

● **KLINIK**

auch als **Aspartatzyklus** bezeichnet. Er läuft einschließlich der aus dem Citratzyklus abgeleiteten Teilschritte im Zytoplasma ab.
- Die Verwendung des Fumarats nach Umwandlung in Oxalacetat bei der Glukoneogenese.

Werden diese Reaktionen in der Summengleichung des Harnstoffzyklus berücksichtigt, wird Glutamat durch die Aspartat-Aminotransferase der zweite Aminogruppenlieferant. Die Kosten für die Synthese eines Harnstoffmoleküls reduzieren sich unter der Berücksichtigung, dass das gebildete NADH in die Atmungskette eingeht.

In der absorptiven Phase nach einer proteinreichen Mahlzeit kommen viele NH_4^+-Ionen aus dem Darm über die Pfortader zur Leber. Neben der direkten Einschleusung über die Carbamoylphosphat-Synthetase I wird ein Teil von diesen NH_4^+-Molekülen durch die Glutamat-Dehydrogenase auf α-Ketoglutarat fixiert. Das entstehende Glutamat kann für die Regeneration des für den Harnstoffzyklus nötigen Aspartats verwendet werden. Dabei wird ein Redoxäquivalent verbraucht, sodass die Bildung von Harnstoff aus zwei NH_4^+-Ionen netto tatsächlich **4 ATP** verbraucht und damit energetisch aufwendiger ist (➤ Abb. 21.10).

> **KLINIK**
>
> **Genetische Harnstoffzyklusdefekte**
>
> Eine Hyperammonämie mit den entsprechenden drastischen Folgen kann in seltenen Fällen auch durch eine genetisch bedingte reduzierte Aktivität eines der Enzyme des Harnstoffzyklus, der N-Acetyl-Glutamat-Synthase oder der beiden beteiligten mitochondrialen Transporter (Ornithin-Citrullin-Austauscher; Ornithin-Transporter) und Aspartat-Glutamat-Austauscher (Citrin) verursacht werden. Die Häufigkeit aller genetischen Harnstoffzyklus-Defekte zusammengenommen wird auf 1 : 8 000 geschätzt. Defekte von Carbamoylphosphat-Synthetase I, Argininsuccinat-Synthase oder -Lyase sowie Arginase werden autosomal-rezessiv vererbt, während das Gen der Ornithin-Transcarbamoylase auf dem X-Chromosom liegt.
>
> Fehlt die Aktivität der entsprechenden Enzyme nahezu vollständig, tritt eine massive Hyperammonämie bereits wenige Tage nach der Geburt auf. Vor der Geburt werden Defekte des Harnstoffzyklus durch die Mutter kompensiert, deren Leber die toxischen Ammonium-Ionen fixiert. Die Symptome der Neurotoxizität bei Neugeborenen sind recht unspezifisch und so bleiben die Defekte oft unerkannt. Oft fallen die Kinder zunächst mit Trinkschwäche auf, haben einen erniedrigten Muskeltonus (Floppy Babies) und erbrechen. Später kommt es zu Krampfanfällen. Wird nicht rechtzeitig an eine Hyperammonämie gedacht, entstehen bleibende neurologische Behinderungen oder sogar ein Leberkoma mit oft tödlichem Ausgang.
>
> Heterozygote Träger oder Träger von genetischen Varianten, welche die Enzymaktivität nur partiell einschränken, können dagegen jahrelang unauffällig bleiben. Akute Krisen werden durch meist krankheitsbedingte katabole Stoffwechsellagen ausgelöst oder durch eine plötzliche positive Proteinbilanz, beispielsweise durch den Konsum von Protein-Supplementen oder die Rückbildung der Gebärmutter nach der Geburt. Die Diagnostik beruht auf dem Nachweis der Hyperammonämie, einer Erhöhung von Edukten des Zyklus direkt vor dem Enzymdefekt und letztlich einer Genanalyse. So deutet eine Citrullinämie auf einen Mangel der Argininosuccinat-Synthase hin. Ist die Argininosuccinat-Lyase defekt, kann Argininosuccinat im Urin nachgewiesen werden. Nicht alle Harnstoffzyklus-Intermediate sind jedoch im Blut oder Urin messbar. So staut sich bei Defekten der Ornithin-Transcarbamoylase Carbamoylphosphat in der mitochondrialen Matrix an. Dies führt zu osmotischem Schwellen der Leber-Mitochondrien und letztlich zu einem Übertritt von Carbamoylphosphat ins Zytoplasma, wo es bei der Pyrimidinbiosynthese zu Orotat umgesetzt wird. Überschüssiges Orotat kann dann im Urin nachgewiesen werden und ist so ein indirekter Hinweis auf einen Ornithin-Transcarbamoylase-Mangel.
>
> Die Therapie des Harnstoffzyklusdefekts besteht in einer proteinarmen Diät, um möglichst wenig NH_4^+-Ionen entstehen zu lassen. Die Aminosäure **Arginin**, die durch Reaktionen des Harnstoffzyklus in Darm und Niere entsteht, wird **essenziell** und muss substituiert werden. Patienten mit Hyperammonämie erhalten als weitere Medikamente Benzoat und Phenylacetat. Beide Moleküle werden in der Leber durch die Phase-II-Biotransformation mit Aminosäuren konjugiert (➤ 22.3) und dann mit dem Urin ausgeschieden. Sie tragen so zur Eliminierung von Aminogruppen bei.

Harnstoffzyklus und pH-Homöostase

Bei basischer Belastung kann überschüssiges HCO_3^- in Form von **Harnstoff** ausgeschieden werden. So trägt der Harnstoffzyklus zur **pH-Homöostase** bei.

Harnstoffzyklus und pH-Homöostase

Beim Abbau von Aminosäuren und der vollständigen Oxidation ihrer Kohlenstoffgerüste entstehen im menschlichen Stoffwechsel letztlich im Wesentlichen NH_4^+-Ionen, CO_2 und H_2O, aber auch HCO_3^- aus dem Abbau der Carboxylgruppen. Während NH_4^+-Ionen, CO_2 und H_2O keinen Einfluss auf den pH-Wert haben, kann HCO_3^--Protonen aufnehmen und so den pH-Wert erhöhen. Da der Abbau von Aminosäuren im Mittel etwa äquivalente Mengen NH_4^+ und HCO_3^- produziert, ist der Harnstoffzyklus ein wichtiger Stoffwechselweg, um überschüssiges HCO_3^- zu neutralisieren, und **schützt** so vor einer **Alkalose**.

Es ist daher nicht verwunderlich, dass die Harnstoffsynthese vom pH-Wert abhängt. So wird die Harnstoffsynthese bei einer Azidose herunter- und bei einer Alkalose heraufreguliert. Allein ein Abfall des extrazellulären pH von 7,4 auf 7,3 verringert die NH_4^+-Freisetzung aus Glutamin und damit die Substratverfügbarkeit für den Harnstoffzyklus um 70%. Verantwortlich dafür ist v. a. ein Glutamin-Transporter in der Plasma- und inneren Mitochondrienmembran. Er koppelt den Na^+/Glutamin-Symport an einen Antiport von Protonen. Die Aufnahme von Glutamin in die periportalen Hepatozyten wird so bei sinkendem pH-Wert gehemmt, während die Abgabe von Glutamin durch die perivenösen Hepatozyten gesteigert wird. Zusätzlich verringert sich die Bildung von HCO_3^- aus CO_2 durch die Carboanhydrase-Reaktion, da H^+-Ionen als eines der Produkte in erhöhter Konzentration vorliegen.

Trotz verringerter Harnstoffsynthese droht jedoch keine Hyperammonämie, da die perivenösen Hepatozyten NH_4^+-Ionen in Glutamin fixieren. Die Glutaminkonzentration im Blutplasma steigt daher bei azidotischer Stoffwechsellage stark an, während sie bei einer Alkalose sinkt.

21.3.3 Ausscheidung von Aminogruppen durch die Niere

Die Niere ist für die Ausscheidung des Stickstoffs in Form von Harnstoff verantwortlich. Zusätzlich kann sie NH_4^+-Ionen in den Urin abgeben. Unter Normalbedingungen macht die **Ammoniumausscheidung** etwa **10 %** der Menge des abgegebenen Stickstoffs aus, sie kann jedoch bei Bedarf auf das 5–10-Fache gesteigert werden (➤ Abb. 21.11).

Aus Studentensicht

21.3.3 Ausscheidung von Aminogruppen durch die Niere

Bei saurer Belastung werden NH_4^+-Ionen direkt über die Niere ausgeschieden. Auch der in der Leber gebildete Harnstoff wird renal eliminiert.

ABB. 21.11

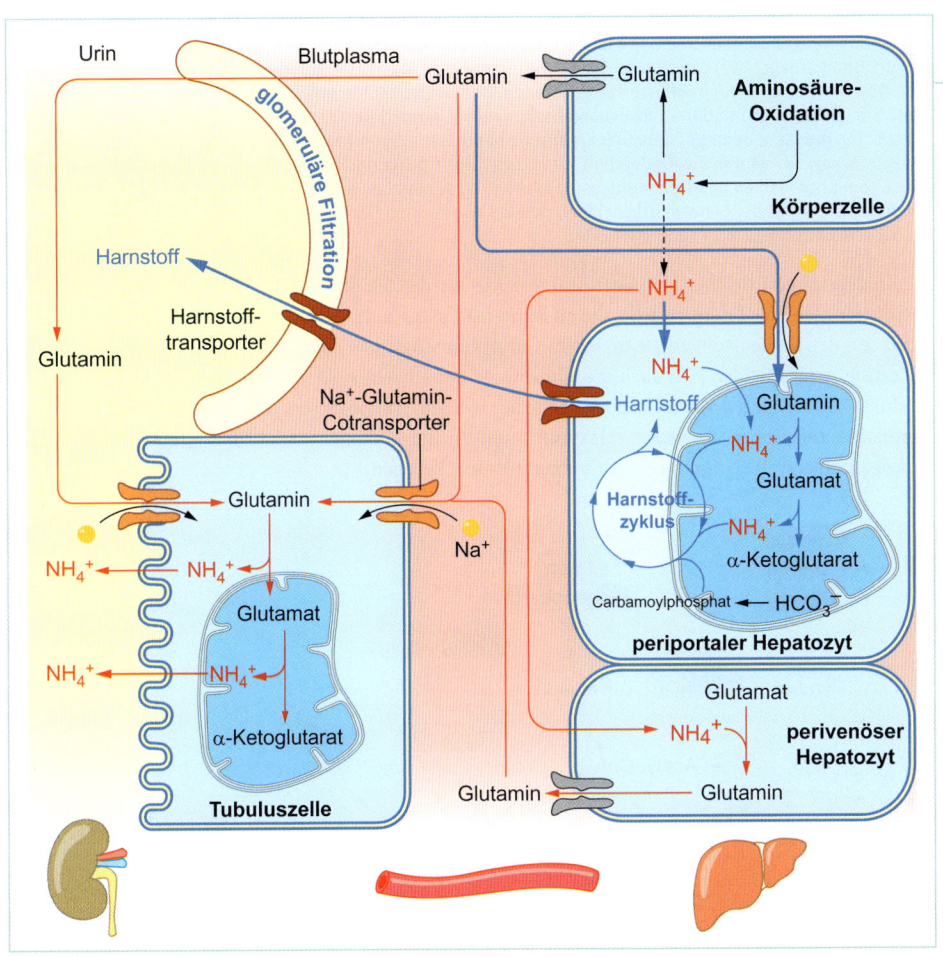

Abb. 21.11 Glutaminstoffwechsel von Niere und Leber zur Aufrechterhaltung der pH-Konstanz (blaue Pfeile = Harnstoffausscheidung, rote Pfeile = Ausscheidung von NH_4^+-Ionen) [L138]

Substrat für die Freisetzung der NH_4^+-Ionen in der Niere ist **Glutamin,** das im Cotransport mit Na^+ aus dem Primärharn und dem Blut in die proximale Tubuluszelle aufgenommen wird. Glutamin wird zu α-Ketoglutarat desaminiert, das letztlich über Pyruvat im Citratzyklus oxidiert wird, wobei neben drei CO_2 formal auch zwei HCO_3^- entstehen. Durch den Abbau von Glutamin und die Ausscheidung von NH_4^+-Ionen statt Harnstoff durch die Niere kann so einer Azidose entgegengewirkt werden. Bei einer Azidose wird die NH_4^+-Produktion daher auf Ebene der Transporter und der Enzymaktivitäten stimuliert. Vor allem wird die Richtung der NH_4^+-Sekretion aus den Tubuluszellen variiert, von 50 % in den Urin und 50 % in das Blut bei normalem pH-Status hin zu 80 % in den Urin und 20 % in das Blut bei einer Azidose.

Durch die Koordination des Stickstoffstoffwechsels von Leber und Niere kann der pH-Wert des Körpers trotz starker Schwankungen im Metabolismus weitgehend konstant gehalten werden.

FALL

Herr Stern ist verwirrt: Hyperammonämie durch Proteinshakes

Herr Stern wird wenige Wochen nach seinem ersten Krankenhausaufenthalt noch einmal mit einer Hyperammonämie vom Notarzt eingeliefert. Er habe sich ein Fahrradergometer angeschafft und für den Muskelaufbau Proteinshakes zu sich genommen. Das Fahrradergometer habe er nach einer Woche seiner Haushälterin geschenkt, die Proteinshakes habe er aber beibehalten, er sei nun mal „flüssige Nahrung" gewohnt. Die hohe Proteinzufuhr hat bei Herrn Stern zu einem deutlichen Anstieg der Glutaminkonzentration im Blutplasma geführt. Seine zirrhotische Leber kann aber nur wenig Glutamin abbauen. Die in der Niere daraus freigesetzten NH_4^+-Ionen werden zu je etwa 50 % in den Urin und in das Blut sezerniert, da Herr Stern einen normalen pH-Status aufweist.

Sie raten ihm, nur wenige, aber biologisch hochwertige Proteine zu konsumieren, und wiederholen noch einmal die große Bedeutung regelmäßiger Bewegung für den Muskelaufbau.

Aus Studentensicht

21.3.4 Abbau der C-Gerüste der Aminosäuren

Das Kohlenstoffgerüst überschüssiger Aminosäuren wird oxidiert und dient der Energiegewinnung. **Glukogene** Aminosäuren werden zu Substraten für anaplerotische Reaktionen des Citratzyklus abgebaut, **ketogene** Aminosäuren zu Acetyl-CoA.

Abbau zu Pyruvat und Beladung von Tetrahydrofolat

Alanin wird durch die Alanin-Aminotransferase (ALAT) zu **Pyruvat** abgebaut und über die PDH-Reaktion in den Citratzyklus eingeschleust. **Serin** belädt meist Tetrahydrofolat, **Cystein** wird zur Taurinsynthese abgezweigt. Beide Aminosäuren können aber auch zu Pyruvat abgebaut werden.

Glycin wird zu CO_2, NH_4^+-Ionen und einer Methylengruppe abgebaut, die auf Tetrahydrofolat übertragen wird.

21 STICKSTOFFVERBINDUNGEN: MOLEKÜLE MIT VIELEN FUNKTIONEN

21.3.4 Abbau der C-Gerüste der Aminosäuren

> **FALL**
>
> **Clara und das Fersenblut**
>
> Sie sind Assistenzärztin in der Kinderklinik und untersuchen heute auf der Wöchnerinnenstation die drei Tage alte Clara (U2). Clara macht alle Untersuchungen entspannt mit. Nur bei der Blutabnahme aus der Ferse für das Neugeborenenscreening brüllt sie los und beruhigt sich erst wieder, als die Mutter sie zum Stillen an die Brust anlegt. Zwei Tage später ist die Aufregung groß, das Testergebnis für Phenylketonurie ist positiv. Obwohl dies eine der häufigsten angeborenen Stoffwechselstörungen (1 : 8 000) ist, ist das Ihr erster Fall. Sie telefonieren mit der Stoffwechselabteilung der Kinderklinik. Clara wird ab sofort auf Muttermilch verzichten müssen, denn bei normaler Ernährung besteht die Gefahr einer schweren geistigen Entwicklungsstörung. Sie wird in die Kinderklinik verlegt, wo das Spezialernährungsprogramm eingeführt wird und die Eltern über Risiken und Behandlungsmöglichkeiten aufgeklärt werden.
> Welches Enzym ist bei Clara wahrscheinlich defekt? Wie können Sie Clara helfen?

Die Kohlenstoffgerüste überschüssiger Aminosäuren werden letztlich zu CO_2, HCO_3^- und Wasser oxidiert und dienen somit als **Energiequelle,** die im Ruhezustand bis zu 15 % des Energiebedarfs decken kann. Die Oxidation der Kohlenstoffgerüste findet im Citratzyklus statt (➤ Abb. 21.12). Aufgrund der Vielfalt der C-Gerüste unterscheiden sich auch die Abbauwege der einzelnen Aminosäuren. Anhand ihrer Abbauprodukte können sie jedoch in Gruppen gegliedert werden. Aminosäuren, deren Abbauprodukte für anaplerotische Reaktionen des Citratzyklus und somit für die Glukoneogenese zur Verfügung stehen, sind **glukogen**, solche, die zu Acetyl-CoA abgebaut werden, **ketogen.**

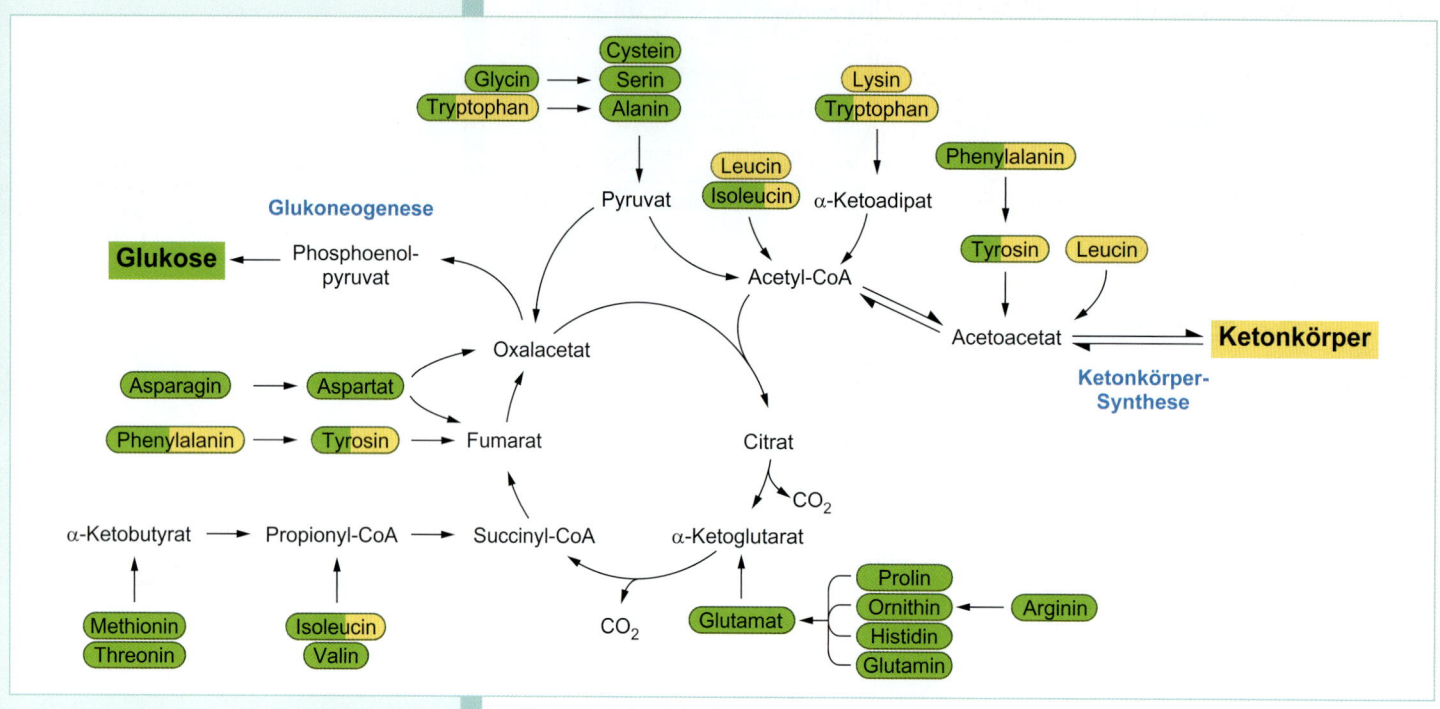

Abb. 21.12 Endprodukte des Aminosäureabbaus. Glukogene Aminosäuren sind grün, ketogene gelb hinterlegt. [L253]

In den Hepatozyten, die sowohl postprandial als auch im Hungerzustand die meisten Aminosäuren abbauen, können die C-Gerüste auch zur Synthese von Glukose und Ketonkörpern verwendet werden. Weiterhin findet in den proximalen Tubuluszellen der Niere die Glukoneogenese v.a. aus dem C-Gerüst des Glutamins statt.

Abbau zu Pyruvat und Beladung von Tetrahydrofolat

Im Gegensatz zur Situation in den meisten anderen Lebewesen, die auch Serin, Glycin und Cystein über Pyruvat in den Citratzyklus einschleusen, mündet beim Menschen v.a. **Alanin** über **Pyruvat** in den Citratzyklus ein. Dies geschieht durch die in Leber und Skelettmuskel besonders stark exprimierte Alanin-Aminotransferase (ALAT) (➤ Abb. 21.4).

In geringen Mengen können in der menschlichen Leber auch **Serin** und **Cystein** in Pyruvat umgewandelt werden. Im Abbauweg von Cystein (➤ Abb. 21.21) konkurriert jedoch eine Aminotransferase mit einer wesentlich affineren Decarboxylase, die Cystein für die Taurinbiosynthese abzweigt. **Serin** kann über die im Menschen nur sehr schwach exprimierte Serin- bzw. Threonin-Dehydratase in Pyruvat und ein NH_4^+-Ion gespalten werden. Das meiste Serin wird jedoch durch die **Serin-Hydroxymethyl-Transferase** reversibel in Glycin umgewandelt und dient der Beladung von Tetrahydrofolat (THF) mit einer Methylgruppe (➤ Abb. 21.13).

Glycin wird reversibel von einem System aus vier Proteinen in seine Bestandteile CO_2, NH_4^+-Ionen und eine CH_2-Gruppe aufgespalten. Die Decarboxylierung erfolgt wie bei anderen Aminosäuren mithilfe von

21.3 ABBAU DER AMINOSÄUREN

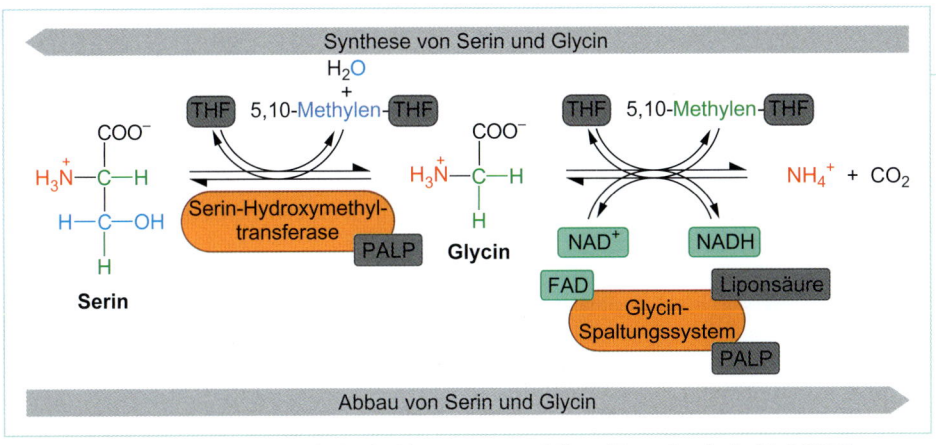

Abb. 21.13 Beladung von Tetrahydrofolat durch Abbau von Serin und Glycin (THF = Tetrahydrofolat) [L253]

Pyridoxalphosphat (PALP), die Methylengruppe wird auf Tetrahydrofolat übertragen und die Elektronen wandern wie im Pyruvat-Dehydrogenase-Komplex über Liponsäure und FAD letztlich auf NAD$^+$. Die Aminogruppe wird dabei direkt als NH$_4^+$-Ion freigesetzt und nicht wie bei anderen Aminosäuren über Aminotransferasen auf α-Ketoglutarat übertragen.
Das beim Serin- und Glycinabbau gebildete **5,10-Methylen-Tetrahydrofolat** kann durch die Methylen-Tetrahydrofolat-Reduktase mit NADPH als Reduktionsmittel zu 5-Methyl-Tetrahydrofolat reduziert werden. Diese Folsäurederivate stellen zusammen den größten Anteil der C$_1$-Einheiten für den Zellstoffwechsel zur Verfügung (➤ 23.3.8).

Abbau zu Acetyl-CoA

Lysin, **Leucin** und einige C-Atome von Isoleucin, Phenylalanin, Tyrosin und Tryptophan werden als Acetyl-CoA oder Acetoacetat in den Stoffwechsel eingeschleust. Sie stehen daher netto nicht für die Glukoneogenese zur Verfügung. Beim Abbau in der Leber können die C-Atome in Ketonkörper eingebaut werden, weshalb diese Aminosäuren als **ketogen** bezeichnet werden. Die **verzweigtkettigen Aminosäuren,** also auch Leucin und Isoleucin, werden jedoch v. a. im Skelettmuskel abgebaut, in dem weder Glukoneogenese noch Ketogenese ablaufen (➤ Abb. 21.19). Das entstehende Acetyl-CoA dient dort der Energieversorgung.
Beim Abbau von **Lysin** wird zuerst die ε-Aminogruppe durch eine Dehydrogenase auf α-Ketoglutarat übertragen (➤ Abb. 21.14). Diese Reaktion ähnelt im Ergebnis einer Transaminierung, ist aber keine, da die Dehydrogenase NAD(P)H als Cofaktor verwendet und nicht PALP. Es gibt also keine Lysin-Aminotransferase. Durch Oxidation des dadurch entstehenden Aldehyds und Transaminierung der α-Aminogruppe im Zytoplasma entsteht Ketoadipat, das auch beim Tryptophanabbau entsteht und über einen

Aus Studentensicht

ABB. 21.13

Abbau zu Acetyl-CoA
Lysin und **Leucin** sind die einzigen rein **ketogenen** Aminosäuren und werden zu Acetyl-CoA abgebaut. Die aromatischen Aminosäuren und Isoleucin sind gemischt ketogen und glukogen. Der Abbau **verzweigtkettiger Aminosäuren** findet v. a. im Muskel statt.

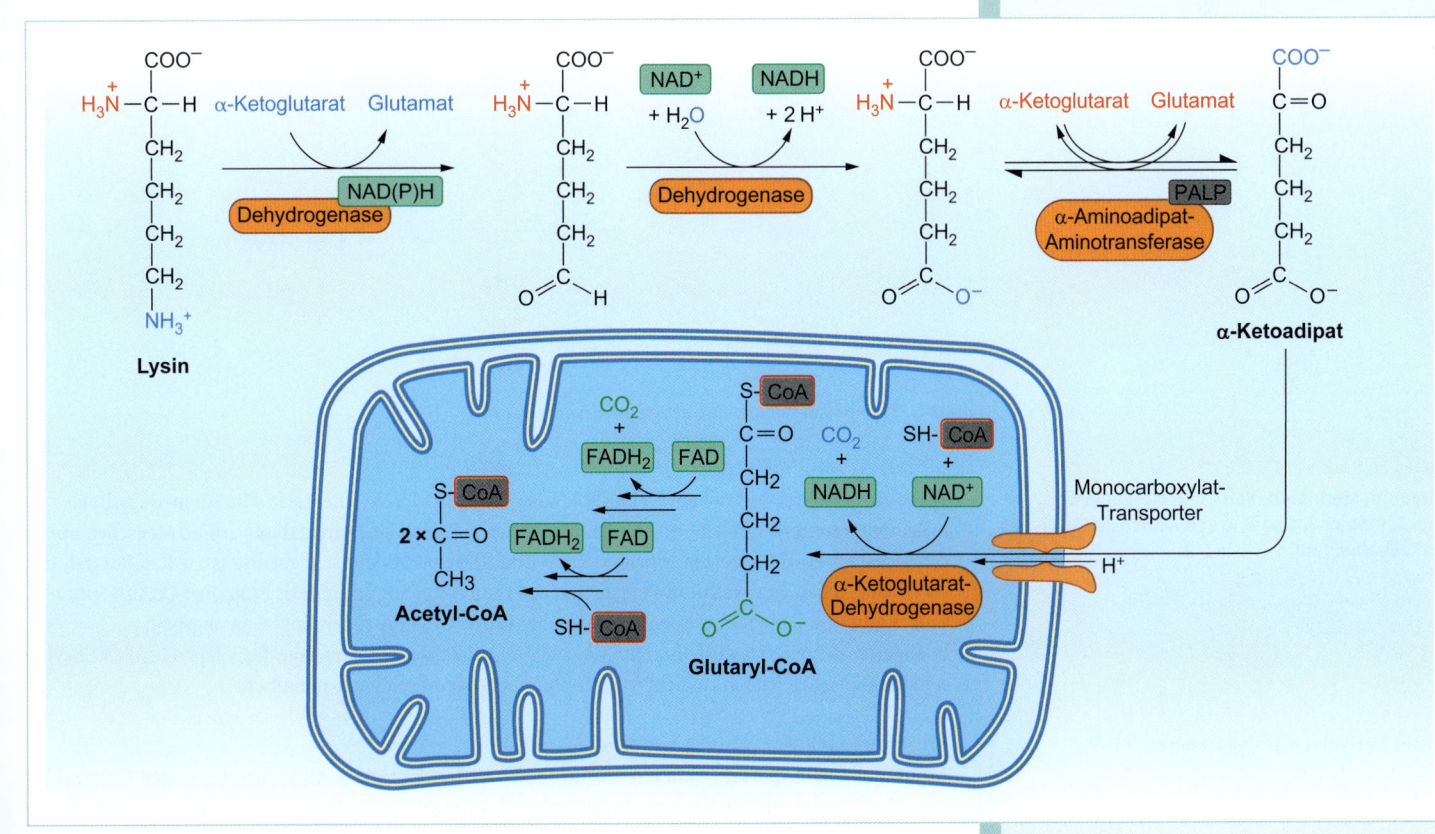

Abb. 21.14 Abbau von Lysin [L138, L307]

Aus Studentensicht

21 STICKSTOFFVERBINDUNGEN: MOLEKÜLE MIT VIELEN FUNKTIONEN

Monocarboxylat-Transporter in die mitochondriale Matrix transportiert wird. Die letzten Schritte zu zwei Acetyl-CoA werden u. a. durch Enzyme des Citratzyklus und der β-Oxidation katalysiert.

Abbau von Aminosäuren zu α-Ketoglutarat

Abbau von Aminosäuren zu α-Ketoglutarat
Prolin, Arginin, Ornithin, Glutamin und **Histidin** werden zu **Glutamat** abgebaut und umgekehrt aus diesem gebildet.

Glutamat wird zu α-Ketoglutarat transaminiert oder desaminiert.

ABB. 21.15

Prolin, Arginin, Ornithin, Glutamin und **Histidin** werden zu **Glutamat** abgebaut (> Abb. 21.15). Die Abbauvorgänge von Prolin, Ornithin und Arginin sind eng miteinander verknüpft und können über Enzyme des Harnstoffzyklus und viele reversible Schritte auch für die Biosynthese der einzelnen Aminosäuren verwendet werden.

Glutamat kann über diverse Aminotransferasen (> Abb. 21.4) oder die Glutamat-Dehydrogenase (> Abb. 21.5) reversibel in α-Ketoglutarat überführt werden.

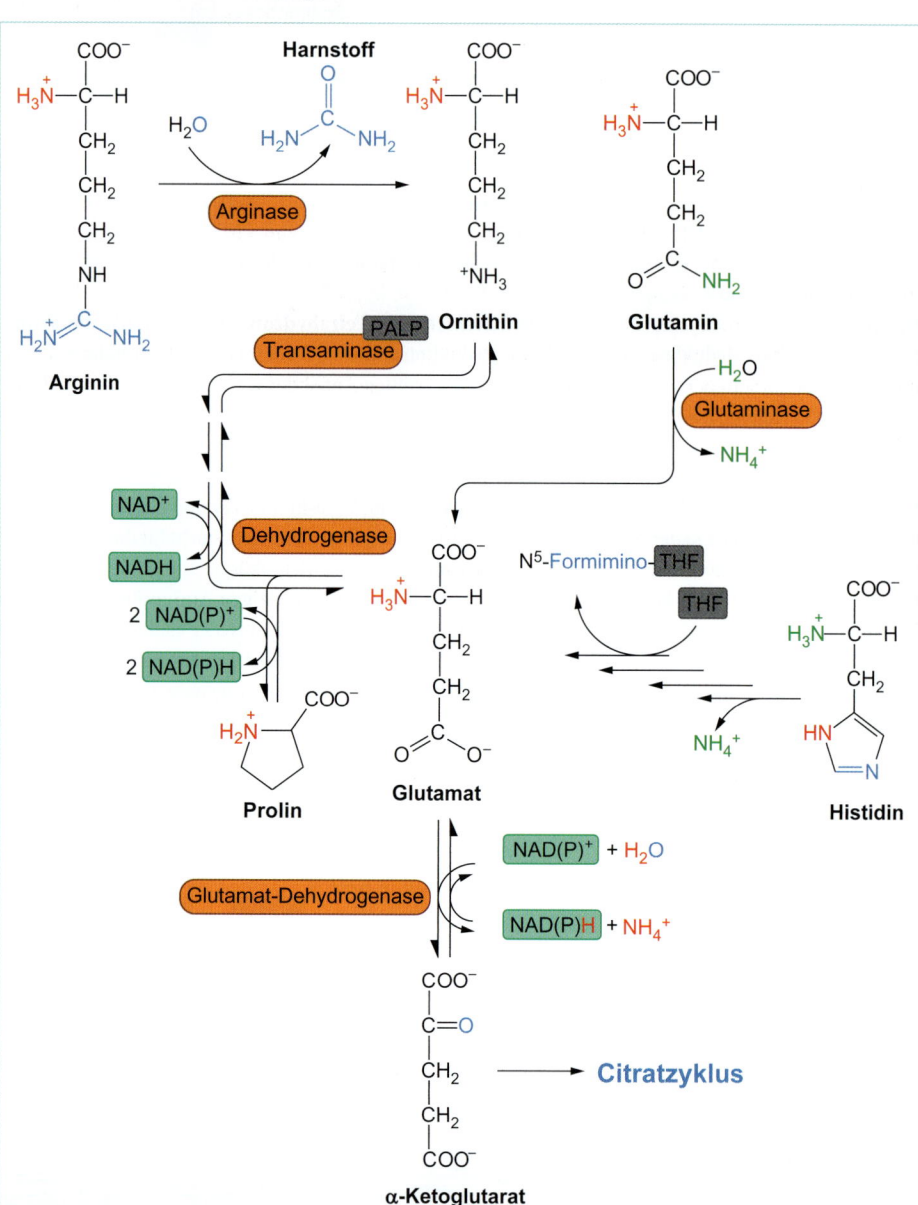

Abb. 21.15 Abbau von Aminosäuren zu α-Ketoglutarat [L253]

Abbau zu Succinyl-CoA

Threonin, Methionin, Valin und **Isoleucin** werden zu Propionyl-CoA und schließlich zu Succinyl-CoA abgebaut.

Threonin wird im Menschen vermutlich ausschließlich durch eine Serin-/Threonin-Dehydratase in α-Ketobutyrat umgewandelt (> Abb. 21.16). Die Serin-/Threonin-Dehydratase wird im Menschen nur in den perivenösen Hepatozyten exprimiert, wo ihre Aktivität zudem sehr niedrig ist. α-Ketobutyrat, das auch beim Abbau von **Methionin** entsteht, reagiert im Mitochondrium über Propionyl-CoA zu Succinyl-CoA. **Valin** und **Isoleucin** werden ebenfalls über Propionyl-CoA zu Succinyl-CoA abgebaut.

In anderen Säugetieren wird Threonin v.a. zu Glycin abgebaut. Die Gene für die entsprechenden Enzyme sind im Menschen jedoch zu nicht mehr funktionierenden Pseudogenen mutiert.

Abbau zu Oxalacetat und Fumarat

Asparagin und **Aspartat** können nach Abgabe ihrer Aminogruppen als Oxalacetat in den Citratzyklus eingehen. Die β-Amid-Gruppe von Asparagin wird dabei durch die Asparaginase hydrolytisch als NH_4^+-

21.3 ABBAU DER AMINOSÄUREN

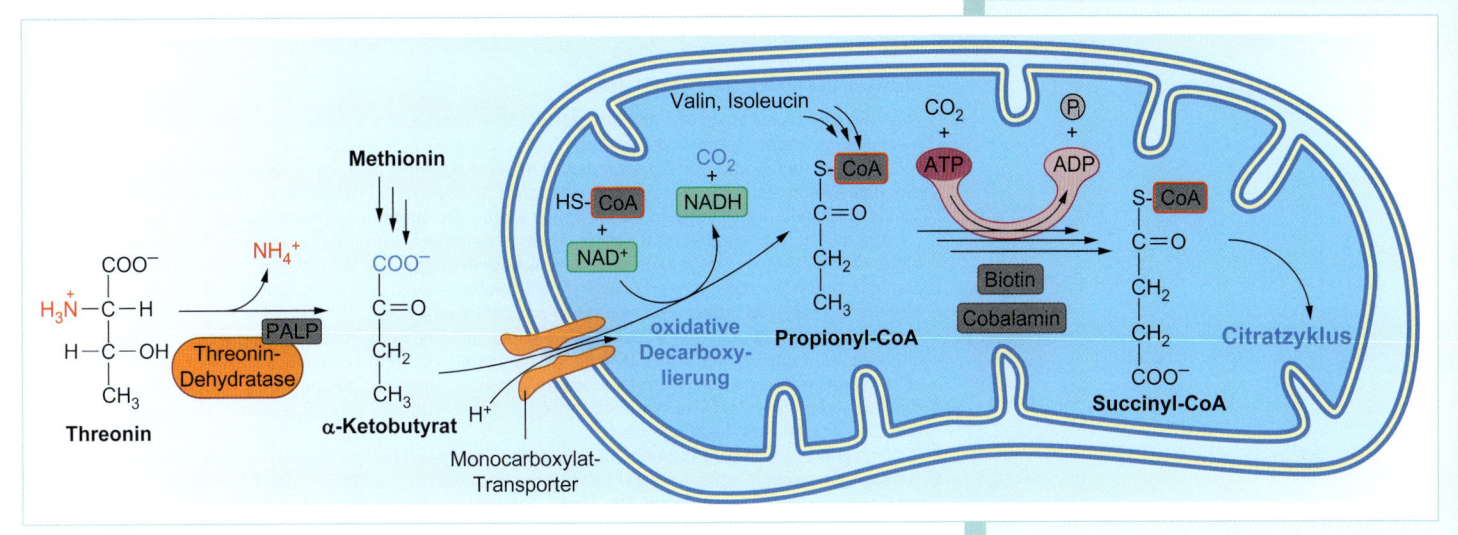

Aus Studentensicht

Abb. 21.16 Abbau von Aminosäuren zu Succinyl-CoA [L138]

Ion freigesetzt (> Abb. 21.6). Aspartat wird durch die Aspartat-Aminotransferase (ASAT) zu Oxalacetat transaminiert (> Abb. 21.4). Aspartat kann jedoch auch über Synthetase- und Lyase-Reaktionen des Aspartat- bzw. Harnstoffzyklus (> Abb. 21.8) seine Aminogruppe an andere Akzeptoren wie das Citrullin im Harnstoffzyklus oder das IMP im Purinnukleotidzyklus (> Abb. 21.38) abgeben und als Fumarat in den Citratzyklus münden (> Abb. 21.8). Auch vier C-Atome von Phenylalanin und Tyrosin enden beim Abbau als Fumarat.

Abbau der aromatischen Aminosäuren
Phenylalanin wird durch die Phenylalanin-Hydroxylase, eine eisenabhängige mischfunktionelle Monooxygenase, mithilfe von Tetrahydrobiopterin (BH_4) und O_2 zu Tyrosin hydroxyliert (> Abb. 21.17). **Tyrosin** wird zunächst transaminiert und anschließend Vitamin-C-abhängig zu Homogentisat oxidiert, das über die Homogentisat-Dioxygenase und zwei weitere Enzyme schließlich zu Fumarat und Acetoacetat abgebaut wird.

Asparagin wird hydrolytisch desaminiert, das entstehende **Aspartat** wird durch die Aspartat-Aminotransferase (ASAT) zu Oxalacetat transaminiert oder im Harnstoffzyklus zu Fumarat umgesetzt.

Abbau der aromatischen Aminosäuren
Phenylalanin wird zu **Tyrosin** hydroxyliert und dann oxidiert. Endprodukte sind Fumarat und Acetoacetat.

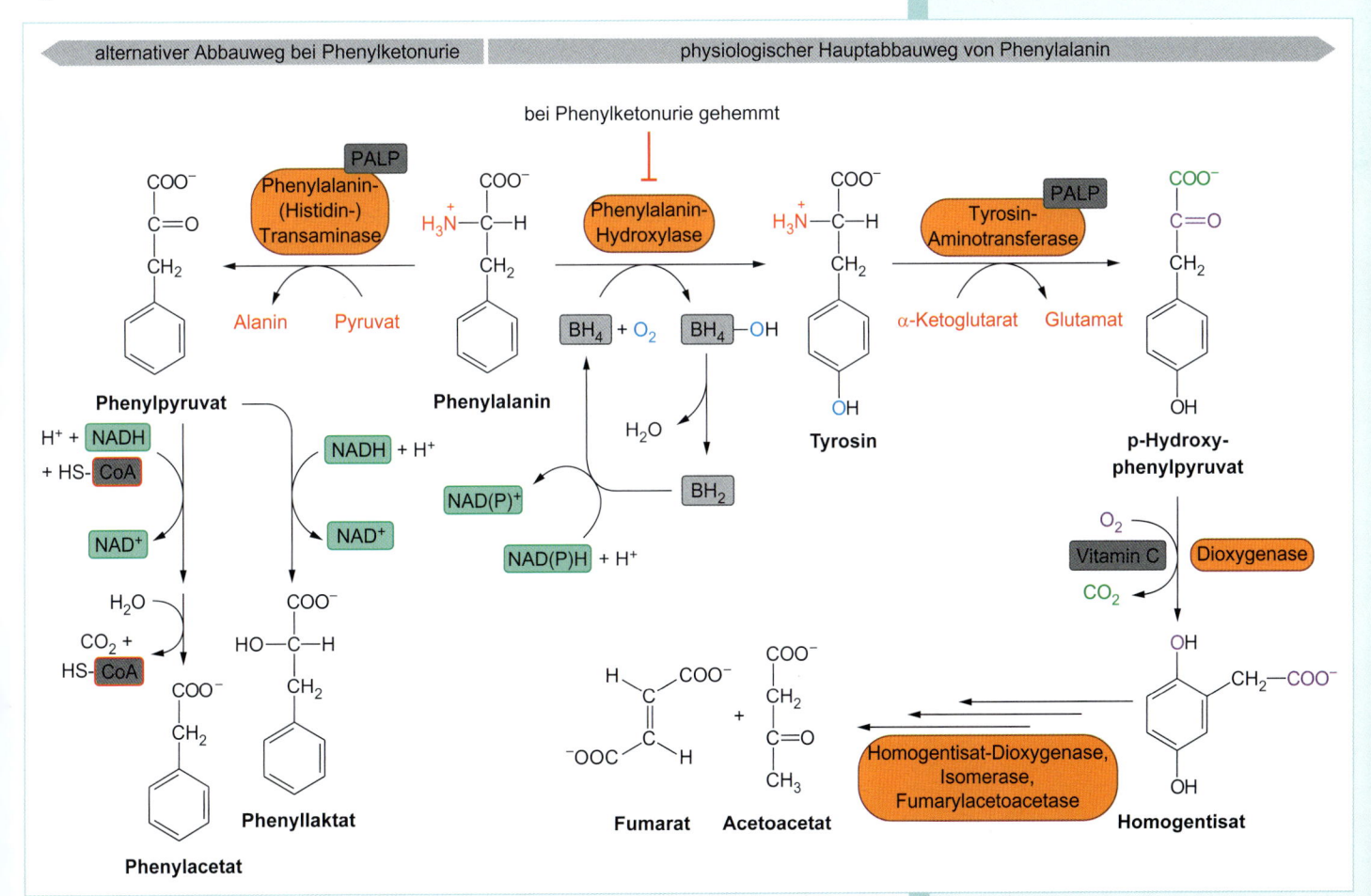

Abb. 21.17 Abbau von Phenylalanin und Tyrosin [L253]

Aus Studentensicht

21 STICKSTOFFVERBINDUNGEN: MOLEKÜLE MIT VIELEN FUNKTIONEN

> **FALL**
>
> **Clara und das Fersenblut: Phenylketonurie**
>
> Clara hat eine Mutation im Gen der Phenylalanin-Hydroxylase. Durch diesen Enzymdefekt reichert sich Phenylalanin im Körper an und wird u. a. durch Transaminierung in Phenylpyruvat umgewandelt, das mit dem Urin ausgeschieden wird. Bei Clara werden so Nebenreaktionen, die unter normalen physiologischen Bedingungen keine Rolle spielen, zu Hauptreaktionen. Phenylpyruvat ist ein Phenylketon und namensgebend für die Krankheit. Aus Phenylpyruvat entstehen weitere Metaboliten wie Phenylacetat oder Phenyllaktat (➤ Abb. 21.17). Unbehandelt führt die Krankheit zu mentaler Retardierung, kognitiven Störungen und Verhaltensauffälligkeiten. Der genaue Mechanismus der Neurotoxizität ist unbekannt. Vermutlich ist Phenylalanin in sehr hohen Dosen neurotoxisch. Möglicherweise spielt aber auch eine kompetitive Hemmung der Aufnahme anderer wichtiger Aminosäuren in das Gehirn eine Rolle.
>
> Bei frühzeitiger Diagnose ist die Prognose ausgezeichnet. Um hohe Phenylalaninspiegel zu vermeiden, muss die Nahrung für Clara lebenslang phenylalaninarm sein. Vermeiden muss sie daher alle proteinreichen Lebensmittel und auch Getreideprodukte, die nicht speziell proteinarm sind. Tyrosin, das nur durch die Phenylalanin-Hydroxylase synthetisiert werden kann, wird bei Clara zur essenziellen Aminosäure und muss mit der Nahrung zugeführt werden.
>
> Bis jetzt gibt es keine gute Therapie für Clara außer der lebenslangen Spezialernährung. Immerhin ist seit ein paar Jahren ein Medikament, das hohe Dosen des Cofaktors der Phenylalanin-Hydroxylase, das Tetrahydrobiopterin (Kuvan), enthält, auf dem Markt. Hat das Enzym noch Restaktivität, kann diese durch den Cofaktor maximal gesteigert werden und die Diät muss nicht ganz so streng eingehalten werden.
>
> Auch Gendefekte in den Genen anderer Enzyme des Phenylalaninabbaus führen zu Erkrankungen. So kann bei einem Defekt der **Tyrosin-Aminotransferase** Tyrosin nicht abgebaut werden und auch die Phenylalanin-Konzentration ist erhöht. Bei dieser **Tyrosinämie Typ II** kommen zu den neurologischen Beschwerden durch die erhöhten Phenylalaninspiegel noch Hautveränderungen durch zu viel Tyrosin hinzu.

Nach Öffnung des Fünfrings von **Tryptophan** werden Formiat und Alanin abgespalten. Nach Spaltung des Sechsrings entsteht Acroleyl-Aminofumarat, das für die Niacinsynthese verwendet oder zu Acetyl-CoA abgebaut wird.

Auch beim Abbau von **Tryptophan** werden die aromatischen Ringe durch Dioxygenasen gespalten (➤ Abb. 21.18). Der geschwindigkeitsbestimmende Schritt des Tryptophanabbaus wird durch die Tryptophan-2,3-Dioxygenase (TDO, Leber) oder die Indolamin-2,3-Dioxygenase (IDO, alle Gewebe) katalysiert. Durch Einbau von beiden Sauerstoffatomen des O_2 wird der Fünfring geöffnet und es entsteht Formylkynurenin. Das Formiat wird abgespalten und auf Tetrahydrofolat übertragen und kann so als C1-Gruppe für anabole Reaktionen genutzt werden. Das aus der Reaktion hervorgehende Kynurenin wird zunächst am aromatischen Ring durch eine Monooxygenase hydroxyliert und anschließend wird Alanin abgespalten. Eine Dysregulation des Tryptophan-Kynureninstoffwechsels führt zur vermehrten Bildung von Kynureninsäure durch eine Aminotransferase, die wiederum eine Hemmung der Glutamat- und Dopaminfreisetzung im Nervensystem bewirkt und deswegen u. a. mit Depressionen in Verbindung gebracht wird. Außerdem wird IDO bei Entzündungen und in bestimmten Tumoren verstärkt exprimiert (➤ 16.7.3). Nach der zweiten Ringspaltung durch eine weitere Dioxygenase entsteht Acroleyl-Aminofumarat, das für die Synthese von Nikotinamid (➤ 23.3.4) verwendet werden kann. Niacin-Mangelerkrankungen wie Pellagra treten daher i. d. R. nur bei kombiniertem Mangel an hochwertigem Protein- (Tryptophan) und Vitaminmangel (Niacinmangel) auf. Acroleyl-Aminofumarat kann jedoch auch über α-Ketoadipat zu Acetyl-CoA abgebaut werden (➤ Abb. 21.14).

Abbau der verzweigtkettigen Aminosäuren

Valin, Leucin und **Isoleucin** werden v. a. in den Mitochondrien der Skelettmuskelzellen transaminiert.

Der Abbau von **Valin, Leucin** und **Isoleucin** ist v. a. im Skelettmuskel mit ca. 70 % der Abbaukapazität von Bedeutung und findet dort fast vollständig innerhalb der Mitochondrien statt. In anderen Organen wie dem Gehirn werden geringe Mengen auch im Zytoplasma abgebaut. Der erste Abbauschritt ist eine Transaminierung durch die Verzweigtketten-Aminosäuren-Aminotransferase (➤ Abb. 21.19).

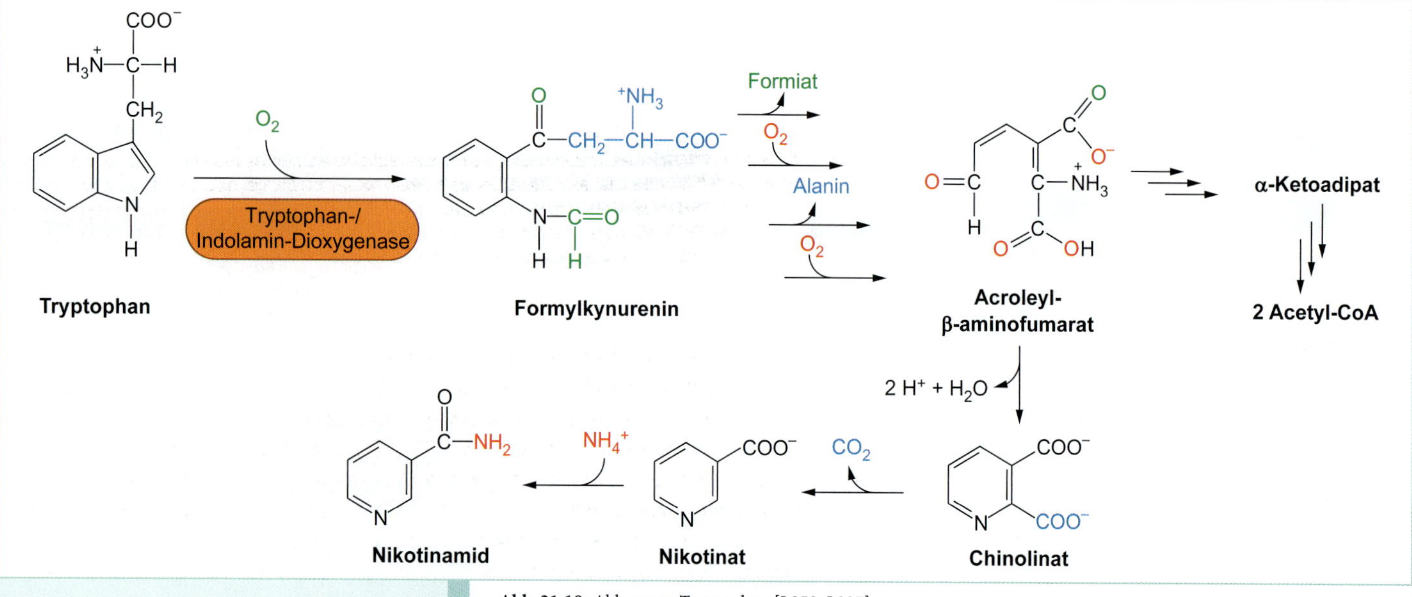

Abb. 21.18 Abbau von Tryptophan [L253, L307]

21.3 ABBAU DER AMINOSÄUREN

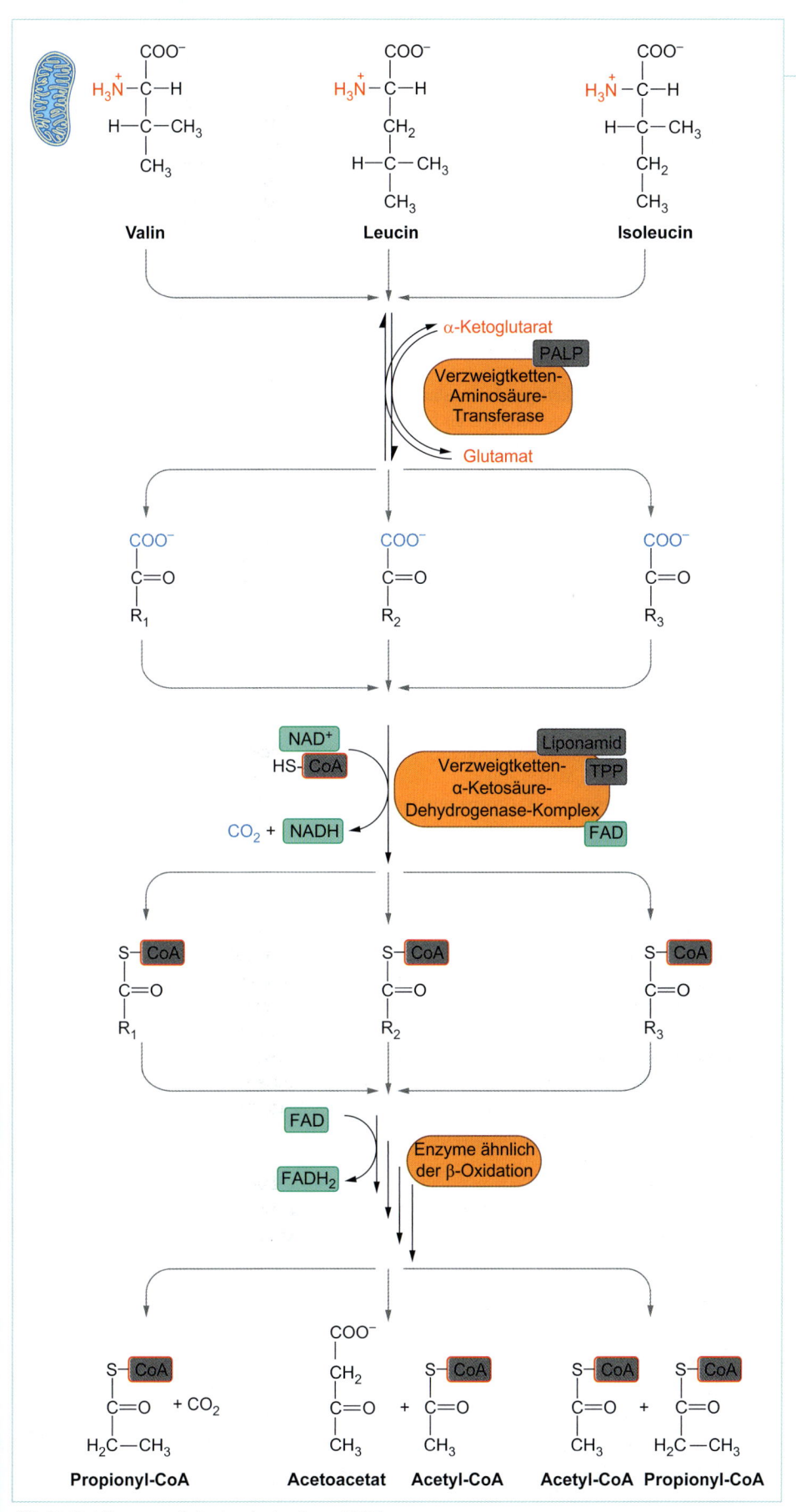

Abb. 21.19 Abbau verzweigtkettiger Aminosäuren [L253]

Aus Studentensicht

21 STICKSTOFFVERBINDUNGEN: MOLEKÜLE MIT VIELEN FUNKTIONEN

Nach Decarboxylierung (wie bei der PDH-Reaktion) entstehen Acetyl-CoA, Acetoacetat (Isoleucin und Leucin) und Propionyl-CoA (Valin und Isoleucin).

Die anschließende oxidative Decarboxylierung findet an dem **Verzweigtketten-α-Ketosäure-Dehydrogenase-Komplex** statt, der wie der Pyruvat-Dehydrogenase- und der α-Ketoglutarat-Dehydrogenase-Komplex aufgebaut ist (➤ 18.2.3). Ein Defekt in diesem Komplex führt zur Ahornsirupkrankheit (Verzweigtkettenkrankheit), die nur bei Einhaltung einer an Valin, Leucin und Isoleucin armen Diät nicht früh zum Tod führt.

Die folgenden Schritte verlaufen in weiten Teilen analog der β-Oxidation von Fettsäuren, wobei manche Enzyme spezifisch für die einzelnen verzweigtkettigen Substrate sind und andere wie Acyl-CoA-Dehydrogenase, Enoyl-CoA-Hydratase und Ketothiolase aus der β-Oxidation stammen (➤ Abb. 21.19). So entstehen letztlich Acetyl-CoA, Acetoacetat und Propionyl-CoA.

Propionyl-CoA, das auch beim Abbau von α-Ketobutyrat aus Methionin sowie der β-Oxidation ungeradzahliger Fettsäuren und der Umwandlung von Cholesterin in Gallensäuren gebildet wird, kann in Succinyl-CoA umgewandelt und in den Citratzyklus eingeschleust werden. Die daran beteiligte Methylmalonyl-CoA-Mutase ist, neben der Methionin-Synthase, das zweite bekannte cobalaminabhängige Enzym im Menschen (➤ 23.3.9).

Abbaudefekte der **verzweigtkettigen Aminosäuren** gehen generell mit einer metabolischen Azidose einher, die zu Übelkeit, Erbrechen, Lethargie bis hin zu Koma und Tod führen kann. Bei der **Ahornsirupkrankheit** ist der **Verzweigtketten-α-Ketosäure-Dehydrogenase-Komplex** und damit der zweite gemeinsame Schritt beim Abbau der verzweigtkettigen Aminosäuren betroffen. Die Körperflüssigkeiten riechen streng nach Ahornsirup, da sich im Leucinstoffwechsel Sotonon anhäuft, ein Aromastoff des Ahornsirups.

Abbau der schwefelhaltigen Aminosäuren

Methionin wird zum Methylgruppenüberträger S-Adenosyl-Methionin (SAM) aktiviert, wobei alle drei Phosphatreste eines ATP abgespalten werden.
Nach Abgabe der Methylgruppe wird Homocystein abgespalten, das in einer Vitamin-B$_{12}$-abhängigen Reaktion wieder zu Methionin regeneriert werden kann.

Methionin und **Cystein** können erst nach Entfernung des Schwefels in den Citratzyklus einmünden. Methionin wird dazu zuerst zu **S-Adenosyl-Methionin** (SAM) aktiviert (➤ Abb. 21.20). Diese Aktivierung mittels ATP ist ungewöhnlich, da nicht AMP oder Phosphat, sondern nur Adenosin ohne Phosphat übertragen wird. Durch Bindung der Ribose an den Schwefel erhält dieser eine positive Ladung, wodurch die Bindung zur CH$_3$-Gruppe geschwächt wird. Diese kann nun von diversen **Methyl-Transferasen** auf deren Substrate übertragen werden. Beispiele für S-Adenosyl-Methionin-abhängige Reaktionen sind die Synthese und der Abbau von biogenen Aminen, die Synthese von Phosphatidylcholin aus Phosphatidylethanolamin oder die DNA-Methylierung.

Das nach der Übertragung der CH$_3$-Gruppe entstandene S-Adenosyl-Homocystein (SAH) wird von einer Hydrolase zu Adenosin und Homocystein gespalten. Methionin kann durch die Cobalamin-abhängige Methionin-Synthase oder durch die Betain-Homocystein-Methyltransferase regeneriert werden (➤ 23.3.9).

Soll Methionin abgebaut werden, wird die SH-Gruppe von Homocystein auf Serin übertragen. Das entstehende α-Ketobutyrat wird über Propionyl-CoA zu Succinyl-CoA abgebaut.

Nur wenn Methionin reichlich vorhanden ist, wird die SH-Gruppe von Homocystein auf Serin übertragen, sodass Cystein entsteht. Das dabei entstehende α-Ketobutyrat gelangt über den Monocarboxylat-Transporter in die mitochondriale Matrix und wird von einem α-Ketosäure-Dehydrogenase-Komplex, vermutlich von demselben, der auch die verzweigtkettigen α-Ketosäuren verwertet, in Propionyl-CoA umgewandelt.

Eine Anzahl von Störungen des Methioninstoffwechsels führt zu einer Ansammlung von Homocystein und seines Dimers Homocystin, die sich in erhöhter Thromboseneigung, Linsendislokation sowie ZNS- und Skelettanomalien äußert. Die **klassische Homocystinurie** wird durch einen Mangel der Cystathionin-β-Synthase verursacht. Homocystein häuft sich an und dimerisiert zu Homocystin, das im Urin ausgeschieden wird. Da die Remethylierung intakt ist, wird zusätzlich Homocystein in Methionin umgewandelt, das sich im Blut anhäuft.

KLINIK

KLINIK

Homocysteinämie

Patienten mit kardiovaskulären und neurologischen Erkrankungen fallen häufig durch erhöhte Homocystein-Werte im Blutplasma (= Hyperhomocysteinämie; Homocystein > 15 µmol/l) auf. Diese deuten auf einen gestörten intrahepatischen Methionin- und CH$_3$-Gruppen-Stoffwechsel hin, der i.d.R. durch einen Mangel an Cofaktoren wie Vitamin B$_{12}$, Vitamin B$_6$ oder Folat oder einen Mangel an Substraten des Methioninstoffwechsels verursacht wird (➤ Abb. 21.20). Möglicherweise ist der gestörte Stoffwechsel mitverantwortlich für die Entstehung der Krankheiten. Es werden jedoch auch direkte Effekte des Homocysteins auf die Blutgefäße diskutiert.

Cystein wird für Synthesen verwendet, zu Taurin umgebaut oder zu Pyruvat und Sulfit abgebaut.

Das beim Methioninabbau entstandene **Cystein** kann für die Protein-, Glutathion- oder Coenzym A-Biosynthese verwendet werden. Hohe intrazelluläre Spiegel an Cystein steigern zudem die Oxidation der SH-Gruppe zur Cystein-Sulfinsäure (➤ Abb. 21.21). Diese kann durch die Aspartat-Aminotransferase (ASAT) zu Sulfinpyruvat transaminiert werden, das spontan zu Pyruvat und Sulfit (SO$_3^{2-}$) zerfällt, oder nach Decarboxylierung für die **Taurinsynthese** genutzt werden. Sulfit wird in den Mitochondrien durch die Sulfit-Oxidase zu Sulfat (SO$_4^{2-}$) oxidiert. Da der K$_M$-Wert der Decarboxylase etwa 100-fach niedriger als der der Aminotransferase ist, dominiert vermutlich die Taurinsynthese.

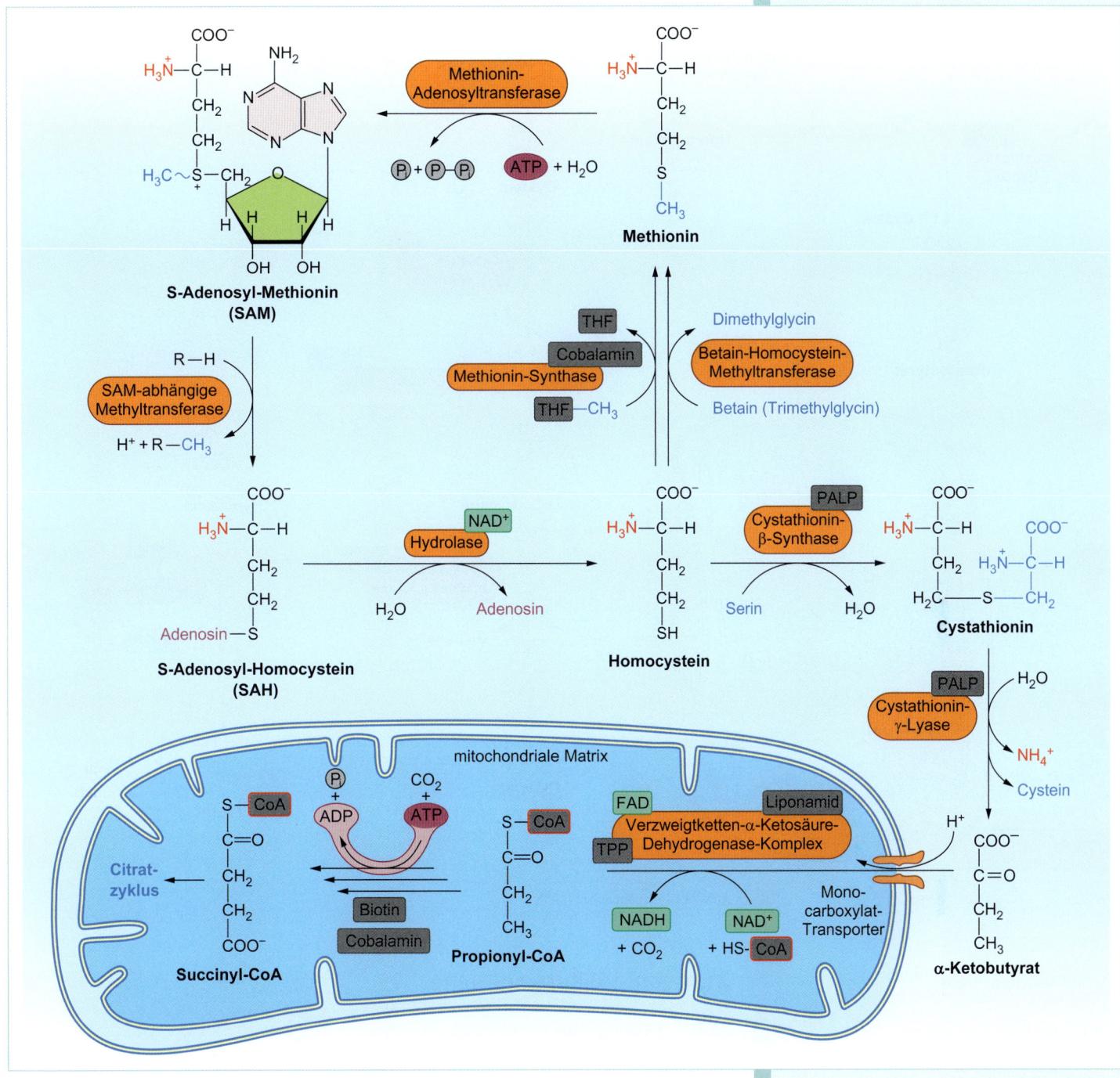

Abb. 21.20 Methioninabbau und Bildung von S-Adenosyl-Methionin [L253]

Taurin hat viele physiologische Funktionen, von denen die Konjugation an Gallensäuren und die Osmoregulation bisher am besten untersucht sind. Taurin wird im menschlichen Stoffwechsel nicht weiter abgebaut und kann über den Urin ausgeschieden oder über die Gallensäuren in den Faeces abgegeben werden. Cystein kann in geringem Maß Serin als Substrat der Cystathionin-β-Synthase ersetzen, wobei Schwefelwasserstoff anstelle von Wasser abgespalten wird. Schwefelwasserstoff kann in den Mitochondrien zu Sulfat oxidiert werden, wobei zwei Protonen entstehen, die renal eliminiert werden müssen.

KLINIK

Therapie durch Methionin und Cystein

Deutlich zu spüren ist die Protonenlast durch den Abbau schwefelhaltiger Aminosäuren erst bei Supplementation im Grammbereich. So kann bei Harnwegsinfekten der Urin durch medikamentöse Zufuhr von Methionin angesäuert werden, wodurch das Wachstum von Bakterien gehemmt und die Wirkung bestimmter Antibiotika verbessert wird. Zusätzlich wird durch den sauren pH-Wert das Risiko für die Entstehung von Calcium-Phosphat-Harnsteinen verringert.
Soll Cystein ohne Einfluss auf den pH-Wert in höheren Mengen zugeführt werden, z. B. um den Glutathiongehalt der Leber bei einer Paracetamolvergiftung aufrechtzuerhalten, wird N-Acetyl-Cystein verwendet. Der Acetyl-Rest bildet netto ein Hydrogencarbonat und puffert so die Protonenlast ab.

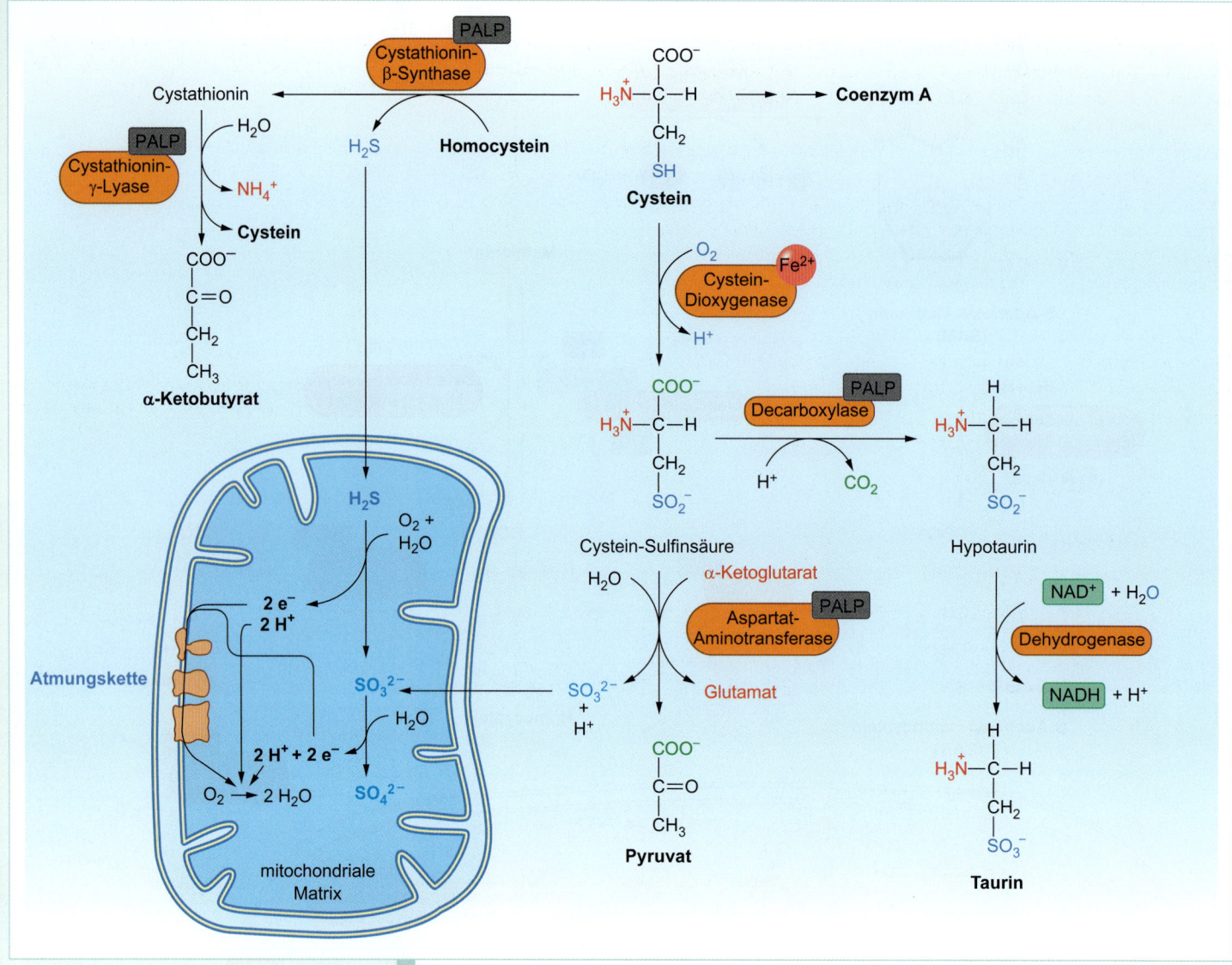

Abb. 21.21 Cysteinabbau [L253]

21.4 Aminosäuresynthese

21.4.1 Essenzielle Aminosäuren

Neun proteinogene Aminosäuren können vom Körper **selbst synthetisiert** werden, die anderen sind entweder **essenziell** und müssen mit der Nahrung aufgenommen werden oder **bedingt essenziell**.

Die **essenziellen Aminosäuren** sind Lysin, Methionin, Threonin, Phenylalanin, Tryptophan, Valin, Leucin und Isoleucin.

21.4 Aminosäuresynthese

21.4.1 Essenzielle Aminosäuren

Neun proteinogene und nahezu alle wichtigen nicht-proteinogenen Aminosäuren können von unseren Zellen in ausreichenden Mengen aus einfachen Zwischenstufen des Intermediärstoffwechsels de novo synthetisiert werden. Diese Aminosäuren werden als **nicht essenziell** eingestuft. Die für ihre Synthese benötigten Aminogruppen stammen von anderen Aminosäuren. Weitere vier proteinogene Aminosäuren und wenige nicht-proteinogene Aminosäuren sind **bedingt essenziell**, entweder, weil sie aus essenziellen Vorstufen synthetisiert werden oder weil ihre Synthese nicht immer ausreicht, um den Bedarf zu decken. Weitere acht proteinogene Aminosäuren sind absolut **essenziell** und müssen zumindest in Form ihrer Kohlenstoffgerüste mit der Nahrung aufgenommen werden.

Die Synthese der für den Menschen essenziellen Aminosäuren erfolgt in anderen Organismen in vielen Einzelschritten. Im Menschen sind im Verlauf der Evolution die Gene der dafür benötigten Enzyme verloren gegangen. **Lysin, Methionin** und **Threonin** müssen mit der Nahrung aufgenommen werden. Methionin kann allerdings in die nicht-proteinogene Aminosäure Homocystein umgewandelt und aus dieser regeneriert werden (> Abb. 21.20). Für **Phenylalanin, Tryptophan, Valin, Leucin** und **Isoleucin,** deren C-Gerüste der Mensch nicht synthetisieren kann, existieren mit der aromatischen Aminosäure- und der Verzweigtketten-Aminosäure-Aminotransferase zwei Aminotransferasen, welche die α-Ketosäuren in die entsprechenden Aminosäuren umwandeln können. Dies ist von Bedeutung, da bei der Verdauung die Aminogruppen der Nahrungsaminosäuren teilweise durch intestinale Mikroorganismen abgespalten werden. Daraus ergibt sich die Möglichkeit, bei schweren Harnstoffzyklusdefekten statt der essenziellen Aminosäuren ihre α-Ketosäuren zu supplementieren.

21.4 AMINOSÄURESYNTHESE

21.4.2 Bedingt essenzielle Aminosäuren

Tyrosin, **Cystein** und **Taurin** können aus den essenziellen Vorstufen Phenylalanin (> Abb. 21.17), Methionin (> Abb. 21.20) und Cystein (> Abb. 21.21) synthetisiert werden. Dabei stammt das C-Gerüst von Cystein aus der nicht-essenziellen Aminosäure Serin, nur für die SH-Gruppe ist Homocystein oder Methionin notwendig.

Die Biosynthese von **Histidin** und **Arginin** ist im Menschen zwar möglich, jedoch nicht immer ausreichend. Eine De-novo-Biosynthese von Histidin im Menschen konnte nachgewiesen werden, die Menge erscheint jedoch zu gering, um den täglichen Bedarf insbesondere in der Wachstumsphase, aber auch beim Erwachsenen zu decken. Die De-novo-Biosynthese von Arginin aus Ornithin über Citrullin in Darm und Niere reicht zum Erhalt des Status quo aus, ist jedoch während der Wachstumsperiode und bei größeren Umbauprozessen wie nach Operationen limitierend.

21.4.3 Biosynthese der nicht-essenziellen Aminosäuren

Die nicht-essenziellen Aminosäuren werden aus Glykolyse- und Citratzyklus-Zwischenstufen synthetisiert (> Abb. 21.22). **Glycin** kann auch mithilfe von NADH aus einer Methylengruppe von Tetrahydrofolat, NH_4^+-Ionen und CO_2 ganz neu aufgebaut werden (> Abb. 21.13).

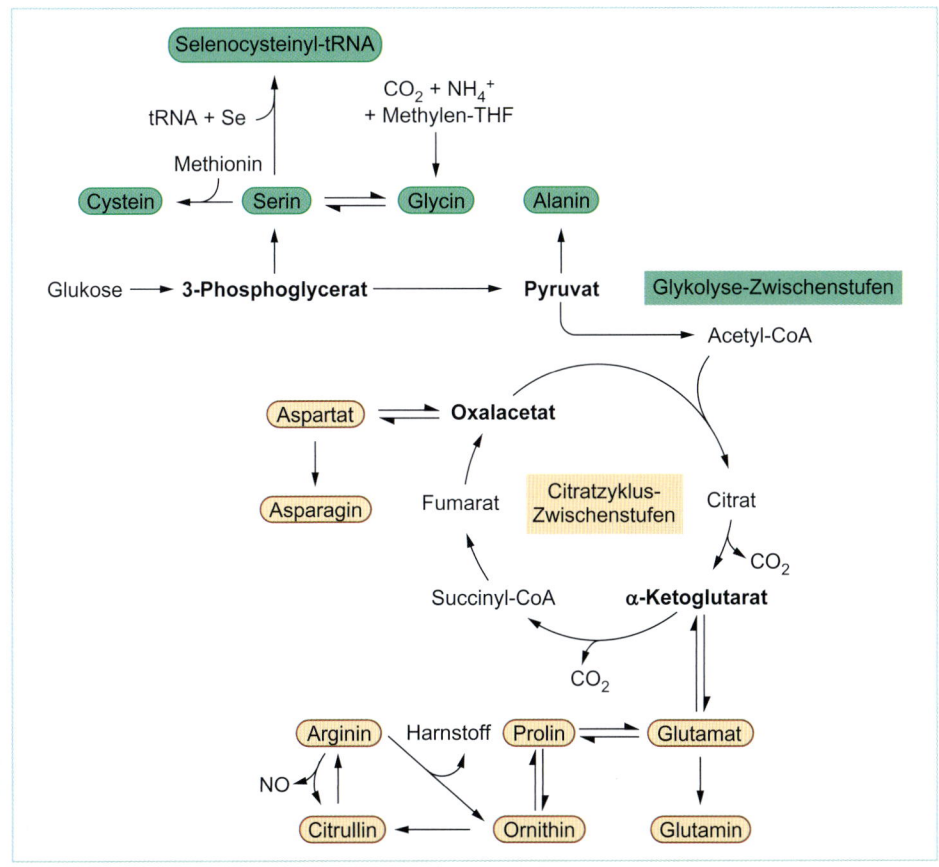

Abb. 21.22 Überblick über die Synthese der nicht-essenziellen Aminosäuren [L253]

Pyruvat kann durch Transaminierung in **Alanin** umgewandelt werden (> Abb. 21.4). 3-Phosphoglycerat aus der Glykolyse ist das Ausgangs-C-Gerüst für die Biosynthese von **Serin**, wobei die Aminogruppe von Glutamat transaminiert wird (> Abb. 21.23).

Abb. 21.23 Serinbiosynthese aus 3-Phosphoglycerat [L253]

Aus Studentensicht

21.4.2 Bedingt essenzielle Aminosäuren

Tyrosin und **Cystein** können aus essenziellen Vorstufen synthetisiert werden und sind daher **bedingt essenziell**.

Auch **Histidin** und **Arginin** sind **bedingt essenziell**, da sie nicht immer in ausreichender Menge synthetisiert werden können.

21.4.3 Biosynthese der nicht-essenziellen Aminosäuren

Die nicht-essenziellen Aminosäuren werden aus Metaboliten der Glykolyse und des Citratzyklus synthetisiert.

ABB. 21.22

Alanin wird aus Pyruvat transaminiert, **Serin** wird aus 3-Phosphoglycerat gewonnen.

Aus Studentensicht

21 STICKSTOFFVERBINDUNGEN: MOLEKÜLE MIT VIELEN FUNKTIONEN

Aus **Serin** kann **Selenocystein** gebildet werden.

Serin kann aber auch reversibel aus Glycin und einer zusätzlichen Methylengruppe von Tetrahydrofolat und somit wie Glycin de novo gebildet werden (➤ Abb. 21.13). Aus Serin entsteht die proteinogene Aminosäure **Selenocystein**. Die Selenocysteinsynthese findet an einer speziellen Selenocystein-tRNA (tRNA^{sec}) statt (➤ 5.6), an der aus dem gebundenen Serin und Selenid (= H_2Se bzw. HSe^-) durch die pyridoxalphosphatabhängige Selenocystein-Synthase Selenocystein gebildet wird (➤ Abb. 21.24).

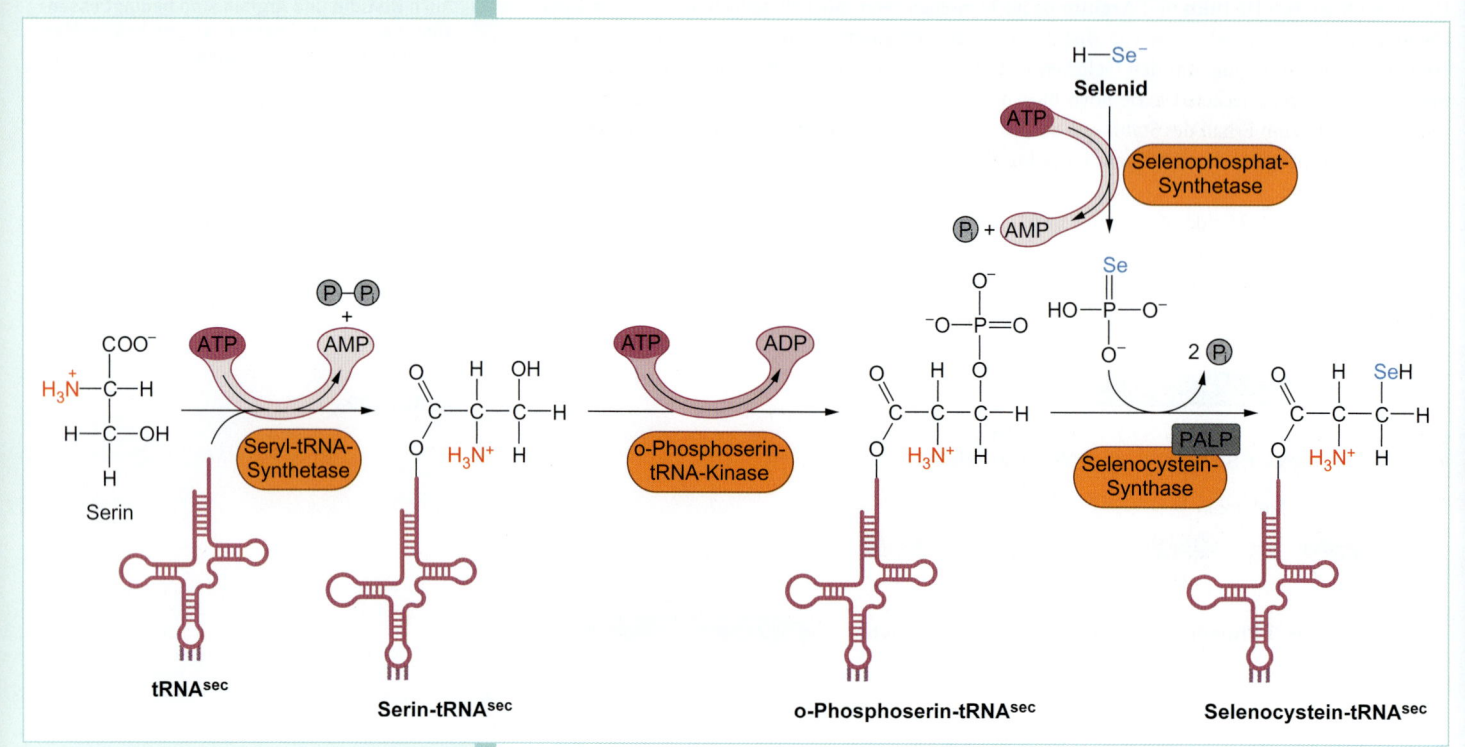

Abb. 21.24 Selenocysteinsynthese an tRNA [L253]

Oxalacetat wird zu **Aspartat** transaminiert und weiter zu **Asparagin** aminiert. **Glutamat** und **Glutamin** entstehen analog aus α-Ketoglutarat.

Aus Oxalacetat entsteht durch Transaminierung reversibel **Aspartat** (➤ Abb. 21.4), das durch ATP-abhängige Übertragung der Amidgruppe von Glutamin in **Asparagin** umgewandelt werden kann (➤ Abb. 21.25). Aus α-Ketoglutarat kann durch Transaminierung (➤ Abb. 21.4) oder durch die Glutamat-Dehydrogenase-Reaktion (➤ Abb. 21.5) reversibel **Glutamat** entstehen, das durch Fixierung eines freien NH_4^+-Ions zu **Glutamin** reagiert (➤ Abb. 21.25).

ABB. 21.25

Abb. 21.25 Synthese von Asparagin und Glutamin [L271]

Prolin, Ornithin und **Arginin** können aus Glutamat gewonnen werden.

Außerdem entstehen aus Glutamat reversibel **Prolin** und **Ornithin** (➤ Abb. 21.15), die in der Darmmukosa in **Citrullin** und in den proximalen Nierentubuluszellen weiter in **Arginin** umgewandelt werden können (➤ Abb. 21.8). Arginin kann durch die NO-Synthasen wieder zu Citrullin oder über die Arginase wieder zu Ornithin reagieren.

21.5 Organspezifischer Aminosäurestoffwechsel

21.5.1 Hormonelle Regulation des Aminosäurestoffwechsels

Die wichtigsten Organe für den Aminosäurestoffwechsel sind **Dünndarm, Leber, Nieren, Skelettmuskel** und **Gehirn**. Der Transport von Aminosäuren erfolgt über die Pfortader und den peripheren Kreislauf. Trotz seiner geringen Größe ist der Aminosäurepool im Blutplasma hoch dynamisch und unterliegt einer komplexen Regulation.

Insulin und Glukagon führen beide zu einer Verkleinerung des Aminosäurepools im Blutplasma, jedoch aus ganz unterschiedlichen Gründen: **Insulin** hemmt die Proteolyse im Muskel und steigert dessen Aufnahme von verzweigtkettigen Aminosäuren, deren Konzentration in der Folge im Vergleich zu den anderen Aminosäuren im Blutplasma überproportional sinkt. **Glukagon** dagegen steigert v.a. in der Leber die Aufnahme von Alanin, Serin und ähnlichen kleinen Aminosäuren und deren Umwandlung in Harnstoff und Glukose. Glukocorticoide wie **Cortisol** vergrößern den Blutplasmapool v.a. durch Steigerung der Proteolyse im Skelettmuskel. Adrenalin wirkt nicht so stark katabol auf den Protein- wie auf den Glykogen- und Lipidstoffwechsel. Es erhöht aber auch die Zufuhr von glukogenen Aminosäuren zur Leber (➤ 9.7.1).

21.5.2 Dünndarm

Die Enterozyten des Dünndarms werden postprandial aus dem Darmlumen (enteral) und postabsorptiv aus der peripheren Zirkulation vom arteriellen Blut mit Aminosäuren versorgt. Für die ATP-Bildung oxidieren die Enterozyten nahezu 100 % des enteral angebotenen **Glutamats** und 60–70 % des **Glutamins**. Die dabei durch Desaminierung entstehenden NH_4^+-Ionen werden zum Teil über die Pfortader zur Leber transportiert. Nach einer proteinreichen Mahlzeit können die NH_4^+-Konzentrationen in der Pfortader daher 100–200 µmol/l erreichen.

Für die **Argininsynthese** und -bereitstellung im Blutplasma kooperieren die Enterozyten des **Dünndarms** mit den proximalen Tubuluszellen der **Niere** (➤ Abb. 21.26). Dabei werden zwar alle Enzyme des Harnstoffzyklus verwendet, sind aber verteilt auf Dünndarmmukosa (Arginase, Carbamoylphosphat-Synthetase I, Ornithin-Transcarbamoylase) und Niere (Argininosuccinat-Synthetase, Argininosuccinat-Lyase), sodass in keinem dieser Organe der komplette Harnstoffzyklus ablaufen kann. Aus dem Darmlumen absorbiertes Arginin wird in den Enterozyten durch die Arginase annähernd quantitativ zu Ornithin und Harnstoff abgebaut. Ein Teil der NH_4^+-Ionen aus dem Glutamin- und Glutamatabbau wird durch die Carbamoylphosphat-Synthetase I und die Ornithin-Transcarbamoylase auf Ornithin übertragen. Arginin als indirekter Aktivator der Carbamoylphosphat-Synthetase I bewirkt in den Mukosazellen des Dünndarms so auch einen effizienten Umbau von Nahrungsarginin zu Ornithin und Citrullin. Das so gebildete **Citrullin** wird anstelle des Arginins an das Pfortaderblut abgegeben, nur wenig von den Hepatozyten aufgenommen und in den Nieren glomerulär filtriert. Die proximalen Tubuluszellen wandeln das reabsorbierte Citrullin über Argininosuccinat in Arginin um, das dann ins Blut abgegeben wird. Durch diesen Umweg wird Nahrungsarginin an der Leber vorbeigeschleust. Selbst geringe Mengen an intrazellulärem Arginin würden ausreichen, um in der Leber die N-Acetyl-Glutamat-Synthase und damit den Harnstoff-

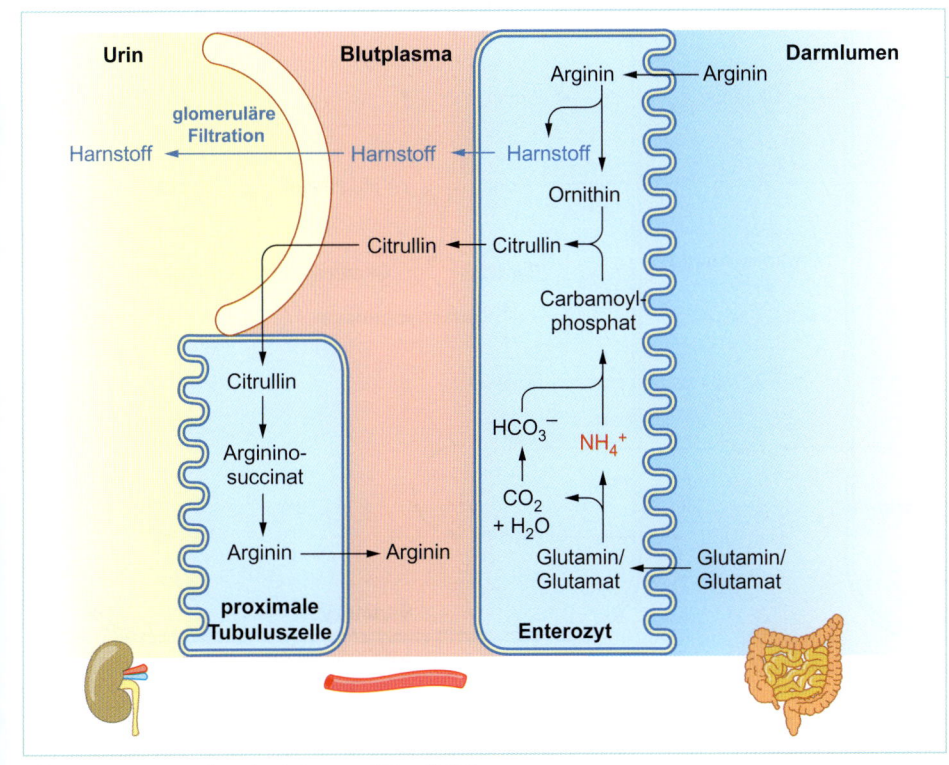

Abb. 21.26 Argininsynthese durch Darm und Niere [L253]

Aus Studentensicht

21.5 Organspezifischer Aminosäurestoffwechsel

21.5.1 Hormonelle Regulation des Aminosäurestoffwechsels

Die wichtigsten Organe für den Aminosäurestoffwechsel sind **Dünndarm, Leber, Niere, Skelettmuskel** und **Gehirn**.

Insulin hemmt die Proteolyse im Muskel und steigert dessen Aufnahme von verzweigtkettigen Aminosäuren.
Glukagon und **Adrenalin** steigern die Aufnahme von kleinen Aminosäuren in die Leber.
Glukocorticoide steigern die Proteolyse im Skelettmuskel.

21.5.2 Dünndarm

Die Enterozyten des Dünndarms verstoffwechseln **Glutamat** und **Glutamin**, um ihren eigenen Energiebedarf zu decken. Die dabei frei werdenden NH_4^+-Ionen werden entweder direkt über die Pfortader zur Leber oder in Citrullin gebunden zur Niere transportiert.

ABB. 21.26

Aus Studentensicht

21 STICKSTOFFVERBINDUNGEN: MOLEKÜLE MIT VIELEN FUNKTIONEN

zyklus zu aktivieren. Man vermutet daher, dass die Umgehung eine übermäßige Hochregulation des Harnstoffzyklus durch Nahrungsarginin vermeiden soll.

21.5.3 Leber

21.5.3 Leber

Die Leber kann **alle Aminosäuren** verstoffwechseln und betreibt den **Harnstoffzyklus**.

Die Leber ist das Hauptorgan für den Aminosäureabbau. Sie ist das einzige Organ, das **alle Aminosäuren** verstoffwechseln kann. In periportalen Hepatozyten läuft der **Harnstoffzyklus** ab. Die C-Gerüste der Aminosäuren können in der Leber in die Glukoneogenese eingespeist werden.

Obwohl in der Leber ein aktiver Glutaminstoffwechsel stattfindet, ist die arteriovenöse Differenz an **Glutamin** meist verschwindend gering, da die periportalen Hepatozyten Glutamin aufnehmen und abbauen, die perivenösen Hepatozyten aber Glutamin synthetisieren und abgeben (➤ Abb. 21.7).

21.5.4 Niere

21.5.4 Niere

Die Niere verstoffwechselt **Citrullin** zu **Arginin**, **Glycin** zu Serin und baut **Glutamin** ab.

Die Niere ist wichtig für die Umwandlung von **Citrullin** aus dem Dünndarm in **Arginin, Glycin** in **Serin** sowie für den Abbau von **Glutamin**. Da sie mehr Serin abgibt, als sie Glycin aufnimmt, kommt es in der Niere wohl auch zu einer Neusynthese von Serin aus Glykolysezwischenstufen.

Glutamin wird von der Niere bei normalem Säure-Basen-Status kaum extrahiert. Filtriertes Glutamin wird quantitativ zurück ins Blutplasma transportiert. Bei einer azidotischen Stoffwechsellage wird Glutamin jedoch von den Zellen des proximalen Tubulus desaminiert, um der Azidose entgegenzuwirken (➤ 21.3.3), das dabei entstehende α-Ketoglutarat kann für die ATP-Synthese genutzt oder in die Glukoneogenese eingeschleust werden.

21.5.5 Skelettmuskel

21.5.5 Skelettmuskel

Der Skelettmuskel verstoffwechselt den Großteil der **verzweigtkettigen Aminosäuren** und gibt unter katabolen Bedingungen Glutamin und Alanin ans Blut ab.

Der Skelettmuskel macht bei Normalgewichtigen etwa 40 % der Körpermasse aus und enthält 50–70 % des Körperproteins. Unter anabolen Bedingungen nimmt daher der Skelettmuskel den größten Anteil an Aminosäuren aus dem peripheren Blut auf und baut sie in Proteine ein. Die **verzweigtkettigen Aminosäuren** aus der Nahrung, die von Dünndarm und Leber mehr oder weniger ungehindert ins Blutplasma gelangen, werden im Muskel aufgenommen, da nur dort die Verzweigtketten-Aminosäure-Aminotransferase stark exprimiert ist. Sie können neben dem Einbau in Muskelprotein auch zur ATP-Synthese oxidiert werden. Unter katabolen Bedingungen ist der Muskel der größte Lieferant für Plasmaaminosäuren, insbesondere **Glutamin** und **Alanin.**

Im Skelettmuskel kann es bei **körperlicher Anstrengung** zu einem starken Anstieg des ATP-Verbrauchs kommen, der im Wesentlichen durch den Abbau von Glukose und Fettsäuren gedeckt wird. Bei extremer Ausdauerbelastung, Hypoglykämie und beim Fasten kommt es jedoch auch zur Regeneration des ATP durch den Abbau von Aminosäuren (➤ Abb. 21.27).

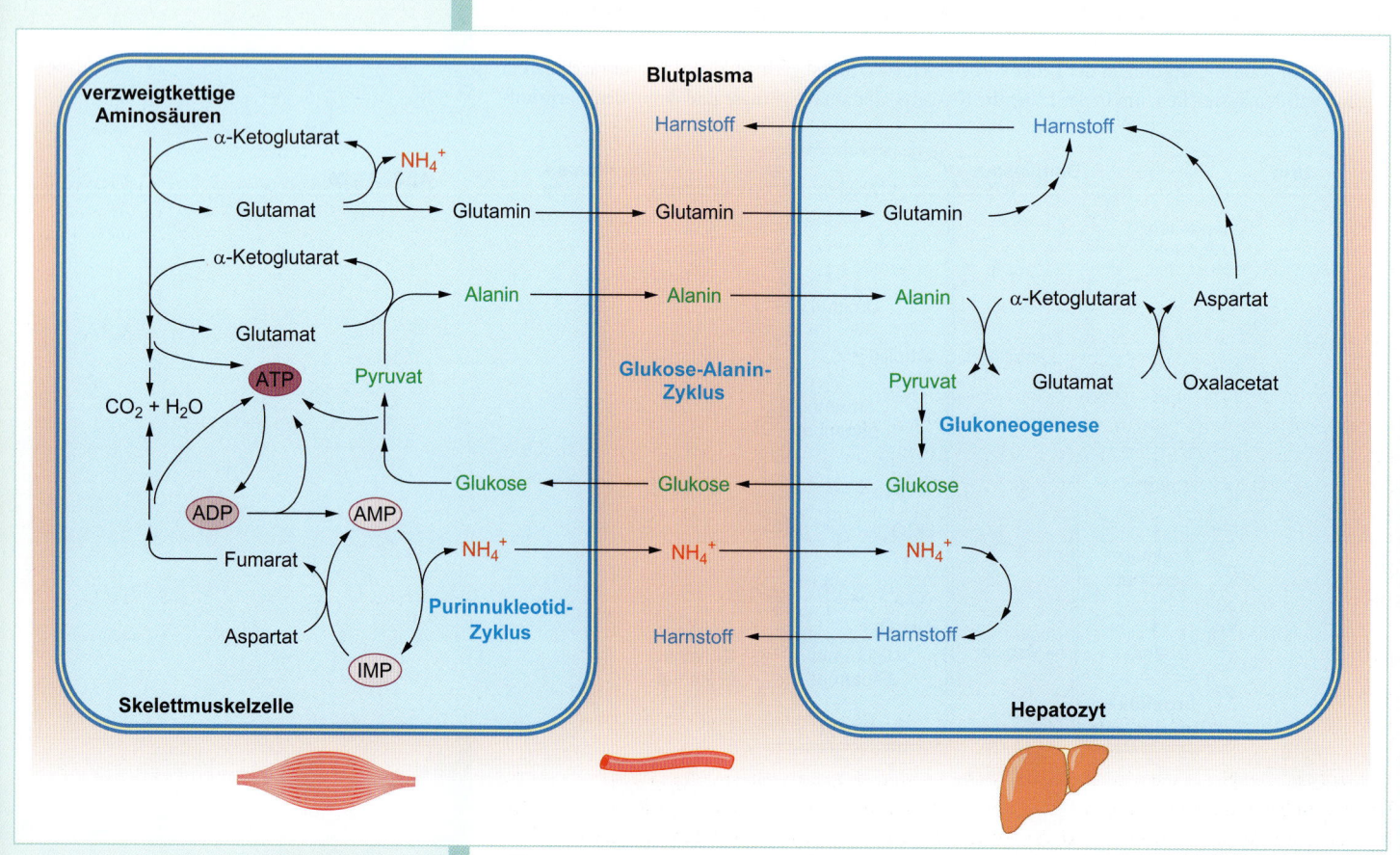

Abb. 21.27 Zusammenspiel von Leber und Skelettmuskel bei körperlicher Anstrengung [L253, L307]

Dabei werden durch die besonders hohe Aktivität der Verzweigtketten-Aminosäure-Aminotransferase Valin, Leucin und Isoleucin in die Ketosäuren umgewandelt (> Abb. 21.19), die dann zur ATP-Synthese abgebaut werden. Die Aminogruppen werden dabei auf Glutamat übertragen und als Glutamin an das Blut abgegeben. Reicht die Sauerstoffversorgung bei ansteigender Arbeitsbelastung nicht mehr aus, wird Pyruvat nicht mehr vollständig im Citratzyklus oxidiert, sondern v.a. zu Laktat reduziert. Ein Teil wird jedoch auch durch die Alanin-Aminotransferase aminiert. Das entstehende Alanin wird ins Blut abgegeben und in der Leber zu Pyruvat transaminiert, das dann in die Glukoneogenese eingespeist werden kann. In diesem **Glukose-Alanin-Zyklus** werden im Gegensatz zum Cori-Zyklus (> 24.2.2) auch Aminogruppen vom Muskel zur Leber transportiert.

Bei ermüdender Muskelarbeit kann ATP nicht mehr zeitnah regeneriert werden. Der intrazelluläre ADP-Spiegel steigt und ADP wird über die Adenylat-Kinase zu ATP und AMP umgesetzt. Das AMP wird im **Purinnukleotidzyklus** (> 21.7.4) durch die AMP-Desaminase zu IMP und einem NH_4^+-Ion hydrolysiert. Bei erschöpfender Muskelarbeit kann so die Plasmakonzentration an freien NH_4^+-Ionen bis auf 200 µmol/l ansteigen und ist vermutlich mit daran beteiligt, dass die hohe Arbeitsintensität nicht länger aufrechterhalten werden kann.

21.5.6 Gehirn

Das Gehirn spielt im Aminosäurestoffwechsel quantitativ keine große Rolle. Für seine Funktion ist jedoch die Aufnahme kleiner Mengen an Tryptophan, Tyrosin und Phenylalanin als **Vorstufen** der **Neurotransmitter** Serotonin, Dopamin und Noradrenalin essenziell. Da diese aromatischen Aminosäuren mit den verzweigtkettigen Aminosäuren um die Bindung an denselben Aminosäuretransporter, LAT1 (Large Neutral Amino Acid Transporter), an der Blut-Hirn-Schranke konkurrieren, ist ihre Aufnahme v.a. von dem Verhältnis zur Konzentration der verzweigtkettigen Aminosäuren abhängig. Hier kann Insulin helfen, das die Aufnahme der verzweigtkettigen Aminosäuren in den Skelettmuskel fördert und so den Transport der aromatischen Aminosäuren in das Gehirn erhöht.

> **KLINIK**
>
> **Teufelskreis aus Diabetes mellitus, Adipositas und Depression**
>
> Diabetes mellitus Typ 2, Adipositas und Depression zeigen eine hohe Komorbidität. Dabei spielt die Abhängigkeit des Gehirns von der insulinergen Wirkung auf den Skelettmuskel möglicherweise eine kausale Rolle. Die Folge einer Insulinresistenz des Skelettmuskels ist ein Serotoninmangel im Gehirn, der sowohl mit einer Depression als auch mit einem zu geringen Sättigungsgefühl in Verbindung gebracht wird. Mögliche Folge ist eine Hyperphagie (= übermäßige Nahrungsaufnahme), die zur Adipositas führt und die Insulinresistenz des Muskels weiter verstärkt. Die Betroffenen geraten in eine Abwärtsspirale, aus der sie immer schwieriger herausfinden können.

21.6 Biogene Amine

21.6.1 Bildung und Funktion biogener Amine

Biogene Amine sind primäre Amine, die im Stoffwechsel durch enzymatische **Decarboxylierung** aus **Aminosäuren** entstehen. **Decarboxylierungen** von α-Aminosäuren zu Aminen folgen einem ähnlichen Mechanismus wie die Transaminierungen, sind jedoch **irreversibel**. Biogene Amine dienen als Gewebshormone und Neurotransmitter oder als Bausteine für die Synthese von Coenzymen, Polyaminen und Phospholipiden. Es gibt drei getrennte Pools an biogenen Aminen, die sich unter physiologischen Bedingungen nicht vermischen: Biogene Amine

- entstehen durch den bakteriellen Metabolismus im Darmlumen,
- werden durch körpereigene Zellen in den peripheren Kreislauf sezerniert und
- werden als Neurotransmitter im zentralen Nervensystem ausgeschüttet.

Die Wirkungen der biogenen Amine aus den verschiedenen Pools unterscheiden sich. Daher sind die Pools durch zwei wichtige Barrieren getrennt: Die für biogene Amine undurchlässige Blut-Hirn-Schranke und die Leber, in der biogene Amine aus dem Darmlumen quantitativ abgebaut werden.

21.6.2 Katecholamine

Die Katecholamine werden in Neuronen und dem Nebennierenmark aus **Tyrosin** synthetisiert (> Abb. 21.28). Zunächst entsteht durch Hydroxylierung von Tyrosin über denselben Mechanismus wie bei der Umwandlung von Phenylalanin zu Tyrosin **DOPA** (Dihydroxyphenylalanin), das anschließend zu **Dopamin** decarboxyliert wird. Dopamin ist als Neurotransmitter v.a. im zentralen Nervensystem an der Initiation von Bewegungen und am Motivations- und Belohnungssystem sowie am Suchtverhalten beteiligt.

In noradrenergen Neuronen wird Dopamin durch eine Monooxygenase **zu Noradrenalin hydroxyliert**. Das Enzym benötigt, ähnlich wie die Prolyl- und Lysyl-Hydroxylasen, Vitamin C zur Regeneration des Metallions im aktiven Zentrum. Im Nebennierenmark wird Noradrenalin mithilfe von S-Adenosyl-Methionin (SAM) **zu Adrenalin methyliert**. Dabei entsteht S-Adenosylhomocystein (SAH). Bei der Amino-

---

Aus Studentensicht

Bei körperlicher Anstrengung werden im Muskel v.a. **verzweigtkettige Aminosäuren** für die ATP-Synthese abgebaut. Dabei wird Pyruvat zu Alanin transaminiert und in der Leber in die Glukoneogenese eingeschleust **(Glukose-Alanin-Zyklus)**.

21.5.6 Gehirn
Das Gehirn benötigt Tryptophan, Tyrosin und Phenylalanin als Vorstufen für Neurotransmitter.

KLINIK

21.6 Biogene Amine

21.6.1 Bildung und Funktion biogener Amine
Biogene Amine entstehen durch **Decarboxylierung** aus Aminosäuren und dienen als Gewebshormone, Neurotransmitter oder Bausteine von größeren Molekülen.

21.6.2 Katecholamine
Katecholamine werden aus **Tyrosin** synthetisiert.

Aus Studentensicht

ABB. 21.28

Noradrenalin wirkt lokal als Neurotransmitter, **Adrenalin** wirkt als Hormon systemisch. Beide mobilisieren Energiespeicher und stimulieren den Kreislauf.

21.6.3 Tryptamine

Serotonin, **Tryptamin** und **Melatonin** werden aus Tryptophan synthetisiert.

Serotonin bewirkt in **Geweben** eine Modulation der Gefäßmuskulatur und beeinflusst die Blutgerinnung.

Im **ZNS** wirkt Serotonin als **Neurotransmitter** und zählt zu den „Glückshormonen". Es beeinflusst zudem die Körpertemperatur.

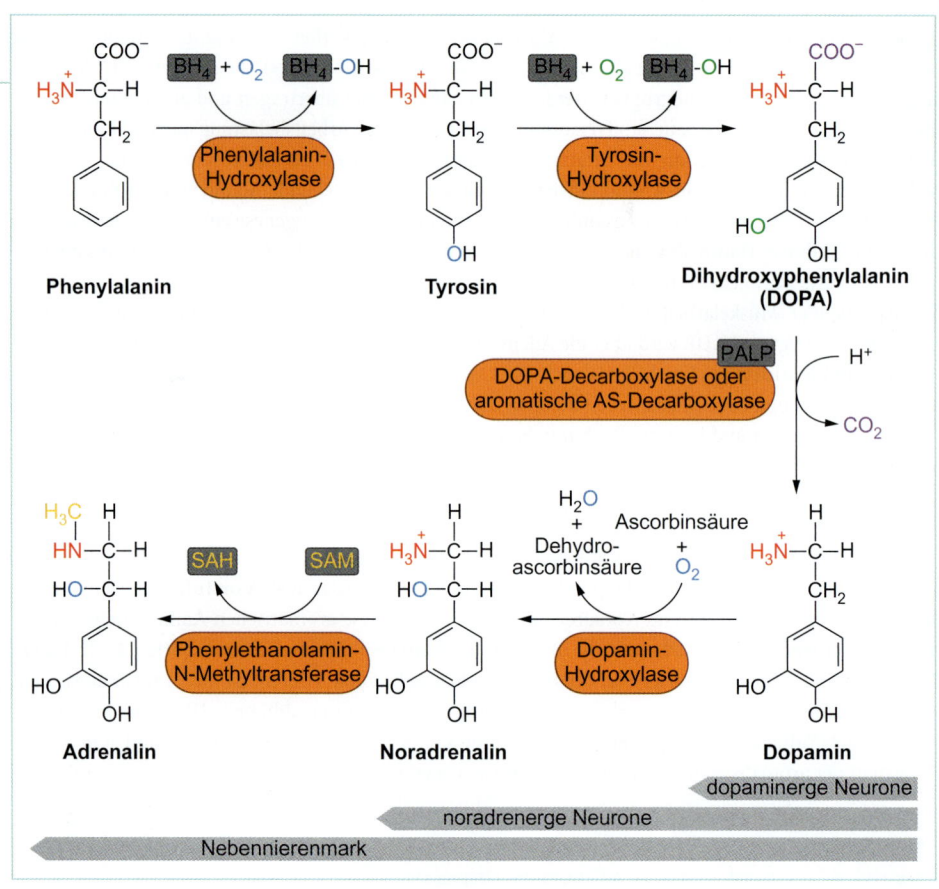

Abb. 21.28 Synthese der Katecholamine aus Phenylalanin und Tyrosin [L253]

gruppe des Adrenalins handelt es sich um ein sekundäres Amin. Dennoch werden Adrenalin und auch andere Derivate der primären Amine wie Melatonin zu den biogenen Aminen gezählt.

Noradrenalin wirkt als Neurotransmitter sowohl im zentralen als auch im peripheren Nervensystem. Im ZNS dient es v. a. der Steigerung von Aufmerksamkeit, Konzentration und Wachheit. Methylphenidat (z. B. Ritalin®) ist ein Wiederaufnahmehemmer für Dopamin und Noradrenalin und wird zur medikamentösen **Therapie** der **ADHS** (Aufmerksamkeitsdefizit-Hyperaktivitätsstörung) sowie der **Narkolepsie** eingesetzt. Als Übertragersubstanz der postganglionären Synapsen des sympathischen Nervensystems hat Noradrenalin lokal begrenzte spezifische Wirkungen auf die adrenergen Rezeptoren des direkt umliegenden Gewebes.

Adrenalin wirkt auf dieselben Rezeptoren, wird jedoch als endokrines Hormon aus dem Nebennierenmark ausgeschüttet und koordiniert unterschiedliche Organsysteme. Beide, Noradrenalin und Adrenalin, mobilisieren dabei v. a. die Energiespeicher und stimulieren den Kreislauf (> 9.7.1).

21.6.3 Tryptamine

Aus Tryptophan werden **Melatonin** und die Botenstoffe **Tryptamin** und **Serotonin** synthetisiert, die als Tryptamine bezeichnet werden (> Abb. 21.29). **Tryptamin** selbst entsteht direkt durch Decarboxylierung von Tryptophan und wird in Spuren im Gehirn gefunden, wo es vermutlich als Neuromodulator wirkt.

Serotonin (5-Hydroxytryptamin, 5-HT) wird in der Peripherie v. a. in den enterochromaffinen Zellen der Darmschleimhaut durch Hydroxylierung und Decarboxylierung aus Tryptophan gebildet und über die Blutplättchen transportiert. Serotonin bindet an eine Vielzahl unterschiedlicher, meist G-Protein-gekoppelter Rezeptoren, die **gewebsspezifisch** sehr variable Effekte wie eine Gefäßkontraktion in Lunge und Niere oder eine Gefäßrelaxation im Skelettmuskel bewirken. Das Serotonin der Thrombozyten stimuliert deren Degranulation und Aggregation und fördert so die Blutgerinnung. Im Darm steuert Serotonin die Peristaltik und kann über Erregung des N. vagus im Hirnstamm Übelkeit und Erbrechen auslösen.

Im ZNS dient Serotonin als **Neurotransmitter** und fördert Gelassenheit, innere Ruhe und Zufriedenheit, indem Angst, Aggressivität, Kummer, Hunger und Sexualtrieb gedämpft werden. In manchen Bereichen ist es daher ein Gegenspieler des Dopamins. Wie Dopamin ist Serotonin jedoch auch Teil des Belohnungssystems und hält wach. Serotonin ist an der zentralnervösen Regulation der Körpertemperatur beteiligt. Bei einer durch Psychopharmaka ausgelösten übermäßigen Serotoninwirkung im ZNS (Serotonin-Syndrom) können lebensbedrohliche Schwankungen der Körpertemperatur auftreten.

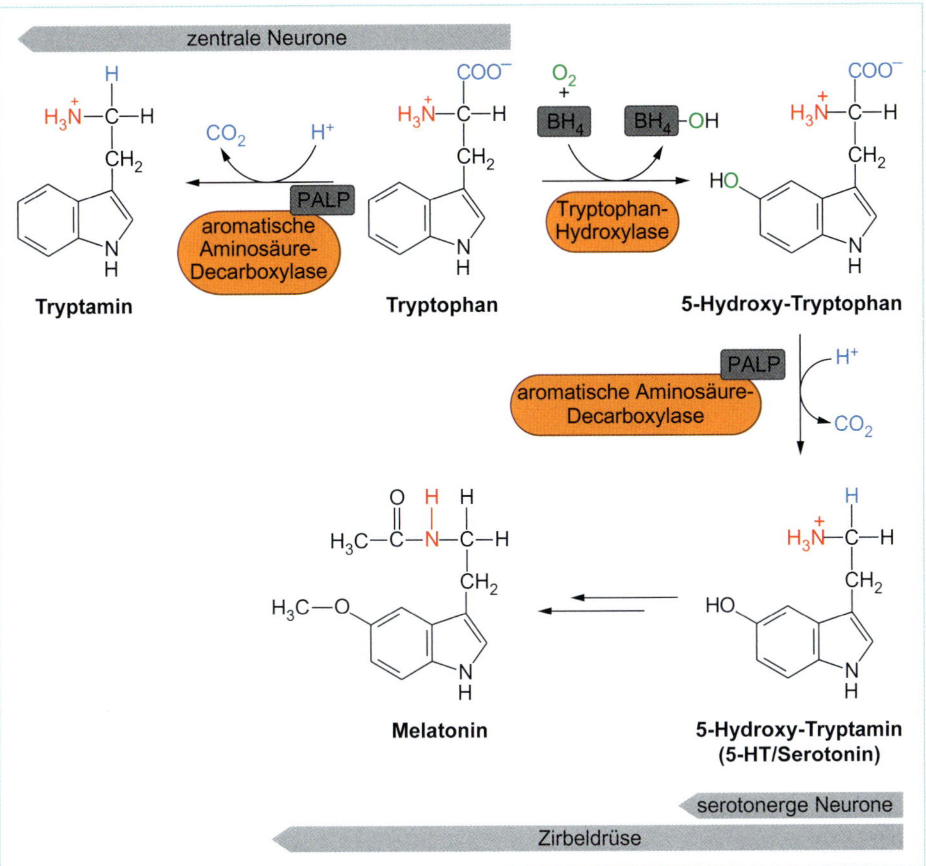

21.6 BIOGENE AMINE

Abb. 21.29 Synthese von Tryptamin, Serotonin und Melatonin [L253]

ABB. 21.29

> **KLINIK**
>
> **Antidepressiva**
>
> Als Antidepressiva gelten alle Substanzen, die direkt oder indirekt die Serotoninwirkung im ZNS fördern. Darunter sind Substanzen, welche
> - die Serotoninsynthese steigern, wie Tryptophan als Blut-Hirn-Schranken-gängige Vorstufe oder Insulin, das den Übertritt von Tryptophan über die Blut-Hirn-Schranke erleichtert, und Cholecalciferol (Vitamin D_3), das die Transkription der Tryptophan-Hydroxylase im ZNS steigert,
> - die Serotoninausschüttung stimulieren, wie 3,4-Methylendioxy-N-Methylamphetamin (MDMA, Ecstasy),
> - die Serotoninwiederaufnahme aus dem synaptischen Spalt hemmen, wie selektive Serotonin-Reuptake-Inhibitoren (SSRIs), und
> - den Serotoninabbau hemmen, wie MAO-Hemmer.

KLINIK

Melatonin ist ein Hormon, das von den Pinealozyten in der Zirbeldrüse (Epiphyse) aus Serotonin produziert wird und den Tag-Nacht-Rhythmus steuert. Melatonin ist lipophiler als Serotonin und kann Zellmembranen und auch die Blut-Hirn-Schranke ungehindert passieren. Melatonin wird bei Dunkelheit aufgrund des Mangels an blauem Licht synthetisiert und findet auch als Schlafmittel Verwendung.

Melatonin steuert den Tag-Nacht-Rhythmus und wird von der Zirbeldrüse sezerniert.

21.6.4 Histamin

Histamin wird insbesondere in Mastzellen, basophilen Granulozyten, enterochromaffinen Zellen der Magenschleimhaut und Nervenzellen durch Decarboxylierung aus Histidin gebildet und in Vesikeln gespeichert. In der Peripherie ist Histamin ein wichtiges Gewebshormon bei der unspezifischen Abwehr von Fremdstoffen und spielt eine Rolle bei **Allergien** (> 16.6.2). Im ZNS bewirkt Histamin Aufmerksamkeit und Wachsein, aber auch die Stimulation des Brechzentrums.

Frühere **Antihistaminika** zur Therapie von Allergien konnten die Blut-Hirn-Schranke überwinden und hatten als Nebenwirkung einen stark sedierenden Effekt. Diese werden heute als Antiemetika zur Behandlung der Reisekrankheit und als Schlafmittel eingesetzt.

21.6.4 Histamin

Histamin entsteht durch Decarboxylierung von Histidin.
Im Gewebe ist es an der unspezifischen Immunabwehr und an allergischen Reaktionen beteiligt. Im ZNS bewirkt es eine Aufmerksamkeitssteigerung und stimuliert das Brechzentrum.

21.6.5 Glutamat und GABA

Die Synthese des exzitatorischen Neurotransmitters Glutamat und des inhibitorischen Transmitters γ-Aminobutyrat (GABA) erfolgt im Zytoplasma der Präsynapse zentraler Neurone. Das dafür benötigte Glutamin wird von Astrozyten bereitgestellt (> Abb. 21.30). GABAerge Neurone unterscheiden sich von glutamatergen Neuronen durch die zusätzliche Expression der Glutamat-Decarboxylase. Die Aufnahme von GABA bzw. Glutamat in die synaptischen Vesikel geschieht dabei sekundär aktiv über einen H^+-Antiport. Der Protonengradient wird durch eine vesikuläre H^+-ATPase bereitgestellt. Nach Exozytose der

21.6.5 Glutamat und GABA

Das biogene Amin **GABA** ist ein inhibitorischer Neurotransmitter und wird in der Präsynapse aus Glutamat synthetisiert.

Aus Studentensicht

Vesikel binden Glutamat bzw. GABA an ihre jeweiligen postsynaptischen Rezeptoren und lösen eine Weiterleitung des Nervensignals aus. Die Bindung an die Rezeptoren ist jedoch reversibel und im synaptischen Spalt gelöstes Glutamat bzw. GABA werden v.a. von benachbarten Astrozyten sekundär aktiv über einen Na^+-Cotranport aufgenommen. Die Astrozyten können aus aufgenommenem GABA über Glutamat wieder Glutamin synthetisieren.

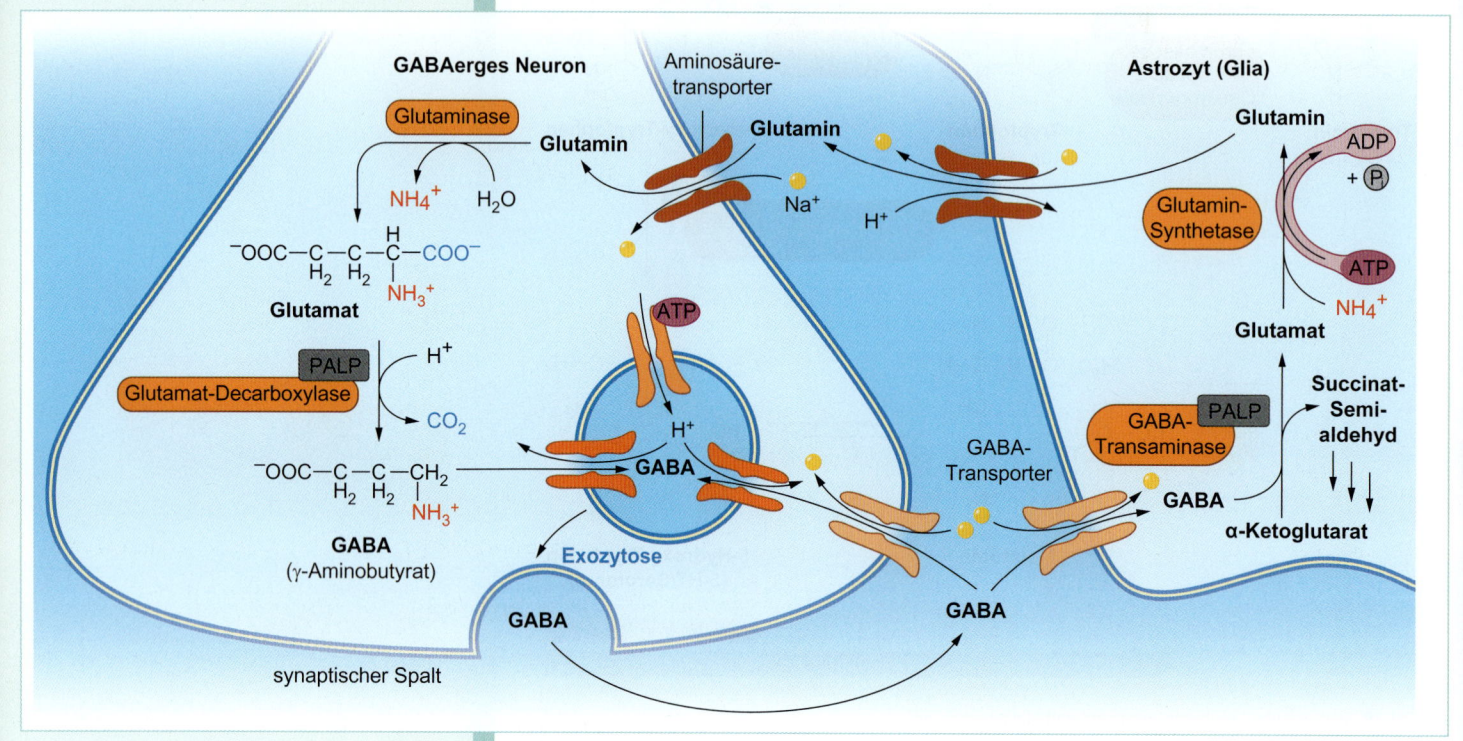

Abb. 21.30 GABA-Glutamat-Glutamin-Zyklus bei der Neurotransmission [L138]

21.6.6 Abbau der biogenen Amine

Biogene Amine werden über **Monoaminooxidasen** (MAO) oxidativ desaminiert, Katecholamine, Tryptamin und Histamin werden zusätzlich noch methyliert.

21.6.6 Abbau der biogenen Amine

Die biogenen Amine werden inaktiviert. Dazu wird das α-C-Atom meist durch eine **Monoaminooxidase** (MAO) zum Aldehyd oxidiert und die Aminogruppe als NH_4^+-Ion entfernt. Durch die NAD^+-abhängige Aldehyd-Dehydrogenase wird die Aldehydgruppe zum Carboxylat oxidiert. Die so gebildeten Metaboliten werden aus dem ZNS exportiert und über den Urin ausgeschieden.

Die Katecholamine werden zusätzlich noch durch **Catechol-O-Methyltransferasen** (COMT) und Histamin durch die **Histamin-N-Methyltransferase** unter Verbrauch von SAM methyliert. Die Reihenfolge, in der Methylierung und Desaminierung bei den Katecholaminen stattfinden, ist nicht festgelegt und oft gewebespezifisch (➤ Abb. 21.31).

> **FALL**
>
> **Morbus Parkinson**
>
> Erinnern wir uns an den DJ Paul (➤ 10.5.4), der an einer erblichen Form von Parkinson leidet. Der Morbus Parkinson ist eine degenerative Erkrankung, bei der es zu einem Absterben von Nervenzellen in der Pars compacta der Substantia nigra kommt. Diese Zellen schütten Dopamin aus ihren Axonendigungen in das Putamen aus. Erste Krankheitszeichen fallen erst auf, wenn ca. 55–60 % dieser dopaminergen Zellen abgestorben sind. Durch den Mangel an dopaminerger Stimulation hemmt letztlich der Globus pallidus internus die motorische Aktivierung der Hirnrinde durch den Thalamus. Dies führt zu den Hauptsymptomen Rigor, Tremor und Hypokinese, aber auch zur Verlangsamung der geistigen Prozesse.
>
> Ursachen für das Absterben der dopaminergen Neurone können genetisch sein; so führt z. B. das Gen DJ-1 bei Paul zur vermehrten Apoptose. Auch kann eine Punktmutation im α-Synuclein-Gen zur vermehrten Ausbildung von Proteinaggregaten, den Lewy-Körperchen, in den entsprechenden Hirnbereichen führen (➤ 28.3.3). Als externe Ursachen kommen bestimmte Chemikalien in Betracht, speziell eine quartäre Ammoniumverbindung namens 1-Methyl-4-phenylpyridinium (MPP^+), die spezifisch in dopaminerge Neurone aufgenommen wird und dort die mitochondriale Atmungskette hemmt. Einige Herbizide und Insektizide sind dem MPP^+ strukturell sehr ähnlich, sodass Parkinson bei Landwirten in Frankreich mittlerweile als Berufskrankheit anerkannt wird.
>
> Bei der medikamentösen Therapie von Parkinson steht die Erhöhung des Dopaminangebots im Gehirn an erster Stelle. Dies kann durch Gabe der Blut-Hirn-Schranken-gängigen Vorstufe L-Dopa oder spezifischer Dopamin-Rezeptor-Agonisten erreicht werden. Unterstützt wird die Therapie durch Hemmung des Abbaus von L-Dopa und Dopamin durch Inhibitoren der COMT und der MAO. Leider ist eine spezifische Steigerung der Wirkung von Dopamin nur in den betroffenen Hirnarealen medikamentös nicht möglich, sodass Nebenwirkungen z. B. durch übermäßige Stimulation des Belohnungssystems nicht auszuschließen sind. Dieses Problem kann durch eine tiefe Hirnstimulation mittels Implantation eines Impulsgenerators umgangen werden. Die operative Platzierung der Elektrode ist dabei jedoch schwierig und nicht ungefährlich.

21.6 BIOGENE AMINE

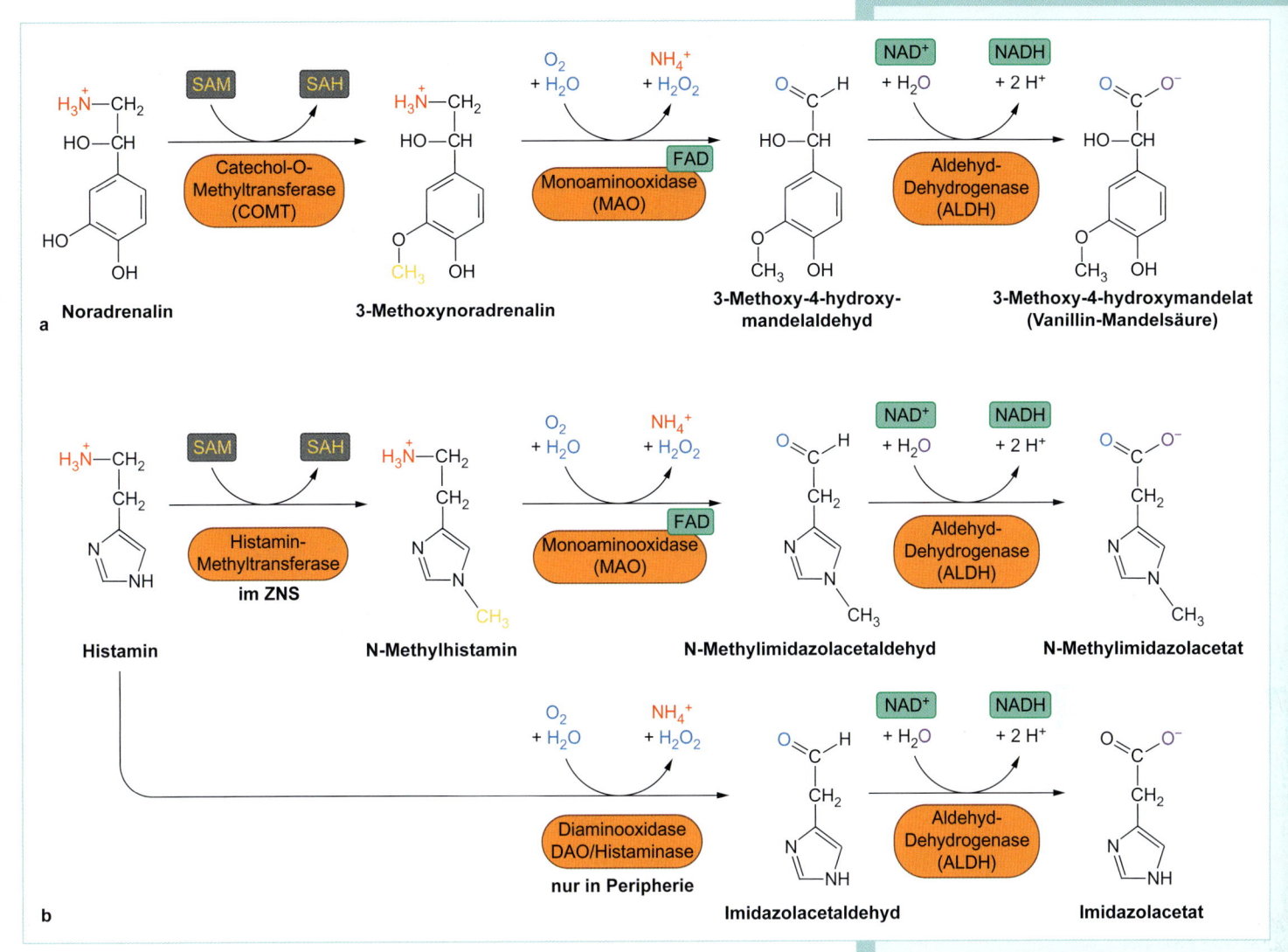

Abb. 21.31 Abbau von Noradrenalin (a) und Histamin (b) [L253]

Histamin selbst ist kein Substrat der Monoaminooxidase, kann aber von der Diaminooxidase (DAO, Histaminase) desaminiert und nach Oxidation ausgeschieden werden. Da die Diaminooxidase im ZNS fehlt, wird Histamin dort zunächst methyliert, dann durch die Monoaminooxidase oxidativ desaminiert und schließlich noch mal oxidiert.

Histamin wird von der Diaminmonooxygenase desaminiert und nach Oxidation ausgeschieden.

KLINIK

Biogene Amine aus der Nahrung

Ist der Abbau der biogenen Amine in der Leber und den Enterozyten vermindert, kann es durch ein Übertreten von biogenen Aminen aus der Nahrung oder dem Stoffwechsel der Darmbakterien in den peripheren Kreislauf zur Entfaltung ihrer typischen Wirkungen kommen. Tyramin entsteht beispielsweise bei der Fermentation von Nahrung und kommt so natürlicherweise in lange gereiftem Käse wie Parmesan, Rotwein und Schokolade vor. Wird das abbauende Enzym Monoaminooxidase durch unspezifische **MAO-Hemmer** wie das Antidepressivum Moclobemid gehemmt, kann es nach Verzehr tyraminreicher Lebensmittel zu Blutdruckkrisen kommen, da Tyramin als indirektes Sympathomimetikum wirkt (Cheese-Effekt).
Personen mit einer wenig aktiven **Diaminooxidase** können v.a. Histamin, das biogene Amin des Histidins, nicht ausreichend abbauen. Histamin kommt v.a. in lange gereiften, gelagerten oder haltbar gemachten Lebensmitteln wie Konserven, Fertiggerichten, Räucherwaren, aber auch Kaffee oder Wein vor. Patienten mit Histamin-Intoleranz reagieren auf diese Lebensmittel mit Durchfällen und Blähungen. Mit tränenden Augen und juckender Nase kann eine Histamin-Intoleranz aber auch einer Nahrungsmittelallergie zum Verwechseln ähnlich sein.

KLINIK

21.7 Nukleotide: mehr als nur Bausteine der Nukleinsäuren

21.7.1 Herkunft der Nukleotide

> **FALL**
>
> **Herr Jakobs und der schmerzende Zeh**
>
> Herr Jakobs, 57 Jahre alt und mit einem BMI von 31,5 deutlich übergewichtig, humpelt an einem Montagmorgen mit schmerzverzerrtem Gesicht in Ihre allgemeinmedizinische Praxis. Er berichtet, dass er vergangene Nacht vor Schmerzen aufgewacht sei, sein großer Zeh habe sich angefühlt, als habe er ihn gebrochen, er sei aber nirgends angestoßen. Gestern beim Familienfest sei noch alles in Ordnung gewesen. Das Großzehengrundgelenk ist gerötet, geschwollen, warm und außerdem so schmerzempfindlich, dass Herr Jakobs bei jeder Berührung zusammenzuckt. Die Blutuntersuchung zeigt leicht erhöhte Entzündungswerte (Leukozyten 13 000/µl [Norm < 11 300/µl], CRP 2,7 mg/dl [Norm < 1 mg/dl], Blutsenkungsgeschwindigkeit 45/67 mm/h [Norm< 30/60 mm/h]), ist aber ansonsten unauffällig.
> Was könnte der Grund für die Symptome von Herrn Jakobs sein und wie können Sie ihm helfen?

Nukleotide haben wichtige Funktionen in allen Zellen: Sie sind **Bausteine** der Nukleinsäuren, Träger chemisch gebundener **Energie** in Form der Nukleosidtriphosphate sowie Bestandteile verschiedener **Cofaktoren** oder aktivierter Stoffwechselintermediate. Auch als Regulatoren des Stoffwechsels und zelluläre Botenstoffe spielen bestimmte Nukleotide eine wichtige Rolle (➤ Tab. 21.2).

Tab. 21.2 Funktionen von Nukleotiden

Beispiel	Funktion
NMP, dNMP	Monomere Bausteine der Nukleinsäuren (➤ 4.2.1)
ATP, GTP	Energieträger (➤ 3.2.6)
NADH, FADH$_2$, CoA-SH	Cofaktoren (➤ 17.4)
NDP-Monosaccharid, CDP-Cholin	Aktivierte Stoffwechselintermediate für Biosynthesen (➤ 19.4.3, ➤ 20.3.1)
ATP, ADP, AMP	Allosterische Effektoren, Neurotransmission (➤ 17.6)
cAMP, cGMP	Signalmoleküle (➤ 9.6.2)

Generell kann unser Körper seinen Nukleotidbedarf durch **Neusynthese** oder **Recycling** der Nukleobasen decken. Wir sind nicht auf die Zufuhr von Nukleotiden mit der **Nahrung** angewiesen. Zellen können Nukleotide aus Nukleinsäuren freisetzen, aus kleinen Bausteinen neu synthetisieren oder die stickstoffhaltigen Gerüste der Nukleoside und Nukleobasen recyceln. Auf welchem Weg eine Zelle zu ihren Nukleotiden gelangt, hängt vom Angebot und Bedarf, aber auch vom Energiestatus und vom Zelltyp ab.

Die wichtigsten Produzenten von Nukleotiden sind **Hepatozyten**, die andere Körperzellen, die selbst nur wenige Nukleotide herstellen, beliefern. Einen besonders hohen Nukleotidbedarf haben stark proliferierende Zellen wie Immun- und Tumorzellen, die ihren Bedarf auch zu einem großen Teil selbst decken können.

Da Nukleotide für die Biosynthese von Nukleinsäuren limitierend sind, ist ein ausgewogenes Angebot wesentlich für das Überleben einer Zelle. Die Bereitstellung einzelner Nukleotide muss deshalb engmaschig kontrolliert und reguliert werden.

21.7.2 Hydrolyse von Nukleinsäuren und Absorption der Bausteine

Nukleotide sind die monomeren Bausteine der Nukleinsäuren DNA und RNA. Wir verfügen über endogene, intrazellulär lokalisierte Nukleinsäuren, die an der Erhaltung und Übertragung der genetischen Information beteiligt sind und deren Schicksal innerhalb der Zelle bestimmt wird. Zusätzlich nehmen wir über die Nahrung Nukleinsäuren auf.

Nukleasen

Nukleasen sind Enzyme, die Nukleinsäuren spalten und nach verschiedenen Kriterien eingeteilt werden (➤ Abb. 21.32):
- **Substratspezifität:** DNase oder RNase.
- **Prinzip des Angriffs:** Exonukleasen spalten einzelne Nukleotide entweder vom 3′- oder vom 5′-Ende ab, Endonukleasen spalten innerhalb eines Polynukleotids.
- **Angriffsstelle im Zucker-Phosphat-Rückgrat:** Bei Spaltung der Esterbindung zwischen 3′-OH-Gruppe und Phosphat durch eine Endonuklease A entsteht ein 5′-Phosphat-Nukleotid, bei Spaltung zwischen 5′-OH-Gruppe und Phosphat durch eine Endonuklease B ein 3′-Phosphat-Nukleotid.
- **Herkunft und Lokalisation:** Nukleasen, die bei der Verdauung eine Rolle spielen, sind extrazellulär lokalisiert. Nukleasen, die an zellulären Vorgängen beteiligt sind, befinden sich intrazellulär.

Intrazelluläre Nukleasen sind an **Replikation, Transkription** sowie **Apoptose** beteiligt und werden in der **Gentechnik** eingesetzt. **Extrazelluläre Nukleasen** sind an der Verwertung von Nukleinsäuren aus

21.7 NUKLEOTIDE: MEHR ALS NUR BAUSTEINE DER NUKLEINSÄUREN

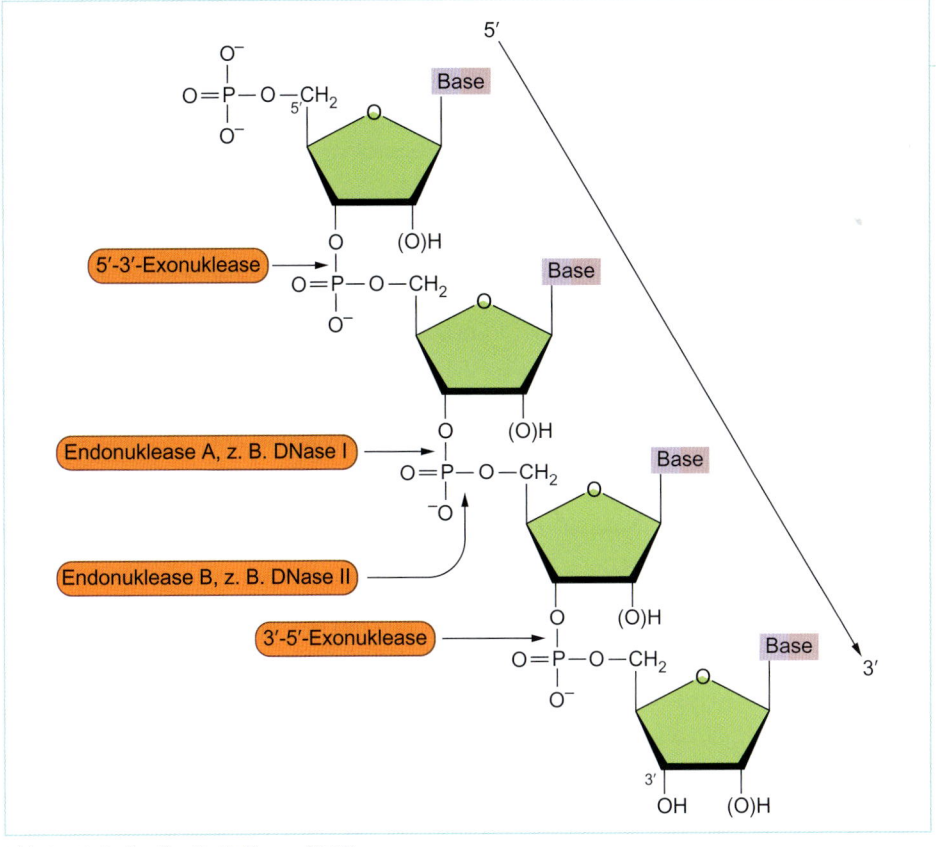

Abb. 21.32 Spaltstellen für Nukleasen [L271]

der Nahrung beteiligt, die wir v. a. mit Fleisch, Fisch, Obst und Gemüse aufnehmen. Beim Verdauungsvorgang hydrolysieren RNasen und DNasen aus dem exokrinen Pankreas Nukleinsäuren zu Oligonukleotiden (➤ Abb. 21.33). **Intestinale Nukleasen** spalten diese weiter in Mononukleotide, die von **Nukleotidasen** und **Nukleosidasen** schließlich in Mononukleoside und Nukleobasen gespalten werden.

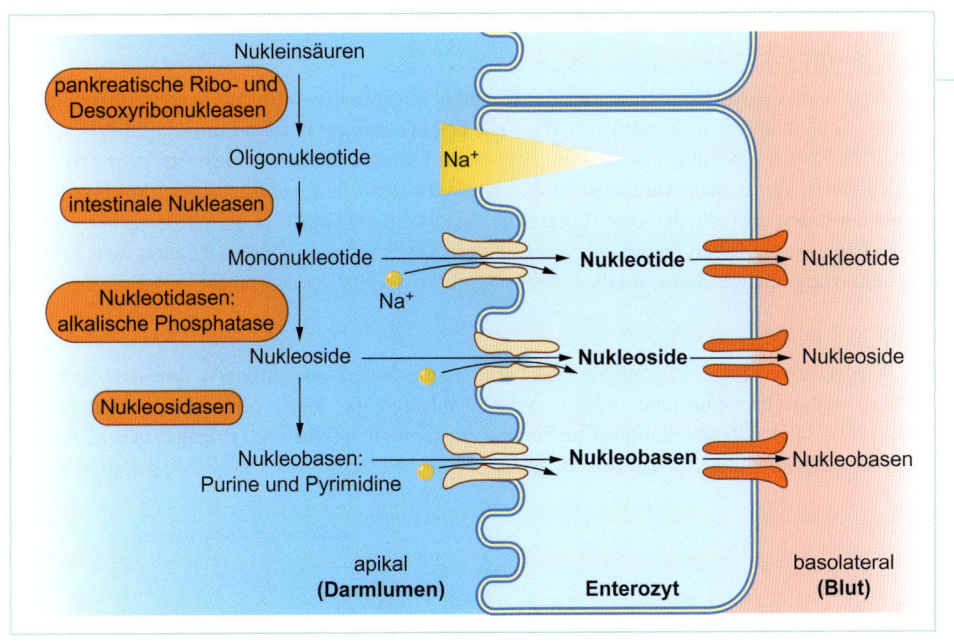

Abb. 21.33 Verdauung von Nukleinsäuren und Absorption der Bausteine [L271, L307]

Transport von Nukleosiden und Nukleobasen
Auf der apikalen Seite der Enterozyten befinden sich Transportsysteme, die bevorzugt Nukleoside aufnehmen, die dann an der basolateralen Seite an das Blut abgegeben werden (➤ Abb. 21.33). Der Transport über die **apikale Membran** erfolgt meist **Na$^+$-abhängig** und wird durch den transmembranären Na$^+$-Gradienten angetrieben. Der Transport über die **basolaterale Membran** erfolgt durch **erleichterte Diffusion** entlang des Konzentrationsgradienten der Substrate. Prinzipiell sind alle Körperzellen mit Nukleosidtransportern unterschiedlicher Spezifität ausgestattet.

Aus Studentensicht

ABB. 21.32

Extrazelluläre Nukleasen verdauen im Darmlumen Nukleinsäuren zu Nukleotiden, die weiter zu Nukleosiden oder Nukleobasen hydrolysiert werden.

ABB. 21.33

Transport von Nukleosiden und Nukleobasen
Nukleoside werden apikal im Co-Transport mit Natrium aufgenommen und basolateral passiv ins Blut abgegeben.

Aus Studentensicht

KLINIK

21.7.3 Wiederverwertung
Energetisch ist es günstig, Nukleobasen zu recyceln. Die Wiederverwertung erfolgt größtenteils in der Leber.

Herstellung aktivierter Ribose
Die **Aktivierung** von Ribose zu 5-Phosphoribosyl-Pyrophosphat **(PRPP)** ist Voraussetzung für die Nukleotidsynthese.

ABB. 21.34

---

21 STICKSTOFFVERBINDUNGEN: MOLEKÜLE MIT VIELEN FUNKTIONEN

KLINIK

Nukleosidanaloga

Da Nukleosidtransporter nicht nur natürliche Nukleoside, sondern auch Nukleosidanaloga und die Analoga der Nukleobasen aufnehmen, können sie auch Medikamente in Zellen einschleusen. Manche Nukleosidanaloga hemmen v.a. virale Polymerasen und werden als Virostatika eingesetzt, andere hemmen die zellulären Polymerasen und werden als Zytostatika eingesetzt.

Das Virostatikum Azidothymidin (AZT) hemmt die reverse Transkriptase (➤ 14.2.6) und gelangt wie natürliches Thymidin in die Zelle. Dort wird es von Thymidin-Kinasen zum Nukleosidtriphosphat AZTTP phosphoryliert und von der reversen Transkriptase als Substrat erkannt. Jedoch kann wegen der Azidgruppe an C3 der Desoxyribose keine Verlängerung der DNA-Kette stattfinden, sodass es zum Abbruch der Virusreplikation kommt.

Azidothymidin [L271]

Auch das Zytostatikum 2′,2′-Difluordesoxycytidin (Gemcitabin) gelangt über einen Nukleosidtransporter in die Zelle, wird dort phosphoryliert und anstelle von Cytidin in die DNA eingebaut. Dadurch kommt es zum Abbruch der Kettenverlängerung und zur Hemmung der Proliferation, weshalb es zur Behandlung von Karzinomen eingesetzt wird. Allerdings wird auch die Replikation anderer sich schnell teilender Zellen gehemmt und es kommt zu den typischen Nebenwirkungen einer Chemotherapie.

Gemcitabin [L271]

21.7.3 Wiederverwertung

Die Herstellung der Nukleobasen ist energieaufwendig, wogegen der Abbau kaum verwertbare Energie liefert. Aus ökonomischen Gründen geht eine Zelle deshalb sparsam mit den Purinen und Pyrimidinen um. In Zeiten des Wachstums ist sie jedoch auf einen Pool an Nukleotiden angewiesen, um vermehrt Nukleinsäuren herzustellen. Am kostensparendsten ist die Herstellung von Nukleotiden aus bereits **vorhandenen Basen** über **Wiederverwertungswege.** Das wichtigste Organ für die Wiederverwertung von Nukleobasen ist die **Leber.** Sie versorgt insbesondere Nervenzellen und Zellen des Knochenmarks, da diese nur eine geringe Kapazität für die De-novo-Synthese von Nukleotiden haben.

Herstellung aktivierter Ribose

Die **Wiederverwertung** der Pyrimidin- und Purinbasen erfordert eine **aktivierte Ribose** in Form von **5-Phosphoribosylpyrophosphat** (PRPP), das ATP-abhängig aus Ribose-5-phosphat hergestellt wird (➤ Abb. 21.34). Da Ribose-5-phosphat ein Produkt des Pentosephosphatwegs ist, läuft dieser mit steigender Nukleotidneusynthese verstärkt ab (➤ 19.5.2).

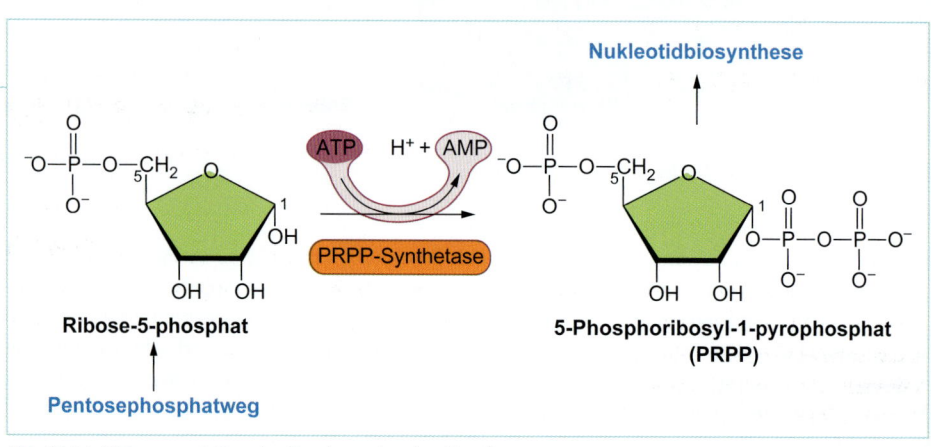

Abb. 21.34 Bildung von 5-Phosphoribosylpyrophosphat [L253]

Wiederverwertung der Purinbasen

Freie Purinbasen können in beträchtlichen Mengen beim Umsatz von Nukleinsäuren, v.a. von RNA, entstehen. Ihr **Recycling (Salvage Pathway)** ist physiologisch von großer Bedeutung, da beim Abbau der Purinbasen schwer lösliche Harnsäure entsteht (➤ 21.7.4). Das Recycling erfolgt durch Phosphoribosylierung der Purine Adenin, Hypoxanthin und Guanin (➤ Abb. 21.35). Hypoxanthin und Guanin werden durch die **HGPRT** (Hypoxanthin-Guanin-Phosphoribosyltransferase) mit Phosphoribosylpyrophosphat (PRPP) phosphoribosyliert. Die entsprechende Reaktion des Adenins wird durch die **APRT** (Adenin-Phosphoribosyltransferase) katalysiert. Diese Reaktionen liefern wie die Purinnukleotidneusynthese die Produkte AMP, IMP und GMP. Die Phosphoribosyltransferasen werden durch ihre Produkte gehemmt, sodass bei sehr hohen Purinnukleotidkonzentrationen der Abbauweg zur Harnsäure eingeschlagen wird (➤ 21.7.4).

Aus Studentensicht

Wiederverwertung der Purinbasen
Purinbasen werden zum größten Teil im Rahmen des **Salvage Pathway** wiederverwertet. Dabei werden Adenin, Hypoxanthin oder Guanin auf PRPP übertragen.

ABB. 21.35

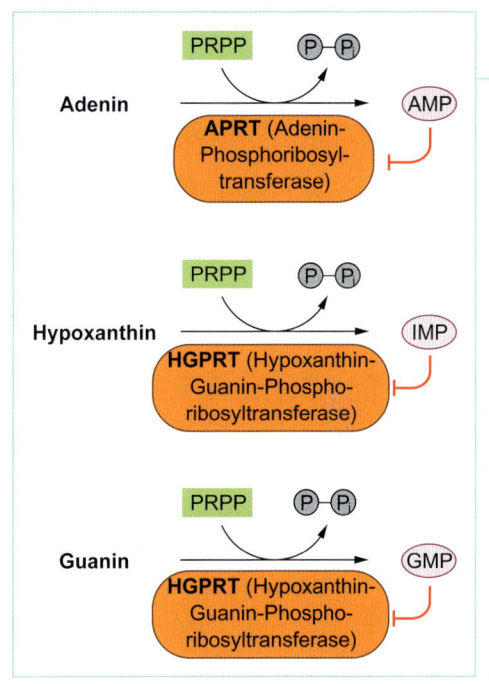

Abb. 21.35 Wiederverwertung freier Purinbasen [L253]

KLINIK

Lesch-Nyhan-Syndrom

Bestimmte Mutationen im Gen der Hypoxanthin-Guanin-Phosphoribosyltransferase (HGPRT) führen zu einem nahezu vollständigen Aktivitätsverlust und dadurch zu einer mangelnden Wiederverwertung der Purinbasen Hypoxanthin und Guanin. Dadurch kommt es einerseits zu erhöhten Konzentrationen an PRPP und damit verbunden zu einer Steigerung der Purinnukleotidneusynthese. Andererseits werden die freien Purine verstärkt zu Harnsäure abgebaut. Symptome sind Hyperurikämie, Gichtanfälle, geistige Retardierung, Spasmen und Autoaggression mit der Tendenz zur Selbstverstümmelung.
Da sich das HGPRT-Gen auf dem X-Chromosom befindet und rezessiv vererbt wird, sind meist Jungen betroffen. Der molekulare Zusammenhang von Purinstoffwechsel und neurologischen Symptomen ist unklar, wahrscheinlich ist das Gehirn aufgrund seiner geringen Kapazität zur Neusynthese von Purinnukleotiden besonders auf die Wiederverwertung angewiesen. Bei Lesch-Nyhan-Patienten ist das dopaminerge System gestört, weshalb der HGPRT eine Rolle bei der Entwicklung des Nervensystems zugewiesen wird.

KLINIK

Wiederverwertung der Pyrimidinbasen

Freie Pyrimidinbasen werden v.a. in Erythrozyten und Tumorzellen durch die Aktivität der Orotat-Phosphoribosyltransferase wiederverwertet. Häufiger als über die freien Basen werden Pyrimidine auf der Ebene der Nukleoside durch **ATP-abhängige Kinasen** nach dem folgenden Prinzip zu den entsprechenden Nukleotiden umgewandelt (➤ Formel 21.1):

$$\text{Uridin} + \text{ATP} \longrightarrow \text{UMP} + \text{ADP} \qquad | \text{ Formel 21.1}$$

Wiederverwertung der Pyrimidinbasen
Freie **Pyrimidinbasen** werden durch die Orotat-Phosphoribosyltransferase wiederverwertet. Meist werden jedoch Pyrimidin-Nukleoside durch Kinasen zu den entsprechenden Nukleotiden phosphoryliert.

21.7.4 Abbau der Nukleotide

Der größte Teil der aus dem Darm aufgenommenen Nukleoside und Nukleobasen wird über die Pfortader zur Leber transportiert und dort abgebaut. Das bei der phosphorolytischen Spaltung der Nukleoside entstehende **Ribose-1-phosphat** kann mithilfe einer Phosphomutase in Ribose-5-phosphat umgewandelt und dann über den Pentosephosphatweg in die Glykolyse eingeschleust und energetisch genutzt werden. Weniger als 10 % der im Darm absorbierten Nukleoside und Nukleobasen werden für die Biosynthese von Nukleinsäuren oder, v.a. in den Enterozyten, für die Aufrechterhaltung des intrazellulären Nukleotidpools genutzt.

21.7.4 Abbau der Nukleotide
Der größte Teil der mit der Nahrung aufgenommenen Nukleoside und Nukleobasen wird abgebaut. Nur 10 % werden für Synthesen verwendet.

Aus Studentensicht

21 STICKSTOFFVERBINDUNGEN: MOLEKÜLE MIT VIELEN FUNKTIONEN

Abbau der Purinnukleotide

Mit der Nahrung aufgenommene Purinbasen werden meist schon in den Enterozyten zu Harnsäure abgebaut. Purine aus körpereigenen Nukleotiden werden überwiegend recycelt.

AMP, GMP und IMP werden zu **Harnsäure** abgebaut. Das Ringsystem bleibt dabei erhalten.

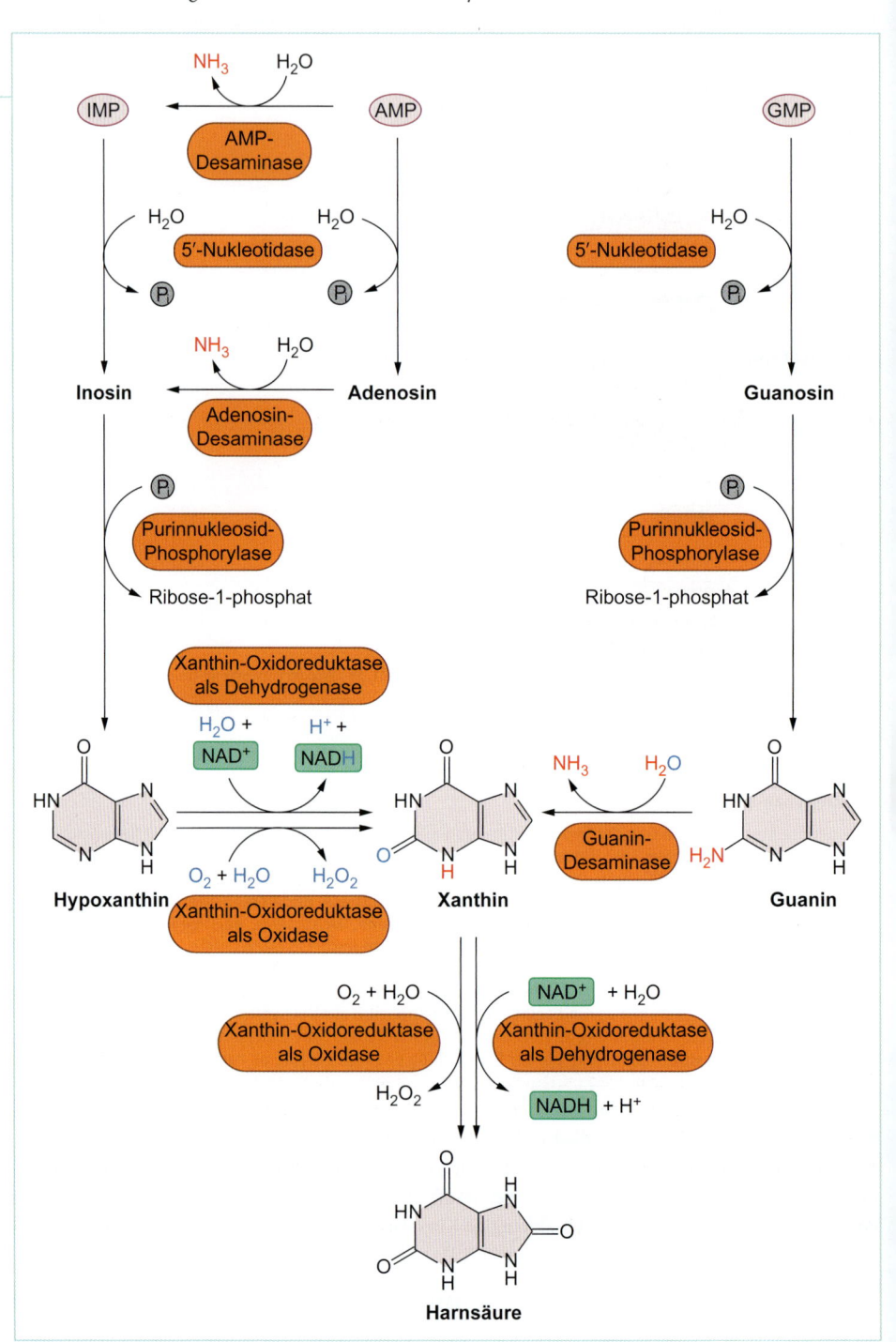

ABB. 21.36

Abbau der Purinnukleotide

Die meisten **Purinbasen** aus der **Nahrung** werden bereits in den Enterozyten zu **Harnsäure** abgebaut. Purine, die durch Abbau **körpereigener Nukleotide** entstehen, werden über die **Wiederverwertungswege** wieder in Nukleotide integriert, nur ca. 10 % von ihnen werden, v.a. in der Leber, ebenfalls zu Harnsäure abgebaut.

Die Purinnukleotide **AMP** und **GMP** werden durch Dephosphorylierung, Desaminierung, Abspaltung des Zuckers und Oxidation in **Harnsäure** umgewandelt, das Ringsystem bleibt dabei erhalten (> Abb. 21.36). Beim Abbau von **IMP** entfällt die Desaminierung, da seine Base, das Hypoxanthin, keine Aminogruppe enthält. Die Abbauwege der Ribonukleotide und Desoxyribonukleotide sind identisch.

Abb. 21.36 Abbau der Purinnukleotide [L138]

Die Abbauschritte sind
- Hydrolytische Dephosphorylierung
- Phosphorolytische Abspaltung der Base
- Desaminierung
- Oxidation

Im ersten Schritt werden aus den Nukleotiden AMP, GMP und IMP durch eine hydrolytische Dephosphorylierung die entsprechenden Nukleoside erzeugt (> Abb. 21.36). Aus Inosin und Guanosin entstehen durch **phosphorolytische Spaltung** mit anorganischem Phosphat die entsprechenden Nukleobasen und Ribose-1-phosphat. Guanin wird durch die Guanin-Desaminase (Guanase) in Xanthin überführt. Xanthin und Hypoxanthin werden zu Harnsäure oxidiert. Die Desaminierung von Adenin durch die Adenosin-Desaminase erfolgt nur auf der Ebene des Nukleotids oder des Nukleosids.

21.7 NUKLEOTIDE: MEHR ALS NUR BAUSTEINE DER NUKLEINSÄUREN

Direkter Vorläufer der Harnsäure ist **Xanthin**, das aus **Hypoxanthin** gebildet wird. Xanthin und Hypoxanthin werden beide von der **Xanthin-Oxidoreduktase** oxidiert, die in zwei Formen vorkommt: als Xanthin-Dehydrogenase (XDH) oder als Xanthin-Oxidase (XO). Die **Xanthin-Dehydrogenase** überträgt die Elektronen auf NAD⁺, die **Xanthin-Oxidase** dagegen auf molekularen Sauerstoff, wobei Wasserstoffperoxid und reaktive Sauerstoffspezies (ROS) entstehen. Die Xanthin-Oxidase entsteht aus der Xanthin-Dehydrogenase durch Oxidation von Cysteinseitenketten oder durch proteolytische Spaltung. Welche der beiden Formen vorherrscht, hängt von verschiedenen Faktoren wie pH-Wert und Sauerstoffpartialdruck ab. Unter pathophysiologischen Bedingungen, beispielsweise bei Endothelschäden, wird die Xanthin-Oxidase-Form in die Zirkulation entlassen, was mit erhöhtem oxidativem Stress einhergeht (➤ 28.2.1).

Katabolismus der Harnsäure

Die meisten Säugetiere außer Menschen und anderen Primaten oxidieren Harnsäure zum besser löslichen Allantoin. Dabei wird der Sechsring geöffnet. Pflanzen und viele Invertebraten können Harnsäure sogar bis zu CO_2 und Ammoniak abbauen. Da im Laufe der Evolution bei den Menschen das harnsäurespaltende Enzym Urikase inaktiviert wurde, wurde die Hypothese aufgestellt, dass erhöhte Harnsäurespiegel zu einem Selektionsvorteil führten.

Harnsäure gilt als wichtiges **biologisches Antioxidans**, weil sie Sauerstoffradikale abfangen kann. Dadurch wird beispielsweise die Bildung von membranschädigenden Radikalen verhindert. Doch Harnsäure wird auch mit der Entstehung verschiedener Stoffwechselerkrankungen wie Adipositas, Diabetes Typ 2 oder Dyslipidämien in Verbindung gebracht. Dabei wird eine **prooxidative Rolle** von Harnsäure diskutiert. Diese widersprüchliche Rolle von Harnsäure beruht vermutlich auf verschiedenen Mechanismen und ist nur teilweise verstanden. Doch scheint Harnsäure ihre antioxidative Funktion v. a. im Blutplasma zusammen mit anderen Antioxidantien wie Ascorbinsäure auszuüben, während die prooxidativen Eigenschaften intrazellulär und im Zusammenhang mit lipophilen Molekülen, wie Lipoproteinen, zum Tragen kommen. So wurde gezeigt, dass Harnsäure in Adipozyten die NADPH-Oxidase aktivieren kann und dadurch die Bildung reaktiver Sauerstoffspezies fördert.

> **Harnsäurekristalle**
>
> Die OH-Gruppe an C8 der Harnsäure hat einen pK_S-Wert von 5,4. Harnsäure liegt daher bei neutralem pH-Wert überwiegend in deprotonierter Form als Urat vor. Aufgrund der geringen Löslichkeit von Natriumurat (< 6,4 mg/dl bei 37 °C) bilden sich leicht Harnsäurekristalle. Im Urin, der i. d. R. einen sauren pH-Wert aufweist, ist ein höherer Anteil der Harnsäure protoniert, sodass sich hier erst bei höheren Konzentrationen Kristalle bilden als im Blutplasma.
>
> **Harnsäure** Ketoform ⇌ **Harnsäure** Enolform ⇌ **Urat** ($pK_S = 5,4$)
>
> [L271]

Transport der Harnsäure

Etwa ⅔ der **Harnsäure** aus dem Blut werden **renal** mit dem Urin ausgeschieden, ⅓ wird **intestinal entsorgt**. In den Glomeruli wird die Harnsäure **frei filtriert**. Im proximalen Tubulus unterliegt sie anschließend einem **bidirektionalen Transport**, sie kann sowohl reabsorbiert als auch sezerniert werden. Letztendlich werden 90 % der filtrierten Harnsäure absorbiert, nur 10 % werden ausgeschieden.

Die wichtigsten **Harnsäuretransporter** in der Niere sind URAT1 und GLUT9. **URAT1** ist ein Anionenaustauscher in der apikalen Membran, der maßgeblich an der Reabsorption beteiligt ist und Harnsäure im Antiport mit organischen Anionen wie Laktat oder Acetoacetat austauscht (➤ Abb. 21.37). **GLUT9**, einem Mitglied der GLUT Familie der Hexosetransporter, wurde ursprünglich eine Rolle beim Fruktosetransport zugewiesen. Inzwischen ist klar, dass GLUT9 der wichtigste Urattransporter auf der basolateralen Seite von Zellen in verschiedenen Geweben ist. Für die Sekretion der Harnsäure auf der apikalen Seite werden mehrere Transportsysteme diskutiert, u. a. aus der Familie der ABC-Transporter wie MRP4 und ABCG2.

Hyperurikämie

Definitionsgemäß liegt eine **Hyperurikämie** vor, wenn die Harnsäurekonzentration im Blutplasma die Löslichkeitsgrenze für Mononatriumurat von 6,4 mg/dl übersteigt. Klinisch wird die Definition jedoch weiter gefasst, da zum einen die Werte stark von Alter, Geschlecht und ethnischer Herkunft abhängig sind und zum andern die Auswirkungen **erhöhter Harnsäurekonzentrationen** vielschichtig sind. Sicher ist lediglich, dass erhöhte Harnsäurekonzentrationen mit dem Auftreten von **Gicht** zusammenhängen. Jedoch tritt in etwa 90 % der Fälle **Hyperurikämie ohne Gichtsymptome** zusammen mit einem erhöhten Risiko für kardiovaskuläre oder renale Erkrankungen auf.

Aus Studentensicht

Xanthin und Hypoxanthin werden von der **Xanthin-Oxidoreduktase** oxidiert.

Katabolismus der Harnsäure
Harnsäure wirkt in physiologischen Konzentrationen als **Antioxidans**, in chronisch hohen Konzentration kann sie jedoch auch proentzündlich und zellschädigend sein.

Transport der Harnsäure
⅔ der Harnsäure werden renal eliminiert, ein Drittel über den Darm.

Die wichtigsten Harnsäuretransporter sind URAT1 und GLUT9.

Hyperurikämie
Bei einer **Hyperurikämie** ist die Harnsäurekonzentration im Blut zu hoch. Sie schädigt Herz und Nieren und kann zu **Gicht** führen.

Aus Studentensicht

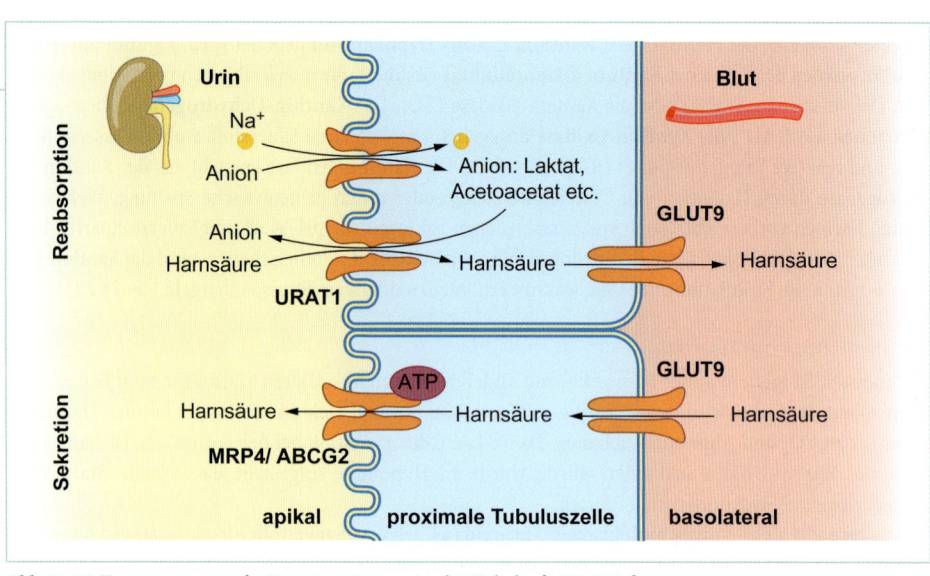

21 STICKSTOFFVERBINDUNGEN: MOLEKÜLE MIT VIELEN FUNKTIONEN

ABB. 21.37

Abb. 21.37 Transportsysteme für Harnsäure im proximalen Tubulus [L271, L307]

FALL

Herr Jakobs und der schmerzende Zeh: Gicht

Aufgrund der klassischen klinischen Symptomatik mit plötzlichem Beginn an nur einem Gelenk, keinem vorausgegangenen Trauma und der typischen Lokalisation am Großzehengrundgelenk vermuten Sie bei Herrn Jakobs einen Gichtanfall. Die Serum-Harnsäurewerte von Herrn Jakobs sind zwar im Normbereich, dies kommt jedoch bei einem akuten Anfall nicht selten vor. Die Harnsäure aus dem Blut bildet dabei im Gelenk Kristalle und der Serumspiegel kann von vorher pathologisch erhöhten Werten (> 7 mg/dl) auf Normwerte absinken. Das Großzehengrundgelenk ist häufig das erste betroffene Gelenk, weil die relativ niedrigere Körpertemperatur dort die Löslichkeit der Harnsäure weiter erniedrigt und so eine Kristallisation begünstigt. Die akuten Entzündungssymptome werden von eingewanderten Makrophagen hervorgerufen, die die Kristalle im Gelenk abzubauen versuchen und dabei Entzündungsmediatoren ausschütten. Früher wurde deshalb klassischerweise Colchicin gegeben, ein Wirkstoff, der die Mikrotubuli an der Polymerisation hindert und so die Makrophagen, bei denen Mikrotubuli eine wichtige Rolle bei der Motilität spielen, an der Einwanderung hindert. Heute wird eher mit entzündungshemmenden Medikamenten therapiert: Sie verschreiben Herrn Jakobs Cortison (z. B. Prednisolon®) und Naproxen, einen Cyclooxygenasehemmstoff, in Kombination mit einem Protonenpumpenhemmer als Magenschutz (z. B. Omeprazol®), und empfehlen eine Kühlung und Hochlagerung des betroffenen Zehs.
Wie kann die Hyperurikämie medikamentös behandelt werden? Welche Ernährungsempfehlungen geben Sie Herrn Jakobs?

Eine Hyperurikämie entsteht durch ein Ungleichgewicht zwischen Harnsäuresynthese und -ausscheidung.

Eine Hyperurikämie ist die Folge eines **Ungleichgewichts** zwischen **Harnsäureproduktion** und **-ausscheidung.** Die Harnsäureproduktion hängt vom Abbau endogen produzierter oder mit der Nahrung zugeführter Purine ab. Die Ausscheidung von Harnsäure wird maßgeblich durch die Transportsysteme in der Niere bestimmt.

Primäre Hyperurikämie

Eine **primäre Hyperurikämie** entsteht durch eine genetische Störung im Purinstoffwechsel oder -transport.

Ist die Hyperurikämie eine direkte Folge einer genetisch bedingten **Störung im Purinstoffwechsel oder -transport,** wird sie als primär bezeichnet. In über 90 % der Fälle ist sie auf Mutationen in einem der renalen Urattransporter zurückzuführen. Selten sind Enzymdefekte wie eine reduzierte Aktivität der HGPRT oder eine erhöhte Aktivität der Phosphoribosylpyrophosphat-Synthetase die Ursache. In diesen Fällen ist die Konzentration an Phosphoribosylpyrophosphat erhöht, was zu einer Aktivierung der Purinnukleotidsynthese führt (> 21.7.5).

Sekundäre Hyperurikämie

Eine **sekundäre Hyperurikämie** ist Folge einer verminderten Harnsäureausscheidung in der Niere, anderer Stoffwechselstörungen oder von Fehlernährung.

Werden erhöhte Harnsäurekonzentrationen durch nicht genetisch bedingte Störungen hervorgerufen, liegt eine sekundäre Hyperurikämie vor. Ursachen dafür sind:
- **Nierenerkrankungen,** die mit einer Störung der Harnsäurefiltration oder -sekretion einhergehen
- **Metabolische Azidosen,** die über den URAT-Anionen-Austauscher mit einer verstärkten Sekretion von Anionen wie Laktat oder Acetoacetat und einer verstärkten Absorption von Harnsäure einhergehen
- Leukämien oder andere **Erkrankungen,** bei denen **verstärkt Nukleinsäuren abgebaut** werden
- Glykogenosen, bei denen die Glukose-6-phosphat-Verwertung gestört ist, sodass im Pentosephosphatweg verstärkt Ribose-5-phosphat, die Ausgangsverbindung von PRPP, gebildet wird
- **Fehlernährung** und damit verbundenes metabolisches Syndrom
- Chemotherapie, durch die es zu verstärktem Zelltod kommt

21.7 NUKLEOTIDE: MEHR ALS NUR BAUSTEINE DER NUKLEINSÄUREN

FALL
Herr Jakobs und der schmerzende Zeh: Gicht

Sie empfehlen Herrn Jakobs eine purinarme Ernährung mit wenig Fleisch, Fisch, Innereien, Meeresfrüchten und Bier, das durch die Hefereste ebenfalls viele Purine enthält. Allgemein sollte wenig Alkohol getrunken werden, da er die Harnsäureausscheidung in der Niere reduziert. So war wahrscheinlich der übermäßige Alkohol- und Fleischkonsum auf der Familienfeier der Auslöser für Herrn Jakobs Anfall.

Weiterhin raten Sie Herrn Jakobs, auf gesüßte Limonaden, Fruchtsäfte und Obst zu verzichten, da diese sehr viel Fruktose enthalten. Fruktose inhibiert einerseits die Harnsäureausscheidung in der Niere, die nicht nur über den humanen URAT-Transporter, sondern auch über GLUT9, der auch Fruktose transportiert, erfolgt. Andererseits kommt es beim Konsum hoher Fruktosemengen schon nach einer Stunde zu einem massiven direkten Anstieg der Harnsäure im Blut um bis zu 2 mg/dl, da Fruktose in der Leber durch die Fruktose-Kinase zu Fruktose-1-phosphat aktiviert wird (> 19.3.4). Dieses Enzym unterliegt im Gegensatz zu den glukoseabbauenden Enzymen keiner negativen Rückkopplung. Daher kommt es zu einem rapiden Absinken des ATP-Spiegels, was schließlich durch die Myokinasereaktion auch zu einem Anstieg der intrazellulären AMP-Konzentration führt. Ein Teil des AMP wird dann zu Harnsäure abgebaut.

Auch Herrn Jakobs Adipositas ist ein Risikofaktor für die Gicht und Sie empfehlen ihm eine Gewichtsabnahme, die jedoch nicht zu rasch erfolgen sollte, da bei einer Fastenkur Ketonkörper entstehen (> 20.1.8), die ebenfalls die renale Harnsäureausscheidung verringern.

Sie bestellen Herrn Jakobs zwei Wochen später wieder ein. Sein akuter Gichtanfall ist abgeklungen, Sie diagnostizieren jetzt aber eine Hyperurikämie. Es gibt zwei Wirkstofftypen, die dauerhaft den Harnsäurespiegel senken. Diese sind im akuten Anfall kontraindiziert, da eine zu rasche Absenkung der Serumharnsäure zur Lösung von Kristalldepots am Gelenkrand und so zur Verschlimmerung des Anfalls führen kann. Nach dem Abklingen der akuten Symptomatik verschreiben Sie Herrn Jakobs jetzt den in Deutschland üblichen Klassiker **Allopurinol** (z. B. Zycloric®, Alobeta®). Allopurinol ist ein Strukturanalogon von Hypoxanthin. Es wird von der Xanthin-Oxidoreduktase zu Oxypurinol umgesetzt, das mit hoher Affinität am aktiven Zentrum des Enzyms gebunden bleibt, als Suizidinhibitor wirkt und so die Harnsäurebildung verringert. Dafür werden Xanthin und Hypoxanthin vermehrt ausgeschieden. Sie sind besser wasserlöslich als Harnsäure.

Oxidation von Allopurinol [L253]

Eine andere Möglichkeit ist ein Medikament aus der Gruppe der **Urikosurika** wie Benzbromaron (z. B. Narcaricin®), das die Reabsorption der Harnsäure in der Niere durch Bindung an den URAT-1-Transporter hemmt: So wird Harnsäure vermehrt ausgeschieden.

Da eine Harnsäurespiegelsenkung durch diätetische Maßnahmen oft nicht ausreicht, wird durch den Einsatz der Medikamente verhindert, dass sich dauerhaft Harnsäurekristalle ablagern und zur Zerstörung der Gelenke führen. Diese chronische Gicht tritt daher in Deutschland nur sehr selten auf. Vor der Einführung wirksamer Medikamente führte die Einlagerung von Harnsäurekristallen auch zu Gichttophi (knotige Verdickungen), z. B. an Ohrmuscheln.

Aus Studentensicht

Purinnukleotidzyklus im Muskel

Bei **intensiver Muskelarbeit** liefert der Purinnukleotidzyklus einen Teil der Energie, indem er Fumarat in den **Citratzyklus** einspeist. Bei erhöhtem ATP-Verbrauch werden 2 ADP durch die Adenylat-Kinase (Myokinase) in ATP und AMP umgewandelt. AMP wird mithilfe einer muskelspezifischen AMP-Desaminase (Myoadenylat-Desaminase) hydrolytisch zu IMP desaminiert. Damit fällt für jedes verbrauchte AMP ein Ammoniak an, das sofort in ein NH_4^+-Ion umgewandelt wird. IMP reagiert mit Aspartat unter Verbrauch eines GTP zu Adenylsuccinat, das in Fumarat und AMP gespalten wird (> Abb. 21.38). Die Nettoreaktion des Purinnukleotidzyklus lautet (> Formel 21.2):

$$\text{Aspartat} + \text{GTP} + H_2O \longrightarrow \text{Fumarat} + \text{GDP} + P_i + NH_4^+ \qquad | \text{ Formel 21.2}$$

Durch die hohe Aktivität der AMP-Desaminase wird AMP dem Gleichgewicht entzogen, sodass ständig ATP nachgeliefert wird. Defekte der muskelspezifischen AMP-Desaminase sind daher mit einer eingeschränkten Muskelleistung verbunden.

Purinnukleotidzyklus im Muskel
Der **Purinnukleotidzyklus** gewinnt bei intensiver Muskelarbeit durch Desaminierung von AMP zu IMP und unter Verwendung von Aspartat ein Fumarat, das in den Citratzyklus eingeschleust wird und der Energiegewinnung dient.

Abbau der Pyrimidinnukleotide

Der Abbau der Pyrimidinribonukleotide und -desoxyribonukleotide erfolgt zunächst wie bei den Purinnukleotiden durch Dephosphorylierung, phosphorolytische Abspaltung der Ribose und im Fall von Cytidin Desaminierung (> Abb. 21.39). Aus CMP und UMP entsteht so Uracil und aus TMP Thymin, die dann vornehmlich in der Leber abgebaut werden. Dabei wird der **Pyrimidinring** zunächst **reduziert** und nicht wie im Fall des Purinabbaus oxidiert. Bei der hydrolytischen Ringöffnung entsteht ein Carbamoylderivat, aus dem der Carbamoylrest in Form von CO_2 und NH_3 entfernt wird. Abbauprodukte sind die Aminosäurederivate β-Alanin und β-Aminoisobutyrat, die durch Transaminierung und Aktivierung mit

Abbau der Pyrimidinnukleotide
Pyrimidinnukleotide werden komplett abgebaut und der **Ring wird gespalten**. Die Abbauprodukte β-Alanin und β-Aminoisobutyrat werden zur **Energiegewinnung** in den Stoffwechsel eingeschleust.

Aus Studentensicht

ABB. 21.38

21.7.5 Neusynthese von Ribonukleotiden
Die meisten neu synthetisierten Nukleotide stammen aus der Leber.

Neusynthese von Purinnukleotiden
Purinnukleotide werden an der aktivierten Ribose aus Glutamin, Glycin, Formyl-Tetrahydrofolat, Aspartat und Hydrogencarbonat aufgebaut.

AMP und GMP werden im Zytoplasma aus dem Vorläufer IMP synthetisiert.

Die IMP-Synthese beinhaltet:
- Bildung von Phosphoribosylamin (Schrittmacherreaktion)
- Aufbau des Imidazolrings
- Komplettierung des Purins mit zweitem Ringschluss

Die IMP-Synthese erfordert fünf ATP.

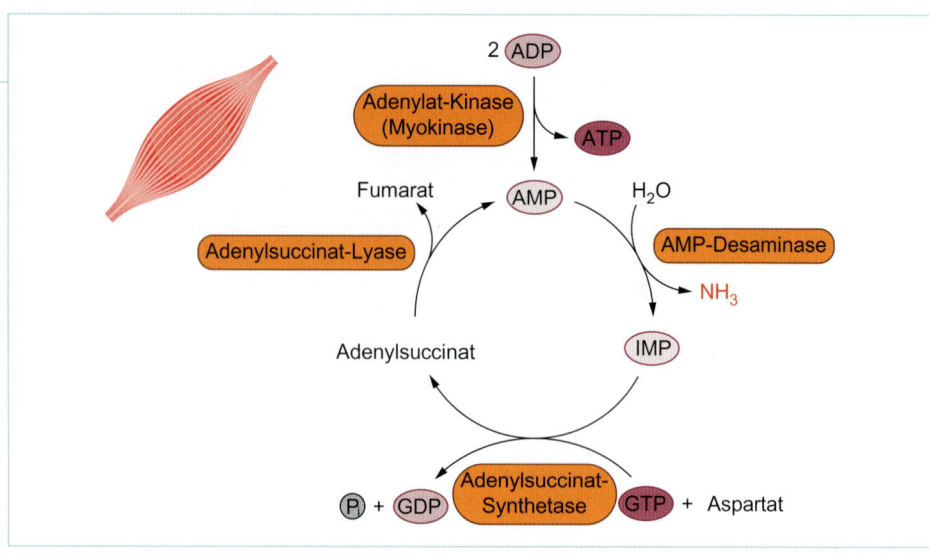

---

21 STICKSTOFFVERBINDUNGEN: MOLEKÜLE MIT VIELEN FUNKTIONEN

Abb. 21.38 Purinnukleotidzyklus [L271]

CoA in Malonyl-CoA bzw. Methylmalonyl-CoA umgewandelt und dann zur Energiegewinnung verwertet werden können (➤ 20.1.7). Somit liefert der **Pyrimidinabbau** keine charakteristischen Ausscheidungsprodukte, sondern **Stoffwechselintermediate**.

21.7.5 Neusynthese von Ribonukleotiden
Die **Leber** ist der wichtigste Umschlagplatz für Nukleotide. Sie hat von allen Organen die höchste Kapazität, Nukleotide **neu zu synthetisieren**, da sie im Normalfall über ausreichende Mengen der Ausgangsstoffe Glukose und Glutamin verfügt.

Neusynthese von Purinnukleotiden
Bei der Neusynthese von Purinnukleotiden wird das heterozyklische Ringsystem direkt an aktivierter Ribose aufgebaut. Die **Atome des Purinrings** stammen aus **Glutamin, Glycin, Formyl-Tetrahydrofolat, Aspartat** und **Hydrogencarbonat** (➤ Abb. 21.40).
Die Purinnukleotide **Adenosinmonophosphat** (AMP) und **Guanosinmonophosphat** (GMP) werden aus dem Vorläufer **Inosinmonophosphat** (IMP) synthetisiert. Die Biosynthese von IMP, das die Purinbase Hypoxanthin enthält, läuft in menschlichen Zellen im Zytoplasma ab (➤ Abb. 21.41).
Bei Eukaryoten werden für die zehn enzymkatalysierten Schritte nur sechs verschiedene Proteine benötigt. Dies liegt daran, dass im Laufe der Evolution durch die Fusion von Genen Proteine mit mehreren enzymatischen Aktivitäten entstanden sind. Die Reaktionen 2, 3 und 5 werden von einem **multifunktionellen Enzym** katalysiert, ebenso wie die Reaktionen 6 und 7 sowie 9 und 10. Die Multifunktionalität eines Enzyms hat den Vorteil, dass Substrate schnell und effizient von einer Stelle zur nächsten gereicht werden können.
Die **Purinnukleotidbiosynthese** beginnt mit der **Bildung von Phosphoribosylamin** aus 5-Phosphoribosyl-1-pyrophosphat (1 in ➤ Abb. 21.41). Bei dieser Reaktion wird das Pyrophosphat an C1 des PRPP durch eine Aminogruppe aus der Amidseitenkette von Glutamin ersetzt. Das Gleichgewicht der Reaktion wird durch die Hydrolyse des Pyrophosphats auf die Produktseite verschoben. Diese Reaktion bestimmt die Geschwindigkeit der gesamten Purinnukleotidbiosynthese und wird durch das Schrittmacherenzym **Glutamin-PRPP-Amidotransferase** katalysiert.
Anschließend folgt ein schrittweiser **Aufbau des Imidazol-Fünfrings.** Dabei wird zunächst in einer ATP-abhängigen Reaktion Glycin auf die Aminogruppe von Phosphoribosylamin übertragen (2 in ➤ Abb. 21.41). Anschließend werden eine Formylgruppe aus Formyl-THF (3) und eine Aminogruppe aus Glutamin (4) übertragen. Unter ATP-Verbrauch erfolgt schließlich der Ringschluss (5). Zur **Komplettierung der Purinstruktur** wird der Fünfring carboxyliert (6). Danach liefert Aspartat eine Aminogruppe (7, 8). Für diese Reaktion wird der Imidazolring zunächst ATP-abhängig phosphoryliert. Danach wird Aspartat übertragen und dessen Kohlenstoffgerüst als Fumarat abgespalten. Formal entspricht diese Reaktion der Bildung von Arginin aus Argininosuccinat im Harnstoffzyklus. Ein weiteres C-Atom wird wiederum von Formyl-THF geliefert (9) und unter Wasserabspaltung wird der **Ring geschlossen** (10).
Für die Synthese eines IMP-Moleküls ausgehend von PRPP werden insgesamt **fünf Moleküle ATP** benötigt. Wird die Bildung von Phosphoribosylpyrophosphat aus Ribose-5-phosphat zusätzlich berücksichtigt, kommen zwei weitere energiereiche Phosphorsäureanhydridbindungen hinzu. Dadurch wird verständlich, dass die Neusynthese von Purinnukleotiden für eine Zelle eine energetische Herausforderung darstellt, der sie durch verstärkte katabole Reaktionen, v. a. Glykolyse und oxidative Phosphorylierung, nachkommen muss.

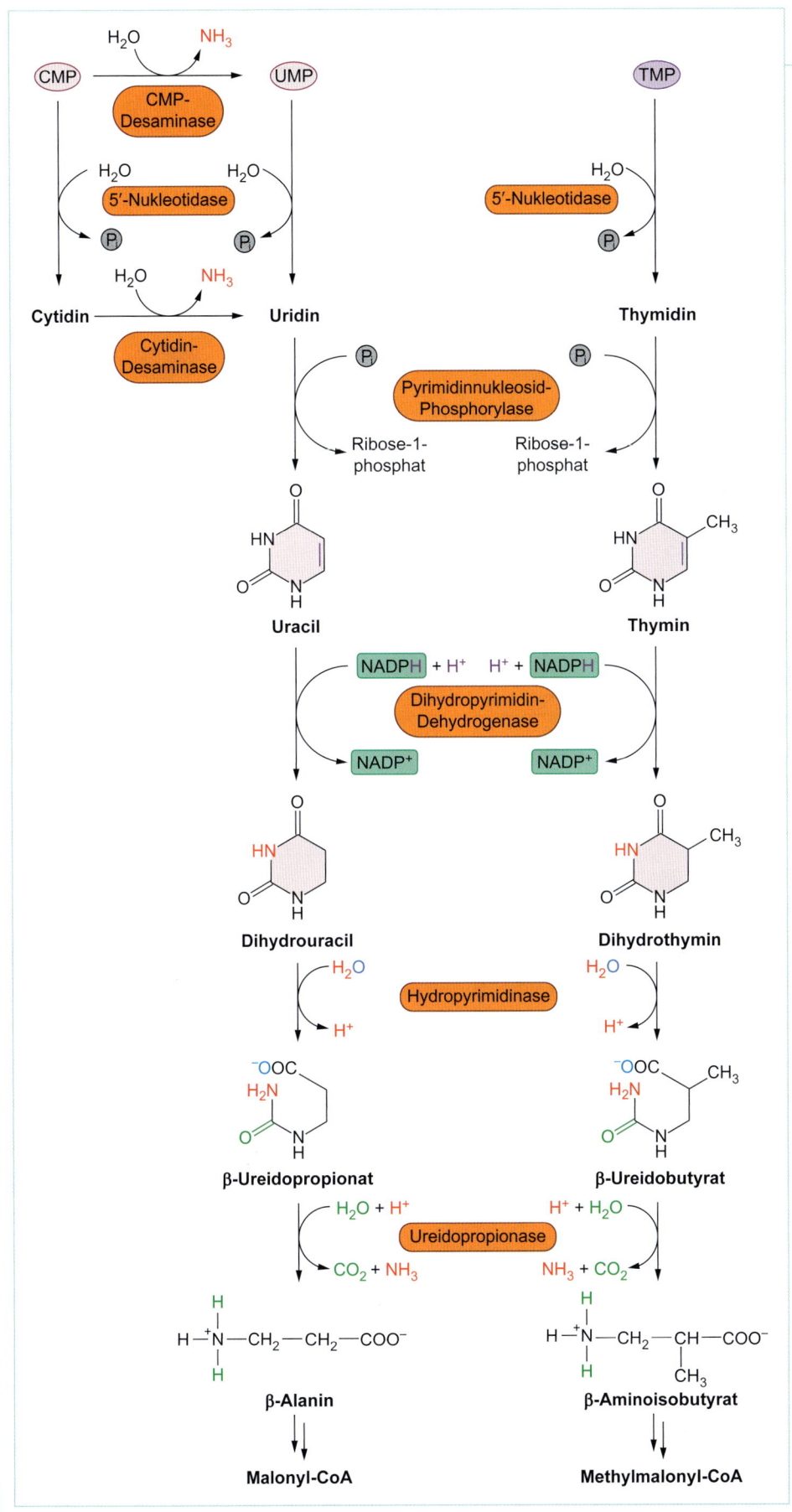

21.7 NUKLEOTIDE: MEHR ALS NUR BAUSTEINE DER NUKLEINSÄUREN

ABB. 21.39

Abb. 21.39 Abbau der Pyrimidinnukleotide [L253]

Aus Studentensicht

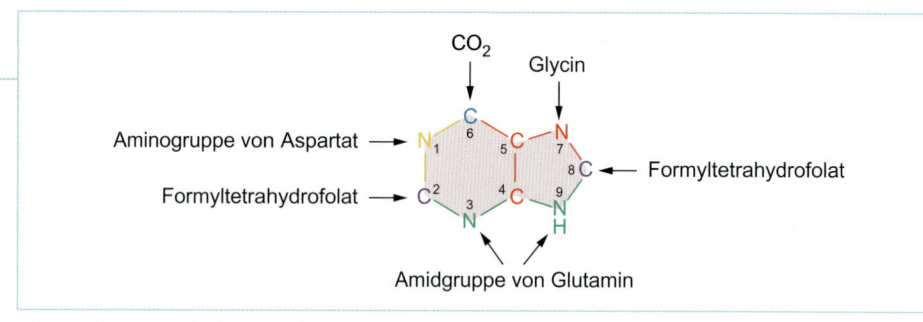

ABB. 21.40

Abb. 21.40 Herkunft der Atome des Purinringsystems [L271]

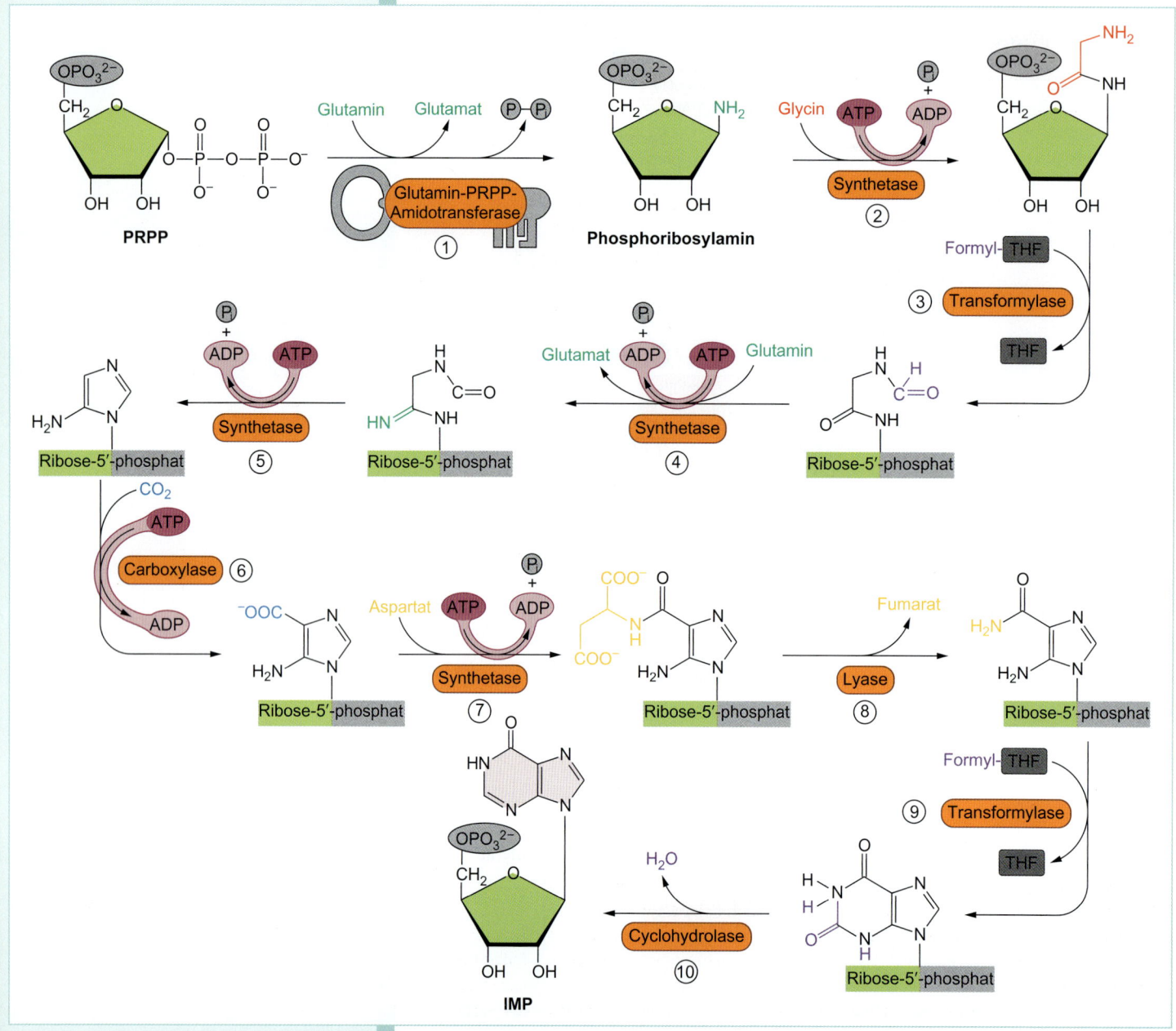

Abb. 21.41 Synthese von Inosinmonophosphat [L253, L307]

Synthese von AMP und GMP aus IMP

Für die AMP-Synthese wird unter GTP-Verbrauch eine Aminogruppe aus Aspartat auf IMP übertragen.

Für die GMP-Synthese wird IMP NAD$^+$-abhängig oxidiert und eine Aminogruppe von Glutamin übertragen.

Synthese von AMP und GMP aus IMP

Um aus IMP die Purinnukleotide AMP und GMP herzustellen, müssen an das Puringerüst Aminogruppen angefügt werden (> Abb. 21.42). **Aminogruppendonor** für die AMP-Synthese ist **Aspartat**. Diese Reaktion erfordert die Hydrolyse einer energiereichen Phosphorsäureanhydridbindung in GTP und entspricht formal den Reaktionen 7 und 8 der IMP-Synthese.

Aminogruppendonor für die GMP-Synthese ist **Glutamin**. Zunächst wird das IMP aber in einer NAD$^+$-abhängigen Reaktion durch die IMP-Dehydrogenase zu Xanthosinmonophosphat oxidiert. In einer ATP-abhängigen Reaktion wird dann ein O-Atom gegen den Amid-Stickstoff von Glutamin ausgetauscht.

Die Verwendung von GTP bei der AMP-Synthese und von ATP bei der GMP-Synthese gewährleistet eine ausgewogene Produktion von AMP und GMP.

21.7 NUKLEOTIDE: MEHR ALS NUR BAUSTEINE DER NUKLEINSÄUREN

Aus Studentensicht

ABB. 21.42

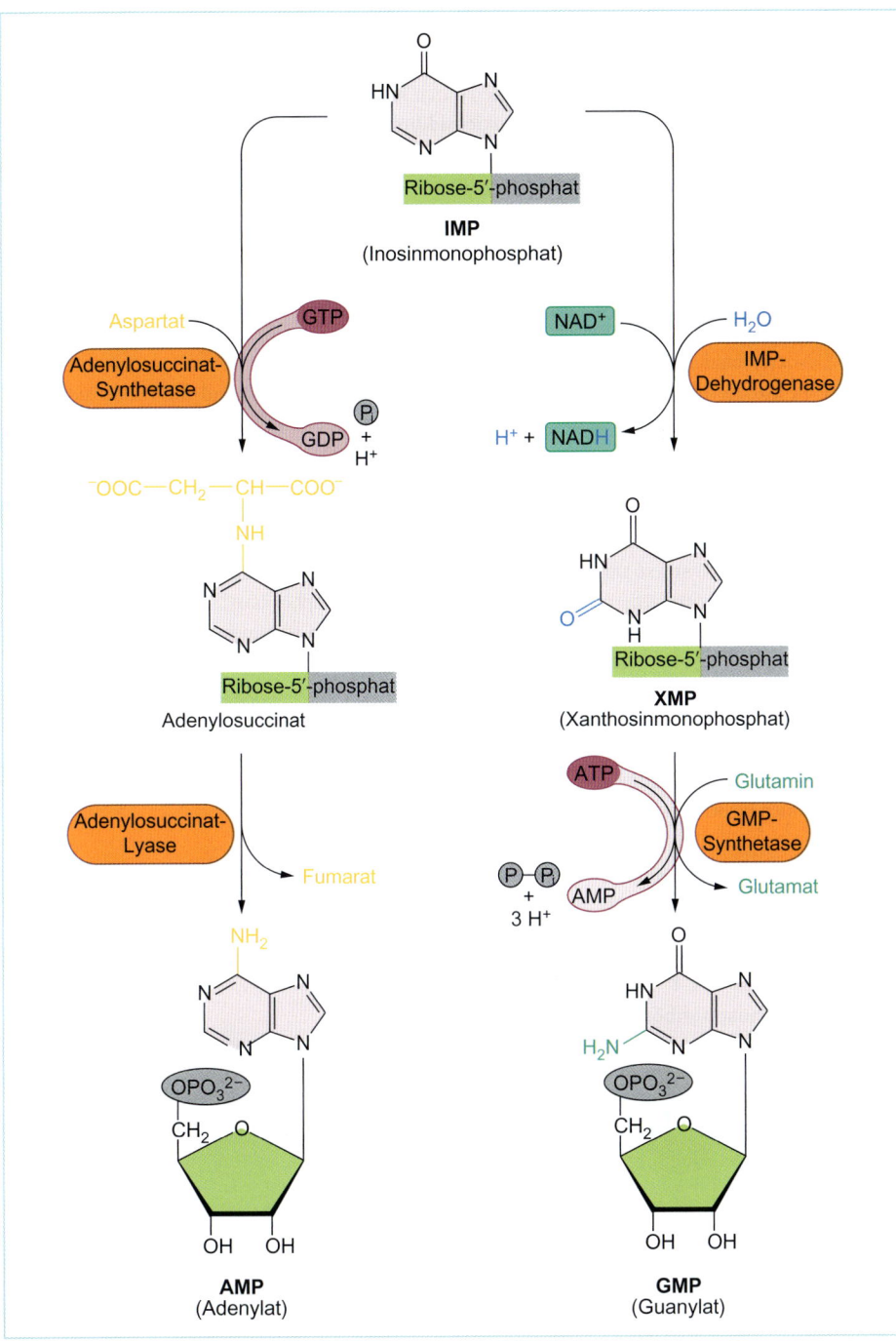

Abb. 21.42 Synthese von AMP und GMP [L253]

Wenn Zellen unter experimentellen Bedingungen Purinnukleotide de novo synthetisieren, bilden sich im Zytoplasma große Proteinkomplexe, die **Purinosomen**, die alle Enzyme der Purinsynthese enthalten. Haben die Zellen hingegen genügend Purine zur Verfügung, sind die Enzyme im Zytoplasma der Zellen verteilt. Purinosomen werden als Beweis für die Effizienz des Purinstoffwechsels gesehen, indem die Wege für den Transport der Intermediate von einem Enzym zum anderen möglichst kurz gehalten werden. Ob Purinosomen in vivo tatsächlich existieren oder ein experimentelles Artefakt sind, ist noch unklar.

Bei der Neusynthese von Purinnukleotiden bilden sich im Zytoplasma große Enzymkomplexe, die **Purinosomen**.

KLINIK
Immunsuppression
Mycophenolsäure wird als Immunsuppressivum bei Nierentransplantationen eingesetzt, da sie die IMP-Dehydrogenase selektiv inhibiert und aufgrund des daraus resultierenden GMP-Mangels das Wachstum und die Differenzierung von B- und T-Lymphozyten hemmt. So wird einer Organabstoßung entgegengewirkt.

KLINIK

Synthese von Purinnukleosidtriphosphaten
Endprodukt der Purinnukleotidsynthese sind **Nukleosidmonophosphate**. Für die Biosynthese von Nukleinsäuren und reaktive Stoffwechselintermediate werden jedoch **Nukleosidtriphosphate** benötigt. Zellen verfügen über verschiedene Kinasen, die Monophosphate in die entsprechenden Nukleosidtriphos-

Synthese von Purinnukleosidtriphosphaten
Endprodukt der Purinnukleotidsynthese sind Nukleosidmonophosphate.

| **Aus Studentensicht** | **21 STICKSTOFFVERBINDUNGEN: MOLEKÜLE MIT VIELEN FUNKTIONEN** |

Nukleosidtriphosphate werden durch **Nukleosidmonophosphat-** und **Nukleosiddiphosphat-Kinasen** gebildet.

phate umwandeln können. Die verschiedenen Nukleotid-Kinasen unterscheiden sich teilweise in der Spezifität bezüglich der Base, teilweise in der Spezifität bezüglich der Pentose, arbeiten jedoch nach demselben Prinzip: Nukleosidmonophosphate werden durch **Nukleosidmonophosphat-Kinasen** in die entsprechenden Diphosphate und diese durch **Nukleosiddiphosphat-Kinasen** in die entsprechenden Triphosphate umgewandelt. In der Regel ist das energieliefernde Cosubstrat ATP, das in der Glykolyse, dem Citratzyklus oder der Atmungskette ständig gebildet wird und deshalb von allen Nukleosidtriphosphaten in der höchsten Konzentration vorliegt (> Formel 21.3):

$$AMP + ATP \rightleftharpoons ADP + ADP \text{ oder } GMP + ATP \rightleftharpoons GDP + ADP \quad | \text{ Formel 21.3}$$

Beide Nukleosidmonophosphat-Kinasen, Adenylat-Kinase und Guanylat-Kinase, können sowohl Ribo- als auch Desoxyribonukleotide als Substrat verwenden.

Während die Nukleosidmonophosphat-Kinasen teils sehr spezifisch sind, sind die Nukleosiddiphosphat-Kinasen unspezifisch bezüglich sowohl des Zuckers als auch der Base (> Formel 21.4):

$$NDP + ATP \rightleftharpoons NTP + ADP \quad | \text{ Formel 21.4}$$

Regulation der Purinnukleotidsynthese

Die Regulation der Purinnukleotidsynthese erfolgt über **Produkthemmung** und **Substrataktivierung.** Hohe PRPP-Konzentrationen wirken stimulierend.

Regulation der Purinnukleotidsynthese

Die Purinnukleotidbiosynthese wird in erster Linie durch **Endprodukthemmung** und **Substrataktivierung** reguliert. Die Schrittmacherreaktion ist die Synthese von Phosphoribosylamin. Im Menschen sind die Details der Regulation nur wenig untersucht. Die meisten Daten stammen aus einfacheren Modellorganismen wie Prokaryoten und Hefen. Dort wirken die Produkte der Purinsynthese IMP, AMP und GMP als allosterische Inhibitoren der Glutamin-PRPP-Transferase (> Abb. 21.43). Außerdem hemmen AMP, XMP und GMP durch Rückkopplung ihre eigene Biosynthese. Dagegen wird die Glutamin-PRPP-Transferase durch hohe Konzentrationen an PRPP allosterisch aktiviert. ATP und GTP werden wechselseitig als Substrate für die Synthese von GMP bzw. AMP verwendet. So wird eine ausgewogene zelluläre Konzentrationen beider Nukleotide aufrechterhalten.

ABB. 21.43

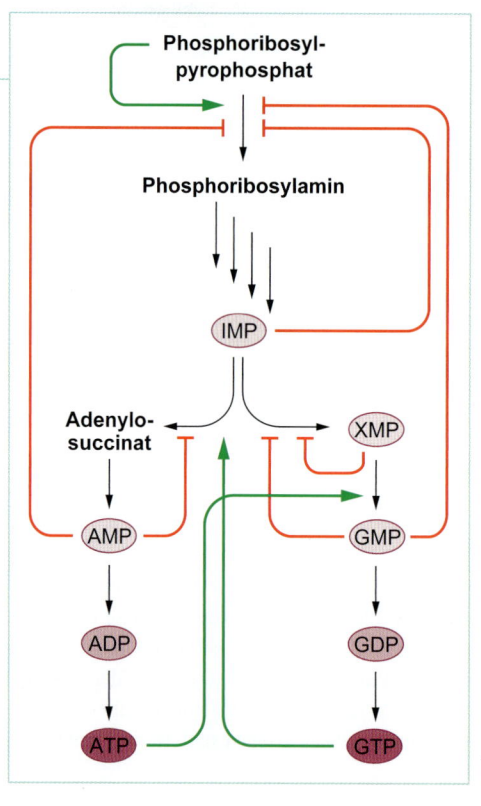

Abb. 21.43 Regulation der Purinnukleotidsynthese [L253]

Synthese von Pyrimidinnukleotiden

Bei der Pyrimidinnukleotidsynthese wird der Ring zunächst aus Hydrogencarbonat, Glutamin und Aspartat gebildet und dann auf aktivierte Ribose übertragen.

Synthese von Pyrimidinnukleotiden

Bei der Neusynthese von Pyrimidinnukleotiden wird zuerst der Pyrimidinring aufgebaut, an den dann aktivierte Ribose angefügt wird. Die **Atome** des **Pyrimidinrings** stammen aus **Hydrogencarbonat, Glutamin** und **Aspartat** (> Abb. 21.44).

ABB. 21.44

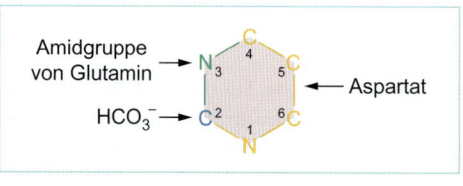

Abb. 21.44 Herkunft der Atome des Pyrimidinrings [L271]

21.7 NUKLEOTIDE: MEHR ALS NUR BAUSTEINE DER NUKLEINSÄUREN

Aus Studentensicht

Endprodukt des Pyrimidinsynthesewegs und Vorläufer für andere Pyrimidinnukleotide ist **Uridinmonophosphat** (UMP). Für seine Bildung laufen folgende Reaktionen nacheinander ab (> Abb. 21.45):

- **Bildung von Carbamoylphosphat** (1): Formal wird Carbamoylphosphat aus Hydrogencarbonat, Glutamin und ATP in einer von der Carbamoylphosphat-Synthetase II (CPS II) katalysierten Reaktion gebildet. Diese Reaktion ist der Einstiegsreaktion des Harnstoffzyklus ähnlich (> 21.3.2). Die Reaktion des Harnstoffzyklus findet allerdings in den Mitochondrien statt, während die der Pyrimidinnukleotidbiosynthese im **Zytoplasma** lokalisiert ist. Die CPS II verwendet als Stickstoffdonor für die Synthese von Carbamoylphosphat den Amidstickstoff von Glutamin, die CPS I im Harnstoffzyklus hingegen ein freies Ammonium-Ion. Der wesentliche Unterschied zwischen CPS I und CPS II besteht folglich darin, dass CPS II eine weitere katalytische Aktivität enthält, um aus Glutamin hydrolytisch Ammoniak freizusetzen. In CPS I ist dieser Teil des Enzyms zwar weitgehend erhalten, aber katalytisch inaktiv, vermag jedoch stattdessen N-Acetyl-Glutamat, einen essenziellen Aktivator, zu binden. Die Aktivierung des HCO_3^- und die Bildung der C-N-Bindung benötigen ATP. Somit werden für die Bildung eines Moleküls Carbamoylphosphat **zwei Moleküle ATP** benötigt. Die Bildung von Carbamoylphosphat ist die Schrittmacherreaktion der Pyrimidinsynthese.
- **Bildung von Carbamoylaspartat** (2): Durch Reaktion von Carbamoylphosphat mit Aspartat wird unter Phosphatfreisetzung Carbamoylaspartat gebildet, das bereits alle Atome des Pyrimidinrings enthält.
- **Bildung von Dihydroorotat** (3): Der Ringschluss zum Pyrimidinderivat Dihydroorotat erfolgt durch eine intramolekulare Kondensation.

Bei Eukaryoten werden die Reaktionen 1–3 von einem einzigen Protein katalysiert, das 3 verschiedene Enzymaktivitäten besitzt. Dieses multifunktionelle Enzym wird beim Säuger als **CAD** bezeichnet, da es die Aktivitäten der Carbamoylphosphat-Synthetase, Aspartat-Transcarbamoylase und Dihydroorotase beinhaltet.

- **Bildung von Orotat** (4): Die Oxidation von Dihydroorotat zu Orotat wird von einer Dehydrogenase katalysiert, die an der Außenseite der inneren Mitochondrienmembran lokalisiert ist. Das Flavoprotein überträgt die Elektronen auf Ubichinon und schleust sie somit in die Atmungskette ein.
- **Bildung von Orotidinmonophosphat** (5): Indem Orotat N-glykosidisch mit Ribosephosphat verknüpft wird, wird das Pyrimidinnukleotid Orotidinmonophosphat (OMP) gebildet. Triebkraft der Reaktion ist die Hydrolyse des von PRPP abgespaltenen Pyrophosphats zu zwei anorganischen Phosphaten.
- **Bildung von Uridinmonophosphat** (6): Durch Decarboxylierung von OMP entsteht UMP.

Die beiden Enzymaktivitäten Orotatphosphoribosyltransferase und OMP-Decarboxylase befinden sich auf einem bifunktionellen Protein, das als **UMP-Synthase** bezeichnet wird.

Die Synthese von **UMP** beinhaltet:
- Bildung von Carbamoylphosphat aus Hydrogencarbonat, Glutamin und ATP durch die CPS II
- Verknüpfung mit Aspartat
- Ringschluss zu Dihydroorotat
- Oxidation
- Verknüpfung mit PRPP und Bildung von UMP

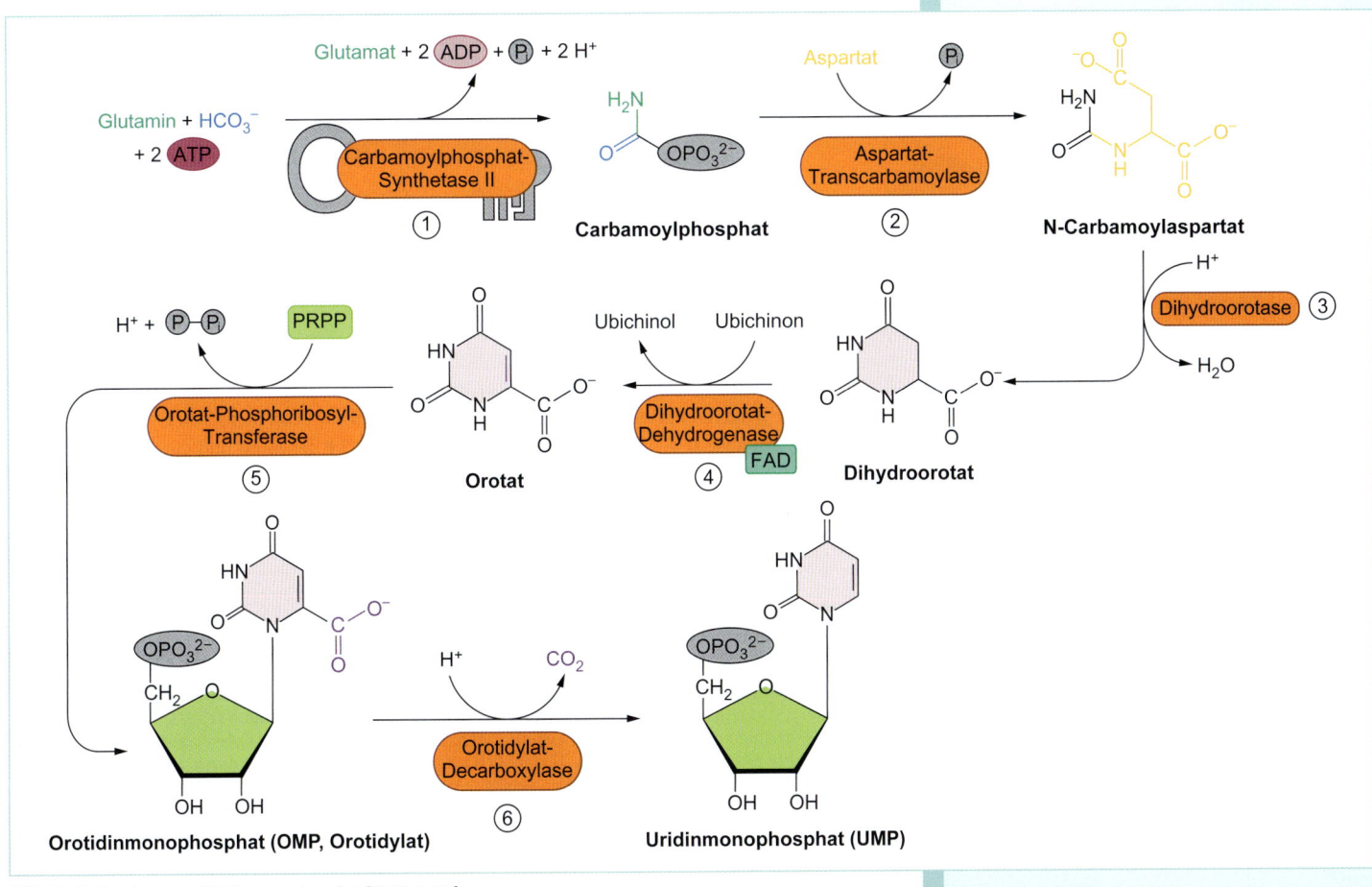

Abb. 21.45 Synthese von Uridinmonophosphat [L253, L307]

Aus Studentensicht

Die Ringsynthese erfordert 2 ATP.

Verglichen mit der Neusynthese der Purinnukleotide ist die der Pyrimidinnukleotide weniger aufwändig. Für die Synthese des Ringsystems werden 2 ATP benötigt, 2 weitere kommen für die Synthese von PRPP hinzu.

● **KLINIK**

> **KLINIK**
>
> **Orotacidurie**
>
> Eine erhöhte Ausscheidung von Orotsäure im Urin dient als Nachweis für Störungen des Harnstoffzyklus oder des Pyrimidinstoffwechsels. Bei Gesunden werden NH_4^+-Ionen entsorgt, indem sie in den Mitochondrien zu Carbamoylphosphat umgesetzt und dann im Harnstoffzyklus verstoffwechselt werden. Bei Störungen in der Verwertung von mitochondrialem Carbamoylphosphat gelangt dieses ins Zytoplasma, wo es durch die Enzyme der Pyrimidinsynthese zu Orotsäure umgesetzt wird (➤ 21.3.2).
> Ein anderer Grund für eine Anhäufung an Orotsäure ist ein genetischer Defekt der UMP-Synthase (= hereditäre Orotacidurie). In diesem Fall entsteht ein Mangel an UMP und in der Folge ein Mangel anderer Nukleotide, der zu reduziertem Zellwachstum führt. Betroffen ist v. a. die Differenzierung hämatopoetischer Zellen, die eine megaloblastische Anämie und Störungen der Immunantwort zur Folge hat. Ein Mangel an UMP kann durch Zufuhr von Uridin mit der Nahrung behoben werden.
> Leflunomid ist ein Inhibitor der Dihydroorotat-Dehydrogenase und wird bei rheumatoider Arthritis als Basistherapeutikum eingesetzt. Ähnlich wie Mycophenolsäure wirkt Leflunomid als Immunsuppressivum, da es einen UMP-Mangel bewirkt und so Wachstum und Differenzierung von Zellen der Immunabwehr hemmt.

Synthese von Pyrimidinnukleosidtriphosphaten

UTP wird durch eine spezifische **Nukleosidmonophosphat-** und eine unspezifische **Nukleosiddiphosphat-Kinase** gebildet.

Synthese von Pyrimidinnukleosidtriphosphaten

Uridintriphosphat wird für die Synthese von Cytidinnukleotiden, Ribonukleinsäuren oder zur Aktivierung von Zuckern wie z. B. Glukose bei der Glykogensynthese benötigt. Wie bei der Bildung der Purintrinukleotide wird UMP zunächst durch eine basenspezifische Nukleosidmonophosphat-Kinase zu UDP phosphoryliert. Durch eine basenunspezifische Nukleosiddiphosphat-Kinase, die gleichermaßen Purin- und Pyrimidindinukleotide erkennt, wird UTP gebildet. Das energieliefernde Cosubstrat ist für beide Reaktionen in den meisten Fällen ATP (➤ Formel 21.5).

$$UMP + ATP \rightleftharpoons UDP + ADP$$
$$UDP + ATP \rightleftharpoons UTP + ADP$$

| Formel 21.5

CTP wird aus UTP durch Übertragung einer Aminogruppe von Glutamin gebildet.

CTP unterscheidet sich von UTP durch eine Aminogruppe anstelle einer Carbonylgruppe an der C4-Position des Pyrimidinrings (➤ Abb. 21.46). **Aminogruppendonor** ist die Amidgruppe von **Glutamin**.

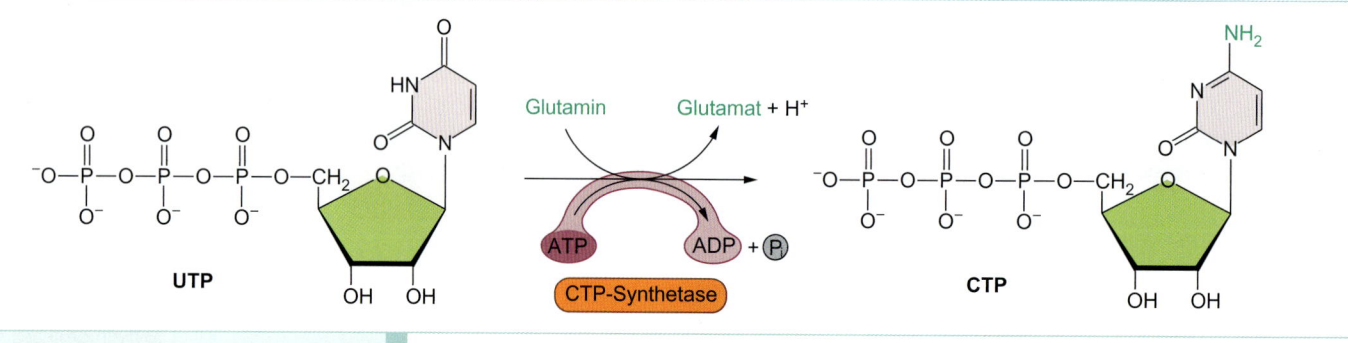

Abb. 21.46 Synthese von CTP aus UTP [L253]

Regulation der Pyrimidinukleotidbiosynthese

Das Schrittmacherenzym der Pyrimidinsynthese, die **CPS II**, wird durch **UTP** gehemmt und durch **PRPP** aktiviert.

Regulation der Pyrimidinukleotidbiosynthese

Die wichtigste **Kontrollstation** der Pyrimidinnukleotidbiosynthese beim Menschen ist die **Carbamoylphosphat-Synthetase II** des CAD-Enzyms. Diese wird durch **UTP** gehemmt und durch **PRPP** aktiviert (➤ Abb. 21.47). Außerdem wird die CTP-Synthetase durch ihr Produkt CTP gehemmt.

21.7.6 Synthese von Desoxyribonukleotiden

> **FALL**
>
> **Stella ist immer krank: Severe Combined Immune Deficiency (SCID)**
>
> Die kleine Stella ist immer krank. Ihr ganzes erstes Lebensjahr war sie Dauerpatientin bei Ihnen in der Kinderklinik. Ihr Blutbild zeigt eine stark verringerte Lymphozytenzahl von nur 500/µl (Norm bei Kindern mit einem Jahr > 3 000/µl) und legt die Diagnose eines schweren angeborenen Immundefekts, eines SCID, nahe. Erniedrigt sind sowohl B- als auch T-Lymphozyten. Ein weiterer Hinweis, der die Diagnose unterstützt, ist der erhöhte dATP-Spiegel im Serum. Tatsächlich bestätigte sich der Verdacht durch den Nachweis einer deutlich reduzierten Aktivität der Adenosin-Desaminase (ADA), der für etwa 10–15 % der SCID-Fälle verantwortlich ist.
> Wie führt ein ADA-Mangel zu erhöhten dATP-Werten? Weshalb ist dadurch die Immunantwort reduziert?

21.7 NUKLEOTIDE: MEHR ALS NUR BAUSTEINE DER NUKLEINSÄUREN

Aus Studentensicht

ABB. 21.47

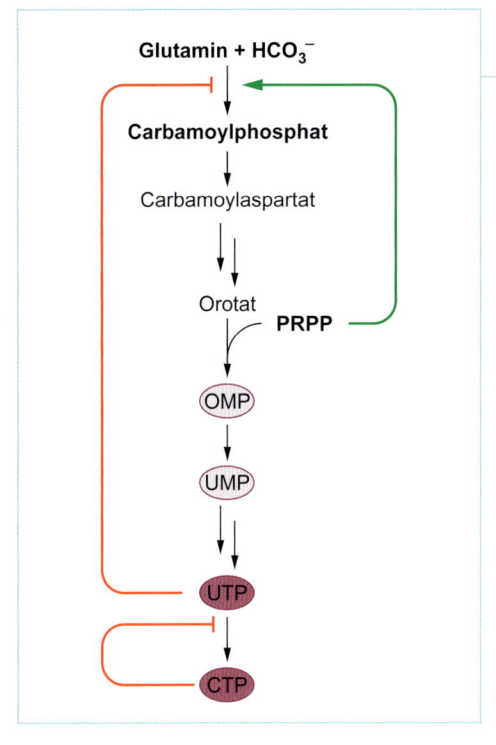

Abb. 21.47 Regulation der Pyrimidinnukleotidbiosynthese [L253]

Bei der Neusynthese der Nukleotide entstehen zunächst Ribonukleotide, weil diese von allen Zellen für die RNA-Synthese benötigt werden. Weitaus geringer ist der Bedarf an Desoxyribonukleotiden für die DNA-Synthese. Gedeckt wird er durch Umwandlung eines Teils der vorhandenen Ribonukleotide in Desoxyribonukleotide.

Zur DNA-Synthese benötigte Desoxyribonukleotide werden bei Bedarf aus Ribonukleotiden gebildet.

Ribonukleotid-Reduktase

Die **Reduktion** der **Ribose** zu **Desoxyribose** wird durch die **Ribonukleotid-Reduktase** katalysiert (> Abb. 21.48). Sie verwendet die Ribonukleosiddiphosphate ADP, CDP, GDP und UDP gleichermaßen als Substrate und ersetzt die an C2 gebundene OH-Gruppe der Ribose durch ein H-Atom.

Ribonukleotid-Reduktase

Die **Ribonukleotid-Reduktase** reduziert die Ribose in Diphosphatnukleosiden zu Desoxyribose.

Reaktionsmechanismus

Das Besondere an der von der Ribonukleotid-Reduktase katalysierten Reaktion ist der **radikalische Mechanismus**. Sie war das erste Enzym, bei dem ein solcher Mechanismus entdeckt wurde. Beim Menschen liegt das aktive Enzym als Heterotetramer vor. Die funktionelle Einheit ist ein Heterodimer aus einer **katalytischen** und einer **radikalerzeugenden Untereinheit** (> Abb. 21.48a). Für den Start der Reaktion ist ein Tyrosinradikal in der Proteinkette der kleineren Untereinheit des Enzyms essenziell, das durch Abgabe eines Elektrons an ein benachbartes Fe-O-Fe-Zentrum entsteht. Das Tyrosinradikal erhält sein ungepaartes Elektron aus dem aktiven Zentrum des Enzyms, das von der großen Untereinheit gebildet wird, und leitet so die Reduktion der Riboseeinheit ein. Letztendlich werden aber bei der Reduktion der Ribose zwei **Cysteinreste** im **aktiven Zentrum** der Ribonukleotid-Reduktase **oxidiert.** Dabei entsteht **Cystin**, das durch eine Disulfidbrücke gekennzeichnet ist. Die Rückführung der Ribonukleotid-Reduktase in den aktiven, reduzierten Zustand erfolgt durch die cysteinhaltigen Proteine **Thioredoxin** oder **Glutaredoxin**, die bei der Reaktion selbst zur Disulfidform oxidiert werden (> Formel 21.6).

Das Enzym enthält zwei Cysteinreste im aktiven Zentrum und arbeitet mit einem radikalischen Mechanismus.

Ribonukleosiddiphosphat + 2 Thioredoxin-SH
⟶ 2′-Desoxyribonukleosiddiphosphat + Thioredoxin-S-S-Thioredoxin + H_2O | Formel 21.6

Das **oxidierte Thioredoxin** wird durch das Flavoenzym Thioredoxin-Reduktase **reduziert.** Der dabei zu FAD oxidierte Co-Faktor der Thioredoxin-Reduktase wird schließlich mithilfe von **NADPH** wieder reduziert (> Abb. 21.48).

Regulation

Die **Aktivität** der Ribonukleotid-Reduktase bestimmt die **Geschwindigkeit** der **DNA-Synthese** und somit maßgeblich die **Zellproliferation.** Liegen die verschiedenen Desoxyribonukleotide in einem unausgewogenen Verhältnis oder in erhöhten Konzentrationen vor, kann es zu Fehlern bei der Replikation oder einer Entgleisung der Proliferation kommen. Um dies zu verhindern, muss die Ribonukleotid-Reduktase engmaschig reguliert werden.

Ihre **Regulation** erfolgt allosterisch, durch Transkriptionsregulation, durch Abbau des Proteins sowie durch Interaktion mit anderen Proteinen. So existiert in manchen Geweben eine Isoform der großen Untereinheit, die durch den Tumorrepressor p53 induzierbar ist und bei DNA-Schäden auf den erhöhten Bedarf an Desoxyribonukleotiden für die DNA-Reparatur reagiert (> 12.3.3).

Die **Regulation** der **Ribonukleotid-Reduktase** bestimmt die Geschwindigkeit der DNA-Synthese und erfolgt **allosterisch** an zwei Stellen des Enzyms. Die Bindung von ATP bzw. dATP an die katalytische Stelle führt zur Aktivierung bzw. Inaktivierung des Enzyms. Die Bindung unterschiedlicher dNTPs an die spezifische Stelle verändert die Substratspezifität, sodass die Desoxyribonukleotide in einem ausgewogenen Verhältnis entstehen.

Aus Studentensicht

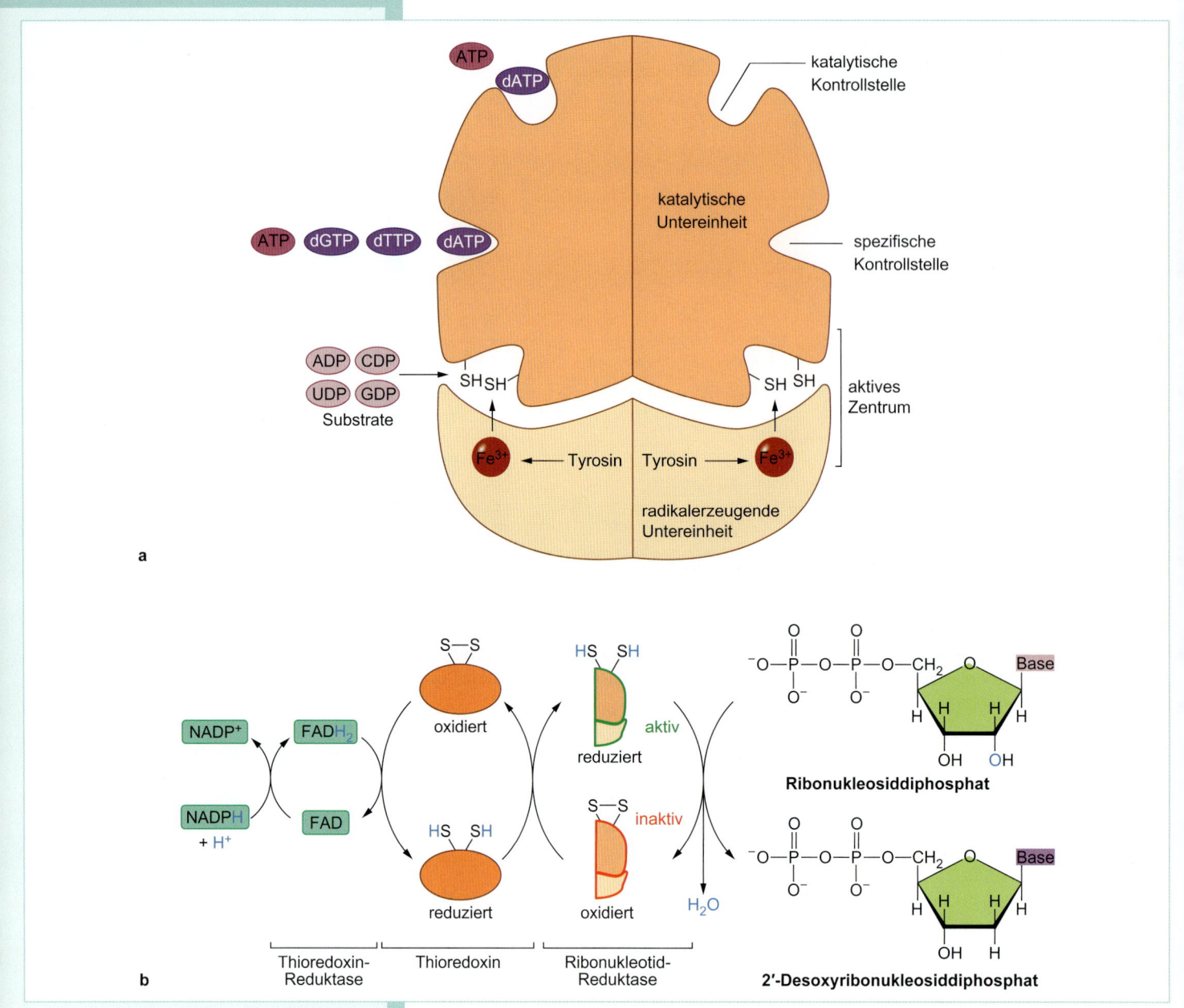

21 STICKSTOFFVERBINDUNGEN: MOLEKÜLE MIT VIELEN FUNKTIONEN

Abb. 21.48 Ribonukleotid-Reduktase. a Schema und Nukleotidbindungsstellen. b Elektronenübertragung. [L253]

Für die **allosterische Regulation** gibt es eine spezifische und eine katalytische Kontrollstelle (> Abb. 21.48a). Die katalytische reguliert die Gesamtaktivität des Enzyms. Bindet dort dATP, wird die Aktivität des Enzyms reduziert, bindet ATP, wird sie erhöht. Über die spezifische Stelle wird die Bindung der unterschiedlichen Substrate im aktiven Zentrum reguliert. Ist im spezifischen Zentrum ATP oder dATP gebunden, weist die Ribonukleotid-Reduktase eine hohe Affinität für Pyrimidinnukleotide auf und reduziert CDP und UDP zu dCDP und dUDP. Wenn dagegen dTTP an das spezifische allosterische Zentrum gebunden ist, wird bevorzugt GDP zu dGDP reduziert, wogegen dGTP im spezifischen Zentrum die Reduktion von ADP zu dADP fördert. So werden in der Zelle ausgewogene Mengen der Desoxyribonukleotide synthetisiert.

FALL

Stella ist immer krank: SCID

Stella hat einen Defekt des Enzyms Adenosin-Desaminase (ADA), das die Umwandlung von Adenosin bzw. Desoxyadenosin in Inosin bzw. Desoxyinosin katalysiert (> 21.7.4). Ein ADA-Mangel führt zur Akkumulation von Adenosin und Desoxyadenosin, das in dATP umgewandelt wird. Die dATP-Werte steigen bei einem ADA-Mangel folglich sehr stark an und führen zu einer Hemmung des Immunsystems. Ein Erklärungsansatz liegt in der Regulation der Ribonukleotid-Reduktase, die durch dATP gehemmt wird. Dadurch werden nicht ausreichend andere dNTPs für die Proliferation von B- und T-Lymphozyten gebildet, sodass sowohl die zelluläre als auch die humorale Immunabwehr massiv beeinträchtigt sind. Daneben werden andere Effekte erhöhter Adenosinkonzentrationen diskutiert, welche die Zelldifferenzierung beeinflussen.
Bei Stella wird ADA nun substituiert: eine Kopplung an Polyethylenglykol (PEG) verhindert den vorzeitigen Abbau durch Proteasen.

21.7 NUKLEOTIDE: MEHR ALS NUR BAUSTEINE DER NUKLEINSÄUREN

Bei SCID ist die Hemmung der Ribonukleotid-Reduktase durch endogene Substrate ein Problem. Bei der chronisch myeloischen Leukämie wird die Hemmung dieses Enzyms durch Gabe von Chemotherapeutika wie den Hydroxyharnstoffderivaten (Litalir® und Syrea®) angestrebt. Diese Derivate wirken als Radikalfänger und hemmen die Ribonukleotid-Reduktase durch Zerstörung des Tyrosinradikals.

Hydroxyharnstoff

Biosynthese von Thymidylat

Die Ribonukleotid-Reduktase liefert die für die DNA-Synthese erforderlichen Desoxyribonukleotide bis auf **Thymidylat**, da es keine Thymin-Ribonukleotide gibt. Für die Herstellung von dTMP wird **dUMP methyliert**. Deshalb wird das mithilfe der Ribonukleotid-Reduktase hergestellte dUDP zunächst unter Verbrauch von ATP zu dUTP phosphoryliert, das rasch durch eine Diphosphohydrolase in dUMP und Pyrophosphat gespalten wird (➤ Formel 21.7).

$$dUTP + H_2O \rightleftharpoons dUMP + PP_i \rightleftharpoons dUMP + 2\,P_i \qquad\qquad | \text{ Formel 21.7}$$

Die DNA-Polymerase kann nicht effizient zwischen dUTP und dTTP unterscheiden, sodass anstatt Thymidylat Uridylat in die DNA eingebaut werden kann. Durch rasche Hydrolyse von dUTP wird die Konzentration niedrig gehalten und der Einbau eines falschen Nukleotids verhindert. Das erklärt, weshalb Thymidylat auf der Ebene des Monophosphats hergestellt wird.

Die Biosynthese von dTMP wird durch das Enzym **Thymidylat-Synthase** katalysiert. Da sie nur in Verbindung mit Desoxyribose vorkommen, werden Desoxythymidylat und das entsprechende Nukleosid Desoxythymidin i.d.R. als Thymidylat bzw. Thymidin bezeichnet. **Donor** der C_1-**Einheit**, die Thymin von Uracil unterscheidet, ist **5,10-Methylentetrahydrofolat**, das zusätzlich ein Hydridion überträgt. Dies bewirkt, dass Uracil eine Methylgruppe erhält und Methylen-THF nicht nur die C_1-Einheit verliert, sondern auch zu Dihydrofolat oxidiert wird (➤ Abb. 21.49).

Damit die Reaktion erneut ablaufen kann, muss **Dihydrofolat** durch die **Dihydrofolat-Reduktase** zu **Tetrahydrofolat** reduziert werden. Die Elektronen stammen dabei von NADPH. Anschließend überträgt die Serinhydroxymethyltransferase eine Methylengruppe i.d.R. von Serin und regeneriert so 5,10-Methylentetrahydrofolat.

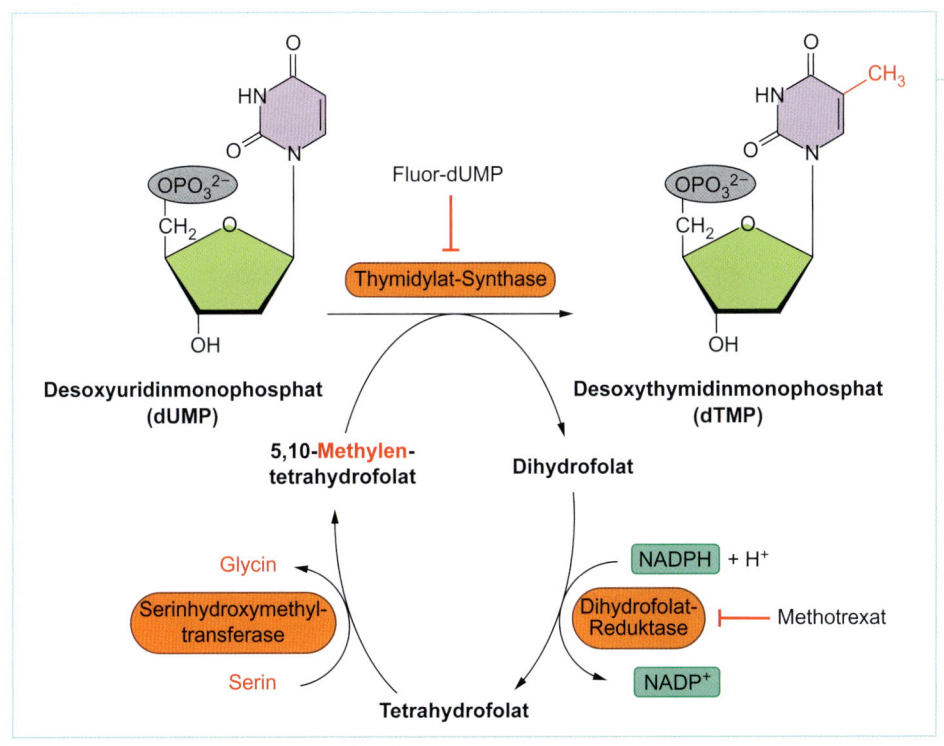

Abb. 21.49 Synthese von dTMP aus dUMP [L253]

Thymidinnukleotide (Thymidylate) sind limitierend für die DNA-Synthese. Somit sind Zellen für ihr Wachstum von den Aktivitäten der Thymidylat-Synthase und der Dihydrofolat-Reduktase abhängig und die Hemmung eines oder beider Enzyme hemmt auch ihre Proliferation. Da Tumorzellen schneller wachsen als normale Körperzellen, stellen **Hemmstoffe** der **Thymidylat-Synthese** effiziente Therapeutika für **Tumorerkrankungen** dar.

Aus Studentensicht

Biosynthese von Thymidylat

Zur Bildung von **Thymidylat** wird dUMP durch die **Thymidylat-Synthase** mit Methylentetrahydrofolat methyliert.
Die bei der Übertragung der Methylgruppe zu **Dihydrofolat** oxidierte Folsäure muss anschließend durch die **Dihydrofolat-Reduktase** wieder zu Tetrahydrofolat reduziert und durch die **Serinhydroxymethyltransferase** methyliert werden.

ABB. 21.49

Die **Thymidylat-Synthase** ist spezifisch für die DNA-Synthese, weshalb **Hemmstoffe** dagegen in der **Tumortherapie** eingesetzt werden.

Aus Studentensicht

21 STICKSTOFFVERBINDUNGEN: MOLEKÜLE MIT VIELEN FUNKTIONEN

KLINIK

KLINIK

Chemotherapie

Die Thymidylat-Synthase kann durch **5-Fluorouracil** (5-FU) gehemmt werden. 5-Fluorouracil wird in 5-Fluordesoxyuridylat (Fluor-dUMP) umgewandelt, das von der Thymidylat-Synthase als Substrat akzeptiert wird. Sie kann jedoch aufgrund des Fluors die Methylgruppe nicht übertragen und bleibt irreversibel an den **Suizidinhibitor** gebunden.

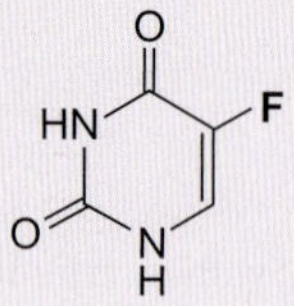

5-Fluorouracil

Die Thymidylat-Synthese kann auch indirekt durch Analoga der Folsäure wie **Methotrexat** oder **Trimethoprim** gehemmt werden. Diese sog. **Antifolate** kompetieren mit dem Dihydrofolat um das aktive Zentrum der Dihydrofolat-Reduktase und hemmen dadurch die Regeneration zu Tetrahydrofolat. Methotrexat ist ein spezifischer Inhibitor der menschlichen Dihydrofolat-Reduktase. Da das Wachstum aller sich schnell teilender Zellen gehemmt wird, werden nicht nur Tumorzellen, sondern auch Epithelzellen des Darms und der Haarfollikel oder Zellen des Immunsystems getroffen, was die **Nebenwirkungen** einer Chemotherapie wie Haarausfall, Übelkeit oder Schwächung des Immunsystems erklärt. Trimethoprim hemmt spezifisch die bakterielle Dihydrofolat-Reduktase und wird deshalb als Antibiotikum zur Behandlung von bakteriellen Infektionen eingesetzt.

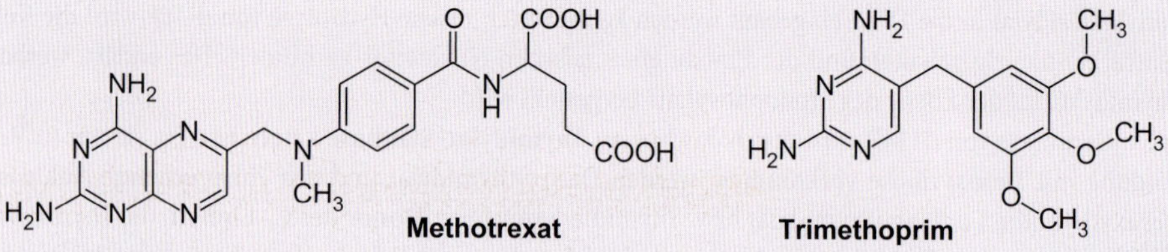

Methotrexat   Trimethoprim

[L271]

21.8 Stoffwechsel der Nitroverbindungen

21.8 Stoffwechsel der Nitroverbindungen

Stickstoffmonoxid (NO) ist als zelluläres Signalmolekül an der Blutdruckregulation und als ROS an der Immunabwehr beteiligt.
Es wird durch **NO-Synthasen** aus **Arginin** gebildet oder entsteht bei O_2-Mangel aus Nitrit.

Das Gas und Radikal Stickstoffmonoxid (NO) (> Abb. 21.1) dient als **zelluläres Signalmolekül** und wirkt als Vorläufermolekül für **reaktive Stickstoffspezies** (RNS), die an der Immunabwehr beteiligt sind. NO ist essenziell für die Blutdruckregulation und gleichzeitig steigert NO die Effizienz der Mitochondrien. Ein Mangel an NO ist mitverantwortlich für Hypertonie, endotheliale Dysfunktion, Atherosklerose und Diabetes.

NO wird durch **NO-Synthasen** (NOS) unter Verbrauch von O_2 aus **Arginin** gebildet, wobei der Mechanismus der Übertragung des Elektrons aus NADPH im zweiten Reaktionsschritt noch nicht gesichert ist (> Abb. 21.50).

ABB. 21.50

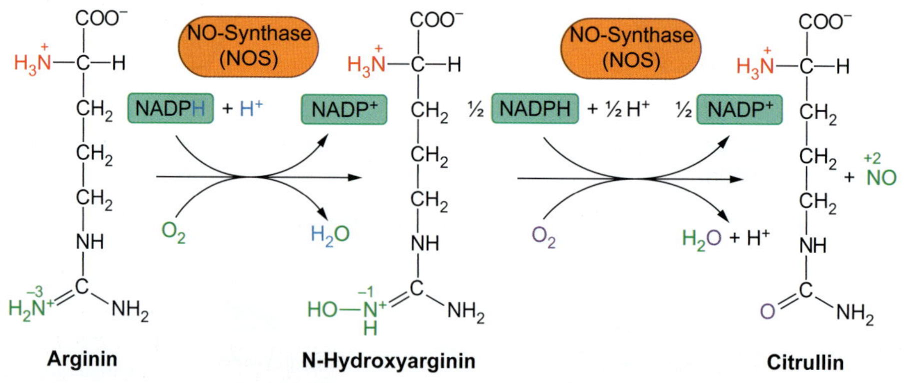

Arginin → N-Hydroxyarginin → Citrullin

Abb. 21.50 NO-Synthese aus Arginin [L253]

Es sind drei **NO-Synthase-Isoenzyme** in Endothelien, Neuronen und Makrophagen bekannt.

Drei Isoenzyme der NOS sind bekannt: Die **endotheliale NOS** (eNOS) wird v. a. durch Ca^{2+}-Calmodulin aktiviert. Das durch sie gebildete NO diffundiert in die benachbarten glatten Muskelzellen und führt zur Relaxation (> 9.8.5). Die **neuronale NOS** (nNOS) wird v. a. in erregbaren Zellen wie Neuronen und gestreiften Muskelfasern exprimiert und sehr komplex durch Protein-Kinasen, den Redoxstatus und die subzelluläre Lokalisation reguliert. Die Aktivität der **induzierbaren NOS-Isoform** des Immunsystems (iNOS) ist dagegen kaum reguliert, sodass nach Induktion der Expression in Makrophagen hohe Konzentrationen NO synthetisiert werden, die zytotoxisch wirken (> 16.3.3).

Unter sauerstoffarmen Bedingungen ist die endotheliale NO-Synthase gehemmt, da sie von Sauerstoff als Edukt abhängig ist. Unter diesen Bedingungen kann NO aus Nitrit entstehen, das aus Nitrat gebildet werden kann. Der Mensch nimmt Nitrat (NO_3^-) v.a. aus pflanzlicher Nahrung auf, bildet es aber auch durch Abbau von Stickstoffmonoxid und Nitrit. Er hat jedoch selbst keine Enzyme zur Nitratverwertung. Nitrat kann von nitratatmenden Bakterien in unserer Mundhöhle in Nitrit (NO_2^-) umgewandelt werden. Nitrit dient der Regulation der Mikrobiota im Mund, indem es besonders laktatgärende Bakterien abtötet und so antikariogen wirkt. Wird Nitrit geschluckt, kann ein Teil durch die Magensäure zu noch stärker antimikrobiell wirkender salpetriger Säure (HNO_2) protoniert werden. Diese reagiert im Magen abhängig von den gleichzeitig konsumierten Stoffen zu NO, NO_2 oder aber N_2O_3. Letzteres wird zusammen mit sekundären Aminen für die Entstehung von krebserregenden Nitrosaminen verantwortlich gemacht.

> **KLINIK**
>
> **Kanzerogene Nitrosamine**
>
> Beim Erhitzen von Wurst, Schinken und Käse über 130 °C wie auf einer Pizza bilden die darin enthaltenen Nitrite und Amine krebserregende Nitrosamine. In der Pizzasauce sind jedoch auch Tomaten, deren roter Farbstoff Lycopin sowohl der Bildung von Nitrosaminen als auch den dadurch verursachten Schäden entgegenwirkt. Zusätzlich wird die Bildung von Nitrosaminen durch andere Antioxidantien verringert, die gepökelten Lebensmitteln wie dem Schinken in ausreichender Menge zugesetzt werden.
>
> **Nitrosamin** [L271]

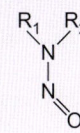

Der größte Teil des Nitrits wird jedoch unverändert im Dünndarm absorbiert und im peripheren Blutkreislauf zu Nitrat oxidiert oder zu NO reduziert. Die Reduktion zu NO erfolgt v.a. bei Sauerstoffmangel am Desoxyhämoglobin der Erythrozyten und am Desoxymyoglobin der Myozyten und wird durch einen niedrigen pH-Wert gefördert. So wird über eine lokale Vasodilatation eine bessere Sauerstoffversorgung des Gewebes erreicht. NO selbst wird, wie auch Nitrit, in Bereichen mit ausreichender O_2-Versorgung durch Oxyhämoglobin und Oxymyoglobin rasch zu Nitrat oxidiert, das zu 75 % eliminiert und zu 25 % in den Speichel zurück sezerniert wird.

21.9 Hämstoffwechsel

21.9.1 Hämvarianten

Der eisenhaltige **Porphyrinkomplex Häm** ist ein bedeutender Cofaktor für viele Proteine. An das vierfach koordinierte Eisen-Ion kann im Hämoglobin molekularer Sauerstoff binden. In den Cytochromen kann das Eisen-Ion seine Oxidationszahl zwischen Fe^{2+} und Fe^{3+} wechseln und dient dem Elektronentransfer. Im Menschen kommt meist Häm b vor. Häm a mit einem Farnesylrest als hydrophobem Lipidanker findet sich ausschließlich im Atmungskettenkomplex IV. Häm c ist über zwei Cysteine kovalent an den Atmungskettenkomplex III und das Cytochrom c gebunden (➤ Abb. 21.51).

Da nicht an Proteine gebundenes Häm reaktive Sauerstoffspezies aus molekularem Sauerstoff und Wasserstoffperoxid freisetzt, wird Häm nur bei Bedarf synthetisiert. Häm wird weder von einem Organ zu einem anderen transportiert noch gespeichert und überschüssiges Häm wird sofort abgebaut.

21.9.2 Hämbiosynthese

> **FALL**
>
> **Frau Sharma hat Bauchschmerzen**
>
> Die 32-jährige Frau Sharma ist neu bei Ihnen in der Praxis, da sie normalerweise nur zu ihrem mit traditionellen ayurvedischen Medikamenten arbeitenden Heilpraktiker geht. Nachdem sie immer wieder über Tage Episoden so starker kolikartiger Bauchschmerzen mit Übelkeit und Erbrechen hatte, dass sie sich selbst nicht mehr um die Kinder kümmern konnte, hat ihr Mann sie überzeugt, doch einmal einen Schulmediziner aufzusuchen. Sie sieht sehr blass aus und die Blutuntersuchung bestätigt mit einem erniedrigten Hämoglobin von 8,6 g/dl (Norm 12–16 g/dl) ihren Verdacht einer Anämie. Die abgegebene Urinprobe ist auffällig dunkel und die Untersuchung zeigt massiv erhöhtes Koproporphyrin und 2 070 mg/g Kreatinin (Norm 23 bis 130 mg/g Kreatinin). Da Sie neulich einen Artikel im Ärzteblatt über mögliche Schwermetallverunreinigungen in pflanzlichen Mitteln gelesen haben, bitten Sie Frau Sharma, ihre Heilmittel zum nächsten Termin mitzubringen. Sie sind erstaunt: Etwa 40 verschiedene Mittel liegen vor Ihnen, die sie in den letzten sechs Monaten eingenommen hat. Sie veranlassen eine chemische Analyse, bei der in allen Proben Blei, teilweise in sehr hohen Konzentrationen, und in einigen zusätzlich auch Quecksilber gefunden wird. Sie diagnostizieren eine durch Bleivergiftung ausgelöste akute Porphyrie (= Störung der Hämsynthese) und überweisen Frau Sharma in eine Klinik.
>
> Welchen Einfluss hat eine Bleivergiftung auf die Blutwerte von Frau Sharma? Wie kann Frau Sharma therapiert werden?

Aus Studentensicht

Nitrat kann im Magen-Darm-Trakt über Nitrit zu giftigen Nitrosaminen reagieren.

KLINIK

Das meiste Nitrit wird absorbiert und wieder zu Nitrat oxidiert oder zu NO reduziert.

21.9 Hämstoffwechsel

21.9.1 Hämvarianten

Häm ist ein eisenhaltiger **Porphyrinkomplex**, der Cofaktor für viele Proteine ist. Im Hämoglobin vermittelt es die Sauerstoffbindung.

Häm wird nur bei Bedarf in der Zelle synthetisiert.

21.9.2 Hämbiosynthese

Aus Studentensicht

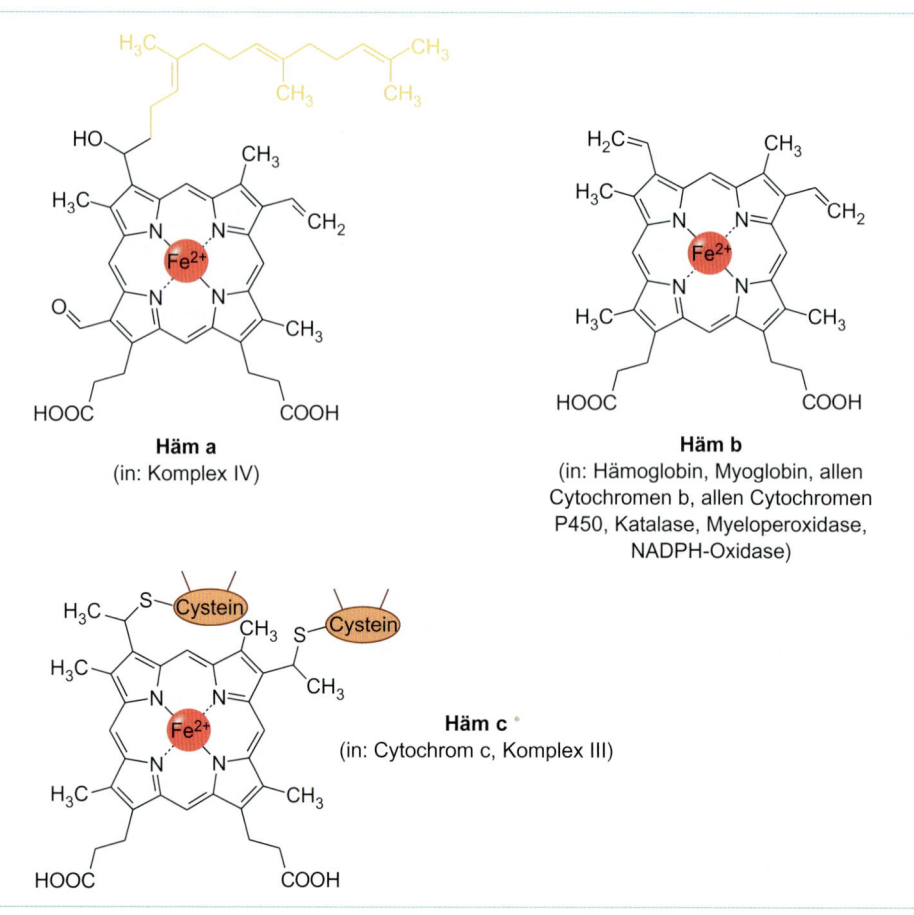

21 STICKSTOFFVERBINDUNGEN: MOLEKÜLE MIT VIELEN FUNKTIONEN

ABB. 21.51

Abb. 21.51 Die drei in menschlichen Proteinen vorkommenden Hämvarianten. Gelb = Farnesylrest. [L253]

Die Hämsynthese beginnt in den Mitochondrien mit der Bildung von **δ-Aminolävulinat** aus Succinyl-CoA und Glycin als Schrittmacherreaktion.

Nach dem Transport ins **Zytoplasma** werden zwei Moleküle δ-Aminolävulinat zu **Porphobilinogen** verknüpft und davon wiederum vier Moleküle zu einem Tetrapyrrolring, dem **Uroporphobilinogen III**. Nach weiteren Modifikationen entsteht das konjugierte System **Protoporphyrin III**, in das das **Eisen-Ion** eingefügt wird.

Das Schrittmacherenzym ist die **δ-Aminolävulinat-Synthase** (ALAS). Die ubiquitäre ALAS 1 wird durch **Feedbackhemmung** reguliert. Die ALAS 2 der Erythroblasten wird dagegen durch EPO induziert.

Die Hämsynthese findet in allen mitochondrienhaltigen Zellen statt. 80 % der Synthese erfolgen in den Erythroblasten für die Hämoglobinsynthese, 15 % in der Leber. Zunächst wird in der **mitochondrialen Matrix** aus Succinyl-CoA und Glycin **δ-Aminolävulinat** (ALA, Aminolevulinic Acid) gebildet (➤ Abb. 21.52). Dies ist der geschwindigkeitsbestimmende und einzige regulierte Schritt der Hämsynthese.

δ-Aminolävulinat wird im Antiport mit Glycin aus dem Mitochondrium ins **Zytoplasma** transportiert und zu **Porphobilinogen III** verknüpft (➤ Abb. 21.52). Anschließend werden vier Porphobilinogenmoleküle zu einem Tetrapyrrolring, dem **Uroporphyrinogen III**, verbunden. Durch weitere Modifikationen in Zytoplasma und Mitochondrium entsteht das konjugierte System **Protoporphyrin III**. Zuletzt wird das zentrale **Eisen-Ion** zugefügt und das Häm im Mitochondrium oder nach Export im Zytoplasma in Hämproteine eingebaut.

Im Menschen gibt es zwei unterschiedlich regulierte Isoenzyme der δ-Aminolävulinat-Synthase (ALAS), des Schrittmacherenzyms der Hämsynthese. Die ubiquitäre **ALAS 1** wird auf der Ebene von Transkription, mRNA-Stabilität, Translation, mitochondrialem Import und Abbau im Sinne einer negativen Rückkopplung durch Häm beeinflusst (➤ Abb. 21.53). Die Transkription der erythroblastenspezifischen ALAS 2 wird v. a. während der Differenzierung der Zellen, z. B. durch Erythropoetin (EPO), hochreguliert. Ihre mRNA weist eisenregulatorische Elemente (IREs) in der 5'-untranslatierten Region (5'-UTR) auf (➤ 5.7.2), sodass die Translation bei Eisenmangel herunterreguliert wird. Eine Rückkopplung durch Häm findet nicht statt.

> **FALL**
>
> **Frau Sharma hat Bauchschmerzen: akute Porphyrie**
>
> Bei Frau Sharma hat das Blei die ALA-Dehydratase gehemmt, deren Zink-Ion im aktiven Zentrum durch das Blei verdrängt wird. Ebenso werden die Ferrochelatase und auch die Koproporphyrinogen-Oxidase gehemmt, was den Anstau von Koproporphyrin im Urin erklärt, der diesen dunkel färbt. Daher wird in Frau Sharmas Erythroblasten weniger Häm und somit auch weniger Hämoglobin gebildet, was ihre Anämie erklärt. Die kolikartigen Bauchschmerzen sind typische neurovegetative Symptome einer akuten Porphyrie. Porphyrien sind Störungen in der Hämbiosynthese, die mit einer massiven Erhöhung von Hämvorstufen wie δ-ALA und Koproporphyrin einhergehen. Der Pathomechanismus für die Entstehung der akuten Bauchschmerzattacken ist nicht bekannt.
>
> In der Klinik erhält Frau Sharma eine Chelat-Therapie. Chelate bilden mit Blei und Quecksilber Komplexe, die dann ausgeschieden werden und so ihre Blei- und Quecksilberbelastung reduzieren. Gleichzeitig bekommt sie Infusionen mit Häminarginat, einem Komplex aus Häm mit Chlorid und Arginin an den noch freien Bindungsstellen des Fe^{2+}-Ions. Diese hemmen die ALAS 1 – und reduzieren so die gefährliche An-

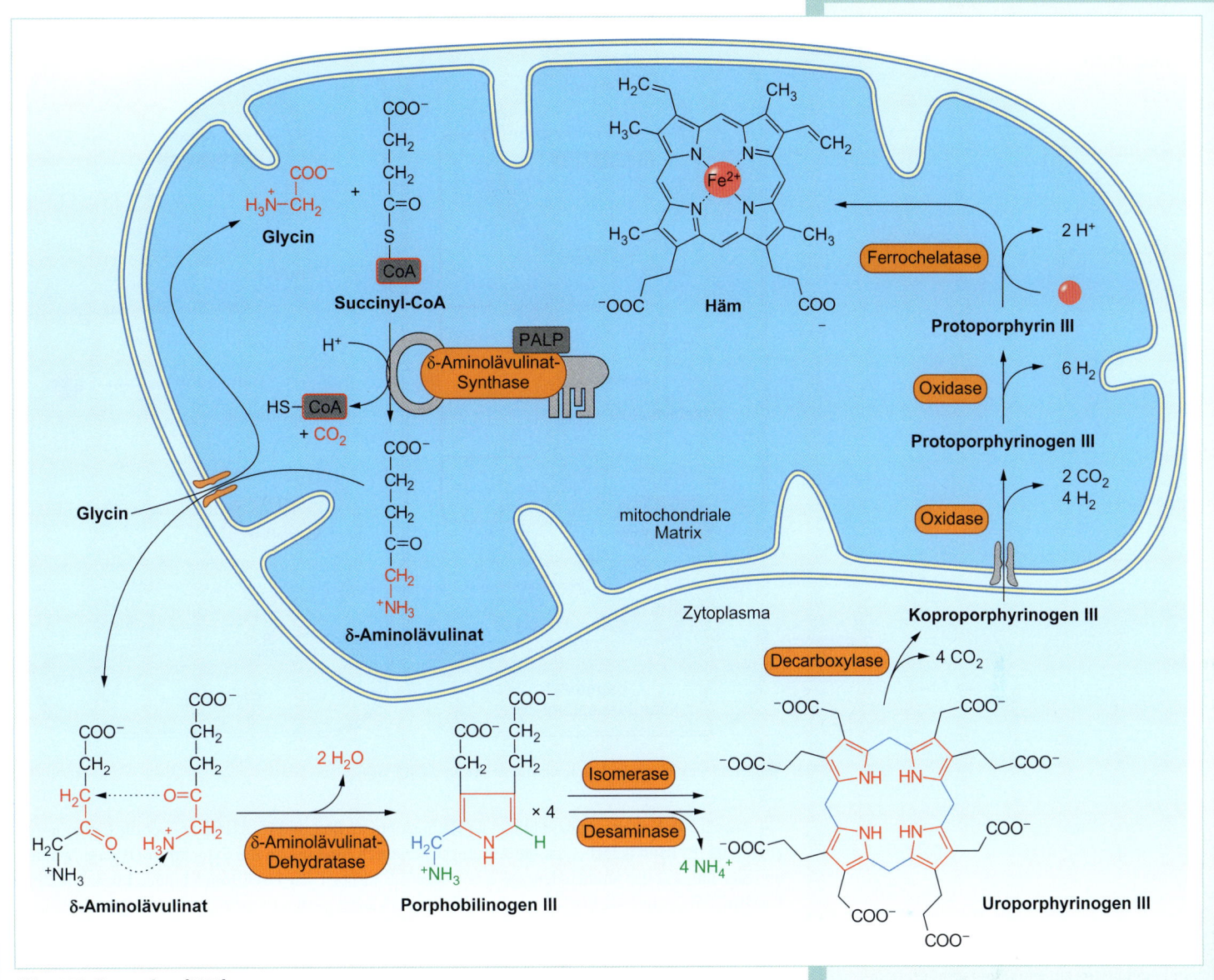

Abb. 21.52 Hämsynthese [L253]

sammlung der Hämvorstufen. Frau Sharma kann wenige Tage später entlassen werden. Nachdem auch nach Wochen keine neuen Episoden aufgetreten sind, ruft Frau Sharma Sie glücklich an: „Die Schmerzen sind ganz weg, ich kann es nicht glauben. Vielen Dank für Ihre Hilfe, ab sofort sind Sie der Heiler meines Vertrauens."

21.9.3 Hämabbau

> **FALL**
>
> **Herr Stern ist verwirrt: Ikterus**
>
> Bei Herrn Stern, dem Alkoholiker mit schwer geschädigter Leber, war Ihnen die Gelbfärbung seiner Haut (Ikterus) aufgefallen, ein typisches Zeichen seiner Leberzirrhose (> 21.1). Seine Bilirubinwerte im Blut sind mit 4 mg/dl massiv erhöht (Norm < 1,1 mg/dl, Gelbfärbung ab > 2,5 mg/dl).
> Wie kommt es durch die Leberschädigung zur Gelbfärbung der Haut?

Nicht benötigtes Häm aus der Nahrung wird überwiegend in Enterozyten und das der gealterten Erythrozyten in den Makrophagen der Milz rasch abgebaut. Auch in Hepatozyten kommt es durch die flexible Anpassung von P_{450}-Monooxygenasen an die jeweilige Stoffwechselsituation zu einem ständigen Auf- und Abbau von Häm.
Der erste Schritt des Hämabbaus wird durch die **Häm-Oxygenase** (HO), einer Monooxygenase, die als Cofaktoren NADPH und molekularen Sauerstoff benötigt, katalysiert. Das Enzym ist ein integrales Membranprotein des endoplasmatische Retikulums und das **Schrittmacherenzym** des Hämabbaus. Es spaltet den Tetrapyrrolring durch die Oxidation einer Methinbrücke (-CH=) zwischen zwei Pyrrolringen zum linearen Tetrapyrrol **Biliverdin,** wobei Kohlenmonoxid und das Eisen-Ion freigesetzt werden

21.9.3 Hämabbau

Nicht benötigtes Häm wird rasch abgebaut. Das **Schrittmacherenzym** des Abbaus ist die **Häm-oxygenase** (HO), die den Tetrapyrrolring zu **Biliverdin** spaltet, wobei CO und das Eisen-Ion frei werden.

Aus Studentensicht

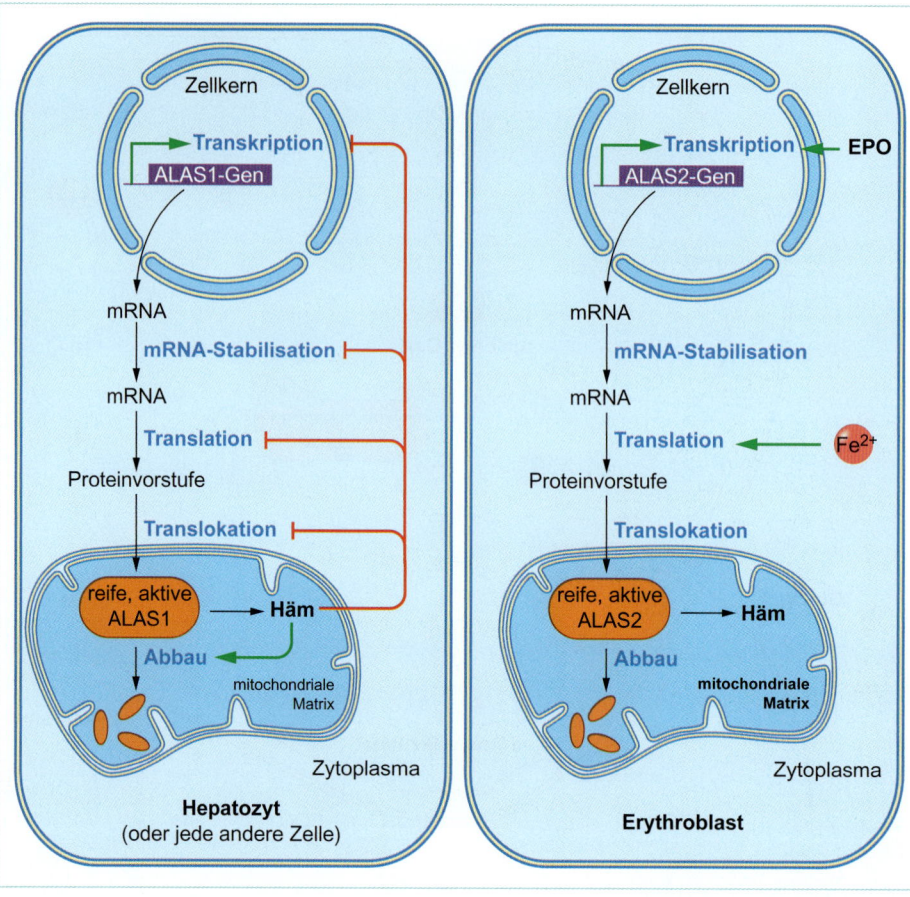

ABB. 21.53

Abb. 21.53 Regulation der δ-Aminolävulinat-Synthetase [L138]

(> Abb. 21.54). Kohlenmonoxid bindet an Hämoglobin im Blut und wird letzlich über die Lunge als Gas abgeatmet. Es kann jedoch auch die Atmungskette durch Bindung an die Cytochrom-Oxidase hemmen und Signalfunktionen ähnlich denen von NO oder H_2S ausüben. Die Eisen-Ionen binden **intrazellulär an Ferritin.** Biliverdin absorbiert durch die Auflösung des konjugierten Häm-Doppelbindungssystems Licht anderer Wellenlänge und ist blaugrün gefärbt.

Biliverdin ist relativ gut wasserlöslich und kann über den Urin ausgeschieden werden. Das meiste Biliverdin wird jedoch gleich nach der Bildung durch die zytoplasmatische **Biliverdin-Reduktase** unter Verbrauch von NADPH zu **Bilirubin** reduziert. Im erwachsenen, normalgewichtigen Menschen fallen täglich etwa 250 mg Bilirubin an. Bilirubin ist orange-gelb gefärbt, da eine weitere konjugierte Doppelbindung fehlt, und wegen der Bildung intramolekularer Wasserstoffbrücken so gut wie gar nicht wasserlöslich. Es kann im Blut daher nur an Albumin gebunden transportiert werden. In den Lebersinusoiden dissoziieren etwa 30 % des Bilirubins von Albumin ab und werden über eine Bilirubin-Translokase in die Hepatozyten aufgenommen. In den Hepatozyten wird Bilirubin in einer Phase-II-Reaktion (> 22.3) durch zweifache Glukuronidierung konjugiert. Katalysiert wird die Reaktion durch die **UDP-Glukuronyltransferase,** die zwei Glukuronsäuremoleküle über Esterbindungen mit den beiden Carboxylgruppen des Bilirubins verknüpft. Das konjugierte Bilirubin gelangt anschließend durch aktiven Transport unter ATP-Verbrauch in die Gallenflüssigkeit (> Abb. 21.54).

Biliverdin wird zu **Bilirubin** reduziert und an Albumin **gebunden** zur Leber transportiert (indirektes Bilirubin).
In der Leber wird Bilirubin mit Glukuronsäure **konjugiert** und so wasserlöslich gemacht (direktes Bilirubin). Das konjugierte Bilirubin wird über die **Galle** ausgeschieden.
Im Darm wird die Glukuronsäure wieder abgespalten und Bilirubin weiter modifiziert.

KLINIK

KLINIK

Direktes und indirektes Bilirubin

In der **Laboranalytik** kann Bilirubin über eine Farbreaktion im Blutplasma nachgewiesen werden. Wird die Reaktion ohne Lösungsvermittler durchgeführt, reagiert nur das glukuronidierte (= konjugierte, wasserlösliche) Bilirubin. Da es also direkt aus Blutplasma nachgewiesen werden kann, wird es **direktes Bilirubin** genannt. Um auch das unkonjugierte Bilirubin nachzuweisen, wird einer zweiten Probe desselben Blutplasmas ein Lösungsvermittler zugesetzt und die Farbreaktion wiederholt. Dadurch wird das Gesamtbilirubin bestimmt. Daraus kann durch Abzug des direkten Bilirubins das unkonjugierte Bilirubin errechnet werden. Da es nicht direkt gemessen, sondern nur rechnerisch ermittelt werden kann, wird es **indirektes Bilirubin** genannt.

Im Kolon spalten Hydrolasen von Darmbakterien die **Glukuronsäurereste** wieder ab und es entsteht freies Bilirubin. Verschiedene **Reduktionsreaktionen,** die ebenfalls durch bakterielle Enzyme katalysiert werden, führen zur Eliminierung weiterer Doppelbindungen. Dabei entstehen die farblosen Moleküle **Urobilinogen** und **Sterkobilinogen,** die zu ca. 20 % reabsorbiert werden und über den enterohepati-

21.9 HÄMSTOFFWECHSEL | Aus Studentensicht

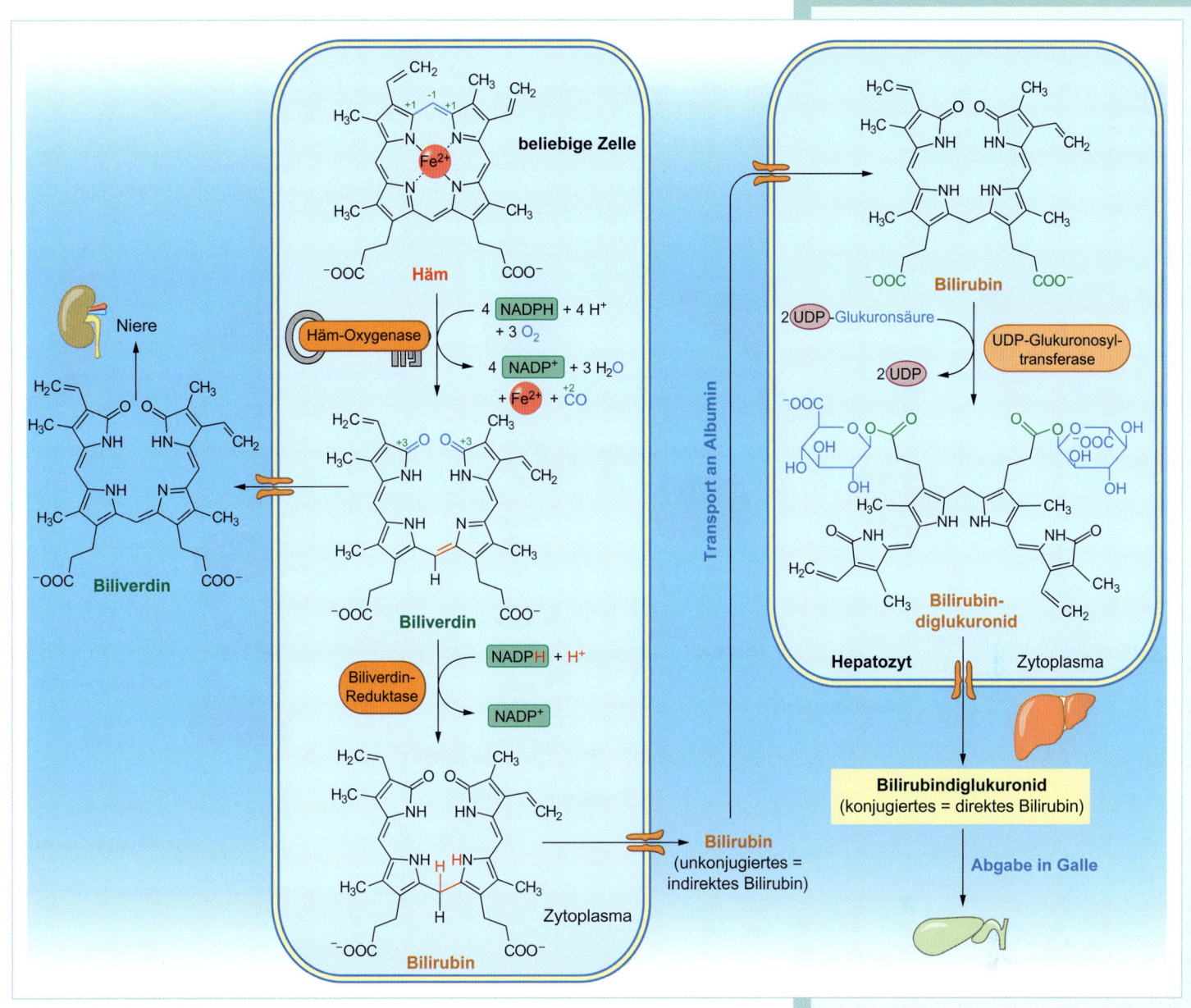

Abb. 21.54 Hämabbau [L138]

schen Kreislauf zurück zur Leber gelangen (> 20.1.2). Sie werden erneut über die Galle in den Darm sezerniert bzw. gelangen zu einem kleinen Teil in den Körperkreislauf und werden durch die Niere ausgeschieden. Der überwiegende Teil des Urobilinogens und Sterkobilinogens wird jedoch durch Bakterien im Kolon zu den dunkelfarbigen Molekülen **Urobilin** und **Sterkobilin** oxidiert. Diese Gallenfarbstoffe sind für die Verfärbung der Faeces verantwortlich.

FALL

Herr Stern ist verwirrt: Ikterus

Die Leberzellen konjugieren normalerweise das angelieferte Bilirubin mit Glukuronsäure, wodurch ein wasserlöslicheres Bilirubinkonjugat entsteht, das mit der Galle ausgeschieden wird. Durch die Leberschädigung kann bei Herrn Stern diese Umwandlung nicht mehr ablaufen, das wasserunlösliche indirekte Bilirubin im Blut steigt stark an und führt zur Gelbfärbung der Haut. Diese indirekt betonte Hyperbilirubinämie ist typisch für einen intrahepatischen Ikterus wie bei der Leberzirrhose. Hingegen würde z. B. bei einem Gallengangsverschluss das direkte Bilirubin ansteigen und ein posthepatischer Ikterus entstehen.
Die Farbigkeit der verschiedenen Hämabbauprodukte ist nicht nur beim Ikterus zu erkennen, sondern auch beim Hämatom – dem „blauen Fleck". Dabei kommt es zu einer Einblutung in die unteren Hautschichten. Zunächst ist der Fleck rot, wie das ausgetretene noch oxygenierte Hämoglobin. Nach der rasch erfolgenden Desoxygenierung des Hämoglobins wechselt die Farbe zu blau, wie in Venen. Nach etwa einer Woche ist das Hämoglobin dann in Biliverdin umgewandelt und der Fleck wird grün. Zu guter Letzt wird Biliverdin in Bilirubin umgewandelt. Bevor er schließlich verschwindet, ist der Fleck gelb.

Biliverdin und v. a. Bilirubin verfügen zumindest in vitro über ein hohes antioxidatives Potential. Die stärkere antioxidative Wirkung könnte ein Grund für die Umwandlung des Biliverdins in das schlecht wasserlösliche Bilirubin sein, obwohl dieses deutlich schwieriger ausgeschieden werden kann.

Bilirubin und Biliverdin wirken **antioxidativ**.

Aus Studentensicht

21.10 Kreatin

Kreatinphosphat dient als intrazellulärer Zwischenspeicher für energiereiche Phosphate. **Kreatin** kann mit der Nahrung aufgenommen oder neu synthetisiert werden.

21 STICKSTOFFVERBINDUNGEN: MOLEKÜLE MIT VIELEN FUNKTIONEN

21.10 Kreatin

Kreatin bzw. **Kreatinphosphat** ist ein von Aminosäuren abstammender Metabolit, der v. a. als intrazellulärer kurzfristiger Zwischenspeicher **energiereicher Phosphate** im Skelettmuskel und auch Gehirn dient (➤ Abb. 3.1).

Kreatin wird je zur Hälfte aus der Nahrung, v. a. aus Fleisch, aufgenommen und aus den Aminosäuren Glycin, Arginin und Methionin de novo synthetisiert. Die Biosynthese beginnt in der Niere. Dort wird die Amidinogruppe von Arginin auf Glycin übertragen und so Guanidinoacetat gebildet (➤ Abb. 21.55). Diese Reaktion wird von Ornithin und Kreatin gehemmt.

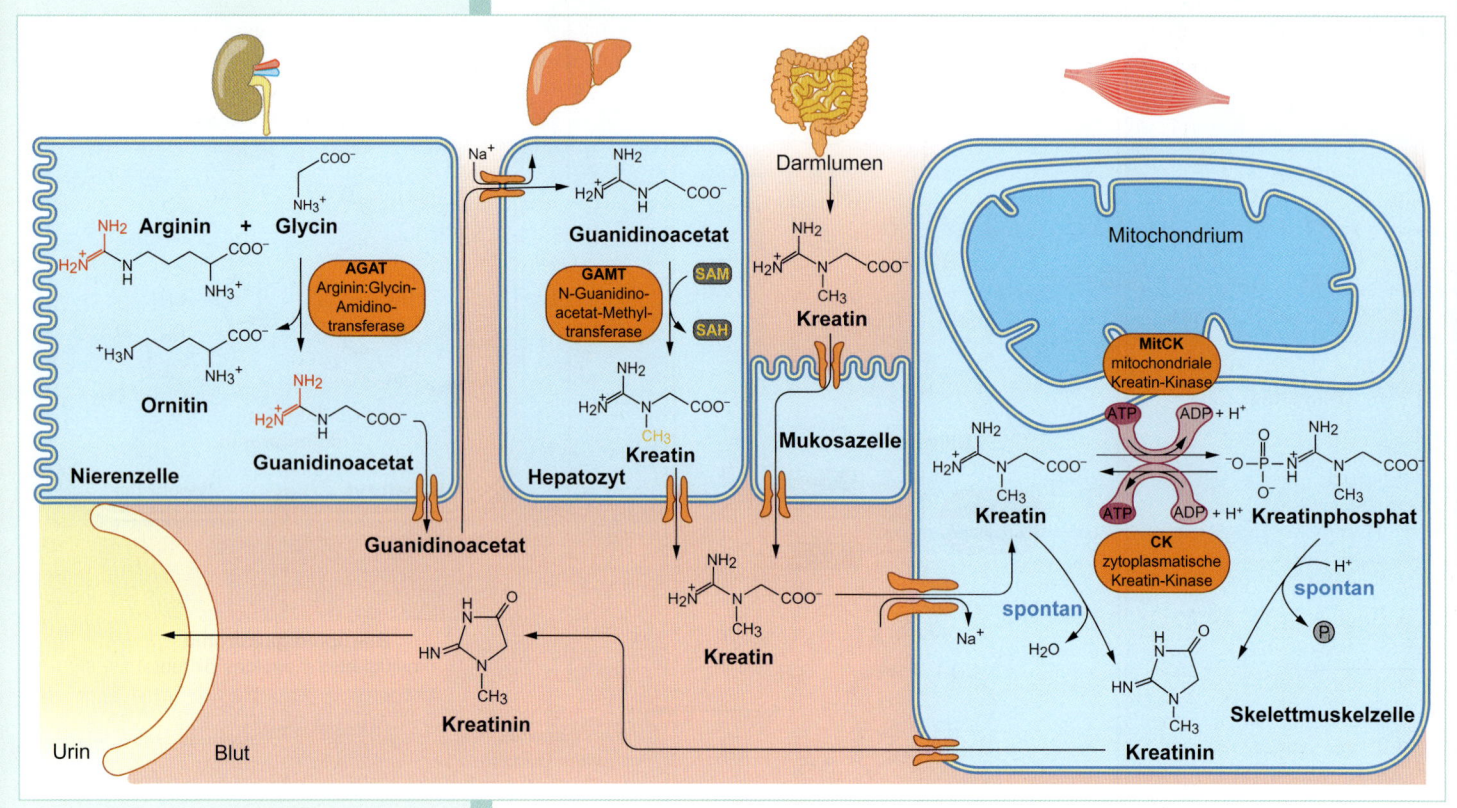

Abb. 21.55 Kreatinstoffwechsel [L138]

An der Neusynthese sind Niere und Leber beteiligt.

Kreatin wird bei hohen ATP-Spiegeln phosphoryliert, bei niedriger Energieladung regeneriert es ATP.

Kreatin und Phosphokreatin können spontan irreversibel zyklisieren. Das entstehende **Kreatinin** wird über die Niere ausgeschieden.

Guanidinoacetat wird über das Blut zur Leber transportiert und dort zu Kreatin methyliert. Diese Synthese verbraucht etwa 40 % der Methylgruppen des zellulären S-Adenosyl-Methionins (SAM). Kreatin wird ans Blut abgegeben und hauptsächlich von Skelettmuskelzellen aufgenommen. Da die Blut-Hirn-Schranke weitgehend undurchlässig für Kreatin ist, muss es im Gehirn selbst hergestellt werden.

Kreatin wird bei hohen ATP-Spiegeln v. a. durch die im Intermembranraum lokalisierte mitochondriale Kreatin-Kinase phosphoryliert, bei niedrigen überträgt v. a. die zytoplasmatische Isoform die Phosphatgruppe von Kreatinphosphat auf ADP und regeneriert ATP (➤ Abb. 21.55). Kreatinphosphat dient so als Speicher für energiereiche Bindungen.

Kreatin und Phosphokreatin unterliegen einer nichtenzymatischen, irreversiblen Zyklisierung (➤ Abb. 21.55). Das gebildete **Kreatinin** kann aus der Zelle diffundieren und wird über den Urin ausgeschieden. Die Blutplasmakreatininkonzentration ist abhängig von der Muskelmasse und der glomerulären Filtrationsrate, zu deren Bestimmung es routinemäßig verwendet wird.

21.11 Weitere wichtige Amine

21.11.1 Cholin

21.11.1 Cholin

> **FALL**
>
> **Herr Stern ist verwirrt: Malabsorption von Methylgruppendonoren**
>
> Durch Herrn Sterns chronischen Alkoholkonsum ist seine Leber zirrhotisch verändert und insuffizient. Neben den toxischen Nebenprodukten des Ethanolabbaus ist dafür wahrscheinlich auch ein gestörter CH₃-Gruppen-Stoffwechsel verantwortlich. Als Alkoholiker hat Herr Stern über Jahre eine zu geringe Menge an Proteinen zu sich genommen. Der chronische Mangel an Glutamin für die Versorgung der Enterozyten senkt deren Leistungsfähigkeit und führt zu Malabsorption wichtiger CH₃-Gruppen-Donoren wie Methionin und Cholin und auch von Vitaminen wie Cobalamin, Folat und Pyridoxin.
> Warum sind Herrn Sterns Muskeln nicht mehr so leistungsfähig?

21.11 WEITERE WICHTIGE AMINE

Quartäre Amine haben im Menschen unterschiedlichste Funktionen. Viele werden über Methylierungen mit S-Adenosyl-Methionin hergestellt. Cholin (Trimethyl-Ethanolamin) ist ein bedingt essenzieller Nahrungsbestandteil, da die endogene Synthese aus Phosphatidylethanolamin zwar möglich, aber nicht ausreichend ist (> 20.3.1). Cholin wird für die Synthese der Membranlipide **Phosphatidylcholin** und damit indirekt auch **Sphingomyelin** benötigt. Ein Mangel an Cholin führt daher zu Störungen der Membranzusammensetzung, zu einem Mangel an Lungen-Surfactant und zu einem gestörten Metabolismus der Lipoproteine. Als direktes Substrat für die Synthese von **Acetylcholin** wirkt sich ein Cholinmangel außerdem auf die Funktionalität der zentralen und peripheren cholinergen Neurotransmission aus. Dabei scheinen die Neurone das fehlende Cholin aus dem Membranabbau zu gewinnen und kompromittieren die gerade für Neurone so wichtige Membranintegrität. Nicht zuletzt ist Cholin als Vorläufer von Betain auch ein CH_3-Gruppen-Donor für die Synthese von Thymin, Adrenalin, Kreatin und Carnitin sowie für die Regulation der Genexpression durch die Methylierung von DNA und Histonen.

Während eine gewisse Aufnahme von Cholin aus Fleisch, Fisch und Eigelb wichtig ist, führt eine Überdosierung aufgrund der Überproduktion von Acetylcholin zu Vergiftungserscheinungen.

> **KLINIK**
>
> **Pilzvergiftung**
> Der Neurotransmitter **Acetylcholin** vermittelt seine Wirkung über Acetylcholinrezeptoren. Dies wird von vielen Pilzen und einigen Pflanzen ausgenutzt. So produzieren z. B. Risspilze und Trichterlinge das quartäre Amin **Muskarin**, das den muskarinischen Acetylcholinrezeptor und damit das parasympathische Nervensystem aktiviert. Im Gegensatz zu Acetylcholin kann Muskarin nicht von der Acetylcholinesterase abgebaut werden, sodass es zu einer gefährlichen Dauererregung des vegetativen Nervensystems kommt. Bei einer Vergiftung kommt es daher zu starker Schweißbildung, Pupillenverengung und Luftnot.

21.11.2 Betain

Betain (Trimethylglycin) ist ein chemisches Chaperon und Osmolyt. Als Osmolyt wird es von Zellen bei osmotischem Stress gebildet, um den osmotischen Druck des Zytoplasmas an die Umgebung anzupassen. Als Chaperon stabilisiert es Proteine v. a. dort, wo sie durch hohe Konzentrationen an anderen Proteinen, wie in der mitochondrialen Matrix, oder anderen Stoffen, wie aufgrund der hohen Osmolarität im Nierenmark, denaturieren würden. Die zweite wichtige Funktion ist die Bereitstellung von Methylgruppen für die Synthese von Methionin und 5,10-Methylen-Tetrahydrofolat in der Leber (> Abb. 21.56).

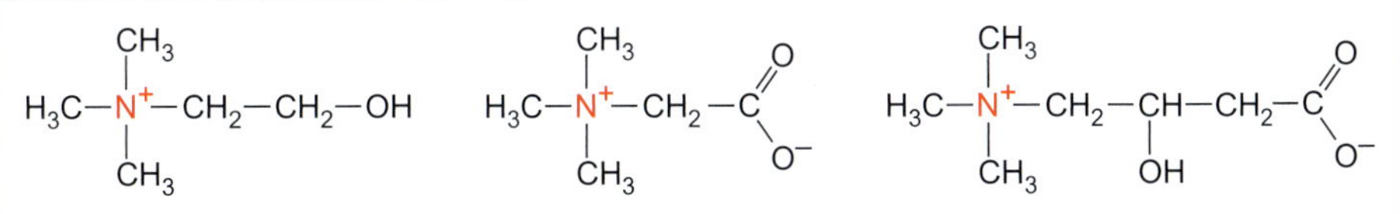

Abb. 21.56 Wichtige quartäre Amine [L307]

Betain kann endogen in den Mitochondrien durch Oxidation von Cholin synthetisiert werden, ist aber auch beispielsweise in Broccoli und Spinat enthalten und wird als Nahrungsergänzungsmittel z. B. Energydrinks zugesetzt.

21.11.3 Carnitin

Carnitin ist Bestandteil des Shuttlesystems für Fettsäuren in der inneren Mitochondrienmembran und damit limitierend für die β-Oxidation (> 20.1.7). Es wird bei normaler Mischkost in ausreichenden Mengen aus der Nahrung, hauptsächlich aus Fleisch, aufgenommen, da es im Muskelgewebe aller tierischen Organismen in relativ hoher Konzentration vorkommt. Vegetarier, v. a. aber Veganer, müssen Carnitin dagegen hauptsächlich selbst synthetisieren. Dazu wird proteingebundenes Lysin dreimal mit S-Adenosyl-Methionin (SAM) methyliert. Proteine mit Trimethyllysin können auch v. a. aus vegetarischer Nahrung stammen. Das Trimethyllysin wird dann durch Proteolyse freigesetzt und Vitamin-C-abhängig zum Hydroxytrimethyllysin hydroxyliert. Nach Abspaltung von Glycin entsteht durch zwei weitere Oxidationen Carnitin.

> **FALL**
>
> **Herr Stern ist verwirrt: Carnitinmangel**
> Bei Herrn Stern, der durch seinen Alkoholkonsum zu wenig Methylgruppen für die Biosynthese von Carnitin zur Verfügung hat, hat der Carnitinmangel wahrscheinlich auch zu seinem körperlichen Verfall beigetragen. Ein Carnitinmangel verringert die körperliche Leistungsfähigkeit und beschleunigt die Atrophie der Muskeln, da nicht genügend Fettsäuren ins Mitochondrium transportiert werden können. Möglicherweise hat der Carnitinmangel auch die Entwicklung der Fettleber begünstigt, der erste Schritt zur Leberzirrhose, da die überschüssigen Fettsäuren im Zytoplasma der Leberzellen jetzt in Triacylglyceride eingebaut werden.

Aus Studentensicht

Cholin ist bedingt essenziell und wird für die Synthese von **Membranlipiden** und dem Neurotransmitter **Acetylcholin** benötigt.

Eine **Cholinüberdosierung** führt zu einer Überstimulation der Acetylcholinrezeptoren.

KLINIK

21.11.2 Betain

Betain stabilisiert Proteine und stellt **Methylgruppen** für die Methionin- und Tetrahydrofolatsynthese bereit.

ABB. 21.56

Betain kann **aus Cholin synthetisiert** oder mit der Nahrung aufgenommen werden.

21.11.3 Carnitin

Carnitin transportiert Fettsäuren über die innere Mitochondrienmembran.
Es kann mit der Nahrung aufgenommen oder aus Lysin synthetisiert werden.

Aus Studentensicht

PRÜFUNGSSCHWERPUNKTE
IMPP
- !!! Purinsynthese, Hypoxanthin-Guanin-Phosphoribosyltransferase, Struktur von Hypoxanthin, Lesch-Nyhan-Syndrom
- !! Harnstoffzyklus
- ! GABA, Thiolgruppen, PALP

Kompetenzorientierte Lernziele (NKLM)

Die Studierenden können
- den Aufbau und die Funktion von Nukleotiden und Nukleinsäuren beschreiben und daraus wesentliche Eigenschaften ableiten.
- die Struktur, Synthese, Wirkmechanismen und Abbau unterschiedlicher Transmitter erklären.
- Abbau von Proteinen, Trans- und Desaminierung von Aminosäuren, Harnstoffzyklus, Entgiftung von Ammoniak und Prinzipien der Einschleusung der Kohlenstoffgerüste in den Intermediärstoffwechsel erläutern.
- den Abbau von Purin- und Pyrimidinnukleotiden erläutern.
- die Prinzipien der Synthese der nicht essenziellen Aminosäuren beschreiben
- die Prinzipien der Synthese der Nukleotide erläutern.
- die Regulation des Auf- und Abbaus von Kreatinphosphat in unterschiedlichen Stoffwechsellagen erklären.
- die Schlüsselschritte der Synthese und des Abbaus von Häm erläutern.
- erklären, wie Proteine und Nukleinsäuren durch Verdauungsenzyme hydrolysiert werden.
- erklären, wie Nahrungsbestandteile absorbiert und in Blut und Lymphe transportiert werden.
- die Zonierung der Leberacini und ihre funktionelle Bedeutung erklären.
- die Funktion der Leber beim Aminosäureabbau und der Harnstoffsynthese erklären.
- die Bildung und Ausscheidung von Gallenfarbstoffen und Gallensäuren beschreiben.
- die Kompensations- und Korrekturmechanismen der Niere bei Azidose und Alkalose erklären.

21 STICKSTOFFVERBINDUNGEN: MOLEKÜLE MIT VIELEN FUNKTIONEN

ÜBUNGSFRAGEN FÜRS MÜNDLICHE MIT LÖSUNGSHILFEN

1. Über welche Möglichkeiten der Fixierung von NH_4^+-Ionen verfügen unterschiedliche Hepatozyten?

Periportale Hepatozyten können freie NH_4^+-Ionen in Carbamoylphosphat fixieren und letztlich in Harnstoff einbauen. Auch die in anderen Zellen in Glutamin fixierten NH_4^+-Ionen können hier über die Glutaminase und den Harnstoffzyklus in Harnstoff eingebaut werden. Perivenöse Hepatozyten dagegen fixieren freie NH_4^+-Ionen fast quantitativ mithilfe der Glutamin-Synthetase. Sie verfügen weder über die Enzymaktivitäten des Harnstoffzyklus noch über eine Glutaminase-Aktivität. Das Verhältnis der Fixierung von NH_4^+-Ionen durch die Leber in Harnstoff oder Glutamin wird durch den Säure-Basen-Status des Körpers reguliert.

2. Welche Reaktion der Hämbiosynthese wird reguliert und wodurch?

Bei der Hämbiosynthese wird der erste Schritt, also die Synthese von δ-Aminolävulinat (δ-ALA) aus Succinyl-CoA und Glycin, durch die δ-ALA-Synthase reguliert. In allen Zellen mit Ausnahme der Erythroblasten wird die Aktivität der δ-ALA-Synthase durch Häm vermindert, auch auf Transkriptionsebene. Erythroblasten exprimieren ein Isoenzym, das durch freie Eisen-Ionen aktiviert und dessen Transkription während der Differenzierung z. B. durch Erythropoetin stimuliert wird.

3. Wie kann eine Hyperurikämie entstehen?

In den meisten Fällen liegt eine Störung der Harnsäureausscheidung in der Niere vor, wobei entweder ein Harnsäuretransporter defekt oder die Funktion der Niere durch eine Erkrankung eingeschränkt ist. Außerdem kann es bei einer Azidose zu einer vermehrten Reabsorption von Harnsäure kommen, da diese gegen Carboxylat-Anionen wie Laktat ausgetauscht wird. Ein Überangebot an Harnsäure kann auch in einer übermäßigen Nahrungsaufnahme oder Bildung von Purinnukleotiden liegen, beispielsweise bei einem sehr hohen Angebot an aktivierter Ribose aufgrund einer Störung im Salvage Pathway oder eines verstärkt ablaufenden Pentosephosphatwegs.

4. Weshalb kann Fluorouracil zur Behandlung von Krebserkrankungen eingesetzt werden?

Ein Metabolit von Fluorouracil hemmt die Synthese von dTMP aus dUMP, indem er als Suizidinhibitor an die Thymidylatsynthase bindet und dadurch die Übertragung der Methylgruppe von Methylen-THF auf Uracil verhindert. Da dTMP aufgrund des fehlenden Thymidinribonukleotids nicht direkt durch die Ribonukleotidreduktase hergestellt werden kann, ist die durch Thymidylatsynthase katalysierte Reaktion limitierend für die Bereitstellung aller Desoxyribonukleotide für die DNA-Synthese.

5. Nennen Sie Reaktionen, die im menschlichen Körper Ammonium-Ionen freisetzen!

Glutamat-Dehydrogenase, Purinnukleotidzyklus, Desaminierung von Asparagin und Glutamin sowie der Abbau von Glycin durch das Glycin-Spaltungssystem. Daneben können Bakterien im Darm Ammonium-Ionen durch weitere Desaminierungen von Nahrungsbestandteilen freisetzen.

KAPITEL 22
Biotransformation: Entgiftung und Giftung

Anton Eberharter

22.1 Metabolisierung von Eigen- und Fremdstoffen 629
22.2 Phase-I-Reaktion (Umwandlungsphase) 630
22.2.1 Cytochrom-P450-Enzyme 630
22.2.2 Weitere Beispiele für Phase-I-Enzyme 631
22.3 Phase-II-Reaktionen (Konjugationsphase) 632
22.3.1 Konjugation mit Glukuronsäure 632
22.3.2 Konjugation mit Glutathion 633
22.3.3 Konjugation mit Sulfatgruppen 634
22.3.4 N-Acetylierung, Methylierung und Konjugation mit Glycin 635
22.4 Induzierbarkeit von Phase-I- und Phase-II-Enzymen 635

Aus Studentensicht

Unser Körper ist tagtäglich damit beschäftigt, Giftstoffe, Medikamente und körpereigene Abbauprodukte auszuscheiden. Einige von ihnen müssen dafür durch die Reaktionen der Biotransformation wasserlöslich gemacht werden. Was zunächst unspektakulär klingt, ist jedoch essenziell für jeden praktisch tätigen Arzt. Denn schnell wird klar: Eine Vielzahl von Medikamenteninteraktionen und schwere Nebenwirkungen bei Überdosierung sind oft nur unter Kenntnis der Prozesse, die während der Biotransformation ablaufen, zu verstehen. In diesem Kapitel lernst du, welche Prozesse im Rahmen der Biotransformation ablaufen und warum scheinbar „leichte" Überdosierungen von einigen Medikamenten potenziell tödlich verlaufen können.
Karim Kouz

22.1 Metabolisierung von Eigen- und Fremdstoffen

22.1 Metabolisierung von Eigen- und Fremdstoffen

> **FALL**
>
> **Bella und der Paracetamol-Saft**
>
> Frau Fernandez aus Spanien ist erst seit Kurzem mit ihren beiden Kindern, dem fünfjährigen Paolo und der zweijährigen Bella, bei Ihnen in der Kinderarztpraxis. Paolo hatte letzte Woche einen hochfieberhaften Infekt. Sie hatten Paolo Paracetamol-Saft verschrieben.
>
> Paracetamol [L299]
>
> Am Montagmorgen ruft Frau Fernandez ganz aufgelöst bei Ihnen an. „Bella muss es irgendwie geschafft haben, die Flasche mit dem Paracetamol-Saft aufzumachen, ich glaube, sie hat den ganzen Saft getrunken, der war noch mindestens zu ¾ voll. Was soll ich jetzt tun?" Der Paracetamol-Saft war mit 40 mg/ml dosiert, demnach hätte Bella bei etwa 75 ml Saft etwa 3 000 mg Paracetamol zu sich genommen. Bei ihrem Gewicht von 10 kg wären das etwa 300 mg/kg – ab 250 mg/kg ist ein Leberschaden durch eine Paracetamolüberdosierung möglich. Ab etwa 350 mg/kg wird die Leber ohne Therapie sicher geschädigt. Hoch besorgt überweisen Sie Bella gleich in die Kinderklinik.
> Wie kommt es zu einer Leberschädigung durch eine zu hohe Paracetamoldosis? Welche Therapiemöglichkeiten bestehen?

Stoffe und Metaboliten, die der Körper nicht oder nicht mehr verwenden kann oder die toxisch sind, müssen effizient ausgeschieden werden und werden als ausscheidungspflichtig bezeichnet. Um ihre Sekretion über die **Galle** oder die **Nieren** zu ermöglichen, werden **hydrophobe** Verbindungen durch chemische Reaktionen zuerst **wasserlöslich** gemacht. Für diese **Biotransformation** besitzt der Körper eine entsprechende **enzymatische** Ausstattung. Hauptverantwortliches Organ für diesen Prozess ist die **Leber**. Andere Organe wie Niere oder Darm tragen aber ebenfalls zur Biotransformation bei.
Typische **körpereigene Substrate** (Endobiotika) der Biotransformation sind Steroidhormone und Gallenfarbstoffe wie Bilirubin. **Fremdstoffe** (Xenobiotika), die durch die Biotransformation ausscheidungsfähig gemacht werden, sind beispielsweise Alkohole, Medikamente, Umwelt-, Schimmelpilzgifte, Alkaloide oder Bestandteile des Tabakrauchs. Auch Ethanol wird durch Reaktionen der Biotransformation abgebaut, dabei aber in einen für den Energiestoffwechsel verwertbaren Metaboliten überführt (➤ 24.7.1).
Der Ablauf der Biotransformation verläuft in drei Phasen (➤ Abb. 22.1):
1. **Phase-I-Reaktion** (Umwandlungs-, Funktionalisierungsphase): In das Substrat werden eine oder mehrere meist kleine funktionelle Gruppen eingeführt oder freigelegt.
2. **Phase-II-Reaktion** (Konjugationsphase): Das Substrat wird mit einer oder mehreren zusätzlichen chemischen Gruppen verbunden.
3. **Transport zur Ausscheidung.**

Ausscheidungspflichtige **hydrophobe körpereigene** Stoffe (z. B. Gallenfarbstoffe) und **Fremdstoffe** (z. B. Medikamente) werden im Rahmen der v. a. in der **Leber** ablaufenden **Biotransformation** durch **enzymatisch** katalysierte Reaktionen in **wasserlösliche** Stoffe umgewandelt, die dann über die **Nieren** oder die **Galle** ausgeschieden werden können.
Die Biotransformation verläuft dabei in drei Phasen:
1. **Phase-I-Reaktion** (Umwandlungsphase)
2. **Phase-II-Reaktion** (Konjugationsphase)
3. **Transport zur Ausscheidung**

Aus Studentensicht

ABB. 22.1

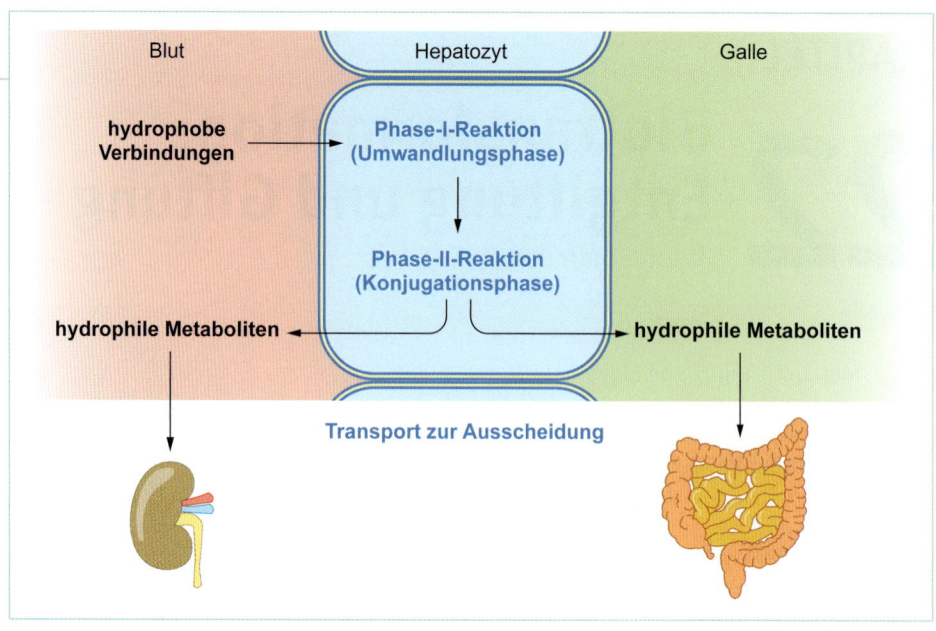

Abb. 22.1 Phasen der Biotransformation [L299]

22.2 Phase-I-Reaktion (Umwandlungsphase)

Typische Reaktionen der Phase I sind **Oxidationen, Reduktionen** und **Hydrolysen**. Am häufigsten treten dabei Oxidationen durch **Monooxygenasen** auf. Sie verwenden **molekularen Sauerstoff** (O_2) als Cosubstrat. Im Gegensatz zu den Dioxygenasen, die beide O-Atome zur Oxidation ihrer Substrate verwenden, bauen die Monooxygenasen nur ein O-Atom in das Substrat ein und setzen das zweite in Form von H_2O frei. Monooxygenasen sind **mischfunktionelle Oxygenasen,** da sie gleichzeitig mit dem Substrat, einem Coenzym und mit O_2 reagieren.

22.2.1 Cytochrom-P450-Enzyme

Die bei Weitem größte und am besten charakterisierte Gruppe der Monooxygenasen sind **Cytochrom-P450-Enzyme** (CYP-Enzyme). Sie zeigen in isolierter, mit CO gesättigter Form ein Absorptionsmaximum bei 450 nm, was zu ihrer Namensgebung geführt hat. Die meisten der ca. 60 bekannten Cytochrom-P450-Enzyme sind in der Membran des **glatten ER** lokalisiert. Einige wenige sitzen auch in der mitochondrialen Außenmembran. Alle ihre aktiven Zentren weisen aber – soweit bekannt – ins Zytoplasma. Da das ER bei experimentellem Aufschluss von Zellen in kleine Vesikel (Mikrosomen) zerfällt, werden sie häufig auch **mikrosomale Cytochrom-P450-Enzyme** genannt.

Die Cytochrom-P450-Enzyme unterscheiden sich in ihrer **Substratspezifität**. Cytochrom-P450-Enzyme mit **hoher Spezifität** sind beispielsweise am Metabolismus der Steroidhormone, der Arachidonsäure und anderer Lipide beteiligt. Cytochrom-P450-Enzyme mit **breiter Spezifität** sind überwiegend in der **Leber** lokalisiert und katalysieren hauptsächlich die Phase-I-Reaktion von Xenobiotika.

Das am häufigsten vorkommende Cytochrom-P450-Enzym ist **CYP3A4,** das für die Biotransformation der meisten Pharmaka verantwortlich ist. Die Unterschiede bezüglich der Verträglichkeit von Medikamenten beruhen v.a. auf der individuell unterschiedlichen Expression der Cytochrom-P450-Enzyme.

Reaktionsmechanismus

Wie Hämoglobin tragen die Cytochrom-P450-Enzyme eine **zytoplasmatische Hämgruppe.** Das zentrale Fe^{3+}-**Ion** erhält von der **Cytochrom-P450-Reduktase** ein Elektron und wird dabei zu Fe^{2+} reduziert (> Abb. 22.2). Die Cytochrom-P450-Reduktase ist ein Flavoprotein, das ebenfalls in der Membran des ER lokalisiert ist und FMN oder FAD als prosthetische Gruppe enthält. Sie erhält Elektronen von **NADPH,** das dabei zu $NADP^+$ oxidiert wird.

In reduzierter Form können die Cytochrom-P450-Enzyme molekularen Sauerstoff (O_2) binden. Eines der beiden O-Atome reagiert mit dem Substrat, das dadurch eine **sauerstoffhaltige Gruppe** erhält und oxidiert wird. Das zweite O-Atom wird mit den zwei aus NADPH stammenden Elektronen und zwei H^+ zu H_2O reduziert (> Abb. 22.2).

Typische Reaktionen

Hydroxylierungen führen zur Bildung einer **OH-Gruppe** in aromatischen oder aliphatischen Substraten. Ein Beispiel ist die Phase-I-Reaktion der Entgiftung von Benzol, in der Phenol gebildet wird.

Epoxidierungen resultieren in einem O-Atom, das mit zwei C-Atomen in einer sehr reaktiven Ringstruktur verbunden ist (= Epoxidgruppe). Diese reaktive Ringstruktur kann in der Folge zu unerwünschten

---

22.2 Phase-I-Reaktion (Umwandlungsphase)

Phase-I-Reaktionen sind u. a. **Oxidationen, Reduktionen** und **Hydrolysen. Mischfunktionelle Oxygenasen,** die **Monooxygenasen,** nutzen zur Oxidation molekularen Sauerstoff: Sie bauen ein O-Atom in das Substrat ein und setzen das andere in Form von H_2O frei.

22.2.1 Cytochrom-P450-Enzyme

Die größte Gruppe der Monooxygenasen sind die **Cytochrom-P450-Enzyme,** die meist in der Membran des **glatten ER** und seltener in der mitochondrialen Außenmembran lokalisiert sind. Sie unterscheiden sich hinsichtlich ihrer **Substratspezifität:** Enzyme mit **hoher Spezifität** sind u. a. am Metabolismus der Steroidhormone und anderer Lipide beteiligt. Enzyme mit **breiter Spezifität** katalysieren überwiegend in der **Leber** die Phase-I-Reaktion von Xenobiotika. Das Cytochrom-P450-Enzym **CYP3A4** ist dabei der häufigste Vertreter und an der Biotransformation der meisten Pharmaka beteiligt.

Reaktionsmechanismus

Die **zytoplasmatische Hämgruppe** der CYP-Enzyme trägt ein Fe^{3+}-**Ion,** das von der in der ER-Membran sitzenden **Cytochrom-P450-Reduktase** unter NADPH-Verbrauch zu Fe^{2+} reduziert wird und dann O_2 binden kann. Ein O-Atom reagiert anschließend mit dem Substrat unter Einführung einer **sauerstoffhaltigen Gruppe** (Oxidation), das andere mit zwei Protonen zu H_2O.

Typische Reaktionen

Typische Reaktionen der CYP-Enzyme sind **Hydroxylierungen** von aromatischen und aliphatischen Substraten, die zur Bildung von **OH-Gruppen** führen, sowie **Epoxidierungen.**

22.2 PHASE-I-REAKTION (UMWANDLUNGSPHASE)

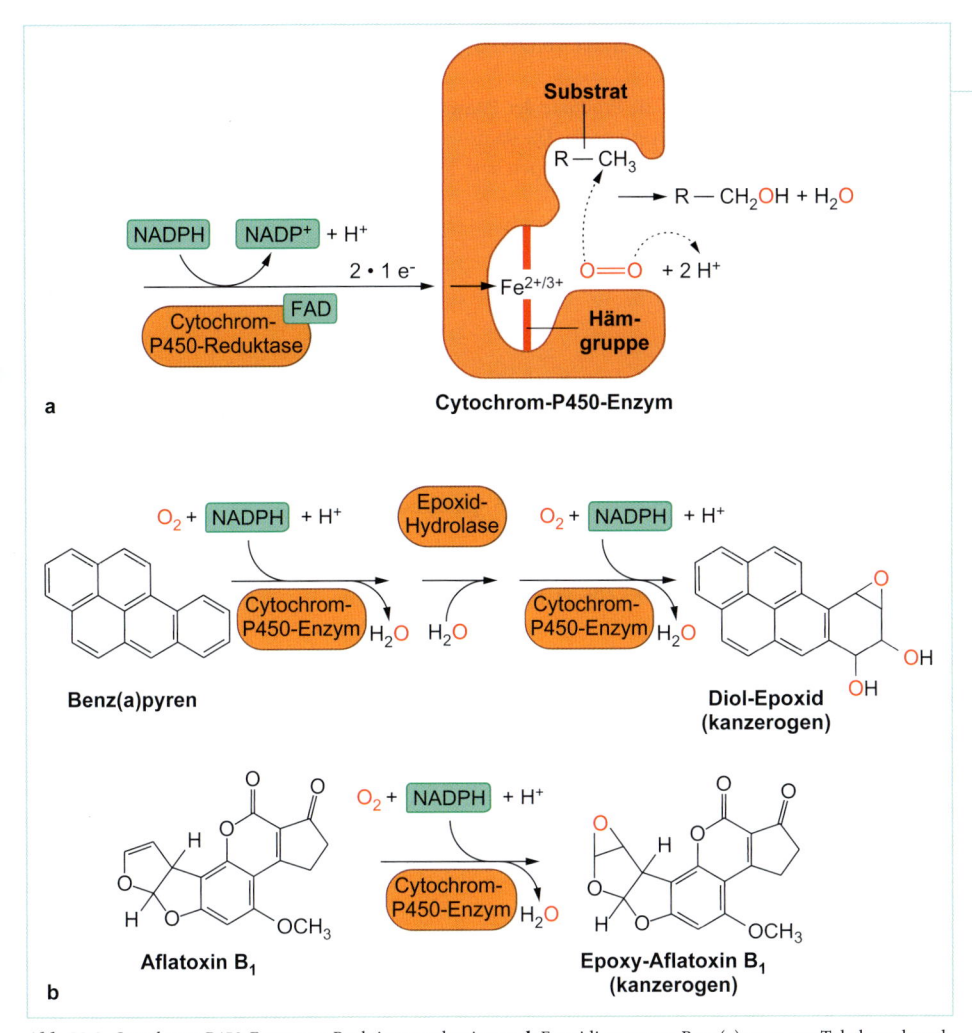

Abb. 22.2 Cytochrom-P450-Enzyme. **a** Reaktionsmechanismus. **b** Epoxidierung von Benz(a)pyren aus Tabakrauch und dem Schimmelpilzgift Aflatoxin B_1. [L299]

Reaktionen, wie z. B. der Bildung von DNA-Addukten, führen. Ein bekanntes Beispiel dafür ist die Bildung des **Kanzerogens Diol-Epoxid** aus Benzpyrenen des Tabakrauchs. Diol-Epoxide sind **äußerst reaktiv**, können mit den **Purinnukleotiden** der DNA reagieren und damit Mutationen auslösen, die zur Bildung eines Lungenkarzinoms beitragen können (➤ 11.2.2). Aber auch die auf Leberzellen kanzerogene Wirkung des z. B. auf angefaulten Erdnüssen vorkommenden Schimmelpilzgifts **Aflatoxin B_1** kann durch eine Phase-I-Reaktion erklärt werden. Epoxid-Hydrolasen katalysieren die Aufspaltung einiger Epoxide und verhindern somit ihre toxischen Folgereaktionen (➤ Abb. 22.2).
Weiterhin gehören **Oxidationen** von N- oder S-Atomen sowie von CH_3-Gruppen, die anschließend entfernt werden, zu den typischen Reaktionen der Cytochrom-P450-Enzyme.
Anhand dieser Beispiele ist erkennbar, dass in vielen Fällen erst die Umwandlung verschiedener Fremdstoffe und Metaboliten durch Phase-I-Reaktionen toxische Verbindungen erzeugt (= Giftung).

22.2.2 Weitere Beispiele für Phase-I-Enzyme

Alkohol- und Aldehyd-Dehydrogenasen sind für den Abbau von primären und sekundären Alkoholen verantwortlich. Sie zeigen keine große Spezifität und benötigen meist NAD^+ oder $NADP^+$ als Coenzyme. Die Umwandlung der Purinnukleotide zu Harnsäure wird wesentlich durch die **Xanthin-Oxidase** katalysiert (➤ 21.7.4). Sie gehört wie die Cytochrom-P450-Enzyme auch zu den Metalloenzymen, enthält aber ein **Molybdän-Ion** im aktiven Zentrum.
Körperfremde Amine und Sulfide, die in Pestiziden oder Toxinen vorkommen und mit der Nahrung aufgenommen werden, werden durch **FAD-haltige Monooxygenasen** entgiftet. Sie sind v. a. in Leber, Lunge und Niere exprimiert und benötigen **molekularen Sauerstoff** und **NADPH**.
Weitere Phase-I-Reaktionen sind Desaminierungen wie beim Abbau von Serotonin, Melatonin oder der Katecholamine Noradrenalin und Adrenalin durch **Monoaminooxidasen** (➤ 21.6.6).
Esterasen, die der Acetylcholin-Esterase der postsynaptischen Membran ähneln (➤ 27.1.4), katalysieren die Hydrolyse vieler hydrophober Esterverbindungen.

Aus Studentensicht

ABB. 22.2

Letztere führen eine reaktive Epoxidgruppe ein, die zu unerwünschten Folgereaktionen z. B. mit DNA führen kann. Benzpyrene des Tabakrauches können so zu **Diol-Epoxid** reagieren, das **äußerst reaktiv** ist, mit **Purinnukleotiden** der DNA reagieren kann und dadurch **kanzerogen** ist.
Weitere Reaktionen der CYP-Enzyme sind die **Oxidation** von N- oder S-Atomen sowie von CH_3-Gruppen.

22.2.2 Weitere Beispiele für Phase-I-Enzyme

Neben den CYP-Enzymen gibt es noch weitere Phase-I-Enzyme, z. B.:
- **Alkohol- und Aldehyd-Dehydrogenasen:** bauen primäre und sekundäre Alkohole ab
- **Xanthin-Oxidase:** hat im aktiven Zentrum ein **Molybdän-Ion** gebunden und wandelt Purinnukleotide zu Harnsäure um
- **FAD-haltige Monooxygenasen:** entgiften z. B. oral aufgenommene Pestizide oder Toxine unter Verwendung von O_2 und **NADPH**
- **Monoaminooxidasen:** desaminieren z. B. Serotonin, Melatonin und Katecholamine
- Hydrolasen: spalten hydrolytisch z. B. Ester (**Esterasen**) oder Epoxide (Epoxid-Hydrolasen)

Aus Studentensicht

22.3 Phase-II-Reaktionen (Konjugationsphase)

Die Produkte der Phase-I-Reaktion erhalten in Phase-II-Reaktionen durch **Transferasen** zusätzliche polare **Gruppen** wie Glukuronsäure, Glutathion, Sulfat-, Acetyl- und CH_3-Gruppen, Glycin, Glutamin oder Taurin. Dies erhöht ihre Wasserlöslichkeit.

Einige der eingeführten Gruppen müssen vorher **aktiviert** werden. Dies schafft ein **hohes Gruppenübertragungspotenzial,** das die Konjugation mit dem Substrat ermöglicht.

22.3.1 Konjugation mit Glukuronsäure

Die Konjugation an Glukuronsäure, die v. a. in der **Leber** mithilfe von **UDP-Glukuronyl-Transferasen** stattfindet, spielt quantitativ die bedeutendste Rolle. Die Reaktion der UDP-Glukuronsäure mit

22.3 Phase-II-Reaktionen (Konjugationsphase)

In Phase-II-Reaktionen erhalten die Produkte der Phase-I-Reaktionen zusätzliche polare Gruppen, welche die Wasserlöslichkeit weiter verbessern. Die dafür verantwortlichen Enzyme gehören zur Klasse der **Transferasen** und können u. a. folgende **Gruppen** bzw. Moleküle übertragen:
- Glukuronsäure
- Glutathion
- Sulfatgruppen
- Acetylgruppen
- CH_3-Gruppen
- Glycin, Glutamin oder Taurin

Bevor die zusätzlichen Gruppen auf das Substrat übertragen werden, müssen einige von ihnen **aktiviert** werden. Dadurch wird ein **hohes Gruppenübertragungspotenzial** geschaffen, das die Konjugation mit dem Substrat ermöglicht:
- aktivierte Glukuronsäure = **UDP-Glukuronsäure**
- aktivierte Sulfatgruppe = **3′-Phosphoadenosin-5′-phosphosulfat** (PAPS)
- aktivierte Acetylgruppe = **Acetyl-CoA**
- aktivierte CH_3-Gruppe = **S-Adenosylmethionin** (SAM)
- aktiviertes Glycin bzw. Glutamin = **Glycyl- bzw. Glutaminyl-CoA**

22.3.1 Konjugation mit Glukuronsäure

Die Konjugation an Glukuronsäure spielt im menschlichen Organismus quantitativ die bedeutendste Rolle. Durch Glukuronylierung werden sowohl **zelluläre Metabolite** als auch **Fremdstoffe** wie Medikamente oder Toxine konjugiert. **UDP-Glukuronyl-Transferasen** werden v. a. in der **Leber** sehr stark exprimiert und sind mit der Membran des ER assoziiert. Die Anheftung der UDP-Glukuronsäure erfolgt an

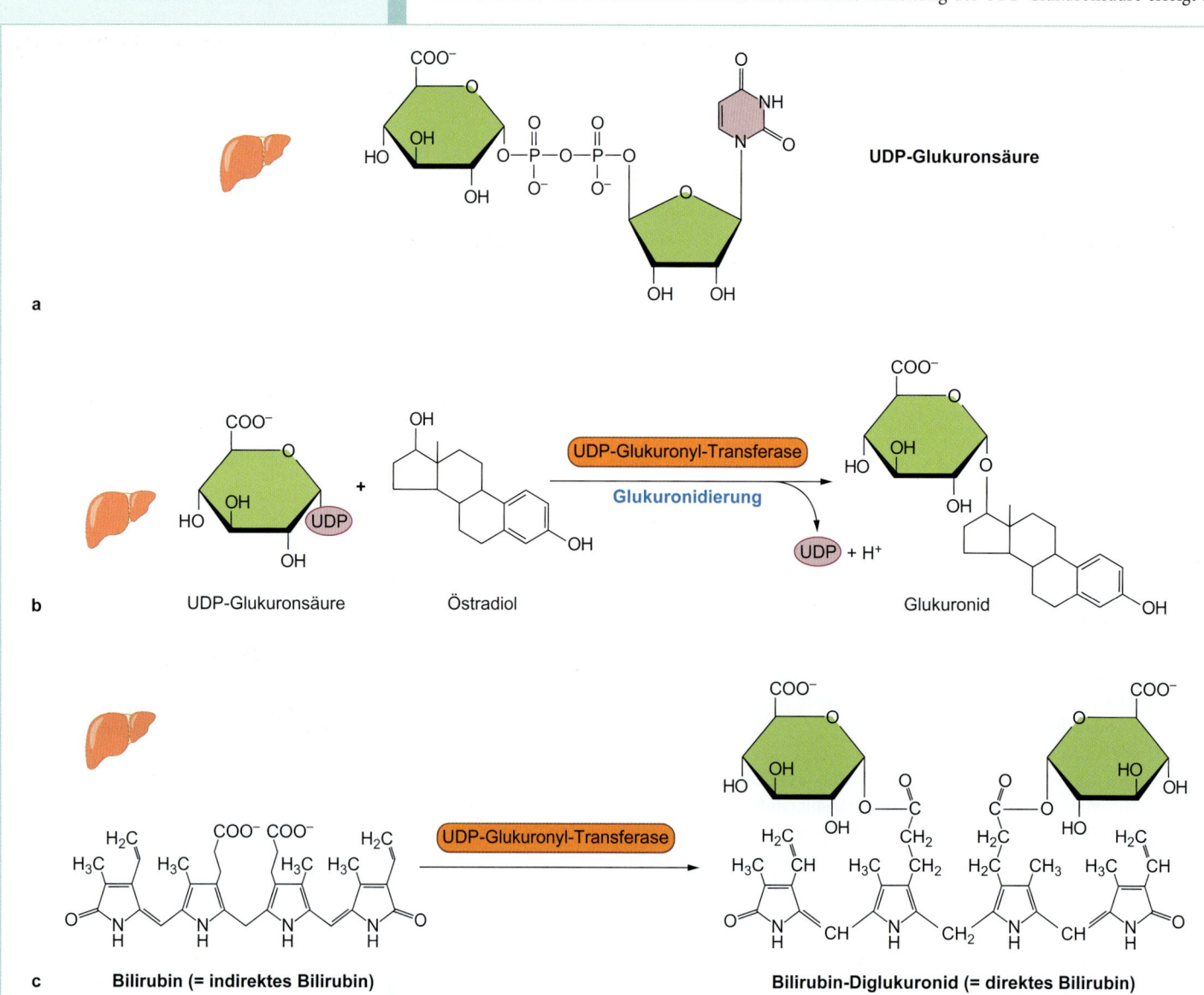

Abb. 22.3 a UDP-Glukuronsäure. **b** Konjugation von Östradiol mit Glukuronsäure. **c** Konjugation von Bilirubin. [L299]

22.3 PHASE-II-REAKTIONEN (KONJUGATIONSPHASE)

NH$_2$-, COO$^-$-, OH- und SH-Gruppen. Die konjugierten Substrate werden meist **über die Galle** ausgeschieden.

Beispiele für Substrate von Konjugationen mit Glukuronsäure sind Bilirubin, Steroidhormone und Paracetamol. Das Substrat wird dabei typischerweise über eine glykosidische Bindung mit dem C1-Atom und nicht mit der Carboxylgruppe der Glukuronsäure verknüpft (> Abb. 22.3). Eine Ausnahme ist die Konjugation des **Bilirubins,** bei der statt der glykosidischen Bindung eine Esterbindung gebildet wird. Das so gebildete Bilirubin-Diglukuronid (direktes Bilirubin) wird anschließend über die Galle ausgeschieden (> 21.9.3).

22.3.2 Konjugation mit Glutathion

Glutathion besteht aus den Aminosäuren Glutamat, Cystein und Glycin (γ-Glutamyl-Cysteinyl-Glycin) (> Abb. 22.4a). Es ist ein **atypisches Tripeptid,** da die Peptidbindung zwischen Glutamat und Cystein nicht an der α-Carboxyl-Gruppe, sondern an der γ-Carboxyl-Gruppe des Glutamats (= **Isopeptidbindung**) erfolgt. Es wird unabhängig vom Proteinbiosyntheseapparat durch die **Glutathion-Synthetase** unter zweimaligem Verbrauch von ATP synthetisiert.

Im Rahmen der Phase-II-Reaktion verbindet die **Glutathion-S-Transferase** (GST) die SH-Gruppe des Glutathion-Cysteins mit dem Substrat. Es entsteht ein wasserlösliches **Glutathionkonjugat**. Anschließend werden meist die Glutaminsäure und das Glycin des Glutathions enzymatisch abgespalten und die verbleibende NH$_2$-Gruppe des Cysteins wird acetyliert. Das entstehende **Mercaptursäurekonjugat** kann über die **Niere** ausgeschieden werden (> Abb. 22.4b).

Aus Studentensicht

NH$_2$-, COO$^-$-, OH- und SH-Gruppen führt meist zu einer glykosidischen Bindung, im Falle des **Bilirubins** jedoch zu Esterbindungen.

Die Konjugation dient der Elimination **zellulärer Metaboliten** wie Bilirubin sowie von **Fremdstoffen** wie Medikamenten oder Toxinen. Die konjugierten Substrate werden meist **über die Galle** ausgeschieden.

22.3.2 Konjugation mit Glutathion

Das aus den Aminosäuren Glutamat, Cystein und Glycin bestehende **atypische Tripeptid** Glutathion (**Isopeptidbindung** zwischen Glutamat und Cystein) wird durch die **Glutathion-Synthetase** synthetisiert.

In der Phase-II-Reaktion verbindet die **Glutathion-S-Transferase** die SH-Gruppe des Glutathion-Cysteins mit dem Substrat. Von diesem **Glutathionkonjugat** werden meist Glutaminsäure und Glycin abgespalten und das Cystein zum **Mercaptursäurekonjugat** acetyliert, das über die **Niere** ausgeschieden werden kann.

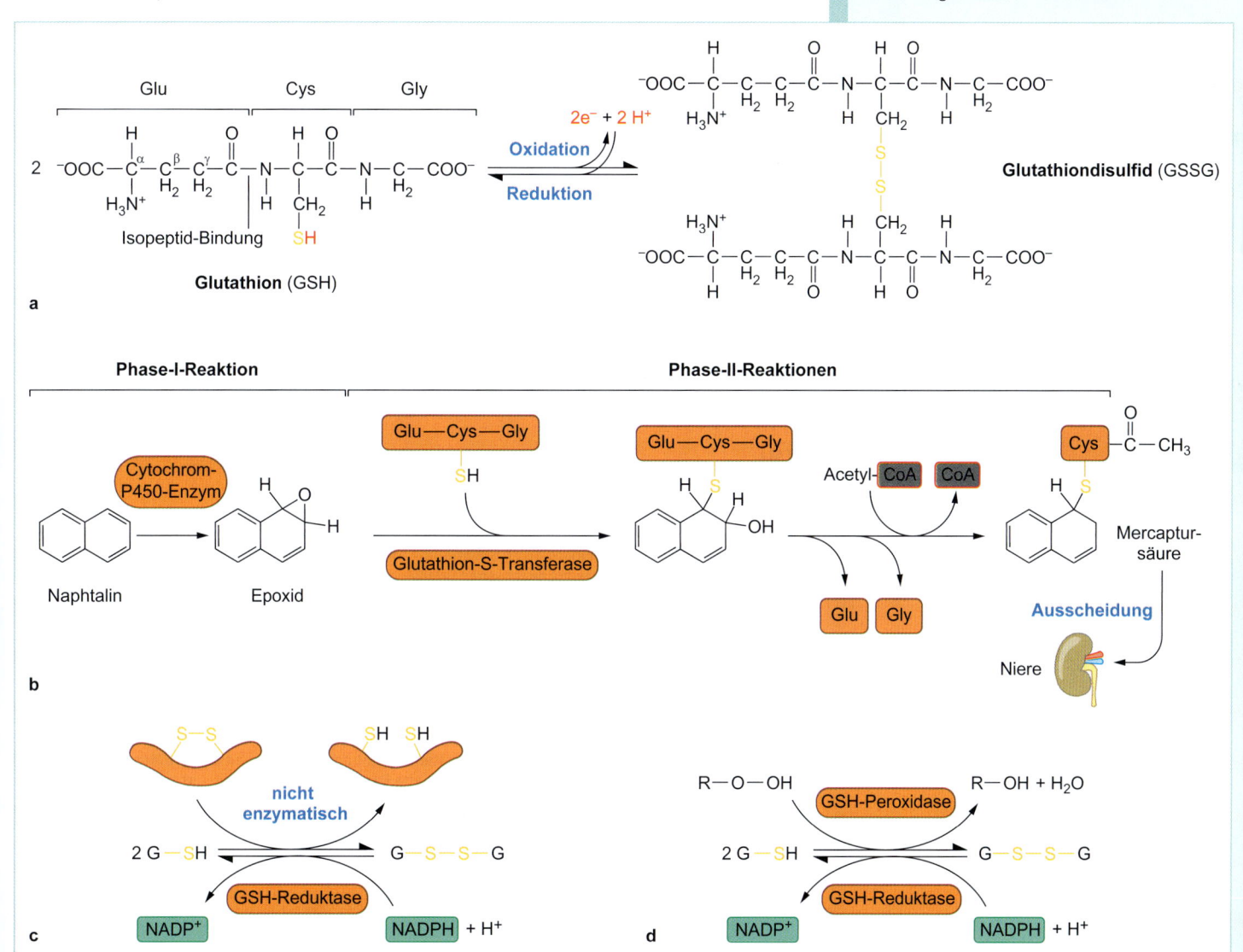

Abb. 22.4 Glutathion. **a** Oxidation zu Glutathiondisulfid. **b** Biotransformation von Naphthalin. **c** Nichtenzymatische Reduktion von oxidierten Proteinen. **d** Enzymatische Entgiftung von Peroxiden. [L299]

Weitere Funktionen des Glutathions

Neben seiner Funktion in der Biotransformation spielt Glutathion eine wichtige Rolle als **Antioxidans**. Es kommt im Zytoplasma sämtlicher Körperzellen vor, v. a. aber in den Erythrozyten, in denen es der wichtigste Schutz vor Sauerstoffradikalen ist.

Weitere Funktionen des Glutathions

Vor allem in Erythrozyten ist Glutathion ein wichtiges **Antioxidans** und schützt vor Sauerstoffradikalen.

Aus Studentensicht

In reduzierter Form (**GSH**) besitzt Glutathion eine **Thiolgruppe** (SH-Gruppe) und kann reaktive Sauerstoffverbindungen und Disulfidbrücken in Proteinen reduzieren. Es wird dabei selbst in einer **nicht-enzymatischen** Reaktion zum **Glutathiondisulfid (GSSG)**, das eine **Disulfidbrücke** beinhaltet, oxidiert.

In einer **enzymatischen** Reaktion kann Glutathion als Cofaktor für die **Glutathion-Peroxidase**, die ein **Selen-Atom** in ihrem aktiven Zentrum kovalent gebunden hat, wirken und H_2O_2 entgiften. Dabei entstehen Wasser oder der entsprechende Alkohol und GSSG, das durch die **Glutathion-Reduktase** unter Verbrauch von NADPH wieder zu GSH reduziert werden kann.

22.3.3 Konjugation mit Sulfatgruppen

Sulfotransferasen übertragen Sulfatreste von **3′-Phosphoadenosin-5′-phosphosulfat (PAPS)** auf OH- und NH_2-Gruppen des Substrats.

22 BIOTRANSFORMATION: ENTGIFTUNG UND GIFTUNG

In reduzierter Form besitzt das Glutathion eine vom Cystein stammende **Thiolgruppe** (SH-Gruppe) und wird daher in der reduzierten Form auch einfach als **GSH** geschrieben. Treffen Glutathionmoleküle in einer Zelle auf reaktive Sauerstoffverbindungen oder auf bereits durch Oxidation von Proteinen entstandene Disulfidbrücken, so können sie diese reduzieren. Dabei werden die Glutathionmoleküle in einer **nicht-enzymatischen** Reaktion zu einem durch eine **Disulfidbrücke** verknüpften Glutathiondimer, dem **Glutathiondisulfid (GSSG)**, oxidiert (➤ Abb. 22.4c).

Die Entgiftung von Peroxiden wie H_2O_2 verläuft dagegen **enzymatisch**, wobei Glutathion als Cofaktor für die **Glutathion-Peroxidase** fungiert (➤ Abb. 22.4d). Die zu entgiftenden Verbindungen werden dabei zu Wasser bzw. dem entsprechenden Alkohol verstoffwechselt und es entsteht ebenfalls GSSG. Die Glutathion-Peroxidase hat in ihrem aktiven Zentrum kovalent ein **Selen-Atom** gebunden, das von der Aminosäure Selenocystein stammt. Durch das Enzym **Glutathion-Reduktase** kann das entstandene GSSG unter Verbrauch von NADPH zurück in zwei Moleküle GSH überführt werden.

22.3.3 Konjugation mit Sulfatgruppen

Mithilfe von **Sulfotransferasen** werden Sulfatreste auf OH- und NH_2-Gruppen übertragen. Die aktivierte Form des Sulfates, **3′-Phosphoadenosin-5′-phosphosulfat (PAPS)**, dient dabei als Substrat. Mithilfe von Sulfatgruppen werden beispielsweise Östrogene konjugiert und ausgeschieden (➤ Abb. 22.5).

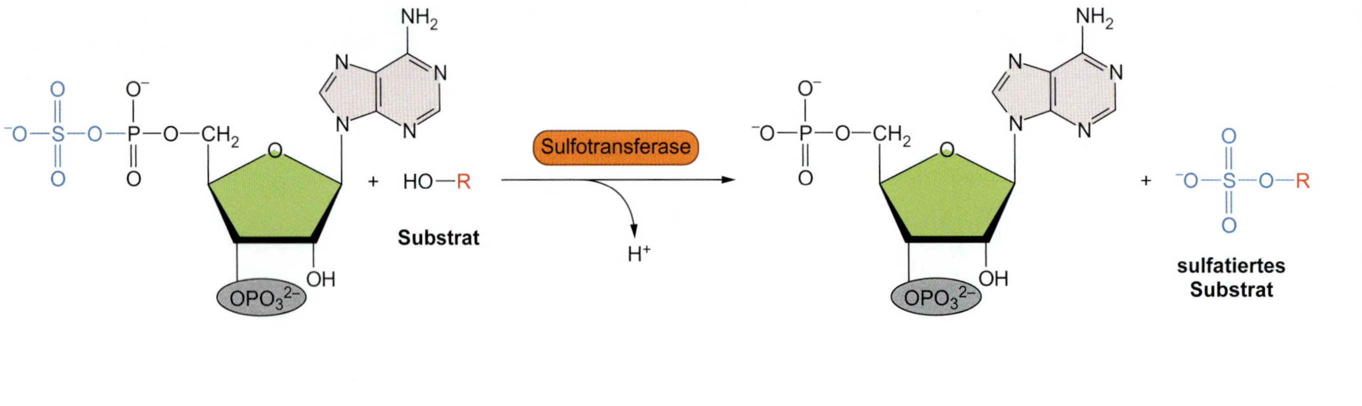

3′-Phosphoadenosin-5′-Phosphosulfat (PAMP) →[Sulfotransferase] **3′-Phosphoadenosin-Monophosphat (PAMP)** + sulfatiertes Substrat

Abb. 22.5 Reaktionsmechanismus der Sulfatierung [L299]

FALL

Bella und der Paracetamol-Saft: Paracetamol-Intoxikation

In der Klinik wird Bellas Magen gespült. Zusätzlich wird ihr Aktivkohle gegeben, die an Paracetamol bindet und dadurch dessen Absorption reduziert, sodass es nicht zur Leber gelangt. Der größte Teil des absorbierten Paracetamols wird bei Kindern durch Sulfatierung und Glukuronidierung in der Leber wasserlöslich gemacht und ausgeschieden. Beim Erwachsenen überwiegt die Glukuronidierung. Ein Teil des Paracetamols wird jedoch auch oxidiert. Die Oxidation von Paracetamol ist ein Beispiel für eine „Giftung" durch Biotransformation (➤ Abb. 22.6). Das oxidierte Paracetamol wird normalerweise mit Glutathion konjugiert und ausgeschieden. Bei sehr hohen Paracetamol-Konzentrationen reicht die Menge an Glutathion, das durch die Konjugation irreversibel „weggefangen" wird, nicht mehr aus. Das oxidierte Paracetamol, das noch nicht mit Glutathion reagiert hat, greift die SH-Gruppen von Proteinen an. So kommt es bei Überdosierung zu verschiedenen Folgereaktionen und am Ende zu einer Leberschädigung. Nach vier Stunden, das ist der Zeitpunkt, zu dem die Aufnahme in das Blut abgeschlossen ist, wird bei Bella die Plasmakonzentration von Paracetamol bestimmt. Mit 155 µg/ml liegt sie in einem Bereich, der eine Behandlung notwendig macht. Sie bekommt daher die **Glutathionvorstufe Acetylcystein** als Antidot. Dadurch wird u. a. die Menge des zur Verfügung stehenden Glutathions erhöht und das oxidierte Paracetamol kann wieder unschädlich gemacht werden. Dank der rechtzeitigen Therapie kommt es bei Bella zu keiner Leberschädigung. Sie hatte Glück, denn tatsächlich ist die Paracetamol-Überdosierung eine der häufigsten Ursachen für ein akutes Leberversagen.

22.4 INDUZIERBARKEIT VON PHASE-I- UND PHASE-II-ENZYMEN

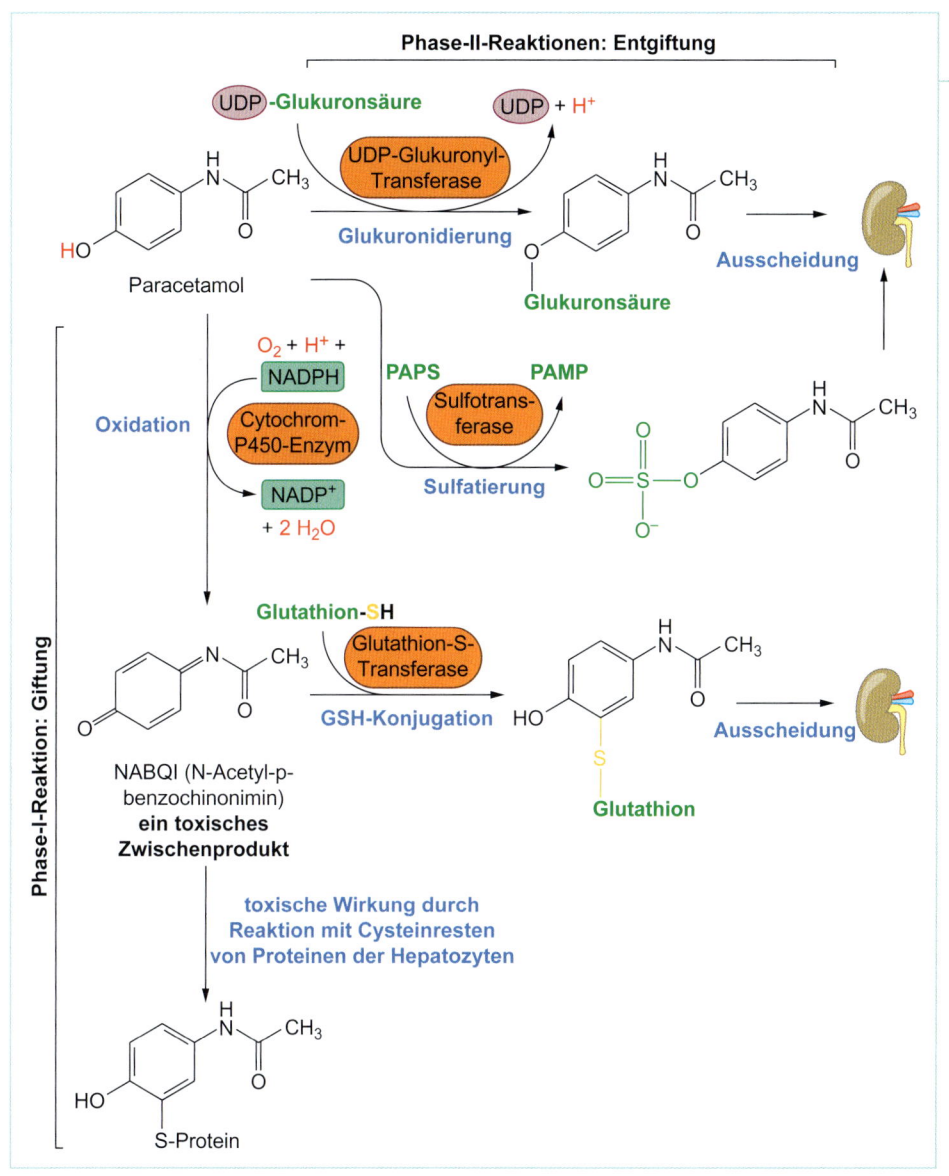

Abb. 22.6 Biotransformation und Giftung von Paracetamol [L299]

22.3.4 N-Acetylierung, Methylierung und Konjugation mit Glycin

N-Acetyltransferasen katalysieren die Übertragung einer Acetylgruppe aus **Acetyl-CoA** auf eine NH$_2$-Gruppe des Substrats. Auf diese Weise werden u. a. Sulfonamide und Coffein entgiftet. CH$_3$-Gruppen können auf N-, O- und S-Atome übertragen werden und stammen aus S-Adenosyl-Methionin (**SAM**). Ein Beispiel für die Konjugation mit Glycin ist die Bildung von Hippursäure aus Benzoesäure.

22.4 Induzierbarkeit von Phase-I- und Phase-II-Enzymen

Xenobiotika und einige Endobiotika können die Genexpression bestimmter Phase-I- und Phase-II-Enzyme spezifisch induzieren. Dazu binden diese lipophilen Moleküle an **xenobiotische Rezeptoren (XR)**, die entweder im Zytoplasma oder bereits im Zellkern lokalisiert sind. Im Zytoplasma liegt der XR als zunächst inaktiver Komplex an Chaperone (z. B. Hsp90) gebunden vor. Erst die Bindung eines Endo- oder Xenobiotikums führt zur Ablösung des Chaperons vom **ligandengebundenen Transkriptionsfaktor** (= an XR gebundenes Endo- bzw. Xenobiotikum). Der ligandengebundene Transkriptionsfaktor transloziert in den Zellkern und induziert die Transkription bestimmter Phase-I- und Phase-II-Enzyme. Wie bei Steroidhormonen, Retinsäure, Schilddrüsenhormonen, Vitamin D oder der PPAR-Familie führt hier die Bindung eines lipophilen Moleküls zur Aktivierung eines Transkriptionsfaktors.

Aus Studentensicht

ABB. 22.6

22.3.4 N-Acetylierung, Methylierung und Konjugation mit Glycin

N-Acetyltransferasen übertragen Acetylgruppen von **Acetyl-CoA** auf NH$_2$-Gruppen des Substrats. Die CH$_3$-Gruppen stammen aus **S-Adenosyl-Methionin (SAM)** und können auf N-, O- und S-Substrat-Atome übertragen werden. Benzoesäure wird mit Glycin zu Hippursäure konjugiert.

22.4 Induzierbarkeit von Phase-I- und Phase-II-Enzymen

Die Genexpression von Phase-I- und Phase-II-Enzymen kann durch bestimmte Xeno- und Endobiotika über **xenobiotische Rezeptoren (XR)** induziert werden. Nach Bindung der lipophilen Liganden an den XR induziert dieser **ligandengebundene Transkriptionsfaktor** nach Translokation in den Zellkern die Transkription der Phase-I- und Phase-II-Enzyme.

Aus Studentensicht

PRÜFUNGSSCHWERPUNKTE
IMPP
!! Glutathion
! Glukuronsäure, Cytochrom-p450-Enzyme

Kompetenzorientierte Lernziele (NKLM)
Die Studierenden können
- erklären, wie körpereigene und -fremde Substanzen durch Biotransformation in ausscheidbare Formen gebracht werden.
- die Funktion von Glutathion im Erythrozyten erläutern.

ÜBUNGSFRAGEN FÜRS MÜNDLICHE MIT LÖSUNGSHILFEN

1. Erklären Sie den Unterschied zwischen Cytochrom-P450-Enzymen mit hoher Substratspezifität und solchen mit breiter Substratspezifität!

Cytochrom-P450-Enzyme mit hoher Substratspezifität sind am Metabolismus der Steroidhormone, der Arachidonsäure und anderer Lipide beteiligt. Sie setzen nur einzelne wenige Substrate um. Dadurch garantieren diese Enzyme z. B. die spezifische Synthese von Steroidhormonen und anderen Lipiden. Für die Biotransformation von Pharmaka (Xenobiotika) sind hingegen hauptsächlich Cytochrom-P450-Enzyme mit breiter Substratspezifität verantwortlich. Sie katalysieren Oxidationsreaktionen für eine Vielzahl verschiedener Substrate.

KAPITEL 23
Vitamine, Mineralstoffe und Spurenelemente: kleine Mengen mit großer Wirkung

Peter Nielsen

23.1	Vitamine	637
23.2	Fettlösliche Vitamine	638
23.2.1	Absorption und Transport	638
23.2.2	Vitamin A: Retinoide	638
23.2.3	Vitamin D: Calciferole	641
23.2.4	Vitamin E: Tocopherol	643
23.2.5	Vitamin K: Phyllochinone	644
23.3	Wasserlösliche Vitamine	644
23.3.1	Transport	644
23.3.2	Vitamin B_1 (Thiamin)	644
23.3.3	Vitamin B_2 (Riboflavin)	646
23.3.4	Niacin	647
23.3.5	Vitamin B_5 (Pantothensäure)	648
23.3.6	Vitamin B_6 (Pyridoxin)	649
23.3.7	Vitamin B_7 (Biotin)	649
23.3.8	Vitamin B_9 (Folsäure)	650
23.3.9	Vitamin B_{12} (Cobalamin)	652
23.3.10	Vitamin C (Ascorbinsäure)	654
23.4	Mineralstoffe und Elektrolyte	656
23.4.1	Elektrolyt- und Wasserhaushalt	656
23.4.2	Calcium	657
23.4.3	Phosphor	657
23.4.4	Natrium	658
23.4.5	Kalium	659
23.4.6	Chlor	659
23.4.7	Schwefel	659
23.4.8	Hydrogencarbonat	660
23.4.9	Magnesium	660
23.5	Spurenelemente	660
23.5.1	Essenzielle und nicht-essenzielle Spurenelemente	660
23.5.2	Eisen	662
23.5.3	Iod	665
23.5.4	Zink	666
23.5.5	Kupfer	667
23.5.6	Selen	667
23.5.7	Cobalt, Mangan, Molybdän	668

Aus Studentensicht

„Du musst mehr Vitamine essen, dann bleibst du gesund." Wir alle haben diesen Satz vermutlich schon gehört. Auch die sog. Mineralstoffe und Spurenelemente wie Eisen, Magnesium, Natrium und Zink werden genau wie die Vitamine in den Medien immer wieder als gesund, junghaltend und leistungssteigernd propagiert. Doch was steckt wirklich dahinter? Wofür benötigt unser Körper diese Stoffe, wie nehmen wir sie auf und was passiert, wenn wir zu wenig von ihnen zu uns nehmen bzw. Erkrankungen vorliegen, die den Stoffwechsel der entsprechenden Stoffe beeinträchtigen? In diesem Kapitel lernst du die verschiedenen Moleküle und Ionen kennen, ohne die das Leben unmöglich wäre. Schnell wirst du feststellen, dass ein Mangel an diesen Stoffen gar nicht mal so selten ist und dir praktisch täglich in der Klinik begegnen wird. Weißt du, von welcher häufigen Mangelerkrankung die Rede ist?

Karim Kouz

23.1 Vitamine

> **FALL**
>
> **Herr Stern ist verwirrt**
>
> Herr Stern und seine Verwirrtheitszustände durch eine immer wieder auftretende Hyperammonämie kennen Sie schon (➤ 21.1). Vor drei Wochen hat seine Haushälterin gekündigt, seitdem hat er wohl außer Alkohol gar nichts mehr zu sich genommen. Nachdem er im Hausflur randaliert hat, weil er sich verfolgt fühlte, wird er von einem Nachbarn in die Notaufnahme gebracht, in der Sie als Assistenzarzt tätig sind. Außer den Wahnvorstellungen zeigen sich bei Herrn Stern auch eine ausgeprägte Gang- und Standunsicherheit (Ataxie),

Aus Studentensicht

typische Symptome für eine Alkoholintoxikation oder Hyperammonämie. Sie haben gerade eine Fortbildung gemacht, bei der es u.a. um die Häufigkeit unentdeckter Mangelzustände bei Alkoholikern ging, und so untersuchen Sie ihn besonders gründlich. Dabei fällt Ihnen ein Nystagmus (Augenzittern) auf. Verwirrung, Ataxie und Augenbewegungsstörungen: Diese Symptomentrias spricht für einen akuten Notfall.
Wie können Sie Herrn Stern helfen?

Vitamine und Spurenelemente sind **essenzielle Nahrungsinhaltsstoffe,** die der Mensch nicht selbst synthetisieren kann. Sie werden in nur kleinen Mengen benötigt **(= Mikronährstoffe).** Eine unzureichende Zufuhr oder Aufnahme kann jedoch zu schweren Erkrankungen führen.
Hypo- bzw. **Avitaminosen** präsentieren sich meist mit unspezifischen Symptomen, da verschiedene Enzyme durch den Mangel in ihrer Aktivität beeinflusst werden. Mangelerscheinungen sollten durch eine gezielte Medikation ausgeglichen werden.
Die 13 für den Menschen bekannten Vitamine sind sehr heterogen und haben verschiedene Funktionen. Sie bzw. von ihnen abgeleitete Moleküle dienen u. a. als **Cofaktoren** für Enzyme, regulieren als **Hormone** die Genexpression und schützen Zellen als **Radikalfänger.**
Nicht alle **Vitamine** sind Amine, wie der Name Vitamin („Amin des Lebens") vermuten lässt. Ihrer Entdeckungsgeschichte geschuldet haben Vitamine sowohl eine Buchstaben- als auch eine chemische Bezeichnung, z. B. Vitamin B_1 = Thiamin. Sie werden in **wasserlösliche** und **fettlösliche** Vitamine unterteilt.

Vitamine, Mineralien und Spurenelemente sind **essenzielle Nahrungsinhaltsstoffe,** die der Mensch nicht selbst synthetisieren kann. Im Gegensatz zu den Spurenelementen sind Vitamine komplexe Moleküle, die von einigen Pflanzen, Tierarten und Bakterien hergestellt werden können, während bei der Entwicklung von Primaten einige Gene für die mehrstufigen Synthesen verloren gingen. Da die essenziellen Vitamine zuverlässig mit der Nahrung aufgenommen wurden, gab es vermutlich keinen Selektionsdruck auf das Erhalten dieser Funktionen.

Der Mensch braucht diese **Mikronährstoffe** zwar nur in kleinen Mengen, ein chronischer Mangel kann aber schwere Mangelkrankheiten verursachen. Besonders Gewebe mit einem hohen Stoffwechselumsatz, wie das Myokard, oder mit hoher Zellteilungsrate, wie das Knochenmark, sind auf die ständige Nachlieferung von einigen Vitaminen aus der Nahrung angewiesen. Bei unzureichender Ernährung oder Absorptionsstörungen können sich je nach Schweregrad leichte **Hypovitaminosen** oder auch schwere **Avitaminosen** entwickeln. Bei einem sich entwickelnden Vitaminmangel fallen anfangs die Vitaminspiegel in Zellen stark ab, was die Aktivität bestimmter Enzyme beeinflusst. In einigen Fällen wie beim Vitamin-C-Mangel dominieren spezifische Symptome. Dann ist die Pathophysiologie eines Vitaminmangels einfach zu erklären. Für die meisten Vitamine sind die Mangelsymptome aber lange Zeit relativ unspezifisch, weil sie die Summe von verschiedenen Enzymausfällen repräsentieren. Beispiele sind Schäden an Haut und Schleimhäuten bei einem Vitamin-B_2- und -B_3-Mangel, die offenbar frühzeitig in Zellen mit hoher Proliferationsrate entstehen und nach außen dann zuerst erkennbar sind.

Ein nachgewiesener Mangel an Vitaminen und Spurenelementen sollte ausgeglichen werden. Der Nutzen einer Supplementation ohne vorliegenden Mangel ist dagegen eher fraglich. Die Aufnahme einer moderat erhöhten Dosis von antioxidativen Vitaminen wie Vitamin C kann zusätzliche pharmakologische Wirkungen haben, bei den meisten Vitaminen bleibt sie aber wirkungslos oder kann sogar wie bei Vitamin A in der Schwangerschaft schädlich und kontraindiziert sein.

Die 13 für den Menschen bekannten Vitamine sind chemisch sehr unterschiedlich und haben verschiedene Funktionen. Viele dieser Vitamine bzw. ihre Derivate dienen als **Cofaktoren** bei Enzymreaktionen. Vitamin D und A regulieren als **Hormone** die Expression einer Reihe von Genen. Vitamin A, C und E schützen Zellen als **Radikalfänger.**

Die Bezeichnung Vitamin („Amin des Lebens") leitet sich von Thiamin (Vitamin B_1), dem ersten isolierten Vitamin, ab. Nicht alle **Vitamine** sind jedoch Amine, sondern gehören zu ganz unterschiedlichen chemischen Stoffklassen und werden in **fettlösliche** und **wasserlösliche** Vitamine unterteilt. Neben der Bezeichnung tragen Vitamine einen ihrer Entdeckungsgeschichte geschuldeten Buchstabennamen, z. B. Vitamin B_1 für Thiamin. Bei einigen Vitaminen werden Mengen in internationale Einheiten (IE, International Units, IU) angegeben. Sie entsprechen einer häufig durch Referenzpräparate definierten Menge einer bestimmten Form eines Vitamins. Internationale Einheiten werden von der Weltgesundheitsorganisation definiert und sind keine physikalische Einheit. Das Verhältnis von Stoffmenge und internationaler Einheit ist für jeden Stoff anders.

23.2 Fettlösliche Vitamine

23.2.1 Absorption und Transport

23.2.1 Absorption und Transport
Die fettlöslichen Vitamine A, D, E und K (Merksatz: **ED**E**KA**) sind Isoprenderivate. Sie werden zusammen mit Lipiden aufgenommen und mittels Lipoproteinen oder spezifischen **Carrier-Proteinen** im Körper verteilt.
Ein Überangebot, v. a. an fettlöslichen Vitaminen, kann zu **Hypervitaminosen** führen.

Die fettlöslichen Vitamine A, D, E und K (➤ Tab. 23.1) sind Isoprenderivate (➤ 20.2.1). Sie werden zusammen mit Lipiden absorbiert. Anschließend werden Sie über Lipoproteine wie Chylomikronen oder mit spezifischen **Carrier-Proteinen** wie dem retinolbindenden oder dem Vitamin-D-bindenden Protein im Körper verteilt und dann in Geweben gespeichert. Auch intrazellulär werden sie oft an spezifische Proteine wie das Cellular Retinol-Binding Protein (CRBP) oder das α-Tocopherol Transfer Protein (α-TTP) gebunden.

Bei einem Überangebot können **Hypervitaminosen** entstehen, weshalb eine zu hohe Zufuhr fettlöslicher Vitamine besonders in Form von Nahrungsergänzungsmitteln vermieden werden sollte. Bei gestörter Lipidabsorption kann es hingegen zu Hypovitaminosen wie dem Vitamin-E-Mangel kommen, die sonst nahrungsbedingt fast nie auftreten.

23.2.2 Vitamin A: Retinoide

23.2.2 Vitamin A: Retinoide

Vorkommen und Stoffwechsel

Vorkommen und Stoffwechsel

Vitamin A ist ein Sammelbegriff für **Carotinoide, Retinol** und dessen Derivate. Hauptquelle ist das in Pflanzen vorkommende β-Carotin, das zu

Vitamin A ist ein Sammelbegriff für **Carotinoide** (Provitamin A), **Retinol,** das in Form von Retinylestern in tierischen Nahrungsmitteln vorkommt, und dessen Derivate. Die Hauptquelle für den Menschen ist das in Pflanzen vorkommende β-Carotin. Durch eine Dioxygenase kann es in zwei Moleküle **all-trans-**

23.2 FETTLÖSLICHE VITAMINE

Tab. 23.1 Fettlösliche Vitamine

Vitamin	Nahrungsquelle, Tagesbedarf*	Biologische Funktion	Biochemische Funktion	Mangel
Vitamin A: Retinoide	• Milch, Leber, Eier, Provitamin A in Karotten • 0,8–1,0 mg	• Sehvorgang • Morphogenese • Differenzierung von Epithelzellen	• Sehkaskade • Aktivierung von Transkriptionsfaktoren	• Häufig in Entwicklungsländern: Xerophthalmie, Keratomalazie, Erblindung • Selten in Europa: Nachtblindheit
Vitamin D: Calciferole	• Fettreicher Fisch (Hering), Lebertran, Milch • Synthese in der Haut unter Sonnenlicht (kann in Deutschland problematisch sein) • 0,01–0,015 mg	• Regulation der Calciumhomöostase, des Knochenwachstums und der Knochen-Remodellierung • Modulation des Zellwachstums • Neuromuskuläre Funktionen • Immunfunktionen	• Aktivierung von Transkriptionsfaktoren	• Rachitis bei Kindern • Osteomalazie bei Erwachsenen • Assoziation von niedrigen Plasmaspiegeln mit Krankheiten wie Diabetes mellitus Typ 1, Brustkrebs, multipler Sklerose
Vitamin E: α-Tocopherol	• Pflanzliche Öle, Nüsse, grünes Gemüse • 10–15 mg	• Schutz von Membranlipiden vor Oxidation	• Lipophiler Radikalfänger	• Selten: Nerven- und Muskelschäden
Vitamin K: Phyllochinone	• Grünpflanzen (Vitamin K_1) • Synthese von Vitamin K_2 durch Darmbakterien • 0,001–2,0 mg	• Carboxylierung von Proteinen der Blutgerinnung und des Knochenstoffwechsels	• Coenzym der γ-Glutamyl-Carboxylase • Aktivierung von Osteocalcin	• Gerinnungsstörungen mit leichter bis schwerer Blutungsneigung • besonders bei Kleinkindern lebensbedrohliche Hirnblutungen

* Ungefährer Tagesbedarf eines Erwachsenen (Empfehlung der Deutschen Gesellschaft für Ernährung)

Retinal gespalten werden, aus dem durch Reduktion **Retinol** und durch Oxidation **Retinsäure** gebildet werden können (> Abb. 23.1). **All-trans-Retinol** wird als Fettsäureester v.a. in den Ito- bzw. Sternzellen der Leber gespeichert. Bei Bedarf können diese Retinylester wieder zu all-trans-Retinol hydrolysiert werden, das intrazellulär an das retinolbindende Protein (RBP) bindet. Dieser Komplex wird in das Blut abgegeben und bindet dort an Transthyretin (TTR, thyroxinbindendes Präalbumin, TBPA), das auch für den Transport der Schilddrüsenhormone verantwortlich ist. Auf diese Weise werden die peripheren Gewebe mit all-trans-Retinol versorgt. Vermutlich spielt aber auch der Transport von Retinylestern in Chylomikronen eine Rolle.

Funktionen

Vitamin A und seine biologisch aktiven Metaboliten haben vielfältige Funktionen. In der Retina kann die Esterform des all-trans-Retinols zu **11-cis-Retinol** isomerisiert und zu **11-cis-Retinal** oxidiert werden, das zusammen mit dem Protein Opsin das Sehpigment Rhodopsin bildet. Während des **Sehvorgangs** entsteht daraus durch lichtinduzierte Isomerisierung das all-trans-Retinal, das über all-trans-Retinol wieder in 11-cis-Retinal umgewandelt wird (> 27.2.2). Ein Mangel an Vitamin A betrifft zuerst die Funktion der Stäbchen, beeinträchtigt dadurch das **Hell-Dunkel-Sehen** und führt zur **Nachtblindheit**.

Retinsäure (Retinoic Acid, RA) ist als **Transkriptionsfaktor** wesentlich an der Regulation des Wachstums und der Differenzierung von fast allen Zellen im Körper beteiligt. Sie wird beispielsweise während der Organogenese in einigen Geweben gebildet und wirkt parakrin. Dabei werden im Zytoplasma der Zellen aus all-trans-Retinol die zwei Isomere all-trans- und 9-cis-Retinsäure gebildet. Durch Bindung an die **Kernrezeptoren** RAR und RXR, die z.T. auch mit weiteren Rezeptoren wie dem Steroidrezeptor dimerisieren können, werden ca. 500 verschiedene Gene, die ein Retinsäure-responsives Element (RARE) im Promotor tragen, reguliert. Solche Gene wie die HOX-Gene und Gene für extrazelluläre Matrixproteine sind besonders in der Embryonal- und Fetalphase für die Bildung und Reifung der Organe wichtig. Vitamin A gilt auch als Antiinfektionsvitamin, da es z.B. an der Differenzierung von Makrophagen und dendritischen Zellen beteiligt ist.

Medizinische Relevanz

Risikogruppen für einen **Vitamin-A-Mangel** sind v.a. kleine Kinder und junge Frauen, v.a. in Entwicklungsländern. Ein schwerer Vitamin-A-Mangel gilt als Hauptursache für eine vermeidbare **Erblindung** von Kindern in Entwicklungsländern. Vitamin A ist notwendig für die Augenentwicklung, die normale Funktion der Retina und den Schutz des Auges. Ein Vitamin-A-Mangel beeinträchtigt vermutlich die Entwicklung von schleimproduzierenden Becherzellen, deren Sekret integraler Bestandteil des physiologischen Tränenfilms ist. Ein schwerer Vitamin-A-Mangel kann zu einer Austrocknung (**Xerophthalmie**) und Keratinbildung (Bitot-Flecken) führen, die dann zu Erweichung und Ulzeration der Hornhaut (**Keratomalazie**) und damit einem vollständigen Funktionsverlust des Auges führen können. Ein Vitamin

Aus Studentensicht

TAB. 23.1

zwei Molekülen **all-trans-Retinal** gespalten und anschließend zu **Retinol** reduziert oder **Retinsäure** oxidiert werden kann.
In der Leber kann bei Bedarf durch eine Esterase **all-trans-Retinol** aus gespeicherten Retinylestern freigesetzt werden und an das retinolbindende Protein binden. Dieser Komplex wird in das Blut abgegeben und dort von Transthyretin gebunden.

Funktionen

11-cis-Retinal bildet in der Retina zusammen mit den Opsinen die Fotopigmente. Die lichtinduzierte Isomerisierung zu all-trans-Retinal ist der erste Schritt des **Sehvorgangs**. Ein Mangel an Vitamin A beeinträchtigt zuerst das **Hell-Dunkel-Sehen** (→ **Nachtblindheit**).

Retinsäure ist ein wichtiger **Transkriptionsfaktor**, der insbesondere in der Embryonal- und Fetalzeit an der Regulation von zellulären Wachstums- und Differenzierungsprozessen beteiligt ist.
All-trans- und 9-cis-Retinsäure binden dabei an intrazelluläre **Kernrezeptoren** wie RAR und RXR, die auch Heterodimere mit anderen nukleären Rezeptoren wie dem Steroidrezeptor bilden können.

Medizinische Relevanz

Besonders kleine Kinder und junge Frauen in Entwicklungsländern haben ein erhöhtes Risiko für einen **Vitamin-A-Mangel** und eine damit einhergehende Nachtblindheit bzw. **Erblindung**. Zudem **schwächt** ein Vitamin-A-Mangel die **Immunabwehr**.
Die Therapie mit hohen Dosen Vitamin A bzw. dessen Derivaten, z.B. bei **Acne vulgaris** mit **Isotretinoin**, wirkt **teratogen** und darf in der Schwangerschaft nicht eingesetzt werden.

Aus Studentensicht

ABB. 23.1

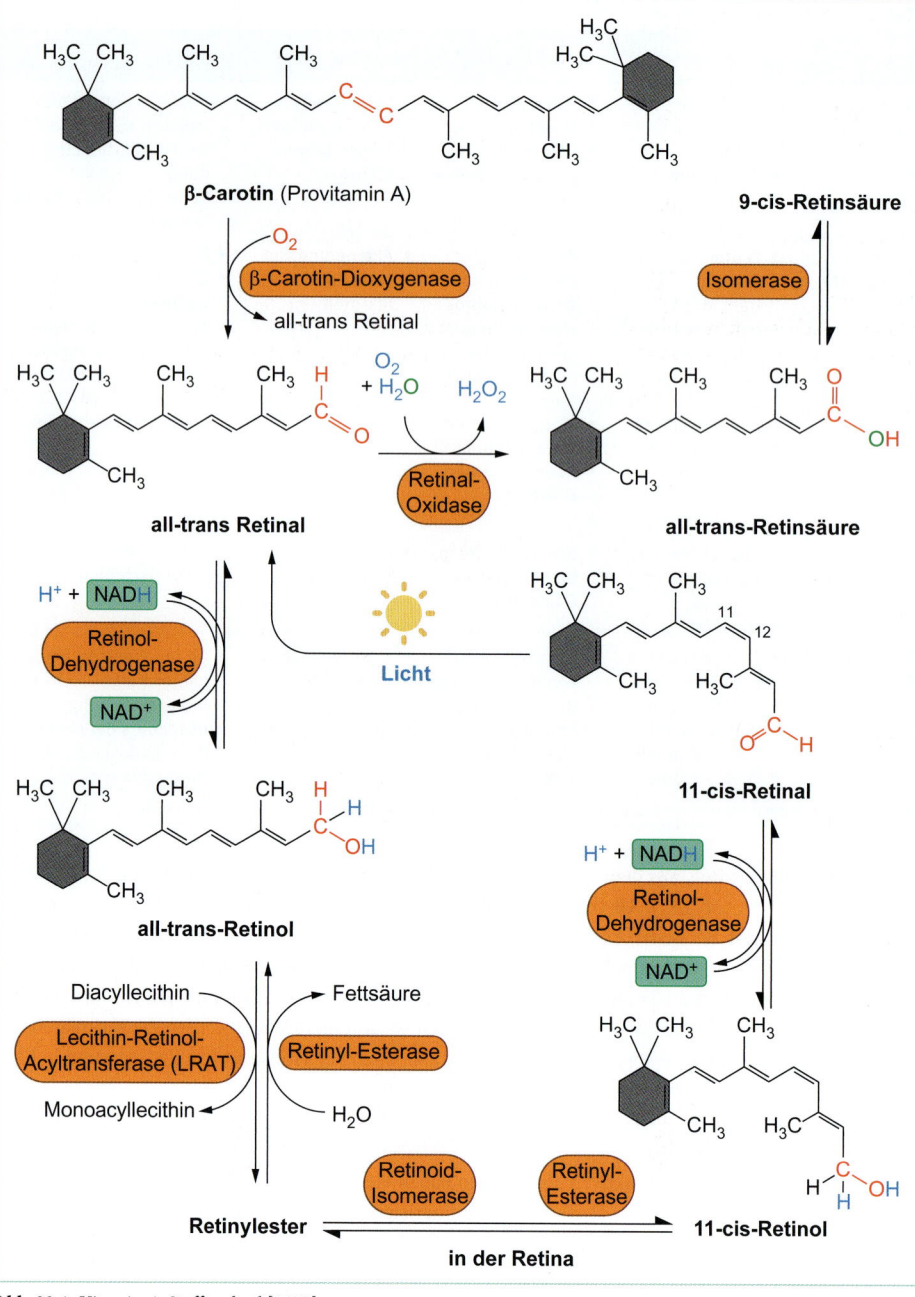

23 VITAMINE, MINERALSTOFFE UND SPURENELEMENTE: KLEINE MENGEN MIT GROSSER WIRKUNG

Abb. 23.1 Vitamin-A-Stoffwechsel [L299]

A-Mangel **schwächt** auch die **Immunabwehr,** sodass die WHO schlecht ernährten Kindern in Entwicklungsländern bei Masernerkrankung begleitend eine Vitamin-A-Behandlung empfiehlt.
Die lokale oder systemische Einnahme des Retinsäurederivates **Isotretinoin** (13-cis-Retinsäure) ist sehr **wirksam gegen Acne vulgaris.** Eine Schwangerschaft muss unbedingt ausgeschlossen sein, da dieses Medikament genauso wie hohe Dosen von Vitamin A während der Einnahmeperiode stark **teratogen** wirkt. Die Einnahme von Vitamin-A-Präparaten mit max. 5 000 IE/Tag (≙ 3 mg β-Carotin) gilt dagegen bei Schwangeren als unbedenklich.

FALL

Herr Stern ist verwirrt: Vitamin-A-Mangel und Leberzirrhose

Die Symptomentrias bei Herrn Stern (Verwirrung, Ataxie und Augenbewegungsstörungen) wird durch den Alkoholmissbrauch ausgelöst, der in wirtschaftlich entwickelten Ländern der häufigste Grund für einen Vitaminmangel ist. Neben einem Mangel an anderen Vitaminen kommt es zu erniedrigten Konzentrationen von Vitamin A im Plasma und in der Leber. Dabei spielen nicht nur die allgemeine Mangelernährung und die Störung der Absorption im Darm eine Rolle, sondern auch die durch Ethanol verminderte Retinoidspeicherung in der Leber. Dadurch wird die Expression von retinsäureabhängigen Genen beeinträchtigt, was möglicherweise auch eine pathophysiologische Rolle bei der Entwicklung von Herrn Sterns Leberzirrhose gespielt hat.
Doch wie kann der akute Zustand der Verwirrtheit bei Herrn Stern erklärt werden?

23.2.3 Vitamin D: Calciferole

Vorkommen und Stoffwechsel

Vitamin D gehört zur Gruppe der Steroide und ist ein Sammelbegriff, der v. a. die Formen Vitamin D_3 (Cholecalciferol), das nur in tierischen Lebensmitteln enthalten ist, sowie Vitamin D_2 (Ergocalciferol) aus Pflanzen und Pilzen umfasst. Synthetisch hergestelltes Vitamin D_2 wird v. a. in den USA als Medikation verwendet, wobei es in Studien den Calcidiolspiegel (25-Hydroxycholecalciferol-Spiegel) weniger stark ansteigen lässt als die in Deutschland üblichen Vitamin-D_3-Präparate.

Cholecalciferol kann von Menschen auch aus **7-Dehydrocholesterin** synthetisiert werden, wobei in einer fotochemischen Reaktion in der Haut der B-Ring des Steranringsystems durch **UV-Licht** aus der Sonnenstrahlung aufgebrochen wird (➤ Abb. 23.2). Durch Hydroxylierungen zunächst in der Leber am C-25-Atom und anschließend in der Niere durch das Schrittmacherenzym 1α-Hydroxylase entsteht das aktive **Calcitriol** (1α,25-Dihydroxycholecalciferol). Durch dieselben Enzyme wird Ergocalciferol in das ebenfalls aktive Ercalcitriol umgewandelt.

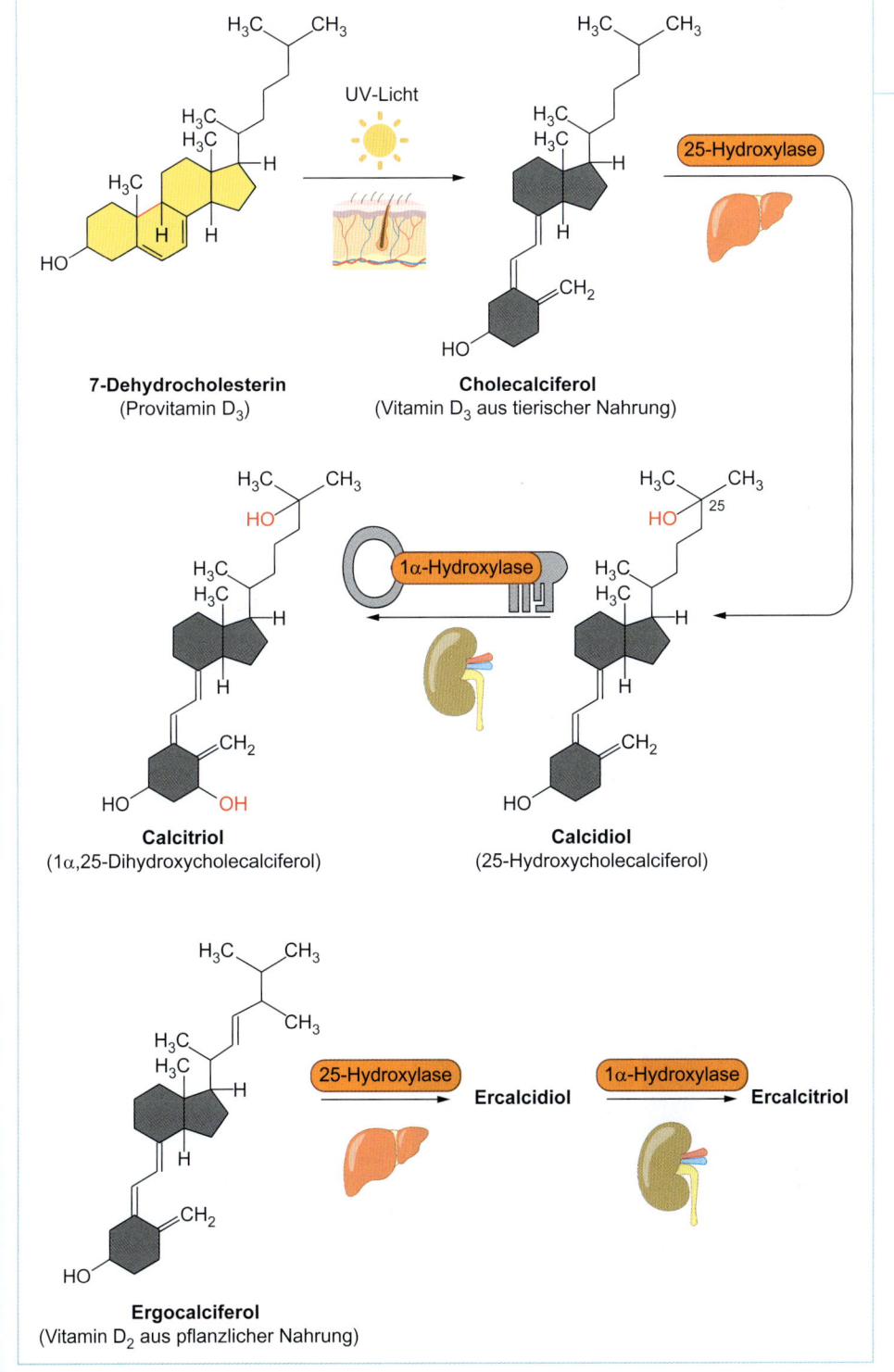

Abb. 23.2 Synthese von Calcitriol [L299]

Aus Studentensicht

23.2.3 Vitamin D: Calciferole

Vorkommen und Stoffwechsel

D-Vitamine sind Steroide und umfassen u. a. Vitamin D_3 (Cholecalciferol) und D_2 (Ergocalciferol).

Vitamin D_3 kann aus **7-Dehydrocholesterin** synthetisiert werden, indem dessen B-Ring in der Haut durch **UV-Licht** der Sonnenstrahlung aufgebrochen wird. Durch Hydroxylierungen am C-25-Atom in der Leber und am C-1-Atom durch die 1α-Hydroxylase in den Nieren entsteht das aktive **Calcitriol.** Vitamin D_3 ist daher streng genommen kein Vitamin, da es der Körper aus Cholesterin synthetisieren kann.

Länder mit zu geringer Sonneneinstrahlung wie Deutschland gelten als Endemiegebiete für einen Vitamin-D-Mangel.

ABB. 23.2

Aus Studentensicht

Funktion
Calcitriol bindet an seinen nukleären Vitamin-D$_3$-Rezeptor, der dann als Transkriptionsfaktor wirkt und den **Calcium- und Phosphatstoffwechsel** reguliert.

Medizinische Relevanz
Ein schwerer Vitamin-D-Mangel führt bei Kindern zur **Rachitis**, bei Erwachsenen zur **Osteomalazie** bzw. Osteoporose. Zusätzlich können viele weitere z. T. unspezifische Symptome auftreten.
Zudem scheint das Risiko für andere Erkrankungen wie Diabetes bei einem Vitamin-D-Mangel erhöht zu sein.
Bei niedrigen Serum-25-Hydroxycholecalciferol-Werten wird deshalb eine Vitamin-D-Supplementation empfohlen. Überdosierungen können zu einer Hypercalcämie und Osteoporose führen.

KLINIK

---

23 VITAMINE, MINERALSTOFFE UND SPURENELEMENTE: KLEINE MENGEN MIT GROSSER WIRKUNG

Da es vom Menschen synthetisiert werden kann, ist Vitamin D$_3$ kein Vitamin im eigentlichen Sinn. In Deutschland steht jedoch meist zu wenig Sonnenlicht für eine ausreichende Synthese zur Verfügung. Daher muss Vitamin D hier zusätzlich mit der Nahrung aufgenommen werden.

Funktion
Der Vitamin-D$_3$-Rezeptor ist ein nukleärer Rezeptor, der hochaffin Calcitriol bindet und als ligandenaktivierter Transkriptionsfaktor den **Calcium- und Phosphatstoffwechsel** reguliert (➤ 9.7.3). Darüber hinaus gibt es wahrscheinlich noch unbekannte Funktionen und komplexe Regulationsmechanismen in Geweben außerhalb der Calciumhomöostase, die noch nicht vollständig verstanden sind, aber allgemein auf eine hohe Bedeutung von Vitamin D im Stoffwechsel hindeuten.

Medizinische Relevanz
Bei einem schweren Vitamin-D-Mangel wird zu wenig Calcium aus der Nahrung aufgenommen und es kommt zum sekundären Hyperparathyreoidismus mit Freisetzung von Calcium aus dem Knochen. Die Folgen sind bei Kindern mit wachsendem Skelett die **Rachitis** und beim Erwachsenen die **Osteomalazie** (schmerzhafte Knochenerweichung). Weitere Symptome sind Muskelschwäche, Schmerzen, Unfruchtbarkeit, Aborte, Sturzneigung bei Älteren und Osteoporose.
Bei niedrigen Serumwerten von 25-Hydroxycholecalciferol wird eine Supplementation mit Vitamin D empfohlen. Eine Überdosierung von Vitamin-D-Präparaten kann jedoch durch eine übermäßige Ca^{2+}-Freisetzung aus dem Knochen zu Hypercalcämie und Osteoporose führen.
Obwohl viele Assoziationsstudien einen möglichen Zusammenhang zwischen einem Vitamin-D-Mangel und z. B. Diabetes mellitus, Herz-Kreislauf-Erkrankungen, metabolischem Syndrom, Malignomen wie Brustkrebs bei Frauen, vermehrten Infekten und Autoimmunerkrankungen wie multipler Sklerose nahelegen, zeigen prospektive randomisierte Interventionsstudien bisher keine eindeutig positive Wirkung. Obgleich sich die Serumspiegel von 25-Hydroxycholecalciferol gut normalisieren lassen, bleibt deshalb der medizinische Nutzen einer Vitamin-D$_3$-Medikation auf Krankheiten außerhalb des Knochens weiterhin unklar.

> **KLINIK**
>
> **Rachitis**
>
> Vor allem bei Kindern reicht die Synthese von Vitamin D in der Haut nicht aus, da die Körperoberfläche vergleichsweise klein ist. Bei unzureichender Ernährung, wie während der Hungerjahre in Europa zwischen 1944 und 1948, drohen besonders bei Kleinkindern schwere Schäden im Knochenwachstum. Da dies viele Jahre zurückliegt, ist das Bewusstsein für Vitamin-D-Mangelsymptome kaum noch vorhanden und **rachitische Symptome** werden oft nicht erkannt. Tatsächlich ist ein subklinischer Vitamin-D-Mangel in den nördlichen Breitengraden bei dem überwiegenden Teil der Bevölkerung vorhanden. Lediglich **Säuglinge**, die zusätzlich zur Vitamin-D-Versorgung über die Muttermilch routinemäßig eine **Vitamin-D-Prophylaxe** in Form einer oralen Supplementierung bekommen, sind von diesem Mangel ausgenommen. Heute ist nicht die unzureichende Ernährung verantwortlich, sondern die mangelnde endogene Synthese, die UV-Licht benötigt. Faktoren, die dabei eine Rolle spielen, sind die immer geringere Zeit, die Kinder und Erwachsene unter freiem Himmel verbringen, sowie der zunehmende Einsatz von UV-blockierenden Sonnencremes zum Schutz vor Hautkrebs. Vitamin D sorgt normalerweise für die Bereitstellung und den Einbau von Calciumphosphat in die Knochen, die dadurch härter und stabiler werden. Bei einem schweren Calcium- oder Phosphatmangel bleiben die Knochen weich, verformen sich leicht und es kommt zu häufigeren Frakturen. Bei Kindern führt die verminderte, defekte Knochenmineralisation **(Rachitis)** vor dem Schluss der Wachstumsfugen zu bleibenden Knochenverformungen an den Beinen oder der Wirbelsäule bis hin zu Spontanfrakturen. Bei Erwachsenen können bei einem Vitamin-D-Mangel die bereits voll entwickelten Knochen ähnlich wie bei der Osteoporose (Knochenschwund) demineralisieren und dadurch weich werden **(Osteomalazie).**

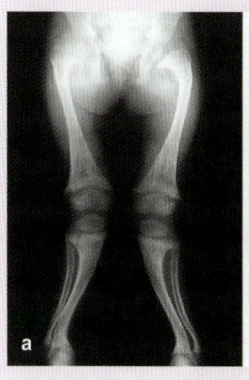

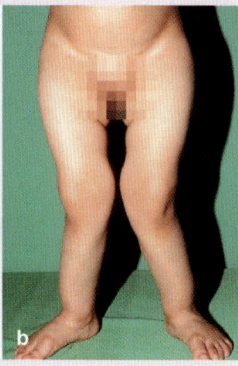

Folgen eines schweren Vitamin-D-Mangels am wachsenden Skelett [R110-20]

23.2.4 Vitamin E: Tocopherol

Vorkommen und Stoffwechsel

Natürlich vorkommendes Vitamin E umfasst acht Isoformen, die alle einen Chromanring enthalten und von denen der menschliche Körper am besten **α-Tocopherol** speichern kann (➤ Abb. 23.3). Vitamin E kommt in pflanzlichen Kernen und Nüssen vor, insbesondere in Sonnenblumenkernen und in pflanzlichen Ölen wie Oliven- und Rapsöl, aber auch in Tomaten, Avocado und Spinat. Im Darm liegt Vitamin E zusammen mit den Nahrungslipiden in Mizellen vor. Die Bioverfügbarkeit ist vom Nahrungsfettgehalt und von Gallensäuren abhängig. In der Leber wird α-Tocopherol an das α-Tocopherol-Transferprotein gebunden und in Lipoproteine wie VLDL verpackt, um dann über das Blut in periphere Gewebe transportiert zu werden.

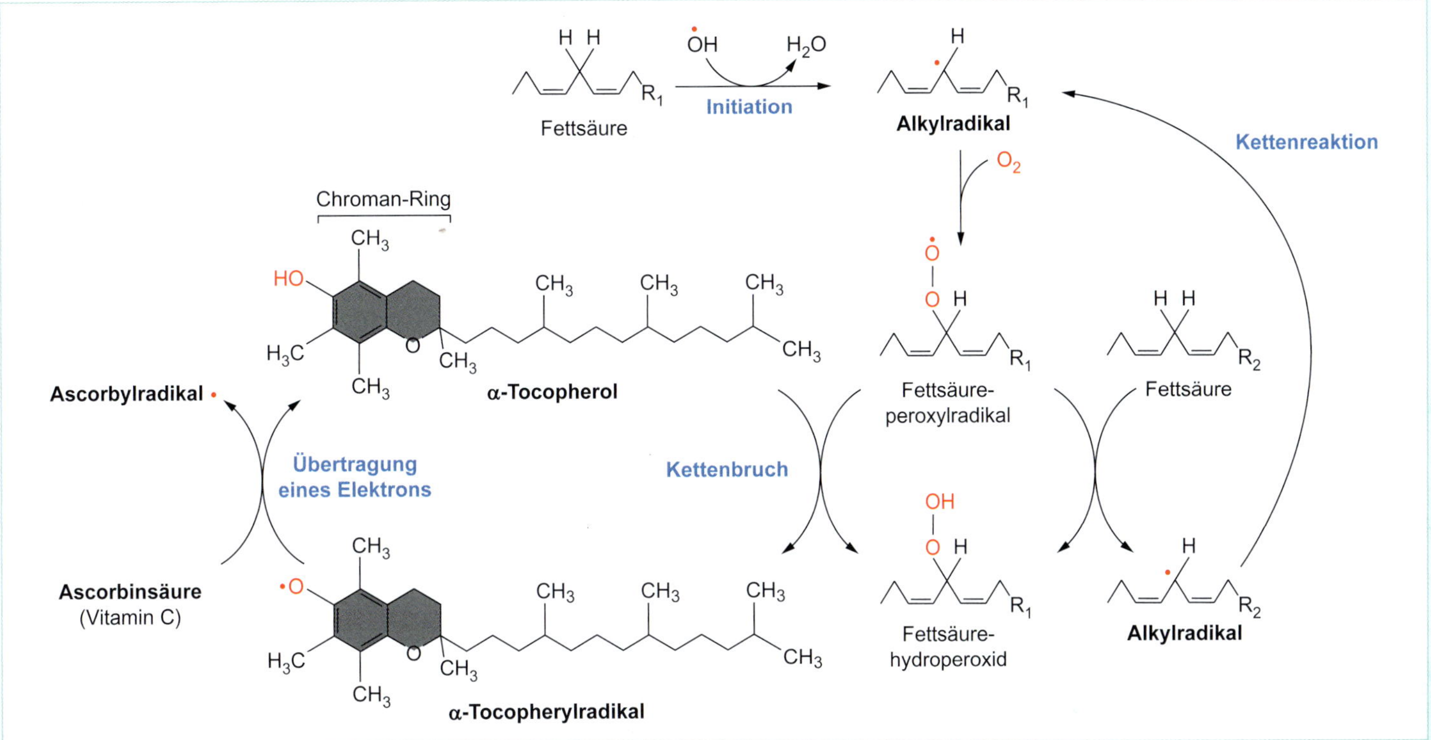

Abb. 23.3 Schutz von ungesättigten Lipiden vor Oxidation [L299]

Funktion

In vitro **schützt** Vitamin E Fettsäuren vor radikalinduzierter **Lipidperoxidation.** Ungesättigte Fettsäuren können leicht durch Radikale wie Hydroxylradikale oxidiert werden. Dabei wird von einem zwischen zwei Doppelbindungen gelegenen allylischen C-Atom erst ein H-Atom entfernt und dann O_2 angelagert. So entsteht ein energiereiches Fettsäureperoxylradikal, das eine weitere ungesättigte Fettsäure auf dieselbe Weise oxidieren kann (= Radikalkettenreaktion). So werden, ausgelöst durch ein einzelnes OH-Radikal, viele Fettsäuren in Fettsäurehydroperoxide umgewandelt. α-Tocopherol wirkt antioxidativ, da es eine Kettenabbruchreaktion auslöst, indem es ein Elektron auf das Fettsäureperoxylradikal überträgt und so selbst zum Tocopherylradikal oxidiert wird (➤ Abb. 23.3). Mithilfe von Vitamin C kann es wieder regeneriert werden. Ob das fettlösliche Vitamin E auch in vivo die Funktion eines lipophilen Antioxidans hat, um z. B. die Lipidmembranen vor oxidativem Stress zu schützen, ist unklar.
Nicht-antioxidative Funktionen z. B. als Transkriptionsfaktor ähnlich wie bei den Vitaminen A und D werden auch für Vitamin E diskutiert. Ein Vitamin-E-Rezeptor wurde aber noch nicht identifiziert. Vitamin E fördert zudem die Bildung immunologischer Synapsen zwischen naiven T-Lymphozyten und antigenpräsentierenden Zellen und hat Funktionen bei der Steuerung der Keimdrüsen, weshalb es auch als Antisterilitätsvitamin bezeichnet wird.

Medizinische Relevanz

Eine leichte Mangelversorgung mit Vitamin E ist in westlichen Ländern möglicherweise häufig. In den USA wird deshalb eine Supplementation mit α-Tocopherol empfohlen. Ein schwerer Vitamin-E-Mangel, der zu Ataxie, peripherer Neuropathie oder Muskelschwäche führen kann, kommt aber nur bei schwerer Mangelernährung oder bei Patienten mit gestörter Fettabsorption vor. Ein Defekt des Gens für das in der Leber exprimierte α-Tocopherol-Transferprotein führt zu sehr niedrigen Serumkonzentrationen und schweren neurologischen Störungen (= Ataxia with Vitamin E Deficiency, AVED).
Eine Hypervitaminose ist bei Vitamin E nur bei einer Supplementierung mit sehr hohen Dosen bekannt und kann zu einer erhöhten Blutungsneigung führen.

Aus Studentensicht

23.2.4 Vitamin E: Tocopherol

Vorkommen und Stoffwechsel
Die für den Menschen wichtigste Form des Vitamin E ist das **α-Tocopherol,** dessen Grundstruktur ein Chromanring bildet. Es wird im Darm zusammen mit Nahrungslipiden absorbiert, in der Leber an α-Tocopherol-Transfer-Protein gebunden und über VLDL im Blut in periphere Gewebe transportiert.

Funktion
Vitamin E kann als lipophiles Antioxidans wirken. Es **schützt** vermutlich ungesättigte Fettsäuren vor radikalinduzierter **Lipidperoxidation,** indem es die durch Radikalbildung ausgelöste Kettenreaktion stoppt. Dafür überträgt es ein Elektron auf ein Fettsäureradikal und wird dabei selbst zum Tocopherylradikal oxidiert. Dieses kann durch Vitamin C wieder zu Tocopherol regeneriert werden.

Vitamin E hat weitere nicht-antioxidative Funktionen, z. B. bei der Ausbildung von Immunsynapsen und der Steuerung der Keimdrüsen.

Medizinische Relevanz
Ein schwerer Vitamin-E-Mangel äußert sich u. a. durch neurologische Symptome wie Ataxie, Muskelschwäche und Neuropathie.
Ein Defekt des Gens für das α-Tocopherol-Transferprotein führt zu schweren neurologischen Störungen (Ataxia with Vitamin E Deficiency, AVED).

23.2.5 Vitamin K: Phyllochinone

Vorkommen und Stoffwechsel

Natürlich vorkommendes Vitamin K setzt sich aus dem pflanzlichen Phyllochinon (Vitamin K_1) und einer Gruppe von Menachinonen (Vitamin K_2) zusammen, die von Bakterien z. B. auch im menschlichen Darm synthetisiert werden. Alle Vertreter der Vitamin-K-Gruppe sind Naphthochinone, die unterschiedlich lange Lipidketten tragen (➤ Abb. 23.4). Der menschliche Körper kann nur wenig Vitamin K speichern.

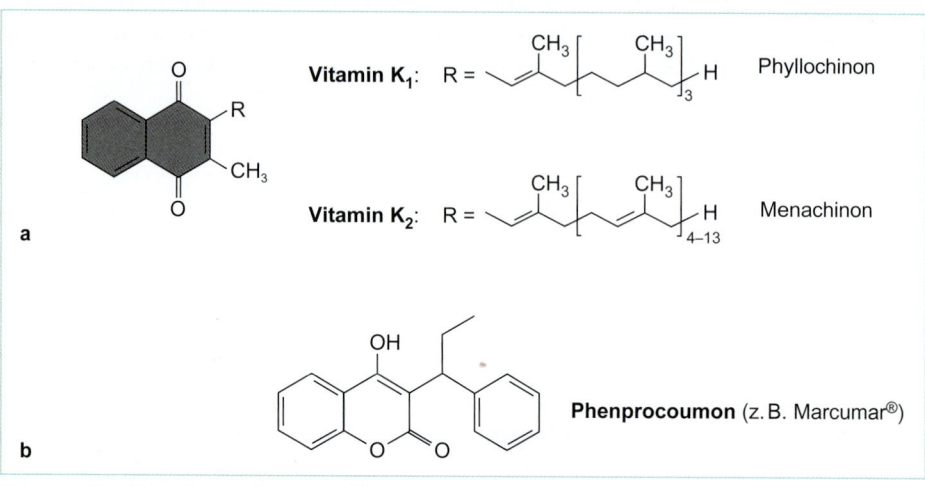

Abb. 23.4 Vitamin K. **a** Formen. **b** Marcumar®. [L271]

Funktion

Vitamin K ist das Coenzym der γ-Glutamyl-Carboxylase, welche die **Carboxylierung** von speziellen **Glutamatresten** in Vitamin-K-abhängigen Proteinen (= VKD-Proteine) wie dem Osteocalcin, das für den Calciumstoffwechsel im Knochen wichtig ist, oder vielen Blutgerinnungsfaktoren katalysiert. Letztere können mit den so gebildeten γ-Carboxyglutamatresten an Calcium binden und dadurch lokal die **Blutgerinnung** auslösen (➤ 25.6.3).

Medizinische Relevanz

Ein Vitamin-K-Mangel kommt beim Erwachsenen nur selten vor, da sich Vitamin K in ausreichender Konzentration in der Nahrung findet und durch die Darmflora synthetisiert wird. Eine länger andauernde orale Antibiotikatherapie kann jedoch die Darmflora zerstören und zu einem Vitamin-K-Mangel führen, wodurch das Risiko für **Blutungen** erhöht ist. Voll gestillte Neugeborene können einen schweren Vitamin-K-Mangel bekommen, weil die Muttermilch wenig Vitamin K enthält und die Darmflora noch nicht voll ausgereift ist. Zusammen mit der noch nicht voll ausgebildeten Leber und somit eingeschränkten Synthese von Gerinnungsfaktoren steigt das Risiko für eine lebensbedrohliche Hirnblutung. Viele Fachverbände empfehlen daher eine Vitamin-K-Prophylaxe in den ersten Lebenswochen. Bei älteren Erwachsenen wird bei einem Vitamin-K-Mangel ein erhöhtes Risiko für Gefäßverkalkungen diskutiert. Cumarinderivate wie Phenprocoumon (Marcumar®; ➤ Abb. 23.4) sind Vitamin-K-Antagonisten und werden als Antikoagulanzien genutzt (➤ 25.6.3).

23.3 Wasserlösliche Vitamine

23.3.1 Transport

Wasserlösliche Vitamine (➤ Tab. 23.2) werden meist **frei** in Körperflüssigkeiten **transportiert**. Einige sind jedoch wie die fettlöslichen Vitamine an Transportproteine gebunden. Dadurch wird ein Vitaminverlust durch renale Filtration vermieden. Überschüssige Mengen der wasserlöslichen Vitamine werden i. d. R. über die Nieren **ausgeschieden,** weshalb Hypervitaminosen extrem selten sind. Eine Speicherung ist mit Ausnahme von Vitamin B_{12} eher begrenzt, sodass eine **regelmäßige Zufuhr** mit der Nahrung notwendig ist.

23.3.2 Vitamin B_1 (Thiamin)

Vorkommen und Stoffwechsel

Vollkornprodukte, Gemüse, Nüsse, Hefe, Innereien und Schweinefleisch sind gute Quellen für Vitamin B_1. Bei einer Mischkosternährung ist die Versorgung daher meist gewährleistet, während Weißmehl und geschälter Reis schlechte Vitamin-B_1-Quellen sind. Thiamin enthält einen Pyrimidin- und einen Thiazolring. Die aktive Form, das **Thiaminpyrophosphat** (TPP), entsteht durch die mitochondriale Thiamin-Kinase aus Thiamin und ATP (➤ Abb. 23.5).

Aus Studentensicht

23.2.5 Vitamin K: Phyllochinone

Vorkommen und Stoffwechsel
Natürlich vorkommendes Vitamin K findet sich in zwei Formen: Phyllochinon (Vitamin K_1) aus Pflanzen und von Darmbakterien synthetisierte Menachinone (Vitamin K_2).

ABB. 23.4

Funktion
Vitamin K ist Coenzym der γ-Glutamyl-Carboxylase, die die **Carboxylierung** von speziellen **Glutamatresten** in Vitamin-K-abhängigen Proteinen, z. B. **Blutgerinnungsfaktoren,** oder dem für den Knochenstoffwechsel wichtigen Osteocalcin katalysiert.

Medizinische Relevanz
Ein Vitamin-K-Mangel kommt beim Erwachsenen sehr selten vor, meist nur nach einer längeren oralen Antibiotikatherapie in Kombination mit einer verminderten Vitamin-K-Aufnahme. Er führt u. a. zu einer erhöhten **Blutungsneigung.** Säuglinge sollten aufgrund verminderter Vitamin-K-Zufuhr und -Synthese im Darm eine Vitamin-K-Prophylaxe erhalten. Cumarinderivate werden als Antikoagulanzien genutzt.

23.3 Wasserlösliche Vitamine

23.3.1 Transport
Wasserlösliche Vitamine werden meist **frei** im Blut **transportiert.** Überschüssige Mengen werden i. d. R. über die Nieren **ausgeschieden.** Mit Ausnahme von Vitamin B_{12} ist die Speicherung begrenzt, weshalb sie **regelmäßig zugeführt** werden müssen.

23.3.2 Vitamin B_1 (Thiamin)

Vorkommen und Stoffwechsel
Thiamin (Vitamin B_1) enthält einen Pyrimidin- und einen Thiazolring.
Die aktive Form von Vitamin B_1, das **Thiaminpyrophosphat** (TPP), wird aus Thiamin und ATP durch die mitochondriale Thiamin-Kinase synthetisiert.

23.3 WASSERLÖSLICHE VITAMINE

Tab. 23.2 Wasserlösliche Vitamine

Vitamin	Nahrungsquelle, Tagesbedarf*	Funktion des Vitamins und seiner Derivate
Vitamin B_1: Thiamin	• Hefe, Fleisch, Innereien, Vollkornprodukte, Nüsse • 1,0–1,3 mg	• Oxidative Decarboxylierung • Transketolase
Vitamin B_2: Riboflavin	• Milch, Milchprodukte, mageres Fleisch, Eier, grünes Gemüse • 1,2–1,5 mg	• Bestandteil von FAD oder FMN (Elektronenüberträger für viele Redoxreaktionen)
Vitamin B_3: Niacin	• Mehr in tierischen Produkten als in Pflanzen • 13–16 mg	• Bestandteil von NAD^+ und $NADP^+$ (Elektronenüberträger für Redoxreaktionen)
Vitamin B_5: Pantothensäure	• In allen pflanzlichen und tierischen Nahrungsmitteln • 6 mg	• Bestandteil von Coenzym A
Vitamin B_6: Pyridoxin	• In vielen tierischen und pflanzlichen Produkten wie Nüssen, Gemüse, Kartoffeln • 1,2–1,6 mg	• Cofaktor für über 100 Enzyme im Stoffwechsel wie Transaminasen, Decarboxylasen, Glykogen-Phosphorylase, δ-Aminolävulinat-Synthase
Vitamin B_7: Biotin (Vitamin H)	• Viel in Eigelb, Leber, Hefe • 30–60 µg	• Cofaktor von Biotin-abhängigen Carboxylasen • Substrat von Biotinylierungen (= kovalente Bindung von Biotin an ε-Aminogruppe von Lysinresten, z.B. bei Histonen)
Vitamin B_9: Folsäure	• Grünes Blattgemüse, Zitrusfrüchte, Hülsenfrüchte, Eigelb, Leber • 300 µg	• Übertragung von C_1-Einheiten z.B. bei der Purin- und Methioninsynthese
Vitamin B_{12}: Cobalamin	• Nur in tierischen Produkten • 4 µg (Entleerung gefüllter Speicher dauert Jahre)	• Cofaktor für Methionin-Synthase und L-Methylmalonyl-CoA-Mutase
Vitamin C: Ascorbinsäure	• Zitrusfrüchte, Beeren, Gemüse • 95–110 mg	• Antioxidans • Cofaktor für Hydroxylierungen

* Ungefährer Tagesbedarf eines jungen Erwachsenen (Deutsche Gesellschaft für Ernährung: D-A-CH-Referenzwerte für die Nährstoffzufuhr, Stand Feb. 2019). Für Kinder gelten altersgestaffelt andere Werte.

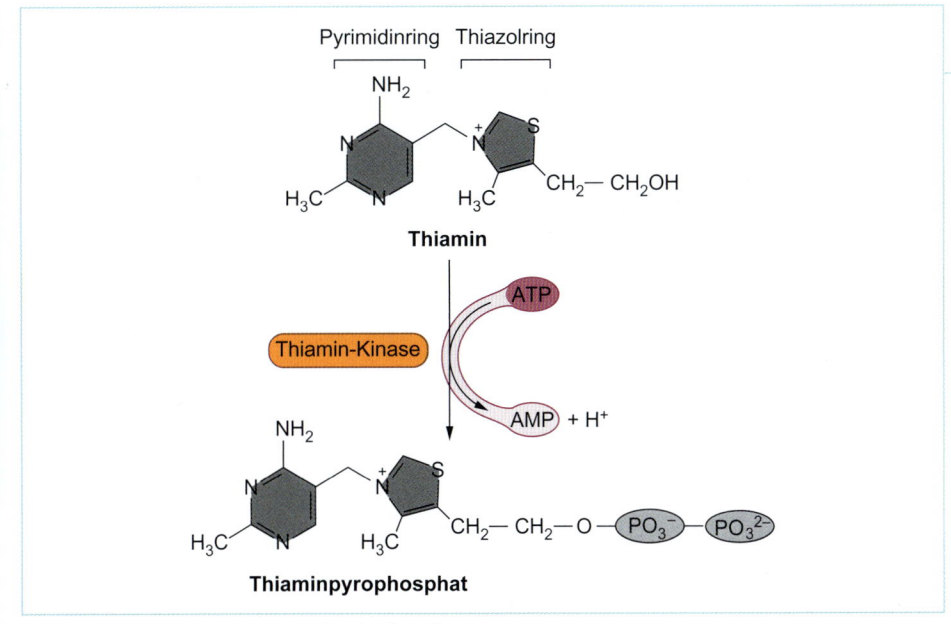

Abb. 23.5 Synthese von Thiaminpyrophosphat [L271]

Funktion
TPP ist ein **Coenzym** von Multienzymkomplexen zur **oxidativen Decarboxylierung** von α-Ketosäuren wie der α-Ketoglutarat-Dehydrogenase (➤ 18.2.3), der Pyruvat-Dehydrogenase (➤ 19.2.3) und der Verzweigtketten-α-Ketosäuren-Dehydrogenase (➤ 21.3.4) sowie der Transketolase (➤ 19.5.2). Als einfacher diagnostischer Nachweis eines funktionellen Thiaminmangels wird die Transketolaseaktivität in Erythrozyten gemessen, die bei einem Mangel frühzeitig reduziert ist.

Aus Studentensicht

TAB. 23.2

ABB. 23.5

Funktion
TPP ist **Coenzym** der Enzyme, die wie die Pyruvat-Dehydrogenase **oxidative Decarboxylierungen** von α-Ketosäuren katalysieren, sowie der Transketolase des Pentosephosphatwegs.

Aus Studentensicht

Medizinische Relevanz

● KLINIK

Ein Thiaminmangel, z. B. durch polierten Reis als Hauptnahrungsquelle, kann in schweren Fällen zur **Beriberi-Krankheit** führen, die v. a. das Nerven- und kardiale System betrifft und tödlich verlaufen kann.
Ein durch chronischen Alkoholismus verursachter Thiaminmangel kann zum **Wernicke-Korsakow-Syndrom** führen.

23.3.3 Vitamin B$_2$ (Riboflavin)

Vorkommen und Stoffwechsel

Riboflavin (Vitamin B$_2$) besteht aus einem mit einem Ribitolrest substituierten Isoalloxanring. Es wird in der Mukosa zu **FMN** phosphoryliert, an Albumin gebunden im Blut transportiert und kann in den Körperzellen zu **FAD** reagieren.

Funktion

Die **Elektronenüberträger** FMN und FAD sind Bestandteile von **Flavoproteinen** wie dem Komplex I der Atmungskette oder der Acyl-CoA-Dehydrogenase und spielen daher eine wichtige Rolle im Energiestoffwechsel.
Zudem sind sie am Abbau von Medikamenten und toxischen Verbindungen beteiligt.

Medizinische Relevanz

---

23 VITAMINE, MINERALSTOFFE UND SPURENELEMENTE: KLEINE MENGEN MIT GROSSER WIRKUNG

Medizinische Relevanz

KLINIK

Säuglinge sterben an Thiaminmangel

Im Jahr 2003 wurden schwer kranke Säuglinge in verschiedene Krankenhäuser in Israel eingeliefert. Die Kinder wirkten schlaff und apathisch, im Ultraschall waren Herz und Leber vergrößert und eine schwere Herzinsuffizienz führte bei vielen zu Ödemen. Drei der Kinder starben. Sie litten an der „feuchten" Beriberi (senegalesisch = große Schwäche), einer Krankheit, die in wirtschaftlich entwickelten Ländern heute kaum noch vorkommt und deshalb oft nicht gleich erkannt wird. Ursache ist ein Mangel an Thiamin, der die Herzmuskulatur der Säuglinge schwer geschädigt hat. Es kann innerhalb weniger Tage zu einer massiven Herzvergrößerung bis hin zum tödlichen Herzversagen kommen. In diesem Fall war die Ernährung mit fehlerhaft hergestellter Babynahrung, die fast kein Vitamin B$_1$ enthielt, der Auslöser für die Mangelerscheinungen. Es kam zu einer Verurteilung von Mitarbeitern einer deutschen Firma und zu Entschädigungszahlungen an die betroffenen Familien. Mehr als 20 der betroffenen Kinder leiden noch heute an den Folgen verschiedener Organschäden.
Bei der ebenfalls durch Vitamin-B$_1$-Mangel ausgelösten „trockenen" Beriberi ist v. a. das Nervensystem betroffen. Symptome sind Schmerzen, Muskelschwäche, Geh- und Sprachstörungen, Erbrechen und Apathie.

Alle mithilfe von Thiamin gebildeten Stoffwechselprodukte spielen im Energiestoffwechsel eine Rolle. Klinisch macht sich der Mangel an Thiamin in Zellen und Organen mit hohem Glukoseumsatz wie Nerven oder Herz durch neurologische und kardiale Symptome bemerkbar. Zu einer Unterversorgung kann es in Entwicklungsländern kommen, wenn polierter Reis die Hauptnahrungsquelle ist. Sie führt in schweren Fällen zur **Beriberi-Krankheit.**

In wirtschaftlich entwickelten Ländern ist ein schwerer Vitamin-B$_1$-Mangel selten. Hauptrisikogruppe sind dort Alkoholkranke, die ihre Ernährung weitgehend vernachlässigen und teilweise schwer mangelernährt sind, was besonders rasch zu einem absoluten Thiaminmangel führen kann. Zusätzlich kann eine Leberschädigung die Speicherung von Thiamin in der Leber vermindern. Daneben hemmt Ethanol die Aufnahme von Thiamin aus dem Darm sowie die Aktivierung von Thiamin zu TPP. So kommt es zu einer Störung der TPP-abhängigen Enzyme des Energiestoffwechsels. Der Energiemangel führt zum Anschwellen von Neuronen und später zu mikroskopischen Einblutungen und bei chronischen Alkoholikern entwickelt sich das **Wernicke-Korsakow-Syndrom.**

FALL

Herr Stern ist verwirrt: Wernicke-Enzephalopathie

Die bei Herrn Stern beobachtete Symptomentrias Verwirrtheit, Ataxie und Augenmuskelstörung ist typisch für eine akute Wernicke-Enzephalopathie. Da die Symptomentrias nicht immer vollständig auftritt und Verwirrtheit und Ataxie genauso Folge einer Hyperammonämie oder Alkoholintoxikation sein können, wird die Wernicke-Enzephalopathie sehr häufig übersehen. Herr Stern hatte lange nichts mehr gegessen; dadurch kam es zu einem absoluten Thiaminmangel, da die Thiaminspeicher nach etwa 18 Tagen erschöpft sind, und in der Folge zu einer akuten Wernicke-Enzephalopathie.
Nach mehrtägiger hoch dosierter Thiamintherapie bildet sich die Symptomatik bei Herrn Stern allmählich zurück. Glücklicherweise zeigt er anschließend keine Symptome einer anterograden Amnesie, die ansonsten auf ein Korsakow-Syndrom hindeuten würden, das die irreversible Folge des unbehandelten Thiaminmangels bei Alkoholikern sein kann.

23.3.3 Vitamin B$_2$ (Riboflavin)

Vorkommen und Stoffwechsel

Riboflavin besteht aus einem Isoalloxanring, der mit einem Ribitolrest (= ein von Ribose abgeleiteter Zuckeralkohol) substituiert ist (➤ Abb. 23.6). Kleine Mengen sind in praktisch allen pflanzlichen und tierischen Nahrungsmitteln enthalten. Nach der Absorption wird es in der Mukosa zu **Flavin-Mononukleotid** (FMN) umgesetzt, das im Blut proteingebunden transportiert wird. Nach der Aufnahme in die Körperzellen kann FMN über die FAD-Synthetase zu **Flavin-Adenin-Dinukleotid** (FAD) reagieren (➤ 17.4.2).

Funktion

FAD und FMN sind **Elektronenüberträger,** die beispielsweise für die Oxidation von Lipiden, Kohlenhydraten und Proteinen benötigt werden. Sie sind Bestandteile von **Flavoproteinen** wie der Acyl-CoA-Dehydrogenase, dem Pyruvat-Dehydrogenase-Komplex, der mitochondrialen Glycerin-3-Phosphat-Dehydrogenase, den Atmungskettenkomplexen, der Aminosäure-Oxidasen, der Xanthin-Oxidoreduktase, der Glutathion-Reduktase oder der 5,10-Methylentetrahydrofolat-Reduktase. Zusammen mit Cytochrom P450 sind Flavinnukleotide Cofaktoren für den Abbau von Medikamenten und toxischen Verbindungen.

Medizinische Relevanz

Ein selektiver Riboflavinmangel ist in Deutschland eher selten. Wenn er bei chronischem Alkoholismus oder bei Essstörungen auftritt, dann meist in Kombination mit einem Mangel an anderen wasserlöslichen

23.3 WASSERLÖSLICHE VITAMINE

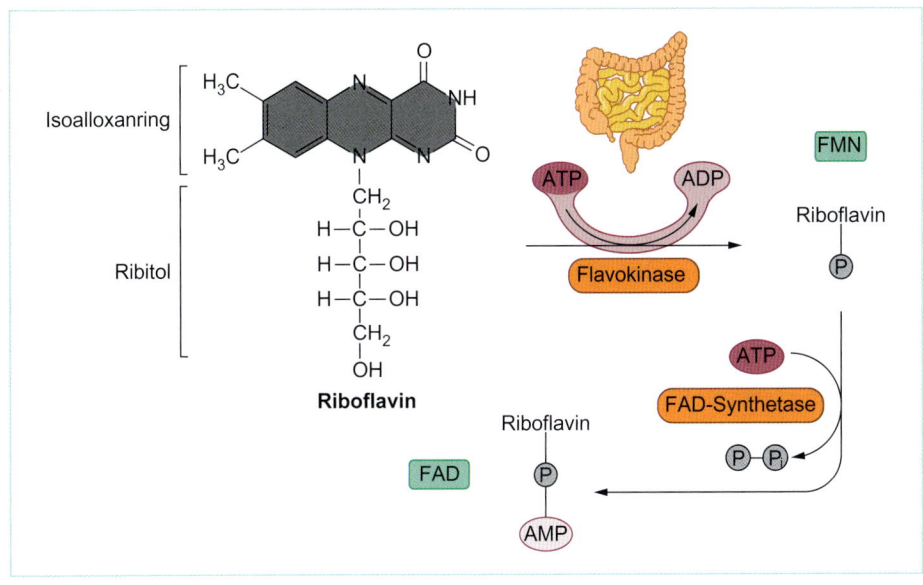

Abb. 23.6 Riboflavinstoffwechsel [L271]

Vitaminen. Symptome wie schmerzhafte Rötungen und Schwellungen der **Schleimhäute** in Mund und Kehlkopfbereich sind vergleichsweise unspezifisch. Hinzu kommen Mundwinkelfissuren (**Cheilosis**), eine spezielle Entzündung der Zunge (**Landkartenzunge**) sowie Veränderungen am Auge mit einer Vaskularisierung der Kornea, die zu Juckreiz, unklarem Sehen und Lichtempfindlichkeit führen kann.
Eine Vitamin-B_2-Supplementation wird erwachsenen Migränepatienten empfohlen. Die Wirksamkeit als Adjuvans für die Chemotherapie einiger Krebserkrankungen wird untersucht.

23.3.4 Niacin

Vorkommen und Stoffwechsel

Als Niacin (früher Vitamin B_3) werden das v.a. in tierischen Produkten wie Fleisch, Fisch und Leber enthaltene Nikotinamid und die in Pflanzen überwiegende Nikotinsäure zusammengefasst (➤ Abb. 23.7). Beide haben gleiche Wirkungen und können im Körper jeweils ineinander überführt werden. Über 400 Enzyme verwenden Niacine als Akzeptor oder Donator von Elektronen in Redoxreaktionen. Niacin kann im Körper zum Teil aus der essenziellen Aminosäure Tryptophan gebildet werden, die als Provitamin für Niacin gilt. Trotzdem bleibt eine Nahrungsaufnahme von Niacin essenziell. Die Nikotinsäure kann in allen Geweben mit Phosphoribosylpyrophosphat zum Nikotinsäure-Mononukleotid umgesetzt werden, das auch aus der essenziellen Aminosäure Tryptophan über die Zwischenstufe L-Kynurenin synthetisiert werden kann (➤ 21.3.4). Anschließend wird ein AMP-Rest aus ATP übertragen und der Nikotinsäurerest mithilfe von Glutamin und ATP zu **Nikotinamid-Adenin-Dinukleotid** (= NAD^+) amidiert, das zu

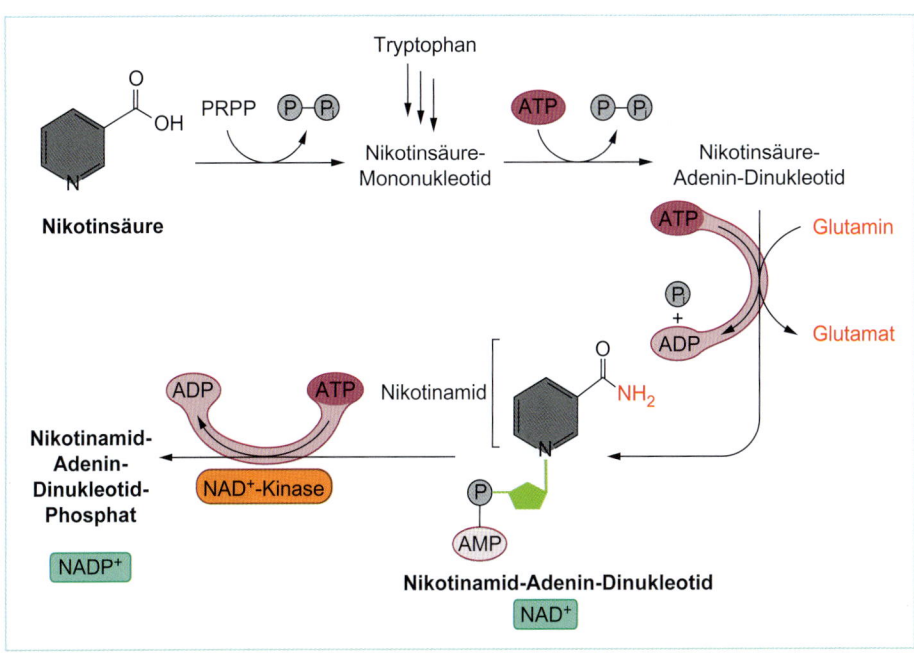

Abb. 23.7 Niacin [L271]

Aus Studentensicht

ABB. 23.6

Ein isolierter Riboflavinmangel ist selten. Symptome wie Entzündungen von Haut und **Schleimhäuten,** Risse an den Mundwinkeln (**Cheilosis**) und **Entzündungen der Zunge** sind eher unspezifisch.
Eine Vitamin-B_2-Supplementation wird erwachsenen Migränepatienten empfohlen.

23.3.4 Niacin

Vorkommen und Stoffwechsel

Niacin umfasst die beiden Moleküle Nikotinamid, das v.a. in Fleisch vorkommt, und Nikotinsäure, die in pflanzlichen Produkten überwiegt. Nikotinsäure kann in allen Geweben in **Nikotinamid-Adenin-Dinukleotid** (NAD^+) und $NADP^+$ umgewandelt werden. Niacine können auch aus Tryptophan synthetisiert werden.
NAD^+ ist zudem Substrat für ADP-Ribosylierungen und für die Bildung der Zyklo-ADP-Ribose.

ABB. 23.7

Aus Studentensicht

Funktion
NAD⁺ und NADP⁺ sind **Cofaktoren** bei vielen **Redoxreaktionen**.

Medizinische Relevanz
Ein Niacinmangel kommt v. a. in Bevölkerungsgruppen vor, die sich maisreich ernähren. Ein schwerer Mangel resultiert im Krankheitsbild der **Pellagra**, die durch die typischen Symptome **Dermatitis, Diarrhö** und **Demenz** gekennzeichnet ist und unbehandelt **tödlich** verläuft. Der medizinische Nutzen einer Niacin-Supplementation bei anderen Erkrankungen ist umstritten.

23.3.5 Vitamin B₅ (Pantothensäure)

Vorkommen und Stoffwechsel
Die in vielen Nahrungsmitteln enthaltene Pantothensäure (Vitamin B₅) besteht aus den Bausteinen β-Alanin und Pantoinsäure.

Funktion
Pantothensäure ist Bestandteil von **Coenzym A** und der Fettsäure-Synthase.

ABB. 23.8

$NADP^+$ phosphoryliert werden kann (➤ 17.4.1). Nikotinamid aus der Nahrung kann in einem Salvage Pathway wieder in NAD^+ eingebaut werden.

Funktion
NAD^+ und $NADP^+$ können zu NADH bzw. NADPH reduziert werden und sind **Cofaktoren** bei vielen **Redoxreaktionen** (➤ 17.4). NAD^+ ist zudem Substrat für ADP-Ribosylierungen und für die Bildung von Zyklo-ADP-Ribose (➤ 6.4.9).

Medizinische Relevanz
Ein Niacinmangel ist in westlichen Ländern sehr selten und eine leichte Unterversorgung ist wenig problematisch. Mais enthält nur wenig Niacin und Tryptophan. Falls vor dem Verzehr peptidgebundenes Niacin nicht z. B. durch Einweichen in alkalischem Kalkwasser freigesetzt wird, kann eine sehr maisreiche Ernährung daher zur Hypovitaminose **Pellagra** (ital. = raue Haut) führen, die unbehandelt tödlich sein kann. Typische Symptome werden mit der 4D-Regel zusammengefasst: **Dermatitis** (Entzündung der Haut), **Diarrhö** (Durchfall), **Demenz** und **Tod** (Death). Der medizinische Nutzen einer Niacin-Supplementation bei Hyperlipidämien, HIV bzw. AIDS, psychiatrischen Erkrankungen oder zur Krebsprävention ist umstritten.

23.3.5 Vitamin B₅ (Pantothensäure)

Vorkommen und Stoffwechsel
Pantothensäure (Vitamin B₅) ist in sehr vielen Nahrungsmitteln enthalten und besteht aus den Bausteinen β-Alanin und Pantoinsäure, die Säugetiere nicht verknüpfen können (➤ Abb. 23.8). In einer mehrstufigen Reaktion wird Pantothensäure phosphoryliert und mit Cystein und AMP zum Coenzym A verknüpft, wobei CO_2 freigesetzt und mehrere ATP-Moleküle hydrolysiert werden.

Funktion
Pantothensäure aktiviert als Bestandteil von **Coenzym A** oder der Fettsäure-Synthase Bindungspartner durch die Bildung einer energiereichen Thioesterbindung (➤ 17.5).

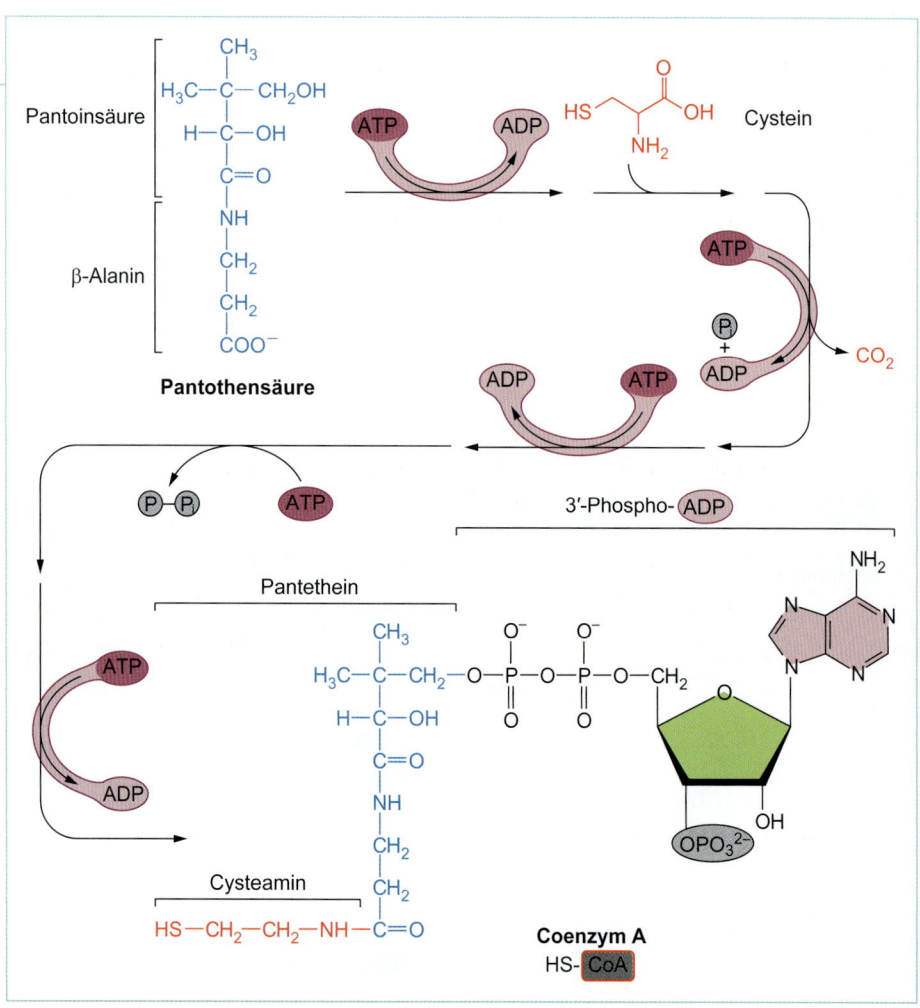

Abb. 23.8 Synthese von Coenzym A [L299, L307]

23.3 WASSERLÖSLICHE VITAMINE

Medizinische Relevanz

Ein selektiver Mangel kommt beim Menschen nur sehr selten vor. Bei schwerer Mangelernährung werden in Tierversuchen sehr variable Symptome wie **Anämie, Nerven-** und **Hautschäden** sowie **Hypoglykämie** beobachtet. Bei Kriegsgefangenen in Asien wurde nach monatelangem Panthothensäuremangel neben psychischen und neurologischen Erscheinungen das Burning-Feet-Syndrom beobachtet.

23.3.6 Vitamin B_6 (Pyridoxin)

Vorkommen und Stoffwechsel

Pyridoxin kommt als Pyridoxal, Pyridoxol und Pyridoxamin vor, die alle ineinander und in die aktive Form **Pyridoxalphosphat** (PALP) umgewandelt werden können (> Abb. 23.9). Pyridoxalphosphat ist in vielen Nahrungsmitteln enthalten, wobei die Bioverfügbarkeit aus pflanzlicher Nahrung deutlich geringer ist als aus Fleisch.

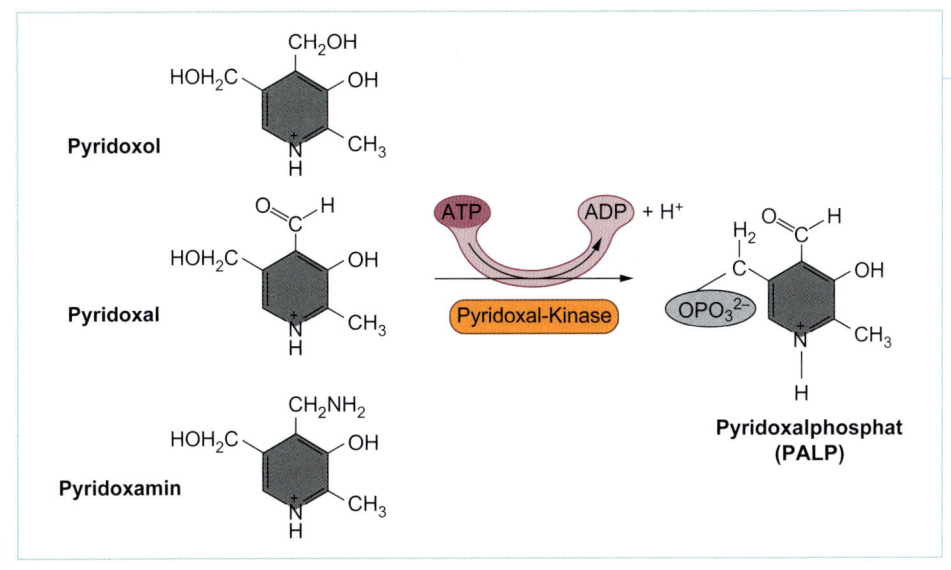

Abb. 23.9 Formen von Vitamin B_6 [L271]

Funktion

Das biologisch aktive **Pyridoxalphosphat** (PALP) ist Coenzym von mehr als hundert Enzymen z. B. im Aminosäure- und Kohlenhydratstoffwechsel und kann durch seine Aldehydgruppe mit Aminogruppen von freien Aminosäuren oder Proteinen eine Schiff-Base bilden (> 21.2.2).

Medizinische Relevanz

Bei normaler Ernährung ist ein schwerer Vitamin-B_6-Mangel sehr selten. Chronische Alkoholiker sind jedoch, bedingt durch die mangelhafte Ernährung und die durch Ethanol gehemmte Absorption im Darm, eine Risikogruppe. Ein schwerer Vitamin-B_6-Mangel führt u. a. zu **unspezifischen neurologischen Symptomen** wie Krämpfen, Irritationen und Depressionen, die vermutlich auf eine verminderte PALP-abhängige Synthese des Neurotransmitters GABA aus Glutamat zurückzuführen sind. Andere Symptome, wie Appetitverlust, Durchfall, Erbrechen, Dermatitis, Wachstumsstörungen und Anämien treten meistens gemeinsam mit einem Mangel eines anderen wasserlöslichen Vitamins auf.
Bei der Tuberkulosetherapie mit dem Antibiotikum Isoniazid (z. B. Isozid®) kann es zu neurologischen Nebenwirkungen kommen, die durch gleichzeitige Gabe von Pyridoxin gemildert werden können.
Eine Supplementation mit den Vitaminen B_6, B_{12} und Folsäure wird als Therapie gegen die häufig vorkommende Homocysteinämie eingesetzt und soll das Risiko für Herz-Kreislauf-Erkrankungen, Demenz oder Osteoporose vermindern. Während in Studien die Senkung der Homocysteinwerte damit gut gelingt, ist die erwünschte Schutzwirkung für die erwähnten Krankheiten bisher umstritten.

23.3.7 Vitamin B_7 (Biotin)

Vorkommen und Stoffwechsel

Biotin (Vitamin B_7, Vitamin H) hat Harnstoff, einen Thiophanring und Valeriansäure als Bestandteile (> Abb. 23.10). Es findet sich in vielen Nahrungsmitteln als freies Biotin oder als Bestandteil von Proteinen, aus denen es vor der Absorption durch die **Biotinidase** freigesetzt wird. Auch die Darmflora synthetisiert Biotin.

Aus Studentensicht

Medizinische Relevanz

Ein selektiver Mangel ist sehr selten, typische Symptome sind **Polyneuropathie, Hautschäden, Anämie** und **Hypoglykämie**.

23.3.6 Vitamin B_6 (Pyridoxin)

Vorkommen und Stoffwechsel

Pyridoxin (Vitamin B_6) kommt als Pyridoxal, Pyridoxol und Pyridoxamin vor, die aktive Form ist das **Pyridoxalphosphat** (PALP).

ABB. 23.9

Funktion

Pyridoxalphosphat ist Coenzym von vielen Enzymen im Aminosäure- und Kohlenhydratstoffwechsel.

Medizinische Relevanz

Ein Vitamin-B_6-Mangel ist selten und führt u. a. zu **unspezifischen neurologischen Symptomen** wie Krämpfen und Depressionen, die vermutlich durch eine Störung des Glutamatstoffwechsels bedingt sind.
Das Tuberkulosemedikament Isoniazid kann zu einem Vitamin-B_6-Mangel führen, der in einigen Fällen durch die Gabe von Pyridoxin ausgeglichen werden muss.

23.3.7 Vitamin B_7 (Biotin)

Vorkommen und Stoffwechsel

Biotin (Vitamin B_7, Vitamin H) hat Harnstoff und einen mit Valeriansäure substituierten Thiophanring als Bestandteile. Es findet sich in vielen Nahrungsmitteln. Proteingebundes Biotin muss vor der Absorption durch die **Biotinidase** freigesetzt werden. Auch Darmbakterien synthetisieren Biotin.

Aus Studentensicht

ABB. 23.10

Funktion

Biotin ist Cofaktor von vier **Carboxylasen**, mit denen es über einen Lysinrest **kovalent** verknüpft ist:
- Pyruvat-Carboxylase
- Acetyl-CoA-Carboxylase
- Propionyl-CoA-Carboxylase
- Methylcrotonyl-CoA-Carboxylase

Daneben wird es zur Biotinylierung von z. B. Histonen benötigt. Beim Abbau biotinylierter Proteine wird Biotin durch die Biotinidase recycelt.

Medizinische Relevanz

Ein ernährungsbedingter Biotinmangel ist selten. Er führt u. a. zu **Haarausfall, Dermatitis** und **neurologischen Symptomen**. Ein **Biotinidasemangel** wird im Neugeborenenscreening getestet und kann durch Biotingabe therapiert werden.

23.3.8 Vitamin B_9 (Folsäure)

Vorkommen und Stoffwechsel

Folsäure (Vitamin B_9) besteht aus einem Pteridinkern, p-Aminobenzoesäure und Glutamat. Folat in Nahrungsmitteln enthält mehrere Glutamatreste. Im Dünndarm werden die Folate in die **Monoglutamatform** überführt und über einen **Folattransporter** in die Enterozyten aufgenommen. Ein Carrierprotein vermittelt die Aufnahme in Körperzellen, wo Folsäure als **Polyglutamat** gespeichert wird.

Funktion

Folsäure wird durch die Folat- und die Dihydrofolat-Reduktase in ihre aktive Form, die **Tetrahydrofolsäure** (THF), überführt.

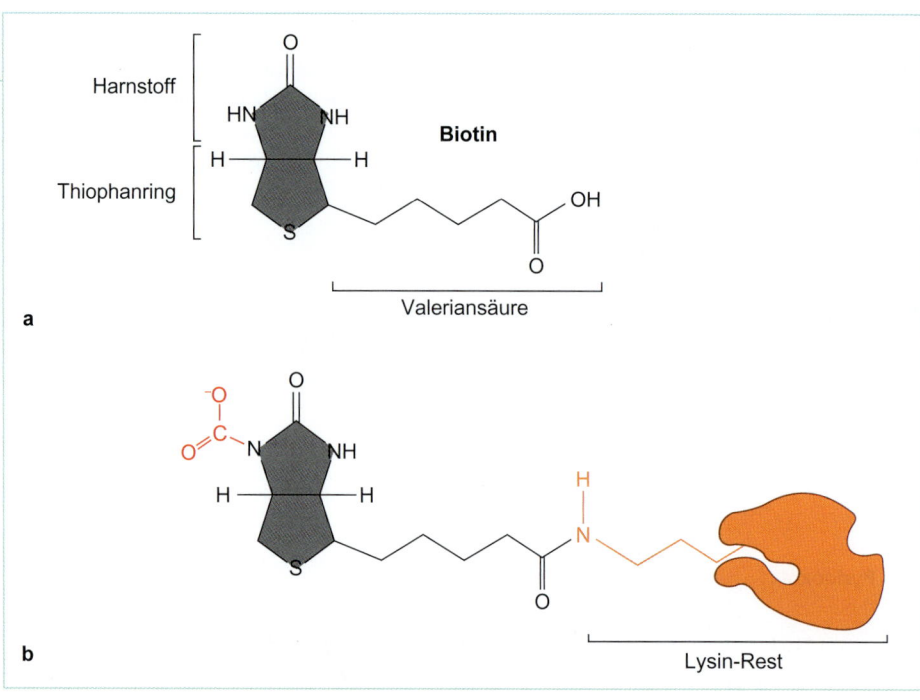

---

23 VITAMINE, MINERALSTOFFE UND SPURENELEMENTE: KLEINE MENGEN MIT GROSSER WIRKUNG

Abb. 23.10 a Biotin. b An die Carboxylase gebundenes Carboxy-Biotin. [L271]

Funktion

Biotin ist Cofaktor von vier **Carboxylasen** und wird durch spezielle Enzyme **kovalent** über eine Säureamidbindung mit einem ihrer Lysinreste verknüpft. Diese Carboxylasen fixieren CO_2 an Pyruvat, Acetyl-CoA, Propionyl-CoA oder Methylcrotonyl-CoA (➤ 18.2.5, ➤ 20.1.6, ➤ 20.1.7, ➤ 21.3.4). Unter ATP-Verbrauch wird CO_2 dabei zunächst auf das Biotin selbst und anschließend auf das Substrat übertragen. Biotin spielt auch im Zellkern eine Rolle, wo es Histone modifizieren kann. Diese Biotinylierung von Histonen ist an der Regulation der Expression zahlreicher Gene beteiligt.

Beim Abbau der biotinylierten Proteine wird das Biotin durch die Biotinidase recycelt, sodass nur geringe Mengen aus der Nahrung aufgenommen werden müssen.

Medizinische Relevanz

Ein Biotinmangel ist selten und führt zu **Haarausfall**, einem roten **Hautausschlag** im Gesicht und **neurologischen Symptomen** mit Depression, Lethargie und Halluzinationen. Bei einem **Biotinidasemangel** kommt es durch vermehrte Ausscheidung zu einem Biotinmangel, der durch eine Biotinmedikation therapiert werden kann. Auf diese seltene Stoffwechselstörung wird deshalb in Deutschland im Neugeborenenscreening getestet.

> **Biotinylierung**
>
> Im Biochemielabor wird bei der „Biotinylierung" Biotin kovalent an Proteine oder DNA gebunden. Über die hochaffine Bindung des Biotins an die Proteine Avidin oder Streptavidin können auf diese Weise markierte Moleküle leicht detektiert oder gereinigt werden.

23.3.8 Vitamin B_9 (Folsäure)

Vorkommen und Stoffwechsel

Folsäure (Vitamin B_9, Folat) bezeichnet eine Gruppe von Molekülen, die aus einem Pteridinkern, para-Aminobenzoesäure und einem oder mehreren Glutamatresten aufgebaut sind (➤ Abb. 23.11). Sie sind sehr hitzeempfindlich, sodass beim Kochen z. B. von Gemüse große Verluste auftreten. Natürliches Folat (lat. folium = Blatt) in Nahrungsmitteln enthält mehrere Glutamatreste, während synthetisch hergestellte Folsäure nur einen Glutamatrest umfasst. Im Bürstensaum des Duodenums und Jejunums werden Folate zu **Monoglutamaten** hydrolysiert, über einen protonenabhängigen **Folattransporter** aufgenommen und proteingebunden im Blut transportiert. Die Folsäure wird über einen Carrier, der von einem Folatrezeptor unterstützt wird, in die Zellen aufgenommen und dort in Form von **Polyglutamaten** gespeichert.

Funktion

Folate können durch die Folat-Reduktase zu Dihydrofolat und weiter über die Dihydrofolat-Reduktase zu biologisch aktiver **Tetrahydrofolsäure** (THF) reduziert werden, die C_1-**Gruppen** übertragen kann (➤ Abb. 23.12). Intrazellulär muss Folsäure dabei in der Polyglutamatform vorliegen, die auf der Stufe von Tetrahydrofolat durch die Folylpolyglutamat-Synthase aus Monoglutamat hergestellt wird. Die Be-

23.3 WASSERLÖSLICHE VITAMINE

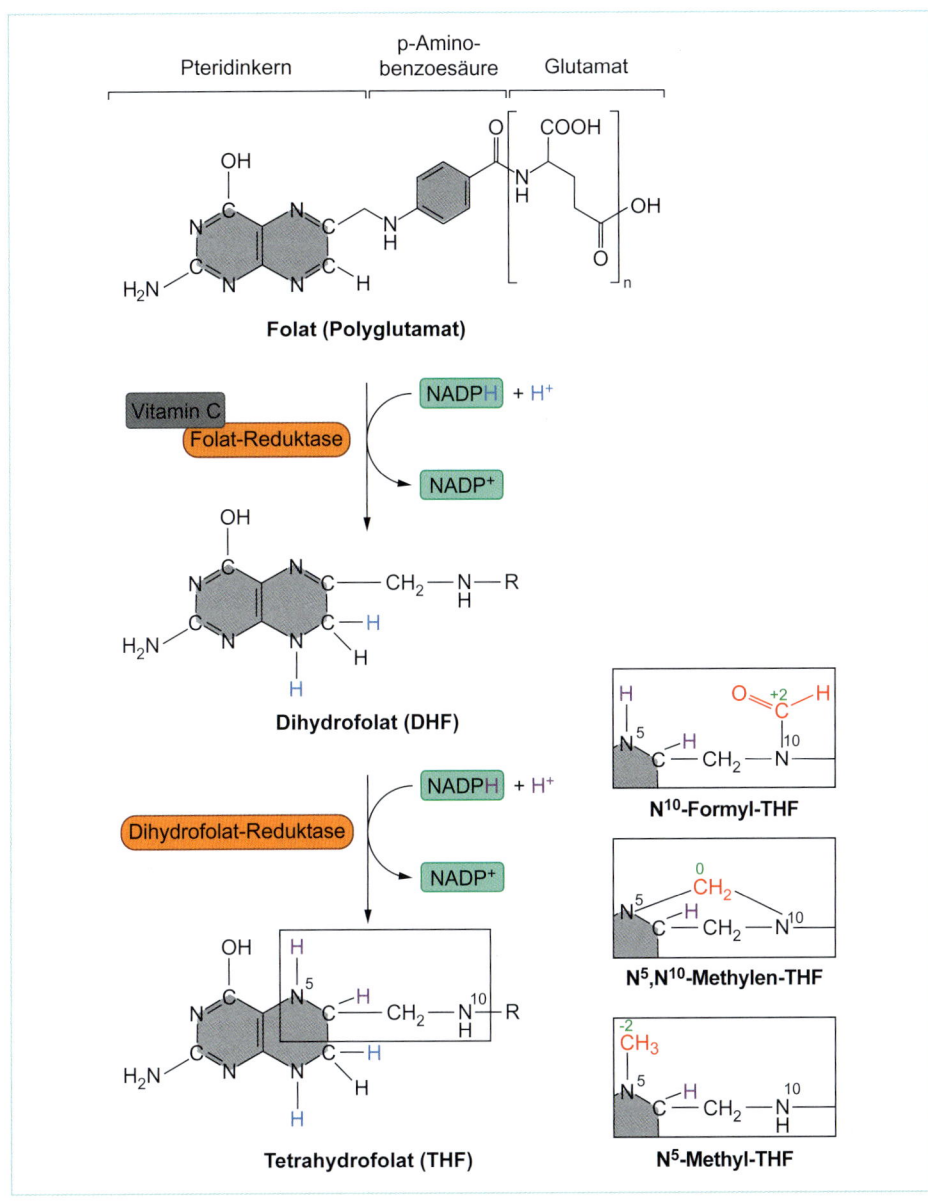

Abb. 23.11 Formen der Folsäure [L299]

ladung von Tetrahydrofolat mit einer C_1-Gruppe erfolgt meist in einer Vitamin-B_6-abhängigen Reaktion, bei der eine Hydroxymethylgruppe von Serin auf THF übertragen und Glycin gebildet wird (➤ 21.3.4). Nach Wasserabspaltung kann die C_1-Einheit des so gebildeten Methylentetrahydrofolats u. a. durch Dehydrogenasen zu anderen Formen oxidiert oder reduziert werden, die in die Cholinsynthese, die Thyminsynthese und die Purinsynthese eingehen und die C_1-Einheit in unterschiedlichen Oxidationsstufen abgeben (➤ Abb. 23.12). Als Methyltetrahydrofolat dient die Folsäure zur Regeneration von Methionin aus Homocystein, das im Rahmen von Methylierungen mit S-Adenosylmethionin (SAM) entsteht.

Medizinische Relevanz

Ein schwerer Folsäuremangel führt zur **megaloblastären Anämie,** da nicht ausreichend Purine und Thymin für die DNA-Replikation bei der schnellen Zellteilung der Erythroblasten synthetisiert werden können. Auch Deutschland gilt als Endemiegebiet eines leichten Folsäuremangels.
Folsäureantagonisten wie Methotrexat (Amethopterin, MTX; z. B. Bendatrexat®) inhibieren die Dihydrofolat-Reduktase und verhindern so die Regeneration von THF, das eine wichtige Funktion bei der Thymidinsynthese in schnell proliferierenden Zellen hat (➤ 21.7.6). Sie werden daher als **Zytostatika** beispielsweise in der Tumortherapie eingesetzt. Sulfonamide inhibieren die bakterielle Folsäuresynthese und wirken daher **antibiotisch.**
Aufgrund der Funktion bei der Regeneration von Methionin aus Homocystein können nicht nur bei Vitamin-B_{12}-Mangel, sondern auch bei Folsäuremangel erhöhte Homocystein-Spiegel im Blut nachgewiesen werden.

Aus Studentensicht

ABB. 23.11

Sie dient als Coenzym für **C_1-Gruppen-Übertragungen.** THF wird durch Übertragung einer Hydroxymethylgruppe von Serin beladen. Das C-Atom in dieser Gruppe kann am THF vor der Übertragung auf Substrate oxidiert oder reduziert werden.

Medizinische Relevanz

Ein schwerer Folsäuremangel führt zur **megaloblastären Anämie.** Ein leichter Mangel ist auch in Deutschland häufig und erhöht in der Schwangerschaft das Risiko für eine **Spina bifida.**
Der Folsäureantagonist Methotrexat inhibiert die Dihydrofolat-Reduktase und wird häufig als **Zytostatikum** eingesetzt.
Sulfonamide werden als **Antibiotika** eingesetzt. Sie inhibieren die bakterielle Folsäuresynthese.

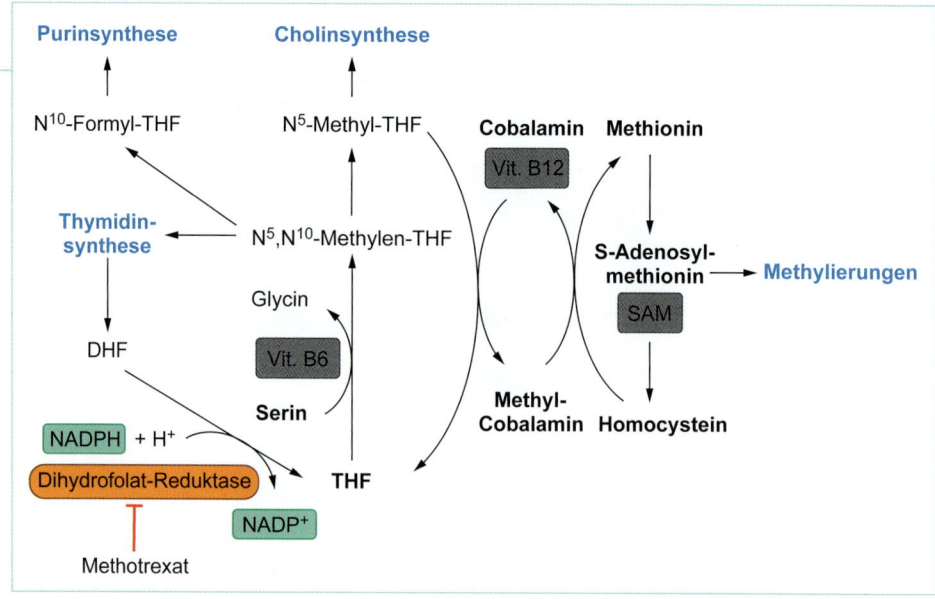

23 VITAMINE, MINERALSTOFFE UND SPURENELEMENTE: KLEINE MENGEN MIT GROSSER WIRKUNG

Aus Studentensicht

ABB. 23.12

Abb. 23.12 Funktionen der Folsäure [L299]

KLINIK

KLINIK

Spina bifida

Ein Folsäuremangel in der frühen Schwangerschaft erhöht das Risiko für einen Neuralrohrdefekt (Spina bifida). Dabei spielen genetische Prädispositionen wie Mutationen in Genen des Folsäure-Stoffwechsel, die in der Bevölkerung häufig vorkommen und die Wirkungen eines Folsäuremangels verstärken, eine wichtige Rolle. Auf Basis von großen Studien wird Frauen unmittelbar vor und während der Schwangerschaft die Einnahme von 400 μg Folsäure täglich empfohlen, um das Risiko für solche Neuralrohrdefekte zu minimieren. Seit 1998 werden in den USA Getreideprodukte mit Folsäure supplementiert, was zu einer Reduktion der Spina-bifida-Fälle von 30 % geführt hat.

23.3.9 Vitamin B_{12} (Cobalamin)

FALL

Aljoscha entwickelt sich nicht weiter

Sie sehen Aljoscha heute das erste Mal in Ihrer Kinderarztpraxis. Er wird im Tragetuch hereingetragen. Sie schätzen ihn auf 10 Monate und sind dann ziemlich erschrocken, als sich herausstellt, dass er schon 17 Monate alt ist. Die Mutter berichtet, er verweigere fast alle Beikost, außer ein wenig Fruchtmus und Mandelmilch, weswegen sie ihn immer noch stille. Nun wolle er aber auch nicht mehr trinken und habe abgenommen. Bei der Untersuchung zeigt sich, dass Größe, Gewicht und Entwicklungsstand eigentlich dem eines 10 Monate alten Kindes entsprechen. Weiterhin fällt ein herabgesetzter Muskeltonus auf und der kleine Aljoscha wirkt apathisch. Auf Nachfragen berichtet die Mutter, sie sei seit 11 Jahren Vegetarierin und seit 2 Jahren ernähre sie sich streng vegan. Wie kommt es zu dieser massiven Entwicklungsverzögerung von Aljoscha?

Vorkommen und Stoffwechsel

Vitamin B_{12} hat die komplexeste chemische Struktur aller Vitamine und ist das einzige cobalthaltige Biomolekül im menschlichen Stoffwechsel (➤ Abb. 23.13). Das Corrin-Ringsystem ähnelt dem Häm, trägt jedoch ein **Cobalt-Ion** anstelle eines Eisen-Ions im Zentrum. Die fünfte Koordinationsstelle besetzt eine nukleotidähnliche Struktur, die mit dem Corrin-Ringsystem verbunden ist, während der Ligand an der sechsten Koordinationsstelle entweder ein 5′-Desoxyadenosyl- oder ein Methylrest ist. CN^- bindet mit hoher Affinität an die 6. Stelle. Cyanocobalamin hat selbst keine physiologische Funktion, wird aber häufig als Vitamin-B_{12}-Medikament verwendet, weil es in vivo in die physiologischen Formen umgewandelt wird.

Vitamin B_{12} kann nur von Mikroorganismen wie den Bakterien im Dickdarm oder im Wiederkäuermagen synthetisiert werden. Da die Absorption jedoch im terminalem Ileum erfolgt, kann der Mensch das von der eigenen Dickdarmflora erzeugte Cobalamin nicht aufnehmen. In wesentlichen Mengen ist Vitamin B_{12} nur in tierischen Produkten enthalten. Es wird im Verdauungstrakt durch Proteolyse aus Vitamin-B_{12}-haltigen Proteinen freigesetzt und durch Bindung an von den Speicheldrüsen gebildetes Haptocorrin vor dem Abbau geschützt. Später bindet Cobalamin an den von den Belegzellen des Magens sezernierten **Intrinsic-Faktor (IF)**, der durch seine starke Glykosylierung vor dem Abbau durch die Pankreasproteasen geschützt ist. Nur in diesem Komplex wird Cobalamin nach Bindung an den Cubamrezeptor über rezeptorvermittelte Endozytose im terminalen Ileum aufgenommen. In den Lysosomen der Enterozyten wird der IF abgebaut und das freie Cobalamin an **Transcobalamin II** gebunden. Dieses transportiert Cobalamin im Blut und wird von peripheren Geweben über den Megalinrezeptor spezifisch endozytiert. Trans-

---

23.3.9 Vitamin B_{12} (Cobalamin)

Vorkommen und Stoffwechsel

Cobalamin (Vitamin B_{12}) besteht aus einem Corrin-Ringsystem mit einem **Cobalt-Ion** im Zentrum. Die aktiven Formen haben einen 5′-Desoxyadenosyl- oder einen Methylrest gebunden. Cyanocobalamin hat keine physiologische Funktion, wird jedoch als Vitamin-B_{12}-Medikament eingesetzt.

Vitamin B_{12} ist in wesentlichen Mengen nur in tierischen Produkten enthalten.
Im Verdauungstrakt wird freies Cobalamin an aus den Speicheldrüsen stammendes Haptocorrin gebunden, das Cobalamin vor dem Abbau schützt. Im Magen bindet es an den aus den Belegzellen stammenden **Intrinsic-Faktor**. Der Komplex wird im Ileum über den Cubamrezeptor endozytotisch aufgenommen.
Nach der Trennung vom Intrinsic-Faktor wird Cobalamin an **Transcobalamin II** gebunden im Blut transportiert und in periphere Gewebe über den Megalinrezeptor aufgenommen. Im Zytoplasma

23.3 WASSERLÖSLICHE VITAMINE

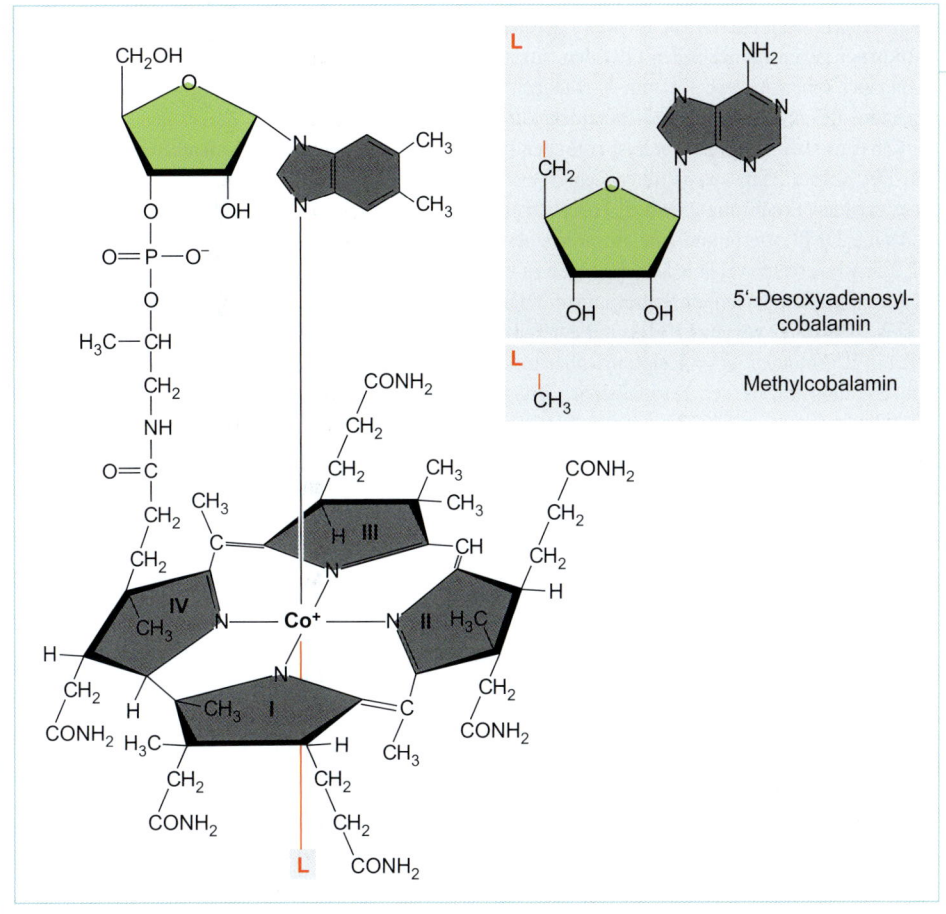

Abb. 23.13 Vitamin B_{12} [L299]

cobalamin II wird lysosomal abgebaut. Das freigesetzte Cobalamin wird im Zytoplasma zu **Methylcobalamin** oder in den Mitochondrien zu **5′-Desoxyadenosylcobalamin** verstoffwechselt.

Funktion
Cobalamin ist Cofaktor für zwei Enzyme: die **Methionin-Synthase** und die **Methylmalonyl-CoA-Mutase**. In der Methylmalonyl-CoA-Mutase trägt 5′-Desoxyadenosylcobalamin zur Umwandlung von Methylmalonyl-CoA aus dem Abbau von Aminosäuren und ungeradzahligen Fettsäuren in Succinyl-CoA bei, das in den Citratzyklus eingeschleust werden kann (➤ 20.1.7, ➤ 21.3.4). Bei der Synthese der Aminosäure Methionin überträgt Methylcobalamin eine CH_3-Gruppe von N-Methyl-Tetrahydrofolat auf Homocystein (➤ Abb. 23.12).

Medizinische Relevanz
Bei einem Vitamin-B_{12}-Mangel bleibt das vorhandene Tetrahydrofolat in der 5-Methyl-Form gefangen (= Methylfalle), da dessen Synthese aus 5,10-Methylen-Tetrahydrofolat irreversibel ist. So kann 5-Methyl-Tetrahydrofolat nicht mehr zu Tetrahydrofolat umgewandelt werden. Dadurch kann nicht ausreichend 5,10-Methylen-Tetrahydrofolat für die Purinsynthese gebildet werden, sodass es wie bei einem Folsäuremangel zu einer **megaloblastären Anämie** kommt, die, wenn sie durch einen Vitamin-B_{12}-Mangel ausgelöst wird, auch als **perniziöse Anämie** bezeichnet wird. Die häufigste Ursache für eine perniziöse Anämie ist eine Gastritis, bei der Autoantikörper gegen Parietalzellen und Intrinsic-Faktor zu einer verminderten Aufnahme von Vitamin B_{12} führen. Bei einem Vitamin-B_{12}-Mangel treten zusätzlich zur Anämie teils irreversible neurologische Schäden auf, was beim Erwachsenen den Vitamin-B_{12}-Mangel ungleich gefährlicher macht als den Folsäuremangel. Die genaue Pathophysiologie der sehr variablen Schädigungen ist jedoch noch unklar.
Bei einem Patienten mit unerkanntem Vitamin-B_{12}-Mangel kann eine Medikation lediglich mit Folsäure zu einer schweren **funikulären Myelose** mit einem Abbau der Markscheiden besonders in Hinter- und Pyramidenseitensträngen des Rückenmarks führen. Deshalb wird in der klinischen Chemie der Parameter Serum-Folsäure immer zusammen mit Vitamin B_{12} bestimmt. Deutsche Fachgesellschaften lehnen deshalb auch die Nahrungssupplementation mit Folsäure ab, weil dadurch ein Vitamin-B_{12}-Mangel verschleiert oder verschlimmert werden könnte.
Ein Vitamin-B_{12}-Mangel kann durch eine **verminderte Absorptionsfähigkeit** aufgrund von entzündlichen Darmerkrankungen wie Zöliakie oder Morbus Crohn entstehen. Aufgrund der Abhängigkeit der Vitamin-B_{12}-Absorption vom Intrinsic-Faktor kann ein Vitamin-B_{12}-Mangel aber auch durch Magen(teil)-resektionen oder eine atrophische Gastritis, die bei älteren Menschen relativ häufig vorkommt, verur-

Aus Studentensicht

ABB. 23.13

wird **Methylcobalamin**, im Mitochondrium **5′-Desoxyadenosylcobalamin** gebildet.

Funktion
Cobalamin ist Cofaktor für zwei Enzyme: als 5′-Deoxyadenosylcobalamin in der **Methylmalonyl-CoA-Mutase** und als Methylcobalamin in der **Methionin-Synthase.**

Medizinische Relevanz
Ein Vitamin-B_{12}-Mangel führt zu einem Mangel an Tetrahydrofolat, da dieses in der 5-Methyl-Form gefangen ist. Durch die dadurch eingeschränkte Purinsynthese kann es zur **megaloblastären Anämie** kommen. Zusätzlich können neurologische Symptome auftreten, im schlimmsten Fall kommt es zur funikulären Myelose.
Ein Vitamin-B_{12}-Mangel kann autoimmun durch **Antikörper** gegen Parietalzellen und den Intrinsic-Faktor, durch **Absorptionsstörungen** bei atrophischer Gastritis, Zöliakie oder Morbus Crohn sowie nach Magen- oder Darmteilentfernungen entstehen sowie durch eine unzureichende Zufuhr z. B. im Rahmen einer **veganen Ernährung.** Letzteres kann erst nach einigen Jahren in Erscheinung treten, bedingt durch die hohe Vitamin-B_{12}-Speicherkapazität der Leber. Zur Abklärung einer megaloblastären Anämie müssen Patienten immer sowohl auf einen Folsäure- als auch auf einen Vitamin-B_{12}-Mangel untersucht werden.

Aus Studentensicht

23 VITAMINE, MINERALSTOFFE UND SPURENELEMENTE: KLEINE MENGEN MIT GROSSER WIRKUNG

sacht werden. Bei jüngeren Patienten mit perniziöser Anämie (1–2 % aller Anämien) werden auch **Autoantikörper** gegen Parietalzellen oder den Intrinsic-Faktor gefunden. Besonders diese Patienten entwickeln einen sehr schweren Vitamin-B_{12}-Mangel, der zu einer perniziösen („verderbenden") Anämie führen kann, die ohne Diagnose und Therapie tödlich verläuft.

Da Cobalamin nicht in Pflanzenkost enthalten ist, stellen auch **Veganer** eine bedeutsame Risikogruppe dar. Der Körper kann aus gefüllten Leberspeichern lange versorgt werden, sodass es nach Aufnahme einer veganen Ernährung eventuell erst nach Jahren zu Mangelerscheinungen kommt. Hier sind eine Kontrolle der Blutwerte und eine entsprechende Supplementation mit Vitamin B_{12} unbedingt erforderlich, um schwere, irreversible Schädigungen zu vermeiden.

Lange Zeit galt die Serumkonzentration von Vitamin B_{12} als gutes Maß für den Ausschluss eines Vitamin-B_{12}-Mangels. Heute wissen wir, dass nur der Teil des Serum-B_{12} physiologisch nutzbar ist, der an Transcobalamin II gebunden ist (= Holotranscobalamin). Deshalb wird in Zweifelsfällen, wenn die Serum-B_{12}-Konzentration im unteren Normalbereich liegt, Holotranscobalamin direkt gemessen. Alternativ wird Methylmalonsäure im Urin bestimmt. Sie entsteht, wenn Methylmalonyl-CoA aufgrund des fehlenden Cobalamins nicht mehr von der Methylmalonyl-CoA-Mutase abgebaut werden kann. Zusätzlich steigt bei einem Vitamin-B_{12}-Mangel wie auch bei einem Folsäuremangel die Konzentration von Homocystein im Blut, da es nicht mehr zu Methionin regeneriert werden kann.

Bei der Diagnostik wird als sicherster Test eines Vitamin-B_{12}-Mangels die Methylmalonsäurekonzentration im Urin bestimmt, die bei einem Vitamin-B_{12}-Mangel erhöht ist, bei einem Folsäuremangel jedoch nicht.

> **FALL**
>
> **Aljoscha entwickelt sich nicht weiter: Vitamin-B_{12}-Mangel**
>
> Die Blutuntersuchung bei Aljoscha zeigt einen Hb-Wert von 10,2 g/dl (Normwert 14–20 g/dl) sowie einen Plasma-Vitamin-B_{12}-Spiegel von 40 ng/l (Norm 197–866 ng/l). Die Methylmalonsäureausscheidung im Urin ist deutlich erhöht.
>
> Aljoscha zeigt einen schweren Vitamin-B_{12}-Mangel. Obwohl Erwachsene nur sehr wenig Vitamin B_{12} benötigen und die Leberspeicher mehrere Jahre ausreichen, steigt der Vitamin-B_{12}-Bedarf in einer Schwangerschaft wegen des sich rasant entwickelnden Fetus massiv an. Da sich die Mutter schon lange ohne tierische Produkte ernährte, waren ihre Speicher wahrscheinlich schon zu Beginn der Schwangerschaft fast erschöpft und Aljoscha wird mit sehr geringen Vitamin-B_{12}-Reserven geboren. Nach der Geburt verschlechterte sich die Situation. Das sich rapide entwickelnde Nervensystem des Säuglings hatte einen sehr hohen Vitamin-B_{12}-Bedarf, während die Milch seiner veganen Mutter noch weniger Vitamin B_{12} als bei nicht-veganen Müttern enthielt. Auch die vegane Beikost war keine Quelle für Vitamin B_{12}. So kommt es zu der massiven Entwicklungsverzögerung bei Aljoscha. Die neurologische Symptomatik steht bei Säuglingen mit Vitamin-B_{12}-Mangel im Vordergrund. Daher wird nicht primär an einen Vitamin-B_{12}-Mangel gedacht. Aljoscha zeigt jedoch auch die typische megaloblastäre Anämie und eine erhöhte Methylmalonsäureausscheidung im Urin.
>
> Sie spritzen Aljoscha sofort und erneut an den beiden folgenden Tagen 1 mg Vitamin B_{12} intramuskulär. Tatsächlich wirkt er schon am nächsten Tag munterer. Die Vitamin-B_{12}-Gabe wird dann oral weitergeführt und Aljoscha kann in den nächsten Monaten viel von seinem Entwicklungsrückstand aufholen. Er bleibt jedoch weiterhin unter den 3 % kleinsten Kindern seines Alters. Auch Aljoschas Mutter hat eine Vitamin-B_{12}-Therapie von ihrem Hausarzt erhalten.

23.3.10 Vitamin C (Ascorbinsäure)

Vorkommen und Stoffwechsel

Ascorbinsäure (Vitamin C) kann von allen Lebewesen außer Primaten und Meerschweinchen synthetisiert werden und kommt v. a. in Früchten und Gemüsen vor. Der Mensch nimmt es über spezifische Transporter Natrium-abhängig im Darm auf. In den Enterozyten wird es zu Dehydroascorbinsäure oxidiert und in dieser Form im Blut transportiert. GLUT1–3 sorgen für die Aufnahme in die Gewebe.

Funktion

Ascorbinsäure schützt als **Antioxidationsmittel** den Organismus vor Oxidationen durch **Radikale** wie ROS, indem sie einzelne Elektronen an diese abgibt und sie so **entgiftet.** Dabei entsteht u. a. Dehydroascorbinsäure, die enzymatisch durch NADPH oder Glutathion zu Ascorbinsäure regeneriert werden kann.

23.3.10 Vitamin C (Ascorbinsäure)

Vorkommen und Stoffwechsel

Ascorbinsäure (Vitamin C) ist nur für Primaten und Meerschweinchen essenziell, weil das Gen für die Gulonolakton-Oxidase, die den letzten Schritt der von Glukose ausgehenden Synthese katalysiert, im Lauf der Evolution mutierte (➤ Abb. 23.14). Vitamin C ist in Früchten und Gemüsen in unterschiedlichen Konzentrationen enthalten. Besonders ascorbinsäurehaltig sind Zitrusfrüchte, Hagebutten und Sanddorn.

Vitamin C wird in reduzierter Form über spezifische Natrium-abhängige Transporter aus dem Darm absorbiert, in den Enterozyten zu Dehydroascorbinsäure oxidiert, in das Blut abgegeben und über GLUT1, GLUT2 oder GLUT3 in Zellen aufgenommen.

Funktion

Ascorbinsäure ist ein Reduktionsmittel und ein **Antioxidans** und kann in vivo vor Oxidation schützen, indem sie selbst zu Dehydroascorbinsäure oxidiert wird. Ähnlich wie Vitamin E (➤ Abb. 23.3) kann die Ascorbinsäure **Radikale** wie reaktive Sauerstoffspezies (ROS) **entgiften,** indem sie einzelne Elektronen an sie abgibt. Das dabei entstehende Ascorbylradikal ist aufgrund seiner Mesomeriestabilisierung relativ wenig reaktiv und kann mit einem weiteren Ascorbylradikal reagieren, wobei das eine Ascorbylradikal zu Ascorbat reduziert und das andere zu Dehydroascorbat oxidiert wird (= Disproportionierung). Ascorbinsäure wird regeneriert, indem zwei Elektronen von NADPH oder Glutathion enzymatisch auf Dehydroascorbinsäure übertragen werden.

> **Antioxidans**
>
> Die antioxidative Wirkung des Vitamins C macht man sich auch im Haushalt zunutze. Ein geriebener Apfel wird durch Luftsauerstoff schnell unansehnlich braun. Die Zugabe von Zitronensaft mit darin enthaltenem Vitamin C schützt den Apfel vor Oxidation. Diesen Mechanismus setzt auch die Lebensmittelindustrie ein, indem sie den Produkten jährlich Tausende Tonnen von synthetisierter Ascorbinsäure als Oxidationsschutz (E300) zusetzt. So bleibt auch der Apfelsaft in der Flasche länger haltbar.

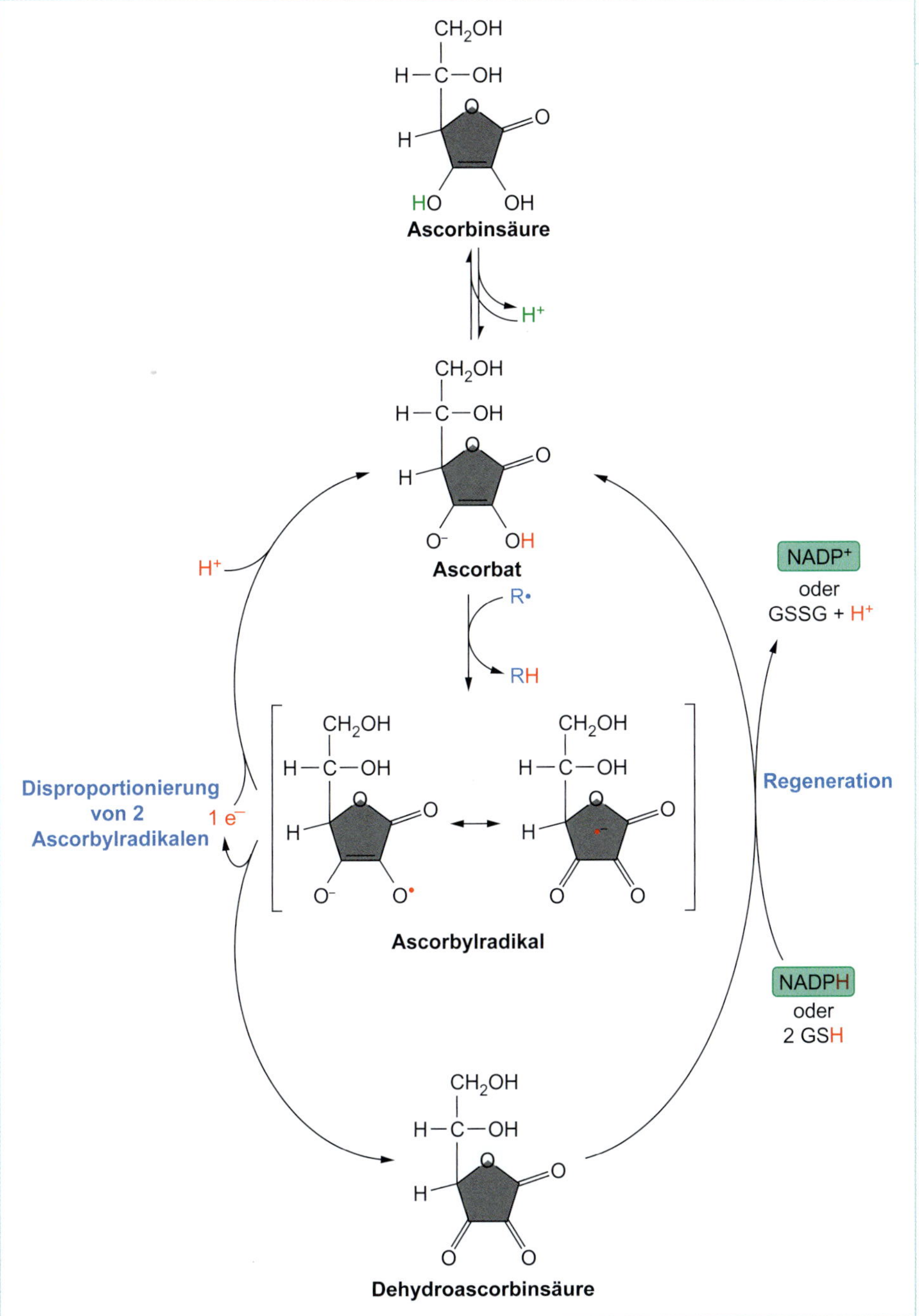

23.3 WASSERLÖSLICHE VITAMINE

Abb. 23.14 Oxidation und Regeneration von Vitamin C [L271]

Ascorbinsäure ist außerdem ein **Coenzym** für eine Reihe von Reaktionen, die von **Metalloenzymen** katalysiert werden. Es hält dabei die Metall-Ionen in den aktiven Zentren in der reduzierten Form. Beispiele sind Hydroxylasen und Oxygenasen in den Biosynthesen von Kollagen, Carnitin, Katecholaminen und Steroidhormonen sowie beim Tyrosinabbau (➤ 26.3.2, ➤ 21.6). Zusätzlich dient Vitamin C als Elektronendonator bei der Regeneration des Vitamin E.

Medizinische Relevanz

Die Plasma-Vitamin-C-Konzentration wird durch die intestinale Absorption, den Gewebetransport und die renale Reabsorption strikt kontrolliert. Die Aufnahme von 10 mg Vitamin C/Tag reicht aus, um **Skorbut-Symptome** sicher zu verhindern. In den USA werden 60 mg/Tag empfohlen, was bei einer normalen Mischkosternährung leicht erreicht wird. Zur Verhinderung von chronischen Erkrankungen oder Erkältungserkrankungen, bei denen die antioxidative Ascorbinsäure als wirksam diskutiert wird, sind größere Mengen erforderlich; hier werden 200 mg/Tag als optimale Dosis empfohlen. Prospektive Studien zeigen auch eine Wirkung gegen Hypertonie und kardiovaskuläre Erkrankungen. Eine prophylaktische Wirkung gegen Krebserkrankungen ist dagegen eher umstritten. Steigt der Vitamin-C-Plasmaspiegel über einen Sättigungswert an, wird die wasserlösliche Ascorbinsäure rasch über die Nieren ausgeschieden.
In Deutschland tritt heutzutage ein manifester Vitamin-C-Mangel nur in Einzelfällen auf. Für ältere Männer und Raucher besteht jedoch ein erhöhtes Risiko.

Aus Studentensicht

ABB. 23.14

Ascorbinsäure ist **Coenzym** für einige **Metalloenzyme,** in denen es die Metallionen der aktiven Zentren in der reduzierten Form hält. Auch ist es an der Regeneration von Vitamin E beteiligt.

Medizinische Relevanz

Die Plasma-Vitamin-C-Spiegel werden durch Absorption, Transport und Ausscheidung strikt kontrolliert. Ein lang anhaltender Mangel führt zu der Erkrankung **Skorbut.** Ein leichter Mangel geht u. a. mit einer erhöhten Infektanfälligkeit sowie Schwäche und Müdigkeit einher. Vor allem ältere Männer und Raucher haben ein erhöhtes Risiko für einen Vitamin-C-Mangel. Eine normale Mischkosternährung verhindert Vitamin-C-Mangelerscheinungen.

Aus Studentensicht

KLINIK

KLINIK
Skorbut

Schon 1498 beschrieb Vasco da Gama bei der Umsegelung Afrikas schwere Skorbut-Symptome bei seinen Männern: „Einige verloren all ihre Kraft, ihre Beine schwollen an und die Muskeln schrumpften. Bei anderen fing die Haut an zu bluten. Ihre Münder stanken. Ihr Zahnfleisch bildete sich so weit zurück, dass viele Zähne ausfielen." Es starben 100 seiner 160 Matrosen. Aber nicht nur auf See, sondern auch an Land gab es früher schwere Skorbut-Epidemien.

Anders als lange gedacht, handelt es sich bei Skorbut nicht um eine ansteckende Krankheit, sondern um einen ausgeprägten Vitamin-C-Mangel. Die meisten Skorbut-Symptome können durch die Funktion des Vitamin C bei der Synthese von Kollagen erklärt werden, das zur Stabilität von Haut, Muskeln und Zahnfleisch beiträgt. Die Kraftlosigkeit ist vermutlich Ausdruck des Carnitinmangels, dessen Synthese ebenfalls Vitamin-C-abhängig ist. Carnitin ist für den Transport von Fettsäuren in die Mitochondrien und somit den Energiestoffwechsel essenziell (➤ 20.1.7).

23.4 Mineralstoffe und Elektrolyte

23.4.1 Elektrolyt- und Wasserhaushalt

Mineralstoffe sind lebensnotwendige anorganische Nährstoffe. Sie werden auch als **Mengen- oder Makroelemente** bezeichnet, da sie im Vergleich zu Spuren- oder Mikroelementen eine höhere Konzentration im Körper aufweisen.

In Form von Ionen bestimmen sie neben Molekülen wie Glukose und Harnstoff die **Plasmaosmolarität** und damit die Wasserverteilung im Körper. Zu diesen **Elektrolyten** zählen die positiv geladenen Kationen Na^+, K^+, Ca^{2+} und Mg^{2+} sowie die negativ geladenen Anionen Cl^-, HCO_3^-, HPO_4^{2-} und SO_4^{2-}.

Eine große Bedeutung im Wasser- und Elektrolyttransport spielt u. a. der Dünndarm.

23.4 Mineralstoffe und Elektrolyte

23.4.1 Elektrolyt- und Wasserhaushalt

Mineralstoffe (➤ Tab. 23.3) sind lebensnotwendige anorganische Nährstoffe, die dem menschlichen Organismus mit der Nahrung zugeführt werden müssen. Mineralstoffe werden von Spurenelementen meist aufgrund der im Körper vorhandenen Menge abgegrenzt, wobei Mineralstoffe als **Mengen- oder Makroelemente** mit > 50 mg/kg Körpergewicht eine höhere Konzentration aufweisen als Spuren- oder Mikroelemente (➤ 23.5).

Die Salze einiger Mineralstoffe dissoziieren in wässriger Lösung in Ionen, die als Elektrolyte entscheidend die **Plasmaosmolarität** (Konzentration der osmotisch aktiven Teilchen im Plasma) und damit die Verteilung des Wassers zwischen den verschiedenen Flüssigkeitsräumen bestimmen. Wasser diffundiert so lange in Regionen höherer Osmolarität, bis ein Gleichgewicht erreicht ist (➤ 1.1.3).

Zu den **Elektrolyten** (➤ Tab. 23.3) zählen die positiv geladenen Kationen Natrium (Na^+), Kalium (K^+), Calcium (Ca^{2+}) und Magnesium (Mg^{2+}) sowie die negativ geladenen Anionen Chlorid (Cl^-), Hydrogenphosphat (HPO_4^{2-}) und Sulfat (SO_4^{2-}) (➤ Tab. 23.2). Die Ionen Hydrogencarbonat (HCO_3^-) und Nitrat (NO_3^-) sind ebenfalls Elektrolyte, zählen aber nicht zu den Mineralstoffen, da sie aus den häufig im Körper vorkommenden Elementen Wasserstoff, Kohlenstoff, Sauerstoff und Stickstoff aufgebaut sind. Sie sind genauso osmotisch wirksam wie kleine undissoziierte Moleküle wie Harnstoff und Glukose.

Ein bedeutsamer Aspekt des Wasser- und Elektrolyttransportes im Körper sind die Sekretion und Absorption von Elektrolyten und Flüssigkeit im Gastrointestinaltrakt. Dort werden ca. 8–10 l Flüssigkeit/Tag in das Darmlumen sezerniert, die zu 95 % im Dünndarm und zu 4 % im Dickdarm reabsorbiert werden.

Tab. 23.3 Mineralstoffe und Elektrolyte

	Wichtige Funktionen	Anteil Körpermasse	Bedarf Erwachsene/Tag*	Referenzwert im Serum	Konzentration im Zytosol
Calcium (Ca^{2+})	• Knochenmatrix • Second Messenger • Blutgerinnung	22,4 g/kg	1 g	2,2–2,6 mmol/l (gesamt)	0,0001 mmol/l
Phosphor (z. B. $H_2PO_4^-$, HPO_4^{2-})	• Knochenmatrix • Puffer • Phosphorylierungsreaktionen	12 g/kg	0,7 g	0,8–1,5 mmol/l	8–20 mmol/l
Natrium (Na^+)	• Extrazelluläre Osmolarität	1,8 g/kg	1,5 g	135–145 mmol/l	10–18 mmol/l
Kalium (K^+)	• Intrazelluläre Osmolarität	2,7 g/kg	4 g	3,6–5,2 mmol/l	120–145 mmol/l
Chlorid (Cl^-)	• Extrazelluläre Osmolarität	1,6 g/kg	2,3 g	99–111 mmol/l	2–6 mmol/l
Schwefel (z. B. SO_4^{2-}, S^{2-})	• Sulfatierung	2,5 g/kg			2 mmol/l
Hydrogencarbonat (HCO_3^{3-})	• Osmolarität • Puffer im Blut		wird aus CO_2 gebildet	25 mmol/l	15 mmol/l
Magnesium (Mg^{2+})	• Zelluläre Erregbarkeit • Komplexierung von Nukleotiden	0,5 g/kg	0,35 g	0,7–1 mmol/l	15–25 mmol/l

* Angaben der deutschen Gesellschaft für Ernährung für gesunde junge Erwachsene. Für andere Altersklassen gelten teilweise andere Empfehlungen.

Das Körperwasservolumen und die **Elektrolytkonzentrationen** werden v. a. durch die Ausscheidung oder Retention von Elektrolyten und Wasser über die **Nieren reguliert.** Wasser und Elektrolyte gehen über Urin, Stuhl, Atmung und Schweiß verloren und werden über die Nahrung zugeführt. In bestimmten Situationen wie bei Durchfall, Erbrechen oder Organfunktionsstörungen reicht

Das gesamte Körperwasservolumen und die **Elektrolytkonzentrationen** werden durch Ausscheidung oder Retention von Elektrolyten und Wasser über die **Nieren reguliert.** Durch Urin, Stuhl, Atmung und Schweiß gehen täglich Wasser und Elektrolyte verloren, während durch Speisen und Getränke Wasser und Elektrolyte zugeführt werden.

In Ausnahmesituationen wie intensiver sportlicher Betätigung, bei großer Hitze oder bei Erkrankungen führen starker Schweißverlust, erheblicher Durchfall, Erbrechen, Blutverlust oder eine Niereninsuffizienz dazu, dass die körpereigene Regulation des Elektrolyt- und Wasserhaushalts durch die Nieren nicht ausreichend ist oder ganz versagt. Daraus resultieren unmittelbare Störungen wie eine Dehydratation, die besonders bei kleinen Kindern oder bei älteren Menschen lebensgefährlich sein können. Wichtig ist hier eine rasche medizinische Versorgung, z. B. durch Zufuhr von elektrolythaltigen Lösungen.

23.4.2 Calcium

Unser Körper besteht zu ca. 1,5 % aus Calcium, 99 % davon in Form von unlöslichem **Hydroxylapatit** ($Ca_{10}(PO_4)_6(OH)_2$) als Strukturelement in **Knochen** und **Zähnen** (➤ 26.3.5). Daraus kann es beispielsweise bei Calciummangel im Körper freigesetzt werden, was auf Dauer zu einer Knochenerweichung (Osteoporose) führen kann (➤ 23.2.3).

Calcium im Blutplasma und in Zellen ist für die Transmission von **Nervenimpulsen** (➤ 27.1.3), bei der **Muskelkontraktion** (➤ 27.3.2), bei der langen Plateauphase des Ventrikelmyokard-Aktionspotenzials und bei der **Sekretion von z. B. Insulin** von Bedeutung (➤ 9.7.1). Zudem reguliert es auch die Stabilität und Aktivität von vielen Enzymen und ist wichtig für die **Blutgerinnung** (➤ 25.6.3).

Milch-, Vollkornprodukte und bestimmte Gemüse sind reich an Calcium und ermöglichen bei ausgewogener Ernährung eine ausreichende Calciumzufuhr, die besonders bei Schwangeren und Kindern im Körperwachstum wichtig ist.

Die Calciumkonzentration im Blutplasma wird durch **Parathormon, Vitamin D** und **Calcitonin** in sehr engen Grenzen gehalten (➤ 9.7.3). Calcium liegt im Blut nur zu etwa 50 % in freier, ionisierter Form vor. Der Rest ist an Albumin gebunden oder bildet Komplexe mit Anionen wie Phosphat. Biologisch aktiv ist nur das ionisierte Calcium. Die Blut-Calcium-Normwerte für Erwachsene sind 2,2–2,6 mmol/l für das Gesamtcalcium bzw. 1,15–1,35 mmol/l für ionisiertes Calcium. Die zytosolische Calciumkonzentration ist mit 0,0001 mmol/l etwa 10 000-fach geringer und wird durch Signaltransduktionswege reguliert (➤ 9.6.2).

Hypocalcämie

Eine **Hypocalcämie** (Gesamtcalcium ≤ 2,2 mmol/l) bezeichnet einen erniedrigten Blutcalciumspiegel, der durch einen Mangel an Parathormon, durch eine extreme Mangelernährung, bei einer Nierenschädigung oder durch bestimmte Medikamente wie Antiepileptika oder einige Diuretika entsteht. Ein typisches Zeichen für einen schweren Calciummangel ist die **Tetanie**, eine anfallartige Störung der Motorik und Sensibilität als Zeichen einer neuromuskulären Übererregbarkeit besonders an den Händen (= Pfötchenstellung) und Füßen.

Hypercalcämie

Eine milde **Hypercalcämie** (Gesamtcalcium: 2,7–3,0 mmol/l) sollte bereits ursächlich abgeklärt werden, bei einer schweren Hypercalcämie (> 3,0 mmol/l) oder entsprechender Klinik ist eine sofortige Intervention erforderlich. Die häufigste Ursache ist ein Knochenabbau durch eine **bösartige Tumorerkrankung,** bei der Tumorzellen Botenstoffe wie das Parathormon-related Protein (PTHrP) freisetzen. Eine weitere häufige Ursache ist ein primärer **Hyperparathyreoidismus,** bei dem es in den Nebenschilddrüsen z. B. durch einen benignen Nebenschilddrüsentumor zu einer Überproduktion von Parathormon kommt. Frühsymptome sind erhöhte Ermüdbarkeit, Muskelschwäche, Konzentrationsstörungen, Nervosität oder auch Depressionen, später kann es auch zu Beschwerden im **Verdauungstrakt** kommen wie einer **Pankreatitis, Gallensteinen** oder **Ulzera.** Ein beschleunigter Knochenab- und -umbau führt zu **Osteopenie,** was im Röntgenbild auffällt und meist zu Schmerzen im Bewegungsapparat führt. In den Nieren können Ablagerungen von calciumhaltigen Kristallen zu einer tubulointerstitiellen Nierenschädigung führen (Nephrokalzinose). **Calciumsteine** können zudem auch in den ableitenden Harnwegen auftreten und zur Harnaufstauung führen.

23.4.3 Phosphor

Phosphor wird im Körper als ionisches **Phosphat** oder **Phosphorsäureester** genutzt und als Phosphat oder Hydrogenphosphat aus proteinhaltiger Nahrung, Nüssen oder Hülsenfrüchten aufgenommen. Im Vergleich zu Calcium wird Phosphat deutlich besser über eine parazelluläre passive Diffusion und in Form von Hydrogenphosphat über einen Vitamin-D-abhängigen aktiven Cotransport mit Natrium absorbiert. Circa 90 % des Phosphats befinden sich an Calcium gebunden im **Hydroxylapatit** des Knochens und der Zähne (➤ 26.3.5). Phosphat ist darüber hinaus ein essenzieller Bestandteil von Phospholipiden der Zellmembranen, Nukleinsäuren und Nukleotiden. Phosphorylierte Verbindungen wie **ATP** und Kreatinphosphat dienen als Energiespeicher. Die Phosphorylierung und Dephosphorylierung von Proteinen ist ein wichtiges intrazelluläres Regulationsprinzip.

Die Konzentration frei gelöster Phosphat-Ionen beträgt intrazellulär wie extrazellulär etwa 1 mmol/l. Bei einem pH-Wert von ca. 7,4 (pK_S-Wert Dihydrogenphosphat/Hydrogenphosphat = 7,2) ist der **Phosphatpuffer** intrazellulär bedeutsam, während er extrazellulär aufgrund der höheren Konzentration anderer Puffersubstanzen eher unbedeutend ist.

Der Phosphatstoffwechsel ist regulatorisch eng mit dem Calcium- und Vitamin-D-Stoffwechsel verknüpft (➤ 9.7.3). Unter physiologischen Bedingungen sinkt die Calciumkonzentration bei steigender Phosphatkonzentration im Blut ab und umgekehrt, sodass das Calcium-Phosphat-Produkt konstant bleibt (> 4,4 $mmol^2/l^2$). Bei Krankheiten wie einer Niereninsuffizienz gilt dies nicht mehr und kann als diagnostisches Kriterium verwendet werden.

Aus Studentensicht

die körpereigene Regulation des Wasser- und Elektrolythaushalts nicht aus, wodurch teils lebensgefährliche Krankheitsbilder wie eine Dehydratation entstehen können.

23.4.2 Calcium

Der Körper besteht zu ca. 1,5 % aus Calcium, wovon 99 % in Form von **Hydroxylapatit** in **Knochen** und **Zähnen** zu finden sind.
Es dient neben seiner Funktion als Strukturelement u. a. der Signaltransduktion in **Nerven,** der **Muskelkontraktion,** der **Sekretion von Botenstoffen,** der Regulation von Enzymen und als **Blutgerinnungsfaktor.**
Seine Konzentration wird durch **Parathormon, Vitamin D** und **Calcitonin** reguliert. Im Blut liegt es zu ca. 50 % in freier, ionisierter Form vor. Der Rest ist an Albumin gebunden oder findet sich in Form von Komplexen mit Anionen wie Phosphat.

Hypocalcämie

Ein erniedrigter Blutcalciumspiegel (**Hypocalcämie**), der z. B. durch einen Mangel an Parathormon oder durch bestimmte Medikamente ausgelöst werden kann, kann zur **Tetanie** führen, die sich u. a. an der charakteristischen Pfötchenstellung der Hände zeigt.

Hypercalcämie

Ein erhöhter Blutcalciumspiegel (**Hypercalcämie**), der z. B. durch von bösartigen Tumoren freigesetztes Parathormon-related Protein (PTHrp) oder einen primären **Hyperparathyreoidismus** ausgelöst werden kann, äußert sich vielfältig, u. a. durch eine erhöhte Ermüdbarkeit, Muskelschwäche, Konzentrationsstörungen, Depressionen, Nierensteine oder gastrointestinale Beschwerden.

23.4.3 Phosphor

Phosphor wird als Phosphat oder Hydrogenphosphat aus der Nahrung aufgenommen und als ionisches **Phosphat** oder **Phosphorsäureester** im Körper genutzt. Es findet sich zu ca. 90 % in Form des **Hydroxylapatits** in Knochen und Zähnen und ist ein essenzieller Bestandteil von Zellmembranen, Nukleinsäuren, Nukleotiden und Phospholipiden. Phosphorylierte Verbindungen wie **ATP** dienen als Energiespeicher und Donor für Phosphorylierungen. Phosphorylierung und Dephosphorylierung von Proteinen dienen als Regulationsmechanismen.
In Form des Dihydrogenphosphat/Hydrogenphosphat-Systems dient es v. a. als intrazellulärer **Puffer.**
Der Phosphat- und Calciumstoffwechsel sind eng miteinander verknüpft.

Hypophosphatämie

Eine **Hypophosphatämie** (< 0,8 mmol/l) ist in der Normalbevölkerung eher selten, weil ein Nahrungsdefizit durch die Verminderung der Nierenausscheidung meist kompensiert werden kann. Häufiger kommt sie bei stationären und insbesondere bei Patienten auf Intensivstationen vor. Eine Hypophosphatämie kann durch einen Shift von Phosphat-Ionen vom Extra- in den Intrazellulärraum (z. B. bei Insulintherapie oder respiratorischer Alkalose), durch verminderte Aufnahme im Darm (z. B. bei chronischem Durchfall, extremer Mangelernährung, chronischer Antiacidagabe oder Alkoholismus) oder durch einen vermehrten renalen Verlust (z. B. durch Hyperparathyreoidismus oder Alkoholismus) entstehen. Ein schwerer Phosphatmangel führt zu einer verminderten Energiebereitstellung, woraus eine Behinderung der Darmpassage (= Ileus), Muskelschwäche, Lungen-, Herzinsuffizienz, Verwirrtheit, Krämpfe, Koma und Tod resultieren können. Dauert eine Hypophosphatämie an, wird auch vermehrt Phosphat aus dem Knochen freigesetzt, was zu spontanen Knochenfrakturen führen kann.

Hyperphosphatämie

Eine **Hyperphosphatämie** (> 1,5 mmol/l) ist selten ernährungsbedingt und kommt meist bei Patienten mit Niereninsuffizienz vor, wenn zu wenig Phosphat ausgeschieden wird. Ein dauerhaft hohes Serum-Phosphat führt zu Juckreiz, Gefäß- und Weichteilverkalkungen und einem allgemein erhöhten kardiovaskulären Risiko.

23.4.4 Natrium

Natrium ist zusammen mit Chlorid das wichtigste Elektrolyt der **extrazellulären** Flüssigkeitskompartimente, also des Blutplasmas, der interstitiellen und zerebrospinalen Flüssigkeitsräume sowie der Gelenkflüssigkeit. Diese beiden Elektrolyte bestimmen wesentlich das Extrazellulärvolumen. Die Natriumkonzentration wird über die **Nierenausscheidung** und v. a. über die Zufuhr oder Ausscheidung von Wasser fein reguliert (➤ 9.7.2). Die Aufnahme von Natrium im Dünndarm spielt eine wichtige Rolle für den Transport von Aminosäuren und Glukose, der gleichzeitig eine passive Aufnahme von Chlorid und Wasser bedingt. Die Ausscheidung über die Nieren bewirkt einen Wasserverlust, eine Natriumretention hingegen eine Wasserretention. Der Natriumtransport in verschiedenen Abschnitten des Nephrons wird durch das Renin-Angiotensin-Aldosteron-System, das autonome Nervensystem und die kardialen natriuretischen Peptide kontrolliert (➤ 9.7.2).

Durch die Aktivität der Na^+/K^+-ATPase ist die Natriumkonzentration extrazellulär (140 mmol/l) deutlich höher als intrazellulär (etwa 12 mmol/l), was zur Aufrechterhaltung des Membranpotenzials beiträgt und damit die Erregungsleitung, die Muskelkontraktion und die Herzfunktion ermöglicht.

Hyponatriämie

Die häufigste Elektrolytstörung ist die **Hyponatriämie** (leichte Form: < 130–135 mmol/l, schwere Form: < 125 mmol/l), von der 15–20 % aller hospitalisierten Patienten betroffen sind. Die Beschwerden sind vielfältig, von leicht bis lebensbedrohlich. Der Hyponatriämie liegt i. d. R. kein Natriummangel, sondern primär eine Störung des Flüssigkeitshaushalts des Körpers zugrunde. Eine Hyponatriämie geht fast immer auch mit einer Störung der ADH-Sekretion einher.

Eine nahrungsbedingter Natriummangel ist selten und würde sich wegen der Gegenregulation kaum auf die Plasmakonzentration auswirken. Eine Hyponatriämie kann durch verschiedene Faktoren verursacht werden, wobei die Relation zum extrazellulären Flüssigkeitsvolumen eine Rolle spielt.

- Die **hypovolämische Hyponatriämie** wird durch einen Natriumverlust und den sich einstellenden Volumenmangel verursacht, z. B. als Folge von renalen Salzverlusten, Diuretika, zerebralem Salzverlustsyndrom, Mineralocorticoidmangel oder bei chronischer Diarrhoe oder Erbrechen, bei dem Natrium auch extrarenal verloren geht.
- Bei der **hypervolämischen Hyponatriämie** steigt das Körperwasser stärker als die Natriummenge im Blut an, was auf eine Herzinsuffizienz, ein nephrotisches Syndrom oder eine Leberzirrhose hindeuten kann und zur Ödembildung führt.
- Bei der **normovolämischen Hyponatriämie** steht eine leichte Wasserretention bei konstantem Natrium im Vordergrund, was z. B. durch einen Glucocorticoidmangel, die Verwendung von wasserretinierenden Medikamenten, eine Hypothyreose oder das Syndrom der inadäquaten ADH-Sekretion (SIADH) verursacht werden kann.

Wichtige Messgrößen zur Differentialdiagnostik sind das Urin-Natrium, die Plasma- und die Urin-Osmolalität. Symptome einer Hyponatriämie sind unspezifisch und können Adynamie, Gedächtnisstörungen, Übelkeit, Verwirrtheit bis hin zu Stupor, Krampfanfällen, Ateminsuffizienz und Koma beinhalten. Schwere Formen sind selten, können aber lebensbedrohlich sein.

Hypernatriämie

Eine **Hypernatriämie** (> 145 mmol/l) ist immer mit einer Hyperosmolalität des Extrazellulärvolumens verbunden und führt zu einer Zellschrumpfung. Da ein starker Durstimpuls ausgelöst wird, tritt eine Hypernatriämie klinisch oft bei Menschen auf, die weniger Durstgefühl haben, z.B. älteren Menschen, oder Menschen, die den Durst nicht adäquat stillen können wie demente, immobile Patienten oder Säug-

---

Aus Studentensicht

Hypophosphatämie

Eine **Hypophosphatämie** ist in der Normalbevölkerung selten, kann jedoch bei einer verminderten intestinalen Aufnahme, einem erhöhten renalen Verlust oder einem erhöhten Bedarf auftreten. Sie äußert sich u. a. in Form allgemeiner Muskelschwäche mit Lungen- und Herzinsuffizienz, Verwirrtheit, zerebralen Krampfanfällen und Koma sowie spontanen Knochenfrakturen.

Hyperphosphatämie

Eine **Hyperphosphatämie** kommt v. a. bei Patienten mit Niereninsuffizienz vor. Betroffene Patienten weisen ein erhöhtes Risiko für Lungen- und Herzinsuffizienz auf.

23.4.4 Natrium

Natrium und Chlorid sind wichtige Elektrolyte der **extrazellulären** Flüssigkeitskompartimente. Natrium wird im Darm vollständig absorbiert und spielt u. a. bei der Aufnahme von Chlorid, Aminosäuren, Glukose und Wasser eine wichtige Rolle.

Die Natriumkonzentration wird durch die **Niere reguliert**, wobei das Renin-Angiotensin-Aldosteron-System, das autonome Nervensystem und die natriuretischen Peptide die größte Rolle spielen.

Ionenpumpen, v. a. die Na^+/K^+-ATPase, und Ionenkanäle sorgen für die Aufrechterhaltung des Membranpotenzials.

Hyponatriämie

Eine **Hyponatriämie** kann durch verschiedene Faktoren ausgelöst werden.
- **Hypovolämische Hyponatriämie:** Natrium- und Wassermangel, der Natriumverlust ist jedoch stärker ausgeprägt, z. B. durch Diarrhoe, Erbrechen und Nebenwirkungen von Diuretika.
- **Hypervolämische Hyponatriämie:** Überschuss an Natrium und Wasser, wobei der Wasserüberschuss ausgeprägter ist. Ursachen können eine Leberzirrhose, Herzinsuffizienz oder ein nephrotisches Syndrom sein.
- **Normovolämische Hyponatriämie:** Erhöhte Wasserretention und dadurch Verdünnung der Natriumkonzentration, z. B. durch Glukocorticoidmangel, bestimmte Medikamente oder SIADH.

Die Symptome einer Hyponatriämie sind vielfältig, z. B. Kopfschmerzen, Verwirrtheit, Krampfanfälle, Koma und Tod.

Hypernatriämie

Man unterscheidet **hypovolämische** und **hypervolämische Hypernatriämien**.

23.4 MINERALSTOFFE UND ELEKTROLYTE

linge. Sie kann bei starkem Flüssigkeitsverlust durch chronischen Durchfall, Erbrechen, Diuretikagabe, osmotische Diurese oder bei Polyurie infolge eines Diabetes insipidus **hypovolämisch** sein.
Eine seltene **hypervolämische Hypernatriämie** entsteht durch zu hohe Kochsalzzufuhr durch Trinken von Salzwasser oder durch Gabe einer falsch dosierten Infusionstherapie. Symptome sind Schwächegefühl, Ruhelosigkeit, verstärkte Muskeleigenreflexe, muskuläre Faszikulationen, Muskelkrämpfe und Krampfanfälle.

23.4.5 Kalium

Kalium ist mit einer Konzentration von 155 mmol/l das wichtigste intrazelluläre Kation. Die größte Menge befindet sich in Skelettmuskelzellen, nur 1,5–2,5 % liegen extrazellulär vor. Zusammen mit Natrium ist es wesentlich an der Ausbildung des Membranpotenzials beteiligt und wird ebenfalls durch die **Na^+/K^+-ATPase** transportiert. Über andere Austauschmechanismen wie den Na^+/H^+-Antiporter gibt es einen Zusammenhang zwischen den intra- und extrazellulären Kaliumkonzentrationen und dem pH-Wert. So bewirkt eine diabetische Ketoazidose eine Freisetzung von zellulärem Kalium mit einem Trend zu einer Hyperkaliämie, die klinisch relevant sein kann. Bei einer Alkalose werden intrazelluläre Wasserstoff-Ionen gegen extrazelluläres Kalium ausgetauscht und es kommt zu einer Hypokaliämie.
Die Kaliumkonzentration ist innerhalb und außerhalb der Zellen streng reguliert. Dabei spielen Insulin und Katecholamine eine Rolle, zusätzlichen Einfluss haben Magnesium und der pH-Wert im Blut. Der Kaliumhaushalt im gesamten Organismus wird v.a. über die Nierenausscheidung (90 %) und nur zu etwa 10 % über Stuhl und Schweiß bestimmt. Lässt die Nierenfunktion nach, kann der extrarenal eliminierte Anteil erhöht werden.
Kalium ist in Gemüsen, Fleisch, Bananen und Milchprodukten enthalten und wird im Dünndarm vorwiegend durch passive Diffusion aufgenommen. Obwohl ein hoher Tagesbedarf besteht (2–4 g/Tag), scheint ein ernährungsbedingter Kaliummangel eher selten zu sein.

Hypokaliämie

Eine **Hypokaliämie** (< 3,6 mmol/l) kann durch vermehrten Kaliumverlust bei Nierenerkrankungen, bei verstärktem Erbrechen, Durchfall oder durch Gabe von nicht-kaliumsparenden Diuretika entstehen. Die Symptome ergeben sich aus den elektrophysiologischen Folgen einer Hyperpolarisation mit verminderter neuromuskulärer Erregbarkeit und können beispielsweise muskuläre Adynamie, Hyporeflexie, Obstipation, paralytischer Ileus, Blasenlähmung und Herzrhythmusstörungen bis hin zu tödlichem Kammerflimmern sein.

Hyperkaliämie

Eine **Hyperkaliämie** (> 5,0 mmol/l) ist meist Folge einer verminderten renalen Ausscheidung bei Niereninsuffizienz, einer Freisetzung aus Zellen bei massiver Zellschädigung, z.B. bei Verbrennungen, oder einer schweren Muskelschädigung, einer Medikamenteneinnahme (z.B. ACE-Hemmer), eines Hypokortisolismus oder Hypoaldosteronismus oder einer Azidose. Artifiziell erhöhte Werte können auch durch zu langes Stauen bei der Blutentnahme entstehen, weshalb vor einer Therapie erneut Blut abgenommen werden sollte. Symptome sind Muskelschwäche, Parästhesien und erhöhte T-Wellen im EKG. Lebensbedrohlich sind kardiale Arrhythmien, die zu Kammerflimmern und zur Asystolie führen können.

23.4.6 Chlor

Chlor wird als Chlorid (Cl^-) im Dünndarm vorwiegend passiv, gekoppelt an die Natriumabsorption, aufgenommen. Im Kolon findet aber auch eine elektroneutrale NaCl-Aufnahme statt. Dies wird durch die gekoppelte Funktion der apikalen Na^+/H^+- und Cl^-/HCO_3^--Antiporter bewerkstelligt.
Die Chloridsekretion ist der wichtigste Faktor für die Schleimhautfeuchtigkeit und die Schleimviskosität. Mutationen im Chloridkanal **CFTR** (Cystic Fibrosis Transmembrane Conductance Regulator) können eine verminderte Sekretion von Chlorid bewirken, wodurch die Sekrete von exokrinen Drüsen, besonders der Glandulae bronchiales und der Glandulae intestinales, osmotisch Wasser verlieren und eindicken. Es kommt zur unheilbaren zystischen Fibrose (Mukoviszidose), bei der es v.a. zu Schäden der Lunge, des Pankreas, der Leber, der Nieren und des Darms kommt. Betroffene Patienten können nur mit intensiven Therapiemaßnahmen ein höheres Erwachsenenalter erreichen.

23.4.7 Schwefel

Schwefel ist in den **Aminosäuren** Cystein und Methionin enthalten und kommt auch in Form von Sulfat (SO_4^{2-}) im Körper vor. Schwefel wird über Nahrungsproteine besonders aus Milch, Eiern, Fleisch und Fisch aufgenommen. Schwefelhaltige Aminosäuren sind wichtig für die Kollagen- und Keratinsynthese und damit strukturgebend z.B. für Haut, Haare und Nägel. Sulfatreste können nach Aktivierung in Form von **PAPS** (3′-Phosphoadenosin-5′-Phosphosulfat) auf Tyrosinreste von Proteinen (> 6.4.6) oder zur Biotransformation auf Endo- bzw. Xenobiotika (> 22.3.3) übertragen werden. Auch Glykosaminoglykane (GAG) können Sulfatreste enthalten.
Ein Mangel oder eine Toxizität von physiologischen Schwefelverbindungen ist nicht bekannt. Sulfit (SO_3^{2-}), das beim Abbau schwefelhaltiger Aminosäuren entstehen kann (> 21.3.4), wird durch die Sulfit-Oxidase

---

Aus Studentensicht

Erstere sind durch starken Flüssigkeitsverlust bedingt, letztere durch eine zu hohe Kochsalzzufuhr, z.B. durch Trinken von Salzwasser oder falsch dosierte Infusionen. Symptome sind u.a. Ruhelosigkeit, Krampfanfälle und Muskelkrämpfe.

23.4.5 Kalium

Kalium ist das wichtigste intrazelluläre Kation. Es wird von der **Na^+/K^+-ATPase** transportiert und trägt wesentlich zur Ausbildung des Membranpotenzials bei.
Über Austauschmechanismen wie Na^+/H^+ kann es bei Azidosen zu einer Hyperkaliämie und bei Alkalosen zu einer Hypokaliämie kommen.
Kalium wird v.a. durch passive Diffusion im Dünndarm aufgenommen.

Hypokaliämie

Eine **Hypokaliämie** entsteht meist verlustbedingt, z.B. durch Erbrechen oder Diarrhoe, sowie durch renale Funktionsstörungen oder die Gabe bestimmter Diuretika und äußert sich vielfältig. Besonders gefährlich sind dabei Herzrhythmusstörungen bis hin zum tödlichen Kammerflimmern.

Hyperkaliämie

Eine **Hyperkaliämie** kann u.a. durch eine verminderte renale Ausscheidung, bei Azidose, als Nebenwirkung von Medikamenten oder bei der Freisetzung aus Zellen bei Zellschäden (traumatisch, nach zytostatischer Therapie) entstehen. Auch hier können u.a. lebensbedrohliche Herzrhythmusstörungen auftreten, die zu Kammerflimmern und Asystolie führen können.

23.4.6 Chlor

Chlor wird als Chlorid (Cl^-) v.a. im Dünndarm, gekoppelt an die Natriumabsorption, aufgenommen.
Die Chloridsekretion ist wichtig für die Schleimviskosität. Bestimmte Mutationen im Chloridkanal **CFTR** sind die Ursache für die zystische Fibrose (Mukoviszidose), bei der es zur Eindickung der Sekrete exokriner Drüsen kommt, die v.a. die Lunge und das Pankreas betrifft.

23.4.7 Schwefel

Schwefel findet sich im Körper in den **Aminosäuren** Cystein und Methionin und in Form von Sulfat (SO_4^{2-}). Die entsprechenden Aminosäuren sind u.a. wichtig für die Kollagen- und Keratinsynthese, Sulfat ist Bestandteil von **PAPS**, mit dem Sulfatreste auf Tyrosinreste oder Endo- und Xenobiotika übertragen werden, und auch einiger Glykosaminoglykane.
Mangel- oder Toxizitätserscheinungen durch physiologische Schwefelverbindungen sind nicht bekannt.

Aus Studentensicht

23 VITAMINE, MINERALSTOFFE UND SPURENELEMENTE: KLEINE MENGEN MIT GROSSER WIRKUNG

in Mitochondrien sehr leicht zu Sulfat oxidiert und damit entgiftet. Sulfit wird deshalb häufig als Oxidationsschutz bei der Herstellung von Getränken, Lebensmitteln und Infusionslösungen verwendet. Eine intestinale Aufnahme von 0,7 mg Sulfit/kg/Tag gilt als unproblematisch, es kann aber zur Bildung von Tryptophanderivaten kommen, die bei Allergikern zu schweren Schockreaktionen führen können.

23.4.8 Hydrogencarbonat

Hydrogencarbonat (HCO_3^-) – ein Anion der Kohlensäure – ist Bestandteil des Kohlensäure-Hydrogencarbonat-Puffersystems, das die größte **physiologische Pufferkapazität** aufweist. Zusammen mit Chlorid fungiert es als Gegen-Ion zu Natrium und Kalium. Hydrogencarbonat-Transportproteine spielen eine wichtige Rolle bei der pH-Wert-Regulation z. B. in Magen, Pankreas, Niere und ZNS.

23.4.8 Hydrogencarbonat

Hydrogencarbonat (HCO_3^-, Bicarbonat) ist ein Anion der Kohlensäure. Es ist Bestandteil des Kohlensäure-Hydrogencarbonat-Systems, das extrazellulär die größte **physiologische Pufferkapazität** aufweist. Hydrogencarbonat ist neben Chlorid das wichtigste Anion, das als Gegen-Ion zu Natrium und Kalium fungiert. Es gibt eine Reihe von Hydrogencarbonat-Transportproteinen, die eine wichtige Rolle bei der pH-Wert-Regulation z. B. in Magen, Pankreas, Niere und ZNS spielen.

Im Plasma sind positive und negative Ladungen ausgeglichen, wobei man aber nicht alle Anionen labortechnisch bestimmen kann. Die Anionenlücke = $[Na^+] - ([Cl^-] + [HCO_3^-])$ beträgt i. d. R. 10 ± 2 ml/l. Steigt dieser Wert stark an, kann dies auf eine metabolische Azidose hindeuten.

23.4.9 Magnesium

Magnesium findet sich v. a. im Knochen und in der Muskulatur. Im Blut liegt ⅓ des Magnesiums an Proteine gebunden vor.
Es dient als Cofaktor von vielen Enzymen, da **ATP** als **Magnesiumkomplex** vorliegt. Zudem reguliert es als Cofaktor die Na^+/K^+-ATPase und fungiert als natürlicher **Calciumantagonist**, wodurch es u. a. die Erregungsleitung und Muskelkontraktion beeinflusst.

23.4.9 Magnesium

Circa 60 % des Magnesiums befinden sich im Knochen an der Oberfläche von Hydroxylapatitkristallen, der Rest v. a. in der Muskulatur. Im Blut ist ein Drittel des Magnesiums an Proteine gebunden, weshalb das Serum-Magnesium kein sicherer Parameter für einen Magnesiummangel ist.

ATP liegt primär als **Magnesiumkomplex** vor. Magnesium ist daher ein Cofaktor von sehr vielen Enzymen. Es ist auch ein wichtiges Elektrolyt und reguliert z. B. als Cofaktor der Na^+/K^+-ATPase den Flux von Natrium und Kalium durch die Plasmamembran. Als natürlicher **Calciumantagonist** moduliert Magnesium die Bindung von Calcium an seine Bindungsstellen und seine Freisetzung aus dem sarkoplasmatischen Retikulum. Dadurch beeinflusst Magnesium auch die Erregungsleitung von Nervenimpulsen, die Muskelkontraktion und den Herzrhythmus.

Hypomagnesiämie

Magnesium wird im Dünndarm v. a. durch den Kationentransporter **TRPM6** aufgenommen. Mutationen in diesem Protein können zu einer **Hypomagnesiämie** führen.
Ein Magnesiummangel ist selten und tritt v. a. bei älteren Menschen, kritisch kranken Patienten und bei chronischer Antazidagabe auf. Klinisch imponieren Symptome wie Nervosität, Appetitlosigkeit, Abgeschlagenheit und Muskelkrämpfe sowie bei schwerem Mangel Herzrhythmusstörungen und Herzinsuffizienz.

Hypomagnesiämie

Magnesium wird im Dünndarm vermutlich im Wesentlichen durch den spezifischen Kationentransporter **TRPM6** aufgenommen. Inaktivierende Mutationen in diesem Protein führen beim Menschen zu einer **Hypomagnesiämie** (< 0,7 mmol/l).

Ein Magnesiummangel ist bei ausgewogener Ernährung selten, weil Magnesium sowohl in pflanzlicher als auch in tierischer Nahrung ausreichend vorhanden ist. Mehrere Studien zeigen aber eine suboptimale Magnesiumversorgung bei Älteren, die dann häufig zu Skelettmuskelkrämpfen neigen. Chronische Antazidagabe zur Neutralisation der Magensäure ist ein weiterer Risikofaktor für einen Magnesiummangel. Auch bei Patienten mit metabolischem Syndrom sowie bei kritisch kranken Patienten auf Intensivstationen wird häufig ein Magnesiummangel festgestellt.

Symptome eines Magnesiummangels sind oft unspezifisch wie Nervosität, Appetitlosigkeit und Abgeschlagenheit. Wadenkrämpfe oder Krämpfe der Kaumuskulatur, besonders nach intensiver sportlicher Betätigung, treten allerdings häufig auf. Eine Magnesiumsupplementation ist hier oft vorbeugend wirksam. Ein anhaltender, schwer ausgeprägter Magnesiummangel (= Hypomagnesiämie-Syndrom) kann bei älteren Menschen zu Herzrhythmusstörungen, Herzmuskelinsuffizienz und einem beschleunigten Herzschlag oder einer Magnesiummangeltetanie führen.

Hypermagnesiämie

Eine **Hypermagnesiämie** findet sich v. a. bei Niereninsuffizienz oder bei erhöhter exogener Zufuhr und äußert sich u. a. durch Muskelschwäche, Benommenheit und Erregungsleitungsstörungen.

Hypermagnesiämie

Zu einer **Hypermagnesiämie** (> 1 mmol/l) kann es bei Niereninsuffizienz und bei zu hoch dosierter Magnesiumsupplementation kommen. Symptome sind abgeschwächte Muskeleigenreflexe, Erregungsleitungsstörungen und Benommenheit, was bei sehr hohen Werten (> 6 mmol/l) auch tödlich enden kann.

23.5 Spurenelemente

23.5.1 Essenzielle und nicht-essenzielle Spurenelemente

> **FALL**
>
> **Nele ist schlapp**
>
> Die 16-jährige Nele kommt mit ihrer Mutter in Ihre internistische Praxis. Sie fühlt sich seit mehreren Monaten schlapp und müde und beobachtet einen zunehmenden Haarausfall. Die Mutter berichtet, dass Nele immer sehr sportlich und aktiv gewesen sei, jetzt aber nur noch schlafen wolle. Nele erscheint auffallend blass und es fällt ein leicht grünlicher Hautton auf. Auf Nachfrage berichtet Nele, dass sie häufiger Durchfall und auch schon 2 kg an Gewicht verloren habe. Sie ernähre sich aber normal. Die Mutter habe in letzter Zeit häufig Fleischgerichte gekocht, die sie auch gerne essen würde. Die Regelblutung habe mit 13 Jahren eingesetzt, dauere nur wenige Tage und sei eher schwach ausgeprägt.
>
> Sie vermuten eine Anämie und finden bei einer Blutuntersuchung einen sehr niedrigen Hämoglobingehalt von 6,2 g/dl (normal 12–14 g/dl) mit stark hypochromen und mikrozytären Erythrozyten. Eisen, Ferritin und Folsäure im Serum sind stark erniedrigt. Da Nele zum Zeitpunkt der Untersuchung noch nüchtern ist, geben

23.5 SPURENELEMENTE

Sie ihr ein Eisenpräparat mit 100 mg Eisen(II) oral und bestimmen nach 2 und 3 Stunden erneut das Serum-Eisen. Dabei ist kein Anstieg des erniedrigten Ausgangswertes von 2,7 µmol/l (normal 10–31 µmol/l) zu erkennen. Sie rufen im Labor an und fordern eine immunologische Nachbestimmung von Antikörpern gegen Gliadin und Transglutaminase im Blut nach. Die Werte sind beide stark erhöht, woraufhin Sie Nele für eine Magenspiegelung zu einem Gastroenterologen überweisen. Dabei werden Biopsieproben aus dem tiefen Duodenum entnommen. Die histologische Befundung zeigt das Bild einer totalen Zottenatrophie, passend zu einer Zöliakie.
Wie entstehen die Symptome von Nele? Wie können Sie ihr helfen?

Spurenelemente sind Kationen oder Anionen, die nur in geringen Konzentrationen von ca. 1 µg/kg bis 50 mg/kg Körpergewicht im Körper vorkommen (> Tab. 23.4). Bei Vanadium, Bor, Nickel oder Arsen, deren Kationen in noch geringeren Konzentrationen vorkommen, wird auch von Ultraspurenelementen gesprochen. Für **essenzielle Spurenelemente** gelten, ähnlich wie für Vitamine, akzeptierte Anforderungskriterien, die sicher erfüllt sein müssen. Dazu gehört ein auslösbarer Mangel mit biochemischen Veränderungen, die durch eine Medikation gebessert bzw. vorsorglich verhindert werden. Vor allem aber muss eine **physiologische Funktion** auf molekularer Ebene zweifelsfrei nachgewiesen sein. Dies wird von Chrom, Fluor und einer Reihe anderer Kandidaten bis heute nicht sicher erfüllt, obwohl sie in einigen, auch neueren Fachbüchern als essenziell aufgelistet werden.

Aus Studentensicht

Spurenelemente sind Kationen oder Anionen, die in nur sehr geringer Konzentration im Körper zu finden sind.
Als **essenzielles** Spurenelement gilt ein Mikroelement nur dann, wenn es eine eindeutige **physiologische Funktion** auf molekularer Ebene gibt, wie z. B. Eisen im Hämoglobin.

TAB. 23.4

Tab. 23.4 Essenzielle Spurenelemente

Spurenelement	Nahrungsquelle, Tagesbedarf*	Biologische Funktion	Mangel
Eisen (Fe)	• Gut bioverfügbar aus Fleisch und Fisch, weniger nutzbar aus Pflanzen • 10–15 mg	• Sauerstofftransport (Hämoglobin) • Cofaktor von Enzymen und Metalloproteinen • Elektronenübertragung	• Anämie • Müdigkeit • Konzentrationsschwierigkeiten • Haarausfall
Iod (I)	• Fisch, Meeresfrüchte, supplementiertes Speisesalz oder Trinkwasser • 150–200 µg	• Bestandteil der Schilddrüsenhormone T_3 und T_4	• Struma • Hypothyreose • Hirnentwicklungsstörungen • Kretinismus
Zink (Zn)	• Fisch, Fleisch • 7–10 mg	• In 300 Enzymen und Metalloproteinen (Hydrolasen, Zinkfingerproteine) • Insulinspeicherung	• Kolitis bei kleinen Kindern • Wundheilungsstörungen • Erhöhte Infektanfälligkeit • Haarausfall
Kupfer (Cu)	• Fisch, Schalentiere, Kakao, Nüsse • 1,0–1,5 mg	• Enzyme und Metalloproteine wie Superoxid-Dismutase • Elektronentransport in der Atmungskette	• Frühkindlicher Tod bei Menkes-Syndrom (genetische Absorptionsstörung)
Selen (Se)	• Fleisch, Fisch, Eier, Innereien • 60–70 µg	• Als Selenocystein Bestandteil von ca. 10 Selenoenzymen wie der Glutathion-Peroxidase	• (Kardio-)Myopathie • Degeneration der Gelenkknorpel
Cobalt (Co)	• Absorbierbares Cobalamin ausschließlich in tierischen Nahrungsmitteln wie Fleisch, Fisch, Innereien, Milchprodukten • 4 µg in Vitamin B_{12}	• Bestandteil von Vitamin B_{12}	• Megaloblastäre Anämie • Funikuläre Myelose
Mangan (Mn)	• Vollkornprodukte, Nüsse, Blattgemüse, Tee • 2–5 mg	• Antioxidans (Mangan-Superoxid-Dismutase) • Kohlenhydrat- und Aminosäurestoffwechsel (Pyruvat-Carboxylase), Knochenentwicklung (Proteoglykansynthese) • Wundheilung	• Reproduktionsstörungen • Wachstumsstörungen • Knochenumbau • Verringerte Glukosetoleranz
Molybdän (Mo)	• Gemüse, Getreideprodukte, Nüsse • 50–100 µg	• Molybdän-Cofaktor (Mo-Co) in Enzymen wie Sulfit-Oxidase, Xanthin-Oxidase, Aldehyd-Oxidase • Mitochondriale Amidoxim reduzierende Komponente (mARC)	• Epilepsie • Enzephalopathie

* Angaben der Deutschen Gesellschaft für Ernährung für gesunde junge Erwachsene. Für andere Altersklassen gelten teilweise andere Empfehlungen.

Fluorid (F^-) härtet den Zahnschmelz und schützt auf diese Weise vor Karies. Durch Bildung von Fluorapatit wird das weichere Hydroxylapatit resistenter gegen den Angriff von Säuren und Bakterien. Damit hat Fluorid sicher eine pharmakologische Wirkung, aber nicht zwingend eine physiologische Funktion, zumal die Verteilung von Fluorid im Körper und auch in Zähnen sehr unterschiedlich ausgeprägt ist und

Fluor ist wahrscheinlich nicht essenziell, hat aber eine pharmakologische Wirkung: Durch Bildung von Fluorapatit härtet es den Zahnschmelz und schützt die Zähne somit vor Karies.

Aus Studentensicht

Auch **Chrom** ist vermutlich nicht essenziell, trotz gewisser pharmakologischer Wirkungen, z. B. bei Patienten mit Diabetes mellitus.
Ein **Mangel** eines essenziellen Spurenelements führt zu **Zell- und Organschäden** und ist weltweit eine der häufigsten Todesursachen bei Kindern.

23.5.2 Eisen

Vorkommen und Stoffwechsel
Eisen findet sich in tierischen (Häm-Eisen) und pflanzlichen (Nicht-Häm-Eisen) Nahrungsmitteln.
Das im Blutplasma in Form von Transferrin zirkulierende Eisen wird v. a. für die **Neusynthese von Erythrozyten** benötigt.

ABB. 23.15

Häm-Eisen wird über den Bürstensaumrezeptor HCP1 in Enterozyten aufgenommen. Dort wird Eisen durch die Häm-Oxygenase freigesetzt.
Pflanzliches Eisen liegt meist als **Fe^{3+}-Komplex** vor, aus dem Fe^{3+} durch den sauren pH-Wert des Magens herausgelöst und durch eine Ferrireduktase oder reduzierende Stoffe wie Vitamin C zu Fe^{2+} reduziert wird. **Fe^{2+}** wird über den Transporter **DMT1** absorbiert, bei **Eisenüberangebot** in **Ferritin** gespeichert oder, bei **Eisenbedarf** des Körpers, direkt über **Ferroportin** aus dem Enterozyten abgegeben. An der basolateralen Membran wird Fe^{2+} durch die Ferroxidase **Hephästin** zu Fe^{3+} oxidiert, an Apotransferrin gebunden und als **Transferrin** im Blut zu Körperzellen transportiert.

23 VITAMINE, MINERALSTOFFE UND SPURENELEMENTE: KLEINE MENGEN MIT GROSSER WIRKUNG

es weltweit keinen nachgewiesenen Fluoridmangel gibt. In vielen Ländern wird seit Jahrzehnten eine Trinkwasserfluoridierung durchgeführt, die in Deutschland nicht erlaubt ist. Dafür wird in Deutschland eine Zahnpastafluoridierung oder eine Speisesalzsupplementation empfohlen, die genauso wirksam sind, aber ein Überangebot von Fluorid verhindern, das zu Osteoporose führen kann (= Fluorose) und evtl. auch andere Risiken mit sich bringt.

Für **Chrom (Cr^{3+})** wird in vielen Veröffentlichungen eine Funktion im Glukosestoffwechsel diskutiert und es werden molekulare Strukturen wie „Chrommodulin" postuliert. Eine solche Struktur konnte aber bis heute durch moderne analytische Nachweisverfahren nicht bestätigt werden und ein gesicherter Chrommangel ist beim Menschen weltweit nicht bekannt. Auch für Chromverbindungen kann es aber eine gewisse pharmakologische Wirkung, z. B. bei Patienten mit Diabetes mellitus, geben, die alle diskutierten positiven Effekte von Chrom ausreichend erklären kann.

Ein **Mangel** eines essenziellen Spurenelementes führt zu **Zell- und Organschäden.** So wird ein Mangel an Eisen, Iod oder Zink von der Weltgesundheitsorganisation (WHO) unter den sechs häufigsten Ursachen für Todesfälle bei Kindern aufgeführt.

23.5.2 Eisen

Vorkommen und Stoffwechsel

Eisen ist ein häufiges Element in der Erdkruste und ist in allen Nahrungsmitteln enthalten. Von täglich 10–20 mg Eisen-Ionen, die mit der Nahrung zugeführt werden, werden aber nur ca. 10 % im oberen Dünndarm absorbiert und ins Blut abgegeben, um den physiologischen Eisenverlust, der hauptsächlich durch Zellabschilferung entsteht, zu kompensieren (➤ Abb. 23.15). Bei menstruierenden Frauen kommen monatlich 15–30 mg Eisenverlust durch die Regelblutung hinzu. Im Blutplasma zirkulieren ca. 15–20 mg an Transferrin gebundene Fe^{3+}-Ionen, die v. a. aus dem Abbau von alten Erythrozyten in der Milz stammen und für die Neusynthese von Erythrozyten benötigt werden.

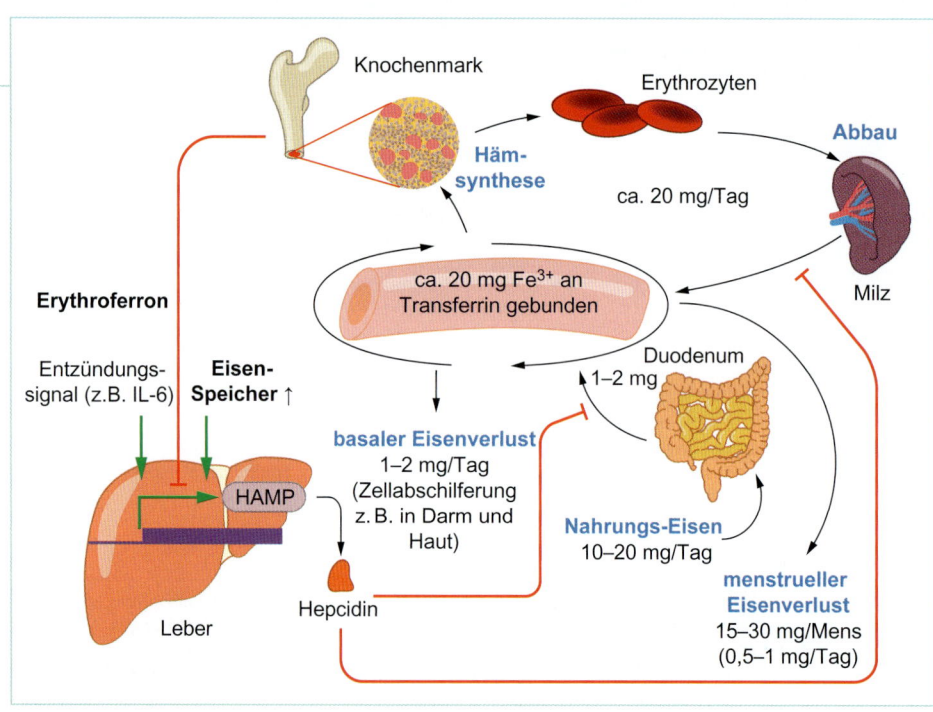

Abb. 23.15 Regulation der Eisenhomöostase beim erwachsenen Menschen [L138, L307]

Ernährungsphysiologisch ist die Unterscheidung zwischen **tierischem (= Häm-Eisen)** und pflanzlichem Nahrungseisen (= Nicht-Häm-Eisen) wichtig, denn nur Häm-Eisen wird effizient über einen spezifischen Bürstensaumtransporter (= Häm-Carrier-Protein 1, HCP1) in die Enterozyten aufgenommen, wo das Fe^{2+} durch die **Häm-Oxygenase (HO-1)** aus dem Porphyrinring freigesetzt wird (➤ Abb. 23.16a).

Pflanzliches Eisen liegt vorwiegend als polymerer Fe(III)hydroxid-Kohlenhydrat-Komplex vor, der relativ schlecht löslich ist. Fe^{3+} wird durch den sauren pH-Wert des Magens freigesetzt und durch die an der Bürstensaummembran sitzende Ferrireduktase (duodenales Cytochrom B, dCytB) oder reduzierende Stoffe wie Vitamin C zu Fe^{2+} reduziert. Fe^{2+} kann über den H$^+$-gekoppelten **Divalent-Metal-Transporter 1 (DMT1)** absorbiert und wie das aus dem Häm freigesetzte Fe^{2+} in den labilen Eisenpool eingespeist werden. Bei **Eisenbedarf** des Körpers wird Fe^{2+} direkt über den Eisenexporter Ferroportin auf der basolateralen Seite der Zelle abgegeben. Noch an der Zellmembran wird es durch die membranständige Ferroxidase Hephästin zu Fe^{3+} oxidiert, das mit Apotransferrin das Transportprotein **Transferrin** bildet und über das Pfortaderblut abtransportiert wird.

23.5 SPURENELEMENTE

Aus Studentensicht

ABB. 23.16

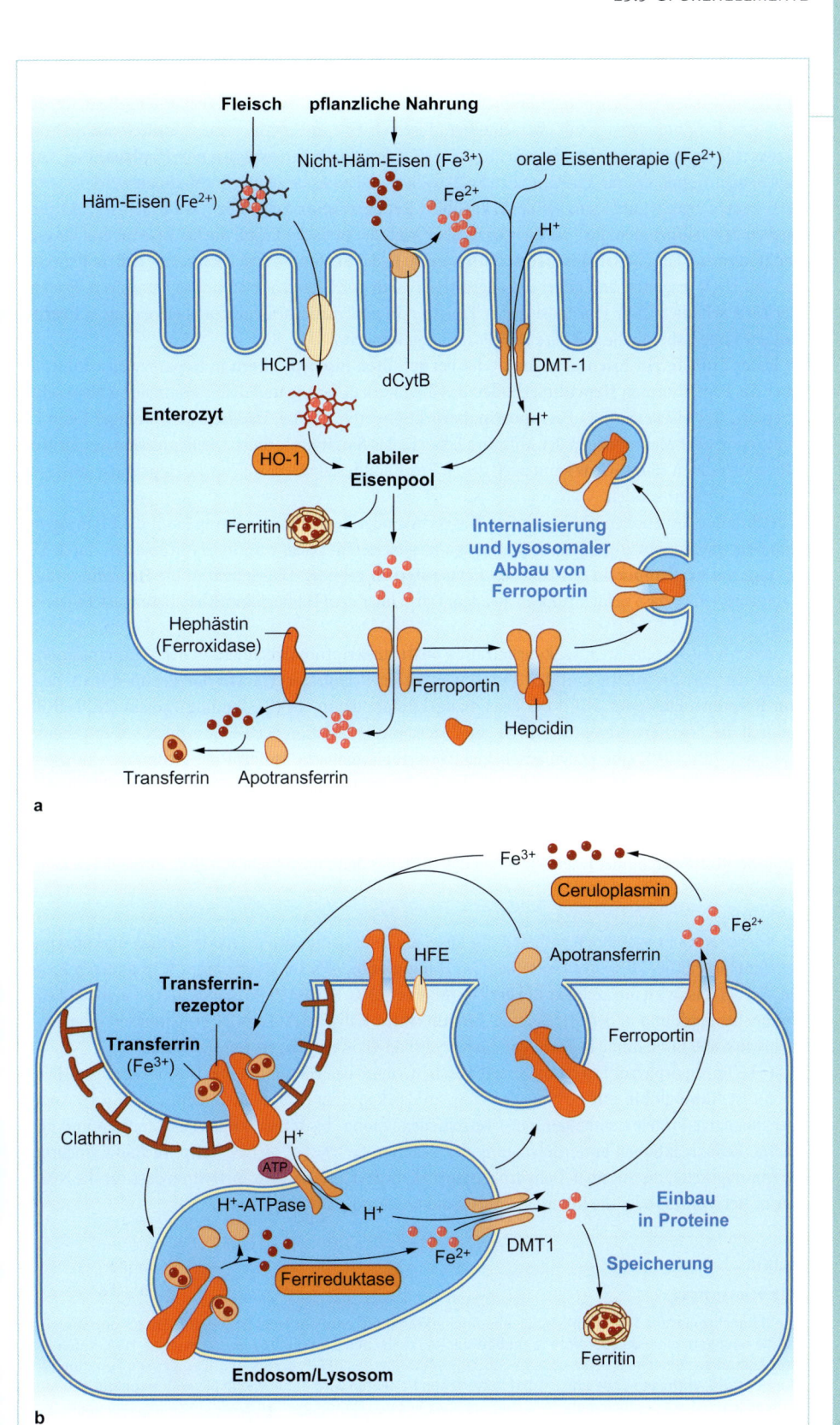

Abb. 23.16 a Eisenabsorption im Darm. b Eisenaufnahme in Körperzellen. [L138, L307]

Bei einem **Eisenüberangebot** wird Fe^{2+} aus dem labilen Eisenpool der Enterozyten in einem komplexen Prozess in das Eisenspeicherprotein **Ferritin** eingelagert, wobei es zu Fe^{3+} oxidiert wird. Da Darmepithelzellen nach wenigen Tagen durch Abschilferung verloren gehen, wird auch das in Ferritin gespeicherte Eisen über den Stuhl ausgeschieden. Dieser sog. **Mukosablock** bietet einen Schutz vor Eisenüberladung und ist wichtiger Teil der durch das Hormon **Hepcidin** regulierten Eisenhomöostase.

Zellen wie v. a. die Vorstufen der Erythrozyten, andere proliferierende Zellen oder Hepatozyten können zwei Transferrinmoleküle an den membranständigen dimeren **Transferrinrezeptor** binden. Durch rezeptorvermittelte Endozytose gelangt der Komplex in das Lysosom (> Abb. 23.16b). Dort wird durch den sauren pH-Wert das Fe^{3+} freigesetzt. Dieses wird durch die Ferrireduktase STEAP1 zu Fe^{2+} reduziert,

Bei einem **Überangebot** von aufgenommenem Eisen wird Fe^{3+} in das Eisenspeicherprotein **Ferritin** eingelagert und geht durch Abschilferung von Darmzellen dem Körper wieder verloren.

Dieser **Mukosablock** bietet einen Schutz vor Eisenüberladung und ist wichtiger Teil der Hepcidin-regulierten Eisenhomöostase.

Aus Studentensicht

Transferrin wird durch rezeptorvermittelte Endozytose über den **Transferrinrezeptor** in fast alle Zellen aufgenommen. Im Lysosom wird durch das saure Milieu Fe^{3+} freigesetzt, das durch eine Ferrireduktase zu Fe^{2+} reduziert und über DMT1 ins Zytoplasma ausgeschleust wird. Rezeptor und Apotransferrin werden recycelt.
Das im Blutplasma in Form von Transferrin zirkulierende Eisen wird v. a. für die **Neusynthese von Erythrozyten** benötigt.

Das Hormon **Hepcidin** wird bei **gefüllten Eisenspeichern** oder hoher **Transferrin-Eisen-Sättigung** in der Leber gebildet und führt zu Internalisierung und Abbau von Ferroportin.
Ein **Blutverlust** oder **Höhentraining** führt zur Ausschüttung von **Erythropoetin**, das zur Bildung von **Erythroferron** in Erythroblasten führt. Erythroferron hemmt die Hepcidinsynthese in Hepatozyten.

Die zelluläre Eisenkonzentration wird **posttranskriptional** reguliert. Bei Eisenmangel bindet ein IRE-Binding-Protein an ein **Iron-Response-Element** (IRE) in der Ferritin- und Transferrinrezeptor-mRNA, wodurch die Translation der Ferritin-mRNA gehemmt und die Transferrinrezeptor-mRNA stabilisiert wird.

Funktion
Ein Erwachsener enthält ca. 3–5 g Eisen in seinem Körper: 60–70 % in **Hämoglobin**, 10 % in Myoglobin und 2 % an andere Proteine gebunden. Der Rest liegt gespeichert als Ferritin vor. Eisen kann bei der **Redoxreaktion** ($Fe^{2+} \leftrightharpoons Fe^{3+} + 1\,e^-$) Elektronen abgeben bzw. aufnehmen. Fe^{2+} ist die aktive, aber auch **toxische** Form, die bei einer Eisenüberladung zu Zell- und Organschäden führen kann. Zum Transport in **Transferrin** und zur intrazellulären Speicherung in **Ferritin** wird Eisen daher in die stabilere Fe^{3+}-Form umgewandelt.

KLINIK

---

das über DMT1 in das Zytoplasma ausgeschleust wird. Der endozytierte Rezeptor wird mit dem Apotransferrin wieder zur Plasmamembran transportiert. Fe^{2+} kann dann in Proteine eingebaut werden. Analog zu den Enterozyten kann überschüssiges Eisen als Fe^{3+} in Ferritin gespeichert bzw. als Fe^{2+} über Ferroportin exportiert werden. Extrazelluläres Fe^{2+} kann durch Ferroxidasen wie **Hephästin** an Enterozyten oder Ceruloplasmin im Plasma zu Fe^{3+} oxidiert und an Apotransferrin gebunden werden.

Eisen ist sehr reaktiv und kann bei der reversiblen **Redoxreaktion** $Fe^{2+} \leftrightharpoons Fe^{3+} + 1\,e^-$ leicht Elektronen abgeben bzw. aufnehmen. Fe^{2+} ist die aktive, aber auch die **toxische** Form, die bei Eisenüberladungserkrankungen zu Zell- und Organschäden führen kann. In der Fenton-Reaktion kann Fe^{2+} z. B. in Peroxisomen mit H_2O_2 reagieren und dabei das aggressive reaktive OH-Radikal bilden, das Fettsäuren, Proteine oder DNA schädigt. Zum Transport durch **Transferrin** und zur intrazellulären Speicherung in **Ferritin** wird das Eisen daher in die stabilere Fe^{3+}-Form umgewandelt.

Bei hoher **Transferrin-Eisen-Sättigung** oder bei **gefüllten Eisenspeichern** in Hepatozyten wird in der Leber das Peptidhormon **Hepcidin** gebildet, das die Internalisierung und den lysosomalen Abbau seines Rezeptors, des Eisenexporters **Ferroportin**, bewirkt (➤ Abb. 23.16a). Dadurch wird weniger Eisen aus Enterozyten oder Makrophagen der Milz und Leber in das Blut transportiert. Die Expression des für Hepcidin codierenden Hamp-Gens kann auch durch Entzündungsfaktoren, welche die Hepcidinsynthese stimulieren, reguliert werden.

In bestimmten Situationen wie bei einem **Blutverlust** oder dem **Höhentraining** kann die Erythropoese stimuliert werden, um zusätzliche Erythrozyten zu generieren. Dabei wird in Erythroblasten durch Einwirkung von **Erythropoetin** das Hormon **Erythroferron** gebildet. Dieses hemmt die Hepcidinsynthese in Hepatozyten, sodass vermehrt Eisen aus dem Darm oder dem Hämoglobinabbau bereitgestellt werden kann.

Zusätzlich wird die zelluläre Eisenkonzentration **posttranskriptional** reguliert. In der 5'-untranslatierten Region der Ferritin-mRNA und der 3'-untranslatierten Region der Transferrinrezeptor-mRNA liegen **Iron-Response-Elements** (IRE). Bei Eisenmangel bindet daran ein IRE-Binding-Protein (IRP1, IRP2), wodurch die Transferrinrezeptor-mRNA stabilisiert, die Translation der Ferritin-mRNA aber gehemmt wird (➤ 5.7.2). IRP1, eine enzymatisch inaktive zytoplasmatische Isoform der Aconitase, enthält ein Eisen-Schwefel-Cluster-Molekül (Fe_4S_4) im aktiven Zentrum. Eines der Eisenatome kann bei Eisenmangel im Zytoplasma abdiffundieren, wodurch IRP1 aktiv wird und an IREs binden kann. Dadurch wird letztlich zusätzlich Eisen in die Zelle aufgenommen und weniger Eisen in Ferritin gespeichert. Bei höheren Konzentrationen bindet Eisen wieder an das IRP1, das dann nicht mehr mit IREs interagieren kann.

Funktion
Der Körper eines Erwachsenen enthält 3–5 g Eisen als Zentralatom von ca. 100 Proteinen und Enzymen. Der Hauptanteil (60–70 %) des Eisens liegt im **Hämoglobin**, 10 % im Myoglobin, 2 % in anderen Proteinen vor, der Rest wird intrazellulär in **Ferritin** (Männer 25 %, Frauen 10 %) gespeichert, v. a. in der Leber, im Knochenmark und in der Muskulatur. Ferritin ist ein Käfigmolekül aus 24 Proteinuntereinheiten, in das bis zu 4 800 Eisenatome in Form von Eisenhydroxid-Oxid eingelagert werden können.

Häm (Fe-Protoporphyrin IX) ist die prosthetische Gruppe der Hämoproteine. Das bekannteste Hämoprotein ist **Hämoglobin** mit Fe^{2+} im Zentrum, an das koordinativ O_2 binden kann (➤ 25.5.1). Andere eisenabhängige Proteine enthalten meist verschiedene mono- bis tetranukleäre Fe-S-Zentren und katalysieren Redoxreaktionen unter Beteiligung der Reaktion $Fe^{2+} \leftrightharpoons Fe^{3+} + 1\,e^-$. Beispiele sind Cytochrome der Atmungskette, die Succinat-Dehydrogenase im Citratzyklus, die Tyrosin-Hydroxylase für die Neurotransmittersynthese oder die Ribonukleotid-Reduktase für die DNA-Synthese.

KLINIK

Hämochromatose

Die **Hämochromatose Typ 1** (erbliche Eisenspeicherkrankheit), von der jeder 200.–300. Bürger betroffen ist, ist die häufigste monogen vererbte Krankheit der kaukasischen Bevölkerung in Nordeuropa, USA, Kanada und Australien. Ursache ist eine Loss-of-Function-Mutation des **HFE-Proteins** (HighFe), dessen Funktion für die **Hepcidinsynthese** notwendig ist. Bei betroffenen Patienten wird daher wenig bis kein Hepcidin gebildet, sodass lebenslang deutlich mehr (4–5 mg/Tag statt 1–2 mg) Nahrungseisen absorbiert wird. Das überschüssige Eisen wird v.a. in der Leber gespeichert, da es nicht aktiv ausgeschieden werden kann. In vielen Fällen verläuft die Hämochromatose klinisch eher leicht bzw. die Patienten werden heute frühzeitig erkannt. In 10–20 % der Fälle kann es aber auch zu schweren progredienten Organschäden wie einer Leberzirrhose, einem Diabetes mellitus oder einer Kardiomyopathie kommen. Standardbehandlung ist die erschöpfende Aderlasstherapie (ca. 500 ml Blutentzug alle 1–2 Wochen), bei der das überschüssig gespeicherte Eisen durch die Blutneubildung verbraucht wird. Andere Formen der erblichen Eisenspeicherkrankheit (**Hämochromatose Typ 2–4**) werden durch Mutationen in anderen Proteinen der Achse Hepcidin–Ferroportin oder im Hepcidin-Gen (Hamp) selbst verursacht. Diese Formen verlaufen teilweise klinisch schwer (Typ 2, Hamp-Gen), kommen aber bei uns alle sehr selten vor.

Eisenchelatbildner wie Deferoxamin werden bei Hämochromatose wegen der guten und sicheren Wirksamkeit von Aderlässen nur in Ausnahmefällen eingesetzt. Sie stellen aber die Therapieform bei **sekundären Siderosen** dar, die bei einer anderen Art von Eisenüberladung, die sich nach chronischen Bluttransfusionen (500 ml Blut = 250 mg Fe) rasch ausbildet. Ohne solche Chelattherapie würden Patienten mit Hämoglobinopathien, wie z.B. der α- oder β-Thalassämia major, oder mit aplastischen Anämien spätestens im Erwachsenenalter an Eisenüberladung versterben.

Medizinische Relevanz

Ein erworbener Eisenmangel und eine meist genetisch bedingte Eisenüberladung kommen relativ häufig vor. Ein **Eisenmangel** entwickelt sich, wenn durch die Nahrungseisenaufnahme der individuelle Eisenbedarf nicht adäquat gedeckt werden kann. Dies führt im schweren Fall zu einer **mikrozytären, hypochromen Anämie** (Eisenmangelanämie), bei der die Erythrozyten klein sind und zu wenig Hämoglobin enthalten. Anders als bei einer durch Vitamin-B_{12}-Mangel ausgelösten hyperchromen Anämie ist die Teilung der Blutzellen nicht eingeschränkt und daher die Anzahl der Erythrozyten kaum verringert.

Ein schwerer Eisenmangel gilt unverändert als die häufigste Mangelerkrankung weltweit, viele Kinder und ca. 30 % der menstruierenden Frauen in Entwicklungsländern sind anämisch. Auch in wirtschaftlich entwickelten Ländern ist ein Eisenmangel in den gleichen Risikogruppen sehr häufig, allerdings meist in leichterer Form ohne Anämie. Das Risiko ist erhöht bei **ungenügender Nahrungseisenzufuhr** wie bei Vegetariern, bei Essstörungen oder bei **veränderter Eisenabsorption,** z. B. im Alter, bei Zöliakie oder bei entzündlichen Darmerkrankungen. Ein Eisenmangel mit oder ohne Anämie kann auch bei **erhöhtem Eisenbedarf** im Wachstum, bei Schwangerschaft oder Ausdauersportlern und besonders bei **erhöhtem Eisenverlust** wie bei Frauen mit starker Regelblutung (Hypermenorrhö) oder bei Patienten mit gastrointestinalen Blutverlusten auftreten. Eine weitere Ursache sind „falsch" erhöhte Hepcidinwerte bei Patienten mit chronischen Erkrankungen (Infekt, Entzündung, Tumor), bei denen Entzündungsmediatoren wie **IL-6** die Hepcidinsynthese unabhängig von Eisen stark stimulieren. Dies führt zu einer verringerten Aufnahme von Nahrungseisen, sodass den Bakterien weniger Eisen aus dem Blut als Wachstumsfaktor zur Verfügung steht – ein Abwehrmechanismus gegen bakterielle Infektionen.

FALL

Nele ist schlapp: Zöliakie

Die **Zöliakie** oder **glutensensitive Enteropathie** ist eine Unverträglichkeit von Gluten in Weizen und anderen Getreiden (> 16.4.3). Es kommt zu einer chronischen Entzündung der Darmschleimhaut, die innerhalb von Wochen bis wenigen Monaten zu einem vollständigen Verlust der Zottenstruktur führt. Durch die verminderte Oberfläche können immer weniger Nahrungsinhaltsstoffe aus dem Darm absorbiert werden und es kann zu wässrigem Durchfall kommen. Besonders frühzeitig ist die Absorption von Eisen und Folsäure betroffen, die vorwiegend im Duodenum aufgenommen werden. Es entwickelt sich, wie bei Nele, langsam, aber progredient eine schwere Eisenmangelanämie, die von Patienten anfangs nicht bemerkt wird. Die Folgen werden im Verlauf durch blasse Haut und Schleimhäute sichtbar, die in der Innenseite des Augenlides gut zu erkennen sind. Im Extremfall sieht man eine grünliche Färbung der Haut, die auftritt, wenn es kaum noch rotes Hämoglobin gibt. Dieses Phänomen der „Chlorosis" war schon im Mittelalter bekannt. Bei kleinen Kindern kann ein schwerer Eisenmangel zu Hirnreifungsstörungen führen. Allgemein kann es zur schnellen Erschöpfung bei körperlicher Belastung, Müdigkeit, Konzentrationsschwäche und Haarausfall kommen. Bei Nele führt eine glutenfreie Diät innerhalb weniger Wochen zu einer Rekonstitution der Zottenstruktur im Dünndarm und zum Verschwinden der Mangelerscheinungen. Diese Diät muss sie lebenslang einhalten. Eine anfangs intravenöse, später orale Eisentherapie kann die Anämie rasch beseitigen.

23.5.3 Iod

Vorkommen und Stoffwechsel

Iodsalze, besonders Iodide (I$^-$), sind sehr gut wasserlöslich und daher meist aus Ackerböden ausgewaschen, sodass sich die Hauptmasse von Iod auf der Erde als Iodid in den Weltmeeren befindet. Ein **Iodmangel** kommt häufig bei Menschen aus **Binnenländern** mit iodidarmen Böden vor, die keinen Kontakt zu iodreichen Nahrungsmitteln aus Weltmeeren haben.

Iodid wird über einen Na$^+$/I$^-$-Symporter in Enterozyten und anschließend in die Schilddrüse aufgenommen (> 9.7.1).

Funktion

Iod ist ein essenzieller Bestandteil der **Schilddrüsenhormone Triiodthyronin (T_3) und Thyroxin (T_4)** (> Abb. 9.25), die für das normale Wachstum, die neuronale Entwicklung und die Stoffwechselregulation unentbehrlich sind. Die Schilddrüse enthält mit 15–20 mg Iod den weit überwiegenden Anteil des gesamten Iods im Körper, die im Lumen der Schilddrüsenfollikel an Thyreoglobulin gebunden sind. Sie verwendet täglich 80 µg Iod, um Schilddrüsenhormone zu synthetisieren.

Medizinische Relevanz

Eine Mangel an Schilddrüsenhormonen (**Hypothyreose**) kommt häufig vor, verlangsamt alle Stoffwechselfunktionen und führt zu Symptomen wie Müdigkeit, Antriebsarmut, Verlangsamung, Konzentrationsstörungen, Kälteempfindlichkeit und Verstopfung. Die Ursachen für eine Schilddrüsenunterfunktion können durch Störungen in der Funktion der Schilddrüse selbst, z. B. durch Iodmangel, durch Störungen der TSH-Produktion in der Hypophyse oder durch ungenügende Anregung der Hypophyse durch den Hypothalamus bedingt sein (> 9.7.1). Bei Erwachsenen führt ein chronischer Iodmangel zu einer **Struma** (Kropf), da durch erhöhte Ausschüttung von TSH die Schilddrüse zum Wachstum angeregt wird. Die **Therapie** bei Hypothyreose ist meist die Medikation mit L-Thyroxin (Levothyroxin, T_4).

Aus Studentensicht

Medizinische Relevanz

Ein **Eisenmangel** verursacht eine **mikrozytäre, hypochrome Anämie.** Ursachen sind:
- **Ungenügende Nahrungseisenzufuhr** (z. B. vegane Ernährung)
- **Veränderte Eisenabsorption** (z. B. bei Zöliakie)
- **Erhöhter Eisenbedarf** (z. B. im Wachstum)
- **Erhöhter Eisenverlust** (z. B. bei Blutungen)
- **IL-6**-vermittelte erhöhte **Hepcidinwerte** (z. B. bei chronischer Entzündung)

Genetisch bedingte Eisenüberladungen wie die **Hämochromatose Typ 1** oder Krankheiten mit chronischem Transfusionsbedarf sind ebenfalls häufig und führen zu ernstzunehmenden medizinischen Problemen.

23.5.3 Iod

Vorkommen und Stoffwechsel

In **Binnenländern** tritt aufgrund des fehlenden Kontakts zu den Weltmeeren häufig ein **Iodmangel** auf, sodass hier eine Iodsupplementation von Speisesalz propagiert wird. Iodid wird in die Enterozyten über einen Na$^+$/I$^-$-Symporter aufgenommen.

Funktion

Iod findet sich im Körper überwiegend in Form von Thyreoglobin in der Schilddrüse. Iod ist Bestandteil der beiden **Schilddrüsenhormone** Triiodthyronin (T_3) und Thyroxin (T_4).

Medizinische Relevanz

Ein **Iodmangel** kann bei Erwachsenen zur **Strumabildung** mit ggf. einhergehender **Hypothyreose** und daraus resultierender Stoffwechselverlangsamung führen.

In der frühen Kindheit kann Iodmangel zu einer **Hirnentwicklungsstörung** führen.

Aus Studentensicht

Eine **kongenitale Hypothyreose** kann durch das **Neugeborenen-Screening** erkannt und dann durch rasche Gabe von Schilddrüsenhormonen behandelt werden.

Vor allem Schwangere, stillende Mütter und Kleinkinder gelten als Risikogruppen für eine Hypothyreose, weil sie einen relativ hohen Iodbedarf haben.

Eine Iodsupplementation in Form von Speisesalz stellt die Versorgung sicher. Bei gefüllten Iodspeichern wird Iod über den Urin ausgeschieden.

Ursache einer **Hyperthyreose** ist oft die Bildung von aktivierenden Antikörpern gegen den TSH-Rezeptor im Rahmen der Autoimmunerkrankung **Morbus Basedow.**

KLINIK

Bei der **kongenitalen Hypothyreose** liegt bei 1 von 4 000 Neugeborenen aufgrund einer Störung in der Embryonalentwicklung eine unzureichende bis funktionslose Schilddrüse vor. Sie kann beim **Neugeborenen-Screening** durch erhöhte TSH-Werte entdeckt werden. Ein Behandlungsbeginn mit Schilddrüsenhormonen muss dann so rasch wie möglich einsetzen, um eine irreversible Hirnreifungsstörung zu verhindern.

Auch in westlichen Ländern gelten Schwangere, stillende Mütter und Kleinkinder als besondere Risikogruppen, weil sie einen relativ hohen Iodbedarf haben. Ein mütterlicher Iodmangel in der Schwangerschaft kann zu einem fetalen Hypothyreoidismus sowie zu Fehlgeburten, geringem Körpergewicht und neurologischen Schäden beim Kind führen. Ein nutritiv bedingter schwerer Iodmangel in der frühen Kindheit gilt weltweit als häufigste Ursache für eine vermeidbare Hirnschädigung. In westlichen Ländern wird generell eine Iodidsupplementierung von Speisesalz propagiert, um eine Iodversorgung von 0,2 mg/Tag beim Erwachsenen sicherzustellen. Bei gefüllten Speichern wird mehr als 90 % des aufgenommenen Iodids über den Urin ausgeschieden, sodass der individuelle Iodstatus über die Urinausscheidung bewertet werden kann. Nach WHO-Kriterien wird ein Iodmangel konstatiert, wenn eine Iodausscheidung von < 100 μg/l, bei Schwangeren < 150 μg/l gemessen wird.

Die ebenfalls häufige **Hyperthyreose** wirkt sich auf den Stoffwechsel gegenteilig aus. Durch die Schilddrüsenüberfunktion produziert die Schilddrüse zu große Mengen der T_4 und T_3. Dies äußert sich z. B. in Unruhe und Nervosität, Gewichtsabnahme, Schweißausbrüchen, hohem Blutdruck und hoher Pulsfrequenz. Ursachen einer Hyperthyreose sind eine Autoimmunerkrankung mit aktivierenden Antikörpern gegen den TSH-Rezeptor **(Morbus Basedow),** Autonomie der Schilddrüse oder (seltener) eine Entzündung der Schilddrüse (> 9.7.1). Eine Hyperthyreose kann durch Medikamente (Thyreostatika), eine Radio-Iod-Therapie, bei der durch Gabe von radioaktivem Iod Schilddrüsenzellen zugrunde gehen, oder eine operative Schilddrüsenentfernung behandelt werden.

KLINIK

Kropfband als Schwangerschaftstest

In den Alpenregionen, in denen ein Iodmangel vor Einführung des iodierten Speisesalzes endemisch war, gehörte zur traditionellen Tracht bei Frauen ein Kropfband. Dieses Band verdeckte die unschöne Struma, die bei Iodmangel durch die vergrößerte Schilddrüse entsteht. Besonders in der Schwangerschaft führte der erhöhte Iodbedarf zu einer Strumaentwicklung. Spannte also das eng anliegende Kropfband, vermutete die Mutter eine Schwangerschaft der Tochter.

23.5.4 Zink

Vorkommen und Stoffwechsel

Zink kommt v. a. in tierischer Nahrung mit einer hohen Bioverfügbarkeit vor. Zink wird über einen **Zinktransporter** absorbiert.

Funktion

Zink hat im Körper wichtige katalytische, strukturelle und regulatorische Funktionen. Über 300 **Enzyme** sind zinkabhängig. In **Zink-Finger-Motiven** stabilisiert Zink die Struktur von spezifischen DNA-Bindungsdomänen. Im Pankreas bildet Zink Komplexe mit Insulin. Zudem beeinflusst es u. a. die Freisetzung von Hormonen, hat wichtige Funktionen im **Zellstoffwechsel** und spielt eine Rolle im **Immunsystem.**

Medizinische Relevanz

Zinkmangel entsteht durch eine gestörte Absorption bzw. erhöhten Verlust oder Verbrauch. Schwere Formen führen zu Haarausfall, weißen Flecken auf den Fingernägeln, Blutbildungs- und Wundheilungsstörungen sowie erhöhter Infektanfälligkeit. Mutationen im Zinktransporter Zip4 führen zu der Hautkrankheit **Acrodermatitis enteropathica.**

23.5.4 Zink

Vorkommen und Stoffwechsel

Fisch oder rotes Fleisch sind gute Zinkquellen mit hoher Bioverfügbarkeit. Zink ist aber auch in Nüssen und vielen Gemüsen vorhanden.

Aus wässrigen Lösungen werden Zn^{2+}-Ionen sehr effizient aufgenommen, während ein hoher Phytinsäuregehalt von Nahrungsmitteln die Absorption deutlich vermindert. Zn^{2+} wird im Duodenum durch den Zinktransporter **ZnT4** in die Enterozyten absorbiert und dann, gebunden an **Metallothionein,** zur basolateralen Membran transportiert. Im enterohepatischen Kreislauf steigt die endogene Zinkexkretion parallel zur Zinkzufuhr.

Funktion

Der Körper eines Menschen enthält 1,5–2,5 g Zink in Form von Zn^{2+}. Hauptspeicherorgane sind Muskulatur (60 %), Knochen (30 %) und andere Organe wie Prostata, Leber und Hirn (10 %). Die Blutkonzentration ist nur sehr gering (6–12 mg/l). Zink hat wichtige katalytische, strukturelle und regulatorische Funktionen im **Zellstoffwechsel,** v. a. bei Wachstum und Entwicklung, bei der **Immunabwehr** oder bei der Reproduktion. Über 300 **Enzyme** aus allen Klassen sind zinkabhängig, darunter viele Hydrolasen. Eine schleifenförmige Struktur um ein koordinativ gebundenes Zn^{2+}, bekannt als **Zink-Finger-Motiv,** stabilisiert Proteindomänen, die spezifisch mit DNA oder RNA interagieren (> 2.2.3). Aber auch in nukleinsäureunabhängigen Enzymen wie der CuZn-Superoxid-Dismutase ist Zink für die Struktur des Proteins wichtig. In den β-Zellen des Pankreas wird Insulin im Komplex mit Zn^{2+} gespeichert. Zink beeinflusst auch die Freisetzung von Hormonen und spielt eine Rolle bei der Apoptose.

Medizinische Relevanz

Ein schwerer **Zinkmangel** führt u. a. zu Wachstumsretardierung, Wundheilungsstörungen, erhöhter Infektanfälligkeit, Haarausfall, weißen Flecken auf den Fingernägeln, Blutbildungsstörungen und Hauterkrankungen **(Acrodermatitis enteropathica)**. Dies ist in Deutschland aber eher selten und meist nicht nutritiv bedingt, sondern wird durch eine gestörte Absorption im Darm oder durch erhöhte Verluste wie bei chronischem Durchfall oder erhöhtem Verbrauch, z. B. bei großflächigen Brandwunden, verursacht. Ein leichter Zinkmangel ist weltweit sehr häufig und kann bei kleinen Kindern zu einer gesteigerten Infektanfälligkeit und Durchfallerkrankungen führen. Der daraus resultierende anhaltende Flüssigkeits-

und Elektrolytverlust ist bei Kleinkindern grundsätzlich bedrohlich. Ein Zinkmangel gilt deshalb als ein wesentlicher Faktor für die relativ hohe Mortalität von Kleinkindern (< 5 Jahren) in Entwicklungsländern.

23.5.5 Kupfer

Vorkommen und Stoffwechsel

Kupfer ist in vielen Lebensmitteln enthalten, besonders in Fisch, Leber, Schalentieren, Kakao und Nüssen. Der tägliche Bedarf von Cu wird mit 1–15 mg/Tag bei Erwachsenen angegeben.
Der menschliche Körper enthält ca. 100 mg Kupfer mit einer hohen Konzentration in Leber und Gehirn. Freies Kupfer kann in Zellen praktisch nicht nachgewiesen werden, da es gebunden an Kupferchaperone vorliegt.
Nahrungs-Cu^{2+} wird vor der Absorption im Magen und Duodenum zu Cu^+ reduziert, das über einen entsprechend dem Kupferbedarf regulierten Kupfer-Transporter absorbiert wird. Im Blut wird Cu^+ gebunden an Albumin oder **Transcuprein** zur Leber transportiert, wo es an das Speicherprotein **Ceruloplasmin** bindet. Ceruloplasmin besitzt eine kupferabhängige Ferroxidase-Aktivität (> Abb. 23.16a). Überschüssiges Kupfer kann über die Galle ausgeschieden werden.

Funktion

Kupfer kann ähnlich wie Eisen an **Ein-Elektronen-Austausch-Reaktionen** ($Cu^+ \rightleftharpoons Cu^{2+} + 1\,e^-$) teilnehmen. Beide Spurenelemente können aber auch freie Radikale erzeugen, was zu Zellschäden führen kann. Daher kann bei beiden Elementen sowohl ein Mangel als auch eine Überladung zu schweren Schäden führen.
In Oxidoreduktasen ist der Übergang von Cu^+ zu Cu^{2+} und umgekehrt leicht möglich. Kupferhaltige Enzyme sind wichtig für die Atmungskette (Cytochrom-C-Oxidase; > 18.4.2), die Eisenoxidation (Ceruloplasmin), die Melaninbildung (Tyrosinase; > 21.6), die Vernetzung der Kollagenfibrillen (Lysyloxidase; > 26.3.2) und die Neurotransmittersynthese (Dopamin-β-Hydroxylase; > 21.6). Hervorzuheben ist besonders die Rolle von Kupfer bei der antioxidativen Abwehr. Die Cu/Zn-Superoxid-Dismutase (SOD) katalysiert die Dismutation des Superoxidanionradikals ($O_2^{\cdot-}$) zu Sauerstoff (O_2) und Wasserstoffperoxid (H_2O_2) (> 28.2.1). In allen Zellen mit Sauerstoffmetabolismus schützt die SOD so vor radikalinduzierten Schäden.

Medizinische Relevanz

Ein rein ernährungsbedingter **Kupfermangel** kommt selten vor. Er kann durch einseitige Ernährung, durch Darmerkrankungen oder durch lang andauernde parenterale Ernährung verursacht werden. Auch eine ernährungsbedingte **Kupferüberladung** ist sehr selten.
Medizinische Probleme entstehen v. a. bei genetisch bedingten Veränderungen der zahlreichen Kupfertransporter. Das **Menkes-Syndrom** wird durch Mutationen in einem X-chromosomal codierten Transporter ausgelöst, der an der Absorption beteiligt ist. Dadurch entsteht ein Kupfermangel, der besonders das Gehirn betrifft und meist im 2. Lebensjahr zum Tod der betroffenen Jungen führt.
Beim autosomal-rezessiv vererbten **Morbus Wilson** kommt es zu einer **Kupferüberladung** in der Leber, da ein für den Kupferexport verantwortlicher Transporter defekt ist. Kupfer wird daher verstärkt in der Leber gespeichert, was unbehandelt zu einer Leberzirrhose führt. Freie Kupfer-Ionen aus den absterbenden Hepatozyten lagern sich u.a. im Auge ab, wo Kupfereinlagerungen in der Hornhaut als **Kayser-Fleischer-Ring** sichtbar sind. Durch die Gabe von kupferbindenden Medikamenten wie D-Penicillamin (z. B. Metalcaptase®) in Kombination mit einer kupferarmen Ernährung kann das Fortschreiten der Krankheit behandelt werden.
Eine pathophysiologische Rolle von Kupfer wird auch bei Krankheiten wie Osteoporose, Alzheimer oder Parkinson diskutiert, was bisher aber ohne therapeutische Möglichkeiten bleibt.

23.5.6 Selen

Vorkommen und Stoffwechsel

Selen ist besonders in tierischen Produkten enthalten. Die Menge an pflanzlichem Selen hängt zusätzlich sehr vom Selengehalt des betreffenden Bodens ab. In Deutschland sollte der Tagesbedarf von 60–70 μg auch aus einer überwiegend pflanzlich basierten Ernährung gedeckt werden können.
Anorganisches Selen (SeO_4^{2-}, SeO_3^{2-}) wird im Duodenum oder Zäkum aufgenommen. Die aus der Verdauung von **Selenoproteinen** freigesetzten Aminosäuren Selenomethionin und Selenocystein folgen der Absorption von Methionin bzw. Cystein. Die Leber sekretiert das Selenoprotein P (Sepp1) ins Plasma, worüber andere Organe mit Selen versorgt werden. Die Selenhomöostase wird durch die Synthese von methylierten Selenverbindungen in der Leber und deren Ausscheidung über die Nieren reguliert.

Aus Studentensicht

Ein leichter Mangel ist weltweit häufig und kann gerade bei Kindern zu Immunschwäche und Durchfallerkrankungen mit z. T. fatalen Folgen führen.

23.5.5 Kupfer

Vorkommen und Stoffwechsel

Kupferreiche Lebensmittel sind Fische, Leber, Schalentiere, Kakao und Nüsse.
Kupfer wird im Magen und Duodenum absorbiert und im Blut an Albumin oder **Transcuprein** zur Leber transportiert. In den Hepatozyten wird es an **Ceruloplasmin** gebunden, auf diese Weise gespeichert und bei Bedarf wieder freigesetzt. Überschüssiges Kupfer wird über die Galle ausgeschieden.

Funktion

Kupfer kann durch die **Aufnahme oder Abgabe von einem Elektron** zwischen Cu^{1+} und Cu^{2+} wechseln. Daher kommt es in vielen Oxidoreduktasen wie der Cytochrom-C-Oxidase der Atmungskette oder der Superoxid-Dismutase als Cofaktor vor.

Medizinische Relevanz

Ein ernährungsbedingter Mangel oder eine Überladung mit Kupfer kommen selten vor. Bei dem X-chromosomal vererbten **Menkes-Syndrom** handelt es sich um eine Kupferaufnahme- und -verteilungsstörung, die bei vielen betroffenen Jungen bereits im Kindesalter zum Tod führt. Der autosomal-rezessiv vererbte **Morbus Wilson** führt zu einer **Kupferüberbeladung,** v. a. der Leber. Dies endet bei fehlender Therapie u. a. in einer Leberzirrhose und Kupfereinlagerungen in der Hornhaut **(Kayser-Fleischer-Ring).** Die Therapie ist eine kupferarme Ernährung sowie die Gabe von kupferbindenden Medikamenten.

23.5.6 Selen

Vorkommen und Stoffwechsel

Selen findet sich sowohl in tierischen als auch in pflanzlichen Produkten.
Anorganisches Selen, Selenomethionin und Selenocystein aus **Selenoproteinen** werden absorbiert und in der Leber in das Selenoprotein P eingebaut, über das andere Organe mit Selen versorgt werden.

Aus Studentensicht

Funktion
Als **Selenocystein** kommt Selen in 25 humanen Selenoproteinen wie den **Glutathion-Peroxidasen** oder den **Iodothyronin-Deiodinasen** vor.

Medizinische Relevanz
Ein schwerer **Selenmangel** kommt in den USA und Europa selten vor, kann aber u. a. zu einer Unterfunktion der Schilddrüse führen.
In Regionen mit selenarmen Böden wie China und Russland sind die **Keshan-Krankheit** und das **Kashin-Beck-Syndrom** bekannt, die zur Gelenkknorpeldegeneration bzw. zur Kardiomyopathie führen können. Bei Krebserkrankungen wird eine supportive Therapie mit Selen durchgeführt.

23.5.7 Cobalt, Mangan, Molybdän

Vorkommen und Stoffwechsel
Cobalt hat seine physiologische Wirkung ausschließlich in Form von Vitamin B_{12}.
Mangan und **Molybdän** sind ausreichend in der Nahrung vorhanden. Ein Mangel ist bei normaler Ernährung nicht bekannt.

Funktion
Mangan hat einige zentrale Funktionen im Kohlenhydrat-, Aminosäure- und Cholesterinstoffwechsel. Beispiele für manganhaltige Enzyme sind die Pyruvat-Carboxylase und die Mangan-Superoxid-Dismutase.

Molybdän bildet als Molybdänoxid zusammen mit Molybdopterin den **Molybdän-Cofaktor** (Moco). Die bisher bekannten molybdänhaltigen Enzyme wie die **Xanthin-Dehydrogenae** oder die **Aldehyd-Dehydrogenase** nutzen alle Moco.

Medizinische Relevanz
Ein ernährungsbedingter **Mangan- oder Molybdänmangel** ist sehr selten.

Funktion
Selen übt seine biologische Funktion über die Aminosäure **Selenocystein** aus, die in etwa 25 humanen Selenoproteinen eingebaut ist (> 21.4.3). Dafür wird es in Form von Selenid während der Translation in bestimmte Serinreste eingebaut, sodass Selenoproteine entstehen. Fünf selenhaltige **Glutathion-Peroxidasen** (> 22.3.2) sind in verschiedenen Geweben für die Reduktion von reaktiven Sauerstoffspezies (ROS) zuständig und tragen zur männlichen Fertilität und Spermatogenese bei. Die selenhaltigen **Iodothyronin-Deiodasen** können im Blut und in Geweben das inaktive Schilddrüsenhormon T_4 in die aktive Form T_3 umwandeln oder T_3 und T_4 zu inaktiven Metaboliten deiodieren (> 9.7.1).

Medizinische Relevanz
Ein selektiver **Selenmangel** ist in den USA und Europa sehr selten, er führt u.a. zu einer Unterfunktion der Schilddrüse. In bestimmten Regionen in China und Russland gibt es aber ausgesprochen selenarme Böden. Dadurch kann es dort zu den Selenmangelkrankheiten **Kashin-Beck-Syndrom** mit Knorpelschaden, Gelenkdeformation, Zwergwuchs und der **Keshan-Krankheit**, einer juvenilen Kardiomyopathie, kommen.

Eine Reihe von Studien zeigt eine Korrelation von niedrigen Serum-Selenspiegeln mit einer höheren Prävalenz von Prostata-, Lungen- und Kolonkarzinom. Obwohl die Zusammenhänge dabei noch weitgehend unklar sind, wird im Umkehrschluss einer Selenmedikation eine Schutzwirkung bei Krebserkrankungen zugeschrieben. Dies ist die Begründung dafür, dass auch bei uns viele Krebspatienten unterstützend mit Selen behandelt werden.

23.5.7 Cobalt, Mangan, Molybdän

Vorkommen und Stoffwechsel
Cobalt mit seinen Ernährungsaspekten und der Mangelsymptomatik wurde bereits bei Vitamin B_{12} besprochen (> 23.3.9).

Mangan ist ausreichend in pflanzlicher und tierischer Nahrung vorhanden, um den Tagesbedarf von 2–5 mg zu decken. Mn^{2+} wird wie Fe^{2+} über den DMT1-Transporter in Enterozyten des Duodenums absorbiert und über Ferroportin aus Zellen exportiert. Ein Überschuss von Mangan wird über die Galle ausgeschieden.

Molybdän wird in Form des gut wasserlöslichen Molybdatanions (MoO_4^{2-}) im Darm sehr effizient aufgenommen. Der Tagesbedarf ist mit 50–100 μg zudem eher gering, sodass ernährungsbedingt praktisch kein Molybdänmangel bekannt ist.

Funktion
Manganabhängige Enzyme nehmen zentrale Funktionen bei der antioxidativen Abwehr, im Stoffwechsel von Kohlenhydraten, Aminosäuren und Cholesterin, bei der Knochenentwicklung und der Wundheilung ein. Beispiele sind die **Mn-Superoxid-Dismutase** (MnSOD) als wichtigstes Antioxidans in Mitochondrien (> 28.2.1), die Pyruvat-Carboxylase und die Phosphoenol-Pyruvat-Carboxykinase (PEPCK) in der Glukoneogenese (> 19.4.2).

Molybdän ist Bestandteil des **Molybdän-Cofaktors** (Moco), einer koordinativen Verbindung aus Molybdopterin und Molybdänoxid, der in Mitochondrien synthetisiert wird.

Vier menschliche Enzyme mit dem Molybdän-Cofaktor katalysieren den Transfer eines O-Atoms aus Wasser auf ihre Substrate:
- **Xanthin-Dehydrogenase** (> 21.7.4)
- **Aldehyd-Dehydrogenase** (> 22.2.2)
- Sulfit-Oxidase (> 23.4.7)
- Mitochondriale Amidoxim-Reducing Component (mARC): katalysiert die Entgiftung von mutagenen N-hydroxylierten Basen

Medizinische Relevanz
Ein ernährungsbedingter **Mangan- oder Molybdänmangel** ist sehr selten, nur einzelne Fälle mit extremer Mangelernährung oder falsch zusammengesetzter parenteraler Ernährung sind beschrieben.

ÜBUNGSFRAGEN FÜRS MÜNDLICHE MIT LÖSUNGSHILFEN

1. Welche Symptome verursacht ein schwerer Vitamin-B_{12}-Mangel und warum?

Ein Vitamin-B_{12}-Mangel führt zu einer hyperchromen, makrozytären Anämie. Durch ihn bleibt das vorhandene Tetrahydrofolat in der 5-Methyl-Form gefangen (= Methylfalle). Dadurch kann nicht ausreichend 5,10-Methylen-Tetrahydrofolat für die Purinsynthese gebildet werden, wodurch die DNA-Synthese in den schnell proliferierenden Erythroblasten gehemmt wird. Es kann auch zu einer Degeneration von Nervenzellen des Rückenmarks (funikuläre Myelose) kommen.

2. Wie entstehen die Symptome der Vitamin-C-Mangelkrankheit Skorbut?

Ascorbinsäure ist u. a. Cofaktor der Prolyl-Hydroxylase, die für die posttranslationale Hydroxylierung von Kollagen verantwortlich ist. Durch das fehlende Hydroxyprolin ist Kollagen instabiler. Bindegewebe wie das Zahnfleisch werden instabil, weshalb die Zähne ausfallen.

3. Nennen Sie die wichtigsten Elektrolyte und erklären Sie deren Funktion!

Na^+, K^+, Ca^+, Mg^+ sind die wichtigsten Kationen, Cl^- und HCO_3^- die wichtigsten Anionen. Vor allem Na^+ und Cl^- bestimmen die Osmolarität der extrazellulären Flüssigkeiten und damit den Flüssigkeitshaushalt. Konzentrationsgradienten von Na^+ und K^+ sind hauptverantwortlich für das Membranpotenzial von Zellen. HCO_3^- dient als Puffer der pH-Homöostase im Blut.

4. Wie wird Nahrungseisen im Dünndarm aufgenommen?

Häm-Eisen aus Fleisch wird effektiv über einen eigenen Rezeptor aufgenommen. Pflanzliches Eisen ist schwer löslich und weniger bioverfügbar. Es wird im Darmlumen reduziert und über DMT1 aufgenommen. Als Fe^{2+} wird das aufgenommene Eisen aus Enterozyten über Ferroportin ins Pfortaderblut exportiert und dort als Fe^{3+} an Apotransferrin im Blut gebunden und zu allen Körperzellen transportiert.

Aus Studentensicht

PRÜFUNGSSCHWERPUNKTE
IMPP

!!! Eisen, Ferroportin, eisenregulatorisches Protein, Eisenmangel, Vitamin C
!! Vitamin K, Vitamin D, Thiamin
! Vitamin A, Sulfonamide

Kompetenzorientierte Lernziele (NKLM)

Die Studierenden können
- den Aufbau und die Funktion von Vitaminen und Cofaktoren beschreiben und daraus wesentliche Eigenschaften ableiten.
- die Funktion von Spurenelementen beschreiben und daraus wesentliche Eigenschaften ableiten.
- den Bedarf an Mikronährstoffen und ihr Vorkommen in Lebensmitteln erklären.

KAPITEL 24 Stoffwechselintegration: Wie passt das alles zusammen?

Stephanie Neumann

24.1	Energiespeicherung	671
24.2	Ein metabolischer Tag	672
24.2.1	Speicherung am Tag, Speicherabbau in der Nacht	672
24.2.2	Postabsorptiver Stoffwechsel: Glukose fürs Gehirn, Fettsäuren für die Peripherie	672
24.2.3	Postprandialer Stoffwechsel: Auffüllen der Speicher, Energie aus Glukose	675
24.2.4	Nährstoffe im Blut: ein Tagesprofil	677
24.3	Überernährung: TAG-Speicherung	679
24.4	Hungerstoffwechsel: Ketonkörper und Glukose fürs Gehirn, Fettsäuren für Leber und Peripherie	680
24.4.1	Umstellung auf den adaptierten Hungerstoffwechsel	680
24.4.2	Stoffwechsel bei eingeschränkter Kohlenhydrat- oder Lipidzufuhr	683
24.5	Insulinmangel	684
24.5.1	Diabetes mellitus	684
24.5.2	Diabetes Typ 1: absoluter Insulinmangel	684
24.5.3	Diabetes mellitus Typ 2: Insulinresistenz	689
24.5.4	Langzeitschäden bei Diabetes mellitus	693
24.6	Muskelaktivität	694
24.6.1	Energiequellen des Muskels	694
24.6.2	100-m-Sprint: Kreatinphosphat	695
24.6.3	400-m-Lauf: anaerobe Glykolyse	696
24.6.4	1000–10 000-m-Lauf: aerobe Glukoseoxidation	697
24.6.5	Ausdauerleistung: aerobe Glukose- und Fettsäureoxidation	698
24.7	Ethanolstoffwechsel	700
24.7.1	Ethanolabbau	700
24.7.2	Akute Alkoholintoxikation	702
24.7.3	Chronisch erhöhte Alkoholzufuhr	703

Aus Studentensicht

Nachdem alle Energiestoffwechselwege besprochen wurden, stellt sich die Frage, wie diese miteinander zusammenhängen und reguliert werden. Worin unterscheidet sich der Stoffwechsel eines Marathonläufers, eines Sprinters und eines Schachspielers? Was passiert, wenn wir fasten oder uns drei Tage nur von Haushaltszucker ernähren? Ein weiteres wichtiges Thema in diesem Kapitel ist der Diabetes mellitus. Bedingt durch das zunehmende durchschnittliche Körpergewicht der Allgemeinbevölkerung nehmen die Fälle von spät erworbenem Typ-2-Diabetes zu. Die angeborene Autoimmunerkrankung des Typ-1-Diabetes manifestiert sich meist in der Jugend und kann beim Erstauftreten bereits lebensgefährliche Symptome verursachen. Warum kann ein Insulinmangel zum Koma führen? Und welche Spätschäden sind zu erwarten, wenn der Blutzuckerspiegel dauerhaft zu hoch ist?
Carolin Unterleitner

24.1 Energiespeicherung

Der **Energiebedarf** des Menschen ist abhängig von der körperlichen Aktivität und schwankt in etwa zwischen 1 500 kcal/Tag (= ca. 6 300 kJ/Tag) in Ruhe und 4 000 kcal/Tag (= ca. 16 700 kJ/Tag) bei besonders starker körperlicher Anstrengung. Da die **Nahrungszufuhr** des Menschen nicht unmittelbar an den Energiebedarf gekoppelt ist, werden überschüssige Nährstoffe nach einer Mahlzeit in Form von **TAG** (Triacylglycerid) und **Glykogen** gespeichert (> 17.3). Sobald der Energiebedarf die Energiezufuhr übersteigt, kommt es zum Abbau dieser Energiespeicher. Das regulierte Anlegen und Abbauen von Energiespeichern ermöglicht die **zeitliche Entkopplung** von Nahrungsaufnahme und Energieverbrauch (> Abb. 24.1).

Die meisten Körperzellen besitzen Glykogen- und TAG-Speicher in geringem Umfang und ziehen diese bei Eigenbedarf kurzfristig zur Energiegewinnung heran. Größere Mengen an **Glykogen** speichert der Körper in der **Muskulatur** (ca. 300 g) und der **Leber** (ca. 150 g). Die Hauptmenge an **TAG** wird in einem eigenen Zelltyp, den **Adipozyten**, gespeichert. Der Umfang der TAG-Speicherung ist individuell sehr unterschiedlich und beträgt bei normalgewichtigen Menschen etwa 15 % des Körpergewichts.

24.1 Energiespeicherung

TAG- und Glykogenspeicher ermöglichen die **zeitliche Entkopplung** von Nahrungszufuhr und Energieverbrauch.

Glykogen wird v. a. in Muskel und Leber gespeichert, **TAG** in Adipozyten.
Hormone wie Insulin, Glukagon, Adrenalin und Cortisol regulieren den Auf- und Abbau der Speicher je nach Bedarf.

Aus Studentensicht

ABB. 24.1

Der **Bedarf** wird v. a. über den Blutzuckerspiegel indiziert. Bei niedrigem Blutzucker werden Glukagon, Adrenalin und Cortisol ausgeschüttet, bei hohem Blutzucker dagegen Insulin.

24.2 Ein metabolischer Tag

24.2.1 Speicherung am Tag, Speicherabbau in der Nacht

Tagsüber werden v. a. Kohlenhydrate zur Energiegewinnung genutzt. Überschüssige Kohlenhydrate werden als Glykogen gespeichert. Nahrungslipide werden erst in **längeren Nahrungspausen** oder bei höherer Aktivität oxidiert und sonst in Adipozyten gespeichert. **Aminosäuren** werden zur körpereigenen Proteinsynthese verwendet oder in der Leber abgebaut. **Postabsorptiv** (nüchtern) werden die Speicher abgebaut.

24.2.2 Postabsorptiver Stoffwechsel: Glukose fürs Gehirn, Fettsäuren für die Peripherie

Postabsorptiv ist der **Glukagonspiegel erhöht** und der Insulinspiegel erniedrigt.

---

24 STOFFWECHSELINTEGRATION: WIE PASST DAS ALLES ZUSAMMEN?

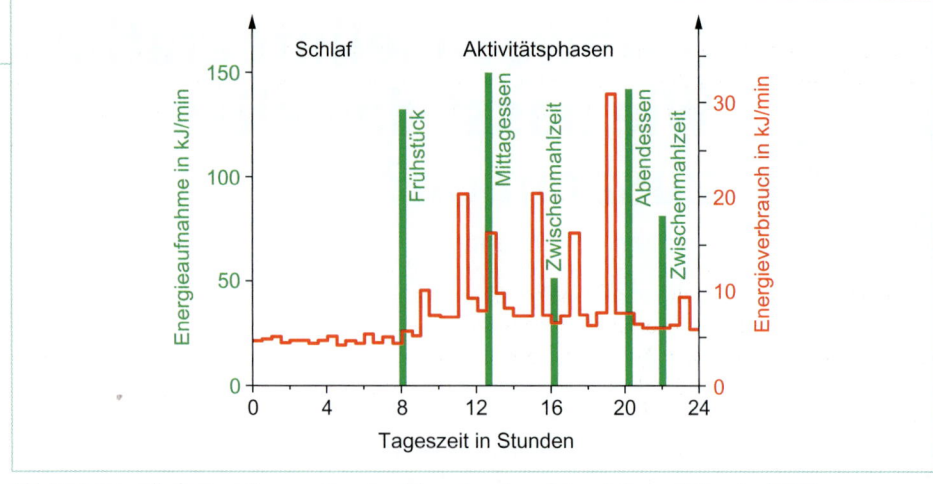

Abb. 24.1 Beispielhafte Darstellung von Energiezufuhr und -verbrauch innerhalb von 24 Stunden [L253]

Da die Hauptenergiereserven nur in bestimmten Zelltypen gespeichert sind, müssen diese Zellen Information erhalten, ob gerade für andere Zellen im Körper Nährstoffe bereitgestellt werden müssen oder ob Nährstoffe im Überfluss vorhanden sind und daher eingespeichert werden sollen. Die übergeordnete Anpassung des Stoffwechsels an Nährstoffversorgung und Energiebedarf des Körpers regulieren primär die beiden hormonellen Gegenspieler Insulin und Glukagon. Als Indikator der jeweiligen Stoffwechselsituation dient in erster Linie der **Blutzuckerspiegel** (Glukosekonzentration im Blut). So sezerniert das Pankreas bei einem Anstieg des Blutzuckerspiegels **Insulin**, wohingegen bei einem Abfall des Blutzuckerspiegels **Glukagon** freigesetzt wird. Insulin wirkt v.a. auf die Leber, den Skelettmuskel und das Fettgewebe, fördert den Aufbau von Energiespeichern und senkt damit die Konzentrationen von Glukose und TAG im Blut. Glukagon hingegen induziert die Freisetzung von Glukose aus der Leber, sodass der Blutzuckerspiegel auch in Nahrungsaufnahmepausen konstant bleibt. Zusätzlich wird bei körperlicher Anstrengung oder bei Stress vom Nebennierenmark Adrenalin freigesetzt, das die Wirkung von Glukagon auf die Leber verstärkt und die Lipolyse im Fettgewebe aktiviert. Auch Cortisol, das bei lang andauerndem Stress gebildet wird, unterstützt die Wirkung von Glukagon und Adrenalin. Die Konzentrationen der **Schilddrüsenhormone** T_3 und T_4, die u. a. den Grundumsatz des Körpers hochregulieren, sinken hingegen im Hungerstoffwechsel.

24.2 Ein metabolischer Tag

24.2.1 Speicherung am Tag, Speicherabbau in der Nacht

Postprandial (in den ersten Stunden nach einer Mahlzeit) werden mit der Nahrung aufgenommene **Kohlenhydrate** zum Zweck der Energiegewinnung oxidiert und in Leber und Muskulatur als Glykogen gespeichert. Nahrungslipide erscheinen im Blut hauptsächlich in Form von **TAG** in Chylomikronen. Diese werden in den ersten Stunden nach einer Mahlzeit kaum zur Energiegewinnung abgebaut, sondern v.a. von Adipozyten aufgenommen und gespeichert. Die **Aminosäuren** der Nahrung werden primär zur Synthese neuer Proteine verwendet. Überschüssige Aminosäuren werden in der Leber verstoffwechselt. An einem Tag mit regelmäßigen Mahlzeiten und geringer körperlicher Aktivität deckt der Körper seinen Energiebedarf daher vorrangig durch die Oxidation von Kohlenhydraten.

In längeren Nahrungspausen, spätestens während der zweiten Nachthälfte, beginnt der **postabsorptive Stoffwechsel** (= Nüchternstoffwechsel). In dieser Phase werden die Speicher abgebaut und die darin zuvor gespeicherten Metaboliten verstoffwechselt. Leber und Nierenrinde setzen **Glukose** aus Glykogenolyse und Glukoneogenese in das Blut frei und stellen sie glukoseabhängigen Organen wie dem Gehirn und dem Nierenmark zur Verfügung. Adipozyten geben **unveresterte Fettsäuren** (freie Fettsäuren) ans Blut ab und versorgen dadurch alle weiteren Organe mit Energie. In peripheren Geweben kommt es zur Abgabe von Aminosäuren ans Blut. Diese dienen zusammen mit Glycerin, das von Adipozyten ins Blut abgegeben wird, als Substrate der Glukoneogenese in der Leber und der Nierenrinde.

24.2.2 Postabsorptiver Stoffwechsel: Glukose fürs Gehirn, Fettsäuren für die Peripherie

Sobald alle Nährstoffe der letzten Mahlzeit aus dem Blut in die Gewebe absorbiert wurden und netto der Abbau der Energiespeicher beginnt, herrscht ein **postabsorptiver Stoffwechsel** vor. Abhängig von Ernährungszustand und Umfang der körperlichen Aktivität ist dies etwa im Zeitraum von 4–16 Stunden nach der letzten Mahlzeit der Fall. Im postabsorptiven Stoffwechsel werden die im Blut zirkulierenden Nährstoffe vom Körper selbst produziert oder aus den Energiespeichern des Körpers ins Blut freigesetzt. Der postabsorptive Stoffwechsel ist durch einen **erhöhten Glukagon-** sowie einen **niedrigen Insulinspiegel** gekennzeichnet.

24.2 EIN METABOLISCHER TAG

Postabsorptiver Stoffwechsel der Adipozyten
In der postabsorptiven Phase werden Enzyme der Lipolyse wie die hormonsensitive Lipase nicht durch Insulin gehemmt. Daher läuft die **Hydrolyse der TAG** in den **Adipozyten** verstärkt ab. Die Adipozyten geben unveresterte **Fettsäuren** und **Glycerin** an das Blut ab. Die Serumkonzentration der unveresterten Fettsäuren ist im postabsorptiven Stoffwechsel mit ca. 0,5 mmol/l im Vergleich zum Stoffwechsel nach einer Mahlzeit hoch.

Postabsorptiver Stoffwechsel der Leber
Die Blutglukose stammt in der postabsorptiven Stoffwechsellage aus der **Glykogenolyse** der **Leber** und der **Glukoneogenese** von **Leber** und **Nierenrinde** (➤ Abb. 24.2). In den ersten Stunden des postabsorptiven Stoffwechsels wird der Großteil der Glukose durch Glykogenolyse freigesetzt. Da die Glykogenvorräte der Leber limitiert sind, steigt der Anteil der Glukoneogenese an der hepatischen Glukosefreisetzung, je länger die postabsorptive Phase andauert. Nach einer 12-stündigen, z. B. nächtlichen, Nahrungskarenz mit geringer körperlicher Belastung stammt in etwa die Hälfte der gesamten Blutglukose aus der Glukoneogenese und die andere Hälfte aus der Glykogenolyse. Während früher davon ausgegangen wurde, dass im postabsorptiven Stoffwechsel die Glukoneogenese primär in der Leber stattfindet, zeigen neuere Studien, dass die **Nierenrinde** einen der Leber vergleichbaren Beitrag zur **Glukoneogenese** leistet.

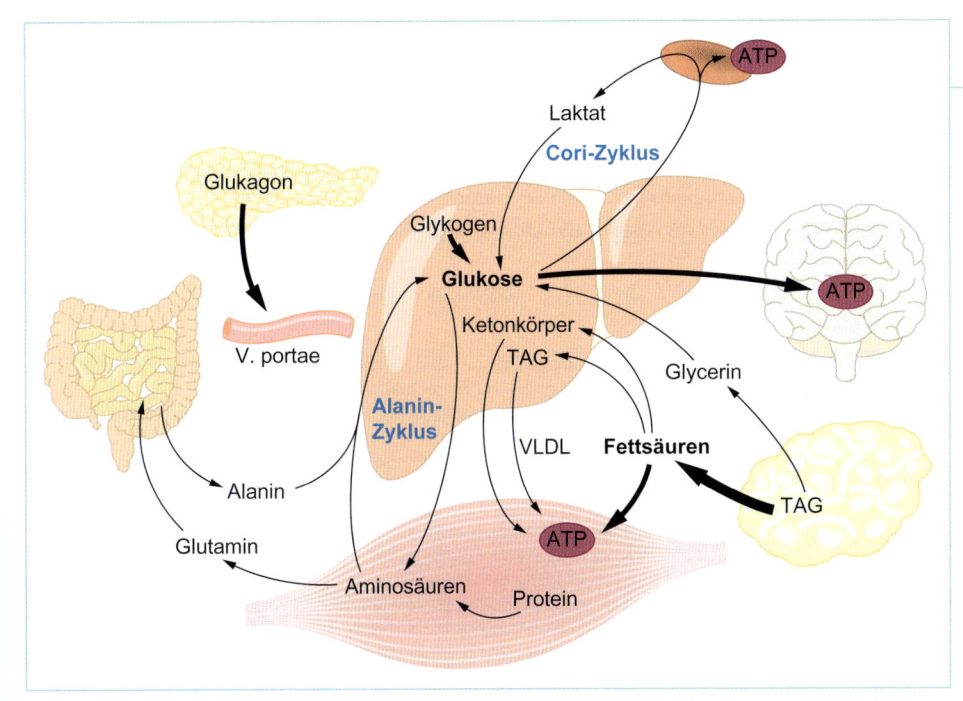

Abb. 24.2 Überblick über den postabsorptiven Stoffwechsel. Dicke Pfeile beschreiben die Hauptwege. Der Muskel symbolisiert stellvertretend den Stoffwechsel vieler peripherer Gewebe. Die Nierenrinde als Ort der Glukoneogenese ist nicht dargestellt. [L138]

In der **Leber** stimuliert **Glukagon** die Glykogen-Phosphorylase, das Schrittmacherenzym des **Glykogenabbaus**, und die Fruktose-2,6-Bisphosphatase-Aktivität des Tandemenzyms (= bifunktionelles Enzym), sodass es zu einem Absinken der intrazellulären Fruktose-2,6-bisphosphat-Konzentration kommt. Fruktose-2,6-bisphosphat ist ein starker allosterischer Inhibitor der Fruktose-1,6-Bisphosphatase, des Schlüsselenzyms der **Glukoneogenese** (➤ 19.4.2), die nun aktiviert wird. Als **Substrate der Glukoneogenese** verwendet die Leber in diesem Zustand in erster Linie **Laktat**, das primär aus dem anaeroben Stoffwechsel der Erythrozyten stammt (= Cori-Zyklus).

Der **Cori-Zyklus** beschreibt das Recycling von Laktat zu Glukose. Periphere Gewebe wie der Skelettmuskel, aber auch die Erythrozyten nehmen dabei Glukose aus dem Blut auf, oxidieren Glukose anaerob zu Laktat und geben dies ans Blut ab. Die Leber nimmt Laktat aus dem Blut auf, synthetisiert daraus Glukose und gibt diese ins Blut ab. Während bei ausgeprägter Muskelaktivität Laktat vorrangig vom Muskel produziert wird, stammt das Laktat im postabsorptiven Stoffwechsel bei geringer Muskelaktivität hauptsächlich aus dem anaeroben Stoffwechsel der Erythrozyten.

Neben Laktat dienen **Glycerin** aus der Lipolyse der Adipozyten sowie **Alanin** und in geringerem Umfang Glutamin aus dem Proteinabbau der Peripherie als Ausgangsstoffe für die Glukoneogenese. Glukagon unterstützt diesen Vorgang, indem es die Aufnahme von Alanin in die Leber stimuliert. Die Glukoseproduktion durch Glukoneogenese ist energieaufwendig. So benötigt die Synthese von einem Molekül Glukose aus Laktat sechs ATP. Diese Energie stammt größtenteils aus der β-Oxidation von Fettsäuren. Auf diese Weise werden glukoseabhängige Organe und Erythrozyten indirekt mit Energie aus den TAG versorgt.

Aus Studentensicht

Postabsorptiver Stoffwechsel der Adipozyten
In den **Adipozyten** läuft die **Hydrolyse der TAG** postabsorptiv vermehrt ab. Unveresterte Fettsäuren und Glycerin werden ins Blut abgegeben.

Postabsorptiver Stoffwechsel der Leber
Im nüchternen Zustand stammt die Blutglukose v. a. aus der **Glykogenolyse** der Leber und mit der Zeit zunehmend aus der **Glukoneogenese** der Leber und der Niere.

ABB. 24.2

Glukagon stimuliert die Glukoneogenese, sodass die Leber vermehrt Glukose aus Laktat (Cori-Zyklus), Alanin (Muskelstoffwechsel) und Glycerin (Lipolyse) synthetisiert. Die benötigte Energie stammt aus der Lipidoxidation.

24 STOFFWECHSELINTEGRATION: WIE PASST DAS ALLES ZUSAMMEN?

> **Aus Studentensicht**
>
> Die Leber nimmt **unveresterte Fettsäuren** auf und verestert einen Teil zu **VLDL**. Der andere Teil wird zu **Acetyl-CoA** oxidiert. Das im Überschuss entstehende Acetyl-CoA und die Hemmung des Citratzyklus durch NADH aus der β-Oxidation führen zur vermehrten Synthese von **Ketonkörpern**.

Da die Blutkonzentration an unveresterten Fettsäuren im postabsorptiven Stoffwechsel relativ hoch ist, nimmt die **Leber** nun viele Fettsäuren aus dem Blut auf. Einen Teil dieser Fettsäuren verestert sie zu TAG und gibt diese in Form von **VLDL** zur Versorgung anderer Organe an das Blut ab. Der andere Teil wird durch β-Oxidation zu **Acetyl-CoA** abgebaut. Die dabei gebildeten Redoxäquivalente decken den Energiebedarf der Leber. Das Acetyl-CoA wird im postabsorptiven Stoffwechsel nur reduziert im Citratzyklus weiter verstoffwechselt, da Oxalacetat, der Akzeptor von Acetyl-CoA im Citratzyklus, verstärkt in die Glukoneogenese abfließt und daher nur limitiert für den Citratzyklus zur Verfügung steht. Zusätzlich reduziert das in der β-Oxidation gebildete NADH die Aktivität der Isocitrat- und α-Ketoglutarat-Dehydrogenase und drosselt so den Citratzyklus noch stärker.

Acetyl-CoA akkumuliert daher in den Mitochondrien der Leber, wird zur **Ketogenese** verwendet und in Form von Acetoacetat und Hydroxybutyrat ans Blut abgegeben (> 20.1.8). Es kommt zu einem leichten Anstieg der Ketonkörperkonzentration im Blut auf bis zu 0,2 mmol/l.

Postabsorptiver Stoffwechsel peripherer Gewebe

> **Postabsorptiver Stoffwechsel peripherer Gewebe**
>
> Periphere Gewebe gewinnen ihre Energie v. a. aus der **Lipidoxidation**. Acetyl-CoA und Citrat, die dabei entstehen, hemmen die PDH und die Glykolyse, um eine Schonung der Glukosevorräte zu gewährleisten **(Glukose-Fettsäure-Zyklus)**.

Periphere Gewebe gewinnen ihre **Energie** im postabsorptiven Stoffwechsel vorrangig durch den **oxidativen Abbau von Fettsäuren** bzw. Ketonkörpern. Dabei nehmen sie unveresterte Fettsäuren und Ketonkörper aus dem Blut auf und bauen diese mithilfe der β-Oxidation zu Acetyl-CoA und Redoxäquivalenten ab. Das im Mitochondrium erzeugte Acetyl-CoA sowie das dort aus Acetyl-CoA gebildete Citrat gelangen über den Citrat-Shuttle auch ins Zytoplasma und bewirken in peripheren Zellen eine **reduzierte Glukoseverwertung**, da Acetyl-CoA die Pyruvat-Dehydrogenase (PDH) und Citrat die Phosphofruktokinase-1, das Schlüsselenzym der Glykolyse, hemmt (> 19.3.5). Dieser auch als **Glukose-Fettsäure-Zyklus** bezeichnete Zusammenhang stellt sicher, dass bei niedrigem Blutzuckerspiegel periphere Körperzellen bevorzugt unveresterte Fettsäuren verstoffwechseln und Glukose für glukoseabhängige Organe reserviert bleibt. So wird der Gesamtglukoseverbrauch des Körpers reduziert. Das ist zusätzlich eine Art Energiesparmaßnahme, da Glukose im postabsorptiven Stoffwechsel unter Energieverbrauch in der Leber synthetisiert werden muss.

> **Obligate Glukoseverwerter**
>
> **Obligate Glukoseverwerter** (= glukoseabhängige Organe) sind zwingend auf die Versorgung mit Glukose angewiesen. Zu ihnen zählen **Gehirn**, **Erythrozyten** und **Nierenmark**.
> **Erythrozyten** besitzen keine Mitochondrien, das **Nierenmark** ist sehr schlecht durchblutet und enthält nur wenige Mitochondrien. Daher wird ATP in Erythrozyten ausschließlich und im Nierenmark überwiegend durch anaerobe Glykolyse gewonnen. Aus Laktat kann in der Glukoneogenese durch Energie aus der Fettsäureoxidation wieder Glukose gewonnen werden (Cori-Zyklus). So können die Erythrozyten durch den Cori-Zyklus indirekt mit Energie aus Fettsäuren versorgt werden, obwohl sie selbst nur Glukose verwerten. Diese Glukose wird aber netto nicht verbraucht, sondern immer wieder aus dem entstehenden Laktat in der Leber regeneriert.
> Das **Gehirn** kann Fettsäuren nur sehr eingeschränkt über die Blut-Hirn-Schranke aufnehmen und ist daher ebenfalls auf eine kontinuierliche Glukosezufuhr für die Erzeugung von ATP angewiesen. Im Gegensatz zu den Erythrozyten, die Glukose anaerob zu Laktat abbauen, wird Glukose im Gehirn aerob irreversibel zu CO_2 oxidiert. Das Gehirn ist daher auf immer neue Glukosezufuhr angewiesen. In diesem Fall benötigt die Leber neben der Energie aus Fettsäureoxidation auch neue Kohlenstoffgerüste zur Glukoneogenese wie Glycerin oder glukogene Aminosäuren, die an anderer Stelle im Körper freigesetzt werden müssen. Diese obligate Glukoseversorgung des Gehirns ist der tiefer liegende Grund für einen Großteil der menschlichen Stoffwechselregulation, die im Wesentlichen darauf hinausläuft, den Blutzuckerspiegel relativ konstant zu halten und glukose- bzw. glukoneogeneseeignete Kohlenstoffgerüste wie Aminosäuren und Glycerin für das Gehirn zu reservieren.

> Bei niedrigem Insulinspiegel überwiegt der **Proteinabbau** im peripheren Gewebe. Alanin und Glutamin dienen als Substrat für die **Glukoneogenese** und Glutamin zusätzlich als universeller Stickstoffdonor. Die Niere betreibt Glukoneogenese ausgehend von Laktat, Glycerin und Glutamin.

Aufgrund der niedrigen Insulinkonzentration findet im postabsorptiven Stoffwechsel in peripheren Geweben wie der **Muskulatur** netto ein **Proteinabbau** statt. Die dabei freigesetzten Aminosäuren werden im Muskel nicht vollständig abgebaut, sondern entweder direkt ins Blut abgegeben oder in **Alanin** und **Glutamin** umgewandelt und in dieser Form an das **Blut** abgegeben. Dies erklärt, warum Glutamin und Alanin postabsorptiv die höchsten Blutkonzentrationen aller Aminosäuren aufweisen.

Während **Alanin** anschließend direkt von der **Leber** aufgenommen und zur **Glukoneogenese** verwendet werden kann, wird Glutamin zunächst vermehrt von sich schnell teilenden Geweben aufgenommen, als universeller Stickstoffdonor genutzt und im Rahmen der Energiegewinnung abgebaut. Enterozyten bauen Glutamin beispielsweise zu Glutamat ab, aus dem zusammen mit Pyruvat durch die Alanin-Aminotransferase Alanin und α-Ketoglutarat entstehen (> 21.3.1). Alanin wird dann von den Enterozyten an das Blut abgegeben und von der Leber aufgenommen.

Zusätzlich zur Leber nimmt auch die **Nierenrinde** im postabsorptiven Stoffwechsel vermehrt Laktat, Glutamin und Glycerin aus dem Blut auf und synthetisiert aus diesen Metaboliten Glukose. Im postabsorptiven Stoffwechsel entspricht die Menge an renal produzierter Glukose in etwa dem Glukoseverbrauch des Nierenmarks. Die Niere versorgt sich so quasi selbst mit Glukose.

Postabsorptiver Stoffwechsel des Gehirns

> **Postabsorptiver Stoffwechsel des Gehirns**
>
> Glukose gelangt über GLUT1 und GLUT3 in die Nervenzellen und dient dem **Gehirn** als bevorzugter Energielieferant.

Im postabsorptiven Stoffwechsel dient **Glukose** dem **Gehirn** als obligater und nahezu ausschließlicher **Energielieferant**. Glukose passiert über den Glukosetransporter GLUT1 die Blut-Hirn-Schranke und wird über GLUT3 in Nervenzellen aufgenommen. Da sowohl GLUT1 als auch GLUT3 eine relativ hohe

Glukoseaffinität aufweisen und zudem in vergleichsweise hohen Konzentrationen in den Membranen der Astrozyten und Nervenzellen exprimiert werden, wird Glukose auch bei niedrigen Blutglukosekonzentrationen mit hoher Geschwindigkeit in die Nervenzellen transportiert. Ein Großteil der Glukose wird jedoch nicht direkt von Neuronen, sondern von Astrozyten aufgenommen. Diese können eine kleine Menge Glukose in Form von Glykogen speichern. Den größten Anteil bauen die Astrozyten jedoch kontinuierlich zu Laktat ab und geben es zur Energieversorgung der Neurone ab. In den Neuronen wird Laktat schließlich aerob vollständig zu CO_2 abgebaut.

Zusammenfassung postabsorptiver Stoffwechsel

Im **postabsorptiven** Zustand ist die **Blutglukosekonzentration** mit etwa **4–5 mmol/l** relativ niedrig. Die Glukose stammt in dieser Phase aus der **Glykogenolyse** und **Glukoneogenese der Leber** sowie der Glukoneogenese der **Nierenrinde** und wird hauptsächlich von **glukoseabhängigen Organen** verstoffwechselt.

Die Konzentration an unveresterten Fettsäuren ist mit ca. 0,5 mmol/l im Vergleich zum Stoffwechsel nach einer Mahlzeit hingegen hoch, da die **Lipolyse** im Fettgewebe aktiv ist. Die unveresterten Fettsäuren dienen den meisten **peripheren Organen** als primärer Energielieferant. Die TAG-Konzentration im Blut liegt bei ca. 1 mmol/l. Die TAG befinden sich v. a. in VLDL, die in der Leber gebildet und von peripheren Geweben abgebaut werden (> Tab. 24.1).

Aus Studentensicht

Zusammenfassung postabsorptiver Stoffwechsel

Postabsorptiv ist die Blutglukosekonzentration niedrig. Glukoseabhängige Organe werden über **Glykogenolyse** und **Glukoneogenese** der Leber versorgt. Alle anderen peripheren Organe verstoffwechseln vorwiegend **unveresterte Fettsäuren**.

Tab. 24.1 Postabsorptiver Stoffwechsel

	Blut	Leber	Nierenrinde	Fettgewebe	Periphere Gewebe (v. a. Muskel)	Gehirn
Kohlenhydratstoffwechsel	• Glukose < 5 mmol/l	• Glykogenolyse • Aufnahme von Laktat und Glycerin • Glukoneogenese • Abgabe von Glukose	• Aufnahme von Laktat und Glycerin • Glukoneogenese • Abgabe von Glukose		• Reduzierte Glukoseaufnahme • Reduzierte Glukoseoxidation	• Aufnahme von Glukose • Energie aus Glukoseoxidation
Lipidstoffwechsel	• Unveresterte Fettsäuren ca. 0,5 mmol/l • Ketonkörper ca. 0,2 mmol/l • TAG ca. 1 mmol/l	• Aufnahme von Fettsäuren • Energie aus β-Oxidation • Ketogenese und Abgabe von Ketonkörpern • Synthese und Abgabe von VLDL	• Aufnahme von Fettsäuren • Energie aus β-Oxidation	• Lipolyse • Abgabe von Fettsäuren und Glycerin	• Aufnahme von Fettsäuren • Energie aus Fettsäure-Oxidation	
Proteinstoffwechsel	• Aminosäuren (Alanin ca. 0,3 mmol/l)	• Aufnahme von Alanin	• Aufnahme von Glutamin		• Proteolyse • Abgabe von Glutamin und Alanin	

24.2.3 Postprandialer Stoffwechsel: Auffüllen der Speicher, Energie aus Glukose

Der **postprandiale** (lat. post = nach, prandium = Mahlzeit) **Stoffwechsel** beschreibt den Stoffwechsel im Anschluss an eine **Mahlzeit**. Folgt auf eine nächtliche postabsorptive Stoffwechselphase ein reichhaltiges Frühstück, so stoppt der Körper den Abbau der Energievorräte und schaltet auf **Speicheraufbau** um. Dies wird durch den Anstieg der Insulinkonzentration und den Abfall der Glukagonkonzentration im Blut reguliert. **Insulin** senkt den Blutzuckerspiegel, indem es die Aufnahme von Glukose in Muskel und Fettzellen stimuliert, die Verwertung und Einlagerung von Glukose in Leber und Muskel aktiviert sowie die Bereitstellung von Glukose aus Glykogen und Glukoneogenese hemmt. Dadurch wird nach einer Mahlzeit ein zu hoher Anstieg der Blutglukose verhindert. In Adipozyten hemmt Insulin die Lipolyse und stimuliert die Bildung von TAG.

24.2.3 Postprandialer Stoffwechsel: Auffüllen der Speicher, Energie aus Glukose

Postprandial werden insulinvermittelt **Energiespeicher angelegt**. Glukose wird vermehrt in periphere Organe aufgenommen und die Lipolyse wird gehemmt.

Postprandialer Stoffwechsel der Leber

Nach einer Mahlzeit steigt die Glukosekonzentration im Pfortaderblut stark an. Die **Leber** nimmt **Glukose** aus dem Pfortaderblut über **GLUT2** auf und speichert sie in Form von Glykogen. Da GLUT2 eine relativ geringe Affinität für Glukose hat, ist sichergestellt, dass die Leber substantielle Mengen an Glukose erst bei erhöhten Blutglukosekonzentrationen aufnimmt. Nach einer Mahlzeit steigt daher auch die Glukosekonzentration im peripheren Blut an und induziert in den β-Zellen des Pankreas die Sekretion von Insulin. **Insulin** stimuliert die **Bildung von Glykogen** in der Leber, indem es die Glykogen-Synthase, das Schrittmacherenzym der Glykogensynthese, aktiviert. Auch die Phosphofruktokinase-2-Aktivität des Tandemenzyms (bifunktionelles Enzym) der Hepatozyten wird durch Insulin stimuliert und es kommt zu einem Anstieg von Fruktose-2,6-bis-phosphat, das allosterisch die **Glykolyse** stimuliert und die Glukoneogenese hemmt. Da die Umstellung von Glukosefreisetzung auf Glukosespeicherung in der Leber einige Zeit dauert, wird in der Anfangsphase des postprandialen Stoffwechsels zunächst nur ein kleiner Teil der Glukose direkt in der Leber gespeichert (= **direkte Glukosespeicherung**).

Postprandialer Stoffwechsel der Leber

Die Leber nimmt über GLUT2 **Glukose** aus dem Blut auf. Insulin stimuliert das Schlüsselenzym der **Glykogensynthese** und hemmt die Glukoneogenese.

Aus Studentensicht

Bei hohen Glukosekonzentrationen entsteht auch immer **Laktat** durch anaerobe Glykolyse. Die Leber verwertet dieses durch **Glukoneogenese**. Glykolyse und Glukoneogenese laufen also im postprandialen Stoffwechsel auch gleichzeitig ab.

Fettsäuren und Cholesterin aus der Nahrung erreichen die Leber über **Chylomikronen-Remnants.** Da Insulin die β-Oxidation hemmt, werden die meisten Fettsäuren zu TAG verestert und in **VLDL** ans Blut abgegeben.

ABB. 24.3

Aminosäuren werden ab einer bestimmten Konzentration von der Leber zur Proteinsynthese verwendet oder abgebaut. Ausnahmen bilden Glutamin und Glutamat, welche die Leber nicht in hoher Konzentration erreichen, und verzweigtkettige Aminosäuren, welche die Leber passieren.

Ein Großteil der Nahrungsglukose passiert zunächst die Leber und gelangt in den peripheren Blutkreislauf. Periphere Gewebe wie Muskel oder Adipozyten, aber auch die Leber verstoffwechseln Glukose teilweise anaerob und geben Laktat ans Blut ab, sodass nach einer Mahlzeit auch die Laktatkonzentration im Blut ansteigt. Die Leber nimmt in den folgenden Stunden sowohl Glukose als auch Laktat aus dem Blut auf und synthetisiert aus Laktat Glukose und speichert diese als Glykogen. Somit laufen aufgrund des großen Substratangebots im postprandialen Stoffwechsel in unterschiedlichen Regionen der Leber Glykolyse und Glukoneogenese gleichzeitig ab. Während in den periportalen Hepatozyten verstärkt aerober Stoffwechsel, ATP-Produktion und Glukoneogenese aus Laktat und Glykogensynthese stattfinden, läuft in den perivenösen Hepatozyten die anaerobe Glykolyse ab und führt zur Bildung und Abgabe von Laktat. Glykolyse und Glukoneogenese werden zwar über Hormone an die Stoffwechselsituation angepasst, die Geschwindigkeit eines Stoffwechselweges wird jedoch auch durch das Substratangebot bestimmt. Daher findet in der Leber auch im postprandialen Stoffwechsel Glukoneogenese statt, obwohl Insulin sie im Vergleich zum postabsorptiven Stoffwechsel drosselt. Im Gegensatz zum postabsorptiven Stoffwechsel gibt die Leber im postprandialen Stoffwechsel jedoch kaum Glukose ans Blut ab, sondern speichert auch die neu synthetisierte Glukose als Glykogen (= **indirekte Glukosespeicherung**). Die schnelle anaerobe Verstoffwechselung von Glukose ermöglicht in Summe eine gesteigerte Aufnahme und Verwertung von Glukose und trägt dazu bei, dass die Glukosekonzentration im peripheren Blut nach einer Mahlzeit nicht übermäßig ansteigt.

Die **Lipide der Nahrung** erscheinen langsam über einen Zeitraum von mehreren Stunden größtenteils als **TAG in Chylomikronen** im Blut. Über diese Chylomikronen und die daraus gebildeten Remnants nimmt die **Leber** im postprandialen Stoffwechsel vermehrt TAG und Cholesterin auf. Die TAG werden in der Leber zu Fettsäuren und Glycerin gespalten und gelangen ins Zytoplasma. Da **Insulin** die Acetyl-CoA-Carboxylase aktiviert, kommt es zur Bildung von Malonyl-CoA, das den Import von Fettsäuren in das Mitochondrium und somit die β-Oxidation drosselt. Zusätzlich stimuliert Insulin die Enzyme der **TAG-Synthese**. Die aufgenommenen Fettsäuren werden daher größtenteils zu TAG synthetisiert und zusammen mit Cholesterin als **VLDL** ins Blut abgegeben (➤ Abb. 24.3). Zu einer nennenswerten Netto-de-novo-Fettsäure-Synthese aus überschüssigen Kohlenhydraten kommt es erst bei einer längerfristig hochkalorischen Ernährungsweise (➤ 24.3).

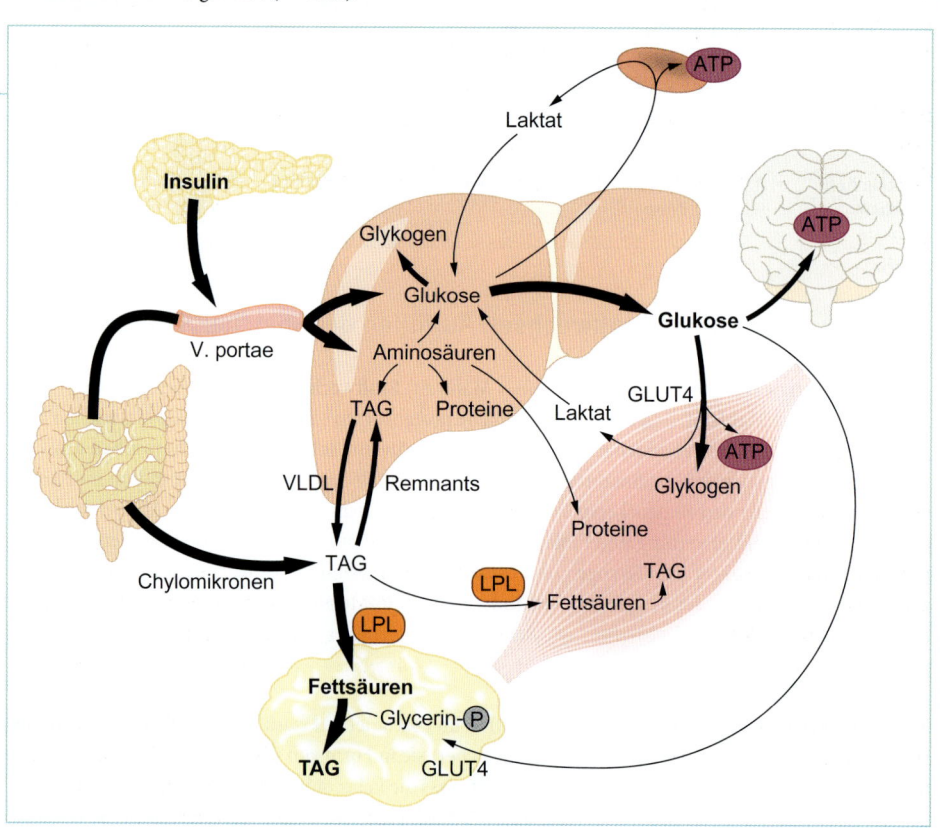

Abb. 24.3 Prinzipien des postprandialen Stoffwechsels. Dicke Pfeile beschreiben die Hauptwege. [L138, L307]

Auch die mit der Nahrung aufgenommenen **Aminosäuren** gelangen über das Pfortaderblut zur **Leber**. Die Aminosäurekonzentrationen nach einer Mahlzeit können im Pfortaderblut in Abhängigkeit vom Proteingehalt der Nahrung stark ansteigen. Die Leber nimmt überschüssige Aminosäuren aus dem Blut auf und verwendet diese entweder zur **Proteinsynthese**, nutzt ihr Kohlenstoffgerüst zur Glukoneogenese oder baut sie ab, wobei der Stickstoff in Harnstoff überführt wird (➤ 21.3).

Die hepatischen Enzyme des Aminosäurestoffwechsels weisen eine geringe Affinität für die meisten Aminosäuren auf. Somit ist sichergestellt, dass nur überschüssige Aminosäuren von der Leber verstoffwechselt werden, eine basale Menge an Aminosäuren jedoch die Leber passiert und von peripheren Geweben primär zur Proteinsynthese verwendet wird. Ausnahmen bilden Glutamin und Glutamat, die bereits primär von den Enterozyten verstoffwechselt werden und die Leber daher nicht in hohen Konzentrationen erreichen, und die verzweigtkettigen Aminosäuren, welche die Leber passieren und vom Skelettmuskel aufgenommen werden. Der beim Abbau von Aminosäuren anfallende **Ammoniak** wird in der Leber über den Harnstoffzyklus entgiftet und in Form von Harnstoff ans Blut abgegeben (➤ 21.3.2).

Postprandialer Stoffwechsel der Adipozyten

Schon ein geringer Konzentrationsanstieg von **Insulin** im Blut bewirkt eine starke **Hemmung der Lipolyse** in den **Adipozyten**. Als Folge kommt es zu einer stark reduzierten Freisetzung von Fettsäuren ins Blut. So ist sichergestellt, dass bei einem Anstieg des Blutzuckers netto keine TAG-Reserven des Körpers mehr mobilisiert werden.

Darüber hinaus stimuliert Insulin den Einbau von zusätzlichen **GLUT4-Transportern** in die Plasmamembran der **Adipozyten**. Das Fettgewebe nimmt daher im postprandialen Stoffwechsel verstärkt Glukose aus dem Blut auf und baut sie durch Glykolyse primär zu Dihydroxyacetonphosphat ab, aus dem durch die Glycerin-3-Phosphat-Dehydrogenase **Glycerin-3-phosphat** gebildet wird, das für die TAG-Synthese verwendet wird.

Da Insulin in den Adipozyten auch die Expression und Aktivität der **Lipoprotein-Lipase** (LPL) stimuliert und zusätzlich die **TAG-Synthese** aktiviert, nehmen Adipozyten nach der Mahlzeit verstärkt aus Lipoproteinen freigesetzte Fettsäuren auf und verestern diese mit Glycerin-3-phosphat zu TAG. Die De-novo-Fettsäure-Synthese aus Acetyl-CoA spielt in Adipozyten hingegen nur eine untergeordnete Rolle.

Postprandialer Stoffwechsel peripherer Gewebe

Im postprandialen Stoffwechsel verwenden **periphere Organe** in erster Linie **Glukose** für die Energieversorgung. Dabei nehmen sie Glukose über ubiquitäre Glukosetransporter wie GLUT1 auf. In Muskelzellen stimuliert **Insulin** wie in den Adipozyten den Einbau von zusätzlichen **GLUT4-Transportern** in die Plasmamembran und fördert die **Glykogensynthese**, sodass es zu einer verstärkten Glukoseaufnahme, -oxidation und -speicherung in Form von Glykogen kommt.

Im postprandialen Stoffwechsel sinkt die Konzentration an unveresterten Fettsäuren im Blut stark, außerdem aktiviert Insulin auch in **Muskelzellen** die Aktivität der Acetyl-CoA-Carboxylase und das entstehende Malonyl-CoA hemmt den Import von Fettsäuren in das Mitochondrium und somit die β-Oxidation. Der Muskel bezieht daher seine Energie nun vorrangig aus **Glukoseoxidation**. Die β-Oxidation von Fettsäuren findet hingegen kaum statt. Zusätzlich nimmt der Muskel nach einer Mahlzeit **verzweigtkettige Aminosäuren** aus dem Blut auf und baut diese zur Energiegewinnung ab (➤ 21.5).

In geringem Umfang nehmen auch periphere Gewebe Fettsäuren aus Lipoproteinen auf und speichern diese als TAG. Der Umfang der **TAG-Speicherung** im Muskel ist von der vorangegangenen Muskelaktivität abhängig. So exprimiert ein trainierter Muskel mehr Lipoprotein-Lipase und legt größere TAG-Speicher an als ein untrainierter.

Die Niere trägt im postprandialen Stoffwechsel zur indirekten Glukosespeicherung bei, indem sie Laktat aus dem Blut aufnimmt, aus Laktat Glukose synthetisiert und diese ans Blut abgibt.

Zusammenfassung postprandialer Stoffwechsel

Nach einer Mahlzeit steigen die Konzentrationen von Glukose, Insulin, Laktat, Aminosäuren und TAG im Blut an. Die Konzentration von unveresterten Fettsäuren nimmt hingegen ab, da **Insulin** die Lipolyse in den Adipozyten hemmt und Fettsäuren aus der Nahrung als TAG über die Chylomikronen ins Blut gelangen. Insulin vermittelt Aufnahme, Oxidation und Speicherung von Glukose, Aufnahme und Speicherung der Fettsäuren sowie die Aufnahme von Aminosäuren. Es verhindert somit einen zu hohen Anstieg der Glukose- und TAG-Konzentration im Blut. In Leber und Muskel kommt es zu **Glykogen-** und in Adipozyten zur **TAG-Speicherung**. Aminosäuren werden im engeren Sinne nicht gespeichert, sondern entweder zur Synthese von funktionellen Proteinen oder zur Energiegewinnung verwendet (➤ Tab. 24.2).

24.2.4 Nährstoffe im Blut: ein Tagesprofil

Die Zellen unseres Körpers gewinnen Energie durch die Oxidation von Molekülen wie Glukose, Fettsäuren, Aminosäuren, Laktat oder Ketonkörpern. Diese Nährstoffe stammen je nach Stoffwechselsituation entweder direkt aus der Nahrung oder werden aus den körpereigenen Energiespeichern freigesetzt. Im Tagesverlauf ergeben sich so **charakteristische Metabolitschwankungen** im Blut (➤ Abb. 24.4).

Nach einer kohlenhydratreichen Mahlzeit erscheint **Nahrungsglukose** innerhalb weniger Minuten im peripheren Blut, sodass die Blutglukosekonzentration von einem Nüchternwert von 4–5 mmol/l innerhalb von 30–60 Minuten auf **6 bis maximal 8 mmol/l** ansteigt. Parallel zum Anstieg des Blutzuckers nimmt die Insulinkonzentration im Blut von postabsorptiv unter 50 auf bis zu 600 pmol/l zu, wohingegen die Glukagonkonzentration abfällt. Der **Anstieg der Insulinkonzentration** stimuliert die Aufnahme, Verwertung und Speicherung von Glukose, verhindert einen weiteren Anstieg des Blutzuckerspiegels und führt zu einer Normalisierung des Blutzuckerspiegels innerhalb von 2–4 Stunden nach der Mahlzeit auf den postabsorptiven Wert von unter 5 mmol/l.

Aus Studentensicht

Der anfallende **Ammoniak** wird über den Harnstoffzyklus entgiftet.

Postprandialer Stoffwechsel der Adipozyten

Insulin **hemmt** die **Lipolyse** in den Adipozyten sehr effektiv, sodass keine TAG mobilisiert werden. Zusätzlich wird durch den verstärkten Einbau von **GLUT4** in die Plasmamembran die Glukoseaufnahme und -verstoffwechslung erleichtert.

Durch Stimulation der **Lipoprotein-Lipase** (LPL) werden vermehrt Fettsäuren aufgenommen und zu TAG verestert.

Postprandialer Stoffwechsel peripherer Gewebe

Insulin stimuliert auch im Muskel den Einbau von **GLUT4** und fördert die **Glykogensynthese** und **Glykolyse**. Fettsäuren werden nur in geringem Umfang oxidiert.

Zur Energiegewinnung werden im Muskel außerdem **verzweigtkettige Aminosäuren** abgebaut. Aktivitätsabhängig wird auch eine gewisse Menge TAG eingespeichert.

Zusammenfassung postprandialer Stoffwechsel

Nach einer Mahlzeit steigen die Nahrungsmetaboliten im Blut an. Das ausgeschüttete **Insulin** fördert deren Aufnahme, Verstoffwechselung und Speicherung und verhindert einen unkontrollierten Glukoseanstieg im Blut.

24.2.4 Nährstoffe im Blut: ein Tagesprofil

Je nachdem, ob Nährstoffe aus der Nahrung oder aus Energiespeichern verstoffwechselt werden, ergeben sich **charakteristische Metabolitschwankungen** im Blut.

Nahrungsglukose erscheint sehr schnell im Blut und hebt den Blutzuckerspiegel für 2–4 Stunden von 4–5 auf maximal 6–8 mmol/l.

Die extrem schnelle Insulinausschüttung verhindert einen weiteren Anstieg.

Aus Studentensicht

24 STOFFWECHSELINTEGRATION: WIE PASST DAS ALLES ZUSAMMEN?

Tab. 24.2 Postprandialer Stoffwechsel

	Blut	Leber	Adipozyten	Periphere Gewebe (v. a. Muskel)	Gehirn
Kohlenhydratstoffwechsel	• Anstieg Glucose auf ca. 6–8 mmol/l	• Aufnahme von Glucose über GLUT2 • Glykogensynthese • Energie aus Glukoseoxidation	• Aufnahme von Glucose über GLUT4 • Synthese von Glycerin-3-phosphat • Energie aus Glukoseoxidation	• Aufnahme von Glucose über GLUT4 • Glykogensynthese • Energie aus Glukoseoxidation • Auch anaerobe Glykolyse	• Aufnahme von Glukose über GLUT1 und GLUT3 • Energie aus Glukoseoxidation
	• Laktat (ca. 1–3 mmol/l)	• Aufnahme von Laktat • Glukoneogenese • Glykogensynthese		• Abgabe von Laktat	
Aminosäurestoffwechsel	• Leichter Anstieg der Aminosäuren (postprandial v. a. im Pfortaderblut)	• Aufnahme von Aminosäuren • Proteinsynthese • Abbau überschüssiger Aminosäuren • Glukoneogenese aus Aminosäuren • Energie aus Aminosäureoxidation		• Aufnahme von Aminosäuren • Proteinsynthese • Energie aus Oxidation verzweigtkettiger Aminosäuren	
Lipidstoffwechsel	• Anstieg der TAG (Chylomikronen, VLDL) über Stunden auf 1–2 mmol/l	• Aufnahme von Chylomikronen-Remnants • VLDL-Synthese und -Abgabe	• LPL spaltet TAG der Chylomikronen und VLDL • Aufnahme von aus Lipoproteinen freigesetzten Fettsäuren • TAG-Synthese und -Speicherung	• Nach Muskelaktivität: LPL spaltet TAG der Chylomikronen und VLDL • Aufnahme von aus Lipoproteinen freigesetzten Fettsäuren • TAG-Synthese und -Speicherung	

ABB. 24.4

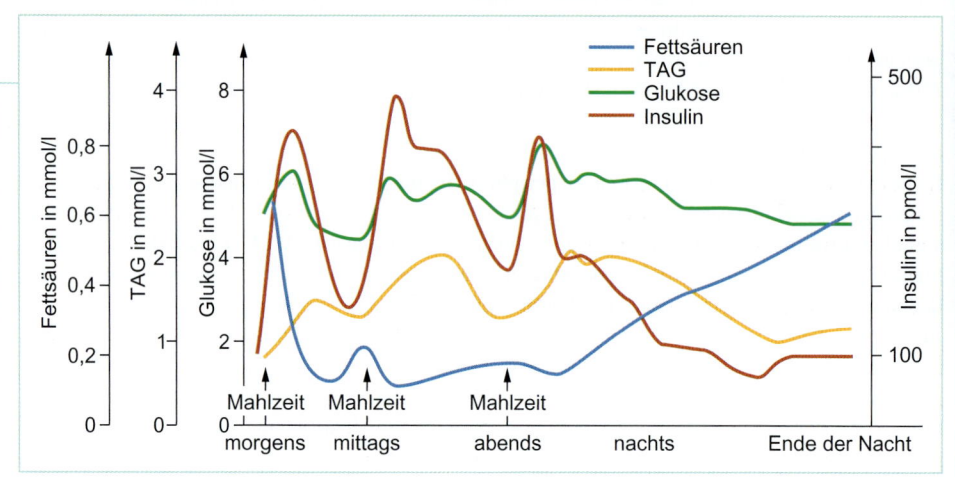

Abb. 24.4 Konzentrationen von Metaboliten und Insulin im Blut während eines Tages. Die dargestellten Verläufe sind exemplarisch zu betrachten und können im Einzelfall abweichend ausfallen. [L253]

KLINIK

KLINIK

Blutzuckerspiegel

Während die Insulinkonzentration im Blut in Abhängigkeit von Menge und Art der aufgenommenen Kohlenhydrate um das bis zu 10-Fache ansteigen kann, verändert sich der **Blutzuckerspiegel** aufgrund des Insulinanstiegs nach einer Mahlzeit i.d.R. maximal um den Faktor 1,5–2 und bleibt damit relativ **konstant**. Das ist wichtig, da für den Menschen ein Glukosespiegel über 10 mmol/l auf Dauer schädlich und über 30 mmol/l akut lebensbedrohlich ist. Sinkt der Blutzuckerspiegel unter 2 mmol/l, kommt es zur Mangelversorgung des Gehirns und als Folge zum hypoglykämischen Koma.

Auch die **Laktatkonzentration** steigt nach einer Mahlzeit, während die **Aminosäurekonzentration** nur leicht erhöht wird.

Auch die **Laktatkonzentration** steigt unmittelbar nach einer kohlenhydratreichen Mahlzeit an, da periphere Gewebe Glukose vermehrt anaerob verstoffwechseln und Laktat ans Blut abgeben. Die Konzentration der **Aminosäuren** im peripheren Blut erhöht sich mit Ausnahme der verzweigtkettigen Aminosäuren nach einer gemischten Mahlzeit nur leicht, da die Leber überschüssige Nahrungsaminosäuren direkt aus dem Pfortaderblut aufnimmt und verstoffwechselt.

Die Konzentration **unveresterter Fettsäuren** nimmt ab, ebenso die der **Ketonkörper**.

Die Konzentration von **unveresterten Fettsäuren** im Blut verhält sich reziprok zur Glukose- bzw. Insulinkonzentration. Bei niedrigem Insulinspiegel, im postabsorptiven Stoffwechsel, ist die Lipolyse im Fettgewebe aktiv und die Konzentration der unveresterten Fettsäuren daher mit ca. 0,5 mmol/l relativ hoch. Nach einer kohlenhydratreichen Mahlzeit sinkt die Konzentration an unveresterten Fettsäuren im Blut deutlich auf ca. 0,1 mmol/l, da Insulin die Lipolyse im Fettgewebe hemmt. Die Konzentration von **Ketonkörpern** im Blut ist eng an die Konzentration der unveresterten Fettsäuren gekoppelt. Während die Ketonkörperkonzentration nach einer Mahlzeit sehr gering ist, steigt sie im postabsorptiven Stoffwechsel auf bis zu 0,2 mmol/l an.

Nahrungslipide erscheinen verzögert im Blut, da Verdauung und Transport länger dauern. Die postabsorptiven TAG im Blut liegen in Form von Chylomikronen und VLDL vor.

Nach Nahrungsaufnahme steigt die Konzentration der **Chylomikronen** im peripheren Blut erst nach mehreren Stunden messbar an. Die Produktion und Abgabe der Chylomikronen in den Enterozyten nach Nahrungsaufnahme erfolgt kontinuierlich, jedoch vermutlich über einen längeren Zeitraum, als der Insulinspiegel erhöht ist. Die Adipozyten nehmen in den ersten postprandialen Stunden bei einem hohen Insulinspiegel vermehrt aus Lipoproteinen freigesetzte Fettsäuren auf und speichern diese in Form von TAG (➤ 20.1.3). Daher steigt die **TAG-Konzentration** im peripheren Blut nach einer Mahlzeit, außer bei besonders fettreichen Mahlzeiten, nicht unmittelbar, sondern erst ca. 2–4 Stunden nach der Nahrungsaufnahme von postabsorptiv unter 1 auf etwa 1,5 mmol/l an, wobei dieser Wert individuell auch höher ausfallen kann. Dabei handelt es sich sowohl um TAG in Chylomikronen als auch um TAG in VLDL, die die Leber nach Aufnahme der Chylomikronen-Remnants synthetisiert und ans Blut abgibt. Nahrungslipide zirkulieren daher im Blut über mehrere Stunden in Form verschiedener Lipoproteine. Häufig kommt es im Tagesverlauf auch zu einer Überlagerung von TAG-Maxima verschiedener Mahlzeiten, sodass die TAG-Konzentration im Blut am Nachmittag und Abend höher ausfällt als am Vormittag.

24.3 Überernährung: TAG-Speicherung

> **FALL**
>
> **Herr Jansen nimmt immer weiter zu**
>
> Erinnern Sie sich an Herrn Jansen mit seiner Schwäche für Mousse au Chocolat und seine Frau (> Kap. 17)? Inzwischen hat sich das ungleiche Paar getrennt und Herr Jansen hat nun keine ernährungsbewusste Frau mehr, die für ihn kocht oder ihn ermahnt, keine dritte Portion Nachtisch zu essen. „Wissen Sie, was das Beste am Alleinsein ist? Statt der ständigen Spaziergänge mit meiner Frau kann ich nun endlich mal in Ruhe mit Chips und Bier die Sportschau gucken! Außerdem gibt es keinen mehr, der mir meine Schokoriegel verbietet, die gehören einfach zu meiner Kaffeepause dazu!"
> Als Herrn Jansens Arzt befürchten Sie allerdings, dass dieser veränderte Lebensstil sich besonders fatal auf sein Gewicht auswirken wird. Welche Veränderungen sind besonders besorgniserregend?

Bei einer ausgewogenen, an den Energiebedarf angepassten Ernährungsweise werden die Nährstoffe der Nahrung tagsüber direkt zur Energiegewinnung abgebaut und es werden zusätzlich in etwa so viele Metaboliten gespeichert, wie in der Nacht verbraucht werden. Als Folge bleibt das Körpergewicht des erwachsenen Menschen weitgehend konstant.

Nehmen wir über einen längeren Zeitraum **mehr Nährstoffe** zu uns, als wir verbrauchen, so wird die überschüssige Energie in Form von **TAG in Adipozyten gespeichert.** Eine übermäßige Nahrungszufuhr zu den Hauptmahlzeiten führt zu einer starken Insulinausschüttung und in der Folge zu einer ausgeprägten Energiespeicherung. Werden zudem noch kohlenhydratreiche Zwischenmahlzeiten zugeführt, bleibt der Blutzuckerspiegel und damit auch der Insulinspiegel den ganzen Tag erhöht. Ein dauerhaft erhöhter Insulinspiegel induziert langfristige Stoffwechselanpassungen. So werden z. B. in der Leber verstärkt Enzyme der Glykolyse, der Fettsäure- und TAG-Synthese exprimiert.

Da bei kohlenhydratreicher Überernährung die Glykogenspeicher der **Leber** schon nach der ersten oder spätestens zweiten Mahlzeit des Tages gefüllt sind, werden weitere, überschüssige Nahrungskohlenhydrate jetzt zur **De-novo-Fettsäuresynthese** verwendet (> 20.1.6). Dabei baut die Leber überschüssige Glukose mittels Glykolyse und Pyruvat-Dehydrogenase-Reaktion zu Acetyl-CoA ab. Acetyl-CoA akkumuliert in den Lebermitochondrien und gelangt über den Citrat-Shuttle zur Fettsäuresynthese ins Zytoplasma. Das für die Fettsäuresynthese erforderliche NADPH wird über den Pentosephosphatweg aus Glukose gebildet. Aus diesen Fettsäuren synthetisiert die Leber TAG und gibt sie in Form von **VLDL** ans Blut ab. In Adipozyten stimuliert Insulin die Expression der Lipoprotein-Lipase sowie die Expression von Enzymen der TAG-Synthese. In der Folge baut die aktivierte Lipoprotein-Lipase sowohl die TAG der VLDL aus der Leber als auch die TAG der Nahrung aus Chylomikronen verstärkt ab, sodass **Adipozyten** die darin enthaltenen Fettsäuren effizient aufnehmen und in Form von **TAG speichern** (> Abb. 24.5). Insu-

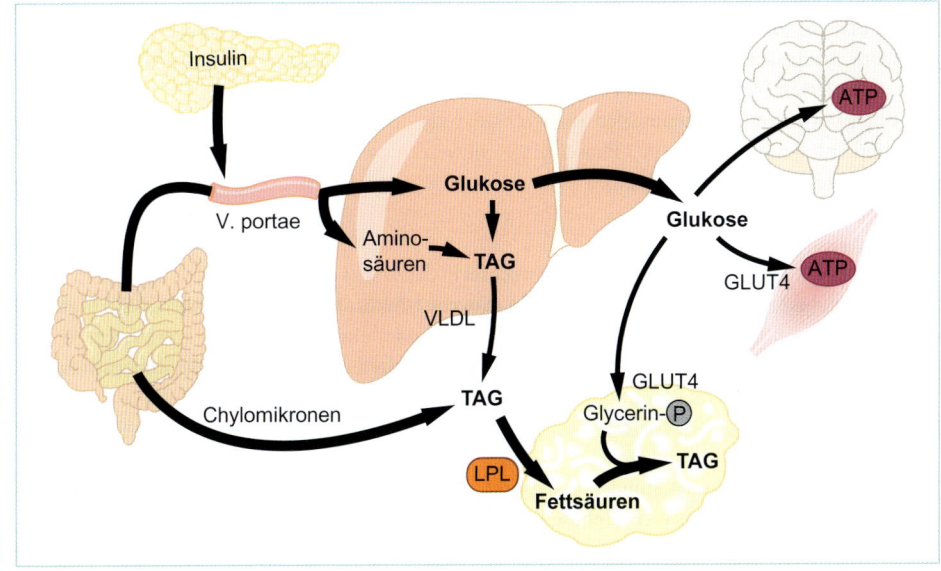

Abb. 24.5 Stoffwechselprozesse bei Überernährung [L138]

Aus Studentensicht

24.3 Überernährung: TAG-Speicherung

Überschüssige Energie wird in Form von **TAG** in den **Adipozyten** gespeichert.
Wird aufgrund von übermäßiger Nahrungszufuhr und kohlenhydratreichen Zwischenmahlzeiten der Insulinspiegel dauerhaft erhöht, kommt es zu langfristigen Stoffwechselanpassungen: Die Enzyme der **Fettsäuresynthese** und der **Glykolyse** werden in der Leber induziert. Überschüssige Energie aus Glukose wird jetzt in de novo synthetisierten Fettsäuren gespeichert, die verpackt in VLDL-TAG ins Blut abgegeben und über die LPL in Adipozyten aufgenommen und dort gespeichert werden.

ABB. 24.5

Aus Studentensicht

Die **insulinvermittelten Stoffwechselanpassungen** verhindern chronisch erhöhte Blutkonzentrationen von Glukose und TAG. Durch Überernährung ausgelöstes **Übergewicht** begünstigt aber auch **Folgeerkrankungen** wie einen Diabetes Typ 2.

TAB. 24.3

24.4 Hungerstoffwechsel: Ketonkörper und Glukose fürs Gehirn, Fettsäuren für Leber und Peripherie

24.4.1 Umstellung auf den adaptierten Hungerstoffwechsel

In **längeren Hungerphasen** kommt es zum Nettoabbau von TAG und Proteinen. Der Körper stellt auf den adaptierten Hungerstoffwechsel um.

Die Anpassung auf den adaptierten Hungerstoffwechsel erfolgt in 5 Phasen.

Phase I
- Postprandialer Stoffwechsel
- Bis ca. 4 Stunden nach letzter Mahlzeit
- Glukose stammt aus der Nahrung

Phase II
- Postabsorptiver Stoffwechsel
- Circa 4–16 Stunden nach letzter Mahlzeit
- Glukose stammt aus Glykogenspeichern und Glukoneogenese

---

24 STOFFWECHSELINTEGRATION: WIE PASST DAS ALLES ZUSAMMEN?

lin stimuliert in Adipozyten auch die De-novo-Fettsäuresynthese, im Vergleich zur Leber jedoch nur in geringem Umfang.

Diese durch Insulin hervorgerufenen Stoffwechselanpassungen befähigen den Körper, Metaboliten wie Glukose in TAG umzuwandeln und diese schnell in Adipozyten zu speichern (> Tab. 24.3). Das ist wichtig, da chronisch erhöhte Blutkonzentrationen von Glukose oder TAG schädlich sind und u. a. Gefäßveränderungen induzieren können. Eine dauerhaft hochkalorische Ernährungsweise führt jedoch zu **Übergewicht** und dieses wiederum kann die Insulinsensitivität vieler Gewebe herabsetzen, sodass **Folgeerkrankungen** wie ein Diabetes Typ 2 ausgelöst werden können.

> **FALL**
>
> **Herr Jansen nimmt immer weiter zu: Adipositas**
>
> Tatsächlich hat Herr Jansen 10 kg zugenommen, seit er alleine ist. Nach seinem reichhaltigen Frühstück steigt sein Insulinspiegel an und etwa 2–3 Stunden später erreichen die langfristigen Insulinwirkungen, wie die Expression der Lipoprotein-Lipase und der Enzyme der TAG- und Fettsäuresynthese, ihr Maximum. Dieser Priming-Effekt von Insulin fällt nun genau mit dem Verzehr des ersten Schokoriegels in der Kaffeepause um 11.00 Uhr zusammen und Herrn Jansens Fettzellen können die überschüssigen Kalorien effizient speichern. Auch nach dem Mittagessen gibt es diesen Effekt, der wiederum mit seiner Kaffeepause um 16.00 Uhr zusammenfällt.
> Diesem Priming-Effekt von Insulin kann durch sportliche Aktivität entgegengewirkt werden. Noch am Tag nach sportlicher Aktivität steigt die TAG-Konzentration im Blut weniger stark an als ohne Sport. Nur leider gibt es statt Spaziergängen Couch und Chips, also Inaktivität und noch mehr Kalorien, sodass dieser bremsende Effekt wegfällt.
> Herrn Jansens Glykogenspeicher im Muskel sind aufgrund der durch die Inaktivität abnehmenden Muskelmasse kleiner geworden und somit schon nach dem Frühstück gefüllt. Die verbleibenden Kohlenhydrate aus der Nahrung werden nun als TAG in Fettzellen gespeichert. Herr Jansen nimmt rapide zu.

Tab. 24.3 Stoffwechsel bei Überernährung

	Blut	Leber	Adipozyten

Kohlenhydratstoffwechsel	• Glukose > 5 mmol/l	• Aufnahme von Glukose über GLUT2
		• Glykogensynthese
		• Synthese von Glycerin-3-phosphat
		• Bildung von Acetyl-CoA durch Glykolyse und PDH
		• NADPH-Bildung durch Pentosephosphatweg
			• Aufnahme von Glukose über GLUT4
			• Synthese von Glycerin-3-phosphat
			• In geringerem Umfang:
			  – Bildung von Acetyl-CoA durch Glykolyse und PDH
			  – NADPH-Bildung durch Pentosephosphatweg

Lipidstoffwechsel	• TAG erhöht	• De-novo-Fettsäuresynthese • TAG-Synthese • Abgabe von VLDL	• LPL spaltet TAG der Lipoproteine • Aufnahme von aus Lipoproteinen freigesetzten Fettsäuren • TAG-Resynthese und Speicherung • In geringem Umfang: De-novo-Fettsäuresynthese

24.4 Hungerstoffwechsel: Ketonkörper und Glukose fürs Gehirn, Fettsäuren für Leber und Peripherie

24.4.1 Umstellung auf den adaptierten Hungerstoffwechsel

Wird dem Körper über einen längeren Zeitraum weniger Nahrungsenergie zugeführt, als er verbraucht, kommt es netto zum Abbau der TAG-Speicher in den Adipozyten und zum Abbau von Proteinen in der Peripherie, hauptsächlich im Muskel. Innerhalb von Tagen bis Wochen stellt sich der Körper dabei auf einen **adaptierten (= proteinschonenden) Hungerstoffwechsel** um.

Der Übergang von der postprandialen Stoffwechsellage in den adaptierten Hungerstoffwechsel kann je nach Herkunft der Blutglukose in **5 Phasen** eingeteilt werden (> Abb. 24.6). Der zeitliche Ablauf unterliegt dabei individuellen Schwankungen.

Phase I

Phase I entspricht dem **postprandialen Stoffwechsel** in den ersten ca. 4 Stunden nach der letzten Mahlzeit. Die Blutglukose stammt aus der Nahrung (= exogene Glukose) und der Blutzuckerspiegel liegt über 5 mmol/l, sodass alle Gewebe Glukose als Hauptenergielieferant nutzen. Aufgrund des erhöhten Verhältnisses von **Insulin** zu Adrenalin ist die Lipolyse in den Adipozyten gehemmt und die Konzentration an unveresterten Fettsäuren im Blut ist mit ca. 0,1 mmol/l niedrig.

Phase II

Die **Phase II** folgt nach etwa 4 Stunden und dauert bis etwa 16 Stunden nach der letzten Mahlzeit an. In dieser **postabsorptiven Stoffwechselphase** liegt der Blutzuckerspiegel i. d. R. unter 5 mmol/l. Die Blutglukose stammt hauptsächlich aus dem **Glykogenspeicher** der Leber (= **endogene Glukose**). Zusätzlich steigt in dieser Phase kontinuierlich der Anteil der hepatischen und renalen **Glukoneogenese** an der Glu-

24.4 HUNGERSTOFFWECHSEL

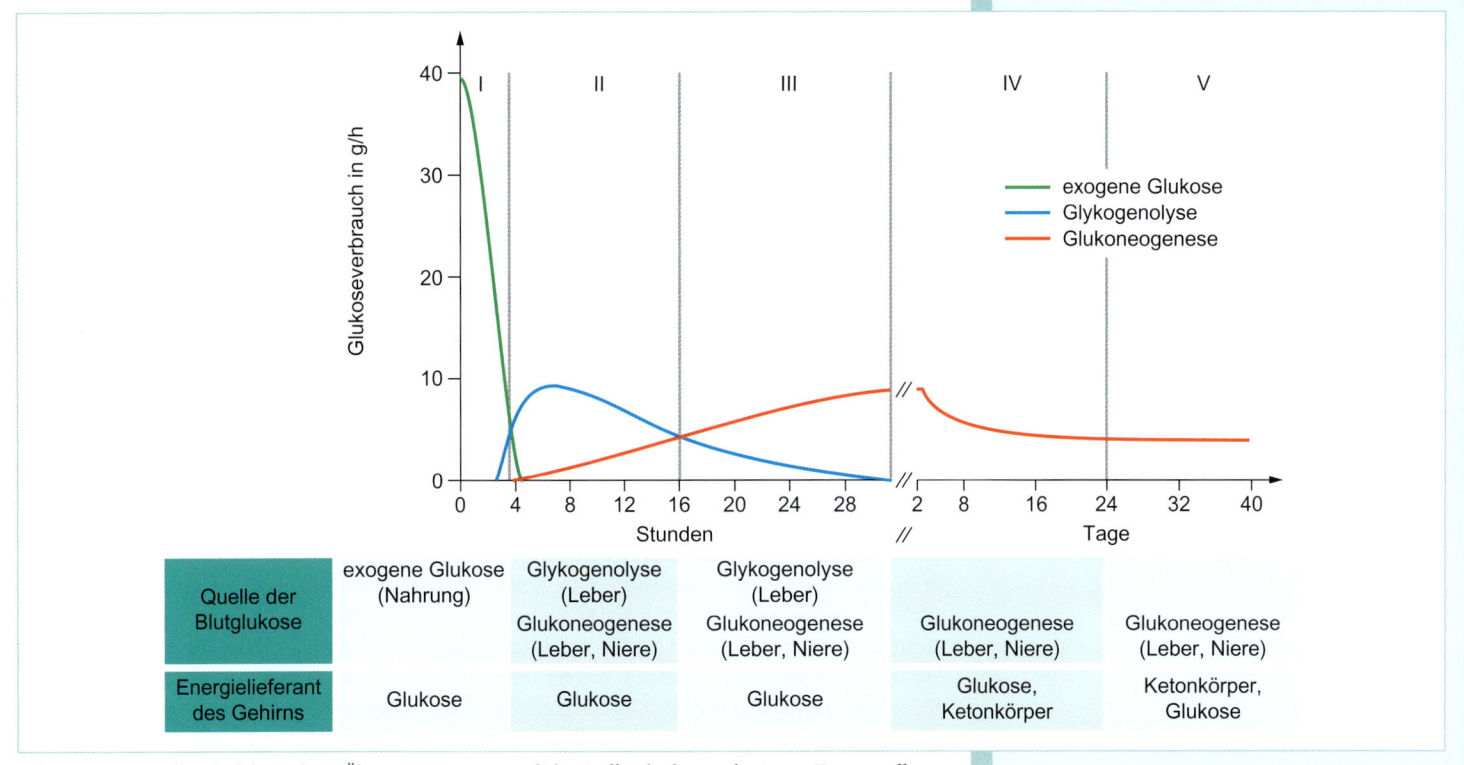

Abb. 24.6 Die 5 Stoffwechselphasen beim Übergang vom postprandialen Stoffwechsel zum adaptierten Hungerstoffwechsel [L253]

koseversorgung. Als Substrate der Glukoneogenese dienen Laktat, z. B. aus dem anaeroben Stoffwechsel der Erythrozyten, Alanin und Glutamin aus dem Proteinabbau der Peripherie und Glycerin aus der Lipolyse der Adipozyten. Das niedrige Verhältnis von Insulin zu Adrenalin aktiviert die Lipolyse im Fettgewebe, sodass die Konzentration an **unveresterten Fettsäuren** im Blut auf ca. 0,5 mmol/l ansteigt. Aufgrund dieses erhöhten Fettsäureangebots nimmt in der Leber die **Ketogenese** zu, sodass auch die Konzentration an Ketonkörpern im Blut auf ca. 0,2 mmol/l leicht ansteigt. Glukose wird hauptsächlich von den obligat glukoseabhängigen Organen verstoffwechselt. Periphere Gewebe hingegen gewinnen Energie vermehrt aus der Oxidation von Fettsäuren und Ketonkörpern (> 20.1.8).

Phase III

Nach ca. 16 Stunden Nahrungskarenz wird die **Phase III**, der **frühe Hungerstoffwechsel**, erreicht. Die Glykogenspeicher der Leber sind fast erschöpft und die Blutglukose entstammt jetzt primär der hepatischen und der renalen **Glukoneogenese (= endogene Glukose)**. Der Gesamtglukosebedarf des Körpers liegt in dieser Phase bei etwa 180 g Glukose pro Tag. Davon verbraucht das Gehirn etwa 140 g, dieser Anteil wird also komplett abgebaut. Der Rest wird hauptsächlich von den Erythrozyten und dem Nierenmark anaerob zu Laktat verstoffwechselt; aus diesem Anteil kann Glukose wieder resynthetisiert werden. Eine erhöhte Glukoneogeneserate erfordert einerseits eine vermehrte Expression von Enzymen und andererseits eine gesteigerte Substratbereitstellung. Glukagon induziert in der Leber, Adrenalin in der Nierenrinde die Expression der Glukoneogeneseenzyme. Cortisol unterstützt die Wirkung von Glukagon und Adrenalin. Aufgrund des sinkenden Insulinspiegels werden der **Muskelproteinabbau** der Peripherie durch Cortisol und die **Lipolyse** im Fettgewebe durch Katecholamine intensiviert, sodass vermehrt Substrate für die Glukoneogenese bereitgestellt werden. In der Folge kommt es im frühen Hungerstoffwechsel zu einem gesteigerten Muskelproteinabbau von ca. 150 g Muskelprotein am Tag. Wegen der aktivierten Lipolyse in den Adipozyten steigt die Blutkonzentration der **unveresterten Fettsäuren** auf ca. 1 mmol/l und die der **Ketonkörper** auf ca. 2 mmol/l. Das Substratmuster der Organe verändert sich im Vergleich zu Phase II kaum. Periphere Gewebe nutzen noch intensiver Fettsäuren und Ketonkörper zur Energiegewinnung, während glukoseabhängige Organe Glukose verstoffwechseln.

Phase IV

Da die Proteine des Körpers keine Speicher sind, sondern wichtige Funktionen erfüllen, kann der Proteinabbau des frühen Hungerstoffwechsels nicht ohne negative Folgen für den Körper über längere Zeit aufrechterhalten werden. Nach 2–3 Tagen Nahrungskarenz folgt daher **Phase IV**, in der die **Umstellung auf den proteinsparenden Hungerstoffwechsel** stattfindet. Aufgrund einer weiteren Aktivierung der Lipolyse nimmt in dieser Phase die Blutkonzentration der unveresterten Fettsäuren auf 1,5 mmol/l und die der **Ketonkörper** auf 6–7 mmol/l zu. Periphere Gewebe reduzieren ihren Glukoseverbrauch auf ein Minimum und decken ihren Energiebedarf weitestgehend durch die Oxidation von Fettsäuren und Ketonkörpern.

Aus Studentensicht

Phase III
- Früher Hungerstoffwechsel
- Circa 1–2 Tage nach letzter Mahlzeit
- Glukose stammt überwiegend aus Glukoneogenese
- Starker Muskelproteinabbau
- Lipolyse

Phase IV
- Umstellung auf proteinsparenden Hungerstoffwechsel
- Circa 3 Tage bis 3 Wochen nach letzter Mahlzeit
- Verstärkte Lipolyse
- Gehirn deckt ⅔ des Energiebedarfs aus Ketonkörpern

Aus Studentensicht

- Glukoneogenese und Proteinabbau sind reduziert
- Verstärkte Ammoniumausscheidung und Glukoneogenese in der Niere, um eine Azidose zu vermeiden

24 STOFFWECHSELINTEGRATION: WIE PASST DAS ALLES ZUSAMMEN?

Die wichtigste Anpassung dieser Phase findet jedoch im **Gehirn** statt, denn dort wird die Expression der Transporter für Ketonkörper (= Monocarboxylat-Transporter) sowie der Enzyme des **Ketonkörperabbaus** gesteigert und das Gehirn erlangt die Fähigkeit, neben Glukose auch Ketonkörper zur Energiegewinnung zu nutzen. Am Ende von Phase IV bezieht das Gehirn ⅔ seiner Energie aus der Oxidation von Ketonkörpern. Der Glukoseverbrauch des Gehirns reduziert sich entsprechend von normal 140 g/Tag auf nun ca. 50 g/Tag. Als Folge sinken auch die Glukoneogeneserate der Leber und damit der Proteinabbau in der Peripherie auf ca. 20–30 g/Tag erheblich.

Mit jedem Ketonkörper, der über den Monocarboxylat-Transporter die Leber verlässt, wird auch ein Proton in das Blut abgegeben. Bei der Aufnahme und Verwertung der Ketonkörper wird dieses Proton jedoch auch wieder im Stoffwechsel fixiert. Die Blutpuffer können die Protonenlast von 0,2–2 mmol/l durch die gesteigerte Ketogenese während der Stoffwechselphasen II und III noch gut abpuffern. In Phase IV, wenn die Ketonkörperkonzentration auf über 6 mmol/l steigt, wird die Protonenlast jedoch zu hoch. Jetzt greifen Stoffwechseladaptationen in Leber und Niere: Die Leber drosselt ihre Harnstoffsynthese, die basisches Hydrogencarbonat verbraucht und Protonen freisetzt, fixiert Ammoniumionen vermehrt mit der Glutamin-Synthetase und bildet Glutamin. Glutamin wird ins Blut abgegeben und von der Niere aufgenommen, zu α-Ketoglutarat desaminert und die Ammonium-Ionen werden direkt im Urin entsorgt (> 21.3.3). Das überschüssige α-Ketoglutarat kann die Niere zur eigenen Energieversorgung komplett oxidieren, wobei netto noch zwei weitere Hydrogencarbonat entstehen, die wieder helfen, Protonen zu neutralisieren. Außerdem synthetisiert die Niere im Rahmen der Glukoneogenese aus α-Ketoglutarat Glukose und gibt diese ans Blut ab. So kann gegen Ende der Umstellung auf den proteinschonenden Hungerstoffwechsel der Beitrag der Niere zur endogenen Glukoseproduktion auf bis zu 50 % ansteigen.

Die restliche Glukose wird weiterhin von der Leber aus Laktat, Glycerin und Alanin synthetisiert. Da die Ketonkörperproduktion der Leber im Hungerstoffwechsel langsam über Wochen ansteigt und in etwa mit dem gesteigerten Verbrauch durch das Gehirn gleichzieht, haben Leber und Niere ausreichend Zeit, auf diese Situation mit einer gesteigerten Expression der notwendigen Enzyme und Transporter zu reagieren. Im Hungerstoffwechsel kommt es aufgrund der Ketonkörperproduktion daher nur sehr selten zu einer Azidose. Anders ist dies beim Diabetes Typ 1, da hier die Ketonkörperproduktion rasant ansteigt und nicht mit einem gesteigerten Verbrauch durch das in diesem Fall glukosegesättigte Gehirn gekoppelt ist.

Phase V

Phase V
- Adaptierter Hungerstoffwechsel
- Ab ca. 3 Wochen nach letzter Mahlzeit
- Maximale Lipolyse
- Maximaler Ketonkörperstoffwechsel
- Glukoneogenese und Proteinabbau sind reduziert

ABB. 24.7

Im **adaptierten Hungerstoffwechsel,** der nach etwa drei Wochen Nahrungskarenz erreicht ist, erfolgen keine weiteren Stoffwechselumstellungen mehr. Das **Gehirn** bezieht ⅔ **seiner Energie** aus der Oxidation von **Ketonkörpern**. Periphere Gewebe nutzen unveresterte Fettsäuren und Ketonkörper als Energielieferanten (> Abb. 24.7). Zusätzlich sinkt im Verlauf der Umstellung auf den adaptierten Hungerstoffwechsel die Konzentration an Schilddrüsenhormonen ständig ab, wodurch der Grundumsatz und damit auch der Energieverbrauch reduziert werden. Dieser Zustand kann so lange aufrechterhalten werden, bis die

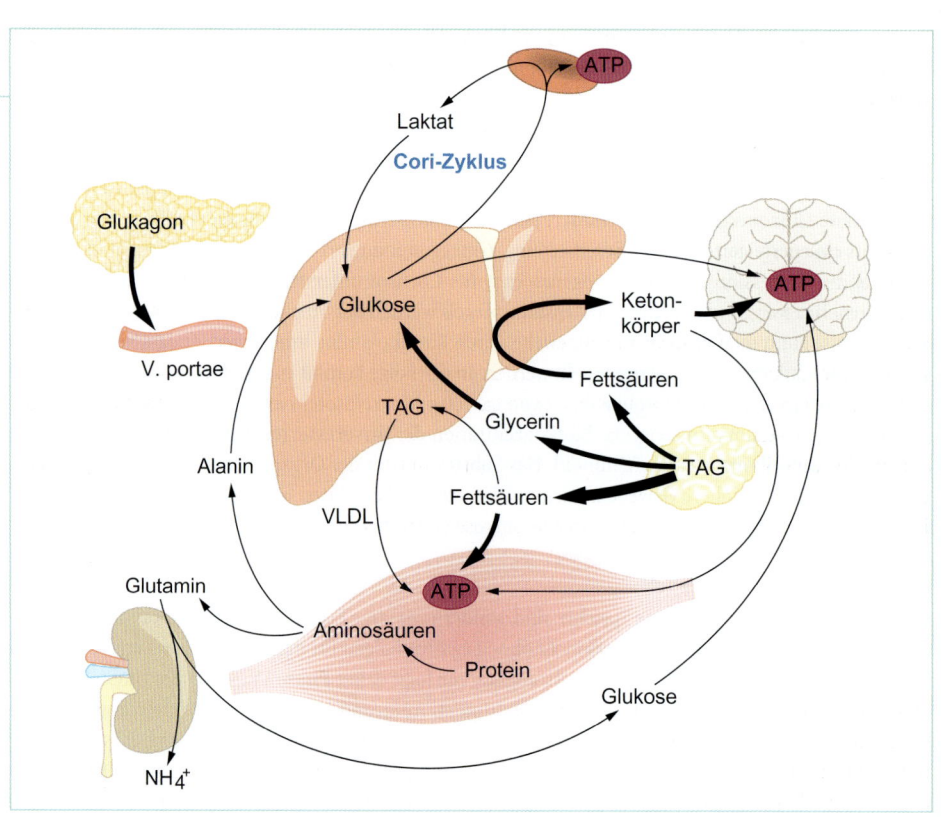

Abb. 24.7 Organbeziehung im adaptierten Hungerstoffwechsel [L138]

TAG-Speicher des Körpers aufgebraucht sind oder es zum Abbau von lebenswichtigen Proteinen kommt. Die **Größe der Fettspeicher** bestimmt bei ausreichender Flüssigkeitszufuhr somit ganz wesentlich die Überlebensdauer. Sie beträgt bei normalgewichtigen Menschen ca. 1–2 Monate. Nach Erschöpfung der TAG-Depots setzt ein rapider Abbau von zellulären Proteinen ein. Dies führt zu einer Vielzahl von Symptomen und mündet schließlich ins Organversagen. Lebensbedrohlich ist häufig die Entstehung einer Lungenentzündung, da die Lunge aufgrund reduzierter Muskelmasse Schleim nicht mehr ausreichend abhusten kann und zusätzlich das Immunsystem geschwächt ist.

24.4.2 Stoffwechsel bei eingeschränkter Kohlenhydrat- oder Lipidzufuhr

> **FALL**
>
> **Herr Jansen nimmt immer weiter zu: Low-Carb-Diät**
>
> Bei seinem letzten Besuch in Ihrer Praxis haben Sie Herrn Jansen eine Schwimmgruppe für Übergewichtige empfohlen und versucht, ihn von einer gesünderen Ernährung zu überzeugen. Aber er scheint beratungsresistent. Doch als er eines Tages Mühe hat, sich in den Flugzeugsitz zu quetschen, und die Stewardess ihm empfiehlt, beim nächsten Mal zwei Plätze zu buchen, sitzt der Schock so tief, dass er sich endlich zum Schwimmtraining anmeldet. Die Gruppendynamik dort motiviert ihn so, dass er einige Wochen später beschließt, nun auch eine Diät zu machen. Ein Schwimmpartner empfiehlt ihm, im Alltag „Low-Carb" zu essen, damit seien die Pfunde bei ihm nur so geschmolzen: „Drei Mahlzeiten am Tag, keine Snacks zwischendurch und eben alle Kohlenhydrate weglassen. Morgens z.B. Eier mit Speck, mittags und abends Fleisch oder Fisch mit grünem Gemüse, kein Brot, Nudeln, Reis oder Kartoffeln und natürlich nichts Süßes!" Voller Elan startet Herr Janssen mit der Diät und ist begeistert, denn schon am zweiten Tag zeigt seine Waage 1kg weniger an. Doch als Herr Jansen am dritten Tag der Diät versucht, sein Schwimm-Intervalltraining zu absolvieren, bricht er kraftlos zusammen. Zitternd ruft er Sie an: „Meinen Sie, ich habe einen Herzinfarkt? Ich habe gar keine Kraft mehr!" Zum Glück hat Herr Jansen keinen Herzinfarkt, sondern spürt lediglich massiv die Auswirkungen seiner Diät.
> Wie kann eine Low-Carb-Diät zu einem Schwächeanfall bei Anstrengung führen?

Eine **Gewichtsreduktion** erfolgt bei einer **negativen Energiebilanz,** wenn also der Energieverbrauch des Körpers die Energieaufnahme übersteigt. Im Rahmen einer Diät werden oft bestimmte Ernährungsstrategien eingehalten, die das Hungergefühl, die Geschwindigkeit der Gewichtsabnahme sowie den Gesundheitszustand und die Ernährungsvorlieben des Patienten berücksichtigen. So wird die Gesamtenergiezufuhr verringert und der Energieverbrauch des Patienten durch zusätzliche Bewegung gesteigert. Eine geringere Nährstoffaufnahme bei den Mahlzeiten führt zu einer Verkürzung der postprandialen und einer Verlängerung der postabsorptiven Abschnitte im Tagesverlauf. Insgesamt kommt es daher zu einer Gewichtsreduktion. Darüber hinaus gibt es Diätstrategien, die zusätzlich den Verzehr bestimmter Nährstoffgruppen einschränken und dadurch den Stoffwechsel beeinflussen.

Bei der **Low-Fat-Diät** darf der Patient 4–5-mal am Tag kalorienreduzierte Mahlzeiten zu sich nehmen, die vorrangig aus Kohlenhydraten und aus Proteinen bestehen. Der Fettgehalt der Mahlzeiten soll in Summe nicht mehr als beispielsweise 30 g Fett pro Tag betragen. Bei dieser Ernährungsweise bleibt das metabolische Tagesmuster erhalten. **Tagsüber** gewinnt der Körper vorrangig **Energie aus Glukoseoxidation,** da die Blutglukose regelmäßig durch Nahrungskohlenhydrate aufgefüllt wird. Auch die Glykogenspeicher werden moderat aufgebaut, sodass der Patient sportlich leistungsfähig bleibt. **Nachts** kommt es im postabsorptiven Stoffwechsel zum **Abbau der TAG-Speicher.** Da tagsüber jedoch kaum TAG eingelagert wurden, handelt es sich jetzt um einen echten Verlust an TAG. Der Patient nimmt langsam ab. Um eine Gewichtsreduktion zu erreichen, muss die Menge an aufgenommenen Kohlenhydraten geringer als der Tagesenergiebedarf sein, da überschüssige Kohlenhydrate zur De-novo-Fettsäuresynthese und TAG-Speicherung führen. Außerdem soll der Anteil an Kohlenhydraten mit einem hohen glykämischen Index, also von Kohlenhydraten, die zu einem starken Anstieg des Blutzuckers führen, möglichst niedrig sein, da diese eine stärkere Insulinausschüttung bewirken.

Bei der **Low-Carb-** oder ketogenen Diät nimmt der Patient hingegen kaum Kohlenhydrate zu sich, sondern ernährt sich v.a. von Proteinen und Lipiden, wobei auch hier die täglich aufgenommene Energiemenge den Tagesenergiebedarf nicht übersteigen darf. Durch die niedrige Kohlenhydrataufnahme bleibt der **Insulinspiegel** konstant **niedrig** und die Glukose zur Aufrechterhaltung des Blutzuckerspiegels muss endogen bereitgestellt werden. Der Körper geht in den **Hungerstoffwechsel.** Die Lipolyse im Fettgewebe ist nun 24 Stunden aktiv und periphere Gewebe gewinnen auch tagsüber Energie aus der **Fettsäureoxidation.** Dies führt zu einem schnellen Gewichtsverlust. Auch die Leber nutzt die Fettsäureoxidation als Energiequelle für die **Glukoneogenese** und das dabei gebildete Acetyl-CoA zur **Ketogenese.** Als Substrate der Glukoneogenese dienen u.a. die Aminosäuren aus der Nahrung, wodurch der Proteinabbau der Peripherie begrenzt wird.

In Langzeitstudien mit streng kontrollierten Ernährungsvorgaben erzielen diese unterschiedlichen Diätstrategien ähnliche Ergebnisse bezüglich Gewichtsreduktion und Auswirkungen auf verschiedene Blutmetaboliten wie Blutzuckerspiegel und Lipoproteinwerte. Da individuell jedoch Unterschiede in Bezug auf Wohlbefinden, Durchhaltevermögen und Blutmetaboliten auftreten können, wird bei einer länger andauernden Diät, insbesondere bei Vorliegen von sekundären Erkrankungen wie Diabetes Typ 2, eine medizinische Betreuung dringend empfohlen. Zudem sollte nicht nur ein Augenmerk auf den Verzicht

---

Aus Studentensicht

24.4.2 Stoffwechsel bei eingeschränkter Kohlenhydrat- oder Lipidzufuhr

Eine **negative Energiebilanz** führt zur Gewichtsreduktion. Vermehrte Bewegung, Wiedererlangung eines gesunden Hungergefühls und Verlängerung der postabsorptiven Abschnitte stehen bei einer Diät daher im Vordergrund.

Low-Fat-Diäten propagieren kalorienreduzierte Mahlzeiten mit reduziertem Fettgehalt, die vorwiegend aus Kohlenhydraten und Proteinen bestehen.

Low-Carb-Diäten verzichten weitgehend auf Kohlenhydrate, um den Insulinspiegel niedrig zu halten und auch tagsüber Fettsäureoxidation zu betreiben.

Aus Studentensicht

24 STOFFWECHSELINTEGRATION: WIE PASST DAS ALLES ZUSAMMEN?

einer bestimmten Nährstoffgruppe gerichtet, sondern die Zusammensetzung der aufgenommenen Nahrung überprüft werden, da es andernfalls zu gesundheitlichen Problemen kommen kann.

> **FALL**
>
> **Herr Jansen nimmt immer weiter zu: Low-Carb-Diät**
>
> Die ersten Tage der Low-Carb-Diät sind hart für Herrn Jansen, denn sein Blutzuckerspiegel wird nicht wie gewohnt alle paar Stunden durch hochkalorische, zuckerhaltige Nahrung in die Höhe getrieben, sondern seine Leber muss den Blutzuckerspiegel durch Glukoneogenese aufrechterhalten. Die Glykogenspeicher sind schon nach 24 Stunden verbraucht, und da der Abbau von Glykogen auch mit einem Verlust des Hydratisierungswassers von Glykogen einhergeht, hat Herr Jansen bereits nach 2 Tagen ein ganzes Kilogramm abgenommen. Im Glauben, ein Kilo Fett verloren zu haben, befolgt Herr Jansen seine Diät tapfer weiter. Alle nicht obligat Glukose verwertenden Organe nutzen nun Fettsäuren, die durch Lipolyse aus Herrn Jansens Fettzellen zur Energiegewinnung freigesetzt werden. In den folgenden Tagen nimmt Herr Jansen zwar langsamer, aber kontinuierlich weiter ab.
> Beim Schwimm-Intervalltraining sind die Muskeln auf schnelle Energie aus Glukose aus dem Muskelglykogenspeicher angewiesen. Diese sind aber durch die Low-Carb-Diät deutlich reduziert. Zudem beansprucht der Muskel bei Belastung Glukose aus dem Blut als Energieträger. Dadurch fällt der Blutglukosespiegel ab. Da das Gehirn in den ersten Tagen noch nicht auf Ketonkörperverwertung umgestellt ist, kommt es während der Belastung zu einer relativen Minderversorgung. Sowohl die Muskelschwäche als auch die Unterversorgung des Gehirns können sich in einem „Schwächeanfall" widerspiegeln.

24.5 Insulinmangel

24.5.1 Diabetes mellitus

24.5.1 Diabetes mellitus

Diabetes mellitus (lat./griech. = honigsüßer Durchfluss) beschreibt eine gesteigerte Glukose- und Wasserausscheidung durch den Urin, die auf einer gestörten Regulation des Kohlenhydrat-, Lipid- und Proteinstoffwechsels beruht. Sie ist durch einen **absoluten** oder einen **relativen Insulinmangel** gekennzeichnet. Diabeteserkrankungen werden basierend auf den zugrunde liegenden Pathomechanismen unterschieden. Die beiden häufigsten Formen des Diabetes mellitus sind **Typ 1** und **Typ 2**.

Ein Diabetes mellitus beruht auf einem **absoluten** (Typ 1) oder **relativen** (Typ 2) Insulinmangel und führt unbehandelt zu Langzeitschäden. Akut kann es zu einem lebensbedrohlichen **Coma diabeticum** kommen.

Insbesondere der unbehandelte Diabetes mellitus Typ 1 kann zu akut lebensbedrohlichen Komplikationen wie dem **Coma diabeticum** führen. Darüber hinaus entwickeln Diabetes-Patienten mit hoher Wahrscheinlichkeit Langzeitschäden an kleinen und großen Gefäßen (= **Mikro- und Makroangiopathien**), welche die Entstehung von Folgeerkrankungen wie einer koronaren Herzerkrankung begünstigen.

24.5.2 Diabetes Typ 1: absoluter Insulinmangel

24.5.2 Diabetes Typ 1: absoluter Insulinmangel

> **FALL**
>
> **Die kleine Laura**
>
> Sie haben Dienst in der Kinderklinik, als die vierjährige Laura komatös eingeliefert wird. Die Mutter ist völlig aufgelöst: „Laura war bisher eigentlich nie krank, immer voller Energie, aber seit einer Woche ist sie plötzlich ständig müde, hat andauernd Durst und muss immer aufs Klo. Sie hat auch abgenommen und heute Nacht hat sie dann mehrmals erbrochen."
> Lauras Blutzuckerwert liegt bei 30 mmol/l (ca. 540 mg/dl) und Ihnen fallen die vertiefte, hörbare Kußmaul-Atmung und der fruchtige Geruch der Ausatemluft auf. Die Symptome lassen keinen Zweifel: Die kleine Patientin hat einen Diabetes Typ 1 und muss intensivmedizinisch betreut werden, um ihren Kreislauf durch Volumengabe zu stabilisieren und eine vorsichtige Senkung des Blutzuckerspiegels mit einer geringen Dosis Insulin einzuleiten. Bei einer zu raschen Senkung des Insulinspiegels droht die Gefahr eines Hirnödems sowie einer Hypokaliämie, da Insulin auch für die Aufnahme von Kalium in die Zellen sorgt.
> Wie kommt es zu den für einen Diabetes mellitus Typ 1 typischen Symptomen?

Diabetes Typ 1 (juveniler Diabetes) ist die häufigste Stoffwechselerkrankung im Kindesalter. Leitsymptome sind ein **sehr hoher Nüchternblutzuckerwert** (Hyperglykämie), eine **erhöhte Fettsäure-** und **TAG-Konzentration** sowie evtl. Ketonkörper im Blut.
Ursache ist eine **Autoimmunreaktion**, welche die β-Zellen des Pankreas zerstört, was zu einem **absoluten Insulinmangel** führt.
Die Krankheit kann jahrelang unerkannt voranschreiten, bis ca. 80–95 % der β-Zellen zerstört sind. Dann kommt es innerhalb weniger Wochen zur Manifestation durch den Verlust der Insulinsekretion.
Über 50 Gene werden mit der Entstehung des Typ-1-Diabetes in Verbindung gebracht. Zusätzlich scheinen Umweltfaktoren eine Rolle zu spielen.

Diabetes Typ 1, auch **juveniler Diabetes,** tritt meist in Kindheit oder Jugend zum ersten Mal auf. Er ist die häufigste Stoffwechselerkrankung im Kindesalter, wobei die Inzidenz (Anzahl der Neuerkrankungen) v.a. bei jüngeren Altersgruppen zunimmt. Diabetes Typ 1 ist durch einen absoluten Insulinmangel gekennzeichnet. Im Blut des Patienten werden erhöhte Nüchtern-Blutglukosekonzentrationen von über 7 mmol/l (ca. 130 mg/dl) und im Extremfall sogar bis 40 mmol/l (ca. 700 mg/dl) gemessen (= **Hyperglykämie).** Da Insulin den gesamten Energiestoffwechsel reguliert, sind bei Diabetikern auch **Fettsäure-, TAG-** und, ab einer Blutglukosekonzentration von etwa 14 mmol/l, auch die **Ketonkörperspiegel (= Ketoazidose)** im Blut **erhöht.** Zur Diagnostik eines Diabetes wird routinemäßig die Blutzuckerkonzentration bestimmt. Zu den Symptomen des Diabetes mellitus tragen aber auch die gesteigerten Lipidwerte bei.

Ein Diabetes Typ 1 entsteht durch eine **Autoimmunreaktion** gegen die **β-Zellen des Pankreas.** Diese schreitet zunächst unerkannt über Jahre voran und führt, ohne Symptome zu verursachen, zum Absterben der β-Zellen des Pankreas. Wenn etwa 80–95 % der β-Zellen zerstört sind, kommt es innerhalb von Tagen bis wenigen Wochen zum Verlust der Insulinsekretion und damit zum **absoluten Insulinmangel.** Die Autoimmunreaktion entwickelt sich aufgrund einer genetischen Prädisposition. Man kennt über 50 Gene, die im Zusammenhang mit dem Diabetes Typ 1 stehen. Eine besondere Bedeutung hat dabei das humane Leukozytenantigen-System (HLA-System), das für die Antigenpräsentation von T-Zellen ver-

24.5 INSULINMANGEL

antwortlich ist (> 16.4.3). Eine Störung der T-Zell-Toleranzinduktion wird daher als Ursache für die β-Zell-Autoimmunität angenommen. Zusätzlich werden verschiedene **Umweltfaktoren** wie virale Infektionen als Auslöser der Krankheit diskutiert. Virale Antigene können aufgrund struktureller Ähnlichkeit die Reifung von T-Zellen stimulieren, die nicht nur die Virusinfektion bekämpfen, sondern in einer Kreuzreaktion auch Oberflächenproteine von β-Zellen erkennen und diese abtöten (= molekulare Mimikry).

Stoffwechsel bei Diabetes Typ 1

Bei einem absoluten Insulinmangel überwiegt die Wirkung der katabolen Hormone Glukagon und Adrenalin in allen Stoffwechsellagen, sodass unabhängig vom Blutzuckerspiegel die Energiespeicher des Körpers ständig abgebaut werden und keine Einspeicherung von Metaboliten stattfindet. Die ungebremste **Lipolyse** in den Adipozyten liefert stetig Fettsäuren und Glycerin ans Blut und verursacht konstant erhöhte Fettsäurekonzentrationen. Die **Proteolyse** im Muskel führt zu einer verstärkten Abgabe von Aminosäuren an das Blut, die zusammen mit dem Glycerin in der Leber in die **Glukoneogenese** einfließen und trotz der schon sehr hohen Blutzuckerkonzentration zur **Glukoseabgabe** ins Blut führen.

Periphere Körperzellen verstoffwechseln die Blutglukose jedoch aufgrund des hohen Blutfettsäurespiegels nicht effizient. Stattdessen gewinnen sie Energie aus den reichlich im Blut vorhandenen Fettsäuren, da bei einer verstärkten Aufnahme und Oxidation von Fettsäuren Zwischenprodukte wie Acetyl-CoA und Citrat entstehen, die den Abbau von Glukose inhibieren (> 19.3.5). Zusätzlich ist bei Insulinmangel weder die Glykogensynthese im Muskel und in der Leber noch die TAG-Synthese in den Adipozyten stimuliert und die GLUT4-Translokation in den Muskel- und Fettzellen vermindert. In Summe zeigen periphere Körperzellen daher eine **reduzierte Aufnahme und Verwertung von Glukose,** sodass der Blutzuckerspiegel weiter ansteigt (> Abb. 24.8).

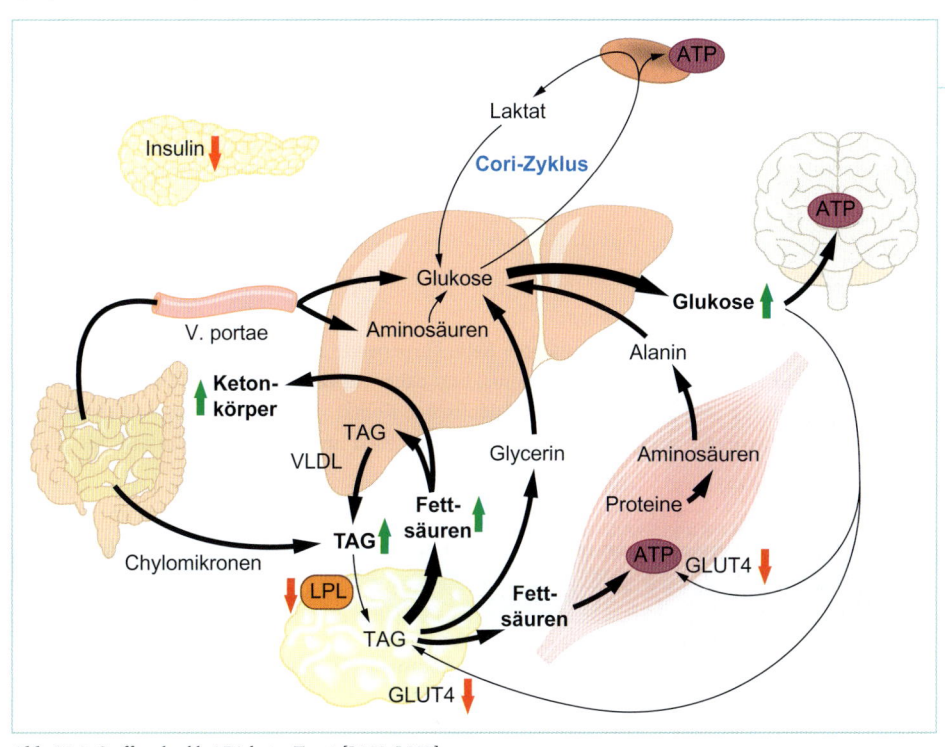

Abb. 24.8 Stoffwechsel bei Diabetes Typ 1 [L138, L307]

Hohe Blutfettsäurekonzentrationen bewirken in der Leber die Bildung von VLDL und Ketonkörpern. Die Leber nimmt dazu Fettsäuren aus dem Blut auf und verestert einen Teil zu TAG, die sie in Form von **VLDL** wieder ins Blut abgibt. Da das Fettgewebe aufgrund des Insulinmangels weniger Lipoprotein-Lipase exprimiert, verbleiben die VLDL sowie auch die mit Nahrungslipiden gefüllten Chylomikronen länger im Blut und die **TAG-Werte steigen.**

Der andere Teil der in die Leber aufgenommenen Fettsäuren wird bei der β-Oxidation unter Bildung von NADH zu Acetyl-CoA abgebaut. NADH wirkt als allosterischer Inhibitor der Isocitrat- und der α-Ketoglutarat-Dehydrogenase und bremst die Aktivität des Citratzyklus, der zusätzlich verlangsamt wird, da die aktive Glukoneogenese ihm Oxalacetat entzieht. Bei Insulinmangel wird Acetyl-CoA auch nicht im Rahmen des Citrat-Shuttles ins Zytoplasma transportiert, da die Fettsäuresynthese im Zytoplasma inhibiert ist. Als Folge staut sich Acetyl-CoA in den Lebermitochondrien an und dient zur Synthese von **Ketonkörpern**, die über Monocarboxylattransporter ans Blut abgegeben werden (> 20.1.8). Diese transportieren Ketonkörper im Symport mit einem Proton ins Blut, sodass eine Ansäuerung des Bluts von einem normalen pH-Wert von 7,4 auf lebensbedrohliche Werte um oder sogar unter 7,0 auftreten kann und eine **Ketoazidose** entsteht.

Aus Studentensicht

Stoffwechsel bei Diabetes Typ 1

Ohne Insulin laufen permanent **Lipolyse, Proteolyse** und **Glukoneogenese** ab, sodass keine Metaboliten gespeichert werden.
Periphere Zellen nehmen weniger Glukose auf, verwerten sie schlechter und tragen so zu einem hohen Blutzuckerspiegel bei.

ABB. 24.8

Bei **hohen Blutfettkonzentrationen** nimmt die Leber Fettsäuren aus dem Blut auf und gibt sie als TAG verestert in Form von VLDL wieder ab. Wegen des Insulinmangels und der damit schwach exprimierten Lipoproteinlipase verbleiben die VLDL länger im Blut und die **TAG-Werte** steigen.
NADH, das durch die β-Oxidation der Fettsäuren entsteht, hemmt den Citratzyklus, der durch den Entzug von Oxalacetat für die Glukoneogenese zusätzlich geschwächt wird.
Die hohen Mengen an Acetyl-CoA führen zur verstärkten **Ketonkörpersynthese.** Es kann zu einer Ketoazidose kommen.

Aus Studentensicht

Die verstärkt ablaufende **Lipolyse** bei Diabetes Typ 1 beruht nicht auf einer mangelnden Energieversorgung mit Glukose, sondern auf dem **Insulinmangel** und der erhöhten Adrenalinkonzentration, die den ungebremsten Lipidabbau ermöglichen.

Ketonkörper und **Glukose** sind osmotisch aktiv und ziehen Wasser aus den Körperzellen in die Gefäße. Die Niere, die das Blut filtriert, hat nur eine begrenzte Reabsorbsorptionskapazität, sodass Glukose und Ketonkörper mit dem Urin ausgeschieden werden und zusätzlich Wasser mitziehen. Diese **osmotische Diurese** führt zu einem starken Wasser- und Elektrolytverlust. Zusätzlich können die Ketonkörper eine metabolische Azidose (hier: **Ketoazidose**) verursachen.
Die ungebremste Lipolyse führt zu einem **Gewichtsverlust**.

Ketoazidotisches Coma diabeticum

Für die Symptome eines **ketoazidotischen Komas** sind sowohl die osmotische Diurese, die zu starkem Flüssigkeitsmangel führen kann, als auch die Ketoazidose verantwortlich.

TAB. 24.4

24 STOFFWECHSELINTEGRATION: WIE PASST DAS ALLES ZUSAMMEN?

Anders als häufig angenommen wird die Symptomatik des Diabetes Typ 1 nicht durch eine mangelnde Energieversorgung insulinsensitiver Gewebe ausgelöst. Obwohl GLUT4 bei Diabetes Typ 1 an der Oberfläche der Muskel- und Fettzellen stark reduziert ist, können diese Gewebe dennoch über andere GLUT-Transporter wie GLUT1 Glukose aufnehmen. Die Körperzellen sind durch die hohe Konzentration an Glukose, TAG und Fettsäuren im Blut sogar über die Maßen mit Energie versorgt. Die **Lipolyse** im Fettgewebe wird nicht durch einen Energiemangel peripherer Gewebe, sondern durch den **Insulinmangel** und die erhöhte **Adrenalinkonzentration** ausgelöst.

Da **Glukose** und **Ketonkörper** osmotisch aktiv sind, kommt es zu einem Ausstrom von Wasser und Elektrolyten aus den Körperzellen. Ab einer Blutglukosekonzentration von ca. 10 mmol/l (180 mg/dl) wird Glukose nicht mehr vollständig von der Niere reabsorbiert, sondern zusammen mit Wasser und Elektrolyten über den Urin ausgeschieden (= **Glukosurie**). Dadurch kommt es zu einem ausgeprägten Flüssigkeits- und Elektrolytverlust (= **osmotische Diurese**), der eine intra- und extrazelluläre Dehydratation bedingt. Auch Ketonkörper werden bei hohen Blutketonkörperwerten verstärkt mit dem Urin ausgeschieden (= **Ketonurie**).

Typische Symptome sind daher starker Durst (**Polydipsie**), vermehrtes Wasserlassen (**Polyurie**) und eine allgemeine **Leistungsschwäche**. Die Glukosurie und die ungebremste Lipolyse im Fettgewebe führen zu einer starken **Gewichtsabnahme**. Seltener treten Sehstörungen oder aufgrund des Elektrolytverlusts Wadenkrämpfe auf. Wird ein Typ-1-Diabetes nicht erkannt und durch Insulingabe therapiert, kommt es zu Bewusstseinseintrübung bis hin zum **Coma diabeticum**.

> **FALL**
>
> **Die kleine Laura: Diabetes Typ 1**
>
> Die Symptome bei Laura werden durch eine diabetische Ketoazidose ausgelöst. Lauras fruchtig riechender Atem bei über fünffach erhöhten Zuckerwerten im Blut ist auf die starke Ketonkörperproduktion zurückzuführen. Dadurch atmet sie verstärkt Aceton ab und ihr Atem nimmt den dafür typischen Geruch an. Charakteristisch für eine diabetische Ketoazidose ist auch die vertiefte und geräuschvolle Kußmaul-Atmung, mit welcher der Körper versucht, die Azidose durch verstärkte Abatmung von CO_2 zu kompensieren. Außerdem verursachen die stark erhöhten Blutglukose- und Ketonkörperkonzentrationen im Blut von Laura eine osmotische Diurese. Laura musste daher ständig zur Toilette. Aufgrund des Insulinmangels werden ihre Lipidspeicher nicht mehr aufgefüllt, sondern ständig abgebaut und sie verliert trotz steter Nahrungszufuhr an Gewicht. Dieses Stoffwechselungleichgewicht führt zu einer Belastung, die Laura weiter zugesetzt hat: Sie war immer müde.

Ketoazidotisches Coma diabeticum

Bei Typ-1-Diabetikern verursachen die erhöhten Ketonkörperwerte zusätzlich zur osmotischen Diurese eine **metabolische Azidose**. Kommt es zum Koma, liegt daher ein **ketoazidotisches Coma diabeticum** vor (➤ Abb. 24.9). Für die Symptome des ketoazidotischen Komas sind sowohl die osmotische Diurese als auch die Ketoazidose verantwortlich. Es entwickelt sich innerhalb von Stunden bis Tagen (➤ Tab. 24.4).

Tab. 24.4 Stoffwechsel bei unbehandeltem Diabetes Typ 1

	Blut	Leber	Adipozyten	Periphere Gewebe (v. a. Muskel)	Gehirn
Kohlenhydratstoffwechsel	• Glukose ≫ 7 mmol/l (Hyperglykämie)	• Glukoneogenese • Abgabe von Glukose	• Reduzierte Glukoseaufnahme	• Reduzierte Glukoseaufnahme	• Aufnahme von Glukose • Energie aus Glukoseoxidation
Lipidstoffwechsel	• Unveresterte Fettsäuren bis zu 4 mmol/l • Ketonkörper bis zu 20 mmol/l • TAG 3–4 mmol/l	• Aufnahme von unveresterten Fettsäuren und β-Oxidation • Ketogenese • Abgabe von Ketonkörpern • VLDL-Synthese und -abgabe ins Blut	• Lipolyse • Abgabe von unveresterten Fettsäuren und Glycerin	• Aufnahme von unveresterten Fettsäuren • Energie v. a. aus β-Oxidation	
Aminosäurestoffwechsel		• Aufnahme von Aminosäuren		• Proteolyse • Abgabe von Alanin und Glutamin ans Blut	

24.5 INSULINMANGEL

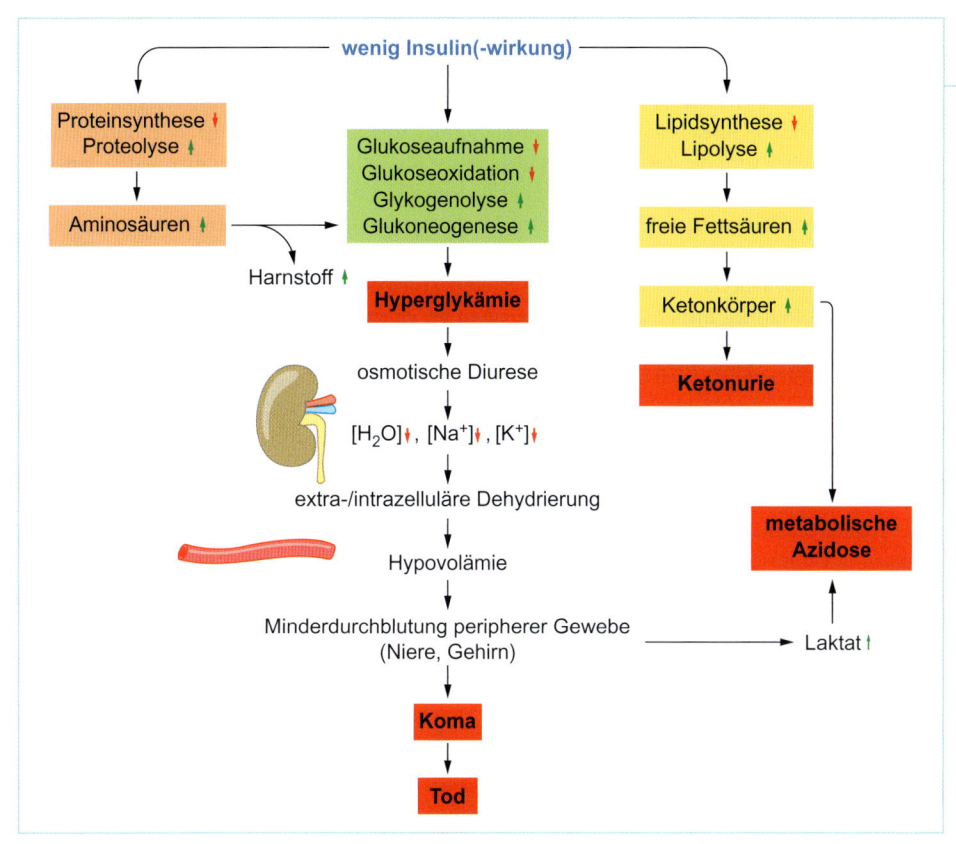

Abb. 24.9 Entstehung des diabetischen Komas bei Insulinmangel [L253]

Die osmotische Diurese verursacht einen **Flüssigkeitsverlust** von 6–8 l und damit verbunden einen massiven Elektrolytverlust. Als Folge kommt es zur Hypovolämie (zu geringes Blutvolumen) und zur Mangelversorgung der peripheren Gewebe, die zum Organversagen führen kann (= hypovolämischer Schock). Aufgrund der verminderten Sauerstoffversorgung steigt die Laktatproduktion der peripheren Gewebe an. Die in ihrer Funktion beeinträchtigte Niere kann die überschüssigen Protonen noch schlechter ausscheiden. Die metabolische Azidose wird dadurch weiter verstärkt und beeinträchtigt viele zelluläre Funktionen. Zusätzlich verursacht sie eine intrazelluläre **Hypokaliämie,** da zum Ausgleich des erhöhten pH-Werts Protonen im Austausch gegen K^+-Ionen in die Zellen transportiert werden. Für Nerven- und Muskelzellen ist diese Situation besonders kritisch, da die hohe Protonenkonzentration beispielsweise die Aktivität der Na^+/K^+-ATPase beeinträchtigt und das Ruhemembranpotenzial der Nervenzellen nicht aufrechterhalten werden kann. Auch spielen K^+-Ionen eine wesentliche Rolle bei der Erregungsbildung und es kann beispielsweise zu Herzrhythmusstörungen kommen.

FALL

Die kleine Laura: Diabetesschulung

Nach einer Woche geht es Laura schon wieder gut, doch sie wird jetzt für immer Insulin substituieren müssen. In einer einwöchigen Schulung lernt ihre Mutter, wie man Kohlenhydrateinheiten berechnet, Blutzucker misst und Insulin spritzt. Das ist alles nicht ganz leicht, denn nicht nur erhöhte Blutzuckerwerte sind gefährlich, sondern auch zu niedrige Werte, wie sie durch falsche Berechnung der Kohlenhydrateinheiten oder zu hohe Dosen Insulin entstehen können. Zudem müssen die körperliche Aktivität und auch die Außentemperatur beachtet werden, alles Faktoren, die den Glukoseverbrauch im Körper und damit den Insulinbedarf beeinflussen.

Therapie

FALL

Die kleine Laura: der Kindergartenausflug

Inzwischen lebt Laura schon fast ein Jahr mit ihrer Krankheit und nun darf sie ohne ihre Mutter mit auf den Kindergartenausflug zum Bauernhof fahren. Ihre Mutter hat vorher mit den Erziehern gesprochen, die Kohlenhydrateinheiten berechnet, die Laura dort essen wird, und die Insulinmengen danach festgelegt. Außerdem haben die Erzieher versprochen, regelmäßig den Blutzucker von Laura zu messen. Um 9.00 Uhr geht es los. Bei schönstem Sommerwetter wird gewandert, im Heu getobt und alle Tiere dürfen ausgiebig gestreichelt werden. Vor lauter Aufregung hat Laura den Müsliriegel, den sie um 11.00 Uhr essen sollte, bei den Hasen vergessen. Plötzlich wird ihr schwindlig, sie ist ganz blass und zittert.
Was ist passiert und wie sollten die Erzieher jetzt am besten vorgehen?

Aus Studentensicht

ABB. 24.9

Da Insulin auch den **Kaliumspiegel** beeinflusst, kann es außerdem zu Störungen des Ruhemembranpotenzials und zu Herzrhythmusstörungen kommen.

Therapie

Aus Studentensicht

24 STOFFWECHSELINTEGRATION: WIE PASST DAS ALLES ZUSAMMEN?

Die **Therapie** eines Typ-1-Diabetes erfolgt durch **Insulingabe**. Meist wird ein lang wirksames basales Insulin mit einem kurz wirksamen Insulin kombiniert, das zu den Mahlzeiten subkutan gespritzt wird.
Die Kunst besteht darin, **Hypoglykämien** durch zu viel Insulin zu vermeiden und andererseits den Blutzuckerspiegel adäquat zu senken.

Ein Typ-1-Diabetes wird durch **Insulingabe** therapiert. Dabei verwendet man rekombinant hergestelltes Insulin (➤ 15.8), das in der Injektionslösung vorwiegend als Hexamer vorliegt. Nach Injektion ins subkutane Gewebe zerfallen diese zu Insulinmonomeren, die ins Blut übertreten und ihre Wirkung entfalten. Durch gezielte Aminosäureaustausche in der Insulinprimärstruktur (Insulinanaloga) oder durch Zugabe bestimmter Zusätze wird die Zerfallsgeschwindigkeit der Insulinhexamere beeinflusst, sodass **langsam und schnell wirksame Insulinpräparate** hergestellt werden können.

Im Rahmen der intensivierten konventionellen Insulintherapie (ICT), auch Basis-Bolus-Therapie genannt, wird meist einmal täglich ein lang wirkendes **Basalinsulin** gespritzt, das den Grundbedarf des Körpers an Insulin abdeckt. Das ist notwendig, da die β-Zellen des Pankreas physiologisch nicht nur bei einem Blutzuckeranstieg Insulin sezernieren, sondern bei einem niedrigen Blutzuckerspiegel unter ca. 4 mmol/l konstant eine geringe Menge Insulin ans Blut abgeben. Diese basale Insulinsekretion hat regulatorische Funktion und drosselt z.B. die Lipolyse im Fettgewebe oder die Glukoseproduktion der Leber. Zusätzlich wird vor den Mahlzeiten oder bei erhöhten Blutzuckerwerten der Blutzucker gemessen und ein kurz wirkendes Insulinpräparat, das **Bolus-Insulin**, injiziert, das schnell ins Blut eintritt und den Blutzuckeranstieg verhindert.

Kritisch ist bei der Insulintherapie die Dosierung des Insulins, da bei einer zu **hohen Insulingabe** eine akute **Hypoglykämie** und damit ein hypoglykämisches Koma ausgelöst werden können. Andererseits begünstigen chronisch erhöhte Blutglukosewerte ab einer Konzentration von dauerhaft über 7 mmol/l Folgeerkrankungen wie Makro- und Mikroangiopathien. Eine Verabreichung des Insulins über eine Insulinpumpe führt häufig zu einer besseren Einstellung der Blutzuckerwerte, da das Basalinsulin kontinuierlich und automatisch in verschiedenen Basalraten verabreicht wird. Das Bolus-Insulin wird nach Selbstmessung des Blutzuckers in der berechneten Dosis ebenfalls über die Pumpe injiziert. Eine Insulinpumpe, die automatisch über ein gekoppeltes Blutzuckermessgerät gesteuert wird (Closed-Loop-System), also dem physiologischen Prinzip der Insulinsekretion entspricht, ist derzeit in Entwicklung.

> **FALL**
>
> **Die kleine Laura: Gefahr des Coma diabeticum**
>
> Laura hat eine Hypoglykämie und sollte sofort aus ihrem Notfallset zwei Stück Traubenzucker und einen kleinen Müsliriegel essen. Dann sollte ihr Blutzucker gemessen werden. Die Messung bei Laura ergibt mit 2,6 mmol/l (48 mg/dl) tatsächlich einen viel zu niedrigen Wert.
> Was ist passiert? Bei Bewegung ist der Glukoseverbrauch höher, zusätzlich ist bei hohen Temperaturen die Hautdurchblutung erhöht und das Insulin wirkt rascher als sonst, da es schneller vom Unterhautfettgewebe ins Blut gelangt. Zusätzlich hat Laura vergessen, den Müsliriegel zu essen. Die von ihrer Mutter berechnete und durch den Erzieher verabreichte Insulinmenge war damit relativ zum tatsächlichen Blutzuckerspiegel zu hoch und verursachte den starken Abfall des Blutzuckerspiegels. Hätte der Erzieher nicht so schnell reagiert, wäre Lauras Blutzuckerspiegel vermutlich noch weiter abgesunken. Ab weniger als 2 mmol/l (36 mg/dl) droht eine Unterversorgung des Gehirns und damit ein hypoglykämisches Koma, das lebensbedrohlich sein kann. Diabetiker sollten daher für den Notfall immer eine schnell absorbierbare Glukosequelle wie Traubenzucker und eine etwas langsamer wirkende wie einen Müsliriegel bei sich tragen.
> Bei Diabetikern kann es zu einem hypoglykämischen oder einem ketoazidotischen Koma kommen. Meist wird ein Typ-1-Diabetes jedoch vor Entstehung eines Komas diagnostiziert und durch Insulingabe therapiert. Aber auch bei bekanntem Diabetes kann es noch zum ketoazidotischen Koma kommen, wenn durch besondere Umstände wie bei Infekten der Insulinbedarf erhöht ist oder wenn zu wenig Insulin gegeben wird. Häufiger kommt es aber wie bei Laura zu einem hypoglykämischen Koma, wenn versehentlich zu viel Insulin gegeben wird.

Zur **Langzeitkontrolle** des Blutzuckers wird der **HbA$_{1c}$-Wert** verwendet. Durch eine nicht-enzymatische Reaktion mit Glukose wird Hämoglobin irreversibel glykiert und bleibt für die Lebensdauer des Erythrozyten (ca. 120 Tage) im Blut nachweisbar.

Zur Langzeitkontrolle der Blutzuckereinstellung wird der **HbA$_{1c}$-Wert** (= Anteil an glykiertem Hämoglobin) gemessen. **Glykiertes Hämoglobin** entsteht, weil die Carbonylgruppe der Glukose spontan mit Aminogruppen anderer Moleküle wie Hämoglobin unter Ausbildung einer stabilen kovalenten Bindung, der Schiff-Base, reagiert. In Abgrenzung zur enzymkatalysierten Glykosylierung wird dieser Vorgang als nicht-enzymatische Glykierung bezeichnet. Der Anteil an glykiertem Hämoglobin (= HbA$_{1c}$) ist von der Blutglukosekonzentration abhängig. Da Hämoglobin eine Halbwertszeit von ca. 120 Tagen besitzt, wird der HbA$_{1c}$-Wert als Maß für den durchschnittlichen Blutzuckerwert der vergangenen 2–3 Monate verwendet (= Langzeit-Blutzuckerwert). Ist er stark erhöht, kann daraus geschlossen werden, dass auch die Glykierung anderer Moleküle und das damit verbundene Risiko für Folgeerkrankungen verstärkt sind.

> **FALL**
>
> **Die kleine Laura: Blutzuckergedächtnis HbA$_{1c}$**
>
> In der Kinder-Diabetes-Ambulanz sehen Sie Laura und ihre Mutter regelmäßig alle drei Monate. Sie bestimmen dann u.a. immer Lauras HbA$_{1c}$-Wert. Lauras Mutter vertraut Ihnen an, dass sie diesen Tag immer fürchtet, da der HbA$_{1c}$-Wert ihr Aufschluss darüber gibt, wie gut oder schlecht sie die Blutzuckerwerte ihrer Tochter kontrolliert. „Ich versuche doch immer alles ganz genau zu kalkulieren, aber es gibt einfach so viele Einflüsse, die man mit einbeziehen muss: Wie viel bewegt sich Laura, ist Schultag oder sind Ferien, wann steht sie auf, wie viele Kohlenhydrateinheiten hat der Kuchen vom Schulfest …" Trotz bester Bemühungen ist Lauras Wert wieder bei 8 % und nicht wie gewünscht unter 7 %.
> Lauras Mutter ist verzweifelt, denn sie weiß, dass der HbA$_{1c}$-Wert angibt, wie stark das Hämoglobin glykiert ist. Normalerweise liegt dieser Wert bei 4,5–6,0 % (26–42 mmol/mol). Bei Diabetespatienten sollte er einen Wert von 7 % (53 mmol/mol) nicht überschreiten.

In der Diabetes-Schulung hat Lauras Mutter gelernt, dass diese Glykierung von Proteinen und Folgereaktionen zu Advanced Glycation End Products (AGE) für die gefürchteten Diabetes-Spätfolgen wie Nierenschäden, Netzhautprobleme und erhöhtes Risiko für Arteriosklerose verantwortlich sind. „Ich fühle mich, als hätte ich eine Sechs im Zeugnis bekommen. Dabei bin ich doch jetzt schon nonstop mit Rechnen und Planen beschäftigt. Noch mehr Kontrolle und Laura hätte kein Leben mehr."
Sie schauen alle Aufzeichnungen der Mutter an und erklären ihr: „Wissen Sie, bei manchen Kindern sinken die Werte leider trotz aller Bemühungen nicht unter 8 %."

24.5.3 Diabetes mellitus Typ 2: Insulinresistenz

FALL

Herr Jansen macht keine Diät mehr

Durch seine Diät hatte Herr Jansen zunächst Gewicht verloren und Sie waren sehr zufrieden. Als er jetzt in Ihre Praxis kommt, ist ein halbes Jahr vergangen, in dem Sie ihn nicht gesehen haben. „Ich weiß schon, was Sie jetzt sagen! Ich hab wieder mein altes Kampfgewicht, wissen Sie, ich hatte so viel Stress in der Arbeit, dann kam Weihnachten und zum Schwimmen konnte ich mich gar nicht mehr motivieren. Außerdem ist ein Leben ohne Mousse au Chocolat einfach nichts für mich. Aber jetzt hat mich irgendein fieses Virus erwischt, ich bin so schlapp, muss ständig aufs Klo und hab so einen Juckreiz, der mich in den Wahnsinn treibt. Vielleicht habe ich mir während des Urlaubs in China was eingefangen?"
Was hat Herr Jansen?

Circa 95 % aller Diabetespatienten leiden an einem **Diabetes Typ 2**. In Deutschland ist die Prävalenz (Anteil der Erkrankten) für Typ-2-Diabetes in den letzten Jahren angestiegen und liegt inzwischen für Erwachsene bei 7–8 %. In der Altersgruppe der über 70-Jährigen liegt die Prävalenz sogar bei über 20 %. Diabetes Typ 2 wird daher auch Altersdiabetes genannt. **Adipositas** gilt als **Hauptrisikofaktor** für einen Typ-2-Diabetes.
Ein Typ-2-Diabetes entsteht durch das gleichzeitige Auftreten einer Insulinresistenz und einer Insulinsekretionsstörung. Während die Insulinresistenz durch verhaltensbedingte Faktoren wie Übergewicht und Bewegungsmangel ausgelöst wird, ist die Insulinsekretionsstörung vermutlich auf genetische Faktoren zurückzuführen.
Beim Vorliegen einer **Insulinresistenz** ist die Insulinsignaltransduktion der Körperzellen, insbesondere der Leber- und Muskelzellen, beeinträchtigt, sodass diese Zellen vermindert auf ein Insulinsignal ansprechen. Um den Blutzucker trotz Insulinresistenz konstant zu halten, wird eine erhöhte Menge an Insulin durch das Pankreas sezerniert (= **Insulinhypersekretion**). Bei einigen übergewichtigen Patienten bleibt dieser Zustand lebenslang erhalten und es kommt nicht zur Ausprägung von Symptomen des Typ-2-Diabetes. Bei anderen gehen die überbelasteten β-Zellen des Pankreas vermutlich aufgrund einer polygenetischen Prädisposition nach und nach in Apoptose. Dadurch nimmt die Insulinproduktion kontinuierlich ab (= **Insulinsekretionsstörung**) und der Blutzucker kann nicht mehr ausreichend reguliert werden. Die Patienten leiden an einem **relativen Insulinmangel**. Über Jahre entwickelt sich langsam eine **Hyperglykämie** und somit ein Diabetes mellitus Typ 2.

Entstehung von Insulinresistenz und -sekretionsstörung

Die Entstehung der Insulinresistenz ist bisher nicht vollständig verstanden. Da Insulinresistenz jedoch stark mit **Übergewicht**, v.a. der Menge an viszeralem Fettgewebe, korreliert, wird zur Abschätzung des Diabetesrisikos der Einfachheit halber die Waist-to-Hip-Ratio (Taille-Hüft-Verhältnis) bestimmt.
Fettzellprodukte wie Fettsäuren, Adipokine und Zytokine setzen vermutlich die Insulinsensititvität peripherer Gewebe herab und lösen dadurch eine Insulinresistenz aus. Das **viszerale Fettgewebe** besitzt im Vergleich zu subkutanem Fettgewebe eine niedrigere Insulinsensitivität. Fettsäuren werden daher nach einer Mahlzeit erst bei einer höheren Blutlipidkonzentration gespeichert. Zusätzlich weist das viszerale Fettgewebe eine hohe basale Lipolyseaktivität sowie eine relativ hohe Konzentration an β-adrenergen Rezeptoren auf. Ein Übermaß an viszeralem Fettgewebe korreliert daher mit **erhöhten Konzentrationen an unveresterten Fettsäuren** im Blut. Bei chronisch erhöhten Blutfettsäurewerten kommt es in Leber und Muskel zu einer vermehrten Aufnahme von Fettsäuren und zur Ablagerung von TAG (= **ektope Fettspeicherung**), welche die Insulinsensitivität von Muskel- und Leberzellen herabsetzen. Zusätzlich wirken **Stoffwechselprodukte von Fettsäuren** wie Diacylglycerin **inhibierend auf die Insulinsignaltransduktion** und erniedrigen die Insulinsensitivität weiter. Dadurch wird beispielsweise weniger GLUT4 in die Plasmamembran der Muskelzellen eingebaut und die Glukoseaufnahme gedrosselt. Vermutlich ist die Verminderung der Insulinsensitivität bei Substratüberangebot ein Schutzmechanismus der Zellen vor unkontrollierten intrazellulären Schäden durch Anhäufung von zellschädigenden Stoffwechselprodukten bei erhöhten Glukose- und Fettsäurekonzentrationen (= Gluko- und Lipotoxizität).
Das Fettgewebe reguliert physiologisch die Insulinsensitivität von Muskel- und Leberzellen durch die Sekretion **insulinsensitivierender Hormone** wie **Adiponektin**. Da bei Übergewicht die Adiponektinsekretion der Adipozyten erniedrigt ist, wird die Insulinresistenz der peripheren Gewebe weiter verstärkt.

Aus Studentensicht

24.5.3 Diabetes mellitus Typ 2: Insulinresistenz

95 % aller Diabetespatienten leiden an einem **Typ-2-Diabetes**. Die Prävalenz in Deutschland beträgt 7–8 %, ab dem 70. Lebensjahr sogar über 20 %.
Hauptrisikofaktor ist **Übergewicht**. Typ-2-Diabetes entsteht durch eine Kombination von **Insulinresistenz**, ausgelöst durch verhaltensbedingte Faktoren, und genetisch bedingter **Insulinsekretionsstörung**.
Bei einer Insulinresistenz sprechen die Zellen schlechter auf Insulin an, sodass eine erhöhte Menge ausgeschüttet wird. Bei Patienten, die einen Diabetes Typ 2 entwickeln, gehen die β-Zellen des Pankreas vermutlich unter dieser Belastung in Apoptose und es kommt zu einem Insulinmangel.
Über die Jahre entwickelt sich eine **Hyperglykämie**. Die Ketonkörper bleiben normwertig.

Entstehung von Insulinresistenz und -sekretionsstörung

Übergewicht und die Menge an viszeralem Fettgewebe gelten als **Risikofaktoren** für eine Insulinresistenz, da die Menge an viszeralem Fettgewebe und die Konzentration unveresterter Fettsäuren im Blut korrelieren.
Diese erhöhten Blutfettwerte führen zu einer **ektopen Fettspeicherung**, welche die **Insulinsensitivität** von Muskel- und Leberzellen reduziert. Zusätzlich inhibieren Fettstoffwechselmetaboliten die Insulinsignaltransduktion.

Adiponektin, ein insulinsensitivierendes Hormon, ist bei Übergewicht erniedrigt. Außerdem kommt es zu einer **chronischen Entzündungsreaktion** mit Ausschüttung von proinflammatorischen Zytokinen.

Aus Studentensicht

ABB. 24.10

Ein Zustand erhöhter Insulinresistenz wird auch als **Prä-Diabetes** bezeichnet.

Zur **Kompensation** der reduzierten Insulinsensitivität produziert das Pankreas verstärkt Insulin. Diese gesteigerte Synthese verursacht in den β-Zellen ER-Stress, der zur fortschreitenden Apoptose führt. Die vom Fettgewebe produzierten Zytokine sind ebenfalls am β-Zell-Untergang beteiligt.

Reicht die Insulinproduktion nicht mehr aus, um die Insulinresistenz zu kompensieren, entwickelt sich ein **relativer Insulinmangel** und damit ein Diabetes Typ 2.

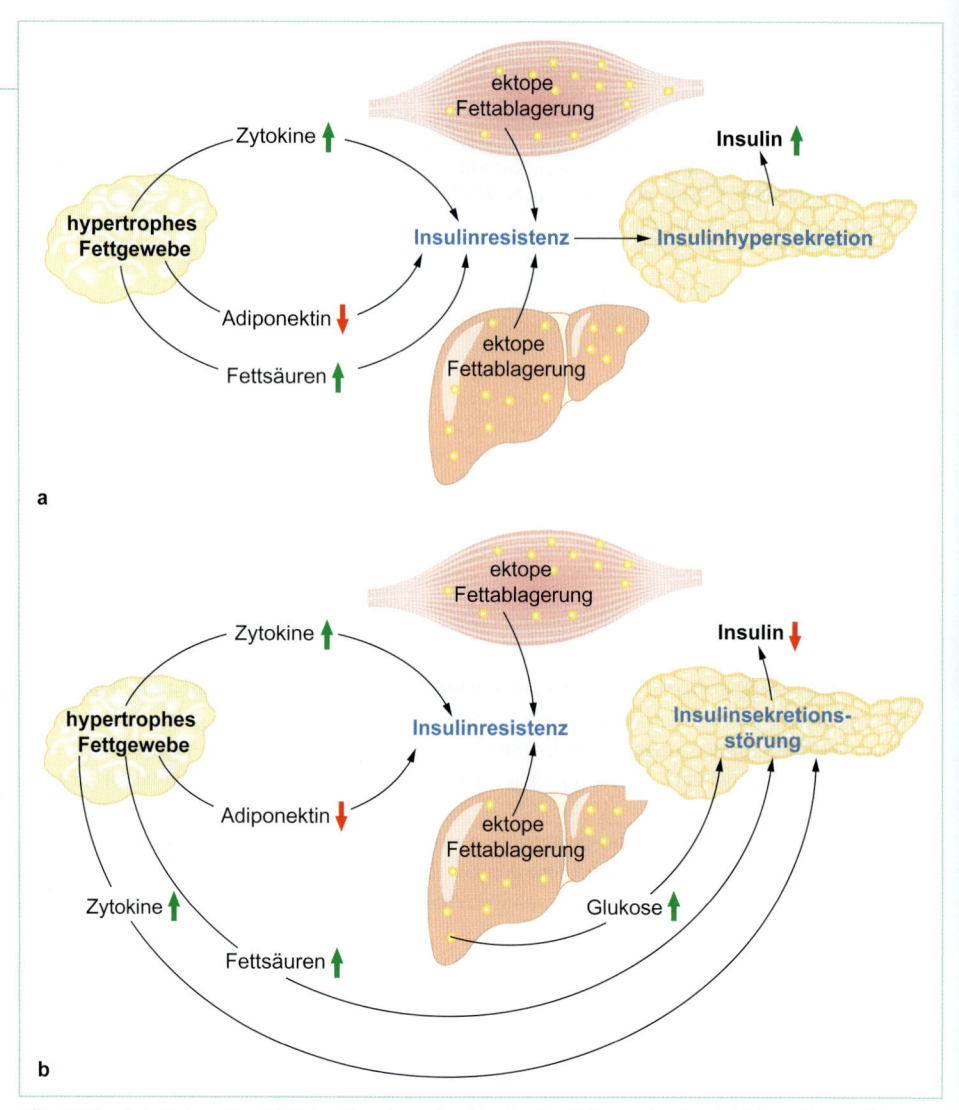

24 STOFFWECHSELINTEGRATION: WIE PASST DAS ALLES ZUSAMMEN?

Abb. 24.10 a Prä-Diabetes Typ 2: Die Insulinresistenz bewirkt eine Insulinhypersekretion. **b** Diabetes Typ 2: relativer Insulinmangel aufgrund von Insulinresistenz und Insulinsekretionsstörung. [L138]

Zusätzlich kommt es bei Übergewicht zu einer **chronischen Entzündung des Fettgewebes** mit einer gesteigerten Sekretion **proinflammatorischer Zytokine** wie TNFα. Diese Zytokine lösen eine Signalkaskade aus, die eine Modifikation und damit Inhibition der Proteine der Insulinsignaltransduktion bewirkt und so zur Insulinresistenz beiträgt.

Der Zustand erhöhter Insulinresistenz wird als Vorstufe des Typ-2-Diabetes, als **Prä-Diabetes**, angesehen, da sich daraus häufig ein Typ-2-Diabetes entwickelt (> Abb. 24.10a).

Um den Blutzuckerspiegel trotz reduzierter Insulinsensitivität konstant zu halten, reagiert das Pankreas mit einer gesteigerten Insulinproduktion (= **Insulinhypersekretion**), die mit einem Größenzuwachs und einer Vermehrung der β-Zellen einhergeht. Zum **relativen Insulinmangel** und damit zu den Symptomen des Typ-2-Diabetes kommt es, wenn die Kapazität zur Insulinsynthese aufgrund der Apoptose der β-Zellen abnimmt (= **Insulinsekretionsstörung**). Für die Entstehung eines Typ-2-Diabetes ist relevant und genetisch determiniert, ob und wie schnell die Kapazitätsminderung der β-Zellen eintritt.

Da die Insulinsynthese in β-Zellen des Pankreas bereits im physiologischen Stoffwechsel einen erheblichen Anteil der Gesamtproteinsynthese ausmacht, verursacht eine gesteigerte Insulinsynthese ER-Stress. Dieser kann zusammen mit der erhöhten Gluko- und Lipotoxizität zur fortschreitenden **Apoptose der β-Zellen** führen. Zusätzlich wird angenommen, dass auch die proinflammatorischen Zytokine des Fettgewebes bei Übergewicht am Untergang der β-Zellen beteiligt sind. Sobald die Insulinsynthese des Pankreas nicht mehr ausreicht, um die Insulinresistenz zu kompensieren, steigt der Blutzuckerspiegel an und es entwickeln sich über einen Zeitraum von mehreren Jahren die Symptome des Typ-2-Diabetes (= relativer Insulinmangel) (> Abb. 24.10b).

24.5 INSULINMANGEL

Stoffwechsel bei Diabetes mellitus Typ 2

Bei Patienten mit Insulinresistenz und verminderter Insulinsekretion kommt es selbst bei hohem Blutzuckerspiegel in der **Leber** zu **Glykogenolyse, Glukoneogenese** und **Abgabe von Glukose ans Blut.** Gleichzeitig nehmen Muskel- und Fettgewebe aufgrund der reduzierten Insulinsensitivität auch bei hohem Blutzuckerspiegel weniger Glukose auf. Die Folge ist eine **Hyperglykämie.** Da aber immer noch eine Restmenge an Insulin gebildet und damit ein zu starker Anstieg der Blutfettsäurekonzentration verhindert wird, wird typischerweise kein Anstieg der Ketonkörperproduktion beobachtet. Dennoch löst die Insulinresistenz im Fettgewebe eine gesteigerte Lipolyse und Fettsäurefreisetzung ins Blut aus. Erhöhte Blutfettsäurekonzentrationen reduzieren die Glukoseverwertung in peripheren Zellen aufgrund des Glukose-Fettsäure-Zyklus und verstärken so die Hyperglykämie zusätzlich. Die Leber nimmt bei hohen Blutfettsäurekonzentrationen vermehrt Fettsäuren auf und bildet verstärkt TAG und VLDL, die ins Blut abgegeben werden und zu einer **Hyperlipidämie** führen (➤ Abb. 24.11).

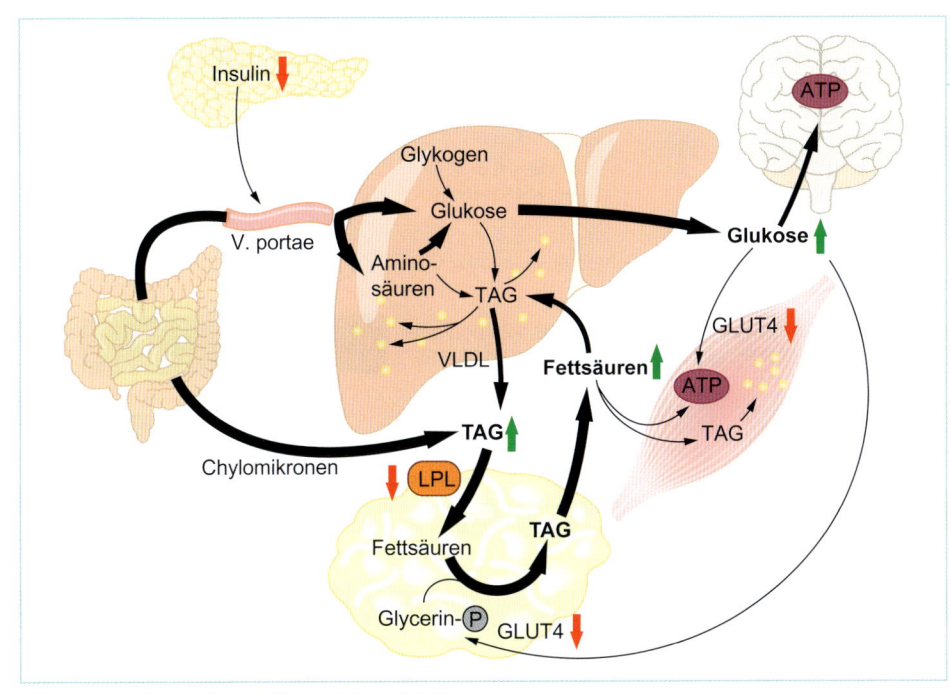

Abb. 24.11 Stoffwechsellage bei Typ-2-Diabetes [L138]

KLINIK

Schwangerschaftsdiabetes

Der Schwangerschaftsdiabetes ist eine erstmals in der Schwangerschaft auftretende Glukosetoleranzstörung, die sich meist nach der Geburt des Kindes wieder normalisiert. Eine etwas gesteigerte Insulinresistenz der Mutter dient vermutlich der besseren Nährstoffversorgung des Fetus, da die mütterlichen Zellen so weniger Nährstoffe aufnehmen.
Bei begründetem Verdacht auf einen Schwangerschaftsdiabetes wird ein oraler Glukosetoleranztest (OGTT) durchgeführt. Dafür wird erst der Nüchternblutzucker bestimmt, dann werden 75 g Glukose in Wasser gelöst eingenommen und nach bestimmten Zeiträumen wird der Blutzucker wieder gemessen. Bei einem Zwei-Stunden-Wert der Glukose von über 8,5 mmol/l (153 mg/dl) ist die Diagnose eines Schwangerschaftsdiabetes gesichert.
In Deutschland leiden etwa 4 % der Schwangeren darunter. Die Tendenz ist steigend. Die Mutter bleibt dabei meist beschwerdefrei, das Risiko für Komplikationen bei Mutter und Kind steigen aber. So werden die Kinder oft überdurchschnittlich groß und die Geburt damit komplizierter. Ursache sind Schwangerschaftshormone wie Plazentalaktogen, Östrogen und Cortisol, die als Gegenspieler des Insulins wirken und zu einer zunehmenden Insulinresistenz führen.

Symptome wie **Polydipsie, Polyurie** und **Leistungseinbußen** entwickeln sich bei einem Typ-2-Diabetes anders als bei Typ-1-Diabetikern meist langsam über einen Zeitraum von Jahren und können daher lange unbemerkt bleiben. Der chronisch erhöhte Glukosespiegel schwächt aufgrund der Toxizität von erhöhten intrazellulären Glukosekonzentrationen auch das Immunsystem (= Glukotoxizität) und führt zu einer erhöhten **Infektanfälligkeit.** Zusätzlich erkranken Patienten mit Typ-2-Diabetes mit erhöhter Wahrscheinlichkeit an **Diabetes-bedingten Folgeerkrankungen** wie der koronaren Herzkrankheit.
Ähnlich wie beim Typ-1-Diabetes, jedoch seltener und ohne Ketoazidose kann es bei Typ-2-Diabetikern zu einem lebensbedrohlichen **hyperosmolaren Koma** kommen. Dabei werden Glukosekonzentrationen von über 30 mmol/l (ca. 600 mg/dl) bis zu 55 mmol/l (ca. 1000 mg/dl), also deutlich höher als beim Typ-1-Diabetes, erreicht. Dies führt zu einer sehr ausgeprägten osmotischen Diurese mit einem lebensbedrohlichen Flüssigkeits- und Elektrolytverlust von 9 l und mehr.

Aus Studentensicht

Stoffwechsel bei Diabetes mellitus Typ 2

Die Insulinresistenz bedingt eine **Glykogenolyse** und **Glukoneogenese** auch bei hohem Blutzuckerspiegel. In Kombination mit der verminderten Glukoseaufnahme in die Gewebe ergibt sich eine **Hyperglykämie.**

Da die Restmenge an Insulin jedoch einen starken Anstieg der Blutfettsäuren verhindert, wird die Ketonkörpersynthese nicht gesteigert.
Die von der Leber verstärkt produzierten TAG und VLDL führen zu einer **Hyperlipidämie.**

ABB. 24.11

KLINIK

Symptome wie **Polydipsie, Polyurie** und **Leistungseinbuße** entwickeln sich bei einem Diabetes Typ 2 oft erst über Jahre und bleiben zunächst unbemerkt. Die erhöhten Glukosespiegel führen zu einer erhöhten **Infektanfälligkeit** (Glukotoxizität) und das Risiko für eine koronare Herzkrankheit steigt.
Kommt es zu einem **hyperosmolaren Koma,** ist dies aufgrund des hohen Flüssigkeitsverlusts oft lebensgefährlich.

Aus Studentensicht

Symptome

Symptome

> **FALL**
>
> **Herr Jansen macht keine Diät mehr: Diabetesdiagnostik**
>
> Aufgrund seines Übergewichts, der Schlappheit, der Polyurie (vermehrte Urinausscheidung) und des Juckreizes haben Sie die Verdachtsdiagnose eines Diabetes Typ 2 im Hinterkopf und folgen dem Diabetesdiagnoseschema, nach dem zunächst der HbA_{1c}-Wert bestimmt wird.
>
> Bei Herrn Jansen wird ein HbA_{1c}-Wert von 7,1% gemessen, sodass die Diagnose eines Diabetes gestellt werden kann. Bei einem Wert < 6,5 % wäre zur Abklärung noch ein Nüchternblutzucker oder ein oraler Glukosetoleranztest (OGTT) nötig gewesen. Wenn Herr Jansen einen normalen HbA_{1c}-Wert gehabt hätte, aber die Nüchternblutzuckerwerte (Nüchternplasmaglukose, NPG) von 7 mmol/l (126 mg/dl) oder der OGTT nach zwei Stunden noch 11 mmol/l (198 mg/dl) überstiegen hätten, wäre die Diagnose Diabetes eindeutig gewesen.
>
> Symptome des Diabetes (d.h. Gewichtsverlust, Polyurie, Polydipsie) und/oder erhöhtes Diabetesrisiko 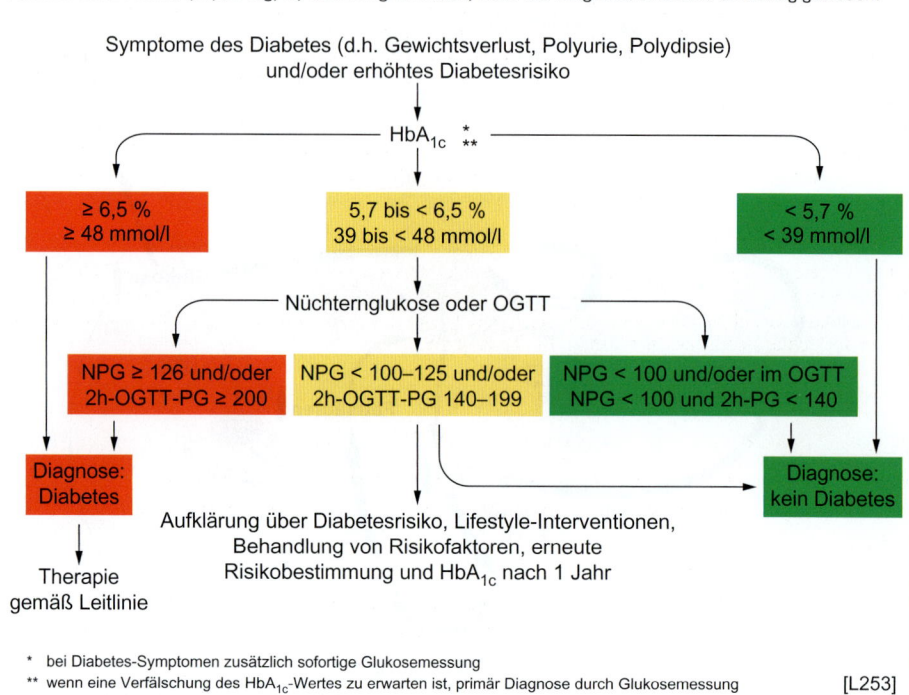
>
> HbA_{1c} *, **
>
> - ≥ 6,5 % / ≥ 48 mmol/l → NPG ≥ 126 und/oder 2h-OGTT-PG ≥ 200 → **Diagnose: Diabetes** → Therapie gemäß Leitlinie
> - 5,7 bis < 6,5 % / 39 bis < 48 mmol/l → Nüchternglukose oder OGTT → NPG < 100–125 und/oder 2h-OGTT-PG 140–199 → Aufklärung über Diabetesrisiko, Lifestyle-Interventionen, Behandlung von Risikofaktoren, erneute Risikobestimmung und HbA_{1c} nach 1 Jahr
> - < 5,7 % / < 39 mmol/l → NPG < 100 und/oder im OGTT NPG < 100 und 2h-PG < 140 → **Diagnose: kein Diabetes**
>
> * bei Diabetes-Symptomen zusätzlich sofortige Glukosemessung
> ** wenn eine Verfälschung des HbA_{1c}-Wertes zu erwarten ist, primär Diagnose durch Glukosemessung [L253]

Therapie

Die **Therapie** eines Typ-2-Diabetes beginnt oft mit einer Schulung, bei der die Patienten zu gesunder Ernährung, körperlicher Aktivität und Gewichtsreduktion angehalten werden. Führen Änderungen des Lebensstils nicht zum gewünschten HbA_{1c}-Zielwert, werden orale Antidiabetika verordnet. Mittel der Wahl ist hier Metformin, das meist gut verträglich ist, zur Gewichtsreduktion führt und keine Hypoglykämie als Nebenwirkung hat.

Wird auch damit der Zielwert nicht erreicht, wird eine Kombinationstherapie mit anderen oralen Antidiabetika oder Insulin begonnen.

Therapie

Ein Typ-2-Diabetes wird meist mehrstufig therapiert. Zunächst wird versucht, den Lebensstil der Patienten durch Ernährungsumstellung und Steigerung der **körperlichen Aktivität** zu verändern. Rauchern wird zusätzlich zu einer Tabakentwöhnung geraten. Ziel ist eine gesunde Lebensweise und bei Übergewicht eine **Gewichtsreduktion**.

Führen diese lebensstilmodifizierenden Maßnahmen nicht zu einer Reduktion des HbA_{1c}-Werts, wird in der nächsten Therapiestufe zusätzlich eine **medikamentöse Monotherapie** mit **Metformin** verordnet. Metformin ist Mittel der ersten Wahl, da es die Hyperglykämie reduziert und zusätzlich den Lipidstoffwechsel positiv beeinflusst und damit das Risiko für Folgeerkrankungen erniedrigt. Gleichzeitig ist Metformin i.d.R. gut verträglich, löst keine Hypoglykämien aus und führt nicht zur Gewichtszunahme. Der genaue Mechanismus der Metforminwirkung ist vielfältig und bisher noch nicht vollständig aufgeklärt. Metformin wirkt leicht inhibitorisch auf die Aktivität von Komplex I der Atmungskette. Dies führt zu einem leicht erniedrigten Verhältnis von ATP zu AMP und ADP und bewirkt in der Leber eine Reduktion der Glukoneogenese, die auf ATP angewiesen ist. Auch kommt es zur Aktivierung der AMP-abhängigen Protein-Kinase, welche die Oxidation von Fettsäuren stimuliert, sodass weniger Fettsäuren in die TAG-Synthese einfließen. Glukose- und VLDL-Abgabe der Leber sinken dadurch leicht. Zusätzlich wird die Insulinresistenz, die u. a. durch hohe intrazelluläre Fettsäure- und TAG-Spiegel ausgelöst wird, in insulinsensitiven Geweben wie der Leber, dem Skelettmuskel und den Adipozyten erniedrigt, sodass die Glukoseaufnahme in diese Gewebe steigt und dadurch die Hyperglykämie weiter abnimmt. Metformin inhibiert auch leicht die mitochondriale Glycerin-3-phosphat-Dehydrogensae, wodurch das intrazelluläre Verhältinis von NADH zu NAD^+ verschoben und in der Leber das Einschleusen von Glycerin und Laktat in die Glukoneogense erschwert wird, sodass die Glukoneogeserate weiter abnimmt. Durch Veränderung der Zusammensetzung der Darmflora bewirkt Metfomin u. a. eine verminderte Glukoseaufnahme im Darm.

Führt auch die Metformingabe zu keiner Verbesserung der HbA_{1c}-Werte, wird eine **Kombinationstherapie** mit verschiedenen Antidiabetika und/oder eine **Insulintherapie** eingeleitet. Als Antidiabetika kommen dabei neben Metformin Substanzen wie Sulfonylharnstoffe, Agonisten des Glukagon-like Peptide-1-Rezeptors (GLP-1), Inhibitoren der Dipeptidylpeptidase 4 (DPP-4) oder des Natrium-Glukosetransporters 2 (SGLT-2) zum Einsatz. Sulfonylharnstoffe steigern die Insulinsekretion des Pankreas unabhängig von der Höhe des Blutzuckerspiegels. Als unerwünschte Nebenwirkung können daher Hypoglykämien ausgelöst werden. GLP-1-Rezeptor-Agonisten imitieren das Darmhormon GLP-1 und DPP-4-Hemmer verzögern den Abbau von GLP-1, das die Insulinsekretion bei erhöhtem Blutzuckerspiegel steigert und die Magenentleerung verzögert. Damit wird die Kohlenhydratverdauung verlangsamt und die Glukagonsekretion reduziert. So verhindern beide Wirkstoffe einen Anstieg des Blutzuckerspiegels bei erhöhtem Blutzucker. SGLT-2-Hemmer reduzieren die Glukosereabsorption der Niere und steigern so die Glukoseausscheidung.

> **FALL**
>
> **Herr Jansen macht keine Diät mehr: Therapie des Typ-2-Diabetes**
>
> Herrn Jansens starkes Übergewicht hat die Ausbildung einer Insulinresistenz begünstigt, die sein Pankreas zunächst mit immer höheren Insulindosen ausgeglichen hat, nun aber nicht mehr kompensieren kann. Gewichtsreduktion und ausgewogene Ernährung können dazu beitragen, die Symptome des Typ-2-Diabetes zu mildern, und beugen Langzeitschäden vor. Sie raten Herrn Jansen daher dringend zu einer Kur und zum Verzicht auf Mousse au Chocolat.
> Ihrem Rat folgend bucht er sich in eine spezielle Kurklinik für Diabetiker ein. Dort erlernt und übt er eine alltagstaugliche gesunde Ernährung und trifft viele Leidensgenossen. Bei einigen ist der Typ-2-Diabetes bereits so weit fortgeschritten, dass er medikamentös behandelt werden muss. Viele Patienten erhalten Metformin zur Reduktion der Glukoseproduktion der Leber, einige zusätzlich auch Sulfonylharnstoffe zur Stimulation der Insulinsekretion. Sogar Patienten mit Altersdiabetes, die Insulin spritzen müssen, trifft er. Das spornt ihn an, sein Gewicht durch Abnehmen und Sport in den Griff zu bekommen. Außerdem hat er eine sehr motivierende Ernährungsberaterin. Diszipliniert isst er so gesund wie noch nie, macht Sport und als die drei Wochen vorbei sind, scheint er nicht nur eine neue Lebensweise, sondern auch eine neue Frau für sich gewonnen zu haben. Mit einer Ernährungsberaterin an seiner Seite könnte er es schaffen, seinen Blutzucker auch ohne Medikamente in den Griff zu bekommen.

24.5.4 Langzeitschäden bei Diabetes mellitus

Neben akuten Komplikationen wie Ketoazidose und Hypoglykämie entwickeln sich bei beiden Diabetes-mellitus-Typen durch chronisch erhöhte Glukose- und Lipidwerte Langzeitschäden wie Veränderungen an kleinen (= **Mikroangiopathie**) und großen Gefäßen (= **Makroangiopathie**).
Das Ausmaß der Mikroangiopathie korreliert direkt mit dem Ausmaß der chronischen Hyperglykämie. Erhöhte Glukosekonzentrationen führen zu einer gesteigerten nicht enzymatischen **Glykierung von Proteinen**. Diese kann die Funktion des glykierten Proteins beeinträchtigen. Folgeprodukte der glykierten Proteine aktivieren RAGE (Receptor for Advanced Glycation Endproducts) auf Endothel- und inflammatorischen Zellen. Dadurch wird die Bildung von reaktiven Sauerstoffverbindungen (ROS) und proinflammatorischen Zytokinen ausgelöst. Zusätzlich verursachen die erhöhten Fettsäure- und Glukosekonzentrationen Zellschäden, da Endothelzellen verstärkt Fettsäuren und Glukose aufnehmen und toxische Stoffwechselprodukte entstehen (= Gluko- und Lipotoxizität). So kommt es beispielsweise zu einem vermehrten Einbau von gesättigten Fettsäuren in die Phospholipide der ER-Membran und damit zu einem Verlust der ER-Integrität. Bei erhöhten Glukosekonzentrationen wird über den Polyol-Weg vermehrt Fruktose gebildet (> 19.5.3), die sich in Zellen anhäuft und osmotisch wirksam ist. Zusätzlich entstehen aus Glykolyseintermediaten verstärkt reaktive Stoffwechselprodukte wie Methylglyoxal, die zelluläre Proteine und die DNA schädigen können. Methylglyoxal entsteht dabei spontan aus Dihydroxyacetonphosphat und Glycerinaldehyd-3-phosphat. Zusammen führen diese Schädigungen zu strukturellen Gefäßveränderungen wie Verdickung der subendothelialen Basalmembran, Fibroisierung von Gefäßwänden und einer erhöhten Gefäßpermeabilität. Diese Schädigungen begünstigen die Entstehung von Folgeerkrankungen wie einer Retinopathie, Nephropathie oder Neuropathie.
Bei Insulinmangel oder Insulinresistenz wird weniger NO von Endothelzellen gebildet. NO wirkt vasodilatatorisch und hemmt die Proliferation und Migration von glatten Muskelzellen sowie die Aktivierung von Thrombozyten. Unter anderem kommt es daher bei Diabetes mellitus zur **Makroangiopathie** und zur Entstehung von **Atherosklerose** und damit zu einem erhöhten Risiko, eine koronare Herzkrankheit zu entwickeln.

> **Aus Studentensicht**
>
> **24.5.4 Langzeitschäden bei Diabetes mellitus**
> Chronisch erhöhte Glukose- und Lipidwerte führen zu Langzeitschäden wie **Mikro-** und **Makroangiopathien**.
> Die gesteigerte **Proteinglykierung** führt zu oxidativem Stress und Entzündungsreaktionen, die strukturelle Gefäßveränderungen nach sich ziehen.
> Häufig sind eine Retino-, Nephro- oder Neuropathie die Folge.

> **FALL**
>
> **Herr Jansen 10 Jahre später: Spätfolgen des Diabetes**
>
> Herr Jansen lebt inzwischen seit 10 Jahren mit seinem Diabetes. Leider sind trotz bester Vorsätze seine HbA_{1c}-Werte bei jeder Untersuchung deutlich höher als der empfohlene Wert von 7,0. Er ist einfach nicht diszipliniert genug und verdrängt die schweren Spätfolgen wie einen diabetischen Fuß oder Nierenschäden, bis er eines Tages feststellt, dass er Sehschwierigkeiten hat. Der Augenarzt stellt Netzhautschäden fest: eine proliferative Retinopathie und ein Makulaödem. Schuld sind die strukturellen Gefäßveränderungen, die Mikroangiopathie, deren Ausmaß mit der Höhe des HbA_{1c} korreliert. Die ersten Veränderungen sind Mikroaneurysmen der Kapillaren, die zu intraretinalen Blutungen führen (= nichtproliferative Retinopathie). Durch weitere Gefäßveränderungen kommt es zunehmend zur lokalen Hypoxie, die wiederum eine erhöhte Ausschüttung des vaskulären Wachstumsfaktors (VEGF, Vascular Endothelial Growth Factor) bedingen. Es kommt zur Neubildung von Gefäßen – der Übergang in die proliferative Retinopathie. Die Gefäßschäden bedingen auch eine erhöhte Durchlässigkeit und es kommt zum Anschwellen der Region um die Stelle des

Aus Studentensicht

schärfsten Sehens, einem Makulaödem. Herr Jansen bekommt VEGF-Inhibitoren in den Glaskörper des Auges gespritzt, um das Fortschreiten der Retinopathie durch eine weitere Neubildung von Gefäßen zu verhindern. Allerdings ist eine Verbesserung seiner Sehleistung nicht mehr zu erwarten. Wäre er regelmäßig zu der empfohlenen augenärztlichen Untersuchung gegangen, hätte die beginnende Retinopathie frühzeitig erkannt und beispielsweise durch eine Laserkoagulation verhindert werden können, bei der schadhafte Gefäße verödet werden.

Die vollständige Erblindung als Folge einer diabetischer Retinopathie betrifft nur 2–3/1000 Patienten, ist allerdings die häufigste Ursache der Erblindung im Erwachsenenalter. Regelmäßige augenärztliche Untersuchungen sind deshalb bei jedem Diabetiker unerlässlich.

24.6 Muskelaktivität

24.6.1 Energiequellen des Muskels

In Ruhe hydrolysiert der Skelettmuskel ATP für basale Zellvorgänge wie die Aktivität der Na^+/K^+-ATPase oder die Proteinbiosynthese. **Muskelaktivität** ist mit einem bis zu 100-fach **gesteigerten Energieverbrauch** verbunden. Die intrazelluläre ATP-Konzentration verändert sich jedoch auch bei Muskelaktivität nur geringfügig, da ATP effizient regeneriert wird. Als Energiequelle stehen dem Muskel dafür die muskeleigenen Energiespeicher **Kreatinphosphat**, **Muskelglykogen** und **Muskel-TAG** sowie **Glukose** und **Fettsäuren** aus dem Blut zur Verfügung (> Abb. 24.12). Der Abbau von Aminosäuren im Rahmen der Energiegewinnung spielt bei Muskelaktivität hingegen im Vergleich zur Energie aus Glukose- oder Fettsäure-Oxidation eine untergeordnete Rolle.

24.6 Muskelaktivität

24.6.1 Energiequellen des Muskels
Muskelaktivität ist mit gesteigertem Energieverbrauch (ATP-Hydrolyse) verbunden.

ABB. 24.12

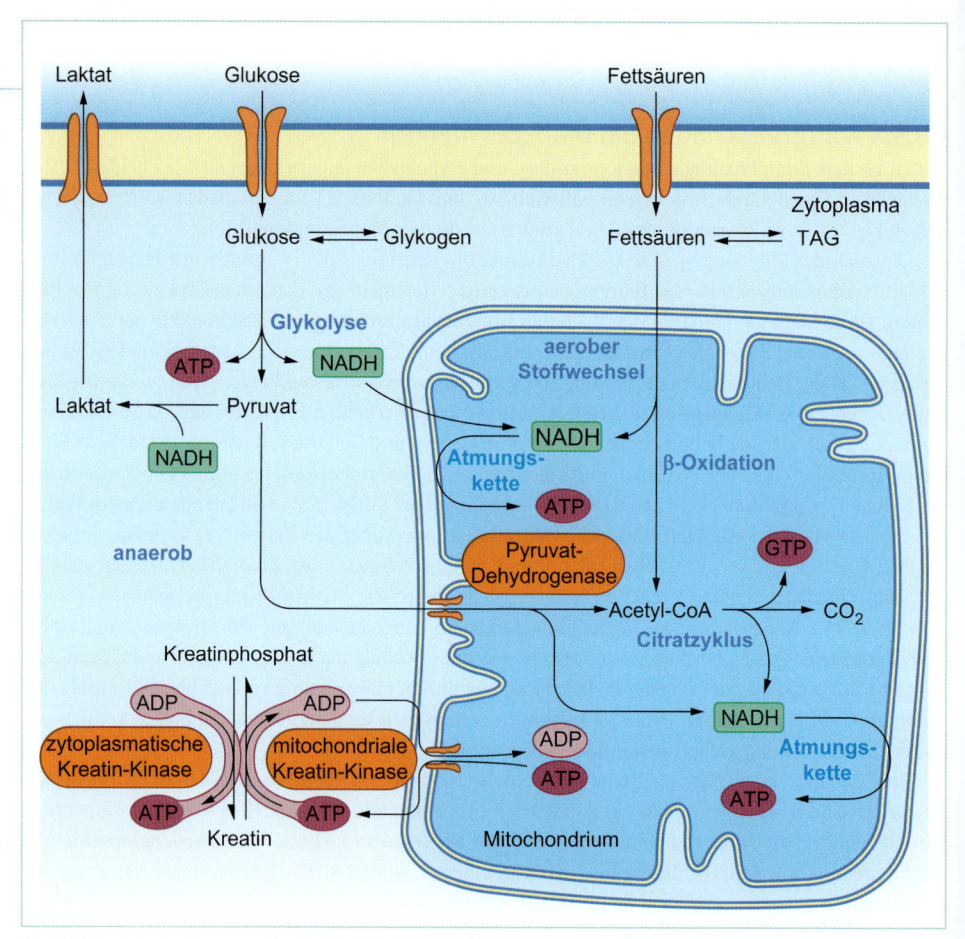

Abb. 24.12 ATP-Synthesewege des Skelettmuskels [L253, L307]

Diese Energiequellen können im Muskel in verschiedenen Stoffwechselwegen abgebaut werden. Sie unterscheiden sich hinsichtlich der Geschwindigkeit, mit der aus ihnen ATP synthetisiert wird, und in der absoluten ATP-Menge, die aus ihnen gewonnen werden kann (= Kapazität). Die **Geschwindigkeit der ATP-Synthese** bestimmt, welche Leistung der Skelettmuskel bei maximaler Arbeit erbringen kann. Je schneller die ATP-Synthese abläuft, desto höher ist die **Leistung** des Muskels. Die **Kapazität** der ATP-Synthese bestimmt hingegen die maximale **Dauer** der Muskelarbeit (> Tab. 24.5).

Energiequellen sind Kreatinphosphat, Glykogen, TAG, Glukose und Fettsäuren.
Die **Geschwindigkeit**, mit der daraus ATP generiert werden kann, variiert und bestimmt die erbringbare Leistung.
Die **Kapazität** der ATP-Synthese bestimmt die mögliche Dauer der Muskelarbeit.

24.6 MUSKELAKTIVITÄT

Tab. 24.5 Maximale ATP-Syntheseleistung verschiedener Stoffwechselwege im Skelettmuskel. Die Reaktionsgleichungen sind nicht stöchiometrisch ausgeglichen.

Vorgang	Maximale ATP-Synthesegeschwindigkeit (mmol/s)	Ausbeute	Kapazität (mmol ~ P)*	Zeitfenster**
ATP			220	
Kreatinspeicher: Kreatinphosphat→ Kreatin	73	1 ATP/Kreatinphosphat	450	Bis 10 s
Anaerobe Glykolyse aus Muskelglykogen: Glukose-6-phosphat → Laktat	39	3 ATP/Glukose-6-phosphat	7 000	10 s bis ca. 2 min
Aerobe Glukoseoxidation aus Muskelglykogen: Glukose-6-phosphat + O_2 → CO_2 + H_2O	17	> 30 ATP pro Glukose-6-phosphat (= ca. 5 ATP/C-Atom)	84 000	2 min bis 1–2 h
Aerobe Fettsäureoxidation: FS + O_2 → CO_2 + H_2O	7	> 100 ATP pro Palmitat (= ca. 6,5 ATP/C-Atom)	4 000 000	Ab 1–2 h

* ~ P: Aktivierte Phosphatgruppe/Phosphat in einer energiereichen Bindung. Zum Vergleich: Bei einem Marathon werden in etwa 150 000 mmol ~P benötigt.
** Typisches Zeitfenster der ATP-Bereitstellung nach Belastungsbeginn aus primär dieser Quelle bei maximaler Leistung.

24.6.2 100-m-Sprint: Kreatinphosphat

Maximale Leistung vollbringt der Muskel nur, solange er ATP aus dem Stoffwechselweg mit der höchsten Synthesegeschwindigkeit gewinnt. Ist der Energieträger dieses Stoffwechselwegs verbraucht, steigert sich der Abbau des Energieträgers, aus dem ATP mit der nächsthöchsten Synthesegeschwindigkeit gewonnen werden kann. Die Leistung des Muskels verringert sich entsprechend. Ein Energielieferant wird dabei nicht erst komplett aufgebraucht, bevor ein neuer angegriffen wird, sondern die ATP-Synthesewege laufen zeitweise parallel ab.

Die schnellste ATP-Synthesegeschwindigkeit besitzt das **Kreatinphosphatsystem** (> 21.10). ATP wird in einer einzigen Reaktion im Zytoplasma und im Skelettmuskel damit in unmittelbarer Nähe zum Ort des Verbrauchs aus Kreatinphosphat gebildet (> Abb. 24.13). Dabei überträgt die zytoplasmatische Kreatin-Kinase einen Phosphatrest von Kreatinphosphat direkt auf ADP und es entstehen Kreatin und ATP. Angetrieben wird die Reaktion durch die Konzentrationsverhältnisse der Substrate und Produkte (> 3.1.4). Während eines Sprints regeneriert das Kreatinphosphatsystem ATP, sodass die ATP-Konzentration in der Zelle trotz intensiver Leistung nur geringfügig absinkt. Die Kreatinphosphatkonzentration nimmt dabei deutlich ab. Sobald die maximale Leistung des Muskels beendet ist und ATP über andere Stoffwechselwege regeneriert wird, kommt es zur Regeneration von Kreatinphosphat, indem die im Intermembranraum lokalisierte mitochondriale Kreatin-Kinase einen Phosphatrest von ATP auf Kreatin überträgt.

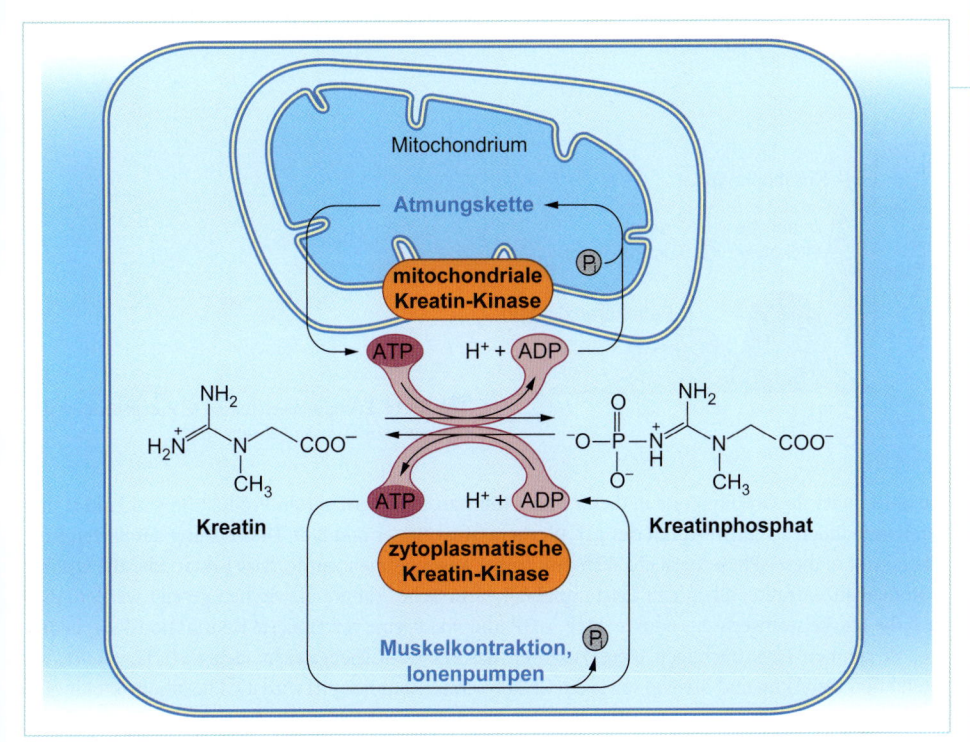

Abb. 24.13 ATP-Synthese aus Kreatinphosphat [L307]

Aus Studentensicht

TAB. 24.5

24.6.2 100-m-Sprint: Kreatinphosphat

Nur bei höchster ATP-Synthesegeschwindigkeit ist eine maximale Muskelleistung möglich. Es wird daher immer der nächstschnellere Abbauweg zugeschaltet, wenn eine Energiequelle erschöpft ist.
Das **Kreatinphosphatsystem** besitzt die schnellste ATP-Synthesegeschwindigkeit. Ein Phosphatrest wird direkt auf ADP übertragen.

ABB. 24.13

Aus Studentensicht

Die Kapazität des Kreatinphosphats ist jedoch gering und ermöglicht theoretisch eine maximale Muskelkontraktion von nur ca. 4 Sekunden. Daher wird schon nach 1–2 Sekunden die **anaerobe Glykolyse** zugeschaltet.
Kreatinphosphat wird somit in den ersten etwa 10 Sekunden maximaler Muskelkontraktion abgebaut.
Die maximale Muskelaktivität wird hauptsächlich über schnelle **Typ-II-Muskelfasern** generiert.

● **KLINIK**

24.6.3 400-m-Lauf: anaerobe Glykolyse
Nach ca. **10 Sekunden** ist die **anaerobe Glykolyse** der Hauptproduzent von ATP im Muskel.

● **ABB. 24.14**

Die Glykogenvorräte nehmen aufgrund der hohen anaeroben und zunehmenden aeroben Glykolyserate schnell ab. Das entstehende **Laktat** führt zu einem Abfall des pH-Werts.

---

24 STOFFWECHSELINTEGRATION: WIE PASST DAS ALLES ZUSAMMEN?

Während die ATP-Synthese aus Kreatinphosphat besonders schnell ist, ist die Konzentration und damit auch die **Kapazität** von Kreatinphosphat **gering.** Kreatinphosphat allein würde theoretisch eine maximale Muskelkontraktion für ca. 4 Sekunden ermöglichen. In vivo wird der Vorrat an Kreatinphosphat im Muskel jedoch nicht so schnell verbraucht, da schon **nach 1–2 Sekunden** die **anaerobe Glykolyse** von Glukose-6-phosphat aus Muskelglykogen als zusätzliche ATP-Quelle genutzt wird (➤ 19.3.3).
Die Geschwindigkeiten der anaeroben Glykolyse und der Glykogenolyse steigen in den folgenden Sekunden stark an, da es zu einer allosterischen Aktivierung der Schrittmacherenzyme kommt. So stimulieren Ca^{2+}-Ionen in der Muskelzelle nicht nur die Kontraktion, sondern auch die Phosphorylase-Kinase, die die Glykogen-Phosphorylase aktiviert (➤ 19.4.3). Zusätzlich akkumulieren bei intensiver Muskelarbeit AMP und P_i und aktivieren die Glykogen-Phosphorylase, die Phosphofruktokinase-1 und die AMP-abhängige Protein-Kinase, welche die Phosphofruktokinase-2 und damit ebenfalls die Glykolyse stimuliert.
Während die Muskelkontraktion, die Glykogenolyse und die verstärkte Glykolyse durch die Erhöhung der Calciumkonzentration per Nervenimpuls – also sehr schnell – ausgelöst werden, wird die gesteigerte Sauerstoffversorgung des Muskels durch Stoffwechselprodukte des Muskels sowie hormonell und damit deutlich langsamer ausgelöst. In den ersten Sekunden einer Muskelaktivität kommt es daher zu einem Sauerstoffmangel im Muskel, sodass aerobe Stoffwechselwege die ATP-Synthese nicht unterstützen können. In Summe dominiert somit Kreatinphosphat in den ersten 10 Sekunden maximaler Muskelarbeit die ATP-Synthese. In dieser Zeitspanne ist die Leistung des Skelettmuskels maximal und Spitzensportler erreichen im **Sprint** Geschwindigkeiten von über 10 m/s. Die dafür erforderliche Energie wird aus **muskeleigenem ATP, Kreatinphosphat** und **anaerob** aus **Muskelglykogen** gewonnen.

> **KLINIK**
>
> **Der Sprinter: schnelle Muskelfasern**
>
> Eine kurze, aber maximale Muskelaktivität wird hauptsächlich über weiße, **schnelle glykolytische Typ-IIx-Muskelfasern** generiert. Diese zeichnen sich durch einen hohen Gehalt an Muskelglykogen, eine gesteigerte Aktivität der Kreatin-Kinase und der Glykolyse-Enzyme aus. Zusätzlich exprimieren Typ-IIx-Fasern eine Isoform der Myosin-ATPase mit besonders hoher ATP-Hydrolyserate. Der geringe Mitochondrien- und Myoglobingehalt dieser Fasern bedingt die weiße Muskelfarbe.
> Muskeln von Sprintern oder Gewichthebern weisen einen besonders hohen Anteil an Typ-IIx-Muskelfasern auf. Der Anteil an diesen ist dabei genetisch festgelegt. Bei entsprechendem Training steigert sich der Gehalt an Typ-IIx-Fasern durch Muskelfaserhypertrophie. Dabei kommt es durch die hohe mechanische Belastung der Zellen zur Aktivierung der Protein-Kinase mTOR, die durch Insulin und andere Wachstumsfaktoren sowie die Aufnahme von Aminosäuren wie Leucin verstärkt wird. mTOR aktiviert dann die Synthese von Proteinen und somit das Muskelwachstum.

24.6.3 400-m-Lauf: anaerobe Glykolyse
Nach etwa 10 Sekunden maximaler Leistung ist die Konzentration an Kreatinphosphat im Muskel so weit reduziert, dass die **anaerobe Glykolyse** die Rolle des Haupt-ATP-Produzenten übernimmt. Zusätzlich steigert sich nun kontinuierlich die Menge an ATP, das durch **aerobe Oxidation von Muskelglykogen** regeneriert wird (➤ Abb. 24.14).

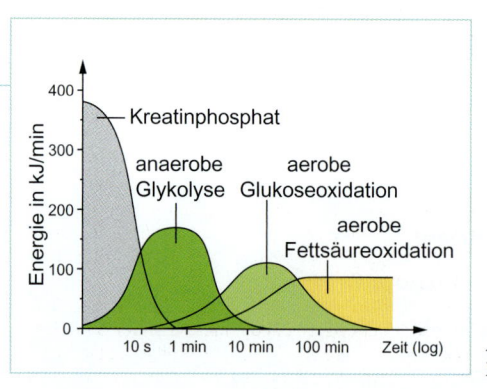

Abb. 24.14 Energiequellen für die ATP-Regeneration des Muskels bei maximaler Leistung [L253]

Die hohe anaerobe Glykolyserate in dieser Phase führt zu einer vermehrten Produktion von **Laktat** und damit verbunden zu einem **Abfall des pH-Werts** in Muskelfaser und Blut. Die Leistung des Skelettmuskels nimmt in dieser Phase stark ab. Während früher angenommen wurde, dass Laktat oder die erhöhte Protonenkonzentration allein den Leistungsabfall verursache, konnte inzwischen gezeigt werden, dass auch die Muskelstoffwechselprodukte AMP, ADP und v. a. P_i eine verminderte Kontraktionskraft bedingen. Zusammen beeinträchtigen diese Faktoren das Na^+/K^+-Gleichgewicht, den Ca^{2+}-Transport, die Interaktion von Aktin und Myosin sowie die Glykolyserate. Zum Beispiel wird die Phosphofruktokinase 1 durch Protonen gehemmt. In einem 400-m- oder 800-m-Lauf werden aus diesen Gründen deutlich **langsamere Durchschnittsgeschwindigkeiten** erreicht als in einem 100-m-Sprint. Bei einer zu hohen Anfangsgeschwindigkeit kann die Kontraktionskraft des Muskels während des Laufes so stark beeinträchtigt werden, dass zu schnell gestartete Läufer auf der Zielgeraden noch vielfach überholt werden (➤ 19.3.3).

Bei einem langsameren Start wird ein höherer Anteil der Energie durch aeroben Stoffwechsel gewonnen, sodass weniger leistungsmindernde Produkte des anaeroben Stoffwechsels akkumulieren.

24.6.4 1000–10 000-m-Lauf: aerobe Glukoseoxidation

Bei sportlichen Aktivitäten von möglichst hoher Intensität und einer Dauer über zwei Minuten stellt die **aerobe Glukoseoxidation aus Muskelglykogen** den größten Anteil an ATP bereit. Der Wechsel von der anaeroben zur aeroben Glykolyse ist notwendig, um einerseits die Entstehung einer Azidose zu verhindern und andererseits den Abbau der Glykogenspeicher, der bei anaerober Glykolyse sehr rasch erfolgt, zu drosseln. So führt der Wechsel zur **aeroben Energiegewinnung** zu einer erheblichen **Effizienzsteigerung**. Während aus Muskelglykogen durch anaerobe Glykolyse pro Glukose-6-phosphat 3 ATP gewonnen werden, sind es bei aerober Glykolyse über 30 ATP (➤ Tab. 24.5).

Die aerobe Glukoseoxidation umfasst eine Vielzahl an Reaktionen; neben Glykogenolyse und Glykolyse sind die Pyruvat-Dehydrogenase-Reaktion, der Citratzyklus und die Atmungskette beteiligt. Daher ist die Geschwindigkeit der ATP-Synthese im Vergleich zur anaeroben Glykolyse reduziert. Die durchschnittlichen Laufgeschwindigkeiten in einem 1 500-m- oder 5 000-m-Lauf sind daher im Vergleich zum 400-m-Lauf noch einmal niedriger (➤ Abb. 24.15).

Aus Studentensicht

24.6.4 1000–10 000-m-Lauf: aerobe Glukoseoxidation

Ab einer Dauer von 2 Minuten und bei hoher Intensität stellt die **aerobe Glykolyse** von Muskelglykogen den größten ATP-Anteil bereit. Der Wechsel zur aeroben Glykolyse verhindert eine Laktatazidose und schont den Glykogenvorrat. Zudem ist die aerobe Glykolyse wesentlich **energieeffizienter**.

ABB. 24.15

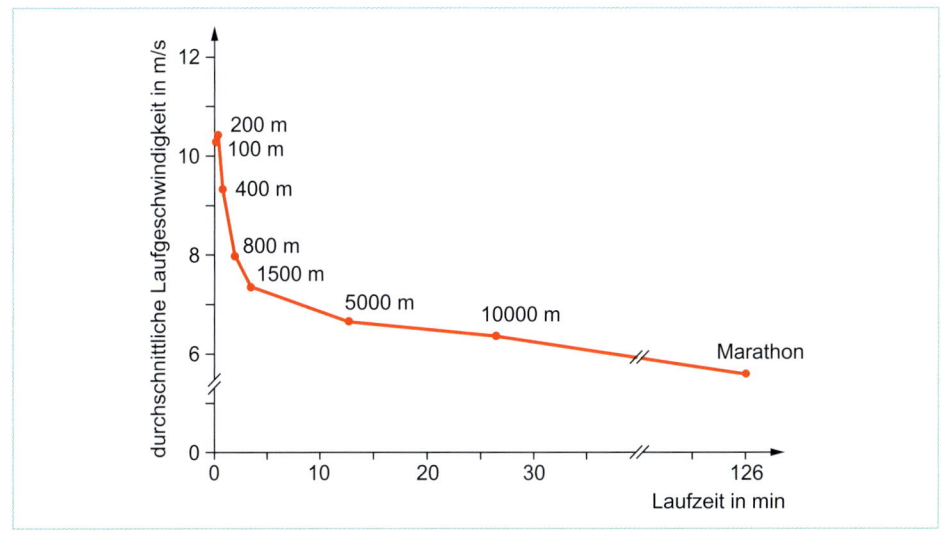

Abb. 24.15 Maximale Laufgeschwindigkeiten bei unterschiedlichen Laufstrecken [L253]

Zur Leistungssteigerung gewinnt der Muskel auch bei länger andauernden Aktivitäten von hoher Intensität einen Teil des ATP über anaerobe Glykolyse. Diese läuft also auch unter aeroben Bedingungen ab. Das dabei gebildete Laktat wird entweder durch benachbarte Muskelfasern oder andere Gewebe wie den Herzmuskel zu Pyruvat und weiter zu CO_2 oxidiert oder von der Leber zur Glukoneogenese verwendet. Übersteigt die Laktatproduktion im Muskel den Laktatabbau im Körper, kommt es zu einem Anstieg der Laktatkonzentration und einem pH-Abfall im Blut (= **Laktatazidose**; ➤ 19.3.3).

KLINIK

KLINIK

Laktattest

In Ruhe beträgt die Laktatkonzentration im Blut etwa 1 mmol/l. Bei starker körperlicher Belastung steigt die anaerobe Glykolyserate im Muskel und es wird vermehrt Laktat ins Blut freigesetzt. Dadurch kann die Laktatkonzentration im Blut auf bis zu 25 mmol/l ansteigen. Damit gibt die Laktatkonzentration Auskunft über das Ausmaß der anaeroben Glykolyse bei körperlicher Belastung.

Mithilfe eines Laktattests wird gemessen, ob ein Sportler im aeroben oder anaeroben Bereich trainiert. Dazu wird ein Belastungstest durchgeführt, bei dem die Intensität der Leistung in definierten Stufen ansteigt, indem beispielsweise die Geschwindigkeit eines Laufbands stufenweise erhöht wird. Bei jeder Belastungsstufe wird die Laktatkonzentration im Blut gemessen. Wird die Leistung primär durch aeroben Stoffwechsel unterstützt, liegt die Laktatkonzentration im Blut unter 2 mmol/l **(= aerobe Schwelle)**. Bei einer Laktatkonzentration zwischen 2 und 4 mmol/l (= anaerober Grenzbereich) gewinnt der Muskel neben dem aeroben Stoffwechsel vermehrt Energie aus dem anaeroben Stoffwechsel. Da das dabei gebildete Laktat jedoch im Körper kontinuierlich abgebaut wird, pendelt sich zu jeder Belastungsstufe ein bestimmter Laktatwert ein **(= Laktat-Steady-State)**. Erst ab einer Laktatkonzentration von etwa 4 mmol/l **(= anaerobe Schwelle)** wird das Laktat nicht mehr ausreichend schnell abgebaut und es kommt bei einer geringfügigen weiteren Steigerung der Leistungsintensität zu einem starken Anstieg der Laktatkonzentration im Blut. Die anaerobe Schwelle gibt daher Auskunft über die aerobe Leistungsfähigkeit der Testperson. Werden die Herzfrequenz oder die Belastungsintensität gegenüber der Laktatkonzentration in einem Diagramm aufgetragen **(= Laktatleistungskurve)**, lässt sich die genaue Laktatkonzentration der individuellen anaeroben Schwelle bestimmen, da an diesem Punkt die Steigung der Kurve deutlich zunimmt. Durch Training kann es zu einer Verschiebung der anaeroben Schwelle zu höheren Belastungsintensitäten bzw. Herzfrequenzen hin und damit zu einer Leistungssteigerung kommen.

Aus Studentensicht

24.6.5 Ausdauerleistung: aerobe Glukose- und Fettsäureoxidation
Eine Ausdauerleistung kann nur durch **aerobe Oxidation** von Glukose und Fettsäuren erbracht werden.
Die kontinuierliche Sauerstoff- und Nährstoffzufuhr erfolgt über eine intensivierte Atmung und eine gesteigerte Durchblutung.

Das **Substratangebot** entscheidet über die mögliche Intensität der Muskelleistung. Nach einer **Mahlzeit** wird vorrangig Glukose verstoffwechselt.
Bei **niedrig intensiver** Ausdauerleistung werden überwiegend Fettsäuren aus dem Plasma zur Energiegewinnung herangezogen. Bei **anhaltender mittlerer** Intensität werden Glukose und Fettsäuren parallel verstoffwechselt.

ABB. 24.16

24.6.5 Ausdauerleistung: aerobe Glukose- und Fettsäureoxidation

Eine **Ausdauerleistung** über mehrere Stunden erfordert eine lang andauernde Muskelaktivität, die nur durch **aeroben Abbau von Fettsäuren und Glukose** unterstützt werden kann. Der Muskel ist in dieser Situation auf eine **kontinuierliche Zufuhr von Sauerstoff** und **Nährstoffen** aus dem Blut angewiesen. Daher wird bei Muskelaktivität der Sympathikus aktiviert und Adrenalin ausgeschüttet. Dies führt zu einer Erhöhung des Herzzeitvolumens, einer intensivierten Skelettmuskeldurchblutung sowie einer gesteigerten Lipolyse im Fettgewebe und einer verstärkten Glukoseabgabe der Leber, die zusätzlich durch Glukagon aktiviert wird. Gleichzeitig ist die Atmung aufgrund des CO_2- und Protonenanstiegs im Blut bei Muskelaktivität intensiviert. Die Versorgung des Muskels mit Sauerstoff, Glukose und Fettsäuren sowie der Abtransport von CO_2 und Laktat sind somit bei Ausdauerleistung erhöht.

Im Muskel verursacht die Muskelaktivität einen Konzentrationsanstieg von AMP und dadurch bedingt eine Aktivierung der AMP-abhängigen Protein-Kinase, die insulinunabhängig den Einbau von zusätzlichen GLUT4- und Fettsäuretransportern in die Zellmembran stimuliert (= aktivitätsinduzierte Translokation). So wird eine verstärkte Aufnahme von Glukose und Fettsäuren in den Muskel ermöglicht. Welche dieser **Energiequellen** der Muskel bei Ausdauerleistung bevorzugt verwendet, entscheiden sowohl das **Substratangebot** in Muskel und Blut als auch die **Intensität** der Muskelleistung.

Das Substratangebot wird einerseits durch die Nahrungsaufnahme beeinflusst und ist andererseits durch die Glykogenreserven des Körpers limitiert. **Nach einer Mahlzeit,** solange der Blutzuckerspiegel erhöht ist, verstoffwechselt der Muskel bei Leistungen von niedriger oder moderater Intensität aufgrund des erhöhten Glukoseangebots verstärkt **Plasmaglukose.** Dieser Vorgang wird durch Insulin unterstützt. Insulin fördert den Einbau von GLUT4 in die Plasmamembran von Skelettmuskelzellen und damit die Aufnahme von Glukose. Zusätzlich aktiviert Insulin im Muskel die Acetyl-CoA-Carboxylase, deren Produkt Malonyl-CoA den Import von Fettsäuren in das Mitochondrium und somit die β-Oxidation von Fettsäuren inhibiert. Sobald sich der Blutzuckerspiegel normalisiert hat, sinkt die Insulinkonzentration und die hemmende Wirkung von Insulin auf den Abbau von Fettsäuren lässt nach. Bei einem niedrigen Insulinspiegel ist die Lipolyse im Fettgewebe aktiv, sodass das Substratangebot an unveresterten Fettsäuren im Blut ansteigt.

Bei einer **Ausdauerleistung** von **niedriger Intensität** verstoffwechselt der Muskel nun vorrangig **Fettsäuren** aus dem Plasma, die durch kontinuierliche Lipolyse im Fettgewebe bereitgestellt werden. Bei einer Ausdauerleistung von **mittlerer Intensität** gewinnt der Muskel Energie durch **parallele Fettsäure- und Glukoseoxidation** (> Abb. 24.16). Die Leistungssteigerung wird durch aerobe Glukoseoxidation erreicht, durch die ATP schneller als bei der Oxidation von Fettsäuren synthetisiert wird. Zusätzlich verwendet der Muskel bei erhöhten Intensitäten verstärkt muskeleigene Energiequellen, die schneller mobilisiert werden können. So stammen bei Ausdauerleistungen mittlerer Intensität die Fettsäuren vermehrt aus muskeleigenen TAG-Speichern und die Glukose wird verstärkt in Form von Glukose-6-phosphat aus Muskelglykogen mobilisiert.

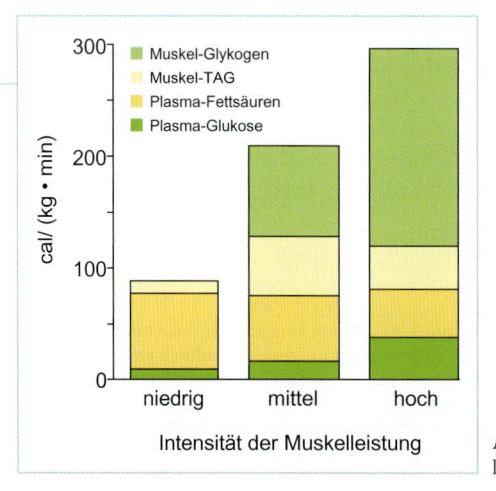

Abb. 24.16 Energiequellen des Muskels bei unterschiedlich hoher Arbeitsintensität (postabsorptiv) [L253]

FALL

Alfredo und Tim: der Berlin-Marathon – „der Mann mit dem Hammer"

Erinnern Sie sich an das Läuferduo Alfredo und Tim, das für den Berlin-Marathon trainiert (> 19.3.3)? Es ist so weit, Alfredo und Tim treffen sich beim Start des Marathons. Tim scherzt: „Ich warte dann am Ziel auf dich!" Gleich nach dem Startsignal zieht Tim davon. Alfredo läuft mit etwa 6 min/km ein Tempo, von dem er hofft, dass er es bis zum Ende durchhalten kann. Nach 3 km sieht er Tim wieder, er müsse nur ein paar Minuten gehen, dann könne er weiterlaufen. Tim war zu schnell gelaufen und hatte durch die Regeneration des ATP mittels anaerober Glykolyse zu viele Protonen produziert. Während des Gehens kann er genug Sauerstoff aufnehmen und erholt sich schnell wieder. Bei Kilometer 5 zieht er schon wieder an Alfredo vorbei. Sie treffen sich nach der halben Laufdistanz wieder. Alfredo hat durch das lange Training und die mäßige Geschwindigkeit bisher recht viel ATP oxidativ in den Mitochondrien gewinnen können und die Glykogenspeicher in seinen Laufmuskeln sind noch mehr als halb gefüllt. Auch die zuckerhaltigen Getränke, die

24.6 MUSKELAKTIVITÄT

er regelmäßig zu sich nimmt, erhöhen sein Angebot an schnell verfügbarer Energie und schonen seine Glykogenspeicher. Tim dagegen merkt mit dem rasch abnehmenden Glykogen seine Kräfte schwinden. Er ist mit deutlich weniger Glykogen und Mitochondrien in Muskeln und Leber gestartet, sodass die Glykogenvorräte in beiden Organen jetzt kritisch niedrig sind. Einen Kilometer später bricht Tim zusammen. Er kann sich nur noch auf Händen und Füßen kriechend fortbewegen und gibt auf. Der „Mann mit dem Hammer" war gekommen und seine Muskeln konnten nur noch aerob über Fettverbrennung ATP erzeugen. Da Tim im Vergleich zu Alfredo jedoch weniger Mitochondrien hat, kann er selbst so nur wenig ATP produzieren und sich nur noch sehr langsam bewegen. Außerdem ist sein Blutzuckerspiegel gesunken und die zentrale Ermüdung gibt ihm den Rest. Alfredo dagegen kann seine Geschwindigkeit in der zweiten Hälfte sogar noch steigern. Er kommt nach knapp über dreieinhalb Stunden erschöpft, aber glücklich im Ziel an.
Welche Gegenmaßnahmen können einen solchen Leistungseinbruch verhindern?

Eine Ausdauerleistung von **hoher Intensität** erfordert einen noch **höheren Anteil an Glukoseoxidation** aus **Muskelglykogen** und **Plasmaglukose**. Der Glykogenabbau und die Glykolyse werden dabei weniger über die Calciumkonzentration in der Zelle, sondern vorrangig über den Konzentrationsanstieg von P_i, AMP und ADP aktiviert. Da die Glykogenvorräte des Körpers jedoch begrenzt sind, kommt es nach 1–2 Stunden intensiver Leistung zu einer **Erschöpfung der Glykogenvorräte**. In der Folge gewinnt der Muskel Energie überwiegend aus **Fettsäureoxidation**. Dabei nimmt die Leistung des Skelettmuskels auf ca. 50 % der maximalen aeroben Leistungsfähigkeit ab. Der Grund dafür ist in erster Linie die geringere ATP-Syntheserate der Fettsäureoxidation. Zusätzlich befinden sich aber auch die Aktivitäten der Na^+/K^+-Pumpe und der Ca^{2+}-ATPase in räumlicher Nähe zu den Enzymen der Glykolyse und können ihr ATP daher aus dem Glukoseabbau schneller gewinnen. Daher ist nach Erschöpfung der Glykogenvorräte auch die Reizweiterleitung verlangsamt und die Kontraktionskraft des Muskels nimmt ab. Ausdauersportler erfahren deshalb einen deutlichen Leistungsknick, sobald die Glykogenspeicher geleert sind.

Adrenalin und Cortisol stimulieren bei Ausdauerleistungen die Lipolyse im Fettgewebe und die Proteolyse im Muskel. So werden Substrate einerseits für den Muskelstoffwechsel und andererseits für die Glukoneogenese freigesetzt. Nach Erschöpfung der Glykogenreserven dient die Glukoneogenese vorrangig der Glukoseversorgung des Gehirns. Dennoch nimmt der Muskel noch Glukose auf, da auch eine hohe Muskelaktivität vermutlich über die AMP-abhängige Protein-Kinase zu einer Translokation des GLUT4 in die Plasmamembran führt. Der Muskel oxidiert hingegen primär Fettsäuren. Wird die Leistung des Muskels jedoch so weit gesteigert, dass der Muskel zu viel Glukose aus dem Blut aufnimmt und eine Hypoglykämie entsteht, kommt es aufgrund der Minderversorgung des Gehirns zur Bewusstlosigkeit. So beobachtet man manchmal, dass Athleten hinter der Zielgeraden eines Wettkampfs kollabieren.

FALL

Alfredo und Tim: „Carbo-Loading"

Damit die Glykogenreserven bei Tim in Zukunft möglichst lange ausreichen, sollte von Anfang an die Fettsäureoxidation parallel zur Glukoseoxidation ablaufen. Tim sollte daher anfangs mit einer etwas niedrigeren Leistung, die optimal für die Fettsäureoxidation ist, starten und so die Glukoseoxidation maximal ergänzen. Das kann dazu beitragen, dass seine Glykogenspeicher möglichst lange reichen.
„Aber wie kann ich meine Glykogenreserven optimieren?", fragt Tim. Um die Glykogenspeicher maximal zu füllen, müssen sie zunächst geleert werden. „Drei Tage vor dem Marathon machst du noch mal ein erschöpfendes Muskeltraining, um deine Speicher auf ca. 25 % des normalen Werts zu reduzieren. Dadurch wird in den Muskelzellen die Oxidation von Glukose für lange Zeit zugunsten von Fetten gehemmt." Die durch erschöpfendes Training aktivierte AMP-abhängige Protein-Kinase induziert einen massiven Anstieg der Pyruvat-Dehydrogenase-Kinase-Aktivität, sodass der Pyruvat-Dehydrogenase-Komplex inaktiviert wird, der für die Oxidation von Glukose verantwortlich ist (> 19.3.5). „Dann kommen die faulen Nudel-Orgien-Tage, das „Carbo-Loading": Bei deinem Gewicht von 70 kg solltest du die nächsten 1–2 Tage etwa 700 g Kohlenhydrate pro Tag essen und nur wenig Sport machen. All diese Glukose aus den Nudeln wird dann v. a. in deine Glykogenspeicher gesteckt, weil die Glukoseoxidation noch durch das harte, erschöpfende Training gehemmt ist." Die Glukose wird durch den gehemmten Pyruvat-Dehydrogenase-Komplex nicht in den Citratzyklus eingeschleust.

Ausdauertraining führt zu einer Vielzahl an Veränderungen im gesamten Körper. So kommt es beispielsweise zu einer gesteigerten Muskeldurchblutung, einer vermehrten Mitochondrien-Biogenese und einer Zunahme der Enzyme des aeroben Stoffwechsels. Aber auch die Expression der LPL und die Speicherung von TAG im Muskel steigen an. Dadurch werden besonders die **Fähigkeit des Muskels zur Fettsäureoxidation** gesteigert und die **aerobe Energiegewinnung** verbessert. Zusätzlich wird bei gleicher Leistung weniger Glukose oxidiert, die Glykogenreserven werden langsamer reduziert und damit die maximale Dauer intensiver Ausdauerleistung gesteigert.

KLINIK

Der Ausdauersportler: langsame Muskelfasern

Ausdauerleistungen werden vorrangig durch rote, langsame Typ-I-Muskelfasern unterstützt. Dieser Muskeltyp ist stark durchblutet und weist einen hohen Gehalt an dem Sauerstoffspeicher Myoglobin auf, wodurch die rote Färbung hervorgerufen wird. Typ-I-Muskelfasern enthalten besonders viele Mitochondrien, die mit

---

Aus Studentensicht

Eine hochintensive Ausdauerleistung erfordert eine hohe Glykolyserate aus **Glykogen** und **Plasmaglukose**. Da die Glykogenvorräte üblicherweise nach 1–2 Stunden erschöpft sind, kommt es nach dieser Zeit oft zu einem Leistungseinbruch.

Ausdauertraining führt zu gesteigerter Durchblutung, Mitochondriogenese, Zunahme des aeroben Stoffwechsels und effizienterer Fettsäureoxidation.

KLINIK

einem hohen Gehalt an Enzymen des Citratzyklus und der Atmungskette ausgestattet sind. Ihr TAG-Gehalt ist hoch und sie exprimieren verstärkt Lipoprotein-Lipase. Diese Ausstattung befähigt sie zu einer besonders effizienten oxidativen Energiegewinnung aus Fettsäuren.

Typ-I-Muskelfasern werden über kleine α-Motoneurone innerviert, daher kontrahieren sie langsamer, jedoch mit einer längeren Kontraktionszeit und einer geringeren Ermüdungsanfälligkeit als Typ-IIx-Muskelfasern, die über dicke α-Motoneurone innerviert werden. Bei lange anhaltendem Ausdauertraining steigt zum einen die mittlere Calciumkonzentration und zum anderen die AMP-Konzentration in den Muskeln. Beide führt zur Aktivierung von Transkriptionsfaktoren, die z. B. zur Synthese neuer Mitochondrien und somit zur Umwandlung von schnellen in langsame Muskelfasern führen. Die bei langen Trainingszeiten verstärkt aufgenommenen Fettsäuren führen über die Aktivierung von Peroxisom-Proliferator-aktivierten Rezeptoren (PPAR) beispielsweise zur Transkription von Genen der β-Oxidation, was ebenfalls die aerobe Leistungsfähigkeit des Muskels erhöht.

Da der Anteil an Typ-I- oder Typ-IIx-Muskelfasern auch genetisch festgelegt ist, eignen sich manche Menschen eher für einen Ausdauersport und andere für Kraftsportarten von kurzer Belastungsdauer.

24.7 Ethanolstoffwechsel

24.7.1 Ethanolabbau

FALL

Melissa und Hae Kyung auf Klassenfahrt

Sie haben Dienst in der Notaufnahme, als zwei 14-jährige Mädchen mit dem Rettungswagen eingeliefert werden. Melissa ist bewusstlos, Hae Kyung kann sich nicht auf den Beinen halten und erbricht, ist aber ansprechbar. Begleitet werden sie von ihrer völlig aufgelösten Lehrerin. „Ich weiß nicht, wie das passiert ist. Als mich ihre Klassenkameradin Jana holte, war Melissa schon nicht mehr ansprechbar. Hae Kyung haben wir vorsichtshalber auch mitgenommen, denn die Mädchen haben irgendwie eine Flasche Wodka aufs Zimmer geschmuggelt. Oh Gott, das ist alles so furchtbar, sie sind doch noch so jung." Im Labor wird in Melissas Blut eine Alkoholkonzentration von 2,6 Promille und eine Hypoglykämie festgestellt, ihr Kreislauf droht zu versagen. Hae Kyung hingegen geht es zwar weiterhin miserabel, aber ihre Blut-Alkoholkonzentration beträgt lediglich 0,5 Promille.

Wie kann eine Alkoholvergiftung zum Koma führen? Gibt es Unterschiede bei der Verstoffwechselung von Alkohol?

Ethanol gelangt über die Pfortader zur Leber.

Ethanol wird in erster Linie durch alkoholhaltige Getränke aufgenommen und trägt zu einem nicht vernachlässigbaren Anteil zum Energiestoffwechsel bei. Ethanol wird von der Mukosa des oberen **Gastrointestinaltrakts** durch Diffusion absorbiert und gelangt über die V. portae zur **Leber**.

KLINIK

Wie viel Alkohol darf man trinken?

Alkoholhaltige Getränke sind beliebte Genussmittel. Gleichzeitig birgt der Ethanolkonsum ein hohes Suchtpotenzial und führt bei chronisch erhöhtem Konsum zu Schäden an nahezu allen Organen. Die Masse des Alkohols in einem Getränk berechnet sich nach der Formel (➤ Formel 24.1):

$$\text{Ethanolmasse} = \text{Getränkevolumen} \cdot \text{Volumenanteil des Ethanols} \cdot \text{Dichte des Ethanols} \qquad | \text{ Formel 24.1}$$

Oder vereinfacht (➤ Formel 24.2):

$$\text{Alkoholmasse in g} = \text{Getränkevolumen in ml} \cdot \text{Alkoholgehalt in Volumenprozent} \cdot 0{,}8 \frac{g}{ml \cdot 100\,\%} \qquad | \text{ Formel 24.2}$$

In einer Flasche Bier (500 ml, 5 Vol.-%) sind demnach 500 ml × 5/100 × 0,8 g/ml, also 20 g Alkohol enthalten. Laut der Empfehlung der Deutschen Hauptstelle für Suchtfragen liegt die risikoarme Schwellendosis für gesunde Erwachsene ohne zusätzliches Risiko bei 24 g Alkohol pro Tag für Männer und bei 12 g Alkohol pro Tag für Frauen. Dies entspricht bei Männern einem täglichen Konsum von etwa 0,5 l Bier oder 0,25 l Wein, bei Frauen der Hälfte.

Ethanol wird hauptsächlich in der Leber über drei alternative Wege abgebaut:
- *Zytoplasmatische Alkohol-Dehydrogenase (ADH)*
- *Mikrosomales ethanoloxidierendes System (MEOS)*
- *Peroxisomale Katalase*

Magen und Leber bauen einen kleinen Teil des Ethanols direkt ab (= First-Pass-Effekt). Der Großteil des Ethanols verteilt sich jedoch über den Blutkreislauf in alle Gewebe und wird anschließend hauptsächlich in der **Leber** zu Acetat **abgebaut**. Etwa 5 % des Ethanols werden unverändert über Harn und Schweiß ausgeschieden. In der Leber wird Ethanol in einem ersten Schritt durch drei alternative Enzymsysteme zu **Acetaldehyd oxidiert** (➤ Abb. 24.17):
- Zytoplasmatische Alkohol-Dehydrogenase (ADH)
- Mikrosomales ethanoloxidierendes System (MEOS)
- Peroxisomale Katalase

Die höchste Ethanolaffinität besitzt die zytoplasmatische Alkohol-Dehydrogenase.

Die Affinität der **zytoplasmatische Alkohol-Dehydrogenase (ADH)** zu Ethanol ist verglichen mit den anderen Enzymen des Ethanolstoffwechsels hoch. Sie oxidiert Ethanol daher schon bei niedrigen Konzentrationen zu Acetaldehyd (➤ Abb. 24.17). Als Oxidationsmittel dient NAD^+, das zu NADH reduziert wird. Bei höheren Ethanolkonzentrationen wird ein Teil des Ethanols zusätzlich durch das induzierbare **mikrosomale ethanoloxidierende System (MEOS)** des ER abgebaut. Dabei oxidiert das Enzym Cyto-

24.7 ETHANOLSTOFFWECHSEL

chrom P450 2E1 (CYP2E1) Ethanol ebenfalls zu Acetaldehyd, aber unter Verwendung von molekularem Sauerstoff als Oxidationsmittel und NADPH als Cofaktor. CYP2E1 wird bei gesteigertem Ethanolkonsum verstärkt in der Leber exprimiert und gehört zur Familie der Cytochrom-P450-Enzyme (> 22.2.1). Es spielt auch eine wichtige Rolle beim Abbau von Xenobiotika (Fremdstoffen). Ein geringer Anteil des Ethanols wird in den Peroxisomen durch die **Katalase** unter Verwendung von H_2O_2 als Oxidationsmittel zu Acetaldehyd oxidiert (> Tab. 24.6).

Aus Studentensicht

Bei höheren Konzentrationen baut auch das MEOS im ER Ethanol ab. Dabei spielen Cytochrom-P450-Enzyme eine wichtige Rolle. Nur ein geringer Ethanolanteil wird in Peroxisomen verstoffwechselt.

ABB. 24.17

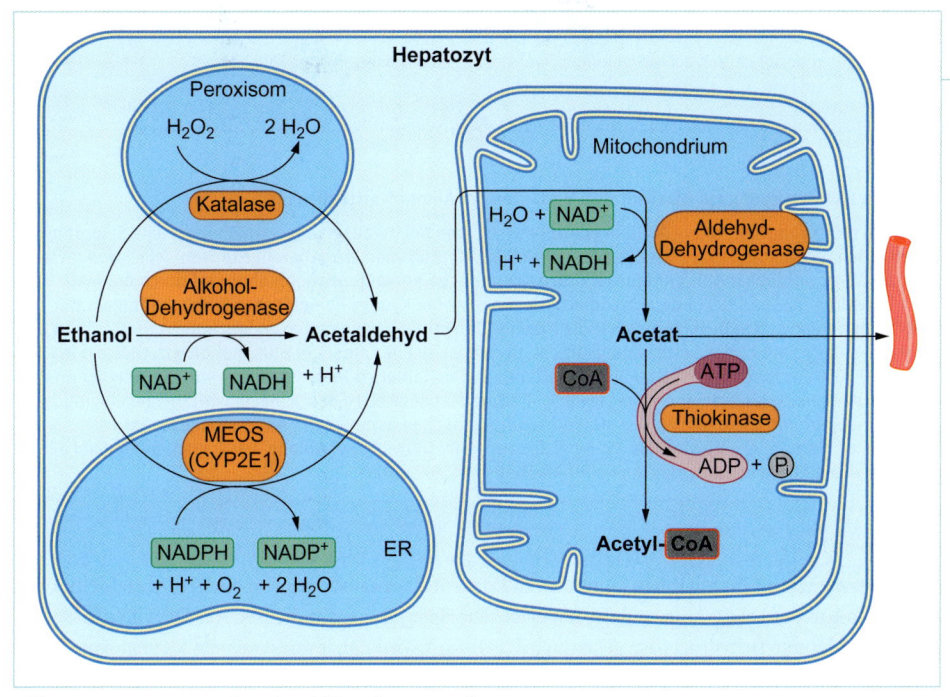

Abb. 24.17 Enzymsysteme des Ethanolabbaus [L138, L307]

Acetaldehyd ist sehr reaktiv, bindet kovalent an Proteine, Lipide und DNA und wirkt daher zellschädigend sowie krebserregend. Es wird in den Mitochondrien der Leber durch die **Acetaldehyd-Dehydrogenase (ALDH)** zu **Acetat** entgiftet. Acetat wird von der Leber ins Blut abgegeben, von peripheren Geweben wie Herzmuskel, Skelettmuskel oder Gehirn aufgenommen und durch die Thiokinase (Acetat-CoA-Ligase) unter ATP-Verbrauch zu **Acetyl-CoA** aktiviert, das im Citratzyklus zu CO_2 oxidiert wird oder in andere Stoffwechselwege einfließen kann. Ein Teil des Acetats verbleibt in der Leber und wird dort ebenfalls zu Acetyl-CoA aktiviert und weiter verstoffwechselt (> Abb. 24.18).

Die Gene für Alkohol- und Acetaldehyd-Dehydrogenase existieren in mehreren genetischen Varianten, die sich u. a. in ihrer Affinität zum Substrat oder in der Geschwindigkeit des Abbaus unterscheiden. Dieser genetische Polymorphismus ist Ursache interindividueller Schwankungen der Alkoholverträglichkeit, des Risikos der Alkoholabhängigkeit und des Risikos von alkoholbedingten Folgeerkrankungen. Neben Ethanol oxidieren die unterschiedlichen ADH-Varianten auch andere primäre oder sekundäre Alkohole; so entsteht beispielsweise aus Methanol Formaldehyd (Methanal; > 3.4.1).

Das beim Ethanolabbau entstehende Acetaldehyd ist zellschädigend und wird sehr schnell in den Mitochondrien durch die **Acetaldehyd-Dehydrogenase** zu Acetat entgiftet, das weiter zu **Acetyl-CoA** aktiviert wird.

Durch genetische Variabilität unterscheidet sich die Alkoholverträglichkeit individuell.

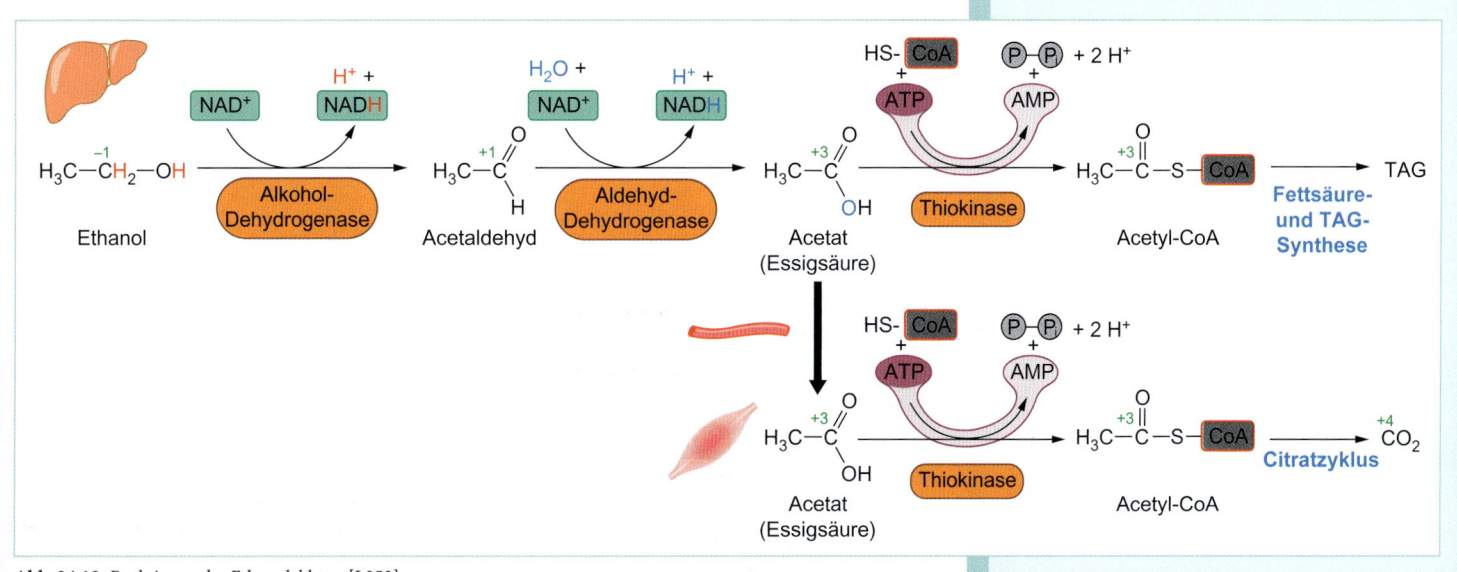

Abb. 24.18 Reaktionen des Ethanolabbaus [L253]

Aus Studentensicht

TAB. 24.6

Tab. 24.6 Die ethanoloxidierenden Enzymsysteme. Die Hauptwege des Abbaus sind fett hervorgehoben.

Enzym	Intrazelluläre Lokalisation	Substrat	K_M-Wert für Substrat (mmol/l)*	Oxidationsmittel	Produkte
ADH	**Zytoplasma**	**Ethanol**	**0,5–2,0**	**NAD^+**	**Acetaldehyd, NADH**
MEOS	ER	Ethanol	7–11	O_2	Acetaldehyd, $NADP^+$, H_2O
Katalase	Peroxisomen	Ethanol	0,6–10	H_2O_2	Acetaldehyd, H_2O
ALDH	**Mitochondrien**	**Acetaldehyd**	**0,001**	**NAD^+**	**Acetat, NADH**

* K_M-Angaben beziehen sich auf die Isoformen, welche die Hauptmenge an Substrat abbauen.

FALL

Melissa und Hae Kyung auf Klassenfahrt: Varianten der Alkoholverträglichkeit

Obwohl Hae Kyung sehr wenig Alkohol getrunken hat, sind bei ihr ausgeprägte alkoholtoxische Symptome vorhanden. Die alkoholtoxischen Symptome Übelkeit, Kopfschmerzen, generelles Unwohlsein – den meisten als Kater wohlbekannt – werden v.a. durch Acetaldehyd hervorgerufen. Alkohol wird durch die Alkohol-Dehydrogenase zu Acetaldehyd oxidiert. Hier kommt Hae Kyungs koreanisches Erbe zum Tragen: Bei 80 % der koreanischen Bevölkerung hat die Alkohol-Dehydrogenase eine besonders hohe Affinität zu Alkohol und setzt es mit hoher Geschwindigkeit um. So erklärt sich ihr niedriger Blutalkoholwert. Gleichzeitig liegt bei 50% der Koreaner auch noch eine Variante der Acetaldehyd-Dehydrogenase vor, die, verglichen mit dem Durchschnitt, langsamer arbeitet (> 3.5). Dadurch ist der Abbau des schlecht verträglichen Acetaldehyds verzögert und es kommt zu den starken alkoholtoxischen Symptomen. Aufgrund dieser extrem schlechten Verträglichkeit wird Hae Kyung in Zukunft wohl freiwillig auf Alkohol verzichten, auf jeden Fall scheint diese Enzymvariante das Risiko für Alkoholismus zu senken.

24.7.2 Akute Alkoholintoxikation

Ein vermehrter Ethanolabbau führt zu erhöhten Konzentrationen von NADH, Acetaldehyd und Acetyl-CoA in der Leber.
Ketogenese und **Fettsäuresynthese** werden stimuliert und es wird vermehrt **Laktat** gebildet. Es besteht die Gefahr einer Hyperurikämie und einer Hypoglykämie.

24.7.2 Akute Alkoholintoxikation

Durch **vermehrten Ethanolabbau** kommt es zu Konzentrationsanstiegen von **NADH**, **Acetaldehyd** und **Acetyl-CoA** in der Leber. Aufgrund des hohen NADH-Spiegels werden die Isocitrat-Dehydrogenase und die α-Ketoglutarat-Dehydrogenase gehemmt. Acetyl-CoA wird daher nur zu einem kleinen Anteil über den Citratzyklus oxidiert und fließt verstärkt in **Ketogenese** und **Fettsäuresynthese**. Die Ketonkörper werden von der Leber ans Blut abgegeben und können eine **metabolische Azidose** verursachen. Zusätzlich führen die hohen NADH- und Acetyl-CoA-Spiegel zu einer Hemmung der Pyruvat-Dehydrogenase. Das aus dem Abbau von Kohlenhydraten oder Aminosäuren stammende Pyruvat wird kaum noch zu Acetyl-CoA oxidiert, sondern durch die Laktat-Dehydrogenase zu Laktat reduziert. Laktat wird ebenfalls ans Blut abgegeben und verstärkt die metabolische Azidose. Da Laktat und Harnsäure in der Niere denselben tubulären Carrier verwenden, kann es bei Alkoholkonsum zu einer **Hyperurikämie** und damit verbunden zu einem akuten Gichtanfall kommen (> 21.7.4).

Aufgrund des hohen NADH-Spiegels wird Laktat in der Leber kaum zu Pyruvat und Glycerin-3-phosphat kaum zu Glycerinaldehyd-3-phosphat oxidiert, sodass der Leber wichtige Substrate der Glukoneogenese fehlen und diese nur eingeschränkt ablaufen kann. Bei Alkoholabusus besteht daher im postabsorptiven und Hungerstoffwechsel die Gefahr einer akuten **Hypoglykämie**.

Im postprandialen Stoffwechsel kann es bei Alkoholabusus hingegen zu **Hyperglykämien** kommen, da der hohe NADH-Spiegel der Leber die Glykolyse bremst und die Leber somit Glukose langsamer verstoffwechselt.

FALL

Melissa und Hae Kyung auf Klassenfahrt: akute Alkoholintoxikation

Alkohol gelangt über die Blut-Hirn-Schranke in das ZNS, lagert sich aufgrund seiner amphiphilen Eigenschaft an die Membranen von Nervenzellen an und moduliert die Neurotransmission. So kommt es unter Ethanoleinfluss zu neurokognitiven Störungen, die konzentrationsabhängig von leichten Koordinations- und Bewusstseinsstörungen bis hin zum Tod aufgrund von Atemstillstand und Herz-Kreislauf-Versagen reichen können.

Bei Melissa wurde noch rechtzeitig reagiert; ab ca. 2 Promille besteht akute Schockgefahr. In der Notaufnahme gelingt es Ihnen, ihren Kreislauf zu stabilisieren. Sie bitten die Schwester, in ständiger Absaugbereitschaft zu stehen, damit Melissa bei eventuellem Erbrechen nicht erstickt. Ohne diese intensivmedizinischen Maßnahmen hätte diese Wodkaparty tödlich enden können. Tatsächlich wird hier die Statistik bestätigt, dass der exzessive Alkoholkonsum auch bei Mädchen zugenommen hat, die ihr Trinkverhalten oft an das der Jungen angleichen, aber deutlich weniger Alkohol vertragen. Umstritten ist eine unterschiedliche Enzymaktivität bei den Geschlechtern, sicher ist aber, dass der Anteil an Körperwasser am Gewicht bei Mädchen und Frauen geringer ist als bei Jungen oder Männern. So kommt es bei gleicher Menge Alkohol zu höheren Blutalkoholkonzentrationen beim weiblichen Geschlecht.

Am nächsten Morgen wachen die Mädchen mit höllischen Kopfschmerzen auf und ihnen ist übel. Sie fühlen sich schlapp und haben großen Durst, die typische Katersymptomatik. Es gibt eine ganze Reihe von durch Alkohol ausgelösten Effekten, die zu diesen Symptomen führen können. Eine große Rolle spielt vermutlich eine Dehydrierung des Körpers, da Alkohol das antidiuretische Hormon (ADH) hemmt und es so zu einer vermehrten Flüssigkeitsausscheidung kommt. Deswegen gibt es auch den typischen Nachdurst, um den Flüssigkeitshaushalt wieder auszugleichen. Die Übelkeit kann durch einen weiterhin hohen Blutalkoholspiegel verursacht sein, der das Brechzentrum über die Area postrema im Hirnstamm aktiviert, außerdem schädigt Alkohol durch verschiedene Mechanismen die Magenschleimhaut und es kommt zu einer alkoholbedingten Gastritis. Die allgemeine Müdigkeit und das Unwohlsein können auch Korrelate einer Hypoglykämie und einer Laktatazidose sein. Durch die Oxidation von Alkohol fallen hohe NADH-Konzentrationen an, die durch verstärkte Laktatproduktion zu NAD$^+$ regeneriert werden. Es kommt zur Laktatazidose. Gleichzeitig steht dadurch weniger Pyruvat für die Gluconeogenese zur Verfügung und es entwickelt sich bei den Mädchen eine Hypoglykämie. Die Hypoglykämie ist bei übermäßigem Konsum von kohlenhydratreichen Getränken wie Bier allerdings nicht relevant, die Mädchen hatten aber sehr viel puren Wodka getrunken. Alkohol stimuliert außerdem die Histaminausschüttung, ein möglicher Grund für die Kopfschmerzen.

Ethanol und dessen Abbauprodukte sind leicht plazentagängig und schädigen Embryo und Fetus. Da der Schweregrad der Schädigung auch von der individuellen Alkoholtoleranz der Mutter und des Kindes abhängt, kann kein risikoloser Alkoholgrenzwert in der Schwangerschaft angegeben werden. **Fetale Alkohol-Spektrum-Störungen** umfassen alle Schädigungen an einem Embryo und Fetus, die durch einen Alkoholkonsum der Mutter während der Schwangerschaft verursacht werden. Dabei kann es zu körperlichen, kognitiven, emotionalen und sozialen Störungen in unterschiedlicher Ausprägung kommen. Das Vollbild, also die schwerste Form der alkoholbedingten Schädigung, wird als **fetales Alkoholsyndrom** bezeichnet.

> Ethanol und seine Abbauprodukte sind **plazentagängig** und schädigen das Kind.

24.7.3 Chronisch erhöhte Alkoholzufuhr

> **FALL**
>
> **Mit Herrn Stern geht es bergab: Leberzirrhose**
>
> Sie kennen Herrn Stern, der eine Leberzirrhose hat und daher Symptome einer Hyperammonämie zeigt (➤ 21.1). Leider kommt er nicht vom Alkohol los und wird wieder verwirrt in die Klinik eingewiesen. Er zeigt viele klassische Zeichen einer Leberzirrhose: Gelbfärbung der Haut, fehlende sekundäre Geschlechtsbehaarung, Bauchglatze und zahlreiche kleine spinnenähnliche Gefäßerweiterungen der Haut, typische Leberhautzeichen, die Spider-Nävi. Diesmal sind seine Leberwerte deutlich erhöht, insbesondere die auf eine alkoholtoxische Leberschädigung hinweisende GGT liegt mit 414 U/l deutlich über dem Normwert von < 38 U/l. Außerdem liegt der Wert für die GOT bei 104 U/l (Normwert < 30 U/l) und der für die GPT bei 43 U/l (Normwert < 35 U/l). Damit ist der Quotient aus GOT/GPT mit 2,4 (Normwert < 1) für Alkoholabusus typisch erhöht. Die Prothrombinzeit, die in erster Linie von Vitamin-K-abhängigen, in der Leber produzierten Gerinnungsfaktoren abhängt (➤ 25.6.3), ist mit 48 % (Normwert 70–130 %) erniedrigt. Tatsächlich kommt es wenige Tage später zu einer Ösophagusvarizenblutung, die in der Klinik gleich erkannt und durch endoskopische Gummibandligatur behandelt werden kann. Es geht Herrn Stern aber trotz intensivmedizinischer Betreuung schlecht. Er ist teilweise gar nicht mehr ansprechbar.
> Wie hängen die Leberzirrhose und die beschriebenen Symptome zusammen?

Chronischer Alkoholabusus verursacht Schädigungen an fast allen Organen. Das **Risiko für Tumoren** von Mund, Rachen, Kehlkopf, Speiseröhre, Darm, Brust und Leber ist erhöht. Daneben wirkt Alkohol auch **zelltoxisch.** Die Leber als Hauptabbauort des Ethanols ist davon besonders stark betroffen. Es werden drei Stadien einer **alkoholbedingten Leberschädigung** unterschieden:
- Fettleber
- Hepatitis
- Leberzirrhose

Durch das beim Ethanolabbau verstärkt gebildete **NADH** steigt das NADH/NAD$^+$-Verhältnis insbesondere in den Leberzellen an, hemmt den Abbau von Fettsäuren und fördert die Fettsäuresynthese sowie die Bereitstellung von Glycerin-3-phosphat. **TAG-** und **VLDL-Synthese** nehmen daher bei Alkoholkonsum zu. VLDL wird von der Leber normalerweise ans Blut abgegeben. Bei vermehrtem und chronischem Alkoholkonsum ist die Sekretion von VLDL jedoch reduziert, da Acetaldehyd kovalent an Tubulin-Untereinheiten der Mikrotubuli bindet und damit den vesikulären Transport der VLDL entlang der Mikrotubuli beeinträchtigt. Als Folge kommt es zu einer Anreicherung von Proteinen und Lipiden in der Leber (➤ Abb. 24.19). Schon nach wenigen Tagen erhöhten Alkoholkonsums lassen sich **erhöhte Lipidwerte** in der Leber nachweisen. Ab einem Lipidgehalt von über 5 % spricht man von einer **Fettleber.** Bei Reduktion der Alkoholzufuhr normalisiert sich der Lipidgehalt der Leber wieder.

> Chronischer Alkoholabusus führt zu **Leberschädigungen** wie Fettleber, Hepatitis und Zirrhose. Das **Tumorrisiko** ist erhöht.

> Das beim Ethanolabbau entstehende NADH hemmt den Abbau von **Fettsäuren** und die VLDL-Konzentration steigt. Schon nach wenigen Tagen erhöhten Alkoholkonsums lassen sich **erhöhte Lipidwerte** in der Leber nachweisen.

> **KLINIK**
>
> **Folgen der CYP2E1-Aktivierung bei chronischem Alkoholkonsum**
>
> Bei chronischem Alkoholkonsum kommt es zur Proliferation des ER und einer gesteigerten Aktivität der CYP2E1. Dadurch wird der Alkoholabbau beschleunigt und es können größere Mengen Ethanol konsumiert werden (= Toleranzentwicklung). Gleichzeitig wird dadurch bei Alkoholabusus aber auch der Abbau von anderen Xenobiotika (Fremdstoffen) beschleunigt und es besteht eine erhöhte Toleranz gegenüber einer Reihe von Medikamenten wie Narkotika. Um die erforderliche Narkotikadosis zu bestimmen, wird daher der Alkoholkonsum vor einer Operation routinemäßig abgefragt. Einige Substanzen wie das Lösungsmittel Methanol oder manche Prokanzerogene werden durch den Umsatz durch CYP2E1 erst zu toxischen oder kanzerogenen Metaboliten aktiviert. Ein Alkoholabusus verursacht deshalb eine erhöhte Empfindlichkeit gegenüber solchen Substanzen und das Tumorrisiko steigt.

KLINIK

Aus Studentensicht

ABB. 24.19

Bei andauerndem Alkoholabusus akkumuliert **Acetaldehyd,** da es nicht schnell genug abgebaut werden kann. Folge sind **Entzündungsreaktionen,** die zur **Fibrosierung** führen können, und **hypoxische Schäden,** weil das MEOS viel Sauerstoff benötigt. In 20 % der Fälle kommt es zu einer **irreversiblen** Leberschädigung.

ABB. 24.20

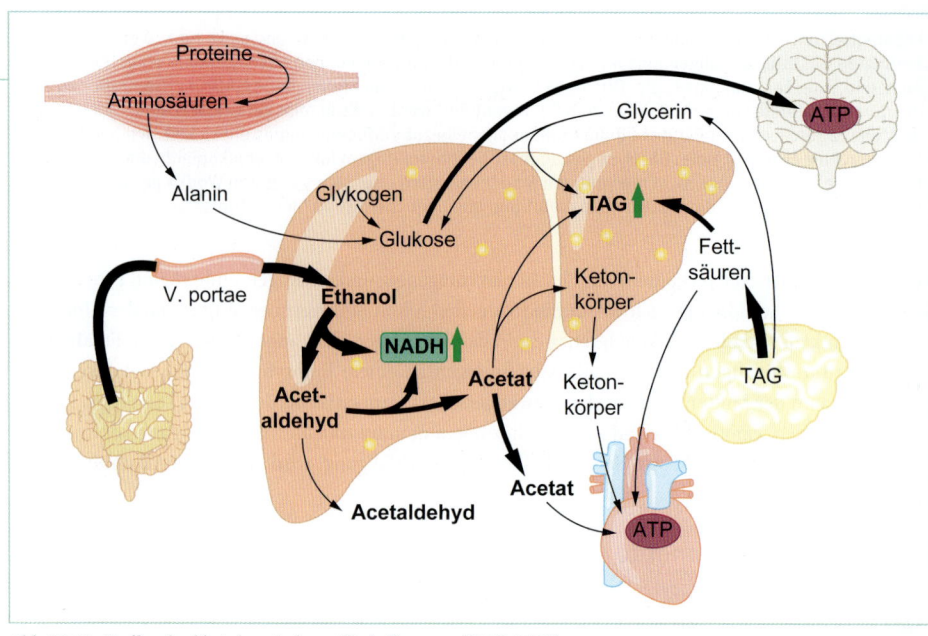

24 STOFFWECHSELINTEGRATION: WIE PASST DAS ALLES ZUSAMMEN?

Abb. 24.19 Stoffwechsel bei chronischem Alkoholkonsum [L138, L307]

Dauert der Alkoholabusus an, schreitet die Schädigung der Leber fort, da der sehr reaktive Acetaldehyd nicht schnell genug durch die Acetaldehyd-Dehydrogenase abgebaut wird und kovalent an viele zelluläre Strukturen wie Proteine oder DNA bindet. Diese **Acetaldehyd-Addukte** sind immunogen, aktivieren das Immunsystem und können in der Leber **Entzündungsreaktionen** auslösen.

Zusätzlich nimmt in der Leber der **oxidative Stress** zu, da Acetaldehyd das Antioxidans Glutathion bindet und inaktiviert (➤ 22.3.2, ➤ 28.2.1). Dies wird verstärkt, indem das MEOS NADPH verbraucht und Glutathion bei niedrigem NADPH-Spiegel nicht ausreichend aus Glutathiondisulfid regeneriert werden kann. Auch führt die Aktivierung des MEOS zu einem gesteigerten Sauerstoffumsatz, verbunden mit

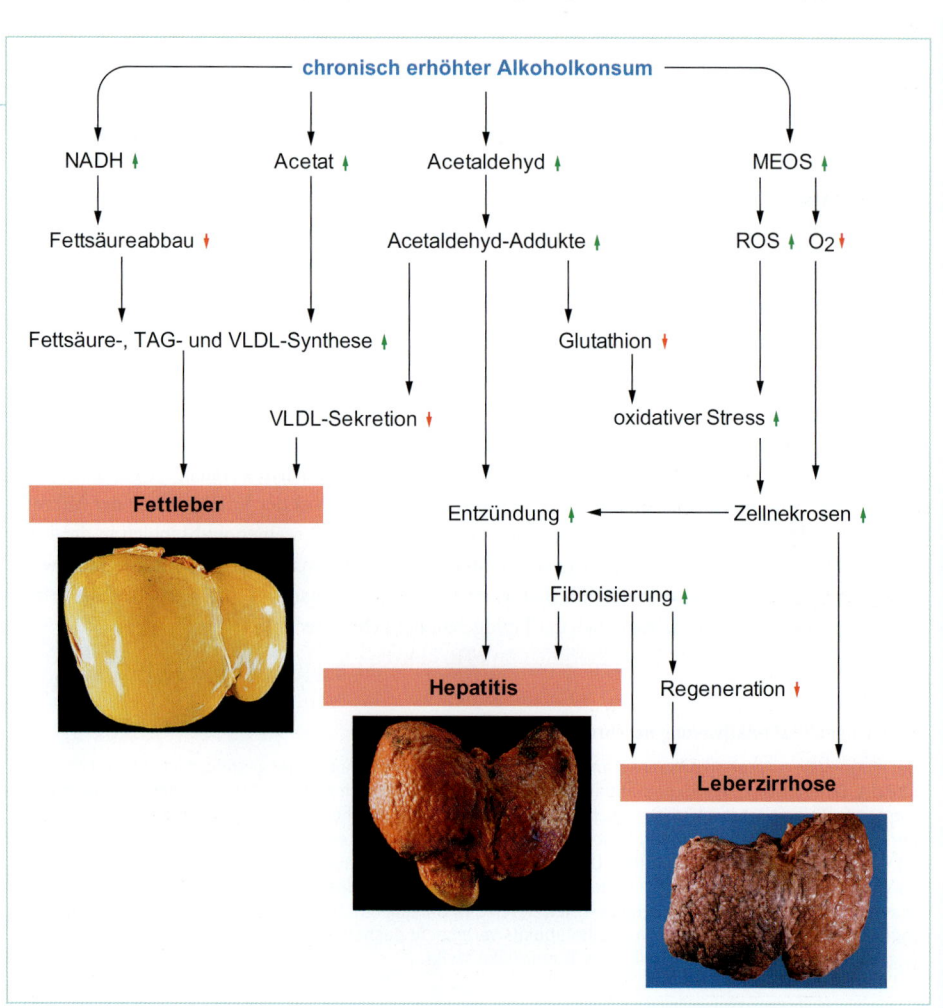

Abb. 24.20 Leberschädigung bei chronischem Alkoholkonsum [L138, R285, G684-002, E731-002]

24.7 ETHANOLSTOFFWECHSEL

einer verstärkten Bildung von reaktiven Sauerstoffverbindungen. Perivenöse Hepatozyten werden aufgrund des vermehrten Sauerstoffverbrauchs schlechter mit Sauerstoff versorgt und erleiden **hypoxische Schäden**. Alle diese Effekte begünstigen das Absterben der Hepatozyten und verstärken die Entzündungsreaktion. Es entsteht eine Hepatitis. Die **Entzündung** führt zur Bildung von Zytokinen und Wachstumsmediatoren, die wiederum die Proliferation von Bindegewebszellen stimulieren und zu einer vermehrten Expression von Proteinen der Extrazellulärmatrix wie Kollagen führen (= **Fibroisierung**). Eine ausgeprägte Fibroisierung behindert die Durchblutung und die Regeneration des Leberparenchyms, führt zur Zerstörung der Läppchenstruktur, zur Ausbildung von narbigen Knoten und damit zu einer **irreversiblen Leberschädigung (= Zirrhose)** (➤ Abb. 24.20). Durch weitere Faktoren wie genetische Prädisposition oder eine Hepatitis-B- oder -C-Infektion wird dieser Prozess beschleunigt.

FALL

Mit Herrn Stern geht es bergab: Leberzirrhose

Herr Stern zeigt viele klassische Symptome einer Leberzirrhose. Durch die Leberschädigung ist der Bilirubinabbau gestört und es kommt zu einem Anstieg der Serumbilirubinwerte. Dies bewirkt eine **Gelbfärbung der Haut**. Auch die Serumproteinsynthese der Leber nimmt ab, sodass der kolloidosmotische Druck durch Albumin nicht mehr aufrechterhalten werden kann. Verstärkt durch den portalen Bluthochdruck, da die zirrhotisch umgebaute Leber nicht genug Blut durchlässt, wird vermehrt Flüssigkeit in den Peritonealraum gepresst und es entsteht ein **Aszites** (➤ 1.1.3).
Der portale Hochdruck verursacht auch die Entstehung von **Umgehungskreisläufen.** Blut fließt dann nicht über die Leber, sondern direkt in die V. cava inferior. Diese Umgehungskreisläufe werden z. B. im Ösophagus, im Rektum oder an der Bauchwand (= Caput medusae) beobachtet. Die erweiterten Ösophagealvenen sind besonders blutungsgefährdet. Zusätzlich sind die Gerinnungsfaktoren, die von der Leber synthetisiert werden, deutlich reduziert. Das macht die Blutung so schwer zu stillen und Herr Stern verliert viel Blut. Durch die auch innerliche Blutung kommt es anschließend zu einem verstärkten Proteinabbau, der durch den gestörten Harnstoffzyklus zu einem massiv erhöhten Ammoniakspiegel führt, der für die hepatische Enzephalopathie von Herrn Stern verantwortlich ist (➤ 21.3.1).
Da die Leber auch für die Inaktivierung von Steroidhormonen zuständig ist (➤ 22.2.1), treten Imbalancen in den Hormonspiegeln auf. Bei Männern bildet sich z. B. ein Östrogenüberschuss, der sich in fehlender Behaarung oder auch einer vergrößerten Brust darstellen kann.

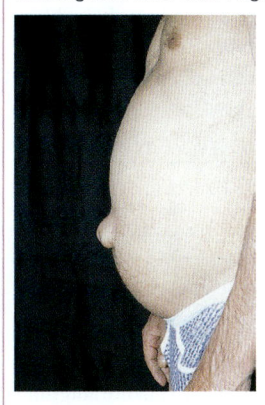

Alkoholbedingter Aszites und Caput medusae [R246]

Ein chronischer Alkoholabusus führt häufig auch zu einer **Fehl- oder Mangelernährung,** da der Tagesenergiebedarf zu einem erheblichen Anteil aus Ethanol gedeckt wird. Diese reduzierte Nährstoffaufnahme kann Hypovitaminosen, z. B. das Wernicke-Korsakow-Syndrom bei Thiaminmangel, verursachen (➤ 23.3.2). Auch wird durch den hohen Alkoholkonsum die Mukosa geschädigt und dadurch die Absorption von Nährstoffen beeinträchtigt.

ÜBUNGSFRAGEN FÜRS MÜNDLICHE MIT LÖSUNGSHILFEN

1. Alkoholkonsum verursacht einen erhöhten NADH-Spiegel in Hepatozyten. Beschreiben Sie, welche Enzyme beim Abbau von Ethanol NADH produzieren und welche Auswirkungen ein hoher NADH-Spiegel in der Leber haben kann!

Die Alkohol-Dehydrogenase (ADH) und die Acetaldehyd-Dehydrogenase (ALDH) generieren NADH. Ein hoher NADH-Spiegel verursacht in der Leber eine Hemmung des Citratzyklus und der β-Oxidation; daher kommt es verstärkt zur Ketogenese, Fettsäure- und TAG-Synthese. NADH hemmt die Glykolyse, was eine postprandiale Hyperglykämie verursachen kann. NADH stimuliert die Reduktion von Pyruvat zu Laktat, das ins Blut abgegeben wird und eine Azidose sowie eine Hyperurikämie verursachen kann. NADH hemmt zusätzlich die Oxidation von Laktat zu Pyruvat in der Leber. Damit fehlt ein wichtiges Substrat der Gluconeogenese. Bei aufgebrauchten Glykogenreserven und mangelnder Nahrungszufuhr kann es daher zur Hypoglykämie kommen.

Aus Studentensicht

Fehl- oder Mangelernährung ist oft ein Nebeneffekt bei chronischem Alkoholabusus.

PRÜFUNGSSCHWERPUNKTE
IMPP
- !! Ethanolabbau mit Zwischenprodukten
- ! Zuordnung Verdauungsenzym und Bildungsort, biologische Wertigkeit von Nahrungsproteinen

Kompetenzorientierte Lernziele (NKLM)
Die Studierenden können
- die hormonelle Regulation des Stoffwechsels durch Glukagon, Insulin, Schilddrüsenhormone, Glukocorticoide und Katecholamine erklären.
- die Regulation der Stoffwechselwege bei Nahrungskarenz, nach Nahrungsaufnahme sowie bei kurz- und langfristiger Belastung erklären.
- den Abbau von kurzkettigen Alkoholen erläutern.
- die Funktion von Kreatinphosphat erklären.

Aus Studentensicht

2. Sie bitten einen Patienten, nüchtern zu einer Untersuchung zu erscheinen. Aus welchen Metaboliten gewinnen die Gewebe des Körpers in dieser Stoffwechselsituation bevorzugt Energie und woher stammen diese Metaboliten?

Im postabsorptiven Stoffwechsel gewinnen glukoseabhängige Organe Energie aus dem oxidativen Abbau von Glukose. Diese Glukose wird durch Glykogenolyse der Leber und Glukoneogenese der Leber und der Niere bereitgestellt und ans Blut abgegeben. Alle anderen Organe verstoffwechseln bevorzugt unveresterte Fettsäuren, die durch Lipolyse aus dem Fettgewebe freigesetzt werden.

3. Bei einer reichhaltigen gemischten Mahlzeit werden sowohl Kohlenhydrate als auch Lipide und Aminosäuren aufgenommen. Was geschieht mit diesen Metaboliten?

- Die Nahrungskohlenhydrate bestehen größtenteils aus Glukoseeinheiten. Glukose wird sowohl von der Leber als auch von peripheren Geweben aufgenommen und zur Energiegewinnung abgebaut. Zusätzlich speichern Leber und Muskel Glukose in Form von Glykogen. In Adipozyten wird Glukose hauptsächlich zu Glycerin-3-phosphat abgebaut, das als Baustein der TAG-Synthese Verwendung findet.
- Die Lipide der Nahrung bestehen größtenteils aus TAG und gelangen in Form von Chylomikronen zunächst in die Lymphbahn und dann in den Blutkreislauf. Die TAG der Chylomikronen werden v. a. von der Lipoprotein-Lipase in den Gefäßen des Fettgewebes abgebaut, die freigesetzten Fettsäuren in Adipozyten aufgenommen und in Form von TAG gespeichert. Auch periphere Gewebe bauen mithilfe der Lipoprotein-Lipase die TAG der Chylomikronen ab und nutzen die dabei freigesetzten Fettsäuren zur TAG-Speicherung oder zur Energiegewinnung.
- Die Aminosäuren der Nahrung gelangen über die V. portae zunächst zur Leber, wo sie größtenteils abgebaut oder zur Proteinbiosynthese verwendet werden. Ein Teil der Aminosäuren gelangt in den peripheren Blutkreislauf. Periphere Gewebe nehmen Aminosäuren auf und verwenden sie zur Proteinsynthese oder bauen sie zur Energiegewinnung ab.

4. Was wird unter dem adaptierten Hungerstoffwechsel verstanden?

Im adaptierten Hungerstoffwechsel verstoffwechselt das Gehirn neben Glukose auch Ketonkörper zur Energiegewinnung. Der Glukosebedarf des Körpers sinkt daher erheblich, sodass die Glukoneogeneserate der Leber und damit der Proteinabbau in der Peripherie im Vergleich zum frühen Hungerstoffwechsel gedrosselt werden. In Summe ermöglicht diese Anpassung ein längeres Überleben bei Nahrungsmangel.

5. Welche Metaboliten sind bei unbehandeltem Typ-1-Diabetes verstärkt im Blut zu finden?

Die Konzentrationen von Glukose, Fettsäuren, TAG und Ketonkörpern sind im Blut erhöht.

6. Wie verursacht ein absoluter Insulinmangel die Erhöhung dieser Metaboliten?

Bei Insulinmangel gibt die Leber vermehrt Glukose ans Blut ab, da Glukoneogenese und Glykogenolyse aktiv sind. Bei Insulinmangel nehmen periphere Gewebe jedoch Glukose bei erhöhten Blutglukosekonzentrationen nicht effizient genug auf, um den Blutglukosespiegel zu senken, da Glukose aufgrund der gleichzeitig erhöhten Fettsäurekonzentrationen nur reduziert oxidiert wird, weniger GLUT4-Transporter in die Plasmamembran eingebaut werden und die Glykogensynthese nicht stimuliert ist. Die Fettsäurekonzentration im Blut steigt an, da in den Adipozyten die Lipolyse aktiv ist. Daher nimmt die Leber verstärkt Fettsäuren auf und bildet daraus Ketonkörper und VLDL, die ans Blut abgegeben werden. Adipozyten exprimieren bei Insulinmangel weniger Lipoprotein-Lipase, sodass TAG-haltige Lipoproteine langsamer abgebaut werden.

7. Was verursacht bei Typ-1-Diabetes ein Coma diabeticum?

Hyperglykämie und erhöhte Ketonkörperwerte verursachen eine lebensbedrohliche osmotische Diurese sowie eine metabolische Azidose, die unbehandelt zu einem Coma diabeticum führen.

8. Warum kann der Muskel Höchstleistungen wie beim Sprint nicht über längere Zeit aufrechterhalten?

Höchstleistung erfordert eine besonders schnelle ATP-Synthese. Da die ATP-Synthesewege mit der schnellsten ATP-Syntheserate jedoch nur eine geringe Kapazität aufweisen, kann der Muskel eine maximale Leistung nur für kurze Zeit erbringen.

9. Welche Energieträger verstoffwechselt der Muskel bei einer Ausdauerleistung von niedriger Intensität wie einem langen Spaziergang?

Der Muskel oxidiert vorrangig Fettsäuren aus dem Blut.

KAPITEL 25
Blut: ein ganz besonderer Saft

Wolfgang Hampe, Anton Eberharter

25.1	Bestandteile des Bluts	707
25.2	Funktionen des Bluts	708
25.2.1	Puffersystem	708
25.2.2	Transportsystem	708
25.2.3	Immunabwehr	708
25.2.4	Temperaturregulation	708
25.2.5	Hämostase	708
25.3	Plasma und Plasmaproteine	708
25.3.1	Blutplasma	708
25.3.2	Plasmaproteine	709
25.4	Zelluläre Bestandteile	711
25.5	Gastransport im Blut	712
25.5.1	Sauerstofftransport	712
25.5.2	Transport von Kohlendioxid	717
25.6	Hämostase: Beendigung einer Blutung	717
25.6.1	Phasen der Hämostase	717
25.6.2	Primäre Hämostase	718
25.6.3	Sekundäre Hämostase: Blutgerinnung	720
25.6.4	Fibrinolyse	726

Aus Studentensicht

Solange wir gesund sind, schenken wir dem Blut in unserem Körper nur wenig Aufmerksamkeit. Spätestens aber, wenn wir mit ernsthaften Beschwerden zum Arzt oder ins Krankenhaus gehen, wird uns früher oder später eine kleine Menge Blut abgenommen und innerhalb kürzester Zeit eine Vielzahl an Parametern bestimmt, welche die Funktionen unseres Körpers abbilden. Die alte Vorstellung, das Blut würde nur die Gase Sauerstoff und Kohlendioxid sowie wichtige Nährstoffe transportieren, ist schon lange überholt. Aber was hat das Blut noch für wichtige Aufgaben und wie erfüllt es diese? Und wie bewahren uns die Blutbestandteile vor dem inneren Ersticken, dem Krankwerden und dem Verbluten?
Karim Kouz

25.1 Bestandteile des Bluts

Das Blutvolumen eines erwachsenen Menschen beträgt etwa 6 l. Wird **Vollblut** (= Blut mit allen Bestandteilen) kurz zentrifugiert, lassen sich die rötlich gefärbten **zellulären Bestandteile** und das leicht gelblich gefärbte wässrige **Blutplasma** trennen (➤ Abb. 25.1). Der zelluläre Anteil besteht zu 99 % aus **Erythrozyten**. Die **Leukozyten** mit den Subtypen Granulozyten, Monozyten und Lymphozyten sowie die **Thrombozyten** (Blutplättchen) machen gemeinsam nur etwa 1 % des zellulären Anteils aus.

Das Volumenverhältnis der Erythrozyten zum Gesamtvolumen des Bluts wird als **Hämatokrit** bezeichnet. Dieser Wert lässt sich leicht nach Zentrifugation einer kleinen Menge Gesamtblut ermitteln (➤ Abb. 25.1). Bei Frauen liegt der Hämatokrit zwischen 35 und 45 %, bei Männern zwischen 41 und 50 %.

25.1 Bestandteile des Bluts

Das Blutvolumen eines Erwachsenen beträgt etwa 6 l. Durch die Zentrifugation von **Vollblut** (Blut mit allen Bestandteilen) kann man die **zellulären Bestandteile**, die zu 99 % aus **Erythrozyten** sowie aus **Leukozyten** und **Thrombozyten** bestehen, von dem **Blutplasma** trennen. Der **Hämatokrit** ist das Volumenverhältnis der Erythrozyten zum Gesamtblutvolumen.

ABB. 25.1

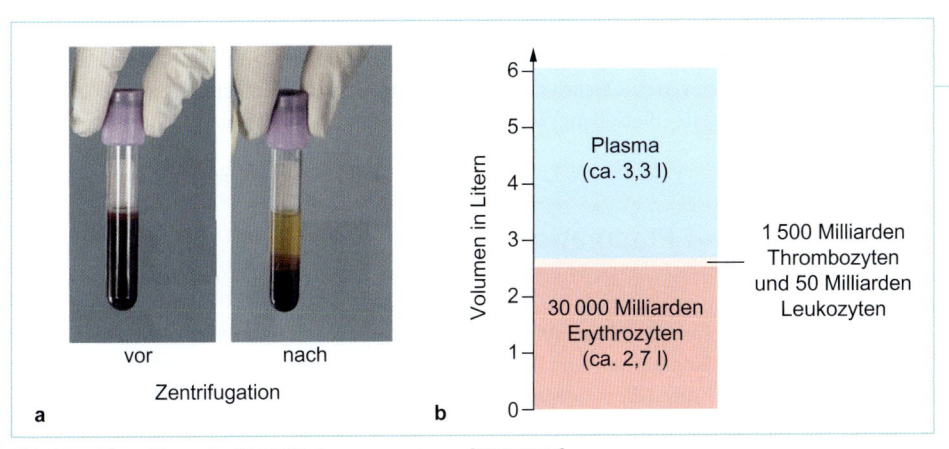

Abb. 25.1 Blut. **a** Blutprobe. [E1003] **b** Zusammensetzung. [L271, L307]

> **Aus Studentensicht**
>
> Die Zusammensetzung des **proteinreichen Blutplasmas** wird relativ **konstant** gehalten (Homöostase). **Blutserum** erhält man durch Zentrifugation von geronnenem Blut, das deshalb kein Fibrinogen bzw. Fibrin und keine Gerinnungsfaktoren mehr enthält.
>
> **25.2 Funktionen des Bluts**
>
> **25.2.1 Puffersystem**
> Das Blut dient als **Transportsystem**, aber auch als **Puffersystem**, der **Temperaturregulation**, **Immunabwehr** und **Hämostase** sowie der Aufrechterhaltung des **osmotischen Gleichgewichts**.
>
> Das Blut enthält effektive **Puffersysteme**, die seinen **pH-Wert zwischen 7,35 und 7,45** halten, um optimale Bedingungen für Enzymaktivitäten sicherzustellen.
> Die wichtigste Rolle spielt der **Bicarbonatpuffer**. Zusätzlich wirken Proteinpuffer, v. a. **Hämoglobin** und **Albumin**, sowie der **Phosphatpuffer**.
>
> **25.2.2 Transportsystem**
> Als flüssiges Transportsystem dient das Blut dem **Transport** und der **Verteilung** von **Nährstoffen**, Metaboliten, Botenstoffen wie **Hormonen** und dem Transport von **Sauerstoff** und **Kohlendioxid** (Gastransport). Gut wasserlösliche Substanzen wie Glukose und Elektrolyte können in freier Form im Blut transportiert werden. **Hydrophobe Substanzen** wie **Triacylglyceride** und **Cholesterin** sind hingegen meist an Proteine wie Albumin oder **Lipoproteine** gebunden.
>
> **25.2.3 Immunabwehr**
> Sowohl für die angeborene als auch für die adaptive Immunabwehr spielt das Blut eine wichtige Rolle. In ihm zirkulieren u. a.:
> - **Granulozyten**
> - **Monozyten, Makrophagen**
> - **NK-Zellen**
> - **Interleukine**
> - Proteine des **Komplementsystems**
> - **B- und T-Zellen**
> - **Dendritische Zellen**
> - **Antikörper**
>
> **25.2.4 Temperaturregulation**
> Die permanente Zirkulation und die hohe Wärmekapazität des Bluts ermöglichen die Erhaltung einer konstanten Körpertemperatur bei etwa 36–37 °C.
>
> **25.2.5 Hämostase**
> Der Prozess, der zum Stillstand einer Blutung führt, wird als **Hämostase** bezeichnet. Man unterscheidet die **primäre** (Blutstillung) von der **sekundären** Hämostase (Blutgerinnung).
>
> **25.3 Plasma und Plasmaproteine**
>
> **25.3.1 Blutplasma**
> Im Plasma stellen **Na⁺-Kationen** und **Cl⁻-Anionen** die Elektrolyte mit den höchsten Konzentrationen dar. Daneben finden sich in deutlich geringeren Konzentrationen K⁺, Ca²⁺, Mg²⁺, HCO₃⁻, HPO₄²⁻ und SO₄²⁻.

25 BLUT: EIN GANZ BESONDERER SAFT

Das **Blutplasma** ist eine **proteinreiche** Flüssigkeit, deren Zusammensetzung unter normalen Umständen in definierten Grenzen **konstant** gehalten wird (= Homöostase). Durch Zentrifugation von geronnenem Blut erhält man **Blutserum,** in dem die Konzentration der Gerinnungsfaktoren wie Fibrinogen und Fibrin deutlich erniedrigt ist.

25.2 Funktionen des Bluts

25.2.1 Puffersystem

Neben seiner zentralen Funktion als **Transportsystem** für Nährstoffe, Metaboliten, Hormone und die Atemgase O_2 und CO_2 erfüllt das Blut auch wichtige Funktionen als **Puffersystem,** bei der **Temperaturregulation**, für das **osmotische Gleichgewicht**, die **Immunabwehr** und die **Hämostase**.
Um den pH-Wert des Bluts zwischen **7,35 und 7,45** konstant zu halten und damit immer die optimalen Bedingungen für die Aktivität vieler Enzyme sicherzustellen, bedarf es fein abgestimmter **Puffersysteme**. Die bedeutendste Rolle spielt dabei der **Bicarbonatpuffer** (Kohlensäure-Hydrogencarbonat-Puffer) aus CO_2, HCO_3^- (Hydrogencarbonat) und H_2CO_3 (Kohlensäure) (➤ 25.5.2). Der zweitwichtigste Puffer des Bluts ist **Hämoglobin** mit seinen vielen Histidinresten. Darüber hinaus spielt auch das Plasmaprotein **Albumin** eine Rolle bei der pH-Regulation im Blut. Das ist nur möglich, da beide Proteine in einer sehr hohen Konzentration im Blut vorliegen. Histidine in anderen Proteinen können diese Funktion daher nicht in nennenswertem Ausmaß übernehmen. Darüber hinaus trägt auch der **Phosphatpuffer** (Dihydrogen-Hydrogenphosphat-Puffer) zur Pufferleistung des Bluts bei.

25.2.2 Transportsystem

Das Blut dient als flüssiges Medium dem **Transport** und der **Verteilung** verschiedenster Stoffe im Organismus. Beispielsweise gelangen **Nährstoffe** von der Leber oder dem Darm zu den verbrauchenden Organen wie dem Nervensystem oder der Muskulatur. **Metaboliten,** die nicht mehr verwertbar oder schädlich sind, werden entweder zur Niere transportiert und über den Urin ausgeschieden oder zur Leber transportiert und entgiftet. Zahlreiche **Botenstoffe** wie z. B. **Hormone** gelangen über das Blut von den endokrinen Organen zu den Zielorten. Besonders bedeutsam ist darüber hinaus der Transport der Gase **Sauerstoff** und **Kohlendioxid**.
Gut wasserlösliche Nähr- und Mineralstoffe wie Glukose, Aminosäuren und Elektrolyte können in freier Form im Blut transportiert werden und ihre Konzentrationen sind meist genau reguliert.
Hydrophobe Substanzen wie **Fettsäuren, Triacylglyceride, Cholesterin** und **lipophile Hormone** können hingegen nur an Proteine mit hydrophoben Taschen gebunden transportiert werden. Neben einzelnen Proteinen wie Albumin werden dafür auch unterschiedliche **Lipoproteine** verwendet (➤ 20.1.4).

25.2.3 Immunabwehr

Sowohl für die angeborene als auch für die adaptive Immunabwehr spielt das Blut eine bedeutende Rolle (➤ 16.2). Als Teil der angeborenen Immunabwehr phagozytieren **Granulozyten, Monozyten bzw. Makrophagen** und **natürliche Killerzellen** Fremdstoffe und Krankheitserreger. Auch die im Plasma gelösten **Interleukine** und Proteine des **Komplementsystems** gehören zur Immunabwehr. Darüber hinaus werden auch die Komponenten der adaptiven Immunabwehr im Blut transportiert. Dazu gehören die **B- und T-Lymphozyten,** die **dendritischen Zellen** sowie die gut löslichen **Antikörper**.

25.2.4 Temperaturregulation

Durch die permanente Zirkulation des Bluts und die hohe Wärmekapazität des Wassers wird die in den einzelnen Organen entstehende Wärme auf den gesamten Körper verteilt. So wird die Körpertemperatur des Menschen bei etwa 36–37 °C konstant gehalten.

25.2.5 Hämostase

Damit Verletzungen und damit einhergehende Eröffnungen von Blutgefäßen nicht zu einem größeren Blutverlust führen, müssen verletzte Stellen rasch abgedichtet werden (= **Hämostase**). Sowohl die Faktoren der **primären** Hämostase (Blutstillung) als auch die der **sekundären** Hämostase (Blutgerinnung) liegen im Blut vor (➤ 25.6).

25.3 Plasma und Plasmaproteine

25.3.1 Blutplasma

Mit einer Konzentration von 135–145 mmol/l **Na⁺-Kationen** und 100–110 mmol/l **Cl⁻-Anionen** sind dies die Elektrolyte mit hoher Konzentration im Blut. In deutlich geringeren Konzentrationen liegen die Kationen K⁺, Ca²⁺, und Mg²⁺ sowie die Anionen HCO₃⁻ (Hydrogencarbonat), HPO₄²⁻ (Hydrogenphosphat) und SO₄²⁻ (Sulfat) im Plasma gelöst vor.

25.3 PLASMA UND PLASMAPROTEINE

KLINIK

Elektrolytstörungen

Elektrolytstörungen sind Veränderungen der Elektrolytkonzentrationen im Blut, die ein systemisches Problem darstellen. Dabei können Elektrolytverschiebungen aller Anionen und Kationen vorkommen. Eine häufige Ursache ist der Salzverlust durch Erbrechen und Diarrhö, aber auch Medikamente und Nierenversagen verschieben häufig die Elektrolytkonzentrationen. Schon ein Anstieg oder Abfall um wenige mmol/l kann ernste Folgen haben. Die Messung der Elektrolyte im Blut ist daher Standard bei jeder Blutuntersuchung. Die Symptome einer Elektrolytstörung sind je nach Elektrolyt unterschiedlich (> 23.4.1). So kann eine Verschiebung des Kaliumwerts lebensgefährliche Arrhythmien (Herzrythmusstörungen) hervorrufen, weil das Ruhemembranpotenzial der kardialen Zellen verschoben wird. Läuft eine Kaliuminfusion beispielsweise durch eine Verwechslung mit einer Antibiotikainfusion zu schnell in die Vene, können insbesondere Kinder in lebensbedrohliche Zustände geraten.

Das Blutplasma ist eine **Proteinlösung,** die mehr als 100 verschiedene Proteine enthält (> Tab. 25.1). Aufgrund der **hohen Konzentration** von ca. 70 g/l spielen die Plasmaproteine eine wichtige Rolle für die Aufrechterhaltung des intravasalen **onkotischen Drucks** (kolloidosmotischer Druck). Das Protein mit der höchsten Plasmakonzentration ist **Albumin.** Kommt es z. B. bei einer Leberzirrhose oder Proteinmangelernährung zu einer Reduktion der Albuminkonzentration im Plasma, sinkt der intravasale onkotische Druck. In der Folge tritt vermehrt Wasser in das Interstitium über und es bilden sich **Ödeme.** Ebenfalls hohe Plasmakonzentrationen haben die **Immunglobuline, Fibrinogen** und **$α_1$-Antitrypsin.**

25.3.2 Plasmaproteine

Mithilfe der **Serumelektrophorese** lassen sich die Plasmaproteine bei einem pH-Wert von 8,6 anhand ihrer Größe und Ladung in wenigstens **fünf Fraktionen** auftrennen (> 8.3.3). Die einzelnen Proteine der Albumin-, $α_1$-Globulin-, $α_2$-Globulin-, $β$-Globulin- und die $γ$-Globulin-Fraktion zeigen zwar ein ähnliches Laufverhalten, weisen jedoch eine große funktionelle Heterogenität auf (> Tab. 25.1).

Tab. 25.1 Wichtige Plasmaproteine

Fraktion	Wichtige Bestandteile	Funktionen
Albumin (ca. 45 g/l)	Albumin	Aufrechterhaltung des onkotischen Drucks, Transport u. a. von unveresterten Fettsäuren, Bilirubin und ca. 50 % der Ca^{2+}-Ionen
$α_1$-Globuline (ca. 2,5 g/l)	$α_1$-Antitrypsin (Akute-Phase-Protein)	Inhibitor von Proteasen wie der Leukozytenelastase
	High Density Lipoprotein (HDL)	Transport von Cholesterin bzw. Cholesterinestern und Phospholipiden zur Leber
	Prothrombin	Hämostase: inaktive Vorstufe von Thrombin
	Transcobalamin	Transportprotein von Cobalamin (Vitamin B_{12})
$α_2$-Globuline (ca. 5 g/l)	$α_2$-Makroglobulin	Inhibitor von Proteasen
	Haptoglobin	Transport von freigesetztem Hämoglobin
	Plasminogen	Fibrinolyse: inaktive Vorstufe von Plasmin
	Ceruloplasmin	Ferrooxidase ($Fe^{2+} → Fe^{3+}$), Kupfertransport
$β$-Globuline (ca. 8 g/l)	Fibrinogen	Blutgerinnung: inaktive Vorstufe von Fibrin
	Very Low Density Lipoprotein (VLDL)	Transport von Nahrungslipiden zur Peripherie und zur Leber
	Low Density Lipoprotein (LDL)	Transport von Cholesterin von der Leber zur Peripherie
	Transferrin	Transport von Eisen (Fe^{3+})
	CRP	Akute-Phase-Protein, beteiligt am Entzündungsvorgang
	Proteine des Komplementsystems	Angeborene Immunabwehr
$γ$-Globuline (ca. 10 g/l)		Immunglobuline der adaptiven Immunabwehr

Plasmaproteine sind meist **Glykoproteine.** Sie werden fast alle in der **Leber** synthetisiert und sezerniert. Wichtige Ausnahmen sind das in der Leber synthetisierte, aber nicht glykosylierte Albumin sowie die Immunglobuline, die nicht in der Leber, sondern in B-Lymphozyten synthetisiert werden.

Albumin

Serumalbumin, oft auch nur als Albumin bezeichnet, wandert in einer typischen Serumelektrophorese am weitesten, zeigt die stärkste Anfärbung und besitzt mit 60–70 % den höchsten prozentualen Anteil an den Plasmaproteinen. Da es so hoch konzentriert ist und nicht frei in das Interstitium diffundieren kann, ist es für die Ausbildung und Aufrechterhaltung des intravasalen **onkotischen Drucks** (kolloidosmotischer Druck) von ca. 35 mbar (= 25 torr = 25 mm Hg) verantwortlich. Darüber hinaus fungiert es als **Transportprotein** für viele hydrophobe Substanzen wie unveresterte Fettsäuren, Bilirubin, fettlösliche Vitamine, lipophile Hormone oder Medikamente, die es in hydrophoben Taschen bindet (> Abb. 25.2). Zusätzlich sind ca. 50 % der Ca^{2+}-Ionen im Blut an negativ geladene Aminosäureseitenketten des Albumins gebunden.

Aus Studentensicht

KLINIK

Da das Blutplasma eine **hoch konzentrierte Proteinlösung** ist, entsteht ein hoher intravasaler **onkotischer Druck. Albumin,** das Protein höchster Konzentration, wird z. B. bei einer Leberzirrhose oder Mangelernährung vermindert gebildet, was zu **Ödemen** führt.
Ebenfalls hohe Plasmakonzentrationen haben die **Immunglobuline, Fibrinogen** und **$α_1$-Antitrypsin.**

25.3.2 Plasmaproteine

Die Plasmaproteine lassen sich mithilfe der **Serumelektrophorese** standardmäßig in **fünf Fraktionen** auftrennen: Albumin-, $α_1$-Globulin-, $α_2$-Globulin-, $β$-Globulin- und $γ$-Globulin-Fraktion.

TAB. 25.1

Plasmaproteine sind meist **Glykoproteine** (Ausnahme: Albumin) und werden fast alle in der **Leber** synthetisiert. Eine wichtige Ausnahme sind die in B-Lymphozyten produzierten Immunglobuline.

Albumin

Albumin wandert in der Serumelektrophorese am weitesten und macht 60–70 % der Plasmaproteine aus. Es ist maßgeblich an der Aufrechterhaltung des intravasalen **onkotischen Drucks** beteiligt und dient mit seinen hydrophoben Taschen als **Transportprotein** für hydrophobe Substanzen wie Fettsäuren, Bilirubin, lipophile Hormone, fettlösliche Vitamine und Medikamente. Zudem bindet es ca. 50 % der Ca^{2+}-Ionen im Blut.

Aus Studentensicht

ABB. 25.2

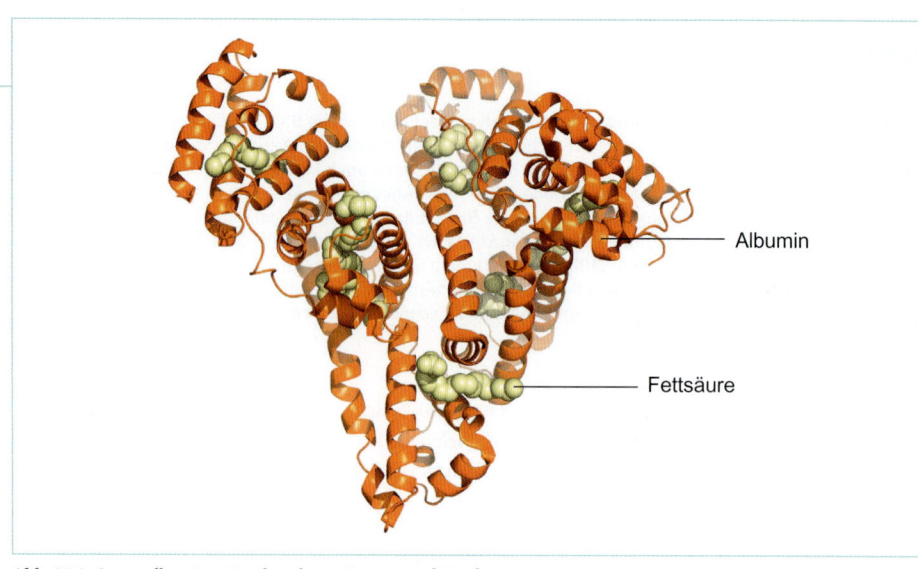

Abb. 25.2 Serumalbumin mit gebundenen Fettsäuren [P414]

α₁-Globuline

α₁-Globuline machen einen Anteil von ca. 4 % der Plasmaproteine aus.
α₁-Antitrypsin, ein Serinproteaseinhibitor, hemmt Serinproteasen wie Trypsin. Als Akute-Phase-Protein hemmt es während Entzündungsreaktionen u. a. die durch neutrophile Granulozyten freigesetzte Elastase.

α₁-Globuline

Die Fraktion der α₁-Globuline hat einen Anteil von etwa 4 % an den Proteinen im Blutplasma und enthält u. a. **α₁-Antitrypsin,** einen **Ser**in**p**rotease**in**hibitor, der zur Familie der SERPINe gehört und verschiedene Serinproteasen hemmen kann. Darunter befindet sich auch Trypsin, das physiologisch in geringen Mengen im Blut vorkommt. So wird verhindert, dass Serinproteasen andere Plasmaproteine ungewollt spalten und das Gewebe schädigen. Im Rahmen von Entzündungsreaktionen hemmt α₁-Antitrypsin u. a. die Elastase, die von neutrophilen Granulozyten abgegeben wird (> 16.3.6).

KLINIK

KLINIK

α₁-Antitrypsin-Mangel

Die normale Serumkonzentration des α₁-Antitrypsins beträgt 83–199 mg/dl. Es ist ein typisches Akute-Phase-Protein, dessen Konzentration in der akuten Phase von Entzündungsreaktionen ansteigt. Eine erblich bedingte Mutation des α₁-Antitrypsin-Gens führt zur gestörten Sekretion und Akkumulation des Proteins in der Leber. So entstehen Leberschäden mit sehr unterschiedlicher Ausprägung, die schon in der Kindheit auftreten können. Außerhalb der Leber kommt es zu einem α₁-Antitrypsin-Mangel. Hier entstehen Gewebeschädigungen, da die Elastase und anderen Serinproteasen nicht ausreichend gehemmt werden. Charakteristisch ist ein **Lungenemphysem** mit irreversibler Schädigung und Erweiterung der Alveolenwände.

Das Lipoprotein **HDL,** das Glukocorticoid- und Progesteron-Transportprotein **Transcortin** und das Transportprotein der Schilddrüsenhormone, **thyroxinbindendes Globulin,** zählen ebenfalls zur α₁-Globulin-Fraktion.

Weitere Bestandteile der α₁-Globulin-Fraktion sind:
- **HDL** (High Density Lipoprotein), ein Lipoprotein, das Cholesterin und Cholesterinester von den extrahepatischen Geweben zur Leber transportiert (> 20.2.1).
- **Transcortin,** das für den Transport von Glukocorticoiden und Progesteron verantwortlich ist. Besonders hoch ist seine Affinität zu Cortisol (> 9.7.1).
- **Thyroxinbindendes Globulin,** das die Schilddrüsenhormone Thyroxin und Triiodthyronin im Blut transportiert (> 9.7.1).

α₂-Globuline

α₂-Globuline machen einen Anteil von etwa 10 % der Plasmaproteine aus. Zu ihnen gehören u. a.:
- Das Akute-Phase-Protein **α₂-Makroglobulin,** ein v. a. von Makrophagen sezernierter Protease-Inhibitor
- **Plasminogen,** dessen aktive Form (Plasmin) Blutgerinnsel auflöst
- Das Akute-Phase-Protein **Haptoglobin,** das freigesetztes Hämoglobin bindet

α₂-Globuline

Die Fraktion der α₂-Globuline hat einen Anteil von etwa 10 % an den Proteinen im Blutplasma und enthält u. a.:
- **α₂-Makroglobulin** (α₂M, α₂-Globulin), einen Protease-Inhibitor mit breitem Wirkspektrum. Als Akute-Phase-Protein wird es vornehmlich von Makrophagen gebildet und ist Teil der angeborenen Immunantwort.
- **Plasminogen,** die inaktive Vorstufe von Plasmin, das für die Auflösung von Blutgerinnseln verantwortlich ist (> 25.6.4).
- **Haptoglobin,** ein Akute-Phase-Protein, das das bei Hämolyse außerhalb von Knochenmark, Leber und Milz in die Blutbahn freigesetzte Hämoglobin bindet und dem retikuloendothelialen System (retikulohistiozytäres System; Gesamtheit aller Zellen des retikulären Bindegewebes) zuführt.

β-Globuline

Die Fraktion der β-Globuline hat einen Anteil von etwa 10 % an den Proteinen im Blutplasma und enthält u. a.:

- **VLDL** (Very Low Density Lipoprotein), ein Lipoprotein, das TAG und Cholesterin von der Leber zu extrahepatischen Geweben transportiert (> 20.1.4).
- **LDL** (Low Density Lipoprotein), ein Lipoprotein, das Cholesterin und Cholesterinester von der Leber zu extrahepatischen Geweben transportiert.
- **Transferrin,** das Eisen in Form von Fe^{3+}-Ionen im Plasma transportiert (> 23.5.2).
- **C-reaktives Protein (CRP),** ein Akute-Phase-Protein und klinisch wichtiges Markerprotein bei akuten Entzündungen oder Infektionen. Es bindet an das C-Polysaccharid der Zellwand von *Streptococcus pneumoniae* (> 16.3.6).

Die β-Globulin-Fraktion lässt sich weiter in eine prä-β- ($β_1$-) und eine $β_2$-Fraktion unterteilen. LDL wird daher auch als β-Lipoprotein und VLDL als Prä-β-Lipoprotein bezeichnet und der **Prä-β-Globulin-Fraktion** zugeordnet. In anderen Einteilungen wird VLDL auch der $α_2$-Globulin-Fraktion zugeordnet.

γ-Globuline

Die Fraktion der γ-Globuline umfasst etwa 15 % der Proteine im Blutplasma und enthält fast alle Immunglobuline des humoralen adaptiven Immunsystems (> 16.4.6). Das mengenmäßig prominenteste Immunglobulin mit einer Plasmakonzentration von ca. 12 g/l ist **IgG.**

Aus Studentensicht

β-Globuline

β-Globuline machen einen Anteil von etwa 10 % der Plasmaproteine aus.
Zu ihnen gehören u. a.:
- Das Lipoprotein **VLDL**
- Das Lipoprotein **LDL**
- Das Fe^{3+}-transportierende **Transferrin**
- Das Akute-Phase-Protein **CRP,** ein klinisch wichtiger Marker für Entzündungen bzw. Infektionen

γ-Globuline

γ-Globuline machen einen Anteil von etwa 15 % der Plasmaproteine aus. Sie beinhalten fast alle Immunglobuline, wobei **IgG** das häufigste ist.

KLINIK

Veränderung der Proteinfraktionen als diagnostischer Hinweis

Veränderungen der Serumelektrophorese können, wie bei Herrn Stern (> 8.3.3), einen ersten Hinweis auf eine Erkrankung geben. So gibt es beispielsweise eindeutige Veränderungen bei akuten oder chronischen Entzündungen, Leber- und Nierenerkrankungen.
Bei **akuten Entzündungen** sind die $α_1$- und $α_2$-Fraktionen erhöht, die hauptsächlich Akute-Phase-Proteine wie $α_1$-Antitrypsin und $α_2$-Makroglobulin enthalten. Die Entzündung kann verschiedene Ursachen haben, u. a. Infektionen, Gewebenekrosen bei einem Herzinfarkt und Tumoren, kann aber auch postoperativ oder posttraumatisch auftreten.
Chronische Entzündungen zeigen v.a. eine Erhöhung der γ-Globulin-Fraktion. Bei **Lebererkrankungen** sind die in der Leber synthetisierten Proteine wie Albumin und v. a. die $α_1$-Fraktion erniedrigt, dafür andere, wie v. a. Immunglobuline, erhöht. Bei **Nierenerkrankungen** wie dem nephrotischen Syndrom mit vermehrtem Eiweißverlust gehen Albumin und Immunglobuline im Urin verloren und die entsprechenden Fraktionen sind dann in der Serumelektrophorese vermindert. Um den onkotischen Druck aufrechtzuerhalten, sind dafür die $α_2$- und β-Fraktionen erhöht.

25.4 Zelluläre Bestandteile

Die verschiedenen Zelltypen des Bluts entwickeln sich aus einer gemeinsamen Stammzelle (> Abb. 25.3). Diese differenziert sich beim Erwachsenen im Knochenmark unter dem Einfluss eines Zytokins, des Stammzellfaktors (= c-kit-Ligand), zu einer multipotenten **hämatopoetischen Stammzelle.** Für die Differenzierung in einen spezifischen Zelltyp sind bestimmte weitere Signale notwendig, die durch Zytokine wie die Interleukine vermittelt werden. Durch Zellteilung und Differenzierung entstehen aus der hämatopoetischen Stammzelle die oligopotenten **myeloischen** und **lymphatischen Vorläuferzellen.** Aus den lymphatischen Vorläuferzellen entstehen B- und T-Lymphozyten sowie die natürlichen Killerzellen (NK-Zellen). Unter dem Einfluss von **Erythropoetin** (= Epo) differenzieren sich die myeloischen Vorläuferzellen über mehrere Zwischenstufen zum reifen **Erythrozyten.**

Für die Bildung von Thrombozyten aus myeloischen Vorläuferzellen entsteht zunächst durch verschiedene Interleukine und **Thrombopoetin** ein **Megakaryozyt,** aus dem dann die fertigen Thrombozyten als „Zellfragmente" an das Blut abgegeben werden. **Thrombozyten** (Blutplättchen) sind mit einem Durchmesser von ca. 2–4 μm kleiner als Erythrozyten. Sie liegen mit einer Zahl von ca. 150 000–350 000 Zellen/μl im Blut in einer weit geringeren Konzentration vor als Erythrozyten. Thrombozyten besitzen wie Erythrozyten **keinen Zellkern,** enthalten aber im Gegensatz zu ihnen **Mitochondrien,** sodass sie, anders als die Erythrozyten, effizient große Mengen ATP über die Atmungskette produzieren können.

Ebenfalls aus der myeloischen Vorläuferzelle entwickeln sich unter dem Einfluss spezifischer Interleukine die Granulozyten, Monozyten, Mastzellen und dendritischen Zellen (> 16.2).

25.4 Zelluläre Bestandteile

Alle Blutzellen entwickeln sich aus **hämatopoetischen Stammzellen.** Dabei entstehen zunächst die **myeloischen** und die **lymphatischen Vorläuferzellen.** Aus den lymphatischen Vorläuferzellen entstehen B- und T-Lymphozyten sowie die NK-Zellen.
Die myeloischen Vorläuferzellen differenzieren sich unter dem Einfluss von:
- **Erythropoetin** über Zwischenstufen zu reifen Erythrozyten
- **Thrombopoetin** über die Zwischenstufe des **Megakaryozyten** zu **Thrombozyten**
- Spezifischen Interleukinen über Zwischenstufen zu Granulozyten und Monozyten

Erythrozyten und Thrombozyten besitzen **keinen Zellkern.** Thrombozyten besitzen jedoch **Mitochondrien,** sodass sie über die Atmungskette ATP produzieren können.

Aus Studentensicht

ABB. 25.3

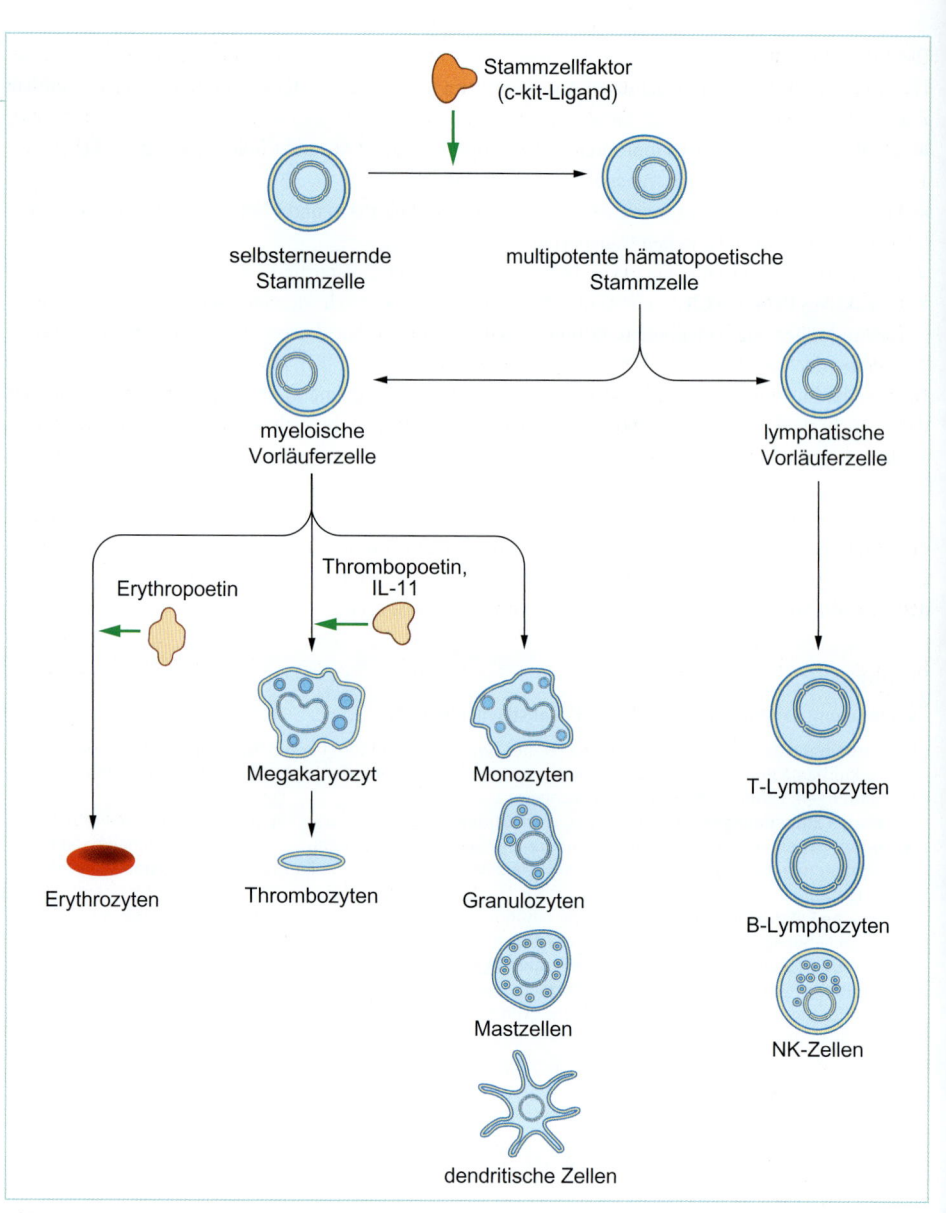

25 BLUT: EIN GANZ BESONDERER SAFT

Abb. 25.3 Blutzellbildung. Die Bildung der Zellen des Immunsystems wird in ➤ Kap. 16 detaillierter beschrieben (➤ Abb. 16.1). [L307]

25.5 Gastransport im Blut

25.5.1 Sauerstofftransport

FALL

Bun Thit Nuong: Grillen auf Vietnamesisch

Hoy und Hua aus Vietnam freuen sich schon: Heute soll es Bun Thit Nuong, gegrilltes Schweinefleisch auf Nudeln, geben. „Weißt du noch, wie ich das bei unserem ersten Date für dich gekocht habe, keiner grillt mit mehr Liebe als ich!" Hoy heizt den Grill auf dem Balkon ein. „Oh Mann, diese deutschen Wintertemperaturen, so eiskalt, wie mir ist, wird das nichts, Schätzchen, ich mach das drinnen." Hua macht schon mal die Nudeln und schnippelt das Gemüse und Hoy widmet sich intensiv dem rauchenden Grill in der Küche. „Mensch, dass mich das Bier immer so müde macht", gähnt Hoy. „Mir ist auch irgendwie schwindelig", seufzt Hua. „Komm, setz dich doch aufs Küchensofa, ich setz mich zu dir, das Fleisch lass ich kurz auf kleiner Flamme."
Und das wäre beinahe das Ende der Liebesgeschichte von Hoy und Hua gewesen, hätte nicht der Nachbar, wütend über den Rauch im Gang, nach vergeblichem Sturmklingeln die Polizei alarmiert. Sie werden als Notarzt dazu gerufen und finden beide tief bewusstlos.
Wodurch entsteht die Bewusstlosigkeit?

25.5 Gastransport im Blut

25.5.1 Sauerstofftransport

Die Lunge dient dem Gasaustausch zwischen Körper und Umwelt. **Sauerstoff** diffundiert aus der Atemluft in das Blut und wird an sein in den Erythrozyten lokalisiertes Transportprotein **Hämoglobin** gebunden.

In der Lunge diffundieren die Gase Sauerstoff und Stickstoff aus der Atemluft in das Blut. Während der molekulare Stickstoff vom Körper nicht verwertet werden kann und lediglich bei starkem Druckabfall zur Taucherkrankheit führt (➤ 21.1), benötigen alle Organe v. a. für die Atmungskette große Mengen Sauerstoff. Da **Sauerstoff** im Plasma nur schlecht löslich ist, wird er gebunden an das Erythrozytenprotein **Hämoglobin** transportiert.

25.5 GASTRANSPORT IM BLUT

Die **Erythrozyten** sind für den Sauerstofftransport im Blut verantwortlich. Ihr Durchmesser liegt mit 7,5 µm zwischen dem der Thrombozyten (Durchmesser 1,5–3 µm) und der Leukozyten (Durchmesser 7–20 µm). Mit etwa 5 Millionen Zellen/µl sind sie mit Abstand die häufigsten Zellen im Blut. Erythrozyten besitzen **keine Organellen** und können daher nur im Zytoplasma ablaufende Stoffwechselwege wie die anaerobe Glykolyse oder den Pentosephosphatweg durchführen.

Erythrozyten enthalten in sehr hoher Konzentration **Hämoglobin,** insgesamt mehrere hundert Gramm im menschlichen Körper. Die prosthetische Hämgruppe verleiht dem Blut seine rote Farbe, bindet Sauerstoff und erhöht damit dessen Löslichkeit im Blut um den Faktor 70.

Hämoglobin ist ein tetrameres Protein und besteht somit aus vier Untereinheiten, zwei α- und zwei β-Untereinheiten (> 2.2). Jede einzelne Untereinheit ähnelt dem **Myoglobin,** dem monomeren Sauerstoffspeicher im Muskel. Wie dieses trägt jede Untereinheit ein **Häm** als prosthetische Gruppe und kann ein Sauerstoffmolekül binden (> Abb. 25.4). Das zentrale Fe^{2+}-Ion des Häms bildet dabei vier koordinative Bindungen zu den N-Atomen des Häms und eine weitere zum proximalen Histidinrest F8 (8. Aminosäure in der F-Helix) im Protein aus. Im sauerstofffreien Zustand „zieht" das proximale Histidin das Fe^{2+}-Ion ein Stück zu sich hin und aus der Hämebene heraus. Die sechste Bindungsstelle des Fe^{2+}-Ion kann durch ein Sauerstoffmolekül besetzt werden, das dabei eine Wasserstoffbrücke zu einem weiteren, dem distalen Histidin E7, ausbildet. Der distale Histidinrest in der Nähe der **Sauerstoffbindungsstelle** reduziert zudem die Affinität, mit der andere Komplexliganden wie Kohlenstoffmonoxid (CO) gebunden werden, indem er die bevorzugte senkrechte Anlagerung von CO an das Fe^{2+}-Ion verhindert. Sauerstoff bindet dagegen „schräg" und wird vom distalen Histidin nicht beeinflusst. CO bindet 200-fach besser an Hämoglobin als Sauerstoff. Freies Häm, das nicht im Hämoglobin eingebettet ist, bindet CO dagegen ca. 25 000-mal besser als O_2.

Aus Studentensicht

Erythrozyten sind ca. 7,5 µm große Zellen und mit Abstand die häufigsten Zellen im Blut. Sie besitzen **keine Organellen,** sodass sie zur Energiegewinnung nur anaerobe Glykolyse und den für sie wichtigen Pentosephosphatweg betreiben können.

Das in Erythrozyten enthaltene **Hämoglobin** bindet Sauerstoff und verleiht dem Blut seine rote Farbe.

Die vier Untereinheiten des Hämoglobins ähneln **Myoglobin,** dem monomeren Sauerstoffspeicher des Muskels, das wie jede Untereinheit des Hämoglobins ein **Häm** als prosthetische Gruppe trägt. Das zentrale Fe^{2+}-Ion des Häms bindet Sauerstoff und ist über vier koordinative Bindungen mit den N-Atomen des Häms und über eine weitere mit dem proximalen Histidin des Proteins verbunden.

Ein weiteres Histidin (= distales Histidin), das in der Nähe der **Sauerstoffbindungsstelle** lokalisiert ist, reduziert die Affinität des Fe^{2+}-Ions für andere Bindungspartner wie z.B. Kohlenstoffmonoxid. CO bindet dennoch ca. 200-fach besser an Hämoglobin als O_2.

ABB. 25.4

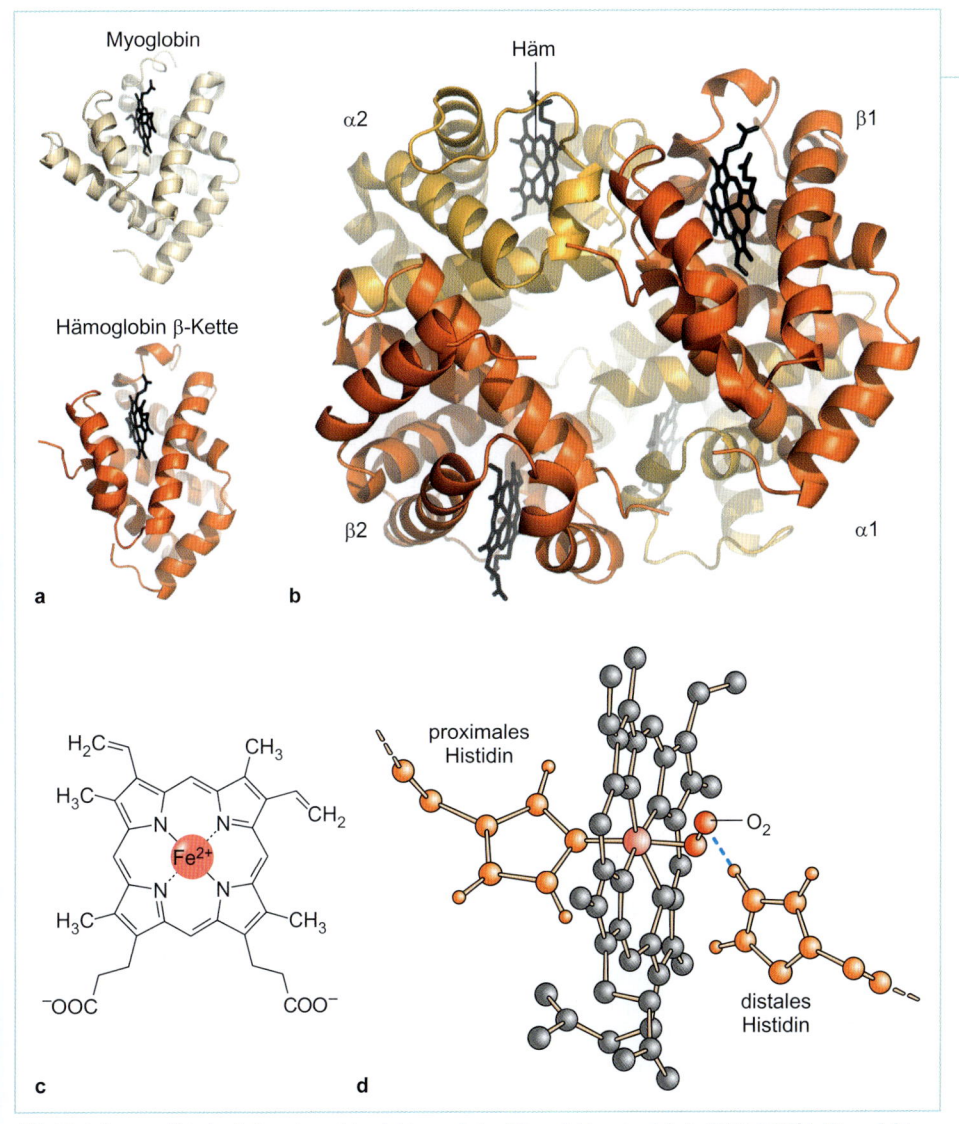

Abb. 25.4 Sauerstoffbindende Proteine. **a** Myoglobin- und eine Hämoglobinuntereinheit. [P414, L307] **b** Hämoglobintetramer aus 2 α- und 2 β-Untereinheiten. [P414, L307] **c** Häm. [L307] **d** Bindung von O_2 an Häm. [L299, L307]

Aus Studentensicht

25 BLUT: EIN GANZ BESONDERER SAFT

FALL

Bun Thit Nuong: Kohlenmonoxidvergiftung

Hoy und Hua leiden an einer Kohlenmonoxidvergiftung. CO ist ein farb-, geschmack- und geruchloses Gas und verursacht keine Schmerzen. Es wird von den Betroffenen daher sehr oft nicht bemerkt. Es ist in Deutschland die häufigste akzidentelle Vergiftung. CO entsteht bei Verbrennungsprozessen ohne ausreichende Sauerstoffzufuhr wie Schwelbränden in abgeschlossenen Räumen oder defekten Öfen.
Wegen der etwa 200-mal höheren Affinität hat das CO bei Hoy und Hua etwa 42 % der Sauerstoffbindungsstellen des Hämoglobins besetzt. Die mangelnde Sauerstoffversorgung der Gewebe, insbesondere des Gehirns, führt zur Bewusstlosigkeit. Gleichzeitig bindet CO auch an die Cytochrome der Atmungskette in den Mitochondrien. Es entstehen reaktive Sauerstoffspezies, die in stark sauerstoffabhängigen Geweben wie Myokard und Nervengewebe zu Zellschäden führen.
Sie intubieren die beiden sofort und beatmen sie mit reinem Sauerstoff. Trotz der hohen Affinität diffundiert ein Teil der reversibel gebundenen CO-Moleküle vom Hämoglobin ab und kann durch Sauerstoff ersetzt werden. CO wird dann langsam abgeatmet. In der Klinik sollte dann idealerweise eine hyperbare Sauerstoffbehandlung erfolgen. Diese Sauerstoffbehandlung unter erhöhtem Umgebungsdruck in einer Druckkammer erhöht den Sauerstoffpartialdruck noch einmal auf etwa das Dreifache und gilt daher als Goldstandard der Behandlung von CO-Vergiftungen. Nach nicht rechtzeitig behandelten CO-Vergiftungen kann es zu Spätschäden an Herz und Gehirn kommen.

Kooperative Bindung des Sauerstoffs

Bei Hämoglobin und Myoglobin wird die Beladung mit Sauerstoff (Sättigung) in Abhängigkeit vom Sauerstoffpartialdruck gemessen. Die **Sättigungskurve** von **Myoglobin** ist **hyperbolisch,** die von **Hämoglobin sigmoid.** In der Lunge werden fast alle Hämoglobinmoleküle mit Sauerstoff gesättigt, im Gewebe geben dann unter physiologischen Bedingungen ca. 66 % dieser Moleküle den Sauerstoff wieder ab.
Bei den im Gewebe herrschenden Sauerstoffpartialdrücken kann Myoglobin mit seiner hyperbolischen Kurve deutlich weniger Sauerstoff abgeben und ist daher nicht für den Sauerstofftransport geeignet.

ABB. 25.5

Die desoxygenierte **T-Form** des Hämoglobins hat eine niedrige Affinität für Sauerstoff, die oxygenierte **R-Form** hingegen eine hohe.
Bindet Sauerstoff an eine der Untereinheiten der T-Form, so wird das Fe^{2+}-Ion in die Hämebene gezogen. Das proximale Histidin überträgt diese Bewegung auf die F-Helix und bewirkt so eine **Konformationsänderung** im gesamten Molekül, die auf die anderen Untereinheiten übertragen wird. Dabei werden zwischen einzelnen Aminosäuren bestehende **Salzbrücken** gelöst und das Molekül wechselt von der T- in die R-Form, wodurch die weitere Sauerstoffbeladung erleichtert wird.

Kooperative Bindung des Sauerstoffs

Um die Sauerstoffbeladung von Myoglobin und Hämoglobin zu analysieren, misst man, in etwa analog zur Aktivitätsbestimmung bei Enzymen, die Sättigung in Abhängigkeit vom Sauerstoffpartialdruck. Für **Myoglobin** ergibt sich eine **hyperbolische Sättigungskurve,** beim **Hämoglobin** dagegen eine **sigmoide Kurve** (> Abb. 25.5). Bei dem in der Lunge herrschenden Sauerstoffpartialdruck binden nahezu alle Hämoglobinmoleküle Sauerstoff. Beim Sauerstoffpartialdruck im venösen Blut der anderen Gewebe sind jedoch nur etwa 33 % der Sauerstoffbindungsstellen besetzt. Die Differenz von 66 % beschreibt den Anteil der Hämoglobinmoleküle, die Sauerstoff in der Lunge aufgenommen und im Gewebe wieder abgegeben haben. Bei Proteinen mit einer hyperbolischen Sättigungskurve ist diese Differenz maximal 38 %, beim Myoglobin selbst nur 7 %, da die Kurve ihre größte Steigung im Bereich niedriger Sauerstoffpartialdrücke und nicht im Bereich zwischen den Sauerstoffpartialdrücken in Lunge und Gewebe hat. Monomere Proteine könnten daher selbst bei optimaler Anpassung ihrer Affinität Sauerstoff viel schlechter von der Lunge in die anderen Gewebe transportieren. Myoglobin dient daher auch nicht dem Sauerstofftransport im Blut, sondern der Sauerstoffspeicherung im Muskel.

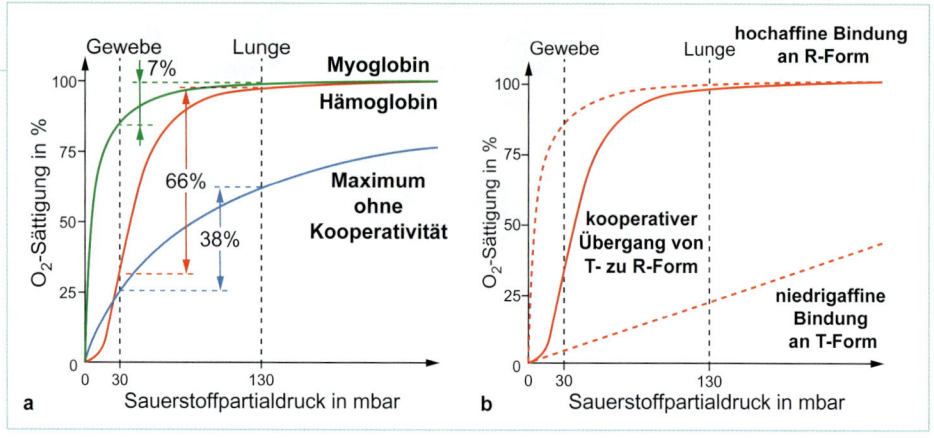

Abb. 25.5 **a** Sauerstoffbindungskurve von Hämoglobin (rot), Myoglobin (grün) und einem hypothetischen nicht kooperativen Protein (blau), das für einen hyperbolischen Kurvenverlauf eine maximale Differenz der Sauerstoffsättigung zwischen Lunge und Gewebe aufweist. Die Sauerstoffpartialdrücke in Lunge und anderen Geweben sind mit gestrichelten schwarzen Linien markiert. **b** Sauerstoffbindungskurven von Hämoglobin in der R- und der T-Form. Die Kurven wurden bei 5 mmol/l 2,3 Bisphosphoglycerat, pH 7,4 und in Abwesenheit von CO_2 gemessen. [L299]

Die Hämoglobin-Sättigungskurve zeigt einen **sigmoiden Verlauf,** weil die Untereinheiten des Hämoglobins zwei unterschiedliche Konformationen annehmen können. Die **R-Form** (= relaxed, entspannt) bindet Sauerstoff mit hoher, die **T-Form** (= tense, gespannt) nur mit niedriger Affinität (> Abb. 25.5b). Ohne gebundenen Sauerstoff (= desoxygeniert) liegen alle vier Hämoglobinuntereinheiten in der T-Form vor. Bei einem niedrigen Sauerstoffpartialdruck, wie z. B. im arbeitenden Muskel, bindet Sauerstoff daher nur mit niedriger Affinität und die Sättigungskurve steigt nur leicht an. Sobald jedoch ein Sauerstoffmolekül, z. B. bei hohem Sauerstoffpartialdruck in der Lunge, an eine der β-Untereinheiten bindet, wird das Fe^{2+}-Ion durch die Besetzung der sechsten Bindungsstelle in die Hämebene gezogen. Dabei zieht es das proximale Histidin mit der gesamten F-Helix in Richtung der Hämebene, wodurch diese gekippt wird (> Abb. 25.6a). Durch diese Bewegung wird der am Ende der F-Helix lokalisierte negativ geladene Aspartatrest von dem C-terminalen positiv geladenen Histidinrest HC3 weggezogen (> Abb. 25.6b). Die beiden Aminosäuren bilden in der T-Form eine **Salzbrücke,** die durch diese **Konformationsänderung** gelöst wird. Dadurch verdreht sich das C-terminale Histidin, sodass auch eine weitere Salzbrücke zwi-

25.5 GASTRANSPORT IM BLUT

schen der C-terminalen Carboxylgruppe und einem Lysin der benachbarten Hämoglobin-α-Untereinheit bricht. Auf diese Weise führt die Bindung eines Sauerstoffmoleküls an die erste Hämoglobinuntereinheit in der T-Form auch in den benachbarten noch sauerstofffreien Untereinheiten zu einer Konformationsänderung. So bewirkt die Bindung von einem Sauerstoffmolekül an eine Untereinheit, dass alle vier Untereinheiten von der T-Form in die R-Form übergehen und sich die Untereinheiten aufeinander zu bewegen (➤ Abb. 25.6c). Da die R-Form eine höhere Sauerstoffaffinität aufweist, erfolgt die Bindung von Sauerstoff an die anderen drei Untereinheiten jetzt mit höherer Affinität. Die Sättigungskurve steigt daher ab einem Schwellenwert stark an (➤ Abb. 25.5b). Wenn nahezu alle Untereinheiten mit Sauerstoff besetzt sind, nähert sie sich wie bei der hyperbolischen Kurve asymptotisch der maximalen Sättigung an.

ABB. 25.6

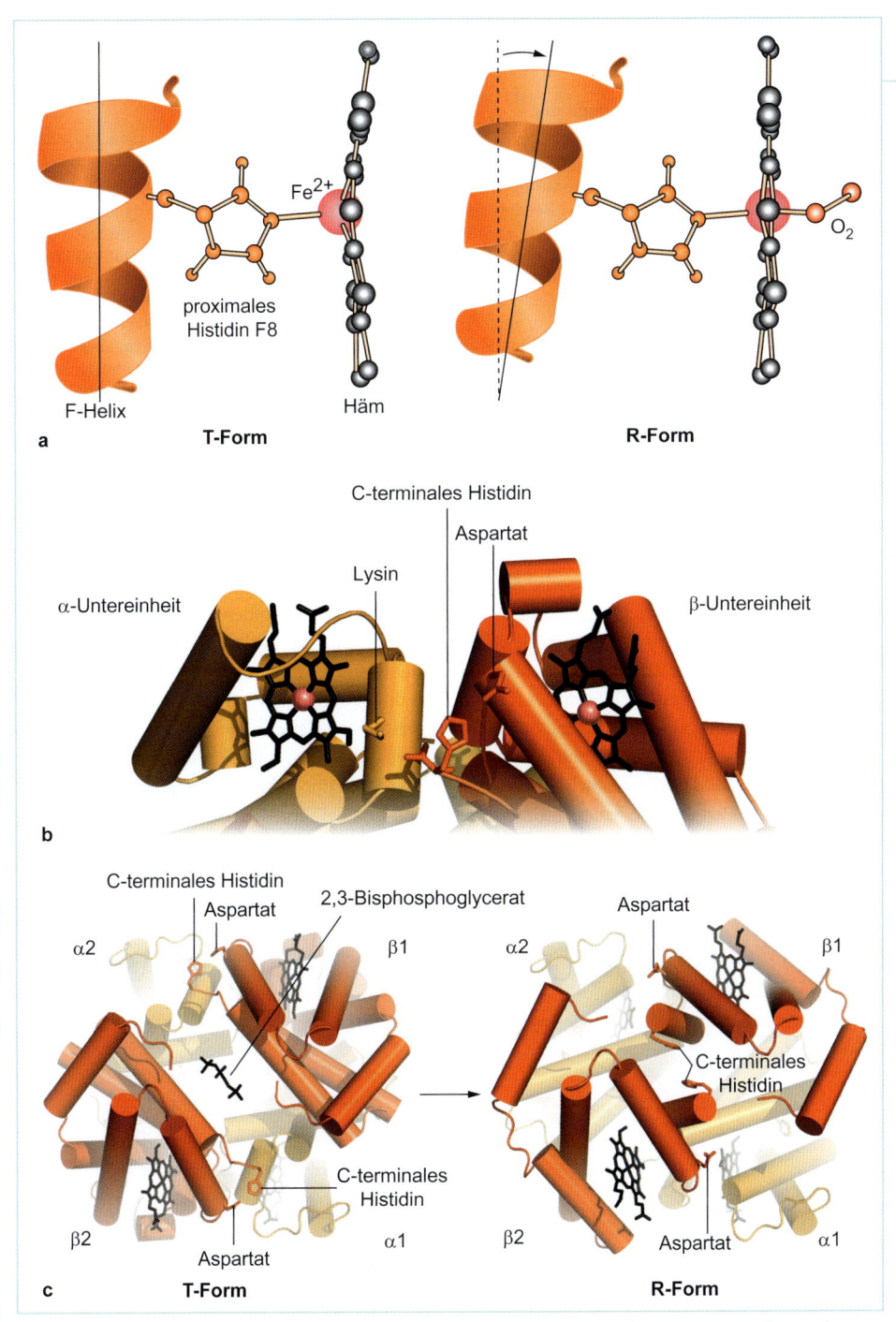

Abb. 25.6 **a** Sauerstoffbindung an eine Hämoglobinuntereinheit in der T-Form bewirkt eine Bewegung der F-Helix [L138, L307]. **b** Diese löst durch den Bruch von Salzbrücken eine Konformationsänderung der benachbarten Untereinheit aus [P414, L307]. **c** Konformationsänderung von der T- zur R-Form. In den Hohlraum in der T-Form bindet 2,3-Bisphosphoglycerat (BPG). [P414, L307]

Der Einfluss einer Untereinheit auf die Affinität zu einem Substrat oder die enzymatische Aktivität der anderen Untereinheiten eines multimeren Proteins wird als **kooperativer Effekt** bezeichnet (➤ 3.6.3). Er ist der Grund für die sigmoide Kurvenform der Sättigungskurve des Hämoglobins und somit für einen effektiven Sauerstofftransport.

Aus Studentensicht

Der Einfluss einer Untereinheit auf die Affinität bzw. enzymatische Aktivität einer anderen Untereinheit eines multimeren Proteins wird **kooperativer Effekt** genannt und bedingt die sigmoide Kurvenform dieser Proteine.

Aus Studentensicht

Die Sauerstoffabgabe im Gewebe erfolgt reziprok zur Aufnahme. Das zuletzt aufgenommene Sauerstoffmolekül wird am leichtesten aufgenommen, jedoch am schwierigsten wieder abgegeben. Myoglobin, das als Sauerstoffspeicher im Muskel fungiert, hat eine höhere Sauerstoffaffinität als Hämoglobin und gibt erst bei niedrigen Partialdrücken Sauerstoff an das Gewebe ab.

Regulation der Sauerstoffaffinität

Bei einem hohen Sauerstoffverbrauch entstehen vermehrt CO_2 und H^+ als Stoffwechselprodukte. Sie führen als **allosterische Regulatoren** am Hämoglobin zur verstärkten Abgabe des für diese Gewebe vermehrt benötigten Sauerstoffs. Die Differenz der Sauerstoffsättigungen zwischen Lunge und Gewebe steigt dadurch auf fast 90 %. Die erleichterte Sauerstoffabgabe durch die Wirkung von H^+ wird als **Bohr-Effekt** bezeichnet.

ABB. 25.7

---

25 BLUT: EIN GANZ BESONDERER SAFT

Die Sauerstoffabgabe im Gewebe erfolgt reziprok zur Aufnahme: Das vierte Sauerstoffmolekül hat die höchste Affinität zum Hämoglobin, wird also am besten aufgenommen und nur schwer wieder abgegeben. Nachdem es sich jedoch abgelöst hat, lösen sich die anderen drei Sauerstoffmoleküle immer leichter ab. Auf diese Weise führt der kooperative Effekt zu einer **Alles-oder-nichts-Beladung** der Hämoglobintetramere, die i. d. R. in der Lunge vier O_2 binden und in Geweben wie dem Muskel alle vier O_2 abgeben. Myoglobin im Muskel hat eine höhere Sauerstoffaffinität als Hämoglobin und bindet daher auch beim dort vorherrschenden niedrigen Partialdruck den vom Hämoglobin abgegebenen Sauerstoff. Erst wenn der Sauerstoffpartialdruck z. B. bei starker Muskelaktivität noch weiter absinkt, gibt das Myoglobin den Sauerstoff wieder ab. Wale haben besonders große Mengen dieses Sauerstoffspeichers, der ihnen lange Tauchzeiten ermöglicht.

> **FALL**
>
> **Bun Thit Nuong: Kohlenmonoxidvergiftung**
>
> Bei Hoy und Hua waren etwa die Hälfte der Sauerstoffbindungsstellen mit CO besetzt. Der entstehende Sauerstoffmangel war lebensgefährlich. Bei einer starken Anämie kann es durch Absinken des Hämoglobinwerts auch fast zu einer Halbierung der verfügbaren Sauerstoffbindungsstellen kommen, ohne dass jedoch Lebensgefahr besteht. Woran liegt das? Bei der Anämie stehen die Tetramere vollständig für den Sauerstofftransport zur Verfügung. Bei der CO-Vergiftung sind in vielen Tetrameren nur 1–3 Sauerstoffbindungsstellen mit CO belegt, sodass fast keine gänzlich unbesetzten Tetramere verbleiben. Durch den kooperativen Effekt wird in den z. T. mit CO besetzten Tetrameren die Sauerstoffaffinität der noch freien Untereinheiten erhöht. Sie nehmen daher in der Lunge effizient Sauerstoff auf. Da mindestens eine Untereinheit jedoch sehr stabil mit CO belegt ist, verbleibt das Hämoglobin auch im Gewebe in der R-Form. Entsprechend dem Alles-oder-nichts-Effekt werden dann im Gewebe die Sauerstoffmoleküle nur schwer bzw. nicht mehr abgegeben. Dadurch geben weit mehr als die Hälfte der Hämoglobinuntereinheiten keinen Sauerstoff im Gewebe ab, sondern gelangen in der R-Form beladen mit CO und Sauerstoff ins venöse Blut. Dies führt zum bekannten Phänomen der rosigen Haut beim „inneren Ersticken", da das oxygenierte Hämoglobin rot erscheint. Wie die rosige Haut kann auch die Messung einer normalen Sauerstoffsättigung mit dem Pulsoxymeter den Ernst der Lage maskieren, da es nicht zwischen CO- und Sauerstoffbeladung unterscheidet.

Regulation der Sauerstoffaffinität

CO_2 und H^+

Unabhängig vom kooperativen Effekt wird die Sauerstoffaffinität des Hämoglobins auch durch Moleküle beeinflusst, die an anderen Stellen als der Sauerstoff an das Hämoglobin binden.

Bei einem hohen Sauerstoffverbrauch im Gewebe kommt es lokal zu verstärkter Bildung von CO_2 im Citratzyklus und H^+ in der anaeroben Glykolyse. Beide stabilisieren als kovalent bindende **allosterische (heterotrope) Regulatoren** die T-Form des Hämoglobins und führen durch Senkung der Sauerstoffaffinität zur verstärkten Abgabe des dringend benötigten Sauerstoffs im Gewebe (> Abb. 25.7). Da die freien Konzentrationen von CO_2 und H^+ außerhalb der stoffwechselaktiven Gewebe und auch in der Lunge deutlich geringer sind, lösen sie sich dort leicht wieder vom Hämoglobin, das anschließend, bedingt durch den hohen Partialdruck, Sauerstoff aufnimmt. Dadurch steigt die Differenz der Sauerstoffsättigung des Hämoglobins zwischen Lunge und Gewebe auf fast 90 %. Die erleichterte Sauerstoffabgabe in Gegenwart von H^+ wird **Bohr-Effekt** genannt. Sowohl in Gegenwart von H^+ als auch von CO_2 kommt es zu einer **Rechtsverschiebung** der Sauerstoffbindungskurve. Auch eine Temperaturerhöhung, z. B. im aktiven Muskel, führt zu einer erleichterten Sauerstoffabgabe des Hämoglobins.

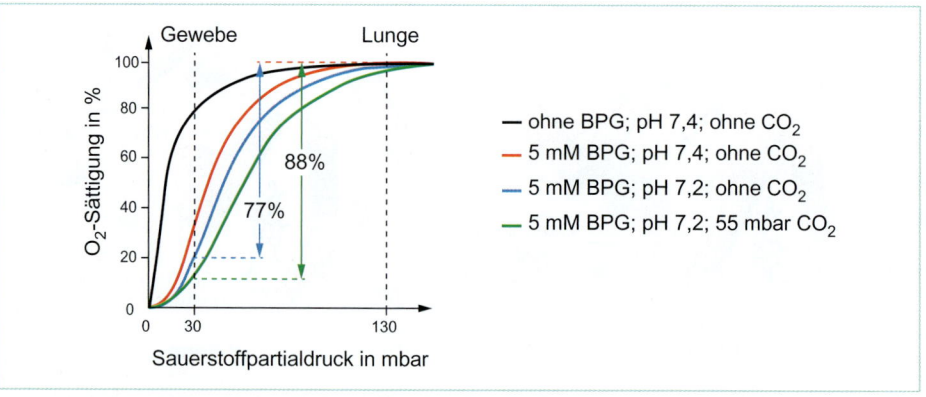

Abb. 25.7 Rechtsverschiebung der Sauerstoffbindungskurve des Hämoglobins durch H^+ (Bohr-Effekt), CO_2 und 2,3-Bisphosphoglycerat (BPG) [L271]

2,3-Bisphosphoglycerat

In der sauerstofffreien T-Form befindet sich zwischen den vier Untereinheiten des Hämoglobins ein Hohlraum, in dem der **allosterische Regulator** 2,3-Bisphosphoglycerat (2,3-BPG) über schwache Wechselwirkungen an die beiden β-Untereinheiten binden kann (> Abb. 25.6c). Beim Übergang von der T- in die R-Form verkleinert sich dieser Hohlraum, sodass sich das 2,3-Bisphosphoglycerat nach der Bindung von Sauerstoff vom Hämoglobin löst. Durch die Bindung des 2,3-Bisphosphoglycerats wird wie beim Bohr-Effekt die T-Form stabilisiert. Physiologische Konzentrationen von 2,3-Bisphosphoglycerat verringern so die Affinität des Hämoglobins zu Sauerstoff, bewirken dessen Abgabe und führen ebenfalls zu einer Rechtsverschiebung der Sättigungskurve (> Abb. 25.7).

2,3-Bisphosphoglycerat wird im Erythrozyten aus 1,3-Bisphosphoglycerat synthetisiert (> 19.3.2). Bei einem steigenden pH-Wert wird das dafür verantwortliche Enzym, die Bisphosphoglycerat-Mutase, aktiviert. Eine **Hypoxie** (O_2-Mangel) kann über eine beschleunigte Atmung zum verstärkten Abatmen von CO_2 und so zu einer Alkalose führen. Dies führt zu einer Erhöhung der 2,3-Bisphosphoglyceratkonzentration und damit einer erleichterten Sauerstoffabgabe im Gewebe. Bei der Höhenakklimatisation im Hochgebirge hat der verringerte Luft- und somit auch Sauerstoffpartialdruck dieselbe Wirkung.

Im fetalen Blut liegen andere Hämoglobinketten als im Blut der Mutter vor. Da das fetale Hämoglobin mit niedrigerer Affinität 2,3-Bisphosphoglycerat bindet, hat es eine höhere Sauerstoffaffinität und der Sauerstoff kann in der Plazenta von der Mutter auf den Fetus übergehen.

> **KLINIK**
>
> **Hämoglobinopathien: Mutationen in den Globingenen**
>
> Mutationen in den Globingenen führen zu veränderten Hämoglobinformen. Die häufigste Hämoglobinopathie ist die **Sichelzellanämie** (> 2.2.4). Dabei entsteht durch einen Aminosäureaustausch ein Hämoglobin, das in der sauerstoffreien T-Form aggregiert. Die aggregierten Hämoglobine verformen die Erythrozyten sichelartig und führen zur Hämolyse. Bei den **Thalassämien** ist die Synthese von α- oder β-Globinen gestört. Das führt bei homozygoten Trägern zu defekten, instabilen Erythrozyten, die gleich nach ihrem Entstehen wieder zugrunde gehen, was eine schwere Anämie zur Folge hat.
>
> Beide Hämoglobinopathien sind bei heterozygoten Trägern meist asymptomatisch, bieten ihnen aber einen Schutz vor Malaria. Diese Mutationen sind daher v. a. in Malariagebieten endemisch, kommen aber durch die Migrationsbewegungen inzwischen überall vor.

25.5.2 Transport von Kohlendioxid

Bei der Oxidation von Acetyl-CoA im Citratzyklus entstehen große Mengen CO_2 in den Geweben. Dieses wird mit dem Blut zurück in die Lunge transportiert und dort abgeatmet.

Der Transport von CO_2 im Blut erfolgt zu

- fast 90 % als HCO_3^- (Hydrogencarbonat),
- etwa 5 % physikalisch gelöst als CO_2 und
- etwa 5 % gebunden an **Hämoglobin.**

Das im Citratzyklus gebildete CO_2 diffundiert dabei zunächst in die Gefäße und weiter in das Zytoplasma der Erythrozyten. Ein kleiner Teil bindet dort in einer Gleichgewichtsreaktion kovalent in Form eines Carbamats an die N-terminalen Aminogruppen der vier Untereinheiten der T-Form des Hämoglobins und bewirkt dadurch die Sauerstoffabgabe. Der größere Teil wird von der zytoplasmatischen **Carboanhydrase** in Hydrogencarbonat umgewandelt (> Formel 25.1):

$$CO_2 + H_2O \rightleftharpoons H_2CO_3 \rightleftharpoons H^+ + HCO_3^-$$
| Formel 25.1

Bei einem starken Anfall von CO_2 im Gewebe sinkt so der pH-Wert in den Erythrozyten, was über den Bohr-Effekt ebenfalls zur Sauerstoffabgabe führt. Das gebildete Hydrogencarbonat ist wesentlich besser wasserlöslich als CO_2 und kann die Erythozyten über einen Cl^-/HCO_3^--**Antiporter** (Bande-3-Protein) verlassen (Hamburger-Shift).

In der Lunge wird CO_2 abgeatmet. Dadurch verschiebt sich das Gleichgewicht der Carboanhydrasereaktion, HCO_3^- reagiert wieder zu CO_2, wodurch der pH-Wert steigt, sodass das Hämoglobin wieder sauerstoffaffiner wird. Zusätzlich löst sich auch das kovalent am Hämoglobin gebundene CO_2 ab, sodass die T-Form nicht mehr stabilisiert wird und das Hämoglobin leichter wieder Sauerstoff binden kann.

25.6 Hämostase: Beendigung einer Blutung

25.6.1 Phasen der Hämostase

> **FALL**
>
> **Judith und die Mandel-OP**
>
> Bei der 15-jährigen Judith wird eine Tonsillektomie durchgeführt. Die Mandeln werden wegen immer wiederkehrender schwerer Entzündungen entfernt. Die Operation verläuft zunächst nach Plan. Im Aufwachraum kommt es aber zu starken Nachblutungen, die eine Notfallbehandlung erforderlich machen. Sie sind Assistenzarzt in der Inneren und sollen anschließend eine Gerinnungsstörung bei Judith ausschließen. „Hast du früher schon eine Neigung zu verstärkter Blutung gehabt – blaue Flecken, Nasenbluten, Zahnfleischbluten, verstärkte Regelblutung?" – „Also nein, eigentlich nicht. Ich habe zwar schon öfters Nasen- und Zahnfleischbluten, aber nicht mehr als normal." Auch ihre Mutter meint, Judiths Blutungsneigung sei nicht stärker als ihre eigene. Welche Untersuchungen sind zur Abklärung sinnvoll?

Aus Studentensicht

Zwischen den Untereinheiten der T-Form des Hämoglobins befindet sich ein Hohlraum, in den der **allosterische Regulator** 2,3-Bisphosphoglycerat (2,3-BPG) bindet. 2,3-BPG stabilisiert die T-Form und erleichtert die Sauerstoffabgabe (Rechtsverschiebung der Sättigungskurve). 2,3-BPG wird in Erythrozyten aus 1,3-Bisphosphoglycerat gebildet. Die 2,3-BPG-Konzentration erhöht sich bei **Hypoxie,** Anämie oder Aufenthalt im Hochgebirge (Höhenakklimatisation), was zu einer erleichterten Sauerstoffabgabe im Gewebe führt.

Fetales Hämoglobin hat eine niedrigere Affinität zu 2,3-BPG als adultes Hämoglobin. Die ist für die Gewährleistung der Sauerstoffversorgung des Fetus wichtig.

KLINIK

25.5.2 Transport von Kohlendioxid

Im Stoffwechsel entstehendes CO_2 wird im Blut zu 90 % als HCO_3^- (Hydrogencarbonat) transportiert. 5 % liegen physikalisch gelöst als CO_2 vor und 5 % sind an **Hämoglobin** gebunden.

Aus dem Gewebe in die Erythrozyten diffundierendes CO_2 wird größtenteils über die **zytoplasmatische Carboanhydrase** in Hydrogencarbonat umgewandelt:

$CO_2 + H_2O \rightleftharpoons H_2CO_3 \rightleftharpoons H^+ + HCO_3^-$

Das wasserlösliche Hydrogencarbonat gelangt im Austausch gegen Cl^--Ionen über den Cl^-/HCO_3^--**Antiporter** (Bande-3-Protein) in das Blut (Hamburger-Shift). In der Lunge wird durch die CO_2-Abatmung das Gleichgewicht der Carboanhydrasereaktion verschoben und Hydrogencarbonat wird wieder in CO_2 umgewandelt und abgeatmet.

25.6 Hämostase: Beendigung einer Blutung

25.6.1 Phasen der Hämostase

Aus Studentensicht

Die Verletzung eines Gefäßes löst unmittelbar eine Folge von Reaktionen aus, die im Idealfall zur Beendigung der ausgelösten Blutung führt (**Hämostase**). Dabei werden zwei Phasen unterschieden:
- **Primäre Hämostase (zelluläre Blutstillung):** Aktivierung und Aggregation von **Thrombozyten** und **Vasokonstriktion** des entsprechenden Gefäßabschnitts
- **Sekundäre Hämostase (Blutgerinnung):** Ausbildung eines **Fibrinnetzes** durch einen kaskadenartigen Ablauf der durch die Gerinnungsfaktoren ausgelösten Reaktionen

25.6.2 Primäre Hämostase
Intaktes Gefäßendothel schüttet Mediatoren wie Prostacyclin (PGI$_2$) und Stickstoffmonoxid (NO) aus, welche sowohl die Thrombozytenaktivierung als auch deren Aggregation hemmen. PGI$_2$ und NO bewirken darüber hinaus eine Vasodilatation. Die primäre Hämostase erfolgt innerhalb der **ersten Minuten** nach einer Gefäßschädigung durch Aktivierung und Aggregation der **Thrombozyten**.

Thrombozytenadhäsion und Vasokonstriktion
Bei einer Gefäßschädigung können Thrombozyten mit Rezeptoren in ihrer Zellmembran freigelegte Proteine wie Kollagen erkennen und an diese z. B. über **Integrine** binden. Zusätzlich bindet der **Von-Willebrand-Faktor (vWF)**, der v. a. von Endothelzellen produziert und in das Blut sezerniert wird, an Kollagen. An den vWF kann der Thrombozyt über den **vWF-Rezeptor (GPIb)** binden, wodurch die **Thrombozytenadhäsion** verstärkt wird.

Die Bindung von Integrinen und vWF-Rezeptoren an subendotheliale Proteine führt zur **Thrombozytenaktivierung**. Thrombozyten schütten **vasokonstriktive** Mediatoren wie **Serotonin** und **Thromboxan A2** sowie **ADP** und **plättchenaktivierenden Faktor (PAF)** aus, die weitere Thrombozyten aktivieren.

Thrombozytenaggregation
Aktivierte Thrombozyten ändern ihre Form unter Ausbildung von **Pseudopodien**. Zusätzlich kommt es zur Konformationsänderung des Membranproteins GPIIb/IIIa, das dadurch an Proteine mit RGD-Sequenz-Motiv wie **Fibronektin, Fibrinogen** und **vWF** hochaffin bindet. Dies führt zur irreversiblen **Thrombozytenaggregation**, wodurch sich innerhalb weniger Minuten ein **weißer Thrombus** bildet.

---

25 BLUT: EIN GANZ BESONDERER SAFT

Die effiziente Verteilung von Blut im Organismus erfordert nicht nur ein weit verzweigtes Gefäßsystem, sondern auch effektiv und schnell wirkende Schutz- bzw. Reparaturmechanismen, die einen Blutverlust durch verletzte Gefäßwände begrenzen. Die physiologischen und biochemischen Abläufe, die zur Beendigung einer Blutung führen, werden als **Hämostase** bezeichnet. Bezogen auf den zeitlichen Ablauf werden zwei Phasen unterschieden:
- **Primäre Hämostase**, bei der die **Thrombozyten** innerhalb weniger Minuten nach einer Gefäßverletzung aggregieren und die Wunde vorübergehend abdichten (= **zelluläre Blutstillung**). Zusätzlich lösen sie in dem beteiligten Gefäßabschnitt eine **Vasokonstriktion** aus.
- **Sekundäre Hämostase (= Blutgerinnung)**, bei der im Plasma gelöste Gerinnungsfaktoren in einem kaskadenartigen Ablauf für die Bildung eines festen Verschlusses der Wunde in Form eines dichten **Fibrinnetzes** sorgen.

25.6.2 Primäre Hämostase
In intakten Gefäßen bewegen sich die Thrombozyten aufgrund ihrer hydrodynamischen Eigenschaften v. a. nahe den Gefäßwänden. Intaktes Endothel schüttet Substanzen wie Prostacyclin (PGI$_2$) und Stickstoffmonoxid (NO) aus, welche die Aktivierung und Aggregation der Thrombozyten hemmen und zudem eine Vasodilatation bewirken. Innerhalb der **ersten Minuten** nach einer Gefäßschädigung erfolgt die primäre Hämostase durch Aktivierung und Aggregation der **Thrombozyten**.

Thrombozytenadhäsion und Vasokonstriktion
Bei einer Gefäßschädigung werden Proteine der subendothelialen extrazellulären Matrix wie Kollagen, die im Endothel selbst nicht exprimiert werden, für die Thrombozyten zugänglich (> Abb. 25.8). Die Thrombozyten binden diese Proteine über Membranrezeptoren, die **Integrine** wie GPIa/IIa (Integrin α$_2$β$_1$, GP = Glykoprotein). Diese **Thrombozytenadhäsion** wird durch den **Von-Willebrand-Faktor** (vWF) unterstützt, was v. a. in Gefäßen mit starkem Blutstrom wichtig ist. Der vWF ist ein Protein, das überwiegend von Endothelzellen gebildet und in das Subendothel sezerniert wird, aber auch im Blut vorkommt. Der vWF bildet Multimere aus 50–100 Untereinheiten, die jeweils an die subendotheliale Matrix binden können. Die dadurch ausgelöste Konformationsänderung ermöglicht zusätzlich die Bindung an den vWF-Rezeptor (GPIb/IX/V) der Thrombozyten. Durch die Bindung von vWF an den vWF-Rezeptor kommt es zur Aktivierung weiterer Integrine wie GPIIb/IIIa (Integrin αIIbβ$_3$, Fibrinogenrezeptor), sodass die Thrombozyten stärker an das Subendothel adhärieren und die beschädigte Stelle bedecken.

Die Bindung der subendothelialen Proteine an die Integrine oder, über den vWF, an den vWF-Rezeptor führt zur **Thrombozytenaktivierung**. Dabei schütten die Thrombozyten in Vesikeln, die hier auch als Granula bezeichnet werden, gespeicherte Mediatoren wie **Serotonin** und **Thromboxan A2** aus (> Abb. 25.8). Diese bewirken eine **Vasokonstriktion** durch Aktivierung der glatten Gefäßmuskulatur, wodurch der Blutstrom verlangsamt und die Anlagerung weiterer Thrombozyten begünstigt wird. Diese und die ebenfalls von den aktivierten Thrombozyten ausgeschütteten Mediatoren **ADP** und **plättchenaktivierender Faktor (PAF)** aktivieren lokal weitere Thrombozyten.

> **Plättchenaktivierender Faktor (PAF)**
>
> Der **plättchenaktivierende Faktor** (PAF) ist ein Glycerophospholipid, dessen variable Kohlenstoffkette an C1 des Glycerins jedoch über eine Etherbindung gebunden ist und der an C2 keine lange Kohlenstoffkette, sondern lediglich einen Acetylrest trägt. PAF wird von Thrombozyten, aber auch von phagozytierenden Makrophagen und neutrophilen Granulozyten sezerniert. Schon in Konzentrationen von 0,01 nmol/l führt er zur Aktivierung von Thrombozyten.
>
> $$H_2C-O-CH=CH-CH_2-CH_2-CH_2-CH_2-CH_2-CH_2-CH_2-CH_2-CH_2-CH_2-CH_2-CH_2-CH_2-CH_2-CH_3$$
> $$HC-O-\overset{O}{\underset{}{C}}-CH_3$$
> $$H_2C-O-\overset{O}{\underset{O^-}{P}}-O-CH_2CH_2N^+(CH_3)_3$$
>
> [L307]

Thrombozytenaggregation
Die aktivierten Thrombozyten bilden durch eine Restrukturierung ihres Aktin-Zytoskeletts mehrere Mikrometer lange **Pseudopodien** (Fortsätze). Zusätzlich kommt es zu einer Konformationsänderung der Integrine GPIIb und GPIIIa in ihrer Plasmamembran, die dadurch hochaffin an das spezifische Aminosäuresequenzmotiv Arginin-Glycin-Aspartat (Einbuchstabencode: RGD) in **Fibronektin, Fibrinogen** und dem **Von-Willebrand-Faktor** binden (> Abb. 25.8). Da diese Proteine viele RGD-Motive besitzen, werden die aktivierten Thrombozyten vernetzt und es kommt zur **irreversiblen Thrombozytenaggregation**. Der dadurch gebildete relativ instabile **weiße Thrombus** führt bei kleineren Verletzungen innerhalb von 1–3 Minuten zur Blutstillung.

25.6 HÄMOSTASE: BEENDIGUNG EINER BLUTUNG

ABB. 25.8

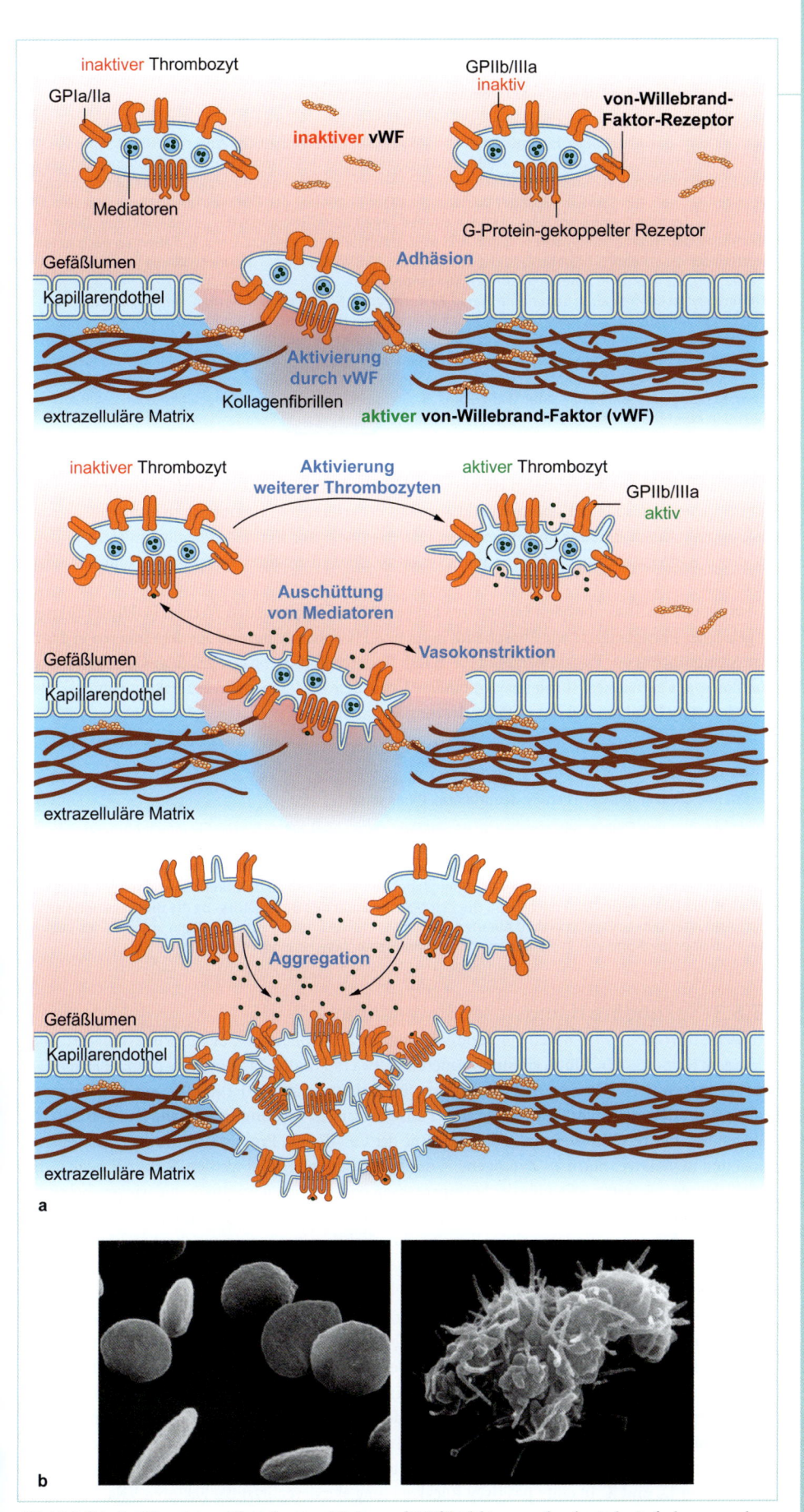

Abb. 25.8 Primäre Hämostase. **a** Thrombozytenaktivierung. [L307] **b** Elektronenmikroskopische Aufnahme von ruhenden (links) und aktivierten (rechts) Thrombozyten. [G822]

Aus Studentensicht

KLINIK

Thrombin, das aus im Blut zirkulierendem Prothrombin gebildet wird, wirkt ebenfalls als Aktivator der Thrombozyten und unterstützt deren Aggregation.

In der Plasmamembran aktivierter Thrombozyten wechseln negativ geladene Phospholipide von der inneren in die äußere Schicht (**Flip-Flop**). Sie können dadurch **Ca²⁺-Ionen** binden, die wiederum Faktoren der sekundären Hämostase binden und diese so am **Ort der Verletzung halten**.

25.6.3 Sekundäre Hämostase: Blutgerinnung

Der weiße Thrombus wird im Rahmen der sekundären Hämostase (**Blutgerinnung**) durch ein dreidimensionales **Fibrinnetzwerk** stabilisiert. Fibrin wird in der **Gerinnungskaskade** aus Fibrinogen gebildet. Bis auf Ca²⁺-Ionen sind die an der Blutgerinnung beteiligten **Gerinnungsfaktoren** Proteine, die meist in der Leber als Zymogene gebildet und sezerniert werden. Sie werden mit römischen Ziffern bezeichnet, mit einem „a" wird ihre **aktive Form** gekennzeichnet. Einige Gerinnungsfaktoren sind **Serinproteasen**.

Auslösung der Blutgerinnung

Auslöser des extrinsischen Wegs der Blutgerinnung ist der Kontakt von **Faktor VII** mit **Thromboplastin** (Gewebefaktor, Faktor III), der membranständig auf **aktivierten Thrombozyten** und subendothelialem Gewebe exprimiert wird. Aktivierter, an Thromboplastin gebundener und somit örtlich fixierter Faktor VII (**Faktor VIIa**) spaltet und aktiviert als Protease die **Faktoren IX und X**, die wiederum zusammen mit Faktor VIIa noch inaktiven, an Thromboplastin gebundenen Faktor VII durch Proteolyse aktivieren (positive Rückkopplung).

---

25 BLUT: EIN GANZ BESONDERER SAFT

KLINIK

Hemmung der primären Hämostase: Thrombozytenaggregationshemmer

Acetylsalicylsäure (ASS), der z. B. in Aspirin® enthaltene Wirkstoff, bewirkt durch kovalente Bindung im aktiven Zentrum eine irreversible Hemmung der Cyclooxygenase-Untereinheit der Prostaglandin-H-Synthase (PGHS) und hemmt damit die Synthese aller Prostaglandine und des Thromboxans. Da Thrombozyten keinen Zellkern haben und daher die irreversibel inaktivierte Cyclooxygenase nicht durch Proteinbiosynthese ersetzen können, führt ASS in niedriger Dosierung v.a. zur Hemmung der Thromboxansynthese und so zur Hemmung der primären Hämostase, bis nach einigen Tagen neue Thrombozyten gebildet werden. Diese Hemmung der Thromboxansynthese durch ASS wird prophylaktisch genutzt, um z. B. Patienten nach einem Herzinfarkt vor erneuter Thrombusbildung zu schützen. ASS wird auch zur Schmerzstillung verwendet (> 20.2.2), dann aber in erheblich höheren Konzentrationen.

Thrombozyten können auch auf andere Weise an der Aggregation gehindert werden. Der therapeutische Antikörper Abciximab (z. B. ReoPro®), der prophylaktisch bei Herzkathetereingriffen gegeben wird, hemmt die Integrine der Thrombozyten. Einen aggregationshemmenden Effekt haben auch Rezeptorantagonisten des ADP-Rezeptors der Thrombozyten wie Clopidogrel (z. B. Plavix®, Iscover®), das häufig nach Einsetzen eines Koronarstents in Kombination mit ASS gegeben wird. Neuere Medikamente derselben Wirkstoffgruppe wie Prasugrel (z. B. Efient®) oder Ticagrelor (z. B. Brilique®, Possia®) werden nach aktuellen Leitlinien (2018) in Kombination mit ASS für mindestens 12 Monate nach akutem Koronarsyndrom gegeben.

Ein weiterer Aktivator der primären Hämostase ist **Thrombin**. Die inaktive Vorstufe Prothrombin wird von der Leber in das Plasma sezerniert und während der sekundären Hämostase zu Thrombin aktiviert. Da Thrombin durch Bindung an den proteaseaktivierten Rezeptor in der Zellmembran der Thrombozyten deren Aggregation unterstützt, kommt es hier zu einer Interaktion von primärer und sekundärer Hämostase.

In den aktivierten Thrombozyten katalysieren Flippasen und Floppasen den Wechsel (= **Flip-Flop**) negativ geladener Phospholipide wie Phosphatidylserin und Phosphatidylinositol aus dem inneren in das äußere Membranblatt der Plasmamembran (> 6.1.6). Dadurch können positiv geladene **Ca²⁺-Ionen** an die Oberfläche der aktivierten Thrombozyten binden. Über diese Ca²⁺-Ionen werden Faktoren der sekundären Hämostase **lokal am Ort der Gefäßverletzung** festgehalten.

FALL

Judith und die Mandel-OP: Testung der primären Hämostase

Obwohl Judith ihre Blutungsneigung nicht als verstärkt bezeichnet hatte, führen Sie eine labordiagnostische Abklärung durch. Der einzige In-vivo-Globaltest, der die primäre Hämostase erfasst, ist die **Blutungszeit**, der folgendermaßen abläuft: Sie ritzen Judiths Haut am Unterarm etwa 1 mm tief, saugen die austretenden Bluttropfen mit einem Wattetupfer ab, ohne dabei den Wundrand zu berühren. So können Sie genau erkennen, wie lange neues Blut nachfließt. Die Zeit bis zum Ende des Blutaustritts ist die Blutungszeit. Tatsächlich unterhalten Sie sich fast 20 Minuten mit Judith, bis die Blutung zum Stillstand kommt. Dies liegt deutlich über der Norm von 2–7 Minuten. Die primäre Hämostase ist eindeutig gestört.

25.6.3 Sekundäre Hämostase: Blutgerinnung

Der weiße Thrombus wird durch ein dreidimensionales Proteinnetzwerk aus **Fibrin** stabilisiert. Diese sekundäre Hämostase (= **Blutgerinnung**) dauert mit etwa 10 Minuten länger als die primäre Hämostase. Wie bei der primären Hämostase ist der Auslöser für die Blutgerinnung der Kontakt von Blutbestandteilen mit subendothelialen Strukturen. Die an der anschließenden **Gerinnungskaskade** (> Abb. 25.9) beteiligten **Gerinnungsfaktoren** sind, mit Ausnahme der Ca²⁺-Ionen, **Proteine**, die meist in der Leber gebildet und in inaktiver Form als **Zymogene** in das Blutplasma sezerniert werden. Sechs der neun Gerinnungsfaktoren gehören zur Familie der **Serinproteasen** und aktivieren spezifisch und irreversibel andere Gerinnungsfaktoren durch limitierte Proteolyse. Die einzelnen Gerinnungsfaktoren werden mit römischen Ziffern bezeichnet und ihre aktive Form wird zusätzlich mit „a" gekennzeichnet (> Tab. 25.2).

Auslösung der Blutgerinnung

Das Blut darf nur lokal an der geschädigten Stelle gerinnen. Dafür sorgt **Thromboplastin** (Gewebefaktor, Tissue Factor = TF), ein Membranprotein, das in fast allen Geweben und **aktivierten Thrombozyten**, aber nicht in Endothelzellen exprimiert wird. Nur bei einer Gefäßverletzung kann daher der **Faktor VII** aus dem Blutplasma an Thromboplastin binden und so auf dem extrinsischen Weg die sekundäre Hämostase auslösen (> Abb. 25.10a). Ein kleiner Anteil des Faktors VII liegt im Blut bereits in der proteolytisch gespaltenen Form als Faktor VIIa vor und wird durch die Bindung an den Cofaktor Thromboplastin zur aktiven Protease. Anders als die Verdauungsproteasen ist Faktor VIIa sehr spezifisch und spaltet nur die **Faktoren IX und X**. In einer positiven Rückkopplung aktivieren jetzt die Faktoren VIIa, IXa und Xa weiteren an Thromboplastin gebundenen, aber noch inaktiven Faktor VII durch Proteolyse. Durch diese enorme Signalverstärkung werden am Ort der Gefäßverletzung viele aktive Faktoren VIIa, IXa und Xa gebildet. Einige Faktoren IXa und Xa diffundieren zu benachbarten Zellen und aktivieren an deren Oberfläche weitere Faktor-VII-Moleküle.

25.6 HÄMOSTASE: BEENDIGUNG EINER BLUTUNG

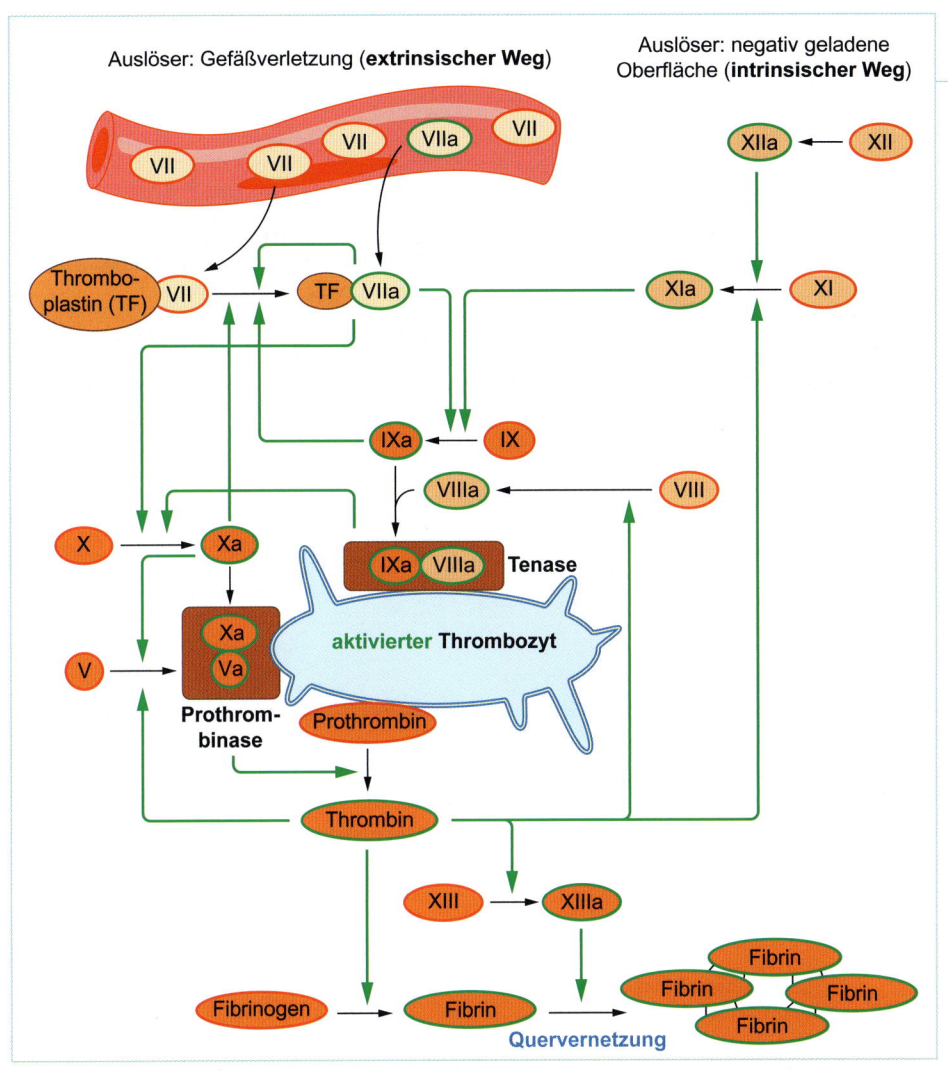

Abb. 25.9 Gerinnungskaskade (TF = Thromboplastin) [L307]

Tab. 25.2 Gerinnungsfaktoren

Faktor	Inaktive Form	Aktive Form	Funktion
I	Fibrinogen	Fibrin	Monomer für Bildung des stabilen Fibrinnetzwerkes
II	Prothrombin	Thrombin	Serinprotease
III		Thromboplastin (Gewebefaktor, Tissue Factor, TF)	Auslöser der extrinsischen Gerinnungskaskade, membranständiger Cofaktor im Subendothel
IV		Ca^{2+}-Ionen	Bindung von Faktor II, VII, IX, X an Phospholipide auf aktivierten Thrombozyten
V	Proakzelerin	Va (= VI)	Hilfsfaktor im Prothrombinasekomplex
VII	Prokonvertin	VIIa	Serinprotease für IX und X, Bindung von Ca^{2+}-Ionen und Phospholipiden
VIII	Antihämophilie-Faktor A	VIIIa	Cofaktor
IX	Antihämophilie-Faktor B (Christmas-Faktor)	IXa	Serinprotease, Ca^{2+}-Bindung
X	Stuart-Prower-Faktor	Xa	Serinprotease, Ca^{2+}-Bindung
XI	Rosenthal-Faktor	XIa	Serinprotease
XII	Hageman-Faktor	XIIa	Serinprotease, Auslöser intrinsisches System
XIII	Fibrinstabilisierender Faktor	XIIIa	Transglutaminase

Thrombinaktivierung

Die Faktoren IX und X enthalten, wie die Faktoren II und VII, eine Gla-Domäne, in der 10–12 Glutamatreste γ-carboxyliert sind. Die negativen Ladungen der **γ-Carboxyglutamatreste** binden an positiv geladene Ca^{2+}-Ionen, die wiederum an negativ geladene Phospholipide im äußeren Blatt der Plasmamembran aktivierter Thrombozyten binden.

Die bei der Auslösung der Gerinnungskaskade gebildete Serinprotease IXa bildet nun auf der Oberfläche der aktivierten Thrombozyten zusammen mit Faktor VIII den **Tenasekomplex** (= aktivierender Komplex

---

Aus Studentensicht

ABB. 25.9

TAB. 25.2

Thrombinaktivierung

Die Faktoren II, VII, IX und X enthalten **γ-Carboxyglutamatreste,** über die sie Ca^{2+}-Ionen komplexieren und somit an die negativ geladenen Membranlipide der aktivierten Thrombozyten binden können.

Aus Studentensicht

ABB. 25.10

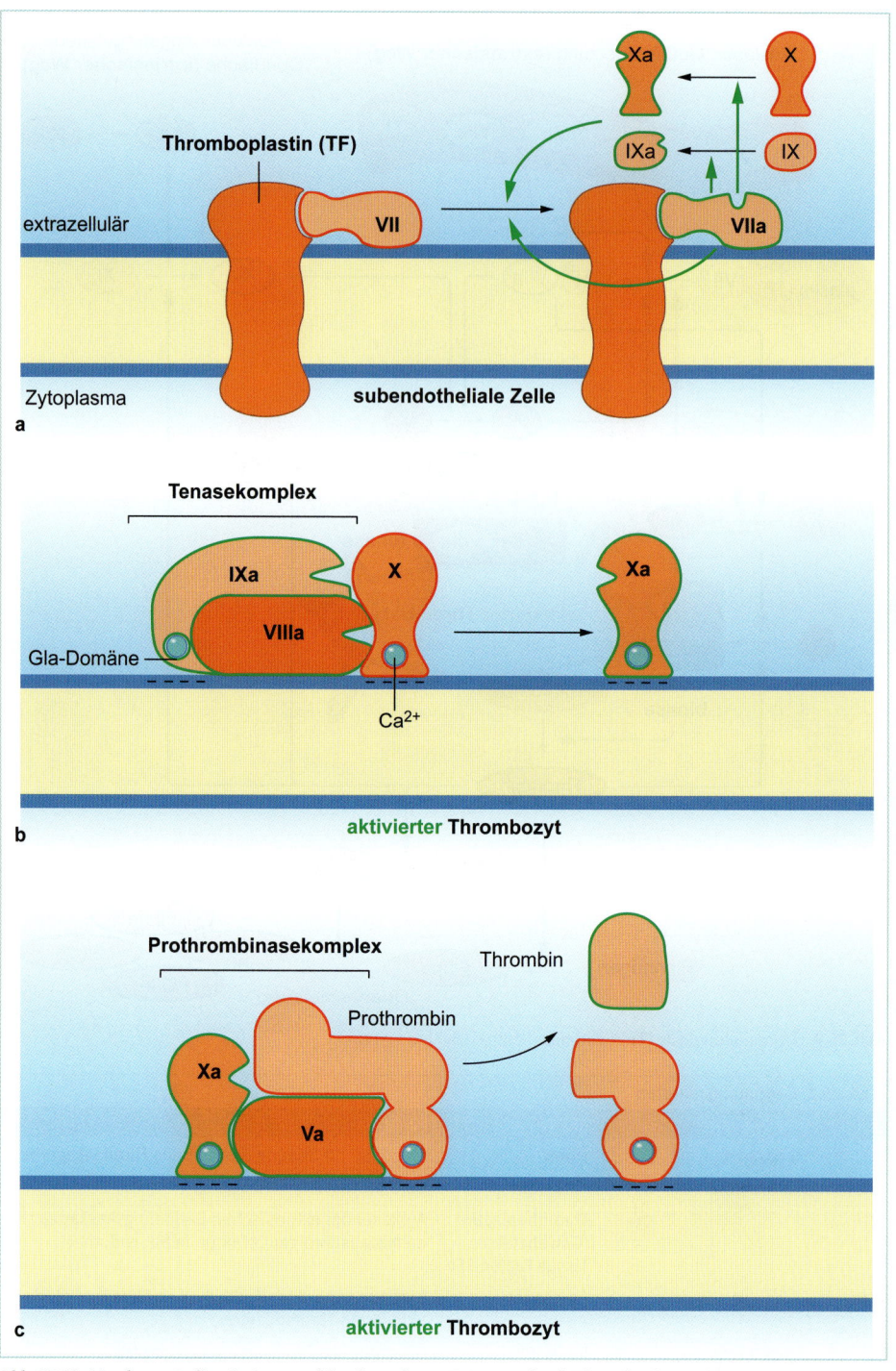

Abb. 25.10 Membranständige Gerinnungsfaktorkomplexe. **a** Initiation durch Thromboplastin. **b** Tenasekomplex. **c** Prothrombinasekomplex. [L299, L307]

IXa bildet mit Faktor VIII den **Tenasekomplex**, der zunächst langsam Faktor X aktiviert. Faktor Xa spaltet Faktor V und bildet zusammen mit Faktor Va den **Prothrombinasekomplex**, der Prothrombin zu Thrombin aktiviert.

Fibrinbildung

Thrombin spaltet von Fibrinogen kurze N-terminale Peptide ab, wodurch sich die einzelnen Fibrinmoleküle zusammenlagern und **instabile Fasern** bilden.
Der durch Thrombin aktivierte Faktor XIIIa katalysiert als **Transglutaminase** die **kovalente Quervernetzung** des Fibrinnetzwerks. Aus dem jetzt stabilen Fibrinnetzwerk entsteht durch Einlagerung von Erythrozyten ein **roter Thrombus**.

---

25 BLUT: EIN GANZ BESONDERER SAFT

für Faktor X), der zunächst langsam weiteren Faktor X zu Xa aktiviert (> Abb. 25.10b). Die Serinprotease Xa spaltet Faktor V und bildet dann auf der Thrombozytenoberfläche mit Faktor Va den **Prothrombinasekomplex,** der Prothrombin aktiviert (> Abb. 25.10c). Prothrombin bindet ebenfalls über eine Gla-Domäne an die Thrombozytenmembran. Durch die Aktivierung wird die Gla-Domäne abgespalten und das aktive Thrombin freigesetzt.

Fibrinbildung

Thrombin ist eine Serinprotease und schneidet von dem in hohen Konzentrationen im Blut vorliegenden Fibrinogen kurze N-terminale Peptide (A- und B-Peptide) ab. Die dadurch freigelegten Enden eines so gebildeten Fibrinmoleküls lagern sich mit benachbarten Fibrinmolekülen zusammen, sodass aus den lang gestreckten Fibrinmonomeren **instabile Fasern** entstehen (> Abb. 25.11).
Für die Stabilisierung der Fibrinfasern sorgt aktivierter Faktor XIIIa. Dieser entsteht ebenfalls durch thrombinvermittelte Proteolyse von Faktor XIII. Faktor XIIIa ist eine **Transglutaminase,** die Lysin- und Glutaminreste benachbarter Fibrinmonomere **kovalent quervernetzt.** In das so entstandene stabile Fibrinnetzwerk lagern sich Blutzellen wie Thrombozyten und Erythrozyten ein, sodass ein **roter Thrombus** entsteht. Im Anschluss an diesen Wundverschluss erfolgen die weiteren Prozesse der Wundheilung.

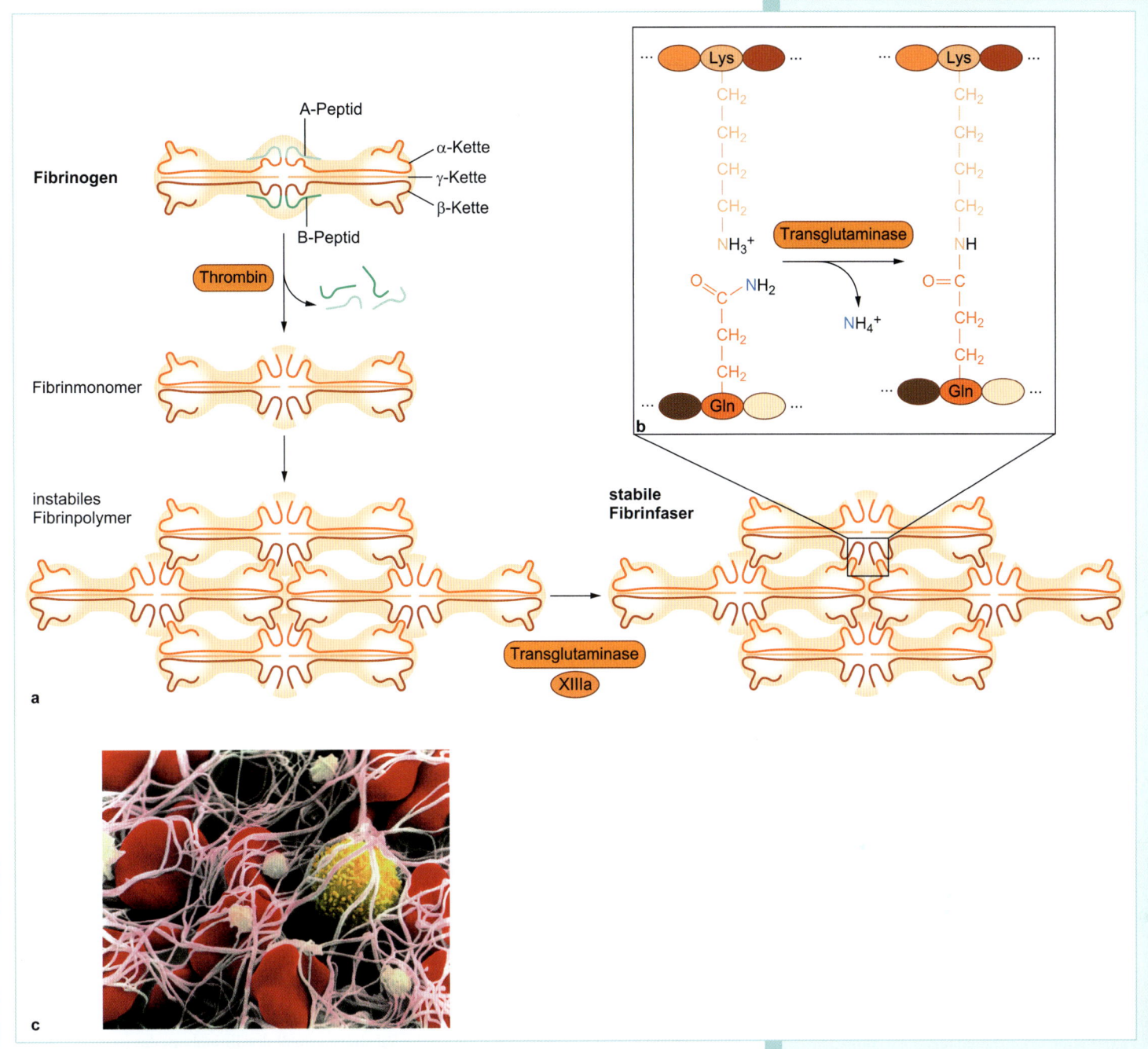

Abb. 25.11 Polymerisation von Fibrin. **a** Bildung instabiler Fibrinfasern. [L299] **b** Kovalente Quervernetzung. [L299] **c** Rasterelektronenmikroskopische Aufnahme eines roten Thrombus. [J140-003]

KLINIK

Warum gerinnt Blut außerhalb des Körpers?

Auch in Abwesenheit von Thromboplastin gerinnt Blut bei Kontakt mit negativ geladenen Oberflächen wie Glas. Dadurch wird Faktor XII aktiviert, der dann über die Spaltung der Faktoren XI und IX zur Bildung von Faktor Xa, Thrombin und Fibrin führt. Da alle beteiligten Faktoren gelöst im Blut vorliegen, wird diese Form der Aktivierung auch als **intrinsischer Weg** (= Kontaktphasensystem) bezeichnet. Bei der physiologischen Blutgerinnung spielt dieser Weg v. a. eine Rolle bei der Verstärkung des durch Thromboplastin initiierten **extrinsischen Wegs**.

Verstärkung der Gerinnungskaskade

Am Ort der Gefäßverletzung erfolgt eine weitere Verstärkung der Gerinnungskaskade durch positive Rückkopplungen, die vom Thrombin ausgehen. **Thrombin** aktiviert die **Faktoren V und VIII,** was zu einer starken Aktivierung des Prothrombinase- bzw. des Tenasekomplexes führt. Zusätzlich spaltet Thrombin den **Faktor XI,** der ebenfalls Faktor IX aktiviert. Durch diese Rückkopplungsschleifen steigt die Konzentration von aktivem Thrombin lawinenartig an. Zusätzlich bindet Thrombin an den protease-aktivierten Rezeptor der Thrombozyten und unterstützt so die primäre Hämostase.

Verstärkung der Gerinnungskaskade

Thrombin aktiviert über positive Rückkopplung die **Faktoren V, VIII und XI.** Dies führt v. a. zu einer starken Aktivierung des Prothrombinase- und Tenasekomplexes und damit zu einer steigenden Konzentration von aktivem Thrombin, das zusätzlich Thrombozyten aktiviert.

Aus Studentensicht

FALL

Judith und die Mandel-OP: Von-Willebrand-Syndrom

Für die funktionellen Tests der Gerinnungsfaktoren, die für die sekundäre Hämostase verantwortlich sind, nehmen Sie Judith noch Blut ab. Lediglich die aPTT (partielle Thromboplastinzeit) ist mit 42 s (Normwert 27–35 s) leicht verlängert. Dieser Test misst die intrinsische Gerinnung. Der Quick-Wert, der die extrinsische Gerinnung testet, ist bei Judith normal. Auch die TZ (Thrombinzeit), welche die Umwandlung von Fibrinogen zu Fibrin misst, ist unauffällig. Bei der Untersuchung der einzelnen Gerinnungsfaktoren erhalten Sie dann aber den eindeutigen Hinweis: Die Aktivität des Von-Willebrand-Faktors (vWF), der für die Adhäsion der Thrombozyten an das Subendothel verantwortlich ist, beträgt nur 20% (Normwert: 50–150%). So kommt es bei Judith zu der gestörten primären Hämostase. Da der vWF an Faktor VIII bindet und diesen so stabilisiert, kommt es bei Judith durch den vWF-Mangel auch zu einer verminderten Faktor-VIII-Konzentration im Serum, die ihren leicht verlängerten aPTT erklärt.

Judith leidet am **Von-Willebrand-Syndrom (vWS, Willebrand-Jürgens-Syndrom)**, das mit einer Inzidenz von 1 : 100 sehr häufig ist, aber normalerweise wie bei Judith nur wenige Symptome verursacht. Es werden verschiedene Typen unterschieden; Genmutationen führen zu einem quantitativen oder qualitativen Defekt des vWF. Da der Erbgang meist autosomal-dominant ist, kommt es oft bei mehreren Familienmitgliedern vor und eine allgemeine Neigung zu Nasen- und Zahnfleischbluten wird als normal angenommen. Tatsächlich stellt sich heraus, dass auch Judiths Mutter das vWS hat. Sie erklären den beiden, dass für sie in Zukunft alle Acetylsalicylsäure-haltigen Medikamente wie Aspirin® tabu sind. Sie sollen unbedingt insbesondere vor HNO- oder Zahnoperationen alle behandelnden Ärzte informieren, da es sonst wieder zu unstillbaren Blutungen kommen kann. Prophylaktisch kann vor Operationen Desmopressin (z. B. Desmogalen®, Minirin®, Nocutil®) gegeben werden, ein Medikament, das durch die Freisetzung von endothelial gespeichertem vWF die Plasmakonzentration um das 2–4-Fache erhöht.

Hämophilie

X-chromosomal-rezessiv vererbte Mutationen in den Genen für Faktor **VIII (Hämophilie A)** und **IX (Hämophilie B)** führen zu einer leicht bis stark erhöhten Blutungsneigung (Hämophilie). Die Schwere der **Bluterkrankung** wird durch die Restaktivität der veränderten Gerinnungsfaktoren bestimmt.

Vor allem **innere Blutungen** bzw. starke Blutungen während Operationen sind gefürchtete Komplikationen. Die Therapie erfolgt durch die Gabe des fehlenden Gerinnungsfaktors.

Antikoagulation

Damit die Blutgerinnung auf den Ort der Gefäßverletzung lokalisiert bleibt, gibt es mehrere Schutzmechanismen.

Für die **Lokalisierung** sind die γ-Carboxylreste der Faktoren VIIa, IXa und Xa relevant, die über Ca^{2+}-Ionen an der Oberfläche aktivierter Thrombozyten fixiert sind.

Aktives Thrombin, das keine Gla-Domäne mehr besitzt und den umittelbaren Ort der Gefäßschädigung verlässt, bindet an der Oberfläche von Endothelzellen an **Thrombomodulin**. Thrombin verändert dadurch seine Substratspezifität und **aktiviert Protein C (APC),** das nach Bindung an seinen Cofaktor, Protein S, die Faktoren Va und VIIIa **inaktiviert**.

Das in der Leber synthetisierte **Antithrombin III (ATIII)** ist ein Serinproteaseinhibitor, der mit großer Effizienz Thrombin und Faktor Xa, aber auch die Faktoren IXa und XIa irreversibel bindet und inaktiviert. Seine Wirkung wird durch Heparansulfatproteoglykane auf Endothelzellen 3000-fach verstärkt.

Der im Plasma zirkulierende Proteaseinhibitor **TFPI** inaktiviert den Komplex aus Thromboplastin und Faktor VIIa.

Ist das **Gleichgewicht** zwischen Gerinnung und Antikoagulation gestört, kommt es zu einer **Hämophilie** (Blutungsneigung) oder einer **Thrombophilie** (Thromboseneigung).

25 BLUT: EIN GANZ BESONDERER SAFT

Hämophilie

Mutationen in den X-chromosomalen Genen für **Faktor VIII (= Hämophilie A)** oder **IX (= Hämophilie B)** führen zu einer erhöhten Blutungsneigung (Hämophilie), da die positive Rückkopplung auf den Tenasekomplex vermindert ist. Weit überwiegend erkranken Männer, heterozygote Frauen sind asymptomatische Überträger. Die Schwere der **Bluterkrankung** wird durch die Restaktivität der veränderten Gerinnungsfaktoren bedingt. Problematisch sind v.a. **innere Blutungen,** z. B. in den großen Gelenken, die bis zum Funktionsverlust führen können. Auch bei milden Formen, die sonst unauffällig sind, kann es zu lebensbedrohlichen Blutungen bei Operationen kommen. Kleinere Verletzungen verheilen dagegen normal, da die primäre Hämostase nicht gestört ist.

Eine Therapie erfolgt durch die regelmäßige Gabe des fehlenden Gerinnungsfaktors, der aus gespendetem Blut oder gentechnisch gewonnen werden kann.

Antikoagulation

Die Blutgerinnung muss auf den Ort der Gefäßverletzung begrenzt bleiben, da die sich sonst bildenden Thromben beispielsweise eine Lungenembolie oder einen Schlaganfall auslösen können. Wichtig für die **Lokalisierung** der Aktivierungskaskade ist neben der lokalen Aktivierung der Faktoren durch Thromboplastin die Bindung der Serinproteasen VIIa, IXa und Xa über ihre γ-Carboxylreste und Ca^{2+}-Ionen an die Oberfläche von aktivierten Thrombozyten.

Thrombin wird bei seiner Aktivierung von der Gla-Domäne des Prothrombins abgespalten und bindet daher nicht mehr an die Thrombozyten. Wenn es jedoch den Ort der Gefäßschädigung wieder verlässt und in ein Gefäß zurückkehrt, bindet es an **Thrombomodulin** auf der Plasmamembran von Endothelzellen. Thrombomodulin moduliert dadurch die Substratspezifität des Thrombins, das jetzt nicht mehr die Blutgerinnungsfaktoren, sondern das im Plasma vorhandene Protein C spaltet (➤ Abb. 25.12). Das **resultierende aktivierte Protein C (APC)** ist selbst auch eine Serinprotease, die nach Bindung an den Cofaktor **Protein S** die Faktoren Va und VIIIa **inaktiviert.** Dadurch werden Tenase- und Prothrombinasekomplexe, die den Ort des Gefäßschadens verlassen, schon in der direkten Nachbarschaft wieder inaktiviert. Sowohl Protein C als auch Protein S besitzen eine Gla-Domäne, über die sie an die Oberfläche aktivierter Thrombozyten binden und so in die Nähe der zu inaktivierenden Komplexe gelangen.

Antithrombin III (ATIII) ist ein Serinproteaseinhibitor, der in der Leber gebildet wird. Sobald sich die aktivierten Gerinnungsfaktor-Proteasen Thrombin, IXa, Xa und XIa in Blutgefäßen von der geschädigten Stelle des Blutgefäßes entfernen, binden sie an ATIII. Ein Antithrombinmolekül bildet dabei irreversibel einen kovalenten Komplex mit einem Proteasemolekül (= Selbstmordinhibition). Die Wirkung von Antithrombin wird durch Bindung an Heparansulfatproteoglykane auf den Endothelzellen um den Faktor 3000 verstärkt. ATIII wird oft zur Diagnose von Lebererkrankungen bestimmt.

Ein weiterer Proteaseinhibitor aus dem Plasma ist **TFPI** (Tissue Factor Pathway Inhibitor). Er inaktiviert den Komplex aus Thromboplastin und Faktor VIIa, den Auslöser der extrinsischen Gerinnungskaskade. Die unterschiedlichen Mechanismen der Antikoagulation verhindern eine Ausbreitung der Gerinnung über den Schadensort hinaus. Falls das **Gleichgewicht** zwischen Gerinnung und Antikoagulation gestört ist, kommt es zu einer **Hämophilie,** bei der die Gerinnung nicht ausreicht, oder einer **Thrombophilie**, bei der die Antikoagulation zu schwach ausgeprägt ist.

25.6 HÄMOSTASE: BEENDIGUNG EINER BLUTUNG

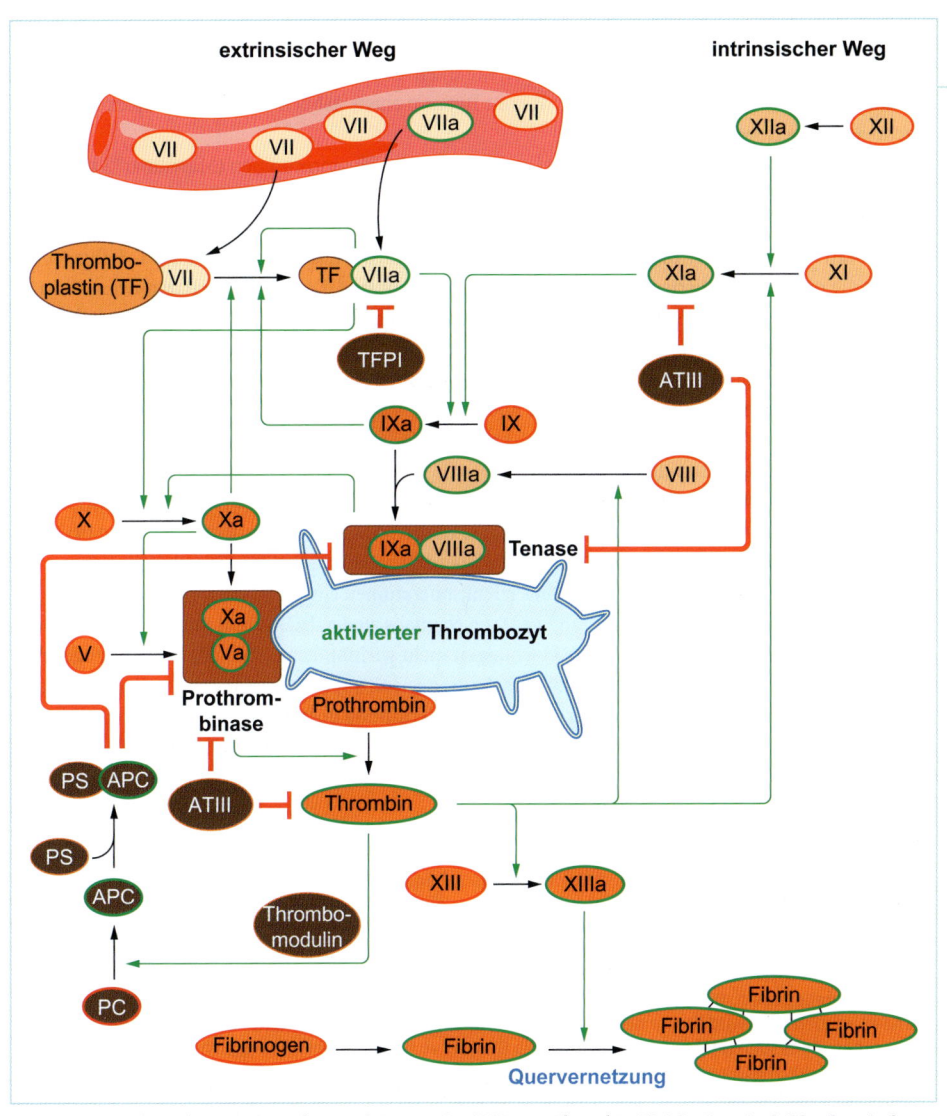

Abb. 25.12 Antikoagulation. APC = aktiviertes Protein C, ATIII = Antithrombin III, PC = Protein C, PS = Protein S, TFPI = Tissue Factor Pathway Inhibitor. [L307]

ABB. 25.12

KLINIK

Thrombophilie

Thrombophilie ist die Neigung zur Thrombenbildung, d. h. zur Bildung von Blutgerinnseln in Gefäßen. Ursachen können Veränderungen von Blutzellen, Blutplasma, Blutströmung oder Gefäßwänden sein. Der wichtigste Risikofaktor ist das Alter. Kinder haben ein Risiko von 1 : 100 000, 80-Jährige hingegen eines von 1 : 200. Es gibt aber auch erbliche prädisponierende Faktoren. Der wichtigste ist der Faktor-V-Leiden, bei dem der durch eine Mutation veränderte Faktor V nicht mehr vom **a**ktivierten **P**rotein **C** inaktiviert werden kann (= APC-Resistenz). Aber auch Prothrombinmutationen, Antithrombin-, Protein-C- und Protein-S-Mangel kommen vor. Erhöhte Östrogenspiegel beispielsweise durch Schwangerschaft, orale Kontrazeptiva oder Hormonersatztherapie, eine Immobilisierung wie bei Bettlägerigkeit, lange Flüge, ruhig gestellte Gliedmaßen oder Bewegungsmangel nach Operationen sind zusätzliche Risikofaktoren. Wenn das kumulative Risiko eine bestimmte Schwelle überschreitet, kommt es zur Entstehung einer Thrombose, die am häufigsten in den tiefen Bein- und Beckenvenen auftritt. Löst sich der Thrombus und gelangt über das rechte Herz in die Lungengefäße, kommt es zur lebensgefährlichen Lungenembolie.

Prophylaktisch wird daher besonders gefährdeten Personen das Tragen von Stützstrümpfen empfohlen, um durch die mechanische Kompression den Blutfluss in den häufig betroffenen Beinvenen zu fördern. Bei operierten oder bettlägerigen Patienten wird routinemäßig prophylaktisch Heparin gespritzt, um einer Thrombenbildung vorzubeugen.

Gerinnungshemmstoffe

Um Thrombosen zu vermeiden, stehen unterschiedliche Medikamente zur Verfügung:
- **Heparin** ist ein Glykosaminoglykan und bindet, ähnlich wie Heparansulfatproteoglykane, an Antithrombin III. Es erhöht dessen Wirkung um das 1 000-Fache. Niedermolekulare Heparine, die aus 5–17 Monosacchariden aufgebaut sind, hemmen so den Faktor Xa und damit den Prothrombinasekomplex. Unfraktionierte, höhermolekulare Heparine mit einer Kettenlänge von > 18 Monosacchariden hemmen darüber hinaus auch Thrombin. Physiologisch wird Heparin von Mastzellen bei Entzündungen ausgeschüttet. In der Klinik wird es zur Prophylaxe von Thrombosen gespritzt. Da die Wir-

KLINIK

Gerinnungshemmstoffe
Verschiedene Medikamente wirken durch Beeinflussung der Blutgerinnungskaskade gerinnungshemmend.

Aus Studentensicht

Heparin verstärkt die Wirkung von ATIII und erhöht dessen Wirkung um bis das 1000-Fache. Niedermolekulare Heparine hemmen so Faktor Xa, unfraktioniertes Heparin zusätzlich Thrombin. Letzteres kann durch das Antidot Protamin inhibiert werden. Heparine entfalten nach parenteraler Applikation sofort ihre Wirkung.
Oral eingenommene **Vitamin-K-Antagonisten** wie Marcumar® hemmen die γ-Carboxylierung der Ca^{2+}-Ionen-bindenden Gerinnungsfaktoren II, VII, IX und X sowie von Protein C und Protein S. Ihre Wirkung setzt erst nach 1–3 Tagen ein, wenn die bereits carboxylierten Gerinnungsfaktoren im Plasma abgebaut wurden. Bei einer Überdosierung werden Vitamin K oder die Blutgerinnungsfaktoren selbst gegeben.
Faktor-Xa-Inhibitoren wie Rivaroxaban gehören zur Gruppe der direkten oralen Antikoagulantien. Sie werden oral verabreicht, wirken schneller als Vitamin-K-Antagonisten und die Gefahr der Überdosierung ist geringer.
Faktor-IIa-Inhibitoren wie Dabigatran® inhibieren Thrombin.
Abgenommenem Blut wird in vitro Heparin, Citrat oder EDTA zugegeben, um die Gerinnung zu verhindern. EDTA und Citrat komplexieren die für die Gerinnung nötigen Ca^{2+}-Ionen.

KLINIK

25.6.4 Fibrinolyse

Während der Reparatur der Gefäßwand wird das Fibrinnetz durch die **Serinprotease Plasmin** abgebaut, das als inaktive Vorstufe **Plasminogen** im Blut zirkuliert und durch limitierte Proteolyse aktiviert wird.
Aktivatoren des Plasminogens sind:
- **Gewebeplasminogenaktivator** (tPA) aus Endothelzellen für die **intravasale Fibrinolyse**
- **Urokinase**, v. a. für die extravasale Fibrinolyse und den Proteinabbau
- **Streptokinase,** ein Protein aus Streptokokken, das ihnen dadurch ihre hämolytische Wirkung verleiht

---

25 BLUT: EIN GANZ BESONDERER SAFT

kung sehr schnell eintritt, wird es auch zur Soforttherapie bei Embolien und Herzinfarkten eingesetzt. Bei einer Überdosierung kann es zu Blutungen kommen. Die Wirkung von unfraktioniertem Heparin kann dann durch das Antidot Protamin, das mit Heparin einen stabilen inaktiven Komplex bildet, schnell inhibiert werden.

- **Vitamin-K-Antagonisten** wie Warfarin (Coumadin®) oder Phenprocoumon (Marcumar®) hemmen die γ-Carboxylierung der Ca^{2+}-Ionen-bindenden Gerinnungsfaktoren II, VII, IX und X, aber auch von Protein C und Protein S, sodass diese nicht an die negativ geladenen Phospholipide in der Plasmamembran der aktivierten Thrombozyten binden können. Ihre Wirkung setzt erst nach 1–3 Tagen ein, wenn die noch carboxylierten Faktoren im Plasma abgebaut sind. Da die Halbwertszeit der antikoagulativen Proteine C und S geringer als die der Gerinnungsfaktoren ist, kann zu Beginn der Behandlung die Gerinnungsneigung erhöht sein. Die Antagonisten können oral eingenommen werden und eignen sich daher gut für die Dauerprophylaxe von Thrombosen, z. B. nach dem Einsetzen künstlicher Herzklappen. Bei einer Überdosierung wird hoch dosiert Vitamin K gegeben, wonach langsam neue carboxylierte Faktoren gebildet werden. Für eine schnell wirksame Antagonisierung können die Gerinnungsfaktoren selbst appliziert werden.
- **Faktor-Xa-Inhibitoren** wie Rivaroxaban (z. B. Xarelto®) oder Apixaban (z. B. Eliquis®) gehören zu den direkten oralen Antikoagulantien (DOAK). Sie werden wie die Vitamin-K-Antagonisten oral gegeben, wirken aber schneller und die Gefahr der Überdosierung ist geringer. Sie werden z. B. zur Thromboseprophylaxe nach Hüft- oder Kniegelenksoperationen eingesetzt.
- **Faktor-IIa-Inhibitoren** wie Dabigatran® gehören ebenfalls zu den DOAK und inhibieren Thrombin.

Damit abgenommenes Blut für Laboruntersuchungen nicht gerinnt, kann ebenfalls Heparin zugegeben werden. Häufig werden in vitro auch Calcium-Chelatoren wie Citrat oder EDTA (Ethylendiamintetraacetat) eingesetzt, die Ca^{2+}-Ionen komplexieren und so die Gerinnung unterbinden.

> **KLINIK**
>
> **Diagnostik von Gerinnungsstörungen: sekundäre Hämostase**
> Ein Maß für die primäre Hämostase ist die Blutungszeit, wie sie bei Judith gemessen wurde. Die sekundäre Hämostase kann durch den Quick-Wert für den extrinsischen Weg und den aPTT für den intrinsischen Weg bestimmt werden.
> Für den **Quick-Wert** wird Citratblut zu Beginn der Messung mit Calcium und Thromboplastin versetzt. Thromboplastin aktiviert den extrinsischen Weg der Gerinnung. Die Zeit bis zur Bildung von Fibrinfäden wird gemessen und in % der Norm angegeben. Der Quick-Wert kann z. B. bei Lebererkrankungen und Vitamin-K-Mangel erniedrigt sein. Der Test dient aber auch der Verlaufskontrolle bei Patienten, die mit Marcumar behandelt werden. Hier wird für die bessere Vergleichbarkeit oft der **INR-Wert** (International Normalized Ratio) angegeben. Er beschreibt den Faktor, um den die Bildung von Fibrinfäden im Vergleich zur Norm verlängert ist. Hier sind die Werte zwischen verschiedenen Laboren vergleichbar, während der Quick-Wert von Messcharge und Methode abhängt und sich von Labor zu Labor unterscheiden kann.
> Für die Bestimmung der **partiellen Thromboplastinzeit** (aPTT) wird Citratblut mit Calcium und zusätzlich mit Phospholipiden versetzt, die den intrinsischen Weg der Gerinnung aktivieren. Die Zeit bis zur Gerinnselbildung wird gemessen. Bei Hämophilie A (Faktor-VIII-Mangel) und Hämophilie B (Faktor-IX-Mangel) ist die aPPT stark, beim Von-Willebrand-Syndrom leicht erhöht.

25.6.4 Fibrinolyse

Fibringerinnsel müssen z.B. nach der Reparatur der Gefäßwand wieder abgebaut werden. Für den Abbau des Fibrins (= Fibrinolyse) ist die **Serinprotease Plasmin** verantwortlich, die Fibrin in lösliche Abbauprodukte spaltet. Die inaktive Vorstufe von Plasmin ist das im Blutplasma zirkulierende **Plasminogen**, das durch limitierte Proteolyse in die aktive Form umgewandelt wird.
Für die Aktivierung des Plasminogens existieren unterschiedliche Aktivatoren:

- **Gewebeplasminogenaktivator** (Tissue Plasminogen Activator, tPA) wird von Endothelzellen sezerniert und ist für die **intravasale Fibrinolyse** zuständig. tPA bindet an Fibrin und aktiviert dort durch eine basale Aktivität ebenfalls angelagertes Plasminogen. Das so gebildete Plasmin spaltet neben Fibrin auch tPA, das dadurch wesentlich aktiver wird (= positive Rückkopplung). Die Aktivität des tPA wird durch den Plasminogenaktivatorinhibitor 1 (PAI-1) reguliert.
- **Urokinase** (Urokinase-Type Plasminogen Activator, uPA) kann im Bindegewebe neben Fibrin auch Proteine der extrazellulären Matrix abbauen und ermöglicht so z. B. die Angiogenese.
- Die **Streptokinase** ist ein Protein aus Streptokokken und führt ebenfalls zur Aktivierung von Plasminogen. Sie ist für die hämolytische Wirkung der Streptokokken essenziell.

25.6 HÄMOSTASE: BEENDIGUNG EINER BLUTUNG

KLINIK
Lyse bei Schlaganfall

Rekombinant hergestellter Gewebeplasminogenaktivator (rtPA) wird zur akuten Therapie des ischämischen Schlaganfalls eingesetzt. Dabei verschließt ein Gerinnsel ein Gehirngefäß und kann dadurch je nach Lokalisation unterschiedliche neurologische Ausfälle hervorrufen. Die Patienten sollten so schnell wie möglich eine Lyse-Therapie bekommen: rtPA wird dabei systemisch verabreicht, um das Gerinnsel aufzulösen. Dies muss in spezialisierten Zentren, den Stroke Units, von Neurologen durchgeführt werden, da immer eine Blutungsgefahr besteht. Wichtig für den Therapieerfolg ist v. a. die möglichst schnelle Behandlung nach dem Schlaganfall. Leider werden viele Schlaganfallpatienten nicht als Notfall behandelt und so geht wertvolle Zeit verloren. Es gilt „time is brain" und daher sollte die „Door-to-Needle-Zeit" im Krankenhaus idealerweise weniger als eine Stunde betragen.

ÜBUNGSFRAGEN FÜRS MÜNDLICHE MIT LÖSUNGSHILFEN

1. Erklären Sie den Ablauf der primären Hämostase!

Thrombozyten binden bei einem Gefäßschaden über Integrine an subendotheliale Proteine wie Kollagen, wobei sie vom Von-Willebrand-Faktor unterstützt werden. Die dadurch ausgelöste Aktivierung der Thrombozyten führt zur Ausschüttung von Mediatoren, die zur Vasokonstriktion und zur Aktivierung weiterer Thrombozyten führen. Durch eine Umlagerung des Aktinzytoskeletts verändern die Thrombozyten ihre Form und adhärieren über extrazelluläre Proteine an der Stelle der Gefäßschädigung. Der so gebildete weiße Thrombus kann kleine Verletzungen dauerhaft verschließen.

2. Wie wirkt Heparin?

Viele aktive Gerinnungsfaktoren sind Proteasen. Abseits eines Gefäßschadens werden diese durch Antithrombin III inhibiert. Heparin bindet an Antithrombin III und erhöht seine Aktivität um ein Vielfaches, sodass die Gerinnungsneigung sinkt.

3. Welchen Vorteil hat es, dass Hämoglobin ein Tetramer ist?

Jedes Hämoglobinmonomer kann ein O_2-Molekül binden. Bei der Bindung des ersten O_2 kommt es zu einer Konformationsänderung aller Untereinheiten des Tetramers, sodass die Sauerstoffaffinität der anderen drei Untereinheiten steigt. Durch diesen kooperativen Effekt kommt es zu einer Alles-oder-nichts-Reaktion: Das erste Sauerstoffmolekül bindet schlecht, die drei folgenden Sauerstoffmoleküle dagegen immer besser. Auf diese Weise wird ein Hämoglobintetramer in der Lunge vollständig mit Sauerstoff beladen und gibt ihn im Gewebe durch eine erneute Konformationsänderung leicht wieder ab.

Aus Studentensicht

KLINIK

PRÜFUNGSSCHWERPUNKTE
IMPP

!!! Hämoglobin (Synthese, Abbau, Affinität an Sauerstoff und Verschiebung der O_2-Bindungskurve), Haptoglobin
!! Vitamin K, Cumarinderivate
! EPO

Kompetenzorientierte Lernziele (NKLM)

Die Studierenden können
- Zusammensetzung, Funktion und Regulation der Bildung des Blutplasmas erklären.
- die Synthese von Plasmaproteinen in der Leber erklären.
- den Transport von Sauerstoff und Kohlendioxid und dessen Regulation erklären.
- die Blutstillung und Blutgerinnung sowie die Fibrinolyse erklären.
- Entstehung, Differenzierung, Regulation der Bildung und Abbau der Blutzellen sowie die Rolle der daran beteiligten Organe erklären.

KAPITEL 26 Strukturproteine: Stabilität von Zellen und Geweben

Wolfgang Hampe, Michael Duszenko

26.1 Zytoskelett und extrazelluläre Matrix 729
26.2 Zytoskelett: Stabilität in der Zelle 729
26.2.1 Aktinfilamente: Mikrofilamente 730
26.2.2 Mikrotubuli: Makrofilamente 731
26.2.3 Intermediärfilamente 732

26.3 Extrazelluläre Matrix: Stabilität und Elastizität 733
26.3.1 Komponenten der extrazellulären Matrix 733
26.3.2 Kollagen: Zugstabilität 733
26.3.3 Elastin: Zugelastizität 735
26.3.4 Glykosaminoglykane: Druckelastizität 735
26.3.5 Hydroxylapatit: Druckstabilität 737

26.4 Zellinteraktionen: Stabilität von Zellverbänden 738
26.4.1 Zell-Zell-Interaktionen 738
26.4.2 Zell-Matrix-Interaktionen 741

26.5 Blut-Hirn- und Blut-Liquor-Schranke 742
26.5.1 Blut-Hirn-Schranke 742
26.5.2 Blut-Liquor-Schranke 745

Aus Studentensicht

Unser Körper ist täglich enormen mechanischen Belastungen ausgesetzt. Obwohl einzelne Zellen nicht besonders stabil sind, bilden sie in Verbänden stabile Gewebe wie Knochen und Zähne. Doch was verleiht den Geweben ihre Stabilität? In diesem Kapitel wirst du vieles über die extrazelluläre Matrix, Zellverbindungen und das Zytoskelett erfahren. Darüber hinaus lernst du, wie sich unser empfindliches Gehirn vor toxischen Stoffen schützt und inwiefern all diese Themen wichtig für die ärztliche Tätigkeit sind. Wusstest du, dass gezielt Medikamente im Rahmen der Gicht- und Tumortherapie eingesetzt werden, um den Stoffwechsel des Zytoskeletts zu hemmen?
Karim Kouz

26.1 Zytoskelett und extrazelluläre Matrix

> **FALL**
>
> **Bergtour zum Säuling**
>
> Endlich ist der Sommer da und am Wochenende machen Sie eine wunderschöne Bergtour auf den Säuling, den höchsten Berg der Allgäuer Alpen. Nach vier Stunden sind Sie endlich am Gipfel und werden mit einer fantastischen Aussicht belohnt – allerdings auch mit ein paar Blasen an den Füßen.
> Was passiert mit der Haut bei der Blasenbildung?

Zellen, Gewebe und ganze Organe müssen auch bei der Einwirkung äußerer Kräfte formstabil bleiben. **Stabilität** und **Elastizität** werden dabei von Proteinen des **Zytoskeletts** und der **extrazellulären Matrix** vermittelt, die miteinander über Proteine in der Plasmamembran verbunden sind. Zusätzlich dienen die Fasern des Zytoskeletts auch als Schienen für den intrazellulären Transport und zur Muskelkontraktion. Direkte Kontakte zwischen benachbarten Zellen tragen nicht nur zur Stabilität bei, sondern können auch, z. B. in der Darmmukosa oder der Blut-Hirn-Schranke, den parazellulären Transport (= Transport durch die Zwischenräume von Zellen) regulieren.

Proteine des **Zytoskeletts** und der **extrazellulären Matrix** verleihen Zellen, Geweben und Organen **Stabilität** und **Elastizität.** Das Zytoskelett dient auch dem intrazellulären Transport und der Muskelkontraktion. Kontakte zwischen Zellen haben neben einer Stabilitätsfunktion vielfältige Aufgaben, wie die Regulation des parazellulären Transports.

26.2 Zytoskelett: Stabilität in der Zelle

Die Filamente des Zytoskeletts bilden skelettähnliche **Netzwerke** innerhalb der Zellen und **stabilisieren** so deren Form. Diese Proteinfilamente (= Fasern, Fäden) sind jedoch nicht stabil wie das Knochenskelett, sondern hochdynamisch und werden ständig umgebaut. Über unterschiedliche Proteine können andere Strukturen mit den Filamenten verbunden werden. Zudem dienen die Filamente als eine Art **Schiene für Motorproteine,** die an ihnen entlang andere Proteine oder ganze Organellen bewegen können. Die Filamente des Zytoskeletts bestehen aus **Proteinmonomeren,** die meist am **Plus-Ende des Filaments neu hinzugefügt** werden und am **Minus-Ende abdissoziieren.** So können die Fasern in eine Richtung verlängert werden und beispielsweise zur Ausbildung von Zellfortsätzen oder anderen zellulären Bewegungen beitragen.

Zytoskelettfilamente bilden **Netzwerke** innerhalb der Zellen und **stabilisieren** so ihre Form. Sie sind hochdynamisch und werden ständig umgebaut. **Motorproteine** nutzen die Filamente als **Schienensystem** und transportieren andere Proteine bzw. ganze Organellen. Zytoskelettfilamente bestehen aus **Proteinmonomeren,** die meist am **Plus-Ende** neu hinzugefügt werden und am **Minus-Ende abdissoziieren.** Man unterscheidet **drei Filamenttypen:** Mikro-, Makro- und Intermediärfilamente.

Aus Studentensicht

26.2.1 Aktinfilamente: Mikrofilamente

Aktinfilamente (Mikrofilamente) bestehen aus **G-Aktin**, das im Zytoplasma aller Zellen vorliegt und zu **F-Aktin** polymerisiert. Zwei Protofilamente bilden eine Doppelhelixstruktur: das Aktinfilament.
Am Plus-Ende überwiegt die Polymerisation, am Minus-Ende der Abbau. G-Aktin bindet **ATP**, das kurz nach dem Einbau in F-Aktin durch eine **ATPase-Aktivität** gespalten wird. Die in der Mitte und am Minus-Ende liegenden Untereinheiten liegen daher in der **ADP-Form** vor. Im Gleichgewicht wandern die angelagerten Aktin-Monomere wie in einer **Tretmühle** vom Plus- zum Minus-Ende und dissoziieren dort wieder ab.

ABB. 26.1

Viele Proteine regulieren den Auf- und Abbau der Aktinfilamente:
- **Profilin** fördert, **Thymosin** behindert den Einbau von G-Aktin in das Filament
- **Cofilin** beschleunigt, **Tropomyosin** hemmt den Abbau der Aktinfilamente

Durch den dynamischen Auf- und Abbau der Aktinfilamente können Zellen ihre Plasmamembran zu **Zellfortsätzen** ausstülpen und sich **bewegen**.
Fimbrin fasst die Aktinfilamente zu parallelen nicht-kontraktilen, α-Aktinin dagegen zu parallelen kontraktilen **Bündeln** zusammen. Filamin verbindet Aktinfilamente so, dass sie **dreidimensionale Netzwerke** bilden, die der Zelle **Form** und **Stabilität** verleihen.
Myosine sind **Motorproteine**, die unter ATP-Hydrolyse andere Strukturen am Aktin-Filament entlang bewegen und so z. B. auch Muskelkontraktionen hervorrufen.

730

26 STRUKTURPROTEINE: STABILITÄT VON ZELLEN UND GEWEBEN

Es gibt **drei Typen** von Filamenten, die aus unterschiedlichen Proteinen aufgebaut sind und nach ihrem Durchmesser in Mikro-, Makro- und Intermediärfilamente eingeteilt werden.

26.2.1 Aktinfilamente: Mikrofilamente

Aktinfilamente (Mikrofilamente) bestehen aus Aktinuntereinheiten. Monomeres **G-Aktin** liegt in globulärer Form im Zytoplasma aller menschlichen Zellen vor und kann zu Filamenten (F-Aktin) polymerisieren. Die etwa 7 nm dicken Aktinfilamente bestehen aus zwei Protofilamenten in einer relativ flexiblen Doppelhelixstruktur (➤ Abb. 26.1). Aktinfilamente können über 20 μm lang sein. Oberhalb einer Schwellenkonzentration können sich an beide Filamentenden G-Aktin-Monomere anlagern, unterhalb dieser Konzentration werden Monomere abgespalten. Da die Schwellenkonzentration für das Plus-Ende niedriger ist als für das Minus-Ende, werden die Filamente meist am Plus-Ende verlängert und am Minus-Ende verkürzt.
G-Aktin bindet **ATP**. Durch Einbau in **F-Aktin** wird die **ATPase-Aktivität** des Aktins aktiviert, aber erst nach der Anlagerung einiger weiterer Aktinmonomere an das Plus-Ende wird das ATP an den jetzt innen liegenden Aktinmonomeren zu ADP gespalten, sodass lediglich wenige Untereinheiten am Plus-Ende ATP gebunden haben. Die weiter in der Mitte oder am Minus-Ende des Filaments positionierten Untereinheiten liegen in der **ADP-Form** vor, die sich leichter wieder vom Filamentende löst. Wenn Anlagerung und Dissoziation im Gleichgewicht sind, bleibt die Länge eines Aktinfilaments konstant. Wie in einer **Tretmühle** wandert jedoch ein am Plus-Ende angelagertes Aktinmonomer langsam zum Minus-Ende und dissoziiert schließlich wieder als Monomer ab.

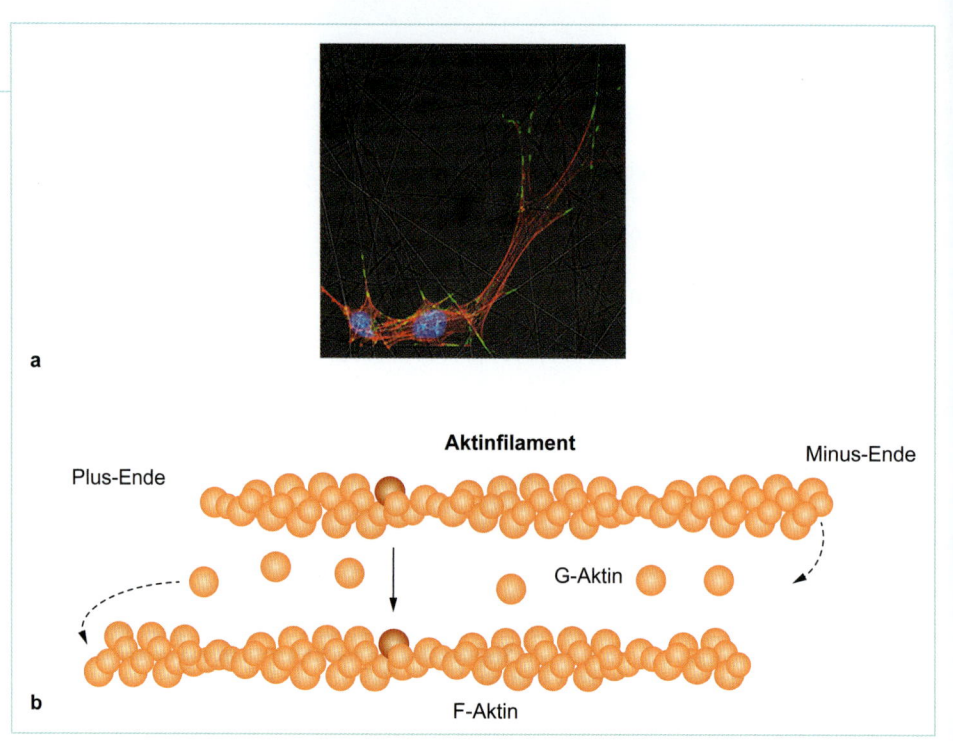

Abb. 26.1 Zytoskelett. a Fluoreszenzbild einer Zelle (Mikrotubuli grün, Aktinfilamente rot, Zellkern blau). [G821] b Anlagerung und Dissoziation von Aktinmonomeren an ein Aktinfilament. [L307]

Viele Proteine regulieren die Polymerisation und Dissoziation von Aktin, indem sie an G-Aktin binden und dessen Einbau in das Filament fördern wie **Profilin** oder behindern wie **Thymosin**. Andere Proteine binden an die Aktinfilamente und beschleunigen wie **Cofilin** oder verzögern wie **Tropomyosin** deren Abbau. Durch Reorganisation des Aktinfilaments in eine bestimmte Richtung können Zellen wie neutrophile Granulozyten ihre Plasmamembran innerhalb von Sekunden zu **Zellfortsätzen** (Filopodien, Lamellipodien) ausstülpen und sich dadurch **bewegen**, z. B. um wandernde Bakterien zu phagozytieren.
In der Zelle werden mehrere Aktinfilamente z. B. durch das Hilfsprotein Fimbrin zu parallelen nicht-kontraktilen oder durch α-Aktinin zu parallelen kontraktilen **Bündeln** zusammengefasst. Die Bündel haben eine höhere Stabilität als die einzelnen Filamente. Durch Filamin können Aktinfilamente nicht-parallel verbunden werden, sodass sie **dreidimensionale Netzwerke** bilden. Solche Bündel und Netzwerke von Aktinfilamenten liegen oft direkt unter der Plasmamembran und verleihen der Zelle **Form** und **Stabilität**. So stabilisieren parallele Aktinbündel die Mikrovilli in den Epithelzellen des Dünndarms, indem sie die Kappenregion an der Spitze des Mikrovillus mit Intermediärfilamenten an seiner Basis verbinden.
Myosine sind **Motorproteine**, die an Aktinfilamente binden und durch Hydrolyse von ATP andere Strukturen wie Vesikel oder Organellen am Filament entlangbewegen. Es gibt viele Isoformen des Myosins, eine ist verantwortlich für die Kontraktion von Muskelzellen (➤ 27.3.2).

26.2 ZYTOSKELETT: STABILITÄT IN DER ZELLE

26.2.2 Mikrotubuli: Makrofilamente

Die 25 nm dicken **Mikrotubuli** sind Hohlfasern aus meist 13 Protofilamenten (= Teilfilamenten), die in allen Zellen vorkommen (> Abb. 26.2a). Die Protofilamente bestehen aus aneinandergelagerten Heterodimeren, die von **α- und β-Tubulin** gebildet werden und sich, ähnlich wie das G-Aktin im Mikrofilament, bevorzugt am Plus-Ende anlagern. Freies heterodimeres Tubulin bindet **GTP**, das mit zeitlicher Verzögerung nach dem Einbau in den Mikrotubulus von der **GTPase-Aktivität** des Tubulins hydrolysiert wird.

Aus Studentensicht

26.2.2 Mikrotubuli: Makrofilamente

Mikrotubuli (Makrofilamente) sind lange, aus Protofilamenten zusammengesetzte Röhren, die aus **α- und β-Tubulin** bestehen. Heterodimeres Tubulin bindet **GTP**, das kurz nach dem Einbau in den Mikrotubulus durch die **GTPase-Aktivität** des Tubulins hydrolysiert wird.

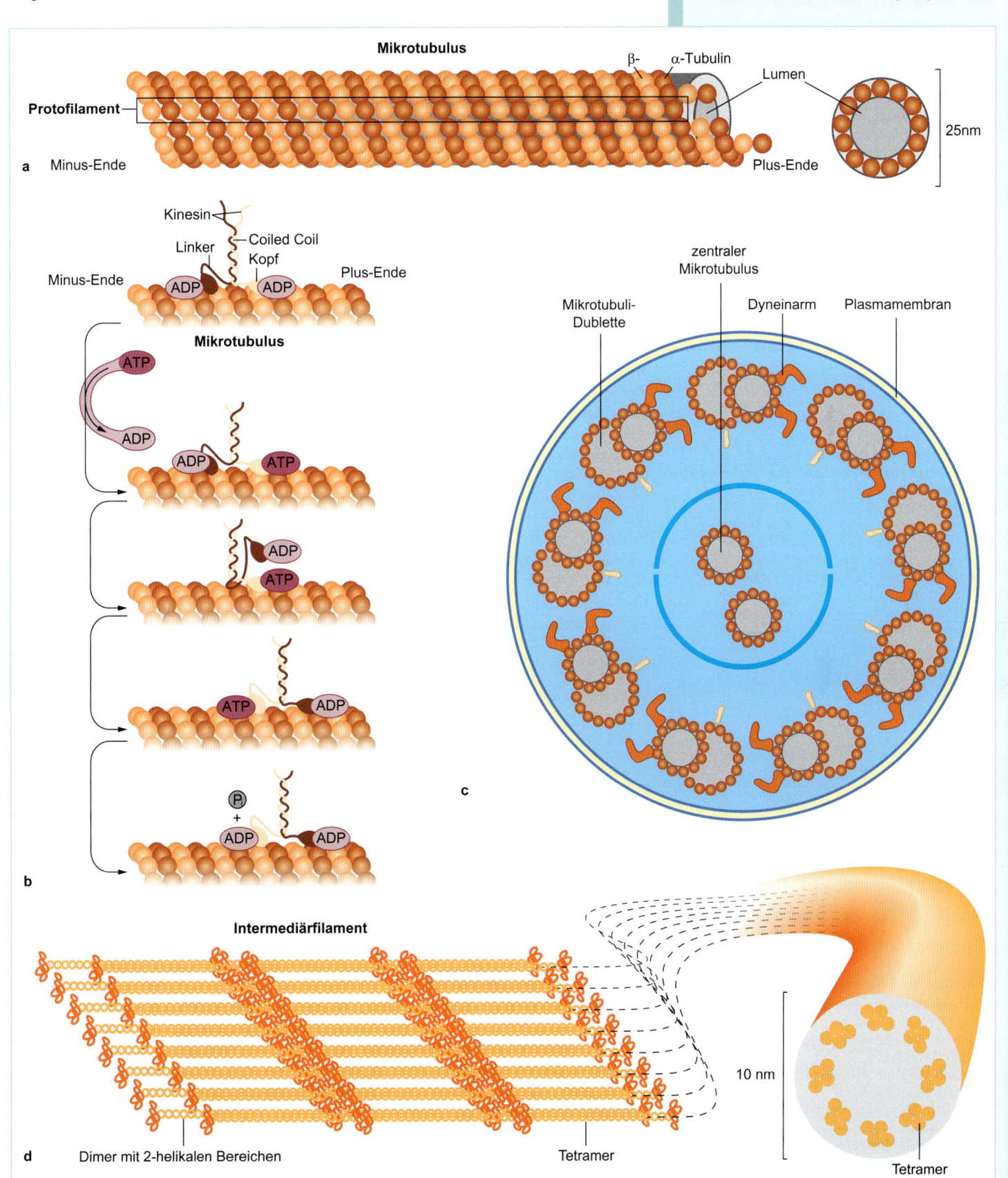

Abb. 26.2 Mikrotubuli und Intermediärfilamente. **a** Aufbau eines Mikrotubulus. **b** Fortbewegung von Kinesin 1 auf einem Mikrotubulus. **c** Querschnitt durch ein Zilium. **d** Intermediärfilament. [L299]

Aus Studentensicht

Oft sind die Minus-Enden der Mikrotubuli blockiert. Der Auf- und Abbau erfolgen dann überwiegend am Plus-Ende.

Mikrotubuli-assoziierte Proteine (MAP) steuern den Auf- und Abbau der Mikrotubuli, deren Halbwertszeit oft nur wenige Minuten beträgt. **Zentrosomen** dienen als **Startpunkte** für die Bildung neuer Mikrotubuli beim Aufbau des **Spindelapparats** im Rahmen der Zellteilung.

Kinesine und **Dyneine** sind **Motorproteine**, die sich unter **ATP-Hydrolyse** entlang des Mikrotubulussystems bewegen und Fracht wie Organellen oder Vesikel transportieren. Kinesine bewegen sich dabei meist zum Plus-Ende, Dyneine zum Minus-Ende.

Mikrotubuli bilden in der Zelle meist **sternförmige Strukturen**. Die Plus-Enden zeigen in den Außenbereich des Zytoplasmas, die Minus-Enden sitzen am Zentrosom.

Zilien und **Flagellen** sind Zellfortsätze, die in ihrem Inneren eine charakteristische Anordnung von Mikrotubuli aufweisen. Ziliäres Dynein verschiebt die Mikrotubuli unter ATP-Verbrauch gegeneinander und ruft dadurch eine Bewegung hervor. Zilien finden sich z. B. auf den Epithelzellen der Atemwege, wo sie den Schleimtransport gewährleisten, Flagellen dienen der Fortbewegung von Spermien. Ein genetischer Defekt des Dyneins kann das **Kartagener-Syndrom** hervorrufen.

KLINIK

26.2.3 Intermediärfilamente

Intermediärfilamente verleihen Zellen **mechanische Stabilität** und kommen gewebespezifisch in unterschiedlichen Formen vor. Man unterteilt sie in fünf Klassen:
- I/II: z. B. **Keratine**, die Haut, Haaren und Nägeln Stabilität verleihen
- III: z. B. **Desmin**, das Myofibrillen im quergestreiften Muskel verbindet, und **Vimentin**
- IV: z. B. **Neurofilamente**, die Axone der Nervenzellen stabilisieren
- V: **Lamine**, die der Kernmembran von innen anliegen und sie stabilisieren

---

Am Minus-Ende liegt daher GDP-Tubulin vor, das leichter abdissoziiert. Wie beim Aktin wandern also auch hier die Untereinheiten wie in einer **Tretmühle** vom Plus- zum Minus-Ende. In der Zelle sind aber oft die Minus-Enden der Mikrotubuli durch Proteine blockiert und der Auf- und Abbau erfolgt dann überwiegend am Plus-Ende.

Durch Proteine wie die Mikrotubuli-assoziierten Proteine (MAP) kann die Zelle den Aufbau oder durch z. B. Kinesin 13 den Abbau der Mikrotubuli stimulieren. Die Halbwertszeit der Mikrotubuli beträgt oft nur wenige Minuten. Vor allem der für die Mitose erforderliche **Spindelapparat** wird schnell umgebaut. Dabei dienen die **Zentrosomen als Startpunkte** für die Bildung neuer Mikrotubuli, von denen aus die Plus-Enden der Mikrotubuli zu den Zentromeren der Tochterchromosomen wachsen (> 10.2). Unterschiedliche Proteine können an spezifische Bereiche der Mikrotubuli binden und sie dadurch stabilisieren oder destabilisieren.

Kinesine sind **Motorproteine,** die eine Fracht entlang der Mikrotubuli i. d. R. zum Plus-Ende transportieren. Kinesin 1 ist ein Protein mit einem Kopf (= Motordomäne) und einem lang gestreckten α-helikalen Schwanz. Durch Ausbildung eines Coiled Coil der α-Helices dimerisiert Kinesin 1 (> Abb. 26.2b). Beide Köpfe binden hintereinander an Tubulinuntereinheiten des Mikrotubulus. Durch den Austausch von ADP zu ATP am vorderen Kopf erhöht sich dessen Affinität zum Mikrotubulus. Gleichzeitig verändert sich dadurch die Konformation der Linker-Region, sodass der hintere Kopf auf dem Mikrotubulus einen Schritt vorwärts macht und das Kinesin 8 nm weiter in Richtung Plus-Ende befördert. Durch **ATP-Hydrolyse** wird ein Rückschritt verhindert. Auf diese Weise können Kinesine beispielsweise Organellen oder Vorläufer von sekretorischen Vesikeln aus dem Soma einer Nervenzelle über weite Strecken an axonalen Mikrotubuli transportieren, die an das C-terminale Ende der Schwanzregion binden. Auch ein Transport zum Minus-Ende der Mikrotubuli ist möglich. Das dafür verantwortliche Motorprotein ist **Dynein,** das die Fracht ATP-abhängig mit bis zu 14 μm/s fast zwanzigmal so schnell voranbringt wie Kinesin 1.

Mikrotubuli bilden auch außerhalb der Mitose in der Zelle meist ein **sternförmiges Muster** mit den Plus-Enden in den Außenbereichen des Zytoplasmas und den Minus-Enden am Zentrosom. Die Membranen des ER werden durch Kinesine in die Außenbereiche des Zytoplasmas transportiert, während der Golgi-Apparat durch Dynein in das Zentrum der Zelle befördert wird.

Zilien und **Flagellen** sind haarförmige Zellfortsätze mit einer ringförmigen Anordnung von neun Mikrotubulidubletten und zwei zentralen einzelnen Mikrotubuli im Inneren über die ganze Länge des Fortsatzes (> Abb. 26.2c). Ziliäres Dynein verbindet die peripheren Mikrotubuli-Dubletten. Wenn es aktiviert wird, verschiebt es die Mikrotubuli gegeneinander, wodurch der Fortsatz gebogen wird. Durch regelmäßiges Verschieben der Mikrotubuli in unterschiedliche Richtungen können Zilien auf den Epithelzellen der Atemwege Schleim und darin befindliche Fremdkörper oralwärts transportieren oder Eizellen im Eileiter Richtung Gebärmutter befördern. Spermien können sich mit ihren Flagellen schwimmend fortbewegen. Ein Defekt des ziliären Dyneins führt zum **Kartagener-Syndrom** mit beeinträchtigtem Schleimtransport aus den Bronchien, zu männlicher Unfruchtbarkeit durch immobile Spermien und weiteren Symptomen.

> **KLINIK**
>
> **Bitte nicht essen!**
>
> Pilze, Pflanzen und Schwämme produzieren Gifte, um Fressfeinde abzuwehren. Oft verändern diese die Dynamik der Zytoskelettfilamente.
>
> **Phalloidin,** ein Gift, das neben α-Amanitin in Knollenblätterpilzen gebildet wird, bindet an Aktinfilamente, die dadurch stabilisiert werden. Im Gegensatz dazu destabilisiert das Pilzgift **Zytochalasin B** die Aktinfilamente, indem es an das Plus-Ende der Filamente bindet und die Anlagerung weiterer Aktin-Monomere verhindert. In beiden Fällen wird das Aktin-Zytoskelett der Zellen stark verändert.
>
> **Colchicin** aus der Herbstzeitlosen und **Vincristin** aus der rosafarbenen Catharanthe binden an freies Tubulin und verhindern seinen Einbau in Mikrotubuli. Dadurch können sich die Spindelfasern bei der Mitose nicht ausbilden. Diese Spindelgifte verhindern so die Zellteilung. Denselben Effekt hat **Taxol,** ein Wirkstoff aus der Eibenrinde. Seine Wirkung beruht jedoch auf einer Mikrotubuli-Stabilisierung, indem es die Ablösung von Tubulin verhindert. Diese Gifte können nicht nur von Zellbiologen eingesetzt werden, um das Zytoskelett zu verändern, sondern auch zur Bekämpfung sich schnell teilender Zellen bei der Therapie von **Tumoren** oder **Gicht**.

26.2.3 Intermediärfilamente

Intermediärfilamente haben einen Durchmesser von etwa 10 nm und verleihen den Zellen **mechanische Stabilität.** Je nach Belastung kommen sie gewebespezifisch in unterschiedlichen Formen vor, die durch mehr als 50 unterschiedliche Proteine gebildet werden. Zur evolutionär ältesten Klasse V der Intermediärfilamente gehören die **Lamine,** welche die Kernmembran stabilisieren, indem sie sich an ihre Innenseite anlagern. Aus ihnen haben sich vermutlich durch Genduplikationen die zytoplasmatischen Intermediärfilamente entwickelt. Eine besondere Bedeutung haben die zur Klasse I und II gehörenden **Keratine,** die in Epithelzellen gebildet werden. Auch nach dem Absterben der Zelle bleiben sie erhalten und verleihen so Haut, Haaren und Nägeln ihre Stabilität. Das zur Klasse III gehörende **Desmin** verbindet die Myofibrillen im quergestreiften Muskel. Ebenfalls zu dieser Klasse gehören das saure Gliafaserprotein (GFAP) und das im Bindegewebe exprimierte **Vimentin**. Die **Neurofilamente** der Klasse IV stabilisieren die Axone der Nervenzellen, in denen jeweils viele Filamente der Länge nach angeordnet sind.

Die einzelnen Proteine der intermediären Filamente binden im Gegensatz zu Aktin und Tubulin keine Nukleosidtriphosphate und werden nicht erst durch Zusammenlagerung vieler Monomere gebildet, sondern sind bereits als einzelne Moleküle lang gestreckt. (➤ Abb. 26.2d). Im mittleren Teil bilden sie eine **lang gestreckte α-Helix** aus repetitiven Heptad-Sequenzen. Jeweils zwei von den sieben Aminosäuren in diesen Abschnitten tragen hydrophobe Seitenketten, die nur wenig versetzt an der Helixoberfläche liegen. Unter Ausbildung hydrophober Wechselwirkungen bilden so zwei Proteine als Coiled Coil ein paralleles Dimer. Anschließend lagern sich zwei Dimere antiparallel und etwas der Länge nach versetzt zu einem löslichen Tetramer zusammen, das dadurch, wie auch das gesamte Intermediärfilament, keine Polarität aufweist. Acht nebeneinander gelegene Tetramere assoziieren zum Intermediärfilament, dessen Querschnitt somit 16 Dimere aufweist.

Durch Bindung an integrale Plasmamembranproteine können Intermediärfilamente mit der extrazellulären Matrix oder benachbarten Zellen verknüpft werden, sodass sie über die einzelne Zelle hinaus auch zur Stabilität von Geweben beitragen.

> **FALL**
>
> **Bergtour zum Säuling: Blasenbildung**
>
> Zur Blasenbildung kommt es, wenn übereinanderliegende Hautschichten nicht mehr zusammenhalten. Die physikalische Belastung der langen Bergwanderung kann zur Ablösung der Epidermis (Oberhaut) von der Dermis (Lederhaut) und somit einer subepidermalen Blase führen.
> Bei der Epidermolysis bullosa kommt es schon beim normalen Laufen zur Blasenbildung. Die Hautschichten lösen sich schon bei geringstem Druck voneinander. Man spricht auch von Schmetterlingshaut, da die Haut der Betroffenen so empfindlich wie ein Schmetterlingsflügel ist. Schuld sind Mutationen in Genen für die Keratine, den Intermediärfilamenten der Haut, die zu einer gestörten Bindung der Zellen an benachbarte Zellen und an die extrazelluläre Matrix führen.
> Mutationen in den Genen für die Neurofilamente, die Intermediärfilamente der Neurone, können zu neurologischen Erkrankungen wie der erblichen Neuropathie oder der amyotrophen Lateralsklerose führen.

26.3 Extrazelluläre Matrix: Stabilität und Elastizität

26.3.1 Komponenten der extrazellulären Matrix

Zwischen den einzelnen Zellen der Organe befindet sich die **extrazelluläre Matrix**. Sie besteht ähnlich wie das Zytoskelett aus einem **Geflecht von Proteinfilamenten,** die aus sezernierten Proteinuntereinheiten aufgebaut werden und wie Kollagen stabil oder wie Elastin elastisch auf Zugkräfte reagieren. Zur Aufrechterhaltung der Formen der Organe auch bei Druckbelastung enthält die extrazelluläre Matrix **Glykosaminoglykane,** die wie ein Gel große Mengen Wasser binden können. In Knochen und Knorpel kann die extrazelluläre Matrix hingegen **anorganische kristalline Strukturen** bilden, die ihnen ihre Festigkeit verleiht. Weitere **Glykoproteine** wie Laminin oder Fibronektin vermitteln z.B. die Bindung von Proteinfilamenten der extrazellulären Matrix an Zellen. Die Bestandteile der extrazellulären Matrix werden hauptsächlich von Fibroblasten, Chondroblasten oder Osteoblasten gebildet, die oft von ausgedehnten Bereichen extrazellulärer Matrix umgeben sind.

26.3.2 Kollagen: Zugstabilität

Vor allem **Kollagenfasern** stabilisieren die extrazelluläre Matrix gegen **Zugbelastung.** Kollagene kommen in großen Mengen in Haut, Knochen, Knorpel, Bändern und Sehnen vor und sind mit einem Anteil von 25 % die am **häufigsten vorkommenden Proteine** im gesamten menschlichen Körper. Es gibt über 40 verschiedene Kollagen-Isoformen, die sich zu mehr als 25 unterschiedlichen Trimeren zusammenlagern können.

Kennzeichnend für alle Kollagene ist eine spezielle Sekundärstruktur, die aus drei Monomeren gebildete **Tripelhelix** (➤ Abb. 26.3a). Jedes der Monomere bildet dabei eine linksgängige Helix, also keine α-Helix. Die drei Helices sind miteinander zu einer rechtsgängigen Tripelhelix verwunden. In jedem Monomer finden sich über 300 direkt aufeinanderfolgende Wiederholungen des Aminosäuremotivs **Glycin-X-Y,** wobei X oft Prolin- und Y oft Hydroxyprolinreste sind. Durch seine wenig voluminöse Seitenkette, die jeweils in Richtung des Zentrums der Tripelhelix weist, ermöglicht das Glycin ein enges Zusammenrücken der Einzelhelices. Die Aminosäure **Prolin** findet sich ebenfalls sehr häufig im Kollagen, wobei es an der Y-Position fast immer zu **Hydroxyprolin** modifiziert wird (➤ 6.4.5). Durch die zusätzliche OH-Gruppe kann es **Wasserstoffbrücken** zu einem anderen Strang der Tripelhelix ausbilden. Die große Anzahl dieser intermolekularen Bindungen hält die Einzelstränge stark zusammen und verleiht der Tripelhelix eine Zugstabilität, die größer als die von Stahl ist (➤ Abb. 26.3c).

Nach der Synthese am rER und der Abspaltung des Signalpeptids trägt das Prokollagen noch **Propeptide** an N- und C-Terminus (➤ Abb. 26.3b). Bereits cotranslational werden Prolinreste und einige Lysinreste durch die **Prolyl-** bzw. **Lysylhydroxylase** modifiziert. Diese Dioxygenasen, die ein Fe^{2+}-Ion im aktiven Zentrum tragen, übertragen ein O-Atom aus O_2 auf den Prolin- bzw. Lysinrest. Das zweite O-Atom wird auf α-Ketoglutarat übertragen, wobei Succinat und CO_2 entstehen. In einer Nebenreaktion kann die Oxidation des α-Ketoglutarats jedoch auch in Abwesenheit von prolin- oder lysinhaltigen Proteinen erfolgen.

Aus Studentensicht

Einzelne Filamentproteine bilden im mittleren Teil eine **lang gestreckte α-Helix.** Zwei Proteine bilden ein Dimer, zwei Dimere lagern sich zu einem Tetramer zusammen. Acht nebeneinander gelegene Tetramere assoziieren zu einem Intermediärfilament, das keine Polarität aufweist.

Intermediärfilamente können durch Bindung an integrale Plasmamembranproteine mit der extrazellulären Matrix und benachbarten Zellen verknüpft werden und tragen somit auch zur Stabilität von Geweben bei.

26.3 Extrazelluläre Matrix: Stabilität und Elastizität

26.3.1 Komponenten der extrazellulären Matrix

Die **extrazelluläre Matrix** füllt den Raum zwischen Zellen aus. Wichtige Komponenten der extrazelluläre Matrix sind:
- **Geflecht von Proteinfilamenten** (z. B. Kollagen, Elastin)
- **Glykosaminoglykane**
- **Anorganische kristalline Strukturen** in Knochen und Knorpel
- **Glykoproteine** (z. B. Laminin oder Fibronektin)

Die Bestandteile der extrazellulären Matrix werden hauptsächlich von Fibroblasten, Chondroblasten oder Osteoblasten gebildet.

26.3.2 Kollagen: Zugstabilität

Kollagenfasern verleihen der EZM **Zugstabilität** und kommen in großen Mengen in Haut, Knochen, Knorpel, Bändern und Sehnen vor. Sie sind mit einem Anteil von 25 % die am **häufigsten vorkommenden Proteine** im Körper. Es gibt über 40 verschiedene Kollagen-Isoformen, die sich zu unterschiedlichen Trimeren zusammenlagern können.

Kollagen besteht aus einer rechtsgängigen **Tripelhelix,** die von drei monomeren linksgängigen Kollagenhelices gebildet wird. Die Aminosäuresequenz der Monomere besteht aus vielen Wiederholungen des Motivs **Glycin-X-Y,** wobei X oft **Prolin** und Y oft **Hydroxyprolin** ist. Durch die zusätzliche Prolin-OH-Gruppe können **Wasserstoffbrücken** zu einem anderen Strang der Tripelhelix ausgebildet werden. So wird eine große Zugstabilität erzeugt.

Noch während der Synthese im rER findet die Hydroxylierung von Prolin- und Lysinresten durch die **Prolyl- bzw. Lysylhydroxylase** statt. Diese Dioxygenasen tragen ein katalytisch aktives Fe^{2+}-Ion im aktiven Zentrum, das durch **Ascorbinsäure** in der zweiwertigen Form gehalten wird. Ein Mangel an Vitamin C führt daher zu **Skorbut.**

Aus Studentensicht

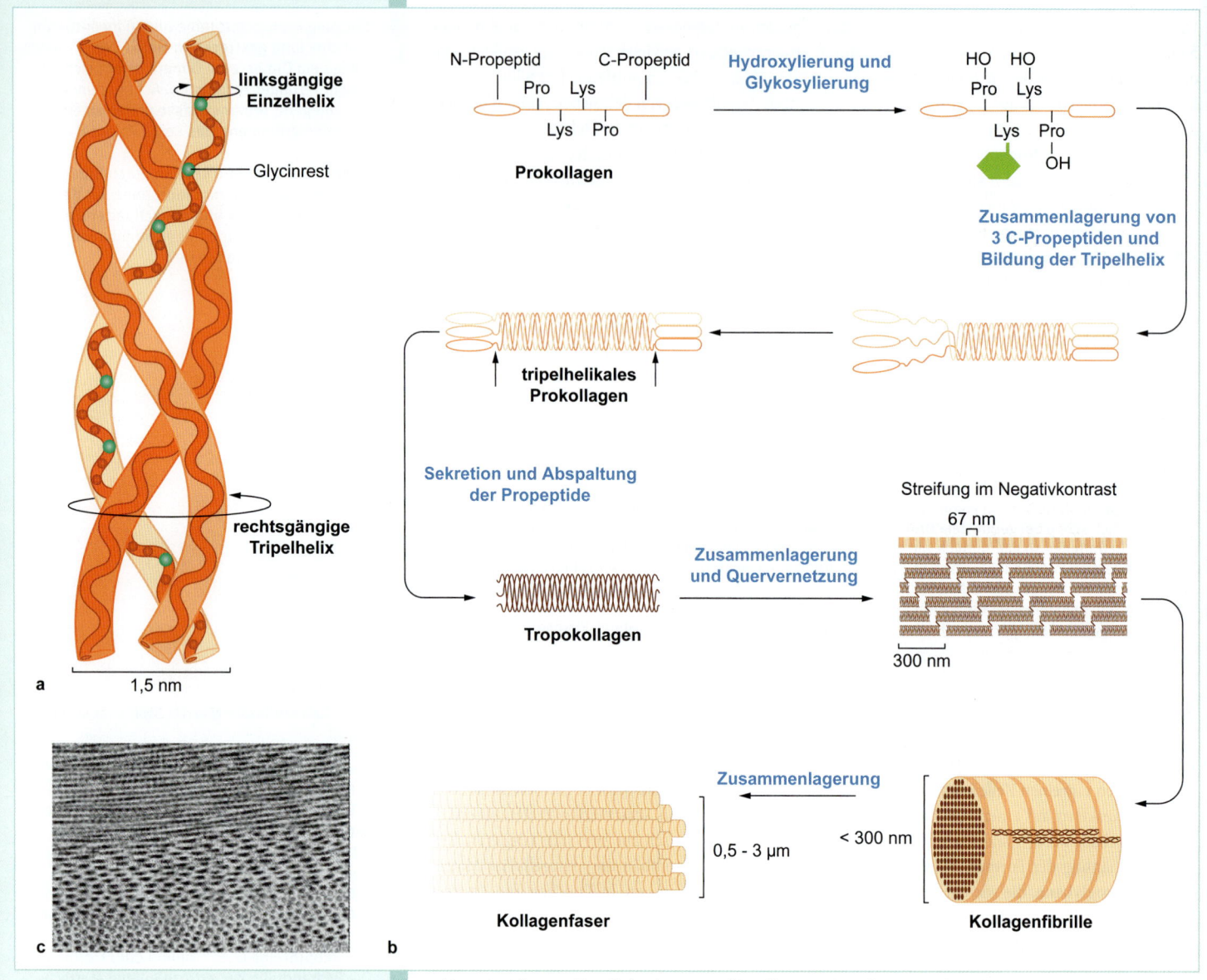

26 STRUKTURPROTEINE: STABILITÄT VON ZELLEN UND GEWEBEN

Abb. 26.3 Kollagen. **a** Tripelhelix. [L299, L307] **b** Kollagensynthese. [L299, L307] **c** Mikroskopische Aufnahme von längs und quer geschnittenen Kollagenfasern. [E428]

Nach der Synthese im rER trägt das Prokollagen noch **Propeptide** an N- und C-Terminus.

Im rER beginnt die Assemblierung zur Tripelhelix. Zunächst bilden sich Disulfidbrücken zwischen drei C-Propetiden, dann winden sich die drei Monomere umeinander und bilden das tripelhelikale Prokollagen.
Während oder nach der Sekretion in den Extrazellularraum werden die Propeptide abgespalten und es entsteht Tropokollagen, das sich bei Typ-I-Kollagenen spontan zu **Fibrillen** zusammenlagert und über kovalente Bindungen zwischen Lysin- und Hydroxylysinresten im N- und C-terminalen Bereich quervernetzt wird. Die Kollagenfibrillen lagern sich zu stabilen Kollagenfasern zusammen.

Im **Alter** nimmt die **Quervernetzung** zu, was zur Versteifung von Haut, Bändern, Gelenken und Gefäßen beiträgt.

Dabei wird das Fe^{2+}-Ion der Hydroxylase zu einem Fe^{3+}-Ion oxidiert, wodurch sie inaktiviert wird. Durch Übertragung eines Elektrons von **Ascorbinsäure** kann jedoch das Fe^{2+}-Ion regeneriert und das Enzym wieder aktiviert werden. Diese Funktion der Ascorbinsäure führt zu den vielfältigen Symptomen der Vitamin-C-Hypovitaminose **Skorbut,** die auf einer fehlenden Stabilisation von neu gebildetem Kollagen durch Hydroxyprolin und Hydroxylysin beruhen (> 23.3.10). Neben den Hydroxylierungen von Prolin- und Lysinresten werden viele Lysinreste auch noch durch Glykosylierung modifiziert.

Im rER bilden sich zwischen drei C-terminalen Propeptiden Disulfidbrücken aus. Ausgehend von diesem Komplex lagern sich nun im weiteren Verlauf des sekretorischen Weges die drei Monomere zum tripelhelikalen Prokollagen zusammen (> Abb. 26.3b). Während oder nach der Sekretion werden durch spezifische Proteasen die N- und C-Propeptide abgespalten. Bei dem bei Weitem häufigsten Typ-I-Kollagen lagern sich die so entstandenen 300 nm langen Tropokollagenmoleküle spontan zu **Fibrillen** zusammen. Zwischen hintereinanderliegenden Monomeren bleibt immer eine kleine Lücke. Nebeneinanderliegende Monomere sind jeweils um 67 nm verschoben und werden über eine kovalente Verknüpfung zwischen Lysin- und Hydroxylysinresten im N- und C-terminalen Bereich **quervernetzt.** Je nach Gewebe enthalten die so gebildeten Fibrillen neben Typ-I-Kollagen auch Kollagene anderer Typen, wodurch Fibrillen mit anderen Eigenschaften entstehen. Die Kollagenfibrillen können sich anschließend zu Kollagenfasern zusammenlagern, die anders als die sehr dynamischen Zytoskelettfasern über Jahre hinweg stabil sein können.

Im **Alter** nimmt die **Quervernetzung** des Kollagens zu, was durch nicht-enzymatische Glykierung des Kollagens vermutlich noch verstärkt wird. Dadurch wird das Kollagen weniger elastisch und es kommt zur Versteifung von Haut, Bändern, Gelenken und Gefäßen. Es ist sehr fraglich, ob von außen beispielsweise in Form von Cremes zugeführtes Kollagen zur Verjüngung der Haut führt, da die großen Proteinkomplexe nicht in die extrazelluläre Matrix der Haut eindringen und integriert werden können.

Wenn wie bei der Wundheilung Kollagenfasern abgebaut werden sollen, spalten **Kollagenasen**, die zur Familie der Matrixmetalloproteasen gehören, die Fibrillen in kurze Fragmente. Diese werden von Makrophagen aufgenommen und weiter abgebaut.

> **KLINIK**
>
> **Kollagendefekte**
>
> Gendefekte, die zu einem vollständigen Fehlen von Kollagen führen, sind embryonal letal. Eine reduzierte Menge oder Stabilität von Typ-I-Kollagen führt zur **Osteogenesis imperfecta** (Glasknochenkrankheit), bei der die Knochen leichter brechen. Andere Mutationen führen zum **Ehlers-Danlos-Syndrom** mit Überdehnbarkeit der Haut und Überstreckbarkeit der Gelenke.

26.3.3 Elastin: Zugelastizität

Im Gegensatz zum Kollagen kann **Elastin** auf ein Vielfaches seiner ursprünglichen Länge gedehnt werden und sich anschließend wieder wie ein Gummiband zusammenziehen. So verleiht es z. B. Haut, Lunge und Blutgefäßen Elastizität. Elastin hat ausgedehnte hydrophobe Bereiche, die sich bei **Zug leicht entfalten** und sich nach dem Wegfall der äußeren Kraft wieder in eine kompaktere Form **zurückfalten** (> Abb. 26.4). Nach der Sekretion assoziieren die Elastinmonomere mit Mikrofibrillen, die Fibrilline enthalten, zu elastischen Fasern. Fibrilline sind Glykoproteine, die von Fibroblasten in die extrazelluläre Matrix sezerniert werden. Ähnlich wie bei der Quervernetzung von Kollagen werden auch Lysinreste unterschiedlicher Elastinmoleküle extrazellulär kovalent verknüpft.

Elastin ist sehr langlebig. In der Aorta, in der es etwa 50 % des Trockengewichts ausmacht, können Elastinmoleküle im Verlauf von Jahren viele Millionen Mal den Zyklus von Dehnung und Zusammenziehen durchlaufen.

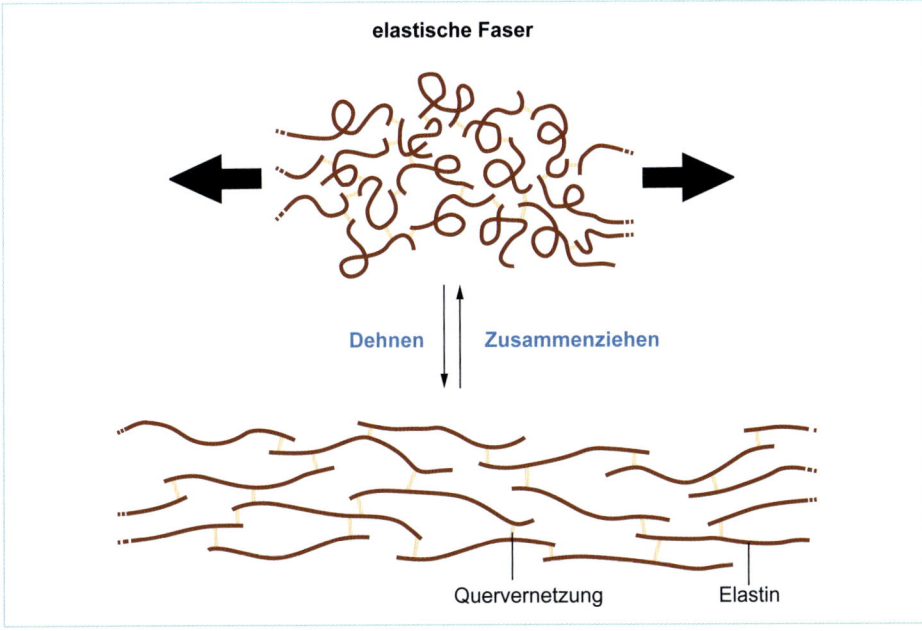

Abb. 26.4 Elastin [L299]

> **KLINIK**
>
> **Matrix-Metalloproteasen: Meister des Umbaus der extrazellulären Matrix**
>
> Die extrazelluläre Matrix ist nicht statisch, sondern einem ständigen Umbau unterworfen. Dieser ist Voraussetzung für viele biologische Prozesse, u. a. bei der Embryonalentwicklung, der Wundheilung, dem Gefäßwachstum, der Zellmigration und damit auch der Tumormetastasenbildung. Die hauptsächlichen Akteure dieses Ab- und Umbaus sind die Matrix-Metalloproteasen (MMP), von denen 23 verschiedene bekannt sind. Auch die Kollagenasen gehören zu dieser Protease-Familie. Insbesondere die Expression von MMP-2, MMP-9 und MMP-14 bei Tumorzellen ist gefürchtet, da diese nach Abbau der extrazellulären Matrix durch die Basalmembran migrieren und so Anschluss an die Blutgefäße finden und Fernmetastasen bilden können. Auch die Ausbildung von tumoreigenen Gefäßen wird durch die Matrix-Metalloproteasen erleichtert (> 12.2.8).

26.3.4 Glykosaminoglykane: Druckelastizität

Proteinfasern können gut auf Zugbelastungen reagieren, bei einer Druckbelastung verbiegen sie dagegen leicht. Um auch nach **Druckbelastung** wieder elastisch in die Ursprungsform zurückkehren zu können, besteht die Grundsubstanz der extrazellulären Matrix aus **Kohlenhydraten**, die große Mengen Wasser an ihre hydrophilen Gruppen binden und so einen hohen Platzbedarf haben. Wie beim Druck auf ein Gel-

Aus Studentensicht

Glykosaminoglykane (GAG) bestehen aus einer sich wiederholenden Disaccharideinheit, die aus einem oft sulfatierten Aminozucker und einer Uronsäure besteht.
- **Hyaluronan** (Hyaluronsäure) besteht aus N-Acetyl-Glukosamin und Glukuronsäure.
- **Chondroitinsulfat** besteht aus N-Acetyl-Galaktosamin bzw. Glukuronsäure.
- **Heparansulfat** besteht aus Glukosamin und Glukuronsäure.
- **Keratansulfat** besteht aus N-Acetylglukosamin und Galaktose.

ABB. 26.5

Die negativen Ladungen der Sulfat- und Carboxylgruppen sowie die OH-Gruppen können viele Wassermoleküle binden, sodass eine Art **Gel** gebildet wird. Na^+-Ionen lagern sich als Gegen-Ion in das Gel ein, wodurch ein osmotischer Druck entsteht, der hohen Druckbelastungen widerstehen kann.

26 STRUKTURPROTEINE: STABILITÄT VON ZELLEN UND GEWEBEN

kissen kann sich diese Substanz verformen und anschließend wieder in den Ausgangszustand zurückkehren.

Glykosaminoglykane (GAG) sind unverzweigte Polysaccharidketten, die aus wiederkehrenden Disaccharideinheiten bestehen. Jede Disaccharideinheit ist aus einem Aminozucker wie N-Acetyl-Galaktosamin, das oft zusätzlich sulfatiert ist, und meist einer Uronsäure wie Glukuronsäure aufgebaut (➤ Abb. 26.5a). GAG können frei oder gebunden an Glykoproteine vorkommen. Beispiele für GAG sind **Hyaluronan** (Hyaluronsäure), das aus bis zu 25 000 N-Acetyl-Glukosamin-/Glukuronsäureeinheiten besteht und, anders als die anderen GAG, keine Sulfatgruppen trägt und nicht kovalent an ein Protein gebunden ist. **Chondroitinsulfat** besteht aus N-Acetyl-Galaktosamin-/Glukuronsäureeinheiten, **Heparansulfat** aus Glukosamin-/Glukuronsäureeinheiten und **Keratansulfat** aus N-Acetylglukosamin-/Galaktoseeinheiten.

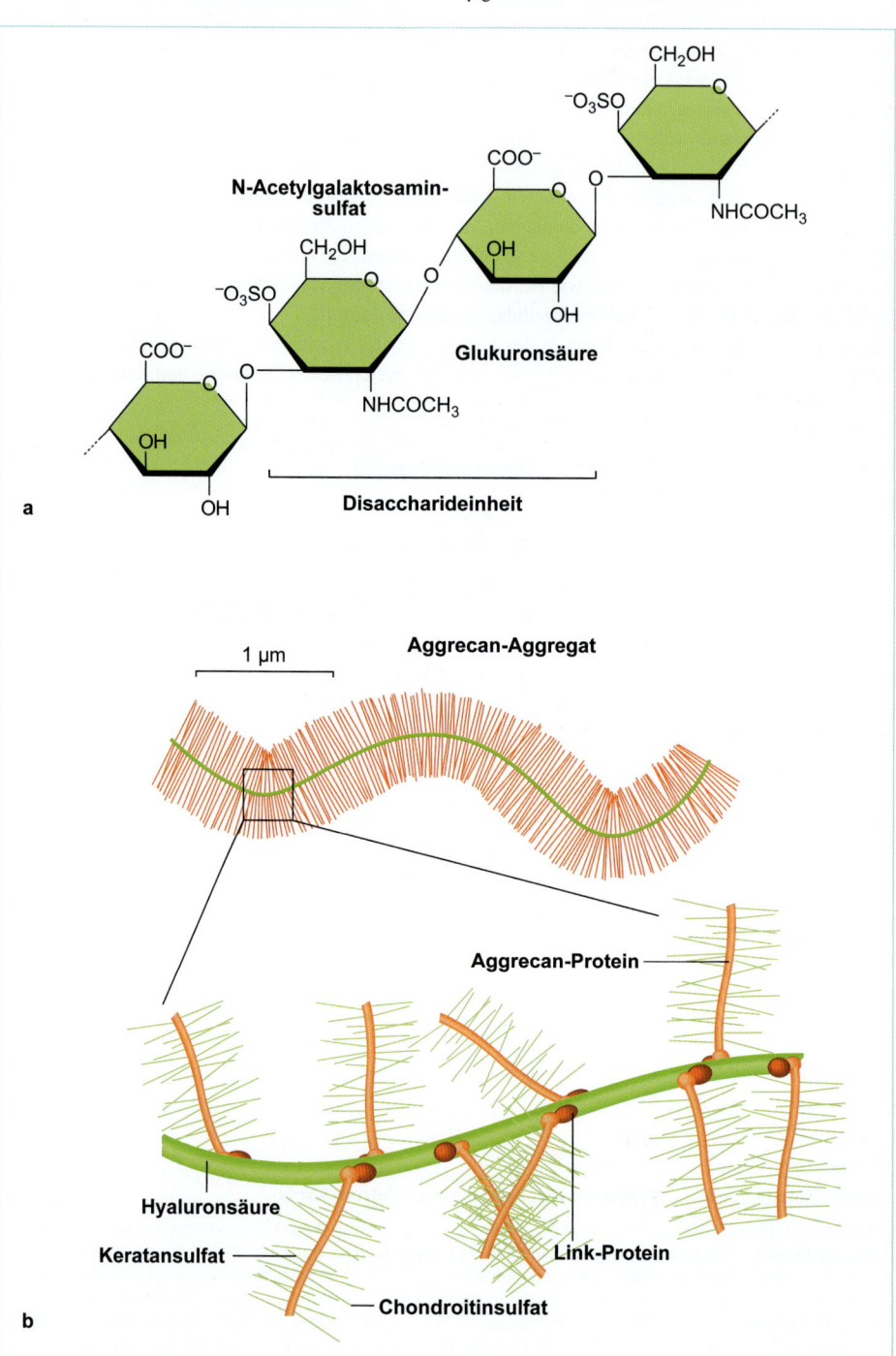

Abb. 26.5 Proteoglykane. **a** Glykosaminoglykan Chondroitin-4-sulfat. **b** Aggrecan-Aggregat. [L299]

Durch die Sulfat- und Carboxylgruppen tragen die Glykosaminoglykane viele negative Ladungen, mit denen, wie auch mit den OH-Gruppen, viele Wassermoleküle wechselwirken. Daher und wegen ihres relativ starren Kohlenhydratgerüsts ist ihr Platzbedarf sehr hoch, sodass sie schon in sehr geringen Konzentrationen Gele bilden. Obwohl sie meist nur ein Zehntel der Masse der Faserproteine aufweisen, füllen sie den größten Teil des extrazellulären Volumens aus. Als Gegen-Ionen zu den negativen Ladungen lagern sich v. a. Na$^+$-Ionen ein. Dadurch entsteht ein osmotischer Druck, der auch einer hohen von außen einwirkenden Druckbelastung beispielsweise im Gelenkknorpel widerstehen kann.

Proteoglykane sind Proteine, die kovalent mit Glykosaminoglykanen verknüpft sind. Ihr Kohlenhydratanteil beträgt bis zu 95 %. So binden an das 250 kDa große Protein **Aggrecan** über 100 Chondroitinsulfat- und Keratansulfat-Glykosaminoglykane mit einer Masse von insgesamt etwa 3 000 kDa (➤ Abb. 26.5b). Über ein Link-Protein können viele Aggrecanmoleküle an ein Hyaluronsäuremolekül gebunden werden. Die so entstehenden Aggregate haben Längen im μm-Bereich und sind damit ähnlich groß wie ganze Bakterien. Zusätzlich können Proteoglykane auch mit den Proteinfasern der extrazellulären Matrix interagieren.

Neben ihrer Funktion für die Druckelastizität bilden die Proteoglykane aufgrund ihrer negativen Ladungen eine Filtrationsbarriere für negativ geladene Serumproteine in den Nierenglomeruli. Weiterhin können membrangebundene Glukosaminoglykane die Wirkung von Wachstumsfaktoren verstärken. So kann Heparansulfat den Fibroblasten-Wachstumsfaktor (FGF) binden und in der richtigen Konformation dem FGF-Rezeptor präsentieren.

26.3.5 Hydroxylapatit: Druckstabilität

> **FALL**
>
> **Frau Dietrich stürzt**
>
> Frau Dietrich, 74 Jahre alt, ist eine leidenschaftliche Bäckerin und backt für den Sonntagskaffee mit den Kindern und Enkeln eine Schwarzwälder Kirschtorte. So rasch wie früher geht das alles nicht mehr. Sie trägt die fertigen Kuchenböden zum schnelleren Auskühlen auf die Terrasse. Der Holzboden ist vom Regen noch glitschig, sie rutscht aus und fällt der Länge nach hin. Herr Dietrich kommt und will ihr aufhelfen, aber sie kann auf dem rechten Bein nicht mehr stehen. In der Klinik wird ein Oberschenkelhalsbruch diagnostiziert und sie wird gleich operativ mit einer dynamischen Hüftschraube versorgt. Die Knochendichtemessung zeigt eine deutlich verringerte Knochendichte bei Frau Dietrich. Sie leidet an Osteoporose, die Knochen haben damit ein viel höheres Risiko zu brechen.
> Wie kommt es zur Osteoporose? Was muss Frau Dietrich jetzt tun, um weitere Knochenbrüche zu vermeiden?

Während die Druckstabilität von Knorpel auf ein faserverstärktes Gel v.a. aus Proteoglykanen und Kollagenen zurückzuführen ist, besteht die extrazelluläre Matrix im **Knochen** zu 70 % aus anorganischem Material, das dem Mineral **Hydroxylapatit** [Ca$_5$(PO$_4$)$_3$OH] ähnelt, zu 10 % aus Wasser und zu 20 % aus organischem Material wie Kollagenfibrillen. Ohne die organischen Bestandteile ist Knochen sehr brüchig, da die Faserproteine dem Knochen Zugfestigkeit verleihen wie der Stahl dem Stahlbeton.

Bei der **Knochenbildung** sezernieren **Osteoblasten** zunächst die organische Matrix (= Osteoid), die anschließend verkalkt. Dabei überschreiten die extrazellulären Konzentrationen von Ca^{2+}-, Phosphat- und Hydroxid-Ionen das Löslichkeitsprodukt, sodass Hydroxylapatit ausfällt und den Knochen mineralisiert. Der Knochen inklusive seiner extrazellulären Matrix wird bei Wachstum oder veränderter Belastung umgebaut. Neben den knochenbildenden Osteoblasten gibt es daher auch **Osteoklasten**. Nach der durch unterschiedliche Signale wie der Bindung von RANKL (Receptor Activator of NF-κB Ligand) an seinen Rezeptor ausgelösten Differenzierung aus Makrophagen lagert sich der Osteoklast an die Oberfläche der Knochenmatrix an. Durch Bindung von Integrinen (➤ 26.4.3) in der Plasmamembran des Osteoklasten

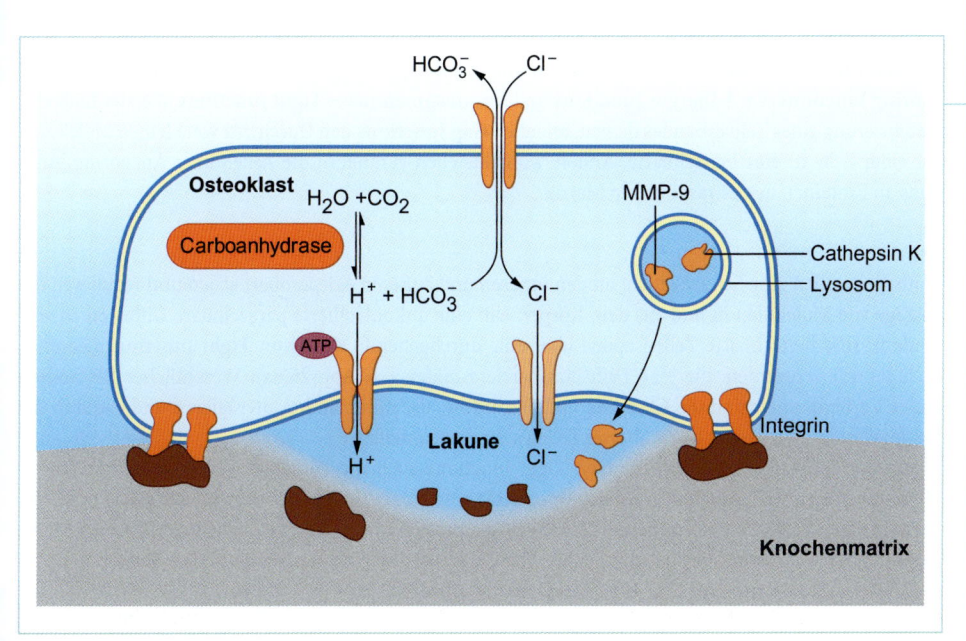

Abb. 26.6 Knochenresorption durch Osteoklasten [L138]

Aus Studentensicht

Proteoglykane sind Proteine, die kovalent mit GAG verknüpft sind. An das Protein **Aggrecan** können über 100 Chondroitinsulfat- und Keratansulfatseitenketten binden. Viele dieser substituierten Aggrecanmoleküle binden an ein Hyaluronsäuremolekül, sodass Aggregate im μm-Bereich entstehen. Proteoglykane können auch mit Proteinfasern der extrazellulären Matrix interagieren.

Proteoglykane bilden mit ihren negativen Ladungen die Filtrationsbarriere in der Niere.

26.3.5 Hydroxylapatit: Druckstabilität

Knochen besteht zu 70 % aus anorganischen Calciumverbindungen, die dem Material **Hydroxylapatit** ähneln, zu 10 % aus Wasser und zu 20 % aus organischem Material wie Kollagen Typ I.

Osteoblasten sezernieren bei der **Knochenbildung** die organische Matrix (Osteoid), die anschließend verkalkt. Dabei mineralisiert der Knochen.

Knochen unterliegt einem ständigen Umbau, der v.a. bei Wachstum und veränderter Belastung stattfindet. Neben den knochenaufbauenden Osteoblasten gibt es knochenabbauende **Osteoklasten**.

ABB. 26.6

26 STRUKTURPROTEINE: STABILITÄT VON ZELLEN UND GEWEBEN

Aus Studentensicht

Sie lagern sich an die Knochenmatrix an, schaffen über Integrine einen abgedichteten Bereich (**Resorptionslakune**) und säuern ihn mit einer **Protonen-ATPase** an, wobei in Summe Salzsäure sezerniert wird. Der abfallende pH-Wert bewirkt eine Auflösung des Hydroxylapatits, zusätzlich sezernierte lysosomale Proteasen führen zur Auflösung der organischen Matrix.

an Proteine der Knochenmatrix wird ein abgedichteter Bereich geschaffen, der als **Resorptionslakune** bezeichnet wird (> Abb. 26.6). Anschließend wird die Lakune durch eine **Protonen-ATPase angesäuert**. Die Protonen entstehen durch die Carboanhydrase. Die dabei ebenfalls anfallenden HCO_3^--Ionen werden im Austausch mit Cl^--Ionen aus der Zelle transportiert und so dem Reaktionsgleichgewicht entzogen. Die Cl^--Ionen diffundieren weiter in die Lakune, sodass der Osteoklast in Summe Salzsäure (HCl) sezerniert. Der Abfall des pH-Werts in der Lakune führt zur Auflösung des Hydroxylapatits. Zusätzlich gibt der Osteoklast lysosomale Proteasen wie Cathepsin K und MMP-9 ab, die zur Auflösung der organischen Matrix führen.

> **FALL**
>
> **Frau Dietrich stürzt: Osteoporose**
>
> Die Knochendichte ist im steten Wandel und entsteht aus dem Gleichgewicht zwischen Knochenaufbau durch Osteoblasten und Knochenabbau durch Osteoklasten. Bis zum 30. Lebensjahr nimmt die Knochendichte stetig zu, danach wieder ab. Die allermeisten Osteoporosen sind primär, d. h. kommen ohne andere Grunderkrankung vor. Eine Glukocorticoidtherapie kann aber z. B. zur sekundären Osteoporose führen. 80 % aller Osteoporosefälle betreffen postmenopausale Frauen wie Frau Dietrich. Östrogene hemmen den Knochenabbau, nach der Menopause fällt die Östrogenkonzentration ab und der dann verstärkte Knochenabbau führt zu Osteoporose. Bei zu geringer Knochendichte kann es zu Frakturen kommen. Die Osteoporose macht sich aber auch schleichend mit Rückenschmerzen, Rundrücken und Größenverlust bemerkbar. Prophylaktisch wirkt Bewegung, da Muskelaktivität den Knochenaufbau fördert. Deshalb empfehlen Sie Frau Dietrich, nicht nur Kuchen zu backen, sondern auch ihrem anderen Hobby, dem Schwimmen, wieder regelmäßig nachzugehen. Therapeutisch empfehlen Sie 1–2 g Calcium pro Tag, mit der Nahrung oder als Nahrungsergänzungsmittel. Vitamin D_3 spielt beim Calciumstoffwechsel eine wichtige Rolle und sollte in ausreichenden Mengen zugeführt werden.
> Daneben kann durch Gabe von Parathormon oder Parathormonanaloga eine ausreichende Calciumkonzentrationen im Blut erreicht werden. Nach der Einnahme von Strontiumranelat wird Strontium anstelle von Calcium in den Knochen eingebaut und führt so zu einer höheren Knochendichte. Zur Standardtherapie zählen weiter Bisphosphonate, die phagozytotisch von Osteoklasten aufgenommen werden und deren Lebensdauer verkürzen, sodass der Knochenabbau gehemmt wird. Auch Östrogene werden bei postmenopausalen Frauen verordnet; hier gilt es jedoch, Risiken von Nebenwirkungen abzuwägen. Östrogenrezeptormodulatoren wie Raloxifen wirken hingegen selektiv agonistisch auf den Knochen.

Zahnschmelz und **Dentin** bestehen zu großen Teilen aus Hydroxylapatit. Säurehaltige Lebensmittel können zur Demineralisierung und damit zur Schmelzerweichung führen. Ionen aus dem Speichel tragen zur Remineralisierung bei.

Zahnschmelz und **Dentin** bestehen wie Knochen zu einem großen Teil aus Hydroxylapatit. Auch hier führt Säure beispielsweise aus sauren Lebensmitteln zur Demineralisierung und damit zur Erweichung des Schmelzes. Eine anschließende mechanische Belastung z. B. durch kurz nach dem Verzehr solcher Lebensmittel durchgeführtes Zähneputzen kann dann zur Schädigung des Zahnschmelzes führen. Die Zahnmatrix kann jedoch durch Ionen aus dem Speichel auch remineralisiert werden.

26.4 Zellinteraktionen: Stabilität von Zellverbänden

26.4.1 Zell-Zell-Interaktionen

Für die Formstabilität von Geweben und Organen sind Zellen über **Anchoring Junctions** miteinander und mit der extrazellulären Matrix verbunden. Zytoskelettfilamente binden dafür an Membranproteine, die extrazellulär Kontakt mit anderen Zellen oder Matrixbestandteilen aufnehmen können.
Bei den Zell-Zell-Interaktionen unterscheidet man **Anchoring Junctions** wie **Adherens Junctions** und **Desmosomen** sowie **Tight Junctions**, die v. a. der Stabilisierung dienen, und **Gap Junctions**, die den Durchtritt von kleinen Molekülen von einer Zelle zur benachbarten zulassen.

Tight Junctions

Tight Junctions (Zonulae occludentes) verbinden Epithel- und Endothelzellen so dicht miteinander, dass eine Diffusionsbarriere gebildet wird (**Schrankenfunktion**). Wesentliche Bestandteile sind **Claudine** und **Occludine**, die miteinander interagieren. Tight Junctions verhindern zudem die Diffusion von Membranproteinen von einer Membranseite zur anderen und halten damit die **Zellpolarität** aufrecht.

Für die Formstabilität von Geweben und Organen müssen die einzelnen Zellen über **Anchoring Junctions** (verankernde Zellkontakte) miteinander und mit der extrazellulären Matrix stabil verbunden werden. Dafür binden die Filamente des Zytoskeletts über Membranproteine an die Innenseite der Plasmamembran. Die Membranproteine können extrazellulär wiederum Kontakt mit anderen Zellen oder Matrixbestandteilen aufnehmen.
Die Kontaktstellen zwischen den Zellen haben unterschiedliche Aufgaben (> Abb. 26.7). Während **Anchoring Junctions** wie **Adherens Junctions** und **Desmosomen** sowie **Tight Junctions** in erster Linie der Stabilisierung eines Zellverbandes dienen, erlauben **Gap Junctions** den Durchtritt von kleinen Molekülen aus einer Zelle in eine benachbarte. Andere Kontaktstellen verankern die Zellen über Anchoring Junctions an Proteinen der extrazellulären Matrix.

Tight Junctions

Epithelien bilden eine Schutzschicht an den inneren und äußeren Körperoberflächen und regulieren die Passage von Molekülen in und aus dem Körper. Um eine unkontrollierte parazelluläre Diffusion zu verhindern, sind benachbarte Zellen apikal über eine durchgehende Kette von **Tight Junctions** (Zonulae occludentes) verbunden, die eine Diffusionsbarriere bilden (> Abb. 26.8a). Wesentlicher Bestandteil dieser Verbindungen sind die **Claudine** und **Occludine**, die miteinander interagieren und dadurch die Plasmamembranen zweier benachbarter Zellen sehr stark annähern.
Neben der **Schrankenfunktion** besitzen Tight Junctions auch die Fähigkeit, die laterale Diffusion in Membranen zu unterbinden und so die **Zellpolarität** aufrechtzuerhalten. Sie trennen die basolaterale von der apikalen Oberfläche der Epithelzellen und gewährleisten so die unterschiedliche Verteilung der Membrankomponenten sowie die spezifischen Membraneigenschaften. Wichtige Funktionen haben sie u. a. in der Darmmukosa und in der Blut-Hirn-Schranke (> Abb. 26.11).

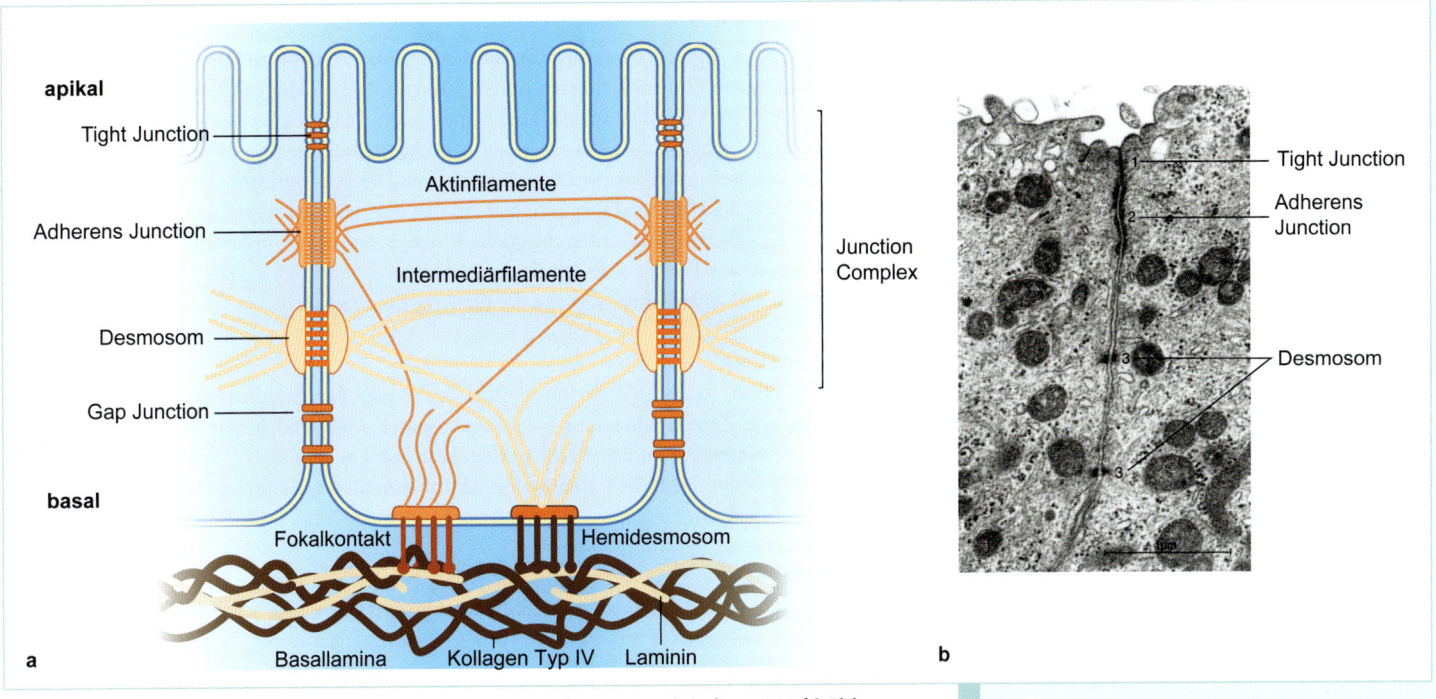

26.4 ZELLINTERAKTIONEN: STABILITÄT VON ZELLVERBÄNDEN

Abb. 26.7 Zell-Zell- und Zell-Matrix-Interaktionen. **a** Schematischer Aufbau eines Epithels. [L299, L307] **b** Elektronenmikroskopischer Schnitt durch Darmepithelgewebe. [R252]

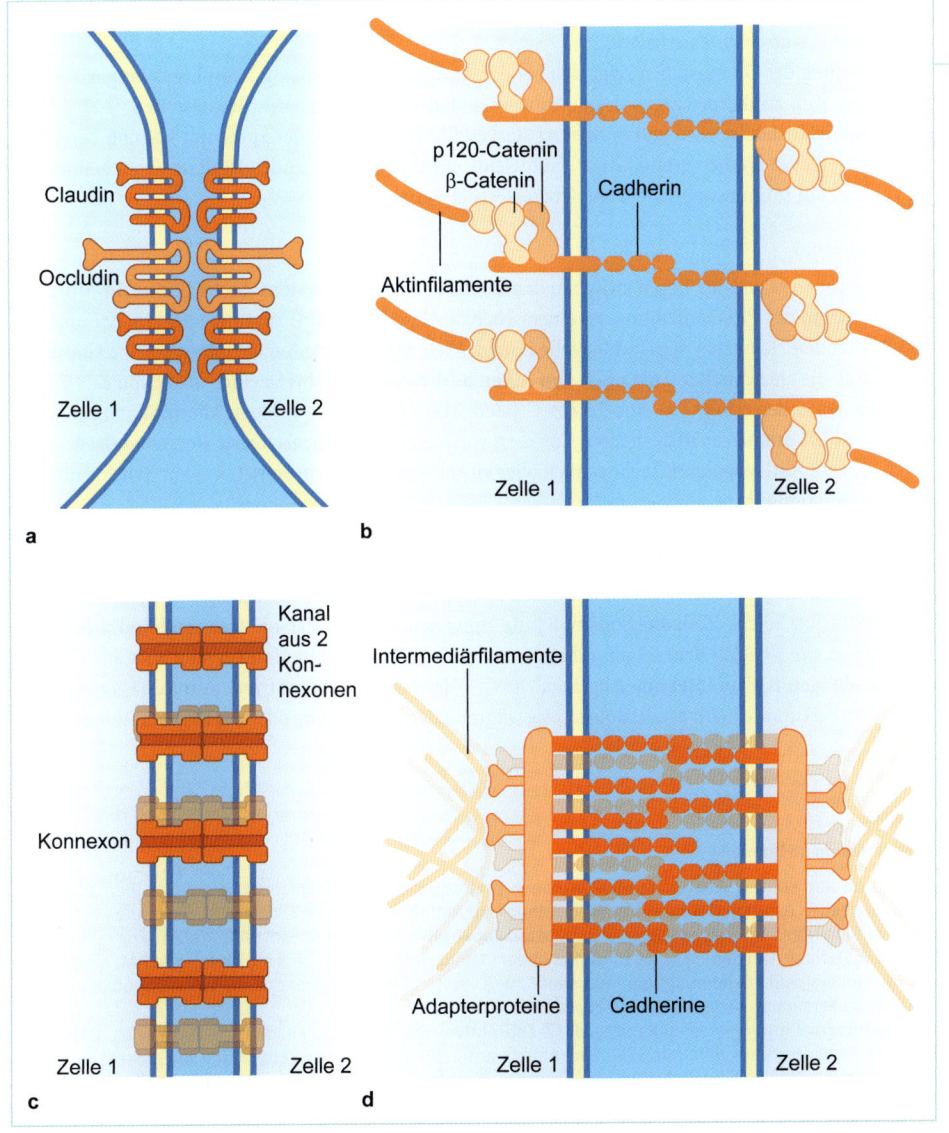

Abb. 26.8 Aufbau der Zellkontakte. **a** Tight Junctions. **b** Adherens Junction. **c** Gap Junction. **d** Desmosom. [L299]

Aus Studentensicht

Anchoring Junctions
Anchoring Junctions verbinden und stabilisieren Zellen. Calciumabhängige Transmembranproteine, die **Cadherine**, interagieren intrazellulär mit dem Zytoskelett und extrazellulär mit Cadherinen auf benachbarten Zellen.

In Epithelzellen bilden E-Cadherine über viele **Adherens Junctions** die **Zonula adhaerens**, in anderen Geweben werden oft nur punktförmige Kontakte ausgebildet. Intrazellulär sind die E-Cadherine über unterschiedliche **Catenine** mit **Aktinfilamenten** verbunden.

Desmosomen sind scheibenförmige Zell-Zell-Verbindungen, in denen die Cadherine **Desmocollin** und **Desmoglein** über Plakine an **Intermediärfilamente** wie Keratin binden. Desmosomen sind sehr stabil.
Ihre Bedeutung zeigt sich bei der Autoimmunerkrankung **Pemphigus vulgaris**, bei der Antikörper gegen desmosomale Cadherine zu starker Blasenbildung an der Haut führen.

Gap Junctions
Gap Junctions dienen der Kommunikation zwischen Zellen durch einen **schnellen Austausch von Ionen und Metaboliten**. Sechs **Connexin-Moleküle** bilden ein Connexon (Halbkanal), das sich mit einem Connexon der Nachbarzelle zu einem Kanal zusammenlagern kann. Eine Gap Junction besteht aus mehreren solchen Kanäle.

Zellkontakte über andere Proteine
Zusätzlich gibt es auch Zellkontakte über andere **Zelladhäsionsmoleküle**, die extrazellulär oft **Immunglobulindomänen** tragen. Sie können homophile oder heterophile Bindungen mit Nachbarzellen eingehen.

KLINIK

---

26 STRUKTURPROTEINE: STABILITÄT VON ZELLEN UND GEWEBEN

Anchoring Junctions
Benachbart zu den Tight Junctions werden die Epithelzellen über **Anchoring Junctions** miteinander verbunden. Die wichtigsten Proteine für diesen Kontakt sind die über 50 Mitglieder der **Cadherin-Superfamilie**. In Gegenwart von Calcium interagiert der extrazelluläre Teil eines Cadherins über seine meist 4–5 Cadherindomänen homophil mit Cadherinen auf benachbarten Zellen. Die Bindungsaffinität ist dabei geringer als bei Wechselwirkungen zwischen Hormonen und ihren Rezeptoren, durch eine Ansammlung vieler benachbarter Cadherine wird aber auch hier die Stabilität der Wechselwirkung gewährleistet. Intrazellulär sind die Cadherine über unterschiedliche Proteine mit den Zytoskelettfilamenten verknüpft. Neben der Stabilisierung können Zell-Zell-Kontakte durch Cadherine auch weitere Funktionen z. B. bei der Zellmigration und -aggregation während der Embryogenese haben.

Adherens Junctions
In Epithelzellen bilden so die E-Cadherine (Epithel-Cadherine) über eine Vielzahl benachbarter **Adherens Junctions** eine **Zonula adhaerens** (= Adhäsionsgürtel), während in anderen Geweben oft nur punktförmige Verbindungen zu den Nachbarzellen bestehen (➤ Abb. 26.8b). Im Zellinneren sind die E-Cadherine über unterschiedliche **Catenine** mit **Aktinfilamenten** verknüpft und verbinden die Aktinnetzwerke unterschiedlicher Zellen.

Desmosomen
Ein zweiter Typ von Anchoring Junction sind die **Desmosomen**, die enge scheibenförmige Verbindungen zwischen zwei Zellen bilden und wie kugelförmige Verdichtungen an den seitlichen Wänden von z. B. Epithelzellen erscheinen (➤ Abb. 26.8d). Zusammen mit den Tight Junctions und den Adherens Junctions bilden die Desmosomen den Junctional Complex (Schlussleistenkomplex). In Desmosomen binden die Cadherine **Desmocollin** und **Desmoglein** extrazellulär dieselben Cadherine auf der benachbarten Zelle. Intrazellulär sind sie mit **Intermediärfilamenten** wie Keratin verbunden. Als Adapterproteine dienen dabei die Plakine. Desmosomen sind sehr stabil und bleiben auch nach dem Absterben der Zellen in den äußeren Hautschichten erhalten.
Die Bedeutung der Desmosomen zeigt sich bei der Autoimmunerkrankung **Pemphigus vulgaris**. Dabei verhindern Autoantikörper gegen desmosomale Cadherine die Bildung der Desmosomen, wodurch die Haut sehr viel instabiler wird und es zu einer starken Blasenbildung in der Epidermis kommt. Beim Aufplatzen der Blasen können großflächige Hautdefekte entstehen. Unbehandelt ist diese Krankheit lebensbedrohlich, mit Immunsuppressiva überleben 80 % der Patienten.

Gap Junctions
Auf der basolateralen Seite liegen zwischen den Epithelzellen Gap Junctions. Sechs **Connexin-Moleküle** können sich in der Plasmamembran zu einem Halbkanal (= Connexon) zusammenlagern, der an einen entsprechenden Halbkanal der Nachbarzelle bindet. Viele benachbarte Kanäle bilden so eine **Gap Junction**, durch die ein **schneller Austausch von Ionen und Metaboliten** bis zu einer Größe von ca. 1 000 Da zwischen den Zellen erfolgt (➤ Abb. 26.8c). Größere Moleküle wie z. B. Proteine können nicht passieren. Gap Junctions kommen auch in anderen Geweben vor. Sie verbinden benachbarte Herzmuskelzellen, wodurch sich ein Aktionspotenzial sehr schnell über viele Muskelzellen ausbreitet, was zur Synchronisation ihrer Kontraktion führt.

Zellkontakte über andere Proteine
Neben den Cadherinen können auch andere Oberflächenproteine zur Ausbildung von Anchoring Junctions beitragen. Solche **Zelladhäsionsmoleküle** umfassen extrazellulär oft **Immunglobulindomänen** und können wie NCAM (Neural Cell Adhesion Molecule) homophile Bindungen oder aber auch heterophile Bindungen z. B. an Integrine eingehen. Durch Expression eines Spektrums von Adhäsionsmolekülen binden bestimmte Zelltypen beispielsweise während der Entwicklung oder der Regeneration aneinander.

KLINIK

Zelladhäsion im Immunsystem

Selektine sind kohlenhydratbindende Proteine (= Lektine), die bei einer Entzündung auf der Oberfläche von Endothelzellen exprimiert werden und intrazellulär mit Aktinfilamenten verknüpft sind. Sie binden extrazellulär mit niedriger Affinität an Oligosaccharide auf Leukozyten, die dadurch am Endothel entlang rollen (➤ 16.4.5). Nach Aktivierung eines **Integrins** in der Leukozytenmembran bindet dieses an **I-CAM**, ein Zelladhäsionsmolekül mit Immunglobulindomänen, und verstärkt so die Interaktion zwischen Endothel und Leukozyt, der nun zwischen Endothelzellen in das Gewebe einwandert.
Einige Integrine interagieren im Rahmen der **T-Zell-Aktivierung** auch mit Zelladhäsionsmolekülen. Dafür binden T-Lymphozyten über den T-Zell-Rezeptor an antigenpräsentierende Zellen. Eine von diesem Rezeptor ausgehende Signalkaskade führt zur Aktivierung eines **Integrins** in der Membran der T-Zelle, das jetzt an I-CAM auf der antigenpräsentierenden Zelle bindet. Auf diese Weise wird die Zelladhäsion verstärkt, sodass die Zellen lange genug im Kontakt bleiben, um die T-Zelle zu aktivieren.

26.4 ZELLINTERAKTIONEN: STABILITÄT VON ZELLVERBÄNDEN

Bei der Ausbildung von **Synapsen** binden Scaffold-Proteine im Zytoplasma sowohl an Adhäsionsproteine als auch an andere synaptische Proteine wie neurotransmittergesteuerte Ionenkanäle und führen so einerseits zur Annäherung der Membranen und andererseits zur Assemblierung des für die Signalübertragung notwendigen Apparats.

26.4.2 Zell-Matrix-Interaktionen

Neben den Cadherinen, die Kontakte zwischen Zellen vermitteln, befinden sich auf der Zelloberfläche auch Transmembranproteine wie **Integrine,** die neben Zell-Zell-Kontakten über Anchoring Junctions auch die Bindung des Zytoskeletts an Bestandteile der extrazellulären Matrix vermitteln. Mehr als 20 Integrinuntereinheiten sind im menschlichen Genom codiert, von denen sich jeweils eine α- und eine β-Untereinheit zu einem funktionellen Dimer aneinanderlagern. Im inaktiven Zustand liegen die beiden Untereinheiten eng nebeneinander in der Membran und binden nur schlecht an ihre intra- und extrazellulären Liganden. Die Bindung an einen intra- bzw. extrazellulären Liganden führt zu einer Konformationsänderung und zum Auseinanderrücken der Untereinheiten, wodurch sich die Ligandenaffinität auf der entgegengesetzten Membranseite erhöht. Auf diese Weise können nicht nur extrazelluläre Signale ins Zellinnere übertragen werden, sondern es kann auch umgekehrt die Bindung der Zelle an die extrazelluläre Matrix durch intrazelluläre Signalkaskaden reguliert werden.

> **KLINIK**
> **Integrin-Hemmung als Therapieoption bei multipler Sklerose**
> Bei der multiplen Sklerose kommt es zu einer gegen die Myelinscheiden gerichteten Autoimmunreaktion, die sensible und motorische Ausfälle zur Folge hat und meist schubförmig verläuft. Bei schweren Verläufen, die nicht auf andere Medikamente reagieren, wird mit Natalizumab therapiert. Natalizumab ist ein therapeutischer Antikörper, der gegen das Integrin α4 auf Leukozyten gerichtet ist. So wird das Einwandern von T-Helferzellen und zytotoxischen T-Zellen in die Entzündungsherde verhindert und dadurch die Entzündungsreaktion gehemmt. Es ist auch für eine andere chronische Autoimmunkrankheit, den Morbus Crohn, zugelassen.

Fokalkontakte

Fokalkontakte sind Anchoring Junctions, welche die Aktinfilamente einer Zelle mit der extrazellulären Matrix verbinden (> Abb. 26.9a). Fast alle Integrinuntereinheiten binden mit ihrer zytoplasmatischen Domäne über Talin an **Aktinfilamente.** Extrazellulär binden die Integrine je nach Zusammensetzung ihrer Untereinheiten an Proteine der extrazellulären Matrix wie **Laminin** oder **Fibronektin,** das wie weitere Proteine der extrazellulären Matrix das Aminosäuresequenzmotiv RGD (Arginin-Glycin-Aspartat) aufweist. Wenn viele dieser Verbindungen nebeneinanderliegen, entstehen Fokalkontakte, mit denen beispielsweise Fibroblasten an Zellkulturschalen haften. Auf eine ähnliche Weise sind Muskeln mit Sehnen verbunden.

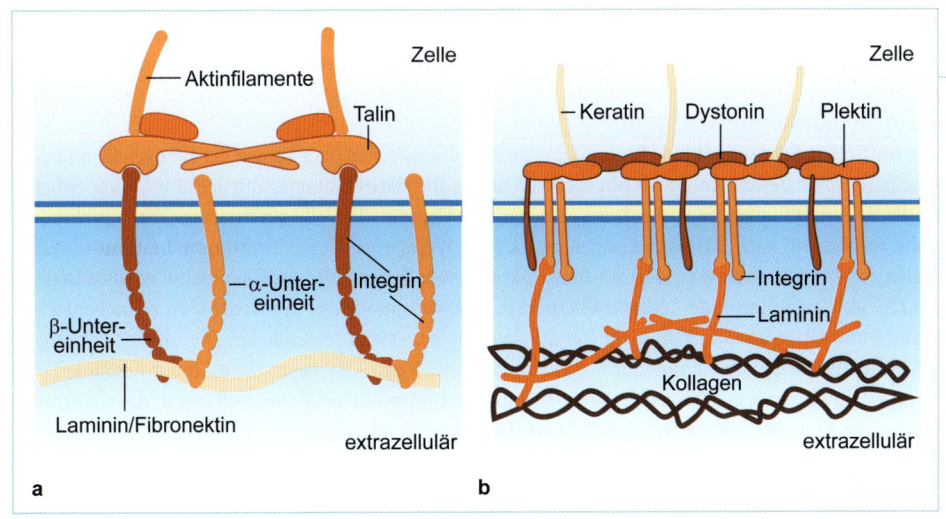

Abb. 26.9 Aufbau der Zellkontakte. **a** Fokalkontakt. **b** Hemidesmosom. [L299]

Hemidesmosomen

Hemidesmosomen verankern Zellen in der extrazellulären Matrix (> Abb. 26.9b). Das Integrin $α_6β_4$ ist das einzige, das intrazellulär an Intermediärfilamente bindet, wobei Plakine wie Dystonin und Plektin als Adapterproteine fungieren. So wird beispielsweise in Epithelien und der Haut **Keratin** mit **Laminin** verbunden. Auch hier führen viele nahe benachbarte Verbindungen zu einem stabilen Kontakt.

Aus Studentensicht

Bei der Ausbildung von **Synapsen** vermitteln Scaffold-Proteine die Annäherung der beiden Zellen und die Assemblierung des für die Signalübertragung nötigen Apparats.

26.4.2 Zell-Matrix-Interaktionen

Integrine sind Transmembranproteine, die neben Zell-Zell-Kontakten auch Zell-Matrix-Interaktionen vermitteln. Es sind mehr als 20 Untereinheiten bekannt, von denen jeweils eine α- und eine β-Untereinheit ein funktionelles Dimer bilden. Die Bindung eines intra- oder extrazellulären Liganden führt zu einer Konformationsänderung des Dimers, wodurch sich die Ligandenaffinität auf der anderen Membranseite erhöht.

KLINIK

Fokalkontakte

Fokalkontakte sind Anchoring Junctions, in denen die Integrin-Untereinheiten mit ihrer zytoplasmatischen Domäne über Talin an **Aktinfilamente** und extrazellulär an Proteine der extrazellulären Matrix binden. Dazu gehören z. B. **Laminin** oder Proteine mit RGD-Sequenzmotiv (Arginin-Glycin-Aspartat) wie **Fibronektin.**

ABB. 26.9

Hemidesmosomen

Hemidesmosomen verankern Zellen in der extrazellulären Matrix. Dabei ist das Integrin $α_6β_4$ über Adapterproteine wie Dystonin und Plectin an Intermediärfilamente gebunden. Auf diese Weise werden z. B. in der Haut **Keratin** und **Laminin** verbunden.

Aus Studentensicht

Basallamina
Epithelien werden basal durch eine **Basallamina** von anderen Geweben oder der darunter liegenden extrazellulären Matrix abgegrenzt. **Laminin** dient als organisierender Bestandteil, der über **Nidogen** und **Perlekan** mit **Kollagen Typ IV** verbunden ist und damit der Basallamina Zugfestigkeit verleiht.
Die Basallamina und die Lamina fibroreticularis bilden zusammen die Basalmembran.

Makrophagen und Lymphozyten können die Basallamina durchqueren, indem sie darin durch spezielle Proteasen Löcher erzeugen. In der Niere fungiert die Basallamina als Teil des komplexen Filters.

26.5 Blut-Hirn- und Blut-Liquor-Schranke

26.5.1 Blut-Hirn-Schranke
Das menschliche Gehirn ist stark vaskularisiert, um u. a. die **permanente Versorgung** mit Glukose und Sauerstoff für den obligat aeroben Stoffwechsel der Neuronen zu sichern. Auf der anderen Seite muss das Gehirn vor im Blut natürlich vorkommenden bzw. exogen zugeführten toxischen Substanzen geschützt werden. Insbesondere muss ein **Schutz** gegenüber **Pathogenen** gewährleistet sein, da die immunologische Überwachung des Gehirns geringer ist als im übrigen Körper.

Struktur der Blut-Hirn-Schranke
Die **Blut-Hirn-Schranke (BBB)** dient zusammen mit der Blut-Liquor-Schranke als **physikalische Barriere** zwischen Blutkreislauf und ZNS. Sie verhindert den direkten Substanzübertritt aus dem Blut und die Übertragung von sich ändernden Konditionen wie pH-Wert und Ionenkonzentrationen des Bluts.
Gasförmige und kleine lipophile Stoffe können die BBB ungehindert passieren, alle anderen Substanzen werden transzellulär transportiert.
Die BBB **umgibt alle Blutgefäße** des ZNS mit Ausnahme derer des Ventrikelsystems und der circumventrikulären Organe.
Vier Komponenten tragen zur Ausbildung und Barrierefunktion der BBB bei:
- Endothelzellen mit Tight Junctions
- Basalmembran
- Perizyten
- Astrozytenendfüße

---

26 STRUKTURPROTEINE: STABILITÄT VON ZELLEN UND GEWEBEN

Basallamina
Epithelien werden basal durch eine besondere Form der extrazellulären Matrix, der **Basallamina,** von anderen Geweben oder der darunter liegenden extrazellulären Matrix abgegrenzt (➤ Abb. 26.7). Der organisierende Bestandteil der Basallamina ist **Laminin,** das an Integrine auf der basalen Epitheloberfläche bindet und durch homophile Bindung an weitere Lamininmoleküle ein flächiges Netzwerk bildet. Über das Glykoprotein **Nidogen** sowie das Proteoglykan **Perlekan** wird Laminin mit **Kollagen Typ IV** verbunden, das dadurch ebenfalls ein flächiges Netzwerk bildet und der Basallamina Zugfestigkeit verleiht. Diese bildet zusammen mit der überwiegend aus retikulären Fibrillen bestehenden Lamina fibroreticularis die Basalmembran (➤ 26.5.1).

Die Basallamina ist eine Barriere, durch die andere Zellen nicht hindurchwandern können. Eine Ausnahme stellen Makrophagen und Lymphozyten dar, die durch spezielle Proteasen ein Loch erzeugen und hindurchschlüpfen können. Dies ist für das Einwandern dieser Zellen vom Blut in die Gewebe wichtig, wobei nicht nur das Endothel, sondern auch die darunter liegende Basalmembran passiert werden muss. In der Niere ist die Basallamina ein Teil des Filters, der nur kleine Moleküle vom Blut in den Primärharn passieren lässt. Auch Muskel-, Fett- und Schwann-Zellen sind von einer Basallamina umgeben.

> **FALL**
>
> **Bergtour zum Säuling: Heilung der Blasen**
>
> Auch wenn Ihnen die Bergtour für immer in Erinnerung bleiben wird, die Blasen an den Füßen werden recht schnell ohne bleibende Narbenbildung abheilen. Auch bei der Epidermolysis bullosa bilden sich normalerweise keine Narben. Nur wenn die Basallamina zerstört ist, kommt es zu einer Narbenbildung. Bei intakter Basallamina werden die abgelöste Epidermis und das im Spalt befindliche Wundwasser langsam absorbiert und u. a. durch Makrophagen aufgelöst. Durch Zellteilung von den Seitenrändern entsteht eine neue Schicht epidermaler Zellen.

26.5 Blut-Hirn- und Blut-Liquor-Schranke

26.5.1 Blut-Hirn-Schranke
Das zentrale Nervensystem (Gehirn und Rückenmark) ist von einem Blutgefäßsystem durchzogen, das eine Gesamtlänge von etwa 600 km und eine Oberfläche von etwa 15 m² aufweist. Dieses gewaltige Netzwerk ist notwendig, da das Gehirn rund 20 % der gesamten Energiereserven des Körpers benötigt, obwohl es nur 2 % des Körpergewichts ausmacht. Die **permanente Versorgung** mit Glukose und Sauerstoff ist lebensnotwendig, da Neuronen einen obligat aeroben Stoffwechsel betreiben und nur begrenzt Energiereserven anlegen können. Neben diesem gewünschten Stoffaustausch muss das Gehirn jedoch als eines der empfindlichsten Organe vor vielen im Blut natürlich vorkommenden bzw. exogen zugeführten toxischen Substanzen geschützt werden. Insbesondere muss ein **Schutz** gegenüber **Pathogenen** gewährleistet sein, da die immunologische Überwachung des Gehirns geringer ist als im übrigen Körper. Der Begriff „immunprivilegierter Raum" wird heute dafür allerdings nur noch bedingt verwendet, da insbesondere Mikroglia Funktionen des Immunsystems übernehmen und Immunzellen ins ZNS einwandern können.

Struktur der Blut-Hirn-Schranke
Die **Blut-Hirn-Schranke** (Blood Brain Barrier, **BBB**), die zwischen dem Lumen der Hirngefäße und dem Hirnparenchym besteht, trennt als **physikalisch dichte Barriere** zusammen mit der Blut-Liquor-Schranke das ZNS vom Blutkreislauf und damit allen anderen Organen. Die BBB verhindert neben dem direkten Substanzübertritt auch, dass sich Änderungen des pH-Werts oder der Elektrolytkonzentrationen im Blut direkt auf das ZNS auswirken oder im Blut vorkommende Signalstoffe wie Glutamat oder Noradrenalin im ZNS als Neurotransmitter unkontrollierbare Signale vermitteln. Der Transport aller, z. T. lebenswichtiger Stoffe, für welche die BBB nicht frei durchgängig ist, erfolgt transzellulär. Die BBB findet sich im ZNS **um alle Blutgefäße** herum, mit Ausnahme derer des Ventrikelsystems (Blut-Liquor-Schranke) und der meisten circumventrikulären Organe. Die intrazerebralen Blutgefäße sind oft eng in das Gehirnparenchym (= Neuropil) eingebettet und dicht von Gehirnzellen umgeben.
Vier Komponenten tragen direkt oder indirekt zur Barrierefunktion der BBB bei (➤ Abb. 26.10):
1. Endothelzellen mit den Tight Junctions
2. Basalmembran, welche die Endothelzellen von außen komplett umschließt
3. Ebenfalls von der Basalmembran umschlossene Perizyten, die etwa 20 % der Gefäßoberfläche bedecken
4. Astrozytenendfüße, die der Basalmembran und somit dem Blutgefäß direkt aufliegen

Endothelzellen
Die eigentliche BBB wird von den Endothelzellen der Gefäße gebildet, die durch **Tight Junctions** (➤ 26.4.1) verbunden sind. Diese werden durch spezielle Isoformen der Membranproteine Occludin, Claudin und JAM (Junctional Adhesion Molecule) gebildet, die eine sehr hohe Barriereeigenschaft auf-

26.5 BLUT-HIRN- UND BLUT-LIQUOR-SCHRANKE

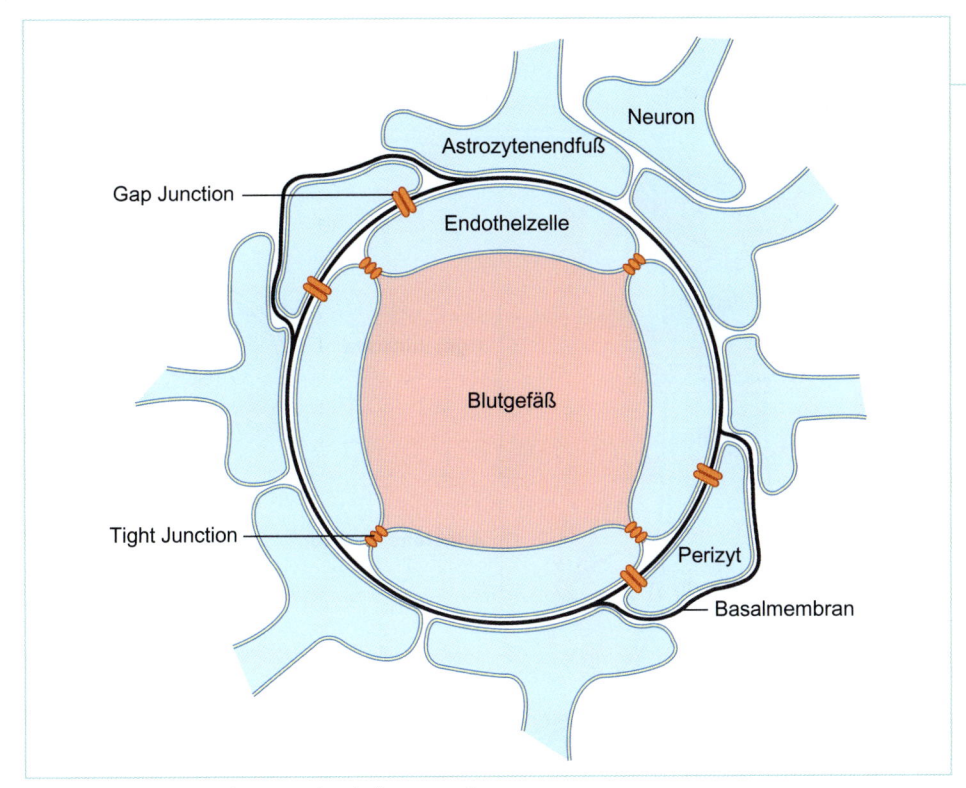

Abb. 26.10 Struktur der Blut-Hirn-Schranke [L138, L307]

weisen und so den parazellulären Fluss der meisten Komponenten des Bluts wirkungsvoll unterbinden (> Abb. 26.11):
- **JAM** trägt nicht sonderlich zur Barriereeigenschaft bei, ist aber für den initialen Zell-Zell-Kontakt zwischen den Endothelzellen entscheidend. Es ist zudem für die Regulation der Barriereeigenschaft notwendig und an der transendothelialen Migration von Leukozyten und auch Krebszellen im Rahmen der Metastasenbildung beteiligt. Die intrazelluläre Domäne ist zudem über Adapterproteine mit dem Zytoskelett verknüpft.
- **Occludin** besitzt vier Transmembrandomänen, wobei sowohl der N- als auch der C-Terminus intrazellulär lokalisiert sind. Es trägt wesentlich zur Stabilität und Verschlussfunktion der Tight Junctions bei. Die extrazellulären Schleifen des Occludins interagieren mit dem Occludin der Nachbarzellen. Die intrazellulären Domänen sind über die Zona-occludens-Adapterproteine ZO-1 und ZO-2 mit dem Zytoskelett verknüpft.
- **Claudine** besitzen dieselbe Membrantopologie wie die Occludine und interagieren wie diese mit Nachbarzellen und dem Zytoskelett.

Neben den Tight Junctions haben die Endothelzellen **Adherens Junctions**, die neben der Zell-Zell-Adhäsion hauptsächlich regulatorische Eigenschaften besitzen. In ihnen spielt VE-Cadherin (Vascular Endothelial Cadherin) eine entscheidende Rolle. Tight und Adherens Junctions interagieren funktional miteinander.

Basalmembran
Die **Basalmembran** ist eine licht- und speziell elektronenmikroskopisch gut zu erkennende Schicht der extrazellulären Matrix, die für die Gefäßstabilität eine wesentliche Bedeutung besitzt. Sie dient zur **Verankerung** der Endothelzellen, die dadurch fixiert werden und nicht mehr verschiebbar sind oder in das Gefäßlumen entweichen können. Auf der gefäßabgewandten Seite dient sie weiterhin der Verankerung der Astrozytenendfüße.

Perizyten
Ein wichtiger Bestandteil der BBB sind die **Perizyten,** die den Endothelzellen von außen aufliegen. Sie bedecken etwa 20 % der Oberfläche des Gefäßendothels, sind komplett von der Basalmembran umschlossen und bilden Zellausläufer, die sich entlang der Gefäßoberfläche erstrecken. Über Gap Junctions wird der Austausch von Ionen und kleineren Molekülen mit den Endothelzellen ermöglicht.
Durch ihre Fähigkeit zur Kontraktion können Perizyten den **Gefäßdurchmesser** verändern und dadurch den Blutdruck lokal regulieren sowie die Translokation von Zellen und löslichen Komponenten über die BBB hinweg beeinflussen. Sie stehen zudem durch Signalmoleküle mit Astrozyten und glatten Muskelzellen in Verbindung und spielen bei der Angiogenese und der Differenzierung der Endothelien eine entscheidende Rolle.

Aus Studentensicht

ABB. 26.10

Die Barrierefunktion der BBB übernehmen v. a. die über **Tight Junctions** verbundenen Gefäßendothelzellen. Sie exprimieren spezielle Isoformen folgender Membranproteine:
- **JAM** trägt v. a. zur Ausbildung des initialen Zell-Zell-Kontakts zwischen den Endothelzellen bei und reguliert die Barriereeigenschaft der BBB. Es ist aber auch an der Leukozyten- und Tumorzellmigration beteiligt.
- **Occludin** interagiert mit Occludin-Molekülen der Nachbarzellen und trägt wesentlich zur Stabilität und Verschlussfunktion der Tight Junctions bei. Über die Adapterproteine ZO-1 und -2 ist es intrazellulär mit dem Zytoskelett verknüpft.
- **Claudine** interagieren analog zu Occludinen mit Nachbarzellen und dem Zytoskelett.

Neben den Tight Junctions existieren **Adherens Junctions,** die hauptsächlich regulatorische Eigenschaften besitzen, wobei v. a. VE-Cadherin eine wichtige Rolle spielt.

Die **Basalmembran** ist eine mikroskopisch sichtbare Schicht der extrazellulären Matrix, die in der Blut-Hirn-Schranke der **Verankerung** der Endothelzellen und der Astrozytenendfüße dient.

Perizyten sind dem Gefäßendothel von außen aufliegende Zellen, die ca. 20 % des Endothels bedecken und ebenfalls von einer Basalmembran umschlossen sind. Sie stehen über Gap Junctions mit dem Endothel im Stoffaustausch, können durch Kontraktion den **Gefäßdurchmesser** verändern und den Stoffaustausch über die BBB hinweg beeinflussen.

Aus Studentensicht

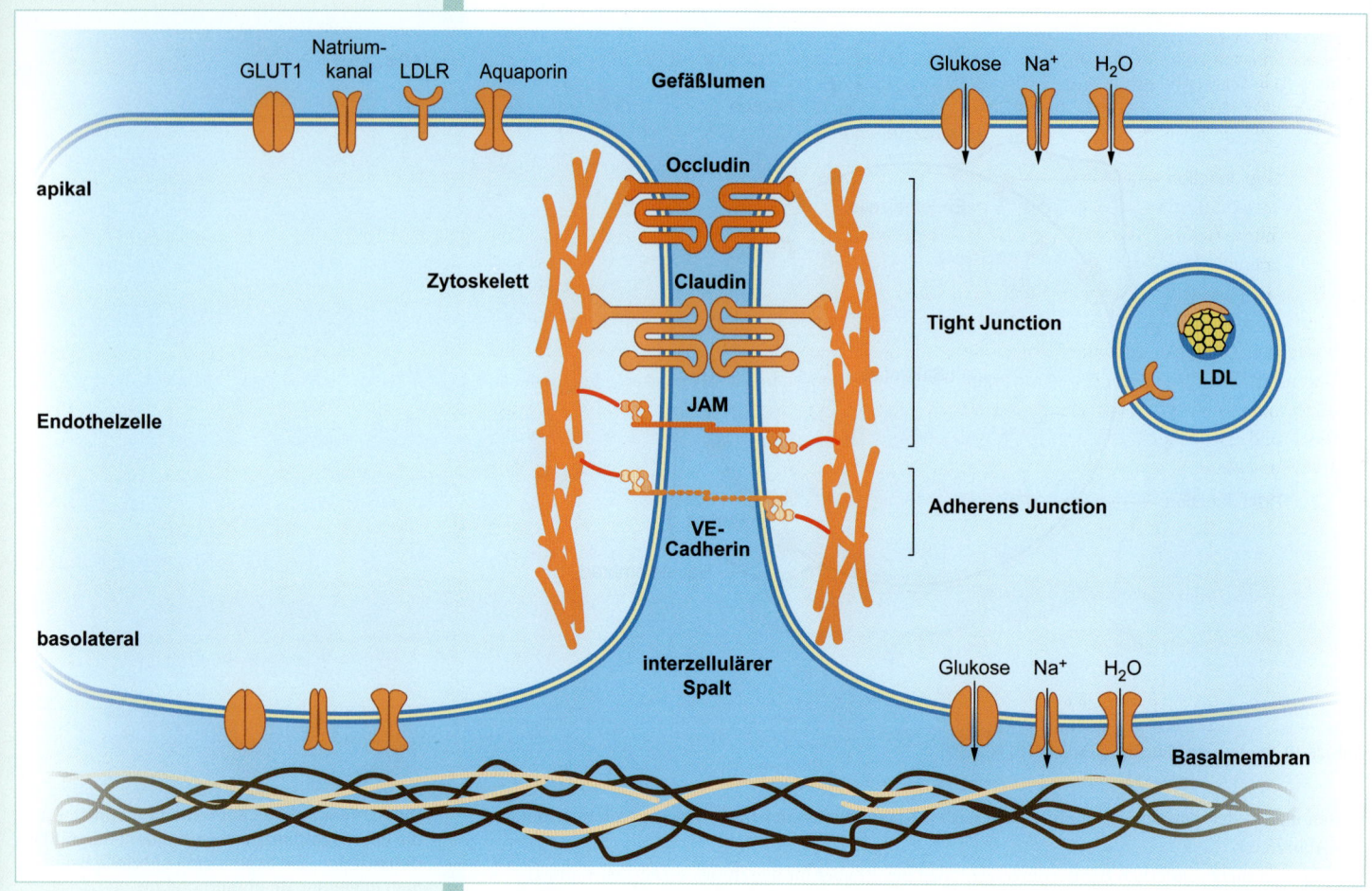

26 STRUKTURPROTEINE: STABILITÄT VON ZELLEN UND GEWEBEN

Abb. 26.11 Tight Junctions der Blut-Hirn-Schranke [L299]

Astrozyten
Die **Astrozyten** bilden die äußere Zellschicht der BBB und bedecken meist mehr als 90 % der Gefäßoberfläche. Sie tragen nicht wesentlich zur Barriereeigenschaft der BBB bei, induzieren allerdings die Ausbildung der Tight Junctions im benachbarten Endothel und können über die Ausschüttung einer Vielzahl von Mediatoren die Durchlässigkeit der Tight Junctions zwischen den Endothelzellen beeinflussen.

Funktion der Blut-Hirn-Schranke
Grundsätzlich ist die BBB aufgrund der Tight Junctions zwischen den Endothelzellen für fast alle Moleküle und Zellen **unpassierbar.** Eine Ausnahme bilden kleine ungeladene Moleküle wie O_2, CO_2 und NH_3 sowie einige lipophile Verbindungen bis zu einer Größe von etwa 400 Da. Zur Versorgung des Gehirns wird daher vornehmlich der **transzelluläre Weg** (= durch die Zelle hindurch; Transzytose) genutzt. Dabei sind membranständige Transporter für Nährstoffe, Kanäle für Ionen, Aquaporine für Wasser und die rezeptorvermittelte Endozytose beispielsweise für LDL von entscheidender Bedeutung (> Abb. 26.11).

Für den **Durchtritt von Immunzellen** durch die BBB muss die Barriereeigenschaft der Tight und Adhesion Junctions moduliert werden. Lymphozyten oder Leukozyten bilden dazu zunächst Zell-Zell-Wechselwirkungen mit den Endothelzellen des Blutgefäßes aus und rollen an diesen Zellen adhäriert entlang, bis sie Wechselwirkungen mit den Junctions ausbilden können. Daraufhin schütten die Lymphozyten Zytokine aus, die eine Konformationsänderung der beteiligten Proteine vermitteln, sodass ein interzellulärer Spalt geöffnet und der parazelluläre Transport der Immunzellen ermöglicht wird. Eine analoge Veränderung der Barriereeigenschaften wird auch bei verschiedenen Erkrankungen wie Ischämie und Schlaganfall, neuroinflammatorischen Erkrankungen, Diabetes mellitus, aber auch bei HIV-Infektionen oder Kokainmissbrauch beobachtet.

Astrozyten bilden die äußere Schicht der BBB. Sie induzieren die Ausbildung der Tight Junctions zwischen den Endothelzellen und können deren Durchlässigkeit durch die Ausschüttung von Mediatoren beeinflussen.

Funktion der Blut-Hirn-Schranke
Nur ungeladene Moleküle wie die Gase O_2, CO_2 und NH_3 sowie kleine lipophile Verbindungen (< 400 Da) können die BBB passieren. Alle anderen Moleküle müssen **transzellulär** über Transporter, Kanäle, Aquaporine oder rezeptorvermittelte Endozytose transportiert werden.

Immunzellen können die BBB **überwinden**, indem sie Wechselwirkungen mit dem Endothel bzw. ihren Tight und Adherens Junctions ausbilden und Zytokine ausschütten. Diese vermitteln eine Konformationsänderung der Adhäsionsmoleküle, sodass ein interzellulärer Spalt geöffnet und ein parazellulärer Transport ermöglicht wird. Analoge Veränderungen finden sich bei zahlreichen Erkrankungen wie Schlaganfällen oder Infektionen.

KLINIK

KLINIK

Medikamententransport über die Blut-Hirn-Schranke

Zur Behandlung von Erkrankungen, die das Gehirn betreffen, müssen Medikamente über die Blut-Hirn-Schranke ins Gehirn geschleust werden. Das stellt eine besondere Herausforderung dar. Ein gutes Beispiel für den Medikamententransport über die Blut-Hirn-Schranke liefert die Parkinson-Erkrankung, bei der durch den Untergang dopaminerger Neurone ein Dopaminmangel im Gehirn entsteht. Durch den Mangel an dopaminerger Stimulation entstehen bei Parkinsonpatienten Symptome wie Rigor, Tremor, Hypokinese und posturale Instabilität (= mangelnde Stabilität der aufrechten Körperhaltung).

26.5 BLUT-HIRN- UND BLUT-LIQUOR-SCHRANKE

Da Dopamin die Blut-Hirn-Schranke nicht überwinden kann, ist es als Medikament wirkungslos. Es existiert aber ein Transporter für L-DOPA (Dihydroxyphenylalanin). L-DOPA kann somit als Prodrug eingesetzt werden, da es in das Gehirn transportiert und dort durch die DOPA-Decarboxylase in Dopamin, sein biogenes Amin, umgesetzt wird (> 21.6). Um eine Decarboxylierung von L-DOPA in der Peripherie zu verhindern, wird ein peripherer Decarboxylasehemmstoff gegeben, der die Blut-Hirn-Schranke nicht überwinden kann.

26.5.2 Blut-Liquor-Schranke

Das menschliche Gehirn umschließt vier Räume, die Ventrikel, die von Ependymzellen ausgekleidet und dadurch vom restlichen Nervengewebe getrennt sind. Sie sind mit Cerebrospinalflüssigkeit (CSF, Liquor) gefüllt und in jeden Ventrikel ragt ein Plexus choroideus (> Abb. 26.12). Anders als bei der BBB, die den Durchtritt von Blutbestandteilen verhindern soll, sollen bestimmte Bestandteile des Serums in den Liquor gelangen. Die Blutgefäße innerhalb des Plexus werden deshalb von Endothelzellen ausgekleidet, die im Gegensatz zur BBB fenestriert und nicht durch Tight Junctions verbunden sind, sodass Blutserum in das Plexusbindegewebe (Stroma) eindringen kann. Die äußere Schicht des Plexus wird durch das **Plexusepithel** gebildet, das über Tight Junctions verbunden ist und dadurch eine Grenzschicht, die eigentliche **Blut-Liquor-Schranke**, ausbildet. Das Plexusepithel sezerniert den Liquor aktiv in die Ventrikel und modifiziert dabei die Konzentration der Serumbestandteile.

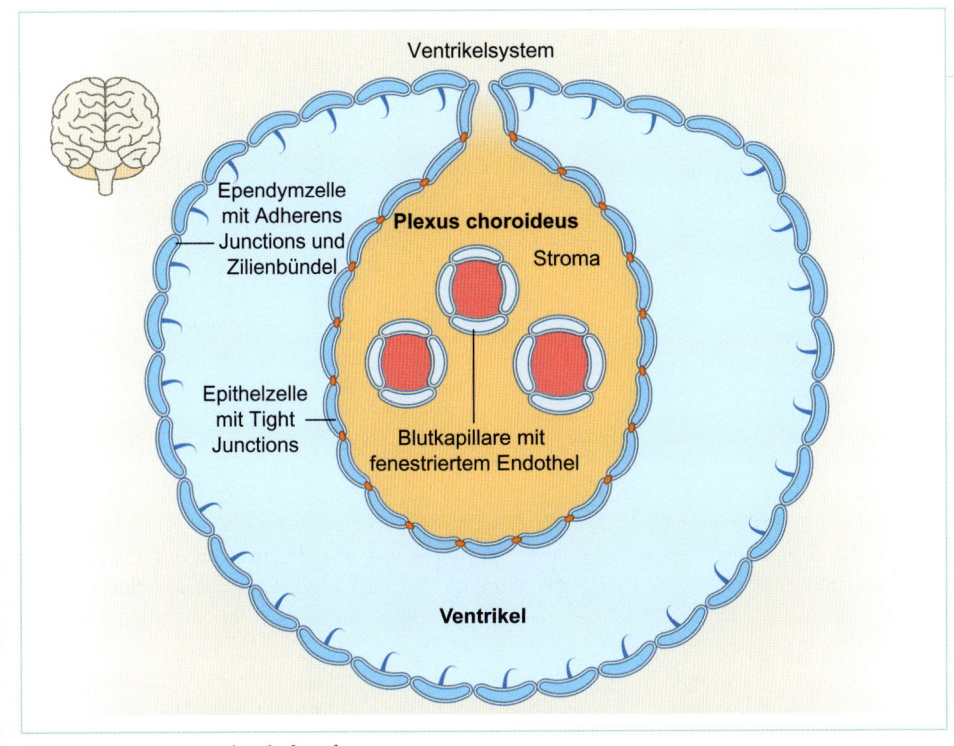

Abb. 26.12 Blut-Liquor-Schranke [L299]

Da die Blut-Liquor-Schranke etwas weniger stringent aufgebaut ist als die Blut-Hirn-Schranke und der Liquor möglicherweise eine direkte Verbindung zum Lymphsystem im ZNS (= glymphatisches System) hat, können Pathogene leichter durchtreten und beispielsweise eine Meningitis auslösen.
Die circumventrikulären Organe sind an den 3. oder 4. Ventrikel angelagert und besitzen wie die Plexus choroideus i. d. R. fenestrierte Endothelien ohne BBB-Eigenschaften. Sie liegen damit an der Schnittstelle zwischen Blut und Liquor (Fenster zum Gehirn).
Einige circumventrikuläre Organe wie die Area postrema, die zum Brechzentrum gehört, können auf Substanzen reagieren, welche die BBB nicht durchdringen, und deren Signale an bestimmte Bereiche im Gehirn weiterleiten. Sie haben somit sensorische Eigenschaften. Andere circumventrikuläre Organe wie die Hypophyse besitzen sekretorische Eigenschaften und geben Hormone wie Oxytocin und Vasopressin an das Blut ab. Der Plexus choroideus gilt nicht als circumventrikuläres Organ, da er keine Nervenzellen enthält.

Aus Studentensicht

26.5.2 Blut-Liquor-Schranke

Ependymzellen kleiden die vier im Gehirn gelegenen mit Liquor gefüllten Ventrikel aus. In jeden Ventrikel ragt ein Plexus choroideus, dessen Blutgefäße von einem fenestrierten Endothel umgeben sind. Blutserum kann durch dieses hindurchtreten. Die mit Tight Junctions verbundenen **Plexusepithelzellen** verhindern jedoch einen unkontrollierten Durchtritt in das Ventrikellumen (= **Blut-Liquor-Schranke**).

ABB. 26.12

Die Blut-Liquor-Schranke ist weniger dicht als die BBB, sodass Pathogene leichter durchtreten können.
Circumventrikuläre Organe sind an die Ventrikel angelagerte Hirnareale, an denen die Blut-Hirn-Schranke unterbrochen ist. Einige circumventrikuläre Organe wie die Area postrema, die Teil des Brechzentrums ist, können dadurch auf Substanzen im Blut reagieren und Signale an bestimmte Gehirnbereiche weiterleiten. Andere circumventrikuläre Organe, wie die Neurohypophyse, besitzen sekretorische Eigenschaften.

Aus Studentensicht

PRÜFUNGSSCHWERPUNKTE

IMPP

!! Kollagen (Kollagenbiosynthese, Tripelhelixstruktur, posttranslationale Modifikation)

Kompetenzorientierte Lernziele (NKLM)

Die Studierenden können
- Struktur und Funktion von Komponenten des Zytoskeletts erklären.
- Komponenten und Funktionen der extrazellulären Matrix erläutern.
- Aufbau und Funktion von Zell-Zell- und Zell-Matrix-Kontakten erklären.
- Aufbau und Funktion von Basalmembranen erklären.
- die Grundlagen der Synthese und Sekretionsmechanismen der Komponenten der extrazellulären Matrix erklären und die Eigenschaften der Binde- und Stützgewebe aus deren Zusammensetzung ableiten.

ÜBUNGSFRAGEN FÜRS MÜNDLICHE MIT LÖSUNGSHILFEN

1. Erklären Sie die hohe Zugstabilität des Kollagens!

Drei Kollagenmonomere bilden eine Tripelhelix. Damit sich die drei Monomere eng aneinanderlegen können, befindet sich an jeder dritten Position ein wenig voluminöser Glycinrest. Dazwischen sind viele Prolinreste, die durch die Vitamin-C-abhängige Prolylhydroxylase hydroxyliert werden können. Sie stabilisieren die Tripelhelix durch viele Wasserstoffbrücken. Mehrere Kollagen-Tripelhelices lagern sich zu Fibrillen zusammen, die kovalent quervernetzt werden und sich schließlich zu Kollagenfasern verbinden.

2. Was unterscheidet den transzellulären Transport (Transzytose) vom parazellulären Transport in der Blut-Hirn-Schranke?

Bei der Transzytose werden Substanzen z. B. durch Transporter, Ionenkanäle oder Endozytose auf einer Seite der Zelle aufgenommen und auf der anderen Seite wieder abgegeben. Der parazelluläre Transport erfolgt zwischen den Zellen hindurch durch die definierte Öffnung von Tight Junctions.

KAPITEL 27 Nerven, Sinne, Muskeln: Informationsübertragung

Beate Averbeck

27.1 Nervenreizleitung: schnelle Informationsweiterleitung 747
27.1.1 Afferente und efferente Signalübertragung............................ 747
27.1.2 Nervenzellen (Neurone) 747
27.1.3 Informationsweiterleitung innerhalb einer Nervenzelle 748
27.1.4 Zell-Zell-Kommunikation über Synapsen 750

27.2 Sehen, Riechen, Schmecken: Wie nehmen wir Umweltreize wahr? 752
27.2.1 Sinnesmodalitäten 752
27.2.2 Sehen 752
27.2.3 Riechen 755
27.2.4 Schmecken 756

27.3 Muskulatur 756
27.3.1 Aufbau der Muskulatur 756
27.3.2 Kontraktion der Muskulatur 758
27.3.3 Neuromuskuläre Erregungsübertragung an der Skelettmuskulatur 759

Aus Studentensicht

Während du diesen Text liest, laufen Vorgänge in deinem Körper ab, welche die meisten von uns als selbstverständlich hinnehmen. In unsere Augen fällt reflektiertes Licht des Buchtextes, das in Signale umgewandelt wird, die wiederum über Nerven in unser Gehirn geleitet werden. Zusätzlich bewegen Muskeln deine Extremitäten, damit du auf die nächste Seite umblättern kannst. Doch wie funktionieren unsere Sinne, wie leiten Nerven Informationen von A nach B und wie schaffen es unsere Muskeln, filigrane und im nächsten Moment sehr kräftezehrende Aufgaben zu bewältigen? Neben den physiologischen Abläufen wirst du auch einige pathophysiologische Gesichtspunkte, wie Krankheiten der Muskulatur und der Nerven, näher kennenlernen.
Karim Kouz

27.1 Nervenreizleitung: schnelle Informationsweiterleitung

27.1.1 Afferente und efferente Signalübertragung

FALL

Katrin klopft an

Ihre WG-Mitbewohnerin Katrin klopft abends ganz aufgelöst an Ihre Tür. „Ich glaube, es fängt wieder an!" Schluchzend setzt sie sich auf Ihr Bett. Sie erinnern sich noch genau an die gleiche Szene vor sechs Monaten. Katrin hatte plötzlich alles „wie durch Milchglas" gesehen und Sie hatten bei ihr auch noch eine Fazialisparese (Gesichtslähmung) entdeckt und gleich den Notarzt gerufen. „Diesmal sind es aber nicht die Augen, sondern eine Schwäche in den Beinen: Ich bin kaum die Treppen hochgekommen, ich habe mich gefühlt wie 88 und nicht wie 28." Die Worte kommen so stockend, dass Sie plötzlich an eine Dysarthrie (Sprechstörung) denken müssen. Es hilft nichts, Katrin muss wieder in die Klinik und bekommt ein paar Tage lang hoch dosiert Cortison, um ihr Immunsystem davon abzuhalten, die eigenen Myelinscheiden anzugreifen. Leider steht nun nach dem zweiten „Schub" und den neuen MRT-Bildern, die neue und alte verstreute Entmarkungsherde in der weißen Substanz zeigen, Katrins Diagnose fest: multiple Sklerose. Wie können fehlende Myelinscheiden Katrins Symptome hervorrufen?

Nerven können Informationen im Körper wesentlich schneller weiterleiten als Hormone. Dies macht sich der Körper beispielsweise zunutze, wenn durch Sinneszellen aufgenommene Reize sehr schnell zu Bewegungen führen sollen, die von Muskelzellen ausgelöst werden.

Lebewesen stehen mit ihrer Umwelt in Verbindung, nehmen Reize auf und verarbeiten sie. In Organismen erfolgt diese Verbindung über das Nervensystem. Mithilfe der Sinne, z. B. des Sehens, werden Reize aus der Umwelt aufgenommen und über elektrische Signale in Nervenzellen an das zentrale Nervensystem **(ZNS)** übermittelt, in dem eine Empfindung erzeugt wird (= afferente Signalübertragung). Ausgehend vom motorischen System des ZNS werden elektrische Signale zur Muskulatur geleitet, die diese zur Kontraktion veranlassen (= efferente Signalübertragung). Das ZNS besteht aus einem dichten Gewebe von Nerven- und Gliazellen in Gehirn und Rückenmark. Das periphere Nervensystem **(PNS)** erstreckt sich hingegen auf alle Bereiche des Organismus.

Mithilfe der Sinne registriert der Organismus Reize, die als elektrische Signale zum zentralen Nervensystem **(ZNS)** gelangen (= **afferente** Signalübertragung).
Aus dem ZNS werden Signale in die Peripherie geleitet (= **efferente** Signalübertragung). Das periphere Nervensystem **(PNS)** ist der Teil des Nervensystems, der nicht zum ZNS (= Gehirn und Rückenmark) gehört.

27.1.2 Nervenzellen (Neurone)

Die Nervenzellen sind die Träger des Informationsaustausches im Nervensystem. Jede Nervenzelle besteht aus einem Zellkörper **(Soma)**, einem **Axon** (Nervenfaser) und bis zu 1000 **Dendriten.** Das Axon kann über 1 m lang sein und Kollateralen (Nebenäste) bilden. Vom Axon werden Signale über **Synapsen** z. B. zu Muskel-, Drüsen- oder anderen Nervenzellen weitergeleitet. Über das weit verzweigte Netz aus

Nervenzellen (Neurone) bestehen aus einem Zellkörper **(Soma),** einem **Axon** und bis zu 1000 **Dendriten.** Das Axon leitet Signale über **Synapsen** an andere Zellen, die Dendriten registrieren Signale anderer Nervenzellen.

Aus Studentensicht

Die Myelinscheiden der Neurone werden im ZNS von Oligodendrozyten, im PNS von Schwann-Zellen gebildet.

ABB. 27.1

27.1.3 Informationsweiterleitung innerhalb einer Nervenzelle

Nervenzellen leiten Informationen in Form von **elektrischen Signalen.** Die dafür nötigen Spannungen beruhen auf unterschiedlichen Ionenkonzentrationen auf den beiden Seiten der Membran (**Ionengradienten**). Sie werden durch **Transportproteine** und **Ionenkanäle** geschaffen.

Ruhemembranpotenzial

Das **Ruhemembranpotenzial** einer Zelle ist durch die ungleiche Verteilung und Permeabilität der Membran für bestimmte Ionen, meist K^+-Ionen, bedingt. K^+-Ionen strömen durch Kaliumkanäle aus der Zelle, bis chemischer und elektrischer Gradient gleich groß, aber entgegengesetzt gerichtet sind. Da auch andere Ionen am Membranpotenzial beteiligt sind, erreicht das Ruhemembranpotenzial i. d. R. nicht das **Kalium-Gleichgewichtspotenzial.**

Aktionspotenzial

Aktionspotenziale sind schnelle, stereotyp ablaufende Membranpotenzialänderungen. Wird eine Nervenzelle erregt, kann sich ihr Membranpotenzial zu weniger negativen Werten verändern (**Depolarisation**). Ab einem bestimmten Schwellenwert öffnen sich spannungsabhängige Na^+-Kanäle und Na^+-Ionen strömen in die Zelle. Die Depolarisation wird dadurch verstärkt. Nach kurzer Zeit schließen sich die Natriumkanäle durch Inaktivierung, spannungsabhängige Kaliumkanäle öffnen sich und K^+-Ionen strömen aus der Zelle. Dadurch wird das Membranpotenzial wieder negativer (**Repolarisation**).

Erregungsleitung

Es gibt drei Möglichkeiten, wie sich die elektrische Erregung entlang einer Nervenzelle bzw. eines Axons ausbreiten kann.

---

27 NERVEN, SINNE, MUSKELN: INFORMATIONSÜBERTRAGUNG

Dendriten können Neurone Signale anderer Nervenzellen aufnehmen (> Abb. 27.1). Schnell leitende Nervenfasern sind von Myelinscheiden umgeben, die im ZNS von Oligodendrozyten und im PNS von Schwann-Zellen gebildet werden.

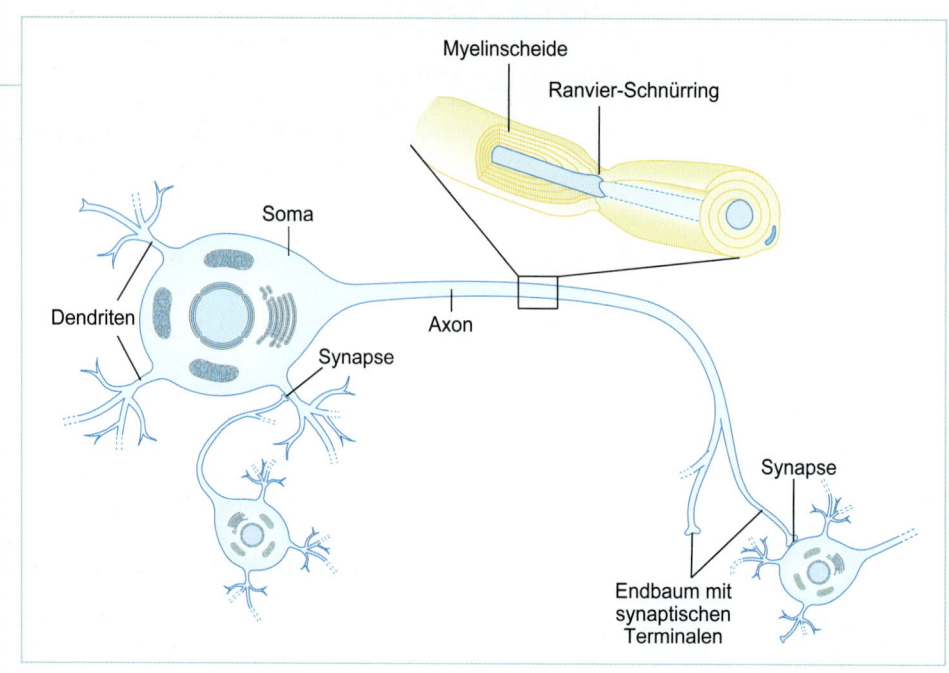

Abb. 27.1 Aufbau von Nervenzellen [L141]

27.1.3 Informationsweiterleitung innerhalb einer Nervenzelle

Nervenzellen leiten Informationen in Form von **elektrischen Signalen.** Dafür sind elektrische Spannungen (Potenzialdifferenzen) über der Zellmembran erforderlich. Diese Spannungen beruhen auf unterschiedlichen Ionenkonzentrationen auf den beiden Seiten der Plasmamembran (**Ionengradienten**). Bestimmte Ionen können von **Transportproteinen** aktiv durch die Membran gepumpt werden oder passiv durch **Ionenkanäle** diffundieren. Der ATP-Bedarf von aktiven Transportproteinen wie der Na^+/K^+-ATPase (> 2.5.4) erklärt den hohen Energiebedarf des Gehirns.

Ruhemembranpotenzial

Jede Nervenzelle hat ein **Ruhemembranpotenzial,** das durch die ungleiche Verteilung und die hohe Durchlässigkeit (Permeabilität) der Membran für bestimmte Ionen, meist K^+-Ionen, entsteht. Aufgrund der höheren Kalium-Konzentration im Zytoplasma (= chemischer Gradient) strömen K^+-Ionen durch Kaliumkanäle aus der Zelle. Dadurch entsteht ein Überschuss an positiver Ladung auf der extrazellulären Seite und im Zellinneren überwiegt die negative Ladung (= elektrischer Gradient). Bei einer bestimmten Spannung, dem Gleichgewichtspotenzial, sind der elektrische und chemische Gradient gleich groß, aber entgegengesetzt gerichtet. Das Ruhemembranpotenzial von Nervenzellen liegt nicht genau beim **Kalium-Gleichgewichtspotenzial** von –90 mV, sondern bei –70 mV, da zu einem geringen Ausmaß auch andere Ionen wie Na^+-Ionen zum Ruhemembranpotenzial beitragen.

Aktionspotenzial

Aktionspotenziale sind schnelle und stereotyp ablaufende Abweichungen der Zelle vom Ruhemembranpotenzial. Die Nervenzelle ist dann elektrisch erregt. Wird eine Nervenzelle an einer Synapse durch ein Signal einer anderen Nervenzelle elektrisch erregt, verändert sich lokal ihr Membranpotenzial zu weniger negativen Werten; die Membran der Zelle ist **depolarisiert.** Erreicht die Depolarisation einen Schwellenwert von ca. –40 mV, öffnen sich spannungsabhängige Natriumkanäle. Aufgrund des hohen Konzentrationsunterschieds an Na^+-Ionen zwischen dem Inneren und dem Äußeren der Zelle und aufgrund des elektrischen Felds strömen Na^+-Ionen in die Zelle hinein. Dadurch wird die Depolarisation verstärkt und das Membranpotenzial wird positiv (ca. + 30 mV). Es entsteht ein **Aktionspotenzial** (> Abb. 27.2a).
Nach kurzer Zeit schließen sich die Natriumkanäle spannungsabhängig durch Inaktivierung. Aufgrund der Depolarisation der Membran öffnen sich nach den Natriumkanälen auch spannungsabhängige Kaliumkanäle, wodurch es zu einem Ausstrom von K^+-Ionen kommt. Dadurch wird das Membranpotenzial wieder negativer (= **Repolarisation**) und für kurze Zeit kann das Ruhemembranpotenzial von –70 mV unterschritten werden (= Nachpotenzial oder Nachhyperpolarisation der Zelle).

Erregungsleitung

Es gibt drei Arten, wie sich die elektrische Erregung entlang von Nervenzellen bzw. deren Axonen ausbreiten kann.

27.1 NERVENREIZLEITUNG: SCHNELLE INFORMATIONSWEITERLEITUNG

Aus Studentensicht

ABB. 27.2

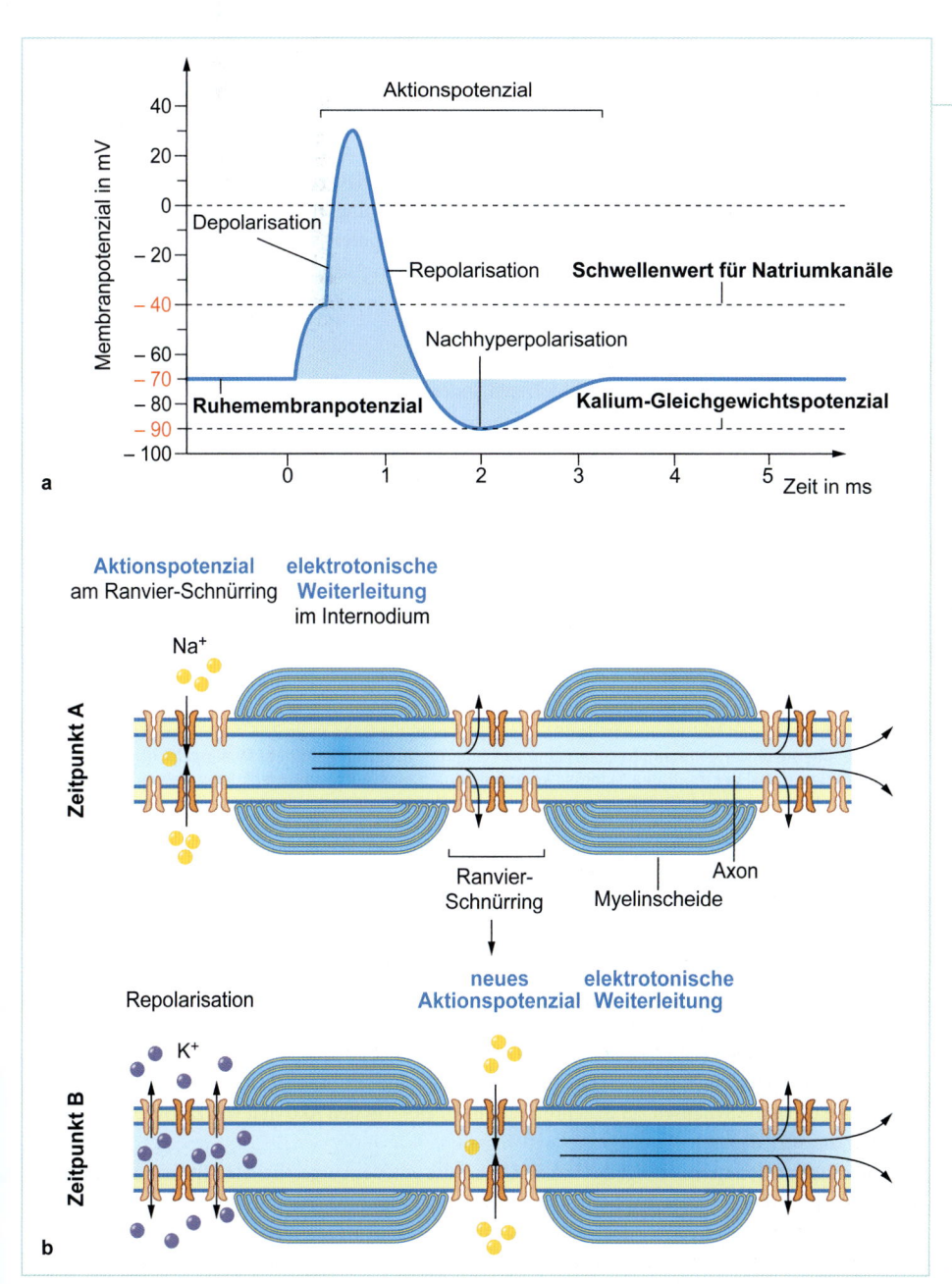

Abb. 27.2 a Aktionspotenzial. b Saltatorische Erregungsleitung. [L141, L307]

Elektrotonische Leitung
Bei der elektrotonischen Leitung werden **keine Aktionspotenziale** gebildet. Die durch eine Erregung induzierte Spannungsänderung breitet sich entlang der Zellmembran **passiv** aus, indem die an einer Stelle ein- bzw. ausgeströmten Ionen ein örtlich begrenztes **elektrisches Feld** erzeugen. Allerdings nimmt die Amplitude solcher Potenziale aufgrund von Ladungsverlusten über Leckströme und des zytoplasmatischen Längswiderstands rasch mit zunehmender Entfernung von der Reizstelle ab, sodass diese Weiterleitung nur über **kurze Distanzen,** z. B. entlang des Somas einer Nervenzelle, erfolgt.

Kontinuierliche Erregungsleitung in unmyelinisierten Nervenfasern
Bei dieser Art der Erregungsleitung wird eine Erregung auf die unerregten Nachbarbezirke der Nervenfaser übertragen. Dort kommt es durch die lokale Öffnung von spannungsabhängigen Natriumkanälen zur lokalen Bildung eines **Aktionspotenzials.** Die dadurch erfolgende Depolarisation der Membran breitet sich dann auf benachbarte Membranbereiche aus, wodurch dort bei Erreichung des Schwellenwertes erneut ein Aktionspotenzial ausgelöst wird. So wandert die Erregung entlang des Axons weiter. Da die Natriumkanäle nach ihrer Öffnung inaktivieren, ist die Membran am Ort eines abgelaufenen Aktionspotenzials für eine gewisse Zeit unerregbar (refraktär). So wird die Weiterleitung des Aktionspotenzials zurück zum Ort des Ausgangsreizes verhindert, die Weiterleitung ist demnach **unidirektional.** Die Geschwindigkeit der kontinuierlichen Erregungsleitung ist mit 1–2 m/s **relativ langsam.**

Bei der **elektrotonischen Leitung** breiten sich Potenzialänderungen entlang der Zellmembran **passiv** aus, indem ein- bzw. ausgeströmte Ionen ein örtlich begrenztes **elektrisches Feld** erzeugen. Diese Weiterleitung ist nur über kurze Distanzen möglich.

Bei der kontinuierlichen Erregungsweiterleitung breitet sich die Depolarisation entlang der unmyelinisierten Nervenfaser nach einem **Aktionspotenzial** auf benachbarte Bereiche aus, wodurch dort ein neues Aktionspotenzial ausgelöst wird. Die Erregungsleitung ist, bedingt durch die Inaktivierung der Natriumkanäle, **unidirektional** und **relativ langsam.**

Aus Studentensicht

Bei der schnelleren **saltatorischen Erregungsleitung** sind die Nervenfasern von **Myelinscheiden** umgeben, die in regelmäßigen Abständen durch **Ranvier-Schnürringe** unterbrochen sind. Myelinisierte Abschnitte (Internodien) leiten das Signal elektroton. Beim Erreichen eines Schnürrings wird ein neues Aktionspotenzial ausgelöst.

Blockade der Erregungsleitung
Pharmaka wie das **Lokalanästhetikum Lidocain** und Toxine können durch Blockade der an der Reizleitung beteiligten Ionenkanäle die Erregungsausbreitung blockieren. Bestimmte Erkrankungen wie das **Guillain-Barré-Syndrom** oder die **multiple Sklerose** führen zu Störungen der Erregungsleitung.

27.1.4 Zell-Zell-Kommunikation über Synapsen
Als Kontaktstellen zwischen zwei Zellen zur chemischen oder elektrischen Signalübertragung dienen **Synapsen**.
Elektrische Synapsen bilden **tunnelartige Verbindungen** (Gap Junctions) zwischen direkt benachbarten Zellen und erlauben eine sehr schnelle Kommunikation über den passiven Fluss von Ionen und niedermolekularen Substanzen.
In **chemischen Synapsen** schüttet die präsynaptische Zelle bei elektrischer Erregung einen **Neurotransmitter** in den synaptischen Spalt aus. Dieser bindet an einen Rezeptor der postsynaptischen Zelle, wodurch **Ionenkanäle geöffnet** werden und das chemische Signal zurück in ein elektrisches Signal umgewandelt wird.

Die Neurotransmitter werden im präsynaptischen Neuron synthetisiert und in **synaptische Vesikel** verpackt.
Ein Aktionspotenzial in der **präsynaptischen Zelle** führt zur Öffnung von spannungsabhängigen Calciumkanälen. Einströmende Ca^{2+}-Ionen binden an das Vesikelprotein Synaptotagmin, wodurch die sterische Behinderung des **SNARE-Komplexes** durch Complexin aufgehoben wird. Das membrannahe Vesikel verschmilzt mit der präsynaptischen Membran, sodass die Transmitter in den synaptischen Spalt freigesetzt werden.
Postsynaptische Rezeptoren sind ligandengesteuert. Es werden **ionotrope und metabotrope Rezeptoren** unterschieden. Ionotrop bedeutet eine direkte Öffnung von Ionenkanälen. Metabotrope Rezeptoren leiten das Signal über intrazelluläre Signalkaskaden weiter und haben vielfältige Wirkungen (z. B. Öffnung von Kanälen, Aktivierung von Protein-Kinasen).

27 NERVEN, SINNE, MUSKELN: INFORMATIONSÜBERTRAGUNG

Saltatorische Erregungsleitung in myelinisierten Nervenfasern
Die saltatorische Erregungsleitung in myelinisierten Nervenfasern ist mit Geschwindigkeiten von 10 bis 100 m/s deutlich schneller als die kontinuierliche Erregungsleitung. Die Fasern sind von **Myelinscheiden** umgeben, die nur an den **Ranvier-Schnürringen** unterbrochen sind (> Abb. 27.2b). Die mit Myelin umgebenen Axonabschnitte (Internodien) haben einen hohen Isolationswiderstand und damit nur geringe Leckströme. Die Folge ist eine schnelle elektrotonische Erregungsausbreitung innerhalb der Internodien. Nur an den Ranvier-Schnürringen müssen neue Aktionspotenziale ausgelöst werden, die im Vergleich zur elektrotonischen Erregungsausbreitung mehr Zeit in Anspruch nehmen (= **saltatorische Erregungsleitung**).

Blockade der Erregungsleitung
Pharmaka können die Erregungsleitung blockieren, indem sie spannungsabhängige Natriumkanäle hemmen. Beispiele sind das vom Kugelfisch gebildete tödliche Gift Tetrodotoxin oder das in der Medizin häufig angewandte **Lokalanästhetikum Lidocain.** Beim **Guillain-Barré-Syndrom** (GBS) kommt es meist nach einer Virusinfektion zu einer fortschreitenden Entzündung peripherer Nerven und so zu Störungen in der Erregungsleitung, die u. a. zu Lähmungserscheinungen führen. Während beim Guillain-Barré-Syndrom die myelinbildenden Gliazellen des PNS betroffen sind, ist die **multiple Sklerose** eine Erkrankung des ZNS.

> **FALL**
>
> **Katrin klopft an: multiple Sklerose**
>
> Ob die afferenten Fasern des N. opticus, die Bahnen im ZNS zur Steuerung der Gesichtsmuskulatur, die Pyramidenbahn zu den Motoneuronen des Rückenmarks oder die Bahnen im ZNS zur Steuerung der Sprechmuskeln, alle diese Nervenfasern besitzen eine von Oligodendrozyten gebildete Myelinschicht, um optimal zu funktionieren. Bei der multiplen Sklerose kommt es durch eine Autoimmunreaktion zu einer Demyelinisierung der Nervenfasern im ZNS. Dadurch wird die Erregungsleitung verlangsamt oder blockiert. Folgen sind die unterschiedlichsten motorischen und sensorischen Symptome, bei Katrin beispielsweise Sehstörungen, eine Fazialisparese, Beinlähmungen und Dysarthrie. Die Krankheit tritt meist in Schüben auf, zwischen denen es zunächst oft zu einer vollständigen Remission der Symptome kommt.

27.1.4 Zell-Zell-Kommunikation über Synapsen

Synapsen sind Strukturen, an denen Signale von einer Zelle auf eine andere übertragen werden. Im Nervensystem gibt es elektrische und chemische Synapsen:
- **Elektrische Synapsen** bilden **tunnelartige Verbindungen** (Gap Junctions; > 26.4.2) zwischen den Zellen. Sie erlauben einen passiven Fluss von Ionen und eine sehr schnelle Informationsleitung. So können elektrische Synapsen zur Synchronisation der elektrischen Aktivität von Zellverbänden, z. B. im Herzmuskel, dienen.
- In **chemischen Synapsen** erfolgt der Informationsfluss von der vorgeschalteten (präsynaptischen) zur nachgeschalteten (postsynaptischen) Zelle. Die präsynaptische Nervenzelle setzt bei Erregung durch ein Aktionspotenzial (= elektrisches Signal) einen **Neurotransmitter** frei (> Abb. 27.3a). Dieser diffundiert durch den sehr schmalen synaptischen Spalt und bindet an einen Rezeptor in der postsynaptischen Membran. Dadurch werden dort **Ionenkanäle geöffnet,** sodass das chemische Signal wieder in ein elektrisches Signal umgewandelt wird und in der postsynaptischen Zelle durch kontinuierliche oder saltatorische Erregungsleitung weitergeleitet werden kann.

Die Neurotransmitter werden in der **präsynaptischen Zelle** synthetisiert und zur Speicherung in **synaptische Vesikel** transportiert. Ein Beispiel dafür ist Acetylcholin, das im Zytoplasma aus Acetyl-CoA und Cholin synthetisiert und im Antiport mit Protonen in Vesikel aufgenommen wird. Viele andere Neurotransmitter sind Aminosäuren oder biogene Amine.
Die für die sofortige Freisetzung bestimmten Vesikel sind unmittelbar mit der präsynaptischen Membran verbunden (> Abb. 27.3b). Diese Verbindung wird über das Vesikelprotein Synaptobrevin, ein vSNARE, und die zwei neuronalen Membranproteine Syntaxin und SNAP25, zwei tSNARE, vermittelt, die zusammen den **SNARE-Komplex** (> 6.3.5) bilden. Das Signal für die Freisetzung des Neurotransmitters ist der Calcium-Einstrom über spannungsabhängige Calciumkanäle, die aufgrund eines Aktionspotenzials geöffnet werden. Durch Bindung von Ca^{2+}-Ionen an das Vesikelprotein Synaptotagmin (= Calciumsensor) wird die sterische Behinderung des SNARE-Komplexes durch Complexin aufgehoben. Die Vesikelmembran fusioniert mit der Zellmembran, sodass es zur Transmitterfreisetzung in den synaptischen Spalt kommt.
An der **Postsynapse** befinden sich für jeden Transmitter spezifische Rezeptoren (> Tab. 27.1). **Ionotrope Rezeptoren** wie der nikotinische Acetylcholinrezeptor sind ligandengesteuerte Ionenkanäle. Durch Bindung des Neurotransmitters kommt es an der postsynaptischen Zelle abhängig vom Rezeptortyp z. B. zum Einstrom von Kationen, wie Na^+-Ionen oder Ca^{2+}-Ionen, und damit zu einer Depolarisation (Erregung) der Postsynapse und einer Weiterleitung des elektrischen Signals. Alternativ kann es an der Postsynapse auch zum Einstrom von Anionen, meist Cl^--Ionen, und damit zur Hyperpolarisation kommen, was die Entstehung von weiteren Aktionspotenzialen hemmt. Bei den meist G-Protein-gekoppelten **me-**

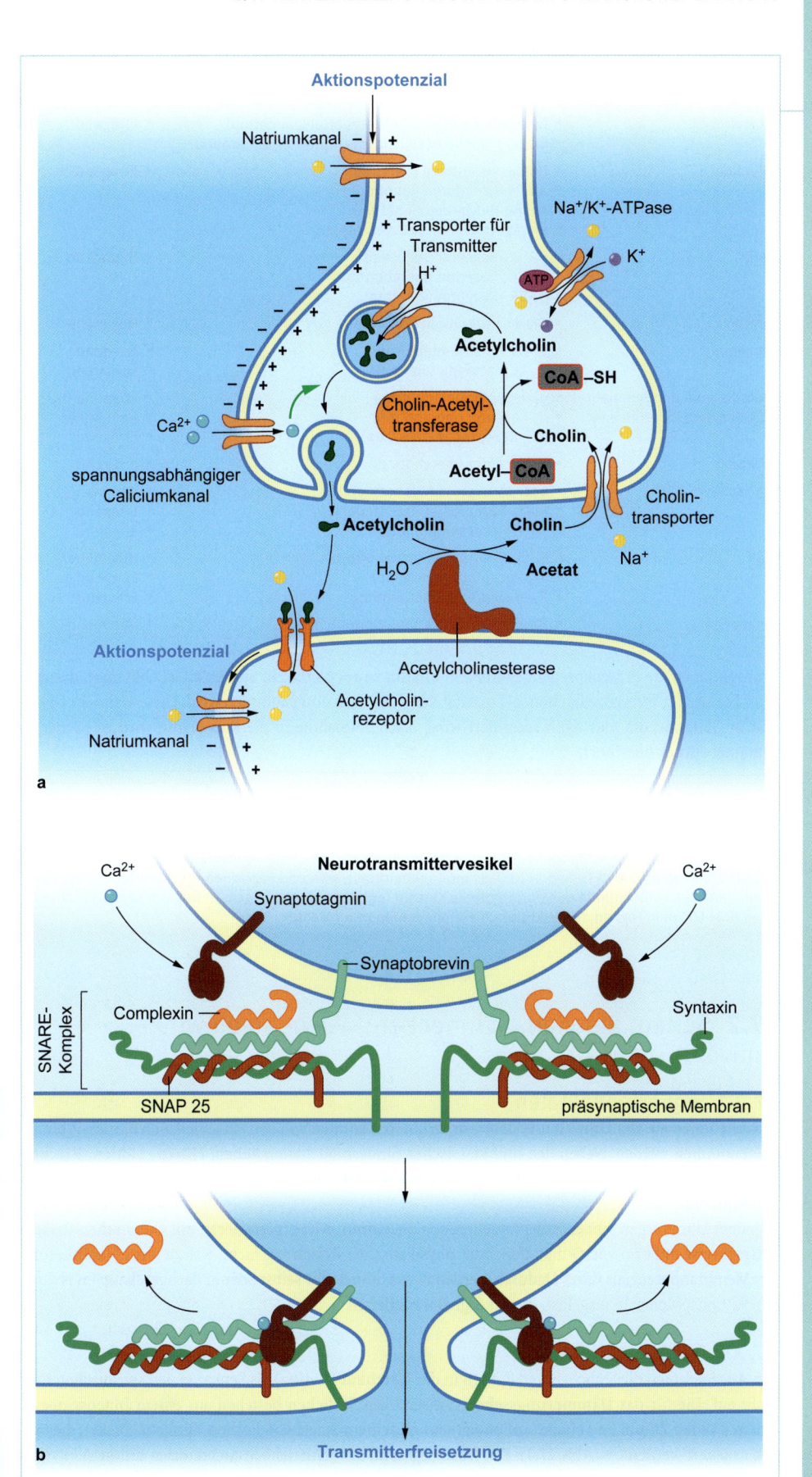

27.1 NERVENREIZLEITUNG: SCHNELLE INFORMATIONSWEITERLEITUNG

Abb. 27.3 a Chemische Synapse. [L141] b Fusion des synaptischen Vesikels mit der Präsynapse. [L141, L307]

tabotropen Rezeptoren löst die Bindung des Transmitters Signalkaskaden aus, die z. B. zur Öffnung von spezifischen Ionenkanälen führen.

Nach der Aktivierung postsynaptischer Rezeptoren muss der **Neurotransmitter** sehr schnell **aus dem synaptischen Spalt entfernt** werden. Dazu wird er entweder wie Acetylcholin durch die Acetylcholinesterase **gespalten** oder wie bei Dopamin, Noradrenalin, Histamin, Serotonin, Glycin und GABA durch

---

Aus Studentensicht

ABB. 27.3

Die **Neurotransmitter** werden schnell **aus dem synaptischen Spalt entfernt,** indem sie **gespalten** oder als intakte Botenstoffe wieder in die Präsynapse aufgenommen und **recycelt** werden. Glutamat wird von Gliazellen aufgenommen, in Glutamin umgewandelt und dann sezerniert. Glutamin wird nach Aufnahme in die Präsynapse wieder in Glutamat umgewandelt.

Aus Studentensicht

TAB. 27.1

Tab. 27.1 Wichtige Neurotransmitter und -rezeptoren

Transmitter	Rezeptortypen (Auswahl)	Hauptwirkung
Acetylcholin	• Nikotinische Acetylcholinrezeptoren (ionotrop) • Muskarinische Acetylcholinrezeptoren (metabotrop)	• Erregend
Glutamat	• NMDA-Rezeptoren (ionotrop) • AMPA-Rezeptoren (ionotrop) • Kainat-Rezeporen (ionotrop) • Metabotrope Glutamatrezeptoren	• Erregend
GABA	• $GABA_A$-Rezeptor (ionotrop) • $GABA_B$-Rezeptor (metabotrop) • $GABA_C$-Rezeptor (ionotrop)	• Hemmend
Glycin	• Glycin-Rezeptoren (ionotrop)	• Hemmend
Dopamin	• D_1-Rezeptor (metabotrop) • D_2-Rezeptor (metabotrop)	• Erregend • Hemmend
Noradrenalin und Adrenalin aus dem Nebennierenmark	• α_1-Rezeptor (metabotrop) • α_2-Rezeptor (metabotrop) • β_{1-3}-Rezeptor (metabotrop)	• Erregend • Hemmend • Erregend
Histamin	• H_1-Rezeptor (metabotrop)	• Erregend
Serotonin (5-HT)	• $5\text{-}HT_1$-Rezeptor (metabotrop) • $5\text{-}HT_2$-Rezeptor (metabotrop) • $5\text{-}HT_3$-Rezeptor (ionotrop)	• Hemmend • Erregend • Erregend
ATP	• P_1-(A-)Rezeptoren (metabotrop) • P_{2X}-Rezeptoren (ionotrop) • P_{2Y}-Rezeptoren (metabotrop)	• Hemmend • Erregend • Erregend
Enkephaline	• Opioidrezeptoren (metabotrop)	• Hemmend

Transporter in die Präsynapse aufgenommen, um ihn zu **recyceln**. Ein Sonderfall ist Glutamat, das aufgrund seiner für Nervenzellen hohen Toxizität von Gliazellen aufgenommen wird. Diese wandeln Glutamat in Glutamin um, das dann sezerniert wird. Nach Aufnahme in die Präsynapse wird es wieder in Glutamat zurück überführt.

> **Axonaler Transport**
>
> Viele axonale Proteine werden im Soma der Nervenzellen synthetisiert und anterograd (nach vorne gerichtet) transportiert. Enzyme für die Neurotransmittersynthese wie die Cholin-Acetyltransferase werden über den langsamen axonalen Transport (0,2–5 mm/Tag) befördert, während Peptidneurotransmitter wie die Enkephaline vesikulär mithilfe der Motorproteine Kinesin (anterograd) und Dynein (retrograd) sehr viel schneller (200–400 mm/Tag) an den Mikrotubuli entlang transportiert werden.

27.2 Sehen, Riechen, Schmecken: Wie nehmen wir Umweltreize wahr?

27.2.1 Sinnesmodalitäten

Informationen aus der Umwelt und dem Körperinneren können von den verschiedenen Sinnessystemen aufgenommen werden. Neben den fünf klassischen Sinnesmodalitäten **Sehen, Hören, Fühlen, Riechen und Schmecken** kennen wir heute weitere Sinne wie den **Gleichgewichtssinn,** den Temperatursinn und den Schmerz.

In jedem Sinnesorgan gibt es Rezeptorzellen, sog. **Sensoren.** Diese interagieren mit chemischen Reizen, beispielsweise in Form von Duftstoffen, oder physikalischen Reizen wie Licht, was zu einer Veränderung des Membranpotenzials führt. Dadurch werden in der Sinneszelle selbst oder in nachgeschalteten Neuronen Aktionspotenziale ausgelöst, die das Signal weiterleiten.

27.2.2 Sehen

Am Auge nehmen die Stäbchen und Zapfen in der **Netzhaut (Retina)** als Sensoren den spezifischen Reiz Licht auf. Die für das **Dämmerungssehen** notwendigen **Stäbchen** bestehen aus einem Innensegment, einem dünnen Zilium und einem Außensegment mit einem Stapel von flachen Vesikeln (Disks), die täglich erneuert werden (> Abb. 27.4). Das Innensegment, das zahlreiche Mitochondrien für die ATP-Synthese enthält, steht über eine synaptische Terminale mit der nachfolgenden retinalen Bipolarzelle in Kontakt.

In der Diskmembran des Außensegments befindet sich der Fotorezeptor **Rhodopsin.** Er besteht aus dem 7-Helix-Rezeptor **Opsin.** Ein Lysinrest des Opsins bildet mit der prosthetischen Gruppe **Retinal** eine Schiff-Base.

Die drei für das **Farbensehen** notwendigen **Zapfentypen,** die blaues, grünes oder rotes Licht absorbieren, weisen ein kleineres Außensegment mit weniger Disks auf und benötigen daher höhere Lichtintensitäten für das Auslösen eines Aktionspotenzials als die Stäbchen. Die Opsine in den Stäbchen und den drei

---

27.2 Sehen, Riechen, Schmecken: Wie nehmen wir Umweltreize wahr?

27.2.1 Sinnesmodalitäten

Mithilfe von in Sinnesorganen lokalisierten **Sensoren** kann der Organismus Informationen aus der Umwelt und dem Körperinneren wahrnehmen und diese Signale in Form von Aktionspotenzialen weiterleiten.
Neben den fünf klassischen Sinnesmodalitäten **Sehen, Hören, Fühlen, Riechen** und **Schmecken** gibt es weitere wie den **Gleichgewichtsinn.**

27.2.2 Sehen

In der **Netzhaut (Retina)** des Auges sitzen die **Stäbchen** und **Zapfen,** die der Lichtwahrnehmung dienen. Sie stehen über Synapsen mit den nachfolgenden Bipolarzellen in Kontakt. In ihren Außensegmenten befindet sich der Fotorezeptor **Rhodopsin,** der aus dem 7-Helix-Rezeptor **Opsin** und dem kovalent gebundenen **Retinal** besteht. Unterschiedliche Aminosäuresequenzen der Opsine ermöglichen verschiedene Farbwahrnehmungen, indem sie die Absorptionswellenlänge des Retinals beeinflussen. Das **Farbensehen** wird durch die drei **Zapfentypen** (blau, grün und rot), das **Dämmerungssehen** durch die **Stäbchen** ermöglicht.

Zapfentypen unterscheiden sich in ihrer Aminosäuresequenz. Dadurch verändern sich die elektronischen Eigenschaften der Tasche, in die das Retinal eingelagert ist, wodurch das Retinal Licht unterschiedlicher Farbe absorbiert. So reagieren z. B. Blau-Zapfen auf blaues, nicht aber auf rotes Licht.

ABB. 27.4

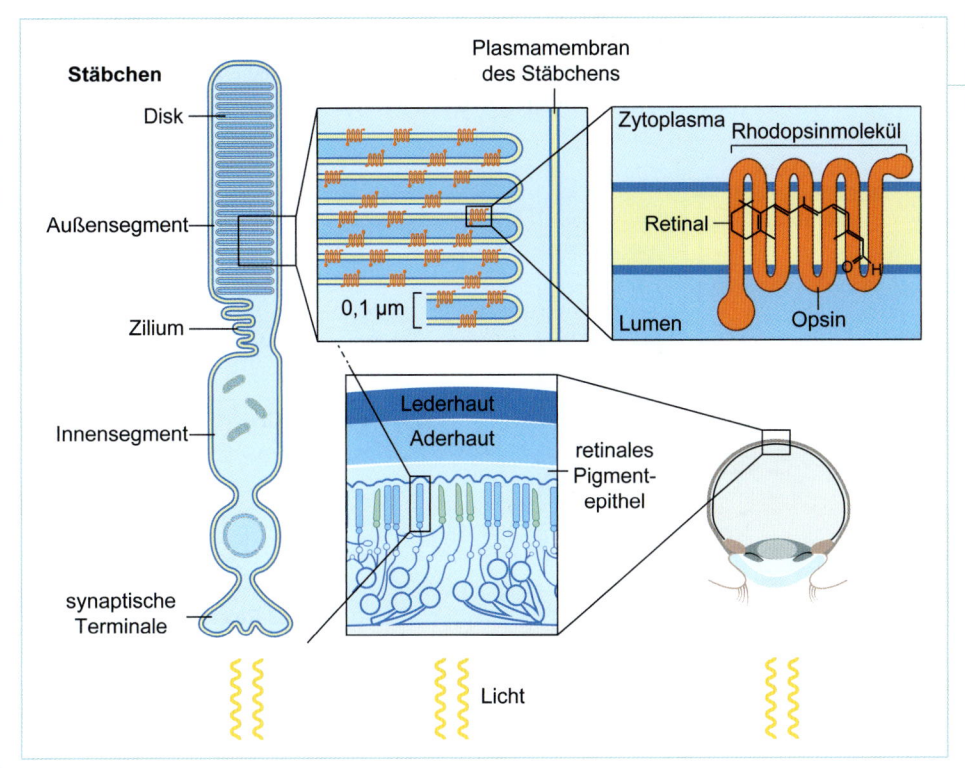

Abb. 27.4 Aufbau des Auges und des Stäbchens [L141, L307]

Sehkaskade

Im **Dunkelzustand** bildet die **Guanylat-Cyclase** in den Fotorezeptorzellen cGMP, das an CNG-Kanäle (Cyclic Nucleotide-Gated) in der Plasmamembran im Außensegment der Zellen bindet, wodurch die Kanäle geöffnet werden. Die einströmenden Na^+- und Ca^{2+}-Ionen führen zu einer Depolarisation der Fotorezeptorzelle. Ein Kaliumausstrom über Kaliumkanäle der zytoplasmatischen Membran im Innensegment der Zelle wirkt der Depolarisation entgegen, sodass sich im Dunkeln ein Membranpotenzial von −30 mV ausbildet.

Beim Fototransduktionsprozess werden Lichtquanten vom **11-cis-Retinal** absorbiert (> Abb. 27.5a). Die aufgenommene Energie führt zur **Isomerisierung** von der 11-cis- zur all-trans-Form (> Abb. 27.5b). Die Konformationsänderung des Retinals in der Bindungstasche bewirkt eine Konformationsänderung des Opsins, das dann als Metarhodopsin II bezeichnet wird. Wie die 7-Helix-Hormonrezeptoren induzieren die durch Licht aktivierten Rhodopsine an einem spezifischen trimeren G-Protein, dem **Transducin**, einen Austausch von GDP zu GTP. Die GTP-gebundene α-Untereinheit des Transducins aktiviert dann eine ebenfalls in die Diskmembran eingelagerte **Phosphodiesterase**, welche die Hydrolyse von cGMP zu GMP katalysiert. Da nicht mehr ausreichend cGMP für die Bindung an die CNG-Kanäle vorhanden ist, schließen sich diese. Nun überwiegt der Ausstrom von K^+-Ionen über Kaliumkanäle und es kommt zur **Hyperpolarisation** der Zellmembran auf −70 mV bei maximalem Lichteinfall.

Im Dunkeln gibt die Fotorezeptorzelle, ausgelöst durch den Calciumeinstrom über die CNG-Kanäle, ständig den **Transmitter Glutamat** ab, was zu einem kontinuierlichen Transmitterfluss von Glutamat von der Fotorezeptorzelle auf die nachgeschaltete retinale Bipolarzelle führt. An Bipolarzellen mit metabotropen Glutamatrezeptoren bewirkt Glutamat eine Hyperpolarisation der Zelle, an anderen Bipolarzellen mit ionotropen Glutamatrezeptoren eine Depolarisation. Bei Belichtung kommt es nun durch die Hyperpolarisation der Fotorezeptorenzelle zu einer verminderten Freisetzung von Glutamat, was an den Bipolarzellen mit metabotropen Glutamatrezeptoren eine Membrandepolarisation (= Invertierung des Signals) zur Folge hat. Die anderen Bipolarzellen mit ionotropen Glutamatrezeptoren hyperpolarisieren nach Lichteinfall. Die Signale der Bipolarzellen werden auf Ganglienzellen verschaltet und über den N. opticus (Sehnerv) letztlich zur Sehrinde geleitet.

Ca^{2+}-Ionen hemmen die Guanylat-Cyclase, sodass im Dunkelzustand, wenn durch die CNG-Kanäle Ca^{2+}-Ionen einströmen, nur wenig cGMP synthetisiert wird. Nach dem Schließen der CNG-Kanäle durch Licht werden durch einen membranständigen Na^+-Ca^{2+}-Austauscher im Außensegment Ca^{2+}-Ionen aus der Fotorezeptorzelle transportiert, sodass die zytosolische **Calciumkonzentration sinkt.** Durch die verringerte Hemmung der Guanylat-Cyclase wird diese nun aktiver und es erfolgt eine Resynthese von cGMP. So kommt es nach Ende eines Lichtreizes wieder zur Öffnung der CNG-Kanäle und damit zur Depolarisation der Fotorezeptorzelle zurück zum Ruhewert von −30 mV.

Aus Studentensicht

Sehkaskade

Im **Dunkelzustand** bildet die **Guanylat-Cyclase** in den Fotorezeptorzellen cGMP, das CNG-Kanäle in der Plasmamembran öffnet, wodurch Na^+- und Ca^{2+}-Ionen einströmen und sich ein Membranpotenzial von ca. −30 mV einstellt.
Bei Lichteinfall absorbiert das **11-cis-Retinal** Lichtquanten und **isomerisiert** in die all-trans-Form, was zu einer Konformationsänderung des Opsins führt. Das so aktivierte Rhodopsin aktiviert daraufhin das G-Protein **Transducin**, das die **Phosphodiesterase** aktiviert. Dadurch sinken die cGMP-Spiegel, was ein Schließen der CNG-Kanäle bewirkt. Dadurch kommt es zur **Hyperpolarisation** der Zellmembran.

Die durch den Lichteinfall hervorgerufene Hyperpolarisation der Fotorezeptorzelle führt zu einer verminderten **Glutamat-Freisetzung**, was an bestimmten nachgeschalteten Bipolarzellen eine Depolarisation auslöst.

Nach Ende eines Lichtreizes steigen die cGMP-Spiegel an und die CNG-Kanäle öffnen, sodass sich wieder ein Membranpotenzial von −30 mV einstellt.

Aus Studentensicht

Die Helligkeitsanpassung des Auges bei einem andauernden hellen Lichtreiz wird u. a. durch eine **sinkende zytosolische Calciumkonzentration** erreicht. Die durch Calcium gehemmte Guanylat-Cyclase wird enthemmt und produziert mehr cGMP, sodass die Zelle trotz Lichteinfall depolarisiert bleibt und nur durch eine stärkere Belichtung erregt werden kann (**Helladaptation**).

27 NERVEN, SINNE, MUSKELN: INFORMATIONSÜBERTRAGUNG

Derselbe Mechanismus führt bei einem andauernden Lichtreiz zur Helligkeitsanpassung. Nach dem Schließen der CNG-Kanäle sinkt die zytosolische Calciumkonzentration aufgrund der Aktivität des membranständigen Na^+-Ca^{2+}-Austauschers. Die Guanylat-Cyclase wird weniger gehemmt und die Erhöhung der cGMP-Konzentration führt zur Öffnung der CNG-Kanäle. Das Auge passt sich so an die Helligkeit an. Erst bei noch stärkerer Belichtung wird ausreichend cGMP durch die Phosphodiesterase abgebaut, sodass das Auge sehr helle Lichtquellen vor einem etwas weniger hellen Hintergrund erkennen kann. Calcium spielt somit bei der Helligkeitsanpassung (**Adaptation**) eine Rolle.

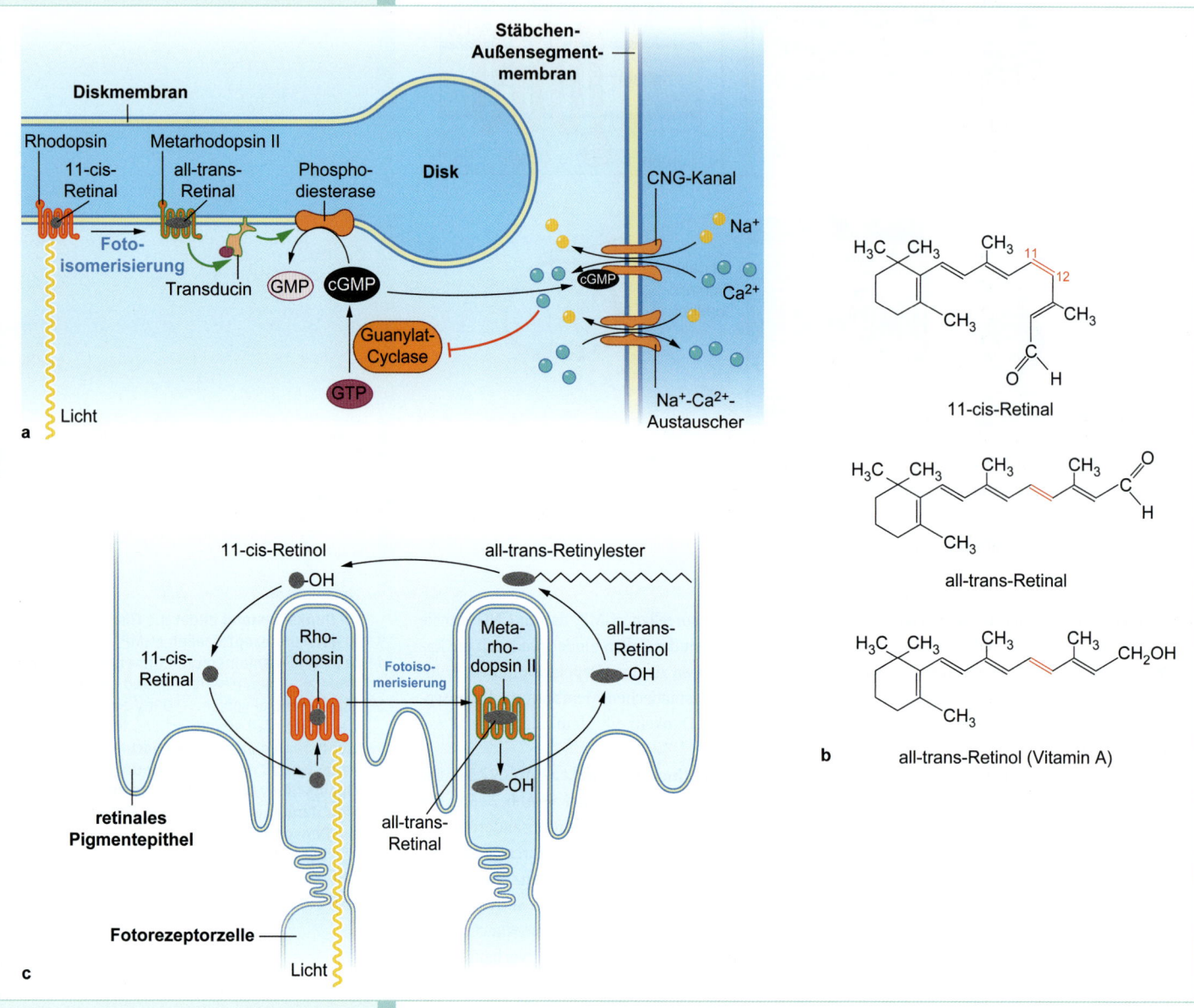

Abb. 27.5 **a** Fototransduktion. **b** Retinoide. **c** Retinoidstoffwechsel. [L141]

Der Transduktionsprozess der Zapfen verläuft in ähnlicher Weise wie der der Stäbchen.
Die für das **Farbensehen** nötigen **Zapfen** reagieren schneller, aber mit geringerer Empfindlichkeit auf Lichtreize als Stäbchen.

In den **Zapfen** erfolgt der Transduktionsprozess in ähnlicher Weise wie in den Stäbchen. Sie antworten jedoch schneller, aber mit geringerer Empfindlichkeit auf Lichtreize. Das **Farbensehen** beruht auf der neuronalen Verarbeitung von Antworten der drei Zapfentypen Blau-, Grün- und Rotzapfen mit ihren verschiedenen Absorptionsmaxima im kurz- (420 nm), mittel- (535 nm) und längerwelligen (565 nm) Bereich des Lichts.

KLINIK

KLINIK

Rot-Grün-Blindheit

Die Rot-Grün-Blindheit bzw. -Schwäche wird X-chromosomal-rezessiv vererbt. Beim Menschen liegen das Gen für das rotempfindliche Opsin und drei identische Gene für das sehr nah verwandte grünempfindliche Opsin nahe beieinander auf dem X-Chromosom. Durch illegitime Rekombination beim Crossing-over können die Gene deletiert werden oder Hybridgene entstehen. Die phänotypischen Folgen sind meist verschobene Absorptionsmaxima bei den Grün-Zapfen. Da die Farbensinnesstörung rezessiv-geschlechtsgebunden vererbt wird, kommt sie bei Frauen (0,4 %) seltener vor als bei Männern (12 %).

27.2 SEHEN, RIECHEN, SCHMECKEN: WIE NEHMEN WIR UMWELTREIZE WAHR?

Aus Studentensicht

Nach dem Fototransduktionsprozess wird Metarhodopsin II durch die Rhodopsin-Kinase phosphoryliert und bindet anschließend das Protein Arrestin, wodurch Transducin weniger stark aktiviert wird. Bereits aktiviertes Transducin wird durch Bindung an ein GTPase-aktivierendes Protein abgeschaltet. Das all-trans-Retinal wird über den **Retinoidstoffwechsel** recycelt (➤ Abb. 27.5c). Nach der Dissoziation vom Opsin wird es zunächst zu all-trans-Retinol reduziert und anschließend in die Pigmentepithelzelle transportiert. Dort wird es mit einer Fettsäure verestert, isomerisiert und zum 11-cis-Retinal oxidiert, das wieder in die Stäbchen und Zapfen transportiert wird (➤ Abb. 23.1).

Bei starkem Lichteinfall wird ein großer Teil des an Opsin gebundenen 11-cis-Retinals in die all-trans-Form umgewandelt, die sich vom Opsin löst und durch freies 11-cis-Retinal ersetzt wird. Dadurch sinkt die Konzentration an 11-cis-Retinal in der Fotorezeptorzelle, sodass nicht mehr alle Opsine regeneriert werden können. In dieser Situation kann nur noch durch sehr starke Belichtung die Signalkaskade ausgelöst werden, sodass dieser Prozess zur **Helladaptation** beiträgt. Erst bei weniger starkem Lichteinfall reicht die Geschwindigkeit des Retinoidstoffwechels aus, um die Konzentration an 11-cis-Retinal und damit die Beladung der Opsinmoleküle wieder zu erhöhen, sodass nach einigen Minuten die Lichtsensibilität der Fotorezeptorzellen wieder ansteigt.

Nach dem Fototransduktionsprozess wird das all-trans-Retinal im Rahmen des **Retinoidstoffwechsels** in mehreren Schritten zurück zu 11-cis-Retinal isomerisiert.
Das Absinken der Konzentration an freiem 11-cis-Retinal in der Fotorezeptorzelle während starker Belichtung trägt zur **Helladaptation** bei.

27.2.3 Riechen

Der **Geruchssinn (olfaktorisches System)** zählt wie der Geschmackssinn zur **Chemosensibilität** und damit zur Wahrnehmung chemischer Reize aus der Umwelt. Der Geruchssinn informiert uns über große Entfernungen hinweg über Nahrungsquellen und Gefahren und trägt wesentlich zum Erlebnis des Schmeckens bei. **Duftstoffe** sind typischerweise kleine, fettlösliche, leicht flüchtige Substanzen, wie sie in Lavendel, Vanille und Kaffee zu finden sind. Ein Duftstoff aktiviert i. d. R. mehrere olfaktorische Rezeptoren in verschiedenen Sinneszellen des Riechepithels der Nase. Die Rezeptoren für Duftstoffe werden durch homologe Gene codiert, die eine der größten Genfamilien des Menschen bilden. Von den ca. 1 000 Genen für Duftstoffrezeptoren sind beim Menschen allerdings nur noch ca. 350 funktionell. Jede Riechsinneszelle exprimiert nur einen Rezeptortyp. Mehrere Tausend Riechsinneszellen mit gleichem Rezeptortyp projizieren in denselben Bereich (= Glomerulus) im Bulbus olfactorius, in dem die weitere neuronale Verschaltung erfolgt. Im Gehirn wird das zeitliche und räumliche Aktivitätsmuster verschiedener Glomeruli verarbeitet, sodass der Mensch über 10 000, nach einigen Quellen sogar bis zu einer Billion Gerüche unterscheiden kann.

27.2.3 Riechen

Der zur **Chemosensibilität** gehörende **Geruchssinn (olfaktorisches System)** nimmt chemische Reize aus der Umwelt über größere Entfernungen wahr.
Duftstoffe sind meist kleine, fettlösliche, leicht flüchtige Substanzen, welche die im Riechepithel sitzenden Rezeptoren aktivieren.
Jede Riechsinneszelle exprimiert nur einen von ca. 350 verschiedenen Rezeptortypen. Mehrere Tausend Riechsinneszellen projizieren in ein Glomerulus im Bulbus olfactorius, in dem die weitere Verschaltung erfolgt. Der Mensch kann auf diese Weise über 10 000 verschiedene Gerüche unterscheiden.

Signaltransduktion

Bei den Rezeptoren des Riechepithels handelt es sich um G-Protein-gekoppelte Rezeptoren. Bindet ein Duftstoff an einen solchen **olfaktorischen Rezeptor** in den Zilien der olfaktorischen Sinneszellen, wird die Adenylat-Cyclase durch das heterotrimere G-Protein G_{olf} aktiviert (➤ Abb. 27.6). Das entstehende cAMP öffnet CNG-Kanäle, die vergleichbar mit denen in den Fotorezeptorzellen des Auges sind. Dadurch kommt es zum Einstrom von Kationen, v. a. Ca^{2+}- und Na^+-Ionen, und somit zur Depolarisation der Zilienmembran. Die durch die CNG-Kanäle einströmenden Ca^{2+}-Ionen bewirken über eine Aktivierung von calciumabhängigen Chloridkanälen einen Chloridausstrom aus der Zelle und damit eine Verstärkung der Membrandepolarisation. Das elektrotonisch zum Soma geleitete Rezeptorpotenzial löst schließlich ein Aktionspotenzial aus, das weiter in Richtung Bulbus olfactorius geleitet und dort mittels Glutamat auf die Mitralzelle umgeschaltet wird. Die einströmenden Ca^{2+}-Ionen binden auch an Calmodulin und aktivieren in diesem Komplex die Phosphodiesterase (➤ 9.6.2). Durch die sinkende cAMP-Konzentration kommt es zum Abschalten der Kaskade und damit zur Geruchsadaptation.

Signaltransduktion

Die **olfaktorischen Rezeptoren** sind G-Protein-gekoppelte Rezeptoren. Die Bindung eines Duftstoffs führt zur Aktivierung des G-Proteins G_{olf}, das die Adenylat-Cyclase aktiviert. Das gebildete cAMP öffnet Kationenkanäle. Der Einstrom von Ca^{2+}- und Na^+-Ionen führt zur Depolarisation der Zilienmembran, wodurch im Soma der Sinneszelle Aktionspotenziale ausgelöst werden. Das Signal wird im Bulbus olfactorius mittels Glutamat auf die Mitralzelle umgeschaltet. Über mehrere Zwischenschritte führen Ca^{2+}-Ionen zum Abschalten der Kaskade.

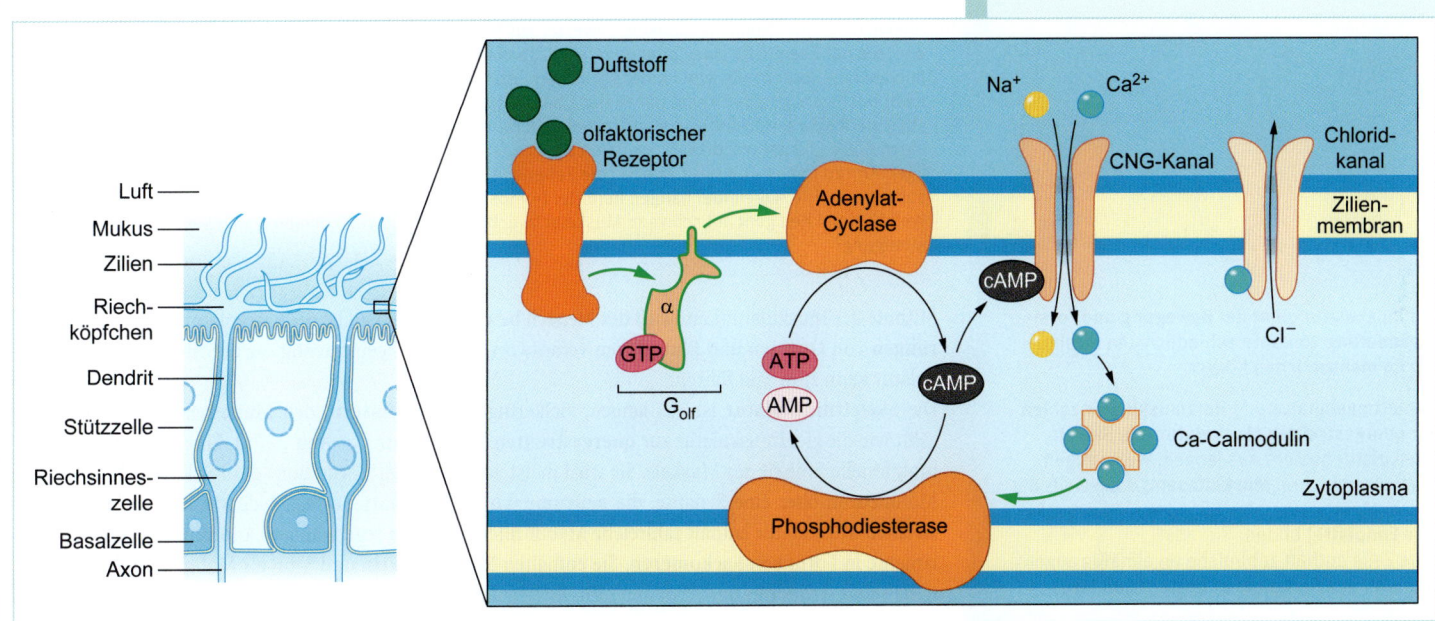

Abb. 27.6 Signaltransduktion in der olfaktorischen Sinneszelle [L141]

Aus Studentensicht

27.2.4 Schmecken

Der Geschmackssinn dient zusammen mit anderen Sinnesempfindungen der Überprüfung der Nahrung auf Qualität und Bekömmlichkeit. Der aus den fünf **Geschmacksqualitäten** (süß, sauer, salzig, bitter und umami) zusammengesetzte Geschmack wird über gustatorische Sinneszellen **(Geschmackssinneszellen)** aufgenommen und weitergeleitet.

Die Sinneszellen sind spezialisierte Epithelzellen mit spezifischen Rezeptormolekülen, die in Geschmacksknospen der Zunge und angrenzenden Bereichen lokalisiert sind. Ihre Aktivierung führt über verschiedene Signaltransduktionswege zu einer Erhöhung der intrazellulären Calciumkonzentration und dadurch zur Freisetzung von Transmittern wie ATP.

Signaltransduktion

Je nach Geschmacksqualität unterscheiden sich die **Signaltransduktionsmechanismen.**
- **Salzig:** Na^+-Ionen führen durch Einstrom über ENaC-Kanäle zur Depolarisation und Öffnung spannungsabhängiger Calciumkanäle.
- **Sauer:** Säure führt zur Depolarisation durch den Einstrom von Protonen und darauffolgende Schließung von Kaliumkanälen.
- **Umami:** Die Bindung von z. B. Glutamat an G-Protein-gekoppelte Rezeptoren führt zur Aktivierung der Phospholipase C, wodurch es IP_3-vermittelt zum Anstieg der zytoplasmatischen Calciumkonzentration kommt.
- **Süß und bitter:** Nach Bindung an spezifische Rezeptoren wird dieselbe Signaltransduktion ausgelöst wie bei umami.

27.3 Muskulatur

27.3.1 Aufbau der Muskulatur

Die Muskulatur dient der **Bewegung und Formveränderung** von unterschiedlichsten Strukturen im menschlichen Körper.

Skelettmuskulatur und **Herzmuskulatur** zählen zur **quergestreiften Muskulatur.** Die Skelettmuskulatur besteht aus langen, vielkernigen Muskelzellen, den **Muskelfasern**, die jeweils mit einem Motoneuron eine Synapse **(neuromuskuläre Endplatte)** bilden. Jede Zelle enthält zahlreiche regelmäßig angeordnete, aus **Sarkomeren** bestehende Myo-

---

27 NERVEN, SINNE, MUSKELN: INFORMATIONSÜBERTRAGUNG

27.2.4 Schmecken

Der Geschmackssinn hat im Zusammenspiel mit dem Geruchssinn und dem Schmerz die Funktion, die Nahrung auf Qualität und Bekömmlichkeit zu überprüfen. Im strengen Sinn ist Geschmack lediglich die Empfindung, die über die gustatorischen Sinneszellen **(Geschmackssinneszellen)** weitergeleitet wird. So ist die Empfindung des scharfen „Geschmacks" von Chilischoten kein echter Geschmack, da der Inhaltsstoff Capsaicin an Rezeptoren auf Schmerzfasern bindet.

Beim Menschen sind die fünf **Geschmacksqualitäten** süß, sauer, salzig, bitter und umami bekannt, weitere werden diskutiert. Für Bitterstoffe ist die Empfindlichkeit am höchsten, da der Bittergeschmack vor der Einnahme potenziell giftiger Stoffe schützt.

Die gustatorischen Sinneszellen sind spezialisierte Epithelzellen in den Geschmacksknospen v. a. auf der Zunge. Dort kann in jedem Bereich jede Geschmacksqualität nachgewiesen werden. Nach Aktivierung spezifischer Rezeptormoleküle durch verschiedene Geschmacksstoffe kommt es über verschiedene Signaltransduktionswege zur Erhöhung der zytoplasmatischen Calciumkonzentration in der Sinneszelle. Mithilfe des Transmitters ATP wird das Signal über Synapsen auf die afferenten Fasern der am Geschmackssinn beteiligten Hirnnerven übertragen.

Signaltransduktion

Die **Signaltransduktionsmechanismen** des Geschmacksinns sind für die fünf Geschmacksqualitäten spezifisch:
- **Salzig:** Na^+-Ionen fließen durch epitheliale Natriumkanäle (ENaC) in die Geschmackssinneszellen und führen zur Depolarisation. Dadurch werden spannungsabhängige Calciumkanäle geöffnet und Ca^{2+}-Ionen fließen in die Zelle.
- **Sauer:** Säure depolarisiert spezifische Geschmackssinneszellen durch den Einstrom von Protonen und das dadurch bedingte Schließen von Kaliumkanälen.
- **Umami:** Umami (jap. = Wohlgeschmack) wird v.a. durch Glutamat, GMP oder IMP ausgelöst, die Bestandteile von Muskelgewebe sind. Daher wird der Geschmack umami auch als „fleischig" bezeichnet. Nach Aktivierung von G-Protein-gekoppelten Rezeptoren, die in heteromerer Form als T1R1-T1R3-Komplexe vorliegen, kommt es über das G-Protein Gustducin zur Aktivierung der Phospholipase C. Die nachfolgende Erhöhung der intrazellulären IP_3-Konzentration bewirkt eine Erhöhung der zytoplasmatischen Calciumkonzentration.
- **Süß:** Zucker binden an heteromere T1R2-T1R3-Komplexe und bewirken dieselbe Signaltransduktion wie Glutamat bei der Erzeugung des Umami-Geschmacks.
- **Bitter:** Bitterstoffe binden an Rezeptoren der T2-Rezeptor-Familie und vermitteln ebenfalls über die Phospholipase C eine Erhöhung der intrazellulären Calciumkonzentration.

Eine sechste Geschmacksqualität mit Rezeptoren für Fettsäuren wird diskutiert.

27.3 Muskulatur

27.3.1 Aufbau der Muskulatur

> **FALL**
>
> **Sheryl kann nicht mehr lachen**
>
> Sheryl, die immer fröhliche Krankenschwester aus New Orleans, ist die Seele der Station, auf der Sie jobben. Sie hat Energie für zwei, oder eher hatte, denn in letzter Zeit hinterlässt wohl die harte Stationsarbeit auch bei ihr Spuren: „Es wird immer schlimmer, jetzt bin ich schon so erschöpft, dass ich die Arme nicht mehr hoch genug heben kann, um an das obere Regal zu kommen." Sie versucht zu lachen, aber das Lachen sieht sehr merkwürdig aus und je mehr sie es versucht, umso weniger gelingt es ihr. Sie gibt sich einen Ruck: „I'll get you down!" Sie fixiert die Box im oberen Regal und versucht mit aller Kraft, ihren unwilligen Arm zu heben und stellt sich auf die Zehenspitzen. Da sackt sie plötzlich wie eine Stoffpuppe in sich zusammen. Ihre Augenlider hängen herunter (= Ptosis).
> Welche Krankheit geht mit schwerer Muskelschwäche einher und verschlimmert sich bei zunehmender Anstrengung?

Mithilfe der Muskulatur kann sich der Mensch **bewegen.** Daneben ist die Muskulatur für **Formveränderungen** von Organen und Blutgefäßen verantwortlich. Eine Beeinträchtigung der Atem- und Herzmuskulatur kann zum Tod führen.

Die **Skelettmuskulatur** ist aus langen, vielkernigen **Muskelfasern**, den Muskelzellen, aufgebaut und zählt wie die Herzmuskulatur zur **quergestreiften Muskulatur** (> Abb. 27.7a). Eine Muskelfaser ist die funktionelle Einheit des Muskels. Sie wird meist von einem im Vorderhorn des Rückenmarks liegenden Motoneuron über eine Synapse, die **neuromuskuläre Endplatte**, erregt. Jede Muskelfaser der quergestreiften Muskulatur enthält zahlreiche Myofibrillen mit einer regelmäßigen Anordnung kontraktiler Filamente in Form von **Sarkomeren**. Sie enthalten **Myosin, Aktin** und Titin als Motor- und Strukturproteine sowie Troponin und Tropomyosin als Regulatorproteine. Die im Lichtmikroskop sichtbare Quer-

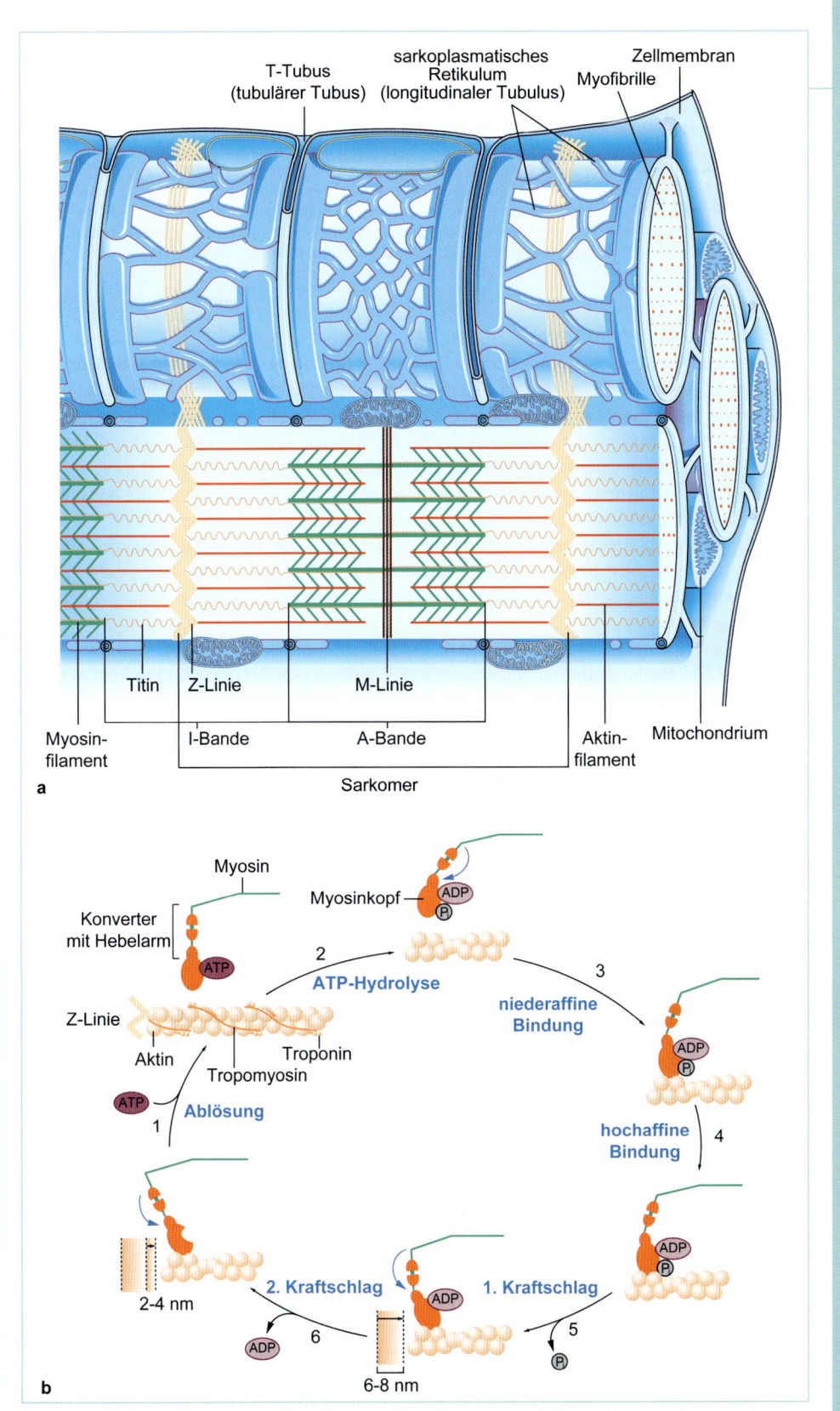

Abb. 27.7 a Aufbau einer Skelettmuskelfaser. b Querbrückenzyklus. Die gestrichelten Linien zeigen die Filamentverschiebung. [L141, L307]

streifung entsteht durch die regelmäßige Anordnung von dicken Myosin- und dünnen Aktinfilamenten, die dunkle A- und helle I-Banden bilden.

Die ebenfalls quergestreifte **Herzmuskulatur,** das Myokard, ist aus einkernigen Zellen aufgebaut. Die Herzmuskelzellen bilden über Gap Junctions elektrische Verbindungen, sodass sich Aktionspotenziale von Zelle zu Zelle ausbreiten können und eine koordinierte Kontraktion gewährleisten.

Die **glatte Muskulatur** von Hohlorganen und Blutgefäßen ist auch aus einkernigen Zellen aufgebaut, die oft, ähnlich wie beim Herzmuskel, durch Gap Junctions in funktionellem Kontakt stehen (funktionelles Synzytium). Da die Minisarkomere nicht streng parallel angeordnet sind, fehlt die Querstreifung.

Aus Studentensicht

ABB. 27.7

fibrillen, die u. a. die Proteine **Aktin, Myosin,** Troponin und Tropomysin beinhalten.

Die **Herzmuskulatur** besteht aus einkernigen Zellen, die über Gap Junctions elektrisch verbunden sind. So wird eine koordinierte Kontraktion des Herzmuskels ermöglicht.

Die **glatte Muskulatur** von Hohlorganen und Blutgefäßen besteht aus einkernigen Zellen, die durch Gap Junctions in funktionellem Kontakt stehen können.

Aus Studentensicht

> **Motorproteine**
>
> **Myosin** bezeichnet eine in verschiedene Klassen aufgeteilte Familie von Motorproteinen in eukaryoten Zellen. Weitere, u. a. für den intrazellulären Transport von Vesikeln und Zellorganellen zuständige Motorproteine sind **Kinesin** und **Dynein**. Motorproteine bestehen aus einer Kopfdomäne mit einer Bindungsstelle für ATP, das zur Energiegewinnung durch die enzymatische Aktivität der Motorproteine hydrolysiert wird, und einer Schwanzdomäne mit Bindungsstellen für zu transportierende Lasten. Während Kinesin und Dynein an Mikrotubuli binden, bewegt sich Myosin entlang von Aktinfilamenten. Ein sehr schnell bewegliches Motorprotein ist **Prestin**, das in äußeren Haarzellen des Innenohrs vorkommt. Hier findet im Unterschied zu den enzymatisch über ATP-Hydrolyse betriebenen Motorproteinen eine direkte Umwandlung elektrischer Spannung in mechanische Bewegung statt, wodurch eine deutlich höhere Motilität erreicht wird.

27.3.2 Kontraktion der Muskulatur

Bei der Längenänderung eines Muskels gleiten Aktin- und Myosinfilamente eines Sarkomers aneinander vorbei (**Gleitfilamentmechanismus**). Die Wechselwirkung zwischen Myosinkopf und Aktinfilament wird durch den **Querbrückenzyklus** beschrieben:

1. Bindung von ATP an den Myosinkopf und Lösung der Bindung von Aktin
2. Umklappen des Myosinkonverters mit Hebelarm in Richtung Z-Linie unter Hydrolyse von ATP zu ADP und P_i
3. Zunächst niedrig- und dann
4. Hochaffine Bindung des Myosinkopfs an Aktin
5. Verschiebung des Myosinfilaments am Aktinfilament durch Umklappen des Konverters mit Hebelarm unter Abdissoziation von P_i
6. Erneute Verschiebung von Myosin- und Aktinfilament gegeneinander unter Abdissoziation von ADP

Die chemische Energie des ATP wird bei der Muskelkontraktion in mechanische Energie umgewandelt.

Regulation der Aktin-Myosin-Interaktion

Die Aktin-Myosin-Interaktion wird über die zytosolische **Calciumkonzentration** reguliert. Bei hoher Konzentration binden Ca^{2+}-Ionen im quergestreiften Muskel an Troponin C, wodurch **Tropomyosin** die Myosinbindungsstelle am Aktin freigibt.
In der glatten Muskulatur wird die Aktin-Myosin-Interaktion über die Bindung von Ca^{2+}-Ionen an **Calmodulin** und die Myosin-leichte-Ketten-Kinase reguliert. Stickstoffmonoxid führt über die Dephosphorylierung des Myosins zur Relaxation der glatten Muskulatur.

Elektromechanische Kopplung

Die elektromechanische Kopplung beschreibt, wie das Aktionspotenzial der Muskelzelle zur Muskelkontraktion führt.
In der Skelettmuskulatur verändern **Dihydropyridinrezeptoren** durch das Aktionspotenzial ihre Konformation und aktivieren **Ryanodinrezeptoren** des sarkoplasmatischen Retikulums, sodass Ca^{2+}-Ionen in das Zytoplasma freigesetzt werden.
Im Herzmuskel und in der glatten Muskulatur führen einströmende Ca^{2+}-Ionen durch eine **calciuminduzierte Calciumfreisetzung** zur Erhöhung der zytosolischen Calciumkonzentration.

Relaxation des Muskels

Der Muskel relaxiert, wenn Ca^{2+}-Ionen aus dem Zytoplasma entfernt werden, sodass die Konzentration unter 10^{-7} mol/l sinkt.

27.3.2 Kontraktion der Muskulatur

Die Grundlage von Längenänderungen des Muskels ist der **Gleitfilamentmechanismus**. Bei einer Längenänderung gleiten dabei Myosin- und Aktinfilamente innerhalb eines Sarkomers aneinander vorbei. Die Länge der Filamente selbst ändert sich dabei nicht. Die molekulare Grundlage der Muskelkontraktion ist der **Querbrückenzyklus**, der durch zyklische Wechselwirkung zwischen Myosinkopf und Aktinfilament gekennzeichnet ist und wie folgt unterteilt werden kann (➤ Abb. 27.7b):

1. Bindung von ATP an den Myosinkopf und nachfolgende Lösung der festen Bindung des Myosinkopfs an Aktin. Die Totstarre beruht auf einem Fehlen dieser Weichmacherfunktion des ATP.
2. Umklappen des Myosinkonverters mit Hebelarm in Richtung Z-Linie durch Hydrolyse von ATP zu ADP und P_i. ADP und P_i bleiben in der Bindungsstelle gebunden.
3. Niederaffine Bindung des Myosinkopfs an ein neues Aktinmonomer durch Konformationsänderung des Myosinkopfs.
4. Hochaffine Bindung des Myosinkopfs an Aktin durch Strukturumlagerungen im Myosinkopf.
5. Erster Kraftschlag durch Abdissoziation von P_i und dadurch Verschiebung von Myosin- und Aktinfilament gegeneinander.
6. Weiteres Umklappen des Konverters mit Hebelarm durch Abdissoziation von ADP (zweiter Kraftschlag mit erneuter Verschiebung von Aktin- und Myosinfilament).

Die bei der Hydrolyse von ATP frei werdende chemische Energie wird durch den Querbrückenzyklus in mechanische Energie umgewandelt. Das für die Kontraktion benötigte ATP kann in der Muskelzelle aus **Kreatinphosphat**, in der **anaeroben Glykolyse** oder im **aeroben Stoffwechsel** gebildet werden. In der glatten Muskulatur ist der ATP-Umsatz 100- bis 1000-fach langsamer als im Skelettmuskel. Der glatte Muskel kann jedoch unter sehr geringem ATP-Verbrauch lang anhaltende Kräfte entwickeln und ist deshalb für Dauerkontraktionen, z. B. in den Gefäßmuskeln für die Blutdruckregulation, besonders geeignet.

Regulation der Aktin-Myosin-Interaktion

Die Regulation der Aktin-Myosin-Interaktion erfolgt über die zytosolische **Calciumkonzentration**. Bei niedriger Konzentration (10^{-7} mol/l) blockiert **Tropomyosin** die Myosin-Bindungsstelle am Aktin und verhindert so die Interaktion mit dem Myosinkopf (➤ Abb. 27.7b). Bei hoher Konzentration (10^{-5} mol/l) binden Ca^{2+}-Ionen im Skelett- und Herzmuskel an Troponin C, worauf Tropomyosin die Myosin-Bindungsstelle am Aktin freigibt. Im glatten Muskel übernimmt **Calmodulin** die Bindung von Ca^{2+}-Ionen. Calcium-Calmodulin bindet und aktiviert die Myosin-leichte-Ketten-Kinase. Diese phosphoryliert Myosin, sodass der Querbrückenzyklus ablaufen kann. Stickstoffmonoxid führt dagegen über eine Aktivierung der Guanylat-Cyclase und die cGMP-abhängige Stimulation der Protein-Kinase G zur Aktivierung einer Phosphatase und damit zur Dephosphorylierung der Myosin-leichte-Ketten-Kinase. Die daraus resultierende Relaxation der glatten Muskelzelle ist für die blutdrucksenkende Wirkung des NO verantwortlich (➤ 9.8.5).

Elektromechanische Kopplung

Die elektromechanische Kopplung beschreibt, wie das Aktionspotenzial der Muskelzelle zur Muskelkontraktion führt. In der Skelettmuskelzelle verändern spannungssensible Calciumkanalproteine (= **Dihydropyridinrezeptoren**), die in den transversalen Tubuli lokalisiert sind, durch das Aktionspotenzial ihre Konformation (➤ Abb. 27.8). Sie aktivieren dann durch räumliche Interaktion Calciumkanäle im sarkoplasmatischen Retikulum (= **Ryanodinrezeptoren**), sodass Ca^{2+}-Ionen aus dem sarkoplasmatischen Retikulum in das Zytoplasma freigesetzt werden.

Im Herzmuskel und im glatten Muskel strömen bei einem Aktionspotenzial Ca^{2+}-Ionen durch einen anderen Typ von Dihydropyridinrezeptoren in die Muskelzelle und führen dort zu einer Calciumfreisetzung aus dem sarkoplasmatischen Retikulum über den Ryanodinrezeptor (= **calciuminduzierte Calciumfreisetzung**), sodass es zu einer Erhöhung der zytosolischen Calciumkonzentration kommt.

Relaxation des Muskels

Im Skelettmuskel werden Ca^{2+}-Ionen durch Calciumpumpen (= Ca^{2+}-ATPasen) aus dem Zytoplasma in das sarkoplasmatische Retikulum gepumpt. Im Herzmuskel und in der glatten Muskulatur gibt es darüber hinaus noch Ca^{2+}-ATPasen und 3 Na^+/1 Ca^{2+}-Austauscher in der Plasmamembran. Nach Absinken der zytosolischen Ca^{2+}-Konzentration unter 10^{-7} mol/l relaxiert der Muskel.

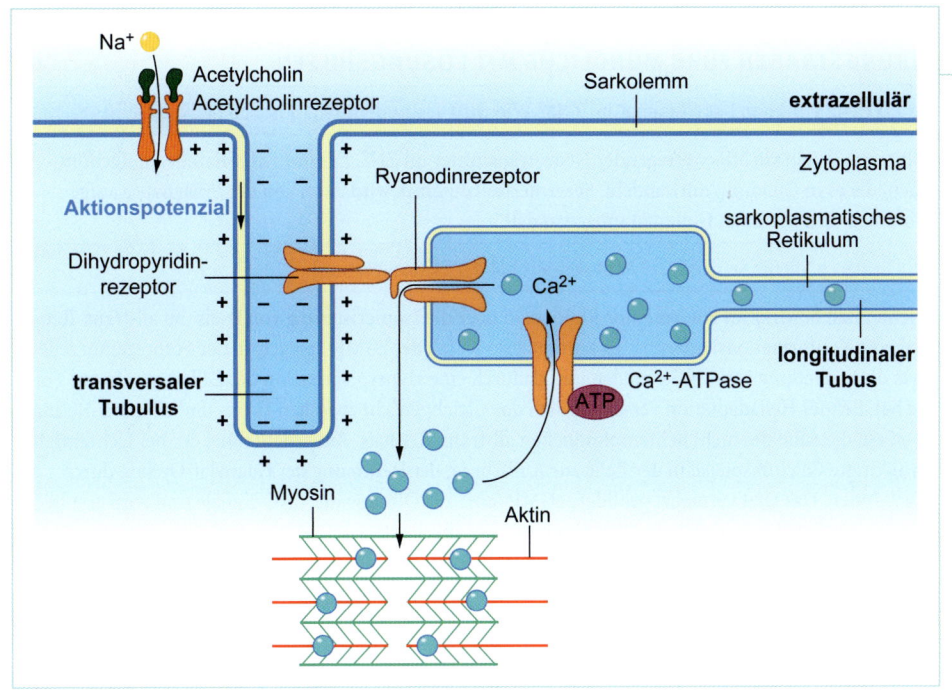

Abb. 27.8 Elektromechanische Kopplung im Skelettmuskel [L141]

27.3.3 Neuromuskuläre Erregungsübertragung an der Skelettmuskulatur

Die **neuromuskuläre Endplatte** ist eine erregende Synapse zwischen einem Motoneuron und einer Skelettmuskelfaser (> Abb. 27.3a). Ein am Motoneuron einlaufendes Aktionspotenzial führt durch die Öffnung von spannungsabhängigen Calciumkanälen zur Freisetzung des Transmitters Acetylcholin. Dessen Bindung an **nikotinische Acetylcholinrezeptoren** in der Postsynapse bewirkt einen Einstrom von Kationen, v. a. Na^+-Ionen. Durch die daraus resultierende Depolarisation (= Endplattenpotenzial) wird in der Muskelfaser ein Aktionspotenzial ausgelöst, das über die elektromechanische Kopplung zur Kontraktion führt.

Das in den synaptischen Spalt freigesetzte Acetylcholin wird dort schnell von der **Acetylcholinesterase** durch Spaltung in Acetat und Cholin inaktiviert. Das Cholin wird für die Resynthese von Acetylcholin über einen Natrium-Cholin-Cotransporter wieder in die Präsynapse aufgenommen.

Muskelrelaxanzien

Nicht-depolarisierende Muskelrelaxanzien wie d-Tubocurarin wirken über eine kompetitive Hemmung der nikotinischen Acetylcholinrezeptoren lähmend auf die Skelettmuskulatur. Bei Vergiftungen mit dem südamerikanischen Pfeilgift Curare können als Antidot Acetylcholinesterasehemmer angewandt werden, die über eine Erhöhung der Konzentration an Acetylcholin im synaptischen Spalt das Gift von den Acetylcholinrezeptoren verdrängen.

Depolarisierende Muskelrelaxanzien wie Succinylcholin wirken als Agonisten mit einer höheren Affinität als Acetylcholin erregend an nikotinischen Acetylcholinrezeptoren. Sie werden nur langsam durch Acetylcholinesterasen abgebaut. Es kommt zu einer Dauerdepolarisation der neuromuskulären Endplatte und somit zur Muskellähmung. Depolarisierende Muskelrelaxanzien werden bei Narkosen eingesetzt. Aufgrund ihrer Nebenwirkungen werden sie jedoch seltener als die nicht-depolarisierenden angewendet.

FALL

Sheryl kann nicht mehr lachen: Myasthenia gravis

Wie sich nach einigen Tests auf der neurologischen Nachbarstation herausstellt, hat Sheryl eine **Myasthenia gravis**. Sie bildet **Antikörper** gegen die **nikotinischen Acetylcholinrezeptoren**. Schließlich kommt es durch die Autoimmunreaktion zu einem Abbau der nikotinischen Acetylcholinrezeptoren und so zu einer verringerten Dichte der Rezeptoren an der Postsynapse, die zunächst noch durch eine gesteigerte Acetylcholinausschüttung kompensiert werden kann. Durch die Einschränkung der Erregungsübertragung auf die Muskelfasern entsteht letztlich eine fortschreitende Muskelschwäche, die sich durch Anstrengung verschlechtert, da sich durch die erhöhte Ausschüttung die Acetylcholinspeicher in den Nervenzellen erschöpfen. Die Ptosis kann durch fortgesetztes Nach-oben-Schauen – wie bei Sheryl – provoziert werden. Das dient häufig als diagnostisches Kriterium.

Dank einer Therapie mit immunsuppressiven Medikamenten und Acetylcholinesterasehemmern kann Sheryl ein paar Wochen später schon wieder lachen und auch die Box aus dem oberen Regal herunterholen. Acetylcholinesterasehemmer vom Typ Eserin verzögern den Abbau von Acetylcholin und erhöhen so die Acetylcholinkonzentration im synaptischen Spalt. Dadurch depolarisiert die Muskelzelle auch bei einer verringerten Rezeptorendichte und die Muskulatur kann sich kontrahieren. Neben der immunsuppressiven Therapie ist bei Myasthenia gravis die Entfernung des Thymus als Ort der Bildung von Antikörpern eine wirksame Therapie.

Aus Studentensicht

ABB. 27.8

27.3.3 Neuromuskuläre Erregungsübertragung an der Skelettmuskulatur

Die **neuromuskuläre Endplatte** ist eine erregende Synapse zwischen einem Motoneuron und einer Skelettmuskelfaser. Acetylcholin wird vom erregten Motoneuron ausgeschüttet und aktiviert postsynaptische **nikotinische Acetylcholinrezeptoren**. Die Folge ist eine Depolarisation der Muskelfaser und die Entstehung eines Aktionspotenzials. Acetylcholin wird im synaptischen Spalt durch die **Acetylcholinesterase** in Acetat und Cholin gespalten, das dann im Motoneuron wieder zu Acetylcholin recycelt wird.

Muskelrelaxanzien

Nicht-depolarisierende Muskelrelaxanzien wie d-Tubocurarin wirken über eine kompetitive Hemmung der nikotinischen Acetylcholinrezeptoren lähmend auf die Skelettmuskulatur.
Depolarisierende Muskelrelaxanzien wie Succinylcholin führen als Acetylcholinrezeptoragonisten zu einer Muskellähmung durch Dauerpolarisation der neuromuskulären Endplatte.
Beide Typen von Muskelrelaxanzien werden bei Narkosen eingesetzt.

Aus Studentensicht

PRÜFUNGSSCHWERPUNKTE
IMPP
!!! Muskelkontraktion
!! Serotonin
! Myelinscheiden, Sehvorgang

Kompetenzorientierte Lernziele (NKLM)
Die Studierenden können
- die Mechanismen der Entstehung und Weiterleitung von Aktionspotenzialen sowie elektrotonischer Leitung erklären.
- die Funktion und Freisetzung unterschiedlicher Transmitter erklären.
- Wirkmechanismen und Abbau unterschiedlicher Transmitter erklären.
- die elektrische Signalübertragung zwischen Zellen erklären.
- den molekularen Mechanismus des Sehvorgangs in der Retina erklären.
- die Mechanismen der Signaltransduktion in der Regio olfactoria erklären.
- die Mechanismen der Signaltransduktion in den Geschmacksknospen erklären.
- die Unterschiede von Aufbau und Kontraktionsmechanismen der Muskelzelltypen erklären.

ÜBUNGSFRAGEN FÜRS MÜNDLICHE MIT LÖSUNGSHILFEN

1. Welche Funktion hat Glutamat im ZNS? Wie wird es aus dem synaptischen Spalt entfernt?

Glutamat ist ein wichtiger erregender Neurotransmitter im ZNS. Es wird von Gliazellen aufgenommen, die es in Glutamin umwandeln. Sezerniertes Glutamin wird dann von der Präsynapse aufgenommen und wieder in Glutamat umgewandelt.

2. Erklären Sie die Sehkaskade! Was passiert bei der Helladaptation?

Lichteinfall bewirkt im Fotorezeptor Rhodopsin über die Isomerisierung von 11-cis- zu all-trans-Retinal eine Konformationsänderung. Es kommt zum Abfall des cGMP-Spiegels in der Fotorezeptorzelle, was die Schließung von CNG-Kanälen und dadurch eine Hyperpolarisation der Zellmembran zur Folge hat. Bei der Helladaptation verschiebt sich das Gleichgewicht zwischen 11-cis- und all-trans-Retinal weit auf die Seite des nicht lichtempfindlichen all-trans-Retinals. Außerdem führt der bei Lichteinfall erniedrigte Calciumspiegel in der Zelle zur Aufhebung der Hemmung der Guanylat-Cyclase durch Ca^{2+}-Ionen. Das jetzt vermehrt gebildete cGMP führt zur Öffnung der CNG-Kanäle und wird erst bei verstärkter Belichtung durch die Phosphodiesterase abgebaut.

KAPITEL 28

Entwicklung und Alter: auf der Suche nach der Unsterblichkeit

Andrea Dankwardt

28.1 Zelluläre Grundlagen der Entwicklung 761
28.1.1 Grundzüge der Embryonalentwicklung 761
28.1.2 Regulation der Zellproliferation und -differenzierung 764

28.2 Altern 766
28.2.1 Mechanismen des Alterns 766
28.2.2 Neurodegenerative Erkrankungen 771
28.2.3 Kalorienrestriktion: eine Strategie zur Lebensverlängerung? 777

Aus Studentensicht

Wir alle werden älter. Immer wieder handeln Filme und Bücher vom unendlichen Leben. Aber gibt es überhaupt etwas wie die „Unsterblichkeit"? Dieses Kapitel beginnt mit der Entstehung des Individuums und gibt dir Einblicke in die therapeutischen Möglichkeiten der Stammzellforschung und endet schließlich bei dem Prozess des Alterns. In diesem Kontext wirst du einiges über alterstypische Erkrankungen wie die Alzheimer-Krankheit oder den Morbus Parkinson erfahren und lernen, welche Prozesse in unserem Körper eigentlich dafür sorgen, dass wir Menschen nicht unendlich lange leben können. Trotz intensiver Forschungsbemühungen sind noch viele Prozesse des natürlichen Alterns unverstanden und Gegenstand zahlreicher Forschungsprojekte.
Karim Kouz

28.1 Zelluläre Grundlagen der Entwicklung

28.1.1 Grundzüge der Embryonalentwicklung

> **FALL**
>
> **Herr Wilhelm und die kleine Schrift**
>
> Ihr Praktisches Jahr in der Neurologie neigt sich dem Ende zu. Sie haben die Bedeutung des Dopamins für die normale Funktion der Motorik kennengelernt (➤ 21.6), verstanden, warum ein Dopaminmangel nicht direkt mit Dopamin, sondern mit L-Dopa behandelt wird (➤ 26.5.1), und einen jungen DJ mit erblichem Parkinson kennengelernt (➤ 10.5.4).
> Die meisten Patienten, die an Parkinson leiden, sind allerdings zwischen 50 und 70 Jahren alt. Parkinson ist damit eine typische Alterserkrankung. So auch bei Herrn Wilhelm, Ihrem Nachbarn, der es nur Ihrer geschärften Beobachtung zu verdanken hat, dass bei ihm die richtige Diagnose gestellt wurde. Ihnen fiel auf, dass auf der Urlaubskarte, die er Ihnen als Dank für das Blumengießen schrieb, seine anfänglich normal große Schrift immer kleiner und schließlich winzig wurde. Auch hatte er immer über einen steifen Arm geklagt und sein Gesichtsausdruck blieb unbewegt. Außerdem erschien er Ihnen in den letzten Monaten zunehmend depressiv. Tatsächlich sind ein orthopädisch nicht behandelbares Schulter-Arm-Syndrom und eine Depression die häufigsten Fehldiagnosen bei beginnendem Parkinson. Mittlerweile schwingt sein rechter Arm beim Gehen nicht mehr mit, ein häufiges Anfangssymptom der Parkinson-Erkrankung. Oft sind die Kardinalsymptome **Tremor, Rigor, Hypokinese und posturale Instabilität** nicht alle bereits bei Beginn der Erkrankung vorhanden. Bei Herrn Wilhelm sind es zwei: Rigor (der steife Arm) und Hypokinese (die verkleinerte Bewegung beim Schreiben, das fehlende Schwingen des Arms und das bewegungslose Gesicht). Der L-Dopa-Test beim Neurologen, der zu einer sofortigen Besserung seiner Symptome führt, bekräftigt die Diagnose: Herr Wilhelm leidet an einem idiopathischen (ohne erkennbare Ursache) Parkinson-Syndrom, der häufigsten motorischen neurodegenerativen Erkrankung.
> Wieso steigt mit dem Alter die Wahrscheinlichkeit, an Parkinson zu erkranken? Wie kann Herrn Wilhelm geholfen werden?

Nach der Befruchtung der Eizelle durch das Spermium vereinigen sich die beiden haploiden Zellkerne zu einem einzigen diploiden Zellkern und die Entwicklung des Menschen beginnt. Die Befruchtung markiert den Beginn der **Embryogenese**, bei der sich die **Zygote** (befruchtete Eizelle) teilt und eine große Zahl diploider Zellen hervorbringt. Da die Zygote den gesamten lebensfähigen Embryo inklusive der extraembryonalen Gewebe bildet, ist sie **totipotent**.
Während der Embryonalentwicklung entstehen aus der Zygote **pluripotente Zellen (Stammzellen)** und daraus immer weiter differenzierte Tochterzellen, deren Fähigkeit, sich zu unterschiedlichen Zelltypen zu differenzieren, u.a. durch DNA-Methylierung und Chromatinmodifikationen immer stärker eingeschränkt wird. Zu den grundlegenden Vorgängen der **Embryonalentwicklung** gehören (➤ Abb. 28.1):
- **Zellteilung:** Bildung vieler Zellen aus einer Ursprungszelle
- **Zelldifferenzierung:** Entwicklung von Zellen aus einem weniger spezialisierten in einen stärker spezialisierten Zustand

28.1 Zelluläre Grundlagen der Entwicklung

28.1.1 Grundzüge der Embryonalentwicklung

Bei der Befruchtung einer Eizelle vereinigen sich zwei haploide Zellen zu einer diploiden Zelle, der **Zygote**, und die **Embryogenese** beginnt. Aus der **totipotenten** Zygote, entstehen **pluripotente Zellen (Stammzellen)** und daraus weiter differenzierte Tochterzellen, die in ihrer Fähigkeit, andere Zellen zu bilden, durch epigenetische Modifikationen immer weiter eingeschränkt werden. Zu den grundlegenden Vorgängen der **Embryonalentwicklung** gehören:
- **Zellteilung**
- **Zelldifferenzierung**
- **Wechselwirkung zwischen Zellen**
- **Zellmigration**

Aus Studentensicht

- **Wechselwirkung zwischen Zellen:** Signalaustausch zwischen Zellen und Koordination mit ihren Nachbarzellen
- **Zellmigration:** Wanderung oder Umgruppierung von Zellen bei der Bildung von Geweben und Organen

ABB. 28.1

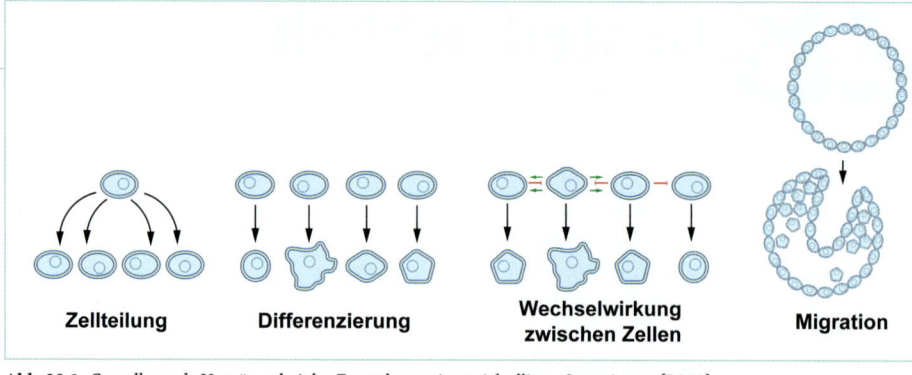

Abb. 28.1 Grundlegende Vorgänge bei der Entstehung eines vielzelligen Organismus [L299]

Vielzellige Lebewesen bestehen v. a. aus diploiden **somatischen Zellen**. Zusätzlich enthalten sie haploide **Keimzellen (Gameten)**. Bei der Fortpflanzung wird das genetische Material der Gameten von den Eltern an die Nachkommen vererbt.

Vielzellige Lebewesen enthalten **Keimzellen (Gameten)** und **somatische Zellen**. Das genetische Material der haploiden Keimzellen wird bei der Fortpflanzung von den Eltern an die Nachkommen weitergegeben. Im Gegensatz zu den somatischen Zellen machen sie nur einen sehr kleinen Teil aller Zellen aus. Somatische Zellen sind diploid. Die meisten sind ausdifferenzierte Zellen mit spezifischen Funktionen in Geweben und Organen, die sich i. d. R. nicht mehr teilen. Nur wenige somatische Zellen sind Stammzellen.

Stammzellen: der Jungbrunnen

Stammzellen sind Ursprungszellen, die sich unbegrenzt teilen und verschiedene Zelltypen bilden können. Sie sind **nicht determiniert** und spielen sowohl bei der Embryonalentwicklung als auch bei der Gewebeerneuerung eine wichtige Rolle.
Stammzellen können sich **asymmetrisch teilen.** Dabei entstehen zwei Tochterzellen, eine **Stammzelle** und eine **Vorläuferzelle,** deren Entwicklungslinie stärker festgelegt und deren Anzahl an Zellteilungen nicht mehr unbegrenzt ist. Aus den Vorläuferzellen entstehen über Zwischenstufen **differenzierte Zellen,** welche die Gewebe bzw. Organe des Körpers aufbauen.
Bei der **symmetrischen Teilung** entstehen aus einer Stammzelle zwei neue **Stammzellen**. Diese Art der Teilung findet z. B. während der Embryonalentwicklung statt.

Stammzellen: der Jungbrunnen

Stammzellen sind Ursprungszellen, die sich nahezu unbegrenzt teilen und differenzierte Zelltypen des Körpers wie Muskel-, Nerven- oder Blutzellen bilden können. Sie sind nur wenig oder gar nicht differenziert und noch **nicht determiniert** (auf eine spätere Funktion im Organismus festgelegt). Sie sorgen daher für den Nachschub der über 200 verschiedenen Zelltypen des Menschen und spielen sowohl bei der Embryonalentwicklung als auch bei der Erneuerung der Gewebe eine wichtige Rolle.

Stammzellen können sich **asymmetrisch teilen** und dabei eine neue Stammzelle und gleichzeitig eine stärker differenzierte weitere Zelle hervorbringen. Diese Zellen können ebenfalls **Stammzellen** sein, die ein eingeschränkteres Differenzierungsspektrum aufweisen als die Ausgangszellen, oder aber Zellen, deren Anzahl an Zellteilungen begrenzt ist und die somit im strengen Sinne keine Stammzellen mehr sind, aber noch einzelne Stammzelleigenschaften aufweisen können (> Abb. 28.2a). Solche Zellen werden manchmal auch als **Vorläuferzellen** oder vermehrende Übergangszellen bezeichnet. Die Abgrenzung zu Stammzellen ist oft wie im Falle des hämatopoetischen Systems nicht eindeutig. Während Stammzellen nur eine niedrige Teilungsrate aufweisen, teilen sich die Vorläuferzellen oft und produzieren schnell eine große Menge an Tochterzellen. Aus ihnen entstehen über weitere Zwischenstufen die **differenzierten Zellen** der Gewebe und Organe.

Stammzellen können auch einem **symmetrischen Teilungsmuster** folgen und zwei neue Stammzellen hervorbringen (> Abb. 28.2b). Dadurch werden z. B. während der Embryonalentwicklung oder bei der Reparatur von Verletzungen verstärkt neue **Stammzellen** produziert. Verglichen mit der asymmetrischen Teilung ist diese Form der Teilung jedoch selten.

ABB. 28.2

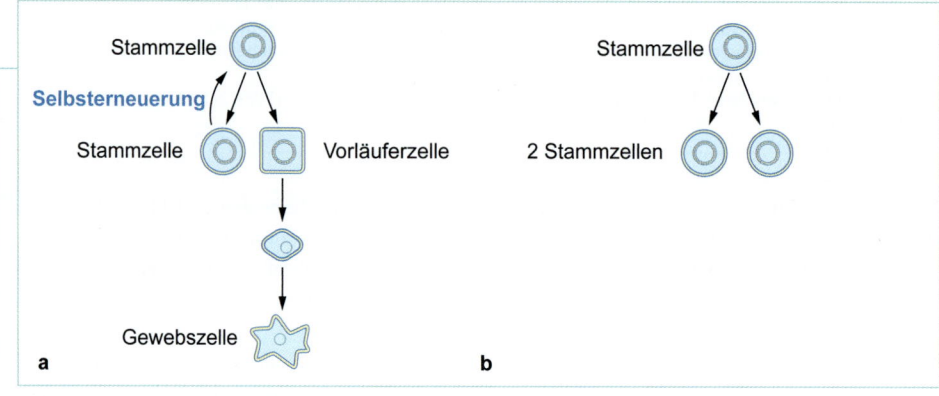

Abb. 28.2 Teilung von Stammzellen. **a** Asymmetrische Teilung. **b** Symmetrische Teilung. [L299]

762

Stammzellen werden hinsichtlich ihres **Differenzierungspotenzials** sowie ihrer Herkunft unterschieden:
- **Totipotente (omnipotente) Stammzellen** wie die befruchtete Eizelle und frühe Blastomere haben die Fähigkeit, alle embryonalen und extraembryonalen Gewebe zu bilden.
- **Pluripotente Stammzellen** wie embryonale Stammzellen haben die Fähigkeit, alle embryonalen Gewebe zu bilden. Im engeren Sinne werden nur toti- und pluripotente Zellen als Stammzellen bezeichnet.
- **Multipotente Stammzellen** wie adulte Stammzellen können viele differenzierte Zelltypen bilden.
- **Oligopotente Stammzellen** wie lymphatische oder myeloische Stammzellen sind determinierte Stammzellen, die wenige verschiedene Zelltypen innerhalb eines Gewebetyps bilden.
- **Unipotente Stammzellen** wie die spermatogonialen Stammzellen können nur einen Zelltyp hervorbringen.

Embryonale Stammzellen

Nach der Befruchtung sind die Zellen bis zum Acht-Zell-Stadium totipotent. Aus diesen Zellen entwickelt sich die **Blastozyste,** aus deren innerer Zellmasse (Embryoblast) die **pluripotenten embryonalen Stammzellen** (ES-Zellen) hervorgehen. Sie können i. d. R. alle Arten von Körperzellen bilden, außer den extraembryonalen Zellen, die den Trophoblasten und damit die embryonalen Anteile der Plazenta hervorbringen. Er wird von den übrigen Zellen der Blastozyste gebildet.

Die embryonalen Stammzellen spezialisieren sich in der Folge sehr schnell und es entstehen drei **Keimblätter:** das **Ektoderm,** aus dem u. a. Haut und Gehirn hervorgehen, das **Endoderm,** aus dem viele der inneren Organe entstehen, und das **Mesoderm,** das u. a. das Bindegewebe und den Bewegungsapparat hervorbringt. Die Stammzellen der einzelnen Keimblätter sind **multipotent** und haben im Allgemeinen nur noch Entwicklungspotenzial innerhalb eines Keimblatts. So können neuronale Stammzellen nur Zelltypen des Gehirns hervorbringen, nicht aber Muskelzellen.

Fetale Stammzellen stammen aus dem Fetus und sind meist pluripotent oder multipotent. Als Fetus wird der menschliche Embryo nach Ausbildung der inneren Organe (= Organogenese) bezeichnet, was typischerweise ab ca. der 9. Schwangerschaftswoche der Fall ist.

Die Herstellung menschlicher embryonaler Stammzelllinien ist ethisch umstritten und in Deutschland durch das **Embryonenschutzgesetz** verboten. Auch die Nutzung aus dem Ausland importierter menschlicher ES-Zellen für die Forschung ist nur unter bestimmten, stark eingeschränkten Bedingungen erlaubt.

Adulte Stammzellen

Viele Zellen können sich nicht mehr teilen. Sie sind endgültig ausdifferenziert, müssen aber, wie z. B. die roten Blutkörperchen, die Zellen der äußeren Epidermis oder die Zellen der Darmepithelien, dennoch ständig neu gebildet werden. Ihr Ersatz stammt aus einem Vorrat von proliferierenden Vorläuferzellen, die ihrerseits gewöhnlich aus einer kleinen Zahl sich langsam teilender **adulter Stammzellen** hervorgehen. Sie haben typischerweise nicht mehr die Fähigkeit, sich in beliebige Gewebe zu differenzieren, sondern nur noch in verschiedene Zelltypen eines Gewebes. Sie sind **multipotent** und finden sich vom Säugling bis zum Erwachsenen. Sie befinden sich in **Stammzellnischen,** einer Umgebung, die durch benachbarte, unterstützende Zellen eine geregelte Proliferation erlaubt und die Zellen gegen externe Einflüsse abschirmt. Solche Nischen kommen beispielsweise in den Darmkrypten oder im Knochenmark vor. Adulte Stammzellen ermöglichen somit die fortwährende Erneuerung von normalem Gewebe, aber auch die Reparatur von Gewebe nach Verletzungen oder Zerstörung. So kann der Organismus von **Leukämiepatienten** durch Transfusion weniger hämatopoetischer Stammzellen wieder mit neuen Blutzellen besiedelt werden, nachdem die eigenen Blutstammzellen durch Bestrahlung oder Behandlung mit zytotoxischen Medikamenten vernichtet wurden.

Induzierte pluripotente Stammzellen

Seit einigen Jahren ist es möglich, differenzierte **somatische Zellen** zurück zu pluripotenten Stammzellen zu **reprogrammieren.** So können Bindegewebszellen der Haut (Fibroblasten), die in Zellkultur gehalten werden, durch die kombinierte Einschleusung von Genen für die Transkriptionsfaktoren Oct3/4, Sox2, Klf4 und c-Myc unter der Kontrolle von aktiven Promotoren wieder pluripotent gemacht werden. Diese Gene sind normalerweise nur in embryonalen Stammzellen hoch aktiv und für ihre Fähigkeit, sich in unterschiedliche Richtungen zu differenzieren, verantwortlich. In differenzierten Zellen sind die Gene für diese Transkriptionsfaktoren dagegen durch epigenetische Modifikationen abgeschaltet oder heruntereguliert. Wie embryonale Stammzellen können sich auch solche **induzierten pluripotenten Stammzellen** (iPS-Zellen) zu fast allen Zellen eines adulten Körpers entwickeln. Für die Entdeckung und Entwicklung der iPS-Zellen wurde dem Japaner Shinya Yamanaka im Jahr 2012 der Nobelpreis für Medizin verliehen.

Aus Studentensicht

Anhand ihres **Differenzierungspotenzials** werden unterschieden:
- **Totipotente (omnipotente) Stammzellen** (z. B. befruchtete Eizelle, frühe Blastomeren)
- **Pluripotente Stammzellen** (z. B. embryonale Stammzellen)
- **Multipotente Stammzellen** (z. B. adulte Stammzellen)
- **Oligopotente Stammzellen** (z. B. lymphatische und myeloische Stammzellen)
- **Unipotente Stammzellen** (z. B. spermatogoniale Stammzellen)

Embryonale Stammzellen

Nach der Befruchtung sind die Zellen bis zum Acht-Zell-Stadium totipotent. Die sich daraus entwickelnde **Blastozyste** besteht aus dem Embryoblasten, aus dem **pluripotente embryonale Stammzellen** (ES-Zellen) hervorgehen, und dem Trophoblasten, aus dem embryonale Plazenta-Anteile entstehen.

Aus den embryonalen Stammzellen entstehen die drei **Keimblätter: Ektoderm, Endoderm** und **Mesoderm,** deren Stammzellen **multipotent** sind und sich somit nur noch zu Zellen des eigenen Keimblatts differenzieren können.

Fetale Stammzellen stammen aus dem Fetus und sind meist pluri- oder multipotent.

Die Herstellung von menschlichen embryonalen Stammzelllinien ist in Deutschland durch das **Embryonenschutzgesetz** verboten.

Adulte Stammzellen

Adulte Stammzellen sind **multipotent** und können sich daher nur noch in verschiedene Zelltypen eines Gewebes differenzieren. Sie finden sich vom Säugling bis zum Erwachsenen, wo sie sich in **Stammzellnischen** wie dem Knochenmark oder den Darmkrypten befinden.

Adulte Stammzellen dienen der stetigen Erneuerung von Zellen (z. B. Erythrozyten, Zellen der äußeren Epidermis oder der Darmepithelien), aber auch der Reparatur von Gewebe nach Verletzungen oder Zerstörung. Dies wird z. B. für die Therapie von **Leukämiepatienten** genutzt.

Induzierte pluripotente Stammzellen

Somatische Zellen wie Fibroblasten lassen sich im Labor zu pluripotenten Stammzellen **reprogrammieren.** Dafür werden bestimmte Gene in die Zellen eingeschleust, die für Transkriptionsfaktoren codieren, die normalerweise nur in embryonalen Stammzellen aktiv sind. Diese **induzierten pluripotenten Stammzellen** (iPS-Zellen) können sich ähnlich den ES-Zellen zu fast allen Zellen eines adulten Körpers entwickeln.

Aus Studentensicht

FALL
Herr Wilhelm und die kleine Schrift: Parkinson-Therapie mit Stammzellen

Herr Wilhelm liest einen Zeitungsartikel über Stammzellen und ihre mögliche Anwendung bei Erkrankungen wie Makuladegeneration, multipler Sklerose, Herzinfarkt, Diabetes mellitus Typ 1, aber auch bei Parkinson. Dazu möchte er nun von Ihnen Genaueres über den aktuellen Stand erfahren. Sie erklären, dass humane embryonale Stammzellen (hES) dabei in vitro zu dopaminergen Neuronen differenziert werden. In entsprechenden Tierversuchen wurden die parkinsontypischen Symptome nach Übertragung dieser Zellen deutlich gemildert. Der Einsatz beim Menschen befindet sich aber noch in der klinischen Erprobung.
Neben embryonalen Stammzellen werden neuerdings auch induzierte pluripotente Stammzellen mit Erfolg zur Behandlung von Parkinson in Tiermodellen eingesetzt. Allerdings werfen die Art der für die Reprogrammierung nötigen Gen-Einschleusung und die epigenetische Prägung der Ursprungszelle noch eine Reihe ungelöster Fragen auf. Wie bei der Verwendung von embryonalen Stammzellen besteht die Gefahr der Tumorbildung.

28.1.2 Regulation der Zellproliferation und -differenzierung

Die **Teilungsrate** der Zellen eines vielzelligen Organismus muss **kontrolliert** werden, damit eine Zellteilung nur stattfindet, wenn neue Zellen benötigt werden.
Für die Regulation der Zellproliferation und -differenzierung sind v. a. die **Wnt-, Notch- und Hedgehog-Signalwege** verantwortlich. Sie interagieren u. a. mit Mitgliedern der FGF- und TGFβ-Superfamilie.

Wnt-β-Catenin-Signalweg

Der Wnt-β-Catenin-Signalweg spielt eine wichtige Rolle bei der **Embryonalentwicklung** und der Steuerung von Stammzellen.
Wnt-Proteine sind sezernierte Glykoproteine, die den Wnt-β-Catenin-Signalweg aktivieren. Wichtige Komponente dieses Signalwegs ist **β-Catenin**, das als Zelladhäsionsmolekül und als Transkriptionsfaktor wirken kann. Die Konzentration an freiem β-Catenin wird durch einen **Inaktivierungskomplex** aus Axin, APC, Casein-Kinase 1 und Glykogen-Synthase-Kinase 3β reguliert.

Bindet Wnt an seinen **Rezeptorkomplex**, der aus dem GPCR **Frizzled** und **LRP** besteht, kommt es zur Destabilisierung des Inaktivierungskomplexes durch das Signalprotein **Dishevelled**. Die Menge an freiem β-Catenin steigt, und es wandert in den Zellkern, wo es mit anderen **Transkriptionsfaktoren** die Transkription von Zielgenen reguliert und so die Zellteilung und -migration auslöst.
In Epithelzellen ist β-Catenin mit Cadherinen vergesellschaftet und stellt eine Verbindung zum Aktinzytoskelett her.
Die Inaktivierung von **APC** führt zu einer erblichen Form des **Dickdarmkrebses**.

Notch-Delta-Signalweg

Der Notch-Delta-Signalweg ist u. a. an der **Entwicklung der meisten Gewebe** und der **Aufrechterhaltung von Stammzellpopulationen** beteiligt. Er ermöglicht über die Interaktion des **Notch-Rezeptors** mit den membranständigen **Liganden** der **Delta-** oder **Jagged-Familie** die Kommunikation benachbarter Zellen. Nach Aktivierung des Rezeptors wird eine zytoplasmatische Rezeptordomäne freigesetzt, die als **Transkriptionsfaktor** in den Zellkern wandert.

28.1.2 Regulation der Zellproliferation und -differenzierung

Einzellige Organismen wie Bakterien und Hefen haben das Bestreben, so schnell wie möglich zu wachsen und sich zu teilen. Ihre **Wachstums- und Teilungsrate** hängt v. a. von der Nährstoff-Verfügbarkeit ab. Die Teilung der Zellen eines vielzelligen Organismus muss dagegen **kontrolliert** werden, damit sich die einzelnen Zellen nur teilen, wenn der Organismus neue Zellen benötigt.

Für die Regulation von Zellproliferation und -differenzierung in vielzelligen Organismen sind insbesondere die **Wnt-, Notch- und Hedgehog-Signalwege** verantwortlich. Bei der Anlage der Körperachsen, der Morphogenese und der Organbildung interagieren v.a. Mitglieder der Fibroblast-Growth-Factor(FGF)- und der Transforming-Growth-Factor-Beta(TGFβ)-Superfamilie mit den Proteinen dieser Signalwege. Daneben spielen bei einigen Entwicklungsprozessen auch Signalübertragungswege, die über JAK/STAT, nukleäre Hormonrezeptoren oder G-Protein-gekoppelte Rezeptoren (GPCR) wirken, eine Rolle (➤ 9.6).

Wnt-β-Catenin-Signalweg

Der Wnt-β-Catenin-Signalweg spielt bei der Ausbildung der Körperachsen und der Extremitäten sowie der Bildung von Organanlagen während der **Embryonalentwicklung** eine wichtige Rolle. Außerdem ist er an der Steuerung von Stammzellen beteiligt. So bewirkt er im Darmepithel des erwachsenen Menschen die Stimulation der Zellproliferation in den Krypten.
Wnt-Proteine sind sekretierte Glykoproteine, die als Liganden den Wnt-β-Catenin-Signalweg aktivieren. Eine zentrale Rolle spielt dabei das Protein **β-Catenin**, das sowohl als Zelladhäsionsmolekül wie auch als Transkriptionsfaktor wirken kann (➤ 12.3.3). In Abwesenheit von Wnt-Proteinen ist die Menge an freiem β-Catenin im Zytoplasma sehr niedrig, da es kontinuierlich abgebaut wird. Die β-Catenin-Konzentration wird durch einen **Inaktivierungskomplex** geregelt, der mindestens vier Proteine enthält (➤ Abb. 28.3a). Die beiden Gerüstproteine **Axin und APC** (adenomatous polyposis coli) halten den Komplex zusammen und zwei Kinasen phosphorylieren β-Catenin. Die **Casein-Kinase 1** (CK1) phosphoryliert β-Catenin dabei an einem Serinrest und bereitet es für die zweite Phosphorylierung durch die **Glykogen-Synthase-Kinase 3β** (GSK3β) vor. In Abwesenheit von Wnt-Signalmolekülen sind die beiden Kinasen aktiv, β-Catenin wird phosphoryliert, anschließend ubiquitinyliert und durch das Proteasom abgebaut.
Bindet Wnt an seinen **Rezeptorkomplex** an der Plasmamembran, der aus dem G-Protein gekoppelten Rezeptor **Frizzled** und dem Transmembranprotein **LRP** (LDL-Receptor-Related Protein) besteht, kommt es durch Vermittlung des Signalproteins **Dishevelled** (Dvl) zur Rekrutierung des Inaktivierungskomplexes an die Plasmamembran (➤ Abb. 28.3b). In der Folge wird die Phosphorylierung von β-Catenin durch CK1 und GSK3 blockiert und die nachfolgende Ubiquitinylierung unterbleibt. Dadurch steigt die Menge an zytoplasmatischem β-Catenin, das in den Zellkern wandert und dort zusammen mit anderen **Transkriptionsfaktoren** die Transkription von Zielgenen wie c-Myc, Cyclin D1, Telomerase und Matrix-Metalloprotease 7 (MMP7) auslöst und dadurch Zellteilung und Zellmigration stimuliert.
In Epithelzellen ist β-Catenin zusätzlich an den adhärenten Zell-Zell-Verbindungen lokalisiert. Dort ist es mit Cadherinen vergesellschaftet und stellt eine Verbindung zum Aktinzytoskelett her (➤ 26.4.1).
Die Inaktivierung von **APC** führt zu einer erblichen Form von **Dickdarmkrebs** (= FAP, familiäre adenomatöse Polyposis coli), da der Inaktivierungskomplex gehemmt wird und β-Catenin unabhängig von einem Wnt-Signal die Zellteilung auslöst (➤ 12.3.3).

Notch-Delta-Signalweg

Im Embryo ist der Notch-Delta-Signalweg an der **Entwicklung der meisten Gewebe** beteiligt. Im erwachsenen Menschen spielt er für die **Aufrechterhaltung von Stammzellpopulationen**, z. B. bei der Neurogenese und der Hämatopoese, eine wichtige Rolle.
Der Notch-Delta-Signalweg ermöglicht die juxtakrine Zell-Zell-Kommunikation benachbarter Zellen durch Interaktion des **Notch-Rezeptors** auf der Oberfläche der einen Zelle mit einem membranständigen **Liganden** der **Delta-** oder **Jagged-Familie** auf der benachbarten Zelle. Nach Bindung des Liganden spalten die beiden Proteasen TACE (Tumor Necrosis Factor α-Cleaving Enzyme) und γ-Sekretase (➤ 7.2.5) nacheinander den Notch-Rezeptor an der Oberfläche der Zielzelle. Durch den γ-Sekretase-Schnitt wird aus dem membranständigen Rezeptor die zytoplasmatische Domäne freigesetzt, die in den Zellkern wandert und dort zusammen mit Transkriptionsfaktoren Zielgene für die Zelldifferenzierung aktiviert (➤ Abb. 28.4).

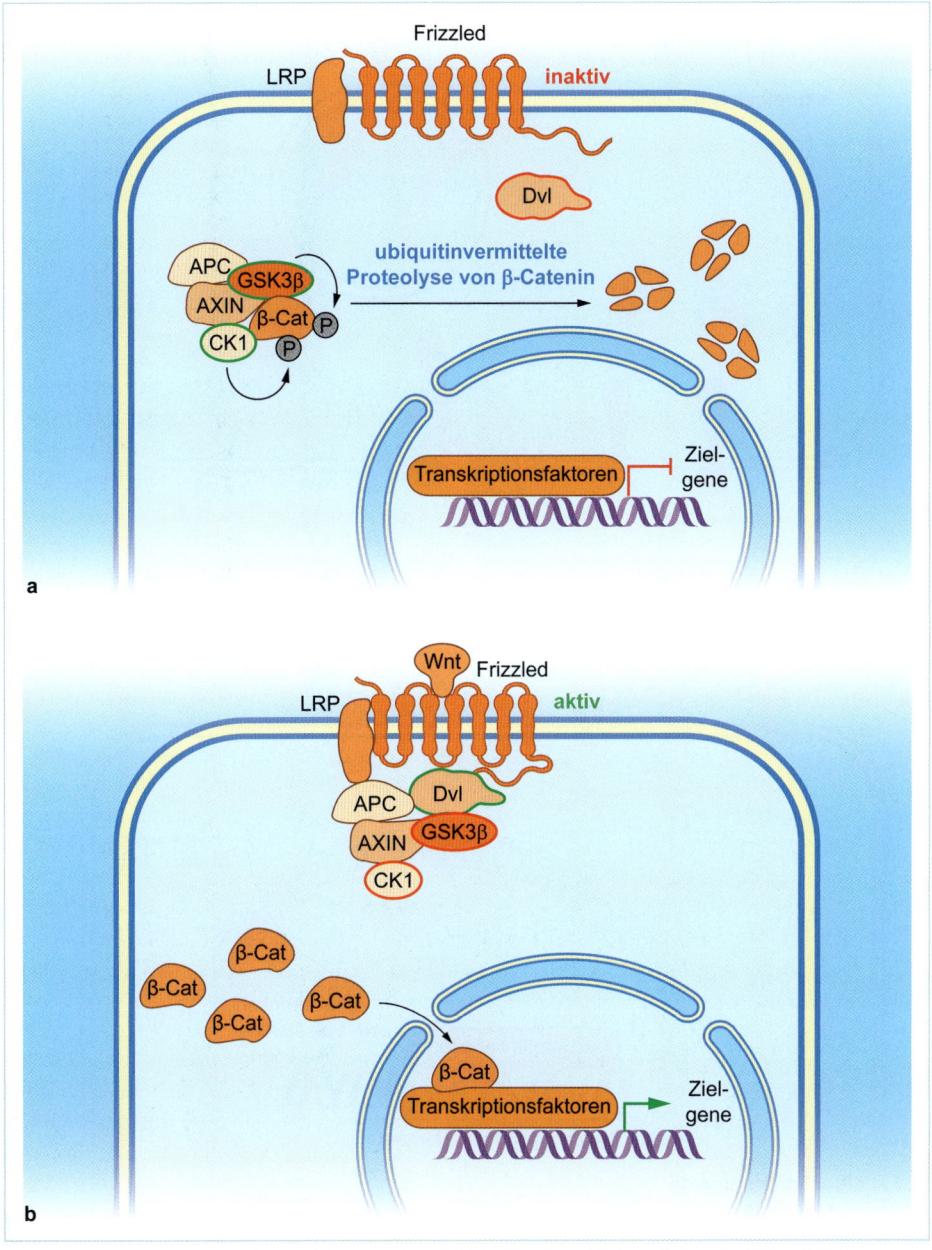

Abb. 28.3 Wnt-β-Catenin-Signalweg. **a** Ohne Wnt-Signal. **b** Mit Wnt-Signal. β-Cat = β-Catenin, LRP = LDL-Receptor-Related Protein, Dvl = Dishevelled, CK1 = Casein-Kinase 1, GSK3β = Glykogen-Synthase-Kinase 3β, APC = adenomatous Polyposis coli. [L299]

Delta-Notch-Interaktionen vermitteln eine **laterale Inhibition**, wodurch einzelne Zellen aus einem Verbund zuvor gleichartiger Zellen an ihre Nachbarzellen ein Signal absenden, das diesen verbietet, die gleiche Entwicklung wie sie selbst zu nehmen. Dadurch können sich einzelne Zellen in einem Gewebe mit gleichartigen Zellen in einen anderen Zelltyp differenzieren als die Nachbarzellen. So kann ein Mosaik aus unterschiedlichen Zelltypen entstehen, die später in dem Gewebe unterschiedliche Funktionen ausüben.

> **KLINIK**
>
> **Nebenwirkungen einer möglichen Alzheimer-Therapie**
>
> Die **γ-Sekretase** schneidet auch das β-Amyloid-Vorläuferprotein und ist für die Freisetzung des Amyloid-β-Peptids, eines Auslösers der Alzheimer-Krankheit, verantwortlich (> 7.2.5). Daher ist sie Ziel möglicher Therapieansätze. Eine vollständige Inhibition der γ-Sekretase beim Erwachsenen führt aber u. a. wegen ihrer Funktion im Notch-Delta-Signalweg zu schweren Nebenwirkungen.

Hedgehog-Signalweg

Hedgehog-Proteine sind wie Wnt-Proteine lösliche extrazelluläre Signalproteine, die v. a. bei der Embryogenese eine wichtige Rolle für Zellwachstum und Differenzierung einnehmen. Bei Wirbeltieren sorgen sie für die Orientierung an einer symmetrischen Rechts-links-Achse und sind für die korrekte Bildung von Fingern und Zehen verantwortlich. Außerdem steuern sie Entwicklungsprozesse wie die **Neurogenese** und regulieren die Ausbildung von bestimmten Organen und Strukturen wie Augen, Lunge

---

Aus Studentensicht

ABB. 28.3

Delta-Notch-Interaktionen vermitteln eine **laterale Inhibition**, ein Prozess, bei dem einzelne Zellen an ihre Nachbarzellen Signale senden, die ihnen verbieten, die gleiche Entwicklung wie sie selbst einzuschlagen.

KLINIK

Hedgehog-Signalweg

Hedgehog-Proteine sind lösliche Signalproteine. Sie spielen eine wichtige Rolle bei der Embryogenese und steuern Prozesse wie die **Neurogenese** oder die korrekte Bildung von Fingern und Zehen.

Aus Studentensicht

ABB. 28.4

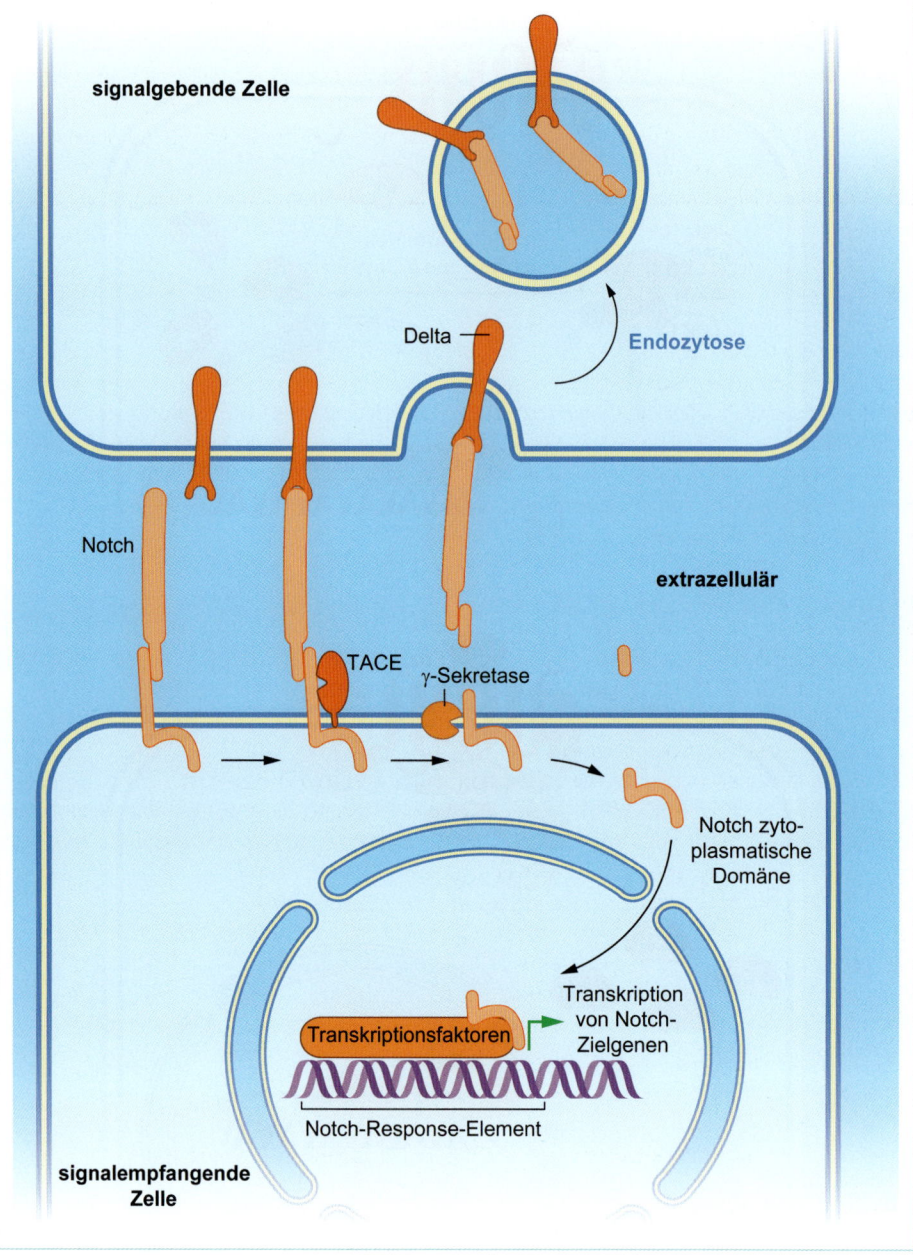

Abb. 28.4 Notch-Delta-Signalweg [L299, L307]

oder Haarfollikeln. Eine Fehlfunktion des Hedgehog-Signalwegs während der Embryonalentwicklung führt zu massiven Fehlbildungen und kann bei Erwachsenen Krebs verursachen. Bei Säugetieren sind drei Hedgehog-Proteine bekannt: Sonic Hedgehog, Indian Hedgehog und Desert Hedgehog.

Der Hedgehog-Signalweg wird aktiviert, wenn das Hedgehog-Protein an seinen Rezeptorkomplex, Patched, bindet. Dadurch wird letztlich der Abbau eines regulatorischen Proteins in der Zelle verhindert. Dieses diffundiert in den Zellkern und aktiviert dort die Genexpression. Viele Details des Signalwegs, insbesondere bei Wirbeltieren, sind jedoch noch nicht verstanden.

28.2 Altern

28.2.1 Mechanismen des Alterns

28.2 Altern

28.2.1 Mechanismen des Alterns

In Deutschland hat sich die durchschnittliche Lebenserwartung von 1880 bis heute mehr als verdoppelt und beträgt aktuell über 78 Jahre für Männer und 83 Jahre für Frauen.

Organismen mit differenzierten somatischen Zellen und Keimzellen sind meist sterblich und altern, wohingegen niedere Organismen wie Prokaryoten potenziell unsterblich sind.

Seit Jahrzehnten sind Forscher auf der Suche nach den Mechanismen, die das Lebensalter beeinflussen. In Deutschland hat sich die durchschnittliche Lebenserwartung bei Geburt von 1880 bis heute mehr als verdoppelt: Bei Männern stieg sie von 36 auf über 78 Jahre, bei Frauen von 38 auf über 83 Jahre. Jeanne Calment, eine Französin, starb 1997 mit 122 Jahren und hat damit das bisher höchste nachgewiesene Alter eines Menschen erreicht.

Viele niedere Organismen, die keine Keimbahn aufweisen, altern nicht und sind potenziell unsterblich. Zu ihnen gehören Prokaryoten, viele Protozoen wie Amöben und Algen sowie Arten mit ungeschlechtlicher Teilung wie der Süßwasserpolyp Hydra. Auch einzelne Organismen mit einer Keimbahn wie der Felsenbarsch und die Amerikanische Sumpfschildkröte scheinen adult nicht weiter zu altern und keine

28.2 ALTERN

Seneszenz zu zeigen. Ihre Reproduktions- und Sterberate bleibt über das Alter konstant. Eine Unsterblichkeit ist aber nur schwierig nachzuweisen, da Daten über in Gefangenschaft lebende Tiere noch zu kurze Zeiträume umfassen. In der Natur werden die Tiere meist durch Fressfeinde oder Unfälle getötet. Die meisten anderen Organismen mit differenzierten somatischen Zellen und Keimzellen altern jedoch und sind sterblich. Während des **Alterungsprozesses** kommt es zu einem langsamen Verlust verschiedener Körperfunktionen, von dem alle Organsysteme betroffen sind. Beispiele dafür sind die Verminderung der Lungen- und Nierenfunktion sowie die Reduktion des Herzschlagvolumens. Kognitive und sensorische Fähigkeiten lassen nach, es werden weniger Hormone produziert und die Immunabwehr ist reduziert. Begleitet wird der Prozess durch den Abbau von Strukturproteinen, was zu Zellverlust und u. a. zur Reduktion von Muskelmasse und Osteoporose führen kann. Gleichzeitig werden bestimmte Zellen wie Fettzellen oder einzelne Subtypen von Immunzellen verstärkt gebildet. Insgesamt steigt die Wahrscheinlichkeit für die Entstehung von Tumoren.

Über die Zeit kommt es durch Stoffwechselprozesse, die zur Energieversorgung oder beim Stofftransport und Zellwachstum ablaufen, zu einer **Ansammlung von Schäden** in der Zelle. Sie beeinträchtigen u. a. durch Oxidation oder Anhäufung von Nebenprodukten des Stoffwechsels die Integrität der DNA und die Funktionalität der Mitochondrien. Dadurch kommt es auf zellulärer Ebene zu altersabhängigen Veränderungen wie **replikativer Seneszenz** mit Verkürzung der Telomere, **oxidativem Stress, genomischer Instabilität** und Ablagerung von **Proteinaggregaten** und oxidierten Lipiden.

Replikative Seneszenz

Menschliche Fibroblasten haben eine **begrenzte Proliferationskapazität** und hören nach einer Phase des exponentiellen Wachstums auf, sich zu teilen (= **replikative Seneszenz**). Das Alter einer Zelle kann daher auch durch die Anzahl der Zellzyklen, welche die Zelle durchlaufen hat, angegeben werden. Die meisten Zellen von Wirbeltieren durchlaufen ca. **30–50 Zellteilungen,** bevor sie **seneszent** werden. Dabei kommt es zu einem irreversiblen Zellzyklusstopp, die Zellen bleiben aber dennoch metabolisch aktiv und zeigen ein typisches Genexpressionsmuster. Normalerweise werden seneszente Zellen durch Apoptose entfernt. Mit zunehmendem Alter funktioniert dieser Vorgang nicht mehr effektiv genug und es kommt zur Akkumulation von seneszenten Zellen. Diese Zellen können Signalmoleküle wie Matrix-Metalloproteasen, welche die Extrazellulärsubstanz angreifen, oder Signalsubstanzen, die Entzündungsreaktionen fördern, abgeben und damit Zellen in der Umgebung beeinflussen. Zu den Folgen gehören typische Alterserkrankungen wie der Diabetes mellitus Typ 2 und Tumorerkrankungen.

Die Begrenzung der Zellteilung in somatischen Zellen beruht vermutlich auf der **Verkürzung der Telomere** mit jedem Replikationszyklus (> 11.1.10). Unterschreitet die Telomerlänge ein kritisches Minimum, kann sich die Zelle nicht mehr teilen. Im Folgenden werden Signale ausgelöst, die beispielsweise zur Aktivierung von p53 (> 10.5.4), damit zum Zellzyklusarrest und letztlich zur Apoptose führen (> Abb. 28.5).

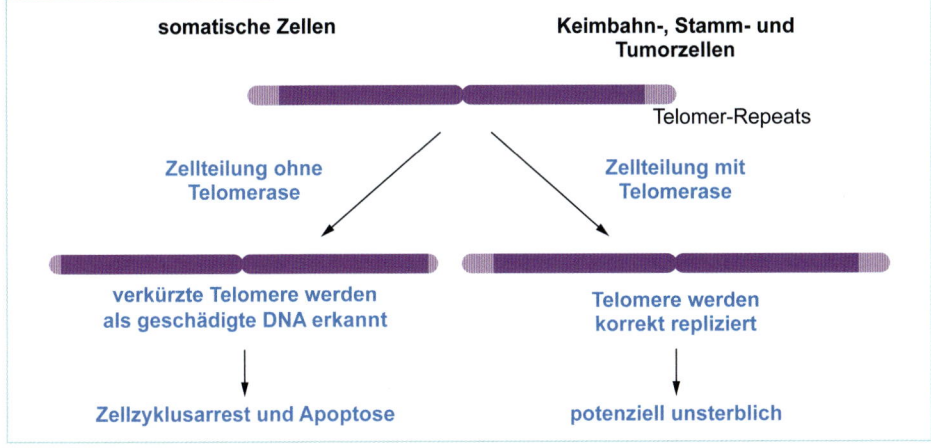

Abb. 28.5 Kontrolle der Zellteilung durch die Telomerlänge [L299]

Der Verlust der Telomere kann durch die **Telomerase** kompensiert werden, indem sie in Zusammenarbeit mit der DNA-Polymerase für die Wiederherstellung der Telomere sorgt (> 11.1.10). Sie wird von Zellen wie **Keimbahn-** und **Stammzellen,** die sich häufig bzw. unbegrenzt teilen müssen, gebildet. Außerdem wird sie häufig in **Tumorzellen** exprimiert, nachdem das zuvor stillgelegte Gen durch die Transformation der Zelle zur Tumorzelle wieder aktiviert worden ist.

Das Absterben der Zellen nach einer bestimmten Anzahl von Zellteilungen dient v. a. als Schutz vor Tumorerkrankungen, da mit der Zeit DNA-Schäden in den Zellen akkumulieren, die eine Entartung der Zelle wahrscheinlicher machen. Es ist noch nicht abschließend geklärt, wie stark die Verkürzung der Telomere wirklich für die normalen Alterungsprozesse des Organismus verantwortlich ist.

Aus Studentensicht

Beim Menschen kommt es im Rahmen des **Alterungsprozesses** zu einem langsamen Verlust von Organfunktionen wie einer verminderten Nierenfunktion und einer reduzierten Immunabwehr. Die Wahrscheinlichkeit für die Entstehung von Tumoren steigt.

Über die Zeit kommt es zur **Ansammlung von Schäden** in der Zelle, die u. a. die DNA-Integrität und die Funktionalität der Mitochondrien beeinflussen, wodurch es zu altersabhängigen Veränderungen kommt:
- **Replikative Seneszenz**
- **Oxidativer Stress**
- **Genomische Instabilität**
- Ablagerung von **Proteinaggregaten** und oxidierten Lipiden

Replikative Seneszenz

Replikative Seneszenz bezeichnet die **begrenzte Proliferationskapazität** von Wirbeltierzellen, die nach ca. **30–50 Zellteilungen** aufhören, sich zu teilen und **seneszent** werden.

Seneszente Zellen werden i. d. R. durch Apoptose entfernt, jedoch funktioniert dieser Vorgang mit zunehmenden Alter nicht mehr effektiv und es kommt zur Akkumulation von seneszenten Zellen, die Signalmoleküle wie Matrix-Metalloproteasen oder entzündungsfördernde Signale an die Umgebung abgeben. Die Folge sind Alterserkrankungen wie Diabetes mellitus Typ 2 und Tumorerkrankungen.

Vermutlich beruht die begrenzte Zellteilung somatischer Zellen auf der **Verkürzung der Telomere** mit jedem Replikationszyklus.

ABB. 28.5

Die **Telomerase** verhindert durch Wiederherstellung der Telomere, dass die Chromosomen mit jeder Zellteilung kürzer werden. Sie wird in Zellen wie **Keimbahn-** und **Stammzellen,** die sich häufig teilen müssen, gebildet. Auch **Tumorzellen** exprimieren häufig die Telomerase.

Das Absterben von Zellen nach einer gewissen Anzahl an Zellteilungen dient v. a. dem Schutz vor Tumorerkrankungen, da mit der Zeit DNA-Schäden in den Zellen akkumulieren, die eine Tumorentstehung wahrscheinlicher machen.

Aus Studentensicht

Oxidativer und nitrosativer Stress
Zelluläre altersbedingte Veränderungen sind vermutlich auch auf Schäden durch **oxidativen** und **nitrosativen Stress** zurückzuführen. Dieser entsteht u. a. durch eine unzureichende Neutralisation von **reaktiven Sauerstoffspezies** (ROS) und **reaktiven Stickstoffspezies** (RNS) durch antioxidative Moleküle.
Zu den reaktiven oxidativen Molekülspezies gehören **freie Radikale,** die sehr reaktionsfreudig sind und unkontrollierte Kettenreaktionen auslösen. Die Folge können Krankheiten wie Tumoren, Atherosklerose und Parkinson sein.

TAB. 28.1

ABB. 28.6

ROS entstehen v. a. in den **Mitochondrien** durch Nebenreaktionen der Atmungskette. **Superoxidradikale** können spontan oder durch die **Superoxid-Dismutase** zu **Wasserstoffperoxid** (H_2O_2) reagieren. H_2O_2 ist ein starkes Oxidationsmittel und kann in der **Fenton-Reaktion** mit Fe^{2+}-Ionen sehr aggressive **Hydroxylradikale** bilden. H_2O_2 wird daher durch die Enzyme **Katalase** oder **Glutathion-Peroxidase** abgebaut.

ROS werden v. a. in den Mitochondrien, aber auch im **Zytoplasma,** in den **Peroxisomen** und dem **Extrazellulärraum** gebildet, wo sie u. a. durch Isoformen der mitochondrialen Superoxid-Dismutase entgiftet werden. Peroxisomen produzieren große Mengen H_2O_2, die durch die peroxisomale Katalase abgebaut werden.

28 ENTWICKLUNG UND ALTER: AUF DER SUCHE NACH DER UNSTERBLICHKEIT

Oxidativer und nitrosativer Stress

Die meisten altersbedingten Veränderungen in Zellen sind vermutlich auf molekulare Schäden durch oxidativen und nitrosativen Stress zurückzuführen. **Oxidativer und nitrosativer Stress** entstehen, wenn das Gleichgewicht zwischen den anfallenden **reaktiven Sauerstoffspezies** (ROS, Reactive Oxygen Species) und **reaktiven Stickstoffspezies** (RNS, Reactive Nitrogen Species) und deren Neutralisation durch antioxidative und antinitrosative Moleküle und Enzyme gestört ist. Zu den reaktiven Molekülspezies (➤ Tab. 28.1) gehören **freie Radikale.** Diese sind Atome oder Moleküle mit ungepaarten Elektronen. Sie besitzen also immer ein einfach besetztes Atom- oder Molekülorbital. Aufgrund ihres ungepaarten Elektrons sind sie meist besonders reaktionsfreudig und können unkontrollierte Kettenreaktionen auslösen, die zum Teil zu schweren Schäden in Nukleinsäuren, Lipiden und Proteinen führen (➤ Abb. 28.6). In der Folge kann es zu Krankheiten wie Krebs, Atherosklerose, Parkinson und Alzheimer kommen.

Tab. 28.1 Reaktive Sauerstoffspezies (ROS) und reaktive Stickstoffspezies (RNS)

Molekül	Beispiele für die Entstehung
Superoxidradikal ($O_2^{-\cdot}$)	• Reaktion der NADPH-Oxidase • Nebenreaktionen der Atmungskette • Nebenreaktionen von Oxidasen wie der Monoaminoxidase
Wasserstoffperoxid (H_2O_2)	• $2\,O_2^{-\cdot} + 2\,H^+ \rightarrow H_2O_2 + O_2$ (spontan oder durch Superoxid-Dismutase)
Hydroxylradikal ($OH^\cdot$)	• $H_2O_2 + O_2^{-\cdot} \rightarrow OH^\cdot + OH^- + O_2$ (spontan) • Fenton-Reaktion: $Fe^{2+} + H_2O_2 \rightarrow Fe^{3+} + OH^\cdot + OH^-$ (spontan)
Peroxynitrit (ONO_2^-)	• $O_2^{-\cdot} + NO^\cdot \rightarrow O=N\text{-}O\text{-}O^-$
Stickstoffdioxidradikal ($NO_2^\cdot$)	• $O=N\text{-}O\text{-}O^\cdot + CO_2 \rightarrow NO_2^\cdot + CO_3^{-\cdot}$

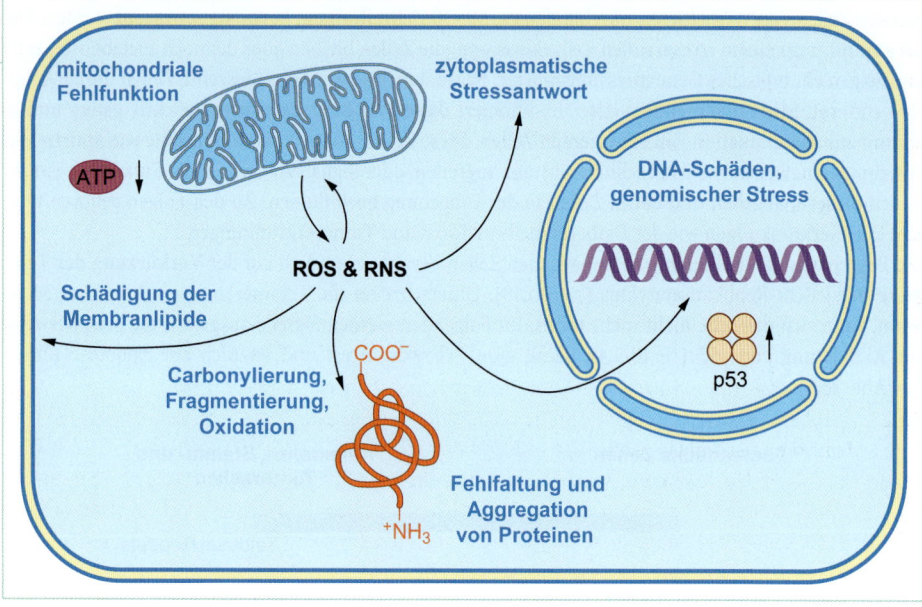

Abb. 28.6 Schädigung der Zelle durch reaktive Sauerstoff- und Stickstoffspezies [L299]

Reaktive Sauerstoffspezies entstehen v. a. in den **Mitochondrien** durch die Aktivität der Atmungskette (➤ 18.4.2). Vermutlich werden in Komplex I und III in Nebenreaktionen einzelne Elektronen auf Sauerstoff übertragen, sodass ein Sauerstoffmolekül zu einem **Superoxidradikal** (Superoxidanion, $O_2^{-\cdot}$) reduziert wird (➤ Abb. 28.7). Aus diesen bilden sich entweder spontan oder katalysiert durch die **Superoxid-Dismutase** (SOD) **Wasserstoffperoxid** (H_2O_2) und Sauerstoff (O_2). Dabei wird in einer Disproportionierungsreaktion (Dismutation) ein Superoxidradikal oxidiert, das andere reduziert. Das entstehende Wasserstoffperoxid ist zwar kein Radikal, aber dennoch ein starkes Oxidationsmittel, das mit einem weiteren Superoxidradikal das sehr aggressive **Hydroxylradikal** ($OH^\cdot$) bilden kann. Die Bildung von Hydroxylradikalen wird in der **Fenton-Reaktion** durch Cu^+- oder Fe^{2+}-Ionen unterstützt. Fe^{2+}- oder Cu^+-Ionen werden dabei oxidiert und das abgegebene Elektron auf H_2O_2 übertragen, das zu einem Hydroxylradikal und einem Hydroxylion zerfällt (➤ Abb. 28.7). Wasserstoffperoxid darf daher nicht in der Zelle akkumulieren und wird durch die Enzyme **Katalase** oder **Glutathion-Peroxidase** abgebaut.

Am Komplex IV wird zwar molekularer Sauerstoff verbraucht, aber die Cytochrom-c-Oxidase arbeitet so effizient, dass es nur selten zu einer unvollständigen Reduktion des Sauerstoffs zum Superoxidradikal kommt. Insgesamt münden etwa 0,2 % des O_2-Verbrauchs der Mitochondrien in die Produktion von ROS. **ROS** werden aber auch im **Zytoplasma,** in den **Peroxisomen** und dem **Extrazellulärraum** gebildet, z. B. durch Nebenreaktionen von verschiedenen Oxidasen wie der Monoaminoxidase (MAO) oder der Xanthin-Oxidase, aber auch durch spontane Umsetzungen (➤ Tab. 28.1). Superoxidradikale werden dort durch Isoformen der mitochondrialen Superoxid-Dismutase entgiftet. Peroxisomen enthalten viele Oxi-

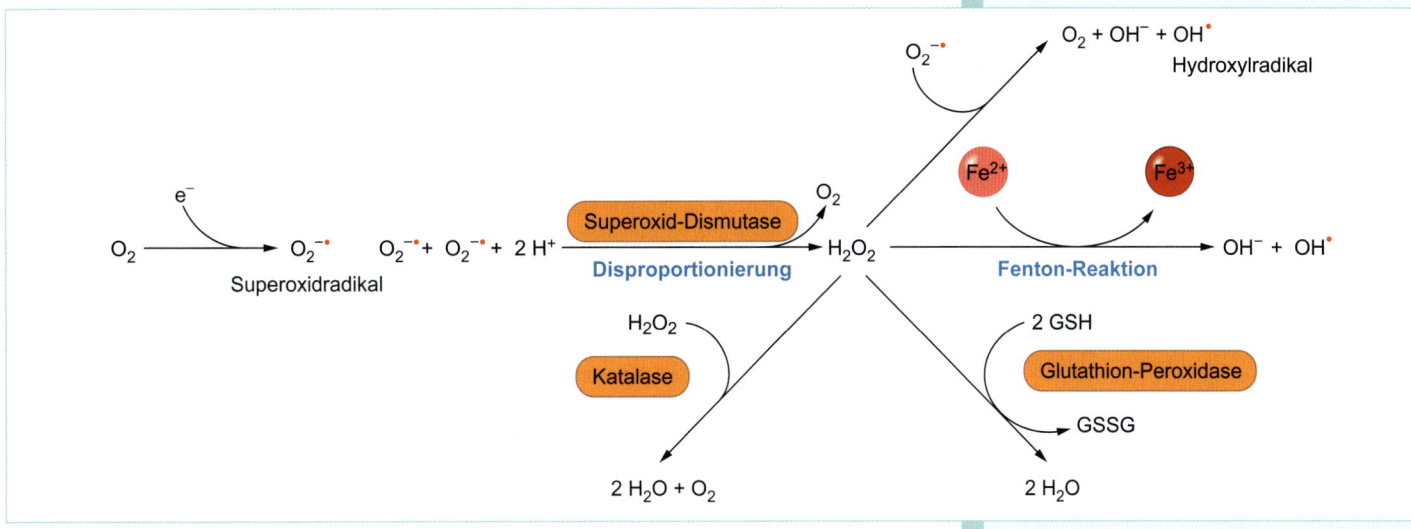

Abb. 28.7 Reaktive Sauerstoffspezies [L299]

dasen, die ständig große Mengen an H_2O_2 produzieren. Dieses wird durch die peroxisomale Katalase abgebaut (> Abb. 28.7).

Die ROS-Konzentration im Körper kann durch Einwirkung bestimmter Chemikalien oder bei schweren Infekten stark ansteigen. Große Mengen H_2O_2 werden außerdem von Makrophagen und neutrophilen Granulozyten durch das Zusammenspiel von **NADPH-Oxidase** und **Superoxid-Dismutase** gebildet. Wasserstoffperoxid dient in diesem Spezialfall zur Abtötung von pathogenen Mikroorganismen nach der Phagozytose (> 16.3.3).

Neben den reaktiven Sauerstoffspezies können auch **reaktive Stickstoffspezies** (RNS) entstehen. Sie können nitrosativen Stress verursachen und sind für einen Teil der schädlichen Modifikationen zellulärer Biomoleküle verantwortlich. Das kurzlebige Radikal **Stickstoffmonoxid** (NO) ist vermutlich selbst nicht toxisch, trägt aber als Vorläufermolekül zur Bildung von RNS bei (> Tab. 28.1). Stickstoffmonoxid wird durch die **NO-Synthase** aus molekularem Sauerstoff und L-Arginin gebildet (> 21.8). An der Zellmembran kann Stickstoffmonoxid mit Superoxidradikalen $O_2^{-\bullet}$ zum nicht-radikalischen, aber hochreaktiven **Peroxynitrit** reagieren, das mit Kohlenstoffdioxid schließlich zu einem Stickstoffdioxidradikal und einem Carbonatradikal weiterreagiert (> Tab. 28.1). Diese beiden Moleküle verursachen DNA-Schäden und sind mitverantwortlich für die genomische Instabilität.

Reaktive Sauerstoff- und Stickstoffspezies schädigen neben der DNA auch andere Komponenten einer Zelle (> Abb. 28.6). Membranlipide können dabei selbst in **Lipidradikale** umgewandelt werden, wodurch **Membranen** erheblich **geschädigt** werden können (> 23.2.4). Lipidradikale können außerdem mit Proteinen und Nukleinsäuren reagieren und diese in ihrer Funktion beeinträchtigen. **Proteine** reagieren bei oxidativem Stress mit einer hohen Rate an **Fehlfaltungen** und einer vermehrten Hydrophobizität. Dadurch kann die Bildung von **Aggregaten** gefördert werden. Daneben wird auch die Geschwindigkeit des Proteinabbaus verändert. Leichter oxidativer und nitrosativer Stress führt eher zur Erhöhung des Proteinabbaus, starker Stress hat hingegen eine erniedrigte Abbaurate zur Folge, die eine Anhäufung der geschädigten Proteine verstärkt.

Genomische Instabilität

Reaktive Sauerstoff- und Stickstoffspezies verursachen durch Oxidationen und Desaminierungen **Basenmodifikationen** in der DNA. Weiterhin kann es zu einem **Basenverlust** oder **Strangbrüchen** kommen. Durch Hydroxyl-Radikale wird außerdem **8-Oxo-Guanin** (8-Hydroxyguanin) gebildet, das durch Fehlpaarungen Mutationen verursacht (> 11.2.2). Zusätzlich hemmen reaktive Sauerstoff- und Stickstoffspezies Reparaturaktivitäten, was über die Jahre zu einer Anhäufung von Mutationen und zunehmender **genomischer Instabilität** führen kann. Das Überleben der Zelle oder auch die Regulation des Zellzyklus sind dann unter Umständen nicht mehr sichergestellt.

Besonders anfällig für oxidative Schäden ist die **mitochondriale DNA**, weil sie zum einen nicht wie die nukleäre DNA an Histone gebunden ist und zum anderen eine hohe Gendichte aufweist und nur wenige nichtcodierende DNA-Abschnitte enthält. Außerdem besitzen Mitochondrien im Vergleich zum Zellkern ein weniger effizientes DNA-Reparatursystem, sodass Schäden in der DNA nicht ausreichend behoben werden können. Die Zahl der Mutationen in der mitochondrialen DNA steigt mit zunehmendem Alter überproportional stark an. In der Folge kann es so u. a. zu erniedrigten Replikations- und Transkriptionsraten kommen und damit letztlich zu einer verminderten respiratorischen Aktivität der Mitochondrien.

Aus Studentensicht

H_2O_2 wird auch in großen Mengen von der **NADPH-Oxidase** im Zusammenspiel mit der **Superoxid-Dismutase** in phagozytierenden Zellen produziert, um aufgenommene Pathogene abzutöten.

Reaktive Stickstoffspezies (RNS) verursachen nitrosativen Stress. Zu ihnen gehören Folgeprodukte von **Stickstoffmonoxid** (NO). NO wird durch die **NO-Synthase** aus O_2 und L-Arginin gebildet.
NO kann mit $O_2^{-\bullet}$ zum hochreaktiven **Peroxynitrit** reagieren, das mit CO_2 schließlich ein Stickstoffdioxidradikal und ein Carbonatradikal bildet, die beide DNA-Schäden verursachen.
ROS bzw. RNS können mit Membranlipiden reagieren und **Lipidradikale** erzeugen, was zu einer erheblichen **Schädigung** von **Membranen** führt. Lipidradikale können zudem mit Proteinen und Nukleinsäuren reagieren und sie dadurch in ihrer Funktion beeinträchtigen.
Proteine weisen bei oxidativem Stress eine erhöhte Rate an **Fehlfaltungen** auf. Es kommt zur Bildung von **Aggregaten** und verändertem Proteinabbau.

Genomische Instabilität

ROS und RNS können **Basenmodifikationen, Basenverluste** und **Strangbrüche** in der DNA erzeugen. Zusätzlich wird durch Hydroxyl-Radikale **8-Oxo-Guanin** gebildet, das durch Fehlpaarungen Mutationen verursacht. Da ROS und RNS Reparaturaktivitäten hemmen, führt dies mit der Zeit zu **genomischer Instabilität.**
Besonders anfällig für solche Schäden ist die **mitochondriale DNA,** da sie u. a. eine erhöhte Gendichte und weniger effiziente Reparaturmechanismen als die nukleäre DNA besitzt. Die Zahl der Mutationen in der mitochondrialen DNA steigt daher mit zunehmendem Alter überproportional an, was zu einer verminderten respiratorischen Aktivität der Mitochondrien führt.

Aus Studentensicht

28 ENTWICKLUNG UND ALTER: AUF DER SUCHE NACH DER UNSTERBLICHKEIT

> **FALL**
>
> **Parkinson: mitochondriale Fehlfunktion**
>
> Bei DJ Paul (> 10.5.4) ist ausgerechnet das Gen DJ-1 mutiert. Dadurch fällt ein antioxidativer Schutz weg und die Zellen sterben früher als beim normalen Alterungsprozess.
>
> Auch die genomische Instabilität der Mitochondrien der dopaminergen Zellen spielt mit zunehmendem Alter eine Rolle. In jungen Zellen werden geschädigte Mitochondrien durch **Autophagie** (> 7.5) abgebaut. An diesem Prozess sind u. a. die Proteine **Parkin** und **PINK1** beteiligt. PINK1 akkumuliert dabei in der äußeren Membran der geschädigten Mitochondrien und aktiviert die E3-Ubiquitin-Ligase-Aktivität (> 7.3.2) von Parkin. Parkin ubiquitiniert die Membranproteine der äußeren Mitochondrienmembran und leitet so den selektiven Abbau der Mitochondrien durch Autophagie ein. In älteren Zellen verlangsamt sich dieser Prozess und mutierte Mitochondrien akkumulieren. Sind Mutationen in Parkin und PINK1 vorhanden, die verhindern, dass geschädigte Mitochondrien in den dopaminergen Neuronen abgebaut und durch neue ersetzt werden, akkumulieren funktionslose Mitochondrien und die Neurone sterben ab. Solche Mutationen wurden in Patienten nachgewiesen, die an einer erblichen Form der Parkinson-Erkrankung litten.
>
> Ein weiterer Mechanismus, der neben oxidativem Stress und mitochondrialer Fehlfunktion für das Absterben dopaminerger Zellen verantwortlich gemacht wird, ist die Proteinaggregation, wobei es zur Akkumulation von α-Synuclein in den dopaminergen Neuronen kommt (> 28.2.2).

Spontane Punktmutationen, die Veränderungen in Proteinen des Zellkerns bewirken, führen u. a. zur **Desorganisation des Heterochromatins** und damit zu einer stark ausgeprägten Instabilität des Genoms.

Spontane Punktmutationen, die Veränderungen in den strukturellen Komponenten des Zellkerns wie des Lamins zur Folge haben, können eine besondere Form der genomischen Instabilität auslösen. Es kommt zu einer Deformation des Zellkerns, verbunden mit einer **Desorganisation des Heterochromatins,** und damit zu einer gestörten Verteilung von nukleären Proteinen. Die Folgen sind u. a. eine fehlerhafte DNA-Reparatur und eine stark ausgeprägte Instabilität des Genoms.

KLINIK

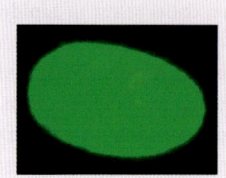

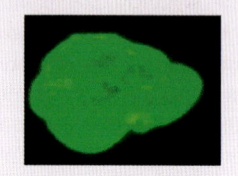

> **KLINIK**
>
> **Progerie: vorzeitige Alterung**
>
> Die Progerie im engeren Sinne, das **Hutchinson-Gilford-Syndrom,** betrifft weltweit etwa nur 40 Kinder. Diese werden normal geboren und altern dann im Zeitraffer: Die Haare fallen aus, die Haut wird dünn, das Wachstum stagniert, das Unterhautfettgewebe verschwindet und die Kinder bekommen ein greisenhaftes Aussehen. Schon im Kindesalter bekommen sie Herzinfarkte oder Schlaganfälle: typische, altersassoziierte Erkrankungen. Das Risiko für andere altersassoziierte Erkrankungen wie Krebs oder Morbus Alzheimer ist aber nicht erhöht und auch die geistige Entwicklung bleibt unbeeinträchtigt. Die mittlere Lebenserwartung der Patienten beträgt lediglich 13 Jahre.
>
> Das Hutchinson-Gilford-Syndrom wird in mehr als 80 % der Fälle durch Mutationen im Lamin-A-Gen verursacht. Lamin ist ein wichtiges Strukturprotein des Zellkerns. Durch die Mutation wird ein **fehlerhaftes Lamin-Protein** gebildet, das auch **Progerin** genannt wird und dem Zellkern eine eingebuchtete Form verleiht.
>
> **a** Kind mit Hutchinson-Gilford-Syndrom [H093-001]
>
> **b** normaler Zellkern [E434-004]
>
> **c** Zellkern eines Patienten mit Hutchinson-Gilford-Syndrom [E434-004]

Proteinaggregation

Durch Oxidation können im Prinzip alle Aminosäuren geschädigt werden, wobei Aminosäureseitenketten von aromatischen Aminosäuren besonders empfindlich sind. Durch Oxidation von bestimmten Aminosäureresten gebildete Carbonylgruppen können mit Zuckern oder Membranlipiden reagieren und oxidative Proteinaddukte bilden. Letztlich führen diese Veränderungen zur Bildung von **Proteinfragmenten** und **Aggregaten,** die sich in den Zellen ablagern.

Die Aggregate können weitere modifizierte Proteine binden und treten in Zellen zusammen mit oxidierten Lipiden und hydrolyseresistenten Resten als **Lipofuszin** auf.

Proteinaggregation

Proteine unterliegen nach der Synthese vielfältigen Modifikationen. Diese sind zum Teil beabsichtigt und wichtig für die Funktion des Proteins wie Glykosylierungen oder Phosphorylierungen. Andere Veränderungen wie Oxidationen schädigen sie dagegen häufig, indem sie beispielsweise die räumliche Struktur der Proteine verändern und damit ihre Funktion beeinträchtigen. Durch direkte Oxidation von Seitenketten wie der von Lysin, Arginin oder Threonin kommt es zur Bildung von Hydroxyl- und Carbonylresten. Protein-Carbonyl-Derivate bilden durch Reaktion mit Zuckern oder Membranlipiden oxidative Proteinaddukte. Aromatische Aminosäuren sind ebenfalls sehr anfällig für oxidative Modifikationen. Bei den geschädigten Proteinen wird die Proteinkette instabil oder es gelangen hydrophobe Bereiche an die Oberfläche. Letztlich kommt es zur Bildung von **Proteinfragmenten** und **Aggregaten,** die sich in den Zellen ablagern.

Die Aggregate sind nicht inert, sondern können weitere modifizierte Proteine binden. Solche Oxidationsprodukte bilden die Grundlage von **Lipofuszin** (= fluoreszierendes Alterspigment). Dieses Abfall- und Endprodukt des Stoffwechsels besteht aus oxidierten Proteinen und Lipiden sowie anderen hydrolyseresistenten Resten, die sich zu einem unlöslichen, hochmolekularen Komplex zusammenlagern. Durch die

28.2 ALTERN

verminderte Aktivität des Proteasoms in alternden Zellen sammelt sich das Lipofuszin an und bildet um den Zellkern herum Ablagerungen.

Normalerweise sorgt die Qualitätskontrolle der Zellen beispielsweise durch **Chaperone** dafür, dass fehlgefaltete Proteine wieder in die richtige Konformation gebracht oder durch das **Proteasom** abgebaut werden. In alternden Zellen sinkt die Aktivität des Proteasoms und Lipofuszin blockiert den Proteinabbau zusätzlich. Dadurch häufen sich Proteinaggregate in den Zellen an und induzieren weitere intrazelluläre oder, wenn sie an der Oberfläche von Zellen lokalisiert sind, auch extrazelluläre Proteinablagerungen. Diese führen v.a. in Nervenzellen, die keine Zellteilung mehr durchführen, häufig zu funktionellen Störungen.

Modellsysteme des Alterns

Für die Untersuchung der Mechanismen des Alterns werden v. a. **kurzlebige** Spezies wie **Fadenwürmer** (*Caenorhabditis elegans*), **Taufliegen** (*Drosophila melanogaster*) und die **Hausmaus** (*Mus musculus*) eingesetzt. Auch wenn sich menschliche Alterungsprozesse, die über viele Jahrzehnte ablaufen, an den Modellorganismen nur eingeschränkt simulieren lassen, ist doch eine hohe Anzahl der Gene zwischen den Spezies konserviert, und man hofft, die Forschungsergebnisse auf den Menschen übertragen zu können. Andere Organismen wie der **Nacktmull** oder eine nordamerikanische Fledermaus, die *Little Brown Bat*, werden vergleichsweise **alt**. Die mausgroßen Nacktmulle leben in Ostafrika in ausgedehnten unterirdischen Gangsystemen in großer Zahl auf engem Raum. Sie erreichen eine neunmal höhere maximale Lebensspanne als gleich große andere Nagetiere und weisen außerdem keine sonst für Säugetiere typische altersbedingte Zunahme der Mortalität auf. Die Tiere zeigen über ihre gesamte Lebensspanne nur geringe altersbedingte Veränderungen und bisher wurden bei ihnen keine spontanen Tumoren beobachtet. Verschiedene Studien beschäftigen sich damit herauszufinden, was diese Organismen von anderen Säugetieren unterscheidet.

28.2.2 Neurodegenerative Erkrankungen

Proteinaggregate (> Abb. 28.8) werden auch als (Mit-)Verursacher von verschiedenen neurodegenerativen Krankheiten wie **Morbus Alzheimer, Morbus Parkinson, Morbus Huntington** (früher auch Chorea Huntington) oder den Prionenerkrankungen angesehen. Je nach Krankheit sind durch die Proteinaggregate spezifische Neuronenpopulationen betroffen, welche die jeweiligen Symptome bestimmen. Bei der Alzheimer-Krankheit bestehen die Ablagerungen aus **Amyloid-β-Peptid** (Plaques) und **Tau-Protein** (Tangles), bei Morbus Parkinson können Aggregate aus **α-Synuclein** (Lewy-Körperchen) auftreten. Bei Morbus Huntington finden sich Ablagerungen aus **Huntingtin** und bei den häufigsten Formen der frontotemporalen Demenz (FTD, Pick-Krankheit) ebenfalls Aggregate aus dem Tau-Protein oder **TDP-43**. Erbliche Formen der amyotrophen Lateralsklerose (ALS), der häufigsten degenerativen Motoneuronerkrankung, werden häufig durch Proteinaggregate aus **mutierter SOD1** ausgelöst. Bei Prionerkrankungen aggregiert das **Prion-Protein** (> 2.1.1). Auffällig ist, dass diese Aggregate und die damit verbundenen Funktionsstörungen meist erst im mittleren bis höheren Alter auftreten, obwohl die entsprechenden Proteine zeitlebens produziert werden. Das weist darauf hin, dass die Fähigkeit der Zellen, für einen optimalen Proteinabbau zu sorgen, im Alter abnimmt. Diese neurodegenerativen Erkrankungen werden daher auch als Proteinopathien des Alters bezeichnet.

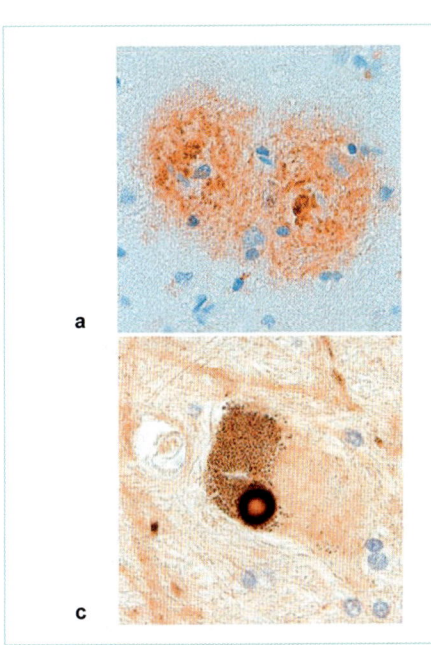

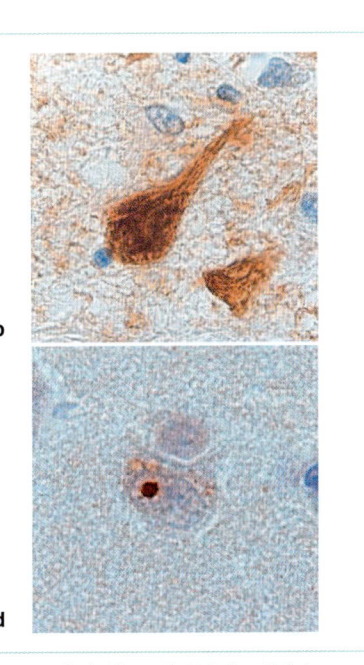

Abb. 28.8 Immunhistochemische Anfärbungen von Proteinaggregaten. **a** Amyloide Plaques bei Morbus Alzheimer. **b** Neurofibrillen bei Morbus Parkinson. **c** Lewy-Körperchen bei Morbus Parkinson. **d** Huntingtin-Ablagerungen bei Morbus Huntington. [G823]

Aus Studentensicht

Chaperone und das **Proteasom** wirken der Aggregatbildung durch den Abbau fehlgefalteter Proteine entgegen. Im Alter sinkt die Proteasomaktivität, Proteinaggregate sammeln sich vermehrt an und können auch zur Bildung von extrazellulären Proteinablagerungen führen.

Modellsysteme des Alterns

Insbesondere **kurzlebige** Spezies wie **Fadenwürmer, Taufliegen** und **Mäuse** dienen zur Untersuchung der Mechanismen des Alterns.
Der **Nacktmull** oder die Fledermaus *Little Brown Bat* werden vergleichsweise **alt**. Beim Nacktmull kann keine typische altersbedingte Zunahme der Mortalität beobachtet werden.

28.2.2 Neurodegenerative Erkrankungen

Proteinaggregate sind (Mit-)Verursacher verschiedener neurodegenerativer Erkrankungen, die vermehrt im mittleren bis hohen Alter auftreten:
- **Morbus Alzheimer:** Amyloid-β-Peptid, Tau-Protein
- **Morbus Parkinson:** α-Synuclein
- **Morbus Huntington:** Huntingtin
- **Frontotemporale Demenz:** Tau-Protein, TDP-43
- **Erbliche Formen der amyotrophen Lateralsklerose:** SOD1 (mutiert)
- **Prionenerkrankungen:** Prion-Protein

ABB. 28.8

Aus Studentensicht

Morbus Alzheimer

Die **Alzheimer-Krankheit** führt im Verlauf mehrerer Jahre zu Gedächtnis- und Wortfindungsstörungen und zunehmender **Demenz**. Circa 10 % der 80-Jährigen sind an Alzheimer erkrankt.

KLINIK

Post mortem lassen sich bei Alzheimer-Patienten zwei Typen von **Proteinablagerungen** im Gehirn nachweisen:
- Extrazelluläre **amyloide Plaques**, die u. a. **Amyloid-β-Peptide** enthalten und eine Neuroinflammation auslösen
- **Neurofibrilläre Bündel**, die aus **Tau-Protein** bestehen, das sich intrazellulär ablagert und den **Stofftransport** in den Neuronen **behindert**

Die Proteinaggregate führen zu Funktionsstörungen und zum Untergang von Neuronen, wobei v. a. der **Hippokampus**, cholinerge **Vorderhirn-Schaltkreise** und im weiteren Verlauf der **Neokortex** betroffen sind.

Das **β-Amyloid-Vorläuferprotein** (APP), ein Transmembranprotein, das sich u.a. in der Plasmamembran von Neuronen befindet, wird auf zwei verschiedene Arten proteolytisch prozessiert.
Im **nicht-amyloidogenen Weg** spaltet die **α-Sekretase** sAPPα von APP ab, das dabei in den Extrazellulärraum freigesetzt wird und vermutlich neuroprotektiv wirkt. Die γ-Sekretase hydrolysiert den in der Membran verbliebenen Teil, wobei die Peptide p3 und ICD entstehen.
Im **amyloidogenen Weg** wird der extrazelluläre Teil durch die **β-Sekretase** geschnitten, wobei ein membranständiges Proteinfragment entsteht, aus dem die **γ-Sekretase** ICD und das **Aβ-Peptid** freisetzt. Das Aβ-Peptid wird in den Extrazellulärraum abgegeben. Die γ-Sekretase kann an unterschiedlichen Stellen spalten, sodass unterschiedlich lange Aβ-Peptide entstehen. Je länger diese sind, desto stärker ist ihre Neigung zur Aggregation und **Plaquebildung**.

28 Entwicklung und Alter: Auf der Suche nach der Unsterblichkeit

Morbus Alzheimer

FALL

Frau Haider sucht die Tür

Frau Haider kommt seit vielen Jahren in Ihre Hausarztpraxis. Sie ist eine emeritierte Linguistik-Professorin, die trotz ihrer 70 Jahre immer noch regelmäßig Vorträge hält. Nun kommt sie zur jährlichen Grippe-Impfung. Lachend erzählt sie, dass sie wohl Alkohol im Alter nicht mehr ganz so gut vertrage, da ihr gestern, nachdem sie am Abend zuvor zwei Glas Rotwein getrunken habe, bei einem Vortrag das Wort „Lexikon" nicht mehr eingefallen sei. Kurz vor Weihnachten kommt sie wieder zu Ihnen, die Wortfindungsstörungen würden immer stärker und neulich habe sie sich bei einem Spaziergang im Park verirrt, obwohl sie dort seit Jahren spazieren gehe. Als Ihre Sprechstundenhilfe kurz ins Zimmer kommt, stellt sich Frau Haider erneut bei ihr vor, obwohl sie dies beim Hereinkommen schon einmal gemacht hat. Später bitten Sie Frau Haider, zur Blutabnahme ins Labor gegenüber zu gehen. Als Sie kurz darauf ins Wartezimmer gehen, um den nächsten Patienten hereinzubitten, finden Sie eine völlig aufgelöste Frau Haider durch den Gang irren. „Ich finde die richtige Tür nicht, irgendwas stimmt mit meinem Kopf nicht mehr. Meinen Sie, das könnte Alzheimer sein?" Alle körperlichen Untersuchungen sind unauffällig und auch Frau Haiders Blutwerte sind altersentsprechend. Wie können Sie diagnostizieren, ob Frau Haider an der Alzheimer-Krankheit leidet? Wie können Sie Frau Haider helfen?

Die **Alzheimer-Krankheit** (Alzheimer Disease, AD, Morbus Alzheimer) beginnt schleichend mit leichten kognitiven Einschränkungen und dem Verlust des Kurzzeitgedächtnisses und führt im Verlauf mehrerer Jahre zu Gedächtnis- und Wortfindungsstörungen und zunehmender **Demenz**. Sie wurde 1906 von Alois Alzheimer erstmals beschrieben. Heute sind etwa 10 % der 80-Jährigen an Alzheimer erkrankt. In Deutschland leiden gegenwärtig mehr als 1 Million Menschen an der Erkrankung.

KLINIK

Demenz

Demenz ist eine sekundär erworbene, anhaltende oder fortschreitende **Beeinträchtigung des Gedächtnisses,** des Denkens oder anderer Gehirnleistungen bei erhaltenem Bewusstsein. Etwa 60 % aller Demenzen älterer Menschen gehen auf die Alzheimer-Erkrankung zurück, ca. 20 % werden durch Durchblutungsstörungen des Gehirns ausgelöst, häufig aufgrund einer Atherosklerose. Weitere Demenzerkrankungen sind die frontotemporale Demenz (FTD, Pick-Krankheit), die Demenz mit Lewy-Körperchen (DLB), die Parkinson-Krankheit mit Demenz (PDD) und die Creutzfeldt-Jakob-Krankheit (CJD) (> 2.1.1).

Post mortem sind im Gehirn von Alzheimer-Patienten zwei Typen von **Proteinablagerungen** nachweisbar, die vermutlich für den Verlust von Gehirnsubstanz verantwortlich sind:
- **Amyloide Plaques:** extrazelluläre Proteinaggregate, die u. a. **Amyloid-β-Peptide** enthalten und sich zwischen den Nervenzellen anhäufen (> Abb. 28.8a). Sie lösen durch Aktivierung benachbarter Mikrogliazellen eine **Neuroinflammation** (Entzündung des Gehirns) aus.
- **Neurofibrilläre Bündel** (Neurofibrillar Tangles, NFT): Knäuel aus paarweise umeinander gewundenen Fasern des hyperphosphorylierten **Tau-Proteins**, die sich in Nervenzellen ablagern (> Abb. 28.8b). Diese Neurofibrillen liegen in den Nervenzellen und **behindern** deren **Stofftransport**.

In den betroffenen Regionen des Gehirns kommt es durch noch nicht vollständig verstandene Mechanismen zu Funktionsstörungen und zum Untergang von Neuronen. Zu den am stärksten betroffenen Hirnregionen und Neuronenpopulationen zählen der **Hippokampus**, die cholinergen Schaltkreise des **Vorderhirns** und im weiteren Verlauf der Krankheit auch der **Neokortex**.

Biochemie der Amyloid-β-Bildung

Das β-Amyloid-Peptid (Aβ-Peptid) wird durch Proteolyse aus dem **β-Amyloid-Vorläuferprotein** (β-Amyloid Precursor Protein, APP), einem Typ-I-Transmembranprotein, freigesetzt, das u. a. in der Plasmamembran von Neuronen verankert ist. Über seine physiologische Funktion ist bislang wenig bekannt, es könnte aber eine Rolle bei der Zelladhäsion oder als Signalrezeptor spielen. APP kann auf zwei verschiedene Arten proteolytisch prozessiert werden (> Abb. 28.9):
- **Antiamyloidogener Weg:** Schneidet die **α-Sekretase** das β-Amyloid-Vorläuferprotein an der Zelloberfläche in seiner extrazellulären Domäne (Ektodomäne), wird sAPPα, eine lösliche und vermutlich neuroprotektive Form des β-Amyloid-Vorläuferproteins, in den Extrazellulärraum freigesetzt. Das C-terminale Fragment des β-Amyloid-Vorläuferproteins kann durch die **γ-Sekretase**, eine Intramembran-Aspartylprotease, in seiner Transmembrandomäne hydrolysiert werden (> 7.2.5). Dabei wird ein kleines Peptid in das Zytoplasma (= intrazelluläre Domäne; ICD) und ein weiteres in den Extrazellulärraum (= p3) freigesetzt. p3 ist löslich und zeigt nur geringe Tendenzen zur Aggregation.
- **Amyloidogener Weg:** Wird das β-Amyloid-Vorläuferprotein hingegen an einer anderen Stelle seiner Ektodomäne durch die **β-Sekretase** (β-Site-Cleaving Enzyme; BACE) geschnitten, entstehen das lösliche Fragment sAPPβ und ein membranständiges Proteinfragment, aus dem durch die **γ-Sekretase** neben der intrazellulären Domäne das **Aβ-Peptid** in den Extrazellulärraum freigesetzt wird. Aufgrund ihrer Hydrophobizität können sich die Aβ-Peptide zu noch löslichen Aβ-Oligomeren zusammenlagern. Durch weitere Addition von Aβ-Peptiden entstehen unlösliche Protein-Aggregate, die

dann als Plaques in den Zellen auftreten. Da der Schnitt der γ-Sekretase an verschiedenen Stellen in der Transmembrandomäne des β-Amyloid-Vorläuferproteins erfolgen kann, entstehen unterschiedlich lange Aβ-Peptide. Neben dem Hauptprodukt mit 40 Aminosäuren (= Aβ40) wird auch zu etwa 10 % das 42 Aminosäuren lange Aβ42 gebildet. Je länger die Aβ-Peptide sind, desto hydrophober sind sie und desto stärker neigen sie zu Aggregation und **Plaquebildung.**

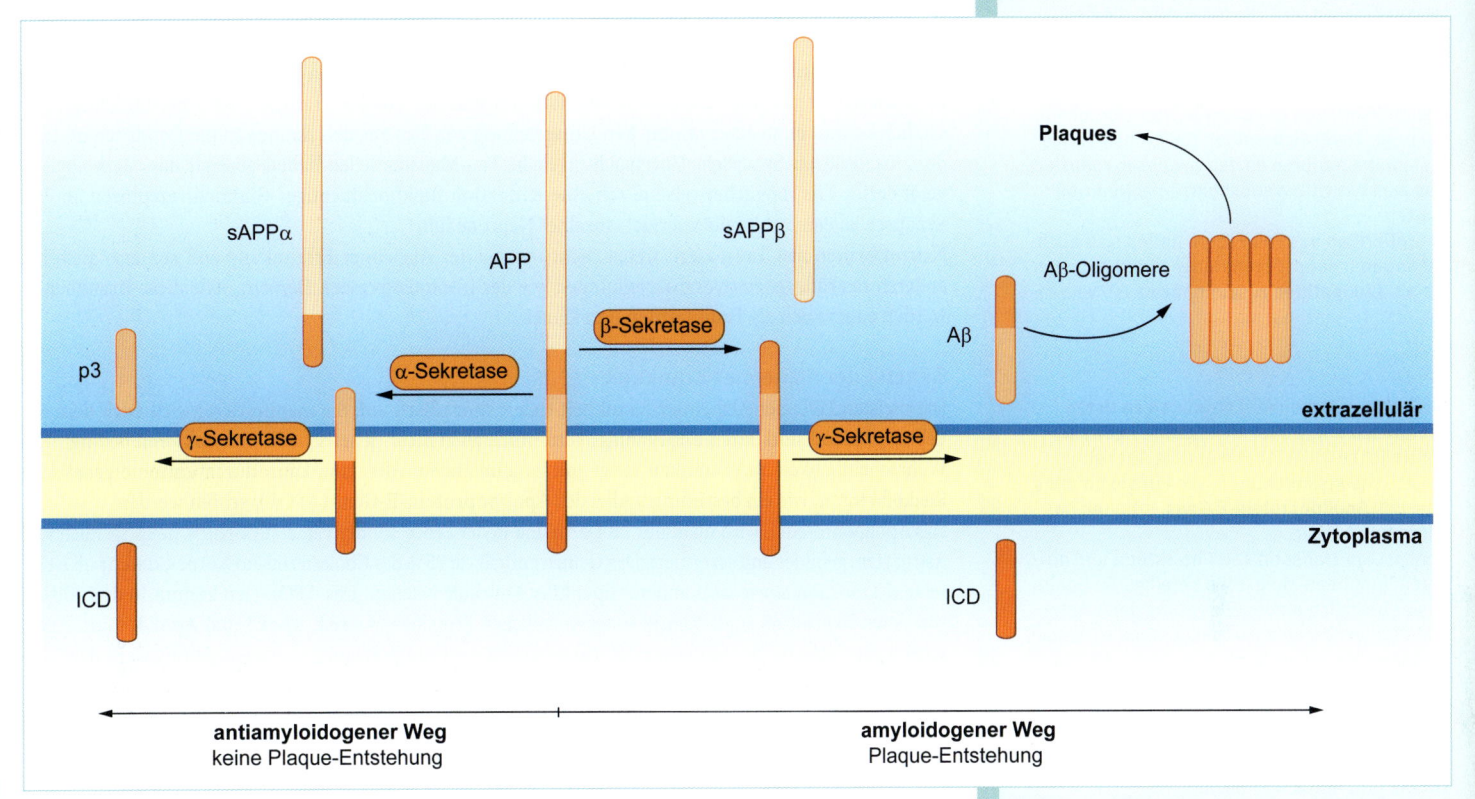

Abb. 28.9 Proteolytische Prozessierung des β-Amyloid-Vorläuferproteins (APP). ICD = intrazelluläre Domäne. [L299]

Bei den meisten älteren Menschen bilden sich Aβ-Plaques, aber nicht alle entwickeln daraufhin eine Demenz. Das Gen für das β-Amyloid-Vorläuferprotein liegt auf Chromosom 21. Bei **Trisomie 21** (Down-Syndrom) kommt es vermutlich durch das dritte Chromosom zu einer verstärkten Expression des β-Amyloid-Vorläuferproteins und somit zu einer verstärkten Bildung von Aβ. Menschen mit Trisomie 21 weisen daher schon früher Amyloid-β-haltige Plaques im Gehirn auf als der Durchschnitt der Bevölkerung und erkranken zum Teil schon vor dem 40. Lebensjahr an der Alzheimer-Krankheit.

Toxizität des Amyloid-β-Peptids
Die β-Sekretase ist in Neuronen im Vergleich zur α-Sekretase stark exprimiert. Daher wird unter physiologischen Bedingungen in Neuronen ständig Aβ-Peptid gebildet, das allerdings rasch wieder abgebaut wird. Mit zunehmendem Alter funktioniert dieser Prozess nicht mehr ausreichend und es kommt zur Aggregation. Dabei lagern sich die hydrophoben Aβ-Peptide zunächst zu kleineren Komplexen, den **Oligomeren,** zusammen, die noch löslich sind. Mit der Zeit bilden sich größere **fibrilläre** (fadenförmige) **Aggregate** (Aβ-Plaques), die einen hohen Anteil an **β-Faltblatt-Strukturen** aufweisen. Durch die amyloiden Plaques können Mikrogliazellen aktiviert werden. Diese sind Teil des Immunsystems und versuchen vermutlich, beschädigte Neuronen abzubauen und zu entfernen. Dabei produzieren sie eine Vielzahl von potenziell neurotoxischen Substanzen wie reaktive Sauerstoff- und Stickstoffspezies, Proteasen und Proteine des Komplementsystems sowie entzündungsfördernde Zytokine wie Interleukine und TNFα. Dadurch kommt es zur **Neuroinflammation** (= lokale Entzündungsreaktionen des ZNS), die vermutlich den weiteren Untergang von Neuronen fördert.
Wahrscheinlich sind bereits die Aβ-Oligomere neurotoxisch und lösen eine pathologische Kaskade aus, die mit Entzündung, synaptischer Fehlfunktion, Bildung von Tau-Fibrillen und letztlich dem Untergang von Neuronen einhergeht. Die hydrophoben Aβ-Oligomere können sich in die Zellmembranen einlagern und Poren bilden. Dadurch wird der Einstrom von Ca^{2+}-Ionen gefördert. Zudem interagieren die Oligomere mit Ca^{2+}-Kanälen wie dem NMDA-Rezeptor und verstärken dadurch zusätzlich den Ca^{2+}-Einstrom. Letztlich resultiert daraus eine Hyperaktivität im Hippokampus, die mit bildgebenden Verfahren bei Alzheimer-Patienten nachweisbar ist. Im weiteren Krankheitsverlauf kommt es dann aber zu einer Hypoaktivität der Neuronen, an deren Entwicklung wohl das Tau-Protein maßgeblich beteiligt ist.

Aβ-Plaques bilden sich bei den meisten älteren Menschen, aber nicht alle entwickeln eine Demenz. Da das APP-Gen auf Chromosom 21 liegt, weisen Menschen mit **Trisomie 21** im Durchschnitt früher Amyloid-β-haltige Plaques im Gehirn auf.

Unter physiologischen Bedingungen wird ständig Aβ-Peptid gebildet, das allerdings wieder abgebaut wird. Funktioniert der Abbau nicht mehr ausreichend, kommt es zur Aggregation. Zunächst bilden sich **Oligomere,** später größere **fibrilläre Aggregate** mit einem hohen Anteil an **β-Faltblatt-Strukturen.**
Vermutlich sind bereits Aβ-Oligomere neurotoxisch. Sie können sich z. B. in Zellmembranen einlagern und Poren bilden, wodurch es zum Ca^{2+}-Einstrom kommt. Die daraus resultierende Hyperaktivität im Hippokampus kann mit bildgebenden Verfahren bei Alzheimer-Patienten dargestellt werden.
Mikrogliazellen versuchen, beschädigte Neuronen abzubauen, und rufen dabei über eine Vielzahl von Substanzen wie ROS bzw. RNS, Proteasen, Komplementsystem und Zytokine eine **Neuroinflammation** hervor.

Aus Studentensicht

Das **Tau-Protein** zählt zu den **mikrotubuliassoziierten Proteinen** und dient v. a. der Stabilisierung von Mikrotubuli in Axonen.
Aβ-Oligomere verändern das Ionenmilieu in Neuronen und beeinflussen darüber die Aktivität von Kinasen und Phosphatasen, die das Tau-Protein als Substrat haben. Eine **zu starke Phosphorylierung des Tau-Proteins** führt zu dessen Funktionsverlust. Mikrotubuli werden destabilisiert und der axonale Transport beeinträchtigt. Zusätzlich werden funktionstüchtige Glutamatrezeptoren an den Synapsen reduziert, was zum Aktivitätsverlust einzelner Neurone führt.
Neurofibrillen aus Tau-Fasern finden sich auch bei anderen neurodegenerativen Erkrankungen, die als **Tauopathien** zusammengefasst werden.

Die meisten Alzheimer-Erkrankungen treten **sporadisch** auf, wobei die Erkrankungswahrscheinlichkeit mit zunehmendem Alter steigt. Genetische Risikofaktoren, wie ein bestimmtes Allel des **Apolipoprotein-E-Gens,** erhöhen das Erkrankungsrisiko.
ApoE ist am Transport von Cholesterin und anderen lipophilen Molekülen beteiligt. Im Gehirn ist es zusätzlich an der Entfernung der β-Amyloid-Plaques beteiligt, wobei ApoE4 die Plaques am langsamsten entfernt, sodass das **APOE4-Allel** gegenüber **APOE2** und **APOE3** mit einem **erhöhten Risiko** verbunden ist, an Alzheimer zu erkranken. In den letzten Jahren wurden weitere Risikofaktoren wie bestimmte Varianten von **TREM2** und **SorLA** identifiziert.
5 % der Alzheimer-Fälle sind genetisch bedingt (**familiäre Alzheimer-Erkrankung, FAD**). Mutationen im APP- oder Presenilin-Gen (katalytische Untereinheit der γ-Sekretase) führen zu einem frühen Ausbruch der Alzheimer-Krankheit, teilweise bereits im Alter zwischen 40 und 50 Jahren.

Tau-Protein

Das **Tau-Protein** gehört zu den **mikrotubuliassoziierten Proteinen.** Eine wesentliche Funktion besteht in der Stabilisierung von Mikrotubuli in Axonen. Tau-Proteine gewährleisten so die Funktion der Mikrotubuli beim axonalen Transport und als Elemente des Zytoskeletts (➤ 26.2.2).
Durch die Aβ-Oligomere wird das intrazelluläre Ionen-Milieu der Neuronen, z. B. durch einen vermehrten Ca^{2+}-Einstrom, verändert. Dadurch werden vermutlich die Aktivitäten von Kinasen und Phosphatasen, die an der Phosphorylierung bzw. Dephosporylierung der Tau-Proteine beteiligt sind, gestört. Wird das **Tau-Protein zu stark phosphoryliert,** verliert es seine Bindung an die Mikrotubuli und dissoziiert ab. Dadurch werden die Mikrotubuli destabilisiert und der axonale Transport wird beeinträchtigt. Zusätzlich kommt es zu einer räumlichen Umverteilung von Tau aus den Axonen in die Dendriten und die dort lokalisierten Synapsen. Untersuchungen in Tau-Mausmodellen haben gezeigt, dass pathologisch verändertes Tau möglicherweise durch eine Reduktion funktionstüchtiger Glutamatrezeptoren an den Synapsen zu einem Aktivitätsverlust einzelner Neurone führt.
Neurofibrillen aus Tau-Fasern treten nicht nur bei der Alzheimer-Erkrankung auf, sondern auch bei anderen neurodegenerativen Erkrankungen wie der frontotemporalen Demenz. Alle diese Krankheiten werden daher auch als **Tauopathien** bezeichnet.

Genetik der Alzheimer-Krankheit

Die meisten Fälle der Alzheimer-Krankheit treten **sporadisch** auf. Sie manifestieren sich nach dem 60. Lebensjahr und sind durch unbekannte, vermutlich auch nicht-genetische Einflussfaktoren bedingt. Die Wahrscheinlichkeit zu erkranken steigt mit zunehmendem Alter und kann durch einzelne genetische Risikofaktoren, wie ein bestimmtes Allel des **Apolipoprotein-E-Gens** (APOE), erhöht werden.
Das Apolipoprotein E wird nicht nur im Darm und in der Leber, sondern auch im Gehirn, hauptsächlich von Astrozyten, gebildet und sezerniert. Das Gehirn enthält ca. 25 % des Cholesterins im Körper, und ApoE ist an seinem Transport sowie dem anderer lipophiler Moleküle beteiligt. Das APOE-Gen kommt in drei Allelen vor, deren Expression zu drei leicht unterschiedlichen Proteinen, **ApoE2, ApoE3** und **ApoE4,** führt. ApoE scheint eine Rolle bei der Entfernung (Clearance) von Amyloid-β-Plaques zu spielen. ApoE4 weist dabei die ungünstigsten Eigenschaften auf und entfernt Amyloid-β langsamer aus dem Gehirn als die beiden anderen Isoformen. Das **APOE4-Allel** ist daher mit einem deutlich **erhöhten Risiko** verbunden, an Alzheimer zu erkranken, insbesondere, wenn es homozygot vorliegt, was bei ca. 2 % der Bevölkerung der Fall ist. Die Träger haben eine 90 %ige Wahrscheinlichkeit, mit 68 Jahren an einer Alzheimer-Erkrankung zu leiden. Für Menschen mit einem APOE2-Allel ist das Risiko, an Alzheimer zu erkranken, relativ gering, Träger von APOE3, dem häufigsten Genotyp, zeigen eine durchschnittliche Erkrankungshäufigkeit, die bei etwa 12 % der 80-Jährigen oder 2 % der 68-Jährigen liegt. In den letzten Jahren wurden weitere Risikofaktoren für die Entstehung der sporadischen Alzheimer-Erkrankung wie bestimmte Varianten des Immunrezeptors **TREM2** (Triggering Receptor Expressed on Myeloid Cells 2) oder des APP-bindenden Rezeptors **SorLA** identifiziert.
Etwa 5 % der Alzheimer-Fälle sind nachweislich genetisch bedingt (**familiäre Alzheimer-Erkrankung,** FAD). Die betroffenen Patienten tragen Mutationen in den Genen für das β-Amyloid-Vorläuferprotein oder für die Preseniline, die die katalytische Untereinheit der γ-Sekretase bilden (➤ 7.2.5), und erkranken alle an Alzheimer. Bedingt durch diese Mutationen steigt entweder die Gesamtmenge an produzierten Aβ-Peptiden an oder es werden vermehrt lange hydrophobe Aβ-Peptide wie Aβ42 oder Aβ43 gebildet. Der Plaque-Bildungsprozess ist beschleunigt und die Patienten erkranken häufig bereits im Alter zwischen 40 und 50 Jahren.

Therapie der Alzheimer-Krankheit

> **FALL**
>
> **Frau Haider sucht die Tür: Alzheimer-Krankheit**
>
> Frau Haider stellte sich bei Ihrer Sprechstundenhilfe zweimal vor; dies deutet auf eine Beeinträchtigung des Kurzzeitgedächtnisses hin. Auch ihre räumliche Orientierung scheint gestört, was ihr im Park und beim Suchen der Tür Probleme bereitete. Beides sind typische Symptome der Alzheimer-Demenz. Um weitere kognitive Funktionen zu überprüfen, machen Sie einen Mini-Mental-Status-Test (MMST) mit Frau Haider. Dabei werden ihre zeitliche und örtliche Orientierung, ihre Merk- und Erinnerungsfähigkeit, Aufmerksamkeit, Sprache und Sprachverständnis, Lesen, Schreiben, Zeichnen und Rechnen überprüft. Von den möglichen 30 Punkten erreicht Frau Haider nur 24 Punkte; ein Zeichen einer beginnenden Demenz. Durch ihre ursprünglich hohe kognitive Leistungsfähigkeit kann sie Strategien zum Umgang mit ihren Defiziten entwickeln, die ihr noch einige Zeit ein unabhängiges Leben ermöglichen. Es gibt auch einige Medikamente, welche die Symptome lindern können.
> Im Moment sind in Deutschland **vier Medikamente** zur **Alzheimer-Behandlung** zugelassen, welche die veränderte Neurotransmitterausschüttung im Gehirn von Alzheimer-Patienten regulieren sollen. Dabei handelt es sich um die drei **Acetylcholinesterase-Hemmstoffe** Donepezil, Rivastigmin und Galantamin sowie den **NMDA-Rezeptor-Antagonisten** Memantin. Diese Medikamente können die Gedächtnisfunktion zeitweise verbessern, wirken aber nicht an den Ursachen der Krankheitsentstehung und halten den Abbau und Verlust von Neuronen nicht auf.
> Frau Haider wird also leider immer weiter zunehmende kognitive Defizite aufweisen, die letztendlich mit einem selbstbestimmten Leben nicht mehr vereinbar sein werden. Schließlich schreitet der Abbau von Neuronen so weit fort, dass auch elementare motorische Vorgänge zum Problem werden. Die Patienten werden bettlägerig. Die mittlere Überlebensdauer nach Diagnose beträgt etwa sieben Jahre.

Die Entwicklung von Wirkstoffen, die an den vermutlichen **Ursachen der Krankheit** angreifen, ist Gegenstand intensiver Forschungsarbeiten. Dabei werden hauptsächlich die folgenden Ansätze verfolgt:
- **Hemmung der Aβ-Produktion** durch Inhibition der Aβ-erzeugenden β- und γ-Sekretase bzw. durch Aktivierung der α-Sekretase
- Auflösung der Amyloidaggregate und Tau-Fibrillen bzw. Verhinderung der Aggregation, v. a. durch **Immuntherapie**
- **Hemmung der Aβ- und Tau-Aggregation** durch antiaggregative Substanzen

Hemmung der Aβ-Produktion
Durch Hemmung der β- oder γ-Sekretase kann die Entstehung von Amyloid-β reduziert oder vollständig unterdrückt werden. Mit γ-Sekretase-Inhibitoren behandelte Probanden erlitten allerdings erhebliche Nebenwirkungen wie Veränderungen ihres Blutbilds, die vermutlich auf eine Hemmung der Notch-Prozessierung zurückzuführen sind (➤ 28.1.2). Neuere Entwicklungen konzentrieren sich daher auf γ-Sekretase-Modulatoren (GSMs), welche die Produktion von kürzeren Aβ-Peptiden fördern und die der längeren reduzieren. Erste Studien mit **β-Sekretase-Inhibitoren** an Alzheimer-Patienten weisen darauf hin, dass eine Reduktion aller Aβ-Formen in menschlichem Plasma und der Rückenmarksflüssigkeit (Liquor cerebrospinalis) erreicht werden kann, ohne dass schwerwiegende Nebenwirkungen auftreten. Eine signifikante Verbesserung der kognitiven Leistungen wurde bisher jedoch nicht beobachtet. Strategien zur **Aktivierung der α-Sekretase** stehen noch am Anfang der Entwicklungen.

Immuntherapie
Die Idee der Immuntherapie beruht auf der **Entfernung von Proteinaggregaten** durch Bindemoleküle wie **Antikörper**. Die meist gegen das Aβ-Peptid gerichteten Antikörper können entweder passiv verabreicht oder durch aktive Immunisierungen erzeugt werden. Man unterscheidet:
- **Aktive Immunisierung:** Nach aktiver Immunisierung mit Aβ-Peptid gelangen Antikörper auch ins Gehirn. Die von den **Antikörpern markierten Plaques** werden von Mikrogliazellen **phagozytiert.** Klinische Studien mussten jedoch beendet werden, da 7 % der Probanden eine Meningoenzephalitis (Entzündung des Gehirns und seiner Hirnhäute) entwickelten. Probanden mit einem hohen Antikörpertiter zeigten in den ersten Jahren nach der Immunisierung eine stabilere Gedächtnisleistung und post mortem weniger Plaques als Kontrollprobanden. Gegenwärtig wird daher versucht, die Antigene für die aktive Immunisierung weiter zu optimieren und so die Entzündung im Gehirn zu verhindern.
- **Passive Immunisierung:** Zur passiven Immunisierung werden **monoklonale Antikörper** verwendet. In ersten klinischen Studien wurden keine gravierenden Nebenwirkungen festgestellt, aber es konnte auch **keine Verbesserung der Gedächtnisleistung** nachgewiesen werden. Möglicherweise führt diese sehr teure Therapie aber zu einem Erfolg, wenn sie bereits in frühen Krankheitsstadien beginnt.

Hemmung der Aβ- und Tau-Aggregation
Neben der Entfernung von aggregierten Proteinen wird auch versucht, die Aggregation schon im Vorfeld zu verhindern. So werden **niedermolekulare Verbindungen** getestet, die an Aβ-Monomere oder Tau binden und die Aggregation zu Oligomeren und Fibrillen verhindern sollen.

Morbus Parkinson
Bei Morbus Parkinson (Parkinson Disease, PD) treten **Proteinablagerungen** im Kern und im Zytoplasma der Nervenzellen auf. Davon sind insbesondere die **dopaminergen Neurone** in der **Substantia nigra pars compacta** betroffen. Das Absterben dieser Nervenzellen führt zum Dopaminmangel in ihren Zielgebieten wie dem Putamen und dem Nucleus caudatus und dadurch zu einer Bewegungsstörung, die sich durch **Tremor** (Muskelzittern), **Rigor** (Muskelstarre), **Hypokinese** (verkleinerte Bewegungen) und **Bradykinese** (verlangsamte Bewegungen) sowie **posturale Instabilität** (Haltungsinstabilität) auszeichnet (➤ 28.1.1). Wesentlicher Bestandteil der Aggregate ist das **Protein α-Synuclein**, das sich zusammen mit Ubiquitin in den für Morbus Parkinson typischen **Lewy-Körperchen** befindet (➤ Abb. 28.8c). α-Synuclein ist ein normaler Bestandteil von Nervenzellen. Es kommt v. a. in den Synapsen vor, wo es vermutlich an der Ausschüttung von Neurotransmittern beteiligt ist. Die Aggregation von α-Synuclein wird vermutlich durch eine Störung des Proteinabbaus hervorgerufen. Allerdings fehlen diese Lewy-Körperchen bei bestimmten genetisch bedingten Parkinson-Formen.

Der Morbus Parkinson ist mit über 300 000 Betroffenen in Deutschland die **häufigste Bewegungsstörung** und die zweithäufigste neurodegenerative Erkrankung nach der Alzheimer-Krankheit. Die genauen Ursachen für die Entstehung der Parkinson-Krankheit sind noch nicht geklärt. Die am häufigsten auftretende **sporadische Form** (ca. 75 % der Patienten) scheint eine komplexe multifaktorielle Krankheit zu sein, die durch Umweltfaktoren wie Exposition gegenüber Toxinen und durch bestimmte genetische Prädispositionen hervorgerufen wird. Das Alter ist der stärkste Risikofaktor, meist beginnt die Erkrankung nach dem 50. Lebensjahr.

Familiäre Formen des Morbus Parkinson sind mit Mutationen in bestimmten Genen assoziiert und umfassen ca. 10 % aller Morbus-Parkinson-Fälle. Mutationen wurden in den Genen für **α-Synuclein, Parkin, Pink-1 und DJ-1** sowie weiteren Gen-Loci, die z. T. für mitochondriale Proteine codieren, nachgewiesen.

Aus Studentensicht

Aktuell werden Wirkstoffe entwickelt bzw. getestet, die an der **Ursache der Krankheit** angreifen:
- Hemmung der Aβ-Produktion
- Immuntherapie
- Hemmung der Aβ- und Tau-Aggregation

Zu den Medikamenten, welche die Aβ-Produktion hemmen, gehören:
- **γ-Sekretase-Inhibitoren:** führen zu Nebenwirkungen wie Blutbildveränderungen
- **γ-Sekretase-Modulatoren:** verringern die Produktion längerer Aβ-Peptide
- **β-Sekretase-Inhibitoren:** reduzieren Aβ in Plasma und Liquor

Medikamente, die eine **Aktivierung der α-Sekretase** bewirken, werden noch entwickelt.

Bei der Immuntherapie wird durch eine passive bzw. aktive Immunisierung die **Entfernung von Proteinaggregaten** durch **Antikörper** verfolgt, die sich meist gegen das Aβ-Peptid richten.
- Nach **aktiver Immunisierung** mit Aβ-Peptid werden die **Antikörper-markierten Plaques** von Mikrogliazellen erkannt und **phagozytiert**.
- Die **passive Immunisierung** erfolgt mit **monoklonalen Antikörpern**, wobei in ersten klinischen Studien **keine Verbesserung der Gedächtnisleistung** nachgewiesen werden konnte.

Niedermolekulare Verbindungen werden in Bezug auf ihre aggregationshemmende Wirkung getestet.

Morbus Parkinson
Beim Morbus Parkinson finden sich **Proteinablagerungen** v. a. in den **dopaminergen Neuronen** der **Substantia nigra pars compacta**. Das Absterben der Neurone führt zu einem Dopaminmangel. Folge sind die typischen Symptome **Tremor, Rigor, Hypokinese** und **Bradykinese** sowie **posturale Instabilität**. Die Aggregate bestehen hauptsächlich aus dem **Protein α-Synuclein**, das sich in den für die Erkrankung typischen **Lewy-Körperchen** findet.

Der Morbus Parkinson ist die **häufigste Bewegungsstörung**. Die genauen Ursachen sind noch nicht geklärt. Die sporadische Form tritt am häufigsten auf und scheint multifaktoriell bedingt zu sein, wobei das Alter der größte Risikofaktor ist. **Familiäre Formen** sind mit Mutationen in bestimmten Genen wie **α-Synuclein, Parkin, Pink-1 und DJ-1** assoziiert. Parkin und Pink-1 sind am Abbau von geschädigten **Mitochondrien** beteiligt. Mutationen im DJ-1-Gen führen zu einem erhöhten oxidativen und nitrosativen Stress und zum Untergang von Neuronen.

Aus Studentensicht

Sekundäre (symptomatische) Parkinson-Syndrome treten z. B. als Folge von Toxinen wie Paraquat oder Nervengiften auf, die den Komplex I der Atmungskette hemmen, wodurch die ATP-Produktion erniedrigt ist und der oxidative Stress verstärkt wird. Letztlich kommt es über die Aktivierung proapoptotischer Prozesse zum neuronalen Zelltod.

Morbus Huntington

Der Morbus Huntington ist durch eine **Störung der Bewegungskoordination** gekennzeichnet. Bei fortschreitender Krankheit kommt es zusätzlich zur **Demenz.**
Die Patienten weisen einen Defekt im Huntingtin-Gen auf. **Huntingtin** gehört zur Gruppe der **Polyglutaminproteine,** die eine repetitive Abfolge von Glutaminen enthalten. Eine Verlängerung dieser Abfolge führt ab einer bestimmten Zahl von **Glutaminwiederholungen** (ca. 35) zur Entwicklung der Erkrankung.
Auch altersrelevante Faktoren wie oxidative Modifikationen und Veränderungen in der Funktion von **Chaperonen** spielen wahrscheinlich eine Rolle bei der Krankheitsentstehung.
Im Frühstadium der Krankheit kann durch eine molekulargenetische Diagnostik mithilfe der PCR die Anzahl der Glutaminwiederholungen bestimmt werden.

● **KLINIK**

---

28 ENTWICKLUNG UND ALTER: AUF DER SUCHE NACH DER UNSTERBLICHKEIT

Die Proteine Parkin und Pink-1 sind am Abbau von geschädigten Mitochondrien durch Autophagie beteiligt und es kann davon ausgegangen werden, dass **mitochondriale Fehlfunktion** eine grundlegende Rolle bei der Entstehung des Morbus Parkinson spielt. Mutationen im Gen für **DJ-1** (➤ 10.5.4), das für ein Protein mit einer Schutzfunktion gegenüber ROS und RNS codiert, erhöhen den oxidativen und nitrosativen Stress in den dopaminergen Neuronen.

Neben den primären Formen der Parkinson-Erkrankung treten auch **sekundäre (symptomatische) Parkinson-Syndrome** auf. Dabei kommt es zu einer Schädigung der dopaminergen Neurone der Substantia nigra beispielsweise durch Toxine. So hemmen Pflanzenschutzmittel wie Paraquat oder Nervengifte wie 1-Methyl-4-phenylpyridinium (MPP$^+$) den Komplex I der Atmungskette. MPP$^+$ wird im Körper durch die Monoaminoxidase B aus MPTP (1-Methyl-4-phenyl-1,2,3,6-tetrahydropyridin) gebildet, das bei unsachgemäßer Herstellung der Designerdroge MPPP (synthetisches Heroin) entsteht. Durch den verminderten Elektronenfluss ist die mitochondriale ATP-Produktion erniedrigt, während es zu einer vermehrten Bildung von ROS und RNS kommt. Diese können wiederum die mitochondriale DNA schädigen, sodass es letztlich, auch über die Aktivierung von proapoptotischen Prozessen, zum neuronalen Zelltod in der Substantia nigra kommt. Sekundäre Parkinson-Syndrome können auch durch eine Hirnentzündung (Enzephalitis), einen Hirntumor oder ein Schädel-Hirn-Trauma ausgelöst werden.

Morbus Huntington

Der Morbus Huntington (früher auch Veitstanz, Chorea Huntington) ist durch eine **Störung der Bewegungskoordination** gekennzeichnet und äußert sich in plötzlichen, regellosen und unwillkürlichen Bewegungen (hyperkinetische Bewegungsstörung). Außerdem können psychische Veränderungen wie depressive Verstimmungen oder aggressives Verhalten auftreten. Mit fortschreitender Krankheit kommt es außerdem zur **Demenz.**

Die Patienten weisen einen Defekt im Gen für Huntingtin auf. Die physiologische Funktion von Huntingtin ist nicht vollständig geklärt. Es gibt eine Reihe von Hinweisen dafür, dass es eine wichtige Rolle beim intrazellulären Transport von Vesikeln und Organellen spielt. **Huntingtin** gehört zur Gruppe der **Polyglutaminproteine,** die eine repetitive Abfolge der Aminosäure Glutamin enthalten. Die meisten Menschen haben ungefähr 15–25 Wiederholungen in jeder Kopie des Gens. Wird diese repetitive Sequenz im Huntingtin-Gen durch Insertionen auf mehr als ca. 35 glutamincodierende Tripletts (= CAG) verlängert (= Trinukleotiderkrankung), kommt es zu Strukturveränderungen im Protein, die zur vermehrten Aggregation und neurotoxischer Aktivität führen. Die toxischen Proteinablagerungen finden sich v. a. in GABAergen Neuronen des Striatums. Der Verlust dieser Neurone führt zu einer Enthemmung von Neuronen des Thalamus. Eine hohe Zahl von **Glutaminwiederholungen** führt zu einem früheren Ausbruch der Krankheit und einem schwereren Verlauf.

Obwohl es sich um eine Erkrankung mit einem klar definierten Gendefekt handelt, treten die Symptome in den meisten Fällen erst ab dem 40. Lebensjahr auf. Daher wird auch bei dieser Aggregationskrankheit angenommen, dass neben den genetischen v. a. altersrelevante Faktoren die Aggregation und Neurotoxizität des mutierten Proteins beeinflussen. Neben der Rolle von oxidativen Modifikationen spielen hier anscheinend auch Veränderungen in der Funktion der molekularen **Chaperone** eine Rolle. Neue Befunde weisen darauf hin, dass die Fähigkeit der Zellen, ausreichende Mengen an Chaperonen zu bilden, im Rahmen des Altersprozesses abnimmt. Das Fehlen der Chaperone führt dann zur Aggregation. Das Auftreten von ubiquitinylierten Proteinablagerungen legt nahe, dass die Neuronen versuchen, die pathologischen Huntingtin-Proteine über den Ubiquitin-Proteasom-Weg abzubauen.

● **KLINIK**

Morbus Huntington: Diagnostik

Im Frühstadium ist die klinische Diagnose des Morbus Huntington relativ schwierig, da die Bewegungsstörungen nur sehr gering ausgeprägt sein können und die psychischen Veränderungen auch durch andere Krankheiten wie eine Depression hervorgerufen werden können. In diesen Fällen kann durch eine **molekulargenetische Diagnostik** mithilfe der **PCR** die Anzahl der CAG-Wiederholungen in den beiden Allelen des Huntingtin-Gens bestimmt werden. Wenn ein Allel 40 oder mehr Wiederholungen enthält, wird diese Person im Laufe ihres Lebens einen Morbus Huntington entwickeln. Weist das Gen 36–39 CAG-Wiederholungen auf, so werden einige dieser Genträger Symptome der Krankheit entwickeln, andere dagegen nicht. Bei 27 bis 35 CAG-Einheiten werden die Genträger selbst nicht erkranken, aber für ihre Kinder besteht ein erhöhtes Risiko, einen Morbus Huntington zu entwickeln.

Werden gesunde Personen, die aufgrund einer Huntington-Krankheit bei Familienangehörigen das Risiko haben, ein Genträger zu sein, molekulargenetisch getestet, spricht man von **prädiktiver Diagnostik** (Vorhersagediagnostik). Eine solche Diagnostik bei Menschen mit Huntington-Risiko hat eine erhebliche psychische und soziale Tragweite, da derzeit keine Vorbeugung oder Heilung möglich ist und Patienten nur symptomatisch behandelt werden können. Das **Gendiagnostikgesetz** schreibt bei prädiktiver Diagnostik jeweils eine **Beratung** vor der Untersuchung und nach Vorliegen des Resultats vor. Für eine genetische Untersuchung sprechen die Klarheit über den eigenen Genstatus, die Möglichkeit zur Vorbereitung auf die bevorstehende Erkrankung und die bewusste Entscheidungen bei der Lebens- und Familienplanung. Gegen eine genetische Untersuchung sprechen die sichere Information über eine bevorstehende Erkrankung, die zusätzlich aufgrund des Mangels an Therapiemöglichkeiten erschwert wird, die Angst vor dem Krankheitsbeginn und -verlauf und das Wissen um die Gefährdung der Nachkommen. Circa 80 % der Personen, für die eine genetische Untersuchung möglich wäre, entscheiden sich dagegen und ziehen ihr Recht auf Nichtwissen vor.

28.2 ALTERN

28.2.3 Kalorienrestriktion: eine Strategie zur Lebensverlängerung?

Obwohl die genauen Faktoren des Alterns noch nicht vollumfänglich verstanden sind, kristallisieren sich bestimmte Mechanismen heraus, die in allen untersuchten Organismen den Alterungsprozess beeinflussen und möglicherweise die Lebensspanne verlängern.

So wirkt eine **Kalorienrestriktion** (= verminderte Kalorienzahl bei ausgeglichenem Nährstoffgehalt) unter experimentellen Bedingungen in vielen Organismen **lebensverlängernd.** Mäuse, Ratten und Rhesus-Affen lebten mit einer kalorienreduzierten Diät ca. 20–50 % länger als Kontrolltiere mit normalem Fütterungsschema. Auch altersassoziierte Krankheiten wie Diabetes mellitus, Krebs und Herz-Kreislauf-Erkrankungen traten in den Untersuchungen seltener auf und es wurde eine verminderte Gehirnatrophie beobachtet.

> **KLINIK**
>
> **Kalorienrestriktion beim Menschen**
>
> Als ein natürliches Experiment zur unfreiwilligen Kalorienrestriktion beim Menschen werden die Lebensbedingungen der älteren Bevölkerung von **Okinawa** gesehen. Auf der Hauptinsel eines Archipels im äußersten Südwesten Japans nahmen die Bewohner von etwa 1950 bis Ende der sechziger Jahre aufgrund von Armut ca. 11 % weniger Kalorien zu sich als der Durchschnitt der japanischen Bevölkerung. Die konsumierten Nahrungsmittel waren allerdings reich an Nährstoffen und Vitaminen, da lokal angebautes Gemüse und carotinreiche Meeresfrüchte verzehrt wurden. Okinawa weist mit ca. 50 Hundertjährigen auf 100 000 Einwohner mit die **höchste Zahl an Hundertjährigen** weltweit auf. Bei ihnen treten altersassoziierte Krankheiten seltener als in der japanischen und amerikanischen Bevölkerung auf.

Für die positiven Effekte, die eine Kalorienbegrenzung auf eine Verlängerung des Lebensalters hat, scheint nicht die veränderte Energiezufuhr, sondern insbesondere die geringere Aktivierung der **Insulin- und IGF1-Signaltransduktion** eine Rolle zu spielen. Normalerweise aktiviert die Nahrungsaufnahme eine Signalkaskade, die mit der Ausschüttung von Insulin und der Aktivierung von Rezeptoren für Insulin- oder insulinähnliche Wachstumsfaktoren (Insulin-like Growth Factor, IGF) beginnt (> Abb. 9.20, > Abb. 9.31). Neben den typischen metabolischen Wirkungen auf den Stoffwechsel beschleunigt diese Signalkaskade durch eine erhöhte Proliferationsrate vermutlich auch den Abbau der Telomere und beeinflusst Effektormoleküle, die an der Regulation der Lebensspanne beteiligt sind (> Abb. 28.10). Die partielle Hemmung dieser Signalwege durch eine Kalorienrestriktion erscheint sinnvoll, da bei Nahrungsmangel die Zellen und der gesamte Organismus in eine Art Stand-by-Modus eintreten, bei dem Zellteilung und Reproduktion heruntergefahren werden, um noch genug Energie für die Aufrechterhaltung der überlebenswichtigen Systeme zu haben. Eine Hemmung in den Signalwegen stoffwechselaktivierender Hormone kann daher mit einer Verlängerung der Lebenszeit verbunden sein.

Durch Kalorienrestriktion werden **Sirtuine** aktiviert. Diese Enzyme sind NAD-abhängige Deacetylasen und ADP-Ribosyltransferasen. Sirtuine können Histone oder **Transkriptionsfaktoren** deacetylieren und damit deren Aktivität beeinflussen. Die Aktivität der Sirtuine wird durch das Verhältnis von oxidiertem zu reduziertem NAD (NAD^+/NADH) reguliert. Ruhende Zellen gewinnen ihre Energie vorwiegend aus dem oxidativen Metabolismus. Daher ist das NAD^+/NADH-Verhältnis relativ hoch und die Sirtuine sind aktiv. Sich stark teilende Zellen schalten dagegen ab einem gewissen Zeitpunkt auf anaerobe Energiegewinnung um, der NAD^+/NADH-Quotient fällt und damit auch die Aktivität der Sirtuine. Durch Kalorienrestriktion wird die Zellteilungsrate vermindert und damit vermutlich das NAD^+/NADH-Verhältnis hoch gehalten.

Sirtuine stimulieren u. a. den Lipidabbau in weißem Fettgewebe und den **Transkriptionsfaktor FOXO** (Forkhead-Box-Protein), der für die Expression von Proteinen verantwortlich ist, die an der metabolischen Stressresistenz und der genetischen Stabilität beteiligt sind (> Abb. 28.10). Werden Wachstumsfaktoren wie Insulin oder IGF1 ausgeschüttet, wird FOXO durch die Protein-Kinase Akt/PKB phosphoryliert, aus dem Kern exportiert und so die Expression der FOXO-Zielgene vermindert.

Sirtuine beeinflussen auch die Aktivität von **p53.** Eine hohe p53-Konzentration sorgt verstärkt für die Einleitung der Apoptose, eine mittlere p53-Menge bewirkt dagegen eher einen Zellzyklus-Arrest und die Reparatur der Zellschäden. Die Menge an p53 in der Zelle wird durch posttranslationale Modifikationen, wie Phosphorylierung und Acetylierung, reguliert. Modifiziertes p53 wird nicht abgebaut und induziert in hohen Konzentrationen die Apoptose. Sirtuine sorgen nun für eine Deacetylierung. Deacetyliertes p53 kann durch die Mdm2-Ubiquitin-Ligase ubiquitinyliert und durch das Proteasom abgebaut werden. So ist es den Zellen möglich, die p53-Menge derart anzupassen, dass erst einmal DNA-Reparaturen durchgeführt werden können und somit das Überleben der Zellen gesichert ist.

Außerdem **hemmen** Sirtuine den mTOR-Weg (Mammalian Target of Rapamycin) und damit die Zellproliferation und Tumorbildung. mTOR ist eine Protein-Kinase, die sich bei allen Eukaryoten nachweisen lässt. Sie ist u. a. für die Koordinierung des Stoffwechsels bei Nahrungsangebot zuständig. Insbesondere aus Nahrungsproteinen gewonnene Aminosäuren aktivieren mTOR und führen zu einer Steigerung der Proteinsynthese und zur Proliferation. Das machen sich auch Kraftsportler zunutze, indem sie vermehrt bestimmte Aminosäuren wie Leucin zu sich nehmen, um den Muskelaufbau zu fördern (> 4.6.2).

Aus Studentensicht

28.2.3 Kalorienrestriktion: eine Strategie zur Lebensverlängerung

Unter experimentellen Bedingungen wirkt eine **Kalorienrestriktion lebensverlängernd** und reduziert das Auftreten altersassoziierter Erkrankungen wie Diabetes mellitus, Krebs und Herz-Kreislauf-Erkrankungen. Zudem wird eine verminderte Gehirnatrophie beobachtet.

KLINIK

Die lebensverlängernde Wirkung einer Kalorienrestriktion scheint v. a. auf eine geringere Aktivierung der **Insulin- und IGF1-Signaltransduktion** zurückzuführen zu sein. Insulin bzw. insulinähnliche Wachstumsfaktoren beschleunigen vermutlich den Abbau der Telomere und beeinflussen Effektormoleküle, die an der Regulation der Lebensspanne beteiligt sind.

Eine Kalorienrestriktion induziert **Sirtuine** (NAD-abhängige Deacetylasen und ADP-Ribosyltransferasen), welche die Aktivität von Histonen und **Transkriptionsfaktoren** wie FOXO und p53 beeinflussen.

FOXO reguliert Proteine, die an der metabolischen Stressresistenz und der genetischen Stabilität beteiligt sind. Insulin und IGF1 vermindern die Expression der FOXO-Zielgene.
Über einen vermehrten Abbau von **p53** ermöglichen Sirtuine den Zellen, DNA-Reparaturen durchzuführen, und sichern dadurch das Überleben der Zellen, die ansonsten in die Apoptose eingetreten wären.

Zusätzlich **hemmen** Sirtuine den mTOR-Weg und damit die Zellproliferation und Tumorbildung.

Aus Studentensicht

ABB. 25.10

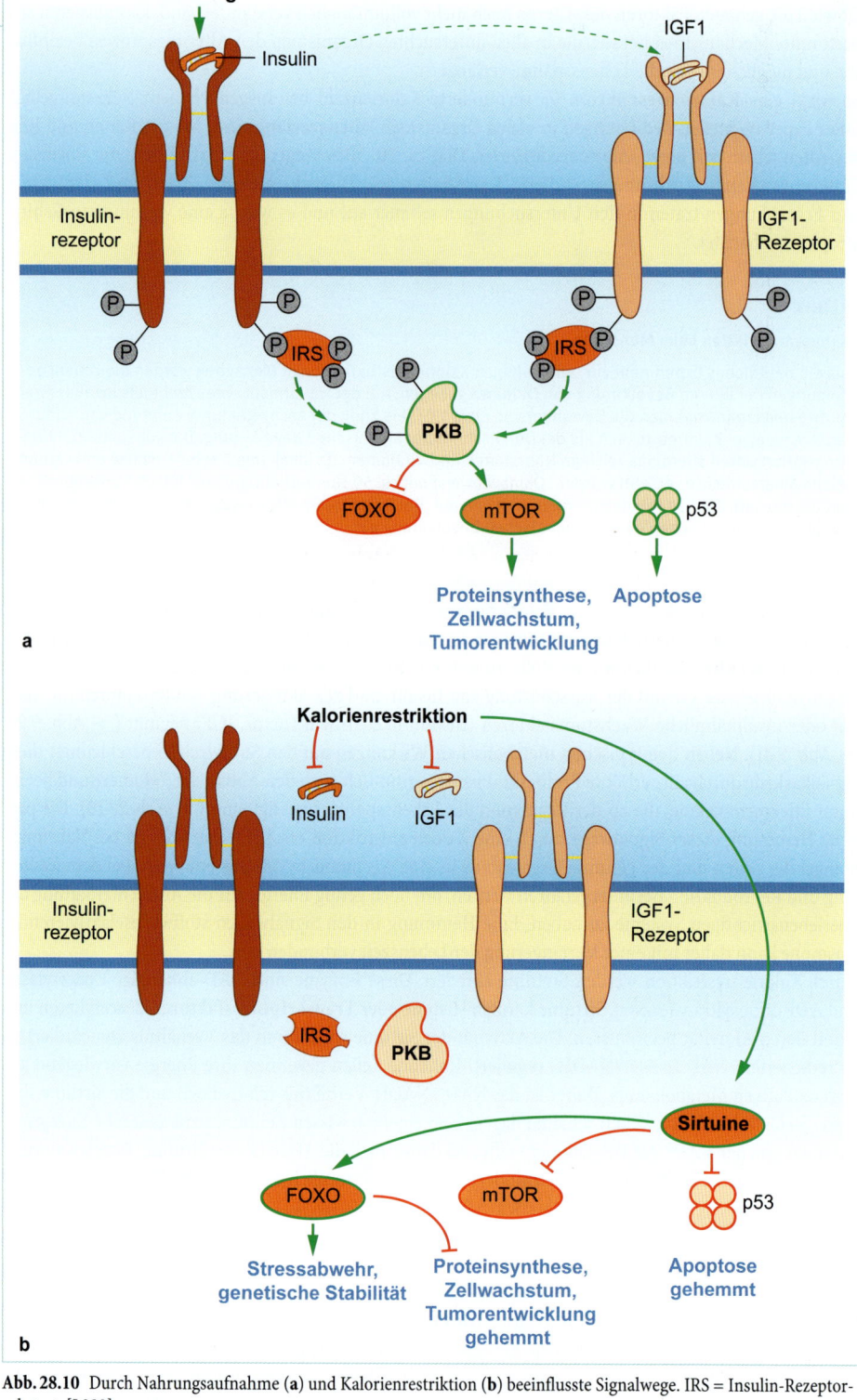

28 ENTWICKLUNG UND ALTER: AUF DER SUCHE NACH DER UNSTERBLICHKEIT

Abb. 28.10 Durch Nahrungsaufnahme (**a**) und Kalorienrestriktion (**b**) beeinflusste Signalwege. IRS = Insulin-Rezeptorsubstrat. [L299]

Eine zu starke Aktivierung von mTOR kann allerdings auch zur Tumorbildung führen. Daher wird Rapamycin, ein bakterielles Toxin, das mTor hemmt, als Anti-Tumormittel oder zur Hemmung der Proliferation von Immunzellen (= Immunsuppressivum) eingesetzt.

Polyphenole wie das **Resveratrol**, das in Schalen von roten Trauben und in Rotwein vorkommt, **aktivieren Sirtuine.** Resveratrol und andere sirtuinaktivierende Substanzen werden daher auf eine lebensverlängernde Wirkung getestet. Resveratrol hat wie viele Polyphenole zusätzlich auch antioxidative Eigenschaften und wirkt entzündungshemmend. Allerdings ist die Konzentration in Rotwein und Trauben niedrig, sodass die entsprechenden Wirkungen nicht allein durch den Konsum der entsprechenden Lebensmittel erzielt werden können.

Polyphenole wie **Resveratrol,** das u. a. in Rotwein und Schalen roter Trauben vorkommt, **aktivieren Sirtuine,** haben antioxidative Eigenschaften und wirken entzündungshemmend.

KLINIK
Langlebigkeitsgene beim Menschen
Das **FOXO3A-Allel,** eine Variante des FOXO-Gens, tritt bei Hundertjährigen besonders oft auf. Ebenso scheint **APOE2** die Langlebigkeit des Menschen zu fördern. Bei Hundertjährigen wurde dieses Allel viermal häufiger gefunden als die APOE4-Variante, die meist schon in frühen Jahren zu chronischen Erkrankungen führt und das Alzheimer-Risiko erhöht.

ÜBUNGSFRAGEN FÜRS MÜNDLICHE MIT LÖSUNGSHILFEN

1. Was sind Stammzellen und durch welche Eigenschaften zeichnen sie sich aus?

Stammzellen sind Ursprungszellen, die sich unbegrenzt teilen und verschiedene Zelltypen bilden können. Sie weisen keine oder nur eine geringe Differenzierung auf und sind somit noch nicht auf ihre spätere Funktion im Organismus festgelegt oder determiniert. Sie exprimieren das Enzym Telomerase. Sie können durch asymmetrische Teilung eine neue Stammzelle sowie eine weiter differenzierte Zelle oder durch symmetrische Teilung zwei neue Stammzellen hervorbringen.

2. Wodurch wird die Konzentration an freiem β-Catenin in der Zelle beim Wnt-β-Catenin-Signalweg geregelt?

Freies β-Catenin wird normalerweise in der Zelle von einem Abbaukomplex durch Phosphorylierung markiert und nach Ubiquitinylierung durch das Proteasom abgebaut. Nach der Bindung von Wnt-Proteinen an den Rezeptorkomplex Frizzled/LRP wird eine Signalkaskade in Gang gesetzt und die Phosphorylierung von β-Catenin verhindert. β-Catenin wandert dann als Co-Aktivator in den Zellkern und sorgt für die Transkription von Zielgenen wie c-Myc, Cyclin D1, MMP7 und Telomerase.

3. Durch welchen Prozess wird beim Notch-Signalweg das intrazelluläre Signal gebildet?

Durch Intramembranproteolyse wird aus einem membranständigen Rezeptormolekül (= Notch) die intrazelluläre Domäne freigesetzt, die als Transkriptionsfaktor in den Zellkern transloziert.

4. Bei welchen zellulären Prozessen können reaktive Sauerstoffspezies (ROS) entstehen?

- Nebenreaktionen der Atmungskette, z. B. durch fehlgeleitete Elektronenübertragung an Komplex I und III
- Fehlgeleitete Elektronenübertragung bei O_2-abhängigen Oxidasen wie der Monoaminoxidase (MAO)
- NADPH-Oxidase z. B. in Makrophagen und neutrophilen Granulozyten, die Superoxidradikale zur Pathogenabwehr bilden
- Bei Entzündungsreaktionen

KLINIK

PRÜFUNGSSCHWERPUNKTE
IMPP
Zu den Inhalten dieses Kapitels wurden in den letzten Jahren vom IMPP kaum Fragen gestellt.

Kompetenzorientierte Lernziele (NKLM)
Die Studierenden können
- die Rolle von embryonalen und adulten Stammzellen in unterschiedlichen Organsystemen erläutern.
- strukturelle und funktionelle Veränderungen von Molekülen und Zellen über die Lebensspanne erklären.
- die Entstehung kognitiver Störungen erläutern.
- die Prinzipien einer pharmakologischen Behandlung von Demenzerkrankungen erklären und geeignete Arzneimittel beschreiben.

KAPITEL 29 Wissenschaftliches Arbeiten: Woher kommt Wissen?

Philipp Korber

Dieses Kapitel ist mit herzlichem Dank für Anregungen und Diskussionen Prof. W. Tim Hering und Prof. C. Kummer gewidmet.

29.1 Prinzipien	781
29.1.1 Die naturwissenschaftliche Methode	781
29.1.2 Experiment und Beobachtung	782
29.1.3 Korrelation und Kausalität	782
29.1.4 Objektivität, Konsistenz und Universalität	783
29.1.5 Hypothesen, Theorien und Beweise	783
29.1.6 Paradigmen, Wissenschaftsgemeinschaft und Redlichkeit	784
29.1.7 Forschungs- und Lehrbuchwissen	784
29.1.8 Gesellschaft und Verantwortung	785
29.2 Praxis	785
29.2.1 Messen	785
29.2.2 Gute wissenschaftliche Praxis	789
29.3 Publizieren	790
29.3.1 Wissenschaftlichkeit durch Publikation	790
29.3.2 Peer-Review	790
29.3.3 Typischer Aufbau wissenschaftlicher Publikationen	791
29.3.4 Gute Praxis des wissenschaftlichen Publizierens	792
29.3.5 Glanz und Elend wissenschaftlicher Veröffentlichungen	793

Aus Studentensicht

Woher wissen wir eigentlich die vielen biochemischen Details? Ein ganzes Buch liegt hinter dir mit vielen Namen, Fakten und Prinzipien auf jeder Seite. All das ist die Essenz aus jahrelanger Forschung, die weltweit betrieben wird. Wissenschaftler stellen Hypothesen auf, überlegen sich Experimente, mit denen sie diese untersuchen können, scheitern, überlegen neu – immer angetrieben von dem Wunsch, das Leben und die dahinter liegenden Prinzipien zu verstehen. Valide Ergebnisse werden in Fachjournalen publiziert, die Qualität der Arbeit wird dabei von Kollegen beurteilt. Und nur, wenn neue Erkenntnisse allgemein akzeptiert werden und mehrfach reproduziert werden konnten, gelangen die Inhalte in ein Lehrbuch wie dieses. Wenn dich die Neugierde gepackt hat, dann überleg dir doch, eine experimentelle Doktorarbeit durchzuführen. Vielleicht können deine Kommilitonen dann in einigen Jahren deine Ergebnisse hier nachlesen.
Carolin Unterleitner

29.1 Prinzipien

29.1.1 Die naturwissenschaftliche Methode

> **FALL**
>
> **Laura ist neugierig**
>
> Laura studiert im 3. Semester Medizin und ist fasziniert, wie sie im Biochemiepraktikum aufgrund ihrer Messungen mit dem zuvor bei sich selbst abgenommenen Blut und dem Grundwissen aus der Biochemievorlesung herausfinden kann, ob sie eine bestimmte Krankheit hat. Gerne möchte sie nicht nur vorgegebene Versuche „nachkochen", sondern lernen, selbst Experimente zu entwickeln und eigenständig zu forschen. Sie spricht daraufhin ihren Praktikumsbetreuer an, der ihr empfiehlt, im 4. Semester ein Wahlfach zu belegen, in dem erste Grundlagen des Forschens anhand eines kleinen, eigenständig zu bearbeitenden Projektes gelehrt werden. Wenn sie dort weiter Spaß am Experimentieren habe, könne sie möglicherweise als studentische Hilfskraft bei ihm in der Arbeitsgruppe weitere Erfahrungen sammeln.

Wissen, wie das in diesem Lehrbuch, wird durch die **naturwissenschaftliche Methode** gewonnen. Sie ist eine Grundlage der Schulmedizin, v. a. im Sinne der evidenzbasierten Medizin (Evidence-Based Medicine), bringt aber kein endgültiges Wissen hervor. Vielmehr ist Wissen im Fluss, woraus sich die Notwendigkeit zur **ständigen Fortbildung** ergibt. Um solches Wissen adäquat bewerten und eventuell selbst wissenschaftlich tätig werden zu können, ist ein Verständnis der naturwissenschaftlichen Methode nötig.

Die philosophischen Disziplinen der **Erkenntnis-** und der **Wissenschaftstheorie** haben zum Gegenstand, inwieweit Erkenntnis über Realität möglich ist bzw. inwieweit Wissenschaft dazu beiträgt. Auf dieser theoretisch-prinzipiellen Ebene ist vieles umstritten, aber unter **Naturwissenschaftlern** gibt es einen hinreichenden **Konsens.** Sie streiten zwar über experimentelle Techniken, Daten und ihre Interpretation, sind sich aber im Wesentlichen darüber einig, wie sie wissenschaftlich vorgehen, und definieren ihre Arbeit letztlich durch die ihnen gemeinsame Methode. **Geisteswissenschaftler** hingegen **disku-**

Durch die **naturwissenschaftliche Methode** wird Wissen gewonnen. Da sich dieses Wissen fortwährend ändert, sind ständige **Fortbildung** und ein Verständnis der Methode notwendig.

In der Naturwissenschaft herrscht Einigkeit über das **wissenschaftliche Vorgehen.** So kann ein ausreichender Konsens zu den gewonnenen Ergebnissen erreicht werden. Ziel ist die Erkenntnis einer für alle gleichen **Realität,** soweit sie der naturwissenschaftlichen Methode zugänglich ist.

tieren oft **grundsätzlich** sowohl Gegenstand als auch Methode ihres Fachs. Deshalb kommt es dort zur Bildung von „Schulen". Naturwissenschaftler können nur übergangsweise unterschiedlicher Meinung sein und müssen so lange ringen, bis sie sich einigen. „Alternative Fakten" gibt es nicht, denn in der Naturwissenschaft geht es darum, **eine** für alle gleiche **Realität** zu **erkennen,** soweit sie der **naturwissenschaftlichen Methode zugänglich** ist.

29.1.2 Experiment und Beobachtung

> **Aus Studentensicht — 29.1.2 Experiment und Beobachtung**
>
> Grundlage der naturwissenschaftlichen Methode ist das **Überprüfen** durch **Experiment** und **Beobachtung.** Nur objektiv messbare Phänomene können untersucht werden.
> In der Biologie werden zwar **funktionale Erklärungen** wie „Insulin wird ausgeschüttet, um den Blutzuckerspiegel zu senken" verwendet, ein Zweck oder Sinn darf aber korrekterweise nicht unterstellt werden.
> **Naturwissenschaftliche Erklärungen** beschränken sich auf physikalisch-chemische Begriffe ohne Metaphysik.

Kernstück dieser Methode ist das **Experiment,** verbunden mit einer entsprechenden **Beobachtung** bzw. „Erfahrung" (Empirie). Angetrieben von **Neugier** und **Zweifel** steht seit Galileo Galilei im Gegensatz zur aristotelischen Naturphilosophie oder zu religiösen Weltanschauungen nicht das Nachdenken, eine Tradition oder Offenbarung, sondern das experimentelle **Nachprüfen** im Vordergrund des Erkenntnisprozesses. In programmatischer Abkehr von tradierten Schriften und Autoritäten wählte die 1663 in England gegründete Royal Society, eine der ersten wissenschaftlichen Gesellschaften, als Wappenspruch „Nullius in verba" (lat. = auf niemandes Worte hin, in neuerer Formulierung „Evidenz vor Eminenz"; engl. = take nobody's word for it) und verpflichtete sich allein dem Experiment als Quelle der Erkenntnis.

Auch wenn das experimentelle Vorgehen sehr erfolgreich ist, bedeutet es gleichzeitig eine **Beschränkung.** Denn i.d.R. kann nur untersucht werden, was sich in ein Experiment, das meist eine **objektive Messung** (> 29.2.1) beinhaltet, fassen lässt (= Operationalisierbarkeit). Viele, insbesondere menschliche Aspekte wie Ästhetik, Liebe, Politik, Mystik, aber auch Gerechtigkeit, Normen, Sinn, Zwecke und Ziele sind daher nicht oder nur sehr bedingt naturwissenschaftlich zugänglich. Zum Beispiel können ethische Normen nicht zwingend aus naturwissenschaftlichen Erkenntnissen abgeleitet werden, wie die sozialdarwinistische Rassenlehre im Nationalsozialismus (= **naturalistischer Fehlschluss),** sondern bleiben im Rahmen menschlicher Entscheidungsfreiheit und Verantwortung. Umgekehrt sind **anthropomorphe** (griech. = nach Menschengestalt) **Betrachtungsweisen** wie „RNA-Polymerasen suchen ihren Promotor" oder **teleologische** (griech. = auf ein Ziel hin) Aussagen wie „B-Zellen sezernieren Insulin, damit der Blutzucker gesenkt wird" zwar didaktisch, aber nicht wissenschaftlich akzeptabel.

Gerade in der Biologie wird diese Unterscheidung häufig unscharf, da hier **funktionale Erklärungen** mit Blick auf den Nutzen für einen Organismus üblich oder sogar unvermeidbar sind. Sie beziehen sich zwar auf „Funktionen", implizieren aber manchmal einen „Zweck" oder „Sinn". Immer wieder werden **metaphysische** (griech. = jenseits der [konkreten] Natur) **Vorstellungen** in die Biologie getragen. Lange glaubte man, dass Lebewesen eine „Lebenskraft" (lat. = vis vitalis) innewohne, die für biologische Erklärungen essenziell sei (= **Vitalismus).** So argumentierte Luis Pasteur, dass die alkoholische Gärung ein genuin lebendiger Prozess und nicht chemisch zu erklären sei. In diesem Kontext wurde die moderne **Biochemie** von **Eduard Buchner** 1897 dadurch **begründet,** dass er die alkoholische Gärung mit einem zellfreien Hefeextrakt rekonstituieren konnte. Er schloss, dass etwas in der Hefe (griech. = en zyme) zur Gärung führt, auch ohne eine lebende Zelle. Davon wurde der Begriff Enzym abgeleitet. Spätestens seit dieser Abkehr vom Vitalismus müssen sich **naturwissenschaftliche Erklärungen** auch in den Biowissenschaften auf messbare physikalisch-chemische Argumente **ohne Metaphysik** beschränken. Andere, z.B. philosophische und religiöse Konzepte sind für die menschliche Lebenswirklichkeit sicherlich wichtig, aber außerhalb der Naturwissenschaft und müssen anders begründet werden.

29.1.3 Korrelation und Kausalität

> **Aus Studentensicht — 29.1.3 Korrelation und Kausalität**
>
> Naturwissenschaftliche Gesetzmäßigkeiten beruhen oft auf **Ursachen** (Kausalitäten) und deren **Bedingungen** (Konditionen). Je mehr Bedingungen verändert sein können, ohne dass der Kausalzusammenhang verloren geht, desto **genereller** ist eine Gesetzmäßigkeit.
> Forschungen an Modellsystemen basieren auf einer starken Kausalität. In Mäusen oder Taufliegen gefundene Gesetzmäßigkeiten lassen sich häufig auch auf den Menschen **übertragen.**
> Eine Kausalität entspricht immer einer Korrelation, umgekehrt jedoch nicht. Ursache und Wirkung lassen sich nicht immer eindeutig ausmachen. Ziel der naturwissenschaftlichen Forschung ist es, nicht nur Korrelationen zu zeigen, sondern auch zugrunde liegende **Mechanismen** zu verstehen.

Ursachen (Kausalitäten) und deren **Bedingungen** (Konditionen), die erklären, warum etwas geschieht, und die **Vorhersagen** erlauben, sind zentral für naturwissenschaftliche Gesetzmäßigkeiten. Eine Gesetzmäßigkeit ist **spezifisch,** wenn sie nur unter exakt eingehaltenen Bedingungen zutrifft (= schwache Kausalität). Je mehr experimentelle Bedingungen (**Parameter;** griech. = hieran wird gemessen) **variiert** werden können, ohne dass der Kausalzusammenhang verloren geht, umso **genereller** ist er (= starke Kausalität).

Solche **starken Kausalitäten** sind die Grundlage für die Forschung an **Modellsystemen** wie Mäusen oder Taufliegen. Dort kann aus ethischen und experimentellen Gründen leichter geforscht werden und die dort gefundenen Gesetzmäßigkeiten können häufig auf den Menschen **übertragen** werden. Aus solchen Übertragbarkeiten (Analogien) wird letztlich auf die evolutionäre Verwandtschaft (Homologien) aller Lebewesen geschlossen (> 1.4). Dennoch gibt es Abweichungen im Detail und gerade in der Medizin müssen alle Erkenntnisse aus Tierversuchen am Menschen überprüft werden.

Kausalitäten sind immer **Korrelationen** (gekoppelte Beziehungen). Umgekehrt müssen Korrelationen nicht unbedingt Kausalitäten widerspiegeln. Falls doch, ist zunächst unklar, was Ursache und was Wirkung ist. Die Krebsentstehung korreliert mit vielen Mutationen. Welche dieser Mutationen aber ursächlich für die Krebsentstehung (= Driver Mutations) sind, welche eine Wirkung der Krebsentstehung sind, weil sie beispielsweise durch eine gesteigerte Mutationsrate entstehen (= Passenger Mutations) und welche unabhängig von der Krebsentstehung sind, ist oft nicht eindeutig zuordnbar. Adipositas korreliert mit dem Typ-2-Diabetes. Es ist aber nicht klar, ob es einen kausalen Zusammenhang gibt und was Ursache und was Wirkung ist. Es ist ein vorrangiges Forschungsziel, nicht nur Korrelationen aufzuzeigen, sondern auch die molekularen **Mechanismen** im Sinne einer Kausalkette zu verstehen. Mechanismen haben immer eine höhere Erklärungskraft als reine Korrelationen und erlauben eine gezieltere Prophylaxe und Therapie. Dennoch können Korrelationen erste Hinweise auf Kausalitäten geben und bereits Maßnahmen wie gegen den menschengemachten Klimawandel rechtfertigen, auch wenn die Kausalität noch nicht klar gezeigt ist.

Ob eine Korrelation einer Kausalität entspricht und in welcher Richtung, kann durch **gezielte Parametervariation** untersucht werden. Ursachen und ihre Wirkungen bleiben gekoppelt, während sich Parameter nicht kausaler Korrelationen i. d. R. entkoppeln lassen. Kompliziert sind die in biologischen Systemen häufigen **zirkulären Kausalitäten,** wie in der sprichwörtlichen Henne-Ei-Frage, bei denen die Unterscheidung von Ursache und Wirkung willkürlich wird.

Grundsätzlich darf nicht von einer Wirkung auf die Ursache geschlossen werden, da verschiedene Ursachen dieselbe Wirkung haben können, wie es bei Kopfschmerzen der Fall ist. Bedingt aber eine Ursache mehrere Wirkungen, wird es immer unwahrscheinlicher, dass andere Ursachen zu genau derselben **Kombination von Wirkungen** führen, und die Wahrscheinlichkeit, dass der Rückschluss aus mehreren Wirkungen auf die Ursache korrekt ist, steigt. Darauf beruht die **Differenzialdiagnostik.** Letztlich fußt auch sie i. d. R. darauf, dass die entsprechende Ursache-Wirkungs-Beziehung in der klinischen Forschung bereits beispielhaft gezeigt wurde. Manchmal wird eine Ursache-Wirkung-Beziehung als Teil der Diagnosefindung nachvollzogen, indem die Kausalität durch gezielte Parametervariation direkt **experimentell getestet** wird.

> **FALL**
>
> **Herr Wilhelm und die kleine Schrift: Differenzialdiagnostik Parkinson**
>
> Wir erinnern uns an Herrn Wilhelm (> 28.1.1). Er zeigt mehrere Symptome (= Wirkungen), die auf die Ursache Morbus Parkinson zurückzuführen sind. Seine kleiner werdende Schrift, die fehlende Mitbewegung seines rechten Arms, die Steifheit der Muskeln in Schulter und Arm und die Unbeweglichkeit des Gesichts könnten für sich genommen auch andere Ursachen haben. Mit jedem zusätzlichen Symptom wird es jedoch unwahrscheinlicher, dass all diese Symptome unterschiedliche Ursachen haben, wie eine Depression, ein orthopädisches Schulter-Arm-Syndrom etc. Bei der Erklärung von Symptomen wird daher zunächst nach einer gemeinsamen Ursache geforscht, die alle Wirkungen erklären kann. Erst wenn dies nicht möglich ist, sollten mehrere Ursachen in Betracht gezogen werden. Da der Morbus Parkinson alle Symptome erklärt, wird diese Hypothese nun in einem experimentellen Ansatz überprüft. Herr Wilhelm bekommt den Dopaminvorläufer L-Dopa, der im Gehirn zu Dopamin verstoffwechselt wird. Nach der L-Dopa-Gabe kann er seinen Arm wieder normal bewegen und auch seine Mimik ist wieder normal. Damit ist es wahrscheinlich, dass die Symptome durch einen Dopaminmangel im Gehirn entstehen, die Hypothese ist gestützt und Herr Wilhelm erhält die Diagnose Parkinson.
>
> Ein weiteres Beispiel für ein „Experiment" im Rahmen einer Diagnosefindung ist der H_2-Atemtest bei der Laktoseintoleranz (> 1.2.3). Oft gibt es jedoch aus verschiedenen Gründen keinen experimentellen Ansatz und die Diagnosefindung muss durch andere Kriterien, wie eine bestimmte Anzahl von Symptomen, Blutwerten, Bildgebung etc. erfolgen. Manche Diagnosen wie Morbus Alzheimer können mit Sicherheit erst postmortal gestellt werden. Bei lebenden Patienten kann die Diagnose Alzheimer nicht direkt gestellt werden, sondern ist eine Ausschlussdiagnose, die übrig bleibt, nachdem alle anderen möglichen Diagnosen ausgeschlossen wurden. Somit bleiben im klinischen Alltag viele Diagnosen Hypothesen und müssen oftmals wiederholt hinterfragt werden.

29.1.4 Objektivität, Konsistenz und Universalität

Neben dem Experiment sind die **Objektivität** durch klar definierte **Kriterien** (Bewertungsmaßstäbe) und eine **Terminologie,** die unabhängig von beispielsweise kulturellem Kontext ist, wesentlich für die naturwissenschaftliche Methode. Grundsätzlich sollen alle, die eine entsprechende Ausbildung haben, Beobachtungen und Argumentationen so nachvollziehen können, dass sie zu denselben Schlussfolgerungen kommen (= intersubjektive Reproduzierbarkeit). Dabei soll die **Gesamtheit** aller wissenschaftlichen Erkenntnisse **kohärent** und **konsistent** sein. Deshalb müssen Wissenschaftler die Arbeiten der Kollegen kennen und in die eigene Arbeit einbeziehen.

Wissenschaftliche Arbeit besteht auch wesentlich aus **Katalogisieren, Organisieren** und **Systematisieren** von Beobachtungen und Erkenntnissen. Dabei sollen Erkenntnisse möglichst **universal** und nicht nur für einen speziellen Fall gelten. Es ist ein wesentliches Ziel, übergeordnete **Muster** und **Gesetzmäßigkeiten** zu erkennen, anstatt nur Daten anzuhäufen.

29.1.5 Hypothesen, Theorien und Beweise

Gesetzmäßigkeiten werden zunächst als **Hypothesen** oder umfangreiche **Theorien** (= Hypothesenbündel) formuliert. Die wechselseitige Beziehung zwischen Hypothese und Experiment ist wissenschaftstheoretisch umstritten. Unter anderem geht es darum, ob Hypothesen **induktiv** aus Beobachtungen abgeleitet oder Beobachtungen **deduktiv** aufgrund von Hypothesen gemacht werden. Der Philosoph Sir Karl **Popper** stellte fest, dass aus logischen Gründen eine Hypothese (allgemeingültige Aussage) niemals durch Beobachtungen (Einzelaussagen) bewiesen werden kann. Umgekehrt können aber einzelne Beobachtungen einer Hypothese widersprechen und sie dadurch widerlegen. Popper schloss, dass wissenschaftliches Arbeiten v. a. deduktiv, also hypothesengeleitet, erfolge und dass Hypothesen streng genommen **nur falsifiziert,** aber nicht verifiziert werden. So gilt eine Falsifizierbarkeit manchmal als Kriterium für eine wissenschaftlich sinnvolle Hypothese und ein hypothesengeleitetes Forschungsprogramm hat höhere Chancen auf **Forschungsförderung** als eine reine Datensammlung (Fishing Expedition).

Aber Poppers Sicht wird auch kritisiert und modifiziert. Zum Beispiel gibt es sinnvolle Hypothesen, die nicht falsifizierbar sind. **Existenzhypothesen** wie „Es gibt im Universum einen der Erde ähnlichen Planeten" können durch eine entsprechende Beobachtung bestätigt, aber nicht falsifiziert werden, nur weil

---

Aus Studentensicht

Kausalitäten werden durch gezielte Parametervariation untersucht. Von einer Wirkung kann nicht auf die Ursache geschlossen werden. Eine bestimmte Kombination von Wirkungen macht jedoch eine Ursache wahrscheinlich. Darauf beruht die **Differenzialdiagnostik.**

29.1.4 Objektivität, Konsistenz und Universalität

Objektivität durch klar definierte Kriterien und Terminologie ist wesentlich. **Kohärenz** und **Konsistenz** der Gesamtheit aller wissenschaftlichen Erkenntnisse werden angestrebt, ebenso wie eine **universelle** Erkenntnis von übergeordneten Mustern und Gesetzmäßigkeiten.

29.1.5 Hypothese, Theorien und Beweise

Gesetzmäßigkeiten werden zunächst als **Hypothesen** oder **Theorien** formuliert und dann getestet. Dabei können Hypothesen streng genommen nur **falsifiziert,** nicht aber bewiesen werden. Solange eine getestete Hypothese nicht falsifiziert wird, gilt sie als wahrscheinlich wahr. Manche Hypothesen sind aber kaum falsifizierbar und auch die Bestätigung von Hypothesen durch **Beobachtung** ist wichtig.

Aus Studentensicht

man den entsprechenden Sachverhalt noch nicht gefunden hat. Das Fehlen von Hinweisen ist noch kein Gegenbeweis (Absence of evidence is not evidence of absence.). Außerdem sind **Beobachtungsaussagen** grundsätzlich **theorieabhängig** und experimentellen Fehlern unterworfen, sodass das Falsifizieren problematisch sein kann. Umgekehrt ist es in der wissenschaftlichen Praxis durchaus wichtig und sinnvoll, **Hypothesen** durch Beobachtungen zu **bestätigen**. Die sog. **Naturgesetze,** wie die Gravitationsgesetze oder das Zentrale Dogma der Molekularbiologie (> 4.1), sind letztlich Theorien, die in vielfältigen Experimenten immer wieder bestätigt, aber nicht falsifiziert wurden.

Schließlich geht die Auffassung eines rein deduktiven Vorgehens an der Wissenschaftspraxis vorbei. Hypothesen werden auch aufgrund von Beobachtungen aufgestellt oder verändert und selbst glückliche **Zufallsbeobachtungen** (Serendipity) spielen eine wichtige Rolle. Dabei ist aber auch wieder eine gewisse geistige Vorbereitung wichtig, wie Luis Pasteur 1854 feststellte: „Auf dem Feld der Beobachtung begünstigt der Zufall nur den vorbereiteten Geist."

Woher **Hypothesen** auch kommen, sie müssen durch **Experimente** geprüft werden und aus diesem **Wechselspiel** entsteht naturwissenschaftliche **Erkenntnis**. In Analogie zur Evolutionstheorie kann die Vielfalt der Hypothesen mit der Vielfalt von Allelen verglichen werden. Durch den Selektionsdruck der Experimente werden diejenigen Hypothesen selektiert, die am besten zur Realität passen.

Letztlich liefert die naturwissenschaftliche Methode **keine endgültigen Beweise** oder absolute Wahrheiten, sondern **Wahrscheinlichkeitsaussagen**. Es kann nicht bewiesen werden, dass ein Stein immer nach unten fällt, aber die Wahrscheinlichkeit dafür ist so hoch, dass von einer **gesicherten Erkenntnis** gesprochen wird. Grundsätzlich ist Bescheidenheit angebracht, da weitaus mehr ungeklärt als gesichert ist. Außerdem kann erkenntnis- und wissenschaftstheoretisch bezweifelt werden, dass es „eine" Realität gibt und dass Gesetzmäßigkeiten oder Theoriebegriffe wie „Kraft" oder „Molekül" eine reale Entsprechung haben (Theorien-Realismus). Gemäß Popper ist dies nicht experimentell beweisbar, sondern es gibt einen **Annäherungsprozess** an die Wahrheit (Theorien-Hypothetizismus). Naturwissenschaftliche Erkenntnisse können auch **pragmatisch** begründet werden, z. B. weil sie zutreffende **Vorhersagen** erlauben (Theorien-Instrumentalismus) oder **funktionieren**, indem sie am besten zum Überleben bzw. Handeln in der Wirklichkeit passen (kritischer bzw. methodischer Konstruktivismus). Eventuell machen Begriffe nur innerhalb der jeweiligen Theorie Sinn (strukturalistisches Theorienmodell).

Letztendlich liefert die Wissenschaft keine endgültigen Beweise, sondern **Wahrscheinlichkeitsaussagen,** die jedoch an Sicherheit grenzen können.
Erkenntnisse können auch pragmatisch begründet sein, wenn sie **Vorhersagen** erlauben oder einfach funktionieren.

29.1.6 Paradigmen, Wissenschaftsgemeinschaft und Redlichkeit

Die **Theorieabhängigkeit** und v. a. die **soziologische Komponente** des wissenschaftlichen Arbeitens wurde vom Wissenschaftsphilosophen Thomas S. **Kuhn** im Begriff **Paradigma** herausgestellt. Ein Paradigma (griech. = hieran wird gezeigt, Beispiel) entspricht der grundlegenden Art und Begrifflichkeit der Weltbetrachtung, auf die sich die **Gemeinschaft** der Wissenschaftler (Scientific Community) einigt. So wird gemeinsames Arbeiten in dieser Gemeinschaft möglich, so kann es aber auch zu einer **kollektiven Blindheit** oder Fehlorientierung kommen. Dementsprechend zeigte Kuhn **Paradigmenwechsel** wie die kopernikanische Wende, die Einführung der Elektrizitätsgesetze oder der Quantenmechanik in der Wissenschaftsgeschichte auf. Kuhn'sche Paradigmenwechsel sind selten und erschüttern die Wissenschaft, aber unterstreichen die **Stärke der** wissenschaftlichen **Methode,** die darin besteht, dass Erkenntnisse durch experimentelle Ergebnisse auch entgegen der vorherrschenden Sichtweise möglich sind.

Weniger fundamental als bei Paradigmenwechseln geschieht wissenschaftlicher Fortschritt wesentlich durch **Frustration**. Entdeckungen entstehen häufig aus der wiederholten Frustration, dass gängige Hypothesen nicht bestätigen werden können. So passte die sehr heterogene Länge von hnRNAs nicht zum Zentralen Dogma und führte zur Entdeckung des **Spleißens,** und die Frustration, dass keine energiereichen Phosphatverbindungen gefunden wurden, welche die Bildung des gesamten zellulären ATP durch Substratkettenphosphorylierung erklären konnten, zum chemiosmotischen Prinzip der **Atmungskette.**

Während **Irrtum** für den wissenschaftlichen Erkenntnisprozess wichtig sein kann, gefährden vorsätzlicher **Betrug** und fahrlässiges **Fehlverhalten** die Wissenschaft. Denn das Fundament wissenschaftlichen Arbeitens in der Wissenschaftsgemeinschaft und in der Gesamtgesellschaft ist **Redlichkeit,** die zu **Vertrauen** führt (> 29.3.4).

Ein **Paradigma** ist eine **grundlegende Art der Weltbetrachtung,** auf die sich die wissenschaftliche **Gemeinschaft** einigt. Durch neue Erkenntnisse kann es zu einem Paradigmenwechsel kommen.
Wissenschaftlicher Fortschritt geschieht oft durch **Frustration,** weil Beobachtungen nicht zu bis dahin gängigen Hypothesen passen.
Wissenschaftliches Arbeiten erfordert **Redlichkeit** und **Verantwortung,** da Betrug und unsauberes Arbeiten das Vertrauen in die Wissenschaft erschüttern.

29.1.7 Forschungs- und Lehrbuchwissen

Die Mehrheit kann irren und über wissenschaftliche Erkenntnisse wird nicht demokratisch abgestimmt. Letztlich setzt sich aber die Hypothese als **wissenschaftlich anerkannt** durch, von der sich die **Mehrheit** der Gemeinschaft der Wissenschaftler **überzeugen** lässt. Deshalb gibt es die wichtige Unterscheidung zwischen dem **Lehrbuchwissen** (Textbook Science) und dem **Forschungswissen** (Frontier Science).

Die neuesten Erkenntnisse der Forschung sind noch unsicher, kontrovers diskutiert und häufig noch nicht von der Mehrheit anerkannt. Erst wenn diese Erkenntnisse von anderen unabhängig **reproduziert,** in darauf aufbauenden Arbeiten **weitergeführt** und von der Mehrheit der Wissenschaftler im jeweiligen Forschungsfeld **anerkannt** wurden, werden sie in **Lehrbücher** aufgenommen.

Trotz Irrtümern, Fehlverhalten, Betrug, Eitelkeiten und anderer menschlicher Fehler bringen Wissenschaftler verlässliches Wissen jenseits von Partikularinteressen hervor. Durch dieses Wissen, aber auch durch die wissenschaftliche Art, wie die Welt betrachtet wird, **bereichert** Wissenschaft die Gesellschaft.

Wissenschaftlich **anerkannt** wird eine Hypothese, wenn sich die Mehrheit der Wissenschaftler davon überzeugen lässt. Das setzt voraus, dass die Erkenntnisse **reproduzierbar** und **weiterführbar** sind. Nur dann wird aus Forschungswissen auch Lehrbuchwissen.

29.1.8 Gesellschaft und Verantwortung

Wissenschaft findet inmitten einer **Gesellschaft** statt, die sie **finanziert** und die **Freiheit der Wissenschaft** garantieren muss. Diese Freiheit ist analog zur Freiheit der Kunst und essenziell, da wissenschaftliche Erkenntnisse ähnlich wie Produkte künstlerischer Kreativität einen Wert an sich darstellen und nicht geplant oder gesteuert werden können. In der **anwendungsorientierten** Forschung werden zwar klare Ziele verfolgt, aber auch sie muss immer wieder auf Erkenntnisse der **Grundlagenforschung** zurückgreifen, für die anfänglich oft noch gar keine Anwendungen absehbar sind. So beruht die Methode des Pasteurisierens, die vielfach zum Haltbarmachen von Lebensmitteln angewendet wird, auf einem Experiment von Luis Pasteur, mit dem er die damals naturphilosophische Frage verneinte, ob Leben spontan aus unbelebter Materie entsteht. Auch die heute bereits in der klinischen Forschung eingesetzte CRISPR/Cas9-Technologie wurde aus der mikrobiologischen Grundlagenforschung abgeleitet.
Erkenntnisse sind zunächst **neutral**, aber es gilt auch: „Wissen ist Macht." Die Motivation für wissenschaftliches Arbeiten enthält miteinander verflochtene Anteile von „wissen wollen" und „machen wollen". Die Wissenschaftler sind in erster Linie **verantwortlich** für die **Validität** (Gültigkeit) ihrer Erkenntnisse und für die **ethische Integrität** ihrer Forschung, aber zusammen mit dem Rest der Gesellschaft auch für die **Anwendung** des Wissens, wie beispielsweise bei der Anwendung der Atomspaltung in der Atombombe.

Aus Studentensicht

29.1.8 Gesellschaft und Verantwortung
Die **Freiheit der Wissenschaft** ist essenziell. Gewonnene Erkenntnisse sind zunächst neutral. Die Wissenschaftler sind in erster Linie verantwortlich für die **Validität**, in der Folge aber auch (zusammen mit der Gesellschaft) für die **Anwendung** ihrer Erkenntnisse.

29.2 Praxis

29.2.1 Messen

> **FALL**
>
> **Laura ist neugierig: Graduiertenkolleg**
>
> Mittlerweile ist Laura im 8. Semester. Im Wahlfach hatte sie als Projekt eine neue Mutation in ein Gen eingefügt, das mutierte Gen in Bakterien exprimiert und die Aktivität des gebildeten Enzyms bestimmt. Zusammen mit den Ergebnissen ihrer Kommilitonen und vielen weiteren Versuchen der Arbeitsgruppe konnten so die Aminosäuren identifiziert werden, die das aktive Zentrum des Enzyms bilden. Zum Abschluss des Wahlfachs hat sie lange gebraucht, um das umfangreiche Versuchsprotokoll zu schreiben.
> Nach dem Physikum konnte sie als studentische Hilfskraft im Biochemieinstitut arbeiten und hat den Arbeitsgruppenleiter, der sie auch im Wahlfach betreut hatte, eine Biologiedoktorandin und einen technischen Assistenten bei einem Projekt unterstützt, bei dem in Zellkultur gehaltene Adipozyten untersucht wurden. Dabei hat sie mühselig eine ganze Reihe von Techniken wie die sterile Kultivierung von Zellen, aber auch das Herstellen von Lösungen und Puffern gelernt. Laura hat Spaß an der Arbeit und fühlt sich in dieser Arbeitsgruppe wohl, sodass sie den Arbeitsgruppenleiter anspricht, ob sie dort eine experimentelle Doktorarbeit machen könne. Dieser möchte sie auch gerne nehmen und meint, er habe für sie ein Projekt im Rahmen eines Graduiertenkollegs, das sie voraussichtlich innerhalb von einem Jahr abschließen könne, wenn sie im Studium pausiere. Vor Kurzem sei eine Korrelation zwischen Adipositas und einer bestimmten Lebensweise publiziert worden. Sie solle aus den in der Arbeitsgruppe vorhandenen Knock-out-Mäusen primäre Zellkulturen anlegen und dann die Aktivität eines Enzyms bestimmen, wodurch die Korrelation als Kausalzusammenhang erhärtet werden könne.
> Laura überlegt, ob ihre Lust zu forschen so groß ist, dass sie erst ein Jahr später Ärztin wird. Kommilitonen haben ihr vom Frust bei ihren Doktorarbeiten berichtet, viele hatten für ihre Probleme nur selten Ansprechpartner. Wegen der intensiven Betreuung in der Arbeitsgruppe und der umfangreichen Fortbildungsangebote zum wissenschaftlichen Arbeiten im Graduiertenkolleg zu biochemischen Methoden, Statistik und dem Schreiben von wissenschaftlichen Texten sagt sie aber schnell zu. Zusätzlich zu ihrem Arbeitsgruppenleiter wird sie jetzt von zwei erfahrenen Forschern aus anderen am Graduiertenkolleg beteiligten Instituten beraten.

Messen ist fundamental für Experimente und das Streben nach Objektivität. Ein **Messwert** ist die Annäherung an den wahren Wert einer realen **Messgröße** wie Länge oder Konzentration und wird i. d. R. als Produkt aus einer **Zahl** und der entsprechenden **Einheit** angegeben.

Ein **Messwert** besteht aus einer Zahl und einer Einheit und ist die Näherung einer Messgröße.

Messverfahren

Messgrößen sind erst dann wissenschaftlich definiert, wenn **Messverfahren** bezüglich der verwendeten Geräte, Handlungsabläufe und **Eichstandards** definiert und von der Wissenschaftsgemeinschaft anerkannt wurden. So kann beispielsweise die menschliche Intelligenz in all ihren Facetten wahrscheinlich nicht gemessen werden. Eine Eigenschaft „Intelligenz" kann aber **operational definiert** werden als die Messgröße, die durch einen bestimmten IQ-Test gemessen wird. Dadurch kann ein Aspekt der menschlichen Intelligenz weitgehend objektiv untersucht werden, gleichzeitig wird aber auch ein Teil der Lebenswirklichkeit ausgeblendet und vom naturwissenschaftlichen Ansatz nicht erfasst.

Messverfahren
Ein Messverfahren muss definiert sein und Eichstandards unterliegen. Eigenschaften werden durch Messverfahren **operational definiert**.

Direkte und indirekte Messung

Messungen können **direkt** oder **indirekt** sein. So kann die Masse eines Patienten direkt durch eine Waage, seine Blutglukosekonzentration aber nur indirekt, beispielsweise durch einen gekoppelten Enzymtest, bestimmt werden. Je mehr **Zwischenschritte** einer Messung zugrunde liegen, desto indirekter ist sie und i. d. R. ist sie dann auch stärker **fehlerbehaftet**, da jeder Zwischenschritt eigene Fehler bedingt.

Direkte und indirekte Messung
Messungen können **direkt** (z. B. die Masse auf einer Waage) oder **indirekt** (z. B. Blutglukose über einen gekoppelten Enzymtest) bestimmt werden.

Aus Studentensicht

29 WISSENSCHAFTLICHES ARBEITEN: WOHER KOMMT WISSEN?

Die Anzahl und Genauigkeit der **Zwischenschritte** bei indirekten Messungen bestimmt das Ausmaß des Messfehlers. Indirekte Messungen lassen auch immer einen gewissen **Interpretationsspielraum** und es muss z. T. angezweifelt werden, ob wirklich die gewünschte Größe gemessen wird.

Indirekten Messungen haftet auch immer der Zweifel an, ob das gemessen wird, was gemessen werden soll. Gerade in den molekularen Biowissenschaften werden Vorgänge in Zellen meist indirekt gemessen und lassen daher einen gewissen **Interpretationsspielraum** zu. Am Ende muss jedoch wieder ein Konsens stehen. So besteht mittlerweile Konsens, dass ein Ribosom grundsätzlich aus Proteinen und RNA aufgebaut ist, die bei einem bestimmten Aufreinigungsverfahren als zusammenhängender Komplex erhalten werden, während andere Faktoren, die nach diesem Verfahren nicht stabil assoziiert bleiben, wie die Initiations- und Elongationsfaktoren der Translation, nicht dazugehören. Noch kein Konsens besteht hingegen bei der Frage, wie übergeordnete Chromatinstrukturen aussehen, da unterschiedliche indirekte Messverfahren angewandt und deren Ergebnisse unterschiedlich interpretiert werden. Die Lösung solcher Debatten besteht oft darin, dass **orthogonale** (prinzipiell voneinander unabhängige) **Messverfahren** angewandt werden, die zusammengenommen ein für alle eindeutiges Bild ergeben.

Messfehler

Messungen sind fehlerbehaftet. **Mehrfachbestimmungen** und Fehlerrechnungen ermöglichen die Abschätzung des **zufälligen Messfehlers**. Bei Messungen aus mehreren Größen kommt es zu einer **Fehlerfortpflanzung**.

Messfehler

Messungen sind grundsätzlich mit verschiedenen Arten von **Fehlern** behaftet (➤ Abb. 29.1). Zur Abschätzung des **zufälligen Messfehlers** (= Präzision, Genauigkeit), der durch zufällige Messschwankung entsteht, dienen **Mehrfachbestimmungen** und eine entsprechende **Fehlerrechnung** (= Versuchsstatistik). Der zufällige Fehler kann entweder als **relativer** (10 mg ± 1%) oder als **absoluter Fehler** (10 mg ± 0,1 mg) angegeben werden. Gemäß den statistischen Regeln muss eine **ausreichende** Zahl von **Replikaten** (Wiederholungen) durchgeführt werden. Je höher die Messschwankung ist, desto mehr Replikate werden benötigt, damit der Messwert dem wahren Wert der Messgröße möglichst nahe kommt. Bei aus unterschiedlichen Messwerten berechneten Größen muss auf die Regeln der **Fehlerfortpflanzung** geachtet werden, bei der aus den Fehlern der einzelnen Messwerte der Fehler der berechneten Größe bestimmt wird. Eine Sammlung von zu wenigen Einzelmessungen oder gar von nicht systematisch erhobenen Zufallsbeobachtungen ergibt keinen wissenschaftlichen Datensatz.

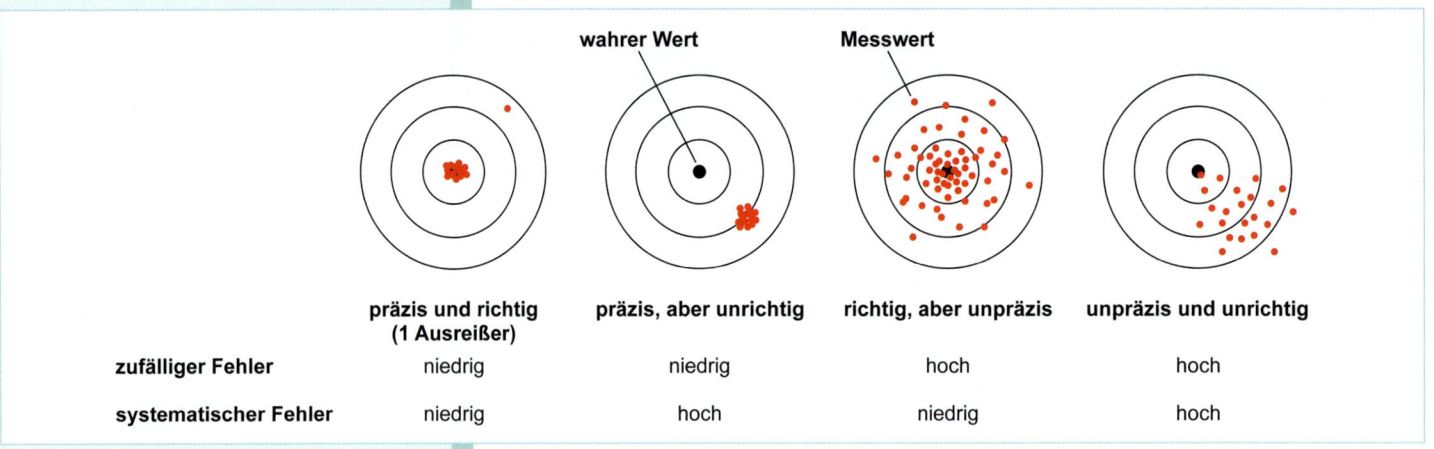

	präzis und richtig (1 Ausreißer)	präzis, aber unrichtig	richtig, aber unpräzis	unpräzis und unrichtig
zufälliger Fehler	niedrig	niedrig	hoch	hoch
systematischer Fehler	niedrig	hoch	niedrig	hoch

Abb. 29.1 Präzision und Richtigkeit einer Messung [L299]

Systematische Fehler können nur mit **Positiv-** und **Negativkontrollen** erfasst werden.

Replikate helfen jedoch nicht, **systematische Fehler** wie die Nullpunktverstellung einer Waage zu erfassen. Systematische Fehler können dazu führen, dass mit hoher Präzision am wahren Wert vorbei gemessen wird. Um das zu vermeiden, sind **positive Kontrollen** unerlässlich. Dabei wird das Messverfahren auf eine Probe angewendet, für deren Messgröße das richtige **Ergebnis bekannt** und im angewendeten Verfahren messbar ist wie **Eichstandards** für Messreihen. Außerdem müssen **negative Kontrollen** gemessen werden, die im angewendeten Verfahren den sog. „Nullwert" oder „Hintergrundwert" liefern wie eine Küvette, die nur mit Puffer gefüllt ist bei einem photometrischen Messverfahren. Ein Experiment ist immer nur so aussagekräftig, wie es durch geeignete Kontrollen unterstützt wird.

Biologische Schwankung

Biologische Schwankungen sind i. d. R. deutlich größer als technische Schwankungen.

Biologische Schwankung

Gerade in den Biowissenschaften muss zwischen **technischen** und **biologischen Replikaten** unterschieden werden. Während für technische Replikate die Messung möglichst genau mit demselben Material wiederholt und so der Fehler des Messverfahrens abgeschätzt wird, wird für biologische Replikate die Messung mit unabhängig gewonnenem Material wiederholt und so die **biologische Schwankung** eines Messwerts gezeigt. Wird beispielsweise ein und dieselbe Maus auf definierte Weise behandelt und dann mehrmals ihr Blutzucker gemessen, erhält man technische Replikate. Wird aber eine andere Maus auf die gleiche Weise behandelt und deren Blutzucker gemessen, erhält man ein biologisches Replikat. Das biologische Replikat schließt ein technisches Replikat mit ein und wird noch aussagekräftiger, wenn es in einem anderen, unabhängigen Labor durchgeführt wird. In der Regel ist die biologische Schwankung **deutlich größer** als die technische.

Störfaktoren

Weder Replikate noch positive und negative Kontrollen schützen vor verfälschten Messwerten durch **Störfaktoren**. Mögliche Störfaktoren sind Grund für den Zweifel an jeder Messung und müssen **empirisch gefunden** werden. Manchmal fallen sie auf, weil ein Messwert stark von einem Erwartungswert abweicht. Allerdings gibt es dort, wo in unbekanntes Gebiet vorgedrungen wird, oft keine Erwartungswerte und auch keine positiven Kontrollen, sodass Störfaktoren nur schwierig ermittelt werden können. Die falsche Handhabung des Messverfahrens, z. B. Pipettierfehler oder der ungekühlte Transport von Blutproben vor der Blutanalyse, ist ein **Anwendungsfehler,** der ähnlich wie Störfaktoren nicht immer leicht zu ermitteln und auszuschalten ist. Im klinischen Alltag werden Anwendungsfehler oft auch als Störfaktoren bezeichnet.

Aus Studentensicht: Störfaktoren

Störfaktoren verfälschen das Messergebnis und können nicht über Kontrollen oder Replikate erfasst werden. Sie müssen **empirisch** gefunden und beseitigt werden.
Die falsche Handhabung eines Messverfahrens ist ein **Anwendungsfehler.**

> **KLINIK**
>
> **Störfaktoren im klinischen Labor**
>
> Die Bestimmung mancher Blutparameter wird z. B. durch Hämolyse, einen zu hohen Bilirubingehalt (ikterische Proben) oder gleichzeitig anwesende Medikamente verfälscht. So werden bei einer Hämolyse durch das Platzen der Erythrozyten u. a. Kalium, Laktat-Dehydrogenase und gerinnungsaktivierende Substanzen freigesetzt, sodass die Kaliumkonzentration und Laktat-Dehydrogenase-Aktivität als zu hoch und der Quick-Wert als zu niedrig gemessen werden.

Arbeitsbereich

Alle Messverfahren haben eine **Kennlinie**, die zeigt, wie sich die Messwerte in Abhängigkeit von der Messgröße ändern (> Abb. 29.2a). Das Messverfahren ist **untersteuert,** wenn die Messgröße zu klein, und **übersteuert,** wenn sie zu groß ist. Dazwischen liegt der **Arbeitsbereich**, in dem die Änderung der Messgröße zur Änderung des Messwertes führt. Die Kennlinie des Arbeitsbereiches kann, muss aber nicht linear sein. Der Verlauf des Arbeitsbereichs muss bekannt sein und ein Messverfahren darf nur **innerhalb** seines Arbeitsbereiches angewendet werden. So ist es beispielsweise nicht sinnvoll, die Kühlschrankinnentemperatur mit einem Fieberthermometer zu messen. Bei einigen Messverfahren wie beispielsweise der Bestimmung von Metaboliten aus dem Blut können zu konzentrierte Proben durch Verdünnen an den Arbeitsbereich angepasst werden.

Aus Studentensicht: Arbeitsbereich

Der **Arbeitsbereich** beschreibt den Messbereich, in dem die Änderung der Messgröße zu einer Änderung des Messwerts führt.

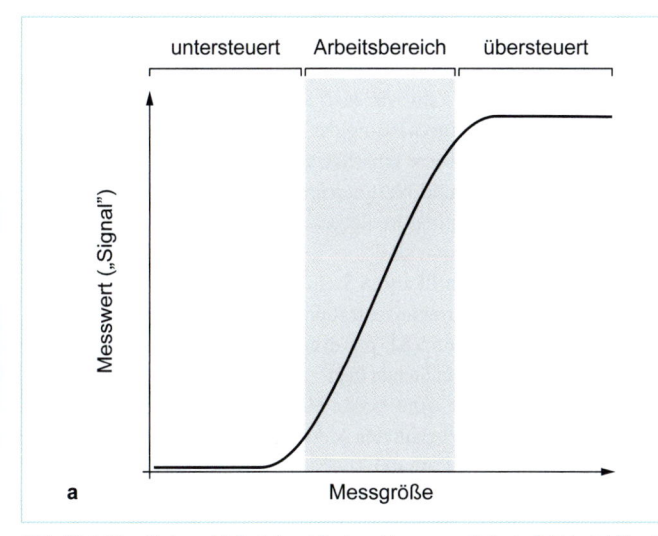

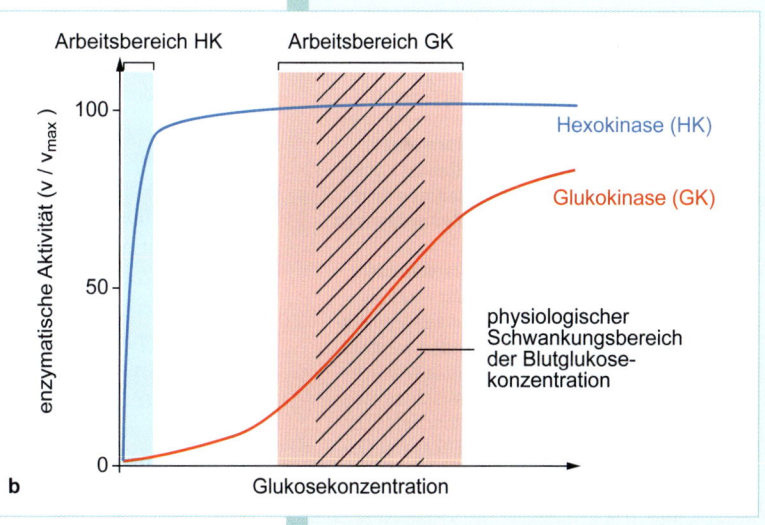

Abb. 29.2 Kennlinie und Arbeitsbereich einer Messung. **a** Prinzip. **b** Beispiel Hexokinase vs. Glukokinase. [L299]

Dieses Prinzip ist nicht nur für Messungen im Labor, sondern auch für physiologische Messungen relevant, die im Körper ablaufen (> Abb. 29.2b). Zum Beispiel kann die Geschwindigkeit der enzymatischen Umsetzung von Glukose zu Glukose-6-phosphat durch die **Isoenzyme Hexokinase** bzw. **Glukokinase** (= indirekter Messwert) in Abhängigkeit von der Glukosekonzentration (= Messgröße) dargestellt werden. Diese grafische Darstellung der entsprechenden Enzymkinetiken mit den unterschiedlichen K_M-Werten entspricht dann der Kennlinie dieses physiologischen Messverfahrens für die Glukosekonzentration. Nur für die Glukokinase überlappt der **Arbeitsbereich** mit der **physiologischen Schwankungsbreite** der Blutglukosekonzentration, während die Hexokinase in dieser Schwankungsbreite immer übersteuert ist, also keine Messung der physiologischen Blutglukosekonzentration erlaubt. Deshalb exprimieren Gewebe wie B-Zellen des Pankreas oder Leberzellen, die Änderungen der Blutglukosekonzentration messen und auf diese reagieren, als geeignetes „Messgerät" die Glukokinase und nicht die Hexokinase.

Der Arbeitsbereich ist auch für **physiologische Messungen** relevant, da es z. B. **Isoenzyme** gibt, von denen nur einzelne unter physiologischen Bedingungen in ihrem Arbeitsbereich aktiv sind.

Aus Studentensicht

● **KLINIK**

Quantifizierung und Mathematisierung

Die modernen Naturwissenschaften sind geprägt von **quantitativen Bestimmungen** und **Mathematisierung**. In den Biowissenschaften ist dies aufgrund der großen biologischen Schwankungen nur bedingt möglich.

Umgang mit Zahlen

Die durch Zahlen ausgedrückten Messwerte müssen adäquat eingeschätzt werden. Meist geschieht dies **relativ** in Bezug auf **Normwerte**. Die Angabe von **signifikanten Stellen** ist nur im durch den Messfehler gesetzten Rahmen sinnvoll. Oft ist es nur sinnvoll, in **Größenordnungen** abzuschätzen.
Ob sich Messwerte **signifikant unterscheiden**, also ob z. B. ein Medikament besser wirkt als ein Placebo, kann durch eine angemessene **statistische Auswertung** herausgefunden werden. Die **Nullhypothese** gibt an, dass es in Wirklichkeit keinen Effekt, z.B. keinen Unterschied zwischen zwei Gruppen, gibt. Die Wahrscheinlichkeit dafür, dass der beobachtete Effekt trotz Zutreffens der Nullhypothese eintritt, wird oft als p-Wert ausgedrückt. Dafür wird vor der Untersuchung **willkürlich** festgelegt, ab welchem p-Wert ein Unterschied als statistisch signifikant bewertet wird. p < 0,05 bedeutet, dass die Nullhypothese mit nur 5%iger Wahrscheinlichkeit zum beobachteten Ergebnis geführt haben kann.
Statistische Signifikanz bedeutet aber nicht, dass z. B. ein Medikament mit 95%iger Wahrscheinlichkeit wirksam ist. Signifikanz gibt nur wenig Hinweise auf die **Relevanz** eines Ergebnisses und es muss immer geprüft werden, ob es überhaupt **gerechtfertigt** ist, einen Sachverhalt mithilfe von Zahlen auszudrücken.

29 WISSENSCHAFTLICHES ARBEITEN: WOHER KOMMT WISSEN?

KLINIK

Kontrolliertes Messen in der Labormedizin

Messverfahren der Labormedizin sind auf hohe Präzision und Richtigkeit hin **optimiert** und ihre Zuverlässigkeit wird im laufenden Betrieb **ständig** durch **positive** und **negative Kontrollen** überprüft. Ein Gerät zur Bestimmung von Blutparametern wie GOT, GPT oder LDH muss nach jedem Einschalten durch mehrere **Eichproben** (= Positivkontrollen), die den gesamten Arbeitsbereich abdecken und auch Nullwerte (= Negativkontrollen) enthalten, geeicht und während des Betriebs nach einer bestimmten Laufzeit erneut kontrolliert werden. Ein Verlassen des **Arbeitsbereichs** wird sofort angezeigt. Im Gegensatz zu typischen Messungen in der Forschung sind Hochdurchsatz-Routineverfahren der Labormedizin so zuverlässig, dass i. d. R. keine Mehrfach-, sondern Einfachbestimmungen durchgeführt werden.
Labormedizinische Bestimmungen mit geringerem Durchsatz wie der Cytomegalievirus(CMV)-Nachweis im Blut werden mit noch mehr Kontrollen und evtl. Replikaten durchgeführt. Für den CMV-Nachweis werden durch eine **PCR** mit spezifischen Primern Teile des CMV-Genoms nachgewiesen. Als Negativkontrolle kann eine PCR mit allen Komponenten der Reaktion außer der DNA aus dem Patientenblut durchgeführt werden, um den Hintergrundwert zu zeigen und eine Kontamination der Reagenzien mit CMV-DNA auszuschließen (➤ Abb. 15.2). Als interne Positivkontrolle kann zur Patientenprobe zusätzlich eine CMV-DNA zugegeben werden, bei welcher der Bereich zwischen den Primerbindungsstellen gentechnisch verändert wurde. Diese Kontroll-DNA durchläuft ebenfalls das Verfahren der DNA-Isolierung aus der Patientenprobe und wird auch durch die spezifischen CMV-Primer in der PCR vervielfältigt. Aber aufgrund der gentechnischen Veränderung kann sie z.B. durch eine veränderte Länge ihres PCR-Produkts in einer Gelelektrophorese oder wegen einer anderen Basensequenz durch fluoreszierende Sonden von der eigentlichen CMV-DNA unterschieden werden. So werden die Präparation der Patienten-DNA und das Funktionieren der Messung **intern positiv kontrolliert** und evtl. falsch negative Ergebnisse, etwa wegen PCR-inhibierender Substanzen im Präparat, erkannt.

Quantifizierung und Mathematisierung

Ein historisch wesentlicher Schritt hin zu den modernen Naturwissenschaften war der Übergang von der **qualitativen** zur **quantitativen Bestimmung**. Insbesondere die Physik hat durch entsprechende Quantifizierungen einen hohen Grad der **Mathematisierung** erreicht, sodass rein theoretische Untersuchungen durch mathematisch-logische Verfahren möglich werden.
Die **Biowissenschaften** sind bislang nur **bedingt mathematisierbar**. Gerade wegen der starken biologischen Schwankungen von Messwerten ist eine rigorose **Quantifizierung schwierig**. So können zelluläre Konzentrationen von RNA und Proteinen, die für theoretische Modellrechnungen im Rahmen der Systembiologie essenziell sind, bislang nur ansatzweise quantifiziert werden und variieren stark in Abhängigkeit von den jeweiligen Bedingungen, sodass allgemeingültige Aussagen problematisch sind.

Umgang mit Zahlen

Messwerte beinhalten Zahlen. So entsteht durch die naturwissenschaftliche Methode ein wesentlich durch Zahlen geprägtes **Weltbild** und eine adäquate Einschätzung der Bedeutung von Zahlen bzw. der mit ihrer Hilfe ausgedrückten Messwerte ist essenziell. Diese Einschätzung geschieht selten in einem absoluten Sinn, sondern i. d. R. relativ zu anderen Zahlen und Werten relevanter Parameter. Eine Harnsäurekonzentration im Blut von 5,8 mg/dl bedeutet erst einmal wenig, solange nicht Geschlecht, Alter und Vorgeschichte des Patienten sowie die **Normwerte** bekannt sind.
Bei der Angabe von Messwerten ist die Anzahl der **signifikanten Stellen** nur in dem Rahmen sinnvoll, der durch den Messfehler gesetzt ist. Wird die Harnsäurekonzentration mit einem relativen Fehler von ± 5 % bestimmt, ist es nicht gerechtfertigt, einen Wert von 5,823 mg/dl anzugeben, da der absolute Fehler mit etwa 0,3 mg/dl weit über dem Wert der letzten beiden Stellen liegt.
Im Gegensatz zum Klischee der „exakten Wissenschaft" sind exakte Messwerte experimentell oft nicht zugänglich bzw. die Wissenschaftler sind sich der fehlerbehafteten Messungen sehr bewusst. So wird oft in **Größenordnungen** wie der 10er-Potenzreihe, also 0, 1, 10, 100, 1 000 usw., abgeschätzt und gerundet.
Zu Recht wird in der Wissenschaft viel Wert auf eine angemessene **statistische Auswertung** von Messergebnissen gelegt. Oft soll dabei herausgefunden werden, ob sich Messwerte von unterschiedlichen Gruppen, wie die von mit Wirkstoff behandelten versus mit Placebo behandelten Probanden, **signifikant unterscheiden**, also ob das Medikament besser wirkt als das Placebo. Meist werden dafür statistische Verfahren herangezogen, die testen, wie hoch die Wahrscheinlichkeit dafür ist, dass das beobachtete Ergebnis (= Unterschied zwischen den Gruppen) im Rahmen der zufälligen Messschwankung auch auftreten könnte, wenn es in Wirklichkeit keinen Unterschied zwischen den Gruppen gibt (= **Nullhypothese**). Diese Wahrscheinlichkeit für das Auftreten des beobachteten Unterschieds bei Zutreffen der Nullhypothese wird oft als p-Wert (engl. probability = Wahrscheinlichkeit) ausgedrückt. Vor der Untersuchung muss **willkürlich** festgelegt werden, ab welchem p-Wert ein Unterschied als statistisch signifikant bewertet wird. Häufig gilt p < 0,05 als signifikant. Das bedeutet, dass die Nullhypothese mit nur 5%iger Wahrscheinlichkeit zum beobachteten Ergebnis geführt haben kann, also in nur einer von 20 Messreihen/Studien. Der p-Wert entspricht aber nicht der Wahrscheinlichkeit, mit der die Nullhypothese falsch oder das Gegenteil der Nullhypothese richtig ist. Die **statistische Signifikanz** bedeutet also nicht, dass das Medikament mit 95%iger Wahrscheinlichkeit wirksam ist. Eine solche Aussage kann man aus den gemessenen Daten meist nicht ableiten. Dennoch wird die statistische Signifikanz oft bei Gruppenunterschieden herangezogen, obwohl statistisch signifikante Unterschiede kein Beweis für die Wirksamkeit und nicht signifikante Unterschiede kein Beweis für die Wirkungslosigkeit des untersuchten Medikaments sind.

Zudem gibt die Signifikanz nur wenig Hinweise auf die **Relevanz** eines Ergebnisses. Wenn das gleiche Auto bei allen Autohändlern im Raum Hamburg statistisch signifikant zehn Euro billiger ist als bei denen im Raum Wien, wird ein Wiener dennoch das Auto deswegen nicht in Hamburg kaufen und das statistisch signifikante Ergebnis hat keine Relevanz. Besonders bei Studien mit großer Teilnehmer- und Parameterzahl ergeben sich leicht statistisch signifikante Unterschiede, die aber immer auf ihre Relevanz hin überprüft werden müssen. Schließlich muss auch immer geprüft werden, ob es überhaupt **gerechtfertigt** ist, einen Sachverhalt wie Kreativität oder Zufriedenheit der Bevölkerung mithilfe von Zahlen auszudrücken.

> **FALL**
> **Laura ist neugierig: Frust**
> Laura ist total genervt, da das erste Halbjahr des Graduiertenkollegs um ist und bisher nichts funktioniert hat. Der technische Assistent zeigt ihr immer wieder, wie die Zellen aus den Mäusen isoliert und dann kultiviert werden, aber in ihren Kulturen wachsen immer wieder nur eingeschleppte Bakterien und nicht die Mauszellen. Zu ihren eigentlichen Versuchen, der Messung der Enzymaktivität, ist sie noch gar nicht gekommen. Vielen Kommilitonen im Graduiertenkolleg geht es ähnlich. Beim letzten Retreat, bei dem sie sich an einem Wochenende gegenseitig ihre Projekte vorstellten und mit ihren Betreuern diskutierten, war die Stimmung zuerst am Nullpunkt. Als sie von ihren Bakterien berichtet, erzählen andere Doktoranden von ähnlichen Problemen. Durch die Diskussion bekommt sie einige Tipps, woran es liegen könne. Tatsächlich findet sie anschließend durch zusätzliche Kontrollen, dass eine von ihr hergestellte Lösung mit Bakterien kontaminiert ist. Nach vier weiteren arbeitsreichen Wochen wachsen die Mauszellen bei den meisten Versuchen und die Enzymaktivitätsmessungen können beginnen.

29.2.2 Gute wissenschaftliche Praxis

Wissenschaftliche Institutionen wie die Deutsche Forschungsgemeinschaft (DFG) inklusive der Hochschulen haben gemeinsam **Regeln** für die gute wissenschaftliche Praxis und **Kontrollmechanismen** für deren Qualitätssicherung aufgestellt. Die Einhaltung dieser Regeln ist auch Voraussetzung für die Gewährung öffentlicher Forschungsmittel. Es geht v. a. um Aspekte der **Redlichkeit.**
Danach müssen sich Wissenschaftler an ethische Normen halten (z. B. bezüglich Versuchen an Tieren oder mit Menschen), nach den Regeln der Kunst (lat. lege artis) arbeiten und sowohl den Verlauf als auch die Ergebnisse ihrer Arbeit vollständig **dokumentieren. Primärdaten,** letztlich alles, was zum vollständigen Nachvollziehen der Schlussfolgerungen durch andere nötig ist, müssen mindestens zehn Jahre lang **aufbewahrt** werden. Wissenschaftler müssen ihre Ergebnisse konsequent selbst **anzweifeln** und von anderen anzweifeln lassen und zur Klärung von Zweifelsfragen kooperieren. Das wichtigste Kriterium für die Validität von Ergebnissen ist die **Reproduzierbarkeit.** Je überraschender oder je erhoffter ein Ergebnis ist, desto ausführlicher muss es unabhängig reproduziert werden.
Spätestens ab dem Zeitpunkt der Veröffentlichung muss die **Kommunikation** über die Arbeit komplett **transparent** sein. Alle Vorarbeiten und **Beiträge** von Kollegen, Kollaborationspartnern und Konkurrenten müssen **anerkannt** und kenntlich gemacht werden. Alle **Informationen** und möglichst auch alle **Materialien,** die zur Reproduktion durch andere nötig sind, müssen **zugänglich** gemacht werden. Zur redlichen Kommunikation gehört umgekehrt auch die unbedingte **Vertraulichkeit,** z. B. bei Gutachten oder Kollaborationen (> 29.3.2).
Daten dürfen zwar beispielsweise durch Umrechnungen oder statistische Auswertungen **prozessiert** werden, aber nicht durch Weglassen von Einzelwerten einer Mehrfachbestimmung, Bildmanipulation, Vortäuschung oder Verschleierung von Beziehungen zwischen Datenpunkten o. Ä. **manipuliert** werden. So dürfen Ausreißer, wie bei der in > Abb. 29.1 links gezeigten präzisen und richtigen Messung, für die Berechnung des Mittelwerts nicht weggelassen werden, ohne dass die Abweichung durch einen technischen Messfehler zu begründen ist. Was zulässig ist und was nicht, muss gemäß den aktuellen technischen **Standards** eigenverantwortlich geklärt werden. Grundsätzlich ist auf der sicheren Seite, wer vollständig **transparent** macht, wie welche Daten gewonnen, behandelt und evtl. ausgeschlossen wurden, sodass ein Sachkundiger Aussagekraft und Schlussfolgerungen selbst beurteilen kann.

Tab. 29.1 Tendenzen zum Selbstbetrug und Strategien zu ihrer Vermeidung

Selbstbetrug	Vermeidungsstrategie
Eine **Hypothese im Nachhinein** generieren, die am besten zu den Daten passt.	Hypothesen **im Vorhinein festlegen** und nicht ad hoc verändern. Falls sich aus den Daten neue Hypothesen ergeben, müssen sie als solche neu und gesondert getestet werden.
Nur Daten sammeln oder beachten, welche die **eigene Hypothese** unterstützen, aber andere Möglichkeiten ignorieren.	Explizit **alternative Hypothesen** testen.
Nur unerwartete Ergebnisse kritisch prüfen, aber Ergebnisse, die der **Erwartung entsprechen,** sofort annehmen.	Mit **Kollegen** kollaborieren, die **andere Erwartungen** haben.
Muster in Zufallsverteilungen sehen.	**Zufällig generierte** oder veränderte **Daten** mit denselben Methoden **analysieren.**
Ausreißer, die gegen die eigene Hypothese sprechen, unbegründet nachträglich **ausschließen.**	**Vor Beginn** des Experiments **Ausschlusskriterien** festlegen.

Aus Studentensicht

29.2.2 Gute wissenschaftliche Praxis

Wissenschaftliche Institutionen sollen **Redlichkeit** durch **Regeln** für gute wissenschaftliche Praxis und **Kontrollmechanismen** sichern. Zu diesen Regeln gehören die **Reproduzierbarkeit** von Ergebnissen, eine vollständige **Dokumentation,** Aufbewahrungsfristen für Primärdaten und die Kooperation bei Klärung von Zweifelsfragen. Alle **Vorarbeiten** müssen kenntlich gemacht werden, Informationen für die Reproduktion der Ergebnisse müssen zugänglich sein. Bei Gutachten muss **Vertraulichkeit** gewahrt werden. Daten dürfen nachvollziehbar **prozessiert,** nicht aber manipuliert werden, z. B. durch gezieltes Weglassen unerwünschter Werte.
Tendenzen zum **Selbstbetrug** und Vermeidungsstrategien sollten allen Beteiligten bewusst sein.

TAB. 29.1

Aus Studentensicht

29 WISSENSCHAFTLICHES ARBEITEN: WOHER KOMMT WISSEN?

Trotz angestrebter Redlichkeit gibt es menschliche Tendenzen zum **Selbstbetrug,** denen begegnet werden kann, wenn man sich ihrer bewusst ist und **Vermeidungsstrategien** kennt (> Tab. 29.1). „Naturwissenschaft ist ein Versuch, sich nicht selbst zu betrügen." (Richard P. Feynman, Nobelpreis für Physik 1965)

> **FALL**
>
> **Laura ist neugierig: Statistik**
>
> Durch die Unterstützung von Mitarbeitern aus benachbarten Arbeitsgruppen klappen jetzt die Enzymmessungen ziemlich reproduzierbar und Laura startet den großen finalen Versuch. Tatsächlich unterscheiden sich die Enzymaktivitäten der Wildtyp- und Knock-out-Mäuse wie von der Hypothese vorhergesagt. Im t-Test zeigt sich dann aber, dass der p-Wert leicht über 0,05 liegt, sich die beiden Mausgruppen wohl doch nicht signifikant unterscheiden. Bei der genauen Analyse der Ergebnisse fällt Laura auf, dass es bei den Messwerten beider Mausgruppen je einen Ausreißer gibt. Wenn sie die Ausreißer weglässt, ist p < 0,01. Bei der Besprechung mit ihrem Betreuer finden sie aber keinen Grund, weshalb diese beiden Werte nicht gültig sein sollten; sie dürfen daher nicht einfach ausgeschlossen werden.
> Im Statistikseminar des Graduiertenkollegs hatte die Dozentin aus der Biometrie ihre Hilfe angeboten. Als sie mit Laura deren Ergebnisse bespricht, empfiehlt sie ein komplexeres statistisches Modell anzuwenden, das besser zu Lauras Daten passt. Tatsächlich ergibt sich dabei ohne Ausschluss der Ausreißer ein p-Wert < 0,05.

29.3 Publizieren

29.3.1 Wissenschaftlichkeit durch Publikation

29.3 Publizieren

29.3.1 Wissenschaftlichkeit durch Publikation
Die **Publikation** ist ein wichtiger Teil der guten wissenschaftlichen Praxis. Zentrales Medium dafür ist ein Journal, das einer **Qualitätskontrolle** unterliegt.

Seit der Institutionalisierung von Wissenschaft im 17. Jahrhundert gelten Ergebnisse erst als „wissenschaftlich", wenn sie gemäß wissenschaftlichen Publikationsregeln veröffentlicht sind. Publizieren ist ein Teil der guten wissenschaftlichen Praxis. Zentrales Medium der naturwissenschaftlichen Veröffentlichung ist ein i. d. R. englischsprachiges **Journal** (Fachzeitschrift), das durch eine von der Scientific Community anerkannte **Qualitätskontrolle,** den Peer-Review, gekennzeichnet ist (> Abb. 29.3).

ABB. 29.3

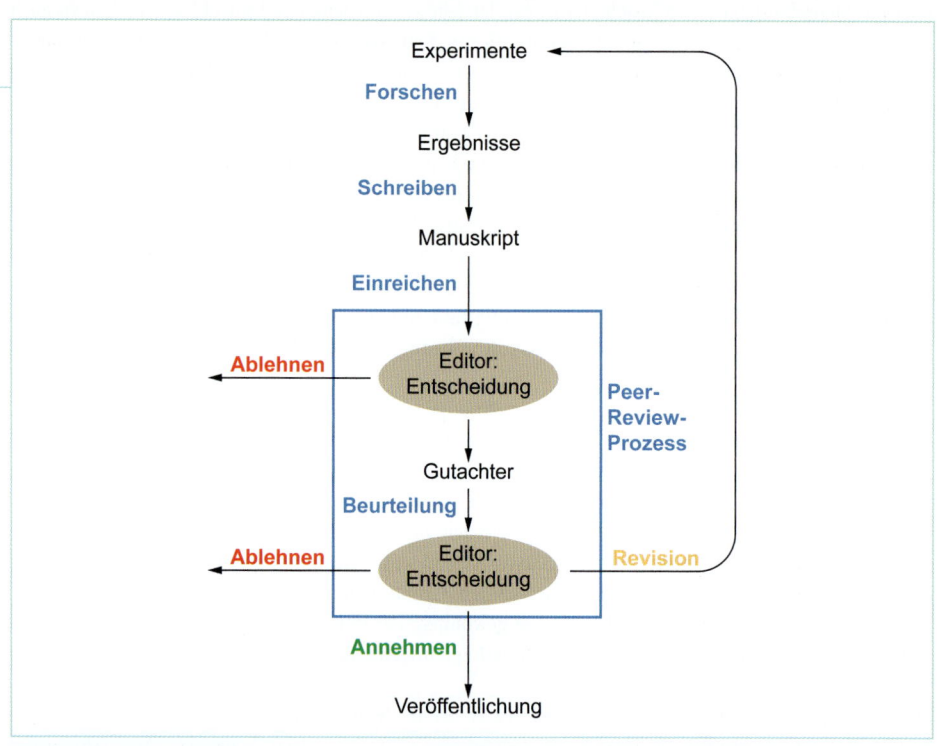

Abb. 29.3 Peer-Review-Prozess [L271]

29.3.2 Peer-Review

Editor
Editoren wissenschaftlicher Journale überprüfen in einem ersten Schritt das eingereichte Manuskript auf formale und inhaltliche Kriterien. Sie können das Manuskript direkt ablehnen oder für den **Peer-Review** an Fachkollegen weitergeben.

29.3.2 Peer-Review

Editor
Ein bei einem Journal eingereichtes wissenschaftliches Manuskript wird zunächst von **Editoren** hinsichtlich formaler Kriterien wie Sprache, Gliederung und Literaturverweise, aber auch bezüglich allgemein inhaltlicher Kriterien wie Thema der Arbeit, experimentelles Vorgehen und Neuheit der Erkenntnisse geprüft. Editoren sind immer selbst Wissenschaftler und arbeiten entweder haupt-, nebenberuflich oder ehrenamtlich für ein Journal. Neben ihrer wissenschaftlichen Qualifikation verfügen sie idealerweise auch über viel **Erfahrung** und **Überblick** in ihrem Fachgebiet und kennen die dortigen Kollegen. Entweder weisen Editoren im Rahmen ihrer **ersten Entscheidung** das Manuskript bereits in diesem Stadium ab,

weil es allgemeinen wissenschaftlichen oder journalspezifischen Kriterien, wie Thema oder Methodik, nicht genügt, oder sie geben es in den **Peer-Review** (engl. peer = Gleichgestellter, jemand mit vergleichbarer Expertise; review = Gutachten, Übersichtsartikel).

Gutachten
Mit ihrer Kenntnis im Fachgebiet suchen die Editoren **Kollegen** aus, die mit ihrer Expertise das Manuskript kritisch **begutachten** können. Diese Gutachten sind meist **halb-anonym**, d. h., der Gutachter kennt die Identität der Autoren, aber nicht umgekehrt. Gutachten sind **freiwillig**, i. d. R. **unentgeltlich** und immer streng **vertraulich**, der Gutachter darf also mit niemandem über das zu begutachtende Manuskript reden. Ein Manuskript begutachten zu dürfen, ist eine **Ehre**, da man von i. d. R. sehr kompetenten Editoren ebenfalls als kompetent (als Peer) gesehen wird. Andererseits ist es ein Gebot der **Solidarität**, da alle Wissenschaftler darauf angewiesen sind, dass ihre Arbeiten gegenseitig begutachtet werden. Die Begutachtung eines Manuskripts muss abgelehnt werden, wenn der Gutachter **befangen** ist, weil er beispielsweise mit den Autoren kooperiert, privat oder beruflich verbunden ist oder bezüglich der Ergebnisse in direkter Konkurrenz steht.

Zweite Editor-Entscheidung
Die Editoren sammeln i. d. R. 2–4 voneinander unabhängige Gutachten und bilden sich eine Meinung, die sie den Autoren zusammen mit den Gutachten mitteilen. Ist das Manuskript uneingeschränkt als gut und für das Journal als passend bewertet, wird der Editor das Manuskript zur Veröffentlichung **annehmen**. Geht aus den Gutachten jedoch hervor, dass die experimentellen Ergebnisse die Schlussfolgerungen nicht ausreichend unterstützen, es technische Fehler oder andere gravierende Mängel gibt, wird der Editor das Manuskript **ablehnen**. Sehr oft gibt es Einwände, die durch Textänderungen oder im Rahmen weiterer Experimente eventuell geklärt werden können. In diesem Fall erhalten die Autoren die Möglichkeit, eine **revidierte Fassung** einzureichen.

Autorenreaktion
Außer wenn es zu eklatanten Missverständnissen gekommen ist, können die Autoren bei einer Ablehnung i. d. R. nichts anderes machen, als ihre Arbeit zu verbessern und/oder sie bei einem anderen Journal einzureichen. Erhalten sie die Möglichkeit zur Revision, entscheiden die Autoren, ob sie auf die geforderten Modifikationen eingehen, machen ggf. noch **weitere Experimente** und reichen eine entsprechend **revidierte Fassung** zusammen mit einer detaillierten Antwort auf die Gutachter-Kommentare (= engl. Point-by-Point Rebuttal) bei dem Editor ein.

Dritte Editor-Entscheidung
Die Editoren geben die revidierte Fassung erneut an Gutachter weiter, i. d. R. an die ursprünglich beteiligten, und entscheiden mithilfe derer **zweiter Gutachten** über endgültige Annahme oder Ablehnung. Selten kommt es zu mehr als zwei Gutachtenrunden. Am Ende entscheidet allein der Editor.
In diesem **Peer-Review-Prozess** spiegelt sich das **Konsensprinzip** der Scientific Community wider und garantiert einen gewissen wissenschaftlichen **Qualitätsstandard**. Da die Gutachter aber nur von den Ergebnissen lesen, ohne sie selbst zu wiederholen, unterliegen auch veröffentlichte Ergebnisse immer dem erwähnten **Zweifel** und Betrug kann in diesem Stadium nur bedingt aufgedeckt werden. Dennoch sind so veröffentlichte Ergebnisse ein guter **Ansatzpunkt** für Wissenschaftler, um weiter zu forschen. Unter anderem deshalb sind die Autoren dazu verpflichtet, **alle Informationen,** Materialien, Software etc., die für ihre veröffentlichte Arbeit wichtig waren und nicht aus anderen Quellen bezogen werden können, **zugänglich** zu machen.
Die nach solchen Maßstäben **veröffentlichten Arbeiten** (engl. Paper) bilden zusammen mit den an sie gekoppelten **Datenbanken** die Literatur, die im Rahmen weiterer Forschung benutzt und zitiert wird.

29.3.3 Typischer Aufbau wissenschaftlicher Publikationen
Naturwissenschaftliche Originalarbeiten (= Artikel mit Forschungsdaten, im Gegensatz zu anderen Formaten wie Übersichtsartikel [engl. reviews]) sowie akademische Arbeiten wie Master- oder Doktorarbeiten sind i. d. R. ähnlich aufgebaut:
- **Titel:** Er gibt das wichtigste Ergebnis oder die wichtigste Schlussfolgerung wider.
- **Autorenzeile:** In der Autorenzeile werden alle Autorennamen sowie deren Institutsadressen in einer bestimmten **Reihenfolge** aufgeführt. Der **Erstautor** hat meistens den größten praktischen Beitrag geleistet und beispielsweise die meisten Versuche selbst durchgeführt. Zunehmend werden **geteilte Erstautorschaften** zugelassen, wenn zwei oder drei Autoren ähnlich viel beigetragen haben. Der **Letztautor** (engl. Senior Author) ist meistens der entsprechende Arbeitsgruppenleiter, der das Projekt initiiert und geleitet hat. Er ist i. d. R. auch der **korrespondierende Autor,** an den Anfragen zu richten sind. Geteilte Letztautorschaften waren lange unüblich, kommen in jüngster Zeit aber öfter vor, v. a. wenn mehrere Arbeitsgruppen zusammen veröffentlichen. Während nur die korrespondierenden Autoren für die Korrespondenz zuständig sind, sind **alle** Autoren für den Inhalt der Publikation **verantwortlich.**

Aus Studentensicht

Gutachten
Unabhängige wissenschaftliche **Kollegen,** die über entsprechende Expertise verfügen, **begutachten** im nächsten Schritt das Manuskript. Dies geschieht unentgeltlich und vertraulich.

Zweite Editor-Entscheidung
Anhand von 2–4 Gutachten entscheidet der Editor, ob das Manuskript unverändert **angenommen,** komplett **abgelehnt** oder zur **Revision** gestellt wird.

Autorenreaktion
Eine Ablehnung ist meist endgültig. Ist die Möglichkeit einer Revision gegeben, können die **Autoren** weitere experimentelle Daten liefern und einarbeiten.

Dritte Editor-Entscheidung
Nach der Revision werden **neue Gutachten** erstellt, auf deren Basis die Editoren die finale Entscheidung über die Annahme oder Ablehnung des Manuskripts treffen. Der Peer-Review-Prozess spiegelt das Konsensprinzip wider und garantiert eine gewisse **Qualität.** In dieser Art veröffentlichte Arbeiten bilden die **Literatur,** die in weiteren Arbeiten zitiert wird.

29.3.3 Typischer Aufbau wissenschaftlicher Publikationen
Wissenschaftliche Manuskripte sind i. d. R. ähnlich gegliedert:
- **Titel**
- **Autorenzeile,** mit den Autoren in der Reihenfolge ihres Beitrags zur Publikation und Arbeitsgruppenleiter als Letztautor

Aus Studentensicht

- **Abstract** (Kurzzusammenfassung)
- **Einleitung**
- **Methoden**
- **Ergebnisse**
- **Diskussion** mit Bewertung und Interpretation der eigenen Ergebnisse in Bezug zu bisherigen wissenschaftlichen Arbeiten
- Danksagung, in der auch die Quellen der finanziellen Mittel angegeben sind
- Erklärung, dass keine Interessenskonflikte vorliegen
- Literaturliste mit zitierten Vorarbeiten

Wissenschaftliche Arbeiten sollten beim Lesen stets **hinterfragt** werden.

29 WISSENSCHAFTLICHES ARBEITEN: WOHER KOMMT WISSEN?

- **Abstract:** Er fasst den Inhalt zusammen.
- **Einleitung:** In einer Einleitung werden **Vorarbeiten** erwähnt und die sich daraus ergebende **Fragestellung** der Arbeit oder **Hypothesen** hergeleitet und explizit benannt. Eventuell wird auch ein Ausblick auf die Ergebnisse gegeben.
- **Methoden:** Verwendete **Materialien** und **Methoden** werden so dargestellt, dass Kollegen die Experimente inklusive der Datenanalyse wiederholen können.
- **Ergebnisse:** Der Ergebnisteil beschreibt das experimentelle Vorgehen und die Ergebnisse, die meistens auch in **Abbildungen** oder Tabellen dargestellt werden. Oft wird auch eine kurze Interpretation der Ergebnisse mit den entsprechenden Schlussfolgerungen gegeben.
- **Diskussion:** In der Diskussion werden die Ergebnisse nach ihrer Aussagekraft und Bedeutung und mit Blick auf andere Arbeiten bewertet und interpretiert. Meistens folgen ein Ausblick auf noch offene Fragen und weitere Spekulationen zum Thema.
- **Danksagung:** In der Danksagung (engl. acknowledgements) finden alle Erwähnung, deren Beitrag keine Autorenschaft rechtfertigt, aber dennoch wichtig war, wie kritische Kommentare, Zurverfügungstellen von Material oder technische Assistenz. Hier werden auch die Quellen der verwendeten **Forschungsmittel** angegeben. Einige Journale veröffentlichen einen Absatz, in dem die einzelnen **Autorenbeiträge** aufgeschlüsselt werden.
- **Interessenkonflikt:** An gesonderter Stelle müssen alle Autoren erklären, ob sie z. B. durch Verbindungen zu Geldgebern als **befangen** gelten könnten und ob **Ethikvoten** bezüglich der Arbeit eingeholt und eingehalten wurden.
- **Literaturliste:** Meist als Letztes folgt eine Literaturliste der zitierten Arbeiten.
- **Supplementary Material:** Immer häufiger gibt es zu einer Veröffentlichung ergänzendes Material, das beispielsweise aus umfangreichen Datensätzen, Filmen, zusätzlichen Abbildungen oder noch detaillierteren Angaben zu Materialien und Methoden bestehen kann und im Internet auf öffentlichen oder journaleigenen Servern publiziert wird.

Wissenschaftliche Daten, die für einen Peer-Review-Prozess eingereicht werden, müssen neu sein und dürfen nicht bereits anderweitig publiziert sein. Wer etwas zuerst veröffentlicht, hat i. d. R. **Prioritätsansprüche.**

Das **Lesen** wissenschaftlicher Veröffentlichungen erfordert viel **Expertise,** Erfahrung und Übung. Die Grundhaltung beim Lesen sollte die der kritischen **Skepsis** sein. Folgende Fragen sollte man sich beim Lesen einer (biochemischen) Arbeit stellen:

- Wie lautet die übergeordnete Fragestellung? Welche Hypothese wird getestet? Wie wird die Hypothese eventuell im Lauf der Arbeit modifiziert?
- Welches experimentelle Ergebnis bestätigt oder widerlegt welchen Aspekt der Hypothese? Was überzeugt? Was ergeben Vergleiche mit anderen Arbeiten?
- Aspekte der Experimente:
  - Messsystem: Modellorganismus? In vitro versus in vivo? Adäquate Methodik?
  - Positiv- und Negativkontrollen?
  - Direkte oder indirekte Messung?
  - Welche Parameter werden gezielt variiert (X-Achsen der Graphen)?
  - Relative Größe, Signifikanz (Zahl der Replikate), Relevanz der Effekte?
  - Korrelation oder Kausalität? Schwache oder starke Kausalität?
  - Logische Zirkelschlüsse?

> **FALL**
>
> **Laura ist neugierig: Schreiben**
>
> Die Experimente sind abgeschlossen und jetzt will Laura sie veröffentlichen. Ihr Ziel ist primär die Promotion, allerdings werden Doktorarbeiten von der wissenschaftlichen Community kaum wahrgenommen. Laura hat Glück, dass sie bereits nach einem Jahr genügend Ergebnisse für einen englischen Artikel in einer Fachzeitschrift hat. Daher empfiehlt ihr Betreuer, ein englischsprachiges Paper zu schreiben, das an vielen Fakultäten auch als Doktorarbeit eingereicht werden kann. Das Schreiben in der fremden Sprache fällt ihr allerdings noch schwerer als das Erstellen des Versuchsprotokolls im Wahlfach. Zum Glück gibt es dazu Seminare im Graduiertenkolleg. Auch im „Journal-Club" in der Arbeitsgruppe, bei dem jede Woche ein gerade erschienener Artikel vorgestellt und kritisch diskutiert wird, wird ihr klarer, worauf sie achten muss. Für das Schreiben von Einleitung und Diskussion erweitert sie zunächst die Literatursuchen zu ihrem Thema in pubmed (www.ncbi.nlm.nih.gov/pubmed), die sie bereits zu Beginn ihrer Arbeit angefangen hat, um den aktuellen Stand der Forschung möglichst umfassend herauszufinden. In vielen mühseligen Schritten, in denen die Koautoren immer wieder ihre Textvorschläge korrigieren und eigene Bausteine ergänzen, kommen sie langsam voran.

29.3.4 Gute Praxis des wissenschaftlichen Publizierens

Die Regeln guter wissenschaftlicher Praxis beinhalten auch die Eckpunkte des Publizierens. Zum Beispiel darf nur **Autor** sein, wer einen **wesentlichen Beitrag** zur Arbeit geleistet hat und nicht beispielsweise nur der entsprechende Institutsleiter war, der Budget und Arbeitsplatz zur Verfügung gestellt hat. Alle **Aussagen** in der Veröffentlichung müssen entweder durch korrekten Verweis auf andere Veröffentlichungen oder durch in der Arbeit vorgestellte Ergebnisse **belegt** werden. **Ergebnisse** und die zu ihrer Gewinnung angewandten Methoden müssen **vollständig, transparent** und nachvollziehbar dargestellt werden. Bereits veröffentlichte Ergebnisse müssen als solche klar kenntlich gemacht und nur insoweit nötig noch einmal dargestellt werden.

Alle Regeln für die Veröffentlichung in Journalen gelten auch für Masterarbeiten, **Dissertationen** etc. Allerdings findet hier der Begutachtungsprozess nur lokal statt, z. B. innerhalb der entsprechenden Universität, und nicht international, sodass solche Arbeiten nicht in allen Aspekten vollwertige Veröffentlichungen sind. Die darin enthaltenen Ergebnisse gelten alleine durch den Abschluss einer Dissertation oder Masterarbeit noch nicht als vollwertig veröffentlicht und dürfen zusätzlich in einem Journal mit Peer-Review eingereicht werden.

29.3.5 Glanz und Elend wissenschaftlicher Veröffentlichungen

Die wissenschaftliche Literatur ist voller **Glanzstücke** genialer Einfälle, verblüffender Erkenntnisse und harter Arbeit. Vielleicht zeigt die Wissenschaft ihre Stärke und Faszination am meisten dann, wenn sie Erkenntnisse hervorbringt, die nicht den Erwartungen, dem gesunden Menschenverstand und der Alltagserfahrung entsprechen, sondern uns in überraschender Weise die Augen öffnen, z. B. die Erkenntnis, dass mit den Mitochondrien in fast allen menschlichen Zellen ein „domestiziertes Bakterium" wohnt. Sie enthält aber auch **Irrtümer,** die zwar in darauffolgenden Veröffentlichungen richtiggestellt werden, aber dennoch gedruckt bleiben. Insofern braucht es zusätzlich zum eigentlichen Lesen der Publikationen eine gewisse **Erfahrung,** um sich in der Literatur zurechtzufinden. **Fehler** ohne wissenschaftliches Fehlverhalten, z. B. Verwechslungen von Abbildungen, werden als sog. Errata oder Corrigenda (lat. = Irrtümer bzw. zu Berichtigendes) an die ursprüngliche Veröffentlichung gekoppelt. Auf schwerwiegende Fehler oder aufgedeckte **Betrugsfälle** wird mit veröffentlichter **Rücknahme** (Retraction) der Artikel reagiert. Wissenschaftliche Irrtümer, die zum Zeitpunkt der Veröffentlichung nach den Maßstäben des wissenschaftlichen Kenntnisstands und der wissenschaftlichen Redlichkeit nicht als solche zu erkennen waren, sind weder eine Schande noch werden sie im Nachhinein durch Zusätze berichtigt.

Veröffentlichungen sind das, was die Wissenschaftler als Ergebnis ihrer Arbeit produzieren und was die wissenschaftliche **Erkenntnis** voranbringt. Die Veröffentlichungen der einzelnen Wissenschaftler (= Publikationsliste) haben aber eine **Doppelrolle,** da sie im Streben nach Anerkennung und Ruhm sowie im Wettbewerb um begrenzte Forschungsgelder der oft entscheidende **Bewertungsmaßstab** sind und über die **Karriere** des Einzelnen entscheiden. Dabei gibt es heftig umstrittene, aber sehr einflussreiche Bemühungen, den **Veröffentlichungserfolg** zu **messen.** Eine gängige Methode bewertet die verschiedenen Journale danach, wie häufig in einem Jahr Veröffentlichungen aus dem jeweiligen Journal zitiert wurden. Dahinter steht die Überlegung, dass Erkenntnisse umso bedeutender sind, je häufiger sie von anderen aufgegriffen und deshalb in deren Veröffentlichungen zitiert wurden. Auch wenn dieses Prinzip und seine metrische Umsetzung zum **Impact Factor** (engl. = Einflussfaktor) scharf kritisiert werden, ist die entsprechende Rangliste der Journale und damit die der in ihnen veröffentlichten Arbeiten zurzeit noch bestimmend für den Wissenschaftsbetrieb. Zum Beispiel hatte das Journal *Nature* im Jahr 2017 einen Impact Factor von rund 42, *Molecular Cell* von 14 und *Biochemistry* von 3. Der Impact Factor ist ein Mittelwert über alle in einem Jahr erschienenen Artikel in einem Journal; ein einzelner Artikel kann also gar nicht oder sehr viel häufiger zitiert worden sein. Für die Entscheidungen über Karrieren, die in vergleichsweise kurzen Zeiträumen getroffen werden müssen, ist dieses System kritisch, für die langsam fortschreitende Wissenschaft aber letztlich zweitrangig. Hier zählt am Ende, was sich bewährt und in die Lehrbücher aufgenommen wird, egal wo es erstmals veröffentlicht wurde.

Umstritten ist zurzeit auch der **finanzielle Aspekt** des Publizierens. Autoren bekommen i. d. R. kein Geld, sondern müssen an die Verlage der Journals sowohl Geld zahlen als auch oft wesentliche Teile der **Urheberrechte** abgeben. Für den Zugang zu den Artikeln muss entweder direkt oder über eine Institution wie eine Universitätsbibliothek ebenfalls gezahlt werden. Als Gegenleistung unterhalten die Verlage zurzeit noch die Journale mit höchstem **Renommee** (u. a. Impact Factor). Mittlerweile gibt es aber immer mehr Formate, die wissenschaftliche Veröffentlichungen sofort kostenfrei für alle zugänglich machen (= Open Access).

FALL

Laura ist neugierig – und bleibt Forscherin

Das Jahr des Graduiertenkollegs ist vorbei und Laura besucht wieder Lehrveranstaltungen. Das Manuskript ist noch nicht fertig, immer wieder bekommt sie es von ihrem Betreuer mit Verbesserungsvorschlägen zurück. Es kostet sie viele Wochenenden und Abende, bis er endlich zufrieden ist. Daneben stellt sie ihre Ergebnisse im Forschungsseminar allen Mitarbeitern des Instituts vor. Die Institutsleiterin, die sich bisher an ihrer Arbeit gar nicht beteiligt hatte und das Thema als uninteressant abtat, ist ganz beeindruckt, und schickt Laura auf einen Kongress nach Barcelona, bei dem sie ihre Ergebnisse auf einem Poster präsentieren darf. Dabei diskutieren Forscher aus mehreren anderen Arbeitsgruppen mit ihr und weisen sie noch auf einige Aspekte hin, die sie noch mit in ihr Manuskript aufnimmt. Kurz vor dem Einreichen bei einem angesehenen wissenschaftlichen Journal mit hohem Impact-Faktor besteht die Institutsleiterin darauf, dass sie Letztautorin sein müsse, da sie den Arbeitsplatz bereitgestellt und die Ergebnisse im Forschungsseminar mitdiskutiert habe. Laura und ihr Betreuer finden das nicht gerechtfertigt und wenden sich an Lauras Co-Betreuer im Graduiertenkolleg, der auch Ombudsmann der Universität für gute wissenschaftliche Praxis ist.

Aus Studentensicht

Die Eckpunkte des wissenschaftlichen Publizierens sind:
- Autoren müssen einen wesentlichen **Beitrag** zur Arbeit geleistet haben.
- Alle Aussagen müssen **belegt** werden.
- Ergebnisse müssen **vollständig,** transparent und nachvollziehbar dargestellt werden.

Diese Regeln gelten auch für Masterarbeiten und Dissertationen.

29.3.5 Glanz und Elend wissenschaftlicher Veröffentlichungen

Die wissenschaftliche Literatur enthält viele geniale Einfälle und verblüffende Erkenntnisse. Aber auch **Irrtümer** sind zu finden, die trotz Richtigstellung gedruckt bleiben.

Fehler ohne Fehlverhalten können mit **Errata** gekoppelt werden. Schwerwiegende Fehler oder entdeckter **Betrug** werden öffentlich zurückgenommen.

Veröffentlichungen bringen die wissenschaftliche **Erkenntnis** voran, dienen aber auch als **Bewertungsmaßstab** für den Erfolg eines Wissenschaftlers. Daher ist der Druck, gut zu publizieren, groß. Die Güte der Publikation wird oft am **Impact Factor** des Journals gemessen, was stark **umstritten,** aber trotzdem gängig ist.

Autoren bekommen für die Publikation kein Geld, sondern müssen für diese Geld an die Verlage zahlen und oft wesentliche Teile der Urheberrechte abgeben.

Aus Studentensicht

29 WISSENSCHAFTLICHES ARBEITEN: WOHER KOMMT WISSEN?

Nachdem er die Professorin davon überzeugt hat, von einer Co-Autorschaft abzusehen, reicht Laura das Manuskript ein. Leider wird der Artikel nicht angenommen. Die Gutachter bemängeln in ihren Reviews v. a. die nicht sehr hohe Signifikanz, bestätigen aber die Relevanz der Ergebnisse. Nach einem weiteren Vierteljahr akzeptiert eine spezialisiertere Zeitschrift den leicht modifizierten Artikel mit Laura als Erstautorin. Den reicht sie jetzt als Promotion ein, die sie mit Auszeichnung abschließt.

Trotz all der Frustrationen möchte Laura weiter forschen und findet eine Anstellung für ihre Facharztausbildung in einem Universitätsklinikum an einem anderen Ort. Die klinische Tätigkeit macht ihr ebenfalls viel Spaß, lässt ihr aber nur in den Abendstunden Freiräume zum Forschen im Labor. Zum Glück wird sie dort von einem nur in der Forschung tätigen Biologen unterstützt. Um die Forschungsarbeiten für ihre Habilitation voranzubringen, beantragt sie ein von der Fakultät finanziertes Forschungsjahr für Kliniker, das sie für einen Aufenthalt in einer befreundeten Arbeitsgruppe im Ausland nutzen möchte.

Wir wünschen viel Freude und Erfolg beim kritischen Lesen und Bewerten von Fachliteratur, beim wissenschaftlichen Arbeiten sowie beim Schreiben von Studienarbeiten, Dissertationen und Publikationen!

PRÜFUNGSSCHWERPUNKTE
IMPP
Zu den Inhalten dieses Kapitels wurden in den letzten Jahren vom IMPP kaum Fragen gestellt.

Kompetenzorientierte Lernziele (NKLM)
Die Studierenden können
- Qualitätskriterien wissenschaftlichen Arbeitens sowie Störgrößen benennen und erkennen.
- Methodenkenntnisse bei der Planung und Auswertung wissenschaftlicher Studien nutzen.
- die Möglichkeiten und Grenzen des medizinischen Erkenntnisgewinns kritisch hinterfragen.
- die verfügbaren Informationen mit kritischer Grundhaltung hinterfragen und sie hinsichtlich ihrer Evidenz für die eigene Fragestellung abschätzen.
- das eigene Handeln inhalts- und methodenkritisch hinterfragen.
- sich auf Basis von Kenntnissen der Grundzüge der Wissenschaftstheorie die Ambiguität aktuellen medizinischen Wissens bewusst machen.
- die Richtlinien guter wissenschaftlicher Praxis erklären und anwenden.

Register

Symbole

1,2-Diacylglycerid 560
1,3-Bisphosphoglycerat 469, 470, 500
2,3-Bisphosphoglycerat 470, 500, 716
2,4-Dinitrophenol 451
2-D-Elektrophorese 182
2-Monoacylglycerid 521
2-Phosphoglycerat 470
3-Hydroxy-3-methyl-glutaryl-CoA 550
3-Hydroxybutyrat 545, 546
3-Keto-6-phosphoglukonat 500
3-Keto-Thiolase 539
3'-Phosphoadenosin-5'-Phosphosulfat 632, 634, 659
3-Phosphoglycerat 470, 500, 593
3-Phosphoglycerat-Kinase 470
3'-Poly-A-Ende 104
3'-UTR 125
5'-Cap 104
5'-Desoxyadenosylcobalamin 653
5-Fluorouracil 620
5-Hydroxytryptamin 598
5-Lipoxygenase 557, 558
5-Methyl-Cytosin 316
5-Phosphoribosyl-1-pyrophosphat 610
5-Phosphoribosylpyrophosphat 604
5'-UTR 124
6-Phosphoglukonat 500
6-Phosphoglukono-δ-lakton 500
7-Dehydrocholesterin 641
8-Oxo-Guanin 769
11-cis-Retinal 753, 755
13-cis Retinsäure 640
α$_1$-Antitrypsin 173, 709, 710
α$_1$-Antitrypsin-Mangel 710
α$_1$-Globuline 709, 710
α$_2$-Globuline 709, 710
α$_2$-Makroglobulin 710
α-Aktinin 730
α-Amanitin 97, 520
α-Amylase 462
α-Helix 34
– linksgängig 35
α-Keratin 37
α-Ketobutyrat 586, 590
α-Ketoglutarat 428, 430, 577, 583, 585, 586, 594
α-Ketoglutarat-Dehydrogenase 430
α-Ketoglutarat-Dehydrogenase-Reaktion 430
α-Ketoglutarat-Glutamat-Shuttle 448
α-MSH 422
α-Satelliten 87
α-Sekretase 772, 773
α-Synuclein 771, 775
α-Tocopherol 639, 643
β-Catenin 764
β-Faltblatt 35
β-Faltblatt-Struktur 773
β-Globuline 709, 711
βHCG 231
β-Hydroxybutyrat 545
β-Ketoacyl-CoA-Thiolase 539
β-Lactam-Antibiotika 339
β-Lactamase 340
β-Oxidation 536, 627, 674, 677
– Ablauf 539
– Defekt 540
– Energieausbeute 542
– Enzymfamilien 539
– Peroxisom 544
– Regulation 540
– ungeradzahlige Fettsäuren 542
– ungesättigte Fettsäuren 543
β-Schleife 36
β-Sekretase 772, 773
β-Sekretase-Inhibitoren 775
β-Strang 35
β-Thalassämie 86
γ-Aminobutyrat 599
γ-Globuline 709, 711
γ-Sekretase 765, 772
γ-Sekretase-Inhibitoren 775
γ-Sekretase-Modulatoren 775
δ-Aminolävulinat 622
δ-Aminolävulinat-Synthase 622

A

AB0-System 86, 155, 157
Abciximab 720
ABC-Transporter 547
Absorption 63, 224
Abwehr
– biologische 366
– chemische 365
ACAT 549
ACE 167
ACE-Hemmer 173, 242
Acetal 459
Acetaldehyd 700, 701, 702, 704
Acetaldehyd-Dehydrogenase 701
Acetat 700, 701
Acetoacetat 545, 546, 585, 587, 590
Acetoacetyl-CoA 545, 546, 550
Aceton 545
Acetylcholin 627, 750, 752
Acetylcholinesterase 627, 751, 759
Acetylcholinesterase-Hemmstoffe 774
Acetylcholinrezeptor 750, 759
Acetyl-CoA 415, 426, 427, 434, 435, 471, 482, 488, 530, 531, 534, 539, 544, 545, 546, 550, 579, 584, 585, 588, 590, 632, 635, 674, 679, 701, 702, 750
Acetyl-CoA-Carboxylase 530, 534
Acetylcystein 634
Acetylierung 162
Acetylrest 513
Acetylsalicylsäure 558, 720
Achondroplasie 250
Acne vulgaris 640
Aconitase-Reaktion 427
Acroleyl-Aminofumarat 588
ACTH 198, 219
Acyladenylat 520
Acylcarnitin 538
Acylcarnitin-Transferase I 538, 541
Acylcarnitin-Transferase II 538
Acylcarnitin-Translokase 538
Acyl-Carrierprotein 531
Acyl-Cholesterin-Acyltransferase 2 547
Acyl-CoA 520, 521, 538, 562
Acyl-CoA-Cholesterin-Acyltransferase 549
Acyl-CoA-Dehydrogenase 539
Acyl-CoA-Synthetase 520, 533, 538
Acylierung 162
Acylrest 513
Acyltransferasen 521, 560
Adapterproteine 145
Adenin 77, 605, 606
Adenin-Phosphoribosyltransferase 605
adeno-assoziierte Viren 356
Adenohypophyse 198
Adenosin 590
Adenosin-Desaminase 606
– Defekt 618
Adenylat-Cyclase 195, 203, 755
Adenylat-Kinase 447, 581, 609
Adenylsuccinat 609
ADH 198, 224
– Freisetzung 225
– Signaltransduktion 225
– Synthese 225
– Wirkung 225, 226
Adherens Junctions 738, 740, 743
ADHS 598
Adiponektin 423, 689
Adipositas 416, 423, 514, 597, 679, 680, 683, 684, 689
Adipozyten-Triacylglycerid-Lipase 536
Adiuretin 224
ADP 482, 718
ADP-Ribosylierung 163
Adrenalin 216, 421, 489, 496, 536, 597, 598, 686, 752
– Herz-Kreislauf-System 218
– Notfallmedizin 218
– Signaltransduktion 217
– Synthese 216
– Wirkungen 217, 218
Adrenlin
– glatte Muskulatur 218
adrenogenitales Syndrom 233
Adsorption 327
Affinität 45, 54, 66
Affinitätschromatografie 178
Affinitätsreifung 398
Affinitätstags 178
Aflatoxin B$_1$ 631
Aflatoxine 283
afrikanische Trypanosomiasis 44
Aggrecan 737
AgRP 422
Ahornsirupkrankheit 257, 590
AIDS 336, 337
Aktin 756
Aktinfilamente 730, 740, 741
– Umbau 730
Aktin-Myosin-Interaktion
– Regulation 758
Aktionspotenzial 748, 749
aktives Zentrum 53, 54
Aktivierungsenergie 52
Aktivine 199
Akute-Phase-Antwort 370
Akute-Phase-Proteine 371
– negative 371
ALA-Dehydratase 622
Alanin 30, 487, 500, 574, 576, 584, 588, 593, 596, 673
Alanin-Aminotransferase 584
ALAS 622
Albumin 182, 199, 509, 536, 708, 709
Aldehyd-Dehydrogenase 600, 631, 668
Aldehyd-Dehydrogenase-Isoenzym 70
Aldimin 575
Aldolase A 468
Aldolase B 474
Aldonsäure 458
Aldose 454
Aldose-Reduktase 505
Aldosteron 226, 555
– Freisetzung 226
– Signaltransduktion 226
– Synthese 226
Alkalose 29, 582, 659
Alkohol 700
Alkoholabusus, chronischer 703
Alkohol-Dehydrogenase 631, 700
Alkoholgruppe 9
Alkoholintoxikation 700, 702
– akute 702
Alkoholverträglichkeit 701
Alkylierung 283
Allantoin 607
Allele 86
Allergen 407
Allergie 392, 406, 407
– Einteilung 407
Allergien 599
allergische Sofortreaktion 409
Allopurinol 609
Allosterie 71
allosterische Regulation 420
all-trans-Retinal 753, 755
Altern
– Mechanismen 766
– Modellsysteme 771
Alterungsprozess 767
Alzheimer 168
Alzheimer-Erkrankung 772, 774
– Therapie 765
Amethopterin 651
Amide 570
Amine 570, 626
Aminoacyl-Adenylat 112
Aminoacyl-tRNA 112
Aminoacyl-tRNA-Synthetase 112
Aminoalkohol 129
Aminoglykoside 339
Aminogruppen 571
– Ausscheidung 583
– Entsorgung 575
Aminopeptidasen 166, 572
Aminosäureabbau 434
Aminosäuren 14, 500, 571, 676, 677
– Abbau 575
– Abbau C-Gerüst 584
– Abbau der schwefelhaltigen 590
– Abbau der verzweigtkettigen 588
– Abfolge 33
– Absorption 572
– Aktivierung 112
– aromatische 30
– bedingt essenzielle 593
– Dünndarm 595
– essenzielle 592
– Gehirn 597

- geladene polare 31
- glukogen 584
- ketogen 584
- Konzentration 678
- Leber 596
- nicht-essenzielle 593
- nicht proteinogene 31
- Niere 596
- organspezifischer Stoffwechsel 595
- Plasmapool 574
- proteinogene 29
- Skelettmuskel 596
- Stoffwechsel 571
- Stoffwechselregulation 595
- Synthese 592
- ungeladene polare 30
- unpolare 30
- verzweigtkettige 596
Aminotransferasen 575, 586
Aminozucker 458
Ammoniak 609, 677
Ammonium-Ionen 576, 579
Ammoniumtoxizität 577
AMP 479, 489, 497, 500, 534, 606, 609, 610
- Synthese 612
AMP-Desaminase 609
Ampholyt 28
Amplifikation 344
Amylo-1,6-Glukosidase 496
amyloide Plaques 772
amyloidogener Weg 772
Amyloid-Vorläuferprotein 772
Amyloid-β-Peptid 771, 772
- Bildung 772
- Toxizität 773
Amylopektin 461
Amylose 11, 461
amyotrophe Lateralsklerose 771
Anabolismus 413, 415
anaerob 18
Anämie 649
- hypochrome 665
- megaloblastäre 651, 653
- mikrozytäre 665
- perniziöse 653
Anaphase 254
anaphylaktischer Schock 409
Anaphylaxie 409
anaplerotische Reaktionen 434
Anchoring Junctions 738, 740
Androgene 230
Anergie 399
Aneuploidie 84
Angiogenese 295
Angiotensin II 226
Anionenlücke 660
Annealing 344
Anomer 458
Anomerie 458
anorexigene Signale 423
ANP 227
- Freisetzung 227
- Signaltransduktion 227
- Synthese 227
- Wirkung 227
antiamyloidogener Weg 772
Antibiotika 339, 403
Antibiotikaresistenz 340
Anticodon 110, 111
Antidepressiva 599, 601
Antidiabetika 692
antidiuretisches Hormon
- s. ADH

Antifolate 620
Antigendrift 327
Antigene 376
antigene Determinante 377
Antigenerkennung 380, 392
Antigenpräsentation 377
antigenpräsentierende Moleküle 377
antigenpräsentierende Zellen 377
Antigenshift 332
Antihämophilie-Faktor A 721
Antihämophilie-Faktor B 721
Antihistaminika 409, 599
Antikoagulanzien 644
Antikoagulation 724
Antikörper 389
- Affinität 391
- Aufbau 389
- chimäre 402
- Diversität 395
- Effektorfunktionen 399
- Eigenschaften 391
- humane 402
- humanisierte 402
- Klassen 389, 391
- Klassenwechsel 398
- leichte Ketten 389
- monoklonale 401
- murine 402
- Rekombination 394
- schwere Ketten 389
- therapeutische 312
- Vielfalt 393
Antimycin A 441
Antioxidans 607, 633, 643, 654
Antiport 46
antiretrovirale Therapie 337
Antithrombin 173
Antithrombin III 724
Anwendungsfehler 787
APC 303, 764
ApoB$_{48}$ 524, 526
ApoB$_{100}$ 524, 527, 529, 547
Apo CII 528
Apoenzym 60
ApoE-Rezeptor 547
Apolipoprotein AI 549
Apolipoprotein ApoCII 526
Apolipoproteine 524
Apolipoprotein-E-Gen 774
Apoprotein 45
Apoptose 246, 260, 389, 602
- Auslöser 262
- extrinsischer Weg 264
- Funktionen 261
- Inhibition 265
- intrinsischer Weg 263
- Überlebensfaktoren 265
- Vermeidung 295
- β-Zellen 690
Appetitregulation 422, 424
aPTT 726
Aquaporine 225
Äquationsteilung 256
Arachidonsäure 238, 557
- Synthese 556
Arbeitsbereich 787
Archaeen 17
Arginase 579
Arginin 31, 579, 586, 593, 594, 595, 596, 620
Argininosuccinat 579
Argininosuccinat-Lyase 579
Argininosuccinat-Synthetase 579
Arginin-Vasopressin 224

Aromatase 555
Aromatase-Hemmer 555
Aromaten 13
Arsenat 469
Arten 23
Ascorbinsäure 645, 654
Asparagin 30, 586, 594
Asparaginase 586
Asparaginsäure 31
Aspartat 31, 449, 579, 586, 594, 609, 610, 612, 614
Aspartat-Aminotransferase 448, 581, 587, 590
Aspartat-Glutamat-Translokator 448
Aspartatprotease 167
Aspartat-Transcarbamoylase 615
Aspartatzyklus 582
ASS 558, 720
Assimilation 91
Assoziierungsstudie 87
Asthma 555, 558
Astrozyten 744
Asystolie 659
Aszites 9, 175, 182, 705
Ataxie 643
Atherosklerose 693
ATIII 724
Atmungskette 415, 427, 436, 539, 542, 546, 667
- Energieausbeute 450
- Entkopplung 451
- Redoxsysteme 438
- Regulation 450
- Wirkungsgrad 450
Atopie 407
ATP 50, 60, 414, 436, 479, 489, 497, 500, 534, 552, 609, 660, 695, 730, 752
- Bedarf 504
ATP/ADP-Translokator 447
ATP-Synthase 437, 445
Atractylosid 448
atriales natriuretisches Peptid
- s. ANP
Aufmerksamkeitsdefizit-/Hyperaktivitätsstörung 598
Ausdauertraining 699
Autoaktivierung 73
Autoimmunerkrankung 406
- Ursachen 406
Autoimmunität 406
Autoimmunthyreoiditis 541
Autolyse 73
Autophagie 770
Autophagosom 172
Autophagozytose 172
Autoprotolyse Wasser 5
Autosom 84
Avidität 391
Avitaminose 638
Avogadrozahl 34
Axon 747
axonaler Transport 752
Azidose 29, 489, 582, 583
- metabolische 608, 686, 702
Azomethin 575
Aβ-Aggregation, Hemmung 775
Aβ-Produktion, Hemmung 775

B

B1-Lymphozyten 397
B2-Lymphozyten 397
Bakterien 17, 325
- aerobe 18
- als Krankheitserreger 338

- Aufbau 337, 338
- Krebsauslöser 307
- multiresistente 341
- Resistenz 339
Bakteriophagen 326, 340
Ballaststoffe 462
Barbiturate 440
Barriere 365
Barr-Körperchen 320
Basalinsulin 688
Basallamina 742
Basalmembran 743
Basen 5, 28, 76
Basenanaloga 283
Basen-Exzisionsreparatur 285
Basenkatalysator 59
Basenmodifikationen 769
Basenpaare 15
Basenpaarung 81
Basensequenz 81
Basentriplett 114
Basenverlust 769
Batch-Verfahren 179
Bauchschmerzen 49
Bcl-2 Familie 263
Becherzellen 403
Beckwith-Wiedemann-Syndrom 315
Bedside-Test 153
B-Effektorzellen 393
Benzoesäure 635
Beobachtung 782, 784
Beriberi-Krankheit 646
Bestrahlung 311
Betablocker 218
Betain 627
Betain-Homocystein-Methyltransferase 590
Beweis 783
B-Gedächtniszellen 393, 400
Bicarbonat 660
Bicarbonatpuffer 708
bildgebende Verfahren 308
Bilirubin 624, 633
- direktes 624
- indirektes 624
Biliverdin 623, 624
Biliverdin-Reduktase 624
Bindung, kovalente 2
Bindungstasche 45
biogene Amine 240, 597
- Abbau 600
- aus Nahrung 601
biologische Schwankung 786
Biotin 434, 645, 649
- Funktionen 650
- Mangel 650
Biotinidase 649
Biotinidasemangel 650
Biotinylierung 650
Biotransformation 414, 629
- Phasen 629
Bisphosphat 468
Bisphosphoglycerat-Mutase 470
Bitot-Flecken 639
bitter 756
Blähungen 18
Blasenbildung 729, 733, 742
Blasenentzündung 17
Blasengalle 515
Blastozyste 358, 763
Blut
- Bestandteile 707
- Funktionen 708
- Gastransport 712

– Immunabwehr 708
– Puffersystem 708
– Temperaturregulation 708
– Transportsystem 708
– zelluläre Bestandteile 711
Bluterkrankheit 724
Blutgerinnung 241, 657, 718, 720
– Auslösung 720
– außerhalb des Körpers 723
Blutgerinnungsfaktoren 372, 644
Blutgerinnungskaskade 73
Blutgruppe 153, 155, 157
Blutgruppensystem 86
Blut-Hirn-Schranke 742
– Funktion 744
– Medikamententransport 744
– Struktur 742
Blut-Liquor-Schranke 745
Blutplasma 708
Blutserum 708
Blutstillung 718
Blutungsneigung 644
Blutungszeit 720
Blutverlust 664
Blutzellen, Entwicklung 711
Blutzucker, Kontrolle 688
Blutzuckerspiegel 64, 678
B-Lymphozyten 377, 389, 393, 397, 400, 401
– Aktivierung 395
– Antigenerkennung 392
– Differenzierung 397, 398
– Gedächtnis 400
– Proliferation 398
– Reifung 393
Bohr-Effekt 716
Bolus-Insulin 688
Botenstoffe 192
– Freisetzung 197
– Gruppen 193
– Speicherung 197
Botulinumtoxin 145, 146, 149
Bradykinese 775
Bradykinin 241, 370, 371
Branching-Enzym 492
BRCA 289
Breitbandantibiotika 403
Brennwert 421
Briefumschlagkonformation 457
Brownsche Molekularbewegung 8
Brustkrebs 299, 305, 555
Bruton-Syndrom 396
Bulbus olfactorius 755
Burkitt-Lymphom 300, 301, 305, 306
Burning-Feet-Syndrom 649
B-Zell-Antwort 392, 395
– Darm 405
B-Zellen 377

C

C3b 375
C3-Konvertase 375
CAD 615
Cadherine 740
Calciferole 639, 641
Calcitonin 229, 657
– Freisetzung 229
– Signaltransduktion 229
– Synthese 229
– Wirkung 229
Calcitriol 229, 641
– Freisetzung 229
– Signaltransduktion 229
– Synthese 229

– Wirkung 229
Calcium 435, 479, 497, 558, 656, 657, 758
– Stoffwechsel 642
Calciumantagonist 660
Calcium-Chelatoren 726
Calciumhaushalt 227
Calciumsignale 77, 204
Calmodulin 204, 497, 758
Calnexin 144
Calreticulin 144
CaM-Kinase II 558
cAMP 203, 496
Capping 104
Cap-Snatching 330
Cap-Struktur 102
Carbamat 579
Carbamoylaspartat 615
Carbamoylphosphat 579, 615
Carbamoylphosphat-Synthetase 615
Carbamoylphosphat-Synthetase I 579
Carbamoylphosphat-Synthetase II 615, 616
Carboanhydrase 581, 717
Carbo-Loading 699
Carbonsäuren 112
Carbonylgruppe 9
Carboxylasen 650
Carboxylgruppe 6
Carboxylierung 159
Carboxylphosphat 579
Carboxypeptidase 166
Carboxypeptidase A 167, 572
Carboxypeptidase B 572
Cardiolipin 129, 438, 562
Carnitin 538, 539, 627
Carnitinmangel 539, 627
Carnitin-Transporter-Mangel 535, 538
Carotinoide 638
Carrier 447
CART 422
Caspase 166
Caspasen 261
Catechol-O-Methyltransferasen 600
Catenine 740
Caveolae 133
Caveolin 133, 152
Cellulose 461, 462
Ceramid 128, 129, 563
– Synthese 562
Ceramidase 565
Cerebroside 130, 563, 565
– Abbau 565
Ceruloplasmin 667
Chaperone 138, 771, 776
Chargaff-Regeln 78
Cheese-Effekt 601
Cheilosis 647
Chelatkomplex 45
Chemokine 195, 248, 383
Chemotaxis 373
Chemotherapie 311, 312
Chenodesoxycholsäure 516
Chinarestaurant-Syndrom 573
Chinolone 339
Chinon 439
Chinonanaloga 440
Chiralität 10, 28
Chiralitätszentrum 10
Chitin 461
Chlor 659
Chlorid 656, 658, 659

Chloroplasten 20
Chlorosis 665
Cholecalciferol 229, 641
Cholelithiasis 519
Cholera 164
Cholesterin 127, 130, 133, 226, 516, 528, 546, 559
– Absorption 546
– Membranen 132
– Synthese 550
– Synthese Regulation 552
– Transport 546, 549
Cholesterin-7α-Hydroxylase 516
Cholesterinderivate 553
Cholesterin-Desmolase 553
Cholesterinester-Hydrolase 553
Cholezystokinin 423, 424
Cholin 560, 626, 627, 750
– Überdosierung 627
Cholsäure 516
Chondroitinsulfat 736
Chorea Huntington 776
ChREBP 489
Christmas-Faktor 721
Chrom 662
Chromatiden 84
Chromatin 82, 316, 320
Chromatinstruktur 82
Chromatografie 176
Chromosom 84
– Aufbau 84
Chromosomenmutation 279
chronisch entzündliche Darmerkrankungen 404
Chylomikronämie 522, 525, 527
Chylomikronen 524, 526, 547
– Konzentration 678
Chymotrypsin 166, 572
circumventrikuläre Organe 745
cis-Konfiguration 6
Citrat 427, 479, 534, 726
Citrat-Lyase 534
Citrat-Malat-Shuttle 534
Citrat-Synthase 534
Citrat-Synthase-Reaktion 427
Citratzyklus 226, 415, 426, 539, 542, 546, 586, 593, 609
– anaboler Stoffwechsel 434
– Bilanz 432
– Einzelreaktionen 427
– kataboler Stoffwechsel 426
– Regulation 434
Citrullin 579, 594, 595, 596
Citrullin-Ornithin-Austauscher 579
Clathrin 152
Clathrin-Hüllproteine 149
Claudine 738, 743
Cl$^-$/HCO$_3^-$-Antiporter 717
Clostridium difficile 403
CMP 609
Coat-Proteine 145
Cobalamin 645, 652
Cobalt 661, 668
codierender Strang 95
codogener Strang 96
codominant 86
Codon 110, 111, 114
Coenzym 45, 60, 61, 416
Coenzym A 648
Coenzym Q 439
Cofaktoren 45, 60, 602
Cofilin 730
Colchicin 732
Colestyramin 550

Colipase 513
Colitis ulcerosa 404
Collectine 366
Coma diabeticum 684, 686, 688
– ketoazidotisches 686
Comparative Genomic Hybridization 351
Complementary Determining Regions 390
Complexin 750
COMT 600
Connexin-Moleküle 740
Connexon 740
Contergan 11
Coomassiefärbung 181
Core-Oligosaccharid 144
Cori-Zyklus 673
Corpus luteum 231
Cortisol 219, 372, 496, 555, 595
– Abbau 219
– Freisetzung 219
– Signaltransduktion 220
– Synthese 219
Cortisolmangel 233
Cortison 219
Cosubstrat 45, 60
C-Peptid 212
CpG 316
CREB 489
Creutzfeld-Jakob-Erkrankung 27, 36, 38, 42
CRH 198, 219
Crick-Strang 84
CRISPR/Cas-System 360
Crossing-over 256, 257
Crosstalk 195
CRP 711
CTP 560
– Synthese 616
Cumarinderivate 160, 644
Curare 759
Cushing-Syndrom 220, 221
Cyanidvergiftung 443
Cyclin 258, 259
Cyclin-abhängige Kinasen 258
Cyclin-Kinase-Inhibitoren 259
Cyclooxygenase 558
CYP2E1 703
CYP3A4 630
Cystathionin-β-Synthase 590, 591
Cystein 30, 584, 590, 591, 593, 659
Cysteinprotease 166
Cystein-Sulfinsäure 590
Cystin 37, 617
Cytochrom c 264, 439, 440, 442
Cytochrom-c-Oxidase 438, 442
Cytochrom-P450-Enzyme 630
– Reaktionsmechanismus 630
– typische Reaktionen 630
Cytochrom-P450-Reduktase 630
Cytosin 77, 605

D

Dämmerungssehen 752, 753
DAMP 368
DANN, Replikation 267
Darm
– Abwehrmechanismen 403
– Abwehrzellen 403
– adaptive Immunität 404
– angeborene Immunität 403
– humorale Immunität 405
– Immunsystem 402
– zelluläre Immunität 404

Darmflora 338
Darmkrebs 288
Darmpolypen 303
Datenbanken 350
Debranching-Enzym 496
Defensine 366, 404
Dehydroepiandrosteron 233, 555
Dekompressionskrankheit 570
Deletion 279, 280
Delta-Familie 764
Demenz 168, 171, 648, 772, 773, 776
Denaturieren 40
Dendriten 747
dendritische Zellen 369, 384
De-novo-ATP-Synthese 431, 437
Dentin 738
Depolarisation 748
Depression 237, 588, 597, 649
Depurinierung 280
Dermatitis 648, 650
Desaminierung 280, 575
Desaturase 535
Desmin 732
Desmocollin 740
Desmoglein 740
Desmopressin 724
Desmosomen 738, 740
Desoxyribonukleotide, Synthese 616
Desoxyribose 77, 617
Dexamethason 221
DHEA 555
Diabetes mellitus 212, 406, 505, 597, 684
– Folgen 693
Diabetes mellitus Typ 1 684, 686, 687, 688
– Stoffwechsel 685, 686
– Therapie 687
Diabetes mellitus Typ 2 689, 692
– Folgen 693
– Stoffwechsel 691
– Symptome 692
– Therapie 692, 693
Diacylglycerin 204
Diacylglycerol 195
Diaminooxidase 601
– Fehlen 601
Diapedese 383
Diarrhö 648
Diastereomere 10, 456
Dichteanomalie Wasser 4
Dickdarmkrebs 764
Differenzialdiagnostik 783
Diffusion 8, 46
Dihydrofolat 619
Dihydrofolat-Reduktase 619, 651
Dihydroorotase 615
Dihydroorotat 615
Dihydroorotat-Dehydrogenase 616
Dihydropyridinrezeptoren 758
Dihydrotestosteron 232
Dihydroxyacetonphosphat 468, 474, 500, 521
Dihydroxyphenylalanin 597
Diktyosom 22
Diol-Epoxid 631
Dipalmitoylphosphatidylcholin 129
Dipeptid 14
Diphosphatidylglycerin 562
Diphtherietoxin 164
Diploidie 84
Dipol 3
Disaccharidasen 463
Disaccharide 11, 454, 460

Dishevelled 764
Disphosphat 468
Dissoziation 4
Dissoziationskonstante 66
Dissoziationskonstante KD 45
Dissoziationsstufen 29
Distelgift 448
Disulfidbrücken 37
Diurese 241, 686
– osmotische 686, 687
Diuretika 458
Diversität
– junktionale 395
– kombinatorische 395
DJ-1 775
D-J-Rekombination 394
DNA 15
– Auffüllen nach Replikation 275
– Einzelstrangbruch 276
– mitochondriale 769
– Mutationen 279
– Reparatur 284, 304
– Reparatur Doppelstrangbrüche 288
– Replikation Genauigkeit 274
– Replikationsstartpunkte 268
– Schäden 280, 282
– Sequenzierung 347
– Synthese Tochterstränge 272
– Trennung der Doppelhelix 269
– Verkürzung 277
– Verpackung 82
DNA-Chip-Technologien 350
DNA-Doppelhelix 78
DNA-Methylierung 316, 320
DNA-Polymerase 81
DNA-Primer 344
DNA-Replikation 76
DNA-Schäden 259
DNA-Sequenzen, repetitive 87
DNP 451
Döderlein-Bakterien 494
Dokumentation 789
Dolichol 156
dominant 86
DOPA 597
Dopamin 169, 216, 235, 597, 752
Doping 248
Doppelbindungen 6
– konjugierte 512
– nicht-konjugierte 512
Doppelhelix 15, 78
Doppelstrang 81
Doppelstrangbruch 288
Down-Syndrom 256, 773
D-Penicillamin 724
D-Ribose-5-phosphat 500
d-Tubocurarin 759
Duchenne-Muskeldystrophie 361
Duftstoffe 755
Dünndarm 595
Duplikation 279
Durchfall 464
Durstgefühl 226
Dynamin 145, 152
Dynein 732, 758
D-Zucker 9

E
Editor 790
Edman-Abbau 184
EDTA 726
Effektor-T-Gedächtniszellen 400
EHEC 341
Ehlers-Danlos-Syndrom 735

Eichstandard 785
Eicosanoide 238, 408, 556
– Freisetzung 238
– Signaltransduktion 238
– Synthese 238, 557
– Synthese Regulation 558
– Wirkung 238
Einfachbindung 6
Einfachzucker 9
Eisen 621, 622, 661, 662
– Funktionen 664
– pflanzliches 662
– tierisches 662
– Überangebot 663
Eisenmangel 665
Eisspray 50
Ektoderm 763
Elastase 166, 572
– Aktivität 572
Elastin 735
Elektrolyte 4, 656, 708
– Konzentration 656
Elektrolytstörungen 709
Elektrolytverlust 464
elektromechanische Kopplung 758
Elektronegativität 3
Elektronen 416
Elektronenüberträger 62
Elektrophorese 180
elektrotonische Leitung 749
ELISA 65, 182
Elongase 535
Embryogenese 761
Embryonalentwicklung 761, 764
embryonale Stammzellen 358
Embryonenschutzgesetz 763
Emulgator 513
Emulsion 513
Enantiomere 10, 455
endergon 51
Endobiotika, Metabolisierung 629
Endocannabinoide 240
Endoderm 763
endokrine Drüsen 194
Endomembransystem 140
Endonukleasen 96, 353
Endopeptidase 166
Endoprotease 57
Endosom 22, 152
Endosymbiontentheorie 19
Endosymbiose 20
Endothelzellen 742
endotherm 50, 51
Endotoxine 338
Endozytose 22, 150
– rezeptorvermittelte 152
Energie 679
Energiebedarf 671
Energiebilanz, negative 683
Energiegehalt 421
Energieladung 421, 434
Energiequellen, Muskel 694
energiereiche Bindungen 419
Energiespeicherung 671, 679
Energieumsatz 421
Engergy-Drinks 539
Enhancer 98
Enkephaline 752
Enolase 470
Enoyl-CoA-Hydratase 539
enterohepatischer Kreislauf 517, 519
Enteropeptidase 572

Entgiftung 629
Enthalpie 50, 51
Entropie 50
Entwicklung 230
– zelluläre Grundlagen 761
Entzündung 370, 372, 392
– chronische 372
– Mediatoren 371
– Plasmaproteine 711
– Regulation 372
Enzephalopathie 577
Enzymaktivität 64, 65
enzymatische Reaktion
– Geschwindigkeit 65
Enzyme 28, 50, 84, 666
– Aufbau 53
– Größe 55
– im Blut 64
– Klassifizierung 59
– pH-Optimum 57
– Regulation 70
– Temperaturoptimum 57
Enzyme-Linked Immunosorbent Assay 182
Enzymersatztherapie 59
Enzyminhibitoren 68
Enzymkinetik 65
Enzym-Substrat-Komplex 66
Enzymtest 63, 64
Epiallele 320
Epidemie 327
Epidermal Growth Factor 251
Epidermolysis bullosa 733, 742
Epi-Drugs 313
Epigenetik 315
epigenetische Krebstherapie 321
epigenetische Regulation 99
Epigenom 321
Epimerasen 543
Epimere 10
Epimutation 293
Epinephrin 216
Epiphyse 599
Epithelzellen 403
Epitop 377
EPO 247
Epoxidierung 630
Epstein-Barr-Virus 305
ER
– glattes 21
– raues 21
erblicher nicht-polypöser kolorektaler Tumor 288
Erblindung 639
erektile Dysfunktion 243
Ergocalciferol 641
ER-Import 140
– GPI-verankerte Proteine 143
– Proteine 141, 144
– Signalsequenzen 144
Erkältung 363, 366, 372, 389, 400
Erklärungen
– naturwissenschaftliche 782
Erregungsleitung 748
– Blockade 750
Eryptose 265
Erythroferron 664
Erythropoese 265
Erythropoetin 247, 265, 664, 711
– Doping 248
– Signaltransduktion 247
Erythrose-4-phosphat 501
Erythrozyten 539, 662, 674, 711, 713
– 2,3-Bisphosphoglycerat-Zyklus 470

Escherichia coli
- enterohämorrhagische 341
- enterohämorrhagische Therapie 342
Ester 12
Esterasen 631
ETF-Ubichinon-Oxidoreduktase 539
Ethanol
- Abbau 700
- Abbau Enzyme 702
- Konsum 700
- Stoffwechsel 700
Ethanolamin 560
Euchromatin 83
Eukaryoten 22
- Evolution 19
- Zelle 20
Evolution
- biologische 16
- chemische 2
- Eukaryoten 19
- Prokaryoten 17
exergon 51, 61
Exon 86
Exon Shuffling 257
Exonuklease 96
Exopeptidase 166
Exoprotease 57
exotherm 50, 51
Exotoxine 338
Exozytose 22, 148
Experiment 782, 784
Exportin 137
Expressionsplasmid 353
Extinktion 63
Extravasation 296, 383
extrazelluläre Matrix 22, 729
- Komponenten 733
Ezetimib 547

F
Fab-Region 390
FAD/FADH$_2$ 416, 417
FADH2 539
F-Aktin 730
Faktor-IIa-Inhibitoren 726
Faktor V 723
Faktor VII 720
Faktor VIII 723, 724
Faktor IX 720, 724
Faktor X 720
Faktor-Xa-Inhibitoren 726
Faktor XI 723
Faktoren 84
Faltung RNA 102
Faltungstrichter 40
familiäre adenomatöse Polyposis coli 304, 764
FAP 304
Farbensehen 752, 754
Fas-Rezeptor 264
Fasten 538, 544
Favismus 504
FC-Region 390
Feedback 197
Feedforward-Aktivierung 420
Fehler
- absoluter 786
- relativer 786
- systematischer 786
- zufälliger 786
Fehlerfortpflanzung 786
Fehlerkorrektur 96
Fehlerrechnung 786

Fehling-Reaktion 460
Fenton-Reaktion 768
Ferrireduktase 662
Ferritin 624, 663, 664
Ferroportin 664
Ferroxidase 667
fetales Alkoholsyndrom 703
Fette
- s. Lipide
Fettgewebe
- beiges 529
- braunes 451, 529
- chronische Entzündung 690
- Peptidhormone 423
- viszerales 689
- weißes 529
Fettleber 627, 703
Fettsäureabbau 237
Fettsäurederivate 546, 555
Fettsäureester 7
Fettsäuren 6, 510, 520, 530, 536, 540, 560, 627, 673, 674, 681, 685, 689, 695, 699
- Aktivierung 520, 538
- Aufbau 510
- Biosynthese 530, 540
- Biosynthese Energiebilanz 533
- Biosynthese Regulation 534
- Biosynthese ungesättigter 535
- Derivate 512
- Doppelbindungen 512
- gesättigt 6
- gesättigte 510, 511
- Konzentration 678
- Nomenklatur 510
- Substratherkunft 534
- Synthese 702
- Transport 538
- ungeradzahlige 535
- ungesättigt 6
- ungesättigte 510, 512
- Verwertung 536
- Vorkommen 512
Fettsäure-Oxidation 536
Fettsäureoxidation, aerobe 698
Fettsäure-Synthase 531, 534
Fettsäuresynthese 223, 501, 679
Fettstühle 520
Fibrillen 734
Fibrin 720, 721
Fibrinbildung 722
Fibrinogen 709, 718, 721
Fibrinolyse 726
Fibroisierung 705
Fibronektin 718, 733, 741
Fieber 53
Filamenttypen 730
Filamin 730
Filopodien 730
Fimbrin 730
Fischer-Projektion 455
Flagellen 338, 732
Flavin-Adenin-Dinukleotid 646
Flavin-Mononukleotid 646
Flavinnukleotide 417
Flavoproteine 646
Flimmerepithel 365
Flip-Flop 132, 559, 720
Flippasen 559
Floppasen 559
Fluidität 132, 512
Fluid-Mosaic-Modell 133
Fluor 661
Fluoreszenz 347

Fluoreszenzfarbstoffe 346
FMN 417, 438
Fokalkontakte 741
Folat 650
Follikelreifung 230
follikuläre dendritische Zellen 384
Folsäure 645, 650
- Funktionen 650
- Mangel 651
Folsäureantagonisten 651
forensische Medizin 352
Formiat 588
Formyl-Tetrahydrofolat 610
Forschungswissen 784
Fortpflanzung 230, 762
Fotosynthese 18
FOXO 777
freie Radikale 768
Freisetzung, Parathormon 228
Frizzled 764
frontotemporale Demenz 771
Fruktokinase 474
Fruktose 474, 505
- Resorption 464
- Spermien 505
Fruktose-1,6-bisphosphat 468, 481, 486
Fruktose-1,6-Bisphosphatase 486, 488
- Regulation 489
Fruktose-1-phosphat 474
Fruktose-2,6-bisphosphat 474, 479, 489
Fruktose-2,6-Bisphosphatase 477, 480
Fruktose-6-phosphat 468, 501
Fruktose-Intoleranz 476
Fruktose-Malabsorption 473, 474
Fruktosurie 476
FSH 198, 230
Fumarase 581
Fumarase-Reaktion 432
Fumarat 431, 432, 579, 586, 587, 609
Fünfring 457
funikuläre Myelose 653
Funny Channels 203
Furanose 457
- Konformation 457
Fusionsprotein 178

G
G0-Phase 254
G1-Phase 253, 259
G2-Phase 253
GABA 599, 752
G-Aktin 730
Galaktopoese 235
Galaktosämie 476
Galaktose 476
Galaktose-1-phosphat-Uridyltransferase 476
Galaktosidasen 565
Gallensalze 516
Gallensäuren 514, 515, 520
- Konjugation 516
- primäre 516
- sekundäre 517
- Synthese 516
Gallensteine 657
Gallensteinleiden 519
GALT 402
Gameten 762
Ganglioside 130, 460, 476, 563, 565
- Abbau 565
Gap Junctions 192, 738, 740, 750

Gastrin 423
Gedächtnis 772
Gedächtniszellen 399, 400
gefahrenassoziierte molekulare Muster 368
Gehirn 597, 674
- Glykolyse 483
Gel 736
Gelbkörper 231
Gelelektrophorese 346
Gelfiltration 179
Gen 85
genetischer Code 114
genetischer Fingerabdruck 351
Genexpression 75, 90, 320
- differenzielle 99, 103
- zelltypspezifische 99
Genfamilie 24
Gen-Knockdown 359
Gen-Locus 86
Genmutation 280
Genom 84
- Sequenzanalyse 348
Genome Editing 360
Genomic Imprinting 321
genomische Instabilität 293, 769
Genomreparatur 289
Genomsequenzierung 175
Genotyp 23, 90
Gentechnik 602
- Ursprünge 352
Gentechnologie 343
Gentherapie 356, 357
Gerinnungsfaktoren 241, 720, 721
Gerinnungshemmstoffe 725
Gerinnungshemmung 159, 160
Gerinnungskaskade 720, 723
Gerinnungsstörung, Diagnostik 726
Geruchssinn 755
- Signaltransduktion 755
Gesamtcholesterin 524
Geschlechtschromosom 84
Geschmacksqualitäten 756
Geschmackssinn 756
- Signaltransduktion 756
Gesellschaft 785
Gesetzmäßigkeiten, naturwissenschaftliche 782
Gestagene 230
Gewebeplasminogenaktivator 726, 727
Gewebshormone 237
Gewebskallikrein 241
Gewichtsreduktion 683
Ghrelin 423
GHRH 198
Gicht 607, 732
Gichtanfall 602, 608, 609
Giftung 629
G$_i$-Protein 203
Glasknochenkrankheit 735
glatte Muskulatur, elektromechanische Kopplung 758
Gleichgewicht, chemisches 51
Gleitfilamentmechanismus 758
GLP-1 423
GLP-1-Rezeptoragonisten 693
Glukagon 215, 421, 481, 483, 488, 489, 496, 595, 672, 673
- Abbau 216
- Freisetzung 215
- Signaltransduktion 216
- Synthese 215
- Wirkung 216

Glukocorticoide 219, 373, 409, 488, 553, 555, 558, 595
- Prostaglandinsynthese 221
- Wirkungen 220
Glukocorticoidmangel 226
Glukocorticoidrezeptor 490
Glukokinase 468, 476, 490, 787
- Regulation 477
Glukokinase-Regulatorprotein 478
Glukonat-6-phosphat-Dehydrogenase 500
Glukoneogenese 216, 220, 223, 449, 484, 536, 544, 582, 585, 673, 674, 675, 680, 681, 682, 685, 691
- Azidose 489
- Energiebilanz 491
- Reaktionen 484
- Regulation 488
- Substrate 487
- transkriptionelle Regulation 489
Glukonolakton-Hydrolase 500
Glukose 9, 474, 477, 486, 497, 675, 677
- Aufrechterhaltung der Konzentration 483
- Ausgangspunkt für Synthesen 500
- Insulin 214
- Resorption 464
Glukose-1-phosphat 492, 494
Glukose-1-phosphat-UTP-Transferase 492
Glukose-6-phosphat 467, 468, 486, 489, 492, 494, 497, 500, 501, 695, 696
Glukose-6-Phosphatase 486, 488
- Defekt 496
- Regulation 489
Glukose-6-phosphat-Dehydrogenase 500, 504
- Mangel 504
Glukose-6-phosphat-Isomerase 468
Glukose-6-phosphat-Transporter 486
Glukose-Alanin-Zyklus 597
Glukoseaufnahme 464
Glukose-Fettsäure-Zyklus 674
Glukoseoxidation 677
Glukosesensor 468
Glukosespeicherung
- direkte 675
- indirekte 676
Glukosetransporter 464
Glukosetransport, Geschwindigkeit 465
Glukoseverwerter, obligate 674
Glukosidasen 565
Glukosurie 686
Glukuronsäure 624
- Konjugation an 632
GLUT1 465
GLUT2 465, 468
GLUT3 466
GLUT4 466
GLUT5 466
GLUT9 607
Glutamat 31, 579, 586, 594, 595, 599, 752, 753
Glutamat-Decarboxylase 599
Glutamat-Dehydrogenase 575, 586
Glutamat-Synthese 577
Glutamin 30, 574, 576, 578, 583, 586, 594, 595, 596, 599, 610, 612, 614, 616, 776
Glutaminase 576, 578

Glutamin-PRPP-Amidotransferase 610
Glutamin-PRPP-Transferase 614
Glutaminsäure 31
Glutamin-Synthetase 575
Glutaminyl-CoA 632
Glutaredoxin 617
Glutathion 500, 590
- Funktionen 633
- Konjugation mit 633
Glutathiondisulfid 634
Glutathion-Peroxidase 634, 668, 768
Glutathion-Reduktase 634
Glutathion-S-Transferase 633
Glutathion-Synthetase 633
Glutathion-System 504
glutensensitive Enteropathie 660, 665
GLUT-Familie 464
Glycerin 7, 128, 484, 487, 510, 536, 673
Glycerin-3-phosphat 500, 521, 530, 560, 677
Glycerin-3-phosphat-Acyltransferase 521
Glycerin-3-phosphat-Dehydrogenase 500, 521
Glycerin-3-phosphat-Shuttle 449, 473
Glycerinaldehyd 474
Glycerinaldehyd-3-phosphat 468, 469, 501
Glycerinaldehyd-3-phosphat-Dehydrogenase 469
Glycerin-Kinase 521
Glycerol 7
Glycerolipide 500
Glycerol-Triester 510
Glycerophosphatide 128
Glycerophospholipide 128, 559
- Abbau 563
- Synthese 560
Glycin 30, 35, 516, 584, 593, 594, 596, 610, 622, 752
- Konjugation mit 635
Glycyl-CoA 632
Glykation 154
Glykierung 154, 458
- Proteine 693
Glykogen 415, 461, 491, 671, 699
- Abbau Regulation 496
- Masse 500
- Muskel 696
- Speicherung 671
- Synthese Regulation 498
Glykogenabbau 237, 673
Glykogenin 492, 493
Glykogenolyse 216, 223, 494, 673, 675, 691
Glykogen-Phosphorylase 494, 496, 574
Glykogen-Reserven 699
Glykogenspeicherkrankheit 496
Glykogenstoffwechsel, Regulation 496
Glykogen-Synthase 492, 496, 498
Glykogen-Synthase-Kinase 3 498
Glykogensynthese 492, 675, 677
Glykokalyx 130
Glykolipide 128, 559
- Abbau 565
- Synthese 563
Glykolyse 593, 677, 679, 758
- aerobe 473, 697, 698
- anaerobe 471, 696

- Einschleusung von Monosacchariden 473
- Energiebilanz 491
- Gifte 469
- Neurone 483
- Prinzip 467
- Regulation 476, 483
- Schritte 467
- transkriptionelle Regulation 489
- Zwischenprodukte 500
Glykoproteine 154, 460, 709, 733
Glykosaminoglykane 408, 659, 733, 735, 736
Glykosid 459
Glykosidase 156
glykosidische Bindung 459
Glykosphingolipide 130
Glykosylceramide 130
Glykosylierung 154
Glykosyl-Phosphatidyl-Inositol-Anker 143
Glykosyltransferase 154, 156, 493, 563
GMP 606, 610
- Synthese 612
GnRH 198, 230
Golgi-Apparat 22
G-Protein 110, 111, 136, 200, 202
- heterotrimeres 202
G-Protein-gekoppelte Rezeptoren 201
G_q-Proteine 204
G-Quadruplex-Strukturen 124
Grading 309
gramnegativ 338
grampositiv 338
Granulomatose 367
Granulozyten 153, 369
Granzyme 38
Granzym-Weg 265
Grippe 325, 327
Grippeimpfung 332
Growth Hormone 235
Grundumsatz 421
GSH 634
G_s-Protein 203
GTP 488, 731
Guanidinoacetat 626
Guanin 77, 605, 606
Guanin-Desaminase 606
Guanin-Nukleotid-Austauschfaktor 202
Guanosin 606
Guanylat-Cyclase 201, 209, 753
Guillain-Barré-Syndrom 750
Gültigkeit 785
Gutachten 791
Gyrasehemmer 272, 278

H

Haarausfall 650, 666
Haare 30, 37
Haarnadelschleifen 124
Hageman-Faktor 721
Halbacetal 457
Halbketal 457
Häm 630, 664, 713
- Abbau 623
- Synthese 621
- Synthese Regulation 622
- Varianten 621
Hämagglutinin-Komplex 328
Hämatokrit 707
Hämatopoese 245, 247
Häm-Eisen 662

Hämochromatose 664
Hämoglobin 664, 708, 712, 713
- fetales 717
- glykiertes 688
- R-Form 714
- Sättigungskurve 714
- T-Form 714
Hämoglobinopathie 717
hämolytisch-urämisches Syndrom 342
Hämophilie 724
Hämostase 708
- Phasen 717
- primäre 718
- primäre Hemmung 720
- sekundäre 718, 720
- sekundäre Diagnostik 726
Häm-Oxygenase 623, 662
Häm-Stoffwechsel 621
Haploidie 84
Haptene 377, 410
Haptoglobin 710
Harnsäure 606, 607
- Katabolismus 607
- Transport 607
Harnsäurekristalle 607
Harnstoff 226, 571, 578, 579, 582, 583
Harnstoffzyklus 579, 586, 587, 596
- Energiebilanz 581
- pH-Homöostase 582
- Regulation 579
- verknüpfte Reaktionen 581
Harnstoffzyklusdefekte 582
Hashimoto 406
Hashimoto-Thyreoiditis 224, 541
Haut 365
Hautflora 338
Haworth-Projektion 457
HbA_{1c}-Wert 458, 688
HCO_3^- 660
HDL 524, 549, 550, 553, 710
Hedgehog-Proteine 765
Hedgehog-Signalweg 764, 765
Helicobacter pylori 307
Helikase 78, 95, 118, 268, 269
Helikasekomplex 269
Helladaptation 754, 755
Hell-Dunkel-Sehen 639
Hemidesmosomen 741
Henderson-Hasselbalch-Gleichung 28
Heparansulfat 736
Heparin 725
Hepatitis 703
Hepatozyten 578
Hepcidin 663, 664
Hephästin 664
Herzinfarkt 216, 218, 546
Herzinsuffizienz 242
Herzmuskulatur 756, 757
- elekromechanische Kopplung 758
Herzrhythmusstörungen 659, 660
Heterochromatin 82, 90, 318, 770
Heteroglykane 461
Heuschnupfen 407, 409, 411
Hexokinase 467, 476, 787
- Regulation 477
Hexose 454
Hexosemonophosphatweg 500
HIF 489
Hippursäure 635
Histamin 240, 370, 371, 372, 408, 409, 599, 600, 752
- Abbau 601
- Signaltransduktion 240
- Wirkung 240

Histaminase 601
Histamin-Intoleranz 601
Histamin-N-Methyltransferase 600
Histidin 31, 586, 593, 599
histologische Charakterisierung 309
Histone 82, 316
– Modifikationen 317
Histonvarianten 320
HIV 332, 356
– Adsorption 333
– Aufbau 333
– Entstehung neuer Viren 336
– Penetration 333
– reverse Transkription 333
– Therapie 337
– Transkription 334
HIV-Infektion 332, 336, 337
HLA-Allele 380
HLA-Proteine 377
HMG-CoA 545, 550
HMG-CoA-Lyase 545
HMG-CoA-Reduktase 550, 552
HMG-CoA-Synthase 545, 550
HNPCC 288
Höhentraining 664
Holoenzym 60
Holoprotein 45
Holotranscobalamin 654
Homing 383
Homocystein 590
Homocysteinämie 590, 649
Homocystin 590
Homocystinurie 590
Homogentisat 587
Homogentisat-Dioxygenase 587
Homoglykane 461
homolog 24
Hormonachsen 197
– Regulation 199
Hormone 193, 194
– aglanduläre 195, 237
– Energiehaushalt 211
– glanduläre 194
– Halbwertszeit 199
– Regulationsmechanismen 197
– Stoffwechsel 211
– Transport 199
hormonsensitive Lipase 536
Hormonsystem 192
Housekeeping-Gene 99
HPV 258, 306
humanes Immundefizienzvirus
– s. HIV 332
humanes Papillomavirus 306
humorale Abwehr 375
Hungerbauch 9
Hungergefühl 422
Hungerstoffwechsel 680
– Phase I 680
– Phase II 680
– Phase III 681
– Phase IV 681
Huntingtin 771, 776
HUS 342
Hutchinson-Gilford-Syndrom 770
Hyaluronan 736
Hybridisierung 79
Hybridomzellen 402
Hydratisation 4
Hydrogencarbonat 579, 582, 610, 656, 660, 717
Hydrolyse 12, 166
hydrophil 4
hydrophob 4

hydrophobe Interaktionschromatografie 177
hydrophobe Wechselwirkungen 7
Hydroxy-Acyl-CoA-Dehydrogenase 539
Hydroxylapatit 657, 660, 737
Hydroxylierung 160, 630
Hydroxylradikal 768
Hydroxyprolin 733
Hydroxytrimethyllysin 627
Hyperammonämie 570, 576, 578, 579, 581, 583
Hypercalcämie 657
Hypercholesterinämie 546, 549, 550, 553
Hyperchylomikronämie 527
Hyperglykämie 484, 505, 684, 689, 691, 702
hyperglykämische Pseudohypoxie 505
Hyperhomocysteinämie 590
Hyperkaliämie 659
Hyperlipidämie 691
Hyperlipoproteinämie 525
Hypermagnesiämie 660
Hypernatriämie
– hypervolämische 659
– hypovolämische 658
hyperosmolares Koma 691
Hyperparathyreoidismus 657
Hyperphosphatämie 658
Hyperthyreose 541, 666
Hypertonie 242
Hyperurikämie 607, 702
– primäre 608
– sekundäre 608
hypervariable Regionen 390
Hypervitaminose 638
Hypoaldosteronismus 659
Hypocalcämie 657
Hypoglykämie 484, 649, 687, 688, 702
hypoglykämisches Koma 688
Hypokaliämie 659, 687
Hypokinese 775
Hypokortisolismus 659
Hypomagnesiämie 660
Hyponatriämie 658
– hypervolämischen 658
– hypovolämische 658
– normovolämischen 658
Hypophosphatämie 658
Hypophyse 198
Hyporeflexie 659
Hyposensibilisierung 410, 411
Hypothalamus 198, 422
Hypothalamus-Hypophysen-Gonaden-Achse 230
Hypothalamus-Hypophysen-Nebennieren-Achse 219
Hypothalamus-Hypophysen-Schilddrüsen-Achse 221
Hypothalamus-Hypophysen-System 197
Hypothese 783
Hypothyreose 223, 224, 665
– kongenitale 666
Hypovitaminose 638
Hypoxanthin 605, 606, 607
Hypoxanthin-Guanin-Phosphoribosyltransferase 605
Hypoxie 489, 717
Hypoxie-induzierten Transkriptionsfaktor 489

I

IDL 524, 529
IgA 392
IgA-Mangel 405
IgD 392
IgE 392, 408
IgG 392, 409, 410
IgM 391, 409, 410
Ignoranz 399
Ikterus 623, 625, 705
Ileus 658, 659
Imine 575
Immunabwehr 708
Immunantwort 364
– humorale 392
Immungedächtnis 400
Immunglobulindomäne 389, 740
Immunglobuline 182, 389, 709, 711
– Eigenschaften 391
Immunisierung 375, 411
Immunität
– adaptive 364, 375
– angeborene 364, 369, 370
– humorale 364
– zelluläre 364
Immunkomplex-Typ 410
Immunoblot 181
immunologisches Gedächtnis 400
Immunproteasom 169, 379
Immunstimulation, unspezifische 411
Immunsuppression 613
Immunsuppressiva 385
Immunsystem 363
– Darm 402
– Eigenschaften 364
– Komponenten 364
– Umgehen 295
– Zelladhäsion 740
Immuntherapie 411
– Krebs 313
Immuntoleranz 364
Immunzellen, Entwicklung 364
IMP 606, 609, 610
– Synthese 610
Impact Factor 793
Impfung 400
– passive 178
Importin 136
Imprinting 321
Indolamin-2,3-Dioxygenase 588
Induced Fit 54
Infektanfälligkeit 691
Inflammasom 368
Infliximab 402
Influenza 325, 327
– Therapie 332
Influenzaviren 327
– Adsorption 329
– Aufbau 328
– Entstehung neuer Viren 331
– Pathogenität 329
– Penetration 329
– Proteinsynthese 330
– Subtypen 328
– Transkription 330
Informationsweiterleitung 747, 748
Inhibine 199
Inhibition
– allosterische 69
– gemischte 69
– kompetitive 68
– nicht-kompetitive 69
– unkompetitive 69

Inhibitor 68
– Affinität 68
Inosin 114, 606
Inositol 129, 561
INR-Wert 726
Insertion 279, 280
Insig 552
Insulin 212, 423, 481, 483, 488, 489, 496, 498, 528, 530, 534, 536, 553, 595, 659, 672, 675, 677, 680
– Abbau 213
– Freisetzung 213
– langsame Wirkung 215
– schnelle Wirkung 213
– Sekretion 657
– Signaltransduktion 213
– Synthese 212
– Wirkungen 215
Insulinausschüttung 468
Insulingabe 688
Insulinhypersekretion 689, 690
Insulinmangel 684
– absoluter 684
– relativer 689, 690
Insulinom 212
Insulinpräparate 688
Insulinpumpe 688
Insulinresistenz 689
Insulinsekretionsstörung 689, 690
Insulintherapie 692
Integrine 383, 718, 740, 741
Interferone 195, 249, 384
– als Medikament 250
– Typ I 250
– Typ II 250
Interferon-α 250
Interferon-β 250
Interferon-γ 250
Interkalieren 78
Interkalierung 283
Interkonversion 421
Interkonvertierung 72, 421, 482
Interleukin-1 245
Interleukin 3 246
Interleukin 6 247
Interleukin 8 248
Interleukine 195, 245, 370
– Signaltransduktion 245, 246
Intermediärfilamente 732, 740
Intermembranraumproteine 138
Interphase 253
Interspersed Repeats 88
Intramembran-Metalloprotease 167
Intramembranproteasen 141, 167
Intravasation 296
intrazelluläre Rezeptoren 201
Intrinsic-Faktor 652, 654
Intron 86, 102
invasives Wachstum 295
Inversion 279
Iod 661, 665
– Funktionen 665
Iodid 665
Iodmangel 665, 666
Iodothyronin-Deiodase 668
Iod-Verbindungen 469
Ionenaustauschchromatografie 177
Ionenbindung 3
Ionenhaushalt 224
Ionenkanal 204
– ligandenaktivierter 208
Ionenkanäle 750
Ionenpumpe 46
Iron-Response-Elements 664

801

Irrtümer 793
Isocitrat 428
Isocitrat-Dehydrogenase-Reaktion 428
isoelektrischer Punkt 29
Isoenzyme 70, 787
Isoleucin 30, 585, 586, 588, 592, 597
Isomerasen 543
Isomere 9, 10
Isomerie 10
Isoniazid 649
Isopentenylpyrophosphat 550
Isoprenderivate 546
Isoprenlipide 156, 439, 550
Isotretinoin 640
I-Zell-Krankheit 149

J

Jagged-Familie 764
JAM 743
Janus-Kinase 207
Jodmangel 224
Joule 421

K

Kalium 656, 659
Kallidin 241
Kallikrein-Kinin-System 241, 371
Kalorien 421
Kalorienrestriktion 777
Kältespray 50
Kanal 46
Kanzerogenese 293
Kapillarelektrophorese 347
Kapsid 326
Karies 19, 462
Kartagener-Syndrom 732
Karzinom 292
Kashin-Beck-Syndrom 668
Katabolismus 413, 414
Katalase 22, 544, 768
– peroxisomale 701
Katalysator 50, 53
Katalyse 14
– Ablauf 59
– enzymatische 55
– kovalente 57, 59
katalytische Effizienz 67
katalytische Triade 59
Katecholamine 216, 488, 489, 496, 597, 600, 659
– Synthese 216
Kathepsin 166, 167
Kausalität 782
Kayser-Fleischer-Ring 667
Keimblätter 763
Keimzellen 762
Kennlinie 787
Keratansulfat 736
Keratin 732, 741
Keratomalazie 639
Kernexport 137
Kernimport 135
Kernlamina 21
Kernporen 21, 134
– Aufbau 135
– Transport 135
Kernporenkomplex 135
Kernresonanzspektroskopie 188
Kernrezeptor 201, 209
Kernteilung 254
Keshan-Krankheit 668
Ketimine 575
Ketoazidose 684, 685

ketoazidotisches Koma 686
ketogene Diät 683
Ketogenese 585, 674, 681, 702
Ketonkörper 544, 674, 681, 682, 685, 686
– Abbau 682
– Konzentration 678
– Synthese 545
– Verwertung 545
Ketonurie 686
Ketosäure 429
Ketose 454, 544, 545
Kettenabbruch-Methode 348
Kinasekaskade 72
Kinesin 732, 758
Kinetik 52, 65
Kinetochor 254
Kinine 241
– Signaltransduktion 241
– Wirkung 241
Kininogene 241
Kleinmoleküle 312
Klon 402
Klonierung 353, 355
Knochen 657, 737
Knochenmark 364
Knock-in-Maus 358
Knock-out-Maus 358
Knollenblätterpilz 520, 732
Knospung 326, 327
Kohärenz 783
Kohlendioxid, Transport 717
Kohlenhydrate 9, 735
– Absorption 464
– Einteilung 454
– Funktionen 453
– Verdauung 462
– Verdauung im Darm 463
– Verdauung im Mund 462
Kohlenmonoxidvergiftung 712, 714, 716
Kollagen 733
– Abbau 734
– Alter 734
– Synthese 733
Kollagenasen 735
Kollagendefekte 735
kolloidosmotischer Druck 9, 709
Kolonkarzinom 343, 346, 347, 348, 352, 355, 357
kolorektales Karzinom 303
Koma
– hyperosmolares 691
– hypoglykämisches 688
Kombinatorik 99
Kommensalen 366
Kommunikationswege 192
Kompartiment 20
Kompartimentierung 421
kompetitive Hemmung 68
Komplementaktivierung
– alternativer Weg 375
– klassischer Weg 374
– Lektinweg 375
Komplementfaktoren 373
Komplementsystem 73, 371, 372, 373, 392
– Regulation 375
Komplex I 439
Komplex II 440, 444
Komplex III 440
Komplex III-Inhibitoren 441
Komplex IV 442
Kondensation 12

Konfigurationsisomere 10
Konformation 36
Konformationsänderung 54, 71
Konformationsisomere 10
Konjugation 340
Konjugationsphase 632
konjugierte π-Elektronen-Systeme 442
Konsistenz 783
Konstitutionsisomere 10
Kontaktdermatitis 410
Kontaktinhibition 294
kontinuierliche Erregungsleitung 749
Kontrollen 788
Konzentration 4, 51
– Bestimmung 64
Kooperativität 71
koordinative Bindung 45
Kopie Doppelstrang 81
Kopplung 62
Kopplungsstudie 87
Koproporphyrin 622
koronare Herzkrankheit 693
Korrelation 782
Korsakow-Syndrom 646
kovalente Bindung 2
Kozak-Sequenz 119
Krämpfe 649, 660
Kreatin 626
Kreatinin 626
Kreatin-Kinase 626
Kreatinphosphat 52, 626, 695, 758
Krebs 292
– Immuntherapie 313
– Therapie 321
Krebstherapie 309
Krebs-Zyklus 426
Kreuzpräsentation 378
Kropf 665
Kryo-Elektronenmikroskopie 188
Kupfer 661, 667
– Funktionen 667
Kupfermangel 667
Kupferüberladung 667
Kynurenin 588

L

Lactoferrin 366
Laktase 463
Laktat 471, 484, 487, 494, 696
– Konzentration 678
Laktatazidose 453, 472, 697
Laktat-Dehydrogenase 471
Laktattest 697
Laktogenese 235
Lakton 458
Laktonase 500
Laktose 11, 460, 476
Laktoseintoleranz 12, 18, 24
Lambert-Beer-Gesetz 63
Lamellipodien 730
Lamin 732, 770
Lamina fibroreticularis 742
Laminin 733, 741, 742
Landkartenzunge 647
Längenstandard 347
Langerhans-Inseln 212
Langlebigkeitsgene 779
Last Universal Common Ancestor 16
LCAT 549
LDH 471
LDL 524, 529, 546, 547, 550, 553, 711
LDL-Rezeptor 547
L-DOPA 216

Lebendimpfstoffe 401
Lebensverlängerung 777
Leber 596
Lebergalle 515
Leberschädigung 704
Leberzirrhose 182, 626, 637, 640, 703, 705
Lebewesen 1
Lecithin 128, 513
– Synthese 560
Lecithin-Cholesterin-Acyltransferase 549
Lehrbuchwissen 784
Leistungsumsatz 421
Lektine 154, 375
Lektinweg 375
L-Enantiomere 28
Leptin 423
Leptinresistenz 423
Lesch-Nyhan-Syndrom 257, 605
Leucin 30, 585, 588, 592, 597
Leucin-Rich Repeat Rezeptoren 368
Leukämie 292, 763
Leukotriene 238, 371, 557
– Synthese 558
Leukozyten 364
Lewy-Körperchen 169, 771, 775
Leydig-Zellen 230
LH 198, 230
Lidocain 750
Li-Fraumeni-Syndrom 257
Liganden 14, 44
Ligandenbindungsdomäne 201
ligandengebundenen Transkriptionsfaktoren 635
Ligand-Rezeptor-Komplex 200
Ligase 268, 276
Ligation 276
limitierte Proteolyse 72
Lineweaver-Burk-Diagramm 67, 68
Linker-DNA 82
Linolsäure 556
Lipasen 513, 536
Lipiddoppelschicht 8, 127
Lipide 5
– Eigenschaften 509
– Energie 509
– Funktionen 509
– Membranen 559
– Mobilisierung 535
– Signalmoleküle 546
– Speicherung 529
– Verteilung 130
Lipidelektrophorese 524
Lipidmembran 5
Lipidmodifikation 162
Lipidoxidation 674
Lipidradikale 769
Lipid Rafts 133
Lipidspeicher, Mobilisierung 535
Lipid-Transferproteine 559
Lipidtröpfchen 529
Lipocortin 558
Lipofuszin 770
Lipolyse 223, 237, 535, 536, 675, 681, 683, 685, 686
– Regulation 536
Liponamid 430
Lipopolysaccharide 368
Lipoproteine 509, 523, 708
– Analytik 524
– Einteilung 524
Lipoprotein-Lipase 526, 528, 677
– Defekt 527

Lipoxine 239
Lipoxygenase 558
London-Kräfte 7
Long Feedback Loops 199
Long-Patch-Reparatur 285
Lösungsmittel 4
Low-Carb-Diät 683, 684
Low-Fat-Diät 683
LPS 368
LPS-vermittelter Signalweg 369
LRP 764
L-Selektine 383
Luftverschmutzung 283
Lungenemphysem 710
Lutealzellen 231
lymphatische Organe 364
Lymphe 523
Lymphfollikel 403
Lymphknoten 364, 382
Lymphom 292
Lymphozyten, intraepitheliale 403
Lyse 327
Lysin 31, 585, 592
Lysosom 22, 172, 379, 565
lysosomaler Abbau 172
lysosomale Speicherkrankheit 172
Lysozym 366

M
Magenkarzinom 307
Magen-Lipase 513
– Inhibitoren 514
Magnesium 656, 660
Magnesium-Ion 62
Makroangiopathie 693
Makroautophagozytose 172
Makrofilamente 731
Makrolide 339
Makrophagen 153, 369
Malaria 23
Malat 432, 449, 484, 530, 534
Malat-Aspartat-Shuttle 448, 473, 534
Malat-Dehydrogenase 448, 484, 534, 581
Malat-Dehydrogenase-Reaktion 432
Malatenzym 534
Malat-Shuttle 484
MALDI-TOF-Methode 185
Malonyl-CoA 530, 531, 535, 541, 556, 610
MALT 364, 402
Maltose 11, 460
Mammakarzinom 292, 299, 305, 555
Mammogenese 235
Mangan 661, 668
– Funktionen 668
Manganmangel 668
Mannitol 458
Mannose 476
MAO 600
MAO-Hemmer 599, 601
MAP-K 558
MAP-Kinase-Kaskade 207, 215
Marcumar® 159, 160
Martini-Gesetz 570
Massenspektrometrie 184
Massively Parallel Sequencing 349
Masterregulatoren 320
Mastzellen 369, 370, 392, 408
– Mediatoren 408
Mathematisierung 788
Matrix-Metalloproteasen 167, 735
Matrixproteine 138, 326
Matrizenstrang 94, 95

Maturierung 153
MCAD-Mangel 540
Medikamentenentwicklung 187
Megakaryozyten 711
megaloblastäre Anämie 654
mehrzellige Lebewesen 23
Meiose 254, 255
Melatonin 237, 598, 599
– Signaltransduktion 237
– Wirkung 237
Membranangriffskomplex 374
Membranen 127
– Eigenschaften 132
– Lipide 559
Membran, Krümmung 133
Membranlipide 127, 627
– Abbau 563
– Absorption 563
– Dynamik 132
– Synthese 559
Membranprotein DAF 375
Membranproteine 43, 44, 127, 145
– Typen 44
Membranrezeptoren 200
– Typen 201
Menachinon 644
Menkes-Syndrom 667
Mesoderm 763
Mesomerie 33
Messen 785
Messenger RNA 92
Messfehler 786
Messgröße 785
Messung
– direkt 785
– indirekt 785
Messverfahren 785
– orthogonale 786
Messwert 785, 788
metabolischer Tag 672
Metabolisierung 629
Metaboliten 414
– Schwankungen 677
Metall-Ionen 45, 56, 60
Metallkomplex 45
Metalloenzyme 56, 655
Metalloproteasen 167, 735
Metallothionein 666
Metaphase 254
Metastasen 292, 735
Metastasierung 295
Metformin 692
Methanolvergiftung 65, 68, 69
Methionin 30, 586, 590, 591, 592, 659
Methioninaminopeptidase 161
Methionin-Synthase 590, 653
Methotrexat 620, 651
Methylcobalamin 653
Methylen-Tetrahydrofolat-Reduktase 585
Methylierung 635
Methylmalonacidurie 543
Methylmalonyl-CoA 542
Methylmalonyl-CoA-Mutase 653
Methylphenidat 598
Methyl-Transferasen 590
Mevalonat 550
MHC-I-Moleküle, Beladung 378
MHC-II-Moleküle 379, 384
MHC-Klasse I 378
MHC-Klasse II 379
MHC-Molekül 377
MHC-Proteine 377
Michaelis-Konstante 66

Michaelis-Menten-Gleichung 66
Michaelis-Menten-Kinetik 65, 465
Microarray 350
Microfold-Zellen 403
Migration 383
Mikroangiopathie 693
Mikroautophagozytose 172
Mikrobiom 338, 366
Mikrodomänen 132, 133
Mikrofilamente 730
Mikronährstoffe 638
Mikroorganismen 325
Mikrosatelliten 87, 351
mikrosomales ethanoloxidierendes System 700
Mikrotubuli 731, 732
– Umbau 732
Mikrotubuli-assoziierten Proteine 732
Mikrovilli 341
Miller-Versuch 2
Milz 364
Mineralocorticoide 226, 553, 555
Mineralstoffe 656
Minisatelliten 87
miRNA 124
Mismatch-Reparatur 287
Missense-Mutation 280
Mitochondrien 425
Mitochondrienmembran 129
Mitochondriopathie 436, 446
Mitochondrium 20, 22
– Proteintransport 138
Mitose 84, 253, 254
– Wiederherstellung Zellkern 138
Mizellen 7, 514, 517, 520
Mn-Superoxid-Dismutase 668
Moco 668
Modifikationen
– cotranslationale 153
– posttranslationale 153
Mol 4, 34
molare Masse 4, 34
Molekularbiologie, Zentrales Dogma 75
molekularbiologische Charakterisierung 309
molekularbiologisches Dogma 16
Molekulargenetik 75
Molten Globule 40
Molybdän 661, 668
– Funktionen 668
Molybdän-Cofaktor 668
Molybdän-Ion 631
Molybdänmangel 668
Monoacylglycerid-Lipase 536
monoallelische Expression 320
Monoaminooxidasen 600, 601, 631
Monocarboxylat-Transporter 471
monoklonale Antikörper 401, 411
Monooxygenasen 631
Monosaccharide 9, 454
– Glykolyse 473
– Reaktionen 458
– Ringbildung 456
Monozyten 369
Morbus Addison 226
Morbus Alzheimer 168, 771, 772
– Genetik 774
– Immuntherapie 775
– Therapie 774
Morbus Basedow 224, 406, 666
Morbus Bechterew 380
Morbus Crohn 404
Morbus Gaucher 172

Morbus Hunter 172
Morbus Huntington 771, 776
Morbus Parkinson 169, 262, 265, 600, 761, 764, 770, 771, 775
– Differenzialdiagnostik 783
Morbus Tay-Sachs 564, 565
Morbus Wilson 667
Mosaik 320
Motorproteine 729, 730, 732, 758
M-Phase 254
MPP$^+$ 776
mRNA 92, 110
MRSA 341
MSH 199
mTOR-Weg 777
Mukoviszidose 572, 659
multiple Sklerose 406, 741, 747, 750
Murein 338, 461
Muskarin 627
Muskel
– Energiequellen 694
– Relaxation 758
Muskelaktivität 694
Muskeldystrophie Duchenne 361
Muskelfasern 756
– langsame 699
– schnelle 696
Muskelglykogen 696, 697
Muskelkater 472
Muskelkontraktion 657
Muskelproteinabbau 681
Muskelrelaxanzien 759
Muskelschwäche 436, 643
Muskulatur 756
– Aufbau 756
– glatte 757
– Kontraktion 758
– quergestreifte 756
Mustererkennung 368
mutagene Substanzen 283
Mutarotation 458
Mutation 14, 23, 279, 293
– stille 280
– Ursachen 280
Muttermilch 460
Muzine 366
Myasthenia gravis 406, 756, 759
MYC 300
Mycophenolsäure 613
Myelinscheiden 750
Myeloperoxidase 366
Myoadenylat-Desaminase 609
Myoglobin 713
– Sättigungskurve 714
Myokard 757
Myopathie 436
Myosin 730, 756, 758
Myristylierung 162
Myxothiazol 441

N
N-Acetyl-Cystein 591
N-Acetyl-Glutamat 579
N-Acetyl-Glutamat-Synthase 579
N-Acetylierung 635
N-Acetyltransferasen 635
Nachpotenzial 748
Nachtblindheit 639
NAD 647
NAD$^+$ 62, 471
NADH 62, 482, 539
NADH-Dehydrogenase 473
NADH-Ubichinon-Oxidoreduktase 438, 439

NAD⁺/NADH 416
NADPH 500, 532, 534, 535, 550
– Bedarf 501, 504
– Funktion 504
NADPH-Oxidase 367, 769
NADP⁺/NADPH 416
Nährstoffe, Tagesprofil 677
Nahrungsaufnahme, Regulation 421
Nahrungsglukose 677
Nahrungskarenz 536, 544
Nahrungslipide 678
Na⁺/K⁺-ATPase 658, 659
Narkolepsie 598
Natrium 656, 658
Natrium-Symporter 517
natürliche Killerzellen 370
naturwissenschaftliche Methode 781
Neandertalergene 24
Nebennierenrindeninsuffizienz 226
Nebenschilddrüse 228
negative Rückkopplung 420
Negativkontrolle 786
Nekrose 260
Neoplasie 292
Nephrokalzinose 657
Nervenfaser 747
Nervenreizleitung 747
Nervenzellen 747, 748
Nervus vagus 422
Netzhaut 752
Neuraminidase 328, 565
Neuraminidasehemmer 332
neurodegenerative Erkrankungen 771
neurofibrilläre Bündel 772
Neurofibrillen 774
Neurofilamente 732
Neurogenese 765
Neurohypophyse 198
Neuroinflammation 773
neuromuskuläre Endplatte 756, 759
neuromuskuläre Erregungsübertragung 759
Neurone 747
Neuropathie 643
Neurotransmitter 597, 598, 599, 750, 752
– Rezeptoren 752
Neutralfette 510
Next Generation Sequencing 348
NFκB 245, 246
N-glykosidische Bindung 13
N-Glykosylierung 144, 156
NH₄⁺-Ionen 576, 578, 579, 582
– Ausscheidung 583
Niacin 645, 647
– Funktionen 648
– Mangel 648
nichtalkoholische Steatohepatitis 476
Nicht-Histon-Proteine 316
nicht-kompetitive Hemmung 69
Nidogen 742
Niemann-Pick-C1 Like 1 Transporter 547
Niere 595, 596
Nierenmark 674
Nikotin 417
Nikotinamid 416, 647
Nikotinamid-Adenin-Dinukleotid 647
Nikotinsäure 647
Nitrat 621
Nitrit 621
Nitrosamine 283, 621
– kanzerogene 621

nitrosativer Stress 768
Nitroverbindungen
– Stoffwechsel 620
NK-Zellen 370
NMDA-Rezeptor-Antagonisten 774
NMR-Spektroskopie 188
NO 242, 620
Nocebo-Effekt 573
Non-Homologous End Joining 288
Nonsense-Mutation 280
Noradrenalin 216, 489, 496, 597, 598, 752
– Notfallmedizin 218
– Signaltransduktion 217
Normwert 788
NOS 620
Nositoltrisphosphat 195
NO-Synthasen 620, 769
– Isoenzyme 620
Notch-Delta-Signalweg 764
– laterale Inhibition 765
Notch-Rezeptor 764
Notch-Signalweg 764
NPY 422
N-terminale Aminosäuren, Abspaltung 161
Nüchternstoffwechsel 672
Nuclear Overhauser Effekt 188
Nucleus arcuatus 422
Nukleasen 602
nukleinsäurebasierte Therapeutika 313
Nukleinsäure-Doppelhelix 78
Nukleinsäuren 78, 602
– Informationsfluss 81
Nukleobasen 76, 603, 604
Nukleokapsid 326
Nukleolus 21
Nukleosid 76, 77
Nukleosidanaloga 604
Nukleosiddiphosphat-Kinasen 614, 616
Nukleoside 603, 606
– Abbau 605
Nukleosidmonophosphat 613
Nukleosidmonophosphat-Kinasen 614, 616
Nukleosom 82
Nukleosomenpositionierung 318
Nukleotide 12, 76, 503, 571, 602
– Abbau 605
– Funktionen 602
– Synthese 602
– Wiederverwertung 604
Nukleotid-Exzisionsreparatur 286
Nukleus 21
Nullhypothese 788

O
Objektivität 783
Obstipation 659
Occludine 738, 743
Ödem 9, 709
O-Glykosylierung 158
Okazaki-Fragmente 268, 273
olfaktorisches System 755
Oligosaccharide 11, 460
OMP 615
Onkogene 294, 296, 298
onkotischer Druck 9, 709
Opsin 752
Opsonierung 371, 373
Opsonine 372
orale Kontrazeptiva 230
ORC 269

orexigene Signale 423
Organellen 20
Organtransplantation 377
ORI 268
Orlistat 514
Ornithin 579, 586, 594
Ornithin-Carbamoyl-Transferase 579
Ornithin-Transcarbamoylase 579
Orotacidurie 616
Orotat 615
Orotidinmonophosphat 615
Orthologe 24
Osmolarität 8
Osmose 8
Osmotherapeutika 458
Ösophagusvarizen 705
Osteoblasten 737
Osteogenesis imperfecta 735
Osteoklasten 737
Osteomalazie 642
Osteopenie 657
Osteoporose 737, 738
Östradiol 230, 232
Östrogene 230, 232, 234, 555
Ovulation 230
OXA-Komplex 139
Oxalacetat 427, 432, 434, 435, 449, 484, 534, 586, 594
Oxidation 18, 631
Oxidationszahl 427
oxidative Decarboxylierung 428, 430
oxidative Phosphorylierung 437
oxidativer Burst 366
oxidativer Stress 768
OXM 423
Oxytocin 198, 233
– Geburt 234
– Signaltransduktion 233
– Wirkung 233

P
p53 259, 302, 777
Palindrom 353
Palmitinsäure 535
Palmitoyl-CoA 533, 535, 562
Palmitylierung 162
PALP 574
PAMP 368
Pandemie 327
Paneth-Zellen 403
Pankreasinsuffizienz 49, 57, 58, 59, 73, 572
Pankreas-Lipase 513, 527
– Inhibitoren 514
Pankreas-Polypeptid 423
Pankreastumor 520
Pankreatitis 527, 657
Pantothensäure 645, 648
– Funktionen 648
– Mangel 649
PAPS 659
Paracetamol-Intoxikation 629, 634
Paracetamolvergiftung 591
Paradigma 784
Paraloge 24
Parameter 782
Paraquat 776
Parasiten 325, 326, 392
Parathormon 227, 229, 657, 738
– Abbau 228
– Signaltransduktion 228
– Wirkung 228
Parkin 770, 775
Parkinson 169

Parkinson-Syndrom 776
Partialladung 3
partielle Thromboplastinzeit 726
Pasteur-Effekt 479
Patched 766
pathogenassoziierte molekulare Muster 368
Pattern Recognition Receptors 368
PCR 351
– Ablauf 344
– Amplifikation 344
Peer-Review 790
Pellagra 648
Pemphigus vulgaris 406, 740
Pendelproteine 138
Penetration 327
Pentose 454
Pentosephosphatweg 500, 534, 604
– Bedeutung 501
– nicht-oxidative Phase 501
– oxidative Phase 500
– Regulation 504
– Verknüpfung 501
Pentosephosphatzyklus 500
Pepsin 167, 572
Pepsinogen 572
Peptidasen 166
Peptidbindung 14, 31, 33
Peptide 33
– Absorption 572
– anorexigene 422
– antimikrobielle 366
Peptidhormon 212, 215, 224, 227, 229, 233, 234, 235
– Magen-Darm-Trakt 423
Peptidyl-Prolyl-cis-trans-Isomerase 42
Peptid YY 423
Perforine 388
Perforin-Weg 265
Peristaltik 365
Perizyten 743
Perlekan 742
Perlipin 536
Peroxidase 558
Peroxin-Komplex 140
Peroxisomen 22, 544, 768
Peroxynitrit 768, 769
personalisierte Medizin 314
Pertussistoxin 164
Pestizide 441
PET 309
Peyer-Plaques 403
Phagolysosom 367
Phagosom 153
Phagozytose 19, 153, 367, 373
Phalloidin 732
Phänotyp 23, 86, 90, 322
Phase-I-Enzyme 631, 635
Phase-II-Enzyme 635
Phase-I-Reaktion 630
Phase-II-Reaktion 632
Phenprocoumon 644, 726
Phenylalanin 30, 585, 587, 592, 597
Phenylalanin-Hydroxylase 587
Phenylketonurie 584, 588
Phophatidylinositol 153
Phosphat 77, 657
– anorganisches 13
– Stoffwechsel 642
Phosphatase 158
Phosphat-Carrier 447
Phosphathaushalt 227
Phosphatidat 128

Phosphatidsäure 560
Phosphatidylcholin 128, 627
– Synthese 560
Phosphatidylethanolamin 129
– Synthese 560
Phosphatidylinositol 129, 561
Phosphatidylinositol-3-Kinase 206
Phosphatidylinositol-4,5-bisphosphat 561
Phosphatidylserin 128, 562
Phosphatpuffer 657, 708
Phosphat-Translokator 447
Phosphocholin 563
Phosphodiesterase 536, 753
Phosphoenolpyruvat 470, 479, 481, 484, 486
Phosphoenolpyruvat-Carboxykinase 484, 488
– Regulation 488
Phosphofruktokinase 1 468, 476
– Regulation 479
Phosphofruktokinase 2 477, 480
Phosphofruktokinase 2/Fruktose-2,6-Bisphosphatase 480
– Herzmuskel 481
– Leber 481
– Muskel 481
– ZNS 481
Phosphoglukomutase 492, 494
Phosphoglycerat-Mutase 470
Phosphoglyceride 128, 560
Phospholipase 204, 563
Phospholipase A_2 557, 558
Phospholipase C 195
Phospholipase Cγ 206
Phospholipide 7, 128
Phosphopantethein 531
Phosphor 656, 657
Phosphoribosylamin 610
Phosphoribosylpyrophosphat 605
Phosphorsäureester 657
Phosphorylase-Kinase 496
Phosphorylierung 72, 158
Photometer 63
Photometrie 63
pH-Wert 5
– basisch 5
– sauer 5
Phyllochinon 639, 644
Phytosterol 130, 547
Pille 197, 230
Pilze 325
Pilzvergiftung 97, 627, 732
Pink-1 770, 775
Pinozytose 152
PIP_2 561
pKB-Wert 28
pKS-Wert 28
Plaquebildung 773
Plasma 708
Plasmaaminosäurepools 574
Plasmakallikrein 241
Plasmamembran 20
Plasmaosmolarität 656
Plasmaproteine 709
– Diagnostik 711
Plasmazellen 393, 399, 400
Plasmid 338, 352, 355
– rekombinantes 354
Plasmin 166, 726
Plasminogen 710, 726
Plasmodien 23
plättchenaktivierender Faktor 408, 718

Plazenta 231
Plexusepithel 745
Pökelsalz 283
polare Stoffe 4
Polarität 3
Polyacrylamid-Gelelektrophorese 347, 348
Polyadenylierung 102, 104
Polydipsie 686, 691
Polyglutaminproteine 776
Polymerase 81
Polymerase-Kettenreaktion
– s. PCR
Polymerisation 81
polymorphe Marker 352
Polymorphismus 86, 88
Polyneuropathie 649
Polyolweg 500, 505
Polypeptide 33
Polyphenole 778
Polyploidie 84
Polysaccharid 11
– Abbau 11
Polysaccharide 461
Polysom 122
Polyubiquitinylierung 169
Polyurie 686, 691
POMC 422
Porine 44
Porphobilinogen 622
Porphyrie 621, 622
Porphyrinkomplex 621
portale Hypertension 705
Positive Inside Rule 142
Positivkontrolle 786
posttranslationale Modifikationen 185
Prä-Diabetes 690
Prägung 322, 382
Präinitiationskomplex 93
Präkallikreine 241
Prä-mRNA 102
Prä-Pro-ANP 227
Prä-Proglukagon 215
Prä-Proinsulin 161, 212
Prä-Replikationskomplex 269
Präsequenzabspaltung 161
Prä-β-Globulin-Fraktion 711
Pregnenolon 219, 226, 553, 555
Prenylierung 163
Presenilin 168
Prestin 758
primäre Bindung 54
Primärstruktur 33
Primase 268, 272
Primer 268, 272
– Entfernung 275
Priming 382
Prionerkrankungen 771
Prion-Protein 771
Proakzelerin 721
Pro-ANP 227
Produkthemmung 71, 435
Profilin 730
Progerie 770
Progesteron 219, 230, 231, 555
– Wirkungen 231
Proglukagon 215
programmierter Zelltod 260
Proinsulin 161, 212
Prokaryoten 17, 22
Prokonvertin 721
Prolaktin 199, 234
– Signaltransduktion 235
– Wirkung 235

Prolin 30, 35, 586, 594, 733
Prometaphase 254
Promotor 93, 95
Proofreading 96, 275
Prophase 254
Propionyl-CoA 516, 535, 542, 586, 590
Propionyl-CoA-Carboxylase 542
Prosequenzabspaltung 161
Prostaglandine 238, 370, 371, 557, 558
Prostaglandin-H-Synthase 557, 558
Prostaglandin-Synthase 558
Prostaglandinsynthese 233
– Hemmung 221
Prostanoide 238
– Synthese 558
– Wirkungen 238
Prostatakarzinomen 308
prosthetische Gruppen 45, 60
Protamin 726
Proteaseaktivität, Schutz vor unkontrollierter 173
Protease-Inhibitoren 173, 372, 724
Proteasen 50, 166, 408, 571
Proteasom 166, 168, 170, 771
Proteinabbau 165, 223, 674
Proteinablagerungen Gehirn 772
Proteinaggregate 771
Proteinaggregation 770
Proteinanalytik 176
Proteinasen 166
Proteinbiosynthese 223, 237
Protein C 724
Proteindisulfid-Isomerase 42
Proteindomänen 39, 100
Proteindomänengrenzen 39
Proteine 14, 33, 366, 571, 709
– Abbau 28
– Aufbau 28
– Aufgaben 28
– axonale 752
– biologische Wertigkeit 573
– Enzyme 14
– Funktionen 14, 44, 175
– Halbwertszeit 165
– Identifizierung 185
– Konzentration 165
– Membran 14
– Produktion 355
– Sequenzierung 185
– Strukturbestimmung 186
– Stützstruktur 14
Proteinfaltung 40
– Faltungswege 41
Proteinfamilie 24
Proteinfärbung 180
Proteinfilamente 733
Protein-Kinase 158, 196, 553
Protein-Kinase A 204, 216, 219, 225, 242, 479, 481, 496, 498, 536
Protein-Kinase B 206, 214, 236, 248, 498
Protein-Kinase C 204, 206, 233, 241, 248
Protein-Kinase G 242
Proteinmodifikationen, kovalente 153
Proteinmonomere 729
Protein-Phosphatase 1 481, 496, 498
Protein-Phosphatase 2A 500
Protein S 724
Proteinsequenzierung 184
Proteinsortierung 133
Proteinstruktur 33
Proteinsynthese 676

Proteintransport
– in ER 140
– in Mitochondrium 138
– in Peroxisom 140
– Mechanismen 133
– sekretorischer Weg 140
– Zellkern – Zytoplasma 134
Proteoglykane 737
Proteolyse 685
– limitierte 161
Proteom 189
Proteomik 189
Prothrombin 721
Prothrombinasekomplex 722
Protobionten 15
Protonenakzeptoren 5
Protonendonatoren 5
Protoonkogene 206, 294, 296, 298, 305
Protoporphyrin III 622
Protozoen 325
Prozessierung 101
PRPP 616
PRR 368
PSA 308
Pseudogene 88
Pseudohermaphroditismus femininus 233
pseudomembranöse Kolitis 404
Pseudopodien 718
Pseudopubertas praecox 233
Pubertät 192
Publikation 790
– Aufbau 791
Publizieren 790
Puffer 29, 660
Puffersystem 708
Pulldown-Assay 179
Punktmutation 280, 770
Purin 13
Purinbasen 77
– Wiederverwertung 605
Purinnukleosidtriphosphat
– Synthese 613
Purinnukleotide
– Abbau 606
– Neusynthese 610
– Synthese Regulation 614
– Zyklus im Muskel 609
Purinnukleotidzyklus 597, 609
Purinosom 613
Pyranose 457
– Konformation 457
Pyridoxalphosphat 494, 574, 649
Pyridoxin 574, 645, 649
– Funktionen 649
– Mangel 649
Pyrimidin 13
Pyrimidinbasen 77
– Wiederverwertung 605
Pyrimidinnukleosidtriphosphat
– Synthese 616
Pyrimidinnukleotide
– Abbau 609
– Synthese 614
– Synthese Regulation 616
Pyrophosphat 62, 112, 520
Pyrophosphatantrieb 62
Pyrophosphatase 62, 112, 521, 581
Pyruvat 434, 470, 471, 482, 484, 500, 584, 590, 593
Pyruvat-Carboxylase 434, 484, 488
– Regulation 488
Pyruvat-Carrier 473

Pyruvat-Dehydrogenase-Komplex 473
– Regulation 476, 482
Pyruvat-Kinase 470, 476
– Regulation 481

Q

Quantifizierung 788
Quartärstruktur 39
Quecksilber-Verbindungen 469
Querbrückenzyklus 758
Quick-Wert 726
Q-Zyklus 440

R

RAAS 226
Rab-Proteine 145
Racemat 10
Rachitis 642
Random Coil 40
Ranvier-Schnürringe 750
Ras 206
RAS 300
Reabsorption 224
Readthrough-Mutation 280
Reaktionen, chemische 49
Reaktionsgeschwindigkeit 52
Reaktionsrichtung 51, 61
Reaktionsspezifität 57
reaktive Sauerstoffspezies 366, 768
reaktive Stickstoffspezies 366, 620, 768, 769
Redlichkeit 784
Redoxäquivalente 416
– Transport 448
Redoxpotenzial 436
Redoxpotenzialdifferenz 436
Redoxreaktion 18
Reduktion 18
Reduktionsteilung 255
Regelkreis, einfacher 197
regulatorische T-Zellen 386
Rekombination 24, 255
– homologe 256, 257
– nicht-homologe 257
– somatische 393, 394
Rekombinationsreparatur 288
Relevanz 789
Remnants 526, 547
Remodeler 83, 318
Renin 167, 226
Renin-Angiotensin-Aldosteron-System 226
Reparatur
– direkte 290
– transkriptionsgekoppelte 289
repetitive DNA-Sequenzen 87
repetitive Elemente 90
Replikation 13, 16, 76, 253, 275, 602
– Eukaryoten vs. Prokaryoten 278
Replikationsgabel 268
replikative Seneszenz 767
Replisom 268
Repolarisation 748
Reproduzierbarkeit 789
Resistenzentwicklung 314
Resorption 224
Resorptionslakune 738
Response-Elements 100
Restriktionsendonukleasen 353
Resveratrol 778
Retina 752
Retinal 752
Retinoblastom 302

Retinoblastomprotein 301
Retinoide 638, 639
Retinoidstoffwechsel 755
Retinol 639
Retinsäure 404, 639
Retromer-Transportvesikel 149
Retrotransposon 88
Retroviren 307, 332
reverse Transkription 16, 75, 333
Reversibilität 321
Rezeptor 14, 45
– ionotroper 208
– olfaktorischer 755
– Retinsäure 209
– Schilddrüsenhormone 209
– Vitamin D_3 209
Rezeptordegradierung 211
Rezeptorsequestrierung 211
Rezeptor-Serin-Kinase 208
Rezeptor-Tyrosin-Kinasen 213, 296, 298
– Aktivierung 205
– Effektoren 206
rezessiv 86
R-Form 455
RGT-Regel 53
Rhesus-System 157
rheumatoide Arthritis 406, 616
Rhinoviren 372
Rhodanase 443
Rhodopsin 752
Rhomboidprotease 167
Riboflavin 417, 645, 646
Riboflavin-Mangel 417
Ribokinase 476
Ribonukleinsäuren 13
Ribonukleotide 12, 419, 617
– Neusynthese 610
Ribonukleotid-Reduktase 617
– Reaktionsmechanismus 617
– Regulation 617
Ribose 77, 474, 476, 617
– Aktivierung 604
Ribose-1-phosphat 605, 606
Ribose-5-phosphat 501, 604, 605
– Bedarf 503, 504
ribosomale RNA 92
Ribosomen 14, 80, 110
– Aufbau 115
– Einteilung 115
Ribosomen-Eintrittsstellen 126
Ribozym 53, 80, 102
Ribulose-5-phosphat 500, 501
Ribulose-5-phosphat-Epimerase 501
Ribulose-5-phosphat-Isomerase 501
Riechen 755
Riechepithel 755
Riechschleimhaut 203
Rifamycin 339
Rigor 775
RNA 13, 80, 320
– Bestandteile 95
– Editing 106
– Faltung 105
– Kern-Export 105
– Modifikation 105
– nicht-codierende 92
– Synthese 95
RNA-Interferenz 124, 359
RNA-Polymerase 81, 93
RNA-Prozessierung 101
RNA-Typen 92
RNS 620
Röntgenkristallografie 186

Rosenthal-Faktor 721
Rotenon 440
Rot-Grün-Blindheit 257, 754
Rous-Sarkoma-Virus 306
rRNA 92, 110
Rückkopplung 197
– positive 73
Rückresorption 224
Ruhemembranpotenzial 578, 748
Ryanodinrezeptoren 758

S

Saccharose 11, 460
S-Adenosyl-Homocystein 590, 597
S-Adenosyl-Methionin 561, 590, 597, 626, 627, 632, 635
Salmonelleninfektion 405
saltatorische Erregungsleitung 750
Salvage Pathway 605
Salzbrücke 714
salzig 756
Samenblase 505
SAM-Komplex 139
Sarkom 292
Sarkomere 756
Satelliten-DNA 87
Sättigungsgefühl 422
Sättigungskurve 714
sauer 756
Sauerstoff 712
– Affinität Regulation 716
– Bindungskurve 714
– Bindungskurve Rechtsverschiebung 716
– Transport 712
Sauerstoffbindungsstelle 713
Sauerstoffgabe 716
Sauerstoffkatastrophe 18
Sauerstoffpartialdruck 714
Sauerstoffradikale 283
Säulenchromatografie 176
– Probenvorbereitung 177
Säureamidbindung 31
Säureanhydridbindung 12
Säure-Base-Katalyse 55
saure Hydrolasen 149
Säurekatalysator 59
Säuren 5, 28
SCAP 552
Scavenger-Rezeptor 549
Scavenger-Rezeptor B1 549
Schiff-Base 575
Schilddrüsenhormone 221, 541, 553, 665
– Abbau 223
– Freisetzung 221
– Signaltransduktion 223
– Synthese 221
– Wirkungen 223
Schimmelpilze 283
Schlafkrankheit 44
Schlaf-wach-Rhythmus 237
Schlaganfall 727
Schleimhaut 365
Schleusentransport 134, 135
Schlüsselenzym 71
Schlüsselreaktionen 414, 420
Schlüssel-Schloss-Prinzip 54
Schmecken 756
Schmelzkurve 79
Schmelztemperatur 79
Schnupfen 366
Schrittmacherenzym 71
Schrittmacherreaktion 414

Schwangerschaftsdiabetes 691
Schwangerschaftstest 182, 183
Schwankungsbreite 787
Schwefel 656, 659
Schwellenkonzentration 71
Scramblase 559
SDS-Polyacrylamid-Gelelektrophorese 180
Sechsring 457
Second Messenger 195
Sedoheptulose-7-phosphat 501
Sehen 752
Sehkaskade 753
Sehvorgang 639
Sekretin 424
Sekundärstruktur 34, 36
Selbstbetrug 790
Selbstmordinhibitoren 70
Selektine 740
Selektion 13, 24, 341
– klonale 293, 384
selektive Serotonin-Reuptake-Inhibitoren 599
Selen 661, 667
– Funktionen 668
Selenmangel 668
Selenocystein 31, 123, 594, 668
Selenocystein-Synthase 594
Selenoproteine 667
Sense-Strang 85
Sensoren 752
Sepsis 246, 404
septischer Schock 246
Sequenzanalyse Genom 348
Sequenzierung DNA 347
Sequenzinformation 84
Serin 30, 562, 584, 590, 591, 593, 594, 596
Serin-Hydroxymethyl-Transferase 584
Serin-Protease 57, 59, 166, 552, 720
Serotonin 598, 718, 752
Serotonin-Syndrom 598
Serumelektrophorese 182, 709
Serumkrankheit 410
Sesselkonformation 457
Severe Combined Immune Deficiency 616, 618
Sexpili 340
Sexualhormone 230, 553, 555
S-Form 455
SGLT-2-Hemmer 693
Shiga-Toxine 341
Short Feedback Loops 199
Short-Patch-Reparatur 285
Shuttle 447
Sichelzellanämie 40, 717
sIgA 403, 405
Signaladaptation 211
Signaldivergenz 211
Signale 192
Signalerkennungspartikel 140
Signalkombination 211
Signalkonvergenz 211
Signalmoleküle
– Lipide 546
Signalpeptid-Peptidase 167
Signalsequenzen 134, 144
Signaltransduktion 196
– ADH 225
– Adrenalin 217
– Aldosteron 226
– ANP 227
– Calcitriol 229
– Cortisol 220

- Erythropoetin 247
- Glukagon 216
- Histamin 240
- Insulin 213
- Interleukine 245
- intrazelluläre Rezeptoren 201
- Kinine 241
- Melatonin 237
- Membranrezeptoren 200
- Modulation 210
- Noradrenalin 217
- Oxytocin 233
- Parathormon 228
- Prolaktin 235
- rezeptorinitiierte 200
- Schilddrüsenhormone 223
- Somatotropin 236
- Stickstoffmonoxid 242
- Zytokine 244

Signalübertragung 192, 747
Signalvermittlung 192, 193
Signalverstärkung 195, 200
Signifikanz 788
Sildenafil 243
Silencer 98
Single Nucleotide Polymorphisms 87
Sinnesmodalitäten 752
Sirtuine 777
Site-2-Protease 167
Skelettmuskel 596
Skelettmuskulatur 756
— neuromuskuläre Erregungsübertragung 759
Sklerenikterus 515
Skorbut 160, 655, 656, 734
SMAC 264
Small Cytosolic RNA 92
Small Nuclear RNA 92
SNARE-Komplex 750
SNARE-Proteine 145
Soforttyp 407
Soma 747
somatische Zellen 762, 763
Somatoliberin 198, 235
Somatostatin 198, 235
somatotropes Hormon 235
Somatotropin 199, 235
— Signaltransduktion 236
— Wirkung 236
Sonnenbrand 283
Sorbitol 458
Sorbitol-Dehydrogenase 505
Sortiersignale 133
Spättyp 410
Spermatogenese 230, 232
Spermien 505
spezifische Immuntherapie 410
Spezifitätstasche 59
S-Phase 253, 259, 267
Sphingoglykolipide 130
Sphingolipide 128, 133
— Abbau 564
— Synthese 562
Sphingomyelin 563, 627
— Abbau 565
Sphingomyelinasen 563, 565
Sphingomyeline 129
Sphingophospholipide 129, 559
— Synthese 563
Sphingosin 129
Spina bifida 652
Spindelapparat 254, 732
Spleißen 102, 334
— alternatives 103

- Mechanismus 103
Spleißosom 80, 102
Spondylitis ankylosans 380
Spurenelemente 660
— essenzielle 661
Squalen 551
Src 306
SREBP 552
SREBP1 489
SSRI 599
Stäbchen 752
Stammbaum 24
Stammfettsucht 220
Stammzellen 321, 358, 711, 761, 762
— adulte 763
— Differenzierungspotenzial 763
— embryonale 763
— fetale 763
— induzierte pluripotente 763
— multipotente 763
— oligopotente 763
— omnipotente 763
— pluripotente 763
— totipotente 763
— unipotente 763
Stammzellnischen 763
Standardenthalpie, freie 52
StAR 553
Stärke 461
Statine 550, 553
Stearinsäure 535, 542
Steatorrhö 515
Stereoisomeren 10
Sterkobilin 625
Sterkobilinogen 624
Steroidhormone 219, 226, 546
— Synthese 553
Steroidhormonrezeptor 209
Steroidsynthese 501
Stickoxide 570
Stickstoff 570
Stickstoffbilanz 571
Stickstoffdioxidradikal 768
Stickstoffmonoxid 242, 620, 769
— Signaltransduktion 242
— Wirkung 242
STIKO 401
Stillen 235
Stoffmenge 4
Stoffwechsel
— Diabetes mellitus Typ 1 Kohlenhydrate 686
— Diabetes mellitus Typ 1 Lipide 686
— Diabetes mellitus Typ 1 Proteine 686
— eingeschränkte Kohlenhydratzufuhr 683
— eingeschränkte Lipidzufuhr 683
— Hunger 680
— postabsorptiv 672, 675
— postabsorptiv Adipozyten 673
— postabsorptiv Gehirn 674
— postabsorptiv Gewebe 674
— postabsorptiv Kohlenhydrate 675
— postabsorptiv Leber 673
— postabsorptiv Lipide 675
— postabsorptiv Proteine 675
— postprandial 672, 675, 677, 678
— postprandial Adipozyten 677
— postprandial Kohlenhydrate 678
— postprandial Leber 675
— postprandial Lipide 678
— postprandial periphere Gewebe 677
— postprandial Proteine 678

- Prinzipien 413
- Regulation 420
- Tagesablauf 672
- Überernährung 680
- Überernährung Aminosäuren 680
- Überernährung Kohlenhydrate 680
- Überernährung Lipide 680
Stoffwechselintegration 671
Stoffwechselrate 421
Stoffwechselweg 414
Störfaktoren 787
Strahlung 282
Strangbruch 769
Strangtrennung 78
Streptokinase 726
Stresshormon 220
Striae rubrae 220
Strobilurin 441
Strukturisomere 10
Struma 224, 665, 666
Stuart-Prower-Faktor 721
Substantia nigra 775
Substitution 280
Substrat 45, 53
Substratanalogon 68
Substratkettenphosphorylierung 430, 470
Substratspezifität 54, 59, 64
Substratzyklus 491
Succinat 431
Succinat-Dehydrogenase-Reaktion 431, 444
Succinat-Ubichinon-Oxidoreduktase 440, 444
Succinylcholin 759
Succinyl-CoA 430, 542, 546, 586, 622
Succinyl-CoA-Synthetase-Reaktion 430
Suizidinhibitoren 70
Sulfat 659
Sulfatgruppen, Konjugation mit 634
Sulfatide 130
Sulfatierung 160
Sulfinpyruvat 590
Sulfit 590, 659
Sulfit-Oxidase 590
Sulfonamide 339, 651
Sulfonylharnstoffe 692
Sulfotransferasen 634
Superantigene 385
Supercoils 269
superhelikalen Windungen 269
Superoxid-Dismutase 768, 769
Superoxidradikale 768
Supersekundärstrukturen 38, 100
Surfactant 129, 366
süß 756
Symport 46
Synapsen 741, 747, 750
— chemische 750
— elektrische 750
synaptischer Spalt 751
synaptische Vesikel 750
Synthasen 60
Synthese, Parathormon 228
Synthesephase 253
Synthetasen 60
Szintigrafie 308

T

T3 221
T4 221

Tabakrauch 631
Tag 178
TAG 510, 671, 673, 676, 677, 685
— Konzentration 678
— Speicherung 671, 679
— Synthese 677
Tag-Nacht-Rhythmus 599
Taille-Hüft-Verhältnis 689
Tandemenzym 480
Tandem-Massenspektrometrie 185
Tandem Repeats 87
Tangles 771
Tau-Aggregation, Hemmung 775
Tauopathie 774
Tau-Protein 771, 772, 774
Taurin 516, 590, 593
Taurinsynthese 584
Tautomerie 33
Taxol 732
Teilungsfähigkeit 295
Telomer 276
Telomerase 276, 277, 295, 767
Telomere, Verkürzung 767
Telophase 254
Temperaturregulation 708
Tenasekomplex 721
Tenside 513
Tertiärstruktur 36, 37
— kompakte 39
— native 38
Testosteron 230, 232, 505, 555
Tetanie 657
Tetanus 375
Tetanustoxin 149
Tetrahydrofolat 584, 585, 588, 619
Tetrahydrofolsäure 650
Tetrahydrolipstatin 514
Tetrazykline 339
Tetrose 454
TFPI 724
T-Gedächtniszellen 400
Thalassämie 717
Thalidomid 11
Thekazellen 230
T-Helfer-Zellen 382, 385, 388
— Differenzierung 386
Theorie 783
Thermodynamik, 1. Hauptsatz 50
Thermogenin 451, 529
Thiamin 644, 645
— Mangel 646, 705
Thiaminpyrophosphat 430, 644
Thioesterbindung 419
Thiokinase 520, 701
Thiolase 545
Thioredoxin 617
Threonin 30, 584, 592
Threonin-Kinase 208
Threoninprotease 166, 168
Thrombin 166, 720, 721, 722, 723
Thrombinaktivierung 721
Thrombomodulin 724
Thrombophilie 724, 725
Thromboplastin 720, 721
Thrombopoetin 711
Thrombose 725
Thromboxan A2 557, 558, 718
Thromboxane 238, 557
Thrombozyten 378, 711, 718
Thrombozytenadhäsion 718
Thrombozytenaggregation 718
Thrombozytenaggregationshemmer 720

REGISTER

Thrombozytenaktivierung 718
Thrombus
- roter 722
- weißer 718
Thymidin 605
Thymidylat
- Synthese 619
Thymidylat-Synthase 619
- Hemmung 620
Thymidylat-Synthese 619
Thymin 77
Thymosin 730
Thymus 364, 381, 382
Thyreoglobulin 221
Thyroxin 221, 665
thyroxinbindendes Globulin 710
Tight Junctions 365, 738, 742
TIM-Komplexe 138
Titin 756
Titrationskurve 29
T-Killerzellen 387
TLR 368
T-Lymphozyten 261, 377, 378, 380, 389, 410
- Einteilung 382
- Entwicklung 381
- Gedächtnis 400
- intraepitheliale 404
- naive, Aktivierung 384
- regulatorische 382, 404
- Reifung 381
- zytotoxische 378, 382, 387, 388
TMP 609
TNF-Rezeptoren 264
TNFα 245, 265, 370, 408
TNM-System 308
Tocopherol 643
Toleranz 399
- orale 402
Toll-like-Rezeptoren 368
TOM-Komplex 138
Tonsillen 364
Topoisomerase 269
Topoisomerase I 270
Topoisomerase II 271
Totimpfstoffe 401
Toxoide 401
Transaldolase 501
Transaminasen 64, 575
Transaminierung 575
Transaminierungsreaktion 434
Transcobalamin II 652
Transcortin 555, 710
Transcuprein 667
Trans-Differenzierung 321
Transducin 753
Transduktion 340
Transferasen 632
Transferrin 662, 664, 711
Transferrin-Eisen-Sättigung 664
Transferrinrezeptor 663
Transfer-RNA 92
Transfervektor 356
Transformation 293, 340
Transforming Growth Factor 251
Transfusion 155, 157
transgene Maus 358
Transglutaminase 722
Transition 280
Transketolase 501
trans-Konfiguration 6
Transkription 75, 91, 204, 275, 602
- Ablauf 93
- bidirektional 95

- Elongation 95
- Initiation 93
- Regulation 98
- Startstelle 95
- Termination 96
Transkriptionsblase 93, 94
Transkriptionsfaktoren 98, 100, 320, 421
- Regulation 99
Translation 75, 109
- Ablauf 117
- Bildung 43S-Präinitiationskomplex 117
- Bildung 48S-Präinitiationskomplex 118
- Bildung 80S-Ribosom 119
- Bindung Aminoacyl-tRNA 119
- Elongation 119
- Faktoren 110
- Initiation 117
- Peptidbindung 120
- Phasen 111
- Prokaryoten 126
- Regulation 124, 125
- Scannen der mRNA 119
- Termination 122
- Translokation Ribosom 121
Translokation 279
Translokatoren 138, 447
Translokon 140
Transmembrandomäne 44, 141, 201
Transmembranhelix 44
Transmembranproteine 203
- polytope 142
Transmembrantransport 134
Transport
- aktiver 46
- ER – Golgi 146
- Golgi – Lysosom 149
- Golgi – Zelloberfläche 148
- Mitochondrium – Zytoplasma 446
- passiver 46
- Redoxäquivalente 448
- sekundär aktiver 46
- vesikulärer 134
Transporter
- Glukose 464
Transportproteine 46, 372
Transposon 88
Transversion 280
Transzytose 153
Trastuzumab 402
T$_{reg}$ 382, 387, 404
Treibermutation 293
Tremor 775
TRH 198, 221, 234
Triacylglyceride 7, 415, 510
- Abbau 535, 536
- Abbau Regulation 536
- Absorption 513
- Hydrolyse 513
- Speicherung 529
- Synthese 520, 521
- Transport 522
- Verdauung 513
Triacylglycerole 510
Tricarbonsäurezyklus 426
Triglyceride, Absorption 520
Triglycerid-Transfer-Protein 526
Triglycerine 510
Triiodthyronin 221, 665
Trimethoprim 620
Trimethyl-Ethanolamin 627
Trimethylglycin 627

Trimethyllysin 627
Tri-O-acylglycerole 510
Triose 454
Triosephosphat-Isomerase 468
Triphosphat 468
Trisomie 21 256, 773
Trisphosphat 468
tRNA 92, 110, 111
- Veresterung mit Aminosäure 112
Tropomyosin 730, 756, 758
Troponin 756
Troponin C 758
Trypanosoma brucei 44
Trypanosomiasis 44
Trypsin 57, 59, 166, 572
Tryptamine 598
Tryptophan 30, 585, 588, 592, 597
Tryptophan-2,3-Dioxygenase 588
Tryptophanstoffwechsel 412
TSH 198, 221
Tuberkulin-Hauttest 410
Tumor 292
- benigne 292
- Diagnostik 308
- maligne 292
- Medikamente 312
- Mikroumgebung 295
- semimaligne 292
- Therapie 309
- Wachstum 292
- Wachstumsverhalten 292
Tumordiagnostik 307
Tumorescape 411
Tumormarker 307, 308
Tumornekrosefaktor 245
Tumorsuppressoren 298, 301
Tumorsuppressorgene 294
Tumortherapie 411
Tumorviren 305
Turnover 75
Two-Hit-Hypothese 302
Typ-I-Allergie 407
- Sensibilisierung 408
Typ-I-Transmembranproteine 142
Typ-II-Allergie 409
Typ-II-Transmembranproteine 142
Typ-III-Allergie 410
Typ-IV-Allergie 410
- Effektorphase 410
- Sensibilisierung 410
Tyramin 601
Tyrosin 30, 585, 587, 593, 597
Tyrosinämie Typ II 588
Tyrosin-Aminotransferase, Defekt 588
Tyrosin-Kinase 396
- rezeptorassoziierte 207
T-Zell-Antwort 382
- Beeinflussung 411
- Beendigung 389
- Effektorfunktionen 388
T-Zellen 377
T-Zell-Rezeptor 380
T-Zell-Rezeptor-Signalkaskade 385

U

Überernährung 679
- Stoffwechsel 680
Übergangszustand 56
Übergewicht 680, 689
Ubichinol-Cytochrom-c-Oxido-reduktase 438, 440
Ubichinon 431, 439, 449, 539, 553
Ubiquitin 169

Ubiquitinierung 169
Ubiquitin-Ligasen 170
UDP-Glukose 492
UDP-Glukose-2-Epimerase 476
UDP-Glukose-4-Epimerase 476
UDP-Glukuronsäure 632
UDP-Glukuronyl-Transferase 624, 632
umami 756
UMP 609
- Synthese 615
UMP-Synthase
- Defekt 616
Umwandlungsphase 630
Umwelteinflüsse 322
Uncoating 327
Universalität 783
unkompetitive Hemmung 69
Untereinheiten 39
Uracil 77
URAT1 607
Uratmosphäre 2
Uratom 1
Uridin 605
Urikosurika 609
Urknall 1
Urobilin 625
Urobilinogen 624
Urokinase 726
Uronsäure 458
Uroporphyrinogen III 622
Urozean 2
Urzelle 16
UTP 616

V

Validität 785
Valin 30, 586, 588, 592, 597
Vancomycin 341
Van-der-Waals-Wechselwirkung 7
Variabilität 24
Vasokonstriktion 718
Vasopressin 224
Vaterschaftstests 352
V-D-J-Rekombination 394
Veitstanz 776
Vektor 355
- viraler 356
Verantwortung 784, 785
Verätzung 5
Verbrennung 415
Verdauungsenzyme 423
Verdauungsproteasen 572
Veröffentlichungen 793
Verzweigtketten-Aminosäuren-Aminotransferase 588
Verzweigtkettenkrankheit 590
Verzweigtketten-α-Ketosäure-Dehydrogenase-Komplex 590
Vesikel 8
- Abschnürung 145
- Fusion Zielmembran 145
- Transport 145
- Transport ER – Golgi 146
- Transport Golgi – Lysosom 149
- Transport Golgi – Zelloberfläche 148
Viagra® 243
Vimentin 732
Vincristin 732
Viren 325, 326
- Aufbau 326
- Erbinformation 326
- Größe 326

- Vermehrungszyklus 327
Virilisierung 233
Virostatika 279, 604
Virulenzfaktoren 341
Vitamine 637
- fettlösliche 638, 639
- Funktionen 638
- wasserlösliche 644, 645
Vitamin A 638, 639
- als Therapeutikum 640
- Funktionen 639
Vitamin-A-Mangel 637, 640
Vitamin B_1 644, 645
- Funktionen 645
- Mangel 646
Vitamin B_2 417, 645, 646
- Funktionen 646
- Mangel 646
Vitamin-B_2-Mangel 417
Vitamin B_3 416, 645, 647
Vitamin B_5 645, 648
Vitamin B_6 574, 645, 649
Vitamin B_7 645, 649
Vitamin B_9 645, 650
Vitamin B_{12} 645, 652
- Funktionen 653
- Mangel 543, 652, 653, 654
Vitamin C 160, 645, 654, 734
- Funktionen 654
- Mangel 655
Vitamin-C-Mangel 656
Vitamin D 639, 641, 657
- Funktion 642
- Mangel 642
- Prophylaxe 642
Vitamin E 639, 643
- Funktion 643
- Mangel 643
Vitamin H 645, 649
Vitamin K 159, 160, 639, 644
- Funktion 644
- Mangel 644
Vitamin-K-Antagonisten 726
VLDL 524, 527, 547, 674, 676, 679, 685, 711
VLDL-Remnant 529
Vollacetal 460

Vollblut 707
Vollmondgesicht 220
Von-Gierke-Erkrankung 496
Von-Willebrand-Faktor 718
Von-Willebrand-Syndrom 717, 720, 724
Vorhersage 784
Vorläuferzellen 711, 762

W

Wachstum 230
Wachstumsfaktoren 250, 296
Wachstumshormon 235
Wachstumsinhibitoren 294
Wachstumssignale 293
Wahrscheinlichkeit 784
Waist-to-Hip-Ratio 689
Wannenkonformation 457
Warburg-Effekt 295, 473
Warfarin 726
Wasser
- chemische Struktur 2
- Ionenprodukt 5
Wasserhaushalt 224
Wasserstoffbrücken 34, 114
Wasserstoffbrückenbindung 3
Wasserstoffperoxid 367, 768, 769
Watson-Strang 84
Wechselzahl 65
Weichteilinfektion 267
Wernicke-Enzephalopathie 646
Wernicke-Korsakow-Syndrom 646, 705
Western-Blot 181
Whole Exome Sequencing 350
Willebrand-Jürgens-Syndrom 724
Winterdepression 237
Wissen 781
Wissenschaft, Freiheit 785
wissenschaftliche Praxis, Regeln 789
wissenschaftliches Arbeiten 781
wissenschaftliches Publizieren 792
wissenschaftliches Vorgehen 781
Wissenschaftsgemeinschaft 784
Wnt-Proteine 764
Wnt-Signalweg 303, 764

Wnt-β-Catenin-Signalweg 764
Wobble-Basenpaarungen 114
Wundheilungsstörungen 666
Wundinfektion 340, 341

X

Xanthin 606, 607
Xanthin-Dehydrogenase 607, 668
Xanthin-Oxidase 607, 631
Xanthin-Oxidoreduktase 607
X-Chromosom, Inaktivierung 320
Xenobiotika, Metabolisierung 629
xenobiotische Rezeptoren 635
Xeroderma pigmentosum 279, 287
Xerophthalmie 639
Xylulose-5-phosphat 501

Z

Zahlen, Umgang 788
Zähne 657
Zahnschmelz 738
Zapfen 752, 754
Zelladhäsionsmoleküle 740
Zelldifferenzierung 761
- Regulation 764
Zelle, Aufbau 20
Zelleigenschaften 91
Zellfortsätze 730
Zellidentität 91
Zellinteraktionen 738
Zellkern 20, 21
- Wiederherstellung nach Mitose 138
Zellkompartimente 127
Zellkontakte 740
Zelllinie
- lymphatische 364
- myeloische 364
Zelllyse 374
Zell-Matrix-Interaktionen 741
Zellmigration 762
Zellpolarität 738
Zellproliferation, Regulation 764
Zellteilung 84, 253, 254, 503, 761
zelluläre Abwehr 375
zelluläre (Re-)Programmierung 321
Zellverbände 738
Zellwand 338

Zellweger-Syndrom 544
Zell-Zell-Interaktionen 738
Zell-Zell-Kontakte, Verlust 295
Zellzyklus 253
- Regulation 258
Zentrales Dogma 75
Zentrifugation 177
Zentromer 84
Zentrosom 21, 254, 732
Zervixkarzinom 260, 306
Zigarettenrauch 283
Zilien 732
Zink 661, 666
- Funktionen 666
Zink-Finger-Motiv 666
Zink-Finger-Proteine 100
Zinkmangel 666
Zirbeldrüse 599
Zisternenreifung 148
Zitronensäurezyklus 426
ZnT4 666
Zöliakie 380, 661, 665
Zonula adhaerens 740
Zonulae occludentes 738
Zucker 77
Zuckeralkohol 129
Zungengrund-Lipase 513
Zwitterion 14, 28
Zygote 761
zyklisches AMP 195
Zyklus, weiblicher 232
Zymogenaktivierung 72
Zymogene 173, 571, 720
zystische Fibrose 659
Zytochalasin B 732
Zytokine 195, 243, 370, 371, 558
- proentzündliche 370
Zytokinese 254
Zytokinrezeptoren 243
Zytokinrezeptor-Familien 244
zytoplasmatische Nucleotide-Binding Domain 368
Zytoplasma 17, 20
Zytoskelett 22, 729
Zytosol 17, 20
Zytostatika 278, 311, 604
zytotoxischer Typ 409

Grafische Inhaltsübersicht zu:

Fluhrer, Hampe: Biochemie hoch2
1. Aufl. 2020. ISBN 978-3-437-43431-0
© Elsevier GmbH, München. Alle Rechte vorbehalten.

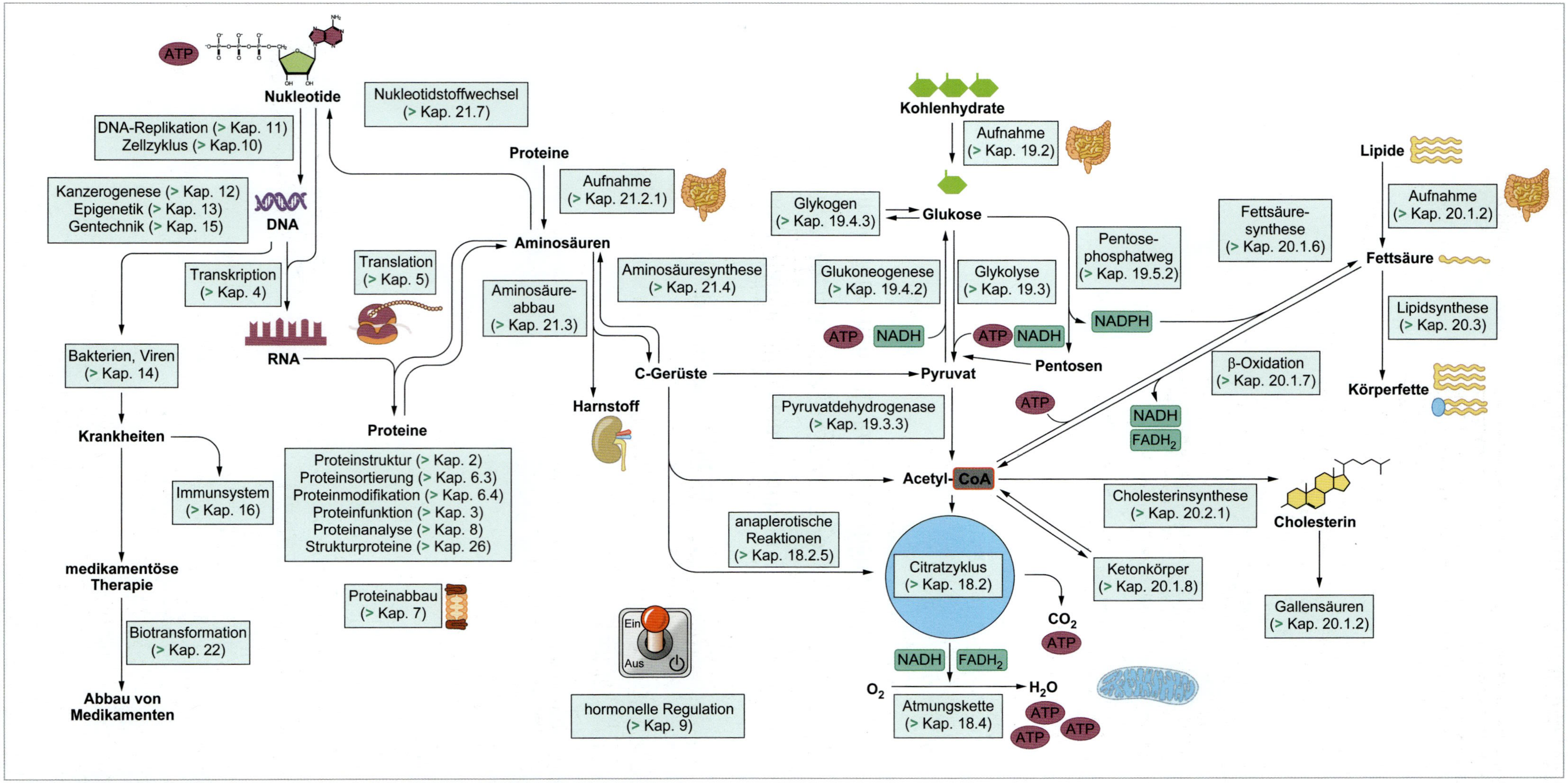

ATP
Nukleotide
Nukleotidstoffwechsel (> Kap. 21.7)
DNA-Replikation (> Kap. 11)
Zellzyklus (> Kap.10)
Kanzerogenese (> Kap. 12)
Epigenetik (> Kap. 13)
Gentechnik (> Kap. 15)
DNA
Transkription (> Kap. 4)
RNA
Translation (> Kap. 5)
Bakterien, Viren (> Kap. 14)
Krankheiten
Immunsystem (> Kap. 16)
medikamentöse Therapie
Biotransformation (> Kap. 22)
Abbau von Medikamenten
Proteine
Proteinstruktur (> Kap. 2)
Proteinsortierung (> Kap. 6.3)
Proteinmodifikation (> Kap. 6.4)
Proteinfunktion (> Kap. 3)
Proteinanalyse (> Kap. 8)
Strukturproteine (> Kap. 26)
Proteinabbau (> Kap. 7)
Proteine
Aufnahme (> Kap. 21.2.1)
Aminosäuren
Aminosäureabbau (> Kap. 21.3)
Aminosäuresynthese (> Kap. 21.4)
Harnstoff
C-Gerüste
Ein
Aus
hormonelle Regulation (> Kap. 9)
Kohlenhydrate
Aufnahme (> Kap. 19.2)
Glykogen (> Kap. 19.4.3)
Glukose
Glukoneogenese (> Kap. 19.4.2)
Glykolyse (> Kap. 19.3)
Pentosephosphatweg (> Kap. 19.5.2)
ATP
NADH
ATP
NADH
NADPH
Pentosen
Pyruvat
Pyruvatdehydrogenase (> Kap. 19.3.3)
Acetyl-CoA
anaplerotische Reaktionen (> Kap. 18.2.5)
Citratzyklus (> Kap. 18.2)
CO_2
ATP
NADH
$FADH_2$
O_2
H_2O
Atmungskette (> Kap. 18.4)
ATP
ATP
ATP
Ketonkörper (> Kap. 20.1.8)
Cholesterinsynthese (> Kap. 20.2.1)
Cholesterin
Gallensäuren (> Kap. 20.1.2)
ATP
NADH
$FADH_2$
β-Oxidation (> Kap. 20.1.7)
Fettsäuresynthese (> Kap. 20.1.6)
Lipide
Aufnahme (> Kap. 20.1.2)
Fettsäure
Lipidsynthese (> Kap. 20.3)
Körperfette